U0601986

心理学译丛

Development Through the Lifespan,7e

伯克毕生发展心理学

从0岁到青少年（第7版）

[美]劳拉·E.伯克（Laura E. Berk）著

陈会昌 译

中国人民大学出版社
·北京·

作者简介

劳拉·E. 伯克 (Laura E. Berk) 是美国伊利诺伊州立大学心理系的杰出教授，她在该校讲授儿童、青少年和毕生发展课程达 30 多年之久。她于加利福尼亚大学伯克利分校获心理学学士学位，在芝加哥大学获儿童发展与教育心理学硕士和博士学位，曾是康奈尔大学、加利福尼亚大学洛杉矶分校、斯坦福大学和南澳大学的访问学者。

伯克有众多论文发表，内容涉及学校环境对儿童发展的影响、个人言语的发展，以及假装游戏在发展中的作用。她的研究引起了公众的广泛关注。她曾给《今日心理学》(Psychology Today)、《科学美国人》(Scientific American)，以及《父母杂志》(Parents Magazine)、《奇妙时光》(Wondertime) 和《读者文摘》(Reader's Digest) 撰写多篇稿件，并经常现身于美国国家公共广播电台 (NPR) 的早间节目。

伯克曾担任《幼儿》(Young Children) 杂志的研究主编、《幼儿期研究季刊》(Early Childhood Research Quarterly) 的咨询主编，以及《认知教育与心理学杂志》(Journal of Cognitive Education and Psychology) 的副主编。她曾为多部文集供稿，其中包括为《儿童百科全书》(The Child: An Encyclopedic Companion) 撰写有关儿童社会性发展方面的论文，为《认知科学百科全书》(The Encyclopedia of Cognitive Science) 撰写介绍维果茨基的内容。她与人合作撰写了《世哲幼儿游戏手册》(Sage Handbook of Play in Early Childhood) 中有关假装游戏与自我调节的章节，以及美国心理学会 (APA) 出版的《心理学的职业路径：你的学位能带你去哪里》(Career Paths in Psychology: Where Your Degree Can Take You) 中有关心理学教材编写的章节。

伯克出版的学术著作有《个人言语：从社交互动到自我调节》(Private Speech: From Social Interaction to Self-Regulation)、《为儿童学习搭建脚手架：维果茨基与幼儿期教育》(Scaffolding Children's Learning: Vygotsky and Early Childhood Education)、《发展的全景：读物文选》(Landscapes of Development: An Anthology of Readings)，以及《幼儿游戏性学习的关键》(A Mandate for Playful Learning in Preschool: Presenting the Evidence)。她编写的教材中，除了本书之外，还有销量很大的《儿童发展》(Child Development)、《婴儿、儿童与青少年》(Infants, Children, and Adolescents)，它们均由培生公司出版。她还给父母、教师写过一本科普读物：《懂得孩子的心：父母和教师该怎样做》(Awakening Children's Minds: How Parents and Teachers Can Make a Difference)。

伯克积极致力于儿童事业。她是伊利诺伊州儿童保育资源和转介机构网络 (Illinois Network of Child Care Resource and Referral Agencies) 的理事，也是"主题艺术墙"(Artolution) 的理事，后者是一个致力于让儿童、青少年和家庭参与全球公共艺术项目的组织，旨在促进复原力，减轻创伤危害。伯克还曾因致力于教育服务而被委任为基督教女青年会杰出女性 (YWCA Woman of Distinction)。她是美国心理学会第七分会——发展心理学分会的会士。

献给戴维、彼得和梅丽莎

目 录

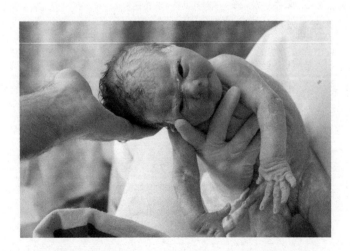

第四篇　幼儿期：2~6 岁

第8章
幼儿期情感与社会性发展 / 290

第五篇 小学期：6~11岁

第六篇　青少年期：12～20 岁

第 11 章
青少年期身体发育与认知发展 / 414

第 12 章
青少年期情感与社会性发展 / 460

专栏概览

译者序

毕生发展 (development through the lifespan)，指一个人从受精卵到死亡、整个一生中生理和心理的发展与老化、衰退的全过程。在 20 世纪 70 年代以前，"毕生发展"这一主题并没有受到科学界的充分关注。从 20 世纪初到 60 年代，科学心理学把主要关注点放在 0~18 岁的心理发展上，因此，当时并没有"毕生发展心理学"这个心理学分支学科，只有"儿童心理学"，即包括婴儿、幼儿、儿童、青少年心理发展的心理学研究。

从 20 世纪 70 年代起，由于长期和平环境，西方一些国家的人口的预期寿命大大延长，中老年人在人口中所占比例达到人类历史上空前的高度，越来越多的中老年人的生理、心理开始受到人们的关注：他们的生命过程和心理过程有何特点？他们是不是只有老化、退化而没有向前的发展？怎样才能让他们生活得更幸福快乐？人们在暮年和临终时心理状态如何？社会大众应该怎样看待和对待中老年人？这些问题，在人类几千年的文明史上，确实较少受到关注。

与此同时，由于实验设备和研究方法的改进，对儿童心理，尤其是婴儿心理的研究取得了突飞猛进的发展，新的研究成果大大更新了人们对不会说话的小婴儿的认识，很多研究者惊叹："我们必须重新看待婴儿的心理能力！"现在，大多数研究者承认，皮亚杰低估了婴儿、学步儿和幼儿的认知能力。

近几十年来新涌现的发展心理学理论中，"毕生发展观"是最令人瞩目的焦点。该理论提出的主要观点是：（1）发展是持续终生的，不存在一个对生命全程起最重要影响的年龄阶段。每个阶段发生的变化对未来发展变化的路径有同等重要的影响。（2）发展是多维度、多方向的。多维度，是说发展受到生物、心理及社会因素复杂的共同作用的影响。多方向，指一个人从生到死，得与失、进与退同时并存。（3）发展是可塑的。一个在 2 岁时非常害羞、退缩的人，可能因为他在其他方面的长处，到青少年期变为一个比较善于社交的人。一个在青年期、成年期"男子气"十足的男人，可能到老年期变得有些"女子气"，他的攻击性、进取性、果断性减弱，慢慢变得更关心人，做更多的家务，与老伴和睦相处，安度晚年。（4）发展受到多种相互作用的因素的影响，这些影响来自生物、历史、社会和文化各方面。

近年来行为遗传学这个新学科的研究成果对全面理解人的发展必不可少。本书中有多处介绍了行为遗传学的研究。这些研究不仅试图查明遗传和环境对人的智力、人格分别起多大作用，而且试图在分子水平查明哪个或哪些基因对人的某个特质起决定作用。

本书中介绍的新研究领域还有发展认知神经科学。它把心理学、生物学、神经科学和医学等方面的研究者团结起来，考察个体成长中脑的变化与认知加工及行为方式之间的关系。与此相关的一个分支是发展社会神经科学，致力于研究大脑的变化与情绪或情感 / 社会性发展之间的关系。发展社会神经科学的出现晚于认知神经科学，因为测量大脑活动的技术很难在大多数社会情境中实施，在这些情境中儿童和成人必须自由活动，与他人互动。后来，研究者找到了测量心理状态的更方便的神经生物学方法，其中的指标如心率、血压和唾液中的激素水平，社会神经科学研究随之大量展开。

进化发展心理学也是一个不容忽视的新领域，它试图解释，在人类种系范围内，随着年龄增长，认知、情绪或情感和社交能力的适应价值。例如：新生儿对人脸的视觉偏好对生存起什么作用？它对较大婴儿分辨熟悉的养育者和陌生人的能力有何影响？为什么儿童喜欢与同性别的孩子一起玩？什么原因使他们玩符合成人性别类型行为（如男性的支配行为和女性的照顾行为）的游戏？

人的发展包括三部分——生理、认知、情绪或情感／社会性，这三方面的发展都包括在本书内容中。因此严格说来，本书并不是一部纯粹的心理学著作，而是跨学科的，涉及生理学、心理学、社会学、老年学等多个学科。

本书是一部在国际上影响较大、广受青睐的发展心理学著作，适合作为心理学、教育学、医学、护理学、管理学、社会学、司法、体育等众多专业学习者及研究者的参考书。对于广大的普通读者而言，本书还是学习心理学、了解自己、教育子女、照护老人的一部"百科全书"，具有较高的阅读和参考价值。

本书的特色体现在以下几方面：

第一，把生理发展与心理发展融合起来，使我们对人的发展有更全面的了解。

第二，对怀孕、孕期发育、分娩、新生儿的讲述非常详细周到，对老年期、衰老、临终、死亡、丧亲的介绍更使中国读者有耳目一新之感。我本人作为一个"老年人"，深感在对老年人的关注、研究和社会福利方面，西方国家确实走在了前面，无论从研究还是社会福利政策角度，都有很多东西值得我们思考和借鉴。

第三，理论联系实际，从婴儿期到老年期的所有章节，作者都以一些真实或虚构的人物为例，通过这些人的语言、行动、想法来体现科学理论。作者还在全书各处插入多个"专栏"，包括"生物因素与环境""社会问题→健康""社会问题→教育""文化影响"，对理论加以诠释。作者还使用多个"学以致用"栏，向普通读者和相关专业人员提出建议，这些表格中列出的都是一些实际做法，不同的人可以从中得到不同的帮助。

第四，以年龄阶段为界限划分章节，共 10 篇、19 章。除第一篇讲理论和研究方法之外，从第二篇起，分别对孕期、0～2 岁、2～6 岁、小学期、青少年期、成年早期、中年期、老年期和死亡临终加以介绍。

第五，对任何读者都有实用价值。例如，一个已经结婚生子的读者，可以从婴幼儿、小学生的部分得到有利于教育孩子的知识，可以从成年早期部分获得有关自己的心理、婚姻、职业方面的知识，可以从中年期部分得到关于他的父母心理特点方面的知识，也可以从老年期部分得到关于他的祖父母、外祖父母心理特点方面的知识。同样，一个 60～70 岁的老人，可以获得有关他的孙辈、子女辈、他本人心理发展方面的知识，还可以了解老年人怎样挖掘自己的智慧，度过一个成功的晚年，以及怎样面对临终和死亡。

第六，由于文化背景、文化心理不同，书中介绍的一些问题，如遗传咨询、生育技术、致瘾物滥用、儿童在法庭上的证词、变性者、男女同性恋及同性恋者做父母、离婚与再婚、农牧部落的文化与心理特点、宗教观念的发展、安乐死、临终关怀等，在世界各国有较大差异。对于读者而言，了解心理学对这些问题的研究视角与研究现状，可以进行辩证理性的思考。

对中国心理学者来说，直到 20 世纪 80 年代后期，对"毕生发展"这个词，仍处在知之甚少的状态。以后，因参加国际学术会议，人们才逐渐了解。1998 年，本书第 1 版出版，我很快就得到了这本书，并把它作为研究生课程教材参考资料。2007 年该书第 4 版出版后，应培生图书出版公司和中国人民大学出版社之邀，我开始翻译此书，并在 2014 年分为上下册出版。本书出版后，受到广大读者，包括各类高校师生和普通读者欢迎，到 2019 年底，已印刷 13 次。现在，该书英文版已修订到第 7 版，和第 4 版相比，从研究结果到理论，都有不少新内容。对我国相关专业的高等学校师生和广大普通读者来说，第 7 版中文版的面世都很有必要。

　　本书作者劳拉·E.伯克是一位颇有影响的心理学研究者，她是伊利诺伊州立大学心理系教授、著名的心理学教科书编写者、儿童事业的积极活动者。她的主要研究领域是维果茨基理论在教育上的应用、幼儿的假装游戏、幼儿认知发展等，在编著教科书、心理学教学、教育咨询等方面也投入很大精力。她在修订本书第7版的时候，已是70多岁的老人，对老年期身心发展的长期关注和亲身体会，为她修订本书提供了良好的条件。

　　本书第7版的修订、重译工作，由我本人完成。在此，仍需感谢曾经参加英文第4版翻译工作的人员，他们是：谷传华、王茜、张云运、夏美萍、张桂芳、张银娜、钟娟、吴巍、张光珍、梁宗保、彭曦、张琳琳、蔡晓露、高雯、张萍、周博芳、曹睿昕、段鑫星。

　　由于本书篇幅巨大，内容浩繁，涉及学科多，不乏一些新学科、新领域、新研究课题和术语，虽谨慎再三，仍难免疏漏，敬请相关领域研究者和广大读者指正。

陈会昌

2021 年 2 月 20 日

于北京学知园

致学生

我从事儿童发展教学三十余载，所教学生成千上万，他们和你们一样，来自不同专业，心怀不同的抱负、兴趣和需求。其中一些人和我同属心理学专业，其他很多人则来自相关领域，如教育学、社会学、人类学、家庭研究、社会服务、护理学等。每个学期，学生们的学习热情因所在学习领域的不同而不同。很多人希望从事应用方面的工作，如咨询、护理、社会工作、学校心理学和项目管理等。一些人想做教师，少数人希望做研究工作。多数人希望将来有一天能做父母，有些已经做父母的，则希望能更好地理解和养育孩子。几乎所有人都对自己怎样从一个小婴儿成长为一个复杂莫测的成人而怀着深深的好奇心。

我修订第 7 版的目的，是提供一本既符合课程的教学目标，又能满足你们兴趣和需求的教材。为了达到这一目的，我在书中精选了大量的经典和现代的理论和研究。此外，还强调从生命全程角度看待发展，把促成人的发展的生物与环境因素密切结合起来。教材阐明了不同族群、文化和社会大背景的共性和差异。我提供了一个独特的教学大纲，帮助你们掌握知识，把发展的各方面加以整合，批判性地审视有争议的问题，把所学知识应用到自己的生活、工作中去。

我希望，对人的发展的学习，像我多年来看到的那样，将会使你们受益。我很想知道，你们怎样看待人的发展这个领域，怎样看待本教材。欢迎大家不吝赐教，来信请寄：

berklifespandevelopment@gmail.com

劳拉·E. 伯克

致教师

多年来的职业经验和个人经历激励我决定写作这本毕生发展心理学。首要的也是最重要的原因，是30多年来我在大学执教生涯中，感受到成千上万的学生对人的发展的兴趣和关注。首先，每个学期，他们的见解和提问都表明，只有从生命全程角度，才能加深对每个发展阶段的理解。其次，由于我自己已经度过了成年期，我不由得越来越多地回顾影响自己生活道路的那些因素——家庭、朋友、导师、同事、社区和社会大环境。自己的事业稳定，婚姻经受住了时间的考验，孩子们已经长大成人，深刻地把握这些多重且相互作用的影响因素，有助于看清自己从哪里来，未来将走向何方。我确信，这些知识会帮助我成为一个更好的教师、学者、家庭成员和公民。教学已经成为我职业生涯的核心，令我沉湎于其中，我愿意把自己关于毕生发展的深刻理解跟大家分享。

一、本版内容与结构的主要变化

从本书第1版问世至今，本领域的理论和研究已发生巨大的拓展和变化。这次修订的第7版，反映了该领域的快速变化，增加了很多新内容和教学手段。

（1）**突出发展变化的多重途径**。研究者一致认为，不同的生物结构和日常活动导致了发展路径和能力素质的巨大个体差异。本版更加关注发展的易变性和尝试对此加以解释的新近理论，包括生态学、社会文化理论、动力系统理论和渐成论。多元文化和跨文化、跨国家的发现，将会贯穿全书。标题为"生物因素与环境"和"文化影响"的一系列专栏，所强调的就是发展多样性这一主题。

（2）**强调毕生发展观**。和前几版一样，毕生发展观——发展是持续终生的、多维度的、多方向的、可塑的和嵌入多种背景的进程——将继续在这一版作为一个统一的指导思想来理解人的发展并贯穿全书。

（3）**更多地关注生物与环境因素之间复杂的双向联系**。大量证据表明，脑发育、动作技能、认知和语言能力、气质和人格、情绪或情感与社会认知的发展，以及发展中出现的问题，既有生物因素的参与，也因经验而改变，并与经验因素形成合力。本书把生物与环境因素的相互关联整合到毕生发展观当中，在全书内容中加以体现，并在"生物因素与环境"专栏增添了一些新的和经过更新的专题。

（4）**增加跨学科研究结果**。把思维、情感和行为看作受生物因素、社会和文化背景影响的整体，促使发展研究者加强了与心理学以外多个学科的联系。从本版讨论的主题和研究结果中可以更多地看到教育心理学、社会心理学、健康心理学、临床心理学、神经生物学、儿科学、老年学、社会学、人类学、社会工作及其他领域的贡献。

（5）**加强理论、研究与应用之间的联系**。研究者正在努力使研究结果应用于现实生活情境，因此本版增加了社会政策问题和基于应用的理论与研究的比重。"学以致用"栏给学生提供了在知识与实践之间架设一座桥梁的具体方法。

（6）**更强调学生主动学习的作用。**本版对全书多数章节后面的思考题进行了修订，鼓励以三种方法进行主题内容的学习：联结、应用和反思。这种安排有助于学生从多个出发点思考自己学到了什么。观察与倾听部分则请学生去观察真实的儿童、青少年和成人的言行，与他们或致力于他们身心健康的专业人员交谈，参与到影响毕生发展的社区项目和实践中做调查。此外，书中的关键术语对学生结合前后内容的学习有助益。

二、本书的编写理念

本书的基本倾向受到我作为教师、研究者和母亲的职业与个人经历的影响。它包括七个理念，我认为，这些理念是从学生对毕生发展课程的深刻理解中提取出来的精髓。每个理念都渗透到全书每一章。

（1）**理解本领域理论的多样性及各种理论的优缺点。**第 1 章开头就强调，只有多样性的理论才能解释人的发展的多姿多彩过程。每当我论述一个年龄阶段和发展的某一领域时，我都会介绍不同的理论观点，来说明它们怎样突出了过去曾被忽视的发展问题，同时讨论对该理论进行评价的研究。理论之间的比较有助于对很多有争议的问题做出公正的分析。

（2）**把毕生发展观作为对发展进行整合的途径。**我在第 1 章就指出毕生发展观是一个结构框架，并在全书中阐明它的观点，试图帮助学生构建从受精卵到死亡的发展的全面视角。

（3）**了解人的发展顺序及其背后的过程。**学生将会看到对随变化过程而发生的系统化发展顺序的讨论。生物、心理和环境因素的复杂结合，怎样导致了发展，我们将以最新研究为基础，深刻理解这一过程。关于发展变化的时间表的新研究结果也有所介绍。婴儿和老年人在许多方面比我们过去认为的能力更强。此外，成年期发展的一些里程碑，如完成正规教育、开始职业生涯、结婚生子和退休等，现在比过去更难预测。关于发展顺序和时间表的已有证据，以及它们对发展过程的影响，在生命周期的所有阶段都有介绍。

（4）**了解社会环境和文化对人的发展的影响。**许多研究证明，人生活在丰富的物质和社会环境中，它们影响着发展的所有方面。纵览本书，当我回顾个体成长的跨文化证据时，学生也好像是在云游四方。书中还讨论了对美国各地不同社会经济地位和族群的人的研究结果。此外，历史时期和同龄群组的影响一直受到关注。在这方面，性别问题——男性和女性不同的但是持续发挥作用的经验、角色和生活道路——在书中也得以重点关注。除了强调家庭、邻里和学校这些小环境影响之外，我还用一定篇幅阐述了大社会结构，如社会价值观、法律和政府的政策对人生幸福的影响。

（5）**理解生物和环境因素共同影响发展。**现在对遗传素质与环境因素共同作用的认识比以前大大加强了，这两方面的因素以复杂的方式相结合，而不是以简单方式相互割裂地影响着发展。本书列举了大量实例来说明，社会环境既可能使生物素质得以保持，又可能使之发生变化。

（6）**意识到生理、认知、情绪或情感 / 社会性等发展的各方面相互依存。**每一章都强调了看待人的发展的整合取向。我阐述了生理、认知、情绪或情感 / 社会性发展是怎样紧密交织的。教材的字里行间和主要章节后面的思考题，都提醒学生结合其他章节，深刻理解发展的不同方面之间的关系。

（7）**理解理论、研究与应用之间的相互联系。**我在本书中强调，人的发展的理论及其引发的研究，为儿童、青少年和成人的和谐有效的生活提供了依据。理论、研究与应用之间的联系以一种有序方式得到强调：先展示理论和研究，再指出其实践意义。本领域的当前焦点是，用人的发展研究结果影响社会政策，以满足人们在毕生发展中的需要，本书各章对这一点都有所反映。本版中还介绍了美国和世界各地的儿童、青少年和成人的生活状况，向读者显示了理论和研究怎样与公共利益相结合，对人们的生活进行成功干预。书中涉及的重要应用课题包括计划生育、婴儿死亡率、父母就业与婴儿保育、未成年人怀孕与做父母、家庭暴力、成人的体育锻炼与健康、宗教信仰与身心健康、终生学习、祖辈对孙辈的养育、对老年痴呆患者的照顾、退休调适、成功的晚年，以及临终前的缓解护理等。

三、本书的结构

本书选择按发展的时间顺序编排的结构。第 1 章概述了毕生发展研究领域的历史、主要理论和研究方法。之后的两章介绍了发展的基础，其中第 2 章概述了遗传和环境背景对发展的影响。第 3 章讲孕期发育、分娩及新生儿。学生掌握了这些基础知识，就为进一步了解以下七个发展阶段做了准备：婴儿期和学步期（第 4 章、第 5 章、第 6 章），幼儿期（第 7 章、第 8 章），小学期（第 9 章、第 10 章），青少年期（第 11 章、第 12 章），成年早期（第 13 章、第 14 章），中年期（第 15 章、第 16 章），老年期（第 17 章、第 18 章）。每一个发展阶段又分别包括身体发育（生理发展）、认知发展以及情绪或情感与社会性发展。最后以死亡、临终与丧亲为主题（第 19 章）结束全书。

按年龄顺序编排的结构便于学生把握每个年龄阶段，易于把发展各个领域放在一起讨论，因为各个领域非常接近。但是，按年龄顺序编写教材，不得不把理论分成块，分别讲述不同的年龄阶段。这给学生造成了困难，他们必须把各部分内容联系起来。为了帮助学生做到这一点，在进入一个新的发展阶段时，书中会提醒学生把有关章节联系起来。同时，讨论同一主题（如认知发展）的不同章节，其结构也很相似，便于学生把不同年龄阶段的内容加以联结，对整个发展变化形成完整认识。

四、第 7 版新增内容

由于新发现不断涌现，现有知识不断被更新，因此毕生发展是一个魅力无穷、日新月异的研究领域。第 7 版引用了丰富的当代文献，其中新文献超过 2 300 种。新主题在书中随处可见，下面是一些例子。

第 1 章：介绍了发展的系统观，用生命全程观加以说明；更新了专栏"文化影响　婴儿潮一代重塑了人生轨迹"；更新了专栏"社会问题→健康　家庭混乱会损害父母与子女的身心健康"；修改了"发展神经科学"部分，增加了发展社会神经科学的内容；更新了研究方法实例，包括自然观察、临床法或个案研究法和系列设计；新增了知情同意中儿童的知情同意内容，以遵循保护人类被试的指导方针。

第 2 章：更新了对基因－基因相互作用的讨论，包括蛋白质编码基因与调控基因之间的区别，它使遗传影响变得极度复杂；新研究证据表明，父亲生育年龄较大和 DNA 突变危险增加可能导致心理失调，尤其是自闭症和精神分裂症；更新了专栏"社会问题→健康　生育技术的利与弊"；新增了邻里对身心健康影响的近期研究证据；新增了"家庭之外：邻里和学校"部分，其中特别关注了社会经济地位差异；更多地关注了少数族裔大家庭在面临歧视和贫穷时复原力发挥的作用；更新了有关公共政策与毕生发展的内容，包括美国儿童、青少年与老年人的生活条件与其他西方国家的比较；扩充了对基因－环境相互作用的讨论，介绍了一些新的研究发现；扩充了关于表观遗传作用的内容，包括甲基化的作用以及环境对基因表达影响的新例子；新增了专栏"生物因素与环境　图西族种族大屠杀和母亲压力向子女的表观遗传学传递"。

第 3 章：加大了对孕期发育的关注，包括大脑发育、感觉能力、胚胎和胎儿行为；从更宽的视角更新了人们对致畸物的忧虑；提供了关于孕期严重情绪压力的长期后果的新研究证据；更新了专栏"社会问题→健康　护士－家庭伙伴：凭借社会支持减轻母亲压力、促进儿童发展"；提供了关于分娩医疗干预的好处和风险的新统计资料和新研究；提供了关于早产（即早产 1~2 周）的分娩风险的新研究；更新了对早产儿和低出生体重儿进行干预的新研究，包括袋鼠育儿法、听母亲的说话声音与婴儿心率的关系；丰富和更新了专栏"社会问题→健康　针对父母和新生儿的医疗保健及其他政策的国际比较"，包括婴儿死亡率的跨国家调查，以及高福利父母产假的重要性；新增了分娩时母亲和父亲激素的变化以及收养母亲的激素变化对有效养育的促进作用；修改了专栏"生物因素与环境　神秘的悲剧：婴儿猝死综合征"，包括关于安全睡眠环境和其他保护措施的公共教育的重要性。

第 4 章：更新了有关脑发育新进展的讨论，特别关注了大脑前额皮层；修改了专栏"生物因素与环境　大脑的可塑性：来自大脑损伤儿童与成人研究的启发"；提供了关于婴儿睡眠的新研究，包括就寝时间安排对睡眠质量的影响；更多地关注了文化对婴儿睡眠的影响，包括更新了专栏"文化影响　婴儿睡眠习俗的文化差异"；提供了关于婴儿期和学步期营养不良之长期后果的新研究；更新了有关新生儿模仿能力的讨论；更新了环境因素，包括养育方式和物理环境对运动能力的影响；提供了关于婴儿对言语流的分析能力对后期语言发展之意义的新研究；增加了有关爬行和行走经验对知觉和认知发展影响的讨论；扩充并更新了"联合知觉"部分，尤其是联合知觉对多方面学习的影响。

第 5 章：提供了关于婴儿和学步儿运用类比推理解决问题的新研究；更新了关于学步儿理解图案和视频符号因而促进符号理解力的新证据；修订并更详细地介绍了执行机能概念；提供了关于婴儿和学步儿的记忆加工与年长儿童和成人之相似性的新研究；提供了关于为婴儿和学步儿学习搭建脚手架的文化差异的新研究；提供了关于从婴儿期到幼儿期的持续高质量养育对进入学前班后认知、语言、识字和数学学习进步之重要性的新证据；更新了以下新研究发现——婴儿参与模仿式交流和共同注意，有助于培养其参与合作活动，从而增强有效沟通能力；特别关注了早期词汇发展的社会经济地位差异，这些差异作为进入学前班时词汇量的预测指标，对读写技能和小学学习成绩也具有重要意义；提供了强调成人在真实生活和观看视频时的敏感指导对早期语言发展之重要性的新研究。

第 6 章：提供了关于情绪自我控制发展之文化差异的新研究；提供了关于气质（从低度到中度）稳定性之影响因素的新研究发现，这些因素包括父母教养方式和儿童努力控制能力的发展；修订了"遗传和环境的影响"部分，特别关注了种族与性别差异；增加了关于气质敏感性对父母养育方式好坏之影响的新内容，其中重点介绍了关于短 5-HTTLPR 基因的证据；更新了关于敏感的父母养育及其对依恋安全性影响之文化差异的研究；提供了关于婴儿基因型、气质和父母养育对混乱型依恋之共同作用的新发现，其中特别关注了短 5-HTTLPR 基因和 DRD4 7-重复基因的作用；介绍了一种可促进依恋安全性的干预方式——教给父母如何敏感地与难抚育婴儿互动；提供了父亲参与养育可促进孩子依恋安全性、认知、情绪和社交能力发展的新研究证据；提供了关于婴儿对养育者的依恋对后期发展之意义的新证据，特别强调了养育方式的连续性；更新了关于早期自我发展之文化差异的研究。

第 7 章：更新了关于幼儿期脑发育的新进展，其中特别关注了前额皮层和执行机能；更新了关于幼儿健康状况的统计资料和研究，包括龋齿和童年期免疫情况；提供了关于父母教养方式和童年期意外伤害的新证据；新增了专栏"文化影响 来自亚洲文化的儿童为什么在绘画技能上占优势"；更新了关于幼儿分类能力的研究，其中强调了文化差异；新增了关于幼儿期执行机能发展，以及父母养育敏感性和搭建脚手架能力对幼儿的执行机能发展之作用的内容；更新了关于幼儿期记忆发展的讨论，包括情节记忆和语义记忆的区别；提供了认知进步和社交经验可促进幼儿完成错误观念任务的新证据；更新了专栏"生物因素与环境 自闭症与心理理论"；修改了对贫困学前儿童进行干预这部分内容，加入了关于基于发展指标的启智计划的研究发现；更新了关于教育媒介对认知发展和在校学习之影响的讨论。

第 8 章：增加了幼儿期情绪理解和情绪自我调节能力发展的近期研究；提供了关于父母的细心疏导对子女自我概念和情绪理解之影响的新研究；提供了关于社会剧游戏和嬉闹游戏对幼儿情感与社会性发展之影响的新研究；扩充并更新了幼儿同伴关系对入学准备和学习成绩之影响这部分内容；提供了关于体罚和儿童适应的新研究，其中特别关注了具有问题行为的高遗传风险儿童；更新了专栏"文化影响 体罚结果的族群差异"；提供了关于语言、心理理论、同伴和兄弟姐妹经验及父母教养方式的近期研究；扩展了关于观看暴力视频与幼儿攻击性的讨论；新增了专栏"生物因素与环境 跨性别儿童"；提供了关于预防虐待儿童的早期干预的新发现，其中特别关注了"美国健康家庭"项目。

第 9 章：新增了专栏"社会问题→健康 家庭压力与儿童肥胖症"；提供了关于儿童身体健康对执行机能、记忆和学习成绩之影响的新证据；更多关注了儿童自己组织的非正式游戏，包括社会经济地位和文化差异；更新了关于小学儿童空间推理的研究，聚焦于大范围空间的认知地图；增加了小学期执行机能发展的新内容，包括大脑的变化、学校学习的意义，以及对学习困难儿童执行机能的训练；更新了关于小学生心理理论的研究发现，对递归思维加以特别关注；新增了专栏"文化影响 弗林效应：智商的巨大代际增长"；更新了借助动态评价来减少测验的文化偏见的新发现，这种评价和干预可减轻成见威胁的负面影响；扩充了有关使用双语对认知发展之益处的讨论；更新了从国际视角看美国儿童学习成绩这部分内容。

第10章：更新了有关文化对自尊之影响的讨论，包括性别和种族差异；提供了关于个人表扬和过程表扬对儿童掌握－定向归因之影响的新证据；增加了关于文化和道德理解的新内容；加强了对小学生种族偏见和消除偏见的有效方法的关注；修改并更新了专栏"生物因素与环境　霸凌与被霸凌"，尤其关注了网络霸凌；更新了关于小学期性别成见观念的讨论，包括有关成就的成见观念；扩大了关于母亲就业和双职工家庭对儿童发展的影响范围；修改并更新了专栏"文化影响　种族与政治暴力对儿童的影响"；更新了关于儿童性虐待的证据，包括对身体和心理健康的长期影响；充实了关于小学期复原力的讨论，包括对社会性和情绪学习干预的研究。

第11章：更新了美国青少年身体活动水平的统计资料；更新了关于青少年大脑发育的新研究，以及大脑发育对青少年冒险行为和对同伴影响之敏感性的意义；更新了关于青春期到来时间对适应能力之影响的研究；更新了关于美国青少年的营养需求及食物选择的近期研究；扩充了对青少年性活动的讨论，介绍了关于早期性活动影响因素的新证据；更新了关于致瘾物使用和滥用的研究，介绍了旨在减少尝试吸毒行为的"坚强的非裔美国家庭"项目；更新了关于心理能力之性别差异的讨论，介绍了阅读、写作和数学成绩方面的新证据；扩充了关于升学过渡的讨论，介绍了从学前班到中学八年级学生学习成绩的新发现；更新了专栏"社会问题→教育　媒体多任务处理对学习的干扰"，特别是它给执行机能带来影响的新证据；扩充了关于中学生从事兼职工作及其对学习和社会适应之影响的讨论。

第12章：加大了对青少年自尊的影响因素的关注，包括父母、同伴和社会大环境的影响；介绍了关于同一性发展过程以及个人和社会影响的新研究；更新了关于青少年把道德、社会常规和个人私事加以整合之能力的研究发现；加大了对父母、同伴和学校怎样影响青少年道德成熟性的关注；扩充了关于父母和青少年子女关系与自主性发展以及文化差异的讨论；更新了关于兄弟姐妹关系如何影响青少年适应的研究；更新了少数族裔青年友谊品质之性别差异的研究；扩充了青少年与朋友在线沟通这部分内容，包括其对友谊质量和社交适应力的影响；更新了关于青少年抑郁问题的研究，特别关注了遗传、青春期激素、家庭、同伴和生活事件的共同影响及其性别差异；更新了有关家庭、学校和邻里对青少年犯罪之影响的研究。

第13章：更新了专栏"生物因素与环境　端粒长度：生活状态对生物学老化影响的标记物"；更新了关于成年期超重和肥胖的统计资料，包括国际比较、美国各族群差异和应对方法；更新了关于成年早期致瘾物使用的研究，包括酒精依赖发展过程的性别差异；更新了关于年轻人性态度和性行为的研究发现，包括在线约会、一生中性伙伴数量的性别差异、美国大学校园里无承诺的性接触、同性性关系，以及性活动对生活满意度的意义；更新了关于接受同性婚姻之代际差异，尤其是千禧一代的高接受度的讨论；更新了有关成年早期性传播感染的内容，特别关注了艾滋病感染；修改并更新了关于性胁迫的证据；更新了关于创造性的认知成分的证据，包括降低对那些乍看起来不相关信息的抑制；新增了专栏"社会问题→教育　大学学习对顺利向职场过渡的重要性"；关注了女性在选择男性占优势的职业方面的进步，尤其注意到有数学和科学才能的女大学生。

第14章：更新了关于成年初显期同一性发展的研究，包括同一性获得时间的文化差异；更新了成年初显期宗教与灵性对心理适应之重要性的内容；更新了关于恋爱关系形成的研究，特别关注了仁慈的爱和承诺对持久亲密关系的作用；更新了爱的体验的文化差异，包括包办结婚的夫妇，其爱情随时间逐渐增长；提供了关于男女同性恋者亲密关系的新研究；更新了关于做父母带来的挑战和满足感的讨论；更新了关于同居的近期发现，特别关注了导致同居关系持久或破坏的因素；提供了关于男男同性恋父母及其子女发展的新研究；更新了关于女性寻求男性占优势的职业时经历的挑战的研究发现；增强了对职业发展性别差异，特别是影响两性收入差距和职位晋升的性别差异的关注。

第15章：更新了专栏"生物因素与环境　饮食限制的抗衰老作用"；增加了有关更年期和绝经带来的生理和心理症状的新研究发现；更新了中年期同居和已婚夫妻性活动的研究发现；更新了有关 A 型行为模式发展趋势的研究发现；更新了关于中年期有规律地进行身体锻炼可降低死亡率的研究发现，以及中年期增加体育活动的方法；新增了专栏"社会问题→健康　生活逆境中的一缕阳光"；增加了"执行机能"部分，聚焦于中年期工作记忆、抑制和灵活转换注意力的衰退及其补偿方法；修改并更新了中年期"实际问题解决和专长"部分。

第 16 章：提供了关于中年期繁衍感与心理适应之关系的新证据，包括公民参与、政治和宗教活动的影响；提供了关于中年期生活遗憾与心理健康的研究；扩充了专栏"生物因素与环境　哪些因素可以促进中年期的心理健康？"，新增了关于锻炼身体与改善执行机能之间联系的研究证据；讨论了美国中年男性自杀死亡率和毒品与酗酒剧增的现象；修改并更新了"性别同一性"部分，特别关注了中年期双性化程度升高的同龄群组效应；补充了关于中年人结婚和离婚的新研究；更新了关于中年父母对其成年子女提供支持的社会经济地位差异的研究证据；提供了关于中年子女照养老年父母之文化差异的新发现；提供了关于中年同胞关系的近期研究，特别关注了父母偏爱的持久影响；提供了关于中年期职业满足感升高的性别和社会经济地位差异的新证据。

第 17 章：提供了关于视听功能损伤与认知机能之关系的新证据；加大了对失能老年人使用辅助技术的关注；扩展了关于老年成见对老年人生理、认知和情绪机能之影响的讨论；更新了关于老年期性活动的研究证据；提供了关于阿尔茨海默病的危险因素和保护因素的新发现，包括它们在该病逐渐形成过程中的作用；更新了关于晚年联想记忆缺陷的研究发现；提供了关于自传式回忆中怀旧记忆增加的新发现；扩充了关于语言加工的讨论，特别关注了叙事能力；注意到针对老年人的简化的、带有优越地位的"老年人语言"的负面影响；更新了关于针对老年人的认知干预的讨论，尤其是旨在改善其执行机能的干预；修改并更新了专栏"社会问题→教育　戏剧表演对老年人认知机能的促进"。

第 18 章：增加了关于老年人积极情感之影响（老年人偏向于积极的情感信息）的内容，讨论了老年人情绪自我调节特长；更新了老年期灵性和宗教信仰方面的新发现，包括参加宗教活动有助于老年人的心理健康；提供了关于对生活满意度的个人控制的影响的新研究；提供了关于社会情感选择的新研究证据，包括社交伙伴的亲密性随年龄的变化；更新了关于辅助生活的讨论，包括美国辅助生活设施质量的差异及其对经济条件差的老年人的意义；修改并更新了有关老年婚姻的相关内容，特别关注了婚姻满意度的多样性；提供了关于老年男女同性恋配偶的新研究，包括合法婚姻对身心健康的好处；更新了关于老年期离婚、再婚和同居的研究，根据报告，越来越多的老年配偶重新团聚，一起生活；充实并更新了关于老年人虐待的讨论，包括美国老年人虐待发生率的统计资料、虐待者的特征，以及对被虐待老年人身心健康的伤害；新增了专栏"生物因素与环境　体验军团对退休者身心健康和儿童学习成绩的促进"。

第 19 章：更新了关于儿童对死亡之理解的相关内容，包括父母与子女坦率地讨论死亡的文化差异；关注了宽恕在缓解临终者痛苦和引导生命完成感方面的作用；扩充了关于绝症患者在家里和家人共同体验临终状态问题的讨论；更新了临终关怀对患者和家人有多种好处的证据；提供了关于对临终患者采用音乐护理可以有效减轻疼痛、促进心理幸福感的新研究发现；修改了对临终者的临终医疗援助和自愿安乐死相关内容，包括伦理问题和当前公众和医生的意见；提供了关于从丧亲中恢复的新发现；加大了对哀痛的性别差异的关注，特别是失去孩子的父母；修改和更新了关于死亡教育的相关内容。

五、教学模块

既要简明易懂、引人入胜，又不过分简化，这是本书写作的主要目标。我经常在上课时与学生对话，鼓励他们把书本上学到的知识与自己的生活相联系。这样做的目的，是让毕生发展的学习富有参与性和乐趣。

1.章前的"本章内容"和小片段

为了提供对各章内容的预览，每一章前面都列出一个大纲和概述。为了帮助学生构建一个清晰的发展图像，使行文活泼，每个按时间顺序划分的年龄阶段都用一些个案实例把该阶段内容统一起来。例如，小学期部分突出了 10 岁的乔伊的经历和担忧，还有 8 岁的莉琪、他们离异的父母雷娜和德雷克，以及他们的同学。在老年期的几章中，学生们将读到沃尔特和露丝这对充满活力的退休夫妇，还有沃尔特的哥哥迪克和他的妻子高尔蒂，以及露丝的妹妹、患有阿尔茨海默病的伊达。除了贯穿各年龄阶段的几个主要人物之外，还有许多插图生动地展示了儿童、青少年和成人的发展和多样性。

2. 章末的"本章要点"

每章后面的"本章要点"是根据每章各节主要内容归纳出的，并突出重要术语，提醒学生抓住教材所讨论的重点。其中还包括学习目标，以鼓励学生主动学习。

3. 观察与倾听

这种主动学习的方式能让学生有机会观察真正的儿童、青少年和成年人说了什么、做了什么，与他们交谈，或与关心他们健康的专业人员交谈，并调查影响发展的社区项目和实践。把观察与倾听的经验与教材的相关部分相关联，目的是使学习更切合实际。

4. 思考题

每节后面的思考题鼓励学生主动参与到所学教材中来。三种类型的思考题提示学生以不同方式思考人的发展问题：

联结　把学到的不同年龄阶段和不同领域的知识加以整合，形成一个人的完整图像。

应用　把所学知识运用到人们关心的问题和儿童、青少年、成人及做这些人工作的专业人员所面临的问题上。

反思　反思自己的成长过程和生活经历，使对毕生发展的研究具有个人意义。

5. 学习目标

这是本版新增的模块，位于每节标题下，可用于指导学生的阅读和学习。

6. 三个主题专栏

主题专栏突出了本书的编写思想。

社会问题　讨论社会条件对儿童、青少年和成人的影响，强调需要恰当的社会政策来保证人的身心健康。这一专栏又分为两种类型：其一是社会问题→教育，聚焦家庭、学校和社会对学习的影响，例如"在磁石学校平等地接受高质量教育""媒体多任务处理对学习的干扰""大学学习对顺利向职场过渡的重要性"。其二是社会问题→健康，聚焦于和身心健康有关的价值观与实践，例如"针对父母和新生儿的医疗保健及其他政策的国际比较""家庭压力与儿童肥胖症""生活逆境中的一缕阳光"。

生物因素与环境　强调越来越引起关注的在发展过程中生物因素和环境因素之间复杂的双向关系，例如"图西族种族大屠杀和母亲压力向子女的表观遗传学传递""体验军团对退休者身心健康和儿童学习成绩的促进"。

文化影响　旨在加深对文化的关注，既强调人的发展的跨文化差异，也强调多元文化差异，例如"移民青年对新家园的适应""弗林效应：智商的巨大代际增长""哀悼行为的文化差异"。

7. "学以致用"栏

在"学以致用"栏中，我总结了许多问题和基于研究的应用，直接面向已做父母或将做父母的学生，以及那些寻求不同职业或研究领域的人，如教学、医疗保健、咨询或社会工作。例如"怎样促进婴儿的早期语言学习""规范电视和电脑的使用""减轻照料年迈父母的压力"。

8. "里程碑"表

"里程碑"表出现在教材中每一个发展阶段的末尾。这些表格对身体（生理）、认知、语言、情绪或情感与社会性等方面的进步做了概括，可以帮助人们回顾毕生发展的时间进程。

9. 插图和照片

丰富多彩的插图和照片清晰而诱人地呈现了概念和研究成果，有助于学生理解和记忆。每张照片都经过精心挑选，以补充文字讨论，并展示了世界各地儿童、青少年和成人的多样性。

10. 正文中定义性的关键术语、章末的"重要术语和概念"，以及书末的"术语解释"

书中采用字体变化加以强调的术语及其定义，可以帮助学生通过重读相关内容，深刻领会本领域的核心词汇。关键术语还出现在章末带页码索引的"重要术语和概念"和书末带页码索引的"术语解释"中。

六、致谢

本书第 7 版承蒙很多人的无私奉献，他们使书的出版成为现实，使本书第 7 版更为精细和大有改进。

1. 审阅人

有 150 多名审阅人提供了许多有益的建议和建设性的批评意见，以及对本书编写工作的热情鼓励。我向他们每一个人表示感谢。

第 7 版审阅人：

Cheryl Anagnopoulos, Black Hills State University

Donna Baptiste, Northwestern University

Carolyn M. Barry, Loyola University Maryland

Gina Brelsford, Penn State-Harrisburg

Katie E. Cherry, Louisiana State University

Michelle Drouin, Indiana U. Purdue-Fort Wayne

Kathleen Dwinnells, Kent State-Trumbull

Karen Fingerman, University of Texas, Austin

Lily Halsted, Queens University of Charlotte

James Henrie, University of Wisconsin-Parkside

Janette Herbers, Villanova University

Michelle Kelley, Old Dominion University

Kristopher Kimbler, Florida Gulf Coast University

Katie Lawson, Ball State University

Joan Pendergast, Concord University

Amy Rauer, Auburn University

Celinda Reese-Melancon, Oklahoma State University

Pam Schuetze, SUNY Buffalo

Brooke Spangler, Miami University

Virginia Tompkins, Ohio State-Lima

Bridget Walsh, University of Nevada-Reno

Nona Leigh Wilson, Northwestern University

第 1 版至第 6 版审阅人：

Gerald Adams, University of Guelph

Jackie Adamson, South Dakota School of Mines and Technology

Paul C. Amrhein, University of New Mexico

Cheryl Anagnopoulos, Black Hills State University

Doreen Arcus, University of Massachusetts, Lowell

René L. Babcock, Central Michigan University

Carolyn M. Barry, Loyola University

Sherry Beaumont, University of Northern British Columbia

W. Keith Berg, University of Florida

Lori Bica, University of Wisconsin, Eau Claire

James A. Bird, Weber State University

Toni Bisconti, University of Akron

Joyce Bishop, Golden West College

Kimberly Blair, University of Pittsburgh

Tracie L. Blumentritt, University of Wisconsin–La Crosse

Ed Brady, Belleville Area College

Michele Y. Breault, Truman State University

Dilek Buchholz, Weber State University

Lanthan Camblin, University of Cincinnati

Judith W. Cameron, Ohio State University

Joan B. Cannon, University of Massachusetts, Lowell

Michael Caruso, University of Toledo

Susan L. Churchill, University of Nebraska-Lincoln

Gary Creasey, Illinois State University

Rhoda Cummings, University of Nevada-Reno

Rita M. Curl, Minot State University

Linda Curry, Texas Christian University

Carol Lynn Davis, University of Maine

Lou de la Cruz, Sheridan Institute

Manfred Diehl, Colorado State University

Byron Egeland, University of Minnesota

Mary Anne Erickson, Ithaca College

Beth Fauth, Utah State University

Karen Fingerman, University of Texas, Austin

Maria P. Fracasso, Towson University

Elizabeth E. Garner, University of North Florida

Laurie Gottlieb, McGill University

Dan Grangaard, Austin Community College

Clifford Gray, Pueblo Community College

Marlene Groomes, Miami Dade College

Laura Gruntmeir, Redlands Community College

Linda Halgunseth, Pennsylvania State University

Laura Hanish, Arizona State University

Traci Haynes, Columbus State Community College

Vernon Haynes, Youngstown State University

Bert Hayslip, University of North Texas

Melinda Heinz, Iowa State University

Bob Heller, Athabasca University

Karl Hennig, St. Francis Xavier University

Paula Hillman, University of Wisconsin-Whitewater

Deb Hollister, Valencia Community College

Hui-Chin Hsu, University of Georgia

Lera Joyce Johnson, Centenary College of Louisiana

Janet Kalinowski, Ithaca College

Kevin Keating, Broward Community College

Joseph Kishton, University of North Carolina, Wilmington

Wendy Kliewer, Virginia Commonwealth University

Marita Kloseck, University of Western Ontario

Karen Kopera-Frye, University of Nevada, Reno

Valerie Kuhlmeier, Queens University

Deanna Kuhn, Teachers College, Columbia University

Rebecca A. López, California State University-Long Beach

Dale Lund, California State University, San Bernardino

Pamela Manners, Troy State University

Debra McGinnis, Oakland University

Robert B. McLaren, California State University, Fullerton

Kate McLean, University of Toronto at Mississauga

Randy Mergler, California State University

Karla K. Miley, Black Hawk College

Carol Miller, Anne Arundel Community College

Teri Miller, Milwaukee Area Technical College

David Mitchell, Kennesaw State University

Steve Mitchell, Somerset Community College

Gary T. Montgomery, University of Texas, Pan American

Feleccia Moore-Davis, Houston Community College

Ulrich Mueller, University of Victoria

Karen Nelson, Austin College

Bob Newby, Tarleton State University

Jill Norvilitis, Buffalo State College

Patricia O'Brien, University of Illinois at Chicago

Nancy Ogden, Mount Royal College

Peter Oliver, University of Hartford

Verna C. Pangman, University of Manitoba

Robert Pasnak, George Mason University

Ellen Pastorino, Gainesville College

Julie Patrick, West Virginia University

Marion Perlmutter, University of Michigan

Warren H. Phillips, Iowa State University

Dana Plude, University of Maryland

Leslee K. Polina, Southeast Missouri State University

Dolores Pushkar, Concordia University

Leon Rappaport, Kansas State University

Celinda Reese-Melancon, Oklahoma State University

Pamela Roberts, California State University, Long Beach

Stephanie J. Rowley, University of North Carolina

Elmer Ruhnke, Manatee Community College

Randall Russac, University of North Florida

Marie Saracino, Stephen F. Austin State University

Edythe H. Schwartz, California State University–Sacramento

Bonnie Seegmiller, City University of New York, Hunter College

Richard Selby, Southeast Missouri State University

Mathew Shake, Western Kentucky University

Aurora Sherman, Oregon State University

Carey Sherman, University of Michigan

Kim Shifren, Towson University

David Shwalb, Southeastern Louisiana University

Paul S. Silverman, University of Montana

Judith Smetana, University of Rochester

Glenda Smith, North Harris College

Gregory Smith, Kent State University

Jacqui Smith, University of Michigan

Jeanne Spaulding, Houston Community College

Thomas Spencer, San Francisco State University

Bruce Stam, Chemeketa Community College

Stephanie Stein, Central Washington University

JoNell Strough, West Virginia University

Vince Sullivan, Pensacola Junior College

Bruce Thompson, University of Southern Maine

Laura Thompson, New Mexico State University

Mojisola Tiamiyu, University of Toledo

Ruth Tincoff, Harvard University

Joe Tinnin, Richland College

Catya von Károlyi, University of Wisconsin–Eau Claire

L. Monique Ward, University of Michigan

Rob Weisskirch, California State University, Fullerton

Nancy White, Youngstown State University

Ursula M. White, El Paso Community College

Carol L. Wilkinson, Whatcom Community College

Lois J. Willoughby, Miami-Dade Community College

Paul Wink, Wellesley College

Deborah R. Winters, New Mexico State University

2. 编辑出版团队

我无法用语言表达与主编汤姆·波肯 (Tom Pauken) 的合作是多么愉快，他监督了本书第 3 版、第 5 版和第 6 版的准备工作，并着手编辑第 7 版及其补充包。汤姆对本书怀着无与伦比的奉献精神，他敏锐的组织能力、敏捷的日常沟通、对稿子的严谨审读、富有洞察力的建议、对主题的兴趣，以及他的耐心和在恰当时刻表现出来的幽默感极大地提高了本书的质量，使我能跟上培生出版公司严格的修订时间框架。我非常期待与汤姆在未来的项目中继续合作。

同时，我诚挚地感谢资深出版人罗思·维尔科夫斯基 (Roth Wilkofsky) 在培生出版公司营造出的关爱氛围，他为本书的修订做好准备，并将出版团队召集到纽约参加第 7 版策划会议。罗思敏锐的问题解决能力、对人的鼓励、广博的知识经验和真挚的待人接物方式使我受益匪浅。

高级制作经理唐纳·西蒙斯 (Donna Simons) 和利兹·纳波利塔诺 (Liz Napolitano) 协调了复杂的制作任务，把我的手稿变成了精美的图书。我非常感谢他们敏锐的美感、对细节的关注、灵活性，以及高效和周到的工作。

助理编辑蕾切尔·特拉普 (Rachel Trapp) 的表现令人赞叹。除了耗时费力地查找、收集和组织学术文献，她还参与了大量的编辑制作任务。朱迪·阿什克纳济 (Judy Ashkenaz) 和米歇尔·麦克斯威尼 (Michelle McSweeney) 是发展专业编辑，他们对每一章都进行了仔细的审查和评论，以确保审阅人的意见得到重视，使每一个想法都得到清晰的表达和改进。洛雷特·帕拉吉 (Lorretta Palagi) 提供了杰出的编辑加工，并精心编纂了参考文献。

补充包得益于几个人的才能和奉献。朱迪·阿什克纳济为教师资源手册编写了新的增强课程，并修改了各章要点和大纲。金伯利·米肖 (Kimberly Michaud) 编制了一个极好的题库，朱莉·休斯 (Julie Hughes)、丹尼丝·赖特 (Denise Wright) 和蕾切尔·特拉普精心设计了评估包。蕾切尔·佩恩 (Rachael Payne) 设计编写了一个非常诱人的 PPT 演示文稿。伊利诺伊州布卢明顿市当代视觉公司（Contemporay Visuals）的玛丽亚·亨内伯里 (Maria Henneberry) 和菲尔·范迪弗 (Phil Vandiver) 制作了一套鼓舞人心的扩展视频片段。

最后要感谢我的家人，他们的爱、耐心和理解使我能够同时成为妻子、母亲、教师、研究者和著者。我的儿子，戴维 (David) 和彼得 (Peter)，伴随着我的著作长大，从童年到青少年，再到成年，都被依次写进书里。作为一名小学教师，戴维与这些书的主题有着特殊的联系。彼得现在是一名经验丰富的律师，他的天性活泼、才华横溢的妻子梅丽莎 (Melissa) 是一位学识深厚的语言学家和大学教授。他们三人通过对自己生活中经历的事件和前进脚步的反思，不断丰富我对毕生发展的理解。我还要感谢我的丈夫肯 (Ken)，他心甘情愿地在我们的生活中腾出空间，为完成本书第 7 版的修订工作付出了巨大努力。

劳拉·E. 伯克

本书的补充包

1. 我的发展实验室

我的发展实验室 (MyDevelopmentLab) 是一个在线家庭作业、辅导和评估产品的集合，旨在改进大学生的学习。由劳拉·伯克为本书第 7 版编制的"我的发展实验室"，吸引学生通过主动学习和促进对主题的深入掌握，从而为课堂学习、小测验和考试做充分准备。

个性化学习计划 (Personalized Study Plan) 将学生的学习需求分为三个水平：记忆、理解和应用。

评估包 (Variety of Assessments) 可以对学生的学习进行持续的评估。

成绩册 (Gradebook) 可帮助学生跟踪自己的进展，并得到及时的反馈。评分会被自动地记入"成绩册"，并可以在"我的发展实验室"中查看或导出。

电子书 (eText) 使学生能给段落画出重点，添加注释。可以用笔记本电脑、iPad 或其他平板电脑访问，或下载免费应用程序在平板电脑上使用。

扩展视频片段 (Extensive video footage) 包括作者劳拉·伯克制作的新的录像片段。

多媒体模拟 (Multimedia simulations) 包括一些新主题，由作者劳拉·伯克设计的模拟课程可以和教科书无缝对接。

人一生中的职业生涯 (Careers in Human Development) 解释了为什么学习人的发展对走上职业道路至关重要。这一工具提供了 25 个以上的职业概述，其中包括与实际从业者的访谈、教育要求、典型的日常活动，以及怎样通过网络获得更多信息。

我的虚拟人生 (MyVirtualLife) 是一对基于互联网的交互式模拟器。第一个，让学生把一个孩子从出生抚养到 18 岁，并随着时间的推移监控他们的养育决定产生了什么影响。第二个，让学生做出个人决定，并看看这些决定对他们模拟的未来自我有何影响。

若想知道"我的发展实验室"的丰富内容，可访问 www.mydevelopmentlab.com。

2. REVEL ™

REVEL 是为当今学生阅读、思考和学习而设计的身临其境式的学习体验工具。REVEL 与全美各地的教育工作者和学生合作，提供传授课程内容的最新的全数字化方法。

REVEL 通过互动媒体和评价，并与作者的叙述相整合，使教材更加生动活泼，这为学生在阅读时深入参与课程内容提供了机会。学生的参与度越高，对概念的理解就越透彻，在整个课程中的表现也就越好。

想要更多地了解 REVEL，可访问 www.pearsonhighered.com/REVEL。

3. 教学资源

除了"我的发展实验室"，其他几位作者制作的教学材料也配合本书第 7 版而产生。这些资源可促进学生对课程内容的学习和参与。

教师资源手册 (Instructor's Resource Manual, IRM)　这个全新修订的手册，可供初次或有经验的教师用来丰富课堂经验。每一章伴随着两个新的课程增强功能，一个是引用文献来呈现前沿主题，另一个是提出在课堂上扩展该章内容的建议。

题库 (Test Bank)　题库包含 2 000 多道选择题和问答题，所有的试题都有章节索引页码，同时按类型分类。

培生教师测验 (Pearson MyTest)　这个安全的在线环境，使教师能够应用任何一台联网的电脑，轻松地编制试题、学习指导问题和小测验。

PPT 演示文稿 (PowerPoint Presentation)　PPT 演示文稿提供了教材每一章的大纲和要点。

"毕生发展探索" DVD 和指南 ("Explorations in Lifespan Development" DVD and Guide)　本次修订的用于课堂教学的 DVD，时长超过 9 小时，包含 80 多个 4~10 分钟的叙述片段，其中 20 个是最新的，它们解释了理论、概念和人的发展的里程碑。DVD 和指南只向被认可的授课教师提供。

本书作者劳拉·伯克的母亲索菲亚的一生照片说明

第 1 章和第 19 章讲述了索菲亚从出生到去世的一生。第 1 章开头讲述了她的一生以及她之后两代家人的故事。

第 2 页

1. 索菲亚 18 岁，中学毕业
2. 婴儿时的索菲亚和她妈妈
3. 6 岁的索菲亚和她 8 岁的哥哥
4. 索菲亚的德国护照。
5. 60 岁的索菲亚在女儿劳拉的婚礼上
6. 索菲亚和菲利普，此后不到两年，索菲亚去世
7. 索菲亚的孙子、劳拉和肯的儿子——5 岁的戴维和 2 岁的彼得
8. 劳拉、肯与儿子——5 岁的戴维和 2 岁的彼得
9. 彼得和梅丽莎在他们的婚礼上
10. 在彼得和梅丽莎婚礼上祝贺的戴维
11. 在家中的劳拉和肯

第 3 页

1. 索菲亚 30 岁，刚移民美国不久
2. 索菲亚和菲利普 30 多岁，刚订婚

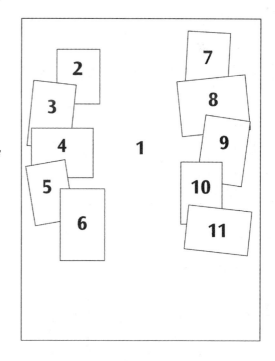

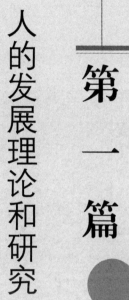

第一篇

人的发展理论和研究

历史、理论和研究方法

这些照片回顾了索菲亚·伦切纳的一生及其家庭。从20世纪初索菲亚婴儿期开始，到21世纪初索菲亚去世40年后孙子的婚礼。对每张照片的说明见本书文前末尾。

索菲亚·伦切纳1908年生于德国商业繁荣、充满文化活力的城市莱比锡，是一对犹太夫妇的第二个孩子。她的父亲是成功的商人和社会活动家，母亲是一位优雅、美丽而好客的社交名流。在婴儿时期，索菲亚就已表现出终其一生的果断和坚持性。她可以长时间地坐在那里关注或玩弄小东西，唯一能够打断她的，只有客厅里的钢琴声。索菲亚刚学会爬，她就去触摸琴键，为那清脆的琴声惊讶不已。

上小学的时候，索菲亚是个内向的孩子，在和她家社会地位相当的女孩子参加的节日聚会上，她常常感到局促不安。她全身心地投入学业，尤其是掌握外语——这是德国小学和中学教育的常规。她每周两次向莱比锡最好的老师学习钢琴。中学毕业时，索菲亚能说一口流利的英语和法语，还能弹一手好钢琴。在她那个时代，大多数德国女孩20岁就结婚了，而索菲亚为了上大学而推迟了寻偶。她的父母开始担忧他们热情而认真的女儿将来能不能过好家庭生活。

索菲亚想结婚，也想上大学，但她的计划被当时的政治动荡所焚毁。20世纪30年代初，希特勒攫取了政权，索菲亚的父亲担心妻儿的安全，全家移居比利时。犹太人在欧洲的处境迅速恶化。纳粹分子查抄了索菲亚的家，没收了她父亲的产业。20世纪30年代末，索菲亚和几乎所有亲人都失去联系，包括

她的姑姑、舅舅、表兄弟姐妹和儿时的很多朋友。她后来才知道，很多人被赶上马车，送往纳粹死亡集中营。1939年，由于反犹太法案的颁布及纳粹对犹太人迫害的加剧，索菲亚一家被迫移民美国。

索菲亚30岁时，她的父母认为，她已不会结婚了，但是总得有一份工作来谋生。他们支持她重返学校。索菲亚获得了音乐和图书馆学两个硕士学位。有一天，她邂逅了菲利普，一个美国军官。菲利普的沉稳、儒雅气质与索菲亚的热情、平易相得益彰，不到半年，两人就幸福地结合了。婚后4年，他们有了两个女儿和一个儿子。

二战结束后，菲利普退伍，开了一家卖男装的小店。索菲亚把所有时间都用在照顾孩子和帮助丈夫打理生意上。40岁的她是一个全职妈妈，但是这年龄鲜有女性还在照顾年幼的孩子。菲利普全力打理生意，把越来越多的时间都扑在工作上，索菲亚经常感到孤独。她轻易不碰钢琴，这只会唤起她年轻时被战争摧残的痛苦记忆。索菲亚的孤寂和不完满感逐渐使她脾气越来越坏，夜深时经常会听到她和菲利普争吵的声音。

孩子们长大以后，索菲亚重回学校，获得了教师资格证。50岁时，她终于开始了自己的职业生涯，给中学生教德语和法语，也给新移民教英语。除了缓解家庭经济困难，她也在工作中体会到了成就和创造的满足。这些年索菲亚体验到了前所未有的充沛精力和满足感。她对教学有着永无止境的激情，通过教学，她用语言传递自己的技能，表达她对仇恨和压迫的后果的直接感受，以及怎样在新环境下适应生活的切实体验。她看到，自己孩子们的年轻生命不会因战争而受到创伤，他们接受了她的很多价值观和责任感，在未来将开始自己的婚姻生活和职业生涯。

索菲亚怀着对未来的憧憬迈入60岁。她和菲利普终于从子女上大学的负担中解脱出来，开始享受安逸的生活。他们的感情和相互信任更加深厚。索菲亚又开始弹琴了，但是这种幸福却非常短暂。

一天早上，索菲亚发现一只胳膊的皮下有一个硬块，几天后被医生诊断为癌症。经历了生命中的大起大落，索菲亚已具有坚强的意志来应对疾病。她把疾病当成敌人，努力抗争和克服它。这样她又活了5年。尽管被化疗搞得憔悴不堪，她依然承担全职教学工作，并且坚持看望和照顾自己的老母亲。最后，由于身体虚弱，她再无精力去上课。几星期卧床不起后，在菲利普的陪伴下她安然辞世。成百上千的学生挤满了为她举办葬礼的教堂。

索菲亚的三个子女之一，劳拉，即本书作者，在索菲亚过世的前一年结婚。劳拉和她的丈夫肯经常回忆起母亲在他们结婚前夜说的话："根据我的经历和婚姻体会，我希望你们建立一种既相濡以沫又各自独立的生活。要允许每个人有自己的时间、空间，要保持自己的个性和表达自己、给予他人的方式。维系你们关系的最重要东西就是尊重。"

劳拉和肯住在中西部的一个小城里，他们的家靠近伊利诺伊州立大学，他们多年在那儿教学，劳拉在心理学系，肯在数学系。他们有两个儿子，戴维和彼得，劳拉经常给他们讲索菲亚生活中的许多故事，希望他们继承外祖母的遗志。戴维像外祖母一样喜欢教书，现在是一名小学教师。彼得，一名律师，他像外祖母一样热爱音乐。他的妻子梅丽莎非常喜欢索菲亚，是一名有天赋的语言学家和音乐家。当彼得向梅丽莎求婚时，他把一件传家宝——一枚戒指戴在梅丽莎的手指上，这枚戒指是索菲亚在纳粹集中营死去的姑姑的。在放戒指的盒子里，梅丽莎发现了索菲亚和她家人的故事。

索菲亚对她的许多学生产生了终生的影响。一位教授"人的发展"课程的教授给劳拉写信说：

> 我教的是毕生发展课程。当我打开课本，看到你妈妈的照片时，我非常惊讶。高中时，我跟她学过德语。我记得她是一位非常严厉的老师，她对学生既严格，又关心。她是一位令人难以置信的老师，直到我去德国上大学，才真正理解她的这一点。由于她的教诲，我既能听懂又能说德语。

索菲亚的一生提出了众多有关人类生命历程的有趣问题。例如：

- 什么决定了索菲亚与其他人在身体特征、心理能力、兴趣及行为上的相同点和不同点？
- 什么使得索菲亚在整个生命历程中保持坚持性，但又以其他重要方式发生了变化？
- 历史与文化背景——例如索菲亚，年轻时家庭遭受迫害，亲友死亡以及逃亡美国——怎样影响了她一生的心理健康？
- 事件发生的时间——例如，索菲亚早期接触几种语言、晚婚、晚育、晚就业——对她的毕生发展有何影响？
- 哪些遗传因素和环境因素使得索菲亚过早辞世？

这些问题就是发展科学所关心的核心问题。**发展科学** (developmental science) 是致力于查明生命全程中的稳定性和变化性的一个跨学科研究领域 (Lerner et al., 2014; Overton & Molenaar, 2015)。研究发展的学者，其兴趣和关注点很不相同，但都有一个共同目标：查明影响个体从受精卵到死亡的一生中的稳定性和变化性的各种因素。

一、人的发展：一个科学的、应用性的跨学科领域

1.1　什么是发展科学？是什么因素推动了这一领域的进展？

上面列举的问题不仅是科学关注的问题。每一个问题都具有应用或实践的重要性。事实上，对于从生到死的变化的科学兴趣，只是使毕生发展成为当今一个重要研究领域的因素之一。改善人们生活的社会压力也是推动发展研究的一个因素。例如，20 世纪初，公共教育的兴起引发了对不同年龄的儿童怎样教、教什么的研究需求。医药行业对如何改善人类健康的关注，需要身体发育、营养和疾病方面的知识，社会服务行业需要解决人的情绪问题，帮助人们应对重大生活事件，如离异、失业、战争、自然灾害、丧亲等，这就

需要人格与社会性发展的相关知识。此外，做父母者为了给孩子一个快乐、成功的人生，也会不断地请专家提出教育孩子的建议和经验。

关于人的发展的知识宝库是跨学科的。其发展依赖于多个领域学者的共同努力。由于涉及不同年龄阶段人们的日常问题，心理学、社会学、人类学、生物学等领域的理论研究者与教育、家庭研究、医药、公共卫生、社会公益服务等应用领域的专家只有联合起来，才能圆满地完成这些任务。当前，人的发展领域成果累累，它的大量知识不仅具有科学价值，也有重要的实用价值。

二、基本问题

1.2　阐述人的发展理论所立足的三个基本问题

发展科学是一门相对较新的学科。对儿童的研究直到 19 世纪末和 20 世纪初才开始。对成人发展、衰老和生命历程中的变化的研究仅出现在 20 世纪六七十年代 (Elder & Shanahan, 2006)。但是关于人类如何成长和变化的思考已经存在了几个世纪。当这些思考与研究相结合时，就推动了发展理论的建构。**理论 (theory)** 是对行为进行描述、解释和预测的规律性、综合性的阐述。例如，关于婴儿 – 养育者依恋的一个好理论应该包括：描述 6~8 个月的婴儿寻求亲人关爱和抚慰等行为；解释婴儿怎样和为什么强烈地希望与养育者形成这种联系；预测这种情感联系的未来后果。

理论是重要工具，原因有二。首先，理论给对人的观察提供组织结构，理论指引我们观察什么，并为我们观察到的东西赋予意义。其次，得到实证研究支持的理论可以为实践活动提供可靠依据。一旦理论帮助我们更好地理解了发展，我们就能从最恰当的角度知晓应怎样努力改进儿童和成人的身心健康，怎样对待他们。

正如下文将要讲到的，理论是受提出者所处时代的文化价值观和观念影响的。但是理论与意见或观念不同：理论是经过科学证明的。这就意味着理论必须经过科学界反复的研究检验，它的

提出必须具有跨时间的可重复性。

在发展科学领域内存在着纷繁多样的理论，这些理论对人是什么和怎样发展持有不同观点。发展研究并没有提供一个最终的事实，因为研究者对观察结果的意义不一定能取得一致看法。其次，人是复杂的生物，在生理、心理、情绪或情感与社会性上都发生着改变，至今没有一种理论能做出全面的解释。但是多种理论的存在有助于加深认识，因为研究者都在不懈地努力，要么支持、要么反驳这些观点，要么把它们加以整合。

我们将详细回顾这些理论，也将介绍一些重要但非主流的理论。虽然存在很多理论，但我们可以很容易地根据它们在以下三个基本问题上的立场对其加以组织：发展过程是连续的还是不连续的？是所有人都遵循一种发展进程，还是有多个可能的进程？在影响人的发展方面，遗传因素和环境因素——天性和教养——各自发挥着什么作用？下面就来详细考察这三个问题。

1. 发展是连续的还是不连续的？

我们怎样才能准确地描述婴儿、幼儿、青少年和成人的能力差异？如图 1.1 所示，几种主流理论提出了两种可能。

图 1.1　发展是连续的还是不连续的？
(a) 有些理论认为发展是一个平滑而连续的过程。个体随年龄增长，相同类型的技能不断增多。(b) 另一些理论认为发展以不连续的阶段形式出现，个体的变化快速上升到一个新水平，之后的一段时间变化很小。每上一个台阶，个体对世界的解释和反应方式都发生质变。

婴儿期　　　　成年期　　　　　　婴儿期　　　　成年期

(a)　连续的发展　　　　　　　　　(b)　不连续的发展

一种观点认为，婴儿和幼儿对世界万物的反应方式与成年人很相似。未成熟者和成熟者只在行为的量或复杂性上有差异。例如，索菲亚还是个婴儿时，她对钢琴声音的感知、对过去事件的记忆以及分类能力与我们成年人相似，也许她唯一的局限是不能像我们一样准确地执行这些技能。如果这个观点正确的话，她的思维就应该是**连续的发展** (continuous development)，即向起初已有的能力中逐渐添加更多的同一类型成分的过程。

另一种观点认为，婴儿和儿童有独特的思维、情感及行为的方式，是完全不同于成人的。所以，发展是**不连续的发展** (discontinuous development)，即对世界的新的、不同方式的理解和反应是在特定时间出现的。依照这个观点，索菲亚不能像成人一样对经验加以感知、记忆和分类，而是经历了一系列的发展阶段，每个阶段都有各自的特点，直到机能的最终完善。

赞同不连续发展观的理论认为，发展是分阶段的，**阶段** (stage)，即发展的特定时期思维、情感及行为的质变。阶段理论认为人的发展就像爬楼梯，每上一个台阶都伴随着机能的成熟和重组。阶段概念认为，人们在从一个阶段进入另一个阶段时经历着快速转变，变化突然发生，而不是逐渐和持续的。

发展是否遵循着既定顺序的各个阶段呢？这个大胆的假设面临着重大挑战。本章后面会介绍一些有影响的阶段理论。

2. 发展是单一进程还是多种进程？

赞同阶段论的理论家假设，任何地方的人们都遵循同一种发展顺序。但是在人的发展领域，人们越来越认识到，儿童和成人的生活有不同的**背景** (contexts)——可能导致不同变化路径的个人与环境的独特结合。例如，一个恐惧社交的害羞的人，与一个主动寻求交往的同龄人，生活背景可能不同。生长在非西方的农村背景中的儿童和成人所具有的家庭和群体经验，与生长在西方大城市中的人可能截然不同。这些差别巨大的环境导致了不同的智能、社交技能及关于自己和他人的情感的显著差异 (Kagan, 2013a; Mistry & Dutta, 2015)。

当代的理论家认为，背景对发展的影响是多层次的、复杂的。在个人方面，有遗传和生物结构；在环境方面，有周边的环境，如家庭、学校和邻里，还有和人们日常生活距离较远的环境，如社区资源、社会价值观和历史时期。此外，新的证据越来越强调个人与其环境之间的交互作用关系：人们不仅受到其发展所处环境的影响，而且也会影响这些环境 (Elder, Shanahan, & Jennings, 2015)。当今的研究者比以往任何时候都更加意识到发展中的文化多样性。

3. 天性和教养哪个更重要？

在描述人的发展进程的同时，各种理论还关注发展的原因这个重大问题：遗传因素和环境因素哪个更重要？这是由来已久的**天性－教养的争论** (nature-nurture controversy)。天性指与生俱来的特征，就是在受孕那一刻从父母那里继承来的遗传信息。而教养指来自物质和社会世界的复杂力量，它影响着人出生前后的生物结构和心理经验。

虽然所有的理论都承认天性和教养二者的作用，但在强调哪一方上却各不相同。来看下面的问题：人的复杂思维能力主要是与生俱来的生长时间表决定的，还是主要受父母和老师的教育影响而形成的？儿童学习语言很快，这是遗传预先决定的，还是父母早期教育的结果？怎样解释不同的人在身高、体重、身体协调性、智力、人格和社交技能上的巨大差异？遗传和环境哪个所起的作用更大？

一种理论在天性和教养的作用问题上的立场，影响着它怎样解释个体差异。一些理论家强调稳定性，认为（如语言能力、焦虑水平或交际性）个体会随着年龄增长保持其特征，这些理论家大多强调遗传的重要性。如果强调环境更重要，就可能认为早期经验会影响一生行为模式的形成。他们认为，出生头几年的一些重大消极事件不能被后期的积极事件完全战胜 (Bowlby, 1980; Sroufe, Coffino, & Carlson, 2010)。另一些理论家则较为乐观，他们认为，一生中的发展具有很大的**可塑性** (plasticity)——在重要经验影响下，行为可以发生改变 (Baltes, Lindenberger, & Staudinger, 2006; Overton & Molenaar, 2015)。

在本书中，我们将发现，研究者在稳定性对灵活性问题上众说纷纭，分歧尖锐。他们的回答往往因发展的领域（或方面）而变化。回顾索菲亚的一生，你会发现，她的语言能力及面对挑战的坚韧性在她一生中都是稳定的，然而她的心理健康和生活满意度却有很大的波动。

三、毕生发展观：一种平衡观

1.3　描述毕生发展观

至此，我们都是以两个极端的方式——要么赞同一方，要么赞同另一方——来讨论人的发展的基本问题的。但是，当我们在这个领域里拓宽视野继续涉猎时，就会发现，很多理论家的观点是中立的。当代一些理论家相信，连续变化和非连续变化都会发生。一些人认为，发展既有普遍性特征，也有因人而异、因环境而异的独特特征。越来越多的人同意，遗传和环境紧密交织，难以割裂，它们互相影响，共同改变着儿童的特质和能力 (Lerner et al., 2014; Overton & Molenaar, 2015)。

这种平衡观在很大程度上归功于研究范围的扩展：从过去把研究焦点仅仅针对人生的前 20 年，到后来把成年期也包括在内。20 世纪前半叶，研究者普遍认为，发展到青少年期就停止了。婴儿期和童年期被看作发展迅速的时期，成年期是发展的稳定时期，老年期则是退化时期。北美人口特征的变化使研究者意识到，机能的获得是持续终生的。

随着营养、卫生设施及医学知识的改善，20 世纪的平均预期寿命（根据一个人的出生年份对其寿命的预期）比以往 5 000 年有了巨大飞跃。1900 年，美国人的平均寿命不到 50 岁；2000 年，美国是 76.8 岁；现在，这个数字是 78.8 岁。其他大多数工业化国家甚至更高，包括加拿大。预期寿命还会增加，到 2050 年，北美人口的预期寿命将达到 84 岁。老年人越来越多，这是世界的大趋势，在工业化国家尤为明显。1900 年，65 岁及以上的人口仅占美国总人口的 4%，1950 年是 7%，2013 年上升为 14% (U.S. Census Bureau, 2015d)。

老年人不仅仅是增多了，而且更健康和有活力。过去人老珠黄的成见受到了挑战，老年人深刻地改变了人们对人的发展变化的看法。研究者越来越希望从发展的系统观来看待这一问题，系统观认为，发展是一个从受精卵到死亡的不断演

自 20 世纪 60 年代以来，研究者从只关注儿童发展转向研究生命全程的发展。这名女性和同伴在准备河上漂流，展示了当代许多老年人的健康、活力和生活满意度。

进的过程，它是由生物、心理和社会影响的复杂网络组成的 (Lerner, 2015)。**毕生发展观** (lifespan perspective) 是一种主流的动力系统理论。构成这一理论的有四个假设：发展持续终生；发展是多维度、多方向的；发展是高度可塑的；发展受到多种相互作用的因素的影响 (Baltes, Lindenberger, & Staudinger, 2006; Smith & Baltes, 1999; Staudinger & Lindenberger, 2003)。

1. 发展持续终生

毕生发展观认为，不存在一个对生命全程起最重要影响的年龄阶段。如表 1.1 所示，每个阶段发生的变化对未来发展变化的路径有同等重要的影响。在每一个阶段，变化都体现在三个大的领域，即生理、认知和情绪或情感/社会性，做这样的区分是为了方便讨论（见图 1.2 对每个领域所做的描述）。如第一节所述，这三方面并不分离，而是互相重叠，互相影响。

每个年龄阶段都有自己的任务、独特要求和机遇，这些在每个人的发展中都有些相似。但是，人们在一生中面临的挑战和他们对此的适应，在时间和方式上是非常不同的，下面的几个假设对此有明确的阐释。

2. 发展是多维度、多方向的

再回忆一下索菲亚的一生，她是怎样一次又一次应对新的要求和机遇的。毕生发展观认为，发展过程中的挑战和适应是多维度的，受到生物、心理及社会因素复杂的共同作用的影响。

毕生发展又是多方向的，至少有两个方向。首先，发展并不局限于行为表现的进步。在每一个阶段，发展都是既有成长，又有衰退。当学龄期的索菲亚努力学习语言和音乐时，她就放弃了在其他技能上发挥潜力的机会。后来，当她选择做一名教师时，她就放弃了其他职业选择。在生命前期，获得更明显，丧失则主要体现在生命晚期，但是任何年龄的人都可以改善已有技能，发展新的技能，甚至还可以学习一些技能来补偿退化的机能 (de Frias, 2014; Stine-Morrow et al., 2014)。例如，多数老年人有一些补偿方法来应对他们日益严重的记忆缺陷。他们可以依赖外部支持，如日历和清单，或形成一些新的个人策略，例如，当他们要外出赴约或服药时，先把要去的地方和要做的事情准确地想象一下。

其次，变化除了在时间上表现出多方向之外，在发展的每个领域内也是多方向的。例如，索菲亚的某些认知机能（如记忆）在成年期会

表 1.1　毕生发展的重要阶段

阶段	大约的年龄范围	内容简要
孕期	受孕至出生	由单细胞有机体转变为能适应子宫外环境的婴儿。
婴儿期和学步期	出生至 2 岁	身体和大脑出现巨大变化以保证运动、知觉、智力的出现及与他人的亲密关系。
幼儿期	2~6 岁	在这个"游戏年龄"，运动技能日益精细，思维、语言飞速发展，出现道德感，同伴关系开始建立。
小学期	6~11 岁	入学学习阶段的特点是：体育运动能力、逻辑思维能力增强，基本的读写技能、自我理解、道德、友谊得到发展，成为同伴群体一员。
青少年期	11~18 岁	青春期带来与成人一样的体型和性成熟。思维趋于抽象和理想主义，学习成绩更加重要。青少年开始形成不依赖家庭的自主性，确立个人价值观和目标。
成年早期	18~40 岁	大多数年轻人离开家，完成学业，开始全职工作。主要关注职业发展，形成亲密伙伴关系，结婚生子，或寻求其他生活方式。
中年期	40~65 岁	很多人处于事业巅峰和领导地位。他们必须帮助孩子开始独立生活，还要赡养老年父母。他们越来越意识到自己的死亡。
老年期	65 岁至死亡	老年人适应退休生活、体力和健康的渐衰以及配偶的离去。他们反思自己一生生活的意义。

生理发展 体型大小、比例、外貌、身体各部分机能、知觉和运动能力及身体健康的变化

认知发展 注意、记忆、科学知识和日常知识、问题解决、想象、创造力和语言等能力的变化

情绪或情感与社会性发展 情感沟通、自我理解、理解他人、人际技能、友谊、亲密关系、道德推理与行为的变化

图 1.2 发展的主要维度

这三个维度并非完全分离，而是互相重叠，互相影响。

减退，但她的英语、法语知识在一生中都在增长。她还形成了新的思维方式。例如，索菲亚丰富的经验和应对不同问题的能力，使她成为解决实践问题的专家，这是一种被称为智慧的推理品质。从索菲亚在劳拉和肯结婚前夜给他们的箴言中，我们可以感受到本书第 17 章将要讲到的智慧的发展。请注意，在这些例子中，毕生发展观是如何既包括连续的变化，也包括不连续的变化的。

3. 发展是可塑的

毕生发展研究者强调，每个阶段的发展都是可塑的。例如，索菲亚在童年有些社交矜持，年轻时曾决定继续读书而不结婚。但是当新机会出现时，30 多岁的索菲亚很快进入了结婚生子的阶段。虽然做父母的责任和经济困难给索菲亚和菲利普带来挑战，但他们之间的感情却日渐深厚。第 17 章会讲到，智力表现随年龄增长也是有弹性的。老年人通过特殊训练，可以使各种心理能力获得实质性的进步（但不是无限的）(Bamidis et al., 2014; Willis & Belleville, 2016)。

可塑性的种种证据表明，老龄并非如以前所说是最终的"沉没"。相反，用一只"蝴蝶"

蜕变后仍然有生长潜力这种比喻，可以更准确地说明人一生的变化。当然，由于变化的能力和机会减弱，发展的可塑性会越来越小。而且可塑性是因人而异的，有一些儿童和成人会经历更跌宕起伏的人生。如本节"生物因素与环境"专栏里介绍的，一些人比另一些人更容易适应环境的变化。

4. 发展受到多种相互作用的因素的影响

毕生发展观认为，发生变化的路径千差万别，因为发展受到多种相互作用的因素的影响，包括生物、历史、社会和文化影响。这些范围广泛的影响可以归结为三类，它们结合起来，以独特方式影响着每个人的生命进程。

（1）年龄阶段的影响

年龄阶段的影响（age-graded influences）指与年龄密切相关的事件，可以准确预测这些事件在何时发生和持续多久。例如，1 岁学走路，幼儿期会说母语，12～14 岁进入青春期，女性50 岁前后进入更年期。这些里程碑是由生物因素决定的，但一些社会习俗也会带来年龄阶段的影响，如6岁入学，16岁可以考驾照，大约18岁进入大学，等等。年龄阶段的影响在童年期和青少年期普遍存在。在这期间，生物结构迅速变化，社会文化要求积累与年龄相对应的经历，使得年轻人掌握成为社会一分子所需要的技能。

10　专栏　　生物因素与环境

复原力

约翰和他最要好的朋友加里在一个破败的、犯罪猖獗的闹市区长大。到10岁时，两人都经历了多年的家庭冲突和父母离异。他们在单身母亲的照顾下度过了余下的童年期和整个青少年期，很少再见到各自的父亲。两个人都从中学辍学，经常出入警察局。

这之后约翰和加里走上了不同的发展道路。30岁的时候，约翰是两个孩子的未婚爸爸，他进过监狱，无业，经常酗酒。而加里却不同，他重返学校，中学毕业后在一所社区大学学习汽车机械，成为一个加油站和修车行的老板。他结了婚，有两个孩子，努力挣钱养家，过着幸福、健康、舒适的生活。

很多证据表明，环境中的危险因素如贫困、消极家庭关系、父母离异、失业、心理疾病、致瘾物滥用等，可以预测儿童将来出现的问题 (Masten, 2013)。为什么加里能摆脱困境，从逆境中恢复过来呢？

复原力 (resilience) 指有效应对发展中逆境的能力，相关研究越来越受到关注，研究者试图找到一些办法，使年轻人免受压力生活环境的伤害。几项长期追踪研究考察了童年期生活压力与青少年期和成年期的能力及适应之间的关系，它们引起了人们对这个问题的兴趣 (Werner, 2013)。每项研究都发现，一些人避免了消极后果，而另一些人却出现了持久的问题。对于压力生活事件，主要的保护因素有以下四个。

1. 个人特征

儿童的遗传特征可以降低危险，或引发可补偿早期压力事件的经验。高智力和被社会看重的天赋，如音乐和体育运动天赋，可以增加儿童在学校和社区获得有益经验的机会，从而抵消家庭压力的影响。气质的作用尤其明显。性格随和、善于交际、善于抑制负面情绪和冲动的儿童，往往能乐观地看待生活，具有适应变化的特殊能力，这些品质能引起周围人的积极反应。相形之下，脾气暴躁、易怒和冲动的儿童经常使周围人难以忍受 (Wang & Deater-Deckard, 2013)。例如，约翰和加里童年时曾经几次搬家。每次搬家，约翰都会烦躁、暴怒；而加里很快就会结交新朋友，到新街区去玩。

2. 温暖的亲子关系

如果父母中至少有一个人与孩子关系亲密，给孩子以关爱、适当的高期望，监控孩子的活动，安排好家庭环境，这样的父母就能增强孩子的复原力 (Shonkoff & Garner, 2012; Taylor, 2010)。但是这个因素（包括下面所说的因素），不是儿童身上独立起作用的个人特征。善于自控、社交反应性强、能自如应对变化的儿童更容易抚养，也更喜欢跟父母及他人建立亲密关系。同时，父母的温暖与关注也容易使孩子形成讨人喜欢的脾性 (Luthar, Crossman, & Small, 2015)。

3. 家庭外的社会支持

对于有复原力的儿童而言，最稳定的资源是跟一个有能力、有爱心的成人形成紧密的纽带。对于那些与

这位少年与祖父亲密、深情的关系有助于培养复原力。与家庭成员的紧密联系可以使孩子免受压力生活条件的破坏性影响。

父母都没有建立亲密关系的儿童，祖父母、阿姨、叔叔或与孩子形成特殊关系的老师，可以增强孩子的复原力 (Masten, 2013)。加里在青少年期得到了祖父的支持，祖父倾听加里的心声，帮助他解决问题。加里的祖父有稳定的婚姻和工作，能够灵活地应对压力。他成为有效应对压力的榜样。

与遵守规则、重视学习成绩的同龄人的联系也与复原力有关 (Furman & Rose, 2015)。但与成年人有着积极关系的孩子更有可能建立起这种互助的同伴关系。

4. 社区资源和机会

社区支持包括由社区成人管理的高质量的托幼中心和公立学校、方便价廉的保健和社会服务、图书馆和游乐中心等，这些对父母与儿童的身心健康都是有好处的。此外，有机会参加社区生活救助，也能帮助较年长的儿童、青少年克服逆境。学校的课外活动、宗教青年会、童子军和其他组织也有助于一些社交技能的形成，如合作、领导力、为别人福祉做贡献等。参加这些活动的人会获得自信、自尊，愿意为社区做贡献 (Leventhal, Dupéré, & Shuey, 2015)。加里上大学时，曾经参加了"仁爱之家"的志愿者活动，为低收入家庭建造了很多廉价住房。社区服务使加里有机会建立良好关系，形成新能力，并进一步增强了他的复原力。

对复原力的研究强调遗传和环境之间的复杂联系。拥有源自天赋、良好的养育经历或二者结合的积极特征，儿童和青少年可以采取行动减轻压力。

但当许多风险积累起来时，他们还是很难克服 (Obradović et al., 2009)。为了使儿童免受风险的负面影响，干预措施不仅必须减少风险，还必须加强儿童在家庭、学校和社区中的保护性关系。这意味着兼顾个人和环境，既要加强个人能力，又要减少危险经历。

（2）历史时期的影响

发展也受特定的时代特征的影响。流行病、战争、经济的繁荣或萧条、科技进步（例如电视、电脑、互联网、智能手机和平板电脑的发明）、文化价值观的变迁（如对女性、少数族裔和老年人的态度转变）等，这些都是**历史时期的影响** (history-graded influences)，它们能解释，为什么同一时期出生的人，即所谓同龄群，会比较相似，而不同于其他历史时期出生的人。

来看婴儿潮一代 (baby boomers)，这是一个用来描述 1946 年至 1964 年间出生的人的术语。二战后，大多数西方国家的出生率都在这段时期飙升。这种人口增长在美国尤其明显：到 1960 年，出生率相比战前几乎翻了一番，创造了美国历史上的最大增幅。婴儿潮一代的人数之多，使其成员到年轻成人时成为一股强大的社会力量；如今，婴儿潮一代正在重新定义我们对中年期和老年期的看法（参见后面的"文化影响"专栏）。

观察与倾听

确定一个对你的生活有历史时期影响的时段，推测它对你的同龄人的影响。然后问一个比你年长一到两代的人，他／她在生活中受到过哪些历史时期影响，并反思这些影响。

（3）非常规的影响

常规的 (normative) 意指典型的或者平均的。年龄阶段和历史时期的影响是常规的，会以相似方式影响所有人。**非常规的影响** (nonnormative influences) 指一些不规律的事件，只发生在一个或少数人身上，并且不遵循一个可预测的时间表。它们增强了发展的多方向性。索菲亚童年时跟随有造诣的老师学钢琴、与菲利普不期而遇、较晚结婚生子和外出工作，以及与癌症抗争，索菲亚生活中这些非常规的事件对其一生所走的道路发挥了重要影响。由于它们是偶然发生的，研究者很难抓住这些事件进行研究。但是人们的经验证明，它们会以强有力的方式对人产生影响。

毕生发展研究者认为，现在成人的发展更多受到非常规事件的影响，年龄影响反而不那么重要。与索菲亚所处的时代相比，现代社会的人受教育、工作、结婚、生子、退休的时间呈现多样化趋势。如果索菲亚的出生时间晚一代或两代，她的那些所谓"不合时宜"的成就就会显得很正常。年龄依然是每个人经验的主要影响因素，对各年龄期的固有期望不会消失。但是现在，所谓"年龄里程碑"的界限越来越模糊，这会因族群和文化的不同而不同。生命历程中越来越多的非常规事件增加了毕生发展的流动性。

发展不是只有一条路径，毕生发展观强调众多潜在的路径及结果，就像一棵大树向四面生长树杈，每一枝的变化都是既连续又具阶段性的（见图 1.3）。下面，我们将转向这一领域的科学基础部分，它们奏响了解释多方面发展变化的几种主流发展理论的序曲。

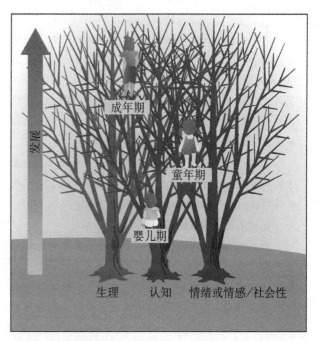

图 1.3　毕生发展观
毕生发展理论家认为发展不是阶段性的或连续的变化（见图 1.1），发展更像向各个方向伸展的树杈。发展存在着多种可能的路径，这取决于影响个体一生的环境背景。这些树枝的交叉点表明发展的几个维度，即生理、认知、情绪或情感 / 社会性是相互联系的。

12　🌳　**专　栏**　　　　　　**文化影响**

婴儿潮一代重塑了人生轨迹

从 1946 年到 1964 年，92% 的美国育龄女性生育了孩子，平均每个人有 4 个孩子——每 8 秒就有一个婴儿出生 (Croker, 2007)。这种大规模的生育持续了近 20 年，造就了独特的一代人，人们通常认为这一代人改变了世界。今天，婴儿潮一代有 7 400 万成年人，约占美国人口的 23% (Colby & Ortman, 2014)。大多数是中年人，其中最年长的已经进入老年期。

几个相关因素引发了二战后的婴儿潮。在 20 世纪 30 年代的大萧条期间，许多人推迟了婚育时间，但在经济好转后，他们在 20 世纪 40 年代开始组建家庭。随着第二次世界大战的结束，回国的美国士兵也开始结婚生子。由于这两个年龄群都专注于养育孩子，他们生孩子的时间延展了 10 到 15 年。随着 20 世纪 50 年代的经济繁荣，人们可以负担得起更多的家庭人口，较早结婚的人越来越多，孩子出生间隔很近，这导致婴儿潮持续到 60 年代 (Stewart & Malley, 2004)。此外，战争结束后，

生育孩子的愿望一般都会增强。这不仅弥补了大量的人口缺失，新生婴儿还表达着人类生命延续的希望。

与上一代人相比，婴儿潮一代在经济上享有更多的特权。他们是父母的情感投入的接受者，他们的父母经历了大萧条和战争的摧残，常常把孩子视为掌上明珠。这些因素可能带来了乐观、自信，甚至权利感 (Elder, Nguyen, & Caspi, 1985)。同时，他们庞大的人数——从当时人满为患的教室里可见一斑——可能引发了一场争取个人认可的激烈斗争。当婴儿潮一代进入成年早期的时候，这一系列的特征使得批评家们称他们为自恋、放纵、自私的一代。

从 20 世纪 60 年代中期到 70 年代初，出生于 40 年代末和 50 年代初的婴儿潮"前沿"一代进入大学的人数创下纪录，部分原因是越南战争期间为学生提供了延缓征兵制度。婴儿潮一代的受教育程度比以往任何一代都高。以自我为中心、有社会意识、寻求独特性的这一代人摆脱了以父母、家庭和婚姻为中心的生活方式。从 20 世纪 60 年代中

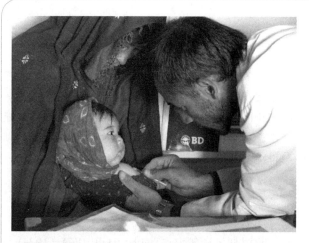

在阿富汗中部山区的一个村庄诊所里，一名美国婴儿潮后期出生的医生正在为一名婴儿接种疫苗。这个国家的婴儿死亡率在世界上排名第二。服务角色只是这个年龄群的人们对社会做贡献的一种方式。

期开始，结婚率下降，初婚年龄和离婚率则明显上升。婴儿潮一代通过动员反战、民权运动和女性主义运动来应对当时的动荡——1963 年肯尼迪总统遇刺、反对越南战争和日益加剧的种族紧张局势，产生了一代学生积极分子。

等到出生于 20 世纪 50 年代末和 60 年代初的婴儿潮"尾声"一代成年时，这些运动已经给他们留下了不可磨灭的印记。即使开始转向家庭生活和职业发展，婴儿潮一代仍在继续寻求个人意义、自我表达和社会责任。到中年时，这一代人中出现了大量关注社会的作家、教师、电影制作人、劳工和社区组织者，以及具有创新精神的音乐家和艺术家 (Cole & Stewart, 1996)。而更多的普通公民则为社会事业而努力。

随着婴儿潮时期的女性进入劳动力市场，她们在为职业晋升和男女同工同酬的斗争中，自信心得到增强，并为下一代铺平了道路：平均而言，年轻女性在较早的年龄就获得了同样的自信心 (Twenge, 2001)。随着婴儿潮

活动人士要求性别和种族平等，他们影响了国家政策。20 世纪 60 年代通过的法律禁止在雇佣行为、公共设施使用、房屋出售或出租方面的种族与性别歧视。到了 20 世纪 70 年代，民权的进步成为美国同性恋权利运动的跳板。

婴儿潮一代比以往任何一个中老年群体都更健康，受教育程度更高，经济状况更好 (New Strategist Editors, 2015)。他们的自我赋权感和创新精神激励着他们努力丰富着工作和生活的个人意义，并加深他们对社会事业的终生参与。然而，婴儿潮时期的中年人的另一个担忧是，他们强烈希望控制衰老带来的身体变化 (Hooyman, Kawamoto, & Kiyak, 2015)。与前辈相比，他们更抗拒衰老，这一点从他们对一系列抗衰老产品和手术的兴趣中就可以看出——从化妆品到肉毒杆菌素再到整形手术——这些产品和手术现在是美国价值数百亿美元的产业。

然而，值得注意的是，婴儿潮一代虽然处于有利地位，但在健康状况和对生活的控制力方面是多种多样的。那些受教育程度和收入较高的人境况要好得多。由于退休储蓄在 2007—2009 年的经济衰退中受到严重打击，加上有固定福利保障的养老金计划在婴儿潮一代就业期间有所减少，许多人的工作时间比他们原计划的要长。

在这庞大的人口中，每年都有数以百万计的人过渡到成年后期。那么，未来会发生什么？大多数分析人士关注的是社会负担，比如不断上升的社会保障和医疗成本。与此同时，与之前的老一辈相比，婴儿潮一代在关心个人生活方面有更多的经验，也有更多的时间去做这些事情。在他们六七十岁的时候，许多人并没有放慢脚步，而是继续沉浸在他们的职业生涯中，开始新的事业，或者追求具有挑战性的志愿者和服务角色 (Farrell, 2014)。随着婴儿潮一代抛弃了传统的退休生活，他们将生命的最后三分之一重新定义为持续参与社会、寻求生活意义和为社会做贡献的时期。

 思考题

联结 把毕生发展中的年龄阶段、历史时期和非常规的影响加以区分，从索菲亚一生经历中各举一例来说明。

应用 安娜是一名中学辅导员，她设计了一个将课堂学习与职业培训相结合的项目，以帮助有辍学风险的青少年继续上学并过渡到职业生活。安娜对于发展中的稳定性和可塑性的立场是什么？为什么？

反思 描述你自己成长过程中与你父母或祖父母不同的一个方面。使用毕生发展观所强调的影响来解释发展中的这种差异。

四、科学的开端

1.4　描述发展科学研究的早期主要影响

对人的发展的科学研究可以追溯到 19 世纪末和 20 世纪初。早期对人的发展的观察很快让位于各种改进的方法和理论。每一个进展都为该领域的今天奠定了坚实的基础。

1. 达尔文：科学的儿童研究的先驱

英国博物学家查尔斯·达尔文 (Charles Darwin, 1809—1882) 对大量的植物和动物物种进行了观察。他发现，同一物种中，没有两个个体完全相同。基于这些观察资料，他提出了著名的进化论。

进化论强调两条基本原理：自然选择和适者生存。达尔文指出，一些物种之所以能在特定环境中生存，是因为它们具有与周围环境相适应的特征。另一些物种则因不能适应环境而灭绝。同一物种内，那些更能适应环境需求的个体能活得更长久，从而在繁衍后代时，能把较好的特征传递给下一代。达尔文 (Darwin, 1859/1936) 所强调的生理特征和行为的适应价值，已经体现在一些重要的发展理论中。

基于研究事实，达尔文发现，许多物种在怀孕早期的发展中呈现出很大的相似性。有研究者从达尔文的资料中归结出，人类儿童的发展与人类物种的发展遵从相同的轨迹。尽管这一观点已被证实是不正确的，但是尝试找出儿童发展与人类进化间相似点的努力，提示研究者更细致地观察儿童行为的各个方面。就在这些早期试图说明人的发展的思想中，科学的儿童研究诞生了。

达尔文的进化论强调生理特征和行为的适应价值。家庭中的亲情和关爱就是一种持续一生的适应，它保证了人的生存和心理健康。图中，孙女和祖母正在分享快乐时光。

2. 常模化时期

斯坦利·霍尔 (G. Stanley Hall, 1844—1924) 是 20 世纪初期美国最有影响力的心理学家之一，被认为是儿童研究运动的发起人 (Cairns & Cairns, 2006)。他在所著的当时为数寥寥的有关老龄的著作中，对毕生发展研究做出了预判。受达尔文学说的启发，霍尔和他的著名的学生阿诺德·格塞尔 (Arnold Gesell, 1880—1961) 在进化论基础上提出了他们的理论。他们赞同，发展是由遗传决定、逐渐成熟的过程，就像花开花落一样 (Gesell, 1933; Hall, 1904)。

霍尔和格塞尔被人们所熟悉，不是因为他们片面的理论，而是因为他们为描述发展的各个方面所做的大量工作。他们发起了**常模法** (normative approach)，即对大量个体的行为进行测量，计算出各个年龄的平均数，来代表每个年龄段的典型发展。霍尔采用这一程序，精心编制了问卷，对不同年龄段的儿童施测，内容涉及他们可以报告的所有方面：兴趣、恐惧、假想玩伴、梦想、友谊、常识等。格塞尔通过认真观察、和父母访谈，收集了婴儿和儿童的动作发展、社会行为及人格特质方面详细的常模信息。

格塞尔是最早把儿童发展知识用在父母身上的学者。他告诉父母，在孩子的每个年龄段，应该期待什么。他认为，如果发展时间表是几百万年的进化产物，儿童的需要就自然是可知的。他对儿童养育的建议是，对儿童的需求要敏感。格塞尔的著作与本杰明·斯波克 (Benjamin Spock) 的《婴儿和儿童的养育》(*Baby and Child Care*) 在当时流行的儿童发展读物中独占鳌头。

3. 心理测验运动

当霍尔和格塞尔在美国提出其理论和方法时，

法国心理学家阿尔弗雷德·比奈 (Alfred Binet, 1857—1911) 也提出了儿童发展的一种常模法，但是却出于不同的原因。20 世纪初，巴黎的学校官员请求比奈和他的同事泰奥多尔·西蒙 (Theodore Simon) 想出一种查明学习上有问题、需要进特殊班级的儿童的方法。为了回应教育实践的需求，比奈和西蒙编创了第一个成功的智力测验。

1916 年，比奈的智力测验被斯坦福大学用来测试讲英语的儿童。从那时起，其英文版本就成为人们熟知的斯坦福 - 比奈智力量表。除了提供一个能够预测学校成绩的分数，比奈测验还激发了人们对心理发展个体差异的极大兴趣。把不同性别、族群、出生顺序、家庭背景和其他特征的人的测验分数加以比较，成为研究的焦点。此后，智力测验便成为天性与教养争论的前沿阵地。

五、20 世纪中期的理论

1.5　哪些理论影响到 20 世纪中期的人的发展研究？

20 世纪中期，人的发展心理学已成为一门正统学科。各种理论纷纷涌现，直到今天，这些理论仍有很多追随者。在这些理论中，欧洲人关注个体的内部思维和情感，与此形成鲜明对比，北美学界关注科学的精确性和具体、可观察的行为。

1. 精神分析观点

在 20 世纪三四十年代，许多人向专业人员寻求帮助来应对他们情感方面的困扰，这就带来了一个新的问题：人们为什么又是怎样变成那个样子的？为了治疗精神疾病，精神病学家和社会工作者开始诉诸强调每个人独特生活经历的人格发展理论。

根据**精神分析观点 (psychoanalytic perspective)**，人们要经历好几个阶段，每个阶段都要面临生物内驱力与社会期望间的冲突。这些冲突的解决方式决定了人的学习能力、人际能力及应对焦虑的能力。很多人为精神分析观点做出了贡献，其中两个人的影响力最大：精神分析运动的奠基人西格蒙德·弗洛伊德和埃里克·埃里克森。

（1）弗洛伊德的理论

弗洛伊德 (Sigmund Freud, 1856—1939) 是维也纳的一名医生，为了治疗一些成人的情绪紊乱，他和病人自由地谈论病人幼时的痛苦事件。在这种回忆的基础上，他发现了病人的无意识动机，提出了他的**心理性欲理论 (psychosexual theory)**，认为在儿童出生后的前几年里，父母怎样对待其性驱力和攻击驱力，对健康人格的发展至关重要。

弗洛伊德理论认为，人格有三种成分，即本我、自我、超我，三者结合起来贯穿于发展的五个阶段（见表 1.2）。本我 (id)，是最大的心理成分，是基本生理欲求的源泉；自我 (ego)，是人格中可意识到的理性部分，在婴儿早期出现，它以可接受的方式，把本我冲动释放出来。在孩子 3 ~ 6 岁时，父母坚持让孩子遵守社会价值观，从而形成超我 (superego) 或良心。此后，自我面临着日益复杂的任务，即协调本我、外部世界和良心的需求。例如，本我要从玩伴那里抢到一个有吸引力的玩具，超我则警告说，这种行为是错误的。根据弗洛伊德的理论，本我、自我和超我在幼儿期建立的关系，决定了个体的基本人格。

弗洛伊德 (Freud, 1938/1973) 认为，在童年期，性冲动的发源地从口唇转移到肛门，再转移到身体的生殖区。在每个阶段，父母都要在过宽地允许和过严地限制孩子基本需要之间做出恰当抉择。如果父母能找到一种恰当的平衡，儿童就能成长为适应良好的成人，他们有成熟的性行为和投入家庭生活的能力。

弗洛伊德的理论首先强调早期亲子关系对发展的影响。但是他的理论受到了批评。首先，这一理论过分强调性经验在发展中的影响。其次，该理论是基于 19 世纪维多利亚时代那些受到性压抑、家庭富裕的成人提出的，它不能应用在其他文化中。最后，弗洛伊德从未直接研究过儿童。

（2）埃里克森的理论

弗洛伊德众多的追随者吸取了他的理论中

表 1.2 弗洛伊德的心理性欲阶段与埃里克森的心理社会阶段比较

大约年龄	弗洛伊德的心理性欲阶段	埃里克森的心理社会阶段
出生至 1 岁	口唇期：若口欲需求没有从吃母乳或吸吮奶瓶中得到满足，个体可能养成吮拇指、咬指甲、暴饮暴食、吸烟等习惯。	基本信任对不信任：婴儿从温暖、反应敏捷的养育中获得信任感，感受到世界的美好。若婴儿被忽视或被粗暴对待，则会形成不信任感。
1～3 岁	肛门期：学步儿以憋大小便和解大小便为乐。如果孩子还没准备好家长就强迫进行如厕训练，或忽视训练，那么肛门期冲突将会以过分整洁或肮脏混乱等方式表现出来。	自主性对羞怯和怀疑：学步儿使用新的智力和动作技能，希望自己做决定。父母可以通过允许合理的自由选择、不强迫、不羞辱来培养自主性。
3～6 岁	性器期：幼儿从刺激生殖器中得到快感，出现男孩的恋母情结和女孩的恋父情结：儿童对异性别父母产生性欲望。为避免惩罚，他们放弃这种愿望，接受同性别父母的特点和价值观。其结果是形成超我，当儿童违背超我标准时就会感到内疚。	主动性对内疚感：通过假装游戏，儿童尝试做他们能做的那种人。如果父母支持孩子身上表现出来的新的目的感，孩子就能形成主动性，即一种抱负心和责任感。父母过分要求孩子自我控制，就会导致孩子形成过多的内疚感。
6～11 岁	潜伏期：性本能弱化，超我进一步发展。儿童从成人和同伴那里学习新的社会价值观。	勤奋对自卑：儿童在学校形成学习能力、与别人合作的能力。当家庭、学校、伙伴中经历的很多负面体验导致无能感时，自卑感就会出现。
青少年期	生殖期：青春期来临，性冲动重新出现。前几个阶段的顺利发展有助于婚姻的顺利、性行为的成熟和对孩子的养育。	同一性对角色混乱：青少年通过探索价值观和职业目标，形成个人同一性。消极结果是产生对未来成人角色的混乱感。
成年早期	 埃里克·埃里克森	亲密对孤独：青年人致力于建立与他人的亲密关系。由于对早期经历的失望，有些人不能与他人形成亲密关系，并处于孤独中。
中年期		繁衍对停滞：繁衍意味着养育子女、关爱他人及从事创造性劳动。在这些方面无所作为的人会感觉自己缺少成就。
老年期		自我完整性对绝望：如果感觉自己一生经历的一切都是有价值的，就会体验到完整感。对自己的一生感到不满的老年人会恐惧死亡。

的有益成分并加以改进，其中最重要的当数埃里克·埃里克森 (Erik Erikson, 1902—1994)。埃里克森扩展了弗洛伊德的心理性欲阶段，提出了**心理社会理论** (psychosocial theory)，强调自我并不仅仅是在本我冲动和超我要求之间进行调解。在每一个发展阶段，自我都会习得一些态度和技能，使个体成为积极的、有贡献的社会成员。每一阶段的一个基本心理冲突都要在积极－消极这一连续体上得到解决，并决定着好与坏的适应结果。如表 1.2 所示，埃里克森理论的前五个阶段与弗洛伊德的心理性欲阶段是平行的，但是他又增加了三个成年阶段。

埃里克森与弗洛伊德不同，他认为，要理解什么是正常发展，就必须和各种文化的生活环境相联系。例如，埃里克森在 20 世纪 40 年代观察了美国西北海岸的尤洛克印第安人 (Yurok Indians)，发现那里的婴儿在出生后的前 10 天，母亲不喂母乳，而是喂孩子稀汤。孩子 6 个月大时就突然断奶，如有必要，妈妈会离开几天。从我们的文化优势点来看，婴儿的这种经验可能有些痛苦。但是埃里克森解释说，在尤洛克人的生活环境中，每年鲑鱼只在河里出现一次，这种情况

蒙古国哈萨克族的一个孩子向她祖父学习怎样训练老鹰捕猎小动物，这是哈萨克人以肉类为主的饮食必不可少的。正如埃里克森所说的，这种教养方式能最好地与哈萨克文化所重视和需要的能力相联系。

要求具备很强的自制力才能生存。他用这个例子说明，要理解当地的儿童教养方式，必须看一个人所在的社会看重和需要什么能力。

（3）精神分析观点的贡献和局限

精神分析观点的一大优点是，在进行研究和解释时，非常强调个体独特的生活经历的重要性。与这一观点相适应，精神分析理论家采用临床法或个案研究法，把各种来源的资料综合起来，勾画出一个独立个体的人格的详细画面（本章后面将对临床法加以介绍）。精神分析观点激发了情绪或情感与社会性发展各方面的大量研究，如婴儿－养育者依恋、攻击性、兄弟姐妹关系、儿童教养方式、道德、性别角色和青少年同一性等。

虽有多方面的贡献，精神分析观点却不是人的发展研究的主流。首先，精神分析研究者非常坚定地致力于对个体进行深度研究，而很少使用其他方法，这使他们和本领域的其他理论相互隔绝。其次，精神分析的许多观点，如心理性欲阶段和自我的机能，都非常含糊，很难用实证方法验证 (Crain, 2010)。

然而，埃里克森对毕生发展变化的全景式概括，抓住了生命历程中每个重要阶段关键的、最佳的心理社会性成就。我们将在后面章节继续探讨，还要介绍由埃里克森理论引发的其他一些理论观点。

2. 行为主义和社会学习理论

在精神分析理论产生巨大影响的同时，人的发展还受到另一个迥然不同的理论的影响。在**行为主义** (behaviorism) 看来，直接观察到的事件——刺激与反应，才是恰当的研究焦点。北美的行为主义开始于 20 世纪初，以心理学家约翰·华生 (John Watson, 1878—1958) 的工作为标志。他希望创建一门客观的心理科学。

（1）传统的行为主义

华生受俄国生理学家伊万·巴甫洛夫 (Ivan Pavlov) 有关动物学习的研究启示。巴甫洛夫知道，给狗食物时，狗会由于天生的反射功能而分泌唾液。但是他发现，狗在没被喂食之前也会分

泌唾液，例如看到经常给它们喂食的驯狗员时。巴甫洛夫推断，狗必然是学会了把中性刺激（驯狗员）与另一个可引起反射反应（分泌唾液）的刺激物（食物）联系起来。这种联系使得中性刺激也可引起类似反射的反应。为了验证这种观点，巴甫洛夫成功地教会了狗在听见铃声同时看到食物时流口水，之后狗在只听到铃声时就分泌唾液。由此，他发现了经典条件作用。

华生想知道经典条件作用能否应用于儿童的行为。在一个著名的实验里，他教一个 11 个月大的婴儿阿尔伯特形成对一个中性刺激物小白鼠的恐惧。他多次将小白鼠与一个可引发婴儿自然恐惧的刺耳的强烈声音配对出现，开始小阿尔伯特还敢触摸小白鼠，后来看见它就扭头大哭 (Watson & Raynor, 1920)。阿尔伯特对小白鼠的恐惧程度很严重，使研究者受到了类似研究的伦理挑战。华生的结论是，环境是推动发展的最重要力量，成人可以通过认真控制刺激－反应的联结，塑造儿童的行为。他把发展看作一个连续过程，这些联结的数量和强度随着年龄增长而逐渐增长。

行为主义的另一流派是斯金纳 (B. F. Skinner, 1904—1990) 提出的操作条件作用理论。斯金纳认为，通过多种多样的强化物，如食物、赞扬、友好的微笑等，可以增加行为的发生频率，也可以通过惩罚，如不赞同、取消权利等，来降低行为的发生率。通过斯金纳的研究，操作条件作用成为一个应用广泛的学习定律。本书第 4 章将详细介绍这些基本学习能力。

（2）社会学习理论

心理学家想知道，行为主义能否比概念模糊的精神分析理论更好地解释社会行为的发展？这引发了在条件作用原理基础上、能提供儿童和成人怎样学习新行为的更详尽的理论观点。

心理学家想知道行为主义是否能比精神分析理论的不那么精确的概念更直接和有效地解释社会行为的发展。这引发了建立在条件作用原理之上的方法，为儿童和成人如何获得新的反应提供了扩展的观点。

由此出现了几种**社会学习理论** (social learning theory)。最具影响力的是阿尔伯特·班杜拉 (Albert Bandura, 1925—   )①的观点：榜样、模仿或观察学习，是发展的强大动力。婴儿看到母亲拍手也会拍

---

① 班杜拉于 2021 年 7 月底去世，享年 95 岁。——译者注

社会学习理论认为，儿童通过模仿获得许多技能。通过观察和模仿父亲的行为，这个孩子学会了一项重要的技能。

手；儿童会生气地打玩伴，因为在家里父母就是这样惩罚他的；青少年的穿衣打扮、发型都差不多，这些都是从观察学习而来的。在早期的研究中，班杜拉发现了影响儿童模仿动机的多种因素：他们自己对这种行为的强化或惩罚的经历，对未来强化或惩罚的承诺，甚至对被强化或惩罚的榜样的观察。

班杜拉的理论不断地影响着对社会性发展的研究。目前，他的理论强调认知或思维的重要性。班杜拉 (Bandura, 1992, 2001) 的一些后期修订理论非常强调人怎样看待自己和他人，他称之为社会认知，而不再称其为社会学习。

根据班杜拉修订的理论，儿童逐渐对模仿什么越来越有选择。通过对所看到的别人行为加以自我奖励和自我谴责，以及别人对自己行为价值的反馈，儿童形成了行为的个人标准和自我效能感——对自己取得成功的能力和特点的信心。这些认识指导着特定情境下的反应 (Bandura, 2001, 2011)。假如一位家长经常说，"我很高兴我能坚持不懈地做这个难度很大的工作"，他就解释了坚持性的价值，并通过说"我相信你的家庭作业能做得很好"来鼓励孩子。孩子就会认为自己是努力学习、成绩好的学生，并且选择符合这种特征的人做自己的榜样。当一个人以这种方式形成了态度、价值观和信念时，他就能控制自己的学习和行为。

（3）行为主义和社会学习理论的贡献和局限

行为主义和社会学习理论在治疗各种适应

问题上很有帮助。**应用行为分析** (applied behavior analysis) 对个人行为和相关环境事件进行仔细观察，然后根据条件作用和榜样作用程序，对这些事件进行系统的改变，旨在消除不受欢迎的行为，增加合乎期望的行为。它已被用来缓解儿童和成人的一系列困难：从糟糕的时间管理和坏习惯，到一些严重的问题，如语言迟滞、持续的攻击性和极端的恐惧 (Heron, Hewar, & Cooper, 2013)。

但是，许多理论家认为，行为主义和社会学习理论对重要环境影响的看法太局限了，它们夸大了即时强化、惩罚和模仿行为对人的复杂的生理和社会特性的影响。行为主义和社会学习理论受到批评，还因为它们低估了人对自己发展的贡献。在强调认知方面，班杜拉是行为主义理论家中独一无二的，因为他赞同儿童和成人可以扮演自我学习的积极角色。

3. 皮亚杰的认知发展理论

如果说哪个人对儿童发展研究的影响比其他人都更大，那一定是瑞士认知理论家让·皮亚杰 (Jean Piaget, 1896—1980)。北美研究者 1930 年开始了解皮亚杰的工作，但其理论由于与 20 世纪中期在北美心理学界占统治地位的行为主义相悖，直到 20 世纪 60 年代才开始得到关注 (Watrin & Darwich, 2012)。皮亚杰不认为儿童依赖于像成人奖励这样的强化而学习。根据他的**认知发展理论** (cognitive-developmental theory)，儿童是在操控和探索周围世界基础上主动建构知识的。

（1）皮亚杰的发展阶段

皮亚杰的发展观受其早期所受的生物学训练的影响，他的理论以适应这一生物学概念为核心 (Piaget, 1971)。就像身体结构要适应环境一样，心理结构也要越来越好地适应或表征外部世界。皮亚杰指出，在婴儿期和幼儿期，儿童的理解方式与成人是不同的。例如，皮亚杰认为，小婴儿并不知道，一个被遮蔽而看不见的客体，例如一个好玩的玩具，甚或他的妈妈，是仍然存在的。他还指出，幼儿的思维是完全不合逻辑的。例如，7 岁以前的儿童一般会说，把溶液从一个容器倒入另一个形状不同的容器时，液体的量改变了。皮亚杰认为，儿童最终会修正这些错误想法，通过不断的努力，达到内部结构与他们日常生活中接触到的信息之间的一种平衡。

根据皮亚杰的理论，随着脑的发育和儿童经验的积累，儿童发展经历了四个主要阶段，每一个阶段都以本质上不同的思维方式为特征。表 1.3 对这四个阶段做了简要描述。在感觉运动阶段，认知发展开始于婴儿应用感觉和运动来探索世界。这些动作方式在进入前运算阶段的幼儿身上演变为符号化的、非逻辑的思维方式。进入具体运算阶段以后，认知过渡到学龄儿童的更有组织的推理。最后，在形式运算阶段，青少年和成人的思维变为复杂、抽象的推理系统。

皮亚杰设计了专门的方法来考察儿童是如何思维的。在其事业初期，皮亚杰认真观察他的三个处于婴儿期的孩子，给他们呈现日常问题，如给他们有吸引力的东西叫他们抓、咬、踢和寻找。根据他们的反应，皮亚杰提出了自己对于 0～2 岁幼儿认知发展变化的思想。在研究童年期和青少年期的思维时，皮亚杰利用儿童可以说出自己思维过程的能力，借鉴精神分析的临床方法，采用开放式的临床访谈，在访谈中，皮亚杰在儿童对问题做出回答后继续追问。本章后面介绍研究方法时还要举例说明皮亚杰的临床访谈法。

（2）皮亚杰理论的贡献和局限

皮亚杰使本领域学者相信，儿童是活跃的学习者，他们的头脑中包含着丰富的知识结构。除

了研究儿童对物质世界的理解，皮亚杰还探索了他们对社会问题的推理。他的阶段理论激发了大量关于儿童对自我、他人和人际关系概念的研究。在实践中，皮亚杰的理论推动了强调发现学习、与环境直接互动等教育理念和教育项目的发展。

尽管皮亚杰的理论贡献是主流，但也有人质

在皮亚杰的形式运算阶段，青少年的思维是系统的、抽象的。这些参加机器人竞赛的高中生通过对可能有效的程序提出假设并进行系统测试，观察其在现实世界中的结果来解决问题。

表 1.3　皮亚杰的认知发展阶段

阶段	发展期	描述	
感觉运动阶段	出生至 2 岁	婴儿通过眼、耳、手和嘴探索环境进行"思维"。其结果是，他们发明了各种方式来解决简单问题，如拉杆使音乐盒发声，找到藏起来的玩具，从容器中掏出、放入物品。	
前运算阶段	2～7 岁	幼儿利用符号来表征他们早期感觉运动的种种发现，语言发展，出现假装游戏。但思维仍不具逻辑性。	
具体运算阶段	7～11 岁	儿童的推理具有逻辑性并得到更好的组织。小学生知道，一块橡皮泥的形状改变后，其总量是不变的。他们能把客体划分到不同的类和亚类中。但他们只能以自己可直接知觉到的具体事物进行符合逻辑的、有组织的思维。	
形式运算阶段	11 岁以上	抽象的、系统化的思维能力使青少年在面临问题时能够提出假设，演绎出可验证的推论，并且把变量分开或结合起来，看哪个推论能被证实。青少年还能不参照现实世界就对语言陈述的逻辑做出评价。	让·皮亚杰

疑他的理论。研究表明，皮亚杰低估了婴儿和学龄前儿童的能力。当给年幼的孩子们分配的任务难度减小，并且与他们的日常经验相关时，他们的理解似乎比皮亚杰假设的更接近年长儿童和成年人。此外，青少年通常只有在他们拥有丰富教育和经验的领域，才能充分发挥他们的智力潜能。这些发现使许多研究者得出结论，认知成熟度在很大程度上取决于抽取的样本题目的复杂性和个体对任务的熟悉度 (Miller, 2011)。

此外，儿童在皮亚杰任务上的表现可以通过训练得到改善——这一发现对皮亚杰的假设提出了质疑，即发现学习而不是成人教学是促进发展的最佳方式 (Klahr, Matlen, & Jirout, 2013; Siegler & Svetina, 2006)。批评者还指出，皮亚杰的阶段论没有充分关注社会和文化对发展的影响。最后，毕生发展理论挑战了皮亚杰关于青少年之后不会出现新阶段的结论，提出了成年期的重要转变 (Heckhausen, Wrosch, & Schulz, 2010; Moshman, 2011; Perry, 1970/1998)。

今天，发展科学领域在是否赞同皮亚杰观点问题上出现了分歧。其中，继续支持皮亚杰阶段论的人大多接受一种经修正的观点，即思维的变化比皮亚杰所认为的更循序渐进 (Case, 1998; Halford & Andrews, 2011; Mascolo & Fischer, 2015)。不同意皮亚杰阶段论的，有些人支持信息加工学说的主张，即儿童的认知进步是连续获得的。还有一些人则诉诸儿童所处的社会文化背景的作用的理论。下一节将讨论这些理论。

 思考题

联结　虽然社会学习理论主要考察社会性发展，皮亚杰的理论主要考察认知发展，但是这两种理论都增进了人们对其他发展领域的认识。请用上述两种理论分别解释另一个领域的发展。

应用　一个4岁儿童因为怕黑，夜晚不敢单独睡觉。精神分析论者和行为主义者对这一问题的形成有什么不同看法？

反思　描述你观察别人和接受别人反馈的一次个人经历，这次经历增强了你的自我效能感，使你相信你的能力和特点会帮助你成功。请以此说明班杜拉的理论。

六、当代理论观点

1.6　描述当代关于人的发展的理论观点

解释成长中的人的新途径不断涌现，它们提出问题，建构理论，推进早期理论的研究。当前，一系列新的研究流派和研究重点拓宽了我们对毕生发展的理解。

1. 信息加工

20世纪七八十年代，研究者转向认知心理学领域，寻求理解思维发展的途径。使用一系列特殊数学步骤解决问题的数字计算机提示心理学工作者，人的心理也可以看作一个信息可进可出的符号操作系统，这就是所谓的**信息加工** (information processing; Munakata, 2006)。从信息输入被识别的时候开始，到作为信息输出的行为反应之间，信息迅速地被编码、转化和组织。

信息加工研究者常常用流程图来描绘个体解决问题和完成任务的详细步骤，这很像程序员设计的用电脑执行一系列"心理操作"的计划。他们试图澄清任务特征和认知局限——如记忆容量或现有知识——对行为表现有何影响 (Birney & Sternberg, 2011)。要了解这种方法，来看一个示例。

在一项关于问题求解的研究中，研究者给儿童拿出一堆大小、形状、重量不同的木块，让小学儿童搭建一座跨过"一条河"（画在地板的垫子上）的桥，但是河太宽了，没有一个木块可以单独地跨越 (Thornton, 1999)。图1.4显示了一种解决方案：两块长板跨越河流放在河两岸的塔上，两块长板上各压两个重木块。年长儿童搭建这样

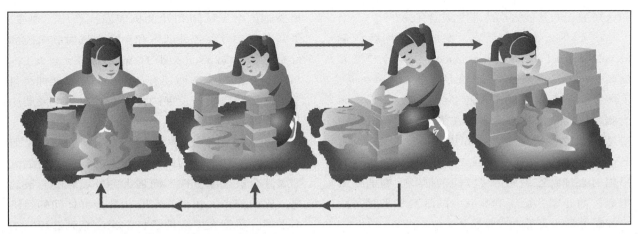

图 1.4　一个 5 岁儿童解决搭桥问题的信息加工流程图
她的任务是用一堆大小、形状和重量不同的木块，包括几个板状木块，搭建一座跨越"河流"的桥（"河流"画在地板的垫子上），但是河太宽，没有一个木块可以单独跨越。这个女孩终于发现了怎样把桥平衡地搭起来。箭头显示，她在成功地找到平衡之后，又回到原来不成功的方法，这种尝试看来帮助她理解了平衡法是有效的。资料来源：Thornton, 1999.

的桥比较容易，但是这却是个年仅 5 岁的儿童搭的。对她搭桥过程的详细跟踪显示，她反复用不成功的方法尝试，如把两块板推到一起，用手把它们的外端压住，好把它们稳稳地放在塔上。最后，她的试验终于使她想出用重木块把长板压住的办法。她的错误步骤帮助她懂得了，为什么用两个重木块压住才能成功。

目前已有很多信息加工模型。一些像上面看到的一样，追踪儿童掌握一个或几个任务的加工过程。另一些则把人的认知系统作为一个整体来描述 (Gopnik & Tenenbaum, 2007; Ristic & Enns, 2015; Westermann et al., 2006)。这些一般模型可以帮助人们回答，思维是怎样发生程度宽泛的变化的。例如，随着年龄增长，儿童解决问题的能力是否越来越有组织和有计划？为什么老年人的信息加工比年轻人慢？老年人的记忆减退是表现在所有任务上还是只出现在一些任务上？

与皮亚杰的认知发展理论一样，信息加工学说也把人看作主动的、看重自己思想的人 (Halford & Andrews, 2011; Munakata, 2006)。与皮亚杰理论不同的是，它没有把发展分为几个阶段，多数从事思维加工研究的信息加工研究者认为，知觉、注意、记忆、信息分类、计划、问题解决、书面语及口语理解等，在不同年龄间是相似的，只是表现的程度有多有少。他们把发展看作一个连续变化的过程。

信息加工学说的最大优点在于它严格的研究方法。因为它详细地报告了儿童和成人是怎样完成各种认知任务的，这些发现对教育具有重要意义。

近期，研究者对各种"执行"过程的发展非常感兴趣，这些过程使儿童和成人能够管理他们的思维、情感和行动。这些能力包括自我控制、自我调节、执行机能、计划、延迟满足等，它们对于战胜挑战、实现目标至关重要 (Carlson, Zelazo, & Faja, 2013; Chevalier, 2015; Müller & Kerns, 2015)。我们将在后面的章节中介绍，执行过程是学习成绩、社交能力和行为、生活成功和心理健康的稳定预测指标。

但是，信息加工学说在一些方面存在不足。它把思维分解成各个部分加以分析，而不是把它们组合到一个全面的理论中。它几乎没有涉及非线性认知和逻辑认知，比如想象力和创造力。

2. 发展神经科学

过去 30 年，信息加工研究得到扩展，一个新研究领域崛起，这就是**发展认知神经科学** (develop- mental cognitive neuroscience)，它把心理学、生物学、神经科学和医学等方面的研究者团结起来，考察个体成长中脑的变化与认知加工及行为方式之间的关系。

用于分析儿童和成人在完成各种任务时脑活动的方法的改进，大大促进了对脑机能与行为之间关系的认识 (de Haan, 2015)。由于这种脑电图和成像技术（第 4 章将介绍），神经科学家考察了这样一些问题：各年龄段的遗传结构和特殊经验相结合，怎样影响大脑的发育和组织？大脑的什么变化导致青少年和成人比幼儿学习第二种语言更困难？神经系统的哪些变化与老年人思维、记忆和认知加工的其他方面的速度减慢有关？

一个补充性的新领域，**发展社会神经科学** (developmental social neuroscience)，致力于研究大脑的变化与情绪或情感／社会性发展之间的关系。发展社会神经科学的出现晚于认知神经科学，因为测量大脑活动的技术很难在大多数社会情境中实施，在这些情境中儿童和成人必须自由活动，与他人互动 (Zelazo & Paus, 2010)。当研究者开始采用对心理状态敏感的更方便的神经生物学测量指标，如心率、血压和唾液中的激素水平时，社会神经科学研究随之大量展开。

发展社会神经科学研究的活跃领域包括：查明婴儿模仿他人能力的神经系统，青少年高冒险行为，冲动性、社交性、焦虑、攻击性和抑郁的个体差异。其中一个特别引人注目的焦点是极端逆境（例如，在社交被剥夺的孤儿院成长、对儿童的虐待和忽视等）对大脑发育、认知、情感和社交技能的负面影响 (Anderson & Beauchamp, 2013; Gunnar, Doom, & Esposito, 2015)。另一个新的研究兴趣是揭示自闭症的神经基础——大脑结构和网络的紊乱导致社交能力受损、语言迟滞和重复动作 (Stoner et al., 2014)。这些研究表明，研究者正在建立认知神经科学和社会神经科学之间的联系，查明影响这两个发展领域的大脑系统。

21

在查明支持或妨碍不同年龄大脑发育的经验类型方面取得的迅速进展，正在为制订有效的干

一位治疗师鼓励一名6岁的自闭症儿童掌握字母表，与他人进行社交互动，并对她的进步击掌庆贺。发展社会神经科学家对识别自闭症的神经基础，并利用这些发现设计有效预措施非常感兴趣。

预措施、增强认知和社会机能发挥作用。现在，研究者正在考察各种训练和治疗方法对脑机能和行为的影响 (Johnson & de Haan, 2015; Lustig & Lin, 2016)。虽然很多东西还有待发现，但发展神经科学正在拓宽我们对发展的理解，并在毕生发展中获得重要的实际应用。

神经科学研究虽然扩展了发展研究领域，但它也提出了这样做的风险，即人的行为背后的大脑属性会被过度重视，而强大的环境影响会被忽视，比如养育、教育、家庭和社会群体间的经济不平等。尽管大多数神经科学家注意到遗传、个人经验和脑发育之间复杂的相互作用，但他们的发现往往导致对生物过程的过度强调 (Kagan, 2013b)。

幸好，有多种理论存在的优势是，它们激励研究者去关注过去曾被忽视的人的生活中的一些方面。下面将要探讨的三个理论的共同点在于，它们都强调环境对发展的影响。其中的第一种观点强调人的各方面能力受到长期进化历程的影响。

3. 习性学与进化发展心理学

习性学 (ethology) 关注行为的适应价值或生存价值及其进化史。其源头可以追溯到达尔文的工作。欧洲两位动物学家康拉德·洛伦兹 (Konrad Lorenz) 和尼科·廷伯根 (Niko Tinbergen) 是该理论的创始人。通过对不同动物物种的天生习性的观察，洛伦兹和廷伯根观察到了有利于生存的行为模式。其中最广为人知的是印刻，指一些刚孵出的小鸟即表现出早期跟随行为，通过跟随可以靠近母亲，保证被喂养，且免于危险。印刻出现在发展早期的某一特定时间段 (Lorenz, 1952)。以小鹅为例，如果在这个特定时间段母鹅不在，另一个在重要特征上与之类似的物体取代它的位置，小鹅也会对它形成印刻。

有关印刻的研究引出了人的发展的一个重要的概念，即关键期，指一个限定的时间段，个体在生物学上已经可以习得某种适应行为，但这种适应行为的出现需要合适的刺激环境的支持。许多研究者通过实验试图回答，复杂的认知和社会行为是否必须在特定时间段习得。例如，如果儿童在早期被剥夺足够的食物或生理和社会刺激，他们的智力是否会迟滞？如果在幼儿期没有掌握

习性学关注行为的适应性或生存价值，以及人类行为与其他物种（尤其是灵长类）行为的相似性。观察这只黑猩猩母亲拥抱婴儿，有助于我们理解人类的母婴关系。

言语技能，这是否意味着言语习得能力会减退？

后面的章节将会讲到，敏感期这个术语用于说明人的发展比"关键期"这个比较绝对的说法更好些 (Knudsen, 2004)。**敏感期** (sensitive period) 指特定能力出现的最佳时期。在敏感期，个体会对环境影响做出特殊反应。但是，它的界限并不像关键期那样有明确的定义。发展可以在以后发生，只不过难度要大一些。

22　　受印刻研究的启发，英国精神分析学家约翰·鲍尔比 (John Bowlby, 1969) 应用习性学理论来解释人类的婴儿 - 养育者关系。他认为，婴儿的微笑、喃喃细语、抓握、哭泣，都是与生俱来的社会信号，他们用这些信号要求养育者接近、照顾、与孩子互动。只要能让父母待在身边，这些行为就能确保婴儿有奶吃，避开危险，为健康成长提供必需的刺激和情感。人类依恋的发展是一个漫长过程，它使婴儿与养育者建立深厚的情感纽带 (Thompson, 2006)。鲍尔比认为，这种纽带影响着毕生的人际关系。在后面的章节，我们会介绍对这个假设做出评价的研究。

习性学研究者的观察表明，人类社会行为的很多方面都类似于我们的灵长类祖先，如情绪表达、攻击、合作、社交游戏等。近期，研究者在一个新的领域把这种努力加以扩展，这一领域就是**进化发展心理学** (evolutionary developmental psychology)，它试图解释，种系中的个体随着年龄增长，其认知、情绪和社交能力的适应价值 (King & Bjorklund, 2010; Lickliter & Honeycutt, 2013)。进化发展心理学家会问这样的问题：新生儿对像面孔一样的刺激的视觉偏好对生存起什么作用？它对较大的婴儿分辨熟悉的养育者和陌生人的能力有影响吗？为什么儿童在同性别的群体中游戏？什么原因使他们玩符合成人性别类型行为，如男性支配行为和女性照顾行为的游戏？

这些例子说明，进化心理学家不是只关注发展的遗传和生物基础。他们认识到，人类大脑容量之大，童年期之漫长，都是因为人类必须掌控越来越复杂的环境，所以才对学习感兴趣 (Bjorklund, Causey, & Periss, 2009)。他们意识到，今天的生活方式与我们的祖先截然不同，以至于某些进化的行为，比如青少年威胁生命的冒险行为和男性对男性的暴力行为，已不再是适应行为 (Blasi & Bjorklund, 2003)。

最近，进化心理学家开始研究人类寿命的适应性——为什么在孩子长大后，成年人还能继续生存自己年龄的四分之一到三分之一 (Croft et al., 2015)。一种常见的解释是，祖父母（尤其是祖母）在抚养年幼孙辈时给予支持，有助于提高出生率和儿童存活率。另一种解释强调群体资源的稀缺性，认为在人类过去的进化过程中，较年轻和较年长女性以子女生存为代价，都能够生育。

总之，进化发展心理学的目标是理解生命全程中的人与环境系统。下面将要讨论的环境观是维果茨基的社会文化理论，它是进化论观点的一个补充，因为它强调发展的社会文化背景。

人类的长寿可能具有适应价值。祖父母在抚养年轻孙辈方面的支持促进了更高的出生率和儿童存活率。

4. 维果茨基的社会文化理论

在发展科学领域，可以看到有关人类发展与文化紧密交织的研究近年来明显增多 (Mistry & Dutta, 2015)。苏联心理学家列夫·维果茨基 (Lev Vygotsky, 1896—1934) 及其追随者在这一方向上做出了重要贡献。

维果茨基 (Vygotsky, 1934/1987) 的观点被称为**社会文化理论** (sociocultural theory)，关注社会群体的文化，如价值观、信念、习俗和技能，是怎样传递给下一代的。维果茨基认为，社交互动，尤其是与更有知识的社会成员的对话，是儿童学习到符合所在社会文化的思维和行为的必要途径。维果茨基认为，成人和更老练的同伴能帮助儿童娴熟地从事具有文化意义的活动，所以他们之间的交流就成为儿童思维的一部分。一旦儿童把这些对话的本质特征加以内化，他们就能应用那些人的语言来指导自己的思想、行为，并学习新技能 (Lourenço, 2012; Winsler, Fernyhough, & Montero, 2009)。幼儿在自己做拼图、准备餐桌或解数学题时，已经开始产生类似成年

这个中国女孩在老师的指导下练习书法。通过与一位更年长、更有经验的书法家交流，她获得了一项具有文化价值的技能。

人以前帮助他们掌握重要文化任务时发出的指导意见。

维果茨基的理论对认知发展研究一直有特殊的影响。维果茨基同意皮亚杰所说的，儿童是主动的、建设性的个体，但是与皮亚杰所说的、儿童通过个人努力理解世界的观点不同，他把认知发展看作一个社会中介过程，即当儿童解决新任务时，必须依赖成人和更成熟同伴的支持。

根据维果茨基的理论，儿童经历着分阶段的变化。例如，儿童学会说话，他们跟别人对话的能力就会进步，被文化肯定的能力也得到发展。儿童进入学校以后，他们花大量时间来讨论关于语言、读写、科学概念等，这种经验激发他们去反思自己的思维 (Kozulin, 2003)。结果，他们的推理和解决问题能力就得到迅速发展。

维果茨基强调，与专家的对话会引起思维的持续变化，但是不同文化之间的差异很大。与此观点一致，跨文化研究的一个主要发现是，文化为其成员选择任务，而围绕这些任务的社交互动有助于习得在特定文化中取得成功所必需的能力。例如，在工业化国家，教师帮助学生学习阅读、开汽车或使用电脑。在墨西哥南部辛纳坎特科 (Zinacanteco) 印第安人中，成人教年轻女孩掌握复杂的编织技术 (Greenfield, 2004)。在巴西和其他发展中国家，念书很少或没念过书的卖糖果的少年，却具有不错的算术能力，这是他们从糖果商那里进糖果、与成人和老练的同伴合作、在大街上跟顾客讨价还价的结果 (Saxe, 1988)。

维果茨基理论引发的研究表明，每一种文化中的人都有独特的长处。但是，维果茨基却相对地忽略了发展的生物因素。虽然他承认遗传和脑发育的重要性，但是他基本不提遗传与脑发育对认知发展的影响。此外，维果茨基强调知识的社会传递，这意味着他不像其他理论家那样，认为儿童自己会影响自己的发展。维果茨基理论的追随者则承认，儿童争取社会联系，积极参与谈话和社会活动，从而获取他们发展的源泉 (Daniels, 2011; Rogoff, 2003)。当代的社会文化理论家则承认个体和社会在发展中更均衡、成熟的互相影响。

5. 生态系统论

尤里·布朗芬布伦纳 (Urie Bronfenbrenner, 1917—

23

2005) 提出了处于本领域前沿的一种理论，因为它在环境影响发展问题上提出了最详细具体的论述。**生态系统论** (ecological systems theory) 认为，人在复杂关系系统中的发展受到周围多水平环境的影响。鉴于儿童受生物因素影响的素质加入环境中共同推动了发展，后来布朗芬布伦纳把他的理论称为生物生态模型 (Bronfenbrenner & Morris, 2006)。

布朗芬布伦纳把环境形象地喻为鸟巢状的结构，包括家庭、学校、邻里、父母工作单位等日常生活场所以及这些场所之外的更大空间（见图 1.5）。这些环境的每一个层面都和其他层面相结合，对发展产生影响。

（1）小环境系统

环境的最里层水平是**小环境系统** (microsystem)，由个体在直接生活的环境中的各种活动和互动模式构成。布朗芬布伦纳强调，为了理解这一水平的发展，必须牢记所有的关系都是双向的：成人影响孩子的行为，但是孩子所受到的生物和社会影响的特征，即他们的身体特性、人格和能力也影响成人的行为。一个友善、体贴的孩子容易引发父母积极耐心的反应，而一个急躁、容易分心的孩子更可能使父母气恼，从而受到限制和惩罚。如果这种双向互动经常地、一再地发生，就对发展起着持久性的影响 (Crockenberg & Leerkes, 2003)。

第三方，即小环境系统中的其他人，也会影响任何二人关系的质量。如果他们是支持性的，这种互动就有促进作用。例如，爸爸妈妈在承担父母角色中互相鼓励，他们就能更好地执行做父母的责任。相形之下，夫妻冲突往往导致对孩子的管教方法不一致和迁怒于孩子。结果使孩子变得恐惧和焦虑，或者愤怒和富有攻击性，使亲子双方的身心健康都受到影响 (Cummings & Davies, 2010; Low & Stocker, 2012)。

（2）中环境系统

布朗芬布伦纳模型中的第二层是**中环境系统** (mesosystem)，指几个小环境之间的联系。例如，一个孩子的学习进步不仅取决于课堂活动，而且取决于父母对学校生活的参与，以及把学校的学习扩展到家庭 (Wang & Sheikh- Khalil, 2014)。对成人来说，在家里做配偶、做父母做得好不好，也受到其在工作单位的人际关系的影响，反之亦然 (Strazdins et al., 2013)。

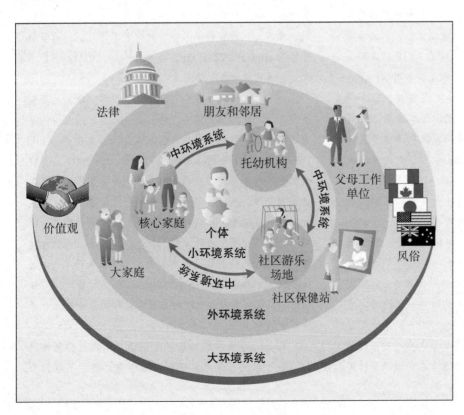

图 1.5　生态系统理论中的环境结构

小环境系统关注成长中的人与直接生活环境间的关系；中环境系统指几个小环境系统之间的关系；外环境系统是那些会影响却不包括成长中的人的社会领域；大环境系统指影响各个层次的活动和互动的价值观、法律、习俗和文化资源。时序系统（图中未显示）不是一个具体环境，它指人所处环境的动力性的、永远变化的特性。

（3）外环境系统

外环境系统 (exosystem) 指成长中的儿童不在其中却对他们所处的直接环境产生影响的社会环境。这种环境可能是正式的组织，如个人所在单位的管理层、宗教机构、社区保健站和福利机构。具体来说，上班时间灵活、母亲和父亲拥有带薪产假、孩子生病时父母获准在家照顾孩子，都是父母工作单位所能做到的帮助父母养育子女并间接促进父母和儿童发展的方法。外环境系统的支持也可以是非正式的。儿童可能受到其父母的社交网络的影响，如父母的朋友和大家庭成员提供的建议、陪伴和经济援助等。研究证实，外环境系统如果不能发挥作用，会产生负面影响。那些受失业、社交孤立或缺少个人及社会联系影响的家庭，家庭发生冲突和虐待孩子的可能性更高 (Tomyr, Ouimet, & Ugnat, 2012)。请参见本节"社会问

这位妈妈送儿子去幼儿园时跟他说再见。孩子在幼儿园的经历（小环境系统）和母亲在工作中的经历（外环境系统）会影响亲子关系。

题→健康"专栏中，关于外环境对家庭机能和儿童发展之影响力的更多阐述。

---

25 专栏

社会问题→健康

家庭混乱会损害父母和子女的身心健康

所有人都能回忆起童年时的生活，那时家庭的日常事务包括有规律地吃饭、睡觉、做家庭作业、和父母一起阅读和玩耍等。如果这一切都紊乱了，那可能是因为父母工作改变、家人生病或孩子忙碌于参加赛季的课外体育比赛。然而，在一些家庭中，日常结构的缺失几乎不变，从而造成家庭生活的混乱，干扰健康的发展 (Fiese & Winter, 2010)。有条有理的家庭生活能为温暖的亲子互动提供良好环境，这对父母和子女的身心健康至关重要。

家庭混乱与经济条件差有关，尤其是那些收入微薄的单身母亲，她们要应付交通费、换工作、不稳定的育儿安排和其他日常麻烦事。但混乱并不仅限于这样的家庭。

调查显示，在美国家庭中，母亲陪伴孩子的时间在过去40年中保持相当稳定，而父亲陪伴孩子的时间有所增加 (Pew Research Center, 2015c)。但许多父母度过这段时间的方式已经改变了。在不同收入水平和不同种族的人群中，在职父母（尤其是母亲）在照顾孩子时更

多地同时做几件事，例如，一边帮孩子做作业一边做晚饭，或者，一边查看与工作有关的电子邮件，一边给孩子朗读 (Bianchi, 2011; Offer & Schneider, 2011)。这些母亲就会承受更大的心理压力。

父母同时干几件事会打乱家庭的日常作息，这可能是今天的父母和孩子经常说他们在一起的时间太少的原因。例如，只有约一半的美国家庭定期一起吃饭 (Child Trends, 2013; Opinion Research Corporation, 2009)。家庭聚餐的频率与多种积极结果有关，例如在童年期，可促进语言发展，提高学习成绩，减少行为问题，保证睡眠时间充足；在青少年期，可降低性行为风险和酗酒、吸毒的可能性，减少心理健康问题。一起吃饭还能增加健康饮食的可能性，防止肥胖和青少年饮食失调 (Fiese & Schwartz, 2008; Lora et al., 2014)。这些发现表明，有规律的全家聚餐是有条有理的家庭生活和父母积极参与子女教育的标志。

但是，即使家庭成员一起活动，家庭也会照样混乱。不可预测、毫无条理的家庭作息，宽严不济的管

混乱的家庭生活会干扰温暖、轻松的亲子互动，导致行为问题。外环境系统的影响，如工作压力过大，可以引发混乱的家庭生活。

教方式和敌对、不尊重的交流，可能导致儿童和青少年出现适应困难 (Fiese, Foley, & Spagnola, 2006; Milkie, Nomaguchi, & Denny, 2015)。如果家庭生活压力重重，令人疲惫不堪，家庭结构就会松散，父母压力就会升级，温暖的亲子关系就会瓦解。

形形色色的环境会引发父母有限情感资源的相互冲突，导致家庭混乱。除了小环境和中环境影响（父母有心理健康问题，父母分居和离婚，单身父母很少或没有提供支持关系），外环境的影响力也很强大，例如，父母每天上下班坐几个小时的公交车导致无法支配在家时间，孩子照看问题得不到解决，父母在工作单位压力过大或失业，等等，这些都会威胁到家庭的日常生活。

家庭混乱导致的孩子的行为问题，甚至远远不止给父母养育效果带来的负面影响 (Fiese & Winter, 2010; Martin, Razza, & Brooks-Gunn, 2012)。混乱的环境会让孩子产生无尽的烦扰感和无力感，从而产生焦虑和低自尊。

外环境和大环境系统的支持，包括具有良好家庭政策的工作环境和既可靠又能负担的高质量托幼机构，都有助于防止家庭需求不断升级导致的混乱。又如，社区或托幼机构发起一个带回家的晚餐计划。忙碌的父母可以点一份健康又物美价廉的家庭餐，这既能把准备家庭晚餐变得易如反掌，又能促进孩子的发展。

（4）大环境系统

布朗芬布伦纳模型中的最外层是**大环境系统** (macrosystem)，由文化价值观、法律、习俗和资源组成。大环境系统能否满足儿童和成人的需要，关系到他们在内部环境水平上能否获得支持。例如，有些国家规定，工作单位要给予员工较优厚的待遇，并且规定了高标准的儿童保育质量，儿童在小环境中就更可能有良好的生活经历。政府给退休者提供优厚的养老金，也能促进老年人的心理健康。

观察与倾听

请一位做父母者说说，他／她养育孩子的最大困难是什么。描述在布朗芬布伦纳的生态模型的每一个水平上可以缓解父母压力、促进儿童发展的一个支持来源。

（5）一个动力性的、不断变化的系统

布朗芬布伦纳认为，环境不是以一种固定方式影响个体的静态力量。它是动力性的、不断变化的。人的角色的增多或减少，以及新生活的开始，都会导致其小环境范围的变化。生活中这种环境的转变，布朗芬布伦纳称之为生态变迁，往往成为发展的重要转折点。入学，参加工作，同居、结婚，做父母，离婚和退休就是生态变迁的例子。

布朗芬布伦纳把他的模型中的时间维度称为**时序系统** (chronosystem，前缀 *chrono* 为"时间"之意)。生活变化可能来自外因，也可能来自个人，由于个体选择、修正和创造其生活环境而产生。人究竟怎样做，可能取决于人的年龄，也可能取决于人本身，因为个体会选择、修改或创造很多环境和经验。生态系统论认为，发展既非环境单独控制，也非个体内部素质单独驱动。人既是环境的产物，也是环境的创造者，人和环境形成一个相互影响的网络。本书关于复原力的讨论（边页 10-11）就说明了这一思想。后面章节还会介绍更多实例。

思考题

联结　毕生发展观假设，发展是持续一生、多方向、高度可塑的，并且受到多种相互作用的力量影响。生态系统论和上述假设是否一致？为什么？

应用　玛利奥想查明不同年龄的儿童怎样回忆故事。德西丽感兴趣的是，不同文化中的成人与儿童的沟通对儿童的讲故事能力有何影响。玛利奥和德西丽可能会分别选择哪一种理论？为什么？

反思　从你自己的儿时生活中选一个重要事件，如搬家、遇到一位鼓舞人心的老师上课，或父母离异等，对生态系统论中的时序系统加以说明。这个事件对你有何影响？如果这件事发生在五年前，影响如何？如果在五年后发生呢？

七、理论的比较与评价

1.7　阐述各种主流理论在人的发展三个基本问题上的立场

以上我们回顾了人的发展研究中的主流理论观点。它们在很多地方都存在差异。首先，它们各自侧重发展的不同领域。精神分析观点和习性学强调情绪或情感与社会性发展。皮亚杰的认知发展理论、信息加工学说和维果茨基的社会文化理论强调思维的变化。行为主义、社会学习理论、进化发展心理学、生态系统论以及毕生发展观则涵盖人的机能的各个方面。其次，每种理论都包含着对发展的看法。在总结对各种理论观点的看法时，我们最好先搞清楚各派理论在本章开头指出的几个争论问题上的立场。然后对照表1.4，看看你自己的分析如何。最后，每种理论都各有优缺点。你可能发现，

27

表1.4　各种主流理论在人的发展三个基本问题上的立场

理论	发展：连续还是不连续	发展：单一进程还是多种进程	天性和教养，哪个更重要
精神分析观点	不连续：心理性欲和心理社会性发展是分阶段的。	单一进程：阶段是普适的。	二者都重要：与生俱来的冲动通过儿童教养经验加以疏导和控制。早期经验决定后期发展进程。
行为主义和社会学习理论	连续：发展等于习得的行为的增加。	多种进程：被强化和模仿的行为因人而异。	强调教养：发展是条件作用和模仿的结果。早期经验和后期经验都重要。
皮亚杰的认知发展理论	不连续：认知发展是分阶段的。	单一进程：阶段是普适的。	二者都重要：发展是由于大脑发育和儿童在充满刺激的环境中展现他们探索现实的内驱力。早期经验和后期经验都重要。
信息加工学说	连续：儿童与成人的知觉、注意、记忆、问题解决能力逐渐进步。	单一进程：所研究的发展变化是大多数甚至所有儿童和成人的共有特征。	二者都重要：儿童和成人都是主动的、明智的，由于脑发育以及面临新的环境要求，他们不断修正自己的思维。早期经验和后期经验都重要。
习性学和进化发展心理学	连续和不连续都存在：儿童和成人逐渐形成范围广泛的适应行为；在敏感期会突然出现有质的差别的能力。	单一进程：适应行为和敏感期适用于物种的全部成员。	二者都重要：进化和遗传影响行为，学习使行为更具适应性。敏感期的早期经验决定后期发展进程。
维果茨基的社会文化理论	连续和不连续都存在：语言发展和上学导致阶段性变化。与更成熟的社会成员的对话导致因文化而异的连续变化。	多种进程：以社会为中介的思维和行为的变化因文化而异。	二者都重要：遗传、脑发育、与更成熟的社会成员的对话共同影响发展。早期经验和后期经验都重要。
生态系统论	未说明。	多种进程：生物素质与多层次的环境力量相结合，以独特方式推动发展。	二者都重要：个体特征和他人反应相互影响。早期经验和后期经验都重要。
毕生发展观	连续和不连续都存在：获得和衰退连续发生，新技能的出现是不连续的、分阶段的。	多种进程：发展受多种相互作用的生物、心理、社会力量影响，很多影响因人而异，导致多样化的发展路径。	二者都重要：发展是多维度的，受遗传与环境的复杂结合的影响。强调所有年龄段的可塑性。早期经验和后期经验都重要。

自己被一些理论吸引，而对另一些理论存疑。在你学习以后各章时，你会发现有个笔记本很有用，可以对照证据检验一下你喜欢的理论和不喜欢的

理论。如果你要多次修正你的想法，也不足为奇，自从人们对发展进行科学研究以来，所有的理论家都做过这样的事。

八、发展的研究方法

1.8 描述研究人的发展的常用方法
1.9 区分相关设计和实验设计并指出各自的优缺点
1.10 描述几种发展研究设计方法并指出各自的优缺点

在每一门学科中，研究一般都开始于对一个从理论直接推论出的行为的预测，或称为假设。但是，人的发展研究要得到合理的证据，理论和假设仅仅是研究活动的起点。根据科学上可接受的程序，做一项研究包括很多步骤和选择。研究者必须决定，要做出结论，选什么人做研究对象，需要多少人。然后，他们必须设计一套程序：让研究对象做什么，什么时候做，在哪里做，每个人需要见多少次面。最后，研究者还必须处理数据，进行统计检验并得出结论。

下面几节将介绍人的发展领域常用的研究策略。首先介绍研究方法 (research methods)，指被研究者的具体活动，如参加测验、填写问卷、接受访谈或观察。其次介绍研究设计 (research designs)，这是为使研究者对研究假设进行检验而制订的总的研究计划。最后讨论以人为研究对象做研究涉及的伦理问题。

28

观察与倾听 —————

请一位老师、辅导员、社会工作者或护士描述一个他/她希望研究者解决的有关发展的问题。在学习完本章的其余部分后，请推荐最适合回答这个问题的研究策略。

为什么要学习研究策略？原因有二：第一，每个人都应该做一个明智的、具有批判精神的知识接受者。了解各种研究策略的优缺点，对于我们把可信结果和错误结果区分开来非常重要。第二，直接对儿童和成人进行研究的人员处于一种独特地位，通过自己独立地或者与经验丰富的研

究者合作进行的研究，在研究和实践之间架设一座桥梁。如学校、心理卫生服务中心、游乐园和娱乐电台等社会机构，有时会和研究人员合作，一起设计和实施研究，并对可以促进发展的干预措施做出评价 (Guerra, Graham, & Tolan, 2011)。为了推广这些工作，了解研究过程是非常重要的。

1. 常用研究方法

研究者怎样选择收集信息的基本方法呢？常用的方法有系统观察、自我报告（如问卷和访谈）、对单个人的临床或个案研究，以及对特殊群体的生活情境的人种学研究。表 1.5 归纳了各种研究方法的优缺点。

（1）系统观察

对儿童和成人行为的观察有不同方式。一种方法是**自然观察** (naturalistic observation)，即直接深入现场或自然环境中，记录所研究的行为。

一项关于幼儿怎样对同伴的悲伤做出反应的研究是自然观察的一个例子 (Farver & Branstetter, 1994)。在日托中心观察 3 岁和 4 岁儿童，研究人员记录每一个哭泣的实例和旁边儿童的反应：看他们是忽视、旁观、评论哭的孩子的苦恼、责备或取笑，还是分享、帮助、表达同情。同时记录保育人员的行为，如向孩子们解释同伴哭的原因、调解冲突、安慰等，看保育人员对儿童的哭泣行为是否敏感。研究发现了很高的相关。自然观察的最大优点是，观察者可以直接看到他们想考察的日常行为。

自然观察也有局限性：在日常生活中，并非

表 1.5　常用研究方法的优缺点

方法	内容	优点	缺点
系统观察			
自然观察	在自然条件下观察行为。	反映被观察者的日常生活。	观察情境难以控制。
结构观察	在实验室观察行为，每个被观察者所处的条件相同。	每个被观察者有平等机会表现出所研究的行为。	可能得不到在日常生活中那样的观察结果。
自我报告			
临床访谈	通过灵活的访谈程序获取有关受访者看法的具体理由。	与受访者日常生活中的想法相当接近。能在短时间内得到有广度和深度的信息。	受访者报告的信息可能不准确；灵活的程序导致难以对个体间的反应进行比较。
结构访谈（包括问卷和测验）	采用自我报告手段，以相同的方式向所有受访者提出相同的问题。	可对受访者的反应进行比较，能高效率地收集资料。研究者可预先编制可选答案，这些答案可能是在自由访谈中想不到的。	难以收集到像临床访谈中那样有深度的信息。受访者的反应带主观性，使报告的内容不准确。
临床法或个案研究法			
	把访谈、观察和测验分数等资料结合起来，得到某一个人心理状况的完整情况。	对影响发展的因素提供丰富的描述性的启示。	可能因研究者的理论偏好而失准；研究结果不能应用于被研究者之外的其他人。
人种学方法			
	对一种文化或一个不同的社会群体进行参与观察；采用内容丰富的现场笔记，研究者试图查明该文化的独特价值观和社会进程。	能获得比单一的观察、访谈或问卷更具体的描述。	可能因研究者的价值观和理论偏好的影响而失准；研究结果不能应用于该研究之外的人与环境。

所有个体都有相同的机会表现出一种特定行为。在上述研究中，一些儿童可能比别的儿童更多地看到身边的同伴哭泣，或者他们比别的儿童更多地受到保育人员对他们好行为的直接提示，因此，他们可能表现出更多的同情。

为了克服这个困难，研究者通常采用**结构观察** (structured observation) 来解决这一难题，即研究者设置一个激发感兴趣行为的实验室情境，以便每个参与者都有平等的机会展示反应。在一项研究中，研究者观察了 2 岁儿童对他们认为自己造成的伤害的情绪反应，让每个儿童照顾一个特制的娃娃，这个娃娃被孩子捡起来时，它的腿就会掉下来。为了让儿童觉得自己错了，当娃娃的腿脱落时，一个成年人就会"为娃娃说话"，说："哎哟！"研究者记录了儿童对受伤的娃娃的悲伤和关心的表情、帮助娃娃的努力以及身体的紧张反应，这些反应显示出担心、悔恨和道歉的愿望。此外，还让母亲与孩子进行简短的情感对话 (Garner, 2003)。母亲经常解释情绪的前因后果的幼儿，更有可能表达对受伤的娃娃的担忧。

根据所提出的研究问题，采用系统观察的程序各不相同。有时，研究者选择描述整个行为——在特定时间内说的每句话和做的每件事。一项研究试图查明母亲在婴儿期和幼儿期的敏感性是否有助于在 6 岁时更好地为上小学做准备 (Hirsh-Pasek & Burchinal, 2006)。在儿童 6 个月到 4 岁半之间，研究者定期录制母亲和孩子游戏的过程。然后对每段时间的各种行为进行评估，如母亲的积极情绪、支持、刺激游戏和对孩子自主性的尊重。结果发现，这些敏感行为可以预测儿童进入幼儿园时更好的语言和学业进步。

研究者还设计出巧妙的方法来观察难以捕捉的行为。例如，研究者为了考察小学生的霸凌行为，在教室和操场设置了录像机，给四至六年级学生戴上小型遥控麦克风和袖珍发射器 (Craig, Pepler, & Atlas, 2000)。结果显示，霸凌行为的发生率，教室里为每小时 2.4 次，操场上为每小时 4.5 次。但是，教师对这些行为加以制止的比例只有 15%~18%。

系统观察提供了关于儿童和成人真实行为的可贵信息，但是它很难告诉我们行为背后的原因。要获得这类资料，研究者必须使用自我报告法。

（2）自我报告

自我报告 (self-reports) 就是让被研究者提供关

在自然观察中，研究人员进入现场并记录感兴趣的行为。这里，一名研究助理正在观察学前儿童。她可能会关注他们的玩伴选择、合作、乐于助人或冲突。

于他们的知觉、思维、能力、情感、态度、观念以及过去经验的信息。自我报告的范围可以从相对无结构的临床访谈，到高度结构化的访谈、问卷和测验。

临床访谈 (clinical interview) 指研究者采用灵活的谈话方式来探查受访者的观点。下面是皮亚杰用临床访谈来询问一个 5 岁儿童对梦的理解：

> 梦是从哪里来的？——我想你睡觉睡好了就会做梦。——梦是从我们自己身上来的还是从外面来的？——从外面。——当你躺在床上做梦时，梦在哪里呢？——在我的床上，在毯子下面。我真的不知道。梦要是在我肚子里面，骨头就会把它挡住，我看不见它。——当你睡觉的时候梦还有吗？——有，就在床上，在我旁边。(Piaget, 1926/1930, pp. 97-98)

尽管研究人员在对多个受访者进行临床访谈时，通常会问同样的第一个问题来确定一个共同的任务，但个性化的提示可以提供每个人推理的更完整画面。

临床访谈有两个主要优点。第一，它使一个人在被研究时表现出来的思维与日常生活中的思维尽可能一致。第二，它能够在相对较短的时间内获取大量信息 (Sharp et al., 2013)。例如，在 1 小时内，我们能从一位父亲或母亲那里得到很多有关儿童教养的信息，也能从一个老年人那里得到有关其过去和现在生活的大量信息，这比我们在相同时间内观察所获得的信息多得多。

临床访谈的一个主要局限体现在，该方法得到的受访者对其思维、情感、经历的报告可能不准确。有些受访者为了取悦访谈者，可能会编造出虚假回答。当问及过去发生的事件时，有些人可能回忆不准确。此外，由于临床访谈依赖于言语表达能力，这就可能低估那些不能很好地用语言表达自己想法的人的能力。

临床访谈法还因为它的灵活性而受到批评。当问题以不同的措辞向受访者发问时，受访者的回答所反映的只是访谈的方式，而不是人们在思考该问题时的真正差异。

30 **结构访谈** (structured interview)（包括测验和问卷调查）是以相同方式向所有受访者提出相同的问题，它可以解决上述问题。这种方法效率更高，受访者的回答简洁，研究者可以同时获得整个群体的书面回答。研究者还可以列出备选答

案，确定要考察的活动或行为，这些答案可能是受访者在自由式临床访谈中想不起来的。例如，在一项研究中，向父母提出的问题是："对孩子的未来生活来说，什么事情是最重要的？"当采用结构访谈时，62% 的受访者选择了"让孩子自己决定"这一列在纸上的选项，但是如果采用临床访谈让他们自由回答，只有 5% 的受访者说出这样的答案 (Schwarz, 2008)。

但是，结构访谈不能像临床访谈一样，得到有相当深度的信息，而且还可能受到报告不准确问题的困扰。

（3）临床法或个案研究法

作为精神分析理论的衍生物，**临床法或个案研究法** (clinical, or case study, method) 把关于一个人的内容广泛的信息结合起来，这些信息可能来自访谈、观察，有时候也包括测验分数。它的目的是尽可能详尽地获得个体的心理机能以及使之得以产生的经验。

临床法适合于研究数量较少、心理特征差异较大的人群。例如，这种方法曾用来揭示什么原因促成了神童（在 10 岁前就在某一领域表现出超常能力的天才儿童）取得的成就 (Moran & Gardner, 2006)。

在一项研究中，研究人员对在艺术、音乐和数学等领域驰名全国的 8 名神童进行了个案研究 (Ruthsatz & Urbach, 2012)。一个孩子在 28 个月时就开始拉小提琴，5 岁赢得了地区比赛，7 岁就成为纽约卡内基音乐厅和林肯中心的独奏者。另一个孩子在婴儿期就开始阅读，8 岁学习大学课程，13 岁在一份数学杂志上发表了一篇论文。在这 8 个案例中，研究者发现了一些有趣的模式，包括智商高于平均水平，在记忆力和对细节的注意力测试中得分极高。值得注意的是，有几个神童的亲属患有自闭症，而自闭症患者通常也会表现出对细节的高度关注。研究者得出结论，尽管神童一般不会表现出自闭症那样的认知和社交缺陷，但这两类儿童可能拥有一种潜在的遗传特征，这种遗传特征会影响大脑某些区域的机能，提高感知能力和注意力。

临床法可以获得内容丰富而详细的对个案的叙述，在影响发展的许多因素问题上为人们提供

这位研究者采用临床法或个案研究法，在家庭访问时和这个3岁女孩交谈。访谈和观察有助于揭示这个女孩心理机能的深度状况。

有价值的启示。像其他所有方法一样，临床法也有其不足之处。首先，采用这种方法收集的资料往往是不系统的和主观的，研究者对理论偏好有太多的选择余地，使他们的观察和解释产生偏差。其次，研究者不能保证，除了所研究的这个儿童，临床研究的结果是否可以应用在别的儿童身上 (Stanovich, 2013)。即使个案研究中出现了某种模式，用其他研究策略对其加以确认，才是明智的。

（4）研究文化的方法

为了考察文化影响，研究者对上面介绍的方法加以调整，开发出适于进行跨文化和多元文化研究的程序。研究者选用什么方法，取决于他们的研究目的。

有时候，研究者关注那些被认为具有普遍性但在不同社会中程度不同的特征，例如：一些文化中的父母是否比另一些文化中的父母对孩子更亲切或更强制？不同国家的性别成见有强弱之分吗？在上述每一种情况下，都要对几种不同文化的群体加以比较，对所有被研究者都必须问同样的问题或以同样的方法进行观察。同时，研究者采用前面介绍的自我报告和观察程序，通过翻译改编，使之在每种文化背景下都能适用。例如，要研究父母教养方式的文化差异，就要给所有被研究者相同的问卷，让他们对问题做出评定，如"我经常和父母谈论在学校发生的事情"或"当我

为某事感到烦躁时，我的父母会跟我谈" (Qin & Pomerantz, 2013)。在这种情况下，研究者必须留心，和被研究者的熟悉度以及对自我报告工具做出的反应是有文化差异的，它们可能造成研究结果的偏差 (van de Vijver, 2011)。

另一些时候，研究者希望揭示儿童和成人行为的文化意义，于是他们要尽可能地熟悉他们的生活方式。为了达到这一目的，研究者采用从人类学领域借用的一种方法——**人种学方法** (ethnography)。这种方法与临床法一样，是一种描述性的、定性的方法。但它不是指向单独的个体，而是通过参与观察，理解一种文化或一个不同的社会群体。一般情况下，研究者要花几个月甚至几年时间来到某种文化的人群中间，参与他们的日常生活。研究者进行内容广泛的现场记录，包括各种观察、来自该文化成员的自我报告，以及研究者的慎重解释 (Case, Todd, & Kral, 2014)。随后，他们将这些记录整合为一个关于该文化人群的总报告，从中发现其独特的价值观和社会进程。

人种学方法假设，研究者通过与一个社会群体密切接触，就能理解该群体成员的观念和行为，而这一点是观察、访谈和问卷方法难以做到的。在一些人种学研究中，研究者关注人的各种经历，如有研究者曾经采用这种方法描述美国一个小镇发生的变化。另一些则侧重于一个或几个环境相关因素——例如，经济上处于弱势的阿拉斯加原住民社区青年的复原力，或非裔加勒比成年人对预示着心脏病风险的高血压诊断结果的反应

一位西方研究者正在对墨西哥恰帕斯的辛纳坎特科的玛雅儿童进行研究，她使用人种学方法收集他们怎样在日常活动中学习的信息。

(Higginbottom, 2006; Peshkin, 1997; Rasmus, Allen, & Ford, 2014)。注意，这些人种学证据对于设计一项有效的干预措施非常重要。如果研究者怀疑文化差异背后的独特意义，他们可以用人种学资料来补充传统的自我报告和观察方法，如本节的"文化影响"专栏所介绍的那样。

思考题

联结　临床法或个案研究法和人种学方法有什么共同的优缺点？

应用　一位研究者想考察现役军人中的做父母者及其小学期和中学期子女的思维和情感。他应该采取什么方法？为什么？

反思　重读一遍教材上对非常规影响的描述，引用自己生活中的一个实例加以说明。哪种研究方法最适合对这种非常规事件进行研究？

32　专栏　　　　　　　　　　**文化影响**

移民青年对新家园的适应

过去几十年间，大批移民涌进北美，或逃避本国的战乱和迫害，或为了寻求更好的生活。当前，美国近四分之一的儿童和青少年，其父母是在国外出生的，他们大多来自拉丁美洲、加勒比地区、亚洲和非洲。有些儿童和青少年是随父母移民的，其余80%是在美国出生的公民 (Hernandez, Denton, & Blanchard, 2011; Hernandez et al., 2012)。

这些年轻人现在是美国青年人口中增长最快的群体，他们如何适应新国家？为了找到答案，研究者采用了多种研究方法：学习成绩测验、心理调节评价问卷调查和深度的人种学研究方法。

1. 学习成绩和适应

教育者和外行人通常认为，到一个新国家的过渡对心理健康有负面影响，但许多移民父母的子女对环境的适应好得令人惊奇。无论在外国出生、随父母移民，还是父母是移民、本人在美国出生的学生，其在校成绩往往与美国原住民学生一样好或比他们更好 (Hao & Woo, 2012; Hernandez, Denton, & Blanchard, 2011)。与他们的同龄人相比，移民家庭青少年的犯罪和暴力行为、吸毒和酗酒、过早发生性行为的情况都更少，因病缺课或患肥胖症的也少。此外，他们报告的自尊与父母在本国出生的年轻人一样好，有时比他们更高 (Saucier et al., 2002; Supple & Small, 2006)。

这些结果在华裔、菲律宾裔、日裔、韩裔和印度裔青年中最突出，而在其他族裔中则不那么明显 (Fuligni,

2004; Louie, 2001; Portes & Rumbaut, 2005)。来自中美洲和东南亚（老挝、柬埔寨、泰国和越南）的年轻人在适应方面的差异较大，但他们总体上更可能失学、辍学、犯罪、青少年做父母和吸毒 (García Coll & Marks, 2009; Pong & Landale, 2012)。父母的经济资源、受教育程度、英语能力和对子女的支持等方面的差异导致了这些趋势。

许多第一代和第二代的年轻移民，其父母面临着相当大的经济困难，又不会说英语，但他们仍然是成功的 (Hao & Woo, 2012)。因为除了收入之外，家庭价值观和密切的族群社区联系也起作用。

2. 家庭和族群社区的影响

人种学研究者揭示出，移民父母把教育看作改善生活的好机会 (García Coll & Marks, 2009)。他们强调努力工作，并提醒孩子，这么好的读书机会在自己的国家是不会有的，在自己的国家以后只能干不体面的工作。

来自这些家庭的青少年把父母对读书的态度加以内化，他们比父母是美国当地出生的同龄人更认同父母的这种价值观 (Fuligni, 2004; Su & Costigan, 2008)。由于少数族裔强调对家庭和族群的忠诚高于个人目标，年轻移民对父母有强烈的责任感。他们把在学校取得好成绩看作报答父母因为移民到新家园而经历艰辛的最好方式 (Bacallao & Smokowski, 2007; van Geel & Vedder, 2011)。家庭关系和学习成绩保护了这些年轻人，使他们远离危险行为，免受伤害（见前面"生物因素与环境"专栏之

"复原力"）。

成功青年的移民父母通常会与一个族群社区保持密切的联系，社区则通过对价值观的高度共识和对年轻人活动的持续监控，发挥一种补充的控制作用。以下评论体现了这种家庭和社区的力量：

一个来自中美洲的16岁女孩这样描述她邻居中那些支持她的成年人：他们问我上学需要什么东西。如果我去商店，看到一个笔记本，他们会问我要不要。他们给我提建议，告诉我交朋友要小心。他们还让我留在学校做好预习。他们夸我很聪明。他们给了我鼓励。(Suarez-Orozco, Pimental, & Martin, 2009, p. 733)

一个来自墨西哥的十几岁男孩谈到家庭在他们文化中的重要性：大部分拉美裔与家庭关系密切，家庭一直是优先考虑的事情。我讨厌有些人对我说："你为什么要去参加有你家人在场的聚会？难道你不想摆脱他们吗？"你知道，我一点也不讨厌他们。我和他们一直很亲近。那种与父母的联系，那种你可以和他们交谈的信任，让我成为墨西哥人。

(Bacallao & Smokowski, 2007, p. 62)

适应良好的移民青年也并非一帆风顺。许多人遭遇过种族偏见，并经历过家庭价值观和新文化之间的紧张关系，我们将在第12章讨论这些挑战。然而，从长远来看，家庭和社区的凝聚力、监督和高期望会促进良好的结果。

在加拿大多伦多，来自中亚和南亚的移民青年喜欢在学校的自助餐厅一起吃午饭。她们的文化价值观培养了对家庭和族群的责任感，强调学习成绩的重要性，对这些青少年的良好学习成绩和心理适应起了重要作用。

2. 一般研究设计

研究者在做一个研究设计时，要选择一种实施研究的方式，它使研究者能够最大限度地检验其假设。有两种主要的研究设计类型常用于对人的行为进行研究，即相关设计和实验设计。

（1）相关设计

在**相关设计** (correlational design) 中，研究者在自然的、不加改变的生活环境中，收集人们的信息，并考察他们的各种特征与他们的行为或发展之间的关系。假设我们想回答下列问题：父母与孩子的互动方式与孩子的智力有什么关系？孩子的出生是否影响夫妻的婚姻满意度？配偶的死亡是否会影响老年人的身心健康？诸如此类的课题，研究起来要么很困难，要么不可能实施和控制，但是因为它们的现实存在，又必须进行研究。

相关研究的一个最大缺点，就是不能对因果关

克罗地亚斯普利特城的退休人员喜欢在河岸边社交。老年人的友谊如何影响他们的幸福？相关设计可以回答这个问题，但研究者无法对其发现做出因果解释。

系做出推断。例如，假如我们发现，亲子互动与儿童智力有关，但我们不知道父母的行为是否真正导致了儿童的智力差异。事实上，反过来也是有可能的：高智力儿童的行为更讨人喜欢，从而使父母与他们的互动更融洽。或许还存在着第三个没考

虑到的变量，像家里的吵闹声和分心物的多少可能会导致亲子互动和儿童智力两方面的变化。

在相关研究和其他研究设计中，研究者经常使用**相关系数** (correlation coefficient)，它是一个描述两个测量或两个变量相互关系的统计量。本书在讨论研究结果的很多地方会提到相关系数。相关系数是什么？怎样对它进行解释？相关系数的范围是 +1.00～−1.00，数值的大小表明关系程度的强弱。零相关表明没有任何关联。数值越接近 +1.00 或 −1.00，关系程度越高（见图 1.6）。例如，−0.78 的相关是高相关，−0.52 的相关是中等程度的相关，−0.18 的相关是低相关。但是要注意，+0.52 和 −0.52 是同等强度的相关。数值的符号（+ 或 −）表示关系的方向。"+"表示，当一个变量增大时，另一个变量也增大；"−"表示，当一个变量增大时，另一个变量减小。

来看一些例子。一项研究发现，母亲的语言刺激量与儿童 2 岁时的词汇量的相关系数为 +0.55 (Hoff, 2003)。这是一个中度的相关，表明母亲对孩子说话多，孩子的语言发展也较快。另外两项研究发现，母亲的敏感性与孩子稳定的合作行为有中度的相关。第一，母亲的关心和鼓励与孩子 2 岁时听从母亲收拾玩具的命令行为之间呈 +0.34 的正相关 (Feldman & Klein, 2003)。第二，母亲严厉地打断和控制 4 岁孩子的程度与孩子的顺从之间呈 −0.42 的负相关 (Smith et al., 2004)。

以上几项研究都发现了父母教养方式与幼儿

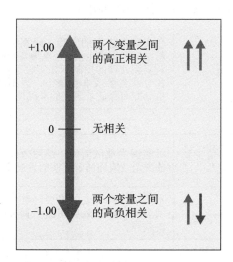

图 1.6　相关系数的意义
相关系数的数值大小表明关系的强度。数值前的符号（+或−）表示关系的方向。

行为之间的关系。但是，能不能得出结论说，母亲的行为影响了孩子的行为呢？虽然这些研究中的学者可以做这样的假设，但是他们都不能确定其中的因果关系。不过，相关研究的结果可以提示人们，如果可能的话，采用更有力的实验设计，发现其因果关系，将更具研究价值。

（2）实验设计

实验设计 (experimental design) 可以做出因果推论，因为研究者把被试随机分为两个或多个处理组。在实验中，所考察的事件和行为被分为两类：自变量和因变量。**自变量** (independent variable) 是研究者预期会导致另一个变量发生改变的变量，**因变量** (dependent variable) 指研究者假设的受自变量影响的变量。之所以能做出因果推论，是因为研究者通过把被试随机分配到不同的处理条件下，就能直接控制或操纵自变量的变化，然后把他们在因变量上的表现加以比较。

在一项实验室实验中，研究者想考察成人之间愤怒的互动对儿童心理适应的影响 (El-Sheikh, Cummings & Reiter, 1996)。他们假设，怒气冲冲的争吵行为（自变量）会影响儿童的情绪反应（因变量）。4 岁和 5 岁儿童在妈妈陪伴下被带进实验室。其中一组是问题未解决的愤怒组，两个成人进入房间，大声争吵，直到最后也没达成一致。另一组是问题解决了的愤怒组，他们看到的是两个成人先争吵，但最后结束了争吵，互相道歉，达成了妥协。在看完成人吵架之后，问题解决了的愤怒组儿童显露出较少的忧伤，因为根据测量，他们的焦虑表情较少，较少呆立在原地，也较少寻求和妈妈的亲密接触。实验证明，愤怒争吵的解决可以减轻成人冲突给儿童造成的压力。

在实验研究中，研究者必须以特别的警惕来控制可能降低结果准确性的被试者特征。例如，在上述研究里，如果被分到问题未解决愤怒组的儿童中，很多人来自父母经常冲突的家庭，我们就很难说，究竟是自变量还是儿童的家庭背景导致了实验结果。为了防止这个问题，研究者采用**随机分配** (random assignment)，把被试随机地分配到不同的处理条件下。具体办法可以是抓阄、掷硬币、利用随机数字表等，它使各组被试的个人特征达到基本平衡。

（3）改进型实验设计：现场实验和自然实验

大多数实验是在实验室进行的，研究者在那里可以最大限度地控制处理条件。但是如前所述，实验室研究的结论不一定能应用于日常情境。在现场实验中，研究者寻找机会，在自然情境下把被试随机分配到不同处理组。在前面讨论的实验中，我们是否可以得出这样的结论：在实验室中，成人设置的情绪氛围可以影响孩子的行为，在日常生活中也是这样？

一项研究有助于回答这个问题。研究者计划对一些有2岁孩子的不同族裔贫困家庭进行家访，在此期间，研究者通过让父母回答问卷和拍摄亲子互动录像，来评估家庭机能和儿童的问题行为。然后，这些家庭被随机分为两组：一组是简单干预组，称为家庭核查组，另一组为无干预的控制组。干预包括三次以家庭为基础的会话，其中，一位咨询师就父母的育儿方式和孩子的适应情况，向父母做出反馈，并了解父母改进养育方式的意愿，查明适合每个家庭需要的社区服务，并提供关于养育方式和其他关切的后续家庭会话

(Brennan et al., 2013; Dishion et al., 2008)。研究结果显示，接受干预的家庭核查组（而不是控制组）的养育方式有明显进步，这预示着，当孩子达到入学年龄时，问题行为会减少，学习成绩会提高。

在真实环境中，研究者往往很难随机分配被试并操纵实验条件。有时候他们不得不实施自然实验，或准实验。其中，不同的处理是已经存在的，例如，对不同的家庭环境、学校、工作场所或养老院加以比较。这种研究与相关研究的不同在于，研究对象经认真选择，使不同组被试的初始特征尽量相似。这样，研究者就尽其所能地排除了对实验处理效应做出模棱两可的解释。但是，虽然经过这些努力，自然实验仍然达不到真实验研究的准确性和严谨性。

为了比较相关设计和实验设计，表1.6对各种设计的优缺点进行了概括。其中也包含了下面将要讨论的发展研究设计。

3. 发展研究设计

从事人的发展研究的学者，需要的是被研究者随时间推移而变化的信息。为了回答发展的问

表1.6　各种研究设计的优缺点

设计类型	定义	优点	缺点
一般研究设计			
相关设计	研究者在不改变被研究者经验的条件下，收集他们的信息。	可以考察变量间的相关关系。	不能进行因果推论。
实验设计	研究者把被试随机分配到不同处理组，操纵自变量，看它对因变量的影响，可以在实验室和自然环境中实施。	可进行因果关系的推论。	在实验室进行的实验，研究结果很难推广到现实生活。在现场实验中，对实验处理的控制不如实验室实验。在自然实验或准实验中，因不能随机分配而降低了研究的准确性。
发展研究设计			
追踪设计	对同一组被研究者，在不同年龄进行重复研究。	可以考察发展的共性和个体差异以及早期和晚期事件与行为之间的关系。	可能因为被试流失、练习效应、同龄群组效应而曲解真实的发展变化。
横断设计	在同一时间点对不同年龄组的被研究者进行研究。	比追踪研究效率高，不存在被试流失和练习效应等问题。	不能描述每个人的发展趋势，可能因为同龄群组效应扭曲了真实的年龄差异。
系列设计	研究者进行几个相似的横断研究或追踪研究（称为序列）。可考察相同年龄但出生在不同年代的研究对象，或年龄不同但出生在相同年代的研究对象。	当研究中含有追踪序列时，可做追踪和横断比较。也可揭示同龄群组效应。比追踪设计能更有效地揭示与年龄相关的变化。	可能存在与追踪设计和横断设计相同的问题，但此种设计本身可以查明困难所在。

题，他们必须把相关和实验方法加以扩展，包括对不同年龄个体的测量。追踪设计和横断设计是独特的发展研究策略。两种方法都把不同年龄间的比较作为制订研究计划的基础。

（1）追踪设计

追踪设计 (longitudinal design) 是对被研究者进行重复考察，以发现随着年龄增长发生的变化。追踪时间可短（几个月或几年）可长（十年甚至一生）。追踪研究有两大优点：首先，因为它对每个人的行为进行长时间追踪，研究者就能查明发展的普遍模式和个体差异。其次，它使研究者可以考察早期事件与行为同后期事件与行为之间的关系。来看几个例子。

几位研究者想查明，那些表现出极端人格类型（如爱发怒、脾气大或害羞、退缩）的孩子，长大成人后是否还保持这些特征。他们还想查明，怎样的经历促进了人格的稳定或变化，爱发脾气和退缩对长期适应有何影响。为了回答这些问题，研究者从一项广为人知的"伯克利指导研究"(Guidance Study) 的档案入手，该研究在 1928 年由加利福尼亚大学伯克利分校发起并持续了几十年 (Caspi, Elder, & Bem, 1987, 1998)。

研究结果表明，这两类人格特质只有中度的稳定性。从 8 岁到 30 岁，多数人保持稳定，但有一部分却发生了根本性的变化。稳定性看来是由"滚雪球效应"造成的：儿童自己激起了成人和同伴的反应，这些反应又使他们的秉性得以保持。急脾气的孩子招来别人的愤怒，羞怯的孩子更容易被忽视。结果，两种类型的儿童都把自己周围的社会环境看得很困难。急脾气的儿童认为别人对他们敌意，害羞的儿童认为别人对他们不友好 (Caspi & Roberts, 2001)。所有这些因素使急脾气儿童的任性得以持续和增强，害羞的儿童则一直退缩。

极端人格类型的保持影响了成人适应的各个方面。对于男性，早期脾气暴躁会影响到他们的职业生涯，如和上级发生冲突，频繁跳槽，以致失业。但是，由于该样本中的那一代女性婚后很少有人就业，所以影响更多的是她们的家庭生活。急躁的女孩变成爱发火的妻子和母亲，因此容易离婚。害羞的长期后果的性别差异更大。童年期退缩者，成年后结婚生子和就业都比较晚。但因为女性的退缩、顺从更容易被社会接受，所以退缩不会给她们造成特别的适应问题。

（2）追踪研究实施中的问题

虽然追踪研究有自身优势，但也有几个问题。第一，例如，被试会因为搬家或其他原因而流失。这就造成了有偏样本，不再能代表研究者要把结果推广于其中的群体。第二，因为是重复研究，被试可能会变成"测验通"，他们的表现可能掺杂练习效应的影响，即，成绩的提高不是来自影响发展的因素，而是因为测验技能提高，对测验越来越熟悉。

第三个威胁追踪研究结果的，是研究者广泛讨论的**同龄群组效应** (cohort effects)：出生在相同年代的人会受到特定历史文化环境的影响。基于一个同龄群组得出的结果可能难以应用到成长于另一年代的人。例如，前面提到害羞的女性适应良好，那是在 20 世纪 50 年代收集的资料，如今，害羞的青少年和年轻女性通常表现出适应较差，这可能是由于西方社会女性角色的变化造成的。害羞的成人，无论男女，都比其他同龄人感到更多的焦虑和抑郁，得到的社会支持较少，建立恋爱关系较迟，并且在受教育与职业成就方面稍差 *36*
(Asendorpf, Denissen, & van Aken, 2008; Karevold et al., 2012; Mounts et al., 2006)。同样，如果一项毕生发展的追踪研究是在 21 世纪的第二个十年进行

这些在希腊上岸的难民是因国家内战而流离失所的数百万叙利亚人中的一部分。他们的生活被战争和移民经历极大地改变了——这种同龄群组效应被认为是当代最大的人道主义危机之一。

的，其结果和在第二次世界大战时期或 20 世纪 30 年代大萧条时期进行的研究结果可能非常不同。

同龄群组效应不仅对整个一代人起作用，在同一代人中，如果某个群体受到特殊经验的影响而另外的群体没有，同龄群组效应也会发生。例如，亲眼见到过 2001 年 "9·11" 恐怖袭击事件的儿童，无论他们当时是在事件中心点，或从电视里看到死伤者，还是在灾难中失去父母，都比其他儿童更持久地出现情绪问题，如极度恐惧、焦虑和抑郁 (Mullett-Hume et al., 2008; Rosen & Cohen, 2010)。

（3）横断设计

许多行为的改变需要一定时间，即使短期追踪研究也不例外，这使研究者诉诸一种更方便的策略来研究发展，这就是**横断设计** (cross-sectional design)，即在同一时间点对不同年龄的人群进行考察。对于描述年龄趋势的研究，横断设计是一种高效率的策略，因为只需对被研究者测量一次，研究者不需要考虑被试流失和练习效应问题。

一项研究提供了很好的说明，研究者让三、六、九和十二年级的学生填一份问卷，考察他们的兄弟姐妹关系 (Buhrmester & Furman, 1990)。结果表明，随着年龄增长，兄弟姐妹互动中的平等越来越多，而强迫独断越来越少。到青少年期，兄弟姐妹之间的亲密关系逐渐减弱。研究者认为有几个因素导致了这种年龄变化。首先，弟弟妹妹的能力和独立性越来越强，他们不再需要也不再愿意接受哥哥姐姐的指导。其次，青少年在心理上逐渐从依赖家庭转到依赖同伴，他们投在兄弟姐妹身上的时间和情感需要就减少了。第 12 章将介绍，后来的研究证实了有关兄弟姐妹关系发展的这些饶有趣味的观点。

（4）横断研究实施中的问题

虽然横断研究是很方便的研究方法，但是这种方法并不能提供一个个体在真实变化水平上的发展证据。例如，在前面提到的利用横断设计考察兄弟姐妹关系的研究中，比较的只是不同年龄群体的平均数。我们不能说，兄弟姐妹关系的发展是否存在什么个体差异。毫无疑问，只有追踪研究才能发现，青少年与他们的兄弟姐妹关系的变化特征具有很大差异。不少人变得更疏离，但另一些人变得更富支持性、更亲密，还有一些人变得更竞争和敌对 (Kim et al., 2006; McHale, Updegraff, & Whiteman, 2012)。

横断研究，尤其是年龄跨度较大的横断研究，还有另一个问题。与追踪研究一样，横断研究也可能受到同龄群组效应的干扰。例如，对不同年代出生、受养育和受教育的 25 岁、50 岁、75 岁的同龄群组加以比较，并不一定真正能代表与年龄有关的变化 (MacDonald & Stawski, 2016)。比较的结果，反映的只是每个群组在自己所处历史时期的不同成长经历而已。

（5）改进型发展研究设计

研究者想了各种办法，尽量发挥追踪研究和横断研究的长处，避免其短处。由此产生了几种改进型发展研究设计。

1）系列设计

为了克服传统发展研究设计的一些局限，研究者有时采用**系列设计** (sequential designs)，即在不同时间进行几个相似的横断研究或追踪研究（称为序列）。如图 1.7 所示，系列设计把追踪研究和横断研究结合起来，它有两个优势：

- 通过比较出生在不同年代但年龄相同的被研究者，可以查明是否存在同龄群组效应。例如，在图 1.7 中的样本里，可以在 20 岁、30 岁、40 岁这三个年龄点分别对这三个追踪样本进行比较，如果他们没有区别，就可以排除同龄群组效应。
- 可以做追踪比较和横断比较，如果两个结果相似，就可以确证研究发现。

在图 1.7 所示的研究中，研究者想查明，成人人格的发展进程是否像埃里克森的心理社会理论预测的那样 (Whitbourne et al., 1992)。研究者让出生时间相差 10 年的三个 20 岁的同龄群组都填写用于测量埃里克森阶段的问卷，并每隔 10 年对这些同龄群组进行重新评价。与埃里克森的理论一致，追踪结果和横断结果都表明，同一性和亲密感出现在 20~30 岁，而且，成年早期的同一性和亲密感可以预测中年期的心理健康状况。但是

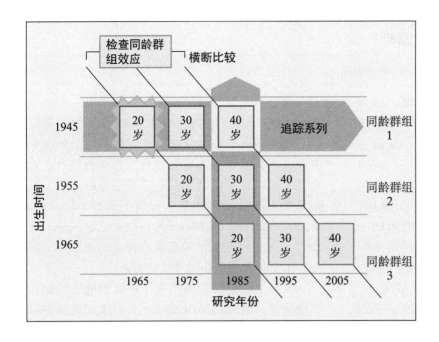

图 1.7 一个系列设计的例子

三个同龄群组分别出生于 1945 年、1955 年和 1965 年，对他们的追踪从 20 岁持续到 40 岁。这种设计使研究者通过比较出生在不同年代但年龄相同的人们的差异来查明是否存在同龄群组效应。在应用这种设计的这项研究中，第一个 20 岁的同龄群组与第二个和第三个 20 岁的同龄群组有显著差异，这证明了历史时期的明显影响。这种设计也可以同时进行追踪比较和横向比较，如果结果相似，研究者就能确证自己的发现。

勤奋精神的坚持却出现了较大的同龄群组效应，第一个同龄群组的得分明显低于第二和第三个同龄群组。图 1.7 显示，第一个同龄群组在 20 世纪 60 年代中期进入 20 岁，当时，作为大学生，他们是因为对工作伦理的反思和觉醒而参与政治抗议的一群人。等到大学毕业以后，他们在勤奋方面就追上了其他同龄群组，这也许是因为经历了工作环境的压力。在 2001 年 54 岁时进行的随访中，第一个同龄群组表现出对同一性问题的关注下降，同时获得了自我完整性 (Sneed, Whitbourne, & Culang, 2006; Sneed et al., 2012)。这些趋势预计将持续到老年期。

37　　通过消除同龄群组效应，系列设计帮助人们对发展的多样化做出了解释。但是到目前为止，采用系列设计的研究仍然为数不多。

2）实验与发展相结合的设计

你也许发现了，至此所提到的所有追踪研究和横断研究的例子都只能做出相关推论，而不能做出因果推论。但是因果结论是人们所希望看到的，无论对测验理论还是对促进发展的方法来说都如此。有时候，研究者可以对经验进行实验性的操纵，来探索经验与发展之间的因果关系。如果发展获得了进步，我们就有了因果关系的证据。当前，把实验设计与追踪设计或横断设计结合起来的研究正在逐渐增多。

 思考题

联结　回顾本书前面描述的家庭核查研究。解释它是怎样把实验与发展设计结合起来的。该研究中的自变量和因变量分别是什么？其发展设计是追踪的还是横断的？

应用　一位研究者比较了有慢性心脏病的老年人和没有严重健康问题的老年人，发现第一组人在智力测验中得分较低。这位研究者能得出心脏病导致老年期智力机能下降的结论吗？请解释。

反思　假设一位研究者邀请你的孩子参加一项为期 10 年的追踪研究。什么因素会让你同意并坚持参加研究？你的回答能否显露出追踪研究往往会出现有偏样本的原因？

九、毕生发展研究中的伦理原则

1.11　在人的发展研究中有哪些特殊的伦理关切？

对人的行为的研究引出了伦理问题，因为令人遗憾的是，对科学知识的探求有时候会造成对人的伤害。因此，美国联邦政府、基金会和学术组织如美国心理学会 (APA, 2010)、美国儿童发展研究协会 (Society for Research in Child Development, 2007) 分别制定了专门的指南。表 1.7 列出了从这些指南中节选的被研究者的一些基本权利。在你看完后，接着读下面的两个研究情境。每一个情境都提出了一些伦理两难问题。对每一个例子，你认为应该采取什么预防措施？

- 在一项道德发展研究中，研究者想在儿童不知道的情况下对他们进行摄像，以考察他们的抗拒诱惑能力。研究者对 7 岁儿童承诺说，如果他们能完成一个困难的拼图任务，会给他们奖励。同时又告诉他们，不要回头看放在背后的、同学拼出的正确图案。如果研究者事先告诉儿童，这是在研究欺骗行为，或者他们的行为在被摄像，研究目的就不可能实现。
- 一位研究者想考察每天的适度锻炼对疗养院里患病老人的身心健康的影响。他咨询了每个老人的医生，以保证锻炼程序不会造成伤害。但是当研究者征求老年人的意见时，很多老人不理解这项研究的目的。有些人同意

参加只是为了排解孤独寂寞。

这两个例子说明，当儿童和老人参加研究时，伦理问题就非常复杂。儿童的不成熟使他们很难或不能懂得参加研究对自己意味着什么。对老年人来说，年龄越大，心理衰退也越严重，有些老年人不能做出自愿和知情的选择 (Dubois et al., 2011; Society for Research in Child Development, 2007)。还有一些人的生活境况使他们面临参加研究的压力时表现出非同寻常的脆弱。

事实上，制定发展研究伦理原则的任何组织都很清楚，研究情境引发的冲突很难用简单对错方式得到解决。维护研究的伦理原则的最终责任由研究者来承担。但是，研究者被建议——常常是被要求——认真听取别人的意见。高校和其他研究机构都为此而成立了专门的委员会。这种机构审查委员会 (Institutional Review Boards, IRBs) 遵循联邦法律关于保护人类受试者的指导方针，在权衡研究带给被研究者的麻烦和可能的身心伤害，与研究在增进知识、改善生活方面的好处之后，来确定一项研究的价值。如果对被研究者的安全和身心健康造成的风险超过了研究价值，必须优先考虑被研究者的利益。

在被研究者不能完全了解研究目的和研究

表 1.7　被研究者的权利

权利	内容
避免伤害	被研究者有权在研究中免受身体或心理伤害。如果对研究是否存在有害影响有疑问，研究者应该征求他人意见。如果可能造成伤害，研究者应寻找其他途径来获取所需的资料或者放弃研究。
知情同意	所有被研究者，包括儿童和老人，都有知情权，必须以符合他们理解程度的语言向他们解释可能影响他们参与意愿的所有事项。如被研究者是儿童，则应获得其父母和其他可代表儿童者（如学校教师）书面形式的知情同意，并征得儿童本人的书面或口头同意（协议）。对于有认知障碍的老年人，应该由代理人做出决定。若代理人不能决定，应由机构审查委员会在认真咨询熟悉该老年人情况的亲属或专业人员之后做出决定。所有被研究者在研究的任何时候都有权退出研究。
隐私权	被研究者对研究中所收集的所有资料都有隐蔽其身份的权利。在涉及书面报告或关于研究的非正式讨论等资料时，他们同样有这种隐蔽身份权。
了解结果	被研究者有权要求研究者以符合他们理解程度的语言告知研究结果。
有益处理	如果研究中的实验处理被认为是有益的，控制组中的被研究者在研究结束且条件允许时有权要求转入有益的处理组。

资料来源：American Psychological Association, 2010; Society for Research in Child Development, 2007.

活动时，知情同意这一伦理原则需要给以特别的解释。对于年龄小、无法做出决策的儿童，父母的知情同意就是对儿童安全的保护。到 7 岁以后，需要孩子自己和家长两方面的知情同意。在这个年龄，儿童思维的发展使他们能够理解简单的科学原则和他人的需要。研究者应该用学龄儿童能理解的语言把研究要做什么充分地解释给他们听，以尊重并促进他们的这种能力 (Birbeck & Drummond, 2015)。当告诉儿童他们提供的信息会被保密，而且他们任何时候都可以终止参与研究时，必须格外小心。一些青少年可能不理解，有时甚至不相信这些承诺 (Bruzzese & Fisher, 2003)。某些少数族裔社区非常看重尊重权威和满足客人（研究人员）需求的行为，这使得当地儿童及其父母可能在不自愿的情况下，痛快地同意参与研究 (Fisher et al., 2002)。

多数老年人只需要一般的知情同意程序。很多学者在研究老年人时设定了年龄上限，把年龄最大的老人排除在外 (Bayer & Tadd, 2000)。其实，对老年人不应抱有成见，认为他们不能自己决定是否参与研究，或认为他们不能实际参加研究活动。但是，为了保护那些认知衰退和因慢性病住养老院的老人，必须实施额外的测查。值得注意的是，有些人同意参加研究只是为了投入有益的社交互动。但是既然研究对个人和科学都有好处，他们的参与不应该被拒绝。在这些场合，需要请他们指定，谁能代表他们做出决定。如果代理人也不能决定，就应由机构审查委员会在认真咨询熟悉该老年人情况的亲属或专业人员之后做出决定。为防患于未然，如果老年人没有能力决定是否参加，并且该研究的危险不能降低到最低限度，研究就不应该实施，除非它能直接给被研究者带来好处 (Dubois et al., 2011)。

最后一点，所有的伦理指导原则都建议，在使用欺骗和隐藏手段时，如在隐匿处通过单向玻璃观察人的行为，对儿童行为给予错误反馈，以及不告诉他们研究的真实目的时，研究者必须要格外谨慎。当这类程序被用于成人时，必须给以事后说明，即在研究结束后对研究活动做出完整的说明并解释原因。但是年幼儿童往往缺乏认知能力，无法理解设置欺骗程序的原因。即便做了解释，年长儿童也可能离开实验情境，质疑成年人的诚实。在研究者说服机构审查委员会采用欺骗手段的必要性之后，伦理标准会允许使用欺骗手段。无论如何，由于欺骗可能给一些年幼儿童带来严重的情感后果，所以，很多研究伦理的专家认为，只有在伤害的风险极小的情况下，研究者才可以对儿童使用欺骗手段。

老年人不应该被武断地排除在研究之外。他们大多只需履行一般的知情同意手续，他们的参加对个人和科学事业都有益处。但是对一些长期患病的老年人，知情同意可能需要代理决策人的协助。

 思考题

联结 回顾边页 34 关于家庭影响的现场实验。为什么研究者在研究结束后向无干预控制组提供干预在伦理上是重要的？（提示：请参阅表 1.7）

应用 当一位研究者在一家养老院对几位有认知障碍的老年人的活动进行观察时，一位老年人说："别再看我了！"研究者应该怎样回应？为什么？

反思 你认为在研究中需要欺骗孩子时，必须采取哪些道德上的保护措施？

本章要点

一、人的发展：一个科学的、应用性的跨学科领域

1.1　什么是发展科学？是什么因素推动了这一领域的进展？

■　**发展科学**是致力于理解生命全程中的稳定性和变化性的一个跨学科研究领域。人的发展研究的进展受到科学好奇心和改善人类生活的社会需求两方面的激励。

二、基本问题

1.2　阐述人的发展理论所立足的三个基本问题

■　有关人的发展的每一种**理论**都要涉及三个问题：（1）发展是一个**连续的**过程，还是要经历一系列**不连续的阶段**？（2）发展是普

遍适合于任何人的单一进程，还是依儿童成长的不同**背景**而有多种可能的进程？（3）影响发展的因素中，遗传和环境哪个更重要（**天性－教养的争论**）？个体差异是稳定的还是有很大的**可塑性**？

三、毕生发展观：一种平衡观

1.3　描述毕生发展观

■　**毕生发展观**从发展系统角度看待人的变化。它认为发展是毕生的、多维度的（受到生物、心理和社会力量的共同影响）、多方向的（成长和衰退同时存在）和高度可塑的（新经验引起变化）。

■　毕生发展观认为，生命进程受多种相互作用的推动力的影响：（1）**年龄阶段的影响**，它在时间和持续性上是可预测的；（2）**历史时期的影响**，它在特定历史时代是独特的；（3）**非常规的影响**，它只对一个人或少数人具独特性。

四、科学的开端

1.4　描述发展科学研究的早期主要影响

■　达尔文的进化论影响到20世纪的很多重要理论，并引发了对儿童的科学研究。在20世纪初叶，霍尔和格塞尔创立了**常模法**，测量了大量的儿童行为，获得了有关发

展的描述性资料。

■　比奈和西蒙成功地编制了第一个智力测验，引发了对发展的个体差异的兴趣，并导致了天性－教养的争论。

五、20世纪中期的理论

1.5　哪些理论影响到20世纪中期的人的发展研究？

■　在20世纪三四十年代，精神病学家和社会工作者诉诸**精神分析观点**治疗人们的情绪障碍。弗洛伊德的**心理性欲理论**认为个体经历五个发展阶段，在每个阶段，人格的三种成分，即本我、自我和超我都会重新整合。埃里克森的**心理社会理论**扩展了弗洛伊德的理论，强调与文化相关的态度和技能的发展，以及发展贯穿于生命全程的属性。

■　在精神分析理论兴盛之时，**行为主义和社会学习理论**也开始显露头角，它们主张研究直接观察到的事件——刺激和反应——以及条件作用原理和模仿作用。这些研究导致了**应用行为分析**的崛起，这种分析基于条件作用和模仿，用来抑制不良行为，促进符合期望的行为。

■　皮亚杰的**认知发展理论**强调儿童主动地建构知识，认为认知发展经历四个阶段：从婴儿期的感觉运动的动作方式到青少年和成人的精细、抽象推理系统。皮亚杰的研究激发了关于儿童思维的大量研究，促成了强调发现学习的教育项目。

六、当代理论观点

1.6　描述当代关于人的发展的理论观点

■　**信息加工学说**认为心理是一个很像计算机的复杂的符号操作系统。由于这一学说提供了儿童和成人应对认知任务的详细解释，其研究发现对教育有重要启发。

■　**发展认知神经科学**探讨大脑的变化与认知加工和行为模式的发展之间的关系。最近，**发展社会神经科学**的研究者考察了大脑变化与情绪或情感与社会性发展之间的关系。人的经验怎样影响不同年龄的脑发育，相关研究发现有助于促进认知

和社会机能的干预活动。

■ 当代另外三个理论强调发展的背景。第一个是**习性学**，它强调行为的适应价值，并提出了**敏感期**概念。**进化发展心理学**扩展了这种看法，致力于查明整个物种的能力随年龄增长的适应性。

■ 第二个是维果茨基的**社会文化理论**，它关注文化怎样通过社交互动从一代向下一代传递，它把认知发展看作由社会中介的过程。通过与更成熟的社会成员的合作性对话，儿童用语言指导自己的思维和行为，习得被文化认可的知识技能。

■ 第三个是**生态系统论**，它认为个体在一个复杂的关系系统中得到发展，该系统受到鸟巢状、分层次的周围环境的影响，即**小环境系统**、**中环境系统**、**外环境系统**和**大环境系统**。**时序系统**表现出个体及其经验的动力性的、永远变化的属性。

七、理论的比较与评价

1.7 阐述各种主流理论在人的发展三个基本问题上的立场

■ 各种理论在对发展的不同领域的关注点、发展怎样发生及其优缺点方面，均有所不同（见表1.4）。

八、发展的研究方法

1.8 描述研究人的发展的常用方法

■ 在**自然观察**中，研究者在日常环境中收集信息，直接观察他们想解释的日常行为。**结构观察**在实验室进行，每个被研究者有平等的机会表现出研究者关注的行为。

41

■ 自我报告法可以很灵活、开放，如**临床访谈**，它使被研究者像日常生活中那样表达自己的想法。**结构访谈**——包括测验和问卷——更为有效，

使研究者能够规定一些活动和行为，这些可能是被研究者在开放式访谈中没想到的。研究者还可采用**临床法**或**个案研究法**获得对一个研究对象的深度了解。

■ 研究者采用观察和自我报告对文化进行直接比较。为了揭示行为的文化意义，他们采用**人种学方法**进行参与观察。

1.9 区分相关设计和实验设计并指出各自的优缺点

■ **相关设计**在不改变人的经验基础上考察自然发生的各变量间的关系。**相关系数**经常用来衡量变量间的关系。相关研究不能做因果推论，但是可以帮助查明相互关系，这对采用更有力的实验方法进行进一步探索是有价值的。

■ **实验设计**可以做因果推论。研究者把被试分配到两个或更多个处理条件下来操纵**自变量**，检验其对**因变量**的影响。对处理组进行**随机分配**，可降低被试特征干扰实验结果的机会。

■ **现场实验**和自然实验，或准实验，可在自然环境下对不同处理组加以比较。但是这些方法不如实验室实验那样严格。

1.10 描述几种发展研究设计方法并指出各自的优缺点

■ **追踪设计**是随着时间推移对参与者进行重复考察，可揭示发展的一般模式，也可揭示个体差异，以及早期和后期事件与行为之间的关系。追踪研究会遇到一些困难，包括有偏样本、练习效应，以及**同龄群组效应**，它使研究结果难以从一个同龄群组推广到其他历史时代的人群中去。

■ **横断设计**是在同一时间对年龄不同的多个群组进行考察，是一种高效率的研究发展的方式，但是只局限于对不同年龄群体平均数的比较，也难以避免同龄群组效应。

■ **系列设计**是对年龄相同但出生时间不同的被研究者进行比较，以查明是否存在同龄群组效应。系列设计如果把追踪设计与横断设计相结合，可使研究者根据结果是否相似来确证其研究结果。

■ 研究者把实验设计与发展设计结合起来，可以对发展做出因果推论。

九、毕生发展研究中的伦理原则

1.11 在人的发展研究中有哪些特殊的伦理关切？

■ 由于对科学知识的追求可能会侵犯人的利益，所以知情同意这一伦理原则对于儿童和老年人尤其要谨慎处理，他们要么认知不足，要么患有慢性病。

■　在儿童研究中采用欺骗手段是有危险的，这　　可能破坏儿童心目中"成人值得信任"的固有看法。

🌸 重要术语和概念 ①

age-graded influences (p. 9) 年龄阶段的影响

applied behavior analysis (p. 17) 应用行为分析

behaviorism (p. 16) 行为主义

chronosystem (p. 26) 时序系统

clinical interview (p. 29) 临床访谈

clinical, or case study method (p. 30) 临床法或个案研究法

cognitive-developmental theory (p. 17) 认知发展理论

cohort effects (p. 35) 同龄群组效应

contexts (p. 6) 背景

continuous development (p. 6) 连续的发展

correlation coefficient (p. 33) 相关系数

correlation design (p. 31) 相关设计

cross-sectional design (p. 36) 横断设计

dependent variable (p. 33) 因变量

developmental cognitive neuroscience (p. 20) 发展认知神经科学

developmental science (p. 5) 发展科学

developmental social neuroscience (p. 20) 发展社会神经科学

discontinuous development (p. 6) 不连续的发展

ecological systems theory (p. 23) 生态系统论

ethnography (p. 30) 人种学方法

ethology (p. 21) 习性学

evolutionary developmental psychology (p. 22) 进化发展心理学

exosystem (p. 24) 外环境系统

experimental design (p. 33) 实验设计

history-graded influences (p. 9) 历史时期的影响

independent variable (p. 33) 自变量

information processing (p. 20) 信息加工学说

lifespan perspective (p. 7) 毕生发展观

longitudinal design (p. 35) 追踪设计

macrosystem (p. 24) 大环境系统

mesosystem (p. 24) 中环境系统

microsystem (p. 23) 小环境系统

naturalistic observation (p. 28) 自然观察

nature-nurture controversy (p. 7) 天性－教养的争论

nonnormative influences (p. 10) 非常规的影响

normative approach (p. 14) 常模法

plasticity (p. 7) 可塑性

psychoanalytic perspective (p. 14) 精神分析观点

psychosexual theory (p. 14) 心理性欲理论

psychosocial theory (p. 15) 心理社会理论

random assignment (p. 33) 随机分配

resilience (p. 10) 复原力

sensitive period (p. 21) 敏感期

sequential designs (p. 36) 系列设计

social learning theory (p. 17) 社会学习理论

sociocultural theory (p. 22) 社会文化理论

stage (p. 6) 阶段

structured interview (p. 30) 结构访谈

structured observation (p. 28) 结构观察

theory (p. 5) 理论

---

①　在每章的这一部分，英文术语后的页码均为英文版页码，即本书边页。以下不再一一注明。——译者注

第二篇

发展的基础

第**2**章

生物基础与环境基础

遗传和环境以复杂的方式相结合，使这个多代同堂的大家庭的成员在生理特征和行为上既相似又不同。

生举着大声啼哭的小生命宣布"是个女孩！"时，她的父母正用惊喜的目光注视着他们眼前这个不可思议的新生命。

父亲骄傲地向急切等待新家庭成员消息的亲属们通报："是个女孩！我们已经给她取名叫萨拉！"

当我们与这些父母一道思考这个令人惊奇的小生命如何出现在人世，并设想她的未来时，我们会对许多问题感到纳闷：这个婴儿是怎样从两个小细胞的融合慢慢长大，并发育出各种适应子宫外生活的必要机能的？是什么保证了萨拉如同每一个先于她出生的正常孩子一样，在预定时间内会翻身、够物、走路、说话、交友、学习、想象和创造的？为什么她是一个女孩而不是一个男孩？为什么她的毛发乌黑，而不是金色的？为什么她那么安静，让人见了就想抱抱，而不是尖叫和哭闹不停？如果萨拉叫另一个名字，并且出生在另一家庭、社区、国家和文化，她会有什么不同呢？

为了回答这些问题，本章将集中探讨发展的基础：遗传和环境。因为大自然给我们准备了生存之需，人类在许多方面存在共性。然而，我们每个人又是独一无二的。不妨花点时间粗略回忆一下你的几个朋友和他们的父母之间在生理特征和行为上最明显的相似性和差别。你是否发现，其中某个人表现出了父母双方特征的组合，另一个人可能仅体现父母中一方的特点，而第三个人则可能谁也不像？这些能被直接观察的特征被称为**表型（phenotypes）**。表型部分地取决于个体的**基因型（genotype）**——决定人类物种并影响人的所有特征的遗传信息的混合体。当然，表型也受每个人的人生经历的影响。

我们首先回顾遗传的基本原理，这有助于解释人们在外表和行为上的异同。然后转向环境的各个方面，它在人的一生中发挥着重要作用。随着讨论的进行，一些发现可能会让你很惊讶。例如，许多人认为，当孩子遗传了不好的特征时，我们几乎无法帮助他们。另一些人则相信有害环境对孩子造成的伤害是可以轻易纠正的。我们将看到，这两个假设都不正确。遗传和环境不断地交互作用，互相改变着彼此的力量来影响发展进程。本章的最后，我们将讨论天性和教养是怎样共同作用的。

44 🌸 一、遗传基础

2.1 什么是基因，基因怎样从一代向下一代传递？
2.2 描述基因-基因相互作用的各种类型
2.3 描述主要的染色体异常及其发生原因

人体数以万亿计的细胞中的每一个（除红细胞外）都有一个控制中心，叫作细胞核，其中含有负责保存和传递遗传信息的杆状结构，叫作**染色体 (chromosomes)**。人类有 23 对染色体（在男性中，有一对独特的 XY 染色体）。每对染色体中的一条，在大小、形状和基因的机能上都和另一条相对应。其中一条来自母亲，另一条来自父亲（见图 2.1）。

1. 遗传密码

染色体由**脱氧核糖核酸 (deoxyribonucleic acid, DNA)** 这种化学物质组成。如图 2.2 所示，DNA 是螺旋转梯状的长双链分子，梯子的每一级都由叫作碱基的特定化学物质组成，它们把两条链连接在一起。碱基序列包含遗传指令。**基因 (gene)** 是染色体上的一段 DNA。基因的长度可不同——从 100 到几千个阶梯。据估计，在人类染色体上有 21 000 个直接影响身体特征的**蛋白质编码基因 (protein-coding genes)**。它们将制造各种蛋白质的指令发送到细胞质，即细胞核周围的区域。可触

发全身化学反应的蛋白质，是人的各种特征形成的生物基础。另外，18 000 个**调控基因 (regulator genes)** 能够修改蛋白质编码基因发出的指令，可大大增强它们的遗传影响 (Pennisi, 2012)。

即使是最简单的生物体，比如细菌和霉菌，也和人类共享一些基因结构。至于哺乳动物，尤其是灵长类动物，其大部分基因结构和人类相同。黑猩猩和人类的 DNA 有 95% 相同。人与人之间的基因差异更少：世界各地的个体大约 99.6% 的基因是相同的 (Tishkoff & Kidd, 2004)。但这些直接的比较具有误导性。人类的许多 DNA 片段与黑猩猩的 DNA 片段相似，它们都经历了复制其他片段或重新排列的过程。因此，事实上，物种特有的遗传物质对人类的特性——从直立行走到非凡的语言和认知能力——起着很大作用 (Preuss, 2012)。此外，只需要改变一个 DNA 碱基对，就能影响人类的特性。而这些微小变化通常以独特方式在多个基因间结合，从而放大了人类物种内的变异性。

人类的基因比科学家们想象的要少得多（只有蠕虫或苍蝇的两倍），但是人类是怎样进化成

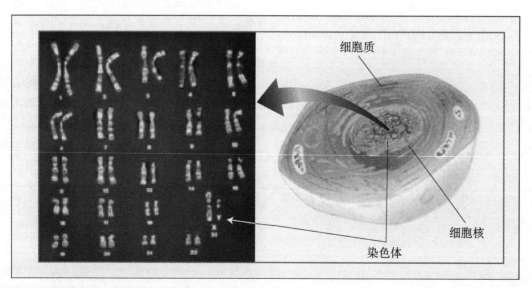

图 2.1 人类染色体显微照片

左图中的 46 条染色体是从一个体细胞（右图）中分离出来后，经过染色、高倍放大后，成对地按染色体上"臂"从大到小的顺序排列的。注意第 23 对染色体 XY，它表明这个细胞的供体是男性。女性的第 23 对染色体应该是 XX。

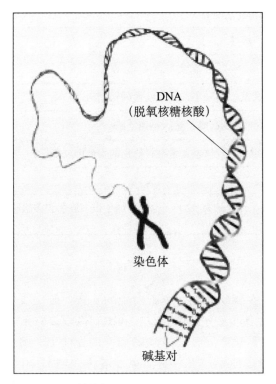

图 2.2 DNA 的梯状结构

基因是染色体上的一段 DNA，长度从 100 到几千个阶梯不等。碱基对横跨阶梯的方式通常是：腺嘌呤（A）总是与胸腺嘧啶（T）结对，胞嘧啶（C）总是与鸟嘌呤（G）结对。

如此复杂的生物的呢？答案就在于人类的基因所产生的蛋白质，它们分裂和重组为数量巨大的种类——大约 1 000 万～2 000 万种。而较低级物种的蛋白质种类就少得多。此外，人类的调节基因活动的细胞核和细胞质之间的联络系统比简单生物体更为复杂。再有，在细胞内，多种环境因素可以改变基因的表达。有证据显示，类似的很多影响是人类特有的，尤其是对大脑发育的影响 (Hernando-Herraez et al., 2013)。即使在微观层面上，具有深远发展意义的生物事件，也是遗传和非遗传力量共同作用的结果。

2. 性细胞

当两个**配子** (gametes)，或性细胞——精子和卵子，结合的时候，新生命就产生了。一个配子含有 23 条染色体，是正常体细胞染色体数量的一半。配子是通过**减数分裂** (meiosis) 产生的，它使染色体数目比正常体细胞减半，当精卵结合形成**合子** (zygote) 时，细胞的染色体数量再次恢复为 46 条。

在减数分裂中，染色体配对并交叉互换，因

此，配对的染色体间会发生基因互换。接着，由概率随机决定每对染色体中的哪一条会与其他染色体对中的一条在同一个配子中出现。正是这个原因，相同父母的非双生子后代在遗传上完全相同的可能性只有大约 700 万亿分之一 (Gould & Keeton, 1996)。所以，减数分裂造成的遗传可变性是适应性的：它加大了一种可能性，使物种中至少有一部分个体能够应对不断变化的环境并得以生存。

男性的每一次减数分裂会产生四个精子。精子在男性一生中持续产生。因此，一个健康男性在性成熟以后的任何年龄都具有生育力。而女性每次减数分裂仅产生一个卵子，并且她们一生能用的卵子在出生时就全部存在于卵巢中，尽管近期研究发现，卵巢干细胞可能会产生新的卵子 (Virant- Klun, 2015)。女性具有大量的性细胞，出生时有 100 万～200 万个，青少年期还剩 4 万个，大约有 350～450 个卵细胞在女性的生育年龄内成熟 (Moore, Persaud, & Torchia, 2016b)。

3. 是男是女?

回到图 2.1，23 对染色体中，有 22 对是匹配的，称为**常染色体** (autosomes)。第 23 对染色体是**性染色体** (sex chromosomes)。在女性中，这对染色体称为 XX；在男性中，称为 XY。X 是一条较长的染色体，而 Y 较短，携带的遗传物质很少。对男性而言，配子形成时，X 和 Y 染色体分离并进入不同的精子细胞。对女性而言，所有配子都携带 X 染色体。因此，新生命的性别取决于卵子是和具有 X 染色体还是具有 Y 染色体的精子结合。

4. 多胞胎

露丝和彼得是我很熟悉的一对夫妇，多年来想要一个孩子但都不成功。露丝 33 岁的时候，医生给他们开了生育药，结果，双生子杰妮和杰森出生了。杰妮和杰森是多胞胎中最常见的**异卵双生子**或**双卵双生子** (fraternal, or dizygotic, twins)，这是两个卵子排出并双双受孕所致。从遗传角度来看，杰妮和杰森在遗传上并不比普通兄弟姐妹更相像。表 2.1 总结了增加生育异卵双生子机会的遗传和环境因素。过去几十年里，产妇高龄、服用生育药物和体外受精是工业化国家中异卵双生子和其他

表2.1　与异卵双生子有关的母亲的因素

因素	描述
种族	亚裔和拉美裔为6‰~9‰，欧裔白种人9‰~12‰，非裔黑人11‰~18‰。[a]
双生子家族史	在母亲或姐妹生了异卵双生子的女性中更易发生，显示了遗传对女性的影响。
年龄	随着母亲年龄增长而增加，在母亲35~39岁时达到高峰，然后迅速下降。
营养	较少在营养不良女性中发生，在高个子和超重女性或体重正常身材修长的女性中较多见。
生育数量	每多生一个孩子，出现双生子的概率就增大。
服用生育药物和体外受精	服用生育药物和体外受精容易生出异卵双生子（见边页52），也会增加生出三胞胎和多胞胎的概率。

[a] 这些数据反映世界范围的比例，不包含因服用生育药物导致生出多胞胎。
资料来源：Kulkarni et al., 2013; Lashley, 2007; Smits & Monden, 2011.

46 多胞胎急剧增加的主要原因。目前，在美国，每33例新生儿中就有1例是异卵双生子（Martin et al., 2015）。

双生子还有其他类型。一个合子经复制分裂成两个细胞，进一步发育为两个个体，称为**同卵双生子**或**单卵双生子**（identical, or monozygotic, twins），他们携带有相同的基因结构。同卵双生子在全世界的比率都是一样的——每350~400例新生儿中有1例（Kulkarni et al., 2013）。动物研究表明，很多环境影响能够促进这种双生子的形成，如温度变化、空气含氧量，以及卵子延迟受精等（Lashley, 2007）。在少数情况下，同卵双生子会在家族中出现，但这种情况很少发生，很可能是由于偶然而不是遗传。

当一个受精卵经复制分裂成两个细胞，发育为拥有相同基因结构的两个个体时，就成为这样的同卵双生子。

在婴幼儿期，单胞出生的儿童一般比双生子更健康且发育更快。杰妮和杰森像很多双生子一样，是早产儿，比露丝的预产期提前了3周。他们和其他早产儿一样（第3章将介绍），出生后需要特殊护理。当孩子出院回家后，露丝和彼得需要安排好时间。或许，两个孩子中没有一个能得到单个孩子得到的平均水平的关注，杰妮和杰森比一般孩子都晚几个月开始走路和说话，但是到小学期，大多数双生子能赶上来（Lytton & Gallagher, 2002; Nan et al., 2013）。如果是三胞胎，父母的精力会更分散，因此三胞胎的发育比双生子更慢（Feldman, Eidelman, & Rotenberg, 2004）。

5. 基因－基因相互作用方式

杰妮有着她父母那样的黑色直发，而杰森却是一头金色卷发。来自父母二人的基因相互作用方式可以解释这些结果。除了男性中的XY染色体对，所有的染色体都是成对的。每个基因的两个排列一个来自母方，另一个来自父方，位于同源染色体上的相同位置，称作**等位基因**（allele）。如果来自父母双方的等位基因相似，孩子就是**纯合型**（homozygous），表现出相应的遗传特征。如果这两个基因不同，孩子就是**杂合型**（heterozygous），两个等位基因之间的关系决定了表型。

（1）显性－隐性遗传

在许多杂合体配对中，存在**显性－隐性遗传**

(dominant-recessive inheritance)：只有一个等位基因影响孩子的特性，这个基因就称为显性基因。另一个等位基因不起作用，称为隐性基因。头发颜色的遗传就是一个例子。控制黑色头发的基因为显性（用 D 表示），控制金发的基因为隐性（用 b 表示）。遗传了一对纯合显性基因 (DD) 和一对杂合基因 (Db) 的孩子，他们的基因型不同，但都是黑发。金发（像杰森）则肯定是遗传了一对纯合隐性基因 (bb)。只有一个隐性基因的杂合体 (Db) 能把这种隐性特征传给后代，他们是这种特征的**携带者**

(carriers)。

大多数隐性等位基因，比如控制金发、斑秃或近视的基因，对发育不太重要。但如表 2.2 所示，有些会导致严重的残疾和疾病。一种众所周知的隐性疾病是苯丙酮尿症 (PKU)，它影响人体分解许多食物中蛋白质的方式。出生时带有两个隐性等位基因的婴儿缺乏一种酶，这种酶能将构成蛋白质的一种基本氨基酸（苯丙氨酸）转化为身体机能必需的副产品（酪氨酸）。如果没有这种酶，苯丙氨酸会迅速积累到毒性水平，损害中

47

表 2.2　隐性和显性疾病举例

疾病	描述	遗传模式	概率	治疗
常染色体疾病				
地中海贫血	相貌苍白，身体发育迟缓，婴儿期就开始有昏睡行为。	隐性	父母是地中海血统者，患病率为 1/500。	频繁地输血。通常死于青少年期的并发症。
囊性纤维化	肺、肝和胰脏分泌大量黏液，引起呼吸和消化困难。	隐性	欧裔美国人患病率为 1/2 000～1/2 500，非裔北美人为 1/16 000。	用支气管引流法治疗呼吸感染，并进行饮食管理。医护技术进步使幸存者能够以较好的状态进入成年。
苯丙酮尿症	不能代谢蛋白中的苯丙氨酸，导致生命早期中枢神经的严重损害。	隐性	北美出生者中为 1/10 000～1/20 000	给儿童安排特殊饮食可使其达到平均智力并过上正常生活。但仍有记忆力、做计划、决策和问题解决方面的困难。
镰状细胞贫血	血红细胞的异常月牙形引起缺氧、疼痛、水肿和组织损坏。贫血，易感染，尤其易患肺炎。	隐性	非裔北美人中为 1/500。	血液置换和镇痛药促进了这种疾病的治疗。目前未有治愈报道，50% 的患者在 55 岁前死去。
泰萨二氏病	中枢神经系统病变，患病 6 个月后发作，导致肌无力、失明、耳聋和抽搐。	隐性	欧洲犹太人后代和法裔加拿大人为 1/3 600。	尚无治疗方法，3～4 岁即死亡。
亨廷顿病	中枢神经系统病变，导致肌肉协同运动困难、心理迟滞和人格改变。症状一般出现在 35 岁及以后。	显性	北美新生儿中为 1/18 000～1/25 000	尚无治疗手段。一般在症状出现后 10 到 20 年之间死亡。
马凡综合征	身材高瘦，四肢细长。有心脏缺陷，眼晶状体存在异常，身体过长引起各种骨骼缺陷。	显性	新生儿中为 1/5 000～1/10 000	有时可以矫正心脏和眼睛缺陷。在成年早期因心脏功能衰竭而导致的死亡较普遍。
X 连锁疾病				
杜兴氏肌肉营养不良	恶性肌肉疾病。在 7～13 岁表现为异常步态和行走能力丧失。	隐性	男性新生儿中为 1/3 000～1/5 000。	尚无治疗方法。一般在青少年期死于呼吸道感染或心肌萎缩。
血友病	血液不能正常凝聚导致严重的内出血和组织损伤。	隐性	男性新生儿中为 1/4 000～1/7 000。	输血。防止受伤。
尿崩症	抗利尿激素分泌不足导致过度干渴和排尿。脱水会引起中枢神经系统的损伤。	隐性	男性新生儿中为 1/2 500。	激素置换治疗。

注：表中所列的隐性遗传疾病，携带者的状态可通过孕期血检或基因分析提前发现。表中所有疾病现在都可做产前诊断。

资料来源：Kliegman et al., 2015; Lashley, 2007; National Center for Biotechnology Information, 2015.

枢神经系统。到 1 岁时，患苯丙酮尿症的婴儿就会出现永久性的智力残疾。

虽然 PKU 具有潜在的破坏力，但它也说明，遗传到一个坏基因，并不意味着不能治愈。美国各州都要求对新生儿做 PKU 血检。如果发现有这种疾病，医生就会给婴儿安排低苯丙氨酸饮食。接受这种治疗的儿童，在认知技能，如记忆、计划、问题解决等方面都会表现出轻微缺陷，因为即使很小量的苯丙氨酸，也会损害大脑机能 (DeRoche & Welsh, 2008; Fonnesbeck et al., 2013)。但只要早期采用这种饮食并持之以恒，这些儿童就能达到平均水平的智力，并正常度过一生。

在显性－隐性遗传中，如果我们知道了父母的基因组成，就可以预测一个家庭中孩子表现出某种性状或是成为这种性状携带者的可能性。图 2.3 显示了 PKU 的遗传方式。一个孩子要遗传到这种性状，父母双方都必须携带隐性等位基因。但是，由于调节基因的作用，儿童身体组织中苯丙氨酸的积累程度以及对治疗的反应程度各不相同。

由显性等位基因引起的严重疾病非常少见。

48 遗传了显性等位基因的儿童大多会患相应疾病，很少能活到生育年龄，因此，这种有害的显性等位基因在一代内就从这个家族遗传中消除。但是，有些显性疾病却一直存在。其中之一是亨廷顿病，其症状是中枢神经系统退化。为什么这种病在一些家庭中持续存在呢？原因在于，其症状一般在 35 岁甚至更晚才表现出来，晚于病人把这个显性等位基因遗传给孩子的时间。

（2）共显性

有些杂合体并不存在显性－隐性关系，而表现为**共显性** (incomplete dominance)，即两个等位基因在遗传中同时表达，表现出一种组合的或作为二者中介的遗传模式。

镰状细胞特质，一种在非洲黑人中流传的杂合体遗传，就是一个例子。当儿童遗传到两个隐性等位基因时，镰状细胞贫血（见表 2.2）就会出现。尤其在低氧环境下，它们使正常呈圆形的血红细胞变成镰刀（新月）状的。镰状细胞阻塞血管壁，阻碍血流，引发剧痛、水肿和组织坏死。虽然医学发展使今天 85% 的患者能活到成年期，

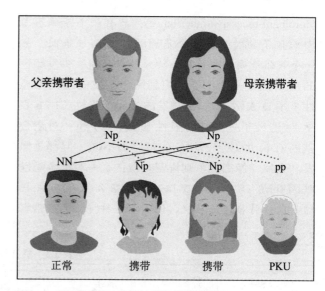

图 2.3　用 PKU 说明显性－隐性遗传模式

若父母双方都是隐性基因 (p) 携带者，即可预测，他们的孩子中有 25% 为正常 (NN)；50% 可能是携带者 (Np)；25% 可能遗传到这种疾病 (pp)。注意，与兄弟姐妹相比，患 PKU 的孩子头发颜色较浅，即 PKU 隐性基因不只影响一种特征，还会影响头发颜色。

但北美的镰状细胞贫血患者的平均预期寿命只有 55 岁 (Chakravorty & Williams, 2015)。大多数情况下，杂合个体不受该病影响，但是，当他们处于缺氧状态，例如在高海拔或高强度运动之后，单个的隐性基因会自我保护，从而出现暂时性的轻微病状。

镰状细胞等位基因在非洲黑人中流行有其特殊原因。携带者相对于有两个正常红细胞等位基因的个体，对疟疾的抵抗力更强。在疟疾肆虐的非洲，这些携带者比其他个体更利于生存并生育后代，这使这种基因在黑人中流传。但是在世界上疟疾罹患风险较低的地区，这种基因的出现概率正在下降。例如，只有 8% 的非裔美国人是病毒携带者，而非洲黑人的这一比例为 20% (Centers for Disease Control and Prevention, 2015m)。

（3）X 连锁遗传

男性和女性有相同概率遗传到常染色体上的隐性致病基因，例如 PKU 和镰状细胞贫血。但是当一个有害等位基因位于 X 染色体上时，就遵循 **X 连锁遗传** (X-linked inheritance) 规律。由于男性性染色体不配对，所以更易受影响。对于女性，任何一条 X 染色体上的隐性等位基因都有机会被另一条 X 染色体上的显性等位基因抑制；而 Y 染

色体仅有 X 染色体的三分之一长，所以缺少很多与 X 染色体基因相对应的基因来控制其表型。其中一个例子是血友病，一种血液不能正常凝固的疾病。图 2.4 显示，携带异常等位基因的母亲，生下的男孩有更大的可能性患病。

除了 X 连锁遗传疾病外，还有很多性别差异都显示，男性处于不利地位。流产、婴幼儿和童年期死亡、各种先天缺陷、学习障碍、行为失调和智力迟滞在男孩中的发生率都较高 (Boyle et al., 2011; MacDorman & Gregory, 2015)。这些性别差异可以追溯到基因编码。女性得益于两条 X 染色体，具有更大的基因变通性。但是大自然似乎对男性的弱势做了一些弥补。世界范围内平均 103 个男孩的出生对应于 100 个女孩出生，考虑到堕胎和流产的统计数据，应该有更多的男性胎儿被孕育 (United Nations, 2015)。

在带有强烈性别偏见态度的文化中，准父母往往更喜欢男孩，因此加大了新生儿的性别比。相形之下，在许多西方国家，如美国、加拿大和欧洲国家，近几十年来男性出生比例有所下降。一些研究者把这一趋势归因于生活环境压力增大，造成了自然流产增多，尤其是男性胎儿的自然流产 (Catalano et al., 2010)。为了验证这一假设，加利福尼亚一项跨越 20 世纪 90 年代十年的研究显示，当失业率（主要压力源）超过一般水平时，男性胎儿死亡的比率就会增加 (Catalano et al., 2009)。

（4）基因组印刻

人类至少有 1 000 种特征遵循显性－隐性遗传和共显性遗传规则 (National Center for Biotechnology Information, 2015)。对这些特质，无论父母中哪一方把基因遗传给子女，基因都以相同方式起作用。但遗传学家发现了一些例外。在**基因组印刻** (genomic imprinting) 中，等位基因被印刻，或者做了化学标记，无论其怎样组合，配对等位基因中只有一个（来自父方或母方）被激活 (Hirasawa & Feil, 2010)。印刻往往是暂时的，它可能在下一代消除，并且不在所有人身上发生。

受基因组印刻影响的基因数量很少，只有不到 1%。然而，关于印刻破坏的研究发现，这些基因对脑发育和身体健康有重大影响。例如，印刻与几种儿童癌症和普莱德－威利综合征 (Prader-Willi syndrome) 一种伴有智力低下和严重肥胖症状的疾病）有关。印刻也可以解释，为什么当孩子的父亲而不是母亲患糖尿病时，他们更容易患糖尿病，以及，为什么哮喘病或花粉热患者往往是母亲而不是父亲 (Ishida & Moore, 2013)。

基因组印刻还出现在性染色体上，如脆性 X 染色体综合征，它是引发智力障碍的一种最常见的遗传因素。每 4 000 名男性和每 6 000 名女性中就有 1 名患有这种病。该病患者的一组 DNA 碱基序列在 X 染色体上重复次数增多，破坏了一个特定基因。除了认知障碍，脆性 X 染色体综合征的大多数患者还患有注意缺陷和高度焦虑，大约 30%～35% 的患者还有自闭症症状 (Wadell, Hagerman, & Hessl, 2013)。脆弱位点的缺陷基因只有在从母亲遗传给孩子时才会表达 (Hagerman et al., 2009)。由于这种疾病与 X 染色体有关，男性受到的影响更严重。

（5）突变

只有不到 3% 的孕妇，其生出的婴儿存在遗传异常，但这些儿童占婴儿死亡的 20% 左右，并对终生身心功能受损造成重大影响 (Martin et al.,

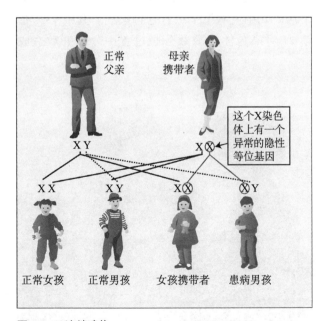

图 2.4 X 连锁遗传

在这个例子中，父亲 X 染色体上的等位基因正常，母亲 X 染色体上有一个正常的隐性等位基因和一个异常的隐性等位基因。图中显示了这对父母等位基因的四种可能组合，可以预测，这对夫妇的子女中，男孩有 50% 的可能遗传该病，女孩有 50% 的可能是携带者。

2015）。有害基因是如何产生的呢？答案是**突变**（mutation），一段 DNA 片段上突然发生但影响持久的变化。突变可能只影响一两个基因，也可能影响许多基因，这属于下文将要讲到的染色体疾病。有些突变是自发、偶然地发生的，另一些是由有害的环境因素造成的。

非离子形式的辐射，如电磁波和微波，未发现对 DNA 有影响，但是高能量的离子辐射是突变的一个确定原因。妊娠前反复受到辐射的女性更有可能流产，或生下有遗传缺陷的孩子。如果父亲在辐射环境中工作，其子女身体畸形和患癌症等遗传异常的发生率也较高。不过，很少的、轻微的辐射通常不会造成遗传性损伤（Adelstein, 2014）。长时间接受中高剂量的辐射则会损害 DNA。

上述例子说明了生殖细胞系突变，它发生在配子细胞产生过程中。当存在病变的男女结合后，有缺陷的 DNA 就会遗传到下一代。另一种称为体细胞突变，这是正常体细胞的突变，可在一生中任何时间发生。从突变细胞演化而来的所有细胞都表现出 DNA 缺陷，最终引发疾病（如癌症）或残障。

在家族中传递的很多疾病是由生殖细胞突变导致的，这很容易看出。但是体细胞突变也会引发这些疾病。有些人可能具有遗传易感性，使特定的体细胞容易在刺激条件下发生突变（Weiss, 2005）。这有助于解释，为什么有的人由于吸烟、接触污染物或心理压力而患病（如癌症），其他人却没有。

体细胞突变表明，每个人的基因型都不是自己独有的、永久性的。每个细胞的遗传结构会随着时间发生变化。体细胞突变的发生率会随着年龄增长而增大，从而增加了它对与年龄相关疾病和自身衰老过程的影响（Salvioli et al., 2008）。

50

几乎所有已被研究的突变都是有害的，但一些自发的突变（如世界上疟疾肆虐地区的镰状细胞等位基因）却是必要和可取的。基因变异的加大，有助于个体适应无法预料的环境挑战。不过，科学家们很少去寻找那些积极的突变，例如一种特殊才能或强健的免疫系统。他们更关心的是查明和消除那些威胁健康和不利于生存的坏基因。

（6）多基因特质的遗传

到目前为止，我们已经讨论了基因 – 基因相互作用的模式，在这种模式下，人们要么表现出某种特征，要么没有。这些一成不变的个体差异要比在一个连续体上的不同特征，如身高、体重、智力和个性更容易追溯其遗传根源。产生这些特征的原因在于**多基因遗传**（polygenic inheritance），即多个基因影响着一个相关特征。多基因遗传非常复杂，人们迄今知之甚少。本章最后一节，我们将讨论，当研究者不知道遗传的确切方式时，他们怎样推断遗传对人类属性的影响。

6. 染色体异常

除了有害的隐性等位基因，染色体异常也是造成一些严重发育问题的重要原因。多数染色体缺陷是卵子和精子形成时的减数分裂错误所致，如成对染色体错误分离，或部分染色体断裂。与单基因错误相比，这些错误有更多 DNA 参与，常会导致多种生理和心理综合征。

（1）唐氏综合证

唐氏综合征是最常见的染色体疾病，每 700个活产儿中就有 1 个患有这种疾病。其中 95% 是第 21 对染色体在减数分裂过程中分离失败造成

一个患有唐氏综合征的 8 岁孩子（右）正在和一个正常发育的同伴玩耍。虽然智力发育受损，但接触环境刺激，多和同伴互动，对这个孩子有好处。

的，所以新个体得到三条染色体，而不是正常的两条。因此，唐氏综合征有时被称为 21 三体综合征。另一种不太常见的形式是，第 21 条色体的一个额外的断裂片段连接到另一条染色体上（称为易位式）。或者在产前细胞复制的早期出现错误，导致一些但不是所有的体细胞由有缺陷的染色体组成（称为嵌入式）(U.S. Department of Health and Human Services, 2015f)。因为嵌入式涉及较少的遗传物质，症状也就不那么严重。

唐氏综合征多表现为智力障碍、记忆和语言问题、词汇量有限和动作发育迟缓。脑电波测量表明，与正常人相比，唐氏综合征患者的大脑功能不协调 (Ahmadlou et al., 2013)。患者还有一些明显的异常身体特征，如短而结实的体格，扁平脸，舌头突出，杏仁状的眼睛，以及在一半情况下手掌有一道横跨皱纹。此外，患有唐氏综合征的婴儿通常生来就患有白内障、听力丧失、心脏和肠道缺陷 (U.S. Department of Health and Human Services, 2015f)。

由于医学的进步，唐氏综合征患者的预期寿命大大提高，大约是 60 岁。但是，活过 40 岁的患者中，约 70% 表现出阿尔茨海默病，这是痴呆的最常见形式 (Hartley et al., 2015)。21 号染色体上的基因与这种疾病有关。

患唐氏综合征的婴儿很少笑，很少与人对视，肌肉张力弱，不能持久地探索物体 (Slonims & McConachie, 2006)。如果父母鼓励他们与周围环境多接触，他们的发展就会更好。他们也受益于婴儿和学龄前的干预项目，其中，情感、社交性和动作技能的进步大于智力表现 (Carr, 2002)。可见，环境因素会影响唐氏综合征患儿的生活质量。

如图 2.5 所示，随着产妇年龄增长，生育唐氏综合征及其他染色体异常婴儿的风险显著增加。但究竟为什么大龄母亲更有可能释放出减数分裂错误的卵子还不清楚 (Chiang, Schultz, & Lampson, 2012)。在大约 5% 的案例中，额外的遗传物质来自父亲。一些研究表明，父亲年龄偏大会影响生育，另一些研究则未显示年龄影响 (De Souza, Alberman, & Morris, 2009; Dzurova & Pikhart, 2005; Vranekovic et al., 2012)。

（2）性染色体异常

除了唐氏综合征，常染色体异常也会严重影响发育甚至引发流产。当这些婴儿出生时，他们很少能活到幼儿期。相比之下，性染色体异常则常常只引发较小的问题。性染色体异常多是到了青少年期或青春期发育迟缓才被发现。最常见的问题是女性多一条染色体（X 或 Y）或少一条 X 染色体。

研究已经推翻了关于性染色体疾病患者的各种神话。例如，患有 XYY 综合征的男性并不一定比 XY 男性更具攻击性和反社会性 (Stochholm et al., 2012)。多数患有性染色体疾病的儿童并没有智力障碍，他们的认知困难通常是非常具体的。例如，语言困难——阅读和词汇理解困难——在患有 XXX 综合征的女孩和患有克兰费尔特综合征的男孩中很常见，他们都多遗传了一条 X 染色体。相比之下，少了一条 X 染色体的特纳综合征女孩，则在空间关系方面有困难，如画画、分辨左右、辨认方向、注意别人表情变化 (Otter et al., 2013; Ross et al., 2012; Temple & Shephard, 2012)。脑成像证据显示，增加或减少正常的 X 染色体数量，会改变大脑结构的发育，导致特定的智力缺陷 (Bryant et al., 2012; Hong et al., 2014)。

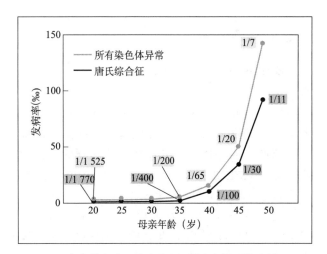

图 2.5　孕妇年龄与唐氏综合征和所有染色体异常的关系

35 岁之后风险急剧上升。资料来源: R. L. Schonberg, 2012, "Birth Defects and Prenatal Diagnosis," from *Children with Disabilities*, 7th ed., M. L. Batshaw, N. J. Roizen, & G. R. Lotrecchiano, eds., p. 50. Baltimore, Paul H. Brookes Publishing Co, Inc.

思考题

联结　回顾生态系统论（第1章边页23-26），解释为什么患有遗传疾病的儿童的父母常常感受到压力。有哪些家庭内外的因素能帮助这些父母支持孩子的发展？

应用　吉尔伯特是黑发的纯合体，詹妮是金发的纯合体，他们两人生的孩子，黑发和金发者各占多大比例？为什么？

反思　根据本书的讨论和你认识的一个有遗传缺陷的人，说明环境对发展的影响。

二、生育选择

2.4　什么程序能帮助准父母生一个健康孩子？

在结婚两年后，泰德和玛丽安娜生了他们的第一个孩子肯德拉。起初，肯德拉是个健康婴儿，但4个月后，她的生长放缓，被诊断为有泰萨二氏病（见表2.2）。2岁时肯德拉就死了。泰德和玛丽安娜因女儿夭折备受打击。他们不希望再生一个有同样疾病的孩子，但他们非常希望有个孩子。

过去，许多有家族遗传病的夫妇选择不生孩子，以避免生下不正常孩子的风险。今天，遗传咨询和产前诊断能够帮助人们做出明智的决定：生孩子，或领养孩子。

1. 遗传咨询

遗传咨询（genetic counseling）是一种沟通过程，旨在帮助夫妇评估他们生下患有遗传疾病婴儿的概率，并根据风险和家庭目标选择最佳行动方案。寻求咨询的是那些有生育困难的人，例如多次流产，或知道其家庭存在遗传问题的人。此外，那些晚生晚育的成年人，一般需要接受遗传咨询。如果产妇年龄超过35岁，唐氏综合征和其他染色体异常的发生率就会大幅上升（见图2.5）。父亲年龄增大也会增加DNA突变的风险。父亲40岁以后要孩子，往往与一些严重心理障碍的发病率增高有关（Zitzmann, 2013），包括：自闭症（见第1章边页21）；精神分裂症，以幻觉、妄想和非理性行为为特征；双相情感障碍，以狂躁和抑郁交替发作为特征。但是，由于年轻父母比年长父母生育的孩子数量要多得多，所以大多数有基因缺陷的婴儿还是由年轻父母所生。因此，一些专家认为，应该由父母的需要而不是年龄来决定是否去做遗传咨询（Berkowitz, Roberts, & Minkoff, 2006）。

如果有智力障碍、心理障碍、身体缺陷或遗传疾病的家族史，遗传咨询师会约见夫妇，绘制家谱图，在家谱图中标明患遗传病的亲属，用家谱图来估计父母生出患病孩子的概率。对于许多可追溯到单个基因的疾病，验血或基因分析就可以揭示父母是否携带有害的等位基因。表2.2所列的所有隐性疾病以及脆性X染色体综合征均可进行基因携带者检测。

自闭症、精神分裂症和双相情感障碍都与分布在多条染色体上的一系列DNA序列偏差（称为遗传标记）有关。新的全基因组检测法有助于寻找这些遗传标记，使遗传咨询师能够估计风险大小。估计的风险通常很低，因为遗传标记只在少数受影响的人身上发现。此外，遗传标记并不是每次出现时都与精神疾病有关。它们的表达（本章末尾将讨论）似乎取决于环境条件。最近，遗传学家已经开始查明罕见的重复次数过多和缺失的DNA碱基，及其与精神疾病的相关（Gershon & Alliey-Rodriguez, 2013）。这些发现有助于更准确地预测父母把心理障碍遗传给子女的可能性。

所有相关信息都收集齐备之后，遗传咨询师能帮助人们做出恰当的选择。这些选择包括"碰碰运气"，采用某种生育技术来怀孕（见本节"社会问题→健康"专栏），或领养一个孩子。

社会问题→健康

生育技术的利与弊

由于有家族遗传病史，一些夫妇决定不冒险怀孕。其他有家族遗传病史但打算怀孕的夫妇中，大约六分之一的人其实是不能生育的。还有一些不结婚的成人、男同性恋者和女同性恋者想要孩子。如今，越来越多的人选择其他技术手段来怀孕，以满足做父母的愿望，但也成为社会激烈争议的热点。

1. 捐精式人工授精和体外受精

近50年来，捐精式授精——把匿名男性的精子置入女性体内——一直被用于解决男性无生育力问题。它还允许没有男性伴侣的女性怀孕。在美国，人工授精的成功率为70%，每年大约有4万例分娩和5.2万名新生儿 (Rossi, 2014)。

体外受精是另一种体外生育技术。从1978年首例"试管婴儿"在英国降生以来，在发达国家每年出生的全部婴儿中，大约1%是试管婴儿，在美国，这个数字是65 000 (Sunderam et al., 2015)。体外受精前，先给女性施用激素，促使卵子成熟，再通过手术把成熟卵子从体内取出，置于加入精子的营养液。当卵子受精并开始复制成多个细胞时，再把受精卵置入女性子宫。

通过把卵子和精子进行混合和匹配，无论父母中的一人还是两人有生育问题，母亲都可以怀孕。体外受精通常用在那些输卵管永久损坏的女性身上。现在已有新技术，能把单个精子直接注入卵子，从而克服了大部分的男性不育问题。此外，通过"性别选择"法，还能确保携有X连锁遗传病基因（多发生于男性）的夫妇怀上一个女孩。受精卵甚至可以冰冻在胚胎库里以后再用，从而解决了因年龄或疾病而导致的生育问题。

以活产率来衡量，辅助生育技术的整体成功率约为50%。成功率随着年龄增长而下降，从女性31~35岁的55%，到43岁的8% (Cetinkaya, Siano, & Benadiva, 2013; Gnoth et al., 2011)。

用这些方法受孕的胎儿在遗传上可能与父母中的一方或双方无关。此外，大多数使用体外受精的父母不会告诉孩子他们是怎样受孕的。没有血亲关系，或这些技术的秘密，对亲子关系有干扰吗？或许，由于强烈的做父母愿望，那些经过捐精式授精或体外受精怀上的孩子可能会得到更多的疼爱。另外，他们像那些自然受孕的孩子一样，在童年期和青少年期都适应良好

(Punamäki, 2006; Wagenaar et al., 2011)。然而，在一项研究中，未被告知配子 - 供体来源的学龄儿童经历了较少的母子积极互动 (Golombok et al., 2011, 2013)。这表明公开讨论对家庭是有帮助的。

生育技术的好处不少，但在使用方面出现了严重的问题。在美国等许多国家，医生没有被要求记录捐赠者特征，尽管关于孩子的遗传背景信息在严重疾病的情况下可能至关重要 (Murphy, 2013)。另一个令人担忧的问题是，体外的"性别分类"方法使父母能够选择性别，从而冲击了男女平等的道德价值。

体外受精对婴儿生存和健康发育的风险大于自然受孕。大约26%的试管婴儿是多胞胎。多数是双胞胎，3%是三胞胎和多胞胎。这导致试管婴儿中的低出生体重的比率几乎是正常出生婴儿的4倍。为解决这一问题，医生减少了向女性子宫置入受精卵的数量，通常不超过两个 (Kulkarni et al., 2013; Sunderam et al., 2015)。此外，妊娠并发症、流产和出生严重缺陷的风险也在上升，其原因是体外授精技术的生物学影响，以及许多寻求这种方法的人年龄越来越大。

2. 代孕

代孕是一种争议更大的医学辅助受孕方式。在这个过程中，一对夫妇采用体外受精方式得到的受精卵被植入另一位女性的子宫（称为代孕）。另一种选择是，女方不能生育，用男方的精子与一位代孕母亲的卵子进行人工授精，并植入该女性体内，代孕母亲事先同意孩子出生后归父亲。在这两种情况下，代孕者因代孕、代生而获得一定的酬金。

大多数代孕安排进展顺利，有限的证据表明，相关家庭通常家境较好，父母会告诉孩子代孕的事情，并和代孕母亲保持积极的关系，如果她与孩子有血缘关系，就更是如此 (Golombok et al., 2011, 2013; Jadva, Casey, & Golombok, 2012)。少数接受过研究的孩子通常都适应良好。

由于代孕服务对有钱的定约人和经济状况欠佳的代孕人双方都有利，它可能促使一些有经济需求的女性冒此风险。此外，大部分代孕者都已经有孩子，有朝一日，如果自己的孩子知道母亲为了钱帮别人生孩子，这

等于放弃一个自己怀的孩子，这些孩子会担心自己的家是否安全。

3. 生育新进展

专家们正在讨论其他生殖选择的伦理问题。现在，医生们能够使用年轻女性捐献的卵子、采用体外受精法，帮助绝经后的女性受孕。她们大多 40 多岁，有些已 50 多岁、60 多岁，甚至还有一些人 70 多岁仍生了孩子。这些情况加大了母亲和婴儿的健康风险，而且父母可能无法活到孩子长大成人。根据美国的预期寿命数据，55 岁生孩子的母亲有三分之一、父亲有二分之一会在孩子上大学前去世 (U.S. Census Bureau, 2015d)。

如今，客户可以根据身体特征甚至智商来选择卵子或精子。科学家们正在设计改变人类卵子、精子和胚胎的 DNA 的方法，以防止遗传疾病的发生，这种技术还可以用来设计其他所需的特征。许多人担心，这些做法是通过"设计婴儿"进行选择性生育的危险步骤，即通过操纵基因构成来控制后代的特征。

虽然生育技术能使许多不孕的成年人成为父母，但需要法律来规范这种做法。在澳大利亚、新西兰和欧洲，体外配子捐赠者和该程序的申请者必须经过严格的筛选 (Murphy, 2013)。丹麦、法国和意大利禁止绝经后的女性进行体外受精。来自辅助生殖领域工作者的压力可能很快会导致美国出台类似的政策。

代孕的伦理问题非常复杂，美国的 13 个州和

服用生育药物和体外受精通常会导致多胞胎出生。图中的四胞胎都很健康，但借助生育技术出生的婴儿有出生体重低和严重出生缺陷的高风险。

哥伦比亚特区都严格限制或禁止这种做法 (Swain, 2014)。大多数欧洲国家，以及澳大利亚和加拿大，只允许"利他"代孕，代孕者不能获得经济利益。目前，作为这些程序之产物，对其后果还所知甚少。显然，需要更多地研究这些孩子是如何长大的、他们后来的健康状况以及对自己身世的感受，以权衡这些技术的利弊。

2. 孕期诊断与胎儿医学

如果一对可能生出异常婴儿的夫妇决定怀孕，他们可以求助于**孕期诊断法 (prenatal diagnostic methods)**，即在出生之前查出问题的医疗程序（见表 2.3）。高龄产妇是进行羊水诊断或绒毛膜取样的主要人群。除了母体血液分析外，产前诊断不应常规性地进行，因为该方法有可能伤害发育中的胎儿。

孕期诊断促进了胎儿医学的进步。例如，通过向子宫中插针，医生可对胎儿注射药物。现已能通过手术来修复心、肺、膈肌畸形，尿道阻塞，神经缺陷等 (Sala et al., 2014)。还可以对患有血液疾病的婴儿输血。患先天免疫缺陷的胎儿，已可接受骨髓移植，使其免疫机能恢复正常 (Deprest et al., 2010)。

这些技术有时会导致并发症，最常见的是早产和流产 (Danzer & Johnson, 2014)。但是，哪怕只有微小的成功可能，父母们还是乐意尝试。目前，医学界正在努力帮助父母对胎儿手术做出明智的决定。

基因工程的进步给纠正遗传缺陷带来了希望。人类基因组计划是一项雄心勃勃的国际研究项目，旨在破译人类遗传物质（基因组）的化学组成。现在，研究人员已经绘制出人类所有 DNA 碱基对的序列。这些信息如同给基因组做了"注释"，可帮助查明所有的基因及其功能，包括相应的蛋白产物及用途。研究的主要目标是了解近 4 000 种人类疾病，这些病症可能受单基因、多基因以及与环境的复杂相互作用的影响。

表 2.3　孕期诊断法

方法	描述
羊水诊断	应用最广泛的一项技术。向腹壁插入一根中空针，获取子宫液样品，对细胞进行遗传缺陷检查。可在怀孕 14 周进行。等待结果需 1~2 周。流产可能性很小。
绒毛膜取样	用于怀孕早期急于知道结果的检查。将一根细管经阴道插入子宫，或用一根空心针通过腹壁插入子宫。从一个或几个绒毛膜（发育中的胚胎周围膜上的毛发状突起）末梢取一小块组织，对其中的细胞进行遗传缺陷检查。可在怀孕后 9 周进行，24 小时内出结果。流产风险略高于羊水诊断。亦有较小的肢体畸形风险，且检测时间越早，风险越大。
胎儿镜检查	把一端带有光源的小管插入子宫，检测胎儿肢体和面部是否有缺陷。还可取出胎儿血样进行血友病、镰状细胞贫血和神经缺陷等诊断。可在怀孕 5 周内进行，通常在 15~18 周进行。有流产风险。
超声扫描	向子宫发出高频超声波，反射至屏幕转换为可显示婴儿大小、形状和位置的图像。可做出胎儿月龄估计、多胞胎鉴定和严重身体缺陷检查。也可作为羊水诊断、绒毛膜取样和胎儿镜检查的辅助手段。但使用此法检测 5 次或以上，会增大低出生体重的发生率。
母体血液分析	怀孕后第 2 个月，胎儿细胞会进入母体血流中。其中，甲胎蛋白水平的增高可预示肾病、食管异常闭合，或神经管缺陷，如无脑畸形（脑缺失大部）和脊柱裂（脊髓从脊柱处突出）。通过分离的细胞，可以检测遗传缺陷。
超快速磁共振成像	作为超声扫描的补充，可检测到大脑或其他组织异常，且诊断准确性更高。可生成胎儿身体结构的详细图像。克服了由于胎儿运动造成的图像模糊。尚无副作用的证据。
胚胎植入前遗传学诊断	在体外受精以及合子复制到含 8~10 个细胞的胚团后，取出一两个细胞做遗传缺陷检测。只有在未检测到遗传疾病时，才将受精卵移植至子宫。

资料来源：Akolekar et al., 2015; Jokhi & Whitby, 2011; Kollmann et al., 2013; Moore, Persaud, & Torchia, 2016b; Sermon, Van Steirteghem, & Liebaers, 2004.

55　目前，已有数千种基因被查明，包括与心脏、消化系统、血液、眼睛和神经系统紊乱以及多种癌症相关的基因 (National Institutes of Health, 2015)。因此，人们正在探索新的治疗方法，比如基因治疗——把携带有机能性基因的 DNA 导入细胞，来纠正基因异常。对基因治疗的一些验证，

一名 9 岁囊性纤维化患者正在接受呼吸测试以评估肺功能。如今，研究者正在检验重组肺部内膜的基因疗法，以缓解这种隐性基因疾病的症状。

如缓解血友病症状，治疗严重免疫系统功能障碍、白血病和几种癌症，已取得令人鼓舞的成果 (Kaufmann et al., 2013)。另一种方法称为蛋白质组学，科学家可以修改与生物学老化和疾病有关的基因特异性蛋白质 (Twyman, 2014)。

对大部分的单基因缺陷来说，基因治疗还有一定距离，而那些以复杂方式相互纠缠并有环境作用介入的多基因缺陷，则更是遥遥无期。下页"学以致用"栏可以应用已学过的知识，帮助准父母了解，为了保护孩子的基因健康，他们在怀孕前需要做哪些事情。

3. 收养

有些不能生育或有遗传疾病的成年人、同性伴侣和想组建家庭的单身成年人，他们决定收养孩子，这样的人越来越多。有孩子的夫妇有时也会通过收养来扩大家庭规模。收养代理机构试图通过寻找与孩子有相同族群和宗教背景的父母来确保良好匹配。如有可能，他们还会帮助选择与孩子亲生父母年龄相仿的父母，来确保亲子之间

学以致用

有助于生一个健康婴儿的孕前注意事项

建议	主要事项
安排体检。	孕前体检能查明是否患病，是否存在可能导致不孕、怀孕后难以治疗及影响胎儿发育的问题。
考虑自己的遗传素质。	找找家族中是否有谁的孩子患有遗传疾病或残疾。如有，可在孕前接受遗传咨询。
减少或消除危险因素。	怀孕后最初几周，胚胎对环境中的有害物质极为敏感（见第3章），计划怀孕的夫妇要回避家里和工作场所的毒品、酒精、香烟、辐射、污染、化学物质以及传染病。
确保适当的营养。	在怀孕前遵医嘱服用维生素-矿物质片剂，有助于预防孕期问题。营养药物应包括叶酸，它能预防胎儿神经管缺陷、早产和低出生体重（见第3章边页87-88）。
计划怀孕一年仍不成功，向医生咨询。	长时间不孕可能是双方中某一方未查出的遗传缺陷引起的自然流产所致。如果体检表明生殖系统正常，则有必要做遗传咨询。

的良好匹配。由于可收养的健康婴儿数量有所下降（与过去相比，放弃孩子的年轻未婚妈妈越来越少），北美和西欧越来越多的人从其他国家领养孩子，或者收养已经过了婴儿期的大孩子，或已知有发育问题的儿童 (Palacios & Brodzinsky, 2010)。

被收养的儿童和青少年，无论他们是否出生于养父母所在的国家，与多数儿童相比，学习和情绪上的困扰都较多，并且这种差异随着儿童被收养年龄的增大而扩大 (van den Dries et al., 2009; van IJzendoorn, Juffer, & Poelhuis, 2005; Verhulst, 2008)。被收养儿童在童年期出现问题有很多原因。生母可能是因为酗酒，或因为严重抑郁等遗传性情绪问题而没有能力抚养。生母可能把这种脾性遗传给了孩子。生母也可能在孕期经受重压、营养不良或医护条件差，这些因素都会影响孩子

收养是不孕不育或有遗传病史的成年人的一种选择。这对从中国领养女儿的夫妇，可以通过帮助孩子了解自己的出生传统来促进她们的适应能力。

（第3章将讨论）。此外，婴儿期以后被收养的孩子常常有一段时间生长于家庭冲突中，缺少父母教育，甚至有被忽略、被虐待的经历。另外，与直系亲属相比，遗传上没有关系的养父母与孩子，其智力和人格的相似性很低，这有时会影响家庭和睦。

虽然有这些风险，但大多数被收养的孩子生活得很好，而那些曾经有问题但经历了敏感养育的儿童，通常会在认知和社会性方面取得快速进步 (Arcus & Chambers, 2008; Juffer & van IJzendoorn, 2012)。总体而言，跨国被收养者的发展，要比亲兄弟姐妹或被自己国家的福利机构收容的同龄人好得多 (Christoffersen, 2012)。有不良家庭经历、在年龄较大时被收养的孩子，当他们在新家庭逐渐感受到爱和支持时，他们对养父母的信任和亲情会有所改善 (Veríssimo & Salvaterra, 2006)。第4章会讲到，较晚被收养的孩子，尤其是那些在早期生活中经历过多次逆境的孩子，比他们的同龄人更有可能出现持续的认知、情感和社会性问题。

到了青少年期，被收养者常因对生父母是谁的好奇而感到困惑。当试图把出生家庭和收养家庭的各个方面融入自己逐渐显露的同一性时，青少年面临着定义自己的挑战。如果养父母在关于领养问题的交流中表现出热情、开放和支持态度，孩子通常会形成积极的自我感 (Brodzinsky, 2011)。只要父母在童年期就采取措施，帮助他们了解自己的生父母背景，总的来看，不同族群或不同文化背景下被收养的年轻人都能形成关于其出身和收养背景的健康、协调的同一性 (Nickman et al.,

2005; Thomas & Tessler, 2007)。但是，寻找亲生父母的决定一般会被推迟到成年早期，那时婚姻和生育可能会引发这个决定。

在我们结束关于生育选择的讨论时，你可能想知道泰德和玛丽安娜后来的情况。通过遗传咨询，玛丽安娜知道她的母系亲属中有一个患泰萨二氏病。泰德有一个远房表兄死于这种病。遗传咨询师分析，他们生一个患有同样疾病孩子的概率是 1/4。泰德和玛丽安娜决定冒这个风险。现在，他们的儿子道格拉斯已经 12 岁了，道格拉斯虽然是泰萨二氏病的隐性等位基因携带者，但他是一个正常而健康的男孩。泰德和玛丽安娜打算，再过几年会告诉道格拉斯他的遗传史，并给他讲什么是遗传咨询，以后他打算生小孩之前也应该去做检查。

思考题

联结　收养研究怎样证明了心理复原力？与复原力有关的哪些因素（见第 1 章边页 10-11）是被收养者发展良好的核心要素？

应用　假设你想建议一对夫妇做捐卵式体外授精，来解决其不能怀孕的问题。你会告诉他们将面临哪些医疗和伦理风险？

反思　假设你是脆性 X 染色体综合征的基因携带者，但很想要一个孩子。你是选择怀孕、收养还是雇用代孕母亲？如果你怀孕了，你会做产前诊断吗？为什么？

三、发展的环境背景

2.5　从生态系统论角度描述家庭机能以及有助于家庭心理健康和良好发展的环境

遗传固然很复杂，但环境也很复杂，它是一套多层次、相互影响的组合，促进或阻碍着人的身心健康。请简短描述一下对你的发展有重大影响的事件和人物。看看你列出的项目与我的学生是否相似，他们提到的大多是与家庭有关的经历。这不足为奇，因为家庭是发展的首要而持久的背景。其他影响学生排名前十的因素还有朋友、邻里、学校、工作场所、社区和宗教组织。

第 1 章提到的布朗芬布伦纳的生态系统论认为，小环境系统之外的环境，即刚才提到的那些环境，对发展有很大影响。我的学生们往往忽略了一个非常重要的环境因素，它的作用无处不在，以至于我们对它视而不见。这就是大环境系统，即大社会背景，包括社会价值观，以及支持、保护着人的发展的各种项目。所有人在一生中的各个年龄阶段都需要帮助，例如一套买得起的房子、医疗保险、安全的社区、好学校、齐备的娱乐设施、优质的儿童保育中心及其他能满足工作和生活需求的服务等。一些人因为贫穷或特殊困难，还需要更多的帮助。

本节将讨论这些影响发展的环境背景。由于它影响着所有年龄的人，影响着发展变化的各个方面，以后各章还会涉及这个主题。在这里，我们的讨论首先强调，环境与遗传一样，既能促进发展，也可能给发展带来危险。

1. 家庭

57

在权力和影响力的广度上，没有什么小环境可以与家庭相提并论。家庭使人与人之间建立了独一无二的纽带。对父母和兄弟姐妹的依恋往往会持续终生，还会推及更广阔的环境，成为人际关系的典范。在家庭中，儿童学习自己本文化的语言、技能以及社会和道德价值观。所有年龄段的人都会从家人那里获得信息、帮助和温馨的互动。温暖而舒心的家庭关系可以预测整个一生的身心健康 (Khaleque & Rohner, 2012)。相反，与家庭，特别是与父母的疏离通常会带来发展问题。

当代研究者把家庭看作一个相互依赖的关系网络 (Bronfenbrenner & Morris, 2006; Russell, 2014)。生态系统论里的双向影响就是指，每个家庭成员的行为都会影响其他家人。系统这个词本身就意味着，家庭成员的行为是互相联系的。这些系统通过直接或间接方式起着影响作用。

（1）直接影响

以后你若有机会观察家庭成员的互动情况，请仔细地看。你会看到，亲切、耐心的交流能引发合作、和谐的反应，而苛刻、烦躁则会引来愤怒和反抗行为。这些反应反过来又会造成互动链条上新的一环。在第一种情况下，跟随的将是积极结果；在第二种情况下，跟随的将是消极、回避行为。

这些观察与对家庭系统的一系列研究吻合。例如，对不同族群家庭的研究表明，当家长坚定、温和地提出要求时，孩子们往往会听从要求。孩子配合，父母也会更耐心、温和。如果父母管教孩子过于严厉和不耐烦，孩子很可能会拒绝和反抗。因为孩子的错误行为给家长造成压力，他们可能增加惩罚措施，从而激起孩子更多的错误行为 (Lorber & Egeland, 2011; Shaw et al., 2012)。这个原理同样适用于其他两个家庭成员之间的关系，比如兄妹、夫妻、父亲或母亲与成年子女。在每一种场合，其中一人的行为都会维持与另一个人的互动方式，并且促进或妨碍心理健康。

（2）间接影响

当任何两个家庭成员的互动受到当时在场的第三个家人影响时，家庭关系对发展的影响会变得更复杂。回忆第1章，布朗芬布伦纳把这些间接影响称为第三方效应。

第三方可以成为发展的支持或障碍。例如，如果婚姻关系是温暖和体贴的，母亲和父亲就更可能参与有效的**共同抚养 (coparenting)**，相互支持对方的养育行为。这样的父母更热情，更多地表扬和鼓励孩子，很少唠叨和责骂孩子。有效的共同抚养反过来会促进积极的婚姻关系 (Morrill et al., 2010)。相比之下，那些婚姻关系紧张、充满敌意的父母，在教育孩子方面往往不称职。他们相互干扰对方的育儿努力，对孩子的需求反应迟钝，对孩子经常批评、发火、惩罚 (Palkovitz, Fagan, & Hull, 2013; Pruett & Donsky, 2011)。

长期处于父母矛盾、生气和吵架环境中的孩子，会因情感安全受到破坏而产生严重的行为问题 (Cummings & Miller-Graff, 2015)。他们身上既有内化困难，如焦虑、恐惧以及试图修复父母关系，又有外化困难，如愤怒和攻击 (Cummings, Goeke-Morey, & Papp, 2004; Goeke-Morey, Papp, & Cummings, 2013)。这些孩子的问题会进一步破坏父母之间的关系。

不过，即使第三方的介入使家庭关系紧张，其他成员也可能帮助恢复有效的互动。例如，祖父母既可以通过对孩子的热情回应直接促进孩子的发展，也可以通过向父母提供教育建议、家庭教育榜样，甚至经济援助，间接促进孩子的发展。当然，就像任何间接影响一样，祖父母的介入有时可能起反作用。如果祖父母和父母发生争吵，父母和孩子的沟通就会变得更困难。

（3）对变化的适应

再来看布朗芬布伦纳理论的时序系统（见第1章边页26）。家庭内部的各种影响力的交互作用是动态的、持续变化的。孩子出生、工作更换、照顾年迈父母，这些重要生活事件都可能带来困难并改变现有家庭关系。生活事件怎样起作用，取决于其他家人给予的支持和每个人所处的发展阶段。比如，弟妹的出生对学步儿的影响很大，对小学生则不然。照料病重的年迈父母给一个正在

家庭是一个相互依赖的关系网络，其中每个人的行为都会影响其他人的行为。在这个家庭的游戏中，父母温暖、体贴的沟通鼓励了孩子的合作，反过来又进一步促进了父母的温暖和关怀。

养育年幼子女的中年人造成的压力更大，而对年龄相仿却没有子女的成人则不然。

历史时期也对动态家庭系统发挥着影响力。近几十年来，随着出生率降低，离婚率攀高，女性角色扩展，对同性恋的接受度提高，生育年龄推迟，家庭规模缩小，单身父母、再婚父母、同性恋父母、母亲就业和双职工家庭增多，加之寿命延长，老年人多、年轻人少的头重脚轻式的家庭结构开始出现。当今的年轻人拥有的老年亲属比历史上任何时候都多，这种局面既可以带来富足，也可能造成紧缺。总之，由于复杂的代际系统随着时代而变化，家庭中的人际关系也在改变，家庭成员既要适应自己与别人的发展，也要适应来自外部的压力。

观察与倾听

算算你的祖父母、父母和自己那一代的兄弟姐妹数量。然后对你几个朋友的家人做同样的事情。你看到"头重脚轻"的家庭结构的证据了吗？它对不同世代的家庭成员有什么影响？

除了上述因素，还存在着家庭机能的一般模式。在美国和其他工业化国家，社会经济地位是影响家庭关系的一个重要因素。

2. 社会经济地位与家庭功能

在工业化国家，人们是根据做什么工作和收入多少来划分阶层的，这是决定他们的社会地位和经济条件的因素。研究者把评价一个家庭在社会地位和经济状况的连续体上的位置的指标称为**社会经济地位**（socioeconomic status，SES，以下简称社经地位），它包括三个相互联系但又有所区别的变量：受教育年限、用于衡量社会地位的职业声望和职业技能，以及用于衡量经济地位的家庭收入。随着社经地位的起伏，人们的境况也会随之变化，并深深地影响着家庭机能的运转。

社经地位与结婚、养育子女的时间以及家庭规模有关。从事技术和半手工职业的人（例如建筑工人、卡车司机和保管员）一般比白领和专业技术人员更早结婚生子，生孩子也较多。这两类

人群的育儿价值观和期望也不同。例如，问他们希望孩子具备哪些个人品质时，社经地位较低的父母强调一些表面特征，比如服从、礼貌、整洁等。社经地位较高的父母强调心理特质，如好奇心、快乐、自律、认知和社会性成熟等 (Duncan & Magnuson, 2003; Hoff, Laursen, & Tardif, 2002)。

这些差异还体现在亲子互动上。社经地位较高的父母与他们的婴儿和幼儿交谈、一起读书，给他们更多的刺激和探索自由。对于年长儿童和青少年，高社经地位的父母使用更多的温暖、解释和口头表扬，设定更高的学习目标和其他发展目标，让孩子做更多的决定。命令（"我让你怎么做，你就得怎么做"）、批评和体罚在低社经地位的家庭中更常见 (Bush & Peterson, 2008; Mandara et al., 2009)。

受教育程度对育儿行为的这些差异发挥着本质影响。社经地位较高的父母给孩子提供语言刺激，培养内在特质，改进学习效果，这种教育方式多年来得到了学校教育的支持，使这些父母学会思考那些抽象、主观的想法，从而对孩子的认知和社会性发展进行投资 (Mistry et al., 2008)。同时，更好的经济保障使父母能够投入更多的时间、精力和财力来培养孩子的心理特征 (Duncan, Magnuson, & Votruba-Drzal, 2015)。

由于受教育程度低和社会地位低，许多社经地位较低的父母在家庭之外的人际关系中常有一种无力感。上班时，他们必须遵守上级领导制定的规则。下班回家，父母和孩子的互动好像重复了这些经历，不过现在他们成了权威。经济不安全感引发的高压力，导致低社经地位的父母较少跟孩子进行富于刺激的互动和活动，并更多地使用强制性管教 (Belsky, Schlomer, & Ellis, 2012; Conger & Donnellan, 2007)。相反，社经地位较高的父母对自己的生活则有更多的控制权。上班时，他们能独立决策，并说服他人接受自己的观点。在家里，他们潜移默化地把这些技能教给孩子。

3. 贫穷

如果家庭陷入贫困境地，发展就会受到严重威胁。在一部关于儿童贫困的电视纪录片中，美国公共广播公司 (PBS) 的一位制片人记录了几个

美国儿童的日常生活及其家庭的困境 (Frontline, 2012)。当被问及贫穷是什么滋味时，10 岁的凯丽答道："我们一天三顿饭都吃不到，有时我们只有麦片，没有牛奶，只能吃干的。"凯丽说她经常感到饥饿，她说："我担心如果我们付不起账单，我和弟弟会饿死。"

凯丽和她 12 岁的弟弟泰勒及母亲住在一起，他们的母亲患有抑郁症和恐惧症，无法工作。孩子们有时会从附近的农村收集废弃的易拉罐，卖掉换取少量现金。因为无钱付房租，全家人从小房子搬到了一个可以长期居住的汽车旅馆。搬家前，凯丽和泰勒泪流满面地把他们的爱犬送到了收容所。

在拥挤的汽车旅馆房间里，家里的东西乱七八糟地堆在她周围，凯丽抱怨道："我没有朋友，没有地方玩。我总是在打发时间。"她的母亲推迟了孩子的入学申请，希望快点搬到新学区旁边停车场的活动房。凯丽和泰勒几乎没有书，没有室内游戏，没有户外运动器材，如自行车、球拍和球、旱冰鞋，也没有固定的爱好，如游泳、音乐或青年组织活动。当被要求想象自己的未来时，凯丽并不抱什么希望。"以后我仍然很穷，在街上，举步维艰，向别人要钱，偷东西。我想探索这个世界，但我永远做不到。"

美国的贫困率在 20 世纪 90 年代略有下降，但在 21 世纪的头十年再度上升，然后稳定下来。今天，大约有 15%，即 4 600 万美国人仍生活在贫困线以下。受影响最大的是 25 岁以下有小孩的父母和独居的老年人。少数族裔和女性的贫困问题更加严重。例如，21% 的美国儿童处于贫困状态，拉美裔儿童的贫困率上升到 32%，美国原住民儿童为 36%，非裔美国儿童为 38%。对于有学前儿童的单身母亲和独自生活的老年女性来说，贫困率接近 50% (U.S. Census Bureau, 2015d)。

女性的失业率和离婚率高于男性，而再婚率低于男性。此外，寡居，政府投入不足以致无法满足家庭需求，这些都是导致这些令人难堪的数据的原因。儿童的贫困率高于其他任何年龄组。在所有西方国家中，美国赤贫儿童的比例最高。近 10% 的美国儿童生活在极度贫困中（家庭人均收入不到最低生活标准的一半）。相比之下，在大多数北欧和中欧国家，儿童贫困率几十年来一直保持在 10% 以下，儿童极端贫困现象非常罕

见 (UNICEF, 2013)。贫困开始得越早，后果就越严重，持续得越久，其影响就越具有破坏性。贫困儿童比其他儿童更有可能终生身体健康差、存在认知发展和学习成绩缺陷、中学辍学、患有精神疾病、易冲动、富有攻击性和存在反社会行为 (Duncan, Magnuson, & Votruba-Drzal, 2015; Morgan et al., 2009; Yoshikawa, Aber, & Beardslee, 2012)。

伴随贫穷而来的持续压力慢慢蚕食着家庭系统。贫困家庭每天都处于挣扎之中：失去福利和失业补贴，电话、电视、电、热水等基本生活服务因为无力支付账单而被切断，获得食物的机会有限或不确定，等等。日复一日的危机使家庭成员变得抑郁、易怒、烦躁，敌对的互动增加，儿童发展受到阻碍 (Conger & Donnellan, 2007; Kohen et al., 2008)。

这些消极结果在单亲家庭和生活在贫困和危险社区的家庭中尤其严重，这些条件使得他们的日常生活雪上加霜，同时使他们面临着有助于其克服经济困难的社会支持的减少 (Hart, Atkins, & Matsuba, 2008; Leventhal, Dupéré, & Shuey, 2015)。平均而言，与城市相比，农村的贫困率更高，社区混乱更严重，社区服务更稀缺，像凯丽、泰勒和母亲居住的地方就是这样 (Hicken et al., 2014; Vernon-Feagans & Cox, 2013)。这些情况导致家庭机能紊乱，给一生中的身体和心理适应带来了困难。

与此相关的一个问题是，大量儿童和成年人的生存机会降低了。在最近的报道中，美国估计

无家可归对维持良好的家庭关系和身心健康是一大挑战。这位母亲和她的三个年幼的孩子准备搬出他们与孩子的父亲一起住的汽车旅馆房间。

有 58 万人在某一指定夜晚无家可归 (Henry et al., 2014)。其中多数是独自生活的成年人,许多人患有严重的心理疾病。大约四分之一的无家可归者是儿童和年轻人。无家可归主要有两个原因:廉价住房供应不足,精神病患者从医院出来后缺乏必要的支持来适应正常生活。

多数无家可归的家庭由带着 5 岁以下孩子的女性组成。除了健康问题(影响着大多数无家可归者),许多无家可归的儿童由于日常生活条件恶劣和不安全而发育迟缓和长期背负情绪压力 (Kilmer et al., 2012)。据估计,23% 的适龄儿童不上学或不定期上学。由于出勤率低、频繁更换学校以及身心健康问题,无家可归儿童的成绩低于其他贫困儿童 (Cutuli et al., 2010; National Coalition for the Homeless, 2012)。

60　贫困儿童和经济条件较好的同龄人相比,总体健康和各种成就都有巨大差距。不过,经济困难家庭的许多儿童复原力较强,生活状况也不错。目前,有许多旨在帮助儿童和青少年克服贫困风险的干预措施。其中一些涉及家庭机能和子女教育,另一些直接针对孩子的学习、情感和社交技能的改善。这些项目使人们认识到,贫困儿童虽然遭遇不幸,但他们可以从多方努力中获益 (Kagan, 2013a)。本书后面各章将介绍一些这样的干预措施。

4. 富裕

虽然受过良好的教育,拥有可观的物质财富,但有些享有高声望高薪酬的富裕的父母,却不能经常参与家庭互动和子女教育,难以促进子女的良好发展。几项研究追踪了在富裕的近郊区长大的年轻人的适应情况。到七年级时,许多人表现出严重的问题,并在中学期间恶化 (Luthar & Barkin, 2012; Racz, McMahon, & Luthar, 2011)。他们的学习成绩很差,比一般青少年更容易酗酒、吸毒、违规违法,并表现出高度的焦虑和抑郁。

为什么这么多富家子弟会惹上麻烦?根据自我报告,与适应能力较强的同龄人相比,适应能力较差的富家子弟说,他们与父母不亲,很少得到父母的指导,父母对他们的不当行为不闻不问,因为父母整天忙于事业与社交。对这些孩子来说,

父母虽然有钱,但对他们身体上和情感上的关怀几乎不存在;父母整天为赚钱忙忙碌碌。与此同时,这些父母经常对孩子的学习提出过高要求,如果孩子的表现不如预期,他们就没完没了地批评 (Luthar, Barkin, & Crossman, 2013)。凡是其父母只看重学业、不看重品格的青少年,在学业和情感上都更容易出问题。

对于青少年来说,无论家境好坏,一个简单的日常活动——与父母一起吃晚饭——就能缓解适应方面的困难,即使在控制了父母的其他许多因素之后(见图 2.6)(Luthar & Latendresse, 2005)。我们迫切需要采取干预措施,让富有的父母意识到,竞争性生活方式成本高昂,可以适当减少,而对孩子的生活要多参与,不要对孩子抱有不切实际的高期望。

5. 家庭之外:邻里和学校

生态系统论的中环境系统和外环境系统的概念明确指出,家庭和社区之间的联系对心理健康至关重要。从前面对贫困的讨论中,可以看出原

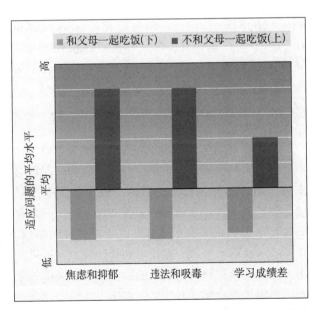

图 2.6　富裕家庭青少年定期跟父母一起吃晚饭与其适应问题的关系

对六年级学生而言,即使控制了影响养育方式的其他因素,与经常跟父母一起吃晚饭的同学相比,不跟父母一起吃晚饭的学生表现出更多的适应问题,包括焦虑和抑郁、行为问题和吸毒以及学习成绩差。研究还发现,与家人一起吃饭可保护低社经地位家庭的青少年,减少他们的违法、吸毒行为和学校学习问题。资料来源:Luthar & Latendresse, 2005.

因：在贫困地区，社区生活往往是不连续的。贫困者经常搬家，社区公园和游乐场混乱不堪，社区里没有能提供有组织休闲活动的社区中心。在这些社区中，家庭暴力、儿童虐待和忽视、儿童和青少年内化和外化困难、成人犯罪行为、老年人抑郁和认知功能下降屡见不鲜 (Chen, Howard, & Brooks-Gunn, 2011; Dunn, Schaefer-McDaniel, & Ramsay, 2010; Ingoldsby et al., 2012; Lang et al., 2008)。反之，与周围社会环境联系紧密的家庭，例如，跟亲戚朋友频繁来往，定期去教堂和寺庙，则可以减轻压力，增强适应能力。

（1）邻里

让我们从邻里开始，看看社区在儿童和成人生活中的作用。你小时候在自家院子、家周围的街道、花园和社区环境中经历过什么？你是怎样度过那些时光的？你认识了什么人？那些时光对你有多重要？

邻里提供了儿童发展不可或缺的资源和社会联系。在一项关于社区流动性的实验研究中，研究者随机发给一部分低收入家庭抵用券，让他们从公共住房搬到富裕程度不等的小区。与留在贫困地区的同龄人相比，搬到富裕社区并在那里住了几年的儿童和青少年，在身心健康和学习成绩方面都表现得更好 (Goering, 2003; Leventhal & Brooks-Gunn, 2003; Leventhal & Dupéré, 2011)。研究表明，低收入家庭融入新社区的社会生活能力是取得有利结果的关键。

社区资源对经济困难年轻人的影响大于对富裕家庭年轻人的影响。社经地位较高的家庭，在社会支持、教育和休闲活动等方面，很少依赖周围环境。他们有条件接送孩子去上课和娱乐场所，如有必要，还可以去离社区较远地区质量更好的学校。在低收入社区，开展一些校内和校外项目，提供艺术、音乐、体育等丰富多彩的活动来弥补资源的匮乏，可以提高小学生和中学生的学习成绩，减少他们的情绪和行为问题 (Durlak, Weissberg, & Pachan, 2010; Kataoka & Vandell, 2013; Vandell, Reisner, & Pierce, 2007)。社区组织，如宗教青年团体和特殊兴趣俱乐部，有助于青少年的良好发展，增强他们的自信心，提高他们的学习成绩和教育抱负 (Barnes et al., 2007)。

这个 5 岁男孩喜欢和志愿者一起，他们在一个由美国儿童俱乐部赞助的社区花园干活。社区资源对于贫困儿童和青少年的发展尤为重要。

但是，在危险、无组织的社区中，为儿童和青少年提供高质量活动的地方却很少。即使他们可以得到，犯罪和社会混乱也限制了年轻人的机会，他们的父母被经济和其他压力压垮，不太可能鼓励他们的孩子参与 (Dearing et al., 2009)。因此，最需要帮助的儿童和青少年，尤其有可能错过这些促进发展的活动。

观察与倾听

请几位家长列出学龄儿童的常规课程和其他丰富活动。然后询问家庭和社区中鼓励或阻碍孩子参与的因素。

加拿大安大略省的"更好的开端，更好的未来"项目 (Better Beginning, Better Futures Projects) 是由政府资助的系列试点项目，旨在防止社区贫困带来的糟糕后果。这些努力中，最成功的是以社区小学为基础，为 4~8 岁儿童提供课堂活动、课前活动和课后活动，以及暑假的丰富活动。项目工作人员定期拜访每个孩子的父母，向他们介绍社区资源，鼓励他们参与孩子的学校和社区生活。通过提供领导能力培训和成人教育项目，组织安全倡议之类的特殊活动和庆祝活动，一个以改善社区居住条件为重点的社区得以建立 (Peters, 2005; Peters, Petrunka, & Arnold, 2003)。对三年级、六年级、九年级和十二年级的参与者进行追踪随访，结果显示，与生活在贫困社区、没有参加项目的儿童相比，参加该项目的儿童获得了诸多进步 (Peters et al., 2010; Worton et al., 2014)。其中包括儿童学习和社会适应能力提高，青少年犯罪减少，家长报告的家庭机能改善，家庭教育方式改进，以及和社区联系更紧密。

到老年期，邻里关系变得越来越重要，因为老年人待在家里的时间更多。虽然为老年人提供了计划住房，但大约 90% 的老年人仍然住在常规住房中，也就是他们退休前居住的社区 (U.S. Census Bureau, 2015d)。亲戚和朋友的亲近程度是决定晚年搬家或留在原地的重要因素 (Hooyman, Kawamoto, & Kiyak, 2015)。在附近没有家庭成员的情况下，老年人会把邻居和附近的朋友看作他们最依赖的物质和社会支持。

（2）学校

和家庭、邻里的非正式环境不同，学校是正式机构，其目的是传播知识技能，培养学生成为对社会有用的人。发达国家的儿童和青少年花在学校的时间很长，到高中毕业时，平均总计约 14 000 小时。如今，由于许多 5 岁以下的孩子已进入"学校式"的幼儿园，学校教育的影响开始得更早、更强大。

学校是复杂的社会系统，影响着发展的许多方面。学校的物理环境各不相同：学生的体型不同，每个班的学生人数不同，可用于学习与玩耍的空间也不同。学校的教育理念也各不相同：有 *62* 的教师把学生视为被动学习者，由成人来教育和塑造；有的教师认为学生是主动、有好奇心、能自主学习的人；有的教师把学生看作合作伙伴，由成年专家指导他们掌握新技能。此外，学校的社会生活亦不尽相同：学生合作和竞争的程度不同，不同能力、社经地位和族群背景的学生在一起学习的程度不同，学校的安全、人性化的程度不同，学生受到同伴骚扰和暴力的程度不同 (Evans, 2006)。我们将在后面章节讨论学校教育的各个方面。

在小学和中学取得好成绩是进入大学，并在大学取得成功的关键。从 20 世纪 60 年代开始，获得大学学历成为获得高技能、高薪工作的主要途径。除了提高工作地位和终身收入，高等教育还有助于提高生活满意度和寿命，在社经地位的各种变量中，这可能是独一无二的。受过良好教育的成年人往往拥有更大的社交网络，因此能够获得更多的社会支持。教育还可以提高知识水平和决策能力，例如在健康行为和家庭功能方面。低受教育程度与吸烟、酗酒、不安全驾驶等行为以及超重和肥胖呈负相关关系 (Cutler & Lleras-Muney, 2010)。与受教育程度较低的成年人相比，大学毕业生更少有非婚生子女，更多的人拥有稳定的婚姻 (Cancian & Haskins, 2013; Pew Research Center, 2010a)。

与社经地位和家庭机能一样，学校教育和学习成绩对发展和生活机会的影响会随着时间的推移而增强。此外，这些背景因素是相互关联的：生活在低收入和贫困社区的儿童更可能进入资金不足的学校，接受低质量的教育。由于这些原因，旨在提高经济弱势儿童的教育经历和学校表现的教育干预最好在早期就开始 (Crosnoe & Benner, 2015)。但在后期针对特定的教育问题进行干预也有帮助——例如，向非大学毕业生提供高质量的职业教育。

家长经常参与学校活动，参加家长会，他们的孩子一般学习成绩更好。社经地位较高的家长，他们的背景和价值观与老师相似，更可能与学校经常保持联系。相反，低社经地位和少数族裔的父母往往对来学校感到不舒服，日常压力减少了他们参与学校活动的精力 (Grant & Ray, 2010)。教师和教育管理者必须采取专门措施，与社经地位低的家庭和少数族裔家庭建立支持性的家校关系。

当这些努力形成良好的家庭与学校教育文化时，就会对学生的成功产生意想不到的促进作用。例如，在家长高度参与的学校上学的学生，其成绩非常突出 (Darling & Steinberg, 1997)。当完美的教育成为教师、管理者和社区成员共同的努力方向时，它对学习的影响就会更强，惠及的学生就会更多 (Hauser-Cram et al., 2006)。

6. 文化背景

第 1 章曾讲到，只有从大文化背景角度看待人的发展，才能对它有完整的理解。下面，我们借助于对大环境系统的讨论，把这个主题加以扩展。首先讨论文化价值观和行为以什么样的方式影响发展环境。其次，我们来看良好的发展是怎样依靠法律和政府计划使人们免受伤害、促进人们健康的。

（1）文化价值观与行为实践

文化影响着家庭互动和家庭之外的社会环境，也就是日常生活的所有方面。我们中有不少人平时对自己的文化遗产视而不见，直到某一天从别人的行为中才意识到自己的文化。

我常问学生一个问题：抚养年幼孩子的责任应该由谁来承担？常见的回答是："如果父母决定要孩子，他们就应该对这件事做好准备。""人们大多不愿意别人闯进自己的家庭生活。"这些说法反映了北美多数人的看法——照管和养育孩子，并为之付出心血，是父母的责任，只有父母才能承担这个责任。这种观点由来已久——独立、自信和尊重家庭生活的隐私，这是北美的核心价值观 (Dodge & Haskins, 2015; Halfon & McLearn, 2002)。这也是公众迟迟不认可政府的一些政策的原因，这些政策面向所有家庭提供支持性福利，如开办高质量的日托中心、给予带薪产假等，以满足家庭之需。这种价值观还使得美国很多家庭，虽然有工作和收入，却仍然贫困 (Gruendel & Aber, 2007; UNICEF, 2013)。

虽然北美文化从整体上重视独立性和隐私权，但是并非所有公民都有同样的价值观。有些人属于**亚文化** (subcultures) 群体，即拥有不同于主流文化的观念、习俗的人群。美国的许多少数族裔都拥有合作式的家庭结构，这样可以使家人免受贫困之苦。非裔美国家庭就是一个例子。本节的"文化影响"专栏介绍的就是非裔美国人独特的文化传统——父母、子女和一个或多个成年亲属一起生活的**大家庭** (extended-family households)，这是黑人家庭生活的显著特征，在种族歧视和经济剥夺的漫长历史环境中，有助于增强家庭成员的复原力。

活跃的、有参与的大家庭也具有其他少数族裔，如亚裔、美国原住民和拉美裔亚文化的特征。在这些家庭中，祖父母在引导年轻一代方面扮演着重要角色。面临就业、婚姻或养育子女困难的成年人，会得到老年人的帮助和情感支持。在这样的家庭中，儿童和老年人的照料都得到加强 (Jones & Lindahl, 2011; Mutchler, Baker, & Lee, 2007)。例如，拉美裔大家庭中的祖父母比非裔祖父母更多地分担抚养孩子的责任，这种协作式的育儿传统对祖父母、父母和孩子的身心健康都有好处 (Goodman & Silverstein, 2006)。造成这种深远影响的一个原因是，代际共享的养育方式符合拉美文化中的家庭主义理想，即特别重视紧密、和谐的家庭纽带和家庭需求的满足。

63 专栏　　　　　　　　　　　　文化影响

非裔美国大家庭

非裔美国大家庭的历史可以追溯到非裔美国人的非洲传统。在许多非洲社会，新婚夫妇并不开始自己独立的家庭生活。他们与大家庭共同生活，大家庭在生活的各个方面帮助每个成员。贩奴时期，这种维持紧密联系的大家庭网络的传统传到了美国。从那时起，它一直保护着非裔美国家庭尽量少受贫困和种族歧视的侵害。当今，在成年人中，黑人比白人更多地和自己的亲戚而不是自己的子女住在同一个家里。非裔美国人的父母通常与亲戚住得很近，他们与朋友和邻居形成像家人一样的关系，周末时要去

很多亲戚家串门，把亲戚看作生活中重要的人 (Boyd-Franklin, 2006; McAdoo & Younge, 2009)。

非裔美国大家庭为其成员提供情感支持和丰富的资源，从而缓解贫困和单亲带来的压力。大家庭成员能帮忙照养孩子，所以，生活在大家庭的少女妈妈，比自己单独生活的少女妈妈更可能从中学毕业，找到工作，这对她们孩子的健康发展也有好处 (Gordon, Chase-Lansdale, & Brooks-Gunn, 2004)。

对于抚养童年期和青少年期子女的单身母亲来说，

大家庭生活有助于继续保持更积极的母子互动。即使在重建家庭之后，单身母亲也经常邀请家人或亲密朋友和她们一起住。这种亲属支持使子女教育更有效，有效的教育则可以提高孩子的学习成绩，增强社交技能，减少反社会行为 (Taylor, 2010; Washington, Gleeson, & Rulison, 2013)。

大家庭在传递非裔美国文化方面起着重要作用。与核心家庭（父母和子女组成的家庭）相比，大家庭更重视合作、道德与宗教价值观。老年黑人，像祖辈、曾祖辈大多认为，让孩子了解他们的非洲传统是非常重要的 (Mosely-Howard & Evans, 2000; Taylor, 2000)。这些影响增进了家庭团结，保护了儿童的成长，也更可能使大家庭生活方式代代相传。

三代人正在一起享受家庭野餐。与大家庭成员的紧密联系帮助许多非裔美国儿童免受贫穷和种族偏见的破坏性影响。

到目前为止，我们的讨论反映了文化和亚文化中常被用于比较的两大价值观：集体主义和个人主义 (Triandis & Gelfand, 2012)。在强调集体主义的文化中，人们强调群体目标高于个人目标，重视相互依存的品质，如社会和谐、对他人的义务和责任，以及合作努力。在强调个人主义的文化中，人们主要关心个人的需求和价值独立，如个人的探索、发现、成就和对关系的选择。虽然集体主义和个人主义的区别是对文化加以比较的常见的基础，但这是有争议的，因为这两套价值观在大多数文化中以不同的混合形式存在 (Taras et al., 2014)。然而，集体主义－个人主义的跨国差异仍然存在：美国比大多数西欧国家更加个人主义，而西欧国家更重视集体主义。这些价值观会影响一个国家保护儿童、家庭和老年人福祉的方式。

64 **（2）公共政策与毕生发展**

当贫困、无家可归、饥饿和疾病等社会问题蔓延之际，各国政府都试图制定解决这些问题的**公共政策 (public policies)**，即为了改善当前生活条件而制定的法律和政府计划。比如，当贫困加重，很多家庭没有住所时，政府可能会建造更多的廉租房，提高最低工资和增加福利。当研究报告表明很多儿童学习成绩不良时，联邦和州政府会把税收更多地拨给学区，加强教师培训，最大限度地满足儿童的需要。当老年人由于通货膨胀而入不敷出时，政府可能提高社会保险福利水平。

美国保障儿童和青少年权益的公共政策滞后于老年人的福利措施。与其他工业化国家相比，这两套政策在美国出台得比较缓慢。

1）儿童、青少年和家庭政策

前面讲过，北美很多儿童的处境良好，但仍有为数不少的儿童生活在对其发展有威胁的环境中。如表 2.4 所示，在儿童健康和福利的各项重要指标上，美国都不能名列前茅。

儿童和青少年的问题远超出表中各项指标的范围。2010 年奥巴马政府签署的《平价医疗法案》(Affordable Care Act) 把政府支持的医疗保险扩大到低收入家庭的所有儿童。但各州并没有强制扩大对低收入成年人（包括父母）的覆盖范围，这使得 13% 的成年人负担不起医疗保险。很大程度上是因为没有保险的父母不知道如何为他们的孩子登记，11% 的有资格参加联邦支持的儿童健康保险计划 (Children's Health Insurance Program, CHIP) 的儿童，即超过 500 万儿童，并没有得到该项保险 (Kaiser Family Foundation, 2015)。此外，美国在制定儿童保育的国家标准和提供资金方面进展缓慢。平价医疗供应不足，而且其中大部分质量一般或较差 (Burchinal et al., 2015; Phillips & Lowenstein, 2011)。对于离婚家庭，子女抚养费的发放执行不力，加剧了以母亲为户主的家庭的贫

表 2.4　美国与其他国家的儿童在健康和福利指标上的比较

指标	美国排名 [a]	排在美国前面的一些国家
贫困儿童比率（在 20 个工业化国家中）	20	加拿大，德国，冰岛，爱尔兰，挪威，瑞典，英国 [b]
1 岁以内婴儿死亡率（39 个工业化国家中）	39	加拿大，希腊，匈牙利，爱尔兰，新加坡，西班牙
青少年怀孕的比率（在 20 个工业化国家中）	20	澳大利亚，加拿大，捷克，丹麦，匈牙利，冰岛，波兰，斯洛伐克
教育预算占 GDP [c] 的比率（在 32 个工业化国家中）	13	比利时，法国，冰岛，新西兰，葡萄牙，西班牙，瑞典
早期教育预算占 GDP 的比率（在 34 个工业化国家中）	21	奥地利，法国，德国，意大利，荷兰，瑞典
卫生预算占 GDP 的比率（在 34 个工业化国家中）	34	澳大利亚，奥地利，加拿大，法国，匈牙利，冰岛，瑞士，新西兰

[a] 1 为最高排名。

[b] 美国儿童贫困率为 21%，大大超过了这些生活水平与美国相似的国家的贫困率。例如，加拿大儿童贫困率为 13%，英国为 12%，爱尔兰为 11%，瑞典为 7%，挪威为 6%。在加拿大，深度贫困只影响到 2.5% 的儿童，而在其他国家，这一数字仅为 1%。相比之下，10% 的美国儿童生活在极度贫困中。

[c] GDP 是指在特定时间，一个国家所有货物和服务性产品的总价值，是衡量一个国家财富的总指标。

资料来源：OECD, 2013a, 2015c; Sedgh et al., 2015; UNICEF, 2013; U.S. Census Bureau, 2015d.

困。在 16 ～ 24 岁的中学辍学学生中，有 7% 没有重回学校获得文凭（U.S. Department of Education, 2015）。

为什么在美国推行儿童和青少年的保护政策如此艰难？原因来自政治和经济两方面。崇尚自立和隐私权的价值观使政府不愿介入家庭事务。并且高质量的社会项目开支巨大，它必然对国家的经济资源形成竞争。在这种情况下，儿童很容易处于被忽视地位，因为他们不能像成人那样，可以通过投票或发表言论来捍卫自己的权益（Ripple & Zigler, 2003）。他们只能仰仗别人的善意成为政府优先照顾的对象。

2）老年人政策

直到 20 世纪，美国才有少数保护老年人的政策问世。例如，向原来就职、为社会做过贡献的退休者发放退休金的社会保险福利，在 20 世纪 30 年代末才通过司法程序。而在此 10 年前甚至更长时间前，大多数西方国家就已经形成了社会保险体制（Karger & Stoesz, 2014）。20 世纪 60 年代，美国联邦政府在老年人项目上的支出迅速扩大。美国 "医疗保险"，即由国家为老年人支付部分医药费用的国家医疗保险计划开始实施。它使大约三分之一的老年人的医疗支出由补充的私人保险、低收入成年人的政府医疗保险或先垫付后报销的保险支付（Davis, Schoen, & Bandeali, 2015）。

社会保障和医疗保险占美国为老年人提供的联邦预算的 97%。因此，人们批评美国的项目，认为它们忽视了社会服务。为此，美国已经建立了一个专门用于规划、协调和向老年人提供援助的全国网络。大约有 655 个老年人地区代理处（Area Agencies on Aging）在各地开始运作，包括评估社区需求，提供社区食堂和家庭送餐、自我护理教育、预防虐待老人以及其他名目繁多的社会服务。但是由于资金短缺，地区代理机构能够帮助的人太少了。

美国很多少数族裔老年人非常贫困。这位居住在纳瓦霍保留地的美国原住民依靠一位巡回医生进行日常医疗护理。

如前所述，许多老年人，特别是女性、少数族裔和独居者，仍处于令人担忧的经济困境中。那些时断时续地就职、从事无工资工作或一生贫困的人没有资格享受社会保险。虽然美国所有 65 岁以上的老年人都有最低收入的保证，但这个最低收入低于贫困线——联邦政府认定的最低生活费。另外，社会保险福利若成为唯一的退休生活来源，是不够用的，还需养老金和家庭储蓄补贴。但是，有很大比例的美国老年人没有这些经济来源。他们比其他年龄段的人更"接近贫穷"(U.S. Department of Health and Human Services, 2015e)。

总体来说，美国老年人的经济状况比起过去已有很大改善。如今，老年人是一个人数众多、力量强大、组织良好的选民群体，远比儿童和低收入家庭更容易争取到政客的支持。因此，贫困老年人在所有老年人中所占的比例，已从 1960 年的 1/3 下降到 21 世纪初的 1/10 (U.S.Census Bureau, 2015d)。虽然如此，图 2.7 仍然表明，美国的老年人并不像许多其他西方国家的老年人那样富裕，那些国家为老年人提供更慷慨的、由政府资助的收入补贴。

（3）展望未来

虽然儿童、家庭和老年人的现状值得忧虑，但各方努力正在使他们的条件得到改善。在本书中，我们将讨论许多值得推广的成功项目。发展科学的专家们越来越清醒地认识到，在我们知道什么与我们应该为人民做什么之间存在一条鸿沟，他们正在和关心此事的人士一起，促进更有效的政策出台。一些投身于儿童或老年人福利的有影响的利益集团已崭露头角。 *66*

在美国，儿童保护基金会 (Children's Defense Fund，CDF；www.childrensdefense.org) 是一个从事公共教育的非营利性组织，它与其他组织、社区和民选官员合作，以改进儿童政策。另一个积极的倡导组织是美国国家贫困儿童中心 (National Center for Children in Poverty；www.nccp.org)，该中心致力于通过向决策者通报相关研究情况，促进美国低收入家庭儿童的经济安全、健康和福利。

50 岁以上的美国人，包括退休的和在职的，大约有一半是美国退休人员协会 (American Association of Retired Persons, AARP；www.aarp.org) 的成员。它有一个庞大而充满活力的游说团，为争取政府对老年人的各种福利而工作。它的计划之一是努力动员老年选民，这一举措使议员们对影响美国老年人的政策建议保持高度重视。

除了大力宣传之外，促进人的发展的公共政

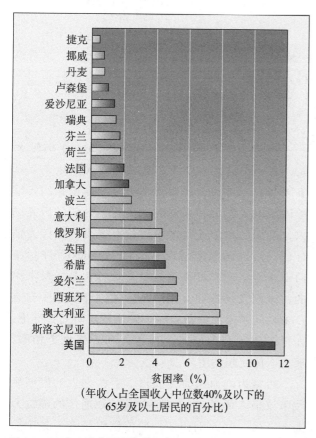

图 2.7 20 个工业化国家的贫困老年人百分比

在所列国家中，美国生活在贫困中的老年人比例最高。这一群体在社会保障和其他收入保障方面的公共支出，排名靠前的国家比美国多得多。资料来源：Luxembourg Income Study, 2015.

美国退休人员协会 (AARP) 成员签署了一份请愿书，递交给美国参议员，以支持从加拿大进口更便宜的处方药合法化。游说政策改变是美国退休人员协会解决老年人需求的一种方式。

策还有赖于研究，通过研究，查明人们的需要，对项目做出评价，以促进项目的改善。今天，更多的研究者正在与社区和政府部门合作，使他们的调查与社会实践的关系更紧密。他们以通俗易懂、引人注目的方式传播他们的发现。他们通过向政府官员报告、与宣传网站和媒体合作，来确保准确有效的报道 (Shonkoff & Bales, 2011)。通过这些方式，研究者正在帮助创造一种关于儿童、家庭和老年人状况的迫切感，这是激励社会采取行动所必需的。

思考题

应用 查阅你们当地的报纸或一两家全国性的新闻网站，看看关于儿童、家庭和老年人的文章出现的频率。为什么研究人员与公众就这些群体的福祉进行沟通很重要？

联结 家庭和社区之间的联系能够促进人的毕生发展。提供例子和研究结果来支持这一观点。

反思 美国人普遍认为政府不应该干涉家庭生活，你同意这种看法吗？为什么？

四、遗传和环境的关系

2.6 解释遗传和环境共同影响复杂特质的多种途径

至此，我们讨论了遗传和环境广泛多样的影响，二者中的每一个都足以改变发展进程。但是，即使是生长在同一个家庭的人（他们共享着基因和环境）也往往有相当不同的特质。我们还知道，有些人比别人更多地受到家庭、邻里和社区的影响。科学工作者面对如此纷繁复杂的现象时，怎么解释遗传与环境的影响呢？

行为遗传学 (behavioral genetics) 是一个致力于揭示天性和教养怎样影响人的特质和能力的领域。当代的所有研究者都同意，遗传和环境都参与到发展的所有方面。但对于智力和人格等多基因特质，科学工作者要查明遗传的确切影响，前路还很漫长。虽然他们在查明与复杂特质相关的 DNA 序列的变异方面取得了进展，但到目前为止，这些遗传标记只能解释人类行为的一小部分变异，以及数量浩繁的心理障碍的少数病例 (Plomin, 2013)。在很大程度上，科学工作者仍然局限于探索基因对复杂特质的间接影响。

一些人相信，回答下面这个问题既重要又有可能：对人的差异来说，每种因素各起多大作用？但是越来越多的人认为，这个问题是无解的 (Lickliter & Honeycutt, 2015; Moore, 2013)。他们相信，遗传和环境的影响盘根错节。重要的是，天性和教养怎样共同起作用。下面，我们分别看看这两种观点。

1. 遗传和环境各起多大作用

要判断遗传对人的复杂特质所起的作用，研究者普遍采用遗传力估计这种特殊方法。来看这种方法取得的结果及其局限性。

（1）遗传力

遗传力估计值 (heritability estimates) 衡量的是，在一个特定人群中，复杂特质的个体差异在多大程度上可由遗传因素来解释。这里我们先简单说说有关智力和人格的遗传力估计值的研究结果，后面的章节还会详细讨论。要得到遗传力估计值，可以做**血亲研究** (kinship studies)，即把不同血亲水平的家庭成员的特质进行比较。最常用的血亲研究是把拥有相同基因的同卵双生子与有一半相同基因的异卵双生子做比较。研究者推论：如果基因更相似的人，其智力和人格也更相似，那么遗传就起作用。

对智力的血亲研究获得了一些在人的发展领域争议最多的结果。一些专家坚称遗传的影响力强大，另一些人则相信，遗传仅仅是介入其中而已。现在，大多数血亲研究结果表明，遗传起着中度的作用。对双生子的大量研究发现，同卵双生子之间测验分数的相关显著高于异卵双生子之间分数的相关。对 10 000 多对双生子的研究发现，智力的相关，同卵双生子为 0.86，异卵双生子是 0.60 (Plomin & Spinath, 2004)。

研究者使用复杂的统计程序来比较这些相关，使得遗传力估计值的范围在 0 到 1 之间。对于西方工业化国家的儿童和青少年双生子样本，智力的遗传力估计值约为 0.50。这意味着智力中一半的变异可由基因的个体差异来解释。但是遗传力会随着年龄增长而提高，从婴儿期的约 0.20，到童年期和青少年期的 0.40，再到成年期的 0.60，老年期甚至能达到 0.80 (Plomin & Deary, 2015)。后面会讲到，一种解释是，成人比儿童更能控制自己的智力经验，比如，花多少时间来阅读或解决难题。另外，被收养儿童的智力更接近于亲生父母，而不是养父母，这也证明了遗传的重要作用 (Petrill & Deater-Deckard, 2004)。

遗传力研究也揭示出遗传因素对人格的重要性。对于人们研究较多的特质，如交际性、焦虑、攻击性和活动水平等，儿童、青少年和成人双生子的遗传力估计值为 0.40~0.50 (Vukasović & Bratko, 2015)。与智力不同的是，人格的遗传力估计值在一生中并不是逐渐升高的 (Loehlin et al., 2005)。

对精神分裂症、双相情感障碍和自闭症的双生子研究通常得出很高的遗传力估计值，超过 0.70。反社会行为和抑郁症的遗传力估计值则较低，约为 0.30~0.40 (Ronald & Hoekstra, 2014; Sullivan, Daly, & O'Donovan, 2012)。收养研究与这些结果一致。患有精神分裂症、双相情感障碍或自闭症的被收养者的血亲比收养亲属更可能患同样的疾病 (Plomin, DeFries, & Knopik, 2013)。

（2）遗传力估计的局限

遗传力估计的准确性，取决于被研究的双生子在多大程度上反映了种群中的遗传和环境变化。在一个所有人都有非常相似的家庭、学校和社区经历的总体中，智力和人格的个体差异被认为主要归于遗传，遗传力估计值应该接近 1.00。环境变化越大，则环境越有可能解释个体差异，从而产生较低的遗传力估计值。在双生子研究中，大多数双生子是在高度相似的条件下一起长大的。即使分开的双生子可以进行研究，社会服务机构

也经常把他们安置在条件优越的家庭，使他们在许多方面都很相似 (Richardson & Norgate, 2006)。由于大多数双生子所处的环境不如一般人群所处的环境多样化，对遗传力的估计可能会夸大遗传的作用。

遗传力估计值可能会被误用。例如，有人曾用高遗传力来解释智力的种族差异，说黑人儿童成绩不如白人儿童，有其遗传基础 (Jensen, 1969, 2001; Rushton, 2012; Rushton & Jensen, 2006)。然而，以白人双生子样本为主计算出来的遗传力估计值，不能解释族群之间测验分数的差异。我们知道，这涉及巨大的社会经济差异。第 9 章将讲到，研究证明，如果黑人儿童在很小的时候被经济条件优越的家庭收养，他们的分数就高于平均水平，远远高于那些在贫困家庭长大的孩子。

68

来自波兰华沙的卡西娅·奥夫曼斯基拿着妮娜（右）和艾迪达（左）的照片。妮娜出生时被误分开，艾迪达被认为和她是双胞胎，并和她一起长大。当卡西娅和妮娜这对双胞胎于 17 岁第一次见面时，卡西娅说："她和我一样。"她们发现了许多相似之处：两人都爱运动、外向，在学校的成绩也差不多。显然，遗传对人格特质有影响，但把双生子证据推广到人群中仍有争议。

对遗传力估计值批评最多的一点涉及它们的用途。虽然这些统计数据证实了遗传对一系列人类特质的影响，但对于智力和人格如何发展，以及儿童如何应对旨在尽可能帮助他们发展的环境，这些数据并没有给我们提供确切的信息 (Baltes, Lindenberger, & Staudinger, 2006)。儿童智力的遗传力确实与父母的文化程度和经济收入呈正相关，也就是说，这样的成长环境能使儿童更好地展现他们的天资。相形之下，处境不利的儿童，其潜能发挥就会受到阻碍。所以，对父母的教育、高质量的学前教育和儿童保健，这样的干预措施对儿童的发展将产生深远影响 (Bronfenbrenner & Morris, 2006; Phillips & Lowenstein, 2011)。

2. 遗传和环境怎样共同起作用

现在，多数研究者把发展看作遗传与环境动态相互作用的结果。天性和教养是怎样共同起作用的？要回答这个问题，必须先明确几个概念。

（1）基因－环境相互作用

第一个观点是**基因－环境相互作用** (gene–environment interaction)：个体因为基因结构不同，对环境质量的反应也不同 (Rutter, 2011)。图 2.8 可以帮助我们理解这一概念。基因－环境相互作用可以适用于任何特质。这里说的是智力。当环境从刺激极度贫乏到刺激高度丰富时，伯恩的智力稳步增长，琳达的智力急剧上升，然后下降，而罗恩的智力只有在环境刺激变得适度时才开始增长。

基因－环境相互作用突出了两点。首先，每个人都有独特的遗传结构，所以会对相同的环境做出不同的反应。图 2.8 中，恶劣的环境使这三个孩子都得低分。但是，当环境提供中等程度的刺激时，琳达表现最好。当刺激高度丰富时，伯恩表现最好，罗恩紧随其后，他们都超过了琳达。其次，有时不同的基因－环境组合会让两个人看起来一样。例如，如果琳达是在一个刺激最小的环境中长大的，她的平均分数大概是 100。伯恩和罗恩也可以获得这个分数，但要做到这一点，他们必须在一个相当富裕的家庭中长大 (Gottlieb, Wahlsten, & Lickliter, 2006)。

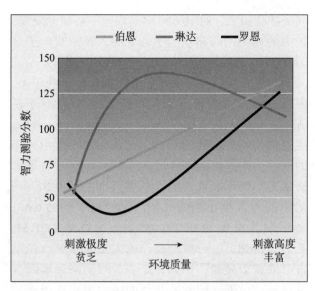

图 2.8 表明对环境质量反应性不同的三个儿童智力的基因－环境相互作用

当环境从刺激极度贫乏到刺激高度丰富时，伯恩的智力稳步增长，琳达的智力先急剧上升，然后下降，而罗恩的智力只有在环境刺激变得适度时才开始增长。

（2）基因－环境相关性

把遗传和环境剥离开的一个主要困难是，二者总是相关的 (Rutter, 2011; Scarr & McCartney, 1983)。根据**基因－环境相关性** (gene-enviroment correlation) 的概念，人的基因会影响人们身处其中的环境。这种影响的方式随年龄而变化。

1）被动相关性和激发相关性

在幼年时期，基因－环境的两种相关性比较常见。第一种形式是被动相关性，因为儿童没有能力控制这种关系。起初是父母替孩子营造环境，而这种环境是受父母自身遗传特质影响的。比如，身为优秀运动员的父母喜欢户外活动，他们带着孩子去游泳，练体操。儿童在身处"运动员的环境"的同时，也许还继承了父母的运动天赋。这样一来，在遗传和环境的双重作用下，他们可能也会成为优秀运动员。

基因－环境相关性的第二种形式是激发相关性。儿童激发了别人对他们的反应，而这些反应是受到儿童自己遗传素质影响的，它们又加强了儿童最初的反应方式。例如，一个善于合作、注意力集中的幼儿可能比一个注意力不集中、心不在焉的孩子得到父母更多耐心、细致的教导。支持这一观点的是，兄弟姐妹的基因越相似，他们的父母对待他们就越相似，在疼爱和消极态度两方面都是如此。父母对待同卵双生子的态度非常相似，而对待异卵双生子和非双生子兄弟姐妹的态度只是一般相似。父母与无血缘关系的继兄弟姐妹之间的互动也没有多少相似之处（见图 2.9）(Reiss, 2003)。同卵双生子在社交能力上比异卵双生子更相似，他们从新玩伴那里唤起的友好程度往往更相似 (DiLalla, Bersted, & John, 2015)。

2）主动相关性

到一定年龄，主动的基因 – 环境相关性开始占据上风。当儿童把生活经验扩展到家门之外、有了更多的选择自由的时候，他们会主动寻找适于展现自己遗传潜力的环境。协调性强、体格健壮的儿童会把更多的时间消磨在运动场上，有音乐天赋的儿童会参加学校的管弦乐团，练小提琴，睿智而好奇心强的孩子则会成为当地图书馆的常客。

这种主动选择适合于自己遗传素质的环境的倾向，称为**小环境选择** (niche-picking; Scarr & McCartney, 1983)。婴幼儿没有能力做什么小环境选择，因为成人替他们选择了环境。而年长儿童、青少年和成人则能越来越多地掌控他们的环境。

小环境选择的观点可以解释，为什么在童年期被分开抚养的同卵双生子，后来团聚时会令人大吃一惊，他们的业余爱好、饮食偏好和职业竟然如此相似，这是一种特殊的标志，说明环境给了他们相

似的机会。小环境选择使我们懂得，为什么随着年龄增长，同卵双生子的智力会更相似，而异卵双生子和被收养儿童却不那么相似 (Bouchard, 2004)。小环境选择还回答了，为什么同卵双生子比起异卵双生子和其他成人，会选择更相似的配偶和好朋友——无论是身高、体重、人格、政治态度还是其他特征 (Rushton & Bons, 2005)。

遗传和环境的影响不是稳定不变的，而是随着时间推移而变化的。随着年龄增长，遗传因素对人所经历的以及自己所选环境的影响变得越来越重要。

（3）环境对基因表达的影响

在上面讨论的概念中，请注意遗传是怎样被赋予优先地位的。在基因 – 环境相互作用中，遗传影响了对特殊环境的反应性。与此相似，基因 – 环境相关性则被看作是由遗传驱动的，因为儿童的遗传素质导致他们被动或主动去寻求自己想干的事情，从而实现他们与生俱来的趋向 (Rutter, 2011)。

越来越多的研究者对遗传优先的说法提出异议，他们认为，遗传并不能规定儿童的经验，或者使其以一种固定方式发展。例如，芬兰一项大型的收养研究发现，具有精神疾病遗传倾向（亲生母亲被诊断为精神分裂症）但被健康的养父母收养的儿童，几乎没有表现出精神障碍的证据，与亲生父母或养父母均健康的那些控制组儿

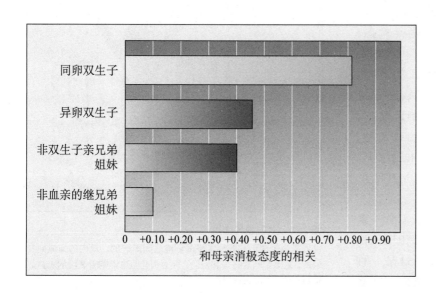

图 2.9 遗传关系不同的兄弟姐妹与母亲互动的相似性

图中显示的相关是与母亲消极态度的相关。结果显示了基因 – 环境的激发相关性。由于遗传相同，同卵双生子引起相似的母亲对待方式。随着兄弟姐妹之间基因相似性的下降，这种相关的强度也会下降。母亲会根据每个孩子独特的基因组成而改变她们与孩子的互动方式。资料来源：Reiss, 2003.

这两位父母和孩子一起分享对滑雪运动的爱好，他们的孩子可能继承了父母的运动能力。基因 – 环境相关性的意思是，遗传影响与环境影响密不可分。

童并无二致。相比之下，亲生父母和养父母都患有精神疾病的被收养者，则有不少人患有精神分裂症和其他心理障碍 (Tienari, Wahlberg, & Wynne, 2006; Tienari et al., 2003)。

此外，父母和其他有爱心的成年人可以通过向孩子提供改变遗传表达、产生有利结果的积极经历来消除不利的基因 – 环境相关性。一项追踪 5 岁同卵双生子成长的研究发现，双生子的攻击性很相似。他们表现出的攻击性越强，母亲对他们生气和批评就越多（基因 – 环境相关性）。另一些母亲对待其双生子的方式却不同。追踪到 7 岁时，受到母亲更多负面影响的双生子的一人表现出更多的反社会行为。相比之下，基因相同、受到更好对待的双生子中的另一人，表现出的破坏行为则较少 (Caspi et al., 2004)。良好的父母教育使他们避免了螺旋式上升的反社会发展历程。

大量证据揭示，遗传和环境的关系不是一条从基因到环境再到行为的单向行车道。相反，像本章和第 1 章所介绍的其他系统一样，这是一种**双向关系**：基因影响着人的行为和经验，这些

行为和经验也会影响基因的表达。图 2.10 中显示的遗传和环境的这种关系被称作**表观遗传作用** (epigenesis)，即，遗传与各种水平的环境之间渐进、双向的影响导致了发展 (Cox, 2013; Gottlieb, 1998, 2007)。

生物学家正在开始阐明，环境在不改变 DNA 序列的情况下，改变基因表达的精确机制。这一研究领域被称为表观遗传学。其中一种机制就是**甲基化 (methylation)**——一种由特定经验引发的生化过程，其中，一组化合物（称为甲基）落在一个基因顶部，改变其影响，减弱或暂时消除其表达。甲基化水平是可以测量的，这可以解释，为什么同卵双生子的 DNA 序列完全相同，但有时会随着年龄增长呈现出显著不同的表型。

例如，关于一对同卵双生子成人的个案研究发现，她们童年时的智力和人格高度相似。但高中毕业后，一个留在离家很近的地方，学习法律，结婚生子，另一个离开家，成为一名记者，前往世界各地的战区，在那里她多次遭遇生死时刻，看到许多人被杀或受伤。在她们 40 多岁时再次评估，两人的智力仍然相似。但与"法律孪生姐妹"相比，"战争孪生姐妹"具有更多的危险行为，如酗酒和赌博 (Kaminsky et al., 2007)。DNA 分析显示，"战争孪生姐妹"身体中，影响冲动控制的基因甲基化水平，比"法律孪生姐妹"高，其差异比同卵双生子的一般差异高得多。

环境对基因表达的修饰可以发生在任何年龄，

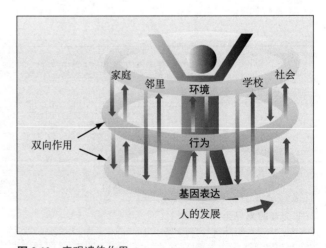

图 2.10 表观遗传作用
发展是由于遗传与各种水平的环境之间渐进的、双向的交流而发生的。基因影响着行为和经验，行为和经验也影响着基因的表达。
资料来源：Gottlieb, 2007.

甚至产前。第 3 章将讲到，母亲吸烟和其他有害的产前环境因素可能通过 DNA 甲基化影响发育 (Markunas et al., 2014)。在下面的"生物因素与环境"专栏中可以看到，孕妇在怀孕期间的沉重压力与儿童出生后的成长过程中、压力应对能力的长期缺失相关，这可能是基因甲基化导致的不利结果。与长期贫困相关的恶劣条件，也被认为在表观遗传学上发挥了影响，它们留下了"生物残留物"，损害了儿童身体和心理健康的潜力 (Miller et al., 2009)。此外，动物研究表明，一些甲基化基因可在怀孕时传递给后代，从而影响后代的发育 (Grossniklaus et al., 2013)。

然而，我们必须记住，表观遗传过程也可能是积极的：良好的养育经历能够以促进发展的方式改变基因表达！通过精心设计的干预措施，一些负面的表观遗传学修饰可能是可逆的 (van IJzendoorn, Bakerman-Kranenburg, & Ebstein, 2011)。表观遗传学的概念提醒我们，基因组绝非静态，而是不断变化的，既反映着也影响着个体所处的永远变化的环境。

表观遗传学仍是一个新兴领域，查明其机制比查明 DNA 序列的变异更复杂 (Duncan, Pollastri, & Smoller, 2014)。但从我们已知的情况来看，有一点很清楚：要把发展看作先天和后天之间一系列复杂的交互作用的结果。虽然人不能以符合希望的方式被改变，但环境可以改变基因的影响。任何改进发展的尝试，其成功与否，都取决于我们想要改变什么特质、人的基因组成如何，以及我们干预的类型和时间。

专栏　生物因素与环境

图西族种族大屠杀和母亲压力向子女的表观遗传学传递

1994 年，非洲卢旺达的胡图族多数派成员对本国图西族人实施了种族屠杀暴行，在三个月内有将近 100 万人丧生。这种恐怖是如此极端，以至于在大屠杀后几年对卢旺达人进行的调查中，估计有 40% ~ 60% 的人报告有创伤后应激障碍 (PTSD) 症状 (Neugebauer et al., 2009; Schaal et al., 2011)。在创伤后应激障碍中，情景再现、噩梦、焦虑、易怒、暴怒和难以集中注意力会导致强烈的痛苦、身体症状以及对人际关系和日常生活失去兴趣。

父母的创伤后应激障碍是儿童创伤后应激障碍的强有力的预测指标 (Brand et al., 2011; Yehuda & Bierer, 2009)。无论儿童还是成人，创伤后应激障碍都与身体应激反应系统的紊乱有关，导致血液中的应激激素水平异常。应激激素在正常情况下有助于人的大脑有效地应对压力。但是在创伤后应激障碍患者中，应激激素水平即使在平时也会过高或过低，导致持续的压力调节紊乱。

越来越多的证据证实，身处极端逆境，会促使 5 号染色体 GR 基因的甲基化，这一基因在应激激素调节中发挥着核心作用。这种表观遗传过程是否会导致创伤后应激障碍的亲子传递？

为回答这个问题，研究者找到 50 名在种族大屠杀期间怀孕的图西族女性 (Perroud et al., 2014)。其中一半的人直接受到创伤，另一半因当时在国外而没有患病。18 年后，训练有素的心理学家对这些母亲和她们的青少年子女进行了创伤后应激障碍和抑郁症的评估。血液样本能够进行 GR 基因甲基化检测和应激激素水平的评估（第 3 章将进一步讨论）。

与没有经历种族大屠杀的母亲相比，目睹过种族屠杀的母亲的创伤后应激障碍和抑郁症得分要高得多，两组母亲的子女也有相似的差异。图 2.11 显示，亲历过屠杀的母亲及其子女表现出更强的 GR 基因甲基化。与甲基化对基因表达的抑制作用相一致，受创伤的母亲及其子女比未受创伤的母亲及其子女，应激激素水平低很多。

这些发现与动物和人类研究的其他证据一致表明，孕期母亲遭遇严重应激状态导致的生物学后果，可以通过甲基化诱发表观遗传学的变化，进而损害身体的应激反应系统机能 (Daskalakis & Yehuda, 2014; Mueller & Bale, 2008)。在图西族母亲和儿童中，种

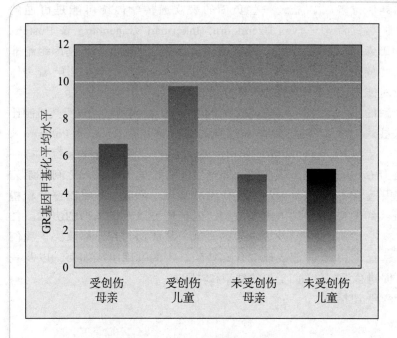

图 2.11　受创伤和未受创伤的图西族母亲及其子女 GR 基因的甲基化状态
经历了种族大屠杀的图西族母亲及其子女，其 GR 基因的甲基化水平更高，而 GR 基因是身体应激反应系统机能的核心。资料来源：Perroud et al., 2014.

这位卢旺达母亲在种族大屠杀后不久生下了孩子。9 年后，由于亲身经历了暴行，包括多次被强奸和在大屠杀中失去母亲、兄弟和两个姐妹，她继续遭受创伤后应激障碍的折磨。她女儿的创伤后应激障碍和抑郁症可能是母亲在产前受到严重压力的结果，这可能触发表观遗传学变化，破坏身体的应激反应系统。

族屠杀创伤的影响是长期的，在近 20 年后仍表现出明显的严重心理障碍。

　　研究者指出，图西族孕妇创伤怎样减弱了其子女的压力应对能力，这还有待更多的研究。表观遗传过程不仅会在孕期产生影响，而且在以后的年龄也会发挥作用，这可能是主要原因。从另一角度来看，由母亲的焦虑、易怒、愤怒和抑郁引起的低质量的教养方式也可能有重要影响。更有可能的是，表观遗传学变化、不恰当的养育方式和其他不利的环境因素共同作用，使图西族儿童处于罹患创伤后应激障碍和抑郁症的高风险之中。第 3 章讲到孕期压力的影响时将介绍，这些负面影响可以通过社会支持减轻或预防。

思考题

联结　解释体细胞突变（边页 49）、小环境选择（边页 69）、表观遗传作用（边页 70）等概念是如何支持"遗传对人的特质的影响不是稳定不变而是随时间变化"这一结论的？

应用　比安卡的父母是造诣颇高的音乐家。比安卡从 4 岁开始学钢琴。10 岁时，她已能为学校的合唱队伴奏。14 岁时，她想考入一所音乐中学。试说明基因－环境相关性怎样发掘了比安卡的音乐天赋。

反思　你自己发展的哪些方面，如兴趣、爱好、大学专业或职业选择，是小环境选择的结果？为什么？

本章要点

一、遗传基础

2.1　什么是基因，基因怎样从一代向下一代传递？

■　每个个体的**表型**，或者可直接观察到的特征，都是**基因型**和环境共同作用的产物。**染色体**，细胞核中的杆状结构，含有人的遗传禀赋。沿着它的长臂排布的是**基因**，即脱氧核糖核酸 (DNA) 的片段。**蛋白质编码基因**把制造蛋白质的指令发送到细胞的细胞质；**调控基因**可对这些指令加以修改。各种环境因素也会改变基因的表达。

■　**配子**，或性细胞，是细胞**减数分裂**的产物，减数分裂使染色体数量减半。在减数分裂中，基因经过洗牌，形成新的组合，确保每个个体从父母那里分别得到一套独特的基因组合。精子与卵子结合产生的**合子**将拥有完整的染色体。

■　如果与卵子结合的精子携带一条 X 染色体，那么孩子会是女孩；如果它携带一条 Y 染色体，那将是男孩。如果两个卵子从母亲卵巢中排放出来并各自受精，就会产生**异卵双生子**。在细胞复制的早期阶段，若受精卵一分为二，就会产生同**卵双生子**。

2.2　描述基因－基因相互作用的各种类型

■　由单基因控制的一些特质属于**显性－隐性遗传**和**共显性遗传**的结果。**纯合型**个体有两个相同的**等位基因**。携带一个显性基因和一个隐性基因的**杂合型**个体是隐性特质的**携带者**。在共显性遗传中，两个等位基因都在表型中得到表达。

■　X 染色体携带隐性疾病基因会导致 **X 连锁遗传**，它更容易影响男性。在**基因组印刻**中，无论其结构如何，父母中只有一方的等位基因被激活。

■　不良基因会因**突变**而产生，突变可能是自发的，也可能因有害的环境因素而产生。生殖系突变发生在产生配子的细胞中，体细胞系突变在一生中的任何年龄段都可在体细胞中发生。

■　位于一个连续体上的人类特质，如智力和人格，来自**多基因遗传**，它们受多个基因影响。

2.3　描述主要的染色体异常及其发生原因

■　多数染色体异常由减数分裂中的错误引起。最常见的是唐氏综合征，它引起生理缺陷和智力障碍。**性染色体**失调比**常染色体**缺陷轻微些，通常导致一些特定的智力缺陷。

二、生育选择

2.4　什么程序能帮助准父母生一个健康孩子？

■　**遗传咨询**有助于可能会生出遗传异常孩子的父母决定是否怀孕。**孕期诊断法**可对发育问题做早期检查。基因工程和基因疗法给治疗遗传失调带来了希望。

■　捐精式授精、体外受精、代孕等生育技术，可使本来不孕不育者成功地做父母，但是它们引发了法律

73

和伦理关切。

■ 一些不能生育或是有遗传疾病的成年人选择收养。被收养儿童比一般儿童有较多学习和情绪问题，但是长远来看，他们大都生活得很好。关怀、敏感的父母教养可以预示乐观的发展结果。

三、发展的环境背景

2.5 从生态系统论角度描述家庭机能以及有助于家庭心理健康和良好发展的环境

■ 发展的第一个环境，家庭，是一个以双向影响为特征的动态系统，其中每个成员的行为影响其他成员的行为。家庭系统内部既有直接影响，也有间接影响，家庭系统必须不断适应新的事件及其成员的变化。温馨、令人满意的家庭关系有助于有效地促进**共同抚养**，有助于确保孩子的心理健康。

■ **社会经济地位**对家庭机能有深远影响。社经地位高的家庭一般规模较小，重视培养心理特质，主张与孩子进行充满关怀、有丰富语言刺激的互动。低社经地位的家庭较多关注外在特征，较多地使用命令、批评和惩罚。

■ 富裕家庭的父母在身体和情感上的缺位可能会损害孩子的发展。贫穷和无家可归则会严重阻碍发展。

■ 家庭和社区之间的支持性联系对心理健康至关重要。稳定而有社会凝聚力的社区会提供建设性的休闲和丰富活动，促进儿童和成人的良好发展。高质量的学校教育和学习成绩深刻地影响着生活机会，随着时间推移，这种影响会不断增强。

■ **文化和亚文化**的价值观和行为方式影响着日常生活的各个方面。三代或三代人以上共同居住的**大家庭**在很多少数族裔中较常见。它能给在贫穷

和其他压力生活条件下的家庭成员提供保护。

■ 在集体主义－个人主义问题上稳定的跨国差异有力地影响着赖以解决社会问题的**公共政策**的制定。由于占据主流的个人主义价值观，美国在保护儿童、家庭和老年人的政策上落后于其他发达国家。

四、遗传和环境的关系

2.6 解释遗传和环境共同影响复杂特质的多种途径

■ **行为遗传学**试图查明天性和教养对人类特质和能力多样性的贡献。一些研究者利用**血亲研究**来计算**遗传力估计值**，试图把遗传因素对智力和人格等复杂特质的影响加以量化。但是，这种方法的准确性和有效性受到了挑战。

■ 通过**基因－环境相互作用**，遗传影响每个个体对环境好坏的独特反应。**基因－环境相关性**和**小环境选择**描述了基因如何影响个体所处的环境。

■ **表观遗传作用**提示我们，最好把发展看作遗传与各水平的环境之间一系列复杂的交互作用结果。表观遗传学研究揭示了发展中的生物化学过程，例如**甲基化**，表明环境可以改变基因表达。

🎓 重要术语和概念

heterozygous (p. 46) 杂合型

homozygous (p. 46) 纯合型

identical, or monozygotic, twins (p. 46) 同卵双生子或
　　单卵双生子

incomplete dominance (p. 48) 共显性

kinship studies (p. 67) 血亲研究

meiosis (p. 45) 减数分裂

methylation (p. 70) 甲基化

mutation (p. 49) 突变

niche-picking (p. 69) 小环境选择

phenotype (p. 43) 表型

polygenic inheritance (p. 50) 多基因遗传

prenatal diagnostic methods (p. 53) 孕期诊断法

protein-coding genes (p. 44) 蛋白质编码基因

public policies (p. 64) 公共政策

regulator genes (p. 44) 调控基因

sex chromosomes (p. 45) 性染色体

socioeconomic status (SES) (p. 58) 社会经济地位

subculture (p. 62) 亚文化

X-linked inheritance (p. 48) X 连锁遗传

zygote (p. 45) 合子

孕期发育、分娩及新生儿

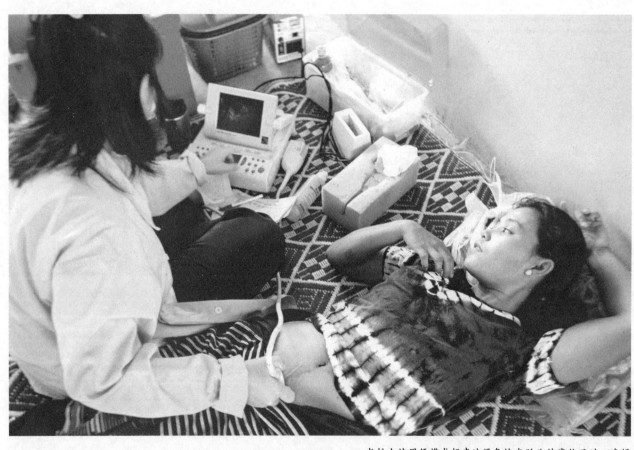

当护士使用便携式超声波设备检查胎儿健康状况时，准妈妈密切观察。这个位于泰缅边境的流动诊所提供高质量的孕期护理，帮助孕妇远离该地区常见的严重疾病。

秋日里的一天，约兰达和杰伊报名参加了我的"儿童发展"晚间课程，那时约兰达刚怀孕两个月。他们三十出头，结婚几年，事业有成，决定要一个孩子。每个星期，他们来上课时都要问很多问题："孩子在出生前是怎样成长的？各种器官在什么时候形成？他的心脏开始跳动了吗？他能听见、触摸到或感知到我们的存在吗？"

最重要的是，约兰达和杰伊想尽一切办法确保他们的孩子能健康出生。约兰达开始考虑她的饮食，以及她是否应该继续每天的有氧运动。她问我，头痛时吃一片阿司匹林，晚餐时喝一杯红酒，或者工作日喝几杯咖啡是否有害。

本章，我们将回答约兰达和杰伊的疑问，介绍科学家们怎样回答有关胎儿发育的很多问题。首先，我们讨论孕期的发育，重点是，哪些环境因素有助于胎儿健康成长，哪些会威胁胎儿健康和生存。怀胎九月，发生的变化令人惊异，产前环境，无论好坏，都会对孩子的身心健康产生强大而持久的影响。

然后，我们谈谈分娩。今天，工业化国家的产妇在怎样分娩和在哪里分娩方面有很多选择，医院尽力让新生儿的到来成为一个有意义的、以家庭为中心的事件。

约兰达和杰伊的儿子约书亚受益于父母在怀孕期间对他的悉心照顾，他出生时壮实、机灵而健康。不过，分娩过程并不总是一帆风顺。我们将讨论对医疗干预的赞同和反对意见，诸如使用可以减轻分娩痛苦、保护母婴健康的镇痛药、手术分娩等。我们还将讨论出生时体重过低或在孕期结束前就早产的婴儿的发育。最后，我们将关注新生儿非凡的能力。

一、孕期发育

3.1　列出孕期发育的三个时期及每个时期发育的里程碑

精子和卵子结合，形成独一无二的新生命，它们是这项繁殖任务的恰当的承担者。卵子是一个小球，直径约 0.1 毫米，像一个英文句点大小，刚能为裸眼所见。但在微观世界中，它是一个庞然大物——人体内最大的细胞。卵子的大小使它成为长度仅为 0.05 毫米的精子的最佳目标。

1. 怀孕

每隔大约 28 天，在女性月经周期的中期，一个卵子从她的一侧卵巢中排出。卵巢是胡桃大小的两个器官，位于腹部深处。卵子被吸入两条输卵管中的一条，这是一个长而细的组织，通向中空的、具有柔软内膜的子宫（见图 3.1）。当卵子移动时，卵巢上刚刚释放出卵子的部位，即黄体，

开始分泌激素，使子宫内膜准备接收受精的卵子。如果没有受孕，黄体将萎缩，子宫内膜将在两周后随月经一起排出。

男性平均每天产生 3 亿个精子，这些数量庞大的精子是由位于阴茎后的阴囊内的两个腺体，即睾丸制造的。在成熟的最终阶段，每个精子都会长出一条尾巴，这使它可以在女性生殖道内溯流而上，游过相当长的距离，穿过子宫颈（子宫的开口），进入输卵管，受精过程一般就发生在这里。这是一段艰难的旅程，许多精子死去，只有 300～500 个精子到达卵子——如果恰巧有一个卵子出现。精子最多能存活 6 天等待卵子到来，卵子在被排到输卵管后，仅能存活 1 天。大多数导致受精的性行为发生在三天内，即排卵当天或前两天 (Mu & Fehring, 2014)。

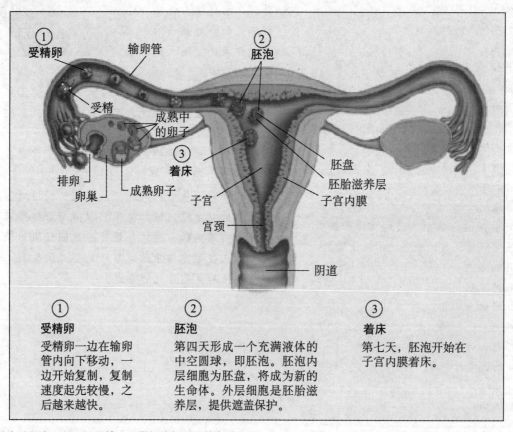

图 3.1　女性生殖器官，展示了受精、早期细胞复制和着床过程

资料来源：*Before We Are Born*, 9th ed., by K. L. Moore, T. V. N. Persaud, & M G. Torchia, p. 33.

随着受精过程，孕期发育的历程就开始了。怀孕的 38 周内所发生的巨大变化通常可以分为三个阶段：胚种期、胚胎期、胎儿期。当我们着眼于每个阶段发生的变化时，表 3.1 非常有帮助，表中总结了孕期发育的里程碑。

2. 胚种期

胚种期约持续两周，从受精开始，到微小的细胞群游出输卵管、附着在子宫壁为止。受精卵的第一次细胞分裂耗时很长，并且会出现时间延长的状况，一般在受精 30 个小时后完成。新细胞的增长速度逐渐加快。到第四天，60 到 70 个细胞形成一个充满液体的中空圆球，称作胚泡（见图 3.1）。胚泡内部的细胞称为胚盘，将成为新的生命体。而外层细胞称为胚胎滋养层，将作为遮盖物提供保护并供给营养。

（1）着床

在受精后第 7~9 天，**着床 (implantation)** 发生：胚泡深深地埋入子宫内膜。被母亲富有营养的血液包围着，它开始茁壮成长。最初，胚胎滋养层（外部保护层）增长最快，它形成一层膜，称为**羊膜 (amnion)**，包裹着发育中的生命体和羊水。羊膜可保持恒温，像衬垫一样避免胎儿受到母亲活动带来的晃动而造成损伤。卵黄囊负责制造血细胞，直到肝、脾和骨髓成熟到能够承担这项机能 (Moore, Persaud, & Torchia, 2016a)。

在这最初两周里发生的事情微妙而不确定，30% 的受精卵没能度过这个阶段。有些是由于精子和卵子结合不成功，有些则因细胞未分裂。在这种情况下，母体会通过阻止着床迅速排除大部分异常的受孕 (Sadler, 2014)。

表 3.1　孕期发育的里程碑

三月期	孕期	周	身长和体重	主要事件
	胚种	1		单细胞的受精卵分裂增殖，形成胚泡。
		2		胚泡在子宫内膜着床。为发育中的生命体提供营养和保护的组织——羊膜、绒毛膜、卵黄囊、胎盘、脐带开始形成。
第一个	胚胎	3~4	6 毫米	脑和脊髓出现。心脏、肌肉、肋骨、脊柱和消化道开始发育。
		5~8	2.5 厘米 4 克	身体外部结构（面部、手臂、腿、脚趾、手指）和内部器官出现。触觉开始形成，胚胎可移动。
	胎儿	9~12	7.6 厘米 不足 28 克	开始迅速发育。神经系统、器官、肌肉之间开始建立组织和联系，新的行为能力（踢腿、吮手指、张嘴、胎儿式呼吸）出现。外生殖器已经形成，胎儿的性别可见。
第二个		13~24	30 厘米 820 克	继续迅速发育。此阶段中期，母亲可以感受到胎动。胎儿皮脂和胎毛可防止胎儿的皮肤在羊水中皲裂。脑的大部分神经元到 24 周时已形成。眼对光线敏感，胎儿对声音有反应。
第三个		25~38	50 厘米 3 400 克	如果此时出生，胎儿有机会存活。胎儿继续发育，肺发育成熟。脑的快速发育使感觉和行为能力得以拓展。此阶段中期，皮下脂肪层出现。从母体内输入的抗体可保护胎儿免于疾病。大多数胎儿旋转为头下脚上的姿势，为分娩做好准备。

资料来源：Moore, Persaud, & Torchia, 2016a.

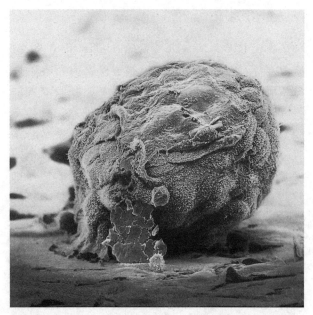

胚种期：第 7～9 天。受精卵开始以越来越快的速度分裂，受精后第四天形成一个中空的细胞球，即胚泡。这是放大数千倍后的胚泡，在第 7～9 天着床于子宫内膜。

（2）胎盘和脐带

第二周结束时，胚胎滋养层的细胞形成了另一层保护膜，称为**绒毛膜** (chorion)，包裹在羊膜外面。细小得像毛发一样的绒毛，即血管，开始在绒毛膜上出现。[①] 随着这些绒毛埋入子宫壁，一个特殊的器官胎盘开始发育。通过将母亲和胚胎的血液联系在一起，**胎盘** (placenta) 向发育中的生命体提供养料和氧，并排出废物。一种膜结构既能保证这些物质交换的进行，又能避免母亲和胚胎的血液混合在一起。

把胎盘与发育中的生命体连接起来的是**脐带** (umbilical cord)，脐带起初像一个小柄，最终能长到 30～90 厘米长。脐带中有一条大静脉，负责输送携带养料的血液，还有两条动脉，负责排出废物。流经脐带的血液造成的压力使其保持稳固，当胚胎像宇航员漫步太空一样在它充满液体的房间里自由飘浮时，脐带很少会缠结 (Moore, Persaud, & Torchia, 2016a)。

到胚种期结束时，发育中的生命体已经找到了养料和庇护所。当这些戏剧性的开端正在发生时，大多数母亲还不知道自己已经怀孕了。

---

① 回顾表 2.3（边页 54），绒毛膜取样是一种孕期诊断方法，最早可在怀孕后 9 周进行。

3. 胚胎期

胚胎期 (embryo) 从着床开始持续至孕期第八周。这短短的六周时间是怀孕期间变化最大的时期，所有身体结构和内脏器官都在这一时期打好基础。

（1）第一个月的后半月

这一阶段的第 1 周，胚盘形成三个细胞层：外胚层，将发育为神经系统和皮肤；中胚层，将发育为肌肉、骨骼、循环系统和其他内脏器官；内胚层，将发育为消化系统、肺、尿道和腺体。这三个细胞层是身体所有部分的基础。

最初，神经系统发育最快。外胚层折叠形成**神经管** (neural tube)，或最初的脊髓。3 周半时，其顶部膨胀形成大脑。当神经系统发育时，心脏开始泵血，肌肉、脊椎骨、肋骨和消化道出现。在第一个月末，卷曲的胚胎只有约 0.6 厘米长，由数以百万计有特殊机能的细胞组成。

（2）第二个月

第二个月，发育继续快速进行。眼睛、耳朵、鼻子、腭和脖子形成，小小的芽状物变成了手臂、

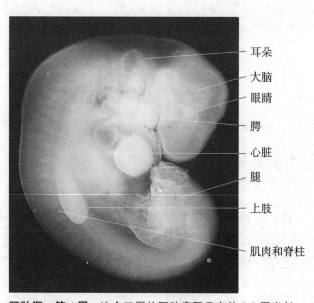

耳朵
大脑
眼睛
腭
心脏
腿
上肢
肌肉和脊柱

胚胎期：第 4 周。这个四周的胚胎实际只有约 0.6 厘米长，但许多身体结构已开始形成。最初的尾状物将在胚胎期结束时消失。

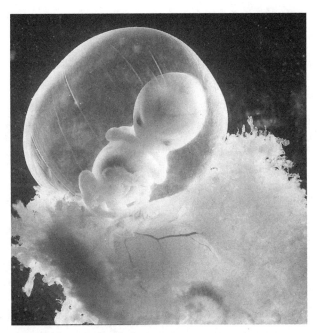

胚胎期：**第 7 周**。胚胎的姿势更为挺直。身体结构，包括眼睛、鼻子、手臂、腿和内脏器官进一步分化。这一时期的胚胎可以对触摸做出反应。此时的胚胎不到 2.5 厘米长、4 克重，已经可以移动。它还太小，不能被母亲感觉到。

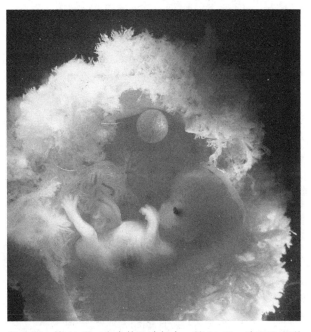

胎儿期：**第 11 周**。生命体迅速长大。第 11 周，脑和肌肉联系得更好，胎儿能踢腿，弯曲手臂，张合它的手和嘴，吸吮拇指。卵黄囊随着孕期进程逐渐萎缩，内脏器官已经承担起造血机能。

腿、手指和脚趾。内脏器官进一步分化：肠在生长，心脏发育出分隔的房室，肝和脾承担起造血机能，因此不再需要卵黄囊了。身体比例的变化使胚胎的姿势变得挺直。

79　　第 5 周时，神经元（存储和传输信息的神经细胞）以惊人的速度在神经管深处开始产生，每分钟超过 25 万 (Jabès & Nelson, 2014)。一旦形成，神经元就开始沿着细小的纤维移动到它们固定的位置，在那里它们将形成大脑的主要部分。

在这段时期结束时，胚胎——大约 2.5 厘米长、4 克重——已经能感觉到周围环境了，例如，对触摸有反应，特别是在嘴部和脚底。他 / 她还能移动，虽然微小的抖动仍然太轻，妈妈感觉不到 (Moore, Persaud, & Torchia, 2016a)。

4. 胎儿期

胎儿期 (fetus) 从第 9 周到孕期结束，是最长的孕期阶段。在这个"成长与结束"阶段，生命体在迅速增大。

（1）第三个月

第三个月，器官、肌肉和神经系统开始变

得有组织且相互联系。触摸灵敏度延伸到身体的大部分部位 (Hepper, 2015)。当大脑发出信号时，胎儿会踢腿、弯曲手臂、握拳、弯脚趾、转头、张嘴，甚至吮吸拇指、伸展和打哈欠。在呼吸运动的早期预演中，细小的肺开始扩张和收缩。

第 12 周时，外生殖器发育良好，可以通过超声波检测胎儿性别 (Sadler, 2014)。其他后期发育还包括指甲、趾甲、牙芽和眼睑。心跳可以通过听诊器听到。

孕期发育有时可以用**三月期** (trimesters) 来划分，即三个相等的时间段。到孕期第三个月末，第一个三月期就结束了。

（2）第二个三月期

在第二个三月期的中期，即 17~20 周，胎儿已经长得足够大，妈妈可以感觉到他 / 她的运动了。此时胎儿非常活跃，大约 30% 的时间在活动，这可以锻炼关节和肌肉 (DiPietro et al., 2015)。一种像奶酪一样的白色物质，称作**胎儿皮脂** (vernix)，保护着胎儿的皮肤，防止其在羊水中浸泡数月之久而发生皲裂。像绒毛一般的白色**胎毛** (lanugo) 也在全身出现，帮助胎儿皮脂贴紧皮肤。

到第二个三月期结束时，许多器官已经发育完善，脑部数十亿神经元中的大多数已经各就各位，只有极少数将在此后生成。对神经元起到支撑和给养作用的胶质细胞则在整个孕期及出生后一直快速增长。因此从第20周到分娩，脑重将增长10倍（Roelfsema et al., 2004）。与此同时，神经元开始快速形成突触或连接。

80 脑发育意味着新的感觉与行为能力。20周的胎儿能感觉到刺激，也会因声音而活跃。如果医生使用胎儿镜观察子宫内部（见表2.3），胎儿会用手挡住光线，说明视觉已开始出现（Moore, Persaud, & Torchia, 2016a）。胎儿如果在此时出生仍然不能存活，因为肺还不成熟，脑还不能控制呼吸和体温。

（3）第三个三月期

在最后一个三月期，早产的胎儿将有机会存活。胎儿最早可以存活的时间点被称为**存活龄**（age of viability），约在22~26周（Moore, Persaud, & Torchia, 2016a）。但如果在第7~8个月间出生，婴儿需要辅助呼吸。虽然此时脑呼吸中枢已成熟，但肺中的肺泡还没有为二氧化碳与氧气的吸入和交换做好准备。

脑发育继续大踏步前进，人的智慧所在——大脑皮层不断增大。随着神经组织的完善，胎儿觉醒的时间越来越长。在第20周，心率的变化表明还没有觉醒的时间。但到了第28周，胎儿约有11%的时间处于觉醒状态，这一比例到出生前上升到16%（DiPietro et al., 1996）。在第30~34周，胎儿的睡眠和觉醒表现出节律性变化，并逐渐组织化（Rivkees, 2003）。约36周时，胎儿心率和运动活动的同步达到峰值：心率上升后，通常在5秒内出现运动活动的爆发（DiPietro et al., 2006, 2015）。这些都是协调性神经网络在大脑中开始形成的明显迹象。

孕期末，胎儿表现出人格的萌芽。胎动与婴儿的气质有关，一项研究发现，在妊娠晚期更活跃的胎儿，在1岁时能更好地处理挫折，2岁时更活跃、不那么害怕，他们更容易与玩具和实验室中不熟悉的成年人互动（DiPietro et al., 2002）。胎

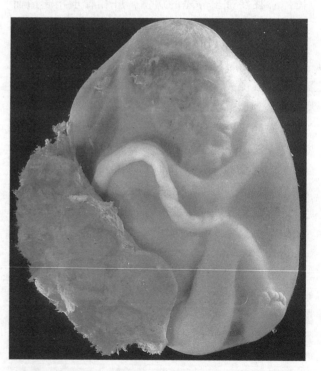

胎儿期：第22周。这个胎儿有近30厘米长，约500克重。只要大人把手放在母亲腹部，母亲和其他家人就很容易感觉到胎儿的活动。胎儿已经到达存活龄，但此时出生，存活的机会很小。

胎儿期：第36周。这个胎儿已充满了子宫。为满足对营养的需求，脐带和胎盘已发育得非常大。注意皮肤上的胎儿皮脂（像奶酪一样的物质），它可以防止胎儿的皮肤发生龟裂。胎儿已经积聚了一层脂肪，以帮助出生后的体温调节。再过两周，胎儿就足月了。

动可能是神经发育健康的一项指标，会促进童年期的适应性。但以上所描述的相关关系是中度的，第 6 章会讨论，敏感的养育能够调节对新环境适应困难儿童的气质。

在第三个三月期，胎儿对刺激的反应性大大增强。正如稍后在谈到新生儿的能力时所说的，胎儿通过在羊水中游动和吞咽羊水，产生了味觉和嗅觉偏好（其产生受到母亲饮食的影响）。在第 23～30 周，大脑皮层与掌管疼痛敏感性的脑区之间形成了连接。从此，进行任何外科手术都需要使用镇痛药 (Lee et al., 2005)。第 28 周左右，胎儿会用眨眼对附近的声音做出回应 (Saffran, Werker, & Werner, 2006)。大约 30 周的时候，当母亲腹部受到重复的听觉刺激时，胎儿最初的反应是心跳加快，脑电波记录和身体运动活跃。然后反应性逐渐减弱，表明对声音的习惯化（适应）。如果引入新的听觉刺激，胎儿的心率和脑电波又恢复到较高水平，这说明胎儿识别出新声音与刚才的不同 (Hepper, Dornan, & Lynch, 2012; Muenssinger et al., 2013)。这表明胎儿至少能做到短时记忆。

在此后六周内，胎儿会区分不同声音的音调和节奏，而语音学习将成为语言发展的跳板。当他们听到母亲的声音、父亲的声音或陌生人的声音、母语和外语、简单熟悉的旋律（降调）和不熟悉的旋律（升调）时，他们的心率和脑电波都会发生系统变化 (Granier-Deferre et al., 2003; Kisilevsky & Hains, 2011; Kisilevsky et al., 2009; Lecanuet et al., 1993; Lee & Kisilevsky, 2013; Voegtline et al., 2013)。在一项设计巧妙的研究中，研究者让母亲在怀孕的最后六周每天大声朗读苏斯博士写的生动故事《帽子里的猫》。出生后，婴儿通过吮吸乳头学会了打开母亲的声音录音 (DeCasper & Spence, 1986)。他们为了听到《帽子里的猫》的声音而拼命吸吮，那是他们在子宫里时就熟悉的声音。

在最后三个月，胎儿体重增长超过 2 200 克，身长增长了约 18 厘米。第 8 个月时脂肪层出现，它能够帮助调节体温。胎儿还从母亲的血液里获得抗体来抵抗疾病，因为新生儿自己的免疫系统要到出生后几个月才能发挥机能。在最后几周，大多数胎儿呈倒立姿势，这在一定程度上是由子宫的形状造成的，还因为头部要比脚部重一些。此时发育逐渐减慢，胎儿即将分娩。

思考题

联结　大脑发育与胎儿的能力和行为有什么关系？胎儿行为的个体差异对婴儿出生后的气质有什么影响？

应用　艾米怀孕两个月了，她想知道胚胎是怎样获取养料的，身体的哪些部分已经形成了。"我还看不出已经怀孕了，这是否意味着大部分发育还没开始？"你怎样回答艾米的问题？

二、孕期环境的影响

3.2　列举使致畸物发挥作用的因素，并讨论已知或疑似致畸物的影响

3.3　描述母亲的其他因素对孕期发育的影响

3.4　为什么怀孕后的早期和定期保健至关重要？

虽然孕期环境比子宫外环境稳定得多，但仍有许多因素会对胚胎和胎儿的发育产生影响。约兰达和杰伊认识到，为了在孕期给胎儿发育创造一个安全环境，父母及整个社会可以做的事情还有很多。

1. 致畸物

致畸物 (teratogen) 指可能在妊娠期间造成损害的环境动因。它源自希腊语中的 *teras* 一词，意为"畸形"或"怪物"。科学工作者选择这个术

语，是因为他们最初是从受到严重伤害的婴儿身上认识到有害的孕期影响的。但致畸物所造成的伤害并非简单直接的，而是取决于以下因素：

- 剂量。致畸物使用的剂量越大、时间越长，造成的危害越大。
- 遗传。母亲和发育中的生命体的基因组织起重要作用。有些个体能更好地耐受有害环境。
- 其他消极影响。许多消极因素同时出现，如附加的致畸物、营养不良、缺少医疗保健，都会使单一有害因素的影响变得更加严重。
- 时机。致畸物的影响随生命体接触致畸物时所处发育时期的不同而不同。重温第1章介绍过的敏感期概念，就能更好地理解这一点。敏感期是指一个有限的时间段，在敏感期内，身体某部位或某种行为将在生理上迅速发展。敏感期对环境尤其敏感。如果环境有害，就

会对其造成伤害，而且很难恢复，甚至不能恢复。

图3.2概括了孕期发育的敏感期。在胚种期，着床之前，致畸物很少会产生影响。如有影响，微小的细胞团一般会受到严重伤害而死亡。胚胎期是最可能出现严重缺陷的时期，因为身体各个器官都是在这一时期打下基础的。在胎儿期，致畸物造成的损害一般较小。但是，脑、眼睛和生殖器官等仍有可能被严重伤害。

致畸物的影响并不限于直接身体损害，一些对健康的影响可能延迟到几十年后才显现出来。而且生理损害还会间接导致对心理的影响。例如，母亲在怀孕期间使用药物所造成的缺陷，会改变他人对儿童的反应及儿童探究环境的能力。随着年龄增长，亲子互动、同伴关系，以及认知、情绪或情感与社会性发展都会受到影响。此外，面

82

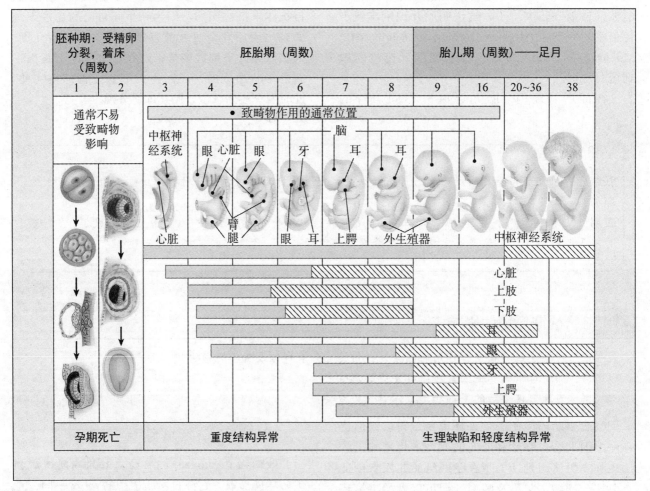

图3.2　孕期发育的敏感期

每个器官或结构都有一段敏感期，此时它的发展可能被扰乱。图中左侧横条表示高度敏感期，右侧横条表示对致畸物敏感性较低的时期，但损害仍可能发生。资料来源：*Before We Are Born*, 9th ed., by K. L. Moore, T. V. N. Persaud, & M. G. Torchia, p. 313.

对环境风险，如单亲家庭、父母情绪障碍或不良养育方式等，孕期遭遇致畸物的儿童，其复原力会降低 (Yumoto, Jacobson, & Jacobson, 2008)。结果，他们的适应力会长期受到损害。

在之前章节中我们曾讨论过一个关于发展的重要论点——儿童与环境之间的双向影响——在此处得以体现。下面来看学者们发现的各种致畸物。

（1）处方药和非处方药

20 世纪 60 年代初，一场关于药物与孕期发育的悲剧让全世界记住了一个教训。当时，一种叫作反应停 (thalidomide) 的镇静剂在加拿大、欧洲和南美地区被广泛使用。在受精后 4~6 周，母亲服用反应停，将造成胚胎的四肢严重畸形，并对耳、心脏、肾脏和生殖器造成损害。全世界约有 7 000 名婴儿受害 (Moore, Persaud, & Torchia, 2016a)，许多儿童长大后的智力得分低于平均水平。药物可能直接损害了中枢神经系统，也可能是这些严重畸形儿童的抚养环境阻碍了他们的智力发展。

1945—1970 年，另一种叫作己烯雌酚 (diethylstilbestrol, DES) 的合成激素被广泛用于防止流产。使用这种药物的母亲，其女儿长到青少年期和成年早期时，患阴道癌、子宫畸形和不孕症的比率非常高。如果她们想生育，与那些未受到该药影响的女性相比，她们更容易发生流产，其新生儿易有早产、低出生体重的风险。对于男孩，出现生殖器异常和睾丸癌的风险较大 (Goodman, Schorge, & Greene, 2011; Reed & Fenton, 2013)。

目前一种用于治疗严重痤疮的维生素 A 衍生物异维甲酸 (isotretinoin) 是使用最广泛的强致畸物，工业化国家有成千上万的育龄女性在服用。第一个三月期内接触这种药物会导致胎儿眼、耳、颅骨、脑、心脏及免疫系统异常 (Yook et al., 2012)。美国有关开具异维甲酸处方的规定，要求女性使用者必须使用两种避孕方法来避免怀孕。

任何含有可穿透胎盘的小分子的药物都能进入胚胎或胎儿的血液。但许多怀孕女性在服用非处方药之前没有咨询过医生，阿司匹林就是其中最常见的一种。研究表明，经常使用阿司匹林，与运动控制受损、注意力不集中和过度活动等大脑损伤有关，不过这些结果没有得到其他研究的证实 (Barr et al., 1990; Kozer et al., 2003; Thompson

et al., 2014; Tyler et al., 2012)。咖啡、茶、可乐和可可含有常见药物咖啡因，如饮用过多会增加低出生体重的风险 (Sengpiel et al., 2013)。持续服用抗抑郁药，与早产、低出生体重、分娩时呼吸窘迫和动作发育迟缓的发生率升高有关，但存在相矛盾的证据 (Grigoriadis et al., 2013; Huang et al., 2014; Robinson, 2015)。

因为关系到儿童的生命，我们必须严肃对待这些发现。同时，我们并不能确定这些常用药是否可导致以上问题。孕妇经常同时服用多种药物。如果胚胎或胎儿受到损伤，很难判断是哪一种药或是与服药有关的其他因素所致。在得到更多信息之前，最安全的办法是像约兰达那样：根本不碰这些药物。

遗憾的是，在怀孕的最初几周，许多女性并不知道自己怀孕了，这个阶段，药物（和其他致畸物）可能是最大的威胁。在某些情况下，比如严重抑郁的孕妇使用抗抑郁药，可能弊大于利。

（2）非法药物

可卡因、海洛因等可改变情绪的高致瘾药物，使用越来越普遍，尤其是在城市贫民区，致瘾物能使人暂时逃离绝望的日常生活。近 6% 的美国孕妇服用这类致瘾物 (Substance Abuse and Mental Health Services Administration, 2014)。

服用可卡因、海洛因或美沙酮（一种致瘾性较低的药物，用于戒断海洛因）的孕妇生下的婴儿存在各种风险，包括早产、低出生体重、脑异常、生理缺陷、呼吸困难以及分娩死亡 (Bandstra et al., 2010; Behnke & Smith, 2013)。有些婴儿生来就药物成瘾，他们经常发烧、易怒、难以入睡、哭声异常尖锐、刺耳——这是新生儿应激的常见症状 (Barthell & Mrozek, 2013)。如果自身就有很多问题的母亲不得不照顾难以安抚、需要搂抱和喂养的婴儿，其行为问题可能会持续下去。

1 岁前接触过海洛因和美沙酮的婴儿较少关注环境，动作发育缓慢。婴儿期过后，一些儿童有好转，另一些仍然紧张不安，注意力不集中 (Hans & Jeremy, 2001)。他们所接受的教养方式能够解释，为什么有些儿童的问题持续存在。而其他儿童则没有。

有证据显示，胎儿期接触过可卡因的婴儿会

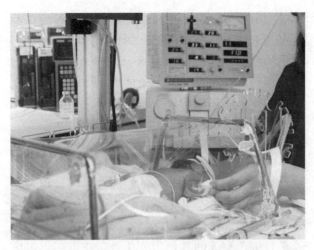

这个婴儿在预产期前几周出生，依靠呼吸器进行呼吸。早产和低出生体重可由孕期的各种环境影响所致，如母亲吸毒和吸烟。

有持久的麻烦。可卡因可使血管收缩，如果孕妇一次性大剂量摄入后 15 分钟，输送给胎儿的氧就会显著减少。可卡因还会改变神经元的产生、突触连接和胎儿脑部的化学平衡。这些影响可导致多种生理缺陷，尤其是中枢神经系统和心脏的畸形、脑出血和惊厥，以及发育迟滞 (Cain, Bornick, & Whiteman, 2013; Li et al., 2013)。还有一些研究报告了持续到青少年期的知觉、动作、注意、记忆、语言和冲动控制方面的问题 (Bandstra et al., 2011; Coyle, 2013; Singer et al., 2015)。

也有研究未发现孕期接触可卡因的重大消极影响 (Ackerman, Riggins, & Black, 2010; Buckingham-Howes et al., 2013)。这些相互矛盾的结果显示，准确地查明非法药物的伤害是困难的。可卡因的使用者在所摄入药物的数量、效力和纯度上差异非常大。他们还经常吸食多种药物，参与其他高危行为，受到贫困和其他压力的困扰，对孩子的养育很冷漠，这些因素的共同影响使儿童发展结果更加恶化 (Molnar et al., 2014)。目前研究者已在一些项目中查明了与可卡因有关的伤害的确切原因，而在另一些研究项目中尚未查明。

另一种毒品，大麻，在美国一些州已经被合法化，可用于医疗和娱乐。研究者已发现，与孕期吸食大麻相关的结果有：孩子注意力、记忆力和学习成绩差，冲动和过度活跃，童年期和青少年期抑郁、愤怒和富有攻击性等 (Behnke & Smith, 2013; Goldschmidt et al., 2004; Gray et al., 2005; Jutras-Aswad et al., 2009)。不过，与海洛因和可卡

因一样，持久的后果还没有得到确认。总的来说，非法药物的影响远不如下面要讨论的两种合法物质的影响：烟草和酒精。

（3）烟草

虽然吸烟者在西方国家有所减少，但仍有约 11% 的美国女性在孕期吸烟 (Centers for Disease Control and Prevention, 2015n)。孕期吸烟的影响中，最广为人知的是低出生体重，但出现其他严重后果的可能性也在增加，如流产、早产、唇腭裂、血管异常、睡眠心率和呼吸障碍、婴儿死亡以及童年晚期的哮喘病和癌症 (Geerts et al., 2012; Havstad et al., 2012; Howell, Coles, & Kable, 2008; Mossey et al., 2009)。母亲吸烟越多，孩子受到影响的可能性就越大。但一个怀孕女性在任何时候决定停止吸烟，即使是在最后一个三月期内，也能降低婴儿低出生体重和将来出现问题的可能性 (Polakowski, Akinbami, & Mendola, 2009)。

即使吸烟母亲的婴儿在出生时身体状况良好，轻微的行为异常仍有可能威胁儿童发展。吸烟母亲的新生儿对声音较少注意，表现出更多肌肉紧张，在被抚摸或受到视觉刺激时更易兴奋，也更容易出现腹部剧痛（长时间啼哭），这些结果证明，吸烟对脑发育有持续性的消极影响 (Espy et al., 2011; Law et al., 2003)。有研究报告，孕期受到吸烟影响的胎儿，到童年期和青少年期，其注意广度较小，难以克制冲动和多动，记忆力较差，智力和学习成绩较差，表现出较高水平的破坏与攻击行为 (Espy et al., 2011; Thakur et al., 2013)。

吸烟是怎样伤害胎儿的呢？首先，尼古丁这种烟草中的致癌物质，会使血管收缩，减少流向子宫的血液，导致胎盘发育异常，还会减少营养输送，使胎儿体重不足。其次，吸烟使母亲和胎儿血液中一氧化碳浓度升高。一氧化碳更易与红细胞中的血红蛋白结合，对胎儿的中枢神经系统造成破坏，导致发育缓慢 (Behnke & Smith, 2013)。烟草中的其他有毒化学物质，如氰化物和镉，也加剧了其破坏性影响。

再次，有三分之一到一半不吸烟的怀孕女性是"被动吸烟者"，因为她们的丈夫、亲属或同事吸烟。被动吸烟同样与低出生体重、婴儿死亡、

童年期呼吸系统疾病，以及注意、学习和行为问题有关 (Best, 2009; Hawsawi, Bryant, & Goodfellow, 2015)。怀孕女性无疑应该避开烟雾缭绕的环境。

（4）酒精

在《断裂的脐带》一书中，达特茅斯学院的人类学教授迈克尔·多利斯 (Michael Dorris, 1989) 描述了他是怎样抚养他的养子亚当的。亚当的生母在整个孕期一直酗酒，并在他出生后不久死于酒精中毒。亚当是印第安苏族人，他先天患有**胎儿酒精谱系障碍** (fetal alcohol spectrum disorder, FASD)，这一术语涵盖了孕期酗酒导致的一系列身体、精神和行为后果。患有 FASD 的儿童，依严重程度可诊断为以下三种病症之一：

- **胎儿酒精综合征** (fetal alcohol syndrome, FAS)，其特征是：身体发育缓慢；三种面部异常（眼睑开口短；上嘴唇薄；人中平滑或呈扁平状，或从鼻子底部到上唇中心有压痕）；脑损伤，头较小和至少在三个领域有机能缺陷，例如，记忆、语言和沟通、注意广度与活动水平（多动）、计划和推理、动作协调、社交技能。其他缺陷还可能表现在眼睛、耳朵、鼻子、喉咙、心脏、生殖器、尿道或免疫系统等方面。亚当被诊断患有典型的胎儿酒精综合征，原因正是他的母亲在整个怀孕期间酗酒。
- **胎儿部分酒精综合征** (partial fetal alcohol syndrome, p-FAS)，其特征是：出现上面提到的三种面部异常中的两种；脑损伤，至少在三个脑区机能受损明显。患有此病的儿童的母亲一般曾少量饮酒，儿童的缺陷随接触酒精的时间长短而变化。此外，有证据表明，父亲在母亲怀孕前后饮酒也可改变基因表达，从而导致症状 (Alati et al., 2013; Ouko et al., 2009)。
- **酒精相关神经发育障碍** (alcohol-related neurodevelopmental disorder, ARND)，至少有三种精神机能受损，但身体发育正常，没有面部异常。同样，孕期饮酒的危害虽已得到证实，但没有胎儿酒精综合征那么严重 (Mattson, Crocker, & Nguyen, 2012)。

即使在幼儿期和童年期给胎儿酒精综合征儿童提供丰富的饮食，他们的体形也难以赶上正常儿童。而智力损害将是永久性的：在十几岁和二十几岁的时候，亚当仍难以投入并维持一份正常工作。他的判断力低下：购物后会忘记找零，做事情常常开小差。他在 23 岁时因交通事故死亡。

母亲在孕期喝酒越多，孩子在幼儿期和小学期的动作协调性、信息加工速度、推理能力，以及智力测验分数与学习成绩越差 (Burden, Jacobson, & Jacobson, 2005; Mattson, Calarco, & Lang, 2006)。到青少年期和成年早期，胎儿酒精综合征带来的后果有：持久注意力和运动协调缺陷、学习成绩差、违法、不恰当的社会行为和性行为、酗酒和致瘾物滥用，以及持久的心理健康问题，包括抑郁和对压力的强烈情绪反应 (Bertrand & Dang, 2012; Hellemans et al., 2010; Roszel, 2015)。

酒精是怎样造成毁灭性伤害的？首先，它在刚萌生的神经管阶段干扰神经元的产生和移动。脑成像研究发现，酒精造成脑体积减小、许多脑结构受损以及脑机能异常，包括从脑的一部分向另一部分传递信息时伴随的电和化学活动异常 (de la Monte & Kril, 2014; Memo et al., 2013)。其次，动物研究显示，饮酒引起广泛的表观遗传学变化，包括许多基因的甲基化改变，导致大脑机能缺陷 (Kleiber et al., 2014)。最后，孕妇大量饮酒会消耗胎儿细胞发育必需的氧。

约 25% 的美国母亲报告，她们在怀孕期间饮过酒。与海洛因和可卡因一样，过量饮酒行为更多地发生在贫困人群中，尤其是美国原住民，胎儿酒精综合征的发生率比美国其他居民高 20~25 倍 (Rentner, Dixon, & Lengel, 2012)。遗憾的是，当患有胎儿酒精综合征或在胎儿期受酒精影响的女性怀孕时，疾病导致的判断力低下常使她们不懂得自己为什么应该戒酒。因此，悲剧可能会在下一代身上重演。

怀孕期间喝多少酒是安全的呢？即使少量饮酒，即平均少于每日一次，也会导致胎儿或婴幼儿头部变小（一种衡量大脑发育的方法）、身体生长缓慢和行为问题 (Flak et al., 2014; Martinez-Frias et al., 2004)。但考虑到包括遗传和环境在内的其他因素会造成某些胎儿更容易受到致畸物的影响，饮酒不存在安全剂量。打算怀孕和已经怀孕的女性应该完全戒酒。

（5）辐射

二战期间广岛和长崎的原子弹爆炸中幸存下来的孕妇，所生的孩子明显存在电离辐射造成的缺陷。1986 年苏联切尔诺贝利核电站事故之后的九个月里，类似的异常情况也出现了。每次灾难后，流产和出生脑损伤、身体畸形、身体发育迟缓的婴儿的比率都急剧上升 (Double et al., 2011; Schull, 2003)。2011 年 3 月，遭到日本地震和海啸破坏的核电厂附近地区的居民被疏散，就是为了防止发生这些毁灭性的后果。

即使受到辐射的婴儿表现正常，后期也可能出现问题。例如，即使是工业泄漏或医用 X 射线造成的低水平辐射，也会增大童年期患癌症的风险 (Fushiki, 2013)。在小学期，其母亲在孕期受到辐射的切尔诺贝利儿童，与未受过辐射的正常儿童相比，其脑电活动异常，智力测验分数较低，出现语言和情绪障碍的比例高 2~3 倍。此外，切尔诺贝利儿童的父母被迫离开家园，他们的精神越紧张，孩子的情绪机能就越差 (Loganovskaja & Loganovsky, 1999; Loganovsky et al., 2008)。似乎是充满压力的养育条件与孕期辐射的有害影响相结合，损害了儿童的发育。

（6）环境污染

在工业化国家，大量具有潜在危险的化学物质被排放到环境中，每年都有许多新的污染物被释放。研究者从美国医院随机挑选了 10 名新生儿进行脐带血分析，结果发现了数量惊人的工业污染物——总共 287 种 (Houlihan et al., 2005)。他们的结论是，许多婴儿"出生时就受到化学物质的污染"，这些化学物质不仅会损害婴儿的发育，还会增加日后罹患危及生命的疾病和健康问题的概率。

某些污染物会造成严重的产前损害。20 世纪 50 年代，日本水俣湾的一家工厂向附近海湾排放了高浓度汞，该海湾为当地提供海产和水。当时出生的很多儿童出现身体畸形、智力低下、语言异常、咀嚼和吞咽困难以及动作不协调等异常。孕期接触高水平的汞扰乱了神经元的产生和迁移，造成广泛的脑损伤 (Caserta et al., 2013; Hubbs-Tait et al., 2005)。从孕妇的海产饮食中摄取的汞可以预测其子女在学校学习期间认知加工速度、注意和

左图：这名 5 岁女孩的母亲在怀孕期间酗酒。孩子的眼睛间隔大，上唇薄，人中扁平，是胎儿酒精综合征 (FAS) 的典型特征。
右图：这个 12 岁女孩有 FAS 的面部轻度畸形。她还表现出伴随疾病而来的认知障碍和生长缓慢。

记忆方面的缺陷 (Boucher et al., 2010, 2012; Lam et al., 2013)。孕妇要明智地避免食用寿命长的掠食性鱼类，如剑鱼、长鳍金枪鱼和鲨鱼，这些鱼都可能遭遇严重的汞污染。

多氯化联苯 (polychlorinated biphenyls, PCBs) 曾被长期用于电子设备的绝缘材料中，直到有研究发现它会像汞一样进入水道和食物供应。在中国台湾，孕期接触米糠油中高剂量的多氯化联苯者，其婴儿具有低出生体重、皮肤变色、牙龈和指甲畸形、脑电波异常以及认知发展缓慢的特点 (Chen & Hsu, 1994; Chen et al., 1994)。低剂量多氯化联苯的慢性接触同样有害。经常食用被多氯化联苯污染的鱼的女性，与极少吃或不吃这些鱼的女性相比，她们产下的新生儿出生体重较低、头部较小，并有持久的注意和记忆困难，童年期的智力测验分数也较低 (Boucher, Muckle, & Bastien, 2009; Polanska, Jurewicz, & Hanke, 2013; Stewart et al., 2008)。

另一种致畸物，铅，存在于老旧房屋墙壁上掉落的漆片及工厂车间使用的某些材料中。孕期接触高剂量的铅，与婴儿早产、低出生体重、脑损伤及各种身体缺陷有关。即使少量接触也可能有危险，受害的婴儿表现出轻微的智力和动作发育不良 (Caserta et al., 2013; Jedrychowski et al., 2009)。

孕期接触一种焚烧产生的有毒化合物，二噁英，可能通过改变激素水平，导致婴儿期甲状腺异常以及女性乳腺癌和子宫癌发病率的增加 (ten Tusscher & Koppe, 2004)。即使父亲血液中有微量的二噁英，也会引起后代性别比例的巨大变化：受影响的男性生育的女孩几乎是男孩的两倍 (Ishihara et al., 2007)。看来，二噁英在怀孕前就损害了携带 Y 染色体的精子。

此外，持续的空气污染也会对胎儿造成严重的伤害。接触汽车排放的尾气和烟雾会导致婴儿头部变小、出生体重过低、婴儿死亡率升高、肺和免疫系统机能受损，以及后期的呼吸系统疾病 (Proietti et al., 2013; Ritz et al., 2014)。

（7）传染病

在工业化国家，大约有 5% 的女性在怀孕期间感染传染病。其中大多数疾病，如普通感冒，没有什么影响，但有少数传染病，如表 3.2 所示，

表 3.2　一些孕期传染病的影响

疾病	流产	身体畸形	智力迟滞	低出生体重和早产
病毒性传染病				
获得性免疫缺陷综合征（艾滋病，AIDS）	√	?	√	√
水痘	√	√	√	√
巨细胞病毒感染	√	√	√	√
Ⅱ型单纯疱疹（生殖器疱疹）	√	√	√	√
腮腺炎	√	×	×	×
风疹（德国麻疹）	√	√	√	√
细菌性传染病				
衣原体感染	√	?	×	√
梅毒	√	√	√	?
肺结核	√	?	√	√
寄生虫病				
疟疾	√	×	√	√
弓形体病	√	√	√	√

√ = 确定的结果；× = 尚无证据；? = 可能有影响但尚未查明。

资料来源：Kliegman et al., 2015; Waldorf & McAdams, 2013.

这位孕妇戴着口罩，以抵御新加坡的雾霾，这种雾霾偶尔会达到危及生命的程度。长时间暴露在污染空气中对胎儿发育构成严重风险。

可以造成多种伤害。

1）病毒性传染病

20世纪60年代中期，一次在全球流行的风疹（又称德国麻疹、三日麻疹）导致超过20 000名北美婴儿出生时带有严重的身体缺陷，13 000名胎儿和新生儿死亡。与敏感期的概念相一致，在胚胎期感染风疹，其损害最大。如果母亲在这一时期生病，超过50%的婴儿将出现耳聋、眼

87 睛畸形、白内障、心脏缺陷、生殖器异常、泌尿器官和肠异常以及智力迟滞。胎儿期感染的危害较小，但仍可能发生低出生体重、听力损害和骨骼缺陷。孕期风疹造成的器官损害往往导致终身健康问题，包括严重的精神疾病、糖尿病、心血管疾病，以及成年期的甲状腺和免疫系统机能障碍 (Duszak, 2009; Waldorf & McAdams, 2013)。在婴儿期和童年期进行常规疫苗接种，使新的风疹不太可能在工业化国家爆发。但是，每年仍有超过10万例产前感染病例发生，主要发生在免疫规划薄弱或缺乏的非洲和亚洲发展中国家 (World Health Organization, 2015e)。

过去30年，感染人体免疫缺陷病毒 (HIV) 的

女性数量持续增长。该病毒可导致获得性免疫缺陷综合征（艾滋病，AIDS），使人的免疫系统被摧毁。在发展中国家，95% 的新感染病例是女性。例如，在南非，30% 的孕妇 HIV 呈阳性 (South Africa Department of Health, 2013)。未经治疗的感染 HIV 的孕妇会把 10%~20% 的致命病毒传染给正在发育的有机体。

艾滋病在婴儿中发展迅速。婴儿出生6个月，88体重减轻、腹泻和反复的呼吸系统疾病就很常见。该病毒还会引起脑损伤，如癫痫发作、脑重逐渐减少、认知和运动发育迟缓。大多数未经治疗的产前艾滋病患儿死于3岁 (Siberry, 2015)。抗反转录病毒药物治疗可将孕期传染率降低到2%以下，对胎儿没有任何危害。在西方国家，这些药物使得孕期感染 HIV 的可能性急剧下降。近期，一些出生时携带 HIV 的婴儿，在出生后两天内开始接受反转录病毒治疗后，病毒已被灭杀 (McNeil, 2014)。这种疗法正在用于更多的国家，但发展中国家至少三分之一感染 HIV 的孕妇仍无法获得抗反转录病毒药物 (World Health Organization, 2015a)。

如表3.2所示，发育中的生命体对疱疹族病毒尤其敏感，对于这些病毒还没有疫苗和治疗手段。其中，巨细胞病毒（孕期感染中最常见的病毒，通过呼吸或性接触传染）和Ⅱ型单纯疱疹病毒（通过性传播）尤其危险。这两种病毒侵害母亲的生殖道，在怀孕期间或分娩时感染孩子。

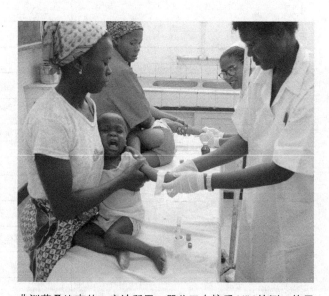

非洲莫桑比克的一家诊所里，婴儿正在接受 HIV 检测。使用抗反转录病毒药物进行产前治疗可以将艾滋病母婴传播率降低到2%以下。

2）细菌性传染病和寄生虫病

表 3.2 还列出了一些细菌性传染病和寄生虫病。其中最常见的是弓形体病，由许多动物身上的一种寄生虫导致。怀孕女性可能因为在园艺劳动时处理被污染的土壤、接触被感染的猫的粪便，或者吃了未加工或未煮熟的肉及未洗净的水果蔬菜而感染。患有此病的孕妇中，约有 40% 会将其传染给胎儿。如果在第一个三月期感染，它很可能会损害胎儿眼睛和脑部。在此后感染，则会造成轻度的视力和认知损伤 (Wallon et al., 2013)。孕妇预防弓形体病的措施包括：确保所吃的肉是完全煮熟的，带宠物猫去做检查，把照料猫、管理花园和清理垃圾的活儿交给其他家人干。

2. 母亲的其他因素

除了远离致畸物外，准父母还可以通过其他方式促进胚胎或胎儿的发育。对于身体健康的女性，坚持做适量运动，如散步、游泳、骑车及有氧运动，可以改善胎儿心血管机能，增加其出生体重，并降低某些并发症的风险，如妊娠引起的孕产妇糖尿病和婴儿早产 (Artal, 2015; Jukic et al., 2012)。然而，多数孕妇没有进行充分的锻炼，以促进自己和婴儿的健康。一个保持健康的准妈妈在怀孕的最后几周会经历较少的身体不适。

下面，我们来看母亲的其他因素——营养、情绪压力、血型和年龄。

（1）营养

儿童在母体内的发育比出生后其他任何发展阶段都要快。而在这一时期，他们完全依赖母亲提供营养。使孕妇体重增长 10～13.5 千克的健康饮食有助于母婴健康。

产前营养不良会对中枢神经系统造成严重损害。母亲的饮食越差，胎儿脑重的降低就越多，在最后一个三月期出现营养不良，后果尤其严重。在这段时间里，大脑的体积迅速增大，而母亲的高营养饮食对于大脑充分发挥其潜力完全必要。怀孕期间饮食不足还会导致肝、肾、胰腺和其他器官的结构扭曲，易导致日后患病。如图 3.3 所示，大规模研究显示，即使在许多其他产前和产后健康风险得到控制之后，低出生体重与成年期

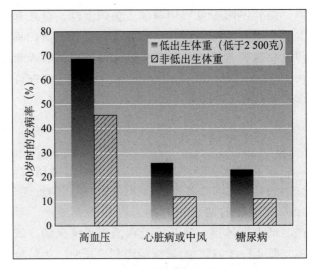

图 3.3 成年期低出生体重与疾病风险的关系

对美国 2 000 多名低出生体重儿进行追踪研究，在控制了产前和产后其他健康风险后，50 岁时，低出生体重仍与高血压、心脏病、中风和糖尿病的发病率大大增加有关。资料来源：Johnson & Schoeni, 2011.

的高血压、心血管疾病和糖尿病之间仍存在正相关 (Johnson & Schoeni, 2011)。

由于营养不良抑制免疫系统的发育，孕期营养不良的婴儿会经常出现呼吸系统疾病。此外，他们还易怒，对刺激反应迟钝。在贫困家庭中，这些影响很容易与压力重重的家庭生活相互交织。随着年龄的增长，其动作、注意和记忆发展迟缓，智力测验分数低，严重的学习问题等更加明显 (Monk, Georgieff, & Osterholm, 2013)。

许多研究表明，向孕妇提供充足的食物，对新生儿的健康至关重要。丰富的维生素和矿物质也很重要。例如，在怀孕期间服用叶酸补充剂，*89* 可以减少 70% 以上的神经管异常，如无脑畸形和脊柱裂（见表 2.3）。在怀孕早期补充叶酸还可以降低出现其他生理缺陷的风险，包括唇腭裂、循环系统和泌尿系统异常以及肢体畸形。此外，孕期最后 10 周摄入足够的叶酸可使早产和低出生体重情况减少一半 (Goh & Koren, 2008; Hovdenak & Haram, 2012)。

由于这些发现，美国政府的指导方针建议所有育龄女性每天摄入 0.4 毫克叶酸 (Talaulikar & Arulkumaran, 2011)。由于在美国很多怀孕都是计划外的，政府规定面包、面粉、大米、意大利面和其他谷物产品都必须添加叶酸。

孕期营养不良在世界贫困地区的发生率最

高，但并不限于发展中国家。美国女性、婴儿和儿童食物补助特别计划 (WIC) 会向低收入孕妇提供食物包和营养教育，惠及约 90% 的极低收入者 (U.S.Department of Agriculture, 2015b)，但仍有许多需要营养干预的美国女性没有领取资格。

（2）情绪压力

如果女性在怀孕期间经历严重的情绪压力，她们的婴儿将面临各种困难和风险。强烈的焦虑，如果发生在前两个三月期，容易造成流产、早产、低出生体重、婴儿呼吸和消化系统疾病、绞痛（婴儿持续啼哭）、睡眠障碍和婴儿前三年易怒 (Dunkel-Shetter & Lobel, 2012; Field, 2011; Lazinski, Shea, & Steiner, 2008)。长期以来的研究都发现，孕期压力会损害后期的身心健康，这些压力包括贫穷造成的慢性压力，生活中的重大负面事件，如离婚、家庭成员死亡、地震或恐怖袭击等灾害，特别是对怀孕和分娩的恐惧，包括对婴儿和自己的健康和生存的持续焦虑。而轻度到中度的偶然的压力则没有负面影响。

孕期的沉重压力是怎样影响发育中的机体的？为了理解这一问题，请列出以前你承受巨大压力时自己的亲身体会。当我们经历恐惧和焦虑时，应激激素会释放到血液中，比如肾上腺素和皮质醇，它们被称为"战斗或逃跑"激素，使我们"做好行动准备"。大量血液被送到参与防御反应的身体部位——大脑、心脏、胳膊、腿和躯干的肌肉。包括子宫在内的其他器官的血流减少。因此，胎儿被剥夺了氧气和营养物质的充分供应。

孕妇的应激激素会穿过胎盘，导致胎儿应激激素急剧上升（可反映在羊水中），进而使胎儿的心率、血压、血糖和活动水平升高 (Kinsella & Monk, 2009; Weinstock, 2008)。胎儿过高的应激水平可能会永久性地改变胎儿的神经机能，甚至提高晚年生活中的应激反应。回顾第 2 章，表观遗传学变化（基因甲基化）可能是部分或大部分原因。孕期经历过严重焦虑的母亲，她们的子女表现出皮质醇水平异常高或异常低，这两种情况都表明控制压力的生理能力减弱。

母亲在怀孕期间经历情绪压力与多样化的负面行为，可能给她们的子女带来童年期和青少年期的各种后果，包括焦虑、注意持续时间短、愤怒、富有攻击性、过度活跃、智力测验分数较低，

其影响程度远大于其他风险，如母亲在孕期吸烟、低出生体重、产后焦虑以及社经地位低等所造成的影响 (Coall et al., 2015; Monk, Georgieff, & Osterholm, 2013)。此外，与孕期营养不良类似，胎儿大量接触母亲应激激素，会增加对后期疾病易感性，包括成年后的心血管疾病和糖尿病 (Reynolds, 2013)。

不过，如果丈夫、家人和朋友向母亲提供社会支持，与压力相关的孕期并发症会大大减少 (Bloom et al., 2013; Luecken et al., 2013)。社会支持与积极的怀孕结果及今后儿童发展之间的联系，在充满生活压力的低收入女性身上尤其显著，这些人往往过着高度紧张的生活（见边页 90 的"社会问题→健康"专栏）。

（3）Rh 血型不相容

母亲和胎儿遗传的血型不同，有时会导致严重问题。造成问题的常见原因是 **Rh 血型不相容** (Rh factor incompatibility)。当母亲血型是 Rh 阴性（缺少 Rh 血液蛋白）而父亲血型是 Rh 阳性（有这种蛋白）时，婴儿可能会遗传父亲的 Rh 阳性血型。如果胎儿的 Rh 阳性血液经胎盘进入 Rh 阴性母亲的血液中，即使很少量，母体也会形成对 Rh 蛋白的抗体。这些抗体进入胎儿体内，将会破坏红细胞，降低器官和组织的氧气供应。这种情况会导致智力迟滞、流产、心脏损伤和婴儿死亡。

母体制造 Rh 抗体需一定时间，因此第一胎很少受到影响。危险随着怀孕次数的增加而增加。幸运的是，Rh 血型不相容在大多数情况下能避免。每一个 Rh 阳性婴儿出生后，Rh 阴性的母亲都要接种一种疫苗，以防止抗体的生成。

（4）母亲年龄与生育史

第 2 章曾讲过，生育年龄推迟到 30 多岁或 40 多岁的女性，面临不孕、流产、产下染色体缺陷婴儿的风险将增大。那么，其他妊娠并发症在年龄较大的母亲中是否也更多呢？研究表明，30 多岁的健康女性患妊娠和分娩并发症的概率与 20 多岁时相同。但是如图 3.4 所示，此后患并发症的概率增加，并在 50～55 岁的女性中急剧升高——在这一年龄段，由于更年期（绝经）和生殖器官衰老，很少有女性能自然受孕 (Salihu et al., 2003; Usta & Nassar, 2008)。

专栏　　　　　　　　　社会问题→健康

护士－家庭伙伴：凭借社会支持减轻母亲压力、促进儿童发展

丹尼斯 17 岁时生下了塔拉，丹尼斯是一名无业的中学辍学生，与不赞成她做法的父母生活在一起。丹尼斯在怀孕期间和之后没有人可以求助，大部分时间感到疲惫和焦虑。塔拉是早产儿，她总是啼哭，睡眠不规律，1 岁前小毛病不断。等到上了小学，她学习困难，老师说她爱分心，不能安静地坐着，还爱发脾气，不合作。

目前在美国 43 个州的数百个县、6 个部落社区、美属维尔京群岛，以及在美国以外的澳大利亚、加拿大、荷兰和英国实施的"护士－家庭伙伴"是一项志愿的家庭探访项目，对象是像丹尼斯这样的低收入、初次怀孕的女性。其目标是减少孕期及分娩并发症，促进称职的早期护理，改善家庭条件，从而保护儿童免受长期适应困难。

这样的孕妇参加该项目之后，一名注册护士在怀孕第一个月每周去家访一次，在怀孕的剩余时间到婴儿 1 岁半，每个月家访两次，之后直到孩子 2 岁，每个月家访一次。在这些过程中，护士为母亲提供充分的社会支持，满怀同情心地倾听孕妇的需求，帮她得到保健和其他社区服务，以及家人尤其是父亲和祖母的帮助，鼓励她完成中学学业，找工作，以及制订未来的生育计划。

为了评估该项目的效果，研究人员把孕期压力风险高者（由于青少年怀孕、贫困和其他消极生活条件）随机分配到护士探视组和控制组，其中控制组只做孕期护理，或孕期护理加上婴儿发育问题的转诊。在一项实验中，研究者对这些家庭的孩子进行了追踪随访，从学龄期一直到青少年期 (Kitzman et al., 2010; Olds et al., 2004, 2007; Rubin et al., 2011)。

上幼儿园学前班时，护士－家庭伙伴组的儿童在语言和智力测验中获得更高的分数。在 6 岁和 9 岁时，孕期心理健康状况曾经最差的家庭随访组母亲，她们的孩子在学习成绩上超过了控制组的儿童，并且行为问题也较少。此外，从婴儿出生起，家访组的母亲就走上了一条更有利的生活道路：她们后来生孩子较少，第一胎和第二胎的间隔时间较长，与孩子父亲的来往更频繁且拥有更稳定的亲密关系，生活上依赖更少，对生活有更强的掌控感，这些都是减轻后来的母亲压力和保护儿童发展的关键因素。也许正是由于这些原因，家访组母亲的孩子上中学时，在学习成绩上仍然比控制组的同龄人更有优势，所报告的饮酒和吸毒行为也更少。

另一个结果显示，与受过训练的助理护士相比，专业护士在预防孕期压力之后果（包括婴儿对新异刺激的高度恐惧和心理发展迟缓）方面的工作更有效 (Olds et al., 2002)。护士更善于个性化地进行项目指导，以适应每个家庭面临的优势和劣势。在压力重重的母亲眼里，护士作为专家，具有独特的合法性，更容易说服这些孕妇按部就班地采取措施，减少妊娠并发症，这些并发症会引发儿童后续的发育问题，就像塔拉那样。

护士－家庭伙伴项目具有很高的成本效益 (Miller, 2015)。每花 1 美元，就可以节省用于治疗妊娠并发症、早产，以及童年期和青年期身体、学习和行为问题的公共支出，这些后期支出相当于前期投入的 5 倍多。

护士－家庭伙伴项目给这位低收入的头胎母亲提供专业护士的定期家访。在后续研究中，家访母亲的孩子在认知、情感和社交方面都比控制组的孩子发展得更好。

对十几岁就做了母亲的少女来说，生理不成熟会导致妊娠并发症吗？第 11 章将讲到，十几岁少女产下的婴儿，有问题的比例较高，但这不是直接由母亲年龄导致的。大多数怀孕少女来自低收入背景，压力大、营养不良和健康问题很普遍，而且很多人害怕去就医。美国的《平价医疗法案》虽然增加了对怀孕青少年的医疗保险，但这项法案并不能惠及所有人。

3. 孕期保健的重要性

和大多数人一样，约兰达的怀孕没有并发症。但还是会遇到意想不到的困难，尤其是当母亲有健康问题的时候。例如，5%患有糖尿病的孕妇需要仔细监测。患有糖尿病的母亲血液中过多的葡萄糖会导致胎儿长得比平均水平更大，导致妊娠和分娩困难。母亲的高血糖还会损害胎儿的大脑发育，可能使婴幼儿期的记忆力和学习能力受损 (Riggins et al., 2009)。另一种并发症是先兆子痫（有时称为毒血症），5%~10% 的孕妇会经历，通常在孕期后半段发作，血压急剧升高，脸、手和脚水肿。如不及时治疗，先兆子痫可导致母亲惊厥和胎儿死亡。通常，住院、卧床休息和服用药物可以将血压降低到安全水平 (Vest & Cho, 2012)。否则，必须立即分娩。

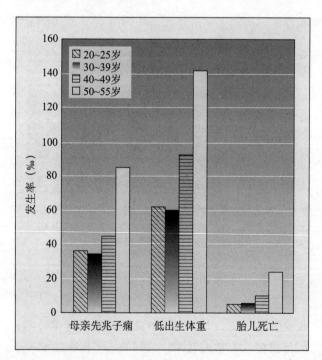

图3.4 母亲怀孕年龄与分娩并发症的关系
40 岁后怀孕的女性出现并发症的概率增加，在 50~55 岁急剧升高。另见正文中对先兆子痫的描述。资料来源：Salihu et al., 2003.

令人遗憾的是，6% 的美国怀孕女性等到怀孕的第一个三月期末才寻求孕期保健，或根本不接受任何孕期保健。在怀孕少女、未婚先孕者和贫困的少数族裔孕妇中，孕期保健不足的情况更多。她们的婴儿出现低出生体重的概率是如期接受医疗保健母亲的 3 倍，死亡风险更达到 5 倍 (Child Trends，2015c)。虽然政府为低收入孕妇提供的保健服务范围有所扩大，但有些人没有资格，她们必须至少支付部分保健费用。在谈到分娩并发症时，我们会了解到，在澳大利亚、加拿大、日本和欧洲国家等普遍提供可负担的医疗服务的国家，晚育、怀孕和母婴健康问题远远少于美国。

除了经济困难，还有其他原因导致一些母亲不做早期孕期保健，包括环境障碍（难找到医生、预约困难、交通不便）和个人障碍（心理压力、需要照顾其他幼儿、家庭危机以及对怀孕的矛盾心理）。许多人还染指高危行为，如吸烟和吸毒，她们并不想向保健人员透露这些事情 (Kitsantas, Gaffney, & Cheema, 2012)。这些在怀孕大部分时间里未得到医疗关注的女性，恰恰是最需要孕期保健的人群！

显然，对所有孕妇进行关于早期和持续产前护理重要性的公众教育，是迫在眉睫的工作。对于年轻、受教育程度低、低收入或处于压力下因而有可能得不到充分产前护理的女性来说，帮助预约、提供临时托儿中心和免费或廉价交通服务至关重要。

与文化相关的保健做法也有帮助。例如在一种名为小组孕期保健的方法中，每次体检后，经

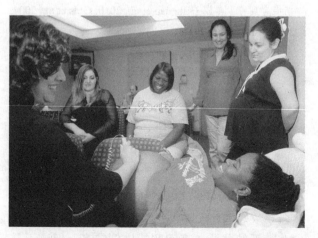

在这个孕期保健小组会议上，请准妈妈们提出问题。接受过具有文化敏感性的孕期保健的少数族裔母亲，其健康行为更多，也更可能生下健康的孩子。

学以致用

妊娠中应该做什么和不该做什么

应该做什么	不该做什么
在怀孕前接种疫苗，预防可能对胚胎和胎儿构成危害的传染病（如风疹）。孕期接种的多数疫苗都不安全。	未向医生咨询前不要服用任何药物。
发现可能怀孕要马上去医院检查，并在整个孕期坚持定期检查。	不要吸烟。如果你在孕期吸过烟，减少吸烟量，最好戒烟。回避家人或同事的二手烟。
孕前和孕期要按医生处方，均衡饮食，补充维生素和矿物质。体重逐渐增加 11～14 千克。	从决定怀孕那一天开始戒酒。
从医院、图书馆或书店获取关于孕期发育的资料。就所关心的任何事情询问医生。	不参与可能使胎儿受影响的危险环境（如辐射或化学污染）的活动。如你的职业与此有关，可申请临时换岗或请假。
适度运动，保持身体健康。最好能参加一个孕妇锻炼班。	避免使胚胎或胎儿受到传染病损害，不参与可能接触弓形体病的活动。
避免情绪压力。如果是单身母亲，找一个能让你寻求情感支持的亲戚或朋友。	不要在怀孕期间节食。
充分休息。过度劳累有患妊娠并发症的危险。	不要在孕期增加太多体重。体重过高与并发症有关。
和配偶或其他同伴一起参加一个妊娠和分娩教育课程。如果你们知道该期待些什么，分娩前的 9 个月将成为人生中最快乐的时光之一。	

过培训的小组负责人都会以少数族裔孕妇的母语组织她们进行小组讨论，鼓励她们谈谈重要的健康问题。与接受传统的简短预约、很少有机会提问的母亲相比，参加这种小组的孕妇参与了更多促进健康的行为，其婴儿早产和低出生体重的比率也更低 (Tandon et al., 2012)。根据我们对孕期环境的讨论，本页"学以致用"栏列出了"健康妊娠中应该做什么和不该做什么"。

92

思考题

联结　运用你在第 1 章学到的研究方法，解释为什么很难确定胎儿期许多环境因素的影响，如药物和污染。

应用　诺拉第一次怀孕，她认为每天几根烟、一杯酒不会对身体有害。请引用研究证据向诺拉解释为什么孕期不能吸烟喝酒。

反思　如果必须选择五种环境影响进行宣传以促进健康的孕期发育，你会选择哪些？为什么？

三、分娩

3.5　描述分娩三阶段及新生儿的分娩适应和外貌

约兰达和杰伊在他们的宝宝出生前三个月就上完了我的课，他们两人都同意在我的下一节课上来分享他们的经历。与他们一同到来的还有出生两周的约书亚。约兰达和杰伊的经历告诉我们，一个婴儿的诞生是人类体验中最激动人心的事件之一。

93

到了早晨，我确信我是在阵痛。那是星期四，我们去与医生进行每周例行的会面。医生说："是的，孩子已经发动了，但还得等一段时间。"他让我们先回家放松，过三四个小时后再来医院。我们下午 3 点住进医院，约书亚在第二天凌晨 2 点出生。当我最终做好分娩准备后，一切进行得很快。经过半个小时、几次十分辛苦的用力后，他降临了！他的脸肿得红红的，他的头形状很奇怪，不过我想："哦！他真美。我简直不敢相信他真的出生了！"

杰伊也为约书亚的诞生兴奋不已："那感觉棒极了！难以形容。我情不自禁地端详着他，一直冲着他笑。"说着，他把约书亚举过肩膀，温柔地爱抚、亲吻他。下面，我们将从父母和婴儿两方面探究分娩的体验。

1. 分娩的阶段

分娩常常也被称作生产。分娩也许是女性最艰苦的体力劳动。母亲和胎儿之间一系列复杂的激素变化发动了这一过程，此过程自然地分为三个阶段（见图 3.5）：

● 宫颈扩张与完全开大。这是分娩过程中最漫长的一个阶段，初次分娩平均持续 12~14 小时，此后的分娩平均持续 4~6 小时。子宫的收缩逐渐变得越来越频繁和有力，致使子宫颈（即子宫的开口）变宽、变薄直至完全开大，形成一条从子宫到产道（即阴道）的通道。

● 胎儿娩出。这一阶段短得多，初次分娩持续

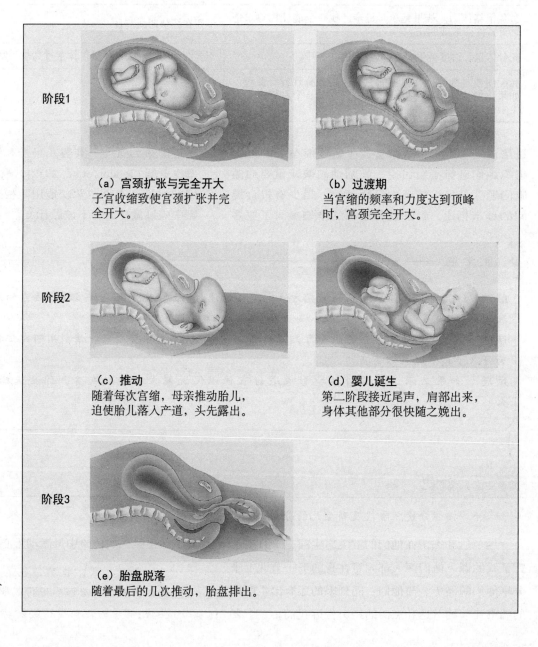

阶段1

（a）宫颈扩张与完全开大
子宫收缩致使宫颈扩张并完全开大。

（b）过渡期
当宫缩的频率和力度达到顶峰时，宫颈完全开大。

阶段2

（c）推动
随着每次宫缩，母亲推动胎儿，迫使胎儿落入产道，头先露出。

（d）婴儿诞生
第二阶段接近尾声，肩部出来，身体其他部分很快随之娩出。

阶段3

（e）胎盘脱落
随着最后的几次推动，胎盘排出。

图 3.5 分娩的三个阶段

约 50 分钟，以后的分娩约 20 分钟。子宫持 95
续强有力地收缩，母亲以一种强烈的本能用
腹部肌肉去推动胎儿。每次收缩的竭力推动
迫使胎儿向下并娩出。

94

- 胎盘脱落。产程的最终阶段伴随着几次收缩
和推动，使胎盘与子宫壁分离并脱落，耗时
5~10 分钟。

2. 婴儿对分娩过程的适应

乍看上去，阵痛和分娩过程对婴儿是一次严
峻考验。强烈的宫缩给约书亚的头部造成了极大
的压力，并且不断地挤压着胎盘和脐带。每一次
宫缩，约书亚得到的氧供应都会暂时减少。

好在，健康的婴儿能够承受这些创伤。宫缩
的力量促使婴儿分泌大量的应激激素。不像在怀
孕期间，过度的压力会危及胎儿，分娩时，婴儿
分泌大量皮质醇和其他应激激素是有适应意义的。
它们向大脑和心脏输送丰富的血液，帮助婴儿抵御
缺氧的窘境 (Gluckman, Sizonenko, & Bassett, 1999)。
此外，应激激素使肺部吸收剩余液体和扩大支气
管（通向肺部的通道），为婴儿的呼吸做准备。再
者，这些激素使婴儿进入唤醒状态。约书亚出生
时完全清醒，做好了与环境互动的准备。

3. 新生儿的外貌

初做父母者通常会对长相古怪的新生儿感到惊
讶，这与他们脑海中故事书里的形象相去甚远。新生

儿平均身长 50 厘米，重 3 400 克，男孩一般比女孩
稍长、稍重。与躯干和四肢相比，头很大，腿短而蜷
曲。头大（因为脑充分发育）身子小的组合，预示着
人类婴儿在出生几个月就能快速学习。不过与大多数
哺乳动物不同，他们要等很久才能独自行走。

就算新生儿不符合父母心目中的理想形象，
但有些特征使他们非常讨人喜欢 (Luo, Li, & Lee,
2011)。圆圆的脸、胖乎乎的脸颊、宽阔的脑门和
大眼睛，都让大人想抱起他们。

4. 评估新生儿的生理状况：阿普加评分

对分娩后出现生存困难的婴儿，必须立即给
予特殊救助。为了能迅速地对新生儿的生理状况
做出评定，医生和护士们使用**阿普加评分** (Apgar
Scale)。如表 3.3 所示，五项特征各分为 0、1、2 三
个等级，在出生后 1 分钟和 5 分钟分别评定。阿普

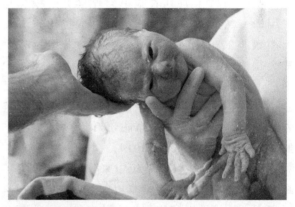

为了容纳发育完善的脑，新生儿的头比躯干和四肢大得多。
新生儿在呼吸几口气之后，身体马上就会变成粉红色。

表 3.3　阿普加评分

体征 [a]	等级		
	0	1	2
心律	无心跳	低于 100 次 / 分钟	100~140 次 / 分钟
呼吸	60 秒钟无呼吸	呼吸不规则、微弱	呼吸强有力并啼哭
反射反应（打喷嚏、咳嗽和面部扭曲）	无反应	反射反应弱	反射反应强有力
肌肉张力	完全松弛	四肢动作微弱	四肢动作有力
肤色 [b]	身体和四肢青紫	身体粉红，四肢青紫	身体和四肢均为粉红色

[a] 有个窍门能帮你记住这 5 项体征。按以下方式把这些体征重命名：肤色 (color)= **A**ppearance，心律 (heart rate)= **P**ulse，反射反应 (reflex irritability)=
Grimace，肌肉张力 (muscle tone)= **A**ctivity，呼吸 (respiratory effort)= **R**espiration。所有新名称的首字母拼在一起就是 **Apgar**（阿普加）。
[b] 非白种新生儿的肤色难以符合"粉红色"的标准，但由于氧在身体组织中的循环，所有种族的新生儿的肤色都可以被评定为"泛粉红色"。
资料来源：Apgar, 1953.

加分数之和大于或等于 7 分表明婴儿的生理状况良好。如果分数为 4~6 分，婴儿需要协助才能呼吸并显示其他生命迹象。如果分数小于或等于 3 分，婴儿处于极度危险中，需要抢救 (Apgar, 1953)。阿普加评分要进行两次，因为有些婴儿刚开始会适应困难，几分钟后就会适应得很好了。

四、分娩方式

3.6　描述自然分娩和家庭分娩及各自的优缺点

与家庭生活的其他方面一样，生育习俗也受母亲和婴儿所处文化的很大影响。在乡村和部落的一些文化中，孕妇熟知分娩的全过程。例如在南美洲的亚拉拉族 (Jarara) 和太平洋群岛的普卡普坎族 (Pukapukans)，分娩被视为日常生活中一个至关重要的部分。亚拉拉族的母亲在整个部落的注视下生产，小孩子们也来观看。普卡普坎族的女孩很熟悉阵痛和分娩过程，甚至经常可以看到她们在玩生小孩的假装游戏。她们把一只椰子塞到衣服里装作婴儿，模仿母亲用力，然后让椰子在适当的时候掉出来。在大多数非工业化的文化中，女性在分娩过程中都会得到协助。在塞拉利昂的门德人 (Mende) 中，由部落首领任命的助产士会在产前和产后拜访母亲，提供建议，并在分娩过程中用传统方法来加快分娩，如按摩腹部和以蹲姿支持产妇 (Dorwie & Pacquiao, 2014)。

在西方国家，几个世纪以来分娩已经发生了翻天覆地的变化。19 世纪末以前，分娩大多在家里完成，是一件以家庭为中心的事件。工业革命给城市带来了大量人口，随之产生了新的健康问题。因此分娩从家里转移到医院，在这里，母婴健康能得到保障。一旦由医生承担分娩的责任，女性的分娩知识就减少了，也不再欢迎亲戚和朋友来参与 (Borst, 1995)。

到 20 世纪五六十年代，女性开始质疑阵痛和分娩中使用的常规程序。许多人认为，五花八门的强效药物和频繁使用的分娩器械剥夺了她们的宝贵体验，对婴儿来说既不必要也不安全。渐渐地，一场自然分娩运动在欧洲兴起并蔓延到北美，其目的是使医院分娩尽可能地让母亲感到舒适、有意义。现在，大多数医院通过分娩中心落实了这一思想。分娩中心是以家庭为中心的，布置得像家一样温馨。另外还有独立分娩中心，它使产妇在更大程度上自己控制分娩过程，包括选择分娩姿势，家人和朋友在场，以及父母与新生儿尽早接触。还有一小部分北美女性完全拒绝在医院分娩，而选择家庭分娩。

1. 自然分娩或无痛分娩

约兰达和杰伊选择了**自然分娩**或**无痛分娩** (natural, or prepared childbirth)，这是一套分娩技术，目的在于减轻疼痛，减少医疗干预，尽可能使分娩成为一次有意义的体验。多数自然分娩法吸收了由英国人格兰特利·迪克 – 里德 (Grantly Dick-Read, 1959) 和法国人费尔南德·拉马兹 (Fernand Lamaze, 1958) 设计的方法。这两位医生认为，文化态度使女性产生了对分娩的恐惧。一个焦虑、惊恐的女性会在分娩中绷紧肌肉，把伴随强烈宫缩出现的轻微疼痛变成了强烈的痛楚。

在常见的自然分娩程序中，孕妇和一位同伴（丈夫、亲戚或朋友）一起参加三项活动：

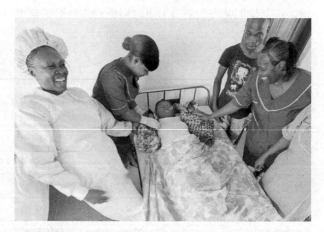

在塞拉利昂，一位新妈妈在生下双胞胎后舒服地休息。她在家里生出了双胞胎中的第一个胎儿，村里的接生人员帮她接生，但是出现了分娩并发症，助产士把她送到一家诊所，在那里她们与护士合作为她接生了第二个胎儿。整个过程都体现出，文化习俗是分娩经历的一部分。

- 课程。约兰达和杰伊参加了一系列课程，课上他们学习了关于阵痛和分娩的解剖学和生理学知识。对分娩过程的了解可以降低产妇的恐惧。
- 放松和呼吸练习。每次课上，约兰达都要做放松和呼吸练习，目的是减轻子宫收缩造成的疼痛。
- 分娩指导。杰伊学习了怎样在分娩中帮助约兰达：提醒她放松和呼吸，为她按摩背，支撑身体，表达鼓励和爱意。

96 社会支持对自然分娩的成功至关重要。一项研究在危地马拉和美国的医院中，按照惯例对产妇进行隔离，一些产妇被随机指派一个训练有素的助产士，在整个分娩过程中陪伴她们，跟她们谈话、握着手，抚摸后背帮她们放松。与无人陪伴的产妇相比，这些产妇出现的并发症较少，阵痛过程较短。分娩后，得到支持的危地马拉母亲与婴儿的互动（谈话、微笑和轻抚）更积极 (Kennell et al., 1991; Sosa et al., 1980)。

另有研究表明，在分娩过程中得到支持的产妇，无论支持者是非专业助产士，还是接受过助产培训的亲戚或朋友，通常都很少借助器械或剖宫产（手术）分娩，也都较少靠药物控制疼痛。她们的婴儿的阿普加分数更高，在两个月后的随访中，她们更多地用母乳喂养 (Campbell et al., 2006, 2007; Hodnett et al., 2012; McGrath & Kennell, 2008)。社会支持也使西方医院的分娩方法更可能被来自世界各地、习惯于接受家庭和社区成员帮助的女性所接受 (Dundek, 2006)。

2. 家庭分娩

家庭分娩在某些工业化国家一直较普遍，如英国、荷兰和瑞典。20 世纪七八十年代，选择在家里生孩子的北美女性数量也有所增长，但人数仍然很少，不到 1% (Martin et al., 2015)。有些家庭分娩有医生在场，更多的是由持证助产士来接生。她们拥有护理学学位，还接受过助产培训。

在家分娩和在医院分娩一样安全吗？在训练有素的医生或助产士的帮助下，没有妊娠并发症的健康产妇确实如此 (Cheyney et al., 2014)。但是，如果助产人员没有经过严格培训，没有做好处理紧急情况的准备，婴儿残疾和死亡的可能性就更高 (Grünebaum et al., 2015)。当产妇有发生并发症的风险时，分娩的适当地点是医院，那里可以提供挽救生命的治疗。

在家分娩后，助产士和一名非专业护理人员为新妈妈提供支持。如果健康产妇由训练有素的医生或助产士接生，在家分娩和在医院分娩一样安全。

五、医疗干预

3.7 列出分娩时的各种干预方法及其适用场合和可能的危险

4 岁的美琳达走路步履蹒跚，很难保持平衡。她患有脑瘫，这是一种由出生前、产程中或出生后不久的大脑损伤引起的各种肌肉协调障碍的总称。每 500 个美国儿童中就有 1 个患有脑瘫。包括美琳达的状况在内的约 10% 的脑损伤，是由分娩期间**缺氧** (anoxia)，或氧气供应不足造成的 (Clark, Ghulmiyyah, & Hankins, 2008; McIntyre et al., 2013)。美琳达是**臀位** (breech position)，一种颠倒的胎位，须先娩出臀部或脚，而且有脐带绕颈。她的母亲是意外怀孕，这使她感到害怕和孤独，在最后一刻才去就医。如果她早点来医院，医生就可以检测到美琳达的情况，在脐带挤压导致痛苦的时候，可以动手术接生，减小或完全避免伤害。

像美琳达这样的案例，医疗干预显然是合理的。但在有些情况下，医疗干预会干扰分娩甚至造成新的危险。下面，我们介绍一些在分娩过程中普遍使用的临床医疗程序。

1. 胎儿监测

胎儿监测仪 (fetal monitors) 是追踪分娩过程中胎儿心律的电子设备。异常心跳可能表明胎儿处于缺氧危险中，需要立即娩出。美国大多数医院都要求进行持续不断的胎儿监测，在美国，它被用于超过 85% 的分娩 (Ananth et al., 2013)。最常用的一种监测手段是在整个分娩过程中用带子缚住母亲的腹部。另一种更准确的方法是把一个记录装置穿过子宫颈，直接置于胎儿的头皮下。

胎儿监测是一种安全医疗措施，挽救了许多处于高危状况下的产儿。但是，在正常妊娠中，它并不能降低婴儿脑损伤和死亡率。此外，大多数产儿在分娩过程中会出现一些不规则心跳，批评者担心，胎儿监测仪会把无危险产儿错误地鉴别为有危险。胎儿监测与剖宫产数量的增长有关，对此稍后将讨论 (Alfirevic, Devane, & Gyte, 2013)。此外，一些女性抱怨这种设备很不舒服，并且妨碍了分娩的正常进程。

胎儿监测仪仍会在美国继续使用，虽然大多数情况下并非必要。医生们担心，如果婴儿死亡或出生时带有问题，他们又无法证明尽了一切努力去保护产儿，他们可能被控玩忽职守。

2. 分娩药物干预

超过 80% 的美国新生儿在分娩中使用了某些药物 (Declercq et al., 2014)。在阵痛时，可给产妇小剂量的止痛剂来减轻疼痛，帮助其放松。麻醉剂是一种药效更强的止痛药，能够阻断感觉。目前，分娩中最常用的控制疼痛的方式是硬膜外麻醉，即用一根导管把局部麻醉剂持续不断地注入

腰椎的间隙。与以前会使身体的下半部失去知觉的腰麻方式相比，硬膜外麻醉把疼痛减轻的范围限制在骨盆区。由于产妇仍能感受到宫缩的力量，并且可以活动躯干和腿，所以她在分娩的第二阶段可以去推动胎儿。

虽然镇痛药能帮助产妇应对分娩，也使医生能实施必要的医疗干预，但它们也会造成一些问题。例如，硬膜外麻醉会使子宫收缩减弱，延长分娩过程，增大使用器械分娩或剖宫产手术的可能性。此外，麻醉药会快速通过胎盘，接触麻醉药的产儿有呼吸窘迫的风险 (Kumar et al., 2014)，他们的阿普加评分可能偏低，出现嗜睡和退缩，喂奶时吸吮不良，觉醒时易受激惹 (Eltzschig, Lieberman, & Camann, 2003; Platt, 2014)。虽然对发展没有确定的长期后果，但这些药物对新生儿适应能力的负面影响支持了目前限制其使用的趋势。

3. 剖宫产

剖宫产 (cesarean delivery) 是一种手术分娩：医生在母亲的腹部切一个口，将胎儿取出子宫。剖宫产在 40 年前还不多见。此后，剖宫产率在世界各国都不断升高，在芬兰达到 16%，新西兰为 24%，加拿大为 26%，澳大利亚为 31%，美国为 33% (Martin et al., 2015; OECD, 2013b)。

剖宫产手术总是在紧急情况下进行，如 Rh 血型不相容、胎盘与子宫过早分离，或产妇严重感染（如 II 型单纯疱疹病毒，可在阴道分娩时感染婴儿）。剖宫产也适用于臀位分娩，因为这种情况下婴儿有头部受伤或缺氧的风险（如美琳达的情况）。但是确切胎位的结果差异很大，某些臀位婴儿在正常分娩和剖宫产时的效果一样好 (Vistad et al., 2013)。有时，医生可以在分娩早期轻轻地把产儿的臀位转为头位。

直到最近，许多曾经接受过剖宫产手术的女性，再次怀孕时仍可以选择顺产方式。但越来越多的研究显示，与重复进行剖宫产相比，在剖宫产后再进行自然分娩，与子宫破裂和婴儿死亡发生率的小幅度增高有关 (Hunter, 2014)。因此，"一旦剖宫产，永远剖宫产"的道理又有了依据。

重复的剖宫产并不能解释剖宫产率在世界各地的增加，相反，分娩过程中的药物控制应承担很大责任。由于已经实施的许多剖宫产手术是不必要的，

产妇在选择医生时应该询问分娩程序问题。虽然手术本身是安全的，但母亲和婴儿都需要更长的时间恢复。由于麻醉剂可能通过胎盘，剖宫产的新生儿更可能出现嗜睡和反应迟钝，发生呼吸困难的危险也会增高 (Ramachandrappa & Jain, 2008)。

 思考题

联结　自然分娩对产妇－新生儿关系有何积极影响？你的回答是否阐明了生态系统论中特别强调的母婴之间的双向影响？

应用　莎伦是个烟瘾很大的人，刚到医院分娩。医生会对她采用前面讨论的哪种药物干预措施？（可参考边页 84 提到的孕期吸烟对胎儿的影响）

反思　如果你是一位准父母，你会选择家庭分娩吗？为什么会？为什么不会？

六、早产儿和低出生体重儿

3.8　描述早产和低出生体重的风险及有效干预

多年来，在 38 周足月妊娠前三周及三周以前出生，或出生时体重低于 2 500 克的婴儿被称为"早产儿"。很多研究表明，早产儿处于多种危险中。出生体重是婴儿存活和健康发育的最有效预测指标。许多体重低于 1 500 克的新生儿会遇到难以克服的问题，这种影响随着怀孕时间的减少和出生体重的下降而变得更强（见图 3.6）(Bolisetty et al., 2006; Wilson-Ching et al., 2013)。大脑异常、身体发育迟缓、频繁生病、感觉障碍、运动协调能力差、注意力不集中、过度活动、语言迟滞、智力测验分数低、学校学习障碍以及情绪和行为问题等，可能贯穿童年期和青少年期直至成年期 (Hutchinson et al., 2013; Lawn et al., 2014; Lemola, 2015)。

大约 11% 的美国婴儿早产，8% 出生体重不足。这两个风险因素经常同时存在，而且可能会意外发生。但是问题在贫困女性中最突出 (Martin et al., 2015)。这些母亲更有可能面临压力、营养不良和其他有害环境影响。而且她们往往得不到充分的孕期护理。

重温第 2 章的内容，早产在多胞胎中很常见。大约 55% 的双胞胎和超过 90% 的三胞胎都是早产和低出生体重儿 (Martin et al., 2015)。由于子宫内空间有限，在怀孕的后半段，多胞胎的体重增加要比单胎少。

1. 早产儿与小于胎龄儿

虽然低出生体重儿的健康发展面临许多障碍，但其中大多数人会过上正常的生活。那些在怀孕 23~24 周、出生时低体重的人中，有一半没有留下任何残疾（见图 3.6）。为了更好地理解为什么其中一些儿童比其他人发展得更好，研究者将他们分为两类。第一类称作**早产儿** (preterm infants)，即在预产期前几周或更早出生的新生儿。虽然体

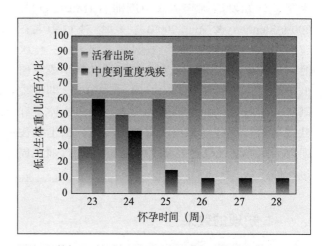

图 3.6 按怀孕时间划分的婴儿存活率和儿童残疾率

对 2 300 多名在妊娠 23~28 周出生的婴儿的随访发现，其存活率百分位和表现出中度至重度残疾的百分位（在幼儿期评估）随着孕期的减少而上升。重度残疾包括脑瘫（不能走路）、严重的智力发育迟缓、耳聋和失明。中度残疾包括脑瘫（能在辅助下行走）、中度智力发育迟缓和听力障碍（可以通过助听器部分矫正）。资料来源：Bolisetty et al., 2006.

型较小，但他们的体重通常仍合乎他们在子宫内所停留的时间。第二类称为**小于胎龄儿 (small-for-date infants)**，即出生时的实际体重低于所处胎龄预期体重的产儿。有些小于胎龄儿实际上是足月儿，另一些则是体重特别不足的早产儿。

小于胎龄儿，如果同时是早产儿，通常问题更严重。在第一年，他们更有可能死亡、被感染并显示出脑损伤的迹象。到小学期，他们的身材更矮小，智力测验分数更低，注意力更不集中，在学校的成绩更差，社会性也不成熟 (Katz et al., 2013; Sullivan et al., 2008; Wilson-Ching et al., 2013)。小于胎龄儿出生前可能经历过营养不足。也许是其母亲饮食不正常，胎盘机能不正常，或婴儿本身的缺陷阻止了他们正常生长。因此，胎龄过短的婴儿尤其容易出现神经损伤，从而永久削弱他们应对压力的能力 (Osterholm, Hostinar, & Gunnar, 2012)。反过来，严重的压力会增加他们日后对身心健康问题的易感性。

如果早产儿的体重符合其孕期时长，即早产 7~14 天，在 34~35 周或 36 周出生，患病率、昂贵的医疗干预费用和住院时间就会大大降低（尽管与足月儿比他们仍需要更多的医疗干预）(Ananth, Friedman, & Gyamfi-Bannerman, 2013)。他们出现残疾的风险较低，但在幼儿期和小学期，有相当数量的 34 周早产儿，其身体发育低于平均水平，认知发展则轻度或中度滞后 (Morse et al., 2009; Stephens & Vohr, 2009)。一项针对 12 万名在纽约出生的婴儿的追踪调查显示，到小学三年级时，早出生 1~2 周的儿童，其阅读和数学成绩略低于足月出生的儿童 (Noble et al., 2012)。即使控制了与学习成绩相关的其他因素，如出生体重和社经地位，这些结果仍然有效。然而，医生往往误以为这些胎儿已经发育"成熟"，进而提前几周进行催产。

2. 护理的效果

想象一个骨瘦如柴、皮薄如纸的婴儿，他的身体只比你的手稍大一点。你小心地抚摸他，轻声跟他说话，跟他玩耍，但他总是困顿，没有反应。你喂他的时候，他很少吸吮。即使有短暂的清醒时间，他也很容易被激惹。

早产儿的外表和行为，使父母在照顾他们时不那么敏感。与足月儿相比，早产儿，尤其是出生时病得很重的早产儿，很少被抱紧、轻轻抚摸，以及与之温柔地交谈。有时，这些婴儿的母亲会用手指戳戳他们，或朝他们喊叫，试图从孩子那里得到更积极的反应 (Feldman, 2007; Forcada-Guex et al., 2006)。这也许可以解释，为什么早产儿作为一个群体处于被虐待的危险中。

研究表明，焦虑、爱啼哭的早产儿特别容易受到父母教养质量的影响，在 9 个月大的早产儿样本中，婴儿的消极态度和父母生气或打扰式的教养方式相结合，导致孩子在 2 岁时产生行为问题的比率最高。但在温暖、敏感的父母教养下，早产儿那些令人烦恼的行为问题发生率最低 (Poehlmann et al., 2011)。如果这些婴儿的母亲孤身一人且为贫穷所困，不能提供丰富的营养、良好的保健和养育，那么出现不良结果的可能性就更大。相反，有稳定生活环境和社会保障的父母，通常能应对照顾早产儿的压力 (Ment et al., 2003)。在这种情况下，即使病弱的早产儿也有可能在小学期赶上正常儿童。

这些发现表明，早产儿发展得如何，要看亲子关系如何。对这条关系链的两端都予以支持的干预，对这些婴儿的恢复帮助较大。

3. 对早产儿的干预

早产的婴儿会被放入一个特制的封闭树脂玻璃床内，称作育儿箱。其温度被严格控制，因为这些婴儿还不能自主调节体温。为了避免被感染，空气在进入育儿箱之前都经过过滤。早产儿通过胃管进食，依靠呼吸机呼吸，用静脉针接受药物，这使育儿箱完全与世隔绝！新生儿的生理需求只能靠机器来满足，否则无法避免亲密接触和成人的刺激。

（1）特殊的婴儿刺激

某些适度的刺激能够促进早产儿的发展。在一些重症监护的婴儿室中，可以看到，一些早产儿被放在悬挂的吊床上摇动，或让他们躺在水床上（这是为了弥补他们本应在母亲子宫中接受到的柔和运动），或者听柔和的音乐，这些经验可以促进体重较快增长，使睡眠更有规律，并使婴儿更警觉 (Arnon et al., 2006; Marshall-Baker, Lickliter, & Cooper, 1998)。在一项实验中，研究者挑选孕期第 25～32 周出生的高危早产儿，把他们分成两组，第一组为母音组，每天让他们听几个小时母亲的说话声音和心跳录音，第二组为控制组，每天听同样时间的监护室常规噪声。在 1 个月大时，超声波检测显示，母音组婴儿大脑的听觉区域明显增大（见图 3.7）(Webb et al., 2015)。控制组每天听监护室不规律的嘈杂声，相形之下，婴儿像在子宫中一样倾听熟悉而有节奏的母亲声音可以促进大脑的发育。

在动物幼仔中，触摸皮肤能促使脑部释放化学物质，促进身体发育，这种效应在人类身上同样会出现。如果早产儿在医院中每天接受几次按摩，他们的体重会增长得更快。到 1 周岁时，其智力和动作发展，比没有接受这种刺激的早产儿更超前 (Field, 2001; Field, Hernandez-Reif, & Freedman,

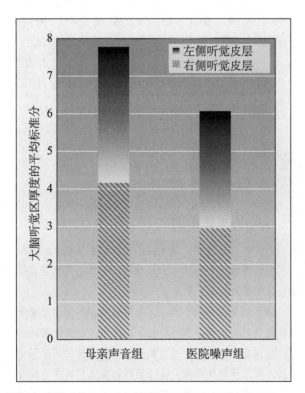

图 3.7　听母亲的声音和心跳可以促进早产儿的大脑发育

孕期第 25～32 周出生的早产儿被随机分配，母音组每天听几个小时母亲的声音和心跳录音，控制组听常规的、不规律的医院噪声。在婴儿重症监护室接受了一个月的实验后，超声波检测显示，母音组婴儿左右脑听觉区比控制组婴儿要厚得多。除了强调有效的干预外，研究结果表明，怀孕期间接触轻柔、有节奏的产妇声音可以促进早期大脑发育。资料来源：Webb et al., 2015.

2004）。

在发展中国家，早产儿并不总是能住院治疗，因此一种肌肤相亲的"袋鼠育儿法"成为促进早产儿存活和康复的最简便易行的干预手段。这种方法是让婴儿采取直立姿势，固定于母亲或父亲的胸前（在父母的衣服下面），由父母的身体来充当育婴器。袋鼠育儿法为父亲们提供了一个独特机会，提高了他们在照顾早产儿中的参与度。由于这种技术对生理和心理发展好处很多，西方国家也把它作为医院重症监护的一种补充。

袋鼠育儿法中的肌肤接触能够改善婴儿身体的氧合作用、体温调节，促进睡眠、母乳喂养、警觉性和婴儿的存活 (Conde-Agudelo, Belizan, & Diaz-Rossello, 2011; Kaffashi et al., 2013)。此外，袋鼠育儿法在所有感觉通道上都为婴儿提供了温和的刺激，包括听觉（通过父母的谈话声）、嗅觉（通过亲近父母的身体）、触觉（通过肌肤的接触）以及视觉（通过直立的姿势）。实施袋鼠育儿法的父母对养育赢弱的婴儿更有自信，与婴儿的互动更敏感、亲切，并感受到婴儿更依恋他们 (Dodd, 2005; Feldman, 2007)。

100

总之，这些因素可以解释，为什么在出生前几周内给予长时间袋鼠式护理的早产儿，相比那些很少或没有给予这种护理的早产儿，更多地探索新奇玩具，并且在 1 岁以内的智力和动作发展方面得分更高 (Bera et al., 2014; Feldman, 2007)。在一项追踪早产儿到 10 岁的调查中，与控制组相比，采用袋鼠式护理的早产儿表现出更有适应

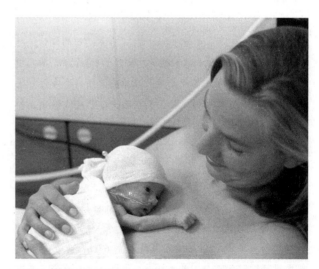

在西方国家，袋鼠育儿法可用来补充医院的重症监护。图为一位美国母亲正在对她脆弱的新生儿采用这一方法。

性的皮质醇应激反应、更有规律的睡眠、更积极的母子互动，以及更好的认知发展 (Feldman, Rosenthal, & Eidelman, 2014)。由于袋鼠育儿法的好处多种多样，现在美国很多医院的婴儿室为父母和早产儿提供了实施袋鼠育儿法的设备。

（2）训练父母抚养早产儿的技能

对早产儿父母的干预，一般会教他们怎样意识到婴儿的需要并做出反应。研究表明，对于经济条件和个人资源较好的父母，要养育一个早产儿，只需要为数不多的课程，就能改进亲子互动，减少婴儿啼哭，改善睡眠，帮助早产儿在 1 岁以后语言得到快速发展，智力测验成绩稳定地进步，到小学期就能和那些足月儿童平起平坐 (Achenbach, Howell, & Aoki, 1993; Newnham, Milgrom, & Skouteris, 2009)。

如果早产儿生活在压力重重的低收入家庭，那么长期的特别干预对减少发育中的问题是必需的 (Guralnick, 2012)。婴儿健康与发展项目 (Infant Health and Development Program) 对出生于贫困家庭的早产儿开展了一套全面的干预，包括医疗随访、每周的家庭访问，培训家长怎样养育孩子，协助解决日常问题，帮助家长对 1~3 岁婴儿

进行认知刺激。到 3 岁时，在智力、心理适应和身体发育上处于正常范围内的干预组儿童是非干预的控制组儿童的 4 倍多 (39% 比 9%) (Bradley et al., 1994)。此外，干预组的母亲更亲切，更多地鼓励孩子做游戏和运用认知技巧，这也是她们的孩子到 3 岁时能发展良好的原因之一 (McCarton, 1998)。

到 5 岁和 8 岁时，定期参加该项目的儿童继续表现出较好的智力，此时他们参加项目的时间已经比 3 岁时多出 350 天以上。相反，只是偶尔参加项目的儿童基本没有获益，有人甚至有退步 (Hill, Brooks-Gunn, & Waldfogel, 2003)。这些发现进一步证实，出生于贫困环境中的早产儿需要密集的干预。对于体重最低的儿童，必须采取一些特别措施，如额外的成人－儿童互动，才能增强干预效果。

然而，即使是最好的护理环境，也不能保证克服与高危早产和低出生体重有关的巨大的生物学风险。更好的行动方案是预防。美国是工业化国家中低出生体重儿最多的国家之一，通过下面的"社会问题→健康"专栏里介绍的健康和社会条件改善措施，低出生体重儿可能会明显减少。

---

102 🌳 专栏　　　　社会问题→健康

针对父母和新生儿的医疗保健及其他政策的国际比较

婴儿死亡率 (infant mortality) 是世界通用的评估一个国家儿童整体健康状况的指标，指每 1 000 个活产婴儿中在出生后第一年内的死亡数。虽然美国拥有迄今世界上最先进的医疗保健技术，但其在减少婴儿死亡数量上所取得的进步却不如其他许多国家。在过去 40 年中，美国在国际排行榜上的位置有所下滑，从 20 世纪 50 年代的第 7 位滑落到 2015 年的第 39 位。美国的贫困少数族裔成员所处的危险最大，非裔美国婴儿在出生后第一年死亡的比率是白人婴儿的 2 倍多 (U.S.Census Bureau, 2015d)。

新生儿死亡率是指婴儿出生后第一个月内的死亡率。新生儿死亡占美国婴儿死亡的 67%。新生儿死亡主要可以归于两个因素。第一个是严重生理缺陷，其中

大部分是难以避免的。婴儿出生时带有生理缺陷的比例在所有族裔和收入群体中大体相仿。第二个是低出生体重，这在很大程度上是可以预防的。

这些趋势主要应归咎于大范围的贫困和美国母婴医疗保健项目的缺乏。图 3.8 中婴儿死亡率低于美国的任何一个国家，都向其全部公民提供政府资助的医疗保健福利，都采取额外措施，保证孕妇和婴儿获得充分的营养、高质量的医疗保健以及社会和经济支持，以促进婴儿得到有效的抚养。

例如，所有西欧国家都保证对女性进行一定次数的孕期家访，并且价格极低或完全免费。婴儿出生后，一位保健医生会定期随访，提供育婴咨询并安排后续的医

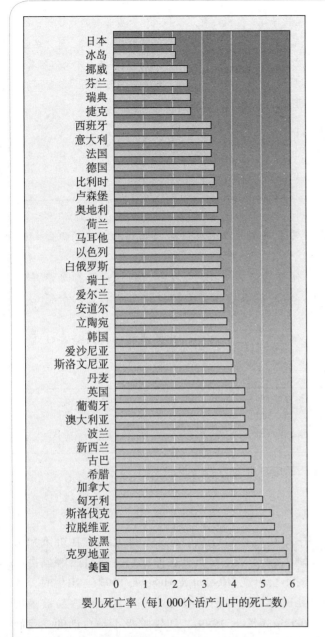

图3.8　39个国家的婴儿死亡率（‰）

虽然拥有先进的医疗保健技术，但美国的排名较差，排在第39位，婴儿死亡率为5.9‰。资料来源：U.S.Census Bureau, 2015c.

疗服务。家庭援助在荷兰尤其普遍（Lamkaddem et al., 2014）。支付一定费用后，每个母亲可以得到一位经过培训的妈妈助手，帮助进行婴儿看护、购物、做家务、做饭，以及在分娩后的8～10天内照顾其他孩子。

对初为父母的人来说，提供带薪、有工作保障的产假是另一种重要的社会干预措施。瑞典拥有世界上最慷慨的产假政策。母亲享受的产假从预产期前60天开始，直到产后6周；父亲可享有2周的产假。此外，父母双方中的任何一方都可以休15个月的全假，薪资为全薪的80%，之后还可享受3个月的低薪假。父母双方还可以享受另外18个月的无薪假。即使是经济不那么富裕的国家也提供产假福利。如保加利亚的新妈妈有11个月的带薪假，爸爸也有3周的带薪假。此外，许多国家还实行基本带薪休假之后的补充休假政策。例如德国，在3个月的全薪假期后，父母可以再享受一年发给部分薪资的假期和无薪假期，直到孩子满3岁（Addati, Cassirer, & Gilchrist, 2014）。

然而在美国，联邦政府规定，只有员工人数在50人以上的公司，其雇员才能享受12周的无薪假期。可是，大多数女性在较小的企业工作，即使在大公司工作，一些女性也负担不起无薪休假。由于经济压力，许多有资格享受无薪产假的新妈妈，其休假时间也远远少于12周。同样，尽管让父亲休假的目的是希望父亲在婴儿1岁前更多地参与到对婴儿的照料中，但许多父亲很少或根本不照顾婴儿（Nepomnyaschy & Waldfogel, 2007）。2002年，加利福尼亚州成为第一个保证母亲或父亲有6周带薪产假的州，无论公司规模大小。此后，哥伦比亚特区以及夏威夷、新泽西、纽约、罗得岛、华盛顿等州和波多黎各自治邦都通过了类似的立法。

研究表明，按照美国的标准，6周的产假太短了。6～8周的假期会增大母亲的焦虑、抑郁、角色超载感（工作和家庭责任之间的冲突）以及母婴之间的消极互动。12周及以上的长假则能带给母亲良好的精神健康状况和敏感、反应迅速的抚育（Chatterji & Markowitz, 2012;

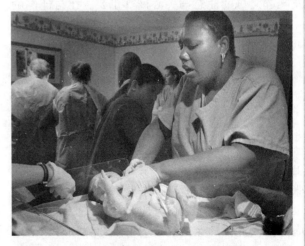

这位医生的工作对象是高风险孕妇，所接生的婴儿，其母亲大多非常贫困，从未接受过产前护理。贫困率低、政府支持、为孕妇和婴儿提供高质量医疗保健的国家，其婴儿存活率均高于美国。

Feldman, Sussman, & Zigler, 2004）。政府没有宽松的带薪休假政策，最易受伤害的是单身母亲和她们的婴儿。这些母亲通常是家庭的唯一支柱，她们能从工作中抽出的时间最少。

在婴儿死亡率低的国家，准父母无须担心如何或从哪里获得保健和其他资源来支持婴儿的发育。高质量的全民保健、慷慨的育儿假和其他社会服务对母婴福祉的强大影响，为这些政策提供了强有力的理由。针对这些发现，《平价医疗法案》为美国各州提供了慷慨的赠款，用于支付家访项目的费用，这些项目可为高风险家庭的母亲、婴儿和幼儿提供全面的服务。

思考题

联结　列出本章介绍的导致婴儿低出生体重的因素。其中哪些可以通过针对准妈妈的更好的保健加以预防？

应用　塞西莉亚和安娜各生了一个早产7周的婴儿，体重均只有1 400克。塞西莉亚是单身母亲并且接受社会救济，安娜和丈夫婚姻幸福，收入不错。请分别设计适当干预措施来帮助这两个婴儿的发展。

反思　很多人反对采取特别医疗措施来拯救极低出生体重儿，因为这些措施可能有极高风险导致几种严重发育问题。你同意还是反对？为什么？

七、新生儿的能力

101

3.9　描述新生儿的反射和唤醒状态，并指出新生儿的睡眠特征和安抚啼哭婴儿的方法

3.10　描述新生儿的感觉能力

3.11　新生儿行为评价为什么有用？

新生儿具有一系列非凡的能力，这对生存以及唤起父母的注意与关心极其重要。在与他们的物理环境和社会环境发生联系时，婴儿从一开始就是主动的。

1. 新生儿的反射

反射 (reflex) 是对某种特定刺激做出的与生俱来的、无意识的反应。反射是新生儿最明显的有组织的行为。当杰伊把约书亚放在我的教室的一张桌子上时，我们看到了一些反射。当杰伊击打桌子一侧时，约书亚的反应是先展开双臂，然后向身体收拢。约兰达抚摸约书亚的脸颊时，他把头转向了她的方向。约兰达把手指放在约书亚的手掌中时，他紧紧地抓住不放。查阅表3.4，看你能否找到约书亚所表现出的新生儿反射的名称。

有些反射具有生存意义。觅食反射帮助哺乳中的婴儿找到母亲的乳头。婴儿只有在饥饿和被别人触摸时会表现出这种反射，在自己触摸自己时不会出现 (Rochat & Hespos, 1997)。出生时，婴儿就会调整他们的吸吮力，使乳汁更容易被吸出 (Craig & Lee, 1999)。如果吮吸不是自动的，我们这个物种将活不过一代！

在人类进化过程中，还有一些反射有助于人类的生存。例如，摩罗反射，或"拥抱"反射，可以帮助婴儿在被抱着的时候紧贴母亲。如果婴儿偶然失去支撑，反射就会使婴儿拥抱母亲，用手来抓握（在第1周非常有力，可以支撑婴儿的整个体重），重新获得母亲身体的支持。

有些反射有助于父母和婴儿之间建立良好的互动。婴儿会搜寻并找到乳头，喂食时毫不费力，手被触碰时会紧紧握住，这些都鼓励父母给予亲切的回应，增强他们作为抚育者的胜任感。反射还能帮助抚育者安抚婴儿，因为它们使婴儿能够

表 3.4 新生儿反射

反射	刺激	反应	消失的时间	机能
眨眼反射	强光照射眼睛或在头附近击掌。	婴儿迅速闭上眼睛。	永久性的	免受强烈刺激
觅食反射	抚摸靠近嘴角的面颊。	头部转向刺激源方向。	3周，此时头部可自主转动	帮助婴儿找到乳头
吸吮反射	把手指放入婴儿口中。	婴儿有节奏地吸吮手指。	4个月后被自主吸吮取代	进食
摩罗反射	让婴儿水平仰卧，突然把头部下沉或敲击支撑婴儿的台面发出很大声响。	婴儿做出"拥抱"姿势，背部呈弓形，双腿伸展，双臂外伸，然后双臂向内收拢。	6个月	在人类进化过程中可帮助婴儿抓紧母亲
抓握反射	把手指放在婴儿手中并按压手掌。	婴儿自然地握住手指。	3~4个月	为婴儿的自主抓握做准备
强直性颈部反射	当婴儿清醒着仰卧时，将其头部转向一侧。	婴儿做出"击剑姿势"，头所朝向侧的手臂伸展到眼前，另一侧手臂弯曲。	4个月	为婴儿自主伸手做准备
踏步反射	从腋下托住婴儿，让其赤脚接触一个平面。	婴儿交替抬起双脚，做踏步反应。	体重增长快速的婴儿为2个月，体重较轻的婴儿保持时间较长	为婴儿自主行走做准备
巴宾斯基反射	从脚趾向脚跟方向轻抚脚底。	脚趾呈扇形张开，然后蜷曲，同时脚向内扭。	8~12个月	未知

资料来源：Knobloch & Pasamanick, 1974; Prechtl & Beintema, 1965; Thelen, Fisher, & Ridley-Johnson, 1984.

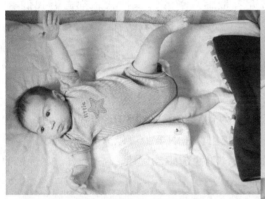

在摩罗反射中，失去支撑或突然的巨响会导致婴儿弓背，伸直双腿，伸出双臂，做"拥抱"动作，再收拢。

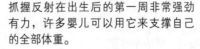

抓握反射在出生后的第一周非常强劲有力，许多婴儿可以用它来支撑自己的全部体重。

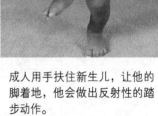

成人用手扶住新生儿，让他的脚着地，他会做出反射性的踏步动作。

应对困境，控制刺激结果。例如，带约书亚外出时，约兰达会带着一个橡皮奶嘴。如果他表现得烦躁，吸吮能使他平静下来，以便给他喂奶、换尿布，或把他抱起来。

一些反射为后来形成的复杂运动技能打下了基础。例如，强直性颈部反射可以使婴儿为主动伸手做准备。当婴儿以这种"击剑姿势"仰卧时，他们会自然地凝视眼前的手。这种反射会促使他们把视觉和手臂运动结合起来，最终伸手去拿东西。

有些反射，例如抓握反射和踏步反射，在早期就消失了，但相关的运动机能后来又重新恢复。例如，踏步反射看起来就像一种原始的行走反应。

对于出生后几周内体重迅速增加的婴儿来说，踏步反射会逐渐减弱，因为大腿和小腿肌肉不够强壮，难以支撑婴儿胖乎乎的腿。但如果婴儿的下半身浸在水中，这种反射就会重新出现，因为水的浮力减轻了婴儿肌肉的负担 (Thelen, Fisher, & Ridley-Johnson, 1984)。当有规律地进行踏步练习时，婴儿会做出更多的反射性的踏步动作，还可能会比没有做踏步练习时早几周走路 (Zelazo et al., 1993)。不过，婴儿并不需要练习踏步反射，因为所有正常的婴儿都会在适当的时候学会走路。

表 3.4 显示，新生儿反射多数在前 6 个月就消失了。这是因为，随着大脑皮层的发育，行为自主控制逐渐增多。儿科医生会对反射进行仔细的测试，因为反射能够反映婴儿神经系统是否正常发育。反射很弱或缺少反射，反射过于僵硬或夸张，在某时间点反射本该消失却仍持续存在，这些都可能是脑损伤的信号 (Schott & Rossor, 2003)。

2. 新生儿的唤醒状态

新生儿终日在五种不同的**唤醒状态** (states of arousal)——睡眠和觉醒的程度之间转换，表 3.5 对此进行了描述。在第一个月，这些状态转换频繁。安静的清醒状态最短暂，通常会很快转为啼哭。使疲惫的父母感到安慰的是，新生儿的大部分时间花在睡眠上，每天约 16～18 小时。由于休息和活动时间倾向于与母亲同步，新生儿在夜间比白天睡得更多 (Heraghty et al., 2008)。但他们的睡眠－觉醒周期更多的是受饥饱而非日夜的影响 (Davis, Parker, & Montgomery, 2004)。

但不同婴儿的日常节律有很大差异，它影响着父母对婴儿的态度以及与婴儿的互动。一些新生儿睡眠时间很长，父母能得到充分休息，因此有精力给他们敏感、反应迅速的照料。另一些婴儿经常啼哭，父母不得不付出很大努力去安抚他们。如果这些父母安抚不好孩子，他们就会感到自己能力差，并且较少对婴儿做出积极反应。

从出生开始，觉醒模式就对认知发展有影响。花更多时间保持警觉的婴儿，可能会得到更多的社会刺激和探索机会，因此在智力发展方面略有优势。和成年人一样，睡眠可以提高婴儿的学习和记忆能力。在一项研究中，眨眼反应和脑电波记录显示，睡眠中的新生儿很容易就能学会在一个音调之后吹一口气 (Fifer et al., 2010)。因为小婴儿花很多时间睡觉，所以在睡眠中学习外界刺激的能力可能对婴儿适应环境非常重要。

在表 3.5 列出的状态中，睡眠和啼哭这两种状态是研究者最感兴趣的，每种状态都告诉我们有关早期发展的正常或不正常的状况。

（1）睡眠

一天，约兰达和杰伊注视着正在睡觉的约书亚，想知道为什么他的眼睑和身体在抽动并且呼吸节奏不断变化。睡眠至少可以分为两种状态。在不规则睡眠，即**快速眼动睡眠** [rapid-eye-movement (REM), sleep] 期间，脑电波活动与清醒状态下非常类似。眼球在眼睑下面快速运动，心律、血压和呼吸都不规则，并出现轻微的身体运动。相反，在规则睡眠，即**非快速眼动睡眠** [non-rapid-eye-

表 3.5　新生儿的唤醒状态

状态	描述	每日持续时间
规则（非快速眼动）睡眠	处于充分休息中，极少或没有身体活动。眼睑闭合，没有眼球运动，面部放松，呼吸缓慢而有规律。	8～9 小时
不规则（快速眼动）睡眠	四肢轻缓运动，偶尔活跃并有皱眉等表情。眼睑虽然闭合，但能看到眼睑下偶尔出现快速眼动。呼吸不规律。	8～9 小时
瞌睡	正在入睡或醒来。身体活动比不规则睡眠时少，但比规则睡眠时多。眼睛时张时合，张开时目光呆滞。呼吸平稳，但比规则睡眠时稍快。	因人而异
安静清醒	身体不活跃，眼睛睁开，有神。呼吸平稳。	2～3 小时
活跃清醒和啼哭	婴儿频繁表现出不协调的身体活动。呼吸非常不规律。面部可能放松，也可能紧张或皱起。有时会啼哭。	1～4 小时

资料来源：Wolff, 1966.

movement (NREM), sleep] 期间，身体几乎是静止的，心律、呼吸和脑电波活动缓慢而有规律。

与儿童和成人一样，新生儿会在快速眼动睡眠和非快速眼动睡眠之间转换。但他们处于快速眼动睡眠状态的时间，比一生中任何时候都多得多。快速眼动睡眠占新生儿睡眠时间的 50%，在 3~5 年内会下降到成年人的 20% 水平 (Louis et al., 1997)。

为什么小婴儿要花这么长时间在快速眼动睡眠上？在年长儿童和成人中，快速眼动睡眠状态与梦有关。婴儿也许并不做梦，至少做梦的方式与成人不同。但研究者相信，快速眼动睡眠的刺激对中枢神经系统的发育很重要 (Tarullo, Balsam, & Fifer, 2011)。小婴儿似乎对快速眼动睡眠的刺激有特别的需要，因为他们处于清醒状态的时间极少，而只有在清醒状态下，他们才能从环境中获得信息输入。支持这种观点的证据是，快速眼动睡眠的比例在胎儿和早产儿中尤其高，他们比足月新生儿更难以利用外部刺激 (Peirano, Algarin, & Uauy, 2003)。

105 由于新生儿的正常睡眠行为是有组织、模式化的，因而对睡眠状态的观察有助于鉴别中枢神经系统的异常。脑部受到损伤或经历过严重分娩创伤的婴儿，常会出现混乱的快速 – 非快速眼动睡眠周期。睡眠组织性差的婴儿可能会出现行为紊乱，因此他们难以进行学习以及唤起与抚养者的互动，而这些互动是促进他们的发展所必需的。在学前阶段的随访中，他们表现出运动、认知和语言发展迟缓 (Feldman, 2006; Holditch-Davis, Belyea, & Edwards, 2005; Weisman et al., 2011)。新生儿睡眠紊乱背后所潜藏的脑机能问题，最终可能会导致婴儿猝死综合征，这是婴儿死亡的一个主要原因（见本节的"生物因素与环境"专栏）。

（2）啼哭

啼哭是婴儿的第一种沟通方式，他们用啼哭让父母知道他们需要食物、安抚或刺激。在出生后的几周内，所有婴儿都会出现难以抚慰的烦躁期。但大多数时候，啼哭的类型以及之前的经验都有助于父母找到婴儿啼哭的原因。婴儿的哭声是一种复杂的刺激，其强弱变化极大，从低声呜咽到声嘶力竭地表达痛苦 (Wood, 2009)。早在最初几周，婴儿就能通过独特的哭声"信号"被辨认出来，帮助父母在一定距离外找到婴儿所处的位置 (Gustafson, Green, & Cleland, 1994)。

小婴儿通常因为生理需要而啼哭，其中饥饿是最常见的原因。婴儿啼哭也可能是对其他刺激做出的反应，例如光着身子时的温度变化、突然的响声或疼痛的刺激。新生儿（与 6 个月的婴儿一样）还常常在听见另一个婴儿的哭声时跟着哭 (Dondi, Simion, & Caltran, 1999; Geangu et al., 2010)。有些研究者认为，这是一种天生的对他人的痛苦做出反应的能力。此外，啼哭通常在最初几周内不断增加，约在第 6 周时达到顶峰，然后开始减少 (Barr, 2001)。由于这种趋势在育儿方式差异极大的多种文化下都会出现，研究者认为，是中枢神经系统的调整导致了这种现象。

以后你听到婴儿啼哭时，注意你自己的反应。这种声音会刺激男性和女性、父母和非父母的血液皮质醇、警觉性和不适感急剧上升 (de Cock et al., 2015; Yong & Ruffman, 2014)。这种强烈反应可能是天生程序化的，以确保婴儿得到他们生存所需的照顾和保护。

为了安抚这个啼哭的婴儿，爸爸一边抱起来轻轻摇，一边跟她说话。

1）安抚啼哭的婴儿

父母不一定能准确地听出婴儿哭声的意思，但经验会使他们的准确性逐渐提高。而且父母对婴儿哭声的反应性差异很大。能够高度共情（理解别人的痛苦感受的能力）的父母，或在儿童养育中秉持"儿童为中心"态度的父母（例如，相信孩子不会因为总是被抱着而被宠坏），更有可能快速而敏感地对孩子做出回应 (Cohen-Bendahan, van Doornen, & de Weerth, 2014; Leerkes, 2010)。

---

106 专栏　生物因素与环境

神秘的悲剧：婴儿猝死综合证

一天清晨，米莉突然从沉睡中惊醒。她看了看钟，已经七点半了，萨莎既没有夜醒也没有吃清晨的那次奶。不知道她是否一切安好，米莉和丈夫斯图亚特踮着脚尖走进了房间。萨莎安静地躺着，蜷缩在毯子下面。她已经在睡眠中安静地死去了。

萨莎的死因是**婴儿猝死综合征** (sudden infant death syndrome，SIDS)，这是一种发生在 1 岁以内婴儿身上的意外死亡，通常在夜间发生，虽经全面研究但仍未知其详。在工业化国家，婴儿猝死综合征是 1~12 个月婴儿死亡的最主要原因，约占美国婴儿死亡人数的 20% (Centers for Disease Control and Prevention, 2015i)。

婴儿猝死综合征受害者通常从一开始就有生理问题。猝死婴儿的早期医疗记录显示，在这些婴儿中，早产率和低出生体重率较高，阿普加评分较低，肌肉张力差。此外还常出现心律和呼吸异常，以及睡眠－觉醒活动失调 (Cornwell & Feigenbaum, 2006; Garcia, Koschnitzky, & Ramirez, 2013)。在死亡时，许多婴儿患有轻微呼吸系统感染 (Blood-Siegfried, 2009)。这似乎增大了这些本来身体就较弱的婴儿出现呼吸衰竭的可能。

越来越多的证据表明，大脑机能受损是导致婴儿猝死综合征的主要原因。在 2~4 个月，即最可能发生婴儿猝死综合征的时期，反射活动正在减弱，逐渐被习得的自主反应取代。神经系统缺陷可能会阻止这些婴儿获得可替代防御性反射的行为 (Rubens & Sarnat, 2013)。结果，当这些婴儿在睡眠中出现呼吸困难时，他们没能醒来、变换姿势或大声啼哭。他们不得不向缺氧和死亡投降。尸检支持了这一解释：猝死婴儿的大脑中的 5-羟色胺异常低（一种在生存受到威胁时帮助唤醒的大脑化学物质），控制呼吸和唤醒的中枢也有其他异常 (Salomonis, 2014)。

研究发现，几种环境因素与婴儿猝死综合征有关。母亲在孕期和分娩后吸烟，以及其他养育者吸烟，都会增加风险。身处烟雾缭绕中的婴儿更不容易从睡眠中惊醒，并有更多的呼吸道感染 (Blackwell et al., 2015)。产前滥用会抑制中枢神经系统机能的药物（酒精、阿片类和巴比妥类药物）会使婴儿猝死的风险增加 15 倍 (Hunt & Hauck, 2006)。母亲滥用药物，婴儿尤其有可能表现出与猝死相关的大脑异常 (Kinney, 2009)。

婴儿的睡眠方式也可能与此有关。趴着而不是仰卧着睡觉的婴儿，以及被衣服和毯子包裹得很暖和的婴儿，在呼吸受到干扰时很少醒来，特别是如果他们有生理上的弱点更是如此 (Richardson, Walker, & Horne, 2008)。在其他情况下，健康的婴儿脸朝下睡在柔软的被褥上，

鼓励父母让婴儿仰睡的公共教育活动可降低婴儿猝死综合征的发生率，在许多西方国家中甚至降低了一半以上。

可能会因为不断地吸进自己呼出的气体而死亡——死于意外窒息，因此被错误地归类为婴儿猝死综合征。

在贫困的少数族裔中，婴儿猝死综合征的发生率较高 (U.S. Department of Health and Human Services, 2015b)。在这些家庭中，父母承受较大的压力、滥用药物、获得保健服务的机会较少、缺乏安全睡眠习惯相关知识的问题十分普遍。

公共教育工作对于降低婴儿猝死综合征的发生率至关重要。美国政府的安全睡眠运动鼓励父母创造安全的睡眠环境，并采取其他保护措施，这得到了美国儿科学会的支持 (Barsman et al., 2015)。建议包括戒烟和戒毒，

让婴儿仰卧，使用轻薄的褓褓和较硬的床，撤去柔软的床垫。如果所有婴儿都生活在无烟家庭，估计 20% 的婴儿猝死综合征病例将得到预防。在西方许多国家，向父母传播让婴儿仰卧的知识使婴儿猝死的发生率降低了一半以上 (Behm et al., 2012)。另一种保护措施是使用奶嘴：睡觉时吮吸奶嘴的婴儿更容易对呼吸和心率异常做出反应 (Li et al., 2006)。

婴儿猝死发生后，家人往往需要大量的帮助才能面对这一突如其来的意外死亡事件。正如米莉在萨莎死后 6 个月所说的："这是我们经历过的最难过的日子。对我们帮助最大的是那些经历过同样悲剧的人对我们的安慰。"

 学以致用

安抚啼哭中的新生儿的方法

方法	解释
轻声跟婴儿说话，或发出有节奏的声音。	持续、单调、有节律的声音，如钟摆滴答声、电扇的呼呼声、或平和的乐声，比不连贯的声音更有效。
给婴儿一个橡皮奶嘴。	吸吮可帮助婴儿控制其唤醒水平。
给婴儿按摩身体。	用连续、轻柔的动作抚摸婴儿的躯干和四肢，放松其肌肉。
用褓褓裹住婴儿。	限制活动并增高温度常常会使小婴儿平静下来。
把婴儿举到肩部摇晃或走来走去。	身体接触、直立姿势和移动相结合，是安抚小婴儿、使他们安静下来的有效方法。
把婴儿放进汽车开一小段路，或放进婴儿车走一段路，或放到摇篮里摇晃。	任何一种轻柔、有节律的移动都容易使婴儿昏昏欲睡。
结合上述方法中的几种。	同时刺激婴儿的几种感官常常比只刺激一种更有效。
如果这些方法都无效，就让孩子哭一小段时间。	偶尔，婴儿只是对被放下做出反应，几分钟后就会进入睡眠。

资料来源：Dayton et al., 2015; Evanoo, 2007; St James-Roberts, 2012.

当喂奶和换尿布都不起作用的时候，有很多方法可以安抚哭闹的婴儿（见本页的"学以致用"栏）。西方父母的惯常做法是把婴儿抱在肩上摇晃或行走，这种方法非常有效。另一种常用的抚慰方法是把婴儿舒适地裹在毯子里。盖丘亚人 (Quechua) 生活在秘鲁寒冷的高海拔沙漠地区，他们给小婴儿穿上一层层的衣服，披上覆盖头部和身体的毯子，这种做法可以减少哭泣，促进睡眠 (Tronick, Thomas, & Daltabuit, 1994)。它还可以在秘鲁高原严酷的环境下，为婴儿保存早期发育所需的能量。

在许多部落、村庄和非西方的发达国家（如日本）中，婴儿每天的大部分时间与养育者有亲密的身体接触。这些文化背景中的婴儿，比美国的婴儿哭得更少 (Barr, 2001)。当西方父母选择"近端

 观察与倾听

在公共场合，仔细观察几位父母怎样安抚哭闹的婴儿。他们使用了哪些技巧？这些技巧成效如何？

护理"——长时间地抱着孩子时，在最初几个月，哭泣次数会减少大约三分之一 (St James-Roberts, 2012)。

随着年龄增长，啼哭会减少。事实上，所有研究者一致同意，父母可以鼓励较大的婴儿通过更成熟的方式表达自己的愿望，例如手势和声音，以此减少婴儿的啼哭。

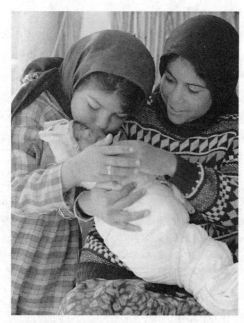

中东的贝都因人用襁褓紧紧包裹婴儿，这种做法可以减少婴儿啼哭，促进睡眠。

2）异常的哭闹

就像反射和睡眠模式一样，婴儿的哭声也为诊断中枢神经系统的异常提供了线索。脑部有损伤和经历过妊娠或分娩并发症的婴儿的哭声往往尖锐刺耳，并且比健康婴儿的哭声短 (Green, Irwin, & Gustafson, 2000)。即使是常见的因腹部绞痛而持续啼哭的新生儿的哭声，也非常尖锐刺耳 (Zeskind & Barr, 1997)。虽然造成腹部绞痛的原因尚未查明，但那些对不愉快刺激反应强烈的新生儿更易出现此情况。由于这些婴儿啼哭非常厉害，他们比其他婴儿更难安抚 (St James-Roberts, 2007)。腹部绞痛一般在3~6个月时消退。

大多数父母会给啼哭的婴儿更多的照顾和关注，但有时哭声令人难以忍受或婴儿太难安抚，会使父母陷入沮丧、怨恨和愤怒。早产和病弱婴儿更可能被压力过大的父母虐待，这些父母常说起，令人烦躁的尖锐哭声是他们失控并伤害婴儿的原因之一 (Barr et al., 2014; St James-Roberts, 2012)。本书第8章将讨论影响儿童虐待的各种因素。

3. 感觉能力

约书亚跟着妈妈来我的课堂时，会睁大眼睛看我那件亮粉色衬衫，妈妈说话时他会转向她声音的方向。喂奶时，他会通过吸吮节奏让约兰达知道，比起一瓶纯净水，他更喜欢母乳的味道。显然，约书亚已经有发达的感觉能力。下面，我们来看看新生儿对触觉、味觉、嗅觉、听觉和视觉刺激的反应。

（1）触觉

说到早产儿时，我们曾讲到，触摸有助于刺激早期身体发育。第6章会讲到，触摸对情绪发展也是必不可少的。表3.4中列出的反射显示，对触摸的敏感性在怀孕早期就已出现，出生时已经发育良好。新生儿甚至会用触觉来观察周围环境。当把小物体放在他们手掌上时，他们能够区分形状（棱柱状与圆柱状）和质地（光滑与粗糙），这可以从他们倾向于更久地抓住一个形状或质地不熟悉的物体（相比于一个熟悉的物体）看出来 (Lejeune et al., 2012; Sann & Streri, 2007)。

出生时，婴儿对疼痛高度敏感。因为给小婴儿用麻药有风险，有时给男婴做包皮环切术时不使用麻药。此时婴儿的典型反应是发出尖锐而带压迫感的哭声，伴有心率加快、血压升高、手掌出汗、瞳孔扩张和肌肉紧张 (Lehr et al., 2007; Warnock & Sandrin, 2004)。脑成像研究表明，由于中枢神经系统不成熟，早产儿，尤其是男性，对药物注射的疼痛感觉尤其强烈 (Bartocci et al., 2006)。

适合新生儿的某些局部麻醉药可以减轻这种手术疼痛。作为疼痛缓解药物的补充，提供一个能分泌糖溶液的奶嘴也很有帮助；它能迅速减少婴儿的哭闹和不适，无论是早产儿还是足月婴儿 (Roman- Rodriguez et al., 2014)。母乳对止痛很有效，即使是婴儿母亲的乳汁气味，也比其他母亲的乳汁气味能或配方奶粉的气味能更有效地减轻抽血给婴儿带来的疼痛 (Badiee, Asghari, & Mohammadizadeh, 2013; Nishitani et al., 2009)。将甜水与父母温柔的怀抱相结合，也能减轻痛苦。对哺乳动物幼仔的研究表明，身体接触时会释放内啡肽——大脑中的止痛化学物质 (Gormally et al., 2001)。

让婴儿忍受严重的疼痛，会让神经系统承受过多的应激激素 (Walker, 2013)，导致疼痛敏感性升高、睡眠紊乱、进食问题，以及在烦躁时更难安抚。

（2）味觉和嗅觉

面部表情说明婴儿已能区分几种基本的味道。像成人一样，他们对甜味的反应是面部肌肉放松，尝到酸味时噘起嘴唇，苦味则使婴儿把嘴张成拱形。某些气味偏好在出生时就已经存在。例如，香蕉或巧克力的气味会引起愉快的面部表情，而臭鸡蛋的气味会使婴儿皱眉 (Steiner, 1979; Steiner et al., 2001)。这些反应对生存十分重要，支持婴儿早期发育的最佳食物是甜味的母乳。到 4 个月时，婴儿才开始喜欢咸味胜过白开水，这一变化使他们开始准备接受固体食物 (Mennella & Beauchamp, 1998)。

在妊娠期间，羊水含有丰富的味道和气味，并会随着母亲的饮食而变化，这种早期经验会影响新生儿的偏好。在法国的阿尔萨斯地区，八角茴香是常用调味料，研究者测试了这里的新生儿对茴香气味的反应 (Schaal, Marlier & Soussignan, 2000)。一部分婴儿的母亲在妊娠最后两周经常食用茴香，另一些婴儿的母亲则不食用。出生当天给新生儿闻茴香的气味时，与吃茴香的母亲的婴儿相比，从不吃茴香的母亲的婴儿会把脸转向另一边（见图 3.9）。这种反应差异在四天后仍然持续，即使所有母亲在此期间都不再食用茴香。

109 小婴儿很容易学会喜欢起初曾引起消极或中性反应的味道。人工喂养但不喜欢牛奶的新生儿，如果喂他们豆浆或加入了蔬菜的配方奶（通常有酸苦味道），他们很快就会喜欢牛奶，胜过配方奶。几个月后，当第一次给予固体食物时，这些婴儿表现出对苦味麦片异乎寻常的喜爱 (Beauchamp & Mennella, 2011)。这种口味偏好在 4～5 岁时仍然明显，与没有接触过蔬菜配方的同龄人相比，他们对酸味和苦味的食物反应更积极。

包括人类在内的哺乳动物，嗅觉除了在哺乳中起重要作用外，还能帮助母亲和婴儿识别彼此。出生 2～4 天、母乳喂养的婴儿更喜欢自己母亲乳房和腋下的气味，而不是不熟悉的哺乳母亲的气味 (Cernoch & Porter, 1985; Marin, Rapisardi, & Tani, 2015)。与配方奶相比，母乳喂养和人工喂养的出生 3～4 天的婴儿，对不熟悉的母乳气味的适应能力和吸吮动作都更强，这表明，即使没有产后接触，母乳气味对新生儿也更有吸引力 (Marlier & Schaal, 2005)。新生儿对母亲气味和母乳气味的双重喜好，帮助他们找到合适的食物来源，从而开始区分谁是养育自己的人，而谁不是。

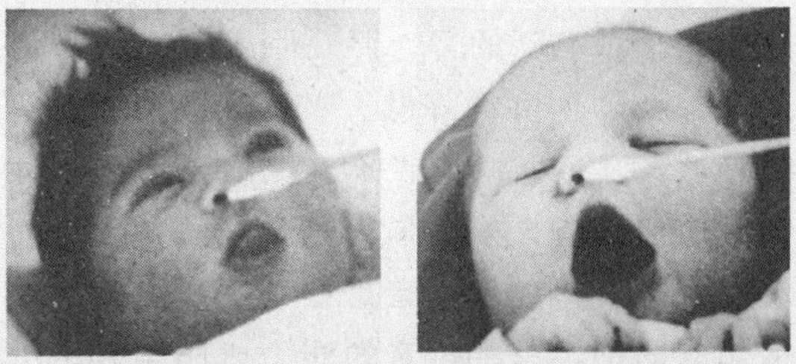
(a) 食用茴香的母亲所生婴儿的反应

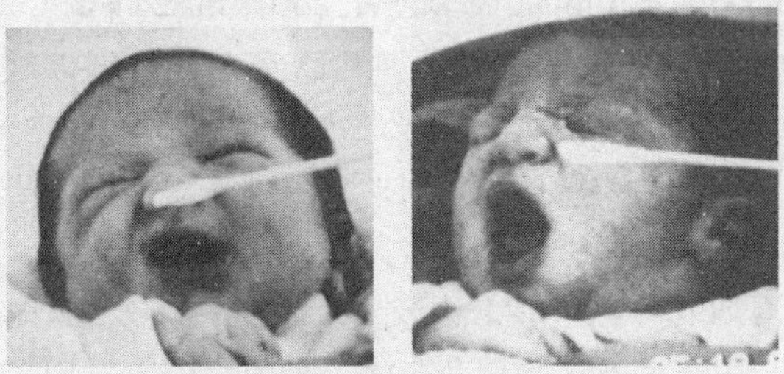
(b) 未食用茴香的母亲所生婴儿的反应

图 3.9　新生儿闻到茴香气味时的表情

(a) 吃茴香的母亲所生婴儿更多地转向气味方向，并且更多地吸、舔和咂摸。(b) 不吃茴香的母亲所生婴儿更多转向另一边，表现出消极面部表情。资料来源：B. Schaal, L. Marlier, & R. Soussignan, 2000, “Human Foetuses Learn Odours from Their Pregnant Mother’s Diet,” *Chemical Senses, 25*, p. 731.

（3）听觉

新生儿能够听到各种声音，其感受性在最初几个月里进步很快 (Johnson & Hannon, 2015)。与纯音相比，新生儿更喜欢复杂的声音，如喧闹声和说话声。出生几天的婴儿已能分辨一些声音模式间的差异，比如一列上升的音调与一列下降的音调、有节奏的强弱拍子（例如音乐中的强弱拍）和无节奏拍子、双音节与三音节的发音、词的重音模式（如妈妈对妈妈）、快乐动听的言语与情绪消极或中性的言语，甚至是同一个人说出的两种语言（例如法语和俄语），只要这两种语言在韵调和发音特征上不同 (Mastropieri & Turkewitz, 1999; Ramus, 2002; Sansavini, Bertoncini, & Giovanelli, 1997; Trehub, 2001; Winkler et al., 2009)。

小婴儿倾听人的语言的时间比倾听结构相似的非语言声音的时间更长 (Vouloumanos, 2010)。他们能够觉察到任何一种人类语言的声音，还能分辨语音中的许多细微差别。例如，在喂奶的同时播放一个 "ba" 的音，婴儿刚听到时吸吮会加快，随着新鲜程度的降低，吸吮逐渐慢下来。而把声音改为 "ga" 时，吸吮又变快，表明婴儿觉察到了这一细微差别。借助这种方法，研究者已经发现，只有很少的语音是婴儿不能分辨的，他们感知母语中没有的声音的能力比成年人更准确 (Aldridge, Stillman, & Bower, 2001; Jusczyk & Luce, 2002)。这些能力表明，婴儿已经为学习语言这一艰巨任务做好了令人惊异的准备。

成人对小婴儿说话时，常采用一种强调句子重点的方式，说得缓慢，音调较高，富于表现力，在短语或句子的末尾使用升调，说下一句之前先停顿。用这种方式与婴儿交流，是因为成人发现，当他们这样说的时候，婴儿更专注。研究表明，婴儿确实更喜欢具有这些特征的语言 (Saffran, Werker, & Werner, 2006)。婴儿听到自己妈妈的声音，比听到陌生女性的声音时更多地吸吮奶嘴，与外语相比，他们更注意自己的母语 (Moon, Cooper, & Fifer, 1993; Spence & DeCasper, 1987)。这些偏好可能是由于出生前听到模糊不清的母亲声音而形成的。

（4）视觉

视觉是新生儿最不发达的感官，因为眼睛和大脑视觉结构都还没有发育完全。例如视网膜——位于眼球内侧、可捕获光线并将其转换成信号传递给大脑的一层膜，其细胞还不像几个月后那样成熟和密集。视神经和传递这些信号的其他通路，以及大脑接受这些信号的视觉中枢都要到几年以后才会发育到成人水平。同时，晶状体的肌肉在出生时还很弱，其作用是在看远近不同的对象时负责对焦 (Johnson & Hannon, 2015)。

因此，新生儿的眼睛不能很好地调焦，且**视敏度** (visual acuity)，即视觉分辨力的精细程度，还比较差。刚出生时，婴儿对 6 米远物体的知觉与成人对 180 米远物体的知觉清晰度相似 (Slater et al., 2010)。此外，与成人在近处看东西看得更清楚不同，新生儿对很大范围距离内的物体都看不清楚（Banks, 1980; Hainline, 1998）。即使是很近的距离，父母面孔这样的图像对婴儿来说也模糊不清。

虽然新生儿不能看清楚，但他们通过搜寻有

趣的景象和追踪移动物体，主动探索着周围的环境。他们眼睛的运动缓慢且不准确 (von Hofsten & Rosander, 1998)。约书亚对我的粉色衬衫着迷，说明他喜欢看明亮的物体。与灰色刺激相比，新生儿更喜欢注视彩色的刺激，但他们还不擅长分辨颜色。色觉的改善还需要 4 个月的时间 (Johnson & Hannon, 2015)。

4. 新生儿行为评价

供医生、护士和研究者用来评价新生儿行为的工具有多种，其中使用最普遍的是布雷泽尔顿 (T. Berry Brazelton) 的**新生儿行为评价量表** (Neonatal Behavioral Assessment Scale, NBAS)，可对婴儿的反射、肌肉力量、状态变化、对生理和社会刺激的反应及其他反应进行评价 (Brazelton & Nugent, 2011)。新生儿重症监护单元网络神经行为量表 (Neonatal Intensive Care Unit Network Neurobehavioral Scale, NNNS) 是一种由类似项目组成的工具，它专门为有发育问题风险的新生儿设计，这些新生儿有出生体重过低、早产、孕期接触致瘾物或其他情况 (Tronick & Lester, 2013)。评价分数用于推荐适当的干预措施，并指导父母满足其婴儿的独特需要。

新生儿行为评价量表已被用于测查世界各地的婴儿。研究者发现了新生儿行为的个体和文化差异，以及儿童教养方式是如何保持或改变婴儿反应的。例如，亚洲和美国原住民婴儿在新生儿行为评价量表上的得分表明，他们与白种婴儿相比，更不易被激惹。这些文化中，母亲通常鼓励婴儿安静一些，她们在不舒适的信号刚出现时就会抱起或照料婴儿 (Muret-Wagstaff & Moore, 1989; Small, 1998)。在非洲肯尼亚的基普西吉斯地区 (Kipsigis)，父母非常重视婴儿运动能力的成熟，他们定期为婴儿按摩，并在出生后不久就让婴儿开始练习踏步动作。这些习惯使当地婴儿在出生后 5 天，就拥有强壮而灵活的肌肉 (Super & Harkness, 2009)。赞比亚母亲与新生儿夜以继日的亲密接触，能迅速改善营养不良婴儿在新生儿行为评价量表中的较低得分。在出生一周时重新测查，原来反应迟钝的新生儿已经表现出警觉和满足 (Brazelton, Koslowski, & Tronick, 1976)。

由于新生儿的行为和教养方式会共同影响发展，出生一两周在新生儿行为评价量表上的分数变化（而非单项分数）可对婴儿从出生压力中得以恢复的能力做出最好的评估。新生儿行为评价量表的"恢复曲线"对智力和情绪及行为问题的预测直到学龄前都很有效 (Brazelton, Nugent, & Lester, 1987; Ohgi et al., 2003a, 2003b)。

新生儿行为评价量表还可帮助父母了解他们的婴儿。在一些医院，保健医生会与父母讨论或向父母展示新生儿行为评价量表和新生儿重症监护单元网络神经行为量表所测查的各种能力。参与了这些活动的父母，和未接受干预的控制组父母相比，能更自信、更有效地与婴儿互动 (Browne & Talmi, 2005; Bruschweiler-Stern, 2004)。虽然这对发展的持久影响尚未得到证实，但基于新生儿行为评价量表的干预，显然有助于为亲子关系建立一个良好开端。

与赞比亚文化中的女性类似，这位来自肯尼亚北部的艾尔莫洛族 (El Molo) 母亲终日带着她的孩子，给孩子提供亲密的身体接触、丰富的刺激和及时的哺育。

 思考题

联结　新生儿的各种能力对最初社会关系的建立有何影响？举几个例子说明。

应用　杰姬经历了一次难产，她看了用新生儿行为评价量表对她出生两天的女儿凯莉进行的测查。凯莉在许多项目上的分数都较低。杰姬想知道，这是否意味着凯莉不能正常发育。你怎样回答杰姬担心的问题？

反思　新生儿是不是比你学习本章之前认为的更有能力？他们的哪一项能力最令你惊讶？

111　🌱 **八、适应新家庭**

3.12　描述婴儿出生后家庭的典型变化

有效的抚育对婴儿生存和最佳发展至关重要，因此人的本性会帮助准父母们为他们的新角色做好准备。妊娠末期，母亲开始分泌更多的催产素，它能刺激子宫收缩，促使乳房分泌乳汁，引起平静放松的心情并增进婴儿的反应性 (Gordon et al., 2010)。

围绕着婴儿出生，父亲身上出现的激素变化，与母亲的变化是相匹配的，尤其是父亲体内催乳素（刺激女性分泌乳汁的激素）和雌激素（女性体内大量分泌的性激素）的轻微增加，以及雄激素（男性体内大量分泌的性激素）的减少 (Delahunty et al., 2007; Wynne-Edwards, 2001)。这些变化因父亲与母亲和婴儿的接触而引发，它们可以预测父亲对婴儿的积极情绪反应和敏感性 (Feldman et al., 2010; Leuner, Glasper, & Gould, 2010)。

虽然与分娩有关的激素有助于养育，但其分泌情况、效果如何，还取决于环境，如良好的夫妻关系。此外，人类能够在没有相关激素变化的情况下有效地抚育婴儿，就像成功的收养案例中那样。研究表明，当寄养母亲抱起她们的非亲生婴儿并与之互动时，她们通常会分泌催产素 (Bick et al., 2013; Galbally et al., 2011)。催产素分泌得越多，她们对婴儿表达的爱意和快乐就越多。

然而，婴儿出生后的最初几周，家庭要面对许多新挑战。母亲需要产后恢复。如果是母乳喂养，就必须投入精力，去建立这种亲密关系。父亲在帮助妻子产后恢复的同时，必须成为这个新的三口之家的一分子。有时，他可能会对婴儿不断要求并得到母亲关注这件事感到矛盾。第6章会讲到，哥哥姐姐们，尤其是头生儿，会感到落寞，甚至嫉妒和生气，这都很容易理解。

当这一切都如期而至的时候，新生儿却不管不顾地要满足其生理需要，要求没日没夜地吃奶、换尿布和安抚。家庭作息变得既不规律也不确定，随之而来的是父母睡眠不足和疲惫不堪，这成为新生儿父母面临的主要挑战 (Insana & Montgomery-Downs, 2012)。约兰达坦率地谈到了她和杰伊经历的变化：

> 把约书亚带回家之后，我们不得不去面对新责任。约书亚看起来如此弱小无助，我们担心自己能否照顾好他。换第一张尿片花了我们20分钟的时间。我总觉得休息不够，因为每天夜里都要起来两次到四次，醒着的时间大多用来迎合约书亚的节律和需要。如果杰伊不是这么愿意帮我抱着约书亚走来走去，我可能觉得更难。

本书第14章会讲到，如果夫妻关系是积极、合作、相互支持的，周边有亲友支持，家庭收入足够用，婴儿出生造成的压力就是可控的。这些家庭条件始终有利于婴儿及其后的良好发展。

本章要点

一、孕期发育

3.1 列出孕期发育的三个时期及每个时期发育的里程碑

■ **胚种期**大约持续两周，从受精开始到多细胞的胚泡在子宫内膜**着床**。在此期间，支持孕期成长的结构开始形成，包括**胎盘**和**脐带**。

■ **胚胎期**从孕期的第2周持续到第8周，其间所有身体结构的基础已经打好。**神经管**形成，神经系统开始发育。其他器官也紧随其后迅速发育。这一阶段结束时，胚胎对触摸有反应并且可以移动。

■ 此后至孕期结束是**胎儿期**，其间身体显著增大，生理结构日趋完善。第二个**三月期**中期时，胎儿非常活跃，使关节和肌肉力量增强。到第二个三月期结束时，脑部神经元全部生成。

■ **存活龄**出现在第三个三月期开始，在22～26周。脑部继续快速发育，新的感觉和行为能力出现，如味觉和嗅觉偏好、疼痛敏感性、分辨不同声音的音调和节律的能力。肺部逐渐成熟，胎儿填满子宫，分娩临近。

二、孕期环境的影响

3.2 列举使致畸物发挥作用的因素，并讨论已知或疑似致畸物的影响

■ **致畸物**的影响取决于接触的剂量和时间长短、母亲和胎儿的基因构成、是否存在其他有害物，以及接触时胎儿所处的发育时期。发育中的生命体在胚胎期尤其脆弱。

■ 目前应用最广泛的强力致畸物是一种用于治疗严重痤疮的药物——异维甲酸。其他常用药物，如阿司匹林和咖啡因，其影响很难从其他相关因素中分离出来。

■ 孕妇服用可卡因、海洛因或美沙酮后生出的婴儿面临着出现各种问题的风险，包括早产、出生体重过低、大脑异常、身体缺陷、呼吸困难，以及出生时婴儿死亡。但是可卡因的负面影响尚未得到证实。

■ 吸烟的父母所生的婴儿通常出生时体重较低，并可能有生理缺陷，以及长时注意、学习和行为问题方面的风险。母亲大量饮酒，可能导致**胎儿酒精谱系障碍 (FASD)**。**胎儿酒精综合征 (FAS)** 是因整个孕期大量饮酒所致，会导致婴儿身体发育迟缓、面部异常和智力迟滞。两类轻度症状，即**胎儿部分酒精综合征 (p-FAS)** 和**酒精相关神经发育障碍 (ARND)**，会影响母亲较少饮酒的儿童。

■ 孕期接触大剂量的辐射、汞、多氯化联苯、铅和二噁英会导致婴儿身体畸形和严重脑损伤。小剂量接触的相关损害包括认知缺陷、情绪和行为障碍。持续的空气污染与低出生体重、肺和免疫系统机能受损有关。

■ 传染病中，风疹会导致多种异常。孕期感染了人体免疫缺陷病毒 (HIV) 的婴儿可迅速罹患艾滋病 (AIDS)，导致脑损伤和早期死亡。抗反转录病毒药物治疗可大大减少孕期传播。巨细胞病毒、Ⅱ 型单纯疱疹和弓形体病也可能对胚胎和胎儿造成伤害。

3.3 描述母亲的其他因素对孕期发育的影响

■ 孕期体育锻炼可以改善胎儿的心血管机能，降低孕期出现并发症的风险。

■ 孕期营养不良会导致婴儿出生时体重过低，并损害大脑和其他器官，抑制免疫系统发育。维生素矿物质的补充，尤其是叶酸，可预防孕期和分娩并发症。

■ 严重的情绪压力与许多妊娠并发症有关，并可能永久性地改变胎儿的神经机能，导致压力应对能力受损和对后期疾病的易感性。向母亲提供社会支持可减弱与压力相关的孕期后果。当 Rh 阴性血型的母亲怀有 Rh 阳性血型的胎儿时会出现 **Rh 血型不相容**，导致缺氧、脑和心脏损伤及婴儿死亡。

■ 年龄较大的孕妇面临较大的流产和胎儿染色体异常的风险，40 岁以后，孕期出现并发症的风险加大。健康状况差和贫困带来的环境风险是妊娠并发症发生率高的原因。

3.4 为什么怀孕后的早期和定期保健至关重要？

■ 先兆子痫等意外问题有可能发生，尤其是在母亲本身存在健康问题的情况下。对于不能做孕期保健的女性，尤其是其中年轻、受教育程度低和贫困的女性，孕期保健最重要。

三、分娩

3.5 描述分娩三阶段及新生儿的分娩适应和外貌

■ 在分娩第一阶段，宫缩使宫颈变宽变薄。第二阶段，产妇有推动婴儿通过产道的冲动。第三阶段，胎盘娩出。在分娩过程中，胎儿分泌大量应激激素，帮助他们承受缺氧，清理肺部，准备呼吸，并在出生时处于唤醒状态。

■ 新生儿头大、身子小，并拥有成人想去抱起他们的面部特征。**阿普加评分**可对婴儿出生时的生理状况进行评估。

四、分娩方式

3.6 描述自然分娩和家庭分娩及各自的优缺点

■ **自然分娩**，即**无痛分娩**，包括一系列供准父母学习分娩知识的课程、减轻疼痛的放松和呼吸练习以及分娩过程中的指导。助产士提供的社会支持能够缩短产程，减少分娩并发症，增强新生儿的适应能力。

■ 有训练有素的医生或助产士协助，且产妇身体健康，在家分娩就是安全的。有并发症风险的产妇在医院分娩更安全。

五、医疗干预

3.7 列出分娩时的各种干预方法及其适用场合和可能的危险

■ 当妊娠和分娩并发症造成**缺氧**时，**胎儿监测仪**能够挽救婴儿生命。但常规使用时，胎儿监测仪可能把一些无危险胎儿错误地鉴别为有危险胎儿。

■ 难产时可能需要使用止痛药和麻醉药。但药物会延长产程并给新生儿适应造成负面影响。

■ 在出现临床紧急状况、母亲有重症和婴儿**臀位**情况下，可采取**剖宫产**。剖宫产率在世界范围内不断上升。但许多剖宫产是不必要的。

六、早产儿和低出生体重儿

3.8 描述早产和低出生体重的风险及有效干预

■ 低出生体重儿的母亲往往处于贫困中，这是新生儿和婴儿死亡以及婴儿出现发育问题的主要原因。和体重与胎龄相符的**早产儿**相比，**小于胎龄儿**遇到的问题通常更持久。

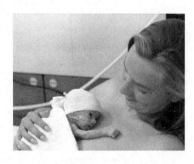

■ 在重症婴儿监护室中，某些干预措施可提供特殊的刺激。另一些干预会指导父母如何照顾婴儿并与之互动。生活在充满压力的低收入家庭中的早产儿，需要长期、密集的干预。

七、新生儿的能力

3.9 描述新生儿的反射和唤醒状态，并指出新生儿的睡眠特征和安抚啼哭婴儿的方法

■ **反射**是新生儿最明显的有组织的行为模式。有些反射具有生存意义，有些帮助父母和婴儿建立亲

113

密互动做好准备，还有些为复杂的动作技能打好基础。

■ 新生儿有五种**唤醒状态**，但大部分时间在睡眠。睡眠可分为两种状态：**快速眼动睡眠**和**非快速眼动睡眠**。新生儿大约 50% 的睡眠为快速眼动睡眠，这能为他们提供中枢神经系统发育所必需的刺激。

■ 啼哭的婴儿会激起身边成人的强烈不适感。为此，在尝试过喂食和换尿布后，还可以把婴儿抱起、靠在肩上，摇晃和走来走去。最初几个月，亲子之间的大量身体接触可以明显减少啼哭。

3.10 描述新生儿的感觉能力

■ 触觉、味觉、嗅觉和听觉在出生时已经相当完善。新生儿用触摸来探索环境，对疼痛十分敏感，喜欢香甜的味道和气味，更喜欢自己正在喂奶的母亲乳房的气味。

■ 新生儿能够区分各种各样的声音模式，并且喜欢复杂的声音。他们对人的说话声音特别敏感，能够察觉任何人类语言的声音，尤其喜欢自己母亲的声音。

■ 视觉是新生儿最不发达的感觉。出生时的调焦能力和**视敏度**都有限。在向四周观望时，新生儿会被明亮的物体所吸引，但还不能辨别颜色。

3.11 新生儿行为评价为什么有用？

■ 在新生儿行为评价中使用最广泛的工具是布雷泽尔顿的**新生儿行为评价量表**。该量表能帮助研究者理解新生儿行为的个体和文化差异，有时还能帮助父母了解婴儿的能力。

八、适应新家庭

3.12 描述婴儿出生后家庭的典型变化

■ 新生儿的出生令人兴奋但也充满压力。母亲正从分娩中恢复，家庭作息变得不规律、不确定。如果夫妻关系良好，周边有社会支持，也有不错的收入，那么适应问题通常只是暂时的。

重要术语和概念

第 三 篇

婴儿期和学步期：0~2岁

婴儿期和学步期身体发育

这个1岁2个月的孩子已能自如地走路，手里还拿着她的鞋。她能从全新的视角探索诱人的物理世界，也能以新的方式与养育者互动——例如，给她看一个东西，或拥抱她。2岁前，动作、知觉、认知和社会性发展彼此影响，相伴前行。

明媚的六月清晨，1 岁 4 个月的凯特琳走出前门，准备坐车到儿童保育之家，每个工作日，妈妈卡罗琳和爸爸戴维去上班，她就在这儿度过。凯特琳一只手拿着泰迪熊，另一只手抓着妈妈的胳膊，一步步走下台阶。卡罗琳牵着凯特琳的手下台阶的时候，嘴里数着："一步，两步，三步！"看着不久前还躺在自己臂弯里的女儿，卡罗琳不禁默默地感慨："她的变化可真大啊！"从迈出第一步那天起，凯特琳就要从婴儿期走向学步期——一生中的第二个年头。刚开始"蹒跚学步"的时候，她确实比较笨拙，摇摇晃晃，经常栽跟头。但是她脸上却流露出掌握一种新技能的激动。

当他们走向汽车时，卡罗琳和凯特琳碰到了住在隔壁院子里的 3 岁的艾利和他爸爸凯文。艾利挥动着一个黄色信封冲向他们。卡罗琳弯下身，打开信封，拿出一张卡片。上面写着："向大家宣布格瑞丝·安妮的到来。出生地：柬埔寨。年龄：1 岁 4 个月。"卡罗琳对凯文和艾利说："这真是个好消息！我们什么时候能见到她？"

"再等几天，"凯文说道，"莫妮卡今早带格瑞丝去看医生了。她体重不足，营养不良。"凯文说着莫妮卡与格瑞丝来美国的前一天在金边一个旅馆里的情况。格瑞丝躺在床上，退缩而恐惧。最后，两手捧着饼干睡着了。

卡罗琳感到凯特琳在不耐烦地扯着她的袖子，便开车去儿童之家，瓦内莎也刚把她 1 岁半的儿子蒂米送来了。一会儿工夫，凯特琳和蒂米就跑到沙箱里，在保育员吉内特的帮助下，把沙子铲到塑料杯和塑料桶里面。

几周后，格瑞丝也同凯特琳和蒂米一起，进入了吉内特的儿童之家。格瑞丝还很瘦，不能爬也不能走，但是她已经长高长胖了很多，那种悲伤、迷茫的眼神不见了，取而代之的是警惕的表情、发自内心的微笑以及热切希望模仿和探索的愿望。当凯特琳走向沙箱的时候，格瑞丝伸出她的小胳膊，要吉内特把她也抱到那儿去。格瑞丝不久就振作起来。1 岁半的时候，她终于学会走了！

本章追踪了 0~2 岁时的身体发育轨迹，这是发育过程中变化最快、内容最丰富的时期。我们将了解婴儿身体和大脑的快速发育，以支持学习、动作技能和知觉能力的发展。凯特琳、格瑞丝和蒂米将和我们一起，呈现出发展的个别差异以及环境对身体发育的影响。

116

一、体格发育

4.1　描述 0~2 岁婴儿体格的主要变化

当我们在小区花园或商场看到婴儿和学步儿的时候，会发现他们之间的能力对比鲜明。在 0~2 岁这两年里，儿童从不会做什么事情到能够做许多事情，主要原因是他们的身体在迅速发育，其速度快于出生后的任何其他时期。

1. 体型大小与肌肉–脂肪结构的变化

1 岁末，正常婴儿的身高大约为 80 厘米，比出生时高 50% 以上；2 岁时比刚出生时增长 75%（约 90 厘米）。5 个月时，他们的体重是出生时的 2 倍（约 6.8 千克），1 岁时是出生时的 3 倍（约 9 千克），2 岁时是出生时的 4 倍（约 13.6 千克）。

图 4.1 描述了 0~2 岁婴儿体型大小的迅速变化。但婴儿和学步儿的发育不是步步为营，而是有些爆发性。一项研究追踪了婴儿出生后 21 个月的发展变化，其中大约有 7~63 天的时间没有增长，而在某些时间里一天居然能够增长近 1.3

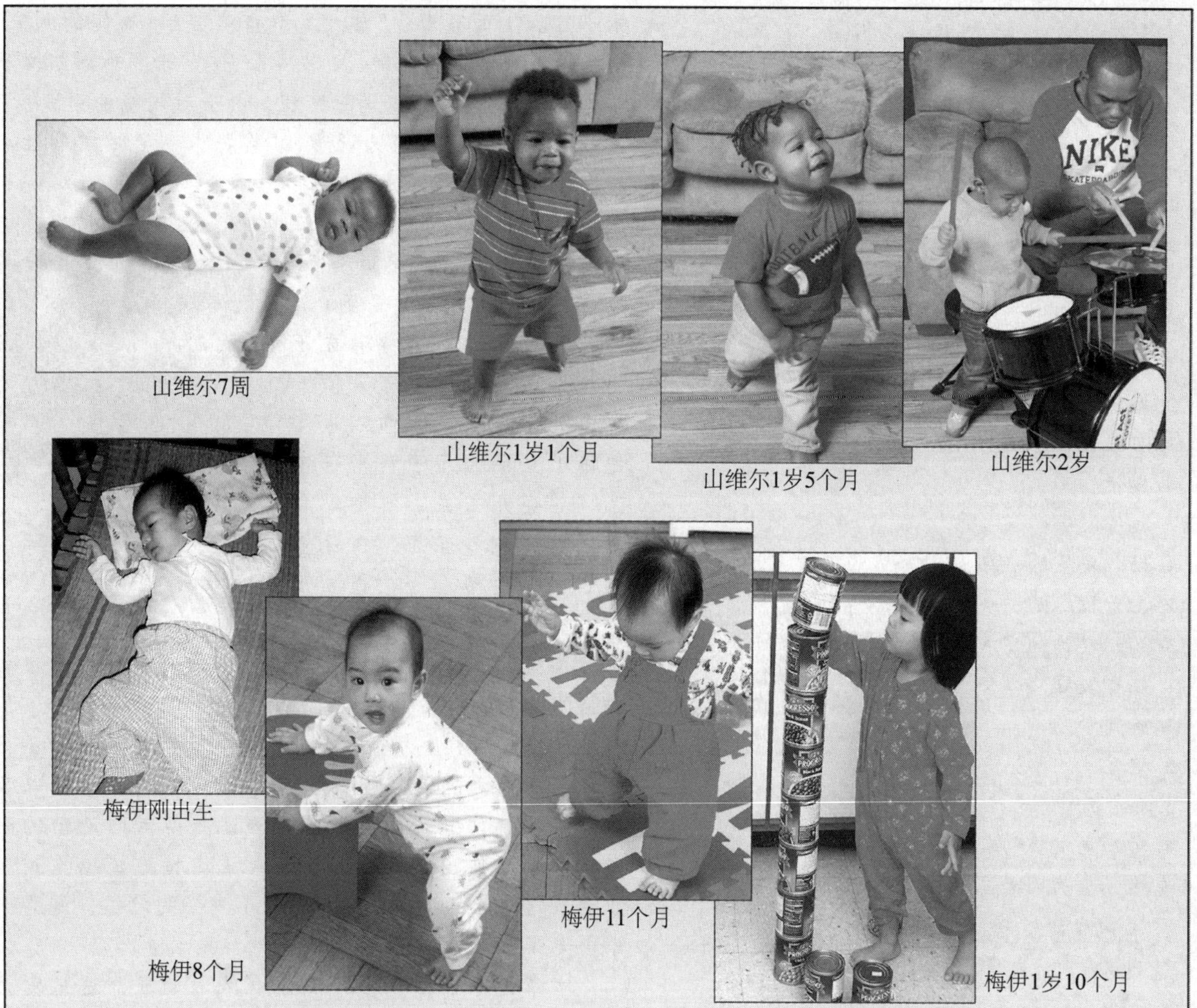

117

山维尔7周

山维尔1岁1个月

山维尔1岁5个月

山维尔2岁

梅伊刚出生

梅伊8个月

梅伊11个月

梅伊1岁10个月

图 4.1　0~2 岁时的身体发育

这些照片描绘了男孩山维尔和女孩梅伊在婴儿期和学步期身体尺寸和比例的巨大变化。第一年是头大身子小，身高和体重增长很快。第二年，头与身体的比例变匀称。这两个孩子在最初几个月会表现出"婴儿肥"，然后又瘦下来，这种趋势一直延续到小学期。

厘米！家长几乎都说，他们的孩子在身体迅速发育之前容易被激惹，容易饿，睡得更多 (Lampl, 1993; Lampl & Johnson, 2011)。

婴儿外表的最显著变化就是他们在 6 个月左右变得又圆又胖。婴儿期脂肪的增长大约在 9 个月达到顶点，这有助于小婴儿保持恒定的体温。1 岁以后，多数学步儿就瘦下来，这一趋势一直持续到小学期 (Fomon & Nelson, 2002)。肌肉组织在婴儿期增长缓慢，直到青少年期才达到顶点。婴儿的肌肉并不强健，他们的力量和协调性都很有限。

2. 身体比例的变化

随着儿童整个体型的增长，身体各部分以不同速度发育。两种发育模式描述了这种身体比例的变化。第一种是**头尾趋势** (cephalocaudal trend)，它在拉丁语中意为“从头到脚”。在出生前的一段时期内，头部比其他部分的发育快得多。出生时，头部大约占总身长的四分之一，腿部只占三分之一。注意图 4.1 中，身体的其他部分的发育是怎样迅速赶上的。2 岁时，头部只占身长的五分之一，腿部则占一半以上。

第二种模式是**近远趋势** (proximodistal trend)，即发育遵循“从近到远”、从中心向外周发展的顺序。出生前，头部、胸部和躯干先发育，其次是胳膊和腿，最后是手和脚。在婴儿期和学步期，胳膊和腿继续领先于手和脚。

3. 个体差异与群体差异

婴儿期的女孩比男孩略矮、略轻，脂肪与肌肉的比例略高。这些细微的性别差异一直持续到幼儿期和小学期，到青少年期迅速扩大。体型大小的族群差异非常明显。格瑞丝的发育要低于常模（即该年龄儿童身高和体重的平均值）。早期营养不良对她的体格发育有一定影响，但即使努力赶超，作为典型亚裔儿童的格瑞丝，她的体格发育仍然低于北美的常模水平。相比之下，蒂米则稍高于平均值，因为非裔美国儿童大多如此 (Bogin, 2001)。

同年龄的儿童在体格发育速度方面同样存在差异；一些儿童比另一些发育快。当前体型的大小不能说明儿童体格发育的快慢。例如，蒂米比凯特琳或格瑞丝更高、更重，但是他的身体并不更成熟。下面会讲到其中的原因。

对儿童身体成熟度的最好估计方法就是采用**骨龄**，也就是测量儿童骨骼的发育。用 X 射线作骨骼透视，可检测柔韧的软骨硬化成骨头的程度，这是一个缓慢的、直到青少年期才完成的过程。测量骨龄会发现，非裔美国儿童通常早于白人儿童，女孩比男孩早得更多。刚出生时，性别差异为 4～6 周，这个差距在婴儿期和童年期不断扩大 (Tanner, Healy, & Cameron, 2001)。女孩身体的迅速成熟使她们能有效抵制有害的环境影响。如第 2 章所述，女孩的发育问题比男孩少，在婴儿期和童年期的死亡率也比男孩低。

🧠 二、大脑发育

4.2　描述婴儿期和学步期的脑发育、测量脑机能的方法和挖掘脑潜力的适当刺激

4.3　0～2 岁婴儿的睡眠与觉醒是如何转换的？

出生时，婴儿的脑比身体其他结构都更接近于成人的大小，在婴儿期和学步期，它继续以惊人的速度发育。要了解脑发育，最好从两种全局观出发：一是个体脑细胞的微观结构；二是宏观的大脑皮层水平，它是最复杂的脑结构，也是人类高度发达的智力的基础。

1. 神经元的发育

人类大脑大约有 1 000 亿～2 000 亿个储存和传递信息的**神经元** (neurons)，或神经细胞，其中大部分与其他神经元之间有千丝万缕的联系。与别的身体细胞不同，神经元之间不是相互挨近的。各个神经元的纤维离得很近但不接触，其间有细微间隙，称为**突触** (synapses)（见图 4.2）。神经元之间通过释放化学物质来传递信息，这种化学物质分布在突触中，称为**神经递质** (neurotransmitters)。

脑发育的基本过程就是神经元发育并形成一个复杂交流系统的过程。图 4.3 概括了脑发育中的

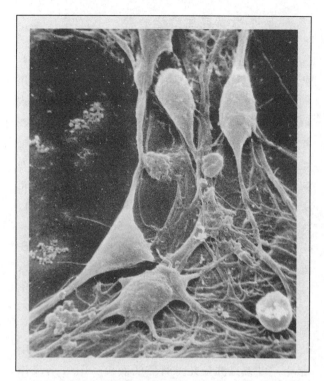

图 4.2　神经元及其相互连接的纤维
这张图片是在电子显微镜下观察到的一些神经元，展示了神经元与邻近细胞形成的丰富的突触连接。

重要里程碑。出生前，神经元在胚胎中最初的神经管里发育。然后，它们迁移到大脑的主要部分（见第 3 章边页 79）。一旦神经元就位，它们就会分化，通过延伸它们的纤维，与相邻的细胞形成突触连接，从而建立自己独特的机能。在最初两年，神经纤维和突触以惊人的速度增长 (Gilmore et al., 2012; Moore, Persaud, & Torchia, 2016a)。大脑发育有一个令人惊讶的特点，那就是**程序化的细胞死亡** (programmed cell death)，为的是给互相联系的结构腾出空间：随着突触的形成，根据所在的脑区，周围 40%～60% 的神经元会死亡 (Jabès & Nelson, 2014)。幸好，出生前，神经管产生的神经元远远超过了大脑的需要。

神经元形成连接后，刺激对它们的存活很重要。受到周围环境刺激的神经元会继续形成突触，建立更精细复杂的交流系统，从而支持复杂能力的发展。首先，刺激会导致形成大量过多的突触，其中许多具有相同的机能，从而确保儿童获得人类生存所需的动作、认知和社交技能。很少受到刺激的神经元将会丧失突触，这一过程称作**突触修剪** (synaptic pruning)，它使不需要的神经元暂时沉寂，以支持未来的发展。总的来说，在童年期和青少年期，大约有 40% 的突触被削减，达到了成人的水平 (Webb, Monk, & Nelson, 2001)。要使这一过程顺利进行，在突触形成达到顶点的时期，对儿童大脑的适当刺激非常重要 (Bryk & Fisher, 2012)。

如果在孕期之后没有神经元形成，那是什么原因导致了 0～2 岁婴儿大脑的迅速增大呢？大约

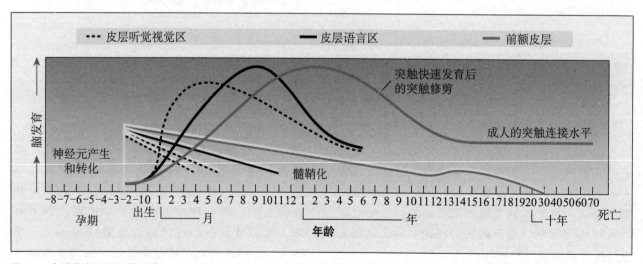

图 4.3　大脑发育的重要里程碑
在 0～2 岁，突触形成的速度非常快，尤其是大脑皮层的听觉、视觉和语言区域。负责复杂思维的前额皮层的突触发育得更加密集。在每个区域，突触的过度发育之后，紧接着就是突触修剪。到青少年中后期，额叶在突触连接上才达到成人水平。在前两年，髓鞘形成的速度非常快，之后在童年期放慢，到青少年期加速，在成年早期再减缓。不同脑区髓鞘化的时间也不同。例如，语言区，尤其是额叶的神经纤维髓鞘化的持续时间，比视觉区和听觉区的髓鞘化时间更长。资料来源：Thompson & Nelson, 2001.

一半的脑重由**神经胶质细胞** (glial cells) 构成，它们掌管着神经纤维的**髓鞘化** (myelination)，即在神经纤维外面形成一层绝缘的、可提高信息传递效率的脂肪鞘（称髓鞘脂）。从出生到 2 岁，神经胶质细胞迅速增加，这一过程在小学期减缓，到青少年期又加速。因此，神经纤维的迅速增长以及髓鞘化是大脑体积迅速膨胀的原因。刚出生时，婴儿脑重大约相当于成人脑重的 30%，到 2 岁即达到了 70% (Johnson, 2011)。

脑发育好像是在创作一个"活雕塑"。当神经元和突触过多时，通过细胞死亡和突触修剪，去掉多余材料以形成成熟的大脑，这一过程受到遗传和儿童经验的双重影响。最终的"雕塑"是一系列相互连接的区域，每个区域都有独特机能——就像地球上的各个国家一样相互交流 (Johnston et al., 2001)。大脑的这种"地理分布"，使研究者能采用神经生物学技术来探索它的组织和各区域的活动。

2. 大脑机能的测量

表 4.1 概括了大脑机能的主要测量方法。在这些方法中，最常用的两种是检测大脑皮层的电活动变化。研究者利用脑电图 (EEG) 检查脑电波模式的稳定性和组织性，它是大脑皮层机能成熟的指标。当人加工一个特定刺激时，事件相关电位 (EPRs) 能够检测大脑皮层中活动的定位，这种方法常用于研究前语言阶段的婴儿对不同刺激的反应性、经验对皮层特定区域专门化的影响，以及具有学习和情绪问题的个体的非典型脑机能 (DeBoer, Scott, & Nelson, 2007; Gunnar & de Haan, 2009)。

神经成像技术可以对整个大脑及其活动区域进行详细的、三维的计算机图像处理，从而提供有关哪些脑区具有特定能力以及大脑机能异常的准确信息。这些方法中最有前途的是**功能性磁共振成像** (fMRI)。与正电子发射断层成像 (PET) 不同，fMRI 不依赖于需要注入放射性物质的 X 射线摄影。当一个人受到刺激时，fMRI 通过核磁检测整个大脑的血流量和氧代谢变化，生成一幅彩色、移动的图像，揭示执行某活动的大脑位置（见图 4.4a 和 b）。

由于 PET 和 fMRI 要求被试长时间躺着尽量不动，所以不适合婴幼儿。**近红外光谱成像** (NIRS) 则是一种适用于婴幼儿的神经成像技术。其中，看不见的红外线投射到大脑皮层区域，测量血液流动和氧代谢，同时儿童接受刺激（见表 4.1）。由于该设备仅由使用头套连接到头皮上的薄而灵活的光纤组成，婴儿可以在测试过程中坐在父母的膝盖上并移动，如图 4.4c 所示 (Hespos et al., 2010)。但与 PET 和 fMRI 不同的是，NIRS 只能检测大脑皮层的机能。

表 4.1 测量大脑机能的方法

方法	描述
脑电图 (EEG)	嵌在帽子里的电极记录大脑皮层的脑电波活动。研究人员使用一种叫作短程传感器网络 (GSN) 的先进工具，通过一顶帽子把相互连接的电极（婴儿可达 128 个，儿童和成人可达 256 个）固定在适当位置，帽子可根据每个人的头形进行调整，以改进脑电波检测。
事件相关电位 (ERPs)	利用脑电图仪记录大脑对特定刺激（如图片、音乐或讲话）做出反应时的脑电波频率和振幅，以此识别刺激诱发活动的区域。
功能性磁共振成像 (fMRI)	被试躺在一个产生磁场的隧道状装置中，扫描仪可探测到大脑区域在处理特定刺激时增加的血流量和氧代谢。扫描仪通常每 1~4 秒记录一次图像；然后被整合成一个计算机化的活动图像，显示大脑任何位置的活动（不仅是大脑皮层）。不适合 5~6 岁以下的儿童，因为他们在测试期间不能保持静止。
正电子发射断层成像 (PET)	被试在注射或摄入放射性物质后，躺在一个发射微弱 X 射线的装置上。当被试处理特定刺激时，X 射线可检测到脑部区域的血流量和氧代谢。与 fMRI 一样，其结果是一个计算机化的脑活动图像。不适合 5~6 岁以下儿童。
近红外光谱成像 (NIRS)	用一顶帽子把柔韧的光纤连接到头皮上，并将红外线（不可见）射向大脑；当个体处理特定刺激时，可测出大脑皮层各区域血流和氧代谢的变化。其结果是计算机化的大脑皮层活跃区域的运动图像。与 fMRI 和 PET 不同，近红外光谱仪适合婴儿和幼儿，他们在测试期间可以在有限的范围内移动。

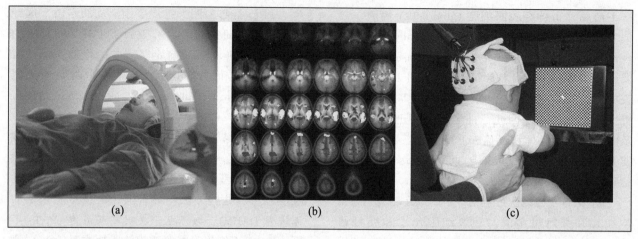

图4.4 功能性磁共振成像 (fMRI) 和近红外光谱成像 (NIRS)

(a) 这个6岁儿童参与了一项采用 fMRI 测量大脑如何加工光线和动作的研究。(b)fMRI 图像显示，当视觉刺激改变时，哪个脑区最活跃。(c) 这是采用 NIRS 考察2个月的婴儿对视觉刺激的反应。在测试过程中，婴儿可以在有限范围内自由移动。照片 c 取自 G. Taga, K. Asakawa, A. Maki, Y. Konishi, & H. Koisumi, 2003, "Brain Imaging in Awake Infants by Near-Infrared Optical Topography," *Proceedings of the National Academy of Sciences, 100,* p. 10723.

上述这些方法是揭示大脑和心理发展之间关系的卓有成效的工具。但和所有研究方法一样，它们也有局限性。即使一个刺激产生了一致的大脑活动模式，研究者也不能确定个体是否以某种方式处理了它 (Kagan, 2013b)。研究者如果把大脑活动的变化作为信息处理的指标，就必须确保这种变化不是由饥饿、无聊、疲劳或身体动作引起的。因此，其他方法必须与脑电波和成像结果相结合，以澄清其意义 (de Haan & Gunnar, 2009)。现在来看发育中的大脑皮层的组织。

3. 大脑皮层的发育

包围大脑的是**大脑皮层** (cerebral cortex)，它像一个可掰成两半的核桃，是大脑中最大的结构，占脑重的85%，包含有最多的神经元和突触，是人类特有的智力的基础。大脑皮层是大脑中最后停止发育的结构，它对环境影响的敏感时期比大脑其他部分都更长。

（1）皮层的分区

图4.5展示了大脑皮层区域的特殊机能，例如从感官接收信息，指挥身体的运动和思维。皮层区域发育的顺序与婴儿期和发育中的儿童表现出的各种能力的顺序相对应。例如，在1岁以前，视觉皮层、听觉皮层及与身体动作有关的区域出现突然旺盛的活动，这正是听觉、视觉发展和掌握动作技能很快的时期 (Gilmore et al., 2012)。从婴儿后期到学前期，语言区一直都很活跃，这也是语言能力发展的高峰期 (Pujol et al., 2006)。

发育时间最长的皮层区域是额叶。**前额皮层** (prefrontal cortex) 位于控制身体运动的脑区的前面，负责复杂的思维，尤其是意识和各种"执行"过程，包括冲动抑制、信息整合、记忆、推理、计划和问题解决。从2个月开始，前额皮层的机能更有效。在幼儿期和小学期，它经历了特别快速的髓鞘化和突触修剪，随后在青少年期进入另一段加速生长时期，并达到成年期的突触连接水平 (Jabès & Nelson, 2014; Nelson, Thomas, & de Haan, 2006)。

（2）皮层的单侧化和可塑性

大脑皮层有两个功能不同的半球。有些任务主要由左半球完成，另一些则主要由右半球承担。比如，每一个半球都从对侧身体部位接收感觉信号，同时只控制对侧的身体。[①] 对大多数人来说，左半球主要负责言语能力，如口头和书

---

① 眼睛是个例外。从视网膜右侧传入的信息到达大脑右半球，左侧传入的信息到达大脑左半球。因此，从双眼传入的信息都能够到达两个半球。

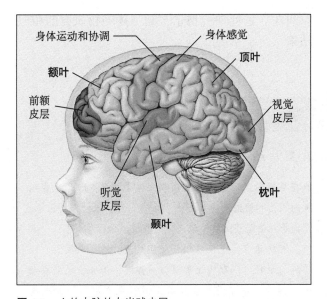

图 4.5　人的大脑的左半球皮层
大脑皮层分为两半，每一半球有许多脑区，各自具有特殊机能。图中标出了一些主要的脑区。

面语言，以及积极情绪，如喜悦；右半球掌管空间能力，如判断距离、看地图、识别几何形状，以及消极情绪，如痛苦 (Banish & Heller, 1998; Nelson & Bosquet, 2000)。对左利手的人而言，情况恰恰相反，但左利手者大脑专门化程度往往不如右利手者。

两个半球的专门化称作**单侧化** (lateralization)。为什么能力和行为有单侧化呢？fMRI 研究揭示，左半球擅长对信息进行有序的、分析式的（逐步的）加工，这种方法有利于处理交流信息，包括口头信息（语言）和情绪信息（愉快的笑容）。右半球专门对信息做整体、综合的加工，这有利于加工空间信息，调节消极情绪。大脑单侧化可能是进化的结果，它使人类能更有效地应对环境变化的要求 (Falk, 2005)。比起两半球以相同方式加工信息，单侧化有利于有效地发挥更多的机能。

研究者考察了大脑单侧化在何时发生，并更多地了解了**大脑可塑性** (brain plasticity)。那些高度可塑的皮层，许多区域还没有形成专门化的机能。因此，这部分皮层就具有较强的学习能力。而且，如果大脑的某部分受到损伤，其他部分能够代偿这一部分机能。但是一旦大脑单侧化形成，某一区域如果受到损伤，这一区域掌管的能力就不能或不易恢复到以前的水平。

大脑两半球的专门化从出生就已开始。ERP

和 NIRS 检测显示，多数新生儿在听到说话声或处在活跃的唤醒状态时，其左半球更活跃。在听到非言语的声音或其他刺激（如酸味液体）引发消极反应时，右半球的活动水平更高 (Fox & Davidson, 1986; Hespos et al., 2010)。

研究大脑受损的儿童和成人，为大脑可观的可塑性提供了证据，本节的"生物因素与环境"专栏对此有介绍。此外，早期经验在很大程度上影响着大脑皮层的组织。例如，婴儿期和童年期因失聪而学习手语（空间技能）的成人，与听力正常的人相比，其语言加工更多地依赖右半球 (Neville & Bavelier, 2002)。语言能力较强的学步儿童与语言发展迟缓的同龄儿童相比，左半球的专门化程度更高 (Luna et al., 2001; Mills et al., 2005)。显然，语言和其他技能的学习促进了大脑单侧化进程。

总之，在生命前几年，大脑的可塑性远远大于以后的年龄。过剩的突触连接为大脑可塑性提供了支持，也支持了幼儿的学习能力，这是他们赖以生存的基础 (Murphy & Corbett, 2009)。虽然从一开始，大脑皮层的专门化过程就按照遗传程序运行了，但经验在很大程度上影响着这种预先组织的程序的速度和成败。

4. 脑发育的敏感期

动物研究证实，早期的极端感觉剥夺会导致永久性的大脑损伤和机能丧失，这一结果证实了脑发育存在着敏感期。例如，早期各种视觉经验对大脑视觉中枢的正常发育非常重要。如果对出生 1 个月的小猫进行光剥夺，哪怕只有 3~4 天，这一脑区也会退化。如果把 4 周的小猫一直关在黑暗中，其大脑的损伤就会非常严重，而且是永久性的 (Crair, Gillespie, & Stryker, 1998)。早期环境的总体质量影响大脑的整体生长。与在孤立环境中长大的动物相比，在正常的生理和社会刺激环境中长大的动物，其大脑更大，突触连接更密集 (Sale, Berardi, & Maffei, 2009)。

（1）来自人类的证据：早期环境剥夺的牺牲品

由于伦理原因，我们不能故意剥夺婴儿的正常养育经验，来观察其对大脑和能力的影响。

但我们可以诉诸一些自然实验，例如一些儿童，早期是环境剥夺的受害者，后来这种情况又得以纠正。这些研究揭示了与上述动物研究的相似结果。

大脑可塑性：来自大脑损伤儿童与成人研究的启发

在生命的前几年，大脑具有高度可塑性。它能重组大脑各区域的特定机能，这是成熟大脑做不到的。因此，若大脑在婴儿期和幼儿期受损，其认知机能的损伤不如大脑在后期受到损伤的成人严重 (Huttenlocher, 2002)。

然而，早期的大脑不是完全可塑的。脑受到损伤，其机能会受到一定影响。可塑程度受多个因素影响，包括受伤时的年龄、受伤部位及掌管相应能力的区域。可塑性也不只限于童年期。成熟的大脑受到损伤，也可出现一定的重组。

1. 婴儿期和幼儿期的可塑性

一项大型研究对出生前或出生后6个月内大脑皮层受损伤的儿童进行了追踪，重复测量了其语言和空间能力，直到青少年期 (Stiles, Reilly, & Levine, 2012; Stiles et al., 2005, 2008, 2009)。这些儿童都经历过早期的脑痉挛或脑出血。fMRI和PET成像查明了损伤的准确位置。

无论损伤发生在左半球还是右半球，儿童的言语发展都有一定延迟，并持续到3岁半左右。早期任何一侧半球的损伤都会影响到早期语言能力，这一事实说明，语言机能在早期受到大脑的很大影响。但是到5岁时，这些儿童的词汇和语法能力都赶上了正常儿童。未受伤的区域，无论是左半球还是右半球，对这些机能进行了补偿。

相比语言，早期脑损伤对空间能力的影响更大。让学龄前至青少年期的儿童模仿一些设计任务，早期右半球受损的儿童在进行整体加工时存在困难，不能准确表征完整形状。而左半球受损的儿童能够把握完整形状，却会忽略一些细节。随着年龄增长，这些儿童的绘画技能有所提高，而大脑受损的成人则没有这样的提高 (Stiles, Reilly, & Levine, 2012; Stiles et al., 2003, 2008, 2009)。

很明显，早期大脑受损伤之后，语言能力比空间能力的恢复更容易。为什么？研究者推测，在人类进化史上，空间加工是一种更古老的能力，因此，在刚出生时就已经形成了单侧化 (Stiles et al., 2008)。但是，早期大脑损伤对语言和空间能力的影响，要远远小于后期的大脑损伤，这揭示出，年幼儿童的大脑更具可塑性。

2. 年幼儿童大脑高可塑性的代价

虽然语言和空间能力（稍逊些）具有令人惊异的恢复能力，但早期大脑受损伤的儿童到了学龄期，仍在一些复杂心理能力上表现出缺陷。例如，他们在阅读和数学上进步速度很慢。在讲故事时，他们比大脑未受损的同龄人讲的故事更简单。随着日常生活要求的增多，他们在完成家庭作业和履行其他责任方面有困难 (Anderson, Spencer-Smith, & Wood, 2011; Stiles, Reilly, & Levine, 2012)。

研究者对此做了解释，他们认为，大脑的高可塑性是需要付出代价的。当健康的大脑区域代替了受损区域的机能时，会出现一种"拥挤效应"：比正常大脑区域小得多的区域要完成多重任务 (Stiles, 2012)。各种复杂的心理能力都会受到影响，因为良好的表现需要大脑皮层多区域的协作。

3. 成年期的大脑可塑性

大脑的可塑性并不局限于童年期。后期的大脑重组虽然非常有限，但仍可以进行，哪怕是在成年期。例

这个幼儿在婴儿期曾经历过脑损伤，由于大脑的高度可塑性，她逃过了严重损伤之一劫。图中，一位老师鼓励她剪出基本的形状来加强空间技能，在早期脑损伤后，这些技能比语言能力受损更严重。

如，成年中风患者经常表现出相当大的恢复能力，特别是对语言和运动技能刺激的反应方面。脑成像结果显示，永久性受损区域附近的结构或另一半球的对应脑区，可能通过重组来维持受损的能力 (Kalra & Ratan, 2007; Murphy & Corbett, 2009)。

在婴儿期和童年期，大脑发育的目标是形成神经连接，以保证重要技能的掌握。年龄大一些后，专门化的大脑结构形成了，但是大脑受损之后仍能进行一定程度的重组。成人大脑可以产生少量新神经元。当一个人反复练习一项任务时，大脑会强化已有的突触，并且会形成新的突触。

但是，如果脑损伤是大面积弥漫性的，无论儿童还是成人，恢复就会大大减少。有些脑区，例如前额皮层受到损伤，恢复也受到限制 (Pennington, 2015)。由于前额皮层在思维中所扮演的执行角色和多个脑区间的相互连接，前额皮层的能力很难转移到其他脑区。因此，早期前额皮层损伤通常会导致持续的一般智力缺陷 (Pennington, 2015)。显然，大脑的可塑性是一个复杂过程，大脑的各个区域在这一点上并不等同。

例如，若婴儿出生时就患有双眼白内障（眼睛蒙上阴影，无法看清视觉图像），那些在 4~6 个月内做了矫正手术者，视力得以快速改善，但是细微的面孔知觉，则需要早期向右半球进行视觉输入才能得到发育 (Maurer & Lewis, 2013; Maurer, Mondloch, & Lewis, 2007)。婴儿期后才做白内障手术，则推迟越久，视力恢复越不完全。如果手术推迟到成年，视力会受到严重和永久的损害 (Lewis & Maurer, 2005)。

对曾经被安置在孤儿院的婴儿进行的研究证实，一个拥有正常刺激的环境对心理发展至关重要。在一项调查中，研究者跟踪了从出生到 3 岁半，从极度贫困的罗马尼亚孤儿院转到 123 英国收养家庭的大量儿童的情况 (Beckett et al., 2006; O'Connor et al., 2000; Rutter et al., 1998, 2004, 2010)。大多数婴儿刚到英国时，几乎所有发展领域都受到损害。但是，在 6 个月前被收养的儿童，其认知追赶能力令人印象深刻，他们在小学期和中学期的智力测验成绩达到了平均水平，这样的表现，和在英国出生、早期被收养的儿童一样好。

但是，6 个月以后被收养的罗马尼亚儿童表现出严重的智力缺陷（见图 4.6）。虽然他们在小学期和中学期的智力测验成绩有提高，但仍远低于平均水平。其中多数表现出至少三种严重的心理健康问题，如注意力不集中、过度活跃、行为任性以及出现类似自闭症的症状（对社交不感兴趣、行为刻板等）(Kreppner et al., 2007, 2010)。

神经生物学的发现表明，早期、长期在福利机构生活，会导致大脑皮层，尤其是控制复杂认知和冲动控制的前额皮层，厚度减小，活动性减弱。连接前额皮层和其他参与情绪控制的大脑结构的神经纤维也会减少 (Hodel et al., 2014; McLaughlin et al., 2014; Nelson, 2007)。控制积极情绪的左脑半球的激活程度，比掌管消极情绪的右脑半球的激活程度更弱 (McLaughlin et al., 2011)。

另外的证据显示，早期生活在环境被剥夺的孤儿院中所导致的慢性压力，会损坏大脑管理压力的能力。在另一项调查中，研究者追踪了在

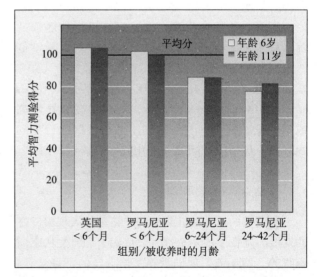

图 4.6 英国和罗马尼亚被收养者被收养时的月龄与其 6 岁和 11 岁时智力测验得分的关系

在出生后的前 6 个月从罗马尼亚孤儿院转到英国收养家庭的儿童，得分达到平均水平，表现与早期被收养的英国儿童一样好，这表明他们已经完全从早期的极度环境剥夺中恢复过来。出生 6 个月后被收养的罗马尼亚儿童的表现远低于平均水平。2 岁以后被收养的儿童在 6~11 岁有所改善，但他们仍然表现出严重的智力缺陷。资料来源：Beckett et al., 2006.

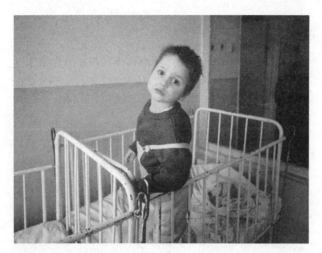

这个罗马尼亚孤儿很少和成人接触，也很少受到刺激。他在这种困难环境中待的时间越长，他受到脑损伤和在各发展领域中遭受持久损害的风险就越大。

罗马尼亚孤儿院度过头8个月或更长时间，后来被收养到加拿大家庭的儿童的发展 (Gunnar & Cheatham, 2003; Gunnar et al., 2001)。与出生后不久就被收养的同龄人相比，这些儿童表现出极端的应激反应，这可以从他们唾液中高浓度的应激激素皮质醇看出。儿童在孤儿院待的时间越长，他们的皮质醇水平就越高，甚至在被收养6年半后仍然如此。

还有一项研究发现，来自世界不同地区孤儿院、后来被美国家庭收养的儿童，表现出异常低的皮质醇激素，这是一种迟钝的生理反应（第3章已讲过），也是压力应对能力受损的标志 (Koss et al., 2014; Loman & Gunnar, 2010)。持续异常高或低的皮质醇水平与后来的学习、情绪和行为问题有关，包括内化问题和外化问题。

（2）适宜的刺激

与前述的孤儿院儿童不同，格瑞丝表现出良好的发展，她在1岁4个月时被莫妮卡和凯文从柬埔寨收养。两年前，他们收养了格瑞丝的哥哥艾利。当艾利2岁时，莫妮卡和凯文给艾利的生母寄去了艾利的照片，并描述了这个阳光、快乐的孩子。第二天，这位柬埔寨的母亲含泪找到收养机构，要求把她的女儿也送去，让她和艾利与这个美国家庭在一起。虽然格瑞丝的早期环境非常贫乏，但她的生母充满爱的照料——温柔地怀抱，轻声说话，母乳喂养——都防止了对她大脑的不可逆损伤。

在布加勒斯特早期干预项目中，136名罗马尼亚孤儿院的6~31个月龄的婴儿，被随机分配到两种条件下，一组是由福利机构照养的普通组，另一组转到高质量的寄养家庭。经过专门培训的社会工作者为养父母提供咨询和支持。从2岁半到12岁之间的随访显示，寄养组在智力测验分数、语言技能、情感反应、社交技能、脑发育的脑电图和事件相关电位评估，以及适应性皮质醇水平方面，成绩均超过福利机构照养组 (Fox, Nelson, & Zeanah, 2013; Nelson, Fox, & Zeanah, 2014; McLaughlin et al., 2015)。与有关早期敏感期的看法一致，在所有测量指标上，较早的照养安置，预示着较好的结果。

除了贫穷的环境之外，对儿童不切实际的期望也会破坏大脑潜能。最近几年，费用昂贵的早期学习中心以及"教育"平板电脑和DVD光盘已被广泛使用。婴儿接受字母和数字闪卡的训练，幼童接受阅读、数学、科学、艺术各科目的完整课程的学习。没有证据表明这种做法可培养更聪明的"超级宝宝"(Principe, 2011)。相反，给婴儿呈现那些他们还没有做好接受准备的刺激，会导致他们退缩，从而削弱他们的学习兴趣，这和刺激剥夺别无二致！

那么，如何来衡量早期刺激是否恰当呢？为了回答这个问题，研究者区分了两种类型的脑发育。一种是**经验－预期型脑发育** (experience-expectant brain growth)，指的是幼年大脑迅速形成组织，这个过程取决于日常经验，包括探索环境、与人接触、听到言语和其他声音的机会。经过数百万年的进化，所有婴儿、学步儿和幼儿的大脑都期望会有这些经验，只要他们积累了这些经验，就会正常发育。第二种是人一生中都在发生的**经验－依赖型脑发育** (experience-dependent brain growth)，它是由特殊学习经验引发的已有脑结构的进一步发育和精细化，此过程存在着巨大的个体差异和文化差异 (Greenough & Black, 1992)。阅读、书写、玩电脑游戏、编织复杂的毯子、拉小提琴就是这种类型的例子。小提琴家的大脑与诗人的大脑存在着某些不同，这是因为两人长期使用不同的脑区。

经验－预期型脑发育在生命早期自然发生，因为养育者给婴儿和幼儿提供了适合这个年龄的游戏材料，让他们参与有趣的日常活动，如一起吃饭、玩藏猫猫、睡前洗澡、谈论小人书和唱歌等。这一过程为随后发生的经验－依赖型发育打

经验－预期型脑发育依赖于日常刺激的经验，比如左图这个学步儿探索长满青苔的木头。它为经验－依赖型脑发育提供了基础，也就是文化特异性的学习所带来的改良。但是，过于强调在幼年时期的训练，例如右图中，训练孩子掌握英文字母，可能会干扰儿童获得日常经验的途径，而这些经验正是幼儿大脑的最佳发育所需要的。

下了基础 (Belsky & de Haan, 2011; Huttenlocher, 2002)。没有证据表明在生命前几年里存在着技能发展的关键期，如阅读、音乐表演或体操，过早学习会破坏大脑的神经回路，从而降低大脑对健康生活开端所需要的日常经验的敏感度。

125

5. 唤醒状态的变化

大脑的快速发育意味着，在 0~2 岁，婴儿的睡眠和觉醒模式发生了本质变化，他们的惊叫和哭喊迅速减少。新生儿不分昼夜地睡觉，每天总共能睡 16~18 个小时。总睡眠时间随年龄缓慢减少，2 岁儿童的平均睡眠时间为 12~13 个小时。但是睡眠和觉醒的周期逐渐变长，交替次数变少，睡眠－觉醒模式逐渐与昼夜模式相符。6~9 个月婴儿白天睡眠减少到每天两次。1 岁半时，多数婴儿白天只睡一次 (Galland et al., 2012)。到 3~5 岁，午睡更少。

这些觉醒模式的变化是由于大脑的发育，但也受到文化信仰和实践以及父母需求的影响 (Super & Harkness, 2002)。例如，相比于美国父母，荷兰父母认为睡眠规律更重要。美国父母认为可预测的睡眠时间表是从孩子体内自然产生的，而荷兰父母则认为作息时间必须强加给孩子，否则婴儿可能发育不好 (Super & Harkness, 2010; Super et al., 1996)。6 个月时，荷兰婴儿上床的时间早，平均每天比美国婴儿多睡 2 个小时。

受繁重的工作和其他需求的驱使，西方许多父母在婴儿 3~4 个月时会通过晚上喂奶的方式让孩子睡觉。但是，在白天吃较多奶或固体食物的婴儿，夜里醒的可能性并不会降低 (Brown & Harries, 2015)。试图让婴儿整夜睡觉，这与他们的神经系统能力是不一致的，因为直到 6~7 个月时，大脑中才会有促进睡眠的褪黑激素的分泌，这种激素在晚上比白天分泌更多 (Sadeh, 1997)。

本节的"文化影响"专栏揭示，让婴儿分床睡来促进睡眠的做法在世界各地并不多见。1~8 个月婴儿若与父母一起睡，其平均睡眠周期在 3 小时左右。只有到将近 1 周岁时，随着快速眼动睡眠（促进觉醒的一种状态）的减少，婴儿的睡眠－觉醒模式才迅速接近成人 (Ficca et al., 1999)。

即使婴儿整夜睡觉，他们仍会不时地醒来。在澳大利亚、以色列和美国进行的调查发现，婴儿夜间醒来的次数在 6 个月时增加，从 1.5~2 岁，夜间醒来的次数增加更多 (Armstrong, Quinn, & Dadds, 1994; Scher, Epstein, & Tirosh, 2004; Scher et al., 1995)。第 6 章将讲到，大约在 6 个月时，婴儿对熟悉的养育者开始形成明确的依恋，并在其离开时表达抗议。学步期的挑战——从熟悉的亲人身边到更大范围的探索，并清晰地意识到自己是一个独立于他人的个体，通常会引发焦虑，这可以从混乱的睡眠和黏人的行为中看出来。当父母给予安抚时，这些行为会减少。

　　2 岁以前，养成良好的睡前习惯，可以促进睡眠。在一项研究中，来自西方和亚洲 13 个国家的 1 万多名母亲被要求报告她们的就寝习惯和 0～5 岁孩子的睡眠质量。结果发现，睡前坚持做一些事情，例如，在婴儿期摇摆和唱歌，在学步期和幼儿期阅读故事书，会使孩子更容易入睡、更少醒来，夜里睡的时间更长（见图 4.7）(Mindell et al., 2015)。母亲在婴儿期和学步期就让孩子养成固定就寝习惯，孩子更可能在幼儿时期仍然保持这种习惯。

图 4.7　睡前习惯与婴儿期 / 学步期和幼儿期夜间醒来的关系

根据西方与亚洲 13 个国家大样本调查中的母亲报告，越能坚持良好的睡前习惯，孩子在婴儿期 / 学步期和幼儿期夜间醒来的次数越少。此发现与关于入睡难易程度和夜间睡眠时间方面的研究结果相似。资料来源：J. A. Mindell, A. M. Li, A. Sadeh, R. Kwon, & D. Y. T. Goh, 2015, "Bedtime Routines for Young Children: A Dose-Dependent Association with Sleep Outcomes," *Sleep, 38*, p. 720.

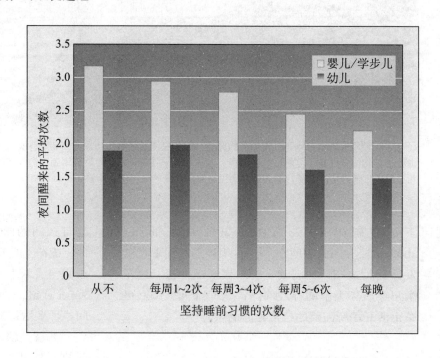

思考题

联结　解释刺激过少或过多为什么可能伤害早期认知与情绪或情感发展。

应用　你会选择哪一种婴儿益智课程：是强调轻轻说话和抚摸、做社会性游戏，还是阅读、数字训练和古典音乐？为什么？

反思　你对亲子同床睡觉的态度是什么？你的观点是否受到你的文化背景的影响？解释原因。

专栏　　　　　文化影响

婴儿睡眠习俗的文化差异

　　西方专家的育儿建议强烈鼓励孩子晚上与父母分开。例如，最新版的本杰明·斯波克的《婴儿和儿童的养育》一书就建议让 3 个月的婴儿单独睡一个房间。书中说："到 6 个月时，如果婴儿还睡在父母的房间，他们会对这种安排形成依赖。"(Spock & Needlman, 2012, p. 62)。美国儿科学会 (American Academy of Pediatrics, 2012b) 发布了一项有争议的警告，称父母和婴儿睡在一起会增加婴儿猝死综合征 (SIDS) 和意外窒息发生的风险。

但是，亲子一起睡仍是世界上近 90% 人口的常规做法。日本人、危地马拉的玛雅人、加拿大西北部的因纽特人和非洲博茨瓦纳的昆族人，这些文化各不相同，但都主张婴儿和父母一起睡。日本和韩国的儿童在整个婴儿期和幼儿期，一直和母亲一起睡 (Yang & Hahn, 2002)。在玛雅人中，只有在另一个婴儿出生后，母亲才不和原来的孩子同睡，让大孩子挨着父亲睡，或到同一个屋的另一张床上去睡 (Morelli et al., 1992)。婴儿与父母同睡，在美国少数族裔中也很普遍 (McKenna & Volpe, 2007)。非裔美国儿童一般跟父母一起入睡，睡着之后的整个晚上或部分时间仍与父母睡在一起 (Buswell & Spatz, 2007)。

文化价值观强烈地影响着人们安排婴儿睡觉的习俗。一项研究就睡眠习俗访谈了危地马拉的玛雅母亲和美国中产阶级母亲。研究发现，玛雅母亲强调相互依赖的自我，认为和孩子一起睡有助于建立亲密的亲子纽带，对孩子学习周围人的行为方式很重要。而美国母亲看重独立的自我，强调早期自主性、预防不良习惯和保护隐私 (Morelli et al., 1992)。

过去 20 多年，亲子一起睡在西方国家有所增加。据估计，美国有 11% 的母婴经常同床睡，另外还有 30%~35% 的母婴有时同床睡 (Buswell & Spatz, 2007; Colson et al., 2013)。这种做法的支持者说，它有助于婴儿睡眠，使母乳喂养更方便，并提供宝贵的亲子纽带时间 (McKenna & Volpe, 2007)。

与父母一起睡的婴儿，在夜间接受母乳喂养的时间是单独睡的婴儿的 3 倍。因为婴儿睡在母亲身边，他们会经常醒来要妈妈喂奶，所以有研究者认为，与父母一起睡可使婴儿免于婴儿猝死综合征的危险（见边页 106）。支持这一观点的事实是，在亚洲，包括柬埔寨、中国、日本、韩国、泰国和越南，婴儿与父母一起睡非常普遍，这些地区的婴儿猝死综合征也很少见 (McKenna, 2002; McKenna & McDade, 2005)。

批评者警告说，与父母同睡的儿童会出现情绪问题，尤其是过度依赖。但是一项从怀孕追踪到 18 岁的研究发现，早期与父母同睡的儿童并没有在适应方面

这位越南母亲和孩子睡在一起，这在越南文化和世界各地都很常见。坚硬的木板可以防止孩子被困在被褥中。

表现出什么不同 (Okami, Weisner & Olmstead, 2002)。更严重的问题是，婴儿会被父母压在身下或被裹到被子里窒息而死。肥胖、酗酒、吸烟、使用镇静剂的父母，会使孩子处于高危状态，使用被子或软床也有危险 (American Academy of Pediatrics, 2012b; Carpenter et al., 2013)。

只要进行恰当的防范，父母和婴儿能够安全地一起睡 (Ball & Volpe, 2013)。在普遍使用睡床的文化中，婴儿和父母经常睡在较硬的床面上，例如硬床垫、地垫和木板，或者让婴儿睡在父母床边的摇篮或吊床上 (McKenna, 2002)。如果睡同一张床，要让婴儿仰着睡或侧着睡，这种姿势有助于母婴之间频繁和轻松的交流，在呼吸不畅时也容易唤醒婴儿。

母乳喂养的母亲通常会采取一种独特的睡姿：面对婴儿，膝盖放在婴儿脚下，手臂放在婴儿头上。除了便于喂食，这种体位还可以防止婴儿从被子下滑下来或被压在枕头下 (Ball, 2006)。由于这种姿势也见于雌性类人猿和幼仔分享睡巢，研究者认为这可能是为保障婴儿生存进化而来的。

一些研究者指出，过分强调分开睡觉可能会产生危险的后果，例如，它使疲惫的妈妈不是在床上而是愿意使用危险的软沙发给婴儿喂奶 (Bartick & Smith, 2014)。明智的儿科医生在与父母讨论婴儿睡眠环境的安全性时，应该顾及父母的文化价值观和动机 (Ward, 2015)。然后，父母就可以在一个框架内，给孩子创造一个安全的睡眠环境。

三、早期身体发育的影响因素

4.4　列举遗传和营养影响早期身体发育的证据

与其他领域的发展一样，身体发育是遗传和环境因素间持续、复杂交互作用的结果。遗传、营养和情绪健康都会影响早期身体发育。

1. 遗传

同卵双生子在体型上比异卵双生子更相像，说明遗传对身体发育起重要作用 (Dubois et al., 2012)。在饮食和健康都有保证的前提下，身高和身体发育速度在很大程度上是由遗传决定的。只要营养不良和疾病等消极因素影响不很严重，一旦情况改善，儿童和青少年就会迎头赶上，回到受遗传影响的成长路径上来。但有些器官，如大脑、心脏、消化系统和其他一些内部器官，会受到永久性的损害。

遗传结构也会影响体重：被收养儿童的体重与其亲生父母体重的相关高于其与养父母体重的相关 (Kinnunen, Pietilainen, & Rissanen, 2006)。同时，环境，尤其是营养，也起重要作用（可重温第 3 章边页 88，孕期营养不良对健康的长期影响）。

2. 营养

营养对 0~2 岁婴儿的发育至关重要，因为这期间婴儿大脑和身体的发育很快。婴儿每千克体重对能量的需求至少是成人每千克体重的 2 倍。他们所摄入能量的 25% 被用于生长发育，并需要剩余热量使各器官形成正常的机能 (Meyer, 2009)。

（1）母乳喂养与人工喂养

婴儿不仅需要充足的食物，也需要恰当的食物。在婴儿早期，母乳喂养是最理想的，人工喂养也能模仿母乳喂养的一些机能。下页"学以致用"栏，概括了母乳喂养在营养和健康上的优势。

由于这些好处，贫困地区母乳喂养的婴儿营养不良的现象大大减少，第一年的存活率提高了 6~14 倍。世界卫生组织建议母乳喂养至 2 岁，6 个月时添加固体类辅食。如果广泛遵循这些做法，每年将拯救 80 多万婴儿的生命 (World Health Organization, 2015f)。即使只有几周的母乳喂养，也有利于预防呼吸道和肠道感染，这些感染对发展中国家的幼儿往往是致命的。此外，由于哺乳的母亲不太可能怀孕，母乳喂养有助于增加子女之间的年龄间隔，这是降低贫困国家婴儿和儿童死亡率的一个主要手段。（注意，母乳喂养并不是一种可靠的避孕方法。）

然而，发展中国家的许多母亲并不知道这些好处。在非洲、中东和拉丁美洲，虽然多数婴儿能吃到一些母乳，但只有不到 40% 的婴儿在前 6 个月完全吃母乳，三分之一的婴儿在 1 岁前完全断奶 (UNICEF, 2015)。代替母乳的是商业配方奶粉或低营养食物，如米汤或高度稀释的牛奶或羊奶。这些食品由于卫生不达标和受到污染，经常导致疾病和婴儿死亡。联合国鼓励发展中国家的所有医院和产科门诊提倡母乳喂养，只要母亲不会传染给婴儿病毒或细菌（如 HIV 或结核病菌）。如今，大多数发展中国家已经禁止向产妇提供免费或补贴性的婴儿食品。

部分由于自然分娩运动，母乳喂养在工业化国家，尤其是在受过良好教育的女性中越来越普遍。如今，79% 的美国母亲在出生后开始母乳喂养，但约有一半在 6 个月前停止 (Centers for

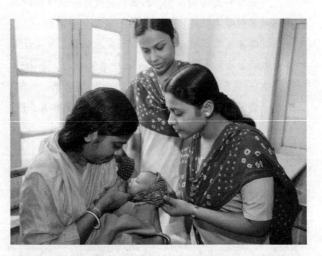

在印度，助产士帮助母亲学习母乳喂养婴儿。母乳喂养在发展中国家尤为重要，它有助于保护婴儿免受威胁生命的感染和夭折。

Disease Control and Prevention, 2014a)。不出所料，那些重返工作岗位的母亲会更早地给孩子断奶(Smith & Forrester, 2013)。但是，不能一直和婴儿在一起的母亲，仍然可以同时使用母乳和人工喂养。美国卫生与公共服务部 (U.S. Department of Health and Human Services, 2011) 建议，在婴儿出生后的前 6 个月只用母乳喂养，并在至少 1 年之前把母乳纳入婴儿的饮食中。

128 　不用母乳喂养的妈妈有时担心，她们这样做剥夺了孩子对健康心理发展至关重要的体验。然而，在工业化国家，母乳喂养和人工喂养的婴儿在母婴关系质量或后期情绪适应方面并无差异(Jansen, de Weerth, & Riksen-Walraven, 2008; Lind et al., 2014)。一些研究报告，在控制了母亲智力、社经地位和其他因素后，母乳喂养的儿童和青少年的智力略有优势 (Belfort et al., 2013; Kanazawa, 2015)。但另一些研究没有发现这种优势 (Walfisch et al., 2013)。

（2）肥胖婴儿是否有后期超重和肥胖的危险？

　从婴儿早期开始，蒂米就非常能吃，他精力旺盛，体重增加迅速。5 个月时，他开始伸手去够妈妈盘子里的食物。瓦内莎怀疑，她是不是给蒂米吃得太多了，会不会使蒂米体重超标？

　随着体重增长速度的减慢和活动的增多，多数肥胖的婴儿到了学步期和幼儿期，身体会瘦下来。婴儿和学步儿可以自由地吃有营养的食物，而不用担心超重。但最近的证据的确表明，婴儿期体重迅速增加和后期的肥胖之间存在相关(Druet et al., 2012)。这一趋势可能是因为超重和肥胖的成人越来越多，使孩子形成了一些不健康的饮食习惯。对美国 1 500 名 4~24 个月婴儿的父母进行的访谈表明，许多人常给孩子吃炸薯条、比萨、糖果，喝含糖的果汁和苏打水。婴儿摄入的能量比实际需要的平均多出 20%，学步儿摄入的能量比实际需要的平均多 30% (Siega-Riz et al., 2010)。四分之一的婴幼儿不吃水果，三分之一的婴幼儿不吃蔬菜。

　父母怎样才能防止婴儿将来变成过胖的儿童和成人呢？首先是在 0~6 个月采取母乳喂养，这会使体重增加放缓，在幼儿期较瘦，并减少 10%~20% 的后期肥胖风险 (Gunnarsdottir et al., 2010; Koletzko et al., 2013)。其次，不要吃高糖、高盐、高脂肪的食物。等到学步儿学会了走、爬和跑，父母就应该给他们机会，让他们多做那些耗费能量的游戏。最

 学以致用

母乳喂养的好处

营养和健康优势	解释
保证脂肪和蛋白质的平衡。	与其他哺乳动物的奶相比，人奶的脂肪含量高，蛋白质含量低。这种平衡以及人奶所含有的独特蛋白质和脂肪是迅速髓鞘化的神经系统最理想的营养。
保证营养的完整性。	6 个月前进行母乳喂养的母亲不需为婴儿添加任何食物。虽然所有哺乳动物奶的含铁量都较低，但母乳中的铁更易被婴儿吸收。因此人工喂养的婴儿需适当补铁。
可确保健康发育。	母乳喂养的 1 岁婴儿略瘦（肌肉所占比重大于脂肪所占比重），这一生长模式可预防以后体重超标和肥胖。
有助于预防各种疾病。	母乳喂养把抗体和其他免疫机制传递给婴儿，增强免疫系统机能。母乳喂养婴儿比人工喂养婴儿过敏反应少，呼吸和消化系统疾病少。母乳有抗炎症机能，可降低患病症状的严重程度。前 4 个月母乳喂养（特别是纯母乳喂养）与成年期血液胆固醇水平较低有关，有助于预防心血管疾病。
避免腭发育不良和龋齿。	吸吮母亲奶头而不是人造奶嘴可避免咬合不正，即上下腭不能很好地闭合。也可避免婴儿在睡觉时吸吮奶嘴，使残留的糖分导致龋齿。
确保消化机能。	母乳喂养婴儿与人工喂养婴儿的肠内菌群不同，他们很少便秘或有肠胃问题。
可顺利过渡到吃固体食物。	母乳喂养婴儿比人工喂养婴儿更易接受固体食物，因为他们熟悉母亲所吃的食物进入母乳的各种味道。

资料来源：American Academy of Pediatrics, 2012a; Druet et al., 2012; Ip et al., 2009; Owen et al., 2008.

后，研究表明，幼儿看电视过多与体重超重相关，父母应该从小就限制孩子看电视的时间。

3. 营养不良

129

奥西塔是个 2 岁的埃塞俄比亚儿童，他妈妈从不担心他的体重会超标。在孩子 1 岁前后给他断奶时，除了一些大米和面包之外，就没有其他可吃的了。不久，他的腹部鼓起来，脚发肿，头发脱落，皮肤出疹。他眼睛里闪耀的好奇心也渐渐消逝，变得容易激惹和冷漠。

在粮食短缺的发展中国家和战乱地区，营养不良现象普遍存在。全世界三分之一的婴儿和幼儿死亡是营养不良造成的，每年约有 210 万儿童死亡。它还导致世界上近三分之一的 5 岁以下儿童发育迟缓 (World Health Organization, 2015c)。受影响严重的 8% 的人患有两种饮食疾病。

消瘦症 (marasmus) 是饮食中缺乏重要的营养物质导致的身体耗竭状态，经常发生在 1 岁前，原因是母亲严重营养不良，没有足够的奶水，且人工喂养也不足。这些饥饿的婴儿会痛苦地消瘦下去，濒临死亡。

奥西塔患有**恶性营养不良 (kwashiorkor)**，这种病是蛋白质摄入过低和饮食不均衡所致，通常发生在 1~3 岁，断奶后出现。在儿童只能获得高淀粉低蛋白食物的地区，这种疾病很常见。为了应对食物中蛋白质的缺乏，儿童不得不分解体内储存的蛋白质，从而导致像奥西塔那样的浮肿及其他症状。

经历过极端营养不良而幸存下来的儿童，往往遭受大脑、心脏、肝脏、胰腺和其他器官的持久损害 (Müller & Krawinkel, 2005; Spoelstra et al., 2012)。当饮食得到改善时，他们往往会超重 (Black et al., 2013)。营养不良的身体会用较低的基础代谢率来自我保护，这可能会在营养改善后持续下去。此外，营养不良可能会破坏大脑中的食欲控制中心，使儿童在食物充足时吃得过多。

学习和行为也会受到严重影响。动物证据表明，缺乏饮食会永久性地减少大脑重量，改变大脑中神经递质的产生——这种影响会扰乱发育的各个方面 (Haller, 2005)。患有运动障碍或恶性营养不良的儿童运动协调性差、注意力难以集中、经常表现出行为问题、成年后的智力测验得分较低 (Galler et al., 1990, 2012; Waber et al., 2014)。在恐惧唤醒情境下，他们表现出更强烈的应激反应，这可能是由饥饿造成的持续痛苦所致 (Fernald & Grantham-McGregor, 1998)。

回顾第 3 章对孕期营养不良的讨论，营养不良儿童的易怒和被动，会加重不良饮食对发育的影响。即使营养剥夺只是轻微到中度，这些行为

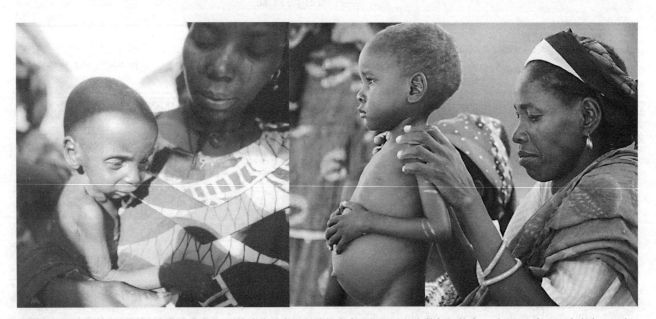

左图：非洲尼日尔的这个婴儿患有消瘦症，这是饮食中所有必需营养素含量低导致的身体耗竭状态。右图：这个婴儿也来自尼日尔，他腹部肿胀，这是营养不良的症状，是饮食中蛋白质含量很低造成的。如果这些儿童存活下来，他们很可能发育迟缓，并遭受持久的器官损害以及严重的认知和情绪障碍。

仍可能出现。由于政府支持的补充食品项目并不能惠及所有有需要的家庭，估计有 19% 的美国儿童面临食品安全问题，无法获得足够的食物来维持健康、积极的生活。食品不安全问题在单亲家庭 (35%) 和低收入少数族裔家庭中尤为严重，例如非裔美国人和拉美裔美国人（分别占 26% 和 22%）(U.S. Department of Agriculture, 2015a)。 这些儿童中患有消瘦症或恶性营养不良的不多，但他们的身体发育和学习能力仍然受到影响。

思考题

联结　亲子双向互动是如何介入营养不良对心理发展的消极影响的？

应用　8 个月的肖恩身高远低于平均水平，而且非常瘦弱。他可能患有哪种严重的发育障碍？什么干预措施有助于恢复他的发育？

反思　假如你是一个新生儿的父亲或母亲。说说你打算采用哪些和避免哪些养育方法来预防超重和肥胖。

四、学习能力

4.5　描述婴儿的学习能力、其发生条件和每种条件的独特价值

学习是由经验引起的行为改变。首先，新生儿一出生就有学习能力，这使他们能够立即从经验中受益。第 1 章讲到，婴儿能够进行两种基本的学习：经典条件作用和操作条件作用。其次，他们对新异刺激的自然偏好，也使他们能够学习。此外，出生后不久，婴儿就可以通过观察别人而学习；他们很快就能模仿成人的表情和姿势。

1. 经典条件作用

第 3 章讲到，新生儿反射使幼小的婴儿能够做出**经典条件作用** (classical conditioning)。在这种学习形式中，一个中性刺激与一个可引发反射行为的刺激同时出现。一旦婴儿的神经系统在这两个刺激之间建立了联结，中性刺激就可以引发该行为。经典条件作用帮助婴儿了解，身边有哪些事件经常同时出现，从而使他们能够预测接下来会发生什么。这样，环境就变得有序而可预测了。让我们进一步地看看经典条件作用建立的步骤。

每当卡罗琳打算给坐在摇椅里的凯特琳喂奶时，她常会拍拍凯特琳的额头。不久，卡罗琳发现，每当她这么做的时候，凯特琳就做出吸吮动作。凯特琳建立了经典条件作用。下面是经典条件作用的形成步骤（见图 4.8）：

- 在这种学习发生以前，一个**非条件刺激** (unconditioned stimulus, UCS) 总会引发一个反射，即**非条件反应** (unconditioned response, UCR)。在凯特琳的例子中，香甜的乳汁（非条件刺激）引起吸吮（非条件反应）。
- 要使学习发生，原本不能引发反应的一个中性刺激要先于或同时与非条件刺激出现。卡罗琳在每次喂奶之前总要先拍拍凯特琳的额头。拍头（中性刺激）与奶水味道（非条件刺激）同时出现了。
- 如果学习已经发生，那么中性刺激本身就能引发一个类似于反射的反应。这时中性刺激就被称为**条件刺激** (conditioned stimulus, CS)，它激发的反应被称为**条件反应** (conditioned response, CR)。因为在没喂奶的时候拍凯特琳的额头（条件刺激）就引起了吸吮动作（条件反应），所以我们知道她形成了经典条件作用。

如果条件刺激单独出现很多次，但是没有和非条件刺激同时出现，条件作用就不再发生，这一结果称为消退。换句话说，如果卡罗琳重复拍凯特琳的额头而不喂她奶，那么凯特琳因为额头被拍打而引发的吸吮动作就会慢慢消失。

如果两个刺激之间的联结具有生存价值，婴

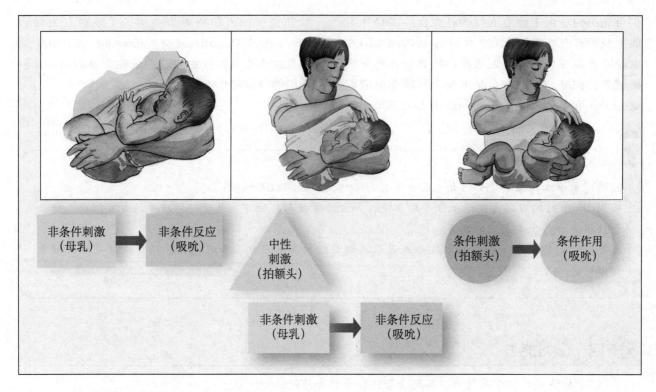

图4.8　经典条件作用形成的步骤
这个例子表明，妈妈每次喂奶前都拍拍凯特琳的额头，使凯特琳形成了吸吮动作的经典条件作用。

儿就更容易建立条件作用。对经常与哺乳行为一起出现的刺激的学习，提高了婴儿获得食物和生存的能力 (Blass, Ganchrow, & Steiner, 1984)。

相反，有些反应，如恐惧，在婴儿身上是很难建立起经典条件作用的。在婴儿具备逃避不愉快刺激的动作技能之前，还没有形成这种联结的生物需要。但是，在6个月以后，恐惧就容易形成条件作用了。第6章将讨论恐惧和其他一些情绪反应的发展。

2. 操作条件作用

在经典条件作用中，婴儿形成对环境中刺激事件的期待，但是他们并不改变将要出现的刺激。在**操作条件作用** (operant conditioning) 中，婴儿对环境发出动作或操作，跟在婴儿行为之后的刺激会改变该行为再次发生的概率。增加行为出现概率的刺激物被称为**强化物** (reinforcer)。例如，甜味的水能强化新生儿的吸吮动作。通过移除期望的刺激物或呈现不愉快的刺激物，降低行为再次出现的概率，称为**惩罚** (punishment)。酸

味的水惩罚了新生儿的吸吮动作，使他们咂嘴唇并停止吸吮。

除了食物之外，许多刺激都可以作为强化物。例如，若婴儿吸吮奶头的速度加快，会产生各种有趣的图像和声音，例如看到栩栩如生的图像或听到音乐和人的声音，他们会吸吮得更快 (Floccia, Christophe, & Bertoncini, 1997)。这些研究显示，操作条件作用可以作为一种有效手段，来探察婴儿能知觉到和更喜欢哪些刺激。

随着婴儿年龄的增长，操作条件作用逐渐包括更多的反应和刺激。例如，把一个可转动的十字木架挂在2~6个月婴儿的小床上方。用一根绳子把婴儿的脚与这个木架相连接，婴儿可以通过踢腿使木架转动。在这种情况下，只需几分钟，婴儿就开始兴致勃勃地踢腿了 (Rovee-Collier, 1999; Rovee-Collier & Barr, 2001)。第5章会讲到，类似的操作条件作用，常被用来研究婴儿的记忆和对相似刺激进行分类的能力。一旦婴儿学会了踢腿，研究者就会观察，当他们再次接触原来的木架或具有不同特征的木架时，这种反应能保持多久，在什么条件下能保持。

操作条件作用对社会关系的形成也有重要作用。当婴儿盯着成人的眼睛时，如果成人也盯着婴儿看并对他笑，婴儿就会再次盯着成人看并对成人笑。成人和婴儿的每个行为都会强化对方的行为，使这种令人愉悦的交往持续下去。在第 6 章，我们将详细介绍这种相互依随的反应是怎样促进亲子依恋的发展的。

3. 习惯化

人类大脑天生就会被新异刺激吸引。婴儿对周围环境中出现的新东西反应会更强，这种倾向使他们能不断地学习新知识。**习惯化 (habituation)** 指的是由重复刺激引起的反应强度的逐渐降低。注视、心率和呼吸频率的降低意味着婴儿对这个刺激物失去了兴趣。一旦这一现象出现，新刺激物，即环境变化，会使反应性恢复到较高水平，反应性的增高称为**反应恢复 (recovery)**。例如，当你走过一个熟悉的场所时，你会注意那些新奇的、不一样的东西，如墙上新挂的一幅画或移动过的家具。习惯化和去习惯化使我们能够把注意力集中在那些不熟悉的事物上，从而使学习更有效。

为了考察婴儿怎样了解周围环境，研究者较多地凭借婴儿的习惯化和反应恢复能力，而不是其他的学习能力。例如，婴儿起先对一个视觉模式（婴儿照片）形成了习惯化，然后由于新刺激物（秃顶男人照片）的出现而恢复反应，这一过程说明，婴儿记住了第一个刺激物，并把第二个刺激物看作与第一个刺激物不同的新刺激。如图 4.9 所示，这种考察婴儿知觉和认知的方法，可以用于新生儿，包括早产儿 (Kavšek & Bornstein, 2010)。它甚至被用来研究胎儿在妊娠晚期对外界刺激的敏感度，例如，测量在不同声音重复出现后胎儿心率或脑电波的变化（见第 3 章边页 81）。

根据婴儿对新异刺激的反应恢复，或新异偏好，可以评价婴儿的近期记忆。但是，当你回到一个很久没回去的地方时，会发生什么？你并不是先关注那些新异事物，而是更可能先关注那些熟悉的事物："我想起来了，我曾经来过这儿！"和成年人一样，婴儿在对一个刺激习惯化

之后，隔的时间越长，他们就越可能从新异偏好转向熟悉偏好。即，婴儿的反应恢复指向熟悉刺激而不是新异刺激（见图 4.9）(Colombo, Brez, & Curtindale, 2013; Flom & Bahrick, 2010; Richmond, Colombo, & Hayne, 2007)。通过考察这一转变，研究者也用习惯化来评价长久记忆，或婴儿对几周或几个月前见到过的刺激的记忆。

第 5 章将要介绍，有关习惯化的研究极大地丰富了我们对婴儿记忆的理解，知道他们对不同刺激分别能记住多长时间。通过把刺激特征加以变化，研究者能根据习惯化和反应恢复来考察婴儿对刺激的分类能力。

4. 模仿

新生儿呱呱坠地时，就有一种通过**模仿 (imitation)** 即复制他人行为来学习的原始能力。图 4.10 展示了一个人类新生儿对两个成人面部表

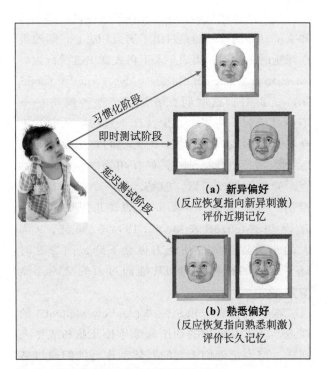

(a) 新异偏好
（反应恢复指向新异刺激）
评价近期记忆

(b) 熟悉偏好
（反应恢复指向熟悉刺激）
评价长久记忆

图 4.9　用习惯化来研究婴儿的记忆和认知
在习惯化阶段，让婴儿看一张幼儿的照片，直到他的注视减少。在测试阶段，再次给婴儿看幼儿照片，但这次同时给他看一张秃顶男人的照片。(a) 如果测试阶段发生在习惯化阶段之后不久（几分钟、几个小时或几天，取决于婴儿的年龄），那些记得幼儿面孔并且能够把它与成人面孔区分开来的婴儿，会表现出新异偏好，即他们会偏好新异刺激。(b) 当测试阶段延迟了几周或几个月，那些能够记得幼儿面孔的婴儿又表现出熟悉偏好：他们喜欢看曾经见过的幼儿照片而不是不熟悉的成人照片。

情的模仿 (Meltzoff & Moore, 1977)。新生儿的模仿还包括一些特定的姿势，如头部和食指动作，这已在许多民族和文化中得到证明 (Meltzoff & Kuhl, 1994; Nagy et al., 2005)。这幅图揭示，在进化史上与人类亲缘关系最接近的黑猩猩，在刚出生时就已经会模仿一些面部表情了 (Ferrari et al., 2006; Myowa-Yamakoshi et al., 2004)。

由于有的研究没能在人类被试身上重复这些发现（例见 Anisfeld，2005），而且，由于对于几乎任何刺激的变化（如欢快的音乐或闪烁的灯光）新生儿的嘴和舌头的运动都更加频繁，所以有研究者认为，一些新生儿的"模仿"反应，实际上只是做怪脸——对有趣刺激的一种常见的早期探索反应 (Jones, 2009)。此外，2～3个月的婴儿比刚出生的婴儿更难被诱导出模仿。因此，怀疑论者认为，新生儿的模仿能力不过是一种随年龄减弱的自动化反应，很像一种反射 (Heyes, 2005)。

另一些人则认为，新生儿在模仿各种面部表情和头部动作时，显然是付出了努力和决心，即使是在很短的延迟后，当成年人不再表现出这种行为时 (Meltzoff & Williamson, 2013; Paukner, Ferrari, & Suomi, 2011)。此外，这些研究者认为，这种模仿——不像是反射——不会减少。几个月的婴儿通常不会马上模仿成人的行为，因为他们首先尝试着去玩一些熟悉的社交游戏，如互相凝视，发出咕咕声，微笑和挥动手臂。但是，当一个成年人重复模仿一个姿势时，年龄较大的婴儿很快就会认真模仿 (Meltzoff & Moore, 1994)。同样，9周大的小黑猩猩的模仿能力也会下降，因为这时母子之间的相互凝视和其他面对面的交流逐渐增多。

根据安德鲁·梅尔佐夫 (Andrew Meltzoff) 的观点，新生儿模仿的动作就像年长儿童和成年人那样，努力把他们看到的肢体动作与他们通过感觉自己做的动作相匹配。通过不断尝试，他们可以更准确地模仿一个姿势 (Meltzoff & Williamson, 2013)。来看一些证据，它们表明，婴儿非常善于协调不同感官系统之间的信息。

科学家在灵长类动物大脑皮层的运动区域发现了一种特殊的细胞，叫作**镜像神经元 (mirror neurons)**，可能是早期模仿能力的基础。研究发

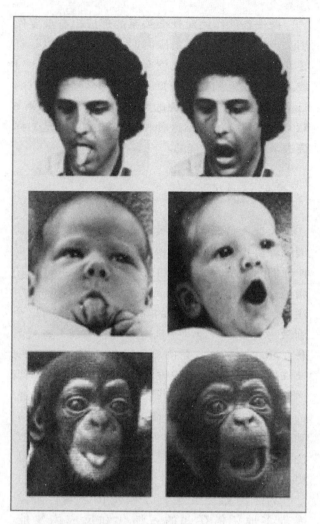

图 4.10 人类和黑猩猩新生儿的模仿

中间一排的婴儿分别模仿伸舌头和张嘴，此婴儿出生2～3周。下面模仿两种面部表情的黑猩猩出生2周。资料来源：A. N. Meltzoff & M. K. Moore, 1977, "Imitation of Facial and Manual Gestures by Human Neonates,"*Science, 198*, p. 75; M. Myowa-Yamakoshi et al., 2004,"Imitation in Neonatal Chimpanzees [Pan Troglodytes]." *Developmental Science, 7*, p. 440.

现，当灵长类动物听到或看到一个动作，以及当它自己做这个动作时，其镜像神经元的反应是一样的 (Ferrari & Coudé, 2011)。脑成像研究揭示，人类婴儿在6个月左右的神经镜像系统使他们能够在模仿自己大脑行为的同时观察别人的行为（比如拍手或摇铃）。除了模仿，这些系统被认为是各种相互关联的复杂社交能力的生物学基础，包括移情式的情感分享和理解他人的意图。

梅尔佐夫把新生儿模仿看作一种灵活、自发的能力，这种观点仍存争议。一些批评者认为，婴儿只有积累了丰富的社交经验，才逐渐学会模仿 (Ray & Heyes, 2011)。即使认为新生儿会模仿的

研究者也同意，婴儿要成为熟练的模仿者，需要有很多机会看到自己和别人的行为，还要和养育者玩模仿游戏 (Marshall & Meltzoff, 2011)。与这一观点相一致，人类神经镜像系统虽然可能在出生时已能发挥机能，但还要经历一段较长的发展时期 (Ferrari et al., 2013; Heyes, 2010)。第 5 章还会讲到，在最初两年里，婴儿的模仿能力得到很大的扩展。

无论模仿在出生时多么有限，模仿都是一种强大的学习手段。通过模仿，婴儿探索周围的社会世界，向他人学习。当他们注意到自己行为与别人行为之间的相似之处时，他们会体验到别人"喜欢我"，同时了解自己 (Meltzoff & Williamson, 2013)。成人则能够利用婴儿的模仿能力，让婴儿表现出成人希望看到的行为。更重要的是，对孩子充满爱心的成人对参与模仿交流的婴儿感到非常高兴，这无疑会加强父母和婴儿之间的联系。

思考题

联结　哪些学习能力有助于婴儿建立最初的社会关系？为什么？举例说明。

应用　9 个月的拜伦有一个玩具，上面有一个彩色大按钮。每次他只要一按这个按钮，就会听到儿歌。玩具制造商利用了哪一种学习原理？拜伦玩玩具的行为反映的是他对声音模式知觉的哪个方面？

五、动作发展

4.6　描述动作发展的动态系统理论以及影响 0~2 岁婴儿动作发展的因素

卡罗琳、莫妮卡和瓦内莎都有一本婴儿日记，里面自豪地记录了她们的宝宝第一次抬头、第一次够物、第一次自己坐下、第一次单独走的时间。父母对这些新的动作技能兴高采烈是人之常情，这些技能使婴儿能够以一种新的方式控制自己的身体和环境。例如，直坐在座位上使婴儿对周围环境有了一种新视角。伸手够物使他们能够作用于物体并探索物体。当婴儿能够自己移动时，他们探索环境的机会就大大增加了。

婴儿的动作技能对他们的社会关系有很大影响。当凯特琳 7 个半月会爬的时候，卡罗琳和戴维就开始通过说"不"和表示轻微不满意来限制她的活动。当凯特琳在过完 1 岁生日后的第三天开始走路时，第一次的"意志考验"出现了 (Biringen et al., 1995)。虽然妈妈曾经提出过警告，但有时她仍会把架子上那些不让动的东西给拽出来。每到这时候，卡罗琳会很坚定地说："我说过了，不许动这些东西！"然后牵着凯特琳的手走到别的地方，转移她的注意力。

同时，刚会走路的婴儿会更积极地参与和发起社交互动 (Clearfield, 2011; Karasik et al., 2011)。

凯特琳经常跌跌撞撞地走到父母身边，向他们表达问候，拥抱他们，或者向他们展示一些感兴趣的东西，卡罗琳和戴维则做出口头回应，表达爱，与她一起玩游戏的次数增多了。当凯特琳遇到危险情况，如倾斜的坡道或危险的物体时，卡罗琳和戴维就会走上前去，和蔼地发出警示，配合以丰富的语言和手势，帮助凯特琳留意周围环境的关键特征，调节她的动作，并学习语言 (Karasik et al., 2008)。凯特琳掌握新动作技能时的兴奋，也会激发爸爸妈妈的称赞，这会鼓励她进一步努力。动作技能、社交能力、认知和语言是同步发展的，彼此之间相互支持。

1. 动作发展的顺序

大动作发展指儿童对在环境中有助于其四处移动的动作的控制，如爬、站立、走。精细动作发展指对细微动作的控制，例如够物和抓握。表 4.2 列出了美国婴儿和学步儿获得各种大动作技能和精细动作技能的平均年龄。它还显示了大多数婴儿获得每项技能的年龄范围，表明在动作进步比

134

率方面存在巨大的个体差异。此外，一个较晚会"够拿"的婴儿不一定在爬和走方面也晚。只有当儿童的多项动作技能严重滞后时，我们才应引起警觉。

从历史上看，研究者认为动作技能是独立的、天生的能力，在一个内在成熟时间表的支配下，以固定的顺序出现。这种观点早就遭到怀疑。实际上，动作技能是相互关联的。每个人既是早期动作技能的产物，也是新技能的贡献者。每个儿童都以非常独特的方式获得运动技能。例如，在被收养之前，格瑞丝大部分时间躺在吊床上。因为她很少被放在妈妈肚子上，也很少被放在能让她自己移动的硬地面上，所以她没有机会爬。结果，她在会爬之前学会了站立和行走！婴儿以不同顺序，而不是按照动作时间表的顺序，学会翻身、坐、爬和走等技能 (Adolph & Robinson, 2013)。

表 4.2　0～2 岁婴儿大动作和精细动作的发展

动作技能	获得这个技能的平均年龄	90% 的婴儿学会这种技能的年龄范围
被竖直抱着时能稳稳地直着头	6 周	3 周～4 个月
歪倒时能用胳膊撑住自己	2 个月	3 周～4 个月
侧躺时翻身成仰卧姿势	2 个月	3 周～5 个月
抓握木块	3 个月 3 周	2～7 个月
仰卧时翻身成侧卧姿势	4 个半月	2～7 个月
独自坐着	7 个月	5～9 个月
爬	7 个月	5～11 个月
抓住东西站起来	8 个月	5～12 个月
玩拍手游戏	9 个月 3 周	7～15 个月
自己站	11 个月	9～16 个月
自己走	11 个月 3 周	9～17 个月
搭两块积木	11 个月 3 周	10～19 个月
兴奋地涂鸦	14 个月	10～21 个月
在帮助下上楼梯	16 个月	12～23 个月
跳	23 个月 2 周	17～30 个月
用脚尖走	25 个月	16～30 个月

注：表中的平均年龄只反映整体趋势，在每种技能的获得年龄上存在个体差异。
资料来源：Bayley, 1969, 1993, 2005.

2. 动作技能是一个动态系统

135

根据**动作发展的动态系统理论** (dynamic systems theory of motor development)，动作技能的掌握意味着获得越来越复杂的动作系统。当动作技能作为一个系统起作用时，各种单一能力结合起来共同发挥作用，每一技能和其他技能一起，使人对环境的探索和控制更有效。例如，对头和上身的控制共同支持了坐这个动作；踢腿、四肢共同运动、伸手等动作一起组成了爬；爬、站立、踏步又一起构成了走这个行为 (Adolph & Robinson, 2015; Thelen & Smith, 1998)。

每一项新技能都是以下四个因素的共同产物：一是中枢神经系统的发育；二是身体运动能力；三是儿童内心的目标；四是环境对技能的支持。任一因素的改变都会导致系统的不稳定，儿童会开始探索并选择新的、更有效的动作方式。

大物理环境也会影响动作技能的发展。家里有楼梯的婴儿，小时候学习向楼梯上爬，也是为学习向下退做准备，向下退比较安全，但是比向上爬更难，因为婴儿必须看着上面，放弃他的目标的视觉指引，倒着向后爬 (Berger, Theuring, & Adolph, 2007)。如果儿童在月球上长大，因为月球的重力较小，他们会喜欢跳而不是走或跑！

婴儿刚学会一项技能时，必须使它变得更完善。例如，凯特琳在试图爬行时，经常趴在地上向后移动。很快，她就学会了怎样交替地用胳膊拉和用脚蹬，来推动自己向前，她花了几个星期，用不同方式练习腹部爬行。当婴儿尝试一项新技能时，先前掌握的相关技能往往变得不那么安全。刚学走路的婴儿尝试用两只直立移动的小脚维持身体平衡，原来坐着时那种平衡就暂时变得不稳定了 (Chen et al., 2007)。

掌握动作需要高强度的练习。学步儿在学习走路过程中，每天要练习 6 个小时甚至更长时间，走过的距离相当于 29 个橄榄球场！他们平均每小时跌倒 17 次，但很少哭，几秒钟内就站起来继续走 (Adolph et al., 2012)。慢慢地，摇摇晃晃的小步子变成了大步，移动的步速加快，脚趾指向前方，腿变得对称协调。这些动作经过成千上万遍

的重复，就促进了大脑中控制运动模式的新突触连接的形成。

观察与倾听

观察一个正在学爬或走的婴儿。注意促使婴儿移动的目标，以及婴儿怎样努力地尝试着移动。说说当时父母的行为和可以帮助婴儿掌握动作技能的因素。

动态系统理论很好地展示了，为什么动作发展不只是由遗传决定的。因为探索和掌握新任务的愿望激发了这种行为，而遗传只在一般水平上勾画出蓝图。运动行为并不是固化在神经系统中，而是由多个元素软性组合而成，使不同路径可通向同一动作技能 (Adolph & Robinson, 2015; Spencer, Perone, & Buss, 2011)。

（1）动作的动态系统

为了查明婴儿是怎样学习动作技能的，一些研究追踪了婴儿从起初学习某种技能，到最后能轻易流畅地做出这种行为的过程。在一项研究中，成人在婴儿的手和脚面前不停地变换发声玩具，观察他们开始表现出兴趣到最后能很好地协调够物和抓握的过程 (Galloway & Thelen, 2004)。如图 4.11 所示，婴儿打破了头尾趋势，先用脚去够这些玩具。他们早在 8 周时就可以做这个动作，这比他们用手够物至少要早 1 个月！

为什么婴儿先用脚够物呢？因为髋关节对腿部自由移动的限制小于肩膀对胳膊的限制，婴儿更容易控制腿的动作。因此，用手够物比用脚够物需要更多的练习。这些发现证实，动作技能的发展顺序不是严格地遵循头尾趋势，而是取决于所用身体部位的解剖结构、周围环境和儿童的努力程度。

此外，在建立一个更有效的动态系统时，婴儿经常利用一项动作技能的进步来支持其他技能的进步。例如，学会走，双手就能拿东西，刚会走的孩子往往喜欢拿远处的东西，并把这些东西到处放 (Karasik, Tamis-LeMonda, & Adolph, 2011)。观察刚会走路的孩子，足以令人惊讶，他们拿

136

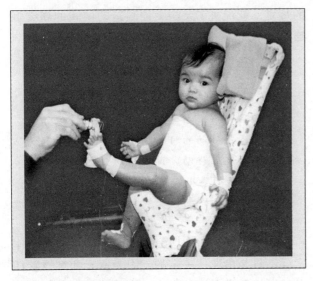

图4.11 够物时"脚先行"

如果把一个会发声的玩具放在婴儿的手和脚面前，早在8周时婴儿就能用脚去够物，而至少要再过1个月，他们才能用手够物，这明显不符合头尾趋势。这个2个半月的婴儿正在熟练地用脚来探索物体。

着东西比两手空空更不容易摔倒 (Karasik et al., 2012)。学步儿把他们拿着的东西整合到他们正在形成的"行走系统"中，以此提高其平衡能力。

（2）动作发展的文化差异

跨文化研究进一步说明，早期的活动机会和刺激环境是怎样影响动作发展的。1960年，韦恩·丹尼斯 (Wayne Dennis, 1960) 观察了伊朗孤儿院里的婴儿，他们被剥夺了能够诱发其学习动作技能的环境。这些婴儿成天躺在吊床上，没有玩具可玩。结果，他们中的绝大多数直到2岁以后才能自己移动。等他们终于学会移动的时候，长期卧床的经验

这位来自西印度群岛的牙买加母亲有意识地让她的婴儿站在她胸脯上，希望孩子能快点学会走。

使得他们以坐姿滑行，而不是用手和膝盖往前爬。因为滑行的儿童是用脚接触家具而不是用手，他们就不太可能学会为走做准备的扶着东西站起来的技能。结果，到3~4岁，只有15%的儿童学会了走。

文化差异影响婴儿的运动发育。在中国东北农村，为了方便和确保孩子们在父母田间劳作期间的安全，母亲们会把孩子们背在沙袋里，这种做法一直持续到孩子1岁多。与同一地区使用尿布的婴儿相比，用沙袋喂养的婴儿，坐和走的时间都大大推迟 (Mei, 1994)。在墨西哥南部的辛纳坎特科印第安人和肯尼亚的古西人 (Gussi) 中，成年人认为那些在还不知道远离做饭的火和织布机之前就会走路的婴儿对自己和别人都是危险的 (Greenfield, 1992)。所以这两个地方的父母一般会限制婴儿的大运动能力的发展。

相反，在肯尼亚的基普西吉斯人和西印度群岛的牙买加人中，婴儿抬头、独立坐下、行走的时间都比北美儿童早得多。在这两个社会中，父母都强调早期动作能力成熟的重要性，并通过正式的练习来激发特定的技能 (Adolph, Karasik, & Tamis-LeMonda, 2010)。在最初几个月里，婴儿坐在地上挖的洞里，靠着卷好的毯子保持直立。成年人经常把婴儿放在膝盖上，让他们跳起来，练习踏步反射 (Hopkins & Westra, 1988; Super, 1981)。在这些文化中，父母支持婴儿直立，很少把他们放在地板上，他们的婴儿通常会跳过爬直接学走，而在西方国家，爬是一项至关重要的动作技能！

当前西方国家的父母为了避免婴儿猝死综合征（见第3章边页106），都让婴儿仰睡，腹部朝下的时间很少，这使滚、坐和爬这些大动作的发展都有些延迟 (Scrutton, 2005)。为了防止这些延迟，养育者可以在婴儿醒着的时候，多让他们在床上趴着。

3. 精细动作的发展：够拿和抓握

在所有的动作技能中，伸手在婴儿认知发展中起最重要的作用，通过抓握、翻动物体，观察扔掉一个东西时会发生什么，婴儿在光、声和物体感觉方面知道很多。而某些大动作能力极大地改变了婴儿对周围环境的看法，他们改进了手的协调性。当婴儿坐着，尤其是站着和走路的时候，他们能看到整个房间的全景 (Kretch, Franchak, &

Adolph, 2014)。在这些位置上，他们关注周围物体的光和声音，并想要探索它们。

同许多其他的动作技能一样，够拿和抓握在一开始时是粗放的、扩散的动作，到后来才逐渐变得精细。图 4.12 描绘了前 9 个月里，主动够拿动作发展的一些里程碑。新生儿还不能把击打和摇动相协调，称为前够拿动作。因为不能控制自己的胳膊和手，他们很少接触到物体。同新生儿的一些反射一样，7 周后，前够拿动作消失 (von Hofsten, 2004)，但这些早期行为显示，儿童天生就已经有了生物学意义的手眼协调准备。

大约 3~4 个月，随着婴儿形成必要的眼、头和肩的控制力，够拿动作再次出现时，已成为伸手去拿到身边玩具的有目的的手臂前伸动作，且准确性逐渐提高 (Bhat, Heathcock, & Galloway, 2005)。到 5~6 个月，婴儿在关闭灯光的昏暗房间里，仍能伸手够东西，这一技能在此后几个月里进一步提高 (Clifton et al., 1994; McCarty & Ashmead, 1999)。起先，视觉先摆脱够拿的基本动作，使眼睛能关注更复杂的调整。7 个月时，胳膊更独立；婴儿只需伸出一只手即可够拿，不再需两只手 (Fagard & Pezé, 1997)。以后几个月，婴儿越来越擅长够拿移动物体，包括会转动的、改变方向的或来回移动的物体 (Fagard, Spelke, & von Hofsten, 2009; Wentworth, Benson, & Haith, 2000)。

婴儿学会够拿后，他们会改变其抓握行为。新生儿时期的抓握反射被顺向抓握取代，这是一种用五指对向手掌的笨拙动作。但是即便 4~5 个月的婴儿也会根据物体的大小、形状和质地的软硬来调整抓握动作，这种在接触物体之前更准确地调整手的能力在 1 岁前迅速提高 (Rocha et al., 2013; Witherington, 2005)。4~5 个月，当婴儿能直坐时，他们会协调两只手来探索物体。例如，用一只手拿起物体，用另一只手的指尖来细察物体，并频繁地把物体在两手间调换 (Rochat & Goubet, 1995)。到 1 岁末，婴儿会把拇指和食指相对，做出一个协调得很好的钳形抓握姿势。这就大大增强了操纵物体的能力。1 岁婴儿能捡起葡萄干和草片，转动旋钮，打开、关闭小盒子。

在 8~11 个月，由于够拿和抓握已经做得游刃有余，注意力也从动作技能本身转到拿起物体前后发生的事件。例如，10 个月婴儿能轻而易举地根据下一个要做的动作而调整其够拿动作。如果想把球扔出去，他们会很快地拿起球，但是如果他们想小心地把球从一个口子扔下去，拿球动作就慢一些 (Claxton, Keen, & McCarty, 2003; Kayed & Van der Meer, 2009)。在同一时期，婴儿开始解决包含够拿动作的简单问题，如寻找藏起来的玩具。

最后，够拿和操纵物体的能力使婴儿越来越留意成年人是怎样够拿和玩弄同一物体的 (Hauf, Aschersleben, & Prinz, 2007)。婴儿观察他人行为时，也就在理解别人的行为，以及对不同物体，能做出哪些行为。

137

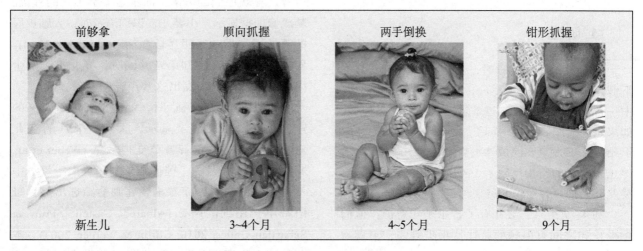

前够拿	顺向抓握	两手倒换	钳形抓握
新生儿	3~4 个月	4~5 个月	9 个月

图 4.12 够拿和抓握动作发展的一些里程碑和形成几种动作技能的平均月龄
资料来源：Bayley, 1969; Rochat, 1989.

联结 举几个例子说明动作发展对婴儿的社交经验有何影响。社交经验又如何影响动作发展？

应用 列举可支持够拿、抓握、坐和爬等动作的日常经验。为什么养育者应该在婴儿醒着的时候让他们做出各种不同姿势？

反思 你支持在婴儿早期对他们进行系统的动作技能训练（如爬、走）吗？为什么？

六、知觉发展

4.7 婴儿期的听觉、深度知觉、模式知觉和联合知觉会发生怎样的变化？

4.8 解释知觉发展的分化理论

138 第 3 章讲过，除视觉外，触觉、味觉、嗅觉和听觉在出生时就已经发展得相当好。现在来看一个相关的问题：0～1 岁期间的知觉是怎样发展的？我们的讨论将集中在听觉和视觉上，因为几乎所有的研究都关注这两个领域。在第 3 章，我们使用感觉 (sensation) 这个术语来讨论相关的能力。感觉是相对被动的过程——当婴儿处在各种刺激环境中时，他们的接收器进行探测的过程。现在我们使用的术语是知觉 (perception)。知觉则是一个主动过程：人在知觉时，会组织和解释自己看到的东西。

说起婴儿的知觉发展，我们很难判断，在什么地方，知觉让位于思维了。我们将要讨论的研究将为第 5 章的主题，即 0～2 岁的认知发展搭一座绝妙的桥梁。

1. 听觉

蒂米过 1 周岁生日时，瓦内莎在平板电脑中下载了一些儿歌，每天下午午睡时，她就播放其中一首歌。不久她就知道蒂米喜欢的调子是什么。如果她放《眼睛一闪一闪》，蒂米会从他的婴儿床上站起来哭，只要换成《杰克和吉尔》，哭声马上停止。蒂米的行为反映了 1 岁前听觉的巨大变化：婴儿开始把声音组织成越来越复杂的模式。

到 4～7 个月，婴儿有了音乐乐句意识：他们偏爱乐句之间有停顿的莫扎特小步舞曲，不喜欢不好听的中断的乐句 (Krumhansl & Jusczyk, 1990)。6～7 个月时，他们可以根据节奏变化辨别曲调，包括拍子结构（二拍或三拍）和重音结构（强调每个小节的第一个音符或其他音符）(Hannon & Johnson, 2004)。他们对旨在传达熟悉类型歌曲的特征也很敏感，更喜欢听高调的歌谣（以娱乐为目的）和柔和的摇篮曲（用于抚慰）(Tsang & Conrad, 2010)。1 周岁左右，婴儿能识别出用不同音调演奏的同一旋律 (Trehub, 2001)。下面会讲到，6～12 个月的婴儿对人类语言具有类似的辨别能力，他们很容易发现声音的规律，这有助于以后的语言学习。

（1）言语知觉

回顾第 3 章，新生儿可以分辨几乎所有人类语言的声音，他们更喜欢听人类说话，而不是非语言声音，喜欢他们的母语，而不是节奏不同的外语。脑成像证据显示，小婴儿在识别语音时，大脑皮层的听觉区和运动区明显被激活 (Kuhl et al., 2014)。研究者推测，在感知语音的同时，婴儿也会产生内部动作计划，为发出这些声音做准备。

当婴儿听人们说话时，他们会关注有意义的声音变化。ERP 记录显示，大约 5 个月的婴儿对自己语言中的重音音节变得敏感 (Weber et al., 2004)。6～8 个月时，他们能够"筛选出"母语中不会用到的声音，而双语婴儿则会筛选出两种母语都不会用到的声音 (Albareda-Castellot, Pons, & Sebastián-Gallés, 2010; Curtin & Werker, 2007)。本节的"生物因素与环境"专栏对此做出解释，这种对母语声音日益增强的敏感性是 7～12 个月婴别熟悉的单词，并且会听更长的带有明确的从句和短语分界的言语 (Johnson & Seidl, 2008;Jusczyk & Hohne, 1997; Soderstrom et al., 2003)。7~9 个月时，婴儿这种对语言结构的敏感性扩展到单个单词，他们开始把言语串划分成类似单词的单位 (Jusczyk, 2002; MacWhinney, 2015)。

（2）对言语流进行分析

婴儿是怎样在感知语言结构方面取得如此快的进步的？研究表明，他们有令人吃惊的**统计学习能力** (statistical learning capacity)。通过分析语音流的模式，即重复出现的声音序列，在 1 岁左右开始说话之前，他们就习得了大量对今后学习有意义的言语结构。

例如，给婴儿听有控制的无意义音节序列时，5 个月婴儿就能听出统计规律：他们通过区分那些经常一起出现的音节（说明它们属于同一个词）和那些不会一起出现的音节（说明它们是一个词的分界）来确定单词 (Johnson & Tyler, 2010)。来看英语单词序列 pretty#baby。在仅仅听了一分钟的言语流（大约 60 个词）之后，婴儿就能分辨出词内音节对 (pretty) 和词外音节对 (ty#ba)。他们更喜欢听具有词内模式的新言语 (Saffran, Aslin, & Newport, 1996; Saffran & Thiessen, 2003)。

一个 6 个月大的婴儿是一个出色的言语流分析者。当听妈妈说话时，她会发现声音的模式，辨别单词和单词序列，并学习这些单词的意思。

儿总的"调音"过程的一部分，这一段时间可能是一个敏感期，婴儿将为应对重要的社交信息，而学会五花八门的知觉技能。

不久之后，婴儿就开始关注对理解意义至关重要的较大的语言单位。他们能在口语段落中识

---

139 专栏　生物因素与环境

与熟悉的语言、面孔和音乐"相协调"：文化特异性学习的敏感期

为了与家人和本社区的人们分享经验，婴儿必须有熟练的知觉分辨力，这在他们的文化中非常重要。我们已经知道，起先，婴儿对几乎所有的说话声音都很敏感，但是到 6 个月左右，他们的注意范围开始变窄，专注于分辨出他们经常听到并将要学会的语言。

知觉面孔的能力也显示出类似的**知觉收窄效应** (perceptual narrowing effect)——知觉敏感度随年龄增长越来越适应最常接触的信息。当 6 个月婴儿对图 4.13 中每对面孔中的一个习惯化后，再把他们熟悉的面孔和另一个新异的面孔并排展示给他们。结果他们都更多地看新异面孔（反应恢复指向新异面孔），表明他们可以

同样好地区分人类面孔和猴子面孔 (Pascalis, de Haan, & Nelson, 2002)。但在 9 个月时，婴儿在观看这对猴子时不再表现出新异偏好。像成年人一样，他们只能分辨人脸。对羊的面孔也有类似发现：4~6 个月的婴儿很容易区分已习惯化的羊面孔和不熟悉的羊面孔，但 9~11 个月的婴儿就不能区分了 (Simpson et al., 2011)。

这种知觉收窄效应也出现在对音乐节奏的知觉中。西方成年人习惯了西洋音乐的均匀节奏模式，即在一个调式的每首曲子中重复相同的节奏，并且容易发现，节奏变化会破坏这个熟悉的调式。但是，如果给他们播放的音乐不遵循典型的西洋音乐节奏，比如波罗的海民谣

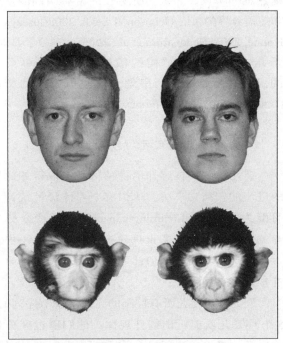

图 4.13 婴儿对人和猴子面孔的分辨

对你来说，这两对照片哪一对更容易看出差别？婴儿对每对照片中的一张习惯化之后，同时给他们看熟悉的和新异的两张照片，6 个月婴儿看新异面孔时间更长，说明他们能同样好地分辨人和猴子的面孔。12 个月时，婴儿不再能够分辨新旧猴子的面孔，和成人一样，他们只偏好有关人类的新异刺激。资料来源：O. Pascalis et al., 2002, "Is Face Processing Species-Specific During the First Year of Life?" *Science, 296,* p. 1322.

曲调，他们就听不出节奏模式的差别。相比之下，6 个月的婴儿，无论对于西洋音乐还是非西洋音乐，都能察觉到这种差别。但是到 1 岁时，由于接触较多的西洋音乐，婴儿不再能够觉察到外国音乐节奏上的变化，尽管他们对西洋音乐节奏的敏感性并无变化 (Hannon & Trehub, 2005b)。

与说外语的人进行几周的定期互动，并每天听非西洋音乐，可以完全恢复 1 岁婴儿对各种说话声音和音乐节奏的敏感性 (Hannon & Trehub, 2005a; Kuhl, Tsao, & Liu, 2003)。同样，6 个月婴儿接受 3 个月的辨别猴子面孔的训练，训练中，每张照片都有一个清楚的名字 (Carlos, Iona)，而不是一般意义上的 "monkey"，他们在 9 个月时仍然保持了辨别猴子面孔的能力 (Scott & Monesson, 2009)。相比之下，积累了丰富的类似经验的成年人，知觉敏感性几乎没有改善。

上述发现表明，在 7~12 个月这一敏感期，婴儿能力明显提高，此时，婴儿在生物学基础上已经准备好把注意力集中于有社会意义的知觉差别上。在此期间，婴儿在语言、面孔识别和音乐等几个领域的学习速度特别快，其学习结果很容易被经验修正。这揭示出神经系统一个范围广泛的变化，它也许是一个特殊的经验 – 预期型脑发育时期（见边页 124），在这个时期，婴儿对各种刺激加以分析，为参与本文化的社会生活做准备。

140 　　一旦婴儿找到了单词，他们就会注意这些单词。大约 7~8 个月时，他们就能识别出正常的重音音节模式。例如，在英语中，一个重音节 (*hap*-py, *rab*-bit) 的开头通常表示一个新单词 (Thiessen & Saffran, 2007)。10 个月的婴儿就能通过听单词前后的发音，识别出像 "sur*prise*"（惊讶）这样以弱音节开头的词 (Kooijman, Hagoort, & Cutler, 2009)。

　　显然，婴儿具有从复杂、连续的言语中提取出模式的很强的能力。他们显著的统计学习能力也延伸到视觉刺激，并在出生后的最初几周出现 (Aslin & Newport, 2012)。统计学习似乎是婴儿用来分析复杂刺激的一般能力。

　　ERP 记录显示，10 个月的婴儿在言语流中检测出单词的速度越快，他们在 2 岁时的词汇量就越大 (Junge et al., 2012)。父母对婴儿说话时，往往先说一个词，接着在一句话（言语流）中再次用到这个词，例如 "狗！" "看到那条大狗了吗？"，以此来帮助孩子分辨出 "狗" 这个词 (Lew-Williams, Pelucchi, & Saffran, 2011)。第 5 章会讲到，成人与婴儿的交流方式极大地促进了儿童对言语结构的分析。

2. 视觉

　　在探索环境时，人对视觉的依赖大于其他任何感觉。虽然婴儿最初的视觉是支离破碎的，但在前 7~8 个月里经历了巨大的改变。

　　视觉的发展与眼睛及大脑皮层视觉中枢的迅速成熟分不开。第 3 章讲到，新生儿的聚焦和颜色知觉能力比较差。而 2 个月左右的婴儿已能和成人一样聚焦和区分颜色。4 个月时，他们的色觉就达到

了成人水平 (Johnson & Hannon, 2015)。视敏度（分辨的精细程度）也稳步提高，6 个月时达到 20/80，4 岁时达到和成人一样的 20/20 水平 (Slater et al., 2010)。随着婴儿更好地控制眼球运动并建构一个有组织的知觉视野，他们筛查环境、追踪移动物体的能力也得到了改善 (Johnson, Slemmer & Amso, 2004; von Hofsten & Rosander, 1998)。

　　由于婴儿不断对视野中的环境加以探索，他们知道了物体的特征及其在空间里的摆放位置。为了查明他们怎样做到这一点，我们来看看深度知觉和模式知觉两方面的发展。

（1）深度知觉

　　深度知觉是判断物体间以及物体与人之间距离的能力。它对于理解环境的布局以及指引人的动作非常重要。

　　图 4.14 展示的是由埃莉诺·吉布森和理查德·沃 尔 克 (Eleanor Gibson & Richard Walk, 1960) 设计、用于早期深度知觉研究的视崖。它由一个覆

图 4.14 视崖
树脂玻璃盖住了深侧和浅侧。婴儿拒绝爬到深侧去，而偏好浅侧，表明他们具有了深度知觉的能力。

————————————
① 1 英尺约合 0.3 米。——译者注

盖着玻璃的桌子构成，中间有一个平台，"浅"的一侧下面是挨着玻璃的棋盘状图案，"深"的一侧在距离玻璃几英尺①的下方有一个棋盘状图案。研究者发现，会爬的婴儿大都愿意爬过浅的一侧，但当他们爬到深的一侧边缘时，则会表现出恐惧。他们的结论是，会爬以后，大多数婴儿能区分深与浅，害怕掉下去。

　　视崖研究表明，爬行与害怕掉下去之间有相关，但却不能揭示出孰因孰果，也不确定深度知觉最早何时出现。为了更好地理解深度知觉的发展，后续研究转向了婴儿对特殊深度线索的察觉，采用的方法对婴儿爬行能力没有要求。

　　位移 (motion) 是婴儿比较敏感的第一个深度线索。当一个物体移向婴儿眼睛、似乎要碰到其眼睛时，3~4 周的婴儿就会防御性地眨眼 (Nánez & Yonas, 1994)。我们看物体时，双眼看到的会稍微有所不同，从而产生了双眼深度线索。大脑能把两个图像进行整合，产生深度知觉。有研究在婴儿面前用投影呈现两个重叠的画面，给婴儿戴上特殊眼镜，每只眼睛可分别看到一个画面，结果表明，在 2~3 个月时就出现了对双眼线索的敏感性，并在第一年里迅速提高 (Brown & Miracle, 2003)。从 3~4 个月到 5~7 个月，婴儿逐渐对有立体感的图画深度线索表现出敏感性。艺术家经常使用这种线索，让一幅画看起来很立体，例如，能产生透视效果的倾斜线条、纹理的变化（近处纹理比远处纹理更清晰）、重叠的物品（被挡住的物体看起来距离更远）(Kavšek, Yonas, & Granrud, 2012)。

　　为什么深度知觉线索是按这样一个顺序出现的？研究者推测，动作发展在其中起作用。例如，前几周对头的控制可以帮助婴儿注意到位移线索和双眼线索。5~6 个月时，转、推和感觉物体表面的能力能够促进对图画线索的知觉 (Bushnell & Boudreau, 1993; Soska, Adolph, & Johnson, 2010)。此外，如下文所述，动作发展的一个方面——独立动作——在深度知觉精细化过程中也起重要作用。

（2）独立动作与深度知觉

　　6 个月的蒂米开始爬了。"他一点也不害怕！"瓦内莎说道，"把他放到床中间，他会爬到床沿

141

去。在楼梯旁也会发生这种事。"当蒂米会熟练地爬行时，他会不会对床沿和楼梯更警觉？研究显示，他确实会更警觉。能熟练爬行的婴儿（无论什么时候开始爬）更可能拒绝爬过视崖的深侧 (Campos et al., 2000)。

大量日常经验使婴儿逐渐学会了怎样利用深度线索来觉察摔倒的危险。但是由于导致摔倒的身体失控，对各种身体姿势来说差别很大，所以婴儿必须分别学习每一种姿势 (Adolph & Kretch, 2012)。在一项研究中，坐姿很熟练但刚开始学爬的 9 个月婴儿被放到一个可调节下降高度的斜坡上 (Adolph, 2008)。当婴儿采用熟悉的坐姿时，他们不会伸手去抓放在远处的好玩的玩具，因为这样做可能会掉下去。但是当他们采用的是不太熟练的爬姿时，他们根本不顾斜坡的边缘，即使玩具的距离非常远！刚会走路的婴儿会冒着跌倒的危险一遍又一遍地往台阶上走 (Kretch & Adolph, 2013)。当走下斜坡，或走在坑洼不平的路面上时，他们根本不做必要的姿势调整 (Adolph et al., 2008; Joh & Adolph, 2006)。因此，他们经常摔倒。当婴儿和学步儿学会在不同情况下怎样用不同姿势避免摔倒时，他们对深度的理解就加深了。

独立动作促进了三维知觉的另一些方面。例如，爬行熟练的婴儿比不会爬的同龄婴儿能更好地记住物体方位，找出藏起来的物体 (Campos et al., 2000)。他们还能更好地辨认出，原来见过的一个物体，即使被移动后从一个新的角度出现，仍然是那个物体 (Schwarzer, Freitag, & Schum, 2013)。

为什么爬行会造成这样的差异？比较一下你搭车从一地到另一地，与你自己开车或走路有什么不同。你自己走时，你会更注意路标和路线，也会更仔细地注意从不同角度看某一建筑物的样子。婴儿也是同样道理。爬行促使大脑组织达到一个新水平，这从大脑皮层更有序的脑电活动中就可以看出来 (Bell & Fox, 1996)。也许爬行加强了某些神经连接，尤其是与视觉和空间知觉有关的神经连接。

（3）模式知觉

即使是新生儿也喜欢看图案，而不是平淡的刺激 (Fantz, 1961)。随着婴儿逐渐长大，他们喜

当这个 8 个月大的婴儿学会爬行时，他的经验培养了他对三维空间的理解，例如，记住物体的位置以及物体从不同的角度是如何出现的。

欢更复杂的图案。例如，3 周的婴儿看只有几个大方块的黑白棋盘图的时间最长，而 8~14 周的婴儿则更喜欢看有很多小格子的棋盘图 (Brennan, Ames, & Moore, 1966)。

反差敏感性 (contrast sensitivity) 这个一般原理可以解释早期的图案偏好 (Banks & Ginsburg, 1985)。反差指同一图案中两个相邻区域的光量差。如果婴儿对两个或多个图案的反差敏感（能够觉察），他们就喜欢其中反差较大的那一个。要理解这一原理，可以看图 4.15 上面一排的棋盘图。由小方格组成的棋盘，其对比元素更多。而下面一排显示的是这些棋盘图在出生几周的婴儿眼里的样子。由于视觉的局限，小婴儿不能分辨复杂图案的特征，他们更喜欢看左边那个大格子棋盘图。大约 2 个月时，随着觉察细致纹理的能力的增强，婴儿对复杂图案的反差变得敏感，因此会花更长时间看左边这些纹理 (Gwiazda & Birch, 2001)。

出生后的前几周，婴儿就会对模式的各个分离部分做出反应。他们会盯着单一的、高反差的特征看，不能把注意力转移到其他有趣的刺激上 (Hunnius & Geuze, 2004a, 2004b)。2~3 个月时，随

142

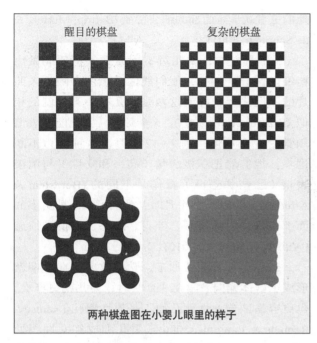

图 4.15 两种复杂性不同的棋盘图在出生几周婴儿眼里的样子

由于视力有限，小婴儿不能分辨复杂棋盘图的细节，该图在他们眼里是模糊的一片灰。而大格棋盘图的反差更大，因此婴儿更喜欢看。资料来源：M. S. Banks & P. Salapatek, 1983, "Infant Visual Perception," in M. M. Haith & J. J. Campos (Eds.), *Handbook of Child Psychology: Vol. 2. Infancy and Developmental Psycho biology* (4th ed.). New York: John Wiley & Sons, p. 504.

着筛查能力和反差敏感性的提高，婴儿开始细察模式的特征，只是偶尔停一下看各个部分 (Bronson, 1994)。

婴儿能够理解模式的各个方面之后，就能把各部分整合为一个统一体。4 个月左右，他们觉察模式组织的能力已经很强，以至于能够知觉到实际并不存在的主观边界。例如，在图 4.16a 里，他们知觉到图中心有一个正方形，像成人一样 (Ghim, 1990)。年龄再大些的婴儿对主观形状的这

种反应性又有进步。例如，9 个月婴儿注视那些有组织的、看起来像一个人在走路的移动光线的时间，要长于看凌乱光线的时间 (Bertenthal, 1993)。12 个月时，婴儿能从不完整的图形中看出物体，甚至当三分之二的线条都不出现的时候也是如此（见图 4.16b）(Rose, Jankowski, & Senior, 1997)。这些结果表明，婴儿对客体和动作的更多了解支持了他们的模式知觉。

（4）面孔知觉

婴儿在模式刺激中寻找结构的倾向也适用于面孔知觉。新生儿喜欢看面部特征自然排列（直立）的类似人脸的图案，而不喜欢不自然排列的图案（倒置或侧向）（见图 4.17a）(Cassia, Turati, & Simion, 2004; Mondloch et al., 1999)。相对于其他刺激，他们更愿意追踪视野里出现的那些移动的面部图案 (Johnson, 1999)。尽管新生儿更依赖外部特征（发际线和下巴）而不是内部特征来区分真实面孔，但他们更喜欢眼睛睁着和直视的面孔 (Farroni et al., 2002; Turati et al., 2006)。另一个令人惊叹的能力是，他们喜欢用更长时间看被成年人判断为更有吸引力的人和动物的脸，这一偏好可能是人们普遍喜欢外表漂亮的人的根源 (Quinn et al., 2008; Slater et al., 2010)。

一些研究者认为，这些行为显示，新生儿具备一种天生的适应本物种成员的能力，就像许多刚出生的小动物那样 (Johnson, 2001; Slater et al., 2011)。但另一些研究者认为，位于图案上方的主要元素，新生儿都会表现出偏好，比如图 4.17b 里的眼睛 (Cassia, Turati, & Simion, 2004)。然而，很可能是对面部图案的偏向促进了这种喜好。还有些研究者认为，新生儿接触的面孔比接触的其他

143

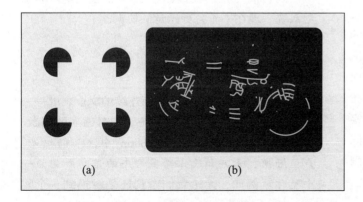

图 4.16 视觉图案中的主观边界

成人能知觉到图 a 的中间是一个正方形，4 个月的婴儿也会如此。图 b 中的图像缺少三分之二的线条，但 1 周岁的婴儿能看出这是一辆摩托车。在婴儿对这张不完整的摩托车图案习惯化以后，研究者拿出一张完整但形状不同的摩托车图，12 个月的婴儿对新图案出现反应恢复行为（较长时间地看），表明他们根据很少的视觉信息就认出了摩托车的图案。资料来源：Ghim, 1990; Rose, Jankowski, & Senior, 1997.

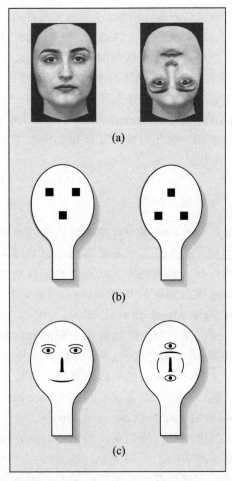

图 4.17 早期面孔知觉

(a) 新生儿喜欢看左侧的人脸照片，而不是右图颠倒的人脸；(b) 新生儿喜欢看左侧类似面孔的简单图案，而不喜欢右侧位置颠倒的那张图；(c) 如果把左侧复杂的面孔图和右侧的同样复杂但五官被打乱的图案从新生儿视野中移过，他们看左侧面孔图的时间更长。但是如果两个图案静止不动，婴儿到 2~3 个月才表现出对左侧面孔的偏好。资料来源：Cassia, Turati, & Simion, 2004; Johnson, 1999; Mondloch et al., 1999.

刺激多，这种早期经验可以迅速地使大脑具备觉察面孔的能力，并使大脑偏好那些有吸引力的面孔 (Bukacha, Gauthier, & Tarr, 2006)。

新生儿能对类似面孔的一般结构做出反应，但他们不能把复杂的面孔图案从其他同样复杂的图案里区分出来（见图 4.17c）。由于他们不断地看到母亲面孔，所以他们能很快地从陌生女性面孔中辨认出母亲面孔，虽然他们只是对母亲面孔的大致轮廓比较敏感。2 个月左右，他们能细察所有刺激并把各个成分合为一体，相对于其他同样复杂的刺激形状，婴儿更喜欢复杂的人脸画 (Dannemiller & Stephens, 1988)。与其他女性相比，

他们更喜欢母亲面部的细节特征 (Bartrip, Morton, & de Schonen, 2001)。

3 个月左右，婴儿对不同面孔的特征能做出精细的区分。例如，他们能区分出两个陌生人照片的不同之处，即使这两张面孔有中等程度的相似 (Farroni et al., 2007)。5 个月时，婴儿能把表情知觉为一个整体，到 7~12 个月，这种能力不断进步。他们能把积极表情（高兴和吃惊）与消极表情（悲伤和恐惧）看作是不同的 (Bornstein & Arterberry, 2003)。7 个月时，他们可以区分更多的面部表情，包括快乐、惊讶、悲伤、恐惧和愤怒 (Witherington et al., 2010)。

经验影响着面孔加工，它导致婴儿在早期就形成了群体偏向。早在 3 个月时，婴儿就更喜欢，也更容易区分女性面孔而不是男性面孔 (Ramsey-Rennels & Langlois, 2006)。婴儿和成年女性相处时间较长，可以解释这一效应，如果主要照顾者是男性，婴儿就更喜欢男性面孔。此外，3~6 个月的婴儿大多接触自己族群的成员，更喜欢看该族群成员的面孔，到 6~9 个月，婴儿区别对待其他族群面孔的能力减弱 (Kelly et al., 2007, 2009)。这种本种族偏向，在与其他种族成员频繁接触的婴儿中并不存在，也可以通过接触更多族群而逆转 (Anzures et al., 2013; Heron-Delaney et al., 2011)。本节"生物因素与环境"专栏讨论到，早期经验会促进有关面孔的性别和种族信息的知觉收窄效应，就像对物种信息也有这种效应一样。

婴儿右脑半球专门处理面部信息的区域的发展，加上与养育者面对面的互动，促进了婴儿面孔知觉的改善。面孔识别能力在整个童年期持续改进 (Stiles et al., 2015)。但直到 10~11 岁，儿童才能像成年人一样，熟练、快速、准确地辨别日常生活中遇到的高度相似的面孔。

到目前为止，我们已经逐一考虑了婴儿的感觉系统。现在来看各种感觉的协调。

3. 联合知觉

我们的环境提供了丰富而连续的联合刺激——来自一种以上形态或感觉系统、同时输入的刺激。在**联合知觉** (intermodal perception) 中，人们把光、声、触摸、味道和气味等多形态的信息知觉为一个整体。例如，无论我们看到还是触摸到一个物

体，它的形状都是一样的；嘴唇的动作与发出的声音密切相关；把一个硬物扔到坚硬的表面上，会产生尖锐的砰砰声。

本章前面讲过，新生儿转向声音传来的方向时，能用很简单的方式来够物。这一行为表明，婴儿是把视觉图像、声音和触摸放在一起做出预期的。研究揭示，婴儿以一种统一的方式来知觉各个感觉系统的输入：觉察多形态感觉属性，即在两个或多个感觉系统间重叠的信息，如速度、节律、持续时间、强度、同步性（基于视觉与听觉），以及质地与形状（基于视觉和触觉）。例如，一个弹起的球的形象和声音，以及一个正在说话者的面孔和声音。在这两种情况下，视觉和听觉信息同时出现，且伴随着相同的速度、节律、持续时间和强度。

即使是新生儿也能知觉到多形态属性。在触摸到放在他们手里的物体（比如圆柱体）时，他们能用视觉认出它，并把它与其他形状的物体区别开 (Sann & Streri, 2007)。而且，只要接受一次刺激，他们就能在玩具的形状和声音（比如有节奏的叮当声）之间建立联结 (Morrongiello, Fenwick, & Chance, 1998)。

0~6 个月期间，婴儿掌握了范围可观的多形态关系。例如，3~5 个月婴儿能根据说话人的口型、情感表达甚至年龄和性别，来匹配声音和面孔。6 个月左右，婴儿可以感知并记住不熟悉成年人的独特的面孔 – 声音配对 (Flom, 2013)。

这个学步儿在摆弄铃鼓时很容易在金属叮当声和视觉外观的同步中发现一种多形态关系。

联合知觉为什么发展得这么迅速？婴儿似乎从生物本能上已准备好关注多形态信息。他们对多形态信息之间关系的检测，例如，对形状、声音的速度和节拍的知觉，可能为觉察更特殊的多形态关系打好了基础，例如某个人的面孔和声音之间的关系，或一个物体和它的名称之间的关系 (Bahrick, 2010)。

多形态的敏感性对知觉发展非常重要。在最初几个月，许多刺激是不熟悉的、令人困惑的，这使婴儿注意到感觉输入之间的关系，从而迅速了解周围环境。

除了有助于感知物理世界，联合知觉还能促进社会和语言信息加工。例如，当 3~4 个月的婴儿注视成人的脸时，他们首先需要声音和视觉输入，来分辨积极的和消极的情绪表达 (Flom & Bahrick, 2007)。后来，婴儿能根据每种感觉形态分辨积极情绪和消极情绪，首先是声音（大约 5 个月），7 个月以后是面部 (Bahrick, Hernandez-Reif, & Flom, 2005)。此外，父母跟婴儿说话时，经常在词语、物体运动和触摸之间保持时间上的同步，例如，说"娃娃"的同时移动一个娃娃，并让它触碰婴儿。这大大增加了婴儿记住单词和物体之间联系的机会 (Gogate & Bahrick, 2001)。

观察与倾听

观察父母和婴儿一起游戏的场景，列出父母的联合知觉刺激和交流的例子。从每种多形态体验中，婴儿在关于人、物体或语言方面能学到什么？

总之，联合知觉促进了心理发展的各个方面。当养育者同时提供视觉图像、声音和触觉信息时，婴儿就要加工更多信息，从而学习得更快 (Bahrick, 2010)。联合知觉是另一种基本能力，它有助于婴儿积极努力地建立一个有序、可预测的世界。

4. 对知觉发展的理解

我们已经回顾了婴儿知觉能力的发展，那么怎样把这些令人吃惊的发展成果整合到一起呢？埃莉诺·吉布森和詹姆斯·吉布森 (James Gibson)

144

提出了一种被广泛接受的观点。根据他们的**分化理论** (differentiation theory)，婴儿会在一个不断变化的知觉环境里主动寻找那些保持不变的恒定特征。例如，在模式知觉中，婴儿会寻找那些突出的指向面孔的特征。不久，他们开始觉察到内部特征，注意到这些特征间的稳定关系。结果，他们觉察到了各种模式，例如各种复杂的图案和人的面孔。同样，婴儿会分析言语流的规律，检测单词、词序，以及单词中的音节 – 重音模式。联合知觉的发展也反映了这一原理 (Bahrick & Lickliter, 2012)。婴儿能够找出恒定关系——首先是声音和面孔中同时出现的速度和节律这样的多形态属性，然后是更详细的联系，如声音 – 面孔的独特匹配。

该理论之所以被称为分化（分析或分解之意）理论，是因为，随着年龄增长，婴儿会觉察到刺激中越来越细微的恒定特征。除了模式知觉和联合知觉以外，分化还适用于深度知觉。回想一下，婴儿对位移的敏感性是如何领先于对图像细节特征的察觉的。因此，理解知觉发展的一种方法，是把它看作一种天生的寻求秩序和一致性的倾向，这种能力随着年龄增长日益得到调整 (Gibson,

1970; Gibson, 1979)。

婴儿不断地在环境中寻找机会来活动 (Gibson, 2003)。通过探索周围环境，他们知道哪些东西可以抓，哪些可以压，哪些会弹跳，哪些可以抚摸，哪些平面可以安全地走过去，哪些会掉下去。通过把弄物体，他们越来越了解各种可观察对象的属性 (Perone et al., 2008)。因此，他们以一种新的方式对环境进行区分，并表现出更有效的行为。

为了说明这一点，请回忆一下婴儿独立运动能力的变化是如何影响他们的知觉的。当婴儿在爬行和行走时，他们逐渐意识到，在倾斜的表面上可能会摔倒。对每项技能再多练习几个星期后，他们在爬下危险的斜坡时犹豫不决。在各种表面上保持平衡的经验，使婴儿在爬和走时更加意识到自己动作的后果。婴儿在爬行时会察觉到，如果表面倾斜，手臂会承受太多的重量，使他们会向前倒下。走路时，他们会察觉到，如果走斜坡，身体重心会发生变化，使他们的腿脚无法支撑自己直立。

婴儿不会把他们对斜坡或跌落的学习从爬行转移到行走，因为每种姿势的机能可见性 (affordances) 不同 (Adolph, Kretch, & LoBue, 2014)。学习是循序渐进的，需要付出努力，刚开始学习爬

婴儿不断变化的运动技能改变了他们感知表面的方式。左图：一个刚开始走路的 1 岁婴儿从陡峭的斜坡上走下来，没有意识到跌倒的风险。右图：一个 1 岁半、有丰富的走路经验的学步儿知道，最好是坐着滑下斜坡。

和走的婴儿，每天都要在家里穿过各种各样的表面。当他们尝试平衡和调整姿势来适应每个平面时，他们会以新方式知觉这些平面，指导自己的动作。因此，他们能够越来越出色地掌握动作技能。

当我们总结我们有关婴儿知觉的讨论时，我们必须注意到，有些研究者认为，婴儿不只是通过寻求恒定特征来弄明白这些经验。他们会给知觉到的经验赋予意义，能把周围环境中的物体和事件分类 (Johnson & Hannon, 2015)。本章隐约提示了这种认知观点。例如，年龄稍大的婴儿会把熟悉的面孔解释为快乐和爱的源泉，把闪光图案解释为移动的人。这种认知观点有助于我们理解婴儿的发展。许多研究者整合了这两种观点，把 0~1 岁婴儿的发展看作一个从知觉到认知的进程。

思考题

联结　举例说明，联合知觉对婴儿理解物理和社会环境为什么至关重要。

应用　在学会爬之后几周，伯恩学会了避免从一个较陡的斜坡上头朝下地掉下来。现在他开始走了。他的父母能相信他不会从较陡斜面上往下走吗？使用机能可见性概念来解释。

反思　想出你学会的一种动作技能。你觉得它怎样改变了你的知觉和认知能力？

146　本章要点

一、体格发育

4.1　描述 0~2 岁婴儿体格的主要变化

■　0~2 岁婴儿的身高和体重增长比出生后其他任何时间都多。在 0~9 个月，身体脂肪增加很快，肌肉发育缓慢而循序渐进。由于身体发育遵循**头尾趋势**和**近远趋势**，身体比例也发生变化。

二、大脑发育

4.2　描述婴儿期和学步期的脑发育、测量脑机能的方法和挖掘脑潜力的适当刺激

■　在早期，大脑发育比身体其他器官都要快。当**神经元**开始形成时，神经纤维随之迅速扩展形成**突触**。神经元释放**神经递质**这种化学物质，通过突触向其他神经元传递信息。**程序化的细胞死亡**给神经纤维和突触腾出空间。很少受到刺激的神经元在**突触修剪**过程中会失去突触。**神经胶质细胞**掌管着神经纤维的**髓鞘化**，它们在 1~2 岁成倍增长，导致脑重大幅增加。

■　脑机能测量包括检测大脑皮层电活动变化的技术 (EEG, ERPs)、神经成像技术 (PET, fMRI) 以及适合婴幼儿的 NIRS 技术。

■　**大脑皮层**是脑最大、最复杂的结构，在大脑里最后停止发育。它的额叶为**前额皮层**，掌管复杂的思维。大脑两半球逐渐地专门化，称为**单侧化**。最初几年，大脑具有很高的**可塑性**，许多区域尚未局限于某一特定机能，仍具有很强的学习能力。

■　遗传和早期经验都对大脑组织有影响。在大脑发育最迅速的敏感期，对大脑的刺激至关重要。长期的早期剥夺，会破坏大脑皮层，特别是前额皮层的发育，并干扰大脑应对压力的能力，造成长期的生理和心理后果。

■　恰当的早期刺激可促进**经验-预期型脑发育**，这种发育主要取决于日常经验。**经验-依赖型脑发育**依赖于特定的学习经验，无证据表明这种发育在生命前几年存在敏感期。对儿童的过高期望会压垮儿童，阻碍其大脑潜能的发挥。

4.3　0~2 岁婴儿的睡眠与觉醒是如何转换的？

■　婴儿唤醒模式的变化主要受大脑发育的影响，但社会环境也有影响。睡眠和觉醒的周期逐渐变长变少，逐渐与昼夜周期一致。

■　与世界多数国家相比，西方国家的父母较早开始训练婴儿整夜独自睡觉，其他地方的父母则更多地与婴儿一起睡。良好的就寝习惯可以促进婴儿和学步儿的睡眠。

三、早期身体发育的影响因素

4.4 列举遗传和营养影响早期身体发育的证据

■ 双生子研究和收养研究揭示，遗传对体型大小和身体发育速度有影响。

■ 母乳适合婴儿的生长需要。在世界的贫困地区，母乳喂养可以预防疾病，防止营养不良和婴儿死亡。

■ 大多数婴儿和学步儿可以自由食用营养丰富的食物，不会有发胖风险。由于父母不健康的喂养方式，婴儿体重迅速增加与日后肥胖之间有正相关关系。

■ **消瘦症**和**恶性营养不良**是由营养不良导致的饮食疾病，影响着许多发展中国家的儿童，长此以往会永久阻碍身体和脑发育。

四、学习能力

4.5 描述婴儿的学习能力、其发生条件和每种条件的独特价值

■ **经典条件作用**基于婴儿把同时发生的两个事件相联系的能力。当**非条件刺激**和**条件刺激**的同时出现具有生存价值时，婴儿最容易形成经典条件作用。

■ 在**操作条件作用**中，婴儿对环境进行操作，其行为后紧跟着一个**强化物**（可增加行为为发生概率的刺激）或**惩罚**。惩罚是为减少这个行为再次出现，施加一个厌恶刺激，或撤销一个愉快刺激。对于婴儿而言，有趣的图像和声音、与养育者的愉快互动都可作为有效的强化物。

■ **习惯化**和**反应恢复**揭示，刚出生时，婴儿会被新异刺激吸引。新异偏好（对新异刺激的反应恢复）可以评价近期记忆，而熟悉偏好（对熟悉刺激的反应恢复）则可用来评价长久记忆。

■ 新生儿有与生俱来的模仿成人表情和姿势的能力。**模仿**是一种强有力的学习，也会影响亲子关系。科学家发现了一种被称为**镜像神经元**的特殊细胞，它们可能是婴儿模仿能力的基础。

五、动作发展

4.6 描述动作发展的动态系统理论以及影响0~2岁婴儿动作发展的因素

■ 根据**动作发展**的**动态系统理论**，儿童把学到的新动作技能和已有技能整合到更复杂的动作系统中。每一种新技能是中枢神经系统发育、身体运动能力、儿童目标和环境对技能的支持共同作用的结果。

■ 对不同背景下儿童学习爬行和走路的观察显示，运动机会和刺激丰富的环境对动作发展有深刻影响。文

147

化价值观和儿童养育习俗也会对早期动作技能的出现和精细化产生影响。

■ 在0~1岁，婴儿的够拿和抓握动作已经发展得相当完善。够拿动作逐渐准确而灵活，笨拙的顺向抓握过渡为精细的钳形抓握。

六、知觉发展

4.7 婴儿期的听觉、深度知觉、模式知觉和联合知觉会发生怎样的变化？

■ 出生6个月左右，婴儿把声音组织成复杂模式，作为**知觉收窄效应**的一部分，开始"筛选出"其母语不使用的声音。令人惊异的**统计学习能力**使婴儿能够察觉有规律的声音模式，以后他们很快就会懂得其含义。

■ 在0~6个月，眼睛和大脑视觉中枢的快速成熟支持了聚焦、颜色分辨能力和视敏度的发展。对环境进行筛选和追踪移动物体的能力也逐渐增强。

■ 对深度知觉的研究表明，婴儿首先发展的是位移线索，接着是双眼深度线索和图画深度线索。独立动作经验促进了深度知觉和对三维空间的理解，但是婴儿必须学会避免在各种身体姿势下摔倒。

■ **反差敏感性**可以解释婴儿早期的模式偏好。起先，婴儿盯着单一的、高反差的特征看。随着年龄增长，他们越来越善于分辨复杂而有意义的模式。

■ 新生儿喜欢注视和追踪简单的、像人脸的刺激。他们是否天生就存在着朝向人脸的倾向，研究者还未达成一致。2个月时，他们喜欢看母亲的面部特征，3个月时，他们能区分不同面孔的特征。7个月时，他们能分辨各种面部表情，包括快乐、悲

伤和惊讶。

■　从出生起，婴儿就具备**联合知觉**能力——把来自多个感觉形态的信息相结合。觉察多形态关系（例如速度和节律）的能力为觉察其他不同类型知觉的匹配打下了基础。

4.8　解释知觉发展的分化理论

■　根据**分化理论**，知觉发展就是在不断变化的知觉环境中找出恒定特征。操纵环境的行为对知觉分化起重要作用。从认知观点出发，在早期，婴儿给他们知觉到的事物赋予意义。许多研究者把这两种观点结合起来。

✿ 重要术语和概念

brain plasticity (p. 121) 大脑可塑性

cephalocaudal trend (p. 117) 头尾趋势

cerebral cortex (p. 120) 大脑皮层

classical conditioning (p. 130) 经典条件作用

conditioned response (CR) (p. 131) 条件反应

conditioned stimulus (CS) (p. 131) 条件刺激

contrast sensitivity (p. 141) 反差敏感性

differentiation theory (p. 144) 分化理论

dynamic systems theory of motor development (p. 135) 动作发展的动态系统理论

experience-dependent brain growth (p. 124) 经验－依赖型脑发育

experience-expectant brain growth (p. 124) 经验－预期型脑发育

glial cells (p. 118) 神经胶质细胞

habituation (p. 131) 习惯化

imitation (p. 132) 模仿

intermodal perception (p. 143) 联合知觉

kwashiorkor (p. 129) 恶性营养不良

lateralization (p. 121) 单侧化

marasmus (p. 129) 消瘦症

mirror neurons (p. 133) 镜像神经元

myelination (p. 118) 髓鞘化

neurons (p. 117) 神经元

neurotransmitters (p. 117) 神经递质

operant conditioning (p. 131) 操作条件作用

perceptual narrowing effect (p. 139) 知觉收窄效应

prefrontal cortex (p. 120) 前额皮层

programmed cell death (p. 118) 程序化的细胞死亡

proximodistal trend (p. 117) 近远趋势

punishment (p. 131) 惩罚

recovery (p. 131) 反应恢复

reinforcer (p. 131) 强化物

statistical learning capacity (p. 138) 统计学习能力

synapses (p. 117) 突触

synaptic pruning (p. 118) 突触修剪

unconditioned response (UCR) (p. 130) 非条件反应

unconditioned stimulus (UCS) (p. 130) 非条件刺激

婴儿期和学步期认知发展

这位父亲鼓励孩子的好奇心和发现的乐趣。在充满关怀的
成人的敏感支持下，婴儿和学步儿的认知和语言发展迅速。

　　凯特琳、格瑞丝和蒂米来到吉内特的儿童保育中心，游戏室顿时活跃起来。三个年龄 1 岁半、精神饱满的探索者都在弯腰探索着。格瑞丝正把积木块从吉内特拿着的一个塑料盒子上面的小洞塞进去，她调整着木块，好让那些难放的木块掉进去。每塞进几块积木，格瑞丝就把盒子抢过来摇，当盒盖打开，积木散落在她周围时，她就兴奋地叫起来。积木散落的哗啦声吸引了蒂米，他捡起积木块，把它们拿到地下室台阶的栏杆旁，扔到台阶下，接着又扔了一只玩具熊、一只皮球、自己的鞋和一支勺子。那边，凯特琳拉开抽屉，拿出了一些木碗，把它们摞成一摞，又把它们推倒，然后拿两个碗互相敲打。

　　孩子们做这些实验的时候，我发现有语言出现了，这是一种全新的影响环境的方式。当蒂米把一只红色的球扔到地下室楼梯下时，凯特琳喊道："都下去了！"当球在眼前消失时，格瑞丝一边挥手一边说："拜拜。"从那天以后，格瑞丝能用语词和体态来假装。她一边说"晚上，晚上"，一边低下头，闭上眼睛。做这样的假装时她总是很高兴，她能自己决定何时何地上床睡觉。

　　在 0～2 岁，这些孩子从幼小的、只有反射行为的新生儿变成了自主的、有目的性的人。他们开始解决简单问题，并开始掌握人类最不可思议的能力：语言。做父母者往往纳闷，这一切怎么发生得这么快？这个问题也困扰着研究者，在解释婴儿和学步儿惊人的认知发展速度上，伴随着激烈的争论，研究者正在取得有益的发现。

　　本章，我们将讨论关于早期认知发展的三种理论观点：**皮亚杰的认知发展理论、信息加工学说，以及维果茨基的社会文化理论**。我们还要分析测量婴儿和学步儿智力发展的测验的有效性。最后将讨论语言的产生。先来看学步儿怎样在早期认知发展基础上说出他们最初的语词，再看新词汇和表达能力怎样大大提高了他们思维的速度和灵活性。在整个发展过程中，认知和语言一直是相互支持的。

150 ⚘ 一、皮亚杰的认知发展理论

5.1 根据皮亚杰的理论，发展过程中图式是如何变化的？
5.2 描述感觉运动阶段的主要认知成绩
5.3 后续研究对皮亚杰感觉运动阶段婴儿的认知发展做了哪些修正？

瑞士理论家让·皮亚杰把儿童看作忙碌、主动的探索者，当他们直接对环境进行操作的时候，其思维也就得到发展。受生物学背景的影响，皮亚杰认为，儿童头脑中不断形成并修正着一些心理结构，使他们更好地适应外部环境。第 1 章曾介绍皮亚杰的理论，从婴儿到青少年，儿童要依次经历四个阶段。根据皮亚杰的理论，认知的各方面都是以整合方式得到发展的，而且是在大致相同的时间、以相似方式发生变化。

皮亚杰的第一个阶段，**感觉运动阶段** (sensorimotor stage)，跨越了生命的前两年。皮亚杰认为，婴儿和学步儿用眼、耳、手和其他感官进行"思维"。他们还不能在头脑里进行很多活动。但是到了学步期的晚期，儿童已能解决一些日常生活的实际问题，并且能用言语、姿势和游戏来表征他们的经验。这些巨大变化是怎样发生的？皮亚杰是怎样看这个问题的？让我们先搞清楚皮亚杰提出的几个概念。

1. 皮亚杰的认知发展观

根据皮亚杰的理论，一种特殊的心理结构，使经验变得有意义的组织形式称为**图式** (schemes)，它们是随年龄增长而变化的。起初，图式就是感觉运动的动作方式。例如，6 个月时，蒂米以相当单调的方式向下扔东西，只是让拨浪鼓或橡皮环掉下去，并充满乐趣地看着它们。到 18 个月时，他的"丢的图式"已经变得更精细而具有创造性。他会把各种东西从地下室的台阶上往下滚，把一些东西抛向空中，把另外一些东西抛向墙壁让它弹回来，轻轻地放一些东西，或重重地放另一些东西。很快，他不再用物体进行操作，而是在行动前表现出思维的痕迹。对皮亚杰来说，这一变化标志着从感觉运动阶段向前运算阶段的过渡。

在皮亚杰的理论中，有两个过程说明了图式的变化，这就是适应和组织。

（1）适应

婴儿和学步儿会不厌其烦地重复那些会产生有趣后果的行为，**适应** (adaptation) 就是通过与环境的直接互动建立图式。它包括两种互补性的活动，即同化和顺应。在**同化** (assimilation) 过程中，人用已有图式解释外部世界。例如，蒂米向下丢东西时，就是在把所有的东西同化到他的"丢"这个图式中来。在**顺应** (accommodation) 过程中，人的已有思维方式不能完全掌控环境，必须建立新图式或调整原来的旧图式。当蒂米以不同方式向下丢东西时，他调整了"丢"的图式，来思考物体的不同特性。

皮亚杰认为，同化与顺应之间的均衡随着时间而变化。当儿童自己的变化很小时，其同化多

根据皮亚杰的理论，最初的图式是感觉运动动作图式。这个 1 岁婴儿正在实验他的"丢的图式"，他的行为越来越精细和富于变化。

于顺应；皮亚杰把这个状态称作认知平衡，意指一种稳定、适当的状况。在认知迅速变化期，儿童处于失衡或认知不适状态。他们发现，新信息与自己的已有图式不匹配，因此他们从同化转向了顺应。他们一旦调整了原有图式，就会重新回到同化状态，对新形成的结构进行练习，直到他们再次调整图式。

每次这种平衡与失衡交替出现时，更有效的图式就会产生。因为最大的顺应也是最早发生的，所以皮亚杰认为感觉运动阶段是最复杂的发展时期。

（2）组织

图式也会通过**组织 (organization)** 而变化，组织是在内部发生、不直接与环境接触的过程。儿童形成新图式后，会对这些图式进行重组，把它们与其他图式联系起来，形成相互联结的认知体系。例如，蒂米最终会将"丢"与"扔"这两个图式联系起来，并且与他对"近"和"远"的理解联系起来。皮亚杰认为，当图式达到真正的平衡状态时，各种图式会联系在一起形成更大的结构网络，以适应周围环境 (Piaget, 1936/1952)。

下面，我们先看看皮亚杰所观察的婴儿的发展，介绍一些支持他观点的研究。然后说说目前发现的证据，这些证据表明，在某些方面，婴儿的认知能力比皮亚杰所说的更强。

2. 感觉运动阶段

因为新生儿和 2 岁儿童之间的差异很大，所以皮亚杰把感觉运动阶段分为六个亚阶段（见表 5.1）。皮亚杰观察了一个很小的样本，即自己的三个孩子，并在此基础上提出了发展的顺序。皮亚杰观察得很仔细，他给自己的一个儿子、两个女儿呈现了各种日常问题（如把东西藏起来），来考察他们对世界的理解。

皮亚杰认为，新生儿对身边的环境知之甚少，起初他们是毫无目的地探索环境的。**循环反应 (circular reaction)** 为婴儿提供了一种调整最初图式的特殊方式。循环反应是由婴儿自己的动作引起的对新经验的偶然发现。之所以称为"循环"反应，是因为婴儿一遍一遍地重复该活动，起先偶然发生的感觉运动反应被加强，成为一个新的图式。例如，2 个月的凯特琳吃奶后偶尔发出咂嘴声。她觉得这个声音好听，就一再重复，直到她能熟练地咂嘴。

起初，循环反应是以婴儿自己的身体为核心。后来，它转向外部，指向对物体的操作。1 岁以后，循环反应变成了实验性和创造性的活动，目的在于产生新的结果。婴儿对新奇有趣行为的抑制困难可能是循环反应的基础。这种自我抑制的不成熟似乎具有适应意义，它保证了新技能巩固之前不被打断 (Carey & Markman, 1999)。皮亚杰认为，循环反应的级别非常重要，因此，他以循环反应的级别给感觉运动的亚阶段命名，见表 5.1。

（1）重复偶然行为

皮亚杰把新生儿反射看作构建感觉运动智力的基石。在第一个亚阶段，无论婴儿遇到什么

表 5.1 皮亚杰的感觉运动阶段

感觉运动亚阶段	典型的适应性行为
1. 反射图式（0~1 个月）	新生儿的反射（见第 3 章）。
2. 一级循环反应（1~4 个月）	围绕着婴儿自己身体的简单动作习惯，对事件的预期有限。
3. 二级循环反应（4~8 个月）	有目的地重复可对周围环境产生有趣影响的动作，模仿熟悉行为。
4. 二级循环反应的协调（8~12 个月）	有意的或目标导向的行为，能在原来位置找到被隐藏物体（客体永存性），对事件的预期能力增强，模仿与婴儿通常表现略有不同的行为。
5. 三级循环反应（12~18 个月）	以新方式操作物体以探究物体的特性，模仿新的行为，能在几个地方寻找藏起来的物体（准确的 A—B 寻找）。
6. 心理表征（18~24 个月）	在内心对客体和事件进行描画，其特征是：突然地解决问题，能找到被移出视线之外的物体（在没看见的情况下被转移），延迟模仿，玩假装游戏。

这个 3 个月的婴儿无意中碰到挂在她头上的玩具，她不断地重复这个有趣的结果。在这个过程中，她形成了一个新的"击打图式"。

刺激，他们总是以几乎相同的方式吸吮、抓和四处看。

1 个月左右，婴儿进入了第二个亚阶段，他们用一级循环反应，即重复那些主要由基本需要引发的偶然行为，开始自主地控制自己的动作。这会引发一些简单的动作习惯，如吸吮自己的手或指头。处于这个亚阶段的婴儿，其行为开始根据 *152* 环境需要而变化。例如，他们对奶头和勺子张嘴的方式是不同的。婴儿还开始预期结果。3 个月的时候，蒂米睡醒后，因为饿哭了起来，但瓦内莎一进入房间，他就停止了哭。他知道马上就要有奶吃了。

在第三个亚阶段，4~8 个月，婴儿能坐起来，会够拿和操作物体。这些动作在他们的注意转向外部环境的过程中发挥着主要作用，他们开始了二级循环反应，重复那些可引发有趣事件的动作。例如，4 个月的凯特琳偶然碰到了挂在她面前的一个玩具，玩具摇摆起来。之后的三天中，凯特琳不断重复这个动作，当她尝试成功的时候，就愉快地重复新的击打图式。对自己行为控制的逐步提高，使婴儿能更好地模仿他人的行为。但是，皮亚杰指出，4~8 个月的婴儿还不能灵活、迅速地适应并模仿新的行为。虽然婴儿喜欢看大人做拍手游戏，但是他们还不能跟着做。

（2）有意行为

在第四个亚阶段，8~12 个月，婴儿能把原有图式运用到新的、更复杂的系列动作中。这时候

引发新图式的行为不再毫无目的，例如偶然把拇指放到了嘴里或者碰到了玩具。相反，8~12 个月的婴儿能做出**有意或指向目标的行为** (intentional, or goal-directed behavior)，能够有意地协调图式来解决简单问题。皮亚杰著名的"藏东西任务"是最明显的例子。在这个任务中，他给婴儿一个好玩的玩具，然后把它藏到手的后面或把它盖住。处于这个亚阶段的婴儿能够"移"开障碍物并"抓"住玩具，用这两种图式找到东西。皮亚杰认为，这种手段－目的动作系列是解决所有问题的基础。

找到藏起来的东西，显示婴儿已经开始掌握**客体永存性** (object permanence)，懂得物体即使看不见也仍然存在。但是他们的客体永存性意识还不完善，如果婴儿反复几次在隐藏地点 (A) 找到某一物体，然后看着这个物体移到另一个地点 (B)，他将仍会在前一个地点 (A) 寻找这个物体。这就是所谓的 A 非 B 寻找错误。皮亚杰认为，当物体在视野中消失时，婴儿还没有一个持久存在的清晰的物体映像。

为了找到藏在锅里的玩具，10 个月的婴儿会进行有意或指向目标的行为，这是解决所有问题的基础。

在第四个亚阶段，婴儿能较好地预期事件，他们有时会用有意的行为来改变预期的事件。蒂米 10 个月时，当瓦内莎穿上大衣要出门时，蒂米爬着跟在她身后，哭着不让她走。而且婴儿也能模仿与他们日常行为稍不同的行为。在观察他人行为之后，他们会试着搅汤匙，推玩具车，把葡萄干放进杯子，等等。他们还用这种有意行为去调整图式，来做出他们看到的行为 (Piaget, 1945/1951)。

第五个亚阶段，12~18 个月，出现了三级循环反应，学步儿变换花样地重复着各种行为。在蒂米把玩具顺着地下室台阶扔下去的时候，他不断地变换着扔的动作。由于 12~18 个月的儿童能以这种有意的方式探索世界，所以他们就能更好地解决问题。例如，格瑞丝发现，把一块积木转一下，就能顺着小洞放进盒子，她还知道怎样用小棍够到拿不着的玩具。皮亚杰认为，这种实验能力有助于更好地理解客体永存性。学步儿能在几个地方找到隐藏的玩具，表现出准确的 A—B 寻找行为。儿童更灵活的动作模式也使得他们能够模仿更多的行为，如搭积木、涂鸦、扮鬼脸等。

（3）心理表征

到第六个亚阶段，儿童已能建立**心理表征** (mental representations)——大脑可操纵信息的内部表述。人的最主要的心理表征有两种：一是映像，或者物体、人及空间的心理图像；二是概念，或把相似客体和事件归为一组的分类。人能用心理映像回想把一个东西放错地方的细节，或者长时间观察某人的行为之后把它模仿出来。人可以运用概念来进行思维并对物体进行描述（例如，"球"是圆的、用来游戏的可滚动物体），因此人可以进行更有效的思维，把五花八门的经验组成有意义、可操作和可记忆的单元。

皮亚杰认为，18~24 个月的儿童能够突然解决问题，而不再靠"试误"来解决问题。儿童好像是在头脑里对动作进行实验，这说明儿童能在心理上对自己的经验进行表征。例如，19 个月时，*153* 格瑞丝把一个新的推拉玩具撞了一次墙后，她停了一会儿，似乎在"思考"，然后很快把玩具转向另一方向。

心理表征能力使这个 20 个月的学步儿能够玩最早的假装游戏。

表征还使稍大的学步儿能够解决难度较高的客体永存性问题，例如隐蔽位移——找一个在没看见的情况下被拿走的玩具，如把玩具放进小盒子里再盖上盖子。这种能力可使儿童做出**延迟模仿** (deferred imitation)，即记住并重复那些已经不在眼前的榜样行为。它还使儿童能够玩那些模仿日常活动和想象活动的**假装游戏** (make-believe play)。当感觉运动阶段接近尾声的时候，心理符号已经成为主要的思维工具。

3. 对婴儿认知发展的后续研究

许多研究认为，婴儿在各方面表现出理解力的时间比皮亚杰所认为的要早些。第 4 章曾介绍过有关操作条件作用的研究，新生儿一边聚精会神地吸吮乳头，一边获得有趣的视觉和声音刺激。这种行为很像皮亚杰的二级循环反应，它表明，婴儿在 4~8 个月之前就已经尝试探索和控制外部世界了。事实上，他们一出生就开始探索世界了。

为探索婴儿对被隐藏物体及现实物理世界都知道什么，研究者通常采用**违反预期法** (violation- of-expectation method)，他 们 先 让婴儿对一个物理事件习惯化（让婴儿看到一个事件，直到其不再注视），即让他们熟悉一个情境，该情境可对他们的知识进行检验。或者研究者简单地给婴儿展示一个符合预期事件（合乎常理的事件）和一个违反预期事件（第一个事件的不合常理的变式）。如果婴儿高度注意违反预期事件，就表明婴儿因该事件违背物理现实而感到"惊讶"，从而察觉到物理世界的那一方面。

对违反预期法有一些争议。有些研究者认为，这种方法揭示的是儿童对物理事件的有限的、内隐的（无意识的）觉察，而不是对其成熟的、有意识的理解，即皮亚杰所关注的、要求婴儿对周围环境进行操作时的那种理解力，例如寻找藏起来的东西 (Campos et al., 2008)。还有研究者认为，这种方法仅仅揭示了婴儿对新异物体的知觉偏好，而不是他们对物理世界的了解 (Bremner, 2010; Bremner, Slater, & Johnson, 2015)。让我们用近期证据来检验这些争论。

（1）客体永存性

在使用违反预期法进行的一系列研究中，勒妮·巴亚尔容 (Renée Baillargeon) 等人宣称，他们找到了刚出生几个月婴儿就有客体永存性的证据。图 5.1 显示了一项研究，其中给婴儿看一个符合

预期事件和一个违反预期事件，结果婴儿看违反预期事件的时间更长 (Aguiar & Baillargeon, 2002; Baillargeon & DeVos, 1991)。

其他一些采用违反预期法进行的研究也获得了相似结果，显示婴儿会花更长时间看各种与被隐藏物体相关的、违反预期的事件 (Newcombe, Sluzenski, & Huttenlocher, 2005; Wang, Baillargeon, & Paterson, 2005)。但是，批评者们仍然质疑，婴儿的注视偏好是否说明他们真正理解了什么。

但另一种看东西的行为表明，小婴儿在看不见的时候能够意识到物体的存在。4~5 个月的婴儿会跟踪球的运动轨迹，当球从障碍物后消失和出现时，他们会盯着前面，期待球将要出现的地方。还有研究进一步支持了婴儿的这种意识：5~9 个月的婴儿也表现出这种预期的跟踪，他们会花更多时间盯着看电脑屏幕上的一只球慢慢滚到障碍物后面，而不是这只球滚到障碍物边缘突然消失，或滚到障碍物边缘体积突然缩小 (Bertenthal, Gredebäck, & Boyer, 2013; Bertenthal, Longo, & Kenny, 2007)。随着年龄增长，婴儿越来越专注于球再次出现的预期位置，并等待它的出现——这是越来越理解客体永存性的证据。

如果小婴儿已经有了一些客体永存性概念，那么怎么解释皮亚杰的发现，即，已经会够拿的

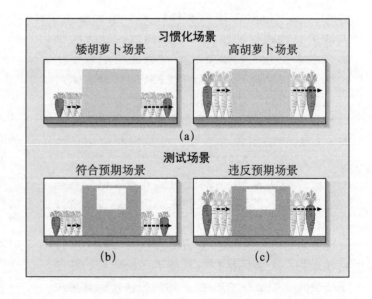

图 5.1 用违反预期法测查婴儿对客体永存性的理解
(a) 先让婴儿对两个场景习惯化：把一个矮胡萝卜和一个高胡萝卜分别移动到屏幕后面。接着呈现两个测试场景。这时屏幕的颜色会改变，以帮助婴儿注意到屏幕上面的窗户。(b) 一是符合预期场景，胡萝卜低于窗户下沿，从变色的屏幕后移过，从另一侧出来。(c) 二是违反预期场景，胡萝卜高于窗户下沿，它从屏幕后移过，但经过窗户时婴儿看不见它，之后从另一侧出现。2 个半月到 3 个半月的婴儿，花更长时间关注违反预期事件，说明他们已能理解一些客体永存性。资料来源：R. Baillargeon & J. DeVos, 1991, "Object Permanence in Young Infants:Further Evidence," *Child Development, 62,* p. 1230.

婴儿，在 8 个月之前不会尝试去寻找藏起来的东西？相比违反预期任务，寻找被隐藏物体对认知的要求更高，因为婴儿必须弄清楚东西藏在哪里。与这种观点相一致，婴儿会在完成其他任务之前完成一些被隐藏物体寻找任务。例如，8~10 个月的婴儿会先把部分掩盖东西的遮盖物拿开，而后再把一个完全遮住东西的遮盖物拿开 (Moore & Meltzoff, 2008)。婴儿日常生活中常见的、涉及部分被掩盖物品的经历，可能有助于他们认识到，被完全掩盖的物品并没有因为被盖住就消失，而是继续存在并可以拿回来。

8~12 个月的儿童在寻找藏起来的东西时，会犯 A 非 B 寻找错误。一些研究表明，他们到 A 处（最初看见物体的位置）而不是到 B 处（最后放物体的位置）去找，因为他们很难抑制以前受到奖赏的某些反应，或者因为，当藏东西的位置从 A 转移到 B 时，他们没亲眼看到 (Diamond, Cruttenden, & Neiderman, 1994; Ruffman & Langman, 2002)。一个更全面的解释是，有多个复杂而动态的因素，如习惯了在 A 处找物、连续注视 A 的习惯、隐藏地点 B 看起来跟 A 相似、儿童会保持原来的身体姿势，这些因素加在一起，造成婴儿会犯 A 非 B 寻找错误。研究表明，消除这些因素中的任何一个，都能增强 10 个月婴儿准确到 B 处寻找的能力 (Thelen et al., 2001)。此外，较大的婴儿仍在完善够拿和抓握的能力（见第 4 章）(Berger, 2010)。如果婴儿做不了这些动作，他们就没有多余的注意力去抑制他们已经习惯的到 A 处找东西的倾向。

观察与倾听

用一个吸引人的玩具和布料，试着让 8~14 个月的婴儿做一些寻找被隐藏物体的任务。他们的搜寻行为是否与研究结果一致？

总之，掌握客体永存性是一个循序渐进的成就。随着年龄的增长，婴儿的理解越来越复杂，他们必须把物体和掩盖物体的障碍物分开，跟踪物体藏在哪里，并利用这一知识找到物体 (Moore &

Meltzoff, 2008)。能顺利找到东西，与大脑皮层额叶的快速发育分不开 (Bell, 1998)。对客体的感知、操作和记忆，这些经验也缺一不可。

（2）心理表征

皮亚杰理论认为，儿童在 1 岁半之前过着纯粹感觉运动的生活；此后，他们才能对经验进行表征。但是，8~10 个月的婴儿已能在延迟一分多钟后想起藏东西的位置，14 个月的学步儿能在延迟一天甚至更长时间后想起藏东西的位置，表明婴儿已建构起客体及其所在位置的心理表征 (McDonough, 1999; Moore & Meltzoff, 2004)。有关延迟模仿和问题解决的新研究证明，表征思维更早就已存在。

1）延迟模仿和推断模仿

皮亚杰通过记录自己三个孩子的日常行为来研究模仿。在这种条件下，必须对儿童的日常生活有充分了解，才能保证延迟模仿会发生，这就要求儿童能够表征榜样过去的行为。

实验室研究表明，延迟模仿在 6 周左右就已出现！一项研究让婴儿观察一个陌生成人的面部表情，第二天这个成人再次向婴儿显露前一天的面部表情时，婴儿开始模仿 (Meltzoff & Moore, 1994)。随着动作能力的增强，婴儿就能开始模仿操纵物体的动作。在另一项研究中，一个成人用木偶给 6~9 个月的婴儿表演了一些新异动作：摘下木偶的手套，摇晃手套，使里面的铃铛发出响声，然后给木偶戴上。一天之后进行测试，那些看见过新异动作的婴儿更喜欢模仿那些动作（见图 5.2）。如果在表演前 1~6 天把一个静止不动的木偶和早先活动的木偶一起呈现，6~9 个月的婴儿就能把新异动作泛化到这个新的、看上去很不同的木偶上 (Barr, Marrott, & Rovee-Collier, 2003; Giles & Rovee-Collier, 2011)。

12~18 个月的学步儿已能熟练地凭借延迟模仿来丰富他们的感觉运动图式。婴儿至少能把模仿行为保持几个月，他们照着同伴和成人的样子做动作，并在不同情境中进行，例如，在家里练习那些从托儿所或电视上学习到的行为 (Meltzoff & Williamson, 2010; Patel, Gaylord, & Fagen, 2013)。按照榜样行为发生的顺序加以回忆的能力，早在 6 *155*

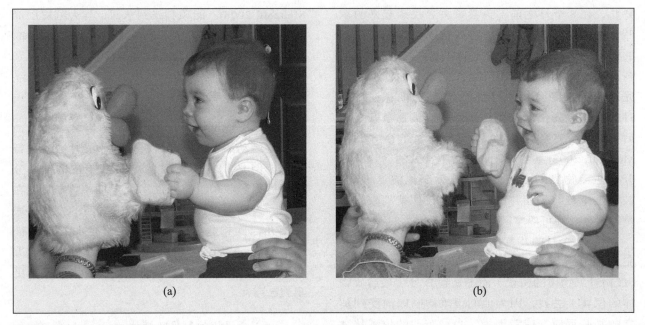

图 5.2　测查婴儿的延迟模仿
在研究者用木偶做了一系列新异动作后，这个 6 个月的婴儿一天后模仿了这些动作：(a) 摘下木偶的手套；(b) 摇动手套让里面的铃铛发出响声。随着年龄增长，对别人做出的行为，虽经长时间延后，但仍能回忆起来，这证明他们具有延迟模仿的能力。

个月时就很明显，1 岁以后明显增强 (Bauer, 2006; Rovee-Collier & Cuevas, 2009)。当学步儿按照正确的顺序模仿时，他们会记住更多的行为 (Knopf, Kraus, & Kressley-Mba, 2006)。

稍大的婴儿和学步儿甚至能通过推断别人的意图来进行理性的模仿！他们更有可能模仿有目的地操纵物体的行为，而不是偶然或任意的行为 (Hamlin, Hallinan, & Woodward, 2008; Thoermer et al., 2013)。他们会根据榜样的目标调整模仿行为。如果 1 岁的孩子看到一个成年人做了一个不寻常的动作来寻求乐趣（让玩具狗穿过烟囱进入一个迷你房子，即使房门是敞开的），他们就会模仿这种行为。但是，如果成年人做出这种奇怪行为是因为她必须这样做（在狗第一次尝试进门时，发现门是锁着的，然后让狗穿过烟囱），那么 1 岁的婴儿通常会模仿更有效的行为（把狗从门送进房子）(Schwier et al., 2006)。

14~18 个月时，学步儿越来越善于模仿成年人打算做的行为，即使他们还没有完全意识到这些行为 (Bellagamba, Camaioni, & Colonnesi, 2006; Olineck & Poulin-Dubois, 2009)。一次，吉内特想把葡萄干倒进袋子里，但没倒进去，洒在了柜子上。过了一会儿，格瑞丝开始把葡萄干放进袋子

里，表示她已经猜到吉内特的想法了。

2）问题解决

皮亚杰指出，7~8 个月的婴儿形成了有意向的动作次序，他们用这些动作来解决简单问题，如通过拉拽毛巾拿到放在毛巾远端的玩具 (Willatts, 1999)。由于这种对客体之间关系的探索，使用工具解决问题的能力出现了，即，为了达到目的，把一个物体当作工具来灵活地操纵 (Keen, 2011)。

例如，反复地给 12 个月的婴儿递一把勺子，如果从孩子的利手方向（通常是右手）递，就方便他们用利手握住，但是，当勺柄指向反方向（通常是左手方向）时，他们仍能调整方向，用右手去握住勺子，从而顺利地把食物吃进嘴里 (McCarty & Keen, 2005)。随着年龄增长，婴儿逐渐会提前调整自己握勺子的方式，以适应勺子的方向，想好要用这个工具做什么。

10~12 个月时，婴儿可以通过类比来解决问题——把解决问题的一个策略应用到其他相关问题上。在一项研究中，研究者让这个年龄的婴儿解决三个类似的问题，每个问题都要求他们克服障碍，抓住一根绳子，然后拉动绳子得到一个吸

引人的玩具。这些问题的表面特征在许多方面都不同，如绳子的纹理和颜色、障碍物情况、地垫以及玩具的类型（马、娃娃或汽车）。对于第一个问题，让父母演示解决方案并鼓励婴儿模仿 (Chen, Sanchez, & Campbell, 1997)。结果发现，当解决后面两个问题时，婴儿做得越来越好。

这些发现表明，到 1 岁左右，婴儿会形成灵活的心理表征，知道如何使用工具获取物体。他们有一定的能力超越试误法，用头脑来表征出解决方案，并在新环境中使用它。

3）符号理解

早期最重要的成就之一是认识到，词可以用来 **156** 提示那些在物理上不存在的事物的心理映像——一种被称为**替代参照** (displaced reference) 的象征能力，出现在 1 岁前后。它极大地提高了学步儿通过与他人交流来了解世界的能力。对 12～13 个月学步儿的观察显示，他们能用盯着看和指向放玩具的地方，对玩具的名称做出反应 (Saylor, 2004)。随着记忆力和词汇量的提高，替代参照的技能也会扩展。

但是起初，学步儿还不能使用语言来获取关于一个不在眼前的物体的新信息，这是一种运用符号来学习的基本能力。在一项研究中，一位实验员教 19～22 个月的学步儿给一只毛绒青蛙取一个名字——"露西"。然后，青蛙不见了，实验员告诉孩子们，水溅到青蛙身上，所以"露西全身都湿了！"。接着，实验员给孩子们看三只毛绒动物，即一只湿青蛙、一只干青蛙和一只小猪，然后说："找找哪个是露西！" (Ganea et al., 2007) 尽管所有的孩子都记得露西是一只青蛙，但只有 22 个月的孩子认出那只湿青蛙是露西。这种把语言作为一种灵活的符号工具来修改和丰富现有心理表征的能力，到 2 岁前后才有所提高。

对图片的象征机能的觉知也在第一年开始，第二年加强。甚至新生儿也能知觉到一张图片与其指代物之间的关系，例如，他们更喜欢看自己妈妈的照片（见第 4 章边页 143）。9 个月或许更早，多数婴儿就意识到，真正的物品可以抓到，但是照片中的物品则不能。多数婴儿会触摸、摩擦或拍打一张彩色照片中的物品，但很少会去抓住它 (Ziemer, Plumert, & Pick, 2012)。这些行为表明，9 个月的婴儿不会把一张图片中的物品错当成真实的东西，尽管他们可能还没有把它理解为一个符号。用手来摸索图片的动作在 9 个月后逐渐减少，18 个月左右则非常罕见 (DeLoache & Ganea, 2009)。

在这段时间，学步儿显然是用看待符号那样看待图片的，只要图片中的物品非常真实。给 15～24 个月的孩子看一个陌生物品的彩色照片，并用英文中没有的一个词 (blicket) 给这个物品命名。然后，给孩子们同时展示这个真实物品和照片，让他们指出哪个是 "blicket"，结果，多数人做出了一个符号性的反应：要么选择真实物品，要么二者都选，而不是只选照片 (Ganea et al., 2009)。

1 岁半左右，学步儿经常用图片作为与他人交流和学习新知识的工具。他们用手指、取名字和谈论图片，还把从一本书中看到的东西用到真实物体上，反之亦然 (Ganea, Ma, & DeLoache, 2011; Simcock, Garrity, & Barr, 2011)。

在丰富的图片环境中，养育者经常引导婴儿注意图片和真实物品之间的联系，这促进了学步儿对图片的理解。在非洲坦桑尼亚农村进行的一

这个 17 个月的学步儿用手指着一本图画书，说明她开始意识到图画的符号机能。但图画必须非常像真实的情境，学步儿才能用符号的眼光来看待它们。

项研究中，当地儿童在入学前从未见过图片，一位研究者给1岁半的学步儿看图画书，同时教他们一个陌生物体的新名字（Walker, Walker, & Ganea, 2012）。后来，让他们从一组真实物品中挑选出有那个名字的物品，这些坦桑尼亚儿童直到3岁时的表现才达到美国15个月学步儿的水平。

第8章将讲到，即使认识到图画的符号属性，年幼儿童仍然很难理解一些图画（比如线条画）的含义。婴儿和学步儿怎样解释另一种常见的图像媒体——视频？请看本节的"社会问题→教育"专栏。

---

157 🌳 专栏　　　　社会问题→教育

婴儿从电视和视频中学习的亏损效应

儿童最早成为电视和视频观众是在婴儿期，因为他们会看到父母和哥哥姐姐看的节目，或是针对襁褓中婴儿的节目，比如《小小爱因斯坦》。美国父母报告说，2个月的婴儿中有50%看电视，2岁时这个数字上升到90%。平均观看时间从6个月时的每天55分钟增加到2岁时的每天不到1个半小时（Anand et al., 2014; Cespedes et al., 2014）。尽管父母认为婴儿能从电视和视频中学习，但研究表明，情况并非如此。

最初，婴儿对有关人的视频做出反应，好像是直接看着里面的人微笑和手舞足蹈，6个月的婴儿会模仿电视里成年人的动作（Barr, Muentener, & Garcia, 2007）。但是，当他们看到有吸引力的玩具的视频时，9个月的婴儿会去触碰并抓屏幕，这表明他们混淆了图像和真实的东西。到1岁半左右，上手来探索逐渐减少，取而代之的是指向图像（Pierroutsakos & Troseth, 2003）。不过，学步儿还不能把他们在视频中看到的东西应用到真实情境中。

在一项系列研究中，一组2岁儿童通过一个窗户观看一个真实的成人把一个玩具藏在隔壁房间里，另一组儿童则通过视频观看同样的事件。然后，让他们去寻找藏起来的玩具。结果，直接观看真实场景的儿童更快地找到了玩具，而看视频的儿童则较难找到（Troseth, 2003; Troseth & DeLoache, 1998）。这种**视频亏损效应**（video deficit effect）——观看视频后的表现不如观看现场演示——也存在于2岁儿童的延迟模仿、单词学习和手段－目的问题解决任务中（Bellagamba et al., 2012; Hayne, Herbert, & Simcock, 2003; Krcmar, Grela, & Linn, 2007）。

对这种现象的一种解释是，2岁儿童通常不认为视频中的角色提供了与真实人物相关的信息。当视频中的一个成人宣称她把玩具藏在哪里后，2岁孩子很少去找

（Schmidt, Crawley-Davis, & Anderson, 2007）。相比之下，当成人当着孩子的面说同样的话时，2岁儿童会很快地去找那个玩具。

学步儿似乎不太相信视频里的信息与他们的日常经历有关，因为视频里的人不像他们的养育者那样直接看着他们，跟他们交谈，或共同关注一个东西。在一项研究中，研究者让一些2岁的孩子进行互动视频体验（使用双向的闭路视频系统）。一个成年人在视频中与孩子互动了5分钟——叫孩子的名字，谈论孩子的兄弟姐妹和宠物，等待孩子的回应，玩互动游戏（Troseth, Saylor, & Archer, 2006）。与在非互动视频中观看同一成人的2岁儿童相比，在互动条件下观看的儿童在根据视频人物的语言线索寻找玩具方面做得要好得多。

2岁半左右，视频亏损效应减弱。美国儿科学会（American Academy of Pediatrics, 2001）建议，儿童2岁半之前不要观看大众媒体的电视和视频。一些研究支持了这一建议，例如，看电视时间与学步儿的语言发展呈负相关（Zimmerman, Christakis, & Meltzoff, 2007）。1～

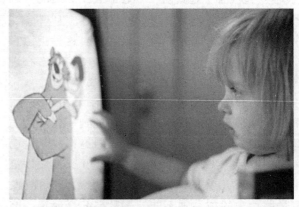

这个2岁的孩子被视频图像弄糊涂了。也许她很难理解图像的意思，因为屏幕上的角色不像现实生活中的成人那样与她直接对话。

3 岁时看电视最多的儿童，往往在小学低年级时存在注意、记忆和阅读困难 (Christakis et al., 2004; Zimmerman & Christakis, 2005)。

如果电视和视频节目包含丰富的社交互动，那么，作为一种教学工具，电视和视频就能很好地发挥作用 (Lauricella, Gola, & Calvert, 2011)。这样的节目应该由儿童熟悉的人主持，多用特写镜头，主持人要直视镜头，向观众提问题，并时不时地停下来等待回应。

4. 对感觉运动阶段理论的评价

表 5.2 概括了上面所讲的认知进步。把这个表与表 5.1 中皮亚杰所描述的感觉运动亚阶段相比较，可以发现，婴儿开始预期事件、积极寻找被隐藏物体、掌握 A—B 物体寻找、灵活地变换自己的感觉运动图式、参加各种假装游戏的年龄都在皮亚杰所说的时间框架内。但其他一些能力的获得时间，如二级循环反应、对客体属性的理解、对客体永存性的觉知、延迟模仿和使用类比解决问题，这些都比皮亚杰所预期的要早些。这些结果表明，婴儿认知方面的进步并不像皮亚杰假设的那样整齐划一。

近期的研究对皮亚杰关于婴儿发展如何发生的观点提出了质疑。与皮亚杰的观点一致的是，感觉运动动作帮助婴儿建构了各种类型的知识。例如，第 4 章讲过，爬行改进了深度知觉和找到被隐藏物体的能力，对客体的操作则促进了对客体属性的觉知。但是我们也知道，婴儿在能够做动作之前，就已经理解很多东西，皮亚杰认为，是这些动作导致了理解。那么，我们究竟怎样解释婴儿令人惊异的认知成绩呢？

（1）对婴儿认知发展的其他解释   *158*

皮亚杰认为，小婴儿所有的心理表征都是在感觉运动活动中建构起来的，但目前多数研究者认为，婴儿天生就有一些认知装置来理解经验。至于这种最初理解的程度，还存在巨大分歧。我们知道，有关婴儿认知的很多研究证据是基于违反预期法的。对这种研究方法缺乏信任的研究者认为，婴儿的认知起点是有限的 (Bremner, Slater, & Johnson, 2015; Cohen, 2010; Kagan, 2013c)。例如，有人认为，婴儿从生命之初就会偏向性地关注一定的信息，他们还拥有一般目的性学习程序，如分析复杂知觉信息的强有力的技能 (Bahrick, 2010; MacWhinney, 2015; Rakison, 2010)。正是这些能力使婴儿能够建构广泛多样的图式。

另一些研究者相信用违反预期法得出的结果，他们认为，婴儿一出生就具有令人难以置信的理解力。根据这种**核心知识观** (core knowledge perspective)，婴儿出生就带有与生俱来的知识系

表 5.2　婴儿期和学步期的一些认知发展成绩

年龄	认知发展成绩
0~1 个月	二级循环反应，即用有限的动作技能，如吸吮乳头来获得感兴趣的场景和声音。
1~4 个月	违反预期研究发现，婴儿觉知到客体永存性、客体坚固性和重力；在短期延迟后（1 天）会模仿成人的面部表情。
4~8 个月	违反预期研究证明，此时婴儿在客体属性和基本数字知识方面取得了进步；在短期延迟后（1~3 天）会模仿成人操作客体的新异动作。
8~12 个月	能找到被隐藏物体，能通过类比以前解决问题的策略解决简单问题。
12~18 个月	当被隐藏物体从一地移动到另一地时仍能找到（准确的 A—B 寻找）；长期延迟后（至少几个月），以及在跨情境（从托儿所到家庭）的情况下，会模仿成人对物体做出的新异动作，能对榜样的意图进行推理；能用词进行替代参照。
18~24 个月	物体被移动且看不见时能找到；能延迟模仿成人打算做的事情，即使这些并非被完全意识到；在假装游戏中会模仿日常行为；开始意识到图片和视频图像是真实事物的符号。

统，或核心思维领域。这些预先存在的理解使婴儿很容易获取新的相关信息，从而支持早期的快速发展 (Carey, 2009; Leslie, 2004; Spelke & Kinzler, 2007, 2013)。核心知识理论家认为，如果人类没有在进化过程中从遗传上给婴儿"建立"一套对严酷环境的理解，婴儿就无法理解自己周围的复杂刺激。

研究者对婴儿的物理知识进行了很多研究，包括客体永存性、客体坚固性（一个物体不能穿过另一个物体）和重力（物体在没有支撑的情况下会下落）。违反预期研究表明，在最初几个月，婴儿对所有这些基本的物体属性都有一定的觉知，并很快在这一知识基础上得以建立 (Baillargeon et al., 2009, 2011)。核心知识理论家还假设，语言知识的遗传基础能够使幼儿迅速习得语言，本章后面还要讨论这一问题。此外，这些理论家认为，婴儿对人的早期定向促进了心理知识的快速发展，特别是对心理状态的理解，如意图、情绪、愿望和观念，我们将在第 6 章进一步阐述这一问题。

研究还揭示了婴儿具有基本的数字知识。在最著名的一项研究中，研究者让 5 个月大的婴儿看一只玩具老鼠，之后，屏幕慢慢升起挡住了玩具，接着看到一只手在屏幕后面放上了第二只相同的玩具老鼠。最后降下屏幕，出现两种结果：一只老鼠或两只老鼠。如果婴儿一直跟踪两只老鼠（要求他们用一只老鼠加上另一只老鼠），他们会花更长时间盯着看不符合预期的一只老鼠，而他们也确实是这样做的（见图 5.3）(Wynn, 1992)。这一结果以及其他相关研究发现，婴儿能够区分 3 以下的数量，并且能使用这些知识来进行简单的加法和减法（在研究中盖上两个物体，其中一个被移走）运算 (Kobayashi, Hiraki, & Hasegawa, 2005; Walden et al., 2007; Wynn, Bloom, & Chiang, 2002)。

另有证据表明，6 个月的婴儿可以区分数量多的物品，只要这些物品之间的差异非常大——至少相差一倍。例如，他们可以区分 8 个点和 16 个点，但不能区分 8 个点和 12 个点 (Lipton & Spelke, 2003; Xu, Spelke, & Goddard, 2005)。因此，一些研究者认为，除了图 5.3 中所示的小数目辨别能力外，婴儿还能表征大数值。

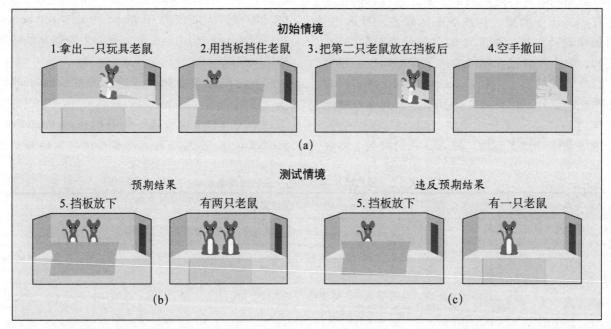

图 5.3　对婴儿基本的数字概念的测查

(a) 婴儿先看到一只玩具老鼠，在它前面屏幕慢慢升起。然后婴儿看到研究者在屏幕后面放了另一只相同的老鼠。接着，研究者呈现两种结果。(b) 在预期结果中，屏幕降下来后出现两只老鼠。(c) 在违反预期结果中，屏幕降下来出现一只老鼠。5 个月的婴儿对违反预期结果注视的时间比符合预期结果要长。研究者认为，婴儿能够区分数量"1"和"2"，并能用这些知识进行简单的加法运算：1+1=2。对这个测试程序稍加变化的一项研究说明，5 个月的婴儿也能做简单的减法运算：2-1=1。资料来源：K. Wynn, 1992, "Addition and Subtraction by Human Infants." *Nature, 358*, p. 749.

就像用违反预期法得出的其他研究结果一样，这个证据也是有争议的。怀疑者质疑，是否有物体展示出的其他特征而不是数字敏感性导致了这些发现 (Clearfield & Westfahl, 2006; Langer, Gillette, & Arriaga, 2003)。此外，对于与生俱来的核心知识，要得到不容置疑的证据，要求在没有相关学习机会的情况下——在出生时或出生后不久就展示出来。然而，关于新生儿对小数值和大数值进行加工的能力，现有结果并不一致 (Coubart et al., 2014; Izard et al., 2009)。批评者指出，对婴儿数字知识的断言令人惊讶，因为其他研究表明，在 14～16 个月前，学步儿在比较两组小数值时，很难说出哪组少、哪组多。直到学龄前，儿童才能正确地做加法和减法运算。

核心知识观在强调先天禀赋的同时，也承认经验对于儿童扩展其初始知识至关重要。但到目前为止，它几乎没有提到，在每个核心领域，哪些经验最重要，以及这些经验怎样促进了儿童思维发展。尽管存在挑战，核心知识研究者已经在该领域的焦点问题上加紧研究，以便查明人类认知的起点，并仔细跟踪在这一起点基础上的变化。

（2）皮亚杰的贡献

当前婴儿认知领域的研究在两个问题上取得一致意见：第一，婴儿许多认知变化的发生是逐步和连续的，而不是像皮亚杰说的那样是突然的、阶段性的 (Bjorklund, 2012)。第二，婴儿认知发展的各个方面不均衡，而非齐头并进，其原因是，不同类型任务的难度不同，婴儿接触这些任务的经验也不同。这些观点是认知发展的另一重要流派——信息加工学说的基础。

在转向另一种理论之前，必须说说皮亚杰的巨大贡献。皮亚杰的工作激发了大量关于婴儿认知的研究，包括挑战他的理论的研究。如今，研究者对于如何修正或取代他的婴儿认知发展理论，还远未达成共识，一些人认为他的一般方法仍然有意义，并且与大量证据相符 (Cohen, 2010)。皮亚杰的研究也有很大的实用价值。教师和父母仍然从感觉运动阶段理论中寻找指导方针，从而为婴儿和学步儿创造适合发展的环境。

思考题

联结　表 5.2 中列出的哪些能力表明，心理表征的出现时间比皮亚杰认为的更早？

应用　有几次，1 岁的咪咪的爸爸在一只红色杯子下面藏了一块饼干，他很容易就找到了饼干。然后咪咪的爸爸把饼干藏到了旁边的黄色杯子下面。为什么咪咪还要到红色杯子下面找饼干呢？

反思　对于允许婴儿或学步儿每天看 1～1.5 小时电视或视频的说法，你对一般的父母有什么建议？解释一下。

二、信息加工

5.4　描述认知发展的信息加工观及信息加工系统的一般结构

5.5　0～2 岁婴儿的注意、记忆和分类能力有什么变化？

5.6　描述信息加工取向对早期认知发展的贡献与局限

信息加工研究者同意皮亚杰所说的，儿童是主动的和富于探索性的。但他们没有提出一个统一、独立的认知发展理论，他们只是关注思维的具体领域，从注意、记忆、分类到复杂问题的解决。

第 1 章曾指出，信息加工学说往往采用像计算机一样的流程表来描绘人的认知系统。信息加工学者不满足于用顺应和同化等抽象概念来描述儿童怎样思维。他们想确切地查明，不同年龄的人在面对一个任务或问题时做些什么（Birney & Sternberg, 2011）。人的思维的计算机模型，因为其外显性和准确性而引人注目。

1. 信息加工的一般模型

多数信息加工研究者认为，人的心理系统在三个层面对信息进行加工：感觉登记、短时记忆存储、长时记忆存储（见图5.4）。当信息流经每一层面时，人用心理策略操作并转换信息，以增大保持信息的概率，有效地利用信息，灵活地思考，让信息适应变化的环境。为了更好地理解，我们来看心理系统的每个层面。

首先，信息进入**感觉登记**（sensory register），光和声在此被直接表征并被暂时存储。环顾四周然后闭上眼睛，你看到的映像过几秒钟就逐渐衰退和消失了，除非你用一定的心理策略保存这些东西。例如，对某些信息给予更仔细的注意，你就增大了这些信息传递到加工系统的机会。

心理系统的第二个层面是**短时记忆存储**（short-term memory store），在这里人们积极地运用心理策略对容量有限的信息进行"加工"。衡量短时记忆存储的一种方法是看它的基本容量，通常被称为短时记忆：在几秒钟内能一次性储存多少信息。但多数研究者赞同短时记忆存储的新观点，它为短时记忆存储的容量提供了一个更有意义的指标，称为**工作记忆**（working memory）——在努力监控或操纵一些项目的同时，能在心里短暂记住的项目数量。工作记忆可以被看作人们日常生活中用来完成许多活动的"心理工作站"。从童年期开始，研究者就可评估工作记忆容量的变化，方法通常是向被试显示一个项目表（如多位数或短句子），请他们倒背数字，或按正确次序说出每个句子的最后一个词，看他们做得怎样。

161

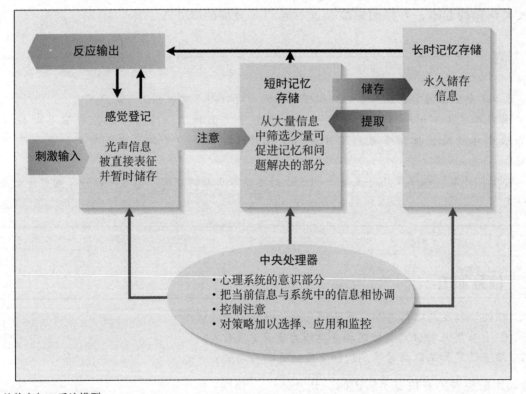

图5.4 人的信息加工系统模型

信息流走过心理系统的三个层面：感觉登记、短时记忆存储、长时记忆存储。在每一个层面，心理策略都可用于操纵信息，增强思维的有效性和灵活性，并使信息尽量得以保持。中央处理器是心理系统中有意识的、富于反思性的部分，它把刚接收的信息与系统中的原有信息加以协调，决定该注意哪些信息，并对策略的使用加以监控。

感觉登记可以接收广泛的全景信息。短时和工作记忆受到的限制要大得多，尽管其容量从幼儿期到成年早期一直在稳步增长——在数字广度的短时记忆任务中，从大约 2 位数增加到 7 位数；在工作记忆任务中，从 2 项增加到 5 项 (Cowan & Alloway, 2009)。不过，各个年龄段的个体差异都很明显。通过采用各种基本认知程序，比如，把注意力集中在相关项目上并加以快速重复（演练），信息被保持并参与进一步思维的机会大大增多。

为了管理认知系统的活动，**中央处理器** (central executive) 指引着信息的流向，负责执行上述的基本程序，并参与更精细的活动，完成复杂而灵活的思维。例如，中央处理器把新信息和已有信息加以协调，对策略加以选择、应用和监控，以促进记忆存储、理解、推理和问题解决 (Pressley & Hilden, 2006)。中央处理器是人的心理系统中有意识的、富于反思性的部分。

中央处理器与工作记忆结合、加工信息的效率越高，认知活动的表现就越好，人就能更自动化地运用它们。当你自动化地驾驶一辆汽车时，想想你能思考多少事情。**自动化加工** (automatic processes) 是熟练掌握的加工，不需要工作记忆的任何空间，因此使人能在执行过程中专注于其他信息。此外，我们在工作记忆中处理信息越有效，它就越容易进入第三个层面，最大的存储区——**长时记忆** (long-term memory)，人的永久性的、容量无限的知识库。人在长时记忆中存储了非常多的信息，以至于有时候人们从长时记忆中提取或回忆信息时会有困难。为了协助提取，我们会像在工作记忆中一样使用一些策略。长时记忆中的信息根据以内容为基础的总体规划进行分类，很像图书馆的索引系统，只要我们根据当初存放图书时使用的关联网络来寻找，就很容易找到。

信息加工研究者认为，在童年期和青少年期，认知系统的几个方面得到了改善：一是存储的基本容量，尤其是工作记忆容量；二是信息加工速度；三是中央处理器的机能。随着年龄增长，这些变化使得更复杂的思维形式成为可能 (Halford & Andrews, 2010)。

工作记忆容量的提高，部分是由于大脑发育，但更快的加工速度也有贡献。快速流畅的思维释放了工作记忆资源，从而支持了对其他信息的存储和操纵。最近，研究者愈益感兴趣的一个问题是**执行机能** (executive function) ——使人能在遇到认知困难时实现目标的各种认知操作和策略。这包括：通过抑制冲动和无关信息来控制注意力；通过灵活地指引思维和行为的方向，以适应任务的要求；对工作记忆中的信息加以协调；做计划——由前额皮层及其与其他脑区的复杂连接掌管的能力 (Chevalier, 2015; Müller & Kerns, 2015)。研究者之所以感兴趣，是因为对童年期执行机能的测量，可以预测青少年期和成年期重要的认知和社会结果，包括完成任务的坚持性、自我控制、学习成绩和人际接受度 (Carlson, Zelazo, & Faja, 2013)。

后面会讲到，执行机能的进步在 0~2 岁刚刚开始，巨大的进步将在童年期和青少年期随之而来。

2. 注意

第 4 章讲到，2~3 个月时，婴儿从专注于单一的、高反差的特征，转向更彻底地探索物体和模式，这种视觉探索行为在出生第一年内不断改善 (Frank, Amso, & Johnson, 2014)。除了更多地关注环境的更多方面外，婴儿在控制其注意力方面也逐渐更有效率，获取信息也更快。习惯化研究表明，早产儿和新生儿对新异视觉刺激的习惯化和反应恢复需要较长时间——大约 3~4 分钟。但是到 4~5 个月时，这些婴儿只需要 5~10 秒的时间就能注意到一个复杂视觉刺激，并能从原来的与其不同的刺激中认出它来 (Colombo, Kapa, & Curtindale, 2011)。

小婴儿之所以需要这么长时间来习惯化，原因是他们难以把注意从感兴趣的刺激中转移出来 (Colombo, 2002)。当卡罗琳举起一个彩色摇铃时，2 个月的凯特琳目不转睛地盯着它看，无法分散目光，直到突然大哭起来。把注意从一个刺激转到另一个刺激的能力，在 4 个月时有进步，这是控制眼球运动的大脑皮层结构的发育所致 (Posner & Rothbart, 2007)。

在 0~1 岁，婴儿能够注意新异事件和眼睛可捕捉到的事件。到 1~2 岁，婴儿的有意行为能力不断增强（见皮亚杰的第四个亚阶段）。结果，新

这位妈妈通过鼓励她的学步儿玩指向目标的游戏，促进了孩子的持续注意力的发展。

异事物对他们的吸引力下降（但没有消失），保持 *162* 注意的能力增强，在儿童玩玩具的时候尤其如此。即使是简单的目标导向行为，如搭积木或把积木放进盒子，学步儿也必须保持注意力以达到目标(Ruff & Capozzoli, 2003)。随着计划和活动逐渐变得更加复杂，注意持续的时间也会增加。

3. 记忆

用于评价婴儿短时记忆的方法是，以非常简单的方式向婴儿呈现逐渐增多的视觉刺激材料，结果发现，婴儿从6个月时只能记住1个项目，增加到12个月时的2～4个项目(Oakes, Ross-Sheehy, & Luck, 2007)。操作条件作用和习惯化方法给予婴儿更多的时间来加工信息，则为研究早期长时记忆提供了窗口。这两种方法都表明，随着年龄增长，婴儿对视觉事件的记忆大大增强。

研究者用操作条件作用考察婴儿记忆时，他们把一条绳子系在婴儿脚上，教2～6个月的婴儿踢脚，使和绳子连接的一个木架转动。训练之后1～2天，2个月的婴儿仍能记得怎样使木架转起来。6个月婴儿的记忆时间增加到2周(Rovee-Collier, 1999; Rovee-Collier & Bhatt, 1993)。半岁左右，婴儿能够操控开关或按钮来控制刺激。让6～18个月的婴儿学习按压杠杆来控制玩具火车在轨道上运动，之后他们保持记忆的时间随着月龄的增长而增加；训练之后，过了13周，18个月的婴儿仍能记得怎样压杠杆（见图5.5）(Hartshorn et al., 1998)。

即使2～6个月的婴儿忘记了操作反应，他们也只需要一个简单的提示——一个成年人转动一个木架——就能恢复记忆(Hildreth & Rovee-Collier, 2002)。如果给6个月的婴儿几分钟时间，让他们想起自己原来怎样做，他们的记忆不仅会

图5.5 2～18个月婴儿在两项操作条件作用任务中记忆保持率的增加

研究者对2～6个月的婴儿进行训练，让他们做出能转动木架的踢腿动作。同时，训练6～18个月的婴儿按下一个杠杆，让玩具火车在轨道上移动。6个月的婴儿学会了这两种反应，并把它们保持了相同的时间，这表明两种任务具有可比性。因此，研究者可以画出一条曲线来追踪2～18个月儿童的记忆保持情况。这条线表明，记忆力有显著提高。资料来源：Rovee-Collier & R. Barr, 2001, "Infant Learning and Memory," in G. Bremner & A. Fogel (Eds), *Blackwell Handbook of Infant Development*, Oxford, UK: Blackwell, p. 150.

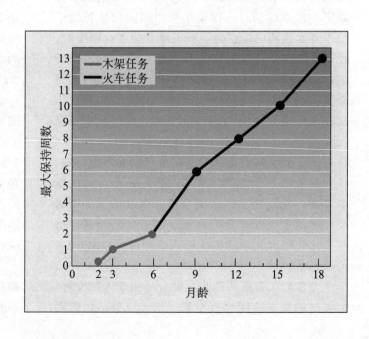

恢复，而且记忆时间令人惊异地延长到大约 17 周 (Rovee-Collier & Cuevas, 2009)。让婴儿想起原来学过的行为，似乎能够加强记忆，因为它使婴儿再次接触到最初学习情境的更多细节。

习惯化研究表明，婴儿仅仅通过看到物体和事件，不需要物理操作，就能学习和保持大量信息。有时，他们保持记忆的时间，比操作条件作用研究中的保持时间长得多。婴儿对物体和人的运动尤其着迷。例如，3~5 个月婴儿对物体不寻常的动作（如在绳子末端摆动的金属螺母）的记忆至少能保持 3 个月 (Bahrick, Hernandez-Reif, & Pickens, 1997)。相比之下，他们对不熟悉的人的面孔和物体特征的记忆保持时间很短，只有大约 24 小时。

163　10 个月的时候，婴儿对新动作和与这些动作有关的物体的特征都记得很好 (Baumgartner & Oakes, 2011)。婴儿操纵物体的能力不断增强，这有助于他们了解物体的可观察属性，从而培养了他们对物体外观的敏感度。

至此，我们讨论的都是**再认** (recognition)，即当一个刺激与以前经历过的刺激相同或相似时，能认出来。它是最简单的记忆形式：婴儿做的所有事情（踢腿、压杠杆或者看）都说明，一个新刺激与以前见过的刺激相同或相似。**回忆** (recall) 相对比较难，它要求记起不在眼前的某些东西。但是到 6 个月，婴儿已经能够回忆了，表现在他们寻找被隐藏物体，以及他们的延迟模仿能力上。

回忆能力也随着年龄的增长而稳步提高。例如，1 岁儿童可以在 3 个月后仍能保持对成人榜样行为的模仿，1 岁半的学步儿甚至可以延迟达 12 个月。按照榜样行为发生顺序回忆的能力，早在 6 个月就有表现，1 岁以后越来越强 (Bauer, Larkina, & Deocampo, 2011; Rovee-Collier & Cuevas, 2009)。让学步儿按照正确的顺序进行模仿，并且对动作之间的关系进行加工，他们会记住更多东西。

长时记忆依赖于大脑皮层多个区域之间的联系，尤其是与前额皮层的联系。这些神经回路的形成在婴儿期和学步期就开始了，并将在幼儿期加速 (Jabès & Nelson, 2014)。这些证据表明，婴儿的记忆加工与年长儿童和成人非常相似：婴儿不但有明显的短时记忆和长时记忆，而且能够再认和回忆。他们获取信息的速度很快，能记住这些信息，而且随着年龄增长，做得越来越好 (Howe, 2015)。然而，一个令人困惑的发现是，年长儿童和成人都不能回忆起他们最早的经历！关于婴儿期失忆症的讨论，请参阅本节的"生物因素与环境"专栏。

4. 分类

小婴儿已能进行分类，他们能把相似的客体和事件归类到同一个表征中。分类减少了婴儿每天遇到的大量新信息，有助于他们学习和记忆 (Rakison, 2010)。

用转动木架进行操作条件作用研究的几种创造性变式考察了婴儿的分类能力。图 5.6 显示的就是这样的一项对 3 个月婴儿的研究。类似的研究发现，在前几个月中，婴儿能够根据形状、大小、颜色和其他物理属性对刺激进行分类 (Wasserman & Rovee-

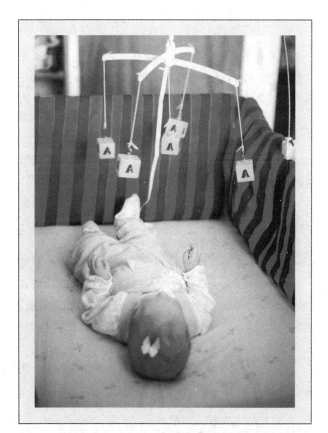

图 5.6　用操作条件作用研究婴儿的分类能力

可旋转的木架上挂着写有字母 A 的木块，木架上有滑轮，用带子连在婴儿脚上，婴儿踢腿，木架就会转动。3 个月婴儿很快就能学会这一操作。一段延迟后，如果给婴儿呈现印有字母 A 的木块，他们蹬腿的速度就较快。如果木块上的字符从 A 变成了数字 2，婴儿就不再活跃地蹬腿了。这一结果显示，婴儿会根据转动木块的特征来分类。起先，他们把蹬腿反应与字母 A 联系起来，之后，他们能把字母 A 与数字 2 区分开来。资料来源：Bhatt, Rovee-Collier, & Weiner, 1994; Hayne, Rovee-Collier, & Perris, 1987.

Collier, 2001)。6个月时，婴儿能根据两个相关特征对刺激进行分类，例如字母的形状和颜色 (Bhatt et al., 2004)。能用几个特征进行分类，使婴儿为掌握复杂的日常分类做了准备。

习惯化也被用来研究婴儿分类。研究者向婴儿呈现同属一类的多张图片，观察他们是否将其反应恢复（长时间注视）指向不属于该类的一张图片；如果是玩具，他们是否花更长时间去摆弄不属于该类别的玩具。结果发现，7~12个月的婴儿能把物体归为各个有意义的类别，如食物、家具、陆地动物、空中飞的动物、海洋动物、植物、交通工具、厨具和空间位置（"上"和"下"，"在上面"和"在里面"）(Bornstein, Arterberry, & Mash, 2010; Casasola & Park, 2013; Sloutsky, 2015)。除了能对物理世界分类之外，这个年龄的婴儿还能对自己的情绪和社会环境分类。他们能根据性别和年龄对人及其声音分类，还能区分各种情绪表达，把人的自然动作（行走）与其他动作区分开来，并期望人（而不是无生命的物体）会自然地移动（Spelke, Phillips, & Woodward, 1995; 另见第4章边页141–143）。

婴儿期失忆症

既然婴儿与学步儿能记住他们日常生活的很多东西，那么我们怎样解释**婴儿期失忆症** (infantile amnesia)，即大多数人记不起2~3岁以前的事情呢？原因不能仅归结于时间太长，因为我们能记得许多当前和遥远过去发生的对个人有意义的一次性事件，如兄弟姐妹出生、一次生日聚会或搬新家等，这种记忆称为**自传式记忆** (autobiographical memory)。

对婴儿期失忆症有几种解释。一种理论认为，脑发育，即皮层颞叶下方海马体的发育，对新材料的记忆起着重要作用。海马体的整体结构虽然在孕期已完全形成，但出生后它会继续增加神经元。这些神经元被整合到原有神经回路中，会破坏已经储存的早期记忆 (Josselyn & Frankland, 2012)。支持这一观点的事实是，无论是猴子、老鼠还是人类，海马体早期产生的神经元数量较少，与形成对独特经历的稳定长期记忆能力呈正相关。

另一种假设是，年长儿童和成人往往用言语手段来存储信息，但是，婴儿和学步儿的记忆加工在很大程度上是非言语的，这种不相容可能阻碍了他们对经验的长期保持。为了验证这一观点，研究者让两个成人去2~4岁儿童家里，他们带着一件非同寻常的、儿童容易记住的玩具：一个如图5.7所示的魔幻伸缩机。一个成人先给儿童示范怎么玩，即在机器顶部的开口处放入一个圆球，然后转动一个可以启动闪光和音乐的曲柄，儿童可以从机器前部的一扇小门后面找到一个较小但样子相同的圆球（另一个成人悄悄把那个小圆球从一个斜槽滚下来）。

一天后，研究者对儿童进行了测查，看他们对这件事的记忆如何。他们的非言语记忆，例如对"伸缩机"的操作、对照片上"缩小的球"的再认，都非常好。但3岁以下儿童即使会说一些词，也很难说出对"伸缩机"的所见所闻。3~4岁时，儿童的言语回忆能力快速增长，而这个年龄正是婴儿期失忆症的消退时期 (Simcock & Hayne, 2003, p. 813)。在6年后进行的追踪研究中，只有19%的儿童，包括两个3岁以下的孩子，还能记得"伸缩机"事件 (Jack, Simcock, & Hayne, 2012)。那些能回忆起来的孩子的父母很可能和他们谈起过这件事，这有助于他们通过语言想起那件事。

这些发现帮助我们解决了婴儿、学步儿具有不错的记忆力与婴儿期失忆症之间的矛盾。在出生后的前几年，儿童主要依靠非言语记忆，例如视觉映像和动作等。随着语言的发展，儿童用语言来说出过去不会说话时的那些记忆，需要成人的很大帮助。随着儿童把他们的自传式事件编码为语言形式，他们就利用基于语言的线索来提取这些事件，这就增大了在以后岁月恢复这些记忆的可能性 (Peterson, Warren, & Short, 2011)。

其他证据表明，清晰的自我形象的出现有助于婴儿期失忆症的结束。例如，在儿童和青少年中，最早记忆的平均年龄在2岁到2岁半之间 (Howe, 2014; Tustin & Hayne, 2010)。尽管这些回忆中的信息很少，但它们发生的时间恰好与学步期儿童表现出更强自我觉知的年龄

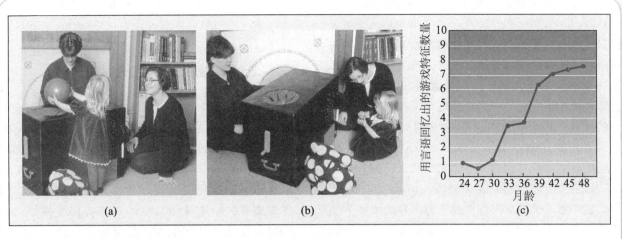

图 5.7　用于测查儿童对不寻常事件的言语和非言语记忆的魔幻伸缩机

在演示完机器如何工作之后，让儿童从一个布包里选择一样东西，然后把选择的东西放进机器顶部的凹坑里。(a) 旋转曲柄，机器会制造一个"缩小"的物体。(b) 测试后的第二天，2~4 岁儿童对事件的非言语记忆非常好。但是在开放式访谈中统计儿童说出的游戏特征数量，发现 36 个月以下的儿童言语回忆很差。(c) 36~48 个月的儿童的回忆进步很快，这期间他们正在摆脱婴儿期失忆症。资料来源：G. Simcock & H. Hayne, 2003, "Age-Related Changes in Verbal and Nonverbal Memory During Early Childhood," *Developmental Psychology, 39,* pp. 807, 809.

相吻合，这可以从他们能在照片中指着自己并说出自己的名字反映出来。

　　很可能，神经生物学方面的变化和社交经验都有助于婴儿期失忆症的消除。大脑的发育和成人 – 儿童的互动可能共同促进了儿童的自我觉知、语言能力并改善了记忆，这使儿童能够与成人谈论过去的重要经历 (Howe, 2015)。因此，幼儿开始建构起关于自己生活的长久的自传体叙事，并进入他们的家庭和社会的历史。

　　婴儿最早的分类的根据是整体外表的相似性或客体显眼的部分，如动物的腿与车的轮子。但是到 1 岁时，分类更多是根据一些细小的特征 (Cohen, 2003; Mandler, 2004; Quinn, 2008)。稍大的婴儿甚至可以把两个知觉对比度很小的类别（鸟和飞机）加以区分。

　　当学步儿积累起以变化的方式对被分类的东西进行比较的经验，而且用语言来命名的存储增多的时候，他们的分类开始变得灵活。例如，给 14 个月的学步儿 4 个球和 4 块积木，有的是用软橡胶做的，有的是用硬塑料做的，他们对这些玩具的触摸顺序显示，他们先按形状分类，然后，当成人在一旁请他们用新的办法分类时，他们能转换到按材料的软硬分类 (Ellis & Oakes, 2006)。

　　除了用触摸和分类拣选，学步儿的分类技能在他们的游戏行为中也很明显。在观看一个成人用杯子给玩具狗喝饮料后，14 个月的婴儿被问到能不能给一只兔子和一辆摩托车喝饮料，他们大多回答说，只能给兔子喝饮料 (Mandler &

McDonough, 1998)。他们清楚地知道，某些行为只适于某一类客体（动物），而不适于另一类客体（交通工具）。

　　到了 1 岁末，学步儿对有生命 – 无生命区别的理解得以扩展。非线性运动存在于生命体中（如一个人或一只狗的跳跃），线性运动存在于无生命体中（一辆汽车在行驶或在一个平面推一张桌子）。18 个月时，学步儿更经常地用一个带有类似动物的部分（腿）的玩具来模仿非线性运动，即使它代表的是一个无生命体（一张床）。22 个月的学步儿表现出更全面的理解，他们只会用有生命类的玩具（猫而不是床）来模仿非线性运动 (Rakison, 2005)。他们似乎意识到，有生命的动物会自己向前走，因此走的路线会变来变去，而无生命的东西只有被推动才能以非常受限的方式移动。

　　学步儿是怎样从根据突出的感知特征（有翅膀和羽毛的东西属于一类，有坚硬翅膀和光滑表面的属于另一类）分类，转换到根据客体常用机能和行为（鸟对飞机，狗对猫）的概念来分类的？在这 *165*

个问题上，研究者的意见不一致 (Madole, Oakes, & Rakison, 2011; Mandler, 2004; Träuble & Pauen, 2011)。但是，所有人都承认，对事物的探索和对周围世界日益增多的了解起了作用。此外，成人始终不变地用一个词给东西命名——"看这辆汽车！""你看到那辆汽车了吗？"——会唤起婴儿对物品之间共性的注意，因此早在婴儿 3~4 个月时分类能力就得到了培养 (Ferry, Hespos, & Waxman, 2010)。学步儿词汇量的增长，反过来也会通过突出新的分类特征，促进分类能力的发展 (Cohen & Brunt, 2009)。

2 岁时，学步儿可以在越来越新异的情境下使用概念相似性来指导行为，这极大地增强了他们解决类比问题的灵活性。在一项研究中，2 岁婴儿看着一个成人用木块、魔术贴和塑料片制作一个类似猴子的玩具，然后给它取名为"桑比"。一天后，研究者给这些学步儿一套不同的材料，其中有木块、魔术贴和塑料，这些材料拼起来后就像一只兔子 (Hayne & Gross, 2015)。被试分为两组，对于实验组儿童，请他们用"这些不一样的东西"做一个"桑比"，对控制组不做任何提示。结果，实验组儿童很快就形成了一个类别，把实验员前一天制作"桑比"的行为用到制作第二只"桑比"上。而控制组儿童的表现则差得多。

语言之间的差异也会导致分类能力发展的文化差异。韩国的学步儿在学习语言时，经常从句子中省略掉物体的名称，他们发展出物体分类技能的时间要晚于讲英语的同龄人 (Gopnik & Choi, 1990)。与此同时，韩语中有一个常见单词 *kkita*，没有对应的英语，指的是物体间的紧密贴合（手指上的戒

指、钢笔帽），因此，韩国学步儿在形成"紧密贴合"这一空间类别方面占优势 (Choi et al., 1999)。

5. 对信息加工研究的评价

信息加工学说强调人的思维从婴儿期到成年期的连续性。在注意环境、记住日常生活事件、把物品分类等方面，凯特琳、格瑞丝和蒂米的思维方式与成人非常相似，只是他们的心理加工还很不熟练。婴儿记忆、分类及其他研究结果，对皮亚杰有关早期认知发展的观点提出了挑战。既然婴儿能记住某些事件，并能把刺激分类，他们就必定具备某些表征其经验的能力。

信息加工研究有力地促使我们把幼小的婴儿看作熟练的认知生命体。但它最大的优势——把认知分解成知觉、注意和记忆等几个要素——也是它的最大缺点。信息加工学说很难把所有这些成分或要素组成一个整体，形成一个概括、综合的理论。

克服这个缺陷的一种方法，就是把皮亚杰的理论和信息加工学说结合起来，我们将在第 9 章讨论这个问题。当前一个新趋势就是把动态系统观运用到早期认知中（见第 4 章）。研究者遵循这种方法，对认知的每个进步加以分析，揭示它们是怎样从儿童原有能力与当前目标的复杂系统中产生的 (Spencer, Perone, & Buss, 2011; Thelen & Smith, 2006)。这些观点如能经过检验，就会促使这一领域朝着解释婴儿和儿童心理发展的更有力的视角迈进。

三、早期认知发展的社会环境

5.7　维果茨基的最近发展区概念怎样帮助我们理解早期认知发展？

回顾本章开头提到的格瑞丝往塑料盒里放积木块的那一幕。她在吉内特的帮助下学到了很多有关玩具的知识。在成人帮助下，格瑞丝逐渐能更好地把积木对准小洞，把积木放进盒子。后来她就能独自玩这个游戏以及类似游戏了。

维果茨基的社会文化理论强调，儿童生活在丰富的社会文化环境中，这些环境影响着他们认知领域形成结构的方式 (Bodrova & Leong, 2007; Rogoff, 2003)。维果茨基认为，复杂的心理活动起源于社会交往。通

过与身边更成熟的人共同活动，儿童能逐渐掌握活动技能，以所处文化中有意义的方式进行思维。

维果茨基的一个特有的概念能够解释这一切是怎样发生的。**最近**（或潜能）**发展区** (zone of proximal development) 指儿童不能独自完成，但能在更老练的同伴帮助下完成的任务的范围。要搞懂这一概念，可以设想，一个敏感的成人（如吉内特）是怎样把儿童带到一个新活动中的。成人要选择一项有难度的任务，这个任务儿童不能

独自完成，但是在大人帮助下能够完成，这个活动也可以是儿童自己选择的。然后，成人给儿童指导和支持，儿童参与到互动活动中，慢慢掌握一些心理策略。随着儿童能力的增长，成人要退出，让儿童在任务中承担更多的责任。这种教学形式就是著名的搭建脚手架，它可以促进各个年龄段的学习，我们将在第 7 章进一步讨论。

维果茨基的思想曾主要被用于解释语言和社会交往技能更强的年长儿童的发展。最近，他的理论已经拓展到婴儿期和学步期。本书曾讲过，婴儿生来就有能力确保养育者与他们的交往(Csibra & Gergely, 2011)。而成人也会根据儿童的当前水平，以促进学习的方式，调整学习任务以及和儿童沟通的方式。

167　　例如，一位妈妈想帮助自己的小婴儿弄明白，怎样玩一个装着小丑的玩具盒。在最初几个月，当小丑跳出来的时候，妈妈会说"看看小丑怎么啦！"来吸引婴儿的注意力。在婴儿 1 岁以后，认知能力和动作技能都有所提高，妈妈会引导婴儿用手转动曲柄。逐渐地，妈妈在远处用手势和语言提示来帮助孩子，比如指着曲柄，做一个旋转动作，同时口头提示道："转动它！"这种精心调整的支持方法与学步期和幼儿期的高难度游戏、语言和问题解决能力呈正相关 (Bornstein et al., 1992; Charman et al., 2001; Tamis-LeMonda & Bornstein, 1989)。

在 0~1 岁，社交经验中的文化差异会影响心理策略。以"玩偶匣"（jack-in-the-box）为例，成人和儿童都把他们的注意力集中在这个单独的活动上。这种做法在西方中产阶级家庭普遍存在，它很适合教孩子掌握与日常情境不同的技能，好让他们以后遇到这种情况时会使用这些技能。相形之下，危地马拉玛雅人、美国原住民和其他土著地区的成人与婴儿往往会同时做几件事。例如，一个 1 岁婴儿会熟练地一边把东西放进罐子，一边看路

这位父亲在儿子的最近发展区内给他提出任务，并且调整与儿子交流的方式以适应孩子的需要，这样他就把心理策略转移到孩子身上，促进了他的认知发展。

边驶过的卡车，还一边吹一个玩具哨 (Chavajay & Rogoff, 1999; Correa-Chávez, Roberts, & Perez, 2011)。

在儿童主要通过敏锐地观察别人正在做的活动来学习的文化中，同时做几件事可能非常重要。对来自德国中产阶级家庭和喀麦隆恩索村（Nso）的 18 个月婴儿进行比较后发现，恩索村学步儿在玩玩具时模仿成人的演示动作的行为，远远少于德国学步儿 (Borchert et al., 2013)。恩索村的父母很少提供以孩子为中心的教学情境。他们期望孩子在没有提示的情况下模仿成人的行为。恩索村的儿童这样做的动机是，他们想参与到所在社会的主要活动中去。

此前我们讲过，婴儿与学步儿是怎样对物质环境进行操作，来创造新图式的（皮亚杰），以及当儿童能更有效和更有意义地表征自己的经验时（信息加工），各种技能是怎样发展得更好的。维果茨基又为我们的理解增加了第三个维度，强调认知发展的许多方面都是以社会为中介的。本节的"文化影响"专栏引用更多证据介绍了这一观点。在下一节，我们会了解到更多的内容。

思考题

联结　列举父母可以用来促进婴儿和学步儿分类能力发展的方法，解释每种方法为什么有效。

应用　蒂米 18 个月时，他妈妈站在他后面，帮他把一个大球扔到一个盒子里。随着他技能的提高，妈妈慢慢退后让他自己尝试。请用维果茨基的理论解释蒂米妈妈是如何支持他的认知发展的。

反思　说说你最早的自传式记忆。那是你几岁时的事情？你的经历符合对婴儿期失忆症的研究吗？

假装游戏的社会起源

在我的两个儿子年幼时，我丈夫肯经常跟孩子一起干的事就是烤菠萝蛋糕，这是他们最喜欢干的事。一个周日的下午，他们正在制作一个蛋糕，21个月的彼得站在厨房水池旁的一把椅子上，忙着一杯接一杯地加水。

"爸爸！他挡住了我。" 4岁的戴维向父亲抱怨，试图把彼得从水池旁推开。

肯说："如果我们让他帮忙，没准儿他会给我们腾出地方。"当戴维搅面糊时，肯舀了些面粉放进一个小碗，递给彼得。然后把他的椅子挪到了水池旁，递给他一把勺子。

"这么做，彼得。"戴维不无优越感地在旁边指导着。彼得看着戴维搅面粉的动作，然后试着模仿。该倒出面糊的时候，肯帮助彼得抓住小碗的边。

肯说："该烤了。"

"烤，烤。"彼得一边跟着说，一边看着肯把平底锅放进烤箱。

几个小时后，我们观察到了彼得最早的一个假装游戏。他从沙箱中拿出桶，往桶里装沙子，然后把桶拿进厨房，放在烤箱前面的地上。彼得对着肯叫："烤它，烤它。"之后，父子俩把假装的蛋糕放进了烤箱。

皮亚杰及其追随者认为，儿童一旦能够表征图式，

在兄弟姐妹之间看护很常见的文化中，年幼儿童与哥哥姐姐之间的假装游戏比与母亲之间的更多且更复杂。这些阿富汗孩子正在玩"婚礼"游戏，他们把最小的孩子打扮成"新娘"。

就能独立地学会假装游戏。维果茨基理论对这种观点提出了质疑。他认为，社会给儿童提供了机会，让他们在游戏中表征一些具有文化意义的活动。像其他复杂的心理活动一样，假装游戏首先也是在成人指导下习得的（Meyers & Berk, 2014）。在刚才引述的例子中，当肯把彼得带入烤面包任务中、帮助他在游戏中表演这个任务时，他就扩展了自己表征日常事件的能力。

在西方中产阶级家庭中，假装游戏从文化上是由成年人培养和搭建脚手架的，他们认为这是有益于发展的活动（Gaskins, 2014）。在"假装"过程中，通常是妈妈给予学步儿大量暗示：比平时更多地看着孩子，对他们微笑，做很多夸张的动作，使用更多的"我们"谈话（把假装看作一种共同努力）（Lillard, 2007）。这些提示鼓励学步儿加入并显著地促进他们分辨假装行为和真实行为的能力，这种分辨能力在两三岁时明显增强（Ma & Lillard, 2006）。

当有成人参与的时候，学步儿的假装游戏会更加详细生动（Keren et al., 2005）。他们会把假装行为结合到复杂的序列中去，像彼得那样，把沙子放进桶里（和面），把桶拿进厨房，在肯的帮助下把桶放进烤箱（烤蛋糕）。父母与孩子扮演得越多，孩子玩假装游戏的时间就越多（Cote & Bornstein, 2009）。

在一些文化中，比如印度尼西亚和墨西哥，游戏被视为纯粹的儿童活动，兄弟姐妹之间的看护很常见。与母亲相比，年幼儿童与哥哥姐姐之间的假装游戏更为频繁和复杂。早在3~4岁时，年长儿童就给他们的弟弟妹妹提供丰富而富有挑战性的刺激，认真承担起教育责任，并且随着年龄增长，他们会更好地调整他们的嬉戏互动以适应小孩子的需要（Zukow- Goldring, 2002）。一项对墨西哥南部辛纳坎特科印第安儿童的研究发现，8岁时，当老师的哥哥姐姐就能熟练地向2岁孩子展示如何完成日常任务，比如洗衣和做饭（Maynard, 2002）。他们经常用语言和身体动作引导弟妹完成任务，并提供反馈。

在西方中产阶级家庭中，哥哥姐姐很少有意地教弟弟妹妹，但是他们仍然是游戏行为的榜样。在针对新西兰的欧裔家庭进行的一项研究中，当父母一方和哥哥姐姐都参与时，学步儿会更多地模仿哥哥姐姐的活动，尤其是当哥哥姐姐参与到假装游戏或日常活动（如接电话

或选树叶）中时，会更加激发他们的扮演 (Barr & Hayne, 2003)。

第 7 章将学习，假装游戏是儿童扩展认知和社交技能、学习文化中重要活动的主要手段 (Nielsen, 2012)。维果茨基理论和支持其理论的研究告诉我们，仅提供一个刺激丰富的物理环境，并不足以促进早期认知发展，学步儿还必须受到他们文化中更老练的成员的邀请和鼓励，来参与他们周围的社会世界。家长和老师可以经常与学步儿游戏，指导他们，并说明"假装"的主题，促进他们"假装"的能力的发展。

四、早期心理发展的个体差异

5.8　描述心理测验的方法以及婴儿测验对后期表现的预测力

5.9　讨论环境对早期心理发展的影响，包括家庭、儿童保育、对危险处境中的婴儿和学步儿的早期干预

由于格瑞丝早期环境受到剥夺，所以凯文和莫妮卡请了一位心理学家给她做了心理测验，是可评价婴儿期和学步期心理发展的现有多种测验中的一种。出于对蒂米发展的担忧，瓦内莎也让蒂米做了测试。22 个月的时候，他的词汇量很少，与凯特琳和格瑞丝相比，他玩游戏的表现也不成熟，而且有些吵闹和多动。

前面讲的认知理论都是要解释发展的过程——儿童的思维是如何变化的。而心理测验关注的是认知发展的个体差异。心理测验可用于测量发展中的进步，得到一个分数，并用这个分数来预测将来的表现，如智力、学习成绩，以及成年期职业成功等。这种对预测的关注在 100 年前就兴起了，当时法国心理学家阿尔弗雷德·比奈首次成功地编制了智力测验，用来预测学习成绩（见第 1 章）。它带动了大量新测验的编制，包括一些对很小年龄儿童智力的测量。

1. 婴儿和学步儿智力测验

要准确测量婴儿智力是一件困难的事情，因为婴儿既不能回答问题，也不能跟从指示。我们所能做的就是给他们呈现刺激，劝诱他们做出反应，观察其行为。这使大多数婴儿测验着重知觉和动作反应。但是不断有一些新编制的测验增加了早期语言、认知和社会行为的测试，尤其是针对稍大的婴儿和学步儿。

贝雷婴儿和学步儿发展量表 (Bayley Scales of Infant and Toddler Development) 是一种普遍使用的测验，它适用于 1 个月至 3.5 岁的儿童。最新的版本是第 3 版，有三个分测验：一是认知分量表，涉及对熟悉和陌生物体的注意、寻找落下的物体以及假装游戏；二是语言分量表，涉及语言理解和表达，如识别物体和人、听从简单指令、给物体和图片命名；三是动作分量表，涉及大动作和精细动作技能，如抓握、坐立、搭积木和爬楼梯等 (Bayley, 2005)。

此外，该量表第 3 版还有两个由父母报告的分量表：一是社会性情绪分量表，询问养育者一些问题，涉及平静的难易、社会性反应性以及游戏中的模仿行为等；二是适应行为分量表，涉及日常生活的适应问题，如交流、自我控制、规则遵守、与别人相处等。

169

（1）智力测验分数的计算

对婴儿、儿童和成人智力测验的计分方式大同小异，都要计算**智力商数** (intelligence quotient, IQ)，即原始分数（通过的题目数）偏离同龄个体平均成绩的程度。在设计一个测验的过程中，编制者要进行**标准化** (standardization)，即对代表性好的大样本施测，把测试结果作为解释分数的标准。贝雷婴儿和学步儿发展量表第 3 版的标准化样本有 1 700 个婴儿、学步儿和幼儿，可代表美国各社经地位和种族的人群。

在标准化的样本中，每个年龄组的成绩服从**正态分布** (normal distribution)，即多数人的分数落在平均数及其附近、少数人的分数落在两端的分布（见图 5.8）。只要研究者用大样本来测量个体差异，就会得到这种钟形分布。当智力测验被标

一位受过训练的测试员正在用贝雷婴儿和学步儿发展量表对一个坐在妈妈怀里的1岁婴儿进行测试。和早期版本不同，该量表第3版的认知和语言分量表能更好地预测幼儿期心理测验成绩。

准化后，平均智商为100。个体的分数高于或低于100多少，就反映了他的测验成绩偏离标准化样本平均数的程度。

智商提供了一种方法，来判定一个人在同龄群体中的心理发展水平是超前、落后还是处于平均水平。若一个儿童的表现比50%的同龄人好，那么他的成绩就是100。如果一个儿童只比16%的同龄人做得好，那么他的智商就是85；如果比98%的人要好，智商就为130。96%的个体的智商分数处于70~130；仅有很少的人高于或低于这个范围。

（2）婴儿测验对后来成绩的预测

虽然经过仔细建构，但是大多数婴儿测验，包括上述的贝雷婴儿和学步儿发展量表第3版，

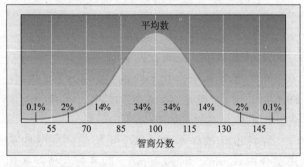

图5.8　智力测验分数的正态分布图
为了判断得到某个智商分数的人在同龄人中所处的百分位，可把该分数左侧的百分比算出来。例如，一个智商是115的8岁儿童，其智商优于84%的同龄儿童。

对后来成绩的预测都较差。因为婴儿和学步儿在测试期间可能会分心、疲倦或烦躁不安，所以他们的分数往往不能反映真实能力。此外，对婴儿施测的知觉与动作项目不同于对年长儿童施测的任务，对后者的测试强调言语、概念以及问题解决技能。比较而言，贝雷婴儿和学步儿发展量表第3版的认知和语言分量表较好地吻合了童年期测验，因此能较好地预测幼儿期心理测验的成绩（Albers & Grieve, 2007）。由于多数婴儿测验分数不包括评价年长儿童智力的那些维度，所以婴儿智力测验的分数通常被谨慎地称为**发展商数**（developmental quotient, DQ），而非智商。

婴儿测验对分数极低婴儿的长期预测稍好一些。今天，婴儿智力测验大部分被用来做筛查，以便对那些可能存在发展问题的婴儿做进一步观察和干预。

作为婴儿测验的变通，一些研究者开始转向信息加工测量，例如，用习惯化来评估早期智力的进步。他们的发现表明，对新异视觉刺激的习惯化和反应恢复速度，是现有从婴儿期预测幼儿期到成年早期最有效的指标（Fagan, Holland, & Wheeler, 2007; Kavšek, 2004）。习惯化和反应恢复似乎是一种特别有效的早期智力指标，因为它们既能评价记忆，又能评价思维的敏捷性和灵活性，而这是所有年龄段智力行为的基础（Colombo et al., 2004）。这些一致的研究结果促使贝雷婴儿和学步儿发展量表第3版的编制者增加了诸如习惯化、客体永存性和分类等认知技能的项目。

2. 早期环境与心理发展

第2章讲到，智力受到遗传与环境复杂的共同影响。许多研究证明了环境因素与婴儿、学步儿智力测验分数之间的关系。当看这些证据的时候，我们会发现有些研究结果更强调遗传的作用。

（1）家庭环境

测评环境的家庭观察（Home Observation for Measurement of the Environment, HOME）是一种核查表，目的是通过观察和父母访谈，收集有关儿童家庭生活质量的资料（Caldwell & Bradley, 1994）。下页"学以致用"栏列出了用HOME的婴儿－学步

POINT 学以致用

婴幼儿高质量家庭生活特征：HOME 婴儿 – 学步儿分量表

HOME 分量表	样题
物理环境	儿童游戏的环境安全，无危险。
提供恰当的玩具材料	观察者访问期间，父母给孩子提供玩具或感兴趣的活动。
父母的情绪和言语反应性	观察者访问期间，父母至少有一次爱抚和亲吻孩子。 观察者访问期间，父母自发地对孩子讲两次及两次以上的话（不包括责骂）。
父母对孩子的接纳	观察者访问期间，父母对孩子活动的干预或动作限制不超过三次。
父母参与孩子的活动	观察者访问期间，父母常常让孩子处于自己的视野内，经常注视儿童。
经历各种日常刺激的机会	根据父母报告，孩子至少每天与母亲和/或父亲在一起吃一次饭。 孩子有很多机会到户外活动（例如，在父母的陪伴下散步或去商店）。

资料来源：Bradley, 1994; Bradley et al., 2001. A Brief, Exclusively Observational HOME Instrument Taps the First Three Subscales Only (Rijlaarsdam et al., 2012).

儿分量表测评出的一些因素，这一分量表已被广泛应用于 0~3 岁家庭环境测评中 (Rijlaarsdam et al., 2012)。

HOME 的每个分量表都与学步儿心理测验成绩呈正相关。虽然低社经地位往往和较低的 HOME 分数相关，但是，一个有条理、刺激丰富的物理环境以及父母的鼓励、参与和情感投入，都能预测学步期和幼儿期较好的语言和智商分数 (Bornstein, 2015; Fuligni, Han, & Brooks-Gunn, 2004; Linver, Martin, & Brooks-Gunn, 2004; Tong et

这位父亲正积极而深情地和他的宝宝玩耍。父母的疼爱、关注和语言交流可以预测孩子在学步期和幼儿期获得更好的语言和智商分数。

al., 2007)。父母对婴儿和学步儿谈话的多少非常重要。它对早期语言进步影响很大，言语能力反过来又可以预测小学时的智力和学习成绩 (Hart & Risley, 1995; Hoff, 2013)。

但是，我们必须谨慎地解释智商分数。那些智力较高的父母可能会提供更好的环境，所生的孩子可能先天聪慧，这些天生聪明的孩子又会从父母那里得到更多的刺激。这种假设称为基因 – 环境相关性（见第 2 章边页 68-69），它得到了研究的支持 (Saudino & Plomin, 1997)。但是亲子共享的遗传不能解释家庭环境与心理测验分数之间的全部关系。家庭生活状况——HOME 分数和周边邻里的影响，一直可以共同预测儿童的智商，且预测力超过父母智商和教育的影响 (Chase-Lansdale et al., 1997; Klebanov et al., 1998)。

迄今为止的研究结论怎样帮我们更好地理解瓦内莎对蒂米发展状况的担忧？心理学家伯恩测试了蒂米，发现他的得分只是略低于平均水平。伯恩帮瓦内莎分析了她的教育方法，观察了瓦内莎与孩子的游戏。瓦内莎是单身母亲，每天要工作很长时间，下班以后很少有精力照看蒂米。伯恩也注意到瓦内莎对蒂米表现出的焦虑，而且有对蒂米施压的倾向——对他的积极活动表现出沮丧的样子，同时对他的指导带有攻击性："球已经玩够了！把积木收起来！"

伯恩认为，经历过侵入式家庭教育的孩子更容易分心、退缩，心理测验成绩差——除非父

171

母教育有所改善，否则这种负面结果将持续存在 (Clincy & Mills-Koonce, 2013; Rubin, Coplan, & Bowker, 2009)。伯恩指导瓦内莎，跟蒂米敏感地互动，同时要求她不要用蒂米目前的表现预测他未来的发展。建立在学步儿当前能力基础上的热情、积极的教育方式，比早期智力测验分数更能预示儿童今后的表现。

（2）婴儿和学步儿保育

当今，孩子未满 2 岁的美国母亲中有 60% 以上的人有工作 (U.S.Census Bureau, 2015d)。对婴儿和学步儿的保育变得越来越普遍，保育质量对心理发展的影响，虽然不及父母教养的影响大，但仍不可小觑。

研究一致表明，在质量较差的保育中心生活的婴幼儿，不论来自中产阶级还是低社经地位家庭，在幼儿期、小学和中学阶段的认知、语言、学习成绩和社交技能方面的得分均较低 (Belsky et al., 2007b; Burchinal et al., 2015; Dearing, McCartney, & Taylor, 2009; NICHD Early Child Care Research Network, 2000b, 2001, 2003b, 2006; Vandell et al., 2010)。相比之下，良好的儿童保育可以减少压力大且贫困的家庭生活带来的负面影响，还能使在富足家庭得到的好处得以保持 (Burchinal, Kainz, & Cai, 2011; McCartney et al., 2007)。如图 5.9 所示，幼儿追踪研究（Early Childhood Longitudinal Study，包括从出生到幼儿期不同社经地位和族群的大样本美国儿童）证实了从婴儿期到幼儿期持续高质量儿童保育的重要性 (Li et al., 2013)。

在多数欧洲国家以及澳大利亚和新西兰，儿童保育都由国家监管和资助，以确保其质量。而美国的儿童保育报告却引起人们深深的忧虑。美国的标准由各州制定，差别很大。对保育质量的调查发现，只有 20%~25% 的美国托儿中心和家庭托儿所给婴儿和学步儿提供了足够积极、刺激丰富的体验，从而能够促进健康的心理发展。多数保育机构只能提供低于标准的保育，婴儿和学步儿的表现还不如由亲戚照养 (NICHD Early Childhood Research Network, 2000a, 2004)。此外，美国的育儿成本很高，平均而言，全时托儿中心一个婴儿的花费占夫妇收入中值的 7%~19%，占

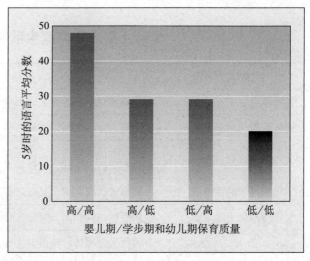

图 5.9 婴儿期／学步期和幼儿期保育质量与 5 岁时语言发展的关系

对 1 300 多名儿童的全国代表性样本从出生追踪到 5 岁，5 岁时语言分数最高的是在婴儿期／学步期和幼儿期都接受高质量保育的儿童。分数中等的是接受过一个阶段高质量保育的儿童；分数最低的是两个阶段都接受低质量保育的儿童。认知、读写和数学成绩也显示出这种模式。资料来源：Li et al., 2013.

单身母亲收入的比例超过 40% (Child Care Aware, 2015)。家庭托儿所的费用也只是略低一点。

令人遗憾的是，许多来自低收入家庭的美国儿童深陷保育不足的境地 (NICHD Early Child Care Research Network, 2005; Torquati et al., 2011)。但是在美国，接受最差医疗服务的，往往是中等收入家庭。这些家长很可能把孩子送到营利性托儿中心，那里的保育质量往往是最低的。家庭经济状况不佳的孩子更多地去公立资助的非营利中心，那里有更好的学习材料，人数更少，教师更受欢迎，师生比例更恰当 (Johnson, Ryan, & Brooks-Gunn, 2012)。不过，低收入家庭儿童的保育质量往往不达标。

参照下页"学以致用"栏中的标准，我们可以给婴儿和学步儿选择高质量的保育机构，它建立在**适于发展的教育** (developmentally appropriate practice) 标准基础上。这些标准由美国国家年幼儿童教育协会制定，它根据当前的研究结果和专家的一致意见列出了可以满足年幼儿童发展需要和个体需要的保育机构的特点。凯特琳、格瑞丝和蒂米很幸运，他们的家庭托儿所符合这些标准。

美国的儿童保育受到个人主义价值观以及政府管理和投资不力等大环境系统的影响。此外，许多父母认为，他们希望子女接受的保育经历要好于真实的经历 (Torquati et al., 2011)。由于不能

172

适于婴儿和学步儿发展的保育机构特征

特征	质量指标
物理环境	室内环境清洁，修缮良好，照明和通风条件良好，配有设置护栏的室外游戏场地。儿童活动时不过分拥挤。
玩具和设施	游戏材料适合婴儿和学步儿，存放在容易拿到的低架子上。有婴儿床、高椅子、婴儿座位、儿童用桌椅。室外设施包括可骑的小玩具、秋千、滑梯和沙箱。
保育人员和儿童比例	在儿童保育中心，保育人员和儿童的比例，婴儿不超过 1 : 3，学步儿不超过 1 : 6。班级规模（一个房间内的儿童数量）是 2 个保育人员带 6 个以下的婴儿，2 个保育人员带 12 个以下的学步儿。在家庭托儿所，每个保育人员所带儿童不超过 6 个，其中婴儿和学步儿不超过 2 个。工作人员较稳定，以利于儿童能与特定的保育人员建立关系。
一日活动	活动日程中包括活跃游戏、安静游戏、午睡、茶点和吃饭。作息时间可以根据情况灵活变动，以满足每个儿童的需要。气氛温和而富有支持性，不存在儿童无人照管现象。
成人和儿童的互动	保育人员对婴儿的痛苦能做出及时反应；拥抱他们，与他们交谈，给他们唱歌、朗读；以尊重儿童兴趣和儿童对刺激的容忍方式与他们和谐交往。
保育人员资格	保育人员接受过关于儿童发展、急救和安全方面的训练。
与儿童父母的关系	任何时候都欢迎父母的到来，保育人员经常与孩子的父母讨论儿童的行为和发展情况。
许可与认证	无论是保育中心还是家庭托儿所，都须经州一级批准认证。在美国，通过国家年幼儿童教育协会 (www.naeyc.org/accreditation) 或国家家庭保育协会 (www. nafcc.org) 认证的机构，其资质可以保证。

资料来源：Copple & Bredekamp, 2009.

分辨保育质量的好坏，或支付不起费用，他们对此也不提出要求。近年来，美国联邦政府和一些州已经拨出额外的资金来补贴托儿费用，特别是对低收入家庭 (Matthews, 2014)。增加的这些资金虽然远远不能满足需要，但对儿童保育质量和可及性仍有积极影响。

观察与倾听

询问几位有婴儿或学步儿的上班族父母，让他们说说想找什么样的保育服务，这期间遇到什么困难，对高质量保育的特征了解多少。

3. 对危险处境中的婴儿和学步儿的早期干预

生活在持续贫困中的儿童，其智力测验分数会逐渐下降，上学后的成绩也很差 (Schoon et al., 2012)。这些问题很大程度上是由家庭环境压力过大造成的，它们会伤害儿童的学习能力，使他们成年后仍可能处于贫困状态。研究者已经设计出各种干预项目，试图打破这种贫穷的恶性循环。其中多数干预措施开始于学龄前（第 7 章将讨论），一些开始于婴儿期并延续到幼儿期。

在以托儿中心为基础的干预中，儿童参加一些有组织的保育或学前教育项目，这些项目包括接受教育、营养和健康方面的服务，父母则接受儿童养育指导和其他社会支持。另一些干预以家庭为基础，受过专业训练的成人拜访儿童的家庭，指导父母如何促进儿童的发展。这两种类型的项目，参加的儿童都比不参加的控制组儿童在 2 岁时心理测验得分高。干预开始越早，持续时间越长，参与者在童年期到青少年期的认知表现和学习成绩越好 (Ramey, Ramey, & Lanzi, 2006; Sweet & Appelbaum, 2004)。

卡罗来纳启蒙项目 (Carolina Abecedarian Project) 证明了这些令人欣喜的效果。20 世纪 70 年代，来自贫困家庭的 100 多个婴儿，年龄从 3 周到 3 个月不等，被随机分成干预组和控制组。干预组的婴儿接受全时的、整年的保育，直到他们上幼儿园为止。他们接受旨在促进动作、认知、语言和社交技能发展的刺激，3 岁以后，则进行前阅读和数学概念的学习。在所有年龄段，都强调

173

成人与儿童进行丰富的、反应性的言语交流。对所有儿童都开展营养保健服务；干预组与控制组之间的主要差别在于，前者养育经验增强了。

到 1 岁时，两组儿童的智商分数拉开了距离，干预组儿童一直到 21 岁最后一次测验都保持优势。在他们上学后，干预组的青少年在阅读和数学方面的成绩更好。这些结果还迁移到，他们中接受特殊教育的人更少，就业更加稳定，青少年期做父母的比率较低 (Campbell et al., 2001, 2002; 2012)。

由于认识到尽早干预的作用，美国国会为那些已经有严重发展问题或因贫困而面临问题风险的婴儿和学步儿提供了有限的资金。早期启智计划 (Early Head Start) 始于 1995 年，目前有 1 000 个网站为大约 11 万低收入儿童及其家庭提供服务 (Walker, 2014)。最近的一项评估是在儿童达到 3 岁时进行的，结果显示，早期启智计划使父母对孩子更热情，给孩子更丰富的刺激，减少了严厉的管教，因而促进了儿童认知和语言的发展，减少了攻击性 (Love, Chazan-Cohen, & Raikes, 2007; Love et al., 2005; Raikes et al., 2010)。托儿中心 - 家庭双访问服务取得的效果最好。

然而，到 5 岁时，早期启智计划带来的好处

早期启智计划能为学步儿提供丰富的受教育经验，并强调家庭教育的支持作用。采用托儿中心和家庭双访问的服务，可取得较好的早期教育效果。

下降或消失了，五年级时的追踪调查显示该项目没有带来持久的效果 (U.S. Department of Health and Human Services, 2006; Vogel et al., 2010)。一种推测是，应该把早期教育经历延续到幼儿期，像卡罗来纳启蒙项目中所做的那样，从而使早期启智计划的影响持续的时间更长 (Barnett, 2011)。尽管早期启智计划需要改进，但它为生活在贫困中的美国婴儿和学步儿提供了支持性干预，这不啻为一个有希望的开端。

思考题

联结　用你在第 4 章学过的大脑发育知识来解释，为什么对于处在贫困威胁中的儿童，在 2 岁前比在以后进行干预更好。

应用　15 个月的曼纽尔的发展商数是 115。他的妈妈想知道，这个分数是什么意思，她应该为孩子的心理发展提供什么支持。你将怎样回答她的问题？

反思　假如你在为自己的婴儿找一个保育机构。你想找什么样的？为什么？

五、语言发展

5.10　描述几种语言发展理论，并指出各种理论如何看待先天语言能力与环境的影响

5.11　描述 0~2 岁语言发展的里程碑、个体差异以及成人促进早期语言发展的方法

婴儿期知觉和认知的发展，为人类一项非凡成就——语言的获得奠定了基础。第 4 章讲到，在 7~12 个月，婴儿能够区分母语的基本发音，把连续的语音流分割成单词或短语。他们也开始理解一些词语的意思，12 个月左右会说第一个词。

1 岁半到 2 岁，学步儿会说双词句 (MacWhinney, 2015)。6 岁时，儿童的词汇量大约为 14 000 个，他们说的句子比较准确，而且擅长交谈。

要理解这个令人生畏的任务，想想你自己灵活使用语言时所涉及的许多能力。首先，你说话

的时候，必须选择与你要说的概念相匹配的词。其次，这些词你必须准确地发音，否则别人就听不懂。再次，你必须根据一系列语法规则把词汇合成短语或句子。最后，你必须遵守日常会话的规则：轮流说，评论谈话伙伴说的话，还要使用恰当的语调。婴儿和学步儿是怎样学习这些技能并取得显著进步的呢？

1. 语言发展理论

174

20 世纪 50 年代，研究者还没有足够重视这一现象，即很小的孩子就能领会他们听到的语言的一些重要特性。儿童按部就班地快速通过语言发展里程碑的事实，启发了语言发展的先天论者的灵感，他们认为，这一过程主要是由成熟导致的。近年来，新的研究证据催生了交互作用观，强调儿童天生能力与沟通经验的共同作用。

（1）先天论观点

语言学家诺姆·乔姆斯基 (Noam Chomsky, 1957) 提出的先天论观点认为，语言是人类独有的、铭刻在人脑结构中的成就。在说到语法时，乔姆斯基认为，组句规则过于复杂，不能直接教给儿童，即使认知非常发达的年幼儿童也不能自己去领会。他认为，所有儿童都有一个**语言获得装置** (language acquisition device, LAD)，它是一个与生俱来的系统，系统中有一套普遍适用的语法，或适合所有语言的规则。它使儿童无论听到的是何种语言，只要积累足够多的词，都能以符合语法规则的方式听懂别人说话并自己说话。

儿童真的天生就准备好学习语言了吗？第 4 章曾讲到，新生儿对说话声音非常敏感。而且世界各地的儿童都以一种相似顺序达到语言发展的各个里程碑 (Parish-Morris, Golinkoff, & Hirsh-Pasek, 2013)。此外，掌握规则复杂的语言系统是人类独有的能力，研究者曾经试图教灵长类动物学习语言，无论使用特别设计的人工符号，还是符号语言，均收效甚微。即使经过大量训练，在进化上离人类最接近的黑猩猩也只能掌握一些基本的词语和短句，其能力还不如人类的幼儿 (Tomasello, Call, & Hare, 2003)。

再者，有证据表明，童年期是语言获得的敏感期，这与乔姆斯基关于语言具有先天生物基础的观点一致。研究者考察了聋人的语言能力，这些聋人习得了他们的主要语言——美式手语 (ASL)，这是不同年龄的聋人使用的一种手势语。其中有一些较晚学习手语的人，他们的父母起初选择教他们口语和唇读，因为他们深度耳聋，无法学习说话。研究结果支持了敏感期概念，在青少年期和成年期才学习手语的人永远不能达到在童年期学习手语者的精通程度 (Mayberry, 2010; Newport, 1991; Singleton & Newport, 2004)。

尽管人们普遍认为人类拥有独特的习得语言的能力，但乔姆斯基的理论在几个方面仍存在争议。首先，研究者很难认可乔姆斯基说的普遍适用的语法。批评者质疑，一套规则能否解释世界上 5 000～8 000 种差异巨大的语言的语法形式。其次，儿童习得语言的速度并不像先天论所声称的那样快。儿童只是逐渐地提炼和概括出许多语法形式，而且在学习过程中也会犯错误 (Evans & Levinson, 2009; MacWhinney, 2015)。第 9 章会讲到，一些语法形式，如被动语态，要到小学期才能完全掌握。这表明，其中涉及的尝试和学习比乔姆斯基假设的要多。

第 4 章讲到，大多数人的语言区位于大脑左半球，这与乔姆斯基所说的大脑已准备好加工语言的观点一致。但是，皮层语言区也是随着儿童语言的获得而发展的。此外，左半球虽是语言加工的优势半球，但如果语言区在早期遭到损伤，其他区域可以代偿其机能（见第 4 章边页 122）。所以，语言在左半球的定位虽然是典型定位，但并不是有效的语言加工所必需的。

（2）交互作用观

关于语言发展的晚近观点强调先天潜能与环境影响的交互作用。其中一种交互作用观把信息加工学说应用到语言发展中。另一种交互作用观则强调社交互动。

有些信息加工理论家认为，儿童凭借强有力的一般认知来理解复杂的语境 (MacWhinney, 2015; Munakata, 2006; Saffran, 2009)。这些理论家发现，语言脑区同时也掌管着相似的知觉和认知能力，如对音乐和视觉图案的分析 (Saygin, Leech, & Dick, 2010)。

175

婴儿从一出生就开始交流。这个孩子怎样才能在短短几年内流利地说自己的母语呢？理论家对此争论激烈。

其他理论家把这种信息加工观与乔姆斯基理论加以融合。他们赞同婴儿对言语和其他信息有惊人的统计分析能力。但是，这些能力还不能圆满解释儿童怎样掌握语言的高级成分，如复杂的语法结构 (Aslin & Newport, 2012)。他们还指出，语法能力可能更多地依赖于特定的大脑结构，而不是语言的其他成分。当 2 岁到 2 岁半儿童和成年人听简短的句子时——有些句子语法正确，有些有短语结构错误——两组人的大脑皮层左额叶和颞叶对每种句型同样都显示出不同的 ERP 脑电波模式 (Oberecker & Friederici, 2006)。这表明，2 岁儿童使用和成人一样的神经系统对句子结构进行加工。此外，对患有左半球脑损伤的年长儿童和成人的研究显示，他们的语法机能比其他语言机能受损更严重 (Curtiss & Schaeffer, 2005)。

另一些交互作用论者认为，儿童的社交技能和言语经验在语言发展中起着核心作用。这种社会交互作用论主张，一个积极主动的儿童会努力去交流，这就会提示养育者提供适当的语言刺激，帮助他们把语言的内容与结构同社会意义关联起来 (Bohannon & Bonvillian, 2013; Chapman, 2006)。

在社会交互作用论者中，关于儿童大脑是否具备特殊语言结构的争论仍在继续 (Hsu, Chater, & Vitányi, 2013; Lidz, 2007; Tomasello, 2006)。但是，当我们介绍语言发展的进程时，我们会看到很多对其核心前提的支持，即儿童的社交能力和语言经验极大地影响他们语言的进步。事实上，先天禀赋、认知加工策略和社交经验，对语言的各个方面起着不同的平衡作用。表 5.3 概括了早期语言发展的里程碑，我们将在后面几节对这些里程碑进行考察。

2. 准备说话

在婴儿说出第一个词之前，他们已经在听说母语方面取得了显著进步。他们仔细地听人说话，发出类似言语的声音。成年人在其中几乎帮不了什么忙，只能做出反应。

（1）咕咕声和咿呀语

2 个月左右，婴儿由于喜欢 "oo" 的声音，开始发出类似元音的声音，称作**咕咕声** (cooing)。慢慢地，一些辅音加了进来，6 个月左右，**咿呀语**

表 5.3　0 ~ 2 岁语言发展的里程碑

大致月龄	里程碑
2 个月	以咕咕声发出愉快的元音。
4 个月以上	饶有兴趣地看着养育者玩轮换游戏，如拍手游戏和藏猫猫。
6 个月以上	开始出现咿呀语，在咕咕声中加入辅音和重复音节。7 个月时，咿呀语中开始加入许多口语声。开始理解很少听到的词。
8 ~ 12 个月	当养育者给婴儿正注视的物体命名时，婴儿能准确地与养育者形成共同注意。 主动参加轮流玩的游戏，与养育者互换角色。 使用前言语姿势，如通过展示和用手指来影响他人的目的、行为并传达信息。
12 个月	咿呀语中包括儿童语言共有的声音和语调模式。理解词的速度和准确性快速增加。 说出第一个能被别人听懂的词。
18 ~ 24 个月	口语词汇量从 50 ~ 200 个增加至 250 个。说出双词句。

(babbling) 开始出现，婴儿能够发出辅音 – 元音的组合。随着年龄增长，他们越来越多地发出一长串的咿呀语，如 "bababababa" 或 "ananananana"。

176 世界各地的婴儿（甚至失聪的婴儿）都在大约相同年龄出现咿呀语，而且早期声音的类型也相似。但是，要使咿呀语进一步发展，婴儿必须能听人说话。听力受损的婴儿，这些类似话语的发音的出现时间会大大延迟，其多样性也会受限 (Bass-Ringdahl, 2010)。没有接触过手语的失聪婴儿会完全发不出咿呀语 (Oller, 2000)。

起初，婴儿能发出的声音有限，然后慢慢向更广泛的范围扩展。7 个月左右，咿呀语开始包括许多成熟的口语发音。当养育者对婴儿的咿呀语做出反应时，较大的婴儿在匹配大人说话的声音和他们听到声音方面做得越来越好 (Goldstein & Schwade, 2008)。8~10 个月，咿呀语已能反映婴儿语言共有的一些声音和语调，其中有些转变成最初说出的词 (Boysson-Bardies & Vihman, 1991)。

经常接触手语的聋儿从出生起就用手来表达咿呀语，就像听力正常的婴儿用声音来表达一样 (Petitto & Marentette, 1991)。自身耳聋、靠手语交流的父母生出的听力正常的婴儿，会出现具有自然手语节奏的咿呀语式的手部动作 (Petitto et al., 2001, 2004)。这种对语言节奏的敏感性，已在口语和手语咿呀语中得到证明，它支持了有意义的语言单元的探索和生成。

（2）成为一个交流者

出生时，婴儿已为交流行为的一些方面做了准备。例如，他们通过眼光的接触和转移来发起交往。3~4 个月时，婴儿开始把眼光朝向成人所看的同一个方向，这种技能在 10~11 个月时变得更准确，婴儿知道了，别人的关注点会提供有关他们的沟通意图的信息（谈论一个东西），或其他目的（得到一个东西）(Brooks & Meltzoff, 2005; Senju, Csibra, & Johnson, 2008)。这种**共同注意** (joint attention)，即儿童和养育者关注同样的客体和事件——养育者往往会说这些客体和事件的名称对早期语言发展有很大帮助。经常经历这种共同注意的婴儿和学步儿能保持更长时间的注意，听懂更多的语言，更早地做出有意义的手势，说出词语的时间更早，词汇发展也更快 (Brooks &

这个 1 岁婴儿用前语言的姿势吸引他爸爸的注意。他爸爸的口头反应（"我看见了那只松鼠！"）则促进了婴儿向口头语言的过渡。

Meltzoff, 2008; Carpenter, Nagell, & Tomasello, 1998; Flom & Pick, 2003; Silvén, 2001)。

大约 3 个月，父母与婴儿玩拍手游戏和藏猫猫游戏时，开始了角色互换。婴儿和母亲互相模仿对方声音的音调、响度和持续时间。母亲以模仿为主，模仿频率是 3 个月婴儿的两倍，而 3 个月婴儿会把模仿限制在他们觉得比较容易发出的几个声音上 (Gratier & Devouche, 2011)。到 4~6 个月时，模仿会延伸到社交游戏，比如拍手和藏猫猫。起初，只是父母参与游戏，婴儿则是一个有趣的观察者。婴儿逐渐地加入，在 1 周岁时，他们会积极参与，与养育者交换角色。通过这些模仿性的交流，婴儿练习着按顺序轮换的会话模式，这是获得语言与交流技能的一个重要背景。

1 岁末，随着婴儿有意行为的发展，他们开始用前言语手势影响他人的行为 (Tomasello, Carpenter, & Liszkowski, 2007)。例如，凯特琳举着一个玩具给大家看，想要饼干的时候就指着橱柜，还有她妈妈放在地板上的车钥匙。卡罗琳回应了这些手势，并说出它们的名称（"这是你的熊！""你想要一块饼干！""哦，那是我的钥匙！"）。通过这种方式，学步儿懂得了，使用语言可以得到想要的结果。

养育者和婴儿共同玩物体的时间越长，婴儿使用前语言手势的时间越早、越频繁 (Salomo & Liszkowski, 2013)。很快，学步儿就会把语言和手势结合起来，用手势扩展他们的语言信息，例如，在说 "给" 的时候指着玩具 (Capirci et al., 2005)。逐渐地，手势消失了，言语占据了主导地位。但是，学步儿早期，词-手势组合的形成时间越早，其词汇量增长越快，在2岁末时，他们说出双词句越快，在3岁半时他们的句子也越复杂（Huttenlocher et al., 2010; Rowe & Goldin-Meadow, 2009）。

3. 最早说出的词

6~7个月以后，婴儿开始理解词语的含义。5个月的婴儿能对自己的名字做出反应，他们喜欢听自己的名字，胜过与自己名字相匹配的其他重音模式相仿的词（Mandel, Jusczyk, & Pisoni, 1995）。当6个月的婴儿一边看着视频里并排坐着的妈妈爸爸，一边听到"妈妈"或"爸爸"这样的词时，他们会更长时间地盯着看叫出其父母的视频（Tincoff & Jusczyk, 1999）。

婴儿最早说出的词出现在1岁左右，它们建立在皮亚杰所说的感觉运动和2岁之前形成的分类能力上。一项追踪了数百名美国和中国（包括说普通话和粤语的）婴儿使用的前10个词的研究发现，这些词中提到最多的是重要他人（妈妈、爸爸）、常见物品（球、面包）和声音效果词（汪汪、呜呜）。中国婴儿比美国婴儿能说出更多的动词（打、抓、抱）和社交用词（你好、拜拜）。中国婴儿还能指出更重要的人（Tardif et al., 2008）。在学步儿说出的前50个词中，很少有静止的东西，如桌子、花瓶。

学步儿刚学说话时，有时使用的学过的词会意义过窄，这种错误称作**外延缩小**（underextension）。例如，16个月时，凯特琳用"熊"这个词仅仅指代自己一天到晚拿着的旧玩具熊。更普遍的一种错误是**外延扩大**（overextension）——使用词语时超出了其范围，去描述更多的物体和事件。例如，格瑞丝用"小汽车"这个词来指代公共汽车、火车、卡车、消防车等。学步儿的外延扩大现象反映了他们对分类的敏感性（MacWhinney, 2005）。他们会把一个新词应用到一类相似的经验中：把"小汽车"应用到所有带轮子的东西上，把"打开"用到打开门、给水果削皮以及解开鞋带等活动中。这说明儿童的外延扩大是经过思考的，因为他们回忆起来有困难，或者一时找不到合适的词。当一个词很难发音时，学步儿会用他们能说出来的一个词来代替它（Bloom, 2000）。随着词汇

的丰富和发音的改善，外延扩大现象会逐渐消失。

外延扩大现象说明了语言发展的另一个重要特征，即语言生成（儿童使用的词和词组）和语言理解（他们理解的话语）之间的区别。在所有年龄段，语言理解都要早于语言生成。结果儿童在生成词语时要比在理解词语时扩展得多很多。一个2岁的儿童把卡车、火车和自行车都称为"小汽车"，但是当别人说出这些名称时，他们能正确地找到或指出这些东西（Naigles & Gelman, 1995）。不过，这两种能力是相关的。学步儿理解口语的速度和准确性在1岁以后显著提高。理解更快、更准确的学步儿，在2岁这一年理解和生成的词汇量增长更快（Fernald & Marchman, 2012）。快速理解可以腾出工作记忆空间，有助于儿童学习新词，完成要求的交流任务。

4. 双词句时期

起初，学步儿以平均每周1~3个词的速度增加着自己的词汇量。18~24个月，儿童的词语学习以每天一两个词的速度增长，很多研究者得出结论，学步儿的词汇学习中有一个逆发期，这是从慢速学习向快速学习的过渡期。实际上，大多数儿童在幼儿期的词汇学习速率保持稳定增长（Ganger & Brent, 2004）。

学步儿为什么能这样快地积累词汇呢？在第二年，他们把经验加以分类、回忆单词、把握他人社交线索（眼睛注视、指着或拿起东西的意义）等能力有所提高（Golinkoff & Hirsh-Pasek, 2006; Liszkowski, Carpenter, & Tomasello, 2007）。在第7章，我们将探讨幼儿词汇学习的各种方法。

当学步儿能说出200~250个词时，他们就开始会说两个词，如"妈妈鞋""汽车走""多饼干"。这些双词模式被称作**电报句**（telegraphic speech），因为它像电报一样，聚焦于内容含量高的词，省略了细节和不重要的词（如"可能""那个"等）。

双词句由一些简单格式构成，如"多+X""吃+X"，用不同的词语来代替X的位置。学步儿很少犯大的语法错误，如说"我的椅子"而不说"椅子我的"。但是他们的词序规则经常模仿成人的词语配对，比如父母说，"How about *more sandwich*？"（再多来点三明治怎么样？）或"Let's see if you can *eat the berries*"（让我们看看你

能不能再吃点果酱）。这表明，年幼儿童起先依靠他们经常听到的"具体的语言片段"，然后逐渐从这些片段归纳词序和其他语法规则 (Bannard, Lieven, & Tomasello, 2009; MacWhinney, 2015)。第 7 章将讲到，儿童会在学前阶段逐步掌握语法。

5. 个体差异与文化差异

虽然儿童开始说话的平均时间是 1 岁左右，但是这个年龄范围很大，从 8 个月到 18 个月不等，这种差异是由许多复杂的遗传与环境因素造成的。例如，先前我们说到蒂米的口语滞后，部分原因在于瓦内莎的过于着急的、外控式的交流方式。此外，蒂米是个男孩，女孩在早期词汇增长方面，要稍微超前于男孩 (Van Hulle, Goldsmith, & Lemery, 2004)。最常见的一种解释是，女孩身体成熟的速度较快，从而促进了大脑左半球的提前发育。

气质也不可忽视。害羞的学步儿会经常等到听懂大量词语之后才试着开口说。只要一开口，他们的词汇增长就会变得很快，但是他们仍然比同龄儿童稍微滞后 (Spere et al., 2004)。

亲子之间的会话，尤其是成人词汇的丰富程度，也起重要作用 (Huttenlocher et al., 2010)。有关物品的常用词汇，在学步儿说话的早期就已出现，养育者使用特定名词的次数越多，幼儿说出得就越早 (Goodman, Dale, & Li, 2008)。母亲跟女孩说话比男孩多，父母跟害羞孩子说话比跟善交际孩子说话少 (Leaper, Anderson, & Sanders, 1998; Patterson & Fisher, 2002)。

178 与来自社经地位较高家庭的同龄人相比，来自社经地位较低家庭的儿童，通常词汇量较少。18~24 个月时，他们理解单词的速度较慢，掌握的单词少 30% (Fernald, Marchman, & Weisleder, 2013)。亲子阅读也会造成很大的差异。一个来自中等社经地位家庭的儿童在 1~5 岁的平均阅读时间是 1 000 小时，而来自低社经地位家庭的儿童的平均阅读时间仅为 25 小时 (Neuman, 2003)。

毫不奇怪，早期词汇增长速度是低社经地位儿童进入幼儿园时词汇量的有力预测指标，词汇量又能预测儿童以后的读写能力和学习成绩 (Rowe, Raudenbush, & Goldin-Meadow, 2012)。词汇学习落后于同龄人的高社经地位的学步儿，有

更多的机会在幼儿期赶上。年幼儿童有独特的早期语言学习方式。凯特琳与格瑞丝跟大多数学步儿一样，采用的是**指代型方式** (referential style)，即所采用的词汇主要由指代物体的词语组成。一小部分儿童使用**表达型方式** (expressive style)，与指代型方式相比，表达型方式会生成许多社交规则和代词（如"谢谢""做完了""我想要这个"）。这两种方式反映了年幼儿童有关语言机能的想法。例如，凯特琳和格瑞丝认为词就是用来命名东西的。相比之下，使用表达型方式的儿童认为，词语是用来谈论人们的情感和需要的 (Bates et al., 1994)。使用指代型方式的学步儿，其词汇增长的速度更快，因为在所有语言中，表示客体名称的词都多于社交词。

如何解释学步儿的语言方式呢？迅速形成指代型方式的儿童，往往对探索物体有内在兴趣。他们还经常模仿父母，给各种东西命名 (Masur & Rodemaker, 1999)。使用表达型方式的儿童往往更喜欢社会交往，他们的父母也更多地使用常用的鼓励社交关系的语汇（如"你好""没关系"）(Goldfield, 1987)。

这两种语言方式也与文化有关。客体词（名词）在英语学步儿的词汇中很常见，但汉语、日语和韩语幼儿会说更多的动词和社交惯例词。各种文化中母亲的说话方式都可反映这种差异 (Chan, Brandone, & Tardif, 2009; Chan et al., 2011; Choi & Gopnik, 1995; Fernald & Morikawa, 1993)。美国母亲经常在与婴儿互动时说出物品的名字。亚洲母亲，也许是因为文化上强调群体成员的重要性，重视行动和社会惯例。此外，在汉语普通话中，句子通常以动词开头（如"去吧！""跑快点！"），这使得动词对说普通话的学步儿尤为重要。

如果儿童不会说话或者只能说很少的话，那么他们的父母在什么时候应该开始担忧呢？如果学步儿的语言明显地滞后于表 5.3 中列出的常模，那么儿童的父母应该咨询儿科医生或言语治疗师。迟缓的咿呀语可能是早期语言发展缓慢的一个预兆，但是它可以提早预防 (Rowe, Raudenbush, & Goldin-Meadow, 2012)。有些学步儿不能听从简单的指导，有些在 2 岁后还不能用词汇把自己的想法表达出来，他们可能遭受了一些听力损伤或语言障碍，需要立即治疗。

6. 促进早期语言发展的方法

根据交互作用论的观点，丰富的社会环境会增强儿童获得语言的自然准备状态。本页的"学以致用"栏对养育者怎样做才有助于早期语言发展做了一个总结。养育者无意当中也在通过特殊的言语方式做这件事情。

179　许多文化中的成人都以一种**指向婴儿的言语**(infant-directed speech, IDS) 与婴儿讲话，这是一种句子简短、发音清晰、音调高亢、语气夸张的交流方式，在句子之间有明显停顿，在各种情境下反复使用新单词（如"看球""球弹起来了！"）(Fernald et al., 1989; O'Neill et al., 2005)。聋哑父母在用手语与他们的聋儿进行交流时，也会使用相似的交流风格 (Masataka, 1996)。从出生开始，婴儿就更喜欢"指向婴儿的言语"，而不是其他成年人的谈话，5个月大时，他们对"指向婴儿的言语"的情感反应更强烈 (Aslin, Jusczyk, & Pisoni, 1998)。

指向婴儿的言语建立在我们前面讨论过的几种交流策略之上：共同注意、轮流说话以及养育者对学步儿前语言手势的敏感性。以下是卡罗琳使用指向婴儿的言语与18个月的凯特琳交流的一个例子：

> 凯特琳：走汽车。
> 卡罗琳：是的，该坐汽车走了。你的夹克在哪里？
> 凯特琳：[环顾四周，走到夹克跟前]达克！[指着她的夹克说]
> 卡罗琳：夹克在那里！[帮凯特琳穿上夹克]穿上它就走！让我们拉上拉链。[然后拉上拉链]现在，跟格瑞丝和蒂米说再见。
> 凯特琳：再见，格-艾丝。
> 卡罗琳：还有蒂米呢，跟蒂米说再见！
> 凯特琳：再见，蒂-蒂。
> 卡罗琳：你的熊在哪儿？
> 凯特琳：[环顾四周]
> 卡罗琳：[指]看？去拿熊。沙发那儿。
> [凯特琳找到了熊]

父母不断地对自己说话的长短和内容做微调，来适应孩子的需要，这种调整能鼓励儿童参与进来 (Ma et al., 2011; Rowe, 2008)。就像前面讲到的，亲子对话情境能很好地预测上学以后的语言发展和阅读能力。

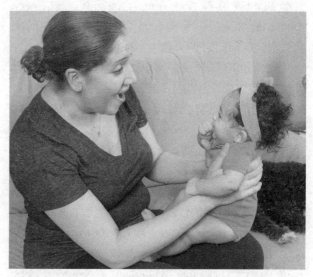

这位妈妈跟她的宝宝说话时句子简短，发音清晰，音调高亢，语气夸张。使用这种指向婴儿的言语，有益于早期语言学习。

POINT　学以致用　　怎样促进婴儿的早期语言学习

策略	结果
以言语和词对咕咕声和咿呀语做出反应。	能鼓励儿童试着发音，这些发音后来会融入最早说出的词的发音中去。能提供机会，让婴儿以轮流的方式进行交谈。
和孩子一起注意和评论孩子看到的事物。	能预测较早的说话和词汇的快速发展。
玩拍手和藏猫猫等社交游戏。	能提供轮流说话的经验。
鼓励婴儿加入假装游戏。	可以促进会话交谈的各方面能力的发展。
和学步儿多交谈。	可以预测早期语言的快速发展和上学后学习成绩良好。
经常给学步儿读书，就图画书的内容展开对话。	可使婴儿接触语言的多个方面，包括词汇、语法、沟通技能和有关书面符号和故事结构的知识。

研究还表明，与反应敏捷的成年人进行当面互动，比借助媒体更能促进早期语言发展。12~18 个月的婴儿在一个月的时间里定期观看带有常见家庭物品名称的商业视频，他们的词汇量并没有比不看视频时增加多少。在对照组中，父母在日常活动中花时间教给单词的孩子学得更好 (DeLoache et al., 2010)。与这些发现相一致的是，允许一个应答敏捷的成人与一个 2 岁孩子互动的视频，就像 Skype 网络会话一样，是学习新动词的有效背景 (Roseberry, Hirsh- Pasek, & Golinkoff, 2014)。

但是，如果电视或视频节目没有专门为学步儿改编，他们是无法从电视或视频中学习语言的。例如，2 岁半的孩子无法从屏幕上两个成人的对话中学到新物品的名称，除非两个人有明确的互动，比如说话者把物品递给她的同伴，后者接受了它并模仿说话者的动作 (O'Doherty et al., 2011)。回到边页 157，回顾一下视频亏损效应，可以看出，这一发现证明了该效应。

既然社交经验可以促进语言发展，那么它们是否也可以促进一般认知能力发展呢？指向婴儿的言语和亲子谈话可以创造一个最近发展区，从而使儿童的语言技能得到扩展。相反，成人对孩子的需求缺乏反应，或对孩子的说话努力漠不关心，会导致他们语言技能不成熟 (Baumwell, Tamis-LeMonda, & Bornstein, 1997; Cabrera, Shannon, & Tamis-LeMonda, 2007)。下一章，我们将看到，成人的敏感性还有利于婴儿和学步儿的情绪与社会性发展。

思考题

联结 认知与语言是有内在关系的。举例说明认知是怎样促进语言发展的，以及语言是怎样促进认知发展的。

应用 弗兰经常纠正她 17 个月大的儿子杰里米尝试说的话——担心他不会用词——并拒绝回应他的手势。弗兰对杰里米语言学习缓慢负有什么责任？

反思 找机会跟一个婴儿或学步儿说话。你是否采用了指向婴儿的言语？你跟他 / 她说话的哪些特征会促进早期语言发展？为什么？

🌸 本章要点

180

一、皮亚杰的认知发展理论

5.1 根据皮亚杰的理论，发展过程中图式是如何变化的？

■ 儿童通过对环境的操作，依次通过认知发展的四个阶段，其中，心理结构或**图式**，越来越适应于外部现实。

■ 图式以两种方式发生变化：一种是**适应**，包括两种互补的活动，即**同化**和**顺应**；另一种是**组织**，即图式经内部重组，进入一个相互紧密联结的认知系统。

5.2 描述感觉运动阶段的主要认知成绩

■ 在**感觉运动阶段**，循环反应提供适应最初图式的手段，新生儿的反射逐渐转变为婴儿期较灵活的动作模式。8~12 个月时，婴儿形成了**有意或指向目标的行为**，开始理解**客体永存性**。

■ 18~24 个月时，学步儿开始进行**心理表征**，他们可以突然解决感觉运动问题，在未看见的情况下找到隐藏的客体，做到**延迟模仿**以及玩**假装游戏**。

5.3 后续研究对皮亚杰感觉运动阶段婴儿的认知发展做了哪些修正？

■ 后续研究显示，婴儿表现出某些理解力的时间早于皮亚杰所说的年龄。用**违反预期法**和客体跟踪法做的研究表明，对客体永存性的觉知可能在出生后几个月就出现了。此外，小婴儿表现出延迟模仿，10~12 个月时可用类比解决问题，这些都需要心理表征。

■ 婴儿1岁左右形成**替代参照**，意识到词可以代表从物理角度不存在的东西。1岁以后，学步儿会把看上去真实的图片当作符号。约2岁半，**视频亏损效应**减弱；儿童懂得了视频的符号意义。

■ 研究者认为，新生儿天生拥有的感知世界的装置比皮亚杰认为的要多，尽管他们在婴儿最初有多少理解力问题上意见不一致。根据**核心知识观**，婴儿一出生就具有包括生理、心理、语言和数字知识在内的核心思维领域，它们有助于早期认知的快速发展。

■ 目前的普遍共识是，婴儿期的许多认知变化是连续的，而不是阶段性的，认知发展的各方面是不均衡的，而不是整体性的。

二、信息加工

5.4 描述认知发展的信息加工观及信息加工系统的一般结构

■ 多数信息加工研究者认为，人的心理系统在三个层面对信息进行加工：**感觉登记**、**短时记忆存储**和**长时记忆存储**。**中央处理器**参与**工作记忆**——人的"心理工作站"——对信息进行有效的加工。**自动化加工**使人在进行加工时还可关注其他信息。

■ 童年期从**执行机能**获得的东西——冲动控制、灵活的思维、协调工作记忆中的信息、做计划——可预测青少年期和成年期重要的认知和社会性结果。

5.5 0~2岁婴儿的注意、记忆和分类能力有什么变化？

■ 随着年龄增长，婴儿接触到环境的各个方面，获取信息的速度也更快。1岁以后，对新异刺激的注意下降而保持注意的能力明显提高。

■ 小婴儿能够进行**再认**。6个月左右，他们可以**回忆**过去事件。随着年龄增长，再认和回忆能力稳步增强。

■ 到学步儿晚期，他们可以较好地回忆人、地点和物体。大脑发育和社交经验可能对**婴儿期失忆症**的减弱和**自传式记忆**的出现产生影响。

■ 婴儿能把刺激划分为广泛多样的类别。1岁以后，学步儿的分类变得灵活，可以转换客体分类的基础，他们对生命体–非生命体之区别的掌握也得到扩展。逐渐地，他们的分类基础由知觉型向概念型转变。

5.6 描述信息加工取向对早期认知发展的贡献与局限

■ 信息加工研究的发现挑战了皮亚杰所说的

婴儿是纯粹的感觉运动生命体，不能从心理上对经验进行表征的观点。但是信息加工研究没有提出一个全面、综合的儿童思维理论。

三、早期认知发展的社会环境

5.7 维果茨基的最近发展区概念怎样帮助我们理解早期认知发展？

■ 维果茨基认为，婴儿在更成熟的同伴的支持和指导下，在**最近发展区**内可掌握超过他们当前能力的任务。1岁以前，社交经验的文化差异就对婴儿的心理策略产生了影响。

四、早期心理发展的个体差异

5.8 描述心理测验的方法以及婴儿测验对后期表现的预测力

■ 心理测验可测量发展进步的变异，并对未来表现做出预测。测验分数经计算可转换为**智力商数**。它把个体的测验成绩与同龄个体的**标准化**样本形成的**正态分布**进行比较。

■ 主要针对知觉和动作反应的婴儿测验对后期智力的预测力很差。因此，婴儿测验分数被称作**发展商数**，而不是智商。对视觉刺激的习惯化和反应恢复的速度能够较好地预测后期表现。

5.9 讨论环境对早期心理发展的影响，包括家庭、儿童保育、对危险处境中的婴儿和学步儿的早期干预

■ 基于**测评环境的家庭观察**(HOME)的研究表明，一个有条理、刺激丰富的家庭环境和父母的疼爱、参与及鼓励能够预测较高的心理测验分数。父母和婴儿、学步儿的谈话多少，影响尤其明显。

■ 婴儿和学步儿的保育质量影响着后期的认知、语言、学习和社交技能。**适于发展的教育**标准规定了符合年幼儿童发展需要的项目特点。

■ 从婴儿期开始延续到幼儿期的强化干预可以预防贫困家庭儿童的智力和学习成绩逐步转差。

五、语言发展

5.10 描述几种语言发展理论，并指出各种理论如何看待先天语言能力与环境的影响

■ 乔姆斯基的先天论认为儿童天生就有**语言获得装置**。与此观点相一致，掌握复杂的语言系统是人类特有的，童年期是语言习得的敏感期。

■ 近期理论认为，语言发展是天生潜力与外部环境交互作用所致。一些交互作用论者把信息加工观点运用到了语言发展中。另一些研究者强调儿童社交技能和语言经验的重要性。

5.11 描述 0~2 岁语言发展的里程碑、个体差异以及成人促进早期语言发展的方法

■ 婴儿在 2 个月时开始发出**咕咕声**，6 个月左右出现**咿呀语**。10 个月婴儿与成人**共同注意**的技能提高，不久，他们就能使用前语言的手势。成人通过对儿童的咕咕声和咿呀语做出回应、玩轮流游戏、与孩子共同注意并给看到的东西和孩子用手指的东西命名等形式，来鼓励其语言进步。

■ 12 个月左右，学步儿开始说出第一个词。年幼儿童经常会犯**外延缩小**和**外延扩大**的错误。当词汇量达到 200~250 个时，儿童开始说双词句，称作**电报句**。在各个年龄段，语言理解都先于语言生成。

■ 女孩的语言进步比男孩快，害羞的学步儿开始说话略晚些。多数学步儿表现出**指代型方式**的语言学习；他们早期的词语主要是物体名称。一些儿童使用**表达型方式**，社交词汇和代词用得较多，词汇增长较慢。

■ 许多文化中的成人用**指向婴儿的言语**同年幼儿童说话，这是一种符合年幼儿童学习需要的简单沟通形式。父母与学步儿之间的对话是早期语言发展和在校阅读成绩的良好预测指标。婴儿与一个成人的当面互动，比一般视频更能促进语言进步。

🌿 重要术语和概念

婴儿期和学步期情绪与社会性发展

这位母亲与儿子结下了深厚感情。她的温暖和敏感给孩子带来安全感，这是早期发展各个方面的重要基础。

凯特琳8个月的时候，她的父母发现她变得更容易害怕。一天晚上，卡罗琳和戴维让保姆在家照顾她，当他们走向门口的时候，她号啕大哭。几个星期前，她还能很容易地接受与父母的分离。凯特琳和蒂米的看护者吉内特也发现，孩子们对陌生人越来越警惕。当吉内特走向另一个房间的时候，两个婴儿都停下手中的游戏，跟在她后面爬。当邮递员敲门的时候，孩子们抱住吉内特的腿，伸出手要她抱。

同时，孩子们好像更任性。婴儿5个月的时候，把他们手里的东西拿走，基本不会引起他们的反应，但是蒂米8个月时，当他妈妈瓦内莎把他要去够的那把餐刀拿走的时候，蒂米发出生气的尖叫，很难安抚或转移注意。

莫妮卡和凯文对格雷丝1岁之前的事情知之甚少，只知道她那贫穷而无家可归的妈妈深深地爱着她。与妈妈分别后，被送到一个遥远的陌生家庭，这给格雷丝留下了创伤。开始时她很不适应，当莫妮卡和凯文抱她的时候，她总是会转过脸。她几乎有一个星期没有笑过。但是当格雷丝的新父母亲密地抱着她，温柔地跟她说话，满足她对食物的需求时，格雷丝会回报他们的爱。来到这个家两个星期以后，她的沮丧、失望一扫而光，变得快乐自在。当她看见莫妮卡和凯文的时候，显得非常开心，伸手要他们抱，当她看着哥哥艾利有趣的脸蛋时也会大笑。快2岁的时候，她指着自己，大喊"格维丝"（她把"格雷丝"错误地发音为"格维丝"），而且她会宣称自己对某个物品的所有权。她会在吃饭的时候说"格维丝的鸡肉"，会吸吮鸡腿骨里的骨髓，这是她从柬埔寨带来的习惯。

几个孩子的表现反映出人生前两年人格发展的两个相关方面：第一，与别人保持亲密联系；第二，自我感。我们将从埃里克森的心理社会理论讲起，这个理论对婴儿期和学步期的人格发展有一个总的看法。接着介绍情绪发展。这样我们就能懂得，为什么凯特琳和蒂米1岁的时候，害怕和生气会成为一种常见的情绪反应。然后我们将转向气质的个体差异，看看遗传和环境对这些个体差异各起多大作用，它们对后来的发展有什么影响。

之后，我们将介绍儿童对养育者的依恋，这是儿童最初的情感联结。我们将考察，从这种重要的纽带里产生的安全感，将怎样为儿童提供独立感并扩展他们的社会关系。

最后，我们关注早期的自我发展。在学步期结束的时候，格雷丝能从镜子和照片中认出自己，知道自己是女孩，表现出最初的自我控制。一天，当她抑制自己想把电源线从插座上拔下来的冲动时，她对自己说"不要碰！"。认知发展与社交经验共同导致了发生在第二年的这些变化。

一、埃里克森关于婴儿与学步儿人格的理论

184

6.1　在埃里克森的基本信任对不信任、自主性对羞怯和怀疑阶段，人格有何变化？

第 1 章在介绍主要理论时曾介绍，精神分析理论不再是人的发展研究领域的主流理论。但它的持久贡献之一是，它能够揭示各个阶段人格发展的本质。最有影响力的精神分析流派之一是埃里克·埃里克森的心理社会理论，在第 1 章已做介绍。来看他对人格发展前两个阶段的观点。

1. 基本信任对不信任

埃里克森与弗洛伊德一样，也强调在喂养过程中亲子关系的重要性，但是他扩展和丰富了弗洛伊德的观点。埃里克森认为，婴儿心理的健康成长不取决于食物的数量或口唇刺激的多少，而取决于养育质量：及时、敏感地减轻婴儿的不适，温柔地抱着孩子，耐心地喂奶，当婴儿对奶头或奶嘴不感兴趣时及时断奶。

埃里克森认为，没有哪一个父母能完全满足和符合婴儿的需要。父母的反应性受很多因素的影响：个人幸福感、家庭生活状况（例如又生了孩子、社会支持、经济状况）和本文化看重的教育方法等。只要父母和谐的养育是富有同情心、充满爱的，出生第一年的心理冲突——**基本信任对不信任** (basic trust versus mistrust)——就能从积极方面得到解决。具有基本信任感的婴儿期望世界是美好和令人安心的，因而能自信地探索外部世界。缺乏信任感的婴儿不相信别人是友好和富有同情心的，他们为了保护自己，对人对事都会表现得退缩。

2. 自主性对羞怯和怀疑

弗洛伊德认为，当婴儿进入学步期时，如厕训练对心理健康有决定作用。埃里克森也承认，如厕训练是儿童许多重要经验之一。刚学会走路、说话的孩子经常会说"不""我自己来"，说明他们已经进入自我的萌芽期。他们希望自己不仅能在大小便这件事情上也能在别的事情上做决定。学步期的冲突——**自主性对羞怯和怀疑** (autonomy versus shame and doubt)，只要父母给孩子提供恰当的引导与合理的选择，就能顺利解决。一个自信、有安全感的 2 岁儿童，其父母不会因为他不能掌握新技能，例如上厕所、用勺子吃饭、收拾玩具等等，而对他斥责打骂，而是以充分的容忍和理解来满足他对独立的要求。例如，在外出购物前，多等 5 分钟，让孩子做完他的游戏。如果父母过分控制或控制不够，儿童就会产生被强迫感或羞愧感，怀疑自己控制冲动、自主行动的能力。

总之，基本信任感和自主性来自温和、敏感的父母养育行为和对婴儿期第 2 年出现的冲动控制行为的合理期望。如果儿童在最初几年对养育者没有足够的信任，没有形成健康的个体感，就

这个 2 岁女孩在跟妈妈参观科学博物馆时，坚持要探索飞行模拟器。当妈妈支持她"自己做"的愿望时，就培养了孩子健康的自主感。

埋下了心理失调的种子。在婴儿期和学步期没有完成信任与自主任务的儿童，成年后将很难与他人建立起相互信任的关系。他们要么对自己所爱的人过分依赖，要么在遇到困难时怀疑自己的能力。

二、情绪的发展

6.2 描述儿童 0~1 岁基本情绪的发展及其适应机能

6.3 总结婴儿前两年在理解他人情绪、表达自我意识的情感和情绪自我调节方面的变化

你不妨观察几个婴儿和学步儿，并记录他们表现出的情绪，这些记录可作为你用来解释婴儿情绪状态，以及养育者是如何反应的线索。研究者做了许多类似的观察，探察婴儿如何交流情绪，如何解释他人情绪。他们发现，情绪在埃里克森强调的社会关系、探索环境和发现自我过程中起着重要作用 (Saarni, et al., 2006)。

185 回想第 1 章和第 4 章介绍的动态系统观。当你阅读以下章节中关于早期情绪发展的内容时，请注意情绪是幼儿动态行为系统中不可或缺的一部分。情绪赋予发展以活力。同时，情绪是正在发展的系统的一个方面，随着儿童重新组织其行为以达到新的目标，其情绪也会变得更复杂易变 (Campos, Frankel, & Camras, 2004; Camras, 2011)。

由于婴儿无法说出他们的感受，因此很难准确判断他们所体验到的情绪。跨文化研究表明，世界各地的人能以同样的方式把面部表情的照片和相应表情联系起来 (Ekman & Friesen, 1972; Ekman & Matsumoto, 2011)。这些发现促使研究者分析婴儿的表情模式，查明他们在不同年龄表现出的情绪特点。

但为了表达一种特定的情感，婴儿、儿童和成人实际上会使用不同的反应——不仅是面部表情，还有声音和身体动作——这些反应会随着他们的现有能力、目标和环境而变化。为了尽可能准确地推断婴儿的情绪，研究者必须关注多种互动表达线索——声音、表情和手势——看它们在不同情境下怎样变化，并引发不同的情绪 (Camras & Shuster, 2013)。

1. 基本情绪

基本情绪 (basic emotions) ——高兴、感兴趣、吃惊、恐惧、愤怒、悲伤、厌恶——在人类和其他灵长类动物中普遍存在，它们在促进生存方面有漫长的进化史。婴儿生来就有表达基本情绪的能力吗？

虽然婴儿很早就表现出一些情绪信号，但是其早期情感生活只有两种基本的唤醒状态：趋向愉快的刺激，以及回避不愉快的刺激 (Camras et al., 2003)。情绪是逐渐地变成清晰、有序的信号的。动态系统观帮助我们理解这是怎样发生的：随着中枢神经系统的发展和儿童的目标、经验的变化，他们把各自分离的技能协调为更有效的情绪表达系统 (Camras & Shutter, 2010)。

父母选择性地为婴儿的情绪行为做出榜样，可以帮助婴儿建立起与成人非常相似的情绪表达 (Gergely & Watson, 1999)。随着年龄的增长，婴儿的面孔、声音和姿势开始形成组织良好的模式，它们随着环境事件而发生有意义的变化。例如，凯特琳总是以一副高兴的面孔、悦人的声音和轻松的姿势对妈妈游戏性的互动做出反应，好像在说："真好玩！"相形之下，一位反应迟钝的母亲，往往使孩子流露出伤心的面孔、沮丧的声音和无精打采的姿势（传达的信息是"我不高兴"），或生气的面孔、哭泣和"抱我"的手势（好像在说，"不要让我感受这些不愉快的事情"）(Weinberg & Tronick, 1994)。慢慢地，情绪表达得到良好的组织，变得更具体，可以提供婴儿内部状态的详细信息。

迄今受到研究者关注最多的四种基本情绪是高兴、愤怒、悲伤和恐惧，来看看它们是怎样发展的。

（1）高兴

高兴，起先表现为快乐的微笑，后来是放声大笑，它可以促进许多方面的发展。当婴儿学会新技能时，他们会微笑或大笑，显现出学会动作和知识的快乐。这种微笑会激发养育者报以微笑，给

予疼爱和刺激，婴儿也因此会笑得更多 (Bigelow & Power, 2014)。高兴情绪使父母和婴儿建立起一种温暖、支持的关系，促进了婴儿技能的发展。

最初几周，新生儿在饱腹时、快速眼动睡眠时，以及在对温柔的触摸和声音，比如对抚摸皮肤、摇晃和父母轻柔、尖锐的声音做出反应时都会微笑。满月时，婴儿会对活动的、引人注目的景象微笑，比如明亮的物体突然掠过他们的眼帘。6~10周时，父母和婴儿的交流会引起咧嘴大笑，这被称为**社交微笑** (social smile) (Lavelli & Fogel, 2005)。这些变化与婴儿知觉能力的发展是同步的——尤其是对人的面孔这样的视觉模式的敏感性的发展（见第4章）。随着婴儿学会用它来引发和维持与养育者面对面的愉快互动，社交微笑变得更有组织，更稳定。

大笑通常在3~4个月时出现，它反映了比微笑更快的信息加工。像微笑一样，最初的大笑主要针对外界的活跃刺激，如妈妈开玩笑地说"我要抓住你！"或者亲婴儿的肚子。随着婴儿对周围世界了解更多，他们会对那些让人吃惊的事情大笑，例如安静的藏猫猫游戏。很快，婴儿就能从父母的表情和声音中识别出幽默 (Mireault et al., 2015)。5~7个月时，从这样的线索中，他们发现更多荒唐好笑的事情，比如一个成年人把一个球当成小丑的鼻子。

6个月左右，婴儿与熟人互动时，会更多地微笑和大笑，这是一种加强亲子纽带的偏好。和成年人一样，10~12个月的婴儿也有好几种微笑，而且会因情境不同而变化。例如当父母问候时，会露出一个明显的"脸颊朝上"的微笑；对一个友善的陌生人表现出矜持、沉默的微笑；在玩刺激游戏时"张大嘴"笑 (Messinger & Fogel, 2007)。1岁时，微笑已经成为一种故意发出的社交信号。

（2）愤怒和悲伤

新生儿对各种不愉快体验，如饥饿、治疗中的疼痛、发烧以及刺激过多或过少，都会表现出一般性的痛苦。从4~6个月到2岁，愤怒表情的频率和强度逐渐增加 (Braungart-Rieker, Hill-Soderlund & Karrass, 2010)。较大的婴儿会在许多情境中表现出愤怒，例如，把他喜欢的东西拿走，胳膊受到限制，养育者稍微离开一会儿，强

制他们睡觉等等 (Camras et al., 1992; Stenberg & Campos, 1990; Sullivan & Lewis, 2003)。

为什么愤怒会随着年龄增长而增多呢？当婴儿能够表现出有意行为的时候（见第5章），他们希望控制自己的行动及其产生的影响 (Mascolo & Fischer, 2007)。年龄稍大的婴儿能更好地识别什么弄疼了他们或者谁拿走了玩具。当不适是由他们期待做出温暖回应的看护者引起的时，他们的愤怒会特别强烈。婴儿学习爬行和走路时，如果受到父母很多限制，婴儿就会报以愤怒的回应 (Roben et al., 2012)。愤怒的产生具有一定的适应意义。新的运动能力使愤怒的婴儿能够保护自己或克服障碍，以获得想要的东西。此外，愤怒还能促使养育者来减缓婴儿的不适，在分离情境中，使他们不会很快又离开。

虽然婴儿在疼痛、东西被拿走和短暂分离时会表现出悲伤表情，但是悲伤的发生比愤怒少一些 (Alessandri, Sullivan & Lewis, 1990)。然而当婴儿与养育者之间的交流被严重打断时，婴儿普遍表现出悲伤——这种状况会损害其他各方面的发展（见本节的"生物因素与环境"专栏）。

（3）恐惧

和愤怒一样，恐惧在婴儿6个月以后开始出现，1岁以后越来越严重 (Braungart-Rieker, Hill-Soderlund & Karrass, 2010; Brooker et al., 2013)。较大的婴儿在面对一个新玩具时常常会犹豫，刚学会爬的婴儿也表现出对高的恐惧（见第4章）。多数恐惧表现是由不熟悉的成人引起的，称作**陌生人焦虑** (stranger anxiety)。许多婴儿和学步儿在面对陌生人时都很谨慎，尽管这种反应并不经常发生。它取决于几种因素：婴儿的气质（一些婴儿更容易害怕），与陌生人在一起的经验，以及当前的情境。当婴儿在环境中遇到一个不熟悉的成人

186

👤 观察与倾听

和一个8~18个月婴儿的父母一起观察他/她，温柔地接近他/她，给他/她玩具。婴儿会有陌生人焦虑的反应吗？为了更好地理解婴儿的行为，请父母描述他/她的性格和过去与陌生人相处的经历。

时，陌生人焦虑就容易产生。但是如果婴儿四处玩耍时成人静坐不动，或者父母在旁边，婴儿则会表现出积极、好奇的行为 (Horner, 1980)。陌生人的互动方式，如表现得很温暖，拿出好玩的玩具，玩一个熟悉的游戏，慢慢地而不是突然靠近，会减少婴儿的恐惧。

跨文化研究揭示，育儿方式能够缓解陌生人焦虑。在非洲刚果共和国埃费族 (Efe) 的狩猎采集部落，母亲的死亡率很高，婴儿要存活，只能靠集体养育，所以埃费的婴儿从一出生就从一个成人转移到另一个成人那里。结果，埃费的婴儿很少表现出陌生人焦虑 (Tronick, Morelli, & Ivey, 1992)。而以色列集体农场 (kibbutzim) 的居民生活在分隔的社区里，容易遭受恐怖袭击，这导致了他们对陌生人的普遍警惕。到这些农场婴儿 1 岁时，由于他们经常看到成人怎样对情境做出情绪反应，所以他们比城市婴儿表现出更多的陌生人焦虑 (Saarni et al., 2006)。

6 个月之后恐惧感的增强，抑制了婴儿的探索热情。当感到害怕的时候，婴儿把熟悉的养育者作为**安全基地** (secure base)，或作为探索周围环境的出发点，然后又返回来寻求情感支持。作为这个适应性系统的一部分，遇到陌生人会带来两

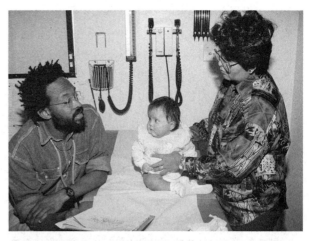

婴儿大多在 6 个月以后出现陌生人焦虑。这个婴儿虽然安全地被妈妈的双手扶着，但仍带着谨慎的好奇心看着医生。

种相互冲突的倾向：接近（表现为感兴趣和友好）与回避（表现为恐惧）。婴儿的行为是由二者的平衡决定的。

最终，由于认知发展使学步儿能更有效地区分有威胁和无威胁的人和环境，陌生人焦虑和其他的恐惧在 2 岁前逐渐下降。当学步儿获得新的应对策略后，恐惧也慢慢减少，这种策略就是下面将要讲到的情绪调节。

生物因素与环境

父母抑郁与儿童发展

8%~10% 的女性经历过慢性抑郁——轻微至严重的悲伤、痛苦和退缩，持续数月或数年。通常我们难以查明这种情绪状态是从何时开始的。在另一些情况下，如果新妈妈难以调整自己体内的激素变化并树立照养孩子的信心，产后抑郁就会出现或加剧，这就是**产后抑郁症**。

大约 4% 的父亲在孩子出生之后也表现出抑郁症状，但对他们的关注和研究很少 (Thombs, Roseman, & Arthurs, 2010)。父母抑郁会影响到养育的有效性，伤害儿童的发展。遗传因素会增加患抑郁症的危险，但社会文化因素也起一定作用。

1. 母亲抑郁

在朱莉娅怀孕期间，她的丈夫吉尔对孩子没什么兴趣，这使朱莉娅怀疑，要这个孩子是个错误。露茜生

下后不久，朱莉娅就陷入失落中。她焦虑不安，眼泪不断，被露茜的需求压得喘不过气，对自己不能掌控自己的时间很气恼。朱莉娅对吉尔抱怨说自己很累，怪吉尔不愿帮忙照顾孩子，吉尔反唇相讥说，她的一举一动反应过度了。朱莉娅的那些没有孩子的朋友只来看过露茜一次，就再也没打过电话。

朱莉娅的抑郁情绪很快就影响到孩子。母亲患抑郁症的婴儿在出生后的几个星期睡眠很差，很少关注周围的环境，应激激素皮质醇的水平升高 (Fernandes et al., 2015; Goodman et al., 2011; Natsuaki et al., 2014)。抑郁症状越严重，母亲生活中的压力事件越多（例如婚姻不和，缺少或没有社会支持，贫穷），亲子关系受到的影响就越大。例如，朱莉娅很少对露茜笑、哄她、跟她说话，而露茜对妈妈的悲伤和空洞目光的反应就是转过

头，哭泣，看起来很悲伤或很生气 (Field, 2011; Vaever et al., 2015)。6 个月时，露茜出现了心理和情绪症状，动作和认知发展迟缓、情绪调节不良、情绪烦躁和依恋困难，这在母亲患抑郁症的婴儿当中很普遍，具体表现为发育迟缓，易激惹，依恋困难。如果不进行干预，这些症状通常会持续下去 (Ibanez et al., 2015; Lefkovics, Baji, & Rigó, 2014; Vedova, 2014)。

抑郁的母亲会消极地对待孩子，她们往往照养不良 (Lee & Hans, 2015)。随着孩子年龄增长，这些母亲缺乏疼爱和参与，往往伴随着前后不一的管教，有时过松，有时过严 (Thomas et al., 2015)。后面章节会讲到，经历过这些不良养育方式的儿童往往有严重的适应问题。有些婴儿自己也陷入抑郁中；另一些则变得冲动和好斗。在一项研究中，在控制了可能导致青少年反社会行为的母亲的其他压力因素之后，发现，在孕期就抑郁的母亲所生的孩子，在 16 岁时出现暴力反社会行为者的数量，是非抑郁母亲所生孩子数量的四倍 (Hay et al., 2010)。

2. 父亲抑郁

一项针对英国父母和婴儿的具有代表性的大样本研究，评价了婴儿出生后不久和 1 岁后父亲的抑郁症状，并跟踪记录了这些婴儿到幼儿期的发展状况 (Ramchandani et al., 2008)。和母亲一样，长时间的父亲抑郁，是儿童行为问题的一个强有力的可预测因素，尤其是男孩的活动过度、违抗和攻击性。

随着儿童年龄增长，父亲抑郁与频繁的婚姻和父子冲突有关 (Gutierrez-Galve et al., 2015; Kane & Garber, 2004)。随着时间推移，受到父母消极态度影响的孩子会形成一种悲观的生活态度，他们缺乏自信，认为父母和其他人是威胁。经常感到危险的儿童尤其容易在压力情境下过度激动，在面对认知和社交困难时容易失控 (Sturge-Apple et al., 2008)。虽然父母抑郁的儿童可能会有遗传的情绪和行为问题的倾向，但教养质量是他们走向适应的重要因素。

这位父亲看上去已经和他儿子脱离了关系。父亲抑郁导致的亲子关系的中断往往会导致孩子严重的行为问题。

3. 干预

父母抑郁的早期治疗对预防其对亲子关系的伤害至关重要。朱莉娅的医生把她介绍给一个心理医生，心理医生帮助朱莉娅和吉尔解决了他们的婚姻问题。有时，医生会开一些抗抑郁药物。

除了减轻父母的抑郁之外，治疗师还鼓励抑郁的父母改变对孩子的负面看法，并参与情感上积极的、细心的照顾，这些对于减少依恋问题和其他发展问题也很重要 (Goodman et al., 2015)。如果这些治疗对抑郁的父亲或母亲难以生效，那么，孩子与父母中不抑郁的一方或另一位养育者建立温暖的关系，也可以保护孩子的发展。

2. 理解他人情绪并做出反应

婴儿的情绪表达与他们解释他人情绪的能力密切相关。前面讲过，在前几个月中，婴儿能在面对面的交流中和养育者的情绪反应相匹配。大约 3 个月时，他们对面对面交流的结构和时间变得敏感（见第 5 章边页 176）。当他们注视别人、微笑并发出声音时，他们希望陪伴者能以同样的方式做出反应，他们自己则用积极的声音和情绪反应来应答 (Bigelow & Power, 2014; Markova & Legerstee, 2006)。在这些交流中，婴儿逐渐意识到情绪表达的范围 (Montague & Walker-Andrews, 2001)。回顾第 4 章（边页 133），一些研究者认为，在这种早期的模仿交流中，婴儿开始把别人看作

"像我一样",这种意识是理解别人想法和感受的基础 (Meltzoff, 2013)。

4~5 个月时,婴儿能从声音中分辨出积极和消极情绪,不久,他们能从面部表情中分辨出更多的情绪(见第 4 章)。对情绪表达做出整体反应,表明这些信号对婴儿来说变得有意义了。随着建立共同注意能力的提高,婴儿懂得了,情绪表达不仅有意义,而且是对特定物体或事件的有意义的反应 (Thompson, 2015)。

懂得了这些之后,8~10 个月时,婴儿就可以进行**社交参照** (social referencing),即面对不确定情境时主动地从可信赖的人那里寻求情绪信息。研究表明,养育者的情绪表达(高兴、愤怒或恐惧)会影响 1 岁儿童是否对陌生人保持谨慎,是否会玩一种不熟悉的玩具,是否会通过视崖的深侧 (de Rosnay et al., 2006; Stenberg, 2003; Striano & Rochat, 2000)。成年人的声音,无论是单独的还是与面部表情结合的声音,都比单独的面部表情更有效 (Kim, Walden, & Knieps, 2010; Vaish & Striano, 2004)。声音既能传达情感,又能传达语言信息,听到声音,婴儿不需要转向成人,便可以集中精力探究新异事物。

当学步儿开始意识到别人的情绪反应可能与自己不同时,社交参照使他们能把自己对事物的想法与他人对事物的想法做比较。在一项研究中,成人给 14 个月和 18 个月的孩子看西兰花和曲奇饼,做出喜欢其中一种而讨厌另一种食物的表情。然后请这些孩子来一起吃这些食物,18 个月的孩子无论自己喜欢哪种食物,都能递给成人他们喜欢的食物 (Repacholi & Gopnik, 1997)。

总之,社交参照使学步儿不再只是对别人的情绪信号做出反应,他们还能应用这些信号来揣摩别人的内心状态和偏好,以指导自己的行动。这些经验,加上认知和语言的发展,可能会加深他们对情绪意义的理解,特别是快乐与惊讶、愤怒与恐惧 (Gendler, Witherington, & Edwards, 2008)。

3. 自我意识的情感的出现

除了基本情绪之外,人还有第二种更高层次的情感,如内疚、羞愧、尴尬、嫉妒和自豪,称为**自我意识的情感** (self-conscious emotions),这些情感可能会伤害或增强人的自我感。当人伤害了别人或想改正自己的错误时,会感到内疚。当人渴望得到别人拥有的东西时,就会产生嫉妒,并且试图获得那个东西来恢复自我价值感。人感到羞愧或尴尬时,对自己的行为就持一种消极态度,想回避别人,不希望别人看到自己的失败。自豪则反映了对自己成就的喜悦,愿意把自己做得好的事情告诉别人,并接受进一步的挑战 (Lewis, 2014)。

自我意识的情感在 1 岁半以后出现,18~24 个月的儿童越来越把自己看作一个唯一、独特的个体。学步儿感到羞愧和尴尬时,会垂下眼皮,低下头,用手捂脸。他们也表现出类似内疚的反应,比如,22 个月的凯特琳发现格雷丝不开心,就把她从格雷丝那儿抢来的玩具还给她,还拍了拍伤心的格雷丝。自豪和嫉妒约在 2 岁时出现 (Barrett, 2005; Garner, 2003; Lewis, 2014)。

除自我意识之外,自我意识的情感需要另一种成分:成人告诉他们何时该感到自豪、羞愧或自责。父母很早就开始了这种教导,他们经常说:

这个 2 岁男孩的姐姐赞扬他搭建的塔楼。幼儿要体验自豪这样自我意识的情感,需要自我意识,也需要教给他们什么时候应该为自己的成就感到自豪。

"看，你把球扔得真远啊！""你抢别人玩具，差不羞啊！"自我意识的情感在儿童与成就相关的行为和道德行为中起着重要作用。成人在什么情况下鼓励这些情感，是有文化差异的。在西方国家，儿童从很早就被教育要为他们自己的成就而自豪——把球扔得很远，在比赛中取胜，得到好分数等等。在中国和日本等提倡相互依赖的文化中，关注个人成功会引起尴尬，觉得自己出了风头，而那些违反文化标准的行为，例如不尊重父母、老师和上级，则会引发强烈的羞愧感 (Lewis, 2014)。

4. 情绪自我调节的萌芽

除了能表达更多样的情绪，婴儿和学步儿还开始调适自己的情绪。**情绪自我调节** (emotional self-regulation) 是把情绪强度调节到恰当水平，以更好地达到目标的方法 (Eisenberg, 2006; Thompson & Goodvin, 2007)。当你提醒自己，引起焦虑的事情很快就会过去，当你努力抑制对一个朋友的愤怒，或决定不去看一场恐怖电影时，就是在做情绪自我调节。

情绪自我调节需要自发、努力的情绪调适。在最初几年里，它得到迅速改善，这是动态系统影响的结果，它包括前额皮层的发育、它和参与情绪反应及控制的脑区的连接网络，以及来自养育者的支持，养育者会帮助孩子控制过激的情绪，并随着认知和语言技能的提高，教他们独立做好这些事情的方法 (Rothbart, Posner, & Kieras, 2006; Thompson, 2015)。情绪控制的个体差异在婴儿期已很明显，到幼儿期，情绪控制对心理适应起着至关重要的作用。下面会讲到，情绪控制被视为气质的一个主要维度，称为努力控制。

最初几个月，婴儿只有一些有限的情绪调节能力。在过于紧张时，他们很容易被压倒。他们需要大人的安慰——举到肩上，摇晃，轻轻抚摸，温柔地讲话，以此来分散注意，转换注意方向。

更有效的前额皮层机能增强了婴儿对刺激的耐受力。2~4个月时，养育者通过面对面的游戏和对物体的注意来培养儿童的这种能力。在这些互动中，父母调整他们行为的节奏，使孩子既不会过度快乐，也不会感到痛苦 (Kopp & Neufeld, 2003)。这样，婴儿对刺激的耐受力会逐步增强。

4个月时，转移注意的能力可以帮助儿童控制情绪。那些善于离开不愉快刺激或能够自我安慰的婴儿会较少感到痛苦 (Ekas, Lickenbrock, & Braungart-Rieker, 2013)。爬和走的能力使他们能接近或离开各种情境，使他们的自我调节更有效。

如果父母善于"阅读"孩子的情绪线索并做出疼爱反应，他们的孩子就较少感受到烦恼和恐惧，显得更愉快，探索环境的兴趣更强，更容易抚慰 (Braungart-Rieker, Hill-Soderlund, & Karrass, 2010; Crockenberg & Leerkes, 2004)。相形之下，如果父母不耐烦或用生气来回应，或者等到孩子大发脾气才去抚慰，则会加剧孩子的痛苦，使痛苦更为强烈。如果养育者不善于调节婴儿的压力体验，那么，经常处于应激状态的脑结构就不能正常发育，导致儿童容易焦虑、冲动，调节情绪的能力减弱 (Blair & Raver, 2012; Frankel et al., 2015)。

成人还会教婴儿学习以社会认可的方式表达情绪。从几个月开始，父母就鼓励婴儿克制自己的消极情绪，他们通过较多地模仿婴儿感兴趣、高兴、吃惊的表情，较少模仿愤怒和悲伤的表情来达到这一目的。这样的训练，男孩比女孩得到的更多，部分原因是男孩需要付出更多的努力来调节自己的消极情绪 (Else-Quest et al., 2006; Malatesta et al., 1986)。结果，众所周知的性别差异——女人善于表达情绪，男人善于控制情绪——在儿童很小时就已深入内心。

高度重视社会和谐的文化特别强调社会认可的情感表达，而不鼓励个人情感表达方式。与西方父母相比，日本和中国的父母，以及许多非西方乡村文化的父母，都不鼓励婴儿表达强烈的情感。例如，喀麦隆农村恩索地区的母亲比德国母亲花更少的时间模仿婴儿的社交微笑，恩索地区的母亲善于通过抚慰和母乳喂养很快地发现并且缓解婴儿的痛苦。中国、日本和恩索婴儿的微笑、大笑和哭泣比西方婴儿少 (Friedlmeier, Corapci, & Cole, 2011; Gartstein et al., 2010; Kärtner, Holodynski, & Wörmann, 2013)。

到2岁末，用词汇说出感受的能力大大增强，如高兴、爱、吓一跳、害怕、讨厌、生气等等，但是学步儿还不善于使用语言来管理他们的情感。当成年人拒绝他们的要求时，尤其是在他们感到疲劳或饥饿的时候，他们往往无法控制强烈的愤怒，很容易发脾气 (Mascolo & Fischer, 2007)。如果学步儿的父母对孩子充满同情心，但是又采取一定的限制（孩子发脾气时不让步），用孩子可接受的办法分散其注意力，事后再教给孩子用什么办法对待大人的拒绝，这样的儿童到幼儿期会拥有更有效的愤怒调节方法和社交技能 (LeCuyer & Houck, 2006)。

细心而有耐心的父母会鼓励学步儿说出自己 *190* 的内心感受。以后，2 岁的孩子如果感到痛苦，他们会告诉大人，怎样帮助他们 (Cole, Armstrong, & Pemberton, 2010)。例如，在听一个关于怪物的故事时，格雷丝呜咽着说"妈妈，我好害怕"，莫妮卡放下书，用一个拥抱来安慰她。

思考题

联结　为什么母亲抑郁的婴儿在调节情绪方面会有困难（参见边页 187）？他们自我调节技能的缺乏对他们面对认知和社交困难时的反应有哪些影响？

应用　14 个月的时候，雷吉搭了一个塔，然后高兴地把它推倒了。但是在 2 岁时，他叫来妈妈，自豪地指着自己搭的塔。怎样解释雷吉在情绪方面的这种变化？

反思　说出最近发生的几件事，用它们说明你一般是怎样调节消极情绪的。你的早期经历、性别和文化背景对你的情绪调节风格有何影响？

三、气质与发展

6.4　什么是气质，如何测量？

6.5　讨论遗传和环境对气质稳定性的影响以及良好匹配模型

凯特琳善于交际的特点在其出生不久就显露无遗。与成人交往时，她冲着他们微笑或大笑，2 岁时，她很乐意接近其他孩子。但同时，格雷丝平静、放松的特点令莫妮卡吃惊。19 个月时，她很满足地坐在饭店里的一把高脚椅上参加持续 2 个小时的家庭晚宴。相反，蒂米很活跃，容易分心。他一会儿扔下一个玩具转向另外一个玩具，一会儿又爬上桌子和椅子，瓦内莎必须紧紧跟着他。

当我们说一个人愉快、乐观，另一个人主动、有活力，还有的人平静、谨慎，或容易愤怒时，我们就是在谈论一个人的**气质** (temperament)，即早期出现的在反应性和自我调节等方面的稳定特征。**反应性**指情绪唤醒、注意以及活动的速度和强度。自我调节指用于对反应性加以改变的方法 (Rothbart, 2011; Rothbart & Bates, 2006)。构成气质的心理特质是成人人格的基石。

1956 年，亚历山大·托马斯 (Alexander Thomas) 和斯蒂拉·切斯 (Stella Chess) 开始了他们的纽约追踪研究项目，他们对 141 名被试从婴儿期到成年期的气质发展进行了开创性的研究。结果表明，气质会增加儿童心理问题发生的概率，也

可以保护儿童免受高压力家庭生活事件的消极影响。托马斯和切斯还发现，父母教养方式可以在很大程度上改变儿童的气质 (Thomas & Chess, 1977)。

这些发现引发了有关气质的大量研究，其中包括对气质稳定性、生物基础及气质与儿童教养经验的交互作用的研究。我们首先看一下气质的结构或组成，以及气质是如何被测量的。

1. 气质的结构

托马斯和切斯提出的气质模型启发了以后的研究者。他们通过父母访谈，获得有关婴儿和儿童行为的详细描述，并从九个方面加以评定，某些特征被归为一类，形成三种类型的儿童。

- **易照养儿童** (easy child)（约占样本的 40%）：在婴儿期能很快地形成日常生活习惯，通常比较乐观，容易适应新经验。

- **难照养儿童** (difficult child)（约占样本的 10%）：生活习惯不规律，接受新经验较慢，有消极和强烈的反应倾向。

- **慢热儿童** (slow-to-warm-up child)（约占样本的 15%）：不活跃，对环境刺激的反应温和而抑制。心态消极，对新经验适应慢。

有 35% 的儿童不能划分为上述三种类型。他们的气质属于三种气质特征的不同组合。

难照养儿童因为出现适应问题的高危险性而引起研究者的最大兴趣，这种危险指幼儿期和小学期的焦虑退缩行为和攻击行为 (Bates, Wachs, & Emde, 1994; Ramos et al., 2005)。与难照养儿童相比，慢热儿童在早几年行为问题并不多。但是到了幼儿期和小学期，当人们期望他们在教室里和同伴群体中积极迅速地做出反应时，他们表现出一些过于害怕、缓慢和拘谨的行为 (Chess & Thomas, 1984; Schmitz et al., 1999)。

如今，最有影响力的气质模型是玛丽·罗斯巴特（Mary Rothbart）提出的，如表 6.1 所示。它结合了托马斯、切斯和其他研究者提出的相关特征，得出了一个六维度的简明列表。例如，注意分散和注意广度 / 持久性被看作同一个连续体的两极，因而被合并为"注意广度 / 持久性"。罗斯巴特模型的一个独特之处是，它既包含"恐惧性痛苦"，也包含"易激惹痛苦"，这就把恐惧引发的反应和挫折引起的反应加以区分了。该模型略去了身体机能的规律性和反应强度等过于宽泛的维度 (Rothbart, 2011; Rothbart, Ahadi, & Evans, 2000)。睡眠规律的儿童不一定吃饭、排便也有规律，喜欢大笑的儿童不一定在恐惧、易激惹和身体运动方面也有强烈体验。

罗斯巴特的维度代表了气质定义中包含的三个基本组成部分：情绪（"恐惧性痛苦""易激惹痛苦""积极情感"）、注意力（"注意广度 / 持久性"）和行动（"活动水平"）。个体不仅在每个维度上的反应性不同，在气质的努力控制的自我调节维度上也不同。**努力控制** (effortful control)，即主动抑制一种占优势的活跃反应、计划并做出更具适应性的行为的能力 (Rothbart, 2003; Rothbart & Bates, 2006)。努力控制的差异表现在儿童能否有效地集中和转移注意力、抑制冲动和管理消极情绪方面。

幼儿期的努力控制能力可以预测在中国和美国等不同文化中良好的发展和适应，研究显示，这一能力对青少年和成年期有长期影响 (Chen & Schmidt, 2015)。积极的结果包括有恒心、完成任务、学习成绩好、合作、道德成熟（如对不当行为的关注和道歉意愿），以及合作、分享和互助等社会行为 (Eisenberg, 2010; Kochanska & Aksan, 2006; Posner & Rothbart, 2007; Valiente, Lemery-Chalfant, & Swanson, 2010)。努力控制也与儿童的抗压能力有关 (David & Murphy, 2007)。自我控制能力强的儿童能够更好地把注意力从令人烦恼的事情和他们自己的焦虑转移到周围环境中更积极的特征上。

回到第 5 章边页 161，回顾执行机能的概念，注意它与努力控制的相似之处。这两个相似的概念都与相似的积极结果相关，揭示了相同的心理活动促成在认知和情绪 / 社会领域的有效调节。

2. 气质测量

对父母的访谈和问卷调查是气质评价的常用方法。熟悉儿童的医生、教师或其他人对儿童行为进行评定，以及研究者的实验室观察等方法

表 6.1　罗斯巴特的气质模型

维度	描述
反应性	
1. 活动水平	大肌肉活动水平
2. 注意广度 / 持久性	朝向一种事物或对一种事物感兴趣的持续时间
3. 恐惧性痛苦	对强烈的、新异刺激的警惕和痛苦反应，包括适应新情境的时间
4. 易激惹痛苦	愿望受挫时的烦躁、哭泣和痛苦
5. 积极情感	经常表达高兴或愉快
自我调节	
6. 努力控制	主动抑制一种占优势的活跃反应、计划并做出更具适应性的行为的能力 此维度 2 岁前可称为定向 / 调节，指自我安慰能力是将注意力从不愉快的事情上转移走，以及对感兴趣的事物长时间保持兴趣的能力

也可使用。父母报告法比较方便，其优势是父母对孩子在许多情境下的行为有深刻了解 (Chen & Schmidt, 2015)。虽然父母报告常被批评有偏差，但父母评定和研究者对儿童行为的观察有中度相关 (Majdandžić & van den Boom, 2007; Mangelsdorf, Schoppe, & Buur, 2000)。父母的知觉可用于了解父母怎样看待孩子和对待孩子。

研究者在家里或实验室里进行观察有助于避免父母报告的主观性，但又会导致其他偏差。有人发现，家庭观察很难捕捉到那些极少发生却很重要的情形，例如婴儿对挫折的反应。有些在家里能从容避免某些不愉快情形的儿童，在不熟悉的实验室里会烦躁不安，难以完成观察任务 (Rothbart, 2011)。但研究者仍然可以更好地控制儿童在实验室里的行为。他们能很容易地把行为观察和生理指标结合起来，探索气质的生理基础。

多数神经生理学研究关注在气质的积极情感和恐惧性痛苦这两个维度上处于两个极端的儿童：

抑制型儿童或**害羞儿童** (inhibited, or shy children)，对新异刺激反应消极，表现退缩；**非抑制型儿童**或**善交际儿童** (uninhibited, or sociable children)，对新异刺激和陌生人表现出积极情绪和趋近行为。正如本节的"生物因素与环境"专栏所揭示的，具有生理基础的反应性，如心率、激素水平和脑电波，可以区分抑制型和非抑制型儿童。

3. 气质的稳定性

在注意广度、活动水平、易激惹性、社交能力、害羞或努力控制等方面得分高或低的婴幼儿，在几个月到几年后，甚至到成年期再次测量时，会做出相似反应 (Casalin et al., 2012; Caspi et al., 2003; Kochanska & Knaack, 2003; Majdandžić & van den Boom, 2007; van den Akker et al., 2010)。但是气质的总体稳定性在婴儿期和学步期较低，从幼儿期开始有中度稳定性 (Putnam, Sanson, & Rothbart, 2000)。

193

---

192 专栏　　　　　　　　　生物因素与环境

害羞与交际性的发展

两个 4 个月大的婴儿拉里和米奇，来到了杰尔姆·卡根 (Jerome Kagan) 的实验室，卡根观察了他们对各种陌生情境的反应。当给予他们新的光线和声音刺激，如装饰有各种颜色玩具的运动物体时，拉里的肌肉收缩，激动地晃动胳膊和腿，开始哭泣；相反，米奇很放松、安静，微笑着，发出咿咿呀呀的声音。

等到了学步期，拉里和米奇又来到实验室，研究者设置了一些程序来引起他们的不确定感。研究者在他们身上放置电极，胳膊连接了血压计来测量心率；在他们的眼前移动玩具机器人、动物和木偶；一个陌生人做出不寻常的行为或穿着奇特的衣服。拉里开始呜咽，迅速退缩，而米奇则饶有兴致地看着、笑着，接近玩具和陌生人。

4 岁半，他们第三次来到实验室，当一个陌生成人对拉里进行访谈时，拉里几乎不说话，也不笑。相反，米奇会问一些问题，并说出他每次在面临新活动时的愉悦感受。在一间有两个陌生同伴的游戏室里，拉里退到一边，看着别人玩，而米奇很快就与别人成为朋友。

在对几百名欧裔美国婴儿进行的追踪研究中，卡根发现：大约 20% 的 4 个月婴儿跟拉里一样，因为新异刺激而烦躁；大约 40% 的婴儿像米奇，在面临新情境时，自在甚至高兴。这两个极端组的婴儿，有 20%~25% 长大后仍然保持着他们的气质风格 (Kagan, 2003, 2013d; Kagan et al., 2007)。但是随着年龄增长，多数儿童的气质变得不那么极端。遗传素质和儿童教养经验共同影响着气质的稳定性和变化。

1. 害羞和社交性与神经生物学的关系

杏仁核是大脑内部一个负责处理新异事物和情感信息的结构，其兴奋程度的个体差异导致了这些截然不同的气质。对于害羞、抑制的孩子来说，新刺激很容易激活杏仁核及其与前额皮层和交感神经系统的连接，使身体做好应对威胁的准备。对善交际、非抑制的儿童，相同水平的刺激会引起较低的神经兴奋 (Schwartz et al., 2012)。另外一种已知由杏仁核介导的神经生物学反应区分了这两种情绪类型。

心率。从出生几周开始，害羞儿童的心率就一直高

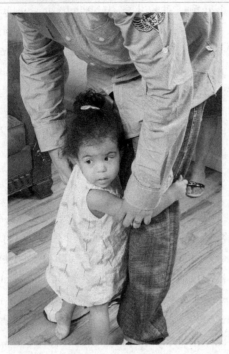

对不确定情境的强烈生理反应使这个孩子紧靠抓着她的爸爸。如果父母能够耐心地鼓励她，就能帮她克服退缩的冲动。

于善交际儿童，面对不熟悉情境时，这些儿童的心率进一步加快 (Schmidt et al., 2007; Snidman et al., 1995)。

皮质醇。 害羞儿童唾液里的应激激素皮质醇浓度较高，在面对压力事件时，其上升幅度更大 (Schmidt et al., 1999; Zimmermann & Stansbury, 2004)。

瞳孔扩张、血压和皮表温度。 与善交际儿童相比，

害羞儿童在面对新异刺激时，瞳孔扩张更大，血压升高更多，指尖温度更低 (Kagan et al., 2007)。

此外，害羞的婴幼儿大脑前额皮层右侧的脑电图比左侧更活跃，这与消极情绪反应有关；善交际儿童则表现出相反的模式 (Fox et al., 2008)。杏仁核中的神经活动传递到额叶，可能是造成这些差异的原因。

2. 儿童教养方式

根据卡根的观点，极端害羞或极端善交际的儿童大多遗传了某些生理基础，使他们表现出不同的气质 (Kagan, 2013d)。然而遗传力的研究表明，遗传对害羞和社交性只有较小的影响。

儿童教养方式影响着那些情绪反应强的婴儿会不会变成胆小的儿童。疼爱、教养有方的父母养育可以减少害羞婴幼儿对新异刺激的生理反应，而冷漠、粗暴的父母养育则会加重焦虑 (Coplan & Arbeau, 2008; Davis & Buss, 2012)。如果父母过度保护那些不喜欢新异刺激的婴幼儿，那么这些儿童就很难克服退缩。父母适当地要求孩子接近新情境，可以帮助害羞儿童形成克服恐惧的策略 (Rubin & Burgess, 2002)。

如果抑制性持续下去，它将会导致过分谨慎、低自尊和孤独。在青少年期，持续害羞可增加严重焦虑、抑郁和其他内化问题的危险性，例如，对伤害、疾病和错误批评的过分担忧，以及社交恐惧症，害怕在社交场合丢面子 (Kagan, 2013d; Karevold et al., 2012)。要使抑制型儿童掌握有效的社交技能，父母养育方式必须与儿童的气质相匹配。这一问题将在本章和后面章节继续讨论。

气质为什么不能更稳定？主要原因是，气质会随着年龄增长而发生变化。为了说明这个问题，让我们来看易激惹性和活动水平。第3章讲过，出生后的前几个月，大部分孩子都会哭闹。当婴儿能更好地调节注意和情绪的时候，许多原来易激惹的孩子变得平静而满足了。活动水平则因行为意义的变化而变化。起先，那些好动的孩子可能是高度唤醒和不舒适的，而不好动的孩子一般比较警觉而专注。但到了孩子可以自己活动的时候，情况就走向了反面。活跃爱爬的孩子通常比较警觉，喜欢探索，而不活跃的孩子可能表现得害怕、退缩。

这些差异可以帮我们理解，为什么直到2岁以后，根据早期气质做出的长期预测才比较准

确——因为这时儿童的反应风格已经比较确定了 (Roberts & DelVecchio, 2000)。因此，在2.5~3岁时，儿童在要求努力控制的各种任务中表现得更一致，例如延迟满足、小声说话、选择性地注意一个刺激而忽略另一个更有趣的刺激 (Kochanska, Murray, & Harlan, 2000; Li-Grining, 2007)。研究者认为，在这段时间，与抑制冲动有关的前额皮层得到了迅速发展 (Rothbart, 2011)。

然而，儿童在幼儿期控制其反应性的难易，取决于所涉及的情绪反应的类型和强度。与易怒、易激惹的学步儿相比，恐惧型学步儿一般在幼儿期的努力控制方面表现出更大进步 (Bridgett et al., 2009; Kochanska & Knaack, 2003)。儿童养育对反应性的改变来说也很重要。经历了耐心、周

到的养育后，具有恐惧或易激惹气质的儿童在控制情绪方面取得的进步最大 (Kim & Kochanska, 2012; Warren & Simmens, 2005)。但是，如果父母不敏感，不细心，这些情绪消极的孩子更可能在努力控制方面得分很低，出现适应问题的风险很高。

综上所述，许多因素会影响儿童气质保持稳定的程度，包括作为气质基础的生物系统的发展、儿童努力控制的能力及努力的效果，这些都取决于他们情绪反应性的特征和强度。综合所有研究证据，可以认为，气质具有低度到中度的稳定性。研究还证实，儿童养育可以显著改变基于生物学的气质特征，具有某些特质，如消极情绪性的孩子，尤其容易受到父母养育方式的影响——后面很快就会讲到相关研究。带着这些观点，我们来看遗传和环境对气质与人格的影响。

4. 遗传和环境的影响

气质这个词暗指，人格的个体差异具有遗传基础，研究表明，在气质和人格的许多特征上，同卵双生子都比异卵双生子更相似 (Caspi & Shiner, 2006; Krueger & Johnson, 2008; Roisman & Fraley, 2006)。第 2 章提到，双生子研究得出的遗传力估计值表明，气质和人格具有中等程度的遗传力：平均来看，一半的个体差异源于遗传结构。

遗传对气质的影响显而易见，但环境影响也是强有力的。回顾第 4 章，婴儿期严重营养不良的儿童比同龄人更容易分心和产生恐惧，即使在饮食改善之后仍然如此。在贫困的孤儿院长大的婴儿很容易被压力事件压垮。他们情绪调节能力差，导致注意力不集中和控制冲动能力弱，经常发脾气（见边页 123）。

遗传和环境对气质共同起作用，因为儿童对环境的接近会受经验影响而增强或减弱。为了说明这一点，让我们来看看种族和性别差异。

（1）种族和性别差异

与欧裔美国婴儿相比，中国和日本婴儿表现得不太活跃，不易激惹，不善表达，也比较容易被

抚慰和平静下来 (Kagan, 2013d; Lewis, Ramsay, & Kawakami, 1993)。东亚婴儿更专注，更不易分心，2 岁时，他们对成人更顺从和合作，在努力控制方面做得更好，例如，能够等待更长时间去玩一个有吸引力的玩具 (Chen et al., 2003; Gartstein et al., 2006)。同时，中国和日本的婴儿更害怕，在陌生游戏室里离母亲更近，和陌生人互动时表现出更多的焦虑 (Chen, Wang, & DeSouza, 2006)。

这些差异可能有遗传起源，又得到文化观念和实践的支持，因此反映了第 2 章（边页 68-69）所说的基因 - 环境相关性。日本母亲通常说，婴儿作为一个独立的生命体来到这个世界，必须学会通过亲密的身体接触依靠他们的父母。相比之下，欧裔美国母亲通常认为，她们必须让孩子摆脱依赖，走向自主。与这些观念相一致，亚洲母亲温柔、抚慰、用很多手势语跟婴儿互动，而欧裔美国母亲与婴儿的互动则采用更积极、富于刺激、更偏语言的方式 (Kagan, 2010)。还可回忆前面关于情绪自我调节的讨论，中国和日本的成年人不鼓励婴儿表达强烈的情感，这也在一定程度上使婴儿表现得更平静。

同样，气质的性别差异早在婴儿期就很明显，这表明有遗传基础。与女孩相比，男孩往往更积极、大胆，更少恐惧，遇到挫折更易怒，更可能在玩耍中表现出强烈的快乐，更易冲动。这些因素导致男孩在整个童年期和青少年期的受伤率较高。而女孩在努力控制方面的巨大优势无疑有助于她们拥有更高的顺从性与合作性，在学校表现更好，行为问题发生率更低 (Else-Quest, 2012; Olino et al., 2013)。与此同时，父母更多地鼓励男孩进行身体活动，鼓励女孩寻求帮助和身体活动上更安静——通过他们的鼓励行为，以及当孩子表现出符合性别成见的气质特征时给予更积极的反应等方式来实现 (Bryan & Dix, 2009; Hines, 2015)。也许正是由于这个原因，某些气质特征的性别差异在青少年期扩大了。

（2）对父母养育的不同敏感性

前面提到的研究结果表明，在不恰当的养育下，情绪反应性强的学步儿比其他孩子表现更差，但从良好的养育中获益更多。研究者对儿童对环

194

这位母亲会如何回应她女儿的愤怒和苦恼呢？如果父母有耐心，教养有方，情绪反应性强的幼儿会成长得很好。但是，如果父母充满敌意、拒绝接受，那么他们会比其他孩子表现得更差，变得易攻击和反抗。

境影响的敏感性（或反应性）方面的气质差异越来越感兴趣 (Pluess & Belsky, 2011)。采用分子遗传学分析，他们正在查明这些基因－环境相互作用是如何运作的。

　　研究反复发现，如果 7 号染色体含有被称为

短 5-羟色胺转运体基因连锁多态区 (5-HTTLPR) 的碱基对重复区——因其干扰了抑制性神经递质 5-羟色胺的机能，自我调节困难的风险会大大增加，婴儿就会表现出对父母教养质量的高度敏感性。若他们的父母教养不当，他们很容易产生外化问题行为。但是，如果父母对其疼爱，教养有方，他们会适应得很好 (Kochanska et al., 2011; van IJzendoorn, Belsky, & Bakerman-Kranenburg, 2012)。而不带有 5-HTTLPR 基因型的儿童，父母养育方式无论是积极的还是消极的，对孩子外化问题综合征的影响都为最小。

　　对来自贫困家庭的 1 岁儿童进行为期两年的跟踪调查，结果令人印象深刻（见图 6.1）(Davies & Cicchetti, 2014)。具有高风险 5-HTTLPR 基因型的学步儿，如果父母教育不当，他们会强烈、情绪化地表现出对父母的敌对、拒绝行为，以痛苦、愤怒和高声尖叫作为回应。他们的消极情绪性可预测 3 岁时攻击和违抗行为的急剧上升。相比之下，如果父母能对其疼爱和多加鼓励，这些高风险基因型的幼儿就表现出良好的情绪调节能力，他们表现出的愤怒和攻击行为甚至比带有低风险基因型的儿童都少得多！低风险基因型的儿童对父母教养质量的变化几乎没有反应。

　　这些结果揭示出，具有短 5-HTTLPR 遗传标记的幼儿表现出异常高的早期可塑性（见第 1 章边页 9）。他们的情绪调节对教育影响的好坏特别敏感。当父母教养有方时，具有这种“敏感属性”的儿童比其他儿童表现得更好，他们似乎从旨在减轻父母压力、促进快捷反应的育儿干预中获益最多。

195

图 6.1 带有和不带有短 5-HTTLPR 基因型的儿童 3 岁时对父母积极行为和消极行为的愤怒反应
带有高风险基因型（有该遗传标记）的儿童对父母养育质量的高与低都高度敏感。当父母对其疼爱和鼓励时，他们几乎没出现愤怒，但是当父母有敌意和缺乏敏感性时，他们表现出很强的愤怒。带有低风险基因型（无该遗传标记）的儿童对父母行为的好坏反应几乎无差别。资料来源：P. T. Davies and D. Cicchetti, 2014, "How and why does the 5-HTTLPR gene moderate associations between maternal unresponsiveness and children's disruptive problems?" *Child Development, 85*, p. 494.

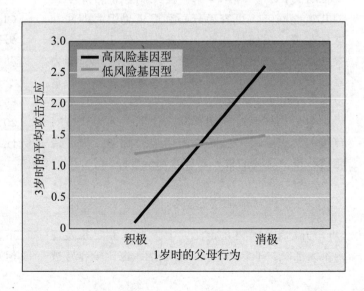

（3）兄弟姐妹的独特经验

在多子女家庭中，另一个对气质的影响在起作用：让父母描述每个孩子的人格时，他们通常会寻找兄弟姐妹之间的差异——"她更活跃""他更善于交际""她更执着"。看来，父母往往比其他旁观者更清楚兄弟姐妹的差异。

在一项对 1~3 岁的双生子进行的大型研究中，父母报告的同卵双生子在气质上的相似程度，要低于研究者报告的相似程度。研究者认为，异卵双生子有中等程度的相似性，而其父母却认为他们在气质风格上是相反的 (Saudino, 2003)。这种强调每个孩子独特品质的倾向影响着父母的教养方式。反过来，每个孩子都能唤起符合父母想法，也符合孩子正在形成的气质的回应。

除了在家里的不同经验外，兄弟姐妹与老师、同伴和社会上其他人交往经验的不同，也会影响其人格发展。第 9 章会讲到，在小学期和青少年期，兄弟姐妹总是试图与别人不同。因此，同卵双生子 / 异卵双生子随着年龄增长在人格上会变得越来越不相似 (Loehlin & Martin, 2001)。总之，气质和人格必须从遗传和环境因素之间复杂的相互依赖性角度加以解释。

5. 气质和儿童教养方式：良好匹配模型

托马斯和切斯 (Thomas & Chess, 1977) 提出了一个**良好匹配模型** (goodness-of-fit model)，可以解释气质和环境如何共同起作用以产生良好结果。良好匹配就是要创设一种从每个儿童气质出发，同时有助于其发挥更适应的机能的教养环境。如果儿童的素质妨碍了学习或与别人和睦相处，成人必须温和但坚定地弱化儿童不适应的风格。

难照养儿童（回避新情境，在新情境中反应强烈而消极）经常得到与其气质不相匹配的养育，而且这些婴儿很难得到敏感的养育。到 2 岁时，他们的父母经常用生气和惩罚来管教他们，这阻碍了其努力控制能力的发展。当儿童不听话、反抗时，父母会更生气。于是，父母继续采用强制手段，而且他们的方法往往前后不一，有时会用向孩子让步来回应孩子的不听话行为 (Lee et al.,

2012; Paulussen-Hoogeboom et al., 2007; Pesonen et al., 2008)。这些养育行为使儿童保持并加重了易激惹、易冲突的行为方式。

如果父母积极而敏感，就有助于婴儿和学步儿，尤其是那些情绪反应激烈的孩子，较好地调节自己的情绪，使难照养儿童通常具有的照养困难性在 2 岁或 3 岁时减弱 (Raikes et al., 2007)。在学步期和童年期，父母的敏感、支持、明确的期望和适当限制有利于培养儿童的努力控制能力，也可降低照养的困难性；而这种照养困难性若持续下去，则会导致情感和社会性困难 (Cipriano & Stifter, 2010; Raikes et al., 2007)。

中国的研究表明，文化价值观也会影响父母教养方式与子女气质的契合度。过去，对社会和谐的高度重视阻碍了自信的养成，这使中国成年人会对害羞的孩子做出积极评价。但是在市场经济的迅速发展之下，个人要自信和善于交往才能成功，而这可能是中国父母和老师对待儿童害羞的态度转变的原因 (Chen, Wang, & DeSouza, 2006; Yu, 2002)。在 1990 年，害羞与教师评价的能力、同伴接受度、领导力、学习成绩呈正相关，1998 年，害羞与这些因素之间的正相关性减弱，并在 2002 年发生逆转——这次的结果和西方研究结果相似 (Chen et al., 2005)。但在中国的农村地区，人们仍然对害羞持积极态度，在那里，害羞的孩子仍然享有很高的社会地位，适应能力也很强 (Chen, Wang, & Cao, 2011)。看来，文化背景会影响害羞儿童的表现好坏。

养育条件和儿童气质之间有效的匹配，最好在不利的气质－环境关系导致失调之前尽早完成。良好匹配模型提示我们，每个儿童都有独特的气质，成年人必须接纳之。父母既不能因为孩子的优点而一味赞扬，也不能因为孩子的过错而一味责备。父母应该把一个可能加重孩子问题的环境变成一个建立在孩子优势之上的环境。正如我们接下来将要看到的，匹配度也是婴儿形成对养育者依恋的核心。这种最亲密的关系产生于父母和婴儿之间的互动，双方的情绪风格都会对其产生影响。

思考题

联结　气质的种族和性别差异的研究结果能否证明第 2 章（边页 68-69）讨论的基因－环境相关性？

应用　曼迪和杰夫夫妇俩有两个孩子，一个是 2 岁、抑制型的萨姆，另一个是 3 岁、难照养的玛丽亚。请解释努力控制对曼迪和杰夫来说为什么重要。他们可以采取什么方法使两个孩子变得更好？

反思　你怎样描述你小时候的气质？你认为你的气质是稳定的，还是发生了改变？是什么因素起了作用？

四、依恋的发展

196

6.6　描述 0~2 岁依恋的发展

6.7　研究者如何测量依恋安全性，依恋的影响因素有哪些，它对后期发展有何意义？

6.8　描述婴儿多重依恋的能力

依恋（attachment）是人与生活中特定人物的一种强烈而深刻的情感联结，跟这个人交往会带来愉快体验，面临压力时会从这个人处得到安慰。6 个月以后，婴儿依恋于那些能满足他们需要的熟人，特别是父母。当妈妈进入房间时，婴儿会露出开心的微笑。妈妈把他抱起时，他会摸妈妈的脸和头发，偎依在妈妈怀里。当他感到焦虑或害怕的时候，会爬到妈妈腿上，紧靠着妈妈。

弗洛伊德最先指出，婴儿与母亲的情感联结是以后所有人际关系的基础。最近的研究则发现，亲子联结的质量固然重要，但后期发展不仅受到早期依恋经历的影响，也受到长期的亲子关系质量的影响。

依恋一直是理论争论的热点问题。回顾本章开头对埃里克森理论的介绍，精神分析理论把喂养看作是养育者和婴儿建立这种情感联结的最初原因。行为主义者从不同角度出发，也强调喂养在依恋形成中的作用。行为主义认为，由于母亲能满足婴儿的吃奶需要，婴儿就学会了喜欢她温柔的看护、温和的微笑和安慰，因为这些行为能缓解压力。

虽然喂养是形成亲密关系的重要条件，但它不是唯一条件，依恋不仅仅取决于对食物的满足。20 世纪 50 年代，有一个著名的实验——为恒河猴提供绒布做的母猴和铁丝做的母猴，结果发现，虽然铁丝母猴身上有奶吃，能满足幼猴的食物需要，但小猴并不长时间地亲近它，而喜欢待在绒布做的"代理母亲"身边（Harlow & Zimmerman,

1959）。同样，人类婴儿也会对那些很少喂养他们的人产生依恋，例如父亲、兄弟姐妹、祖父母等。西方文化中，那些分床睡、白天经常和父母分离的学步儿有时会与房间里的物体建立强烈的情感联结，例如地板、玩具熊，这些东西从来没有喂

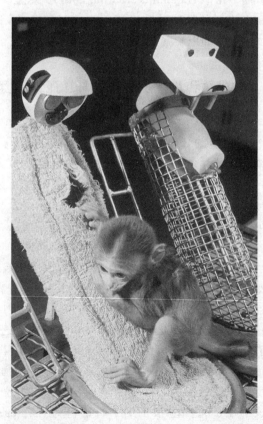

一出生就由"代理母亲"喂养的幼猴喜欢亲近绒布做的"母亲"，而不是可以吃到奶的铁丝"母亲"，这显示，喂养不足以成为婴儿对养育者形成依恋的基础。

养过婴儿！

1. 鲍尔比的习性学理论

目前，一种被广泛接受的理论**依恋的习性学理论** (ethological theory of attachment) 认为，婴儿与养育者之间的情感联结是可以促进生存的进化反应。约翰·鲍尔比 (Bowlby, 1969) 首先把这一观点应用到婴儿与养育者的情感联结上，并保留了精神分析的观点，即对养育者依恋的质量对儿童安全感及形成信任关系的能力具有深刻意义。

鲍尔比的灵感来源于康拉德·洛伦兹关于印刻的研究（见第 1 章）。他认为，人类婴儿像其他动物的幼仔一样，天生就有一些办法使父母留在身边，这有助于婴儿逃避危险，为他们探索和掌控环境提供支持。与父母的联系还能使婴儿得到及时喂养。但是，鲍尔比指出，喂养并不是依恋形成的基础，他主张把依恋放到进化背景中去理解：在进化过程中，物种的生存，即保证安全和发展能力，是最重要的。

鲍尔比认为，婴儿与父母的关系开始于一套与生俱来的信号，它们把成人召唤到婴儿身边。随着年龄增长，在新的认知和情感能力、温暖而敏感的照养支持下，一种真正的情感联结就形成了。依恋的发展经历了以下四个时期：

（1）前依恋期（0~6 周）

197 一些本能的信号，如抓、微笑、哭、看着成人的眼睛，帮助新生儿与他人建立亲密关系，让成人来安慰他们。新生儿偏爱母亲的气味、声音和面孔。但他们还没有开始依恋她，因为他们还不介意被留在一个陌生人身边。

（2）开始形成依恋期（6 周到 6~8 个月）

婴儿开始对熟悉的养育者做出与对陌生人不同的反应。例如，4 个月的蒂米与母亲互动时，会自如地微笑、大笑并咿咿呀呀地说话，在妈妈抱他时能很快安静下来。当婴儿知道自己的行为能够影响周围人的行为时，他们开始形成信任感，期待养育者对他们发出的信号做出反应，但是，养育者离开时他们仍不会抗议。

（3）明确的依恋期（6~8 个月到 18 个月~2 岁）

对熟悉养育者的依恋已经明显，婴儿表现出**分离焦虑** (separation anxiety)，在他们信任的养育者离开时会变得烦躁不安。分离焦虑并非一直存在，和陌生人焦虑一样（见边页 186），它取决于婴儿气质和当前情境。在许多文化中，分离焦虑在 6~15 个月期间逐渐增强。除了抗议父母离开，稍大的婴儿还试图让父母一直在身边。他们接近、跟随，爬近喜欢的人而不是别人身边。他们把熟悉的养育者作为安全基地，对环境进行探索。

（4）双向关系形成期（18 个月~2 岁以后）

到 2 岁末，表征和语言能力的迅速发展使学步儿开始理解父母的离开和返回，并能预测她的返回。结果，分离抗议减少。儿童开始与养育者协商，通过请求和说服来改变养育者的目标。例

这个 2 岁女孩的妈妈要离开时，老师拿出玩具吸引她来玩，还告诉她，妈妈很快就会回来，她大概不会跟妈妈哭着告别。因为她的语言和表征能力使她能够预测母亲的归来，因此分离焦虑会减少。

如，2 岁时，凯特琳在卡罗琳和戴维把她交给保姆并离开之前会要求他们讲个故事。随着与父母在一起的时间增加，她能知道父母要去哪儿（"与西恩叔叔一起吃饭"）、什么时候回来（"就在你睡觉之后"），这些都有助于凯特琳忍受父母的离开。

鲍尔比认为（Bowlby, 1980），通过这四个时期的经历，婴儿与养育者建立起一种持久的情感联结，并且当养育者在场时婴儿会把他们当作安全基地。这个映像作为一个**内部心理作用模型**（internal working model）发挥作用，它指的是对依恋对象的存在和遇到压力时他们能提供支持的预期。内部心理作用模型是人格的一个重要部分，指导着未来的所有亲密关系（Bretherton & Munholland, 2008）。

这些观点得到研究支持：1 岁以后，学步儿就对父母的安慰和支持形成了依恋的期望。在一项研究中，安全依恋的 12~16 个月的学步儿看一个无反应的养育者的视频（与他们的预期不符）的时间要比看一个有反应的养育者的视频的时间长；对比之下，不安全依恋的学步儿要么对有反应的养育者看的时间更长，要么对二者的反应没有区别（Johnson, Dweck, & Chen, 2007; Johnson et al., 2010）。研究结论是，学步儿的视觉反应显示出他们对养育者行为的"惊讶"，而这种行为与他们自己的内部心理作用模型不一致。随着年龄的增长，认知、情感和社交能力的增强，与父母互动的增加，以及与成年人、兄弟姐妹和朋友的亲密关系的形成，儿童不断修正和扩展他们的内部心理作用模型。

2. 依恋安全性的测量

1 岁以后，所有在家中养育的婴儿都会对熟悉的养育者形成依恋，但这种依恋的特征是不同的。一些婴儿当养育者在场时感觉放松和安全，知道养育者会给他们保护和支持；另一些儿童则显得焦虑和不安心。

测量 1~2 岁儿童依恋特征的一种广泛使用的实验室技术是**陌生情境法**（strange situation），其设计者玛丽·安斯沃思（Mary Ainsworth）及其同事认为，安全型依恋的儿童会把他们的父母作为安全基地，探索陌生的游戏室；在父母离开时，一个不熟悉的成人对他们的安慰不如妈妈的安慰有效。该方法让婴儿参与 8 个小情境，其中有短暂的分离与重聚情境（见表 6.2）。

观察婴儿在这些步骤中的反应，研究者划分出一种安全型依恋和三种不安全的依恋，有一些儿童不能被归为这几种类型（Ainsworth et al., 1978; Main & Solomon, 1990; Thompson, 2013）。根据本章开头的描述，你认为格雷丝在收养家庭里的表现是哪种类型？

198

- **安全型依恋**（secure attachment）。婴儿把妈妈作为安全基地。分离时，他们可能哭，也可能不哭，哭是因为他们更愿意与妈妈而不是与陌生人待在一起。当妈妈返回时，他们积

表 6.2　陌生情境法的实施步骤

步骤事件	观察到的依恋行为
1. 实验者把妈妈和婴儿带到游戏室，然后离开。	
2. 妈妈坐下，婴儿玩玩具。	妈妈被当作安全基地
3. 陌生人进来，坐下，与妈妈谈话。	婴儿对陌生成人的反应
4. 妈妈离开房间；陌生人对婴儿做出反应，如果婴儿烦躁，就进行安慰。	分离焦虑
5. 妈妈返回，问候婴儿，必要时进行安抚；陌生人离开房间。	对重聚的反应
6. 妈妈再次离开房间。	分离焦虑
7. 陌生人走进房间，安慰婴儿。	被陌生人安抚的能力
8. 妈妈回来，问候婴儿，必要时进行安抚，用玩具重新引起婴儿兴趣。	对重聚的反应

注：步骤 1 持续 30 秒，其余步骤各持续 3 分钟。在分离步骤，如果婴儿哭得厉害，可以缩短时间。在重聚步骤，如果婴儿需要较长时间才能平静下来，并重新游戏，可以延长时间。资料来源：Ainsworth et al., 1978.

极地寻求接近，哭泣立即停止。约 60% 的北美中等社经地位家庭的婴儿属于这种类型（低社经地位家庭的婴儿，安全依恋的比例较低，不安全依恋的比例较高）。

- **回避型不安全依恋** (insecure-avoidant attachment)。妈妈在时婴儿似乎漠不关心。妈妈离开时，婴儿也不伤心，他们对陌生人的反应与对妈妈的反应大体相同。重聚时，他们回避妈妈，或者缓慢地走近妈妈，当被抱起时，他们常常并不愿靠近。约 15% 的北美中等社经地位家庭的婴儿属于这种类型。

- **拒绝型不安全依恋** (insecure-resistant attachment)。分离前，这些婴儿寻求与妈妈的亲近，常常停止探索。妈妈离开时，他们会大哭；妈妈返回时，他们又表现出生气、拒绝行为，有时打、推妈妈。被抱起后，许多婴儿继续哭，不容易被安抚。约 10% 的北美中等社经地位家庭的婴儿属于这种类型。

- **混乱型依恋** (disorganized/disoriented attachment)。这种依恋模式反映了最大的不安全感。与妈妈分离后重聚时，这些婴儿表现出许多困惑、矛盾的行为。例如，被妈妈抱起时，他们的目光移开，接近妈妈时表现出费解的抑郁情绪。多数婴儿表现出茫然的表情。一些婴儿在受到安慰后竟意外地哭起来，或表现出奇怪的冷冰冰的态度。大约 15% 的北美中等社经地位家庭的婴儿属于这种类型。

另外一种方法是**依恋的 Q 分类法** (Attachment Q-Sort)，适用于 1～5 岁儿童，分类依据来自家庭观察 (Waters et al., 1995)。父母或者一个经过培训的观察者对 90 种行为进行分类（"当妈妈进入房间时，儿童大笑着欢迎妈妈""如果妈妈走远一些，孩子就在后面跟着""如果有些东西看起来有危险或威胁，孩子就会把妈妈的脸色当作好的信息源"），从非常符合描述到非常不符合描述共 9 个级别。计分结果从"很安全"到"很不安全"。

因为 Q 分类法涉及的与依恋相关的行为比陌生情境法更广泛，所以它可能更好地反映了日常生活中的亲子关系。但是，Q 分类法非常耗时，在对描述进行排序之前，需要一个观察员花几个小时观察孩子，而且它不能区分不安全依恋的类型。受过训练的观察者所做的 Q 分类，与陌生情境中观察到的安全基地行为具有一致性，但是与父母所做的 Q 分类结果不一致 (van IJzendoorn et al., 2004)。尤其是不安全依恋儿童的父母，很难准确地报告孩子的依恋行为。

3. 依恋的稳定性

对 1～2 岁儿童依恋模式的稳定性所做的研究得到了不同的结果 (Thompson, 2006, 2013)。细看之后发现，哪些儿童会保持不变，哪些儿童会发生变化，得到了更一致的图景。生活较富裕的中产阶级儿童，依恋模式比较安全和稳定。有些婴儿从不安全型依恋变为安全型依恋，其母亲往往适应良好，有积极的家庭和朋友圈。也许很多人在成为父母之前并没有在心理上做好准备，但在社会支持下，他们很快进入了角色。

相反，低社经地位家庭往往日常压力重重却很少有社会支持，其婴儿的依恋会从安全型转为不安全型，或从一种不安全型转为另一种不安全型 (Fish, 2004; Levendosky et al., 2011)。从婴儿 *199* 期到青少年晚期和成年早期的长期追踪发现，从安全型到不安全型的转变往往与单亲家庭、儿童虐待、母亲抑郁以及家庭功能和养育质量低下有关 (Booth-LaForce et al., 2014; Weinfield, Sroufe, & Egeland, 2000; Weinfield, Whaley, & Egeland, 2004)。

这些发现表明，安全型依恋的婴儿比不安全型依恋的婴儿更容易保持他们的依恋状态。唯一的例外是混乱型依恋，这种不安全模式要么比其他类型表现出更大的稳定性，要么可以预测在青少年期和成年早期会出现另一种类型的不安全型依恋 (Groh et al., 2014; Hesse & Main, 2000; Weinfield, Whaley, & Egeland, 2004)。此外，有混乱型依恋史的成年人，其子女表现出混乱型依恋的风险更高 (Raby et al., 2015)。后面会讲到，许多混乱型依恋的婴儿和儿童经历了极度消极的照养，这可能严重地破坏了其情绪自我调节机制，混乱、矛盾的情感往往会一直持续，并损害对下一代的养育。

4. 文化差异

跨文化研究表明，依恋模式在不同文化中有不同含义。例如，图 6.2 揭示，回避型不安全依

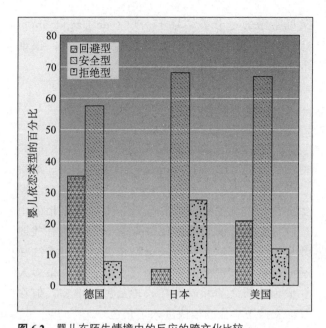

图 6.2　婴儿在陌生情境中的反应的跨文化比较
德国婴儿回避型不安全依恋的比例较大，日本婴儿的拒绝型不安全依恋比例较大。这并不一定反映了真正的不安全依恋，可能是由于父母教养方式的文化差异所致。资料来源：van IJzendoorn & Kroonenberg, 1988; van IJzendoorn & Sagi-Schwartz, 2008.

恋的德国婴儿比美国婴儿多。但是德国父母看重独立，鼓励孩子不要黏着父母 (Grossmann et al., 1985)。相反，对非洲马里南部的多贡人 (Dogon) 的研究发现，那里没有婴儿属于回避型不安全依恋 (True, Pisani, & Oumar, 2001)。即使主要由祖母抚养（她们一般与大儿子一起生活），多贡的母亲对于孩子也是随叫随到，当孩子饿了或哭的时候，妈妈会紧紧抱着孩子，体贴地照料他们。

日本的婴儿很少表现出回避型不安全依恋，拒绝型不安全依恋的婴儿较多，但是这种反应并不代表真正的不安全依恋。日本的母亲很少让其他人照看孩子，因此，陌生情境给日本孩子带来的压力要大于给那些经常与父母分离的孩子带来的压力 (Takahashi, 1990)。此外，日本父母把婴儿的寻求注意看作是正常的婴儿依赖程度的指标，但这却是拒绝型不安全依恋的特征 (Rothbaum, Morelli, & Rusk, 2011)。虽然有这些文化差异，但在所有的社会中，安全型依恋仍然是最普遍的依恋模式 (van IJzendoorn & Sagi-Schwartz, 2008)。

5. 影响依恋安全性的因素

哪些因素可能影响依恋的安全性？研究者密切关注四种因素：其一，早期是否有一个固定的养育者；其二，养育质量；其三，婴儿的气质；其四，家庭环境，包括家庭状况和父母的内部心理作用模型。

（1）早期是否有一个固定的养育者

如果婴儿没有机会与养育者建立亲密的关系，会发生什么？为了找到答案，研究者跟踪了一所孤儿院中婴儿的心理发展，这所孤儿院的保教人员与儿童比例适当，书籍和玩具丰富，但是，员工的流动率很高，每个孩子在 4 岁半之前平均有 50 名看护人。这些孩子有许多在 4 岁以后才被收养。其中多数人与养父母建立了深厚的关系，这表明他们的第一次依恋可以在 4~6 岁时形成 (Hodges & Tizard, 1989; Tizard & Rees, 1975)。但这些孩子到童年期和青少年期表现出依恋困难，包括过度渴望得到成年人的关注，对陌生的成年人和同伴"过于友好"，在焦虑情况下不向父母反应，很少有朋友。

在贫困的东欧孤儿院度过第一年或更长时间的孩子，虽然也能形成与养父母的纽带，但他们展示出很高的依恋不安全性 (Lionetti, Pastore, & Barone, 2015; Smyke et al., 2010; van den Dries et al., 2009)。他们还面临着情绪和社交困难的高风险。一些人不加区别地对人友好，另一些人则悲伤、焦虑和退缩 (Bakermans-Kranenburg et al., 2011; O'Connor et al., 2003)。这些症状通常会持续存在，并与小学和中学期的多重心理健康问题有关，包括认知障碍、注意力不集中、活动过度、抑郁、社交回避、攻击行为等 (Kreppner et al., 2010; Rutter et al., 2007, 2010)。

此外，早在这些被收养婴儿 7 个月时，便测量了他们对情绪表情的反应，结果显示，其事件相关电位 (ERP) 脑电波减少，辨别表情困难，提示这些婴儿大脑负责识别情绪的神经结构的形成被破坏 (Parker et al., 2005)。与这些发现相一致，长期待在孤儿院后被收养的儿童，其杏仁核体积（见边页 192）异常大 (Tottenham et al., 2011)。杏仁核越大，被收养儿童在评估情绪理解能力的任务中表现越差，他们的情绪自我调节能力也越差。证据表明，完全正常的情感发展依赖于在生命早期与养育者建立亲密关系。

200

（2）养育质量

多项研究表明，在不同的文化和社经地位的群体里，**敏感的养育**（sensitive caregiving）——对婴儿做出迅速、一致、恰当的反应，温柔地抱着他们且照顾周到——与依恋安全性有中度相关（Belsky & Fearon, 2008; van IJzendoorn et al., 2004）。安全型依恋孩子的母亲经常提到孩子的精神状态和动机："你真喜欢那个秋千。""你还记得奶奶吗？"这种心灵互通——把婴儿看作一个有内在思想和情感的人——显然可以促进敏感的养育（Meins, 2013; Meins et al., 2012）。相形之下，不安全依恋儿童的母亲一般跟孩子身体接触较少，笨拙地或敷衍了事地抱孩子，有时还会对孩子生气、拒绝孩子（Ainsworth et al., 1978; McElwain & Booth-LaForce, 2006; Pederson & Moran, 1996）。

几项对西方婴儿做的研究发现，**同步互动**（interactional synchrony）的交往形式是安全型依恋婴儿有别于不安全型依恋婴儿的一种经验。它好像是敏感、协调的"情感舞蹈"，养育者对婴儿发出的信号做出及时、有节奏、恰当的反应。此外，双方能够匹配情绪状态，尤其是积极情绪（Bigelow et al., 2010; Isabella & Belsky, 1991）。前面讲过，敏感的、同步互动的面对面游戏能够增强婴儿对别人情绪信息的反应性，也能帮助儿童调节情绪。

不同文化在怎样看待对婴儿的敏感性问题上有很大差别。在高度重视独立性的西方社会，敏感的养育要对婴儿发出的信号做出跟随反应，来呼应婴儿的引导，"解读"婴儿的心理状态，鼓励婴儿的探索行为。在非西方的乡村社会和亚洲文化中，与婴儿保持密切的身体接触、抑制情绪表达、教给他们社会认可的行为，这样的养育被认为是敏感合适的，因为它可增进儿童与他人的联系，促进社会和谐（Morelli, 2015; Otto & Keller, 2014）。例如，在肯尼亚的古西人中，母亲会很快让婴儿安静下来，满足他们的生理需求，但很少与他们进行嬉戏互动。然而，大多数古西婴儿是安全型依恋（LeVine et al., 1994）。这表明，安全性依赖于细心的照料，而不一定依赖于及时的互动。高度重视服从和社会适当行为的波多黎各母亲，经常对婴儿的行为进行身体指导和限制——在波多黎各文化中，这种养育方式与依恋的安全性有关（Carlson

& Harwood, 2003）。然而在西方文化中，这种对探索行为的身体控制和限制则可以预测不安全性（Whipple, Bernier, & Mageau, 2011）。

与安全型依恋的婴儿相比，回避型依恋的婴儿通常接受了过多的刺激和干扰性的照料。例如，母亲可能在婴儿不注意听甚至快睡着的时候，还在不厌其烦地跟孩子说话。这些孩子似乎想通过回避母亲来逃避过多的交流互动。拒绝型的婴儿常常受到不一致的照料，母亲对婴儿发出的信号不敏感。但是，当婴儿开始探索环境时，她就干扰孩子，让婴儿关注她自己。结果，婴儿既形成了对母亲的过度依赖，又对母亲的不参与感到生气（Cassidy & Berlin, 1994）。

养育的极端缺乏可以有效地预测依恋发展障碍。对儿童的虐待和忽视（第 8 章将讨论）也与三种不安全依恋密切相关。在受到不恰当对待的婴儿中，很多婴儿属于问题最大的一种类型——混乱型依恋（Cyr et al., 2010）。母亲长期抑郁，婚姻满意度很低，遭受创伤事件，如患重病或家人死亡，其婴儿也会表现出这种依恋的不确定行为（Campbell et al., 2004; Madigan et al., 2006）。混乱型依恋婴儿母亲中的一些人会表现出令人惊恐、怒气冲冲和不愉快的行为，例如，吓唬、戏弄孩子，生硬地抱着孩子，以惹恼孩子为乐（Hesse & Main, 2006; Solomon & George, 2011）。

（3）婴儿的气质

由于依恋是两个伙伴之间的关系，因而婴儿的气质自然会影响到依恋形成的难易。第 3 章曾讲到，早产、分娩并发症、新生儿疾病都会使婴儿养育更困难。在贫困和充满压力的家庭环境中，依恋的不安全性与家庭的这些困难密切相关（Candelaria, Teti, & Black, 2011）。但是，只要父母肯花时间，耐心地回应婴儿的特殊需要，积极地对待婴儿，处于危险中的新生儿也能顺利地形成依恋（Brisch et al., 2005）。

在气质方面，情绪反应性强的婴儿更有可能形成不安全依恋（van IJzendoorn et al., 2004; Vaughn, Bost, & van IJzendoorn, 2008）。在布雷泽尔顿新生儿行为评价中无组织行为得高分的婴儿（见第 3 章），形成混乱型依恋的风险较高（Spangler, Fremmer-Bomik, & Grossmann, 1996）。

左图：父亲和婴儿进行同步互动，在面对面的游戏中匹配积极的情绪表达。在西方文化中，这是一种父母的敏感性，可预测依恋的安全性。右图：在非西方的乡村社会和亚洲文化中，亲子之间的身体密切接触，冷静、迅速地满足生理需求，这样的敏感性与依恋安全性相关。

然而，强调基因－环境相互作用的证据再次表明，父母的心理健康和养育方式与此有关。短5-HTTLPR遗传标记与情绪反应性相关，与低风险基因型的婴儿相比，具有短5-HTTLPR遗传标记的婴儿更可能表现出混乱型依恋，但这只是在缺乏敏感养育的情况下 (Spangler et al., 2009)。在另一项研究中，母亲的创伤经历与依恋紊乱有关，但这只发生在以下情形中：婴儿11号染色体出现DNA碱基对的特定重复，我们称之为DRD4 7-重复，它与冲动、活动过度相关 (van IJzendoorn & Bakermans- Kranenburg, 2006)。这些面临自我调节困难的婴儿更容易受到母亲调节问题的消极影响。

如果婴儿的气质会影响依恋安全性，那么我们就会期望，依恋像气质一样，至少具有中度的遗传力。然而依恋的遗传力几乎是零 (Roisman & Fraley, 2008)。相反，具有特定基因型的婴儿在经历不敏感的养育时，会增加依恋不安全性的风险。事实上，大约2/3的兄弟姐妹与他们的父母建立的依恋模式相似，尽管兄弟姐妹的气质往往不同 (Cole, 2006)。这表明，对多数父母来说，对孩子的养育应该因人而异。

教给父母与难养育婴儿进行敏感互动的干预措施，可以增强养育的敏感性和依恋的安全性 (van IJzendoorn & Bakermans-Kranenburg, 2015)。有一个项目既注重母亲的敏感性，又注重有效的管教，特别成功地减少了携带DRD4 7-重复

基因的学步儿的易激惹和破坏行为 (Bakermans-Kranenburg & van IJzendoorn, 2008a, 2008b)。这些发现表明，DRD4 7-重复——就像短5-HTTLPR遗传标记一样——使儿童更容易受到积极和消极养育的影响。

（4）家庭状况

蒂米出生不久，他的父母就离婚了，爸爸搬到了一个很远的城市。在焦虑不安、思绪纷乱中，瓦内莎把2个月的蒂米交给了吉内特的家庭托儿所照料，她一周工作50个小时来维持生计。有时候，瓦内莎下班较晚，保姆去接蒂米，喂他吃奶，哄他睡觉。瓦内莎每周去看蒂米一两次。蒂米1岁时，瓦内莎发现，他不像别的孩子那样，会向妈妈伸出双手，爬到或走到妈妈跟前，蒂米对她的感情淡漠。

蒂米的行为反映了多个研究发现的结果：失业、离婚、贫困或父母焦虑、抑郁等心理问题因素可能干扰父母养育的敏感性，进而间接地伤害孩子的依恋。这些压力也可能通过改变家庭的情绪气氛，例如，孩子整天看到父母吵架，或打乱熟悉的日常生活，将会直接影响婴儿的安全感 (Thompson, 2013)。（见本节的"社会问题→健康"专栏中关于儿童保育如何影响儿童依恋和适应的内容）。社会支持通过减轻父母的压力、改善亲子交流，可以增强依恋的安全性 (Moss et al., 2005)。

吉内特对蒂米的敏感性照料也有所帮助，这是瓦内莎从一个心理医生那里得到的建议。当蒂米 2 岁的时候，他与妈妈的关系变亲密了。

202 ### （5）父母的内部心理作用模型

做妈妈的也可能把自己的依恋经历带进家庭环境，通过她们的内部心理作用模型影响她们与孩子的关系。莫妮卡记得，小时候她的母亲压力很大，心事重重，莫妮卡经常为没能跟母亲建立亲密关系而感到遗憾。莫妮卡对父母的这些记忆会影响格雷丝的依恋安全性吗？

研究者为了考察父母的内部心理作用模型，让妈妈评价她们自己的依恋经验 (Main & Goldwyn, 1998)。无论其经历好坏，都能客观冷静地讨论她们自己的童年的妈妈，其孩子通常都形成了安全型依恋。相反，那些否认早期人际关系的意义，或愤恨、困惑地回忆其童年经历的妈妈，其孩子通常会形成不安全型依恋，而且她们缺乏热情和敏感性，也较少鼓励孩子学习和掌握本领

(Behrens, Hesse, & Main, 2007; McFarland-Piazza et al., 2012; Shafer et al., 2015)。

但我们不能说，妈妈的童年经历会决定她们孩子的依恋模式。内部心理作用模型是一种重新建构的记忆，受许多因素的影响，包括人际关系经验、人格和当前的生活满意度。追踪研究显示，消极生活事件会削弱个体在婴儿时的依恋安全性与成人后安全型的内部心理作用模型之间的关系。根据成年期的自我报告，在婴儿期形成不安全依恋且成人后依然具有不安全的内部心理作用模型的妈妈，通常会遇到各种家庭危机 (Waters et al., 2000; Weinfield, Sroufe, & Egeland, 2000)。

综上所述，人的早期经验并不能决定一个人会成为敏感的还是迟钝的父母 (Bretherton & Munholland, 2008)。人们看待自己童年的方式——承认过去消极经历的能力，把新观念融入自己的心理作用模型，回过头来，理解、宽容地看待自己的父母，这些对人们养育自己子女的影响，将远远超过她们小时候受到养育的实际经历的影响。

专栏　　　社会问题→健康

婴儿保育会不会威胁依恋安全性和后期适应

婴儿每天都要和上班的父母分离，被送到托儿所，这是否有引发依恋不安全性和发展问题的风险？一些研究者认为有，另一些认为没有 (Belsky, 2005; O'Brien et al., 2014)。

目前最权威的证据来自美国国家儿童健康与发展研究所 (NICHD) 对早期儿童保育的研究，这是迄今为止规模最大的关于儿童保育影响的追踪调查，研究对象包括 1 300 多名婴儿及其家庭。它证实了非父母教养本身并不影响依恋质量 (NICHD Early Child Care Research Network, 2001)。儿童保育和情绪健康之间的关系取决于儿童在家庭和在托儿所的保育经历。

1. 家庭环境

我们已经知道，家庭条件影响孩子的依恋、安全感和后来的适应。美国儿童健康与发展研究所的研究表明，基于母亲敏感性和 HOME 测评得分的结合（见第 5 章边页 170）对儿童适应的影响超过不进托儿机构所

带来的影响 (NICHD Early Child-hood Research Network, 1998; Watamura et al., 2011)。

对于有工作的父母来说，平衡工作和照顾孩子是很有压力的。由于工作和家庭压力过大而感到疲惫和焦虑的母亲，可能对婴儿的反应不那么敏感，从而危及婴儿的依恋安全性。随着父亲在照料子女方面的参与增加（见边页 204），更多双职工家庭的美国父母也报告了其所面临的角色超载问题 (Galinsky, Aumann, & Bond, 2009)。

2. 儿童保育的质量

如果婴儿长期待在质量很差的托儿所，可能会导致更高比例的不安全型依恋。婴儿同时经历家庭和儿童保育的危险因素，依恋不安全性就增加，其中危险因素包括父母不够细心，在托儿所得不到敏感的养育，或长时间待在托儿所，或在不同的托儿机构之间转来转去，这些都会增加形成不安全型依恋的比例。如果儿童被送到高质量的托儿机构，而且在那里待的时间较短，

203 亲子关系的质量就会高得多 (NICHD Early Child Care Research Network, 1997, 1999)。

当这些儿童长到3岁时，高质量托儿机构的保育经历能预测更好的社交技能 (NICHD Early Child Care Research Network, 2002b)。在4岁半到5岁时，平均每周在托儿机构待至少30个小时的儿童表现出较多的行为问题，尤其是对抗、逆反和攻击。对于那些在托儿所而不是家庭保教中心的孩子来说，这种结果一直持续到小学 (Belsky et al., 2007b; NICHD Early Child Care Research Network, 2003a, 2006)。

但是这些发现并不意味着进托儿机构一定会导致问题行为。在美国广泛存在的大量不符合标准的保育才会加剧这些困难，尤其是在机构与家庭风险因素结合的情况下。对参加研究的儿童追踪到幼儿期，结果显示，处于低质量的家庭养育和机构保育环境中的儿童，出现的问题行为最多，而处于高质量的家庭养育和机构保育环境中的儿童表现最好。介于二者之间的是身处高质量的机构保育和低质量的家庭养育环境之间的幼儿

高质量的托儿服务，包括适当的师生比例、小班群体和知识渊博的保育人员，可以成为整个系统的一部分，促进儿童各方面的发展，包括依恋的安全性。

(Watamura et al., 2011)。这些儿童受益于高质量的儿童保育环境的保护性影响。

来自其他工业化国家的证据证实，全日制儿童保育不一定会损害儿童的发展。例如，澳大利亚和挪威的儿童保育时间与儿童行为问题无关 (Love et al., 2003; Zachrisson et al., 2013)。

但有些儿童会因为长期待在托儿所而感到压力。研究发现，那些被其父母评价为非常容易害怕的儿童，以及整天待在托儿所的儿童，白天唾液里的应激激素皮质醇的浓度大幅升高，而他们待在家里的时候，这种情况并没有发生 (Watamura et al., 2003)。抑制型儿童可能感到待在托儿所的社交环境是非常有压力的，因为他们身边总有一大群同伴。不过，对专业保育人员的安全依恋可以起到保护作用 (Badanes, Dmitrieva, & Watamura, 2012)，能降低这些儿童白天待在托儿机构时的皮质醇水平。

3. 结论

综上所述，一些儿童可能由于经历不恰当的看护、长时间待在托儿所以及其母亲角色超载，而形成不安全型依恋并出现适应问题。但是仅仅因为这些结果就减少儿童保育服务是不恰当的。在家庭收入低，或想工作的妈妈被迫待在家里的情况下，儿童的情绪安全性并没有得到提高。

看来，增加高质量儿童保育的机会，为父母提供带薪休假（见第3章边页103）和兼职工作的机会都是有意义的。在美国儿童健康与发展研究所的研究中，婴儿0~1岁期间，母亲兼职工作，相对于全职工作，与更高的母亲敏感性和更高质量的家庭环境有关，这有利于儿童的早期发展 (Brooks-Gunn, Han, & Waldfogel, 2010)。

专业保育人员与婴儿之间的关系也很重要。保育人员与婴儿的比例恰当，班级规模较小，保育人员受过儿童发展和看护方面的训练，保育人员与儿童之间有积极交往，如果具备这些条件，儿童的认知、情感和社会性几方面都会发展得更好 (Biringen et al., 2012; NICHD Early Child Care Research Network, 2000b, 2002a, 2006)。具备这些特征的托儿机构将成为减轻而不是加剧父母和儿童压力的生态系统的一部分，它可以促进儿童形成健康的依恋和儿童发展。

6. 多重依恋

婴儿能对许多熟悉的人形成依恋，不仅有妈妈，还有爸爸、爷爷奶奶、外公外婆、兄弟姐妹和专业保育人员。鲍尔比 (Bowlby, 1969) 认为，婴儿天生就把他们的依恋行为指向单一、特定的人，

尤其是在他们感到痛苦的情况下。他的理论认可了多重依恋。

（1）父亲

在感到焦虑或不高兴时，大多数婴儿更喜欢

从母亲那里得到安慰。但这种偏好通常会在第二年下降。当婴儿高兴时，他们同样会靠近父母、对父母说话、对父母微笑，而父母对这些暗示做出的反应相似 (Bornstein, 2015; Parke, 2002)。

父亲的敏感养育可以预测依恋的安全性，尽管在某种程度上不如母亲的敏感养育 (Brown, Mangelsdorf, & Neff, 2012; Lucassen et al., 2011)。随着婴儿期的发展，在许多文化中，包括澳大利亚、加拿大、德国、印度、以色列、意大利、日本和美国，父亲和母亲与婴儿的互动往往会有所不同。母亲花更多时间在身体护理和表达情感上，而父亲花更多时间在嬉戏互动上 (Freeman & Newland, 2010; Pleck, 2012)。

母亲和父亲跟婴儿游戏的方式也不同。母亲主要是提供玩具，跟孩子谈话，玩拍蛋糕和藏猫儿之类的传统游戏。父亲则与婴儿，特别是和儿子一起玩更具刺激性和兴奋性的身体游戏，而且越玩强度越大 (Feldman, 2003)。只要父亲也是敏感的，这种高刺激性、令人吃惊的游戏方式便有助于婴儿在强烈唤起的情况下调节情绪，并可能使他们有准备地、自信地冒险进入活跃、不可预测的环境，包括新的物理环境和与同伴玩耍 (Cabrera et al., 2007; Hazen et al., 2010)。德国的一项研究发现，父亲与学前儿童进行敏感且具有挑战性的游戏，可以预测从幼儿园到成年早期的良好情感和社会适应 (Grossmann et al., 2008)。

204

游戏是孩子对父亲建立安全依恋关系的重要背景 (Newland, Coyl, & Freeman, 2008)。在工作时间很长，使得多数父亲无法分担照顾婴儿的任务的文化中，比如日本 (Shwalb et al., 2004)，这一点尤为突出。在许多西方国家，父母角色的严格划分——母亲是看护者，父亲是玩伴——在过去几十年里已经改变了，这是对女性参与劳动和重视性别平等的文化的回应。

对美国数千有子女的已婚夫妇进行的全国性调查显示，父亲的家庭角色随着时间推移发生了实质性的变化。如图 6.3 所示，尽管他们的参与程

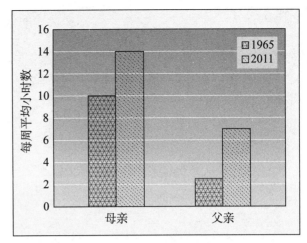

图 6.3　1965 年和 2011 年美国父母报告的每周花在养育孩子上的平均小时数

对几千对夫妇的全国性调查显示，母亲从孩子出生到孩子 18 岁花在养育子女上的时间有适度的增长，父亲花的时间虽然少得多，但他们 2011 年花在孩子身上的时间几乎是 1965 年的三倍。资料来源：Pew Research Center, 2015e.

度仍然远远低于母亲，但如今的父亲花在照顾孩子上的时间几乎是 1965 年的三倍——这主要是由于母亲就业的急剧增加 (Pew Research Center, 2015e)。在美国的不同社经地位和种族群体中，父亲在养育孩子上的参与程度大体相似，只有一个例外：拉美裔父亲会花更多的时间陪伴他们的婴儿和幼儿，可能是因为西班牙文化特别重视这一点 (Cabrera, Aldoney, & Tamis-LeMonda, 2014; Hofferth, 2003)。

和谐温暖的婚姻关系和支持性的夫妻共同抚养可增加父母双方的敏感性和参与程度，以及子女依恋的安全性，但它对父亲尤其重要 (Brown et al., 2010; Laurent, Kim, & Capaldi, 2008)。参见后面的"文化影响"专栏，其中可找到证明这一结论的跨文化证据，并强调父亲参与儿童发展的强有力作用。

（2）兄弟姐妹

当今的家庭规模虽有下降，但仍有近 80% 的美国孩子至少有一个兄弟姐妹 (U.S. Census Bureau, 2015d)。对大多数幼儿来说，弟弟妹妹的出生是其人生中一段艰难的经历，他们常常会变得需求更多、更黏人，在一段时间内跟父母不那么亲近。依恋安全性也会明显下降，特别是 2 岁以上的孩子（已经能体会到威胁和失宠）和母亲压力大的孩子 (Teti et al., 1996; Volling, 2012)。不过，怨恨只是兄弟姐妹之间迅速发展的丰富情感

观察与倾听

观察父母在家里或家庭聚会上与婴儿游戏的情形，描述父母行为的异同。你的观察结果与研究结果一致吗？

弟弟妹妹的出生对多数幼儿来说都是其人生中一段艰难的经历。父母对两个孩子的同样疼爱可以保证哥哥姐姐继续得到父母的爱，给孩子树立深情关怀的榜样，并可带来兄弟姐妹之间的积极互动。

关系的一个侧面。哥哥姐姐也会表现出爱和关心，婴儿哭的时候，他们会亲吻、抚摸婴儿，大声叫："妈妈，他找你。" 1 岁时，婴儿一般会花很多时间和哥哥姐姐在一起，在父母短暂不在场时，有幼儿期哥哥姐姐在场会让他们感到安心。在整个童年期，弟弟妹妹一直把哥哥姐姐当作依恋对象，

父母不在，他们遇到压力会向哥哥姐姐寻求安慰 (Seibert & Kerns, 2009)。

弟弟妹妹一出生，兄弟姐妹间的关系就出现了个体差异。某些气质特征，如高情绪反应性或活动水平，会增加兄弟姐妹发生冲突的可能 (Brody, Stoneman, & McCoy, 1994; Dunn, 1994)。母亲对两个孩子的同样疼爱，与积极的兄弟姐妹互动和幼儿期对痛苦弟弟妹妹的支持呈正相关 (Volling, 2001; Volling & Belsky, 1992)。反之，妈妈非常严厉，不跟孩子一起玩的做法则与兄弟姐妹间的对抗相关 (Howe, Aquan-Assee, & Bukowski, 2001)。

此外，美满的婚姻与幼儿期的兄弟姐妹对待嫉妒和冲突的能力相关 (Volling, McElwain, & Miller, 2002)。父母之间良好的沟通可能是有效解决问题的典范。良好的沟通还可以培育一个幸福的家庭环境，让孩子们少一些嫉妒的理由。

请参考后面的"学以致用"栏，学习增进婴儿和他们的幼儿哥哥姐姐之间的积极关系。兄弟姐妹提供了一个丰富的社交环境，幼儿可在其中学习和练习广泛的技能，包括关爱，解决冲突，控制敌对和嫉妒等情感。

🌳 专栏　　　　　　　　　　文化影响

父亲参与对儿童发展的重要作用

对世界各地多个社会和族群的研究中，研究者对父亲的参与方式和教养行为进行了编码，发现主要有以下行为：搂抱、拥抱、安慰、游戏、口头表达爱和夸奖孩子。父亲持续的疼爱和参与，像母亲的一样，能够有力地预测日后的认知、情感和社交能力，预测力有时比母亲的更强 (Rohner & Veneziano, 2001; Veneziano, 2003)。在西方文化中，父亲疼爱和孩子对父亲的安全依恋，与子女后期较好的学习成绩、更好的社交技能以及童年期和青少年期行为问题的减少有关 (Bornstein, 2015; Lamb & Lewis, 2013; Michiels et al., 2010)。

哪些因素会促进父亲参与子女养育呢？跨文化研究显示，父亲花在婴儿和学步儿身上的时间，与他们表达的爱和关心之间呈正相关 (Rohner & Veneziano, 2001)。拿非洲中部从事狩猎和采集的阿卡人 (Aka) 来说，那里

无论在西方国家还是非西方国家，父亲持续的情感参与都可预测长期良好的认知、情感和社会性发展。

的父亲身体上亲近孩子的时间比我们所知的任何一个社会的父亲都要多。观察显示，阿卡人的父亲一天里有多半时间待在孩子的一臂距离之内。他们每天抱孩子、和孩子一起玩的时间是其他狩猎采集社会里的父亲的 5 倍之多。为什么阿卡人的父亲如此投入？原因是，阿卡人的夫妻关系往往非常合作而亲密。夫妻俩每天一起狩猎、做饭，一起从事社交和休闲活动 (Hewlett, 1992)。阿卡人的父母待在一起的时间越多，父亲就越多地与孩子待在一起。

同样，在西方文化中，如果婚姻幸福，夫妻合作抚养子女，父亲就会花更多时间与婴儿相处，与婴儿进行更有效的互动。反之，婚姻不和谐与不敏感的父亲养育相关 (Brown et al., 2010; Sevigny & Loutzenhiser, 2010)。显然，父亲与妻子、孩子的关系是紧密相连的。在参与研究的几乎所有文化和族群中，结果都表明了父爱的力量，这是鼓励和支持父亲参与养育孩子的理由。

7. 依恋与后期发展

根据精神分析和习性学理论，内心的爱和安全感源自健康的依恋关系，它有助于心理各个方面的健康发展。与这种观点一致，一项扩展的追踪研究发现，与具有不安全依恋的儿童相比，婴儿期形成了安全依恋的儿童，在幼儿期往往被教师评定为，具有更高的自尊，社会交往能力和共情能力更强。对 11 岁儿童的夏令营活动进行的研究发现，婴儿期形成安全依恋的儿童被老师评价为具有更强的社交技能。当这些执行机能良好的小学生成为青少年和年轻人时，他们继续受益于更富有支持性的社交网络，形成更稳定和令人满意的恋爱关系，并获得更高水平的教育 (Elicker, Englund, & Sroufe, 1992; Sroufe, 2002; Sroufe et al., 2005)。

一些研究者认为，这些发现表明，婴儿时期的安全依恋关系会促成后期的认知、情感和社交能力的提升。但是也有相反的证据。其他追踪研究发现，安全型婴儿的表现一般好于不安全型婴儿，但并非总是如此 (Fearon et al., 2010; McCartney et al., 2004; Schneider, Atkinson, & Tardif, 2001; Stams, Juffer, & van IJzendoorn, 2002)。

是什么原因导致了结果的不一致呢？许多证据显示，养育行为的持续性决定了依恋的安全性是否与后期发展相关 (Lamb et al., 1985; Thompson, 2013)。如果父母不仅在婴儿期，而且在以后的若干年中都保持敏感的反应性，孩子通常会得到良好的发展。相反，如果父母教养行为缺乏敏感性，或者长期处于消极的家庭环境，孩子往往会形成持久的不安全依恋模式，并面临更大的发展困难风险。

仔细分析父母养育和子女适应能力之间的关系，可以支持这种解释。混乱型依恋，这种与父母严重的心理问题和高度适应不良的养育方式相关的类型，与童年期的内化和外化困难高度相关 (Moss et al., 2006; Steele & Steele, 2014)。研究者

206

 学以致用　　　　　**鼓励婴儿与哥哥姐姐建立情感联结**

建议	做法
多花些时间与大孩子在一起。	父母可减少大孩子失宠的感觉，腾出时间和较大的孩子在一起。父亲可给予特别的帮助，制订和大孩子在一起及照看小孩子的计划，保证妈妈能和大孩子多在一起。
耐心处理大孩子的错误行为。	对大孩子的错误行为和被关注的需求做出耐心反应，意识到孩子的这些反应只是暂时的。给大孩子提供机会，使他们为自己比弟弟妹妹更成熟而自豪。例如，鼓励大孩子给弟弟妹妹喂饭、洗澡、穿衣和拿玩具，并对这些努力表示感谢。
讨论弟弟妹妹的需要和意图。	和大孩子讨论弟弟妹妹的感受和意图，通过帮助大孩子理解小孩子的欲望，父母能促进他们友好的、体谅人的行为。例如，"他这么小，等不得别人去喂他""他想拿那个摇铃，但是够不着"。
对配偶表达积极情绪并进行有效的共同抚养。	夫妻相互支持对方的养育行为，这种良好的沟通可以帮助大孩子克服嫉妒心和冲突行为。

对1～3岁大样本儿童进行了追踪考察，结果发现，那些有安全依恋经历且父母教养敏感的儿童在认知、情感和社会成就方面得分最高。小时候是不安全依恋、父母教养也不敏感的儿童得分最低。而那些依恋和父母教养敏感性中等的儿童，得分介于二者之间 (Belsky & Fearon, 2002)。

虽然婴儿期的安全依恋不能保证持续良好的教养，但它确实使亲子关系走在一条积极的道路上。早期温暖、积极的亲子纽带，随着时间推移，持续促进儿童许多方面的发展：更加自信和更复杂的自我概念，更高级的情感理解力，更强的努力控制，更有效的社交技能，较强的道德责任感，以及更强的在学校取得好成绩的动机 (Drake, Belsky, & Fearon, 2014; Groh et al., 2014; Viddal et al., 2015)。但是早期依恋安全性的效果是有条件的，它取决于婴儿未来关系的质量。我们将在以后的章节中再次看到，依恋只是对儿童心理发展有复杂影响的因素之一。

思考题

联结　对照本章边页189关于情绪自我调节的研究，解释安全型依恋的婴儿的早期经历是怎样促进其情绪自我调节能力的发展的。

应用　当瓦内莎把蒂米从托儿所接回来的时候，蒂米表现出了哪种依恋模式？什么因素影响了他的反应？

反思　你的内部心理作用模型有什么特点？除了你与父母的关系以外，还有哪些因素对它产生了影响？

五、自我的发展

6.9　描述婴儿期和学步期自我觉知的发展及其对情绪和社交能力的支持

婴儿期是儿童身体发育和社会理解能力形成和丰富的时期。第5章曾讲到，婴儿已经懂得了客体的永存性。本节将看到，在1岁前，婴儿能够懂得别人的情绪，并做出恰当的反应，还能区分熟人和生人。对婴儿来说，物体和人都是独立、稳定的存在，这一认识说明婴儿开始把自己当作一个独立的、具有永存性的实体。

1. 自我觉知

卡罗琳经常在给凯特琳洗完澡之后，把她抱到浴室的镜子前。几个月的时候，凯特琳就会对着她自己的镜像微笑，做出友好的反应。从什么时候开始，她知道镜子里那个盯着她看、对着她笑的可爱宝宝就是她自己呢？

（1）自我觉知的开端

出生时，婴儿就意识到他们的身体与周围环境是分离的。例如，新生儿对外界刺激（成人触摸其脸颊）的反应，大大强于自我刺激（自己的手碰到自己的脸颊）的反应 (Rochat & Hespos, 1997)。新生儿的联合知觉能力（见第4章边页143）为自我觉知的产生打下基础 (Rochat, 2013)。当他们能感受到自己的触摸，能感受并看到自己肢体的运动，能感受并听见他们自己哭的时候，婴儿就有了协调和匹配各种知觉的能力，开始把自己的身体与周围的物体和其他人区别开来。

在前几个月，婴儿能把他们自己的视觉映像与其他刺激的视觉映像区别开来，但此时他们的自我觉知还非常有限——只表现在知觉和动作方面。给3个月婴儿同时呈现两段他们踢腿的录像画面，一段从他们自己的角度（摄像机放在婴儿的后面），另一段从观察者的角度（摄像机放在婴儿对面），婴儿看那段从观察者角度拍摄的、他们不熟悉的录像的时间更长一些 (Rochat, 1998)。4个月的时候，婴儿对着录像中的他人看或笑的时间，要比对着录像中的自己看或笑的时间更长，这表明他们把别人（而不是他们自己）当作社交伙伴 (Rochat & Striano, 2002)。

在实时视频中，把自己肢体和面部动作与他人区分开来，这反映了一种内隐的觉知，即自我与周围的别人是不同的。内隐的自我觉知还表现在小婴儿的社会期望中，例如，当与一个反应迅捷的成人面对面的互动被打断时，他们会表现出抗议或退缩（见边页 185）。这些自我体验的早期迹象是外显的自我觉知——认识到自我是客观世界中的一个独特客体——的发展基础。

（2）外显的自我觉知

1 岁以后，学步儿开始觉知到自己的身体特征。研究中，把 9~28 个月的婴儿放在镜子前面。然后，妈妈借口给孩子擦脸，在孩子的鼻子或前额上涂上一点红色。年龄小的婴儿会去摸镜子，好像那个红点跟他们无关。但是 18~20 个月的婴儿大多会摸或擦自己的鼻子或前额，表明他们已经知道了自己独特的外表 (Bard et al., 2006; Lewis & Brooks-Gunn, 1979)。

2 岁左右，儿童能够**自我辨认** (self-recognition)，知道自己的身体是与众不同的唯一存在。儿童会指着照片中的自己，用名字或第一人称"我"来指代自己 (Lewis & Ramsay, 2004)。不久，儿童就能在比镜子更少细节和更小精确度的图像中认出自己。2 岁半左右，多数儿童会在看直播视频时去摸被悄悄贴在他们头上的贴纸片。3 岁左右，多数儿童都能认出自己的影子 (Cameron & Gallup, 1988; Suddendorf, Simcock, & Nielsen, 2007)。

但是，学步儿会犯**比例尺错误** (scale errors)，试图做以他们的体型无法做到的事情。例如，他们会试着穿上洋娃娃的衣服，坐在洋娃娃大小的椅子上，或者想走过对他们来说太窄而无法通过的门口 (Brownell, Zerwas, & Ramani, 2007; DeLoache et al., 2013)。可能是因为学步儿对自己身体大小缺乏准确的了解。或者，他们可能只是在探索，看挤进有限制的空间后果会如何，因为当伤害自己的风险很高时，他们很少会尝试，例如，一个很窄的门紧靠一个可能会摔下去的窗台 (Franchak & Adolph, 2012)。比例尺误差在 2~3 岁逐渐下降。

哪些经验有助于增强自我觉知？1 岁前，当

这个 20 个月的女孩对着镜子做鬼脸，这是对镜子里自己的一种顽皮的反应，表明她意识到自己是一个独立的存在，并认识到自己独特的身体特征。

婴儿对环境进行操作时，他们可能会注意到可以帮助他们把自我、他人和客体进行分类的那些影响 (Nadel, Prepin, & Okanda, 2005; Rochat, 2013)。例如，拍打一个可移动物体，看到它以不同于婴儿自己的方式摆动，这就告诉了婴儿自我和物质世界之间的关系。对着养育者微笑、发声，如果养育者也回以微笑，跟他们说话，这就帮助他们理解了自我和周围人之间的关系。这些经验之间的对比，帮助小婴儿感觉到他们与外部现实是分开的。此外，经常与养育者共同注意周围事物的 18 个月的婴儿在外显的自我觉知方面领先，他们比预期年龄更早地辨认出镜子中的自己 (Nichols, Fox, & Mundy, 2005)。共同注意给学步儿提供了很多机会，来比较自己和他人对物体和事件的反应，这可能会增强他们对自己身体独特性的觉知。

早期自我发展也有文化差异。在一项调查中，德国和东印度的城市中产阶级幼儿比非西方农业社会，如喀麦隆农村的恩索人和东印度农村家庭的幼儿更早做出镜像自我辨认（见图 6.4）(Kärtner et al., 2012)。德国城市和东印度城市的母亲相当重视自主教育目标，包括增进个人才能和兴趣，表达自己的偏好，这些都能有力地预测早期镜像自我辨认成绩。相比之下，恩索和东印度农村的母亲看重关系教育目标——父母说什么就

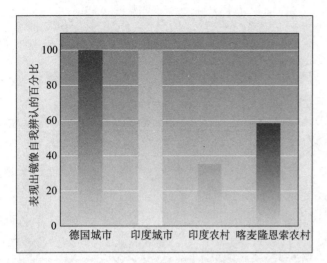

图 6.4　四种文化中 19 个月儿童的镜像自我辨认
德国城市中产阶层和东印度城市的母亲看重自主教育，其孩子的镜像自我辨认早于东印度农村和喀麦隆恩索农村的学步儿，而后者的母亲看重关系教育目标。资料来源：Kärtner et al., 2012.

做什么，与他人分享。在相关研究中，恩索的学步儿虽然在镜子自我辨认方面有延迟，但与母亲鼓励孩子自主的希腊城市中产阶级学步儿相比，他们更早表现出顺从成人要求的能力 (Keller et al., 2004)。

（3）自我觉知与早期情绪的社会性发展

自我觉知很快成为儿童情绪和社交生活的核心部分。前面讲过的自我意识的情感就依赖于明确的自我感。自我觉知还帮助儿童做出理解别人观点的最初努力。经历过敏感养育的较大学步儿运用自己较强的分辨能力，分辨出自己身上发生的事情和别人身上发生的事情不同，从而释放出最初的**共情** (empathy) 信号，共情即理解另一个人的情绪状态、与这个人共同感受，或以相似方式做出情绪反应。例如，当别人痛苦时，他们表达关心，并可能会给那人一个他们自己感觉舒适的东西，如一个拥抱、一句安慰话、一个好玩的娃娃或小毯子 (Hoffman, 2000; Moreno, Klute, & Robinson, 2008)。

最后，伴随学步儿更明确的自我感而形成的观点采纳，使他们能够合作解决玩具和游戏中的争端 (Caplan et al., 1991)。它还会形成怎样惹恼别人的觉知。一个 18 个月的孩子听到她妈妈和另一个大人谈论姐姐安妮的事情："安妮真的很怕蜘蛛。"(Dunn, 1989, p. 107) 于是那个看起来很天真的小孩跑到卧室，拿着一只玩具蜘蛛回来，把它拿到安妮的脸前！

2. 自我分类

2 岁末，语言开始成为自我发展的有力工具。它使儿童能够更清楚地表征自己，于是他们的自我觉知大大增强了。18~30 个月，儿童开始根据年龄（"宝宝""男孩""男人"）、性别（"男孩""女孩"）、身体特征（"很大""很壮"）甚至好坏（"我是一个好女孩""托米很小气"）把自己和别人进行分类，开始形成**分类自我** (categorical self) (Stipek, Gralinski, & Kopp, 1990)。

学步儿利用他们对这些社会分类的有限知识来组织自己的行为。例如，儿童说出自己性别的能力与他们的性别成见的增多有关。17 个月时，学步儿就会选择适合他们性别的玩具，女孩选择娃娃和茶具，男孩选择卡车和小汽车，玩这些玩具时也更投入。他们标记自己性别能力的发展，预示着在接下来的几个月里，这些性别化的游戏偏好会急剧上升 (Zosuls et al., 2009)。当幼儿表现出性别分类行为时，父母会给予更积极的回应，从而鼓励了这种行为 (Hines, 2005)。第 8 章还要讲到，性别角色行为在幼儿期增加得更快。

3. 自我控制

自我觉知还影响着努力控制，这是儿童抑制

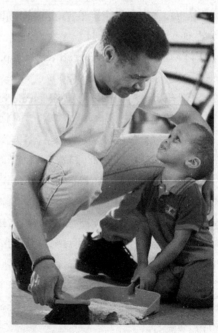

这位父亲鼓励顺从和自我控制。学步儿带着一种热切、自愿的精神来做这件事，表明他把大人的指令当成了自己的指令。

冲动、克服消极情绪、以社会可接受的方式表现的能力。研究表明，稳定的自我觉知为 2 岁之后努力控制的组织和稳定性打下基础。要实现自我控制，儿童必须把自己看作一个独立、自主、能指导自己行为的人。他们还必须具有表征和记忆能力，以回忆起养育者的指示（"凯特琳，不要碰那个插座！"），并用这种指示来指导自己的行为。

这些能力出现在 12~18 个月，这时，学步儿开始能够顺从 (compliance)。他们表现出对养育者的希望和期待的明确自我觉知，并能遵从简单的要求和命令。每个父母都知道，这么大的孩子还会做一些与成人指示对立的事情。但是对多数孩子来说，与违拗和对抗同时发生的，是一种热切、自愿的精神，这表明儿童开始把成人的指令当作对自己的指令 (Dix et al., 2007; Kochanska, Murray, & Harlan, 2000)。听话很快使学步儿出现了最初的类似良心的语言，例如，在够一块点心或跳上沙发之前对自己说"不行，不行"。

在考察自我控制的早期表现时，研究者往往会设计延迟满足 (delay of gratification) 的任务，让儿童在一个地方等一段时间才能去做一件有诱惑力的事情。半岁至 4 岁之间，儿童在吃东西、打开礼物、玩玩具之前等待的能力逐渐增强 (Cole, LeDonne, & Tan, 2013; Vaughn, Kopp, & Krakow, 1984)。注意力、语言和控制消极情绪方面发展较好的儿童，在延迟满足任务中表现得也较好，这一发现有助于解释为什么女孩的自我控制力比男孩好 (Else-Quest, 2012)。

就像努力控制一样，幼儿延迟满足的能力也受到养育质量的影响。经历过父母疼爱和鼓励的学步儿和幼儿更有可能表现得乐于合作并能抵制诱惑。这种能做出耐心的非冲动行为榜样的父母，对情绪容易激动的儿童来说尤其重要 (Kochanska, Aksan, & Carlson, 2005; Kochanska & Kim, 2014)。回顾边页 195，你会发现，这些研究结果又提供了一个例子，说明气质与教养方式之间的良好匹配何等重要。

随着儿童自我控制能力的增强，父母也逐渐扩展了希望学步儿遵守的规则，从注重安全、尊重他人、爱惜财物，到遵守生活常规、讲礼貌和简单琐事 (Gralinski & Kopp, 1993)。但是，学步儿控制行为的能力仍然需要父母不断的监控和提醒。如果要让凯特琳停止玩，与父母一起做一件事，那么一定的提醒（"记住，我们几分钟后就出发"）和坚持是必需的。这一点，可参考本页"学以致用"栏"怎样培养婴儿的顺从和自我控制"。

到 2 岁末，卡罗琳、莫妮卡和瓦内莎为他们的孩子乐意学习社会规则而感到高兴。我们将在第 8 章讨论，认知和语言发展、父母的疼爱和对成熟性的合理要求，能使幼儿在这方面获得巨大进步。

 学以致用

怎样培养婴儿的顺从和自我控制

建议	原理
对学步儿做出敏感、鼓励的反应。	父母敏感、教养有方但有时果断拒绝，会使学步儿更听话，有更好的自我控制能力。
当要求学步儿必须停下有趣的活动时，提前提醒。	学步儿停止正在做的喜欢的事比等着开始渴望的活动更难。
多催促提醒。	学步儿的记忆和遵守规则的能力有限，需要成人不断监督和耐心帮助。
对自控行为用言语和身体动作加以赞许。	表扬和拥抱能强化适当行为，提高它再次发生的概率。
鼓励选择性的持久的注意力（见第 5 章边页 161-162）。	注意的发展与自我控制有关。儿童能把注意力从一个有诱惑力的刺激转移到一个吸引力不强的刺激，就能更好地控制冲动。
重视语言发展（见第 5 章边页 178-179）。	1 岁以后，儿童开始用语言提醒自己记住成人的期望，做到延迟满足。
逐渐增加符合学步儿能力的规则。	随着认知和语言进步，学步儿开始能遵守有关安全、尊重他人、爱惜财物、生活常规和简单事务的规则。

209

思考题

联结 什么样的教养方式能促进情绪自我调节、安全依恋和自我控制的发展？为什么？对这三种心理成分它是否都有效？

应用 莱恩是一个1岁婴儿和一个2岁学步儿的爸爸，他想知道孩子能否认出自己。说说莱恩在孩子1岁以后能在他们身上看到哪些自我辨认行为。

反思 根据对学步儿的顺从、积极抵抗和正在发展的延迟满足的能力的研究，你认为常用来形容学步儿行为的"可怕的2岁"的说法恰当吗？请解释。

本章要点

210

一、埃里克森关于婴儿与学步儿人格的理论

6.1 在埃里克森的基本信任对不信任、自主性对羞怯和怀疑阶段，人格有何变化？

■ 温暖、快速反应的养育有助于婴儿解决埃里克森理论所说的**基本信任对不信任**这一心理冲突，使之朝着积极方面发展。

■ 在学步期，如果父母能给孩子提供恰当的引导与合理的选择，**自主性对羞怯和怀疑**这一心理冲突就能顺利得到解决。如果儿童在前两年没有形成充分的信任和自主性，以后就可能会出现适应问题。

二、情绪的发展

6.2 描述儿童0~1岁基本情绪的发展及其适应机能

■ 在0~6个月，**基本情绪**逐渐变成清晰而组织良好的信号。**社交微笑**出现在6~10周，大笑出现在3~4月。愉快增强了亲子纽带，微笑和大笑都可反映并促进动作、认知和社会性发展。

■ 愤怒和恐惧，尤其是**陌生人焦虑**，由于婴儿的认知和动作技能的进步，在7个月以后迅速增强。刚具备运动能力的婴儿把熟悉的养育者作为**安全基地**来探索周围环境。

6.3 总结婴儿前两年在理解他人情绪、表达自我意识的情感和情绪自我调节方面的变化

■ 理解他人情感表达的能力在1岁以前得到发展。8~10个月，婴儿出现**社交参照**。1岁半左右，婴儿知道别人的情绪反应与自己可能不同，他们用社交参照收集关于他人意图和偏好的信息。

■ 在学步期，自我觉知和成人指导为**自我意识的情感**打下基础，这包括内疚、羞愧、尴尬、嫉妒和自豪等。由于前额皮层机能更有效、养育者使婴儿增强了对刺激的容忍度，以及婴儿转换注意的能力增强，婴儿开始能够进行**情绪自我调节**。如果养育者在情感上关爱但是设定一些限制，学步儿和幼儿便能够形成更有效的调节愤怒情绪的策略。

三、气质与发展

6.4 什么是气质，如何测量？

■ 在儿童中有巨大差异的**气质**是早期表现出来的、个体差异巨大的反应性与自我调节特征。在纽约追踪研究中发现了三种类型的气质——**易照养儿童**、**难照养儿童**和**慢热儿童**。现在，影响最大的气质模型包含的维度有情绪、注意力和行动，以及**努力控制**，即调节自己反应性的能力。

■ 气质可以通过父母报告、其他熟人对儿童行为的评价以及实验室观察来测量。多数神经生物学研究注重区分**抑制型儿童或害羞儿童**，与非抑制型儿童或善交际儿童。

6.5 讨论遗传和环境对气质稳定性的影响以及良好匹配模型

■ 一般来说，气质具有低到中度的稳定性。气质随年龄而发展而且可能因经验而改变。3岁以后，儿童的努力控制获得本质进步，此时做出的预测结果最佳。

■ 气质的种族和性别差异可能具有遗传基础，但也受到文化观念和实践的影响。

■　气质影响着对养育经验的不同敏感性。带有短 5-HTTLPR 基因型的儿童，若生活在父母教育不当的环境，会面临自我调节不良和机能损害的高风险，若父母教育得当，他们的受益也最大。父母往往喜欢强调几个孩子之间的气质差异。

■　根据**良好匹配模型**，如果养育方法秉承认可孩子气质、同时鼓励更具适应性的机能的理念，会促进良好适应能力的形成。

四、依恋的发展

6.6　描述 0~2 岁依恋的发展

■　关于**依恋**，一种被广泛接受的观点是**习性学理论**。它认为，婴儿与养育者之间的情感联结可

以促进生存的进化反应。在婴儿早期，与生俱来的信号把婴儿引入与其他人的密切联系中。婴儿很快就能自如、平静且较快地与熟悉的养育者而不是陌生人交流。

■　婴儿在 6~8 个月开始出现**分离焦虑**，婴儿把父母作为安全基地，标志着真正依恋纽带的形成。随着表征和语言能力的发展，分离抗议逐渐减少。儿童从早期养育经验中建构起**内部心理作用模型**，它对未来的亲密关系起指导作用。

211　6.7　研究者如何测量依恋安全性，依恋的影响因素有哪些，它对后期发展有何意义？

■　**陌生情境法**是测量 1~2 岁儿童依恋特征的一种实验室技术。研究者用它区分出四种不同的依恋模式：**安全型依恋、回避型不安全依恋、拒绝型不安全依恋和混乱型依恋**。**Q 分类法**是另一种测量依恋的方法，以家庭观察为基础，得出从低到高的安全性分数，适用于 1~5 岁儿童。

■　在中等社经地位家庭中，享有良好生活条件的安全型依恋儿童比不安全型依恋儿童更容易保持其依恋模式。混乱型依恋与其他类型相比，具有最大的稳定性。在解释依恋模式时，必须考虑文化条件。

■　婴儿可能与一个或几个成人形成亲密的依恋关系，敏感的养育、儿童气质与父母教养行为的匹配、家庭环境等因素都会影响依恋的质量。在一些文化中，安全型依恋儿童大多受到同步互动的养

育。父母的内部心理作用模型是婴儿依恋模式的良好预测指标，但是父母的童年期经历不会直接转化为其子女的依恋特征。

■　影响依恋安全性的因素有：早期是否有一个固定的养育者、养育质量、婴儿的气质与父母养育方式的匹配度和家庭状况。

敏感的养育和安全依恋有中度相关。

■　在西方文化中，**同步互动**是多数安全型依恋婴儿拥有的经历。在非西方农业社会和亚洲文化中，敏感的养育者和婴儿保持密切接触，并抑制其情绪表达。

■　养育方式的连续性是依恋安全性与后期发展关系的重要决定因素。如果养育方式能得到改进，儿童就能告别不安全依恋的历史。

6.8　描述婴儿多重依恋的能力

■　婴儿可对父亲形成强烈的亲密情感，父亲与婴儿玩刺激性身体游戏的时间通常比母亲多。

■　出生不久，婴儿就与哥哥姐姐形成丰富的情感关系，这种情感混合了竞争、怨恨、喜爱与同情心。兄弟姐妹间关系质量的个体差异受到气质、父母养育方式和父母婚姻质量的影响。

五、自我的发展

6.9　描述婴儿期和学步期自我觉知的发展及其对情绪和社交能力的支持

■　刚出生时，婴儿感觉到他们的身体与周围环境是不同的，这种内隐的自我觉知在前几个月里得到扩展。1 岁半左右，外显的关于自己身体特征的觉知出现。2 岁左右，学步儿能够清楚地**自我辨认**，可以认出照片中的自己并知道自己的名字。但这一年龄经常出现

比例尺错误，学步儿会试图做一些与他们的身体大

小不相称的事情。

■　自我觉知使学步儿开始了解别人的观点，包括出现了早期**共情**信号。随着语言能力的增强，儿童形成了**分类自我**，把自己和别人根据社会类别加以分类。

■　自我觉知对自我控制有贡献。顺从行为在 12～18 个月时出现，随后出现**延迟满足**，并在 1 岁半至 4 岁之间加强。拥有温暖、爱鼓励的父母的儿童，在自我控制方面占优势。

重要术语和概念

attachment (p. 196) 依恋

Attachment Q-Sort (p. 198) 依恋的 Q 分类法

autonomy versus shame and doubt (p. 184) 自主性对羞怯和怀疑

basic emotions (p. 185) 基本情绪

basic trust versus mistrust (p. 184) 基本信任对不信任

categorical self (p. 208) 分类自我

compliance (p. 209) 顺从

delay of gratification (p. 209) 延迟满足

difficult child (p. 190) 难照养儿童

disorganized/disoriented attachment (p. 198) 混乱型依恋

easy child (p. 190) 易照养儿童

effortful control (p. 191) 努力控制

emotional self-regulation (p. 189) 情绪自我调节

empathy (p. 208) 共情

ethological theory of attachment (p. 196) 依恋的习性学理论

goodness-of-fit model (p. 195) 良好匹配模型

inhibited, or shy child (p. 191) 抑制型儿童或害羞儿童

insecure-avoidant attachment (p. 198) 回避型不安全依恋

insecure-resistant attachment (p. 198) 拒绝型不安全依恋

interactional synchrony (p. 200) 同步互动

internal working model (p. 197) 内部心理作用模型

scale errors (p. 207) 比例尺错误

secure attachment (p. 198) 安全型依恋

secure base (p. 186) 安全基地

self-conscious emotions (p. 188) 自我意识的情感

self-recognition (p. 207) 自我辨认

sensitive caregiving (p. 207) 敏感的养育

separation anxiety (p. 197) 分离焦虑

slow-to-warm-up child (p. 190) 慢热儿童

social referencing (p. 188) 社交参照

social smile (p. 185) 社交微笑

stranger anxiety (p. 186) 陌生人焦虑

strange situation (p. 197) 陌生情境法

temperament (p. 190) 气质

uninhibited, or sociable child (p. 191) 非抑制型儿童或善交际儿童

婴儿期和学步期发展的里程碑 ①

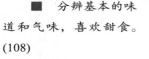
出生~6个月

身体

■ 身高体重快速增长。(116)

■ 新生儿反射减少。(101–103)

■ 分辨基本的味道和气味，喜欢甜食。(108)

■ 反应可被分类且会做操作条件作用。(130–131)

■ 对不变化的刺激习惯化，对新刺激反应恢复。(131–132)

■ 睡眠日益有组织地进入昼夜模式。(125)

■ 头直立，翻身，抓握物品。(134, 136)

■ 以有组织的模式知觉视听刺激。(138, 140, 141–142)

■ 出现对移动的敏感性，双眼视觉，对图画的深度知觉。(140–141)

■ 识别并偏好人的面孔模式，辨认母亲的面孔特征。(143)

■ 掌握大量跨模式（视觉、听觉和触觉等）关系。(144)

认知

■ 对成人表情的即时模仿和延迟模仿。(132–133, 154)

■ 重复偶然行为产生愉快有趣的结果。(151–152)

■ 对一些物理属性（如客体永存性）和基本的数字知识产生觉知。(153–154, 158–159)

■ 视觉搜索行为和对视觉事件的再认记忆有进步。(161, 162)

■ 注意更为有效、灵活。(161)

■ 根据相似的物理属性对熟悉的物体进行分类。(163–164)

语言

■ 咕咕声，此时期结束时出现咿呀语。(175)

■ 开始形成与养育者的共同注意，养育者给客体和事件命名。(176)

■ 上面阶段结束时可理解一些词的意义。(176)

情绪/社会性

■ 出现社交微笑和大笑。(185)

■ 在面对面交流时与养育者匹配情感，并期望相匹配的反应。(188)

■ 根据声调和表情分辨积极和消极情绪。(188)

■ 情绪表达更有组织并与环境事件有意义地相联系。(185)

■ 借助转换注意和自我安抚调节情绪。(189)

■ 对养育者比对陌生人更多地微笑和大笑。(197)

■ 日益把自我身体觉知与周围环境加以区分。(207)

7~12个月

身体

■ 接近成人的睡眠—觉醒模式。(125)

■ 自己坐、爬和走。(134)

■ 够拿和抓握的灵活性和准确性有进步，出现更精细的钳形抓握。(137)

■ 能分辨各种面部表情，如高兴、惊讶、悲伤、害怕和生气。(143)

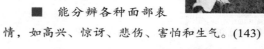

认知
■ 出现有意的或有目的的行为。(152)
■ 找到在原处被掩盖的物体。(152)

■ 对成人操作物体的行为进行延迟模仿，表明回忆能力有了进步。(154–155, 163)
■ 出现使用工具解决问题的行为，通过和以前问题的类比解决简单问题。(155)
■ 即使在类别之间的知觉反差很小的情况下，仍能根据物品的精细特征对其加以分类。(164)

语言
■ 咿呀语扩展，出现很多口语声音和儿童语言模式。(176)
■ 与养育者的共同注意更准确。(176)
■ 玩轮流游戏，如拍蛋糕和藏猫猫。(176)
■ 使用前语言手势影响别人行为并传递信息。(176)
■ 此阶段末期能理解词语的替代性参照，说出最早的词。(155–156, 177)

情绪 / 社会性
■ 微笑和大笑的次数增多，表达性增强。(185)
■ 生气和害怕的次数和强度增加。(185)
■ 出现陌生人焦虑和分离焦虑。(186, 197)
■ 把养育者当作安全基地去探索环境。(186)
■ 对熟悉的养育者表现出明确的依恋。(197)
■ 日益理解别人情绪表达的意义，出现社交参照。(188)
■ 借助接近和离开刺激来调节情绪。(189)

13~18个月

身体
■ 身高和体重快速增长但速度不如1岁前。(117)
■ 走路更协调。(135–136)
■ 操纵小物体的动作更协调。(137)

认知
■ 用新操作方法探索物体的属性。(152)
■ 从多个位置找到被隐藏物体。(152)

■ 在较长延迟后，能够跨情境（从托儿所到家）延迟模仿成人操纵物体的行为。(154–155)
■ 保持注意的时间延长。(161–162)
■ 回忆能力进一步提高。(163)
■ 能把物体进行分类。(164)

■ 懂得图片是真实客体的象征符号。(156)

语言
■ 词汇量稳步增加。(175, 177)
■ 此阶段末期会说50个词。(175)

情绪 / 社会性
■ 懂得别人的情绪反应可能和自己不同。(188)
■ 听从简单的指令。(209)

19~24个月

身体
■ 在帮助下爬楼梯，跳和踮脚走。(134)
■ 以良好的调节能力操纵小物件。(137)

认知
■ 突然地用表征解决问题。(152)
■ 找到被隐藏到视野外的物体。(152)
■ 利用日常生活的简单行动经验玩假装游戏。(153, 168)
■ 即使不能完全做到，也要延迟模仿成人试图做的事情。(155)
■ 在常见机能或行为基础上，从概念上对物品加以分类。(164–165)
■ 开始把语言当作灵活的符号工具修正已有的心理表征。(156)

语言
■ 掌握200~250个词。(175)

■ 会说双词句。(177)

情绪 / 社会性

■ 出现自我意识的情感，如羞愧、尴尬、内疚、嫉妒和自豪。(188–189)

■ 学会说表达情感的词。(189)

■ 开始用语言帮助进行情绪自我调节。(189–190)

■ 开始更能容忍养育者不在场，分离焦虑减轻。(197)

■ 本阶段结束时能辨认自己的图像，能使用自己的名字或人称代词指代自己。(207)

■ 出现共情的迹象。(208)

■ 根据年龄、性别、生理特征和好与坏，对自己和别人加以分类。(208)

■ 表现出带有性别成见的玩具偏好。(208)

■ 能够延迟满足，显示出自我控制能力的增强。(209)

第四篇

幼儿期：2～6岁

幼儿期身体发育与认知发展

一位教师带着三四岁的幼儿到城市里的池塘游玩，她给孩子们讲金鱼的特点，并对孩子们的观察和问题做出回应。在与成人、同伴进行的丰富对话支持下，语言和关于周围环境的知识在幼儿期得以迅速扩展。

十几年来，我所在的四楼办公室，都能看到窗外实验幼儿园的操场。在秋天和春天风和日丽的清晨，教室门都要打开，沙桌、黑板、大块积木组成一个小小庭院。小楼周边有一片草地。那儿有健身器材、秋千、玩具房和孩子们培育的花房。还有一条供三轮车和马车走的圆形小道。每天，这个场景都这么生动活泼，活力盎然。

2~6岁被称为"玩的年龄"，因为游戏在这个年龄最丰富多彩，而且越来越复杂、灵活和符号化。本章，我们先从身体发育的成果讲起，包括脑发育和动作协调性的改善。我们尤其关注促成这些变化的遗传和环境因素以及它们与其他领域发展的密切关系。

接着，我们从皮亚杰的前运算阶段开始，介绍幼儿期的认知发展。近期的研究，包括维果茨基社会文化理论和信息加工学说，扩展了我们对幼儿认知能力的理解。最后介绍促进幼儿期心理发展的因素，如家庭环境、幼儿和儿童保育的质量、幼儿花数小时看的电视、电脑和其他电子设备。最后将总结幼儿期语言的迅速发展。

第一部分　身体发育

一、身体和脑的变化

7.1　描述幼儿期身体生长和脑发育

体格的增长速度在幼儿期减慢，身高每年平均增长 5~8 厘米，体重每年平均增加 2.3 公斤。男孩仍然比女孩略高。"婴儿肥"的现象减少，儿童逐渐变瘦，有些女孩体重比男孩略占优势，男孩则显得肌肉强健。如图 7.1 所示，5 岁时，原本头大身子小、罗圈腿、大肚子的学步儿，身体成了流线型，肚子变扁平了，腿也变长了，身体比例接近于成人。因此，儿童的姿势和平衡性增强，动作的协调性越来越好。

身高体重的个别差异在幼儿期比婴儿期和学

威尔逊 3 岁

威尔逊 3 岁半

威尔逊 4 岁半

威尔逊 5 岁

玛丽埃尔 2 岁半

玛丽埃尔 4 岁

玛丽埃尔 4 岁半

玛丽埃尔 5 岁

图 7.1　幼儿期身高和体重的变化
幼儿期身体发育速度比婴儿期和学步期慢。威尔逊和玛丽埃尔的身体变成了流线型，肚子变扁平了，腿也变长了。男孩比女孩略高，体重稍重，肌肉略发达。但男孩和女孩的身体比例和活动能力相似。

步期更明显。5 岁的戴利正沿着游戏场的跑道奔跑，他身高 1.22 米，体重 25 公斤，他甚至能够俯视幼儿园的其他同学。（北美 5 岁男孩的平均身高是 1.09 米，平均体重 19 公斤。）普里提，一个亚洲印度裔儿童，身材异常矮小，是由于与她的文化祖先有关的遗传因素。哈尔是一个来自贫困家庭的欧洲裔美国孩子，他的身高体重远低于平均水平，原因我们稍后讨论。

1. 骨骼发育

婴儿期的骨骼发育趋势一直持续到童年期。2～6 岁，大约 45 个新的骨骺即软骨变为骨骼的生长点，在骨骼的不同部位出现。用 X 射线检查这些生长点，医生可以判断儿童的骨龄或走向生理成熟的进程（见第 4 章边页 117），这些信息有助于诊断发育障碍。

幼儿晚期，乳牙开始脱落。乳牙脱落的年龄受遗传影响很大。例如，女孩身体发育要早于男孩，乳牙脱落也早些。环境因素，尤其是长时间的营养不良，会延缓恒牙的长出，超重和肥胖则会加速恒牙的生长 (Costacurta et al., 2012; Heinrich-Weltzien et al., 2013)。

乳牙的保健非常重要，因为乳牙坏损会影响恒牙。坚持刷牙，少吃高糖食物，饮用含氟的水，进行局部的氟化物治疗或戴牙套（牙套是用来保护牙齿表面的塑料薄层）可以预防龋齿。另一个影响恒牙健康的因素是经常处在吸烟环境中。它会损坏儿童的免疫系统，降低他们对细菌的抵抗力。家里有人吸烟，儿童患龋齿的风险更高 (Hanioka et al., 2011)。

据估计，约 23% 的美国儿童患有蛀牙，小学期这一比例上升到 50%，18 岁时达到 80%。原因包括不良的饮食和牙齿保健不足，这些因素对低社经地位儿童影响更大 (Centers for Disease Control and Prevention, 2015e)。

2. 脑发育

在 2～6 岁时，儿童脑重从成人脑重的 70% 发展到 90%。与此同时，幼儿各方面的技能，如身体协调性、知觉、注意、记忆、语言、逻辑思维和想象能力等，都得到很大提高。

4～5 岁时，儿童大脑皮层的许多部分产生了过多的突触。在某些区域，如前额皮层，突触的数量几乎是成年人的两倍。突触生长和神经纤维的髓鞘化共同作用产生了高能量需求。fMRI 研究显示，大脑皮层的能量代谢在这一年龄达到顶峰 (Nelson, Thomas, & de Haan, 2006)。突触修剪随之而来：很少受到刺激的神经元失去连接纤维，突触数量逐渐减少。8～10 岁时，儿童大部分皮层区域的能量消耗降低到接近成年水平 (Lebel & Beaulieu, 2011)。认知能力在皮层的不同区域逐渐定位，这些脑区相互连接，形成协调的神经机能网络，支持儿童的发展能力 (Bathelt et al., 2013; Markant & Thomas, 2013)。

EEG、NIRS 和 fMRI 对神经活动的测量显示，从幼儿期到小学期，掌管各种执行机能的前额皮层区增长尤其迅速，掌管抑制、工作记忆、思维灵活性和计划能力的区域在幼儿期得到显著提高 (Müller & Kerns, 2015)。对于大多数儿童来说，大脑左半球在 3～6 岁非常活跃，然后趋于平稳。大脑右半球的活动在整个幼儿期和小学期稳步增加 (Thatcher, Walker, & Giudice, 1987)。

这些研究发现与我们所了解的认知发展的各方面情况大体一致。语言技能（由大脑左半球主管）在幼儿期以惊人的速度发展，它有助于增强儿童的执行机能。但空间能力（主要由大脑右半球主导），如认路、绘画、识别几何图形等，在小学期和青少年期才逐渐发展。

大脑两半球发育速率的差异显示，两半球在继续单侧化（认知机能的专门化）。下面通过左右利手的形成来看幼儿期的大脑单侧化情况。

（1）左右利手

关于利手性的研究，以及第 4 章中引用的其他证据，支持了先天和后天对大脑单侧化的共同影响。6 个月时，婴儿用右手伸展，通常比用左手伸展表现出更流畅、有效的动作。这一早期倾向可能促使大多数儿童在 1 岁时出现右利手倾向 (Nelson, Campbell, & Michel, 2013; Rönnqvist & Domellöf, 2006)。逐渐地，用手习惯扩展到其他技能。

左右利手偏好反映了大脑一侧的能力较

强，这一侧即个人的**优势半球** (dominant cerebral hemisphere)，它掌管着各种熟练动作。其他一些重要能力也由优势半球掌管。右利手者占人口的90%，他们的语言发展主要受左脑控制；其余10%为左利手者，其语言可能由右半球掌控，但大多由两半球均衡掌控 (Szaflarski et al., 2002)。这表明，左利手者的大脑单侧化程度比右利手者要低。

左利手的遗传力只是弱度到中度：左利手父母生出左利手子女的概率只比这略高一些 (Somers et al., 2015; Suzuki & Ando, 2014)。这表明，经验可以克服倾向于用右手的遗传偏向，使儿童改为左手偏好。

左右手偏好也和练习有关。对于需要大量练习的复杂技能，如使用餐具吃饭、写字和从事体育活动，练习起的作用很大。练习的作用也有广泛的文化差异。例如，在部落和乡村文化中，左利手的比例相对较高。但在一项针对新几内亚乡村社会的研究中，童年时上过学的人更有可能是完全右利手，这一发现突出了经验的作用 (Geuze et al., 2012)。

在发育严重迟滞的儿童或有精神疾病的儿童中，左利手者比例较高。这种情况确实存在，但非典型的大脑单侧化也许不是导致这些人出现问题的原因。早期大脑左半球受伤，可能导致了他们的残疾和用手偏好的变化。支持这一观点的事实是，左利手往往和导致脑损伤的产前和出生困难有关，如产程过长、早产、Rh 血型不相容和臀位分娩等 (Domellöf, Johansson, & Rönnqvist, 2011; Kurganskaya, 2011)。

多数左利手者并不存在发展问题。实际上，左利手跟混合利手的年轻人在思维速度和灵活性上略占优势，他们比右利手的同龄儿童更可能表现出良好的言语和数学才能 (Beratis et al., 2013; Noroozian et al., 2012)。这大概要归功于大脑两半球认知机能的平衡发展。

（2）脑发育的其他进展

在幼儿期，除了大脑皮层以外，大脑其他几个方面也在迅速发展（见图 7.2）。这些发展变化使大脑不同部位建立起联系，增强了中枢神经系统的协调机能。

大脑背部和底部是**小脑** (cerebellum)，负责身

遗传影响和父母的认可可能是这个5岁孩子左利手的原因。左利手表现出一定的认知优势，可能是因为他们的大脑的单侧化没有右利手那么明显。

体平衡并控制身体运动。联系小脑和大脑皮层的神经纤维在出生后就开始髓鞘化，这种变化有助于动作协调能力的迅速发展，幼儿期末，儿童能够以协调的动作玩跳房子和投球游戏。小脑和大脑皮层的联系也有助于思考 (Diamond, 2000)：小脑受到损伤的儿童，通常表现出运动和认知缺陷，如记忆、计划和言语障碍 (Hoang et al., 2014; Noterdaeme et al., 2002)。

网状结构 (reticular formation) 是脑干中用来保持警觉和意识的结构，它从婴儿期到20多岁持续产生突触并进行髓鞘化 (Sampaio & Truwit, 2001)。网状结构的神经元向其他脑区发送神经纤维，其中许

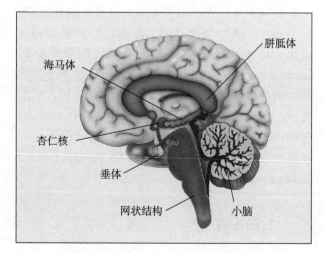

图 7.2　人脑剖面图，展示了小脑、网状结构、杏仁核、海马体和胼胝体的位置
这些结构在幼儿期迅速发展。还可以看到脑下垂体，它分泌生长激素。

多进入前额皮层，可以促进持续可控的注意。

一个大脑内部结构**杏仁核 (amygdala)**，在处理新异事物和情感信息方面起着核心作用。杏仁核对面部情绪表达很敏感，尤其是恐惧 (Adolphs, 2010)。它还可增强对情绪上突出事件的记忆，从而确保对生存至关重要的信息——可发出危险或安全信号的刺激——在未来的场合被激活。在整个童年期和青少年期，杏仁核和掌管着情绪调节的前额皮层之间的联结，都在形成并完成着髓鞘化 (Tottenham, Hare, & Casey, 2009)。

219 同样位于大脑内部、毗邻杏仁核的是**海马体 (hippocampus)**，它在帮助人们记忆空间图像和辨别方向中起着重要作用，出生后的 6~12 个月间，它经历了快速的突触形成和髓鞘化，促成这期间回忆能力和独立运动能力出现。在幼儿期和小学期，海马体和大脑皮层的边缘区域继续快速发育，与其他脑区和前额皮层建立联系，并向大脑右侧活动单侧化 (Hopf et al., 2013; Nelson, Thomas, & de Haan, 2006)。这些变化支持了幼儿期和小学期的记忆和空间理解的显著进步。

胼胝体 (corpus callosum) 是联结大脑两半球

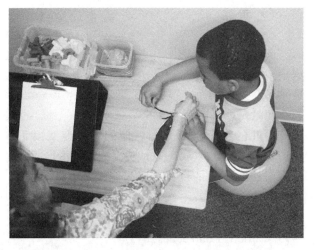

这个孩子被诊断出一种罕见的病症，胼胝体部分缺失。他很难完成有多个步骤、需要身体两侧协调的运动任务。这是一位治疗师在帮助他学习系鞋带。

的一大束神经纤维。突触的生长和胼胝体的髓鞘化在 3~6 岁达到顶峰，之后，到青少年期以较慢的速度发育 (Thompson et al., 2000)。胼胝体促进身体两侧的协调性和智力过程的统合，包括知觉、注意、记忆、语言和问题解决。任务越复杂，两半球之间的联系就越重要。

二、影响身体发育和健康的因素

7.2 描述遗传、营养和传染病对幼儿期身体发育和健康的影响

7.3 哪些因素会增加儿童意外伤害的风险，如何预防童年期伤害？

谈到幼儿期影响身体发育和健康的因素，我们会遇到一些熟悉的话题。遗传固然很重要，但是良好的营养、较少患病和身体安全也很重要。

1. 遗传和激素

遗传对整个童年期身体发育的影响很大。儿童的身高、体重和发育快慢与他们的父母密切相关 (Bogin, 2001)。基因可以通过控制各种激素的分泌来影响发育。图 7.2 显示的位于大脑底部的**垂体 (pituitary gland)** 通过分泌两种生长激素，对儿童的生长发育产生重要影响。

第一种是**生长激素 (growth hormone, GH)**，它是几乎所有身体组织发育所必需的。生长激素分泌少的儿童，如果没有医疗干预，成年后的平均

身高只有 1.23~1.37 米。若在早期注射生长激素治疗，这些儿童就会表现出追赶式生长，然后以正常速度生长，身高比不治疗要高得多 (Bright, Mendoza, & Rosenfeld, 2009)。

第二种垂体激素是**促甲状腺激素 (thyroid-stimulating hormone, TSH)**。它促使颈部的甲状腺释放甲状腺素，而甲状腺素是大脑发育和生长激素对身体高矮发挥充分影响所必需的。出生时甲状腺素缺乏的婴儿必须立即接受治疗，否则可能导致智力障碍。如果大脑的迅速发育已经完成，缺乏甲状腺素的儿童的身体发育将低于平均速度，但是中枢神经系统不再受影响 (Donaldson & Jones, 2013)。如果及时治疗，这些儿童的身体发育就不会受影响，到成年期后身体发育也会正常 (Høybe et al., 2015)。

2. 营养

向幼儿期过渡期间，许多儿童吃饭变得没有规律，挑肥拣瘦。一位父亲说，他儿子在学步期特别喜欢吃中国菜，"现在，他3岁了，唯一爱吃的东西就是冰激凌"。

幼儿的食欲下降是因为他们的发育变慢了。他们对没吃过的食物抱有戒心是适应性的。如果他们坚持吃熟悉的食物，那么当成人不在身边保护他们时，他们就不太可能吃下危险的食物。进入小学期后，挑食现象通常会减少 (Birch & Fisher, 1995; Cardona Cano et al., 2015)。

幼儿饭量不大，但他们需要高质量的饮食。他们需要与成人一样的营养，只是量较少而已。应该把脂肪、油、盐控制在最低水平，这些东西和成年期的高血压和心脏病有关。高糖食物也要少吃，以防止龋齿和肥胖，这一话题将会在第9章详细讨论。

儿童喜欢模仿他们崇拜的人的饮食偏好，包括成人和同龄人。比如在墨西哥，家人喜欢吃辣的食物，儿童也喜欢吃。但是美国多数儿童不吃辣椒 (Birch, Zimmerman, & Hind, 1980)。另外，重复而不强迫地让儿童接触某种食物，会促进儿童接受该食物 (Lam, 2015)。例如，饭桌上经常给孩子摆上西兰花和豆腐，会让他们喜欢上这些健康食品。相反，经常给儿童喝甜水果饮料和软饮料，会导致儿童患上"牛奶逃避症"(Black et al., 2002)。

虽然儿童的健康饮食取决于健康的食物环境，但是用贿赂手段——"把蔬菜吃完，就可以多吃

220

这个3岁的墨西哥男孩帮妈妈准备晚餐用的炸豆。儿童往往会模仿他们崇拜的成人和同龄人的食物偏好。

一块饼干"——会使孩子们更不喜欢健康食物，变得更挑剔 (Birch, Fisher, & Davison, 2003)。一般来说，强迫儿童吃的东西，他们反而更不吃，而不让吃的东西，反而吃得更多。一项针对近5 000名4岁荷兰儿童的研究发现，母亲越是强迫孩子吃东西，孩子体重过轻的可能性就越大。母亲越是限制孩子吃东西，孩子超重或肥胖的可能性就越大（见图7.3）(Jansen et al., 2012)。

观察与倾听

联系一个有幼儿的家庭，观察他们的吃饭过程，注意父母是怎样安排用餐时间的。他们是否有意培养孩子健康的饮食习惯？解释一下。

前几章提到，在美国和发展中国家有许多孩子无法得到充足的高质量食物来保证健康成长。5岁的哈尔从一个贫民区被送到我们的实验幼儿园。他妈妈的福利补贴都不够交房租，更不要提食物了。哈尔缺乏蛋白质和必要的维生素、微量元素，如铁（防止贫血）、钙（促进骨骼和牙齿的发育）、维生素A（维持眼睛、皮肤和许多内部器官的健康）、维生素C（促进铁的吸收和伤口愈合）。这些是幼儿期普遍缺乏的营养 (Yousafzai, Yakoob, & Bhutta, 2013)。

难怪哈尔在这个年龄显得消瘦、苍白，注意力不集中，爱捣乱。到上小学时，美国社经地位低的儿童身高平均比经济条件较好的儿童矮2.5～3厘米 (Cecil et al., 2005)。在整个童年期和青少年期，营养不良的饮食与注意力和记忆困难、智力和学习成绩差以及多动和攻击性等行为问题相关，即使是在控制了可能解释这些关系的家庭因素的情况下也是如此 (Liu et al., 2004; Lukowski et al., 2010)。

3. 传染病

有一次，我注意到哈尔有好几个星期没有在操场上出现，就问他的幼儿园老师莱斯莉这是怎么回事。莱斯莉说，他因为麻疹住院了。莱斯莉说："他恢复得很慢，他已经那么消瘦，体重却还在下降。"对抚养条件好的儿童来说，一般疾病对

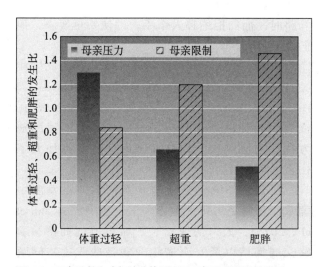

图 7.3　母亲喂养方式与幼儿体重不足、超重和肥胖的关系
一项针对近 5 000 名 4 岁荷兰儿童的研究发现，母亲强迫孩子吃东西，孩子可能体重不足。母亲限制孩子吃东西，会增加孩子超重或肥胖的概率。即使控制了可能影响母亲喂养习惯和幼儿体重增加的其他因素，包括父母的社经地位、种族、儿童身高、体重、是否喜欢吃饭等，这些相关仍存在。资料来源：Jansen et al., 2012.

身体发育没什么影响；但是，对抚养条件差的儿童来说，疾病就会与营养不良一起形成恶性循环，对身体发育的消极影响也就十分严重。

（1）传染病和营养不良

在发展中国家，像哈尔这样得了麻疹不容易好的情况很常见。在这些国家，大量人口生活贫困，许多孩子得不到免疫接种，像麻疹和水痘这类疾病，工业化国家在 3 岁以后才出现，在贫穷国家则出现得较早。不良饮食使孩子免疫机能大大降低，更容易染病。全世界每年有 590 万 5 岁以下儿童死亡，其中 98% 来自发展中国家，约一半死于传染病 (World Health Organization, 2015d)。

221　疾病反过来又成为营养不良的重要原因，因而妨碍了儿童的身体发育和认知发展。疾病会降低儿童的食欲和身体对食物的吸收能力。这种情况在肠道感染时更严重。在发展中国家，水质问题和食物污染导致的腹泻广泛存在，这导致儿童发育迟缓和每年 100 万名儿童死亡 (Unger et al., 2014)。在巴西和秘鲁的贫民窟和棚户区进行的研究表明，幼儿期腹泻持续时间越长，儿童在校期间身高越矮，智力测试分数越低 (Checkley et al., 2003; Lorntz et al., 2006)。

因腹泻导致的多数发育障碍和死亡可以通过给患儿提供免费的口服补液加以预防，口服补液是加了葡萄糖、盐的水溶液，可以很快补充体内水分。1990 年以来，在发展中国家，公共卫生人员已经教会近一半的家庭怎样使用口服补液。此外，锌是一种对免疫系统有重要影响的矿物质，低成本的锌补剂（免疫系统机能必需）可大大降低严重腹泻和长期腹泻的发病率，尤其是在和口服补液一起服用时 (Galvao et al., 2013)。

（2）免疫

过去半个世纪，工业化国家童年期疾病的发生率显著降低，这归功于对婴幼儿普遍实施的免疫接种。哈尔得麻疹是因为他没能接受完整的免疫接种。

美国在过去 20 年里，常规的儿童免疫使大约 3.22 亿例疾病得到预防，70 万人免于死亡 (Whitney et al., 2014)。但是仍有约 17% 的美国幼儿缺乏必要的免疫接种。贫困儿童的这一比例为 22%，其中许多人直到 5 岁或 6 岁才得到完全的保护，而这是入学的必要条件 (Centers for Disease Control and Prevention, 2015j)。相比之下，澳大利亚、丹麦和挪威的幼儿缺乏免疫接种的比例不到 10%，加拿大、荷兰、瑞典和英国的比例不到 5% (World Health Organization, 2015b)。

为什么美国落后于这些国家？尽管 2010 年的《美国平价医疗法案》大大扩展了美国儿童的医疗保险覆盖范围，但许多低收入儿童仍然没有被医疗保险覆盖，因此可能无法及时接种疫苗。从 1994 年开始，父母无力支付疫苗费用的所有美国儿童都可免费接种疫苗，这一计划提高了疫苗接种率。

但是，负担不起疫苗费用并不是免疫率低的唯一原因。受教育程度低、日常生活压力大的父母往往不能如约接种疫苗，那些没有初级保健医生的父母也不愿在拥挤的公共卫生诊所忍受漫长的等待 (Falagas & Zarkadoulia, 2008)。一些家长受到了当前广泛失去信任的媒体报道的影响，这些报道说，数十年来在疫苗中使用的加汞防腐剂与自闭症儿童数量增加有关。而大规模研究表明，它与自闭症没有联系，对认知能力也没有影响 (Hensley & Briars, 2010; Richler et al., 2006; Thompson et al., 2007)。尽管如此，作为一项预防措施，无汞儿童疫苗现在已经可以获得。其他父母则有宗教或观念上的异议，例如，认为儿童应该在成长中自然免疫。

有的地方，很多家长不给孩子做疫苗接种，结果爆发了百日咳和风疹，造成了危及生命的后果。实施一些公共教育项目，可以提高父母对及时接种疫苗的重要性和安全性的认识。荷兰通过给每个新生儿的父母一个书面时间表，实现了较高的儿童免疫接种率 (Lernout et al., 2013)。如果父母没有在规定的时间带孩子来，公共卫生人员会登门拜访，确保孩子按时接种。

4. 童年期伤害

在工业化国家，意外伤害是儿童死亡的主要原因。虽然由于旨在提高儿童安全的政策，美国儿童受伤死亡人数在过去 35 年里稳步下降，但在这些基本可以预防的事故方面，美国在西方国家中排名靠后。美国大约 35% 的儿童死亡和 50% 的青少年死亡是由伤害造成的，每年造成 8 000 多名儿童死亡 (Child Trends, 2014c)。在幸存的数十万受伤儿童和青年中，许多人忍受着疼痛、脑损伤和身体永久残疾的折磨。

汽车和交通事故、窒息、溺水和中毒是导致儿童死亡的最常见伤害 (Safe Kids Worldwide, 2015)。车祸是迄今为止最常见的伤害来源，它是造成美国 5 岁以下儿童死亡的第二大原因（排在婴儿窒息和学步儿与幼儿溺水之后），也是导致中小学生死亡的罪魁祸首。

（1）童年期伤害的相关因素

人们通常把童年期伤害看作"意外"，认为它是偶然和不可预防的。事实上，这些伤害发生在包括个人、家庭、社区和社会影响在内的一个复杂的生态系统内，我们是可以有所为的。

由于男孩活泼好动、易冲动、爱冒险，他们受伤的可能性几乎是女孩的两倍，而且受伤更严重 (Child Trends, 2014c)。有些儿童具有以下气质和人格特征：注意力不集中、过度活跃、易怒、蔑视和攻击性，他们面临的风险更大 (Ordonana, Caspi, & Moffitt, 2008; Schwebel & Gaines, 2007)。第 6 章讲过，这些儿童给家庭教育造成了困难。当他们被放在汽车座椅上时，很可能不听话；过

马路时，他们拒绝和人牵手，即使一再要求，他们也不服从。

贫困、单亲和父母文化水平低与伤害高度相关 (Dudani, Macpherson, & Tamim, 2010; Schwebel & Brezausek, 2007)。这些父母为了应付许多压力，没有时间和精力顾及孩子的安全。他们住的地方往往充满噪声，拥挤而破旧，这些都加大了伤害的可能性。

社会大环境也会影响儿童伤害。在发展中国家，儿童受伤死亡率远高于发达国家 (Kahn et al., 2015)。人口快速增长、城市过度拥挤、道路交通拥堵以及安全措施薄弱是造成这一问题的主要原因。在这些地方，像汽车安全座椅和电动车头盔这样的安全装置，既不容易获得，也负担不起。

美国的儿童伤害率很高，原因是广泛的贫困，缺乏高质量的儿童保育（在父母不在的情况下监督孩子），以及少女生育率高，他们还没有做好当父母的准备 (Child Trends, 2014a; Höllwarth, 2013)。但是，家庭条件好的美国儿童受到伤害的风险也比西欧儿童大得多。这表明，除了消除贫困、减少青少年怀孕和改善托儿条件外，还需要采取其他措施来确保儿童的安全。

（2）童年期伤害的预防

童年期伤害的原因很多，减少伤害的方法也很多。法律要求使用的汽车安全座椅，防止儿童误食的药瓶盖，阻燃防护服，后院游泳池周围的栅栏，都可以用来防止伤害。社区可以通过改变

儿童受伤率最高的地区普遍贫困，缺乏高质量的儿童护理，父母的警惕性弱。比如儿童在这样的地方玩就很危险。

222

自然环境来提供帮助。游乐场是容易造成伤害的地方，可以铺草皮来预防伤害。对于高层公寓楼家庭，免费安装窗栅栏，防止儿童摔落。开展媒体宣传活动，向家长和儿童推广安全知识。

但是，很多父母和孩子明知故犯，他们的所作所为往往置安全于不顾。大约 27% 的美国父母没有把孩子放在汽车安全座椅上，近 75% 的婴儿座椅和 40% 的儿童增高座垫使用不当 (Macy et al., 2015; Safe Kids Worldwide, 2011)。特别是美国父母，似乎有意忽略熟悉的安全措施，也许是因为他们把个人权利和自由看得太重。

此外，许多家长高估了孩子对安全规则的了解，对他们的冒险行为监督太少。当父母向幼儿传授安全规则时，他们经常不能解释这些规则的原理，尽管有证据表明，解释能提高孩子的记忆力、理解力和顺从性 (Morrongiello, Ondejko, & Littlejohn, 2004; Morrongiello et al., 2014)。 即使有好规则，也需要监督幼儿，确保他们会遵守 (Morrongiello, Midgett, & Shields, 2001)。

一些针对父母的干预项目强调风险因素、榜样行为，并对安全做法进行强化，这样可以有效地减少家庭危险和儿童伤害 (Kendrick et al., 2008)。还必须注意可以防止儿童受伤的家庭条件，如降低房间的拥挤程度，提供社会支持以减轻父母的压力，并教父母使用有效的管教方式等。第 8 章将讨论这个主题。

思考题

联结　根据有关左右利手习惯、营养不良或意外伤害的研究，说说遗传和环境之间复杂的相互作用是怎样影响幼儿期的身体发育和健康的。

应用　有一天，莱斯莉给孩子们做了新点心，在芹菜上面抹了一层干酪。她第一次让孩子们拿来吃时，孩子们不去拿。莱斯莉应该怎么让孩子们接受这种点心？她不应该采取哪些办法？

反思　问一下你的父母或其他家人，你小时候是否挑食，得过哪些传染病，或受过什么严重伤害？是哪些因素造成的？

三、动作的发展

7.4　列举幼儿期大肌肉动作和精细动作发展的主要里程碑和影响因素

如果在街头公园、幼儿园或儿童保育中心观察几个 2~6 岁的孩子，你会发现，在幼儿期，新的动作技能大量出现，每一种技能都是在学步期的简单动作模式基础上发展起来的。

在幼儿期，儿童把以前学会的技能整合到更复杂的动力系统中。由于身体变得更高更壮、中枢神经系统的发育、环境提出的新挑战以及他们给自己提出的新目标，他们也在完善着各项新技能。

1. 大肌肉动作的发展

幼儿的体型慢慢向流线型过渡，不再像原来那样头大身子小，于是，他们的重心也逐渐下移

到躯干。这使他们的平衡能力大大增强，为需要身体大肌肉运动的新动作技能打下了基础。2 岁时，幼儿的步伐变得轻盈而富有节奏，这使他们的身体能安全地离开地面，先会跑，后学会双脚跳、单脚跳、快跑和跳跃。

随着步伐越来越稳当，幼儿的手臂和躯干就能自如地尝试新技能，他们扔球和接球、骑三轮车、玩单杠、滚圆环等。上、下肢的身体动作技能开始结合成更精细的动作。5~6 岁儿童能骑三轮车、投接东西、单脚跳和双脚跳，并在这些活动中灵活地移动身体。在幼儿期末，所有的技能都能以更快的速度和更强的耐力来完成。表 7.1 显示了幼儿期大肌肉动作的发展。

223

随着平衡能力的提高，幼儿可以把上下半身的技能结合到更精细的动作中，像这个踩高跷的女孩一样。

224

2. 精细动作的发展

精细动作技能在幼儿期也有巨大的飞跃。由于对手和手指的控制能力提高，幼儿会拼图，用小块积木搭建，剪贴和串珠。对父母来说，精细动作的进步在两个方面表现得最明显：幼儿的自我照料能力、在家和幼儿园墙上画画。

（1）自助技能

表 7.1 显示了幼儿已学会自己穿衣吃饭。父母必须对这些能力抱有耐心。当孩子疲劳和匆忙时，他们往往会恢复用手吃饭的习惯。3 岁孩子会把上衣穿反，把裤子的两条腿穿倒，右脚穿了左脚的鞋！幼儿期最复杂的自助技能是系鞋带，大约在 6 岁时掌握。它需要较长时间的注意力，对一系列复杂的手部动作的记忆，以及相应的灵活操作。系鞋带显示了动作和认知发展之间的紧密联系。同样需要这二者配合的还有另外几项技能：使用筷子、绘画和写字。

（2）绘画

给儿童蜡笔和纸，即使学步儿也会模仿别人乱涂乱画。慢慢地，画在纸上的符号也有了意义。各种因素与精细动作结合起来，推动着儿童艺术表征能力的发展 (Golomb, 2004)。这种能力包括：把图画作为符号来代表现实，以及计划性和空间理解力的进步。

绘画技能的发展一般遵循以下顺序：

- 涂鸦。最初，儿童有意的表征是通过姿势而不是画在纸上的符号来表现的。例如，一个 18 个月的儿童会用蜡笔在纸上跳着点出几个点，说这是 "兔子在一跳一跳地走" (Winner, 1986)。
- 最初的表征形式。3 岁前后，儿童的涂鸦变成图画。儿童用蜡笔做出一些动作，画出一些可识别的形状，并给它们命名 (Winner, 1986)。很少有 3 岁儿童能自发地画出别人能看懂的画。但如果成人和儿童一起画，并指出画和实物之间的相似性，儿童的画就能逐渐地容易让人理解，也更具体 (Braswell &

表 7.1　幼儿期大肌肉动作技能和精细动作技能的发展

年龄	大肌肉动作技能	精细动作技能
2～3 岁	走路有节奏；由快走到跳步跑，单脚跳、用不灵活的上肢投接动东西，用脚来推动可骑的玩具；很少骑车	穿脱简单的衣服；拉合与拉开大拉链；熟练地使用匙子
3～4 岁	双脚交替上楼梯，单脚在前下楼梯；跳，单脚跳，上肢较灵活；上肢能轻盈地投接东西，接住扔到胸部的球；会蹲、骑三轮童车	系上和解开较大的衣扣；不需帮助，自己吃饭；使用剪刀；模仿画直线和圆；画出最初的蝌蚪人图画
4～5 岁	双脚交替上下楼梯；跑得更稳；单脚快跳；投球时身体扭转角度更大，重心从一只脚转移到另一只脚；用手接球；快而稳地骑三轮童车	熟练地使用叉子；用剪刀沿线剪东西；照样子画三角形、十字和一些字母
5～6 岁	以每秒 3.6 米的速度跑；跑得更平稳；准确地跳；做出稳健的投物和接物动作；骑带辅助轮的自行车	用刀切软食物；系鞋带；分六个部分画出一个人；照样子写数字和简单的词

资料来源：Cratty, 1986; Haywood & Getchell, 2014.

Callanan, 2003)。

学会用线条来代表物体边界，是儿童绘画发展的一个里程碑。它使儿童在三四岁时就能画出最初的人的图画。由于精细动作和认知能力的限制，幼儿把画缩减为最简单的形式，但它仍然像人，即所谓"蝌蚪人"，一个圆形，附带一些线条，如图 7.4 所示。4 岁儿童会增加一些特征，比如眼睛、鼻子、嘴巴、头发、手指和脚。

- 更现实的画。5~6 岁儿童能画出更复杂的画，比如图 7.4 中右边的一幅，当中包含很多传统的人物和动物形象，其头部和身体分开。由于深度知觉的表征能力刚开始形成，即使再年长一些的儿童，画画时也会出现知觉扭曲现象。这种对现实的自由描绘，使他们的艺术作品富有想象力和创造性。

观察与倾听

参观一所幼儿园或一个儿童博物馆，那里有大量 3~5 岁儿童的作品。注意人物和动物形象的绘画以及儿童绘画复杂性的发展。

225

（3）绘画能力发展的文化差异

在具有悠久的艺术传统和高度重视艺术能力的文化中，儿童会画出反映文化习俗的精美图画。成人通过指导孩子掌握基本绘画技巧、示范绘画方法和讨论他们的画来鼓励他们。同辈们也会谈论彼此的绘画，并临摹彼此的作品 (Boyatzis, 2000; Braswell, 2006)。所有这些实践都促进了儿童绘画水平的提高。正如本节的"文

化影响"专栏所揭示的，它们有助于解释，为什么亚洲文化的儿童从很小的时候就比西方儿童在绘画技巧上占优势。

而在不重视艺术的文化中，即使年龄较大的儿童和青少年也只能画很简单的画。吉米 (Jimi) 峡谷是巴布亚新几内亚的一个偏远山区，本土文化中没有绘画艺术，许多儿童不上学，因此没有机会学习绘画技能。当一个西方研究者让没上过学的 10~15 岁儿童第一次画人像时，他们画出的大多是一些不具表征意义的涂鸦或简单得好像幼儿画的木棍状"蝌蚪人"的轮廓 (Martlew & Connolly, 1996)。这些画似乎是最初绘画的普遍形式。等到儿童懂得了线条可以代表人的特征，他们就会按照前面描述的一般顺序来掌握画人的步骤。

（4）早期的书写

幼儿起先分不清写字和画画。他们开始学写字的时候，也像刚开始画画那样涂鸦。4 岁左右，写字开始显现出一些与众不同的特征，比如，把纸上排成一排的不同的字形分开。但儿童写的字里常有像画一样的东西，例如，用一个圆来写"太阳" (Ehri & Roberts, 2006)。在 4~6 岁，儿童慢慢学会字母的名称，并且把每个字母和它的读音相联系，他们才知道，写的东西就是说出来的话。

儿童最早学着写的往往是自己的名字，而且是用一个字母代表。我的大儿子戴维 3 岁半时曾经问我："怎样写 D？"于是我写了一个大写 D，他就学着写。他边写边说，"D 就是戴维"，对他并不完美的作品感到相当满意。5 岁时，他能清楚地写出自己的名字，别人也能看懂。但是他和许多儿童一样，经常把一些字母写反，这种情况一

图7.4　幼儿绘画实例

左侧的"蝌蚪人"是广泛存在的世界各地儿童最初画出的人。"蝌蚪人"逐渐成为从基本形状萌发出的更详细图画的基础。到幼儿期末，儿童可以画出像右侧这幅 5 岁儿童画的更复杂、更分化的画。左侧图资料来源：H. Gardner. *Artful Scribbles: The Significance of Children's Drawing*. New York: Basic Books, 1980: 64.

直持续到小学二年级。直到学会阅读以后，他们才知道，必须把各种镜像式的字母，如 b 和 d、p 和 q 区分开 (Bornstein & Arterberry, 1999)。

3. 动作技能的个体差异

儿童在达到动作发展里程碑的年龄上存在着巨大的个体差异。身材高大、肌肉发达的孩子往往比矮小敦实的年轻人动作更快，更早掌握某些技能。就像在其他领域一样，父母和老师可能会给那些在生理上具有动作技能优势的孩子更多的鼓励。

动作技能的性别差异在幼儿期已经很明显。在需要体力和爆发力的技能方面，男孩领先于女孩。到 5 岁时，他们能跳得更远，跑得更快，把球扔得远出 1.5 米。女孩在精细动作技能以及某些需要良好平衡能力和脚部动作配合的大肌肉动作如单脚跳和跳绳上占优势 (Fischman, Moore, & Steele, 1992; Haywood & Getchell, 2014)。男孩的大肌肉群较强壮，在投掷时，因前臂较长，所以他们在相应技能上占优势。女孩的身体成熟性较好，使她们的身体更平衡，动作更准确。

从很小的时候起，男孩和女孩就被鼓励参加不同的体育活动。例如，父亲常常和儿子而不是女儿玩传球游戏。动作技能的性别差异随着年龄增长而增大，但在整个童年期都相差不大 (Greendorfer, Lewko, & Rosengren, 1996)。这显示出，社会要求男孩比女孩更活跃，身体技能更强，因而夸大了原本较小的遗传方面的性别差异。

幼儿期大肌肉动作技能的掌握是在日常游戏中进行的。除了投掷（直接指导很重要）以外，幼儿接受体操、摔跤和其他正规训练，并不会使动作技能发展更快。当儿童拥有适合跑步、攀登、跳跃和投掷的场地和设备，并得到鼓励时，他们会积极参加这些活动。同样，在日常生活中，像穿衣服、倒果汁，以及在拥有更多设备的环境中的拼图、构造拼装、画画、雕刻、修剪、粘贴等活动，都会促进精细动作的发展。正如边页 226 "文化影响" 专栏中所说的，成人支持、引导儿童掌握绘画技能，能够促进他们艺术能力的发展。

成人创造的社会气氛也能促进或阻碍幼儿动作技能的发展。如果父母和教师批评儿童做得不好，或强迫儿童学习特殊的动作技能，或一味强调竞争，就会挫伤幼儿的自信，阻碍他们的进步 (Berk, 2006)。成人对幼儿活动的参与应当注重乐趣，而不是赢取什么或完美地掌握 "正确的" 方法。

思考题

联结 能够最好地促进幼儿大肌肉动作发展的经验是怎样与早期的期望－经验型脑发育相一致的？（参见第 4 章边页 124）

应用 梅布尔和扎德想尽一切努力来促进他们 3 岁女儿的动作发展。你会给他们什么建议？

反思 你是否认为美国孩子应该像中国孩子一样从幼儿期就开始接受系统的绘画技巧的教育？

来自亚洲文化的儿童为什么在绘画技能上占优势

对中国、日本、韩国、菲律宾和越南等亚洲国家儿童绘画的观察发现，这些国家儿童的绘画技能明显高于西方国家儿童。如何解释这种早期的艺术能力？

为了回答这个问题，研究者考察了文化对儿童绘画的影响，并把中国和美国做了比较。文化提供的艺术模式、教学策略、对视觉艺术的重视以及对儿童艺术发展的期望，对儿童创作的艺术作品有显著影响。

在中国长达 4 000 年的艺术传统中，成人教儿童绘画，鼓励他们掌握描绘人物、蝴蝶、鱼、鸟和其他图像所需的精确步骤。中国孩子在学习绘画时，会按照规定的笔触，首先模仿老师的画法。学习写字时，他们必须专注于每个汉字的独特细节，这一要求可能会提高他们的绘画能力。中国的家长和老师认为，孩子只有在掌握了基础的艺术知识和技巧之后，才能有创造力 (Golomb, 2004)。为了实现这一目标，中国制定了一套全国性的艺术课程，包括从 3 岁到中学的大纲和教材。

美国也有丰富的艺术传统，但与亚洲文化相比，其风格和传统极为多样化。世界各地的儿童都试图模仿他们周围的艺术，以此来学习他们文化中的"视觉语言"。但是美国儿童面临着一项艰巨的模仿任务，就像一个孩子生活在周围人都说不同语言的环境中一样 (Cohn, 2014)。此外，美国的艺术教育强调独立、寻找自己的风格。美国老师通常认为，临摹别人的画会抑制孩子的创造力，所以他们不鼓励儿童这么做 (Copple & Bredekamp, 2009)。美国教师强调想象力和自我表达，而不是教授正确的绘画方法。

中国从幼儿时期就开始教授绘画技巧的方法是否会影响孩子的创造力？为了找到答案，研究者跟踪了一组父母是移民的华裔美国儿童和一组欧裔美国儿童，他们都来自中产阶级双亲家庭，年龄从 5 岁到 9 岁不等。每隔两年，对儿童的人物画的成熟度和原创性（包括新异元素）进行评级 (Huntsinger et al., 2011)。每次评级，华裔美国儿童的绘画都更占优势，更有创意。

通过对父母进行访谈发现，欧美父母更多地为孩子提供丰富多样的艺术材料，而华裔父母则更多地为孩

中国上海市一所幼儿园内孩子们的复杂绘画能力得益于成人对儿童学会画画的期望、精心教授的艺术知识和技巧，以及中国悠久的文化艺术传统。

子报名参加艺术课程，认为艺术能力的培养更重要。在幼儿园和学前班期间，华裔美国儿童还会花更多的时间集中练习精细动作技能，包括画画。他们练习的时间越长，特别是在他们的父母在家里教他们画画和做示范的情况下，他们的绘画技能就越娴熟。

华裔美国儿童在这种按部就班地促进艺术成熟的方法熏陶下，艺术创造力也渐趋进步。他们一旦能画好基本图形，就会自发地添加富有创意的细节。

总之，即便中国儿童的绘画是被教出来的，他们的艺术作品也是原创的。西方儿童在画什么问题上可能想法很多，但是缺乏必要的技能，他们的想法也难以实现。跨文化研究表明，儿童跟着成人学画画，和跟着成人学说话道理是一样的。

227

第二部分　认知发展

一个雨天的早晨，我在实验幼儿园观察时，孩子们的老师莱斯莉在教室后面跟我谈了一会儿。她说："幼儿期的思维是逻辑、想象和不完善的推理的混合物。日复一日，孩子们说话和做事的成熟度和原创性都让我刮目相看。但有时候，他们的思维似乎受到什么约束，不太灵活。"

莱斯莉的评价概括了幼儿期认知令人费解的矛盾之处。例如，有一天，3 岁的萨米在窗外一阵雷声之后，吃惊地看着外面，自言自语道："一个魔术师打开了雷。"莱斯莉耐心地告诉他，雷鸣是由闪电造成的，而不是由哪个人打开或关上的。但萨米还是说："那就是一个女魔术师打开的。"

萨米在其他方面的思维水平之高让人惊奇。在发放甜点时，他准确地数着"1，2，3，4"，拿了 4 盒葡萄干，给他桌上的小朋友每人一盒。但他的小桌上再增加几个人时，萨米就数乱了。普丽蒂把她的葡萄干倒在桌子上，萨米问："为什么你的这么多，我的这么少？"却没想到他的葡萄干和普丽蒂的一样多，只不过他的葡萄干都在一个小红盒子里。吃完点心后，普丽蒂去洗手，萨

米把她吃剩下的葡萄干放回盒子里，把盒子放到她的小房间里。当普丽蒂回来找她的葡萄干时，萨米口气肯定地说："你知道盒子在哪儿！"萨米还不能理解一点，那就是普丽蒂没看见有人动她的葡萄干，所以她认为葡萄干还在她原来放的地方。

为了理解萨米为什么这样推理，我们先从皮亚杰和维果茨基的理论和研究出发，分析两种理论的优缺点。然后介绍信息加工流派对幼儿认知的研究，探讨导致心理发展个体差异的因素，以及幼儿期语言的快速发展。

一、皮亚杰的理论：前运算阶段

7.5 描述前运算阶段心理表征的进步和思维的局限性
7.6 后续研究对皮亚杰前运算阶段准确性有怎样的质疑？
7.7 源自皮亚杰认知发展理论的教育原理有哪些？

在2~7岁时，儿童的认知从感觉运动阶段发展到**前运算阶段** (preoperational stage)，这一阶段的最明显变化是表征或符号活动急剧增加。婴儿和学步儿的心理表征已令人印象深刻，但是在幼儿期，这种能力得到迅速发展。

1. 心理表征

皮亚杰认为，语言是最灵活的心理表征形式。语言能够把想法和行动区分开，使这一阶段的认知比感觉运动阶段更有效。人用语言进行思维时，就克服了当时体验的局限性。人可以借助语言处理过去、现在和未来的问题，并以独特方式把概念加以整合，就如我们可以想象一只饥饿的毛毛虫在吃香蕉或一只怪兽在夜里飞越丛林。

但是皮亚杰并不认为语言对儿童认知发展起主要作用。他认为，感觉运动活动导致经验的内部映像，然后儿童用词给这些映像命名 (Piaget, 1936/1952)。为了理解皮亚杰的观点，可回忆第5章，儿童说出的最早的词都是建立在感觉运动基础上的。另外，在学会使用词语之前，学步儿就已经掌握了很多令人印象深刻的认知分类（见边页165）。但是，下面会讲到，皮亚杰低估了语言对儿童认知的推动力量。

2. 假装游戏

假装游戏是幼儿期心理表征发展的另一个好例子。皮亚杰认为，幼儿通过假装游戏，可以练习和强化新获得的表征图式。根据这些思想，几个研究者追踪了幼儿期假装游戏的发展变化。

（1）假装的发展

一天，萨米20个月的弟弟德文来到教室。德文转悠了一会儿，拿起玩具电话说："嗨，妈咪！"然后放下了话筒。接着，他找到一只杯子，假装喝水，然后又丢下了。这时，萨米正和万斯、普丽蒂在积木区玩发射航天飞机的游戏。

"那是咱们的控制塔。"萨米指着书架旁边的一个角落喊道。"倒计时！"他对着用一块积木假装的"对讲机"宣布，"五，六，二，四，一，发射！"普丽蒂让一个玩偶按了一个假装的按钮，火箭发射了！

把德文和萨米的假装游戏相比较，我们看到三个重要变化，反映了幼儿掌握符号的进步。

1）游戏和真实生活脱离

在早期的假装游戏中，学步儿只会使用现实存在的实物，例如，用玩具电话说话，或用杯子

幼儿期的假装游戏越来越复杂。儿童会用不那么真实的玩具来假装自己，并越来越能协调自己扮演的角色，比如校车司机和乘客。

228

喝水。他们的假装活动主要是模仿成人，很少变化。比如，2 岁前，儿童会假装用杯子喝水，但不能把杯子当成帽子用 (Rakoczy, Tomasello, & Striano, 2005)。他们不会用一个有明确用途的东西（比如杯子）代表其他东西（如帽子）。

2 岁以后，儿童会用不太真实的玩具（用一块积木表示话筒）来假装。渐渐地，他们可以在没有任何现实世界支持的情况下想象物体和事件，像萨米想象的控制塔那样 (Striano, Tomasello, & Rochat, 2001)。到 3 岁时，他们能灵活地理解一个物体（一根黄色小棍）可以在一个虚构游戏中充当一个虚构物品（如牙刷），在另一个虚构游戏中充当另一个虚构物品（如胡萝卜）(Wyman, Rakoczy, & Tomasello, 2009)。

2）游戏的自我中心性减弱

起初，假装是指向自我的，例如，德文假装喂自己喝水。后来，儿童把假装行为指向其他客体，如喂一个布娃娃。2 岁以后，他们把自己从游戏中分离出来，而让布娃娃自己喂自己，或让娃娃按下电钮发射火箭 (McCune, 1993)。慢慢地，儿童懂得假装行为的发出者和接受者可以不是他们自己。

3）游戏包含了更复杂的组合图式

例如，德文会假装用杯子喝水，但他还不能把倒水和喝水这两个图式组合起来。由于在 2 岁左右出现并在幼儿期迅速变复杂的**社会剧游戏**(sociodramatic play)，儿童可以把各种图式与社会剧中的同伴组合起来 (Kavanaugh, 2006)。萨米和同伴已能在一个精心设计的情节中创造并协调几个角色。到幼儿期结束时，儿童对角色关系和故事情节会有更成熟的理解。

观察与倾听

观察几个幼儿在家庭聚会、幼儿园或其他场合的假装游戏。找出能说明重要发展变化的假装行为。

社会剧游戏表明儿童已经懂得，假装是一种表征活动，这种观念在幼儿期获得稳定发展

(Rakoczy, Tomasello, & Striano, 2004; Sobel, 2006)。可以仔细听听幼儿分配假装的角色并协调计划时的谈话："你来假装宇航员，我假装正在操纵控制塔！"在交流中，儿童会思考自己和他人的想象的表征。这表明，他们开始推断别人的心理活动。这个话题将在本章后面详细讨论。

（2）假装游戏的作用

现在，很多研究者认为，皮亚杰仅仅把假装游戏看作简单的表征图式的练习，这种看法有局限性。假装游戏不只反映了而且促进了儿童认知和社交技能的发展。

研究表明，花更多时间玩社会剧游戏的幼儿，在一年后被观察者评价社交能力更强 (Lindsey & Colwell, 2013)。"假装"可以预测多种认知能力，包括执行机能、记忆、逻辑推理、语言和读写能力（包括故事理解和讲故事能力）、想象力、创造力，反思自己的思维、调节情绪和采纳他人观点的能力等 (Berk & Meyers, 2013; Buchsbaum et al., 2012; Carlson & White, 2013; Mottweiler & Taylor, 2014; Nicolopoulou & Ilgaz, 2013; Roskos & Christie, 2013)。

然而，批评者指出，上述研究证据主要是一些相关数据，多数研究未能控制可能会歪曲结果的无关因素 (Lillard et al., 2013)。作为回应，假装游戏研究者指出，几十年来的研究一致证明了假装游戏对儿童发展的积极影响，并且新的、设计严谨的研究有力地支持了这一结论 (Berk, 2015; Carlson, White, & Davis-Unger, 2015)。此外，很难通过训练儿童参与假装游戏而对其进行实验研究。除了虚拟现实，真正的假装游戏还可反映其他品质，如内动机（做游戏是为了好玩，而不是为了取悦成人）、积极情绪和儿童控制 (Bergen, 2013)。

最后还要指出，很多假装游戏发生在成人不在场观看的时候！例如，估计有 25%~45% 的幼儿和小学低年级学生花很多时间创造出想象的同伴——具有类似人的品质的虚拟同伴。然而，超过 1/4 的父母不知道自己孩子的隐形朋友 (Taylor et al., 2004)。有假想同伴的儿童会展开更复杂、更有想象力的假装游戏；更多地用他们的内心状态来描述他人，包括愿望、思想和情感；也更善于和同伴交往 (Bouldin, 2006; Davis, Meins, & Fernyhough, 2014; Gleason, 2013)。

3. 符号与现实世界的关系

229 　　为了让儿童相信和理解照片、模型和地图等其他表现形式，他们必须懂得，每个符号都对应着日常生活中的某些特定事物。第5章讲到，2岁半的学步儿就掌握了看上去真实的图片、电视和视频的符号机能。儿童什么时候能理解其他具有挑战性的符号，如现实世界的三维模型？

　　在一项研究中，让2岁半和3岁的儿童看到成人把一个小玩具史努比藏在一个缩小的房间模型里，然后，让他们找出这个玩具。接下来，他们要在那个模型所表示的真的房间里找到一个大的史努比。结果，3岁以前的多数儿童不能以房间模型为参照找出大的史努比 (DeLoache, 1987)。2岁半的儿童还不懂得，这个模型既可以是一个玩具房子，又可以是另一个房间的符号表征。他们还很难做出这种**双重表征** (dual representation)，即把一个象征性的客体既看作该客体本身，又看作一个符号。为了验证这一解释，研究者把模型房子放在窗子后面，使儿童碰不到它，从而弱化了这个模型房子作为真房子的特征，结果，能找到大史努比的2岁半儿童就比原来多了 (DeLoache, 2002)。前面刚讲到，1岁半到2岁的儿童还不能用一个有明确用途的物体（杯子）来代表另一个物体（帽子）。

　　儿童是怎样理解象征性客体的双重表征的呢？在成人指出模型房子和真房子的相似性之后，2岁半儿童寻找史努比的任务能完成得更好 (Peralta de Mendoza & Salsa, 2003)。另外，知道了一种符号与现实的关系，可提高其举一反三的能力。例如，1岁半到2岁的儿童把照片作为符号，因为一张照片的基本机能是代表某些事物，照片本身并不是一种有趣的东西 (Simcock & DeLoache, 2006)。3岁儿童能利用模型来找大的史努比，因为他们已能把模型房子当作一个简单的地图了 (Marzolf & DeLoache, 1994)。

　　总之，接触不同符号的体验，如图画书、照片、图画、假装游戏和地图，有助于幼儿理解一个物体可以代表另一个物体。随着年龄增长，儿童开始理解各种符号，而这些符号与它们所代表的东西几乎没有什么物理相似性。这样一来，通向无限广阔的知识领域的大门就敞开了。

4. 前运算思维的局限

　　除了获得表征能力以外，皮亚杰还描述了幼儿不能理解的东西。就像前运算这个术语所显示的，他把这个年龄的儿童与较年长、社交技能较高、达到具体运算阶段的儿童做了比较。皮亚杰认为，幼儿还不能进行运算这种遵循逻辑规则的心理操作。他们的思维是呆板的，局限于某一时间、某一情境的一个方面，而且受此时此刻出现的事物的强烈影响。

（1）自我中心主义

　　皮亚杰认为，前运算思维最主要的缺陷是**自我中心主义** (egocentrism)，即不能把自己的符号性观点和别人的观点加以区分。他认为，当儿童最初对世界进行心理表征时，只关注自己的想法，认为别人的知觉、思维和感受与自己是一样的。

　　皮亚杰关于自我中心主义最令人信服的证据是图7.5显示的三山问题。自我中心主义使前运算阶段的儿童有一种泛灵论思维，认为无生命的客体具有与生命类似的性质，如思想、愿望、感情和意图 (Piaget, 1926/1930)。难怪萨米坚信，一定是什么人打开了雷电的开关才会打雷。皮亚杰认为，由于幼儿自我中心地把人的意图赋予物理事

图7.5　皮亚杰的三山问题

三座山的颜色和山顶都不同。一座山上有一间小房子，另一座山上有红色的十字架，第三座山上有积雪。前运算阶段的儿童是自我中心主义的，他们不能说出从布娃娃那个角度看到的离布娃娃最近的那座山，而认为离自己最近的山就是离布娃娃最近的山。

件，所以魔幻思维在幼儿期表现很普遍。

皮亚杰认为，自我中心主义的偏向使儿童不能顺应、反思或修正他们对物理世界和社会世界做出的错误推理。为了充分理解幼儿会犯的这种错误，来看看皮亚杰给儿童布置的其他任务。

（2）不能守恒

皮亚杰广为人知的各种守恒任务揭示了前运算思维的一些缺陷。**守恒** (conservation) 是指，即使外表发生了变化，客体一定的物理特征仍然保持不变。在茶点时间，普丽蒂和萨米的葡萄干一样多，但是，当普丽蒂把她的葡萄干撒在桌子上时，萨米认为普丽蒂的葡萄干一定比自己的多。

230 另一种守恒是液体守恒。给儿童看相同的两杯水，问他们水是否一样多，得到儿童确认之后，把其中一个杯子里的水倒进一个矮而粗的杯子里，水的形状改变了，但量没变。这时，问儿童水变多了，变少了，还是跟原来一样多。前运算阶段的儿童认为水量跟原来不同，他们说："水少了，

因为水低了（也就是说，在矮而粗的杯子里，水位变低了）。"或者："水多了，因为水变宽了。"图 7.6 显示了几种守恒任务。

不能守恒反映了前运算阶段儿童思维的几个相关方面。首先，他们的思维是中心性的，或者说，是以**中心化** (centration) 为特征的。他们只注意一个情境的某一个方面，而忽视其他方面。在液体守恒任务中，儿童以水的高度为中心，而忽视了水的高度和宽度的互补关系。其次，儿童很容易被知觉到的外部特征迷惑。最后，儿童把水的最初状态和最终状态看作是不相关的，而忽视了二者之间的动力性转换（倒水）。

前运算思维最重要的非逻辑特征是**不可逆性** (irreversibility)，即不能从心理上通过问题的各个步骤，以相反方向回到出发点。可逆性是任何逻辑运算的一部分。普丽蒂把她盒子里的葡萄干撒在桌子上，萨米就认为，她的葡萄干比自己的多，因为萨米不能进行逆向思维："普丽蒂只是把葡萄干撒在桌子上，如果把葡萄干再放进盒子里，还是和我的一样多。"

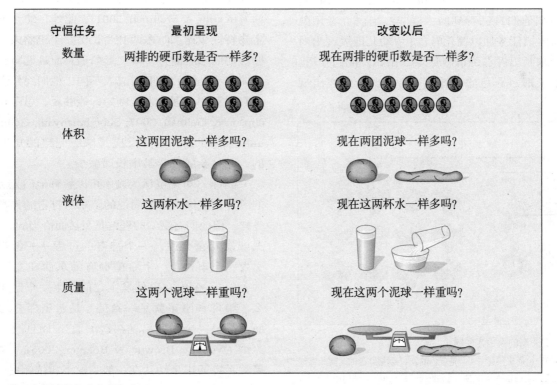

图 7.6 皮亚杰设计的几个守恒任务

前运算阶段的儿童还不能理解守恒。他们将在具体运算阶段逐渐掌握这些任务。西方国家儿童一般是先掌握数量守恒，然后是体积守恒，6~7 岁可完成液体守恒，8~10 岁完成质量守恒。

（3）缺乏等级分类能力

缺乏逻辑运算能力使幼儿很难进行**等级分类**（hierarchical classification），即根据客体的相似性和差异性把客体分成类和子类。图 7.7[①]展示的皮亚杰的一个著名的类包含问题，表明了这种局限性。前运算阶段的儿童集中注意红色这一最主要的特征。他们不能做逆向思维，从大类（花）到各个部分（红花和蓝花），然后再从"红花和蓝花"回到"花"。

5. 对前运算思维的后续研究

过去几十年，研究者对皮亚杰关于幼儿认知缺陷的观点提出了挑战。这些研究表明，皮亚杰的许多问题含有幼儿不熟悉的成分，或者含有许多幼儿难以理解的东西，因此，幼儿的反应并不能代表他们的真实能力。皮亚杰还忽视了一个现象，那就是幼儿对自然发生的许多事件能做出很好的推理。

（1）自我中心，泛灵论，魔幻思维

幼儿真的以为，站在房间其他地方的人看到的东西和他们自己看到的一样吗？当研究者用熟悉的物体把任务加以简化时，3 岁幼儿即表现出对别人看东西出发点的清晰觉知，比如，他们知道，另一个人透过彩色滤镜看，一个东西会怎样出现

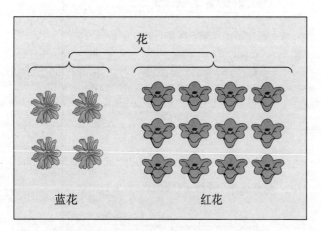

图 7.7　皮亚杰的类包含问题
给儿童呈现 16 朵花，其中 4 朵是蓝色的，12 朵是红色的。问儿童红花多还是花多，前运算阶段的儿童会回答"红花多"，他们还不明白，红花和蓝花是包含在花这个类别里面的。

在他眼里（Moll & Meltzoff, 2011）。

儿童谈话中也出现了非自我中心的反应。例如，4 岁儿童在和 2 岁儿童说话时会使用较短的简单句，而与同龄儿童或成人说话时，就不使用这种形式（Gelman & Shatz, 1978）。在描述一个物体时，他们也不使用大或小这类死板的、自我中心的方式。他们会因为情境不同而调整自己的说话方式。3 岁左右的儿童看到鞋子就能判断 5 厘米的鞋很小（因为它比大部分鞋都小），但是，对于 13 厘米高的布娃娃来说，鞋子就太大了（Ebeling & Gelman, 1994）。

第 5 章讲过，学步儿已经开始推测他人的意图（见边页 155）。皮亚杰在他后期的著作中（Piaget, 1945/1951）确实把幼儿的自我中心说成是一种趋势，而不是一种能力缺陷。重温一下观点采纳，我们就会发现，从童年期到青少年期，儿童的观点采纳能力是逐渐发展的。

皮亚杰还夸大了幼儿的泛灵论观念。其实，就算是婴儿也已经开始区分有生命的和无生命的东西，他们能对有生命的和无生命的事物加以分类（见边页 164）。2 岁半的儿童能对人做出心理解释（"他喜欢"或"她想要"），偶尔也会对其他动物做出解释，但很少会对无生命物体说这样的话（Hickling & Wellman, 2001）。此外，幼儿不会把生物特性（比如吃东西和生长）归于机器人，这表明，他们已经懂得，即使形象逼真而且能自己走的物体也不是活的。但与成人不同，他们经常说机器人有知觉和心理能力，例如，能够看、思考和记忆（Jipson & Gelman, 2007; Subrahmanyam, Gelman, & Lafosse, 2002）。这些反应是缺乏完整的知识造成的，并且会随着年龄增长而减少。

同样，幼儿也认为魔术可以解释他们无法解释的事件，就像本章前面说的萨米对打雷的神奇解释一样。但他们对魔幻的理解是灵活而恰当的。例如，三四岁儿童会说，一个神奇的过程——希望——引发一个事件（一个希望拥有的东西在盒子里出现），当一个人在事件发生之前产生一个愿望，那么，事件和愿望就是一致的（是希望拥有的东西而不是另一个东西出现在盒子里），而且没有别的原因（Woolley, Browne, & Boerger, 2006）。这些因果关系特征正是幼儿在一般情况下所依赖的。

4～8 岁时，随着对物理事件和原理的逐渐熟

---

① 由于本书系单色印刷，故图中展示不出花的颜色区分，可通过文字叙述进行理解。——译者注

幼儿可以区分有生命的和无生命的东西，并且懂得，机器人虽然很像人，但不能吃东西或生长。但是由于知识不完全，他们有时会说机器人有知觉和心理能力，能够看、思考和记忆。

悉，儿童的魔幻思维逐渐减少。多数儿童慢慢知道，圣诞老人和拔牙妖女是人扮演的，魔术师的滑稽表演是在骗人，奇幻故事中的人物和事件不是真实的 (Woolley & Cornelius, 2013; Woolley & Cox, 2007)。尽管如此，因为儿童乐于抱着他们的想象会成真的想法，所以他们仍可能对恐怖的故事和电视节目以及噩梦产生焦虑反应。

（2）逻辑思维

许多研究表明，如果给幼儿的任务是简化的、与日常生活相关的，他们就不会表现出皮亚杰所说的前运算阶段的非逻辑特征。例如，数量守恒问题中，只呈现3个项目而不是6~7个，3岁儿童就能正确回答 (Gelman, 1972)。如果使用儿童容易听懂的话问他们，物质（如盐）溶化到水里会发生什么，他们就能做出正确回答。很多3~5岁儿童知道，物质是守恒的——即使它在水里看不见，它仍然继续存在，可以尝出来，也可以使水变重 (Au, Sidle, & Rollins, 1993; Rosen & Rozin, 1993)。

观察与倾听

让一个3~4岁的孩子做图7.6中的数量和质量守恒题。然后，减少钱币数量来简化数量守恒，再假装说那不是黏土而是要烤纸杯蛋糕的面团，把质量守恒与孩子的日常经验联系起来。孩子的表现会更好吗？

232

幼儿还能对其他一些问题表现出传递推理能力。他们能对物理变化做类比推理。如果用图画匹配方式问儿童这样的问题——"一块完整的面团对应切开的面团，那么一个完整的苹果对应什么"，3岁儿童就能从备选项中选出正确的结果（切开的苹果），即便其他几个备选项（如咬过的苹果、切开的面包）和正确结果具有相似的物理特征 (Goswami, 1996)。这些结果表明，只要是熟悉的东西，儿童就能排除外表特征的干扰，进行符合逻辑的思考。

即使缺乏详细的生物学或机械知识，幼儿也明白，动物本身对某些因果关系负有责任（如自己愿意移动），而非生物（如机器）是不可能的 (Gelman, 2003)。他们只有在处理不熟悉的话题、话题包含的信息过多或有搞不明白的矛盾情况时，才会使用不合逻辑的推理。

（3）分类

虽然幼儿还难以完成皮亚杰的类包含任务，但他们很早就能把日常知识归入嵌套式的类别中去。在幼儿期，儿童的分类包括那些由于共同的机能、行为或自然种类（有生命和无生命）而组合在一起的物体，尽管它们的知觉特征有很大的不同。

研究发现，2~5岁的儿童已能对同一类东西看不见的特征进行推理 (Gopnik & Nazzi, 2003)。例如，先告诉他们，鸟的血是热的，剑龙（一种恐龙）的血是冷的，然后问他们，翼龙（一种恐龙）的血是冷的还是热的，虽然翼龙很像鸟，但他们仍推理说翼龙的血是冷的。

然而，当一个类别的大多数实例具有某种知觉属性（如长耳朵）时，幼儿很容易根据知觉特征对它们进行分类。这表明，他们能根据情境的不同，灵活地使用不同类型的信息进行分类 (Rakison & Lawson, 2013)。过去经验会影响他们决定使用哪些信息。在北威斯康星州梅诺米尼保留地长大的5岁美国原住民儿童，经常使用自然界中的各种关系对动物进行分类。例如，狼和鹰被归为一类，因为它们共享森林栖息地 (Ross et al., 2003)。相比之下，欧裔美国儿童主要依靠动物的共同特征来分类。

儿童1岁以后和2岁以后，甚至更早，其分类开始分化。他们形成了很多基本水平类别，它

这些 4 岁的孩子懂得，划分一个类别（"恐龙"），可以根据潜在的特征（"冷血"），而不仅仅根据像直立姿势和皮肤有鳞这些知觉特征。

们处于一般类别的中介水平，如椅子、桌子和床。到 2 岁以后，儿童能轻易地在基本水平类别和一般类别（如家具）之间转换。他们还能把基本水平类别再分成子类，例如，摇椅和课桌椅。

幼儿词汇量和常识的快速增加支持了他们令人印象深刻的分类技能，他们从与成人的对话中受益匪浅，大人经常告诉孩子各种类别的名字，并且给他们解释。例如，成人用"鸟"这个词来指称蜂鸟、火鸡和天鹅时，他们向儿童发出的信号是，除了身体的相似性之外，还有其他东西可以把这几种动物联系在一起 (Gelman & Kalish, 2006)。儿童也会问很多关于周围世界的问题，其中大部分是寻求信息："那是什么？""它是做什么的？" (Chouinard, 2007)。通常，父母会给出有助于增进概念理解的信息性答案。阅读图画书是类别学习的一种特别丰富的方法。在讨论书籍时，父母提供的信息可以指导儿童推断类别的结构："企鹅生活在南极，会游泳，会捕鱼，有一层厚厚的脂肪和羽毛帮助它们保暖。"

总之，幼儿的分类系统虽然没有年长儿童和成人复杂，但他们已经具备了根据非明显属性进行等级分类的能力。他们使用逻辑、因果推理来识别构成类别基础的相互关联的特征，并对新东西进行分类。

6. 对前运算阶段理论的评价

表 7.2 概括了幼儿期认知发展的情况。你可以把这些内容与边页 229–230 皮亚杰关于前运算阶段儿童的描述对比一下。整体而言，皮亚杰关于幼儿认知能力的理论，一部分是正确的，一部分是低估了他们的能力。当给幼儿提供以熟悉经验作基础的简化任务时，幼儿就显示出萌芽的逻辑思维，表明他们逐渐能够进行逻辑运算。

幼儿可以通过训练在皮亚杰任务中表现更好，这一发现支持了运算思维并非在某个时间点不存在而在另一个时间点出现的观点 (Ping & Goldin-Meadow, 2008)。随着时间推移，儿童越来越依赖用有效的心理（而不是感知）方法来解决问题。例如，不会使用计数来比较两组物品的孩子，也不会数量守恒 (Rouselle, Palmers, & Noël, 2004)。一旦幼儿学会数数，他们就会把这项技能应用到数量守恒任务中。随着计数能力的提高，他们会把这一方法扩展到涉及更多项目的问题上。6 岁的时候，他们懂得了，只要不增加或减少任何东西，那么即使改变形状，数量也不变 (Halford & Andrews, 2011)。因此，他们不再需要用数数来验证他们的答案。

逻辑运算的逐渐发展再次质疑了皮亚杰的一个假设，即儿童在 6~7 岁时突然转向逻辑推理。前运算阶段真的存在吗？有些人不再这么认为。回顾第 5 章，根据信息加工观点，儿童对每一种类型的任务的理解是分开的，他们的思维过程在所有年龄阶段基本相同，区别只在于出现程度的大小。

另一些学者认为，阶段概念做一些修改仍然有效。例如，一些新皮亚杰主义理论家把皮亚杰的阶段概念与信息加工学说的任务特殊性变化观点结合起来 (Case, 1998; Halford & Andrews, 2011)。他们认为，皮亚杰严格的阶段定义应该改为不那么严格的结点 (knit) 概念，根据这一概念，发展出一套理论，即相关能力的形成所需时间长短取决于脑发育和特定经验。这些人指出，只要认真控制好任务的复杂性并且让儿童来完成这些任务，儿童就会以相似的、无阶段特征的方式去解决这些任务 (Andrews & Halford, 2002; Case & Okamoto, 1996)。例如，画画时，幼儿是不管各种东西的空

233

表 7.2 幼儿期认知发展情况

年龄	认知发展情况
2~4 岁	表征活动快速发展，主要表现在语言、假装游戏、理解双重表征和分类等方面 在简单而熟悉的情境和日常面对面的交流中能够把生命体和无生命体区分开来，对事件的解释更倾向于自然而非超自然 掌握守恒，注意到传递推理，逆向思维，理解简单、熟悉情境中的很多因果关系 根据背景，以共同机能、行为、自然类别和知觉特征将客体分类，使用内部因果特征对外表变化很大的客体进行分类 把熟悉的客体归入不同等级的类别
4~7 岁	逐渐懂得假装和其他思维过程都是表征性活动 用似是而非的解释取代魔幻的造物和事件 能完成皮亚杰的数量守恒、质量守恒和液体守恒任务

间位置，分别描画这些东西的。听故事时，他们能听懂单一的情节，如果故事由一个主要情节加上一个或几个次要情节组成，他们就听不懂了。

这种灵活的阶段论指出了幼儿期思维的独特性，同时更好地解释了，如莱斯莉所说，为什么"幼儿的思维是逻辑、想象和错误推理的混合体"。

7. 皮亚杰和教育

根据皮亚杰理论归纳出的三项教育原理，一直对教师培训和课堂教学，尤其是对幼儿教育实践产生影响。

- **发现学习**。在皮亚杰理论指导下的课堂上，鼓励儿童主动与环境互动来发现他们自己。教师不是简单地教给儿童现成的知识，而是给儿童提供丰富多彩的促进探索的活动和工具，包括艺术、智力拼图、桌游、用来装扮的服装、建筑积木、书、测量工具、自然科学任务和乐器等等。

- **对儿童学习准备的敏感性**。在皮亚杰理论指导下的课堂上，教师根据儿童当前的思维水平引导他们开展一些活动，对儿童不正确的看待世界方式提出质疑。但是在儿童还没有表现出兴趣和准备状态时，教师不会为了使他们快速进步而强迫他们学习新技能。

- **接受个别差异**。皮亚杰的理论认为，所有儿童都以相同顺序经过几个认知发展阶段，但是每个儿童的发展快慢不同。因此，教师应该给每个儿童和小组而不是为全班安排活动。教师要根据每个儿童当前发展和以前发展状况的比较来评价教育效果，而不是根据是否达到常模标准来评价。

皮亚杰理论在教育上的应用和他的阶段论一样，也受到了批评，尤其是他所说的，幼儿的学习主要是通过对环境的操作来实现的 (Brainerd, 2003)。下节要讲到，幼儿还凭借以语言为基础的路径来掌握知识。

234

思考题

联结 从以下前运算思维特征中选择两个——自我中心主义、关注知觉到的外表、难以做传递推理、缺乏等级分类，用现有的研究证据说明，幼儿在思维方面比皮亚杰假设的更有能力。

应用 3 岁的威尔知道，他的玩具三轮车不是活的，它没有感觉，也不能自己移动。但是有一次去海滩，看到太阳落到地平线之下，威尔说："太阳累了，它要休息了。"怎么解释威尔这种看似矛盾的推理呢？

反思 你小时候有没有一个假想的同伴？如果有，你的同伴是什么样的？你为什么要创造他／她？

二、维果茨基的社会文化理论

7.8　描述维果茨基的社会文化理论及儿童个人言语的意义

7.9　描述维果茨基理论在教育上的应用以及对其主要思想的评价

皮亚杰不强调语言是认知发展的源头，这引来了另一个质疑，这次的质疑来自强调认知发展社会背景的维果茨基的社会文化理论。在幼儿期，语言的迅速发展，使幼儿有更多机会与更有知识的人们进行社会对话，这些人鼓励他们掌握本文化所重视的技能。于是儿童很快就能像和别人交谈那样，跟自己对话。这就大大增强了他们的思维和控制自己行为的能力。来看看这一过程是怎样发生的。

这个4岁女孩正在对自己说怎样画画。研究支持维果茨基的理论，儿童的个人言语是在指导自己的思维和行为。

1. 个人言语

观察幼儿的游戏和对环境的探索，就会发现，他们经常对自己大声说话。例如，当萨米玩七巧板游戏时，他对自己说："那块红的在哪儿？这个是蓝的，不行，它不合适。放在这里试试。"

皮亚杰 (Piaget, 1923/1926) 把这种言语叫作自我中心言语，反映了他的看法，即幼儿尚不能采纳别人的观点。他说，儿童的谈话经常是"对自己说话"，这时候，他们试着用偶然出现的任何一种方式去思维，而不管别人能否听懂。随着自我中心主义的减弱，这种蹩脚的与之相应的言语也消失了。

维果茨基 (Vygotsky, 1934/1987) 不同意皮亚杰的观点。因为语言有助于儿童思考他们自己的心理活动和行为，并对行为做出选择，所以维果茨基把语言看作所有高级认知过程的基础，包括有意注意、有意记忆、回忆、分类、计划、问题解决和自我反省等等。在维果茨基看来，儿童自说自话是为了自我指导。随着年龄增长，儿童逐渐感到任务越来越容易，他们会将对自己说的话内化为不出声的内部言语，即我们在日常生活情境中思考和行动时和自己的对话。

因为几乎所有的研究都支持维果茨基的观点，所以，儿童自我导向的言语现在被称为**个人言语** (private speech)，而不是自我中心言语。研究表明，当儿童遇到既不太容易也不太难的任务时，在他们犯了错误或对问题感到困惑、不知如何解决时，他们就会较多地使用这种个人言语。就像

维果茨基所说的，个人言语随着年龄的增长而消失，变成小声言语和无声的唇部动作。与不善言谈的同伴相比，在困难活动中能灵活使用个人言语的儿童，其注意力更集中、更投入，任务也完成得更好 (Benigno et al., 2011; Lidstone, Meins, & Fernyhough, 2010; Winsler, 2009)。

2. 幼儿期认知的社会起源

个人言语来自何方？第5章讲过，维果茨基认为，儿童的学习发生在最近发展区内，它指的是一个区域，处于该区域的儿童单独完成任务很困难，但在成人和其他技能熟练的同伴帮助下可以完成。来看一下萨米在妈妈帮助下一起玩较难的七巧板游戏时的共同活动：

萨米："这块放不进去。"［试图把一块板放进一个错误地方］

妈妈："哪一块可以放在这儿呢？"［指着七巧板的底部］

萨米："他的鞋。"［找了一块与小丑的鞋一样的木块，但拿错了］

妈妈："哪一块像这个形状？"［再次指着七巧板的底部］

萨米："棕色的。"［试着放了一下，正合适，然后试另一块，看了妈妈一眼］

妈妈:"稍微转转。"[用手势比画]

萨米:"好了!"[妈妈在旁边看着,又放了几块]

萨米的妈妈在萨米的最近发展区内把七巧板的难度掌握在一个可操控的水平。她使用的是**搭建脚手架** (scaffolding),即在教的过程中根据儿童的现有水平来调整对他们的帮助。当儿童不知道该怎样做时,成人就直接指导,或把任务分解为容易掌握的单元,提出方法上的建议,并解释这样做的道理。随着儿童能力的提高,善于搭建脚手架的成人会逐渐地、敏感地停止帮助,让儿童自己做。此时,儿童会使用这种对话语言,把对话变成他们的个人言语,用它来独立地设法调整自己的行为。

虽然幼儿在独处或与他人在一起时都能自如地使用个人言语,但他们在别人在场时使用得更多 (McGonigle-Chalmers, Slater, & Smith, 2014)。这表明,一些个人言语仍有社交目的,也许是间接地请求别人帮助重新搭建脚手架。几项研究表明,如果父母在孩子说很多个人言语时适时有效地帮助搭建脚手架,孩子在独自尝试挑战性任务时则更有可能成功,并且还会在整体认知发展方面取得进步 (Berk & Spuhl, 1995; Conner & Cross, 2003; Mulvaney et al., 2006)。

搭建脚手架在不同文化中可以采取不同形式。对东南亚移民到美国的赫蒙族家庭的调查发现,父母在认知上的帮助与孩子良好的推理技能相关。欧裔美国父母通常会鼓励孩子独立思考,想出解决问题的方法,但赫蒙族父母与此不同,他们非常看重相互依赖和孩子的顺从,他们反复地告诉孩子应该怎么做(例如,"把这块放在这儿,再把这块放在它上面")(Stright, Herr, & Neitzel, 2009)。在欧裔美国儿童中,这种命令式的搭建脚手架与幼儿自我控制力差和较多的行为问题相关 (Neitzel & Stright, 2003)。但是对赫蒙族儿童来说,它却可以预测出他们在遵守规则、有组织性和做好分配任务方面的能力。

3. 维果茨基和幼儿早期教育

皮亚杰式和维果茨基式的课堂教学都强调主动参与和接受个别差异。但是,维果茨基式的课堂教学超越了独立发现式的学习,而提倡有帮助的发现。教师以符合每个儿童最近发展区的干预方式来指导儿童的学习。有帮助的发现也可以通过同伴合作来实现,教师把能力不同的学生分在一组,让他们互教互学、互相帮助。

维果茨基 (Vygotsky, 1933/1978) 把假装游戏看 *236* 作是促进幼儿期认知发展的理想社会环境。当儿童创造出想象情境时,他们就在学习按照内心想法和社会规则做事,而不是因一时冲动做事。例如,一个孩子假装睡觉,就是在遵守作息规则。一个孩子想象他自己是爸爸,娃娃是他的孩子,是在遵循父母养育行为的规则 (Meyers & Berk, 2014)。维果茨基认为,假装游戏是一种独特的、影响广泛的最近发展区,儿童在其中尝试各种各样富有挑战性的活动,从而获得许多新的能力。

回到边页 228,回顾一下关于假装游戏对认知和社会性发展作用的研究。假装游戏在个人言语中也很丰富,这一发现支持了假装游戏可以帮助儿童把自己的行为控制在思维之下的观点 (Krafft & Berk, 1998)。花更多时间参与社会剧游戏的幼儿更善于抑制冲动,调节情绪,遵守课堂纪律的责任心较强 (Elias & Berk, 2002; Kelly & Hammond, 2011;

在这个维果茨基式的课堂上,幼儿们正在一起建造一个积木结构,这使他们从同伴合作中获益。

Lemche et al., 2003)。这些发现支持了假装游戏在增强儿童自控力方面的作用。

4. 对维果茨基理论的评价

维果茨基理论重视社交经验对认知发展的根本作用，强调教学的重要作用，并帮助人们认识到儿童认知技能的文化差异。但是这一理论也不是没有问题的。言语交流也许并不是促进儿童思维发展的唯一手段，或者说，在某些文化中不是最重要的方式。当西方的父母鼓励孩子掌握困难任务时，他们的言语交流和学校教学很相似，他们的孩子要在学校花十几年为成人生活做准备。但是，在不强调学校教育和读书识字的文化环境中，父母往往希望孩子通过细心观察和参与社会活动，自己去学习新技能，并承担更大的责任 (Rogoff, Correa-Chavez, & Silva, 2011)。有关这种差异的研究，可参阅本节的"文化影响"专栏。

为了解释儿童参与共同活动而学习的多种学习方式，芭芭拉·罗戈夫 (Barbara Rogoff, 2003) 提出了术语**指导性参与** (guided participation)，这是一个比搭建脚手架更宽泛的概念。它指技能熟练者与不熟练者之间的共同努力，而不强调他们之间交流的具体特征。因此，指导性参与可以因情境和文化的不同而不同。

维果茨基理论很少提及第 4 章和第 5 章讲的基本动作、知觉、注意、记忆和问题解决能力对由社会活动传递的高级认知过程有何影响。例如，他的理论没有说明这些基本能力怎样使儿童的社交经验发生变化，而高级认知机能正是从这些社交经验中产生的 (Daniels, 2011; Miller, 2009)。在基本认知能力的发展方面，皮亚杰比维果茨基关注得更多。皮亚杰和维果茨基这两位 20 世纪认知发展的理论巨人，如果当初有机会相遇，把他们非凡的理论成就融合在一起，那么，今天就可能存在一个更有影响力的理论，这种猜想真是令人回味无穷。

---

237 🌳 专栏 　　　　　　　　文化影响

乡村和部落儿童对成人劳动的观察和参与

在西方社会，教给儿童各种技能，使他们成为胜任工作的劳动者，这一任务是由学校来完成的。在幼儿期，中产阶级的父母和孩子的交流主要是通过一些以儿童为中心的活动，使儿童在学校获得成功，尤其是靠亲子之间的谈话和游戏来促进言语、读写和其他知识的掌握。在乡村和部落文化中，儿童很少上学或根本不上学，大部分时间和父母一起劳动，幼儿期就要承担一些成人的责任 (Gaskins, 2014)。因此，父母不需要通过谈话和游戏来教育孩子。

一项研究比较了四种文化中 2~3 岁儿童的日常生活，包括美国两个中等社经地位的城郊社区、刚果共和国埃费族的狩猎采集文化部落，以及危地马拉的玛雅文化的乡村小镇，结果证明了这些差异 (Morelli, Rogoff, & Angelillo, 2003)。在美国社区，儿童很少和父母一起劳动，大部分时间是和父母谈话和玩。埃费族儿童和玛雅人儿童则整天都要参与或观察成人在家附近的劳动。

对墨西哥尤卡坦半岛一个偏远的玛雅人村庄的人种学研究表明，那里的幼儿在日常生活中主要是观察和参与成人的劳动，他们的能力和西方儿童很不同 (Gaskins,

1999; Gaskins, Haight, & Lancy, 2007)。尤卡坦的成人以耕种为生。男人负责农田，儿童 8 岁以后就要给爸爸帮忙。女人做家务，洗衣做饭，照看家畜和花园，女儿和未满 8 岁的儿子都要帮忙。儿童从 1 岁多就要参加这些

南非村庄的一个小男孩专心地看着他的妈妈磨谷物。乡村和部落文化中的儿童从很小就观察和参加劳动。

劳动。不干活时，大人就让他们自己管自己。

　　许多与劳动无关的事情都是由幼儿自己决定，睡多少觉、吃多少饭、穿什么衣服，甚至什么时候去上学。因此，尤卡坦半岛的玛雅幼儿的自我照料能力很强。但是他们很少玩假装游戏，即使玩，大多也是模仿大人的劳动。他们每天要花几个小时看着别人干活。

　　尤卡坦玛雅人的父母很少跟孩子谈话、一起玩或帮助孩子学习。当儿童模仿成人劳动时，父母会认为他们已经可以担负更多的责任了。他们就会让孩子干家务活，或者让孩子干孩子会干的事情，这样，大人的劳动也不

会受到干扰。如果孩子干不了，大人就接过来，让孩子在一旁看，能做的时候再做。

　　在这种强调自主性和扶助性的文化中，尤卡坦的儿童很少请别人一起做什么有趣的事情。从小时候起，他们就能安静地坐很长时间，比如，参加冗长的宗教活动或骑马去镇上。成人吩咐儿童做家务时，他们在很小的年纪就能对吩咐他们干活的指令做出回应，而这一点是西方儿童非常厌烦的。5 岁左右，尤卡坦的儿童就能主动做大人分派的任务之外的事情。

思考题

联结　皮亚杰和维果茨基的理论是如何相互补充的？出自两种理论的课堂实践有何相似之处？又有何不同？

应用　塔妮莎注意到自己 5 岁的儿子托比在玩的时候会大声地自言自语。她不知道是否应该阻止这种行为。运用维果茨基的理论，给塔妮莎解释托比为什么会自言自语。

反思　你是什么时候开始使用个人言语的？它对你是否有自我指导作用？为什么？

三、信息加工

7.10　幼儿期的执行机能和记忆发生了哪些变化？
7.11　描述幼儿的心理理论
7.12　总结幼儿期的读写和数学知识

　　第 5 章曾介绍信息加工模型。信息加工的重点是儿童把刺激流转换并输入心理系统时采用的认知操作和心理策略。如前所述，幼儿期是在心理表征上取得巨大进步的时期。而帮助幼儿在认知困难情境中成功的执行机能的各种组成部分，包括抑制冲动、分散刺激、根据任务需求灵活转移注意力、协调工作记忆中的信息以及做计划，都取得了令人惊叹的进步 (Carlson, Zelazo, & Faja, 2013)。幼儿对自己的精神生活也有了更多的认识，并开始学到对学校学习至关重要的相关知识。

1. 执行机能

　　家长和老师都知道，与小学生相比，学前儿

童参与任务的时间比较短，也容易分心。对抑制和灵活转换注意力的研究显示，幼儿期的注意控制得到本质的改善。工作记忆的扩展则支持了这些进步。执行机能的各组成部分在幼儿期是密切相关的，它们对幼儿期的学习和社交技能的发展起着重要作用 (Shaul & Schwartz, 2014)。

（1）抑制

　　随着年龄增长，幼儿抑制冲动、专注于竞争目标的能力稳步增强。比如让儿童干这样一件事：大人拍桌子两次时，儿童必须拍一次；大人拍一次时，儿童必须轻拍两次。或者，看着太阳的图片说"夜晚"，看着星星月亮的图片说"白天"。如图 7.8 所示，3~4 岁儿童会

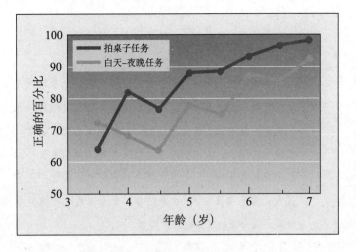

图7.8　3～7岁儿童在抑制冲动和注意集中任务中的行为表现

在拍桌子任务中，成人拍一下时儿童要拍两下，成人拍两下时儿童拍一下。在白天－夜晚任务中，看到太阳图片必须说"夜晚"，看到月亮和星星图片必须说"白天"。资料来源：A. Diamond, 2004, "Normal Development of Prefrontal Cortex from Birth to Young Adulthood: Cognitive Functions, Anatomy, and Biochemistry," as appeared in D. T. Stuss & R. T. Knight [Eds.], *Principles of Frontal Lobe Function*, New York: Oxford University Press, p. 474.

犯很多错误。但是6～7岁时完成这些任务很容易（Diamond, 2004; Montgomery & Koeltzow, 2010）。他们能够抵制"吸引"其注意的一个优势刺激。这种能力早在3～5岁时就可以预测其社会成熟度，以及从幼儿园到中学的阅读和数学成绩（Blair & Razza, 2007; Duncan et al., 2007; Rhoades, Greenberg, & Domitrovich, 2009）。

（2）灵活转换注意力

研究者一般通过儿童的分类和排序行为，考察他们根据注意对象在此时此刻的重要性灵活转换其注意焦点的能力。第5章讲到，当学步儿对4个球和4块积木进行分类时，起先他们按形状分*238*类，在成人提醒他们还可以按软硬分类时，他们马上转换了注意力（见边页164）。

对学前儿童和学龄儿童灵活转换注意力的能力，经常采用规则使用任务进行研究（Zelazo et al., 2013）。例如，让儿童在面对相互冲突的线索时，改变他们用来对图片进行分类的规则。先让儿童用颜色规则对船和花的图片进行分类，把所有蓝色的船和花放在一个标着蓝色船的盒子里，把所有红色的船和花放在一个标着红色花的盒子里。然后要求儿童转换为形状规则，把所有的船（不论颜色）放在标有蓝色的箱子里，把所有的花放在标有红色的箱子里。3岁儿童一直坚持按颜色分类，4岁儿童才能正确地转换规则（Zelazo, 2006）。如果研究者增加规则的复杂性，例如，让儿童只在给带黑边的图片分类时，才从颜色规则转换为形状规则，那么多数6岁儿童在执行此任务上都有困难（Henning, Spinath, & Aschersleben, 2011）。

这些发现证实，灵活转换注意力的能力在学前期有了本质的提高，并在小学期继续提高。注意力和抑制力的发展有助于学龄前儿童的灵活转换（Kirkham, Cruess, & Diamond, 2003; Zelazo et al., 2013）。为了转换规则，儿童必须转而聚焦于一个刚才被忽略的维度，同时抑制对原来关注维度的注意。

（3）工作记忆

工作记忆的增强，使幼儿能够一次记住和操作更多的信息（见第5章边页161），有助于对注意的控制。较大的工作记忆容量使人更容易把几条规则记在心里，而忽略当前不重要的一些规则，并灵活地把注意力转换到新规则上，从而改善行为表现。

随着年龄增长，在工作记忆中掌握和结合信息的能力，在问题解决中越来越重要。一项研究发现，抑制力和工作记忆得分都能预测2.5～6岁儿童对一个需要多步计划才能解决的问题的能力。其中，工作记忆对4～6岁儿童的预测力强于对年幼儿童的预测力（Senn, Espy, & Kaufmann, 2004）。较年长的幼儿能够利用他们更好的工作记忆来解决涉及做计划的更难的问题。

（4）做计划

上述研究结果表明，幼儿期的做计划能力有了显著提高。做计划需要提前想好一系列的行动，然后按照这些行动来实现目标。因为成功的计划需要基本的执行过程与其他认知操作相结合，所以它被认为是一种复杂的执行机能活动（Müller &

图 7.9　用于评价儿童做计划能力的微型动物园

告诉儿童，莫莉想给袋鼠拍照片，但只能沿着这条路走一次，问儿童，应该把相机放在哪个木箱里，莫莉才能拿到相机拍照。直到 5 岁，儿童才能有效地做计划，选择第一个笼子旁边的木箱。资料来源：McColgan & McCormack, 2008.

Kerns, 2015)。只要任务不太难，稍年长的幼儿就可以按照计划行动。

来看一个任务，它的设计很像现实世界的做计划：先向 3～5 岁儿童展示一个名叫莫莉的娃娃、一台照相机，以及有一条小路的微型动物园，小路上有三个动物笼子。第一个和第三个笼子旁边各有一个木箱，中间的笼子没有木箱，里面有一只袋鼠（见图 7.9）。告诉儿童，莫莉只能沿着这条小路走一次，她想给袋鼠拍张照片。然后问儿童："你必须把照相机放在哪个木箱里，莫莉才能拿到照相机去给袋鼠拍照片？"（McColgan & McCormack, 2008)。直到 5 岁，儿童才能有效地做计划，选择第一个笼子旁边的木箱。

在这个和类似的其他做计划任务中，较年幼的学前儿童有困难（McCormack & Atance, 2011)。在幼儿期结束时，儿童才在延后行动方面取得进步，他们要想好每一步应该怎样做，每一步会产生什么后果，还要根据任务需要调整自己的计划。

（5）父母教育和执行机能的发展

很多研究证实，父母的敏感性和搭建脚手架能够培养幼儿的执行机能（Carlson, Zelazo, & Faja, 2013)。一项研究中，父母为 2～3 岁儿童搭建脚手架可以预测儿童在 4 岁时多项执行机能的较高分数（Hammond et al., 2012)。2 岁时给孩子有效地搭建脚手架能促进他们的语言进步，这反过来又促进了执行机能的发展，也许是因为它增强了儿童用个人言语调节行为的能力。

关于做计划，儿童从支持其做计划的文化手段中学到了很多，例如对游戏的指导、建筑模式、烹饪食谱等等，尤其是当他们与会做计划的人合作时。观察母亲和 4～7 岁的孩子一起玩建筑玩具，她们通常会告诉孩子，做计划有什么用，怎样一

这个 3 岁男孩的祖父正在给孩子搭建脚手架。他把一个较难的构造游戏分解成比较容易的步骤，建议孩子怎么做，从而增强了孩子的各种执行机能。

239 步一步地来完成："你想看看图片吗？你应该先放哪一块？"在与母亲一起玩之后，幼儿在自己建造时会更多地按计划来做 (Gauvain, de la Ossa, & Hurtado-Ortiz, 2001)。日常生活中，如果父母鼓励孩子多做计划，如告诉他们怎样把碗装入洗碗机，外出度假时怎样打包，就能使孩子更善于做计划。

贫困对执行机能产生负面影响，部分原因是父母教育不当和长期的压力。在一个社经地位和种族多样化的样本中，贫困母亲在孩子 7~24 个月时，经常严厉、粗暴地对待孩子，这样的养育方式和追踪到孩子 3 岁时的皮质醇水平升高和执行机能得分较低相关 (Blair et al., 2011)。研究者指出，贫困和消极教育方式削弱了早期的压力调节，促进了"高反应性和僵化的而不是反思式和灵活的行为与认知形式" (p. 1980)。

2. 记忆

幼儿和婴儿、学步儿不同，他们已经具备语言技能，能说出他们记得什么，还能在所记住的任务的指导下做事情。所以，对幼儿记忆的研究比较容易。2 岁以前记忆的变化主要是内隐的，是在没有意识知觉情况下发生的。研究者对幼儿记忆的研究可以聚焦于外显的或有意识的记忆，它是整个发展过程中一直发生的最大变化。

（1）再认和回忆

给儿童看 10 张图片或 10 个玩具，然后把它们和儿童没见过的一些东西混在一起，让儿童指出，哪些是他们见过的。你会发现，幼儿的再认记忆已经相当好，他们能告诉你一个刺激是否与原来见过的一致或相似。4~5 岁儿童在这方面做得很不错。

回忆比再认更难些，先让儿童看一些东西，之后把这些东西收起来，让他们说出刚才看见的是什么。这需要回忆能力，即儿童需对此时不在眼前的刺激产生一定的心理表征。幼儿的回忆能力比再认能力差得多。2 岁儿童能回忆 1~2 个项目，4 岁时只能回忆 3~4 个项目 (Perlmutter, 1984)。

240 幼儿期的回忆能力和语言发展紧密相关，因为语言能有力地促进对过去经验的持续较长时间

的心理表征 (Melby-Lervag & Hulme, 2010)。但即使幼儿的语言能力很好，他们的回忆能力也可能较差，其原因是，幼儿不善于使用**记忆策略** (memory strategies) 这种有意识地提高记忆效果的心理活动。幼儿还不会复述，或一遍一遍地重复需要记忆的内容，也不会把相似内容（例如，把所有的动物分成一组，所有的交通工具分成一组）加以组织、分类，以便根据相似特征轻松提取相关内容。即使经过训练，他们还是不会做 (Bauer, 2013)。

幼儿不会运用记忆策略的一个原因是，记忆策略对有限的工作记忆资源占用太多。幼儿很难一边记住碎片化的信息，一边使用记忆策略。

（2）对日常经历的记忆

对类似清单式信息的回忆不同于对日常经历的记忆，研究者称后者为**情节记忆** (episodic memory)。在记忆日常经历时，人们会回忆与特定时间、地点或人物相关的背景信息。在记忆清单式材料时，人们回忆的是独立的片段，即脱离原来的学习场景，成为个人知识库一部分的信息。研究者称这种记忆为**语义记忆** (semantic memory)。

在 3~6 岁，儿童对刺激之间关系的记忆力大幅提高。例如，在一组照片中，他们不仅记得看到的动物，还记得它们的背景，比如一只熊出现在洞穴口，或一匹斑马被拴在树上 (Lloyd, Doydum, & Newcombe, 2009)。这种把刺激物结合在一起的能力支持了幼儿期日益丰富的情节记忆。

1）对惯常事件的记忆

和成年人一样，幼儿也会记住熟悉、重复的事情，例如，去幼儿园做了什么，或吃晚饭时做了什么。这些都是通过**剧本** (script)，即在什么时间、地点和具体情况下发生了什么来记忆的。幼儿的剧本起先是一些主要行为的框架。例如，问一个 3 岁孩子在餐馆里发生了什么，他会说："你进去，买了饭，吃，然后付钱。"虽然儿童的最初剧本只有几个动作，但它们几乎总是能按正确的顺序被回忆起来 (Bauer, 2006, 2013)。随着年龄增长，剧本变得越来越复杂，比如，一个 5 岁儿童对去餐馆吃饭做了这样的描述："你进去。你可以进入包间，也可以坐在散座。然后，告诉服务员你想吃什么。你吃饭。如果你想吃甜点，你可

以要一点。然后你付钱回家"(Hudson, Fivush, & Kuebli, 1992)。

剧本帮助儿童（和成人）组织和解释日常经验。剧本一旦形成，就可以用来预测未来会发生什么。儿童在听故事、讲故事的时候都依赖于剧本。剧本还可以通过帮助儿童在脑子里设想为达到目的要按步就班地做什么，从而帮助他们做出最初的计划 (Hudson & Mayhew, 2009)。

2）对一次性事件的记忆

第 5 章曾经讨论过日常生活记忆的第二种形式——自传式记忆，它是对个人有意义的一次性事件的表征。随着幼儿认知和会话技能的增强，他们对特定事件的描述在时间上组织得更好，内容更详细，并且与他们生活的大背景相联系。一个年幼的幼儿简单地说："我去露营了。"年长些的幼儿会说出一些细节，如事件发生的地点、时间和在场的人。随着年龄增长，幼儿记忆中包含越来越多的主观信息，用来解释事件的个人意义 (Bauer, 2013; Pathman et al., 2013)。例如，他们会说："我喜欢在帐篷里睡一整晚。"

成人一般用两种方式来引导儿童的自传式记忆。一些父母采用详尽型，变换方式地问问题，对孩子所说的内容加以补充，并主动说出自己对事件的回忆和评价。例如，从动物园回来，父母可能会问："咱们刚开始做了什么？为什么鹦鹉不在它们的笼子里？我觉得狮子挺吓人的，你觉得呢？"另一些父母采用重复型，不给孩子提供什么信息，而是一遍又一遍地问一些相同的简短问题："你记得动物园吗？咱们在动物园干了什么？"使用详尽型叙述方式的父母会给孩子的自传式记忆搭建脚手架。跟踪这些儿童到小学和中学时期后发现，他们会说出更多的组织严密、内容详细的个人经历 (Reese, 2002)。

当儿童和成人谈论过去时，他们不仅提高了自己的自传式记忆，还回顾了一段共同经历，从而增进了亲密关系和自我理解。拥有安全型依恋关系的父母和幼儿拥有更复杂的回忆 (Bost et al., 2006)。而在 5 岁和 6 岁时，采用详尽型叙述方式的父母的孩子会以更清晰、一致的方式描述自己 (Bird & Reese, 2006)。

女孩能比男孩做出更有条理、更详细的个人叙述。与亚洲儿童相比，西方孩子的叙事更多

这个学步儿正在和妈妈谈论过去的经历，妈妈用详尽型叙述方式提出各种各样的问题，并说出自己的回忆。通过这样的对话，她促进了孩子的自传式记忆。

的是讲述自己的想法和情感。这些差异与亲子对话的差异相吻合。父母会跟女儿更详细地回忆和谈论他们一起经历的事件的情感意义 (Fivush & Zaman, 2014)。重视相互依赖的自我的文化，则使许多亚洲父母不鼓励孩子谈论他们自己 (Fivush & Wang, 2005)。

与这些早期经验相一致的是，女性最早记忆的年龄比男性小，记忆也更生动。西方成年人和亚洲成年人相比，其自传式记忆更早，记住的事件更详细，也更关注自己的角色，而亚洲人的记忆则倾向于强调他人的角色 (Wang, 2008)。

3. 幼儿的心理理论

随着儿童对事物的表征、记忆和问题解决能力的发展，儿童开始反思他们自己的思维过程。他们开始建构心理理论，或关于心理活动的一套相互联系的想法。这种认识称为**元认知** (metacognition)。元是超过和高于的意思。元认知的意思是"对思维的思维"。我们成年人对自己的内心世界有复杂的理解，以此来解释自己和他人的行为，并不断优化自己在各种任务中的表现。那么，幼儿是在多大年龄开始意识到他们的心理生活的？他们的这种认知是否具体和准确呢？

（1）对心理生活的觉知

1 岁左右，婴儿把人看作有意志的生命体，能够分享和影响他人的心理状态，它标志着通向新的交往形式的大门打开了，新交往形式包括共同注意、社交参照、前言语姿势和口语。这些早期的里程碑式的发展为后来对心理的理解打下了

基础。

2 岁时，儿童能准确了解别人的情绪和愿望，他们知道，别人与别人，别人与他们自己，在喜欢什么、不喜欢什么、想要什么、需要什么和希望怎样等问题上是不同的。随着词汇量的增加，他们最早说出的动词包括想要、想、记住和假装 (Wellman, 2011)。

3 岁时，儿童懂得想法在头脑里产生，一个人在不看、不说也不碰什么的情况下也可以想 (Flavell, Green, & Flavell, 1995)。但是从两三岁孩子说的话可以看出，他们认为人总要按照他们的愿望去做事。直到 4 岁，多数儿童才明白，看不见的、解释性的心理状态，比如观念，也会影响行为。

儿童取得这种进步的证据来自对儿童错误观念的测查。错误观念是指不能正确反映现实却能误导人的行为的观念。例如，给儿童看两个封闭的盒子，一个是比较熟悉的邦迪创可贴盒子，一个是没有任何标记的盒子（见图 7.10），然后让儿童把认为里面有创可贴的盒子找出来。儿童都会拿那个有标记的盒子。但是，打开这个盒子一看，和他们的想法正相反，有标记的盒子是空的，而没有标记的盒子里有创可贴。接着，给儿童一个木偶，问："这是帕姆，她有一个伤口，看到了吗？你觉得她会去哪个盒子里找创可贴？为什么她要到那个盒子去找？在你打开盒子之前，你觉得这个没有标记的盒子里有创可贴吗？为什么？"

图 7.10 错误观念任务实例

(a) 成人给儿童展示邦迪创可贴盒子和没有标记的盒子。创可贴被装在没有标记的盒子里。(b) 成人给儿童看一个木偶帕姆，问儿童帕姆会到哪个盒子里找创可贴，并令其解释为什么。这项任务揭示了儿童能否理解，当帕姆不知道创可贴在无标记的盒子里时，帕姆持有的是错误观念。

(Bartsch & Wellman, 1995) 结果，只有一小部分 3 岁儿童能解释帕姆和他们自己的错误观念，但许多 4 岁儿童可以做到。

一些研究者指出，上述需要语言反应的程序低估了年幼儿童将错误观念归因于他人的能力。例如，在一项依赖积极行为（助人行为）的研究中，多数 18 个月的儿童——在看到一个成人够一个原来装积木现在装勺子的盒子之后——会基于成人对盒子里东西的错误信念来选择如何帮助他：给他积木，而不是勺子 (Buttelmann et al., 2014)。这表明，学步儿内隐地知道，人的行为可以被错误想法引导。不过，这一结论还需更多证据来证实 (Astington & Hughes, 2013)。研究者还不能解释，学步儿在非语言任务上的成功与 3 岁儿童在语言回答上的失败之间，为什么会有这么大的反差。

在不同文化和社经背景的孩子中，外显的错误观念理解力在 3 岁半之后逐渐增强，在 4～6 岁间渐趋稳定 (Wellman, 2012)。在这一年龄，它成为反思自己和他人思想和情感的有力工具，也是社交技能的良好预测指标 (Hughes, Ensor, & Marks, 2010)。它还与早期阅读能力有关，可能因为它能帮助儿童更好地理解故事的叙述 (Astington & Pelletier, 2005)。理解一个故事的主线通常需要儿童把单个的行为与人物的动机和想法联系起来。

（2）儿童心理理论发展的影响因素　　242

儿童是怎样在这么小的年龄形成很好的心理理论的？其中，语言、执行机能、假装游戏和社交经验都有影响。

许多研究表明，语言能力可以有力地预测幼儿对错误观念的理解 (Milligan, Astington, & Dack, 2007)。在谈话中自发使用，或经过训练能够使用心理状态词汇的儿童，尤其可能完成错误观念任务 (Hale & Tager-Flusberg, 2003; San Juan & Astington, 2012)。秘鲁高原的盖丘亚人的语言中缺乏描述心理状态的词汇，那里的儿童在完成错误观念任务上，要比工业化国家的儿童晚好几年 (Vinden, 1996)。

幼儿执行机能的几个方面，如抑制、灵活的注意转换以及做计划能力，可以预测对错误观念的掌握，因为这些执行机能可以增强儿童对经验和心理状态的反思能力 (Benson et al., 2013; Drayton, Turley-Ames, & Guajardo, 2011; Müller et al., 2012)。抑制能力与对错误观念的理解密切相关，因为错误观念任务需要抑制一种无关反应——假设别人的知识和想法与自己相同的倾向 (Carlson, Moses, & Claxton, 2004)。

社交经验也有影响。在追踪研究中，安全型依恋婴儿所接受的母亲"心灵相通"（频繁评论他们的心理状态）式教育，与后来在错误观念和其他心理理论任务中的表现呈正相关 (Laranjo et al., 2010; Meins et al., 2003; Ruffman et al., 2006)。安全型依恋的儿童也会听到更详尽的亲子叙事，包括关于心理状态的讨论 (Ontai & Thompson, 2008)。这些对话让幼儿接触到很多概念和语言，帮助他们思考自己和他人的心理状态。

有兄弟姐妹（而不是婴儿期的弟妹）的幼儿，尤其是有哥哥姐姐或两个及更多兄弟姐妹的幼儿，更容易理解错误观念，因为他们平时能听到更多的家庭成员谈论不同的思想、观念和情感 (Hughes et al., 2010; McAlister & Peterson, 2006, 2007)。同样，经常与幼儿期的朋友进行心理状态谈话——就像儿童在假装游戏中所做的那样，幼儿在理解错误观念方面也有优势 (de Rosnay & Hughes, 2006)。这些交流给儿童提供了更多机会来谈论内心状态，听到反馈，并逐渐意识到自己和他人的心理活动。

核心知识理论家（见第 5 章，边页 158）认为，要从上述社交经验中获益，儿童必须有形成心理理论的生物学基础。患自闭症的儿童，对错误观念的理解要么严重滞后，要么根本不能理解，就是因为他们大脑中掌管对心理状态的觉察的机制有缺陷。从本节的"生物因素与环境"专栏，可以了解到更多关于心理推理的生物学基础的内容。

（3）幼儿理解心理生活的局限性

虽然幼儿取得的进步令人刮目相看，但他们对心理活动的意识远不完善。例如，3～4 岁儿童还不懂，人们在等候、看图片、听故事或看书时仍然在思考。他们以为，在没有明显迹象表明一个人在思维时，他的心理活动就停止了 (Eisbach, 2004; Flavell, Green, & Flavell, 1995, 2000)。6 岁以前的儿童基本不会注意思维过程。当问到不同心理状态，如知道和忘记之间的细微区别时，他们的回答是含混的 (Lyon & Flavell, 1994)。幼儿认为，所有的事件必须亲眼看见才能知道。他们不懂得，心理推理是获取知识的一个来源 (Miller, Hardin, & Montgomery, 2003)。

这些研究发现显示，幼儿把心理看作一种被动的信息容器。直到进入小学期以后，他们才把心理看作一种主动而富有建设性的代理者，这种变化将在第 9 章讨论。

4. 幼儿的读写

一天，莱斯莉班上的孩子们开了一家"杂货店"。他们把家里的空食品盒带来，放在教室的架子上，贴上货名和价格标签，制作了购物单，还在收款台写支票。入口处还有一个当天的特价广告："苹果 香蕉 5 美分"。

这个游戏显示，幼儿远在以正规方式学习读写之前，就已经对书面语言有了很多知识。这毫不奇怪，在工业化国家长大的儿童生活在充斥着书面符号的环境中，他们每天都要看到如小人书、日历、清单和标志牌之类的东西。儿童借助非正式经验，积极努力地建构读写知识，这称为**自发读写** (emergent literacy)。

当他们"读"到记得的故事，认出熟悉的符号（如"PIZZA"）时，幼儿寻找着书面语言的单元。但是，他们还不懂得这些印刷品的符号机能 (Bialystok & Martin, 2003)。许多幼儿认为，一个

学前儿童通过投入与书写符号有关的日常活动来获得读写知识。这个小厨师正在"写下"别人订的菜单。

243 专栏　　　　　生物因素与环境

自闭症与心理理论

迈克尔站在教室的水池边，把水接进塑料杯，再倒出来，装水，倒水，再装水，再倒水，不停地重复着，直到莱斯莉老师走过来不让他这么做。他看都没看老师，又开始了另一个重复性活动，把水从一只杯子倒进另一只杯子，再倒回来。别的孩子都在游戏区玩、聊天，迈克尔却不管这些。他几乎不说话，即便说也只是为了要什么东西，不是为了跟别人交流。

迈克尔患有自闭症，"自闭"的意思是"专注于自我"。自闭症的严重程度位于一个连续体上，可大可小，称为泛自闭症障碍。迈克尔的自闭程度较严重。和其他有类似症状的儿童一样，到3岁时，他的两个核心机能区域出现了缺陷。首先，他参与社交互动的能力很有限，很难与别人进行非语言交流，比如眼睛注视、面部表情、手势、模仿、跟别人交换东西，语言迟缓而且刻板。其次，他的兴趣面窄但强度大。例如，有一天他坐在地上，一个多小时的时间只是在转动一个玩具转轮。此外，迈克尔还表现出自闭症的另一个典型特征：他比别的孩子更少参与假装游戏（American Psychiatric Association, 2013; Tager-Flusberg, 2014）。

研究者认为，自闭症是由大脑机能异常引起的，通常源自遗传或孕期环境因素。从1岁起，患该病儿童的大脑发育就超过平均水平，其中前额皮层的脑容量超出最大（Courchesne et al., 2011）。大脑的这种过度生长被认为是由于缺少突触修剪，妨碍了认知、语言和交流技能的正常发展。此外，自闭症幼儿大脑左半球对语音的反应有缺陷（Eyler, Pierce, & Courchesne, 2012）。大脑左半球对语言的单侧化失败可能是这些儿童语言缺陷的原因。

负责处理情绪的杏仁核（见第6章边页192）在童年期也会异常增大，然后在青少年期和成年期，其体积出现高于平均水平的缩小。这种不正常的生长模式被认为影响了导致该障碍产生的情绪加工缺陷（Allely, Gillberg, & Wilson, 2014）。fMRI研究显示，自闭症与杏仁核和颞叶之间的联系较弱有关，而这种联系对读懂面部表情来说很重要（Monk et al., 2010）。

大量证据表明，自闭症儿童的心理理论受到了损害。早在最初2年，他们就表现出情感和社交能力方面的缺陷，而社交能力有助于理解心理生活，包括观察别人行为的兴趣、共同注意和社交参照（Chawarska, Macari, & Shic, 2013; Warreyn, Roeyers, & De Groote,

这个患有自闭症的男孩几乎不认识他的老师和同学。关于自闭症的病因，究竟是由于察觉别人心理状态的能力受损，从而导致情感和社交能力缺陷，还是执行机能缺陷，或是对信息的局部加工而非整体加工方式所致，研究者仍存在分歧。

2005）。在他们达到4岁儿童的平均智力水平之后很久，他们都不能完成错误观念任务。多数人很难把心理状态归于自己或别人身上（Steele, Joseph, & Tager-Flusberg, 2003）。他们很少使用"认为""想""知道""感觉"和"假装"之类描述心理状态的词。

这些发现是否表明自闭症是由于先天核心大脑功能受损，导致无法察觉他人的心理状态，从而缺乏社交能力？一些研究者认为是这样（Baron-Cohen, 2011; Baron-Cohen & Belmonte, 2005）。但是另一些人指出，有一般智力缺陷但不是自闭症的人，在评价心理理解的任务上也做得很差（Yirmiya et al., 1998）。这表明，认知缺陷也是一个重要成因。

越来越多的研究支持一种假设，即自闭症儿童的执行机能受损（Kimhi et al., 2014; Pugliese et al., 2016）。这使他们缺乏灵活的、目标导向的思维技能，包括把注意力转换到情境的其他方面、抑制不相关的反应、运用策略和制订计划（Robinson et al., 2009）。

另一种可能是，自闭症儿童表现出一种特殊的信息加工方式，他们更喜欢对刺激进行局部加工，而不是整体加工（Booth & Happé, 2016）。缺乏灵活的思维和对刺激的整体加工都会影响对周围人的理解，因为社交互动需要快速整合来自各种来源的信息，并对各种可能性进行评价。

现在还不清楚，这些假设中哪个是正确的。也许是多种生物学缺陷导致了像迈克尔这样的与社会隔离的悲剧。

字母就代表一个完整的词，或者，一个人签名时写的每个字母都代表一个名字。随着儿童能力的发展，他们在各种情况下接触到文字，成人也帮助他们进行书面交流，他们逐渐纠正了这些想法。日复一日，他们发现了书面语言的更多特征，还会描述出机能各异的文字，如一个孩子用横线代表"一个故事"，用竖线代表"杂货清单"。

最后，儿童知道了，字母只是词的组成部分，并且与声音有一定的联系。5~7岁儿童的造词现象就很典型地表明了这一点。起初，儿童主要靠字母名称的发音："ADE LAFWTS KRMD NTU A LAVATR"（八十头大象挤进一个电梯）。随着年龄增长，他们掌握了发音和字母之间的对应关系，而且知道一些字母不只有一个发音，背景影响着它们的用途 (McGee & Richgels, 2012)。

读写能力的发展建立在口头语言和了解世界万物的广泛基础上 (Dickinson, Golinkoff, & Hirsh-Pasek, 2010)。**语音意识** (phonological awareness)，即对语音做出反应并掌握口语声音结构的能力，表现为对单词声音变化、韵律和错误发音的敏感性，可以有力地预测读写知识和后来的阅读和拼写成绩 (Dickinson et al., 2003; Paris & Paris, 2006)。语音意识与语音字母知识相结合，能使儿童分离出语音片段，并把它们与书写符号联系起来。词汇和语法知识也有影响。让幼儿复述故事，可以评价其叙事能力，可以培养幼儿包括语音意识在内的多种语言技能，这些技能对读写能力的进步非常重要 (Hipfner-Boucher et al., 2014)。连贯地讲故事需要注意大的语言结构，比如人物、场景、问题和解决方案。这显然有助于对声音结构意识进行细微分析。

幼儿积累的非正式读写经验越多，语言和自发读写的发展就越好 (Dickinson & McCabe, 2001; Speece et al., 2004)。告诉儿童字母和发音的对应关系，玩语言和发音游戏，都有助于儿童更好地理解语言发音规律，以及在书本上发音是如何呈现的 (Ehri & Roberts, 2006)。互动式阅读，即父母和幼儿讨论故事内容，以及在成人帮助下、以叙述为主的书写活动，如写一封信或一个故事，也有很多好处 (Hood, Conlon, & Andrews, 2008; Senechal & LeFevre, 2002; Storch & Whitehurst, 2001)。所有这些方式都能提高儿童进入小学后的阅读成绩。

来自低社经地位家庭的幼儿，在家里和幼儿园学习语言和读写的机会较少，这种差距会转化为进入幼儿园时阅读准备的显著差异（见图7.11），并转化为小学期间阅读成绩越来越大的差距 (Cabell et al., 2013; Hoff, 2013)。但高质量的干预可以明显缩小社经地位对早期读写能力发展的影响。为低收入家庭的父母提供儿童书籍，指导他们如何激发自发的读写，可以大大增加在家里的读写活动 (Huebner & Payne, 2010)。如果指导教师怎样进行有效的各种读写技能教学，低社经地位的幼儿就能学到自发读写的一些要素，丰富他们的课堂学习经验 (Hilbert & Eis, 2014; Lonigan et al., 2013)。

5. 幼儿的数学推理

像读写一样，幼儿的数学推理也是以非正规形式学习的。14~16个月时，学步儿开始理解**数序** (ordinality) 或数与数之间的顺序关系，例如3比2大，2比1大。很快，他们就能用言语说明不同的数量和大小，如很多、很少、大、小。2岁多，儿童开始数数。3岁时他们大约能数到5，虽然他们还不太懂这些词的意思。比如，跟他们要"1个"，他们会拿1个东西，但跟他们要"2个""3个""4个""5个"时，他们会拿几个东西，但是不一定能拿对。2岁半到3岁半的儿童能够懂得，一个数字代表一个特定的数量 (Sarnecka &

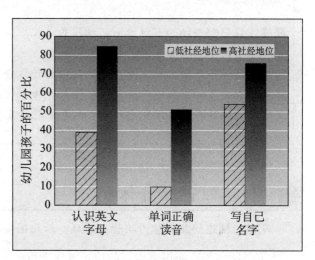

图7.11 不同社经地位幼儿入园时的阅读准备技能
社经地位不同导致幼儿在自发读写能力上的巨大差异。资料来源：Lee & Burkam, 2002.

幼儿沿着数轴"跳"玩具青蛙，测量每跳一次的长度。通过对数字概念的非正式探索，他们构建了以后学习数学技能所必需的基本认识。

Gelman, 2004)，如果数字变了，例如从 5 到 6，东西的数量也不一样了。

3 岁半到 4 岁的儿童大多已懂得了 10 以内的数的意义，能正确地数出来，并懂得了一个重要概念**基数** (cardinality)，即计数序列中的最后一个数代表整个集合的量 (Sarnecka & Wright, 2013)。例如，桌子上有 5 个苹果，当幼儿从"1 个"数到"5 个"时，他们就知道，苹果总共有 5 个。基数原理的掌握可以提高儿童数数的有效性。

4 岁时，儿童开始算算术。刚开始用的方法是数字的呈现顺序，比如，2 加 4，他们就会从 2 开始数 (Bryant & Nunes, 2002)。很快，他们开始尝

试其他方法，并最终想出最有效、最准确的方法，比如，从大数开始加。大约在这个时候，儿童懂得了，减和加是相反的。比如，知道 4+3=7，他们就能推断而不是数出来，7–3=4 (Rasmussen, Ho, & Bisanz, 2003)。掌握基本算术规则促进了算术能力的发展，经过充分的练习后，儿童就能自动想出答案。

如果成人在各种场合让儿童计算、比较大小、谈论数字概念，儿童会更快地理解这些 (Ginsburg, Lee, & Boyd, 2008)。初入幼儿园时的数学能力可以预测多年后在小学和中学的数学成绩 (Duncan et al., 2007; Romano et al., 2010)。

与自发读写一样，来自低社经地位家庭的儿童在进入幼儿园时，其数学知识要比经济条件较好的同伴少得多，这个差距是由家庭学习环境不同造成的 (DeFlorio & Beliakoff, 2015)。在一项被称为搭积木的早期儿童数学课程中，采用三种媒介来促进数学概念和技能的进步，这三种媒介是电脑、操作视频和印刷品，它们使教师能够把数学融入幼儿的日常活动中，从搭积木到艺术活动及讲故事活动 (Clements et al., 2011)。与随机分配到其他学前项目的同龄人相比，参加过搭积木课程的低社经地位幼儿的数学概念和技能，包括计数、排序和算术计算，在年终表现出更大的进步。

 思考题

联结 说明哪些证据可以证明，幼儿的记忆、心理理论、执行机能、读写能力和数学推理能力的发展和维果茨基的理论一致。

应用 雷娜不理解，她 4 岁儿子的老师为什么每天让孩子花大量时间玩。给雷娜解释一下，为什么在成人支持下的游戏活动能促进对学业成功来说至关重要的读写和数学技能的发展。

反思 说说你在成长过程中对读写和数学能力发展起过重要作用的非正式经验。

四、心理发展的个体差异

7.13 描述幼儿期智力测验，家庭、幼儿园项目、幼儿保育和教育媒介对心理发展的影响

5 岁的哈尔坐在测试室里，萨拉正对他进行一项智力测验。萨拉的一些问题是有关言语的。例如，给他看一张铁铲的图片，问他："告诉我这是什么？"这是测量词汇的一道题。萨拉还让他重

复一些句子和数字来测量他的记忆。为了测量哈尔的空间推理能力，萨拉又使用非言语任务：让哈尔用积木搭出和纸上的图一样的结构，判断一个图案和几个形状中的哪个相同，指出哪张折叠

并剪过的纸和图上没折叠过的纸一样 (Roid, 2003; Wechsler, 2012)。

萨拉知道哈尔来自一个经济困难家庭。面对一个陌生成人问自己一堆问题，一些低社经地位或少数族裔儿童有时会感到焦虑。并且，这些孩子可能没有把测试情境看作是与成绩有关的 (Ford, Kozey, & Negreiros, 2012)。他们往往会寻求测试者的关注和认可，即使没有显示出自己的应有能力，仍感到满足。因此测验之前，萨拉先跟哈尔玩了一会儿，并在测验过程中不断鼓励他 (Bracken & Nagle, 2006)。这些措施会使低社经地位儿童表现得更好。

萨拉问哈尔的问题，涉及并非所有孩子都有平等机会学习的知识和技能。第 9 章中，我们将讨论心理测验中的文化偏见这一备受争议的问题。现在，请记住，智力测验并不是对人类所有的能力进行取样，文化和情境因素会影响测验结果。尽管如此，测验分数仍然很重要：在 6~7 岁时，测验分数可以很好地预测儿童日后的智商和学习成绩，而这些在工业化社会中与职业成功有关。让我们看看幼儿所处的环境——家庭、学前教育和儿童保育，对智力测验成绩有何影响。

1. 家庭环境和心理发展

第 5 章讲过的测评环境的家庭观察 (HOME) 专业版可以评价 3~6 岁儿童家庭生活有助于智力发展的方面。HOME 研究幼儿期分量表的结果显示，智力发展良好的幼儿家里有丰富的教育玩具和书籍。他们的父母和蔼可亲，善于促进孩子语言发展和知识增长，经常带孩子去郊游。他们还对孩子成熟的社交行为提出合理的要求，例如，让孩子做简单的家务活，对别人讲礼貌。当孩子不听话时，他们用说理而不是体罚来处理 (Bradley & Caldwell, 1982; Espy, Molfese, & DiLalla, 2001; Roberts, Burchinal, & Durham, 1999)。

如果社经地位较低的父母能够克服生活困难，获得较高的家庭分数，他们的幼儿在智力测验、语言和自发读写能力测试中的表现也较好 (Berger, Paxson, & Waldfogel, 2009; Mistry et al., 2008)。一项对低收入家庭的 3~4 岁非裔美国儿童的研究揭示，HOME 测评的认知刺激和情感支持分量表可

预测 4 年后的阅读成绩 (Zaslow et al., 2006)。这些发现强调了家庭环境质量对儿童整体智力发展的重要作用。

2. 幼儿园、托幼中心和幼儿保育

与婴儿和学步儿相比，2~6 岁儿童在家庭外面的时间远远多于在家里和父母一起度过的时间，过去几十年，进入幼儿园或托幼中心的美国幼儿数量稳步增长，已超过 65% (U.S. Census Bureau, 2015d)。

幼儿园是有计划地进行教育的机构，其目的是促进 2~5 岁儿童的发展。而托幼中心主要是采取各种措施来监护儿童。随着年龄增长，儿童会从家庭（儿童家里或其他人家里）转到托幼中心。幼儿园和托幼中心之间的界限并非泾渭分明。父母通常会把幼儿园作为儿童保育的选择。为了满足就业父母的需求，美国很多幼儿园以及多数公立学校的学前班，已经把在园时间从半天增加至全天 (Child Trends, 2015b)。

随着年龄增长，幼儿倾向于从以家庭为基础的项目转向以托幼中心为基础的项目。在美国，高收入父母的子女和低收入父母的子女特别有可能进入幼儿园或托幼中心 (Child Trends, 2015b)。许多低收入的工薪父母依靠亲戚照顾，因为他们没有资格进入公立幼儿园或政府补贴的托幼中心。一些州在公立学校为所有 4 岁儿童提供政府资助的学前教育项目。这些面向大众的学前班的目标，是确保来自所有社经地位家庭的儿童尽可能多地进入预备性的学前班。

（1）幼儿园的类型

幼儿园的课程，如果一端是以儿童为中心的课程，另一端是以教学为中心的课程，那就可以构成一个连续体。**以儿童为中心的课程** (child-centered programs)，教师提供丰富多彩的活动，儿童可以选择，学习活动主要在游戏中进行。相形之下，**学习型课程** (academic programs)，教师按一定结构组织教育活动，通过正规上课，采用反复练习，教儿童认识字母、数字、颜色、形状和掌握其他学习技能。

虽然有证据显示，正规的学习训练会削弱幼

儿的动机和情绪健康，但幼儿教师们感受到越来越大的压力，不得不去进行正规的教学训练。如果幼儿长时间被动地坐在那里，写字做练习，而不是主动地去学习，他们会表现出更多的紧张行为（如扭动和摇晃身体），对自己的能力缺乏自信，不喜欢困难的任务，在运动、学习、语言和社交技能方面进步很慢 (Stipek, 2011; Stipek et al., 1995)。追踪研究的结果表明，这种影响会贯穿整个小学阶段，导致不良的学习习惯和较差的成绩 (Burts et al., 1992; Hart et al., 1998, 2003)。这些结果在低社经地位的儿童身上表现得尤其明显。

在美国，政府对全民学前教育的支出仍有争议，而在西欧，这样的教育已普遍实行，而且其日常教育活动是以儿童为中心的。所有社经地位背景的入学幼儿，在认知和社会性发展方面的进步，可一直持续到小学和初中 (Rindermann & Ceci, 2008; Waldfogel & Zhai, 2008)。美国也有一些符合国家严格质量标准的学前教育项目，提供了丰富的师生互动和激发性的学习活动。调查显示，这些儿童与未参加该项目的儿童相比，从学前班到小学一年级，在语言、读写、数学成绩方面已有一年的领先优势 (Gormley & Phillips, 2009; Weiland & Yoshikawa, 2013)。低社经地位家庭的儿童受益最大。

当前全日制学前班数量急剧增加，更长的上学时间与小学阶段更好的学习成绩相关。但是这对儿童社会性发展的影响有好有坏 (Brownell et al., 2015; Cooper et al., 2010)。有证据表明，与半日班相比，全日制幼儿园的儿童有更多的行为问题。

（2）对处于危险中幼儿的早期干预

20 世纪 60 年代，美国发起了"与贫困做斗争"的运动，针对低社经地位的儿童举办了各种学前干预项目，其目的是解决这些儿童在入学前的学习问题。其中影响最广泛的是美国联邦政府于 1965 年开展的**启智计划** (Project Head Start)。一个典型的启智活动中心向儿童提供 1 年或 2 年的学前教育，并提供营养和保育服务。父母参与是启智计划的核心理念。父母参与政策讨论，并为项目的筹划献计献策。他们还直接在课堂上和孩子一起学习，参加专门为父母养育和儿童发展设立的项目，接受针对他们自己的情感与社会性发

展和职业需要的服务。当前，启智计划在美国全国范围内为大约 90.4 万个儿童提供服务 (Office of Head Start, 2014)。

20 多年的研究证实了学前干预的长期效益。其中最有代表性的研究综合了由大学或研究基金会开展的 7 项干预的数据。结果表明，在小学的前 2~3 年，参加项目儿童的智商得分和学习成绩高于控制组。在这之后，差异缩小 (Lazar & Darlington, 1982)。但是，接受了干预的儿童和青少年，在学校适应方面的真实生活情境测量中一直保持领先。他们中很少有人被送去接受特殊教育，或者留级。更多的人会顺利从中学毕业。

另一个独立的项目——佩里高质量学前教育项目 (High/Scope Perry Preschool Project)，揭示出参加项目的益处一直持续到成年期。在认知资源丰富的幼儿园环境中接受两年的教育，与青少年期的就业率上升、怀孕和犯罪率下降有相关关系。27 岁时，和没有参加该项目的同龄者相比，这些人中更多人从中学和大学毕业，收入较高，结婚，有房子，很少涉及犯罪活动。在最近的追踪研究中，参与过干预活动的儿童到 40 岁时，在生活的各方面都占优势，包括教育、收入、家庭生活和遵纪守法行为方面 (Schweinhart, 2010; Schweinhart et al., 2005)。

这些设计良好、干预有效的项目，能推广到启智计划和其他以社区为基础的学前干预中去吗？在学校适应方面，二者效果相近，但启智计划的效果略差。启智计划中的幼儿比大学所做的项目中的儿童经济上更贫困，因此有较多严重的学习和行为问题。启智计划的效果虽然比大多数为低社经地位儿童设计的学前项目要好，但往往不如由大学设计的项目 (Barnett, 2011; Resnick, 2010)。但是以社区为基础的高质量干预与人生的各种成功相关，例如较高的中学毕业率和大学入学率，以及较低的青少年吸毒和犯罪率 (Yoshikawa et al., 2013)。

研究发现，参加启智计划和其他干预项目的儿童在智商和成就测验分数上的优势很快就减弱。在关于启智计划影响的研究中，具有全国代表性的样本的 5 000 名 3~4 岁儿童被随机分配到为期一年的启智计划组或控制组，控制组儿童可以参加其他类型的学前教育项目 (Puma et al., 2012;

247

U.S. Department of Health and Human Services, 2010)。到了年末，参加启智计划的 3 岁组儿童在词汇、自发读写和数学技能方面超过了控制组儿童；4 岁组则在词汇、自发读写和颜色识别能力方面优于控制组。但是，到小学一年级结束时，除了语言技能，这些儿童的学习成绩优势不再明显。到三年级期末，参加启智计划的学生和未参加该计划的学生相比，在任何成绩指标上都没有区别。

如何解释这些令人失望的结果呢？参加启智计划的儿童通常进入贫困社区的劣质公立学校，这会削弱启智计划的作用 (Ramey, Ramey, & Lanzi, 2006)。第 5 章讲过，如果从婴儿期就开始密集的干预，智商的提高有可能持续到成年期（见边页 173）。

几个补充项目对加强学前干预以扩大其影响力的需要做出了回应。其中最广泛实施的是基于发展指标的启智计划研究 (Head Start REDI)，这是把改进的课程融入现有启智计划课堂教学的课程。开学前，参加启智计划的教师（其中 60% 没有教学资格证书）参加学习班，学习提高语言、读写能力和社交技能的方法。在整个学年中，他们从有经验的教师那里得到一对一的指导，目的是确保课程目标得以实现。

与典型的启智计划课程相比，参加基于发展指标的启智计划的儿童，一年后的语言、读写和社交技能分数更高，从学前班结业时，优势仍很明显 (Bierman et al., 2008, 2014)。基于发展指标的启智计划对教学质量的影响是有原因的。接受过

这位老师把基于发展指标的启智计划融入了她的幼儿园课堂。通过增加额外的教育内容，基于发展指标的启智计划在语言、读写和社交技能方面比典型的启智计划课堂获得了更大的成效。

该课程培训的教师与学龄前儿童交谈的方式更加复杂，并且更经常地使用预防扰乱行为出现的课堂管理方法 (Domitrovich et al., 2009)。

与提供特殊教育、处理犯罪行为和支持失业成年人的费用相比，启智计划的成本效益更高。但是，由于资金有限，生活在贫困中的 3~4 岁儿童只有 46% 上幼儿园，启智计划只能为其中一半的儿童提供服务 (Child Trends, 2014b)。

（3）幼儿保育

前面讲过，高质量的早期干预可以促进经济贫困儿童的发展。但是，如第 5 章指出的，美国很多地方幼儿保育的质量并不高。身处低质量托幼中心，尤其是长时间待在拥挤的托幼机构的儿童，在认知和社交技能方面的得分均较低，而且表现出更多的行为问题 (Burchinal et al., 2015; NICHD Early Child Care Research Network, 2003b, 2006)。接受过平庸的保育的幼儿，进入小学后更可能出现外显的问题行为 (Belsky et al., 2007b; Vandell et al., 2010)。

相比之下，良好的儿童保育可以增强认知、语言和社会发展，特别是对于低社经地位的儿童，这种影响会持续到小学，在学习成绩方面可持续到青少年期 (Burchinal et al., 2015; Dearing, McCartney, & Taylor, 2009; Vandell et al., 2010)。与其他托幼机构相比，以托幼中心为基础的保育方式与认知能力提高的关系更密切 (Abner et al., 2013)。高质量的托幼中心比家庭托儿所更可能提供系统的保育项目。

下页的"学以致用"栏根据美国幼儿教育协会制定的适合发展的教育标准，概括了高质量幼儿保育项目的特点。在努力提高幼儿保育服务方面，这些标准提供了有价值的目标体系。

3. 教育媒介

除了在家和幼儿园，幼儿还要花很多时间参与另一种学习环境：屏幕媒体，主要是电视和电脑。在工业化国家，几乎所有家庭都至少有一台电视机，大多数家庭有两台或以上。超过 90% 的美国儿童所在的家庭拥有一台或多台电脑，其中 80% 的电脑可以联网，通常是高速网络 (Rideout,

248

学以致用　　　　　适于幼儿发展的保育机构特征

园所特征	质量特征
物理环境	教室环境清洁，修缮良好，通风，教室内分成多个有丰富器材的活动区，包括假装游戏区、积木区、科学区、数学区、拼图区、图书区、艺术区和音乐区。带有护栏的室外游戏场中有秋千、攀爬装置、三轮车和沙箱。
班级规模	在幼儿园和托儿所，两个教师带的一个班的儿童不超过 18~20 个。
教师—儿童比例	在幼儿园和托儿所，一个教师负责的孩子数不超过 8~10 个。在家庭式托儿所，一个保育人员照看的孩子不超过 6 个。
日常活动	儿童以小组或个人为主，选择自己喜欢的各种活动，并通过与自己生活相关的经验来学习。教师鼓励儿童参与，接受个别差异，根据儿童现有能力来调整对他们的期望。
师生互动	教师在小组和幼儿之间走动，问问题，提建议，提出一些比较复杂的想法。使用积极引导法，如榜样示范、鼓励好行为，引导儿童开展更好的活动。
教师资格	教师接受过幼儿早期发展、幼儿早期教育或相关领域的大学专业训练。
与父母的关系	鼓励父母观察和参与。教师经常和父母谈论他们孩子的行为和发展情况。
许可和认证	无论是保育中心还是家庭托儿所，都须经州一级批准认证。在美国，通过国家年幼儿童教育协会 (www.naeyc.org/academy) 或美国国家家庭保育协会 (www.nafcc.org) 认证的机构，其资质可以保证。

资料来源：Copple & Bredekamp, 2009.

Foehr, & Roberts, 2010; U.S. Census Bureau, 2015d)。

（1）教育电视

萨米最喜欢的电视节目《芝麻街》(*Sesame Street*)，用生动的视觉和声音效果传授基本的读写技能和数字概念，用木偶或真人角色来教授一些常识，情感与社会性理解，以及社交技能。如今，《芝麻街》在 140 多个国家和地区播出，成为世界上观看人数最多的儿童节目 (Sesame Workshop, 2015)。

花时间观看《芝麻街》之类的儿童教育节目，可以提高幼儿期的读写能力和数学技能，并在小学取得学业进步 (Ennemoser & Schneider, 2007; Mares & Pan, 2013)。一项研究显示，学龄前儿童观看《芝麻街》(和类似的教育节目) 与在中学获得较高的分数、阅读更多的书以及更重视成绩相关 (Anderson et al., 2001)。

《芝麻街》改变了之前的快节奏模式，更倾向于情节轻松、故事脉络清晰的剧集。和观看快节奏、信息不连贯的节目相比，观看节奏缓慢的剧情和浅显易懂的故事，例如《亚瑟》(*Arthur*) 和《神奇校车》(*The Magic School Bus*)，有助于改善执行机能，回忆起更多的节目内容，学到更多的词汇和阅读技能，玩更复杂的假装游戏 (Lillard & Peterson, 2011; Linebarger & Piotrowski, 2010)。叙述结构的教育电视能够简化信息加工的要求，提高注意力，并释放工作记忆空间，便于将节目内容应用于真实生活情境。

虽然电脑已相当普及，但是电视对儿童来说仍然是主流媒介。2~6 岁的美国儿童平均每天看电视 1.5~2.7 个小时。小学期，看电视的时间增加到平均每天 3.5 个小时，到青少年期略微减少 (Common Sense Media, 2013; Rideout, Foehr, & Roberts, 2010)。

低收入家庭的孩子看电视更多，也许是因为他们所在社区没有什么可供选择的或他们的父母能负担得起的娱乐形式。从积极方面看，低收入家庭的幼儿看教育电视的时间与经济条件优越的同龄人一样多 (Common Sense Media, 2013)。但受教育程度有限的父母更有可能通过各种做法，增加看电视的时间，例如整天开着电视，或全家边看电视边吃饭 (Rideout, Foehr, & Roberts, 2010)。

约 35% 的美国学前儿童和 45% 的学龄儿童

的卧室里有电视机。这些孩子比他们的同龄人每天多看 40~90 分钟的背景电视，而且所看内容通常没有受到父母限制 (Common Sense Media, 2013; Rideout & Hamel, 2006)。

长时间看电视会不会使儿童脱离一些有价值的活动？持续的背景电视会分散婴幼儿对游戏的关注，减少集中注意力和玩一套玩具的时间 (Courage & Howe, 2010)。学前和学龄儿童观看黄金时段的节目和卡通片越多，他们花在阅读和与他人互动上的时间就越少，他们的学习技能就越 差 (Ennemoser & Schneider, 2007; Huston et al., 1999; Wright et al., 2001)。虽然教育节目有益处，但是看娱乐电视，尤其是大量观看，会降低儿童的学习成绩，减少其社交经验。

（2）电脑学习

大多数 2~4 岁的儿童曾经一次或多次使用过电脑，超过三分之一的儿童经常使用电脑，从每周一次到每天一次不等。几乎所有高收入家庭的儿童都能在家里使用电脑，而只有大约一半低收入家庭的儿童能这样做 (Common Sense Media, 2013; Fletcher et al., 2014)。

由于电脑对教育十分有益，很多幼儿教室有电脑学习中心。电脑读写和数学课程，包括阅读在线故事书，有助于扩展儿童的一般知识，鼓励儿童学习语言、读写和算术等各种技能 (Karemaker, Pitchford, & O'Malley, 2010; Li, Atkins, & Stanton, 2006)。使用电脑绘画或写字的学前班儿童会画出更精致的图片，写出更好看的字，而且很少有书

在一所幼儿园的电脑学习中心，孩子们一起玩一个帮助学习数学概念和解决问题的游戏。通过玩这个游戏，她们在数学与合作技能上都有收获。

写错误。

应用简单的计算机语言，儿童可以设计或建造一些结构，以显示他们的编程技能。只要大人支持孩子们的努力，这些活动就能促进问题解决和元认知能力的提高，因为儿童必须学习做计划并对自己的想法进行反思，才能把他们的计划付诸实践。此外，在编程时，孩子们更有可能互相帮助，并在面对挑战时坚持不懈 (Resnick & Silverman, 2005; Tran & Subrahmanyam, 2013)。

和看电视一样，儿童把很多时间花在用电脑和其他平面媒体来娱乐上，尤其是玩游戏。从幼儿期到小学期，这一时间增加了三倍多，平均每天要花 1 小时 15 分钟。男孩成为电脑玩家的可能性是女孩的两到三倍 (Common Sense Media, 2013; Rideout, Foehr, & Roberts, 2010)。电视和游戏媒体都充斥着性别成见和暴力。我们将在下一章讨论平面媒体对情感和社会性发展的影响。

 思考题

联结 试比较开始于婴儿期和开始于幼儿期的干预项目。哪种项目能促进智商的持久增长？为什么？

应用 你支持的参议员听说，通过启智计划增加的智商分数不能持久，所以他打算投票反对增加该计划的研究基金。请你给他写一封信，解释为什么他应该支持启智计划。

反思 你小时候看多长时间电视，看什么节目？使用电脑吗？你家里的媒体环境对你的发展有何影响？

五、语言发展

7.14　追述幼儿期词汇、语法和会话技能的发展

7.15　列举幼儿期语言发展的因素

语言与本章讨论的各方面认知发展都有密切的关系。在2~6岁，儿童语言进步很快。他们在语言方面的明显进步和容易犯的错误，显示出他们在掌握母语时主动的、规则导向的方式。

1. 词汇

2岁时，儿童可掌握250个词，6岁时，他们可掌握约10 000个词 (Byrnes & Wasik, 2009)。要达到这种程度，儿童平均每天要掌握5个新词。儿童为什么能这么快地掌握词汇？研究发现，儿童只需一次接触，就能把新词与其潜在概念联系起来，这称为**快速映射** (fast mapping)。幼儿甚至能快速映射出同一情境中遇到的两个和多个新词 (Wilkinson, Ross, & Diamond, 2003)。当然，快速映射并不意味着儿童马上懂得了成人所理解的词义。

（1）词类

西方和非西方社会的儿童通过快速映射，能很快地为客体命名，因为这些东西往往是他们容易理解的 (McDonough et al., 2011; Parish-Morris et al., 2010)。很快，儿童就会添加动词（走、跑、打破），这些动词需要对物体和动作之间的关系有更复杂的理解 (Scott & Fisher, 2012)。学习汉语、日语和韩语的儿童通常在句子中省略名词，因而动词的习得更早（在1岁多），也比母语为英语的儿童更容易 (Chan et al., 2011; Ma et al., 2009)。

幼儿一边学习动词，一边在语言中增加一些形容词（红的、圆的、悲伤的）。对这些形容词，儿童先是笼统地区分，如大－小，然后是具体地区分，如长－短、高－矮、宽－窄等 (Stevenson & Pollitt, 1987)。

（2）词的学习方法

幼儿一般通过比较新词和已学会的词来理解新词的含义。他们是怎么选择这些词来进行比较的？一些研究者推测，在词汇增长的早期阶段，儿童遵循一种互斥偏向，即认为所有的词都是指完全不同的（不重叠的）类别 (Markman, 1992)。当告诉2岁儿童两种完全不同的新异事物的名字（回形针和喇叭）时，他们能正确地区分 (Waxman & Senghas, 1992)。

事实上，儿童最初掌握的几百个名词，大多是指按形状来区别的物体。根据形状的知觉特点来学习名词的过程，增强了幼儿对其他物体独特形状的注意 (Smith et al., 2002; Yoshida & Smith, 2003)。这种形状偏向有助于幼儿掌握更多的物体名称，从而增加词汇量。

如果2~3岁儿童熟悉了一个完整物品的名字，他们在听到这个物品新名字的时候，就会放弃互斥偏向。例如，如果一个物体（瓶子）有一个特殊形状的部分（瓶口），儿童很容易就会用这个新名字 (Hansen & Markman, 2009)。然而，互斥性和物体形状并不能解释幼儿在物体有不止一个名字时的异常灵活的反应。在这种情况下，儿童经常会用到语言的其他成分。

在成人指导下，幼儿通过观察词语在句子结构中如何使用，发现了许多词义 (Gleitman et al., 2005; Naigles & Swenson, 2007)。例如，一个成人给孩子看一辆黄色汽车的时候说："这是一辆雪铁龙牌的汽车。"两三岁的孩子就知道，用一个新词来形容一个熟悉的物体（轿车），它指的就是这个物体的一种属性 (Imai & Haryu, 2004)。如果儿童在不同的句子结构中听到这个词，例如，"那个柠檬是黄色的"[①]，他们会仔细思考这个词的意思，并把它归为其他类别。

幼儿还会利用成人提供的丰富社会信息，同时利用自己不断增强的能力，来推测别人的意图、愿望和想法。在一项研究中，成人对一个物体做一个动作，说出一个新词，并在孩子和物体之间来回看，好像是在邀请孩子玩这个东西。2岁儿童

---

①　"黄色"和"雪铁龙"是同一个词 citron。——译者注

就知道，这个词指的是这个动作，而不是这个物体 (Tomasello & Akhtar, 1995)。3 岁时，儿童甚至可以通过说话者表达的愿望（"我真想弹一个重复乐段"）而明白，这个名字是两个新事物中的一个 (Saylor & Troseth, 2006)。

成人还会直接告诉儿童两个或多个词的用法，比如，"你可以叫它海洋生物，但是叫它海豚更好"。如果父母能这样给孩子提供分类信息，孩子掌握词汇会更快 (Callanan & Sabbagh, 2004)。

3 岁儿童经常会用已掌握的词造一些新词，以弥补没有学会的词的空缺。例如，用"种花的人"来代指"园丁"，在 crayon（蜡笔）后面加一个后缀 er 形成一个新词 crayoner，来表示一个用蜡笔画画的孩子。幼儿常用具体感觉的比较来作比喻，如"云彩像枕头""树叶在跳舞"。随着他们的词汇和常识的丰富，他们逐渐能理解非感知性的比较，如"朋友像磁铁""光阴似箭"(Keil, 1986; Özçaliskan, 2005)。比喻使儿童能以生动又容易记住的方式进行交流。

（3）词汇发展的原因解释

儿童对词汇的掌握如此有效和准确，使一些理论家相信，儿童天生就倾向于利用某些原理，如

幼儿可以依靠任何有用的信息来增加词汇量。当这个孩子观察她父亲创作雕塑的过程时，她注意到各种知觉的、社会的和语言的线索，可以帮她掌握不熟悉的单词如石膏、雕像、基座、形式、雕塑、模具和工作室等的含义。

---

① 曲奇怪是教育节目《芝麻街》中的人物。——译者注

互斥偏向来推断词义 (Lidz, Gleitman, & Gleitman, 2004)。但也有人认为，区区几个与生俱来的固定原理不足以解释儿童在词汇学习过程中表现出来的灵活多变的方式 (MacWhinney, 2015; Parish-Morris, Golinkoff, & Hirsh-Pasek, 2013)。许多词汇学习方法并不是天生的，因为学习不同语言的儿童在理解相同的意义时，使用的方法也不同。

另一种观点认为，儿童在词汇增长中运用的认知策略与儿童在掌握非语言信息时所用的是一样的。有人认为，儿童会利用联合线索——知觉线索、社会线索和语言线索来学习词汇，且联合线索的重要性随年龄增长而增长 (Golinkoff & Hirsh-Pasek, 2006, 2008)。婴儿完全依赖知觉特征。学步儿和幼儿虽然对知觉特征（如物体形状和身体动作）仍然敏感，但越来越关注社会暗示，如说话者的注视方向、手势、意图和欲望的表达 (Hollich, Hirsh-Pasek, & Golinkoff, 2000; Pruden et al., 2006)。随着语言的进一步发展，语言线索，也就是句子的结构和语调（重音、音调和音量）将发挥更大的作用。

当几种类型的信息同时存在时，幼儿最容易理解新词的意思 (Parish-Morris, Golinkoff, & Hirsh-Pasek, 2013)。研究者已经开始考察儿童对不同种类的词语使用的多种线索，以及他们是如何随着发展而转变对联合线索的使用的。

2. 语法

在 2~3 岁间，讲英语的儿童能按主—谓—宾的次序说出简单句。学习其他语言的儿童也会使用他们周围成人说话的词序。

（1）基本规则

当学步儿听到与当时场景相匹配的句子时，长时间地看着那个场景，表明他们理解了句子的基本语法结构的意义，但他们还不能使用这个语法结构。例如"大鸟正在给曲奇怪挠痒痒"①，或者"球击中了什么？"(Seidl, Hollich, & Jusczyk, 2003)。初次使用语法规则时是零碎的，仅限于少数动词。当儿童从成人讲话中听到熟悉的动

词时，他们会把成人说的话当模仿对象，把这些动词用到自己说的话中来（Gathercole, Sebastián, & Soto, 1999）。例如，学步儿在动词 open（"You open with scissors"，你用剪刀剪开）后面加了介词 with，而在 hit（"He hit me stick"，他用棍子打我）后面没有加介词 with。

为了检验幼儿根据英语基本语法造新句子的能力，研究者让儿童在一个结构不同的句子中听到一个新动词。看他们会不会以主—谓—宾的形式使用这个动词。例如，句子结构变成被动语态：Ernie is getting *gorped* by the dog（狗给厄尔尼吃干果小吃）。对"狗做了什么"这个问题，回答"He's *gorping* Ernie"（它给厄尔尼吃干果小吃）的人数比例随着年龄增长稳步增长。但到 3.5~4 岁，多数儿童才能稳定地以主—谓—宾结构使用新学会的动词（Chan et al., 2010; Tomasello, 2006）。

当儿童学会用三个词造句之后，他们就能做一些小小的添加和改变，使意思的表达更灵活顺畅。例如，他们在动词后面加 ing（playing）表现在进行时，在名词后面加上"-s"形成名词复数（cats），使用前置词（in 和 on），能使用助动词 to be 结构，形成不同的时态（is, are, were, has been, will）。讲英语的儿童大多能从最简单的意义和结构开始，按一定顺序掌握这些语法规则（Brown, 1973）。

儿童学会这些规则后，他们有时把这些规则扩展到对一些有特殊用法的词的使用上，这种错误被称为**过度泛化**（overregularization）。"My toy car breaked"（"我的玩具汽车坏了"，但 break 这个词属于特殊用法，在这里应该是 broken），"We each have two feets"（"我们每人有两只脚"，但是在英文中，feet 就是"脚"这个词 foot 的复数形式）。这些表达方式在 2~3 岁开始出现（Maratsos, 2000; Marcus, 1995）。

（2）复杂结构

慢慢地，幼儿会掌握更多复杂的语法结构，尽管他们会犯错误。比如，刚开始问问题，2~3 岁的儿童会用很多句式，如："X 在哪儿？""我可以 X 吗？"（Dabrowska, 2000; Tomasello, 2003）。在其后的几年里，儿童会变换方式地问问题。对一个儿童问的问题进行分析后发现，他在问一些

问题时，会把主语和谓语的位置颠倒过来（"What she will do?""Why he can go?"），而问其他问题时就不会这样。正确的表达大多是从妈妈口中听到的（Rowland & Pine, 2000）。有时，儿童会犯主谓一致错误（"Where does the dogs play?"）和主格错误（"Where can me sit?"）（Rowland, 2007）。

同样，儿童在说一些被动句时也会出错。跟他们说"The car is pushed by the truck"（轿车被卡车推着走），年幼儿童会用一个玩具轿车去推卡车。4 岁半时，他们能理解这种说法，无论句子中包含的是熟悉动词还是不熟悉动词（Dittmar et al., 2014）。但是完全掌握这种被动态，要等到小学期结束时。

无论如何，幼儿对语法的掌握是出色的。4~5 岁时，儿童能使用从句"I think *he will come*"（我想他会来）、反义疑问句"Dad's going to be home soon, *isn't he*？"（爸爸很快就要回家了，是吗？）和间接宾语"He showed *his friend* the present"（他把礼物给他的朋友看）（Zukowski, 2013）。在入小学之前，儿童会使用他们语言中的大部分语法结构。

（3）对语法发展的解释

语法的发展是一个不断扩展的过程，这对乔姆斯基的先天论（见第 5 章边页 174）提出了质疑。一些专家认为，促使语法产生的是一般认知发展，即儿童对环境中各种事物的一致性和模式进行探索的倾向。这些信息加工理论家认为，儿童非常注意，哪些词在句子的相同位置出现，并且以相同方式与其他词相组合（Howell & Becker, 2013; MacWhinney, 2015; Tomasello, 2011）。久而久之，他们就会把单词归入不同的语法范畴，并且在句子中正确使用它们。

探索儿童如何进行语言加工的另一些理论家同意乔姆斯基的观点，即儿童把词义归于其中的语法范畴是天生的，从一开始就表现出来了（Pinker, 1999; Tien, 2013）。但是有批评指出，学步儿的双词句并不能说明他们灵活地掌握了语法，而且幼儿在逐渐掌握语法过程中也会犯很多错误。总之，关于是否存在一种普遍的、天生的语言获得装置，或者儿童是否在利用普遍的认知加工程序设计出适合他们听到的特定语言的独特策略，

这几个幼儿在代表男性玩偶说话时，会用比代表女性玩偶说话时更坚定的语言。这反映出他们对自己文化中性别成见的早期理解。

一直存在争议。

3. 会话

除了学习词汇和语法之外，儿童必须学会和别人进行有效、适当的交流。语言的这种应用的、社会的一面被称为**语用** (pragmatics)，幼儿在掌握语用规则方面进步显著。

早在 2 岁时，儿童已堪称熟练的会话者。在面对面交流中，他们轮流说话，并且对伙伴的话做出适当的反应。随着年龄增长，儿童在交谈中轮流说话的能力、保持话题的能力以及对要求澄清的问题的响应能力都逐渐提高 (Comeau, Genesee, & Mendelson, 2010; Snow et al., 1996)。3 岁时，儿童可以通过说话人的间接表达来推断说话人的意图。例如，多数 3 岁孩子懂得，如果早饭时爸爸看见妈妈端上来的是麦片粥，就说，"咱们没有牛奶了"，那就表示，爸爸不想吃麦片粥 (Schulze, Grassmann, & Tomasello, 2013)。这些令人惊讶的高级理解能力可能来自早期的互动体验。

4 岁时，儿童已能调整所说的话，以适合听者的年龄、性别和社会地位。例如，在玩偶游戏中，当儿童扮演那种社会支配角色和男性角色（如医生、教师和爸爸）时，会使用较多的命令句，而扮演非支配角色和女性角色（如病人、学生和妈妈）时，他们说话会更礼貌、耐心，使用较多的间接请求 (Anderson, 2000)。

在要求较高的情境中，学龄前儿童的对话显得不那么成熟，在这种情况下，他们看不到听众

的反应，或者依靠典型的对话辅助手段，比如说话时的手势或物体来传达信息。一个 3 岁孩子在电话交谈中被问及他收到了什么生日礼物时，他会举起一个新玩具说："这个！"但是，3～6 岁儿童在电话中说出的解决一个拼图难题的具体做法比和一个人当面说要详细得多，这表明他们懂得，打电话需要更多的语言描述 (Cameron & Lee, 1997)。在 4～8 岁时，通过电话交谈和指路的能力都有了很大的提高。

4. 促进幼儿语言发展的方法

幼儿期和学步期一样，无论在家还是在幼儿园，与成人的对话，始终与语言的进步相关 (Hart & Risley, 1995; Huttenlocher et al., 2010)。此外，敏感而有爱心的成人还会采用一些其他方法来促进孩子的早期语言技能的提高。当儿童不能正确地使用词汇，或不能清楚地和人交流时，他们会做出明确而有帮助的反馈，例如："我不知道你想要哪个球。你是想要那个大的、红色的吗？"但他们并不会矫枉过正，尤其是在儿童犯语法错误时。批评无助于儿童自由地使用语言，也难以让儿童习得新技能。

成人往往会使用相互结合的两种方法对儿童的语法错误做出间接反馈：一种是**改正** (recasts)，即把不正确的句子改正确；另一种是**扩展** (expansions)，即对儿童的言语进行加工，增加其复杂性 (Bohannon & Stanowicz, 1988; Chouinard & Clark, 2003)。例如，儿童说，"I gotted new red shoes"，父母会说，"Yes, you got a pair of new red shoes"。这样，不仅扩展了孩子说的话，还把其中的错误纠正过来。一项研究显示，做出这种纠正之后，2～4 岁儿童会经常从不正确形式转换到正确形式，且这种改善会持续几个月 (Saxton, Backley, & Gallaway, 2005)。不过，改正和扩展的影响也受到了质疑。因为这些方法并不是在所有文化中都被使用，而且，在少数调查中，这种方法对儿童的语法没有影响 (Strapp & Federico, 2000; Valian, 1999)。改正和扩展所起的作用也许不是消灭错误，而是提供规范的、符合语法的表达方式，鼓励儿童去尝试。

上述研究发现是否又让你想起维果茨基的理论？与智力的其他方面一样，在语言发展中，父母和教师应该耐心地提示儿童向下一步迈进。儿

童努力地掌握语言，是因为他们想和别人交流。反过来，成人通过认真倾听，把儿童说的话加以完善，用正确的说法做示范，鼓励儿童接着往下说，对儿童要熟练掌握语言的愿望做出反应。下一章我们还要讲到，对儿童成熟行为的这种和蔼与鼓励态度，对幼儿期情绪和社会性发展，也起着重要作用。

思考题

联结 儿童掌握词的策略是怎样证明了第5章边页174-175所讲的语言发展的互动观的？

应用 萨米的妈妈跟他说，全家人要去迈阿密度假。第二天早上，萨米宣布："I gotted my bags packed. When are we going to Your-ami?"（我收拾好行李了。我们什么时候去你的－阿密？①）怎么解释萨米的错误？

本章要点

第一部分　身体发育

一、身体和脑的变化

7.1　描述幼儿期身体生长和脑发育

■　幼儿身体长得较高、较瘦，体型发育比前两年慢。骨骼中出现新的骨骺。到幼儿期末，开始更换乳牙。

■　大脑神经元继续形成突触，神经纤维继续髓鞘化，接着是突触修剪和认知能力在脑区的定位增强。负责各种执行机能的前额皮层发展迅速。左侧大脑半球尤其活跃，有助于幼儿拓展语言技能和提高执行机能。

■　反映个体**大脑优势半球**的用手偏好在幼儿期增强。对利手性的研究支持天性和教养对大脑单侧化的共同影响。

■　连接小脑和大脑皮层的神经纤维生长并形成**髓鞘**，促进了运动协调能力和思维能力的发展。**网状结构**掌管警觉和意识。**海马体**在记忆和空间理解中起着重要作用。**杏仁核**在对新异事物和情感信息进行加工中起着核心作用。连接大脑两半球的**胼胝体**也在形成突触和

髓鞘。

二、影响身体发育和健康的因素

7.2　描述遗传、营养和传染病对幼儿期身体发育和健康的影响

■　遗传因素控制着脑下垂体分泌的两种激素：**生长激素**是身体几乎所有组织发育所必需的；**促甲状腺激素**则影响大脑发育和体型大小。

■　由于幼儿的生长变缓，他们的食欲也下降，常常不敢吃没吃过的食物。反复而非强迫地让他们接触新食物，有助于培养健康而多样化的饮食习惯。

■　食物匮乏，尤其是蛋白质、维生素和矿物质的缺乏，会导致身体发育迟缓、注意力和记忆障碍以及学习和行为问题。疾病，尤其是肠道感染导致的持续腹泻，也会导致营养不良。

■　美国的免疫率低于其他工业化国家。因为很多贫困儿童得不到良好的医疗保健。处于压力之下的父母以及人们对疫苗安全性的误解也是造成免疫率低的原因。

7.3　哪些因素会增加儿童意外伤害的风险，如何预防童年期伤害？

■　意外伤害是导致工业化国家儿童死亡的主要原因。受伤害者男孩居多；气质上注意不集中、好动、易激惹、目中无人和攻击性强的儿童，以及生活在贫困家庭和社区的儿童容易受伤害。

---

① 萨米把迈阿密（Miami）这个地名听成了My-ami。——译者注

■ 有效地预防伤害的措施有：制定保护儿童安全的法律；创造安全的家庭、旅行和游戏环境；改善公共教育条件；改变父母和儿童的行为；提供社会支持以减轻父母的压力。

三、动作的发展

7.4 列举幼儿期大肌肉动作和精细动作发展的主要里程碑和影响因素

■ 幼儿期，儿童身体的重心转向躯干，平衡性增强，这为大肌肉动作的发展打下基础。幼儿能够跑、跳起、单脚跳、快跑、投接东西等，身体更协调。

■ 手和手指控制的改善促进了精细动作技能的快速发展。幼儿逐渐能自己脱穿衣服和自己进食。

■ 3岁左右，儿童的涂鸦变为绘画。随着年龄增长，受幼儿认知能力和精细动作能力提高以及文化艺术传统影响，儿童绘画的复杂性和现实性不断增强。认知进步和接触书面材料促进了其在正确写出字母表方面的进步。

254

■ 体格强弱和身体活动游戏的多少影响着幼儿期的动作发展。男孩偏爱需要力量和强度的技能，女孩偏爱需要平衡性和精细动作的技能，这种性别差异一部分由遗传决定，但是环境压力扩大了这种差异。幼儿主要通过非正式的游戏活动掌握动作技能。

第二部分 认知发展

一、皮亚杰的理论：前运算阶段

7.5 描述前运算阶段心理表征的进步和思维的局限性

■ 心理表征、语言和假装游戏的快速发展标志

着皮亚杰所说的**前运算阶段**的开始。支持着各方面发展的假装游戏趋于复杂，幼儿与同伴玩**社会剧游戏**。2岁以后**双重表征**进步迅速，儿童懂得了模型、图片和简单的地图与现实世界中的事物是一致的。

■ 幼儿的认知局限包括**自我中心主义**、聚焦于情境和知觉到的表面现象一个方面的**中心化**，以及**不可逆性**。这些局限使幼儿不能完成**守恒任务**和**等级分类任务**。

7.6 后续研究对皮亚杰前运算阶段准确性有怎样的质疑？

■ 如果给儿童呈现与日常生活相关的简化问题，儿童的表现会比皮亚杰所说的要成熟。前运算阶段的儿童能够辨别不同的观点，区分有生命和无生命客体，对魔幻事物的看法灵活恰当，可以对物理转换进行类比推理，能理解因果关系，并对知识进行等级分类。

■ 运算思维在幼儿期逐渐发展的证据，挑战了皮亚杰的阶段概念。一些理论家提出了一种更加灵活的阶段观。

7.7 源自皮亚杰认知发展理论的教育原理有哪些？

■ 皮亚杰式的课堂教学鼓励发现式学习，重视儿童的学习准备状态，接受儿童的个体差异。

二、维果茨基的社会文化理论

7.8 描述维果茨基的社会文化理论及儿童个人言语的意义

■ 和皮亚杰不同，维果茨基把语言看作所有高级认知过程的基础。**个人言语**或称自我指导言语，出现在成人和技能更熟练的同伴帮助儿童完成挑战性任务的社会交流中。个人言语最终内化为不出声的内部言语。

■ **搭建脚手架**——调整教学方法以适合儿童当前需要并提出方法上的建议——可促进儿童思维发展。

7.9 描述维果茨基理论在教育上的应用以及对其主要思想的评价

■ 维果茨基式的课堂教学强调辅助式的发现学习，强调来自教师的言语指导和同伴合作。假装游戏是幼儿期重要的最近发展区。

■ **指导性参与**是比搭建脚手架意义更广泛的概念，它承认在比较熟练的参与者和不太熟练的参与者共同努力时的情境差异和文化差异。

三、信息加工

7.10 幼儿期的执行机能和记忆发生了哪些变化？

■ 幼儿期的执行机能会有显著改善。儿童的抑制能力、灵活转移注意焦点以及工作记忆容量等执行机能各要素的相互连接更为紧密，对学习和社交技能起着重要作用。稍年长儿童在做计划方面有进步，这是一项复杂的执行机

能活动。

■　幼儿的再认很准确，但是回忆清单式材料的能力较差，因为他们还不能像年长儿童那样有效地使用**记忆策略**。

■　**情节记忆**——对日常经历的记忆在幼儿期得到极大改善。和成人一样，幼儿把重复发生的事情作为**剧本**，随着年龄的增长，剧本会变得越来越复杂。

■　随着认知能力和对话技能的提高，儿童的自传式记忆变得更加有组织和详细，尤其是当成人采用详尽型方式和孩子谈论过去发生的事情时。

7.11　描述幼儿的心理理论

■　幼儿开始建构心理理论，表明他们开始掌握**元认知**。4~6 岁间，幼儿逐渐能完成错误观念任务，这增强了儿童反思自己和他人思想和情感的能力。语言、执行机能和社交经验对此都发挥了作用。

■　幼儿把心理看作被动的信息容器，而不是一个主动的、建设性的代理者。

7.12　总结幼儿期的读写和数学知识

■　幼儿的**自发读写**能力表明，由于认知能力提高、在各种情况下面临的写字活动，以及成人帮助他们进行书面交流，他们会修改自己对文字意义的看法。**语音意识**是自发读写及后来的拼写和阅读成绩的有力预测指标。非正式的读写经验，尤其是以成人–儿童互动方式阅读故事书，可以促进读写能力的发展。

255

■　学步儿可对**数序**有初步理解，3.5~4 岁时，他们逐渐能够理解**基数**，并运用计算解算术题，最终找到最快、最准的方法。成人鼓励儿童计算、比较多少，和儿童讨论数字概念，有助于丰富儿童的算术知识。

四、心理发展的个体差异

7.13　描述幼儿期智力测验，家庭、幼儿园项目、幼儿保育和教育媒介对心理发展的影响

■　幼儿智力测验可测评言语和非言语技能。6~7 岁时的测验分数能够较好地预测后来的智商和学习成绩。生长在充满爱心和刺激丰富的环境中，且父母能提出合理要求的儿童，在心理测验中的得分较高。

■　幼儿园课程主要有两类：一类是强调在游戏中学习的**以儿童为中心的课程**；另一类是**学习型课程**，教师通过正规课程促进儿童的学习技能提高，经常采用重复和练习的方法。强调正规学习训练的课程可能会压抑幼儿的动机，对以后的学校学习产生消极影响。

■　**启智计划**是美国政府资助的针对低收入家庭儿童的大范围学前教育项目。高质量的学前干预能提高即时测验分数，对学校适应则有长期促进作用。

■　基于发展指标的启智计划教学，可在学期末提高语言、读写能力和社交技能。良好的儿童保育能促进认知、语言和社会性发展，对低社经地位儿童的作用尤其明显。

■　儿童可从教育电视和电脑软件中习得多种认知技能。慢节奏的动作和简单易懂的故事情节可以培养执行能力、词汇和阅读技能，以及内容详细的假装游戏。电脑节目可教给儿童编程技能，增强其解决问题能力和元认知能力。但是过多地看黄金时段的电视节目和卡通片，会导致较差的学习技能。

五、语言发展

7.14　追述幼儿期词汇、语法和会话技能的发展

■　在**快速映射**的支持下，幼儿的词汇量显著增加。起先，他们非常依赖对物体形状的知觉线索来扩大词汇量。随着年龄增长，他们会越来越多地利用社会和语言线索。

■　2~3 岁儿童已能掌握其母语的基本词序。在掌握语法规则时，他们会犯**过度泛化**的错误。幼儿期结束时，儿童已经学会复杂的语法形式。

■　要进行有效的交流，儿童必须掌握语言的实用的、社会的一面，即**语用**。2 岁儿童已能熟练地进行面对面的会话。4 岁时，儿童会根据听者的年龄、性别和社会地位来调整自己的语言。

7.15　列举促进幼儿期语言发展的因素

■　与成人进行平等对话会促进语言的发展。成人应该对儿童语言的准确性给予明确的反馈，并采用**改正**和**扩展**对儿童的语法错误给予间接反馈。

重要术语和概念

academic programs (p. 246) 学习型课程

amygdala (p. 218) 杏仁核

cardinality (p. 244) 基数

centration (p. 230) 中心化

cerebellum (p. 218) 小脑

child-centered programs (p. 246) 以儿童为中心的课程

conservation (p. 229) 守恒

corpus callosum (p. 219) 胼胝体

dominant cerebral hemisphere (p. 218) 优势半球

dual representation (p. 229) 双重表征

egocentrism (p. 229) 自我中心主义

emergent literacy (p. 242) 自发读写

episodic memory (p. 240) 情节记忆

expansions (p. 252) 扩展

fast-mapping (p. 250) 快速映射

growth hormone (GH) (p. 219) 生长激素

guided participation (p. 236) 指导性参与

hierarchical classification (p. 230) 等级分类

hippocampus. (p.218) 海马体

irreversibility (p. 230) 不可逆性

memory strategies (p. 240) 记忆策略

metacognition (p. 241) 元认知

ordinality (p. 244) 数序

overregularization (p. 251) 过度泛化

phonological awareness (p. 244) 语音意识

pituitary gland (p. 219) 垂体

pragmatics (p. 252) 语用

preoperational stage (p. 227) 前运算阶段

private speech (p. 234) 个人言语

Project Head Start (p. 246) 启智计划

recasts (p. 252) 改正

reticular formation (p. 218) 网状结构

scaffolding (p. 235) 搭建脚手架

scripts (p. 240) 剧本

sociodramatic play (p. 228) 社会剧游戏

thyroid-stimulating hormone (TSH) (p. 219) 促甲状腺激素

第 **8** 章

幼儿期情感与社会性发展

学龄前的幼儿在理解他人的想法和感受方面取得了很大进步，他们在这些技能基础上建立了最初的友谊。

当孩子们在莱斯莉的教室里迈进学前期时，他们的人格表现得更明显。3 岁时，他们能说出自己的好恶和对自己的新看法。"别烦我。"萨米对马克说。他正在往小丑嘴里扔豆子，而马克却想伸手拿他装豆子的口袋。"看我扔得多准！"萨米自信地说。这种自信使他扔得很带劲，但是其实，大部分豆子他都没扔进去。

儿童的交谈也反映了他们最初的道德观念。他们经常借用成人关于对错的说法来为自己的愿望打掩护。"你应该与人分享。"马克一边说，一边从 3 岁的萨米手中抢过装豆子的小口袋。

"是我先在这儿的！把它还给我。"萨米一边说着一边推了马克一下。两个小孩打起来，直到莱斯莉来解劝。莱斯莉又给了他们一个豆袋，并教给他们，两个人怎么同时玩。

萨米和马克的互动说明幼儿很快就成长为复杂的社会人。幼儿虽然会争吵和攻击，但合作性的交流更多。儿童 2～6 岁时，最初的友谊开始出现，他们相互交谈，扮演互补的角色，并且知道，自己要想满足交朋友和得到玩具的愿望，就要考虑别人的需要和利益。

儿童对周围人们的理解在逐渐发展，尤其明显的是，他们越来越关注男女界限。当普丽蒂和凯伦在家庭区照看生病的布娃娃时，萨米、万斯和马克在积木区搭建了一个交通繁忙的十字路口，万斯和马克推着一辆大木车和卡车从地板上经过时，警官萨米大声喊着："绿灯，走！"儿童更喜欢与同性伙伴交往，他们的游戏主题反映了其所处文化的性别成见。

本章主要考察幼儿期多个方面的情绪和社会性发展。我们先从埃里克·埃里克森关于学前期人格变化的观点入手。然后考察儿童的自我概念、对社会和道德的理解、性别角色化以及逐渐增强的调节自己情绪和社会行为的能力。最后，我们将回答下面的问题：怎样才能有效地养育儿童？我们将考察促进良好养育行为或破坏养育效果的复杂条件，包括目前普遍存在的虐待和忽视儿童问题。

258　一、埃里克森的理论：主动性对内疚感

8.1　在埃里克森的主动性对内疚感阶段，人格有何变化？

埃里克森 (Erikson, 1950) 认为，幼儿期是一个"充满活力的发展"时期。一旦儿童形成了自主意识，他们就不再像学步期时那样执拗。他们能够释放能量，以解决学前期的心理冲突：**主动性对内疚感** (initiative versus guilt)。**主动性**这个词指的是，幼儿产生了一种新的目的感。他们热心地解决新任务，与同伴一起参加活动，探索自己在成人帮助下可以做的事情。他们的良心也在迅速发展。

埃里克森把游戏看作儿童理解自己和社会的一种途径。游戏使幼儿能够尝试运用新的技能，并且遭到批评和失败的风险较小。游戏还促进形成小型的儿童社会组织，在此他们相互合作以实现共同目标。在世界各种文化中，儿童都扮演了五花八门的家庭和职业角色，如西方社会中的警官、医生、护士，霍皮 (Hopi) 印第安人的猎手和制陶工人，西非巴卡 (Baka) 文化中的棚屋建造者和枪矛制造者 (Gaskins, 2013)。

埃里克森的理论是建立在弗洛伊德心理性欲发展阶段学说基础上的（见第 1 章边页 15）。在弗洛伊德所说的恋母情结和恋父情结的冲突中，儿童为了避免惩罚，获得父母的爱，通过认同同性的父母形成超我或良心，从而形成了自己的道德和性别角色标准。埃里克森则认为，幼儿期发展的消极后果是形成了过于严格的超我，成人过分的威胁、批评和惩罚使儿童感受到过多的内疚感。这时，儿童令人愉快的游戏和掌握新技能的大胆

危地马拉一个 3 岁女孩在跟着奶奶剥玉米。通过表演家庭场景和引人注目的职业，世界各地的儿童发展了一种主动意识，知道了他们在自己的文化中可以做什么和成为什么样的人。

尝试减少了。

弗洛伊德的理论不再被认为是对儿童良心发展的令人满意的解释，而埃里克森所说的主动性则描绘了幼儿情绪和社会生活的纷繁多样的变化。的确，幼儿期是儿童形成自信的自我形象、学会更有效地控制情绪、掌握新的社交技能、形成道德基础和清晰的性别意识的一个时期。

二、自我理解

8.2　描述幼儿期自我概念和自尊的发展

幼儿期，语言使儿童能够谈论自己对外界事物的主观体验。第 7 章讲到，幼儿学会用词汇来谈论他们的内心活动，开始加深对心理状态的理解。随着自我觉知的增强，幼儿更加关注使自己与众不同的那些品质。他们开始形成**自我概念** (self-concept)，即个体认为能够定义自己是什么样的人的一系列特点、能力、态度和价值观。

1. 自我概念的基础

如果让一个 3~5 岁的儿童说说他自己，你会听到下面这些话："我是汤姆。我 4 岁。我会自己洗头。我有一套新的乐高玩具，我用它造了这个很大很大的塔。"幼儿的自我概念通常由可观察到的特征组成，例如，名字、外貌、拥有物和日常

行为 (Harter, 2012)。

3 岁半时，幼儿能用人们常说的情绪和态度来表达自己，例如，"和朋友一起玩，我很高兴"或"我不喜欢看令人害怕的电视节目"。这表明，他们开始意识到自己独特的心理特征 (Eder & Mangelsdorf, 1997)。到 5 岁时，儿童对这些陈述的认同程度与母亲对其性格特征的描述一致，这表明年龄较大的幼儿已能感觉到自己的胆怯、随和以及对别人产生的积极或消极影响 (Brown et al., 2008)。但多数幼儿还不会说"我爱帮助人"或"我很害羞"之类的话。直接提及人格特质的能力还需等到认知进一步成熟时。

温暖、敏感的亲子关系能培养更积极、更清晰的早期自我概念。回顾第 7 章，安全型依恋的幼儿会参与更详尽的亲子对话，谈论个人经历过的事件，这有助于他们了解自己（见边页 242）。专注于儿童的想法、感受和主观体验的详细回忆，在早期自我概念发展中起着特别重要的作用。例如，当父母向幼儿回忆他们曾经很好地处理了沮丧情感的经历时，4~5 岁儿童会更正面地描述他们的情绪（"我不害怕——不是我！"）(Goodvin & Romdall, 2013)。通过强调过去事件的个人意义，这种关于

内部状态的谈话有助于增进儿童的自我了解。

早在儿童 2 岁的时候，父母就用过去事件的叙述，把规则、行为标准和评价信息告诉孩子："我们做土豆泥的时候，你往里面加了牛奶，那是一件非常重要的事！"(Nelson, 2003) 如本节的"文化影响"专栏所说的，这些自我评价性叙述是父母在孩子的自我概念中注入文化价值观的重要手段。

由于谈论自己经历的重要事件的能力和认知技能的提高，幼儿逐渐把自己看作是在一段时间里保持不变的人，这种变化明显体现在，他们预期自己未来状态和需求的能力有所提高。当要求儿童从三种东西（雨衣、钱、毛毯）中选择一件，带着它去做一件未来发生的事（从瀑布旁边走过）时，儿童做出符合未来事件发展趋势（"我将会被淋湿"）的选择的概率在 3~4 岁大幅提升 (Atance & Meltzoff, 2005)。到 5 岁时，儿童能更明确地理解，他们未来的偏好可能与现在不同。多数人意识到，他们长大后会更喜欢读报纸而不是读图画书，更喜欢喝咖啡而不是喝葡萄汁 (Bélanger et al., 2014)。到学前期结束时，儿童可以把目前的心态放在一边去放眼未来。

259

260

専栏　　文化影响

个人讲故事的文化差异对早期自我概念的影响

许多文化背景下的幼儿都会跟父母讲自己的故事。父母怎样选择和解释这些叙事，存在着巨大的文化差异，它们影响着孩子怎样看自己。

在一项研究中，研究者用两年时间，花了几百个小时，比较了 6 个中产阶级的爱尔兰裔美国家庭和 6 个中产阶级的华人家庭讲故事的习惯。在父母与孩子从 2 岁半到 4 岁的大量谈话录像中，分离出个人故事部分，并对其内容、结局特征和对孩子的评价进行了编码 (Miller, Fung, & Mintz, 1996; Miller et al., 1997, 2012b)。

两种文化下的父母都以类似方式和频率与孩子谈论了愉快的假期和家庭旅行。但是中国家长更多地谈及孩子的过失，如使用不文明语言，在墙上乱写乱画，在

这位中国妈妈和蔼地告诉孩子要举止得体。中国父母经常给幼儿讲故事，指出孩子的不良行为对他人的负面影响。相应地，中国儿童的自我概念很强调社会义务。

游戏中表现粗暴等等。家长的这些教导深情而充满关爱，同时又强调过失行为对别人的影响（"你让妈妈丢脸了"），通常以直接教给正确恰当的行为结束（"说脏话是不对的"）。与中国家长不同，爱尔兰裔美国家长只提到少数几种不良行为，并淡化其严重性，而把它们看作是孩子勇气和自信的表现。

幼儿期的叙事似乎把儿童自我概念的发展带上了两条不同的文化之路 (Miller, 2014)。受儒家严格自律和遵从社会规范的传统影响，中国家长把自己的价值观念融入了他们的叙事中，强调个人行为不能使家族蒙羞，并

在故事结尾明确提出对孩子改进的期望。爱尔兰裔美国父母虽然也会教导自己的子女，但他们很少在讲故事的时候关注孩子的过失。他们从积极方面看待孩子的缺点，也许是为了保护孩子的自尊。

大多数美国人认为，自尊对儿童的健康成长很重要，而中国家长则不以为然，甚至把自尊看成是负面的，认为它会影响孩子听取别人意见和改正自己不足的心态 (Miller et al., 2002)。因此，中国父母不重视孩子的个体性。他们用讲故事的方式引导孩子在言行上要对别人负责，而美国儿童则更为独立自主。

2. 自尊的显现

自我概念的另一方面——自尊，也在幼儿期出现了。**自尊** (self-esteem) 是人对自我价值做出的判断及与这些判断有关的感受。这种自我评判是自我发展中重要的方面之一，因为它影响着人的情感体验、未来的行为和长期的心理适应。

4 岁时，幼儿已经有了几方面的自我评价，如学习成绩好坏、结交朋友、与父母相处以及善待他人 (Marsh, Ellis, & Craven, 2002)。但是，他们的理解力还不成熟，无法把这些评价与整体自尊结合起来。此外，他们不能认清自己的愿望和实际能力之间的落差，通常会高估自己的能力，而低估任务的难度，就像萨米在扔豆子时，虽然失败过很多次，但依然觉得自己扔得很棒 (Harter, 2012)。

高自尊对幼儿形成主动性有重要意义，因为在这个时期，他们需要掌握很多新技能。3 岁时，如果父母耐心地鼓励孩子，并提供如何成功的信息，孩子就会充满热情和很强的上进心。而自我价值和表现经常遭到父母批评的孩子，在面对挑

这个学龄前的孩子自信满满地准备从游乐场的攀爬架上滑下来。她的高度自尊使她在掌握新技能时更有主动性。

战时容易放弃，失败后会感到羞愧和气馁 (Kelley, Brownell, & Campbell, 2000)。成人应该通过调整对儿童能力的期望，给孩子搭建脚手架，鼓励他们尝试困难任务，并指出儿童的努力和进步，来避免儿童产生这种自我挫败感。

❋ 三、情绪发展

8.3　阐述幼儿期情绪理解和情绪表达的变化及导致这些变化的因素

表征能力、语言和自我概念的发展促进了幼儿期情绪的发展。在 2~6 岁时，儿童的与情绪相关的技能有了很大的进步，研究者把这些技能统称为情绪能力 (Denham et al., 2011)。一方面，幼儿拥有了情绪理解能力。他们能更好地谈论自己

的情绪并对别人的情绪信号做出恰当反应。另一方面，他们能更好地进行情绪自我调节，尤其是对强烈消极情绪的调节。此外，幼儿更多地体验到自我意识的情感和共情，这将有利于他们道德感的发展。

父母教养方式对幼儿的情绪能力有相当大的影响，而情绪能力又对发展良好的同伴关系和维持儿童整体心理健康有重要作用。

1. 情绪理解

在学前早期，儿童能说出情绪的起因、结果和情绪的行为信号 (Thompson, Winer, & Goodvin, 2011)。随着年龄增长，他们对情绪的理解越来越准确和复杂。

到 4~5 岁时，儿童能正确地判断许多基本情绪的起因（例如，"他高兴是因为他荡秋千荡得高"或"他伤心是因为他想妈妈"）。但是，他们在对情绪做出解释时，往往较多地强调外因，而较少强调内因，二者的平衡随着年龄而变化 (Rieffe, Terwogt, & Cowan, 2005)。第 7 章讲到，4 岁之后，他们逐渐理解，愿望和想法都会推动行为。一旦确立了这些认识，儿童就会明白内部因素是怎样引发情绪变化的。

幼儿善于根据别人的行为推断他们的感受。例如，他们会说，一个蹦蹦跳跳、拍手鼓掌的孩子很快乐，一个哭泣、退缩的孩子可能很伤心 (Widen & Russell, 2011)。他们开始意识到，想法和感受是互相联系的，消极想法（"我的胳膊摔断了，所以现在必须打上石膏，不能玩了"）会使人心情糟糕，但积极想法（"我胳膊上的石膏很酷，我的朋友们可以把他们的名字写在上面！"）可以帮助一个人感觉好些 (Bamford & Lagattuta, 2012)。此外，幼儿还能想出有效的办法来缓解别人的坏情绪，比如拥抱一下来减少悲伤 (Fabes et al., 1988)。总的来说，幼儿在解释、预测和改变别人的感受方面的能力令人印象深刻。

当然，幼儿还难于解释，在情节互相矛盾的情况下，一个人会有怎样的感受。例如，给儿童看一幅画，画上一个表情高兴的孩子推着一辆坏自行车，让儿童描述时，4 岁和 5 岁儿童较多地依据画中呈现的情绪："他很高兴，因为他喜欢骑自行车。"年龄大些的儿童会更多地将两条线索结合起来："他很高兴，因为他的爸爸答应给他修坏了的自行车。"(Gnepp, 1983; Hoffner & Badzinski, 1989) 这种能力需要提高执行机能——在工作记忆中保留两个相互冲突的信息来源，同时利用自己的知识库来整合它们。

261

父母给情绪命名、解释情绪，以及温情细心的对话可以加深幼儿对情绪的理解。

父母在和幼儿谈话时，对情绪的命名、解释与和蔼的表达越多，儿童使用的"情绪词"就越多，他们对情绪的理解也发展得越好 (Fivush & Haden, 2005; Laible & Song, 2006)。讨论负面经历或意见分歧非常有帮助，因为它能引发更详尽的、能确认孩子感受的对话 (Laible, 2011)。一项研究显示，如果妈妈善于解释情绪，并且在与 2 岁半的孩子发生冲突时能协商和妥协，那么，孩子在 3 岁时，就能更好地理解别人的情感，并使用类似的办法来解决分歧 (Laible & Thompson, 2002)。这样的对话显然可以帮助儿童反思情绪的前因后果，培养成熟的沟通技能。

了解情绪可以帮助儿童努力与他人相处。早在 3~5 岁时，这种努力就与友好、关心行为、与同伴冲突时做出建设性的反应，以及观点采纳能力相关 (Garner & Estep, 2001; Hughes & Ensor, 2010; O'Brien et al., 2011)。由于儿童从与成人的互动中逐渐了解情感，他们会与同伴和兄弟姐妹进行更多的情感交流。在与玩伴互动时经常说出感受的幼儿更受同伴的喜爱 (Fabes et al., 2001)。儿童懂得了，了解别人情绪并解释自己的情绪，可以使他们与别人的关系更好。

2. 情绪的自我调节

幼儿语言的进步以及对情绪的前因后果的日益理解，使幼儿能够进行情绪自我调节 (Thompson, 2015)。3~4 岁时，儿童会根据具体情况想出缓解负面情绪的方法 (Davis et al., 2010; Dennis & Kelemen, 2009)。例如，他们知道，限制感觉输入（掩住眼睛和耳朵来阻挡一个可怕的视觉或听觉刺激），跟自己说话（"妈妈说她很快就回来"），改变目标（被同伴排除出游戏之后，说自己根本不想玩了），或改变当前情况（用分享代替争斗来解决与同伴的冲突）。幼儿调节情绪策略的有效性随着年龄增长而提高。

只要儿童使用这些策略，情绪爆发就会减少。各种执行机能的进步，尤其是抑制力、注意力灵活转换和在工作记忆中操纵信息能力的进步，对幼儿期的情绪调节帮助很大。如果3岁儿童能在心烦意乱时分散注意力，并专注于调节自己的情绪，上小学后他们的问题行为往往很少 (Gilliom et al., 2002)。

幼儿通过观察父母对情绪的控制，学会了控制自己情绪的方法。这样的父母会借鉴自己调节情绪的经验来帮助孩子，提出情绪调节策略方面的建议和解释，以增强儿童应对压力的能力 (Meyer et al., 2014; Morris et al., 2011)。若父母很少表达积极情绪，认为孩子的感受无所谓而听之任之，而且无法控制自己的愤怒，孩子的情绪管理和心理调节就会受到影响 (Hill et al., 2006; Thompson & Meyer, 2007)。

父母跟孩子讨论将会发生什么，焦虑时怎么办，让孩子为困难情况做好准备，也能提高儿童的情绪自我调节能力 (Thompson & Goodman, 2010)。但是，幼儿丰富的想象力和无法分清幻想与现实的心理特点，使恐惧在幼儿期很普遍。参考下面的"学以致用"专栏，其中提供了可以帮助幼儿克服恐惧的方法。

3. 自我意识的情感

一天早晨，在莱斯莉的教室里，一群孩子挤在一起烤面包。莱斯莉让他们耐心等着，她去拿一只烤面包的平底锅。萨米伸手去够，想摸摸面团，结果碗翻倒在台子上。莱斯莉回到教室时，萨米看了她一眼，用手捂住自己的眼睛，说："我干了一件坏事。"他感到羞愧和内疚。

随着自我概念的发展，幼儿对表扬、指责以及会不会得到这些反馈越来越敏感。他们更多地体验到自我意识的情感，特别是对他们自我感的伤害或增强（见第6章）。3岁时，自我意识的情感明显与自我评价相联系 (Lagattuta & Thompson, 2007; Lewis, 1995)。但是因为幼儿还处于形成好坏标准的阶段，他们把成人的期望当作必须遵守的规则（"爸爸说你们要轮流玩"），并据此来了解，什么时候应该感到骄傲、羞愧和内疚 (Thompson, Meyer, & McGinley, 2006)。

如果父母不厌其烦地评价孩子的价值和表现（"这件事做得这么差！我还以为你是个好姑娘呢！"），儿童会产生强烈的自我意识情绪——失败后产生更多的羞愧，成功后产生更多的骄傲。相反，如果父母关注的是怎样改进行为表现（"你是这样做的，现在试试那样做怎么样"），就会引发适度的、更具适应性的羞愧感和自豪感，以

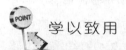

学以致用　　　　　**帮助孩子克服幼儿期的常见恐惧**

恐惧	建议
鬼怪和黑暗	少给孩子看恐怖的书画和电视节目，直到儿童能较好地把表象和真实情况分开。在孩子的房间"彻底"查找怪物，让他们看到屋里什么怪物也没有。孩子睡觉时，开一盏灯。坐在床边陪他，直到他睡着再离开。放一个他最喜欢的玩具在他身边保护他。
幼儿园或托儿所	如果孩子不愿去幼儿园，但到了那里又表现得高兴，那么，这种恐惧很可能是害怕分离。在这种情况下，温柔地鼓励孩子应该学会独立，让他们感到温暖和关心。如果儿童害怕待在幼儿园，要查明他们怕什么——教师、别的孩子，或是拥挤、喧闹的环境。开始时可陪孩子待一会儿，给孩子一些支持，然后逐渐减少在场时间。
动物	不要强迫儿童接近狗、猫或其他会引起恐惧的动物，让儿童按自己的方式来做。给儿童示范如何拥抱和爱抚动物，告诉他们，只要温和地对待动物，它们会非常友好。如果孩子比动物大，就强调："你这么大，那只小猫很怕你呢！"
强烈的恐惧	如果儿童的恐惧很强烈，持续时间长，干扰了儿童的日常活动，且不能以上面提到的方式减轻，那么孩子可能已患上恐惧症。恐惧症有时和家庭问题有关，需要接受专门的咨询才能减轻。随着儿童情绪自我调节能力的增强，恐惧症不必治疗也会减轻。

及对困难任务更强的坚持力 (Kelley, Brownell, & Campbell, 2000; Lewis, 1998)。

在西方儿童中，强烈的羞愧感与个人无能感（"我很笨""我是一个很糟糕的人"）相关，而且和适应不良相关，如退缩、抑郁以及对那些羞辱自己的人的强烈愤恨和攻击性 (Muris & Meesters, 2014)。相反，在适当情况下产生的既不过度也不伴随羞愧的内疚，则与良好的适应有关。内疚有助于儿童抑制有害冲动，并促使有过错的孩子弥补自己的过失，学会三思而后行 (Mascolo & Fischer, 2007; Tangney, Stuewig, & Mashek, 2007)。但是，过度内疚会引起儿童无法消除的严重情绪困扰，早在 3 岁时就与抑郁症状相关 (Luby et al., 2009)。

羞愧感对孩子适应能力的影响可能因文化而异。如边页 259 的"文化影响"专栏讲到的，亚洲社会的人们倾向于根据他们的社会群体来定义自己，他们把羞愧感看作一种具有适应性的提醒，告诉人们，相互依赖很重要，别人怎样评价你也很重要 (Friedlmeier, Corapci, & Cole, 2011)。

4. 共情和同情

另一种情感能力——共情，在幼儿期普遍地出现了。在学前期，共情成为**亲社会行为或利他行为** (prosocial, or altruistic, behavior) 的重要动力——这种行为给别人带来利益，但并不图回报 (Eisenberg, Spinrad, & Knafo-Noam, 2015)。与学步儿相比，幼儿更多地以话语来表达他们的共情，这种变化表明他们共情的思维水平更高。一个 4 岁女孩收到一份她没有列在圣诞老人送的礼物清单上的礼物，她猜想那是属于另一个小女孩的，于是恳求她的父母："我们得把它送回去，圣诞老人犯了一个大错误。我想那女孩会因为没收到礼物而伤心的！"

263 然而，对一些孩子来说，共情——对一个沮丧的成人或同伴的情感以相似的方式做出情感回应——不但不会产生善意和帮助的行为，反而会转变为个人痛苦。为了减少这种负面感受，儿童会把注意力集中在自己的焦虑上，而不是在需要帮助的人身上。结果，共情并没有导致**同情** (sympathy)——对别人的困境感到担忧或悲伤。

共情是引起同情的、亲社会的行为，还是引

起自我关注的痛苦反应，气质在其中起着一定作用。善于交际、自信、调节情绪较好的儿童更可能给面临困境的人提供帮助和安慰，分担痛苦。情绪调节能力较差的儿童则较少表现出关心和亲社会行为 (Eisenberg, Spinrad, & Knafo-Noam, 2015; Valiente et al., 2004)。面对需要安慰的人，他们表现出面部和生理的紧张——皱眉、咬嘴唇、吮吸手指、心率加快、大脑右半球（主管消极情绪）的脑电活动剧增——表明他们完全被自己的消极情绪吓住了 (Liew et al., 2010; Pickens, Field, & Nawrocki, 2001)。

安全的亲子依恋关系，会加强幼儿的共情式关心 (Murphy & Laible, 2013)。如果父母热情而敏感，以共情和同情对孩子的情感做出回应，儿童就会对别人的痛苦表现出关心，这种反应会持续到青少年期和成年早期 (Michalik et al., 2007; Newton et al., 2014; Taylor et al., 2013)。除了树立共情和同情的榜样，父母还可以向孩子说明善良的重要性，并在孩子表现出不恰当情绪时进行干预，这些方法可以预测儿童较高的同情反应 (Eisenberg, 2003)。

相反，动不动就生气、惩罚孩子的教养方式会妨碍早期共情和同情的形成 (Knafo & Plomin, 2006)。曾经接受极端负面的家庭教育、身体受虐待的幼儿，很少对同伴的不幸表示关心。他们对此表现出的是退缩，或言语和身体攻击 (Anthonysamy & Zimmer-Gembeck, 2007)。儿童的这些行为反映出其父母对别人痛苦的无动于衷。

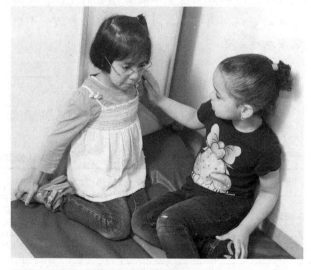

随着儿童语言和观点采纳能力的提高，共情能力也会增强，从而激发更多的亲社会行为或利他行为。

四、同伴关系

8.4 描述幼儿期的同伴交际性和友谊，以及文化和父母教育方式对同伴关系的影响

随着儿童的自我意识逐渐增强，交流能力提高，能较深刻地理解别人的想法和感受，他们与同伴的交往技能也迅速提高。同伴为幼儿提供了从别的途径学不到的经验。因为同伴之间在平等的基础上相互交往，他们必须在维持交谈、合作、设定游戏目标上承担更大的责任。在与同伴交往时，儿童间形成了友谊——以依恋和共同兴趣为标志的特殊关系。下面来看在整个学前阶段同伴互动是怎样变化的。

1. 同伴交际性的进步

米尔德丽德·帕滕 (Mildred Parten, 1932) 最早观察了 2~5 岁儿童的同伴交往。她发现，随着年龄的增长，儿童的联合游戏和互动游戏显著增多。她据此得出结论，认为社会性发展分三个步骤依次展开。起先是**非社交活动** (nonsocial activity)：无所事事、旁观行为和单独玩的游戏。然后转换为**平行游戏** (parallel play)：儿童在同伴旁边玩相似的玩具，但并不想影响别人的行为。接下来是两种真正意义上的社交活动：一种是**联合游戏** (associative play)，儿童各自玩，但他们以交换玩具和评论对方来互动；另一种是**合作游戏** (cooperative play)，这是一种更高级的互动，儿童在活动中能指向一个共同目标，例如表演一个假装游戏的主题。

（1）对同伴交际性的后续研究

后来的追踪研究发现，这些游戏形式确实按照帕滕说的先后次序出现，但是在发展过程中，后出现的形式并不一定取代先出现的形式 (Rubin, Bukowski, & Parker, 2006)。各种类型的游戏在学前期共同存在。

在课堂自由游戏期间，幼儿经常从旁观转入平行游戏或合作游戏，然后再折回来 (Robinson et al., 2003)。幼儿似乎把平行游戏作为中间站——复杂社会交往所需要的缓冲和开始新的社交活动的十字路口。虽然非社交游戏随着年龄增长而减少，但它仍然是 3~4 岁儿童最经常玩的一种游戏形式。在幼儿园，这种游戏占据了儿童 1/3 的自由游戏时间。另外，从 3 岁到 6 岁，单独游戏和平行游戏的发展相当稳定，与儿童合作游戏的时间差不多 (Rubin, Fein, & Vandenberg, 1983)。

我们现在知道，在幼儿期发生变化的，是单独游戏和平行游戏的类型，而不是游戏数量的多少。在针对中国台湾和美国的幼儿游戏的研究中，研究者通过使用表 8.1 中所显示的类别，对非社交游戏、平行游戏和合作游戏的认知成熟性进行评定。在帕滕所说的各类游戏中，较年长儿童都比年幼儿童表现出在认知上更成熟的行为 (Pan, 1994; Rubin, Watson, & Jambor, 1978)。

家长们常常纳闷，一个孩子把大量时间花在独自游戏上，这正常吗？事实上，只有某几种类型的非社交活动，如无目的地到处游逛、在同伴附近转悠和表现出重复动作的机能游戏才需要担心。那些只在一旁观看而不加入游戏的儿童，通常是抑制型气质——社交恐惧所致 (Coplan & Ooi, 2014)。而表现出单独、重复行为的幼儿（反复

264

表 8.1　认知游戏类型的发展顺序

游戏类型	描述	举例
机能游戏	使用物体或不使用物体进行简单、重复性的动作，在 2 岁前较普遍。	绕着一间房子跑，来来回回推小汽车，不打算做出什么东西，只是一直揉捏黏土。
建构游戏	创造或建构某种东西，3~6 岁较普遍。	用积木搭房子，画画，玩拼板玩具。
假装游戏	扮演日常的和假想的角色，2~6 岁较普遍。	玩过家家、学校或警察游戏，扮演故事书或电视剧中的人物。

资料来源：Rubin, Fein & Vondenberg, 1983.

敲击积木，让洋娃娃跳上跳下）可能是不成熟的冲动性儿童，这类儿童很难控制愤怒和攻击行为 (Coplan et al., 2001)。在课堂上，沉默和冲动的儿童都容易受到同伴排斥 (Coplan & Arbeau, 2008)。

但其他与同伴互动较少的幼儿则没有社交焦虑或冲动。他们只是喜欢独自玩，他们的单独活动往往积极而有建设性。喜欢单独玩艺术材料、拼图和建筑玩具的儿童，通常适应良好，他们和同伴玩的时候，表现出恰当的社交技能 (Coplan & Armer, 2007)。不过，参与这种适合年龄的单独游戏的一些儿童——通常是男孩，还是会遭到同伴的拒绝 (Coplan et al., 2001, 2004)。也许是因为他们玩的安静游戏与"男性化"的性别角色不一致，其中一些男孩还可能受到父母和同伴的消极对待，并出现适应问题。

如第 7 章所述，社会剧游戏——一种高级形式的合作游戏，在幼儿期相当普遍。在联合假装游戏中，幼儿会表演并对彼此的假装情绪做出反应。当他们扮演医生或假装在魔法森林中寻找怪物时，他们还会探索并控制引起恐惧的体验。因此，社会剧游戏可以帮助儿童理解别人的感受并调节他们自己的情绪 (Meyers & Berk, 2014)。此外，幼儿还会花很多时间来讨论在社会剧中扮演的角色和游戏规则。为了创造和表演出复杂的情节，他们必须用妥协来解决争端。

当研究者观察幼儿园的自由游戏时，他们发现女孩更多地玩社会剧游戏，而男孩更多地开展被称为嬉闹游戏的友好而充满活力的互动。每种游戏都与积极情绪的表达相关，并可以预测一

年后儿童的情绪理解和自我调节能力 (Lindsey & Colwell, 2013)。社会剧游戏和嬉闹游戏都要求儿童锻炼自我控制能力，并对同伴的语言和非语言情感暗示做出反应。我们将在第 11 章再次讨论嬉闹游戏的话题。

（2）文化差异

同伴交际性有不同的形式，它取决于某个文化中群体和谐性与个人自主哪个更重要 (Chen, 2012)。例如，印度的孩子通常在大群体中游戏。他们的许多行为都是互相模仿，步调一致，有亲密的身体接触，这是一种需要高度合作的游戏形式。在名为"巴托巴托"(Bhatto Bhatto) 的游戏中，孩子们表演去赶集的情节，假装切美味的蔬菜并一起吃，还要互相摸胳膊肘和手 (Roopnarine et al., 1994)。

另一个例子是，北美儿童倾向于拒绝沉默的同伴，而中国儿童通常会接受同伴安静、保守的行为 (Chen et al., 2006; French et al., 2011)。第 6 章曾讲到，在中国，直到 10 年前，那里的不鼓励自信的文化价值观还导致对害羞儿童的评价偏正面积极（见边页 195）。显然，这种善意的态度在中国儿童的游戏行为中仍然表现得很明显。

关于游戏重要性的文化观念也会影响早期的同伴关系。与重视游戏的认知和社会性发展的好处的人相比，把游戏视为纯粹娱乐的养育者不太可能提供道具或鼓励假装 (Gaskins, 2014)。回想一下第 7 章边页 237 讲到的对玛雅村落文化中儿童

265

左：两个 4 岁女孩玩平行游戏。右：合作游戏比平行游戏发展得晚，但是幼儿一直在两种类型的社交活动中转换，把平行游戏作为从复杂的合作需求中得到喘息的机会。

菲律宾阿格塔 (Agta) 的乡村儿童在玩拔河游戏。大群体、高度合作的游戏更多出现在重视群体和谐而不是个人自主的社会中。

日常生活的描述。玛雅儿童假装游戏的主题通常是对日常生活的诠释，包括数量有限的反映日常角色和经验的情节。在工业化的城市环境中，儿童更多地参与创造性游戏，构建出不受实际经验限制的虚构场景 (Gaskins, 2013)。也许西方式的社会戏剧，凭借其精致的材料和广泛的想象主题，对于成人世界和儿童世界截然不同的社会的社会性发展来说尤为重要；而在儿童从小就参与成人活动的乡村文化中，这可能不那么重要。

2. 最初的友谊

幼儿在交往中开始形成最初的友谊，这为他们的情绪和社会性发展提供了重要的背景。对成人来说，友谊是一种相互关系，包含了陪伴、分享、理解彼此的思想和情感，以及在需要的时候相互关心和安慰。成熟的友谊经得起时间的磨砺和偶尔冲突的考验。

幼儿能够理解友谊的独特性。他们知道，朋友是"喜欢你"的人，你会花很多时间跟他一起玩，和他分享玩具。但他们的友谊还不能在相互信任的基础上保持长期性和持续性 (Damon, 1988a; Hartup, 2006)。在相处很好时，萨米会说："马克是我最好的朋友。"但是，当发生争吵时，他可能说出截然相反的话："马克，你不是我的朋友！"然而，只要同伴们都在同一个社会群体中，朋友关系在整个幼儿时期就都是非常稳定的。在一项研究中，将近 1/3 的幼儿在一年后提到了和一年前同样的、最喜欢和他们一起玩的好朋友 (Dunn,

2004a; Eivers et al., 2012)。

幼儿之间相互称呼对方为朋友的互动尤其积极，反映出比其他同伴关系更多的支持和亲密 (Furman & Rose, 2015; Hartup, 2006)。幼儿给他们的朋友更多的强化，如问候、夸奖和听从，他们也会从朋友那里得到很多。朋友之间还有更多的合作精神和情感表达——交谈，大笑，互相看对方的时间比非朋友看对方的时间更长。

在幼儿期拥有共同友谊的儿童，其适应能力和社会竞争力更强 (Shin et al., 2014)。此外，进入学前班以后，在班里有朋友的孩子和准备结交新朋友的孩子，都能更好地适应学校生活 (Ladd, Birch, & Buhs, 1999; Proulx & Poulin, 2013)。也许朋友的陪伴可以作为发展新关系的安全基地，增强儿童在新班级的舒适感。

3. 同伴关系与入学准备

学前班幼儿结交新朋友和被同学的接受度，可预测对课堂活动的合作性参与和自我导向地完成课业 (Ladd, Buhs, & Seid, 2000)。有社交能力的幼儿动机更强，更能坚持，在学前班和小学低年级的学习成绩优于缺乏社交技能的同伴 (Walker & Henderson, 2012; Ziv, 2013)。因为幼儿期的社会成熟度对学习成绩有影响，所以对进入学前班的准备程度的评估不仅要包括学习技能评估，还应包括社交技能评估。

幼儿积极的同伴互动最常发生在自由游戏之类无结构的情况下，因此，幼儿园和学前班给儿童提供空间、时间、器材，教师给儿童搭建脚手架来支持以儿童为中心的活动非常重要 (Booren, Downer, & Vitiello, 2012)。热情、回应积极的师生互动也很重要，特别是对于害羞和冲动、情绪消极、有攻击性的儿童，他们面临社交困难的风险很高 (Brendgen et al., 2011; Vitaro et al., 2012)。对来自 6 个州的公立幼儿园数千名 4 岁儿童的研究发现，无论是在幼儿园还是在进入学前班后的追踪考察中，教师敏感性和情感支持都是儿童社交能力的有力预测指标 (Curby et al., 2009; Mashburn et al., 2008)。除了教师的充分准备工作外，项目质量的其他指标，如小组人数、适当的师生比例和适合发展的日常活动（见第 7 章边页 248），也创造了有助于建立积极师生关系和同伴关系的课堂条件。

4. 父母对早期同伴关系的影响

儿童起先是在家里学会与兄弟姐妹相处的交往技能。父母对孩子同伴交际性的影响既是直接的，如通过影响儿童的同伴关系，又是间接的，如通过他们的教养方式和亲子游戏行为产生影响。

（1）父母的直接影响

如果父母经常让孩子和同伴一起玩游戏，其子女则可能有较大的朋友圈和较多的社交技能 (Ladd, LeSieur, & Profilet, 1993)。在提供这些游戏的过程中，父母会教孩子应该怎样发起同伴交往。父母对孩子怎样加入群体游戏、怎样处理冲突的经验性指导，与子女的社交能力和同伴接纳相关 (Mize & Pettit, 2010; Parke et al., 2004)。

（2）父母的间接影响

首先，虽然许多父母的行为并无意要促进孩子的同伴交往能力发展，但其实还是产生了影响。比如，与父母形成安全型依恋的儿童，更容易在幼儿园和小学期间形成积极反应的、和谐的同伴交往，拥有较大的朋友圈和较多富于温情与相互支持的友谊 (Laible, 2007; Lucas-Thompson & Clarke-Stewart, 2007; Wood, Emmerson, & Cowan, 2004)。这种敏感、情感性表露的交流源自安全型依恋的看法是有依据的。

父母与孩子尤其是和父母同性别的孩子做游戏，有助于提高孩子的社交能力。通过像和同伴玩一样和爸爸一起玩，这个男孩学到了社交技能，这有助于他与同伴之间的互动。

其次，亲子之间充满爱心的合作游戏能特别有效地增强同伴互动能力。游戏的时候，父母和子女像同伴一样在"游乐场水平"互动。也许是因为父母更多地与同性别的子女游戏，所以妈妈的游戏更多与女儿的社交能力相关，爸爸的游戏更多与儿子的社交能力相关 (Lindsey & Mize, 2000; Pettit et al., 1998)。

有些幼儿在建立同伴关系时会遇到困难。在莱斯莉的教室里，罗比就是如此。只要他在，就会听到这样的抱怨："罗比弄坏了我们的积木塔！""罗比无缘无故就打我。"下面谈到儿童道德发展和攻击性时，我们将会讨论，父母的教育怎样导致了罗比的同伴问题行为。

 思考题

联结　情绪的自我调节对共情和同情的发展有何影响？为什么这些情绪能力对积极同伴关系来说十分重要？

应用　3 岁的伯恩住家附近没有其他的学龄前儿童。他的父母想知道，是否应该每周开车去一次镇上参加一个同伴游戏小组。你会给伯恩的父母什么建议？为什么？

反思　你小时候父母做了什么可能直接或间接地影响你早期同伴关系的事情？

267　**五、道德与攻击性**

8.5　精神分析、社会学习和认知发展理论关于道德发展的核心特征是什么？

8.6　描述幼儿期攻击性的发展，家庭和媒体的影响，以及减少攻击行为的有效方法

幼儿的行为提供了他们萌芽道德意识的许多例子。我们看到，学步儿对处于困境中的人会表

现出共情式关心，并试图帮助他们。他们还期望别人公平行事，在同伴中平等分配资源 (Geraci &

Surian, 2011)。2 岁时，学步儿经常用语言来评价自己和别人的行为："我淘气。我在墙上乱画"或（被另一个孩子打了之后）"康妮不好"。而且这个年龄的孩子会分享玩具，帮助他人，在游戏中合作，这些都是关心、负责、亲社会态度的早期表现。

世界各地的成年人都很关注这种逐步发展的明辨是非的能力。某些文化中用一些专门的词语来形容这种能力。哈德逊湾的乌特库 (Utku) 印第安人称儿童学会了 *ihuma*（推理），斐济群岛的人则说孩子变得 *vakayalo*（懂事）。与此相应，父母开始要求孩子对自己的行为承担更多责任 (Dunn, 2005)。到幼儿期末，儿童能够说出许多道德规则，例如"大人不让拿就不能拿东西"或"要说真话"。另外，他们还对公正问题进行争论："上次你坐在那儿，这次该我坐了"或"这不公平，他得到的多"。

所有的道德发展理论都承认，幼儿期良心开始成形，而且大多认同，儿童最初的道德是受到成人外部控制的，之后才逐渐受内在标准的调节。一个真正有道德的人，并不是为了符合别人的期望而做好事，而是因为形成了同情心和做好事的原则，并且在许多情境中遵守。

每一种发展理论强调道德的不同方面。精神分析理论强调良心发展的情感方面，尤其强调认同和内疚是好行为的推动力。社会学习理论强调，道德行为是通过强化和模仿习得的。认知发展观强调思维——儿童对公正和公平进行推理的能力。

1. 精神分析观点

弗洛伊德认为，幼儿认同同性别的父母，接受其道德标准，形成超我或良心。儿童遵守超我以避免产生内疚——这是一种当他们做了错事时就会产生的痛苦情感。弗洛伊德认为，道德发展主要在 5~6 岁时完成。

现在，多数研究者不赞成弗洛伊德的良心发展观点。根据弗洛伊德的理论（见边页 14），害怕惩罚和失去父母的爱是形成良心和道德行为的推动力。但是，如果父母经常使用威胁、命令或体罚，他们的孩子反倒更容易破坏道德标准，并较

少感到内疚 (Kochanska et al., 2005, 2008)。如果孩子做了错事父母就收回对他们的爱——例如，不搭理孩子，或者说不喜欢孩子了，儿童通常就会产生强烈的自责，认为"我不是个好孩子"或者"没人喜欢我"。结果，为了使自己免于陷入过度内疚，这些儿童可能会否认这些情绪，从而形成一种微弱的良心 (Kochanska, 1991; Zahn-Waxler et al.,1990)。

（1）引导训练

与此相反，有一种促进良心形成的教育方法被称为**引导** (induction)：成人指出儿童不良行为对别人的影响，使儿童觉察别人的感受。例如，一位妈妈说："她感到很伤心，因为你没还给她布娃娃。" (Hoffman, 2000) 只要父母的耐心解释与儿童的理解能力相适应，而且父母坚持要求儿童听从并遵守，引导对 2 岁的孩子也是有效的。使用这种方法后，幼儿会较少出现不当行为，在做错事后会勇于坦白并弥补过失，表现出亲社会行为 (Choe, Olson, & Sameroff, 2013; Volling, Mahoney, & Rauer, 2009)。

引导法能起作用的原因在于，它能促使儿童主动地服从道德标准。首先，引导让儿童知道他们应该怎样做，在以后的情境中他们也能应用这些知识。通过指出行为对别人的影响，引导法可以激发儿童的共情和同情。其次，给儿童解释应该这样/那样做的原因，等于鼓励他们接受道德标准，因为这些道德标准是有意义的。

这位教师正在利用引导法向一名幼儿解释她的违纪行为对别人的影响。引导法可培养幼儿的共情、同情和关心，以及遵守道德规则的行为。

268 相反，过分依靠惩罚或威胁要收回对他们的爱等教育方式，会使儿童感到焦虑和害怕，从而想不清楚该怎么做，妨碍儿童把道德规则真正地内化，还会阻碍共情和亲社会行为 (Eisenberg, Spinrad, & Knafo-Noam, 2015)。

（2）儿童的贡献

虽然好的管教非常重要，但是幼儿自己的禀性也会影响父母的养育方式成功与否。关于双生子的研究发现，遗传对共情的产生有中度影响 (Knafo et al., 2009)。一个比较容易产生共情的儿童不大需要高管控，对引导的反应也更积极。

气质也会产生影响。对容易焦虑、恐惧的幼儿，即便采取和蔼、耐心的方法，如要求、建议和解释，也会引发他们的内疚 (Kochanska et al., 2002)。但是对无所畏惧的冲动型儿童，温和的管教收效甚微。强加管制也不起作用，会破坏儿童控制冲动或调节情绪反应性的能力，而情绪反应性与良好行为、共情、同情和亲社会行为相关 (Kochanska & Aksan, 2006)。冲动型儿童的父母可以通过温暖、和谐的关系，结合对不当行为的坚决纠正和引导，来促进幼儿良心的形成 (Kochanska & Kim, 2014)。如果儿童的焦虑水平很低，父母的否定很少会让他们感到不安，亲密的亲子关系会促使他们听父母的话，并以这种方式来保持一种充满爱和支持的关系。

（3）内疚的作用

弗洛伊德关于良心发展的思想尽管很少有研究支持，但弗洛伊德认为，内疚会引发道德行为，这是正确的。经过引导而产生基于共情的内疚——表达个人的责任和遗憾，比如，"我很抱歉我伤害了他"——告诉孩子他已经伤害了别人，这让父母很失望，这种方法特别有效 (Eisenberg, Eggum, & Edwards, 2010)。基于共情的内疚反应与停止有害行为、纠正错误行为造成的伤害以及以后表现出亲社会行为有关。

但是，弗洛伊德的观点并不完全正确。首先，内疚不是促使人们按道德行事的唯一动力。其次，道德发展不会在幼儿期结束时就完成，它是一个会一直延续到成年期的渐进过程。

2. 社会学习理论

根据社会学习理论，道德并没有一个独特的发展过程。道德行为和其他行为一样，都是通过模仿形成的。

（1）模仿的重要性

许多研究发现，乐于助人或慷慨的榜样可以增加儿童的亲社会反应。以下这些榜样特征会影响儿童模仿的意愿。

- 温情和反应性。幼儿更可能模仿那些和蔼可亲、反应性高而不是冷漠、疏远的成人的亲社会行为 (Yarrow, Scott, & Waxler, 1973)。和蔼可亲似乎会使儿童对榜样更为关注，也更能接受。并且，和蔼可亲本身就是一种亲社会行为的范例。
- 能力和力量。儿童崇敬并愿意选择那些有能力、有力量的榜样作为自己模仿的对象，尤其是年长的同伴和成人 (Bandura, 1977)。
- 言行一致。如果榜样言行不一，例如，他们嘴上说，"帮助别人很重要"，但是却很少表现出助人行为，儿童就会把成人所做的而不是所说的当作自己的行为标准 (Mischel & Liebert, 1966)。

榜样在幼儿期影响巨大。在一项研究中，幼儿对母亲行为的渴望和自愿模仿可以预测他们在 3 岁时的道德行为（在游戏中不作弊）和做错事之后的内疚感 (Forman, Aksan, & Kochanska, 2004)。在幼儿期快结束的阶段，经常和关怀别人的成人待在一起的儿童表现出更多的亲社会行为 (Mussen & Eisenberg-Berg, 1977)。他们经过反复观察和受到的鼓励，已经把亲社会规则加以内化。

与此同时，用关注或表扬来强化幼儿，不一定能引导他们去帮助别人。多数 2 岁儿童会乐意帮助一个陌生的成年人去拿东西，无论他们的父母是鼓励他们，还是保持沉默，抑或离开房间 (Warneken & Tomasello, 2013)。对帮助了别人的儿童给予物质奖励，会减少他们的亲社会反应 (Warneken & Tomasello, 2009)。那些得到物质奖励的儿童，在帮助别人之后会期待得到回报，因此，他们很少会出于对别人的善意自发地帮助别人。

（2）惩罚的影响

许多父母知道，用训斥、扇耳光、打屁股来纠正儿童的错误行为是无效的教育方法。当必须要让孩子听话时，例如，3 岁孩子要跑到大街上去，使用严厉命令或控制其身体来限制儿童行为是正当的。研究表明，在这种情况下，父母最可能使用强迫式的管教。当他们希望实现长期的教育目标时，例如，友好地对待别人，就较多地靠温情和说理 (Kuczynski, 1984; Lansford et al., 2012)。对待严重的违纪行为，如撒谎和偷窃，父母经常把强制性说教和说理结合起来使用 (Grusec, 2006)。

经常使用惩罚只能导致短暂的服从，而无助于行为的长期改变。例如，罗比的父母经常用打骂和斥责的方式来管教他。但一旦父母停止惩罚或转身离开，他马上就会故伎重演。幼儿受到的威胁、暴力控制和体罚越多，他们越可能产生严重持久的心理问题。例如，不能把道德规则内化；童年期和青少年期的抑郁、攻击性、反社会行为、学习成绩差；成年期出现抑郁、酗酒、犯罪行为、身体健康问题和家庭暴力 (Afifi et al., 2013; Bender et al., 2007; Kochanska, Aksan, & Nichols, 2003)。

经常严厉惩罚孩子会带来如下严重的消极影响。

- 父母经常用体罚对待儿童的攻击行为，这种惩罚本身就为攻击行为做出了榜样！
- 被严厉管教的儿童会形成长期的个人被威胁感，这使他们只关注自己的紧张情绪，而不是别人所需要的同情。
- 经常被惩罚的儿童很快就学会了躲开惩罚他的父母，使父母很少有机会教孩子学习合乎要求的行为。
- 用严厉惩罚来制止幼儿的错误行为只能让成人暂时解脱。长此以往，爱惩罚的成人可能使用更多的惩罚，最后可能逐渐发展成严重的虐待。
- 小时候常被父母体罚的人，长大成人后也较容易承袭这种教育方式 (Deater-Deckard et al., 2003; Vitrup & Holden, 2010)。这样，体罚的使用可能会传给下一代。

虽然体罚在不同社经地位的家庭都存在，但在受教育程度低、经济条件差的父母中，体罚的频率更高，体罚也更严厉 (Giles-Sims, Straus, & Sugarman, 1995; Lansford et al., 2009)。婚姻中充满冲突和心理健康问题（情绪反应、抑郁或攻击性）的父母更有可能采用惩罚，其子女也更可能难以管教，这些孩子的不服从会引起父母更严厉的对待 (Berlin et al., 2009; Taylor et al., 2010)。追踪研究发现，即使控制了儿童、父母和家庭特征等因素之后，体罚与后来的儿童和青少年攻击行为之间仍存在相关 (Lansford et al., 2011; Lee et al., 2013; MacKenzie et al., 2013)。

体罚对某些气质的儿童影响更大。一项为期 15 个月到 3 年的追踪研究发现，早期体罚对不同气质的幼儿的外化问题行为有预测作用，但对困难型气质儿童的负面影响要大得多 (Mulvaney & Mebert, 2007)。一项关于双生子的研究也有类似发现，体罚对具有行为问题高遗传风险的儿童最不利 (Boutwell et al., 2011)。第 2 章边页 70 提到的研究表明，良好的家庭教育可以使那些有攻击性和反社会行为风险的儿童远离这些行为。

鉴于这些发现，美国父母普遍使用体罚的现象值得关注。对具有全国代表性的美国家庭样本的调查显示，体罚率通常从婴儿期到 5 岁逐渐上升，然后下降，但在所有年龄阶段，体罚的使用率都很高（见图 8.1）(Gershoff et al., 2012; Straus & Stewart, 1999; Zolotor et al., 2011)。使用体罚的父母中，超过 1/3 的人表示，曾使用硬物如刷子或皮带打过孩子。

美国人普遍认为，如果父母精心照顾孩子，那么体罚非但无害，甚至可能有益。但是本节的"文化影响"专栏揭示出，这种假设只在特定社会背景和有限使用的条件下有效。

（3）可以取代严厉惩罚的方法

以其他方法取代训斥、扇耳光和打屁股能够降低惩罚的负面效应。**暂停 (time out)** 可以让儿童离开当时的情境，例如，让他们待在自己的房间里，直到他们愿意表现出适当行为。当儿童行为失控时，几分钟的暂停足以改变行为，并且为生气的父母提供一段冷静的时间 (Morawska & Sanders, 2011)。另一种方法是取消特权，例如，不让孩子看喜欢的电视节目。和暂停一样，取消特权可以使父母避免使用容易导致更激烈暴力的严厉方法。

当父母决定使用惩罚时，可以借助以下三种

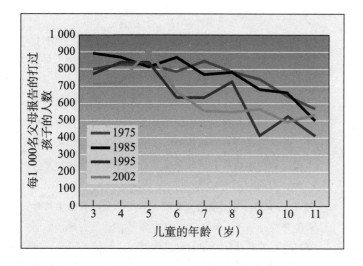

图 8.1 不同年龄的幼儿和小学儿童被惩罚的状况

五项针对美国父母的大型调查显示，近 30 年来，在体罚的使用方面变化不大。估计值基于每 1 000 名父母报告的在过去一年里打过孩子一次或多次的人数。图中未显示婴儿和学步儿的数据，但有证据表明 50%～80% 的儿童遭受过体罚。资料来源：A. J. Zolotor, A. D. Theodore, D. K. Runyan, J. J. Chang, & A. L. Laskey, 2011, "Corporal Punishment and Physical Abuse：Population-Based Trends for Three-to 11-Year-Old Children in the United States," *Child Abuse Review, 20*, p. 61.

方式提高其有效性：

- 一致性。在某些场合允许孩子表现出不适当行为，但在另一些场合却谴责孩子的这种行为，会使儿童感到困惑，这种不被接受的行为就会持续发生 (Acker & O'Leary, 1996)。

- 温暖的亲子关系。受到父母关心疼爱的孩子会对惩罚所伴随的与父母感情的中断感到非常难受。他们希望尽快重新获得父母的疼爱和支持。

- 解释。解释轻微惩罚的原因，会帮助孩子把错误行为与对以后行为的期望联系起来 (Larzelere et al., 1996)，这种方法比单纯使用惩罚更有助于减少错误行为。

---

270 🌳 专栏　　　　　　　　文化影响

体罚结果的族群差异

在一个非裔美国人社区，6 位老人在一家社会服务机构会面，讨论养育子女的问题。他们自愿为教育子女有困难的父母提供指导。她们对待管教的态度与召集她们来的白人社会工作者截然不同。6 位老人都认为，成功的家教需要适当的体罚。但她们反对冲着孩子叫骂，称父母的这种失控行为是"虐待"。露丝是这个小组中最年长、最受尊敬的成员，她认为好的父母应该是温暖、教导性、友善的谈话和行为约束的多元结合体。她讲述了自己还是年轻妈妈时一位年长邻居是怎样教她带孩子的。

"她对我说，不要大叫……当孩子做了错事的时候，你要温柔、耐心地跟他们说……你要对孩子好一点，这样以后教育他们就不会有麻烦了。从那以后，我教育孩子就用这种方法。" (Mosby et al., 1999, pp. 511-512)

几项研究显示，体罚在白人、黑人、拉美裔和亚裔儿童中同样能预测儿童的外化行为问题 (Gershoff et al., 2012; MacKenzie et al., 2013)。另一些研究发现了族群差异。一项追踪调查从儿童上幼儿园跟踪到小学四年级，数百个家庭的母亲报告了经常使用的惩罚孩子的方法，

在非裔美国人家庭中，体罚通常在文化上被认可，但通常比较温和，并且是在父母疼爱的家庭环境中发生。因此，儿童把体罚看作是父母在鼓励自己变得成熟，而不是一种攻击行为。

又从教师那里收集了关于儿童问题行为的数据 (Lansford et al., 2012)。无论种族如何，讲道理是最常见的管教方式，体罚最少见。但根据家庭族群的不同，体罚的预测指标和结果也各不相同。

白人儿童在学前班的外化问题行为可预测小学一年级到三年级的父母体罚，这反过来又会导致儿童在四年级时有更多的外化问题行为。相比之下，非裔儿童在学前班的外化问题行为与后来的体罚无关，而且体罚也不会使外化问题行为增多 (Lansford et al., 2012)。研究结论是，白人父母在孩子有违规行为时更多地使用体罚，导致这些行为升级；而非裔父母似乎用体罚来防止孩子遇到困难，从而减少其负面后果。

与这一解释相一致，非裔和欧裔美国父母对体罚的看法不同。黑人父母说，在父母疼爱的前提下，体罚的管教方式通常在文化上被认可，但必须是温和的，伴随着口头教育，目的是帮助孩子成为负责任的成年人。相反，白人父母通常认为体罚是错误的，所以当他们采用体罚时，往往情绪非常激动，表现出拒绝孩子的态度

(Dodge, McLoyd, & Lansford, 2006; LeCuyer et al., 2011)。因此，多数黑人儿童认为，打屁股是为了他们好，而白人儿童认为这是一种攻击行为。

为了支持这一观点，研究者对几千名来自不同族群的儿童从幼儿园到小学低年级做了跟踪调查，结果发现，如果父母的态度冷淡而充满拒绝，那么打孩子与行为问题的增加相关，但如果父母的态度是热情的和支持性的，那么打孩子与行为问题的增加无关 (McLoyd & Smith, 2002)。另一项研究发现，只有少数非裔儿童的母亲不赞成打孩子，而她们只在非常愤怒和沮丧时，才会使用这种方式 (McLoyd et al., 2007)。

这些发现并不表示对体罚的认可。其他形式的惩罚，包括暂停、取消特权以及边页 271 列出的积极的家教策略，都要有效得多。到青少年期，体罚的族群差异会减弱：它与青少年的抑郁和不当行为有很大关系 (Wang & Kenny, 2014)。但值得注意的是，体罚式管教对儿童的意义和影响，因其强度、关爱和支持的家庭环境以及文化是否接受而表现出巨大差异。

271 **（4）积极的亲子关系和家庭教育**

跟孩子建立一种相互尊重的关系，教孩子该怎样做，对好行为给予表扬，这些积极的训练方式可以鼓励孩子的好行为。当父母和孩子在共同游戏中产生敏感、合作和共同的愉快情绪时，儿童就会表现出良心的稳定发展——犯错之后表达对别人的抱歉，公平地玩游戏，能为别人的利益考虑 (Kochanska et al., 2008; Thompson, 2014)。亲

子间的亲密关系使儿童留意父母的要求，因为他们对这种关系形成了一种责任感。

本页的"学以致用"栏中提出了积极的家庭教育方法。采用这些方法进行教育，父母对克服家庭教育中的困难就会更有信心，对体罚的赞成程度也更低 (Durrant et al., 2014)。如果父母专注于培养孩子长期有用的社交技能和生活技能，如合作、解决问题、关心他人等，他们就会大大减少对惩罚的使用。

 学以致用　　　　　　　　　**积极的家庭教育方法**

策略	描述
把违纪作为教育机会。	当孩子出现有害或不安全举动时坚决制止，使用引导法，让孩子道歉并做出亲社会行为。
减少犯错的机会。	长途驾车时，安排可在后座玩的游戏来减少孩子的烦躁情绪。在超市，跟孩子聊天并让他们帮忙购物。这就使孩子学会了在选择有限的情况下让自己有事可做。
解释规则。	如果孩子意识到规则是理性的而不是强制的，他们就会努力遵守规则。
安排儿童承担家庭事务和责任。	儿童与成人一起做饭、收拾饭桌、清扫落叶，儿童会形成参与家庭和社区生活的责任感，并学到许多实用的技能。
当儿童不合作的时候，尝试妥协并解决问题。	孩子拒绝遵守规则时，表达对孩子感受的理解（"我知道收拾玩具并不好玩"），提出妥协方案（"你收拾那一堆，我收拾这一堆"），并帮助孩子想出办法，避免以后出现类似问题。态度要坚决但是和蔼、尊重，从而培养孩子的自愿合作习惯。
鼓励成熟行为。	表达对孩子学习能力的信心，赞赏努力与合作行为，如"你已经尽力了""谢谢你能自己打扫"。成人的鼓励可以培养儿童成功的自豪感和满足感，激发儿童的进一步成长。

3. 认知发展观

在看待道德发展方面，精神分析和行为主义流派侧重儿童怎样从成人那里获得已有的良好行为标准。与此不同，认知发展观把儿童看作是对社会规则进行主动思考的人，认为早在幼儿期，儿童就能做出道德判断，在他们关于公正和公平概念的基础上判断是非 (Gibbs, 2010; Helwig & Turiel, 2011)。

幼儿已经具有某些发展良好的道德观念。在研究者看重的人的动机方面，人们发现，3 岁儿童就认为动机不良的人，如故意恐吓、使人难堪或者伤害别人，比动机好的人更应当受到惩罚。当他们看到一个人伤害另一个人时，也会加以谴责 (Helwig, Zelazo, & Wilson, 2001; Vaish, Missana, & Tomasello, 2011)。4 岁左右时，儿童就知道，如果一个人嘴里说出一种不真诚的意图，比如说"我来帮你清理树叶"而又不打算这么做，就是撒谎 (Maas, 2008)。4 岁的孩子赞成说真话，反对说谎话，哪怕谎话没有被揭穿 (Bussey, 1992)。

272　幼儿还能把保障人们权益的**道德要求** (moral imperatives) 与其他两种行为区分开来：一是**社会常规** (social conventions)，指社会大多数人约定俗成的习惯，如餐桌礼仪和日常礼貌（说"请""谢谢"）；二是**个人私事** (matters of personal choice)，它不侵犯别人的权利，而是由个人决定的，如选择朋友、发型或休闲活动 (Killen, Margie, & Sinno, 2006; Nucci & Gingo, 2011; Smetana, 2006)。访谈 3~4 岁的儿童发现，他们认为违背道德（如偷苹果）比违反社会习俗（如用手指吃冰激凌）的错误更严重。同时幼儿对个人私事的关注，通过诸如"我想穿这件 T 恤"的方式表达出来，是个人权利中道德概念的出发点，并会在小学期和青少年期快速发展。

幼儿的道德推理通常是僵化的，看重表面特征和结果，而忽略其他的重要信息。比如，他们很难区别非故意的过失和故意的过失 (Killen et al., 2011)。与年长儿童相比，他们更可能认为，无论如何，偷窃和撒谎都是错误的，即使一个人这样做时有符合道德的充分理由 (LourenGo, 2003)。此外，他们对打别人是错误的这件事的解释过于简单，并且集中在身体伤害上："当你被打时，你就会受伤，就会哭。"(Nucci, 2008)

这个学龄前儿童明白，他对玩具的选择是个人私事，不是道德问题，也不是社会常规问题。

不过，幼儿区分道德要求和社会常规的能力令人刮目相看。研究者推测，儿童对道德过失错误的认识建立在他们早期对他人的福祉的关心上。随着语言和认知能力的发展，特别是心理理论和情感理解力的发展，稍年长的幼儿开始参照他人的观点和感受进行推理。几项研究证实，对错误观念的理解与 4~5 岁儿童聚焦于受伤害者的情感和幸福的道德理由相关 (Dunn, Cutting, & Demetriou, 2000; Lane et al., 2010)。但是心理理论的进步虽然影响了幼儿的解释，却不足以说明他们的道德理解是怎样进步的。

此外，与道德相关的社交经验也很重要，它影响着心理理论和道德理解的进步及二者的整合 (Killen & Smetana, 2015)。与兄弟姐妹和同伴在权利、拥有物和财产上的争执，使幼儿能够表达情感和观点，进行协商和妥协，并形成他们对公正和公平的最初想法。儿童还会从父母关心、敏感的沟通和观察成人对儿童违反规则的反应中学习 (Turiel & Killen, 2010)。那些在道德思维上发展较快的儿童，往往是因为他们的父母会以他们能听懂的方式与他们讨论打架、诚实和所有权等问题，给他们讲有道德寓意的故事，鼓励亲社会行为，并且态度和蔼地鼓励孩子三思而后行，而不是敌对或批评 (Dunn, 2014; Janssens & Deković, 1997)。

有些儿童在没有被招惹的情况下，却在言语和身体上攻击别人，他们道德推理的发展显然是滞后的 (Helwig & Turiel, 2004)。如果得不到特殊帮助，这些儿童在道德方面可能表现出长期的混乱，缺乏自我控制能力，最终形成一种反社会的生活方式。

4. 道德的另一侧面：攻击性的发展

从婴儿后期开始，所有儿童都会偶尔表现出攻击行为。随着与兄弟姐妹和同伴的交往增多，攻击行为也越来越多地出现 (Naerde et al., 2014)。1岁以后，出现了两种目的不同的攻击形式。最常见的一种是**主动攻击** (proactive aggression) 或**工具性攻击** (instrumental aggression)，儿童用这种攻击得到想要的物品、特权、空间或社会奖励，如成人或同伴的关注，为此，他们通过非情绪化地攻击他人来实现自己的目的。另一种攻击是**反应性攻击** (reactive aggression) 或**敌意攻击** (hostile aggression)，是对挑衅者或妨碍自己的目标的愤怒的、防御性的反应，意在伤害另一个人 (Eisner & Malti, 2015; Vitaro & Brendgen, 2012)。

主动攻击和反应性攻击有三种形式，它们成为多数研究的焦点。

- **身体攻击** (physical aggression)，通过身体伤害，如推、踢、打、刺伤或毁坏财物来伤害别人。

- **言语攻击** (verbal aggression)，通过威胁要对其进行身体攻击、辱骂或敌视性取笑来伤害别人。

- **关系攻击** (relational aggression)，通过社会排斥、散布流言或挑拨离间来破坏别人的同伴关系。

273 言语攻击总是直接的，身体攻击和关系攻击既可能是直接的，也可能是间接的。比如，打人会直接伤害人，但破坏财物则会间接地造成身体伤害。同样，说"照我说的做，不然就不跟你做朋友了"，是一种直接的关系攻击；而传播流言，拒绝与同伴说话，或者说别人的坏话挑拨离间，如"别跟她玩，她是个笨蛋"，就是一种间接的关系攻击。

身体攻击从1岁到3岁急剧增多，然后，随着言语攻击的增多，身体攻击逐渐减少 (Alink et al., 2006; Vitaro & Brendgen, 2012)。幼儿延迟满足能力的提高，使他们能够忍耐而不去抢夺别人的东西，主动攻击随之减少。但是言语和关系类的反应性攻击在幼儿和小学期增加 (Côté et al., 2007; Tremblay, 2000)。由于年长儿童更善于辨别恶意意图，所以他们更多地会以敌意的方式予以回击。

这两个幼儿表现出主动攻击，他们在游戏中争吵时会互相推搡和抓人。随着孩子们学会妥协和分享，以及延迟满足能力的提高，主动攻击会减少。

17个月左右，男孩开始比女孩更具攻击性，这一差异在许多文化中贯穿整个童年期 (Baillargeon et al., 2007; Card et al., 2008)。这种性别差异部分源于生物学因素，尤其是男性性激素（雄激素）和气质特征（活跃性、易激惹、冲动性），在这些方面男孩明显超过女孩。性别角色是否符合文化要求也很重要。例如，父母对女孩打斗行为的反应更消极 (Arnold, McWilliams, & Harvey-Arnold, 1998)。

虽然女孩在语言和人际关系上都比男孩具有攻击性，但这方面的性别差异很小 (Crick, Ostrov, & Werner, 2006; Crick et al., 2006)。从幼儿期开始，女孩就把大部分攻击行为集中在关系方面。男孩造成伤害的方式更加多样。肢体和言语具有攻击性的男孩也倾向于关系攻击 (Card et al., 2008)。因此，男孩表现出的总体攻击性远高于女孩。

与此同时，女孩更经常使用间接的关系攻击策略，这种方式可能非常刻薄，它会破坏女孩特别看重的亲密关系。身体攻击通常短暂，而间接关系攻击行为可能持续数小时、数周甚至数月 (Nelson, Robinson, & Hart, 2005; Underwood, 2003)。举个例子，一个6岁女孩成立了一个"漂亮女孩俱乐部"，并且用几乎整整一学年的时间来说服俱乐部成员把几个"又脏又臭"的同学排除在外。

幼儿之间偶尔发生互相攻击的交流是正常的。但是，那些情绪消极、冲动、不听话的儿童，和认知能力得分低，尤其是自我调节所必需的语言和执行机能得分低的儿童，容易出现早期、高频率的身体攻击或关系攻击（或二者兼有），并会一直持续下去。这种持续的攻击性可以预测以后的内化和外化问题行为和社交技能缺失，包括孤独、焦虑、抑郁、同伴关系不良，以及小学和中学时期的反社会活动 (Côté et al., 2007; Eisner & Malti, 2015; Ostrov et al., 2013)。

（1）容易滋生攻击行为的家庭

一天，罗比的妈妈娜丁向莱斯莉抱怨说："我管不了他，他太不像话了！"当莱斯莉询问娜丁罗比是否被家里发生的一些事困扰时，她才知道，罗比的父母经常打架，使用严厉而不一致的管教方式。在许多文化中，父母的武断、强迫、体罚、缺乏一致性，都与幼儿期到青少年期的攻击行为相关，其中多数行为可以预测身体攻击和关系攻击 (Côté et al., 2007; Gershoff et al., 2010; Kuppens et al., 2013; Nelson et al., 2013; Olson et al., 2011)。

在罗比这样的家庭，愤怒和惩罚会造成一种矛盾重重的家庭气氛和"失控"的孩子。这种养育模式开始于强制型的管教，其根源可能是压力生活事件，如经济困难、婚姻不幸福、父母心理健康问题或儿童的困难气质 (Eisner & Malti, 2015)。通常，父母威胁、批评和惩罚孩子，孩子发牢骚、叫喊和不听话，直到父母"屈服"。循环往复，步步升级。

这种恶性循环很容易使其他家人变得焦虑和易怒，并加入充满敌意的互动。与一般家庭中的兄弟姐妹相比，经常被父母斥责、惩罚的学龄前兄弟姐妹，彼此之间更具攻击性。破坏性的兄弟姐妹冲突还会扩展到同伴关系中，导致小学低年级的冲动控制力差和反社会行为 (Miller et al., 2012a)。

274 　男孩比女孩更容易成为严厉、不一致的纪律的目标，因为他们更活跃、更冲动，因此更难控制。具有这些极端特征的儿童如果接受的是消极、不当的家庭教育，他们的情绪自我调节能力、情感反应能力，以及犯罪后的负罪感都会受到严重破坏 (Eisenberg, Eggum, & Edwards, 2010)。当他们感到失望、受挫，或面对悲伤的或胆小的受害者时，他们就会展开猛烈的攻击。

接受这种家庭教育的儿童对周围人的看法是扭曲的，他们经常会从别人身上看到并不存在的敌意，

因此，发起了许多无端的攻击 (Lochman & Dodge, 1998; Orbio de Castro et al., 2002)。有些人认为攻击性在获取奖励和控制他人方面"很管用"，他们冷酷地利用攻击来实现自己的目标，而不关心给别人造成的痛苦。这种攻击性风格与后来更严重的行为问题、暴力和犯罪行为有关 (Marsee & Frick, 2010)。

极具攻击性的儿童大多会被同伴拒斥，在学习上表现得很失败，到青少年期会去寻找不正当的同伴。这些因素共同促成了攻击行为长期稳定存在。我们将在第 12 章讨论这种反社会行为在一生中的路径。

（2）媒体暴力和攻击

在美国，大约 60% 的电视节目中包含暴力场景，且经常是重复出现且没有受到惩罚的攻击行为。在大部分电视暴力节目中，受害者并没有受到严重伤害，很少有节目会谴责暴力或介绍其他解决问题的办法 (Calvert, 2015; Center for Communication and Social Policy, 1998)。言语和关系攻击行为在电视真人秀中尤其常见 (Coyne, Robinson, & Nelson, 2010)。在儿童节目中，暴力内容比平均水平高出 10%，其中卡通片的暴力内容最多。

有研究者回顾了数千项研究，发现电视暴力增加了敌意性思维和情感及言语和身体攻击行为的可能性 (Bushman & Huesmann, 2012; Comstock, 2008)。越来越多的研究表明，观看暴力视频和玩暴力电脑游戏具有同样的效果 (Anderson et al., 2010; Hofferth, 2010)。虽然所有年龄段的年轻人都容易受其影响，但幼儿和小学低年级儿童更容易模仿电视暴力，因为他们相信，这些虚构的电视内容是真实的，并毫无批判地接受他们的所见所闻。

观察与倾听

看半个小时的卡通片和黄金时段的电视电影，统计暴力行为的数量，包括那些没有受到惩罚的暴力行为。在每种类型的节目中暴力发生的频率是多少？关于暴力的后果，年轻观众了解多少？

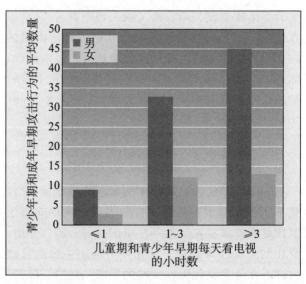

看暴力电视节目会引发敌对想法、情绪和攻击行为。看暴力视频、玩电脑游戏也有类似效果。

暴力电视节目不仅造成了亲子关系和同伴关系的短期困难，而且具有长期负面影响。几项追踪研究表明，控制了与看电视相关的因素，如儿童及其父母的攻击性、智商、父母文化水平、家庭收入、社区犯罪情况等之后，儿童和青少年时期观看包含暴力的电视节目的时间，可以预测成年后的攻击行为（见图8.2）(Graber et al., 2006; Huesmann et al., 2003; Johnson et al., 2002)。高攻击性儿童和青少年更喜欢看暴力电视。男孩看的暴力节目比女孩多，部分因为暴力节目大多以男性作为领袖人物，迎合了男性观众的需要。暴力电视甚至可以引发没有攻击性的儿童的敌意想法和行为，只是其影响没有那么大。

对美国家长的调查表明，20%~30% 的学龄前儿童和大约一半的学龄儿童在使用电视、电脑或平板电脑方面没有受到任何限制 (Rideout & Hamel, 2006; Roberts, Foehr, & Rideout, 2005; Varnhagen, 2007)。父母经常过度、不当地使用屏幕媒体设备。对带着孩子在快餐店就餐的成人的

图 8.2　儿童期和青少年早期看电视的时间与青少年期和成年早期攻击行为的关系

对 700 多名父母和青少年的访谈结果表明，儿童期和青少年早期看电视越多，每年由年轻人导致的攻击行为越多。该结果与后续在他们 16 岁和 22 岁时的访谈结果一致。资料来源：Johnson et al., 2002.

观察显示，几乎有 1/3 的成人，其全部用餐时间都花在移动设备上，而不是照顾孩子上 (Radesky et al., 2014)。

为了帮助父母改善他们学龄前子女的"媒体饮食"，一组研究人员设计了一项为期一年的干预，指导父母用适合孩子年龄的具有教育性的、亲社会的节目取代暴力节目。与控制组相比，干预组家庭的儿童表现出更少的外化问题行为，社交能力也有提高 (Christakis et al., 2013)。建议父母参考本页"学以致用"栏中提出的方法来控制孩子对屏幕媒体设备的使用。

 学以致用　　　　　　　　**规范电视和电脑的使用**

策略	描述
限制看电视和使用电脑、平板电脑。	父母应该根据年龄指导原则以及孩子看电视节目和所玩游戏的内容，制定明确的规定，限制孩子看电视、使用电脑和平板电脑的时间，并让孩子严格遵守这些规定。电视或电脑不应该被当作保姆。在孩子卧室放置电视或电脑会大大增加对它们的使用，使孩子的活动难以监控。
不要把对屏幕媒体设备的使用作为奖惩条件。	把使用媒体的时间当作奖惩工具，孩子会更加迷恋它。
和孩子一起看电视和线上内容，帮他们理解看到的东西。	父母对媒体情节的真实性提出问题，表达对屏幕上行为的反对意见，并鼓励孩子讨论。这样能帮助孩子理解内容并做出批判性评价，而不是全盘接受这些内容。
把电视与线上内容和日常学习经验相结合。	父母可以把电视和线上内容加以扩展，鼓励孩子积极地把它们和周围事物结合起来。比如，一档动物节目可能会让孩子想去动物园参观，或以新的方式观察和照顾家里的宠物。
父母要以身作则。	父母观看媒体的行为会影响孩子的行为。父母应避免长时间使用移动设备，控制自己接触有害内容的时间。在家庭互动时间也要限制移动设备的使用。

275

（3）帮助儿童和父母控制攻击

对攻击性儿童的治疗应尽早地在他们的反社会行为成形并很难改变之前开始。打破家庭成员之间敌意行为的循环，培养有效地与别人联结的方式非常重要。

莱斯莉建议罗比的父母参加一个培训项目，目的是改善对有行为问题儿童的管教。其中一种方法被称为"难以置信的岁月"，父母参加每周一次共 18 次小组学习，小组由两位专业人员主持，并讲授积极的育儿技巧，以提高孩子在学业、情感和社交方面的技能，以及孩子对破坏行为的控制水平 (Webster-Stratton & Reid, 2010)。该项目尤其聚焦于积极的养育，特别是对亲社会行为的指导和鼓励。

有攻击性孩子的家庭被随机分配到"难以置信的岁月"项目组或控制组，评估结果显示，该项目在改善父母教养和减少儿童行为问题方面非常有效。这种影响会持续下去。一项长期跟踪调查显示，参加"难以置信的岁月"项目的父母，他们的在幼儿期有严重行为问题的孩子，75% 在青少年时期适应良好 (Webster-Stratton, Rinaldi, & Reid, 2011)。

同时，莱斯莉也开始教罗比与同伴相处的更有效的方法，让他练习这些技能，表现好时就给予表扬。一有机会，她就鼓励罗比谈论玩伴和他自己的感受。于是，罗比慢慢学会采纳别人的观点，与别人共情，并感受到同情式的关心，对同伴发脾气的情形减少了 (Izard et al., 2004)。罗比还参与了社交问题解决的干预项目。在一个学年的时间里，他都和莱斯莉及一个小组的同学在一起，他们会用木偶来表演常见的冲突，讨论解决矛盾的方法，练习成功的策略。接受过这些训练的儿童在进入学前班后，其情感和社交能力仍然有提高 (Bierman & Powers, 2009; Moore et al., 2015)。

此外，减少来自经济困难和社区混乱的压力源，为家庭提供社会支持，也有助于防止孩子在童年期出现攻击性 (Bugental, Corpuz, & Schwartz, 2012)。如果父母能更好地应对自己生活中的压力，旨在减少孩子攻击性的干预措施就会更有效。

276

思考题

联结 对于胆大、冲动的孩子，父母应该做些什么来促进他们的良心发展？这是否让你回想起良好匹配的概念（见第 6 章边页 196)？

应用 艾丽斯和韦恩希望他们的两个孩子成为道德成熟、关心他人的人。列出他们应该使用和不该使用的一些教养方式。

反思 对做错事的幼儿，你赞成采用哪些惩罚措施，反对采用哪些惩罚方式？为什么？

六、性别分类

8.7 讨论生物因素和环境对幼儿性别成见与行为的影响

8.8 描述解释性别同一性表现的主要理论和评价

性别分类 (gender typing)，指以符合文化成见的方式，把物品、活动、角色或特质与性别相关联 (Blakemore, Berenbaum, & Liben, 2009)。在莱斯莉的教室里，女孩在过家家角、艺术角和阅读角等区域玩的时间较长，男孩则更多地在积木、木工和运动游戏区玩耍。这些儿童已经获得许多与性别相关的观念和偏好，并喜欢与同性同伴一起玩。

用来解释道德的理论同样能够解释儿童的性别分类：社会学习理论强调模仿和强化，认知发展理论强调儿童是他们社会性领域的主动思考者。但是我们认为二者都不完善。一种综合了上述两种理论的理论，即性别图式理论，正在得到人们的认可。下面，我们将讨论性别分类的早期发展。

1. 关于性别成见的观念和行为

在儿童能够稳定地认定自己的性别之前，他们就开始获得与性别有关的普遍联系——男人粗犷强悍，女人温柔体贴。在一项研究中，18个月的学步儿把冷杉树和锤子这类物品与男人联系起来，不过他们还不了解与女性相联系的东西有哪些（Eichstedt et al., 2002）。第6章曾讲过，大约2岁时，儿童就能正确使用"男孩""女孩""女士""男士"等词语。一旦确定了性别类型，幼儿对性别分类的了解就加速了。

幼儿能把许多玩具、衣物、工具、家庭用品、游戏、职业、颜色（粉红色和蓝色）和行为（身体攻击和关系攻击）与男女两性相联系（Banse et al., 2010; Giles & Heyman, 2005; Poulin-Dubois et al., 2002）。他们的行为与观念是一致的，这种性别观念不仅表现在游戏偏好上，也表现在个人特征上。我们都知道，男孩比较主动、自信，也有较多的直接攻击行为。女孩一般比较胆小，依赖性较强，敏感，顺从，努力控制能力较强，同时也善于进行间接的关系攻击（Else-Quest, 2012）。

在幼儿期，儿童的性别成见越来越强，很多儿童把这种观念当作既定规则而没有灵活变通的余地（Halim et al., 2013; Trautner et al., 2005）。如果问儿童，性别成见能不能打破，过半的三四岁孩子对穿着、发型和玩具（如芭比娃娃和特种部队士兵）做出的回答是"不能"（Blakemore, 2003）。多数3~6岁的儿童坚定地表示，他们不想与违反性别成见的孩子（涂指甲油的男孩，玩卡车的女孩）交朋友，

早在幼儿期，性别分类就已经开始了。女孩喜欢和女孩一起玩，她们喜欢玩强调照顾与合作的玩具和游戏。

也不想进入允许这种违规行为发生的学校（Ruble et al., 2007）。

幼儿的这种性别成见，可以帮助我们理解一些日常生活中常见的行为。当莱斯莉给孩子们看一幅穿着苏格兰方格呢短裙的苏格兰风笛手的图片时，他们说："男人不穿裙子。"在自由玩耍时，他们经常叫喊，女孩不能当警察，男孩不照看孩子。这些片面的判断是环境中的性别成见和幼儿认知局限性的共同产物。大多数幼儿还不懂得，*277* 与性别有关的特征，如活动、玩具、职业、发型和穿着，并不能决定一个人的性别。

2. 生物因素对性别分类的影响

上述的人格特质和行为方面的性别差异在世界许多文化中都存在（Munroe & Romney, 2006; Whiting & Edwards, 1988）。某些方面的性别差异，如男性的活动水平和身体攻击行为，女性的感情敏感，两性都喜欢同性玩伴等，在哺乳动物中也普遍存在（de Waal, 2001）。根据进化论观点，人类男性祖先的成年生活，主要目的是争夺配偶，而女性祖先主要是生儿育女。因此，男性在遗传特征上更主动，而女性则更亲密、负责、合作（Konner, 2010; Maccoby, 2002）。进化论者认为，虽然家庭和文化力量可以影响具有生理基础的性别差异的强度，但经验并不能否定在人类历史中发挥适应机能的性别分类的一面。

动物实验表明，出生前服用雄激素可使多种哺乳动物的运动游戏和攻击行为增加，并抑制母性的照料行为（Arnold, 2009）。对人类的研究也揭示了类似的模式。由于激素水平的变化或由于遗传缺陷而在孕期接触高水平雄激素的女孩，表现出更多的"男性化"行为，她们喜欢卡车和积木而不是娃娃，喜欢活跃的而不是安静的游戏，喜欢和男孩一起玩，即使父母鼓励她们玩符合性别分类的游戏，也无济于事（Berenbaum & Beltz, 2011; Hines, 2011a）。而孕期接触雄激素较少的男孩，无论是由于睾丸分泌减少，还是由于身体细胞对雄激素不敏感，都喜欢做出"女性化"的行为，包括选择玩具、游戏行为以及和女孩做玩伴（Jürgensen et al., 2007; Lamminmaki et al., 2012）。

一些研究者认为，影响儿童游戏风格的生物

学上的性别差异，导致儿童会寻找和自己有共同兴趣与行为的同性别玩伴 (Maccoby, 1998; Mehta & Strough, 2009)。幼儿园的女孩喜欢和女孩一起玩，因为她们都喜欢安静的活动，需要合作。男孩喜欢和男孩一起玩，因为他们都喜欢跑、攀爬、打闹、竞争、搭建和把东西推倒。

研究证实，吸引幼儿的往往是参与相似的性别类型活动的同伴。他们还喜欢花时间和同性别同伴在一起，而不管是什么类型的活动，也许是因为他们认为和一个很像自己的玩伴在一起玩会更愉快 (Martin et al., 2013)。4 岁时，儿童和同性别玩伴在一起的时间，是和异性玩伴在一起时间的 3 倍。到了 6 岁，这一比例攀升至 11∶1 (Martin & Fabes, 2001)。

3. 环境对性别分类的影响

大量证据表明，环境的力量——家庭、学校、同伴和社区——在遗传影响的基础上有力地促进了幼儿期的性别分类。

（1）父母

孩子刚出生，父母就对儿子和女儿抱有不同的期望。许多父母表示，他们希望孩子玩适合他们性别的玩具 (Blakemore & Hill, 2008)。他们大多认为，成就、竞争和情绪控制对男孩比较重要，而温和、讲礼貌和在大人指导下做事对女孩比较

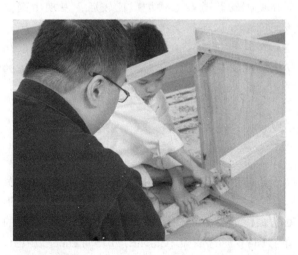

这位父亲教他的儿子木工手艺。和女孩相比，男孩更喜欢做性别分类。尤其是父亲，通常坚持让儿子做符合性别的事情，来增加他们的"男性化"行为。

重要 (Brody, 1999; Turner & Gervai, 1995)。

这些观念会贯穿到教养实践中。父母给儿子买强调运动和竞争的玩具（枪、汽车、工具、橄榄球），给女儿买强调抚育、合作和外在魅力的玩具（布娃娃、茶具、首饰）(Leaper, 1994; Leaper & Friedman, 2007)。据父亲们的报告，他们会与儿子从事更多的体育活动（追逐、打球），而与女儿做的更多的是读写活动（阅读、讲故事）(Leavell et al., 2011)。在儿子玩汽车和卡车、要求别人注意、跑、爬或试图从别人手里抢走玩具时，父母的反应更正面。和女儿互动时，他们更多地指导游戏活动，提供帮助，鼓励她们干家务，说一些支持性的话，如认可、表扬和同意，指出这是什么情绪等 (Clearfield & Nelson, 2006; Fagot & Hagan, 1991; Leaper, 2000)。

此外，父母通过自己使用的语言为孩子提供关于性别成见的间接暗示。一项针对学步儿和幼儿阅读图画书的研究发现，母亲经常用通用话语来说话，把所有同性别的人都说成是一样的，而忽略了例外情况。（"男孩可以成为水手。""大多数女孩不喜欢卡车。"）(Gelman, Taylor, & Nguyen, 2004) 儿童从母亲的话语中学会了这些表达，年纪稍大的幼儿经常会说出一些带有性别成见但是被母亲肯定的通用的陈述。（孩子："只有男孩才能开卡车。"妈妈："对！"） *278*

和女孩相比，男孩会更多地做性别分类。尤其是父亲，更坚定地认为男孩应该符合性别角色。他们对儿子施加的压力比对女儿大得多，并且很少容忍儿子的"跨性别"行为。他们更担心儿子的"娘娘腔"，而不太在乎女儿像个"假小子"(Blakemore & Hill, 2008; Wood, Desmarais, & Gugula, 2002)。

对性别不带成见并遵循这一行为准则的父母，其子女不太看重性别分类 (Tenenbaum & Leaper, 2002)。和年龄相仿的异性恋父母相比，同性恋父母的孩子，较少做性别分类，这可能是因为他们父母的性别平等的期望和行为 (Fulcher, Sutfin, & Patterson, 2008; Goldberg, Kashy, & Smith, 2012)。

（2）教师

教师常常把性别角色的学习加以扩展。有几次，莱斯莉都在和孩子们大声说话时强调了男女

在这个幼儿园课堂上，女孩们围在老师身边接受指导，而男孩们则独自玩游戏。结果，孩子们表现出性别分类行为：女孩听话和寻求帮助，男孩果断、富于领导力。

之间的差异："排队时，女孩站在一边，男孩站在另一边，好吗？""男孩们，希望你们像女孩们一样安静下来！"这样的做法加深了幼儿的性别成见，降低了他们与异性别同伴一起玩的意愿 (Hilliard & Liben, 2010)。

像父母一样，幼儿园的老师也较多地鼓励女孩参加由老师发起的活动。她们经常围在老师身边，听老师的指导。而男孩则对教室中老师最少去的区域感兴趣 (Campbell, Shirley, & Candy, 2004)。结果，男孩和女孩表现出很不同的社会行为。像听话和寻求帮助行为，更多地发生在老师规定的活动情境中，而果断性、领导和创造性地应用各种材料，则更多地发生在非结构化的探索活动中。

早在幼儿园大班时，老师对男孩的整体关注（包括积极的和消极的）就比对女孩的关注多，这在包括中国、英国和美国在内的不同国家都很明显。老师们会更多地赞扬男孩的知识能力，也更多地对他们进行批评和控制 (Chen & Rao, 2011; Davies, 2008; Swinson & Harrop, 2009)。老师们似乎预期男孩们更多地不守规矩——这种观念部分源于男孩的实际行为，部分源于性别成见。

（3）同伴

幼儿与同性别同伴玩得越多，他们的行为就越和性别分类趋同，如玩具选择、活动水平、攻击性和成人参与等等 (Martin et al., 2013)。到3岁时，同性别同伴通过赞扬、模仿或加入，对性别分类游戏互相给予正强化。如果幼儿参与"跨性别"活动，例如，男孩玩娃娃或女孩玩汽车和卡车，就会遭到同伴的嘲笑。男孩尤其不能容忍几个男孩一起玩跨性别游戏 (Thorne, 1993)。经常跨越性别界限的男孩很可能会被其他男孩拒斥，即使他们也参与一些"男性化"的活动。

在性别划界的同伴群体中，儿童发挥社会影响的方式是不同的。在大群体活动中为了达到自己的目的，男孩往往会依靠命令、威胁和身体暴力等方式。女孩喜欢成对的游戏，这使她们更关心对方的需要——女孩较多地使用礼貌请求、说服和接受等方式，就说明了这一点。女孩们很快会发现，这些方法对其他女孩有效，但对男孩却无效，男孩通常不太关心女孩彬彬有礼的建议 (Leaper,1994; Leaper,Tenenbaum, & Shaffer, 1999)。因此，男孩的冷淡反应给了女孩另一个不跟他们玩的理由。

慢慢地，儿童开始相信性别划界游戏的"正确性"，而且认为自己跟同性别同伴而不是跟异性别同伴更相似，这就进一步加强了性别隔离和性别成见活动 (Martin et al., 2011)。由于男孩和女孩的分离，内群体偏爱——更正面地评价同性别群体成员——成为维持男女社会分离的另一个因素，逐渐形成了在知识、观念、兴趣和行为方面"两个迥异的亚文化" (Maccoby, 2002)。

虽然性别隔离是普遍存在的，但在这些群体内性别分类的程度上存在文化差异。来自较低社经地位家庭的非裔和拉美裔女孩，在女孩彼此互动以及她们与男孩互动时，往往比欧裔美国女孩更果断和独立 (Goodwin, 1998)。无独有偶，对中国和美国幼儿游戏方式加以比较后，发现中国女孩无论跟女孩还是男孩互动，都会更多地使用直接命令和批评 (Kyratzis & Guo, 2001)。在看重相互依赖的文化中，儿童觉得没有必要通过传统的互动来努力维持同性别的同伴关系。

（4）社会大环境 *279*

儿童的日常环境中处处可见性别分类行为的例子，体现在职业、休闲活动、媒体的描述以及男女两性的成就中。在动漫和电子游戏中无处不见的媒体成见，加深了幼儿对适合男性和女性的角色和行为的偏见 (Calvert, 2015; Leaper, 2013)。下面会讲到，儿童不仅要通过"性别偏见的镜头"看待周围的人们，还要看待他们自己。这种视角可能会大大限制他们的兴趣和学习机会。

4. 性别同一性

每个成年人都有**性别同一性** (gender identity)，即关于自己在行为特征上相对的男性化或女性化的映像。到小学期，研究者可以让儿童评价自己的人格特质来测量他们的性别同一性。"男性化"同一性得分高的儿童或成人，在传统的男性项目上得分高（如雄心、竞争性、自我效能感），而在传统的女性项目上得分较低（如爱心、愉悦、轻言细语）。"女性化"同一性得分高的人与此相反。少数人（尤其是女性）在男性化和女性化人格特质上得分都较高，这种性别同一性被称为**双性化** (androgyny)。

性别同一性能够很好地预测心理适应状况。"男性化"及双性化的儿童和成人比"女性化"的个体有较强的自尊感 (DiDonato & Berenbaum, 2011; Harter, 2012)。双性化个体的适应性更强，他们会根据不同情境表现出男性的独立或者女性的敏感 (Huyck, 1996; Taylor & Hall, 1982)。双性化同一性的存在表明，儿童能够获得传统上两种性别积极特质的混合体，这种取向可以最好地帮助他们挖掘自身的潜力。

（1）性别同一性的出现

儿童是怎样形成性别同一性的？社会学习理论认为，行为先于自我知觉形成。幼儿首先通过模仿和强化形成性别分类反应。之后，他们才开始把这些行为纳入自己的性别观念。而认知发展理论认为，自我知觉先于行为出现。在整个学前期，儿童形成了**性别恒常性** (gender constancy)，完全理解了以生物学为基础的性别永恒性，懂得了即使穿着、发型和游戏活动变化了，性别也不会改变。然后，儿童用这种知识指导他们与性别相关的行为。

6 岁以前的儿童看到成人给布娃娃穿上另一性别的衣服，会认为布娃娃的性别改变了 (Chauhan, Shastri, & Mohite, 2005; Fagot, 1985)。性别恒常性的形成与通过皮亚杰的守恒任务密切相关 (DiLisi & Gallagher, 1991)。事实上，性别恒常性可以被认为是守恒问题的一个类型，因为儿童必须承认人的

性别保持不变，而无论其外表有什么变化。

那么，认知发展理论关于性别恒常性导致性别分类的看法是否正确？目前支持的证据还较少。一些证据表明，获得性别恒常性实际上有助于更灵活的性别角色态度，也许是因为儿童在此之后意识到，即使玩异性别游戏，也不会改变他们的性别 (Ruble et al., 2007)。但总体而言，性别恒常性对性别分类的影响并不大。后来的一些研究显示，儿童对自己的性别应该和行为有多紧密的联系的看法会更强烈地影响他们对性别角色的接受度。

（2）性别图式理论

性别图式理论 (gender schema theory) 是把社会学习观和认知发展观相结合的信息加工观点，它解释了环境压力和儿童认知怎样共同作用，影响了性别角色的发展 (Martin & Halverson, 1987; Martin, Ruble, & Szkrybalo, 2002)。儿童从很小的时候就会从别人那里了解到性别成见和行为。在这一过程中，他们把自己的经验组织为性别图式，或男性和女性的类别，用来解释周围的人们。一旦幼儿能够认定自己的性别，他们就开始选择与这种性别一致的图式（"男孩才能当医生"或"做饭是女孩的事情"），并把这些图式用到自己身上。结果，他们的自我知觉开始符合性别分类，成为他们用来加工信息、指导行为的另一种图式。

儿童认同性别分类的程度存在着个体差异。图 8.3 显示，经常把性别图式运用到经验中的儿童和几乎不用性别图式的儿童，其认知路径是不同的 (Liben & Bigler, 2002)。以比利为例，他看到一个布娃娃，如果比利是一个有性别图式儿童，他的性别特征过滤器会迅速与性别相关因素连接。根据之前了解到的知识，他会问自己："男孩应该玩娃娃吗？"如果回答"是"，而且他对娃娃感兴趣，他就会接近、探索，更多地了解它。如果回答"不是"，他就会拒绝这个"与性别不符"的玩具。但是如果比利是一个无性别图式儿童，他就很少会从性别角度观察世界，他就只会问自己："我喜欢这个玩具吗？"并根据兴趣做出反应。

性别图式思维的力量非常强大，当儿童看到别人表现出"与性别不一致"的行为时，他们常

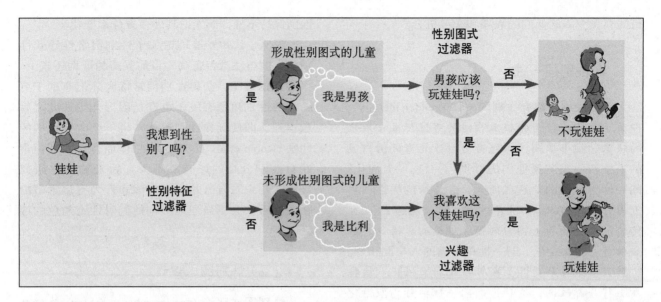

图 8.3 有性别图式和无性别图式儿童的认知路径
有性别图式的儿童，其性别特征过滤器会及时与性别连接。比利看见一个娃娃，他想："我是男孩。男孩应该玩娃娃吗？"他会根据自己的经验来回答"是"或"不"。如果他回答"是"并且对娃娃感兴趣，他就会玩。如果他回答"不"，他就不会玩这个"与性别不符"的玩具。无性别图式儿童不会从性别角度看世界，比利只是问"我喜欢这个娃娃吗？"，并根据他的兴趣做出回应。

常把它们加以歪曲，使它们"与性别相一致"。比如，给他们出示一张男护士的照片，他们会把他认成一名医生 (Martin & Ruble, 2004)。形成性别图式的幼儿一般会认为，"我喜欢的东西，同性别的孩子也都会喜欢，"把自己的爱好加到他们的性别偏见上 (Liben & Bigler, 2002)。例如，一个不喜欢牡蛎的女孩会断定，"只有男孩才喜欢牡蛎！"即使实际上她从没有听说过宣扬这种成见的信息。这在一定程度上把文化标准观念和并不符合文化标准的观念都包含在了幼儿的性别图式中 (Tenenbaum et al., 2010)。直到进入小学期，儿童的性别图式才完全与成人相似。

性别同一性还包括建立在对自己性别的核心意识上的自我知觉。然而，有少数儿童对他们出生时固有的性别表现出很大的不舒适，想要过另一种性别的人的生活，这种愿望早在幼儿期就有所表现。关于跨性别儿童的研究，请参考本节的"生物因素与环境"专栏。

5. 降低幼儿期性别成见的影响

怎么做才能不让幼儿形成会限制他们的行为和学习机会的僵化的性别图式呢？没有灵丹妙药。生物因素明显地影响着儿童的性别分类，平均而言，这使男孩更活跃，喜欢竞争游戏，使女孩更安静，喜欢关系亲密的互动。与此同时，对男孩和女孩的区别对待从他们呱呱坠地时就开始了，这种区别对待放大了基于生物因素的倾向，助长了许多与人类本性无关的性别分类 (Hines, 2015)。

幼儿的认知局限使他们误认为是文化实践决定了性别，父母和教师的明智做法是尽量晚些让幼儿接触到性别成见的信息。成人可以从削弱自己行为中的传统性别角色入手，为儿童提供非传统的选择。例如，爸爸妈妈可以轮流做饭、给孩子洗澡、开汽车。还可以给儿子和女儿都提供卡车和娃娃，给他们都穿红色和蓝色的衣服。教师应该让所有儿童每天都有一定时间参加男女混合的游戏和无结构的探索活动。此外，成人要少说那些会传递性别成见的话，并为儿童屏蔽来自媒体的侵扰。

当儿童注意到社会上存在的大量性别成见时，父母和教师可以指出例外的情形。比如，他们可以安排儿童去了解从事非传统职业的男人和女人，并且告诉他们，决定一个人职业的，是兴趣和技能，而不是性别。研究证明，这类说理能够有效地减少儿童的性别偏见。到小学期，对男女能做什么看法灵活的儿童，更可能注意到性别歧视的情况 (Brown & Bigler, 2004)。下一节将要介绍，

280

儿童养育过程中的理性方式，可以促进儿童在其
他方面更健康、更具适应性地发展。

思考题

联结 除了性别成见外，幼儿对周围人们的理解还有哪些方面是僵化的、片面的？

应用 调查结果显示，亲子之间、师生之间和同伴之间的语言和交流对儿童的性别分类有很大的影响。你有什么建议来削弱这些影响？

反思 说说自己的性别同一性是"男性化""女性化"还是双性化的？哪些生物因素和社会因素影响了你的性别同一性？

281 专栏　　　　　　　生物因素与环境

跨性别儿童

雅各布本来是个女孩，名叫米娅。2 岁时，他坚定地说："我是男孩！"而他的父母只当他是在"假装"。在幼儿园，他因为别人把他看作女孩而越来越生气。当老师让他写自己的名字时，他写出 M-I-A，然后用力划掉。渐渐地，他的父母感受到了他所表达的自我同一性的力量。在治疗师的指导下，他们开始按治疗师的建议，给他穿男孩子的衣服，剪短发，给他买超级英雄动作玩偶和玩具车。4 岁时，父母给了他几个选择，其中一个是像男孩一样生活，他明确表示想把名字改成雅各布，去另一所幼儿园，在那里他可以像男孩一样开始新生活 (Lemay, 2015)。"我想永远都是男孩。"雅各布说。他在家里和学校的不良行为很快就消失了。

在西方国家，跨性别的儿童、青少年和成人的数量很少，但最近有所增加，可能是因为媒体上出现了更多像雅各布这样的故事，也可能因为寻求治疗的人变得更多了。那些对自己的出生性别感到不满、并强烈地认为自己属于另一性别的个体会经历很大的痛苦，这是一种被称为性别认同障碍的症状。根据荷兰和北美儿童的大样本估计，大约 1.5% 的出生男孩和 2% 的出生女孩患有性别认同障碍 (Ristori & Steensma, 2016; van Beijsterveldt, Hudziak, & Boomsma, 2006)。一些研究者推测，性别差异与文化对女孩的性别不符合行为的接受度更高有关，这使得经历性别认同障碍的女孩更容易表达出来。

成年后改变性别的人通常将其性别认同障碍的出现时间追溯到幼儿期。虽然造成这一结果的因素还不清楚，但产前激素环境似乎起了一定的作用。例如，已知

在出生前接触高水平雄激素的女性，比其他女性更有可能成为跨性别者 (Dessens, Slijper, & Drop, 2005)。但许多在出生前接触高水平雄激素的女性和许多在出生前接触低水平雄激素的男性，并没有表现出对其出生性别的不适。

一些研究声称，大多数童年期性别认同障碍在青少年期和成年期消退，但他们的样本未能把性别认同障碍儿童和仅表现出性别不符合行为儿童加以区分。因出生性别和生物因素与环境不匹配而饱受困扰的儿童，坚持认为自己是另一种性别的儿童，以及从事高水平的"另一性别"行为的儿童，通常会经历持续的认同障碍 (Ristori & Steensma, 2016; Steensma et al., 2011)。这些坚持者很可能会像雅各布那样，大部分地或完全转变为他们希望的性别角色。

跨性别儿童在性别理解上并没有伪装、困惑或迟缓。当被问及他们的同伴偏好、性别分类的物品选择和

雅各布原来是个女孩，后来改了名字，在幼儿期变成了男孩。如果父母支持跨性别儿童表达自己性别认同的愿望，他们会更满足，也会适应得更好。

性别同一性时，他们的回答与那些非跨性别者，即性别和跨性别儿童自称的性别相同的同龄人的回答相同 (Olson, Key, & Eaton, 2015)。

在青少年早期，性别认同障碍通常会随着当事人出现身体变化和受到性吸引的第一感觉而加深 (Leibowitz & de Vries, 2016)。一些人希望接受心理和医学的变性治疗，包括抑制青春期性激素，16 岁后接受跨性别激素治疗，以及 18 岁后接受变性手术。其他人会经历一段时间的质疑，包括对侵入性治疗的犹豫，并花更多时间评估对生理转变的感受 (Steensma & Cohen-Kettenis, 2015)。这些年轻人中，很多人发现，他们的性别认同障碍是压倒性的，以至于最终在 20 多岁和 30 多岁时决定接受治疗。

对性别认同障碍儿童的治疗存在争议。一种方法是削弱其跨性别同一性和行为，增加他们对自己出生性别的舒适感。但是这些疗法收效甚微 (Adelson, 2012; Byne et al., 2012)。性别认同障碍的儿童对压制或否认他们所认同的性别的企图表现出更大的痛苦。

越来越多的卫生专业人员确信，治疗的目的必须是认可儿童遵循自己的性别同一性倾向，并帮助父母保护其子女免受他人负面反应的侵扰。之所以做出这些努力，是因为当代许多跨性别成年人的悲惨境遇，他们从童年起就经历家庭排斥和社会排斥，面临着高失业率、贫困、无家可归、抑郁和高自杀率 (Byne et al., 2012; Di Ceglie, 2014; Haas, Rodgers, & Herman, 2014)。目前的证据表明，接受跨性别儿童表达的同一性会使儿童和青少年更满足、更适应。后续研究需要评估未来一代的跨性别成年人的长期结果。

七、儿童教养方式与情绪、社会性发展

282

8.9　描述儿童教养方式对儿童发展的影响，并解释权威型教养方式为何有效
8.10　讨论儿童虐待的各种起因、对发展造成的影响和预防策略

本章和以前各章已经讲过，为了培养孩子的能力，父母应该在疼爱与合作的基础上建立亲子关系，树立成熟行为榜样，使用说理和引导方法，指导并鼓励孩子掌握新技能。下面，我们把这些方法归纳为一套有效的父母教养方式。

1. 儿童教养方式

儿童教养方式 (child-rearing styles) 指父母在各种情境下教育子女行为的集合体，它会创造一种持续的儿童教养氛围。黛安娜·鲍姆林德 (Diana Baumrind) 在她的一系列研究中，通过观察父母与学前期子女的互动，收集了有关儿童教养行为的资料 (Baumrind, 1971)。她的发现和其他后续研究共同揭示了能够稳定区分有效教养方式与无效教养方式的三个特征：接纳和参与、控制、给予自主性 (Gray & Steinberg, 1999; Hart, Newell, & Olsen, 2003)。表 8.2 展示了各种教养方式在这些特征上的不同。

表 8.2　教养方式的特征

教养特征	接纳和参与	控制	给予自主性
权威型	疼爱，及时回应，关注，敏感地对待孩子的需要。	对良好行为的控制：对成熟行为提出合理要求，始终坚持这些要求并做出解释。	允许孩子有准备地自己做决定。鼓励孩子表达思想、情感和愿望。亲子意见不同时可一起做决定。
专制型	冷漠、拒绝，经常贬低孩子。	强制性行为控制：对成熟行为提出过分的要求，使用强迫和惩罚。经常使用心理控制、收回爱并破坏孩子的个性和对父母的依恋。	替孩子做决定。很少倾听孩子的想法。
放任型	疼爱但过于放纵，或不关心。	对行为疏于控制：很少或不提出对成熟行为的要求。	在孩子尚无能力时就让孩子自己做很多决定。
不过问型	不爱孩子，退出管教。	对行为疏于控制：很少或不提出对成熟行为的要求。	对孩子所做的决定和想法漠不关心。

（1）权威型教养方式

权威型教养方式 (authoritative child-rearing style)，是最成功的儿童养育方式，表现为对子女的高度接纳和参与，恰当的控制，并给予一定的自主性。首先，权威型的父母对孩子疼爱、关注，敏感地对待孩子的需要。他们之间建立起一种令人愉快、充满感情的亲子关系，亲子之间联结紧密。其次，权威型父母对孩子的控制坚决而通情达理。他们要求孩子表现出成熟行为，并对自己的期望做出解释。他们把纪律处分作为"教育时机"来培养孩子的自我调控。最后，权威型父母逐步给孩子一定的自主性，允许孩子在有准备的情况下自己做决定 (Baumrind, 2013; Kuczynski & Lollis, 2002; Russell, Mize, & Bissaker, 2004)。

在整个童年期和青少年期，权威型教养方式与儿童多方面的能力相关，如乐观、自控、坚持性、合作、高自尊、社会性和道德成熟以及良好的学习成绩 (Amato & Fowler, 2002; Aunola, Stattin, & Nurmi, 2000; Gonzalez & Wolters, 2006; Jaffe, Gullone, & Hughes, 2010; Mackey, Arnold, & Pratt, 2001; Milevsky et al., 2007)。

283 （2）专制型教养方式

专制型教养方式 (authoritarian child-rearing style) 表现为低接纳和低介入，高强迫控制，给予低自主性。专制型父母看上去冷漠而拒绝。为了实施控制，他们吼叫、命令、批评和威胁。"我叫你这样做你就得这样做"是他们的态度。他们替孩子做决定，希望孩子唯命是从。如果孩子反抗，专制型父母就会以强迫和惩罚来处置。

专制型父母教育出的儿童容易焦虑、不快乐，自尊心和自立能力较低。受挫时容易表现出敌意，并像他们的父母一样，用武力来达到目的。男孩尤其容易表现出高度的愤怒和反抗。虽然女孩也会做出违规举动，但她们更多会表现为依赖，缺乏探索兴趣，容易被困难任务压垮 (Hart, Newell, & Olsen, 2003; Kakihara et al., 2010; Thompson, Hollis, & Richards, 2003)。接受专制型教养的儿童和青少年在学校表现通常很差。但是，由于其父母的严格控制，他们比那些父母疏于管教的同伴成绩更好，反社会行为也较少。所谓疏于管教的父母，就是下面将要说的两种父母 (Steinberg, Blatt-

Eisengart, & Cauffman, 2006)。

除了对孩子进行毫无根据的直接控制外，专制型父母会采用一种不易让人察觉的管教方式，称为**心理控制** (psychological control)，父母通过侵入并操纵孩子的言语表达、个性和对父母的依恋来利用孩子的心理需求。这些父母经常打断或贬低孩子的想法、决定和对朋友的选择。当他们不满意时，就会收回对孩子的爱，爱不爱孩子取决于孩子听不听话。受到心理控制的儿童会表现出焦虑、退缩、反叛和攻击行为等适应问题，尤其是在人际关系的处理上，就像父母的心理控制一样，他们也会通过操纵和排斥使他们的人际关系受到破坏 (Barber, Stolz, & Olsen, 2005; Barber & Xia, 2013; Kuppens et al., 2013)。

（3）放任型教养方式

放任型教养方式 (permissive child-rearing style) 表现为对孩子疼爱、接纳，但是不介入。放任型的父母对孩子过分放纵，放任自流。他们很少控制孩子的行为，在孩子尚无能力做决定的年纪，就让孩子自己做决定。孩子愿意吃什么就吃什么，想什么时候睡觉就什么时候睡觉，想看多少电视就看多少。孩子不必学会讲礼貌或做家务。有些放任型父母确实认同这种教养方式，但还有许多父母这么做是因为对自己教育孩子的能力缺乏自信 (Oyserman et al., 2005)。

放任型父母的孩子容易冲动、不听话并且反叛。他们对父母有过度的要求和依赖性，完成课业的坚持性差，学习成绩较差，反社会行为较多。对男孩来说，放任型教养行为和依赖性、无成就和叛逆行为之间的相关性尤其高 (Barber & Olsen, 1997; Steinberg, Blatt-Eisengart, & Cauffman, 2006)。

（4）不过问型教养方式

不过问型教养方式 (uninvolved child-rearing style) 表现为对子女低接纳、低介入、低控制，对自主性问题漠不关心。这种父母往往因夫妻感情不和而情绪低落，生活压力过大，很少有时间和精力关心孩子。不过问教养的极端形式是一种儿童虐待，被称为忽视。越早忽视孩子，越会阻碍孩子发展的几乎所有方面（见第 6 章边页 187）。即使父母的不过问并不严重，孩子在童年期和青少年期仍会出现很多问题，如情绪自我调节能力差，学习成绩差、抑郁和反社会行为 (Aunola, Stattin, & Nurmi, 2000; Schroeder et al., 2010)。

2. 权威型教养方式为何有效

很多研究发现对权威型父母和孩子能力之间的联系做出了解释。也许适应良好的孩子的父母是权威型的，因为他们的孩子有特殊的合作素质。但是，尽管气质上胆大、易冲动的儿童和情绪消极的儿童更有可能引发强制性、不一致的管教，但特别的疼爱和坚定的控制，能够改变这些儿童的不适应行为 (Cipriano & Stifter, 2010; Larzelere, Cox, & Mandara, 2013)。对于抑制型、胆小的孩子，父母不应该过度保护。不断的鼓励可以使这些儿童变得自信并敢于表现其自主性 (Nelson et al., 2006; Rubin & Burgess, 2002)。

追踪研究表明，对不同气质的儿童，权威型教养方式都可以预测儿童进入青少年期后的成熟性和适应良好。权威型父母给予孩子的温暖和关爱与孩子良好的心理机能之间的相关，对许多文化具有广泛的必要性 (Khaleque & Rohner, 2002)。权威型教养方式的一种变式是父母对孩子的行为施加强有力的控制——发出指令而非强制——取得了与较民主方法同样良好的长期结果 (Baumrind, Larzelere, & Owens, 2010)。事实上，一些儿童由于其心理素质的原因，需要力度更大的权威式管教。

综上所述，权威型教养可以通过以下方式为父母教育效果营造积极的情感环境：

- 疼爱、参与型的父母可以放心地给孩子制定标准，给他们提供关心、自信和自控行为的榜样。

- 儿童更可能遵守并内化他们认为公平合理而不是武断的控制。
- 权威型父母根据孩子的能力调整对孩子的要求，给予自主性，让孩子知道他们有能力，能够成功地为自己做事情，因而培养了儿童的高自尊、认知能力和社会成熟性。
- 权威型教养方式的好处包括父母的接纳、参与和理性控制，是复原力的强有力来源，使儿童免受家庭压力和贫困的消极影响 (Luthar, Crossman, & Small, 2015)。

观察与倾听

请几位父母说说他们教育孩子的方式，询问他们在对孩子的接纳、参与、控制和给予自主权方面的做法。特别要注意，父母对孩子行为的控制在数量和类型上的变化及其道理。

3. 文化因素

虽然权威型教养方式具有广泛的优势，但不同的族群往往有独特的、反映其文化价值观的教养观念和实践。让我们来看几个例子。

比起西方的父母，中国的父母认为他们的教养方法控制更多。他们在教孩子做事和给孩子安排时间上会有更多的指示，以培养孩子的自控力和高成就。中国父母看上去比西方父母少了些和蔼，他们认为表扬太多会使孩子骄傲自满，缺乏动力 (Cheah & Li, 2010; Ng, Pomerantz, & Deng, 2014)。中国父母报告说，他们与美国父母一样，也会对孩子表达情感和关心，使用引导和其他说理之类的管教，但他们会经常羞辱行为不佳的孩子，收回爱，并使用体罚 (Cheah et al., 2009; Shwalb et al., 2004)。如果这些方法使用过度，可能导致一种高度心理控制或强迫控制的专制型方式，使他们的孩子出现与西方儿童相同的消极结果：学习成绩差、焦虑、抑郁、自我调节能力变差和攻击行为 (Chan, 2010; Lee et al., 2012; Pong, Johnston, & Chen, 2010; Sorkhabi & Mandara, 2013)。

在拉美裔家庭、亚洲太平洋群岛家庭和加勒比群岛的非裔或东印度血统的家庭里，绝对尊重父母权威与父母的高度关爱同时存在，这种结合有助于促进认知、社会性能力和对家庭的忠诚 (Roopnarine & Evans, 2007; Tamis-LeMonda & McFadden, 2010)。拉美裔父亲一般会花很多时间与孩子在一起，并且热情而敏感 (Cabrera & Bradley, 2012)。

教养方式存在各种差异，社经地位较低的非裔美国父母大多期望孩子言听计从，认为严格管教能培养孩子在危险环境中的自我控制力和警惕性。使用较多控制策略的非裔美国父母，其子

在非洲血统的加勒比家庭中，对父母权威的尊重与父母的高度关爱相结合，这有助于促进孩子能力的提高和对家庭的忠诚。

女可能认知能力和社交能力较强，他们把父母的控制看作爱和关心。而在非裔美国青少年中，家长的管教可以防止他们在学校有违法和破坏行为 (Mason et al., 2004; Roche, Ensminger, & Cherlin, 2007)。还请回忆一下，在非裔美国儿童中，轻度体罚的经历与行为问题并不相关（参见边页270 "文化影响"专栏）。多数非裔美国父母使用严厉的、"讲求实际的"适度惩罚，并把它与关爱、说理结合起来。

这些文化差异提醒我们，必须在更大的背景下来看待儿童教养方式。我们已经知道，好的教养方式是由很多因素组成的，包括儿童和父母的个人特征，社经地位，能否得到大家庭和社区的支持，文化观念和实践以及公共政策等。

285 当我们准备转向儿童虐待的话题时，我们将再次强调，有效的教养方式不仅是由父母要做好父母的愿望来维持的。几乎所有的父母都想成为好父母。但遗憾的是，如果对养育子女的重要支持不复存在，儿童和父母都会痛苦不堪。

4. 儿童虐待

虐待儿童的历史与人类历史一样长久，但直到最近几十年，这个问题才得到广泛的承认和研究。公众关注的增加可能是因为虐待儿童现象在工业化大国十分普遍。最近的报告显示，大约68万名美国儿童（每 1 000 人中有 9 人）被确定为儿童虐待受害者 (U.S.Department of Health and Human Services, 2015c)。因为很多案件没有被报道，所以真实的数字还会高得多。

儿童虐待有以下方式：

- **身体虐待**：造成身体伤害的踢、咬、摇晃、拳打或戳刺。
- **性虐待**：抚摸、性交、裸露癖、强迫卖淫、制作色情资料，以及其他形式的性剥削。
- **忽视**：不能满足儿童对食物、衣物、医疗保健、教育或监护等的基本需要。
- **情感虐待**：可能引起严重的精神或行为障碍的行为，包括社交剥夺、反复的无理要求、嘲笑、羞辱、威胁或恐吓。

在报告的所有案例中，忽视约占80%，身体虐待占18%，情感虐待占9%，性虐待占9% (U.S.Department of Health and Human Services, 2015c)。但这些数字只是大概的，因为许多孩子遭受过不止一种虐待。

80% 以上的虐待事件是父母所为，亲属约占5%，其余的是父母的未婚伴侣、保教人员和其他成年人。婴幼儿、学步儿和幼儿最容易受到忽视、身体虐待和情感虐待。对小学生和中学生的性虐待较多。但是各种虐待方式在所有年龄段都有发生 (Trocmé & Wolfe, 2002; U.S. Department of Health and Human Services, 2015c)。由于很多性虐待受害者都是在小学期发现的，所以我们将在第 10 章特别关注这种虐待。

（1）虐待儿童的根源

早期研究发现，儿童虐待的根源在于成人的心理障碍 (Kempe et al., 1962)。但是，尽管儿童虐待在精神失常的父母中更常见，但人们很快发现，并不存在某种独立的"虐待型人格"。自己小时候受过虐待的父母并不一定会虐待其子女 (Jaffee et al., 2013)，而"正常"的父母有时也会伤害自己的孩子。

为了更好地理解虐待儿童现象，研究者求助于生态系统论（见第 1 章和第 2 章）。他们发现，在家庭、社区和文化层面上的许多交互作用的因素，都可能促成虐待儿童现象的发生。存在的风险越多，虐待或忽视的可能性越大（见表 8.3）。

表 8.3　和虐待儿童有关的因素

因素	描述
父母特征	心理障碍，酗酒和吸毒，有幼年受虐史，相信严厉的体罚管教，想通过孩子满足自己以前未被满足的情感需要，对孩子的行为有不合理的期望，年轻（大部分低于 30 岁），文化水平低，缺乏养育孩子的技能
儿童特征	早产或重病的婴儿，难照养型气质，注意缺陷和多动，其他发展问题
家庭特征	低收入或贫困，无家可归，婚姻不稳定，社交孤立，伴侣之间的虐待，频繁搬家，空间狭小的多子女大家庭，过分拥挤的居住条件，非血缘关系的养育者，混乱的家庭，无稳定职业，其他生活压力
社区	暴力和社交孤立，没有公园、托儿所、幼儿园、娱乐场所和可以支持家庭的宗教机构
文化	相信武力和暴力可以解决问题

资料来源：Centers for Disease Control and Prevention, 2015c; Wekerle & Wolfe, 2003; Whipple, 2006.

1）家庭

在家庭中，有些儿童因为心理特征而给父母的抚养造成困难，因此成为被虐待对象。这包括早产、生重病的婴儿和具有难照养型气质、注意缺陷而多动，或有其他发育问题的儿童。但是，儿童方面的因素只会轻微增加被虐待的风险 (Jaudes & Mackey-Bilaver, 2008; Sidebotham et al., 2003)。这样的孩子是否会受到虐待，很大程度取决于父母的特征。

286　　虐待儿童的父母比起其他父母，在处理教养冲突时缺乏能力。他们容易对孩子产生偏见。比如，他们经常把孩子的哭泣或错误行为归咎于固执或糟糕的性情，把把孩子的违规行为看得非常严重，感到做父母的无能为力，这种看法很容易导致他们在面对问题时诉诸武力 (Bugental & Happaney, 2004; Crouch et al., 2008)。

其实，大多数父母都有足够的自制力，可以不用虐待方式对待孩子的错误行为或发展问题。其他一些因素，如不可控制的父母压力，和这些条件结合起来，就容易导致父母的极端行为。低收入，低教育水平（中学未毕业），失业，酒精和药物滥用，婚姻冲突，过度拥挤的居住条件，频繁搬家和家庭生活极端无序，这些特征在虐待儿童的家庭中很普遍 (Dakil et al., 2012; Wulczyn, 2009)。这些困难使父母不堪重负，无法承担养育子女的责任，或在受挫折时冲着孩子发泄。

2）社区

多数虐待和忽视儿童的父母得不到正式和非

父母压力大、收入和教育水平低、家庭极度混乱往往与虐待儿童有关。施虐的父母更有可能住在社会支持来源很少的破旧社区。

正式的社会支持。由于他们的生活经历，很多人养成了不信任和回避他人的习惯，缺乏与人建立和保持积极关系的技能。此外，施虐的父母更可能生活在不稳定的破败社区，这些社区不能提供家庭与社区的联系，很少有公园、娱乐中心和宗教机构 (Guterman et al., 2009; Tomyr, Ouimet, & Ugnat, 2012)。他们缺少与他人的联结，面临压力的时候，他们无人可求。

3）大文化背景

当父母感到负担过重时，文化价值观、法律和习俗对虐待儿童的可能性有深刻影响。如果一个社会把暴力视为解决问题的恰当方法，那就为虐待儿童创造了条件。

虽然美国有保护儿童不受虐待的法律，但对儿童使用体罚的做法却很常见（参见边页 269）。

目前已有 23 个欧洲国家宣布体罚是非法的，这是一种抑制体罚和虐待的措施 (duRivage et al., 2015; Zolotor & Puzia, 2010)。除美国之外，所有工业化国家都禁止在学校体罚学生。美国最高法院曾两次支持学校官员使用体罚的权利。幸好，美国 31 个州和哥伦比亚特区已通过禁止体罚的法律。

（2）虐待儿童的后果

虐待儿童的家庭环境阻碍了这些儿童的情绪自我调节能力、共情和同情、自我概念、社交技能以及学习动机的发展。随着时间的推移，这些儿童会表现出严重的学习缺陷和适应问题，包括执行机能受损、学习失败、对情绪和社交信号的加工缺陷、同伴交往困难、严重抑郁、攻击行为、致瘾物滥用和暴力犯罪 (Cicchetti & Toth, 2015; Nikulina & Widom, 2013; Stronach et al., 2011)。

这些破坏性的后果是怎样发生的呢？首先，亲子互动的恶性循环对受虐待的儿童影响很大。夫妻间的虐待与虐待儿童密切相关 (Graham-Bermann & Howell, 2011)。显然，虐待儿童家庭的父母行为给他们带来深深的痛苦，导致父母对孩子的施虐行为。

忽视孩子的父母传递出给孩子的他将被遗弃的信号，以及父母的嘲笑、羞辱、恐吓等会导致儿童的低自尊、高焦虑、自责，使他们试图逃避严重的心理痛苦，严重时会让他们患上创伤后应激障碍，甚至在青少年期选择自杀。在学校，受虐待儿童有严重的纪律问题 (Nikulina, Widom, & Czaja, 2011; Wolfe, 2005)。他们不服从纪律，学习动机不强，认知能力低下，这些都会影响学习成绩，并进一步减少了他们在生活中取得成功的机会。

287 最后，长期虐待与中枢神经系统损伤有关，包括 EEG 检测到的异常脑电波活动，fMRI 检测到的大脑皮层、胼胝体、小脑和海马体体积缩小和机能受损，应激激素皮质醇的异常释放——起初分泌过多，但几个月后，分泌又过少。随着时间的推移，长期虐待造成的严重创伤会钝化儿童对压力的正常生理反应 (Cicchetti & Toth, 2015; Jaffee & Christian, 2014)。这些影响导致认知和情感问题持续存在。

（3）儿童虐待的预防

由于虐待儿童现象是发生在家庭、社区和社会的完整背景中的，因而必须在各个水平上努力防止它出现。现在，已经提出了许多方法，从教给高风险父母有效的教养方法，到旨在改善家庭经济条件和社区服务等广泛的社会项目。

向家庭提供社会支持，对减轻父母压力十分有效。它还能降低虐待儿童现象的发生。美国的匿名父母组织在世界各地都有分项目，主要通过社会支持，帮助虐待儿童的父母学会建设性的教养行为。它的各地方分会开展的活动有自助小组会议、日常电话访问和定期家访，以减少父母的社交孤立，教给他们各种教养技能。

旨在加强儿童和家长能力的早期干预可以防止虐待儿童现象出现。"美国健康家庭"项目始于夏威夷，目前已在美国和加拿大的 430 个地方

每年，洛杉矶的四到六年级学生都会参加一场海报设计比赛来庆祝防止虐待儿童月。这个最近的获奖者敦促父母不要对孩子进行身体和精神虐待。资料来源：Jonathan Chin, 0th Grade, Yaya Fine Art Studio, Temple City, CA. Courtesy ICAN Associates, Los Angeles County Inter-Agency Council on Child Abuse and Neglect, *ican4kids.org*.

开展，该项目先查明在怀孕或出生时可能受到虐待的儿童家庭。每个家庭都接受为期三年的家庭探视，在此期间，一名训练有素的工作人员会帮助父母处理危机，鼓励他们有效地养育子女，并让父母接受社区服务 (Healthy Families America, 2011)。在被证实有利于高质量项目实施的地点的评估中，与无干预控制相比，被随机分配到健康家庭的父母在接受访谈时指出，他们更经常地让孩子参与有利于发展的活动，并使用有效的管教方法，很少使用严厉、强迫的方法。据报告，儿童虐待风险的父母压力因素明显减少 (Green et al., 2014; LeCroy & Krysik, 2011)。另一个防止虐待和忽视儿童的家访项目《护士－家庭伙伴关系》，已在

第 3 章边页 90 介绍过 (Olds et al., 2009)。

有些成人即使受到严厉处罚，仍然坚持虐待行为。据估计，每年有 1 600 名美国儿童死于虐待，大部分是婴儿或幼儿 (U.S. Department of Health and Human Services, 2015c)。在父母不可能改变虐待行为时，唯一合理的做法就是采取极端措施，把父母和子女分开，并从法律上终止其做父母的权利。

虐待儿童是让人感到痛心的话题。我们用它来结束我们对这个充满刺激、激励和发现的童年期的讨论。但是，应该有理由感到乐观。在过去几十年中，我们对虐待儿童现象的认识和预防已经取得了很大进步。

思考题

联结　哪种儿童教养方式最可能与引导式教育方法相关？为什么？

应用　钱德拉听到一条新闻，说住在城市贫民区民租房的 10 名儿童受到严重忽视。她很疑惑："为什么这些父母会虐待孩子？"你会怎样回应钱德拉？

反思　你父母的教养方式是哪一种？是什么因素影响了他们的教养方式？

本章要点

一、埃里克森的理论：主动性对内疚感

8.1　在埃里克森的主动性对内疚感阶段，人格有何变化？

■　在努力克服埃里克森的**主动性对内疚感**的心理冲突中，幼儿形成了一种新的目的感。主动性的形成依赖于在游戏中探索周围人的关系、与同伴合作实现共同目的，以及通过认同同性别父母而形成良心。

二、自我理解

8.2　描述幼儿期自我概念和自尊的发展

■　当幼儿更有意地思考他们自己时，他们会建构一个**自我概念**，它主要由可观察到的特征、一般情绪和态度组成。温暖、敏感的亲子关系能培养出更积极、连贯的早期自我概念。

■　幼儿的高自尊由几个方面的自我判断组成，它有助于形成以掌握为导向的对待环境方式。

三、情绪发展

8.3　阐述幼儿期情绪理解和情绪表达的变化及导致这些变化的因素

■　幼儿对基本情绪的原因、后果和行为迹象有了深刻理解，这来自认知和语言发展、安全依恋和关于情感的对话的支持。

■　3~4 岁时，儿童就觉知到各种情绪自我调节策略。气质、父母做出榜样和父母关于应对策略的沟通影响着幼儿应对压力和负面情绪的能力。

■　随着自我概念的发展，幼儿更多地体验到自我意识的情感。他们依靠父母和其他成年人的反馈，知道自己何时能感受到这些情感。

■　共情在幼儿中普遍形成。共情在多大程度上导致**同情**，并导致**亲社会行为**或利他行为，取决于气质和父母养育方式。

四、同伴关系

8.4　描述幼儿期的同伴交际性和友谊，以及文

化和父母教育方式对同伴关系的影响

■　幼儿期，儿童的同伴互动逐渐增多，从非**社交活动**进入**平行游戏**，然后是**联合游戏**和**合作游戏**。但是，单独游戏和平行游戏仍然常见。

■　在与成人世界截然不同的儿童社会中，社会剧游戏显得尤为重要。在集体主义文化中，游戏通常发生在大群体中，并具有高度合作性。

■　幼儿的朋友间互动异常积极，但基于相互信任的友谊尚不具备持久性。幼儿期的社交能力对日后的学习成绩有影响。

■　父母对儿童善交际性的影响有直接和间接两方面：父母通过影响孩子的同伴关系给予直接影响；又通过其养育实践给予间接影响。

五、道德与攻击性

8.5　精神分析、社会学习和认知发展理论关于道德发展的核心特征是什么？

■　精神分析理论强调良心发展的情感方面，把认同和羞愧看作道德行为的动力。但是和弗洛伊德不同的观点认为，道德发展不是因为害怕惩罚和失去父母的爱，良心的发展是由**引导法**推动的，成人用这种方法指出错误行为对别人的影响。

■　社会学习理论关注儿童是怎样向那些和蔼可亲、有能力并且言行一致的成人榜样学习道德行为的。给儿童物质奖励反而会破坏他们的亲社会行为。

■　暂停和取消特权可以取代严厉的惩罚，并帮助父母避免惩罚带来的消极作用。父母可以通过始终如一、保持爱心的亲子关系和讲道理来提高轻微惩罚的效果。

■　认知发展流派把儿童看作社会规则的主动思考者。4 岁时，他们在做出道德判断时能够考虑到

动机，并能区分真话和谎话。幼儿还能把**道德要求**与**社会常规**和**个人私事**区分开来。但他们往往会对道德进行僵化的推理，关注结果和身体伤害。

8.6　描述幼儿期攻击性的发展，家庭和媒体的影响，以及减少攻击行为的有效方法

■　幼儿期，**主动攻击**减少，而**反应性攻击**增

多。主动攻击和反应性攻击有三种类型：在男孩中比较普遍的**身体攻击**，以及**言语攻击**和**关系攻击**。

■　无效的教养方式和矛盾重重的家庭氛围和媒体暴力会引发儿童的攻击行为。减少攻击行为的有效方法是：教给父母有效的儿童教养措施，对儿童进行解决冲突技能的训练，帮助父母应对自己的生活压力，屏蔽暴力媒体对儿童的影响。

六、性别分类

289

8.7　讨论生物因素和环境对幼儿性别成见与行为的影响

■　**性别分类**在学前期快速发展。幼儿习得了许多性别成见观念，而且刻板地应用之。

■　孕期的激素会导致男孩活泼好动，玩嬉闹游戏，偏好同性别玩伴。但是，父母、老师、同伴和社会大环境也鼓励了许多性别分类行为。

8.8　描述解释性别同一性表现的主要理论和评价

■　多数人拥有传统的**性别同一性**，少数人是**双性化**的，同时具备两性特征。男性化和双性化同一性与更好的心理适应相关。

■　根据社会学习理论，幼儿最初通过模仿和强化习得性别分类反应，然后将其组织到关于自己的性别观念中。认知发展理论认为儿童必须在出现性别分类行为之前形成**性别恒常性**。但支持这一假设的证据尚不充分。

■　**性别图式理论**结合了社会学习观和认知发展观的要点。随着儿童获得性别分类偏好和行为，他们开始形成男性化和女性化的类别，即性别图式，并把这种图式应用到自己和周围人身上。

■　一些儿童对自己出生时的性别感到非常不舒服，早在学龄前，他们就表达了想要以另

一种性别生活的愿望。

七、儿童教养方式与情绪、社会性发展

8.9 描述儿童教养方式对儿童发展的影响，并解释权威型教养方式为何有效

■ **区分儿童教养方式**可依据三个特征：接纳和参与；控制；给予自主性。比起**专制型**、**放任型**和**不过问型儿童教养方式**，**权威型教养方式**能够促进认知、情感和社交能力的发展。其有效性的重点在于温暖、通情达理而不是强迫的控制，以及循序渐进地给予自主。**心理控制**与专制型教养方式相关，常导致儿童的适应问题。

■ 一些族群成功地把父母疼爱与高控制结合起来，但是过于严厉和过度控制同样会损害儿童的学习和社交能力。

8.10 讨论儿童虐待的各种起因、对发展造成的影响和预防策略

■ 虐待儿童的父母使用无效的教养方式，对儿童抱有消极偏见，并对教养孩子感到无能为力。父母承受的难以克服的压力和社会孤立会增加儿童虐待和忽视的可能性。对暴力惩罚的社会赞许会助长虐待儿童现象的发生。

■ 受虐待儿童在情绪自我调节、共情和同情、自我概念、社交技能以及学习动机等方面都受到影响。长期受虐待的创伤与中枢神经系统受损和严重、持久的适应困难相关。成功的预防需要家庭、社区和社会各方面的共同努力。

重要术语和概念

androgyny (p. 279) 双性化

associative play (p. 263) 联合游戏

authoritarian child-rearing style (p. 283) 专制型教养方式

authoritative child-rearing style (p. 282) 权威型教养方式

child-rearing styles (p. 282) 儿童教养方式

cooperative play (p. 263) 合作游戏

gender constancy (p. 279) 性别恒常性

gender identity (p. 279) 性别同一性

gender schema theory (p. 279) 性别图式理论

gender typing (p. 276) 性别分类

induction (p. 267) 引导

initiative versus guilt (p. 258) 主动性对内疚感

matters of personal choice (p. 272) 个人私事

moral imperatives (p. 272) 道德要求

nonsocial activity (p. 263) 非社交活动

parallel play (p. 263) 平行游戏

permissive child-rearing style (p. 283) 放任型教养方式

physical aggression (p. 272) 身体攻击

proactive aggression (p. 272) 主动攻击

prosocial, or altruistic, behavior (p. 262) 亲社会行为或利他行为

psychological control (p. 283) 心理控制

reactive aggression (p. 272) 反应性攻击

relational aggression (p. 272) 关系攻击

self-concept (p. 258) 自我概念

self-esteem (p. 260) 自尊

social conventions (p. 272) 社会常规

sympathy (p. 263) 同情

time out (p. 269) 暂停

uninvolved child-rearing style (p. 283) 不过问型教养方式

verbal aggression (p. 272) 言语攻击

幼儿期发展的里程碑

2 岁

身体

■ 整个幼儿期的身高、体重的增长比学步期更缓慢。(216)

■ 平衡力有进步，走路节奏感加强；从快走到跑。(223)

■ 会跳，单脚跳，扔，上身僵硬地抓住东西。(223)

■ 能穿、脱简单的衣服。(223)

■ 能熟练地使用勺子。(223)

■ 开始画涂鸦画。(224)

认知

■ 假装游戏更少依赖真实玩具，自我中心主义减弱，较复杂的社会剧游戏增多。(228)

■ 理解照片和看上去真实的图画的符号机能。(229)

■ 在简单、熟悉情境和面对面交流中能采纳他人观点。(231, 252)

■ 再认记忆充分发展。(239)

■ 觉知到内部心理和外部物理事件的不同。(241)

■ 能说出数量多数和大小，开始数数。(244)

语言

■ 词汇量迅速增长。(250)

■ 会使用联合线索包括知觉线索和日益增多的社会线索和语言线索理解词意。(250-251)

■ 能遵从母语的基本词序说简单句，逐渐加入语法标记。(251)

■ 表现出良好的交流技能。(252)

情感 / 社会性

■ 理解原因、结果、基本情绪的行为信号。(260)

■ 开始形成自我概念和自尊。(258-260)

■ 显示出道德感的早期迹象——对自己和他人的口头评价，对伤害行为感到难过。(267)

■ 表现出主动（工具）攻击。(272-273)

■ 共情增加。(260)

■ 性别成见观念和行为增加。(276)

3~4 岁

身体

■ 会跑、跳、单脚跳、扔，更协调地抓住东西。(223)

■ 会骑三轮童车。(223)

■ 会快跑，用单脚跳绳。(223)

■ 扣和解大纽扣。(223)

■ 不用帮助自己吃饭。(224)

■ 使用剪刀。(223)

■ 使用餐叉。(223)

■ 会画最初的蝌蚪人。(224)

认知

■ 理解图画和真实世界空间模型的符号机能。(224, 228-229)

■ 理解守恒，做传递推理，逆向思维，理解简单、熟悉情境的因果次序。(231-233)

■ 把熟悉的物体按等级有条理地分类。(232)

■ 在完成困难任务时使用个人言语指导行为。(234-235)

■ 获得执行机能，包括抑制、灵活转移注意和工作记忆容量。(236-238)

■ 能用剧本回忆日常事件。(240)

■ 理解想法和愿望决定行为。(241)

■ 懂得10以下数字的意义，数数，掌握基数。(244)

语言

■ 意识到书面语言的一些有意义的特征。(244)

■ 用已知的词造出新词，用比喻扩展语言的意义。(250)

■ 掌握日益复杂的语法结构，有时把语法规则过度泛化到有特殊用法的词上。(251-252)

■ 调整言语使之符合年龄、性别和听者的社会地位。(252)

情感 / 社会性

■ 根据可观察的特征、一般情绪和态度描述自我。(258-259)

■ 拥有几个方面的自尊，如在学校的学习、交朋友、和父母相处、善意地对待别人。(260)

■ 情绪自我调节能力增强。(261)

■ 更多地体验到自我意识的情感。(262)

■ 主动攻击减少，反应性攻击（言语和关系攻击）增多。(272-273)

■ 更多地用语言表达共情。(262)

■ 除了平行游戏外，和同伴玩联合游戏与合作游戏。(263)

■ 在一起玩喜欢的游戏和分享玩具基础上形成最初的友谊。(265)

■ 区分真话和谎话。(271)

■ 区分道德要求和社会常规及个人私事。(272)

■ 对同性玩伴的偏好加强。(277)

5~6岁

身体

■ 乳牙开始掉落。(217)

■ 跑的速度加快，快跑更平稳，正确地跳绳。(223)

■ 熟练地抛与接。(223)

■ 用刀切软食物。(223)

■ 系鞋带。(223, 224)

■ 会画比较复杂的图画。(224)

■ 抄写数字和简单的词，写名字。(223, 225)

认知

■ 魔幻思维减弱。(231)

■ 区分外表和真实能力增强。(228)

■ 获得做计划等更多的执行机能。(237-238)

■ 再认、回忆、剧本式记忆和自传式记忆增强。(239-240)

■ 对错误观念的理解增强。(241)

语言

■ 理解字母和读音有系统性的联系。(244)

■ 使用自创的拼写法。(244)

■ 到6岁时词汇量达到10 000左右。(250)

■ 能够使用大多数语法建构。(251)

情感 / 社会性

■ 情绪理解力增强，包括解释、预测和影响别人的情绪反应的能力。(260-261)

■ 习得许多与道德有关的规则和行为。(268)

■ 性别成见观念和行为以及对同性别玩伴的偏爱持续增多。(277)

■ 理解性别恒常性。(279)

第五篇

小学期：6～11岁

第9章

小学期身体发育与认知发展

这几个一年级小学生在数学活动中一起进行测量和数据记录。记忆、推理和思维能力的提高使小学生在学习和问题解决方面取得了巨大进步。

"**妈**我走了！"10岁的乔伊一边把最后一口吐司面包塞进嘴里一边大声叫道，随后把书包往肩上一搭，冲出房门跳上自行车，沿街直奔学校而去。乔伊8岁的妹妹莉琪和妈妈吻别，猛蹬自行车紧追乔伊离开。孩子们的母亲雷娜，和我大学里的一名同事一起，站在前门廊看着她的儿子和女儿渐渐远去。

"他们的本事越来越大。"那天午餐的时候雷娜一直在对我说，孩子们的活动可真多，朋友也越来越多。家庭作业、家务劳动、足球队、音乐课、童子军活动、学校和社区里的朋友，以及乔伊新的送报路线，所有这些都是孩子们日常生活的一部分。"一切看起来似乎都井井有条。"雷娜说，"我不需要经常指导乔伊和莉琪了。身为家长，在教育子女方面仍然麻烦重重，需要更加精心，才能帮助孩子们成为独立、有能力和富于创造力的人。"

乔伊和莉琪已经步入小学期，即6~11岁这个阶段。在世界各地，这个年龄的儿童都要承担新的责任。对于工业化国家的儿童，西方的发展心理学称这一时期为"小学期"或"学龄期"，因为它标志着正规学校教育的开始。在乡村和部落文化中，学校可能是一片田野或一片丛林。但是，通常说来，成年人会引导这个年纪的儿童去面对现实世界的任务，这些任务与他们长大以后所要做的事情越来越相似。

本章将聚焦于小学期的身体发育和认知发展。6岁时，儿童的大脑发育已经达到成人大脑的90%，身体继续缓慢生长。于是，大自然赋予学龄儿童心理能力，让他们可以完成具有挑战性的任务，同时在他们的身体发育成熟之前，给他们更多的时间去获得在复杂社会中生活所必需的基本知识和技能。

我们首先讲一般生长趋势、动作技能发展以及身体健康问题。然后介绍皮亚杰的理论和信息加工研究，对学龄期的认知发展加以综述。接着，我们考察对教育决策有影响的智商分数的遗传和环境根源，以及这一时期的语言发展。最后，我们探讨学校在儿童学习和发展中的重要作用。

第一部分　身体发育

一、体格发育

9.1　描述小学期体格发育的主要趋势

小学期体格发育保持幼儿期缓慢而有规律的生长速度。6 岁时，北美儿童的平均体重约为 20.4 公斤，平均身高约 1.07 米。在随后的几年里，儿童每年身高增加 5~8 厘米，体重增加 2.3 公斤左右（见图 9.1）。6~8 岁期间，女孩比男孩略矮、略轻。9 岁时，由于女孩比男孩提早 2 年进入青春期的快速生长阶段，这种趋势完全逆转过来。

因为身体下肢生长最快，乔伊和莉琪的腿比小时候长得多。他们需要买新的更长的裤子的时间比买新夹克的时间要短得多，鞋子也换得很快。

幼儿期，女孩的身体脂肪略多，男孩的肌肉较多。8 岁以后，女孩开始以更快的速度积累脂肪，而且在青春期会积累更多 (Hauspie & Roelants, 2012)。

小学期，身体骨骼增长、加宽。但韧带与骨骼之间的结合还不紧密，加上肌肉力量的不断增加，儿童在做侧手翻和倒立时具有不同寻常的灵活性。随着他们身体的逐渐强壮，许多儿童参加体育锻炼的愿望越来越强烈。儿童常感受到夜间的"生长疼痛"，即大腿感到酸痛，这是因为肌肉必须适应不断增长的骨骼 (Uziel et al., 2012)。

梅伊6岁　　梅伊8岁　　梅伊10岁

亨利6岁　　亨利8岁　　亨利10岁

图 9.1　小学期的身体发育
梅伊和亨利继续表现出他们在幼儿期缓慢而有规律的生长模式。9 岁左右，女孩开始以比男孩更快的速度成长，因为此时她们进入青春期的快速生长阶段。

6~12 岁期间，20 颗乳牙全部脱落并长出恒牙，女孩掉牙比男孩略早。有一段时间，恒牙看起来似乎太大了。逐渐地，面部骨骼生长，使儿童的脸逐渐变长，嘴变大，以适应新长出的牙齿。

二、常见的健康问题

9.2　描述小学期严重营养问题的原因、后果及对肥胖症的特别关注

9.3　小学期常见的视听问题有哪些？

9.4　小学期疾病的影响因素有哪些，如何解决这些健康问题？

9.5　描述当前小学期意外伤害的变化及有效干预

像乔伊和莉琪这样来自经济条件优越的家庭的孩子，正处于小学期最健康、充满活力和喜欢游戏的时期。肺活量的增加使每次呼吸能交换更多的空气，使他们能够精力充沛地锻炼而不感到疲劳。良好营养的积累和免疫系统的快速发展，使他们对疾病有很强的抵抗力。

贫困仍是小学期健康状况不佳的有力预测因素。由于经济状况不佳的美国家庭往往缺乏医疗保险（见第 7 章），因而许多儿童无法定期就医。还有相当一部分人缺乏舒适的家庭环境和规律的饮食等基本生活条件。

1. 营养

小学生需要均衡、充足的饮食，为他们在学校的学习和越来越多的身体活动提供能量。随着他们对同学友谊和新活动的关注不断增加，许多小学生花在吃饭上的时间很少，在 9~14 岁期间，小学生与家人共进晚餐的次数急剧减少。但是，与父母共进晚餐，他们会摄入较多的水果、蔬菜、谷物和奶制品，较少的软饮料和快餐 (Burgess-Champoux et al., 2009; Hammons & Fiese, 2011)。

小学生在调查中报告说，吃了健康食品，他们"感觉更好""注意力更集中"，吃了垃圾食品，他们感觉懒洋洋的，"就像一团肉"。在一项对近 14 000 名美国儿童进行的追踪研究中，在控制了许多可能解释这种关系的因素后，父母报告儿童在幼儿期高糖、高脂肪和加工食品饮食，可以预测这些儿童在 8 岁时智商略低 (Northstone et al., 2012)。即使是轻微的营养不足也会影响认知机能。在中高社经地位家庭的小学生中，膳食中铁和叶酸的不足与注意力和智力测验成绩较差相关 (Arija et al., 2006; Low et al., 2013)。

正如前几章讲到的，发展中国家和美国的许多贫困儿童遭受着严重、长期的营养不良。遗憾的是，从婴儿或幼儿期持续到小学期的营养不良，通常会导致永久性的身心损害 (Grantham-McGregor, Walker, & Chang, 2000; Liu et al., 2003)。政府资助的从早期到青少年期的食品补充项目可以避免产生这些影响。

2. 超重和肥胖症

莫娜是莉琪班上一个很胖的孩子，课间活动时她常常只能旁观。游戏的时候，她的动作又慢又笨拙，常被刻薄地攻击："快点，洗澡盆！"大多数下午，她都独自从学校走回家，而其他孩子都成群结伙，谈笑风生，追逐嬉戏。回到家，莫娜会从高热量的零食那里寻求安慰。

莫娜患有肥胖症 (obesity)，即根据身体质量指数（体重与身高比，BMI），体重超出正常体重 20%。BMI 高于本年龄和性别组的 85 百分位被认为是超重，高于 95 百分位被认为是肥胖。过去几十年里，超重和肥胖在许多西方国家出现增长，在加拿大、德国、希腊、爱尔兰、以色列、新西兰、英国和美国则是大幅增长。自 20 世纪 70 年代以来，美国儿童患肥胖症的比例增加了两倍。如今，32% 的美国儿童和青少年超重，其中超过一半即 17% 是肥胖 (Ogden et al., 2014; World Health Organization, 2015g)。

发展中国家的肥胖症比例也在上升，因为城市化使人们养成了久坐不动的生活方式，饮食中肉类和高能量精制食品多 (World Health Organization, 2015g)。以中国为例，在上一代人之前，肥胖症几乎不存在，而今天，20% 的儿童超重，8% 的儿童肥胖，受影响的男孩数量是女孩的两到三倍 (Sun et al., 2014)。除了生活方式的改变，

中国文化中盛行的一种观念——胖代表着生活富足——也促成了这一惊人的变化。对儿子的高度重视可能促使中国父母给男孩提供大量的高能量食物。

超重比例随着年龄的增长而增加，在美国从幼儿期的 23%，到小学生和青少年的 35%，再到成人的极高比重 69% (Ogden et al., 2014)。超重的学龄前儿童在 12 岁时超重的可能性是正常体重同龄人的 5 倍，而且很少有长期超重的青少年在成年后体重达到正常水平 (Nader et al., 2006; Patton et al., 2011)。

专栏　　　　　　　　社会问题→健康

家庭压力与儿童肥胖症

为了应对长期的压力，许多成人和儿童增加了他们的食物摄入量，尤其是高糖和高脂肪的食物，从而导致体重超重。日常生活中的压力是如何导致暴饮暴食的？

第一种途径是通过升高包括皮质醇在内的应激激素，向身体发出增加能量消耗的信号，而向大脑发出增加热量摄入的信号 (Zellner et al., 2006)。第二种途径是，长期压力触发胰岛素抵抗，这是一种糖尿病前期的状态，经常引起强烈的食欲 (Dallman et al., 2003)。

此外，持续的压力所需要的努力控制很容易削弱自我调节能力，使个体无法限制过度饮食。抑制力及相关的延迟满足（等待奖励的能力）能力缺乏，与儿童肥胖有关 (Liang et al., 2014)。研究显示，家庭生活压力在小学生的生活中出现越多，他们对负面情绪和行为的调节能力就越差 (Evans, 2003; Evans et al., 2005)。而自我调节能力变差是童年期长期压力与肥胖之间联系的一个主要中介因素。为了验证这一结论，研究者跟踪了数百名来自经济贫困家庭的儿童，评估了 9 岁时的家庭压力和自我调节能力，4 年后，在这些儿童 13 岁时，测量了他们的身体质量指数变化 (Evans et al., 2012)。结果发现，儿童经历的压力因素，包括贫穷、单亲家庭、居住环境拥挤、噪声、家庭杂乱、缺乏书籍和游戏材料、孩子与家庭分离、接触暴力，都有力地预测了自我调节能力的削弱，这可以通过儿童的延迟满足得以表现。反过来，自我调节能力较差，可以在很大程度上解释，随着时间推移，家庭压力因素与身体质量指数之间的相关关系。

在一项预防肥胖项目中，儿童接受了自我调节训练，他们被教导在吃东西时"停止吃，想一想"，结果在改善饮食行为和控制体重方面取得了好的结果 (Johnson, 2000)。但是，只有当儿童家庭生活中的压力是可控的而不是压倒性的时，这样的训练才可能真正有效。

这个 9 岁女孩和她妈妈住在无家可归者庇护所，她面临着肥胖的高风险。家庭生活压力，包括贫穷、单亲家庭、噪声、拥挤和杂乱，这些都会损害孩子的自我调节能力，从而导致暴饮暴食。

（1）肥胖的原因

并非所有儿童都有同样的肥胖风险。从身体质量指数来看，同卵双生子比异卵双生子更相似，被收养儿童和亲生父母更相似 (Min, Chiu, & Wang, 2013)。这说明，遗传对儿童的肥胖风险有明显影响，但在工业化国家，特别是在少数族裔中，包括美国白人、非裔美国人、拉美裔美国人和美国原住民儿童与成人中，环境的重要性在低社经地位与超重和肥胖的持续关系中显而易见 (Ogden et al., 2014)。原因包括：缺乏健康饮食知识；喜欢买高脂肪、低成本的食品；家庭压力导致的暴饮暴食。还可以回想一下，早年营养不良的儿童，日后有可能出现体重过度增加的问题（见第 4 章边页 129）。

父母喂养方式对童年期肥胖症也有影响。超重的孩子更有可能吃了高糖、高脂肪的食物，这可能是因为其父母提供的食物中富含这些食物，而他们的父母也可能超重 (Kit, Ogden, & Flegal, 2014)。经常在外面吃饭会增加父母和孩子对高热量快餐的消耗，这与超重有关。在小学生中，外出就餐在母亲上班时间长和身体质量指数升高之间的关系中扮演了重要角色 (Morrissey, Dunifon, & Kalil, 2011)。繁重的工作会减少父母回家做出健康饭菜的时间。

此外，有些父母担心吃得过多，把孩子的所有不适都解释为是想吃东西，这种做法在移民父母和祖父母中很常见，因为他们小时候可能经历过食物匮乏时期。还有一些父母过度控制，限制孩子什么时候吃，吃什么，吃多少，担心体重增加 (Couch et al., 2014; Jansen et al., 2012)。这些做法都会破坏孩子控制自己食物摄入量的能力。

由于这些经历，肥胖儿童就容易养成不良饮食习惯。与体重正常的孩子相比，他们对食物的味道、颜色、气味、用餐时间和与食物有关的词汇更敏感，对自己肚子饿不饿则缺乏敏感性 (Temple et al., 2007)。此外，紧张的家庭生活使儿童的自我调节能力变差，增加了不受控制的饮食（见本节"社会问题→健康"专栏）。

另一个与体重增加有关的因素是睡眠不足 (Hakim, Kheirandish-Gozal, & Gozal, 2015)。睡眠少可能会增加吃东西的时间，还会使儿童身体活动时过于疲劳，扰乱大脑对饥饿和新陈代谢的调节。

297　童年期肥胖症增多，还因为美国儿童把大量时间花在屏幕媒体上。一项研究对儿童看电视的情况从 4 岁到 11 岁进行追踪，结果发现，看电视越多的儿童，身体脂肪增加越多：到 11 岁时，每天看电视超过 3 小时的儿童，比看电视少于 1 小时 45 分钟的儿童更胖 (Proctor et al., 2003)。电视和互联网广告鼓动孩子们吃那些不健康的零食。他们看到的广告越多，消费的高热量零食就越多。如果允许在儿童卧室里放一台电视，这种做法与长时间看电视相关，并加大了超重的风险 (Borghese et al., 2015; Soos et al., 2014)。长时间看电视还会减少锻炼身体的时间。

（2）肥胖的后果

肥胖儿童有终生的健康问题风险。早在小学低年级就开始出现一些症状，如高血压、高胆固醇、呼吸系统异常、胰岛素抵抗和炎症反应，这些症状是心脏病、循环系统障碍、2 型糖尿病、胆囊炎、睡眠和消化系统疾病、多种癌症和过早死亡的有力预测因子。此外，肥胖导致儿童糖尿病病例急剧增加，有时会导致早期的严重并发症，包括中风、肾衰竭和循环系统问题，这些问题增加了最终失明和截肢的风险 (Biro & Wien, 2010; Yanovski, 2015)。

身体外貌吸引力是社会接受度的一个重要预测因素。在西方社会，儿童和成人都把肥胖的年轻人评价为不受欢迎的人，把他们视为懒惰、肮脏、丑陋、愚蠢、自我怀疑和欺诈的一类 (Penny & Haddock, 2007; Tiggemann & Anesbury, 2000)。在学校，肥胖儿童和青少年经常处于社交孤立状态。他们会面临更多的情感、社交和学习困难，包括被同伴戏弄、排斥和随之而来的低自尊 (van Grieken et al., 2013; Zeller & Modi, 2006)。他们的学习成绩也往往不如体重正常的同学 (Datar & Sturm, 2006)。

从童年期到青少年期的持续肥胖还可以预测严重的心理障碍，包括严重的焦虑和抑郁、蔑视和攻击，以及自杀的想法和行为 (Lopresti & Drummond, 2013; Puhl & Latner, 2007)。本书第 13 章将要讲到，这些后果加上持续的歧视，会进一步损害身体健康，影响亲密关系和就业机会。

（3）肥胖症的治疗

以莫娜为例，校医建议莫娜和她肥胖的妈妈一起参加一个减肥计划。但是，莫娜的妈妈结婚多年一直不幸福，对于过度进食有她自己的看法，并且拒绝这个建议。一项研究发现，有近 70% 的家长认为，他们超重的孩子的体重正常 (Jones et

母亲和儿子互相强化各自对保持身材的努力。对儿童肥胖最有效的干预措施是注重改变整个家庭的行为，强调健身和健康饮食。

al., 2011）。与这些发现相一致，大多数肥胖儿童没有得到任何治疗。

最有效的干预措施是以家庭为单位，着手改变与体重相关的行为 (Seburg et al., 2015)。在一项研究中，父母和子女一起改变饮食模式，进行日常锻炼，通过肯定对方所取得的进步来互相强化，他们利用特殊的活动和在一起的时间互相交流。结果，父母体重减得越多，子女的体重也减得越多。5 年后和 10 年后的追踪表明，儿童比成人更有效地保持了减肥效果，这些发现证实了早期干预的重要性 (Epstein, Roemmich, & Raynor, 2001; Wrotniak et al., 2004)。对饮食的热量摄入加以监控以及多参加体育活动也很重要。例如，用一个可与手机同步的小型无线传感器，通过类似游戏的功能实现个性化目标设定和进度跟踪也被证明有效 (Calvert, 2015; Seburg et al., 2015)。如果父母和子女的体重问题不是很严重，这些方法会更有效。

儿童每天摄取的热量有 1/3 是在学校里消耗的。因此，学校可以通过提供健康膳食和有规律的体育活动来预防学生肥胖 (Lakshman, Elks, & Ong, 2012)。如果没有预防策略，肥胖现象可能会进一步增加，为此，美国许多州和城市已经通过了降低肥胖发生率的立法。所采取的措施包括，对所有儿童进行体重相关的全校性普查，改善学校的营养标准，包括在膳食之外销售的食品饮料，增加课间休息和体育课时间，以及把肥胖意识和减肥计划作为学校课程的一部分。对这些基于学

校的努力的总结，报告了令人印象深刻的益处 298 (Waters et al., 2011)。在降低 6～12 岁儿童的身体质量指数方面，学校的肥胖预防比社区提供的其他项目更成功，这是因为学校能确保提供长期、全面的干预。

观察与倾听

联系你所在的州和市政府，了解其关于预防儿童肥胖的立法。政策能得到改善吗？

3. 视力和听力

小学期最常见的视力问题是近视。到小学毕业时，将近 25% 的儿童近视，到成年早期，这个比例会上升到 60% (Rahi, Cumberland, & Peckham, 2011)。

双生子研究和家庭成员比较研究得出的遗传力估计显示，近视有中度的遗传性 (Guggenheim et al., 2015)。在世界范围内，亚洲人患近视的比例远高于白种人 (Morgan, Ohno-Matsui, & Saw, 2012)。早期生理创伤也能诱发近视。低出生体重的学龄儿童的发病率尤其高，这被认为是由视觉结构不成熟、眼睛生长缓慢和眼病发病率较高所致 (Molloy et al., 2013)。

当父母警告孩子不要在昏暗的灯光下看书，或坐得离电视或电脑屏幕太近时，会大声说："这会毁了你的眼睛！"他们的担忧是有根据的。在不同文化中，儿童花在阅读、写作、使用电脑和其他近距离工作上的时间越多，他们患近视的可能性就越大。在户外游戏上多花时间的小学生近视发病率降低 (Russo et al., 2014)。近视是少数随着社经地位升高而增多的健康问题之一。幸好，近视眼镜可以很容易地解决这个问题。

小学期，耳咽管（从内耳到咽喉的导管）变得更长而窄，也更倾斜。这可以防止液体和病菌轻易从口腔进入耳朵。因此，婴幼儿期常见的中耳炎在该时期越来越少了。不过，仍有 3%～4% 的学龄儿童和 20% 的低收入家庭儿童由于反复感染而未经治疗，造成永久性听力损伤 (Aarhus et al., 2015; Ryding et al., 2002)。定期检查视力和听力，可以在导致严重学习困难之前对视听缺陷加以矫治。

4. 疾病

小学一、二年级期间，由于接触生病儿童以及免疫系统仍然处于发展之中，儿童的发病率较后期要高一些。20%～25% 的美国儿童有慢性病和其他问题（包括身体残疾）(Compas et al., 2012)。到目前为止最常见的疾病是哮喘病，表现为支气管（连接咽喉和肺的通道）异常敏感。它在童年期慢性疾病中大约占 1/3，也是儿童缺课和住院的最常见原因 (Basinger, 2013)。在面对多种刺激，如天气冷、感染、锻炼、过敏和有情绪压力时，支气管会充满黏液并收缩，导致咳嗽、气喘和严重的呼吸困难。

过去几十年，美国的哮喘发病率稳步上升，近 8% 的儿童患有哮喘病。遗传是哮喘病的原因之一，但研究者认为环境因素是诱发这种疾病的必要因素。男孩、非裔美国儿童、出生低体重、父母吸烟、生活贫困的儿童面临的风险更大 (Centers for Disease Control and Prevention, 2015a)。非裔美国人和贫困儿童患哮喘病的比例更高，病情更严重，原因可能是由于市中心的污染（引起过敏反应）、家庭生活压力大，以及缺乏良好的医疗保健。儿童肥胖也与哮喘病有关 (Hampton, 2014)。高水平的血液循环感染物与身体脂肪和胸壁上的压力过大可能是诱因。

大约 2% 的美国儿童患有严重的慢性疾病，如镰状细胞贫血、囊肿性纤维化、糖尿病、关节炎、癌症和艾滋病。痛苦的治疗、身体不适和外表的变化经常扰乱患病儿童的日常生活，使他们在学校难以专注于学习，也无法参加同伴活动。随着病情恶化，家庭和儿童的压力也增大 (Marin et al., 2009; Rodriguez, Dunn, & Compas, 2012)。由于这些原因，长期患病的儿童面临着学习、情感和社交困难的风险。

对于患慢性病儿童来说，良好的家庭机能和儿童健康之间存在着紧密的联系，就像身体健康的儿童一样 (Compas et al., 2012)。促进良好家庭关系的干预措施，对父母和儿童应对疾病、提高适应能力很有帮助。这些活动包括健康教育、咨询、父母和同伴支持小组，以及针对特定疾病的夏令营，这些夏令营会教孩子们自助技能，从而让父母可以从照顾生病孩子的负担中抽出时间。

5. 意外伤害

第 7 章曾讨论过儿童意外伤害问题，现在重新回到这个话题。如图 9.2 所示，从小学期到青少年期，意外伤害死亡人数不断增加，其中男孩的死亡率显著高于女孩。

机动车事故，包括儿童作为乘客和行人的事故，是造成伤害的主要原因，自行车事故位居其次 (Bailar-Heath & Valley-Gray, 2010)。行人伤亡大多因为没有在斑马线内行走，自行车事故则是因为不遵守交通信号和交通规则。当许多刺激同时作用于儿童的时候，小学低年级学生常常来不及思考就去行动。需要经常提醒、监督他们，以及禁止他们在繁忙的城市交通中冒险。 *299*

学校结合社区的预防伤害计划，运用各种榜样示范和安全演练，对儿童的表现做出反馈，在儿童学到安全技能时给予表扬和物质奖励，提供不定期的强化培训。每一次训练针对一种特定的伤害风险（如交通安全），而不是一次性针对多种风险，可以产生更持久的效果 (Nauta et al., 2014)。作为这些计划的一部分，经常高估孩子对安全知识的掌握和身体能力的父母，必须接受各年龄段儿童安全能力的教育。

一项重要的安全措施是，法律要求儿童在骑自行车、滑轮滑、滑滑板或使用滑板车时必须戴防护头盔。这种预防措施可减少 9% 的头部损伤，而头部损伤是造成学龄儿童永久性残疾和死亡的

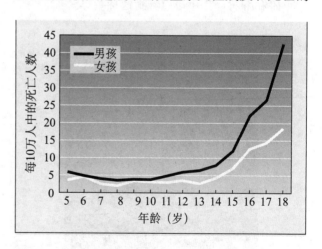

图 9.2 美国从小学期到青少年期的伤害死亡率
受伤死亡人数随年龄增加，男孩和女孩之间的差距扩大。机动车（乘客和行人）事故是主要原因，其次是自行车事故。资料来源：Centers for Disease Control and Prevention, 2015p.

主要原因 (Karkhaneh et al., 2013)。把头盔的使用与社区其他预防策略结合起来尤其有效。

过于活跃、易冲动、爱冒险的儿童，尤其是男孩，在小学期尤其容易受伤。父母对此类孩子危险行为的干预往往较为松懈，尤其是在面临婚姻冲突或其他形式的压力时 (Schwebel et al., 2011, 2012)。伤害控制项目的最大困难就是找到这些孩子，并减少他们的冒险行为。

三、动作发展和游戏

9.6　列举小学期动作发展和游戏的重要变化

如果在周末下午到公园观察一下幼儿和小学生的游戏，你会发现体型和肌肉力量的增长在小学期促进了儿童动作的协调性。认知和社会性的进一步成熟，则使那些大孩子能够以更复杂的方式应用他们新掌握的动作技能。在这个时期，儿童的游戏发生了重要变化。

1. 大肌肉动作的发展

上小学后，跑、跳远、跳高和球类技能动作变得更加精细。3～6 年级的学生在操场上跑的时候能够突然加快速度，能快速跳绳、玩复杂的"跳房子"游戏、踢足球和带球跑，能击中同学投过来的垒球，能在一步一步小心地走过窄的横木时熟练地保持平衡。这些不同的技能反映了四种基本动作能力的增强。

- 灵活性。与幼儿相比，小学生的身体更加柔韧、有弹性，从儿童挥球拍、踢球、跨越障碍和翻腾动作中可以看到这种差异。

身体灵活性、平衡性、敏捷性和力量的发展，以及更有效的信息加工能力，使小学生的大肌肉运动技能大大提高。

- 平衡性。平衡能力的增强促进了许多运动技能的发展，包括跑、跳、跳绳、投掷、踢球和许多团体运动需要的快速转向能力。
- 敏捷性。动作更加快速、准确，体现在舞蹈和啦啦队的花样步法中，也表现在玩捉人游戏和踢球时躲避对手的向前、向后和侧身动作中。
- 力量。较年长儿童可以投掷和踢较重的球，跑跳时身体运动距离也更远 (Haywood & Getchell, 2014)。

随着身体的发育，更有效的信息加工能力对提高运动技能起着重要作用。在小学期，只对相关信息做出反应的能力增强。反应时间持续缩短，投球和跳绳时对视觉刺激做出预期反应的能力增强。10 岁儿童的反应速度比 5 岁儿童快一倍 (Debrabant et al., 2012; Kail, 2003)。因为 5～7 岁儿童难以成功地击中棒球，所以垒球比棒球更适合他们。同样，在学习网球、篮球和足球之前，应该先教他们打手球、四方格球 (four-square) 和足垒球。

儿童的大肌肉运动不仅得益于认知能力的发展，而且有助于认知能力的发展。身体健康可以预测小学期执行机能、记忆力和学习成绩的提高 (Chaddock et al., 2011)。其原因可能是，运动会引发大脑变化，脑成像研究显示，健康的儿童比不健康的儿童，支持注意力控制和记忆的结构更大，其中神经纤维髓鞘化的程度更高 (Chaddock et al., 2010a, 2010b; Chaddock-Heyman et al., 2014)。此外，身体健康的儿童，以及那些被分配到为期一年、每天一小时的学校健身计划实验组的儿童，在完成执行机能任务时，能更有效地激活这些大脑结构 (Chaddock et al., 2012; Chaddock-Heyman et al., 2013)。大量证据可以支持精力充沛的体育锻炼在提高童年期大脑和认知机能中所发挥的作用，这种影响会持续一生。

2. 精细动作的发展

在整个小学期，精细动作大大发展。在雨天的下午，乔伊和莉琪会玩悠悠球，做飞机模型，在小织机上织布。像许多孩子一样，他们还学习乐器，这需要相当好的精细动作控制能力。

在书写和绘画方面，精细动作技能的提高尤其明显。到 6 岁时，大多数儿童都能清晰地写出字母、姓名和 1 到 10 的数字。但是，他们写的字很大，因为他们在用整个手臂的力量而不仅是用手腕和手指的力量来写字。儿童一般先写大写字母，因为大写字母的笔划比小写字母的细小曲线更容易控制。随着儿童写出高度和间距一致的准确的字母，字体的可辨性也逐渐提高。

小学生在绘画上表现出极大的进步。小学期末，儿童能准确地临摹很多二维图形，并能把这些图形融入自己的绘画中。一些深度线索也开始出现，比如，让远处物体比近处物体小一些 (Braine et al., 1993)。9～10 岁时，借助物体重叠、对角线设置和集中线条，画面的立体感已十分明显。图 9.3 显示，小学生不但能细致地描绘物体，而且能把它们联系起来，构成一个有组织的整体 (Case, 1998; Case & Okamoto, 1996)。

3. 性别差异

动作技能方面的性别差异会延续到小学期，在某些方面更突出。女孩在书写和绘画等精细动作技能和依靠平衡性和灵活性的大动作技能方面有优势，比如跳跃和跳绳 (Haywood & Getchell, 2014)。但男孩在其他所有大动作技能上都比女孩强，尤其是投掷和踢球。

学龄期男孩在肌肉群方面的遗传优势并不足以解释他们在大肌肉动作上的优势，反倒是社会环境起了更大的作用。研究证实，家长对男孩在体育运动方面的表现抱有更高的期望，男孩也欣然接受了这些信息。一至十二年级，女孩对体育价值的理解和对自己体育能力的信心都低于男孩，这种差异部分是因为家长的观念 (Anderson, Hughes, & Fuemmeler, 2009; Fredricks & Eccles, 2002)。研

301

究表明，女孩越是坚决认为女性不擅长体育运动（比如冰球或足球），她们对自己能力的评估就越低，实际表现就越差 (Belcher et al., 2003; Chalabaev, Sarrazin, & Fontayne, 2009)。

显然，应该告诉家长，小学男女生在身体能力方面的差异并不大，让他们对反对提高女孩运动能力的不公正偏向保持警惕，这些措施或许会有所帮助。更加重视女孩的技能训练，更多地关注她们的运动成就，将会促进她们的参与和表现。与上一代相比，现在有更多的女孩参与单人和团体体育运动，比如体操和足球，这是一个好现象，尽管女孩的参与程度仍然低于男孩 (Kanters et al., 2013; Sabo & Veliz, 2011)。小学期是鼓励女孩参加

图 9.3 小学生的绘画在组织结构、细节和表现深度方面都有提高

把这两幅画与边页 225 图 7.4 中一个 5 岁孩子画的画进行比较。上图是一个 8 岁的孩子画的，注意各部分都被联系起来了，而且有更多的细节。下图显示，一个 11 岁的儿童对深度线索的整合能力显著增强。在这里，深度通过物体重叠、对角线位置和集中线条，以及远物比近物更小得以表现。

体育活动的关键时期，因为在此期间，儿童开始发现他们擅长什么，并且决定自己会掌握哪些体育技能。

4. 规则游戏

小学生的体育活动反映了他们在游戏质量方面取得的重要进步：规则游戏越来越多。全世界的儿童会玩无数种非正式的游戏，包括流行体育运动，如足球、棒球和篮球。除了人们熟知的捉人、抓石子、跳房子外，儿童还发明了成百上千种游戏，如雕像、跳蛙、踢罐子和抓犯人等等。

儿童观点采纳能力的发展，尤其是对游戏角色的理解力的发展，使游戏变为有规则指导的游戏。这些游戏经验对儿童在情绪和社会性方面的发展发挥了很大的作用。儿童发明的游戏往往依靠简单的身体技能和碰运气，很少会成为个人能力的竞争。相反，这些游戏使儿童能够尝试不同形式的合作、竞争和输赢，无须承担个人风险。在组织游戏的过程中，儿童懂得了为什么要有规则，哪些规则是管用的。

与过去几代人相比，今天的小学儿童玩非正式户外游戏的时间减少了，这一变化反映了父母对邻里安全的担忧，以及电视和其他屏幕媒体对儿童时间的争夺。另一个因素是成人组织的体育活动增多，比如少年棒球联盟、足球联盟和冰球联盟，这些活动占据了经济条件优越家庭儿童过

一群男孩在校园里聚在一起打篮球。与经济条件优越的同学不同，低社经地位社区的儿童经常玩"儿童组织"游戏，这为他们的社会学习提供了丰富的环境。

去用于玩自发游戏的大量时间。

在乡村社会、发展中国家以及工业化国家的许多低收入社区，儿童的非正式运动和游戏仍然很普遍。在非洲安哥拉的一个难民营和芝加哥的一个公共住房小区进行的一项人种学研究中，绝大多数 6～12 岁的儿童每周至少参加一次儿童组织的游戏，一半以上的儿童几乎每天都参加。两种背景下的游戏反映了文化价值观 (Guest, 2013)。在安哥拉，游戏强调对社会角色的模仿，比如受人尊敬的职业球员的足球动作。相比之下，芝加哥的比赛是竞争性的、个性化的。例如，在棒球比赛中，孩子们经常在击球和投球成功时希望引起同伴的注意。

 学以致用　　　　**为小学生提供适合发展的有组织体育运动**

激发儿童的兴趣。	让儿童从适宜活动中选择最适合他们的活动，不强迫儿童参加他们不喜欢的活动。
教给儿童与年龄相匹配的技能。	对于 9 岁以下的儿童，要强调基本技能，如踢、投掷、击打，保证所有参与者有充分时间玩简单游戏。
重视乐趣。	允许儿童按照自己的步伐前进，因为乐趣而运动，无论他们是否成为专业运动员。
限定活动的次数和练习时间。	根据儿童的注意广度、与同伴家人自由活动及家庭作业的需要，调整训练时间；每周最多参加两次训练，低年级每次不超过 30 分钟，中高年级不超过 60 分钟。
关注个人和团队进步。	强调努力、掌握技能和团队精神而不是取胜；失误时少批评，以免增强焦虑，逃避体育活动。
避免不良竞争。	不要组织全明星比赛和表彰个人的冠军庆典，而要承认所有参与者的努力。
允许儿童参与规则和策略的制定。	让儿童确定目标，确保游戏公平和团队合作。为了培养好行为，应鼓励好行为，强化服从行为而不是惩罚不服从行为。

5. 成人组织的青少年体育运动

近一半的美国儿童——60% 的男孩和 47% 的女孩，在 5～18 岁的某个时间参加过有组织的课外运动 (SFIA, 2015)。但是，低社经地位社区的儿童严重缺乏参加运动队的机会，女孩和少数族裔的机会尤其有限。例如，在加利福尼亚州奥克兰市，一个富裕地区有 67% 的十几岁女孩是运动队成员 (Team Up for Youth, 2014)，但几英里外的一个以少数族裔为主的贫困地区，只有 11% 的人参加过有组织的体育活动。

对大多数儿童来说，参加社区运动队与提高自尊和社交技能有关 (Daniels & Leaper, 2006)。认为自己擅长运动的孩子在青少年期更有可能继续参加团队活动，这可预测他们在成年早期更多地参与体育和其他有益健康的活动 (Kjønniksen, Anderssen, & Wold, 2009)。

一些人批评说，青少年体育运动有时过分强调竞争，用成人的控制取代了儿童对规则和策略的探索。这种批评是正确的。经常批评而不是鼓励儿童的教练和父母，会引发一些儿童的强烈焦虑，使他们面临情绪困扰和早期退出体育锻炼，而无法有出色的表现 (Wall & Côté, 2007)。可见上页"学以致用"栏，确保参加青少年体育运动联盟活动能给儿童带来积极的学习体验。

观察与倾听

看一场青少年足球、棒球或冰球运动联盟的比赛。教练和父母是鼓励孩子们的努力和技能的提高，还是过于关注胜负？举出成人和儿童行为的例子。

6. 人类进化的影响

在公园里观察儿童，注意他们怎样互相扭打、翻滚、击打和彼此追赶，在微笑和大笑中转换角色。这种友好的追逐打闹游戏被称为**嬉闹游戏**(rough-and-tumble play)。它出现在学前阶段，在小学期达到高峰 (Pellegrini, 2006)，许多文化中的儿童都会与好朋友一起投入其中。

人类儿童的嬉闹游戏类似于其他年幼哺乳动物的社会行为。它似乎发源于父母与婴儿之间的身体游戏，特别是父亲与儿子之间的身体游戏（见第 6 章边页 203-204）。嬉闹游戏在男孩中更常见，或许因为出生前就受到雄激素的影响，所以男孩倾向于活跃的游戏（见第 8 章）。

在人类进化历程中，嬉闹游戏对格斗技能的形成非常重要。它还帮助儿童建立**支配等级**(dominance hierarchy)——一种稳定的群体成员等级，可以预测出现冲突时谁会取胜。针对儿童间的争吵、威胁和身体攻击的研究发现，输赢结果的一致性在小学期逐渐稳定，特别是在男孩中。支配等级一旦确立，敌意就很少了。在挑战同伴的支配地位之前，儿童似乎把嬉闹作为一个评估同伴实力的安全环境 (Fry, 2014; Roseth et al., 2007)。嬉闹游戏提供了应该如何克制地处理互动中的争斗的经验。

当儿童进入青春期时，力量的个体差异变得明显，嬉闹游戏则开始减少。如果有嬉闹游戏，其意义也已不同，青春期男孩的嬉闹游戏与攻击性相关联 (Pellegrini, 2003)。与儿童不同，青少年的嬉闹游戏带有欺骗性，他们会伤害对手。在辩解的时候，男孩常常说他们是在报复，实际显然是为了在他们的同伴当中重新确立支配地位。于

在人类进化过程中，友好而非攻击性的嬉闹游戏可能对人的格斗技能和建立支配等级发挥了重要作用。

是，嬉闹从童年期限制攻击的游戏，到青少年期变成了敌对游戏。

7. 体育

体育活动有益于儿童许多方面的发展，包括身体健康、自尊、认知和社交技能。但是，为了把更多的时间用于教学，80% 的美国学区不再要求小学安排每天的锻炼时间 (Centers for Disease Control and Prevention, 2014b)。虽然美国多数州都要求有一定时间的体育课，但只有 6 个州在每个年级都这样做，只有一个州要求小学每天至少有 30 分钟的体育课，初中和高中每天至少有 45 分钟的体育课。在中小学生中，缺乏身体活动的现象很普遍：只有不到 30% 的 6～17 岁中小学生，

在美国政府建议的每周三天健康日中，每天参加 60 分钟中等强度的活动，包括一些会让人呼吸急促和出汗的强度较大的活动 (Centers for Disease Control and Prevention, 2014f)。随着向青少年期的过渡，身体活动逐渐减少，女孩比男孩减少更多。

许多专家认为，学校不仅应当安排更多的体育课，而且应当减少对竞技体育的重视，因为竞技体育无益于身体条件差的学生。体育课应当重视非正规的游戏和最有益于增强耐力的个人锻炼。积极参加体育锻炼的儿童很可能成为积极锻炼的成人，并从中获益多多 (Kjønniksen, Torsheim, & Wold, 2008)，包括身体更强壮，对普通感冒、流感、心血管疾病、糖尿病和心脏病等许多疾病具有抵抗力，心理更健康，以及寿命更长。

思考题

联结 从小学时期的以下健康问题中选择一个说明遗传和环境的影响：肥胖症、近视、哮喘病、意外伤害。

应用 9 岁的艾莉森觉得她不擅长体育，因此不喜欢体育课。请帮她的老师出些主意，以激发她对体育活动的兴趣和积极性。

反思 你小时候是否参加过成人组织的体育活动？教练和家长创造了什么样的学习氛围？

第二部分　认知发展

在雷娜到小学给 6 岁的莉琪注册入学那天，莉琪大声叫着："终于！我终于上真正的学校了，就像乔伊一样！"莉琪自信地走进附近一所小学，她已准备好进行那种更讲纪律的学习。一天早上，她和同学们在一个阅读小组一起写班级日志，做加减运算，为一个科学项目而把收集的树叶进行分类。随着莉琪和乔伊年级的升高，他们能应对

越来越复杂的项目，在阅读、写作、数学技能和获取有关世界的一般知识方面变得更加熟练。

为了了解小学期的认知成就，本章先介绍由皮亚杰的理论和信息加工观点衍生出来的研究；然后讨论智力的扩展性定义，它将有助于我们正确看待个体差异；接着讨论在小学期发展更好的语言；最后来看学校在儿童发展中的作用。

一、皮亚杰的理论：具体运算阶段

9.7　具体运算思维的主要特征是什么？

9.8　讨论对具体运算思维的后续研究

莉琪 4 岁进入我的儿童发展实验班时，皮亚杰的守恒问题一下子就把她难住了（见第 7 章边

页 229）。例如，把水从一个高而细的杯子倒入一个矮而粗的杯子时，她认为水量发生了变化。但

是，当莉琪 8 岁再来回答这个问题的时候，她觉得很容易："水量当然一样了！""水变矮了，但同时也宽了。把它倒回来，"她跟测试她的大学生说，"你看，水还是那么多。"

1. 具体运算思维

莉琪已经进入了皮亚杰的**具体运算阶段**(concrete operational stage)，这一阶段大约从 7 岁持续到 11 岁，思维比幼儿期更有逻辑性、灵活性和组织性。

（1）守恒

完成守恒任务的能力被称为运算，即遵从逻辑规则的心理活动。莉琪已经能够去中心化，能够关注问题的几个方面并把它们联系起来，而不是只关注一个方面。莉琪还表现出**可逆性**(reversibility)，这是一种逐步思考问题的各个步骤后，从心理上逆转方向、回到出发点的能力。第 7 章讲过，可逆性是逻辑运算的一部分。小学生已经稳定地形成了这种能力。

（2）分类

7~10 岁期间，儿童可以通过皮亚杰的类包含问题的测试（见边页 230）。这意味着他们对等级分类有了清楚的认识，能够同时关注一个一般类别和两个特殊类别之间的关系，也就是一次关注三种关系。他们能够更好地抑制自己对两个特定类别（蓝花和红花）从感知上加以比较的习惯性策略，而把每个特定类别和一个不那么明显的一般类别关联起来 (Borst et al., 2013)。小学生的分类技能得到了提高，这在他们收集珍贵物品的热情中显而易见。10 岁时，乔伊花许多时间来整理他的棒球卡。他先按联盟和球队分类，再按击球位置和击球率分类。他能把球手归入不同的类和亚类，还能轻松地把他们重新排列。

（3）排序

排序 (seriation) 指按某个数量维度（如长度或重量）对物体进行排列的能力。为了检验这种能力，皮亚杰让儿童把长短不同的木棍按从短到长

的顺序排列。较大的幼儿能够把木棍排好，但他们只能偶尔做到，并且会犯许多错误。而 6~7 岁的儿童则能够按顺序有效地排出序列：先拿最短的，然后是稍长些的，最后拿最长的。

处于具体运算阶段的儿童还能从心理上按照某个数量维度对项目进行排序，这种能力称为**传递推理** (transitive inference)。在一个著名的传递推理问题中，皮亚杰给儿童展示一些颜色不同的成对木棍。通过观察木棍 A 比木棍 B 长、木棍 B 比木棍 C 长，儿童必须推算出，木棍 A 比木棍 C 长。和皮亚杰的类包含任务一样，传递推理需要儿童同时整合三种关系，在这个例子中就是 A-B、B-C 以及 A-C 的关系。只要能记住前提条件（A>B 和 B>C），那么 7~8 岁儿童就能掌握传递推理 (Wright, 2006)。如果把这一任务与儿童的日常生活经验相关联，例如，比较两个卡通人物比赛中的胜负，那么，6 岁儿童就能完成 (Wright, Robertson, & Hadfield, 2011)。

（4）空间推理

皮亚杰发现，学龄儿童对空间的理解比幼儿更准确。来看看儿童的**认知地图** (cognitive maps)，即他们对熟悉的较大空间，如教室、学校或社区

分类能力的提高是小学生对收集物品感兴趣的基础。这个 10 岁男孩在整理他收集的很多岩石和矿物并对它们进行分类。

305 的心理表征。画出或阅读一幅较大空间的地图，需要相当好的观点采纳能力。因为不能同时看到完整的空间，所以儿童必须把各个独立部分联系起来，推断出完整轮廓。

幼儿和低年级小学生能够在他们画的一间房间的地图上做出地标，但是他们的地标并不总是正确的。如果让他们用贴纸表示桌子和人在房间地图上的位置，他们会做得更好。但是，如果地图被旋转，与房间方向一致，他们就很难做到（Liben & Downs, 1993）。在被旋转的地图上识别地标时，7 岁儿童可以借助在房间里走动的机会来帮助识别（Lehnung et al., 2003）。对房间的积极探索使他们从不同的、有利的位置体验地标，因而形成了更灵活的心理表征。

对于大比例尺的户外环境，很多儿童要到 9 岁才能在地图上准确地用贴纸来标注地标。如果儿童能自发地想办法，例如，旋转地图，或找到他们在地图上的行走路线，从而帮助他们把地图上的点与他们当前位置对准，那他们的表现就会更好（Liben et al., 2013）。大约在这个年龄，儿童绘制的大比例空间地图更有条理，能够沿着有组织的行进路线显示出地标。同时，儿童还能说出从一个地方到另一个地方的清晰、条理分明的指令。

在小学期结束时，大多数儿童能形成一个准确的大比例尺空间整体观。他们能轻松地绘制和阅读地图，即使地图的方向和它所代表的空间不对应（Liben, 2009）。10~12 岁的儿童还掌握了比例尺概念——空间与其在地图上的表征之间的比例关系（Liben, 2006）。他们意识到，在解释地图符号时，制图者赋予的意义取代了物理上的相似性，例如，绿点（而不是红点）表明消防车的位置（Myers & Liben, 2008）。

文化特征也会影响儿童的地图绘制。在很多非西方社会，人们很少使用地图来找路，而是依靠邻居、街头小贩和店主提供的信息。与西方同龄人相比，非西方国家的青少年很少开车，而更多选择步行出行，这使他们更熟悉周围环境。研究者请印度和美国小城市的 12 岁儿童绘制他们的社区地图，印度儿童在他们家周围的一个小区域里画出了各种地标和社会生活的方方面面，比如人和车辆；相比之下，美国儿童画了一个更正式的、扩展的空间，突出了主要街道和重要的方

向（南北、东西方向），但很少有地标（见图 9.4）（Parameswaran, 2003）。美国儿童画的地图在认知 306 成熟度方面得分更高，但这种差异反映了对这项任务的不同文化解读。当被要求画一张"帮助人们找到路"的地图时，印度儿童画的空间和美国孩子画的一样有条理。

2. 具体运算思维的局限

"具体运算"这一名称表明这种思维还有一个重要的局限性：儿童只有在处理他们能够直接感知的具体信息时，才会以有组织、有逻辑的方式进行思考。他们的思维活动在处理抽象的东西时效果很差，而抽象的东西在现实世界中看不见摸不着。来看儿童对传递推理问题的解决办法。当看到长度不等的几对木棍时，莉琪很容易就会做传递推理。但是把问题抽象化，她就有困难："苏珊比萨丽高，萨丽比玛丽高。谁最高？"儿童通常要到 11 或 12 岁才能解决这个问题。

逻辑思维一开始是与即时情况相联系的，这有助于说明具体运算推理的一个特殊特征：儿童是一步一步掌握具体操作任务的。例如，他们通常先掌握数的守恒，然后是长度守恒、液体守恒、数量守恒和质量守恒。这种对逻辑概念的习得连续体（或逐渐掌握）是具体操作思维局限性的另一个标志（Fischer & Bidell, 1991）。小学生还没有掌握一般逻辑规则并把它们应用于所有的相关情境中。他们似乎是分别得出每个问题的逻辑的。

3. 对具体运算思维的后续研究

按照皮亚杰的观点，大脑发育与在丰富、变幻的外部世界中获得的经验，会引领儿童到达具体运算阶段。但是有很多证据表明，特定的文化和学校教育对于掌握皮亚杰任务有很大影响

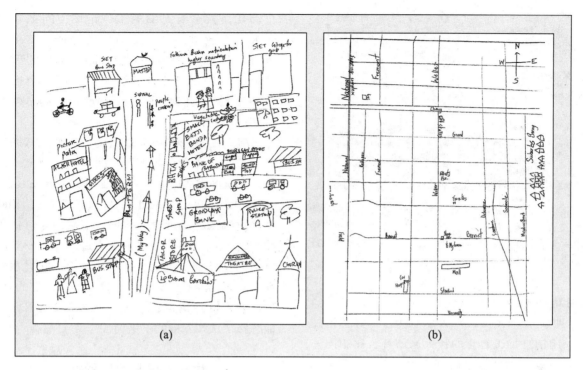

图 9.4　印度和美国的小学高年级学生画的地图

(a) 印度儿童画了许多地标和自己家附近小区域内社会生活的特征。(b) 美国儿童画了一个更大的空间，突出了主要的街道和重要的方向，但是很少涉及地标和人物。资料来源：G. Parameswaran, 2003, "Experimenter instructions as a Mediator in the Effects of Culture on Mapping One's Neighborhood," *Journal of Environmental Psychology, 23*, pp. 415–416.

(Rogoff, 2003)。而信息加工研究则有助于解释儿童在小学期对逻辑概念的逐步掌握。

（1）文化和学校教育的影响

在部落和乡村社会中，守恒能力常常发展迟缓。例如，尼日利亚的豪萨人 (Hausa) 生活在很小的农业定居点，他们的孩子很少上学，因此即便是最基本的守恒任务，如数的守恒、长度守恒和液体守恒，儿童也不能理解，直到 11 岁或 11 岁以后才能学会 (Fahrmeier, 1978)。这表明，参与相关的日常活动有助于儿童掌握守恒和皮亚杰的其他任务。例如，乔伊和莉琪会通过平均分配思考怎样才算公平，公平是他们所处文化重视的一种价值观。他们经常与朋友平等分配物品，比如万圣节食品和柠檬汁。因为他们经常看到相同数目的物品以不同的方式被派发，因此很早就掌握了守恒。

学校学习经验能够促进儿童对皮亚杰任务的掌握。在对年龄相同的儿童进行测验时，上学时间较长的儿童在传递推理问题上表现得更好 (Artman & Cahan, 1993)。儿童对物体进行排序、对顺序关系的掌握，以及对复杂问题内容的记忆可能发挥了作用。但是，学校以外的非正式经验也能培养运算思维。墨西哥南部辛纳坎特科部落的印第安女孩在 7～8 岁时还没上学，而要认真地学习织布。她们通过心理转换来弄明白织布机上弯曲的线绳是怎样变成布料的，这正是具体运算阶段期望能够完成的推理 (Maynard & Greenfield, 2003)。同年龄的北美儿童虽然在皮亚杰任务上的表现比辛纳坎特科部落儿童好得多，但是对织布问题却一窍不通。

研究者根据这些发现得出结论：皮亚杰任务所需的逻辑形式在很大程度上受到训练、情境和文化条件的影响。这种观点是否让你想起前几章中讲过的维果茨基的社会文化理论？

（2）关于具体运算思维的信息加工观点

小学期逻辑概念的逐步掌握向我们提出了有关皮亚杰理论的一个熟悉的问题：向逻辑思维发生突然的阶段性转换，这是不是描述小学期认知

墨西哥南部辛纳坎特科部落的印第安女孩正在学习传统的背带式织布法。北美女孩在皮亚杰任务上表现更好，但是辛纳坎特科部落的儿童更擅长领会织布机上弯曲的线绳变成织好的布的复杂心理转换。

发展的最好方式呢？

307   一些新皮亚杰主义理论家认为，运算思维的发展，用信息加工容量的扩大来解释，比用向一个新阶段的突然转换来解释更好。例如，罗比·凯斯 (Robbie Case, 1996, 1998) 提出，每个皮亚杰阶段内的变化和阶段之间的过渡，主要都得益于儿童利用其有限的工作记忆的效率的提高。凯斯认为，随着大脑发育和练习，认知图式的应用速度更快，需要的注意力逐渐减少，而且变得更加自动化。这就释放了工作记忆的空间，使儿童能集中注意力来合并旧图式、生成新图式。例如，把水从一个杯子倒进另一个形状不同的杯子时，儿童起先只能注意到液体高度发生了变化，随着理解逐渐变得熟练，儿童就能注意到液体宽度的变化。很快，儿童就能调整这些观察，懂得了液体守恒。随着逻辑观念的逐渐熟练，儿童会把它迁移到难度更大的情境中，例如质量守恒任务中。

当皮亚杰阶段的一个图式加工达到充分的自动化，就会有足够的工作记忆空间把它们整合为一个改进的、广泛适用的表征。结果，儿童就从具体运算过渡到复杂而系统化的形式运算思维推理。这使他们能在更多情境中进行有效的思考。我们将在第 11 章形式运算思维部分对其进行讨论。

凯斯的理论和新皮亚杰主义的观点有助于解释，为什么儿童会在不同时间的特定情境中而不是一次全部掌握这些运算思维 (Andrews & Halford, 2011; Barrouillet & Gaillard, 2011a)。首先，相同的逻辑思维的不同形式，例如，不同的守恒任务在加工需求上不同，那些后来通过的守恒任务需要更多的工作记忆空间。其次，对于不同类型的任务，儿童的经验差异很大，这影响了他们的表现。与皮亚杰的理论相比，新皮亚杰主义的研究更好地解释了认知发展的不平衡性。

（3）对具体运算阶段的评价

小学生在解决很多问题时比学前儿童更有条理、更理性，皮亚杰在这一点上是正确的。但是，关于这种差异是由于逻辑技能的连续提高，还是像皮亚杰的阶段论所假设的，是由于儿童思维的不连续的重构，研究者们仍有分歧。许多人认为，两种变化可能都有 (Andrews & Halford, 2011; Barrouillet & Gaillard, 2011b; Case, 1998; Mascolo & Fischer, 2015)。

在小学期，儿童能应用逻辑图式完成更多的任务。在这个过程中，他们的思维发生了质变，逐渐能够在理解基础上掌握逻辑思维的原则。皮亚杰本人也意识到，儿童可以逐步掌握守恒和其他任务。因此，把皮亚杰理论和信息加工学说相结合，或许能更好地解释小学期的认知发展。

思考题

联结 观点采纳能力和符号理解的进步对小学生绘制和使用地图能力有何帮助？

应用 9 岁的阿德里安娜会花很多时间帮她父亲在木器店做家具。这一经验怎样使她在皮亚杰排序问题上有良好表现？

反思 皮亚杰关于儿童具体运算阶段的观点，你同意哪些？不同意哪些？引用研究证据来说明。

二、信息加工

9.9　描述小学期的执行机能和记忆以及使儿童获得这些进步的影响因素

9.10　描述小学儿童的心理理论和自我调控能力

9.11　讨论当前有关小学儿童阅读和数学教学的争论

与皮亚杰关注认知的整体变化不同，信息加工研究考察思维的不同方面。前面在讨论凯斯的理论时曾提到，小学期的工作记忆能力持续增强，执行机能的其他方面也取得进步，包括注意控制和做计划。记忆策略和自我调节能力则进步显著。所有这些进步都对知识学习有重要影响。

1. 执行机能

小学期，前额皮层持续发育，前额皮层与大脑较远区域的联系增强。神经纤维的髓鞘化稳步进行，其中变化最突出的是连接大脑两半球的前额皮层和胼胝体 (Giedd et al., 2009; Smit et al., 2012)。随着前额皮层和其他脑区之间相互连接加强，前额皮层成为更有效的"执行者"，监督着神经网络的整体功能。

因此，执行机能得到显著提高 (Xu et al., 2013)。儿童在处理越来越困难的任务时，需要综合运用工作记忆、抑制和灵活转换注意力，这反过来又促进了做计划、思维策略、行为自我监控和自我矫正等方面的进步。

遗传力证据表明，遗传对执行机能有相当大的影响 (Polderman et al., 2009; Young et al., 2009)。分子遗传分析正在查明与执行机能如抑制力和灵活思维的严重缺陷有关的特定基因，这些缺陷直接导致学习和行为障碍，包括儿童注意缺陷多动

障碍 (ADHD)（可参考本节的"生物因素与环境"专栏）。

但是，在正常和非正常发育的儿童中，遗传与环境因素都共同影响着执行机能。第 3 章讲到，产前畸胎会损害执行机能，包括冲动控制、注意和做计划。第 7 章还讲到，贫穷家庭由于长期面临压力和教养不当，也会削弱儿童的执行机能。当我们转向小学期执行机能各成分的发展时，我们的讨论将再次证实，支持性的家庭和学校经验是实现最佳发展的必要条件。

（1）抑制和灵活转换注意力

小学儿童更善于有意识地关注任务的相关方面，并抑制不相关的反应。研究者用于探讨儿童注意的选择性是否有增强的一种方法是，在一个任务中引入无关刺激，观察儿童对其中核心要素的关注程度。结果发现，儿童的成绩在 6～10 岁显著提高，且一直贯穿整个青少年期 (Gomez-Perez & Ostrosky-Solis, 2006; Tabibi & Pfeffer, 2007; Vakil et al., 2009)。

年纪稍大些的儿童更善于灵活地根据任务要求转移注意力。在完成规则使用任务时，需要频繁地切换规则，给包含冲突线索的图片卡排序（参见第 7 章边页 238 的例子），随着年龄增长，小学生能稳步地记住更复杂的规则，规则转换得更快更准确。这使我们想起，灵活转换的好处来自抑制力的获得（它使儿童能够忽略暂时无关的规则）和工作记忆容量的扩大（它帮助儿童同时记住多个规则）。

总之，注意的选择性和灵活性在小学期得到更好的控制因而更有效 (Carlson, Zelazo, & Faja, 2013)。面对越来越复杂的干扰因素，儿童能更快地调整注意，这些技能有助于更有条理、更有策略地处理具有挑战性的任务。

（2）工作记忆

凯斯的理论强调，工作记忆得益于思维效率

小学生的执行机能有明显提高。他们可以完成越来越复杂的任务，比如这个关于洪泛区是如何形成的科学项目，这些任务需要将工作记忆、抑制和灵活转换注意力结合起来。

308

的提高。在不同文化中，儿童从6岁到12岁，加工各种认知任务的信息所需的时间逐渐缩短，可能是由于髓鞘化和大脑皮层区域之间的连接增强(Kail & Ferrer, 2007; Kail et al., 2013)。一个思维敏捷的人能够同时记住并加工更多的信息。但是，工作记忆能力存在个体差异，因为它们可以预测许多学科的智力测验得分和学习成绩，所以特别值得关注(DeMarie & Lopez, 2014)。

在阅读和数学方面持续面临学习困难的儿童，其工作记忆往往有缺陷(Alloway et al., 2009)。对工作记忆有缺陷的小学生的观察显示，他们经常无法完成需要大量记忆的学校课业(Gathercole, Lamont, & Alloway, 2006)。他们不能遵循复杂指令，在多步骤的课业中不知道自己该怎么做，不得不在完成课业之前就放弃。这些儿童学习起来很吃力，因为他们不能记住足够的信息来完成作业。

与经济条件优越的同学相比，贫困家庭的儿童在工作记忆任务中的得分更低。一项研究发现，在贫困中度过的童年岁月可以预测成年早期工作记忆的减少(Evans & Schamberg, 2009)。童年期对压力的神经生物学测量结果，如血压升高、应激激素包括皮质醇水平偏高，可以在很大程度上解释贫穷与工作记忆之间的联系。正如本书第4章讲到的，长期的压力会损害大脑的结构和功能，特别是前额皮层及其与海马体的连接，而工作记忆容量正是由海马体控制的。

大约15%的儿童的工作记忆得分很低，他们大多在学习上很困难(Holmes, Gathercole, & Dunning, 2010)。如果家长和教师能够调整学习任务，减轻他们的记忆负担，则将对这些儿童的学习很有帮助。其他有效方法还有：用熟悉词汇和短句子交流，重复任务指令，把复杂任务分解成易处理的步骤，鼓励儿童使用辅助手段加强记忆，例如，在写作时列出有用的短句，或在做数学作业时列出数字(Gathercole & Alloway, 2008)。

---

309 专栏　　　　　　生物因素与环境

注意缺陷多动障碍儿童

当五年级学生们都在座位上安静地学习的时候，卡尔文晃椅子，扔铅笔，向窗外张望，不停地拨弄他的鞋带，还大声地对在教室里和他隔着很远的乔伊喊道："嗨，乔伊！放学后想打球吗？"但是乔伊和其他孩子并不想和卡尔文一起玩。在操场上，卡尔文身体笨拙，不遵守体育规则。他在击球次序上总出错。在外场上，当球朝他飞去的时候，他在看着别处。卡尔文的书桌总是乱七八糟的。他常常弄丢铅笔、书本和做作业需要的材料，他记不住老师留的作业和交作业的时间。

1. 多动症的症状

卡尔文是一名患有**注意缺陷多动障碍**(attention-deficit hyperactivity disorder, ADHD, 简称多动症)的儿童，这类儿童在美国小学生中约占5%，症状包括注意力不集中、冲动、身体活动过多并导致学习和社交问题(American Psychiatric Association, 2013; Goldstein, 2011)。确诊的男孩数量是女孩的2~3倍。不过，许多患有多动症的女孩似乎被忽略了，要么因为她们的症状不明显，要么因为性别偏见：一个难相处、有破坏性的男孩更容易被转诊治疗(Faraone, Biederman, & Mick, 2006)。

患有多动症的儿童在需要心理努力的任务上难以保持超过几分钟的注意力。他们常常冲动行事，无视社会规则，受挫时充满敌意地攻击他人。其中许多人（不是全部）过度活跃，使父母和老师疲惫不堪，过度的活动也会招惹其他孩子。确诊为多动症的儿童，上述症状必须在12岁之前就已出现，并持续存在。

由于注意力集中困难，多动症儿童的智商得分低于其他儿童，这种差异主要是由一个分数显著低于平均水平的小亚群体造成的(Biederman et al., 2012)。研究者认为，执行机能缺陷是多动症症状的基础。患有多动症儿童的抑制分心行为和无关信息的能力有缺陷，工作记忆容量小(Antshel, Hier, & Barkley, 2015)。因此，他们在学习和社交场合难以持续地集中注意力、做计划、记忆、推理和解决问题，经常无法控制挫折感和强烈的情绪。

2. 多动症的起源

多动症在家族中遗传，有很高的遗传性：同卵双生

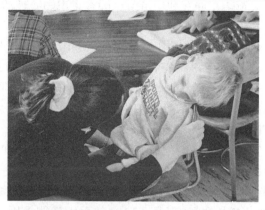

这个孩子在学校里经常捣乱。患有多动症的儿童很难坚持完成任务，而且经常冲动行事，忽视社会规则。

子同时患此病的比例高于异卵双生子 (Freitag et al., 2010)。患多动症的儿童表现出异常的大脑功能，相关脑区的脑电波和血流活动减少，前额皮层和其他涉及注意、行为抑制和运动控制区域的结构异常 (Mackie et al., 2007)。此外，患多动症儿童的大脑发育较慢，总体积比未患此病症的同龄人小 3%，大脑皮层较薄 (Narr et al., 2009; Shaw et al., 2007)。一些会破坏神经递质 5-羟色胺（参与抑制和自我控制）和对认知加工来说是必需的多巴胺功能的基因已被查明与此病有关 (Akutagava-Martins et al., 2013)。

多动症还与环境因素有关。孕期使用致畸物（如烟草、酒精、非法药物）和环境污染，与注意力不集中和多动症有关。此外，多动症患儿的父母更可能有心理障碍，并且来自压力大的家庭 (Law et al., 2014)。这些情况通常会加重患儿原有的困难。

3. 多动症的治疗

医生给卡尔文开了一些兴奋剂，这是治疗多动症的常用药。它们可增加前额皮层的活动，从而减少冲动和多动症状，服用这些药物的多数儿童，注意力有所提高 (Connor, 2015)。

药物治疗本身不足以帮助儿童解决日常情况下的注意力不集中和冲动问题。到目前为止，最有效的治疗方法是将医疗干预与提供执行机能训练的干预相结合，通过干预，向儿童提供榜样示范，并对适当的学习和社交行为给予强化 (Smith & Shapiro, 2015; Tamm, Nakonezny, & Hughes, 2014)。

家庭干预也很重要。注意力不集中、过度活跃的孩子会让父母失去耐心，使父母做出惩罚性的、前后矛盾的反应。这种教育方式会强化违抗、攻击行为。研究表明，在 45%~65% 的案例中，这两种行为问题会同时出现 (Goldstein, 2011)。

多动症通常是一种终生疾病。患有多动症的成年人仍然需要帮助来改善他们的环境，调节消极情绪，选择恰当的职业，并且把他们的病情看作一种生物性缺陷而不是性格缺陷。

（3）执行机能训练

越来越多的研究证实，儿童的执行机能可以通过训练得到提高，而这对学习成绩和社交能力都有好处 (Müller & Kerns, 2015)。直接和间接的训练方法都是有效的。

为了增强注意控制和工作记忆，研究者经常在交互式电脑游戏中嵌入直接训练。在一项研究中，让 10 岁儿童玩包含工作记忆训练的游戏，每周 4 次，共 8 周，结果显示，其工作记忆容量、智商得分、拼写和数学成绩都有显著进步，超过了玩这种游戏较少或根本不玩的同学 (Alloway, Bibile, & Lau, 2013)。训练结束 8 个月后，工作记忆、智商和拼写能力仍能保持领先。

可以间接促进执行机能的方法是让儿童多参加本书边页 300 介绍的锻炼活动。另一种越来越引起人们关注的间接方法是正念训练，这种训练类似于供成人使用的冥想和以瑜伽为基础的练习，鼓励儿童把注意力集中在当前的思想、情感和感觉上，而不对它们做出评判。例如，让儿童注意自己的呼吸，或者操纵一个放在背后的物体，同时注意对它有何感觉 (Zelazo & Lyons, 2012)。如果他们的注意分散了，就告诉他们，把注意力拉回到当下。正念训练可以提高小学生的执行机能、学习成绩，增加亲社会行为，培养积极的同伴关系 (Schonert-Reichl & Lawlor, 2010; Schonert-Reichl et al., 2015)。正念所需要的持续的注意力和反思，似乎有助于儿童避免仓促判断、分散思想和情绪以及冲动行为。

（4）做计划

在小学期，对多步骤任务做计划的能力不断提高。在包含几个部分的任务中，年长儿童会更有

310

这些小学四年级学生在课间休息时做冥想，冥想需要集中注意力和进行反思。冥想等正念训练能提高执行机能、学习成绩，增加亲社会行为，培养积极的同伴关系。

条理地决定先做什么，后做什么。到小学期结束时，儿童会提前做计划——对所有步骤做出评价，看这些步骤能否让他们实现目标 (Tecwyn, Thorpe, & Chappell, 2014)。9 岁和 10 岁的儿童可以提前做计划，能预测他们计划中开始的步骤将会怎样影响以后步骤的实施效果，并相应地调整他们的整个计划。

第 7 章曾讲到，儿童与更擅长做计划的人合作，就能从中学到很多关于做计划的知识。随着年龄的增长，他们在这些共同努力中承担的责任更多，比如，就做计划的方法和任务材料的组织提出建议。学校课业的要求，以及家长和老师对怎样做计划所做的辅导，都能帮助小学生提高做计划的能力。

但是，在成人主宰的活动中儿童做计划的机会可能会被剥夺。在一项研究中，研究者让一年级和二年级学生小组排练将要给全班表演的节目，并对这一过程进行录像 (Baker-Sennett, Matusov, & Rogoff, 2008)。一些小组由儿童领导，另一些则由成年志愿者领导。儿童领导的小组七嘴八舌地订出各种计划，提出具有集体创造性的主题，大家为节目的细节献计献策。而成人领导的小组却是另外一种景象，成人事先订好节目的计划，儿童则把大部分时间花在背台词之类的非计划活动上。这样，成人就错过很多宝贵的机会——让儿童自己担责任，同时为他们做计划的行为搭建脚手架，如果需要就提供指导和支持。

2. 记忆策略

随着注意能力的提高，记忆策略也有所发展。

记忆策略是储存和保持信息的有意识的心理活动。当莉琪要学习好多东西，比如在记美国各州的首府名称时，她会使用**复述** (rehearsal)，即不断重复信息。之后是第二种记忆策略**组织** (organization)，它是把相关的材料加以分组（例如，记国家同一地区所有州的首府的名称），这种方法可以大大提高回忆的成绩 (Schneider, 2002)。

记忆策略的完善需要时间和努力。例如，8 岁的莉琪只会做碎片式的复述。在向她呈现一系列项目（其中包含"猫"这个单词）之后，她说"猫、猫、猫"。但是，10 岁的乔伊就能采用一种更有效的方法，把以前学过的词语和每个新词结合起来，说"桌子、男人、院子、猫、猫"。这种有意识累积的方法，使相邻单词为彼此建立起背景，从而触发回忆，能提高记忆效果 (Lehman & Hasselhorn, 2012)。莉琪经常通过将日常物品组织起来进行联想（帽子—头，胡萝卜—兔子），乔伊则基于共同的属性（衣服，食物，动物），像分类学那样对物品进行分类，从而使类别更少，这是一种能产生较好记忆效果的方法 (Bjorklund et al., 1994)。此外，乔伊还经常把几种策略结合起来，例如，对物品加以组织，说出类别的名称，最后进行复述 (Schwenck, Bjorklund, & Schneider, 2007)。儿童同时使用的策略越多，他们就记得越好。

到小学期末，儿童开始使用**精加工** (elaboration) 策略，即在不属于同一类别的两条或多条信息之间建立一种关系或者共同意义。例如，要记住"鱼"和"烟斗"这两个词，可以做言语陈述或生成心理映像，"一条鱼在吸烟斗" (Schneider & Pressley, 1997)。这种需要相当多的努力和工作记忆空间的高效记忆策略，在青少年期使用越来越普遍。*311*

因为组织和精加工策略把多个项目整合成意义组块 (meaningful chunks)，这些组块使儿童每次能掌握更多的信息，从而扩大了工作记忆的容量。此外，当儿童把一个新项目和已掌握的信息联系起来时，他们就能通过思考与之有关的其他项目，轻松提取这个新项目。这也有助于学龄期记忆能力的提高。

3. 知识与记忆

在小学期，儿童的一般知识基础或语义记忆

变得更扎实，并组织成越来越精细、具有层次结构的网络。知识的快速增长有助于儿童使用策略和记忆 (Schneider, 2002)。对一个主题了解得越多，新的信息就越有意义，也就越容易存储和提取。

为了检验这种观点，研究者把四年级学生按照所掌握足球知识的多少分为熟练组和新手组，给两组一些有关足球和非足球的条目进行学习。熟练组对足球条目的记忆数量远远多于新手组（但是非足球条目并非如此）。在回忆时，熟练组对条目的列举更有组织性，这一点可以从他们对条目的分类看出来 (Schneider & Bjorklund, 1992)。这些发现说明，知识丰富的儿童只要付出很少的努力，或毫不费力就能把知识组织进专门区域。最终，熟练组学生能够投入更多的工作记忆资源，根据回忆起来的信息进行推理和解决问题。

但是，知识并不是儿童策略性记忆加工的唯一重要因素。精通某一领域的儿童通常有很强的动力。这使他们不仅能更快地获取知识，并且能主动运用他们所知道的内容扩充更多的知识。相反，学习不成功的儿童不懂得如何利用先前存储的信息来解释新内容，这就影响了知识面的扩展 (Schneider & Bjorklund, 1998)。所以，知识面的扩大和记忆策略的使用会互相促进。

4. 文化、学校教育和记忆策略

反复被证实的一项研究结论是，生活在乡村文化中，没有受过正规教育的人，不会使用也不

利马郊区一个棚户区的孩子们正在使用秘鲁政府提供的笔记本电脑。社会现代化提供的现代交流和读写资源，与认知能力的提高有密切联系。

会受益于记忆策略，因为他们看不到使用这些策略的实际理由 (Rogoff, 2003)。而在课堂教学中要求儿童回忆独立信息片段的任务很常见，这些任务能够激发儿童去使用记忆策略。

社会的现代化——通过书籍、书桌、电力、收音机、电视和其他经济上的优势资源的出现表现出来，与工业化国家通常交给儿童的认知任务的表现密切相关。在一项调查中，研究者对伯利兹、肯尼亚、尼泊尔和美属萨摩亚的城镇进行现代化程度的评估，结果，伯利兹和美属萨摩亚的现代化程度超过了肯尼亚和尼泊尔 (Gauvain & Munroe, 2009)。现代化不仅可以预测受教育水平，还能预测 5~9 岁儿童在记忆测验中的得分，以及一系列其他指标。

总之，记忆策略的发展不仅是一个更有效的信息加工系统的产物，它还取决于任务要求、学校教育和文化环境。

5. 小学生的心理理论

在小学期，儿童的心理理论，即有关心理活动的观念系统变得更加复杂和精确。第 7 章讲过，对思维的反思被称为元认知。小学生反思自己心理活动能力的提高是他们思维进步的另一个原因。

幼儿把头脑看作一个被动的信息容器，小学生则不同，他们把头脑看作一个能够选择和转换信息的主动的、建构性的作用者 (Astington & Hughes, 2013)。因此，他们能更好地理解思维过程以及心理因素对外在表现的影响。例如，随着年龄增长，他们慢慢懂得了有效的记忆策略以及它们发挥作用的原因 (Alexander et al., 2003)。于 *312* 是，儿童逐渐懂得了心理活动之间的关系，例如，记忆是理解的关键，理解反过来又能增强记忆 (Schwanenflugel, Henderson, & Fabricius, 1998)。

小学生对知识来源的理解也有所增强。他们认识到，人不仅能通过直接观察事物和与人交谈来学习知识，而且能凭借心理推断来达到同样的目的 (Miller, Hardin, & Montgomery, 2003)。这种对心理推断的把握使他们加深了对错误观念的理解。在几项研究中，给儿童讲了一个角色对另一个角色的想法的复杂故事。让儿童回答第一个角色认为第二个角色未来会做什么的问题（见

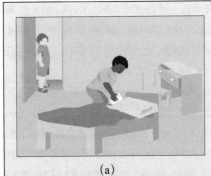 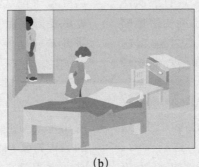 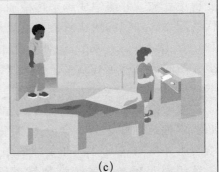

(a) 杰森收到一封朋友来信，丽莎想看看这封信，但是杰森不让她看。杰森把信放到枕头下面。

(b) 杰森离开房间去帮妈妈干活。

(c) 杰森离开后，丽莎拿出信看了。杰森回来看到丽莎，但是丽莎没有看到杰森。丽莎把信放到杰森书桌的抽屉里。

图9.5 一个二级错误观念任务

按照图片顺序讲完故事后，研究者问了一个二级错误观念问题："丽莎认为杰森会到哪儿去找那封信呢？为什么？"7岁左右的儿童能够正确回答这个问题，即丽莎认为杰森会到枕头下面找，因为丽莎不知道杰森看见她把信放到了书桌里。资料来源：Astington, Pelletier, & Homer, 2002.

图9.5）。到6~7岁时，儿童意识到，人们形成了有关别人想法的看法，而这些二级观念可能是错误的！

对二级错误观念的理解使儿童能够查明另一个人产生某种想法的原因 (Miller, 2009; Naito & Seki, 2009)。注意，这需要至少能够从两种角度来看一种情况，也就是说，必须同时推断两个或更多的人在想什么，这种观点采纳形式被称为**递归思维** (recursive thought)。如果我们说下面的话："丽莎以为杰森认为那封信还在他枕头下面，但其实杰森知道信在抽屉里"，那我们就是在以递归的方式思考。

递归思维的能力帮助儿童认识到，人们可以对同一件事有完全不同的解释。例如，7~8岁时，儿童意识到，两个人对同一件事的解释可能大不相同，无论他们对这件事有什么想法和偏见 (Lalonde & Chandler, 2002)。的确，小学生对不同观点新形成的意识是如此强有力，以至于开始的时候，他们会把这种思维过度扩展 (Lagattuta, Sayfan, & Blattman, 2010)。他们常常忽略一个事实，那就是拥有不同过去经验的人，有时意见会一致！

与其他认知成就一样，上学有助于对心理活动形成一种更具反思性的、以过程为导向的观点。在学校里，老师经常要求孩子们记住思维步骤，与同伴分享观点，评估自己和他人的推理，以此来唤起他们对思维活动的注意。

6. 认知自我调控

小学生的元认知能力虽然有所发展，但他们还不善于把有关思维的知识付诸实施。他们还不擅长进行**认知自我调控** (cognitive self-regulation)，即持续监控目标进程，检查结果，对无效的努力加以修正。例如，莉琪知道，在记忆和重读一个复杂的段落时，为了便于理解，她应该把要记的东西进行分组，但是，她常常做不到。

为了探索小学生的认知自我调控，研究者有时会考察有关记忆策略的意识对记忆成果的作用。到了二年级，儿童掌握的记忆策略越多，能记住的东西就越多，这种关系在整个小学时期逐渐加强 (DeMarie et al., 2004)。如果儿童坚持使用某种策略，他们就会加深对策略的了解，从而在元认知与策略运用之间形成双向联系，并促进自我调控 (Schlagmüller & Schneider, 2002)。

认知自我调控是逐渐发展起来的，因为对监督和控制任务结果的要求很高，需要不断地对自己做出的努力和进步进行评价。在整个小学和中学阶段，自我调控都可预测学习成功 (Zimmerman & Labuhn, 2012)。好学生总是知道自己学习中有什么困难，并采取措施克服它们。例如，改善学习环境，复习不懂的教材，或找老师、同学帮忙

313

(Schunk & Zimmerman, 2013)。这种主动、目的明确的学习方式，与成绩差的学生被动的学习方式形成了鲜明对比。

家长和教师能够培养儿童的自我调控能力。在一项研究中，心理学者在三年级开学前的暑假期间观察了父母对孩子在解决问题上的指导。能耐心指出任务的重要特征并提出方法上的建议的父母，其子女在班上亦能较多地讨论解决问题的方法，并且能监控自己的行为 (Stright et al., 2002)。解释策略有效性会特别有帮助，因为它为未来行动提供了理由。

拥有有效的自我调控能力的儿童会形成学习上的自我效能感——对自己能力的自信，而这又促进了未来的自我调控 (Zimmerman & Moylan, 2009)。遗憾的是，一些儿童从父母和教师那里得到的信息会严重损伤他们的学习自尊心和自我调控能力。我们将在第 10 章讨论那些习得性无助的儿童以及帮助他们的方法。

7. 信息加工在学习中的应用

有关信息加工发展的主要结论已经在儿童阅读和数学学习中得到应用。研究者正在查明技能表现中的认知成分，追踪其发展，并通过查明认知技能的差异，对好学生和差学生加以区分。研究者希望在此基础上能设计出促进儿童学习的教学方法。

（1）阅读

阅读需要同时使用好几种技能，调用人的信息加工系统的各个方面。乔伊和莉琪必须理解单个字母和字母的组合，把它们转换成言语声音，识别用肉眼看到的许多常用单词，在解释意义的同时，在工作记忆中贮存课文组块，还要把一段文章各部分的大意整合为容易理解的中心思想。阅读对人的要求之高在于，这些技能中的大部分或者全部都必须自动进行。如果其中一种或几种技能没掌握好，它们将会挤占有限的工作记忆空间，阅读成绩就会下降。

在儿童从刚出现的读写能力向常规阅读过渡的同时，**语音意识**（见第 7 章边页 244）正在推动这一进步。其他信息加工技能也有帮助。加

工速度的提高帮助儿童把视觉符号快速转换为声音 (Moll et al., 2014)。视觉筛查和辨别也起着重要作用，并随着阅读经验的积累而提高 (Rayner, Pollatsek, & Starr, 2003)。有效地运用这些技能可以为理解文本含义等更高层次的活动释放工作记忆空间。

直到最近，研究者就怎样教儿童阅读这一问题的激烈争论仍在持续。主张**整体语言法** (whole-language approach) 的人认为，从一开始，儿童就应该接触完整的文本，如故事、诗歌、信件、海报和清单等。根据这种观点，只要阅读保持完整而且有意义，儿童就有动力去探索他们需要的特殊技能。另一些人倡导**语音法** (phonics approach)，认为儿童应该先接受语音训练，这是把书面文字转换为声音的基本规则。等他们掌握了这些技能之后，再给他们复杂的阅读材料。

许多研究证实，混合使用这两种方法的儿童学得最好。在幼儿园、一年级和二年级，包括语音的教学可以提高儿童的阅读成绩，特别是阅读落后的儿童的阅读成绩 (Block, 2012; Brady, 2011)。学习字母与发音的关系，使儿童能够解码，或理解他们从未见过的单词。然而，过分强调基本技能可能使儿童忽视阅读的目标：理解。如果儿童不问文章意义，只会流利地大声朗读，他们对有效的元认知阅读策略就可能知之甚少。例如，儿童为了应付考试而阅读，势必比为了消遣而阅读更认真；把课文的思想与个人经验和已有知识相联系，才能加深对课文的理解；让儿童用自己的语言解释一个段落，则是对儿童的理解做出评价的好办法。研究发现，从三年级开始，教给学生怎样拓展知识面和怎样阅读，能够提高学生的阅读成绩 (Lonigan, 2015; McKeown & Beck, 2009)。

（2）数学

小学数学教学可以丰富儿童关于数概念和计算的非正式知识；书写符号系统和正规的计算程序则能提高儿童的数字表征和计算能力。在小学前几年，儿童通过频繁地练习、对不同计算方法的尝试（尝试使他们找到更快、更准确的技巧）、对数概念的推理以及教师教的有效学习策略，能够掌握基本的数学原理。最终，儿童能自动得出答案，并把这些知识用到更复杂的问题上。

关于如何教数学的争论围绕着应该先掌握熟练的计算技能，还是先形成"数字感"或对数学的理解的争论展开。同样，将两种方法混合使用是最有效的 (Fuson, 2009)。在基础数学学习中，成绩差的学生常常使用烦琐、容易出错的方法，他们总希望从记忆中快速找到答案。他们没有经过充分尝试，找出最有效的方法，并且以符合逻辑的有效方式对他们的观察加以重组，例如，乘法问题中 2 倍（2×8）就等于两个相同数字相加（8+8）。用这道题来测评他们对数学概念的掌握，发现他们的表现是很差的 (Clements & Sarama, 2012)。这表明，鼓励学生运用策略，并确保他们理解为什么某些策略很有效，对牢固地掌握数学基础知识非常重要。

314

一些更复杂的技能，如加法进位、减法借位、小数和分数运算，也会出现类似情况。死记硬背的儿童会不断地犯错误，运用那些他们记错了的"数学规则"，而之所以有记忆错误正是因为不理解这些规则 (Carpenter et al., 1999)。

一项研究显示，教师越强调概念知识，让学生在练习计算和记忆数学公式之前积极地发现文字题中包含的意义，二年级到三年级学生的数学成绩就越好 (Staub & Stern, 2002)。用这种方法教的学生会正确使用他们对运算之间关系的牢固知识——例如，除法的反面是乘法——来产生高效、灵活的方法。教师鼓励他们用心算来估算答案，如果算得不对，他们也能进行自我纠正。他们还能选择适合问题背景的数学运算。在解文字题时（如杰西花 3.45 美元买香蕉，2.62 美元买面包，3.55 美元买花生酱，10 美元的钞票够支付吗？），他们能够用心算而不是精确计算来快速回答这个问题 (De Corte & Verschaffel, 2006)。

这个四年级学生用大小不同的剪纸来表示分数概念。最有效的数学教学是把重复练习与强调概念理解的教学结合起来。

在亚洲国家，学生会在学习数学方面得到多方的支持，并且擅长数学计算和推理。例如，十进制使亚洲儿童容易掌握数的进位。亚洲语言里数词的结构（十二是 12，十三是 13）使数概念容易理解 (Miura & Okamoto, 2003)。亚洲数词比较短小，发音简单，工作记忆中可以同时保存更多的数字，因此加快了思维的运转速度。此外，中国父母为他们的学龄前儿童提供了大量的计数和计算实践。这些经验使中国儿童在入学前对数学知识的掌握优于美国儿童 (Siegler & Mu, 2008; Zhou et al., 2006)。本章后面会讲到，与美国的课程相比，亚洲的课堂会花更多的时间讲授数学概念和方法，用于练习和重复的时间则较少。

 思考题

联结 解释为什么执行机能的进步对小学生学习阅读和数学非常重要。

应用 莉琪知道，如果在练习钢琴时某个部分出现困难，就应当把注意力集中在那个部分。但是她却从头到尾地练习钢琴曲，而不是练习困难的部分。怎样解释莉琪不会进行认知自我调控这一点？

反思 在你自己的小学数学学习中，对计算技能的重视程度如何？对概念理解的重视程度又如何？你认为二者之间的平衡是如何影响你对数学的兴趣和表现的？

三、心理发展的个体差异

9.12 描述定义和测量智力的主要方法

9.13 描述遗传和环境对智力的影响

6岁左右，智商比早期更稳定，它与学习成绩有中度相关，相关值一般为0.50~0.60。高智商的儿童在成年后更有可能接受高水平的教育，并从事有声望的职业 (Deary et al., 2007)。由于智商可以预测学习成绩和受教育水平，所以它经常被纳入教育决策。智力测验能准确地评价小学生从教学中获益的能力吗？让我们了解一下这个有争议的问题。

1. 智力的定义和测量

315 所有的智力测验都会产生一个总分（智商），它代表一般智力，以及几个衡量特殊心理能力的独立分数。智力是许多能力的集合体，当前已有的测验并不能涵盖所有这些能力 (Carroll, 2005; Sternberg, 2008)。测验设计者使用因素分析来考察智力测验所测量的各种能力。这种方法通过数学计算，根据项目之间的相关程度把所有项目聚集为若干个主成分，同一主成分中，在一个题目上得分较高，在其他题目上得分也较高。一个主成分称为一个因素，代表一种能力。图9.6列出了韦克斯勒儿童智力测验的典型题目。

可以一次测量很多学生的智力测验称为团体施测测验。一次只测一个学生的测验称为个别施测测验，适用于查明高智商儿童和被诊断有学习障碍的儿童。在这种测验中，一位训练有素的施测者不仅要看儿童的答案，还要观察儿童的行为，注意儿童对测验题的关注、兴趣以及施测者的警惕性等等。这些观察结果可以探查测试分数是否准确地反映了儿童的能力。斯坦福－比奈智力测验和韦克斯勒儿童智力测验，这两种个别施测测验尤其常用。

斯坦福－比奈智力量表（第5版） 是根据阿尔弗雷德·比奈 (Alfred Binet) 编制的首个成功的智力测验改编而成的，适用于2岁至成年期的所有人。其最新版本所评估的一般智力包括五个因素：常识、数的推理、视觉空间加工、工作记忆和基本信息加工（如分析信息的速度）。每个因素

都包括一个言语分测验和一个非言语分测验，总共有10个分测验 (Roid, 2003; Roid & Pomplun, 2012)。非言语分测验不需要口头言语，在测量英语能力有限、听力受损或存在言语交流障碍的个体时特别

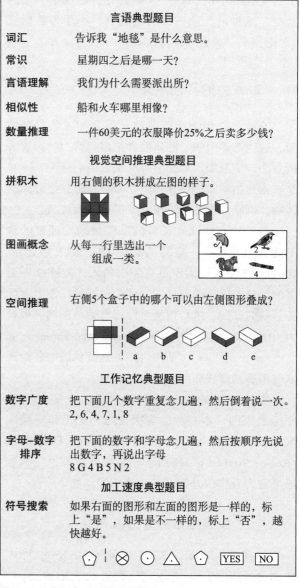

图9.6 儿童智力测验的典型题目
言语典型题目强调文化载荷和事实定向信息。视觉空间推理、工作记忆、加工速度等分别强调信息加工的不同方面，测量的更多是具有生物基础的技能。

有用。常识和数的推理因素强调文化载荷和事实定向信息，例如词汇和算术问题。基本信息加工、视觉空间加工和工作记忆因素则较少受文化影响，它们需要的特定信息很少（见图9.6中的空间推理题）。

韦克斯勒儿童智力量表（第5版）是在6~16岁儿童中广泛使用的测验。它可测量儿童的一般智力，以及可对儿童做出全面评价的五个因素：言语理解、视觉空间推理、流体推理（运用规则进行推理和发现事物之间概念关系的能力）、工作记忆和加工速度 (Weiss et al., 2015)。该量表淡化了受文化影响的知识，其中只有言语理解一个因素涉及这样的知识，目的是提供一个尽可能做到"文化公平"的智力测量工具。

2. 智力的其他定义

当前，心理测验正在涉及信息加工的各个方面。这种趋势引领一些研究者把定义智力的因素分析方法与信息加工取向结合起来。他们认为，一旦能够找到测验成绩好和差的儿童在加工技能方面的区别，就能知道怎样干预可以提高测验成绩。

根据对不同认知任务的反应时间来评定的加工速度与智商有一定的关系 (Coyle, 2013; Li et al., 2004)。神经系统运作更有效率的人，能够存储更多的信息并迅速进行加工，他们在智力技能上占优势。研究证明，执行机能可以强有力地预测一般智力 (Brydges et al., 2012; Schweizer, Moosebrugger, & Goldhammer, 2006)。前面讲过，执行机能的各个要素对很多认知任务的完成非常重要。

316

智力的个体差异并不完全是由儿童自身的原因造成的。本书中已多次讲过，文化和环境因素是如何影响儿童思维的。罗伯特·斯滕伯格（Robert Sternberg）提出了一个综合的理论，该理论把智力看作内外因素综合作用的产物。

（1）斯滕伯格的智力三元论

如图 9.7 所示，斯滕伯格 (Sternberg, 2005, 2008, 2013) 的**智力三元论** (triarchic theory of successful intelligence) 划分出三种相互作用的智力：**分析智力** (analytical intelligence)，或信息加工技能；**创造智力** (creative intelligence)，解决新异

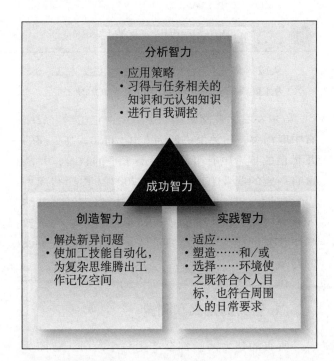

图 9.7 斯滕伯格的智力三元论
行为明智的人会平衡三种相互关联的智力（分析智力、创造智力和实践智力）来获得生活中的成功，这种成功是由他们的个人目标和他们所在文化环境的要求定义的。

问题的能力；**实践智力** (practical intelligence)，智力技能在日常情境中的应用。智力行为就是根据个人目标和文化的需要来平衡三种智力，以在生活中取得成功。

1）分析智力

分析智力由作为所有智力行为之基础的信息加工技能构成，包括执行机能、思维策略、获得知识、认知自我调控。但是，心理测验中，信息加工技能只以很少的几种潜在方式得以应用，结果导致了一种非常狭隘的智力行为观。

2）创造智力

在任何情境中，成功都不仅取决于对熟悉信息的加工，还取决于能提出解决新问题的好办法。具有创造性的人在面对新事物时的思考比别人更具技巧性。面对新任务时，他们能以非常有效的方式运用他们的信息加工技能，并快速使这些技巧变得自动化，因此他们的工作记忆为更复杂的情境内容留出了空间；他们还能快速转向高水平的行为。尽管我们所有人都具有一定的创造性，

但是只有少数人擅长提出新的解决方案。

3）实践智力

智力是一种实践性的、目标导向的活动，旨在适应、塑造或选择环境。聪明人能巧妙地调整思维，既满足自己的需要，也满足周围人的需要。当不能适应情境时，他们会试图塑造或改变情境以满足需要。如果不能塑造情境，他们就会选择能更好地与其技能、价值观或目标相匹配的新情境。实践智力提醒我们，智力行为须臾离不开文化影响。拥有特定生活经历的儿童在智力测验中可能表现得很好，能轻松地适应测验条件，完成测验任务。而其他拥有不同生活经历的儿童可能会回答错误，甚至拒绝进行测验，但是这些儿童往往在日常生活中展现出其他复杂而老练的技能，例如讲故事、参与复杂的艺术活动或巧妙地与别人交往。

三元论强调智力行为的复杂性以及当前智力测验在测量复杂性上的局限。例如，在学校以外，智力的实践形式对于生活成功很重要，它们有助于解释为什么在不同文化中被认为聪明的人在行为上有那么大的不同 (Sternberg et al., 2011)。在肯尼亚的村庄里，被认为聪明的儿童非常了解怎样用草药治病。在阿拉斯加中部的因纽特人当中，聪明的年轻人拥有专业的狩猎、采集、导航和捕鱼技能 (Hein, Reich, & Grigorenko, 2015)。让美国的柬埔寨、菲律宾、越南和墨西哥移民父母谈谈一个聪明的一年级小学生应该是什么样时，他们看重的是非认知能力，比如动机、自我管理和社交技能 (Okagaki & Sternberg, 1993)。在斯滕伯格看来，用来预测在校成绩的智力测验，并没有反映许多儿童在他们的文化社区中通过非正式的学习经验获得的智力优势。

（2）加德纳的多元智力理论

在信息加工技能作为智力行为的基础方面，还有另一种观点，就是由霍华德·加德纳 (Gardner, 1983, 1993, 2011) 提出的**多元智力理论** (theory of multiple intelligences) 根据不同的加工操作给智力下定义，这些操作使个体能够参与各种被文化认同的活动。加德纳抛弃了一般智力的观点，提出至少存在八种独立的智力（见表9.1）。

加德纳认为，每种智力都具有特殊的生物基础、独特的发展历程，以及不同的专长或"终极"表现。他强调，把一个具有某种自然潜能的人转变为一个成熟的社会角色需要长期的教育过程 (Gardner, 2011)。文化价值观和学习机会影响着儿童的智力优势能否被发现及其表现形式。

加德纳所列举的能力还需确切的研究依据。神经学证据表明，他所说的这些能力的独立性很弱。一些特别有天赋的人，其能力往往很广泛，而不是局限于一个特定领域 (Piirto, 2007)。对心理测验的研究表明，加德纳提到的几种智力（语言、逻辑－数学和空间智力）至少有一些共同特征。不过，加德纳还是提醒人们要注意智商分数没有反映出来的一些智力。

表 9.1　加德纳的多元智力理论

智力类型	加工操作	可能从事的职业
语言	对词语的声音、韵律、意义和语言机能很敏感。	诗人、记者
逻辑－数学	对逻辑或数学公式敏感并有探究能力；善于做出多步骤的逻辑推理。	数学家
音乐	表现并欣赏音乐的音高、节奏（或音调）和音乐表现力等形式的美感。	演奏家、作曲家
空间	准确知觉视觉－空间世界，能对知觉进行转换，在相关刺激不存在时能对视觉经验的不同方面进行再造。	雕塑家、领航员
身体运动知觉	熟练地做出各种身体动作，达到指定目标；能够熟练地操作物体。	舞蹈家，运动员
自然	对各种动物、矿物和植物进行识别和分类。	生物学家
人际	探察别人的情绪、气质、动机和意图，并做出适当的反应。	心理治疗师、销售员
个体内心	区分复杂的内心情感，运用这些情感指导自己的行为；了解自己的优点、弱点、愿望和智力状况。	细致、准确地了解自己的人

资料来源：Gardner, 1983, 1993, 2011.

例如，加德纳所说的人际智力和个体内心智力，包括准确的知觉、人际关系推理和调节情绪的技能，就是众所周知的情绪智力。在小学生和青少年中，对情绪智力的测量与自尊、共情、亲社会行为、合作、领导技能和学习成绩呈正相关，与内化和外化问题呈负相关 (Brackett, Rivers, & Salovey, 2011; Ferrando et al., 2011)。这些发现使教师们意识到，在课堂教学中训练学生的情绪能力可以增强学生的适应能力。

3. 对智商个体差异和群体差异的解释

当我们根据学习成绩、受教育年限和职业地位等对人们进行比较时，会发现美国人口中的一些人比另一些人更有优势。为了解释这些差异，研究者比较了不同种族和社经地位群体的智商分数。美国黑人儿童和青少年的平均智商比白人儿童低 10~12 分。尽管在过去几十年这一差距已经缩小，但差距仍然存在 (Nisbett, 2009; Nisbett et al., 2012)。拉美裔儿童得分介于黑人和白人儿童之间，亚裔美国儿童得分略高于白人儿童——大约 3 分 (Ceci, Rosenblum, & Kumpf, 1998)。

中等与低等社经地位儿童之间的差距大约为 9 分，这可以部分地解释智商的一些种族差异 (Brooks-Gunn et al., 2003)。当然，每个种族和社经地位群体的智商差异很大，少数族裔的优等生通常与白人的优等生没有区别。尽管如此，这些群体之间的差异还是相当大的，后果也相当严重，因此不容忽视。

20 世纪 70 年代初，心理学家阿瑟·詹森

根据加德纳的理论，人至少有八种不同的智力。这些儿童参与了一个改善海龟筑巢栖息地环境的项目，从而拓展并丰富了他们的自然智力。

(Arthur Jensen, 1969) 宣称，遗传可以在很大程度上解释个人、种族和社经地位在智力方面的变异。其他一些人也持同样的观点 (Herrnstein & Murray, 1994; Jensen, 2001; Rushton & Jensen, 2006, 2010)。这些争论引发了包括伦理挑战的大量研究和回应，反映了人们对这些结论可能会加深社会偏见的深切担忧。让我们来看一些重要的证据。

（1）天性对教养

在第 2 章，我们介绍了遗传力估计值的概念。有关智商的遗传力的最有力证据来自对双生子的比较。同卵双生子（具有相同基因）的智商分数比异卵双生子（在基因上和普通兄弟姐妹无大差别）更相似。根据这个证据和其他亲缘证据，研究者估计儿童中大约一半的智商变异可归于遗传。

然而，遗传力有高估或低估环境影响的风险。虽然这种方法提供了令人信服的遗传影响智商的证据，但是关于遗传的作用究竟有多大，仍然有分歧。第 2 章讲过，儿童智力的遗传力随着父母的受教育水平和收入的提高而增强，这些条件使儿童能够展现他们的遗传潜力。遗传力估计并不能揭示基因和经验在儿童发展过程中影响智力的复杂过程。

收养研究提供了更丰富的信息。年幼儿童被收养到有爱心、有活力的家庭后，其智商与生活在贫困家庭、未被收养的儿童相比，有显著提高 (Hunt, 2011)。但是，被收养儿童的受益程度是不同的。在一项研究中，两组极端的生母——一组智商低于 95，另一组智商高于 120，她们的孩子一出生就被收入和受教育水平都远高于平均水平的父母收养。在上学期间，生母智商较低的孩子的智商得分高于平均水平，但是他们的表现不如生母智商高、被收养在相似家庭的孩子 (Loehlin, Horn, & Willerman, 1997)。收养研究肯定了遗传和环境对智商的共同影响。

收养研究也揭示了黑人与白人之间的智商差距。在两项类似研究中，被经济富裕的白人家庭领养的黑人儿童，在出生后第一年的智力测验中的得分很高，到小学期的平均智商分数为 110 和 117 (Moore, 1986; Scarr & Weinberg, 1983)。"在考试和学校文化中长大的"黑人儿童的智商增长与大量证据相一致，这些证据表明，贫困严重降低了少数族裔儿童的智力 (Nisbett et al., 2012)。

318

从上一代到下一代，智力的显著提高为以下结论提供了支持：只要有新的经验和机会，受压迫群体成员的成绩可以远远超过他们当前的测验成绩。请参阅下面的"文化影响"专栏，了解弗林效应。

（2）文化的影响

关于智商的族群差异，尚存争议的一个问题是，这些族群差异是不是由测验偏见导致的。如果所测的知识技能并非所有儿童群体都有同样机会可以学习到，如果测验情境对一些群体的回答不利，对另一些群体有利，那么这种测验就是有偏见的、不公平的。

一些专家声称，因为智商能够公平地预测主流族裔和少数族裔儿童的学习成绩，所以智商测验对于这两个群体是公平的。他们说，这些测验可以代表在共同文化中的成功 (Edwards & Oakland, 2006; Jensen, 2002)。另一些人认为，缺乏对某些沟通方式和知识的接触，再加上对儿童族群的负面成见，会影响儿童的表现 (McKown, 2013; Sternberg, 2005)。

1）语言和交流方式

少数族裔家庭有时会培养一些独特的语言技能，它们与大多数课堂教学和测验情境的期望并不符合。非裔美国人说的英语是一种复杂的、规则性的方言，为美国大多数非裔美国人所使用

319

很多非裔美国儿童入学时都说非裔美国英语。他们的家庭话语不同于学校教学所用的标准英语。

(Craig & Washington, 2006)。然而，它经常被错误地视为标准美式英语的一种有缺陷的形式，而不只是与标准美式英语不同。

大多数进入学校的非裔美国儿童讲的是非裔美国英语，尽管他们使用英语的程度不同。其中很多人来自社经地位较低的家庭，他们很快就发现，自己从家里带来的语言在学校里不合群。教师经常"纠正"或消除他们使用的非裔美国英语形式，代之以标准英语 (Washington & Thomas-Tate, 2009)。因为他们在家里说的话与学习阅读所需的语言知识明显不同，在学校里，主要说非裔美国英语的儿童一般在阅读方面进展缓慢，成绩很差 (Charity, Scarborough, & Griffin, 2004)。

 专栏　　　　　　　　　文化影响

弗林效应：智商的巨大代际增长

在从多个国家收集智商分数，包括军事心理测验或其他大型代表性样本的多次测验之后，詹姆斯·弗林 (James Flynn, 1999, 2007) 报告了他的具有很强一致性且引人注目的发现，被称为**弗林效应** (Flynn effect)：人类智商从上一代到下一代稳步增长。截至目前，已在 30 个国家发现弗林效应的证据 (Nisbett et al., 2012)。智力测验成绩的这种戏剧性的**长期趋势**适用于工业化国家和发展中国家、男性和女性，以及不同种族和社经地位的个体 (Ang, Rodgers, & Wänström, 2010; Rodgers &

Wänström, 2007)。在空间推理测验中增长最快，这类测验题通常被认为是"文化公平"的，主要是以遗传为基础的。

智商分数增长多少取决于社会现代化程度（见边页 311 的概述）。在 20 世纪早期实现现代化的欧美国家，智商每 10 年提高约 3 分 (Flynn, 2007)。在英国和美国，智商继续以这样的速度增长，但在经济和社会特别发达的国家，如挪威和瑞典，智商增长速度有所放缓 (Schneider, 2006; Sundet, Barlaug, & Torjussen, 2004)。

智商的代际显著提高，部分原因是下一代比上一代人更多地参与有助于刺激认知的休闲活动。

约在 20 世纪中期较晚实现现代化的国家，如阿根廷，智商增长的幅度往往更大，每 10 年增长 5~6 分 (Flynn & Rossi-Casé, 2011)。而在 20 世纪后期开始走向现代化的国家（加勒比国家、肯尼亚、苏丹），其增长幅度更大，尤其是在空间推理方面 (Daley et al., 2003; Khaleefa, Sulman, & Lynn, 2009)。今天，社会现代化的程度远远大于一个世纪以前。

一些方面的现代化可能是推理能力一代更比一代强的基础。这包括教育、卫生状况的改善和电视、电脑、互联网等技术的进步；工作和休闲活动（阅读、国际象棋、电子游戏）对认知提出了更高的要求；一个充满更多刺激的世界；人们更强的接受测验的动机。

随着发展中国家人民的智商不断提高，他们可能在 21 世纪末赶上工业化国家的人 (Nisbett et al., 2012)。随着时间的推移，环境促成的智商大幅提高对黑人 – 白人及其他种族在智商方面的变异均由遗传所致的假设提出了重大挑战。

许多非裔美国儿童在三年级时逐渐学会了在非裔美国英语和标准英语之间灵活转换。但是，那些在小学高年级仍然主要说非裔美国方言的学生——他们大多生活在贫困中，在校外很少有机会接触标准英语——在阅读和整体成绩上更落后 (Washington & Thomas-Tate, 2009)。这些儿童特别需要通过学校的项目来帮助他们掌握标准英语，同时在课堂上尊重和适应他们在家里所用的语言。

研究还表明，许多没有受过教育的少数族裔父母在跟孩子一起干活时，喜欢协作式的沟通方式，以一种协调、流畅的方式一起劳动，大家都专注于问题的同一方面。这种成人 – 儿童协作的模式在美国原住民、加拿大因纽特人、拉美裔和危地马拉的玛雅文化中都可以观察到 (Chavajay & Rogoff, 2002; Crago, Annahatak, & Ningiuruvik, 1993; Paradise & Rogoff, 2009)。随着受教育水平的提高，家长们又建立了一种等级式沟通方式，就像上课和考试那样。家长指导不同的孩子干不同的活，孩子们自己干自己的 (Greenfield, Suzuki, & Rothstein-Fish, 2006)。这种家庭和学校交流的明显中断可能是低社经地位的少数族裔儿童的智商分数较低和学习成绩较差的原因。

2）知识

很多研究者认为，IQ 分数受到从主流文化那里获得的特殊信息的影响。知识能够明显地影响推理能力。一项研究中，先对来自社区大学的黑人和白人学生对智力测验中词汇的熟悉程度进行评价。结果发现，当白人学生对语言理解、相似性和类比等题目中出现的词汇更熟悉时，其得分高于黑人学生；当白人和黑人学生对测验题中出现的词汇的熟悉度相同时，两组没有差别 (Fagan & Holland, 2007)。看来，是原有知识而不是推理能力，决定了测验成绩上的种族差异。

即使是非语言测试项目，如空间推理，也取决于学习机会。例如，在儿童、青少年和成年人中，玩需要快速反应和视觉图像心理旋转的电子游戏，可以提高空间测验题目的成功率 (Uttal et al., 2013)。低收入少数族裔儿童可能缺乏玩这类游戏和玩具的机会，这对他们的某些智力技能的掌握会有不利影响。

此外，学生在学校所花的时间可以预测智商。在对同一年龄、不同年级的学生进行比较后发现，上学时间越长的孩子在语言智力方面得分越高，这种差异随着学生在校年级的升高而增大 (Bedard & Dhuey, 2006)。上述发现表明，儿童在课堂上所接

320

触到的知识和思维方式，对他们的智力测验成绩有相当大的影响。

3）成见

假设你想在一次活动中取得成功，但人们都认为你所在群体的成员都很差劲，你会怎么想？**成见威胁**（stereotype threat）指害怕被别人根据消极成见做出判断，它会引发焦虑，影响学习成绩。不断有证据显示，成见威胁无论对儿童测验，还是对成人测验，都有负面影响（McKown & Strambler, 2009）。例如，研究者给6~10岁的非裔、拉美裔和白人儿童布置了一些言语任务。告诉一些儿童这些任务"不是测验"，告诉另一些儿童这些任务"是关于儿童学校表现的测验"。在那些有种族成见（如黑人不聪明）的儿童心目中，非裔和拉美裔儿童在"测验"情境下的成绩比在"不是测验"的情境下的表现要差得多（McKown & Weinstein, 2003）。而白人儿童在两种情况下的表现相似。

从小学三年级开始，儿童就越来越意识到这种种族成见，而那些来自被污名化群体的儿童尤其注意到了这一点。进入中学以后，许多社经地位较低的少数族裔学生开始贬低他们在学校的表现，认为这对他们来说并不重要（Killen, Rutland, & Ruck, 2011）。由成见威胁引发的自我保护式的逃离学校的倾向，可能是原因所在。读书意愿的减弱会产生严重的、长期的影响。研究表明，自律——努力和延迟满足——比智商更能预测学生在学校成绩册上的表现（Duckworth, Quinn, & Tsukayama, 2012）。

4）减少测验中的文化偏见

虽然并非所有专家都赞成，但是许多人承认智商分数可能低估了不同文化中的儿童智力。一种做法值得特别注意，那就是，把少数族裔儿童说成是学习落后儿童，把他们分到矫正辅导班中，而那里的刺激远远少于正常的学校教学。为了避免这种危险，测验分数需要与儿童适应行为测量结合起来，儿童适应行为测量是指测量他们应对日常环境所需要的能力。有些儿童虽然在智商测验中表现差，但他们也许会在操场上玩复杂的游戏，也许知道怎样修好一台坏的电视机，这样的儿童的智力不太可能是有缺陷的。

此外，灵活的测验程序会提高少数族裔儿童的测验成绩。例如**动态评价**（dynamic assessment），成人把有目的的教学引入测验情境，以了解查明儿童在社会支持下能学到什么，这种方法与维果茨基的最近发展区观点一致（Robinson-Zañartu & Carlson, 2013）。*321*

研究表明，儿童对教学的接受能力和把学到的东西用于解决新问题的能力，对提高考试成绩有很大影响（Haywood & Lidz, 2007）。在一项研究中，来自不同社经地位和种族的一年级学生参与了一项动态评价，他们被要求解决一系列不熟悉且难度逐渐增大的算术题，比如，$\_\_+1=4$（容易）和 $3+6=5+\_\_$（难）。当一个学生算不出一道题时，老师就给予明确的指导，直到学生算出来；如果还不会算，就结束课程。静态智商测验可以测量儿童的语言、数学和推理能力，动态评价中的表现能够有力地预测儿童在期末考试中的数学文字题成绩，而这类题对学生来说通常非常难（Seethaler et al., 2012）。动态评价似乎能增强儿童对一种非同一般、要求很高的数学技能的理解。

通过消除成见威胁的负面影响，也可以减少考试中的文化偏见。一种方法是，研究者鼓励非裔美国学生写一篇关于他们最重要的价值观的短文，来肯定其自我价值。例如，一段亲密友谊或一项自我定义的技能。实施这种自我肯定干预后，到学期末，原来成绩差的中学生赶上了原来成绩

这位老师使用动态评价方法，根据学生的需求因材施教，这种方法可以告诉我们，每位学生在老师的帮助下能学到什么。

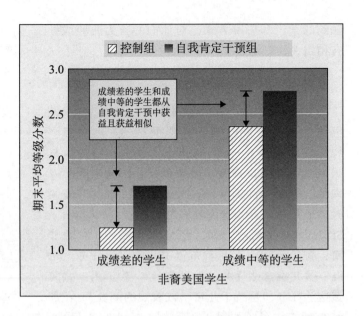

图 9.8 自我肯定干预对非裔学生期末平均成绩的影响

开学初，几百名学生被随机分配到自我肯定干预组或控制组。干预组学生写短文，内容涉及对自己有意义的重要价值观。控制组学生写的短文内容是，他们最不看重的价值观为什么对别人有意义。干预组的非裔学生期末成绩明显高于控制组。成绩差和成绩中等的学生受益相似。白人学生的成绩未受影响，这表明干预取得了效果，它减少了成见威胁对非裔学生的负面影响。资料来源：Cohen, Garcia, & Master, 2006.

中等的学生（见图 9.8）。

鉴于智力测验存在许多问题，学校是否应该停止使用它？多数专家认为，这种解决方法不可取。如果没有测验，政府就只能根据主观印象制定教育政策，这会增加错误对待少数族裔学生的

可能性。只要心理学者和教育者对测验做出详细解释，并充分考虑文化对测验成绩的影响，那么智力测验就还是有效的。虽然有局限，但是智商分数对西方大部分儿童来说，仍然是对学校学习潜质的有效测量。

 思考题

联结 动态评价与维果茨基的最近发展区和搭建脚手架观点（见第 7 章边页 235）在哪些方面是一致的？

应用 约瑟菲娜是一个四年级的拉美裔学生，平时家庭作业做得不错。但是，当老师说"现在要做一个测验，考考你们学了多少"的时候，她的表现却很差。怎样用成见威胁来解释这种不一致？

反思 你是否认为智力测验带有文化偏见？什么样的观察和证据影响了你的看法？

四、语言发展

9.14 描述小学生词汇、语法和语用的变化及双语学习对发展的好处

小学时期的语言发展虽然不如幼儿期那样快，但是词汇、语法和语用还是有明显进步。小学生对语言的态度也发生了根本性的转变。他们形成了语言意识。

1. 词汇和语法

在小学阶段，词汇量增加了四倍，最终超过 4 万个单词。平均来看，儿童每天学习大约 20 个新

单词，增长率超过幼儿期。除了第 7 章中讨论的词汇学习策略外，小学生还通过分析复杂词语的结构来增加他们的词汇量。通过 happy（高兴，形容词）和 decide（决定，动词），他们很快就得出 happiness（幸福，名词）和 decision（决策，名词）的意思（Larsen & Nippold, 2007）。他们还能根据情境指出更多词语的意思（Nagy & Scott, 2000）。

和小时候一样，小学生继续从与健谈者的交谈中受益。但是，由于书面语包含的词汇比口语更

加多样化和复杂，因而阅读极大地促进了词汇量的增长。热爱阅读的儿童每年接触到的单词超过 400 万，所有儿童平均每年接触到 60 万单词，很少阅读的儿童每年接触单词 5 万 (Anderson, Wilson, & Fielding, 1988)。从二年级到三年级，阅读理解和阅读习惯可以有力预测进入中学后的词汇量 (Cain & Oakhill, 2011)。

小学生的知识更有条理，中高年级的小学生能更准确地思考和使用词汇。例如，除了动词 *fall*（跌落），他们还会使用 *topple*（摔倒）、*tumble*（摔一跤）和 *plumme*t（突然摔倒）(Berman, 2007)。对词的定义也能说明这一变化。五六岁儿童能具体说出物品的功能或外观。例如，刀：“你可以用它切胡萝卜。”到小学末期，出现了描述类属关系的同义词和解释。例如，“刀是一种切东西的工具。锯看起来像一把刀，它还能当武器”(Uccelli & Pan, 2013)。这种进步显示出年长儿童能在完整的言语层次上处理词语的含义。他们只需凭借某个定义，就能把新词添加到他们的词汇库中。

小学生对语言更多的思考和分析使他们能够鉴别词语的多种意义。例如，小学生认识到，许多单词（如 cool 和 neat）具有与物理意义相同的心理意义：“多酷（cool，或凉爽）的衬衫！”“那部电影真的很优雅（neat，或很棒）！”这种双重含义的掌握使 8～10 岁儿童能够理解隐喻，比如，“像针一样尖锐（非常机灵）”，“撒出豆子（说漏嘴）”(Nippold, Taylor, & Baker, 1996; Wellman & Hickling, 1994)。它还能增强儿童的幽默感。经常从他们嘴里听到在一个关键词的不同含义上来回转换的谜语和双关：“Hey, did you take a bath?”[①] “Why, is one missing?”[②]

小学生对复杂语法结构的掌握也有所提高。例如，说英语的儿童能更多地使用被动语态，他们常把被动语态的简化结构 “It broke”（它碎了）扩展为完整的句子 “The glass was broken by Mary”（这个杯子被玛丽打碎了）(Tomasello, 2006)。小学期语法学习的另一个进步是对不定式短语的高级理解——“John is eager to please”（约翰急于取悦他人）和 “John is easy to please”（约翰能轻松地取悦他人）之间的区别 (Berman, 2007; Chomsky,

1969)。就像词汇量的增加一样，对这些细微语法差别的鉴别也需要分析和反思语言能力的提高。

观察与倾听

记录 8～10 岁儿童的幽默的例子，查看给二到四年级学生读的幽默故事书。幽默需要理解词的多重含义吗？

---

2. 语用

一种更为先进的心理理论——尤其是递归思维的能力——使儿童随着年龄增长能够理解和使用更微妙、更间接的意义表达。8 岁左右，儿童开始领会讽刺和挖苦 (Glenright & Pexman, 2010)。吃晚饭的时候，雷娜做了一道菜，乔伊不喜欢，他讽刺地说：“哦，天哪，我的最爱！”注意，这句话要求说话的人同时想到两个意思：其一，他妈妈不顾他的反对给家人做了这道菜；其二，用带有双重意义的批评性评论表达出来。

此外，由于记忆力、采纳听者观点能力，以及与大人就过去经历进行对话能力的提高，儿童的叙述在条理性、细节和表达方面都有改进。4～5 岁儿童对过去事情的叙述一般会这样说：“我们去了湖边。我们撒开钓竿，然后等着。保罗钓到一条大鲶鱼。”而 6～7 岁儿童会加进导向性信息（时间、地点、人物）和连词（“其次”“然后”“于是”“最后”），从而增强叙事的连贯性。渐渐地，叙述以一种经典形式变得完整，事件不但有高潮，还有结尾：“保罗把鲶鱼拽上岸，爸爸把它洗干净，放进锅里煮。然后我们把它全吃光了！”最后的评论也多起来了，8～9 岁孩子这样说：“鲶鱼味道好极了。保罗真令人骄傲！”(Melzi & Schick, 2013; Ukrainetz et al., 2005)

由于儿童学会了他们生活中重要成人的叙述方式，因而他们的叙述在不同文化中有很大差别。例如，大多数欧裔美国小学生使用紧扣话题的方式，即按照从头到尾的顺序来描述一段经历，而非裔美国儿童则常常使用与话题相关的方式，他

---

① take a bath 在英语中有两种意思：“洗澡”或“投资失败”。——译者注
② missing 在英语中有两种意思：“失踪”或“失败”。——译者注

们把一些相似的经历串起来。一个 9 岁儿童叙述自己怎么拔牙，然后说他的妹妹拔牙，又接着说她怎样把乳牙弄掉，并且总结说："我是一个拔牙专家……给我打电话啊，我要挂断了。"(McCabe, 1997, p.164) 就像他们家庭和社区里的成年人一样，非裔美国儿童更习惯于让他们的听众感兴趣，而不是把一连串的事件联系起来。他们经常通过增加虚构的元素与大量引用角色的动机和意图来美化他们的叙述 (Gorman et al., 2011)。因此，非裔美国儿童的叙事通常比白人儿童的叙事更长、更复杂。

清晰而有条理的口头叙述能力促进了阅读理解，给儿童做出更长、更详细的书面叙述打下了基础。家人经常一起吃饭的家庭的儿童的语言和读写能力发展领先于其他人，或许是因为用餐时间提供了许多讲述个人经历的机会 (Snow & Beals, 2006)。

3. 双语学习

乔伊和莉琪只会说一种语言，即他们的母语英语。但是在世界各地，许多儿童小时候在双语环境中长大，他们会学习两种语言，有时甚至多于两种。约 22% 的美国儿童（1.12 亿）在家里说英语以外的另一种语言 (U.S. Census Bureau, 2015d)。

（1）双语的发展

儿童掌握双语有两种方式：在幼儿期同时习得两种语言；在掌握第一种语言之后，再学习第二种语言。如果双语父母在婴儿期和幼儿期同时教给孩子两种语言，那么双语儿童很早就能把两种语言系统分开，并按照一个典型的时间表学会

家人经常一起吃饭，可以促进儿童语言和读写能力的发展。用餐时间提供了很多机会来讲述复杂详细的个人故事。

早期语言 (Hoff et al., 2012)。如果移民家庭的幼儿和小学生在已经会讲其母语后才开始学习第二语言，那么，他们掌握第二语言并达到同龄人水平所需的时间就很不相同，从 1 年到 5 年或更长时间不等 (MacWhinney, 2015; Páez & Hunter, 2015)。影响因素包括儿童的动机、第一语言中的知识（这有助于掌握第二语言）、家庭和学校中两种语言的交流和读写经验的质量。

和第一语言发展一样，第二语言发展也有敏感期。对于大多数第二语言学习者，为了能熟练掌握该语言，必须从童年期的某个时候开始学习 (Hakuta, Bialystok, & Wiley, 2003)。但是第二语言学习能力下降的准确年龄尚不清楚。从童年期到成年期，随着年龄的增长，第二语言学习能力会持续下降。

能够流利地说两种语言的儿童，其左半球负责语言的区域的突触连接更加密集。与单语者相比，双语者在执行语言任务时，这些区域和前额皮层表现得更活跃，可能是由于控制两种语言需要较高的执行加工能力 (Costa & Sebastián-Gallés, 2014)。因为两种语言都处于激活状态，所以双语者必须不断地决定在特定的社交场合使用哪种语言，而抑制对另一种语言的关注。

当双语者获得更有效的执行机能，并将其应用于其他任务时，这种执行加工过程的延长对认知的发展带来不同的好处 (Bialystok, 2011)。双语儿童和成人在抑制力、注意的持久性、选择性和灵活转移、分析推理、概念形成和错误观念理解等测验中的表现均优于其他人 (Bialystok, Craik, & Luk, 2012; Carlson & Meltzoff, 2008)。他们在语言意识的某些方面也有优势，比如察觉各种错误，包括语法错误、意义错误和会话习俗中的不妥之处（回应别人时有礼貌、有针对性，能提供有用信息）。儿童会把他们的语音意识技能从一种语言迁移到另一种语言中，特别是当两种语言具有相同的语音特征和字母发音具有对应性时，例如西班牙语和英语 (Bialystok, 2013; Siegal, Iozzi, & Surian, 2009)。如前所述，这些能力可以提高阅读成绩。

（2）双语教育

双语的优势为学校的双语课程提供了有力依据。在加拿大，约 7% 的小学生参与了语言渗透

课程 (language immersion programs)，说英语的儿童在参加该项目之后，要接受几年完整的法语教育。这种策略成功地培养了精通两种语言的学生，到了六年级，他们的阅读、写作和数学课成绩与普通英语课程的学生一样好 (Genesee & Jared, 2008; Lyster & Genesee, 2012)。

在美国，在怎样最好地教育学习双语儿童问题上，分歧很大。一些人认为，用母语交流的时间会影响儿童英语水平的提高。另一些教育者致力于发展少数族裔儿童母语教育，他们认为，用母语教学可以让少数族裔儿童知道他们的传统是受到尊重的，还可以防止两种语言的熟练程度不够。少数族裔儿童由于接受第二语言的教育而逐渐失去第一语言，结果两种语言都学不好 (McCabe et al., 2013)。这种情况导致了严重的学习困难，并被认为是导致低社经地位拉美裔年轻人的高不及格率和辍学率的原因，他们占美国说少数族裔语言人口的 70% 以上。

目前，舆论和教育实践都倾向于全英语教学。美国许多州已经通过法律，宣布英语为官方语言，从而为一种做法创造了条件，那就是学校没有义务用英语以外的语言教授少数族裔学生。在存在双语教育的地方，其目标通常是尽快让学生过渡到只使用英语的教学 (Wright, 2013)。然而，在使用两种语言教学的课堂上，少数族裔儿童更容易参与并学习第二语言，从而取得更好的学习成绩 (Guglielmi, 2008)。相比之下，如果老师只说一种孩子们几乎听不懂的语言，少数族裔儿童就会表

324

左边的女孩，母语是西班牙语，受益于英语－西班牙语双语教学，她在学习英语的同时，保留了她的母语。右边的女孩的母语是英语，她也有机会学习西班牙语！

现出沮丧、无聊和学习困难增加 (Paradis, Genesee, & Crago, 2011)。学习成绩的这种螺旋式下降在高度贫困地区的学校中最为严重，因为那里的资源短缺，难以满足少数族裔儿童的需求。

美国支持纯英语教学的人往往用加拿大语言沉浸式教学的成功做例子，这种教学是用第二语言开展的。加拿大的家长们自愿让孩子参加沉浸式课程，参加这种课程的学生的母语是他们所在地区的主流语言。用儿童的母语教学只是被推迟而不是被取消了。对于美国非英语的少数族裔儿童来说，他们的母语没有得到社会的重视，有必要采取措施，在他们学习英语的同时，提高他们母语的听说读写能力。

 思考题

联结　双语教学是怎样促进少数族裔儿童在认知和学习上的进步的？

应用　10 岁的莎娜结束足球训练回到家，她说："我被干掉了！"（I'm wiped out!）她的 5 岁小妹妹梅根没听明白："什么是干掉了，莎娜？"解释莎娜和梅根对这种表达的不同理解。

反思　看了有关双语学习的研究，你会在你的第二语言学习中做出什么改变，为什么？

五、学校学习

9.15　描述教育理念对学生学习动机和成绩的影响

9.16　讨论师生互动和分组教学对提高学习成绩的作用

9.17　在什么条件下把学习困难学生安排到正常班级最好？

9.18 描述超常儿童的特点和当前为满足他们的需要所做的努力

9.19 和其他工业化国家相比，美国的儿童受教育状况如何？

本章列举的研究证据均表明，学校在儿童认知发展中起着至关重要的作用。学校是如何发挥影响的呢？把学校看作复杂社会系统——包括教育理念、师生关系和大文化环境等的研究，提供了一些重要见解。当你学习这些内容的时候，可参考本页"学以致用"栏，其中概括了小学高质量教学的特点。

1. 教育理念

教师的教育理念在儿童学习中发挥着重要作用。其中两种教育理念受到的关注最多。它们在教学内容、学习方法和成绩评定方面均有不同。

（1）传统课堂与建构主义课堂

在**传统课堂** (traditional classroom) 中，教师是知识、规则和决策的唯一权威。学生比较被动地听讲，回答问题，完成老师布置的作业。教师根据学生达到一套统一的评分标准的情况对他们的进步做出评价。

在**建构主义课堂** (constructivist classroom) 上，鼓励学生建构他们自己的知识。各种建构主义的方法不同，但大多以皮亚杰的理论为基础，把学生看作主动的人，能够反思和协调自己的想法，而不只是从别人那里吸收知识。建构主义课堂上有设备齐全的学习中心，学生自己选择参加小组学习或独立解决问题，教师针对儿童需要提供指导和支持。在评价学生进步时结合他们以前的情况做出评价。

美国的教育一直在这两种理念之间来回摆动。在 20 世纪 60 年代和 70 年代早期，建构主义课堂开始流行。后来，由于人们对儿童和青少年学业进步的关注，课堂又重返传统教学模式，这种模式由于 2001 年出台的《不让一个孩子掉队法案》(No Child Left Behind Act) 和 2015 年出台的《让每个学生都成功法案》(Every Child Succeeds Act) 而越来越占上风。这些政策给教师和学校管理者施加了巨大压力，要求他们提高考试成绩，许多学校不得不把课程重点集中到应试上 (Kew et al., 2012)。

325

虽然传统课堂使小学中高年级学生在测验和考试成绩上略显优势，但建构主义环境能带来许多好处，如批判性思维、社会性和道德比较成熟、对学校的态度更积极 (DeVries, 2001; Rathunde & Csikszentmihalyi, 2005; Walberg, 1986)。第 7 章曾讲过，如果幼儿园和学前班也强调以教师为中心的教学指导，就会削弱儿童，特别是会降低低社经地位儿童的学习动机和学习成绩。

 学以致用

小学高质量教学的特点

班级特点	教学质量
班级规模	最适宜的班级规模是不超过 18 名学生。
物理环境	空间被划分为设备丰富的活动中心，可以阅读、写作，玩数学或语言游戏，探索科学，做构建项目，使用电脑，从事其他学习探索。空间可灵活地满足个人、小组及全班活动的需求。
课程	课程既能使学生达到学习标准，又能使学习有意义。科目是相互交叉的，便于学生把一个领域的知识运用到另一领域。课程要借助符合儿童兴趣、想法和日常生活，包括其文化背景的活动来进行。
日常活动	教师提出有一定难度的活动，使学生能够开展小组活动和单独学习。如果分组，小组人数和人员构成要根据活动内容和学生需要而变化。教师鼓励合作学习并指导学生怎样做。
师生互动	教师鼓励每个学生取得进步，并采用调动智力参与的方法，如提问，启发思考，讨论观点，提高课业的复杂性。教师根据每个学生的需要提供演示、解疑、训练和其他方式的帮助。
对进步的评价	教师一般用书面观察和采用个别化教学的工作案例来评价学生的进步。教师帮助儿童反思学习情况并想出促进学习进步的办法。教师从家长那里寻求有关学生学习情况的信息和想法，以及家长对评价的看法。
与家长的关系	教师与家长形成伙伴关系。定期召开家长会并鼓励家长不定期来课堂观察教学和志愿服务。

资料来源：Copple & Bredekamp, 2009.

（2）新的教育理念

教育的一种新取向以维果茨基的社会文化理论为基础，利用课堂上丰富的社会情境来促进儿童的学习。在这种**社会建构主义课堂** (social-constructivist classrooms) 上，学生与老师、同学一起参与各种挑战性活动，他们共同建构对问题的理解。由于儿童在共同学习中掌握知识和方法，所以他们成为班集体中有能力、有影响的成员，在认知和社会性发展方面取得进步 (Bodrova & Leong, 2007; Lourenço, 2012)。维果茨基强调高级心理活动之社会起源的思想引发了下面的教育主题。

- 教师和学生是学习伙伴。课堂上充满了师生之间和学生之间的合作，把文化上被看重的思维方式传递给儿童。
- 在有意义的活动中体验用各种符号进行交流。儿童在学习阅读、写作和数学的同时，逐渐意识到本文化的交流系统，反思自己的思维并将其纳入自主控制之中。本章前面介绍过支持这一主题的研究。
- 针对每个学生的最近发展区进行教学。对学生的帮助既要针对学生当前的理解能力，又要促进他们的进一步发展，这有助于让每个儿童尽可能取得最大的进步。

维果茨基认为，除了教师外，学习好的同学也可以帮助别人学习，只要他们能调整自己的帮助方式，以适应不太成熟的同学的最近发展区。与这一观点相一致，越来越多的证据证实，只有在一定条件下，同伴合作才能促进发展。其中一个重要因素是**合作学习** (cooperative learning)，通过考虑彼此的想法，适当地互相挑战，用充分的解释来化解误会，拿出理由和证据来解决意见分歧。若教师能利用解释、榜样示范及角色扮演来展示如何有效合作，那么水平不同的同学之间的这种合作学习会催生更复杂的推理、更浓厚的学习兴趣，使他们在各科学习中取得好成绩 (Jadallah et al., 2011; Webb et al., 2008)。

326

2. 师生互动和分组教学

小学生认为，好老师是充满关爱、有所帮助和善于鼓励的，这些特征与学生的学习积极性、成绩和良好同伴关系的发展有关 (Hughes & Kwok, 2006, 2007; Hughes, Zhang, & Hill, 2006; O'Connor & McCartney, 2007)。但是，美国仍有不少教师尤其是低社经地位学生聚集的学校教师，仍然强调死记硬背的重复训练，而不是通过高水平的思考，如观点的碰撞，把知识运用到新情境中 (Valli, Croninger, & Buese, 2012)。由于各州规定的成就测验的颁布，这种对低水平技能的关注会贯穿整个学年。

当然，教师不会以同样的方式与所有的儿童互动。品学兼优的学生会受到更多的鼓励和表扬，而不守规矩的学生会经常与老师发生冲突，也会受到较多的批评 (Henricsson & Rydell, 2004)。充满爱心、避免冲突的师生关系对低社经地位的少数族裔学生和其他学习困难的学生的学业自尊、成绩和社会行为的影响尤其明显 (Hughes, 2011; Hughes et al., 2012; Spilt et al., 2012)。总体来看，社经地位较高的学生，在学习和纪律方面的表现往往比较好，与教师之间的关系比较密切，得到的帮助较多 (Jerome, Hamre, & Pianta, 2008)。

遗憾的是，教师对学生的态度一旦形成，往往变得比学生的行为更极端。特别值得关注的一点就是**教育预言的自我应验** (educational self-fulfilling prophecies)：儿童接受教师的积极或消极的观点，并按照这种观点行事。当教师强调竞争并且公开把学生进行比较的时候，这种效应会特别明显，通常只对好学生有利 (Weinstein, 2002)。

教师期望对差等生的影响要大于对好学生的影响 (McKown, Gregory, & Weinstein, 2010)。当教师对好学生不满时，他们能通过回顾自己的成功经历来调整心态。如果教师相信成绩差的学生，那么，他们对预言自我应验的敏感性可能对他们

这几个四年级学生一起完成作业。合作学习能提高孩子的复杂推理能力，并使他们享受学习乐趣和取得好成绩。

有好处。但是，一些有偏见的教师，对学生的看法往往向消极方面倾斜。一项研究表明，由偏见强烈的教师（期望学生表现不佳）教的非裔和拉美裔小学生的学年成绩，明显低于由低偏见教师教的同学 (McKown & Weinstein, 2008)。回想我们关于成见威胁的讨论，处于成见威胁中的儿童，可能产生强烈的焦虑，学习动机减弱，使消极预言变成现实的机会增加。

在许多学校，学生被分配到同质性的小组或班级，也就是说，学生的能力水平相似。同质群体可能是自我应验预言的源头。低水平群体的学生从一年级的时候起，就可能显示出以下特征：低社经地位、少数族裔和男生，他们在基本知识和基本技能方面得到更多的训练，但较少参加讨论，进步也较慢。逐渐地，他们的自尊心和学习动力下降，成绩更加落后 (Lleras & Rangel, 2009; Worthy, Hungerford-Kresser, & Hampton, 2009)。

遗憾的是，美国学校里屡见不鲜的社经地位和种族隔离，把大量低社经地位的少数族裔学生分配到全校的同质分组中。请参考下面的"社会问题→教育"专栏，看看磁石学校是怎样创建异质学习环境，从而缩小来自不同社经地位和族群的学生的成绩差距的。

3. 有特殊需要儿童的教学

如前所述，高效的教师能够灵活地调整教学方法，以适应不同特点的学生。对那些能力处于两端的学生来说，这种调整难度很大。那么学校应该怎样照顾到那些有特殊需要的儿童呢？

（1）学习困难儿童

美国和加拿大的立法规定，学校应该把在学习上需要特殊照顾的儿童安置在"限制最少"（尽可能接近正常班级）的环境中，以满足他们的学习需要。在**包容性课堂 (inclusive classrooms)** 中，有学习困难的学生在正常的学校环境中，用全天或部分时间，与普通学生一起学习，目的是为他们参与社会做准备，并消除对残疾人的偏见。主要由于父母的压力，越来越多的学生体验到完全的包容，全天都被安排在正规的教室里上课。

有轻度智力障碍的学生有时会被纳入包容性课堂。他们的智商一般在 55 至 70 之间，而且他们在适应行为或日常生活技能方面也有问题 (American Psychiatric Association, 2013)。但是，按照计划可进入包容性课堂的孩子——占小学生的 5%～10%—— 通常**学习能力低下 (learning disabilities)**，即在学习的一个或多个方面有很大困难，通常是阅读。结果，他们的成绩远低于根据智商做出的预期。这些缺陷往往会以其他方式表现出来，例如，加工速度、注意和工作记忆方面的缺陷，这会降低智力和成就测试分数 (Cornoldi et al., 2014)。学习能力低下学生的问题来源不是明显的身体缺陷、情感问题或环境不利，而主要源于大脑机能缺陷 (Waber, 2010)。在许多情况下，原因尚未查明。

 专栏　　　　　社会问题→教育

在磁石学校平等地接受高质量教育

每个上学日的早晨，艾玛都要离开富裕的郊区社区，乘校车32公里，前往位于市中心的一所磁石学校。在五年级课堂上，她和住在附近的朋友玛丽塞拉在做一个科学项目。第一节课上，孩子们使用温度计、冰水和秒表来确定几种材料中哪一种是最好的绝缘体，并记录数据，绘制表格。在这所以创新数学和科学教学为特长的学校里，来自不同社经地位和种族的学生们肩并肩地学习。

1954 年，美国联邦最高法院"布朗诉托皮卡教育局案"的裁决已下令学校废除种族隔离制度，但在20世纪90年代，随着联邦法院取消了种族融合命令，并将这一权力交还给各州和各城市，学校的种族融合逐渐消退。自2000 年以来，美国教育中的种族差别对待状况仅略有改善 (Stroub & Richards, 2013)。当少数族裔学生在种族混合的学校上学时，他们通常是和其他少数族裔的学生一起学习。

美国城市贫民区的学校在资金和教育机会上都处于

非常不利的地位，这主要是因为公共教育主要是由地方财产税来支持的。因此，在市中心隔离的贫民区，学校建筑破旧，教师缺乏经验，教育资源过时、质量低，学校文化难以支持高效的教学 (Condron, 2013)。这对学生的学习造成了严重的负面影响。

磁石学校提供了一个解决方案。除了普通课程外，磁石学校强调选择一个特定的兴趣领域，如表演艺术、数学、科学或技术。因为磁石学校提供丰富的学习机会，所以学校附近社区的家庭都被吸引到这里（磁石学校因此得名）。这些学校大多位于低收入的少数族裔地区，为附近的学生提供服务。其他学生则通过抽签方式申请入学，他们大多来自富裕的城市和郊区。另一种模式是，所有的学生，包括住在周围社区的学生，都必须提交申请。无论哪种情况，磁石学校都是自愿废除种族隔离制度的。

磁石学校能提高少数族裔学生的成绩吗？康涅狄格州的一项研究比较了在磁石学校入学的学生和没有抽中签而就读于其他城市学校的学生，结果显示，磁石学校的学生在两年时间里，其阅读和数学成绩有更大的进步

磁石学校的这位老师在一个庆祝她入围得克萨斯州年度小学教师决赛的派对上得到了她一年级学生的拥抱。由于磁石学校拥有丰硕的教学成果和创新的教学方法，因此吸引了不同种族和社经地位的学生前来就读。

(Bifulco, Cobb, & Bell, 2009)。这些结果在低社经地位的少数族裔学生中表现得最明显。

进入中学后，在种族多样化的学校中，取得较高成就的同龄人环境鼓励更多的学生追求更好的教育 (Franklin, 2012)。看来，磁石学校是扭转美国学校中社经地位和种族隔离的消极影响的一个有希望的方法。

虽然有些学生能从包容性课堂中获益，取得好成绩，但也有很多学生未能如此。能否取得好成绩，取决于能力低下的程度和有没有支持性的服务 (Downing, 2010)。此外，能力低下的儿童常常遭到正常班里同学的排挤。一些心理发展迟滞的学生因缺乏社交技能，会在同学中湮没；他们不能在谈话或游戏中熟练地与人互动。一些学习障碍儿童的信息加工缺陷会造成其在社交意识和反应能力方面的问题 (Nowicki, Brown, & Stepien, 2014)。

这是否意味着有特殊需要的学生不能被安置在正常班呢？不一定如此。如果这些儿童每天一部分时间在资源教室接受指导，其余时间在常规教室学习，那么其效果最好 (McLeskey & Waldron, 2011)。在资源教室，一位特殊教育老师以个别辅导或小组辅导方式给学生上课。然后，看他们进步的情况，再按科目、按时间长短，安排他们进入正常班级学习。

当前，采取特别步骤，促进包容性课堂中的同伴关系，这一点非常必要。在教师指导下，正常学生辅导学习困难的同学，帮助他们取得进步，这种活动会带来友好的互动，提高学习困难学生的同伴接受度，并提高学习成绩 (Mastropieri et al., 2013)。如果在有特殊需要的学生到来之前，教师带领全班学生做好准备，那么包容性课堂还能在普通学生中培养情感敏感性和亲社会行为。

（2）超常儿童

有些儿童属于**超常儿童** (gifted)，他们表现出超常的智力。根据智力测验成绩的标准定义，智商高于 130 为超常 (Pfeiffer & Yermish, 2014)。高智商儿童具有解决高难度学习问题的超常能力。但是，智力测验并未涵盖人类全部心理技能的观点催生了更广义的超常定义。

1）创造力与天赋

创造力 (creativity) 指一种能力，即做出一个原创而又恰当的作品的能力，该作品是别人没想到但在某些方面有用的 (Kaufman & Sternberg, 2007)。一个具有高创造潜力的儿童可以被称为超

在这个包容性的一年级教室里，老师鼓励有特殊需要的学生积极参与。如果他们能得到特殊教育老师的支持，或他们的老师少做横向比较，并促进积极的同伴关系，他们可能会表现得很好。

常儿童。创造力测验有时采用**发散思维** (divergent thinking)，即面对一项任务或一个问题时想出多种不同寻常的解决方法。与发散思维相反，**聚合思维** (convergent thinking) 是要得出唯一正确的答案，这一点在智力测验中尤为强调 (Guilford, 1985)。

高创造性儿童（与高智商儿童一样）常常在一些任务上比其他人做得更好，为此，人们编制了一些发散思维测验 (Runco, 1992; Torrance, 1988)。其中有的是言语测验，让儿童列举常见物品（如一张报纸）的机能。有的是图形测验，让儿童在很多个圆形上画画（见图 9.9）。也有"现实世界问题"测验，让学生提出解决日常问题的方法。然

图 9.9 在发散思维图形测验中得分较高的一个 8 岁儿童的作品 测验中要求儿童利用纸上的圆形尽可能多地绘画。她对自己绘画的命名从左到右、自上而下依次是："吸血鬼""独眼怪""南瓜""呼啦圈""海报""轮椅""地球""信号灯""行星""电影镜头""悲伤的脸""照片""沙滩排球""字母 O""小汽车""眼镜"。这种发散思维测验只能考察影响创造力的复杂认知因素中的一种。

后根据提出的想法的数量和独特性计分。

然而，有批评者指出，这些测量对日常生活中创造性成就的预测力很差，因为它们只触及了对创造性的复杂认知影响的冰山一角 (Plucker & Makel, 2010)。创造性还涉及对许多新的重要问题加以定义，对各种思想进行评价，选出最有前途的东西，以及调用相关知识以理解并解决问题 (Lubart, Georgsdottir, & Besançon, 2009)。

想想创造力的这些成分，你就会发现，为什么人们一般只在一个或几个方面显示出创造力。即便那些由于高智商被划分为天才的人，也常在各学科上表现出能力的不均衡。由于这个原因，超常被定义为一种**天赋** (talent)，即在某一特殊领域有杰出表现。案例研究表明，在写作、数学、科学、音乐、视觉艺术、运动和领导方面的优异表现都源于早在童年期出现的特殊兴趣和技能 (Moran & Gardner, 2006)。天赋高的儿童，其生物基础为他们精通感兴趣的领域做好了准备，同时他们还对该领域抱有巨大的热情。

天才也需要培养。对超常儿童和成就斐然的成年人的背景研究往往表明，他们的父母热情、敏感，给子女提供了健康有活力的家庭生活，培养孩子的能力，而且身体力行给孩子做榜样。这些父母对孩子的要求合理，但不过分雄心勃勃 (Winner, 2003)。在孩子小时候就给他请家庭教师，在孩子显露天赋的时候，会请更严格的老师。

尽管多数超常儿童和青少年适应良好，但其中不少人经历过社交孤立，部分原因是他们内驱力和独立性很强，与同伴格格不入，此外，他们喜欢独处，这对发展他们的才能是必要的 (Pfeiffer & Yermish, 2014)。也有些超常儿童希望建立良好的同伴关系，有些人，尤其是女孩，试图通过隐藏自己的能力来获得好人缘 (Reis, 2004)。

虽然许多有天赋的青少年能成为各领域的专家，但是其中很少有人具有高度创造力。快速精通一个领域和对该领域进行革新所需的能力完全不同 (Moran & Gardner, 2006)。当然，这个世界既需要专家，也需要开创者。

2）天才教育

关于超常儿童教育是否有效的争论，集中在与天赋才能无关的一些因素上，例如，是在正常班级增加促进性课程，还是挑选超常儿童进行特殊指导

（这种方法较常见），抑或让这些学生直接跳级。总的来说，只要特殊活动能促进解决问题的能力、批判性思维和创造力的发展，超常儿童在这几种模式中的表现都很好 (Guignard & Lubart, 2006)。

加德纳的多元智力理论催生了几个具有示范意义的项目，它们能在不同学科组织所有学生开展丰富多彩的活动，每个活动涉及一种或一组智力，把活动作为一种情境，用于评价儿童的优势和劣势，并在此基础上传授新知识和培养独特思维 (Gardner, 2000; Hoerr, 2004)。例如，语言智力可以借助讲故事和创作剧本来培养，空间智力可以通过绘画、雕塑以及拆分或重组物体来培养，运动知觉智力可以通过舞蹈或舞剧来培养。

这些项目能否有效地增强儿童的天赋和创造力，还需要证据。不过，它们已经在一个方面取得了成功，即挖掘出一些学生的长处，而这些学生曾经一直被认为成绩平平甚至会成为差生 (Ford, 2012)。因此，它们可能在查明来自低社经地位家庭却有天赋的少数族裔儿童方面发挥作用，这样的孩子往往被学校的超常学生项目忽视。

4. 美国儿童的受教育状况

我们关于学校教育的讨论主要集中在教师在儿童教育中的作用方面。其实，学校内外还有许多因素影响着儿童的学习。社会价值观、学校资源、教学质量和家长的鼓励，都发挥着重要作用。如果从跨文化角度来考察学校教育，这些多重影响尤其明显。

在阅读、数学和科学成绩的国际研究中，中国、韩国和日本的年轻人一直名列前茅。在西方国家中，加拿大、芬兰、荷兰和瑞士也名次靠前。但美国学生的成绩通常处于国际平均水平或低于国际平均水平（见表 9.2）(Programme for International Student Assessment, 2012)。

为什么美国学生在学习成绩上落后？根据国际比较，美国的教学不像其他国家那么具有挑战性，而是注重吸收事实性知识，也不像其他国家那么注重高水平的推理和批判性思维。很多专家认为，美国教育政策的目的是让学校和教师对学生的表现负责，从而让学生在成绩测验中达到既

表 9.2　各国家和地区 15 岁学生的数学平均成绩

高分国家和地区	数学均分	中等成绩国家和地区	数学均分	低分国家和地区	数学均分
中国上海	613	奥地利	506	以色列	466
新加坡	573	澳大利亚	504	希腊	453
中国香港	561	爱尔兰	501	土耳其	448
中国台湾	560	斯洛文尼亚	501	罗马尼亚	445
韩国	554	丹麦	500		
中国澳门	538	新西兰	500		
日本	536	捷克共和国	499		
瑞士	531	法国	495		
荷兰	523	英国	494		
爱沙尼亚	521	冰岛	493		
芬兰	519	卢森堡	490		
加拿大	518	挪威	489		
波兰	518	葡萄牙	487		
比利时	515	意大利	485		
德国	514	西班牙	484		
		俄罗斯联邦	482		
		美国	**481**		
		瑞典	478		
		匈牙利	477		

注：测验于 2012 年进行，国际平均分为 494 分。
资料来源：Programme for International Student Assessment, 2012.

一位芬兰教师在给二年级学生分发材料。芬兰教师都受过高水平的训练，他们的教育体系旨在培养学生的主动性、解决问题能力和创造性，几乎消除了社经地位造成的学生成绩差异。

定目标，这种政策导致了上述教育倾向 (Darling-Hammond, 2010; Kew et al., 2012)。

此外，社会经济不平等程度较高的国家（如美国）的成绩排名较低，部分原因是来自社经地位较低家庭的儿童往往生活在条件较差的家庭和社区环境中 (Condron, 2013)。但是，在为社经地位较低和少数族裔学生提供的教育质量方面，美国也远不如成绩排名靠前的国家公平。例如，美国教师在培训、薪酬和教学条件方面差异巨大。

以芬兰为例，该国由国家制订的课程、教学和评价方法，目的都是培养学生的主动性、解决问题能力和创造性，这些都是 21 世纪取得成功所必需的能力。芬兰的教师都受过高水平的训练，所有教师必须在政府资助下接受几年的研究生教育 (Ripley, 2013)。芬兰教育的基础是人人机会均等，尽管在过去 20 多年里有大量来自低收入家庭的移民学生涌入芬兰学校，但这项政策几乎消除了社经地位对学生成绩差异的影响。

对日本、韩国、中国台湾等亚洲国家和地区学习环境的深入研究，也强调了社会力量对学生学习的促进作用。文化对努力学习的重视是其中之一。美国的家长和老师大多认为，天赋是取得学业成功的关键，而日本、韩国和中国台湾的家长和老师则认为，只要努力，所有的儿童都能取得学业成功。受相互依存价值观的影响，亚洲儿童通常把努力实现目标视为一种道德义务，将其看成是对家庭和社会的责任 (Hau & Ho, 2010)。

和芬兰一样，日本、韩国和中国台湾地区的所有学生都接受同样的高质量教学，由准备充分、在社会中备受尊敬的教师授课，而且其工资待遇远高于美国教师 (Kang & Hong, 2008; U.S. Department of Education, 2015)。

芬兰和亚洲的例子指明了美国家庭、学校和整个社会有必要共同努力进行教育革新。经研究，提出以下策略上的建议。

- 支持父母获得经济保障，创造良好的家庭学习环境，监控孩子的学习进步，并经常与老师沟通。
- 投资高质量的学前教育，让每个孩子入学时都做好学习准备。
- 加强教师教育。
- 提供具有智力难度、与实际应用相结合的教学。
- 大力推进学校改革，减少不同社经地位和族裔群体之间教育质量的不平等。

 思考题

联结 回顾第 8 章边页 282-283 关于儿童教养方式的研究。发现自己潜力的超常儿童通常经历过哪种教养方式？请解释。

应用 桑迪想知道，为什么女儿米拉的老师经常让学生以小组合作的方式完成作业。向桑迪解释这种方法的好处。

反思 你上小学时经历过什么样的分组教学？同质的、异质的还是综合性的？你认为这些教学活动对你的动机和成绩有什么作用？

　🍇 **本章要点**

第一部分　身体发育

一、体格发育

9.1　描述小学期体格发育的主要趋势

■　小学期身体继续缓慢、正常地生长。骨骼继续加长、变宽，全部乳牙被恒牙替换。9岁左右，女孩的体型超过男孩。

二、常见的健康问题

9.2　描述小学期严重营养问题的原因、后果及对肥胖症的特别关注

■　许多贫困儿童遭受长期、严重的营养不良，可能对身心发育造成永久性损害。

■　在工业化国家和发展中国家，超重和**肥胖症**的人数急剧增加，其中美国的超重和肥胖人数大幅增加。遗传因素会导致肥胖，但父母的喂养习惯、不恰当的饮食习惯、睡眠不足、缺乏锻炼和垃圾食品都是重要的影响因素。肥胖症会导致严重的身体健康和适应问题。

■　治疗儿童肥胖症最有效的方法是以家庭为基础的、旨在改变父母和孩子饮食模式和生活方式的干预措施。学校可以通过提供健康膳食、确保有规律的体育活动来提供帮助。

9.3　小学期常见的视听问题有哪些？

■　最常见的视力问题是近视，它受到遗传、早期身体创伤和近距离学习时间过长的影响。近视是少数几个随社经地位上升而增加的健康问题之一。

■　耳部感染在小学期有所减少，但反复感染而未经治疗的中耳炎，造成了许多低社经地位的儿童的一些听力损伤。

9.4　小学期疾病的影响因素有哪些，如何解决这些健康问题？

■　一、二年级小学生发病率比以后高，原因是和患病同学接触以及免疫系统不成熟。

■　导致小学生缺课和住院的最常见原因是哮喘病。它在非裔儿童、贫困儿童以及肥胖儿童中更常见。

■　患有严重慢性病的儿童有面临学习、情感

和社交困难的风险，但积极的家庭关系有助于提高其适应能力。

9.5　描述当前小学期意外伤害的变化及有效干预

■　从小学期到青少年期，意外伤害不断增加，男孩尤为严重。汽车和自行车事故是主要原因。

■　有效的、以学校为基础的伤害预防，通过榜样模仿、演练和学习安全技能等方式进行。

三、动作发展和游戏

9.6　列举小学期动作发展和游戏的重要变化

■　灵活性、平衡性、敏捷性和力量的增强，与有效率的信息加工一起，对小学生动作发展产生影响。

■　精细动作继续发展。小学生的书写更清晰，其绘画在结构、细节和深度表征上都在提高。

■　女孩在精细动作技能上胜过男孩，但除了需要平衡和敏捷的技能外，男孩在所有大肌肉运动技能上都胜过女孩。父母对男孩在运动方面表现出的更高期望起到了很大作用。

■　在学龄期，规则游戏越来越普遍，这有助于情感和社交性发展。儿童，特别是男孩，经常玩**嬉闹游戏**，这是一种友好的打闹游戏，有助于在同伴中建立**支配等级**。

■　多数美国小学生缺乏足够的体育锻炼来保持健康，部分原因是课间休息和体育课减少。

第二部分　认知发展

一、皮亚杰的理论：具体运算阶段

9.7　具体运算思维的主要特征是什么？

■　在**具体运算阶段**，儿童的思维更有逻辑性、灵活性和条理性。儿童对守恒的掌握显示了思维的去中心化和**可逆性**。

■　小学生可以做等级分类和**排序**，以及**传递推理**。他们的空间推理能力有所提高，表现在，他们能创造出**认知地图**来表征熟悉的大比例尺空间。

■　具体运算思维有局限性，表现在小学生未掌握一般逻辑原理，他们只能一步一步地完成具体运算任务。

9.8 讨论对具体运算思维的后续研究

■ 特殊的文化实践，特别是与学校教育有关的活动，会促进儿童对皮亚杰任务的掌握。

■ 一些研究者把运算思维的逐渐发展归为信息加工能力。新皮亚杰主义理论提出，随着脑发育和练习，认知图式变得自动化，释放出工作记忆空间，从而把旧图式合并，生成新图式，并被整合和纳入更高级、有广泛用途的表征。

332

二、信息加工

9.9 描述小学期的执行机能和记忆以及使儿童获得这些进步的影响因素

■ 随着前额皮层的持续发育，儿童在执行机能方面取得长足进步，使他们能够处理复杂任务，这些任务需要把工作记忆、抑制和灵活的注意力转移相结合。多步骤的做计划任务表现也明显改进。

■ 遗传和环境因素，包括家庭和学校经历，共同影响孩子的执行机能。执行机能缺陷是**注意缺陷多动障碍**症状的基础。

■ 记忆策略在小学期间明显进步。首先出现**复述**，然后是**组织**，最后是**精加工**。随着年龄的增长，儿童能够同时使用几种记忆策略。

■ 儿童一般知识基础，或语义记忆的发展可促进策略性记忆加工，并增强他们运用已有知识的动机。社会的现代化与认知能力尤其是完成记忆任务的能力有很大相关性。

9.10 描述小学儿童的心理理论和自我调控能力

■ 小学生把心理视为一种主动的、建设性的代理者，从而更好地理解认知过程，包括有效的记忆策略、心理推断和需要**递归思维**的二级错误观念任务的完成。**认知自我调控**是逐步发展的，随着成人对策略使用的指导而逐步提高。

9.11 讨论当前有关小学儿童阅读和数学教学的争论

■ 熟练的阅读需要运用信息加工系统的所有方面。把**整体语言法**和**语音法**结合起来对于最初的阅读教学最有效。把基本技能练习与概念理解相结合的教学则在数学教学中最有效。

三、心理发展的个体差异

9.12 描述定义和测量智力的主要方法

■ 在小学阶段，智商变得更稳定，并与学习成绩有明显相关。多数智力测验会得到一个总分和各智力因素的分数。加工速度和执行机能可以对智商做出预测。

■ 斯滕伯格的**智力三元论**定义了三种含义广泛、相互作用的智力：分析智力（信息加工能力）、创造智力（解决新异问题的能力）和实践智力（把智力技能应用到日常生活情境中的能力）。

■ 加德纳的**多元智力理论**提出了至少八种不同的智力。它引发了人们定义、测量和促进情绪智力的努力。

9.13 描述遗传和环境对智力的影响

■ 遗传力估计和收养研究表明，智力是遗传和环境共同作用的产物。收养研究表明，环境因素是造成黑人和白人智商差距的根源。弗林效应，在许多国家存在的智商在世代之间的稳定变化，与社会现代化的程度密切相关。

■ 智商分数受到文化影响下的语言交流方式、知识和在校学习时间的影响。**成见威胁**会引发焦虑并干扰测验成绩。**动态评价**能帮助少数族裔儿童提高心理测验成绩。

四、语言发展

9.14 描述小学生词汇、语法和语用的变化及双语学习对发展的好处

■ 语言意识促进了小学生的语言进步。对词义的理解更加准确和灵活，能使用复杂的语法结构和对话策略，叙述的组织性、细节描述和表达都有所增强。

■ 要学好第二语言，必须从幼儿期开始学习。双语对执行机能、其他认知机能和语言意识的某些方面有积极影响。

五、学校学习

9.15 描述教育理念对学生学习动机和学习成绩的影响

■ **传统课堂**上，小学中高年级学生与**建构主**

义课堂上的学生相比，学习成绩略占优势，但建构主义课堂在培养学生的批判性思维、社会性和道德成熟度方面占优势。

■ **社会建构主义课堂**上的学生从合作学习及适合每个学生最近发展区的教学中受益。教师支持学生**合作学习**可促进复杂的推理和学习成绩的提高。

9.16 讨论师生互动和分组教学对提高学习成绩的作用

■ 充满关爱、有所帮助和善于鼓励的教学有助于增强学生的学习积极性，提高其学习成绩，增进同伴关系。**教育预言的自我应验**对成绩差的学生比对成绩好的学生有更大影响，特别是在强调竞争和横向比较的课堂上。同质分组会导致差生组预言的自我应验，导致自尊和成绩下降。

9.17 在什么条件下把学习困难学生安排到正常班级最好？

■ **包容性课堂**对轻度智力迟滞和**学习能力低下**的学生来说能否成功，取决于能否满足学生的学习需求并促进积极的同学关系发展。 *333*

9.18 描述超常儿童的特点和当前为满足他们的需要所做的努力

■ **超常**包括高智商、**创造力**和天赋。测量**发散思维**而不是**聚合思维**的创造力测验只能测出创造力的个别成分。天赋高的儿童一般拥有潜心挖掘他们超常能力的家长和老师。

9.19 和其他工业化国家相比，美国的儿童受教育状况如何？

■ 国际研究显示，美国学生的成绩等于或低于国际平均水平。与排名靠前的国家或地区相比，美国的教育不太注重高水平的推理和批判性思维，也不注重社经地位群体之间的平等。

🌀 重要术语和概念

attention-deficit hyperactivity disorder (ADHD) (p. 309) 注意缺陷多动障碍
cognitive maps (p. 304) 认知地图
cognitive self-regulation (p. 312) 认知自我调控
concrete operational stage (p. 304) 具体运算阶段
constructivist classroom (p. 324) 建构主义课堂
convergent thinking (p. 328) 聚合思维
cooperative learning (p.325) 合作学习
creativity (p. 328) 创造力
divergent thinking (p. 328) 发散思维
dominance hierarchy (p. 302) 支配等级
dynamic assessment (p. 320) 动态评价
educational self-fulfilling prophecies (p. 326) 教育预言的自我应验
elaboration (p. 310) 精加工
Flynn effect (p. 319) 弗林效应
gifted (p. 328) 超常儿童
inclusive classrooms (p. 326) 包容性课堂
learning disabilities (p. 327) 学习能力低下

obesity (p. 295) 肥胖症
organization (p. 310) 组织
phonics approach (p. 313) 语音法
recursive thought (p. 312) 递归思维
rehearsal (p. 310) 复述
reversibility (p. 304) 可逆性
rough-and-tumble play (p. 302) 嬉闹游戏
seriation (p. 304) 排序
social-constructivist classrooms (p. 325) 社会建构主义课堂
stereotype threat (p. 320) 成见威胁
talent (p. 328) 天赋
theory of multiple intelligences (p. 316) 多元智力理论
traditional classroom (p. 324) 传统课堂
transitive inference (p. 304) 传递推理
triarchic theory of successful intelligence (p. 316) 智力三元论
whole-language approach (p. 313) 整体语言法

第10章

小学期情感与社会性发展

这几个叙利亚儿童逃离了饱受战争蹂躏的祖国，同学们依偎在约旦一个条件艰苦的难民营里。在小学期，信任——友好和互相帮助成为友谊的典型特征。对于经历过战争的流离失所和伤害的儿童来说，朋友可以成为他们复原力的源泉。

天下午放学时，乔伊急切地拍了拍他最好的朋友特里的肩膀。"我得跟你说说，"乔伊恳求道，"本来很顺利的，直到我碰到 *porcupine*（豪猪）这个词。"乔伊说的是当天学校举行的五年级拼写比赛。"真倒霉！p-o-r-k，我就是这么拼的！我简直不敢相信。我知道我是咱们班拼写最好的学生之一，比那个自以为是的贝林达·布朗还好。我下了很大功夫去学习那些拼写表。可是她碰到的全是简单的单词。如果我非得输的话，为什么不能输给一个好人？"

乔伊的话反映了他新的情感与社交能力。参加拼写比赛时，他表现出勤奋，也就是积极追求他所处的文化中有意义的成就，这是小学时期的一个主要变化。乔伊的社会理解力增强了：他能评价自己的长处、弱点和人格特征。此外，对乔伊来说，友谊的意义和过去不同，他希望从最好的朋友特里那儿得到理解和情感支持。

要讨论小学时期的人格变化，我们先回到埃里克森的理论。然后看看儿童关于自己和他人以及同伴关系的观念。由于儿童的推理更加有效，并且把更多的时间花在学校和同伴身上，因而以上各方面都越来越复杂。

亲子关系虽有变化，但家庭仍然在小学时期保持很重要的影响，今天的家庭生活方式比以往更多样化。通过乔伊和莉琪的父母离异经历，我们将发现，家庭机能在保障儿童心理健康方面的重要性要远远超过家庭结构。最后，我们关注小学时期常见的一些情感问题。

一、埃里克森的理论：勤奋对自卑

10.1　在埃里克森的勤奋对自卑阶段，人格有何变化？

根据埃里克森的理论 (Erikson, 1950)，带着良好的早期经验进入小学的儿童，逐渐把精力集中在现实的成就上。埃里克森认为，成人的期望与儿童对掌控环境的动机的结合，导致了小学期的心理冲突，即**勤奋对自卑** (industry versus inferiority)，如果过去经验使儿童在面临将来有用的技能和课业时形成能力感，这一冲突就能顺利得到解决。在世界各地，成年人都会向儿童提出新的要求，期望他们的身体和认知能力不断进步，儿童也会从这些挑战中获益。

在世界上大多数国家，向小学期的过渡都标志着正规学校教育的开始，儿童在学校发现自己和他人的独特能力，了解劳动分工的价值，并培养自觉的道德和责任感。这一阶段存在的危险是自卑感，反映在儿童对自己做事能力缺乏信心的悲观情绪中。如果家庭生活没有为孩子的学校生活做好准备，或者老师和同学用消极态度伤害了儿童的自信心，儿童就会产生这种自我缺陷感。

埃里克森所说的勤奋感包括小学期的几方面的进步：积极而现实的自我概念，对成就的自豪感，道德责任感，以及与同伴的合作。自我的这些方面和社会关系在学龄期是如何变化的呢？

二、自我理解

10.2　描述小学生的自我概念和自尊，以及影响其成就归因的因素

进入小学时期，儿童逐渐使用心理特质词描述自己，把自己的特征和同伴加以比较，并且会思考他们的优点和缺点的成因。这种自我理解的进步对儿童的自尊有重要影响。

1. 自我概念

在学龄期，儿童会重新定义自我概念，把他们对行为和内心状态的观察整合为一般素质。主要变化发生在8~11岁，就像下面这个四年级儿童自我描述的那样：

小学期的勤奋就是为了现实成就而对新的期望做出反应。在印度这种非正式的、充满鼓励的课堂氛围中，儿童逐渐认为自己是负责任、有能力、善于合作的人。

我挺受欢迎的，至少经常和我一起玩的女孩很喜欢我，但是比不上那些超受欢迎的女孩，她们觉得自己比谁都酷。和朋友在一起的时候，我知道怎样被人喜欢，所以我对人好，爱帮助人，还会保守秘密。有时候，如果我心情不好，会说一些刻薄话，之后我自己会感到很惭愧。在学校里，我觉得自己在有些课程上挺聪明的，比如语言艺术和社会研究，以后我可能会找一份需要良好的英语技能的工作。但是我觉得我在数学和科学方面有点笨，尤其是当我看到其他很多同学都学得很好的时候。我现在明白了，我可能是既聪明又笨，你不会只是聪明或只是笨。(Hart, 2012, p. 59)

这个儿童强调能力，而不是具体的行为："在有些课程上挺聪明的，比如语言艺术和社会研究"，有"良好的英语技能"。她还描述了自己的人格，提到了积极和消极特质："爱帮助人"和"保守秘密"，但有时"会说一些刻薄话"。和低年级小学生相比，中高年级的小学生很少用极端的、全或无的方式来描述自己 (Harter, 2012a)。

这些评价性的自我描述源于小学生频繁的**社会比较** (social comparisons)——把自己的外貌、能力和行为与别人相比而做出的判断。在本章的引言中，乔伊说他是班上"拼写最好的学生之一"。同样，这位四年级学生在自我描述中提到，她在某些科目上"挺聪明"，但在其他科目上则不然，尤其是当她看到"其他很多同学都学得很好"时。4~6 岁的儿童可以把自己的表现与一个同伴做比较，而年长儿童可以把自己和多个同伴相比较 (Harter, 2012)。

是什么因素导致了小学时期自我概念的变化呢？是认知发展影响了自我的结构变化。小学生在对物理世界进行推理的时候，开始能协调情境中的多个方面。同样，在社会领域，他们也开始把一些表面的典型经验和行为整合为稳定的心理特质，把积极和消极特点结合起来，把自己与其他很多同伴的特点进行比较。

自我概念的内容变化是认知能力和他人反馈的综合产物。社会学家乔治·赫伯特·米德 (George Herbert Mead, 1934) 提出，当儿童对自己的看法与别人对他的态度相似时，一个组织良好的"心理自我"就产生了。米德的观点意味着，观点采纳能力，尤其是推断别人想法并把别人想法与自己的想法相区别的能力，对于以人格特征为基础的自我概念发展非常重要。第 9 章讲到，小学期形成了递归思维能力，这使小学生能够更准确地"阅读"他人的信息，并且把他人的期望加以内化。这样做的结果是，他们形成了一个理想的自我，并用这个理想自我来评价真实的自我。这二者之间的差异如果很大，就会伤害自尊。

父母对自我发展的支持仍然重要。学龄期儿童如果拥有关于过去经历的详细亲子对话的历史，他们就能建构关于自我的丰富、积极的叙事，因此有更复杂、积极而连贯的自我概念 (Baddeley & Singer, 2015)。随着儿童进入学校和社会的范围越来越广，他们也会向家庭以外的人寻求关于自己的信息。现在，乔伊在自我描述的时候经常会提到一些社会群体："我是一名童子军，一个报童，普雷里城的一名足球运动员。"当儿童进入青少年期以后，父母和其他成年人虽然仍有影响力，但其自我概念越来越多地依赖于亲密朋友的反馈 (Oosterwegel & Oppenheimer, 1993)。

自我概念的内容因文化而异。在前面章节中，我们曾说到，亚洲父母强调和谐的相互依赖，而西方父母强调独立和自信。当要求美国小学生回忆过去重要的个人经历时（例如，最近一次过生日，父母的一次责骂），他们的描述比较长，包括更多的个人偏好、兴趣、技能和观点。相比之下，中国儿童会更多提到社交互动和其他人。美国儿童在自我描述中会说出较多的个人属性（"我很聪明""我喜欢冰球"），中国儿童的描述更多的是群体成员和关系属性（"我上二年级""我的朋友们都为我疯狂"）(Wang, 2006; Wang, Shao, & Li, 2010)。

2. 自尊

前面讲过，很多幼儿都有很强的自尊。但是当儿童进入学校、听到更多有关自己与同伴相比较的信息时，自尊会产生分化并调整到一个更现实的水平。

为了探索儿童的自尊，研究者让他们回答像"我擅长阅读"或"我通常会被选中参加体育比赛"这样的陈述与他们自己的符合程度。6~7 岁时，来自不同的西方国家的儿童形成四个方面的自我评价：学习能力、社交能力、身体/运动能力以及身体外貌。每个方面还包含更细的分类，而且随着年龄增长发生分化 (Marsh, 1990; Marsh & Ayotte, 2003; Van den Bergh & De Rycke, 2003)。而且，采用稳定特征描述自己的能力，使小学生能把四个方面的自我评价整合为一种总体自我心理意象，即整体自尊感 (Harter, 2012)。由此，自尊表现出如图 10.1 所显示的等级结构。

儿童对某方面的自我评价比对其他方面更重视。虽然存在个体差异，但在童年期和青少年期，对外貌的自我感知与整体自我价值的相关度，比与其他自尊因素的相关度更高 (O'Dea, 2012; Shapka & Keating, 2005)。媒体、父母、同伴和社会对外貌的重视，影响着年轻人对自己的整体满意度。

在小学阶段，自尊通常保持在较高水平，但是，当儿童从不同领域评价自己时，自尊会变得更加现实和微妙 (Marsh, Craven, & Debus, 1998; Wigfield et al., 1997)。当儿童得到更多与能力相关的反馈，当他们的表现被越来越多地与他人表现相比较，或当他们有认知能力进行社会比较时，这些变化就会发生 (Harter, 2012a)。

337

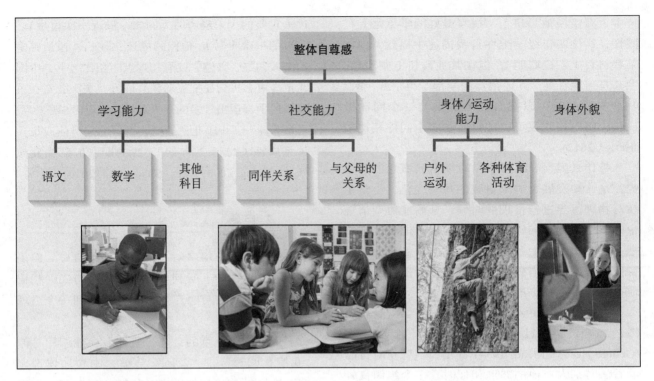

图 10.1　小学中期自尊的等级结构

根据儿童在不同环境中的经验，他们形成了四种不同的自尊：学习能力、社交能力、身体/运动能力以及身体外貌。每个方面可以细分为更多的具体自我评价，四个方面也可以整合为一个整体自尊感。

3. 自尊的影响因素

从小学三、四年级开始，自尊的个体差异逐渐稳定 (Trzesniewski, Donnellan, & Robins, 2003)。自尊、对各种活动的重视与这些活动的成功之间呈正相关，且相关度在逐渐增强。学习自尊能够

在非裔美国人纪念其非洲文化遗产的宽扎节期间，孩子们在一个社区中心学习非洲击鼓技巧。与白人同伴相比，非裔美国儿童更强的种族自豪感可能使他们的自尊略高。

预测儿童关于学校科目重要性、有用性和对其喜爱程度的看法，以及他们的努力意愿、取得的成绩和最终的职业选择 (Denissen, Zarrett, & Eccles, 2007; Valentine, DuBois, & Cooper, 2004; Whitesell et al., 2009)。社交自尊高的儿童会稳定地得到同学们的喜欢 (Jacobs et al., 2002)。第 9 章讲过，运动能力感与对体育运动的投入和成绩呈正相关。

各方面的低自尊与焦虑、抑郁、反社会行为的增多相关 (Kim & Cicchetti, 2006; Robins et al., 2001; Sowislo & Orth, 2013)。哪些社会影响会使一些儿童的自尊较高、另一些儿童的自尊较低呢？

（1）文化、性别和种族

文化对自尊有深远影响。在中国和日本的学校里，人们特别重视社会比较，也许可以解释，为什么中国和日本儿童的学习成绩比美国儿童好，但自尊分数却较低，而且这种差异随着年龄增大而更显著 (Harter, 2012; Twenge & Crocker, 2002)。同时，由于他们的文化注重社会和谐，所以亚洲

儿童在积极评价自己方面有保留，对别人的夸赞却很慷慨 (Falbo et al., 1997)。

338　　性别成见预期也会影响自尊。一项研究发现，5～8 岁的女孩和朋友谈论更多的是别人怎么看待她们，看电视的时候特别关注外貌，认同朋友看重身材苗条的观点，一年后，这些女孩表现出对自我身材的更大不满，整体自尊也较低 (Dohnt & Tiggemann, 2006)。另一项调查发现，与三年级男孩相比，女生的体重超重与负面身体形象的相关度更高 (Shriver et al., 2013)。到小学末期，与男生相比，女生对自己的外貌和运动能力更不自信。在学习自尊方面，男生也有一些优势：女生在语文自尊方面得分较高，而男孩的数学和科学自尊得分更高，即使所比较的男女生的学习技能水平相同，情况也是如此 (Jacobs et al., 2002; Kurtz-Costes et al., 2008)。不过，女生在亲密友谊和社会接受度等自尊维度上胜过男生。

与欧裔同伴相比，非裔儿童的自尊往往稍高，可能是因为温暖的大家庭和更强的种族自豪感所致 (Gray-Little & Hafdahl, 2000)。与这一解释相一致，在一个干预项目中，把 7～10 岁的非裔儿童随机分为两组，一组参加 10 次颂扬黑人家庭生活和文化的活动，另一组是无干预的控制组，结果，干预组儿童获得了较高的自尊 (Okeke-Adeyanju et al., 2014)。此外，学校或居住地能充分代表其社经地位和族群的儿童和青少年的归属感较强，在自尊方面问题也较少 (Gray-Little & Carels, 1997)。

（2）儿童教养行为

父母运用权威型儿童教养方式（见第 8 章）的儿童自我感觉较好 (Kerns, Brumariu, & Seibert, *339*　2011; Yeung et al., 2016)。温暖、积极的教养方式让儿童知道，他们是有能力、有价值的。严格而恰当的期望，加之充分的说理，有助于儿童根据合理的标准评价自己的行为。

控制型的父母过多地帮助甚至代替孩子做决策，传递给儿童一种与低自尊有关的无能感，父母的反复否定和贬损也会如此 (Kernis, 2002; Wuyts et al., 2015)。受到这种教育的儿童需要持续不断的安慰，其中许多人严重依赖同伴来确认他们的

自我价值——这是会引起适应困难的危险因素，包括攻击性和反社会行为 (Donnellan et al., 2005)。相反，溺爱子女会导致不切实际的高自尊。当过度膨胀的自我形象受到挑战时，这些儿童的自尊心很容易出现暂时性的急剧下降 (Thomaes et al., 2013)。他们会抨击——包括挖苦和攻击那些表达反对意见和表现出适应问题的同伴 (Hughes, Cavell, & Grossman, 1997; Thomaes et al., 2008)。

美国的文化价值观越来越强调对自我的关注，这可能导致父母纵容孩子，过分地抬高他们的自尊。近几十年来，美国青少年的自尊心急剧上升——在这一时期，许多流行的父母教育书籍、教育政策和社会项目都建议提高儿童的自尊心 (Gentile, Twenge, & Campbell, 2010)。但是研究证实，儿童不会从凭空的赞美（"你很棒"）中受益 (Wentzel & Brophy, 2014)。培养积极、安全的自我形象的最好方法，是鼓励儿童去追求有价值的目标。随着时间推移，会出现一种双向关系：成就促进自尊，自尊又带来进一步的努力和好成绩 (Marsh et al., 2005)。

成年人能做些什么来增进和避免破坏动机和自尊之间的这种相互支持的关系呢？答案来自一些研究，那就是，成年人在成就情境中应该传达给孩子什么样的信息。

（3）成就归因

归因是我们日常生活中对行为原因的解释。本章开头，乔伊在谈论拼写比赛时，把他的表现差归为运气（贝林达碰到的全是简单单词），而把他平时的成功归为能力（他知道他的拼写比贝林达强）。乔伊也认为努力会起作用："我下了很大功夫去学习那些拼写表。"

推理能力的进步和频繁的评价性反馈相结合，使 10～12 岁儿童能够区分所有这些变量，来解释自己的表现。学习自尊高、学习动机强的人会进行**掌握 - 定向归因** (mastery-oriented attributions)：把他们的成功归因于能力，而能力可以通过努力来获得，并且可以凭借它来面对新挑战；把失败归因于可以改变和控制的因素，比如努力不够或任务太难 (Dweck & Molden, 2013)。所以这些儿童

无论成败，都会对学习采取勤奋努力、坚持不懈的态度。

相反，**习得性无助** (learned helplessness) 的儿童把他们的失败而不是成功归因于能力。成功的时候，他们认为是外因（运气）在起作用。与掌握－定向归因的同伴不同，他们认为能力是固定不变的，不能通过努力发生改变 (Dweck & Molden, 2013)。如果任务很难，这些儿童会体验到一种失去控制的焦虑，用埃里克森的话来说，是一种弥漫的自卑感。他们不做尝试就会放弃。

儿童的归因影响他们的目标。掌握－定向归因的儿童想办法通过努力提高自己的能力。因此，他们的成绩会随着时间推移而提高 (Dweck & Molden, 2013)。而习得性无助的儿童则关注对其脆弱能力感的积极评价和避免消极评价。渐渐地，他们的能力不再能够预测他们的表现好坏。对四到六年级学生的一项研究表明，对自己所做的自我批评归因较多的人，对自己能力的评价较低，对有效学习策略的了解也较少，他们更多地回避困难，学习成绩较差 (Pomerantz & Saxon, 2001)。由于有学习能力的习得性无助儿童不能把努力与成功联系起来，因此他们无法形成元认知和自我调控技能，而这是取得好成绩所必需的（见第 9 章）。缺乏有效的学习策略、缺乏毅力和失控感会使他们陷入恶性循环。

（4）成就归因的影响因素

是什么原因导致掌握－定向型儿童和习得性无助型儿童的不同归因？成人的交流起着关键作用 (Pomerantz & Dong, 2006)。习得性无助型儿童的父母往往认为孩子的能力差，必须比别人更努力才能成功。当孩子失败时，父母可能会说："你做不到，不是吗？" (Hokoda & Fincham, 1995) 同样，缺乏支持的教师也会让学生认为，自己的成绩好坏是由外因（老师或运气）控制的，从而逃避学习活动，成绩下降，并对自己的能力产生怀疑 (Skinner, Zimmer-Gembeck, & Connell, 1998)。

当儿童取得成功时，成人可以进行**个人表扬** (person praise)，强调儿童的特质（"你真聪明！"），或者**过程表扬** (process praise)，强调行为和努力（"你把它弄明白了！"）。儿童，尤其是自尊较低的儿童，在失败后，如果他们之前得到的是个人表扬，他们会感到更羞愧，如果他们之前得到的是过程表扬或根本没有表扬，他们就较少感到羞愧 (Brummelman et al., 2014)。与习得性无助导向相一致，个人表扬会让孩子认为能力是固定不变的，这导致他们质疑自己的能力，并在遇到困难时退缩 (Pomerantz & Kempner, 2013)。而过程表扬与掌握－定向一致，意味着能力是通过努力而形成的 (Pomerantz, Grolnick, & Price, 2013)。

一些儿童的表现特别容易受到成人反馈的影响。例如，女生的成绩虽然比男生好，但她们比男生更多地把成绩差归咎于能力不足。如果女生表现不好，她们从老师和家长那里听到的往往是，她们的能力不够，以及一些消极成见（例如，女孩学不好数学），这些都会削弱她们的兴趣和努力 (Gunderson et al., 2012; Tomasetto, Alparone, & Cadinu, 2011)。正如第 9 章讲到的，社经地位较低的少数族裔学生经常从老师那里得到不太好的反馈，特别是当他们被分配到成绩较差的同质群体时，这种情况会导致学生的学习自尊和学习成绩下降。

观察与倾听

观察一个学龄期儿童在父母或其他成人的指导下完成具有挑战性的家庭作业。成人交流的哪些特征可能培养掌握－定向的归因？习得性无助又是如何形成的？解释一下。

文化价值观也会影响儿童对成功与失败的看法。亚洲的父母和教师比美国父母和教师更可能把努力视为成功的关键。亚洲儿童对父母有更强烈的责任感，也会更多地把父母的观点内化为自己的观点 (Mok, Kennedy, & Moore, 2011; Qu & Pomerantz, 2015)。亚洲人更关注失败而不是成功，因为失败告诉你哪些地方需要采取纠正措施。相比之下，美国人更注重成功，因为成功能提高自尊。通过观察美国和中国母亲对四年级和五年级学生玩智力拼图的反应，可以发现，美国母亲在孩子成功后给予更多的表扬，而中国母亲则更多地指出孩子哪里做得不好。中国母亲做出的陈述更多与任务相关，为的是确保孩子付出了足够

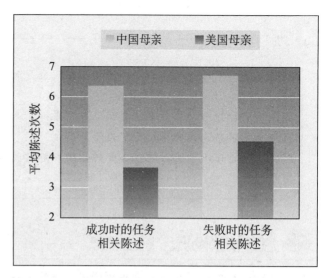

当成人给予过程表扬，强调行为和努力时，儿童就会明白坚持能够培养能力。老师的点评，如"你找到了解决那个问题的好办法"，将会培养这个学生的掌握－定向型的学习方法。

的努力（"你仔细看看这个地方"；"一共 12 块，你只拿出 6 块"）（见 图 10.2）(Ng, Pomerantz, & Lam, 2007)。当母亲离开房间、儿童继续完成任务时，中国儿童做得更好。

图 10.2　中国母亲和美国母亲在四年级孩子完成智力拼图成功或失败时的任务相关陈述

观察结果显示，无论孩子成功还是失败，中国母亲都比美国母亲更可能做出与任务相关的陈述，以确保孩子做出努力。资料来源：Ng, Pomerantz, & Lam, 2007.

（5）培养掌握－定向归因

一种被称为归因再训练的干预措施能够鼓励习得性无助儿童，使他们相信，付出更多的努力并采用更有效的策略，就能避免失败。训练中先给儿童一些很难的任务，让他们受到挫折，接着重复告诉他们："如果你再努力一些，就能做到。"当儿童做到以后，会得到过程表扬，如："你的办法成功了！""你在这道题上真的很努力！"于是，他们逐渐把自己的成功归因于努力和方法，而不是运气。另一种方法是鼓励不够努力的学生为实

现自己的目标而掌握一项任务，不是为了成绩，而是为了个人进步，也不要和同学攀比 (Wentzel & Brophy, 2014)。对有效策略和自我调节的指导也很重要，它可以弥补该领域的发展损失，并确保重新付出的努力能获得回报 (Berkeley, Mastropieri, & Scruggs, 2011)。

归因再训练最好尽早开展，在儿童对自己的看法变得很顽固之前。一个更好的方法是参考本页"学以致用"栏中列出的预防习得性无助的方法。

341

学以致用　　　　　培养掌握－定向学习态度的方法

策略	描述
提供任务	选择的任务有意义，满足学生的不同兴趣，适合当前的能力，让儿童既感到难，又不会被难倒。
父母、教师的鼓励	温暖地沟通，信任学生的能力，肯定学生所取得成就的价值，强调努力对成功的重要性。 少表扬儿童的个人特质，多表扬其胜任行为、持续的努力和成功的策略。 树立为克服困难付出努力的榜样。 教师经常和父母沟通，提出帮助儿童努力和取得进步的建议。 父母监督学校教学，为孩子搭建脚手架，促进对有效学习方法和自我调节的了解。
成绩评价	做个别评价，不要用墙报、增加或减少星星、给"聪明"儿童提供特权以及奖励"最好"成绩的形式公布成绩。 强调个人进步和自我提高。 对学生的表现给予准确、建设性的反馈。
学校环境	开展合作学习和同伴辅导，学生互相帮助，不要按能力分组，这会公开对学生进步的评价。 接纳学习方式上的个体差异和文化差异。 创造氛围，传递"所有学生都能学会"的明确信息。

资料来源：Wentzel & Brophy, 2014; Wigfield et al., 2006.

思考题

联结　第 9 章讲过的认知方面的哪些变化会导致自我概念向重视能力、人格特质和社会比较的方向转变？

应用　父母应当用夸孩子"聪明"或"很棒"来提高他们的自尊吗？如果儿童对他们所做的每一件事都感到不满，会有坏处吗？为什么？

反思　回想你小学时对学习成败的归因。那些归因现在是什么样子？来自他人的哪些信息影响了你的归因？

三、情绪发展

10.3　列举小学期自我意识的情感、情绪理解和情绪自我调节的变化

自我意识和社会敏感性的增强促进了小学时期情绪能力的发展。小学生在自我意识的情感、情绪理解和情绪的自我调节等方面都有所收获。

1. 自我意识的情感

随着小学生把社会期望融入他们的自我概念中，骄傲和内疚这类自我意识的情感明显地受到个人责任的支配。即使没有大人在场，小学生也会对新的成就感到自豪，对违规行为感到内疚 (Harter, 2012)。此外，小学生也不再像以前那样，对任何过失都感到内疚，而只会为故意犯错而内疚，如忽视责任、欺骗或撒谎 (Ferguson, Stegge, & Damhuis, 1991)。这些变化反映了年长儿童更成熟的道德感，这个问题将在本章后面讨论。

自豪感会激励儿童接受新的挑战，内疚则促使他们弥补过失，为提高自己而努力。但第 8 章讲过，过度内疚与抑郁症状有关。成人严厉而无情的斥责（"别人能做到，你为什么不能？！"）会导致强烈的羞愧感，其破坏性极大，会导致内化和外化问题（见边页 262）。

2. 情绪理解

在理解心理活动方面，小学生与幼儿不同，他们已能参照人的内心状态，如高兴或悲伤的想法，而不是外部事件来解释情绪 (Flavell, Flavell, & Green, 2001)。6~12 岁，儿童慢慢懂得，一件事会引发混杂在一起的不同情绪，这些情绪可能消极，也可能积极，而且强度不同 (Pons et al., 2003; Zadjel et al., 2013)。例如，乔伊在回忆祖母送给他生日礼物时说："我非常高兴能得到礼物，但是又有点不开心，因为这个礼物不是我想要的。"

同时感受几种不同情绪使儿童认识到，人们的情绪表达有时并不是他们的真实感受 (Misailidi, 2006)。这也促进了对自我意识的情感的觉察。例如，6~7 岁的儿童把骄傲同快乐和惊奇相区别的能力显著提高 (Tracy, Robins, & Lagattuta, 2005)。8~9 岁儿童能够理解，自豪感包含幸福感的两个来源：因为取得好成绩而高兴；因为有一个重要的人肯定了这种成绩而高兴 (Harter, 1999)。此外，这个年龄的儿童还能通过面部表情和情境线索来读懂别人的感受（见第 8 章边页 261）。

和自我理解一样，情绪理解的进步也得到

这些三年级小学生正在帮着准备送去非洲的饭盒，以帮助那些有需要的孩子。情绪理解和观点采纳能力的进步使儿童能够对人们的一般生活状况产生共情。

认知发展和社交经验的支持，尤其是成人对儿童感受的敏感性，以及成人与儿童一起讨论情绪的做法，这些因素共同促成了共情能力的提高。随着儿童向青少年期过渡，观点采纳的进步使儿童不仅能对别人一时的痛苦做出共情反应，而且能对他们的一般生活状况产生共情反应 (Hoffman, 2000)。当乔伊和莉琪想象那些长期处于疾病和饥饿中的人的感受并且在自己身上产生那些情感的时候，他们会把自己的零钱捐给慈善机构，通过学校、社区和童子军参加募捐活动。

3. 情绪的自我调节

第 8 章讲到，幼儿的情绪理解以及父母对情绪调节策略的示范和教导，有助于幼儿形成调节情绪的能力。这些因素在小学期继续发挥重要作用，这是情绪自我调节能力快速提高的时期 (Zalewski et al., 2011)。

10 岁左右，多数儿童能够在调节情绪的两种方法之间进行转换。一种方法是**问题中心应对** (problem-centered coping)，即把情境看作是可变的，先查明存在的困难，再决定怎么办。另一种是**情绪中心应对** (emotion-centered coping)，这是一种内心隐秘地管控情绪的方法，目的是在对外部结果无能为力的时候控制悲伤 (Kliewer, Fearnow, & Miller, 1996; Lazarus & Lazarus, 1994)。例如，面对一场会引起焦虑的考试或者在朋友发脾气时，小学中高年级学生会把问题解决和寻求社会支持看作最好的方法。但是，当结果超出他们的控制，

例如，考试得到一个很差的成绩时，他们会选择转移注意力的方法，或试图重新定义这个情境："这次考坏了，下次考试再努力。"与幼儿相比，小学生较多地用这种内部策略来调节情绪，因为他们对想法和感受的反省能力提高了 (Brenner & Salovey, 1997)。

更重要的是，通过与父母、教师和同伴的互动，小学生懂得了怎样用社会赞许的方式来表达消极情绪。他们越来越多地使用言语策略（"请别推了，好好排队吧"），而不是哭、生气或攻击 (Waters & Thompson, 2014)。小学低年级学生在评价这种比较成熟的情绪表达方式是否管用时，会提到避免惩罚或得到成人的表扬。但是到了三年级，他们开始关注别人的情感。具有这种意识的儿童被教师评价为愿意帮助人、擅长与人合作和社会反应灵敏的学生，他们会更受同伴喜爱 (Garner, 1996; McDowell & Parke, 2000)。

一旦情绪自我调节能力获得良好发展，小学生就会形成一种情绪自我效能感，这是一种控制自己情绪体验的感觉 (Thompson & Goodman, 2010)。它有助于形成良好的自我形象和乐观主义态度，从而进一步帮助儿童面对情感上的挑战。如果幼年时遇到痛苦的事情，父母能够敏感、关心地回应，这些儿童到小学期通常能够很好地调节情绪，心境积极向上，表现出共情和亲社会行为。相比之下，情绪调节差的儿童，小时候遇到痛苦的事情时，父母往往以敌意和漠视的态度对待他们 (Morris et al., 2007; Vinik, Almas, & Grusec, 2011)。这些儿童容易被消极情绪压倒，从而阻碍他们表现出共情和亲社会行为。

四、道德发展

10.4 描述小学期对道德、多样性和不平等的理解的变化

第 8 章曾讲到，幼儿通过模仿和强化习得了许多道德行为。到了小学时期，他们有更多的时间把道德行为规则加以内化，例如，"帮助有困难的人是件好事"或"拿走不属于你的东西是不对的"。这种变化使儿童更加独立和值得信赖。

第 8 章还讲到，儿童并不只是模仿别人的道德行为。就像认知发展观所强调的，他们会主动地思考对与错。社会生活的扩展、综合更多信

息进行推理的能力的形成以及递归式观点采纳的进步，使道德理解在小学时期得到了前所未有的进步。

1. 对道德和社会常规的认识

在小学期，儿童建构起对道德规则的灵活认识。他们考虑的变数越来越多，不仅考虑行为及其当时的影响，还考虑行为者的意图和行为背

景 (Killen & Smetana, 2015)。例如，7~11 岁的儿童会说，在某些情况下打另一个孩子是可以接受的，比如在自卫、保护别人免受严重身体伤害，或者防止其他孩子伤害自己时 (Jambon & Smetana, 2014)。年长儿童较少关注行为者的违规行为（打人），而更关注其行为目的（试图防止伤害）。

同样，到了 7~8 岁，儿童不再认为说真话总是好的、说谎总是不好的，而是考虑亲社会和反社会的意图以及行为背景。他们对某些类型的诚实的评价非常负面，例如，直截了当的言论，尤其是在公共场合说出有可能会产生负面社会后果的话（告诉一个同学你不喜欢她的画）(Ma et al., 2011)。

中国和加拿大的小学生都认为，做出一个违背公德行为后说谎"非常不好"，但中国儿童往往认为，做了好事后，因为谦虚而说谎是好的，比如，一个认真在操场捡垃圾的学生说"这不是我做的"(Cameron et al., 2012; Lee et al., 2001)。同样，中国儿童更倾向于以牺牲个人利益为代价来维护集体（例如，因为自己唱歌很不好，所以谎称自己生病了不能参加比赛，这样就不会影响自己的班级在歌唱比赛中取胜）。相比之下，加拿大儿童更可能说谎话，以群体代价换取对个人的支持（例如，声称一个拼写很差的朋友拼写能力很好，原因是这个朋友想参加拼写比赛）(Fu et al., 2007; Lau et al., 2012)。

这些判断说明，小学生对各种说谎原因的理解增强了 (Mills, 2013)。他们意识到，人们可能出于各种原因说出不准确的话，例如因为偏见、想说服别人、关心别人的反应，或保护别人的利益。注意这样的观点是如何递归的：儿童必须同时考虑两个或更多人的观点——说谎者和谎言的受众。

二级错误观念任务依赖于递归思维（见第 9 章边页 312），对它的理解与小学期道德判断水平的提高有关。在一项研究中，让儿童完成一个与道德相关的二级错误观念任务：一个学生在帮助老师打扫卫生时，不小心把一个装着昂贵纸杯蛋糕的袋子扔了出去，这是一个同学的东西，但他现在不在教室里 (Fu et al., 2014)。小学生关于扔袋子同学对袋子里的东西（垃圾）的看法，和蛋糕主人对蛋糕在教室里位置的看法做出了准确的推理，他们很少会去责怪扔袋子的同学。这些儿童利用递归能力推断出纸杯蛋糕的主人会理解扔袋子同学认为袋子里是垃圾这一想法。

当儿童对公正有了更深刻的认识后，他们就开始把道德要求与社会常规区分开来。例如，小学生能够区分目的明确的社会常规（不要在学校走廊里面跑以免受伤）与没有明确理由的社会常规（穿过操场上的禁行线）。他们认为，违反目的明确的社会常规和违反道德差不多。

2. 理解个人权利

当儿童挑战成人权威时，他们通常是在个人领域内这样做 (Nucci, 2005)。随着他们对道德要求和社会常规的理解不断加深，他们懂得了，某些选择，如发型、朋友和休闲活动，是由个人决定的。

个人选择的观念反过来又能增进孩子们对道德的理解。早在 6 岁的时候，儿童就把言论自由和宗教自由看作个人权利，即使法律否认这些权利 (Helwig, 2006)。他们认为，歧视个人的法律是错误的，可以违反，例如，剥夺某些人获得医疗保健或教育权利的规定 (Helwig & Jasiobedzka, 2001)。为了证明他们的行为是合理的，儿童就个人权利发出呼吁，例如在小学期末时，他们会呼吁重视个人权利对维持社会公平的重要性。

小学中高年级学生会在个人选择上给自己设定一个标准。四年级儿童面对道德和个人私事的冲突，比如是否与一个不同族裔或性别的同学交朋友时，通常会根据友善和公平做出决定 (Killen et al., 2002)。高质量的友谊可能在促进儿童道德情感发展方面发挥重要作用 (McDonald et al., 2014)。好朋友之间的合作、回应和共情式理解可以促进对他人权利和幸福的关心，同时也强调了某些违法行为应该得到原谅的情况。

3. 文化与道德观念

不同文化中的儿童和青少年对道德、社会常规和个人私事进行推理时会使用大体相同的标准 (Nucci, 2005, 2008)。例如，中国的文化高度尊重成人的权威，但是中国的年轻人认为，成人无权干涉孩子的个人事务，比如他们如何打发空闲时间 (Hasebe, Nucci, & Nucci, 2004)。当被问及老师是否有权告诉学生在课堂上坐在哪里时，一名哥

纽约市小学生参加"人民气候大游行",呼吁采取全球行动防止气候变化。到 6 岁时,儿童对个人选择包括言论自由的更成熟理解加深了其对道德的理解。

伦比亚儿童表现出对个人选择的强烈意愿。在老师没有给出道德理由的情况下,她说:"她应该可以坐在她想坐的任何地方。"(Ardila-Rey & Killen, 2001, p. 249)

如果一个指令是公平和有爱心的,比如告诉孩子们,糖果应该和大家分享,或把捡到的钱还给失主,小学生大多认为它是对的,不管是谁发出的,哪怕是一个没有权威的孩子发出的。韩国文化鼓励儿童顺从大人,但是,当老师或校长让他们做出偷窃或拒绝分享等不道德行为时,7~11 岁的儿童也会对老师或校长的命令做出负面评价 (Kim, 1998)。总之,世界各地的儿童似乎都认识到,当人民的个人权利和福祉受到威胁时,独立于规则和权威的更高原则必须排在前面。

4. 理解多样性和不平等性

小学低年级学生就已会吸收社会上流行的观念,把权力和特权与白人相联系,把贫穷和低等地位与有色人种相联系。他们不一定是从父母或朋友那里获得这些观念的,父母、朋友的态度往往与他们自己的态度并不相同 (Aboud & Doyle, 1996; Pahlke, Bigler, & Suizzo, 2012)。儿童似乎是从媒体和其他地方的隐性信息中获得主流观念的。把人划分为不同群体的社会背景,例如,学校和社区中的种族隔离,就是强有力的信息来源。

(1) 内群体偏爱和外群体偏见的发展

在多个西方国家进行的研究证实,5~6 岁

的白人儿童通常对自己的种族做出积极评价,而对其他种族的评价则较少赞许或比较消极。这是最早出现的内群体偏爱;儿童只偏爱自己所在的群体,并从自己推及相似的他人 (Buttelmann & Böhm, 2014; Dunham, Baron, & Carey, 2011; Nesdale et al., 2004)。

一个成人只要给一个无足轻重的群体取个名字,就能轻而易举地引起内群体偏爱,这种现象令人吃惊。在一项研究中,告诉 5 岁的白人儿童,根据 T 恤衫的颜色,他们属于一个群体。虽然没有提供关于群体地位的信息,而且这些孩子互相不认识,但他们仍然表现出强烈的内群体偏爱 (Dunham, Baron, & Carey, 2011)。当看到不认识的同伴穿着内群体或外群体 T 恤衫的照片时,孩子们说,更喜欢自己群体的成员,会给他们更多的资源,并积极地回忆群体成员的行为。

外群体偏见需要对内群体的人和外群体的人进行更具挑战性的社会比较。但是,当白人儿童受到他们所处环境的鼓励时,他们很快就会对外来的少数族裔产生消极态度。研究者选择了 4~7 岁的加拿大白人儿童——他们都住在一个白人社区,并且在几乎所有学生都是白人的学校上学——让他们把积极的和消极的形容词分别放入两个盒子里,一个代表白人孩子,另一个代表黑人孩子,结果显示,外群体偏见在 5 岁时就已出现 (Corenblum, 2003)。遗憾的是,许多少数族裔儿童表现出一种相反的模式——外群体偏爱,他们把积极特征分给占多数的白人,而把消极特征划归自己的群体 (Averhart & Bigler, 1997; Newheiser et al., 2014)。

前面讲过,随着年龄的增长,儿童更关注内在特质。以多种方式对周围人进行分类的能力使小学生明白,人可以"相同",也可以"不同"。看起来不同的人,不一定有不同的思维、感觉或行为。因此,在 7~8 岁以后,对少数族裔表达负面态度的人会减少 (Aboud, 2008; Raabe & Beelmann, 2011)。这一时期,占主流的白人儿童和少数族裔儿童都表现出内群体偏爱,白人儿童对外群体成员的偏见有所减少 (Nesdale et al., 2005; Ruble et al., 2004)。

但是,即使儿童意识到互相歧视是不公平的,偏见也常常会非故意、无意识地起作用,就和许多成年人的状况一样 (Dunham, Baron, & Banaji, 2006)。在一项研究中,向美国儿童和成人展示电

巴勒斯坦和以色列的儿童和青少年在创作壁画的休息时间一起唱歌跳舞。群体间的接触是减少偏见的有效方法，在这种接触中，不同种族的青少年拥有平等的地位，朝着共同的目标努力，并互相结识。

脑生成的具有种族模糊特征的面孔，其表情有快乐的也有愤怒的，之后让他们按种族分类。白人参与者更多地把高兴的面孔归为白人，把生气的面孔归为非裔或亚裔。这种内隐偏见在所有年龄段的测试者中都很明显，最早甚至在 3~4 岁时就出现了。相比之下，非裔受试者的回答没有任何种族偏见 (Dunham, Chen, & Banaji, 2013)，他们没有表现出内群体偏爱（把快乐的脸归为黑人），这显示出早期形成的对非裔美国人种族态度的隐性敏感性。

这些研究提出了一个问题：白人儿童在小学阶段的种族偏见明显减少是真的，还是反映了他们越来越意识到人们普遍认可的标准，即偏见是不恰当的，抑或二者都有？ 10 岁左右时，白人儿童开始避谈种族问题，以显示他们不带偏见，就像许多成年人一样 (Apfelbaum et al., 2008)。至少在某种程度上，小学儿童希望自己以社会可接受的面貌出现在环境中，这可能有助于减少明显的外群体偏见，但隐性的种族偏见仍然存在。

儿童持有的族裔偏见的程度各不相同，取决于以下个人和情境因素。

- **人格特质的实体论。**认为人的特质固定不变的儿童，常把别人判断为"好人"或"坏人"。由于忽略了人的动机和环境，他们容易根据有限信息形成偏见。例如，他们说"学校里那个为了讨人喜欢而说谎的新生"完全是一个坏人 (Levy & Dweck, 1999)。

- **过高的自尊。**拥有过高自尊的儿童（和成人）更可能持有族裔偏见 (Baumeister et al., 2003; Bigler, 2013)。这些人似乎想通过贬低弱势的个人或群体来证明自己极为良好但不安全的自我评价是正确的。那些说自己的种族让他们感觉特别"好"因而显示出社会优越感的儿童，更可能带有内群体偏爱和外群体偏见 (Pfeifer et al., 2007)。

- **把人分为不同群体的社会环境。**成人越向儿童强调族群间的差异，儿童经历的族群间接触越少，白人儿童就越可能表现出内群体偏爱和外群体偏见 (Aboud & Brown, 2013)。

（2）减少偏见

研究证实，群体间的接触是减少偏见的有效方法。在这种接触中，不同族裔儿童拥有平等的地位，朝着共同的目标努力，并相互结识，家长和老师希望他们参与这种互动 (Tropp & Page-Gould, 2015)。与来自不同背景的同伴一起被分配到合作学习小组的儿童，在表达他们喜欢什么人上以及在行为上表现出低水平的偏见。例如，他们形成了更多的跨种族的友谊 (Pettigrew & Tropp, 2006)。与亲密的、跨种族的朋友分享想法和感受，会减少那种微妙的、无意的偏见 (Turner, Hewstone, & Voci, 2007)。但积极效应似乎没有推及不属于这些学习小组的外群体成员。

邻里、学校和社区团体之间的长期联系与合作，是减少偏见的最好方式 (Rutland, Killen, & Abrams, 2010)。让儿童处于广泛的族裔多样性的学校环境，教育他们理解和尊重差异，直接解决由偏见造成的伤害，强调公平、公正的道德价值观，鼓励儿童的观点采纳和共情行为，既能防止儿童形成偏见，又能减少已经形成的偏见 (Beelmann & Heinemann, 2014)。令人遗憾的是，正如第 9 章指出的，种族隔离在美国的学校中很普遍，学校很少能提供这种多样性，以对抗消极的种族偏见。请回到边页 327，回顾一下磁石学校为减少这种种族隔阂所做的努力。

此外，通过与儿童讨论对人的特质可能产生

的影响，引导儿童把别人的特质看作是可以改变的，也有助于减少偏见。儿童越相信人可以改变自己的特质，他们就越喜欢弱势的外群体成员，并把这些人看作是和自己相似的。相信人的属性可以改变的儿童会花更多的时间参加志愿活动，

帮助需要帮助的人 (Karafantis & Levy, 2004)。志愿活动又可以帮助儿童站在贫困同学的角度看问题，了解造成贫穷的社会条件，从而加深人是可以改变的这一认识。

思考题

联结　举例说明，年龄稍大的儿童思考更多信息的能力怎样增进了他们对情感与道德的理解。

应用　10 岁的玛尔拉说她的同学伯纳黛特永远不会得到好成绩，因为她太懒。珍妮认为伯纳黛特很努力但是不能集中精力，因为她的父母正在闹离婚。为什么玛尔拉对伯纳黛特有偏见而珍妮没有？

反思　你上过综合小学吗？为什么学校融合对于减少种族偏见很重要？

五、同伴关系

10.5　小学期的同伴社交性和友谊有何变化？
10.6·　描述同伴接纳的主要类型和帮助被拒绝儿童的方法

在小学期，同伴成为越来越重要的发展环境。采用递归式观点采纳的能力促成了对自己和他人更复杂的理解，从而推进了同伴互动。与幼儿期相比，小学生善于靠说服和妥协更有效地解决冲突 (Mayeux & Cillessen, 2003)。分享、帮助他人和其他亲社会行为也会增加。随着这些变化的产生，他们的攻击性会下降，其中身体攻击的下降幅度最大 (Côté et al., 2007)。但语言和关系攻击会随着儿童组成同伴群体而持续存在。

1. 同伴群体

到小学期，儿童对群体归属表现出强烈愿望。他们形成了**同伴群体** (peer groups)，同伴群体具有独特的价值观、行为标准以及领导者与追随者的社会结构。同伴群体的组织建立在接近（在同一个班级）以及性别、种族、学习成绩、声望和攻击性等方面相似的基础上 (Rubin et al., 2013)。

这些非正式群体的活动形成了一种"同伴文化"，一般包括特殊的词语、穿着和"四处游逛"的场所。当儿童形成这些排他的组织后，着装和行为风格就会超越其自身的意义，具有更广泛的影响。在学校，举止异常的儿童常常会遭到排挤。

拍老师"马屁"、穿错衣服或者给同学打小报告，都可能遭到排挤。这些行为把同伴联系在一起，产生了一种群体认同感。在群体内部，儿童获得了许多社交技能——合作、领导、服从和对集体目标忠诚。

多数小学生认为，小群体因为不寻常的外表或行为而排挤同伴是错误的，这种观点随着年龄的增长而加强 (Killen, Crystal, & Watanabe, 2002)。但是，他们确实会使用关系攻击排斥别人。同伴群体经常在他们头领的鼓动下，驱逐不再"受尊重"的孩子。这些被抛弃的人，由于之前针对外人的行为减少了他们被其他小圈子接纳的机会，不得不转向其他地位低、社交技能差的同伴 (Farmer et al., 2010)。这些被排斥而产生社交焦虑的儿童，会越来越回避同伴，陷入更加孤立的境地 (Buhs, Ladd, & Herald-Brown, 2010)。无论在哪种情况下，这些儿童都很难有机会获得社交能力。

小学生加入某个群体的愿望还能通过正式的群体联系得到满足，比如童子军、4-H 俱乐部和宗教青年会。成人参与会抑制儿童非正式同伴群体的消极行为。通过在社区开展合作项目，大家互相帮助，儿童增强了社会性和道德成熟度 (Vandell & Shumow, 1999)。

同伴群体最初形成于小学期。这些男孩已经建立起一个由领导者和追随者组成的同伴群体结构，因为他们一起观看足球比赛。他们放松的肢体语言和相似的着装显示出一种强烈的群体归属感。

2. 友谊

在同伴群体向儿童提供远望更大社会结构机会的同时，友谊对信任和敏感性的发展产生了影响。在小学期，友谊变得更复杂，更具心理基础。来看下面这个 8 岁儿童的说法。

> 谢利为什么会成为你最好的朋友？因为我伤心的时候她会帮助我，并且她会分享……什么使谢利如此特别？我认识她时间比较长，我们是同桌，我跟她很熟……你是怎么变得喜欢谢利胜过喜欢别人的？她为我做得最多。她和我从来没有分歧，她从来不会在我面前吃东西，我哭的时候她从来不会走开。而且，她还帮我做功课……你会怎样让一个人喜欢你？如果你对你的朋友好，他们也会对你好。
> (Damon, 1988b, pp.80-81)

这些回答显示出，友谊是一种相互认可的关系，建立起友谊的儿童会喜欢彼此的个人品质，并会对彼此的需要和愿望做出回应。一旦友谊形成，信任就成为其决定性特征。小学生认为，良好的友谊是建立在善意基础上的，意味着要彼此支持 (Hartup & Abecassis, 2004)。所以，小学中高年级学生认为，在需要帮助时不帮助、不守承诺和在背后说长道短等失信行为是对友谊的严重破坏。

小学生通常会选择人格、学习成绩和自己相似的人做朋友，这种友谊会很稳定。这几个男孩的友谊至少保持了一个学年。

由于这些特点，小学生的友谊更具选择性。学龄前儿童往往说他们有很多朋友，但到了 8 岁或 9 岁时，小学生说出的好朋友屈指可数。女孩比男孩更需要亲密，她们的友谊更排他。此外，小学生倾向于选择年龄、性别、族群和社经地位与自己相似的人做朋友。朋友之间在人格特质上有相似之处，如社交能力、注意力不集中/过度活跃、攻击性、抑郁、同伴人气、学习成绩和亲社会行为 (Rubin et al., 2013)。但是，儿童所处环境看重的建立友谊的条件也会影响他们的选择。父母有跨种族朋友的儿童会建立更多的跨种族友谊 (Pahlke, Bigler, & Suizzo, 2012)。正如前面所提到的，在混合种族合作学习小组的综合教室里，学生可以发展更多的跨种族友谊。

347

观察与倾听

请一个 8~11 岁的孩子告诉你，他/她最看重最好的朋友身上的什么。信任是最重要的吗？这个孩子会像一般小学生介绍自己时那样提到人格特质吗？

在小学期，高质量的友谊会保持得相当稳定。大约 50%~70% 的人能坚持一学年，有些人能坚持几年。从友谊中获得支持，包括妥协、分享想法和感受以及亲社会行为，有助于维持这种稳定性 (Berndt, 2004; Furman & Rose, 2015)。环境也有影响，横跨几个情境——比如学校、宗教机构或双方父母是朋友的友谊更持久 (Troutman & Fletcher, 2010)。

通过友谊，儿童认识到情感投入的重要性。他们逐渐懂得，如果朋友之间彼此喜欢，有安全感，并且能以满足双方需要的方式解决争端，那么，亲密关系就可以在分歧中得以保持。但是，友谊对儿童发展的影响还取决于朋友的性质。友谊中包含着善意和同情的儿童，亲社会倾向会增强。

但是，如果是攻击性强的儿童做朋友，他们的关系往往充满敌意，有破裂的危险，特别是当两人中只有一个人有攻击性的时候。在这种亲密关系中，儿童的攻击性倾向会加重 (Ellis & Zarbatany, 2007; Salmivalli, 2010)。攻击性强的女孩的友谊中有很多私人感情的交流，但是充满嫉妒、冲突和背叛。有攻击性的男孩的友谊常常夹杂着愤怒表达、胁迫性言语、身体攻击和怂恿做出违规行为等 (Rubin et al., 2013;Werner & Crick, 2004)。下面会讲到，有攻击性的儿童在同伴中往往名声很差。

3. 同伴接纳

同伴接纳 (peer acceptance) 是指儿童被同伴群体，如同班同学，视为一个有价值的社交伙伴而受喜爱的程度。喜爱与友谊不同，它不是一种相互关系，而是一种单方面的看法，是一个群体对某个人的看法。不过，被较多同伴接纳的儿童，社交能力一般较强，也拥有更多的朋友，并且和他们建立了更好的关系 (Mayeux, Houser, & Dyches, 2011)。

研究者通常使用测量社交偏好 (social preference) 的自我报告来评价同伴接纳，例如，让儿童区分他们"最喜欢"和"最不喜欢"的同学 (Cillessen, 2009)。这些自我报告产生了五种同伴接纳类型。

- **受欢迎儿童** (popular children)，得到许多肯定票（非常喜欢）的儿童。
- **被拒绝儿童** (rejected children)，得到很多否定票（不喜欢）的儿童。
- **有争议儿童** (controversial children)，得了许多票，有好的（喜欢），也有不好的（不喜欢）。

- **被忽视儿童** (neglected children)，很少被提名选择，无论是好是坏。
- **平常的儿童** (average children)，得到的喜欢票和不喜欢票都在平均数左右，人数大约占一般小学班级的 1/3。

另一种方法是评价知名度，即儿童对他们最钦佩班上哪个同学的判断。在班级知名度（被很多人钦佩）和基于同伴偏爱的受欢迎程度（被很多人评价为"最喜欢"）之间只有中度的相关 (Mayeux, Houser, & Dyches, 2011)。

同伴接纳是心理适应的一个强有力预测因子。尤其是被拒绝儿童，他们会焦虑、不快乐、爱捣乱和低自尊。教师和家长都评价说他们具有各种情绪和社交问题。小学时期的同伴拒绝还与学习成绩差、旷课、退学、致瘾物滥用、反社会行为、青少年违法以及成年期犯罪密切相关 (Ladd, 2005; Rubin et al., 2013)。

早期影响——儿童特征与教养实践相结合，可以在很大程度上解释同伴接纳和学校适应之间的关系。同伴关系不良的小学生，情绪自我调节能力大多较弱，并由于家庭收入低和父母冷漠、强制管教而处于家庭压力之下 (Blair et al., 2014; Trentacosta & Shaw, 2009)。被拒绝儿童常常会激怒同伴，这更加重了他们的不良发展。

348

（1）同伴接纳的决定因素

为什么有的儿童被喜爱，有的儿童被拒绝？大量研究表明，社会行为起着重要作用。

1）受欢迎儿童

受欢迎 – 亲社会型儿童 (popular-prosocial children) 既被喜欢（同伴偏爱），又被钦佩（知名度高）。他们的学习和社交能力都强，在学校表现优秀并且以敏感、友好、合作的方式与同伴交流 (Cillessen & Bellmore, 2004; Mayeux, Houser, & Dyches, 2011)。

但是另一些受欢迎儿童被钦佩，却是由于其擅长社交的行为。**受欢迎 – 反社会型儿童** (popular-antisocial children) 包括"恶棍"男孩——体育能力强但是学习差，经常惹麻烦，不顺从成人权威；以及关系攻击型男孩和女孩，他们常采用忽视、排他和散播别人谣言的方式来提高自己

的地位 (Rose, Swenson, & Waller, 2004; Vaillancourt & Hymel, 2006)。虽然他们有攻击性，但同伴常认为这些人很酷，或许是由于他们的体育能力以及老练圆滑的社交技能。虽然同伴钦佩使这些儿童免于遭受持续的适应困难，但他们的反社会行为需要干预 (Rodkin et al., 2006)。随着年龄的增长，同伴会越来越不喜欢这些地位高、具有攻击性的少年，最终会谴责他们下流的手段并拒绝他们。

2）被拒绝儿童

被拒绝儿童表现出各种消极社会行为。最常见的一种亚类型是**被拒绝－攻击型儿童** (rejected-aggressive children)，他们表现出很多冲突、身体和关系攻击以及过度活跃、缺乏注意和冲动行为。他们缺乏观点采纳能力，常把同伴的无意行为曲解为敌意行为，把自己的社交困难归咎于别人 (Dodge, Coie, & Lynam, 2006; Rubin et al., 2013)。和受欢迎－反社会型儿童相比，他们的敌对性更强。

相比之下，**被拒绝－退缩型儿童** (rejected-withdrawn children) 很被动，不善交往。在社交焦虑的重压下，他们对同伴互动抱有消极期望，担心被嘲笑和攻击 (Rubin et al., 2013; Troop-Gordon & Asher, 2005)。

早在幼儿园的时候，同伴群体就会排斥被拒绝儿童。于是，被拒绝儿童会减少对班级活动的参与，他们的孤独感增强，学习成绩下滑，并且不想去学校 (Buhs, Ladd, & Herald-Brown, 2010; Gooren et al., 2011)。被拒绝儿童一般朋友很少，有些人根本没有朋友，这种情形可以预测严重的适应困难 (Ladd et al., 2011; Pedersen et al., 2007)。

这两类被拒绝儿童都有被同伴欺负的危险。但是，正如本节"生物因素与环境"专栏所揭示的，被拒绝－攻击型儿童会成为霸凌者，被拒绝－退缩型儿童尤其有可能成为受害者。

观察与倾听

联系附近的小学或学区，了解他们有什么预防霸凌的措施，向他们要一份关于反霸凌措施的书面文件。

3）有争议儿童与被忽视儿童

有争议儿童既会表现出积极社会行为，也会表现出消极社会行为，造成了不同的同伴意见。他们有时充满敌意和破坏力，有时又会表现出积极的亲社会行为。虽然一些同伴不喜欢他们，但是他们具有使自己免受社会排斥的一些品质。他们有很多朋友，也很喜欢自己的同伴关系 (de Bruyn & Cillessen, 2006)。但是，就像受欢迎－反社会型和被拒绝－攻击型儿童一样，他们经常欺负人，并通过巧妙的关系攻击确保他们的支配统治地位 (Putallaz et al., 2007)。

也许在同伴接纳方面最令人意外的发现是，曾经被认为需要治疗的被忽视儿童，通常适应良好。尽管他们很少与人互动，但他们的社交技能和一般孩子差不多，也没有对自己的社交活动感到不开心。只要愿意，他们可以自行脱离"独行侠"模式，与同伴很好地合作，形成积极、稳定的朋友关系 (Ladd & Burgess, 1999; Ladd et al., 2011)。被忽视但是有社交能力的儿童提醒我们，开朗、合群的人格特质并不是通往情绪健康的唯一途径。

（2）帮助被拒绝儿童

有各种干预措施可以改善被拒绝儿童的同伴关系和心理适应。其中大多数涉及对社交技能的训练、示范和强化，比如，怎样发起与同伴的交往，怎样在游戏中合作，怎样对一个情绪健康和友好的同学做出回应。这些方案中有几个会在社交能力和同伴接纳方面产生长期效应 (Asher & Rose, 1997; DeRosier, 2007)。将社交技能训练和其他治疗措施结合起来效果更好。被拒绝儿童一般学习成绩较差，其低学习自尊会增强他们对教师和同学的消极反应。多对他们进行学习辅导能提高他们的学习成绩和社会接纳度 (O'Neill et al., 1997)。

另一种方法是关注观点采纳和解决社交问题的训练。许多被拒绝－攻击型儿童没有意识到自己的社交技能差，并且拒绝对自己的社交失败承担责任 (Mrug, Hoza, & Gerdes, 2001)。相反，被拒绝－退缩型儿童可能会对同伴交往困难表现出习得性无助，在多次被同伴回绝后，他们会断定自己永远不会被人喜爱 (Wichmann, Coplan, & Daniels, 2004)。对这两种类型的儿童，都要帮助他们把同伴关系困难归为内部、可变的原因。

当被拒绝儿童掌握了社交技能时，老师必须鼓励同学们改变对他们的负面看法。但他们即使被接纳，仍然会选择性地回忆自己行为的消极一面，而忽略积极一面 (Mikami, Lerner, & Lun, 2010)。因此，哪怕面对积极的证据，被拒绝儿童的坏名声也往往会持续。教师的表扬、表达对他们的喜爱有助于矫正同伴对他们的判断 (De Laet et al., 2014)。

最后，因为被拒绝儿童的社交无能常常源于儿童气质和教养行为的不匹配，因此只关注儿童的干预措施还不够。如果父母—儿童的互动模式不改变，儿童很快就会回到他们旧有的行为模式。

349

专栏 生物因素与环境

霸凌与被霸凌

认真观察有攻击性的儿童在学校里一天的活动，你会发现，他们对有些同伴怀有敌意。一种特别具有破坏性的互动模式是**同伴欺负** (peer victimization)，一些儿童会频繁成为言语攻击、身体攻击或其他虐待方式的目标。是什么原因造成了儿童之间的这种攻击—退却循环模式呢？大约 20% 的儿童是霸凌者，25% 的儿童反复受欺负。大多数进行面对面身体攻击和言语攻击的霸凌者是男孩，相当一部分女孩则用言语攻击和敌意的关系攻击欺负弱者 (Cook et al., 2010)。

随着霸凌者进入青少年期，越来越多的人通过电子手段进行攻击。20%~40% 的年轻人曾经使用短信、电子邮件、社交媒体网站或其他电子工具进行"网络霸凌" (Kowalski & Limber, 2013)。与面对面霸凌相比，网络霸凌中的性别差异不那么明显；网络霸凌的间接性使女孩更偏爱这种方式 (Menesini & Spiel, 2012)。女孩更多地用文字进行网络霸凌，而男孩通常会发布令人尴尬的照片或视频。

"传统"霸凌的施暴者和受害者经常参与网络霸凌。但是网络霸凌并不都是传统霸凌的延伸 (Smith et al., 2008)。而且，受害者向家长或学校老师报告网络霸凌的可能性要小得多。在很多情况下，网络霸凌者的身份并不为受害者和受众所知。

许多霸凌者因为他们的残忍做法而不被喜欢，或慢慢变得不受欢迎。但有相当一部分人是受同伴广泛赞赏的有社会影响力的年轻人。这些地位高的霸凌者经常拿被同伴拒绝的孩子为目标，而这些孩子不大会受到同学的保护 (Veenstra et al., 2010)。不仅同伴很少干预和帮助受害者，而且 20%~30% 的旁观者鼓励霸凌者，甚至加入其中 (Salmivalli & Voeten, 2004)。

霸凌更多地发生在老师被认为不公平、不关心学生而很多学生认为霸凌行为"Ok"的学校 (Guerra,
Williams, & Sadek, 2011)。事实上，霸凌者及其帮手大多表现出社会信息加工的缺陷，包括过高的自尊，为自己的行为沾沾自喜，以及对受害者所受伤害非常冷漠 (Hymel et al., 2010)。

当长期被欺负的儿童需要采取主动的时候，他们往往很被动。具有生物基础的特质，如抑制型气质和虚弱的体格，成为他们被欺负的原因。一些受害者还有拒绝型依恋、高控的家庭教育方式和母亲过度保护的经历。这些教养行为会引发焦虑、低自尊和依赖性，导致非常胆小的行为举止，难免使人觉得这些孩子很脆弱 (Snyder et al., 2003)。

被霸凌的后果包括孤独、同伴接受度低、学习成绩差、捣乱行为和逃学 (Kochel, Ladd, & Rudolph, 2012; Paul & Cillessen, 2003)。被霸凌儿童和长期被虐待的儿童一样，他们的受害与皮质醇分泌受损有关，也就是说，他们对压力的生理反应被破坏了 (Vaillancourt, Hymel, & McDougall, 2013)。

随着传统霸凌和网络霸凌案例的积累，受害者报

霸凌者及其帮手通常表现出过高的自尊，对他们的行为沾沾自喜，对受害者受到的伤害非常冷漠。长期受害者往往是容易攻击的目标，因为他们弱小、被动、压抑。

告说，他们的日常生活受到了很大干扰。传统霸凌和网络霸凌都与越来越强烈的焦虑、抑郁和自杀想法有关 (Menesini, Calussi, & Nocentini, 2012; van den Eijnden et al., 2014)。重复的网络霸凌会造成受害者名誉的严重损害，例如，在手机或社交网站上反复传播恶意视频，就会把影响放大。

攻击者和受欺负者并不是对立的两极。1/3 到一半的受害者也是攻击者，表现出身体攻击、关系攻击或网络敌意性。霸凌者经常会再次虐待他们，用恶性循环来确立他们的受害者地位。这些被霸凌者 / 受害者在所有被拒绝儿童中是最被看不起的。他们大多经历过十分不利于适应的教养行为，包括虐待。这种极度负面的家庭经历和同伴经历相结合，使他们处于严重的失调危险中 (Kowalski, Limber, & Agatston, 2008)。

改变受害儿童对自己的消极看法，并教会他们以非强化的方式回应攻击者，这样的干预是有帮助的。另一种帮助受害儿童的方法是，帮助他们建立并保持良好的朋友关系 (Fox & Boulton, 2006)。如果儿童有一个可以求助的好朋友，霸凌事件通常很快就会结束。

虽然改变受害儿童的行为有所帮助，但减少霸凌的最好方法是创设良好的环境，包括学校、体育运动队、娱乐中心和社区，促进亲社会态度和行为。有效方法包括制定学校和社区守则，打击传统霸凌和网络霸凌；教旁观儿童上前阻止；加强家长对儿童使用手机、电脑和互联网的监督；加强成人对学校易出现霸凌区域的监督，如走廊、餐厅和操场 (Kärnä et al., 2011; Kiriakidis & Kavoura, 2010)。

美国卫生与公共服务部管理着一个反霸凌网站 www.stopbullying.gov，该网站旨在提高人们对霸凌危害的认识，并提供预防霸凌发生的信息。

350 六、性别分类

10.7　小学期性别成见观念和性别同一性有何变化？

儿童对性别角色的理解在小学时期更加深入，他们的性别同一性（认为自己比较男性化或女性化）也会发生变化。我们会讲到，性别成见将怎样影响儿童的态度、行为、同伴关系和自我知觉。

1. 性别成见

许多国家的研究揭示，小学生对男女人格特质的成见稳步增加，在 11 岁左右接近于成人 (Best, 2001; Heyman & Legare, 2004)。例如，儿童把"粗暴""攻击""理性""支配"看作男性特征，而把"温柔""同情""依赖"看作女性特征。

儿童通过观察行为的性别差异以及成人的不同对待，习得了这些差异。例如，在帮助孩子做一件事时，父母，尤其是父亲，一般要求男孩更有主见，会设置较高的标准，给他们解释概念，指出任务的重要特征，特别是性别类型活动，比如科学活动 (Tenenbaum & Leaper, 2003; Tenenbaum et al., 2005)。

小学教师也常常把表现出"女性化"行为的女孩视为勤奋和顺从的，把表现出"男性化"行为的男孩视为懒惰和麻烦的 (Heyder & Kessels, 2015)。这些观念可能会导致男孩相对于女孩，学习不够投入，学习成绩更低。同时，当老师看到数学成绩相同的男孩和女孩时，他们大多会认为女孩必须更加努力学习 (Robinson-Cimpian et al., 2014)。正如我们在讨论成就相关归因时看到的，对女孩能力的贬低会对她们的成绩表现产生负面影响。

与成人的成见一样，小学生经常把阅读、拼写、艺术和音乐视为是女孩擅长的科目，而将数学、体育和机械技能视为是男孩擅长的科目 (Cvencek, Meltzoff, & Greenwald, 2011; Eccles, Jacobs, & Harold, 1990)。这些态度影响着儿童对不同学科的偏好和能力感。

一个令人鼓舞的迹象是，儿童关于成就的性别成见正在改变。在加拿大、法国和美国进行的几项调查中，多数中小学生不同意数学是一门"男性化"学科的观点 (Kurtz-Costes et al., 2014; Martinot, Bagès, & Désert, 2012; Plante, Théoret, & Favreau, 2009; Rowley et al., 2007)。不过，这些年轻人大多仍然认为，语文是传统意义上"女性化"的科目。他们仍然认为女孩的语文比数学学得好。

　　虽然小学生意识到了许多成见，但他们也对男性和女性善于做什么形成了更开放的观点。与种族成见观念一样（见边页 344），灵活分类的能力促成了这种变化。小学生认识到，人的性别并不是人的人格特征、活动和行为的某种预测因素 (Halim & Ruble, 2010; Trautner et al., 2005)。同样，到了小学高年级，多数孩子认为性别分类是社会原因而不是生物原因造成的 (Taylor, Rhodes, & Gelman, 2009)。

　　不过，承认人可以跨越性别界限，并不意味着儿童总是赞成这样做。一项追踪研究发现，7～13 岁的儿童普遍对女孩获得与男孩相同的机会持更开放的态度 (Crouter et al., 2007)。但这种变化在男孩和父母持有传统性别态度的孩子身上没有在女孩身上那么明显。此外，许多小学生对某些跨性别行为——男孩玩娃娃、穿女装，女孩吵闹和行为粗暴仍然持坚决反对的态度 (Blakemore, 2003)。当男孩做"跨性别"的事情时，他们尤其不能容忍。

2. 性别同一性与行为

　　在幼儿期性别分类比同伴更明显的儿童，通常在小学期仍然如此 (Golombok et al., 2008)。但是，由于男孩和女孩的性别同一性沿着不同路径发展，因而还是发生了整体性的变化。

　　从三年级到六年级，男孩会增强他们对"男性化"人格特征的认同，而女孩对"女性化"特征的认同则有所下降。女孩虽然仍旧倾向于"女性化"的一面，但她们逐渐比男孩更加"双性化"，会更多地表示自己身上有一些"异性"特征 (Serbin, Powlishta, & Gulko, 1993)。男孩大多会坚持"男性化"的活动，女孩则会尝试更多的选择，从缝纫到体育运动和科学项目。女孩还会比男孩更多地考虑将来从事另一种性别的工作，比如成为消防员和天文学者 (Liben & Bigler, 2002)。

　　这些变化反映了认知能力和社交能力的综合发展。小学男生和女生都意识到，社会对"男性化"特征更加重视。例如，他们认为"男性"的职业地位比"女性"的更高。如果把一种陌生职

351

一个 8 岁女孩在学校的青年宇航员俱乐部发射她制作的火箭。小学男生通常会坚持"男性化"的追求，而女孩则有更广泛的选择。

业与男性工作人员相联系，小学生会认为，其地位高于女性工作人员 (Liben, Bigler, & Krogh, 2001; Weisgram, Bigler, & Liben, 2010)。来自成人和同伴的信息也有影响。第 8 章曾讲过，与对待女孩的态度不同，家长（特别是父亲）极少容忍男孩跨越性别界限。但一个男孩子气的女孩会参与男孩的活动，而不会失去女同学的赞赏，但是跟女孩到处闲逛的男孩会遭到奚落和拒绝。

　　由于小学生能够进行社会比较，并以稳定的心理特征来描述自己，所以他们的性别同一性扩展为以下几方面的自我评价，这些评价对他们的适应能力有很大影响。

- 性别典型性知觉——儿童感觉到的与其他相同性别的人的相似程度。虽然儿童不需要成为高度性别角色化的性别典范，但是他们的心理健康在某种程度上取决于他们与同性同伴相"匹配"的感受。
- 性别满意感——儿童对自己的性别处境感到满意的程度，它会增强幸福感。
- 顺从性别角色的压力感——儿童感受到的家长和同伴不赞同其性别特征的程度。这种压力会减少儿童寻找符合其兴趣和天赋的事情的可能性，感到强烈性别角色压力的儿童常常会陷入苦恼中。

　　一项从三年级追踪到七年级的研究发现，性别典型性知觉良好和性别满意感较高的儿童，在

随后一年中，自尊有所提升。而性别典型性知觉差和性别满意感低的儿童，自尊会下降。性别非典型儿童，特别是那些报告说在适应性别角色方面面临巨大压力的儿童，则经历了严重的适应困难，他们表现出退缩、悲伤、失望和焦虑 (Corby, Hodges, & Perry, 2007; Yunger, Carver, & Perry, 2004)。显然，小学生因为他们不符合性别的特征而受到排斥，并为此遭受深刻的痛苦。

由于感受到顺从性别角色的压力可以预测非典型性别儿童的适应失调，很多专家主张采取干预措施，帮助父母和同伴接受儿童的非典型性别兴趣和行为 (Bigler, 2007; Conway, 2007; Hill et al., 2010)。第8章边页281曾讲到，有性别认同障碍的儿童对自己的出生性别感到极度不满，并强烈认为自己是另一种性别，还介绍了帮助他们走出困境的最佳治疗方法。

思考题

联结　说说小学期自我概念、对种族和少数族裔的态度与性别成见观念发展的相似性。

应用　亲子关系、师生关系的哪些变化能够帮助被拒绝儿童？

反思　你上小学时，是否有同学被划分为受欢迎－反社会型儿童？你认为他们为什么受到一些同伴的钦佩？

七、家庭影响

10.8　小学期亲子沟通和兄弟姐妹关系有何变化？

10.9　影响儿童适应离婚和混合家庭的因素有哪些？

10.10　母亲就业和双职工家庭生活对小学生有何影响？

随着儿童进入学校、同伴群体和社会环境，亲子关系也发生了变化。这一阶段，小学生的身心健康仍然取决于家庭互动的质量。本节将要讲到，当代家庭的多样性，包括离婚、再婚、母亲就业和双职工家庭对儿童产生的积极和消极影响。还要讲到其他的家庭结构，包括男女同性恋家庭和未婚的单亲家庭以及日渐增多的祖辈抚养孙辈的情况。

1. 亲子关系

在小学时期，儿童和父母在一起的时间大大减少。儿童变得独立，意味着父母必须应对新的问题。雷娜说道："该给孩子分配多少家务，该给孩子多少零用钱，他们交的朋友对他们影响好坏，学校里的问题该怎么办，这些问题一直困扰着我。还有一个挑战，那就是当他们不在家的时候，甚至是当他们在家但我又不能在身边看他们做什么的时候，该怎样掌握他们的行为。"

虽然有这些新问题，但是对那些早年建立了权威型教养方式的父母来说，对孩子的教育就比较容易。由于这样的孩子逻辑思维能力更强，对父母的专业知识更尊敬，因而其推理能力也更强了。只要父母尽可能地与孩子共同做决策，孩子就能在一些需要听话的情况下听父母的话 (Russell, Mize, & Bissaker, 2004)。

当儿童表现出他们能自己管理日常活动、承担责任时，明智的父母会逐渐把控制权交给孩子。这并不等于撒手不管，而是实行**共同调控**(coregulation)，这是一种监督的形式，父母允许孩子在具体事情上自己做决定，同时实施总体监控。共同调控产生于父母和子女之间建立在平等交流基础上的温暖、合作关系。当父母和孩子在一起时，他们必须保持一定距离进行指导和监督，并通过有效沟通向孩子传达期望。孩子必须把自己的行踪、活动和问题告诉父母，以便父母在必要时进行干预 (Collins, Madsen, & Susman-Stillman, 2002)。共同调控可以帮助和保护孩子为青少年期做准备，同时让孩子自己做出许多重要决定。

和孩子小时候一样，小学阶段，母亲还是比父亲花更多的时间和孩子在一起，了解孩子更多

352

的日常活动，尽管许多父亲的参与度也很高 (Pew Research Center, 2015e)。不过，父母双方都倾向于把更多的时间花在和自己同性别的孩子身上 (Lam, McHale, & Crouter, 2012)。当孩子离家时，父母会更加警惕地监控与自己同性别孩子的活动。

尽管学龄儿童常常要求有更大的自主性，但他们知道自己有多需要父母的支持。积极的亲子关系可以提高孩子的情绪自我调节能力，减少压力事件的负面影响 (Brumariu, Kerns, & Seibert, 2012; Hazel et al., 2014)。小学生经常向父母寻求关爱、建议、对自我价值的肯定和日常问题的帮助。

2. 兄弟姐妹

除了父母和朋友，兄弟姐妹也是小学生的重要支持来源。但是，兄弟姐妹之间的竞争在小学时期却有所增加。随着儿童参与活动的范围越来越广，父母常常对兄弟姐妹的特点和成就做比较。得到父母的关心较少、批评较多、物质资源较少的儿童，会对父母产生怨恨情绪，并表现出较差的适应能力 (Dunn, 2004b; McHale, Updegraff, & Whiteman, 2012)。

如果父母经常把年龄相近的同性兄弟姐妹互相比较，便会导致更多的争吵和对立。若父母由于经济困扰、婚姻冲突、单亲或孩子表现差等原因处于压力之下，这种影响尤其强烈 (Jenkins, Rasbash, & O'Connor, 2003)。精疲力竭的父母对孩子之间的公平不再小心翼翼。因为父亲花在孩子身上的时间比母亲少，所以当父亲更喜欢一个孩子时，其他孩子的反应尤其强烈 (Kolak & Volling, 2011)。

为了减少竞争，兄弟姐妹常常会努力做到彼此不同 (McHale, Updegraff, & Whiteman, 2012)。例如，我认识的两兄弟故意选择了不同的运动爱好和乐器。如果哥哥在某项活动中表现特别好，那么弟弟就不想去尝试。父母尽量不要对孩子做比较，以降低这种影响，但是对孩子的能力做一些反馈是不可避免的。当兄弟姐妹努力为自己的独特性赢得认可时，他们就是在塑造各自发展的重要方面。

尽管兄弟姐妹之间的冲突增加，但他们仍然相互依赖、陪伴、帮助并给予情感支持。要想让兄弟姐妹享受到这些好处，父母就要鼓励孩子们，营造兄弟姐妹之间的温暖体贴的关系。这种关系越积极，他们就越能够建设性地解决分歧，在家庭、学业和同伴挑战方面提供帮助，并能更好地应对巨大的压力，如父母离婚 (Conger, Stocker, & McGuire, 2009; Soli, McHale, & Feinberg, 2009)。

如果兄弟姐妹相处得好，哥哥姐姐的学习和社交能力往往会"传染"给弟弟妹妹，从而带来更好的成绩和同伴关系。哥哥姐姐和弟弟妹妹在共情和亲社会行为方面都受益 (Brody & Murry, 2001; Lam, Solmeyer, & McHale, 2012; Padilla-Walker, Harper, & Jensen, 2010)。但是，小学期破坏性的兄弟姐妹冲突与负面结果相关，即使控制了其他家庭关系因素，也会带来相互冲突、相互虐待的同伴关系、焦虑、抑郁情绪，以及后来的致瘾物滥用和少年犯罪 (Kim et al., 2007; Ostrov, Crick, & Stauffacher, 2006)。

3. 独生子女

虽然兄弟姐妹之间的关系会带来很多好处，但它并不是健康发展所必需的。与普遍流行的观念相反，独生子女不会被宠坏，在某些方面，甚至有得天独厚的优势。在独生子女家庭和多子女家庭中长大的美国儿童，在自我评价的人格特征上没有差异 (Mottus, Indus, & Allik, 2008)。与有兄弟姐妹的儿童相比，独生子女在自尊和成就动机方面更强，在学校表现更好，受教育水平也更高。其中一个原因可能是独生子女与父母的关系更密切，父母可能会在掌握本领和取得成就方面施加

姐姐在帮助她 6 岁的弟弟做作业。虽然兄弟姐妹之间的竞争在小学期增加，但兄弟姐妹之间也会相互提供情感支持，并在遇到困难时互相帮助。

更大的压力，也可能在孩子的教育上投入更多的时间 (Falbo, 2012)。然而，独生子女往往不太容易被同伴群体接受，可能是因为他们没有机会通过兄弟姐妹之间的互动来学到有效的冲突解决策略 (Kitzmann, Cohen, & Lockwood, 2002)。

中国的独生子女也得到了良好的发展，独生子女政策在城市地区实施了 30 多年，直到 2015 年被废除。与有兄弟姐妹的同伴相比，中国的独生子女在认知发展和学习成绩方面稍占优势。他们在情感上也更有安全感 (Falbo, 2012; Yang et al., 1995)。中国母亲通常会让自己的孩子与堂兄弟姐妹（被当作兄弟姐妹）经常接触。也许正因为如此，中国独生子女在社交技能和同伴接纳方面与同年龄的伙伴没有区别 (Hart, Newell, & Olsen, 2003)。

4. 离婚

孩子与父母和兄弟姐妹的互动会受到家庭生活其他方面的影响。在乔伊 8 岁、莉琪 5 岁的时候，他们的父亲德雷克搬了出去。在接下来的几个月里，乔伊开始推莉琪、打她、戏弄她、辱骂她。虽然她试图报复，但她不是体格健壮的乔伊的对手。争吵通常以莉琪哭着跑向妈妈告终。乔伊和莉琪的争吵发生在他们父母的婚姻日益不幸福的时候。

1960—1985 年，西方国家的离婚率急剧上升，

然后多数国家的离婚率趋于稳定。过去 20 年，美国的离婚率有所下降，这主要是由于初婚年龄提高和结婚率下降。然而，这种减少主要适用于受过良好教育、经济稳定的家庭。如图 10.3 所示，受教育水平较低的个体，其婚姻的不稳定性明显更高 (Lundberg & Pollak, 2015)。由于教育和经济上的劣势增加了家庭的脆弱性，非裔、拉美裔和美国原住民的离婚率高于欧裔美国人的 (Raley, Sweeny, & Wondra, 2015)。

在发达国家中，美国是离婚率最高的国家之一。据估计，42%~45% 的美国婚姻以离婚告终，其中一半与孩子有关。超过 1/4 的美国儿童生活在离异的单亲家庭中，其中多数和母亲住在一起，但父亲为户主的家庭比例稳步上升，约为 14% (U.S. Census Bureau, 2015d)。

离异家庭的孩子平均有 5 年的时间是在单亲家庭度过的，这几乎占整个童年的 1/3。对很多儿童来说，离婚导致了新的家庭关系。大约 10% 的美国儿童与单亲（通常是母亲）和已婚或同居的继父母住在一起 (Kreider & Ellis, 2011)。这些孩子中的许多人最终会经历第三个重大变化——父母的第二次婚姻或同居关系的结束。

这些数据表明，离婚并不是父母和儿童生活中一个简单、孤立的事件。这是一种过渡，会产生各种新的生活安排，伴随着住房、收入、家庭角色和责任的变化。离婚会给儿童带来压力，并给其适应带来风险，但多数孩子都能顺利地适应

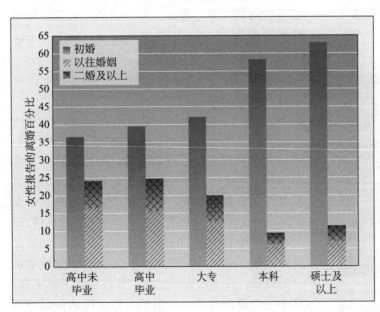

图 10.3 不同教育水平的美国女性的离婚率

对 1 万名 15~44 岁的美国女性的调查显示，婚姻稳定性随教育水平提高而增强，低教育水平与离婚、再婚和再婚后的离婚相关。资料来源：Lundberg & Pollak, 2015.

(Greene et al., 2012; Lamb, 2012)。离婚后，儿童的健康取决于许多因素：监护父母的心理健康和经济资源，儿童的特点，以及家庭和周围环境的社会支持。

（1）短期后果

雷娜回忆说："在德雷克和我决定分手时情况最糟糕，我们为了财产分割和孩子们的监护权吵个没完，孩子们深受其害。莉琪抽泣着告诉我她很'抱歉让爸爸离家出走'。乔伊在家里又踢又扔，在学校不好好学习。一大堆事情，我几乎顾不上他们两兄妹。我们不得不卖掉房子，我还得找一份收入好点的工作。"

在刚离婚的家庭中，由于父母试图解决子女和财产的纠纷，家庭冲突经常会增加。一旦父母中的一方搬出去，随之而来的事件就会威胁到父母和孩子之间的相互支持。单身妈妈通常会经历收入的急剧下降。在美国，有年幼子女的离婚母亲中，有近 30% 生活在贫困之中，更多的低收入母亲只能从父亲那里得到低于全额的抚养费，或根本得不到抚养费 (U.S. Census Bureau, 2011)。她们常常不得不搬到租金较低的房子里，从而减少了与邻居和朋友之间的支持性联系。

354

从结婚到离婚的过渡通常会导致母亲高度紧张、抑郁和焦虑，以及混乱的家庭生活。有孩子的母亲幸福感下降最多 (Williams & Dunne-Bryant, 2006)。雷娜说："吃饭和睡觉没有固定时间，房子也没有打扫，周末我也不再带乔伊和莉琪出去玩了。"当孩子对他们失去安全感的家庭生活表现出悲伤和愤怒时，管教可能会变得严厉和不一致。随着时间推移，孩子与没有监护权的父亲的接触减少，父子关系质量下降，尤其是当父母冲突严重时 (Troilo & Coleman, 2012)。只偶尔看望孩子的父亲一般会宽容和放纵孩子，这使母亲教育孩子更困难。

父母争吵越多，越不能给孩子提供温暖、参与和持续的指导，孩子的适应能力也就越差。在离异家庭中，大约 20%~25% 的孩子表现出严重的问题，而在非离异家庭中，这一比例约为 10% (Golombok & Tasker, 2015; Lansford, 2009)。儿童出现问题的多少，因年龄、气质和性别而不同。

1）儿童的年龄

幼儿和小学生经常把父母婚姻破裂归咎于自己，担心父母双方会抛弃他们。年龄稍大些的儿童在认知上比较成熟，能够理解自己对父母的离婚并不负有责任，但许多孩子的反应很强烈，在学校成绩下降，变得不听话，并逃避到行为不良的同伴活动中，尤其是在家庭冲突激烈和父母监管不够的情况下 (Kleinsorge & Covitz, 2012; Lansford et al., 2006)。一些较大的孩子，尤其是家里的老大，表现出较成熟的行为，愿意多做一些家务，照顾弟弟妹妹，给抑郁、焦虑的母亲提供情感支持。但如果这类要求太多，这些孩子最终可能会变得怨恨，离家出走，并表现出愤怒、发泄行为 (Hetherington & Kelly, 2002)。

2）儿童的气质和性别

如果气质困难型儿童处于压力生活事件中，父母教育又不恰当，这些问题就会被放大。相反，易照养儿童则不大会成为父母发怒的目标，他们还能有效地应对逆境。

这些发现有助于我们理解儿童在父母离异时做出的反应的性别差异。女孩有时会像莉琪那样做出内化的反应，比如哭泣、自责和退缩，更多的，则是提出过分的要求和希望得到关注。但是在母亲做监护人的家庭中，男孩出现严重适应问题的风险更大 (Amato, 2010)。第 8 章讲过，男孩活跃且不听话，身处父母冲突和不一致的管教下，这种行为会愈演愈烈。在离婚家庭中，母亲高控的管教和儿子的冲动、违抗行为很常见。

（2）长期后果

雷娜终于找到了收入较高的工作，日常生活重新步入正轨。她和德雷克找一位心理咨询师做了几次咨询，两人意识到，他们的争吵对乔伊和莉琪伤害很大。从此以后，德雷克定期来看孩子，对乔伊的不守规矩行为则严加管教。不久，乔伊在学校的表现有明显进步，行为问题减少，两个孩子都比以前更平和、更快乐。

大多数儿童在父母离婚两年后适应能力都有提高。但总体而言，父母离异的儿童和青少年，在学习成绩、自尊、社交能力以及情感与行为问题方面的得分仍略低于父母未离异的儿童 (Lansford, 2009; Weaver & Schofield, 2015)。离婚与青少年的性行为和亲密关系方面出现问题有关。经历过父母离异，尤其是不止一次父母离异的青少年，过早发生性行为和青少年做父母的比例更高。一些人还会遇到其他持久的困难，包括受教育程度低，恋爱和婚姻不顺利，多次离婚以及亲子关系差 (Amato, 2010)。

父母离婚后，要让子女做到良好适应，正确的教育方法是最重要的因素。这包括不要让孩子卷入父母的婚姻冲突，正确运用权威型教养方式 (Lamb, 2012)。一些父母培训项目可以帮助监护父母支持孩子的成长。其中一个项目针对小学生的母亲，进行了11次亲子训练，明显改善了亲子关系，提高了儿童的应对技能，效果持续时间长达6年 (Velez et al., 2011)。

如果母亲是监护人，那么与父亲的定期接触很重要。但只有约1/3的儿童能够每周至少见到父亲一次 (Amato & Dorius, 2010)。和父亲接触越多，父子关系越亲密，孩子的反抗和攻击行为就越少 (Dunn et al., 2004)。对于女孩，良好的父女关系可以防止她们过早的性行为和不愉快的恋爱关系。对于男孩，父子关系会影响其整体的心理健康。一些研究报告称，如果父亲是监护人，儿子的健康状况会更好 (Clark-Stewart & Hayward, 1996; McLanahan, 1999)。来自父亲的经济安全感和权威形象，似乎能帮助他们更好地教育儿子。在父亲是监护人的家庭中，男孩可能受到父母双方较多的关心，因为非监护人的母亲比非监护人的父亲参与孩子生活更多。*355*

父母离婚对儿童来说是痛苦的，但是在一个整天吵吵闹闹的完整家庭中生活，还不如在一个平静的单亲家庭中生活 (Lamb, 2012; Strohschein, 2005)。离婚后的父母如果能好好地共同抚养孩子（见第2章边页57），支持对方承担起抚养孩子的角色，就有助于孩子成长为有能力、稳重、幸福的人 (Lamb, 2012)。充满关爱的大家庭成员、老师、兄弟姐妹和朋友，也会减少离婚导致的长期困难 (Hetherington, 2003)。

（3）离异调解、共同监护和儿童支持

由于意识到离婚会给儿童和家庭带来很大

压力，一些社区服务机构试图帮助家庭渡过这个困难时期。其中的一项服务叫作离异调解，和打算离婚的夫妻进行一系列的会面，由受过训练的专业人员帮助调解矛盾，协助当事人处理财产分割、子女监控权等涉及法律诉讼的事项。研究表明，离异调解有助于促进庭外解决、合作和父母双方对子女的共同抚养，增进父母和子女的幸福感 (Douglas, 2006; Emery, Sbarra, & Grover, 2005)。

孩子经常与父母双方接触，父母实施有效的共同抚养，在养育孩子的过程中相互支持，这些能大大提高离异后孩子的适应能力。

在子女监护问题上，目前越来越普遍的一种方式是共同监护，父亲和母亲在对子女教养做出重要决定时具有平等的话语权。孩子跟父母中的一方生活，并定期与另一方见面，这是典型的单方监护。在另一些案例中，父母共享监护权，孩子轮流在父亲和母亲两人的家生活。共同监护的父母很少发生冲突。但这样的安排能否成功，取决于共同监护是否有效 (Bauserman, 2012)。这种情况下的儿童，无论具体怎样安排，往往都比单亲监护家庭的孩子适应得更好 (Bauserman, 2002)。

许多单亲家庭在离婚后依赖另一方的子女抚养费来减轻生活压力。美国所有的州都制定了从不支付抚养费的父亲或母亲那里扣工资的法规。虽然儿童抚养费通常不足以使单亲家庭摆脱贫困，但是它能减轻一些家庭负担。有探望时间并且常常探望孩子的非监护人父亲，更可能会定期支付子女的抚养费 (Amato & Sobolewsik, 2004)。随着时间的推移，父亲接触和子女抚养费的增加，可以预测更好的共同抚养关系 (Hofferth, Forry, &

Peters, 2010)。本页"学以致用"栏总结了帮助儿童适应父母离异的方法。

5. 混合家庭

在雷娜和丈夫离婚后的一天，莉琪对雷娜大声叫道："如果你和温德尔结婚，爸爸和卡罗尔结婚，我就有两个姐姐，还多了个哥哥。让我数数，有几个爷爷、奶奶、外公、外婆？啊，真多！"

356　　大约60%的离异父母会在几年内再婚。其余的要么同居，要么与一个婚外伴侣保持性关系并住在一起。父亲或母亲、继父或继母与孩子形成的新的家庭结构，称为**混合家庭**或**重组家庭**(blended, or reconstituted, family)。对一些儿童来说，这种扩大的家庭网络有积极的一面，因为它带来了更多的成人关注。但是，混合家庭的儿童往往比稳定的初婚家庭儿童面临更多的适应困难(Pryor, 2014)。面对继父或继母新的规则和期望可能有压力，儿童常把继父或继母的亲属看作外人。但是，他们能否适应，与家庭机能的质量相关。这取决于父母形成的新关系以及儿童的年龄、性

别和混合家庭关系的复杂性。对年龄较大的儿童和女孩来说，这是一道难关。

（1）母亲－继父家庭

母亲获得子女监护权的情况较多，所以最常见的混合家庭是母亲－继父家庭。在这样的家庭中，男孩能较快地适应，如果继父态度温和，不马上树立权威，能把他们从母子消极互动中解脱出来，他们就会欢迎这样的继父。由于在经济上有了安全感，有另一个成人承担家务并且不再孤独，母亲与儿子之间的矛盾也会减少 (Visher, Visher, & Pasley, 2003)。如果继父与母亲正式结婚，而不仅是同居，他们便会更关心继子女，这可能是因为选择与有孩子的母亲结婚的男性一般对养育子女更感兴趣，也更擅长养育子女 (Hofferth & Anderson, 2003)。但是，女孩往往对母亲再婚感到不解。继父会破坏女孩与母亲的亲密关系，因此女孩经常表现出生气和抵触行为 (Pryor, 2014)。

不过，年龄会影响这些结果。年龄较大的儿童和青少年，无论男女，都比正常家庭中的同伴表现出更多的不负责任行为 (Hetherington &

POINT 学以致用

帮助儿童适应父母离异

建议	基本原则
防止孩子受父母矛盾影响。	目睹父母的激烈冲突对子女伤害很大。如果父母一方坚持表达敌意，而另一方并不做出类似的回应，儿童会适应得更好。
给孩子提供连续、熟悉和可预测的生活。	离婚前后的一段时间，如果孩子的生活稳定，例如，在同一所学校上学，在同一间卧室睡觉，有同一个看护者，有相同的玩伴和日程，儿童会适应得更好些。
向孩子解释离婚原因，告诉孩子该期待什么。	如果子女对父母离异没有准备，他们更可能产生被抛弃的恐惧。应该告诉子女，他们的父母再也不会住在一起了，父母中的哪一方会搬走，他们什么时候能见到他/她。如果可能，父亲和母亲应当一起对离婚做出解释，给子女一个可以理解并确保子女不需承担责任的理由。
说明离婚的永久性。	想象父母会重归于好会妨碍儿童接受眼前的生活现实。应该告诉孩子，离婚是最后的结果，他们不能改变这个事实。
对孩子的感受表示同情。	儿童需要别人对他们的悲伤、恐惧和愤怒做出支持和理解的反应。为了让儿童适应良好，必须认同他们的痛苦情绪，而不是否认或逃避。
采取权威型教养方式。	对孩子的教育应该充满关爱、接纳，合理提出希望孩子表现好的需求，前后一致，富于理性。采取权威型教养方式的父母可以降低孩子在离婚后不适应的危险。
促进与父母保持永久关系。	父母应该把他们对前配偶的敌意与孩子跟前配偶保持永久关系的需要分离开来，这样子女才能适应良好。

Stanley-Hagan, 2000; Robertson, 2008）。一些父母对亲生子女比对继子或继女更疼爱和关心，年龄较大的儿童会更留意这种不公平对待。青少年则常常把新的继父或继母看作是对他们自由的威胁，如果他们在过去的单亲家庭中，父母很少管教，这种情况就更容易发生。不过，如果青少年与自己的母亲关系亲密而合作，就容易跟继父建立起良好关系，这种情况将大大有利于他们的心理健康（King, 2009; Yuan & Hamilton, 2006）。

（2）父亲－继母家庭

无监护权的父亲再婚，往往会导致与亲生子女的接触减少，尤其是在父亲离婚后还没有跟孩子建立起日常关系就迅速再婚的情况下（Dunn, 2002; Juby et al., 2007）。如果父亲有监护权，子女大多对再婚反应消极。原因之一是，和父亲一起生活的孩子，在父母离婚后，刚开始往往会有更多的问题。也许因为生母无法应付这个难缠的孩子（通常是男孩），所以父亲和他的新伴侣将面临孩子的行为问题。另一种情况是，拥有监护权的父亲本来与孩子的关系非常密切，如果再婚，就会破坏这种关系（Buchanan, Maccoby, & Dornbusch, 1996）。

在与继母相处时，女孩常常需要经历一段艰难的时间，原因可能是女孩与父亲的关系受到威胁，也可能是因为女孩不知道应该忠诚于哪个妈妈。但是，随着女孩和继母相处的时间变长，她们与继母的互动会变得越来越积极（King, 2007）。随着时间和容忍度的变化，无论是男孩还是女孩，都会从第二个妈妈那里得到好处。

（3）对混合家庭的支持

父母教育和夫妻咨询可以帮助父母和子女适应复杂的混合家庭生活。有效方法是，先与孩子建立一种温暖的关系，鼓励继父母逐步进入新角色，并带来更积极的养育（Pasley & Garneau, 2012）。咨询师可以为夫妻提供共同抚养指导，以缓解该对谁忠诚的矛盾，并且在子女教育中保持一致性。还要告诉父母，建立一个和谐的混合家庭一般需要好几年时间，别指望孩子能快速适应，让家庭更容易忍受这种转变并顺利地完成过渡。

令人遗憾的是，二次婚姻的离婚率高于第一次婚姻的离婚率。具有反社会倾向和不善于教育子女的父母，尤其可能经历几次离异和再婚。儿童经历的父母婚姻变故次数越多，适应的困难越大（Amato, 2010）。这些家庭通常需要长期、深入的治疗。

6. 母亲就业与双职工家庭

当前，美国单身母亲和已婚母亲参加工作的比例大体相同，身边有上学的子女的母亲，超过 3/4 的人参加工作（U.S. Census Bureau, 2015d）。前面几章讲过，母亲就业对早期发展的影响，取决于儿童养育和亲子关系的质量。在小学阶段，情况仍然如此。

（1）母亲就业与儿童发展

母亲就业后，如能继续致力于家庭教育，孩子会得到良好的发展，表现出较高的自尊，性别成见观念较少。尤其是女孩，她们认为女性的角色包含更多的选择自由和满足感，更以职业为导向（Hoffman, 2000）。此外，母亲在孩子幼儿期就有稳定职业，与孩子进入小学后学习成绩更好、行为问题更少有关，对母亲低收入的儿童来说尤为相关（Lombardi & Coley, 2013; Lucas-Thompson, Goldberg, & Prause, 2010）。家庭教育经验和经济状况改善可能共同作用产生了这些结果。经济上有安全感的就业母亲更可能关心孩子的教育。

在双职工家庭中，母亲就业往往促使父亲承担更大的抚养子女责任。在童年期和青少年期，父亲参与家庭教育，与孩子学习成绩较好、社会行为更成熟和灵活的性别角色观相关，与孩子长大成人后心理健康状况普遍较好相关（Bornstein, 2015; Lamb & Lewis, 2013）。

但是，如果父母工作过于忙碌，或其他原因使他们压力重重，那么，对孩子的教育就可能效率低下（Strazdins et al., 2013）。长时间上班，上班时间不规律（比如夜班或周末轮班），或者工作环境差，都可能带来相关的不良结果，如养育不当，亲子活动少，认知发展落后，以及童年期和青少年期行为问题增加（Li et al., 2014; Strazdins et al., 2006）。

相形之下，兼职工作和灵活的上班时间安排与良好的儿童适应有关（Buehler & O'Brian, 2011;

357

Youn, Leon, & Lee, 2012)。这种安排既可防止角色超载，也能帮助父母满足孩子的需求。

（2）对就业父母及其家庭的支持

在双职工家庭中，丈夫愿不愿分担责任是一个关键因素。如果他很少或根本不帮忙，那么母亲既要上班又要干家务，会导致疲劳、烦恼，没有时间和精力照管孩子。幸好，与几十年前相比，如今的美国父亲更多地参与到照管孩子中（见第 6 章边页 204），随着父亲参与的增加，越来越多的父亲也报告自己出现了角色超载 (Galinsky, Aumann, & Bond, 2009)。

职业母亲和双职工父母需要来自工作环境和社会的帮助。例如，兼职工作，上班时间灵活，有人帮助分担工作，孩子生病时可以带薪请假，这些都有助于父母处理好工作和教育孩子的关系 (Butts, Casper, & Yang, 2013)。女性的同工同酬和就业机会同样重要。这些政策能改善她们的经济条件和心态，使她们工作一天回家后仍然感觉良好。

（3）对小学生的照管

高质量的儿童照管对于父母的心理平和与儿童的心理健康都很重要，即使在小学时期也是这样。据估计，美国有 450 万 5~14 岁的儿童是**自我照管儿童** (self-care children)，他们经常在放学后的一段时间自己照顾自己 (Laughlin, 2013)。自我照顾能力随着年龄的增长和社经地位的提高而增强，这可能是因为较高收入的社区一般也比较安全。但是如果低社经地位的父母缺少对自我照管的替代形式，他们的孩子便要花更多的时间独处 (Casper & Smith, 2002)。

自我照管对发展的影响取决于孩子的成熟程度和他们打发时间的方式。对于小学低年级学生来说，独处时间多会导致更多的适应困难 (Vandell &

包含丰富活动的高质量课外项目对学习和社会性发展非常有益，对低社经地位的儿童尤其如此。

Posner, 1999)。当儿童长到能照顾自己的年纪时，采用权威型教养方式的父母会用电话监督他们，还安排他们定期地做些家务，他们会表现出较强的责任感和良好的适应能力 (Coley, Morris, & Hernandez, 2004; Vandell et al., 2006)。相比之下，放任自流的孩子更可能屈服于同伴压力，参与反社会行为。

贯穿整个小学期，多参加由训练有素的专业人员辅导的课外活动，师生比例较低，以及参加培养技能的活动，与良好的学习成绩、情感和社会适应相关 (Durlak, Weissberg, & Pachan, 2010; Kantaoka & Vandell, 2013)。社经地位较低的儿童参加"课外照管"项目，参加学习辅导和丰富活动（童子军、音乐和艺术课程、俱乐部）显示出特殊的好处。他们在课堂学习习惯、学习成绩和亲社会行为方面的表现，都超过自我照管的同学，而且行为问题较少 (Lauer et al., 2006; Vandell et al., 2006)。

不过，在低收入社区，良好的课外照管非常短缺 (Greenberg, 2013)。这些地方尤其需要精心策划的项目——提供安全的环境，增进与成年人的亲密关系，以及愉快的、目标明确的活动。

 思考题

联结　在布朗芬布伦纳生态系统论的四种水平上（小环境、中环境、外环境和大环境系统），父母上班工作是怎样对儿童发展产生影响的？

应用　史蒂夫和玛丽莎正在闹离婚。他们 9 岁的儿子丹尼斯已经变得充满敌意和挑衅。史蒂夫和玛丽莎怎样才能帮助丹尼斯适应这种情形？

反思　你上小学时是怎样度过课余时间的？你认为这对你的成长有何影响？

八、几个常见的发展问题

10.11 列举小学期常见的恐惧和焦虑
10.12 讨论儿童性虐待的相关因素、对儿童发展造成的影响及其预防和治疗
10.13 列举小学期培养心理复原力的方法

前面已讲过可能使儿童处于问题行为风险中的各种压力。下面要说到另外两个受到关注的问题——小学生的恐惧和焦虑以及对儿童的性虐待，还要对帮助儿童有效应对压力的因素进行归纳。

1. 恐惧和焦虑

对黑暗、雷电和超自然物的恐惧在小学期持续存在，而且年龄稍大的儿童的焦虑也指向了新对象。随着儿童对现实世界的理解越来越深刻，人身伤害的可能性（被抢劫、刺伤或枪击）以及媒体报道的事件（战争和灾难）经常困扰着他们。其他担忧还有学习失败、身体受伤、与父母分离、父母的健康状况不好、死亡的可能性和被同伴拒绝 (Muris & Field, 2011;Weems & Costa, 2005)。

只要恐惧不是太强烈，多数儿童都会使用小学期形成的复杂的情绪自我调节策略，积极地应对。因此，恐惧会随着年龄增长而减少。女孩减少得更多，她们在整个童年期和青少年期，都比男孩表现出更多的恐惧 (Gullone, 2000;Muris & Field, 2011)。大约 5% 的小学生会形成强烈的、难以控制的恐惧，即**恐惧症** (phobia)。抑制型气质的儿童处于更高的风险中，他们表现出恐惧症的概率是其他儿童的 5~6 倍 (Ollendick, King, & Muris, 2002)。

一些患有恐惧症和其他焦虑症的儿童，会形成学校拒绝症——对上学的严重恐惧，常伴有身体不适，如头晕、恶心、胃痛和呕吐 (Wimmer, 2013)。其中大约 1/3 是 5~7 岁的儿童，他们真正担心的是与母亲分离 (Elliott, 1999)。家庭治疗可以帮助这些儿童，因为他们的困难往往源于父母的过度保护。

学校拒绝症的多数案例出现在 11~13 岁。这些儿童常常想到学校里一些让人害怕的事：一位苛刻的教师，一个校园霸凌者，或者父母施加了太大的学习压力。解决他们的问题亟须学校环境或教育方法的变化。坚决地让儿童回到学校上学，并通过训练增强儿童应对焦虑和克服困难的能力，也会有所帮助 (Kearney, Spear, & Mihalas, 2014)。

严重的童年期焦虑可能源自恶劣的生活条件。在市中心的贫民区以及世界各地的战乱地区，大量儿童生活在持续的危险、混乱和贫困中。本节的"文化影响"专栏揭示出，这些年轻人都面临产生情绪困扰和行为问题的风险。第 8 章在讨论儿童虐待时曾讲过，暴力和其他破坏行为常常是成人与儿童关系的一部分。在小学期，对儿童的性虐待有所增加。

2. 对儿童的性虐待

直到不久前，对儿童的性虐待都被认为是罕见的事情，而且儿童受到性虐待后的申诉常常被置之不理。在 20 世纪 70 年代，专家的努力和媒体的关注使人们重新认识对儿童的性虐待，把它看作一个普遍存在的严重问题。在 2015 年的年度报告中，美国证实有约 61 000 个案例 (U.S. Department of Health and Human Services, 2015c)。

（1）虐待者与受虐者的特征

性虐待在男孩和女孩身上都会发生，发生在女孩身上的更多。多数案例发生在小学期，但是对一些受害者来说，虐待在生命早期就已开始并且持续多年 (Collin-Vézina, Daigneault, & Hébert, 2013)。

在绝大多数情况下，施虐者是男性，通常是父母一方或父母双方熟悉的人——父亲、继父、同居男友、叔叔或哥哥 (Olafson, 2011)。即便施虐者不是孩子的亲戚，也可能是孩子认识和信任的人，比如老师、看护者、牧师或家庭朋友 (Sullivan et al., 2011)。互联网和手机已经成为一些罪犯实施性虐待的渠道，例如，让儿童和青少年接触色情和线上的性暗示，作为一种"诱骗"他们进行线下性行为的方式 (Kloess, Beech, & Harkins, 2014)。

施虐者用各种令人厌恶的方式让孩子顺从，包括欺骗、贿赂、口头恐吓和体罚。你可能会好奇，为什么成年人，尤其是父母或近亲，会对孩子进行性侵犯。许多罪犯否认自己的责任，把虐待归咎于有吸引力的孩子的自愿行为。但是，儿童没有能力做出深思熟虑、知情的决定，并与人发生性关系！即使年长儿童和青少年也很难确定地说"行"还是"不行"。毫无疑问，责任在于施虐者，他们往往具有对儿童进行性侵犯的特征。他们很难控制自己的冲动，可能有心理障碍，或

存在酗酒和致瘾物滥用情况。他们经常会挑选那些不太可能保护自己或不被相信的孩子——那些体弱、情感缺失、社交孤立或身体残疾的孩子 (Collin-Vézina, Daigneault, & Hébert, 2013)。

调查发现的儿童性虐待案例与贫困、婚姻动荡及因此造成的家庭关系变故有关。生活在成员不断变换（再婚、分居、新伴侣到来）家庭中的儿童特别容易受到侵犯 (Murray, Nguyen, & Cohen, 2014)。但经济富足、家庭稳定的儿童也有可能成为受害者，只是这种虐待常常能逃过监查。

---

359 专栏 **文化影响**

种族与政治暴力对儿童的影响

在世界各地，许多儿童生活在武装冲突、恐怖主义和其他由种族和政治紧张局势引起暴力冲突的环境中。有些儿童被迫或为取悦大人而参加战斗，另一些儿童则被绑架、殴打和折磨。旁观的儿童经常遭到射击，被打死或打残。许多人惊恐地看着家人、朋友和邻居逃离、受伤或死亡。估计有 2 500 万儿童生活在充满冲突的贫穷国家。在过去十年里，战争导致 600 万儿童身体残疾，2 000 万儿童无家可归，100 多万儿童与父母失散 (Masten et al., 2015; UNICEF, 2011)。

如果战争和社会危机是暂时的，那么，多数儿童会得到安慰，不会表现出长期的情感困难。但是长期的危险就需要儿童做出实质性的调整，这会严重损害他们的心理机能。

儿童遭遇到威胁生命的状况越多，他们就越有可能表现出创伤后应激障碍——极度恐惧和焦虑、可怕的侵入性记忆、抑郁、易怒、愤怒、攻击性和对未来的悲观看法 (Dimitry, 2012; Eisenberg & Silver, 2011)。从波斯尼亚、卢旺达、苏丹到约旦河西岸、加沙、伊拉克、阿富汗和叙利亚，这些结果似乎有文化普遍性。

父母的关爱和安抚是防止问题持续存在的最好办法。如果父母能提供安全感，满怀同情地跟孩子讨论创伤经历，并身体力行地提供冷静应对的情感榜样，多数儿童都能承受战争中的极端暴力 (Gewirtz, Forgatch, & Wieling, 2008)。与父母分离的儿童，则面临着适应不良的最大风险，必须依靠周围人的帮助。在厄立特里亚，被安置在可与成人建立亲密情感联系的居住地的孤儿，

在叙利亚的一所临时学校，一名难民营志愿者在给学生上课。教育和娱乐项目可为儿童提供在严重压力环境中的稳定性，使他们避免持久的适应问题。

5 年后表现出的情感压力，明显小于被安置在非人道环境中的孤儿 (Wolff & Fesseha, 1999)。教育和娱乐项目也是一种有力的保障，老师和同伴的支持可以给儿童的生活提供稳定性。

2001 年 9 月 11 日世贸中心遭到恐怖袭击时，一些美国儿童直接经历了极端的恐怖暴力。其他多数儿童则是间接地从媒体、养育者或同伴那里了解到这场袭击的。直接和间接的接触都引发了儿童和青少年的痛苦，尤其是，如果家人受到影响或在电视上反复观看袭击，会导致更严重的问题 (Agronick et al., 2007; Rosen & Cohen, 2010)。在接下来的几个月里，焦虑反应有所减少，但过去已经有适应问题的儿童，焦虑反应减少得比较慢。

和发展中国家的许多受战争创伤的儿童不同，纽

约三一公立学校的学生们从教室的窗户看到了双子塔倒塌，他们立即接受了一项"创伤课程"的干预，在该课程中，学生们通过写作、绘画、讨论来表达自己的情感，并参与一些旨在帮助他们应对压力、恢复信任和宽容的活动。对类似的受战争破坏地区的学校实施的干预措施加以评估，结果显示，这些措施在减轻儿童和青少年的创伤后应激障碍方面效果明显 (Peltonen &

Punamäki, 2010; Qouta et al., 2012)。

当战争耗尽家庭和社区的资源时，国际组织必须介入并向儿童提供帮助。儿童与战争基金会 (www.childrenandwar.org) 可提供干预项目和手册，培训当地人员，帮助儿童适应和应对困境。努力保护儿童的生理、心理和教育几方面的健康，可能是阻止把暴力传播给下一代的最好方法。

（2）后果

儿童性侵受害者的适应问题，包括焦虑、抑郁、自卑、对成年人的不信任、愤怒和敌意，往往很严重，并且在性侵事件发生后会持续多年。年幼儿童经常表现为失眠、食欲不振和泛化的恐惧。青少年可能会逃跑、企图自杀、饮食失调（包括体重增加和肥胖）、致瘾物滥用和犯罪。在所有年龄段，伴有强迫和暴力的虐待并与施虐者保持亲密关系甚至乱伦关系，会产生更严重的影响。性虐待和身体虐待一样，可能造成中枢神经系统的损伤 (Gaskill & Perry, 2012)。

受过性虐待的儿童经常有超出年龄的性知识和性行为。在青少年期，受虐待的年轻人常常会滥交。成年后，他们因为性犯罪和卖淫而被逮捕的概率较高。被虐待的女性常常会选择那些性侵过她们和她们孩子的人做伴侣。作为母亲，她们往往采取不负责任的、强制的教养，甚至虐待和忽视孩子 (Collin-Vézina, Daigneault, & Hébert, 2013; Trickett, Noll, & Putnam, 2011)。通过这些方式，性虐待的危害被传递给下一代。

（3）预防与治疗

因为性虐待通常与其他严重的家庭问题相混杂，所以需要有专门针对孩子和父母的创伤治疗 (Saunders, 2012)。减轻受害者痛苦的最好方法是马上终止性虐待。当前，法庭正在努力改进对虐待者的起诉，也更加重视儿童的证词（见本节"社会问题→健康"专栏）。

教儿童辨别不恰当的性活动，告诉他们如何寻求帮助，这样的教育项目会降低被虐待的危险 (Finkelhor, 2009)。但是，由于在儿童性虐待的教育问题上仍存在争议，所以很少有学校提供这些

干预措施。新西兰是唯一针对性虐待提供以学校为基础的国家预防计划的国家。一项被称为"保障我们自己的安全"的计划，使儿童和青少年懂得，性虐者很少是陌生人。家长参与可以保证家庭和学校在教儿童自我保护技能方面的合作。相关评估表明，新西兰几乎所有的家长和儿童都支持这个计划，该计划已经帮助许多儿童躲避或者及时报告虐待行为 (Sanders, 2006)。

3. 在小学期培养儿童的复原力

在整个小学期和其他发展阶段，儿童都会遇到挑战，有时甚至是威胁，需要他们应对心理压力。在本章和前一章，我们讨论了慢性病、学习障碍、成就期望、离婚、恶劣的生活条件、战争创伤和性虐待等话题。每一种问题都需要耗费儿童的应对资源，都可能给发展带来严重风险。

但是，在童年期，压力生活经历和心理障碍之间只有中度相关 (Masten, 2014)。在前面讨论贫困、困难的家庭生活和出生并发症时曾说到，一些儿童成功地战胜了一些负面影响。学习困难、家庭变迁、战争经历和儿童虐待也是如此。回顾第1章，有四个主要因素可以防止失调：儿童的个人特征，包括随和的气质和对新情境的掌握－定向型的探索；有爱的父母关系；核心家庭以外成年人的支持系统；社区资源，如好的学校、社会服务、青年组织和娱乐中心。

通常，这些因素中的一个或几个可以解释为什么一个儿童能适应，而另一个却不能。但是，个人因素和环境因素是相互关联的，每一种支持复原力的资源都会强化其他资源。例如，安全、稳定、有家庭友好型服务的社区，可以减少父母的日常困难和压力，从而增加良好的教养行为

(Chen, Howard, & Brooks-Gunn, 2011)。相反，家庭、学校和邻里的不良经历，则会使儿童陷入新的困境。不利条件，如婚姻不和谐、贫穷、拥挤的生活条件、学校和社区暴力、虐待和忽视的叠加影响，会使失调的概率成倍增加 (Masten & Cicchetti, 2010)。

一些在学校开展的社会性和情感学习项目，通过增强学习动机、社交能力和支持性关系，增强了儿童的复原力 (Durlak et al., 2011)。其中包括 4Rs（阅读、写作、尊重和解决）计划，该计划每周为小学生提供情感、社会理解和技能方面的课程。主题包括管理愤怒、用共情回应、自信、解决社会冲突的办法，以及坚决反对偏见和霸凌。精选与课程主题相关的高质量儿童文学作品，作为每一课的补充。故事的讨论、写作和角色扮演可加深学生的理解。

纽约市公立学校对 4Rs 的评估显示，实施干预的教师使用了很多的支持性教学技术，包括把概念与学生日常生活相联系，并提供反馈，承认努力。与控制组相比，参与 4Rs 的学生的抑郁和攻击性减弱，而专注力、社交能力增强 (Aber et al., 2011)。在不安全的社区，4Rs 把学校变成安全和相互尊重的地方，在那里可以安心学习。

4Rs 这样的项目使人们认识到，复原力不是一种天生的属性，而是一种逐渐形成的能力，它使儿童能够利用内部和外部资源来应对逆境 (Luthar, Crossman, & Small, 2015)。纵观本书，我们看到了家庭、学校、社区和整个社会是如何增强或削弱小学生的能力感的。就像下面两章将揭示的，如果童年期的经历帮助儿童学会控制冲动，克服障碍，为自我定向而努力，并对别人做出关心而同情的反应，年轻人就能很好地应对下一个阶段——青少年期的挑战。

思考题

联结　解释那些促进复原力发展的因素是怎样促进父母离婚后儿童的适应的。

应用　克莱尔告诉她 6 岁的女儿，不要和陌生人说话，也不要吃陌生人给的糖果。为什么克莱尔的警告不一定能使她的女儿免受性虐待？

反思　描述你的童年期某个充满挑战的经历。你遇到了哪些困难和压力？哪些资源帮助你应对了逆境？

361　　专　栏　　　　　社会问题→健康

儿童的目击证词

在涉及儿童虐待和忽视、儿童监护等事件的法庭审理中，儿童越来越多地被要求出庭作证。这种经历可能会给儿童造成创伤。儿童常常不得不报告一些充满压力的事件，说一些不利于他们所爱的父母或亲戚的话。在一些家庭纠纷中，他们可能害怕因为说出实情而被惩罚。此外，儿童证人要面对一个陌生情境，至少是在法官接待室谈话，最严酷的情境是要站在一个有法官、陪审团、听众的公开法庭上，还要被迫听那些毫不留情的交叉讯问。毫不奇怪，这些情况会影响儿童回忆的准确性。

1. 年龄差异

由于社会对不断上升的虐待儿童概率的激烈反应，以及对作恶者提出起诉的难度，美国对儿童作证的年龄要求已经放宽 (Klemfuss & Ceci, 2012)。3 岁的儿童就已频频出庭作证。

与幼儿相比，小学生能对过去经验做出准确、详细的描述，正确地指出别人的动机和意图。年龄稍大的儿童还会抵制律师提出的误导问题或在交叉询问中试图影响儿童的回答 (Hobbs & Goodman, 2014)。

如果提的问题恰当，即使 3 岁儿童也能准确地回忆最近发生的事件 (Peterson & Rideout, 1998)。但是，在面对有偏见的问询时，青少年和成年人一样经常对事件做出细致却错误的回忆 (Ceci et al., 2007)。

2. 受暗示性

法庭证词通常需要反复询问，这一过程本身就会对儿童反应的一致性和准确性产生负面影响 (Krähenbühl, Blades, & Eiser, 2009)。如果成人向儿童暗示不正确的"事实"，打断他们的否认，为了让他们给出想要的答案而对他们的某些回答给予强化，提出复杂和令人困惑的问题，或者使用一种对抗方式来引导儿童目击者，就会进一步使报告不正确的可能性增加 (Zajac, O'Neill, & Hayne, 2012)。

当儿童出现在法庭上的时候，事件已经过去几个星期、几个月甚至几年。长期间隔加上有偏颇的问讯以及对被告的成见（"他坐牢是因为他做了坏事"），儿童就容易被误导，说出错误信息 (Quas et al., 2007)。一个事件越独特、越情绪化、越与个人相关，孩子越有可能在一段时间内准确地回忆起它，即使是有人做出误导性暗示之后 (Goodman et al., 2014)。

在性虐待案例中，有时会采用娃娃解剖模型或人体图来唤起儿童的回忆。这种方法可以帮助年龄稍大的儿童提供更多细节，但它增加了对幼儿的暗示性，导致幼儿说出并未发生过的身体和性接触 (Poole & Bruck, 2012)。

3. 干预

成年人必须为儿童证人做好准备，这样他们才能理解法庭程序，知道会发生什么。在一些地方，"法庭学校"会事先带领儿童参观现场，让他们做法庭活动的角色扮演。练习问询也很有帮助，儿童在其中能学会尽量说出准确、详细的信息，承认自己不知道，而不是随便地"同意"或猜测 (Zajac, O'Neill, & Hayne, 2012)。

法律工作者必须使用可使儿童做出准确报告的问询程序。无偏见的开放式问题可以帮助儿童说出细节，"告诉我发生了什么"或者"你说有一个男人，告诉我关于这个男人的事情"，这样会减少暗示性 (Goodman et al., 2014; Steele, 2012)。此外，和蔼、善意的问询口吻有助于提高回忆的准确性，安抚儿童，使他们减轻焦虑，感到轻松，有助于他们否认问询者的错误说法 (Ceci, Bruck, & Battin, 2000)。

如果儿童在事后可能受到情绪创伤或惩罚（比如处于家庭纠纷之中），法庭程序可以做一些调整来保护他们。例如，让儿童通过闭路电视作证，这样他们就不必面对虐待者。如果儿童不适于直接作证，可以由公正的专业证人提供证词，报告儿童的心理状况和儿童经历中的一些重要情节。

小学生目击者能比学龄前儿童做出更准确、详细的描述，并正确推断他人的动机和意图。这位少年法庭的法官正使用和蔼、善意的语气和不带诱导性的问题来提高儿童回忆的准确性。

🌸 本章要点

一、埃里克森的理论：勤奋对自卑

10.1　在埃里克森的勤奋对自卑阶段，人格有何变化？

■ 能顺利解决埃里克森所说的**勤奋对自卑**的心理冲突的儿童会形成一种积极而现实的自我概念、对成就的自豪感、道德责任感，以及与同龄人合作参与的能力。

二、自我理解

10.2　描述小学生的自我概念和自尊，以及影响其成就归因的因素

■ 在小学期，儿童形成了观点采纳能力，他们的自我概念越来越多地包括能力、人格特质（正面和负面）、与同伴的**社会比较**。父母支持仍然重要，但儿童越来越重视家庭以外的人怎样看待自己。

■ 自尊进一步分化，具有层级组织，也更加现实。文化传统、性别成见期望和父母教养影响着自尊的变化。权威型教养方式与良好的自尊相联系。

■　做出**掌握－定向归因**的儿童相信，如果把失败归因于可控因素，如努力不够，能力就会提高。经常听到对其能力消极评价的儿童会产生**习得性无助**，把成绩归因于外部因素，如运气，把失败归因于能力差。

■　强调行为和努力的**过程表扬**可鼓励掌握－定向归因，而聚焦于固有能力的**个人表扬**则与习得性无助相关。文化对努力的重视也会促进形成掌握－定向归因方式。

三、情绪发展

10.3　列举小学期自我意识的情感、情绪理解和情绪自我调节的变化

■　在小学期，自我意识到的自豪和内疚情感受到个人责任感的制约。强烈的害羞有很大的破坏性，会导致内化和外化问题。

■　小学生形成对混合情绪的认识，使他们在解释别人感受时能把相互矛盾的线索加以调和。共情能力提高，对人们当前的痛苦和一般生活困难的敏感性增强。

■　10岁左右，多数儿童学会了在调节情绪时轮换使用**问题中心应对策略**和**情绪中心应对策略**。具有情绪自我效能感的儿童比较乐观、有同情心并对人亲善。

四、道德发展

10.4　描述小学期对道德、多样性和不平等的理解的变化

■　小学期，儿童把道德要求内化为好行为。他们根据行为意图和背景建构了灵活的道德规则认识，对个人选择和权利有更深的理解。

■　小学生能够理解关于族群的流行的社会观念。随着年龄的增长，他们日益关注内部特质，但隐性种族偏见仍然存在。持有偏见的儿童大多是认为人格特质一成不变的儿童，拥有盲目自尊的儿童，或在过分强调族群差异环境中生活的儿童。长期的族群间接触是减少歧视的最有效途径。

五、同伴关系

10.5　小学期的同伴社交性和友谊有何变化？

■　同伴互动更加亲善，攻击行为逐渐减少。到学龄期末，儿童组织了**同伴群体**。

■　友谊发展为以信任为基础的对等关系。儿童愿意选择在各方面与自己相似的人做朋友。

10.6　描述同伴接纳的主要类型和帮助被拒绝儿童的方法

■　**同伴接纳**的测量显示，**受欢迎儿童**被许多同学喜欢；**被拒绝儿童**非常不被喜欢；**有争议儿童**既被喜欢，也不被喜欢；**被忽视儿童**很少引发别人的积极或消极反应。平常的儿童得到的喜欢票和不喜欢票都在平均数左右

■　**受欢迎－亲社会型儿童**的学习能力和社交能力都强；**受欢迎－反社会型儿童**具有攻击性但被同伴钦佩。**被拒绝－攻击型儿童**具有高冲突和高敌意，**被拒绝－退缩型儿童**是被动、不善社交的儿童，他们经常是**同伴欺负**的对象。

■　社交技能训练，学习辅导，观点采纳和社交问题解决的培训，可以帮助被拒绝儿童掌握社交能力并且被同伴接纳。干预措施对提高亲子互动质量通常是必需的。

六、性别分类

363

10.7　小学期性别成见观念和性别同一性有何变化？

■　小学生把他们对性别成见的意识扩展到人格特质和学习科目方面。他们对男性和女性能够做的事情有了更开放的观点。

■　男孩加强了他们对男性化特质的认同，女孩则会尝试男性从事的活动。性别同一性体现在对性别典型行为的自我评价，以及所感受到的顺从性别角色的压力上，二者都对适应产生影响。

七、家庭影响

10.8　小学期亲子沟通和兄弟姐妹关系有何变化？

■　小学生与父母在一起的时间虽有所减少，但**共同调控**使父母能对子女进行总体监督，子女则能更多地自己做决定。

■ 由于儿童参与更广泛的活动以及父母频繁地做比较，兄弟姐妹之间的敌对行为有所增加。独生子女对人格特质的自我评价与非独生子女无差异，他们的自尊、学习成绩更好，受教育时间更长。

10.9 影响儿童适应离婚和混合家庭的因素有哪些？

■ 婚姻破裂对儿童压力很大。个体差异受父母心理健康、经济状况、儿童特征（年龄、气质和性别）以及社会支持的影响。具有难照养型气质的儿童出现适应问题的风险更大。父母离婚会造成早期性行为问题、青少年做父母和长期的关系困难。

■ 正确的教养方式是父母离婚后子女适应良好的关键因素。积极的父子关系具有保护性，来自大家庭成员、老师、兄弟姐妹和朋友的支持也是如此。离异调解可以促进父母在离婚期间解决冲突。共同监护的成功与否取决于父母共同教育的有效性。

■ 在混合家庭或重组家庭中，女孩、年龄较大的儿童和父亲－继母家庭的儿童遇到的适应问题更多。逐渐进入角色的继父对孩子的适应有帮助。

10.10 母亲就业和双职工家庭生活对小学生有何影响？

■ 如果母亲参加工作后仍然关心孩子的教育，儿童就会表现出较高的自尊、较少的性别成见和较好的学习成绩，行为问题也较少。双职工家庭中，父亲有分担教育责任的意愿是一个重要影响因素。工作单位的支持有助于父母更好地承担教育子女的责任。

■ 权威型教养方式、父母监控和定期做家务使**自我照管儿童**表现出较强的责任感和良好的适应。良好的"课外照管"项目有助于提高学习成绩，改善情绪、社会性适应状况，尤其是对于低社经地位的儿童更是如此。

八、几个常见的发展问题

10.11 列举小学期常见的恐惧和焦虑

■ 学龄儿童的恐惧来自身体伤害、媒体事件、学习失败、父母的健康状况、死亡和被同伴拒绝。抑制型气质的儿童患**恐惧症**的风险较高。恶劣的生活条件可能造成严重的焦虑。

10.12 讨论儿童性虐待的相关因素、对儿童发展造成的影响及其预防和治疗

■ 对儿童的性虐待通常由男性家庭成员导致，针对女孩多于男孩。虐待者通常具有对儿童的性占有欲。性虐待案例与贫困、婚姻不稳定有很大关系。受虐待儿童常常存在严重的适应问题。

■ 帮助受虐待儿童通常需要对儿童及其父母进行长期的治疗。可通过教育项目教儿童识别不当的性企图并查明根源，这有助于降低儿童遭受性虐待的风险。

10.13 列举小学期培养心理复原力的方法

■ 童年期压力生活经历和心理困扰之间仅存在中度的相关。儿童的个人特征、温暖的家庭生活、权威型教养方式以及来自学校、社区和社会的资源对复原力有预测作用。

重要术语和概念

小学期发展的里程碑

6~8岁

身体

■ 身高和体重持续缓慢增长。（294）

■ 恒牙逐渐替代乳牙。(294)

■ 写出的字越来越容易辨认。(300)

■ 绘画更有组织、更详细，并有一些深度线条。(300)

■ 规则游戏和嬉闹游戏变得普遍。(301, 302)

认知

■ 思维更有逻辑性，能完成皮亚杰的守恒、类包含和排序任务。(304)

■ 信息加工速度获得快速提高。(308)

■ 抑制、注意力的灵活转换、工作记忆和制订多步骤计划等执行机能得到发展。(308, 310)

■ 会运用复述和组织的记忆方法。(310)

■ 把心理看作主动的、建构性的、能够转换信息的中介者。(311)

■ 意识到记忆方法，知道心理因素，如心理推断对提高成绩的作用。(311–312)

■ 使用非正式的数概念和计数知识掌握愈益复杂的数学技能。(313)

语言

■ 词汇量在整个小学期快速增加，最终超过4万个词。(321)

■ 对词做出具体定义，并能指出其功用和外延。(322)

■ 从最初的读写过渡到常规阅读。(313)

■ 语言意识增强。(321)

■ 能理解和使用越来越微妙、间接的意义表达，如讽刺和挖苦。(322)

■ 叙事的条理性、细节描述和表达性增强。(322)

情感 / 社会性

■ 自我概念开始包括人格特质、能力和社会比较。(336)

■ 自尊逐渐分化为等级组织结构，并调整到一个更现实的水平。(337)

■ 自豪和内疚等自我意识的情感受到个人责任的支配。(341)

■ 认识到一个人可以同时体验到多种情绪，情绪表达可能并不反映人的真实感受。(341–342)

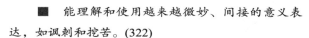

■ 把互相矛盾的表情和情境线索加以整合来理解他人感受。(342)

■ 共情能力增强。(342)

■ 更加独立和可信赖。(342–343)

■ 建构起对道德规则的灵活认识，考虑到亲社会和反社会的意图。(343)

■ 身体攻击减少；语言攻击和关系攻击仍在继续。(345–346)

■ 更有效地解决冲突。(345–346)

9~11岁

身体

■ 女孩的生长加速期比男孩早两年开始。(294)

■ 跑、跳、投、接、踢、击球、运球等动作技能进步很快，协调性更好。(299-300)

■ 绘画能更好地表现深度。(300)

365

■ 支配等级变得更加稳定，尤其是在男孩中间。(302)

认知

■ 继续一步一步地掌握具体运算任务。(306)

■ 空间推理能力增强，能够绘制和阅读大比例尺空间地图并理解比例尺的意义和地图符号。(304-305)

■ 信息加工速度继续加快。(308)

■ 执行机能继续得到发展。(308, 309)

■ 复述和组织的记忆方法更有效。(310)

■ 能同时应用几种记忆方法，开始使用精加工。(310-311)

■ 一般知识基础（语义记忆）规模更大，更有条理。(303)

■ 心理理论更复杂、精细。(311-312)

■ 认知自我调节有进步。(306)

语言

■ 更准确地思考和使用词语，给词下定义时强调同义词和类别关系。(322)

■ 掌握词语的多重含义，可理解隐喻和幽默。(322)

■ 继续掌握复杂的语法结构。(322)

■ 叙述加长且更连贯，包括更多夹叙夹议。(322)

情感/社会性

■ 继续保持高自尊，但更加现实和细致。(337)

■ 做成败归因时能区分能力、努力和外因（如运气）。(339)

■ 共情反应扩展到一般生活条件下。(342)

■ 在调节情绪的问题中心策略和情绪中心策略之间做适应性转换。(342)

■ 更加了解社会认可的消极情绪表达方式。(342)

■ 能分清道德要求和社会常规并将二者相联系。(343)

■ 对个人选择问题的认识增强，对个人权利的理解加深。(343-344)

■ 明显的外群体偏见减少。(344-345)

■ 友谊建立在相互信任基础上且更有选择性。(346)

■ 同伴群体出现。(346)

■ 意识到更多的性别成见，包括人格特质和成就，但对男性和女性能做什么看法灵活。(350)

■ 性别同一性扩展到对性别典型性、满足感和感受到顺从性别压力的自我评价。(351)

■ 兄弟姐妹之间的竞争加剧。(352)

第 六 篇

青少年期：12～20岁

第11章

青少年期身体发育与认知发展

青少年期剧烈的生理和认知变化使它成为一个既令人兴奋
又令人忧虑的发展时期。虽然他们已经进入身体成熟和性
成熟阶段，但是在他们准备好完全承担成人的角色之前，
还有很多技能需要掌握，还有很多障碍需要克服。

在萨布琳娜 11 岁生日那天，她的朋友乔伊丝给她筹备了一个令她惊喜的晚会，但是在晚会上萨布琳娜看上去有些忧郁。虽说萨布琳娜和乔伊丝从三年级起就是密友，但是她们的关系却遇上了麻烦。相对于她所在六年级班上的大多数女孩，萨布琳娜要高出一头，还比别人重 9 公斤。她的乳房发育得很好，臀部变宽，大腿变粗，而且开始来月经了。相反，乔伊丝还像小女孩那样，矮个，瘦小，胸部平平的。

在乔伊丝和其他女孩布置餐桌、摆放蛋糕和冰激凌的时候，萨布琳娜一头扎进了浴室。她紧皱眉头照着镜子，低声说："我真是又大又笨。"星期天晚上教会青年聚会时，萨布琳娜却远离乔伊丝，跑到了八年级女生那里。在她们身边，她既不觉得自己高大，也不觉得尴尬。

家长们每隔一个月都会在萨布琳娜和乔伊丝的学校聚会，讨论教育孩子的问题。萨布琳娜的父母弗兰卡和安东尼奥，只要有机会就会参加。有一次，安东尼奥发言说："怎么知道他们已经变成青少年了呢？我看出来了，把房门一关，想独自待着。而且跟你顶嘴和争吵。我告诉萨布琳娜'星期六你必须和我们一起去吉娜姨妈家吃饭'，我知道，接着她肯定会和我吵一架。"

萨布琳娜已经进入了**青少年期** (adolescence)，也就是从童年期到成年期之间的过渡期。在工业化国家，年轻人要掌握各种复杂的技能，面临多样化的选择，因此青少年期被大大延长了。但从世界范围来看，这个阶段的基本任务还是非常相似的。萨布琳娜必须接受她发育成熟的身体，学习成年人的思维方式，摆脱家庭束缚，形成更大的自主性，学会成熟地跟同伴——包括同性和异性——交往，并开始建构同一性，也就是，知道自己在性别、职业、道德、种族、宗教信仰以及其他生活观念和目标等方面是一个什么样的人，从而产生一种安全感。

青少年期的开始以**青春期** (puberty) 为标志，此间一系列的生理变化给年轻人带来成人般的体格和性成熟。萨布琳娜的反应表明，对有些人来说，青少年期是一个特别尴尬的阶段。本章

将跟踪青春期发生的变化，探讨与健康有关的话题——体育活动、营养需求、性行为、致瘾物的使用和滥用等，以及青少年在走向成熟的道路上遇到的重重挑战。

青少年期的推理能力大大扩展，青少年能掌握复杂的科学和数学原理，开始关心社会和政治，能理解诗歌、小说的深刻含义。本章第二部分从皮亚杰和信息加工的观点出发，追溯这些非凡的变化。我们将讨论心理能力的性别差异，以及青少年思维形成的主要背景：学校。

368

第一部分　身体发育

一、青少年期的概念

11.1　过去一百年来青少年期的概念有哪些变化?

为什么萨布琳娜变得难为情、爱争论、对家庭活动退缩呢？历史上的理论家往往从两个极端来解释青春期对心理发展的影响——要么是生物学解释，要么是社会学解释。现在，研究者意识到，是生物和社会二者共同的力量决定了青少年的心理变化。

1. 生物观

如果问几位年幼孩子的父母，他们预想自己的子女在青少年时期将是什么样子的，那么你会得到这样的回答："叛逆、不负责任""脾气暴躁"。这种广泛流传的"风暴和压力"观点可以追溯到20世纪早期的主要理论家。最具影响力的是 G. 斯坦利·霍尔（Hall,1904），他的观点基于达尔文的进化论，把青少年期描述为一个非常动荡的时期，类似于人类从野蛮人进化为文明人的时期。在同时期弗洛伊德的性心理理论中，性冲动在生殖期再次被唤醒，引发心理冲突和反复无常的行为。随着青少年找到亲密伴侣，内在驱力逐渐达到一种新的、成熟的协调，这一阶段以婚姻、生育和抚养子女为主要任务。通过这种方式，年轻人实现了他们的生物学命运：有性繁殖和物种存续。

2. 社会观

当代研究表明，青少年期的"风暴和压力"观点被夸大了。某些问题，如饮食障碍、抑郁、自杀和违法，确实比以前更容易发生。但是，从童年期到青少年期，严重心理障碍发生的总体比率仅略有上升，达到 15%～20%（Merikangas et al., 2010）。虽然情绪波动比成年期的比率（约 6%）高得多，但它并不是青少年时期的常态。

人类学家玛格丽特·米德 (Mead, 1928) 是最早提出青少年适应性具有很大变异性的研究者。她在太平洋萨摩亚群岛的研究得出了一个惊人的结论：由于萨摩亚文化中宽松的社会关系和性的开放性，青少年期"可能是萨摩亚女孩（或男孩）最快乐的时光"(p. 308)。米德还提出了另一种观点：社会环境完全决定青少年的经历，从躁动、焦虑到平静、轻松。后来，有研究者发现，萨摩亚人的青少年期并不像米德所说的那样无忧无虑 (Freeman, 1983)。不过，她表示，要想了解青少年的发展，研究者必须更多地关注社会与文化影响。

3. 平衡观

今天我们知道，生理、心理和社会力量共同影响着青少年的发展 (Hollenstein & Lougheed, 2013)。生物学上的变化在所有灵长类动物和所有文化中普遍存在。这些内部压力加上社会期望——年轻人放弃幼稚的生活方式，形成新的人际关系，承担起更大的责任——在所有青少年中引发不确定性、自我怀疑和失望。青少年过去和现在的经历都会影响他们能否成功地应对这些挑战。

同时，青少年期的长度及其需求和压力也因文化不同而不同。在部落和乡村社会，只有一个从童年到完全承担成人角色的短暂过渡阶段 (Lancy, 2008)。而在工业化国家，年轻人在准备从事富有成效的工作和生活时，面临着长期依赖父母和推迟性满足的问题。因此，青少年期被大大延长，这使研究者通常把它分为三个时期：

青少年早期（11~14 岁）：这是一个快速发育的时期。

青少年中期（14~16 岁）：青春期的变化基本完成。

青少年晚期（16~18 岁）：年轻人有了成人的外貌，并期待承担成人的角色。

当年轻人承担成人的责任时，社会环境对他们的支持越多，他们就会适应得越好。青少年所感受到的所有生物压力以及对未来的不确定性，大多能在这一阶段顺利克服。下面来看青春期这一青少年发展的开端。

二、青春期：向成年期的生理过渡

11.2　描述青春期的身体发育、运动能力和性成熟

11.3　青春期到来时间的影响因素有哪些？

11.4　青少年期大脑的变化有哪些？

青春期的变化十分巨大。在几年之内，学龄儿童的身体就成长为发育完全的成人体格。受遗传影响的激素分泌调节着青春期的成长。女孩从出生前就一直比男孩生理成熟更早，比男孩平均提前两年进入青春期。

1. 激素变化

决定着青春期的复杂的激素变化是逐渐发生的，在 8~9 岁时开始显现。生长激素 (GH) 和促甲状腺激素（见第 7 章边页 219）的分泌增加，促进身体快速生长和骨骼逐渐成熟。

性成熟是由性激素控制的。虽然我们把雌激素看作雌性的激素，把雄激素看作雄性的激素，但是其实男女两性都同时具有这两种激素，只是数量不同。性激素在身体产生明显变化之前——大约 6~8 岁就开始上升，这时，位于肾脏顶端的肾上腺开始释放越来越多的肾上腺雄激素。10 岁时，肾上腺雄激素水平增加了 10 倍，这使一些儿童第一次感受到性吸引力 (Best & Fortenberry, 2013)。

肾上腺雄激素导致女孩的身高激增，并刺激腋毛和阴毛的生长。（肾上腺雄激素对男孩的影响不大，男孩的身体特征主要受睾丸激素分泌的影响。）由女孩成熟的卵巢释放的雌激素，通过刺激生长激素的分泌促进女孩的乳房、子宫和阴道发育成熟，身体呈现女性比例，脂肪积累。此外，雌激素在调节月经周期中起着重要作用。

男孩成熟的睾丸会释放大量的雄激素，即睾丸激素，导致肌肉生长、体毛、胡须及其他男性特征。雄激素（尤其是睾丸激素）具有增强生长激素的作用，大大促进了体型的增长。睾丸也会分泌少量雌激素，这会加速男孩生长，导致许多男孩经历暂时的乳房增大。在两性中，雌激素和雄激素联合使用会刺激骨密度的增加，并持续到成年早期 (Ambler, 2013; Cooper, Sayer, & Dennison, 2006)。

青春期的变化有两大类型：身体的一般发育；性征的成熟。掌管性成熟的激素也影响身体发育，使青春期成为出生后最大的性别分化时期。

2. 体格发育

青春期最初的外部信号是身高和体重的迅速增加，这被称为**发育加速** (growth spurt)。北美和

这些 11 岁的学生青春期发育的性别差异很明显。与男孩相比，女孩更高，看起来更成熟。

西欧的女孩一般在 10 岁后不久就启动这一过程，男孩则在 12.5 岁左右开始。在青少年早期，由于雌激素比雄激素更容易触发并抑制生长激素的分泌，因此女孩比男孩更高更重，但 13.5 岁时，她们就被男孩超过，这时候男孩的发育加速开始了，女孩的发育加速则将近结束（Ambler, 2013）。多数女孩在 16 岁，男孩在 17.5 岁，当长骨末端的骨骺完全闭合时，体型的增长就完成了（见第 7 章边页 217）。总的来说，青少年的身高会增加 25～28 厘米，体重会增加 23～34 公斤，几乎达到成人体重的 50%。图 11.1 说明了青春期体格发育的一般变化。

（1）身体比例

先前婴儿期和幼儿期的头尾生长趋势到青春期发生逆转。手、腿和脚先加速生长，然后是躯干，这是青少年体重增加的主要原因。这种模式可以解释，为什么青少年早期经常显得笨拙和比例失调——长腿、大脚和大手。

身体比例也开始出现明显的性别差异，这是由性激素对骨骼的作用导致的。男孩的肩部变宽，女孩的臀部则变得比肩部和腰部宽。男孩的体格最终会超过女孩，他们的腿比身体的其他部分都长。主要原因是男孩在青少年期之前还有两年的生长发育期，那段时间腿部的发育最快。

（2）肌肉－脂肪的构成和其他内部变化

8 岁左右，女孩的胳膊、腿和躯干开始增加脂肪，这一趋势在 11～16 岁加速。而青春期男孩的胳膊和腿部的脂肪却会减少。男孩和女孩的肌肉都在增长，但男孩的增长远远超过女孩，他

玛丽埃尔18岁

玛丽埃尔11岁

斯蒂文13岁

玛丽埃尔14岁

斯蒂文16岁

斯蒂文18岁

图 11.1 青少年期的体格发育

因为女孩的青少年期发育加速早于男孩，所以玛丽埃尔比斯蒂文更快地拥有了成人体型。青少年期的发育加速伴随着明显的性别差异。

们的骨骼肌发育、心脏功能和肺活量都胜过女孩 (Rogol, Roemmich, & Clark, 2002)。此外，男孩的红细胞数量也增加了——可增强从肺部向肌肉输送氧气的能力，而女孩却没有。总之，男孩的肌肉力量远大于女孩，这个差异可以解释，为什么青少年期的男孩在运动成绩上占优势 (Greydanus, Omar, & Pratt, 2010)。

370

3. 肌肉发育和体育活动

青春期带来了大肌肉运动能力的稳步提高，但是男孩和女孩的变化不同。女孩的发育缓慢而渐进，到 14 岁趋于稳定。相反，男孩的力量、速度和耐性快速提高，而且在整个青少年期一直持续。到青少年中期，在短跑、跳远和投掷等方面，很少有女孩能达到男孩的平均水平，也很少有男孩的成绩像普通女孩那样低 (Greydanus, Omar, & Pratt, 2010; Haywood & Getchell, 2014)。

男生的运动能力与同伴钦佩和自尊有很强的相关性。一些青少年痴迷于体能优势，甚至有人通过服用药物来提高成绩。一项大规模研究发现，超过 9% 的美国高中生——大多是男生——报告说他们使用肌酸，这是一种非处方药，可增强短期肌肉力量，但可能有严重副作用，包括肌肉组织疾病、脑痉挛和心率不规则。大约有 2% 的高中生——大多是男生——服用合成代谢类固醇或相关物质，以及可增强肌肉质量和力量的强效处方药雄烯二酮 (Johnston et al., 2015)。这些青少年非法获取类固醇，忽视其副作用——包括痤疮、体毛过多、高血压、情绪波动、攻击行为，以及对肝脏、循环

中学生在学校举办的越野邀请赛上跑步。跑步这种不需要有组织的团队或特殊设施的耐力运动特别有可能持续到成年。

系统和生殖器官的损害 (Denham, 2012)。教练和医生应该告诉青少年用这些药物提高成绩的危险性。

1972 年，美国联邦政府曾要求，接受公共基金赞助的学校，要在包括体育在内的所有教育课程中做到男女平等。其后，中学女生参加体育活动的人数有所增加，但仍少于男生。对美国 50 个州立中学体育协会的调查显示，在参加体育锻炼的学生中，女生占 42%，男生占 58% (National Federation of State High School Associations, 2016)。第 9 章讲到，女孩在运动成绩上得到的鼓励和认可较少，这种模式从很早就开始了，一直持续到青少年时期（见边页 301）。

研究者对 9~17 岁的美国青少年进行了代表性大样本的追踪调查，发现学生每天参加课外体育活动的时间随着年龄增长而减少，而女生的情况比男生更严重。在每个年龄段，只有少数参与者在课外经常锻炼（见图 11.2）(Wall et al., 2011)。只有 55% 的中学男生和 48% 的中学女生参与体育活动，只有 30% 的学生每天上体育课 (Kann et al., 2016)。371

除了提高运动能力外，体育锻炼还影响认知和社会性发展。校际和校内运动在团队合作、解决问题、自信和竞争方面提供了重要的课程。有规律、持续的身体活动——这只有通过体育课才能确保——可以带来持久的身心健康 (Brand et al., 2010)。

体育锻炼给青少年带来的乐趣不同，导致能否坚持锻炼的差异。一项研究发现，14 岁时参加团队或个人运动，女生每周至少参加一次，男生每周至少参加两次，则可预测 31 岁时身体活动率较高。参加需要耐久力的运动，如跑步和骑车，不仅不需要有组织的团队或特殊设施，而且特别有可能延续到成年期 (Tammelin et al., 2003)。青少年在运动过程中的消耗大小（定义为出汗和喘粗气的程度）是成年后是否参加体育锻炼的最佳预测因素之一，或许是因为它培养了较高的身体自我效能感——使青少年相信自己有能力坚持锻炼计划 (Motl et al., 2002; Telama et al., 2005)。

4. 性成熟

和身体的迅速生长相伴随的是与性机能有关的身体特征的变化。其中一些和生殖器（女性的卵巢、子宫和阴道，男性的阴茎、阴囊和睾丸）有

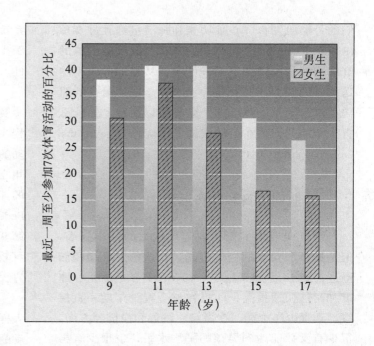

图 11.2 美国 9～17 岁男孩和女孩参加课外体育活动的时间

采用系列追踪法对 1 600 名 9～17 岁青少年进行的代表性大样本调查显示，在最近一周至少参加 7 次体育活动（体育运动队、日常课外锻炼、和朋友进行活跃游戏）的男生比例，从 9 岁的 38% 下降到 17 岁的 27%；女生比例从 9 岁的 31% 下降到 17 岁的 16%。在整个青少年期，男孩的日常锻炼都多于女孩。资料来源：Wall et al., 2011.

关，被称为**第一性征** (primary sexual characteristics)。还有一些（如女性的乳房发育，两性的腋毛和阴毛）在体表可以看到，是性成熟的附特征，被称为**第二性征** (secondary sexual characteristics)。如表 11.1 所示，虽然这些特征形成的先后顺序是固定的，但每一特征开始和结束的年龄范围不同。一般来说，青春期发育需 4 年时间，但有些青少年两年就完成了，有些青少年则需要 5～6 年。

（1）女孩的性成熟

女性的青春期始于胸部发育和身体的快速生长。北美女孩的**初潮** (menarche)，也就是第一次月经，一般发生在 12.5 岁，西欧女孩的初潮约发生在 13 岁。但是，北美女孩的初潮年龄跨度很大，从 10.5 岁到 15.5 岁。初潮之后是乳房发育和阴毛生长完成，腋毛开始出现。

372　　　表 11.1 显示，物种进化延缓了女孩的性发育，直到她们的身体大到能够生孩子；初潮发生在身高加速增长达到高峰之后。作为一种额外的安全措施，在月经初潮之后的 12～18 个月之内的月经周期并没有卵子从卵巢中产生 (Fuqua & Rogol, 2013)。但是，这个暂时的不育期并不是发生在所有女孩身上，也不能靠它来避孕。

（2）男孩的性成熟

男孩性成熟的最初标志是睾丸（产生精子的腺体）开始增大，其间伴随着阴囊组织和颜色的变化。稍后，阴毛出现，阴茎开始增大 (Fuqua & Rogol, 2013)。

从表 11.1 中可见，在青春期出现的各种体格变化的顺序上，男孩的发育加速要比女孩晚。在大约 14 岁到达加速顶峰时，睾丸和阴茎的增大近乎完成，腋毛也在稍后出现。面毛和体毛也在身体快速生长期之后出现，并逐渐增加，持续几年。男孩性成熟的另一个标志是喉结变大，声带变长，嗓音变低沉（女孩声音也会略变低沉）。男孩的变声一般发生在快速生长高峰之后，直到青春期结束才完成 (Archibald, Graber, & Brooks-Gunn, 2006)。

在阴茎增大的同时，前列腺和精囊（产生精液的器官）也增大。男孩在大约 13.5 岁时，出现**遗精** (spermarche)，即初次射精 (Rogol, Roemmich, & Clark, 2002)。在一段时间里，男孩的精液里几乎不含活的精子。像女孩一样，男孩起初也有一段不育期。

5. 青春期发育的个体差异

遗传对青春期变化发生的时间有很大影响。同卵双生子比异卵双生子在大多数青春期里程碑式变化的到达时间上更相似 (Eaves et al., 2004; Jahanfar, Lye, & Krishnarajah, 2013)。

表 11.1 北美女孩和男孩的青春期发育

女孩	平均年龄 （岁）	年龄范围 （岁）	男孩	平均年龄 （岁）	年龄范围 （岁）
乳房开始凸起。	10	8~13	睾丸开始增大。	11.5	9.5~13.5
身高开始加速增长。	10	8~13	阴毛出现。	12	10~15
阴毛出现。	10.5	8~14	阴茎开始增大。	12	10.5~14.5
力量加速增长达到高峰。	11.6	9.5~14	身高开始加速增长。	12.5	10.5~16
身高加速增长达到高峰。	11.7	10~13.5	发生遗精（初次射精）。	13.5	12~16
初潮（第一次月经）出现。	12.5	10.5~15.5	身高加速增长达到高峰。	14	12.5~15.5
体重加速增长达到高峰。	12.7	10~14	体重加速增长达到高峰。	14	12.5~15.5
形成成人的身材。	13	10~16	面毛开始生长。	14	12.5~15.5
阴毛生长完成。	14.5	14~15	嗓音开始变低沉。	14	12.5~15.5
乳房发育完成。	15	10~17	阴茎和睾丸发育完成。	14.5	12.5~16
			力量加速增长达到高峰。	15.3	13~17
			形成成人的身材。	15.5	13.5~17.5
			阴毛生长完成。	15.5	14~17

资料来源：boswell, 2014; herman-Giddens, 2006; rogol, roemmich, & Clark, 2002; rubin et al., 2009.

营养和锻炼对青春期变化发生的时间也有影响。对女孩来说，体重和脂肪的急剧增加可能会加速性成熟。脂肪细胞释放出瘦素，它向大脑发出信号，表明女孩的能量储备足以应对青春期，这可能是肥胖女孩乳房和阴毛生长以及月经初潮发生得更早的原因。相比之下，那些从小就开始严格的体育训练或食量很少的女孩（这二者都会降低身体脂肪比率），青春期发育一般较晚（Kaplowitz, 2008; Rubin et al., 2009）。但是，很少有研究报告身体脂肪与男孩青春期发育之间的联系。

青春期发育的差异普遍存在于世界的不同地域、不同经济状况和不同族群的人之间。身体健康起着重要作用。在一些贫穷地区，营养不良和传染病普遍存在，女孩月经初潮的时间大大延缓。在非洲和亚洲部分地区，女孩的初潮最早在 14 岁出现。在发达国家，来自高收入家庭的女孩的月经初潮比来自低收入家庭的女孩早 6~18 个月（Parent et al., 2003; Zhu et al., 2016）。

在营养富足的工业化国家，遗传和环境对青春期发育共同产生影响，这是显而易见的。例如，非裔美国女孩的乳房和阴毛平均在 9 岁开始生长，

比欧裔白人女孩大约早 1 年。非裔女孩的初潮时间大约在 12 岁，比白人女孩早 6 个月（Ramnitz & Lodish, 2013）。虽然非裔女孩的普遍超重和肥胖起一定作用，但是受遗传影响的身体快速成熟也与此有关。非裔女孩的月经初潮时间一般比相同年龄、相同体重的白人女孩早（Reagan et al., 2012）。

早期家庭经历也可能影响青春期发育。一种理论认为，物种进化使人类对童年环境中的情绪质量非常敏感。当儿童的安全受到威胁时，较早发育是一种适应行为。研究表明，有家庭冲突史、严厉管教史、父母分居或单身母亲家庭的女孩和男孩（不太一致）往往会提前进入青春期。相比之下，拥有温暖、稳定家庭关系的人进入青春期的时间相对较晚（Belsky et al., 2007a; Boynton-Jarrett et al., 2013; Ellis & Essex, 2007; Ellis et al., 2011; Webster et al., 2014）。对女孩而言，两项追踪研究证实了从不良童年家庭环境到青春期提前到来，再到青少年期性冒险行为增加这条影响链（Belsky et al., 2010; James et al., 2012）。

上述研究还发现，对情感健康造成威胁的因素会加速青春期发育，而对身体健康造成威胁的

373

因素则会延缓青春期发育。由于在青春期发育年龄上显示出一种**时代渐进趋势**(secular trend)，或者说代际变化，因此应该重视身体健康在青春期发育中所起的作用。在工业化国家，月经初潮的年龄在稳步提前：从1900年到1970年，每10年提前大约3到4个月。这70年是营养、保健、医疗设施和传染病控制大大改善的时期。近几十年，男孩也较早地到达了青春期(Herman-Giddens et al., 2012)。由于发展中国家取得的社会经济进步，其在这方面也有很大变化。

在大多数工业化国家，初潮提前的趋势已经停止，甚至有轻微逆转(Sørensen et al., 2012)。但在美国和一些欧洲国家，飙升的超重率和肥胖率是初潮较早出现这一温和且持续的趋势的原因(Gonzalez-Feliciano, Maisonet, & Marcus, 2013; Henk et al., 2013)。一个令人担忧的后果是，那些在10岁或11岁就达到性成熟的女孩会感到有压力，因为她们的行为表现相对实际年龄来说要成熟得多。后面我们会讲到，早熟的女孩可能面临着不良的同伴交往，尤其是性活动方面的危险。

6. 大脑发育

青少年的身体变化还包括大脑的重要变化。脑成像研究揭示，在大脑皮层上持续发生着对未使用的神经突触的修剪，尤其是在掌管思维和操作的前额皮层上。另外，接受各种刺激使神经纤维的生长和髓鞘化加速，使不同脑区之间的联结得以加强。其中，额叶与其他脑区的联结加强，使信息传递更快(Blakemore, 2012; Chavarria et al., 2014; Goddings & Giedd, 2014)。因此，青少年的多种认知能力得到发展，如执行能力、推理能力、问题解决能力和决策能力。

但这些认知控制方面的进步是在青少年期逐渐出现的。fMRI证据显示，青少年利用前额皮层与大脑其他区域的连接网络的效率不如成人。由于前额皮层认知控制网络仍然需要微调，因此青少年在需要抑制、计划和延迟满足（拒绝较小的即时奖励，等待较大、较晚的奖励）的任务上的表现还未完全成熟(Luna, Padmanabhan, & Geier, 2014; Smith, Xiao, & Bechara, 2012; Steinberg et al., 2009)。

除了执行机能和自我调节方面的这些困难外，

青少年期大脑的情感/社交网络也发生了变化。人类和其他哺乳动物在性成熟时，神经元对兴奋性神经递质都更加敏感。因此，青少年对压力事件的反应更强烈，对愉悦刺激的体验也更强烈。情感/社交网络的变化也提高了青少年对社会刺激的敏感性，因此他们容易对同伴的影响和评价做出强烈反应(Somerville, 2013)。

由于认知控制网络还不能最佳地发挥机能，因此很多青少年难以应对强烈的情感和冲动(Albert, Chein, & Steinberg, 2013; Casey, Jones, & Somerville, 2011)。这种不平衡导致一些青少年放肆地追求新异体验，包括吸毒、鲁莽驾驶、无保护的性行为和违法行为。对美国青少年的代表性大样本的追踪研究，考察了12~24岁青少年自我报告的冲动性和感觉寻求的变化(Harden & Tucker-Drob, 2011)。如图11.3所示，冲动性随年龄稳步下降，反映了认知控制网络的逐步改善。但是感觉寻求从12岁到16岁增加，到24岁时逐渐减少，这反映了情感/社交网络带来的挑战。

总之，青少年大脑情感/社交网络的变化超过了认知控制网络的发展。只有经过一段时间，青少年才能有效地管理自己的情绪和追求回报的行为。当然，青少年在多大程度上表现出大胆和冒险行为，存在着巨大的个体差异。个人气质、父母教养、社经地位和社区资源，都与是否鼓励冒险、

374

大脑情感/社交网络的变化超过前额皮层认知控制网络的发展，促使青少年追求新异体验、接受同伴影响和喜欢冒险行为。

是否有冒险的机会有关 (Hollenstein & Lougheed, 2013)。但是，青少年大脑的变化使我们更易理解青少年期的认知进步和令人担忧的行为，并告诉我们，青少年急需成人的耐心、监督和指导。

7. 唤醒状态的变化

在青春期，因为对傍晚光线的神经敏感性增加，所以大脑调节睡眠时间的方式发生了变化。结果，青少年的就寝时间比儿童晚得多。其实他们需要的睡眠时间和小学期几乎一样多，大约为 9 个小时。当他们不得不早起上学时，其实还没有睡够。

这种睡眠"相位延迟"随着青少年期发育而

加强。现在的青少年往往在夜间有一些社会活动和兼职工作，他们的卧室里有屏幕媒体，结果，他们比前几代青少年睡眠少得多。睡眠不足的青少年表现出执行能力、认知和情绪自我调节能力下降。因此，他们在学校的成绩更有可能变差；他们还可能焦虑、易怒、情绪低落，甚至从事高风险行为，导致机动车事故，或因违法犯罪被捕 (Bryant & Gómez, 2015; Carskadon, 2011; Meldrum, Barnes, & Hay, 2015)。周末睡懒觉又会导致上学日的晚上难入睡，早上难起床，并维持这种模式。推迟上学时间可以缓解但不能消除睡眠不足 (Wahlstrom et al., 2014)。因此，让青少年懂得睡眠的重要性非常重要。

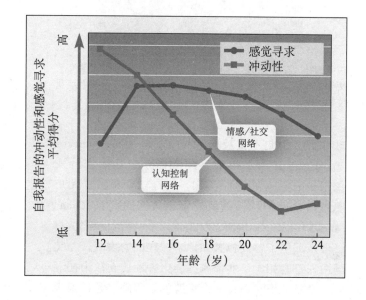

图 11.3 12～24 岁青少年冲动性和感觉寻求的发展
对 7 600 名美国青少年的代表性大样本的追踪研究显示，从 12 岁到 24 岁，冲动性稳步下降，而感觉寻求在青少年早期增加，然后逐渐减少。结果证实了情感 / 社交网络对认知控制网络的挑战。资料来源：K. P. harden and e. m. Tucker-Drob, 2011, "Individual Differences in the Development of sensation seeking and Impulsivity During Adolescence: Further evidence of a Dual systems model," *Developmental Psychology*, 47, p. 742.

三、青春期变化对心理的影响

11.5　解释青少年对青春期身体变化的反应
11.6　描述青春期到来时间对青少年适应的影响及其性别差异

回想一下你在小学高年级和初中的日子。当你进入青春期时，你的自我感受如何？你与别人之间的关系发生了怎样的变化？研究表明，青春期的变化影响着青少年的自我形象、情绪以及与父母、同伴之间的互动。这些结果，有的是对身体巨大变化的反应，有的则与青春期到来时间有关。

1. 对青春期身体变化的反应

两代人以前，月经初潮往往是创伤性的。现

在，女孩们通常会有"惊讶"的反应，这无疑是由于事件来得太突然。调查显示，女孩的反应通常是积极和消极情绪的混合 (Chang, Hayter, & Wu, 2010; DeRose & Brooks-Gunn, 2006)。其中存在着很大的个体差异，这种差异取决于家人的预先告知和关心的态度，而家人怎样做，又受到所处文化对青春期和性态度的影响。

如果事先一无所知，那么月经初潮可能令人震惊和不安。有些文化或宗教认为，月经不洁且令人尴尬，使女人软弱无力，女人必须待着不动，

拉美裔社区在女孩 15 岁时举行的成人礼是宣告女孩从童年到成熟的仪式。但是在整个社会中，这个仪式并不代表社会地位的改变。

这些都会引起不良反应 (Marván & Alcalá-Herrera, 2014)。与五六十年前不同，如今发达国家的女孩很少有人对此愚昧无知，这一转变是由于父母愿意讨论性问题，以及健康教育课的普及 (Omar, McElderry, & Zakharia, 2003)。几乎所有女孩都从自己母亲那里了解到相关知识。一些证据表明，与美国白人家庭相比，非裔家庭会更好地让女孩为初潮做好准备，把它看作一个重要的里程碑，并且很少对女孩的性成熟表达贬义。这些因素导致非裔美国女孩对初潮的反应更积极 (Martin, 1996)。

像女孩对月经初潮的反应那样，男孩对初次遗精的反应也是五味杂陈的。其实几乎所有的男孩事前都知道射精这回事，但很多人说，在青春期之前和青春期当中，没有人跟他们说过这些事 (Omar, McElderry & Zakharia, 2003)。他们一般靠自己读书或上网来获取这方面的知识。即使是事先了解此事的男孩，也说他们的初次射精比他们预想的早，而且他们毫无准备。几乎所有的女孩都会告诉朋友自己来月经的事，但很少有男孩会把遗精的事情告诉别人 (DeRose & Brooks-Gunn, 2006; Downs & Fuller, 1991)。总的说来，对青春期出现的生理变化，男孩获得的社会帮助比女孩少得多。如果男孩有机会问问别人，如果他们能跟父母或卫生保健人员讨论这件事，那么他们才能从中受益。

许多部落和村庄社会会举行入会仪式来庆祝青春期的开始，它向社会宣告，这些新的成年人的权利和责任发生了重大改变。它使年轻人懂得，在他们的文化中，人们对青春期的到来是何等重视。相比而言，西方社会对于从儿童到青少年，或从青少年到成人的转变，很少给予正式认可。某些族群和宗教仪式，例如犹太男孩或女孩的成人仪式和拉美裔女孩的 15 岁成人礼，很像入会仪式，但仅限于族群或宗教文化范围内，并不代表社会地位的真正改变。

相比之下，更多西方青少年在一些年龄被赋予部分成年的身份，如开始就业的年龄、可以驾车的年龄、中学毕业的年龄、可以投票的年龄和可以饮酒的年龄。但即使到了这些年龄，他们在家或在学校仍可能被当作孩子。缺乏一个被广泛接受的生理和社会成熟的标志，使得向成人过渡的历程有些令人困惑。

2. 青春期情绪和社会行为的变化

人们普遍认为，青少年喜怒无常的情绪、从身体和心理上脱离父母的愿望，都与青春期有关。下面来看相关研究对此有什么说法。

（1）青少年喜怒无常的情绪

有研究显示，青春期激素水平的变化与喜怒无常的情绪中度相关 (Graber, Brooks-Gunn, & Warren, 2006)。还有什么因素会导致青少年喜怒无常呢？有几项研究让儿童、青少年和成人随身携带电子寻呼机来监测他们的情绪。在一周的时间里，他们被不定期地呼叫，被要求报告正在干什么，和谁在一起，当时的感受如何。

不出所料，青少年报告高兴情绪比儿童和成人少 (Larson et al., 2002; Larson & Lampman-Petraitis, 1989)。消极情绪与很多消极生活事件有关，如与父母交往困难，在学校受到批评，与男朋友或女朋友关系破裂。从儿童到青少年，消极事件数量稳步上升，而且相对于儿童，青少年往往会采用更强烈的情绪对消极事件做出反应 (Larson & Ham, 1993)。（前面曾讲过，在青少年期，压力反应会因大脑情感 / 社交网络的变化而加剧。）

与年长青少年和成人相比，年龄为 12~16 岁的青少年情绪不稳定、经常大起大落。这些情绪波动与情境变化密切相关。他们一天中的快乐时光往往是与同伴待在一起，或做着"自我肯定"的事情。情绪低潮往往发生在由成人主导的环境里，如班级、工作和宗教场所。此外，青少年的情绪高潮发生在周五和周六的夜晚——尤其是在中学阶段。在青少年期，与同伴或恋人一同外出的行为迅猛增加，以至于它变成了一种假如会发生什么的"文化脚本"（Larson & Richards, 1998）。相反，那些在家里度过周末夜晚的青少年则会深感孤独。不过，负面情绪的报告在青少年晚期趋于减少（Natsuaki, Biehl, & Ge, 2009）。

（2）亲子关系

376

萨布琳娜的父亲发现，当他的孩子们进入青少年期时，他们会关上房门，不愿和家人待在一起，而且更爱顶嘴。萨布琳娜和她的妈妈经常因她凌乱的房间而争吵（"妈妈，这是我的房间，你又不住在这儿！"）。而且萨布琳娜不愿意每周都去看望吉娜姨妈（"为什么我每周都非去不可？"）。许多研究表明，青春期与亲子冲突的增加，以及亲子之间积极和消极互动的波动有关，这种波动会持续到青少年中期（Gure, Ucanok, & Sayil, 2006; Marceau, Ram, & Susman, 2015; McGue et al., 2005）。

为什么看上去像大人样子的青少年这么爱争吵呢？这种行为可能具有适应意义。在灵长目动物中，幼崽在青春期前后会离开家庭群体。在许多乡村和部落文化中也是如此（Lancy, 2008; Schlegel & Barry, 1991）。年轻人的离开，阻碍了近亲之间的性联系。但是工业化国家的青少年在经济上仍然依赖父母，所以他们无法离开家庭。因此，出现了一种替代物：心理疏远。

青少年在生理上发育成熟后，他们希望别人把他们当作成人对待。青少年刚形成的推理能力也会促使家庭关系紧张。父母 - 青少年子女之间的分歧主要集中在一些日常事务上，如开车、与异性朋友约会、父母的宵禁令等等（Adams & Laursen, 2001）。在这些争吵背后存在着严重的隐

青春期带来了亲子冲突的增加和心理疏远，孩子希望独立，父母则希望孩子为走上社会做好准备。

忧：父母极力让孩子远离毒品、交通事故和过早的性行为。在子女需要为承担新责任而做好思想准备的问题上，父母与子女之间的分歧越大，争吵就越多（Deković, Noom, & Meeus, 1997）。

父母 - 女儿间的冲突往往比父母 - 儿子间的冲突更激烈，这或许是因为父母给女儿设的限制更多（Allison & Schultz, 2004）。不过，多数争吵还是比较温和的。到青少年晚期，只有一小部分家庭会继续发生争吵。一项针对青少年早期至晚期的亲子冲突解决策略的追踪调查显示，起先，亲子冲突逐渐增多，之后，青少年发脾气的行为慢慢减少，父母的怒气也慢慢下降。青少年和父母越来越愿意使用积极的问题解决方法，如妥协和讲道理（Van Doorn, Branje, & Meeus, 2011）。在整个青少年时期，积极的问题解决远远超过愤怒的对抗。

3. 青春期的到来时间

弗兰卡在家长讨论小组中说："我的几个孩子都早熟。到十二三岁时，三个男孩都开始蹿个儿，但这对他们来说不是难事。他们觉得自己已经长

观察与倾听

访谈几位父母和 / 或他们 12~14 岁的孩子，了解最近父母与孩子关系的变化。冲突的强度增加了吗？发生冲突一般是因为什么？

大，不能再被小看了。萨布琳娜以前是个瘦骨嶙峋的小女孩，但现在她说自己太胖，要减肥。她的心思都在男孩身上，对学习漫不经心。"

几项研究的结果与萨布琳娜和她的几个兄弟的经历相吻合。成人和同伴都认为早熟的男孩随和、独立、自信、外表迷人。他们在同学里很受欢迎，往往在学校里当"头儿"，或成为体育明星。晚熟的男孩往往会经历一段时间的情感困难，直到赶上多数同学 (Brooks-Gunn, 1988; Huddleston & Ge, 2003)。虽然早熟的男孩被认为适应良好，但他们比晚熟的男孩报告了更多的心理压力、抑郁情绪和问题行为（性活动、吸烟、饮酒、攻击和青少年犯罪）(Natsuaki, Biehl, & Ge, 2009; Negriff, Susman, & Trickett, 2011; Susman & Dorn, 2009)。

相比之下，早熟的女孩不受欢迎、孤僻、缺乏自信、焦虑、容易抑郁，而且很少担任领导者 (Blumenthal et al., 2011; Galvao et al., 2014; Ge, Conger, & Elder, 1996; Graber, Brooks-Gunn, & Warren, 2006; Jones & Mussen, 1958)。和早熟的男孩一样，她们做出更多的异常行为（吸烟、饮酒、性活动、犯罪）(Arim et al., 2011; Mrug et al., 2014; Negriff, Susman, & Trickett, 2011)。相比之下，晚熟的女孩则被认为外表迷人、活泼、善于交际、很有领导才能。

有两个因素可以解释这些趋势：青少年的身体在多大程度上符合社会对身体吸引力的标准；青少年的体貌与同伴相契合的程度如何。

（1）身体吸引力的作用

只要翻翻流行杂志，我们就能找到支持社会大众如下看法的证据：有魅力的女性必然身材苗条，双腿修长；英俊的男性则身材高大，肩膀宽，肌肉发达。这种女性形象是少女式的体形，它有利于晚发育的女孩；而这种男性形象则有利于早熟的男孩。

与这些偏好相一致，早熟的白人女孩对自己的**身体形象** (body image)——对自己体貌的看法和态度——往往不如那些不早不晚或晚熟的同伴积极。与非裔和拉美裔美国女孩相比，欧裔美国女孩更有可能内化了女性有着苗条身材的文化理想 (Rosen, 2003; Williams & Currie, 2000)。虽然男孩

不太稳定，但早熟和成熟很快的男孩更可能对自己的身体特征感到满意 (Alsaker, 1995; Sinkkonen, Anttila, & Siimes, 1998)。

身体形象是青少年自尊的一个有力预测指标 (Harter, 2012)。但是下面会讲到，青春期到来时间对身体形象的负面影响，即情绪调整问题，由于其他压力的同时出现而被严重放大了 (Stice, 2003)。

（2）与同伴相契合的重要性

早熟的青少年，无论男女，在与同伴相处时，都会感到身体上"不自在"，所以他们经常寻找年长的同伴，年长的同伴可能会鼓励他们参与一些他们还缺乏思想准备的活动。青春期的激素对大脑的情感/社交网络的影响对于早熟的人来说更强，这就进一步提高了他们对性活动、吸毒、酗酒及其他不良行为的接受度 (Ge et al., 2002; Steinberg, 2008)。也许正因为如此，早熟的男孩和女孩更多地感到有情绪压力，并因此学习成绩下降 (Mendle, Turkheimer, & Emery, 2007; Natsuaki, Biehl, & Ge, 2009)。

与此同时，青少年所处的环境使得青春期较早到来导致负面结果的可能性大大增加。在贫穷社区中，早熟的青少年尤其容易与不正常的同伴纠缠在一起，造成更多的挑衅、敌意行为 (Obeidallah et al., 2004)。因为这些社区的家庭大多面临长期、严重的压力，很少得到社会支持，这些早熟的青少年也更可能经历严厉、不一致的父母教育，这种环境可以反过来预测这些早熟的青少年不当的同伴交往、反社会行为和抑郁症状 (Benoit, Lacourse, & Claes, 2013; Ge et al., 2002, 2011)。

（3）长期后果

青春期到来时间的影响会一直持续吗？追踪研究表明，早熟的女孩会面临长期困难。一项研究发现，早熟的女孩的抑郁症状和频繁更换性伴侣的行为会持续到成年早期，而那些有严重行为问题的女孩身上最可能出现抑郁症状 (Copeland et al., 2010)。另一项从14岁追踪到24岁的调查显示，早熟的男孩表现出良好的适应能力。但是早

早熟的青少年经常寻求年长青少年的陪伴，这会增加他们过早发生性行为、吸毒和犯罪的风险。在贫穷社区，早熟的青少年更容易与不正常的同伴纠缠在一起。

熟的女孩到成年早期，与正常的同龄人相比，与家人和朋友的关系质量较差，社交网络较小，生活满意度较低 (Graber et al., 2004)。

前面讲到，童年期的家庭冲突和严厉管教与青春期提前到来有关，女孩比男孩更为明显（见边页 373）。很多早熟的女孩在进入青春期时有情感和社交方面的困难。由于青春期的压力会干扰学业表现，并导致沉重的同伴压力，因此她们的适应不良可能会扩大和加深。

针对高危早熟青少年的干预措施非常必要。这包括教育父母和老师，为青少年提供咨询和社会支持，使他们能够更好地应对这种转变带来的情感和社会性挑战。

？ 思考题

联结 青少年的喜怒无常情绪会不会造成父母与青少年子女之间的心理疏远？（提示：可考虑亲子关系的双向影响。）

应用 克洛伊小时候很喜欢和父母一起度过闲暇时光。现在她 14 岁，很多时候都待在自己屋里，周末不愿意和父母一起去远足。解释克洛伊的行为的原因。

反思 回想一下自己当初对青春期身体变化的反应。这些反应与研究结果一致吗？解释一下。

---

378 ## 四、健康问题

11.7 描述青少年期的营养需求及饮食障碍的相关因素

11.8 讨论青少年性态度和性行为的社会文化影响

11.9 列举性取向发展的相关因素

11.10 讨论性传播感染和青少年怀孕做父母的相关因素及预防和干预策略

11.11 与青少年致瘾物使用和滥用有关的个人和社会因素有哪些？

青春期的到来伴随着新的健康问题，这些问题与青少年努力满足身体和心理方面的需要有关。随着青少年获得更大的自主性，他们在健康和其他领域的自我决策也越来越重要。下面将要讨论的健康问题，不是由单一因素决定的，而是生物、心理、家庭、同伴及文化因素在共同起作用。

1. 营养需求

弗兰卡和安东尼奥的几个儿子进入青春期后，这对夫妇发现厨房里好像发生了一种"吸尘器效应"，几个男孩动不动就把冰箱里的食物洗劫一空。青春期身体的迅速生长导致了食物摄入量的急剧增加，但此时很多青少年的饮食却很可怜。在所有年龄组中，青少年最可能不吃早餐（为防止超重和肥胖症），一边跑一边吃东西，或只消耗热量而不补充 (Piernas & Popkin, 2011; Ritchie et al., 2007)。

现在，青少年经常聚集的快餐店可以提供一些健康快餐，很多学校现在也提供更有营养的食品 (French & Story, 2013)。但是，青少年在选择这些食品时，急需指导。糖果、软饮料、比萨和炸薯条之类的垃圾食品仍然是许多中学生，尤其是来自低收入家庭的青少年的偏好 (Poti, Slining, & Popkin, 2014; Slining, Mathias, & Popkin, 2013)。

青少年最普遍的营养问题之一是缺铁。由于月经期间会流失铁，因此女孩对铁的需求在快速生长期达到最大值，并一直保持在高位。一个疲惫易怒的青少年可能贫血，而不是不快乐，应该去体检。许多青少年，尤其是女孩，没有获得足够的钙，也缺乏新陈代谢必需的核黄素（维生素 B2）和镁 (Rozen, 2012)。

家庭聚餐频率高与吃到较多的水果、蔬菜、谷物和含钙食物以及减少软饮料和快餐密切相关 (Burgess-Champoux et al., 2009; Fiese & Schwartz, 2008)。但与孩子还小的家庭相比，有青少年的家庭在一起吃饭的次数更少。除了其他好处（见第 2 章边页 60 和第 9 章边页 295）外，家庭聚餐还可以大大改善青少年的饮食。

2. 饮食障碍

出于对女儿想要减肥的担忧，弗兰卡对萨布琳娜劝说道，对于一个青少年期的女孩来说，萨布琳娜的身材很正常，她还说，她的意大利祖先认为，女性丰满的体型比苗条的体型更美。那些较早进入青春期、对自己的体貌不满意，以及成长在高度关注体重和胖瘦的家庭中的女孩，都面临着饮食障碍的风险。对体型的不满和拼命节食是青少年饮食障碍发作的强有力的预测指标 (Rohde, Stice, & Marti, 2014)。饮食障碍在西方国家最严重，但随着西方媒体和文化价值观的传播，非洲、亚洲和中东地区受到的影响越来越大 (Pike, Hoek, & Dunne, 2014)。最严重的饮食障碍有三种，分别是神经性厌食症、神经性贪食症和暴食症。

（1）神经性厌食症

神经性厌食症 (anorexia nervosa) 是一种悲剧性的饮食失调，年轻人因害怕变胖而强迫自己忍受饥饿。大约 1% 的北美和西欧女青少年受到影响。在过去半个世纪里，由于文化上对女性纤瘦的推崇，这类病例急剧增加。在美国，亚裔、欧裔和拉美裔女孩比非裔女孩面临更大的风险，而非裔女孩对自己的体型往往比较满意，这给她们提供了保护 (American Psychiatric Association, 2013; Martin et al., 2015; Ozer & Irwin, 2009)。男青少年占神经性厌食症患者的 10%～15%；其中近一半是同性恋或双性恋者，他们可能不喜欢强壮、笨重的外表，或者受到文化理想中苗条但肌肉发达的男性体型的影响 (Darcy, 2012; Raevuori et al., 2009)。

神经性厌食症患者对自己身体形象的自我感觉极其扭曲。即使体重已经严重不足，他们仍认为自己太胖。多数人会自我强制节食，执行得非常严格，宁肯饿着也不吃东西。为了减肥，他们还拼命锻炼。

为了"完美"的苗条身材，神经性厌食症患者一般会减掉体重的 25%～50%。因为正常的月经周期需要大约 15% 的体脂率，所以许多患有神经性厌食症的女孩会经历月经初潮延迟或月经周期中断。营养不良会导致皮肤苍白，指甲变脆，无血色，全身长满乌黑的细毛，对寒冷极度敏感。如果这种情况持续下去，就会导致心肌萎缩，肾脏衰竭，并发生不可逆转的脑损伤和骨量流失。大约 5% 的神经性厌食症患者最终死于该病的并发症或自杀 (American Psychiatric Association, 2013)。

个人、家庭和社会文化因素共同作用，对神经性厌食症产生影响。同卵双生子比异卵双生子更可能同时患此病，这显示出遗传的影响。与焦虑和控制冲动有关的脑神经递质异常，可能会使一些人容易罹患此症 (Phillipou, Rossell, & Castle, 2014; Pinheiro, Root, & Bulik, 2011)。许多神经性厌食症患者常对自己的行为表现提出过高的标准，他们在情绪上属于抑制型，除了家人外，不和别人建立亲密关系。这些患神经性厌食症的女孩在各方面都是理想的女孩：有责任感，行为端正，成绩优秀。但是，以瘦为美的社会观念使这些早熟的女孩对身体形象的自我感觉很差，她们面临的风险更大 (Hoste & Le Grange, 2013)。

此外，父母－青少年子女之间的互动，也在青少年自主性问题上暴露出一些问题。神经性厌食症女孩的母亲通常对外貌、举止和旁人的评价期望过高，对孩子的保护和控制过度。父亲要么控制，要么撒手不管。这些父母的特点可能导致其女儿在成就、受尊敬的行为和身体胖瘦问题上，产生持续的焦虑并拼命地追求完美 (Deas et al., 2011; Kaye, 2008)。然而，不适应的亲子关系是出现在饮食障碍之前还是之后，抑或二者都有，这

379

艾娃，一个 16 岁的神经性厌食症患者，左图是她接受治疗的那天的样子，当时她的体重只有 35 公斤。右图是她在接受了 10 周治疗后的样子。患神经性厌食症的年轻人，能完全康复的不到一半。

一点还不清楚。

因为患有神经性厌食症的人通常会否认或淡化其疾病的严重性，所以给治疗造成了困难。为了防止危及生命的营养不良，患者大多需要住院治疗。最成功的治疗方式是家庭治疗和药物治疗，以减少焦虑和神经递质失衡 (Hoste & Le Grange, 2013)。但是，只有不到 50% 的神经性厌食症患者能够完全康复。对许多患者来说，饮食问题以一种程度较轻的方式继续存在。约 10% 的人表现出一种不太严重但却很虚弱的紊乱症状：神经性贪食症。

（2）神经性贪食症

患有**神经性贪食症** (bulimia nervosa) 的年轻人（主要是女孩）会暴饮暴食，然后为了避免体重增加而采取补偿措施，比如故意呕吐、用泻药排便、过度运动或禁食 (American Psychiatric Association, 2013)。神经性贪食症大多出现在青少年后期，比神经性厌食症更常见，约有 2%~4% 的少女患此病，并且其中有 5% 的人以前曾患过神经性厌食症。神经性贪食症与种族关系不大。

双生子研究表明，神经性贪食症和神经性厌食症一样，也受到遗传影响 (Thornton, Mazzeo, & Bulik, 2011)。超重和初潮提前会增加患病风险。一些患有神经性贪食症的青少年，就像那些患有神经性厌食症的青少年一样，是完美主义者；但多数是冲动、寻求刺激的年轻人，他们尤其容易在焦虑

时做出不理智的行为，比如在商店小偷小摸、酗酒或做出其他危险行为 (Pearson, Wonderlich, & Smith, 2015)。患神经性贪食症的女孩，像患神经性厌食症的女孩一样，对体重增加有病态的焦虑，但前者可能经历过父母的疏离和漠不关心，而不是高度控制 (Fassino et al., 2010)。

与患有神经性厌食症的年轻人相比，患有神经性贪食症的年轻人大多会对自己不正常的饮食习惯感到沮丧和内疚，许多人报告有自杀念头 (Bodell, Joiner, & Keel, 2013)。神经性贪食症患者迫切需要帮助。神经性贪食症通常比神经性厌食症更容易治疗，治疗一般通过支持团体、营养教育、改变饮食习惯的训练，以及抗焦虑、抗抑郁和食欲控制药物等方法来进行 (Hay & Bacaltchuk, 2004)。

（3）暴食症

大约 2%~3% 的女孩和近 1% 的男孩有过**暴食症** (binge-eating disorder) 的经历，即每周至少暴食一次，持续三个月或更长时间，不进行补充性排便、体育锻炼或禁食 (American Psychiatric Association, 2013; Smink et al., 2014)。暴食症和神经性贪食症一样，与种族无关。它通常会导致超重和肥胖，但暴食者并不参与神经性厌食症和神经性贪食症所特有的长时间、限制性的节食。

与其他饮食失调一样，暴食症与社会适应困难有关，许多暴食症患者像神经性贪食症患者一样，会经历严重的情绪困扰和自杀念头 (Stice, Marti, & Rohde, 2013)。针对它的有效的治疗方法类似于治疗神经性贪食症。

3. 性行为

萨布琳娜 16 岁的哥哥路易斯和他的女朋友凯茜原本没打算发生性行为，但它"恰恰发生了"。在和路易斯约会两个月后，凯茜想："假如不和他发生性行为，他会认为我正常吗？如果他想要而我拒绝，我会失去他吗？"两个年轻人都知道他们的父母不同意这件事。当弗兰卡和安东尼奥注意到路易斯是如何黏着凯茜的时，他们就跟他谈了等待的重要性和怀孕的危险性。但是在那个周五晚上，路易斯和凯茜的感情却势不可挡。等到水到渠成时，路易斯想："如果我不采取行动，那

文化态度将深刻影响这些青少年的异性交往方式，他们刚刚开始体验对彼此的性吸引力，学习应对两性交往中的性问题。

么她会认为我性无能吗？"

380   随着青春期的到来，激素发生变化，尤其是雄激素的分泌，导致性驱力增加 (Best & Fortenberry, 2013)。青少年必须关注怎样应对性行为。认知能力，包括观点采纳和自我反省能力的提高，影响着他们所做的努力。但是，像前面刚讨论的饮食行为一样，青少年的性行为也深受其社会背景的影响。

（1）文化影响

你第一次了解性是什么时候？你是怎么了解的？在你家里，性是可以公开讨论的，还是秘而不宣的？对性的接触、性教育以及限制儿童和青少年性好奇心的措施在世界各地差别很大。

虽然人们普遍认为北美的青少年是性自由的，但北美的性态度却是相对克制的。一般来说，父母很少或根本不提供有关性的信息，不鼓励性游戏，也很少当着孩子的面谈论性。当年轻人对性产生兴趣时，只有大约一半的人报告说，从父母那里得到了关于性行为、避孕和性传播疾病的知识。很多人故意回避有关性的讨论，因为害怕尴尬，或担心青少年不会认真对待 (Wilson et al., 2010)。其实，当父母和蔼、开放地和青少年子女进行讨论时，子女更可能接受父母的观点，与伴侣约会及性冒险更可能减少 (Commendador, 2010; Widman et al., 2014)。

没有从父母那里获得性知识的青少年，大多会从朋友、兄弟姐妹、书籍、杂志、电影、电视和互联网那里学习 (Sprecher, Harris, & Meyers, 2008)。在青少年喜欢的电视节目中，超过 80% 的节目含有色情内容。很多人把他们的伴侣描述为自发的、充满激情的，没有采取任何措施来避孕或避免性传播疾病，也没有经历任何负面后果。研究表明，在控制了其他很多相关因素之后，青少年接触媒体性节目，仍可以预测性活动、怀孕和性骚扰行为（攻击性的辱骂或触摸，为约会向异性同伴施压）的增加 (Brown & L'Engle, 2009; Roberts, Henriksen, & Foehr, 2009; Wright, Malamuth, & Donnerstein, 2012)。

过早发生性行为的青少年，更喜欢观看媒体性节目 (Steinberg & Monahan, 2011; Vandenbosch & Eggermont, 2013)。而且，互联网还是一个危险的"性教育者"。在一项对美国 10~17 岁网民的大规模调查中，42% 的人说，他们在过去 12 个月里上网时浏览过色情网站（裸体图片或性爱图片）。其中 66% 的人表示，他们无意中看到了这些图片，但他们并不想看这些 (Wolak, Mitchell, & Finkelhor, 2007)。那些感到抑郁、被同伴欺负或有违法行为的青少年会更多地接触网络色情，这只能加剧他们的适应问题。

可以想见，青少年获得的信息是相互矛盾的。一方面，成人不赞成过早的性行为和婚外性行为。另一方面，社会环境宣扬性冲动、性尝试和乱交。美国青少年对此感到困惑，他们对性知识所知甚少，而且，对怎样负责任地管理他们的性生活，也没人提出多少忠告。

（2）青少年的性态度和性行为

虽然存在亚文化群体差异，但在过去的半个世纪里，美国青少年和成人的性态度变得更加开放。与前几代人相比，更多的人赞成婚前性行为 (Elias, Fullerton, & Simpson, 2013; Rifkin, 2014)。过去 15 年，青少年的性观念略微转向保守，这主要是由于应对性传播疾病，尤其是艾滋病，以及学校和宗教组织资助的青少年性节制计划的实施 (Akers et al., 2011; Ali & Scelfo, 2002)。

青少年的性行为趋势与他们的态度变化是一致的。几十年来，美国年轻人的婚前性行为比率一直在上升，而近些年有所下降 (Martinez & Abma, 2015)。但是，如图 11.4 所示，相当比例的年轻人在 15~16 岁就有性行为。

青少年性经验的质量因环境而异。大约 70% 的性活跃青少年报告说，他们第一次发生性关系是和一个稳定的约会伙伴，而且多数人在中学只有一到两个约会伙伴。但是有 12% 的中学生报告说他们与 4 个或 4 个以上的约会伙伴发生过性关系 (Kann et al., 2016; Wildsmith et al., 2012)。对于较年长的青少年，在稳定、体贴的恋爱关系中，双方都同意的性活动是一种积极、惬意的体验。但是，那些随意发生的性行为，或者在饮酒或吸毒后发生的性行为，往往导致当事青少年报告负面情绪，包括内疚和抑郁 (Harden, 2014)。

（3）从事早期性活动的青少年特征

青少年早期频繁的性行为与各种不利的个人、家庭、同伴以及教育特点有关。相关因素有：童年期的冲动性强、对生活事件的个人控制感弱、青春期到来时间早、父母离异、处在单亲家庭或再婚家庭、家庭人口多、很少或不参加宗教活动、父母监管不力、亲子交流中断、朋友及哥哥姐姐性活跃、学习成绩差、受教育抱负低、有违规行为（包括喝酒、吸毒和犯罪）倾向 (Conduct Problems Prevention Research Group, 2014; Diamond, Bonner, & Dickenson, 2015; Zimmer-Gembeck & Helfand, 2008)。

这些因素很多都由生长在低收入家庭所致，所以，在经济状况较差的家庭中，青少年早期性

行为更普遍就不奇怪了。生活在危险的居住区，如条件恶劣、犯罪和暴力事件高发，也会造成青少年的性活跃 (Best & Fortenberry, 2013)。在这样的居住区，社会联系薄弱，成人很少对青少年的行为加以监督和控制，消极的同伴影响普遍存在，青少年不太可能考虑过早地做父母对他们当前和未来生活的影响。研究表明，非裔青少年中过早发生性行为的比例很高，8% 的人报告说在 13 岁之前发生过性行为，而美国所有青少年的这个比例只有 4%，这也许主要是因为黑人人口普遍贫困 (Kann et al., 2016; Kaplan et al., 2013)。

（4）避孕药具的使用

近年来，青少年避孕药具的使用有所增加（见图 11.5），但在美国，约有 14% 的性活跃青少年存在意外怀孕的风险，因为他们不经常使用避孕药具 (Kann et al., 2016)。为什么有这么多人没有采取预防措施？青少年通常会回答"我一直在等，直到我有一个稳定的男朋友"或者"我没打算做爱"。

前面对认知发展的讨论揭示，青少年在面对问题时可以考虑很多可能性，但他们往往不能把这种推理运用到日常情况中。在日常的同伴压力和亢奋的情绪中，青少年很难自我调节，他们经常忽视危险行为的潜在后果。在相对较新且让他们感受到高度信任或爱的关系中，他们最不可能使用避孕套，并且会经常发生性行为 (Ewing & Bryan, 2015)。

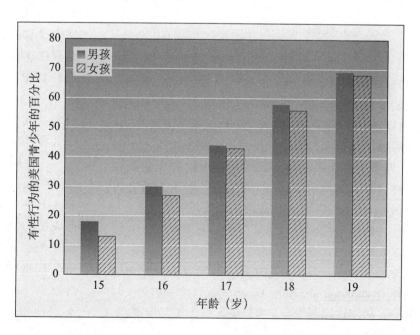

图 11.4 报告自己曾有性行为的美国青少年　多数美国青少年在中学时期开始性活跃。男孩的第一次性行为比女孩早，但男孩和女孩的性行为比率大体相似。资料来源：Martinez & Abma, 2015.

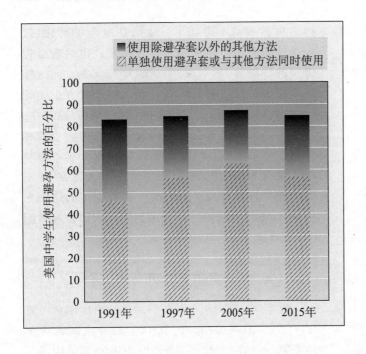

图 11.5 1991—2015 年美国中学生报告的最近一次性交使用的避孕方法

这十几年间，青少年使用避孕药具，尤其是避孕套的百分比有所增加。避孕药具的总使用率逐渐稳定。越来越多的青少年选择除避孕套以外的有效方法，常见的有避孕药、避孕贴或避孕环。资料来源：Based on Kann et al., 2016.

那些与父母关系良好并与父母公开谈论性和避孕的青少年，更可能采取避孕措施 (Widman et al., 2014)。但很少有青少年相信他们的父母会理解和支持他们。学校的性教育课程也经常给青少年留下不完整或不正确的知识。有些青少年不知道在哪里获得避孕咨询和避孕药具，也不知道如何与伴侣讨论避孕。那些有高危性行为的青少年尤其担心医生或计划生育诊所可能不会给他们保密 (Lehrer et al., 2007)。这些年轻人大多放弃了基本医疗保健，继续在无避孕措施的情况下发生性行为。

（5）性取向

至此，我们关注的只是异性恋行为。大约有 5% 的美国中学生承认自己是女同性恋者、男同性恋者或双性恋者，另有 2%～3% 的中学生不确定自己的性取向 (Kann et al., 2011)。究竟有多少人曾经被同性吸引，这一数目尚不为朋友或家人所知（见本节"社会问题→健康"专栏）。青少年期也是这些人的性发展的一个关键期，社会态度会再次影响他们怎样顺利渡过这一难关。

遗传对性取向有重要影响：同卵双生子有同性恋倾向的比例远高于异卵双生子。有血缘关系的兄弟姐妹，其同性恋比例也高于收养的兄弟姐妹 (Kendler et al., 2000; Långström et al., 2010)。其中，男同性恋者受母亲家族的影响大于父亲家族，

这说明性取向是伴 X 染色体连锁遗传的（见第 2章）。一项基因图谱研究发现，在 40 对同性恋兄弟中，有 33 对（82%）在其 X 染色体上具有相同的 DNA 片段 (Hamer et al., 1993)。该区域的某个或某几个基因可能使男性形成同性吸引力。

遗传是怎样影响性取向的？一些研究者认为，某些基因会影响出生前性激素的水平及其机能，性激素会改变脑结构，从而引发同性恋的情感和行为 (Bailey et al., 1995; LeVay, 1993)。不过，环境也能改变孕期的激素水平。因为遗传缺陷或因为母亲服用的防流产药物，出生前就处于高水平的雄激素或雌激素中的女孩，更有可能具有同性恋或双性恋取向 (Hines, 2011b)。此外，男同性恋者往往在出生顺序上排在较后位置，并且其兄长的数量往往高于平均水平 (Bogaert & Skorska, 2011; VanderLaan et al., 2014)。生了好几个男孩的母亲，可能会产生雄激素抗体，从而降低出生前雄激素对晚出生男孩大脑的影响。

在美国，关于同性恋和双性恋的成见依然存在。例如，与世俗观念相反，多数同性恋青少年和成人，其穿着或行为并没有"性别偏差"。对同性成员的吸引力并不仅限于女同性恋、男同性恋和双性恋青少年。近期调查显示，有 17%～78%的与同性伴侣有过性经历的青少年被认定为异性恋 (Kann et al., 2011)。一项针对女同性恋者、女双性恋者和"未确定"的年轻女性的研究证

实，双性恋并不像通常认为的那样是一种短暂状态 (Diamond, 2008)。在 10 年时间里，多数女性报告说，同性和异性对她们的吸引力的比例是

稳定的。

迄今为止的证据表明，遗传和产前生物因素对同性恋有很大的影响。双性恋的起源尚不清楚。

  专栏　　　　　社会问题→健康

同性恋和双性恋青少年：自我接纳并向他人袒露同性恋身份

在是否接受性少数群体方面，文化差异很大。在美国，社会对男/女同性恋和双性恋已经更容易接受了，但成见仍然普遍存在 (Pew Research Center, 2013d)。这使得性少数群体的青少年比异性恋青少年更难形成性别同一性。

1. 觉察到不同

很多男/女同性恋者说，他们小时候就觉得自己跟别的孩子不一样。他们对由生物因素决定的性偏好的初次感知，出现在 6~12 岁，其游戏兴趣更像异性 (Rahman & Wilson, 2003)。男孩发现，比起别的男孩，他们对运动不感兴趣，被安静的活动吸引，情绪上更敏感。女孩则发现，她们比别的女孩更适合运动和更活跃。10 岁左右，这些孩子中的许多人开始产生性质疑——想知道为什么异性恋取向不适用于他们。

2. 困惑

随着青春期的到来，觉察到自己与众不同的感觉也表现在性方面。男孩平均在 10 岁左右开始认为自己是同性恋者，15 岁左右确定自己是同性恋者 (Pew Research Center, 2013d)。女孩的上述两个平均年龄分别为 13 岁左右和 18 岁左右，这也许是因为，社会认为青少年期女孩应该是异性恋者，这带给这些女孩的压力特别大。

意识到自己被同性吸引，通常会引发新的困惑。一些青少年通过明确自己的女同性恋、男同性恋或双性恋身份，迅速化解了自己的不适，对自己的不同之处有了一闪而过的领悟。但多数人都经历过内心挣扎和深深的孤立感——由于缺乏榜样和社会支持，结果更加严重 (Safren & Pantalone, 2006)。

有些人故意把自己投入与异性恋有关的活动中。男孩去参加运动队，女孩则会放弃垒球和篮球而选择跳舞。许多男女同性恋青少年（女性多于男性）尝试与异性约会，有的是为了隐藏自己的性取向，有的是为了培养亲密交往的技能，以便日后在同性关系中应用 (D'Augelli, 2006)。那些极度烦恼和内疚的青少年可能会沉迷于酒精、毒品甚至产生自杀念头。第 16 章会讲到，

女同性恋、男同性恋和双性恋年轻人的自杀企图非常高。

3. 自我接纳

在青少年期即将结束时，多数女同性恋、男同性恋和双性恋青少年会接受自己的性别同一性。但他们面临着另一个岔路口：是否告诉别人。对他们性取向的污名化使一些人决定不袒露。性少数群体的年轻人只要走出家门，就会遭到同龄人的敌视，包括言语辱骂和身体攻击。这些经历会引发受害者强烈的情绪困扰、抑郁、逃学和吸毒 (Dragowski et al., 2011; Rosario & Schrimshaw, 2013)。尽管如此，很多年轻人最终还是会公开承认自己的性取向——通常会先告诉信任的朋友。一旦青少年建立了同性关系或恋爱关系，许多人就会向父母坦白。很少有父母以严厉拒绝来回应，多数父母的态度要么是积极的，要么是轻微消极的和不愿相信。无论如何，女同性恋、男同性恋和双性恋年轻人报告的家庭支持水平低于异性恋同龄人 (McCormack, Anderson, & Adams, 2014; Needham & Austin, 2010)。然而，父母的理解是良好适应的关键预测因素，可以减弱内化的同性恋恐惧症或社会偏见 (Bregman et al., 2013)。

女同性恋、男同性恋、双性恋和跨性别中学生与他们的盟友参加一年一度的青年自豪节大游行。同伴的接纳和积极反应，会使这些人的出柜行为帮助他们把自己的性别同一性看得更有效、有意义和自我满意。

如果旁人做出积极反应，袒露行为就会帮助这些年轻人把自己的性别同一性看作有效、有意义、自我满意的。和其他"同志"接触对达到这一阶段有促进作用，公众观念的变化也使住在城市里的很多青少年比几十年前更早到达这一阶段。很多大城市都有男女"同志"社群，还有专门的兴趣小组、社交俱乐部、宗教团体、报纸和杂志。但是在小城镇和农村，接触到"同志"或找到支持性环境仍然困难。这些地方的同性恋青少年尤其需要成人和同伴的关心、帮助，以便更快地实现自我接纳和社会接纳。

顺利地自我接纳并向他人袒露同性恋身份的男/女同性恋和双性恋青少年，会把其性偏好整合进完整的自我同一性当中，关于这一过程，第 12 章还要详细讨论。此后，他们会把能量释放到心理发展的其他方面。总之，袒露身份有助于促进青少年的各方面发展，包括自尊、心理健康以及与家人和朋友的关系。

4. 性传播感染

性行为活跃的青少年，无论性取向如何，都有性传播感染的风险。在所有年龄组中，15 ～ 24 岁的年轻人感染性传播疾病的比例最高 (Centers for Disease Control and Prevention, 2015l)。近年来，美国的感染率有所上升，每年每 5 名性活跃青少年中就有 1 人感染性传播疾病，这一比例是加拿大和西欧的 3 倍以上 (Greydanus et al., 2012; Public Health Agency of Canada, 2015)。感染风险最大的青少年也是最有可能进行不负责任性行为的人，他们往往是经济上处于不利地位、感到绝望的年轻人。如果不治疗，性传播感染会导致不孕不育和危及生命的并发症。

迄今为止，最严重的性传播疾病是艾滋病。在其他西方国家，30 岁以下的人感染艾滋病病毒的概率很低，而在美国，四分之一的艾滋病病毒感染者是 13 ～ 24 岁的年轻人。由于艾滋病的症状通常在感染艾滋病病毒 8 ～ 10 年后才出现，因此许多被诊断感染艾滋病病毒或患艾滋病的年轻人是在青少年期感染的。与艾滋病病毒阳性同性伴侣发生性关系的男性占这些病例的大多数。另有四分之一是在异性之间传播的，主要是由男性向女性传播 (Centers for Disease Control and Prevention, 2015h)。男性传给女性各种性传播疾病（包括艾滋病）的概率至少是女性传给男性的两倍。

通过学校课程和媒体宣传，大多数青少年了解有关艾滋病病毒和艾滋病的基本知识。但他们对其他性传播感染的了解有限，常低估自己的易感性，也不知道怎样自我保护 (Kann et al., 2014)。此外，中学生报告的与多个性伴侣的口交比性交更多。但很少有人在口交时坚持使用性传播感染保护措施，这是一些性传播感染的重要来源 (Vasilenko et al., 2014)。全社会需要共同努力，让年轻人了解，什么是性传播感染，什么是危险的性行为。

5. 青少年怀孕和做父母

凯茜在与路易斯发生性关系后并没有怀孕，但她的一些同学就没那么幸运了。在 2016 年，大约有 62.5 万名美国少女（其中近 1.1 万名小于 15 岁）怀孕，估计占发生过性行为少女的 13% (U.S. Department of Health and Human Services, 2016a)。自 1990 年以来，虽然美国青少年的怀孕率下降了 50% 以上，但仍高于其他大多数工业化国家 (Sedgh et al., 2015)。

由于大约四分之一的美国青少年怀孕以堕胎告终，因此少女生育的数量比 50 年前大大降低 (Guttmacher Institute, 2015)。尽管如此，美国的少女生育率还是大大超过其他发达国家（见图 11.6）。如今，青少年的父母身份仍然是个问题，因为当代少女很少在生孩子前结婚。1960 年，未婚女性在生育的少女中所占比例仅为 15%，而今天这一比例为 89% (Child Trends, 2015a)。社会对单身母亲接受度的提高，加之许多十几岁女孩相信婴儿会填补她们生活中的空白，导致很少有女孩会放弃自己的婴儿，让别人收养。

（1）青少年做父母的相关因素和后果

对于那些还没有为自己的生活确立明确方向的青少年来说，做父母真是难上加难。生活条件和个人特点不仅会共同影响青少年的生育能力，

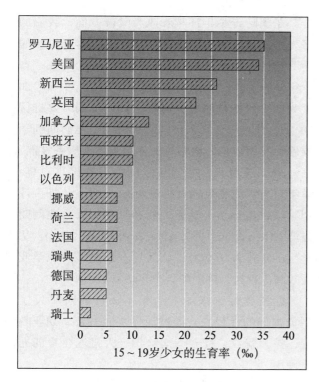

图 11.6　工业化国家 15～19 岁少女的生育率
美国的少女生育率远超过其他多数工业化国家。资料来源：Sedgh et al., 2015.

也会影响其做父母的能力。

　　比起晚做父母的同龄人，青少年父母更可能来自贫困家庭。他们的背景往往是：父母的亲近感和参与度低、家庭暴力、儿童虐待和忽视、父母反复离婚和再婚、成年未婚父母的家庭模式，以及居住地也有其他青少年遭遇这些风险。有早孕风险的女孩在学校表现很差，她们吸毒，酗酒，童年有攻击性和反社会行为，与坏孩子交往，曾患严重抑郁症 (Hillis et al., 2004; Luster & Haddow, 2005; Noll & Shenck, 2013)。高生育率往往来自经济状况差的少数族裔青少年。在缺乏教育和就业机会的情况下，很多人过早地做父母，并把它作为通往成年期的途径。

　　怀孕青少年已经在很多方面受到困扰，而在孩子出生后，他们的生活在以下几个方面趋于恶化。与同龄人相比，少女妈妈完成高中学业、结婚或找到稳定工作的可能性更低。大约 35% 的人在两年内再次怀孕。在这些人中，大约有一半会继续生第二个孩子 (Child Trends, 2015a; Ruedinger & Cox, 2012)。少女妈妈结婚后更有可能离婚，因此，她们将以单身母亲的身份度过大部分养育孩

子的时间。由于受教育程度低、婚姻不稳定和贫困，许多少女妈妈靠福利或从事不令人满意的低薪工作维持生活。

　　许多青少年父亲，要么失业，要么从事非技术性工作，收入很少，无法为子女提供基本必需品 (Futris, Nielsen, & Olmstead, 2010)。他们中大约有一半进过监狱 (Elfenbein & Felice, 2003)。对青少年父母来说，受教育程度和职业成就的下降通常会持续到成年期 (Taylor, 2009)。

　　由于许多怀孕少女饮食不足、吸烟、酗酒和吸毒，而且不能得到早期产前护理，因此她们的婴儿经常遭遇产前和分娩并发症，尤其是出生体重过低 (Khashan, Baker, & Kenny, 2010)。与成年母亲相比，少女妈妈对孩子发育的知识所知甚少，对婴儿抱有不切实际的高期望，感到婴儿难养育，与孩子互动的效率很低，经常采取严苛甚至虐待式的养育方式 (Lee, 2013; Ruedinger & Cox, 2012)。她们的孩子通常在智力测验中得分低，在学校的成绩差，常有破坏性的社会行为。

　　此外，青少年父母往往具有很多不利的家庭条件和个人特征，它们会在一段时间内对青少年父母的发展产生负面影响，并传递给下一代 (Meade, Kershaw, & Ickovics, 2008; Wildsmith et al., 2012)。其中，父亲缺席是一个影响巨大的因素。*385* 对早期性行为和早期怀孕的研究结果显示，尤其是对女儿来说，当十几岁的少女妈妈未婚时，代际延续性最强。

　　即使少女妈妈生的女儿没有成为早孕者，她们的发育也往往受到损害。其中很多人辍学，在贫困中挣扎，经历长期的身心健康问题。导致青少年做父母的环境，对许多与之相关的负面结果负有责任 (Morinis, Carson, & Quigley, 2013; Ruedinger & Cox, 2012)。来自严重贫困背景的年轻人往往会经历糟糕的社会、教育和经济结果，与养育孩子的困难做斗争，以及生下认知、情感和行为有问题的孩子，而无论他们是在十几岁时生育，还是在二十多岁才生育。

　　不过，青少年父母的结果差别很大。如果他们能从高中毕业，找到有收入的工作，避免再次生育，并找到一个稳定的伴侣，那么，他们自己和孩子的发展受到的长期破坏就不会那么严重。

（2）预防策略

预防青少年怀孕，首先要找出早期性行为和缺乏避孕措施背后的影响因素。目前，性教育课程开设晚（在性行为开始之后），持续的时间短，而且只限于有关解剖和生殖的一些知识。超出这种最低限度的性教育，并不会像一些反对者所说的那样，会鼓励早期性行为（Chin et al., 2012）。它确实能提高青少年对性的意识——这些知识对负责任的性行为来说是必需的。

但是，仅有知识还不够，性教育还必须帮助青少年在他们的知识与行为之间架起一座桥梁。现在，更有效的性教育项目包括以下几个要素：

- 通过角色扮演和其他活动，教给青少年处理性行为的方法，特别是对危险性行为的拒绝方法和提高关于避孕药具使用的沟通技能。
- 根据参与活动的青少年的文化和性体验，传递清晰、准确的信息。
- 持续的时间足以产生影响。
- 提供有关避孕药具的具体信息，并便于获取。

许多研究表明，包含这些内容的性教育可以推迟性活动的开始年龄，增加避孕药具的使用，并降低怀孕率（Chin et al., 2012; Kirby, 2002, 2008）。

观察与倾听

联系附近的公立学校，了解有关性教育课程的情况。结合已有的研究结果，你认为这些课程能有效地推迟性活动的开始年龄并降低青少年怀孕率吗？

增加避孕药具的供给，是美国预防青少年怀孕的努力中最具争议的一个。许多成人认为，把避孕药或避孕套交给青少年，就等于认可早期性行为。但是，提倡节欲而不提倡使用避孕药具的性教育项目，对推迟青少年的性行为或预防怀孕几乎没有什么影响（Rosenbaum, 2009; Trenholm et al., 2008）。在加拿大和西欧，社区和学校诊所为青少年提供避孕药具，全民医疗保险帮助支付这些药具的费用，青少年的性行为发生率并不比美国高，怀孕、分娩和堕胎的比例要比美国低得多（Schalet, 2007）。

在预防青少年怀孕和成为父母方面，我们的努力不能仅限于改进性教育，还要培养青少年的学习和社交能力（Cornell, 2013）。在一个名叫"青少年外展"（Teen Outreach）的项目中，青少年参加了为期一年的社区服务课程，他们每周需要进行20个小时的符合其兴趣的义务劳动。他们回到学校后会开展讨论，内容是怎样增强社会服务技能，怎样提高应对日常生活挑战的能力和提高自尊。学年末与常规班级的对照组相比，"青少年外展计划"项目组怀孕、学业失败和辍学的人数比例明显低（Allen et al., 1997; Allen & Philliber, 2001）。从学生的辍学经历来看，该项目对那些最可能学业失败和出现行为问题的青少年最有益。

期待美好未来的青少年不太可能过早发生不负责任的性行为。通过加强普通教育、职业教育，扩大就业，社会就能给年轻人推迟生育的充分理由。

（3）对青少年父母的干预

对于青少年成为父母这个问题，最困难、花费最大的处理方式是消极等待事情发生。年轻的父母们需要保健，继续上学，参加职业培训、育儿指导，学习管理家庭生活的技能，以及获得高质量的、能负担得起的儿童保育。能提供这些服务的学校可减少出生低体重婴儿的发生率，提高教育成功率，并且防止额外生育（Cornell, 2013; Key et al., 2008）。

少女妈妈还可以从家人和关心她们需求的成人那里获益。拥有更多社会支持的少女妈妈，在产后一年内的抑郁水平更低（Brown et al., 2012）。在一项研究中，长期有"良师益友"——包括姨母、邻居或提供情感支持和指导的老师——的非裔美国少女妈妈，比没有"良师益友"的非裔美国少女妈妈更可能继续读书并从中学毕业（Klaw, Rhodes, & Fitzgerald, 2003）。家访计划也很有效。可参见第3章边页90，回顾一下护士－家庭伙伴关系，它帮助少女妈妈和婴儿走上一条顺利的人生道路。

针对青少年父亲的项目，则试图增加他们对孩子的经济和情感投入。有一半的年轻父亲会在孩子出生后的头几年去看望他们，但随着时间的 *386*

过早地做父母给青少年父母和他们的新生儿带来了持久的困难。但是，一位慈爱的爸爸的参与，加上父母之间稳定的伙伴关系，可以改善年轻家庭的处境。

推移，接触会慢慢减少 (Ng & Kaye, 2012)。和少女妈妈一样，来自家人的支持有助于青少年父亲的参与。从孩子的爸爸那里获得经济、养育援助和情感支持的妈妈痛苦较少，也更可能与孩子的爸爸维持关系 (Easterbrooks et al., 2016; Gee & Rhodes, 2003)。与青少年父亲关系持久的孩子，表现出更好的长期适应能力 (Martin, Brazil, & Brooks-Gunn, 2012)。

6. 致瘾物的使用和滥用

14 岁的时候，路易斯在家里只有他一个人时，从他叔叔的包里拿了几支烟抽。在一次没有成人监督的聚会上，他和凯茜喝了几听啤酒，还吸了几口大麻。路易斯几乎没有在这些经验中付出身体上的代价。他是个好学生，受同学们喜爱，和父母关系也不错，他不需要毒品来逃避生活。但他也知道，有些同学起先是喝酒和吸烟，然后转向更强的毒品，最终上瘾了。

在工业化国家，青少年酗酒和吸毒现象普遍存在。根据 2015 年对美国高中生的全国代表性样本调查，20% 的十年级学生曾经吸烟，47% 的人曾经喝酒，37% 的人至少使用过一种非法药物（多为大麻）。在高中毕业时，有 6% 的人经常吸烟，17% 的人在过去一个月中酗酒，21% 的人吸食过大麻。大约 21% 的人尝试过至少一种高度上瘾和有毒的物质，如安非他命、可卡因、苯环啶 (PCP)、摇头丸 (MDMA)、吸入剂、海洛因、镇静剂（巴比妥酸盐）或奥施康定（一种麻醉止痛药）(Johnston et al., 2015)。

这些数字显示，自 20 世纪 90 年代中期以来，青少年吸毒比例大幅下降，原因可能是家长、学校和媒体更多地关注了吸毒的危害。大麻的吸食比例是一个例外，它在 2005 年前后上升，后逐渐趋于平稳。美国许多州通过了医用大麻的法律，少数州将娱乐用大麻吸食合法化，使得年轻人更容易获得大麻 (Johnston et al., 2015)。

在某种程度上，致瘾物的使用反映了青少年寻求刺激的心理。但是青少年也生活在药物依赖的文化环境中。他们看到成年人靠咖啡因来提神，靠喝酒、吸烟来应付日常的麻烦事，还用其他疗法来缓解压力、抑郁和身体不适。在电视节目、电影和广告中，吸烟、酗酒和吸毒出现的比例也很高 (Strasburger, 2012)。与一二十年前相比，如今医生更经常开出治疗儿童问题的药物，家长也更经常寻求药物帮助 (Olfman & Robbins, 2012)。在青少年期，当年轻人遇到压力时，会轻而易举地"自我治疗"。

大多数尝试酒精、烟草或大麻的青少年并没有上瘾。这些偶尔的尝试者通常是心理健康、善于交际、充满好奇心的年轻人。但是，青少年对任何药物的尝试都不应该被轻视。因为大多数药物会损害感知和思维过程，一次大剂量的药物使用可能会导致永久性损伤或死亡。令人担忧的是，有一小部分青少年从致瘾物使用到致瘾物滥用，需要不断增加剂量才能生效，然后他们转向使用更大剂量的致瘾物，使用足量的致瘾物会影响他们履行日常责任的能力。

（1）青少年滥用致瘾物的相关因素和后果

与偶尔尝试者不同，青少年毒品滥用者都是有严重问题的年轻人。他们的冲动、破坏性和敌对风格在幼儿期就有表现，他们倾向于通过反社会行为来表达他们的不满。与其他年轻人相比，他们吸毒的时间更早，也更可能有遗传根源 (Patrick & Schulenberg, 2014)。对多种族青少年早期被试进行的追踪研究显示，大脑的认知控制网络和情感 / 社交网络的严重失衡——表现为执行机能较弱，无法应对这一时期感觉寻求的提升——

可以预测青少年中期喝酒、吸烟和吸食大麻行为的快速增多（见图11.7）(Khurana et al., 2015)。这些青少年成为致瘾物滥用者的风险很高，与那些偶尔尝试者和非使用者形成鲜明对比——后面两种人只表现出与滥用者相似的感觉寻求倾向，但他们的认知控制能力要强得多。

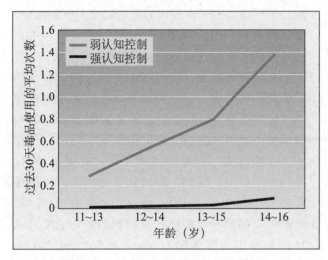

图11.7 较弱的认知控制能力可预测从青少年早期到中期吸毒数量的迅速上升

研究者对数百名不同种族的被试从青少年早期到中期进行跟踪，发现大脑的认知控制网络与情感/社交网络之间存在巨大的失衡（对高感觉寻求的执行机能较弱），这可以预测吸毒的急剧增加，有滥用毒品的高风险。高感觉寻求结合强认知控制，可以预测以后少量使用或不使用毒品。
资料来源：Khurana et al., 2015.

环境因素也有影响。这包括社经地位低下、家庭心理健康问题、父母和兄长滥用毒品、缺乏父母的关爱和教育、遭遇身体虐待和性虐待，以及学校表现不佳。对于家庭困难的青少年，那些

"坚强的非裔美国家庭"项目通过讨论，加强父母和青少年子女的关系，为更有效的教育，包括与子女沟通，表达明确的期望，以及通过合作解决问题来解决父母与子女之间的矛盾铺平了道路。

使用和提供毒品的朋友的鼓励，尤其可能增加他们滥用毒品的行为 (Ohannessian & Hesselbrock, 2008; Patrick & Schulenberg, 2014)。

在青少年的大脑还处于发育阶段的时候，使用致瘾物可能会损害神经元及其连接网络，产生深远而持久的后果。与此同时，使用致瘾物来应对日常压力的青少年，无法学会负责任的决策技能和其他应对技能。他们表现出严重的适应问题，包括长期焦虑、抑郁和反社会行为，这些都是大量使用毒品的原因和后果 (Kassel et al., 2005; Luciana et al., 2013)。他们常常过早地结婚生子，找工作，并在这些挑战中失败，这些痛苦的结果会进一步助长成瘾行为。

（2）预防和治疗

在一些学校和社区开展的项目为了减少青少年尝试吸毒的行为，采用了以下方法：

- 提高教育的效力，对青少年的活动加以监控。
- 教给青少年怎样抵制不良同伴的压力。
- 宣传毒品对健康和安全的威胁，降低青少年对毒品的接受性 (Stephens et al., 2009)。

其中一项干预措施是"坚强的非裔美国家庭"(Strong African American Families, SAAF) 项目，它指导父母监督青少年子女的行为，与子女沟通，表达明确的期望，并使用合作解决问题的方法来解决争端。评估显示，该项目减少了非裔青少年的致瘾物使用，而且对携带 DRD4 7-重复或短 5-HTTLPR 基因（见第6章边页194和201）的青少年效果最好，这两种基因使他们处于难以自我调节的风险中 (Brody et al., 2009, 2014)。这使我们想起在前几章讨论过的，良好的父母教育可以保护基因脆弱的孩子的发展。

有的干预项目采取的措施是，教给处于危险中的青少年怎样应对生活压力，并通过社区服务培养他们的能力，从而减少他们喝酒和吸毒行为，也减少了青少年怀孕的发生。提供有吸引力的替代活动也有帮助。例如，把体育活动作为吸烟的替代物，效果就很好。在一个帮助青少年戒烟的项目中，当干预措施帮助青少年参加了更多的体育锻炼时，这些青少年最有可能减少吸烟或完全戒烟 (Horn et al., 2013)。

当一个青少年变为毒品滥用者后，通常需要

家庭治疗和个体治疗来解决其消极的亲子关系、高冲动性、低自尊、焦虑和抑郁等问题。旨在提高生活成就的学习和职业训练也有效果。但是即使计划很全面，复发率仍很高，达到 35%～85% (Brown & Ramo, 2005; Sussman, Skara, & Ames, 2008)。

在治疗一开始就被激励的青少年有更好的结果 (Joe et al., 2014)。一种建议是，治疗要按步就班地进行，通过多次支持性的小组活动，减少致瘾物的使用。一步一步的改进会提高青少年对行为改变的自我效能感，密集治疗会增强他们做出更持久改变的动机。

思考题

联结　从事过早、过频繁的性行为的青少年与滥用毒品的青少年，在个人特征和不利的生活经验方面有什么共同之处？

应用　当 17 岁的维洛尼卡生下伯恩后，父母告诉她，家里没地方给婴儿住。维洛尼卡辍学了，搬去和男朋友同居。但男朋友不久就出走了。为什么维洛尼卡和伯恩很可能经历长期的困难？

反思　描述一下你在同伴压力下尝试喝酒和吸毒的经历。什么因素影响了你的这种行为？

388

第二部分　认知发展

12 月中旬的一个晚上，弗兰卡和安东尼奥的大儿子儒勒回来了，他是大学二年级学生，正值秋季学期结束，他回家度假。一家人围坐在厨房的餐桌旁。"一切过得怎么样，儒勒？"安东尼奥递过几片苹果派，问道。

"怎么说呢，物理和哲学有点让人畏惧，"儒勒兴奋地说，"最后几周我们的物理教授讲了爱因斯坦的相对论，我觉得困惑，这个理论是反直觉的，令人难以置信。"

"反……什么？"11 岁的萨布琳娜问道。

"反直觉，不像你平时想的那样，"儒勒解释道，"想象一下你坐在火车里，速度快得难以置信，每秒约 26 万公里。火车跑得越快，越接近光速，时间就过得越慢，而地上的物体会越重，密度越大。这个理论彻底改变了我们对时间、空间和物质乃至整个宇宙的思维方式。"

萨布琳娜皱着眉头，听不懂儒勒非现实世界的推理。"当我心烦的时候，比如现在，时间变慢了，而不是在火车上，或是在我正去一个让人兴奋的地方时。从来没有哪个超速行驶的列车把我变重，但是这个苹果派会，如果我再多吃一点的话。"萨布琳娜说完就离开了饭桌。

16 岁的路易斯反应不同："太酷了，儒勒，那你们的哲学课都学了什么？"

"我们上的是科学哲学。我们学习了未来人类生殖方法的伦理。比如，我们从正反两方面讨论了，将来能不能把所有的胚胎都放在人造子宫里发育。"

"你是什么意思？"路易斯问，"要在实验室里造出一个婴儿吗？"

"是的，我这学期写的论文就是关于这个话题的。我必须根据公正和自由的原则对其做出评价。我觉得其中有一些好处，但是也有很多危险……"

这些谈话反映出，青少年期带来了推理能力的巨大进步。11 岁的萨布琳娜觉得自己很难超越直接经验，面向一个具有各种可能性的世界。在以后的几年里，她的思维将会像她哥哥那样，呈现出认知复杂性。儒勒和路易斯能同时想到多个变量，思考真实世界中不容易觉察到或根本不存在的情境。因此，他们能够理解复杂的科学和数学原理，并且关心社会和政治问题。与小学生相比，青少年的思维更富于洞察力、想象力，也更理性。

对青少年认知发展的系统研究始于对皮亚杰理论的检验 (Keating, 2012; Kuhn, 2009)。信息加工研究大大增进了我们的理解。

一、皮亚杰的理论：形式运算阶段

11.12 形式运算思维的主要特征有哪些？

11.13 讨论关于形式运算思维的后续研究及其对皮亚杰形式运算阶段准确性的影响

皮亚杰认为，儿童在 11 岁左右进入**形式运算阶段** (formal operational stage)，此时他们形成了抽象、系统、科学的思维能力。具体运算阶段的儿童只能"对现实进行运算"，形式运算阶段的青少年可以"对运算进行运算"。换句话说，他们不再需要凭借具体的事物和事件来思考。相反，通过内部反思，他们能够提出新的、更一般性的逻辑规则 (Inhelder & Piaget, 1955/1958)。形式运算有以下两个主要特征。

1. 假设 – 演绎推理

皮亚杰认为，青少年能进行**假设 - 演绎推理** (hypothetico-deductive reasoning)。面对问题时，青少年先提出假设，或者说对可能影响结果的变量做出预测，然后演绎出合乎逻辑的、可以检验的推论，再把几个变量加以分离及合并，查明哪些推论可以在真实世界中得到证实。这种解决问题的形式是先从可能性入手，再进入现实的。相反，具体运算阶段的儿童则先从现实入手，利用的是关于情境的最明显的预测。如果这些预测没有得到证实，那么他们通常无法想出替代方案，也无法解决问题。

青少年在皮亚杰著名的钟摆问题上的表现说明了这种推理方法。假设给几个小学生和中学生分别看几条长度不同的绳子，绳子一端系上重量不同的物体，另一端系在一根可以悬挂绳子的木棒上（见图 11.8）。然后，让他们判断，什么因素会影响钟摆的摆动速度。

形式运算阶段的青少年假设，有四个变量可能会有影响：绳子的长度，悬挂物体的重量，物体被提起的高度，推动物体摆动时用力的大小。然后，他们逐个检验每一个变量，必要时对几个变量一起进行检验，最终发现，只有绳子的长度会影响摆动速度。

相比之下，具体运算阶段的儿童不能对每个变量分别进行检验。他们可能在对物体重量不加控制的情况下检验绳子长度的作用，例如，把一

个短而轻的钟摆和一个长而重的钟摆做比较。而且，他们大多不能注意到绳子和钟摆未能直接提示的变量——物体被提起的高度和推动物体摆动时用力的大小。

2. 命题思维

皮亚杰形式运算阶段的第二个重要特征是**命题思维** (propositional thought)——青少年不需要参照真实世界中的情境就能够判断命题（语言论断）的逻辑性。对比而言，儿童只有对命题与真实世界的具体证据进行对比，才能判断该命题的逻辑性。

在一个命题推理研究中，研究者给儿童和青少年一些扑克牌，问他们关于扑克牌的论断是正确的、错误的，还是不确定的 (Osherson & Markman, 1975)。在第一种情境中，研究者把一张牌藏在手中，并给出以下论断：

"我手中的牌要么是绿的，要么不是绿的。"

"我手中的牌是绿的，并且它不是绿的。"

在第二种情境中，研究者把一张红的或绿的扑克牌拿在手里给他们看过后，也做出了同样的论断。

儿童注意的是扑克牌的具体属性。在第一种

图 11.8 皮亚杰的钟摆问题

进行假设 – 演绎推理的青少年考虑了可能影响钟摆摆动速度的多个变量。然后他们逐个检验每一个变量，或把两三个变量合起来同时检验。最终他们推论出，悬挂物体的重量、物体被提起的高度和推动物体摆动的力度都不影响钟摆的摆动速度，只有绳子的长度起作用。

情境中，他们回答两个论断都不确定。在第二种情境中，他们说，如果牌是绿的，那么两个论断都对，如果牌是红的，那么两个论断都错。相反，青少年分析了该论断的逻辑。他们懂得，不论扑克牌的颜色如何，"要么……要么……"论断都是对的，而"并且"论断都是错的。

虽然皮亚杰认为语言在儿童的认知发展中不起决定作用（见第 7 章），但是他承认，语言在青少年期变得重要。形式运算需要的是并不代表真实物体的、以语言为主的符号系统和其他符号系统，如高等数学中的符号系统。中学生在学习代数和几何时就使用这样的系统。形式运算思维还包括对抽象概念的言语推理。当儒勒在思考物理学中时间、空间和物体的关系，以及哲学中的公正和自由问题时，就使用了这种方式。

3. 对形式运算思维的后续研究

和皮亚杰提出的认知发展的前几个阶段一样，对形式运算思维的研究，也提出了类似的问题：形式运算思维的出现是否比皮亚杰所预期的更早？所有的人都能在青少年期达到形式运算阶段吗？

（1）儿童能进行假设－演绎推理和命题思维吗？

虽然儿童没有青少年能力强，但是他们也隐约显示出了假设－演绎推理的能力。假如把情境简化，使自变量不多于两个，6 岁的儿童就知道，假设必须用恰当的证据来证实（Ruffman et al.，1993）。但是如果没有直接的指导，他们就不能找出同时包含三个及以上变量的证据（Lorch et al.，2010; Matlen & Klahr，2013）。信息加工研究发现，儿童在解释为什么一种观察会支持一个假设时有困难，虽然他们意识到了二者之间有联系。

再说命题思维，当一个简单的前提与真实知识相矛盾时（所有的猫都像狗一样汪汪叫，雷克斯是一只猫，它会像狗一样汪汪叫吗？），4~6 岁的儿童能够在假装游戏中做出逻辑推理。在解释他们的回答时，他们会说："我们可以假装一只猫像狗一样叫啊！"（Dias & Harris，1988，1990）但是如果完全使用口头语言方式，儿童要根据一个前提进行推理，而这个前提与现实或他们的知识相

矛盾，他们就有很大困难。

来看下面的陈述："如果狗比象大，象比老鼠大，那么狗就比老鼠大。"10 岁以下的儿童判断说这个推理是错误的，因为句子中所说的事情实际都不存在（Moshman & Franks，1986; Pillow，2002）。他们自动化地把已掌握的知识（象比狗大）提取出来，对前提加以质疑。儿童比青少年更难以抑制这样的知识（Klaczynski, Schuneman & Daniel，2004; Simoneau & Markovits，2003）。这部分地由于该原因：他们不能掌握命题推理的*逻辑必然性*——结论的正确性来自建立在逻辑规则基础上的前提，而不是它能否在真实世界中得到证实。

说到假设－演绎推理，刚进入青少年期的学生就能对命题中的逻辑进行分析，而不管其内容如何。不久之后，他们会用更复杂的心理操作来处理问题。在论证自己的推理时，他们常常能解释所依据的逻辑规则（Müller, Overton & Reese，2001; Venet & Markovits，2001）。但是这些能力并不是在青少年期到来时突然出现的，而是从童年期开始逐渐获得的，这一结论质疑了皮亚杰的观点：青少年期出现了与前一阶段有质的不同的认知发展新阶段（Kuhn，2009; Moshman，2005）。

（2）所有人都能达到形式运算阶段吗？

如果拿上面说的一两个形式运算的题目考考你周围的朋友，那么他们回答得怎样？即使是受过良好教育的成人，也往往有困难（Kuhn，2009; Markovits & Vachon，1990）。

青少年的命题思维能力逐渐提高。当这些学生在社会研究课上讨论问题时，他们显示出能够脱离命题内容来分析命题逻辑的能力。

为什么有那么多成人不是完全的形式运算者？一个原因是，人们只有在使用形式运算推理过程中得到充分的指导和练习后，才能对类似问题进行抽象和系统的思考 (Kuhn, 2013)。有证据表明，大学课程能提高与课程内容相关的形式推理能力。数学和科学课程能够促进命题思维能力，社会科学课程则能够促进方法论和统计推理能力 (Lehman & Nisbett, 1990)。就像儿童的具体推理一样，形式运算不会同时出现在所有情境中，而会出现在特定情境和任务中 (Keating, 2004, 2012)。

生活在部落和乡村社会的人们，很少有人能完成用于评测形式运算推理的问题 (Cole, 1990)。虽然皮亚杰也承认，当没有机会解决假设性问题时，某些社会中的人们可能不会做形式运算，但是研究者仍会质疑：形式运算思维真的像皮亚杰所说的那样，主要产生于儿童和青少年为了理解周围世界而做出的独立的努力吗？还是说，它是一种由文化来传递的思维方式，只在文明社会的学校里被教授？

在以色列一项针对七年级至九年级学生的研究中，研究者发现，在控制了参与者年龄之后，几年的学校教育完全可以解释青少年早期在命题思维方面的进步 (Artman, Cahan, & Avni-Babad, 2006)。研究者推测，学校的课业提供了重要的经验，可以让学生抛开日常对话中"如果……那么"的逻辑——这种逻辑通常用来表达意图、承诺和威胁（"如果你不做家务，你就得不到零花钱"），但是与学术推理的逻辑相冲突。在学校里，青少年有很多机会把他们的神经心理潜能用于更有效的思考。

二、青少年认知发展的信息加工观点

11.14 信息加工研究对青少年期认知发展是如何进行解释的？

信息加工理论家把各种具体机制，特别是执行机能的组成部分，作为青少年期基本的认知收获。如前几章所述，每种机制都会促进其他机制的进展 (Keating, 2012; Kuhn, 2009, 2013; Kuhn & Franklin, 2006)。现在让我们做一概括：

- 工作记忆容量扩大，使更多信息能够同时被记住，并组合成更复杂、高效的表现形式，为下列能力的增长"开辟了可能性"，并随着这些能力的获得而提高 (Demetriou et al., 2002, p. 97)。
- 抑制性，无论是无关刺激，还是在不适当情境中习得的反应，都有所改善，可支持注意力和推理能力的增强。
- 注意更具选择性（集中于相关信息）和灵活性，能更好地适应任务要求的变化。
- 做计划，对多步骤复杂任务的计划能力增强，更有条理性，效率更高。
- 策略更有效，增强了信息的存储、表征和提取。
- 知识增多，策略使用更容易。
- 元认知（对思维的意识）扩展，把新的领悟用于获取信息和解决问题的有效策略。
- 认知自我调节提高，可对思维进行连续的监控、评价和转向。

当我们用信息加工观点来看一些有影响力的研究结果时，会在青少年行为中看到上述变化。我们还会发现，很多研究者把这些机制中的一种，即元认知，看作青少年认知发展的核心。

1. 科学推理：理论与证据相协调

391

在体育课间休息时，萨布琳娜有些纳闷，为什么当她使用某个品牌的网球时，她的发球和接球都能过网并落在对方的场地内："是颜色或者大小，还是表面质地，影响了球的弹性？"

科学推理的核心是使理论与证据相协调。研究者对科学推理的发展进行了广泛的研究，他们使用类似皮亚杰的任务这样的问题，涉及几个变量——它们单独或几个相结合，可能会影响结果 (Lehrer & Schauble, 2015)。根据证据对理论的评价是怎样随着年龄而变化的？

在一项系列研究中，研究者先向三年级、六年级、九年级学生和成人出示证据，这些证据有时与理论一致，有时与理论不一致，然后对每个理论的准确性提出质疑 (Kuhn, 2002)。例如，给参与者一个与萨布琳娜的问题相似的问题：从理论上分析，在球的几个特征——大小（大或小）、颜色（浅或深）、表面质地（粗糙或光滑）、表面有无褶皱——中，哪一个会影响球员的发球质量？接着告诉他们，S 先生／女士认为球的大小最重要，C 先生／女士则认为颜色最重要。最后，研究者把具有一定特征的球放在两个篮子中，分别标为"好发的球"和"不好发的球"（见图 11.9）。

结果显示，小学三年级的参与者往往对明显的因果变量不以为然，忽略与他们最初的判断不一致的证据，扭曲证据以符合他们偏好的理论。这些发现，以及其他类似的发现表明，在复杂、多变量的任务中，儿童不是把证据与理论分开看，而是把证据与理论联系起来，往往把二者混合成"事物本来的样子"的单一表征。当一个因果变量（比如球的颜色影响发球质量）不可信和任务要求（需要评估的变量数量）很高时 (Yang & Tsai, 2010)，儿童尤其容易忽略与他们原来的想法不匹配的证据。把理论与证据加以区分并使用逻辑规则检查二者的关系，这种能力从小学期到中学期再到成年期稳步提高 (Kuhn & Dean, 2004; Zimmerman & Croker, 2013)。

2. 科学推理的发展

什么因素使青少年能把理论与证据相协调呢？首先，有更大的工作记忆容量才能同时比较一个理论和几个变量的影响。其次，青少年接触到日益复杂的问题，也受到强调科学推理关键特征的教学指导。例如，为什么在特定情况下，一个科学家的期望与日常观念和经验不一致 (Chinn & Malhotra, 2002)。这就可以解释，为什么科学推理受到学校教育年限的强烈影响，而无论是通过个人努力解决经典的科学任务（比如物理学问题），还是参与非正式的推理（比如阐明一个关于学生为什么在学校成绩不好的理论）(Amsel & Brock, 1996)。

研究者认为，复杂的元认知理解力是科学推理的核心 (Kuhn, 2011, 2013)。当青少年在连续几个星期内有规律地把理论和证据加以比照后，他们会尝试各种方法，反思并修正理论，最终认识到其中的内在逻辑。随着时间推移，他们会把对逻辑性的判断应用到其他情境中。思考理论、有意识地分离变量并主动寻求反面证据的能力，不

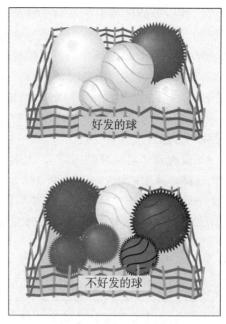

图 11.9　球的大小、颜色、表面质地、表面有无褶皱，其中哪些特征会影响球员的发球质量

这组证据表明颜色可能最重要，因为浅色球大多在"好发的球"的篮子里，深色球大多在"不好发的球"的篮子里。但表面质地也可能最重要，"好发的球"篮子里的球多数表面光滑，而"不好发的球"篮子里的球多数表面粗糙。既然所有浅色的球都是光滑的，所有深色的球都是粗糙的，就不能区分出究竟是颜色还是表面质地起作用。但是可以肯定，大小和表面有无褶皱并不重要，因为大小和表面有无褶皱两个特征都平均地出现在两个篮子中。资料来源：Kuhn, Amsel, & O'Loughlin, 1988.

大可能在青少年期之前出现 (Kuhn, 2000; Kuhn et al., 2008; Moshman, 1998)。

虽然青少年和成人的科学推理能力远高于儿童，但这种能力存在很大差异 (Kuhn, 2011)。许多人表现出一种自我偏向，他们把逻辑推理用到自己怀疑的观点上比用到自己赞成的观点上更有效。科学推理需要元认知能力来评判一个人的客观性——必须公正而不能自我偏误 (Moshman, 2011)。第 12 章还将讲到，这种灵活、开放的方法不仅是一种认知进步，而且是一种人格特质，它在青少年形成同一性和道德发展方面大有助益。

在不同类型的任务上，青少年都是以相似的、*392* 按部就班的方式形成其科学推理技能的。在一个系列研究中，研究者给 10～20 岁的儿童和青少年分配不同难度的多组任务。例如，一组是与数量有关的任务，如图 11.8 中的钟摆问题；另一组是命题任务，如扑克牌问题；还有一组是因果关系任务，如图 11.9 中的网球问题 (Demetriou et al., 1993, 1996, 2002)。在各种类型的任务中，通过元

认知训练，青少年都按照顺序掌握了技能的各个成分。例如，在因果关系任务中，他们先意识到可能影响结果的单个或多个变量，这使他们能明确说出假设并进行检验。随着时间推移，青少年把各种分离的技能整合为一个流畅的技能系统，构造出一个通用的模型，并把它应用到特定类型问题的许多实例上。

皮亚杰曾提到"对运算的运算"，也强调元认知在形式运算思维中的作用（见边页 388）。但是，信息加工的研究结果证实，科学推理并不是突然、阶段性变化的结果。它是由很多特定的经验积累而成的，这些经验需要儿童和青少年对理论与证据进行比对，并反思和评估他们的思维过程。

观察与倾听

回忆你在高中课堂上的一个或几个难忘的经历——这些经历帮助你在科学推理方面取得进步，例如，把理论和证据相对立，并且接受未经证实的证据，甚至针对的是你喜欢的理论。

三、青少年认知发展的结果

11.15 描述青少年认知发展导致的反应

日益复杂而有效的思维发展导致了青少年在看待自己、他人和周围世界的方式上出现了显著变化。但是就像青少年因身体发育的巨变而偶遇尴尬一样，他们在抽象思维方面起初也会步履蹒跚，磕磕碰碰。青少年的自我关注、理想主义、批判主义以及错误决策经常让成人感到困扰，但是从长远来看它们是有益的。下页的"学以致用"栏对此提出了一些建议，可以帮助应对青少年新形成的认知能力对日常生活的影响。

1. 自我意识和自我关注

青少年反思自己的思维能力的提高，与正在经历的生理和心理变化结合在一起，使他们开始更多地思考自己。皮亚杰认为，青少年期出现了一种新式的自我中心，他们在把自己的观点与别人的观点相区分时，再次遇到困难 (Inhelder & Piaget, 1955/1958)。皮亚杰的一些追随者认为，青少年出现了两种对自我与他人关系的扭曲的想象。

一种被称为**假想观众** (imaginary audience)——青少年相信自己是别人注意和关心的焦点 (Elkind & Bowen, 1979)，这使他们变得非常难为情。假想观众有助于我们理解：为什么青少年会花很长时间来检查自己外表的每个细节。为什么他们对别人的批评那么敏感。对那些相信所有人都在看着自己的青少年来说，父母或老师的批评会让他们感到羞辱。

另一种被称为**个人神话** (personal fable)。青少年相信别人都在看着他们、评价他们，这使他们夸大了自己的重要性。他们开始感觉自己是特殊的、独一无二的。很多青少年有时认为自己到达了无所不能的高峰，有时又认为自己跌进了绝望的深渊 (Elkind, 1994)。一个女孩在日记中写道："我父母的生活那么普通，那么墨守成规。我的生活会不一样。我知道自己的希望和抱负。"另一个女孩则因为男朋友没有回应她的感情而沮丧，她断然拒绝了妈妈的安慰："妈妈，你不懂爱情是什么！"

虽说假想观众和个人神话在青少年中很常见，但是这些歪曲的自我想象并不像皮亚杰所说的那样，产生于自我中心，而是观点采纳能力的副产品，它使青少年更加关注别人的看法 (Vartanian & Powlishta, 1996)。前面曾讲到，大脑的情感／社交网络的变化会增强对周围人反馈的敏感度。

其实，假想观众的某些方面可能起到积极的保护作用。当问青少年为什么担心别人的看法时，他们回答说，因为别人的评价会给自尊、同伴接纳和社会支持带来重要而真实的结果 (Bell & Bromnick, 2003)。别人关心他们的外表和行为，也有情感价值，可以使他们在努力建立独立的自我意识时，维持一些重要的关系 (Galanki & Christopoulos, 2011)。

再来看个人神话，一项针对六年级到十年级学生的研究发现，个人全能感可以预测自尊和

393

学以致用

应对青少年新认知能力对日常生活的影响

思维表现	建议
对别人的批评敏感。	不要当着别人的面挑青少年的错。如果问题重要，就找机会单独跟他们谈。
夸张的个人独特感。	承认青少年独特的地方。适时地指出他们作为青少年和别人有相似的感受，鼓励他们更平衡地看自己。
理想主义和批判主义。	对青少年的远大志向和挑剔的评论做出耐心回应。指出其目标的好的一面，帮助其理解所有的社会和个人都既有优点也有缺点。
平时难以做决定。	不要替青少年做决定。在有效决策方面给他们做榜样，帮他们分析各种选择的优缺点、各种可能的结果以及怎样从错误选择中吸取教训。

各方面的积极适应。把自己看成有能力、有影响的人，可以帮助年轻人应对青少年期的挑战。相形之下，个人独特感与抑郁和自杀念头中度相关 (Aalsma, Lapsley, & Flannery, 2006)。专注于自己独特的经验，可能会妨碍建立亲密而有益的关系，这种关系在遇到压力时可以提供社会支持。如果与感觉寻求人格相结合，那么个人神话会降低青少年的脆弱感，而促进其冒险行为 (Alberts, Elkind, & Ginsberg, 2007)。个人神话和感觉寻求两项都得高分的青少年，比同龄人冒更多的性风险，更多地吸毒，并有更多的违法行为 (Greene et al., 2000)。

2. 理想主义和批判主义

青少年思考多种可能性的能力给他们打开了通向理想世界的大门。青少年可以想象出不同的

这个中学生看起来很自信，很高兴别人都看着他。个人神话会使人产生一种认为自己非常有能力、有影响的想法，它可能会帮助年轻人应对青少年期的挑战。

家庭、宗教、政治和道德系统，并且想探索它们。结果，他们往往构想出一幅壮观的完美世界图景——没有偏见，没有歧视，也没有庸俗行为。青少年的理想主义与成人的现实主义之间的差距，造成亲子之间的紧张关系。当意识到真实的父母和兄弟姐妹与心目中的完美家庭不符时，青少年变成了爱挑剔的批评家。

不过，总的来说，青少年的理想主义和批判主义是有利的。一旦青少年认识到其他人既有优点也有缺点，他们就会有更大的能力建设性地为社会变革而努力，并形成积极持久的关系 (Elkind, 1994)。父母可以宽以待之，帮助青少年在理想与现实之间建立更好的平衡，同时提醒他们，所有人身上都既有美德也有缺陷。

3. 决策

再次回忆一下，有证据表明，青少年期引发了大脑情感／社交网络的发展，其发展速度超过了前额皮层认知控制网络的发展。因此，青少年在做决定时往往不如成年人，他们必须抑制冲动，理性思考。

好的决策有以下特点：考虑到所有可能的选择范围；思考每个选择的利弊；评估各种可能的结果；根据能否达到目标来评判自己的选择；从错误中吸取教训，帮助将来做出更好的决定。在一项研究中，如果研究者修改纸牌游戏规则，让人在每次选择后马上得到输赢反馈，那么会引发青少年的强烈情绪，青少年的行为会更不理性，他们会比 20 多岁的成人冒更大风险 (Figner et al., 2009)。还有证据证实，在决策过程中，青少年，

这些参加大学博览会的高中生在未来几年将面临许多选择。但在做决定时，青少年不太可能像成人那样仔细权衡每一种选择的利弊。

尤其在青少年早期的青少年，比成人更容易受到即时奖励的诱惑（见边页 373），更愿意承担风险，更不会规避可能的损失 (Christakou et al., 2013; Defoe et al., 2015)。

然而，即使在"冷静"、不冲动的情况下，青少年做决定也不如成年人有效 (Huizenga, Crone, & Jansen, 2007)。他们不能仔细地评估变通方案，而会诉诸熟悉的直觉判断 (Jacobs & Klaczynski, 2002)。来看一个假设的问题，它要求根据两种理由，在传统授课与计算机辅助教学之间做出选择。一个理由来自一项较大样本的调查：根据 150 个学生做出的课程评价，其中 85% 的人喜欢计算机

辅助教学课程。另一个理由来自小样本的个人报告：两个优等生抱怨说他们讨厌计算机辅助教学课程，喜欢传统授课课程 (Klaczynski, 2001)。很多青少年知道，选择大样本的理由"更明智"。即便如此，多数人还是把自己的选择建立在小样本基础上，它类似于日常生活中他们所依赖的非正式观点。

前面提到，由前额皮层认知控制网络控制的加工能力，如决策能力，是逐渐发展的。和认知发展的其他方面一样，决策也受到经验的影响。在许多情况下，作为"初次接触者"，青少年没有足够的知识来考虑利弊，预测可能的结果。在尝试没有引发负面结果的危险行为后，青少年比那些没有尝试过的同龄人更容易认为这些行为有好处而很少有风险 (Halpern-Felsher et al., 2004)。这些错误判断使他们一次又一次地冒险。

随着时间推移，青少年从成功和失败中学习，并从别人那里收集影响决策的信息 (Reyna & Farley, 2006)。学校和社区开展的干预，可以通过反思和监控决策过程，教给青少年有效的决策方法，帮助他们运用元认知能力 (Bruine de Bruin, 2012)。但是，由于很多冒险行为没有产生有害结果，这使青少年感到有恃无恐，因此他们需要监督和保护，避免冒很大的风险，直到其决策能力得到改善。

 思考题

联结 青少年做决策的研究证据怎样帮助我们理解青少年在性行为和吸毒方面的冒险行为？

应用 14 岁的克拉丽莎相信，没有人了解她没被邀请参加返校节舞会所受到的伤害。15 岁的贾斯汀独自待在房间里，在她敬畏的父母的注视下，一声不吭地暗暗发誓要成为学生会主席。两个青少年各表现出个人神话的哪一方面？谁更可能调适得很好，谁可能适应较差？为什么？

反思 举例说明你在青少年时期曾经有什么理想主义思考或做出过什么错误决策？你的想法是怎样改变的？

四、心理能力的性别差异

11.16 导致青少年期心理能力性别差异的因素有哪些？

关于心理能力性别差异的争论，与第 9 章讲到的关于智商的种族和社会阶层差异的争论一样多。在认知机能的多数领域，包括一般智力，女

孩和男孩大体相似 (Hyde, 2014)。但是在某些心理能力上，还是有性别差异的，最显著的是阅读、写作、数学和空间技能。

1. 语言能力

在整个学龄期，女孩的阅读和写作成绩都较好，接受阅读补习的女孩所占比例较低。在受到评估的各个国家中，女孩在语言能力测验中的得分都略高 (Reilly, 2012; Wai et al., 2010)。如果写作在语言测验中占很大比重，女孩的优势就会更大 (Halpern et al., 2007)。

值得特别关注的是，女孩在阅读和写作方面的优势在青少年期有所扩大，而男孩在写作方面表现较差，这一趋势在美国和其他工业化国家都很明显 (Stoet & Geary, 2013; U.S. Department of Education, 2012a, 2016)。读写技能的这种差异被认为是大学入学新生中性别差距扩大的主要原因。40 年前，男性占美国本科生的 60%，如今，他们占少数，只有44% (U.S. Department of Education, 2015)。

第 5 章提到，女孩在大脑左半球的早期发育中具有生物学上的优势，而那正是语言区。fMRI研究表明，在加工语言任务时（比如判断口头读出的或书面的两个单词是否押韵），9~15 岁女孩的大脑语言区表现非常活跃。相比之下，男孩表现活跃的区域更广泛，除了语言区，他们的听觉区和视觉区也相当活跃——这取决于单词的呈现方式 (Burman, Bitan, & Booth, 2008)。这表明，女孩能比男孩更有效地加工语言，男孩则严重依赖大脑的感觉区——他们加工口头和书面文字的方式不同。

此外，从幼儿期到青少年期，女孩接受的语言刺激更多 (Peterson & Roberts, 2003)。儿童大多把语文看作一门"女性"学科。作为高水平测验运动的结果，今天的学生花更多的时间在教室里接受严格管制的教学，这种方式与男孩较高的活动水平和果断性不一致，造成男孩的学习问题发生率较高。显然，扭转男孩读写能力下降的趋势是当务之急，需要家庭、学校和社区共同努力。

395

2. 数学能力

对小学低年级数学能力性别差异的研究结果不一致。一些研究未发现差异，另一些研究发现的轻微差异取决于测评的是哪些数学技能

(Lachance & Mazzocco, 2006)。女孩在计数、算术和基本概念方面往往占优势，这可能是因为她们的语言技能更好，解题方法也较好 (Wei et al., 2012)。但在小学高年级和初中，由于数学概念更抽象，对空间的理解要求更高，因此男孩的表现会优于女孩。这种差异在需要复杂推理的测验中尤其明显 (Lindberg et al., 2010; Reilly, Neumann, & Andrews, 2016)。在科学成绩方面，问题越难，男孩的优势就越大。

在男孩和女孩有平等机会接受中等教育的大多数国家，数学方面男孩的优势更明显。但这一差距通常很小，不同国家之间的差别很大，而且在过去 30 年里缩小了 (Else-Quest, Hyde, & Linn, 2010; Halpern, 2012; Reilly, 2012)。在数学能力最强的人当中，性别差距更大。平均而言，十二年级的男孩获得很好的数学成绩的人数是女孩的两倍，这一差异也延伸到科学成绩上 (Reilly, Neumann, & Andrews, 2016; Wai et al., 2010)。

一些研究者认为，遗传对数学能力性别差异的影响重大，对表现出数学天才的男性影响更大。越来越多的证据表明，男性的优势源于两个技能领域：数字记忆速度更快，使他们能够把更多的工作记忆资源投入复杂的智力操作；优越的空间推理能力增强了他们解决数学问题的能力 (Halpern et al., 2007)。对美国中学生全国代表性样本历时十多年的追踪研究显示，中学阶段优秀的空间能力可以预测以后在数学密集型领域获得良好的教育，从事与科学、技术、工程和数学有关的职业，在这方面，空间能力的作用超过语言和数学能力的作用 (Wai, Lubinski, & Benbow, 2009)。关于这个问题的进一步考虑，可参阅本节的"生物因素与环境"专栏。

社会压力也有影响。在数学成绩出现性别差异之前，许多孩子就把数学看成是"男性化"的学科。父母通常认为男孩更擅长数学，这种态度等于鼓励女孩把自己数学上的不足归咎于能力差，而且认为数学对她们将来的生活用处不大。这些观念无疑会降低女孩对数学的信心和兴趣，以及她们考虑科学、技术、工程和数学领域 (STEM)职业的意愿 (Ceci & Williams, 2010; Kenney-Benson et al., 2006; Parker et al., 2012)。此外，成见威胁——

害怕消极成见带来的评价（见第 9 章边页 320）——导致女孩在数学难题上的表现比她们的实际能力更差 (Picho, Rodriguez, & Finnie, 2013)。由于这些影响，即使是很有天赋的女孩，也不太可能掌握有效的数学推理技能。

但是也有积极的迹象。现在，在中学数学和科学学习上，达到高水平的男孩和女孩比例大体相当，这是在知识和技能方面缩小性别差异的一个重要因素 (U.S. Department of Education, 2015)。但是男孩比女孩花更多的时间在屏幕媒体上，而且男孩更多地玩视频游戏，创建网页，编写计算机程序，分析数据和使用图形程序 (Lenhart et al., 2010; Looker & Thiessen, 2003; Rideout, Foehr, & Roberts, 2010)。结果，男孩学到了更多的计算机专业知识。

显然，要提高女孩对数学和科学的兴趣和信心，必须采取其他措施。如图 11.10 所示，在重视性别平等的文化中，男女学生在数学成绩上的差异要小得多。而且在瑞典和冰岛两个国家中，情况正好相反——中学女孩的数学成绩要超过男孩 (Guiso et al., 2008; OECD, 2012)。同样，在与研究工作相关的职业中女性占比较高的国家，以及很少有人把科学视为"男性化"的学科的国家，数学和科学成绩的性别差距较小 (Else-Quest, Hyde, & Linn, 2010; Nosek et al., 2009; Reilly, 2012)。

还有一点非常重要，那就是，从幼儿园学前班就开始的数学课程，要教会幼儿怎样应用空间策略——绘制图表、在心里操控视觉图像、搜索数字模式和绘图 (Nuttall, Casey, & Pezaris, 2005)。女孩擅长语言加工，因此发挥数学和科学潜力的机会较少，除非专门教她们如何从空间角度去思考。

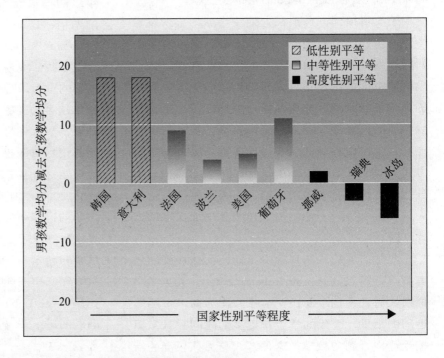

图 11.10 9 个工业化国家的数学成绩性别差距（按性别平等程度的增加排序）数学成绩根据各国 15 岁学生在相同测验中的成绩而定。国家性别平等程度是一项综合指标，包括对女性的文化态度、女性就业、女性参与政治和政府事务、女性受教育程度和女性的经济机会。随着国家性别平等程度的提高，男孩在数学成绩上的优势下降；在瑞典和冰岛，女孩的数学成绩超过了男孩。资料来源：Guiso et al., 2008; OECD, 2012.

专栏　　　生物因素与环境

空间能力的性别差异

在研究者考察数学推理的性别差异时，空间能力是一个关键点。在男性占优势的心理旋转任务中，人必须在脑子里迅速而准确地旋转一个三维图形（见图 11.11）。男性在空间知觉任务上也占优势，在这样的任务中，人必须根据周围环境的方向来确定空间关系。空间视觉任务涉及对复杂视觉形状的分析，其性别差异微弱或不存在。因为完成这些任务有多种方法，所以无论是男性还是女性都可能采取有效的操作步骤 (Maeda & Yoon, 2013;

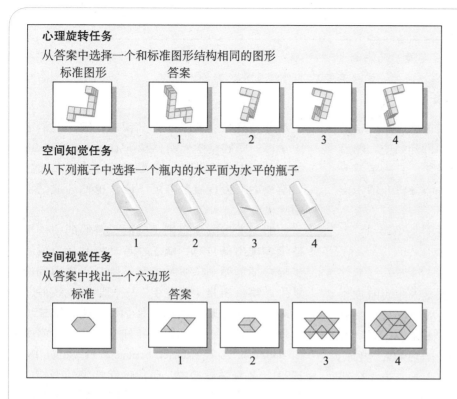

心理旋转任务
从答案中选择一个和标准图形结构相同的图形
标准图形　　答案

1　　2　　3　　4

空间知觉任务
从下列瓶子中选择一个瓶内的水平面为水平的瓶子

1　　2　　3　　4

空间视觉任务
从答案中找出一个六边形
标准　　答案

1　　2　　3　　4

图 11.11　空间任务的类型
在心理旋转任务上男性优势很大，男性在空间知觉任务上也明显优于女性。但在空间视觉任务上的性别差异微弱或无差异。

Miller & Halpern, 2014)。

　　空间能力的性别差异早在出生后几个月就已显现，在从新的视角识别熟悉物体方面，男婴的能力更强，这是一种需要心理旋转的能力 (Moore & Johnson, 2011; Quinn & Liben, 2014)。在许多文化中，男性的空间优势贯穿整个童年期、青少年期和成年期 (Levine et al., 1999; Silverman, Choi, & Peters, 2007)。一种假设是遗传起作用，孕期接触了雄激素可能是这一发现的基础。但是，检验这一观点的大量研究得到的结果不一致 (Hines, 2015)。遗传可能起作用，但其作用途径仍不清楚。

　　越来越多的证据证实，经验有助于男性优越的空间表现。经常从事操作活动，如搭积木、制作模型、做木工的儿童，在空间任务上做得更好 (Baenninger & Newcombe, 1995)。玩动作类电子游戏有助于促进多方面的空间技能，如视觉辨别、思维速度、注意转移、追踪多个物体、心理旋转和寻路，这些能力都可以持续并推及不同情境 (Spence & Feng, 2010)。男孩干这些事比女孩多得多。

　　此外，成人更鼓励男孩进行空间推理，甚至在非性别类型的活动中也是如此。例如，研究者在幼儿家里观察发现，男孩和女孩玩拼图的机会一样多。但是和儿子一起玩的时候，父母更投入，更经常提及空间概念，儿

子解决的难题也更多 (Levine et al., 2012)。复杂的拼图游戏可以预测儿童在几个月后的空间能力测试的表现。

　　空间技能经训练后进步很快，其进步往往大于性别差异本身。但是，由于男孩和女孩经训练后通常表现出相似的进步，因此性别差异仍会存在 (Uttal et al., 2013)。然而，一项针对一年级学生的研究，采用了一种更密集的方法，经过几个月的心理旋转策略训练，使女孩达到了与男孩相同的表现水平 (Tzuriel & Egozi, 2010)。这表明，正确的早期干预可以克服遗传导致的空间技能性别差异。

这些青少年参加了为高中生举办的科学研究竞赛。经过训练，女孩也可以在数学和科学方面出类拔萃。

397

五、在校学习

11.17　讨论升学过渡对青少年适应的影响

11.18　讨论青少年期的家庭、同伴、学校和兼职工作对学业的影响

11.19　导致高辍学率的因素有哪些？

在复杂的社会中，青少年期正是进入中学的时候。大多数青少年先读初中，再升高中。随着每一次变化，学习成绩越来越重要，它决定着升大学的选择和工作机会。以下各部分将介绍中学生活的各个方面。

1. 升学过渡

萨布琳娜读初中了，她从原来六年级时那个人数不多、同学关系亲密、设备齐全的班级来到一个规模很大的中学。周末，她对妈妈抱怨："我不认识班上的多数同学，老师也不认识我。另外，家庭作业太多。所有的课都一讲完就马上布置作业，我做不完！"她叫嚷着，并哭了起来。

（1）升学过渡的影响

萨布琳娜的反应显示出，升学过渡会引起适应问题。首先，伴随着每一次升学——从小学升初中，从初中升高中，青少年的成绩都会下降 (Benner, 2011; Ryan, Shim, & Makara, 2013)。这种下降，部分是因为对学习成绩的衡量标准更严格了。但是，升学过渡也同考试成绩下降和出勤率降低有关，这不能用衡量成绩的标准更严格来解释 (Benner & Wang, 2014; Schwerdt & West, 2013)。升入中学以后，学生受到的个人关注会减少，虽然上课多，但参与课堂决策的机会少多了。

毫不奇怪，学生对初中经历的评价不如对小学经历的评价。他们报告说，老师不太关心学生，对学生不友好，评分不公平，特别强调竞争。因此，许多学生感到自己的学习能力下降，学习动机和兴趣减弱 (Barber & Olsen, 2004; De Wit et al., 2011; Otis, Grouzet, & Pelletier, 2005)。

面临额外压力，如家庭破裂、贫困、父母不管教、父母冲突多、社会支持少或学习上习得性无助等等的青少年，在任何一种过渡中，遭遇低自尊和学业困难的风险都最大 (de Bruyn, 2005; De Wit et al., 2011; Seidman et al., 2003)。升学过渡对非裔和拉美裔学生尤其困难，因为他们进入中学后，同族裔学生明显减少 (Benner & Graham, 2009)。在这种情况下，少数族裔学生的归属感和对学校的喜爱程度都有所下降，他们的成绩下降幅度也更大。

那些学习成绩急剧下降的、苦恼的中学生会持续表现出低自尊、缺乏学习动机和学习成绩退步等特征。另一项研究比较了刚升入高中的四组学生：第一组是"双差生"——学习成绩差，心理健康状况也差；第二组是学习差生；第三组是心理健康差生；第四组是"好学生"——两个方面都表现良好 (Roeser, Eccles, & Freedman-Doan, 1999)。在升学过渡中，虽然四组学生的平均成绩都有所下降，但是"好学生"组继续得到高分，而"双差生"组只得到低分，其余两组处于中间。此外，"双差生"组的逃学和校外问题行为急剧增长。

遭遇学习困难和情感困难的中学生经常通过向同样被疏远的同学靠拢来寻求支持，因为他们在学校和家庭得不到这种支持 (Rubin et al., 2013)。

对这些脆弱的年轻人来说，升入高中可能会导致学习成绩和学校参与度的螺旋式下降，从而导致失败和辍学。

（2）帮助中学生适应升学过渡

上述研究结果显示，升学过渡会带来不适合青少年发展需求的环境变化 (Eccles & Roeser, 2009)。在中学生需要成人支持的时候，升学过渡打乱了他们与老师的密切联系；在他们非常关注自我的时期，学校却强调竞争；在他们的自主性需求增强的时候，决策和选择却遇到困难；在他们越来越关注同伴接纳的时候，升学过渡干扰了其同伴网络。

来自父母、老师和同伴的支持，可以减轻升学过渡的压力 (Waters, Lester, & Cross, 2014)。父母的关心、监控、逐渐给予青少年更大的自主性、强调掌握学习而非只强调好成绩，这样的教育方式与更好地适应相关 (Gutman, 2006)。有亲密朋友

开学第一天，一名老师关心帮助这个初一学生应对从一个比较狭小而独立的小学教室过渡到一个大的中学教室带来的压力。

的中学生更有可能在升学过渡时期维持这些友谊，从而增加了到新学校之后的社会融入和学习动机 (Aikens, Bierman, & Parker, 2005)。

一些学区通过把小学和中学合并成八年级学校，来减少升学过渡的次数。与升入中学的同龄人相比，八年级学校的六年级和七年级学生的成绩更好 (Kleffer, 2013; Schwerdt & West, 2013)。此外，八年级学校的老师和管理人员报告说，他们的积极学校环境较多，秩序混乱和行为问题较少，整体工作条件也更好 (Kim et al., 2014)。这些因素可以预测学生在学习和社交气氛上对学校的好感。

如果升学过渡造成的变化不那么剧烈，那么也有利于升学适应。在较大的学校中分别设置较小的教学单元，不仅可以促进师生之间更紧密的关系，也可以让更多的学生参加课外活动 (Seidman, Aber, & French, 2004)。有教育者建议，少数族裔学生至少应该有15%（"临界数量"）的同族裔同学，这有助于青少年感到被社会接受，减少青少年对外群体敌意的恐惧 (National Research Council, 2007)。在升学过渡后的第一年，可以设置可供学习和个人咨询的教室。让学生和几个熟悉的同学或一群新同学一起上课，可以增强他们的情绪安全感和社会支持。在采取这些措施的学校里，学生有很大可能不出现学习成绩下降或其他适应问题 (Felner et al., 2002)。

 观察与倾听

请几名中学生说说他们升学过渡后的体会。他们的老师和学校为减轻升学过渡的压力采取了哪些措施？

2. 学习成绩

青少年的学习成绩是长期累积的结果。在早期，良好的家庭和学校教育环境，会带来有利于提高学习成绩的个人特征，包括智力、对能力的信心、对成功的渴望，以及高教育抱负。改善不利的学习环境也能培养差生的复原力。下页的"学以致用"栏概括了可以提高中学生学习成绩的环境因素，可供参考。

（1）家庭教育

权威型教养方式与不同社经地位的中学生在学校的期末成绩评定和成就测验分数有很大关系，就像它可以预测小学期的掌握定向的学习行为一样 (Collins & Steinberg, 2006; Pinquart, 2016)。而专制型、放任型和不过问型教养方式下的学生成绩较差，而且随着时间推移，他们的学习成绩会下降。

权威型教养方式与中学生学习能力之间的关系已经在有着不同价值观的国家中得到证实，包括阿根廷、澳大利亚、中国、巴基斯坦和英国 (Chan & Koo, 2011; de Bruyn, Deković, & Meijnen, 2003; Steinberg, 2001)。第 8 章曾讲到，权威型父母会根据孩子能否对自己的行为负责，来调整他们的期望。坦诚开放的讨论、坚定的态度、对孩子行踪与活动的监护，都让孩子感到自己被关心、被重视，从而促使孩子对行为的反思和自我调控，意识到自己应该在学校表现得更好。这些因素又与掌握－定向归因、努力、良好的学习成绩和高教育抱负有关 (Gauvain, Perez, & Beebe, 2013; Gregory & Weinstein, 2004)。

（2）父母与学校之间的合作关系

青少年大多希望有更大的自主权，为了满足孩子的这种愿望，父母在学校的志愿服务、和老师的联系，在中学期必然减少。但是，优秀学生的父母通常会继续投身于对其青少年子女的教育

学以致用　　　　　　　　　　有助于中学生提高学习成绩的因素

因　素	描　述
教育方法	权威型教养方式。 亲子共同决策。 父母投身于子女教育。
同伴影响	同伴看重良好成绩并给予支持。
学校特点	老师关心帮助学生，与家长建立个人关系，辅导家长怎样帮助孩子学习。 鼓励高水平思维的学习活动。 学生积极参加学习活动和班级决策。
职业计划	参加兼职工作的时间每周少于 15 个小时。 对不准备上大学的中学生进行高质量的职业教育。

(Hill & Taylor, 2004)。他们密切关注孩子的学习进展，定期参加家长会，确保孩子参加有难度且教学质量高的课程，并强调在学校表现出色，督促孩子制订学习计划。

对美国十年级学生的一个大样本调查显示，父母鼓励教育追求和高成就的学生，会更多地按时完成家庭作业，很少逃课，对学校学习表现出更浓厚的兴趣和享受 (Wang & Sheikh-Khalil, 2014)。追踪近两年后，他们的平均成绩相对于同龄人有所提高，父母的影响超出了社经地位和研究之前学习成绩的影响。参与学习活动的父母向孩子传递受教育的价值，为学习问题制订建设性的解决方案，并促进明智的教育决策。

与生活在富足社区的父母相比，生活在低收

在等待丈夫下班的时候，这位母亲在一家便利店前辅导女儿做作业，而她的儿子在附近玩耍。生活在低收入、高风险社区的父母更加不遗余力地向孩子强调教育的价值，虽然日常压力会减少他们投入教育的精力。

入、高风险社区的父母更愿意和家里的青少年子女进行较高水平的学习交流。他们不遗余力地向孩子强调教育的价值，虽然日常压力会减少他们投入教育的精力 (Bhargava & Witherspoon, 2015; Bunting et al., 2013)。家庭与学校加强联系可以减轻父母的压力。为此，学校可以组织相互支持的家长社群，让家长参与学校治理，从而让家长更了解学校，为实现学校的教育目标付出努力，从而形成家长与学校的伙伴关系。

（3）同伴影响

同伴关系以一种与家庭和学校都有关联的方式，在中学生的学习中发挥着重要作用。父母重视学习成绩的学生一般会选择具有同样价值观的同学做朋友 (Kiuru et al., 2009; Rubin et al., 2013)。例如，萨布琳娜在初中开始结交新朋友时，经常与朋友一起学习。每个女孩都希望成绩好，这强化了朋友们同样的愿望。

同伴能否帮助别人取得好成绩，还要看同伴文化的整体氛围。对少数族裔学生来说，周围的社会秩序对这种氛围有强烈影响。一项研究显示，融入学校同学网络，可以预测白人学生和拉美裔学生会取得更好的成绩，但亚裔和非裔学生的成绩却不会更好 (Faircloth & Hamm, 2005)。亚洲文化价值观强调遵从家庭和老师的期望，而不是依靠亲密同伴关系。非裔学生可能注意到，他们的种族在受教育程度、工作、收入和住房方面比大多数白人要差。老师和同学的歧视——往往是由于他们"不聪明"的成见——会引发愤怒、焦虑、自我怀疑、学习动机减弱和成绩下降、与对学习不感兴趣的同伴交往，以及问题行为增加 (Wong, Eccles, & Sameroff, 2003)。

学校在老师与同伴之间建立紧密的支持网络可以防止这些负面结果。有一所中学，学生主要是低收入的少数族裔（65% 为非裔），它被重组为"职业学院"，即学校内的学习社区，每个学习社区提供不同的职业课程，例如，一个侧重健康、医学和生命科学，另一个侧重计算机技术。与职业相关的学习课程加上充满爱心的师生关系，有助于创造一种学校氛围。在这种氛围中，同学们重视学习，在课程中互相合作，争取取得好成绩 (Conchas, 2006)。这所学校的毕业率和大学入学率从很低上升到 90% 以上。

中学生使用短信、电子邮件和社交媒体网站来保持与同学之间的经常联系，甚至在课堂上和做作业时也是如此，这是当代同学生活的一个方面，它给学习带来了风险。参见本节的"社会问题→教育"专栏，了解媒体多任务处理对学习的干扰。

---

400 **专栏** · 社会问题→教育

媒体多任务处理对学习的干扰

"妈妈，我现在要准备我的生物学考试了。"16 岁的阿什莉一边说，一边关上卧室的门。她坐在自己的书桌前，用笔记本电脑浏览了一个流行的社交媒体网站，戴上了耳机，开始用笔记本电脑听自己最喜欢的歌曲，并把手机放在手边，以便收到短信时能听到铃声。直到那时她才打开课本开始看书。

在一项针对美国 8~18 岁青少年的全国代表性样本的调查中，超过三分之二的受访者表示，他们花一些时间或很多时间同时参与两项或更多的媒体活动 (Rideout, Foehr, & Roberts, 2010)。研究者在受访者家里进行了 15 分钟的观察后发现，青少年平均每 5~6 分钟就会分心发短信、浏览社交媒体网站、打电话或看电视 (Rosen, Carrier, & Cheever, 2013)。青少年卧室里的电视机、移动设备，尤其是智能手机，都是这种行为的有力预测指标。近四分之三的美国青少年拥有智能手机，四分之一的美国青少年报告说他们"经常"上网 (Foehr, 2006; Pew Research Center, 2015g)。

研究证实，媒体多任务处理大大降低了学习能力。在一项实验中，被试被要求完成两项任务：学习用不同颜色的形状作为线索来预测两个不同城市的天气；用脑子记住在耳机里听到的高音哔哔声的数量。一半被试同时执行两项任务，另一半被试则分别执行 (Foerde, Knowlton, & Poldrack, 2006)。两组被试都学会了怎样对两个城市进行天气预测，但第一组的多任务处理者无法把他们学到的知识应用到预测新的天气问题上。

fMRI 证据显示，被试只在完成天气任务时才激活海马体，海马体对外显记忆，即有意识、有策略的回忆起着至关重要的作用，它使新信息能够在与原来学习情境不同的背景下被灵活、适当地运用（见第 7 章边页 239）。相形之下，多任务处理者在完成内隐记忆任务时，激活的是皮下区域，这是一种在无意识中发生的浅层的、自动的学习形式。

经常参与媒体多任务处理的青少年报告说，他们在日常生活执行机能的各个方面都存在问题，例如工作记忆（"我忘了我做的事情"）、抑制（"要一直等到轮到我，太难了"）、灵活地转移注意（"我很难从一件事转到另一件事"）(Baumgartner et al., 2014)。因此，阿什莉在准备生物学考试时，即使关闭了电子设备，也很难集中注意力，有条理地加工新信息。

有经验的老师经常抱怨说，与上一代学生相比，现在的学生更容易分心，学习不认真。一位老师反映说："这就是他们成长的方式——在短时间内同时做许多不同的事情。"(Clay, 2009, p. 40)

在做作业的同时进行媒体多任务处理会分散注意力，导致肤浅的学习。频繁进行多任务处理者会在过滤不相关刺激时遇到困难，即使他们当时没有在进行多任务处理。

（4）学校特点

中学生急需一个能满足其快速进步的推理能力、情感和社交需求的敏感的学校环境。如果没有适当的学习经验，他们的认知潜能就不能被充分挖掘。

1）课堂学习经验

如前所述，在规模较大、分学科教学的中学，许多学生抱怨他们的班级缺乏关心和帮助，这削弱了他们的积极性。各门学科独立授课的好处是，老师的专业水平高，他们鼓励学生进行高水平的思维活动，教给学生有效的学习方法，讲课内容能结合学生的已有知识经验，这些因素可提高学生的学习兴趣、努力程度和学习成绩 (Crosnoe & Benner, 2015; Eccles, 2004)。但是，很多中学课堂不能始终如一地提供有趣的、有挑战性的教学。

由于教学质量参差不齐，因此很多学生在中学毕业时缺乏基本的学习技能。虽然自 20 世纪 70 年代以来，非裔、拉美裔、美国原住民学生与白人学生之间的学习成绩差距逐渐缩小，但是低社会阶层的少数族裔学生对阅读、写作、数学和科学的掌握情况仍然令人失望 (U.S. Department of Education, 2012a, 2012b, 2016)。这些学生就读的常常是经费不足、校舍破旧、设备过时、教材短缺的中学。在有些地方，学生违法和违纪比教学和学习更受关注。当升入中学后，很多贫穷的少数族裔学生就被分到差生组，这加剧了他们的学习困难。

2）分轨教学

第 9 章曾讲到，在小学期间进行能力分组是有害的。至少要到初中，按能力混合分班才受到欢迎。这种分组教学能够帮助提高学习成绩差别巨大的学生的学习动机和成绩 (Gillies, 2003; Gillies & Ashman, 1996)。

在中学，有些分组是必要的，因为中学教育必须考虑学生将来的高等教育和职业计划。在美国，学校会建议中学生进入大学预科班、职业班或普通班。遗憾的是，这种分轨往往加大了教育不平等：低社会阶层的少数族裔学生大多被分到非大学预科班。

一旦被分配到一个较低层次的组别，学生在以后各年级就被排除在了高级课程之外，因为他们没有上过预备课程，这把他们限制在了低质量的课程中 (Kelly & Price, 2011)。即使在没有正式实行分轨制的中学，社经地位较低的少数族裔学生，也往往在多数或所有学科上被分配到较低的课程水平，导致了事实上的（非正式）分轨 (Kalogrides & Loeb, 2013)。

即使学生希望摆脱低轨道组别，要想做到也是难上加难。对非裔学生的访谈显示，许多人认为他们以前的表现不能反映他们的能力。但是，相关的老师和辅导员因为事务繁忙，无暇顾及个别人的事情 (Ogbu, 2003)。与学习水平较高的学生相比，成绩较差学生的学习自尊下降，学习也越来越不努力，这种差异的部分原因是缺乏激励性的课堂经验和老师对他们的期望低 (Chiu et al., 2008; Worthy, Hungerford-Kresser, & Hampton, 2009)。

在几乎所有的工业化国家，高中生都被分别编入大学班和职业班。在中国、日本和多数西欧国家，学生进入哪一类班级，是由国家考试决定的，这通常决定了年轻人的前途。在美国，没有读过大学预备班或高中成绩不好的学生仍然可以上大学。结果，许多学生无法从更开放的教育体系中获益。到了青少年期，美国在教育质量和学习成绩方面的社经地位差异，比其他多数工业化国家都要大，认为自己的教育失败并从高中辍学的学生比例更高 (OECD, 2013c)。

（5）兼职工作

美国中学生的就业比例随着年龄增长而提高，从十年级学生的 40% 上升到十二年级学生的近 50%，这一比例超过了其他发达国家中学生的就业比例 (Bachman, Johnston, & O'Malley, 2014)。做兼职的多数是追求消费而非为了寻求职业和参加培训的中等社经地位的青少年。为贴补家用或给自己挣学费的低收入家庭的中学生，则很难找到工作 (Staff, Mont'Alvao, & Mortimer, 2015)。如果来自贫困家庭的非裔和拉美裔青少年就业，他们就会投入更多的工作时间。

青少年从事的工作大多是低水平、重复性的劳动，他们几乎没有机会与成人管理者接触。过多地投入这种工作是有害的。学生工作的时间越长，其学校出勤率越低，成绩越差，参加课外活动越少，辍学的可能性越大 (Marsh & Kleitman, 2005)。花很多时间从事这类工作的学生，报告了更多的吸毒、酗酒和违法行为 (Monahan, Lee, & Steinberg, 2011; Samuolis et al., 2013)。如果工作时间稳定、适度，则可预测较好的学习成绩，以及更可能进入大学并完成大学学业，特别是那些进入中学之初成绩较差的学生 (Staff & Mortimer, 2007)。对这些学生来说，有薪金的工作促进了他们的时间管理、责任感和自信心。

参加能提供知识和职业学习机会的半工半读项目，或其他把兼职与学习、职业培训结合起来的工作，会带来有利的结果，包括积极的学习态度和工作态度、学习成绩的提高及违法行为的减少 (Hamilton & Hamilton, 2000; Staff & Uggen, 2003)。但是，对不打算升大学的北美青少年来说，高质量的职业培训非常不足。只有 6% 的十二年级学生参加过勤工助学项目 (Bachman, Johnston, & O'Malley, 2014)。与一些欧洲国家不同，美国没有一个为青少年将来从事工商业、手工业和贸易等职业做准备的培训体系。尽管美国联邦政府和州政府支持一些职业培训项目，但多数项目过于简单，无法发挥作用，而且对需要帮助的年轻人的服务太少。

402

3. 辍学

路易斯上数学课的时候，他的同学诺曼坐在走道对面，正在做着白日梦。下课后，诺曼把笔记本往书包里一塞，也不做作业。考试前，他临阵磨枪，靠碰运气答题，多数题目是空着的。从四年级起，路易斯就和诺曼在一个学校上学，但这两个男孩互不来往。路易斯总是很快地做完作业，在他看来，诺曼似乎生活在另一个世界。诺曼每周都会旷课一两次。甚至在春季的某一天，诺曼根本不来学校了。

诺曼是美国 16~24 岁的占 7% 的辍学中学生之一，他们既没有文凭，也没有同等学力证明 (U.S. Department of Education, 2015)。自 2005 年以来，美国高中生的总体辍学率有所下降，这在很大程度上是由于拉美裔青少年的毕业率大幅上升。但是如图 11.12 所示，在社经地位较低的少数族裔青年中，辍学率仍然居高不下，尤其是美国原住民和拉美裔青少年。男孩的辍学率比女孩高得多。

退学决定会带来可悲的后果。没有受过中等教育的年轻人的读写分数比高中毕业生低得多，而且他们缺乏当今知识型经济中雇主所看重的技能。所以，辍学者的就业率远低于高中毕业生。即使能就业，他们也可能从事卑微、低薪的工作，并且时不时地失业。

（1）与辍学有关的因素

很多辍学的学生不但学习成绩差，而且表现出持续破坏性行为模式 (Hawkins, Jaccard, & Needle, 2013)。但其他人，像诺曼，很少有行为问题，他们只是学业困难，悄悄地离开了学校 (Balfanz, Herzog, & MacIver, 2007)。辍学的路径

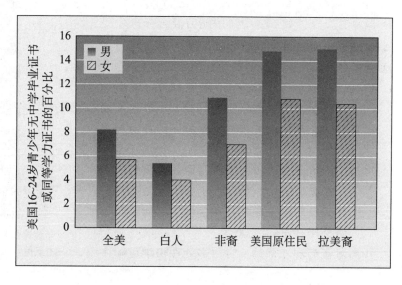

图 11.12　按种族和性别划分的美国高中辍学率
由于许多非裔、拉美裔和美国原住民年轻人来自经济状况不佳的家庭，就读于资金不足、教学质量差的学校，因此其辍学率高于全美平均水平。美国原住民和拉美裔年轻人的辍学率尤其高。所有种族的男孩辍学率都超过女孩。资料来源：Stark & Noel, 2015.

很早就出现了，小学一年级的危险因素与中学的危险因素对辍学的预测结果几乎一样 (Entwisle, Alexander, & Olson, 2005)。

诺曼和其他辍学学生一样，有很长一段时间学习成绩不佳，学习自尊感低 (Wexler & Pyle, 2013)。随着年龄增长，诺曼上课的时间越来越少，上课时注意力不集中，很少做家庭作业。他不参加学校的任何俱乐部，不参加体育活动。很少有老师或学生了解他。离开的那天，诺曼感到与学校生活的各个方面都格格不入。

和其他辍学学生一样，诺曼的家庭背景造成了他的问题。与其他学生，甚至与成绩相同的其他学生相比，辍学学生的父母更可能对孩子的教育不管不问，很少监督孩子的日常活动。许多父母是单身父母，这些父母自己未从高中学业，或正在失业 (Pagani et al., 2008; Song, Benin, & Glick, 2012)。

辍学学生通常会有一些削弱他们成功的机会的学校经验，例如，对标志着学习失败的低分数的回忆，老师不关心辍学学生所在的班级，积极参与的机会少，频繁的同伴欺凌 (Brown & Rodriguez, 2009; Peguero, 2011)。在这样的学校里，违反校规很常见，而这导致的停课——被拒于教室门外——会进一步导致学业失败 (Christie, Jolivette, & Nelson, 2007)。普通教育和职业教育的教学最缺乏刺激，其学生的辍学率是大学预科学生的三倍 (U.S. Department of Education, 2015)。和女孩相比，男孩在早期学习和行为问题上的高发生率导致他们更容易辍学。

（2）干预措施

在帮助面临辍学风险的青少年的各种可行方法中，有以下几个与取得成功有关的共同主题：

- 通过个别化的补课和咨询提供辅导。大多数可能辍学的学生都需要大强度、小班化的辅导形式，并形成充满温暖和关怀的师生关系 (Wilson & Tanner-Smith, 2013)。一个好办法是，把可能辍学的中学生与退休人员结对子，在满足这些学生的学习和职业需求方面，退休人员既是家庭教师和师傅，又能给年轻人做榜样 (Prevatt, 2003)。
- 高质量的职业训练。对很多处在辍学危险中

的学生来说，职业教育的本质是接近真实生活，这比纯粹的学习更有趣、更有效 (Levin, 2012)。要取得良好的效果，职业教育必须把学习与工作指导相结合，使学生能把学校学习与将来的工作目标联系起来。

- 解决学生生活中导致辍学的因素。加强家长参与，提供灵活的半工半读岗位，让家长到学校照顾孩子，这些措施可以使有辍学危险的中学生更容易留在学校。
- 参加课外活动。帮助有辍学危险的中学生的另一种方法是吸引他们投入学校集体生活。学校规模是影响参加课外活动积极性的重要因素 (Crosnoe, Johnson, & Elder, 2004; Feldman & Matjasko, 2007)。如果把在校人数减少，例如从 2 000 人减到 500~700 人，那么辍学的学生更可能得到老师的辅导，更可能产生对学校的归属感。在大型学校创建较小的"校中校"具有同样的效果。

适度但不过度地参与艺术、社区服务或职业发展活动，有助于多方面的适应 (Fredricks, 2012; Fredricks & Eccles, 2006)。其中包括提高学习成绩，减少反社会行为，增强自尊和主动性，以及提高同伴的接受度。

在结束对学习成绩的讨论时，让我们从历史角度来看待辍学问题。在 20 世纪下半叶，24 岁前完成高中学业的美国年轻人的比例稳步上升，从

一个青少年从一个有爱心的退休老师那里获得了额外的学术支持，这是一个防止困难学生辍学的成功策略。

不足 50% 上升到超过 90%。虽然很多辍学学生陷入一个恶性循环——缺乏自信和技能妨碍他们获得进一步的教育和培训，使 25% 的高中新生不能按时毕业，但是其中仍然有三分之二的人在 25 岁左右重新回到中学完成学业 (U.S. Department of Education, 2015)。当他们意识到教育对找到一份好工作和幸福的成年生活有多重要时，就会继续深造。

 思考题

联结 防止中学生辍学的教育措施与改善中学生学习成绩的教育措施有哪些相似之处？

应用 塔尼莎即将读完六年级。她要么在现在的学校继续读到八年级，要么转到一所规模很大的七到九年级的初中去学习。你建议她怎么做？为什么？

反思 说说你从小学升初中、从初中升高中的经历。你觉得有什么压力？什么帮助了你适应？

本章要点

第一部分 身体发育

一、青少年期的概念

11.1 过去一百年来青少年期的概念有哪些变化？

 青少年期是从童年期向成年期的过渡。早期理论家把青少年期要么看作由生物因素决定、要么看作完全由社会环境决定的暴风和压力时期。当代研究者认为青少年期是生物、心理和社会因素共同作用的结果。

■ 在工业化社会，青少年期大大延长了。

二、青春期：向成年期的生理过渡

11.2 描述青春期的身体发育、运动能力和性成熟

■ 小学期开始的激素变化启动了青春期，女孩比男孩平均早两年到达青春期。青春期最初的外部标志是：随着体型在**发育加速**中变大，女孩的臀部和男孩的肩部变宽。女孩的脂肪较多，男孩的肌肉较发达。

■ 青春期给女孩的总体运动能力带来缓慢而渐进的改善，而给男孩带来显著的改善。

■ 在青春期，**第一性征**和**第二性征**的变化伴随着发育加速而出现。**初潮**发生在女孩青春期后期的发育加速高峰之后。男孩的发育加速高峰出现的时间较晚，在此之前性器官增大，出现**遗精**。

11.3 青春期到来时间的影响因素有哪些？

■ 遗传、营养、锻炼和身体健康状况共同影响着青春期的到来时间。在家庭的情绪特征也发挥一定作用。

■ 在工业化国家，由于身体健康状况改善，出现初潮提前的**时代渐近趋势**。一些国家肥胖率的增加扩大了这一趋势。

11.4 青少年期大脑的变化有哪些？

■ 大脑皮层的突触修剪仍在继续，丰富的刺激导致神经纤维的生长和髓鞘化加速，增强了大脑内部的连接，特别是与前额皮层的连接。它们使青少年获得了多种认知技能，但这是渐进的，自我调节还没有完全成熟。

■ 神经元对兴奋性神经递质更加敏感，从而增强了情绪反应和奖赏寻求。大脑情感／社交网络的变化超过前额叶认知控制网络的发展，导致控制情绪和冲动的困难。

■ 大脑对睡眠时间的调节发生修正，导致睡眠"相位延迟"。睡眠不足会导致成绩下降、焦虑、易怒、情绪低落和高风险行为。

三、青春期变化对心理的影响

11.5 解释青少年对青春期身体变化的反应

■ 女孩对初潮的反应比较复杂，得到家人的预先告知和支持的女孩会做出更积极的反应。男孩在青春期的变化中很少得到社会支持，他们对遗精

的反应非常复杂。

■　除了较高的激素水平，消极生活事件和成人创设的环境与青少年的消极情绪有关。青春期到来之后，亲子之间的心理疏远可能是子女必将离开父母的一种现代替代物。

11.6　描述青春期到来时间对青少年适应的影响及其性别差异

■　早熟的男孩和晚熟的女孩的外观符合文化中关于身体魅力的标准，这些人有较正面的**身体形象**，一般在青少年期适应良好。而早熟的女孩和晚熟的男孩可能产生情绪和社会性困难，对于早熟的女孩，这种困难会持续到成年早期。

四、健康问题

11.7　描述青少年期的营养需求及饮食障碍的相关因素

■　随着身体快速生长，营养需求增加，不良饮食习惯可能导致维生素和矿物质缺乏。家人聚餐的频率与健康饮食有关。

■　早熟、某些个性特征、不良家庭互动，以及社会上对消瘦体型的重视，都会增加患饮食失调的风险，如**神经性厌食症、神经性贪食症**和**暴食症**。遗传也有一定作用。

11.8　讨论青少年性态度和性行为的社会文化影响

■　北美对青少年性行为的态度相对保守。父母和大众媒体传递的是互相矛盾的信息。

■　过早过频的性行为和多种与贫困有关的因素有关。青少年对负责任的性行为的认知以及缺乏社会支持，导致很多性活跃青少年避孕失败。

11.9　列举性取向发展的相关因素

■　生物因素，包括遗传和孕期激素水平，对性取向起着重要作用。男女同性恋和双性恋青少年在形成积极的性别同一性上，面临着特殊困难。

11.10　讨论性传播感染和青少年怀孕做父母的相关因素及预防和干预策略

■　过早的性行为，加上不稳定的避孕措施，导致美国青少年性传播感染的高发。

■　与贫困和人格特征相关的生活条件共同促成了少女生育。青少年成为父母，与辍学、结婚概率降低、离婚概率增加以及长期的经济劣势有关。

■　有效的性教育、避孕药具的提供、加强学习和社交能力的干预有助于预防早孕。少女妈妈需要学校开展干预项目，提供职业培训、对生活技能和儿童养育的指导。如果已做父亲的男青少年一直参与养育，那么孩子的发展会更顺利。

11.11　与青少年致瘾物使用和滥用有关的个人和社会因素有哪些？

■　在工业化国家，青少年酗酒和吸毒现象普遍存在。吸毒反映了青少年感觉寻求和药物依赖的文化背景。滥用致瘾物的少数人往往很早就开始使用致瘾物，并有严重的个人、家庭、学校和同伴关系问题。

■　有效的预防项目须尽早与父母合作，改变家庭逆境，加强教育能力，培养青少年的能力。

第二部分　认知发展

一、皮亚杰的理论：形式运算阶段

11.12　形式运算思维的主要特征有哪些？

■　在皮亚杰提出的**形式运算阶段**，青少年进行**假设－演绎推理**。面对问题时，他们先提出假设，或者说对可能影响结果的变量做出预测，然后，演绎出合乎逻辑的、可以检验的推论，再把几个变量加以分离及合并，查明哪些推论可以在真实世界中得到证实。

■　**命题思维**逐渐形成。青少年能够判断与真实生活事实不符的命题的逻辑性。

11.13　讨论关于形式运算思维的后续研究及其对皮亚杰形式运算阶段准确性的影响

■　得到全面指导、经过反复练习的个体，最有可能进行抽象和系统的思维。学校的学习活动为青少年提供了丰富的学习形式运算的机会。这种思维的形成是逐渐发生的，而不是突然的阶段转变。

二、青少年认知发展的信息加工观点　　*405*

11.14　信息加工研究对青少年期认知发展是如何进行解释的？

■　信息加工理论家认为，青少年期认知进步的基础是多种特定机制：工作记忆容量扩大、抑制性改善、注意更具选择性和灵活性、做计划能力增强、策略更有效、知识增多、元认知扩展和认知自我调节提高。

■　把理论与证据加以协调的科学推理能力，随着青少年解决更复杂问题和获得更复杂的元认知理解而提高。

三、青少年认知发展的结果

11.15 描述青少年认知发展导致的反应

■ 当青少年开始反思自己的思维时，自我与他人关系出现了两种扭曲的想象——**假想观众**和**个人神话**。这两种想象都来自青少年社会敏感度的提高和观点采纳能力的形成。

■ 青少年考虑事物多种可能性的能力促进了理想主义图景与现实生活不符，他们成为挑剔的批评家。

■ 青少年的决策效率不如成人。他们在情绪紧张的情况下会冒更大的风险，较少对不同的选择加以权衡，而更多地依靠直觉判断。

四、心理能力的性别差异

11.16 导致青少年期心理能力性别差异的因素有哪些？

■ 女孩在阅读和写作方面的优势有所增强，可能是由于更有效的语言加工和更多的语言刺激。把语言学科视为"女性"学科的性别成见和严格的教学可能会削弱男孩的读写能力。

■ 到青少年早期，概念变得更加抽象和空间化，男孩在数学学习上超过女孩。总体而言，性别差异很小，但在最有能力的人群中差异更大。男孩优越的空间推理能力增强了他们解决数学题的能力。在美国人的性别成见中，数学是"男性化"的学科，这使得男孩更有自信，也更有兴趣追求科学、技术、工程和数学领域的职业。

五、在校学习

11.17 讨论升学过渡对青少年适应的影响

■ 升学过渡带来更大、更缺乏人情味的学校环境，在这种环境中，成绩和能力感会下降。应对诸多压力的青少年在自尊和学习问题上面临最大的风险。

11.18 讨论青少年期的家庭、同伴、学校和兼职工作对学业的影响

■ 权威型教养方式和父母对子女学习的参与促成了较好的学习成绩。父母鼓励孩子争取好成绩的中学生可能选择来自相似家庭的同学做朋友。学校可以通过倡导学生参与学校的同伴文化活动来提供帮助。

■ 充满关心和帮助的课堂环境，鼓励学生互动，进行高水平思维的活动，使青少年能够发挥自己的学习潜能。

■ 进入中学后，与学生未来生活计划相一致的分轨教学是必要的。但是美国实行的中学分轨教学往往扩大了早年的教育不平等。

■ 稳定、适度的兼职工作时间可以预测学习成绩更好，上大学和完成大学学业的可能性更高。但是，在没有成人监督的情况下，从事过多低水平工作，会影响学校出勤率、学习成绩和课外活动的参与。

11.19 导致高辍学率的因素有哪些？

■ 与辍学相关的因素包括：缺乏父母对好成绩的支持，在学校一向表现不佳，课堂上老师不给予支持，以及经常受到同伴欺凌。

🌸 重要术语和概念

adolescence (p. 367) 青少年期
anorexia nervosa (p. 378) 神经性厌食症
binge-eating disorder (p. 379) 暴食症
body image (p. 377) 身体形象
bulimia nervosa (p. 379) 神经性贪食症
formal operational stage (p. 388) 形式运算阶段
growth spurt (p. 369) 发育加速
hypothetico-deductive reasoning (p. 388) 假设－演绎推理
imaginary audience (p. 392) 假想观众

menarche (p. 371) 初潮
personal fable (p. 392) 个人神话
primary sexual characteristics (p. 371) 第一性征
propositional thought (p. 389) 命题思维
puberty (p. 367) 青春期
secondary sexual characteristics (p. 371) 第二性征
secular trend (p. 373) 时代渐进趋势
spermarche (p. 372) 遗精

第12章

青少年期情感与社会性发展

随着青少年与家庭成员相处的时间减少，同伴群体就会结成更紧密的小团体。男女混搭的小团体为青少年的约会做了准备，为他们提供了互动的模式，以及在不需要亲密的情况下进行互动的机会。

407　本章内容

路易斯坐在绿草茵茵的半山腰，俯瞰着那所中学，等待他最好的好朋友达利尔的到来。这两个男孩经常一起吃午饭。看着人潮涌入学校操场，路易斯想起了那天在行政管理课上学到的东西："假设我出生在中华人民共和国，坐在这里，说着另一种语言，有不同的名字，以不同的方式思考着这个世界。天啊，我之所以是我，全是因为命运的安排。"路易斯陷入了沉思。

"嗨，幻想家，我在山脚下喊了你五分钟，还朝你挥手，你怎么没有反应啊？你最近怎么像丢了魂儿似的？"

路易斯从思绪中清醒过来，说："哦，我刚才在想一些事情，比如说我想要些什么，我信仰什么。真的很羡慕我哥哥儒勒，他很清楚自己的方向。而我总觉得很迷茫，这种感受你有吗？"

"没错，彼此彼此，我也经常想，我到底是个怎样的人，以后会成为怎样的人。"达利尔严肃地看了路易斯一眼，认真地说。

路易斯和达利尔的想法表明青少年正在对自我进行重组，也就是，正在形成自己的同一性。从青少年期开始的自我重组非常深刻。快速的身体变化促使青少年重新思考他们是什么样的人。假设思维的能力使他们憧憬自己遥远的未来。他们开始意识到自己选择的价值观、信仰和未来生活目标的重要性。

本章将介绍埃里克森的同一性发展理论以及由此展开的一些关于青少年对自己的思考和情感的研究。人的发展的很多方面都涉及同一性这个主题。通过本章的介绍，我们可以了解在青少年期，文化归属感、道德意识是怎样逐渐明晰的。亲子关系也在改变，青少年逐渐脱离家庭，友谊和同伴网络成为弥合从童年到成年之间的差距的重要背景。本章的最后还要讨论青少年期的几个比较严重的适应问题：抑郁、自杀和违法犯罪。

一、埃里克森的理论：同一性对角色混乱

12.1 埃里克森认为青少年期人格发展的主要成果是什么？

埃里克森 (Erikson, 1950, 1968) 最先提出同一性 (identity) 是青少年期人格发展的主要成果，是一个人成为有创造力的、幸福的成年人的关键一步。所建构的同一性要明确你是谁、你的价值和你选择的未来生活方向。一位学者这样形容同一性：它是一个作为理性行为者的人关于自己的明确理论，使人的所作所为有明确理由，对自己的行为负责，并能对其做出解释 (Moshman, 2011)。这种关于什么是真正的、现实的自我的探索，推动人们做出许多选择，包括职业、人际关系、社会参与、族群关系、对自己性取向的表达，以及道德、政治和宗教理想。

虽然同一性的种子很早就种下了，但直到青少年晚期和成年初期，年轻人才会专注于这项任务。埃里克森认为，在复杂的社会中，年轻人经常会经历一种同一性危机——在确定价值观和目标之前，他们会在尝试不同的选择时，经历一段短暂的痛苦时期。他们会经历一个内心反省的过程，对童年时确定的自己的特质加以筛选，并把它们与新出现的特质、能力和承诺相结合。然后，他们把这些塑造成一个牢固的内核，当他们在日常生活中扮演不同角色时，这个内核会提供一种成熟的同一性——一种自我连续感。同一性一旦

形成，当人们在成年后重新评价早期的志向和选择时，就会继续得到完善。

埃里克森把青少年期的心理冲突称为**同一性对角色混乱** (identity versus role confusion)。他认为，婴儿期和童年期成功的心理发展结果会为这一冲突的积极解决铺平道路。如果早期冲突没解决好，或者周围人限制他们为自己做出选择，使选择不符合他们的能力和愿望，他们就会变得浅薄，迷失方向，对成年期遇到的挑战难以招架。

虽然当前的一些理论家同意埃里克森所说的，对自己的价值观、人生规划和优先解决的问题提出疑问，是同一性成熟的必经之路，但他们不再把这一过程称为"危机"。事实上，埃里克森本人并不认为，青少年的内心挣扎需要很激烈才能形成一个清晰统一的同一性 (Kroger, 2012)。对多数年轻人来说，同一性的发展不是创伤和烦扰，而是一个以诉诸行动为基础的探索过程。当年轻人尝试生活的可能性时，他们会收集关于自己和环境的重要信息，并朝着做出持久决定的方向前进 (Moshman, 2011)。在接下来的章节中，我们将看到，青少年是怎样以埃里克森描述的方式来定义自我的。

二、自我理解

12.2 描述青少年期自我概念和自尊的变化
12.3 描述同一性的四种状态及推动同一性发展的因素

在青少年期，年轻人对自我的看法更复杂，更有条理，也更稳定。与年幼的儿童相比，青少年能从更多个角度评价自己。随着时光流逝，他们逐渐形成有关自己优点和缺点的平衡而全面的表征 (Harter, 2012)。自我概念和自尊的变化是形成一个完整的个人同一性的阶段。

1. 自我概念的变化

在小学期结束时，儿童会用一些人格特质

词来描述自己。在青少年早期，他们把一些相互分离的特质（聪明、好奇）合成为一个抽象特质（智力）。但是这种概括还缺乏内在联系，甚至相互矛盾。例如，12~14 岁的初中生可能会提到相反的特质，如既"聪明"又"愚蠢"，既"外向"又"内向"。这些不一致源于青少年社交范围的扩大，这迫使他们在不同的关系中表现出不同的自我。随着青少年越来越意识到这种不一致，他们经常为"哪个才是真正的我"而苦恼 (Harter, 2012)。

到青少年晚期，认知的变化使高中生能把他

们的特质整合为一个有序的系统。一些副词的使用（"我的脾气相当急躁""我并不是十分诚实"），表明他们懂得了心理特质可能随情境的变化而变化。高中生会更多地使用合并原则，来解决看上去令人不解的矛盾。例如，一个高中生说："我的适应能力很强，有些朋友认为我说的话很重要，和他们在一起时，我很健谈；但是和家人在一起的时候我什么也不说，因为他们对我说的话题从来不感兴趣，甚至从来没有认真听过我说话。"（Damon, 1990, p. 88）

与小学生相比，中学生更看重人际交往特质，例如友好、体贴、善良与合作，这些特质反映出，青少年越来越关切别人是否正面地看自己。随着青少年修正对自己的看法，把稳定的观念和人生规划纳入其中，他们逐渐形成自我的唯一性，这是同一性发展的核心。

2. 自尊的变化

自尊，作为自我概念中带有评价性的部分，在青少年期继续分化。中学生的自尊中增加了自

409

我评价的几个新维度——亲密友谊、对异性的吸引力以及职业能力（见第 10 章）（Harter, 2012）。

总体自尊水平也在发生变化。一些青少年在

从青少年中期到后期，自尊通常会增强，这是由对新能力的自豪感和不断增强的自信所推动的。这名少女正在满脸笑容地展示她在农业博览会上赢得的蓝丝带。

升学过渡后，总体自尊水平会暂时或持续下降（见第 11 章边页 397），但多数中学生的总体自尊水平在青少年中后期会上升，他们对自己的同伴关系、外表和运动能力感觉很不错（Birkeland et al., 2012; Cole et al., 2001; Impett et al., 2008）。青少年常常说自己比以前更成熟、更能干、更有风度，也更有吸引力了。对美国青少年全国代表性样本的追踪研究揭示，越来越强的掌控感——感觉有能力控制自己的生活——可以有力地预测自尊的上升（Erol & Orth, 2011）。只要有了更强的独立性和更多的经过探索而体验成功的机会，青少年就能忽视一些自己无法施展才能的领域，认为它们对自己并不重要。

总体自尊水平较高的青少年往往适应良好，而总体自尊水平较低的青少年在各方面都会适应困难。但某些自尊因素与心理健康的关系更密切。学习自尊差的青少年容易焦虑和注意力不集中，同伴关系不好的青少年容易焦虑和抑郁（Marsh, Parada, & Ayotte, 2004; Rudolph, Caldwell, & Conley, 2005）。

哪些因素影响着自尊？第 11 章讲到，青少年期发育不正常的青少年，吸毒成瘾，在学校表现不佳。而在小学期和青少年期，女孩的整体自我价值感得分低于男孩，尽管差异很小（Bachman et al., 2011; Shapka & Keating, 2005）。第 10 章讲到，女孩对自己的外表和运动技能不太满意，她们的数学和科学能力也较差。但女孩在语文、亲密友谊和社会接受度等自尊维度上一直超过男孩。

但是，青少年所处的环境可以改变这些群体差异。权威型教养方式和老师的鼓励可以预测稳定而较高的自尊水平（Lindsey et al., 2008; McKinney, Donnelly, & Renk, 2008; Wilkinson, 2004）。相比之下，经常被父母批评和侮辱的青少年，其自尊水平不稳定且较低（Kernis, 2002）。同伴接纳对受到父母冷漠、不认可对待的青少年的总体自尊水平有保护作用（Birkeland, Breivik, & Wold, 2014）。但是，面对非常消极的父母反馈的青少年，会通过过分依赖同伴来确认其自我价值，这是适应困难的一个危险因素（DuBois et al., 1999, 2002）。

社会大环境也会影响自尊水平。和小学期的趋势一样，青少年期的白人学生的自尊不如非裔学生积极，后者可能受益于大家庭的支持和种族自豪感（Gray-Little & Hafdahl, 2000）。随着青少年期的发展，亚裔学生的自尊得分比白人学生低，这反映了亚裔文化对谦逊和反对自夸的重视，而

相对忽略个人能力 (Bachman et al., 2011)。此外，和邻里中好多同一族群的同伴念同一所学校的青少年，其报告的自尊水平较高。在学校和邻里中有好多同一族群的同伴的青少年，在自尊方面有问题的人较少 (Gray-Little & Carels, 1997)。

3. 获得同一性的途径

青少年有条理的自我描述和细化的自尊感，为同一性的获得奠定了认知基础。采用詹姆斯·玛西亚 (James Marcia, 1980) 设计的临床访谈法或简易的问卷测量，依据埃里克森理论中的探索和诉诸行动两个主要指标，研究者对同一性发展过程进行了评价，并把这一过程划分为四种状态：**同一性成熟** (identity achievement)，指经过一段时间的探索，把价值观、信念和目标诉诸行动；**同一性延缓** (identity moratorium)，指经过探索但是还没有诉诸行动；**同一性早闭** (identity foreclosure)，指没有经过探索就诉诸行动；**同一性弥散** (identity diffusion)，指既没有经过探索也没有诉诸行动。表 12.1 对这些同一性状态进行了概括。

同一性的发展有多种途径。有些青少年停留在某一个状态，另一些青少年则经历几种状态的转换。这种转换通常跨越同一性领域，如性取向、职业、宗教及政治价值观。15 岁左右到 25 岁左右的多数年轻人，其同一性都从较低状态（早闭或弥散）过渡到较高状态（延缓或成熟），也有少数

410

年轻人经历了相反的发展趋势 (Kroger, 2012; Kroger, Martinussen, & Marcia, 2010; Meeus et al., 2010)。

同一性的形成一般要经过对各种可变通的选择进行探索，对某种选择临时性地诉诸行动，对自己的选择进行深入评价，如果这些选择与自己的能力和潜力不匹配，就要做出变通 (Crocetti & Meeus, 2015; Luyckx et al., 2011)。在最终决定持久地诉诸行动之前，年轻人会在深度探索和重新思考之间循环往复，这将带来很大的不确定性，也会带来暂时的弥散。

上大学可以提供更多的机会去探索价值观、职业选择和生活方式，大学生在同一性上通常能取得比中学时代更大的进步 (Klimstra et al., 2010; Montgomery & Côté, 2003)。大学毕业后，许多年轻人在明确地诉诸行动之前，会继续尝试各种各样的生活方式。而中学毕业后马上参加工作的人，通常较早地确定了自我。但是，如果没上大学的年轻人不仅缺乏培训，也没有认真地进行职业选择，因而在实现其职业目标时遇到障碍，他们就会面临同一性早闭或弥散的风险 (Eccles et al., 2003)。

关于性别差异，一些女孩在与亲密感相关的同一性领域表现出比男孩更复杂的推理能力，例如性行为和是家庭优先还是事业优先。实际上，与埃里克森的心理社会阶段相一致（见第 1 章边页 15），在爱恋关系中体验到真正的亲密感之前，男女青少年通常都会在同一性问题上取得进步 (Arseth et al., 2009; Beyers & Seiffge-Krenke, 2010)。

表 12.1　同一性的四种状态

同一性状态	描述	举例
同一性成熟	经过探索性的选择以后，获得同一性的人把已经明确形成的价值观和目标诉诸行动。他们心理健康，行为具有跨时间的一致性，知道自己的前进目标。	当被问到如果遇到更好的条件会不会放弃已经做出的决定时，达拉回答说："可能会，但有些拿不准，选择律师职业的事我想了很久。我相当肯定这个职业适合我。"
同一性延缓	延缓的意思是"延迟或原地踏步"。这种人还没有决定诉诸行动。他们仍在探索和积累信息，参加各种活动，希望找到引导其生活的价值观和目标。	当被问到是否怀疑自己的宗教信仰时，拉蒙答道："是的，我觉得自己还在想这个问题，我还不明白，为什么有神存在但世界上还有这么多的罪恶。"
同一性早闭	同一性早闭者没有经过探索和选择就诉诸某些价值观和目标。他们接受的是权威人物，如父母、教师、宗教领袖或恋人替他们选择的同一性。	当被问到是否重新考虑一下自己的政治观点时，艾米莉答道："不用，真的，我的家人在这些事情上意见很一致。"
同一性弥散	同一性弥散者没有明确方向。他们既没有把价值观和目标诉诸行动，也不去积极探索。他们从不对不同观点进行探索，或认为这样做太危险、太困难。	当被问到对不符合传统的性别角色的态度时，贾斯汀答道："哎呀，我不知道。这对我来说没什么两样。我既可能接受，也可能不接受。"

4. 同一性状态与心理健康

大量研究证明，同一性成熟和同一性延缓是通往成熟的自我确定、更健康的心理的途径，而长期处于同一性早闭和同一性弥散状态，则会导致适应不良。

虽然同一性延缓的青少年在诉诸行动时会产生焦虑和抑郁，但是他们在做出个人决定和解决问题时，会像同一性成熟的人那样，采用积极的信息收集认知方式。也就是说，他们会寻找相关信息，认真做出评价，对自己的看法进行批判性反思 (Berzonsky, 2011)。同一性成熟或正在探索的人具有较高的自尊水平，对可选择的观点和价值观更加开放，对自己的生活有较好的掌控感，更可能把读书和学习看作实现愿望的切实途径，道德推理更占优势，也更关心社会公平 (Berzonsky et al., 2011; Crocetti et al., 2013)。但这些有利结果有一个例外：如果探索变成了沉思——过度关注做出的选择是否正确，从而根本不做选择——则会导致痛苦和适应能力的减弱 (Beyers & Luyckx, 2016)。

由于同一性早闭也要诉诸行动，因此在面对重要的人生选择时，它能提供一种安全感 (Meeus et al., 2012)。虽然同一性早闭者一般会表现出低焦虑水平和对生活的高度满意，但他们还会表现出一种教条、僵化的认知方式，即未经深思熟虑地评价，也没有抵制威胁他们地位的信息，就把父母和其他人的价值观和观念内化 (Berzonsky, 2011; Berzonsky et al., 2011)。他们大多害怕被那些使他们得到喜爱和自尊的人拒绝。一些同一性早闭的青少年可能会疏离家庭和社会，加入邪教或其他极端组织，不加批判地选择一种与过去迥然不同的生活方式。

长期处于同一性弥散状态的人是同一性发展中最不成熟的。他们采用混乱-回避的认知方式，不愿意谈论个人的决定和个人问题，做出的反应常受到当前情境压力的影响 (Berzonsky, 2011; Crocetti et al., 2013)。他们抱着无所谓的态度，相信运气和命运，随波逐流。结果，他们在时间安排和学习方面遇到困难，自尊降低，容易抑郁，在几种状态中，他们最有可能做出反社会行为，使用和滥用致瘾物 (Meeus et al., 2012)。他们冷漠的内心充满对未来的无助感。

5. 同一性发展的影响因素

青少年同一性的形成启动了一个贯穿一生的动态过程，在这一过程中，个人和环境的变化为同一性的重构提供了机会。多种因素影响着同一性的发展。

正如刚才讲到的，身份地位是人格特征的原因和结果。那些认为绝对真理总是可以实现的青少年往往被剥夺了权利，而那些怀疑自己永远不会肯定任何事情的青少年就会陷入身份的模糊感。面对障碍时好奇、开放、执着的年轻人，以及懂得使用理性标准进行选择的年轻人，很可能处于同一性延缓状态或同一性成熟状态 (Berzonsky et al., 2011; Schwartz et al., 2013)。

如果家庭作为"安全基地"，青少年能够自信地走出家门，涉足更广阔的世界，他们的同一性就会顺利地发展。那些既依恋父母又能自由表达观点的青少年，更可能为了其价值观和目标而诉诸行动，走向同一性成熟之路 (Crocetti et al., 2014; Luyckx, Goossens, & Soenens, 2006)。同一性早闭的青少年与父母的关系往往过于紧密，缺乏与父母恰当疏离的机会。同一性弥散的青少年报告说，他们在家里得到的温暖、开放的交流最少 (Arseth et al., 2009)。

在学校和社会活动中与各种同伴互动，可以激励青少年对价值观和承担角色的机会进行探索 (Barber et al., 2005)。亲密的朋友，像父母一样，可以作为一个安全基地，提供情感支持、帮助和同一性发展的榜样。一项研究发现，有温暖、信任的同伴关系的15岁少年更愿意探索人际关系问题 (Meeus, Oosterwegel, & Vollebergh, 2002)。例如，认真思考自己在亲密朋友或生活伴侣身上看重什么。

同一性的发展还有赖于为青少年提供丰富多彩的探索机会的学校和社区。有益的经验包括可以促进学生的高水平思维的课堂，鼓励低社经地位和少数族裔学生读大学的老师和咨询师，帮助中学生找到符合自己的兴趣和才能的选修课、课外活动和社区活动，以及能够使青少年体验成人真实工作环境的职业培训 (Hardy et al., 2011; McIntosh, Metz, & Youniss, 2005; Sharp et al., 2007)。

文化也有力地影响着青少年同一性成熟的一个方面，这一方面不能通过同一性状态的变化捕

在兽医诊所的实习使这个十几岁女孩有机会探索一个与她对动物的热爱有关的真实世界的职业，从而促进了同一性的发展。

化青少年描述过去和现在的自己，然后让他们解释，为什么认为自己始终是同一个人 (Lalonde & Chandler, 2005)。结果显示，加拿大主流文化青少年大多采用个人主义方式，他们描述的是稳定的个人特质，即不管发生什么变化仍然保持不变的核心自我。相形之下，加拿大原住民青少年采取相互依存的方式，强调指出一种由新的角色和人际关系导致的不断变化的自我。他们大多使用一种连贯的叙述，把生活中的多个时间片断串联成一条线，来解释他们是怎样发生重要变化的。

捉到，即，尽管发生了显著的个人变化，人们还能形成一种自我连续感。在一项研究中，研究者分别让 12~20 岁的加拿大原住民青少年和主流文

另外，社会压力也使同性恋和双性恋青少年（见第 11 章），以及一些少数族裔青少年（见本节的"文化影响"专栏）在形成安全同一性方面面临一些特殊的难题。成人可以参考下页"学以致用"栏中归纳的一些方法，在青少年对同一性产生疑问时提供帮助。

 思考题

联结　解释青少年同一性发展与认知过程之间的密切联系。

应用　本章开始时路易斯和达利尔的谈话显示出他们属于哪种同一性状态？为什么？

反思　你自己的同一性发展在性别、亲密关系、职业、宗教信仰和政治价值观等领域有差别吗？说说在某个重要领域可能影响你的同一性发展的因素。

412 专栏　　　　文化影响

少数族裔青少年同一性的发展

对于少数族裔青少年来说，**种族同一性 (ethnic identity)**，即种族成员感和与种族成员相联系的态度、观念和情感，是寻求同一性的核心。随着少数族裔青少年的认知发展，他们对来自周围环境的反馈越来越敏感，他们开始痛苦地意识到，自己所属的种族是怎样影响他们的生活机会的。这一发现使他们努力培养文化归属感和实现个人重要目标变得更复杂。

在许多重视相互依赖性文化的移民中，家庭在接收国居住的时间越长，青少年对服从父母和履行家庭义务的承诺就越少。这种情况导致一种**文化适应压力 (acculturative stress)**，即少数族裔文化与当地主流文化冲突而导致的心理困扰 (Phinney, Ong, & Madden, 2000)。如果移民父母担心融入新的社会会削弱自己的文化传统，从而严格限制其青少年子女，那么这些子女往往会

反抗，排斥本种族的某些文化。

与此同时，歧视也会影响积极的种族同一性的形成。一项研究揭示，经历过更多歧视的墨西哥裔美国青年不太可能探索他们的种族 (Romero & Roberts, 2003)。那些种族自豪感较低的人在面对歧视时自尊水平会急剧下降。

随着年龄增长，许多少数族裔年轻人增强了他们的种族同一性。但是，由于建立种族同一性的过程可能带来痛苦和困惑，因此有些人没有改变，还有一些人知难而退 (Huang & Stormshak, 2011)。父母属于不同种族的年轻人面临着更多的挑战。在一项针对美国高中生的大规模调查中，带有部分黑人血统的混血青少年报告说，他们受到的歧视与纯黑人血统的同伴一样多——但是前者对黑人族群的态度更消极。与单一种族的少数族裔相比，许多混血儿青少年，如黑人－白人、亚裔－黑人、

美国易洛魁族的塔斯卡洛拉部落的青少年在纽约市集上表演传统舞蹈。文化遗产在其社区受到尊重的少数族裔青年更有可能形成一种稳定而安全的种族同一性。

白人－亚裔、黑人－拉美裔和白人－拉美裔，认为他们的种族在自己的同一性中不是核心部分 (Herman, 2004)。也许这些青少年在他们的家庭和社区中很少有机会形成对这两种文化的强烈归属感。

如果少数族裔青少年的家人鼓励他们反驳一些种族成见，例如说黑人学习差、反社会行为多等等，他们就能克服歧视带来的威胁，获得良好的种族同一性。这些年轻人通过寻求社会支持，参与直接解决问题，还可以有效地应对遭受的不公平待遇 (Scott, 2003)。如果少数族裔青少年的家庭认真地向他们传授本种族的历史、传统、价值观和语言，他们就更有可能经过探索获得种族同一性 (Douglass & Umaña-Taylor, 2015; Else-Quest & Morse, 2015)。

与同种族的同伴互动也很重要。在同种族的朋友之间，种族同一性的进展往往是相似的，这可以通过他们谈论种族问题的频率来预测 (Syed & Juan, 2012)。一项针对亚裔美国青少年的研究发现，在一个主要是白人学生或种族混合但不以亚裔学生为主的学校中，亚裔学生与其他亚裔学生的接触，加强了他们对自己种族的积极感觉 (Yip, Douglass, & Shelton, 2013)。种族同一性问题在种族多样化的环境中尤其突出。

社会怎样帮助少数族裔青少年解决同一性冲突？下面是一些相关的措施：

- 鼓励父母运用有效的教养方式，使儿童和青少年从家人的种族自豪感中获益，鼓励儿童和青少年寻找自己族群的优点。
- 学校应尊重少数族裔青少年的语言和接受高质量教育的权利。
- 提倡与本族群的同伴多接触，不同族群之间要互相尊重。

稳定、安全的种族同一性与高水平的自尊、乐观、学习动机、学校表现以及积极的同伴关系和亲社会行为相关 (Ghavami et al., 2011; Rivas-Drake et al., 2014)。对于面临逆境的青少年来说，种族同一性是复原力的强有力来源。

通过探索和接纳来自青少年亚文化和主流文化的价值观而形成的**双重文化同一性** (bicultural identity) 使青少年获益颇多。形成双重文化同一性的青少年一般在同一性的其他领域也成熟较快，具有更安全的种族同一性，与其他族群成员拥有更积极的关系 (Basilio et al., 2014; Phinney, 2007)。总之，种族同一性的获得对情绪和社会性发展的很多方面都有促进作用。

学以致用　413

怎样支持健康同一性的发展

步骤	举例
进行亲切而开诚布公的交流。	既在情感上给予帮助，又允许对价值观和目标进行自由探索。
在家庭和学校开展可促进高水平思维的讨论。	鼓励根据不同的信仰和价值观做出理性而深思熟虑的选择。
提供参加课外活动和职业培训项目的机会。	让青少年探索成人的真实工作环境。
有机会与有过同一性问题的成人和同伴交流。	提供已获得同一性的榜样，对怎样解决同一性问题提出建议。
避免性别成见，不要给青少年施加压力以符合性别角色，引导基于价值观、兴趣和才能的选择。	让青少年自由地形成一种基于内在特征而不是社会期望的性别同一性，培养性别满足感和促进心理健康（见第 10 章边页 351）。
为少数族裔青少年创造安全确定的学校社区环境。	促进将性取向融入更广泛的个人同一性中（第 11 章边页 382）。
提供机会了解本族群遗产并在尊重氛围中了解其他文化。	促进各领域的同一性成熟，重视种族多样性，这会支持对别人的同一性探索。

三、道德发展

12.4　描述科尔伯格的道德发展理论和对其正确性的评价

12.5　描述影响道德推理的因素及道德推理与行为的关系

11 岁的萨布琳娜坐在厨房的桌子旁边饶有兴趣地看着星期天的报纸。16 岁的路易斯正在喝麦片粥。萨布琳娜说："你看看这个。"她指着报纸上的一幅照片，照片上一个 70 多岁的老妇人站在自己家里，地板和家具上到处堆着报纸、包装盒、罐头瓶、水瓶、食物和衣服。墙皮斑驳，水管结冰，水池、卫生间和炉子已经都不能使用。图片的标题是："洛列塔·佩里：我的生活与他们无关"。

"看看他们怎样对待这位可怜的老人，"萨布琳娜说，"他们要把她赶出房子，然后把房子拆掉！那些市政稽查员也不替别人想想，报上说洛列塔·佩里夫人以前经常帮助别人，为什么没人帮帮她？"

"萨布琳娜，你忽略了一点，"路易斯答道，"佩里夫人违反了 30 项房屋建筑规范标准。法律规定必须保持房屋清洁，修缮良好。"

"但是她年纪太大了，她需要帮助。她说如果把她的房子拆掉，她的日子就到头了。"

"市政稽查员不是不通人情的，萨布琳娜。佩里夫人太固执了，拒绝按照法律行事。如果不拆掉她的房子，那么不仅威胁到她自己，而且，假如她家发生火灾，对邻居也很危险。你和旁边的人们住在一起，就不能说别人的事与你无关。"

"你无论如何都不能推倒别人的房子！"萨布琳娜生气地说，"她的朋友和邻居为什么不来帮她修修房子？路易斯，你很无情！"

萨布琳娜和路易斯的讨论表明，认知发展和社交经验的积累使青少年更深刻地理解较大范围的社会结构，即社会机构和法律体系，这影响着道德责任感。随着对社会事务知道得越来越多，青少年形成了一些新的想法，即当人的需求与别人的期望相冲突时，应该怎么办。相应地，他们在解决道德问题上越来越公正、平等和平衡。

1.科尔伯格的道德发展理论

皮亚杰早期关于儿童道德判断的研究启发

了劳伦斯·科尔伯格关于道德理解的更全面的认知发展理论。科尔伯格采用的是临床访谈法，给 10~16 岁的白人男孩呈现带有假设的道德两难问题（涉及两种道德价值观冲突的故事），让他们判断主人公会怎样做，为什么会那样做。然后对这些被试进行追踪，在以后的 20 年中，每隔 3~4 年对他们进行一次回访。科尔伯格的两难情境以"海因茨两难问题"最著名。在互相对立的两种价值观当中，一种是遵守法律（不偷窃），一种是生命价值至上（挽救濒死者）。

在欧洲，有一位妇人患上了癌症，濒临死亡。医生告诉她的丈夫海因茨，有一种药可以救他妻子的生命。镇上的一个药商进了这种药，但是他的开价是进药成本的 10 倍。病人的丈夫海因茨四处奔走，向熟人借钱，但是只借到了药钱的一半。药商既不降价，也不赊账。海因茨被逼无奈，只得在夜里破门而入，偷了那种药来救他的妻子。海因茨应该那样做吗？为什么？（引自 Colby et al., 1983, p. 77）

_414_

科尔伯格认为，决定着道德成熟性的，是面临两难时一个人说出的原因，而不是回答的内容（偷药或不偷药）。处于科尔伯格所说的前四个道德认识阶段的人中，既有人认为海因茨应该偷药，也有人认为不应该偷。只有到了道德认识的两个最高阶段，道德推理和道德内容才被归结为一个统一的伦理系统 (Kohlberg, Levine, & Hewer, 1983)。面临着对遵守法律和保护人权的选择，道德思维水平最高的人赞同保护人权（在海因茨两难问题中，赞同为拯救生命而偷药）。这使我们想起，青少年在建构其同一性的过程中，一直在努力形成一套稳定而协调的个人价值观。有研究者认为，同一性和道德观的发展是同一过程的一部分 (Bergman, 2004; Blasi, 1994)。

（1）科尔伯格的道德认识阶段

科尔伯格把道德发展分为三个水平，每个水

平有两个阶段，共六个阶段。他认为，促进道德认识的因素与皮亚杰所说的决定认知发展的重要因素一样，即：主动地思考道德问题，找到自己当前推理中的弱点；观点采纳方面的收获，这使人能以更有效的方式解决道德冲突。

前习俗水平 (preconventional level)，道德是外控的。儿童接受权威人物的规则，根据后果对行为做出判断。受到惩罚的行为就是坏行为，受到赞扬的行为就是好行为。

阶段1：惩罚与服从定向。儿童很难同时考虑到道德两难问题中的两种观点。因此，他们会忽视人的行为意图，害怕权威，回避惩罚，把这些当作判断行为是否道德的理由。面对海因茨两难问题，反对偷药的人会说："如果你偷了药，你就会去坐牢，或者在警察追捕你的恐惧中生活。"

阶段2：工具性的目标定向。儿童意识到，人们对道德两难问题会有不同的看法，但这种认识是非常具体的。他们把正确行为看作符合个人利益的行为，把互惠理解为平等交换喜欢的东西："如果你帮我，我就帮你。"如果他们赞成海因茨偷药，那么是因为"他就能让他妻子继续陪伴他了"。

习俗水平 (conventional level)。人们认为遵守社会规则很重要，但原因不是出于个人利益。他

这个女青年正在帮助一个幼儿爬上游乐园的攀登架。如果她希望得到回报，她就处在科尔伯格的前习俗水平。如果她以理想互惠原则为指导，也就是"待人如待己"，她就达到了习俗水平。

们相信维持现有的社会体系可以保证良好的人际关系和社会秩序。

阶段3："好孩子"定向或人际合作道德。遵守规则的愿望因为可以促进社会和谐，所以开始出现在紧密的人际联系背景中。处于阶段3的人希望通过做个"好人"——可信、助人和善良——来维持与朋友、亲属的关系。他们运用递归思维（见第9章边页312），从公正的、旁观者的角度看待人际关系的能力，支持了这种新的道德倾向。在这一阶段，个体可以理解理想的互惠。他们对别人的关心和对自己的关心是一样的，这是一种公平的标准，可以用一条黄金规则来概括："当别人需要帮助而你有能力帮助的时候，你就应该帮助。"支持海因茨偷药的人可能会说："如果你这么做，你的家人就会认为你是个体面、关心人的丈夫。"

阶段4：维护社会秩序定向。在这一阶段，人们考虑到一个更大的问题——社会法律。道德选择不再取决于跟别人的亲密关系。规则必须按照人人平等的原则来执行，社会上每个人都有义务维持这些规则。到达阶段4的个体认为法律不可违背，因为它对社会秩序和人们之间的合作关系至关重要。有人可能会说："海因茨和其他人一样，有遵守法律的义务。如果允许他在困难情况下违法，那么别人也会认为他们可以这么做。那样，社会就会混乱，而不再是一个守法的社会。"

后习俗水平或原则水平 (postconventional level or principled level)。人们开始超越对社会规则和法律毋庸置疑的支持态度。他们把道德定义为放之四海而皆准的抽象原则和价值观。

阶段5：社会契约定向。到达阶段5的人认为，法律和规则是用来实现人类目标的灵活的工具。他们能够设想改变自己所在社会的秩序，强调采用公平的程序来解释和改变法律。如果法律符合大多数人的权益，那么，每个人都应该遵守，这样做的原因出于社会契约定向——自由、自愿地投身于一种法律体系，因为与没有这个体系相比，有这个体系能给多数人带来好处。支持海因茨偷药的人可能会解释说："虽然法律禁止偷药，但这并不意味着可以侵犯一个人的生命权。如果海因茨被起诉，那么法律需要重新解释，以考虑到人们继续生存的天赋权利。"

阶段6：普适伦理原则定向。到达这一阶段的

415

人判断行为是否正确，根据的是自己选择且适用于所有人的良心伦理原则，而无论法律和社会契约如何。这些价值观是抽象的，比如尊重每个人的价值和尊严。例如，有人为海因茨辩护说："把保护财产凌驾于对生命的尊重之上，这是错误的。人们即使没有财产，也可以在一起生活。尊重人的生命是一种美德，在一个人面临死亡时，所有人都有拯救的义务。"

（2）关于科尔伯格的阶段顺序的研究

科尔伯格最初的研究以及其他追踪研究证实，除少数例外，多数人都按照预期的顺序，依次通过前四个阶段 (Boom, Wouters, & Keller, 2007; Dawson, 2002; Walker & Taylor, 1991)。道德发展是缓慢和渐进的：在青少年早期，阶段 1 和阶段 2 的推理开始下降；到青少年中期，阶段 3 的推理先增加后下降；从十几岁到接受大学教育的年轻人，阶段 4 的推理逐渐成为典型反应。

很少有人能超越阶段 4。事实上，后习俗水平的道德非常罕见，因为没有足够的证据证明在科尔伯格说的阶段 5 之后存在着一个阶段 6。这对科尔伯格的理论是一个重大挑战：如果一个人必须达到阶段 5 和阶段 6，才能被看作道德上成熟，那么几乎没有多少人能达到标准！对科尔伯格理论的重新检验发现，道德的成熟在修订以后在对阶段 3 和阶段 4 的理解中已经存在 (Gibbs, 2014)。这些阶段并不像科尔伯格所说的那样，处于以约定俗成为基础的习俗水平，而需要深刻的道德建构——把理想互惠看作人际关系的基础（阶段 3），以及为了使道德标准被更广泛地接受，而制订相应的规则和法律（阶段 4）。从这种角度来看，后习俗水平的道德只是少数受过良好教育——通常是哲学教育的人的一种高度反省式的道德。

请想想你最近在生活中遇到的道德两难问题。现实生活中的冲突经常使人们的道德推理低于他们的实际能力，因为它涉及很多现实的顾虑。虽然青少年和成人认为，推理是他们在解决两难问题时最常用的方法，但他们也提到另一些方法，例如，和别人一起讨论，凭直觉或诉诸宗教和灵性。人们的报告中常提到，他们感到精疲力竭、困惑、被诱惑折磨——这都是道德判断的情感方面，不是由假设的故事情境引发的 (Walker, 2004)。

假设的两难困境引发了道德思维的上限，因为它使人们在不受个人风险干扰的情况下进行反思。

情境因素对道德判断的影响说明，像皮亚杰的认知阶段一样，科尔伯格的道德阶段是组织松散、相互重叠的。人的道德反应不是以一种整齐划一、步步为营的方式发展的，而是随着环境的不同，在一个范围之内变化的。随着人的年龄增长，这个范围会逐渐抬高，比较不成熟的道德推理逐渐为比较成熟的道德思维所取代。

2. 道德推理是否存在性别差异

如上所述，当面对现实生活中的道德两难问题时，情感会对道德判断产生影响。你可以回想在本节开始的讨论中，萨布琳娜在表达自己的道德观点时是怎样聚焦于对别人的关心和帮助的。很多研究者质疑科尔伯格只根据对男性的访谈就提出了他的理论，不足以代表女性道德，其中以卡罗尔·吉利根 (Carol Gilligan, 1982) 尤为出名。吉利根认为，女性道德强调一种"关怀的伦理"，而这在科尔伯格的理论中是被低估的。例如，萨布琳娜的推理处于阶段 3，因为这一阶段的基础是人与人之间的相互信任和友情；而路易斯的道德发展处于阶段 4，因为他强调应遵守法律。在吉利根看来，在道德判断中，对别人的关心不同于强调毫无人情味的权利，但是前者的重要性不亚于后者。

很多研究验证了吉利根的论断，即科尔伯格的方法低估了女性的道德成熟度。多数人并不支持吉利根的论断 (Walker, 2006)。无论是在假设的还是在真实的道德情境中，青少年和成年女性的推理能力都和男性一样高，甚至略高于男性同龄者。而且，公正与关怀这两个主题都出现在男女两性中。女性确实把人际关注看得更重要，但她们却没有在科尔伯格的评价系统中被降级 (Walker, 1995)。这些结果表明，虽然科尔伯格的理论把公正而非关怀作为最高的道德理想，但是他的理论却触及了这两套价值观。

一些证据表明，虽然男性和女性的道德观同时符合两种取向，但女性确实倾向于强调关怀，而男性要么强调公正，要么同时关注公正和关怀 (You, Maeda, & Bebeau, 2011)。所强调内容的这种差异，在现实生活中比在假设的两难困境中出现 *416*

得更多，可能反映了女性更多地参与涉及关怀和照顾他人的日常活动。

环境会深刻影响关怀取向。一项研究给18～38岁的大学生呈现了三个版本的道德两难问题，每个版本中的主人公对于大学生来说熟悉程度不同：一是课堂上一个亲密的朋友，二是班上一个"有点认识"的同学，三是未说明关系的一个同班同学 (Ryan, David, & Reynolds, 2004)。当被问及他们是否会冒着作弊风险，把最近完成的作业借给这个有可能该学科不及格的主人公时，男性和女性都在涉及那个亲密朋友而不是那个关系疏远的同学时，做出了更关心的回答。性别差异只出现在未说明关系的那个主人公的情况下，对那个人，女性表达了更关心的态度，因为她们愿意和别人建立更密切的关系，因此期望和那个同学建立互相熟悉的关系。

3. 对道德、社会常规和个人权益的协调

青少年的道德进步还体现在他们对道德、社会常规和个人权益的推理上。在西方和非西方多个文化中，对个人选择问题的关注在青少年时期得到加强，这反映了青少年对同一性和独立性的追求 (Rote & Smetana, 2015)。由于青少年坚决要求父母不要干涉他们的个人私事（衣着、发型、日记、友谊），因此这些问题上的争论也越来越多。经常被父母干涉私事的青少年会表现出更大的心理压力。但是青少年大多会说，父母有权在道德和社会常规问题上告诉他们该怎样做 (Helwig,

波士顿的青少年抗议公共交通票价上涨，主张对年轻人实行优惠票价。他们希望社会政策保护人民，包括保护他们自己。

Ruck, & Peterson-Badali, 2014)。当在这些问题上出现分歧时，青少年不大会挑战父母的权威。

随着青少年扩大他们认为是个人私事的范围，他们会更专心地思考个人选择与社会义务之间的冲突。例如，是否允许，以及在什么条件下允许限制言论、宗教、婚姻、群体成员资格和其他个人权利。当被问及以种族或性别为由，把一个孩子排除在同伴群体之外是否合适时，四年级学生大多认为，这种排除总是不公平的。但是到了十年级，虽然年轻人对公平越来越关注，但他们认为，在某些情况下——例如，亲密关系（友谊）和私人场合（在家或小俱乐部），在性别而不是种族问题上——排斥是可以接受的 (Killen et al., 2002, 2007; Rutland, Killen, & Abrams, 2010)。他们的解释理由一是个人选择权，二是群体能否有效发挥机能。

随着青少年逐渐把个人权利与理想互惠原则加以整合，他们要求把对自己的保护推及他人。例如，年长的高中生比年轻时更有可能相信，男女同性恋青少年有权在学校不被歧视，他们的道德推理是"我们应该像希望别人对待自己那样对待别人" (Horn & Heinze, 2011)。随着年龄增长，青少年越来越多地维护政府的权力，为广大公众利益而限制一些做出危害健康行为的个人自由，如吸烟和饮酒 (Flanagan, Stout, & Gallay, 2008)。

同样，青少年也越来越注意到，道德要求与社会常规之间是重叠的。他们最终懂得，违反被严格要求的常规，例如穿着 T 恤衫出席婚礼，在学生理事会议上说一些文不对题的话，可能会伤害到他人，要么会引起痛苦，要么会破坏公平待遇。随着年轻人对公平的理解加深，他们逐渐知道，许多社会常规具有道德含义，它们对于维持社会的公正、和平也很重要 (Nucci, 2001)。请注意，这种理解差不多符合科尔伯格的阶段 4，这一阶段通常在青少年期接近尾声时才能达到。

4. 道德推理的影响因素

青少年的道德观受到很多因素的影响，包括父母教育方式、同伴互动、学校教育和文化等等。越来越多的证据证明了科尔伯格的观点，这些经验之所以能发挥作用，是因为它们使青少年面临认知挑战，促使他们以更复杂的方式来思考道德问题。

（1）家庭教育

在道德认识方面进步最大的青少年，其父母会参与道德讨论，鼓励亲社会行为，坚持尊重和公平地对待他人，会敏感地倾听孩子的话，询问并澄清问题，提出较高层次的推理，创造出一种良好的教育氛围 (Carlo, 2014; Pratt, Skoe, & Arnold, 2004)。在一项研究中，研究者询问 11 岁的儿童，他们认为成年人会说什么来证明道德要求的正当性，比如不说谎、不偷盗或遵守诺言。结果发现，如果父母和蔼热情、严格要求又健谈，那么其子女比其他儿童更可能指出理想互惠的重要性。例如，他们可能对孩子说："如果我对你做这些坏事，那么你是不会高兴的。"(Leman, 2005)

417　（2）同伴互动

在同伴互动中，大家各抒己见，说出不同观点，对道德认识有促进作用。通过这种互动，青少年学会谈判和妥协，意识到社会生活可以建立在平等合作的基础上。报告有更多亲密友谊和更经常与朋友交谈的青少年在道德推理方面进步更大 (Schonert-Reichl, 1999)。朋友之间的关系和亲密感可以促进大家在取得一致的基础上做出决定，要提高青少年对公平、公正的理解，这一点很重要。

第 10 章讲到，群体间的联系，即跨种族的友谊以及学校和社区中的互动，可以减少种族偏见。它还在道德上影响着青少年，使他们相信，种族、性取向和其他形式的同伴排斥是错误的 (Horn & Sinno, 2014; Ruck et al., 2011)。

对道德问题的同伴讨论和角色扮演，可以为旨在提高中学生和大学生道德理解的干预提供基础。要使这些讨论有效，青少年必须高度参与，对抗、批评、阐明各自的观点，就像萨布琳娜和路易斯就佩里夫人的困境激烈争论那样 (Berkowitz & Gibbs, 1983; Comunian & Gielen, 2006)。由于道德认识的成熟是一个渐进过程，因此通常需要经过数周或数月的同伴互动才能产生道德认识上的改变。

（3）学校教育

实行非歧视和反欺凌政策的中学，以及支持少数群体权利的学生组织（如同性恋 - 异性恋联盟），有助于青少年对歧视问题的道德推理。一项研究发现，实行这种政策的学校的学生比不实行这种政策的学校的学生更可能认为排斥和骚扰同性恋同伴是不公平的 (Horn & Szalacha, 2009)。创造公平和尊重的课堂氛围的教师，其影响不可小视。与经历过不公平待遇（随便被留校或得低分）的十年级学生相比，认为自己受到教师公平待遇的学生，更可能把因种族而排斥同学的行为看作不道德的 (Crystal, Killen, & Ruck, 2010)。学校如果明确地向学生宣告，偏见和骚扰会造成伤害，就能引导学生从道德角度对这些行为进行反思。

一个人在校学习的时间越长，道德推理就会发展到科尔伯格所定义的越高的阶段 (Gibbs et al., 2007)。大学环境的影响力尤其大，因为它使年轻人接触到超越个人关系的社会问题，进而接触到更多的政治和文化群体问题。这种观点得到了研究的证实，大学生报告说，他们的观点被采纳机会越多，例如上课时不同意见可以自由讨论，他们就越能意识到社会的多样性，也越能促进他们的道德推理 (Comunian & Gielen, 2006; Mason & Gibbs, 1993a, 1993b)。

（4）文化

工业化国家的人们能比农耕社会的人们更快地通过科尔伯格所定义的阶段，能够达到的阶段也更高，农耕社会很少有人能超越阶段 3。对这种文化差异，一种解释是，在农耕社会中，道德合作是以人与人之间的直接联系为基础的，不支持道德观向更高阶段（阶段 4~6）发展，因为较高阶段的道德依赖于对更大社会结构的作用的认识，比如对法律和政府机构的作用的认识 (Gibbs et al., 2007)。

文化差异的第二个可能原因是，相对于北美和西欧，在高度重视相互依赖的乡村社会和某些工业化社会中，对道德困境的反应更有针对性 (Miller & Bland, 2014)。对日本青少年的研究表明，已经稳定地把关怀和公正整合起来进行推理的男女青少年，都更重视关怀，他们认为这是一种公共责任 (Shimizu, 2001)。在印度进行的研究也显示，即使是上过大学的人（预期已经达到科尔伯格的道德认识阶段的阶段 4 和阶段 5），也把解决道德困境视为整个社会的责任，而不是一个人的

责任 (Miller & Bersoff, 1995)。

这些研究提出了一个问题:科尔伯格的最高道德发展水平是否仅代表一种具有文化特定性的思维方式——这种思维方式仅限于强调个人主义、看重人的内心和私人良知的西方社会? 对 100 多项研究的一篇综述显示,在不同社会中,年龄趋势与科尔伯格的阶段 1 到阶段 4 相符合 (Gibbs et al., 2007)。这说明,以公正为基础的道德普遍出现在各种不同文化背景的人们对道德两难问题的反应中。

5. 道德推理与行为

认知发展理论的一个核心假设是,道德认识应该影响道德行为。根据科尔伯格的观点,成熟的道德思维者意识到,按照自己的信念行事,对创建和维护一个公正的社会非常重要 (Gibbs, 2014)。有研究为这一观点提供了支持:处于较高道德认识阶段的青少年,亲社会行为比较多,如帮助、分享、保护不公平行为的受害者、在社区做志愿者等 (Carlo et al., 2011; Comunian & Gielen, 2000, 2006)。他们较少做出欺骗、打架和其他反社会行为 (Raaijmakers, Engels, & van Hoof, 2005; Stams et al., 2006)。

但是,成熟的道德推理与行为之间只有中度的相关。如前所述,道德行为还受到认知之外的许多因素的影响,如共情、同情和内疚等情感,气质的个体差异,以及影响道德决策的文化经验和直觉想法。与儿童相比,青少年大多表示,他们在做出违反道德的行为后会产生消极情绪,而在做出符合道德的行为后会体验到积极情绪 (Krettenauer et al., 2014)。随着时间推移,青少年做出的道德决定和所预期的情感将得到更好地协调,从而增强他们的道德行为动机。

道德同一性 (moral identity)——道德在自我概念中处于核心地位的程度,也会影响道德行为 (Hardy & Carlo, 2011)。一项研究考察了低社经地位的非裔和拉美裔青少年,在他们的自我描述中,强调道德品质和目标的人,表现出很高的社区服务水平 (Hart & Fegley, 1995)。让 10~18 岁的青少年对一些道德品质做出评价,根据的是他们所反思的每一类人是不是他们想成为的人,结果显示,那些具有明确的道德理想自我的青少年,都被其

在日本这个高度重视相互依赖的国家,对道德困境的回应往往强调关怀是一种公共责任。这些高中生在对被 2011 年海啸摧毁的一所学校的追悼会上表达了他们全体学生的同情心。

父母评价为在行为上更有道德、更利他 (Hardy et al., 2012)。

研究者正在查明有助于道德同一性发展的因素,希望利用这些因素来促进道德行为。某些教育方法,如引导法(见第 8 章边页 267)和明确表达的道德期望,可以增强青少年的道德同一性 (Patrick & Gibbs, 2011)。此外,在社区服务中表现出道德行为,可以增强青少年的自我理解,从而促进其更明确的道德同一性,并加强其道德动机 (Matsuba, Murzyn, & Hart, 2014)。正如本节的"社会问题→教育"栏目所揭示的,公民参与可以帮助年轻人懂得个人利益与公共利益之间的联系,这是可以促进各方面道德发展的一个启示。

6. 宗教信仰与道德发展

前面讲过,在面临现实生活中的道德困境时,很多人提到宗教和灵性。过去十年里,不信仰宗教的美国成人的比例有所上升,但仍有大约 70% 的美国人认为,宗教在他们的生活中非常重要。相比之下,加拿大和德国的这一比例为 50%,英国的这一比例为 40%,瑞典的这一比例为 30%,因此美国是最具宗教信仰的西方国家 (Pew Research Center, 2012, 2015a; Pickel, 2013)。在经常参加宗教活动的人当中,有很多是带着孩子的父母。但随着青少年寻找对自己有意义的同一性,正式皈依宗教的青少年比例下降:美国 13~15 岁的青少年信仰宗教的比例为 55%,但到 18 岁时,这一比例降低到 36% (Pew Research Center,

在教堂唱诗班唱歌给了这些年轻人一种与他们的信仰相联系、与拥有相同价值观的成人和同龄人相联系的感觉。参与宗教活动的青少年更有可能参与社区服务活动，并表现出负责任的学习和社会行为。

2010c, 2015a)。

但是，继续留在宗教社团的青少年，其道德价值观和道德行为都更有优势。相对于未入教的青少年，他们更多地参与帮助穷人的社区服务活动 (Kerestes, Youniss & Metz, 2004)。参与宗教活动使负责任的学习与社会行为增多，不良行为有所减少 (Dowling et al., 2004)。参加宗教活动还与低水平的吸毒、饮酒、早期性行为和反社会行为 相 关 (Good & Willoughby, 2014; Salas-Wright, Vaughn, & Maynard, 2014)。

导致这些积极结果的，有多种因素。一项针对城市贫民区中学生的研究发现，经常参加宗教活动的学生更多地报告说，他们与自己的父母、其他成人和世界观相近的朋友建立起了互相信任的关系。他们在这一网络中与别人共同参加的活动较多，他们的共情分数和亲社会行为分数较高 (King & Furrow, 2004)。而且，宗教活动引导青少年关心他人，使他们有更多的机会参与道德讨论和公民事务。感觉自己与圣贤有联系的青少年可能会形成一种内在力量，包括自我效能感、亲社会价值观和强烈的道德同一性，这有助于他们把自己的思想转化为行动 (Hardy & Carlo, 2005; Sherrod & Spiewak, 2008)。

必须承认，有些宗教和政治宣传向人们传达了对少数族裔的成见和偏见，这对青少年的道德成熟很不利。

一些邪教将被社会疏离的青少年作为潜在招揽对象，大肆向他们灌输其群体信仰，离间他们的社会关系，压抑他们的个性，几乎干扰了青少年的所有发展任务，包括道德进步 (Scarlett & Warren, 2010)。虽然宗教团体可能适合培养青少年的道德和亲社会行为，但并不是所有的宗教团体都能做到这一点。

专栏 社会问题—教育

419

公民参与的发展

感恩节那天，儒勒、马丁、路易斯和萨布琳娜同他们的父母一起为穷人准备了一顿节日晚餐。在这一年里，萨布琳娜每个星期六早上都在一家疗养院做义工。在一次国会竞选活动中，这四个青少年在与候选人共同参加的特别青年会议上提出了有关问题。在学校，路易斯和他的女朋友凯茜成立了一个致力于促进种族宽容的组织。

这几个年轻人的表现就是公民参与——一种认知、情感和行为的结合。公民参与包括对社会和政治问题的了解、对社会变革的行动以及实现公民目标的能力，例如怎样公平地对待持有不同观点的人 (Zaff et al., 2010)。

年轻人在参与社区服务的过程中，接触到很多需要帮助的人，关注到很多公共问题，他们特别有可能表

示愿意以后继续参加这种社区服务。而那些在道德理性方面有进步的青年志愿者，在道德成熟度方面取得了更大的进步 (Gibbs et al., 2007; Hart, Atkins, & Donnelly, 2006)。家庭、学校和社区经历都会影响到青少年的公民参与。

1. 家庭影响

如果青少年的父母强调同情不幸的人，要多参与社区服务，这些青少年就往往持有对社会负责任的价值观。当问他们失业或贫困的原因是什么时，这些青少年通常会提到环境和社会因素（缺乏教育、政府政策或经济状况），而不是个人因素（智商低或个人问题）。而那些支持环境和社会事业的年轻人有更多的利他主义生活目标，比如消除贫困或为子孙后代而保护地球 (Flanagan &

Tucker, 1999)。

　　父母对社会问题的公开沟通、讨论和以身作则的公民参与，会影响到青少年子女的公民参与和行为 (van Goethem et al., 2014)。这些年轻人不仅自愿这样做，而且会持之以恒。

2. 学校和社区影响

　　在学校影响方面，创造民主氛围，如教师提倡对有争议的问题开展互相尊重的讨论，有助于培养青少年对社会和政治问题的了解和批判性分析，并促进青少年积极参加以公民为目的的组织 (Lenzi et al., 2012; Torney-Purta, Barber, & Wilkenfeld, 2007)。此外，如果青少年把自己所在社区看作成年人关心青少年并努力使社区变得更好的地方，他们就会有更积极的公民参与 (Kahne & Sporte, 2008)。如果在学校参与的课外活动的主要目标是引导本组织之外的社会变革，那么，它就与持续到成年期的公民参与相关 (Obradović & Masten, 2007)。

　　这些活动之所以影响深远，有两个原因。首先，它们向青少年展现了成熟的公民参与所需的视野和能力。参与学生小政府、政治和职业俱乐部、学生服务组织、学校校报和年鉴编辑部的青少年会看到，自己的行为怎样在学校和社区产生了深远影响。他们意识到，集体行动可以取得比单打独斗更大的成果。他们学会一起工作，用妥协来平衡强烈的不同意见 (Kirshner, 2009)。其次，在从事这些活动的同时，青少年也在探索政治和道德理想。他们常常会重新定义自己的同一性，把帮助他人战胜不幸的责任包括进来，这进一步加强了公民参与 (Crocetti, Jahromi, & Meeus, 2012)。

一名高中生为一名临终关怀病人演奏音乐，这是他发起的服务项目的一部分。在社区做义工的青少年在道德上更成熟，也更可能在以后继续从事这样的服务。

　　美国多数公立学校为学生提供社区服务的机会。很多学校都有服务－学习项目，把服务活动融入学习课程。无论是被要求参加社区服务的中学生，还是以志愿者身份参加的中学生，都表达了继续参与的强烈愿望。这些学生进入成年早期后，仍可能积极投票并参与社区组织 (Hart et al., 2007)。

　　然而，大多数开展服务学习项目的美国学校，并没有鼓励或强制学生参与这类项目的政策。此外，社经地位低下的贫民区青少年上的学校和居住的社区中很少有接受公民培训的机会。不打算念大学的学生参加服务学习项目的积极性可能也较低。因此，这些青少年在公民知识和公民参与方面的得分显著低于高社经地位的中学生和大学生 (Lenzi et al., 2012; Syvertsen et al., 2011)。社会在培养公民品格方面，必须特别注意为这些年轻人提供来自学校和社会的支持。

7. 对科尔伯格理论的进一步挑战

420

　　尽管许多证据证实了道德的认知发展观，但科尔伯格的理论面临着重大挑战。最激进的反对意见来自这样一些研究者，他们认为跨情境的道德推理有很大的变异性，并且声称，科尔伯格的阶段顺序不能充分说明日常生活中的道德。这些研究者以一种实用主义的道德观来取代科尔伯格的阶段论 (Krebs, 2011)。他们断言，每个人在不同的成熟水平上做出道德判断，这取决于个体当前的处境和动机：当面临商业冲突时，可能引发阶段 2（工具性目的）的推理；当面临友谊或爱情矛盾时，可能引发阶段 3（理想的互惠）的推理；当面临违反契约的情况时，可能引发阶段 4（维护社会秩序）的推理。

　　根据实用主义的观点，日常的道德判断，而不仅仅是努力追求公正的道德判断，是人们用来实现其目标的实际手段。为了个人利益，他们必须与他人合作。但是，人们往往行动在先，然后再用道德判断把自己的行为合理化，不管其行为是自我中心的还是亲社会的 (Haidt, 2013)。有时，人们还用道德判断来达到不道德的目的，例如为自己的过失开脱。

　　实用主义观点是否正确？人们是否只有在自己毫发无损的情况下才去公平地解决道德冲突？认知发展观的支持者反驳道，人们经常会超越自身利益来捍卫他人权利。青少年和成人都很清楚，较高阶段的道德推理是更正确的，一些人不管环境怎样恶劣，还是会按照这样的推理去做。而那些突然做出利他行为的人，可能之前已经认真考虑过相关的道德问题，所以在关键时刻他们的道德判断被自动激活，从而引发即时反应 (Gibbs, 2014; Gibbs et al., 2009)。在这些情况下，那些在事后进行道德辩护的人，其实是经过深思熟虑才那样做的。

总之，道德的认知发展观对阐明我们深刻的道德潜力做出了很大贡献。虽有反对意见，但科尔伯格的核心假设——随着年龄增长，世界各地的人们对指导道德行为的公平和公正的认识越来越深刻——仍然具有强大的影响力。

思考题

联结　观点采纳方面的哪些进展有助于理解理想的互惠？为什么这种理解对于成熟的道德推理非常重要？

应用　塔姆生长在一个文化底蕴深厚的小乡村，莉迪亚生活在一个西方工业化城市。15 岁时，塔姆处在科尔伯格道德认识阶段的阶段 3，莉迪亚处于阶段 4。哪些因素造成了这种差异？

反思　你赞成道德研究的认知发展观还是实用主义观点，或者二者都赞同？用研究证据和个人经验进行解释。

四、家庭

12.6　讨论青少年期亲子关系和兄弟姐妹关系的变化

弗兰卡和安东尼奥记得他们的儿子路易斯上中学的第一年，那真是个困难时期。由于上班时间的要求，弗兰卡在晚上和周末经常不回家。在弗兰卡不在家的时候，由安东尼奥接管生意，但是生意不景气，他不得不削减五金店的开支，也没时间顾家了。就在这一年，路易斯和他的两个朋友利用他们的电脑知识侵入同学的电脑系统，盗版视频游戏软件。从此，路易斯的成绩一路下降，他经常离开家，也不说他去哪里。路易斯长时间坐在电脑前，亲子之间缺乏沟通，弗兰卡和安东尼奥感到非常担心。直到有一天，当弗兰卡和安东尼奥发现路易斯电脑桌面上的电子游戏图标时，他们才知道，他们的担心是有理由的。

青少年期的发展开始了对**自主性** (autonomy) 的追求，这是一种把自己看作独立的、自我管理的个体的意识。青少年自主性有两个重要方面：情感要素——更多地依靠自己，较少依靠父母的支持和指导；行为要素——仔细权衡自己的判断和别人的建议，独立做决定，找到令自己满意的、合情合理的行动路线 (Collins & Laursen, 2004)。但是，亲子关系对于帮助青少年成为自主、负责任的人仍然至关重要。

1. 亲子关系

青少年的自主性受到青少年身上发生的各种变化的支持。第 11 章讲到，青春期引起青少年与父母的心理疏离。由于青少年看起来越来越成熟，因此父母给予他们更多的自由去思考，去独立做决定，给予他们更多的机会调控自己的活动，也给予他们更多的责任 (McElhaney et al., 2009)。认知发展也打开了通向自主性的途径：青少年可以越来越有效地解决问题和做出决定。随着对社会关系的推理能力的提高，青少年开始对父母去理想化，把父母看作"普通人"。因此，他们不再像小时候那样，盲从父母的权威。不过，正如弗兰卡和安东尼奥与路易斯的插曲所揭示的，青少年仍然需要在危险情况下得到指导和保护。

（1）高效的家庭教育

回忆一下促进学习成绩提升、同一性形成和道德成熟的教育方式（第 11 章）。你会发现一个共同的主题：有效地教育青少年，在密切与疏离之间找到平衡。自主性是依靠关爱、支持的亲子关系培养的，这种亲子关系对成熟提出恰当要求，放飞年轻人去探索形形色色的思想和社会角色，这种探索要跨越不同的种族、社经地位群体、国籍和家庭结构（包括单亲、双亲和继父母家庭）。反过来，自主性的形成可以预测高度的自立、良好的自我调节、优异的学习成绩、积极的工作导向、高水平的自尊以及轻松地离开家庭完成向大学的过渡 (Bean, Barber, & Crane, 2007; Eisenberg et al., 2005; Supple et al., 2009; Vazsonyi, Hibbert, & Snider, 2003; Wang, Pomerantz, & Chen, 2007)。

相反，强迫式的、心理控制的父母会干扰自主性的发展。这种教育方法与自卑、抑郁、吸毒、酗酒以及反社会行为有关，而且这些结果会持续到成年早期 (Allen et al., 2012; Barber, Stolz, & Olsen, 2005; Lansford et al., 2014)。

观察与倾听

询问一个青少年及其父母对年轻人什么时候成熟到可以开始约会、注册一个脸谱网账号以及获得其他特权的看法。青少年和父母的观点有差异吗？

在第 2 章，我们把家庭描述为一个系统，家庭必须适应其成员的变化。青少年期身体和心理的快速变化引发了亲子之间互相矛盾的期望。前面还讲到，青少年对个人私事做出选择的兴趣增强。但是，父母在孩子进入青少年期尤其是青少年早期的时候，与孩子在对多大年龄给予某些特权的问题的看法上存在巨大差异，这些特权比如对穿着、学校课程、与朋友外出和约会等等的控制权 (Smetana, 2002)。父母应该与孩子形成一种合作关系，对孩子的日常活动进行持续监护。在这种合作关系中，青少年自愿公开信息，这与各种有利的结果——如预防犯罪、减少性活动、提高学习成绩和保持良好的心理健康——相联系 (Crouter & Head, 2002; Lippold et al., 2014)。

有效的家庭教育能平衡亲密和疏远，促进子女的自主性。虽然青少年受益于自由地探索形形色色的思想和自己做决定，但他们仍然需要指导和保护，以避免危险情况的发生。

（2）文化

在高度重视相互依赖的文化中，自主仍然是青少年的核心动机，但青少年对它的理解与西方国家不同。他们不把自主等同于独立决策，而是把它看作自我认可地做决定，即按照真实的个人价值观行动。一项针对中国城市和农村地区青少年的调查显示，独立地和"依赖"地（听从父母建议）做决定中的自我认可动机，都与高自尊和积极的人生态度有关 (Chen et al., 2013)。中国的青少年通常会接受父母的决定，因为他们重视父母的意见，而不是迫于压力才遵从。

来自强调服从权威文化的移民父母很难适应其青少年子女对独立决策的要求，往往对子女的不同意见做出强烈反应。随着子女学会西方主流文化语言，越来越多地接触个人主义价值观，移民父母可能对子女批评更多，促使他们的青少年子女越来越不愿意把家庭网络作为社会支持的来源，更少向父母暴露个人感受、同伴关系和潜在的高风险活动 (Yau, Tasopoulos-Chan, & Smetana, 2009)。由此产生的文化适应压力会导致自尊下降、焦虑、抑郁症状以及反常行为——包括酗酒和犯罪行为——增多 (Park, 2009; Suarez-Morales & Lopez, 2009; Warner et al., 2006)。

但是，多数移民家庭的青少年都实现了与父母充分的心理疏远，从而能够实现心理的健康发展 (Fuligni & Tsai, 2015)。与此同时，他们又能保持家庭文化所灌输的强烈的家庭责任感，灵活地

中国的青少年通常会接受父母的决定，因为他们重视父母的意见，而不是迫于压力才遵从。

平衡家庭责任与新社会所重视的自主追求。

（3）关系重组

在整个青少年期，亲子关系的质量都是唯一能稳定地预测心理健康的指标 (Collins & Steinberg, 2006)。亲子之间轻微到中等的矛盾可以帮助家人学会说出并容忍不同意见，可以促进青少年的同一性和自主性的发展。这些矛盾还会帮助父母了解孩子不断变化的需求和期望，这意味着亲子关系需要调整。

到了青少年中后期，亲子的和谐互动逐渐增加。西方青少年与父母一起参与活动的时间减少，美国青少年与父母一起参与活动的时间大约比小学期减少三分之一，但这与亲子冲突几乎没有关系。虽然西方青少年有大量的空闲时间，平均而言，几乎占他们清醒时间的一半 (Larson, 2001; Milkie, Nomaguchi, & Denny, 2015)，但是，他们大多把这些空闲时间用于家庭之外的活动，如兼职工作、休闲和志愿者活动，以及和朋友在一起。

亲子活动的类型比在一起的时间长短更重要。一项针对中产阶级白人家庭的调查显示，共同进行休闲活动和一起吃饭（尤其是和父母一起）可增强青少年的幸福感 (Offer, 2013)。这种活动可能给父母和青少年子女提供了更多的机会，让他们可以在轻松的气氛中讨论重要的问题，表达共同的价值观。

但是，青少年待在家里的时间减少并不是普遍现象。一项研究显示，低收入或中等收入阶层的非裔城市青少年与家人相处的时间并没有减少，这是看重相互依赖和家庭亲密感的文化的典型模式 (Larson et al., 2001)。此外，居住在危险街区的青少年往往对父母更信任，如果父母对他们严格管控，不让他们从事令人担心的行为，他们的适应就会更好 (McElhaney & Allen, 2001)。处于不利环境中的青少年，往往把父母对其自主性的限制看作父母对他们的关心。

2. 家庭环境

弗兰卡、安东尼奥和他们的儿子路易斯的经历提示我们，成人的生活压力会干扰其温暖、积极的家庭教育，也会在儿童发展的各个时期给儿童的适应带来不利影响。但是那些经济上有保障、没有工作压力、对婚姻满意的父母，通常更容易给予青少年适当的自主权，与青少年之间的冲突也更少 (Cowan & Cowan, 2002)。当弗兰卡和安东尼奥的工作压力得到缓解后，他们意识到路易斯需要更多的关心和指导，他们的问题也就解决了。

在少数父母－青少年子女关系有严重问题的家庭中，大多数困难始于童年期 (Collins & Laursen, 2004)。前几章曾讲到给青少年带来挑战的家庭状况，如经济困难、离婚、单亲家庭、混合家庭和虐待儿童。尽管有家庭压力，但发展良好的青少年继续受益于早年培养复原力的因素：有吸引力的、随和的性格；既关爱又有高期望的父母；在缺乏父母支持的情况下，与家庭之外关心青少年福祉的亲社会成人之间的联系 (Luthar, Crossman, & Small, 2015)。

3. 兄弟姐妹

像亲子关系一样，青少年期的兄弟姐妹互动也发生了变化。随着弟弟妹妹逐渐自立，哥哥姐姐对他们的指导越来越少。此外，由于青少年越来越多地投入朋友和恋爱关系中，他们在兄弟姐妹身上花的时间和精力会减少，而兄弟姐妹是他们试图建立自主关系的家庭的一部分，因此，无论是积极的还是消极的情感，兄弟姐妹关系都会越来越松散 (Kim et al., 2006; Whiteman, Solmeyer, & McHale, 2015)。

但是，对多数青少年来说，兄弟姐妹之间的依恋关系仍然很强。总体而言，在幼儿期建立积极关系的兄弟姐妹，会继续表现出更多的情感和关怀，这有助于更顺利的青少年期适应，包括努力学习、共情和亲社会行为 (Lam, Solmeyer, & McHale, 2012; McHale, Updegraff, & Whiteman, 2012)。相反，兄弟姐妹间的消极情绪，如频繁的冲突、强迫性的交流和攻击，与内化症状（焦虑和抑郁）和外化困难（行为问题、欺凌和吸毒）有关 (Criss & Shaw, 2005; Solmeyer, McHale, & Crouter, 2014)。

文化也影响青少年兄弟姐妹关系的质量。例如，拉美裔的家庭主义文化理想，高度重视紧密的家庭关系，培养和谐的兄弟姐妹关系。在一项研究中，表现出强烈的墨西哥文化倾向的墨裔美国青少年，比倾向于美国个人主义价值观的美国青少年，能更好地合作解决兄弟姐妹冲突 (Killoren, Thayer, & Updegraff, 2008)。

五、同伴关系

12.7 描述青少年的朋友、同伴群体、约会关系及其对发展的影响

随着青少年与家人在一起的时间越来越少，同龄人变得越来越重要。在工业化国家，青少年每个工作日的大部分时间都和同学待在学校，课外也有很多时间和同学待在一起。在下面的部分，我们将看到，在最佳状态下，同伴是家庭与成人社会角色之间的重要桥梁。但是，就像父母和兄弟姐妹关系一样，同伴关系的质量以及对青少年幸福感和适应能力的影响也各不相同。

1. 友谊

"最好的朋友"的数量，从青少年早期的 4~6 个，减少到成年期的 1~2 个 (Gomez et al., 2011)。同时，这种关系的性质也在改变。

（1）青少年友谊的特点

当询问青少年友谊的意义时，他们说出了三个特点。第一个也是最重要的特点是亲密，即心理上的亲密。支持亲密的是第二个特点，即相互理解对方的价值观、信仰和感觉。第三个特点是，青少年比幼儿更希望他们的朋友忠诚——维护朋友，不会为了别人而离开朋友 (Collins & Madsen, 2006)。

青少年对亲密友谊的强烈渴望可以解释，为什么他们说朋友是社会支持的最重要来源 (Brown & Larson, 2009)。青少年时期，随着坦率和忠诚越来越被强调，朋友之间的自我表露（分享个人的想法和感受）也会增多。因此，青少年的朋友会更了解彼此的个性。除了许多共同特点（见第 10 章边页 346），青少年朋友在同一性状态、受教育目标、政治理念、抑郁症状、吸毒和从事违法行为的意愿等方面都很相似。随着时间推移，他们在这些方面变得越来越相似，并且越相似，其友谊就可能越持久 (Bagwell & Schmidt, 2011; Hartl, Laursen, & Cillessen, 2015)。不过，青少年偶尔也会选择持不同态度和价值观的朋友，这使他们能够在和谐的关系中了解不同观点。

在青春期，朋友之间的合作和相互肯定会增加，而消极互动会减少。这些变化反映出他们在维护友谊关系方面能力更强，对朋友的需求和欲望更敏感 (De Goede, Branje, & Meeus, 2009)。与小学生相比，中学生对朋友的控制欲也有所下降 (Parker et al., 2005)。在希望自己拥有一定自主权的同时，他们懂得，朋友也需要这种自主权。

（2）友谊质量的性别差异

如果请几个青少年说说他们的亲密友谊，就会发现，女孩之间的情感亲密性比男孩之间更普遍 (Hall, 2011)。女孩聚在一起通常"只是聊天"，她们的互动中有很多自我表露和相互支持的言辞。相比之下，男孩在一起更多的是参加活动，通常是体育活动和竞争性游戏。男孩的话题离不开体育运动和在校学习成绩，涉及更多的竞争和冲突 (Brendgen et al., 2001; Rubin, Bukowski, & Parker, 2006)。

由于性别角色的期望，女孩的友谊通常关注公共利益，而男孩的友谊通常关注成就和地位。虽然男孩也会建立亲密的友谊关系，但他们友谊

的质量变化多端。如果让来自低收入家庭的不同种族的男孩说说他们的友谊，非裔、亚裔和拉美裔男孩比白人男孩更多地提到亲密关系、相互支持和自我表露。但随着少数族裔男孩从青少年中期过渡到青少年晚期，很多人表示，与朋友的亲密度有所下降 (Way, 2013)。他们的评论揭示出，男性成见，即强硬和冷漠，会干扰这种亲密联系。但是因为拉美文化重视男性朋友之间的情感表达，所以拉美裔男孩比其他族群的男孩更可能拒绝遵从性别成见 (Way et al., 2014)。如果引导男孩从亲密朋友那里获益，那么对性别成见的抵制始终与更好地适应有关。

不过，亲密友谊是有代价的。当青少年陷入更深层次的思维和情感时，往往会陷入共同反思，或者反复地想到问题和消极情感，并且女孩比男孩更容易这样做。共同反思在提高友谊质量的同时，还可能引起焦虑和抑郁，这在女孩中很常见 (Hankin, Stone, & Wright, 2010; Rose et al., 2014)。如果亲密朋友之间出现矛盾，其中一方就可能通过对另一方进行关系攻击来伤害对方，例如，把敏感的私人秘密泄露给外人。由于这个原因，女孩最亲密的同性友谊往往比男孩的持续时间更短 (Benenson & Christakos, 2003)。

（3）友谊、手机和互联网

青少年经常使用手机和互联网与朋友交流。

女孩看重友谊中的亲密感情，而男孩则更多地聚在一起参加活动，比如体育运动或竞争性游戏。这个露营者举着他的朋友送给他的奖励——一条最大的鱼。

在美国 13~17 岁的青少年中，大约 73% 拥有或能够使用智能手机，另外 15% 拥有普通手机，58% 拥有或能够使用平板电脑。在经济条件优越的家庭中，智能手机和平板电脑的拥有率较高。这些移动设备的使用非常广泛。它们是青少年上网的主要途径，94% 的青少年说他们每天上网或经常上网 (Lenhart & Page, 2015)。

手机短信已经成为青少年朋友之间电子互动的首选方式，大多数青少年参与其中，平均每人每天收发 30 条短信。手机通话排名第二，紧随其后的是即时通信和社交媒体网站，其中脸谱网最受欢迎，很多青少年还会使用其他平台。使用频率较低的电子邮件、视频聊天和在线游戏是青少年与朋友在线消磨时间的另外几种方式（见图 12.1）。女孩比男孩更经常给朋友发短信和打电话，她们更经常使用社交媒体网站分享信息 (Lenhart et al., 2015)。男孩更热衷于与朋友和其他同伴一起玩游戏。

网上互动可以增进友谊的亲密度。例如，几 _424_ 项研究显示，随着朋友之间在线信息的数量增加，青少年对关系中的亲密感和幸福感也增加了 (Reich, Subrahmanyam, & Espinoza, 2012; Valkenburg & Peter, 2009)。这种效果可能是由于朋友们在网上透露的个人信息，如担忧、秘密和浪漫的感觉。分享在线活动也可以增进友谊。大多数青少年玩家表示，与已有的朋友一起玩网络游戏，会让他们觉得与这些朋友之间的联系更紧密了 (Lenhart et al., 2015)。在玩游戏时，他们经常通过语音聊天或视频通话进行交谈和协作。

脸谱网和推特等社交媒体网站是青少年结识新朋友的主要途径。超过三分之一的美国青少年报告说，他们是通过这种方式发展友谊的——大多通过已经认识的朋友来发展新朋友 (Lenhart et al., 2015)。女孩尤其喜欢通过社交媒体网站结交新朋友，男孩则更多的是在玩网络游戏时这样做。

青少年面对面关系的特点往往在社交媒体传播中被复制。一项针对不同种族和社经地位的美国中学生的研究揭示，那些拥有面对面同伴关系的人拥有更大的社交媒体朋友网络，他们经常发表互相支持的评论 (Mikami et al., 2010)。那些被举报有违法行为的青少年，倾向于在他们的"关于我"栏目中发表带有敌意的言论。而那些有抑郁症状的人更经常上传自己做出不当行为的照片。

虽然在线交流可以增进友谊，但它也会带来风险，青少年社交媒体用户很容易就会说到这一点。在一个讨论通信技术的主题小组中，一名高中生反映说："你不知道该如何与人交流，因为你总是发短信。"另一些高中生则认为，社交媒体网站经常成为发布无拘无束的色情帖子的场所，也经常成为对朋友的约会对象表达嫉妒的场所（Rueda, Lindsay, & Williams, 2015）。还有一些高中生提到，通过文本和社交媒体网站进行的对话非常简短，没有非语言线索可以显示他们的真诚，这会导致误解和冲突。

60% 的美国青少年脸谱网用户会保护个人资料的隐私，他们 70% 的脸谱网好友是父母的朋友，但多数人相对不担心他们分享的信息可能会被第三方在自己不知情的情况下访问。超过一半的人会公布他们的电子邮件地址，五分之一的人会公布他们的手机号码。五分之一的人会与朋友分享自己的社交媒体网站密码。约 17% 的人表示，来自陌生人的联系让他们感到害怕或不安（Lenhart et al., 2015; Madden et al., 2013）。

最后，青少年花在社交媒体网站上的时间正在增加。例如，近四分之一的美国青少年报告说，他们经常使用互联网。30% 的人每天发送超过 100 条信息，其中一半每天发送超过 200 条。平均而言，青少年用户每天在社交媒体网站上停留的时间接近 40 分钟。过多地使用社交媒体与不满意的面对面社交体验、无聊和抑郁有关（Madden et al., 2013; Pea et al., 2012; Smahel, Brown, & Blinka, 2012）。一项追踪研究显示，强迫性互联网使用者（他们很难停止使用互联网，无法使用互联网时会感到沮丧）经历了心理健康问题的上升——从八年级到十一年级，并且与他们先前存在的心理健康状况无关。与男孩相比，女孩更沉迷于社交媒体，心理健康受损更严重（Ciarrochi et al., 2016）。这些发现表明，过度使用互联网，尤其是社交媒体，会加大适应的难度。

总之，在青少年朋友之间，互联网给互动带来了方便，但是必须对这种方便与它带来的有害情绪和社会后果加以权衡。父母应该明智地指出网络交流的风险，包括骚扰、利用和过度使用，并要求青少年严格遵守网络安全规则（见 www.safeteens.com）。

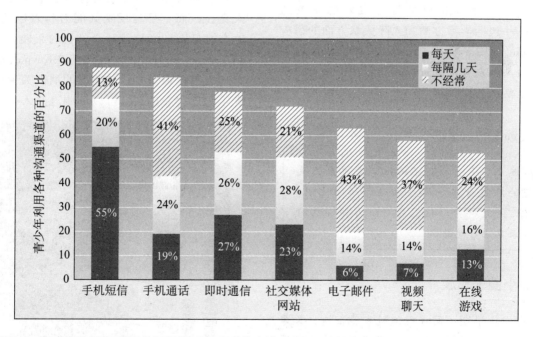

图 12.1　美国 13~17 岁青少年利用各种沟通渠道与朋友相处的比例

1 000 多名青少年参与了一项关于他们与朋友的沟通方法的调查。手机短信是首选的电子通信方式，超过半数的受访者说他们每天都使用手机短信。

资料来源：Lenhart & Page, 2015.

（4）友谊与适应

425 只要青少年时期的友谊是高度信任、亲密分享和相互支持的，而没有关系攻击或反社会行为的特征，这种友谊对成年早期的心理健康和各方面能力就有很多好处 (Bagwell & Schmidt, 2011; Furman & Rose, 2015)，原因如下：

- 亲密友谊为探索自我和深刻了解他人提供机会。通过开放诚实的交流，朋友对彼此的优点、缺点、需要和期望更加敏感。这个过程促进了自我概念、观点采纳和同一性的发展。

- 亲密友谊为将来建立亲密关系打下基础。性和恋爱关系是青少年朋友之间经常谈论的话题。亲密友谊可以帮助青少年建立恋爱关系并解决恋爱关系中的问题 (Connolly & Goldberg，1999)。

- 亲密友谊可帮助青少年应对压力。因为支持性的、亲社会的友谊可以增强对别人的敏感和关心，可以促进共情、同情心和亲社会行为，所以，亲密友谊可以帮助青少年参与建设性的活动，避免反社会行为和促进心理健康 (Barry & Wentzel, 2006; Lansford et al., 2003)。

- 亲密友谊可促进青少年对学校的态度和投入。亲密友谊可以促进良好的学校适应——包括学习方面和人际关系方面的适应 (Wentzel, Barry, & Caldwell, 2004)。喜欢在学校与朋友互动的青少年会更积极地看待学校生活的各个方面。

> **观察与倾听**
>
> 访谈几个青少年，了解他们看重自己最好的朋友身上的哪些品质。问问他们，友谊是怎样帮助他们应对压力并给他们带来其他好处的。

2. 小圈子和族

在青少年早期，同伴群体越来越普遍，关系也越来越紧密（见第10章）。他们会形成**小圈子** (cliques)——一般由5~7名好朋友组成，其成员一般拥有相似的家庭背景、态度、价值观和兴趣 (Brown & Dietz, 2009)。起先，小圈子只限于同性

别的成员。女孩的小圈子对她们的学习和社交能力有预测作用，但男孩的小圈子不能预测。小圈子关系对女孩更加重要，她们把小圈子看作表达亲密情感的地方 (Henrich et al., 2000)。到青少年中期，男女混合的小圈子逐渐多起来。

在社会结构复杂的西方读中学的青少年中，几个价值观相似的小圈子会形成一个较大的、组织更松散的群体，被称为**族** (crowd)。与关系亲密的小圈子不同，族的成员资格是以声望和固有印象为基础的，它是在学校这一较大社会结构中对青少年同一性的认可。在北美和欧洲中学里比较引人注目的族有"聪明族"（喜欢学习而不喜欢体育）、"健将族"（非常喜欢体育运动）、"明星族"（具有很高的同伴接受度的班级领导者）、"聚会族"（看重社交但不关心学业）、"时尚族"（喜欢非传统的穿着和音乐）、"堕落族"（经常抽烟喝酒，参与性冒险活动，惹其他麻烦）、"正人君子族"（学习好，和同学关系融洽）(Stone & Brown, 1999; Sussman et al., 2007)。

究竟是什么因素使青少年加入小圈子或者族？加入族与加强青少年的反映其兴趣和能力的自我概念有关 (Prinstein & La Greca, 2002)。种族也是一个因素。少数族裔青少年主要与本族群的人交往，而不是与反映其能力和兴趣的人交往，这有时是受到学校或社会歧视的驱使。或者，他们表达了一种强烈的种族认同 (Brown et al., 2008)。家庭因素也很重要。与父母的消极关系抑制了青少年的自主表达，这可以预测这些人很难与同学

这些中学戏剧俱乐部的成员组成了一个族，在共同兴趣的基础上建立了关系。族的成员身份赋予他们在学校这个大社会结构中的同一性。

建立良好的关系和发展自主性 (Allen & Loeb, 2015)。他们更有可能加入抵制传统价值观、鼓励冒险和叛逆行为的同伴群体。

　　青少年一旦加入一个小圈子或族，就会改变自己的观念和行为。荷兰的一项追踪研究发现，非常规群体（如不从众者和自暴自弃者）的成员可预测内化和外化问题的增多 (Doornwaard et al., 2012)。这些非常规青少年表现出焦虑和抑郁的症状，因为他们感到自己为地位较高的人群所厌恶。在他们自己的小圈子里，他们经常模仿同伴，并被鼓励参加反社会活动。

　　常规的族（聪明族、健将族、正人君子族）的成员往往与更好的适应能力相联系。但是，其父母采用权威型教养方式的学生，很容易接受学习好、社交技能强的同伴的正面影响。其父母采用无效教育方式的学生，则容易接受那些有反社会行为和吸毒行为的坏孩子的影响 (Mounts & Steinberg, 1995)。总之，家庭经历时时刻刻都在影响着青少年会向什么样的同伴看齐。

　　在异性恋青少年中，随着约会兴趣的增加，男孩和女孩的小圈子会混合到一起。男女混搭的小圈子不仅为男孩和女孩提供了互动的示范，也为他们提供了不需要亲密接触就能进行互动的机会 (Connolly et al., 2004)。到青少年晚期，当男孩和女孩可以潇洒自如地单独交往时，男女混合的小圈子就随之销声匿迹了。

　　随着年龄增长，族的重要性也会下降。当青少年确定了自己的价值观和目标后，他们不再觉得有必要通过着装、语言和喜欢的活动来塑造自己。从十年级到十二年级，许多人从这一族跳到那一族，主要是朝着常规的族的方向转换 (Doornwaard et al., 2012; Strouse, 1999)。随着青少年更多地关注自己的未来，聪明族、明星族和正人君子族会发展壮大，而堕落族的成员则有很多人离去。

3. 约会

　　青春期激素的变化增强了对性的兴趣，但是，什么时候、怎样结交异性朋友，还是由文化期望所决定的。亚洲青少年比西方青少年开始约会的时间更晚，约会对象也更少。而西方社会对初中以上的青少年交异性朋友采取宽容甚至鼓励的态

度（见图 12.2）。在 12~14 岁，这种异性朋友关系通常很随意，持续时间也较短。从 16 岁起，他们会形成比较稳定的伴侣关系——持续时间平均为一到两年，尽管分手仍然很常见——有三分之一的人会分手 (Carver, Joyner, & Udry, 2003; Manning et al., 2014)。年龄较小的青少年在回答为什么结交异性朋友时说，交异性朋友既是消遣，又可以提高在同伴群体中的地位。到青少年晚期，年轻人在即将投入更强的心理亲密感之时，就会寻找一个能提供包容、陪伴、情感和社会支持的约会伙伴 (Collins & van Dulmen, 2006b; Meier & Allen, 2009)。

　　约会对象之间的亲密程度通常不如朋友之间的亲密程度。与父母和朋友建立的积极关系有助于建立温暖的恋爱关系，而冲突不断的亲子关系和同伴关系则可预测怀有敌意的约会互动 (Furman & Collins, 2009; Linder & Collins, 2005)。

　　回顾第 6 章，根据习性学理论，早期的依恋关系会导致一个内部心理作用模型，或者对依恋对象的一系列期望，它将引导后来的亲密关系。与这种观点相一致，婴儿期和童年期对父母的安全依恋，以及青少年期对这种安全感的回忆，可以预测较高质量的青少年友谊和恋爱关系 (Collins & van Dulmen, 2006a; Collins, Welsh, & Furman, 2009)。

　　父母的婚姻关系也会对青少年产生影响——

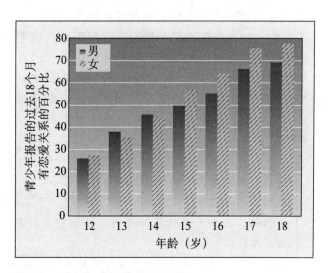

图 12.2　青少年期恋爱关系的增加

研究者对 1.6 万多名美国青少年进行访谈，调查他们在过去 18 个月里是否有过恋爱关系。在 12 岁时，约有四分之一的人表示曾有过恋爱经历，而到 18 岁时，这一数字上升到约四分之三。资料来源：Carver, Joyner, & Udry, 2003; Connolly & McIsaac, 2011.

可能是因为给重要的人际关系技能提供了榜样。一项追踪研究显示，父母解决婚姻冲突的方法可以预测青少年在1年后解决与朋友的冲突的方法，以及在7年后解决与恋人的冲突的方法 (Miga, Gdula, & Allen, 2012)。令人印象深刻的是，父母解决婚姻冲突的方法甚至能预测17年后年轻人与自己的婚姻伴侣的互动质量 (Whitton et al., 2008)。

也许是因为青少年早期的恋爱关系比较肤浅和刻板，所以过早约会与吸毒、犯罪和学习成绩差有关 (Miller et al., 2009)。这些因素，加上父母不当的教养方式，以及家庭和同伴关系中的攻击性，增加了约会暴力的可能性。大约10%~20%的青少年曾受到约会对象的身体虐待或性虐待，男孩和女孩都有可能报告自己是受害者，并且一方的暴力行为往往会导致另一方的报复 (Narayan, Englund, & Egeland, 2013; Narayan et al., 2014)。这种暴力的心理健康后果很严重，包括焦虑、抑郁、自杀企图，以及男孩的反社会行为和女孩的体重失控（因呕吐和使用泻药）(Exner-Cortens, Eckenrode, & Rothman, 2012)。年龄较小青少年在结交稳定的异性朋友之前，应该多参加集体活动，比如聚会和舞会。

男女同性恋青少年在开始和维持明确的恋爱关系方面面临着特殊困难。第11章曾讲到，由于偏见，同性恋取向的青少年有时会退回到异性恋的约会中。和过去相比，现在越来越多的同性恋者开始向他人表明自己的性取向，但不少人找不到伴侣，因为他们的同龄人可能还没有表现出对同性恋的兴趣 (Glover, Galliher, & Lamere, 2009)。与异性恋青年相似，对父母和朋友的依恋安全感可以预测男女同性恋和双性恋青少年亲密的恋爱关系 (Starks, Newcomb, & Mustanski, 2015)。青少年对父母依恋的可预测性是持续的，它可以明确地预测同性伴侣在成年早期的恋爱关系满意度。

在高中毕业后，许多青少年的恋情消失了，幸存下来的恋情通常会变得不那么令人满意 (Connolly & McIsaac, 2011)。由于青少年仍在形成自己的同一性，因此高中情侣们后来往往发现，彼此之间几乎没有共同点。但是，在年长青少年中，亲密的恋爱关系能促进敏感性、共情、自尊、社会支持和同一性的进步。此外，青少年对约会对象的关心和妥协能力的增强，还能提高与其他同伴的关系的质量 (Collins, Welsh, & Furman, 2009)。因此，只要约会能带来温暖、支持的恋爱关系，它就能增强青少年的适应能力，并为与人相处提供有益的经验。

这对年轻的美国原住民伴侣刚刚约会一周。除了提高与其他同伴的关系的质量之外，亲密的恋爱关系还能促进敏感性、共情、自尊、社会支持和同一性的进步。

思考题

联结 谈谈青少年的父母关系与同伴关系之间有何联系。

应用 马蒂今年13岁，她的父母和蔼、坚定地提出对她的期望，并且持之以恒地监控她的活动。在学校，几个女孩让马蒂告诉父母她要去朋友家，然后让她跟她们一起去海滩聚会。马蒂会答应吗？为什么？

反思 哪些因素影响了你在中学时的族成员关系？族成员关系对你的价值观和行为有何影响？

六、发展中存在的问题

12.8　描述青少年抑郁和自杀的相关因素

12.9　讨论青少年违法犯罪的相关因素

虽然多数年轻人在度过青少年期时很少遇到干扰，但是一些青少年在发展中会遇到一些严重困难，例如过早地做父母、使用致瘾物以及学业失败。无论是哪一种问题，都是生物和心理变化、家庭、学校、同伴、社会和文化共同作用的结果。严重的问题很少孤立地产生，大多是相互联系的，例如青少年期常见的三个问题——抑郁、自杀和违法犯罪。

1. 抑郁

抑郁——对生活感到悲伤、沮丧和绝望，伴随着对大多数活动失去乐趣、失眠、食欲不振、注意力难以集中和精力衰退——是青少年期最常见的心理问题。在美国青少年中，20%～50% 的人有短时间可恢复的轻度到中度抑郁情绪。但令人担忧的是，有 15%～20% 的人有过一次或多次严重抑郁发作，这个比例与成人相当。大约 5% 的人患有慢性抑郁症，陷入数月甚至数年的抑郁和自我批评中 (American Psychiatric Association, 2013; Tharpar et al., 2012)。

严重抑郁症只影响到 1%～2% 的儿童，当这些儿童长大后（包括成年后），仍然保持抑郁的可能性比青少年期患严重抑郁症者要小得多 (Carballo et al., 2011)。在工业化国家，患抑郁症的人数从 12 岁到 16 岁急剧增加。十几岁的女孩有持续抑郁情绪的可能性是同龄男孩的两倍，这种差异会持续一生 (Hyde, Mezulis, & Abramson, 2008)。

如果任其发展下去，抑郁症就会严重损害青少年的社会性、学习和职业功能。遗憾的是，由于在人们的固有印象中，青少年期是一个疾风狂涛的时期，因此老师和父母通常会低估青少年抑郁症的严重性，他们错误地认为，抑郁只是一个匆匆过客。结果，大多数患有抑郁症的青少年没有得到治疗。

（1）抑郁的相关因素

导致抑郁的生物因素和环境因素的复杂结合因人而异。双生子研究表明，抑郁症有中度的遗

青少年期的抑郁常常被误解为只是一个匆匆过客。结果，大多数患有抑郁症的青少年没有得到治疗。

传性。此外，女孩抑郁的发作与青春期激素变化的联系，比与年龄增长的联系更密切 (Angold et al., 1999)。这表明，雌激素参与了对青少年大脑的影响。

但是，只有青春期激素的变化很少会引发抑郁症。遗传和激素的风险因素似乎会使大脑对压力体验做出更强烈的反应 (Natsuaki, Samuels, & Leve, 2014)。支持这一观点的很多证据表明，短 5-HTTLPR 基因增加了自我调节的困难（见第 6 章边页 194），与青少年抑郁症有关，但这种情况只发生在负面生活压力因素存在的情况下 (Karg et al., 2011; Li, Berk, & Lee, 2013)。这种基因 - 环境的相互作用在青春期女孩身上比在青春期男孩身上更稳定。

尽管抑郁症在家族中代代相传，但前面的章节讲到，抑郁或压力大的父母经常采取适应不良的教育。结果，他们的孩子的依恋、情感自我调节和自尊可能受到伤害，并且对孩子的认知和社交技能造成严重影响 (Yap, Allen, & Ladouceur, 2008)。抑郁的青少年通常表现出一种习得性无助的归因方式（见第 10 章）(Graber, 2004)。对一个脆弱的青少年来说，许多负面生活事件可能会引发抑郁，例如，在人生大事上遭遇挫折，父母离婚，亲密的友谊或恋爱关系结束，被欺负，或有其他被虐待的经历。

428

（2）性别差异

为什么女孩比男孩更容易抑郁？除了更强烈的压力反应，女孩的女性应对方式——被动、依赖、焦虑，以及对问题反复沉思的倾向——似乎与此有关。与这一解释相一致，那些强烈认同"女性化"特征的青少年，无论他们的性别如何，都更容易陷入沉思，更容易抑郁 (Lopez, Driscoll, & Kistner, 2009; Papadakis et al., 2006)。相比之下，具有双性化或"男性"性别同一性的女孩表现出较弱的抑郁症状 (Priess, Lindberg, & Hyde, 2009)。

青少年的朋友患有抑郁症，与青少年自身抑郁症状的增多有关，这可能是因为这种关系中的共同反思的情况很多 (Conway et al., 2011)。那些一再觉得自己被困难压垮的女孩，对压力的生理反应更强烈，对压力的应对能力也越来越差 (Hyde, Mezulis, & Abramson, 2008; Natsuaki, Samuels, & Leve, 2014)。这样，压力体验和压力反应螺旋上升，导致持续的抑郁。

青少年期的严重抑郁可以预测成年后的抑郁，以及工作、家庭生活和社会生活中的严重困难。抑郁会导致自杀念头，而这种念头往往会转化为行动。

2. 自杀

美国的自杀率从童年期到中年期呈上升趋势，但在青少年期急剧上升。目前，自杀是美国青少年死亡的第三大原因，仅次于交通事故和他杀。也许是因为美国青少年遭受的压力比过去更大，得到的支持比过去更少，青少年自杀率在20世纪60年代中期到90年代中期翻了三番。之后一段时间，情况几乎没有变化，从2005年开始，青少年自杀率又略有上升 (Centers for Disease Control and Prevention, 2015k, 2016d)。与此同时，各工业化国家的青少年自杀率差异很大：希腊、意大利和西班牙较低；澳大利亚、加拿大、日本和美国居中，芬兰、爱尔兰、新西兰、挪威和俄罗斯最高 (Patton et al., 2012; Värnik et al., 2012)。这些国际差异仍然无法解释。

（1）青少年自杀的相关因素

尽管女孩患抑郁症的比例较高，但自杀的男

孩和女孩的比却超过4∶1。男孩的自杀风险因素更多，包括致瘾物滥用和攻击性。此外，女孩的自杀企图较少成功，她们使用的方法使她们更有可能被救活，例如服用过量的安眠药。相形之下，男孩更多选择的是直接致死的方法，如开枪或上吊 (Esposito-Smythers et al., 2014)。性别角色期望也可能起作用：男性对无助和失败的容忍度低于女性。

可能因为有大家庭的支持，非裔、亚裔和拉美裔美国人的自杀率比欧裔美国人略低。但是，非裔青少年男孩的自杀率近期有所上升，其比例接近欧裔男孩。美国原住民青少年的自杀率是全美平均水平的2到6倍 (Centers for Disease Control and Prevention, 2015k)。严重的家庭贫困、学业失败、酗酒、吸毒以及抑郁可能是这些趋势的原因。

男女同性恋、双性恋和跨性别青少年是高危人群，试图自杀的次数是其他青少年的三倍。根据曾经试图自杀者的报告，他们的家庭冲突、恋爱关系问题更多，也更多地被同伴欺凌 (Liu & Mustanski, 2012)。

两类年轻人的自杀倾向比较高。一类是高智商但孤独、退缩的年轻人，他们不能达到自己设定的高标准或身边重要他人的期望。另一类是具有反社会倾向的年轻人，他们经常用霸凌、打架、偷窃、冒险和吸毒等方式来发泄内心的不快 (Spirito et al., 2012)。在从事敌意和破坏行为的同时，他们把愤怒和失望转向自己。

有自杀倾向的青少年通常有情感和反社会障碍以及自杀的家族史。他们通常患有慢性抑郁、焦虑，充满无解的愤怒。此外，他们可能经历过多种压力生活事件，包括贫穷、父母离婚、频繁的亲子冲突、被虐待和被忽视。压力源通常在出现自杀念头或实施自杀之前增加 (Kaminski et al., 2010)。引发自杀的事件有：父母因家庭琐事责骂孩子，和重要同伴关系破裂，或因被发现从事反社会行为而蒙羞。

导致文化解体的公共政策提高了美国原住民青少年的自杀率。从19世纪后期到20世纪70年代，美国原住民家庭被迫让他们的子女在政府开办的寄宿学校上学，目的是削弱他们的部落从属关系。在这些压制性的机构中，儿童不被允许在任何方面，包括文化、语言、艺术或精神上成为"印第安人" (Goldston et al., 2008)。这种经历让许多年轻人在学业上毫无准备，在情感上伤痕累累，导致当时和以后几代人家庭和社区的混乱 (Barnes, Josefowitz, & Cole, 2006; Howell & Yuille, 2004)，结果造成青少年酗酒、犯罪和自杀率上升。

为什么青少年的自杀率会上升？除了抑郁情绪上升之外，青少年提前做计划的能力的提高也是一个原因。虽然有些青少年的自杀是出于冲动，但许多青少年在自杀前做了周密的准备。其他的认知变化也有影响。相信个人神话（见第 11 章）使许多深陷抑郁的青少年得出结论：没有人能理解他们的巨大痛苦。这加深了他们的孤立感和绝望感。

（2）预防和治疗

为了防止青少年自杀，父母和老师必须接受培训，了解想自杀的青少年发出的信号（见表 12.2）。学校和社区机构，如娱乐场所和宗教组织，可以通过加强青少年与他们的文化遗产的联系，提供知识丰富、平易近人和富有同情心的成人、同伴帮助团体和热线电话信息 (Miller, 2011; Spirito et al., 2012)。一旦发现哪个青少年打算自杀，就守在他身边，倾听他的诉说，表达同情和关心，直到他获得专业人员的帮助。

对身陷抑郁、打算自杀的青少年的治疗，包括使用抗抑郁药物和个人、家庭及团体疗法。在青少年康复之前，从家里移除枪支、刀具、剃须刀片、剪刀、毒品，这一点非常重要。从更大范围来说，在美国，为限制青少年获得枪支这一最易导致死亡的工具而制定枪支管控法律，会大大降低青少年自杀和杀人率 (Lewiecki & Miller, 2013)。

在自杀发生后，自杀者的家人和同伴都需要得到帮助，以应对悲痛、愤怒和因自己未能挽救死者而产生的内疚感。青少年自杀往往会滚雪球式地发生，当一个人自杀后，认识他的同伴或从媒体听到这一消息的年轻人，其自杀的可能性会增加 (Feigelman & Gorman, 2008)。鉴于这种情况，在自杀发生之后，要对那些有自杀倾向的青少年提高警觉。新闻工作者减少对青少年自杀的报道也有助于预防青少年自杀。

3. 违法犯罪

少年犯是指从事违法犯罪行为的儿童或青少年。自 20 世纪 90 年代中期以来，美国的青少年犯罪率急剧下降。目前，12~17 岁的青少年占警方逮捕人数的 9%，比 20 年前减少了三分之一

表 12.2　自杀的预兆

处理好个人事务，例如协调好不协调的人际关系，把自己喜欢的东西送人。
语言线索：对家人或朋友说再见，直接或间接地提及自杀（"我以后再也不会为那些问题苦恼了""我想死"）。
悲伤、绝望，对任何事都"不在乎"。
感觉活得很累，没有精力，对生活感到厌倦。
对社会交往毫无兴趣，回避朋友和家人。
极易受挫折。
情绪不稳定：突然大笑、大哭或大怒。
注意力不能集中，容易分心。
学习成绩下降，旷课，违反纪律。
不在乎自己的外貌。
睡眠异常：失眠或睡眠过度。
准备武器或其他自我伤害工具，如可致死的处方药。

青少年期的违法犯罪先上升，后下降。贫困社区青少年犯罪更多，因为他们很容易获得毒品、枪支和结交不良同伴。

(U.S. Department of Justice, 2015)。但是，如果以直接或秘密方式询问青少年是否有过违法犯罪行为，那么几乎所有青少年都承认有过某种违法犯罪行为——大多是轻微违法行为，如小偷小摸或违规行为 (Flannery et al., 2003)。

　　警方拘捕记录和青少年自我报告显示，青少年时期违法犯罪行为发生率上升，20岁出头开始下降。许多西方国家都有这一趋势 (Eisner & Malti, 2015)。本书曾讲到，青少年反社会行为增加，是对奖励的追求和对同伴赞许的渴望增强的结果。随着年龄增长，同伴的影响力逐渐减弱，决策、情感自我调节和道德推理能力逐渐增强，等到青少年进入社会环境（如大学、工作和婚姻）后，违法犯罪行为就不太容易发生了。

　　对于大多数青少年，偶尔触犯法律不能预测他们长期的反社会行为，但是多次被拘捕能。在美国的暴力犯罪中，青少年占11% (U.S. Department of Justice, 2015)。其中有一小部分成为惯犯，反复参与暴力犯罪；还有一部分终身从事犯罪行为。本节的"生物因素与环境"专栏揭示出，童年期开始出现的行为问题，比青少年期才开始出现的行为问题，持续时间要长得多。

（1）违法犯罪的影响因素

　　青少年期，身体攻击方面的性别差距扩大了。在因暴力行为而被逮捕的青少年中，大约五

分之一是女孩，但她们大多局限于轻微的攻击行为（比如推搡和啐唾沫）。严重暴力犯罪始终与男孩有关 (U.S. Department of Justice, 2015)。社经地位和种族是被拘捕的重要预测指标，但这两项指标与青少年自我报告的反社会行为只低度相关。造成这种差异的原因是，对低社经地位少数族裔青少年的拘捕、指控和惩罚常多于高社经地位的白人和亚裔同龄人 (Farrington, 2009; Hunt, 2015)。

　　带有困难型气质、智力低下、学习成绩差、童年时被同伴排斥、结交有反社会倾向的同伴，都与长期青少年违法犯罪有关 (Laird et al., 2005)。这些因素是怎样共同作用的呢？一项最肯定的发现是，无论种族和社经地位如何，不良青少年必然经历过不当的家庭教育——往往缺乏关爱，冲突不断，其特点是严厉、不一致的管教和控制监督不力 (Deutsch et al., 2012; Harris-McKoy & Cui, 2013)。婚姻不美满常常导致家庭矛盾和父母离异，而经历过父母分居和离婚的男孩尤其容易出现犯罪倾向 (Farrington, 2009)。青少年犯罪的高峰时间是在工作日的下午2点到晚上8点之间，很多青少年在这段时间不受监管 (U.S. Department of Justice, 2015)。

　　第8章（边页273-274）曾讨论过，无效的家庭教养会导致和维持儿童的攻击行为。由于男孩比女孩顽皮、容易冲动和难以控制，因此父母更容易对他们发火并采用前后不一的惩罚方式。如果儿童的这些特征与消极情绪、不适当的家庭教育结合在一起，他们在童年期的攻击性就会急剧上升，并导致青少年期的暴力犯罪，有时甚至会一直持续到成年期（见本节的"生物因素与环境"专栏）。

　　如果青少年居住在贫困且成人犯罪率高的社区，就读的学校教学质量差，娱乐和就业机会有限，他们就会做出更多的犯罪行为 (Leventhal, Dupéré, & Brooks-Gunn, 2009)。在这样的环境里，青少年很容易接触到不良同伴、毒品和枪支，而且很有可能被招募进反社会的、曾有很多暴力犯罪行为的团伙。这些地区的学校通常不能满足学生的发展需求 (Chung, Mulvey, & Steinberg, 2011)。即使控制了其他因素，大班授课、薄弱的教学、僵化的规章制度、对学习的期望和机会很低，也和违法犯罪行为的增加相关。

430

🌳 专栏　　　　　　生物因素与环境

青少年违法犯罪的两种类型

持续的青少年违法犯罪有两种类型：第一种类型开始于童年期的行为问题；第二种类型则开始于青少年期。研究表明，早发型有更大可能导致终身发作的攻击与犯罪行为 (Moffitt, 2007)。晚发型一般不会持续到成年早期。

童年期发作和青少年期发作的违法犯罪青少年都会做出一些严重的违法犯罪行为，例如和不良同伴鬼混、吸毒、从事不安全的性活动、危险驾驶、被关进教养所等等。为什么第一类反社会活动比第二类更容易持续并且演变为暴力行为呢？

虽然大多数研究集中在男孩身上，但是有几项调查报告显示，在童年期表现出身体攻击行为的女孩，到后期也会出现问题行为，偶尔还会出现暴力犯罪行为，但更多的是其他违规行为和心理障碍 (Broidy et al., 2003; Chamberlain, 2003)。早期的关系攻击与青少年期行为问题也存在相关性。

1. 早发型

早发型的儿童大多会遗传一些导致攻击性的特质 (Eisner & Malti, 2015)。例如，有暴力倾向的儿童（大多数是男孩）在 2 岁时就会出现情绪暴躁不安、任性和身体攻击性。他们还表现出认知机能的轻微缺陷，导致语言、执行机能、情绪自我调节以及与道德相关的共情和内疚感缺失 (Malti & Krettenauer, 2013; Moffitt, 2007; Reef et al., 2011)。有些人患有注意缺陷多动障碍 (ADHD)，这造成了他们的学习和自我控制方面的问题。

然而，随着年龄增长，大多数早发型男孩的攻击性会下降。但是在沿着人生道路走下去的人当中，有些人，

因为严苛的家庭教育，他们难以控制的行为方式转变为蔑视和持续的攻击 (Beyers et al., 2003)。如果在学业上失败并被同伴拒绝，他们就与其他臭味相投的年轻人交朋友，这些人在一起，不仅彼此缓解了孤独感，也互相促进了暴力行为（见图 12.3）(Dodge et al., 2008; Hughes, 2010)。这些人有限的认知能力和社交技能导致很高的辍学率和失业率，使他们更多地投入反社会活动。

一些热衷于关系攻击而且过度活跃的儿童，由于严苛的家庭教育，也经常与同学、父母发生冲突 (Spieker et al., 2012; Willoughby, Kupersmidt, & Bryant, 2001)。由于这些行为会引发同伴排斥，喜欢关系攻击的女孩只得与其他对人有敌意的女孩交朋友，因而加重了她们的攻击性 (Werner & Crick, 2004)。关系攻击性高的青少年常常对人发火，不把规则看在眼里。在那些既有身体攻击又有关系攻击的青少年身上，这两种攻击会加剧，表现出更多的反社会活动 (Harachi et al., 2006; McEachern & Snyder, 2012)。

2. 晚发型

有些青少年是在青春期前后才开始表现出反社会行为并逐渐严重的。他们的行为问题起源于青少年早期的同伴关系不良。其中有些人是由于父母在一段时间内因家庭压力或管教孩子困难而采取了不正确的教养方法 (Moffitt, 2007)。但是随着年龄增长，这些人拥有了令他们满足的成人权利，于是他们重新诉诸在青少年期之前掌握的亲社会技能，逐渐放弃反社会行为方式。

一些晚发型青少年仍然继续参与反社会行为。他

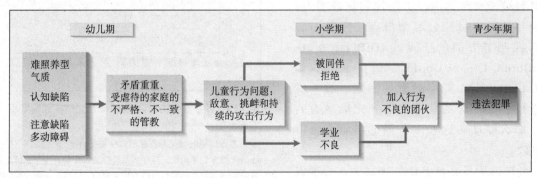

图 12.3　具有童年期早发型反社会行为的青少年走向长期违法犯罪的路径
这些青少年中很多人在幼儿期就存在难照养型气质和认知缺陷，有些人存在注意缺陷多动障碍。不称职的家庭教育把他们因生物因素难以自控的特征转化为对他人的敌意和蔑视。

们的严重违法犯罪行为似乎使他们陷入了无法做出好行为的泥沼。在 20~25 岁，如果能找到工作或者继续读书，建立积极而亲密的关系，他们就会终止违法犯罪 (Farrington, Ttofi, & Coid, 2009)。反社会的年轻人在监狱里待的时间越长，他们就越有可能继续其犯罪生涯。

这些研究结果提示我们，应该重新审视预防青少年犯罪的一些政策。在青少年成长的关键期，把他们关在监狱多年，会打乱他们的教育和职业生涯，妨碍他们与成人建立积极、关爱的关系 (Bernstein, 2014)。这导致他们不得不面对一个黯淡的未来。

（2）预防和根治

由于青少年违法犯罪的根源在童年期，而且是多种条件共同作用的结果，因此，预防必须尽早开始，在多个层面上进行 (Frey et al., 2009)。和谐的家庭关系、权威型教养方式、高质量的学校教学、具有良好的经济和社会条件的社区，这些对减少青少年的反社会行为大有帮助。

由于缺乏有效预防的资源，因此美国很多学校实行零容忍政策，对所有破坏性和威胁性行为，无论大小，都给予严厉惩罚——通常采取休学或开除的方式。然而，这些政策的执行往往不一致：受到惩罚的低社经地位的少数族裔学生是其他学生的两到三倍，尤其是因为轻微的不当行为。没有证据表明，零容忍政策能够减少青少年攻击行为和其他不当行为 (Reppucci, Meyer, & Kostelnik, 2011; Teske, 2011)。一些研究发现，把学生拒于门外的零容忍政策会加剧中学辍学率和反社会行为。

对严重犯罪者的矫正，需要在查明犯罪行为的多种影响因素的基础上，进行大强度的长期治疗。最有效的方法包括：对父母进行培训，增强他们面对子女时的沟通、监控和管教能力；教给青少年认知、社交、道德推理、克制愤怒和情绪自我调节方面的技能等 (DiBiase et al., 2011; Heilbrun, Lee, & Cottle, 2005)。但是，如果年轻人仍然生活在充满敌意的家庭、教学质量差的学校、反社会的同伴群体和充满暴力的社区中，那么即使有这些多方面的措施，也可能难见成效。

在一个被称为多系统疗法的项目中，心理咨询师将家庭干预与使暴力青少年融入积极的学校、工作和休闲活结合起来，并将青少年与行为不良的同伴隔离开。与传统的服务或个人疗法相比，随机分配的干预措施改善了父母与青少年的关系和青少年在学校的表现，在治疗后 20 年中，被逮捕人数大幅下降，即使他们确实犯了罪，其严重程度也有所降低（见图 12.4）。在涉及离婚、亲子关系或子女抚养的民事诉讼方面，多系统疗法也有助于限制青少年罪犯在成年后的家庭不稳定性 (Henggeler et al., 2009; Sawyer & Borduin, 2011)。需要努力在家庭、社区和文化层面创造非攻击性的环境，以帮助犯罪青少年并促进所有年轻人的健康发展。

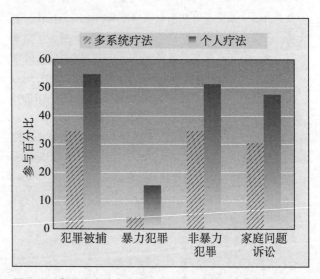

图 12.4　多系统疗法在治疗 20 年后对逮捕和家庭相关民事诉讼的影响

对暴力青少年的跟踪调查显示，在接受治疗 20 年后，与接受个人疗法治疗的青少年相比，接受多系统疗法治疗的青少年总体上被逮捕人数更少，他们犯的罪行也没有那么暴力。接受多系统疗法治疗的青少年也减少了家庭的不稳定性。资料来源：Sawyer & Borduin, 2011.

思考题

联结 为什么青少年期女孩患抑郁症的风险更大，男孩自杀的风险更大？

应用 泽克上小学时还是个好孩子，但是在 13 岁时，他开始和不良同伴混在一起。16 岁时，泽克因损坏财产罪被捕。泽克有可能变成一个惯犯吗？为什么？

反思 在青少年期，你或你的朋友是否有过违法犯罪行为？如果有，那么在什么年龄？你的动机是寻求刺激和 / 或同伴的认可吗？

本章要点

一、埃里克森的理论：同一性对角色混乱

12.1 埃里克森认为青少年期人格发展的主要成果是什么？

■ 埃里克森的理论把**同一性**看作青少年人格发展的主要成果。成功地解决**同一性对角色混乱**心理冲突的年轻人，能建构一个基于自己选择的价值观和目标的自我定义。

二、自我理解

12.2 描述青少年期自我概念和自尊的变化

■ 认知进步使青少年的自我描述更有条理、更稳定，社会化的个人与道德价值观成为关键主题。

■ 青少年期的自尊进一步分化，多数青少年的自尊提高。青春期的到来时间、学习成绩、同伴接纳、家庭教育方式和社会大环境都会影响自尊。

12.3 描述同一性的四种状态及推动同一性发展的因素

■ **同一性成熟**（经过一段时间的探索，把价值观、信念和目标诉诸行动）和**同一性延缓**（经过探索但是还没有诉诸行动）从心理角度来看属于健康的同一性状态；长期的**同一性早闭**（没有经过探索就诉诸行动）和**同一性弥散**（既没有经过探索也没有诉诸行动）则与适应困难相关。

■ 如果青少年能灵活地、敞开心灵地、理性地面对选择信念与价值观时的思想斗争，既依恋父母又能自由地发表自己的意见，他们的同一性发展就可能获得先机。亲密朋友有助于青少年在探索中做出选择。

■ 信息收集认知方式、安全的父母依恋、与不同同伴的互动、亲密友谊以及提供丰富多样机会的学校和社区会促进健康同一性的发展。支持性的家庭和社区可以在少数族裔青少年中培养一种牢固、安全的**种族同一性**，他们必须克服**文化适应压力**。

双重文化同一性在情感和社会性方面能够带来更多的好处。

三、道德发展

12.4 描述科尔伯格的道德发展理论和对其正确性的评价

■ 在科尔伯格的道德发展**前习俗水平**，道德是外控的，根据对行为后果的判断而行动；在**习俗水平**，遵守法律和规则对于良好的人际关系和社会秩序是必需的；在**后习俗水平**，道德根据抽象的、普适的公正原则来定义。

■ 重新审视科尔伯格的阶段论，人们发现，433 成熟的道德在阶段 3 和阶段 4 就已经出现。很少有人能达到后习俗水平。由于情境因素会影响道德判断，因此科尔伯格的阶段最好被看作组织松散和互相重叠的。

■ 与吉利根的观点相反，科尔伯格的理论并没有低估女性的道德成熟度，公平道德和关爱道德都存在于男女两性当中。

■ 与儿童相比，青少年对个人选择与社会责任之间冲突的推理更深入。他们也更深刻地意识到遵守社会常规的道德含义。

12.5 描述影响道德推理的因素及道德推理与行为的关系

■ 有助于道德成熟的经验包括：关爱、温暖、理性的父母教育方式、同伴对道德问题的讨论和非歧视的学校环境。在农耕社会，道德合作以人与人之间的直接关系为基础，道德推理很少能超过科尔伯格的阶段 3。无论是农耕社会还是重视人际依赖的工业化社会，对道德两难的反应都比典型的西方社会更多地指向他人。

■ 道德推理的成熟与各种道德行为中度相关。影响道德行为的其他因素还有共情和内疚感、气质、

文化经验，以及**道德同一性**。虽然青少年期正式加入宗教团体的人数有所减少，但是多数参与宗教团体的青少年在道德价值观和道德行为方面表现更好。

■　实用主义流派的道德研究者认为，道德成熟度因环境和动机的不同而不同。

四、家庭

12.6　讨论青少年期亲子关系和兄弟姐妹关系的变化

■　青少年开始了对**自主性**的追求，更多地依靠自己而较少依赖父母做决定。随着青少年对父母的去理想化，他们经常质疑父母的权威。关爱、支持的父母会把亲密和疏远加以平衡，对成熟做出适当的要求，并进行持续的监护，这些可以预测良好的结果。

■　随着青少年与家庭疏远并转向同伴，兄弟姐妹之间的影响会下降。但是，对多数青少年来说，对兄弟姐妹的依恋仍然很强烈。

五、同伴关系

12.7　描述青少年的朋友、同伴群体、约会关系及其对发展的影响

■　青少年的友谊建立在亲密、相互理解和忠诚的基础上，并包含更多的自我表露。女孩注重情感上的亲密，男孩更注重共同的活动和成就。

■　在线互动可以增进友谊，但也会带来风险。过多使用社交媒体与较差的当面交往体验有关，过多使用互联网会使适应更困难。

■　青少年的友谊，在没有关系攻击或被反社会行为吸引的情况下，可以促进自我概念、观点采纳、同一性形成和形成亲密关系的能力。友谊还能帮助青少年应对压力，改善对学校的态度和参与度。

■　青少年同伴会结成有组织的**小圈子**（对女孩尤为重要）和**族**，这使青少年的同一性在学校这一较大社会结构中得到认可。随着对约会的兴趣增加，男女混合的小圈子变得重要。在青少年确立了个人价值观和目标之后，小圈子和族都会减少。

■　约会对象之间的亲密程度通常不如朋友之间的亲密程度。与父母和朋友建立的积极关系有助于建立温暖的恋爱关系。

六、发展中存在的问题

12.8　描述青少年抑郁和自杀的相关因素

■　抑郁症是青少年期最常见的心理问题。在工业化国家，女孩患抑郁症的风险更大。其原因牵涉到生物因素和环境因素的组合，包括遗传、不适应的家庭教育方式、习得性无助的归因方式，以及负面生活事件。

■　青少年期的自杀率急剧上升。女孩自杀未遂的次数更多，男孩的自杀死亡人数更多。有自杀风险的青少年可能性情孤僻，但更多的具有反社会倾向。家庭关系混乱在有自杀倾向的青少年中很常见。

12.9　讨论青少年违法犯罪的相关因素

■　几乎所有青少年都有过违法犯罪行为，但是重犯和惯犯只是少数——其中大多数是童年期就有问题行为的男性。

■　可以确定的导致犯罪的因素有：家庭缺乏关爱，矛盾重重，管教不一致；极度贫困、犯罪率高发的居住环境。学校不能满足青少年的发展需要也会导致违法犯罪行为的发生。

■　青少年期的违法犯罪率先逐渐上升，然后逐渐下降。只有少数青少年是严重的惯犯，他们大多是男孩，而且有童年期不良行为的历史。

■　缺乏关爱、冲突频繁、管教不一致、监管不力的家庭环境，以及犯罪率高、学校教学质量差的贫困社区，始终与青少年违法犯罪有关。

重要术语和概念

acculturative stress (p. 412) 文化适应压力

autonomy (p. 420) 自主性

bicultural identity (p.412) 双重文化同一性

clique (p. 425) 小圈子

conventional level (p. 414) 习俗水平

crowd (p. 425) 族

ethnic identity (p. 412) 种族同一性

identity (p. 408) 同一性

identity achievement (p. 409) 同一性成熟

identity diffusion (p. 409) 同一性弥散

identity foreclosure (p. 409) 同一性早闭

identity moratorium (p. 409) 同一性延缓

identity versus role confusion (p. 408) 同一性对角色混乱

moral identity (p. 418) 道德同一性

postconventional level (p. 415) 后习俗水平

preconventional level (p. 414) 前习俗水平

青少年期发展的里程碑

11~14 岁

身体

■ 女孩达到发育加速的高峰。(369)

■ 女孩身体脂肪的增加多于肌肉。(369)

■ 女孩开始月经期。(371-372)

■ 男孩开始发育加速。(369)

■ 男孩开始遗精。(372)

■ 同性恋和双性恋者出现性取向意识。(382)

■ 女孩的运动能力逐渐增强，14岁时趋于平稳。(370)

■ 对压力事件的反应更强烈；表现出强烈的感觉寻求和冒险行为。(373-374)

■ 睡眠"相位延迟"加强。(374)

认知

■ 能够进行假设－演绎推理，具有命题思维。(389-390)

■ 对复杂、多变量任务进行科学推理，即理论与证据相协调的推理。(391)

■ 变得更怕难为情和自我关注。(392-393)

■ 变得更加理想主义，更具批判性。(393)

■ 执行机能、元认知和认知自我调节得到改善。(373-374, 390-392)

情感 / 社会性

■ 自我概念加入了一些抽象的描述词，这些描述词把不同的个性特质统一在一起，但它们并没有相互联系，而且常常相互矛盾。(408)

■ 喜怒无常和亲子冲突增多。(375-376, 420-421)

■ 在争取自主性的过程中，与父母和兄弟姐妹在一起的时间减少，与同伴在一起的时间增多。(422)

■ 朋友的数量减少，友谊建立在亲密、相互理解和忠诚的基础上。(422-423)

■ 同伴群体成为有组织的同性别小圈子。(425)

■ 在具有复杂社会结构的中学，具有相似价值观的小圈子形成族。(425)

14~16 岁

身体

■ 女孩的发育加速完成。(369)

■ 男孩的发育加速达到高峰。(369)

■ 男孩的嗓音变低沉。(372)

■ 男孩的肌肉增多，身体脂肪减少。(369)

■ 男孩的运动能力显著提高。(370)

■ 可能性行为活跃。(380-381)

■ 男同性恋者和双性恋者中的男孩可能会确定性取向。(382)

认知

■ 继续改进假设－演绎推理和命题思维。(389-390)

■ 执行机能、元认知和认知自我调节持续改善。(373-374, 390-392)

■ 通过对不同类型任务的熟练掌握，继续提高科学推理能力。(391-392)

■ 变得不那么怕难为情和自我关注。(386-387)

■ 做决策能力得以改进。(393-394)

435 **情感／社会性**

■ 把自我的特征组合成一个有组织的自我概念。(408)

■ 自尊进一步分化，并有上升趋势。(408-409)

■ 开始从较低的同一性状态向较高的同一性状态转移。(409-410)

■ 越来越强调理想的互惠，认为社会规则是解决道德两难问题的基础。(414-415)

■ 对道德、社会常规和个人选择问题之间的冲突进行更细致的推理。(416)

■ 性别混合的小圈子变得普遍。(425-426)

■ 开始约会。(426)

16~18 岁

身体

■ 男孩发育加速完成。(369)

■ 男孩继续在运动表现上取得进步。(370)

■ 女同性恋者和双性恋者中的女孩很可能确定性取向。(382)

认知

■ 执行机能、元认知、认知自我调节和科学推理持续改善。(373-374, 390-392)

■ 决策能力增强。(393-394)

情感／社会性

■ 自我概念强调个人和道德价值观。(408)

■ 继续建构同一性，通常是走向更高的同一性状态。(409-410)

■ 道德推理继续走向成熟；以符合道德的方式行动的动机增强。(414-415, 418)

■ 小圈子和族的重要性下降。(426)

■ 在持续时间更长的恋爱关系中寻求心理上的亲密感。(426-427)

图书在版编目 (CIP) 数据

伯克毕生发展心理学. 从 0 岁到青少年：第 7 版 /
（美）劳拉·E. 伯克 (Laura E. Berk) 著；陈会昌译. --
北京：中国人民大学出版社，2022.1
　（心理学译丛）
　书名原文：Development Through the Lifespan, 7e
　ISBN 978-7-300-29844-3

　Ⅰ. ①伯… Ⅱ. ①劳… ②陈… Ⅲ. ①发展心理学
Ⅳ. ① B844

中国版本图书馆 CIP 数据核字 (2021) 第 185278 号

心理学译丛

伯克毕生发展心理学（第 7 版）

从 0 岁到青少年

［美］劳拉·E. 伯克　著

陈会昌　译

Boke Bisheng Fazhan Xinlixue

出版发行	中国人民大学出版社			
社　　址	北京中关村大街 31 号	**邮政编码**	100080	
电　　话	010-62511242（总编室）	010-62511770（质管部）		
	010-82501766（邮购部）	010-62514148（门市部）		
	010-62515195（发行公司）	010-62515275（盗版举报）		
网　　址	http://www.crup.com.cn			
经　　销	新华书店			
印　　刷	北京联兴盛业印刷股份有限公司			
开　　本	890mm×1240mm　1/16	**版　　次**	2022 年 1 月第 1 版	
印　　张	33.5 插页 1	**印　　次**	2025 年 3 月第 8 次印刷	
字　　数	932 000	**定　　价**	258.00 元（全两册）	

心理学译丛

Development Through the Lifespan,7e

伯克毕生发展心理学

从青年到老年（第7版）

[美]劳拉·E. 伯克（Laura E. Berk）著

陈会昌 译

中国人民大学出版社
·北京·

目　录

第八篇　中年期：40~65岁

 **第15章
中年期生理与认知发展 / 578**

 **第16章
中年期情感与社会性发展 / 612**

专栏概览

第七篇

成年早期：20~40岁

第13章

成年早期生理与认知发展

成年早期带来了重大的变化，包括选择职业、开始全职工作以及获得经济独立。这名荷兰电脑游戏设计师和动画师的工作领域结合了他对游戏的兴趣和艺术能力。

23 岁的莎丽丝与妈妈和弟弟拥抱告别，跳上汽车，车后座和后备厢里堆满了行李，她带着前所未有的自由感，夹杂着些许忧虑，驶向州际公路。三个月前，家人不无自豪地知晓，莎丽丝在 60 多公里外一所不太知名的大学拿到了化学学士学位。大学，是她在经济和心理上逐渐摆脱对家庭的依赖的时期。她每逢周末都要回家，暑假就住在家里。她妈妈每月用家里的钱帮她还贷款。可是今天是个转折点。她要搬到 1 300 公里外的一个城市，自己租住公寓，开始攻读硕士学位。拿到了助教奖学金和学生贷款的莎丽丝从没有感到如此独立。

大学几年，莎丽丝的生活方式发生了变化，她还确定了职业方向。中学时期身体超重的她，在大学一年级就减了 10 公斤。她改变了饮食习惯，参加了大学的极限飞盘队锻炼，还当上了队长。暑假里，她在一个夏令营给患慢性病的儿童做咨询，这使她确信，自己的学术背景对她将从事的公共卫生领域大有用武之地。就在决定离家去攻读硕士学位的两周前，莎丽丝还对妈妈说，她不知道自己的选择到底对不对。妈妈说："莎丽丝，谁也不能预知自己的选择适不适合自己，在大多数情况下这些选择并不完美。但是我们做出选择的过程——对选择进行思考，最后做出决定——也就是使选择走向成功的过程。"于是，莎丽丝开始了她的旅程，她知道，自己将面临许许多多令人激动的挑战和机遇。

本章将考察成年早期（青年期），即大约 20～40 岁这一年龄段的生理和认知状况。正如第 1 章讲到的，成年期很难分成几个互相独立的阶段，因为对不同的人来说，成年期人生重要里程碑的时期差别远远大过童年期和青少年期。但是，对大多数人来说，成年期的第一个阶段都包含一些共同的任务：离开家，完成学业，参加全职工作，经济上独立，建立长期的亲密伴侣关系，成家。这是精力充沛的 20 年，人要一次又一次地做出重大决定，这段时间比一生中的任何其他时期都更加充满潜力。

第一部分　生理发展

在童年期和青少年期，人的身体长得更高大强壮，协调能力增强，感知系统也能更有效地收集信息。一旦身体结构的能力和效率达到极值，**生物学老化**或**衰老** (biological aging or senescence) 就开始了，它是在基因影响下的器官和系统的机能衰退，在人类所有成员身上普遍存在。但是，就像身体发育一样，生物学老化在身体不同部位的差异很大，个体差异也很大，毕生发展观有助于我们理解这种差异。许多背景因素，包括每个人独特的基因结构、生活方式、生活环境以及历史时期，都可能加速或减缓由年龄导致的衰老

(Arking, 2006)。因而，成年期的身体变化确实是多维度、多方向的（见第 1 章边页 8）。

下面，我们将考察生物学老化过程，然后，讨论成年早期的生理和运动能力的变化。其中一个要点是，生物学老化可以通过对行为和环境的干预得到实质性的改变。20 世纪营养状况、医疗条件、公共卫生和安全状况的改善，使工业化国家的平均预期寿命增加了 25～30 年，这一趋势还在继续（见第 1 章边页 7）。在第 17 章，我们还将深入讨论这一问题。

一、生物学老化在成年早期已经开始

13.1　描述当前在 DNA 水平、体细胞水平以及组织和器官水平的生物学老化理论

在一次校际比赛中，莎丽丝在赛场上奔跑，跳起来接飞盘。在她 20 岁出头时，她的力量、耐力、感觉灵敏性和免疫系统的反应都达到了巅峰。但是，在接下来的 20 年，她会老化。到她进入中年期和老年期时，她会表现出更明显的衰退。生物学老化是许多原因共同作用的结果，有些在 DNA 水平上起作用，有些在体细胞水平上起作用，还有一些在组织、器官和整个有机体水平上起作用。尽管有数百种理论和许多研究人员的努力，但我们对生物学老化机制的了解还是不完整的。

1. DNA 和体细胞水平上的老化

当前，在 DNA 水平和体细胞水平上对生物学老化的解释有两种：强调特定基因的程序化效应；强调破坏基因和细胞物质的随机事件的累积效应。两种观点都有证据，对二者加以整合可能是更正确的。

对血缘关系的研究在某种程度上支持了基因编程影响老化的理论，这些研究发现，寿命具有家族遗传性。父母都长寿的人，子女也会长寿，同卵双生子比异卵双生子的寿命相似性更高。但是，寿命的遗传率并不高，死亡年龄的遗传率为 0.15～0.50，当前生物学年龄的各种测量指标（如握力、肺活量、血压、骨密度和整体身体健康）

这名 20 岁出头的皮划艇运动员，在力量、耐力和感觉灵敏性方面处于巅峰状态。

一名年轻人正在和她 85 岁的祖母自拍。长寿可在家族内遗传，其实可直接遗传的是影响寿命的风险因素和保护因素，而不是寿命长短。

的遗传率为 0.15～0.55 (Dutta et al., 2011; Finkel et al., 2014)。长寿并不是直接遗传的，人们很可能是遗传了一种或多种风险或保护因素，这些因素影响到死亡的早晚。

一种"基因编程"理论提出，人体具有"老化基因"，它们控制着相应的生物学变化，如更年期、大肌肉运动技能的效率和身体细胞的退化。支持这一观点的研究表明，在实验室中分裂的人类细胞，寿命为 50±10 次分裂 (Hayflick, 1998)。随着每一次复制，一种被称为**端粒** (telomeres) 的特殊 DNA 就会缩短。端粒位于染色体的末端，像"帽子"一样，保护染色体末端不被破坏。最终因端粒剩余太少，细胞根本不能再复制。端粒缩短起着阻止体细胞突变（如与癌症有关的突变）的作用，这些突变在细胞复制时更可能发生。但是，衰老细胞（端粒短的细胞）数量的增加也会导致与年龄相关的疾病、机能丧失和早死 (Epel et al., 2009; Tchkonia et al., 2013)。本节的"生物因素与环境"专栏揭示出，研究者正在查明加速端粒缩短的不健康行为和心理状态，找到某些生活状态会影响寿命的强有力的生物学证据。

439 专栏　　生物因素与环境

端粒长度：生活状态对生物学老化影响的标记物

用不了多久，你的年度体检就可能包括对你的端粒（染色体末端的 DNA）长度的检测，它保护着你的身体细胞的稳定性。端粒随细胞复制而缩短，当它们缩短到临界长度以下时，细胞就不能再分裂并衰老（见图 13.1）。虽然端粒会随着年龄增长而缩短，但缩短的速度有很大的不同。一种叫作端粒酶的酶可以防止端粒缩短，甚至可以扭转这种趋势，延长端粒，保护衰老的细胞。

过去十几年，关于生命状态对端粒长度的影响的研究激增。一项公认的发现是，慢性病，如心血管疾病和癌症，会加速白细胞端粒的缩短，而白细胞在免疫反应中起着重要作用（见边页 443）(Corbett & Alda, 2015)。反过来，端粒缩短加速预示着疾病进展更快，死亡更早。

端粒缩短加速与多种不健康行为有关，包括吸烟、过度饮酒、缺乏运动和暴饮暴食，这些行为会导致肥胖和胰岛素抵抗——这通常是 2 型糖尿病的先兆 (Epel et al., 2006; Ludlow, Ludlow, & Roth, 2013)。不良健康状况可能早在受孕期间就能改变端粒长度，并对生物学老化产生长期负面影响。对大鼠的研究发现，母鼠孕期营养不良可导致幼崽出生体重低，肾脏和心脏组织细胞端粒变短 (Tarry-Adkins et al., 2008)。对人类的调查发现，出生时低体重的儿童和青少年比出生时体重正常者的端粒更短 (Raqib et al., 2007; Strohmaier et al., 2015)。

持续的情绪压力，如童年期被虐待、欺凌或遭受家庭暴力，成年期养育患慢性病的孩子，照顾患痴呆的老人，遭受种族歧视或暴力，与白细胞和拭子脸颊细胞的

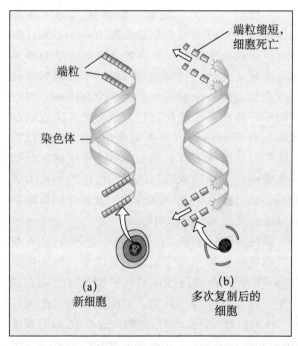

图 13.1　染色体末端的端粒

(a) 新细胞中的端粒。(b) 细胞每复制一次，端粒就会缩短；如果端粒太短，就会使 DNA 受到损害，细胞就会死亡。

端粒缩短有关 (Chae et al., 2014; Drury et al., 2014; Price et al., 2013; Shalev et al., 2013)。在另一项研究中，孕妇在怀孕期间的严重情绪压力可以预测儿童出生时和追踪至成年早期的白细胞端粒缩短，即使在控制了其他可能的致病因素（如低出生体重，以及童年期和成年期的压力水平）之后也是如此 (Entringer et al., 2011, 2012)。

幸好，如果成人的生活方式做出积极改变，端粒就会做出相应的反应。坚持健康饮食和增强体质的体育活动、减少饮酒和吸烟、减小情绪压力都与端粒酶活性增加和端粒延长有关 (Lin, Epel, & Blackburn, 2012; Shalev et al., 2013)。

目前，研究者正致力于查明端粒变化的敏感时期，即端粒最容易修改的时期。早期干预，例如加强旨在减少童年期肥胖和压力源的产前护理和治疗，可能特别有效。进入老年期以后，经过有效的干预，端粒也可以改变 (Epel et al., 2009; Price et al., 2013)。随着我们对端粒长度的预测因子和后果的了解不断加深，端粒长度可能成为人的一生中健康和衰老的一个重要指标。

根据另一种观点，即"随机事件"理论，由于自发的变异或外因导致的变异，身体细胞内的 DNA 逐渐遭到破坏。随着这种变异的增多，细胞修复和替代的有效性越来越低，有时会产生异常的癌细胞。动物研究证实，随着年龄增长，DNA 断裂、缺失、对其他细胞质的伤害增加。人类研究也有类似的证据 (Freitas & Magalhães, 2011)。

一种假设认为，随着年龄增长，DNA 和细胞异常的一个原因可能是**自由基** (free radicals) 的释放，这些在有氧环境中自然产生的化学物质具有高度的反应性。当细胞内的氧分子分解时，化学反应会去掉一个电子，产生一个自由基。当它从周围环境中寻求替代物时，就会破坏附近的细胞质，包括细胞赖以发挥机能的 DNA、蛋白质和脂肪，从而使人容易罹患多种老年疾病，包括心血管疾病、神经紊乱、癌症、白内障和关节炎 (Stohs, 2011)。一些研究者推测，长寿基因可能是通过抵抗自由基而起作用的。

但很多研究发现，自由基并不是导致 DNA 突变、细胞损伤和寿命缩短的主要因素。因为在某些物种中，自由基活性的升高只要没有达到有毒水平，就与寿命延长有关，可能是因为它作为一种"压力信号"，可以激活细胞内的 DNA 修复系统 (Shokolenko, Wilson, & Alexeyev, 2014)。这些发现可以解释，为什么抗氧化膳食补充剂，如维生素 A、β-胡萝卜素和维生素 E，一直未能降低疾病发病率或延长寿命 (Bjelakovic, Nikolova, & Gluud, 2013)。

此外，科学家已经发现某些物种对自由基活性的基因防御能力减弱，但寿命异常长 (Liu, Long, & Liu, 2014)。裸鼹鼠是最长寿的啮齿动物，它的寿命可达 31 年，但是它的一些器官的与年龄相关的 DNA 损伤比寿命不超过 4 年的普通老鼠更严重。

总之，虽然自由基的损害随着年龄增长而增加，但没有明确证据表明它触发了生物学老化，它有时甚至可能有助于长寿。

2. 组织和器官水平上的老化

与年龄相关的 DNA 和细胞退化，对器官和组织的整体结构和机能会造成什么后果？存在多种可能。其中一种有明确依据的理论是**交叉联结衰老理论** (cross-linkage theory of aging)。随着年龄增长，构成身体结缔组织的蛋白质纤维会彼此联结。当这些通常分离的纤维交叉联结时，组织就会失去弹性，导致许多负面结果，包括皮肤和其他器官失去弹性，眼晶状体混浊，动脉堵塞，以及对肾脏的损害 (Diggs, 2008; Kragstrup, Kjaer, & Mackey, 2011)。像衰老的其他方面一样，外因可以减缓交叉联结，包括定期锻炼和健康饮食。

负责产生和调节激素的内分泌系统机能逐渐下降，是老化的另一形式。一个明显的例子是，女性雌激素的分泌量逐渐下降，并最终绝经。由于激素影响着许多身体机能，因此内分泌系统的衰退对健康和生存状况影响广泛。关于激素对老化之影响的研究表明，肌肉和骨量减少、脂肪增加、皮肤松弛、心血管机能下降都与生长激素 (GH) 的逐渐减少有关。对生长激素异常低的成年人来说，激素疗法可以缓解这些症状，但是有严重的副作用，例如，可增大液体在身体组织中滞留、肌肉疼痛和得癌症的风险 (Ceda et al., 2010; Sattler, 2013)。到目前为止，恰当的饮食和体育活动是减缓衰老的较安全的方式。

此外，免疫系统机能下降也导致了多种老化，包括对传染病、癌症和导致心血管疾病的血管壁病变的易感性，以及身体组织的慢性炎症，这些炎症可导致组织损伤并在许多疾病中发挥作用。免疫系统反应能力的下降似乎是由基因决定的，但其他老化过程（如内分泌系统的衰退）可使下降加剧 (Alonso-Fernández & De la Fuente, 2011;

Franceschi & Campisi, 2014）。当前，我们需要更好的理论整合，包括前面提到的和未提及的理论，来解释生物学老化过程的复杂性。下面介绍老化过程中出现的身体迹象和其他特征。

二、身体变化

13.2 描述衰老引起的身体变化，尤其是心血管系统、呼吸系统、运动能力、免疫系统和生育能力的变化

20~30 岁期间，身体外貌的变化和身体机能的下降很缓慢，且大多难以察觉。其后，生物学老化的速度加快。表 13.1 概括了因生物学老化而出现的身体变化。本章先分析几种情况，其他的在以后章节进行讨论。首先需要指出，这些趋势主要是横断研究的结论。由于越年轻的被调查者，其保健和营养状况越好，因此横断研究可能会夸大衰老的后果。幸好，相关的追踪研究也在增多，有助于修正这些结果。

1. 心血管系统和呼吸系统

在研究生院的第一个月，莎丽丝钻研了几篇有关心血管机能的研究报告。在她的非裔大家庭

441

表 13.1 衰老的身体变化

器官或系统	发生变化的年龄	具体变化
感觉		
视觉	30 岁开始	因晶状体变硬变厚而看不清近物。晶状体黄化，眼肌对瞳孔的控制力衰弱，玻璃体（充满眼球的胶质物）变浑浊，导致到达视网膜的光量减少，损害了颜色辨别力和夜视能力。视敏度和细小物体辨别力在 70~80 岁迅速下降。
听觉	30 岁开始	对声音，尤其是高频音的敏感度下降，并逐渐扩展到对各种频率的声音。男性的下降速度是女性的两倍多。
味觉	60 岁开始	对四种基本味道——甜、咸、酸、苦的敏感度因味蕾的数量和分布下降而降低。
嗅觉	60 岁开始	嗅觉感受器的减少降低了察觉和辨别气味的能力。
触觉	逐渐	触觉感受器的减少降低了手尤其是指尖的敏感度。
心血管系统	逐渐	心肌逐渐变硬，导致最大心率降低，运动时心脏对身体的供氧力降低。动脉壁硬化，有害物质堆积，输送到体细胞的血流量减少。
呼吸系统	逐渐	身体运动时，呼吸能力下降，呼吸频率增加。肺部结缔组织和胸肌硬化使左右肺叶不能充分扩张。
免疫系统	逐渐	胸腺皱缩妨碍了 T 细胞成熟和 B 细胞的抗病能力，损害了免疫反应能力。
肌肉	逐渐	随着刺激性神经细胞的死亡，快速伸缩性肌肉纤维（掌管速度和爆发力）的数量和体积都比慢速伸缩性肌肉纤维（掌管耐力）减少更快。肌腱和韧带（传递肌肉动作）变硬，降低了运动速度和灵活性。
骨骼	始于 30 岁后期，50 岁加速，70 岁速度减慢	关节软骨变薄，出现裂缝，使下方骨末端不断磨损。增生的细胞在骨骼外层逐渐堆积，骨骼的矿物质含量降低。骨骼变得粗大而多孔，变得衰弱，容易骨折。女性比男性的骨骼老化更快。
生殖系统	女 35 岁、男 40 岁后加速衰退	出现生育问题（不能怀孕和足月分娩），生下带有染色体疾病婴儿的危险提高。
神经	50 岁开始	皮层神经细胞失水和脑内空间加大致脑重逐渐减轻。新突触和少量新神经元的形成可部分弥补脑重减轻。
皮肤	逐渐	表皮与真皮结合不再紧密，真皮和内皮纤维变细，真皮细胞的脂肪减少，导致皮肤松弛、失去弹性和多皱。女性的皮肤老化比男性快。
头发	35 岁开始	变得灰白而稀疏。
身高	50 岁开始	骨骼力量的下降使椎间盘塌缩，使身高在 70~80 岁时下降约 5 厘米。
体重	50 岁前增加；60 岁后减轻	体重变化由脂肪增多、肌肉和骨骼矿物质减少所致。由于肌肉和骨骼比脂肪重，因此体重先增后降。体内脂肪在躯干上累积，四肢脂肪减少。

资料来源：Arking, 2006; Feng, Huang, & Wang, 2013; Lemaitre et al., 2012.

中，她的父亲、一个叔叔和三个姑姑都在四五十岁时死于心脏病突发。这些悲剧促使莎丽丝进入公共卫生领域，希望能找到解决美国黑人健康问题的方法。美国黑人的高血压发病率比白人高 13%，心脏病死亡率比白人高 40% (Mozaffarian et al., 2015)。

442　　　莎丽丝在阅读资料时不无惊奇地发现，心脏随着年龄发生的变化并没有人们预料的那么大。心脏病是整个成年期死亡的一个主要原因，美国 20 ~ 34 岁成年男性死亡的 10% 和女性死亡的 5% 是由心脏病导致的，这一比例在 35 ~ 45 岁期间增加两倍多，并随着年龄增长持续增高 (Mozaffarian et al., 2015)。对健康人而言，心脏在特定条件下向机体供氧的能力（可用与心脏供血量有关的心率来衡量）在成年期并没有很大变化。只有在高负荷运动中，心脏机能才会随年龄增长而降低。这种变化是由最大心率下降和心肌变硬导致的 (Arking, 2006)，结果，在高强度活动和从紧张中恢复时，心脏难以向全身输送足够的氧气。

心血管系统最严重的疾病是动脉粥样硬化，该病发作时，胆固醇和脂肪等有害物质在大动脉壁上严重堆积。这种病常常开始于生命早期，在中年期发展，最终表现为严重疾病。动脉粥样硬化是由多种因素导致的，人们很难把生物学老化的影响与个人的遗传和环境条件分开。研究表明，在青少年期之前，高脂肪饮食只会在动脉壁上产生脂肪条纹，这说明了原因的复杂性 (Oliveira, Patin, & Escrivao, 2010)。但是，在性成熟的成人中，它会导致严重的斑块沉积，这表明性激素可能会加重高脂肪饮食的危害。

自 20 世纪中期以来，心血管疾病的发病率大幅下降，在过去 20 年中，由于吸烟人数减少、心脏病高危人群的饮食和锻炼状况改善，以及对高血压和胆固醇的更好的医疗检测和治疗，心血管疾病的发病率明显下降 (Mozaffarian et al., 2015)。对美国黑人和白人的多种族样本从 18 岁跟踪到 30 岁的研究显示，那些患心脏病风险低的人群，即那些不吸烟、体重正常、饮食健康和坚持体育锻炼者，在以后 20 年中，被诊断为患心脏病的非常少 (Liu et al., 2012)。稍后，在讲到健康与健身时，我们将会理解，为什么心脏病患者在莎丽丝的家庭中那么多，而且为什么心脏病在非裔美国人中发病率特别高。

和心脏一样，肺机能在安静状态下几乎没有随着年龄增长而变化，但在体力消耗很大时，随着年龄增长，呼吸量减少，呼吸频率增加。25 岁后，最大肺活量（肺部进出的空气量）每 10 年下降 10%。肺部、胸肌和肋骨的结缔组织会随着年龄增长而变硬，使肺活量更难达到最大 (Lowery et al., 2013; Wilkie et al., 2012)。幸好，在正常情况下，我们只使用不到一半的肺活量。然而，肺的生物学老化还是会使老年人在锻炼时难以满足身体对氧气的需求。

2. 运动能力

在身体有负荷的条件下心肺机能的下降，连同肌肉机能的逐渐下降，共同导致了运动能力的下降。对一般人来说，生物学老化对运动能力的影响很难与运动动机和体育锻炼的减少分开。研究者考察了那些在现实生活中努力保持最佳运动成绩的优秀运动员 (Tanaka & Seals, 2008)，结果发现，只要运动员持续进行高强度训练，他们在每个年龄阶段的成绩就都会接近生物学极限。

许多运动技能在 20 ~ 35 岁达到顶峰，随后逐渐下降。有几项研究统计了各体育项目的奥林匹克运动员和专业运动员取得最佳成绩的平均年龄。在过去一个世纪中，许多体育项目的绝对成绩提高了。运动员不断创造新的世界纪录，这表明了训练方法的改进。但是，表现出最佳成绩的年龄却相对稳定。需要较快的四肢运动速度、较强的爆发力和身体协调性的项目，如短跑、跳高和网球，其成绩都在 20 岁初期达到顶峰。靠耐

这些年龄为 21 ~ 30 岁的职业运动员在角逐 2015 年男子 200 米决赛的冠军。短跑需要四肢运动的速度和爆发力，其成绩通常在 20 岁出头的时候达到顶峰。

力、手臂稳定性和瞄准能力的项目，如长跑、棒球和高尔夫球，其成绩大多在 30 岁前后达到顶峰 (Morton, 2014; Schulz & Curnow, 1988)。由于这些技能不是需要耐力就是需要准确的动作控制能力，因此需要较长时间才能达到完美。

针对杰出运动员的研究显示，他们大多在成年早期的前段即达到运动能力的生物学上限。此后，运动能力的减退有多快？针对优秀长跑运动员的追踪研究表明，只要坚持训练，那么从 35 岁到 60 岁，速度只有略微下降，60 岁以后速度会加速下降（见图 13.2）(Tanaka & Seals, 2003, 2008; Trappe, 2007)。在结合了长跑、游泳和自行车的铁人三项竞赛中，成绩随年龄增长的下降更缓慢：加速的成绩下降延迟到 70 岁，而且主要是因为其中的天然水域游泳和公路自行车项目 (Lepers, Knechtle, & Stapley, 2013)。

研究表明，持续的训练能使身体结构适应，使运动能力下降程度降到最低。例如，无论是年轻还是年老的积极锻炼者，其肺活量都比健康、不锻炼的人大三分之一 (Zaccagni, Onisto, & Gualdi-Russo, 2009)。训练还可以减缓肌肉萎缩，增加肌肉收缩的速度和力量，并将快速收缩性肌肉纤维转变为慢速收缩性肌肉纤维，从而支持优异的长跑能力和其他耐力技能 (Faulkner et al., 2007)。一项针对数十万名业余马拉松选手的研究显示，25% 的 65~69 岁跑步者比 50% 的 20~54 岁跑步者跑得快 (Leyk et

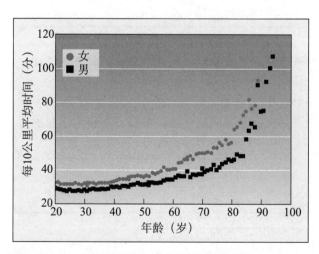

图 13.2 几百名优秀运动员 10 公里长跑成绩的追踪研究
35 岁左右，长跑运动员仍保持着他们的速度，35~60 岁，所用时间缓慢增长，60 岁以后快速增长。资料来源：H. Tanaka & D. R. Seals, 2003, "Dynamic Exercise Performance in Master Athletes: Insight into the Effects of Primary Human Aging on Physiological Functional Capacity," *Journal of Applied Physiology*, 5, p. 2153.

al., 2010)。在特殊情况下，杰出的老年运动员会随着年龄的增长表现出惊人的成绩。例如，在铁人三项世界锦标赛中，2012 年 70~74 岁年龄组的男子第一名把 2010 年的成绩提高了近一个小时 (Lepers, Knechtle, & Stapley, 2013)。甚至在 80 岁高龄选手中也观察到了微弱的成绩提高。

总之，虽然运动技能在成年早期达到最高水平，但是在老年之前，生物学老化所能解释的运动能力随年龄增长下降只有很小一部分。一些身体健康的人在六七十岁以后运动水平较低，主要反映了因适应不太需要体力劳动的生活方式而导致的体能下降。

3. 免疫系统

免疫反应是体内负责抑制或破坏抗原（异物）的特异细胞的协同作用。其中有两种白细胞起关键作用。在骨髓中产生、在胸腺（位于胸部上方的小腺体）中发育成熟的 T 细胞可以直接破坏抗原。骨髓制造的 B 细胞将抗体释放到血液中，抗体在血液中繁殖并俘获抗原，之后再由血液系统来破坏抗原。由于这两种细胞表面的受体只能识别单个抗原，因此 T 细胞和 B 细胞的种类很多。它们与其他细胞一起产生免疫力。

免疫系统抵御疾病的能力在青少年期增强，在 20 岁以后下降。这种趋势在一定程度上是由于胸腺的变化，胸腺在青少年期最大，然后缩小，到 50 岁时就几乎检测不到了。因此，胸腺激素的分泌减少，胸腺促进 T 细胞完全成熟和分化的能力减弱 (Denkinger et al., 2015)。只有当 T 细胞存在时，B 细胞才会释放更多的抗体，这使人在 50 岁以后免疫反应进一步受到损害。

但是，胸腺机能的下降并不是身体抗病力逐渐减退的唯一原因。免疫系统与神经系统、内分泌系统相互影响。例如，心理压力可以削弱免疫反应。在期终考试期间，莎丽丝对感冒的抵抗力较弱。在父亲去世后的那个月，她得了流感，而且很难康复。冲突不断的人际关系、照顾年迈多病的父母、缺乏睡眠和长期抑郁，这些都会降低免疫力。而来自污染、过敏原、营养不良和住房条件差的生理压力，会破坏成人的免疫机能 (Cruces et al., 2014; Fenn, Corona, & Godbout, 2014)。当生理压力和心理压力结合起来时，患病的风险会增大。

4. 生育能力

莎丽丝出生时，她的妈妈刚二十出头。一代人之后，也是在这个年龄，莎丽丝正在研究生院就读，她优先考虑的是受教育和职业生涯。许多人认为，20多岁怀孕是理想的，这不仅因为流产和孩子患染色体疾病的危险较低（第2章），而且因为较年轻的父母更有精力照看活泼好动的孩子。但是，如图13.3所示，在1970—2014年里，30岁以后生育第一胎的女性大大增多。许多人把生孩子一直推迟到完成学业、工作稳定并且确认自己有能力养育一个孩子之后。

但是，生育能力确实随着年龄增长而下降。在15~29岁的美国已婚无子女女性中，有11%报告有生育问题。30~34岁女性的这一比例为14%，35~39岁女性的这一比例为39%，40~44岁女性的这一比例为47%。再回想一下，35岁以后，生育技术的成功率随着年龄增长而急剧下降（见第2章边页52）(Chandra, Copen, & Stephen, 2013)。由于子宫在三十七八岁到40多岁没有持续变化，因此女性生育能力的下降很大程度上是因为卵子数量的减少和卵子质量的降低。包括人类在内的许多哺乳动物，怀孕需要卵巢储备一定数量的卵子 (American College of Obstetricians and Gynecologists, 2014; Balasch, 2010)。一些女性月经周期正常，但不能怀孕，因为她们的卵子储备太少。

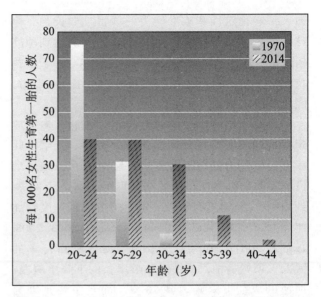

图13.3 1970年和2014年美国不同年龄段女性生育第一胎的年龄比较

20~24岁的女性生育率下降，而25岁及以上的女性生育率上升。30多岁的女性生育率增加了6倍，40多岁的女性生育率翻了一番。其他工业化国家也有类似趋势。资料来源: Hamilton et al., 2015.

男性35岁以后，精液量和精子活力逐渐下降，导致生育能力下降。此外，异常精子的比例上升，它会提高流产率，降低生育技术的成功率，而且与产妇的年龄无关 (Belloc et al., 2014)。虽然在成年期，对于什么年龄生孩子最合适并没有最佳答案，但那些推迟到40岁前后才生育的人生的孩子比他们想生的要少，或者根本生不出孩子。

 思考题

联结 遗传和环境是如何共同作用于心血管系统、呼吸系统和免疫系统，使它们的机能随着年龄增长而变化的？

应用 佩妮是大学田径队的长跑运动员，哪些因素会影响她30年后的长跑成绩？

反思 在学习本章之前，你是否想过把成年早期作为一个生物学老化的阶段？为什么年轻人了解影响生物学老化的因素很重要？

三、健康与健身

13.3　描述成年期社经地位、营养、锻炼对健康的影响及肥胖问题

13.4　最常见的致癌物滥用及其健康风险有哪些？

13.5　描述年轻人的性态度和性行为、性传播感染和性胁迫

13.6　心理压力如何影响健康？

图13.4显示了美国成年早期的主要死亡原因。各种原因造成的死亡率超过其他许多工业化国家 (OECD, 2015d)。这种差异来自一系列因素的综合作用，包括较高的贫困率和肥胖率，宽松的

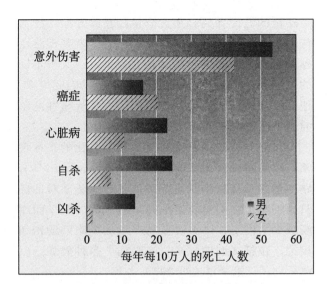

图 13.4　美国 25～44 岁人群的主要死亡原因
近一半的意外伤害是由于机动车事故。意外伤害仍是老年人死亡的主因，且发生率在老年期急剧上升。癌症和心血管疾病的发病率在中老年期稳步上升。除了癌症外，男性比女性更容易受到各种伤害。根据前几章的学习，你能解释这些性别差异吗？资料来源：Heron, 2015.

枪支管制政策，以及美国历史上普遍缺乏医疗保险。在后面的章节，我们会看到谋杀率随着年龄的增长而下降，而疾病和身体残疾率则上升。生物学老化显然是这一趋势的原因之一。但是，如前所述，个体和群体在生理变化方面具有很大的差异，造成这些差异的，既有环境风险，也有健康风险。

人一生中的社经地位变化反映了这些影响。随着从童年期向成年期的过渡，与社经地位有关的健康差异现象增加；收入、教育和职业地位几乎与每种疾病和健康指标都有着密切、持久的关系 (Agigoroaei, 2016)。此外，社经地位能在很大程度上解释白人相对于美国少数族裔成人的巨大健康优势 (Phuong, Frank, & Finch, 2012)。因此，改善社会经济条件对于缩小健康方面的族群差距至关重要。

与健康相关的环境和习惯，如压力生活事件、拥挤、污染、饮食、锻炼、超重和肥胖、致癌物滥用、高风险工作以及社会关系的支持，构成了健康差异的基础 (Smith & Infurna, 2011)。此外，与社经地位低下有关的童年健康状况不佳，也会影响成年后的健康。如果社经地位提升，童年期相关因素的整体影响就会减弱。但在大多数情况下，童年期和成人期的社经地位保持得相当稳定，这种累积效应随着年龄增长会放大健康方面的社

在美国，健康方面的社经地位差异比其他工业化国家更大，这是由与健康有关的环境和习惯以及缺乏高质量、可负担的医疗保健所致。洛杉矶的这家免费诊所通过每天为 1 200 多名患者提供包括眼科检查在内的预防性服务来解决这些问题。

经地位差异 (Matthews & Gallo, 2011; Wickrama et al., 2015)。

在健康和死亡率方面，为什么美国的社经地位差异比其他工业化国家更大？除了缺乏全民医疗保险之外，美国低收入和贫困家庭的经济状况也不如其他国家的类似家庭 (Avendano & Kawachi, 2014)。此外，美国不同的社经地位群体，在影响健康的环境，如住房、污染、教育和社区服务方面，存在着更严重的不平等现象。

这些事实再次表明，国家和社会提供的生活条件和人们自己创造的生活条件，共同影响人的衰老过程。由于 20～40 岁时健康问题的发生率比随后几十年低得多，因此，成年早期是预防以后的健康问题的最佳时期。下面，我们将讨论几个主要的健康问题——营养、锻炼、致癌物滥用、性行为和心理压力。

1. 营养

由于铺天盖地的广告宣传和五花八门的食品

445

选择，人们越来越难以做出明智的饮食决策。种类丰富的食品和紧张的生活节奏使很多美国人陷入一个怪圈，他们之所以吃东西，是因为喜欢吃，或者是因为该吃饭了就得吃，而不是为了维持身体机能 (Donatelle, 2015)。结果，许多人吃的食物种类和数量很不恰当。超重、肥胖和高糖高脂肪饮食，成为成年期长期影响健康的普遍营养问题。

（1）超重和肥胖

第 9 章讲到，肥胖（基于年龄、性别和体质，比平均体重增加 20% 以上）发生率在许多西方国家急剧上升，在一些发展中国家也不例外。成人的身体质量指数 (BMI) 在 25 到 29 之间即为超重，在 30 及以上（相当于超过 14 公斤）即构成肥胖。美国成人肥胖率持续攀升，2014 年达到 38%。肥胖在某些少数族裔中尤其普遍，包括美国原住民（41%）、拉美裔（43%）和非裔（48%）(Ogden et al., 2014)。受影响的非裔和拉美裔女性比男性多。

超重是一种不太严重但仍属不健康的状态，它影响着另外 34% 的美国人。把超重和肥胖的比例合计得到 72%，这使美国人成为世界上最重的国民 (OECD, 2015c; Ogden et al., 2014)。值得注意的是，美国的肥胖率超过了超重率，这是该问题流行程度的一个明显指标。

第 9 章还提到，超重的儿童和青少年很可能成为超重的成人。也有相当一部分人在成年后——多数是在 25～50 岁——体重大幅增加。已经超重或肥胖的年轻人通常会变得更重，导致肥胖率在 20～60 岁稳步上升 (Ogden et al., 2014)。移民中超重和肥胖的比例在美国随着时间线的延长而增加 (Singh & Linn, 2013)。美国第一代成人（在美国出生，父母是移民）同在外国出生的同龄人相比，肥胖的概率要高得多。

1）原因和结果

如第 9 章所述，遗传使一些人比其他人更容易肥胖。但是，环境压力是工业化国家肥胖率上升的基础：随着家庭和工作场所对体力劳动需求的下降，人们在生活中久坐的时间更长。此外，在 20 世纪和 21 世纪初的大部分时间里，美国人平均消耗的热量、糖和脂肪量都在增加，1970 年以后急剧增加 (Cohen, 2014)。从那时起，低成本、*446* 高热量的方便食品和超大分量的食品开始广泛流行。由于女性加入劳动力大军，外出就餐现象也越来越普遍；加之成人花在交通工具、久坐不动的工作和开车上下班等规律性活动上的时间增多，他们的身体活动逐渐减少。很多人整天坐在电脑前，平均每天看 4 小时电视。

25～50 岁的体重增加是生物学老化的正常现象，因为**基础代谢率** (basal metabolic rate, BMR)，即身体在完全放松状态下所消耗的能量随着活性肌肉细胞（它们对能量的需求最大）的减少而逐渐减少。但是，体重过重与严重的健康问题密切相关，包括 2 型糖尿病、心脏病、多种癌症，以及早亡（见第 9 章边页 297）。

此外，超重的成年人会遭受严重的社会歧视。与体重正常的同龄人相比，他们寻找伴侣、租赁公寓、申请大学助学金、找工作都更难。他们报告说，自己经常受到家人、同伴、同事和专业医护人员的不当对待 (Ickes, 2011; Puhl, Heuer, & Brownell, 2010)。自 20 世纪 90 年代中期以来，超重的美国人受到的歧视越来越多，给他们的身心健康带来了严重后果。体重污名会引发焦虑、抑郁和自卑，使不健康饮食行为更趋恶化。超重的人受到的歧视越多，他们就越可能变得肥胖，或已经肥胖的人越可能变得更胖 (Sutin & Terracciano, 2013)。"肥胖是一种个人选择"是一种被媒体广泛传播但不正确的观念，它助长了对肥胖者的成见。

2）治疗

因为成年早期和中年期的肥胖者增多，所以对成人的治疗应当尽早下手，最好在 20 岁出头就开始。即使是适度的减肥也会显著减少健康问题 (Poobalan et al., 2010)。但是，成功的干预很困难。许多参加减肥的人，在开始减肥计划后的两年内体重恢复如初，甚至变得更重 (Wadden et al., 2012)。减肥失败的部分原因是，关于肥胖怎样损害维持体重正常的神经、激素和新陈代谢机能的证据有限。研究者正在查明与成功减肥有关的治疗方法和参与者特点，以获取更多信息。下面的因素有利于行为的持久改变：

● 低热量的营养饮食加锻炼。为了减肥并保持下去，莎丽丝在饮食中大量地减少热量，并进行有规律的锻炼。对蛋白质、碳水化合物和脂肪如何加以平衡才有助于成人减肥，是一件有争议的事情。各种饮食书籍有不同的建议，但是还没有明确的证据表明哪一种方法是长期有效的 (Wadden et al., 2012)。虽然限制糖和脂肪对健康有实质性的好处，但可预测体重减轻的是减少热量，而不是饮食成分。

在增加体育锻炼的同时限制热量摄入，对这种生活方式的持之以恒的坚持，是对抗遗传的肥胖倾向的关键。当高水平、有规律、持续的体育活动（如每天快走一小时）成为生活方式的一部分时，大多数节食者的体重反弹会大幅减少 (Kushner, 2012)。但很多人错误地认为，只需暂时改变生活方式就可以一劳永逸 (MacLean et al., 2011)。

- 参加减肥训练并准确记录食物摄入量和体重。约 30%~35% 的肥胖者觉得自己吃的东西比他们实际吃的少。美国的很多成人，虽然体重在增加，却普遍报告自己的体重在下降，这表明他们否认自己体重状况的严重性 (Wetmore & Mokdad, 2012)。还有约 30% 的人有暴饮暴食问题，这种行为与减肥失败有关 (Pacanowski et al., 2014)。

莎丽丝在意识到她不饿时经常吃东西并定期记录她的体重后，便开始限制食物的摄入量。通过控制饮食的分量来帮助控制摄入量，有利于更大幅度的减重 (Kushner, 2012)。

- 社会支持。团体或个人咨询、朋友和亲戚的鼓励，都有助于培养自尊和自我效能感，并维持减肥努力 (Poobalan et al., 2010)。一旦莎丽丝决定采取行动，在家人和减肥顾问的支持下，她甚至在减掉第一磅[①]体重之前就已经感觉良好。

- 教给解决问题的技能。很多超重的成人没有意识到超重，因为他们的身体已经适应了超重。在成功减肥的过程中，难免需要高度的自我控制和耐心来渡过困难时期 (MacLean et al., 2011)。掌握认知和行为策略，有助于抵制美食的诱惑，并耐心等待缓慢的进步和长期的变化 (Poelman et al., 2014)。坚持减肥者比体重反弹者更可能意识到自己的行为，使用社会支持，并直接面对问题。

447

一个年轻人在90天减肥计划快结束时让营养师检查她的体重。准确记录食物摄入量和体重是减肥和保持体重的重要因素。

- 长期干预。长期（25~40 周）采用上述方法进行治疗，使减肥者慢慢养成新习惯。

许多正在吃减肥餐的美国人仍然超重，此外，大约有 25%~65% 的体重正常的成人认为自己太重，正在努力减肥 (Nissen & Holm, 2015)。回顾第 11 章，对苗条身材的崇尚导致了对理想体重的不切实际的追求，并导致神经性厌食症、神经性贪食症和暴食症，这些饮食障碍在成年早期仍很常见（见边页 378-379）。在整个成年期，体重过轻和肥胖都与死亡率增加有关 (Cao et al., 2014)。合理的、既不过低也不过高的体重可以预测身心健康和寿命的延长。

（2）饮食中的脂肪

在读大学期间，莎丽丝改变了她童年期和青少年期的饮食习惯，严格限制红肉、鸡蛋、黄油和油炸食品。美国联邦政府的《美国人膳食指南》建议，摄入的饱和脂肪提供的热量不应超过总热量的 10%。饱和脂肪通常来自肉类和奶制品，在室温下呈固态 (U.S. Department of Agriculture, 2016)。很多植物油中都含有健康的不饱和脂肪，对其没有食用限制。

研究表明，饱和脂肪，特别是肉类中的饱和

---

① 1 磅约合 0.45 千克。——译者注

脂肪，在随着年龄增长而罹患心血管疾病、乳腺癌和结肠癌方面发挥着作用 (Ferguson, 2010; Sieri et al., 2014)。相反，摄入不饱和脂肪，特别是以亚油酸形式存在的不饱和脂肪，也就是在玉米、大豆、红花油、坚果和种子等中存在的不饱和脂肪，与降低心血管疾病的死亡率相关 (Guasch-Ferré et al., 2015; Wu et al., 2014)。

当摄入过多的饱和脂肪时，有些饱和脂肪会转化为胆固醇，在动脉壁上形成斑块，导致动脉粥样硬化。本章前面讲到，动脉粥样硬化是由生物和环境等多种因素决定的。但是饱和脂肪的摄入（以及其他社会条件）是美国黑人心脏病高发的重要原因。如图 13.5 所示，研究者在比较了西非人、加勒比非裔和美国非裔（这三个地区反映了奴隶贸易的历史路径）后发现，这三个地区的人摄入的脂肪量都较高，高血压和心脏病的患病率也较高 (Luke et al., 2001)。一项大样本调查考察了美国城市贫民区中遭受经济压力和其他压力的非裔美国人，其中一些食用低脂肪食物的人说，在附近能否买到并且能否买得起健康食品，影响了他们的饮食选择 (Eyler et al., 2004)。

公共卫生策略的一个重要目标是改善营养、减少慢性病的风险，指导人们用不饱和脂肪和碳水化合物（全谷物、水果和蔬菜）取代饱和脂肪，以利于心血管健康，预防结肠癌 (Kaczmarczyk,

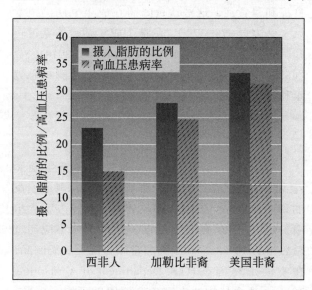

图 13.5 西非人、加勒比非裔和美国非裔饮食中的脂肪比例和高血压患病率
这三个地区反映了奴隶贸易的历史路径，因此，它们的人口基因相似。由于饮食中含有高脂肪，因此，高血压和心脏病患病率也会增加。这两个数字在非裔美国人中尤其高。资料来源：Luke et al., 2001.

Miller, & Freund, 2012)。此外，有规律的运动可以减少饱和脂肪的有害影响，因为运动会产生可清除体内胆固醇的化学副产品。

2. 锻炼

莎丽丝每周有三个中午在市区一条风景如画的林间小道上跑步。与长久坐着并且超重的时候相比，有规律的锻炼使她保持了健康和苗条的身材，也减少了她患呼吸疾病的次数。有一次莎丽丝跟朋友说："锻炼让我有一种积极的态度，使我平静下来。我感到自己是精力充沛地度过每一天的。"

虽然多数美国人都知道锻炼对健康有益，但只有 50% 的年轻人参加国家建议的每周至少 150 分钟中等强度的业余体育活动。只有 24% 的年轻人按照建议每周进行两次负重训练，这种训练对各主要肌肉群施加适度的压力。在成年早期，大约 40% 的美国人不活跃，不做有规律的短时间活动，甚至不做轻微的活动 (U.S. Department of Health and Human Services, 2015d)。不锻炼的女性比男性多。低社经地位的成人不锻炼的情况更严重，他们生活在不太安全的社区，健康问题较多，在坚持锻炼方面很少得到社会支持，感觉对自己的健康状况不能自控。超重和肥胖以及自我报告的健康状况不佳，可以有力地预测锻炼的缺乏，而与社经地位无关 (Valle et al., 2015)。多锻炼身体是增进一般健康的最有力手段之一。

除了减少身体脂肪、强健肌肉之外，体育锻炼还能增强对疾病的抵抗力。经常进行中等强度的锻炼，可以增强免疫力，防范感冒或流感，即使患病，也能较快地康复 (Donatelle, 2015)。此外，体育锻炼与几种癌症的发病率降低有关，其中乳腺癌和结肠癌的研究结果最明显 (Fedewa et al., 2015)。经常运动的人患糖尿病和心血管疾病的可能性也较小 (Mehanna, Hamik, & Josephson, 2016)。经常锻炼的人患这些疾病的时间会比较晚，而且比不锻炼的同龄人病情要轻。

体育锻炼为什么有助于防止上述严重疾病？首先，它降低了肥胖的可能性，而肥胖是心脏病、糖尿病和癌症的危险因素。其次，锻炼身体的人可能有其他健康行为，从而能降低与高脂肪饮食、酗酒和吸烟有关的疾病的发病风险。动物研究表明，运动能够直接抑制癌变细胞的生

448

长，其影响力大于饮食、体脂率和免疫反应 (de Lima et al., 2008)。最后，锻炼可以通过增强心肌能力、降低血压而产生"好胆固醇"（高密度脂蛋白，HDLs），帮助清除动脉壁的"坏胆固醇"（低密度脂蛋白，LDLs），提高心血管系统的机能 (Donatelle, 2015)。

> ### 观察与倾听
>
> 联系你当地的公园和文娱部门，了解哪些社区支持和服务可以促进成人参加体育活动。它们有没有为低社经地位的成人做出特别的努力？

体育锻炼预防疾病的另一种方式，是通过它对心理健康的好处实现的。体育锻炼可降低焦虑和抑郁，改善情绪、反应灵敏性和活力。EEG 和 fMRI 研究表明，运动可增强大脑皮层的神经活动，改善整体认知机能 (Etnier & Labban, 2012; Kim et al., 2012)。正如莎丽丝所说的，锻炼对"积极心态"的影响在锻炼后最明显，可以持续几个小时 (Acevedo, 2012)。体育锻炼的减压特性无疑会增强对疾病的免疫力。由于体育锻炼可以增强认知机能和心理健康，因此它也能提高工作效率、自尊、应对压力的能力和生活满意度。

当我们把上述研究证据作为一个整体考虑时，就会发现，体育锻炼和低死亡率密切相关并不奇怪。体育锻炼有助于长寿不能解释为不锻炼的人先前就有疾病。丹麦有人对包含 7 000 名 20～79 岁的健康人的代表性样本进行了几十年的追踪，结果表明，把业余时间的体育锻炼从少量增加到

至少中等强度的定期锻炼可以预测更健康、更长寿的人生。作为健身计划的一部分，这些年轻人做跳箱子，这对身心健康有好处。

中等或大量的人，比那些一直不锻炼的人死亡率低 (Schnohr, Scharling & Jensen, 2003)。

3. 致瘾物滥用

使用致瘾物的高峰在 19～25 岁，然后随着年龄的增长而稳步下降。这一时期的年轻人在承担成年期的责任之前，渴望有更多的体验，所以比更年轻和更年长的人更容易通过吸烟、咀嚼烟草、吸食大麻、服用兴奋剂来寻求认知或身体上的刺激 (U.S. Department of Health and Human Services, 2015a)。酗酒、酒后驾车、服用处方药（如容易上瘾的止痛药奥施康定）和"派对毒品"（如麦角酸二乙基酰胺、摇头丸，以及模仿其效果制造的新物质）等行为也在增加，时常会导致悲剧发生。这些行为的风险包括脑损伤、认知和情感机能的持久损害、肝衰竭、肾衰竭、心力衰竭和死亡 (Karila et al., 2015; National Institute on Drug Abuse, 2016a)。

此外，酒精和毒品的持续摄入会导致心理成瘾。美国 19～25 岁的人，有 16% 是致瘾物滥用者 (U.S. Department of Health and Human Services, 2014, 2015)。第 11 章边页 386-387 曾讲到导致青少年酗酒和毒品滥用的因素。相同的个体和环境状况对成年状况具有预测性。吸烟、吸食大麻和酗酒是最常见的致瘾物滥用行为。

（1）烟草和大麻

关于吸烟有害的知识普及，已经帮助美国成人吸烟的患病率从 50 年前的 40% 下降到今天的 17% (Centers for Disease Control and Prevention, 2015d)。不过，吸烟人数的下降速度非常缓慢，下降主要发生在大学毕业生群体中，而没有完成高中学业的人群，变化要小得多。此外，虽然吸烟的男性比女性多，但今天的性别差距比过去小得多，这反映了没有完成高中学业的年轻女性的吸烟人数的急剧增加。

虽然在过去 15 年里，大学生的吸烟量有所下降，但是他们使用其他形式的烟草（电子烟和雪茄），尤其是大麻的数量有所上升 (Johnston et al., 2014)。年轻人似乎已经接受了有关吸烟危害健康的信息，他们也尽量减少了替代烟草来源的危害。美国一些州把娱乐性大麻使用合法化，这导致许

多年轻人认为大麻是安全的。然而，30%的吸毒者会经历由上瘾导致的戒断症状 (National Institute on Drug Abuse, 2016b)。在成年早期，中度到高度吸食大麻可以预测他们会成为长期吸烟者 (Brook, Lee, & Brook, 2015)。

与吸食大麻相比，吸烟更容易上瘾。在吸烟的年轻人中，绝大多数是在21岁之前开始吸烟的 (U.S. Department of Health and Human Services, 2015a)。开始吸烟的年龄越小，每天吸烟的次数和持续吸烟的可能性就越大，这是对年轻人采取预防措施的一个重要原因。

香烟中含有的尼古丁、焦油、一氧化碳和其他化学物质会在全身留下有害痕迹。人在吸烟时，输送到各个身体组织的氧气减少，心率和血压升高。久而久之，接触有毒物质和供氧不足会导致视网膜损伤，血管收缩造成血管疼痛和血管疾病，皮肤异常（包括过早老化、伤口愈合慢），脱发，骨量下降，女性卵子储量减少、子宫异常、过早停经，男性精子数量减少、阳痿发生率提高 (Carter et al., 2015; Dechanet et al., 2011)。其他严重后果还包括心脏病发作、中风、急性白血病、黑色素瘤、口腔癌、喉咽癌、食道癌、肺癌、胃癌、胰腺癌、肾癌和膀胱癌的患病风险增加。

在工业化国家，吸烟是唯一可预防的重要死亡原因。每三个经常吸烟的年轻人中就有一个将死于与吸烟有关的疾病，而且大多数人将至少罹患一种严重疾病 (Adhikari et al., 2009)。过早死亡的概率随着吸烟时间和吸烟量的增加而增加。与此同时，在成年早期戒烟的好处包括，多数疾病风险在1~10年内恢复到接近非吸烟者的水平。在一项针对120万英国女性的研究中，那些经常吸烟但在30岁前戒烟的女性，避免了97%的因吸烟而过早死亡的风险。而在40岁前戒烟的人，避免了90%的因吸烟而过早死亡的风险 (Pirie et al., 2013)。成年后继续吸烟会减少11年的预期寿命。

近70%的美国吸烟者报告说，他们在过去一年中尝试过戒烟，并且在过去一年中，只有一半的人在看医生时得到了戒烟建议 (Centers for Disease Control and Prevention, 2015o; Danesh, Paskett, & Ferketich, 2014)。有数百万人在没有帮助的情况下戒烟，并且那些使用戒烟辅助手段（例如逐步减少尼古丁依赖的口香糖、鼻喷剂或贴片）或参加治疗项目的人往往也会失败：多

达90%的人在6个月内又开始吸烟 (Jackson et al., 2015)。遗憾的是，很少有治疗能持续足够长的时间，能有效地结合咨询和药物治疗来减少尼古丁的戒断症状，并传授避免复发的技能。

（2）饮酒

全美调查显示，美国约有9%的男性和5%的女性是重度饮酒者，即男性每周饮酒量为15杯或以上，女性每周饮酒量为8杯或以上 (U.S. Department of Health and Human Services, 2015a)。大约三分之一的重度饮酒者是酗酒者——他们不能限制自己的饮酒行为。

饮酒量在青少年晚期和20岁早期达到顶峰，然后随着年龄增长稳步下降。过度饮酒在18~22岁的大学生群体中尤为严重：在过去的一个月里，大学生群体中14%的人重度饮酒，39%的人放纵饮酒，而在同龄人中，这一比例分别为9%和33% (National Institute on Alcohol Abuse and Alcoholism, 2015)。酗酒通常开始于这个年龄段，并在以后十年中恶化。

虽然重度饮酒的比例在男性和女性大学生群体中相似，但女性大学生往往比男性大学生更晚达到有害饮酒的程度 (Hoeppner et al., 2013)。女性对酒精的依赖比男性发展得更快，部分原因是她们的身体对酒精的代谢较慢，因此，她们喝少量的酒就会出现与酒精相关的问题。此外，男性在社交场合更多地凭借喝酒来增强积极情绪，而女性则更多地用喝酒来应对压力和负面情绪 (Brady & Lawson, 2012)。借酒浇愁与持续喝酒和喝更多酒有密切联系。双生子研究和收养研究都证明，遗传对酗酒有中度影响。影响酒精代谢的基因以及促进冲动性和感觉寻求的基因（与酒精和其他致瘾物相关的气质特征）都与此有关 (Iyer-Eimerbrink & Nurnberger, 2014)。但是，有一半的酗酒者没有家族酗酒史。

酗酒与否，是不分社经地位和种族的，但在某些群体中酗酒率比其他群体要高。在酒精被当作宗教或礼仪活动的传统组成部分的文化中，人们不太可能酗酒。在饮酒受到严格控制并被视为成年标志的地方，更有可能存在酒精依赖，这些因素可以解释为什么大学生比未上大学的年轻人饮酒更多 (Slutske et al., 2004)。贫困、绝望、童年期身体虐待或性虐待史，是过度饮酒的风险因

大学生们聚在一起举行了一场即兴的春季派对。饮酒量在青少年晚期和 20 岁早期达到顶峰。在酗酒者中，女性对酒精的依赖比男性更快。

素 (Donatelle, 2015; U.S. Department of Health and Human Services, 2015a)。

酒精就像镇静剂一样，会损害大脑控制思维和行动的能力。对一个有问题的饮酒者来说，它起初会缓解焦虑，但随着效果逐渐消失，它又会引发焦虑，所以人会再次饮酒，而且喝得更多。长期饮酒会造成多种身体损害，最显著的并发症是肝病。饮酒也与心血管疾病、胰腺炎、肠道刺激、骨髓问题、血液病、关节病以及某些癌症有关。随着时间推移，酒精会导致大脑损伤，导致迷惑、冷漠、学习能力丧失和记忆受损 (O'Connor, 2012)。饮酒会造成巨大的社会代价。在美国，大约有三分之一的致命车祸是酒后驾驶导致的 (U.S. Department of Transportation, 2014)。近一半重刑犯是酗酒者，大城市的治安事件，约有一半涉及酗酒相关犯罪 (McKim & Hancock, 2013)。酒精常与性胁迫有关，包括约会中的强奸和家庭暴力。

戒酒的最好办法是综合疗法，它结合了个人和家庭咨询、群体支持和厌恶疗法（使用对酒精产生身体不适反应，如恶心和呕吐的药物）。匿名戒酒会是一个社区支持组织，通过鼓励有类似问题的人，帮助人们更好地控制自己的生活。然而，戒除一种主宰生活的瘾是一大难题，在参与治疗者当中，大约 50% 在几个月内复发 (Kirshenbaum, Olsen, & Bickel, 2009)。

4. 性行为

到青少年末期，近 70% 的美国年轻人有过性行为；到 25 岁时，几乎所有人都有过性行为。在青少年期，性行为与经济劣势之间的联系很明显（见第 11 章边页 381）(Copen, Chandra, & Febo-Vazquez, 2016)。与前几代人相比，当代成人表现出更多样的性选择和生活方式，包括不婚主义、同居、结婚以及对异性或同性伴侣的性取向。在本部分，我们将探讨随着性行为在年轻人生活中成为寻常事而产生的态度、行为和健康问题。在第 14 章中，我们将着重讨论亲密关系的情感方面。

（1）异性恋者的态度和行为

一个星期五的晚上，莎丽丝陪着室友海泽尔去青年单身酒吧。刚到那儿，就有两个男青年凑过来加入了她们。莎丽丝忠诚于男友厄尔尼——他们在大学相识，厄尔尼现在在另一个城市工作。在接下来的一小时里，她对男青年始终保持冷漠。相反，海泽尔很健谈，并给其中一个叫里奇的男青年留了电话号码。第二个周末，海泽尔就和里奇去约会了。第二次约会，他们就上床了，但他们的恋爱关系非常短暂。短短几周后，他们就开始各自寻找新伴侣。注意到海泽尔这种冒险的性生活，莎丽丝怀疑她自己的性生活是否正常：她在和厄尔尼约会几个月之后才上床。

自 20 世纪 50 年代以来，电影和媒体中公开展示的性行为越来越多，助长了美国人在性方面的活跃度。当代成人的性态度和性行为状况到底怎样？直到 20 世纪 80 年代末，针对美国成人的性生活进行了大规模的、具有全美代表性的调查，这个问题才得到答案。如今，美国联邦政府定期从包括 10 000~30 000 名参与者的样本中收集此类信息 (Copen, Chandra, & Febo-Vazquez, 2016; Smith et al., 1972-2014)。一些小规模调查研究也增加了人们对这个问题的了解。

第 11 章曾讲到，多数青少年的性活动与媒体所描述的令人咂舌的情形并不相符。同样，成人的性行为虽然各式各样，但远不如人们想象的那样活跃。像莎丽丝和厄尔尼这样一对一的、感情专一的伴侣比海泽尔和里奇那样的伴侣更普遍（也更令伴侣双方满意）。

性伴侣，无论是约会者、未婚同居者，还是已婚者，双方常常在年龄（相差不到 5 岁）、受教育程度、族群与宗教信仰（相对不重要）等方面相似。另外，建立了持久关系的人大多是以传统方式认识的，例如，由家人或朋友介绍，或者在

尽管在线约会网站越来越受欢迎，但直接的社交互动对于评判一个人与所找的伴侣是否匹配非常重要。

学校及同类人的聚会等社交活动中相识 (Sprecher et al., 2015)。社会关系网对选择性伴侣的重大影响具有适应性。如果两个成人有共同的兴趣和价值观，他们的关系又为周围人所接受，其亲密关系就更容易得到维持。

在过去十年里，互联网已经成为一种越来越受欢迎的建立恋爱关系的方式。在接受调查的 2 200 名美国人中，11% 的人说，他们用过在线约会网站或手机约会应用程序。并且，其中四分之一的人用这种方式认识了自己的配偶或长期伴侣，这使网络成为仅次于通过朋友认识伴侣的第二常见的方式。此外，近 30% 的参与者认识通过网络约会建立了一段持久关系的人 (Pew Research Center, 2013b)。知道别人已经在网上成功地找到伴侣，可以很好地预测单身成人参与网络约会的意愿 (Sprecher, 2011)。25~34 岁的年轻人是约会网站和应用程序的最大用户群体，这个年龄段的 20% 的人说他们曾经使用过这种网站或应用程序。

然而，在线约会服务有时会降低而非提高成功找到意中人的机会。依赖网络资料和在线交流往往会忽略面对面的互动，而当面交流对评判对方是否适合自己非常重要。在网上交流持续很长时间（6 周或更长时间）的情况下，人们会形成理想化的印象，这往往会导致当面交流时的失望 (Finkel et al., 2012)。此外，拥有多个可供选择的对象，会造成一种"货比三家"的心态，它会降低网络约会者做出承诺的意愿 (Heino, Ellison, & Gibbs, 2010)。此外，有些约会网站宣称，它们拥有伴侣配对技术，可以对双方提供的信息进行复杂分析，但这并不比传统的离线介绍更成功。

与人们普遍的看法一致，美国 18 岁以上成人报告的一生中的性伴侣数量，在过去几十年中稳步上升，从 20 世纪 80 年代的 7 个，到 2010 年后的 11 个。当前的情况是，男性报告的一生中的性伴侣数量是女性的三倍，即 18 个对 6 个。如图 13.6 所示，美国成人对婚前性行为的接受度有所上升，在 2005 年之后急剧上升 (Twenge, Sherman, & Wells, 2015)。然而，当询问任何年龄（包括 18~25 岁）的成人，过去一年有过多少伴侣时，通常的回答是 1 个 (Copen, Chandra, & Febo-Vazquez, 2016; Lefkowitz & Gillen, 2006)。

怎样解释在性承诺的背景下产生更多关系类型的趋势？过去，人们结婚前会与几个对象约会。如今，约会变成了同居，然后双方或者结婚，或者分手。另外，现在人们结婚较晚，离婚率仍然很高。这些因素为建立新的伴侣关系提供了更多机会。

大学期间，无承诺的性接触增加了，包括"一夜情"（不投入感情，只有性行为）和"炮友"（作为现有友谊的附加品的性行为）。据估计，三分之二或更多的当代美国大学生至少有过一次一夜情，四分之一的当代美国大学生有过 10 次或更多的一夜情 (Halpern & Kaestle, 2014)。虽然一些年轻人对这种行为反应积极，但这种邂逅往往带来负面的情感结果（女性更严重），包括低自尊、后悔和抑郁情绪 (Lewis et al., 2012)。随意的性行为在大学校园的流行表明，年轻人经常在他们还没有准备好投入一段亲密关系的时候，用它来满足性需求。

尽管如此，大多数 18~29 岁的美国人说，他们最终还是想找到一个排他的终身性伴侣 (Halpern & Kaestle, 2015)。为了实现这一目标，多数人一生中的大部分时间都是和一个伴侣度过的。如图 13.6 所示，美国各年龄段的成人对婚外性行为的认可程度都很低，甚至近期还略有下降。

美国人性行为的频率如何？实际情况并不像媒体宣传的那样频繁。在 18~59 岁的人中，三分之一的人每周有两次性行为，三分之一的人每月有几次性行为，其余三分之一的人每年只有几次，或者完全没有性行为。有三个因素可能影响性行为频率：年龄、是否同居或结婚、双方在一起的时间长短。单身者有更多的伴侣，但是这并不意味着有更多的性行为！20 多岁和 30 多岁的人（男性）因为同居或结婚，性行为较多。此后，虽然激素水平并没有太大变化，但性行为频率开始下降

452

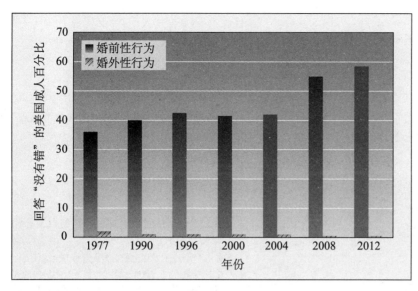

图 13.6　认为婚前性行为和婚外性行为
"没有错"的美国成人的比例

过去 40 年，对数万名 18 岁及以上的美国人进
行的全国代表性样本调查显示，婚前性行为的
接受度有所提高，在 2005 年之后急剧上升。
相比之下，对婚外性行为的接受度一直很低，
甚至近期还有所下降。资料来源：Smith et al.,
1972–2014.

(Herbenick et al., 2010; Langer, 2004)。这可能是由
日常生活压力造成的，如工作、上下班长途奔波、
照顾家和孩子等等。虽然人们普遍认为不同社会
群体的性行为频率差异很大，但上述特点并不受
教育、社经地位或种族因素的影响。

此外，只有双方关系美满，性生活频率才能
预测生活满意度。但除了每周一次之外，更频繁
的性生活并不会增强幸福感 (Muise, Schimmack, &
Impett, 2015)。拥有稳定关系的成人，其性生活频
率有很大差异，但超过 80% 的人对他们的性生活
感到"身体和情感上非常满足"，而在已婚夫妇
中，这个数字上升到 88%。相反，随着性伴侣数
量的增加，性满意度大幅下降 (Paik, 2010)。这些
发现挑战了两种成见：一是婚后性生活无趣，二
是和随便约会的人做爱最"火辣"。

少数美国成人——其中女性多于男性——报告
有持续的性问题。女性最常见的两个性问题是对性
缺乏兴趣和无法达到高潮。男性最常提到的性问题是
高潮太早和对自己能力的焦虑。性功能障碍与某些生
物因素有关，包括慢性病（如动脉粥样硬化、糖尿
病）和各种药物的副作用。性问题还与低社经地位
和心理压力有关，在那些未婚、有很多伴侣、在童
年经历过性虐待或在成年后经历过性胁迫的人群中，
性问题更常见 (Wincze & Weisberg, 2015)。研究表明，
不良人际关系和性经历增加了性功能障碍的风险。

总的来说，身体完全没有病，并不是"性福"
的必要条件。性爱满足不仅仅需要技巧，更需要
爱和忠诚的背景。伴侣性行为带来的幸福感与情
感上的满足、良好的心理健康状态以及对生活的
总体满意度有关。

（2）性少数群体的态度和行为

多数美国人支持男女同性恋者和双性恋者的公
民自由和平等就业机会，对于同性成人之间的性和
恋爱关系也逐渐接受。总体而言，超过一半的美国
成人赞成同性伴侣结婚——这是社会对性关系的正
式认可 (Pew Research Center, 2015f)。如图 13.7 所
示，1980 年后出生的千禧一代对同性婚姻的接受
程度最高，而且 2005—2015 年，各代人对同性婚
姻的接受程度都有显著提高。

在美国，性少数群体在政治上的激进性和对
性取向更大程度的开放，使这个群体更容易被接
纳。公开出现在人群中，以及多和其他人接触，
可以减少其他人对性少数群体的消极态度。认识
很多女同性恋者的人对女同性恋群体是高度接受
的。除了千禧一代，其他各代人在对性少数群体的

在美国，男女同性恋伴侣和异性恋伴侣一样，往往在教育和
背景方面相似。随着更大的开放程度和更高的政治积极性，
人们对同性关系的态度变得更宽容。

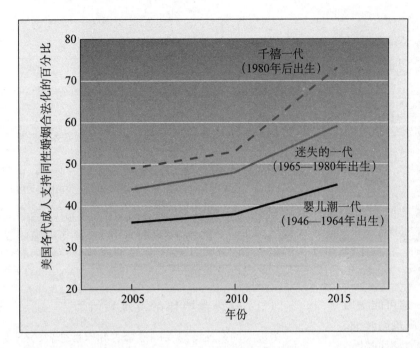

图 13.7 支持同性婚姻合法化的美国各代成人的比例

对几千名 18 岁及以上的美国人进行的全国代表性样本调查显示，2005—2015 年，所有年龄段的人都更支持同性婚姻合法化。年轻一代最容易接受，近四分之三的千禧一代支持同性婚姻合法化。资料来源：Pew Research Center, 2010b, 2015f.

接受度上没有性别差异，异性恋男性对性少数群体（尤其是男同性恋者）的评价比异性恋女性更消极，可能是因为男性更关注性别角色一致性 (Clarke, Marks, & Lykins, 2015; Pew Research Center, 2010)。宗教信仰较弱、受教育程度高的人，接受程度最高。

453 大约 3.8% 的美国男性和女性——超过 800 万成人，认定自己是女同性恋者、男同性恋者、双性恋者或跨性别者，其中女性比男性更有可能有双性恋倾向 (Gallup, 2015a)。但是许多属于性少数群体的成人在调查中并未透露他们的性取向。这种回避问题的态度，是在歧视氛围下产生的，它限制了研究者获取有关男女同性恋者信息的渠道。

现有的少量证据表明，同性伴侣之间的关系遵循着与异性关系相同的模式：寻找与自己教育和背景相似的伴侣；伴侣彼此忠诚，性行为更频繁也更满意；在成年早期，男同性恋伴侣比女同性恋伴侣的性行为频率更高，但总体来说性行为频率适中 (Joyner, Manning, & Prince, 2015; Laumann et al., 1994)。一项针对 2 万多名不同种族、最近与男性伴侣有过性行为的男性的调查显示，那些报告说感觉到爱或喜欢的人，认为他们的性生活更愉快。此外，对伴侣，尤其是固定伴侣的爱或感情的表达在所有种族——包括非裔、亚裔、欧裔和拉美裔美国人——的男同性恋者中都很常见 (Calabrese et al., 2015)。这些发现挑战了对同性恋关系的成见，尤其是对黑人男性同性恋关系的成见——他们只关注性满足，而不关注爱和温柔。

在美国，性少数群体喜欢居住在大城市中或附近——那里相同性取向的人较多，或者住在大学城——那里人们对同性恋更认可 (Hubbard, Gorman-Murray, & Nash, 2015)。如果生活在对同性恋偏见强烈的小社区，没有可寻找合适的同性伴侣的社交网络，他们就会感到孤立、孤独，并可能会出现心理健康问题 (Swank, Frost, & Fahs, 2012)。承认自己是男女同性恋者或双性恋者的人，往往受过良好教育 (McGarrity, 2014)。这反映出，受教育程度较高的人群在社会和性方面更主张自由，更愿意袒露自己的性取向。

（3）性传播感染

在美国，每四个人中就有一个人可能在人生的某个阶段受到性传播感染。15~24 岁的性传播感染率最高（见第 11 章边页 383），性传播感染在 20 多岁普遍流行。年轻人的多数性伴侣是在这段时间内找到的，但他们往往不采取适当措施预防性传播感染 (Centers for Disease Control and Prevention, 2015b)。男女两性都受到严重影响，女性面临的长期健康风险更大。但女性较少感染那些如果不治疗就会导致不孕不育和妊娠并发症的疾病。

人类免疫缺陷病毒（艾滋病病毒，HIV）/获得性免疫缺陷综合征（艾滋病，AIDS）是一种严重的风险，男同性恋者感染的风险更大。许多人因此改变了他们的性行为——限制性伴侣的数量，更谨慎地选择性伴侣，坚持正确地使用避孕套。因有多个性伴侣而风险较高的异性恋者也采取了同样的预防手段，导致艾滋病在某些亚群体中的确诊率下降。尽管如此，自 20 世纪 90 年代末以来，美国每年新增的艾滋病病毒感染人数——大约 5 万人——一直保持稳定 (Centers for Disease Control and Prevention, 2015g)。美国成人的艾滋病病毒阳性率高于其他所有工业化国家 (OECD, 2015d)。

艾滋病病毒主要通过男性之间的性行为和贫困少数族裔群体中的异性接触传播，这些人静脉注射毒品滥用率高，健康状况差，受教育不足，生活压力大，对生活感到绝望。被这些问题压垮的人最不可能采取预防措施。在低收入的非裔和拉美裔美国人中，艾滋病病毒的感染率在过去十年里增加了 20% 以上 (Centers for Disease Control and Prevention, 2016a)。

但是，艾滋病病毒 / 艾滋病感染是可以控制和减少的，措施包括从童年期到成年期的性教育，为高危人群提供保健服务、避孕套、清洁的针头和注射器。考虑到女性的易感性，在北美和西欧的感染病例中，女性占四分之一，在发展中国家的感染病例中，女性占一半以上，因此特别需要采取由女性主动控制的预防措施 (Wiringa, Gondwe, & Haggerty, 2015)。含有药物的阴道凝胶和避孕环可以杀死或灭活病毒，已经显示出有希望的结果，并正在进一步测试。

（4）性胁迫

凯尔西是一所大型大学的大二学生，为了庆祝期末考试结束，她去了一个朋友在校外的公寓参加聚会，喝了点儿酒，她就逐渐失去了意识，陷入了昏迷状态。等她醒来时，发现自己和另一个参加聚会的人——一个男人在一间卧室里，男人趴在她身上。她大喊"不"，并试图推开他，但他使用了武力。然后又有几个男人加入了 (Krakauer, 2015)。几个小时后，凯尔西报了警，但警方认为，由于她有部分意识，因此性行为可能是双方自愿的。

大约 19% 的美国女性在一生中遭到过强奸。强奸在法律上被定义为，采取暴力、伤害威胁，或在受害者因饮酒、心理疾病或智力低下而无能力做出准许的情况下，用身体某部位或物体，强迫进入阴道、肛门，或进行口交。大约

45% 的女性受到过其他形式的性胁迫。多数受害者（近 80%）初次受害在 25 岁之前。性胁迫在大学校园的发生率最高 (Centers for Disease Control and Prevention, 2014d; Fedina, Holmes, & Backes, 2016)。和凯尔西一样，女性在熟人和陌生人面前很脆弱，在多数情况下，侵犯者是她们很熟悉的男性。性胁迫没有社会地位和种族界限，各行各业的人都可能成为受害者。

施暴者的个人特征比受害者的个人特征更能预测性胁迫的发生。实施这种行为的男性往往喜欢操纵他人，缺乏共情和悔恨情绪，追求随意的性关系而不是情感上的亲密，赞成对女性使用暴力，接受关于强奸的神话（比如"女人真的想被强奸"）。施暴者对女性社会行为的理解也不准确，他们往往把好意视为诱惑，把果断视为敌意，把抗拒视为欲望 (Abbey & Jacques-Tiura, 2011)。此外，童年期遭受性虐待、青少年期乱交和成年期酗酒都与性胁迫有关。大约一半的性侵犯发生在醉酒情况下 (Black, 2011)。

观察与倾听

从你们学校的校园学生服务处或警卫处获取最近一年报告的性侵犯的数量。施暴者血液中的酒精含量是多少？你们学校采取了什么预防和干预措施？

文化也起一定的作用。如果男性从小就被教育男人要有支配性、竞争性和攻击性，女性则应当顺从、合作，强奸行为就会被强化。社会对暴力的接纳也为强奸创造了条件，在两性关系中存在着各种侵犯的情况下，强奸很容易发生。一些描写性暴力的色情文学和媒体报道，常把女性说成是愿意和享受被性侵犯的，这也会降低人们对强奸的伤害性后果的预判，促成强奸的发生。

大约 2% 的美国男性曾是强奸的受害者，23% 的男性曾是其他形式的性胁迫的受害者。与女性一样，25 岁以下的男性风险最高 (Centers for Disease Control and Prevention, 2014d)。虽然强奸受害者报告的强奸者大多是男性，但对男性的其他形式的性胁迫在很大程度上归咎于女性。受伤害的男性经常说，实施这些行为的女性使用武力或武力威胁，鼓励他们喝醉酒，或威胁结束关系，

文化力量，包括性别成见和社会对暴力的接纳，助长了性胁迫的高发生率。照片显示了"夺回夜晚"这样的组织致力于提高人们对性暴力的认识，使社区更加安全。

除非他们服从 (French, Tilghman, & Malebranche, 2015)。社会对男性受害者的态度非常冷漠甚至指责。不足为奇的是，很少有人举报这类犯罪。

1）后果

女性和男性对强奸的心理反应类似于遭受严重创伤的幸存者。他们震惊、困惑，并表现出创伤后应激障碍 (PTSD) 的症状——痛苦重现、做噩梦、易怒、心理麻木、难以集中注意力、慢性疲劳、抑郁、毒品滥用、社交焦虑、性行为和亲密行为困难以及出现自杀念头 (Gavey & Senn, 2014; Judson, Johnson, & Perez, 2013)。多次性胁迫的受害者会陷入一种极端被动和害怕采取任何行动的模式。

三分之一到一半的女性强奸受害者身体会受伤。有 4%~30% 的人会感染性传播疾病，约 5% 的人会怀孕。此外，强奸（和其他性犯罪）受害者报告的身体所有系统的疾病症状更多。他们更可能做出不健康行为，包括吸烟和饮酒 (Black, 2011; Schewe, 2007)。

2）预防和治疗

许多女性强奸受害者得不到帮助，因为害怕引发另一场"袭击"，她们甚至不敢向信任的家人和朋友吐露心声。各种各样的社区服务，包括安全屋、危机热线、支持小组和法律援助，都是为了帮助女性摆脱施虐的伴侣，但多数服务资金不足，无法惠及每一个需要帮助的人。几乎没有任何服务可以提供给受伤害的男性，他们往往羞于开口。

强奸造成的创伤非常严重，因此治疗至关重要。无论是减轻焦虑和抑郁的个人治疗，还是与其他受害者交流的小组治疗，都有助于对抗孤独

和自责 (Street, Bell, & Ready, 2011)。以下是有助于康复的其他措施：

- 对受伤害程度进行筛查。在受害者来看门诊时做这种筛查，以便向社区服务机构举报，避免伤害再次发生。
- 对个人受侵犯经历加以确认。让被强奸者知道，还有其他很多人遭受过类似的身体和性攻击，这种攻击会导致各种持续的症状，是非法、不当和不可容忍的；但是它造成的创伤可以治愈。
- 制订安全计划。即使施暴者不在场，也要防止再次接触和被攻击。计划包括，被强奸者一旦再次面临危险，应怎样获得警察保护，怎样诉诸法律，怎样获得安全住所和其他帮助信息。

最后，在个人、社区和社会水平上可以采取许多措施来防止性胁迫的发生。下页的"学以致用"栏列出了一些具体措施。

5. 心理压力

心理压力是贯穿前述各节的一个问题，其影响广泛，值得专门讨论。因社会环境差、创伤经历、消极生活事件或日常烦恼而测得的心理压力，与各种不良健康状况都有关系。除了导致一些不健康行为之外，心理压力还会产生明显的生理后果。回想前面各章，从孕期开始，持续的强烈压力就会破坏大脑对压力的控制力，并带来长期后果。对于有童年压力史的人来说，持续的压力经历加上应对压力的能力受损，会增大成年期健康受损的风险。

社经地位低，接触到很多受到各种压力的人，与糟糕的健康状况有关（见边页 444–445）。长期的压力与超重、肥胖、糖尿病、高血压和动脉粥样硬化有关。在易感个体中，急性应激可引发心脏问题，包括心律失常和心脏病发作 (Bekkouche et al., 2011; Kelly & Ismail, 2015)。这种关系导致了低收入人群的心脏病高发病率，尤其是在非裔美国人群体中。与高社经地位的成人相比，低社经地位的成人对压力表现出更强的心血管反应，这可能是因为他们认为压力是难以回避的 (Carroll et al., 2007)。前面曾讲到，压力会干扰免疫系统机能，这是压力导致癌症的基础。由于血液流向大脑、心脏和四肢，消化活动减弱，压力会导致消化道问题，包括便秘、

学以致用

性胁迫的预防

建议	描述
减少性别成见和性别不平等。	男性对女性的性胁迫的根源在于女性在历史上的从属地位，它使得女性在经济上依赖于男性，从而难以避免伴侣暴力。与此同时，需要提高公众对女性也会有性侵犯行为的认识。
强行要求对实施身体或性侵犯的男性或女性进行治疗。	有效的干预包括：打破女性"想被强奸"的神话，让施暴者为自己的暴行负责；通过教育增强施暴者的社会意识，使施暴者学会社交技能和对愤怒的控制；建立支持系统预防以后可能出现的暴力。
让目睹过父母间暴力的儿童和青少年参与干预活动。	目睹过父母间暴力的儿童在成年后多数不会向亲人施暴，但他们施暴的可能性比别人高。
教给女性和男性怎样采取措施，防范遭受性攻击的危险。	在约会时明确说明性关系方面的限制；女性可以与其他的女性邻居建立联系；提高当时环境的安全性（例如安装保险门锁，在进入汽车前检查后座）；不去偏远的地方；天黑后不单独散步；离开酗酒的聚会。
扩展强奸的定义，体现性别中立。	美国一些州对强奸的定义仅限于身体某部位插入阴道或肛门，因此女性在法律上不能强奸男性。需要有一个普遍适用的定义，使女性既可能是性侵犯的受害者也可能是性侵犯的加害者。

腹泻、结肠炎和溃疡 (Donatelle, 2015)。

成年早期的许多挑战性任务使它成为人们一生中压力特别大的时期。年轻人比中年人更容易出现抑郁症状，因为很多中年人已经获得了职业成功和经济保障，而且随着养育子女的责任减少，他们有更多的空闲时间 (Nolen-Hoeksema & Aldao, 2011)。

第 15 章和第 16 章将要讲到，由于中年人和老年人阅历丰富，他们的压力应对能力比年轻人更强。

前几章曾反复强调社会支持对缓解压力的作用，这种作用会持续一生。帮助年轻人建立和维持满意而充满爱心的社会关系，与上述任何健康干预措施一样重要。

思考题

联结　说说导致肥胖流行的历史因素（要回顾毕生发展观的这一问题，可参见第 1 章边页 9-10）。

应用　汤姆原来每周三次在下班后去健身房，后来工作压力使他觉得自己没时间坚持锻炼了。向汤姆解释一下他为什么应该坚持他的运动养生法，并给出关于如何使体育锻炼融入他忙碌的生活的建议。

反思　你使用过在线约会网站或手机约会应用程序吗？你知道其他人用过吗？在你看来，网络约会作为一种寻找合适伴侣的方式，有哪些优点和局限性？

第二部分　认知发展

成年早期的认知变化是由大脑皮层，特别是前额皮层及其与大脑其他区域连接的进一步发展所支持的。由于受到刺激的神经纤维的生长和髓鞘化，突触修剪继续进行，但速度比青少年期要慢。这些变化导致前额皮层认知控制网络的持续微调。如果感觉寻求逐渐减少，那么前额皮层的认知控制网络与大脑的情感/社交网络就能达到更好的平衡（见第 11 章边页 373-374）。因此，计划、推理和决策能力都能得到提高。这些能力的提高可以支持成年早期的重大生活事件，包括接受高等教育，进入职业生涯，以及应对结婚和抚养子女的要求 (Taber-Thomas & Perez-Edgar,

2016)。fMRI 证据表明，随着年轻人对自己选择的职业领域越来越精通，大脑皮层掌管这些活动的区域逐渐专门化，促进了进一步的经验－依赖型脑发育（见第 4 章边页 124）。除了大脑更高效地发挥机能之外，知识的丰富和技能的改善使大脑发生结构性变化，导致更多的大脑皮层组织参与到任务中，使掌管这些活动的脑区发生重组 (Lenroot & Giedd, 2006)。

成年早期的认知有哪些变化？毕生发展观从人们熟悉的三个方面考察了这个问题。第一，思维结构转换为新的、性质不同的思维方式，它扩展了童年期和青少年期的认知发展变化。第二，成年期是学习专业知识的时期，而知识增长对信息加工和创造力发展具有重要意义。第三，研究者一直很关心成年期智力测验测出的各种心理能力保持稳定或发生变化的程度，这一话题我们将在第 15 章讨论。

一、思维结构的变化

13.7　解释成年早期的思维发展

莎丽丝把她在研究生院的第一年说成是"认知转折点"。在公立保健站实习的时候，她亲眼见到了影响人们健康行为的许多因素。一段时间以来，她一直在想一个令人不安的事实：对日常生活中出现的难题，给出明确的解决办法十分困难。一天，她给妈妈打电话说："在复杂的现实生活中解决问题，跟我上大学时解决问题的过程根本不一样。"

皮亚杰 (Piaget, 1967) 认为，在形式运算阶段之后，思维仍然可能有重要的发展。他发现，青少年喜欢用一种理想化、有内在一致性的观点看待世界，而不喜欢模糊、矛盾但适合具体情况的观点（见第 11 章边页 393）。莎丽丝的反思符合一些研究者的看法，他们考察了**后形式思维** (postformal thought)——皮亚杰的形式运算阶段之后的认知发展。为搞清楚成年期的思维是怎样重新建构的，我们先介绍一些有影响的理论以及支持这些理论的研究。这些理论揭示出，个人努力和社会阅历怎样结合在一起，引发了更加理性、灵活、现实的思维方式，使人们接受不确定性和情境的不同引发的变化。

1. 对知识的认知

威廉·佩里 (William Perry, 1981, 1970/1998) 的研究标志着对知识的认知研究的开端。"epistemic" 意指"知识的或关于知识的东西"，**对知识的认知** (epistemic cognition) 是人们对怎样获得事实、观念和想法的反思。成熟、理性的思考者考虑其结论的合理性的方式与其他人不同。如果无法证明自己的方法正确，他们就修正它，并寻求更平衡、更充分的方法来获得知识。

（1）对知识的认知的发展

佩里感兴趣的是，为什么大学生对他们在大学里接触的各种思想会有截然不同的反应。为了找到答案，他对哈佛大学将要毕业的大四学生进行了访谈，询问他们在过去几年中"最难忘的是什么"。结果表明，由于在大学生活中承担了复杂而接近成人的角色，他们的认知观点发生了变化。后来的许多研究都证实了这一结论 (King & Kitchener, 2002; Magolda, Abes, & Torres, 2009; Magolda et al., 2012)。

低年级大学生认为，知识是由相互独立的单元（观点和命题）组成的，把这些单元与客观标准，即独立于思维者及其情境的标准相对照，就可以确定知识的真实性。这反映了一种**二元论思维** (dualistic thinking)，即把信息、价值观、权威分成对与错、好与坏、我们与他们的思维方式。例如，一个大学生说："当我上第一堂课时，老师的话就如同上帝的旨意。我相信他所说的一切，因为他是教授……这是一个受人尊敬的职位。" (Perry, 1981, p. 81) 当被问及"如果两个人对一首诗的解释有异，那么你怎样判定谁是对的"时，一个大学二年级的学生说："这你得问诗人，是他的诗。" (Clinchy, 2002, p. 67)

相形之下，大学高年级学生的思维属于**相对论思维** (relativistic thinking)，即认为所有知识都处于特定的思维框架中。对同一个问题可能有不同看法，不存在绝对真理，真理是多元的，每个真理都是相对于其背景而言的。这使他们的思维变得更灵活而宽容。例如，一个大学高年级学生说："只要看看（哲学家们的）那些回答都不能面面俱到，（你就知道）思想的确只属于个人。你可能会非常崇敬他们的伟大思想，但并不认为它们是绝对真理。" (Perry, 1970/1998, p. 90) 相对论思维是这样看问题的：个人观点往往是主观的，因为可能有几种思维框架都符合内在逻辑一致性的标准 (Sinnott, 2003)。因此，相对论思维者深刻地意识到，每个人在到达一个位置时，都会创造他自己的"真理"。

457

最后，思维最成熟的人形成**付诸现实的相对论思维** (commitment within relativistic thinking)，即不是在互相矛盾的观点之间做出选择，而是把互相矛盾的观点加以整合，形成一个更圆满的观点。当思考大学课程里学到的两个理论哪个更好，或几部电影中哪一部最应获得奥斯卡奖时，这样的人可能认为，对任何事情的意见都是见仁见智的，而各种意见都可用理性标准做出评价 (Moshman, 2013)。同时，成熟的思考者在有证据的情况下，也会主动修正自己的内在观念体系。

到大学毕业的时候，一些学生已经达到了这种广义的相对主义。获得这种能力的成人通常表现出一种更复杂的学习方法，他们积极寻求不同的观点来增加他们的知识、加深他们的理解，并找出自己观点的根据。注意付诸现实的相对论思维是如何涉及信息收集的认知方式（见第 12 章边页 410），对个人有意义的观念、价值观，以及对健康同一性发展至关重要的目标的追求的。成熟的对知识的认知对有效的决策和问题解决也有很大帮助。

（2）同伴交注和反思的重要性

对知识的认知的进步取决于元认知能力的提高。元认知通常发生在对年轻人的观点提出挑战的情况下，这会促使他们反思自己思维过程的合理性 (Barzilai & Zohar, 2015)。用佩里的理论比较大学高年级对知识的认知得分高和得分低的学生的学习经历，结果显示，对知识的认知得分高的学生较多地报告说，他们在老师的鼓励和指导下，努力解决了那些没有确定答案的实际问题，老师则帮助他们理解了知识是怎样建构的，以及为什么知识时时需要修正。例如，一名工程专业的学生在描述一个需要很强认知能力的飞机设计项目时，提到了他的发现："你可以设计 30 架不同的飞机，每一架都有自己的长处，但是每一架又都有自己的短处。"(Marra & Palmer, 2004, p. 116) 对知识的认知得分低的学生很少提及这样的经历。

当解决难度大、无条理的问题时，知识和权威大体相当的人之间的互动很有好处，因为它可以防止仅仅因别人权力大或威望高而接受别人的观点。在一项研究中，研究者让大学生拿出解决一个逻辑难题的最有效的方法。32 名学生中只有 3 名（9%）在单独解决的情况下成功。但是在"互动"情况下，20 个小组里有 15 个小组（75%）通过开放式讨论找到了正确的解决方法 (Moshman & Geil, 1998)。多数小组对其解决方法进行了反思，但是这样做的个人很少。小组成员共同参与了"集体理性"的过程，在这一过程中，小组成员相互挑战，以证明他们推理的正确性，并共同找到最合理的策略。

当然，对自己的想法进行反思也可以单独进行。但同伴互动有助于培养个体反思所必需的路径：用富于挑战性的思想和策略与自己辩论，对互相矛盾的观点加以协调，形成一个新的、更有效的观点。和童年期、青少年期一样，同龄人之间的合作仍然是成年早期教育的一个非常有效的基础。

观察与倾听

说说你在大学帮助你形成对知识的认知的一门课程的学习经历。你的思维是如何改变的？

显然，佩里的理论及其所激发的研究是以受教育程度较高的被试为对象的。这些研究者承认，从二元论思维到相对论思维的过渡可能只限于接触过多种观点，尤其是受过大学教育的人，而要达到其最高阶段，即付诸现实的相对论思维，则必须接受过高等教育 (Greene, Torney-Purta, & Azevedo, 2010; King & Kitchener, 2002)。但是，一个更重要的问题是，思维既不限于找到问题的答案，也不限于对问题的背景很敏感，这一点在有关成人认知的另一种理论中有所反映。

2. 实用性思维和认知 – 情感复杂性

吉塞拉·拉伯威－维夫 (Gisella Labouvie-Vief, 1980, 1985) 对成人认知状况的描述呼应了佩里的理论。她指出，青少年生活在充满机会的世界中；而到了成年期，他们的思维从假设性思维过渡到**实用性思维** (pragmatic thought)，这是一种结构性的进步，其中，逻辑成为解决现实生活问题的工具。

专业化的需要促成了上述变化。当需要从多种可能性中选择一种时，成人就能更清楚地意识到日常生活的限制。在协调多种角色的过程中，他们把不一致性看作生活的一部分，并形成了在不完美和妥协基础上做出努力的观点。莎丽丝的朋友克里斯蒂是一个已婚的研究生，26 岁时她有了第一个孩子，她说："我一直是个女权主义者，我想保持我对家庭和事业的信念。但是，加里当中学老师才一年，他承担着四项工作，还担任学校篮球队的教练。至少现在我必须奉行'给予－索取式的女权主义'，我去学校做兼职，承担抚养孩子的大部分任务，让加里习惯新工作。否则，我们在经济上很难翻身。"

拉伯威－维夫 (Labouvie-Vief, 2003, 2005, 2015) 还认为，年轻人反思能力的增强改变了其情感生活的动力：他们更善于对认知与情感加以整合，因此把差异看作有意义的东西。拉伯威－维夫考察了来自社会各阶层的 10～80 岁的人的自我描述。她发现，从青少年期到中年期，人们的**认知－情感复杂性** (cognitive-affective complexity)——意识到相互冲突的积极和消极情感并把它们协调成一个复杂的、有组织的结构，这一结构承认个体经验的独特性——不断上升（见图 13.8）(Labouvie-Vief, 2008; Labouvie-Vief et al., 2007)。例如，一个集多种角色、特质、情感于一身的 34 岁的人这样描述自己："随着最近我们的第一个孩子的出生，我比以往任何时候都更充实，但在某些方面更辛苦。我既要尽心尽力地履行我的一切责任，又想满足我作为独立的人的需要和欲望，结果我的兴高采烈被抵消了。"

认知－情感复杂性有助于更好地认识自己和他人的观点与动机。拉伯威－维夫 (Labouvie-Vief, 2003) 指出，认知－情感复杂性是成人情绪智力

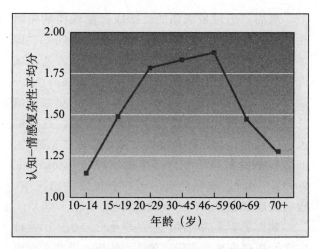

图 13.8 从青少年期到老年期认知－情感复杂性的变化
根据数百名 10～80 岁的人对他们的角色、特质和情感的描述，认知－情感复杂性得分从青少年期开始稳步增长，在中年期达到顶峰，在基本信息加工能力衰退的老年期下降。资料来源：G. Labouvie-Vief, 2003, "Dynamic Integration: Affect, Cognition, and the Self in Adulthood," *Current Directions in Psychological Science, 12*, p. 203.

（见第 9 章边页 317）的重要方面，在解决许多实际问题时发挥着重要作用。认知－情感复杂性较高的人能够以包容、开明的方式对待人和事。因为认知－情感复杂性包含着接纳和辨别积极情感与消极情感的能力，它帮助人们调节强烈的情感，从而人们可以对现实的困难和负面信息进行理性思考 (Labouvie-Vief, Grühn, & Studer, 2010)。

意识到真理是多元的，能够把逻辑、现实和认知－情感复杂性整合起来，成年早期思维就这样逐渐发生了质变。下面将讲到，成人越来越专业化和情境化的思维虽然抑制了一些选择，但是为能力和水平的提高创造了新的条件。

二、专长和创造力

13.8 专长和创造力在成人思维中起什么作用？

第 9 章讲到，儿童知识的拓展使他们能更好地记忆与旧知识有关的新知识。**专长** (expertise)，即获得某一领域或专业的广泛知识，是在专业化基础上发展起来的。这种专业化是从选择大学专业或选择职业开始的，想要精通任一复杂领域，都需要多年时间。有专长的人对自己专业的好奇心和热情，是他们坚持多年学习的动力。专长的获得，会对信息加工产生深远影响。

与新手相比，专家的识记和推理更快、更有效。专家对特定领域的知识了解更多，对这些知识的表征方式也更多，能在更深刻、更抽象的水平表征，并能在更多方面和其他概念相联系。因而，专家对问题的理解就不像新手那么肤浅，而是在头脑中有自己的潜在法则。例如，受过专门训练的物理学家能注意到几个问题与能量守恒有关，然后以相似方式加以解决。而初学物理的学生只关注表面现象，看问题中是否有圆盘、滑轮或弹簧 (Chi, 2006; Mayer, 2013)。专家能通过快捷

而轻松的记忆，运用已有知识自动地找到许多解决问题的方法。当遇到难题的时候，他们往往先做好计划，进行系统分析，对各个要素加以分类，从诸多可能的方案中选择最佳方案，而新手在解决问题时往往面临许多阻碍、犯很多错误。

专长不但对解决问题很重要，对创造力也很重要 (Weissberg, 2006)。成年期的创造不同于童年期，它不仅要有独创性，而且要符合社会或审美的需要。成熟的创造力需要一种独特的认知能力——阐释新的、文化内涵丰富的问题，并提出以前未提出过的重要问题的能力 (Rostan, 1994)。从解决问题到发现问题，是后形式思维的一个核心特征，这在成就卓著的艺术家和科学家身上表现得很明显。

个案研究支持了高水平创造力发展的 10 年规则——从刚进入一个领域到非常专业地从事创造性工作一般需要 10 年。百年来的研究表明，创造力在成年早期不断提高，在 30 岁到 40 多岁达到顶峰，然后逐渐下降，但是一个富于创造性的人在职业生涯接近尾声时，往往比他进入该职业时更富于创造力 (Simonton, 2012)。但也有例外。创造力提高开始得早的人达到顶峰和衰落的时间一般也早，而大器晚成者的创造力则在较高年龄才得到充分发展。这表明，对创造力发生影响的主要是"职业年龄"，而不是生理年龄。

创造力的发展进程也因学科和个人的不同而不同 (Simonton, 2012; Simonton & Damian, 2013)。例如，诗人、视觉艺术家和音乐家通常在早年就表现出创造力，这可能是因为他们在施展创造力之前，不需要接受全面的正规教育。而人文学者和科学家必须获得较高的学位，花费数年时间做研究，才能做出有价值的贡献。他们获得成就一

诗人、视觉艺术家和音乐家通常在早年就表现出创造力，不过他们可能需要10年或更长时间才能创作出大师级的作品。

般时间较晚，但其创造力持续时间较长。有些创造者是高产的，另一些人一生只有一次突出贡献。

虽然创造力是以专长为基础的，但并不是所有的专家都有创造力。创造力还需要其他品质。一个重要因素是用简化的过滤器进行"直觉思维"的能力——过滤那些一眼看上去无关的信息。虽然 这种抑制力在一般认知形式中是一种不利因素，但它有助于创造者"跳出框框"进行思考，产生大量非同寻常的联想，并在创造过程中加以利用 (Carson, Peterson, & Higgins, 2003; Dane et al., 2011)。

在人格方面，有创造力的人具有对模糊性的容忍力、对新经验的开放态度、对成功的执着和驱动力，能够深度参与任务，并愿意在失败后再次尝试 (Zhang & Sternberg, 2011)。创造力还需要付出时间和精力。对女性来说，创造力提高可能会因抚养孩子、离婚或伴侣不支持而推迟或中断。

总之，创造力是由多重因素决定的。当个人和情境因素共同推动创造力时，创造力可以持续数十年，直至老年。

 思考题

联结 为什么专业知识对于创造力是必要的？对于创造性思维来说，其他哪些因素是必不可少的？

应用 玛西娅在上"毕生发展课"时写了一篇文章，阐述皮亚杰和维果茨基的理论对教育的不同影响。她提出，把这两种理论合二而一，比只用一种理论更有效。解释玛西娅的推理怎样说明了更高级的对知识的认知。

反思 说说你所上的大学课程中的一次有助于促进相对论思维的课堂经历或作业。

460 ## 三、大学生活

13.9　描述大学教育对年轻人生活的影响以及辍学问题

许多人在回顾自己的生活经历时，都认为大学年华在塑造人方面，比成年期的其他任何阶段影响都大。这并不奇怪，因为大学是"检验发展状况的考场"，大学时期是人们全身心地探索各种价值观、角色和行为的时期。为了促进这种探索，大学让学生接受"文化冲击"，并接触新的思想和信仰、新的自由和机遇、新的课程和社会要求。

近70%的美国高中毕业生会进入大学。在大学生中，60%的人走的是传统老路：高中毕业就上大学，在24岁前拿到本科毕业证。其余40%的人年龄差别很大，他们因经济拮据、需要养家糊口或其他生活困难而推迟上大学 (U.S. Department of Education, 2015)。多数关于上大学对人生变化的影响的研究都集中在18～24岁的传统学生身上。我们将在第15章讨论非传统学生。

1. 上大学对心理的影响

成千上万的研究揭示了从大学新生到大学高年级学生的各种心理变化 (Montgomery & Côté, 2003; Pascarella & Terenzini, 1991, 2005)。对知识的认知研究显示，学生对没有明确解决方案的问题的推理能力、对复杂问题对立双方的优缺点的辨别能力，以及对自己思维质量的反思能力都有所提高。他们的态度和价值观也更开阔。他们对文学、表演艺术、哲学和历史问题表现出更浓厚的兴趣，对族裔多样性表现出更大的宽容度。如第12章所述，大学通过培养对个人权利和人类福利的关注，在道德上留下印记，表现出政治积极性。此外，接触多种世界观，使年轻人能更清醒地审视自己。在大学期间，学生对自己有了更深入的了解，自尊得到增强，自我同一性也迈向成熟。

这些相互关联的变化是怎样发生的？大学的影响是丰富多彩的学术活动、课外活动以及学生在活动中积累的经验共同发挥作用的。学生在学术和课外活动中与老师、同学互动越多，他们在认知上的获益就越大，就越善于理解事物复杂的前因后果，进行批判性思考，并提出有效的问题解决方案 (Bowman, 2011a)。此外，在探索多样性问题的课程和课外活动中，他们还可以与来自不同种族的学生互动，这些都可以预测以后在公民参与方面的收获。把社区服务经验与课堂学习联系起来的学生，表现出认知方面的获益更大 (Bowman, 2011b; Parker & Pascarella, 2013)。这些研究结果显示了把日常课堂学习融入校园课外生活的项目的优越性。

美国大学生在多大程度上充分参与了有教育意义的活动，从而成功完成了向职场的过渡？有关研究可参考下面的"社会问题→教育"专栏。

社区学院的学生在鼓声节奏中参加和平周活动。大学生在学术和课外活动中与各种族同学互动越多，在认知上的获益就越大。

461 专栏　　　　　　　　　社会问题→教育

大学学习对顺利向职场过渡的重要性

批判性思维、复杂推理和书面交流能力，作为教育者和雇主心目中在21世纪取得经济成功的关键技能，真的对大学毕业生找到一份满意的高薪工作很重要吗？为了找到答案，研究者考察了美国25所四年制大学的1 600名学生的一般学习情况，在他们大学一年级和临近毕业时进行了测试 (Arum & Roksa, 2014)。同时，研究者就上大学是否有意义等问题进行了调查和深度访谈。毕业两年后，研究者请这些学生报告了就业的情况。

参与者毕业后的发展道路差别很大。有些人成功地过渡到具有挑战性的工作角色，走上了职业道路。但超过一半的人从事着不需要大学学历的工作甚至失业。在入学门槛差别很大的院校，毕业班学生的学习成绩能够预测能否顺利找到需要学士技能的工作——学生们表示，他们的工作既具有认知挑战性，又能实现个人抱负。

成功过渡的毕业生能够敏锐地意识到大学学习与大学后成功之间的关系。阿什利在一个老年人中心找到了一份收入不错的项目协调员工作。她说，大学课堂学习和课外活动经验教给她"怎样在团体中工作……进行批判性思考，怎样解决问题，以及怎样理解不同观点"(Arum & Roksa, 2014, p. 77)。相形之下，大学学习成绩较差的学生则很难说清楚上大学给他们带来了什么好处。内森毕业后没找到和他所学的工商专业对口的工作，只好接受了一份低薪工作：给连锁店送货的司机。虽然他毕业的平均成绩很不错，但他说，上大学时他参加了很多聚会，在课程学习方面想不出什么突出的东西，也没参加过任何与教育相关的课外活动。

很多参与者和内森一样，在大学四年的学习中收获很少。自20世纪70年代以来，美国大学生花在学习上的时间减少了一半，而用于社交和其他娱乐的时间却大幅增

贝勒大学法医学教授和她的学生们正在辨认身份不明的移民遗体，这些移民在没有法律许可文件的情况下试图进入美国时死亡。那些觉得所学课程既具挑战性又能实现自己抱负的学生，更可能在毕业后的职业生涯中获得成功。

加 (Brint & Cantwell, 2010)。由于学校把学生定义为消费者，对学习的要求降低，为分数而学的想法膨胀了。

对雇主的调查显示，不到四分之一的美国大学毕业生进入了需要优秀学术能力的劳动力市场 (Fischer, 2013)。有明确的证据表明，批判性思维、复杂推理和书面交流能力在职场上有可观的回报。这充分说明，大学需要促进学生参与学术活动和与职业相关的课外活动，提高他们课程学习的严谨性。

2. 辍学

20世纪70年代，美国年轻人拥有大学学位的比例居世界首位，如今已退居世界第十二位。现在，美国只有44%的25～34岁年轻人从大学毕业。这一比例远远落后于加拿大、日本和韩国等国家，这些国家的大学毕业率约为66% (OECD, 2014)。出现这种状况的主要原因有，美国儿童贫困率高，低收入社区的中小学教学质量差，以及经济状况不佳的少数族裔青少年的中学辍学率高（见第11章边页402）。大学辍学的影响也不小，42%的美国学生在进入四年制大学的六年之后没有获得学位。多数辍学学生在入学第一年就离开了，有的学生甚至在入学后六周就离开了。入学门槛低

的大学辍学率较高 (U.S. Department of Education, 2015)。来自低社经地位家庭的少数族裔学生的辍学风险较大。

个人和学校因素都可能导致辍学。大学新生往往对大学生活抱有很高的期望，但是他们完成从中学到大学的过渡并不容易。学生适应困难一般是因为缺乏学习动机，学习技能差，有经济压力，或在情感上过分依赖父母，这样的学生很快就会对大学环境产生消极态度。这些学生往往不和指导老师或教授见面就离开学校 (Stewart, Lim, & Kim, 2015)。有些学校没有采取预备性课程和其他措施来帮助有退学危险的学生，这些学校的辍学率也较高。

在青少年早期就培养一些必需的观念和技

能，对顺利完成大学学业很有好处。对近 700 名青少年从六年级到中学毕业后两年的追踪研究表明，在各年级的平均分数、学业自我概念、面临挑战时的坚持性、父母社经地位、学校的教育理念、想上大学的动机，这些因素可以预测 20 岁时能否被大学录取 (Eccles, Vida & Barber, 2004)。第 11 章和第 12 章讲到，虽然父母的社经地位很难改变，但是我们有各种办法可以改善父母的态度和行为，增强学生的学习动机和上学读书的愿望。

当学生进入大学后，尤其是在入学前几周和第一年，和他们互动并提供帮助是很关键的。促进师生联系，提供学习辅导、兼职机会、有意义的课外活动能够提高坚持学习的学生比例。学校里的社团和宗教组织对增强少数族裔学生的归属感能起到很大作用 (Chen, 2012; Kuh, Cruce, & Shoup, 2008)。如果一个大学生觉得，自己在大学这个集体里被当作独立的人而受到了关注，他就更可能坚持到毕业。

四、职业选择

13.10　追述职业选择的发展及其影响因素

13.11　美国未上大学年轻人在就业准备上面临哪些困难？

年轻人无论是否上过大学，都面临着人生中的一个重大抉择：选择合适的工作。成为一名合格的就职者，需要具备很多品质——良好的判断力、责任感、奉献精神与合作精神，这些也是作为一个积极公民和一个有教养的家庭成员所必备的。哪些因素影响着年轻人的职业选择？从学校向工作岗位的过渡是怎样发生的？哪些因素决定着这一过渡的难易？

1. 选择职业

在就业机会很多的社会中，职业选择是一个循序渐进的过程，早在青少年期之前就已开始，并通常会延续到 25 岁左右。一些理论家认为，年轻人的职业发展会经历下面几个阶段 (Gottfredson, 2005; Super, 1994)。

幻想期 (fantasy period)：在幼儿期和小学期，儿童通过对未来职业的幻想接触职业选择问题 (Howard & Walsh, 2010)。他们对职业的偏好在很大程度上受其对职业的熟悉度、职业的吸引力和刺激性影响，与他们最终做出的选择几乎无关。

尝试期 (tentative period)：在 11~16 岁，青少年开始仔细思考职业问题。起初根据兴趣，后来他们慢慢懂得了不同职业对个人条件和受教育程度的要求，于是开始根据自己的能力和价值观来思考。莎丽丝在高中毕业时想："我喜欢科学和科学发现过程。""但是我也喜欢和人打交道，我想做些能够帮助别人的事情。因此，教育或医学也

许能满足我的需要。"

现实期 (realistic period)：20 岁前后，年轻人将要面临成年期的经济问题和实际生活，他们开始逐渐缩小职业选择范围。选择职业的第一步是进行深入探索，收集关于各种职业是否适合自己的信息。在最后的阶段——**明确期**，他们聚焦于一般职业分类，并且在确定某一职业前，花一段时间去体验 (Stringer, Kerpelman, & Skorikov, 2011)。例如，莎丽丝在大学二年级的时候，对科学很感兴趣，但是她还没有选择专业。如果她决定选化学专业，她就要考虑自己是否还要进入教育、医学或者公共卫生领域。

2. 影响职业选择的因素

虽然多数年轻人的职业发展遵循上述发展模式，但是有少数人很早就知道自己将来要做什么，并朝着这一职业目标前进。有些人在做出决定之后又改变主意，有些人则长期犹豫不决。大学生有充足的时间去探索各种选择。但一些社经地位低的年轻人的生活状况则限制了他们选择的范围。

做出职业选择不仅仅是一个理性过程，年轻人在职业选择过程中须权衡自己的能力、兴趣和价值观；和其他发展转折点一样，职业选择还是个人与环境之间动态互动的过程 (Sharf, 2013)。许多因素影响着最终的决定，包括人格、家庭、老师、性别成见等等。

（1）人格

人们可能会投身于可以完善其人格的职业。约翰·霍兰德 (John Holland, 1985, 1997) 划分出六种影响职业选择的人格类型：

- 探究型，喜欢理论探索，可能选择科学方面的职业（例如人类学家、物理学家或工程师）。
- 社会型，喜欢与人打交道，倾向于选择人事服务性工作（咨询、社会工作或教学）。
- 现实型，喜欢处理现实生活中的问题，喜欢与物打交道，倾向于选择机械行业（建筑、管道工程或调查）。
- 艺术型，情感丰富，具有强烈的自我表达需要，喜欢艺术领域的职业（写作、音乐或视觉艺术）。
- 契约型，喜欢有条理的工作，注重物质财富和社会地位，适合商业领域的职业（会计、银行业或质量监管行业）。
- 进取型，勇于冒险，善于说服人，是很强势的领导，倾向于选择销售、管理工作或从政。

463 　研究表明，在各种文化中，这六种人格类型都与职业选择有类似的相关，但这种相关只达到中等程度 (Spokane & Cruza-Guet, 2005; Tang, 2009)。一些人兼有几种人格特征，能在多种职业中发挥出色。

此外，职业选择还受到家庭背景、经济条件、受教育机会、工作机会和当前生活环境的共同影响。例如，莎丽丝的朋友克里斯蒂在霍兰德的"探究型"人格类型维度上得分很高。但是，因为结婚生孩子较早，她把自己当大学教授的梦想放在一边，选择了对受教育程度要求不高的人事服务工作。克里斯蒂的例子说明，人格类型对职业选择只起到中度影响。

（2）家庭

年轻人的职业取向与其父母的职业密切相关。在社经地位较高的家庭中长大的人，更可能选择地位较高的白领职业，如医生、律师、科学工作者或者工程师。而低收入阶层的人一般会选择地位较低的蓝领职业，如管道工、建筑工人、餐饮业服务员或者办公室职员。亲子之间的职业相似性在一定程度上是相似的人格、智力，尤其是相似的受教育程度的结果 (Ellis & Bonin, 2003; Schoon & Parsons, 2002)。其

年轻的建筑师们在他们的模型上工作，这些模型展示了洛杉矶在 2106 年的样子并获了奖。职业选择受到人格类型的中度影响，父母和学校教育、工作机会、生活环境等外部因素都起着重要作用。

中受教育程度是预测职业地位的更好指标。

还有一些因素使家庭成员之间所选择的职业相似。高社经地位的父母更可能给孩子提供有关教育和职业方面的重要信息，并且与那些能帮助孩子获得较高职位的人有来往 (Kalil, Levine, & Ziol-Guest, 2005; Levine & Sutherland, 2013)。一项关于非裔美国母亲对女儿的学业和职业目标之影响的研究表明，上过大学的母亲会更多地参与到帮助女儿进步的活动中来，例如搜集学校及其所在地的信息，寻找能帮上忙的专业人士。

家庭教育方式也会影响工作偏好。第 2 章讲到，高社经地位的父母会鼓励孩子的好奇心和自我导向，而这正是许多地位较高职业所需要的。不过，所有的父母都可以培养孩子树立较高的志向。父母的指导、要求孩子在学校表现出色的压力、对孩子上大学和从事地位较高的职业的期望，这些教育方式都可以预测超越自身社经地位的职业选择、接受教育和取得职业成就的信心 (Bryant, Zvonkovic, & Reynolds, 2006; Gregory & Huang, 2013; Stringer & Kerpelman, 2010)。

（3）老师

准备从事或已经从事需要受过良好教育的职业的年轻人经常报告说，老师影响了他们的教育抱负和职业选择。那些认为老师关心他们、平易近人、对他们的未来感兴趣，并要求他们努力学习的高中生，会对选择适合自己的职业并取得成功更有信心 (Metheny, McWhirter, & O'Neil, 2008)。追踪研

究表明，老师对学生受教育程度的期望，比父母的期望对学生高中毕业两年后升入大学的预测力更强 (Gregory & Huang, 2013; Sciarra & Ambrosina, 2011)。老师的期望对低社经地位的学生影响最大。

这些发现为促进良好的师生关系提供了另一个理由，尤其是对于来自低社经地位家庭的中学生。老师对学生的鼓励，以及善于挖掘学生的潜能，是年轻人积极向上的力量源泉。

（4）性别成见

过去 40 年，年轻女性对非传统职业表现出越来越大的兴趣 (Gati & Perez, 2014; Gottfredson, 2005)。性别角色态度的改变，以及有孩子的女性就业者大量增多，给她们的女儿提供了职业榜样，这是女性愿意从事非传统职业的原因。

但是女性从事并精通男性主导职业的进程一直比较缓慢。如表 13.2 所示，虽然女性在建筑师、工程师、律师、医生和企业高管等职业中所占比例在 1983—2015 年有所提高，但还远没有达到男女平等。女性仍然主要从事低收入的传统女性职业，如社会工作者、老师、图书馆管理员和注册护士等 (U.S. Department of Labor, 2016a)。几乎在所有职业中，女性的成就都落后于男性。男性撰写的著作、发表的科学发现、占据的领导岗位和创作的艺术作品都更多。

能力并不能解释上述显著的性别差异。第 11 章讲到，女性在阅读和写作上有优势，男性在数学上的优势很小。但是，性别成见起着关键作用。虽然女孩在中学的成绩高于男孩，但是她们对自己的能力缺乏自信，并可能低估自己的成绩，对科学、技术、工程和数学等领域的职业也不那么感兴趣（见边页 395）。

在大学，许多女性的职业抱负逐渐降低，因为她们质疑自己是否有能力、有机会在由男性主导的领域取得成功，并担心高要求的职业与家庭责任二者能否兼得 (Chhin, Bleeker, & Jacobs, 2008; Sadler et al., 2012)。许多在数学和科学方面有天赋的女大学生选择了非科学专业，或非科学、技术、工程、数学领域。一项针对 50 个国家的以科学为导向的年轻人的调查揭示了一致的结果：在所有这些国家，女学生都更喜欢从事生物学、农业、医学或卫生领域的职业，而男学生都更喜欢从事计算机、工程或数学领域的职业。几乎无一例外，男性对自己的科学能力表现出更大的信心，其中，工业化国家的性别差异比发展中国家要大得多 (Sikora & Pokropek, 2012)。研究者推测，在发达国家，关于科学能力的性别分类观念更可能被广泛传播并深入人心。

这些研究结果表明，我们亟须开展一些项目，使教育工作者重视女性在形成并维持较高的职业抱负并选择非传统职业时所面临的问题。如果鼓励年轻女性设定符合自身能力的目标，并且老师能够步步为营地提高年轻女性的数学和科学成绩，这样的职业指导就能帮助年轻女性树立更高的职

表 13.2　1983 年和 2015 年美国女性在不同职业所占的百分比

职业	1983 年	2015 年
建筑师、工程师	5.8	15.1
律师	15.8	34.5
医生	15.8	37.9
企业高管	32.4	39.2[a]
作家、艺术家和演艺人员	42.7	47.6
社会工作者	64.3	83.8
小学和九年制学校老师	93.5	80.7
中学老师	62.2	59.2
大学老师	36.3	46.5
图书馆管理员	84.4	83.0
注册护士	95.8	89.4
心理学工作者	57.1	70.3

[a] 该比例包括各层次的行政管理人员。截至 2016 年，在《财富》500 强企业中，女性首席执行官仅占 4%，尽管这一比例是 2006 年的两倍。
资料来源：U.S. Department of Labor, 2016a.

业抱负。经常和女科学家、女工程师见面，可以增加女学生的兴趣和从事科学、技术、工程、数学领域的职业的期望 (Holdren & Lander, 2012)。这样的指导还可以帮助年轻女性了解利他主义价值观如何在科学、技术、工程、数学领域的职业中得到实现，这一点对她们尤为重要。

与女性相比，男性对非传统职业的兴趣几乎没有改变。关于选择女性主导职业的男性的动机和经历的研究，见下面的"文化影响"专栏。

3. 未上大学的年轻人的就业准备

莎丽丝的弟弟莱昂是一所职业中学的毕业生。与近三分之一的有中学文凭的北美年轻人一样，他不打算上大学。上学期间，莱昂找了一份兼职——在当地一家购物中心卖糖果。他希望毕业后能找到一份资料处理方面的工作，但是 6 个月后，他仍然是糖果店的一名兼职员工。虽然莱昂填写了许多职业申请表，但他没有收到过面试或录取通知。他对学业与职业之间的联系大失所望。

莱昂找工作时的力不从心在美国未上大学的中学毕业生中很常见。虽然与辍学青少年相比，他们找到工作的机会更多，但是与几十年前相比，他们的工作机会少多了。美国近 20% 没有继续上大学的高中毕业生处于失业状态 (U.S. Department of Labor, 2015a)。即使能找到工作，他们中的多数人也只能从事低薪、非技术性工作。另外，从学校走向工作岗位前，他们很少接受就业咨询和就业安置。

北美的雇主普遍认为，近期的中学毕业生没有为需要技能的工商业和手工业做好准备。这个结论确有一些事实依据。第 11 章讲到，与欧洲不同，美国没有针对未上大学的年轻人的全国性职业教育体制。因此，大多数中学毕业生缺乏工作技能。

在德国，没有上过大学预备高中的年轻人，有机会进入世界上最成功的工商业半工半读学徒制体系。大约 60% 的德国年轻人进入了这一体系。

专栏　文化影响

工作中的"男子气"：选择非传统职业的男性

罗斯在大学二年级时从他原来想学的工程专业转到了护理专业，这震惊了他的家人和朋友。"我从不走回头路，"罗斯说，"我喜欢护理工作。"他说到男人在女人堆里工作的一些好处，如女同事的关注和迅速的进步。"但是外面的人一听说我是干什么的，就质疑我的能力和男子气概。"罗斯失望地说。

像罗斯这样进入女性主导职业的男性的人数在慢慢增加，原因何在？与从事传统职业的同龄人相比，这些男性在社会态度上更自由，不太计较性别分类和他们工作的社会地位，对与人一起工作更感兴趣 (Dodson & Borders, 2006; Jome, Surething, & Taylor, 2005)。也许是他们看待性别成见的灵活性使他们选择了自己满意的职业，哪怕所选的职业在别人看来不适合男性。但他们会考虑自己所选职业的薪酬如何 (Hardie, 2015)。他们更愿意从事平均收入较高的非传统职业。

对男性护士、空乘人员、小学老师和图书馆管理员的访谈证实了罗斯的观察：与人们对男性更希望提升和当领导的成见相符，这些人的同事大多认为这些人的学识比他们实际有的学识更多。这些人报告说，上级

有越来越多的男性进入女性主导的职业，这名小学老师就是其中之一。与从事传统职业的男性相比，他的性别分类观念更淡薄，更感兴趣的是与人一起工作。

给他们提供了岗位选择和迅速晋升到管理职位的机会，

尽管他们并没有主动寻求晋升 (Simpson, 2004; Williams, 2013)。一名老师说："我只是想当一个好老师。这有什么不对吗？"

但是当让他们说说别人对他们选择的职业的反应时，许多人表达了怕被别的男性笑话的焦虑。为了减轻这种焦虑，他们在介绍自己干的工作时，经常淡化其女性特征。几个图书馆管理员通过说他们的头衔是"信息科学家"或者"研究员"，来强调其工作对技术的要求。男性护士有时会用一些特殊的"肾上腺素急升"的情况，如事故、急诊等，使自己远离女性主导职业的本色 (Simpson, 2005)。虽然有压力，但这些男性和罗斯一样，都从自己所从事的非传统职业中获得了快乐和自尊。他们的高自我满足感超越了其所从事职业的女性化公众印象给他们带来的不安。

不过，选择非传统职业的男性，像选择非传统职业的女性一样，仍然面临着一些障碍。例如，大学护理专业的男学生经常抱怨缺少男老师，教育氛围有些"冷淡"，他们将其归咎于隐性的性别歧视和女护士、女教师的不支持 (Meadus & Twomey, 2011)。许多人还说，他们在工作——比如那些需要敏感性和关爱的工作——中的"女性化"特征不如女性，这会增大工作压力 (Sobiraj et al., 2015)。这些研究结果表明，为了鼓励人们进入非传统职业，男性也会从同性别角色榜样以及结束性别偏向中获益。

在 15～16 岁完成全日制教育后，他们在职业学校完成剩余的两年义务教育。其间，学校和雇主共同制订课程计划，学生们一边学习专业知识，一边做学徒。学生们可在 300 多种蓝领和白领职业的工作环境中接受培训。完成课程并通过资格考试的学生，即可获得熟练工人的认证，并获得工会规定的工资。企业提供财政支持，因为企业知道，该学校能够为其提供有能力、有奉献精神的劳动力。许多学生都被培训他们的公司以优厚的待遇雇佣 (Audretsch & Lehmann, 2016)。由于实行学徒制，因此德国 18～25 岁年轻人的失业率是欧洲最低的，不到 8%。

德国体系以及奥地利、丹麦、瑞士和几个东欧国家的类似体系的成功表明，国家学徒计划将改善美国年轻人从高中到职场的过渡状况。把学校与工作相结合的好处很多：可以帮助未上大学的年轻人在毕业后立即开始富有成效的生活，鼓励那些可能辍学的学生坚持学业，以便将来为国家的经济增长做出贡献。但是，实施职业教育也带来了以下困难：必须解决雇主不愿承担职业培训责任的问题，确保学校与企业之间的协作，防止低社经地位的青少年处于低技能的学徒位置。这些困难就连德国也没有完全解决 (Lang, 2010)。目前，美国的一些小规模的半工半读项目正在试图解决这些问题，争取在学校与工作之间搭建一座桥梁。

职业发展是一个持续终生的过程，其中青少年期和成年早期是确立职业目标和创业的关键时期。为了过上收入高和令人满意的生活，年轻人必须付出努力，因此，他们更可能成为富于创造性的公民、乐于奉献的家庭成员和知足常乐的成人。家庭、学校、企业、社区和社会的支持作为一个整体，对实现这样的结果负有重要责任。我们将在第 14 章讨论创业过程中会遇到的挑战，并把它与日常生活中的其他任务结合起来。

思考题

联结　在前面章节中，你学习了哪些有关性别成见发展的知识？怎样用这些知识来解释女性从事并精通男性主导职业的进程缓慢？（参见第 10 章边页 338 和第 11 章边页 395）

应用　黛安娜是大学一年级学生，她知道自己想"与人共事"，但她心中还没有一个明确的职业目标。她的父亲是化学教授，母亲是社会工作者。黛安娜的父母该怎样扩展她对职场的认识，帮助她建立一个职业目标？

反思　说说你选择职业的历程。哪些个人和环境因素影响了你的选择？

本章要点

第一部分 生理发展

一、生物学老化在成年早期已经开始

13.1 描述当前在 DNA 水平、体细胞水平以及组织和器官水平的生物学老化理论

■ 身体结构的能力和效率在十几岁、二十几岁达到极值之后，**生物学老化**或衰老就开始了。

■ 特定基因的程序化效应控制因年龄增长导致生物学变化。例如，**端粒缩短**导致细胞衰老，将带来疾病和机能丧失。

■ DNA 也可能因随机突变的积累而受损，导致细胞修复和替换效率降低，并导致异常的癌细胞。**自由基**的释放曾被认为是导致衰老的 DNA 和细胞损伤的主要原因，但它也可能会激活细胞内的 DNA 修复系统，从而延长寿命。

■ **交叉联结衰老理论**认为，随着年龄增长，蛋白质纤维会形成交叉联结，变得缺乏弹性，在许多器官中产生负面变化。内分泌和免疫系统的衰退也导致衰老。

二、身体变化

13.2 描述衰老引起的身体变化，尤其是心血管系统、呼吸系统、运动能力、免疫系统和生育能力的变化

■ 身体变化在成年早期逐渐展开，之后会加速变化。在运动过程中，心肺功能明显下降。心脏病是成人死亡的主要原因，自 20 世纪中期以来，由于生活方式的改变和医学进步，心脏病死亡率有所下降。

■ 需要速度、力量和大肌肉协调能力的运动能力在 20 岁出头时达到顶峰；需要耐力、手臂稳定性的运动能力在 30 岁前后达到顶峰。随着年龄增长，运动能力下降，主要原因是缺乏身体锻

炼，而不是衰老。

■ 20 岁后，由于胸腺萎缩，以及更难应对身心压力，免疫反应会下降。

■ 由于卵子数量和质量下降，女性的生育能力随年龄增长而下降。男性在 35 岁后，精液量和精子活力逐渐下降，精子异常的比例上升。

三、健康与健身

13.3 描述成年期社经地位、营养、锻炼对健康的影响及肥胖问题

■ 成年后，社经地位的差别导致健康不平等现象增多。与健康有关的生活状况和习惯造成了这些差异。

■ 久坐不动的生活方式和高糖、高脂肪的饮食习惯是导致美国超重和肥胖流行的原因之一。超重与严重的健康问题、社会歧视和早亡有关。

■ 一些成人体重的增加反映了**基础代谢率**的下降，但是有许多年轻人体重的增加值得关注。有效的治疗包括低热量的营养饮食、定期锻炼、记录食物摄入量和体重、社会支持，以及教给解决问题的技能。

■ 定期锻炼可以减少体内脂肪，增加肌肉，增强对疾病的抵抗力，增强认知功能和心理健康。

13.4 最常见的致瘾物滥用及其健康风险有哪些？

■ 烟草、大麻和酒是被成人滥用最多的致瘾物。多数吸烟者在 21 岁之前就已开始吸烟。他们面临一些健康问题风险，包括骨密度降低、心脏病、中风和各种癌症。

■ 大约三分之一的酗酒者会酒精中毒，遗传和环境在其中共同起作用。和酗酒有关的疾病有肝

病、心血管疾病、癌症、其他身体紊乱，酗酒还和一些社会问题相关，如车祸、犯罪和性胁迫。

13.5　描述年轻人的性态度和性行为、性传播感染和性胁迫

■　多数成人的性行为并不像媒体显示的那样活跃，但与前几代人相比，他们的性选择和生活方式更多样，拥有更多的性伴侣。互联网已经成为一种流行的建立关系的方式。

■　忠实于伴侣的成人报告说他们对自己的性生活非常满意。只有少数人报告有持续的性问题，包括生理方面、低社经地位和心理压力等困难。

■　人们对同性伴侣的态度变得更能接受。同性伴侣和异性伴侣一样，往往在教育和背景方面相似，对互相忠诚的关系更满意。

■　性传播感染在过去 20 多年继续流行；女性面临持久健康后果的巨大风险。艾滋病是最致命的性传播感染，通过男性间的性行为和在贫困的性少数群体中的异性接触传播速度最快。

■　多数强奸受害者是 25 岁以下的女性，她们往往被熟悉的男性伤害。施暴者的个人特征和文化上强烈的性别偏见和对性暴力的接受，助长了性胁迫行为。女性发起的性胁迫也有发生——但很少被报告和被法律系统承认，这使男性也成为受害者。性胁迫对男女受害者都造成很大的创伤。

13.6　心理压力如何影响健康？

■　长期心理压力可诱发身体反应，导致心血管疾病、几种癌症和胃肠道疾病。成年早期的挑战增加了压力，年轻人可以通过建立支持性的社会关系来减轻压力。

第二部分　认知发展

一、思维结构的变化

13.7　解释成年早期的思维发展

■　成年早期大脑皮层的发育导致前额皮层

认知控制网络的持续微调，从而达到与大脑情感 / 社交网络的更好平衡，从而提高了计划、推理和决策能力。

■　超越皮亚杰的形式运算的认知发展被称为**后形式思维**。在成年早期，个人努力和社交经验相结合，激发出越来越理性、灵活和实用的思维方式。

■　根据佩里的**对知识的认知理论**，大学生从**二元论思维**（把信息划分为对与错）过渡到**相对论思维**（意识到真理的多元性）。最成熟的成人形成**付诸现实的相对论思维**，它能把互相矛盾的观点加以协调。

■　对知识的认知的进步依赖于元认知能力的提高。在解决具有挑战性、结构混乱的问题时，同伴间的合作尤其有益。

■　根据拉伯威－维夫的理论，对专门化的需求促使成人从假设性思维转向**实用性思维**，即使用逻辑作为解决现实问题的工具，接受矛盾和不完美的现实，并做出妥协。成人较强的反思能力使他们在**认知－情感复杂性**方面有所收获，把积极情绪和消极情绪协调成一个复杂、有组织的结构。

二、专长和创造力

13.8　专长和创造力在成人思维中起什么作用？

■　读大学和就职后的专业化导致**专长**，它是解决问题、发挥创造力所必需的。创造力的发展在成年早期逐渐增强，到 40 岁前后达到顶峰，但是其发展因学科和个体的不同而不同。除专长外，各种个人和情境因素也对创造力发展起作用。

三、大学生活

13.9　描述大学教育对年轻人生活的影响以及辍学问题

■　课程学习和课外活动使大学生在探索中

丰富了知识，提高了推理能力，改变了态度和价值观，增强了自尊和自我理解，促进了坚定的自我同一感。

■ 选拔标准较低的学校和来自低社经地位家庭的少数族裔学生的辍学率较高。辍学大多发生在大学一年级，由个人和学校原因所致。以关心和尊重为目的的干预能降低这些学生的辍学率。

■ 大学辍学有个人和学校两方面的原因，辍学在门槛较低的大学和经济困难家庭的少数族裔学生中更为常见。把高辍学风险学生作为个体来关心的干预措施会使他们受益。

四、职业选择

13.10 追述职业选择的发展及其影响因素

■ 职业选择的发展经历三个阶段：**幻想期**，儿童通过游戏接触职业选择；**尝试期**，青少年根据自己的兴趣、能力和价值观尝试不同的职业；**现实期**，年轻人先选定一个职业类型然后确定一个具体职业。

■ 职业选择受人格、父母提供的受教育机会、职业信息、受到的鼓励、与期望学生接受良好教育的老师的亲密关系等因素的影响。

■ 女性进入男性主导职业的进展缓慢，且女性在几乎所有职业的成就都落后于男性。性别成见对此起关键作用。

13.11 美国未上大学年轻人在就业准备上面临哪些困难？

■ 北美没有读大学的中学毕业生比几十年前的中学毕业生就业机会更少，且大多限于低薪、

非技术性工作，很多人找不到工作。受西欧国家职业教育体制的启发，满足中学毕业生需要的职业培训可作为美国和加拿大教育改革的重要借鉴。

■ 美国未上大学的高中毕业生只能从事低薪、非技术工作，许多人处于失业状态。在欧洲各国实行的半工半读的职业学校可以改善这些年轻人从学校向职场的过渡。

重要术语和概念

basal metabolic rate(BMR) (p. 446) 基础代谢率

biological aging, or senescence (p. 438) 生物学老化或衰老

cognitive-affective complexity (p. 458) 认知－情感复杂性

commitment within relativistic thinking (p. 457) 付诸现实的相对论思维

cross-linkage theory of aging (p. 440) 交叉联结衰老理论

dualistic thinking (p. 456) 二元论思维

epistemic cognition (p. 456) 对知识的认知

expertise (p. 458) 专长

fantasy period (p. 462) 幻想期

free radicals (p. 440) 自由基

postformal thought (p. 456) 后形式思维

pragmatic thought (p. 458) 实用性思维

realistic period (p. 462) 现实期

relativistic thinking (p. 457) 相对论思维

telomeres (p. 438) 端粒

tentative period (p. 462) 尝试期

第 **14** 章

成年早期情感与社会性发展

这名 19 岁的为尼加拉瓜非营利组织服务的志愿者，在一个小村庄教孩子们写字。对工业化国家的许多年轻人来说，向成年早期的过渡是一个对态度、价值观和生活机会进行长期探索的时期。

获得硕士学位后，26 岁的莎丽丝回到家乡，她要在家乡和厄尔尼结婚。之前，在他们一年的约会时间里，莎丽丝曾对两人是否继续交往犹豫不决。有时候，她还挺羡慕单身一人、可以自由选择各种职业的海泽尔。海泽尔在大学毕业后，接受了和平队的任务，到非洲加纳的偏远地区任职，在结束了和平队的任期时，她与另一名和平队志愿者建立了恋爱关系。她到世界各地旅游八个月后回到美国，筹划下一步干什么。

莎丽丝还想到她的朋友克里斯蒂和她丈夫加里的生活状况。他们二十四五岁时结婚，并且做了父母。加里在中学当老师，他在教学方面表现不错，但由于和校长关系紧张，他干了一年就辞职了。经济压力和做妈妈的压力使克里斯蒂不得不暂时搁置读书和职业规划。莎丽丝想，家庭和事业能同时兼顾吗？

随着婚期临近，莎丽丝的思想矛盾日渐加剧，她向厄尔尼坦言自己觉得还没准备好结婚。厄尔尼对莎丽丝的爱慕却日益加深，他再次向莎丽丝做出爱的承诺。厄尔尼已经做了两年会计师，今年已经 28 岁了，他期盼着能成家。莎丽丝却内心充满矛盾，举棋不定，但随着亲戚、朋友和贺礼的到来，她感到自己正走向圣坛。终于在约定的那一天，她步入了婚姻殿堂。

本章将探讨成年早期的情感与社会性发展。请注意，莎丽丝、厄尔尼和海泽尔在承担成人角色的过程中进展缓慢，有时还会摇摆不定。直到二十五六岁，他们才在事业和爱情上做出最终选择，并在经济上获得完全的独立——这是人们广泛认为的成年标志，而前几代人的成年时间要早得多。现在，年轻人大多能从父母和其他家人那里得到经济和其他帮助，这使他们能够推迟承担成人角色的时间。需要思考的一个问题是，在这一年龄，对人生选择的长期探索是否已经非常普遍，以至于

需要一个新的发展期——成年初显期——来描述和认识它。

回顾第 12 章，从青少年晚期到 25 岁左右，同一性发展一直是核心焦点（见边页 410）。当年轻人获得一种安全的同一性时，他们就会寻求亲密、深情的联系。20~29 岁这十年，是年轻人对自己生活的个人控制感上升的十年，这种控制感比他们以后再次感受到的控制感都更强 (Ross & Mirowsky, 2012)。或许正因为如此，就像莎丽丝一样，他们常常害怕失去自由。一旦这个冲突得到解决，成年早期就会迎来成家立业、为人父母，这些都要在多样化的生活方式中完成。与此同时，年轻人必须掌握自己所从事职业的各项技能。

我们的讨论将揭示，同一性、爱情和事业是相互交织的。在协调这几方面问题的过程中，年轻人比其他任何年龄段的人都要做出更多的选择、计划和改变。如果他们的决定符合自己和社会文化的要求，他们就能获得很多新的能力，他们的人生就将充实而有价值。

470

一、一个渐进的过渡：成年初显期

14.1 讨论成年初显期的情感与社会性发展以及文化对个体差异的影响

想想你自己的成长。你觉得自己是成人了吗？对美国来自不同社经地位、不同种族的 1 000 名 18~29 岁的年轻人问这个问题，多数 18~21 岁的人选择了"既是也不是"的答案。选择这个答案的人的比例随着年龄增长而下降，同时，越来越多的人选择"是"（见图 14.1）(Arnett & Schwab, 2013)。在许多工业化国家也有类似的发现 (Arnett, 2007a; Buhl & Lanz, 2007; Nelson, 2009; Sirsch et al., 2009)。当代很多年轻人的生活追求和主观判断表明，向成人角色的过渡比过去更迟缓而漫长，以至于产生了一个新的过渡时期，从十八九岁延伸到 25~29 岁，被称为**成年初显期** (emerging adulthood)。

1. 前所未有的探索

心理学家杰弗里·阿奈特 (Arnett, 2011) 是一项运动的发起者，这场运动把成年初显期视为人生中一个独特的时期，一个介于青少年期和成年期之间的新阶段。这个时期有五个特征：介于青少年期和成年期之间的感觉（既非青少年也非成人），同一性探索（尤其是在爱情、工作和世界观方面），聚焦自我（非自我中心，但也缺乏对他人的义务），不稳定性（频繁变化的生活安排、人际关系、教育和工作），可能性（能对多种生活方向做出选择）。阿奈特指出，成年初显期的人已经告别了青少年期，但是离承担成人责任还有相当长的一段路。不过，与青少年期相比，拥有足够经济条件的年轻人在教育、工作、个人价值观和行为方面，能够更积极地对各种选择进行决策。

在成年初显期，还没有融入成人角色的人可以尝试尽可能广泛的活动。由于按部就班地按社会期望走的人少之又少，因此不同的人在通向承担成人责任的道路上，其时间和顺序差别巨大 (Côté, 2006)。例如，与过去几代人相比，现在的大学生以一种漫长、非线性的方式来接受教育：一边找工作，一边换专业，一边做兼职，一

图 14.1 美国年轻人对"你觉得自己是成人了吗"这一问题的回答 在 18~21 岁，多数人的回答是"是"或"不是"。快到 30 岁时，有 30% 的人认为自己还没有完成向成年期的过渡。资料来源：J. J. Arnett & J. Schwab, 2013, *Clark University Poll of Emerging Adults, 2012: Thiving, Struggling, and Hopeful*, p. 7, Worcester, MA: Clark University.

边上课，有人暂时中断学业去工作、旅行，或者参加国内、国际的服务项目。大约有三分之一的美国大学毕业生继续攻读研究生学位，这些人若想进入他们理想的职业生涯，需要更长时间 (U.S. Department of Education, 2015)。

经历了这一切，年轻人在兴趣、态度和价值观方面眼界大开（见第 13 章边页 460）。和多种观点的接触促使年轻人更仔细地审视自己。因此，他们会形成一种更复杂的自我概念，能意识到自己随着阅历增多，个人特征和价值观的变化，从而提高了自尊 (Labouvie-Vief, 2006; Orth, Robins, & Widaman, 2012)。这些发展共同促进了同一性的发展。

（1）同一性的发展

471 上大学期间，年轻人改进了他们建构同一性的方法。除了加深了探索的广度（权衡多种可能性并诉诸行动），他们还加深了探索的深度，对已经付诸的行动进行评价 (Crocetti & Meeus, 2015; Luyckx et al., 2006; Schwartz et al., 2013)。例如，若专业还未选择，他们就选择对各专业都有用的课程。一旦选择了专业，他们就会对自己的选择进行深入评价——在选修该专业的课程时，对自己的兴趣、动机、学习成绩和职业前景进行评估。然后，根据评估结果，要么对该专业投入更多精力，把它整合到自我意识中，要么在找到其他更适合的专业时，重新考虑自己的选择。

对来自欧洲、中东和亚洲多种文化的超过 6 000 名大学生的调查显示，多数人在两种情形中左右摇摆：一种是对已经付诸的行动进行深度评价，看已付诸的行动是否符合自己的才华和潜能；另一种是如果感觉不满意，就重新考虑已选择的方向 (Crocetti et al., 2015)。年轻人会思考自己的同一性进程，看自己是否符合这个双重循环模型，这个模型显示，同一性的形成是一个在深入探索与重新思考之间的反馈循环过程，直到确信自己的选择。这个模型可以解释第 12 章提到的很多年轻人在几种同一性状态之间的转换。那些正在从深入探索过渡到明确地诉诸行动的大学生，对自己的描述更清楚，在自尊、心理健康、学业、情感和社会适应方面也更强。而那些仍耗费时间在广度和深度上进行探索，没有打算诉诸行动的大学生，或者仍处在同一性弥散（从未探索）的大学生，往往适应不良。他们焦虑、抑郁、酗酒、吸毒，有随意的、无保护的性行为，以及其他不健康行为 (Kunnen et al., 2008; Schwartz et al., 2011)。

人生历程中的许多事情，如结婚生子、教育子女、宗教信仰和职业道路，都是由个人来决定的。因此，成年初显期的年轻人需要把他们的同一性"个性化"。这一过程需要自我效能感、周密的计划和目的性、克服困难的决心和对结果负责任。在不同种族和社经地位的年轻人中，这些被称为个人行动力的品质，与信息收集的认知风格及决定要诉诸行动的同一性探索呈正相关 (Luyckx & Robitschek, 2014)。

但是，在某些文化中，要决定是否诉诸行动需要更长的时间。例如，在意大利，年轻人通常要在家里生活到 30 岁左右，哪怕他们已能挣到足够的钱养活自己，很多年轻人在结婚以后才离开家。20 多岁的意大利人经常"搁置"同一性的诉诸行动，他们在父母的鼓励下，延长了同一性延缓状态的持续时间，父母给予他们很大的自由、认可和经济支持，让他们尝试同一性状态的转换 (Crocetti, Rabaglietti, & Sica, 2012)。因此，表现出对同一性的长期、深入探索的成年初显期的意大利年轻人，往往比其他文化中的同龄人适应得更好。

（2）世界观

成年初显期的很多人说，建立一种世界观，或者一套赖以生存的信仰和价值观，对于获得成人地位极其重要，甚至比完成学业、找工作和结婚更重要 (Arnett, 2007b)。今天的年轻人是否像婴儿潮一代所说的那样，形成了自我中心的世界观呢？

这个问题引起了激烈的争论。经过几十年的资料收集，对具有全国代表性的美国年轻人大样本的分析表明，与过去几代人相比，千禧一代报告了更多的自恋（任性和自负）和物质主义，看重金钱和休闲，对不幸的人的共情减弱 (Gentile, Twenge, & Campbell, 2010; Twenge, 2013)。

但其他研究者声称，自我中心和其他特征的世代变化很小，没有多大意义 (Paulsen et al., 2016)。随着年龄增长，从青少年期到成年期再到中年期的自尊逐渐增强，这一过程在几代人中是相似的，当今年轻人的平均自尊水平并不比过去

世代的同龄人高 (Orth, Robins, & Widaman, 2012; Orth, Trzesniewski, & Robins, 2010)。近年来，成人从同一性的诉诸行动、事业、家庭和社区参与中获得了更大的能力感。

此外，对大学生来说，获得物质财富的重要性在过去30年中并没有增加 (Arnett, Trzesniewski, & Donnellan, 2013)。一项研究显示，在美国18~29岁年轻人的全国代表性样本中，绝大多数人表示，享受工作比赚很多钱更重要，拥有一个能"给世界做点好事"的职业很重要 (Arnett & Schwab, 2013)。虽然成年初显期的年轻人确实很看重个人目标，如事业成功、找到生活的意义，但他们也同样看重人际关系目标，如美满的婚姻和牢固的友谊 (Trzesniewski & Donnellan, 2010)。

观察与倾听

让你的10~15个大学同学回答以下问题：如果你有一百万美元，你会做什么？他们提到了多少亲社会行为而非自我中心的行为？

1）参与公民和政治行动

研究发现，成年初显期的很多年轻人致力于改善社区、国家和世界。针对美国200多所学院和大学的16.5万名大学一年级新生的调查表明，希望参与社区服务的人数创下了纪录，近35%的大学一年级新生表示他们"很有可能"会这样做，比一代人之前翻了一倍 (Eagan et al., 2013)。在希望成为志愿者的学生中，绝大多数人实际上在大学第一年就做了志愿者 (DeAngeleo, Hurtado, & Pryor, 2010)。总的来说，新一代的成人和当代的老年人一样，可能在他们所在社区的项目中和别人一起为慈善事业筹集资金 (Flanagan & Levine, 2010)。

此外，与前几代年轻人相比，今天的成年初显期年轻人具有更强的多元化取向，他们希望生活在一个促进个人尊重和机会平等的多元化社会中，而不考虑族群、性别和性取向。他们也更关心全球问题的解决 (Arnett, 2013)。总的来说，成年初显期年轻人的意图和行为，反映了对他人相当大的爱心和关切以及积极的公民参与，并且，他们从中大有收获：增强了自尊、目标感和意义感、社交技能

472

和社交网络，减少了压力、焦虑、抑郁和反社会行为 (Núñez & Flanagan, 2016)。

但是，18~29岁的当代美国年轻人在投票问题上被认为"缺乏兴趣"。在经历了20世纪90年代的下滑后，他们的投票率在2000年开始上升，2008年达到51%，2012年下降到45%，但在2016年再次上升。几十年来，他们的投票率一直低于30岁及以上公民的投票率（66%）(Circle, 2013; Pew Research Center, 2016b)。成年初显期年轻人走向成年期之路较长，这可能是他们的投票率相对较低的原因。成人的抱负和责任——婚姻、事业进步和经济稳定，增加了他们对政治的关切以及作为选民的参与感 (Flanagan & Levine, 2010)。在几乎所有成熟的民主国家中，年轻人的投票率都比老年人低。在投票的年轻人当中，大多数受过一些大学教育。在各年龄段中，学历较低的成人都认为自己与政治的关系最小。

2）宗教与灵性

由于青少年对家庭信仰的质疑，并寻找对自己有意义的信仰，参加宗教活动的青少年在十几岁和二十几岁时逐渐减少。在18~29岁的美国人中，超过三分之一的人不信仰任何宗教，这一比例远远高于他们的父辈（见图14.2）(Pew Research Center, 2014a, 2015a)。在这些年轻人中，其父母很多是婴儿潮时期出生的，他们鼓励子女独立思考。越来越多的千禧一代不无担忧地认为，宗教和其他一些组织过于吹毛求疵、政治化、关注金钱和权力。

在一个为无家可归的退伍军人提供服务的社区活动中，一名美容专业的学生向一位老年人展示她刚刚给他剪的发型。成年初显期的许多年轻人参加社区服务，致力于改善周围世界。

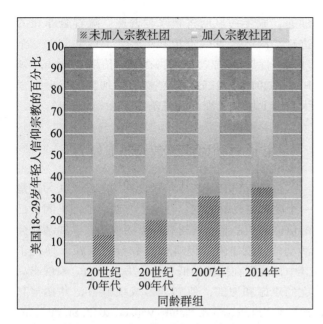

图 14.2 美国 18~29 岁人群的宗教信仰情况

不信仰宗教的年轻人比例从 20 世纪 70 年代到 2014 年涨了很多。但多数人仍有宗教信仰。资料来源：Pew Research Center, 2015a.

　　然而，大约一半的美国年轻人从青少年期一直到成年期都保持着稳定的对宗教的诉诸行动（或缺乏行动）(Pew Research Center, 2015a; Smith & Snell, 2009)。在某些方面，美国成年初显期年轻人的宗教信仰和行为相当传统。在他们的生活中，宗教比其他发达国家的年轻人更重要。和前几代人一样，很多人，包括许多未加入宗教社团的人，或者说自己信仰上帝，或者说自己相信宗教或相信灵性，或者二者兼而有之。此外，超过三分之一的信仰宗教者表示，他们是"坚定的"信仰者 (Pew Research Center, 2010c, 2014a)。女性和少数族裔倾向于更笃信宗教 (Barry & Abo-Zena, 2014)。在少数十几岁到二十岁出头的笃信宗教的年轻人中，有许多是女性、非裔或拉美裔。

　　不论他们是否参加有组织的宗教活动，许多年轻人都开始建立他们自己的个性化信仰。如果年轻人正在上大学，那么他们会更多地与朋友而非父母和其他成人讨论宗教和精神信仰以及个人经历。这些同伴对话促进了他们精神性的发展 (Barry & Abo-Zena, 2016; Barry & Christofferson, 2014)。成年初显期的年轻人常常把不同来源的信仰和实践，如东西方的宗教传统、科学和流行文化（包括音乐和其他媒体形象）融合在一起。

认为其父母采用权威型教养方式的初显期成年人更可能有宗教或精神信仰，并参加与父母的

宗教活动类似的宗教活动 (Nelson, 2014)。权威型父母给予的爱心、解释和自主权，不仅使年轻人更全面地了解父母的宗教意识形态，也让年轻人有更大的自由来评判父母的宗教意识形态。因此，他们更可能把父母的观点融入自己的世界观。

> **观察与倾听**
>
> 访谈你的几个同学，了解他们的宗教或精神信仰和行为在成年初显期是如何改变的。他们认为影响这些改变的因素是什么？

　　美国成年初显期的年轻人与青少年一样，凡是信仰宗教或有精神信仰的人，大多能更好地适应环境。他们有更高的自尊水平，心理健康状况更好，较少吸毒和出现反社会行为，较少发生那种为得到利益的性关系，而是更多地参与社区服务 (Barry & Christofferson, 2014; Salas-Wright, Vaughn, & Maynard, 2015)。但结果各不相同：那些曾经为是否信仰宗教和灵性而挣扎的人，面临着身体和精神健康方面的风险 (Magyar-Russell, Deal, & Brown, 2014)。在性少数群体的年轻人中，宗教信仰对不良适应的保护作用更小。一个可能的原因是，他们的宗教团体经常不支持（有时甚至谴责）他们的性取向 (Ream & Rodriguez, 2014)。如果他们参加的宗教社团重视性少数群体，认为它有助于发展教会多样性，那么，他们会从中获益。

2. 文化变化、文化差异和成年初显期

　　文化的快速变化可以解释成年初显期的出现。首先，许多领域的初级职位比过去需要更高的学历，这促使年轻人寻求更高的受教育程度，从而推迟了经济独立和参加工作的时间。其次，人口寿命较长的富裕国家对年轻劳动力没有迫切需求，这就解放了那些经济宽裕、有能力进行更多长期探索的人。

　　事实上，成年初显期仅存在于把进入成年的时间推迟到 20 多岁的文化。在发展中国家，只有少数享有特权的人——通常是那些来自富裕家庭并被大学录取的人——才有这种经历，而且这种经历持续的时间通常比西方国家的同龄人要短

(Arnett, 2011)。在非洲、亚洲和南美洲等经济资源匮乏、主要以农村和农场为基础的传统经济地区，绝大多数年轻人并不会经历成年初显期。由于受教育程度有限，他们大多很早就开始挣钱糊口、结婚生子。

在工业化国家，许多年轻人经历了成年初显期。在通常情况下，他们的家庭富裕，可以在经济上帮助他们，如果没有这种帮助，那么很少有人能继续读书，寻找工作机会，或周游全国和世界。正如一名处在成年初显期的年轻人所说的那样，"我想尽可能多地体验"。虽然多数成年初显期的年轻人在追求高等教育或已获得高等教育学位，但一些未上大学的年轻人也受益于这种向成人角色的扩展过渡 (Tanner, Arnett, & Leis, 2009)。他们会尝试不同类型的工作，而不是选择大学专业或旅行。

但是，西方国家中处于低社经地位的年轻人，则背负着过早做父母的负担。他们没有完成高中学业，没有上大学的准备，或者没有机会接受职业培训。他们的成年初显期很短暂，或者根本不存在（见第 11 章和第 13 章）。这些人不是在寻求令人兴奋的事物，不断地探索并求得个人发展，而是经常在失业与前途黯淡的低收入工作之间徘徊 (Arnett & Tanner, 2011)。

由于成年初显期与社经地位和高等教育密切相关，因此一些研究者拒绝把成年初显期看作一个独立的人生发展阶段（见本节"文化影响"专栏）。另一些人则对此持反对意见，他们预测，随着全球化，即国家间的思想和信息交流、贸易和移民的

加速，成年初显期将越来越普遍。随着全球化的进程、高等教育的进步和年轻人形成共同的"全球同一性"，成年初显期将在全球传播 (Marshall & Butler, 2016)。但是，成年初显期到来的机会在很大程度上取决于社会经济条件。

3. 成年初显期的危机和复原力

多数有机会进入成年初显期的年轻人认为这是一个朝气蓬勃的时期。在这个时期，他们巩固自己的信仰和价值观，取得教育上的成功，参加亲社会活动，开创事业。但有相当数量的年轻人挣扎于其中，他们在持续的低自尊中失去方向，表现出高度的焦虑和抑郁，他们学习成绩低下，并参与高风险行为 (Nelson & Padilla-Walker, 2013; Smith et al., 2011)。哪些因素可以把成年初显期中朝气蓬勃的年轻人与苦苦挣扎的年轻人区分开来？

追踪研究表明，下页"学以致用"栏列出的个人属性和社会支持资源，可以帮助年轻人成功地度过这一时期，从而他们能顺利获得大学学位或职业认证，找到并维持高薪酬的工作，和朋友、亲密伴侣建立充满爱心的稳定关系，积极参加社区志愿服务，总体上对生活感到满意 (Tanner, 2016)。请注意，该"学以致用"栏中列出的资源与前面章节中讨论的方法是重叠的，都是要通过复原力，即克服困难、战胜逆境的能力，来促进发展。拥有这些资源的年轻人，尤其是拥有所有这三种资源的年轻人，可能会特别顺利地过渡到成年。但一些资源有限的初显期年轻人也可能顺利地完成过渡。

474 🌳 专栏　　　　　　　　　　文化影响

成年初显期真的是一个独立的发展阶段吗？

文化变化延长了许多年轻人向成人角色过渡的时间，人们对此没有异议，但对于"初显"的这几年能否特指人生的一个新阶段，人们是有分歧的 (Côté, 2014; Kloep & Hendry, 2011)。成年初显期概念的批评者提出了以下观点。

第一，大学入学人数快速增加、职业生涯延迟以及晚婚晚育，是早在 20 世纪 70 年代就开始在工业化国家出现的文化趋势，只是逐渐变得更加明显了。在错综复杂的社会，年轻人从来不是在某个特定时间到达成年期的。过

去的年轻人获得成人地位的时间，在某些领域较早，在另一些领域则较晚，就像现在的情况一样。他们也会走回头路，例如，大学毕业后回到父母家，想想以后要干什么，或者辞去一份工作，重新去读书 (Côté & Bynner, 2008; du Bois-Reymond, 2016)。根据毕生发展观，18～29 岁年轻人的发展是多维度、多方向的，就像所有年龄的成人一样。过渡发生在成人生活的所有时期，社会条件在很大程度上影响着这些过渡的发生时间、长度和复杂性。

第二，成年初显期一词并不能描述世界上多数年轻

人的经历 (Nelson & Luster, 2016)。在发展中国家，多数年轻人，尤其是女性，受教育程度有限且早婚早育。据估计，大约 10 亿人，也就是接近 70% 的年轻人，以传统途径进入成年期 (World Health Organization, 2015h)。即使是在工业化国家，很多低社经地位的年轻人，也因读书少、经济条件差而不会经历成年初显期。

第三，对成年初显期的研究强调的主要是它给个人和社会带来的好处。但是，在这一时期长期探索，可能主要是那些即使大学毕业也找不到好工作的年轻人的应对机制。只要大学毕业生找到满意的工作，能够实现经济独立，他们就大多不会推卸成人应该承担的责任 (Arum & Roksa, 2014)。对于那些尚缺乏个人行动力，因此不能做出正确选择，并且未掌握成人技能的人来说，成年初显期的延长是有风险的 (Smith et al., 2011)。这些年轻人可能长时间不能诉诸行动，这将阻碍他们集中精力学到职业生涯所需的东西。

第四，2008 年的金融危机使大量大学毕业生的选择受到了限制。2015 年，超过 7% 的大学毕业生失业，15% 的大学毕业生未充分就业，从事着不需要大学学历的低薪工作 (Davis, Kimball, & Gould, 2015)。因此，他们仍然没有提高技能所必需的工作经验。这些大学毕业生之所以迟迟没有进入成人角色，不是因为他们自己选择了一个"自然"的、前所未有的时期，而是因为国家经济危机。一个在经济稳定时期可能拥有很高个人行动力的年轻人，此时却说"很难找到一份让我想坚持做下去的工作"(Kotkin, 2012)。

支持把成年初显期看作一个独立的发展阶段的人回应说，虽然它不是普遍适用的，但它适用于工业化社会的多数年轻人，并且正在向对全球经济起重要作用的发展中国家蔓延 (Tanner & Arnett, 2011)。但质疑者反驳说，在非常贫困的发展中国家，或在工业化国家中的低收入或未受高等教育的年轻人当中，成年初显期表现得可能并不显著 (du Bois-Reymond, 2016; Kloep & Hendry, 2011)。而对于大学毕业生来说，社会条件很容易限制这一时期的前景和酬劳。

批评者还指出，在发达国家，年龄阶段的影响正在减弱，而非正规的影响在当代整个成年期随处可见（见第 1 章边页 10）。在这些批评者看来，成年初显期不是独立的，而是与年龄相关的期望变得模糊的总体趋势的一部分，它带来的是整个成年阶段多种形式的过渡和发展的多样性。

这个 22 岁的年轻人从事的是不需要技能的低工资工作。许多低收入的年轻人读书少，经济条件差，成年初显期对他们来说并不明显。

475

学以致用

成年初显期培养复原力的资源

资源类型	描述
认知属性	有效地做计划和决策 以认知方式收集信息并掌握对知识的认知方法 在学校表现良好 具有选择职业的知识和必需的技能
情感与社会属性	积极的自尊 良好的情绪自我调节能力、灵活的应对策略 良好的冲突解决技能 对实现个人目标的能力的自信 对行为结果的责任感 坚持性并能有效地利用时间 健康同一性的发展走向深度探索和确定诉诸行动 强有力的道德品格 因宗教、灵性和其他原因而产生生活的意义感和目的感 为社会贡献力量的愿望
社交与经济支持	与父母建立温暖、支持自主的关系 与同学、老师和指导者建立良好关系 从父母和其他人那里获得经济援助 与学校、宗教团体、工作单位和社区中心建立联系

就像童年期和青少年期一样，一些资源会加强另一些资源。与父母的关系有着特别广泛的影响。一种安全、感情深厚的父母－成年初显期子女之间的纽带，延续了青少年期建立的亲密与心理疏远的平衡，能够促进各方面的适应机能：良好的自尊、同一性的进步、向大学生活的成功过渡、更好的学习成绩，以及更有益的友谊和恋爱关系。特别是支持自主性的家庭教育方式——父母通过移情，认识到孩子面临的重大决定，并支持孩子个人看重的选择——与成年初显期年轻人的心理健康密切相关 (Kins et al., 2009)。一项研究的主持者总结道："对成年初显期的年轻人获得独立性有最大帮助的是，他们在家里感受到亲密关系、安全、理解和爱，并愿意接受父母的帮助。" (Aquilino, 2006, p. 201)

相比之下，如果父母过度保护，过度表达关心和进行心理控制，如在子女解决困难时越俎代庖，则可能导致人们所担心的适应不良，例如低自尊，在同一性形成中不能诉诸行动，出现较多的焦虑情绪、抑郁症状和酗酒行为 (Luyckx et al., 2007; Nelson et al., 2011; Patock-Peckam & Morgan-Lopez, 2009)。在另一种形式的家庭教育——在流行文化中被称为"直升机式教育"——中，父母热情而善意，像直升机一样"盘旋"在刚成年的孩子头顶，过分关心孩子的幸福。例如，他们可能会把孩子带到大学但不离开，并和教授联系，讨论孩子的学习成绩。也许是因为"直升机式教育"的特征是父母强烈的爱心和参与，所以

大学开学前，一名大学新生和她妈妈一起查看新学期的课表。温暖的、支持自主的家庭教育方式——鼓励年轻人做出有个人价值的选择，能够促进成年初显期年轻人的适应机能。

它不会导致上面提到的消极结果。但它可能导致学生逃课、不完成作业等行为 (Padilla-Walker & Nelson, 2012)。而且，它还会干扰成年初显期年轻人掌握独立行动所需的能力。

最后还有一点，接触各种消极生活事件（如家庭、亲密关系中的互相虐待，恋爱关系多次失败，学习或就业困难，经济压力，等等）会阻碍年轻人的发展，即使童年期和青少年期为这种过渡做了准备也无济于事 (Tanner, 2016)。总之，就像这些年轻人小时候一样，支持性的家庭、学校和社区环境至关重要。拥有这些资源的多数年轻人对自己的未来持乐观态度 (Arnett & Schwab, 2013)。下面我们转向成年早期的心理社会性发展理论。

476

思考题

联结 成年初显期培养复原力的资源与在童年期和青少年期培养复原力的资源有何相似之处（参考第 1 章边页 10-11，第 10 章边页 360，第 12 章边页 422）？

应用 列出你所在的大学在健康和咨询服务、学习辅导、住宿条件和课外活动方面给成年初显期年轻人提供的支持。每种支持对年轻人向成年人过渡有何帮助？

反思 是否应该把成年初显期看作一个独立的发展阶段？为什么应该？为什么不应该？

二、埃里克森的理论：亲密对孤独

14.2 埃里克森认为成年早期人格发生的变化有哪些？

埃里克森的观点影响了当代所有的成人人格发展理论。他提出，成年早期的心理冲突是**亲密对孤独** (intimacy versus isolation)，在年轻人的思想和情感上的反映就是，永远投身于一个亲密伴侣，并建立亲密的、彼此满意的友谊。

正如莎丽丝所发现的，建立一种情感上满意的恋爱关系是一个挑战。多数年轻人仍在为解决同一性问题而努力。但是，亲密关系需要他们放弃一些

独立的自我，根据双方的价值观和兴趣，重新定义自己的同一性。那些二十五六岁的年轻人经常说，他们觉得自己还没有为建立一段长久的恋爱关系做好准备。他们仍然为职业、经济安全、情感和自由受到限制而担忧 (Arnett, 2015; Willoughby & Carroll, 2016)。在结婚第一年，莎丽丝曾与厄尔尼分开两次，因为她想调和既想要独立又渴望亲密关系的矛盾。成熟需要平衡这两种欲望。没有亲密关系，年轻人将面临埃里克森所说的成年早期的消极后果：孤独和自恋。厄尔尼的耐心和坚持帮助莎丽丝认识到，忠贞的爱情需要宽容和妥协，而不是我行我素。

研究证实了埃里克森所说的，安全的同一性有助于亲密关系的建立。针对大学生的大样本研究显示，不论男女，他们同一性的实现都与忠实（在各种关系中的忠诚）和爱情呈正相关。而同一性延缓——为了诉诸行动而不断探索的状态，对于忠实和爱情是不利的 (Markstrom et al., 1997; Markstrom & Kalmanir, 2001)。几项研究表明，同一性的高级状态可以预测建立或将要建立强烈而忠诚的恋爱关系 (Beyers & Seiffge-Krenke, 2010; Montgomery, 2005)。

在朋友关系和工作关系中也是如此，同一性比较成熟的年轻人能与人合作，对人宽容，能够接纳不同的背景和价值观 (Barry, Madsen, & DeGrace, 2016)。而那些有孤独感的人对建立亲密关系存有疑虑，他们害怕失去自己的同一性，他们喜欢竞争，不喜欢合作，不能接受人们之间的差异，在别人与他们过分亲密时，容易产生威胁感。

埃里克森认为，成功解决亲密对孤独的冲突可以使一个人为步入中年期做好准备。中年期的主要任务是繁衍，即为了社会进步而培育下一代。但如前所述，到什么年龄就必然完成什么任务，这并不能描述很多成人的具体情况。生孩子和养育孩子，即繁衍的两个方面，以及通过工作和社区服务对社会做出贡献，通常是 20 多岁、30 多岁时的任务。与埃里克森的观点一致，成年早期亲密的友谊或恋爱关系可以预测更强的繁衍倾向 (Mackinnon, De Pasquale, & Pratt, 2015)。

总之，同一性、亲密关系和繁衍都对成年早期产生影响，但是不同的人受到的影响不同。另一些理论家认为，埃里克森的理论只是提供了成人人格发展的大框架，于是他们拓展和修正了埃里克森的八阶段心理社会理论，使其更为详尽。

三、成人心理社会性发展的其他理论

14.3 描述并评价莱文森和魏兰特的成人人格发展理论

14.4 社会钟是什么，它对成年期发展有哪些影响？

20 世纪 70 年代，人们对成人发展的兴趣越来越大，在这一兴趣的推动下出版了几本有关这一话题、为人们所广泛阅读的专著。其中，丹尼尔·莱文森的《人生四季》(Daniel Levinson, 1978)，乔治·魏兰特的《适应生活》(George Vaillant, 1977)、《幸福的老年》(2002) 和《征服经验》(2012) 展现了具有埃里克森风格的心理学理论。

1. 莱文森的人生四季理论

莱文森 (Levinson, 1978, 1996) 对 35~45 岁男性进行了深度传记式访谈，后来又对同一年龄段女性进行了类似访谈。根据这些资料，他把成人发展描述为几个性质上不同的时代（或称"季节"），这些时代与埃里克森的心理社会阶段相一致，并以过渡期分开。生活结构是莱文森理论中的一个关键概念，是一个人生活的潜在设计，由个人、群体和机构的关系构成。在生活结构的许多组成部分中，只有少数与家庭、亲密友谊和职业有关的部分是处于中心的。

莱文森发现，在向成年早期的过渡中，多数年轻人会建构一个梦想——那是自己在成人世界的形象，年轻人用它来指导自己的决策。对于男性，梦想大多强调事业上的成就，而多数以事业为导向的女性都有"分裂的梦想"，其中婚姻和事业都得到了强调——这一发现在后续研究中得到证实 (Heppner, 2013)。年轻人还会与帮助他们实现梦想的良师益友建立关系，良师益友通常是工作中的老同事，但偶尔也会是更有经验的朋友、邻居或亲戚。莱文森指出，志在获得高社会地位

一名家具设计师在教他的年轻同事一项新技术。对于刚开始职业生涯的年轻人来说，一名经验丰富的同事可以成为一个特别有效的良师益友，在克服挑战时充当榜样和向导。

职业的男性，20~30 岁的时光都在学习各种专业技能、形成相应的价值观以及获得资格证书。相形之下，多数女性的职业发展一直持续到中年。

在 30 岁左右，人生发生了第二次转变：专注于事业并单身的年轻人通常专注于寻找生活伴侣，而强调婚姻和家庭的女性往往形成了更多的个人目标。例如，曾梦想成为一名教授的克里斯蒂，最终在她 35 岁左右获得了博士学位，并获得了一份大学老师的工作。

为了在成年早期创建一生中最理想的生活结构，男性一般会专注于确定的关系和志向而逐渐"稳定"下来，为此，他们努力在社会上确立一个符合他们价值观的位置。他们既可能追求财富、权力、威望、艺术或科学成就，也可能组建家庭或参加社区活动。例如，厄尔尼在 40 岁之前，成为他公司的股东之一，他还担任儿子所在足球队的教练，并当选为教会的财务主管。他不再像以前那样，把很多时间花在旅游和弹吉他上了。

但是，很多女性在 30 多岁时还没稳定下来，这往往是因为她们找到了职业方向，或投身于恋爱关系。在两个孩子出生后，莎丽丝感到自己在州卫生部的研究工作与家庭之间左右为难。每个孩子出生后，她都休假 3 个月。当重返工作岗位后，莎丽丝没有去追求需要出差、上班时间长但富有吸引力的管理职位。克里斯蒂在任教后不久，就和加里离了婚。在职业生涯开始的同时成为单身母亲，这些都给克里斯蒂带来了新的压力。

2. 魏兰特的生活适应理论

魏兰特 (Vaillant, 1977) 对 20 世纪 20 年代出生的近 250 名男性的发展状况进行了研究。研究始于这些男性的学生时代，当时他们就读于一所颇具竞争力的人文学院，在大学期间，魏兰特对这些被试进行了内容广泛的访谈。之后每隔 10 年，这些被试都要填写各种问卷。在这些男性 47 岁、60 岁、70 岁和 85 岁时，魏兰特 (Vaillant, 2002, 2012) 又对他们进行了访谈，询问他们的工作、家庭及身体、心理健康状况等等。

魏兰特观察了这些人如何改变自己和自己的社会关系以适应生活。他和莱文森一样，都把研究建立在埃里克森的阶段理论之上。这些男性在 20 多岁时关注亲密关系，30 多岁时转而稳固事业。40 多岁时，他们变得更有繁衍性。五六十岁时，他们拓展了繁衍性，成为"生活意义的守护者"，表达了一种保护和传承文化传统以及从生活经验中吸取教训的深切需要。最后，在老年期，男人更关注精神世界和反思生命的意义。在随后一项对受过良好教育的女性样本的终生研究中，魏兰特 (Vaillant, 2002) 发现了类似的变化。

但是，魏兰特和莱文森的发展模式的提出主要根据对 20 世纪前几十年出生的人的访谈，他们大多有良好的教育和经济条件。正如我们对成年初显期的讨论所表明的那样，如今的发展变化要大得多，以至于研究者越来越怀疑成人的心理社会性发展是否可以被划分为不同的阶段。相反，人们对这些理论家所查明的主题和两难问题加以个别处理，形成了一个由生物、心理和社会力量相互作用的动态系统。

3. 社会钟

如前所述，文化的变化会影响人生的进程。然而，所有的社会都存在某种类型的**社会钟** (social clock)——对某年龄应该发生哪些重要生活事件的预期，比如参加工作、结婚、生第一个孩子、买房和退休 (Neugarten, 1979)。在经济状况较好的年轻人中，完成教育、结婚和生育孩子的年

由于社会钟已经变得越来越灵活，因此这名 30 岁的律师正致力于她那严谨的职业，对于结婚生子这样的重大生活事件，她可能没有感到必须遵守严格时间表的压力。

齡比之前一两代人要晚得多。此外，大大偏离社会钟的生活事件已经越来越普遍。

如果父母希望他们的成年子女按照过时的时间表完成该完成的任务，就会造成两代人之间的紧张关系。年轻人可能会感到沮丧，因为他们为自己安排的重大里程碑事件的出现时间既没有得到同龄人的认同，也没有得到公共政策的支持，这削

弱了非正式和正式社会支持的可用性 (Settersten, 2007)。在给年轻人的生活带来更大灵活性和自由的同时，不明确的社会钟会让他们感到基础不牢——既不确定别人对自己有何期望，也不确定自己对自己的期望是什么。

观察与倾听

说说你自己的社会钟，列出生活中的重大事件以及你期望发生的年龄。然后，让你的父母或祖父母回忆他们自己成年早期的社会钟，并对代际差异进行分析。

总之，遵循某种社会钟似乎能培养信心和促进社会稳定，因为它能保证年轻人去掌握技能，从事有生产力的工作，并理解自己、理解他人。相比之下，"打造自己的生活"，无论是自我选择的，还是环境促成的，都有风险，都更容易遇到困难 (Settersten, 2007, p. 244)。考虑到这一点，让我们仔细看看男性和女性是如何完成成年期的主要任务的。

思考题

联结 参考第 12 章边页 409-410，回顾探索和诉诸行动对同一性成熟的作用。运用这两个标准，解释为什么同一性成熟有助于亲密感的形成（忠实和爱情），而同一性延缓不利于亲密感的形成。

应用 考虑到社会钟在当代的变化，分析莎丽丝在和厄尔尼结婚的过程中的心理矛盾。

反思 说说你自己成年早期的梦想，再问问你的一个异性朋友或同班同学的梦想。把二者加以比较，看是否与莱文森的研究结果一致。

四、亲密关系

14.5　描述影响配偶选择的因素、爱情的要素、恋爱关系的变式以及文化差异

14.6　描述年轻人的友谊、兄弟姐妹关系及其对心理健康的影响

为了建立亲密关系，人们必须找到一个伴侣，与之建立情感纽带，并长期维持下去。虽然年轻人最关注恋爱关系，但他们也需要与朋友、兄弟姐妹和同事建立相互承诺的、惬意的亲密关系。

479　**1. 爱情**

在大学三年级的一次聚会上，莎丽丝与厄尔

尼交谈起来。厄尔尼是她所在的管理班的高才生。莎丽丝在课堂上就关注厄尔尼，在交谈中，她发现他就像外表看上去那样热情有趣。厄尔尼觉得莎丽丝活泼、聪明、有魅力。聚会结束时，他们感到两人对重要社会问题的看法相似，也喜欢同样的休闲活动。他们开始定期约会。六年后，他们结婚了。

寻找一个生活伴侣是成人发展的一个重要里

程碑，它对自我概念的发展和心理健康有深刻影响。它又是一个复杂的过程，随时光流逝不断展开，受到多种事件的影响，莎丽丝和厄尔尼的关系表明了这一点。

（1）选择配偶

第13章曾提到，亲密伴侣通常是在能找到与自己年龄、种族、社经地位和宗教信仰相似者的地方，或者通过在线约会服务认识的。人们常会选择各方面，如态度、人格、受教育程度、智力、心理健康状况、外表吸引力，甚至身高与自己相似的伴侣 (Butterworth & Rodgers, 2006; Gorchoff, 2016; Lin & Lundquist, 2013; Watson et al., 2004)。相爱的伴侣有时在人格特质上是互补的，如一个自信而强势，另一个犹豫而顺从。如果这种差异使双方能维持他们喜欢的行为方式，双方就具有相容性 (Sadler, Ethier, & Woody, 2011)。但是，如果伴侣在其他方面不相同，那么他们通常不是互补的！例如，一个热情随和的人和一个情感冷漠的人往往会彼此不相容。总的来说，很少有证据支持"相异者相吸"的说法 (Furnham, 2009)。相反，人格和其他特征相似的伴侣往往对他们的关系更满意，也更可能长相守。

然而，在选择长期伴侣时，男性和女性对某些特征的重视程度是不同的。在不同的工业化国家和发展中国家进行的研究表明，女性更看重经济地位、智力、抱负和道德品质，而男性更看重外表魅力和生活能力。女性更喜欢同龄或稍年长的伴侣，而男性更喜欢年轻的伴侣 (Buss et al., 2001; Conroy-Beam et al., 2015)。

从进化的角度来看，由于女性的生育能力有限，因此她们寻找的配偶必须具备能赚钱和忠实于感情等可确保孩子生存和幸福的特质。相比之下，男性希望寻找的配偶年轻、健康、有性吸引力、能生育和照顾后代。作为这种差异的进一步证据，男性通常希望关系能迅速发展到身体亲密的程度 (Buss, 2012)。相反，女性更喜欢先花些时间来获得心理上的亲密。

另一种观点认为，进化和文化压力共同影响两性的择偶标准。从童年开始，男性就学会了自信和独立，这些特点有助于将来的事业成功。女性则学习各种照顾行为，这有助于抚养子女。逐渐地，男女两性都学会了符合传统性别分工的行为 (Eagly & Wood, 2012, 2013)。从这个观点来看，在性别更平等的文化尤其是年青一代中，男性和女性的择偶偏好更相似。例如，与中国和日本的男性相比，美国男性更看重配偶的经济前景，而非家庭生活能力。如果让年轻女性想象自己在未来是一个家庭主妇，那么她们对一个好的养家者和稍年长配偶的偏好会增强 (Eagly, Eastwick, & Johannesen-Schmidt, 2009)。

但无论是男性还是女性，都不会把长相、赚钱能力和年龄放在首位。他们更看重那些有助于关系满意度的特点，如相互吸引、关心、可靠、情感成熟和开朗的性格 (Toro-Morn & Sprecher, 2003)。尽管如此，男性仍然比女性更注重外表吸引力，而女性则比男性更看重赚钱能力。在对伴侣的要求方面的这些性别差异，也体现在男女同性恋者身上 (Impett & Peplau, 2006; Lawson et al., 2014)。总之，生物和社会力量都影响着配偶选择。

正如下面的"社会问题→健康"专栏所揭示的，年轻人对亲密伴侣的选择以及他们关系的质量也会受到对早期父母–子女关系的记忆的影响。最后，要想让恋爱关系变成持久的伴侣关系，一切都必须在合适的时间发生。两个人可能彼此相配，但如果其中一人或双方都没有准备好结婚，那么关系很可能会破裂。

（2）爱情的要素

人们怎么知道自己正在恋爱？罗伯特·斯滕伯格 (Sternberg, 2006) 的**爱情三角形理论 (triangular theory of love)** 认为，爱情包括亲密、激情和承诺三个要素，随着恋爱关系的发展，三种要素的侧重有所不同。其中激情是性行为和爱恋的欲望，是生理–心理唤醒要素。亲密是情感要素，包括温情、亲切的交流、表达对对方幸福的关心、自我表露并渴望对方给予回报。承诺是认知要素，它使两个人确定他们是否相爱、是否维持这种爱。

在开始阶段，**激情的爱 (passionate love)**，即巨大的性吸引力占据首位。渐渐地，激情让位于亲密和承诺，为形成另外两种爱打下基础：第一种是**陪伴的爱 (companionate love)**，表现为温情、信任的爱恋和看重对方 (Sprecher & Regan, 1998)。第二种是任何一种深切满足的亲密关系中最基本的爱的类型，这就是**仁慈的爱** (compassionate love)——关切对方的幸福，通过表达对对方的关心来减轻其痛苦，促进对方的成长和成功 (Berscheid, 2010; Sprecher & Fehr, 2005)。

480　✿ 专栏　　　　　社会问题→健康

童年期的依恋模式与成年期的爱情

根据鲍尔比的习性学理论，早期依恋关系构建了内部心理作用模型，或对依恋形式的一些预期，它对整个人生的亲密关系起引导作用。成人对其早期依恋经历的评价与他们养育自己子女的行为有相关关系，这种相关尤其表现在他们与孩子之间形成的依恋特征上（见第 6 章边页 202）。还有证据表明，对儿童时期依恋方式的回忆可对成年期的恋爱关系做出很强的预测。

在澳大利亚、以色列和美国进行的一项研究中，研究者让人们回忆和评价他们早期与父母的关系（依恋经历）、他们对亲密关系的态度（内部心理作用模型），以及他们的恋爱关系经历。在另几项研究中，研究者观察了夫妻的行为。与鲍尔比的理论相一致，成人对童年期依恋方式的记忆和解释能很好地预测内部心理作用模型和恋爱关系经历（关于依恋模式，可参见第 6 章边页 198）。

1. 安全型依恋

认为自己的依恋经历属于安全型（温暖、爱和支持）的成人，其内部心理作用模型可以反映这种安全性。他们觉得自己讨人喜欢，容易与人打成一片，对亲密关系感到自在，不担心被抛弃。他们用信任、幸福和友情来描述他们最重要的恋爱关系 (Cassidy, 2001)。他们对伴侣的行为是共情和支持的，用建设性方法来解决冲突。他们能很自然地请求伴侣给他们安慰和帮助，并报告说伴侣双方都能发起乐趣无穷的性生活 (Collins & Feeney, 2010; Pietromonaco & Beck, 2015)。

2. 回避型不安全依恋

报告说自己有回避型不安全依恋经历（父母要求苛刻，缺乏尊重，爱指责）的成人，其内部心理作用模型的特点是：看重独立，不相信恋爱关系，担心别人与他们过分亲近。他们认为别人不喜欢他们，认为自己很难找到真正、持久的爱情。在他们最重要的恋爱关系中充斥着嫉妒和情感距离，他们在伴侣痛苦时无动于衷，也很少享受身体接触 (Pietromonaco & Beck, 2015)。回避型成人经常通过随意的性接触来否认有依恋的需要 (Genzler & Kerns, 2004; Sprecher, 2013)。他们对恋爱关系有许多不切实际的想法，例如，伴侣不能更换，男性和女性的需求不同，从心理上了解别人是必需的

上图中这个被父亲温柔地抱着的婴儿建立的内部心理作用模型，是否影响了他（下图左）后来与妻子的关系？研究表明，早期依恋模式是影响日后亲密关系质量的因素之一。

(Stackert & Bursik, 2003)。

3. 拒绝型不安全依恋

有拒绝型不安全依恋经历（父母的反应不可预测且不公平）的成人，其内部心理作用模型会寻求与另一个人完全融为一体 (Cassidy, 2001)。同时，他们又担心自己对亲密关系的渴望，会压倒那些不爱他们、不愿和他们在一起的人。他们最重要的恋爱关系中充满嫉妒、情感起伏，他们对伴侣的感情回报感到绝望 (Collins & Feeney, 2010)。虽然拒绝型不安全依恋的成人会帮助伴侣，但他们的帮助方式不符合伴侣的需要。他们也会很快地表达恐惧和愤怒，并且会在不恰当的时间透露自己的信息 (Pietromonaco & Beck, 2015)。

成人对他们童年期依恋经历的描述是否准确？其中是否有扭曲的部分，或者整个经历都是虚构的？几个追踪项目表明，5～23年前通过访谈、观察而评价的亲子互动质量，可以有力地预测成年早期的内部心理作用模型和爱情品质 (Donnellan, Larsen-Rife, & Conger, 2005; Roisman et al., 2001; Zayas et al., 2011)。这些发现表明，成人的回忆与实际的亲子关系经历有相似之处。但是，当前伴侣的特征也会影响内部心理作用模型和亲密关系。曾经有不安全依恋历史的个体，只要能够对伴侣形成安全的表征，就会报告程度更强烈的情感和关心，冲突和焦虑减少 (Simpson & Overall, 2014; Sprecher & Fehr, 2011)。

总之，消极的亲子关系经历的影响可以延续到成人的亲密关系中。而且，内部心理作用模型也会不断"更新"。那些有过不幸福爱情生活的成人，如果有机会找到更满意的亲密关系，就能修正自己的内部心理作用模型。当新伴侣以一种安全的心态和敏感、支持的行为对待二人之间的关系时，原来有不安全依恋历史的伴侣会重新评价自己的期望并以同样的方式回应对方。这种互惠创造了一个反馈回路，其中，一个经过修正的、更积极的内部心理作用模型，以及彼此满意的互动，会随着时间推移而持续下去。

恋爱伴侣的自我报告显示，这几种类型的爱之间呈中度到高度相关，其中每一种都有助于维持恋爱关系 (Fehr & Sprecher, 2013)。早期激情的爱是伴侣双方能否继续约会的有力预测指标。但如果缺乏平和的亲密关系、对两人关系的可预测性以及对爱情的共同态度和价值观，那么恋爱关系终将破裂 (Hendrick & Hendrick, 2002)。而仁慈的爱所包含的亲密和承诺的结合，与伴侣是否幸福并打算长期相处紧密相关 (Fehr, Harasymchuk, & Sprecher, 2014)。

恋爱关系的延续需要伴侣双方的共同努力。对新婚夫妻婚后最初几年的感受和行为所做的研究表明，虽然夫妻双方都乐观地展望他们的婚姻满意度将保持稳定或得到改善，但是实际上夫妻"热恋"的感觉逐渐减少，对婚姻生活并不满意 (Huston et al., 2001; Lavner, Karney, & Bradbury, 2013)。造成这种情况的原因很多，例如：相互交流和表达爱意的时间大幅减少；共同的休闲活动让位于家庭杂务，两人在一起的快乐时光减少。同时，在讨论有矛盾的问题时，伴侣双方渐渐不再去认真体察对方的想法和感受 (Kilpatrick, Bissonnette, & Rusbult, 2002)。当经历很多这样的互动后，他们不再努力去理解对方的观点，而是诉诸一些习惯做法，比如妥协或逃避。

但那些关系持久的夫妻通常报告说，他们比以前更相爱 (Sprecher, 1999)。在从激情的爱转向陪伴的爱和仁慈的爱的过程中，承诺是决定双方关系能否持续的一个方面。以温情、体贴、共情、关怀、接纳和尊重的方式进行的相互奉献的沟通是非常有益的 (Lavner & Bradbury, 2012; Neff & Karney, 2008)。例如，厄尔尼一再表达他对婚姻的承诺，才使莎丽丝对婚姻的怀疑烟消云散。他向她保证，他理解她的需要，一定会千方百计支持她的职业抱负。莎丽丝回报了厄尔尼的感情，他们之间的纽带更加紧密了。

表达承诺的一个重要特征是建设性地解决冲突，例如直接表达期望和需求，耐心倾听，澄清问题，互相妥协，承担责任，原谅对方，说些幽默的话，避免因指责、轻视、戒心、设置障碍而使消极互动加剧 (Dennison, Koerner, & Segrin, 2014; Gottman, Driver, & Tabares, 2015)。一项跟踪调查显示，新婚夫妻在解决冲突时的消极态度可以预测以后10年中对婚姻的不满和离婚 (Sullivan et al., 2010)。那些不关心、不爱护伴侣的人在解决

当恋爱关系从激情的爱变成陪伴的爱和仁慈的爱时，会变得更加亲密、忠诚、满足和持久。

问题时往往诉诸愤怒和蔑视。

虽然建设性地解决冲突的能力是持久的婚姻的一个重要组成部分，但温柔、深情的纽带能激活这种能力，促使夫妻以保持彼此满意的亲密感的方式来解决冲突。与女性相比，男性在促进亲密关系方面的沟通技能较差，在亲密关系中提供的安慰和帮助较少。男性在处理冲突时往往效率较低，经常回避协商和讨论 (Burleson & Kunkel, 2006; Wood, 2009)。

性少数群体成员和异性恋夫妻在表达承诺、亲密、冲突和各自对关系满意度的贡献方面是相似的 (Kurdek, 2004)。但是对男女同性恋伴侣来说，来自周围人的污名给建立满意、忠诚的关系增加了难度。那些最担心被污名化或对自己的性取向持消极态度的人报告说，他们的恋爱关系质量较差，也不持久 (Mohr & Daly, 2008; Mohr & Fassinger, 2006)。下面的"学以致用"栏列出了一些方法，可以帮助所有情侣保持爱情的火苗继续燃烧。

（3）文化与爱的体验

充满狂喜和渴望的热烈爱情在所有当代文化中都是被认可的，虽然对其重要性的看法各不相同。由于个人主义价值的增强，作为爱情基础的激情，以及对对方独特品质的尊重，成为 20 世纪西方国家婚姻的主要根基 (Hatfield, Rapson, &

Martel, 2007)。试图用亲密关系来满足自己依赖另一人的需要则被认为是不成熟的。

西方人的这种观点与东方文化形成鲜明对比。在日本，人们接受依赖，并对它持正面看法。日语中的 amae，即爱，意思是"依托于一个好人"。中国传统的相互依赖观点认为，一个人必须通过各种角色关系——儿子或女儿，兄弟或姐妹，丈夫或妻子——来界定自我。因为一个人的情感分布于整个社交网络，所以每一种关系的强度就减弱了。

在选择终身伴侣时，中国和日本的年轻人被期望考虑对别人的责任，特别是对父母的责任。与西方同龄人相比，亚裔大学生不太注重身体吸引力和深层情感，而更注重伴侣关系和实际因素，如相似的背景、职业前景和能不能当个好妈妈、好爸爸 (Hatfield, Rapson, & Martel, 2007)。

不过，即使在一些包办婚姻仍然相当普遍的东方国家，父母和新郎新娘在结婚前也要互相商量一下。如果父母强迫其子女在几乎没有爱的情况下结婚，那么大多数时候子女会抵抗，因为他们认为爱很重要 (Hatfield, Mo, & Rapson, 2015)。然而，在包办婚姻文化中，这种婚姻也有一些优势，因为它得到了大家庭和社区的认可和支持。

此外，许多包办婚姻是成功的，其婚姻满意度与自我选择的婚姻一样高，有时甚至更高 (Madathil & Benshoff, 2008; Schwartz, 2007)。在对

482  学以致用

情侣之间怎样保持爱的活力

建议	描述
为两人的关系付出时间。	为了保持对两人关系的满意感和"相爱"感，安排好两人相处的时间。
向伴侣表达爱。	表达爱和关怀，在适当时候说"我爱你"。它可让伴侣感受到你的奉献态度，并鼓励伴侣做出同样的行为。
在需要时陪在伴侣身边。	在伴侣痛苦时给予他情感支持，并帮助伴侣实现个人目标。
遇到矛盾时建设性地、积极地沟通。	如一方对另一方不满，应提出克服困难的办法，请对方共同做出选择并诉诸行动。务必回避保持亲密关系的四大敌人：指责、轻视、戒心和设置障碍。
对伴侣看重的东西感兴趣。	了解伴侣的工作、朋友、家庭和爱好，表达自己对其特殊能力和成绩的欣赏。这样做可增强伴侣的价值感。
信任伴侣。	分享内心情感，保持亲密关系。
原谅小过失，对大过失尽量表示理解。	在可能的情况下，通过谅解化解愤怒。你这样做虽然等于认可了不公正行为，但却避免了被这件事困扰。

一位印度婆罗门教长老为一对年轻夫妻主持婚礼。虽然包办婚姻在一些东方国家仍然很普遍，但许多夫妻强调爱情的重要性——这种爱情往往随着时间推移而增长。

来自不同国家的包办结婚的夫妻进行访谈时，他们报告说，他们的爱是随着时间逐渐增长的。他们最常提到的影响因素是承诺（Epstein, Pandit, & Thakar, 2013），理由是，承诺有助于带来其他品质，包括良好的沟通、适应（关心和爱护），以及愉悦的身体接触，这些使他们的爱加深。很多人表示，在婚姻中建立爱情是一种有意的行为。尽管不是为包办婚姻辩护，但研究结果表明，在包办结婚的条件下，新婚夫妻之间的爱情可能因被诱导而成长，而不是像一般认为的会逐渐衰弱。

2. 朋友

与恋爱中的情侣和儿时的朋友一样，成年期的朋友往往在年龄、性别和社经地位方面相似，这些因素促成了相同的兴趣、经历和需求，因此人们能从这种朋友关系中获得快乐。像早年一样，成年期的朋友也会通过相互肯定和接纳、有分歧时支持自主性、困难时给予帮助来增强自尊和心理健康（Barry, Madsen, & DeGrace, 2016）。交朋友还能扩展社交机会，获得知识和观点，使生活更有趣。

与小学和中学时期一样，信任、亲密和忠诚在成人朋友关系中仍旧非常重要。朋友之间分享思想和情感有时比夫妻之间更多，但是在整个一生中，朋友之间的相互承诺则变得越来越不重要。即便如此，有些成人朋友关系仍持续多年，有时会保持终生。朋友之间的互相看望是友谊持续的一个原因。女性朋友互相看望的次数比男性朋友多，这在一定程度上使成年女性之间的友谊更长久（Sherman, de Vries, & Lansford, 2000）。

由于对社交媒体的使用急剧增加，因此如今

的友谊不再受到时空距离的限制。在 18~29 岁的人群中，90% 的人使用社交媒体网站（Pew Research Center, 2016d）。因此，他们的"朋友"圈扩大了。这些网上社群里的朋友可能从不见面，却能分享兴趣并提供情感支持（Lefkowitz, Vukman, & Loken, 2012）。到目前为止，对这些网络联系在成人生活中的作用的研究还很少。

社交媒体网站是否会使年轻人以牺牲亲密友谊为代价去结交大量的点头之交？研究表明，拥有 500 个或更多脸谱网好友的人，其实只跟较少的人进行互动——互动方法是"点赞"帖子、在留言板留言或聊天。在大型社交媒体网站脸谱网的用户中，男性平均只与 10 个朋友进行交流，女性平均只与 16 个朋友进行交流（Henig & Henig, 2012）。脸谱网的使用只增加了被动跟踪的非正式朋友的数量，但核心朋友的数量并没有变化。

> ### 观察与倾听
>
> 让你在社交媒体上的朋友说说，他们的在线朋友有多少，他们在过去一个月里曾经跟多少个朋友单独互动。大型社交媒体网站用户的核心朋友是否数量有限？

（1）同性朋友

在一生中，女性比男性拥有更多亲密的同性友谊。女性朋友常说她们喜欢"聊天"，而男性朋友则说他们喜欢一起"做事"，比如体育运动（见第 12 章边页 423）。互相竞争是男性朋友之间亲密关系的障碍，这使男性不愿意示弱。由于更亲密的关系和互谅互让，女性通常比男性更正面地评价她们的同性朋友。但是，她们对朋友的期望也更高（Blieszner & Roberto, 2012）。如果朋友没有达到她们的期望，那么她们会更失望。

友谊的品质存在个体差异。男性朋友的友谊越持久，关系就越亲密，彼此表露的个人信息也就越多（Sherman, de Vries, & Lansford, 2000）。此外，在家庭承担的角色会影响对朋友的依赖。例如，单身的成人会把朋友当作最喜欢的伙伴和知己。年轻人的同性友谊在温暖、社会支持和自我表露方面越亲密，这种关系就越令人满意、持续时间就越长，对心理健康的影响就越大（Perlman,

男性朋友通常喜欢一起"做事"，而女性朋友则喜欢一起"聊天"。但男性的友谊越持久，他们之间的关系就越亲密，也会越来越多地表露个人信息。

Stevens, & Carcedo, 2015)。与异性恋相似，男女同性恋者的恋爱关系通常是在亲密的友谊中发展起来的，尤其是女同性恋者，她们在恋爱之前大多会先建立融洽的友谊 (Diamond, 2006)。

年轻人，尤其是男性，随着恋爱、结婚，越来越多地向伴侣表露自己的想法。但是，在整个成年期，友谊关系一直是与人分享个人内心世界的地方。最好的友谊可以在婚姻不完全令人满意（但不是当婚姻质量较差时）的情况下增加幸福感 (Birditt & Antonucci, 2007)。

（2）异性朋友

从大学开始，到职业生涯的探索和工作角色的适应，异性朋友的数量逐渐增加。结婚后，男性的异性朋友减少，但女性的异性朋友会继续增加，因为女性的异性朋友更多是在工作中结交的。受过高等教育的职业女性拥有的异性朋友数量最多。通过异性朋友关系，年轻人往往能获得友情和自尊，并学习男性和女性的亲密方式 (Bleske & Buss, 2000)。因为男性更容易向其女性朋友倾诉，这种友谊为他们提供了提高表达能力的独特机会。女性有时会说，她们的男性朋友往往能说出针对

问题和情况的客观观点，这是很多女性朋友所做不到的 (Monsour, 2002)。

许多人试图保持柏拉图式的异性友谊，以维护友谊的完整性。但有时这种关系会变成通向爱情的纽带。当一段坚实的异性友谊发展成为爱情时，它可能比没有友谊基础的恋爱关系更稳定和持久。尤其是成年初显期的年轻人，他们对朋友圈中的人的态度更加灵活 (Barry, Madsen, & DeGrace, 2016)。两人在分手后，往往还会保持朋友关系。

484

（3）成为朋友的兄弟姐妹

虽然亲密关系对友谊至关重要，但承诺，即愿意保持关系并关心对方，则是家庭关系的典型特征。当年轻人结婚后，他们花在恋爱关系上的时间减少，这时候，兄弟姐妹，尤其是关系一直密切的姐妹，比青少年时期提供了更频繁的陪伴 (Birditt & Antonucci, 2007)。通常，朋友和兄弟姐妹的角色会合并。例如，莎丽丝说起海泽尔对她的帮助时说，在她生病时，海泽尔帮她搬家和跑腿："海泽尔就像我的姐妹一样，随叫随到。"成年后的兄弟姐妹关系很像朋友，主要关心的是保持联系、提供帮助以及享受在一起的快乐。

童年时期父母明显的偏爱和兄弟姐妹之间的竞争会破坏成年后兄弟姐妹之间的关系 (Panish & Stricker, 2002)。但是，如果家庭经历很温馨，成年期兄弟姐妹关系就会特别亲密——这是心理健康的一个重要源头 (Sherman, Lansford, & Volling, 2006)。他们共同的家庭环境促成了价值观和观点的相似性，以及彼此之间深刻的相互理解。

一个家庭有 5~10 个孩子，这在过去的工业化国家中很常见，在当前的一些文化中仍然很普遍，亲密的兄弟姐妹关系可以取代友谊 (Fuller-Iglesias, 2010)。一个 35 岁、有 5 个兄弟姐妹的人，和所有的兄弟姐妹及其配偶、孩子住在同一个小城市，他说："有像这样的家庭，谁还需要朋友？"

思考题

联结 边页 480 讨论的对童年依恋史的回忆和评价，会怎样影响亲密伴侣对发展陪伴的爱和仁慈的爱的准备？

应用 在相处两年后，明蒂和格雷厄姆说他们比刚认识几个月时更相爱、更满意。什么样的爱和沟通加深了他们的关系？

反思 你是否有非爱情的、亲密的异性友谊？如果有，那么它怎样促进了你的情感和社会性发展？

五、家庭生活周期

14.7　追述成年早期家庭生活周期的各重要阶段，并列举其影响因素

　　大多数年轻人的生活历程要遵循**家庭生活周期** (family life cycle)，它是世界上大多数家庭发展具有的几个阶段。成年早期，年轻人一般先独立生活，然后结婚、生儿育女。到中年期，孩子离家，中年人承担的养育责任随之减轻。老年期面临着退休、变老、丧偶（主要是女性）(McGoldrick & Shibusawa, 2012)。由于在各阶段过渡时，家庭成员必须重新定义和重组他们的关系，因此此时的压力往往最大。

　　但正如之前讨论的，我们必须谨慎，不要把家庭生活周期看作一个固定进程。各阶段的顺序和时间存在很大变数，如非婚生育率的升高、结婚和生育的推迟、离婚和再婚等。有些人自愿或非自愿地没有经历过家庭生活周期的所有阶段。不过，家庭生活周期模型还是有用的。它提供了一种有条理的方式来思考家庭系统怎样随时代演进而变化，以及每个阶段对单个家庭和家庭中每个成员的影响。

1. 离开家庭

　　上大学的第一学期，莎丽丝觉得自己与母亲的关系变了。她发现，与母亲讨论日常生活经历和生活目标变得比过去更有意思，在征求和听取母亲的建议时她更开放，对感情的表达也更自由。

　　离开父母是承担成人责任的重要一步。自 20 世纪 60 年代以来，年轻人离开家的平均年龄逐渐上升。如今的情形与 20 世纪初有点类似，但是年轻人和父母一起住的原因已经改变了：20 世纪初，年轻人和父母住在一起，这样他们可以为家庭经济出力；21 世纪住在家里的年轻人，大多在经济上依赖父母。这种晚离开家庭的趋势在大多数工业化国家都很明显，只是离开家庭的年龄差异很大。由于政府政策的支持，斯堪的纳维亚的年轻人离家时间较早 (Furstenberg, 2010)。相比之下，地中海国家的文化传统提倡长时间与父母同住，一直到 30 多岁。

　　现在，离家上大学的年龄倾向于提前，而参加全职工作和结婚的年龄却倾向于推迟。由于美国多数年轻人要读大学，因此很多人在 18 岁左右离家独自生活。来自离异家庭和单亲家庭的年轻人，为了逃避家庭压力，会较早离开家庭 (Seiffge-Krenke, 2013)。与上一辈人相比，现在的北美和西欧年轻人很少是因结婚而离开家庭的，更多人离开家庭只是为了"独立"，以显示自己的成人身份。

　　在美国 18～25 岁的年轻人中，超过一半人会在第一次离开家庭后短暂地回到父母家 (U.S. Census Bureau, 2015a)。在一般情况下，当角色转换时，如大学毕业或服完兵役，年轻人会重返家庭。但是，紧张的就业市场、高昂的住房成本、心理健康问题、工作或爱情失败，以及年轻人开始工作后为了节省开支，也可能促使他们暂时重返家庭 (Sandberg-Thoma, Snyder, & Jang, 2015)。因家庭冲突而离开家庭的年轻人很多会重返家庭，这主要是因为他们还无法独立生活。

　　离开家庭独立居住的年轻人随着年龄增长而稳步增多。到 30 岁出头的时候，90% 的美国年轻人已独立生活 (U.S. Census Bureau, 2015a)。但是，如今与父母同住的美国年轻人比例比过去 60 年的任何时候都要高，主要原因包括 2007—2009 年经济衰退后就业机会减少，以及恋爱和结婚年龄推迟 (Pew Research Center, 2016a)。当年轻人在独立的道路上遇到意想不到的困难和曲折时，父母家能给他们提供一个启动成年生活的安全网和行动基地。

　　年轻人婚前独立生活的程度因社经地位和种

在这个意大利家庭，两个已经长大的儿子和家人一起吃晚餐。地中海文化传统提倡晚离开家庭，许多年轻人会在家里待到 30 多岁。

族而异。拥有学士学位并有工作的人更可能有自己的住所。在非裔、拉美裔美国人和美国原住民群体，以及贫困和有大家庭生活文化传统的族群中，离开家庭的年轻人比例显著较低，甚至在正读大学或工作的年轻人中也是如此 (Fingerman et al., 2015; Pew Research Center, 2016a)。未婚的亚裔年轻人也愿意和父母住在一起。但是亚裔家庭在美国生活的时间越长，受到越多个人主义价值观的影响，年轻人就越有可能在结婚前离开家庭 (Lou, Lalonde, & Giguère, 2012)。

父母大多会尽力帮助住在家里的年轻子女进入成人角色。父母的帮助不仅是经济上的，还包括提供物质资源、建议、关怀和情感支持。一项针对不同社经地位和种族的美国父母及其成年子女的大样本调查显示，父母会给那些有更大需求的子女（因为困难大或年龄小），以及那些他们认为在教育和职业发展方面更成功的子女提供更多的帮助。多数父母和未成年子女认为父母的支持适当，也有相当一部分人认为父母的支持过多（一周几次）(Fingerman et al., 2009, 2012c)。不过，接受过多帮助的孩子往往适应得特别好，他们为自己确立了更坚定的目标，生活满意度更高，这也许是因为强烈的支持符合他们的需要，他们用这些帮助提高了自己的独立性。

父母和年轻子女住在一起的家庭，与子女的前途有关的个人和道德价值观冲突往往会增多 (Rodríguez & López, 2011)。但是，如果年轻人感到对父母有安全感，并为独立做了充分准备，那么离开家庭与更好的亲子互动以及向成人角色的成功过渡呈正相关，即使是在强调家庭忠诚和义务的少数族裔中也是如此 (Smetana, Metzger, & Campione-Barr, 2004; Whiteman, McHale, & Crouter, 2010)。无论住在哪里，表现很好的年轻人都通常与帮助他们的父母关系亲密、融洽。父母之所以提供帮助，是因为他们认为这是孩子未来成功的关键 (Fingerman et al., 2012b)。

相反，拒绝型不安全依恋的年轻人往往很难与父母从容地分离。他们会在父母家中待很长一段时间，离开后，他们也比同龄人更多地与父母接触 (Seiffge-Krenke, 2006)。回避型不安全依恋的年轻人离家后似乎适应得不错，其实他们有时会把自己说得比实际表现得更夸张 (Bernier, Larose, & Whipple, 2005; Seiffge-Krenke, 2013)。他们的适应能力往往不如安全型依恋的同龄人。

过早离开家庭可能有长期的不利影响，因为它使年轻人缺乏父母的经济和情感支持，导致过早工作而不是受教育，以及过早地生育。美国那些十几岁就离开家而且没上大学的年轻人，往往在教育、婚姻和工作方面都不顺利。美国的贫困年轻人比非贫困同龄人更可能在 18 岁时离开家庭 (Berzin & De Marco, 2010)。但是，如果过了 18 岁他们仍然待在家里，他们就不太可能在 30 岁时搬出去，这一趋势反映了他们在实现自食其力和摆脱贫困方面困难很大。

2. 结婚成家

在美国，初婚的平均年龄已经从 1960 年的女性 20 岁、男性 23 岁，上升到如今的女性 27 岁、男性 29 岁。因此，当代 18～29 岁的美国人只有 16% 已婚，而半个世纪前这一比例是 60% (Gallup, 2015b; U.S. Census Bureau, 2016b)。推迟结婚的现象在西欧更明显——推迟到 30 岁以后。

由于越来越多的人保持单身、同居或离婚后不再婚，第一次和第二次婚姻的数量在过去几十年里有所下降。1960 年，85% 的美国人至少结过一次婚。现在，这个数字是 70%。目前，49% 的美国成人为已婚 (U.S. Census Bureau, 2015a)。但是，婚姻仍是年轻人生活的中心目标 (Pew Research Center, 2013a)。无论社经地位和种族如何，多数美国未婚年轻人都说他们想结婚生子。

全世界有 20 个国家承认同性婚姻，即阿根廷、比利时、巴西、加拿大、哥伦比亚、丹麦、法国、冰岛、爱尔兰、卢森堡、荷兰、新西兰、挪威、葡萄牙、南非、西班牙、瑞典、乌拉圭、英国（北爱尔兰除外）和美国。因为同性婚姻合法化是近期的事，所以对同性婚姻的研究还很少。目前的证据表明，同性婚姻和异性婚姻的幸福要素是一样的。无论是异性伴侣还是同性伴侣都认为婚姻很重要，而且原因相同：它赋予了关系合法性，表明了承诺，并提供了经济和法律上的利益 (Haas & Whitton, 2015)。

婚姻不仅是两个人的结合，还要求两个系统，即配偶双方的家庭适应和协调，创建一个新的子系统。所以，婚姻带来了复杂的挑战，尤其是在今天。夫妻的角色只是逐渐走向真正的伴侣关系，

486

包括教育、职业和情感上的联系。对同性伴侣来说，只有父母对这种关系的接受程度高，家庭活动中伴侣的参与度高，以及生活在一个可以公开其关系的支持性社区中，他们的关系才能令彼此满意和持久 (Rith & Diamond, 2013)。

（1）婚姻角色

蜜月结束后，莎丽丝和厄尔尼开始面对各种问题，在过去，这些问题是由他们个人决定或由各自的家庭解决的。例如，他们不仅要处理家庭琐事（何时及怎样吃饭、睡觉、谈话、工作、休闲、进行性生活、开支），还要决定各种传统和仪式（哪些应当保留，哪些应由自己决定）。当他们以夫妻身份与周围的人打交道时，他们必须修正与父母、兄弟姐妹、大家庭、朋友和同事的关系。

婚后情况的变化，如性别角色的改变，远离父母和其他家人的生活，意味着夫妻必须比过去更加努力地确定他们的关系。虽然夫妻的宗教和种族背景通常相似，但宗教和种族"混合"的婚姻越来越多。在美国的新婚夫妻中，有12%是异族夫妻，这是1980年的两倍 (Pew Research Center, 2015d)。由于在大学、工作单位和社区中跨种族接触的机会增多，以及人们对跨种族婚姻持更宽容的态度，因此受过高等教育的年轻人比受教育较少的同龄人更可能与其他种族的伴侣结婚 (Qian & Lichter, 2011)。但是，背景不同的夫妻在向婚姻生活过渡时面临着更多的挑战。

因为很多夫妻是未婚同居的，所以结婚不再是家庭生活周期的转折点，这使婚姻角色的确定更困难。结婚年龄是婚姻稳定的可靠预测指标。在20岁前后结婚的年轻人，比晚婚的人更可能离婚（Lehrer & Chen, 2011; Røsand et al., 2014）。早婚的人大多还没有形成安全的同一性，也缺乏足够的独立性来创建成熟的婚姻关系。此外，早婚与低学历、低收入有关，这些因素都与婚姻破裂密不可分（见第10章边页353）。

虽然在女权方面已有进步，但**传统型婚姻** (traditional marriages) 在西方国家仍然存在，这种婚姻有明确的角色分工，丈夫是一家之长，负责家庭的经济保障，妻子则负责照顾孩子、做家务。最近几十年，这种婚姻发生了改变，过去在孩子年幼时做全职母亲的女性又回去上班了。另一种

这名父亲正在给女儿梳辫子。在西方国家的双职工家庭中，男性在照顾孩子方面比过去投入更多，尽管他们仍然比女性做得少得多。

是**平等主义婚姻** (egalitarian marriages)，在这种婚姻中，伴侣的关系平等，彼此分享权力和自主。双方会平衡他们在工作、教养孩子、处理二人关系方面投入的时间和精力。多数受过良好教育的职业女性赞成这种婚姻形式。

在西方国家，双职工家庭的男性在照顾孩子方面比过去做得更多，尽管父亲每周照顾孩子的时间只相当于母亲照顾孩子时间的60%（见第6章边页202-203）。同样，晚近的调查显示，美国和欧洲国家的女性做家务的时间，平均相当于男性的近两倍 (Pew Research Center, 2015e; Sayer, 2010)。

但是这存在很大的差异。研究者对欧洲7 500多名已婚、同居或民事结合的男女进行了调查，收集了他们做家务的时间和性别角色态度等信息。结果表明，更平等的性别角色态度与女性做较少的家务相关 (Treas & Tai, 2016)。如图14.3所示，在高度重视性别平等的北欧国家挪威、芬兰、瑞典和冰岛，女性每周做家务的时间最少，为11～13小时。而在性别角色态度比较传统的东欧国家波兰、立陶宛、克罗地亚和斯洛文尼亚，女性做家务的时间最长，达到平均24～26小时。但是，即使在主张性别平等的国家，男性也并没有通过增加做家务的时间，来弥补女性减少的时间。在所有国家，大部分家务活还是落在女性肩上。

北美和欧洲的研究证实，随着工作时间和收入的增加，女性做家务的时间有所减少 (Cooke,

487

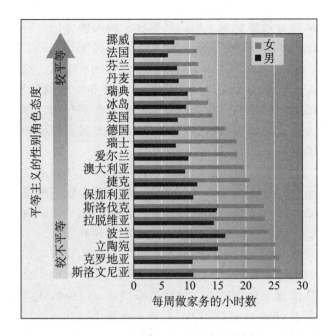

图 14.3 欧洲国家男女做家务小时数和性别角色态度

对欧洲国家 7 500 多名男性和女性做家务时间和性别角色态度的调查显示，在性别角色态度更平等的国家，女性每周做家务的时间较少。所有国家的女性做家务的时间都比男性多。资料来源：J. Treas & T. Tai, 2016, "Gender Inequality in Housework Across 19 European Nations: Lessons from Gender Stratification Theories," *Sex Roles*, 74, p. 502.

2010; Treas & Tai, 2016; Van der Lippe, 2010)。 职业女性做家务的时间减少，可能是因为她们雇人来家里服务，如打扫、做饭，或者更能容忍家里的凌乱，或二者兼而有之。女性继续做大部分的家务，是因为她们的工作被认为不如丈夫的工作，无论她们挣多少钱。在一些东欧国家，如拉脱维亚、波兰、斯洛伐克，男性做家务较多，这可能

主要是由于家庭收入较低和住房质量较差。这些因素要求男性多做家务，尤其是妻子有工作时。

在美国，非裔和欧裔男性比亚裔和拉美裔男性做家务更多 (Wight, Bianchi, & Hunt, 2012)。性别角色态度可以解释这些差别，但在所有种族群体中，男性做的家务都远远少于女性。

虽然人们普遍认为，在同性伴侣中，一方扮演传统上的"男性"角色，另一方扮演传统上的"女性"角色，但这种情况很少发生。平等主义的关系，即平等分享权力和家务，在同性关系中比在异性关系中更常见 (Patterson, 2013)。总之，在异性婚姻中，真正的平等仍然少见，努力追求平等的夫妻通常会遵循一种介于传统与平等之间的婚姻形式。

（2）婚姻满意度

莎丽丝和厄尔尼的婚姻起初曾经有波动，后来他们慢慢变得很幸福。相形之下，克里斯蒂和加里对婚姻越来越不满。划分幸福婚姻和不幸福婚姻的标准有哪些？上述两对夫妻的差异反映了有关个人和环境因素的大量研究结果，这些结果见表 14.1。

克里斯蒂和加里很年轻就结婚生子，经济有些拮据。加里消极、挑剔的秉性使他与克里斯蒂的父母很难相处，和克里斯蒂一有不和，他就觉得自己受到了威胁。克里斯蒂努力给加里鼓励和支持，但她自己的受照顾和想独立的需求却得不到满足。加里感到自己受到克里斯蒂职业抱负的威胁。当克里斯蒂尝试去满足这些需求时，夫妻

表 14.1 婚姻满意度的相关因素

因素	幸福的婚姻	不幸福的婚姻
家庭背景	社经地位、受教育程度、宗教背景和年龄等相似。	社经地位、受教育程度、宗教背景和年龄等差距大。
结婚年龄	25 岁以后。	25 岁以前。
第一次怀孕的时间	婚后一年后。	婚前怀孕或婚后一年内怀孕。
与大家庭的关系	亲密而积极。	消极，希望保持距离。
大家庭的婚姻模式	稳定。	不稳定，常常分居和离婚。
经济和职业地位	稳定。	不稳定。
家庭责任	两人分担并感觉公平。	女方承担大部分责任，感觉不公平。
个人特征和行为	情感积极；有共同兴趣和良好的冲突解决技能。	情感消极，冲动；缺乏共同兴趣，冲突解决技能差。

注：上述特征同时出现越多，婚姻越可能幸福或不幸福。

资料来源：Diamond, Fagundes, & Butterworth, 2010; Gere et al., 2011.

之间渐行渐远。莎丽丝与厄尔尼是在完成学业后结婚的。他们推迟了生孩子的时间，在事业稳定后才生孩子。两人之间形成了各自可作为独立个体进行发展的亲密关系。耐心、关怀、共同的价值观和兴趣、幽默感、喜欢对方陪伴、通过交流分享个人经历、分担家庭责任、解决冲突的良好技能，所有这一切促成了二人的和睦关系。

总体而言，男性对婚姻的幸福感略高于女性，但这种差异很大程度上仅限于接受婚姻治疗的夫妻 (Jackson et al., 2014)。如果婚姻陷入困境，那么女性更可能表达不满并寻求专业人员帮助。如果丈夫抱怨妻子分担家务少，或家庭与工作之间的冲突让她们感到难以承受，那么女性对婚姻会尤其不满意。而角色超载也与男性对婚姻的不满有关 (Minnotte, Minnotte, & Bonstrom, 2015; Ogolsky, Dennison, & Monk, 2014)。在西方和非西方工业化国家的研究表明，夫妻关系中权力平等和家庭责任的分担，通常会促进婚姻的和谐，从而提高婚姻满意度 (Amato & Booth, 1995; Xu & Lai, 2004)。

当然，夫妻会时不时地说些让对方不愉快的话，做些让对方不愉快的事。当这种情况发生时，对这种行为的归因或解释就很重要。例如，妻子把丈夫对她体重的批评言辞看成是无意的（"他没想到我对这件事很敏感"），比起看成是恶意的（"他想伤害我的感情"），显示出对当前和今后更长时间的婚姻满意度 (Barelds & Dijkstra, 2011; Fincham & Bradbury, 2004)。事实上，对彼此的性

格持有过度积极（但仍然现实）偏向的伴侣，对他们的关系更乐观，感觉更幸福 (Claxton et al., 2011)。当他们向对方寻求关于自己的反馈时，这些"积极幻觉"增强了他们的自尊和心理健康。随着时间推移，积极幻觉会积极地影响行为，因为伴侣会调整自己的行为，让自己更接近伴侣的慷慨知觉。

相反，那些感到被伴侣贬低的人往往会表现出焦虑和不安全感——当他们的自尊心较弱时更是如此，这会增加对被拒绝的恐惧。为了保护自己，他们经常以同样的方式提出批评和蔑视，引发敌对的、防御性的交流，从而产生他们所害怕的拒绝 (Murray, 2008)。另一种情况是，人可能会从情感上脱离对方，压抑负面情绪，以免破坏关系 (Driver et al., 2012)。在这一过程中，共享的积极情绪会减少，亲密感会减弱。

在最糟糕的情况下，婚姻关系可能成为激烈反对、支配－服从、情感和身体暴力的背景。正如本节"社会问题→健康"专栏中所说的，尽管女性往往是伴侣严重虐待的目标，但男性和女性都扮演着两种角色：施暴者和受害者。

高中和大学的家庭生活教育课程可以促进更好的择偶，并教给年轻人有助于缔结满意的恋爱关系和婚姻的沟通技能。该课程旨在帮助夫妻以理解和共情彼此倾听、关注积极特质和记忆，并使用有效的冲突解决技能，以培养自尊、情感和尊重，使两人的关系具有复原力和持久力 (Gottman, 2011)。

---

488 专栏 社会问题→健康

伴侣虐待

家庭暴力是一个普遍存在的关乎健康和人权的问题，在所有文化和社经地位群体中都存在。不同的家庭暴力形式往往是相关的。想想凯伦，她的丈夫迈克对她实施身体虐待和性攻击，还对她实施心理虐待——孤立、羞辱、贬低她。有暴力倾向的成人还会打烂他们伴侣最喜欢的东西，在墙上打洞，或扔东西。凯伦说："这是一种控制，他抱怨我不能每件事都按照他的意愿去做。我没有跑开，因为他肯定能追上我，并变本加厉地打我。"

丈夫施暴，妻子受害，这是最有可能向当局报告的伴侣虐待。但在多国进行的直接询问调查显示，男性和女性遭受过的被攻击比例是相似的。女性受害者

更多是受到身体伤害，但虐待的严重程度性别差异不大 (Dutton, 2012; Esquivel-Santoveña, Lambert, & Hamel, 2013)。伴侣虐待在同性关系和其他性关系中也以相似的比例发生 (Stiles-Shields & Carroll, 2015)。

自卫经常是女性做出家庭攻击行为的起因，但北美男性和女性都可能会"先发制人"(Dutton et al., 2015)。"引起伴侣的注意""获得控制权""表达愤怒"通常是虐待伴侣的理由。

1. 伴侣虐待的相关因素

在虐待关系中，支配－服从有时来自丈夫对妻子，有时来自妻子对丈夫。在至少一半的案例中，双方都是

暴力的 (Bartholomew, Cobb, & Dutton, 2015)。罗伊和帕特的关系可以帮助我们理解，伴侣虐待是怎样升级的。婚礼后不久，帕特抱怨罗伊工作太忙，坚持要他早点回家陪她。如果罗伊拒绝，帕特就恶语相向，扔东西，还打他耳光。一天晚上，罗伊对帕特的敌意非常生气，他将一个盘子砸向墙壁，把他的结婚戒指扔向帕特，然后离开了家。第二天早上，帕特向罗伊道歉，并保证不再出现攻击行为。但是，她的愤怒变得更加频繁和绝望。

攻击性在这种暴力－悔恨循环中逐步升级，是许多虐待关系的特征。这种现象为什么会发生？人格与发展经历、家庭环境和文化因素相结合，使伴侣虐待的可能性更大。

许多施虐者对配偶既过度依赖，又充满嫉妒、占有欲和控制欲。例如，一想到凯伦会离开，迈克就非常焦虑，并监视她的所有活动。

抑郁、焦虑和自卑也是施虐者的特征。因为他们很难控制自己的愤怒情绪，一些小事，比如，一件衬衫没洗，或一顿晚饭做晚了，都可能引发虐待行为。当让他们解释自己的过错时，他们把更多的责任归咎于伴侣而不是自己（Henning, Jones, & Holdford, 2005）。

很多虐待伴侣者生长在这样的家庭：父母经常打架，对孩子采取高压手段，并虐待孩子 (Ehrensaft, 2009)。这也许就是青少年期的暴力倾向能够预测伴侣虐待的原因 (Charles et al., 2011)。在童年期经历过家庭暴力的成人并不一定会有样学样。但其父母给他们做出了消极的预期和行为榜样，使他们常常把这些东西带入自己的亲密关系。压力生活事件，如失业或经济困难，会增加伴侣虐待行为。由于普遍贫困，非裔、美国原住民报告的伴侣虐待比例较高 (Black et al., 2011)。酗酒则是另一个相关因素。

在社会层面，男人支配、女人顺从的文化标准对伴侣虐待起着推波助澜作用 (Esquivel-Santoveña, Lambert, & Hamel, 2013)。在贫困并认可性别不平等的发展中国家，针对女性的伴侣虐待比例最高，受害女性接近一半或更多。

受害者会长期焦虑和抑郁，并频繁地惊恐发作

虽然丈夫对妻子进行身体伤害的伴侣虐待最有可能被报告，但妻子攻击丈夫的比例与丈夫攻击妻子的比例相差无几。女性施暴者的情绪问题主要是难以控制愤怒情绪。

(Warshaw, Brashler, & Gil, 2009)。为什么他们不干脆离开这种破坏性的关系呢？各种环境因素阻碍了他们这样做。受害的妻子可能依赖丈夫赚的钱，或者担心自己或孩子会受到更严重的伤害。伴侣分居之后，有时会发生极端的攻击行为，甚至杀人 (Duxbury, 2014)。一些受害者，尤其是男性受害者，会因尴尬而不敢去报警。受害者还可能错误地认为伴侣会悔过。

2. 干预和治疗

社区服务能为受害女性提供帮助，例如，提供匿名的咨询电话和社会支持危机热线，设立可提供保护和治疗的庇护所（见边页 454）。因为很多女性在下定决心离开施暴丈夫之前都会多次回到他们身边，所以社区的调解人员可以为男性施暴者提供心理治疗。可以对这些人进行几个月至一年的团体治疗，让他们在治疗中放弃顽固的性别成见；可以教会他们沟通、解决问题和控制愤怒的方法；还可通过社会支持来改变其行为动机 (Hamel, 2014)。

虽然有治疗总比没有治疗好些，但很多治疗不能有效地解决伴侣关系困难问题或酗酒问题。因此，许多接受过治疗的施暴者仍然对原来的伴侣或新伴侣重复他们的暴力行为 (Hamberger et al., 2009)。目前，很少有干预措施承认男性也是受害者。然而，忽视他们的需要会使家庭暴力持续下去。如果受害者不想与施暴伴侣分离，那么一种注重改变伴侣互动和减轻生活压力的全家庭治疗方法可能会发挥作用。

3. 做父母

过去，成年人大多认为，生孩子是一种生物学上注定的事情，是不可抗拒的社会期望。今天，在西方工业化国家，这已是真正由个人选择的事情。有效的避孕技术使成人能在大多数情况下避免生孩子。不断变化的文化价值观使有些人不想生孩子，他们无须像一两代人以前那样，担心社会批评和排斥。不过，在 18～40 岁的美国人中，只有 6% 的人表示不想要孩子，这一比例仅略高于 25 年前的 5% (Gallup, 2013)。

在 40 岁及以上的美国成人中，85% 的女性和

76% 的男性是父母 (U.S. Census Bureau, 2015b)。与此同时，在工业化国家，越来越多的年轻人推迟生育或不生育。顺应这一趋势，很多母亲把精力分配给家庭和工作，家庭规模已下降到历史最低水平。1950 年，每个女性平均生育 3.1 个孩子，目前，就这一数据来说，美国和瑞典为 1.9，英国为 1.8，加拿大为 1.6，德国、意大利和日本为 1.4 (World Bank, 2016)。然而，多数已婚者仍把做父母视为人生中最有意义的经历。为什么会这样？养育孩子的挑战是怎样影响成人的生活进程的？

（1）决定生孩子

是否做父母的选择受到各种复杂因素的影响，包括经济条件、个人和宗教价值观、职业目标、健康状况，以及政府和工作单位实行的家庭政策的支持性。拥有传统性别同一性的女性一般会决定生孩子。而地位高、工作要求高的女性较少选择做母亲，即使选择，她们也比工作投入少的女性生孩子晚些。对以职业为导向的女性来说，做母亲一般意味着减少工作时间并减缓职业发展，但做父亲对男性几乎没有影响 (Abele, 2014; Abele & Spurk, 2011)。职业女性在决定生孩子之前会考虑这些后果。

除了这些影响之外，生育动机（即对做父母想法的积极或消极反应）这个重要的个人因素，也影响着生孩子的决定。在西方国家，生育动机随着时间发生了变化：变得越来越强调个人成就感，履行社会义务的动机则减弱 (Frejka et al., 2008)。

当询问美国人和欧洲人为什么想要孩子时，他们提到了各种好处和坏处。虽然有一些种族和地区差异，但总体来看，生养孩子的最重要理由是个人回报，例如温暖、深情的关系，以及有了孩子才会有照养、教育下一代的机会。他们还提到社会回报，比如别人对自己成年地位的肯定，以及晚年有子女照顾等 (Guedes et al., 2013)。他们提到但不那么重要的原因是对未来的延续感——自己死后有人传宗接代。有时，人们把做父母看作一个好机会——夫妻共同分担一项既困难又重要的生活任务，从而加深夫妻关系。

很多成人也意识到，生孩子意味着必须承担多年的额外负担和责任。当说到做父母的坏处时，他们提到最多的是担心角色超载、怀疑自己是否做好了当父母的准备，以及担心在一个混乱的世界中抚养孩子。抚养孩子的经济压力紧随其后。据保守估计，当今美国父母抚养一个孩子的花费，从出生到 18 岁大约为 30 万美元，其中许多父母在孩子进入成年初显期时还要为孩子上大学支付大量费用 (U.S. Department of Agriculture, 2014)。

在选择是否生孩子、何时生孩子方面有了充分的自由，这使当前的生育计划比过去更困难，也更具目的性。大约 35% 的美国新生儿是意外怀孕的结果，其中多数出生在低收入、受教育程度低的家庭 (Guttmacher Institute, 2013)。对中学生、大学生生育动机的探索，社区举办的健康教育班，以及计划生育咨询，都会鼓励年轻人做出明智的、对个人有意义的决定。也就是说，当他们已经做好准备、发现养育子女可以丰富自己经历的时候，才会生孩子。

（2）向做父母过渡

孩子出生后的最初几周，家庭会发生深刻的变化：夜以继日地照看新生儿，经济负担加重，夫妻在一起的时间减少，等等。作为回应，丈夫和妻子的角色会回归传统，即使像莎丽丝和厄尔尼这样坚定主张男女平等的夫妻也不例外 (Katz-Wise, Priess, & Hyde, 2010; Yavorsky, Dush, & Schoppe-Sullivan, 2015)。

1）头胎和二胎

对多数初为父母的人来说，孩子降生后，虽然紧随其后的是夫妻关系和生活满意度轻微下降，但是并不会造成很大的婚姻压力 (Doss et al., 2009; Lawrence et al., 2008; Luhmann et al., 2012)。美满而相互支持的婚姻往往会得以保持。但是有问题的婚姻通常在孩子出生后变得更加问题重重 (Houts et al., 2008; Kluwer & Johnson, 2007)。如果准妈妈预期在育儿过程中缺乏伴侣支持，那么她们的预测通常会变成现实，导致特别困难的产后调整 (Driver et al., 2012; McHale & Rotman, 2007)。

在双职工家庭中，夫妻在照料孩子方面的责任分配越不平衡，孩子出生后婚姻满意度下降幅度就越大，对女性来说尤其如此，这将对亲子互动产生负面影响。如果夫妻能分担照看孩子的责任，就能预测夫妻更强的幸福感和对婴儿的敏感性 (McHale et al., 2004; Moller, Hwang, & Wickberg, 2008)。但是，那些持有传统性别角色观念、低社会地位且有工作的女性，则是一个例外。即使她们的丈夫积极帮助照看孩子，这些母亲仍然觉得苦恼，这或许是因为她们无力去满足自己想多承担照顾孩子的责任的愿望 (Goldberg & Perry-Jenkins, 2003)。

现在越来越多的夫妻到 30 岁前后才生孩子，这就缩短了向做父母的过渡期。等待可以让年轻夫妻追求职业目标，获得生活经验，密切夫妻关系。在这种情况下，男性不仅更希望成为父亲，也更愿意参与养育孩子。事业顺利、婚姻美满的女性更可能鼓励丈夫分担家务和照顾孩子，这有助于促进父亲的参与 (Lee & Doherty, 2007; Schoppe-Sullivan et al., 2008)。

二胎通常要求父亲在养育孩子方面扮演更积极的角色，尤其是在母亲产后恢复期照顾老大，分担照顾老二和老大的任务。因此，有了二胎的家庭，大多会改变头胎出生后所出现的传统的责任分工。父亲更重视育儿角色的意愿与母亲在二胎出生后的良好适应密切相关 (Stewart, 1990)。来自家人、朋友和配偶的支持和鼓励，对父亲的健康也很重要。

2）干预

接受咨询师指导的夫妻团体咨询，有助于向做父母顺利过渡 (Gottman, Gottman, & Shapiro, 2010)。治疗师报告说，许多夫妻对照顾婴儿知之甚少，因为他们成长在小家庭中，几乎没有照顾兄弟姐妹的责任，也没有意识到新生儿对夫妻关系的潜在影响。

在一个项目中，首次怀孕的夫妻们每周聚会一次，讨论他们对家庭的梦想，以及孩子到来给夫妻关系带来的变化，时间持续 4~6 个月。在项目结束 18 个月后，参与项目的父亲说自己比未接受干预的父亲更关心他们的孩子。由于父亲的照顾和帮助，参与项目的母亲保持了产前对家庭和工作角色的满意度。在孩子出生三年后，参与项目的夫妻婚姻仍然美好，并且和做父母之前一样快乐。相比之下，15% 没有接受干预的夫妻离婚了 (Cowan & Cowan, 1997; Schulz, Cowan, & Cowan, 2006)。

在贫困中挣扎的高风险父母或残疾儿童的出生需要强度更大的干预措施，以加强社会支持和养育技能。许多低收入的单身母亲都从致力于鼓励父亲参与的项目中受益 (Jones, Charles, & Benson, 2013)。

优厚的带薪产假制度对新生儿的父母来说至关重要，这种产假制度在工业化国家很普遍，但在美国却不存在。正如第 3 章中讲到的，这种情况带来

的经济压力是，许多有资格获得无薪产假的新妈妈得到的假期，远少于对她们的承诺，而新爸爸们则很少或根本没有无薪产假。如果有良好的福利政策，而且使夫妻受惠，夫妻就更可能相互支持，从而体验到家庭生活的满足感 (Feldman, Sussman, & Zigler, 2004)。这样，婴儿出生带来的压力就是可控的。

现在越来越多的夫妻到 30 岁前后才生孩子，这就缩短了向做父母的过渡期。等待可以让年轻夫妻追求职业目标，获得生活经验，密切夫妻关系。

（3）有幼儿的家庭

在第一个孩子出生一年后，一个朋友问莎丽丝和厄尔尼，他们做父母的感觉如何："是快乐，是困境，还是一种充满压力的经历，你们怎么看？"

莎丽丝和厄尔尼咯咯笑起来，齐声说："都有！"

在当今复杂的社会中，男性和女性对于怎样抚养孩子，都不像前几代人那么了如指掌。明确养育子女的价值观，并以温情、投入与合理要求的方式实施这些价值观，对下一代和社会福祉至关重要。但是，社会文化并非一直把养育子女置于优先地位，很多地方缺乏对儿童和家庭的社会支持（见第 2 章边页 64）。此外，家庭形式的改变使当今父母的生活与过去几代人的生活有了很大不同。

在前几章，我们曾讨论了影响家庭教育的各种因素，如孩子和父母的个人特征、社经地位和种族。其中，夫妻关系也很重要。如果夫妻投入高效的共同抚养，在养育角色上相互协作，就会觉得自己是称职的父母，并采用正确的教育方法，孩子也就会健康成长。这样的父母对婚姻的满意度不言而喻（见边页 57）。

对双职工家庭来说，主要困难是找到一家好的儿童保育机构，并在孩子生病或需要紧急护理时，能够请假或做出其他紧急安排。孩子越小，父母感到的风险和困难就越多，尤其是低收入的父母，他们必须通过工作更长时间来支付账单。在美国，这些人常常享受不到健康保险和带薪休病假之类的福利，负担不起儿童保育费用，而且比别人更

担忧孩子的安全 (Nomaguchi & Brown, 2011)。如果没有专业且方便的托儿服务，女性就通常会面临更多的压力。她们要么减少或放弃工作，要么听凭孩子哭闹、缺勤，或不断寻找新的工作。

即使困难重重，抚育年幼的孩子仍是成人发展的重要源泉。一些父母说，养育孩子增强了他们的情感调节力，丰富了他们的生活，增强了他们的心理健康 (Nelson et al., 2013; Nomaguchi & Milkie, 2003)。例如，厄尔尼谈到，通过分担抚育孩子的家务，他感到自己变成了一个"更全面的人"。还有些父母说，做父母不仅帮助他们了解了他人的感受和需要——因为做父母要求他们更宽容、自信、负责任，还拓展了大家庭关系、朋友关系和社会关系。美国一项大规模的全国代表性样本的调查显示，父亲与孩子的接触多，可以预测他们到中年期会更多地参与社区服务，并得到大家庭成员的帮助 (Eggebeen, Dew, & Knoester, 2010)。

（4）有青少年的家庭

孩子处于青少年期使父母角色发生了巨大变化。第 11 章和第 12 章讲到，父母必须修正与青少年期孩子的关系，把引导与给予自由结合起来，逐步放松对孩子的监控。当青少年获得自主性，探索各种价值观和目标以寻求建立同一性的时候，父母经常抱怨孩子过于关注同伴而不再关心家庭。亲子之间在一些日常小事上的争吵得不偿失，对平日管教孩子最多的母亲来说尤其如此。

孩子看起来比父母更容易克服青少年期的困难，很多父母说，他们的婚姻和生活满意度下降了 (Cui & Donnellan, 2009)。与家庭生活周期的其他时期相比，在这一时期寻求家庭治疗的人更多。

（5）父母教育

过去，家庭生活没有什么代际变化，成人通

父亲很少拥有母亲那样的学习怎样养育孩子的社交网络。这位年轻父亲和他的儿子与一位年长的邻居互动，这位邻居堪称当地的育儿榜样。

过模仿和实际经验学习怎样养孩子。在当代社会，成人面对很多复杂多变的因素，这些因素限制着他们承担父母角色的能力。

当代的父母如饥似渴地寻求有关养育子女的信息。除了流行的育儿书籍、杂志和网站，新妈妈们还通过社交媒体获取育儿知识。她们也向其他女性家人和网络寻求帮助。相比之下，父亲很少参加主题为养育孩子的社交网络。他们常常求助于孩子的妈妈，尤其是在他们的婚姻美满、夫妻相互信任的情况下 (McHale, Kuersten-Hogan, & Rao, 2004; Radey & Randolph, 2009)。第 6 章曾讲到，和谐的婚姻能促进父母与孩子的积极互动，对父亲尤为重要。

父母教育课程的目标是帮助父母澄清养育孩子的价值观，改善家庭沟通，了解孩子如何发展，并应用更有效的养育策略。各种父母教育项目产生了积极结果，例如，父母学到了有效育儿的知识，改善了亲子互动，增强了父母对自己作为教育者的角色的意识，并改善了心理健康状况 (Bennett et al., 2013; Smith, Perou, & Lesesne, 2002)。另一个好处是父母得到了社会支持，使父母有机会与专家和其他有奉献精神的父母讨论他们的担忧，他们都表示，对社会的未来而言，没有什么事情比教育孩子更重要。

思考题

联结 青少年发展的哪些方面使教育青少年子女给父母带来压力，并影响婚姻和生活满意度（见第 11 章边页 376 和第 12 章边页 420-422）？

应用 莎丽丝刚结婚时，觉得自己做错了决定。列举维持她的婚姻并使婚姻幸福的因素。

反思 你是和父母一起住还是独自居住？什么因素造成了你现在的生活安排？你怎样评价你和父母的关系？你的想法与研究结果一致吗？

六、成人生活方式的多样性

14.8　讨论成人生活方式的多样性：单身、同居和自愿不生育

14.9　列举高离婚率和再婚率的影响因素

14.10　讨论做父母的各种形式，包括继父母、未婚的单身父母和同性恋父母所面临的挑战

现代成人多样的生活方式可以追溯到20世纪60年代，当时，年轻人开始对过去时代人们的传统观念提出质疑，他们的问题是："我怎样才能找到幸福？为了过上充实而满足的生活，我应当付出什么？"随着社会大众越来越能接受多样化的生活方式，人们有了更多的选择，例如单身、同居、自愿不生育、离婚和再婚。

今天，非传统的家庭选择已经渗透到美国的主流。许多成人会经历不止一种生活方式。一些成人是经过深思熟虑才决定采用某种生活方式的，而另一些成人则随波逐流。生活方式可能是文化强加的，比如居住在同性婚姻不合法的国家或地区的同居同性伴侣。有些人选择某种生活方式，是因为他们觉得被另一个人抛弃了，比如婚姻"变了味"。总之，生活方式的选择，有时是可控的，有时并不可控。

1. 单身

海泽尔一毕业就参加了美国和平队，在非洲加纳待了4年。虽然她希望建立长期恋爱关系，但她只有短暂的恋爱经历。返回美国后，她做了好几份临时工作，直到30岁，才在一家大型跨国旅游公司找到一份稳定工作，担任旅游总监。几年后，她晋升到高管职位。35岁的一天，在和莎丽丝共进午餐时，她反思了自己的生活："我对婚姻持开放态度，但当我开始自己的事业后，它就会妨碍我。现在我已经习惯了独立生活，我怀疑自己能否适应和另一个人一起生活。我喜欢自己能天马行空，独往独来，既不必请求什么人，也不用考虑去照顾谁。但这是有代价的：我孤枕而眠，一个人吃饭，一个人度过闲暇时间。"

单身生活——不与亲密伴侣一同生活——近年来逐步增多，在年轻人中尤其多见。例如，25岁及以上的未婚美国人的比例，自1960年以来增加了一倍多，其中男性占23%，女性占17%。如今，越来越多的人推迟结婚或不结婚。离婚也提高了单身成人的比例，如果把各年龄的成人都考虑在内，那么这个数字略超过50%。鉴于这些趋势，多数美国人成年后会过相当长时间的单身生活，另一些人——大约8%~10%——将一直单身 (Pew Research Center, 2014b)。

因为结婚较晚，单身生活的年轻男性的人数比女性多，但女性比男性更可能多年或终生保持单身。随着年龄增长，符合多数女性择偶标准的男性越来越少。她们的标准是：同龄或年龄稍长，文化水平相同或更好，事业成功。相反，男性可以从很多未婚女性中选择配偶。因为女性倾向于"上嫁"而男性倾向于"下娶"，所以，在30岁以上的单身人群中，拥有高中或更低学历的男性以及受过高等教育、事业有成的女性的比例很高。

种族差异也存在。例如，25岁及以上的非裔美国人有三分之一以上从未结婚，这一数字是美国白人的两倍多 (Pew Research Center, 2014b)。后面会讲到，黑人男性的高失业率妨碍了婚姻，许多非裔美国人最终在接近40岁时结婚，在这一年龄段，黑人和白人的结婚率更接近。

单身可能具有多种意义：在一个极端，一些人选择单身是经过深思熟虑的；在另一个极端，一些人认为，他们单身是因为受到自己无法控制的环境的影响。多数人像海泽尔一样处于中间状

与单身男性相比，单身女性更容易适应自己的生活方式，原因是女性可以通过亲密的同性朋友获得更多的社会支持。

态，他们想结婚，但却做出了相反的选择，或者说他们没有找到合适的人。在对从未结婚的女性的访谈中，一些人说她们更关注职业目标而非婚姻 (Baumbusch, 2004; Pew Research Center, 2014b)。另一些人则表示，与不如人意的亲密关系相比，单身更可取。

单身最常被提到的好处是自由和流动性。但单身者也认识到了单身的缺陷——孤独、令人厌倦的约会、有限的性生活和社交生活、安全感下降，以及被排斥在已婚者群体之外。单身男性比单身女性的生理和心理健康问题更多，单身女性通常更容易适应一个人生活，部分原因是女性可以通过亲密的同性友谊获得更多的社会支持。但总的来说，35 岁以上一直单身的人对自己的生活还是满意的 (DePaulo & Morris, 2005; Pinquart, 2003)。尽管没有已婚者那么幸福，但他们报告说比那些刚刚丧偶或离婚的人要幸福得多。

很多单身者在 30 岁出头会倍感压力，因为这时候身边的大多数朋友都结婚了，他们越来越意识到，自己脱离了谈婚论嫁的社会钟。对婚姻的广泛推崇，以及认为单身是社会性不成熟和以自我为中心的成见都造成了这种压力 (Morris et al., 2008)。随着生理上离不能生育的年龄不远，30 多岁是另一个艰难的时期。针对 28~34 岁单身女性的访谈显示，她们强烈地意识到来自家人的压力、理想男性数量的减少、晚育的风险，以及自己不同于常人的感觉 (Sharp & Ganong, 2011)。一些人决定采用人工授精或婚前性行为的方式成为父母。越来越多的人通过从海外收养子女成为父母。

2. 同居

同居 (cohabitation) 指拥有亲密的性关系并一同居住的生活方式。直到 20 世纪 60 年代，在西方国家，未婚同居主要局限于低社经地位的成人。现在，在所有群体中，同居的人数都有所增长，在接受过良好教育、经济状况优越的年轻人群体中增长最快。现在的年轻人比上一代人更可能以同居方式形成其第一次婚姻。当前，在美国年轻人中，同居是结为亲密伴侣的首选方式，超过 70% 的 30 岁及以下的伴侣选择同居 (Copen, Daniels, & Mosher, 2013)。婚姻失败的成人的同居率甚至更高，其中大约有三分之一有孩子。

对一些伴侣来说，同居是婚姻准备期，可以检验彼此的关系并习惯于共同生活。对另一些人来说，同居是婚姻的替代形式，两人分享亲密的性生活和陪伴，如果觉得不满意，那么也容易分开。从这个角度来看，同居者在金钱、财产和对双方孩子所承担的责任方面差异巨大也就不足为奇了。

尽管美国人越来越接纳同居，超过 60% 的人表示赞同，但他们的态度不如西欧人积极。在荷兰、挪威和瑞典，同居已经完全融入社会：同居者与已婚夫妻有许多相同的法律权利和责任，对彼此表达的承诺水平几乎相同 (Daugherty & Copen, 2016; Perelli-Harris & Gassen, 2012)。美国大约 60% 的同居关系在三年内破裂，而在西欧，只有 6%~16% 的同居关系破裂 (Guzzo, 2014; Kiernan, 2002)。荷兰、挪威和瑞典同居者决定结婚更多的是为了使他们的关系合法化，尤其是为了孩子。美国同居者决定结婚通常是为了确认他们的爱和承诺，这和西欧人决定同居时的目的一样。

随着同居在美国被更多的人接受，同居关系也更容易破裂。20 年前，美国订婚的同居者比未订婚的同居者更容易维持关系，并过渡到长久婚姻。但如今，这两种同居关系中的多数都以同样高的比例（60%）解体，而且很少会过渡到婚姻 (Guzzo, 2014)。此外，同居开始时的订婚率在下降，而同居率则呈上升趋势，这表明当代同居作为结婚准备的情况越来越少 (Vespa, 2014)。更多的美国年轻同居者在没有打算结婚的情况下同居，也许是因为他们想提高生活的成本效益和便利性。

从同居过渡到结婚的夫妻，比不同居直接结婚的夫妻离婚的风险略高一些。产生这种差异主要是因为婚前同居者（与直接结婚者相比）开始同居的年龄更小 (Kuperberg, 2014)。25 岁之前的婚前同居，有些像早婚，他们选择合适伴侣、建立忠诚恋爱关系的意愿较弱。此外，与直接结婚者相比，年轻的婚前同居者更可能没有上过大学，来自单亲家庭，年龄和背景与伴侣不同，而且之前曾与别人同居过。一般来说，这些因素也是夫妻离婚的风险因素。

说到同居者的散伙，男女同性恋同居者是个例外。2015 年，美国的同性伴侣获得了合法结婚的权利，此前很多人已经把他们的同居关系看作长期承诺的信号 (Haas & Whitton, 2015)。由于同

494

同居在西方工业化国家很普遍。这对同居夫妻带回家一只新领养的狗，他们的关系能否长久将取决于他们对彼此的承诺程度。

性婚姻合法化，在后来的 4 个月里，有近 10 万对同性伴侣从同居过渡到结婚，使结婚率增加了 8% (Gallup, 2015c)。如果这一趋势持续下去，在同性伴侣中，婚姻将取代同居，成为常见的关系状态，就像异性伴侣一样。

总之，同居结合了获得亲密关系的回报和避免合法婚姻义务。但也正是因为没有这些义务，同居伴侣会遇到各种困难。当同居伴侣分开时，会发生很多关于钱财、租赁合同和子女责任的纠纷。

495

3. 自愿不生育

莎丽丝在工作中结识了比特丽丝和丹尼尔。他们已结婚 7 年，都已 35 岁左右了，但他们还没有孩子，也不打算生。在莎丽丝眼里，这对夫妻非常体贴恩爱。比特丽丝说："起先我们还想要小孩，但后来我们决定把精力集中到我们的婚姻关系上。"

45 岁左右的美国女性没有子女的比例从 1975 年的 10% 上升到 2006 年的 20%，2014 年下降到 15% (Pew Research Center, 2015b)。有些人是非自愿无子女 (involuntarily childless)，他们要么没找到可以一同做父母的伴侣，要么尝试过生育却未成功。比特丽丝和丹尼尔属于另一类人——夫妻自愿不生育。

但自愿不生育并不都是永久性的。一些人很早就决定他们不想做父母，并一直坚持下去。但多数人像比特丽丝和丹尼尔一样，是在婚后才决定的，而且不愿放弃这种生活方式。后来，有些

人改变了主意。自愿不生育的人通常受过高等教育，拥有声望高的职业，事业心强，性别角色态度不那么传统 (Gold, 2012)。近期不生育的人数下降，主要是因为受教育程度高、事业心强的女性最终选择了生孩子，这种情况比过去有所增多。

西方国家民众对无子女者有一种成见，认为这些人自我放纵，不负责任。现在，这种成见有些减弱，因为人们越来越能接受多样化的生活方式 (Dykstra & Hagestad, 2007)。与这一趋势相一致，自愿不生育的成人和有子女且关系融洽的父母一样，对自己的生活感到满意。但无法克服不育症的成人会感到失望，或心里充满矛盾，这取决于他们的生活中有没有其他补偿 (Letherby, 2002; Luk & Loke, 2015)。只有在个人无法控制的情况下，没有孩子才会影响对生活的适应和满意度。

4. 离婚和再婚

过去 20 年，离婚率有所下降，部分原因是结婚年龄的上升，而结婚年龄与更好的经济稳定性和婚姻满意度有关。此外，同居的增加减少了离婚，许多曾经的婚姻关系现在在结婚前就破裂了。但是美国仍有 42%～45% 的婚姻破裂 (U.S. Census Bureau, 2015b)。多数离婚发生在结婚七年内，其中很多人有年幼的孩子。在人到中年的过渡时期，离婚也很常见，那时人们有青少年期的孩子，这是婚姻满意度普遍下降的一个时期（前面已经提到过）。

近 60% 的离婚者会再婚。但在第二次婚姻的头几年，婚姻的失败率甚至比第一次婚姻高出 10%。之后，第一次和第二次婚姻的离婚率大致相当 (Lewis & Kreider, 2015)。

（1）离婚的相关因素

为什么有这么多婚姻失败？克里斯蒂和加里的离婚说明，最主要原因是夫妻关系破裂。克里斯蒂和加里之间的争吵并不比莎丽丝和厄尔尼多，但他们解决问题的方式却很低效，这削弱了他们对彼此的依赖。当克里斯蒂提到自己担忧的事情时，加里就表示轻蔑、防御和拒绝沟通。这种要求-退缩的模式在许多分手的夫妻身上都可

以发现。女性更多的是坚持改变，而男性更多的是退缩。另一种比较普遍的方式是较小的冲突（Gottman & Gottman, 2015）。但是，由于对家庭生活的期望不同，夫妻很少有共同的兴趣、活动或朋友，感情越来越疏远，过着各行其是的生活。

这些不良交流方式背后潜藏着哪些问题？心理学者在一项长达9年的追踪研究中，考察了美国2 000对已婚夫妻，询问他们有关婚姻方面的问题，在第一次访谈后的3年、6年、9年进行追踪，以查明这2 000对夫妻中有哪些已经分居或离婚（Amato & Rogers, 1997）。结果发现，妻子比丈夫报告的婚姻问题更多，性别差异主要涉及妻子的情绪状况，如生气、受伤害感和喜怒无常。丈夫似乎难以体会到妻子的痛苦，这使妻子认为婚姻是不幸福的。无论夫妻哪一方报告说婚姻有问题，也无论谁应对此承担责任，在后来的10年中，可以预测离婚的最好指标都是对婚姻不忠、乱花钱、酗酒或吸毒、嫉妒、令人讨厌的习惯、喜怒无常。

导致离婚的背景因素有结婚时年龄较小、离过婚和原生家庭父母离异，所有这些都与不美满的婚姻有关。例如，结婚早的夫妻更可能报告不忠和嫉妒。在不同的工业化国家进行的研究一致证实，父母离异会加大下一代离婚的风险，原因是它会助长子女的适应问题，减弱对婚姻的终生承诺（Diekmann & Schmidheiny, 2013）。因此，当这些子女结婚后，他们更可能不体谅配偶，经常吵架，并且不努力克服这些适应问题，即使尝试着去克服，也因缺乏解决问题的技能而失败。如果配偶来自稳定的家庭背景，而且关心他人，这些负面结果就会减少。

文化水平低和家庭贫困的夫妻承受着重重生活压力，他们更有可能关系破裂（Lewis & Kreider, 2015）。但克里斯蒂的案例代表着另一种趋势，在事业心强、经济独立、受教育程度和收入都超过丈夫的女性中，离婚率在上升。这一结果可以用配偶间性别角色观念的差异来解释。但是，这些夫妻高离婚率的趋势正在减弱（Schwartz & Han, 2014）。原因可能是，现代婚姻正在发生向平等主义伴侣关系的转变。

496

除了上述因素之外，美国的个人主义价值观——每个人都有权利追求自我表达和个人幸福——也导致了美国的高离婚率（见第10章边页353）

（Amato, 2014）。当人们对自己的婚姻关系不满意时，个人主义的文化价值观会推动他们跳过这个坎。

（2）离婚的后果

离婚意味着一种生活方式的丧失，也因此失去靠这种生活方式维持的自我的一部分。它为积极和消极的改变提供了机会。分手后，双方都会经历社交网络解体、社会支持下降、焦虑和抑郁增加（Braver & Lamb, 2013）。多数人的这些反应会在两年内消退。那些以丈夫为中心建构自己同一性的非职业女性的日子尤其难过。一些没有监护权的父亲，则因与孩子关系减弱而感到迷失方向和失去根基（Coleman, Ganong, & Leon, 2006）。另一些人则通过疯狂的社交活动来分散注意力。

寻找新伴侣对离异成人的心理健康影响最大（Gustavson et al., 2014）。但这对男性来说更重要，因为他们的独立生活能力不如女性。女性，尤其是婚姻质量很差的女性，虽然感到孤独且收入下降（见第10章），但她们在离婚后更容易恢复（Bourassa, Sbarra, & Whisman, 2015）。例如，克里斯蒂找到了新的友谊，并感受到了自立的满足感。然而，一些女性，尤其是有严重焦虑和恐惧、对前配偶保持强烈依恋以及缺乏教育和工作技能的女性，会经历持续的自尊水平下降和抑郁（Coleman, Ganong, & Leon, 2006）。参加职业培训，继续去读书，投身于事业，以及来自家庭和朋友的帮助，对许多离婚女性的经济状况和心理健康状况起着重要作用。

无效的解决问题方式会导致离婚。离婚夫妻之前通常遵循这样一种模式：一方提出自己担忧的事情，而另一方则以轻蔑、防御和拒绝沟通来回应。

（3）再婚

平均而言，人们在离婚后 4 年内再婚，男性再婚比女性稍快一些。如前所述，再婚关系很容易破裂，原因有几个。第一，经济保障、帮助抚养孩子、摆脱孤独以及社会认可等实际问题，在选择再婚伴侣时比选择初婚伴侣时更重要。因此，再婚夫妻比初婚夫妻更可能在年龄、学历、种族、宗教和其他背景因素方面有差异。这些条件不能为持久的夫妻关系提供稳固的基础。第二，有些人把他们在第一次婚姻中形成的消极互动模式带到第二次婚姻中。第三，如果婚姻问题再次出现，那些经历过失败婚姻的人就更倾向于把离婚视为一种可接受的解决方案。第四，再婚夫妻会从再婚家庭中感受到更多的压力 (Coleman, Ganong, & Russell, 2013)。下面会讲到，继父母 – 继子女关系是婚姻是否幸福的强有力的预测指标。

再婚后的混合家庭通常需要 3~5 年时间来培养亲生父母与子女家庭那样的有序而舒适的生活。接受家庭生活教育、夫妻咨询和团体治疗，可以帮助离婚和再婚的成人适应复杂的新生活 (Pryor, 2014)。

5. 做父母的多种方式

家庭形式不同，使做父母的方式也不同。每一种家庭类型，无论是再婚家庭、未结婚家庭，还是同性恋家庭，都对做父母的能力和成人心理健康提出了独特的挑战。

（1）继父母

无论继子女是住在家里，还是偶尔来家里，继父或继母的处境都很尴尬。继父母是以局外人身份进入家庭的，而且很快就进入新的父母角色。由于没来得及形成温暖的依恋关系，他们的管教往往不起作用。继父母经常批评亲生父母纵容孩子，亲生父母则认为继父母对孩子过于严厉 (Ganong & Coleman, 2004)。与初婚父母相比，再婚父母的紧张感与不满情绪更强，其焦点集中在教育孩子问题上。如果夫妻双方都带有前一次婚姻的子女，那么发生矛盾的可能性更大，关系会更糟。

继母，尤其是与继子女同住的大约 10% 的继母，可能面对更多的矛盾冲突。如果继母从未结过婚，或没有孩子，就可能对家庭生活抱着理想化的憧憬，但这种憧憬很快就会破灭。期望能掌控家庭关系的继母很快就会发现，她们与继子女不能很快建立良好关系。离婚后，亲生母亲经常会表现出嫉妒、不合作。即便丈夫没有孩子的监护权，继母也还是有压力。由于继子女会偶尔来家里，因此继母也会对身边有和没有不听话的孩子这两种生活加以比较。她们大多喜欢没有继子女的生活，但同时又对自己"缺乏母爱"感到愧疚 (Church, 2004; Pryor, 2014)。无论继母怎样努力建立亲密的亲子关系，她们的努力过不了多久可能都会功亏一篑。

有亲生子女的继父比较轻松。他们一般能较快地与继子女——尤其是继子——建立积极的情感联系，原因可能是，他们在建立温暖的亲子关系方面富有经验，而且在投身于父母角色过程中感受到的压力比继母小 (Ganong et al., 1999; van Eeden-Moorefield & Pasley, 2013)。但是，没有亲生子女的继父（和相同处境的继母一样）可能抱有不切实际的想法。有时妻子会把他推向父亲的角色，这会招来孩子的不快。如果给孩子提的建议几次被忽略或被拒绝，这些继父就会退出父亲角色 (Hetherington & Clingempeel, 1992)。

研究者通过访谈，让年轻的继子女回顾与继父的关系，结果发现，这种关系的质量五花八门：有的说从继父身上感到温暖和爱，有的说他们之间充满矛盾，有的说他们各行其是，有的则是继子女拒绝继父的批评。再婚夫妻或同居伴侣之间恩爱与否，继父或继母能否小心谨慎地和继子女搞好关系，亲生父母是否合作，大家庭成员是否支持，这些都会影响继父母 – 继子女关系的发展。随着时间推移，许多再婚夫妻建立起共同抚养的伙伴关系，从而改善了与继子女的互动 (Ganong, Coleman, & Jamison, 2011)。但是，在继父母和继子女之间形成感情纽带是很困难的，这导致有继子女的再婚夫妻的离婚率高于没有子女的夫妻。

（2）未婚的单身父母

过去几十年，工业化国家未婚妈妈的生育率急剧上升。如今，美国约有 40% 的新生儿是由单身母亲生育的，这一比例是 1980 年的两倍多。尽

497

管自 1990 年以来，青少年做父母者数量一直在稳步下降（见第 11 章边页 384），但单身成年女性的生育数量却在增加，在 21 世纪的前十年增长尤为迅猛 (Hamilton et al., 2015)。

越来越多的非婚生育发生在同居夫妻身上。但是，这种在受教育程度低的年轻人中很常见的关系通常很不稳定 (Cherlin, 2010; Gibson-Davis & Rackin, 2014)。此外，超过 12% 的美国儿童与单身父母一起生活。这些单身父母从未结婚，也没有伴侣。其中大约 90% 是母亲，10% 是父亲 (Curtin, Ventura, & Martinez, 2014)。

单身母亲在非裔美国年轻女性中尤其普遍，她们比白人女性更容易未婚生育，也更不容易和孩子的父亲住在一起。因此，在 20 多岁的黑人母亲中，有一半以上是没有伴侣的，而白人母亲中的这一比例约为 14% (Child Trends, 2015a; Hamilton et al., 2015)。没有工作、长期失业使许多黑人男性无能力挣钱养家，导致了非裔美国人未婚母亲的数量增多。

从未结婚的非裔母亲会求助于大家庭，尤其是自己的母亲，有时也会求助于男性亲属，来帮助她们抚养孩子 (Anderson, 2012)。与白人女性相比，低社经地位的非裔女性更倾向于晚婚，她们通常在第一个孩子出生后 10 年内结婚，但结婚对象不一定是孩子的生父 (Dixon, 2009; Wu, Bumpass, & Musick, 2001)。

对低社经地位的女性来说，未婚生育通常会增加经济负担，她们中大约一半人生活在贫困中 (Mather, 2010)。近 50% 的白人母亲和 60% 的黑人母亲在未婚情况下生了第二胎。与离婚母亲相比，她们从孩子父亲那里得到子女抚养费的可能性要小得多。在这种情况下，强制性地让父亲付给子女抚养费，既可减轻母亲的经济压力，又可增加父亲对孩子的养育 (Huang, 2006)。

许多单亲家庭的孩子，由于家庭经济困难，出现了很多适应问题 (Lamb, 2012)。此外，与低社经地位的初婚家庭的孩子相比，缺少父亲关爱和参与的未婚母亲的孩子，在学校的认知发展更差，表现出更多的反社会行为，这些问题使母亲的生活更加困难 (Waldfogel, Craigie, & Brooks-Gunn, 2010)。但是，若这些单身母亲想和孩子的亲生父亲结婚并且想给孩子带来好处，孩子的父亲必须有可靠的经济收入和情感支持。例如，感觉与不

住在一起的父亲关系密切的青少年，在校学习成绩、情感和社会适应都好于那些缺乏父爱的双亲家庭中的青少年 (Booth, Scott, & King, 2010)。

遗憾的是，读书少、经济状况差的未婚父亲，大多很少陪伴孩子 (Lerman, 2010)。只有增强低收入父母的养育技能，给他们创造社会支持、教育和就业机会，才能提高未婚母亲及其子女的福祉。

（3）同性恋父母

在美国，大约 20%～35% 的女同性恋伴侣和 5%～15% 的男同性恋伴侣是父母，他们的孩子多数是以前在异性婚姻中生育的，一些是收养的，采用生育技术出生的也逐渐增多 (Brewster, Tillman, & Jokinen-Gordon, 2014; Gates, 2013)。过去，美国法律规定同性恋者没有做父母的权利，这使一些同性恋者与异性恋伴侣离婚后即失去孩子的监护权。如今，美国大多数州的法律规定，性取向与监护权或收养无关。出现这一变化是由于越来越多的人接受了同性婚姻。在其他许多工业化国家，同性伴侣的监护权和收养权也是合法的。

多数关于美国同性伴侣家庭的研究仅限于志愿者样本。研究结果表明，男女同性恋父母在养育孩子方面与异性恋父母一样投入和有效，有时甚至更有效 (Bos, 2013)。此外，无论男女同性恋家庭中的孩子是亲生的、领养的，还是通过捐赠者授精受孕的，他们在心理健康、同伴关系、性别角色行为或生活质量方面与异性恋父母的孩子没有区别 (Bos & Sandfort, 2010; Farr, Forssell, & Patterson, 2010; Goldberg, 2010; van Gelderen et al., 2012)。

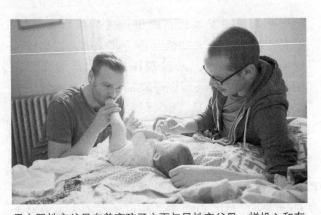

男女同性恋父母在养育孩子方面与异性恋父母一样投入和有效。总的来说，男女同性恋家庭与其他家庭的区别主要在于，是否生活在充满歧视的环境中。

为了克服与志愿者样本相关的潜在偏差，一些研究人员利用具有全美代表性的大型数据库来研究同性恋家庭。研究结果证实，同性恋父母和异性恋父母的孩子发展相似，这些孩子的适应能力只与父母性取向以外的其他因素有关 (Moore & Stambolis- Ruhstorfer, 2013)。例如，亲密的亲子关系可以预测更好的同伴关系和青少年期违法犯罪较少，而无论家庭的形式如何；父母离婚或再婚这样的家庭变故，都可预测在校学习困难 (Potter, 2012; Russell & Muraco, 2013)。

在美国，大多数同性恋父母的孩子是异性恋者 (Patterson, 2013)。但一些证据表明，一些来自同性恋家庭的青少年曾与男女两性伴侣进行过约会尝试，这可能是由于他们所生长的家庭和社区能够宽容地对待同性恋者这类不合群者 (Bos,

van Balen, & van den Boom, 2004; Gartrell, Bos, & Goldberg, 2011)。

如果大家庭成员拒绝接受同性恋者，那么同性恋父母通常让朋友充当假亲戚，来建立"选择的家庭"。然而，性少数群体通常不会一直被家人疏远 (Fisher, Easterly, & Lazear, 2008)。一段时间以后，大家庭的关系终会变得更加积极和支持。

同性恋父母最担心的是，他们的孩子会因父母的性取向而蒙上污名。虽然一些同性恋父母的孩子经常受到同伴的嘲笑和反对，但是亲密的亲子关系、学校的支持、与其他同性恋家庭的互相帮助，都能保护孩子免受负面影响 (Bos, 2013)。总的来说，男女同性恋家庭与其他家庭的区别主要在于，是否生活在充满歧视的环境中。

思考题

联结　参阅第 10 章边页 353–356 有关离婚和再婚对儿童和青少年的影响的内容。这些研究结果与成人生活是否一致？哪些原因能对这种一致性做出解释？

应用　万达和斯科特在交往一年后，决定同居。你会向他们两人提出什么问题，来预测他们的同居能否圆满，以及他们能否顺利地结婚？

反思　你自己或你朋友的经历与有关同居、单身、未婚的单身父母、同性恋父母的研究结果是否符合？举一个例子进行讨论。

七、职业发展

14.11　讨论职业发展类型及女性、少数族裔和双职工夫妻面临的困难

除了家庭生活外，职业生活也是成年早期社会性发展的重要领域。在选择一份职业后，年轻人必须知道怎样做好本职工作，怎样与同事相处，怎样与领导打交道，怎样保护自己的利益。随着工作经验不断增加，成人形成新的能力，体会到个人成就感，结交到新朋友，实现经济独立和稳定。对女人，也包括支持伴侣发展其事业的男人来说，职场中的志向和成就总是和家庭分不开的。

1. 立业

本章前面强调了职业发展的不同路径和时间表。再来看看莎丽丝、厄尔尼、克里斯蒂和加里

之间的巨大差异，可以看到，像许多女性一样，莎丽丝和克里斯蒂的职业道路是不连续的，会被抚养孩子和其他家庭需求打断或推迟 (Heppner & Jung, 2013; Huang & Sverke, 2007)。此外，不是所有人都能从事他们梦想中的职业。例如，2007—2009年的经济衰退大大增加了从事与所学专业不符的工作的年轻人数量。

即使 20 多岁的成人有本科或研究生学历，当进入自己选择的领域时，最初也会经历重重障碍。在卫生部门，莎丽丝发现，她每天的大部分时间都消耗在文山会海中。因为每个项目都有截止期限，所以她感到压力很大。要调整好对薪水、上级监管人员和同事的不满和失望是很难的。如果

499　刚参加工作的年轻人发现他们的期望与现实存在差距，辞职就很常见。此外，在有晋升机会的职业中，高期望值必须向下调整，因为大多数工作环境的结构类似于金字塔，管理和监督职位较少。由于这些原因——除了因经济意外情况的紧急裁员，二十多岁的年轻人通常会换好几次工作，换三四次的情况也不罕见。

重温莱文森的理论，其中提到，事业能否成功往往取决于师徒关系的质量。能否遇到一位良师，即拥有丰富阅历和学识、关心晚辈职业进步并和晚辈建立信任的人，取决于身边有没有这样的人和自己有没有选择良师的能力。在大多数情况下，大学教授和资深同事会承担这个角色。偶尔，知识渊博的朋友或亲戚也会提供指导。这些良师就像老师一样，能大大提高年轻人的职业技能。有时候，他们充当向导，帮助新员工熟悉职场的价值观和文化。如果新员工有几个良师，每个良师都能给他独特的帮助，新员工就能在职业方面获益更多 (Hall & Las Heras, 2011)。此外，良师在员工职业生涯早期进行的指导，会增加以后进行更多指导的机会 (Bozionelos et al., 2011)。师徒关系带来的专业和个人利益会激发被指导者向他人提供指导，并为自己寻求更多的指导。

2. 女性和少数族裔

虽然女性和少数族裔几乎遍及所有职业，但他们的才能往往没有得到充分发挥。很多女性，特别是经济贫困的少数族裔女性，仍然从事着没有晋升机会的职业，她们中很少有人晋升到行政和管理职位（见第 13 章边页 463）。现在，男女收入的总体差距虽然比 30 年前缩小了，但在大多数工业化国家仍然相当大 (OECD, 2015b)。目前在美国，全职女性的平均收入仅为全职男性的83%。如果只考虑拥有学士学位或更高学位的员工，那么这个比例会增加到 88% (U.S. Department of Labor, 2015b)。

什么因素造成了普遍而持续的性别薪酬差距？在大学里，女性更多地选择教育和社会服务专业，而男性则更多地选择高薪的科学技术领域——这些选择受到性别成见的影响（见第 13 章边页 464-465）。受过良好教育的男性大多会稳定、持续地在同一职业领域工作，女性则不同，很多女性会多次进入和退出职场，或者因生养孩子而把全职工作变为兼职工作。离开工作会严重阻碍事业发展，这正是从事男性主导的有声望的职业中的女性推迟生育或不生育的主要原因。

但是，越来越多有成就的职业女性不得不辞去工作做全职妈妈，这种趋势引发了对她们所做"选择"的错误的、带有性别成见的解读。对这些女性的访谈显示，离职的决定总是令人痛苦的。最常见的原因主要有压力太大、所做的工作缺乏弹性、无法平衡工作和家庭 (Lovejoy & Stone, 2012; Rubin & Wooten, 2007)。当这些女性重返工作岗位时，她们往往被重新定位，进入以女性为主、薪酬较低的职业。

在男性主导的职业领域，低自我效能感也限制了女性在职业中的进展。从事非传统职业的女性往往具有"男性化"特征，如高成就取向、自信、相信自己的努力会带来成功。但即使是那些具有高自我效能感的女性，也不像她们的男同事那样，确信自己能战胜困难，取得成功。在传统上男性主导的领域，虽然新雇佣的女员工所接受的培训和男员工相同，但她们的薪水却较低 (Lips, 2013)。此外，这些女性很难找到支持她们的男性。在一项研究中，研究者向多所大学的科学教授寄出本科毕业生要求担任实验室管理员的求职申请。其中一半申请者是男性名字，另一半是女性名字 (Moss-Racusin et al., 2012)。结果发现，无论是男教授还是女教授，都认为女性毕业生能力较差、不值得指导，给她们提供的薪水也较低，尽管她们的学习成绩与男性毕业生相同。

女性只能被领导，而不能当领导，这种性别成见会阻碍女性晋升到高层管理职位。但一项研究发现，由一名男性高级主管进行职业辅导，可以有力地预测女性在男性主导的行业比男性更容易晋升到管理职位并获得更高的薪酬 (Ramaswami et al., 2010)。当一名强势的男性领导者支持提拔一名才华横溢的女性，并认定她具备成功的品质时，高层决策者更有可能对她给予关注。但是，一旦进入这些职位，女性就会受到比男性更严苛的评价 (Tharenou, 2013)。当女性表现出典型的男性化行 *500* 为，比如果断的领导风格时，这种情况尤其明显。

虽然法律保障了性别机会平等，但职业机会方面的种族偏见仍然严重。在一项研究中，研究者招募了两个三人小组，每组有一个白人男

在男性主导职业领域的女性，比如这位科学家，通常具有"男性化"特质，包括高成就导向和自主性。但是，许多女性在职场会遇到阻碍事业成功的障碍。

性、一个黑人男性、一个拉美裔男性，年龄均为 22～26 岁，他们的语言能力、人际交往能力和外表吸引力也不相上下。研究者发给申请人相同的虚拟简历（除了第二组那个白人男性的简历披露了犯罪记录），让他们去申请纽约市的 170 个初级职位 (Pager, Western, & Bonikowski, 2009)。结果如图 14.4 所示，白人申请人比拉美裔申请人收到雇主回电或工作邀请的数量更多，而黑人申请人则远远落在后面。在第二组的实验中，那个白人男性虽有明确的犯罪记录，但仍然比两个少数族裔申请人更受青睐。

在另一项类似的调查中，向雇主提交的简历中描述的应聘者资格有高低之分，结果，提交高质量简历的白人男性和女性收到的雇主回电远远多于提交低质量简历的人。相形之下，提交简历质量的高低对黑人的影响不大。研究者指出，

"歧视的影响似乎是双倍的，它使黑人更难找到工作，也更难提高他们的就业能力" (Bertrand & Mullainathan, 2004, p. 3)。与这一结论一致，非裔美国人通常需要花更多的时间找工作，需要搜索更多跨行业的工作来增加他们得到报价的机会，与拥有相同求职资格的白人相比，黑人的职业更不稳定，积累的工作经验更少 (Pager & Pedulla, 2015; Pager & Shepherd, 2008)。

少数族裔女性必须同时克服性别歧视和种族歧视才能表现出她们的职业潜能 (O'Brien, Franco, & Dunn, 2014)。那些职业成就突出的女性往往具有极高的自我效能感。她们敢于面对困难，克服重重阻碍，去争取成功。一项研究访谈了在各个职业领域担任领导者的非裔美国女性，所有人都报告说，由于受到其他女性，如老师、同事和一些战胜了职业孤立感的朋友的激励，她们才有了坚定的毅力。不少人把她们的母亲描述为有抱负的榜样，母亲给她们设置了高标准。还有人提到了来自非裔社区的支持，她们说，对那里的人们难以割舍的深深情感使自己变得更强大 (Richie et al., 1997)。还有人提到，来自其非裔社区的支持强烈地激励她回馈社会 (Nickels & Kowalski-Braun, 2012)。在经历了积极的指导之后，成功的非裔美国女性能够承担繁重的指导义务。

3. 兼顾工作和家庭

当前，多数有孩子的女性在工作（见第 10 章边页 356），其中又有多数是双职工或同居关系。但是女性在兼顾工作和家庭责任时，比男性

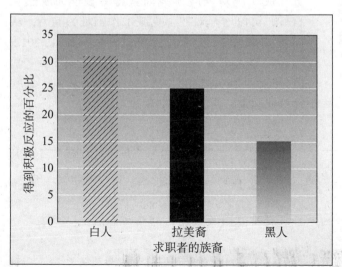

图 14.4　求职者的族裔与雇主回电和提供职位的关系

雇主对白人求职者的正面评价略高于拉美裔求职者，而明显高于黑人求职者，虽然三人提交了同样的简历，在语言能力、人际交往能力和外表吸引力方面也不相上下。资料来源：D. Pager, B. Western, & B. Bonikowski, "Discrimination in a Low-Wage Labor Market: a Field Experiment," *American Sociological Review*, 74, p. 785.

报告了更多的中度到高度的压力 (Mitchell, Eby, & Lorys, 2015; Zhao, Settles, & Sheng, 2011)。

　　莎丽丝在孩子出生后重返工作岗位时，感受到了角色超载。除了具有挑战性的工作，她还要像多数在职女性一样，照看孩子并承担大部分家务。莎丽丝和厄尔尼两人都觉得左右为难，他们既想在事业上进步，又想多花点时间与爱人、孩子、朋友和亲戚相处。研究表明，角色超载导致的持续压力，与婚姻关系变差、低效的养育行为、孩子的行为问题、较差的工作表现和身体健康问题都相关 (Saginak & Saginak, 2005; ten Brummelhuis et al., 2013)。

501

　　低社经地位、有工作的女性，其角色超载更严重，她们的工作日程死板，自主性有限 (Repetti & Wang, 2014)。从事高层次职业的夫妻，对工作和家庭都有较多的控制权。例如，莎丽丝和厄尔尼就能想方设法地花更多时间和孩子在一起。他们每周有一天提前到托儿所接孩子，通过用晚上和周末的时间做一些工作来补偿。加拿大的一项研究调查了 3 000 多个全职双职工家庭，其中多数家庭要以各种方式应对角色超载，例如减少在家的时间（放下没做完的事情）或改变家庭角色（在

弹性的上下班时间，允许员工在家工作，可以帮助员工调整工作角色，以满足家庭需求，使员工感觉压力更小，工作效率更高。

需要时承担对方的责任），并且妻子做这些事比丈夫更多 (Higgins, Duxbury, & Lyons, 2010)。总的来说，夫妻们希望家庭生活能够适应工作需求。他们很少调整工作角色来满足家庭需求。有些人虽然在工作上没有什么灵活性，但仍把工作置于家庭生活之上。

　　莎丽丝和厄尔尼所采取的方法说明，工作单位的支持可以大大减轻角色超载，同时给雇主带来不小的回报。针对美国有代表性的在职成人的大样本调查表明，职工工作环境中上班时间的灵活性政策越多（如可以请假照顾生病的孩子、可选择上下班时间、可以在家工作等），参与者报告的工作与家庭的冲突就越少，他们的工作表现也越好 (Banerjee & Perrucci, 2012; Halpern, 2005a)。有多个灵活的时间可供选择、可以有几天不来上班的雇员，其迟到或早退的现象减少，对雇主更忠诚，工作也更努力。他们报告的由压力造成的健康症状也减少了。

观察与倾听

与一对或多对双职工夫妻谈谈工作单位对良好父母教养的支持。有哪些方法可用？他们觉得哪些方法特别有效？

　　有效地平衡工作和家庭的关系好处很多，例如更高的生活水平和工作效率、更好的心理健康状况、更强的自我完善感、幸福的婚姻等等。厄尔尼就为莎丽丝在工作中取得的突出成绩感到自豪。成功应对家庭挑战而获得的技能、成熟和自尊，可以增强双职工克服工作困难的能力，从而提高职业和生活满意度 (Erdogan et al., 2012; Graves, Ohlott, & Ruderman, 2007)。运用下页"学以致用"栏里介绍的方法，可以帮助双职工家庭在事业和家庭两方面都获得成功和快乐。

思考题

联结　列出一些能力和技能，它们来自对家庭角色（伴侣和父母）的高度投入，并可以提高工作表现和满意度。

应用　写一篇文章来说服公司高层管理者，制定对家庭有益的政策能达到员工和雇主"双赢"的效果。

反思　询问一个在你感兴趣的职业领域取得成功的人，描述帮助他 / 她取得进步的师徒关系。

双职工兼顾工作与家庭的方法

方法	说明
制订一个家务分担计划。	确立关系后尽快讨论投入工作和家庭的精力和家务如何分配。根据两人的能力和时间而不是根据性别来决定两人分别承担哪些家务。定时地对计划进行重新讨论。
孩子出生后马上开始一起照养孩子。	父亲尽量花同样多的时间与婴儿相处。妻子不要把自己的标准强加给丈夫。经常讨论养育孩子的价值观和最关心的事情，分享"养育孩子专家"的角色。一同参加父母教育课程。
讨论在做决定和责任方面的矛盾。	通过交流来解决矛盾。想清楚自己的感受和需要，并向配偶表达。倾听并努力领会配偶的想法。双方商量解决办法，必要时做出妥协。
在工作与家庭之间找到平衡。	根据自己的价值观和事情的轻重缓急，批判性地看待自己投入工作的时间。如果投入的时间太多，那么可酌情减少。
确保二人在关系中经常得到爱和关心。	参见边页 482 的"学以致用"栏。
敦促工作单位和政府，呼吁制订帮助双职工家庭的政策。	双职工夫妻面临困难，部分原因是缺乏来自工作单位和社会的支持。敦促你的雇主采取措施帮助员工兼顾工作和家庭，例如弹性工作时间、带薪休假、本地高质量且负担得起的托幼机构。与立法者和其他市民讨论有关儿童和家庭的公共政策问题。

本章要点

502

一、一个渐进的过渡：成年初显期

14.1 讨论成年初显期的情感与社会性发展以及文化对个体差异的影响

■ 在**成年初显期**，很多年轻人不把自己看作完全的成人。那些拥有经济资源的人会在教育、工作和个人价值方面进行更广泛的探索。同一性发展一直持续到大学时代，年轻人会深入探索，重新审视那些与他们的才能和潜力不匹配的承诺。

■ 成年初显期的很多年轻人表达了改善社会、国家和世界的强烈承诺，很多人参与社区服务。但与老年人相比，他们参加投票的人数更少。

■ 在十八九岁到二十多岁之间，参加宗教活动的人数下降，延续了青少年期的趋势，但女性和少数族裔年轻人表现出更大的宗教热情。无论是否参与宗教活动，许多成年初显期成人都开始建立一种个性化的信仰。那些有宗教或精神信仰的人往往能更好地适应环境。

■ 在工业化国家，入门级工作所需的受教育水平提高，经济繁荣程度提高，对年轻劳动力的需求减少，这些都促成了成年初显期的出现。但是，由于成年初显期与社经地位和高等教育密切相关，因此一些研究者并不认为成年初显期是一个独立的发展阶段。

■ 相当数量的成年初显期成人感到迷茫，他们缺乏方向，从事非常危险的行为。但多数有机会进入成年初显期的年轻人把它看作一段兴旺发展的时光。多种个人特征和社会支持，特别是与父母之间充满爱心、支持自主的关系，可以培养复原力。

二、埃里克森的理论：亲密对孤独

14.2 埃里克森认为成年早期人格发生的变化有哪些？

■ 埃里克森认为，年轻人在和伴侣形成亲密关系中必须解决**亲密对孤独**的冲突，缺乏亲密的消极后果是孤独和自恋。

■ 年轻人也关注繁衍问题，包括养育子女并通过工作和社区服务为社会做贡献。

三、成人心理社会性发展的其他理论

14.3 描述并评价莱文森和魏兰特的成人人格发展理论

■ 莱文森扩展了埃里克森的阶段理论，描述了人们转变生活结构的若干阶段。年轻人通常会形成一个梦想，男性的梦想指向事业，女性的

梦想指向婚姻和事业，为此他们要与一名良师建立关系。30 多岁时，男性会安定下来，而许多女性仍在动荡中。

■ 魏兰特同样遵循埃里克森的传统，他认为人们 20 多岁追求亲密关系，30 多岁追求事业稳定，40 多岁通过指导年轻人而增强繁衍感，50 多岁和 60 多岁通过传承文化价值观扩展其繁衍力，老年期则反思人生的意义。

■ 如今年轻人的发展变化比莱文森和魏兰特的理论所描述的要丰富得多。

14.4 社会钟是什么，它对成年期发展有哪些影响？

■ 遵从社会钟，即社会对某年龄应该发生哪些重要生活事件的预期，给年轻人以自信；偏离社会钟会带来心理压力。由于这种期望逐渐变得灵活，背离社会钟的情形越来越普遍，并带来一些代际紧张。

四、亲密关系

14.5 描述影响配偶选择的因素、爱情的要素、恋爱关系的变式以及文化差异

■ 情侣往往在年龄、受教育水平、种族、宗教以及各种个人和身体特征方面相似。

■ 从进化论角度看，女性希望寻找能确保孩子生存的配偶，男性希望寻找能带来性愉悦和有生育能力的配偶。进化和文化压力共同影响性别角色和择偶标准。

■ 根据斯滕伯格的爱情三角形理论，爱情中的激情、亲密和承诺之间的平衡会随着时间而改变。当激情的爱让位给陪伴的爱和仁慈的爱时，恋爱关系会变得更亲密、更投入、更满足和持久。

■ 东方文化强调终身伴侣关系中的依赖和家庭义务，而不是浪漫的爱。许多包办婚姻相当美满，这些夫妻报告说，互相承诺加深了他们的爱。

14.6 描述年轻人的友谊、兄弟姐妹关系及其对心理健康的影响

■ 成人的友谊像早期的友谊一样，建立在信任、亲密和忠诚的基础上。女性的同性友谊往往比男性的更为亲密。结婚后，男性的异性朋友随着年龄增长而减少，但女性的异性朋友却会增加，这些异性朋友通常来自职场。从小在融洽的家庭环境中长大的成年兄弟姐妹之间的关系往往类似于友谊。 *503*

五、家庭生活周期

14.7 追述成年早期家庭生活周期的各重要阶段，并列举其影响因素

■ 家庭生活周期的顺序和时间存在很大差异。推迟离家在大多数工业化国家都在发生。与全职就业者或结婚者相比，上大学者通常较早离家，但角色的转变和经济状况会促使他们重回家庭。住在家里的年轻人的父母大多会努力帮助孩子进入成人角色。

■ 美国和西欧的初婚平均年龄有所上升。包括美国在内的 20 个国家已承认同性婚姻。

■ 异性婚姻和同性婚姻的伴侣都认为婚姻很重要，因为它向公众证明了这种关系的合法性，表明了彼此的承诺，并提供了经济和法律上的好处。

■ 传统型婚姻和平等主义婚姻都受到女性就业的影响。西方国家的女性花在家务上的时间大约是男性的两倍，但男性比过去更多地照看孩子。平等分担家庭责任会提高夫妻双方的满意度，角色超载的女性对自己的婚姻尤其不满。

■ 向做父母的过渡带来更多的责任，促使人们向传统角色转变。二胎出生后，这种情况可能发生逆转。美满的婚姻往往在孩子出生后依然美满，但麻烦的婚姻会变得更加痛苦。共同抚养可以预测父母更快乐，以及父母与婴儿之间有更积极的互动。

■ 有幼儿的夫妻如果能有效地共同抚养，就更可能采用正确的育儿方法，使子女得到正常的发展，并提高婚姻满意度。

■ 有青少年子女的父母必须与他们日益自主的子女调整关系。在这个阶段，婚姻满意度通常会下降。

六、成人生活方式的多样性

14.8 讨论成人生活方式的多样性：单身、同居和自愿不生育

■ 受晚婚和高离婚率影响，单身人数在近些年逐步增多。从事高社会地位职业的女性和蓝领职业的男性更可能单身生活。女人比男人更能适应单身生活。

■ **同居**的人数急剧上升，在受过良好教育、经济状况优越的年轻人中尤其如此，同居是步入婚姻的最好途径。在分居和离婚的成人中，同居比例最高。与西欧同龄人相比，北美同居者常常抛弃传统价值观，对伴侣的奉献较少，所以他们的婚姻更容易失败。然而，因无法结婚而同居的同性恋伴侣报告的奉献精神与已婚伴侣相同。

■ 自愿不生育的成人往往接受过良好的教育并以事业为重，和与孩子具有良好关系的父母一样，他们对自己的生活感到满意。只有不生孩子超出个人可控范围时，它才会对适应和生活满意度产生影响。

■ 推迟结婚是单身现象增多的原因之一。尽管有各种弊端，但单身者通常都很欣赏他们的自由和流动性。

■ **同居**现象逐渐普遍，成为年轻人喜欢的投身于忠诚、亲密伙伴关系的方式。与西欧同龄人相比，婚前同居的美国人往往对伴侣承诺较少，随后的婚姻也更可能失败。但美国的男女同性恋同居伴侣是例外，许多人彼此给予坚定的承诺，并且大量同性伴侣在美国同性婚姻合法化后结婚。

■ 自愿不生育的成人往往受过高等教育，以事业为导向，对自己的生活感到满足。但是，非自愿不生育会妨碍适应和生活满意度。

14.9 列举高离婚率和再婚率的影响因素

■ 低效率的沟通模式、较早结婚、有离婚家族史、受教育水平低、经济劣势以及美国的个人主义价值观都是导致离婚的原因。

■ 再婚尤其容易破裂。原因主要有：决定再婚时看重实际问题，持续的消极沟通模式，把离婚当作解决婚姻困难的手段，以及对再婚家庭不适应。

14.10 讨论做父母的各种形式，包括继父母、未婚的单身父母和同性恋父母所面临的挑战

■ 继父母与继子女之间建立关系比较困难，对没有自己孩子的继父母来说更困难。再婚和同居伴侣之间的恩爱关系、有效的共同抚养、亲生父母的合作、大家庭的支持，可以促进继父母与继子女之间的积极关系。

■ 在非裔美国年轻女性中，未婚单亲家庭的比例尤其高。黑人男性的失业导致了这一趋势。即使有大家庭成员的帮助，这些母亲也很难克服贫困。

■ 同性恋父母和异性恋父母一样爱他们的孩子，并有效地教养子女，同性恋父母养育的孩子和异性恋父母养育的孩子相比，其适应性无差异。

七、职业发展

14.11 讨论职业发展类型及女性、少数族裔和双职工夫妻面临的困难

■ 男性的职业道路通常是连续的，而女性的职业道路则常常因养育孩子和其他家务事而中断。在适应了所从事的职业后，年轻人的职业进步会受到晋升机会、经济大环境和良师的影响。

■ 女性和少数族裔几乎从事所有职业，但其职业发展却受到各种阻碍，如离开岗位的时间、身处男性主导领域的低自我效能感、缺乏良师指导以及性别成见。职场的种族偏见仍然严重，取得事业成功的少数族裔女性展现出异常高的自我效能感。

■ 夫妻，尤其是女性，在**双职工家庭**中经常感到角色超载，她们为丈夫的职业发展做出职业牺牲。如果双职工夫妻能相互协作克服困难，那么收入将增多，生活水平将提高，女性的自我实现感将增强，生活将更幸福。灵活的工作政策有助于这些家庭有效地平衡工作和家庭的需求。

■ 有工作的父母经常经历角色超载，这种情况可以通过工作单位的支持，如弹性上下班制度而得以减轻。有效地兼顾工作和家庭，能够提高生活水平、心理健康、婚姻幸福感和工作绩效。

重要术语和概念

cohabitation (p. 494) 同居
companionate love (p. 479) 陪伴的爱
compassionate love (p. 479) 仁慈的受
egalitarian marriage (p. 486) 平等主义婚姻
emerging adulthood (p. 470) 成年初显期
family life cycle (p. 484) 家庭生活周期

intimacy versus isolation (p. 476) 亲密对孤独
passionate love (p. 479) 激情的爱
social clock (p. 478) 社会钟
traditional marriage (p. 486) 传统型婚姻
triangular theory of love (p. 479) 爱情三角形理论

成年早期发展的里程碑

18~30 岁

身体

■ 需要肢体运动速度、动作、爆发力和大肌肉协调能力的运动技能在本阶段早期达到峰值，然后下降。(442)

■ 需要耐力、手臂稳定性的运动技能在这段时间结束时达到顶峰，随后下降。(442)

■ 触摸敏感性、心血管和呼吸能力、免疫系统机能和皮肤弹性开始下降并持续贯穿整个成年期。(441)

■ 随着基础代谢率的下降，体重从 25 岁左右开始逐渐增加，并持续到中年期。(446)

■ 性活动增加。(452)

认知

■ 受大学教育者的二元论思维减弱，相对论思维增强，并可能进展到付诸现实的相对论思维。(456-457)

■ 从假设思维转向实用性思维。(458)

■ 职业选择范围缩窄，并选择一个特定职业。(462)

■ 认知-情感复杂性提高。(458)

■ 对某一领域的专业知识拓展，问题解决能力增强。(458-459)

■ 创造力增强。(459)

情感 / 社会性

■ 如果生活条件允许，那么可能会对成年初显期特征进行长时间的探索。(470-471)

■ 形成更复杂的自我概念，意识到自己特质和价值观的变化。(470)

■ 如果已高中毕业，那么可能会报考大学。(460)

■ 可能获得对个人有意义的同一性。(470-471)

■ 永久离开父母的家。(484-485)

■ 努力向亲密伴侣做出长期承诺。(476, 479)

■ 通常会构建一个梦想，即在成人世界指导决策的自我形象。(477)

■ 通常与良师建立关系。(477, 499)

■ 如果从事高地位的职业，那么将获得专业技能、价值观和认证。(477)

■ 发展互相满意的成人友谊和工作关系。(482-483)

■ 可能会同居、结婚、为人父母。(485-486, 489-491)

■ 兄弟姐妹关系变得更和谐友好。(484)

30~40 岁

身体

■ 视力、听力下降，开始骨质疏松并持续整个成年期。(441)

■ 大约35岁以后，女性的生育能力下降，生育问题急剧增加。(443 - 444)

■ 大约35岁以后，男性的精液量和精子活力逐渐下降，异常精子比例上升。(444)

■ 大约35岁左右，头发开始变白变稀疏。(441)

■ 性生活减少，可能是日常生活需求影响的结果。(452)

认知

■ 继续发展某一领域的专长。(458-459)

■ 创造性成就通常在35~40岁达到顶峰，但不同学科有差别。(459)

情感/社会性

■ 可能同居、结婚、为人父母。(485 - 486, 489-491)

■ 通过对家庭、职业和社区的投入，逐渐在社会中形成一个小生态。(477)

第八篇

中年期：40～65岁

第 **15** 章

中年期生理与认知发展

荷兰国家芭蕾舞团的编舞与一名舞蹈演员正在排练。虽然
他的身体已经开始出现衰老迹象，但这个经过数十年训练
的中年人正处于他所在领域的巅峰。

12 月一个雪花飞舞的夜晚，德温和特丽莎坐在一起翻看节日贺卡，卡片在厨房柜子上堆得很高。德温刚过 55 岁生日；特丽莎将在几周内过 48 岁生日。去年，他们庆祝了结婚 24 周年。生活中的这些重要日子，加之每年朋友们新的问候，给中年期的这些变化带来了深深的慰藉。

节日贺卡和信件带来的不是新生命的诞生或工作中的初次晋升等消息，而是一些新话题。杰维尔对过去一年的回顾，反映出她越来越意识到生命的有限，这促使她重新审视自己的生活和职业生涯的意义。她写道：

　　自从庆祝了我 49 岁生日以来，我感觉轻松多了。我母亲 48 岁就去世了，所以 49 岁对我来说是一份礼物。我正在考虑离开公司去开创自己的事业。我还在断断续续地约会，但还没找到一个特别满意的。

乔治和安雅述说了他们的儿子从法律学校毕业，以及女儿米歇尔第一年大学生活的情况：

　　安雅正在重回大学读护理学位，来填补孩子们不在身边带来的失落。今年秋天入学后，她惊讶地发现自己和女儿在同一个心理学班上课。起初，安雅担心自己能否学好，但在第一学期取得成功之后，她变得自信多了。

蒂姆的情形则反映了他持续的精力充沛的健康状态，他坦然接受自己的身体变化，但他挑起的照顾年迈父母的新担子不断提醒着他，生命是有限的：

　　上大学时我是个不错的篮球运动员，但是最近我发现，我 20 岁的侄子布伦特已经能运球和上篮了。这正是我当年那个年龄！我 9 月份参加了本市举办的马拉松比赛，在 50 多名运动员中名列第七。布伦特也参加了比赛，但当我还在拼命坚持时，他却在离终点几英里处拿了些比萨吃。我在那个年龄时一定也是这样的！

最不幸的消息是我的父亲患了严重中风。他头脑清醒，但身体偏瘫了。让人忧心的是他逐渐喜欢上了我送给他的那台电脑，在他中风之前的几个月，我一和他谈起电脑来他就兴奋异常。

中年期，或称成年中期，大约从 40 岁开始，65 岁左右结束。中年期，随着子女离开家，职业道路更加坚定，人生的选择范围变小，剩余的人生越来越短。另外，中年期很难界定，因为人的态度和行为方式差异巨大。一些人在 65 岁时仍显身心年轻，他们积极乐观，仍能从容地工作，参加休闲活动。另一些人在 40 岁时就感到老了，似乎生活已经达到顶峰，开始走下坡路。

中年期很难界定的另一个原因在于，它本身是一个与时代同步的现象。20 世纪之前，年轻人和老年人各应该完成什么任务，只有一个大致的划分。女性常常在 55 岁左右成为寡妇，这时她们最小的孩子还没有离开家独立生活。艰苦的生活条件迫使人们把病恹恹的身体看作生活的一部分。由于百年以来平均预期寿命延长以及身心健康状况的改善，成人越来越意识到自己的衰老和死亡。

本章，我们将探讨中年期的生理和认知发展。我们将看到，这两方面的发展速度会减慢，但是人的行为能力得到保持，其他方面还有一些有益的补偿。和前几章一样，我们要讨论变化发生的多种方式。除了遗传和生物学衰老之外，我们对人的探讨还会随着年龄的增长关注家庭、社区、文化环境对衰老发挥着共同影响。

第一部分　生理发展

中年期的生理发展是成年早期开始发生的变化的持续。即使是精力最充沛的成人，当他们照镜子或翻看家庭照片时也会发现自己变老了。头发变白、变稀，脸上出现新的皱纹，富态的、不再洋溢着青春气息的体型就是证明。中年期的很多人开始遭遇威胁生命的健康问题，这些问题不是发生在自己身上，就是发生在伴侣和朋友身上。从"出生后的几年"到"生命余下的年头"这种主观的时间观念的变化，也增强了人们对衰老的意识 (Demiray & Bluck, 2014; Neugarten, 1996)。

这些因素使人的身体自我形象发生了变化，他们不再看重能得到什么，而更看重会失去什么 (Bybee & Wells, 2003; Frazier, Barreto, & Newman, 2012)。40~65 岁的人最担心患上致命疾病，害怕因生病而生活不能自理，害怕丧失各种心理能力。遗憾的是，许多中年人不能很好地把握机会，成为健康、精力充沛的中年人。虽然衰老的很多方面不能控制，但是，人们可以通过多方努力来增强身体活力，增进身体健康。

一、身体变化

15.1　描述中年期的身体变化，包括视力、听力、皮肤、肌肉－脂肪结构、骨骼和生殖系统的变化

15.2　描述中年期男女两性性行为的变化及相关的生理与情感症状

一天早晨，特丽莎穿好衣服准备去上班时，和德温开玩笑说："我想我应该不擦镜子，这样我就看不见脸上的皱纹和灰白的头发了。"瞥了眼镜子里的自己，她用严肃的语调说："看这些脂肪——它就是瘦不下去！我以后得每天多锻炼锻炼。"一番话引得德温不由得低头看了看自己变大的肚子。

早餐时，德温上下推了推眼镜，眯着眼睛看报纸。"特丽莎，眼科医生的电话是多少？我得再换一副双光眼镜。"当他们在厨房和起居室交谈时，德温有时会让特丽莎重说一遍她说过的话。

他把收音机和电视机的音量调得很大，特丽莎常说："有必要开这么大吗？"德温已经不能像以前那样听得很清楚了。

这一节，我们将考察中年期身体的主要变化。要了解这些变化，重温表 13.1 的内容很有帮助。

1. 视力

40 多岁的人大多在看小字时觉得费劲，因为晶状体增厚，眼睛能够适应（调整焦距）近处物体的肌肉变得松弛。晶状体表面出现增生

的纤维，把已有纤维压向中心部位，形成较厚、密度较大、柔韧性较差的结构，导致晶状体最终失去调焦能力。50 岁时，晶状体的调焦能力只有 20 岁时的六分之一。60 岁左右，晶状体完全失去对物体各种距离的适应能力，形成**远视眼**（presbyopia）（即"老花眼"）。由于晶状体逐渐失去弹性，因此眼睛在 40~60 岁变得越来越远视（Charman, 2008）。老花镜，对近视眼来说是双光眼镜，能缓解阅读困难。

第二种变化限制了在暗光下看物体的能力，这种能力的下降速度是明视觉下降速度的两倍。在整个成年期，瞳孔缩小，晶状体变黄。另外，从 40 岁开始，玻璃体（眼球内透明的胶状物质）出现了不透明区域，从而减少了到达视网膜的光量。晶状体和玻璃体的变化使光在眼睛内散射，提高了对强光的敏感性。例如，德温在大学时代喜欢在夜间开车。但现在，他有时候不能区分标示牌和移动物体（Owsley, 2011; Sörensen, White, & Ramchandran, 2016）。他变得害怕亮光，如迎面而来的汽车前灯的光。晶状体变黄和玻璃体密度增大还使分辨颜色的能力减弱，尤其是对光谱中蓝－绿－紫色的辨别（Paramei, 2012）。有时，德温不得不问一下，他的运动衣、领带和袜子颜色是否搭配。

除了眼睛结构的变化，视神经系统也发生了变化。视网膜上的柱状细胞和锥状细胞（光和颜色的接收细胞）以及视神经（视网膜和大脑皮层间的通路）上的神经元逐渐减少，是视觉下降的原因。中年期，有一半的柱状细胞（使人具有暗视觉）消失（Grossniklaus et al., 2013; Owsley, 2011）。由于柱状细胞是释放锥状细胞（使人具有明视觉和颜色视觉）所必需的物质，因此柱状细胞减少导致了锥状细胞的减少。此外，视网膜血管退化，视网膜供血减少，使视网膜变薄，敏感性下降。

中年人患青光眼的风险增大，**青光眼**（glaucoma）是一种眼液排出效果差导致眼内压升高并损害视神经的疾病。40 岁以上的人，有近 2% 患青光眼，其中女性多于男性。该病无明显症状，是导致失明的一个重要原因。青光眼具有家族性：兄弟姐妹中有人患此病，其余人的患病风险增加 10 倍。这种病在非裔和拉美裔中的发病率是白人的 3~4 倍

（Guedes, Tsai, & Loewen, 2011）。从中年开始，眼部检查就应包括青光眼检查。促进排出眼液的药物和打开受阻排液通道的手术能够阻止视力下降。

2. 听力

据估计，在 45~64 岁的美国人中，听力丧失者约占 14%，听力丧失通常是从成年早期开始的听力损伤的结果（Center for Hearing and Communication, 2016）。有些听力丧失是家族性的，即遗传的，但多数与年龄有关，称为**老年性耳聋**（presbycusis）。

随着年龄增长，动脉粥样硬化导致细胞死亡或供血量减少，使得负责把机械声波转化为神经冲动的内耳结构的机能减弱。同时，在听觉皮层进行的对神经信息的加工也减弱。50 岁左右，对高频音的听力明显下降是最初迹象。此后，这种听力障碍蔓延到各种频率的声音。对连续发出的声音的分辨能力也减弱。逐渐地，分辨人类语言越来越困难，尤其是快速话语和有背景音的话语（Ozmerai et al., 2016; Wettstein & Wahl, 2016）。不过，在整个中年期，多数人对较宽频率范围的听力尚能良好地维持。非洲部落的人很少出现因年龄增长而听力下降的现象（Jarvis & van Heerden, 1967; Rosen, Bergman, & Plester, 1962）。这些发现表明，除了生物学老化之外，还有其他因素参与其中。

钢铁制造厂的一名工人正在用磨床磨平金属表面。男性的听力比女性下降得快，这有几个原因，其中之一是男性主导职业中的强噪声。

509

男性比女性听力下降得更早、更快，这种差异与吸烟、男性主导职业中的强噪声以及随年龄增长而出现的高血压、心血管疾病、脑组织创伤或中风有关 (Van Eyken, Van Camp, & Van Laer, 2007; Wettstein & Wahl, 2016)。为此，美国政府制定了相应法规，要求工厂控制噪声、提供耳塞、控制污染和定期做听力测试等，这些安全措施可明显降低听力损害 (U.S. Department of Labor, 2016b)。但是，仍有些雇主没有完全遵守这些法规。

虽然有听力障碍的中老年人可佩戴助听器，但佩戴的人并不多。一些人认为助听器令人尴尬，不愿意花时间去适应，认为它不太管用，或认为它太贵 (Li-Korotky, 2012)。如果对人声的知觉受到影响，那么可在噪声较小的环境中，耐心、清楚地对别人说话，并辅以目光交流，就能帮助理解。

3. 皮肤

人的皮肤有三层组织：下皮层，或称外保护层，该层一直有新皮层细胞产生；真皮层，或称中间支持层，由相互联结的组织构成，其伸展和收缩使皮肤具有弹性；上皮层，是内部脂肪层，能增加皮肤的柔美线条，为皮肤塑形。随着年龄增长，下皮层与真皮层的连接不再紧密，真皮层的纤维变细，失去弹性，下皮层和真皮层的细胞含水量下降，上皮层的脂肪减少，导致皮肤起皱、松弛和干燥。

30 多岁时，当人微笑、皱眉和做出其他面部表情时，额头会出现皱纹。40 多岁时，皱纹更明显，眼睛两边出现"鱼尾纹"。皮肤逐渐失去弹性并变得松弛，尤其是面部、胳膊和腿部皮肤 (Khavkin & Ellis, 2011)。50 岁以后，由皮下色素积累导致的"老年斑"增多。脂肪层变薄使皮肤上的血管清晰可见。

风吹日晒会增加皮肤的皱褶、松弛和黑斑，与同龄人相比，长时间待在户外，又没有采取适当的护肤措施的人会显得年纪更大。在一定程度

上，女性的真皮层不如男性的厚，雌激素的减少加速了皮肤变薄和弹性下降，致使女性的皮肤衰老得更快 (Thornton, 2013)。

4. 肌肉－脂肪结构

特丽莎和德温说得很对，体重增加，即人们常说的"中年发胖"，是男女都关注的问题。一般变化方式是脂肪增加，瘦体组织群（肌肉和骨骼）减少。脂肪增加主要影响躯干，原因在于脂肪在体内的累积。如前所述，四肢的皮下脂肪会减少。平均来说，从成年早期到中年期，男性的腹部脂肪增加 7%~14%。虽然主要原因是体重增加，但随着年龄增长而发生的肌肉－脂肪结构的变化也有影响 (Stevens, Katz, & Huxley, 2010)。脂肪分布的性别差异开始显著。男性的脂肪在背部和上腹部集聚较多，女性的脂肪则在腰部和上臂集聚 (Sowers et al., 2007)。40~50 岁的中年人肌肉质量逐渐下降，这主要是因为掌管速度和爆发力的快肌纤维萎缩。

但是，第 13 章讲过，体重增加和肌肉力量下降并非不可避免。随着年龄增长，人们必须逐渐减少热量的摄入，以适应由年龄导致的基础代谢率的降低（见边页 446）。对于动物而言，抑制饮食能明显延长寿命，保持健康和活力。当前，研究者正在考察其中包含的生物机制，并查明这些结论与人类的相关性（见本节"生物因素与环境"专栏）。

女性往往不如男性活跃，她们的肌肉质量和机能随着年龄增长而迅速下降 (Charlier et al., 2015)。不过，负重锻炼，如抗阻力训练（一种对肌肉有中等程度压力的举重训练）可以防止体重增加和肌肉减少。德温的老朋友，57 岁的蒂姆，多年来都骑自行车上下班，周末慢跑，每周举重两次，平均每天花 1 小时从事中高强度的体育锻炼。像许多耐力运动员一样，他在成年早期和中期保持着相同的体重和肌肉发达的体格。

专栏 生物因素与环境

饮食限制的抗衰老作用

科学家早已查明，限制非灵长类动物的饮食热量摄入可以延缓衰老，同时保持健康和身体机能。与早期自由进食相比，少摄入 30%～50% 热量的大鼠和小鼠均显示出各种生理健康益处，如慢性病发病率降低，寿命延长高达 50%（Fontana & Hu, 2014）。在啮齿类动物达到生理成熟期后开始少量或适度的热量限制也可以减缓衰老和延长寿命，尽管延长的时间不太长。其他研究也揭示了类似的饮食限制在老鼠、跳蚤、蜘蛛、蠕虫、鱼和酵母菌身上的效用。

1. 对灵长类的研究

灵长类动物，尤其是人类，是否也能从饮食限制中受益？研究者从恒河猴幼年一直追踪到成年，记录其健康指标。20 多年的追踪研究发现，与自由饮食相比，节食控制的猴子长得较小，但并不太瘦。它们在躯干上积累的脂肪较少，而这种脂肪分布可以降低中年人患心脏病的风险。

限制热量摄入的猴子的体温和基础代谢率也较低，这表明，它们的生理过程从继续生长转变为对身体机能的维持和修复。因此，与限制热量摄入的啮齿动物一样，限制热量摄入的猴子似乎更能承受严重的生理压力，如手术和传染病（Rizza, Veronese, & Fontana, 2014）。

研究发现，有三项生理过程作为中介产生了这些益处。首先，限制热量摄入抑制了自由基的产生，而自由基过多会导致细胞恶化（见第 13 章边页 440）（Carter et al., 2007）。其次，限制热量摄入可以防止机体组织的慢性炎症，而慢性炎症会导致组织损伤，并与许多衰老性疾病的发展相关（Chung et al., 2013）。最后，限制热量摄入可以降低血糖，提高胰岛素敏感性，从而降低糖尿病和心血管疾病的风险（Fontana, 2008）。低血压和低胆固醇，以及"好胆固醇"增多、"坏胆固醇"减少，在限制热量摄入的灵长类动物中都有所表现。

对猴子死亡年龄的追踪显示，在限制热量摄入能否延长寿命这一问题上，研究结果不一致。但限制食物摄入既可以显著降低与年龄相关的疾病，包括关节炎、癌症、心血管疾病和糖尿病的发病率，也能防止脑

冲绳岛的一位祖父和他的孙子在一天下午一起放风筝。第二次世界大战前，冲绳居民的饮食受到限制，这有利于健康和延长寿命。最近几代人不再表现出这些优势，可能是由于西化食品传入冲绳岛。

容量、感觉机能和肌肉质量的下降（Colman et al., 2009; Mattison et al., 2012）。总之，限制热量摄入的猴子明显从更长时间的健康生活中受益。

2. 对人类的研究

第二次世界大战前，冲绳岛居民（在保持健康饮食的前提下）平均比日本本土居民少摄入 20% 的热量。他们的饮食限制使癌症和心血管疾病的死亡率降低了 60%～70%。最近几代冲绳人不再显示出这些健康和长寿优势（Gavrilova & Gavrilov, 2012）。一些研究者推测，原因可能是快餐之类的西化食品被引入了冲绳。

同样，如果体重正常和超重的人自我限制热量摄入 1～12 年，那么也会显示出对健康的益处，包括降低血糖、胆固醇、血压和动脉壁斑块积累，并且他们比吃典型西方饮食的人有更强的免疫系统反应（Fontana, Klein, & Holloszy, 2010）。随机分配到限制热量摄入和不限制热量摄入条件的实验证据表明，限制热量摄入的参与者显示出心血管和其他健康指标的改善，证明了年龄相关疾病的发病风险降低（Redman & Ravussin, 2011; Rizza, Veronese, & Fontana, 2014）。

虽然在灵长类动物和人类中，限制热量摄入对延长寿命的效果尚不确定，但它对健康的各种好处已经无可怀疑。它似乎是对食物短缺的一种生理反应的结果，这种反应是人类进化的结果，可以增强身体在逆境中生

存的能力。但是，很少有人愿意在一生的大部分时间里都保持大幅度减少饮食的生活方式。现在，科学家开始探索限制热量的拟态物——既不用节食，又能产生与限制热量摄入同样的健康效果的天然植物与合成药物的化合物 (Ingram & Roth, 2015)。这种研究现在仍处于初级阶段。

5. 骨骼

随着年龄增长，由于新细胞在骨骼外层累积，骨骼逐渐变粗，但其矿物质含量下降，因此孔隙增多。这导致骨密度逐渐下降，这种下降从近40岁开始，到50多岁加剧，女性尤甚 (Clarke & Khosla, 2010)。女性骨骼中的矿物质含量本来就比男性少，绝经后，在骨骼对矿物质的吸收过程中，雌激素发挥的积极作用消失。对于男性而言，睾丸激素具有同样的保护作用，但随着年龄增长，睾丸激素和骨密度也会下降 (Gold, 2016)。中老年人的骨密度下降幅度很大，男性约为8%~12%，女性约为20%~30%。

骨骼强度的降低，会导致脊柱的椎间盘塌缩。到60岁左右，身高会下降约2.5厘米，此后这种变化加速。另外，弱化的骨骼不能支撑重物，容易骨折且愈合慢。健康的生活方式，如负重锻炼，摄入钙和维生素 D，避免吸烟和酗酒，可使绝经后女性骨骼力量下降减缓30%~50% (Rizzoli, Abraham, & Brandi, 2014)。

当骨质流失非常严重时，就会导致骨质疏松症。在"疾病与能力缺失"部分，我们将讨论这种病。

6. 生殖系统

人的生殖力下降的中年转折期被称为**更年期**(climacteric)。对于女性，它意味着生殖能力丧失；对于男性，生殖能力虽下降，但仍然保留。

（1）女性生殖能力的变化

女性更年期的变化延续10年多的时间，在此期间雌激素的分泌减少。结果，女性月经周期从20~30岁时的约28天到50岁前几年的约23天，而且月经周期变得不规律。有时候，没有卵子排出；即使有卵子排出，也有缺陷（见第2章边页50）。女性更年期以**绝经**(menopause)宣告结束，此时女性的月经停止，丧失生殖能力。北美、欧洲和东亚女性绝经的平均年龄是50岁出头，但年龄范围为从40岁前几年到60岁之前 (Rossi, 2004a; Siegel, 2012)。吸烟或未生育女性绝经较早。

绝经后，雌激素分泌进一步减少，导致生殖器官缩小，且不容易兴奋，在性唤起过程中，阴道的润滑也缓慢。结果，女性对性机能的抱怨增加，大约35%~40%的女性，尤其是身体有病或伴侣有性功能障碍的女性报告有各种困难 (Thornton, Chervenak, & Neal-Perry, 2015)。雌激素分泌减少也导致皮肤弹性下降和骨量减少。雌激素还丧失了通过促进"好胆固醇"（高密度脂蛋白）的产生来减缓皮肤老化、骨质流失和动脉壁斑块积存的能力。

绝经前后的这段时期通常伴随着情绪和身体症状，包括情绪波动和潮红——出汗后伴随的热感，体温上升，脸部、颈部和胸部发红。在西方工业化国家，有超过50%的女性受到潮红的影响——它可能发生在白天，也可能在女性睡觉时导致盗汗 (Takahashi & Johnson, 2015)。在通常情况下，这种症状并不严重：只有大约1%~12%的女性每天都出现这种症状。潮红平均持续四年，但有些女性会持续十年。虽然接近绝经期的女性倾向于报告更易怒和睡眠满意度更低，但使用脑电图和其他神经生物学方法的研究显示，绝经与睡眠时间或质量的变化之间并无联系 (Baker et al., 2015; Lamberg, 2007)。然而，频繁的潮红和夜间反复醒来与睡眠质量差有关。

此外，追踪研究显示，抑郁症发作在更年期会增加，其中，有抑郁症病史、经历高压力生活事件或对更年期和衰老持消极态度的女性风险最大 (Bromberger et al., 2011; Freeman et al., 2006; Vivian-Taylor & Hickey, 2014)。更年期的激素变化会加重抑郁症状，尤其是对脆弱的女性来说。随着最后的月经期的来临，激素水平趋于稳定，抑郁症的发生率降低 (Freeman et al., 2014;

Gibson et al., 2012)。但如图 15.1 所示，有抑郁症病史的女性，在绝经后继续感到抑郁的比例，远大于无抑郁症病史的女性。这些人的困难值得认真评估。

与北美、欧洲、非洲和中东女性相比，亚洲女性报告的更年期症状，尤其是潮红较少 (Obermeyer, 2000; Richard- Davis & Wellons, 2013)。亚洲饮食中富含植物雌激素的豆制品较多可能与此有关。

（2）激素疗法

为了减轻绝经期的不适，医生会采用**激素疗法** (hormone therapy)，让绝经期女性每天摄入小剂量的雌激素。激素疗法有两种类型：只使用雌激素，或称雌激素替代疗法 (ERT)，适用于做过子宫切除的女性；雌激素加黄体酮，或称激素替代疗法 (HRT)，适用于其他女性。雌激素和黄体酮结合使用可降低患子宫内膜癌的风险——子宫内膜癌长期以来被认为是由激素疗法的严重副作用所致。

激素疗法对克服潮红和阴道干涩很有效。它还能防止骨骼退化。但是，在 20 多项实验中，近 43 000 名女性被随机分配到只用雌激素组、雌激素加黄体酮组，以及服用安慰剂汤丸的控制组。研究者对三个组的追踪时间为至少 1 年，平均 7

年。研究结果揭示了一系列负面后果。激素疗法与心脏病发作、中风、血栓、乳腺癌、胆囊疾病和肺癌死亡的风险增加有关。ERT 组与 HRT 组相比，增加了血栓、中风和胆囊疾病的风险。65 岁及以上接受 HRT 治疗的女性，患阿尔茨海默病和其他痴呆的风险较高 (Marjoribanks et al., 2012)。

在现有证据的基础上，女性及其医生在决定采用激素疗法时应该慎重。选择这种疗法的女性，在绝经早期，尽可能在最短时间内服用最低剂量的药物，可以把风险降到最低 (Mirkin et al., 2014)。有心血管疾病或乳腺癌家族史的女性不宜采用激素疗法。幸好，替代疗法的数量正在增加。较少副作用的新型雌激素类药物可以减少潮红和阴道干燥，保护骨骼 (Mintziori, 2015)。一种相对安全的治疗偏头痛的药物加巴喷丁 (gabapentin)，可作用于大脑的温度调节中心，显著减少潮红。高剂量的加巴喷丁似乎很安全，而且和激素疗法同样有效。几种抗抑郁药物也有帮助 (Roberts & Hickey, 2016)。

（3）女性对更年期的态度

女性对更年期的态度存在很大差异，这取决于她们怎样把这件事与她们过去和未来的生活相联系。杰维尔曾想结婚成家，但始终未能如愿，绝经对她来说无疑是一种创伤。她对生理能力的感觉仍然与生育能力息息相关。身体上的症状或对这些症状的预期，也会引发消极的态度，比如对更年期女性的"易怒""抑郁""老了"或"不像个女人了"的成见比比皆是 (Elavsky & McAuley, 2007; Marván, Castillo-López, & Arroyo, 2013; Sievert & Espinosa- Hernandez, 2003)。

但是，许多女性认为，绝经几乎没带来什么麻烦，她们把绝经看作一个新的起点。当询问 2 000 多名美国女性不来月经感受如何时，近一半正在绝经阶段的人和 60% 已经绝经的人说，她们觉得自己解放了 (Rossi, 2004a)。多数女性不想再生孩子，庆幸自己不需要再担心怀孕。与受教育较少的女性相比，受过高等教育的女性对绝经的态度一般更积极 (Pitkin, 2010)。

与前几代人相比，婴儿潮一代似乎更能接受更年期 (Avis & Crawford, 2006)。她们强烈希望抛弃以前的性别成见观念（例如更年期是衰退和疾病的标

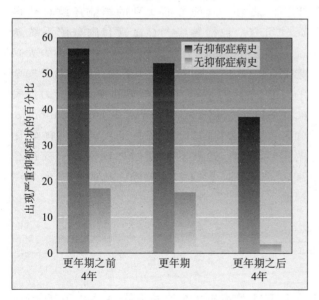

图 15.1 绝经前后出现严重抑郁症状的女性百分比
一项针对随机抽取的 200 名居住在费城的女性的追踪研究显示，在绝经期（更年期）前几年，严重抑郁症的发病率有所上升，而在绝经后发病率有所下降。既往有抑郁症病史的女性患抑郁症的风险大得多：绝经后，多数在更年期严重抑郁的女性继续抑郁，没有抑郁症病史的女性的抑郁症状几乎消失。资料来源：Freeman et al., 2014.

非裔美国女性通常认为更年期正常且不可避免，甚至欢迎更年期的到来，所以她们在更年期比欧裔白人女性更少出现易怒和喜怒无常的情况。

志），更积极地寻求健康信息，也更愿意公开讨论性话题，这些都有助于她们总体上的积极适应。

还有研究表明，非裔美国女性对绝经持正面态度。几项研究发现，非裔美国女性报告的易怒和喜怒无常比白人女性少。她们很少从生理衰老的角度谈论更年期，而认为更年期是正常和不可避免的，甚至是受欢迎的（Melby, Lock, & Kaufert, 2005; Sampselle et al., 2002）。几名非裔美国女性表达了她们的气愤。她们说，社会上总是把中年女性因工作或家庭压力而做出的正常行为说成是"发疯"，把这一切都和绝经扯在一起。一项研究调查了 13 000 多名 40~55 岁、不同族裔的美国女性，结果显示，在对自我评价的生活质量产生影响的因素中，社经地位、身体健康、生活方式因素（吸烟、饮食、锻炼、体重增加），尤其是心理压力等因素，其影响力都大于绝经和三种更年期常见症状（潮红、盗汗和阴道干涩）（Avis et al., 2004）。

在身体症状和态度上存在的极大差异表明，绝经不仅是一个与激素有关的事情，还受到文化观念和习俗的影响。可参考本节的"文化影响"专栏介绍的怎样从跨文化视角来看待女性绝经问题。

（4）男性生殖能力的变化

男性虽然也有更年期，但却没有绝经这件事。男性精子数量和活力从 20 岁开始下降，40 岁后精液数量减少，对中年生育能力产生负面影响（Gunes et al., 2016）。但是，精子的产生贯穿整个生命周期，90 多岁的男性还能生育。睾丸激素的分泌也会随着年龄增长而减少，但对于那些继续进行性活动的健康男性来说，这种减少幅度较小，因为性活动会刺激细胞释放睾丸激素。

睾丸激素的减少对血液流向阴茎和阴茎结缔组织的改变起着重要作用。因此，勃起需要更多的刺激，也更难得以维持。虽然阳痿现象（无法正常勃起或勃起硬度不够）在任何年龄都可能出现，但在中年期更常见，60 岁时，20%~40% 的男性报告说有勃起困难，其发生频率和严重程度随年龄增长而增加（Shamloul & Ghanem, 2013）。

偶尔出现一两次阳痿并不严重，但反复发作会让一些男人担心自己的性生活已经结束，从而破坏其自我形象。伟哥、希爱力和其他增加阴茎血流量的药物可以暂时缓解勃起机能障碍。围绕这些药物的宣传引发了更多关于勃起机能障碍的公开讨论，并鼓励更多的男性寻求治疗。但服用这些药物的人，除了会导致阳痿的睾酮水平下降之外，其他方面受到的影响还没有获得充分研究，包括神经、心血管和内分泌系统紊乱，焦虑和抑郁，骨盆损伤以及对性伴侣失去兴趣（Mola, 2015）。虽然治疗阳痿的药物通常是安全的，但少数使用者产生了严重的视力或听力损失（Lambda & Anderson-Nelson, 2014; Shamloul & Ghanem, 2013）。对于患高血压或动脉粥样硬化的男性而言，这些药物会增加视网膜、视神经和听觉神经血管收缩的风险，从而造成永久性损伤。

思考题

联结 把不同种族对绝经的态度差异与对初潮和青春期到来早晚的反应差异（第 11 章边页 374-375，377）加以比较。你找到相似点了吗？请解释。

应用 南希在 40~50 岁增加了约 18 斤。她还打不开密封罐头，爬一段楼梯就会小腿疼。南希想，肌肉变少、脂肪增多是衰老过程中不可避免的。她的想法正确吗？为什么？

反思 在采用激素疗法来减轻更年期症状之前，你会考虑哪些因素，或者会建议别人考虑哪些因素？

514

绝经是生物文化事件

生物因素和文化因素共同影响女性对绝经的反应，使之成为一个**生物文化事件**。在西方工业化国家，绝经被"医学化"，被认为是一种需要治疗的生理和心理综合征。

改变看待绝经的环境，也会改变对绝经的评价和态度。在一项研究中，近 600 名 19~85 岁男性和女性描述了关于绝经的三种观点：是一个医学问题，是一生中的一个过渡时期，是衰老的标志之一。"是一个医学问题"的观点比其他观点引发了多得多的消极描述 (Gannon & Ekstrom, 1993)。

研究发现，在非西方文化中，中年女性的社会地位也影响绝经体验。在年长女性受到尊重、婆婆和祖辈角色会带来新特权和责任的社会中，对绝经症状的抱怨很少 (Fuh et al., 2005)。这或许在一定程度上使亚洲国家的女性很少报告不适。即使报告，其症状也与西方国家的女性不同。

亚洲女性很少抱怨潮红，她们的常见症状是背部、肩膀和关节疼痛，这可能是来自其他种族群体的生物变异 (Haines ct al., 2005; Huang, 2010)。在亚洲文化中，女

在这些生活在尤卡坦半岛的玛雅女性看来，更年期带来了自由。经过几十年的生育，玛雅女性期待更年期的到来，她们说更年期"很快乐""又像小女孩一样自由"。

性在中年得到的尊重和责任达到顶峰。在一般情况下，她们每天要掌管家里的开支，照看孙辈，伺候公婆，做家务。亚洲女性通过这些社会看重的奉献项目来缓解更年期的痛苦。在日本，女性和妇科医生都不认为更年期是女性步入中年的一个重要标志，而是把更年期看作"被社会认可、能力成熟"、可大显身手的时期 (Menon, 2001, p. 58)。

对墨西哥尤卡坦半岛农村的玛雅女性和希腊埃维亚岛的农村女性的比较，显示出对绝经的二元文化影响 (Beyene, 1992; Beyene & Martin, 2001; Mahady et al., 2008)。在这两种社会中，年老是地位上升的时期，绝经则把女性从生养孩子中解放出来，让她们有更多的时间休闲娱乐。而在另一些方面，玛雅女性和希腊女性则截然不同。

玛雅女性在青少年时期就会结婚。到 35~40 岁时，她们已经生了好多孩子，但由于反复怀孕和哺乳，她们很少有月经，而且绝经期的到来时间也比发达国家的同龄女性早 10 年，这可能是由生理压力，如营养不良和繁重的体力劳动所致。她们渴望结束生育，也期待更年期的到来，并且用"很快乐"和"又像小女孩一样自由"来描述这一时期。没有人报告潮红或任何其他症状。

希腊的农村女性和北美女性一样，采用计划生育来限制家庭规模，多数人报告绝经期有潮红和盗汗。但是她们把这些症状看作暂时的不舒服，认为它们会自己停止，不认为它们是需要治疗的医学症状。如果问潮红发生时怎么办，希腊女性回答说"不在乎""出去呼吸新鲜空气"以及"夜里把被子掀开"。

玛雅女性和希腊女性的对比引出了一个问题：生育胎数的多少是否影响绝经症状？这还有待更多的研究证实。此外，北美女性和希腊女性在看待和处理潮红上，差异也很显著。这与其他跨文化研究的结果一样，都揭示出，生物因素和文化因素对更年期经历是共同起作用的。

二、健康与健身

15.3 讨论中年期的性生活及其与伴侣关系满意感的关系

15.4 讨论癌症、心血管疾病和骨质疏松症及其危险因素与干预

15.5 讨论敌意和愤怒与心脏病及其他健康问题的关系

在中年期，大约85%的美国人认为他们的健康状况为"很好"或"良好"——这个比例虽然包括了大多数人，但低于成年早期95%的比例(Zajacova & Woo, 2016)。年轻人大多把健康问题归于急性感染，中年人则更多地将其归于慢性病。在评价自己健康状况不好的人中，男性更可能患致命疾病，女性则更可能患非致命、不严重的疾病。

除了典型的消极指标——患重病和致残疾病之外，我们把性行为作为健康的积极指标。在开始讨论之前必须指出，由于对女性和少数族裔的研究不足，我们对中老年期健康的了解受到限制。*515* 大多数关于疾病危险因素、预防和治疗的研究是针对男性的。幸好，这种情况正在改变。例如，由美国联邦政府提出的女性健康倡议(WHI)，从1993—2005年考察了各种生活方式和医疗预防方案对接近 162 000 名各族裔和各社经地位绝经后女性健康的影响，获得了很多重要研究结果，包括前面讲过的与激素疗法相关的健康风险。在两个五年——2005—2010 年为第一个五年（有 11.5 万名女性参与研究），2010—2015 年为第二个五年（有 9.4 万名女性参与研究）——期间，每年都对她们的健康状况进行更新，并获得了很多重要资料。

1. 性生活

绝大多数关于中年性行为的研究都聚焦于异性恋夫妻，对同居伴侣也有少量研究。对于越来越多的处于单身和约会状态的中年人的性行为，资料尚不多。关于中年约会、同居和已婚同性伴侣的研究也很少。

异性恋夫妻的性生活频率在中年期趋于下降，但对多数人来说，下降幅度不大。对美国成人所做的大型全国代表性样本调查显示，即使在中年后期（55～64 岁），大多数已婚夫妻和未婚同居的成人（大约 90% 的男性和 80% 的女性）性生活仍然活跃 (Thomas, Hess, & Thurston, 2015; Waite et

al., 2009)。如图 15.2 所示，大多数性生活活跃的中年人报告有规律性的性生活——每月至少一次或每周至少一次。

追踪研究表明，性活动的稳定性并非变化巨大，而是相当平稳的。在成年早期经常发生性行为的夫妻，中年期仍然如此 (Dennerstein & Lehert, 2004)。对性生活频率的最佳预测指标是对伴侣之间关系的满意度，二者呈明显的双向相关 (Karraker & DeLamater, 2013; Thomas, Hess, & Thurston, 2015)。在快乐亲密的关系中，性行为很容易发生，而性行为和谐的夫妻会更积极地看待他们的关系。

但是，由于更年期的身体变化，中年期性反应的强度下降。男女都需要更长的时间被唤起和达到高潮。如果双方都认为对方的吸引力不强，就会导致性欲下降。不过如果态度积极，性行为就可以令人更满意。例如，德温和特丽莎以接纳和深情来看待彼此身体的衰老，把这当作他们持

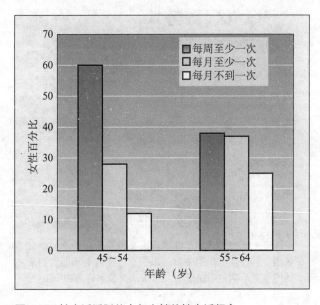

图 15.2　性生活活跃的中年女性的性生活频率

一项针对全美 1 000 多名中年女性代表性样本的调查显示，性生活活跃的女性在中年后的性生活频率下降。但是，在 55～64 岁的人群中，超过三分之一的人每周至少有一次性生活，接近同样比例的人每月至少有一次性生活。资料来源：Tthomas, Hess, & Thurston, 2015.

久、深厚感情的标志。随着从工作和家庭中获得更大的解放，他们的性生活更自然。多数 50 多岁的已婚者表示，性生活是他们关系的重要部分 (Das, Waite, & Laumann, 2012)。很多人能找到解决性功能障碍的办法。一名幸福的 52 岁已婚女士说："我们知道自己在做什么，我们有丰富的经验（笑），我本来不相信这种事会越老越好，但事实确实如此。" (Gott & Hinchliff, 2003, p. 1625)

对已婚、同居和单身者进行的调查显示，随着年龄增长，性行为会出现显著的性别差异。从 30 多岁到 50 多岁，美国男性中没有性伴侣的比例从 8% 上升到 12%。相比之下，美国女性中没有性伴侣的比例则急剧上升，从 9% 上升到 35%~40%，这种性别差距在老年期变得更大 (Lindau et al., 2007; Thomas, Hess, & Thurston, 2015; Waite et al., 2009)。男性较高的死亡率以及女性注重感情与性关系的关联，使她们很难再找到伴侣。有证据表明，整体上，中年期性行为和早期性行为一样，是生物、心理和社会因素共同作用的结果。

2. 疾病与能力缺失

如图 15.3 所示，癌症和心血管疾病是美国中年人死亡的主要原因。意外伤害虽然仍是一种主要的健康威胁，但发生的概率低于成年早期，主要是因为机动车碰撞减少了：虽然中年人视力不如以前，但中年人多年的驾驶经验和更谨慎的驾驶态度会减少这类死亡。相比之下，导致骨折和死亡的跌倒在成年早期到中年期间增加了一倍

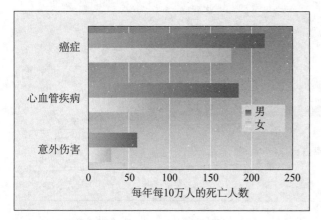

图 15.3 美国 45~64 岁人群死亡的主要原因
男性比女性更容易受到各种主要死亡原因的伤害。癌症是男女的头号杀手，患心血管疾病的男性远多于女性。资料来源：Heron, 2015.

以上 (Centers for Disease Control and Prevention, 2014e)。

与几十年前一样，经济劣势是健康状况不佳和过早死亡的有力预测指标。在中年期，社经地位的差距扩大 (Agigoroaei, 2016)。在很大程度上，由于更严重的贫困和缺乏全民医疗保险，美国的主要原因死亡率继续超过其他大多数工业化国家 (OECD, 2015d)。此外，男性比女性在多数影响健康的问题上更容易受到影响。在中年男性中，癌症死亡人数略高于心血管疾病的死亡人数。到目前为止，癌症是女性死亡的主要原因（见图 15.3）。当下面各部分内容讲到疾病和残疾时，我们将涉及另一个熟悉的主题：心理健康与身体健康之间的密切联系。可能把压力放大的性格特征，尤其是敌意和愤怒，是中年期健康的严重威胁。

（1）癌症

从成年早期到中年期，癌症死亡率翻了 10 倍，约占美国所有中年期死亡人数的 30% (Heron, 2015)。虽然许多类型的癌症发病率目前处于平稳或下降状态，但癌症死亡率几十年来一直在上升，这主要是由于吸烟导致的肺癌的急剧增加。在世界范围内，肺癌是导致男女癌症死亡的最常见原因。在过去的 25 年里，男性的发病率下降了，如今的吸烟者比 20 世纪 50 年代减少了 60%。相形之下，女性肺癌患者数量在经历了长时间的增长后，直到最近才开始减少，原因是第二次世界大战后的几十年里大量女性开始吸烟 (American Cancer Society, 2015c)。

当细胞的遗传程序被打乱，导致异常细胞不受控制地生长和扩散，从而排挤正常的组织和器官时，癌症就会发生。发生这种情况的原因主要有三：其一，致癌基因直接造成异常细胞复制。其二，一些肿瘤抑制基因的活性被干扰，使之不能阻止癌变基因的增殖。其三，突变会破坏稳定基因的活性——稳定基因可修复正常细胞复制过程中出现的或由环境因素造成的 DNA 细微错误，使遗传基因的改变保持在最低限度 (Ewald & Ewald, 2012)。如果稳定基因失效，许多基因的突变率就会提高。

与癌症有关的突变，既可能源于种系遗传，也可能是躯体性的（先出现在个别细胞，然后复

制）（见第 2 章边页 49 ）。第 13 章讲过，按照某种理论的观点，DNA 复制中的错误随着年龄增长而增加，使细胞修复效率降低。此外，环境中的毒素可能引发或强化这一过程。

图 15.4 显示了最常见的癌症类型的发病率。在其中一些对两性都有影响的癌症面前，男性通常比女性更脆弱。这种差异可能源于基因组成、生活方式或者职业中接触致癌物的程度，以及男性更可能推迟就医。社经地位因癌症所处位置的不同而不同，例如，肺癌和胃癌与社经地位低有关，乳腺癌和前列腺癌与社经地位较高有关。总体来看，癌症死亡率随社经地位的降低而明显提高，在非裔美国人中尤其如此 (Fernades-Taylor & Bloom, 2015)。与贫穷有关的因素，包括生活压力大、饮食不足和同时患其他疾病，导致医疗保健较差和战胜疾病的能力下降。虽然美国黑人的乳腺癌发病率低于白人，但黑人的乳腺癌死亡率较高。

总之，遗传素质、生物学老化和复杂环境的交互作用导致了癌症。例如，许多患家族性乳腺癌的病人因为缺乏特定的肿瘤抑制基因（卵巢癌易感基因 BRCA1 或 BRCA2 ），治疗效果较差。携带这些突变基因的女性在 40 岁之前尤其容易患早发性乳腺癌 (Haley, 2016)。但在中老年期，患乳腺癌的风险仍然较高，因为这一时期女性患乳腺癌的比例普遍较高。现有的基因筛查可以使预防工作尽早开始。但是，由乳腺癌易感基因导致的乳腺癌只占所有病例的 5%~10%，大多数患乳腺癌的女性并没有家族史 (American Cancer Society, 2015b)。其他遗传和生活方式因素，包括酗酒、超重、缺乏运动、从未生育、使用口服避孕药和采用激素疗法治疗更年期症状等，都会增加致癌风险。

人们常常害怕癌症，因为他们认为癌症是不治之症。其实，60% 的癌症患者可存活 5 年或更长时间。不过，癌症类型不同，生存率差异很大 (Siegel, Miller, & Jemal, 2016)。例如，乳腺癌和前列腺癌的致死率较高，子宫癌和结肠癌的致死率中等，肺癌和胰腺癌的致死率较低。

乳腺癌是影响女性的主要恶性肿瘤，前列腺癌是影响男性的主要恶性肿瘤。肺癌在男女中都排名第二，它比其他类型的癌症导致的死亡都多（大部分可以通过戒烟来预防）。紧随其后的是结肠癌和直肠癌。安排年度体检，对各种癌症进行

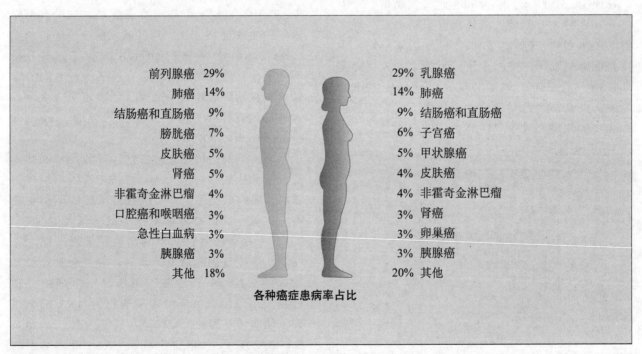

前列腺癌	29%			29%	乳腺癌
肺癌	14%			14%	肺癌
结肠癌和直肠癌	9%			9%	结肠癌和直肠癌
膀胱癌	7%			6%	子宫癌
皮肤癌	5%			5%	甲状腺癌
肾癌	5%			4%	皮肤癌
非霍奇金淋巴瘤	4%			4%	非霍奇金淋巴瘤
口腔癌和喉咽癌	3%			3%	肾癌
急性白血病	3%			3%	卵巢癌
胰腺癌	3%			3%	胰腺癌
其他	18%			20%	其他

各种癌症患病率占比

图 15.4　美国 2012 年男性和女性 10 种主要癌症的患病率

资料来源：R. Siegel, K. D. Miller, & A. Jemal, 2016, "Cancer Statistics, 2016," *CA: A Cancer Journal for Clinicians, 66*, p. 11.

筛查，并采取下面"学以致用"栏推荐的步骤，可以大大降低癌症患病率和死亡率。现在已发现 *518* 了越来越多的致癌突变，针对这些突变基因的新疗法正在测试中。

患癌症后存活是一种胜利，也带来情感上的挑战。治疗癌症期间，亲朋好友关注的是疾病本身。但是，他们更应该关心患者的健康问题，全身心投入患者的日常生活。遗憾的是，社会上仍然流传着癌症的坏名声 (Daher, 2012)。朋友、家人和同事需要提醒患者，癌症不传染，有上级和同事的耐心和支持，癌症幸存者就能够重获工作能力。

（2）心血管疾病

虽然过去几十年里，心血管疾病的发病率有所下降（见第 13 章），但每年因心血管疾病死亡的美国中年人仍占全部死亡人数的大约 25% (Heron, 2015)。人们常认为，心血管疾病就是心脏病发作，其实不然，例如，德温和许多中老年人一样，是在年度体检中发现心血管疾病的。医生检测出他患有高血压、高胆固醇和动脉粥样硬化（即冠状动脉中形成斑块）。冠状动脉环绕心脏，为心脏的肌肉提供氧气和营养。这些心血管疾病被称为"无声杀手"，因为它们通常没有什么先兆。

心血管疾病有不同的表现形式。最极端的形式就是心脏病发作——心脏某一区域的正常供血受阻。心脏病发作一般是由凝结斑块堵塞了一条或几条冠状动脉所致。当被影响区的肌肉机能丧失时，会伴随剧烈的心绞痛。心脏病发作是一种急性病。50% 以上的病人还没被送到医院就已死亡，15% 的病人在接受治疗时死亡，还有 15% 的病人在发病几年后死亡 (Mozaffarian et al., 2016)。其他不太严重的心血管疾病——比如心律失常或

 学以致用

降低癌症患病率和死亡率的措施

干预	描述
知道癌症的七个预警信号。	七个预警信号是：大小便习惯改变，创伤难愈合，不正常的出血或分泌物，乳房或其他部位变硬或结块，消化不良或吞咽困难，疣或痣明显改变，持续咳嗽或声音嘶哑。如有任何一种现象须立即就医。
做定期体检和癌症筛查。	女性每 1~2 年做一次乳房 X 光和巴氏涂片检查。男性从 50 岁开始每年做前列腺检查。男女都应遵医嘱定期做结肠癌检查。
戒烟。	吸烟与 90% 的肺癌死亡和 30% 的其他癌症死亡有关。无烟型（咀嚼型）烟草可能增加患口腔癌、喉咽癌和食道癌的风险。
限制饮酒。	女性每天饮酒超过 1 杯，男性每天饮酒超过 2 杯，会增加患乳腺癌、肾癌、肝癌、头部和颈部癌症的风险。
防止过度日晒。	日晒可导致多种皮肤癌。当长时间暴露在阳光下时，要戴太阳镜，使用可防止长波和中波紫外线的防晒霜，并遮盖暴露在阳光下的皮肤。
少接受 X 光照射。	过多接触 X 光会增大患多种癌症的风险。虽然多数医用 X 射线都调到最低限度，但除非必需，否则不要使用。
少接触工业化学制剂及其他污染物。	接触镍、铬酸盐、石棉、氯乙烯、氡及其他污染物可增加各种癌症的患病率。
权衡激素疗法的利弊。	雌激素替代疗法会增加患子宫癌和乳腺癌的风险，须和医生慎重考虑是否采用。
保持健康饮食。	多吃蔬菜、水果和全谷物，避免食用过量的脂肪、腌制和熏制食品及用亚硝酸盐腌制的食物，可降低患结肠癌和直肠癌的风险。
避免体重过重。	超重和肥胖症可增加患多种癌症的风险，包括乳腺癌、结肠癌、食道癌、肾癌、胰腺癌和子宫癌。
采取积极的生活方式。	体育锻炼可以预防除皮肤外所有部位的癌症，有力证据来自乳腺癌、直肠癌和结肠癌患病率的下降。

资料来源：American Cancer Society, 2015a.

心跳不规则——持续发作时，会阻碍心脏泵出足够的血液，导致昏厥。它亦可在心室内形成血块，这些血块可能渗出并流入大脑。有些人可能会产生类似消化不良的疼痛或压迫性的胸痛——心绞痛，表明心脏缺氧。

现在，已经有各种手段可以治疗心血管疾病，如冠状动脉搭桥术、药物治疗和调节心律的心脏起搏器等等。为缓解动脉阻塞症状，德温做了心脏支架手术。手术时，医生把一根像针一样细的导管置于动脉中，在其顶部系一个鼓起的气球，压平沉积的脂肪，使血液能通畅地流动。医生警告德温，如不采取措施降低疾病发作的风险，他的动脉将会在 1 年内再次出现阻塞。下面的"学以致用"栏列出了可预防心脏病发作或减缓病情的方法。

有些风险，如遗传、高龄和男性身份，是无法改变的。但是，对于心血管疾病的后果严重，人们必须保持警惕，即使是非高发人群，例如女性，也应警惕。由于男性占中年心脏病发作病例的 70% 以上，因此医生经常把心脏病发作视为"男性问题"，而忽视女性的症状。女性的症状除了胸痛，还包括极度疲劳、头晕、心悸、上背部

或手臂疼痛，以及强烈的焦虑，这些症状经常被误认为是惊恐发作。由于女性本人不太可能发现这些症状，因此她们往往不能及时就医。对心脏病患者的随访表明，风险较高的女性，尤其是美国黑人女性，很少能够得到治疗血栓的药物和昂贵的手术治疗，如心脏支架和冠状动脉搭桥术 (Mehta et al., 2016)。因此，对女性，尤其是黑人女性来说，治疗结果往往更糟——她们要么再次住院，要么死亡。

（3）骨质疏松症

因年龄增长，骨质流失严重，会出现**骨质疏松症** (osteoporosis)。在美国 50 岁及以上的成人中，有 10% 的人患有这种疾病，总计 1 000 万人，其中多数是女性，这大大增加了骨折的风险。另有 44% 的人有患骨质疏松症的可能，因为他们的骨密度水平低，需要引起注意。从中年期到老年期，骨质疏松症的发生率在女性中增加了 4 倍——从 7% 增加到 35%，在男性中增加了近 3 倍——从 3% 增加到 11% (Wright et al., 2014)。由于骨骼在多年后变得越来越疏松，因此骨质疏松症可能在发生骨折或接受 X 光透视之前并不明显，并且骨折通常发生在脊柱、髋部和腕部。

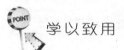 学以致用

降低心脏病发作风险的注意事项

干预	减少的风险率
戒烟。	戒烟 5 年后，心脏病的发病风险比仍抽烟者大大降低。烟草中的化学物质会损害心脏和血管，并增加动脉粥样硬化风险。
降低血脂水平。	坚持健康饮食，可使胆固醇平均降低 10%。
治疗高血压。	健康饮食和药物治疗相结合可以降低血压。如果听之任之，高血压就会对动脉壁造成压力，破坏动脉壁。
保持理想体重。	与肥胖者相比，保持理想体重者患病风险大大降低。
有规律地锻炼。	保持活动而非久坐的生活方式的人，患病风险大大降低。除了保持健康体重，锻炼还可降低胆固醇和血压，帮助预防与心脏病密切相关的 2 型糖尿病。
偶尔喝杯葡萄酒或啤酒。[a]	少量、适量饮酒可降低发病风险；可促进高密度脂蛋白（"好胆固醇"，可减少"坏胆固醇"）的生成，降低形成血栓的风险。
遵医嘱服用低剂量阿司匹林。	对曾心脏病发作或中风者，阿司匹林可通过降低血凝块的可能性而适度降低风险（应遵医嘱，长期服用会有严重副作用）。
减少敌意和其他心理压力。	压力下的人更有可能从事高风险行为，如暴饮暴食和吸烟，并表现出高风险症状，如高血压。

[a] 结合第 13 章，过度饮酒会增加患心血管疾病和其他许多疾病的风险。

资料来源：Mozaffarian et al., 2016.

更年期雌激素分泌减少，是导致骨质疏松症的一个主要因素。在中老年期，女性的骨量减少约 50%，其中大约一半是在绝经后的前 10 年，即 55～60 岁丧失的。女性骨量的减少幅度是男性的 2～5 倍 (Drake, Clark, & Lewiecki, 2015)。女性进入更年期越早，就越有可能罹患与雌激素减少有关的骨质疏松症。对男性来说，随着年龄增长，睾丸激素分泌减少（比女性雌激素的减少缓慢），导致骨量减少——这是因为身体要把一部分睾丸激素转化成雌激素。

遗传对骨质疏松症起着重要作用。有骨质疏松症家族史者，其患病风险较大，同卵双生子比异卵双生子更容易同时患病 (Ralston & Uitterlinden, 2010)。身体瘦削、矮小的人更可能患病，因为他们的骨量在青少年期达到高峰时就比别人少。相反，非裔美国人骨骼密度较大，患此病的可能性要低于其他族裔的人 (Wright et al., 2014)。不健康的生活方式也是一个致病原因：如饮食中缺乏钙和维生素 D（钙吸收所必需的），过量摄入钠和咖啡因，以及缺乏运动。吸烟和饮酒也有害，因为它们会干扰骨细胞的更新 (Drake, Clark, & Lewiecki, 2015)。

当发生重要部位（如髋骨）骨折时，许多人会遭受身体机能和生活质量的永久丧失，而且有发生其他部位骨折的高风险。此类严重骨折导致患者在一年内死亡的概率增加了两倍 (Cauley, 2013)。由于女性的骨质疏松症通常发生得比男性早，因此骨质疏松症被称为"女性疾病"。即使在髋部骨折后，男性也不太可能接受筛查和治疗。与女性相比，男性发生髋部骨折的年龄更大，且

一名理疗师正指导这名中年患者进行抗阻训练——一种被推荐的骨质疏松症干预训练。因为女性患病的风险比男性大得多，所以男性容易麻痹大意，很少接受骨质疏松症的筛查和治疗。

缺乏保持骨密度的干预。可能是由于这些原因，男性髋部骨折后一年内的死亡率比女性高。

要治疗骨质疏松症，医生一般会推荐富含钙和维生素 D 的饮食、负重锻炼（步行而不是游泳）、阻力训练和增强骨骼的药物 (Drake, Clark, & Lewiecki, 2015)。降低终生风险的更好方法是早期预防，办法是增加钙和维生素 D 的摄入，最大限度地提高骨密度峰值，并在童年期、青少年期和成年早期坚持体育锻炼。

3. 敌意和愤怒

特丽莎的姐姐多蒂每次打电话来，都像一个随时会爆炸的火药桶。多蒂在单位对老板很挑剔，对任何妨碍她工作的事情都不耐烦，有强烈的争取成功的竞争意识，当她不满意时就会大发雷霆。有一次，多蒂对身为律师的特丽莎在他们的父亲去世后处理一些家庭法律事务的方式很不满意，她愤怒地恶语连篇："任何律师都懂得这一点，特丽莎。你怎么这么笨！我应该找个真正的律师！"

53 岁的多蒂患有高血压、睡眠困难和背痛。在过去五年中，她曾五次住院：两次是因为消化问题，两次是因为心律不齐，还有一次是因为甲状腺良性肿瘤。特丽莎常常想，多蒂的待人处世风格是否对她的健康问题有一定影响。

敌意和愤怒对健康有消极影响，这是一个有数百年历史的古老观念。几十年前，研究者首次对这一观念进行了检验，他们选择了一些 35～59 岁的表现出 **A 型行为模式**——有很强的竞争性、高抱负、缺乏耐心、充满敌意、易怒、有急切感、匆忙和有时间压力感——的男性。他们发现，在之后 8 年里，A 型行为模式的人患心脏病的概率是 B 型者（性格较平和）的两倍多 (Rosenman et al., 1975)。

但后来的很多研究不能证实上述结果。事实上，A 型行为模式是多种行为的综合，其中只有一两种行为影响健康。当前的研究确认，敌意是 A 型行为模式的"有毒"成分，因为把敌意从整体的 A 型行为模式中拿出来，而且控制了可能导致这些结果的其他因素，如吸烟、饮酒、超重和生活压力，也可以稳定地预测心脏病和其他健康问题 (Eaker et al., 2004; Matthews et al., 2004; Smith et al., 2004; Smith & Mackenzie, 2006)。在敌意测

520

验上得分高的成人，患动脉粥样硬化和中风的风险是得分低的成人的数倍 (Räikkönen et al., 2004; Yan et al., 2003)。

表达敌意，尤其是频繁的暴怒、粗鲁、令人生厌的行为、社会交往中的挑剔，以及傲慢的非语言暗示，如怒视、蔑视和厌恶的表情，这些可以预测心血管被强烈地唤起、冠状动脉斑块形成和心脏病 (Haukkala et al., 2010; Smith & Cundiff, 2011; Smith et al., 2012)。可以预测心脏病的 A 型行为模式的一个相关特征是社会交往的支配型互动方式，表现为快速、大声、持续讲话和不耐烦地打断别人说话 (Smith, 2006)。当人做出这些行为时，心率、血压和应激激素都会上升。

A 型人格的人在取得职业成就的最忙碌年华，会越来越得到人们的认可。芬兰的一项研究追踪了具有全国代表性的数千名参与者，发现 A 型行为模式出现率从青少年期到 35 岁左右上升，到 45 岁左右仅略有下降 (Hinsta et al., 2014)。随着 A 型行为模式表现得越来越明显，随年龄增长的心脏病风险也逐渐上升。

多蒂是否应该把她的敌意深藏起来而不表露，从而保持健康呢？研究表明，反复压抑自己的愤怒，或经常回想过去激怒人的事件，也与高血压和心脏病相关 (Eaker et al., 2007; Hogan & Linden, 2004)。更好的做法是，学会处理压力和冲突的有效方法。

❋ 三、适应中年期的生理挑战

15.6 讨论压力处置、锻炼和毅力对中年期有效应对生理挑战的益处
15.7 解释衰老的双重标准

中年期是人生的多产期，在这一时期，人们取得的成就最大，生活满意度也达到最高，但是人们仍需很大毅力来适应这一时期发生的变化。由于腰围增大和心血管疾病，德温每周参加两次低强度有氧健身训练班。他每天还通过做 10 分钟的冥想来减轻工作压力。特丽莎意识到姐姐多蒂的困境，决心慢慢控制自己的愤怒和不耐烦情绪。一向乐观的心态使她能够成功地应对中年期出现的身体变化、法律职业的工作压力和德温的心血管疾病。

1. 压力处置

第 13 章曾讲到心理压力对心血管系统、免疫系统和胃肠道系统有消极影响。成人在家庭和工作中遇到的问题以及日常生活中的重重烦恼都会带来压力负担。在任何年龄段，压力处置都是重要的，在中年期，这样做可以防止疾病随年龄增长而增加，即使疾病不期而至，也可以降低其严重性。

下页的"学以致用"栏概括了减轻压力的有效方法。如果压力源不能消除，那么人们可以改变自己看待及处理其他事物的方式。例如，特丽莎在工作中着重解决她能控制的问题，不管上司怎样发火，她都会把那些一般性工作推给其他职员去做，她只去解决那些需要她的经验和能力的问题。当多蒂打来电话时，特丽莎努力把正常的情感反应同不合理的自责区分开。她不再把多蒂的愤怒归咎于她自己无能，而是提醒自己，多蒂的情绪与她的困难型气质和生活困难密切相关。丰富的生活经验使她认识到，变化是不可避免的。因此，她做好充分的心理准备来应对突然的变故，如德温因心脏病而住院。

接下来，来看特丽莎是怎样运用应对压力的两种基本策略的（见第 10 章）：问题中心应对策略，根据这种策略，她认为现状是可以改变的，认清困难所在，并决定对此做些什么；情绪中心应对策略，这种策略是内在的、个体的，当对现状无计可施时可以控制烦恼。追踪研究表明，能够有效减轻压力的成人常常根据情境，灵活采用问题中心应对策略和情绪中心应对策略 (Zakowski et al., 2001)。他们的解决方式是经过深思熟虑的，并能同时尊重自己和他人。

还要注意，问题中心应对策略和情绪中心应对策略虽然短期目标不同，但却能相互促进。有效的问题中心应对策略可以减少情绪困扰，而有效的情绪中心应对策略可以帮助人们更冷静地面对问题，从而找到更好的解决方案。相比之下，

521

中年期的压力处置有助于减少与年龄相关的疾病增加。让中年人定期离开高压的办公室环境，到一个阳光明媚、放松的空间工作可以减轻压力。

把大部分精力聚焦于情绪、自我责备、冲动或逃避是没有帮助的。

　　建设性地缓解愤怒情绪的方法是一种重要的健康干预措施（请参考本页"学以致用"栏）。教会人们保持自信而不是带有敌意，与人协商而不是怒火中烧，都能中止强烈的身体反应，这种身体反应正是心理压力与疾病的中介。有时候，最好的办法就是离开当时的情境，花点时间想出应对办法。

　　第 13 章讲过，从成年早期步入中年期，人们能更好地应对压力。因为中年人能对自己改变现状的能力更客观，也更善于预测压力事件并做好处置的准备 (Aldwin, Yancura, & Boeninger, 2010)。此外，中年人对"吃一堑，长一智"深有体会，有过一次

高压经历之后，蓦然回首，他们自己都很难相信，自己在极端困难的情况下竟然能"我自岿然不动"，因此产生一种强烈的掌控感。一场重病，与死神擦肩而过，通常会引起中年人价值观的改变，使中年人明白生活中什么最重要，知道自己的能力有多大、和别人的紧密联系有多重要。研究表明，能够把创伤看作对自己成长的促进，与更有效地应对压力以及多年后更好的身心健康相关 (Aldwin & Yancura, 2011; Proulx & Aldwin, 2016)。只要采用这种方式，对强烈压力的处置就能为今后的积极发展创造条件。

　　但是，对于确实难以应对中年挑战的人来说，社区为他们提供的支持不如给年轻人或老年人提供的那么多。例如，杰维尔不知道更年期会发生什么。她对特丽莎说："如果有一个互助小组，我就能更好地了解更年期的情况，并更好地应对。"解决中年期常见问题的社区项目，可以帮助那些重返大学的成年学习者和照顾年迈父母的人减轻这段时期的压力。

 观察与倾听

找一名曾经克服巨大压力（如曾患重病）的中年人进行访谈，问问他／她是怎样应对的，以及他／她对人生的态度有何变化。这个人的反应与研究结果相符吗？

 学以致用

压力处置

策略	描述
重新评价情境。	学会区分恰当的做法和由不合理想法导致的行为。
关注可控事件。	不要为你不能改变的事情或不可能发生的事情担忧，关注可控的解决问题方法。
把生活看作可变的。	对变化做出预期，承认变化不可避免，这样，意外变化就不会对情感产生很大影响。
考虑各种变通性。	不要仓促行事，要三思而后行。
为自己确立合理的目标。	目标要高，但须切合你的能力、动机和当时情形。
坚持锻炼身体。	身体健康者能较好地管理生理和情感压力。
掌握放松技巧。	放松有助于重新集中精力，减轻压力给身体带来的不适。有课程和自助书刊可以教你这些技巧。
使用建设性的方法缓解愤怒。	延迟反应（"让我再检查一下，然后答复你"）；使用注意分散策略（从 10 数到 1）和自我指导（暗自发出命令"停住！"）以控制愤怒；冷静、自我控制地解决问题（"我应当给他打电话，先不要跟他见面"）。
寻求社会支持。	朋友、家人、同事和支持群体可对如何应对压力情境提供信息、帮助和建议。

2. 锻炼

如第 13 章所述，经常锻炼对身心好处多多，其中之一就是让成人更好地应对压力，降低各种疾病的风险。德温第一次去有氧健身训练班的时候就想知道：50 岁开始锻炼能补救我多年不锻炼的影响吗？为了回答这个问题，研究者概括了六项追踪研究的结果，这六项研究追踪了美国和欧洲 66 万 21~98 岁的成人，询问他们每周花在各种休闲体育活动上的时间。数据表明，参与者每周在体育活动中消耗的能量越多，他们在以后 14 年中死亡的概率就越低 (Arem et al., 2015)。在控制了社经地位、健康状况、吸烟饮酒量和身体质量指数这些可能影响研究结果的因素的情况下，与不运动相比，从事锻炼的人，无论运动量大小，都有益于长寿。

但是，超过一半的美国中年人久坐不动。许多开始锻炼计划的人在六个月内就停止了。即使是经常锻炼的人群，也只有不到 18% 的人参加了国家推荐的休闲时间体育活动和抗阻锻炼（见第 13 章边页 448）(U.S. Department of Health and Human Services, 2015d)。

中年期开始锻炼的人必须克服最初遇到的困难和障碍：没有时间和精力，不方便，锻炼和工作有矛盾，以及健康因素（如超重）。自我效能感——对自己能够成功的信念——在接受、坚持并投入某种锻炼养生活动中的作用，就像其对事业进步的作用一样（见第 14 章）。开始某项锻炼活动的一个重要结果是，习惯久坐的成人的自我效能感增强了，这能进一步促进身体活动 (McAuley & Elavsky, 2008; Parschau et al., 2014)。身体健康状况的改善反过来又使中年人形成更好的身体自我。久而久之，他们对自己身体的自尊——对身体的良好状态和吸引力的感觉——也会提高 (Elavsky & McAuley, 2007; Gothe et al., 2011)。

各种团体和个体化的方法在增加中年人的体育活动方面有所建树。例如，有的项目以工作场所为基础，给员工提出锻炼目标，达到目标者可获得奖励；并通过网络或手机等手段，对目标设定、自我监控进行干预，并对取得的进步给予反馈 (Duncan et al., 2014; Morgan et al., 2011)。一个新项目针对年轻时积极锻炼但中年不锻炼的人。与控制组相比，观看关于成人团队运动的各种好处（如健康、技能提高和获得志同道合的友谊）

美国各地的城市通过修建方便、漂亮、安全的公园和小路，解决了公众身体活动的场所问题。但低社经地位的成人需要更多方便、舒适的锻炼环境。

短视频的人更希望参加这样的体育运动，以实现他们所希望的自我形象 (Lithopoulos, Rathwell, & Young, 2015)。第 18 章会讲到，以未来为导向的自我描述是中年行为变化的良好预测指标。

方便、有吸引力又安全的运动环境，如公园、步行道和自行车道、社区娱乐中心，以及经常看到别人在这些地方锻炼，都能激励人们锻炼身体。除了健康问题和日常压力之外，低社经地位的成人经常抱怨设施不方便，缺乏经费以及社区不安全和环境卫生不好，这些因素是活动水平随社经地位下降而大幅下降的重要原因 (Taylor et al., 2007; Wilbur et al., 2003)。除了生活方式和动机因素外，还应该有相应的干预措施来增加低社经地位成人的身体活动。

3. 毅力

什么样的人能够灵活地应对不可避免的生活变化所带来的压力？探索这一问题的研究者提出，三种个人品质——控制、自觉与挑战——合在一起可称为**毅力** (hardiness) (Maddi, 2007, 2011, 2016)。这三种坚韧的特质促使人们尽最大努力把生活中的压力转化为复原力。

特丽莎就是一个有毅力的人。首先，她认为大部分经验是可控的。在听说了杰维尔的更年期症状后，她劝杰维尔："虽然你无法阻止所有的坏事发生，但是你应努力去做些什么。"其次，特丽莎自觉性很强，即使面临很大压力，她也能全身心地投入日常的各项活动，并能从活动中获得乐趣和意义。最后，她还认为，变化就是挑战——

是学习和自我完善的机遇。

研究表明，毅力影响着人们在多大程度上认为压力情境是可控、有趣和快乐的。这些积极评价反过来又能预测可促进身体健康的行为、寻求社会支持的倾向、承受压力时生理唤醒的减弱，以及身体和情感病症的减少 (Maddi, 2006; Maruta et al., 2002; Räikkönen et al., 1999; Smith, Young, & Lee, 2004)。毅力很强的人在他们可以控制的环境中会采用主动的问题中心应对策略。相反，毅力差的人更常采用逃避的情绪中心应对策略，例如，

他们会说"我希望能改变我的感受"，或用大吃大喝来分散自己对压力事件的注意 (Maddi, 2007; Soderstrom et al., 2000)。

在本章和前几章中，我们已经知道，很多因素扮演着抗压力资源的角色，包括遗传、饮食、锻炼、社会支持和应对策略。对毅力的研究强调了另外一个因素：一种持续的乐观主义、坚定、有情趣的生活态度。参见下面的"社会问题→健康"专栏，其中的研究表明，适度的逆境其实可以丰富生活，因为它锤炼了毅力。

523 ❀ 专栏　　　　　　　社会问题→健康

生活逆境中的一缕阳光

许多成人在讲述他们生活中的一段艰难时光时都说，这最终使他们变得更坚强。这一结果得到了研究的证实。只要严重的逆境不是频繁的和压倒性的，它就能给人带来好处。

在法国进行的一项研究中，研究者对全国代表性样本中的 2 000 名 18~101 岁成人进行了为期 4 年的跟踪调查 (Seery, Holman & Silver, 2010)。为了评价一生中遭遇的逆境，研究者给了参与者一张列有 37 件负面生活事件的清单，请他们指出曾经经历过哪些，以及经历的次数和经历时的年龄。这份清单侧重于巨大压力，例如，暴力袭击、亲人死亡、严重经济困难、离婚，以及重大灾害，如火灾、洪水和地震。

一年后，研究者又测量了参与者近期遭受的逆境，让他们说明在过去六个月里经历的负面生活事件。此

后，每年评价一次参与者的心理健康和幸福感。

研究结果显示，一生中曾遭遇中度逆境的成人，比未曾遭遇逆境或曾遭遇严重逆境的成人报告的适应更好，他们的整体压力较轻，机能伤害（因为身心健康差而影响了工作和社会活动）较小，很少发生创伤后应激障碍，生活满意度更高（见图 15.5）。此外，生活中曾经遭遇适度逆境的人，近期遭遇逆境的负面影响较小。即使控制了可能影响逆境经历的各种因素（包括年龄、性别、种族、婚姻状况、社经地位和身体健康状况），这些结果也仍然显著。

一生中遭遇适度的逆境似乎能培养一种掌控感，使人产生克服未来压力所需的毅力或韧性 (Mineka & Zinbarg, 2006)。没有经历过逆境的成人被剥夺了学习处理生活压力的机会，所以他们在面对压力时的反应不是很好。而长期的逆境使人们的应对能力受到严重考验，使他们感到绝望和失控，并影响心理健康和幸福感。

看来，不得不与生活中偶然发生的不利事件做斗争，是复原力的重要来源。它使具有个人特性的人变得坚强，这种坚强是战胜将来肯定会再次遭遇的生活压力所必需的。

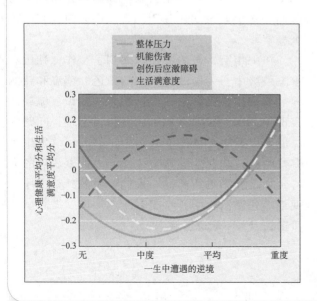

图 15.5 一生中遭遇的逆境与心理健康、生活满意度的关系

在法国具有全国代表性的 2 000 个成人的样本中，曾遭遇中度逆境者与未遭遇过逆境或遭遇过严重逆境者相比，其整体压力较轻，机能伤害较小，很少发生创伤后应激障碍，生活满意度更高。资料来源：M. D. Seery, E. A. Holman, & R. C. Silver, 2010, "Whatever Does Not Kill Us: Cumulative Lifetime Adversity, Vulnerability, and Resilience," *Journal of Personality and Social Psychology*, 99, p. 1030.

4. 性别与衰老：双重标准

对衰老的成见使许多中年人害怕生理上的变化，其中，女性比男性更容易被成见影响，从而产生了双重标准 (Antonucci, Blieszner, & Denmark, 2010)。例如，许多中年女性说她们正"意气风发"，感到自信、多才多艺，能解决生活中的难题，但是人们通常认为她们缺乏魅力，和中年男性相比，她们的消极人格特征更多 (Denmark & Klara, 2007; Kite et al., 2005; Lemish & Muhlbauer, 2012)。

理想的性感、迷人的女性形象——皮肤光滑、肌肉色调美、头发有光泽——可能是衰老的双重标准的核心。女性生育力的丧失促成了人们，尤其是男性对她们外貌的消极评价 (Marcus-Newhall, Thompson & Thomas, 2001)，社会因素又夸大了这种观点。假若媒体广告中有中年人出现，这些人大多是男性高管、父亲、祖父，他们形象英俊，象征着能力和安全感。为女性掩盖衰老迹象而提供的大量化妆品和医疗服务大多是为了掩盖衰老，可能会让很多女性对自己的年龄和外貌感到羞愧 (Chrisler, Barney, & Palatino, 2016)。

在人类进化史上，衰老的双重标准曾经具有适应性。今天，许多夫妻限制生育，把更多的时间用于事业和休闲，因此这种双重标准已经变得无关紧要。在如今的媒体和日常生活中，年长女性的典范是这样的，她们的生活中充满了亲密、成就、希望和想象，使人们能够接受她们身体的衰老，并促成了对衰老的新看法：强调她们的优雅、充实和内在力量。

524

思考题

联结 从毕生发展的角度来看，发展是多维度的，受生物、心理和社会因素的影响。举例说明这一论断在中年期身体健康方面是如何体现的。

应用 在一次常规体检中，弗洛医生为55岁的比尔做了一系列与心血管疾病有关的检查，但是没有测他的骨密度。相形之下，当60岁的凯拉抱怨心悸和恐慌时，弗洛医生表示，先"等等看"再做检查。怎样解释弗洛医生在体验中对凯拉和比尔所采取的不同方法？

反思 你最关心中年期的哪一种健康问题？你会采取什么措施来预防？

第二部分　认知发展

在中年期，日常生活对认知的要求扩展到了新的，有时更具挑战性的情境中。不妨看看德温和特丽莎的一天是怎样度过的。最近，德温在他工作的一所规模不大的大学里被任命为系主任，他每天早上7点上班。在战略性规划会议期间，他要浏览申请新职位的人员的档案，做好来年的财政预算，并在毕业生午餐会上发言。特丽莎则在为一项民事案件的出庭做准备，参与陪审团选拔工作，然后与其他高级律师一起开会讨论管理问题。那天晚上，特丽莎和德温还和回家探望的20岁的儿子马克聊了会儿天，对马克该不该换大学专业提出了建议。晚上7点半，特丽莎参加了当地学校董事会的一个会议。德温则去参加了每两周一次的业余四重奏团的音乐会，他在其中拉大提琴。

在中年期，人的责任扩展到了工作、社区和家庭情境中。为扮演好不同的角色，德温和特丽莎需要运用各种智能，包括积累的知识、流畅的言语、记忆、对信息的迅速分析、推理、问题解决能力以及本专业的专长。中年期的思维发生了哪些变化？职业生涯这个认知能力得以表现的大舞台是怎样影响智能的？人们要做些什么，才能促进那些重返大学、希望多学点知识、提高生活质量的成人不断进步呢？

一、心理能力的变化

15.8　描述沙伊的西雅图追踪研究揭示的同龄群组效应对智力的影响
15.9　描述中年期晶体智力和流体智力的变化以及智力发展的个体与群体差异

德温 50 岁的时候，有时偶尔想不起一个人的名字，有时在讲课或说话时不得不停一下，想想接着该说些什么。这时候他就想：这是不是心理衰老的迹象？20 年前，他几乎不注意这些事情。他的疑问来自社会大众的成见，认为上年纪的人健忘、糊涂，能力减弱。关于认知衰老的多数研究都重在考察心理缺陷，而忽视了认知能力的稳定与进步。

在考察中年期思维的变化时，我们将重新思考发展的多样性问题。认知机能在不同方面呈现出不同的变化模式。虽然某些方面的能力会下降，但多数人表现出认知技能的增强，尤其是在熟悉的环境中，其中不少人还获得了杰出的成就。我们发现，一些看起来像是认知衰退的现象，其实是由研究本身的局限造成的。总的来说，研究支持了关于成人认知潜能的比较乐观的看法。

我们要介绍的研究采用了毕生发展观的核心假设：发展是多维度的，是生物、心理和社会因素综合作用的结果；发展是多方向的，既有上升，也有下降，这种表现随能力和个体差异而有不同的组合；发展具有可塑性，即发展是可改变的，它取决于一个人的生物性、在环境中积累的经验与当前生活状况的结合。

1. 同龄群组效应

采用智力测验所做的研究证明了人们的普遍看法：在成年中晚期，智力不可避免地随着大脑的衰退而下降。早期的很多横断研究结果呈现出这样的趋势：智力在 35 岁时达到顶峰，进入老年期则迅速下降。在 20 世纪 20 年代对大学生和士兵进行的大规模测查为追踪研究提供了便利机会，研究者在被试中年时进行了重测。结果表明，智力随着年龄增长而提高！为了解释这一矛盾，克劳斯·沃纳·沙伊 (Klaus Warner Schaie, 1998, 2005, 2016) 在西雅图追踪研究中，采用了一种系列设计，把追踪研究和横断研究结合了起来（见第 1 章边页 36）。

1956 年，沙伊对 22～70 岁的被试进行了横断研究。然后，每隔一段时间进行追踪，同时加入新的样本，最终，他调查了 6 000 名被试，进行了 5 次横断比较，并且获得了跨度超过 60 年的追踪调查数据。对五种心理能力的横断测查发现，在 35 岁左右出现了一般性的智力下降。但是对这些心理能力的追踪调查显示，中年期智力有所上升，持续到 50 多岁和 60 岁早期，然后缓慢下降。

图 15.6 显示了沙伊对言语能力这一智力因素的横断和追踪研究结果。怎样解释这些看似矛盾的结果？同龄群组效应是导致这种差异的主要原因。在横断研究中，新一代人都比前一代人的健康和教育条件更好，受到的认知刺激、积累的日常经验也更多 (Schaie, 2013)。此外，这些测试选择的测试项目考察的可能是年长者较少使用的能力，因为年长者的生活不再需要他们为了掌握某些知识而学习，而需要他们熟练地解决现实生活中的问题。

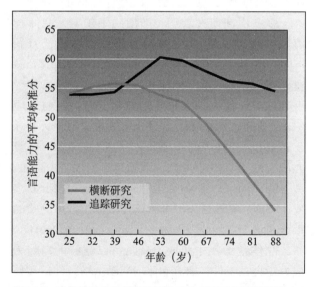

图 15.6　对言语能力的横断和追踪研究显示了同龄群组效应
横断研究测查到言语能力迅速下降，主要是因为新一代人的健康和教育条件较好。对成人进行的追踪研究则显示，其言语能力得分在成年早期和中期上升，然后缓慢下降。但这一追踪研究显示的趋势并非适用于所有能力。资料来源：K. W. Schaie, 1988, "Variability in Cognitive Functioning in the Elderly," in M. A. Bender, R. C. Leonard, & A. D. Woodhead [Eds.], *Phenotypic Variation in Populations,* p. 201.

2. 晶体智力与流体智力

对各种心理能力的深入分析表明，只有一些能力遵循图 15.6 显示的追踪发展模式。为了解这种变化，让我们来看看两种心理能力，它们各包含一系列特殊的智力因素。

第一种是**晶体智力** (crystallized intelligence)，指凭借积累性知识经验、良好的判断力和深刻了解社会习俗而获得的能力，这种能力的习得，缘于个体所在文化对它的看重。当德温在毕业生午餐会上准确表达自己的思想和提出节省经费开支的有效途径时，就运用了晶体智力。在智力测试中，词汇、常识、言语理解和逻辑推理等项目测试的就是晶体智力。

第二种是**流体智力** (fluid intelligence)，指主要依靠对基本信息进行加工的能力，如对视觉刺激之间关系的觉察、对信息进行分析的速度，以及工作记忆的容量。流体智力常常与晶体智力一起，保证有效的推理和问题解决。但是一般认为，流体智力较多地受到大脑状况和个体已有知识的影响，而较少受到文化影响 (Horn & Noll, 1997)。测量流体智力的测试项目有空间视觉、数字广度、字母 – 数字排序以及符号搜索（可参阅第 9 章边页 315 的实例）。

多项横断研究表明，即使到中年期，晶体智力仍在稳定提高，而流体智力在 20 多岁就已开始下降。在参与调查的年轻和年长被试有相似的受教育程度和健康状况的情况下，多项研究反复发现了上述趋势，这在很大程度上控制了同龄群组效应 (Hartshorne & Germine, 2015; Miller et al., 2009; Park et al., 2002)。其中的一项调查包括了近 2 500 名身心健康的 16~85 岁被试，结果显示，言语（晶体）智力测验的得分在 45~54 岁达到顶峰，直到 80 多岁才下降！相形之下，非言语（流体）智力测验的得分在整个年龄范围内稳步下降 (Kaufman, 2001)。

晶体智力在中年期上升是可以理解的，因为成人一直在工作、家庭和休闲活动中增长知识和技能。此外，许多晶体智力方面的技能几乎每天都得到练习。但是，追踪研究的结果是否证实了流体智力的逐渐衰退？如果是这样，那么应该如何解释？

526　（1）沙伊的西雅图追踪研究

图 15.7 详细展示了沙伊的追踪研究结果。在成年早期和中期获得的五种能力——言语能力、演绎推理、言语记忆、空间定向与数字能力中，既有晶体智力，也有流体智力。其变化轨迹证实，中年期是一些最复杂的心理能力达到高峰的时期 (Schaie, 2013)。这些结果说明了，中年人在智力上"处于全盛期"，而不是人们认为的"正在走下坡路"。

图 15.7 还显示了第六种能力，即知觉速度，这是一种流体能力，比如，测量时被试必须在一定时间内辨别出五个图形中哪一个与刚才看过的图形相同，或辨别出成对的数字组合是否相同。大量研究证明，从 20 多岁到近 90 岁，知觉速度一直下降，也就是说，认知加工速度随着人的衰老而减慢 (Schaie, 1998, 2005, 2013)。从图 15.7 还可看到，流体智力（空间定向、数字能力和知觉速度）比晶体智力（言语能力、演绎推理和言语记忆）下降得更快。对较大年龄跨度的样本进行的短期追踪研究也证实了这些趋势 (McArdle et al., 2002)。

（2）对心理能力变化的解释

一些学者认为，中枢神经系统机能的下降几乎可以解释所有的认知能力随年龄增长而下降的

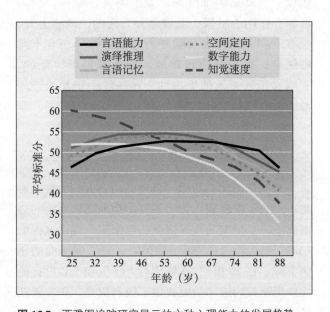

图 15.7　西雅图追踪研究显示的六种心理能力的发展趋势

其中五种能力在 50 多岁和 60 岁出头之前适度增长，然后缓慢下降。第六种能力——知觉速度，从 20 多岁到近 90 岁稳定下降。在生命后期，流体智力（空间定向、数字能力和知觉速度）比晶体智力（言语能力、演绎推理和言语记忆）下降更快。资料来源：K. W. Schaie, 1994, "The Course of Adult Intellectual Development," *American Psychologist, 49*, p. 308.

唐·克拉克曾在美国军队中驾驶武装直升机，现在他实现了长期以来的梦想，成了一名紧急医疗服务直升机飞行员。飞行搜救任务要求 60 多岁的克拉克运用复杂的心理能力，而这种智力在中年时达到顶峰。

现象 (Salthouse, 2006)。许多研究至少部分地支持了这一观点。例如，速度测验得分反映了流体智力随年龄增长的整体下降 (Finkel et al., 2009)。研究还发现了信息加工过程的其他重要变化，其中一些变化可能是由加工速度下降引起的。

但在分析这些证据之前，需要先澄清一个问题：既然流体智力或基本信息加工能力很早就开始下降，那么为什么研究却发现晶体智力稳中有升呢？首先，从 45 岁之后到晚年之前，虽然基本信息加工速度的下降幅度很大，但直到晚年，都不足以影响很多熟练的行为表现。其次，成人常常能运用自己的认知强项来弥补弱项。最后，当人们发现自己在某些任务上的表现不如以前时，他们会去适应，转向较少依靠认知效率，而更多依靠知识积累的活动。因此，篮球高手当上了教练，精明的推销员当了经理。

3. 个体差异和群体差异

上述年龄发展趋势掩盖了巨大的个体差异。

一些成人由于患病或环境不佳，智力下降比另一些成人早得多。还有一些人在年龄很大时仍保持完好的认知机能，甚至是流体智力。

智能是用进废退的。在西雅图追踪研究中，受教育程度在平均水平以上的人，其智能下降比较慢。他们大多从事复杂的、自我导向的职业，参加刺激性的休闲活动，如阅读、旅游和各种文化活动，还参加俱乐部和专业组织。另一些具有灵活的人格特征、婚姻关系长久（尤其是伴侣认知机能强者）、无心血管疾病和其他慢性病的人，也可能到老年期都保持良好的心理能力 (Schaie, 2011, 2013, 2016)。此外，经济条件宽裕也与良好的认知发展状况相关，这无疑是因为社经地位与上述多种认知能力密切相关。

对成年期的研究还发现了与童年期和青少年期相一致的性别差异。在成年早期和中期，女性在言语能力和知觉速度上优于男性，而男性在空间定向上表现更好 (Maitland et al.，2000)。总之，两性成年期心理能力的变化很相似，从而否定了年长女性没有年长男性有能力的社会成见。

如果把婴儿潮一代的中年人与上一代的同龄人相比，同龄群组效应很明显。在言语记忆、演绎推理和空间定向方面，婴儿潮一代表现得更好，这反映了这一代人在教育、技术、环境刺激和医疗保健方面的进步 (Schaie, 2013, 2016)。这些进步将持续下去：今天的儿童、青少年和各年龄段的成人在智力测验中的得分都将高于比他们早 10～20 年出生的人，这种差异在流体智力测验中将表现得最明显（见第 9 章边页 319 有关弗林效应的证据）。

最后一点，能保持较高知觉速度的成人，其他心理能力的发展水平也较高。看看下一节介绍的中年人在信息加工方面的表现，你就会明白，加工速度下降为什么影响了其他方面的认知机能。

527

二、信息加工

15.10 中年期信息加工有怎样的变化？

15.11 讨论中年期实际问题解决、专长和创造力的发展

许多研究证实，随着加工速度的减慢，执行机能的基本要素会减少。不过，中年期也是认知能力充分扩展的时期，因为成人可以运用他们丰富的经验来解决日常生活中的问题。

1. 加工速度

一天，德温着迷地看着他 20 岁的儿子马克玩电脑游戏，马克能对多种线索快速做出反应。于是他自己也想试试，练了好几天，他的成绩仍远远落后于马克。还有，他们一家在澳大利亚度假时，马克能很快地适应在路的左侧行驶。但是，在澳大利亚待了一周之后，特丽莎和德温在十字路口仍然手忙脚乱，不能迅速做出反应。

这些现实生活中的经验与实验室的研究结论是一致的。无论是简单反应时任务（某种灯光亮时按一下按钮）还是复杂反应时任务（绿灯亮时按左侧按钮，黄灯亮时按右侧按钮），从 20 多岁一直到 90 多岁，反应时稳步增加。情境越复杂，年长者越不占优势。虽然反应时的下降幅度很小，在多数研究中都少于 1 秒，但它仍具有重要的实际意义 (Dykiert et al., 2012; Nissan, Liewald, & Deary, 2013)。

什么原因导致了认知加工速度随年龄增长而下降？研究者一致认为，这是由大脑变化导致的，但在具体解释上主要有两种观点。一种观点认为，衰老伴随着大脑皮层内神经纤维的髓鞘萎缩，导致神经连接退化，尤其是在前额皮层和胼胝体区域。越来越多的证据表明，在健康的中老年人中，髓鞘破裂的程度——在 fMRI 影像中出现很小但亮度很高的亮点——可以预测反应时和其他认知能力的下降 (Lu et al., 2013; Papp et al., 2014; Salami et al., 2012)。

另一种观点认为，中老年人在信息通过认知系统时会发生丢失现象。结果，整个系统必须放慢速度，对信息进行检查和解释。例如我们复印一份文件，先复印一份，然后用复印件再次复印。复印次数越多，文件越不清晰。同样，人的思维每前进一步，信息就减少一分。人的年龄越大，这种效应就越明显 (Myerson et al., 1990)。由于复杂任务包括更多的信息加工步骤，因此更容易受信息丢失的影响。这种人与人之间差异很大的多种神经变化，可能就是信息丢失和加工速度下降的原因 (Hartley, 2006; Salthouse, 2011)。

信息加工速度能够预测成人在许多复杂能力测验中的表现。他们的反应时越长，在记忆、推理和问题解决上的得分就越低，这种关系在流体智力项目上表现得更明显 (Nissan, Liewald, &

Deary, 2013; Salthouse & Madden, 2008)。随着成人的年龄增长，信息加工速度与其他认知之间的相关性越来越强（见图 15.8）。这表明信息加工速度是一种对认知机能下降有广泛影响的核心能力；年龄越大，其影响越广泛、越重要。

不过，如图 15.8 所示，加工速度与中老年人的表现（包括流体智力任务）只中度相关。它并不是与年龄相关的认知变化的唯一重要预测指标。其他因素，如视觉、听觉、执行机能尤其是工作记忆容量的衰退，也可预测与年龄相关的各种认知表现 (Reuter-Lorenz, Festini, & Jantz, 2016; Verhaeghen, 2016)。下面会讲到，加工速度放慢会导致工作记忆容量减少。但是，年龄越大，认知变化越大，究竟是出于一个共同的原因（如加工速度），还是有多个原因，对此人们仍存在分歧。

此外，对于中老年人在日常生活中执行复杂、熟悉任务时的技能，加工速度的预测力不强，老年人仍能相当熟练地完成这些任务。例如，德温用大提琴演奏莫扎特弦乐四重奏，即使在速度很快、技巧很难时，他也能赶上其他三名比他小 10 岁的演奏者。他是怎么做到的？与其他乐手相比，

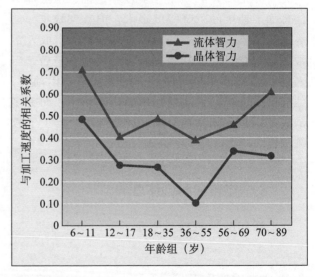

图 15.8 加工速度与晶体智力和流体智力测验成绩的关系随年龄增长的变化

这种变化在较年轻和较年长时相关性更高。在童年期，加工速度会促进其他能力的发展，加工速度的发展也与心理测验的成绩有关（见第 9 章）。随着年龄增长，加工速度的下降限制了多项能力的发展，对流体智力的影响大于晶体智力。即使是年龄最大的被试，加工速度与其他能力也只中度相关。资料来源: S. C. Li et al., 2004, "Transformations in the Couplings Among Intellectual Abilities and Constituent Cognitive Processes Across the Life Span", *Psychological Science*, 15, p. 160.

528

他常常预先背诵乐谱 (Krampe & Charness, 2007)。这种补偿方法使他能提前做好准备，从而降低了加工速度的重要性。在一项研究中，研究者让19~72 岁的人完成各种打字任务，同时记录他们的反应时。虽然反应时随着年龄增长而变长，但打字速度并没有改变 (Salthouse, 1984)。像德温一样，年长者会预先浏览要输入的材料，预测他们的下一次按键。知识和经验也可以弥补加工速度的欠缺。德温多年的大提琴演奏经验无疑支持了他快速流畅地演奏的能力。

由于中老年人在完成熟悉的任务时找到了弥补认知迟缓的方法，因此他们在言语项目（尽快地判断一串字母能否组成一个词）上的反应时要比非言语项目（对光或其他信号的反应）好得多 (Verhaeghen & Cerella, 2008)。第 17 章将要讲到，中老年人的加工速度可以通过训练来提高，尽管年龄差异仍然存在。

2. 执行机能

和童年期一样，对成年期执行机能的研究主要关注以下三点：个体在工作记忆中能够操作多少信息，抑制无关信息和行为的程度，能否根据情境的需要灵活地转移注意力。研究证实，这三种执行机能都随着年龄增长而衰退。

从 20 多岁到 90 多岁，工作记忆稳步下降。无论是完成言语记忆任务还是空间记忆任务，中老年人的表现都不如年轻人。其中，言语工作记忆（例如倒背一串数字）比空间工作记忆（记住电脑屏幕网格中每次显示一个 X 的位置）的损失要小得多：空间工作记忆的下降速度是言语工作记忆的两倍 (Hale et al., 2011; Verhaeghen, 2014, 2016)。和言语记忆任务的反应时一样，由于对任务比较熟悉，言语工作记忆成绩也较好。对那些烂熟于心的言语信息，中老年人早已形成表征，并且经常使用 (Kalpouzos & Nyberg, 2012)。相反，他们对一些很有用的空间表征却很不熟悉。

工作记忆的下降与前述的信息加工速度的下降密不可分 (Verhaeghen, 2014)。加工速度下降限制了人一次能集中加工的信息量。当然，执行机能的其他要素也会导致工作记忆容量的限制。

随着成人年龄的增长，抑制——对无关信息和冲动性的抵制——越来越困难 (Gazzaley et al.,

中老年人需要付出更多的努力来保持对重要信息的关注，并在各种活动之间灵活转移注意力。同时从事多项活动的丰富经验使这位高中数学老师能够弥补因年龄增长执行机能的下降。

2005; Hasher, Lustig, & Zacks, 2007)。例如在连续执行任务测验中，研究者在电脑屏幕上显示一系列的刺激，要求参与者在特定序列出现时（例如，字母 K 之后马上出现字母 A），马上按空格键。从30 多岁的人到中老年人，其成绩稳步下降，年长者的虚报（在错误的字母序列后按空格键）逐渐增多。如果引入无关噪声，那么漏报（在 K-A 序列后未按空格键）也随着年龄增长而增多 (Mani, Bedwell, & Miller, 2005)。在日常生活中，抑制困难使中老年人容易分心，常常因为被某种想法困扰或被环境干扰，在做事情时不恰当地分心。

随年龄增长的抑制能力下降，会导致工作记忆中有关与无关的东西混杂在一起，从而降低工作记忆容量。这使成人不仅更难忽略无关刺激，而且更难从工作记忆中删除无用内容 (Verhaeghen, 2012; Verhaeghen & Cerella, 2002)。换句话说，当任务条件改变，某些信息变得无关紧要时，他们对工作记忆加以更新的效率会降低。

此外，随着年龄增长，灵活转移注意力变得更困难，尤其在一个人必须同时注意两件事的情况下。比如，特丽莎一边打电话一边查看电子邮件收件箱时，这两件事的速度和准确性都大大降低了。与特丽莎的例子相一致，实验室研究表明，如果两项任务中有一项任务比较复杂，同时注意两项任务会随着年龄增长而变得越发困难。即使是最近练习得很多、人们预期他们能够自动完成的两项任务，中老年人同时完成起来也有困难 (Maquestiaux, 2016)。随着年龄增长，在单一的心理操作任务中进行向后或向前切换的成绩也逐渐变差，例如，判断一对数字中的一个"是奇数还是偶数"，或

529

者"是更大还是更小"(Verhaeghen & Cerella, 2008; Wasylyshyn, Verhaeghen, & Sliwinski, 2011)。这些灵活转换能力的下降可能受抑制能力减弱的影响，这要求中老年人付出更多努力来保持对与当前任务相关的信息的关注，并在必要时转换这种关注。

但是，成人可以对这些变化进行弥补。在高度关注重要信息和同时处理多项任务方面经验丰富的人，如航空管制员和飞行员，随着年龄增长，抑制和任务转换能力的下降幅度较小 (Tsang & Shaner, 1998)。同样，在一生中大量地练习同时完成两项任务的成人，也能熟练地同时处理这两项任务 (Kramer & Madden, 2008)。

此外，练习可以提高抑制不相关信息的能力、在两项任务之间分配注意力的能力，以及在思维操作之间来回切换的能力。在中老年人接受这些技能的培训时，他们的进步与年轻人一样快，尽管培训并不能缩小年龄组之间的差距 (Bherer et al., 2006; Erickson et al., 2007; Kramer, Hahn, & Gopher, 1998)。

3. 记忆方法

记忆对信息加工的所有方面都很重要，这是我们重视中老年期保持良好记忆力的重要原因。但是，与年轻人相比，中老年人回忆过去学过的东西的能力下降了，这与记忆方法使用的减少不无关系。年长者复述的次数比年轻人少，这一差异受思维速度减慢影响，因为年长者不能像年轻人那样快速地给自己重复新信息。工作记忆容量的减少是另一原因，导致难以记住要记住的东西并同时对其进行加工 (Basak & Verhaeghen, 2011)。

随着年龄增长，人们对记忆的组织和对精细化方法的使用逐渐减少，使用这些方法的效果也变差 (Hertzog et al., 2010; Troyer et al., 2006)。年长者较少使用这些方法的另一个原因是，他们较难从长时记忆中提取有助于回忆的信息。例如，向中老年人呈现一系列单词，其中包括"鹦鹉"和"蓝松鸦"，他们不能马上想起"鸟"这个范畴，虽然其实他们清楚地知道二者都属于"鸟"类 (Hultsch et al., 1998)。原因何在？因为他们较难把注意力集中在相关信息上 (Hasher, Lustig, & Zacks, 2007)。由于无关刺激在工作记忆中占据了空间，因此可用于当前记忆任务的空间就减少了。

有一点不能忽视，那就是，研究者呈现的记忆任务需要用到的方法，很多成人都不常用到，也缺乏使用的动机，因为大多数人已不再上学（见第9章边页311）。如果呈现的单词表具有明确的分类结构，那么年长者对词的组织和年轻人不相上下 (Naveh-Benjamin et al., 2005)。若能接受记忆方法训练，年长者都会主动使用这些方法，并能长期表现出较好的成绩，尽管年龄差异仍然存在 (Naveh-Benjamin, Brav, & Levy, 2007)。

此外，还可以设计一些任务，来弥补工作记忆容量随年龄下降的趋势。例如，把呈现信息的速度放慢，或者提供在新信息与已有信息之间建立联系的线索（"为了学会这些单词，试着去想'鸟'类所包含的词"）。在一项研究中，研究者给19~68岁的成人看一段录像，然后马上让他们回忆录像内容（在一种有压力的、像学校教室的情境下）。然后，给他们一些与同一录像主题相似的信息，让他们回家去学习，并告诉他们，三天后回来接受测试（在自定节奏的情境下）(Beier & Ackerman, 2005)。结果，他们的记忆成绩在压力情境下随着年龄增长而下降，在自定节奏的情境下则没有。在两种情境下，被试原有的与主题相关的知识都能预测较好的回忆成绩，但是在自定节奏的情境下，这种预测力更强，因为自定节奏的情境使被试有足够的时间去回忆和应用已掌握的知识。

这些发现表明，在高度结构化和限定条件下，对年长者的记忆进行评价，会低估他们在有机会调整和指导自己的学习时所能记住的东西。当我们考虑到日常生活中需要的各种记忆技能时，上述记忆力的下降只出现在一定范围内。语义记忆（一般知识储存）、程序记忆（怎样开车或解数学题），以及与职业相关的记忆在中年期要么保持不变，要么增强。

此外，有些中年人在想不起一些事情的时候，常会运用数十年积累的关于怎样才能记得最多知识的元认知知识。例如：在做一个重要报告前回顾要点，整理笔记和文档，以便迅速找到需要的信息；放弃一些不重要的信息，记住最有用的信息。研究证实，衰老对元认知知识及运用元认知知识改善学习的能力影响很小 (Blake & Castel, 2016; Horhota et al., 2012)。

总之，当人们运用认知能力满足日常生活需要时，记忆随年龄增长而发生的变化，会因个体和任务的不同而表现出很大差异。不妨参阅第9 *530*

章讲到的斯滕伯格的成功智力理论，尤其是他的实践智力的观点。该理论认为，智者能运用信息加工技能，同时满足个人愿望和环境的要求。因此，要理解成年期记忆（以及认知的其他方面）的发展，我们必须把它放到特定背景中。下面在讨论实际问题解决、专长和创造力时，我们会遇到同样的问题。

观察与倾听

问几个 50 多岁或 60 出头的成人，他们日常记忆的三大困难是什么，并让他们说说是怎样增强记忆的。这些中年人对有效的记忆方法了解多少？

4. 实际问题解决和专长

一天早上，德温和特丽莎看到一篇关于当地巡回法院首席法官的头版文章。贝丝在 50 岁时被选为法官，在过去十年里，她主持了一系列开创性的项目。为了防止法庭因小额索赔而陷入僵局，她把司法领导人召集到一起，创建了一个小额索赔调解项目。为了减轻监狱的拥挤程度并促进罪犯改过自新，她成立了一个刑事司法委员会，并指导该委员会为非暴力致瘾物滥用者建立了一个毒品法庭程序。这些滥用者向治疗中心报告，接受频繁的毒品检测，并定期与缓刑官见面，以此代替判刑。贝丝采用的这些方法，使法院系统更有效率，节省了数百万美元的税款。

贝丝的例子令人印象深刻，其实很多中年人的认知都在持续发展，其突出表现就是**实际问题解决** (practical problem solving)，它要求人们对现实情境做出评价，并分析怎样最好地实现高度不确定的目标。掌握专长这一用来获得高水平成就的高度组织化、整合性的知识基础，可以帮助我们理解，为什么中年人的实际问题解决能力能取得一个飞跃。

专长在成年早期一直在发展，到中年期达到高峰，使中年人能够凭借抽象原理和直觉判断进行筹划，从而高效地解决问题。凭借丰富经验，

专家能直觉地判断出，一种问题解决方法何时有效、何时无效。这种快速、内隐的知识应用能力，是很强的专业能力加上多年学习、积累经验和努力实践的结果 (Krampe & Charness, 2007; Wai, 2014)。这种能力不能借助用不到这些知识的实验室任务或心理测验来评价。

专长并不是受过高等教育的人和高级管理者的专利。在一项对餐饮业职工进行的研究中，心理学者从身体技能（体力和灵活性）、技术知识（菜谱、订菜和上菜方面的知识）、组织技能（确定轻重缓急，预测顾客的需要）与社交技能（自信、快乐而优雅的行为方式）等方面考察了专业技能。然后，心理学者对年龄为 20～60 岁、工龄为 2～10 年的厨师进行了评价。结果表明，虽然体力和灵活性随年龄增长而下降，但工作知识和实践能力却随年龄增长而增加 (Perlmutter, Kaplan & Nyquist, 1990)。与工作经验相似的年轻人相比，中年雇员的表现更出色，在为客户服务时表现得更娴熟、更专注。

中年人在解决日常问题方面也有明显优势 (Mienaltowski, 2011; Thornton, Paterson, & Yeung, 2013)。他们凭借丰富的经验，擅长从不同角度审视日常生活中的难题，并通过逻辑分析来解决它们。出于这些原因，中年人在日常生活中能做出更理性的决定，既不像年轻人那样感性，也不像老年人那样，去选择看起来很有吸引力但深思熟虑之后发现并不好的东西。来看财务决策的例子：在控制了诸如信用等级和收入等相关因素后，中年人在选择房贷、车贷和信用卡时，在借款利率和服务费用方面，仍能做出比年轻人和老年人更好的选择 (Agarwal et al., 2007)。

5. 创造力

第 13 章讲过，创造力在 40 岁前后达到顶峰，然后下降，但是不同的人、不同的学科，创造力的变化很大。有些人在生命的后几十年仍从事着高创造性的工作：玛莎·格雷厄姆 (Martha Graham) 在 60 多岁的时候创作了著名的大型舞剧《克吕泰涅斯特拉》(Clytemnestra)①。伊戈尔·斯特拉文斯基

---

① 克吕泰涅斯特拉是希腊神话中迈锡尼王阿伽门农的妻子，她与情人埃吉斯托斯同谋，杀死了从特洛伊战争中归来的阿伽门农，后被自己的儿子俄瑞斯忒斯杀死。——译者注

(Igor Stravinsky) 在 84 岁时创作出他最后的音乐作品。查尔斯·达尔文 (Charles Darwin) 在 50 岁时完成《物种起源》，并且在他 60~70 岁时仍然写出了具有开创性的著作和论文。哈罗德·格瑞格尔（Harod Gregor）在 87 岁高龄时继续开创新风格，成为一名多产的艺术家。和问题解决一样，创造力的品质随年龄增长发生着以下三种变化：

第一，青年在文学艺术上的创作常常是自发而带有强烈情感的，而 40 岁之后的创作则往往更具思想性。正因为如此，相比故事和长篇小说作者，诗人在较年轻时更能创作出被引用频率最高的作品 (Kozbelt, 2016; Lubart & Sternberg, 1998)。诗歌更依赖于语言组织和热烈的情感表达，故事和长篇小说则需要周密的计划和构思。

第二，随着年龄增长，许多创造者从创作不同寻常的产品转而把知识和经验融入独特的思维方式 (Sasser-Coen, 1993)。中老年人的创造性活动更多的是对思想的总结或整合。成熟的学者不再投入很大精力去发现新东西，他们喜欢撰写回忆录、本领域的历史以及其他反思性著作。中老年创造者的小说、学术论著、绘画和音乐作品，常常会表现从生活中学习和中老年生活的主题 (Lindauer, Orwoll, & Kelley, 1997; Sternberg & Lubart, 2001)。

第三，中年人的创造性往往反映出从自我中心的表达向利他主义目标的转变 (Tahir & Gruber, 2003)。由于中年人摆脱了青年人常有的生命永恒的幻觉，他们的为人类做出贡献和丰富别人生活的愿望更为强烈。

总之，这些变化可能是人生最后几十年的创造果实总体减少的原因。但是，在中老年人的现

虽然中年人的创造活动可能会减少，但他们的创造力往往更加深思熟虑。这名吹玻璃工制作的手工艺术品涉及多个步骤，需要充分的耐心和精湛的技术。

实生活中，创造性还会以新形式得以表现。

6. 环境中的信息加工

中年人的在认知上的进步更多地表现为经验的增多，以及从知识向技能的转换。如前所述，加工速度随着情境的不同而不同。当面对与其专长有关的、挑战性的现实问题时，中年人会在解决问题的效率和思维品质上独占鳌头。此外，在与中老年人现实生活有关的行为、智力、认知活动任务和测验题目上，他们的反应与年轻人一样快和胜任。

进入中年，人们的过去经验和当前经验变化巨大，这种变化超过了几十年前的变化。由于行业分支越来越细，思维的专业化程度增强了。为了展现认知潜能，中年人必须有持续发展的机会。让我们来看看职业环境和教育环境对中年期认知发展有怎样的帮助。

？思考题

联结 中年人的哪些认知能力下降，哪些认知能力上升？这些变化怎样反映了毕生发展观的假设？

应用 说起年长的销售人员，一名部门销售经理说："他们是我最好的员工！"随着年龄增长，信息加工速度会下降，为什么这名经理还特别赞赏年长员工？

🌲 三、职业生活与认知发展

15.12　描述职业生活与认知发展的关系

职业环境对于维持已经掌握的技能和学习新技能是非常重要的条件。但是，工作环境对激励认知发展和促进自主性的程度是不同的。有关年长者问题解决和决策能力的不正确的、消极的看法，会导致年长的员工总是被分配做那些不具挑战性的工作。

第 13 章讲过，人格特征，包括对某些认知活动的偏好，会影响职业选择。一个人一旦沉浸在工作中，就会影响认知。在一项针对不同职业的美国男性的大样本研究中，研究者询问了他们工作的复杂性和职业自我导向。在访谈中，研究者还基于逻辑推理能力、能否看到问题的两面性、能否独立做决策，评价了被试的认知灵活性。20年后，研究者重新测量了上述工作和认知变量，以查明二者的相互影响 (Schooler, Mulatu, & Oates, 2004)。结果显示，复杂工作对认知灵活性的影响大于认知灵活性对复杂工作偏好的影响。

在日本和波兰这两个与美国文化差异很大的国家中所做的大样本调查也显示了相同的结果 (Kohn，2006; Kohn & Kohn et al.,1990)。在这两个国家中，拥有一份激励性的、非常规的工作，可

以解释社经地位与灵活性、抽象思维之间的关系。此外，50 多岁和 60 岁出头的人从具有挑战性的工作中获得的认知收益与 20 多岁和 30 多岁的人一样多 (Avolio & Sosik, 1999; Miller, Slomczynski, & Kohn, 1985)。

富有心理刺激性的工作要求中老年人努力应对新情况。长期面对复杂、新异的任务可以预测认知灵活性的提高和流体智力随年龄增长的下降，这些影响会持续到退休后 10 年或更长时间 (Bowen, Noack, & Staudinger, 2011; Fisher et al., 2014)。一项针对第二次世界大战退伍军人的调查显示，成年早期智商较低的人，从智力要求较高的工作中获得了更大的长期收益 (Potter, Helms, & Plassman, 2008)。与智商较高的同龄人相比，他们在退休后仍表现出刺激性工作与认知表现之间较强的正相关关系。

532

这再一次提醒了我们发展的可塑性。工作经验对认知灵活性的影响会一直持续到中年，甚至更晚。在后半生，有计划地寻找有助于促进智力、具有挑战性的工作，可能是培养更高认知机能的有力手段。

🌲 四、成年学习者：在中年做学生

15.13　讨论成人重返大学校园面临的挑战、对他们的支持方式，以及中年期获得学位的好处

过去 30 年，美国重返大学读本科和研究生的成人数量创了纪录。美国高校 25 岁及以上的学生占总招生人数的比例从 27% 上升到 40%，35 岁以上的学生增幅更大 (U.S. Department of Education, 2015)。生活的转变往往促使她们重新接受正规教育，德温和特丽莎的朋友安雅就是这样。安雅在最小的孩子离家后，就参加了护理课程。早婚（通常会中断女性的学业）、离婚、守寡、失业、退伍、搬家、最小的孩子达到上学年龄、较大的孩子进入大学，以及就业市场的快速变化，都是导致中年人重返校园的因素 (Hostetler, Sweet, & Moen, 2007; Lorentzen, 2014)。

1. 重返校园学生的特点

大约 60% 的成年学生是女性 (U.S. Department of Education, 2015)。就像安雅担心学不好大学课程一样（见边页 507），许多重返校园的女性报告说，她们感到很难为情，不敢在课堂上发言。她们之所以焦虑，在一定程度上是因为已经多年没有学习，也由于人们对年长者和女性的成见，认为年轻学生更聪明，男性更有逻辑性、学习能力更强 (Compton, Cox, & Laanan, 2006)。对于少数族裔的学生，种族成见和歧视也有影响。

在校外承担的角色，来自子女、配偶、其他

家人、朋友、雇主等的需求常常使重返校园的女性陷入几种角色的矛盾中。那些自我报告说压力很大的女性，通常是经济来源有限的单身母亲，或者是有很高的职业抱负、孩子年幼、伴侣不支持的已婚女性 (Deutsch & Schmertz, 2011)。如果夫妻不能对家务和子女养育进行重新分工，以适应女性重返学校，婚姻满意度就会下降 (Sweet & Moen, 2007)。一名同学向安雅诉苦："我把书翻开，一边读书，一边做饭，以及跟孩子交谈。可是仍然无济于事，所以我不得不对比尔说：'你能不能偶尔洗一次衣服，晚上早回家几次？'他忘了——我已被研究生院录取了！"

由于时间上的多方要求，成年女性，尤其是有孩子的女性，往往比成年男性修更少的学分，学业中断更多次，进步也更慢。角色超载是无法完成学业的最普遍原因 (Bergman, Rose, & Shuck, 2015)。但许多人表达了克服这些困难的强烈动机，她们还提到学习带来的兴奋、学业成功带来的成就感，希望大学教育会改善她们的工作和家庭生活 (Kinser & Deitchman, 2007)。

这名50岁的中年人是芒特霍利克学院的全日制本科生，她是美国高校众多非传统学生中的一员。适当的学习建议以及家人、朋友和老师的鼓励有助于中年学习者取得成功。

2. 支持重返校园的学生

上述研究结果表明，对重返校园学生的社会支持，将决定他们能否坚持学下去。成年学生需要家人和朋友对他们的努力给予鼓励，使他们有时间不受干扰地学习。安雅的同学说："当我丈夫主动地说'我来做饭、洗衣服，你看你的书，做自己的事情吧'时，我不再怀疑自己了。"学校校务工作对重返校园学生的照顾也很重要。例如，与院系建立的良好关系，与其他非传统学生组成的同伴网络，在晚上和周六开设的课程，开设的网上课程，以及对重返校园学生（包括非全日制学生）提供的经济资助，都有助于他们的学业成功。

虽然成年学生在确定职业目标时很少需要帮助，但他们表示，在选择最合适的课程，尤其

观察与倾听

在你的学校里采访一名非洲传统学生，让他谈谈在攻读学位过程中的挑战和回报。

533 学以致用   **帮助成人重返校园**

支持源	描述
伴侣和孩子	重视和鼓励受教育的努力。 帮着做家务，使他们有时间学习，不中断学业。
大家庭和朋友	重视和鼓励受教育的努力。
教育机构	提供定向的干预项目和书面材料，告知成年学生有关的校方服务和社会支持信息。 针对学生学习困难、对学业成功的疑虑、课程与职业目标相匹配等问题提供咨询和干预。 通过定期见面、电话联系或线上接触，促进同学间的社交网络发展。 建立个人与院系之间的良好关系。 鼓励在课堂上主动参与讨论，将课程内容与现实生活相结合。 开设晚上、周六和校外课程以及网上课程。 为重返校园的学生（包括非全日制学生）提供经济资助。 开展招收重返校园学生的活动，尤其是来自低收入家庭的学生和少数族裔学生。 帮助有孩子的学生找到托幼机构，提供校园托儿服务。
工作单位	重视和鼓励受教育的努力。 提供灵活的上班时间，使成年学生有可能协调好上班、上学和家庭责任。

是可以满足他们学习和人际关系需要的小型讨论课程时，他们强烈希望得到帮助。学术咨询和专业实习机会也非常重要，对坚持学习有很大影响 (Bergman, Rose, & Shuck, 2015)。来自低社经地位背景的学生通常需要特殊的帮助，比如学习辅导，以建立自信和果断性。对少数族裔，则须帮助他们适应与其文化背景不同的学习方式。

上页的"学以致用"栏归纳了帮助成人重返校园的方法。如果有一个良好的支持体系，那么多数重返校园的学生都能有所斩获，搞好学业，协调好上学、顾家和上班之间的关系，增强自我效能感，得到家人、朋友、同事的赞许 (Chao & Good, 2004)。成年学生尤其重视建立新的人际关系，分享观点和经验，将所学的课程与自己的生活相联系。他们整合知识能力的提高，使他们对课堂学习经验和作业的评价更积极。大学班级中有这些学生还有一个好处：不同代的人之间能进行相互交流。当年轻学生看到年长同学的能力和才华时，他们对年长者的成见就会减弱。

在完成学业后，安雅找到了一份教区护士的工作，有很多创造性的机会为大型宗教集会的人们做健康咨询。受教育让她有了新的生活选择和经济收入，当她重新评价自己的能力时，她有了更高的自尊水平。有时（安雅不是这样），价值观的改变和自立能力的增强会引发其他变化，比如离婚，或结交新的亲密伴侣。和早年一样，中年期接受教育，不但会改变发展，还会改变人生轨迹。

思考题

534

联结　大多数的政府公务员和企业高层职位由中老年人而非年轻人担任。是什么认知能力使成熟的成人能够做好这些工作？

应用　玛塞勒 20 多岁时读过一年制大学。现在 42 岁了，她又重返学校攻读学位。请给玛塞勒的第一学期制订一个帮助她顺利完成学业的计划。

反思　你们大学为支持重返校园的学生提供了哪些服务？你有什么其他建议？

本章要点

第一部分　生理发展

一、身体变化

15.1　描述中年期的身体变化，包括视力、听力、皮肤、肌肉－脂肪结构、骨骼和生殖系统的变化

■　身体变化始于成年早期，到中年期仍在继续，这些身体变化对身体自我形象改变的影响，不是希望获得什么，而是害怕衰退。

■　视力受远视眼或者晶状体聚焦能力下降的影响，在昏暗灯光下的视力下降，对强光的敏感性增强，辨色力下降，患青光眼的风险上升。

■　随着年龄增长，听力下降，出现老年性耳聋，首先影响对高频音的察觉，然后扩展到其他频率。辨别连续发出的声音的能力减弱，逐渐地，难以听清人说的话。

■　皮肤出现褶皱、松弛、干燥，出现老年斑，尤其是女性和经常暴晒的人。

■　肌肉减少，脂肪堆积，脂肪分布有显著的性别差异。低脂饮食，经常锻炼，尤其是阻力训练可以避免超重，减缓肌肉减少。

■　骨密度下降——女性绝经后下降较快，导致身高下降，容易骨折。

15.2　描述中年期男女两性性行为的变化及相关的生理与情感症状

■　女性的更年期随着雌激素分泌减少逐渐导致绝经出现，通常伴有生理和心理症状，包括潮红和抑郁发作。这些反应因种族、文化、社经地位、心理压力、对更年期的态度和其他因素不同而大不相同。

■　激素疗法可减少更年期的不适，但它会增加心血管疾病、某些癌症和认知能力下降的风险。

■ 精子的生产贯穿男性一生，但精液数量逐渐减少，勃起也需要更多的刺激。治疗阳痿的药物随处可见，阳痿会损害自我形象。

二、健康与健身

15.3 讨论中年期的性生活及其与伴侣关系满意感的关系

■ 中年已婚夫妻性生活频率只有中度的下降。性反应的强度也有所减弱，但多数 50 岁以上的已婚者认为性关系是良好伴侣关系的重要部分。

15.4 讨论癌症、心血管疾病和骨质疏松症及其危险因素与干预

■ 从成年早期到中年期，癌症死亡率增加了10 倍。遗传、生物学老化和环境都与癌症有关。现在，60% 的癌症患者能够康复。年度体检和各种预防措施能够降低癌症发病率和死亡率。

■ 心血管疾病是中年人，尤其是中年男性死亡的重要原因。其症状包括高血压、高胆固醇、动脉粥样硬化、心脏病发作、心律失常和心绞痛。戒烟、降低胆固醇、控制饮食、锻炼和减轻压力可以降低患病风险并有助于治疗。患心脏病的女性往往被忽视、误诊或治疗不足。

■ 50 岁以上的人群中有 10% 患有**骨质疏松症**，其中主要是女性。充足的钙和维生素 D、负重运动、耐力训练和增强骨骼的药物可以帮助预防和治疗骨质疏松症。

15.5 讨论敌意和愤怒与心脏病及其他健康问题的关系

■ 敌意表达和社交中的支配型互动风格是**A 型行为模式**的成分，可以预测心脏病和其他健康问题，压抑愤怒也和健康问题有关。较好的办法是找到控制压力和冲突的有效办法。

三、适应中年期的生理挑战

15.6 讨论压力处置、锻炼和毅力对中年期有效应对生理挑战的益处

■ 有效的压力处置包括问题中心和情绪中心的应对、建设性地缓解愤怒情绪的方法和社会支持。中年人往往能更有效地应对压力，并经常报告压力对个人的持久好处。

■ 经常锻炼对身体和心理都有好处，久坐不动的中年人参加锻炼非常必要。培养自我效能感，拥有方便、安全、有吸引力的锻炼环境，可以促进身体锻炼。

■ **毅力**包括三种个人品质 —— 控制、自觉和挑战，可激励人们把生活压力转化为复原力。人生中适度的逆境能增强人的毅力。

15.7 解释衰老的双重标准 *535*

■ 人们对中年女性的看法比对中年男性的看法更负面，尤其是男性更倾向于这样做。

第二部分 认知发展

一、心理能力的变化

15.8 描述沙伊的西雅图追踪研究揭示的同龄群组效应对智力的影响

■ 早期横断研究表明，35 岁左右智力测验成绩达到顶峰，然后急剧下降。但是追踪研究发现，从成年早期到中年期，智力随着年龄增长是上升的。沙伊采用系列设计发现，横断研究发现的智力急剧下降是同龄群组效应导致的，因为新一代人的健康和教育条件以及接受的认知刺激都好于前一代人。

15.9 描述中年期晶体智力和流体智力的变化以及智力发展的个体与群体差异

■ 中年期，取决于知识经验积累的**晶体智力**稳步发展。而依赖基本加工技能的**流体智力**在 20 多岁即开始下降。

■ 西雅图追踪研究显示，知觉速度稳步而持续下降。但是，除了晶体智力呈现上升以外，其他的流体技能在中年期也在上升，这证实了中年期是多项复杂能力达到顶峰的时期。

■ 中年人的智力发展是多维度、多方向和可塑的。疾病或不利的环境与智力下降有关。富于刺激性的职业、灵活的人格特质、持久的婚姻、良好的健康和经济条件都有利于认知发展。

■ 在成年早期和中期，女性在言语任务和知觉速度上优于男性，男性在空间技能上占优势。婴儿潮一代与上一代相比，在某些智力技能方面的进步反映了教育、技术、环境的刺激性与医疗保健方面的进步。

二、信息加工

15.10 中年期信息加工有怎样的变化？

■ 认知加工速度随着年龄增长而减慢。一种观点认为，髓鞘破坏和神经元连接变差，使反应时变长。另一种观点是，年长者在信息通过认知系统时丢失更多，导致加工速度变慢。

■ 加工速度变慢使人在记忆、推理、解决问题，尤其是处理流体智力任务时的表现变差。但其他因素也能预测与年龄相关的认知表现。

■ 执行机能随着年龄增长而衰退，使工作记忆减弱，抑制和灵活转移注意力变得更困难。

■ 与年轻人相比，年长者较少使用记忆方法，导致对学习过的信息的记忆下降。训练、改进的任务设计和元认知知识使年长者能够弥补因年龄增长而产生的衰退。

15.11 讨论中年期实际问题解决、专长和创造力的发展

■ 各行各业的中年人的**实际问题解决**能力表现出持续的增长。这主要是由于专业知识丰富、创造性更深邃，从创造不同寻常的产品转向整合想法，从关注自我表达转向更利他的目标。

三、职业生活与认知发展

15.12 描述职业生活与认知发展的关系

■ 进入中年期，富于刺激性的、复杂的工作会增强灵活、抽象的思维能力，并有助于随年龄增长流体智力的下降。

四、成年学习者：在中年做学生

15.13 讨论成人重返大学校园面临的挑战、对他们的支持方式，以及中年期获得学位的好处

■ 重返大学和研究生院的成人多数为女性。重返校园的学生必须应对长期缺乏学习实践的问题，对衰老、性别和种族的社会成见，以及对多种角色的要求。

■ 来自家人、朋友和机构的社会支持，可以帮助重返校园学生取得学业成功。成人接受高等教育可以增强能力，建  立新的人际关系，有利于代际交流并重塑人生轨迹。

重要术语和概念

climacteric (p. 510) 更年期
crystallized intelligence (p. 525) 晶体智力
fluid intelligence(p. 525) 流体智力
glaucoma (p. 509) 青光眼
hardiness (p. 522) 毅力
hormone therapy (p. 512) 激素疗法

menopause (p. 510) 绝经
osteoporosis (p. 519) 骨质疏松症
practical problem solving (p. 530) 实际问题解决
presbycusis (p. 509) 老年性耳聋
presbyopia (p. 508) 远视眼
Type A behavior pattern (p. 519) A 型行为模式

中年期情感与社会性发展

中年期是繁衍感增强——给予和指导年轻人的时期。在一个经济不发达地区的非营利自行车商店里，一名志愿者从为年轻人提供免费自行车并教他们怎样保养的活动中获得深深的满足感。

周末，德温、特丽莎和他们 24 岁的儿子马克在一起度假。这对中年父母来敲马克的宾馆房门。"你爸爸和我要去看工艺品展览，"特丽莎说，"你可以留下来。"她想起马克小时候讨厌参加这样的活动，便说："我们大概中午回来吃午饭。"

"那个展览听起来很棒！"马克回答，"咱们待会儿在宾馆大厅见。"

"有时我忘记他是个大人了！"特丽莎和德温回房间拿外套时，特丽莎叫道，"这几天和马克一起过得太开心了，就像是和好朋友度假似的。"

在特丽莎和德温四五十岁的时候，他们在原来积蓄的基础上，为了给后代留下遗产而投入更大的努力。大学毕业后，马克面临着就业困难，于是他回到家乡，与特丽莎和德温一起住了好几年。在父母的支持下，马克一边读研究生，一边做兼职，在近 30 岁时找到了一份稳定的工作，并且有了女友，后来在 35 岁结婚。随着每一个里程碑的到来，特丽莎和德温都为自己能护送下一代的成员进入负责任的成人角色而感到自豪。在马克的青少年期和大学时期，家庭活动有所减少，但随着特丽莎和德温把儿子当作一个相处愉快的成年伙伴，家庭活动又增加了。富有挑战性的职业和更多时间的社会参与、休闲活动等这些事情彼此交织，使中年生活变得丰富多彩，充满欢乐。

特丽莎和德温的两个朋友的中年生活就没有这样平顺。近 50 岁的杰维尔害怕自己孤独地老去，她近乎疯狂地想找到一个亲密伴侣。她参加单身活动和在线约会，为了找到一个志同道合的伴侣而到处旅行。不过杰维尔也有补偿性的满足感，例如越来越重要的友谊关系、与侄子侄女的亲密关系、做得不错的商业咨询工作等等。

蒂姆，德温研究生时的好朋友，已经离婚 5 年多。

近来，他认识了艾列娜并对她一往情深。但是艾列娜正面临着生活中的重大变化：离婚，女儿麻烦重重，调换工作，还要解决女儿的麻烦事。而蒂姆正处在事业巅峰，一心要享受生活呢。艾列娜想要重新找回前几十年失去的东西：她要找到机会发挥自己的才能。蒂姆在电话里困惑地对特丽莎说："我不知道从哪里入手来配合艾列娜的计划。"

随着中年期的来临，生命的一半或一多半已经过去。成年人越来越意识到，未来时日已然不多，这令他们重新评价生命的意义，完善和加强自己的同一性，并关心子孙后代。大多数中年人能够在个人前途、目标和日常生活等各方面做出适当的调节。也有少数人经历了深深的内心动荡，开始面临重大变迁，他们想尽力弥补失去的光阴。除了年纪已大之外，家庭和职业变化也对情感和社会性发展影响巨大。

现在有比以往更多的中年人做着这些事情，尤其是婴儿潮一代，他们现在正是五六十岁的年龄（见第1章边页12，回顾婴儿潮一代是如何改变人生轨迹的）。今天的中年一代更健康，受教育程度更高，虽然经历了20世纪末的经济衰退，但和以前任何一代的中年人相比，他们在经济上更富足 (Mitchell, 2016)。这使他们更自信，更有社会意识，也更具活力，在一生中的这个阶段，他们拥有巨大的发展多样性。

20世纪90年代中期进行的一项名为美国中年人发展 (MIDUS) 的大型调查，对我们理解中年期情感和社会性发展很有帮助。这项调查是由来自心理学、社会学、人类学和医学等不同领域的一组研究人员完成的，目标是对中年人面临的挑战进行新的了解。其全国代表性样本包括7 000多名25~75岁的美国人，可以把中年人与年轻人和老年人进行比较。通过电话访谈和自我填写的问卷调查，参与者回答了1 100多个涉及心理、健康和背景等因素的问题，获得了前所未有、内容广泛的信息。这项研究还包括子研究，对受访者的子样本就关键问题进行更深入的询问。研究还做了追踪扩展，对75%的样本在21世纪头十年早期到中期做再次调查。在21世纪头十年早期，研究者扩大了样本，增加了3 500多名美国参与者 (Delaney, 2014)。大约在同一时间，他们在日本推出了一个分支项目，名为"日本中年人发展"，参与者有1 000多人。

MIDUS研究大大丰富了我们对中年期变化的多维度和多方向性质的了解，它已成为关于中年期及以后多年情况的丰富信息来源。本书的讨论将多次引用这项研究结果，包括对其结果的详细介绍，以及该研究与其他调查的比较。下面来看埃里克森的理论和相关研究，MIDUS研究对这一理论也做出了贡献。

一、埃里克森的理论：繁衍对停滞

16.1 根据埃里克森的理论，中年期人格有怎样的变化？

埃里克森把中年期的心理冲突称为**繁衍对停滞** (generativity versus stagnation)。繁衍是以给予和指导下一代的方式帮助他人。第14章曾讲过，繁衍从成年早期就已通过工作、服务于社会、生育和教育子女开始了。在中年期，繁衍得到很大的扩展，中年人的奉献超越了个人（同一性）和自己的生活伴侣（亲密），转向更大的群体，如家庭、社区和社会。有繁衍感的成年人把自我表现的需要和与人共享的需要结合起来，把个人目标和全社会人们的幸福整合起来 (McAdams, 2014)。其结果是，中年人以比以前几个阶段更宽广的方式关心他人。

埃里克森 (Erikson, 1950) 使用繁衍这个术语来概括超越自我、保证社会延续和进步的一切创造物：孩子、思想、产品和艺术作品等等。做父母虽然是实现繁衍的主要手段，但并不是唯一手段，成人还能以其他方式获得繁衍感，例如通过其他的家庭关系（如杰维尔和她侄子侄女的关系），在工作单位做良师，当志愿者，以及进行其他各种生产与创造等。

上述一切都显示，繁衍既是个人愿望，又是文化要求。从个人角度看，中年人感受到一种被需要的需求；他们想得到一种象征性的不朽——自己所做的贡献能够在死后长存 (Kotre, 1999;

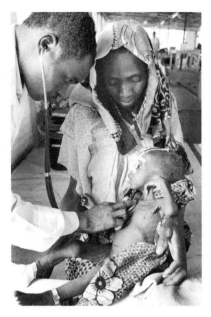

这位隶属于诺贝尔奖得主无国界医生组织的医生，通过对尼日尔严重营养不良儿童的治疗，把个人目标与对社会的更广泛关注结合起来。

McAdams, Hart, & Maruna, 1998)。这种愿望可能深深地植根于想要保护并促进下一代成长的进化动机。从文化角度看，社会向中年人敲响了繁衍的社会之钟，提醒他们承担父母、教师、引路人、领导者和协调者角色，担负起教育下一代的责任 (McAdams & Logan, 2004)。按照埃里克森的说法，文化的"物种信念"——即使人类面临灾难与贫穷，生命也是美好的、值得为之奋斗的——是推动繁衍活动的主要动力。没有这种乐观的世界观，人们就不会期盼着人性的升华。

这一阶段的消极结果是停滞。埃里克森认为，一旦成人实现了特定的人生目标，如结婚生子、事业成功，就会变得自我和放纵。有停滞感的人非常地关注自我，对年轻人缺乏兴趣（包括自己的孩子），重索取而轻付出，对高效率地工作、展现个人潜力、改善周围环境感到索然无味。

研究者以各种方法探索繁衍感，有的让人们给自己的繁衍特征打分，比如，帮助需要帮助的人的责任感，或参与社会活动的公民义务感。有的会问一些开放式问题，比如生活目标、一生中的主要亮点和最令人满意的活动，给这些回答打分。还有研究者从人们对自己的口头描述中寻找繁衍主题 (Keyes & Ryff, 1998a, 1998b; McAdams, 2011, 2014; Newton & Stewart, 2010; Rossi, 2001, 2004b)。无论使用哪种方法得到的结果都显示，

在不同社经地位和种族的人之间，繁衍感在中年期都增强了。正如本节的"社会问题→健康"专栏中所说的，繁衍感是中年人生活历程中一个共同主题。

根据埃里克森的理论，高繁衍感的人表现出良好的适应性：低焦虑，低抑郁；自主性、自我接纳和生活满意度高；对不同的观点更加开放；更可能拥有美满的婚姻和亲密的朋友 (An & Cooney, 2006; Grossbaum & Bates, 2002; Versey & Newton, 2013; Westermeyer, 2004)。他们还展现出提携年轻同事的职场领导素质，而且非常关心其他人的幸福 (Peterson, 2002; Zacher et al., 2011)。例如，繁衍感和更有效地养育子女有关——亲子之间互相信任，开诚布公沟通，向子女传递繁衍价值观，以及采用权威型教养方式 (Peterson, 2006; Peterson & Duncan, 2007; Pratt et al., 2008)。如图 16.1 所示，中年人的繁衍感和广泛参与社区与社会活动呈正相关 (Jones & McAdams, 2013)。

虽然这些发现是针对所有背景的成年人，但在繁衍背景上也有个体差异。拥有子女对男性繁衍感的促进胜过女性。包括 MIDUS 在内的一些研究显示，有子女的父亲的繁衍感得分高于无子女的男性 (Marks, Bumpass, & Jun, 2004; McAdams &

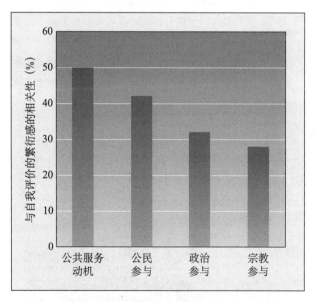

图 16.1 中年人的繁衍感与公民、政治和宗教参与的关系

55～59 岁的欧裔和非裔美国人样本中，自我评价的繁衍感与不同的社区和社会参与呈正相关，尤其是公共服务动机（对制定公共政策的兴趣，致力于公益事业）、公民参与（参与社区组织，为慈善事业筹集资金）、政治参与（投票，向他人表达政治观点）和参与宗教团体。资料来源：Jones & McAdams, 2013.

de St. Aubin, 1992）。一项对 43～63 岁受过良好教育的女性的调查发现，有子女的女性（无论有无职业），比只关注职业、无子女的女性表达了对繁衍的更大关切（Newton & Stewart, 2010）。也许养育子女能激发对后代格外温柔、体贴的态度。

对于经历过坎坷，做过儿子、学生、工人、亲密伴侣的低社经地位的男性来说，做父亲可以提供一种环境，使他们的生活发生高繁衍性的积极改变（Roy & Lucas, 2006）。有时，这些父亲把这

种繁衍性转化为拒绝把自己的苦难延续下去。一名做过帮派成员后获得准学士学位的父亲，努力让他十几岁的儿子们不再流落街头。他说："我经历过地狱般的深渊，我想成为一名父亲。让我的儿子们知道，'你们永远都不会没有爸爸，不要让任何人跟你们这么说'。我告诉他们，即便我和你们的妈妈分开，也会保证，无论我到哪里，将来都会帮助你们。"（p. 153）

540　❀ 专栏　　　　　　社会问题→健康

有繁衍感的成人谈自己的生活经历

为了查明高繁衍感的成人怎样看待自己的生活，研究者访谈了两组中年人，一组是经常表现出繁衍感的人，另一组是很少表现出繁衍感的人。在访谈中请参与者讲述他们的生活经历，包括生活中的一次高峰、一次低谷，从童年期、青少年期到成年期的重要场景（McAdams, 2011, 2013b）。对访谈材料和主题的分析显示，高繁衍感和低繁衍感的成人在重新建构自己的过去并憧憬未来时，有着截然不同的方式。

高繁衍感的成人叙事常常包含一些次序分明的事件，研究者称之为奉献的故事，即成人把向别人付出作为对家庭、社区和社会的回报。讲述繁衍经历的人一般会说起早期受到的好的影响（如支持性的家庭或一个有才干的人），以及早期对别人苦难的同情。这种祈福和苦难之间的矛盾，激发他们把自己看作"被召唤者"或

哈里·奥尔森因海洛因成瘾和其他罪行在监狱里进进出出 8 年。他 39 岁被释放时，对重返社会的前景充满信心，他决心改变自己。确定方向和目标后，他成立了一个非营利组织，努力帮助其他刑满释放者步入正常的生活。

奉献者，为别人做善事。在这些有关奉献的故事中，救赎主题尤显突出。高繁衍感的成人谈到很多负面生活事件，例如遭遇挫折、失败、损失或他人死亡，但是接着是好的结局：人重新焕发活力，获得进步，受到启迪。也就是说，坏事情得到救赎，然后变得好起来。

来看一位 49 岁的四年级教师戴安娜的经历。戴安娜出生于一个小镇的牧师之家，从小就受到教区信众们的宠爱，他们非常关心她、喜欢她。但是在她 8 岁那年，她生活的低谷出现了：她目睹了一场惨剧，年幼的弟弟跑到大街上，被一辆汽车撞倒，第二天就死了。戴安娜感受到父亲的极度痛苦，想变成他失去的"儿子"，这当然做不到。但是这一幕以一个欢乐的音符结尾，因为戴安娜嫁给了一个男人，这个男人跟戴安娜的父亲结成了亲密关系，人们都说这个男人"就像他自己的儿子一样"。戴安娜的生活目标之一就是做一名教师，因为"我喜欢给别人回报……让自己成长也帮助别人成长"（McAdams et al., 1997, p. 689）。她的谈话充分表达出带有繁衍感的奉献精神。

高繁衍感成人的经历，往往是悲剧变喜剧，而低繁衍感的成人会说出一些带有污染主题的经历，这种经历往往以喜剧开场，以悲剧收场。例如：上大学第一年还不错，后来一位教授给打了个不公平的分数，一切就变得糟糕起来；一位年轻女性减了肥，看上去挺好，但是却无法克服她的自卑。

为什么繁衍感与生活经历中的救赎事件相联系呢？首先，有些成人把繁衍活动看作对生活中消极面的弥补。一项研究考察了曾经是罪犯后远离犯罪的人的生活经历，许多人谈到，他们强烈地希望做善事来赎罪

(Maruna, LeBel, & Lanier, 2004)。其次，繁衍感似乎承载着一种信念：今天虽然不尽如人意，但是明天一定会更好。通过指导和帮助下一代，成熟的成年人不再重犯过去的错误。最后，以救赎的方式看待自己的生活，会帮助人维持克服困难所需的毅力——从养育子女到促进社会发展，繁衍活动无处不在。

生活经历启示人们，怎样使生活更有意义、更有目标。高繁衍感和低繁衍感的成人所讲述的好事情和坏事情，数量并没有差异。但是，他们对这些事件的解释完全不同。充满救赎精神的奉献经历体现出一种把自我看作关怀、同情别人的护卫者的思维方式 (McAdams & Logan, 2004)。这种经历使人懂得，即便他们自己的故事总有一天会结束，但是别人的故事，作为他们自己繁衍努力的一部分，还会继续下去。

成年人生活经历中的救赎情节越多，他们的自尊和生活满意度就越高，他们就更加确信生活中的挑战就是有意义的，可以掌控的，而且能带来回报 (Lilgendahl & McAdams, 2011；McAdams & Guo, 2015)。目前研究者仍在探讨，是什么因素使人们把走出逆境看作好事。

541　还要强调的是，与美国白人相比，非裔美国人更多地参与一些繁衍活动。他们更强烈地希望把遗产留给更大的社区（而不仅仅是他们的直系亲属），并为社区成员提供更多的社会支持 (Hart et al., 2001; Newton & Jones, 2016)。从教会和大家庭获得很大帮助的生活经历，会加强这种繁衍价值观和行动。在美国白人中，笃信宗教和灵性与所参与的繁衍活动呈正相关 (Son & Wilson, 2011; Wink & Dillon, 2008)。具有很强繁衍感的中年人往往表示，在儿童和青少年时期，他们已经把植根于宗教传统的道德价值观内化，并坚持对这些价值观的承诺，这为繁衍行为提供了终生的动力 (McAdams, 2013a)。在个人主义社会中，属于一个宗教团体或相信一个高尚的神灵，可能有助于保持繁衍精神。

二、中年期心理社会性发展的其他理论

16.2 描述莱文森和魏兰特的中年期心理社会性发展理论以及两性的异同

16.3 中年危机的提法是否反映了中年期的一般经历，可否确切地说中年期是一个阶段？

埃里克森关于成人心理社会性发展的大框架，被莱文森和魏兰特加以扩展，让我们再次回顾第 14 章曾介绍过的莱文森和魏兰特的理论。

1. 莱文森的人生四季理论

翻到边页 477，我们来回顾莱文森的人生四季理论。他对被试的访谈显示，随着中年期的过渡，成年人越来越意识到，从现在开始，越来越多的年华已被抛在身后，剩下的时光越来越宝贵。这使一些人在其生活结构中做出重大改变：离婚，再婚，更换职业，或者表现出更强的创造力。另一些人则是婚姻和职业稳定，只做出较小的改变。

不管这些年的生活带来的是狂风还是暴雨，多数人都会在一段时间内转向自身，关注有意义的个人生活。莱文森指出，中年人要重新评价并重建其生活结构，必须面对四项发展任务。每一项都需要调和自我内部两种对立的倾向，以获得更大的内心和谐。

- 年轻－年长：中年人必须寻求年轻和年长相结合的新方式。这意味着放弃年轻人的一些品质，过渡到另一些品质，并发现年长的积极意义。也许是因为对衰老的双重标准（见第 15 章边页 523-524），多数中年女性担心，随着年龄的增长，她们的吸引力越来越小 (Rossi, 2004a)。同时中年男性，尤其是没有受过大学教育、从事需要体力和耐力的蓝领工作的男性，对身体老化也非常敏感 (Miner-Rubino, Winter, & Stewart, 2004)。

与以前的中年群体相比，美国的婴儿潮一代对掌控身体变化特别感兴趣，这种渴望帮助激活了抗衰老化妆品和医疗美容的巨大

产业 (Jones, Whitbourne, & Skultety, 2006)。保持年轻的主观年龄（感觉比自己的实际年龄年轻）与自尊和心理健康呈正相关，美国人的这种相关性比西欧的中老年人更强 (Keyes & Westerhof, 2012; Westerhof & Barrett, 2005; Westerhof, Whitbourne, & Freeman, 2012)。在个人主义更兴盛的美国，年轻时的自我形象更重要，它使人相信自己是独立的，有能力为以后积极、充实的成年期做好计划。

- 破坏－创造。由于死亡意识增强，中年人关注自己曾经做过的破坏行为。过去对父母、亲密伴侣、孩子、朋友和同事所做的伤害举动，现在被一种强烈的创造愿望取代，如慈善捐赠、社区志愿服务、指导年轻人或制造时尚创意的产品。

- 男性化－女性化。中年人必须更好地平衡自己的男性化和女性化特质。对男性，这意味着他们更能接受照顾和关爱等"女子气"特质，这些特质能增进亲密关系，并在工作场所富有同情心地行使权力。对女性，这意味着更具"男子气"，更自主和果断。第8章曾讲到，结合了男性化特质和女性化特质的人，拥有双性化的性别同一性。后面会讲到，双性化与一些良好的人格特质和适应性有关。

- 融入－分离。中年人须在融入外部世界和与外界分离之间找到平衡点。对于许多男性和事业有成的女性，这意味着少些雄心壮志，多些自我关注。但是，过去一心一意养育儿女或从事不满意职业的女性则会转变方向，

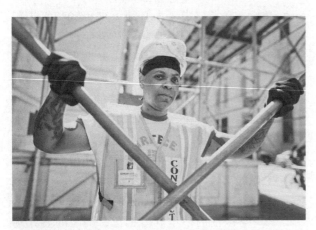

从事蓝领工作、晋升机会很少的人可能会寻找其他途径，使他们的工作更有意义。这位建筑工人做了工会谈判代表，能够代表工人的利益和管理层谈判。

追求长期渴望的抱负 (Etaugh, 2013)。48岁时，艾列娜离开了她所在小城市某报纸的记者岗位，拿到了一个创意写作专业的较高学位，受聘于一所大学当教师，并开始写小说。而蒂姆意识到，他的最大愿望是找到一个中意的爱情伴侣。他想，不妨减少自己的事业投入，给艾列娜足够的时间和空间来重建她的工作生活，这样做可以加深他们之间的感情。

灵活地调整同一性以应对年龄带来的变化并保持自我连续性的人，更能意识到自己的想法和感受，自尊和生活满意度也更高 (Sneed et al., 2012)。但是调整个人生活结构以适应年长的影响，需要有支持性的社会环境。如果生活被贫穷、失业和不受人尊敬的社会地位支配，人的精力就只能投入谋生，而不能有效应对年龄增长带来的变化。即便拥有稳定职业、生活在富裕社区的成人，也会觉得自己的工作条件过多地强调产量和利润，忽视工作的意义，从而限制了继续进步。在40岁出头的时候，特丽莎离开了一家大型律师事务所。她在那儿一直感到吸引高收费客户的压力实在太大，而她为一件小业务做出的努力却得不到认可。

晋升机会使中年期过渡显得更容易。但是，女人的这种升迁机会大大低于男人。从事蓝领职业者，不论男女，都很少有晋升机会。因此，他们会做出其他调整，例如，成为积极的工会成员、商店管理员或年轻员工的师傅 (Christensen & Larsen, 2008)。许多男性发现，在家里做了祖辈算是一种补偿。

2. 魏兰特的生活适应理论

因为莱文森访谈的是35~45岁的人，而魏兰特 (Vaillant, 1977, 2002) 在超过半个世纪的时间里，追踪考察了受过良好教育的男人和女人。第14章讲到，50多岁和60多岁的成年人，不但能扩展其创造力，而且成为"生活意义的保持者"或"文化的护卫者"（见边页477）。魏兰特介绍说，最成功、适应最好的人们步入了一段比较平和、安定的生活时期。"传递火炬"——关注对本文化优良传统的保持，成为他们的关注焦点。

在世界各个国家和社会，年长者都是传统、法律和文化价值观的护卫者。这种稳定力量抑制、检查着由青少年和年轻人的质疑和挑战造成的剧

542

烈变化。当成人进入中年期尾段的时候，他们关注着长期的、非个人的目标，例如所处社会的人际关系状况。他们变得更富于哲理，并且承认不是所有问题都能在他们的有生之年得到解决。

3. 中年危机存在吗？

莱文森 (Levinson, 1978, 1996) 报告说，他所研究的多数男性和女性，在向中年期过渡时都明显感觉到内心的动荡。但是魏兰特 (Vaillant, 1977, 2002) 的研究对象中很少有人出现危机，变化大多是缓慢而稳定的。两人的研究结果相反，于是提出一个问题：伴随着中年期的来临，人生变化的程度到底有多大？是否像**中年危机** (midlife crisis) 这个术语所说的那样，40 多岁时，自我怀疑和压力特别巨大，并且促成了重要的人格重构？

特丽莎和德温轻松地进入这一时期，但是杰维尔、蒂姆和艾列娜则怀疑自己的境况，打算改变生活道路。显然，中年期存在着很大的个体差异。美国人常常认为中年危机会在 40~50 岁发生，这或许是因为文化上对衰老的担忧。但几乎没有证据证明，中年是一个动荡的年代。

当 MIDUS 研究的参与者描述过去五年中发生的"转折点"（他们认为的生活中的一个重要变化）时，多数是积极的，例如实现了梦想，或发现自己身上的一些长处 (Wethington, Kessler, & Pixley, 2004)。在他们眼里，转折点不像是中年危机。即使是消极的转折点，也会带来个人成长。例如，一次裁员却引发了积极的职业转变，或者把精力从事业转到个人生活中。

在该研究中，当直接问参与者，他们是否经历过中年危机时，只有四分之一的人回答"是"。他们对此类事件的定义比研究者更宽泛。一些人在 40 岁之前就报告遭遇了危机，而另一些人则在 50 岁之后。多数人认为这不是年龄的问题，而是生活中遇到了挑战 (Wethington, 2000)。例如，艾列娜在这些改变发生之前就想过离婚和开启新事业。30 多岁时，她与丈夫分居，后来又和解，并告诉丈夫，自己想重返学校，但丈夫坚决反对。由于女儿学业和情感上的困难，以及丈夫的抵制，她暂时搁置了自己的生活。

另一种探索中年期问题的方法是，询问成年人生活中有什么遗憾，例如，有改变生活的好

机会却没有抓住，或者本可以改变生活方式却没有行动。在美国全国代表性样本中，生活遗憾主要集中在爱情和家庭关系上，其次是教育、职业、财务、育儿和健康（见图 16.2）(Morrison & Roese, 2011)。有过遗憾事与心理健康状况较差有稳定的相关 (Schiebe & Epstude, 2016)。但是，如果能够仔细总结得失，温故知新，知错就改，那么，后悔也能起到积极作用。

在中年期尾段，由于剩下的时间已不再允许做出什么生活改变，所以，中年人对后悔的解释对其幸福感就起到很大作用。成熟、满足的成年人承认过去的一些做法确实使自己失去了机会，但经过深刻反思，感到"吃一堑，长一智"。他们能够从中解脱出来，投身于切实而有益的目标 (King & Hicks, 2007)。在一个几百名 60~65 岁、社经地位不同的中年人样本中，大约一半的人表示，他们至少有一件感到遗憾的事。和没有解决好这些憾事的人相比，解决了这些憾事的人（接受并认清了憾事带来的好处），或"尽全力面对憾事"的人（承认坏事变好事但遗憾仍挥之不去）所报告的身体健康状况和生活满意度都较好 (Torges, Stewart, & Miner-Rubino, 2005)。

总之，在中年期，人们普遍要对生活做出评价。多数人做出了改变，这种改变恰当地说是他们生活中的"转折点"，而不是剧烈的变化。到了中年，越来越多的人发现，自己人生的某些方面再也无法改变，但他们常常从自己的境遇中看

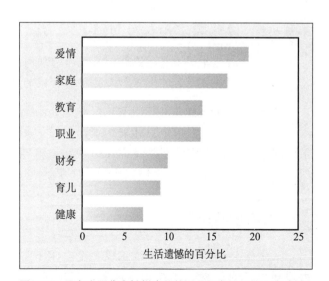

图 16.2 具有全国代表性样本的美国人最常提及的人生遗憾
研究者给 370 名具有不同社经地位和来自不同种族的美国成年人打电话，让他们描述人生中最大的遗憾。资料来源：Morrison & Roese, 2011.

到"一线希望"(King & Hicks, 2007; Morrison & Roese, 2011)。少数陷入危机的中年人大多是因为，他们在成年早期的性别角色、家庭压力、低收入和贫困限制了他们在家庭中和社会上满足个人需求、实现个人目标的能力。

4. 阶段论或生活事件论

中年期的危机和重大重构比较罕见，这再次提出了第 14 章中提出的一个问题：成年人的心理社会性发展是否像埃里克森、莱文森和魏兰特的理论所说的那样，是分为不同阶段的？越来越多的研究者认为，中年过渡期不是阶段性的 (Freund & Ritter, 2009; McAdams, 2014; Srivastava et al., 2003)。有些人只把它看作对正常生活事件的一种适应，比如孩子长大，事业达到顶峰，即将退休。

但是，根据前面章节所讲的内容，生活事件不再像过去那样，严格地按年龄分为阶段。这些事件发生的时间变化无常，所以它们不可能是中年期变化的唯一原因。如今，多数专家认为，中年期的适应是年龄增长和社交经验积累的综合结果 (Lachman, 2004; Sneed, Whitbourne, & Culang, 2006)。回顾边页 538–539 关于中年期繁衍感上升的讨论，就会回忆起这两个因素是如何相互作用的。

大多数中年人在描述自己的生活时表示，他们经历过一些动荡烦恼的时期，这些时期促使他们有了新的理解和目标。当我们仔细研究中年期的情感和社会性发展时会发现，这个时期，像其他时期一样，既有连续性，又有阶段变化。带着这样的想法，让我们看一看中年期影响心理健康和做决策的各种内心关切和外在体验。

思考题

联结　用对人一生中感到遗憾的研究结果，说明对中年生活的适应是年龄增长和社交经验积累相结合的结果。

应用　42 岁的梅尔觉得自己多年来在工作上没有什么长进，于是他在另一个城市找到一份不错的工作。一方面要离开多年的老朋友，一方面得到期待已久的好工作，他为此感到左右为难。经过几个星期的心灵探索，他选择了接受新工作。梅尔的两难是中年危机的一种体现吗？为什么？

反思　找出一个你钦佩的中年人。说说一个人展现繁衍力的各种方式。

三、自我概念和人格的稳定性与变化性

16.4　描述中年期自我概念、人格和性别同一性的变化

16.5　讨论成年期"大五"人格特质的稳定性和变化

中年期自我概念和人格的变化反映出，对有限的一生、多年的生活经验和关切繁衍的意识越来越强。同时，人格的某些方面保持稳定，这体现了过去各个阶段形成的个体差异仍然存在。

1. 可能的自我

一次出公差的时候，杰维尔找了个空闲下午去看望特丽莎。两人坐在咖啡馆里，回忆过去，思考未来。杰维尔说："我一直是一个人生活，忙工作，我想把工作做得更好，做点对社会有益的

事，保持健康，在朋友求我时帮帮他们。当然，我不会独自一个人变老，但是如果我找不到那个想找的人，我想我也能活得很自在，我永远不会面临离婚或成为寡妇。"

杰维尔所说的就是**可能的自我** (possible selves)，是关于一个人希望自己将来变成什么样子、不愿变成什么样子的表征。可能的自我是时间维度上的自我概念，说明一个人努力成为什么样的人，避免成为什么样的人。毕生发展研究者认为，这种希望和担忧，就像人们怎样看当前的自己一样，对于理解人的行为是非常重要的。可

能的自我在中年期可能是行为的有力推动者，因为对成人而言很多有意义的事情都和时间有关 (Frazier & Hooker, 2006)。当我们上年纪时，可能不再依赖社会比较来判断自我价值，而更多地依赖时间比较：和原来的打算相比，自己实际做的究竟怎样。

整个成年期，人们在描述当前的自我时显示出相当大的稳定性。一个人如果在 30 岁时说自己是个善于合作、有能力、对人友好、事业有成的人，那么，过若干年后，他仍可能这样描述自己。但是可能的自我则变化较大。20 岁出头的人有各种各样可能的自我，一般都显得很崇高且理想化，例如"非常幸福""既有名又富有""一生健康"，绝不会"穷困潦倒""无足轻重"。随着年龄增长，可能的自我在数量上逐渐减少，也更加谦虚和具体，而不是好高骛远。很多中年人不再期盼成为完美无缺、飞黄腾达的人。他们关心的是已经开始承担的角色和责任，例如"能胜任工作""做个好丈夫、好父亲""让孩子读完大学""保持健康"，而不想成为"我家的负担"或"挣不够养家糊口的钱" (Bybee & Wells, 2003; Chessell et al., 2014; Cross & Markus, 1991)。

怎样解释可能的自我的这些变化呢？由于未来不再有很多机会，成人凭借调整自己的希望和担忧，使自己的心理更健康。为了保持前进动力，他们必须保留某些事情尚未实现的感觉；同时，无论多么失望，他们也必须对自己、对生活感觉良好 (Lachman & Bertrand, 2002)。例如，杰维尔不再像她 20 多岁时那样，希望能当上大公司的主管。现在她只是希望在目前的职位上有所长进。她虽然担心晚年会孤独，但也会自我安慰说，结婚也会带来坏结果，例如离婚和守寡，相比这样的坏结果，没有抓住结婚机会反而更容易忍受。

"当前的自我"这一概念要求必须随时对别人的反馈做出回应。与之不同，"可能的自我"虽然也受他人影响，但它是一个人自己根据需要加以定义和修正的。因此，哪怕事情并不如意，它也允许给自我以肯定 (Bolkan & Hooker, 2012)。对中老年人的研究发现，拥有平衡的可能自我，即自身希望的结果和担忧的结果比较平衡，例如，"与成长中的儿子关系更好""不要疏远我的儿媳妇"，这样的人报告了在 100 天时间里、在实现与

自我相关的目标上取得了更大进展 (Ko, Mejía, & Hooker, 2014)。因为平衡的可能自我使人对焦点问题既趋近又回避，它比单纯的希望的自我或担忧的自我更有动力。

研究者认为，"可能的自我"可能是成年期保持幸福的一把钥匙，因为人们通过修正未来的图景，使理想的目标和可实现的目标相匹配。许多研究表明，中老年人的自尊等于或略高于年轻人 (Robins & Trzesniewski, 2005)。一个主要原因是自我在其中发挥着保护作用。

2. 自我接纳、自主性与环境掌控

能力和经验的不断变化与组合，导致了在中年期人格的某些变化。第 15 章讲到，中年期可以带来专长和实际问题解决方面的收获。中年人对自己的描述也比年轻人和老年人更复杂、更全面 (Labouvie-Vief, 2003, 2015)。此外，中年期是社会角色数量达到顶峰的时期——配偶、父母、员工和社区活动参与者等。由于成年人可能承担领导者和其他复杂责任，他们在职场和社会上的地位通常会上升。

这些认知和角色的变化无疑有助于个人机能在其他方面有所斩获。对年龄接近 20 岁到 70 多岁、包括美国和日本这样不同文化的成人的研究显示，从成年早期到中年期，三项特质有所提高：

- 自我接纳：中年人比年轻人更能认同并接纳自己的优缺点，对自己和生活的态度更积极。
- 自主性：中年人看待自己时不大关心别人的期望和评价，而更关心怎样遵循自己选择的标准。
- 环境掌控：中年人认为自己有能力轻松、有效地应对所要完成的复杂任务 (Karasawa et al., 2011; Ryff & Keyes, 1995)。

这些发现表明，中年期是人的各方面舒适度逐渐增强的时期，包括自我、独立性、果断性、对实现个人价值观的投入等等 (Helson, Jones, & Kwan, 2002; Keyes, Shmotkin, & Ryff, 2002; Stone et al., 2010)。许多中年人认为，通过努力和自我约束，他们的完善程度已经接近于自己的潜力，这可能是追踪研究所发现的成年早期到中年期整体生活满意度上升的原因 (Galambos et al., 2015)。对自己

545

和自己人生成就日益增长的满足感，或许可以解释为什么中年有时被称为"生命的黄金时期"。

促进心理健康的因素在不同群体之间存在本质差异，在 MIDUS 研究 25~65 岁受访者的自我报告中，可以明显看出这一点 (Carr, 2004)。出生在婴儿潮时期或更晚以及受益于女权主义运动的女性，在事业和家庭之间取得的平衡，可以预测更强的自我接纳和对环境的掌控力。然而，在二战前或二战期间出生的女性为了养育孩子而牺牲了事业——20 世纪 50~60 年代对年轻母亲的期待，她们在自我接纳方面也有同样的优势。同样，符合主流社会期望的男性，幸福感得分更高。婴儿潮时期和稍晚出生的男性，如果为了承担家庭责任而缩短工作时间，他们就符合当时年龄群的"好父亲"形象，自我接纳得分也更高。但是做出这种调整的更年长的人，与那些专注于事业、符合当时"积极进取"理想的人相比，自我接纳得分要低得多。（参见边页 546-547"生物因素与环境"专栏，了解中年心理健康的其他影响因素。）

然而，幸福的含义因文化而异。日本、韩国成人与同龄的参加 MIDUS 研究的成人相比较，日本人和韩国人报告的心理健康水平较低，主要是因为他们不太像美国人那样认可，如自我接纳、自主性等个人主义特质是他们身上所特有的 (Karasawa et al., 2011; Keyes & Ryff, 1998b)。出于他们的相互依赖倾向，日本人和韩国人最高的幸福感得分来自与他人的良好关系。韩国参与者说，他们认为自我完善是通过家庭尤其是子女的成功来实现的。美国人也认为家庭关系与幸福息息相关，但他们看重自己的特点和成就胜过自己的子女。

3. 日常压力的应对策略

第 15 章曾讨论压力处置在预防疾病方面的重要性。压力处置对心理健康也非常重要。MIDUS 研究对 1 000 多名成年人进行了连续 8 个夜晚的访谈。研究者发现，从成年早期到中年期，有一个日常压力源的高原期，然后，由于家庭和工作责任减轻，闲暇时间增多，压力开始下降（见图 16.3）(Almeida & Horn, 2004)。女性报告更多的是角色超载（因为职业、妻子、母亲、照顾老年父母等角色的冲突）和来自三亲六故、养育孩子的压力，男性

的压力主要来自职业，但男女两性都感受到所有的压力。与老年人相比，年轻人和中年人认为他们感受到的压力更具破坏性，感到更不快乐，也许因为他们往往同时感受到好几种压力，其中许多压力来自经济困境和子女教育。

第 15 章还讲到，中年期的有效应对策略增多了。中年人更善于看到困难的积极面，推迟行动，以便对其他变通方案做出评价，预先估计到并制订计划来处置可能出现的难题，幽默地表达观点和感受而不冒犯别人 (Diehl, Coyle, & Labouvie-Vief, 1996; Proulx & Aldwin, 2016)。请注意，这些做法是怎样灵活地把问题中心策略与情绪中心策略同时加以利用的。

为什么中年期的有效应对策略增多了呢？看来是其他方面的人格变化起了作用。一项研究发现，复杂、全面的自我描述能力在中年期有所加强，它标志着把优点和缺点同时纳入一幅条理分明的图画的出色能力，这种能力可以预测更强的自控力和良好的应对策略 (Hay & Diehl, 2010; Labouvie-Vief, 2015)。中年期情绪的稳定性和处理生活问题时的自信心也能发挥一定作用 (Roberts et al., 2007; Roberts & Mroczek, 2008)。这些特性可以预测工作和人际关系的有效性，也是中年期复杂而灵活的应对方式的反映。

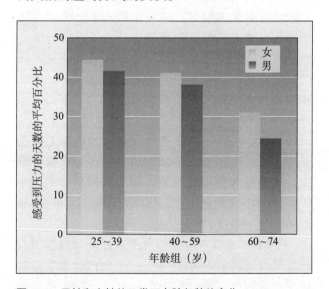

图16.3 男性和女性的日常压力随年龄的变化

研究者对参与 MIDUS 研究的 1 000 多人进行了连续 8 个晚上的访谈。结果显示了从成年早期到成年中期的一个压力高原期，之后因家庭和工作责任减轻、闲暇时间增多，压力逐渐减少。

资料来源：D. M. Almeida & M. C. Horn, 2004, "Is Daily Life More Stressful During Middle Adulthood?" in O. G. Brim, C. D. Ruff, & R. C. Kessler, [Eds.], *How Healthy Are We? A National Study of Well-Being at Midlife.* Chicago: The University of Chicago Press, p. 438.

546 但是，有些中年人承受的压力巨大，使他们的应对能力难以招架。在过去的 15 年里，美国中年人的自杀率上升了 25%。目前，中年人的自杀率几乎与 85 岁及以上老年人的自杀率持平（这一比率在所有年龄段为最高）。45～64 岁白人男性的死亡率上升幅度最大，吸毒和酗酒导致的死亡率也有所上升。其中大多数人受教育程度低，经济

状况不佳，有身心健康问题 (American Society for Suicide Prevention, 2016; Centers for Disease Control and Prevention, 2016d)。虽然原因尚不清楚，但专家推测，这些趋势可能反映了美国特有的贫困、健康状况下降和中年期绝望之间的关联增强。同期，澳大利亚、加拿大和西欧的中年死亡率稳步下降。

专栏　生物因素与环境

哪些因素可以促进中年期的心理健康？

对特丽莎和德温来说，中年期带来了充实的生活和高满意度。但是对杰维尔、蒂姆和艾列娜来说，通向幸福的道路却充满坎坷。哪些因素对中年期心理健康发挥了作用？正如毕生发展观所说的那样，生物因素、心理因素和社会因素相互交织，共同发挥了作用。

1. 良好健康与锻炼

健康的身体对任何年龄的人的精力和生活热情都有影响。但是在中老年期，采取措施改善健康和预防疾病成为预测心理健康状况的更好指标。许多研究证实，和年轻人相比，中老年人进行定期锻炼，如走路、跳舞、慢跑或游泳，与自我评价的健康状况和积极生活态度的相关性更强 (Bherer, 2012)。坚持锻炼养生的中年人认为自己是这个年龄人群里特别有活力者，因此感到一种特殊的成就 (Netz et al., 2005)。此外，体育活动能够增强自我效能感和有助于有效的压力处置（见第 15 章边页 521）。持续的、中等强度的体育活动与更好的执行机能相关，且在中年期的相关性比成年早期更强 (Maxwell & Lynn, 2015; Weinstein, Lydick, & Biswabharati, 2014)。执行机能增强反过来又有助于中年人的自我效能感和自我调节。

2. 控制感和个人生活投资

在生活的各方面——健康、家庭和工作等具有高度控制感的中年人，其心理也更健康。而控制感则可进一步促进自我效能感 (Lang, 2016)。控制感还可预测更有效的应对策略和寻求相应的社会支持，从而使人在面对健康、家庭和工作等困难时保持积极态度 (Lachman, neupert, & Agrigoroaei, 2011)。

个人生活投资——确定目标后坚定地付诸行动，

也能增强心理健康和生活满意度 (Staudinger & Bowen, 2010)。根据米哈利·契克岑特米哈伊的理论，幸福的一个重要源泉是涌动——全神贯注地投入一项高要求、有意义的活动而失去时间感和自我意识的心理状态。人们把涌动形容为极乐时刻，甚至是一种狂喜状态。人们体验到的涌动越多，他们对生活就越感到满足 (Nakamura & Csikszentmihalyi, 2009)。涌动在创造性活动中很常见，其他人也会报告这样的体验，如热爱学习的学生、喜欢

547

全神贯注地投入复杂而有意义的活动产生了涌动——一种深层、愉悦的心理状态。涌动所需的毅力和技能在中年期得到充分发展。

工作的员工、挑战闲暇追求的成人、与孩子一起愉快学习的父母和祖父母等等。涌动取决于百折不挠的精神，也取决于可为成长提供潜能的全神贯注的能力 (Rich, 2013)。这些品质在中年期得到了充分的发展。

3. 积极的社会关系

发展令人满意的社会关系，与中年期的心理健康密切相关。与亲友的密切关系可以促进积极情绪，防止压力，从而改善心理健康状况 (Fiori, Antonucci, & Cortina, 2006; Fuller-iglesias, Webster, & Antonucci, 2015)。愉快的社会关系甚至可以加强锻炼、养生对幸福感的影响。在去私人健身房或非裔加勒比社区中心活动的多种族裔女性样本中，与志趣相投的同伴一起锻炼，可以增强幸福感和生活满意度 (Wray, 2007)。少数族裔女性去健身房锻炼时很看重互相交流，她们不像白人女性那样看重自己的外表。

4. 幸福的婚姻

亲朋好友的支持固然重要，但美满的婚姻对心理健康更重要。婚姻对心理健康的作用随着年龄增长而增加，在中年后期成为一个强有力的预测指标 (Marks & Greenfield, 2009; Rauer & Albers, 2016)。美国中年人不一定能从同居关系中受益。但在西欧，同居意味着对伴侣关系的高度承诺，同居者和已婚者报告的幸福感大体相同 (Hansen, Moum, & Shapiro, 2007)。

追踪研究表明，美满的婚姻能带来真正的幸福。英国一项对具有全国代表性的中老年夫妇样本的研究发现，在两年的随访中，婚姻适应能够预测生活满意度，而生活满意度反过来又能预测以后的婚姻适应 (Be, Whisman, & Uebelacker, 2013)。此外，当研究者对13 000 多名美国成年人在五年后进行重复访谈时发现，一直保持婚姻关系的夫妇，比一直单身的人报告的幸福感更高 (Marks & Lambert, 1998)。而分居或离婚者则报告说，他们比五年前更不快乐，更抑郁。

虽然不是每对夫妇结婚后都很幸福，但婚姻和幸福之间的联系在许多国家是相似的，这表明婚姻可以改变夫妇的行为，使他们更幸福 (Diener et al., 2000)。已婚伴侣可以互相监督对方的健康，在生病时给以照顾。他们比单身者的收入和储蓄更多，而收入与更高的幸福感相关 (Sacks, Stevenson, & Wolfers, 2012)。此外，性生活满意度可以预测心理健康，已婚夫妇的性生活比单身者更令人满意（见第 13 章）。

5. 承担多个角色

成功地承担多种角色，如配偶、父母、员工、社区志愿者等等，也与心理健康息息相关。在 MIDUS 研究中，无论男女，角色参与数量的增加都可以预测更强的环境掌控力、更有益的社会关系、更强烈的生活使命感和更积极的情感。那些身兼多重角色且控制能力强（显示出有效的角色管理）的成年人在幸福方面的得分最高，这一结果尤其表现在受教育程度较低的成年人身上 (Ahrens & Ryff, 2006)。能否很好地承担角色，对于受教育程度较低的人非常重要，因为他们承担多个角色时压力很大，经济条件也较差。

在非家庭角色中，中年后期的社区志愿活动特别有利于心理健康 (Choi & Kim, 2011; Ryff et al., 2012)。这种志愿活动可以通过增强自我效能感、慷慨和利他精神来改善心理健康状况。

4. 性别同一性

特丽莎在 40 多岁到 50 岁出头的时候，对工作特别自信，开会发言流畅自如，她领导一个律师小组处理非常复杂的案子。在家里她处于支配地位，她比 10～15 年前更自如地对丈夫和儿子表达观点。相反，德温的共情心和对别人的关心越来越强，他不像以前那么果断，而是更多地听从特丽莎了。

一些研究发现，在中年期，女性的男性化特质和男性的女性化特质都增加了。女性变得更加自信、自立和坚强；男性则在情感上更敏感、关心、体贴和依赖。这种趋势出现在横断研究和追踪研究中，也出现在不同经济地位和不同文化的人们中，不仅有西方工业化国家，而且有农村社会，如危地马拉的玛雅人、美国的纳瓦霍印第安人部落以及中东德鲁兹教派穆斯林 (Fry, 1985; Gutmann, 1977; James et al., 1995; Jones, Peskin, & Livson, 2011)。这些研究支持了莱文森的理论，中年期的性别同一性更加双性化，把男性化特质和女性化特质互相结合起来。

但在近期收集的自我报告中，男性和女性

图中右侧的儿子已人到中年，他在轻松地表达对父亲的感情。中年男性往往会表现出更多的女性化特质，变得更加敏感、关心、体贴和依赖。

对男性化和女性化特质的认可在整个成年期几乎没有变化 (Lemaster, Delaney, & Strough, 2015; Strough et al., 2007)。同龄群组效应可以解释这些互相矛盾的发现：近期研究的参与者大多是 20 世纪 70~80 年代女权运动期间的青少年或年轻人，有些人出生在运动之后。受时代重大社会变革的影响，不同年龄的成年人，尤其是女性，可能比以前的群体更倾向于支持男性化和女性化特质相混合的双性化倾向。

在早期的大量研究中，中年人的需求可以解释为什么双性化倾向增强了。例如，一些证据表明，孩子离家与男性人格中女性化特质增强倾向有关 (Huyck, 1998)。这也许是因为孩子离开后，男性需要加强自己的婚姻关系，再加上职业晋升机会减少，这些使他们的情感敏感性特质被重新唤醒。另一项研究发现，在职场获得较高地位的女性，50 岁出头时在支配力、果断性和敢说敢言方面进步最大 (Wink & Helson, 1993)。此外，中年女性比男性更可能面临经济和社会劣势。还有更多的人离婚、丧偶或在工作中受到歧视。在应对这些情况时，自立和果断就变得更重要。

548

总之，中年期趋向双性化，是社会角色和生活条件复杂地共同影响的结果，并且这一变化已从中年期扩展到其他年龄阶段，以回应性别平等的文化变化。第 8 章讲到，早期的双性化与高自尊相关。到成年期，双性化还与认知灵活性、创造力、道德推理和心理社会成熟度有关 (Prager & Bailey, 1985; Runco, Cramond, & Pagnani, 2010;

Waterman & Whitbourne, 1982)。同时具有男性化和女性化特质的人，心理上会更健康，因为他们能游刃有余地应对生活中的挑战。

5. 人格特质的个体差异

特丽莎和杰维尔在中年期都变得更自信、果断，但是在其他方面两人有差别。特丽莎做事有条理，工作勤奋；杰维尔则善交际，很风趣。一次两个人一起外出旅游。每一天结束时，特丽莎都会因为自己没能按计划参观每个旅游点而遗憾。杰维尔则是"走到哪儿算哪儿"，不是在街上逛来逛去，就是停下来跟店主或当地居民聊天。

前面几节，我们讨论了中年人身上发生的人格变化，但是稳定的个体差异仍然存在。人们身上各自不同的数百个人格特质被组合为五个基本要素，其被称为**"大五"人格特质** ("big five" personality traits)：神经质、外向性、求新性、亲和性和尽责性。表 16.1 提供了对每个特质的具体描述。显然，特丽莎具有高尽责性，而杰维尔具有高外向性。

对美国男性和女性的纵向和横向研究表明，在青少年期到中年期亲和性和尽责性有所增强，神经质则减弱，外向性和求新性没有改变或轻微下降。这些变化反映了，随着年龄增长，人们逐渐"安定下来"和更加成熟。类似趋势在文化传统迥异的 50 多个国家被发现，包括加拿大、德国、意大利、日本、俄罗斯和韩国在内 (McCrae & Costa, 2006; Roberts, Walton, & Viechtbauer, 2006; Schmitt et al., 2007; Soto et al., 2011; Srivastava et al., 2003)。

跨文化研究结果的一致性使一些研究者得出结论：成年人的人格变化受到遗传影响。他们指出，"大五"人格特质的个体差异很大，而且非常稳定，在某一年龄得分高或低的人，很可能在另一年龄得分相同，年龄跨度可能从 3 年到 30 年 (McCrae & Costa, 2006)。

前面说过，人格在某些方面发生了显著变化，549 然而人格特质为什么又会有这么高的稳定性呢？仔细看看表 16.1，会发现其中的内容和前几节讲过的品质不同，"大五"不考虑动机、优先任务和应对方式，也不考虑人格的某些方面，如男性化、女性化和双性化。一些理论家关注由经验引起的变化，他们重视的是个人需求和生活事件怎样引发新的策

表 16.1　"大五"人格特质

特质	描述
神经质	高神经质者易担忧、喜怒无常、自怜、情绪化和脆弱。低神经质者平静、镇定、自足、舒适、非情绪化、勇敢。
外向性	高外向性者善于表达情感，健谈，积极主动，风趣而热情。低外向性者保守，安静，消极，冷静，情感反应性低。
求新性	高求新性者善于想象，有创造力和发起性，好奇，喜欢自由。低求新性者较实际，缺乏创造力，墨守成规，缺乏好奇心，保守。
亲和性	高亲和性者心眼儿好，值得信任，慷慨，听从，宽厚，和善。低亲和性者缺乏怜悯心，多疑，吝啬，敌对，爱指责，易激惹。
尽责性	高尽责性者有责任心，工作努力，有条理，守时，有进取心，坚韧。低尽责性者粗心，懒散，缺乏条理，缺乏目标，不能持之以恒。

资料来源：McCrae & Costa, 2006; Soto, kronauer, & Liang, 2016.

略和目标，其兴趣在于"人是一个复杂的适应系统"(Block, 2011, p. 19)。另一些理论家则认为，人格的稳定性是遗传造成的，所以他们热衷于找出任何时候都容易在人与人之间加以比较的个性特征。

为解决这一矛盾，我们可以认为，成人的整体组织和人格为适应环境的变化而变化，但这样做有一个前提，即人格的基本素质是稳定的。然而，"大五"人格特质也会因生活经验而发生变化。例如，与没有稳定工作和恋爱关系的人相比，有稳定工作和恋爱关系的人，随着年龄增长在尽责性和亲和性方面有较大进步，神经质则有所下降 (Hudson & Fraley, 2016; Lodi-Smith & Roberts, 2007)。这些发现证明，人格是一个"开放系统"，会对生活经验的压力做出反应。

 思考题

联结　列出中年期认知方面的进展（见第 15 章边页 524–526 和 530–531）。它们对中年期的人格变化可能有哪些正面影响？

应用　46 岁的杰夫向他的妻子朱莉亚提出一个建议，每年花点时间讨论一下他们的关系，哪些方面不错，哪些地方需要改进。朱莉亚觉得很奇怪，杰夫以前从来没表示过对他们两人婚姻的兴趣。中年期的哪些发展导致了杰夫对夫妻关系的关心？

反思　说说你所希望的和担心的可能的自我。然后请你家里处于成年早期和中年期的人也来回答这个问题。他们所说的和相关研究结果一致吗？为什么？

四、中年期的人际关系

16.6 描述中年期家庭生活周期的各阶段，包括结婚、离婚、亲子关系和做祖辈

16.7 描述中年期的兄弟姐妹关系和友谊

中年期的情感与社会性的变化发生在家庭和朋友关系的复杂网络中。此时，中年人更关注生养子女。美国只有少数中年人独自生活，90% 的人与家人一起生活，其中约 65% 与配偶一起，15% 与同居伴侣一起，10% 是未婚或曾结过婚的成人与子女或其他亲戚一起生活 (U.S. Census Bureau, 2016a)。其中一些人与家里的长辈和年轻一代都有联系，另一些人则是拥有亲密的友谊关

对许多中年夫妇来说，建立一种既能满足家庭需求又能满足个人需求的关系会使他们的爱变得更深切。

系，中年人比其他年龄段的人拥有的亲密关系更多 (Antonucci, Akiyama, & Takahashi, 2004)。

家庭生活周期的中年时段往往被形容为"放飞孩子，继续前进"。这一时期一度被称为"空巢期"，但是这种说法带有消极过渡的意味，对全身心投入子女养育的女性来说，积极做父母的生活突然中止，会引发失落和遗憾。但是对多数人而言，中年期是一个获得解放的时期，他们因为子女长大成人而产生一种成就感，从此有更多机会加强社会联系，而且有了个人兴趣重燃的时间。

正如第 14 章讨论过的，由于角色转换和经济上的挑战，越来越多的年轻人住在家里，使许多中年父母形成了"起步—回归—再起步"的模式。但是，出生率的不断下降和预期寿命的延长意味着，当代许多父母在退休前 10 年或更长时间生养孩子，然后转向其他有益的活动。随着成年子女的离家和结婚，中年父母必须适应承担公公婆婆，岳父岳母和祖父母、外祖父母的新角色。与此同时，他们必须与年迈的父母建立另一种关系，在他们生病、衰弱时照顾他们，直到他们去世。

家庭成员退出和进入的数量最多，是中年期的标志。下面来看家庭内外关系在这段时期的变化。

1. 结婚与离婚

虽然不是所有的夫妻都经济状况良好，但与其他年龄段相比，中年家庭的经济状况都好一

些。45～54 岁的美国人平均年收入最高，当代中年人有很多人获得了大学本科和研究生学位，生活在双职工家庭，经济上比前几代人要富裕 (U.S. Census Bureau, 2016a)。因为受教育程度提高和经济有保障，当代社会对中年期婚姻的看法更开阔。

这些因素激发了回顾和调整婚姻关系的需要。对德温和特丽莎来说，这种变化是逐渐发生的。人到中年，婚姻满足了家庭和个人需求，经受住了各种变迁，夫妻情感得到升华。反观艾列娜的婚姻则矛盾重重，十几岁女儿的问题造成了额外的紧张，孩子离家后婚姻困境暴露无遗。蒂姆的婚姻失败则是另一种类型。随着时光流逝，矛盾减少了，爱意的表达也少了 (Gottman & Gottman, 2015; Rokach, Cohen, & Dreman, 2004)。如果夫妻关系中好事、坏事都很少发生，这种夫妻不大可能长相厮守。

正如边页 546–547"生物因素与环境"专栏所揭示的，婚姻满意度是中年心理健康的有力预测指标。在与生活满意度的相关程度上，婚姻幸福胜过其他方面（包括职业、子女、朋友和健康）的幸福 (Fleeson, 2004; Heller, Watson, & Ilies, 2004)。因此，把事业看得至高无上的中年男性常常意识到，他们的追求是有局限性的。而女性则会努力维持更满意的夫妻关系。子女长大成人会提醒中年父母，他们已踏入后半生，这促使许多中年人下定决心，从现在起必须改善婚姻关系。

和成年早期一样，关于中年期同性伴侣的研究很少。现有的研究表明，和其他伴侣相比，女同性恋伴侣使用的沟通方式更有效 (Zdaniuk & Smith, 2016)。对 200 多对 40 多岁、50 多岁和 60 多岁的异性恋和同性伴侣的访谈显示，女同性恋伴侣在描述与伴侣分享想法和感受时，更加开放和诚实 (Mackey, Diemer, & O'Brien, 2000)。无论异性恋还是男女同性恋者，身体爱抚、低冲突和公平感都可预测更深入的心理亲密感。

在中年期，离婚越来越成为解决不圆满婚姻的一种途径。过去 20 年，美国的整体离婚率有所下降，但 50 岁及以上成年人的离婚率在此期间却翻了一番 (Brown & Lin, 2013)。预期寿命的延长，社会对婚姻破裂的普遍接受，以及更好的经济保障（使不愉快的婚姻更容易分开）都是导致中老年人离婚率激增的原因。

离婚在任何年龄都会造成沉重的心理负担，

550

但中年人似乎比年轻人更容易适应。对13 000多名美国人的一项调查显示，离婚后，中年男性和女性的心理健康状况分别比年轻的同性别离婚者下降得要少。中年人解决实际问题和有效应对策略方面的进步可能会减少离婚带来的压力的负面影响。

在离婚适应方面存在着年龄和个体差异，中年人在结束极度痛苦的婚姻时表现得最好 (Amato, 2010)。许多中年人说，离婚后幸福感有所增加，女性比男性更明显 (Bourassa, Sbarra, & Whisman, 2015)。第14章曾讲到，在权力和责任分配不平等的低质量婚姻中，女性比男性更痛苦。如果这些困难和感情上的困难无法解决，离婚最终会带来情感上的解脱。

离婚的中年人怎样解释他们婚姻的终结呢？女性提到较多的依次是：沟通问题，关系不平等，丈夫有外遇，两人逐渐疏远，致瘾物滥用，身体和言语虐待，女方希望自主。男性提到的如下：沟通不畅，自己"专心于事业"，或情感方面缺乏敏感。女性主动提出离婚的比男性多，其中确有一些人因为离婚使心理健康状况略有改善 (Sakraida, 2005; Schneller & Arditti, 2004)。男性主动提出离婚者往往是因为先有了别的意中人，再提出离婚。

由于再婚夫妻的离婚率比初婚夫妻离婚率高，所以在中年离婚者中，大约一半的人以前有过一次或多次失败的婚姻。许多中年离婚的中年人经济状况良好，但对许多女性来说，婚姻破裂，特别是一次又一次的破裂，会明显降低生活水平（见第10章边页353-354）。正是因为这个情况，在中年期或更早的时候离婚，导致了**贫穷的女性化** (feminization of poverty)，*即女性自己养活自己及其家庭的趋势，这些女性，无论年龄和种族，已成为生活贫困的成年人口的主体。*在西方国家，由于女性更多地就业，收入性别差距缩小（见第14章边页499），以及公共政策对女性和家庭的支持，贫穷的性别差距已经缩小。但由于美国的公共政策力度不够（见第2章），美国在贫困方面的性别差距仍然高于其他西方国家 (Kim & Choi, 2013)。

追踪研究证实，成功度过离婚风雨的中年女性，人格会变得更宽容，能够坦然对待不确定事件，不盲从，自立，这些特征可能是离婚带来的独立性所致。男性和女性都会重新评价，对良好关系来说什么东西最重要，把平等关系放在更重要的位置，而不再像第一次婚姻那样，把缠绵的爱看得很重。像过去一样，离婚被形容为既是创伤的时刻，又是成长的契机 (Baum, Rahav, & Sharon, 2005; Lloyd, Sailor, & Carney, 2014; Schneller & Arditti, 2004)。对男性离婚后的长期适应我们知之甚少，也许因为他们中间的很多人开始了新的恋情并在短时间内再婚了。

2. 亲子关系的变化

父母与成年子女的良好关系是一个逐渐"放手"过程的结果，这一过程开始于童年期，到青少年期加快，直到子女最后独立生活。如前所述，多数父母在中年的某个时候"放飞"成年子女。但是由于越来越多的人推迟到30多岁甚至40多岁才要孩子（见第13章边页444），中年人在子女离家时的年龄差别很大。多数父母对子女离家适应得很好，只有少数人有困难。对非父母关系和角色的投入、子女的特征、父母的婚姻和经济环境，以及文化力量都决定着，这一过渡是顺畅愉快的，还是哀伤痛苦的。

当德温和特丽莎的儿子马克终于找到了工作、离家单飞后，他俩心头涌起一阵怀旧之情，同时又为儿子的成熟和进步感到自豪。从那以后，他们回到了有益的事业和社区活动中，并且很高兴两人有更多的时间互相陪伴。拥有自己丰富多彩活动的父母，一般会欢迎子女的成年 (Mitchell & Lovegreen, 2009)。强烈的事业心，尤其能预测子女离家后生活满意度的提高。

子女离家的社会钟有很大的文化差异。第13章曾讲过，许多出身贫寒家庭、有几代同堂传统的年轻人不会早早离开家。在希腊、意大利和西班牙等南欧国家，父母一般会积极推迟子女的离家。例如，意大利的父母认为，没有正当理由（通常是结婚）就搬出去，意味着家庭出了问题。与此同时，意大利成年人给予他们成年子女相当大的自由 (Crocetti, Rabaglietti, & Sica, 2012)。父母与成年子女的关系一般很不错，这使得与父母一起生活很有吸引力。

由于父母与子女不再同住，父母的权威性会大大下降。德温和特丽莎不再知道马克的日常行踪，也不指望儿子告诉他们。不过，马克像大多数年轻人一样，每隔一段时间就会回家看望，并且经常通过电话、短信和电子邮件说说他的事情，征求父母的建议，了解父母的生活情况。虽然父母的角色有变化，但是继续承担这一角色对中年人很重要。如果父母与子女保持联系，愉快地互动，孩子离家相对来说就是一件小事情 (Fingerman et al., 2016; Mitchell & Lovegreen, 2009)。但是如果沟通很少甚至带来不愉快，父母的心理健康水平就会下降。

成年子女无论是否与父母同住，如果在发展上"延迟"，偏离了父母期望，不能担负成人责任，就会增加父母的压力 (Settersten, 2003)。比如艾列娜，她的女儿在大学的成绩很差，面临着无法毕业的危险。这就需要父母悉心指导，而艾列娜希望女儿能更负责任、更独立，这使原本打算减少帮助子女时间的艾列娜感到焦虑和不快。

在一项研究中，研究者让大样本的 40~60 岁的父母报告他们成年子女的问题和成功以及他们自己的心理健康状况。正如人们常说的那句话："父母幸福不幸福，取决于他们最不幸福的孩子。"即使有一个孩子出问题，也会影响父母的幸福。这时，即便有一个成功的孩子，也难以带来积极的补偿。问题子女越长大，父母的幸福感就越差 (Fingerman et al., 2012a)。一般需要有几个成功的成年子女，才能把父母的心理健康状况转向好的方向。和婚姻一样，与成年子女消极而充满冲突的关系，对中年父母的心理状态有深刻影响。

在整个中年期，父母给子女的帮助一直比子女给予他们的多，尤其是在子女未结婚或遇到困难时，如婚姻破裂或失业 (Ploeg et al., 2004; Zarit & Eggebeen, 2002)。西方国家的支持通常是流向"下游"的：尽管存在种族差异，大多数中年父母给子女经济、生活、情感和社会性方面的支持多于给年迈父母的支持，除非父母有紧急需要（健康水平下降或其他危机）(Fingerman & Birditt, 2011; Fingerman et al., 2011a)。中年父母在解释他们对成年子女的慷慨支持时，通常会提到这种关系的重要性。为成年子女提供帮助可以提高中年父母的心理健康水平 (Marks & Greenfield, 2009)。这清楚地说明，中年人仍在为他们成年子女的发展投资，并继续从父母角色中获得深厚的个人回报。

只不过，中年人给子女支持的数量和类型因社经地位的高低而有所不同。学历和收入越高的父母给予的经济援助越多 (Fingerman et al., 2012b)。但低社经地位的父母给予的总体支持更多，这包括住在一起，以及各种无形援助：提建议，帮助照顾孩子，情感上的鼓励和陪伴。然而，由于单亲家庭和几代同堂家庭在低收入家庭中很普遍，这些家庭的中年父母必须把支持资源分给多个子女。因此，平均而言，社经地位较低的父母给每个孩子有形无形的支持都要少于社经地位较高的父母 (Fingerman et al., 2015)。很多低社经地位的父母虽然倾其所能地付出时间与精力，子女得到的支持却不多，从而难以有效地帮助子女迈出生活的第一步，这难免让他们感到疲惫和失望。

 学以致用

中年父母与成年子女建立良好关系的途径

建议	描述
重视积极沟通。	让成年子女及其伴侣知道你的尊重、支持和关心。这不仅是情感交流，而且能在建设性氛围中化解矛盾。
不要像在孩子小时候那样对孩子妄加评论。	成年子女和年幼子女一样，都喜欢与年龄相适宜的关系。为安全、吃喝、卫生等事情唠唠叨叨（如"高速路上小心开车""别吃那些东西""天冷一定要穿外套"）会惹成年子女生气，妨碍沟通。
承认文化价值观、行事方法和生活方式会在下一代发生变化。	在建构个人同一性时，多数成年子女都曾经评价过文化价值观和行事方法对自己生活的重要性。不能将传统和生活方式强加在成年子女身上。
当成年子女遇到困难时，忍住"越俎代庖"的冲动。	要接受这样的事实，即没有成年子女的合作，什么有意义的改变都不会发生。包办代替传达的是不信任和不尊重。看一看子女是否需要你的帮助、建议和决策。
清楚自己的需求和偏好。	若无法与子女见面、不能帮着照看小孩或提供其他帮助，要说出实情，商量出合理的折中办法，以免引起怨恨。

子女结婚后，父母将面对家族里多了姻亲的新挑战。如果父母不喜欢孩子的配偶，或者年轻夫妻的生活方式与父母的价值观不一致，都会出现困难。但是，如能与儿媳、女婿建立关爱、支持的关系，父母与结婚后的子女在整个成年期就会变得更亲密（Fingerman et al., 2012d）。这种关系持续下去，对提高父母的生活满意度也很有好处（Ryff, Singer, & Seltzer, 2002）。中年一代的家庭成员，尤其是母亲，通常会承担起**亲情维系者**(kinkeeper) 的角色，把家人聚在一起庆祝节日，确保家人之间保持联系。

随着孩子长大成人，父母希望与他们建立更宁静和满意的成熟关系。但是，来自子女和父母两方面的因素影响着这一目标的实现。上页的"学以致用"栏归纳了一些有助于中年父母增强与成年子女关系的方法，父母将从中得到子女的爱和回报，并促进个人的成长。

3. 做祖辈

马克结婚两年后，德温和特丽莎得知孙女即将出生的消息，激动万分。与上一代相比，由于晚婚晚育，他们这一代做祖父母的时间推迟了10 年甚至更久。目前，美国女性做祖辈的平均年龄是 49 岁，男性为 52 岁。在加拿大和许多西欧国家，做祖父母的年龄是 50 多岁，其原因是与生育率下降有关的因素，如贫困率降低、意外生育减少和宗教信仰淡化（Leopold & Skopek, 2015; Margolis, 2016）。预期寿命的延长意味着，许多成年人将有三分之一或更长时间承担祖父母角色。

（1）做祖辈的意义

中年人大多很看重祖父母的角色，视其为仅次于父母和配偶的角色，而高于做员工、儿子或女儿和兄弟姐妹（Reitzes & Mutran, 2002）。为什么特丽莎和德温像许多中年人一样，怀着这么大的热情庆贺孙女的到来？因为很多人把做祖辈看作一个重要的里程碑，并提到以下一个或几个理由：

- 有价值的老人 —— 感觉自己是有智慧和有用的人；
- 因为有后代而不朽 —— 身后不止有一代人而是两代人接班；

- 重温自己过去的一生 —— 能够把家族的历史和价值观传给新的一代；
- 溺爱 —— 与孩子共享天伦之乐却不用承担主要抚养责任（Hebblethwaite & Norris, 2011）。

（2）祖孙关系

祖孙关系的方式因祖辈从新角色中体会到的意义而有很大不同。祖辈和孙辈的年龄和性别会造成一些差异。在孙女很小时，特丽莎和德温很享受和孙女之间充满疼爱的游戏关系。随着孙女的慢慢长大，她从祖父母那里得到的，除了疼爱和照料，还有知识和建议。等孙女进入青少年期，特丽莎和德温已经成为做人的榜样，家史传授者和社会、职业、宗教价值观的传递者。

住在附近是祖辈与年幼孙辈进行频繁的面对面互动的最强预测指标，也是祖辈与年长的孙辈产生亲密感的主要因素。虽然西方工业化国家的家庭流动性很高，但多数祖父母与至少一个孙辈住得比较近，这样就能定期互相看望。但是由于时间和资源有限，有孙辈的家庭数量减少，孙辈对祖辈的看望也减少了（Bangerter & Waldron, 2014; Uhlenberg & Hammill, 1998）。关心并影响孙辈成长的强烈愿望会激发祖父母的参与。随着孙辈年龄的增长，距离的影响越来越小，而关系质量的影响越来越大：青少年或刚成年的孙辈对祖辈价值观的信仰程度是预测祖孙关系的指标

许多祖父母从与年幼的孙辈的疼爱、嬉戏的关系中得到快乐。当这个小孙子长大后，他会从祖父那里受到教诲，观察到做人的榜样，并且了解家史。

553

(Brussoni & Boon, 1998)。

据报告，外祖母比祖母更经常地去看望外孙，她们比外公和祖父都略占优势 (Uhlenberg & Hammill, 1998)。一般来说，同性别的祖孙关系更亲密，尤其是外婆与外孙女的关系，在许多国家都有这种情况 (Brown & Rodin, 2004)。祖母比祖父报告的祖辈角色满意度更高，可能是因为祖母更多地与孙辈一起参加娱乐、宗教和家庭活动 (Reitzes & Mutran, 2004; Silverstein & Marenco, 2001)。祖母和外祖母角色可能是一种途径，它使中年女性因为承担亲情维系者的角色而倍感满足。

社经地位和种族也会影响祖孙关系。在收入较高的家庭，祖辈对家庭的维持和生存并不起核心作用，祖孙关系的结构相当松散，有各种不同形式。相形之下，在低收入家庭，祖辈做着非常重要的事情。例如，许多单身父母与自己原生家庭的家人一起生活，靠祖辈的接济和对孩子的照看，减轻贫穷的影响 (Masten, 2013)。当孩子们遭遇家庭压力时，与祖辈的关系就显得很重要，它成为复原力的主要来源。

在强调几代人相互依赖的文化中，祖辈往往主动参与到大家庭中，主动帮助带孩子。当一位身为外祖母的华裔、韩裔或墨西哥裔美国人负责操持家务时，她就会成为孩子父母上班时孩子的首选照看者 (Low & Goh, 2015; Williams & Torrez, 1998)。同样，美国原住民的祖辈负责照料孙辈

的也很多。如果家里没有亲祖辈，他们会找一位无亲戚关系的老人来家里帮助管教孩子 (Werner, 1991)（见第 2 章边页 63 对非裔美国人大家庭中祖辈角色的介绍）。

在面临严重的家庭问题时，越来越多的祖父母开始承担主要养育者的角色。正如边页 554 的"社会问题→健康"专栏所揭示的，越来越多的美国儿童在祖辈为主的家庭中与父母分开居住。虽然祖辈愿意而且有能力抚养孩子，但是，若对孙辈承担全部责任，祖辈会在情感和经济上承受很大压力，他们需要从社区和政府机构获得比目前更多的援助。

由于父母通常是祖辈与孙辈接触的中间人，祖辈与儿媳或女婿的关系强烈影响着祖辈与孙辈的亲密关系。在祖父母和儿子、孙子的关系中，与儿媳的关系好坏特别重要 (Fingerman, 2004; Sims & Rofail, 2013)。如果婚姻破裂，与监护人（通常是母亲）有血缘关系的祖父母或外祖父母与孙辈的联系会更频繁。

只要家庭关系温暖和谐，做祖辈就成为中老年人满足个人和社会需求的重要手段。通常，祖辈是儿童、青少年和年轻人快乐、支持和知识的来源。他们为年轻人提供了解长辈的想法和能力的第一手经验。作为回报，孙辈会对祖辈产生深深的依恋，帮助他们跟上社会变化的脚步。显然，祖辈身份是三代人共享的重要背景。

祖辈抚养孙辈的隔代家庭

美国有近 270 万儿童生活在**隔代家庭** (skipped-generation family)，即和祖辈住在一起，而和父母分开居住 (Ellis & Simmons, 2014)。过去 20 年，承担抚养孙辈主要责任的祖辈人数有所增加，在 2007—2009 年的经济衰退期间增长尤为明显。这种情况发生在所有族群，但在非裔、拉美裔和美国原住民家庭比在欧裔美国家庭中更常见。虽然照顾孙辈的祖母和外祖母多于祖父和外祖父，但很多祖父、外祖父也参与其中 (Fuller-Thomson & Minkler, 2005, 2007)。如果父母辈遇到麻烦，例如严重的经济困难、致瘾物滥用、虐待和忽视儿童、家庭暴力或者身体或精神病，威胁到孩子的安全和保障，祖辈

通常会介入 (Smith, 2016)。这些隔代家庭一般会照看两个或两个以上的孩子。

祖辈大多是在压力很大的生活环境下承担起照看孙辈角色的。不良的育儿经历在孩子们身上留下了印记，他们表现出学习困难、抑郁和反社会行为的比率很高。父母不在身边造成的适应困难可能导致祖孙关系紧张。这种情况下，孩子的父母可能会跑来插手，让孩子不听祖辈的管教，未经允许就把孩子带走，或者给孩子开出空头支票。这些孩子则给原本低收入的家庭增添经济负担 (Hayslip, Blumenthal, & Garner, 2014; Henderson & Bailey, 2015)。所有这些因素都加剧了祖父母的痛苦。

他们日复一日地与两难困境作斗争：他们只想做祖父母，而不想做父母；他们希望孩子父母出现在孩子生活中，但又担心孩子父母回来不好好照顾孩子，让孩子受委屈（Templeton, 2011）。祖辈因为照顾孙辈，很少有时间陪老伴，会朋友，参加休闲活动。许多人抱怨，他们的情感枯竭、抑郁，担心自己生病了孩子怎么办（Henderson & Bailey, 2015）。有些家庭负担过重。在美国原住民中，抚养孙辈的祖辈很可能失业、失能，或照顾几个孙辈，生活在极端贫困中（Fuller-Thomson & Minkler, 2005）。

尽管困难重重，这些祖辈似乎意识到，他们在别人心目中的形象如"沉默的救星"，大多与他们的孙辈结成亲密的情感纽带，并采用有效的教育方法（Gibson, 2005）。与离异、单亲家庭、混合家庭或寄养家庭的孩子相比，由祖辈抚养的孩子在适应方面表现得更好（Rubin et al., 2008; Solomon & Marx, 1995）。

隔代家庭对问题儿童的社会和财政支持以及干预服务有着巨大的需求。有监护权的祖辈如果有亲戚朋友，则对其身心健康都有好处（hayslip, Blumenthal, & Garner, 2015）。另一些人说，针对他们自己和孙辈的支持性团体尤其有用，但只有少数人能从这种干预中获益（Smith, Rodriguez, & Palmieri, 2010）。这表明，祖辈在寻找和获得支持服务方面需要特殊帮助。

尽管困难重重，照顾孙辈的祖辈通常承担起教养孩子的责任，他们中的大多数人从中得到了令人欣慰的回报。

抚养孙辈的祖辈，甚至那些养育有严重问题的孩子的祖辈，虽然平日里感到压力重重，但他们报告说，他们做祖辈的成就感与一般的做祖辈者不相上下（Hayslip & Kaminski, 2005）。祖辈与孙辈的关系越亲密，祖辈对长期生活的满意度就越高（Goodman, 2012）。许多祖辈说，他们与孙辈分享孩子生活中的喜悦，对孩子的进步感到自豪，这是对困难家境的大大弥补。一些祖辈把养育孙辈看作"第二次机会"，借这个机会，可以弥补早年不愉快的养育经历，并"把孙子教育好"（Dolbin-MacNab, 2006）。

4. 中年人与年迈父母

在美国，父母至少有一人仍然健在的中年人比例大幅上升，从 1900 年的 10% 增长到现在的 60% 以上（Wiemers & Bianchi, 2015）。预期寿命的延长意味着成年子女与自己父母一起步入老年的可能性越来越大。中年子女与老年父母的关系如何？当年迈父母的健康每况愈下的时候，成人子女的生活会发生怎样的变化？

（1）来注的频率和质量

一种广泛流传的说法是，过去几代的成年人比如今的成年人更孝敬自己年迈的父母。不过，当今的成年子女与父母的近距离接触减少，其原因不是忽视或孤立老人。现在与子女同住的老人比过去少是因为，健康和经济保障使这种独立成为可能。不过，美国有近 2/3 的老年人和至少一个子女住得很近，相互见面和电话来往很多（U.S. Department of Health and Human Services, 2016b）。这种接近程度随年龄增长而逐渐密切：老年人向子女的位置搬迁，中年子女则向年迈父母的位置搬迁。

中年期是成人重新回首与父母关系的时期，就像他们也会重新审视其他亲密关系一样。很多成年子女很赞赏父母的能力和慷慨，认为他们与父母的关系发生了积极变化，即使是父母身体状况变差，也不会影响他们之间的关系。一种温暖、愉快的关系有助于父母和成年子女的幸福感（Fingerman et al., 2007, 2008; Pudrovska, 2009）。例如，特丽莎觉得自己和父母比以前更亲近，经常让他们讲自己小时候的事情。

与中年儿子相比，中年女儿会与年迈的父

母，尤其是母亲建立更亲密、更具支持性的关系 (Suitor, Gilligan, & Pillemer, 2015)。但这种性别差异程度正在下降。近期研究表明，儿子与父母的关系比过去密切，对年迈父母的帮助也不小。性别角色发生变化的原因是当代大多数中年女性有工作，她们在时间和精力上面临着许多竞争需求。因此，男性越来越多地做家务事，包括照顾年迈父母 (Fingerman & Birditt, 2011; Pew Research Center, 2013c)。虽然发生了这种转变，女性的投入仍然超过男性。

在强调相互依赖的文化中，父母通常与已婚子女住在一起。例如，按照传统，中国、日本和韩国的老年父母会和一个儿子及儿媳一起住，儿媳要照顾丈夫一家。如今，许多老年父母也和女儿一家同住。但是，在亚洲一些地方和美国，许多老年人选择独自生活，因此，三代同堂的传统正在式微。在很多这样的家庭中，丈夫的父母和妻子的父母都得到照顾，尽管给儿子的父母提供的生活与经济上的帮助仍然较多 (Davey & Takagi, 2013; Kim et al., 2015; Zhang, Gu, & Luo, 2014)。在非裔和拉美裔家庭中，三代同堂也很常见。无论三代人一起住还是日常来往，几代人关系的质量通常反映了早期建立的模式：密切的亲子关系和吵吵闹闹的互动都会保持下去。

成年子女和年迈父母之间的相互帮助，是对过去和现在的家庭关系做出的反应。如果亲子关系一向良好，则互相的付出和收获都比较多。其中，年迈父母会给未婚的成年子女和残疾子女更多的帮助。同样，成年子女会给丧偶或体弱多病的

中年期的很多成年人会与年迈的父母建立更温暖、更互助的关系。这个女儿在她母亲的生日聚会上表达了对她母亲的力量和慷慨的爱与感激。

年迈父母更多的关心和帮助 (Suitor et al., 2016)。如果需要，中年人会尽其所能，向老年父母提供最大的帮助。同时，由于把亲子关系放在优先位置，他们还要继续慷慨地帮助他们自己的孩子（见边页 551）。中年人认为，他们帮助年迈父母，是因为父母的健康问题越来越多 (Stephens et al., 2009)。

即使父母与子女的关系在情感上疏远，成年子女还是会出于利他主义和家庭责任感，在父母年迈时提供更多的支持。随着父母年龄的增长，亲子关系会变得更加紧密 (Fingerman et al., 2011a; Ward, Spitz, & Deane, 2009)。

总之，只要把多重角色处理好，几代人的感受都是正面的。那么，随着父母年迈、需求增加，中年人的代际援助是资源扩张的充分反映，而不是仅仅消耗能量、偏离心理健康的相互矛盾的要求 (Pew Research Center, 2013c; Stephens et al., 2009)。请回忆边页 546–547 的"生物因素与环境"专栏，中年人从成功地承担多个角色中，能够获得巨大的个人利益，这使他们增强了自尊、掌控能力、生活意义和使命感，从而强化了他们的动机、增加了他们的精力来应对家庭角色需求，并从中获得个人回报。

（2）照料年迈的父母

大约四分之一的美国成年子女要无偿地照顾患病或残疾的父母 (Stepler, 2015)。照顾年迈父母的负担可能很重。第 2 章说到，由于出生率下降，家庭结构逐渐变得"头重脚轻"，老一代成员变多，年轻成员减少。因此，需要帮助的家人可能不止一个，而能够提供帮助的年轻人却很少。

术语**三明治一代** (sandwich generation)，意思是，中年人必须同时照顾上下几代人。虽然需要照料年迈父母的中年人，自己家里很少再有 18 岁以下的孩子，但很多人需要帮助已成年的年轻子女和孙辈，当这些责任同工作与社会责任结合在一起时，中年人就会觉得自己像"三明治夹层"，被挤压在老人和年轻一代的中间。随着婴儿潮一代逐渐步入老年期，而他们的成年子女一直在推迟生育，既要工作又要养育孩子和照顾年迈父母的中年人口数量将会增加。

如果中年人与身体多病的父母相隔较远，且条件允许，他们往往用经济资助来替代直接照顾。

556

但如果父母住在附近，又没有老伴照顾，成年子女就要直接照顾。无论家庭收入高低，非裔、亚裔和拉美裔美国人给年迈父母的直接照顾和经济帮助都比白人多。非裔和拉美裔比白人的责任感更强，他们认为，赡养年迈父母能给自己带来更多的回报 (Fingerman et al., 2011b; Roth et al., 2015; Shuey & Hardy, 2003)。很多非裔美国人与朋友和邻居的关系亲密，如同家人一般，因此这些朋友和邻居也会帮忙照顾老人。

在所有族群中，照顾老年父母的责任一般都会落在女儿而不是儿子身上。为什么是女儿？因为家人往往求助于一个最方便的人，例如，住在附近，没有什么其他事情妨碍其照顾父母。这些不成文的规则，加上父母都喜欢同性别的照顾者（老年母亲活得更长），导致女人更多地承担这一角色（见图 16.4）。女儿也比儿子感到自己更有义务照顾老年父母 (MetLife, 2011a; Pillemer & Suitor, 2013; Suitor et al., 2015)。虽然夫妻双方尽力对两家父母公平对待，但是对妻子的父母直接照顾更多。这种偏向在少数族裔家庭就不那么明显，在亚洲国家根本没有这种偏向，儿媳照顾公婆被认为是天经地义 (Chu, Xie, & Yu, 2011; Shuey & Hardy, 2003)。

如图 16.4 所示，近四分之一的美国职业女性要照顾老人，还有一些人辞去工作专门照顾父母。他们花在照顾患有慢性疾病或残疾的年迈父母上的时间很可观，平均每周 20 小时 (AARP, 2015; MetLife, 2011a)。男人虽然比女性做得少，但还是在做。调查显示，男性就职者平均每周花 7 个半小时照顾父母或岳父母 (Neal & Hammer, 2007)。例如，蒂姆每天晚上都去看望最近中风的父亲，给父亲读书，跑腿办事，修缮房子，帮他管账。他姐姐就住在父亲家，手把手地照料，做饭、喂饭、洗澡、喂药、洗衣服。儿子和女儿的照料往往按性别角色划分。如果其他家人不能照料，那么此时儿子负责照顾，主要是做一些最基本的照料，这种情况约有 10% (Pinquart & Sörensen, 2006)。

当成人从中年期的早段过渡到尾段时，照料父母的性别差异会逐渐减小。可能是因为男人对工作的投入减少，也不再需要遵照"男子气"的性别角色做事，他们变得善于并且乐意做照顾老人的那些事情 (Marks, 1996; MetLife, 2011a)。同时，照顾父母也有助于男性对自己人格中"女子

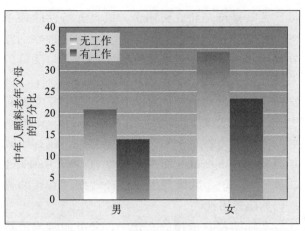

图 16.4 不同职业状况和性别的婴儿潮一代为年迈体弱的父母提供的照料

对 1 100 名 50 岁以上、父母中至少有一人健在的美国中年人进行的全国代表性抽样调查显示，从事基本个人护理（帮助穿衣、喂食和洗澡等）的无工作成年人多于有工作者。无论有无工作，女性的照顾均多于男性。资料来源：*The MetLife Study of Caregiving Costs to Working Caregivers: Double Jeopardy for Baby Boomers Caring for Their Parents,* June 2011, Figure 3.

气"的一面持接受态度。一个照顾患严重痴呆母亲的男人谈论了这种经历如何改变了他的想法："刚开始护理时，我很担心，没有心理准备。现在，我觉得有了特权。我很幸运，能抱着我妈妈，亲吻她……她每天还在教我做事。"(Colbert, 2014)

多数中年子女都乐意照料老年父母且从中受益 (Brown & Brown, 2014)，但照料长期患病或失能父母给他们带来很大压力。随着父母年龄增长，情况会每况愈下，养育自己孩子的事情也越来越麻烦。就像蒂姆对德温和特丽莎说的，"最难的一件事，是眼睁睁地看着父亲身体和智力衰退带来的情感压力"。

与生病的父母共同分担家务的人大约占美国成年子女的 23%，他们承受的压力最大。当分居多年的父母和子女必须搬到一起住时，日常生活方式通常会引发冲突。但压力的最大来源是问题行为，特别是精神状况恶化的父母的问题行为 (Bastawrous et al., 2015)。例如，蒂姆的姐姐就说，他们的父亲会在夜里醒来，问一些重复的问题，在家里跟着她走，变得焦躁不安和好斗。

照顾父母通常会带来情感、身体和经济上的后果。它会导致角色超载、高缺勤率、倦怠、无法集中精力、敌意感、对衰老的焦虑和高抑郁率，女性比男性受到的影响更严重 (Pinquart & Sörensen, 2006; Wang & Shi, 2016)。一些照顾年迈

随着中年期的变化，更多的男性开始照顾体弱多病的年迈父母。虽然有压力，但多数人都乐此不疲并从中受益，这使他们更能接受人格的女性化特质。

父母者（女性为主）不得不减少上班时间，甚至离职，他们不仅收入锐减，退休福利也会减少。虽然照顾生病父母的时间多了，但辞职女性的心理适应很差，可能是社会孤独和经济压力所致（Bookman & Kimbrel, 2011）。上班时的积极体验可以减少照顾父母的压力，同时照顾父母会给他们带来良好的自我评价和积极的心境。

在一些文化和亚文化中，成年子女对照顾年迈父母感到特别强烈的义务感，情感代价也很高（Knight & Sayegh, 2010）。对照顾失能父母的韩国人、韩裔美国人和美国白人的研究发现，韩国人和韩裔美国人报告的家庭义务和照顾负担程度更高，焦虑和抑郁水平也更高（Lee & Farran, 2004; Youn et al., 1999）。在非裔美国人照料者中，出于强烈的文化原因承担照料责任的女性（"我们这些人一直就是这样做的"）和出于适度的文化

原因这样做的女性相比，两年后的心理健康较差（Dilworth-Anderson, Goodwin, & Williams, 2004）。

社会支持能有效地减轻照顾者的压力。蒂姆的鼓励、帮助和倾听，帮助他姐姐应对了在家照顾父亲的重担，并从中得到满足。如果照料工作由几个家人分担，效果就能更好。在这种情况下，即使压力大，也能增强心理健康（Roberto & Jarrott, 2008; Roth et al., 2015）。成年子女在自我理解、解决问题、能力感和理解生活意义等方面都有收获。

在丹麦、瑞典和日本，由政府出资的家政服务系统可以根据老年人的需求，提供经专门训练的非住家护理员，从而减轻子女照料的负担（Saito, Auestad, & Waerness, 2010）。在美国，请一个非住家护理员对多数家庭过于昂贵。近三分之一的无薪家庭护理员表示，他们可从其他地方得到额外的薪酬（AARP, 2015）。一般情况下，除非不得已，否则很少有中年人愿意把父母送到正规的看护机构，比如价格昂贵的养老院。边页 558 的"学以致用"栏归纳了个人、家庭、社区和社会层面有助于缓解照顾年迈父母压力的方法。我们将在第 17 章讨论老年人护理方式选择，以及护理者的干预问题。

观察与倾听

请一位照顾年迈多病父母的中年人说说照料过程中的压力和回报两方面的体会。他用什么策略来减轻压力？照顾者在多大程度上与家庭成员分担照顾负担，并获得社区组织的支持？

558  学以致用　　　　**减轻照料年迈父母的压力**

方法	描述
使用有效的应对策略。	采用问题中心策略来处置父母行为和照料任务。给其他家庭成员分配任务，从朋友和邻居处求得帮助，查明父母不能做什么，让父母尽量做自己还能做的事。采用情绪中心策略从积极方面看待所处情况，例如，把照顾父母看作个人成长和在父母暮年孝敬父母的机会。避免用生气拒绝、抑郁和焦虑对照顾父母的负担做出反应。
寻求社会支持。	向家人和朋友诉说照料父母的压力，求得他们的鼓励和帮助。尽量不要辞去工作来照料生病的父母，因为这可能造成社交隔离和失去经济来源。
利用社区资源。	联系社区组织寻求信息和帮助，如家政服务、送餐上门、汽车接送和白天护理。
向工作单位和公共政策部门发出呼吁，减轻照料年迈父母的情感和经济负担。	吁请单位领导为照顾老人提供方便，如弹性工作时间和停薪留职。与法律制定者和其他公民沟通关于增加对照顾老年人的政府投入问题。促进医疗保险计划的实施，减轻中低收入家庭照顾老人的经济负担。

5. 兄弟姐妹

蒂姆与他姐姐的关系表明，兄弟姐妹是提供社会支持的最理想人选。然而，对各族裔美国人的一项大样本调查发现，从成年早期到中年期，兄弟姐妹之间的来往和相互支持逐渐减少，只有 70 岁以上、住得较近的兄弟姐妹才重新保持联系 (White, 2001)。中年期来往减少可能是因为中年人角色多样化的要求。但多数成年的兄弟姐妹说，他们至少每个月见一次面或通一次电话 (Antonucci, Akiyama, & Merline, 2002)。

虽然来往减少，但很多兄弟姐妹都感觉中年期的关系更亲密，尤其是应对重大生活事件时 (Stewart et al., 2001)。子女离家和结婚似乎能促进兄弟姐妹彼此更关心。例如，蒂姆说："我姐姐的孩子们离家、结婚，这件事推动了我们的关系。我敢肯定，她很关心我。我觉得过去她只是没有时间！"父母去世后，成年子女意识到，自己已经是家中最年长的一辈，必须保持来往，来维系家庭纽带。

当然，并非所有兄弟姐妹关系都得到改善。对童年时父母偏爱的回忆，父亲当前的偏爱，都和成年兄弟姐妹关系的消极性相关 (Gilligan et al., 2013; Suitor et al., 2009)。母亲当前偏爱的影响则比较复杂。一项研究发现，中年子女与他们眼里被母亲偏爱的兄弟姐妹关系更密切，而与母亲不喜欢的兄弟姐妹关系则减弱 (Gilligan, Suitor, & Nam, 2015)。也许成年子女会被兄弟姐妹当中某人身上的特质吸引，或者因此想远离之，因为其身上有和自己相同的影响他们母亲的特质。或者，他们可能试图亲近母亲喜欢的兄弟姐妹，疏远母亲不喜欢的兄弟姐妹，以此来提高自己在母亲心目中的地位。父母养育子女的巨大不平等会引发兄弟姐妹之间的紧张关系 (Silverstein & Giarrusso, 2010; Suitor et al., 2013)。当年迈父母需要照顾时，如果父母偏袒的阴影仍然存在，兄弟姐妹之间的冲突就会加剧。

像成年早期一样，中年期的姐妹关系往往比姐妹 – 兄弟和兄弟关系更亲密，这种差异在许多工业化国家都很明显 (Cicirelli, 1995; Fowler, 2009)。但是，把婴儿潮一代的中年男性与前一代的中年男性进行比较，可以发现婴儿潮一代的兄弟之间的联系更亲密，更富于表达性 (Bedford & Avioli, 2006)。一个重要因素是，婴儿潮一代对性别角色的态度更加灵活。

这三个中年的亲姐妹在聚会上表达了彼此的爱意。虽然联系不多，但人到中年，兄弟姐妹，尤其是姐妹，会感觉更亲近。

工业化国家的兄弟姐妹关系是完全自愿的。在农业社会，兄弟姐妹关系一般都是非自愿、以家庭机能为基础的。譬如，在亚洲太平洋群岛，家庭生活围绕着兄弟姐妹之间紧密的互相依靠关系有条不紊地进行着。一对兄妹往往会和另一个家庭的一对兄妹换婚。婚后，人们期望兄弟要保护姐妹，姐妹则成为兄弟精神上的引导者。家里不仅有亲兄弟姐妹，还有其他亲戚，如堂、表兄弟姐妹，形成整个一生中兄弟姐妹互相支持的非同寻常的大网络 (Cicirelli, 1995)。这样的文化规范减少了同胞间的冲突，从而确保了大家庭内的合作。

6. 朋友

在中年期，由于家庭责任减轻，德温有了更多的时间会朋友。每周五下午，他都要在咖啡馆和几位男性朋友见面，一聊就是几个钟头。但是德温的朋友大多是夫妻组合，是他和特丽莎的共同朋友。相比于德温，特丽莎更多地与自己的朋友聚会。

中年期的友谊和第 14 章讨论过的趋势相同。在所有年龄段，男人的友谊都不如女人的友谊亲密。男人在一起喜欢讨论体育、政治和商情，女人则热衷于情感和生活问题，而且她们的亲密朋友更多，她们与朋友互相给予的情感支持也比较多 (Fiori & Denckla, 2015)。

许多中年人因为日常生活的需求，喜欢通过社交媒体与朋友保持联系。他们虽然还没有达到年轻人的社交媒体使用程度，但经常通过脸谱网和其他社交网站与朋友联系，这种情况在美国中年人里迅速增加（见图 16.5）(Perrin, 2015)。在成年早期，女性使用得更多。这些用户一般还有更多的离线亲密关系，有时会使用脸谱网来恢复"休眠的"友谊。

但是，无论男女，朋友的数量都随年龄增长

而减少，因为人们逐渐不愿把精力投入到非家庭关系中，除非它特别值得投入。随着对友谊选择性的上升，到一定年龄，人们会尽量与朋友和气相处 (Antonucci & Akiyama, 1995)。中年人的朋友一经选定，就会很看重这种关系，并格外地呵护。

人到中年，家庭关系和友谊关系支持着心理健康的不同方面。家庭关系帮助人抵御比较大的困难和丧失，在较长时间里给人以安全感。相形之下，友谊是当前的愉快和满足的源泉，女人从中得到的好处比男人更大 (Levitt & Cici-Gokaltun, 2011)。由于中年夫妻对"少年夫妻老来伴"的体会日深，他们会把家庭和友谊中的精华结合起来。

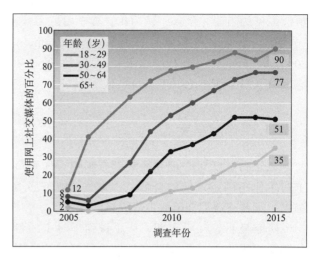

图 16.5　从 2005 年至 2015 年社交媒体网站使用人数的增长对美国成年人中具有代表性的大样本进行的多次调查显示，社交媒体网站的使用在所有年龄组中都大幅增加。年轻人最热衷于使用，多数中年人也使用，其中以脸谱网为主。资料来源: A. Perrin, 2015, "Social Media Usage: 2005–2015." Pew Research Center's Internet & American Life Project, Washington, D.C., October 8, 2015, *www.pewinternet.org.*

观察与倾听

找一对你熟悉的中年夫妇，请他们把现在的友谊与刚成年时的友谊相比较，谈谈他们现在朋友的数量和质量。他们说的与研究结果相符吗？为什么？

思考题

联结　哪些证据可以证明，早期家庭关系会影响中年人与成年子女、老年父母及兄弟姐妹的关系？

应用　雷兰和她的兄弟沃尔特与他们的老母亲艾尔西住在同一城市。当艾尔西不能自己一个人生活时，雷兰承担了照料母亲的主要责任。哪些因素影响了雷兰投身于照料母亲而沃尔特却较少投入？

反思　请问问你的父母，当你过渡到新的成人角色，如大学生、员工、已婚夫妻或父母时，父母和你们这些子女的关系会发生什么变化？你同意吗？

五、职业生活

16.8　讨论中年期的工作满意度和职业发展以及性别差异和族裔差异

16.9　讨论中年期的职业变化和失业

16.10　讨论制订退休计划的重要性

在中年期，工作仍然是同一性和自尊的一个突出方面。中年人比在早年和晚年都更希望增强职业生活的个人意义和自我导向。同时，职业行为的表现还在进步。中年员工的缺勤率、离职率和事故率较低。他们的工作效率更高——经常帮助同事，努力提高团队绩效，较少抱怨琐碎问题。由于他们更丰富的知识经验，工作效率通常等于或超过年轻员工 (Ng & Feldman, 2008)。因此，年长员工和年轻员工一样有价值，甚至更有价值。

婴儿潮一代的大量人口已经步入中年，第 18 章将会讨论到，其中多数人希望比上一代工作更长的时间，这意味着在未来几十年，老年员工的数量将大幅增加 (Leonesio et al., 2012)。然而，从成年员工向老年员工的正常过渡受到了对年长者负面成见的阻碍，例如，认为年长者学习能力差，决策慢，抵制变革和监督 (Posthuma & Campion, 2009)。此外，性别歧视继续限制许多女性的职业成就。下面详细讨论中年人的职业生活。

1. 工作满意度

560 工作满意度对心理和经济都有影响。如果员工对工作不满意，他们会旷工、辞职、抱怨甚至罢工，所有这些都会给雇主造成损失。

研究显示，在中年期，从总管到小时工的各种职业水平上，工作满意度都呈上升趋势（见图16.6）。如果从不同角度来看，内在满意度，即工作本身带来的快乐，与年龄增长呈高度相关 (Barnes-Farrell & Matthews, 2007)。外在满意度，对管理、薪酬和晋升是否满意，则变化甚微。

但与男性相比，女性的工作满意度随年龄增长反而减弱。选择休假，转为兼职，或者请假回家做家务，这种情况在女职工中较多，这与美国"理想员工"期望长时间努力工作的思想背道而驰。雇主也会因此惩罚她们，这难免使她们觉得不公平 (Kmec, O'connor, & Schieman, 2014)。女性晋升机会的减少也会降低她们对职业生涯的满意度。与白领相比，蓝领的工作满意度在中年期上升的很少，因为蓝领无法控制自己的工作安排和

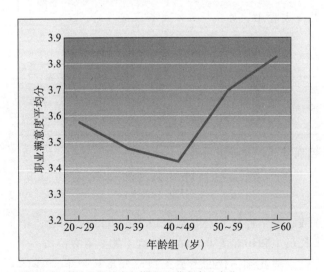

图 16.6 成年早期到中年期职业满意度的变化

参加研究的有 2 000 多名大学教职工，职业层级从秘书到教授。在成年早期，由于工作不顺利，职业满意度轻微下降 (见第 14 章)。中年期的职业满意度稳步上升。资料来源: W. A. Hochwarter et al., 2001, "A Note on the Nonlinearity of the Age-Job-Satisfaction Relationship," *Journal of Applied Social Psychology*, 31, p. 1232.

活动 (Avolio & Sosik, 1999)。

怎样解释中年期工作满意度的上升？有效应对困难局面的能力和更开阔的视野是主要原因。德温说："我刚开始教书的时候，怨气十足，事事不如意，但是现在不同了，我能见微知著。"再如特丽莎，从没有回报的工作岗位中解脱出来，从一家大律师事务所跳槽到一家小律师事务所，她觉得自己在那里受到赏识，这也可以提高士气。预测工作幸福感的关键特征包括参与决策、合理的工作量和良好的工作条件。在这些方面，中年人更容易找到有吸引力的工作。此外，由于可换工作的岗位减少，年长员工通常会降低职业抱负 (Warr, 2001, 2007)。随着实际成就和可能成就之间差距的缩小，工作参与度——工作对自尊的重要性——会增加。

对工作的情感投入一般被看作是心理健康的，但是也可能造成**职业倦怠** (burnout)——长期工作压力导致的心理状态，表现为心理疲惫、失去个人控制感和成就感降低。职业倦怠较多地发生在助人性职业中，如医疗保健、公共服务和教师行业，这些行业对从业者有很高的情感要求。虽然从事人际关系方面劳神费力职业的人们，其心理和其他人一样健康，但有时从业者做出的努力会超出其应对技能，尤其是在非支持性的工作环境中 (Schmidt, Neubach, & Heuer, 2007)。造成职业倦怠的因素还有超时加班工作，缺乏上司的鼓励和反馈。

职业倦怠是一种严重的职业危险，它与注意力和记忆力下降、严重抑郁、工伤、身体疾病、工作表现差、缺勤和离职有关 (Ahola & Hakanen, 2014; Sandström et al., 2005)。要预防职业倦怠，雇主应该确保工作负担合理，给员工提供摆脱压力困境的时间，限制压力工作的时间，并提供社会支持。一些干预措施，如让员工参与对上班时间的安排，上级管理者对员工家庭和个人生活的支持等，可以既防止工作倦怠，又能保持员工对工作的投入和效率 (Kelly et al., 2014; Margolis, Matthews, & Lapierre, 2014; Moen et al., 2011)。另外，改善员工的健康行为，如保证睡眠时间、平衡工作与家务负担等，也会带来积极结果。

2. 职业发展

第 15 章曾提到，安雅在她最大的孩子离家

后，去攻读了大学，之后进了职场。做了几年教区护士之后，安雅感觉自己需要再接受培训，才能把工作做得更好。特丽莎很欣赏她所在的法律事务所慷慨地支持她参加一些工作坊和课程进修，使她能跟得上新法律的进展。德温作为学院院长，每年都参加几次有关管理效率的夏季研讨会。这些人的经历表明，职业发展在人的整个职业生涯中都是必不可少的。

（1）职业培训

当安雅向她的上司 35 岁的罗伊请假去进修时，罗伊很吃惊："你都 50 多岁了，这个年龄，学那么多新东西干什么？"

罗伊的麻木而缺乏气度的反应让人无言以对，但这种事在管理者中太常见了，甚至他们中的某些人也并不年轻！研究表明，对年长职工的培训和在职咨询很缺乏。即使有职业发展活动，年长员工也较少自愿参加 (Barnes-Farrell & Matthews, 2007; Cappelli & Novelli, 2010)。哪些因素影响着参加职业培训和知识更新的意愿呢？

首先，个人特征很重要。随着年龄增长，成长的需求逐渐让位于对安全的需求。因此，对很多老职工来说，学习和挑战的内在价值降低了。或许正因如此，年长员工的职业发展更多地依赖于同事和上司的鼓励 (Claes & Heymans, 2008)。但是，年长员工很难遇到诚心帮助他们的上司。此外，对年长者的消极成见也会降低他们的自我效能感，即相信能把工作做得更好的自信心 (Maurer, Wrenn, & Weiss, 2003)。自我效能感是从业者努力增强职业技能的一个强有力的预测指标。

其次，工作单位的特征也是一个相关因素。如果一个职工所做的工作要求他掌握新知识，他为了完成任务，必然要想方设法地去学习。遗憾的是，老职工往往比年轻职工接手更多的常规工作。因此，老职工的业务学习动机减弱，可能是分派给他们的工作类型导致的。在年龄气氛（对年长员工的看法）比较好的公司，老员工经常参加继续教育，他们报告的自我效能感、工作投入和职业满意度都更高 (Bowen, Noack, & Staudinger, 2011; MacDonald & Levy, 2016)。

（2）性别和种族：玻璃天花板

杰维尔 30 多岁的时候，开了自己的公司，当上了老板。身为女性，她认定自己在大公司里没有机会升到高管职位，所以她根本没有去努力。现在，女性和少数族裔逐渐有了从事管理工作的机会，但她们距离性别和族裔平等还有很长的路。

从职业生涯开始，随着工龄增长，男性与女性、白人与黑人之间，在职务晋升上的不平等越来越明显。在控制了学历、工作能力和工作生产率等因素之后，研究发现这种差异仍然很明显 (Barreto, Ryan, & Schmitt, 2009; Huffman, 2012)。女性即使得到晋升，也会止步于中层职位。对于最有声望的高层管理职位，白人男性占压倒性优势，在大型企业的首席执行官中占 72%，在财富500 强企业中占 96% (U.S. Department of Labor, 2016a)。

女性和少数族裔面临着一种**玻璃天花板** (glass ceiling)，或者说妨碍他们晋升到公司高层的隐形障碍。为什么会有这种情形？首先，管理是一种需要别人教的艺术和技能。女性和少数族裔员工较难接近良师、角色榜样或者作为培训渠道的非正式网络 (Baumgartner & Schneider, 2010)。由于社会成见对女性（尤其是有孩子者）职业奉献精神和成为优秀管理者的疑问，公司主管常常低估她们的能力，也不推荐她们参加正式的管理培训项目 (Hoobler, Lemmon, & Wayne, 2011)。其次，担任领导人和晋升所需的挑战性、高风险且引人

菲比·诺瓦科维奇在 55 岁时成为通用动力公司的 CEO。她是少数几个在大公司里担任最高领导职务的女性之一。

注目的工作，如风险投资、国际业务和解决纠纷等，极少会委托给女性或少数族裔员工来处理。

再次，女性如果表现出做领导和晋升方面的品质，如决断、自信、强势和雄心勃勃，她们就会被人冷眼相看，认为她们偏离了传统性别角色。尽管她们比男性更多地把这些品质与民主、协作的领导风格结合在一起 (Carli, 2015; Cheung & Halpern, 2010)。为了克服这种偏见，有望获得最高职位的女性必须表现出比男性更强的能力。在对一家跨国金融服务公司的数百名高级经理的调查中，晋升的女性经理比晋升的男性经理获得了更高的绩效评价 (Lyness & Heilman, 2006)。相比之下，未被提拔的管理者在绩效上不存在性别差异。

许多女性像杰维尔一样，采用绕道而行的方法应对玻璃天花板，离开大公司，自己创业。在过去 20 年里，美国由女性拥有和经营的初创企业的增长，相当于全国平均水平的 1.5 倍。今天，三分之一的女性拥有的公司为少数族裔所有。大多数女性企业家都是成功的，达到或超过了她们的收入目标 (American Express Open, 2014)。但是，当女性和少数族裔离开企业去发展自己的职业生涯时，企业不仅失去了宝贵人才，而且无法满足日益多样化的劳动力对领导能力的需求。

⁵⁶² ### 3. 中年期的职业变化

大多数人在整个中年期都从事同一职业，但是更换职业的情形也会发生。例如，艾列娜从新闻记者转行去从事教学和创作。前面讲过，是家庭和工作境遇促使艾列娜下决心改换新职业的。像其他改换职业的人一样，她想要更满意的生活——通过结束不幸福的婚姻、从事期待已久的职业实现了这一目标。

如前所述，中年期职业变化不大，一般是从一项工作转到另一项相关工作中去。艾列娜选了一份更富于刺激、更需要投入的工作。这是中年职业女性比男性更为追求的方向 (Mainiero & Sullivan, 2005)。但是另一些人则相反，选择更轻松、无须艰难决策、不必负很大责任的工作 (Juntunen, Wegner, & Matthews, 2002)。做出更换职业的决定是困难的，必须衡量多年来积累的技能、当前的收入和职业安全性，对比目前的劣势和希

亚伯·舍纳在 40 多岁时，放弃做了多年的古希腊哲学教授，把他对酿造葡萄酒的热情转变为酿酒商的职业。这种巨大的转变导致他的婚姻破裂，但最终还是带来了更满意的生活。

望从新职业中得到什么。

但是，极端的职业改变往往是个人危机的信号 (Young & Rodgers, 1997)。一项研究考察了放弃高报酬、高声望的专业职位而去做普通的、收入低、只需一般技术工作的人们，结果发现，导致已有职业中断的主要是非工作方面的问题。例如，一位 55 岁的知名电视制作人做了学校校车司机，纽约一位银行高级职员做了滑雪场的服务员 (Sarason, 1977)。这些人都是对个人无意义感做出反应，想逃离家庭冲突、与同事的紧张关系和不满意的工作。

蓝领工人，比如从事建筑、制造、采矿、维修或餐饮业的工人，无法在中年期通过自由选择转换职业。研究者对美国一家世界最大的铝业公司 50 多岁的蓝领男性进行了长达 7 年的追踪调查，其中三分之一的人从事体力劳动。在少数转向体力要求较低岗位的人当中，工伤事故是首要原因 (Modrek & Cullen, 2012)。转换岗位主要是为了保住工作，以免因为身体残疾而被迫提前退休，拿不到全额退休金。

然而，转换到较轻松体力劳动的机会通常很有限。中年工人是否有资格从事这类工作的一个强有力的预测因素是教育——至少是高中文凭 (Blau & Goldstein, 2007)。身体残疾、学历也低的工人留在劳动力市场的机会大大减少。

4. 失业

当公司缩编减员的时候，受影响最大的就是中老年人。在任何年龄失业都是困难的，但中年员

工在身心健康上比年轻人出现更多的问题。如果认为公司裁员过程不公平、没有考虑周全，例如，没有给员工时间做准备，在这种情况下员工被裁员通常会经历难堪的时光。失去工作的员工如果年龄较大，就很难得到工作机会，失业时间也会更长 (McKee-Ryan et al., 2009; Wanberg et al., 2016)。年过四十却必须自己重新建立工作安全感的人们，感到自己在社会钟方面已经"过时"了。结果是，失业可能会打乱中年期的主要任务，包括繁衍力、对生活目标和个人成就的重新评价。此外，长期从事一种职业并全心投入，会使年长失业者失去很有价值的东西。

中年失业的人，无论是管理人员还是蓝领工人，其地位和收入都很难恢复到原来的水平。在找工作过程中，他们会遭遇年龄歧视，而且发现，相对于许多空缺职位，自己都显得资历过高。这种经历削弱了他们继续找工作的动力。如果加上经济拮据，久而久之，他们则有抑郁加深和身体健康水平下降的风险 (Gallo et al., 2006; Kanfer, Beier, & Ackerman, 2013)。解决这些问题的方法包括找咨询师帮忙做财务规划，减轻失业带来的耻辱感，参加求职策略培训，利用社交网络和社交媒体，这些方法可以帮助失业者在找工作时有效地采用以问题为中心的应对策略。

5. 退休计划

一天晚上，德温、特丽莎与安雅和她丈夫乔治一起吃晚饭。饭吃到一半，德温问道："乔治，跟我们说说，你和安雅在为退休做什么。你是打算停掉生意，还是做兼职？你们是住在这里，还是搬走？"

三代以前的人们不会有这样的谈话。由于政府出资的退休福利已于 1935 年开始在美国实行，退休不再是有钱人的特权。美国联邦政府为大多数退休的老年人支付社会保险，其他人则由雇主提供的私人养老金计划来解决。

20 世纪，美国的平均退休年龄有所下降，但在过去 20 年里，平均退休年龄从 57 岁上升到 62 岁。其他西方国家也出现类似的增长，这些国家的平均退休年龄徘徊在 60～63 岁。美国婴儿潮一代的很多人说，他们希望推迟退休 (Gallup, 2014; Kojola & Moen, 2016)。但即便是在 2007—2009 年经济衰退的负面影响下，多数人也只需要多工作几年就能在经济上为退休做好准备 (Munnell et al., 2012)。对于健康、活跃、长寿的婴儿潮一代来说，在他们退休之后，可能还有多达四分之一的寿命在等着他们。

退休是一个漫长而复杂的过程，开始于中年人第一次想到这个问题的时候。制订计划很重要，因为退休导致与职业相关的两项重要丧失——收入和地位，并改变着生活中的方方面面。与其他生活过渡一样，退休也常常是充满压力的。研究表明，中年人明确未来的目标，了解怎样理财，可以预测退休后更好的储蓄、心理适应和生活满意度 (Hershey et al., 2007; Mauratore & Earl, 2015)。但是，50 岁以上的美国人，有一半或更多没有制订任何具体的退休计划 (Brucker & Leppel, 2013)。

 学以致用　　　　　　　　**有效退休计划的要素**

问题	描述
理财	退休理财计划应该始于第一次拿工资的时候；至少应在退休前 10～15 年就着手。
健身	中年期应该开始制订健身计划，因为好身体是退休后幸福生活的基础。
角色适应	退休对习惯于职业角色的人来说比较困难。为身份的巨大变化做准备可以减轻压力。
居住地	要仔细斟酌该不该搬家，因为居住地关系到就医、朋友、家庭、消遣、娱乐和做兼职。
休闲活动	退休者一般每周能增加 50 小时的自由时间。认真计划好这段时间做什么对幸福感有重要影响。
健康保险	投保政府资助的医疗保险有助于维持退休后的生活质量。
法律事务	退休前的一段时间是立遗嘱和制订不动产计划的最好时期。

本节的"学以致用"栏列出了制订退休计划时常见的一些问题。理财计划非常重要，因为美国联邦政府没有提供保障老年人足够生活水平的养老金制度（见第 2 章边页 65），因此退休者的收入一般会下降 50%。但是，即使参加过理财教育培训的人，也往往不能清楚地了解自己的经济状况并做出明智的决定（Keller & Lusardi, 2012）。其实很多人都可以从专家的理财分析和咨询中获益。

观察与倾听

联系你所在社区的一家公司或机构的人力资源部门，询问他们提供的退休计划服务。这些服务有多全面？最近的退休人员使用这些服务的占多大比例？

退休后度过时光的方式，主要是由个人兴趣而不是个人责任来决定的。没有仔细想过时间安排的人会失去生活目标感。研究发现，制订一个积极的生活计划对退休后心理健康的影响，比制订理财计划还要大（Mauratore & Earl, 2015）。参加各种活动对心理健康的很多重要因素都有促进作用，例如有条理的时间安排、社交和自尊等。仔细斟酌退休后是否搬迁，与积极的生活方式有关，因为它影响到获得保健、家庭、朋友、消遣、娱乐和兼职工作等各方面。

德温在 62 岁退休，乔治在 66 岁退休。特丽莎和安雅年轻几岁，她们和很多已婚女性一样，丈夫退休之后，也就退休了。相形之下，杰维尔身体不错，但是没有一位共同享受生活的亲密伴侣，所以她一直到 75 岁还在做她的商务咨询。蒂姆退休较早，然后搬到艾列娜家的附近，在那里他投身于公共服务，在一所公立学校做二年级学生的辅导教师，开车送城里的孩子到博物馆，课后和周末担任青年运动队的教练。对于蒂姆来说，退休给他提供了为社会做出慷慨奉献的新机会。

令人遗憾的是，教育水平低、收入也低的人最不可能参加退休准备计划，其实他们本应当从中受益最多。女性比男性较少制订退休计划，她们常常靠丈夫来做准备。但是，随着女性对家庭收入的贡献越来越大，这种性别差距正在缩小（Adams & Rau, 2011; Wöhrman, Deller, & Wang, 2013）。雇主必须采取更多的措施，鼓励低收入员工和女性参与制订退休计划的活动。另外，要改进经济弱势群体的退休适应，还有赖于年轻时能得到更好的职业培训、更好的工作和保健。显而易见，一生中的各种机会和经历影响着向退休的过渡。在第 18 章，我们将更详细地讨论退休决策和退休适应问题。

564

思考题

联结 一些企业主管有时只给年长员工分派一些普通工作，认为他们不再能胜任复杂工作。请从本章和前一章中找出证据来说明这种安排是错误的。

应用 一位公司高管想知道，用什么办法可以帮助他们公司的女性和少数族裔晋升到管理人员位置。你会给他提出什么建议？

本章要点

一、埃里克森的理论：繁衍对停滞

16.1 根据埃里克森的理论，中年期人格有怎样的变化？

■ 中年人面临埃里克森所说的**繁衍对停滞**的心理冲突时，繁衍力有明显发展。个人愿望和文化需求共同塑造了成人的繁衍活动。

■ 高繁衍力的人表现出在职场的领导力、对他人福祉的关切以及对社区和社会的参与，他们的适应性很强。如果中年人表现得自我和放纵，就会出现停滞。

二、中年期心理社会性发展的其他理论

16.2 描述莱文森和魏兰特的中年期心理社会性发展理论以及两性的异同

■ 莱文森认为，中年人面临四项发展任务，每

项任务都要求他们协调好自我中的两种相反倾向：年轻－年长、破坏－创造、男性化－女性化、融入－分离。

■　中年男性表现出对人的照顾、关心等女性化特质，女性则表现出自主、支配和果断等男性化特质。男人和事业型女人通常会减少对进取和成就的关注。专心养育孩子和没有满意工作的女人，则会更多地投身于工作和社会。

■　魏兰特发现，50 多岁到 60 多岁的成人往往会承担文化护卫者的责任，努力向后代"传递火炬"。

16.3　中年危机的提法是否反映了中年期的一般经历，可否确切地说中年期是一个阶段？

■　多数人认为中年期是一个"转折点"。只有少数人会经历**中年危机**——强烈的自我怀疑和压力，导致生活发生巨变。

■　生活中的遗憾往往与较差的心理健康有关，但它们也能促使人们对行为加以纠正。

■　由于中年期很少发生重大的结构重建，多数专家并不认为中年期是一个阶段。

三、自我概念和人格的稳定性与变化性

16.4 描述中年期自我概念、人格和性别同一性的变化

■　中年人通过修正其**可能的自我**来保持自尊并获得前进动力，可能的自我的数量减少并更加适度而具体；被加以平衡的可能自我，既考虑到希望的自我，也考虑到担忧的自我，有助于增强人的动机，以实现自我的目标。

■　中年期一般会导致更多的自我接纳、自主性和对环境的掌控，从而带来更好的心理健康。

■　成年早期到中期，日常压力趋于平稳，然后随着工作和家庭责任的减轻而下降。中年人的情绪稳定，处置生活问题的信心增加，从而提高了应对压力的效率。但少数中年人难以应对巨大压力，导致美国中年人自杀率的上升。

■　较早的研究发现，中年期的男性和女性变得更加双性化，可能是由于社会角色和生活条件变化的共同影响。这种双性化的兴起正在蔓延到其他年龄阶段，以回应倡导性别平等的文化变化。

16.5　讨论成年期"大五"人格特质的稳定性和变化

■　**"大五"人格特质**中的亲和性和尽责性在中年期增强，神经质减弱，外向性和求新性保持稳定或略有下降。虽然成人的人格在整体组织和整合上有变化，但这些变化都建立在基本的、持久不变的素质基础上。

四、中年期的人际关系　*565*

16.6 描述中年期家庭生活周期的各阶段，包括结婚、离婚、亲子关系和做祖辈

■　"放飞孩子，继续前进"是中年期家庭生活周期的一个阶段。中年人必须适应其子女离家 — 回归 — 再离家、结婚、孙辈出生，以及自己的父母衰老和离去。

■　婚姻满意度是中年期心理健康的有力预测指标。与年轻人相比，中年人更容易适应离婚。婚姻破裂往往会大大降低女性的生活水平，造成**贫穷的女性化**。

■　多数中年父母都能较好地适应子女成年后的离家，尤其是在积极的亲子关系得以保持的情况下，但是，如果子女的发展"停滞"，就会引发父母的紧张情绪。低社经地位的父母能够给予成年子女的有形和无形的支持较少，因为他们的多个子女必须分享这些支持。孩子结婚后，中年父母，特别是母亲，会成为**亲情维系者**。

■　祖辈和孙辈的关系取决于居住的远近、孙辈的数量、祖辈和孙辈的性别以及姻亲关系。在低收入家庭和一些种族群体中，祖辈要提供很多帮助。当出现严重家庭问题时，祖辈会成为**隔代家庭**中孙辈的主要养育者。

■　中年人会重新思考自己与年迈父母的关系，这种关系往往变得更亲密。母女关系一般比其他几种亲子关系更亲密。早期亲子关系越亲密，对帮助的需求越大，互相帮助就越多。

■　中年人上有体弱多病需要照顾的父母，下有成年子女和孙辈需要帮助，他们被夹在中间，被

称为**三明治一代**。成年女儿照料老父母的负担最沉重，在中年期的后期，在照顾父母方面的性别差异逐渐缩小。

■ 照顾老年父母具有情感和健康效果。在一些文化和亚文化中，成年子女对照顾老人有特殊的责任感，他们对父母的付出很大。社会支持对减轻照顾老人的压力非常有效。

16.7 描述中年期的兄弟姐妹关系和友谊

■ 从成年早期到中年期，兄弟姐妹的来往和支持减少，但多数中年兄弟姐妹感觉他们更亲密，并积极地应对重大生活事件。父母过去和现在对子女的偏爱会影响兄弟姐妹的关系。

■ 在中年期，朋友变少，更有选择性，友谊更深厚。男性对朋友的表达性低于女性，女性的朋友更多，关系更亲密。

五、职业生活

16.8 讨论中年期的工作满意度和职业发展以及性别差异和族裔差异

■ 中年人普遍对职业进行调整，努力增强其职业生涯中的个人意义和自我取向。职业表现中的某些方面得到改进。所有职业地位中年人的职业满意度都在提高，但男性比女性提高更多。

■ **职业倦怠**是一种严重的职业危险，尤其容易发生在助人型职业中。预防办法有安排合理的工作量，减少有压力的工作时间，向员工提供社会支持。

■ 年长员工的个人特征和工作条件会影响他们对职业发展活动的参与。在年龄氛围较好的公司，

老员工的自我效能感、工作投入和工作满意度更高。

■ 女性和少数族裔员工面临着一种**玻璃天花板**，原因是他们很少有机会参加管理者培训，以及社会对女性的领导能力和晋升资格存有偏见。很多女性，包括少数族裔女性，为了推进自己的职业生涯而离开大公司，创建了自己的公司。

16.9 讨论中年期的职业变化和失业

■ 多数中年人的职业变化是从同一职业的一种岗位转到另一种岗位。剧烈的职业变动比较少见，它往往是个人危机的信号。蓝领的中年工人的职业转换很少是自由选择的。

■ 失业对中年人来说是非常困难的境遇，他们是公司缩编裁员的主要对象。咨询能够帮助他们找到可选择的工作，但是他们很难取得原来的工作地位和薪酬。

16.10 讨论制订退休计划的重要性

■ 退休给生活带来一些重大变化，如失去收入和职位，但自由支配的时间增多。在制订理财计划的同时，制订一个积极生活计划，对退休后的幸福感有很大影响。应该鼓励低收入职工和女职工参与退休准备项目。

🌐 重要术语和概念

"big five" personality traits (p. 548) "大五"人格特质
burnout (p. 560) 职业倦怠
feminization of poverty (p. 550) 贫穷的女性化
generativity versus stagnation (p. 538) 繁衍对停滞
glass ceiling (p. 561) 玻璃天花板

kinkeeper (p. 552) 亲情维系者
midlife crisis (p. 542) 中年危机
possible selves (p. 544) 可能的自我
sandwich generation (p. 555) 三明治一代
skipped-generation family (p. 554) 隔代家庭

中年期发展的里程碑

40~50岁

身体

■ 眼球晶状体的适应能力、暗视力和辨色能力下降；对眩光的敏感度增加。(508-509)

■ 高频音听力下降，连续近距离分辨声音的能力减弱。(509)

■ 头发变白变稀。(508)

■ 面部皱纹变明显；皮肤失去弹性，变松弛。(509-510)

■ 体重继续增加，躯干脂肪增多，皮下脂肪减少。(510)

■ 瘦体组织（肌肉和骨骼）减少。(510)

■ 女性雌激素分泌减少，导致月经周期缩短和不规律。(510)

■ 男性的精液和精子数量下降。(513)

■ 性反应强度下降，但性活动频率仅略有下降。(515)

■ 癌症和心血管疾病的发病率上升。(516-519)

认知

■ 衰老意识增强。(508, 541)

■ 晶体智力增强，流体智力下降。(525)

■ 认知加工速度下降，但成人可用经验和练习来弥补。(527-528)

■ 执行机能下降，包括工作记忆容量、抑制力和灵活的注意转移能力下降，但成人可用经验和练习来弥补。(528-529)

■ 对学会东西的记忆下降，原因是使用记忆策略减少。(529)

■ 从长时记忆中提取信息更困难。(529)

■ 语义记忆（一般知识）、程序性记忆（"操作"知识）、与职业相关的记忆、元认知知识保持不变或增加。(529)

■ 实际问题解决能力和专长提升。(530)

■ 创造力方面表现为更深思熟虑，强调观点整合，并从自我表现转向利他目标。(530-531)

情感／社会性

■ 繁衍力升高。(538-531)

■ 注意力转向对个人有意义的生活。(541)

■ 可能自我的数量变得更少、更适度和具体，更容易实现。(544)

■ 自我接纳、自主性和掌控环境的能力增强。(544-545)

■ 应对压力的策略更有效。(545)

■ 性别同一性取向双性化，女性的男性化特质增多，男性的女性化特质增多。(541, 546-548)

■ 亲和性和尽责性增强，神经质减弱。(548)

■ 可能放飞子女。(551)

■ 如果是母亲，可能成为亲情维系者。(552)

■ 可能成为公婆或岳父母和祖辈。(552–553)

■ 更赞赏父母的优点和慷慨，与父母的关系质量提高。(554–555)

■ 照顾失能或体弱多病的父母。(555–557)

■ 兄弟姐妹会感觉更亲密。(557–558)

■ 朋友数量一般减少。(559)

■ 内在工作满意度——工作带来的快乐会增加。(560)

50~65 岁

身体

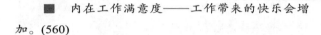

■ 眼球晶状体完全失去了适应不同距离物体的能力。(508)

■ 听力减弱逐渐扩展到所有音频，对高频音的听力仍保持最好。(509)

■ 皮肤皱纹继续增多且松弛，老年斑增多，皮肤血管更明显。(510)

■ 女性出现更年期；由于雌激素进一步下降，生殖器不易受到刺激，阴道在性唤起时润滑更缓慢。(510–512)

■ 男性想勃起却不能勃起的情况更常见。(513)

■ 骨量持续减少，骨质疏松症发病率上升。(510, 519)

■ 椎间盘塌陷导致脊柱高度下降2.5厘米。(510)

■ 癌症和心血管疾病的发病率继续上升。(515–519)

认知

■ 上述认知的各方面变化继续发生。

情感 / 社会性

■ 上述情感与社会性的变化继续发生。

■ 对老年父母的情感与实际帮助增多。(555)

■ 可能退休。(562–564)

第九篇

老年期：65岁~

老年期生理与认知发展

世界各地的文化都把年龄与智慧相联系。在大多数社会中，领导职位通常由老年人担任，他们的生活经历增强了他们解决人类问题的能力。图中，利比里亚总统、诺贝尔和平奖得主埃伦·约翰逊－瑟利夫 (Ellen Johnson-Sirleaf) 正在会见一名青少年的家人，这名青少年在抗议埃博拉隔离时被枪杀。

67 岁时，沃尔特放弃了摄影生意，希望和 64 岁的老伴、刚从社会工作者岗位退休的露丝一起安享晚年。这几年，沃尔特和露丝参加很多志愿者活动，一周打三次高尔夫球。他们与沃尔特的哥哥迪克、嫂子高尔蒂在夏天一起去度假。沃尔特还做了许多他喜欢做但过去一直没时间做的事情，例如写诗，写短篇小说，参加戏剧表演，报名参加一个世界政治课程的学习，并种出了一个让邻居们赞不绝口的花园。露丝则是如饥似渴地读书，担任了一家收养机构的董事。

在以后的 20 年中，沃尔特和露丝的精力与活力鼓舞着见到他们的每个人。他们和蔼可亲，关心他人，所以大家庭的亲属和朋友们都来他们家。周末，他们家里总是高朋满座。

但是，80 岁过后，老两口的生活发生了巨大变化。沃尔特因前列腺癌动了手术，还因心脏病发作住了 3 个月医院。露丝在他身边陪伴了 6 周之后，沃尔特去世了。露丝不顾自己的悲伤，接着又去照顾妹妹伊达。伊达 78 岁时还思维敏捷、身子骨硬朗，79 岁时身体还不错，但精神明显衰退。同时，露丝的关节炎也越来越严重，视力和听力大不如前。

85 岁时，有些事情露丝不是不能做，但是做起来很困难。"只不过要慢点做！"露丝像以前一样乐观地说。读书已经很难，所以她从网上下载了一些有声读物到智能手机上。她开始步履蹒跚，视力模糊，很少一个人出门。当露丝和家人一起在嘈杂的饭馆里吃饭时，露丝很不适应，也很少加入别人快节奏的谈话中。但是，如果在安静环境中做一对一的交谈，她还是像过去那样聪明、智慧，具有机敏的洞察力。

老年期，或成年晚期，从 65 岁持续到生命结束。令人遗憾的是，普通大众对老年人的看法并未抓住人生最后这几十年的本质，错误观点盛行，例如，说老年人体弱多病，依赖别人，不能再学习，家人不得不把他们送到养老院。

当我们考察老年期的生理和认知发展时，就会知道，随着死亡临近，得与失的平衡发生了逆转。但是，工业化国家 65 岁的老人，在这种转换直接影响日常生活之前，还能过上将近 20 年健康而充实的生活。露丝的例子就说明，很多老年人虽然身体变得虚弱，但能找到应对身体和认知挑战的方法。

我们最好把老年期看作以前各个时期的延伸，而不是断裂。只要社会文化环境能为老年人提供支持、尊重和生活目标，这些岁月就仍然是有潜力可挖的。

第一部分　生理发展

当我们说某个老年人相对于其年龄"显年轻"或"显老"时，也就是在说，日历年龄不一定是**机能年龄** (functional age)，或实际能力和行为的一个良好指标。因为每个人的生物学老化速率不同，有些 80 岁老人比很多 65 岁的人还显得年轻。第 13 章讲过，每个人身上，不同部位的变化也不同。例如：露丝的身体虽然衰弱，但精神仍然活跃；而伊达正相反，她的身体健康状况和年龄相符，但却难以和别人交谈、赴约或做好熟悉的事情。

个体间和个体内的差异之大，使研究者至今未能找到可以预测老年人整体衰老速率的生物测量方法。但是，我们能够估计老年人的预期寿命，对影响老年期寿命的因素知道得也越来越多。

一、预期寿命

17.1　区分日历年龄和机能年龄，并讨论 20 世纪以来预期寿命的变化

在某一年出生的人，从任意给定的年龄开始预期还可以活到的岁月，即**平均预期寿命** (average life expectancy) 的显著提高，有力地支持了前面几章讲过的多种因素延缓着生物学老化的观点，这些因素包括营养、医疗、卫生设施、安全等。第 1 章曾讲过，美国 1900 年出生的婴儿，其预期寿命还不到 50 岁。如今这个数字，达到 78.8 岁，其中男性 76 岁，女性 81 岁。造成这一惊人增长的一个主要因素是婴儿死亡率的稳步下降（见第 3 章）。而成人的死亡率也在下降。例如，在北美成人死亡原因中排第一位的心脏病，过去 40 年减少了近 70%，原因是各种危险因素（如高血压和吸烟）减少了，当然主要原因则归于医疗技术的进步 (Wilmot et al., 2016)。

在日本的一个海滨城市，一对活力十足的老夫妇正在按当地的传统方法捕鱼。日本的低肥胖率和心脏病率以及政府的保健政策，使日本人口的预期寿命世界领先。

1. 预期寿命的差异

预期寿命的稳定群体差异证明了遗传和环境对生物学老化共同发挥作用。在世界各国，女性平均寿命比男性长 5 年 (Rochelle et al., 2015)。女性在预期寿命方面的优势也是大多数物种所具有的。一般认为，女性多出来的一条 X 染色体的保护功能（见第 2 章），以及更少的冒险和身体攻击（第 6 章和第 8 章），是出现这种状况的主要原因。但是，自 20 世纪 90 年代以来，工业化国家预期寿命的性别差距已经缩小 (Deeg, 2016)。由于男性患病和早逝的风险更高，他们从向积极生活方式的转变和新的医学发现中获得了更大的好处。

人的生理衰老速度不同，所以看起来有的显老、有的显年轻。这两位二战老兵年龄相同，但左边的看起来比右边的显老。

预期寿命因社经地位的不同而不同。随着受教育水平和收入水平提高，预期寿命则会延长 (Chetty et al., 2016; Whitfield, Thorpe, & Szanton, 2011)。在美国，最富有的人和最贫穷的人出生时预期寿命的差距是男性 14.5 年，女性 10 年。社经地位也可以解释 65 岁及以上的美国白人的预期寿命比黑人多 2~3 年 (Centers for Disease Control and Prevention, 2016b)。正如第 13 章指出的，巨大的生活压力、各种不利于健康的行为、有健康风险的工作以及社会保障薄弱都与社经地位低下有关。

571   一个国家的保健、住房、社会服务及生活方式因素，可以预测寿命长短，以及更重要的即老年期的生活质量。研究者调查了世界各国人口的**平均健康预期寿命** (average healthy life expectancy)，即在某一年出生的人能够拥有多少年健康而不受伤病干扰的生活。结果，日本位列第一，美国则落后于大多数工业化国家和地区（见图 17.1）。日本能够排在第一位要归功于其肥胖率和心脏病发病率较低（与低脂肪饮食有关）及良好的保健政策。由于美国在这些方面的不足，美国老年人比其他发达国家和地区的老年人受到更多的疾病困扰，并且早死者较多。

在普遍存在贫困、营养不良、疾病和武装冲突的发展中国家，平均预期寿命徘徊在 55 岁左右。其健康预期寿命和工业化国家相比少 30~40 年。例如，对于男性，日本是 69 岁，瑞典是 67 岁，美国是 65 岁，但阿富汗只有 48 岁，塞拉利昂为 47 岁，海地只有 28 岁，由于 2010 年灾难性的地震，那里的整体健康状况大幅下降 (Salomon et al., 2012)。

2. 老年期的预期寿命

贫穷群体的寿命要低于经济条件好的群体，但在工业化国家中，老年人口的比例已大幅增加。1900 年到 2014 年，65 岁及以上的人口占美国人口的比例从 4% 增加到 15%。由于婴儿潮一代已进入老年，到 2030 年，这一比例会达到 20%。其中增长速度最快的是年龄 85 岁及以上的人口，在过去 10 年里增长了 30%，目前占美国人口的近 2%。到 2050 年，85 岁及以上高龄的老年人数会增加一倍 (U.S. Department of Health and Human Services, 2015e)。

21 世纪初达到 65 岁的美国人，平均可以再活 19 年。和过去一样，老年女性的预期寿命比

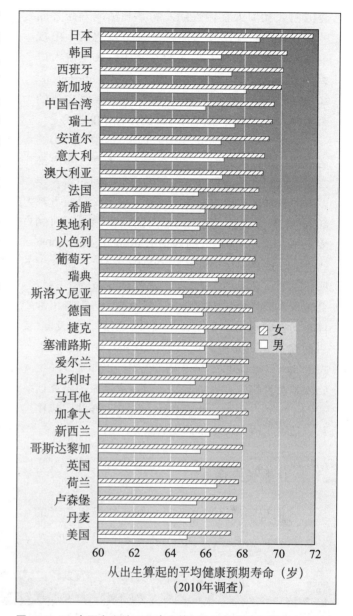

图 17.1 30 个国家和地区从出生算起的平均健康预期寿命，以女性为标准排序

日本排在首位，美国排在令人失望的第 30 位。每一个国家或地区女性的平均健康预期寿命比男性多 2~3 年。资料来源：Salomon et al., 2012.。

男性长。如今，65~69 岁的人口，男女比例约为 100：114；而 85 岁及以上的人口，这一比例降至 100：195 (U.S. Census Bureau, 2016c)。世界各地都存在类似的差异，只有少数发展中国家例外，因为这些国家的女性分娩时的死亡率很高，或者深受歧视和剥夺的困扰。

虽然当前老年女性的数量比男性多很多，但女性在预期寿命方面的优势随着年龄的增长而缩小。在美国，从 65 岁的 3 年缩短到 85 岁的 1 年。100 岁以上，性别差异消失 (Arias, 2015)。同样，

美国白人和黑人在慢性病发病率和预期寿命方面的差异也随着年龄增长而缩小。80 岁之后，出现了预期寿命的交叉，黑人的寿命比白人主流人口更长 (Masters, 2012; Roth et al., 2016; Sautter et al., 2012)。专家对此的解释是，在男性和经济劣势的美国黑人中，只有遗传上最具优势者才能长寿。

从本书中我们知道，遗传和环境因素共同影响老龄化。在遗传方面，同卵双生子一般在 3 年内都去世，而同性别的异卵双生子的去世时间相差 6 年以上。长寿还可以在家族中延续。如果父母双方都活到 70 岁及以上，他们的子女活到 90 多岁或 100 岁的概率是一般人口的两倍 (Cevenini et al., 2008; Hayflick, 1994; Mitchell et al., 2001)。双生子研究表明，一旦人活到 75~80 岁，遗传对寿命的影响就会减少，而环境的影响变大：健康饮食，保持正常体重，按时锻炼，很少或不吸烟、酗酒，不吸毒，对前途持乐观态度，低心理压力和必要的社会支持 (Yates et al., 2008; Zaretsky, 2003)。正如本节"生物因素与环境"专栏揭示的，对百岁老人的研究让我们了解到，生物、心理和社会影响怎样共同起作用，造就了漫长而幸福的生活。

3. 最长寿命

人们想知道，对于人类，与已知最年长者的死亡年龄相对应的**最长寿命** (maximum lifespan) 是多少？或者，人这一物种特有的寿命极值是多少？从本节"生物因素与环境"专栏可知，已证实的最长寿命为 122 岁。

这个数字真的反映了人类寿命的上限吗？它还能再延长吗？一些学者认为，122 岁已接近极值，85~90 岁是大多数人的预期寿命。他们指出，平均预期寿命的延长主要靠一生中前 20~30 年减少威胁健康的风险因素，特别是贫困、受教育水平低和卫生保健差导致的有害行为和环境条件 (Olshansky, 2011)。过去的 15 年，65 岁及以上老人的预期寿命增加有限，只有 1 年半。尽管百岁老人的数量在不断增加（见本页专栏），但成为百岁老人的概率在人类历史上一直非常低，直到今天依然如此。在美国人口中，每 1 万人中只有 5 人，大多数百岁老人在 103 岁之前死亡 (Arias, 2015)。然而，其他研究者仍然相信，延长人类的最长寿命仍有可能。

这一争议引发了另一个问题：应不应该尽可能地延长人的最长寿命？对这个问题，很多人认为，人类追求的目标不仅是寿命的长短，而且是生命的质量——尽可能地延长健康的预期寿命。大多数专家认为，只有降低低社经地位人群中可预防疾病和失能的高发病率，战胜衰老带来的疾病，最长寿命的延长才有意义。

572

专栏 　　　　　生物因素与环境

我们能从百岁老人身上学到什么？

珍妮·路易斯·卡尔蒙特是吉尼斯世界纪录中的最长寿者。她 1875 年出生于法国阿尔勒，1997 年逝世，享年 122 岁。遗传对她的长寿可能有影响：她父亲活到 94 岁，母亲活到 86 岁。她的家庭属于中产阶层，20 多岁时嫁给了一个富商 (Robine & Allard, 1999)。年轻时她健康而有活力；她骑车、游泳、滑冰、打网球，每天去做弥撒时要迈过大教堂高高的台阶。

珍妮认为自己长寿归功于饮食中富含橄榄油和偶尔喝一杯波尔多葡萄酒。一些人把她的长寿归功于她随和的性情和抗压能力。她曾说："你如果做一件事时束手无策，就不要烦恼。"她 85 岁时还能击剑，100 岁时还能骑自行车。100 岁后不久，她搬进了辅助生活住宅（见边页 593-594），她依然精力充沛，因为她的年龄和人格魅力而成了名人。直到逝世前一年，她始终很活跃且思维敏捷，她认为，欢笑是长寿的最佳秘方。有人曾问她，衰老对她有什么影响，她风趣地说："我只有一道皱纹，不过我把它压平了。"

过去 25 年，世界百岁老人的数量增长了近 5 倍，其中女性的数量是男性的 5 倍。目前，美国百岁老人虽然不算多，但已经达到 72 000 人 (Stepler, 2016)。美国

图中是 121 岁时的珍妮·路易丝·卡尔蒙特，她在 85 岁时还能击剑，100 岁时还能骑自行车，去世前一年仍然思维敏捷。她是有记录以来最长寿的人，享年 122 岁。

百岁老人的比例比大多数发达国家都要小。

一项对 96 名美国百岁老人的研究显示，四分之一的百岁老人没有严重的慢性病，几乎同样多的人没有身体失能，55% 的人没有认知障碍 (Alishaire, Beltrán-Sánchez, & Crimmins, 2015)。他们总体上比百岁前去世的对照组的老年人更健康。

这些健壮的、主导着活跃而自主的生命的百岁老人引起了人们的特别关注，因为他们代表了人类这一物种的终极潜力。他们是什么样的人？几项追踪研究的结果显示，他们受教育的年限（从未上过学到研究生）、经济状况（从非常贫穷到非常富有）和种族各不相同。但是他们的身体状况和生活经历揭示了共同的线索。

1. 健康

百岁老人通常有长寿祖辈、父辈和兄弟姐妹，表明他们具有遗传赋予的生存优势。同样，他们的子女大多七八十岁，而且和年龄相似的老年人相比，表现出较少的身体和认知障碍 (Cosentino et al., 2013; Perls et al., 2002)。一些百岁老人与兄弟姐妹在第四对染色体上共享一段相同的 DNA，这表明某个或某几个基因，可能与异常的长寿有关 (Perls & Terry, 2003)。

健康的百岁老人与免疫缺陷疾病、癌症和阿尔茨海默病相关的基因发病率很低。与这些发现相一致，他们的免疫系统大多能正常运作，死后尸检很少发现脑异常

(Silver & Perls, 2000)。有些健壮的百岁老人虽有潜在的慢性疾病，如动脉粥样硬化、心血管和脑病理问题，但其功能尚好 (Berzlanovich et al., 2005; Evert et al., 2003)。此外，在 40 岁以后生下健康孩子的百岁女性人数是一般人口的四倍 (Perls et al., 2000)。晚育可能表明身体，包括生殖系统，老化得比较慢。

若把百岁老人看作一个群体，则他们的体型属于中等偏瘦，饮食适度。其中不少人的大部分或全部牙齿完好无缺，这是身体异常健康的另一标志。虽然他们的同时代人吸烟者很多，但是这些百岁老人大多不吸烟。其中多数人说，他们一生坚持身体锻炼，并持续到 100 岁后 (Hagberg & Samuelson, 2008; Kropf & Pugh, 1995)。

2. 人格

人格方面，这些高龄老人都表现出很强的乐观主义精神 (Jopp & Rott, 2006)。一项研究中，先对百岁老人进行人格测验，18 个月后再测，他们报告了较多的疲惫和抑郁，可能是对生命最后阶段越来越严重的衰弱的反应。但他们在坚定性、独立性、情绪安全性和求新性等项目上的得分仍然很高，这些特质对他们 100 岁以后的生存可能至关重要 (Martin, Long, & Poon, 2002)。他们良好的心理健康和长寿的一个重要因素是社会支持，特别是亲密的家庭纽带和长久幸福的婚姻 (Margrett et al., 2011)。男性百岁老人中，大约四分之一的人仍处在婚姻状态。

3. 活动

健康的百岁老人有参与社会活动的历史，其原因只是为了自己的成长、快乐，为社会正义事业而工作。他们过去和现在的活动通常包括富于刺激性的工作、休闲活动和学习，这可能有助于维持他们良好的认知和生活满意度 (Antonini et al., 2008; Weiss-Numeroff, 2013)。写信、写诗、写剧本、写回忆录，做演讲，教授音乐课程，在主日学校任教，护理病人，砍柴，销售商品、债券和保险，绘画，行医，布道，百岁老人的活动真是丰富多彩。有的不识字的百岁老人还开始学习读写。

总之，健壮的百岁老人以亲身经历告诉我们，什么是正常的发展。这些独立、思维敏捷、快乐的百岁老人显示了，健康生活方式、个人智慧以及与家庭和社区的紧密联系，是怎样建立在生物学力量基础上，创造出积极、完善的生命极限的。

🏵 二、身体变化

17.2 描述老年期身体衰退及神经、感觉系统的变化

17.3 描述老年期心血管、呼吸和免疫系统的变化及睡眠困难

17.4 描述老年期的外貌和行动能力的变化以及对这些变化的有效适应

引起个体衰老的特定基因的程序性效应和随机发生的细胞变化（见第13章），使生理退化在老年期越来越明显。65岁及以上的老年人大多能主动、独立地生活，但随着年龄增长，越来越多的人需要帮助。75岁之后，大约9%的美国人的**日常生活活动**（activities of daily living, ADLs）有困难，而这是一个人独立生活所必需的基本自理任务，如洗澡、穿衣、上床、下床、坐下、站起和吃饭等。大约17%的人不能进行**工具性日常生活活动**（instrumental activities of daily living, IADLs），即需要一定的行为能力和认知能力才能处理的日常生活事务，比如打电话、购物、做饭、打扫房间和支付账单。受到这些限制的老年人比例随着年龄增长急剧上升（U.S. Department of Health and Human Services, 2015d）。如果照顾得当，大多数身体组织可以持续到80多岁甚至更久。关于中老年人身体变化，可参见边页441表13.1。

1. 神经系统

定期体检时，医生问80岁的露丝生活得怎么样，露丝回答："昨天，我忘了刚搬过来的邻居的名字。前天，我找不到合适的词告诉送货员怎样找到我家。""我是不是迷糊了？"露丝不无焦虑地问道。

威利医生安慰道："每个人都会时不时地忘记这类事情。年轻的时候，如果有一次忘事，咱们会责备自己粗心，然后不再去想它。年纪大了，再忘事，咱们就担心地说，老啦，健忘啦。"

露丝还闹不清楚，为什么在天气特别冷和特别热时，自己比前些年觉得更不舒服。此外，她协调各种动作比过去慢，也不太能保持身体平衡了。

中枢神经系统的老化影响各种复杂的活动。整个成年期脑重都在下降，脑成像和大脑解剖研究发现，脑重的减轻从50多岁开始，80岁时下降达到5%~10%，原因包括神经纤维髓鞘质枯萎，突触连接中断，神经元死亡，脑室空间增大

（Fiocco, Peck, & Mallya, 2016; Rodrigue & Kennedy, 2011）。

神经元的死亡在整个大脑皮层都会发生，但不同脑区的退行速度不同，而且同一脑区的不同部位也不同。追踪研究发现，额叶，尤其是掌管执行机能和策略思维的前额皮层和联结两半球的胼胝体，往往比顶叶、颞叶和枕叶出现更大的退行（见第4章图4.5）（Fabiani, 2012; Lockhart & DeCarli, 2014）。小脑（控制平衡和协调并支持认知过程）和海马体（涉及记忆和空间理解）的神经元也有所减少（Fiocco, Peck, & Mallya, 2016）。脑电图测量显示，脑电波的强度逐渐减弱，这是中枢神经系统效率降低的信号（Kramer, Fabiani, & Colcombe, 2006）。

但脑成像研究显示，上述损失的程度存在很大的个体差异，也与认知机能下降有一定的相关性（Ritchie et al., 2015）。大脑可以克服一些衰退。几项研究表明，未受疾病影响的老年人大脑神经纤维的生长速度与中年人相同。衰老的神经元在其他神经元退化后会形成新的突触（Flood & Coleman, 1988）。此外，老化的大脑皮层可在一定程度上产生新的神经元（Snyder & Cameron, 2012）。fMRI证据表明，和年轻人相比，完成记忆和其他认知任务成绩较好的老年人，其大脑皮层有更多区域参与大脑活动，尤其是在前额皮层和位于另一半球的镜像反映区（Fabiani, 2012; Reuter-Lorenz & Cappell, 2008）。这表明，老年人弥补神经元缺失的一种方式是借用其他脑区来帮助认知加工。

掌管日常生活机能的自主神经系统在老年期也退化，使老年人在很热和很冷环境中容易出现危险。例如，露丝的排汗功能下降导致她对炎热天气的忍耐性较差；寒冷天气中，她的体温升高很慢。不过，如果老人的身体健康，没有什么疾病，上述机能的下降则较轻微（Blatteis, 2012）。另外，自主神经系统分泌的进入血管的应激激素也比年轻时多，这也许是用来激活对激素反应不太敏感的身体组织的（Whitbourne, 2002）。后面将会

讲到，这种变化会导致老年人免疫力下降和睡眠问题。

2. 感知系统

老年期感觉机能的变化越来越明显。老年人的视力和听力都不太好，味觉、嗅觉和触觉的敏感性也有所下降。图 17.2 显示，老年人的听力丧失比视力丧失更普遍。作为对中年期开始的下降趋势的延续，女性比男性更多地报告了视力减退，男性的听力减退则比女性严重。

（1）视力

第 15 章（见边页 508–509）讲过，眼睛结构的变化会使人在看近物、在较暗光线下看东西和辨别颜色较困难。在老年期，视力进一步下降，角膜（眼球的透明薄膜）变得更透明，散光使图像模糊，眼睛对强光的敏感性提高；晶状体变黄导致颜色辨别力进一步下降。从中年期到老年期，患**白内障 (cataracts)**——出现在晶状体和眼膜的模糊区域，它导致视力模糊，如果不做外科手术，最终会失明——的人数成十倍地增加，其中 25% 在 70 多岁时患病，50% 在 80 多岁时发病 (Owsley,

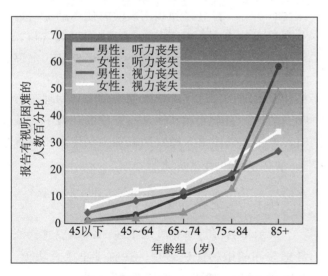

图 17.2 按年龄划分的美国男性和女性的视力和听力损害率
在一个具有全国代表性的大样本中，报告有视力问题、即使经矫正仍困难者被判定为视力受损，报告说听力"有很多问题"的人被判定为听力受损。女性的视力受损多于男性，男性的听力受损多于女性，这些差距在老年期显著扩大，其中听力受损比视力受损更多。资料来源：U.S. Census Bureau, 2014.

2011; Sörensen, White, & Ramchandran, 2016)。除生物学老化外，遗传、暴晒、吸烟和某些疾病，如高血压和糖尿病，都会增加患白内障的风险 (Thompson & Lakhani, 2015)。好在我们可以采用摘除晶状体并植入人工晶状体或戴眼镜来有效地恢复视力。

老年期视力下降是到达视网膜的光线减少导致的（因晶状体黄化、瞳孔收缩和玻璃体模糊）（见第 15 章）。暗适应——从亮处到暗处的适应——困难，使老年人在电影开演后进入电影院的适应变得更困难。由于双眼视觉（大脑对两眼摄取的图像进行综合加工的能力）下降，深度知觉也变差。另外，视敏度（辨别的精度）减弱且在 70 岁后快速衰退 (Owsley, 2011)。

视网膜中区的光敏细胞机能下降，可使老年人罹患**黄斑变性 (macular degeneration)**，导致中央视觉区模糊，并逐渐丧失视觉。黄斑变性是老年人失明的主要原因。大约有 10% 的 65～74 岁的人和 30% 的 75～85 岁的人有该症状。如果诊断及时，黄斑变性可以用激光治疗。与白内障一样，遗传（包括几个已查明的基因）会增加风险，尤其是同时有吸烟或肥胖症的情况下 (Schwartz et al., 2016; Wysong, Lee, & Sloan, 2009)。通往视网膜的血流收缩导致的血管硬化也会产生影响。保护性因素包括有规律、适度的锻炼，多吃有助于血管畅通的富含 Ω-3 脂肪酸的鱼类、富含维生素 A、C、E 和类胡萝卜素（黄色和红色植物色素）的水果和蔬菜，可保护黄斑细胞免受有毒自由基的侵害 (Broadhead et al., 2015)。

视觉障碍对老年人的自信心和日常行为影响颇深。快到 80 岁的时候，露丝就不再开车，她还担心沃尔特，因为沃尔特开车时很难在道路和仪表盘之间转移注意力，在黄昏和夜晚辨认行人时很吃力。走路时，深度知觉和暗适应较差，使老年人容易跌倒。

严重的视力丧失会影响老年人的休闲活动，变得与他人隔离。露丝不再去博物馆，看电影，打桥牌，玩字谜游戏。视力差使她不得不靠别人帮助做家务、买东西。在 85 岁及以上的老年人中，有 30% 的人因视力严重丧失而妨碍了日常生活 (U.S. Census Bureau, 2014)。还有很多人的视力下降未被检测出来。对眼疾的治疗大大有助于老年人保持其生活质量。

（2）听力

感恩节聚会上，85岁的露丝听不清别人说的话。"妈妈，这是莱奥娜，乔伊的表妹，您来见见她吧。"露丝的女儿西比尔说。在儿孙们的喧闹声、杯盘交错声、电视机声音和身边的谈话声中，露丝听不清莱奥娜的名字，也听不清她和西比尔的丈夫乔伊是什么关系。

"再说一遍你的名字，"露丝说，"咱们到隔壁谈谈，那儿安静点，咱们能说会儿话。"

在老年期，第15章曾讲到的内耳和皮层听觉区的供血下降与细胞自然死亡依然如此，再加上耳隔膜（如鼓膜）硬化，导致听力下降。对各种频率的柔和声音的辨别力都下降，其中对高频音的辨别力下降最甚（见边页509）。此外，对令人受惊的噪音的反应性减弱，并较难分辨复杂音调(Wettstein & Wahl, 2016)。

听力丧失对自我照顾的影响虽不如视力丧失那么大，但它仍会影响人的安全和对生活的享受。在嘈杂的城市街道上，80岁的露丝不能准确地对各种警报做出判断，无论是口头的（"看着点，别往前走了"），还是非口头的（喇叭或警报器）。如果收音机或电视机的音量较大，她有时会听不见电话铃声或敲门声。

由于听力下降，老年人自我报告的自我效能感降低，孤独感和抑郁症状增多，与之来往的人也比听力正常的同辈少 (Kramer et al., 2002; Mikkola et al., 2015)。在各种听力困难中，言语

听力下降，尤其是感知人类语言的能力下降，大大降低了老年人的生活乐趣。使用助听器可以确保这对夫妇最大限度地享受看电影的体验。

知觉能力随年龄增长而下降对生活满意度的影响最大。70岁以后，听清对话内容、辨别谈话的情绪表达特征的能力下降，在嘈杂环境中困难更大 (Gosselin & Gagne, 2011)。

露丝在听别人交谈时即便使用了以问题为中心的应对策略，但她还是不能顺利解决问题。在感恩节家庭聚会上，很少有家人花时间跟她说话，她感到十分孤独。有时，一些人不能替老年人着想。一次外出郊游吃晚餐，当露丝请乔伊重复说一遍时，乔伊不耐烦地提高了嗓门。他当着露丝的面对西比尔说："西比尔，老实说，露丝耳聋了，是不是？"由于听力受损的老年人跟别人交流时经常误解别人 *576* 的话，别人会认为他们有智力障碍。听力和视力受损的人在执行机能和记忆测验中得分较低 (Li & Bruce, 2016)。他们不得不努力去感知信息，从而削弱了执行任务所需的其他认知过程。

但是，一项对数千名老年人长达15年的跟踪调查显示，只要控制了与认知机能相关的其他因素（如年龄、受教育程度和慢性疾病），听力或视力障碍并不能预测认知机能下降 (Hong et al., 2016)。认为听力和视力不好的老年人有智力缺陷是对衰老的一种错误的成见。

多数老年人直到85岁以后才会因为听力丧失而影响日常生活。对这些人，用助听器进行弥补，并在听演讲、看电影和戏剧表演时使用助听器是有帮助的。此外，回顾第4章（边页143–144），从出生开始，人就具有联合知觉（把来自几个感觉系统的信息结合起来）。凭借观察面部表情、手势和嘴唇动作，老年人就能用视觉来帮助理解所听到的话。当家人和其他人在安静的环境中交谈时，老年人仍能给人敏锐而有能力的印象，而不是对周围环境的敏感度下降。

（3）味觉和嗅觉

沃尔特的哥哥迪克吸烟很凶。60多岁时，他常把盐和胡椒粉搅进饭里，往咖啡里放大块糖，在墨西哥和印度餐馆里点"超辣"的菜。

迪克对四种基本味道——甜、咸、酸和苦的敏感性降低，这在半数60岁以上的老年人和80%的80岁以上老年人中表现得很明显。这主要是舌头上味蕾的数量和分布减少所致。老年人也难以只凭味道辨别熟悉的食物 (Correia et al., 2016;

Methven et al., 2012）。吸烟、戴假牙、服用药物以及环境污染都会影响味觉。辨不清味道，食物就不好吃，老年人的饮食就可能缺乏营养。加佐料可以使食物对老年人更有吸引力。

嗅觉除了使食物更好吃外，还具有自我保护功能。老年人如不能辨别变质的食物、煤气或烟雾味道，就可能危及生命。嗅觉感受器数量的减少，以及大脑中的气味加工区域神经元的丢失，使人在 60 岁后气味敏感度下降，有 25% 的 70 岁以上老年人受到影响（Attems, Walker, & Jellinger, 2015; Correia et al., 2016）。研究者认为，对气味的感知不仅因年老减弱，还会被扭曲，难怪老年人会抱怨："食物闻起来、尝起来味道都不对劲。"但是，老年人在言语回忆方面困难更大，他们想不起怎样形容一种气味，这些人在完成气味辨别任务中表现很差（Larsson, Öberg, & Bäckman, 2005）。因此，认知的变化会使气味感知的下降看起来比实际情况更严重。

（4）触觉

人们每天都要不止一次地通过触摸来识别物体，成年人在 2~3 秒内就能通过手的摸索来识别常见的物体，比如口袋里的钥匙或信用卡、抽屉里的开瓶器。触觉辨别对于某些成年人来说尤其重要，比如阅读布莱叶盲文的严重视障者和必须对纹理做出精细判断的工艺美术家。

在晚年生活中，通过触摸来辨别细节和不熟悉物体的能力下降。手的触觉减弱，尤其是指尖的触觉减弱，这是皮肤某些区域的触觉感受器减少以及通往肢体远端的血液循环减慢导致的（Stevens & Cruz, 1996）。此外，流体智力的下降，特别是空间定向能力下降也会产生影响（见第 15 章边页 526）（Kalisch et al., 2012）。流体智力与老年人的触觉表现密切相关。

与视力正常的人相比，盲文读者即使到了老年也能保持较高的触觉敏感度（Legge et al., 2008）。多年获取细微触觉信息的经验使盲人能够保持其触觉辨别技能。

虽然老年期的触觉敏感性降低，但是对柔软、温和的抚摸的情感愉悦反应是个例外：老年人比年轻人认为它更令人愉悦（Sehlstedt et al., 2016）。也许在晚年，来自他人的触碰减少了，当触碰发生时，这种敏感的触碰反而增加了快感。

3. 心血管系统与呼吸系统

心血管和呼吸系统的老化是逐渐发生的，在成年早期和中年期往往没有引起注意。到老年期，变化更加明显。60 多岁的露丝和沃尔特发现，在追赶公交车或在绿灯变红灯前赶着过马路时，他们感到身体很有压力。

首先，随着年龄增长，心肌越来越僵硬，一些心肌细胞死亡，另一些增大，使左心室（最大的心室，血液从这里输往身体各部）壁变厚。其次，正常的衰老（患心血管病者更严重）使动脉血管壁硬化，并积累一些斑块（胆固醇和脂肪），在动脉粥样硬化患者中尤甚。再次，心肌对引起每次收缩的心脏起搏细胞发出信号的敏感性降低（Larsen, 2009）。

这些变化导致的综合效应是，心脏起搏力减小，最大心率降低，循环系统中的血流减慢。这意味着，在进行高强度活动时，向身体各组织的氧气供给不充足（重温第 13 章，健康的心脏直到老年期都能支持身体从事一般水平的活动）。

呼吸系统的变化加剧了氧合作用的减少。由于肺组织逐渐失去弹性，肺活量（肺可强制吸进、呼出的空气量）从 25 岁至 80 岁减少一半。结果，肺的吸气和呼气效率下降，使血液吸收的氧气、呼出的二氧化碳减少。因此，老年人在运动时呼吸急促，上气不接下气。*577*

烟民、饮食中脂肪含量较高的人，或多年暴

这两位老年登山爱好者需要经常休息以调整呼吸，恢复体力。随着心血管和呼吸系统的老化，在从事体力消耗较大的运动时很难向身体组织输送足够的氧气。

露于环境污染中的人，最容易出现心血管系统和呼吸系统疾病。前面各章已经讲过，锻炼是延缓心血管系统老化的最好办法 (Galetta et al., 2012)。锻炼还能增强呼吸系统功能，这一点在后面讨论健康和健身时会提到。

4. 免疫系统

随着免疫系统的衰老，直接攻击抗原（外来物质）的 T 细胞数量减少（见第 13 章边页 443）。另外，免疫系统可能因**自体免疫反应** (autoimmune response) 而不能正常发挥机能，即免疫系统不去攻击外来病毒，却反过来攻击自己的正常身体组织。免疫系统机能减弱会降低现有疫苗的有效性，增大老年人患多种疾病的风险，包括传染病（如流感）、心血管疾病、某些癌症，以及多种自体免疫障碍如风湿性关节炎和糖尿病 (Herndler-Brandstetter, 2014)。但是，免疫机能随年龄而出现的下降，并不是老年期容易患病的原因，它只会加重病情，免疫机能强大则能消灭病原体。

老年人的免疫力差异很大，大多数人都会遭受一些损失，从部分损失到严重损失 (Ponnappan & Ponnappan, 2011)。老年人免疫系统的强弱是身体整体强弱的标志。某些免疫指标如 T 细胞的高活跃性，可以预测高龄老人在未来两年有更好的身体机能和生存状况 (Moro-García et al., 2012; Wikby et al., 1998)。

第 13 章讲过，应激激素会破坏免疫力。随着年龄增长，自主神经系统会把更多的应激激素释放

到血液中。由于免疫反应随年龄增长而下降，应激诱导的对传染病的易感性显著增加 (Archer et al., 2011)。健康的饮食和锻炼有助于保护老年人的免疫反应，而肥胖则会加剧随年龄增长而来的衰退。

5. 睡眠

沃尔特每晚上床睡觉时，往往要躺半小时到一小时才能睡着，处在昏昏欲睡状态的时间比他年轻时长得多。夜里，他的非快速眼动睡眠（见第 3 章边页 104）的深度睡眠期很短，一夜还要醒几次，然后又要躺半小时或更长时间才能睡着。

老年人所需的睡眠时间与年轻人相仿：每晚 7 个小时左右。但随着年龄增长，他们既难以入睡，也难以保持睡眠状态和进入深度睡眠。大约一半的老年人患有失眠症。睡眠时间也会发生变化，变得早睡早起 (McCrae et al., 2015)。有人认为，这是因为掌管睡眠的大脑结构发生变化，血液中应激激素分泌增多，对中枢神经系统产生了警醒效应。

在 70 或 80 岁之前，男性的睡眠障碍都比女性多，原因有几个：第一，几乎所有的老年男性都有前列腺增生。这会挤压尿道（排尿管），导致尿频，尤其是在夜间。第二，男性，特别是体重超重或饮酒多的人，容易出现**睡眠窒息** (sleep apnea)，一种在睡眠中呼吸暂停 10 秒钟或更长时间的症状，可造成多次短暂的夜醒。据估计，45% 的老年人受此影响 (Okuro & Morimoto, 2014)。

随着年龄增长，人的外貌会发生变化。这从美国前总统吉米·卡特的照片中可以明显看到，从左至右是卡特 52 岁、63 岁和 91 岁时的照片。他的皮肤皱纹增多，变松弛，"老年斑"增多，鼻子和耳朵变宽，头发变稀疏。

睡眠不好会导致恶性循环。例如，沃尔特晚上睡不着，白天就很疲倦，经常打瞌睡，晚上就更睡不着。由于沃尔特认为自己有睡眠问题，所以他很担心，这也会影响睡眠。老年人的失眠症尤其值得关注，因为它会增加跌倒和患认知障碍的风险 (Crowley, 2011)。睡眠质量差的老年人更多地报告自己的反应速度慢，注意力分散和记忆困难。

好在有不少办法可以促进良好的睡眠。例如，按时睡觉，按时起床，有规律地锻炼，卧室只用于睡觉，而不用于吃饭、阅读或看电视。与 60 岁以下的人相比，老年人因睡眠问题从医生那里拿到的镇静剂处方更多。如果短期使用，安眠药可以帮助缓解失眠问题，但长期服药会导致药物依赖、白天嗜睡和停药后反弹性失眠，从而使情况变得更糟 (Wennberg et al., 2013)。此外，针对前列腺增生引起的不适，包括夜间尿频，可以用激光手术来减轻症状，且无并发症 (Zhang et al., 2012)。

578　6. 身体外貌和行动能力

前面章节讲到，衰老导致的外貌变化早在 20~30 岁就开始了。因为这些症状是逐渐发生的，所以老年人不大留意，直到非常明显才注意到。每年夏季外出旅行时，沃尔特和露丝都会发现，迪克和高尔蒂皮肤上的皱纹增多了。他们的头发也因色素消失由灰变白，他们的躯体变得圆胖，胳膊和腿则变细。旅行结束回到家，沃尔特和露丝更加意识到他们自己也老了。

第 15 章讲到的皮肤起皱、松弛下垂的现象延续到老年期。另外，使皮肤润滑的油脂腺活性降低造成皮肤干燥粗糙，"老年斑"增多，手臂、手背和面部出现色斑。皮肤愈加透明，皮下血管清晰可见；皮肤几乎失去了脂肪层的保护 (Robert, Labat-Robert, & Robert, 2009)。这进一步限制了老年人适应冷热天气的能力。

面部尤其容易出现这些变化，因为面部经常暴露在阳光下，这会加速衰老。导致面部皱纹和老年斑的因素还有长期饮酒、吸烟和心理压力。面部的其他变化是鼻子和耳朵变宽，因为新细胞沉积在骨骼外层。特别是牙齿保健不良的老年人，牙齿会变黄、破裂、脱落，以及牙龈萎缩 (Whitbourne, 2002)。由于皮肤表面下的毛囊死亡，

男女两性的头发都会变稀疏，可见到头皮。

体型也发生变化。身高继续下降，尤其是女性，骨骼的矿物质含量减少导致脊柱塌陷。由于比体内积存的脂肪重量还大的瘦体组织群（骨骼和肌肉）持续丧失，所以 60 岁后体重一般会下降。

身体行动能力受到几个因素的影响。第一是肌肉力量，其在老年期的下降速度比中年期快。到 60~70 岁时，人的肌肉力量平均下降 10%~20%，70~80 岁时下降 30%~50% (Reid & Fielding, 2012)。第二，因为骨量减少，骨骼强度下降，而承受压力时产生的细微断裂则进一步使骨骼变脆弱。第三，关节、肌腱和韧带（连接肌肉和骨骼的组织）的力量和灵活性也下降。80 多岁时，露丝支撑身体、屈伸四肢、转动臀部的能力降低，已使她难以平稳匀速地走路、爬楼梯、从所坐的椅子上站起来。

第 13 章曾讲过，在成年期坚持锻炼的耐力型运动员一直到 60~70 岁都能保持身体强健。像普通老年人一样，这些特别活跃的老人身上也失去了快缩肌纤维，但他们通过增强慢缩肌纤维而做了补偿。这提高了他们的运动效率，使其肌肉机能可以和比他们年轻 40 年的活跃人群相媲美 (Sandri et al., 2014)。在非运动员中也一样，有规律的业余体育活动可以转化为晚年更强的行动能力 (McGregor, Cameron-Smith, & Poppitt, 2014)。此外，为老年人精心制订的锻炼计划可以增强关节的灵活性和伸展性。

7. 适应老年期的身体变化

老年人对衰老所引起的身体变化的适应状况千差万别。担心变老的人会密切监控自己的身体状态，特别是自己的外貌 (Montepare, 2006)。例如，迪克和高尔蒂尽其所能来延缓外貌的衰老，包括 579 使用化妆品、假发，做整形手术以及服用各种"抗衰老"的补品、草药和激素类药物——所有这些都没有明显效果，有的甚至有害 (Olshansky, Hayflick, & Perls, 2004)。相形之下，露丝和沃尔特所想的，不是稀疏的白发和皮肤上的皱纹。他们的同一性跟自己的外貌关系不大，而是与保持自己积极投入周围生活的能力关系更大。

多数老年人能够保持良好的主观年龄——认为自己看起来比实际上年轻 (Kleinspehn-

Ammerlahn, Kotter-Grühn, & Smith, 2008; Westerhof, 2008)。几项调查显示，75 岁的人说他们感觉自己比实际年龄年轻 15 岁！在几年到 20 年后的随访中，早年的自我评价能够预测更好的身心健康和健康行为，以及更长的生存期 (Keyes & Westerhof, 2012; Westerhof et al., 2014)。

显然，老年人在生理衰老方面的差异对他们来说是最重要的。想要比自己的实际年龄更年轻（而不是感觉更年轻）与不太积极的幸福感相关 (Keyes & Westerhof, 2012)。与迪克和高尔蒂相比，露丝和沃尔特对衰老的态度更积极，心态更平和，他们努力改变衰老过程中那些可以改变的方面，而接受那些不能改变的方面。

研究表明，衰老最明显的外部迹象，如头发花白、面部皱纹、秃顶，与认知功能和寿命都无关 (Schnohr et al., 1998)。而神经系统、心血管、呼吸、代谢、免疫系统及骨骼、肌肉健康程度则可以强劲地预测认知能力及晚年生活的质量和寿命 (Bergman, Blomberg, & Almkvist, 2007; Garcia-Pinillos et al., 2016; Herghelegiu & Prada, 2014; Qui, 2014)。此外，人们可以做更多的事情来减缓体内各系统机能的衰退，而不是去防止白发和秃顶！

（1）有效的问题解决策略

重温第 15 章提及的以问题为中心和以情绪为中心的问题解决策略，它们可以在这里得到应用。当沃尔特和露丝通过饮食、锻炼、适应环境和积极有趣的生活方式防止和补偿衰老带来的变化时，他们感受到一种对命运的个人控制感。这促进了对衰老的积极应对和生理机能的提高。

自我控制力强的老年人大多采用问题中心策略来应对身体变化。一位 75 岁的老人一只眼睛失明，他向医生寻求建议，为了弥补深度知觉和视野的减弱，他训练自己更多地进行前后左右摇头的头部运动。相比之下，认为年龄大造成的衰退不可避免且无法控制的老年人，在面对这种衰退时往往比较被动，报告的身心健康困难更多，并经历更剧烈的晚年健康衰退 (Gerstorf et al., 2014; Lachman, Neupert, & Agrigoroaei, 2011; Ward, 2013)。

老年人的自我控制感有文化差异。美国的个人主义价值观强调个人行为和选择的力量。因此，美国人的个人控制感得分高于亚洲国家和墨西哥的成年人 (Angel, Angel, & Hill, 2009; Yamaguchi et al., 2005)。此外，美国政府支持的医疗保健和社会保障福利不如其他工业化国家（见第 2 章边页 64–65）。一项研究证实，美国人的个人控制感能比英国人更好地预测老年期的健康状况，而英国政府对人一生中健康政策方面的帮助都要比美国做得好 (Clarke & Smith, 2011)。

当身体失能逐渐变得严重时，个人控制感的作用也会逐渐降低，对健康状况的影响不再那么大。有严重身体缺陷的老年人，如果承认自己的控制力下降，并接受护理人员或辅助设备，就能更有效地应对身体失能的困难 (Clarke & Smith, 2011; Slagsvold & Sørensen, 2013)。但是，对已经习惯了"个人控制文化"的很多美国老年人来说，这样做可能比世界其他地方的老年人更困难。

（2）辅助技术

迅速发展的**辅助技术** (assistive technology)，即各类帮助失能者改善其身体机能的设备，可以帮助老年人应对身体缺陷。电脑和智能设备是这些创新产品中最好的资源 (Czaja, 2016)。智能手机可以按照语音指令来拨打电话和接电话，以帮助那些有视觉或行动障碍的人。必须服用多种药物的老年人，可以把一种称为"智能帽子"的微型计算机芯片放在药瓶上，药瓶会定期发出提示声，提醒服药，并跟踪服药的数量和时间。智能手表和智能穿戴设备可以监测各种健康指标，改善预防、早期发现和治疗。这些设备还可以识别摔倒等紧急情况，并自动呼叫帮助。机器人可以帮助老年人完成各种各样的任务，比如文件检索、阅读文档和做日常家务。

建筑师已设计出可以适应不断变化的身体需求的住房：装备了可高可矮可移动的墙壁，设有允许把一个完整的浴室建在主楼层地板上的下水道。另外配备的"智慧房间"技术设施可促进安全性，便于行动。例如，在房间地板上安装传感器，房间里装有感应灯，供老年人夜间起来时照明，温度传感器可检测锅炉是否处于待机状态，报警系统可检测老人是否跌倒。另一个有用的设备是可监测健康状况的浴室磅秤。它向控制箱发送信号，控制箱会大声读出人的体重。在把体重与之前的读数进行比较后，控制箱会问一些问题——"你是不是比平时更累了？""你睡不着吗？"可以按"是"或"不是"按钮来回答。控制箱还与测量血压、活动水平和其他健康指标的设备一起工作。收集到的数据将通过电子方式发送给老年人能接触到的任何人。

580 　　使用辅助设备可减缓身体衰退并减少个人护理的需要 (Agree, 2014; Wilson et al., 2009)。失能老人是否认为类似技术会侵犯他们的隐私？多数人会权衡隐私问题和带来的好处。比如，他们会说："如果这个设备能让我更长时间地自我照料，我不会介意。"(Brown, Rowles, & McIlwain, 2016) 有效地保持人与环境的和谐互动，使老年人的当前能力与生活环境需求之间相匹配，可以增强老年人的幸福感 (Lin & Wu, 2014)。

　　目前，美国政府资助的医保覆盖范围在很大程度上局限于基本的医疗设备，智能家居技术设施超出了大多数老年人的经济能力。相比之下，瑞典的医疗保健系统则覆盖了许多促进身体机能和安全的辅助设备，其建筑规范要求新住宅的主层必须有一个完整的浴室 (Swedish Institute, 2016)。通过这种方式，瑞典最大限度地使老年人做到个人与环境的良好匹配，帮助他们尽可能做到自我照料。

（3）消除对衰老的偏见

　　西方国家普遍存在着对老年期的成见，认为老年人体弱多病，令人生厌，身体衰弱不可避免。克服这种悲观的看法，对于帮助老年人适应晚年的身体变化至关重要。许多老年人说他们经历过

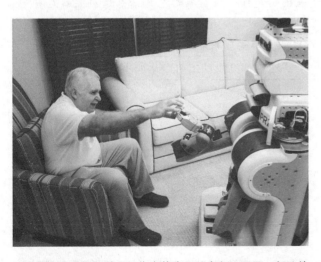

一个机器人正把药送到一位身体失能的老年人手里，帮助他保持独立，继续住在自己家里。

偏见和歧视 (Perdue, 2016)，例如被忽视，人们以居高临下的口气跟他们说话，被认为听不见或听不懂别人说的话，或听见嘲笑老年人的笑话。

　　和性别成见一样，对老年人的成见往往是自发的、无意识的；人们以一种固有的方式"看待"老年人，即使他们的样子并不像他们想的那样 (Kite et al., 2005)。当老年人知道这些消极说法时，他们会体验到一种成见威胁，它导致在和成见有关的任务中成绩下降（见第 9 章边页 320）。在几项研究中，向老年人呈现有关老年人成见的词语，有消极的（如"老朽""老糊涂"），也有积极的（如"德高望重""见多识广"）。在消极成见条件下的老年人，对压力表现出更强烈的生理反应，更多地寻求帮助，有更强的孤独感，以及较差的自我效能感、身体表现、回忆记忆，对自己健康和记忆力的评价更差 (Bouazzaoui et al., 2015; Coudin & Alexopoulos, 2010; Levy & Leifheit-Limson, 2009; Mazerolle et al., 2015)。成见威胁会引发人们对自己能力的焦虑，耗尽完成手头任务所需的认知资源。

　　对老年人的消极成见带来的压力和扰乱可能是持久的。一项持续几十年的追踪研究发现，那些认同负面成见的老年人，比不认同负面成见的老年人，记忆力下降幅度要大 30% (Levy et al., 2012)。那些认为自己已经变老的人，也就是消极成见已深入内心的人，记忆力下降尤其严重。

　　相反，积极的印象可以减轻压力，促进身心能力 (Bolkan & Hooker, 2012)。在另一项追踪调查中，对年老看法积极的人，例如，同意"当我变老以后，事事都比我想象的要好"这样的陈述，平均比那些对年龄看法消极的人多活了 7 年半。在控制了性别、社经地位、孤独感和身体健康状况等因素之后，这种寿命优势仍然存在 (Levy et al., 2002)。受教育程度较低的成年人尤其容易受到衰老偏见的坏影响，这可能是因为他们往往盲目而不加批判地接受这些信息 (Andreoletti & Lachman, 2004)。

　　老年人很少出现在电视节目中，即使出现，也往往是无关紧要的角色，被描绘成体弱多病、依赖他人的形象。电视广告的目的是向老年人推销产品，所以，广告中的老年人大多是积极角色，最常见的是"爱冒险的老年人"（爱玩、好交际、活跃）、"完美的祖父母"（以家庭为导向、善良、慷慨），或"多产的老年人"（聪明、能干、成

功）(Kotter-Grühn, 2015)。这类广告推销的产品大多是药品和医疗服务，以及"抗衰老"化妆品和治疗产品，这些形象强化了人们对老年人的负面看法，即他们专注于身体衰退，对自己的外表不满意。

在顺从和尊重老年人的文化中，年老可以成为引以为傲的资本。在加拿大因纽特人的母语中，与"长者"最接近的词是 *isumataq*，意思是"见多识广的人"。当一对夫妇成为大家庭的首领时，就开始拥有崇高的地位。所以，因纽特老年人被问及他们对老龄的看法时，他们提到的有关对生活的积极态度、向年轻人传播知识的兴趣以及参与社会活动等方面内容的次数，几乎是关于身体健康内容的两倍 (Collings, 2001)。

日本人用每年一次的"敬老日"表达为老年人而骄傲。此外，日本人以一种传统仪式 *Kanreki*（六十大寿）宣告，年过六十的老人不必再承担中年人那样的责任，在家庭和社会中获得了新的自由、能力和较高地位。在日裔美国人大家庭，人们往往把 *Kanreki* 办成一个令人惊喜的生日宴会，其中既有传统仪式（如穿和服），又有西方生日特色（如做生日蛋糕）。文化对老年人的重视引发了对老年期，包括对一些身体变化的欢迎态度。对

581

一位加拿大因纽特老人点亮一盏象征着温暖和光明的传统油灯，她的孙女则在旁边观看和学习。因纽特文化赋予老年人很高的地位，老年人是年轻一代获取知识的重要源头。

衰老持积极态度会使人们欢迎老年期的到来，也欢迎一些生理变化的出现。

衰退虽然不可避免，但看待身体衰老的态度可以是乐观的，也可以是悲观的。就像沃尔特所说的那样："你可以把自己的杯子看作一半是满的，也可以看作一半是空的。"如今，社会文化对老年人的重视，使越来越多的老年人把自己这只杯子看作"一半是满的"。

思考题

联结 参见第9章边页320关于成见威胁的研究。对衰老的成见怎样同样地影响老年人的行为？

应用 65岁的赫尔曼一边照镜子看他稀疏的头发一边想："最好的适应办法是喜欢它，我记得读过的一篇文章说，秃顶的老人常被看作领袖。"赫尔曼采用的是什么应对策略？为什么这种策略是有效的？

反思 下周看电视时，请记录老年人在电视广告中的形象。哪些形象是正面的，哪些是负面的？把你的观察与研究结果做一个比较。

三、健康、健身与失能

17.5 讨论老年期的健康和健身以及营养、锻炼和性行为

17.6 讨论老期的身体失能

17.7 讨论老年期的心智失能

17.8 讨论医疗保健对老年人的影响

在沃尔特和露丝结婚50周年纪念日，77岁的沃尔特对前来祝贺的满堂宾朋表示感谢。他动情地说："露丝和我身体都不错，还能为我们的家人、朋友和社会做贡献，对此，我感恩不尽。"

沃尔特说得好，身体健康对晚年的心理健康是头等大事。研究者询问老年人可能的自我（见第 16 章边页 544）发现，他们所希望的身体自我的数量随年龄而减少，而所担忧的身体自我的数量增多。总体来说，老年人对自己的健康状况大多持乐观态度。因为他们参照同龄人来判断自己，所以多数人对自己的健康评估良好 (French, Sargent-Cox, & Luszcz, 2012; U.S. Department of Health and Human Services, 2015d)。在说到保健问题时，老年人的自我效能感和年轻人相当，和中年人相比，他们更胜一筹 (Frazier, 2002)。

老年人的自我效能感和对健康的乐观态度，有助于他们继续保持有利于健康的行为，降低慢性病发病率 (Kubzansky & Boehm, 2016)。失能不一定必然导致进一步的失能和依赖。追踪研究显示，10%~50% 的失能老人在 2~6 年后表现出实质性的改善 (Johnston et al., 2004; Ostir et al., 1999)。

社经地位可以继续预测身体机能。非裔和拉美裔老年人（其中五分之一生活在贫困中）仍然面临更大的健康问题风险，包括心血管疾病、糖尿病和癌症。老年原住民的情况更糟 (Cubanski, Casillas, & Damico, 2015; Mehta, Sudharsanan, & Elo, 2014)。这些人中大多数是穷人，各种慢性病在他们中间非常普遍，包括糖尿病、肾病、肝病、肺结核、听力和视力障碍。为此，美国联邦政府为原住民提供特殊的健康福利。上述这些疾病的症状早在 45 岁左右就开始出现了，反映出他们的后半生很艰难且寿命较短。

遗憾的是，低社经地位和少数族裔老年人比高社经地位和白人老年人更可能推迟或放弃治疗，尤其是服用处方药和接受复杂的外科手术 (Weech-Maldonado, Pradhan, & Powell, 2014)。原因之一是医疗费用，平均而言，美国医疗保险受益人必须把其收入的 18% 用于自费部分，这个比例在收入最少的人群中还在上升 (Noel-Miller, 2015)。另一个原因是低收入和少数族裔人群受到医护人员的歧视性待遇，这削弱了他们对医疗保险的信任 (Guerrero, Mendes de Leon, & Evans, 2015)。此外，社经地位低和少数族裔的老年人往往不遵守医嘱，因为他们觉得自己的健康状况不那么可控，对治疗效果也不乐观。这种低自我效能感可能会进一步损害他们的健康。

第 15 章提到的性别差异则延续到老年期：男性容易患重病，女性容易陷入无生命危险的失能状态，尤其是骨质疏松和关节炎导致的行动不便。到高龄时（80~85 岁及以上），女性比男性更易受到伤害，因为只有最强健的男性才能活到这个年纪 (Deeg, 2016)。另外，因为男性在身体上较少受到局限，所以老年男性能更好地保持独立，参加锻炼、休闲、志愿活动，与人交往，这些都有助于增进健康。

老年人对身体健康普遍持有的乐观态度显示出，即使在人生最后几十年，我们也可以采取一些措施预防身体疾病。理想状态下，随着预期寿命的延长，我们希望把死亡前身心失能的平均时间缩短，尤其是把生病和遭受痛苦的月份和年份缩短，这种公共卫生目标被称为**疾病期缩短** (compression of morbidity)。几项大样本研究表明，在过去几十年间，疾病期缩短现象已在工业化国家出现 (Fries, Bruce, & Chakravarty, 2011; Taylor & Lynch, 2011)。医疗水平的提高和社会经济状况的改善是其主要原因。

此外，良好的健康习惯对延迟失能的影响很大。一项追踪研究对大学男毕业生 60 多岁之后的生活进行了 20 年的随访，结果发现，其中的低风险人群（无吸烟、肥胖或缺乏锻炼的风险因素），与中度风险人群（有这些风险因素之一）相比，身体失能延迟了近 5 年，与高风险人群（具有 2~3 个风险因素）相比，延迟失能的时间超过了 8 年（见图 17.3）(Chakravarty et al., 2012)。良好的健康习惯可以延长寿命约 3 年半，对身心机能的影响更大。

因此，研究者认为，发达国家进一步降低发病率的最佳途径是减少消极的生活方式因素。然而，这方面的进展令人失望。某些不健康的状况，如高脂肪饮食、超重和肥胖以及久坐不动的生活方式，一直在增加。如果不改变这种情况，降低发病率的目标将难以实现，只会看到相反的发病率上升趋势。由于医疗技术的进步，很多老年人不得不在失能状态下多活很长时间 (Utz & Tabler, 2016)。下面在讨论老年期的健康、健身和失能问题时，我们将谈到实现这一重要目标的更多方法。

到 2025 年，发展中国家的老年人口将增加 70%，因此需要更广泛的应对策略。这些国家贫困现象严重，慢性病发病早，常规的健康干预要

图 17.3 具有低、中、高风险因素的老年人失能的发展

本研究对 2 300 多名年龄 68 岁、有大学毕业学历的老年人进行了 20 年的追踪。低风险组没有风险因素（吸烟、肥胖或缺乏锻炼）。中风险组有一个风险因素，高风险组有 2~3 个风险因素。与中风险组相比，低风险组出现失能（水平为 0.1）的时间推迟了近 5 年，与高风险组相比，推迟了 8 年以上。所有参与者的社经地位都有优势，但低风险组参与者的发病率低于高风险组参与者。资料来源：E. F. Chakravarty et al., 2012, "Lifestyle Risk Factors Predict Disability and Death in Healthy Aging Adults," *American Journal of Medicine*, 125, p. 193.

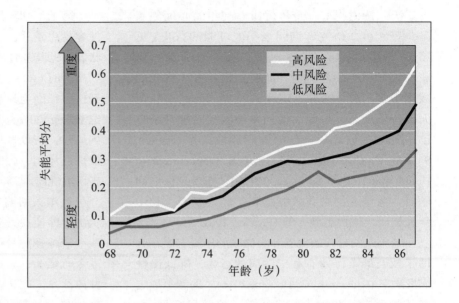

么没有，要么对多数人过于昂贵，并且多数卫生项目都不是针对老年人的 (Rinaldo & Ferraro, 2012)。结果导致老年人的失能比例非常高，在疾病期缩短方面也没有什么进展。

1. 营养和锻炼

晚年身体的变化导致人体对某些营养的需求增加。例如：需要钙元素和维生素 D 来保护骨骼；需要锌和维生素 B₆、C 和 E 来保护免疫系统；需要维生素 A、C 和 E 来预防冗余的自由基。但是，身体活动减少，嗅觉和味觉衰退，牙齿脱落而咀嚼不便，都会削弱饮食的质与量。此外，因消化系统退化，在吸收蛋白质、钙和维生素 D 等成分时也更困难，单独生活的老人，其购物、做饭都有困难，而且一个人吃饭时也觉得无味。这些身体和环境方

一位 70 岁的老人在跑步后做仰卧起坐。以前久坐不动的老年人进行定期的中高强度运动后，肌肉量和力量、执行机能以及记忆力都会增强。

面的因素共同作用，增大了营养不良的危险。

对营养不良的老年人，除了钙和维生素 D 之外，每天还应补充维生素和矿物质。但是，维生素和矿物质并不能降低心血管疾病或癌症的发病率 (Neuhouser et al., 2009)。曾被确认为可以"改善认知"的一些营养品和草药，如维生素 B 和 E、叶酸和银杏叶，并不能改善认知机能，也不能预防或减缓阿尔茨海默病的进展 (DeKosky et al., 2008; McDaniel, Maier, & Einstein, 2002)。但营养含量高的一些食物对老年人的身体和认知健康有一定效力。例如，经常吃富含 Ω-3 不饱和脂肪酸（有助于心血管健康）的鱼类，可对精神失能提供一定的保护 (Cederholm, Salem, & Palmblad, 2013; Morris et al., 2016)。

除了健康饮食，锻炼也是对健康的有力干预手段。久坐但身体健康的 80 岁老人，和比他们年轻得多的人相比，在此时开始进行耐力锻炼（散步、骑车和跳有氧健身舞），其肺活量的提高更胜一筹。在老年期，甚至 90 岁，开始负重锻炼，也能使肌肉增多、力量增强 (deJong & Franklin, 2004; Pyka et al., 1994)。这种变化可以改进走路的速度、平衡性和姿势，增强其独立从事日常活动的能力，例如，打开拧得很紧的瓶盖，拿起一堆杂货，举起 14 千克重的孙子等。

锻炼还能促进大脑的血液循环，有助于保护大脑结构和行为能力。脑部扫描显示，身体健康的老年人大脑皮层的神经元和胶质细胞的组织损

583

失 较 少 (Erickson et al., 2010; Miller et al., 2012)。与缺乏运动的老年人相比,以前久坐不动的老年人参加了一项有规律的中等强度的锻炼计划,结果显示,其大脑皮层的不同区域（包括前额皮层和海马体）的大小有所增加,执行机能和记忆力也有所改善 (Erickson, Leckie, & Weinstein, 2014)。这些发现为晚年身体活动在保持中枢神经系统健康方面发挥作用提供了明确的生物学证据。

重视体育锻炼内在益处的老年人会觉得自己很强壮、健康、精力充沛,他们更可能会坚持锻炼。但是,美国大约 60% 的 65~74 岁的人和 75% 的 75 岁及以上的人不经常锻炼 (U.S. Department of Health and Human Services, 2015d)。一些有慢性病的老年人甚至认为,锻炼对身体有害。在为老年人制订锻炼计划时,重要的一点是要建立对衰老的控制感,强调体育锻炼对增进健康的好处,改变那些妨碍坚持锻炼的错误观念 (Lachman, Neupert, & Agrigoroaei, 2011)。可以把积极锻炼的老年人作为榜样,对别人产生激励作用。

2. 性生活

沃尔特在 60 岁时曾问 90 岁的叔叔路易,在多大年龄时性欲和性活动就终止了。沃尔特的问题源于一种广为流传的错误观念,即人到老年,性欲就会消失。路易给沃尔特的回答是:"我对性的兴趣从未消失过,我不能经常做这件事,和我年轻时相比,那是一种更平静的体验。雷切拉和我一直过着快乐而亲密的生活,直到现在。"

多数已婚老年人报告说,他们有持续、规律的性享乐。身体上令人愉悦的亲密陪伴,感受到被爱和被需要,都是老年时期性行为的一部分。

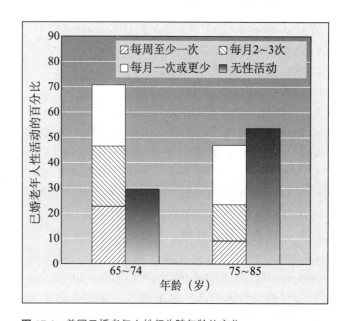

图 17.4　美国已婚老年人性行为随年龄的变化
美国全国社会生活、健康与老龄化项目中,对 1 500 名已婚老年人参与者进行调查,结果显示,性行为随着年龄增长而减少。但在 75~85 岁的人群中,仍有近一半的人保持性生活。资料来源: Krraker & DeLamater, 2013.

与其他对美国老年人进行的全国代表性大样本调查一样,美国国家社会生活、健康与老龄化项目 (National Social Life, Health, and Aging Project) 揭示了随年龄增长性活动频率的下降,尤其是女性,她们比男性更不可能处于婚姻或其他亲密关系中。大多数受访者认为性生活至少有一定的重要性,而那些在过去一年中性生活活跃者则认为性生活"非常"或"极其"重要。与这些态度相一致,多数已婚老年人报告说有持续而规律的性享乐。年龄 75~85 岁的最年长被调查者中,有近一半的人性生活活跃,超过 20% 的人表示他们每个月至少有两到三次某种类型的性生活（通常是性交）（见图 17.4）(Karraker & DeLamater, 2013)。这些趋势可能受到同龄群组效应的影响:习惯于积极看待性行为的新一代老年人可能在性方面更活跃。

我们对中年生活的讨论同样适用于晚年生活:过去良好的性生活可以预示未来良好的性生活,而持续的性生活与关系满意度有关。此外,把性交作为性活动的唯一衡量标准,会助长对性快感的狭隘看法。即使到了老年,性也不仅仅是性行为本身——感受到身体上令人愉悦的亲密陪伴,也是感受到被爱和被需要。老年男性和女性都报告说,男性伴侣通常是首先停止性互动的一

584

方 (DeLamater, 2012; Karraker & DeLamater, 2013)。在强调勃起是性行为必要条件的文化中，当男性发现自己不能勃起或两次勃起之间的不应期太长时，他可能会退出所有的性活动。

阻碍血液流向阴茎的失能——最常见的是自主神经系统紊乱、心血管疾病和糖尿病——是导致老年男性性欲减退的主要原因。但是第 15 章曾讲到，药物可以解决这一问题，如伟哥可以增加男性与医生讨论勃起功能障碍的意愿。吸烟、过度饮酒、持续焦虑和抑郁等心理问题，以及一些处方药也会导致性能力下降。对女性来说，身心健康差和没有伴侣是减少性活动的主要原因 (DeLamater, 2012; DeLamater & Koepsel, 2014)。由于老年期女性人口占比越来越大，异性恋老年女性的性接触机会越来越少。长期缺乏伴侣的老年人容易陷入对性不感兴趣的状态。

关于老年男女同性恋者与关于异性恋者的发现相似：已婚或有稳定关系的人在性方面更活跃。随着性少数人群的伴侣逐渐变老，他们关注的焦点从导致高潮的性行为转移到可传递深情的性行为，比如亲吻、拥抱、爱抚和一起睡觉 (Slevin & Mowery, 2012)。

在西方工业化国家，老年人的性表达往往遭到奚落。一些教育项目让老年人知道性功能随年龄增长会发生怎样的变化，并倡导性活动应该贯穿一生的观念，这些都有利于积极性态度的形成。在养老院，应该对护理人员进行教育培训，让她们尊重住院老人的隐私权，并提供可以从事性活动的居住条件 (DeLamater & Koepsel, 2014)。护理人员则应该提高对同性伴侣之间性接触的接受度。

3. 身体失能

你会发现，随着一生的接近结束，疾病和失能的情况越来越多。比较一下图 17.5 和图 15.3 显示的死亡率，心脏病和癌症从中年期到老年期大幅增多，并且一直是死亡的前两大主要原因。和过去一样，死于心脏病和癌症者一直是男性比女性高 (Heron, 2015)。

呼吸道疾病是造成老年人死亡的第三大常见原因，随着年龄增长，这种疾病的发病率上升很快。在这类疾病中，肺气肿是由于肺组织失去弹性而产生的严重呼吸困难。除少数肺气肿是因遗传发病外，多数是长期吸烟引起的。其后是中风和阿尔茨海默病，这两种病在女性中更普遍，主要原因是因为女性寿命更长。当血液凝块阻塞血管或血管在大脑中出血导致脑组织损伤时，就会发生中风。它是导致晚年失能和 75 岁后死亡的主要原因。阿尔茨海默病（老年痴呆的主要病因）也随着年龄增长发病比例明显上升，后面将对这种病做深入讨论。

其他疾病不会很快致死，但是会限制老年人的独立生活能力。前面曾讲过 65 岁后黄斑变性患者增加，黄斑变性严重损害视力并导致失明（见边页 575）。第 15 章讲过的骨质疏松症在老年期持续增加，多数 70 岁以上的男性和女性都容易患此病。另一种骨病——关节炎，也对许多老年人造成身体限制。2 型糖尿病和意外伤害在老年期比例大大增加。下面将讨论这三种情况。

在讨论老年期的生理和心智失能时必须牢记的重要一点是，这些与年龄相关的疾病并不意味着它们完全是由衰老导致的。为了明确这个界限，一些专家区分出**初级衰老** (primary aging)（又称生物学老化）和**次级衰老** (secondary aging)。前者是遗传影响下的退化，它会影响人类所有成员，即使在总体健康的情况下也会发生；后者是由遗传缺陷和不良环境影响导致的，如不良饮食习惯、缺乏锻炼、疾病、致癌物滥用、环境污染和心理压力等。

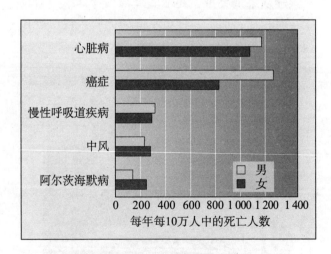

图 17.5 美国 65 岁及以上人口的主要死亡原因

在老年期，心脏病和癌症是导致死亡的主要原因，其后是慢性呼吸道疾病、中风和阿尔茨海默病。女性因中风和阿尔茨海默病而死亡的人数超过男性。资料来源：Heron, 2015.

纵观本书我们会发现，区分初级衰老和次级衰老相当困难。毫无疑问，你曾经见过衰弱的老人，其肌肉萎缩，肌无力，体重下降，严重行动不便，也许还有认知低下。**衰弱**（frailty）指身体多个组织与系统的机能减弱，严重地妨碍了日常生活能力，例如体重意外下降，主诉有疲惫、肌无力、行走速度慢和身体活动减少等现象。衰弱使老年人在被感染、很热很冷或受伤时非常脆弱（Moorehouse & Mallery, 2016）。研究者认为，初级衰老会导致衰弱，而次级衰老，通过遗传缺陷、不良生活方式（包括肥胖和久坐）及慢性病等，对衰弱起着更大作用（Fried et al., 2009; Song et al., 2015）。下面我们将讨论导致老年人衰弱的主要原因。

（1）关节炎

露丝在接近 60 岁的时候，就觉得早晨起来脖子、脊背、臀部和膝盖有些僵硬。60 多岁时，她手指的末关节处长出一些骨刺。随着年龄增长，她的关节出现周期性的胀痛，灵活性也不如以前，这些变化使她无法快捷而轻松地运动。

关节炎，这种有炎症、疼痛、僵硬、关节和肌肉肿胀的疾病，在老年期很常见。关节炎有几种类型。露丝患有**骨关节炎**（osteoarthritis），这是最常见的一种，原因是经常使用的关节末端软骨过度磨损。它又称"磨损和撕裂性关节炎"或"退行性关节疾病"，是与年龄有关的少数失能之一，由多年使用而导致。这种疾病有遗传易感性，但它在40～50 岁之前并不发作。在经常使用的关节中，用于减小运动摩擦力的骨骼末端的软骨因磨损而退

图中左边的老人身体虚弱，行动不便，限制了她的日常活动能力。虽然初级衰老必然导致退化，但次级衰老的作用更大。

化。有的则是由于肥胖使关节承压过重而损坏了软骨。尽管在严重程度上有很大的个体差异，但 X 光透视显示，几乎所有老年人都有某种程度的骨关节炎（Baker & Mingo, 2016）。它是老年人活动障碍、髋关节和膝关节置换手术的最常见原因。

与骨关节炎只危害到某些关节不同的是，**类风湿性关节炎**（rheumatoid arthritis）涉及全身。自体免疫反应导致结缔组织，尤其是联结关节的骨膜发炎，造成全身疼痛、发炎和僵硬。软骨组织增生会破坏周围的韧带、肌肉和骨骼，导致关节变形，严重丧失活动能力。有时其他器官，如心脏和肺也会受到影响（Goronzy, Shao, & Weyand, 2010）。全世界约有 0.5%～1% 的老年人患有类风湿性关节炎。

总的来说，美国超过 65 岁的男性有 45% 被 **586** 诊断患有关节炎，约 20% 的人因关节炎而失能。65 岁及以上女性的发病率为 55%，失能者为 25%（Hootman et al., 2016）。类风湿性关节炎可以在任何年龄发作，但在 60 岁之后明显增加。对双生子的研究表明，这在很大程度上是遗传造成的。某些基因会引发晚年免疫系统失调而增大了患关节炎的风险（Frisell, Saevarsdottir, & Askling, 2016; Yarwood et al., 2015）。但是，同卵双生子的疾病严重程度差异很大，这表明环境也起作用。到目前为止，吸烟是唯一可确定的外因影响，它明显增加了无家族病史者的患病风险（Di Giuseppe et al., 2014）。早期使用强力抗炎药物治疗有助于减缓类风湿性关节炎病情。

关节炎的治疗需要求得一种平衡，病情发作时卧床休息，疼痛减轻时做一些身体活动，如规律性的有氧运动和力量训练可以减轻疼痛，改善身体机能（Semanik, Chang, & Dunlop, 2012）。肥胖者减肥对缓解关节炎是必不可少的。骨关节炎比类风湿性关节炎更容易因干预而缓解，但每种关节炎的疗程有很大不同。通过适当服用镇痛剂，保护关节，改变原来的生活方式，以及髋关节和膝关节置换术，许多患关节炎和类风湿性关节炎的人能够相当长寿。

（2）糖尿病

人体在饭后要对食物进行分解，使葡萄糖（细胞活动的主要能量来源）进入血液，此时，胰腺分

泌的胰岛素会刺激肌肉和脂肪细胞吸收葡萄糖，从而使血糖浓度保持在适当水平。如果体内缺乏足够的胰岛素，或胰岛素对体细胞产生抵抗，就会破坏平衡，从而罹患 2 型糖尿病。随着病情发展，异常的高血糖会损伤血管，增大患各种疾病的风险，包括心脏病、中风、腿部血液循环不良（影响平衡和步态），以及眼、肾和神经损伤等。

糖耐量受损也会加速神经元和突触的退化 (Petrofsky, Berk, & Al-Nakhli, 2012)。多项追踪研究表明，糖尿病与老年认知能力更快下降和痴呆风险增加有关，尤其是阿尔茨海默病。下面讲到阿尔茨海默病时，我们将详细探讨这一关联 (Baglietto-Vargas et al., 2016; Cheng et al., 2012)。在糖尿病确诊之前的前糖尿病状态，认知缺陷就可能发生。

从中年期到老年期，2 型糖尿病的发病率几乎翻了一倍。65 岁及以上的美国人，有四分之一患此病 (Centers for Disease Control and Prevention, 2014c)。糖尿病可在家族蔓延，表明遗传在起作用。但缺乏运动和腹部脂肪沉积也会大大增加患病风险。美国非裔、墨西哥裔和原住民老年人患 2 型糖尿病的比例较高，原因可归于遗传和环境两方面，包括高脂肪饮食和贫困造成的肥胖。他们中超过三分之一的人患有这种疾病。

治疗 2 型糖尿病需要改变生活方式，严格控制饮食，坚持锻炼，这有助于降低体重和减少葡萄糖的吸收。在糖尿病发病不到一年的患者中，维持这些行为可以部分或完全逆转疾病进程 (Ades, 2015)。

（3）意外伤害

65 岁以后，意外伤害导致的死亡率持续处于较高水平，相当于青少年期和成年早期的两倍多。机动车事故和摔伤是两大主要原因。

1）机动车事故

机动车事故导致的死亡仅占美国老年期死亡率的 15%，而中年期的这个比例是 50%。但是，对驾驶者调查的结果就不一样了。除 25 岁以下的司机外，老年人的交通违章率、交通事故率和每英里行车死亡率都高于其他年龄组。尽管许多老年人，尤其是女性，在感到自己的安全驾驶能力下滑后不再开车，但受伤率仍居高不下 (Heron, 2015)。男性因车祸和其他原因死亡的人数仍远高

眼睛看不清、反应慢、执行机能下降都是老年期交通违章率、交通事故率和每英里行车死亡率高的原因。但老年人还是努力多开几年的车。

于女性。

前面曾讲到，视力下降使沃尔特在夜间驾驶时看不清汽车仪表盘，也难以察觉行人。老年人的视觉处理越困难，其违反交通规则和事故发生率就越高 (Friedman et al., 2013)。与年轻驾驶者相比，老年人开车较慢、较仔细，但他们会不注意指示牌，不能及时让路和恰当地转弯。他们常常以谨慎来弥补驾驶的困难。但反应慢和优柔寡断也会造成危险。第 15 章提到，随着年龄增长，老年人的执行机能下降，工作记忆容量、对无关信息和冲动的抑制以及灵活转移注意力变得困难（见边页 528）。这些能力对于安全驾驶来说缺一不可，因此在繁忙的十字路口或复杂路况中，老年人发生事故的风险较大。

然而，老年人常常试图尽量地自己开车。放弃开车会导致老年人失去对日常生活的掌控力，能力角色削弱，例如从事有偿工作和志愿者服务 (Curl et al., 2014)。由医院、交通管理部门和美国老年人地区代理处（见第 2 章边页 65）共同管理、经专门培训的驾驶员技术恢复顾问，可以对老年人的继续驾驶能力做出评估，提供驾驶员再培训服务，或建议老年人放弃驾驶，改用其他交通工具。

在美国所有的行人死亡者中，老年人占将近 20% (Centers for Disease Control and Prevention, 2016f)。在繁忙的十字路口，尤其是当绿色信号灯不足以让老年人顺利过马路时，常常会发生事故。

2）摔伤

一天，露丝在地下室阶梯摔倒，造成脚踝骨折，躺在地上，直到一小时后沃尔特回家。露丝

587

摔伤属于老年期的严重意外事故。大约三分之一的 65 岁以上老人和一半的 80 岁以上老人在过去一年中曾经摔伤 (Centers for Disease Control and Prevention, 2016c)。视力、听力、行动能力、肌肉力量和认知机能下降，抑郁，使用精神治疗药物，以及某些慢性病如关节炎，都使老年人很难回避障碍物，保持平衡，从而增大了老年期的摔伤风险 (Rubenstein, Stevens, & Scott, 2008)。人身上积累的这些因素越多，摔倒的风险就越大。

由于骨骼变弱，很难防止摔倒，20% 的情况下会导致重伤。最常见的是髋部骨折，这种情形在 65~85 岁增加了 15 倍，往往导致行动能力下降、衰弱加剧和其他严重的并发症。五分之一的老年髋部骨折患者在一年内死亡 (Centers for Disease Control and Prevention, 2015f)。存活下来的人，有一半在没有帮助的情况下永远无法恢复行走能力。

摔伤还因增加了对摔伤的恐惧感而间接损害健康。曾经摔倒过的老年人中，大约一半的人承认，因为害怕再次摔倒，他们有意识地回避了一些活动。可见，摔伤会限制行动能力和社交往来，进而损害身心健康 (Painter et al., 2012)。虽然积极的生活方式可能使老年人遇到较多的摔跤情境，但活动对健康的好处远胜过摔跤导致重伤的风险。

3）意外伤害的预防

减少老年期意外伤害的措施有很多。设计出适应老年人视力状况的机动车和交通信号是未来的目标之一。另外，通过培训来增强对安全驾驶不可或缺的视觉和认知技能，同时帮助老年人避开高危情境（如繁忙路口和高峰时间）也能减少事故。

预防摔倒必须考虑到人和环境两方面的风险，措施包括佩戴矫正视力的眼镜，进行力量和平衡性训练，提高房屋和社区的安全性等。访问美国国家老龄安全资源中心 (www.safeaging.org)，可以获取老年期的安全信息。

4. 心智失能

本章前面讲到，脑细胞因年龄增长的正常死

亡并不会导致日常生活能力丧失。但是，如果细胞死亡、大脑结构性异变与化学异变的程度严重，就会出现心理和运动机能的严重下降。

痴呆 (dementia) 是几乎全部发生在老年期的一系列失调，思维和行为能力多方面受损使日常生活陷于混乱。65 岁以上的成年人中有 13% 患痴呆。65~69 岁的人约有 2%~3% 患病。每增加 5~6 岁，这一比例就会翻一倍，在 85~89 岁的人群中，这一比例达到 22%，90 岁以上人群的这一比例则超过一半。这种趋势适用于美国和其他西方国家 (Prince et al., 2013)。80 岁以上的女性患痴呆的比例高于男性，这反映了最年长男性在生理上的优势。多数种族的痴呆患病率相似，但非裔美国老年人的发病率是白人的两倍，拉美裔的发病率是白人的 1.5 倍 (Alzheimer's Association, 2016a)。下面会讲到种族之外的风险因素。

现已查明大约 12 种类型的痴呆。其中有些类型经过恰当治疗可以康复，但多数不能康复，也无法治疗。某些类型的痴呆，如帕金森病①，涉及常常波及大脑皮层的皮层下脑区（大脑皮层下的原始结构）的退化，其在很多情况下会导致类似阿尔茨海默病的大脑病变。研究表明，帕金森病和阿尔茨海默病有关联 (Goedert, 2015)。但多数痴呆案例中，皮层下脑区仍健全，进行性的损伤只发生在大脑皮层。皮层性痴呆表现为两种形式：阿尔茨海默病和血管性痴呆。

（1）阿尔茨海默病

当露丝带着 79 岁的伊达去看她们两姐妹每年翘首以盼的芭蕾舞剧时，她发现伊达的行为有些异样。她忘记了两人约好的这件事，当露丝没打招呼就来到她家时，她很生气。开车去城里本应很熟悉的剧院时，伊达迷了路，她还坚称自己对路很熟。进剧场后，当灯光变暗、音乐响起时，伊达还大声说话，使劲翻手袋，弄得声音很响。

"嘘……"周围好几位观众发出嘘声。

"现在音乐才开始！"伊达大声呵斥道，"舞蹈开始之前你想说什么就说什么。"露丝对从前在社交场合很敏感的姐姐的行为感到吃惊和尴尬。

6 个月后，伊达被诊断患有**阿尔茨海默病**

---

① 帕金森病起因于大脑控制肌肉运动的神经元退化。症状包括颤抖、步态迟缓、面部表情丧失、四肢僵硬、难以保持平衡和弯腰驼背。随着时间的推移，该病通常会导致痴呆。

(Alzheimer's disease)，这是痴呆的最常见类型，大脑的结构性、化学性的退化，导致思维和行为多方面能力的丧失。据估计，阿尔茨海默病占所有痴呆病例的70%。大约11%的65岁以上的美国人——大约520万人患有这种病。在85岁以上的老年人中，约有三分之一受到影响。到2030年，美国所有婴儿潮一代都将进入老年期，那时，阿尔茨海默病患者人数将达到770万，增幅超过50%。大约5%~15%的老年人死亡与阿尔茨海默病有关，其成为老年人死亡的重要原因(Alzheimer's Association, 2016a)。

1）症状和病程

阿尔茨海默病的早期症状是经常出现严重的记忆问题，例如忘了人名、日期、约定、熟悉的路，或忘记关掉厨房的炉子。起初，刚刚记住的东西忘得最厉害(Bilgel et al., 2014)，但是随着方向感的严重丧失，对过去发生的事情、时间、地点之类的基本事实，也记不起来了。错误判断使病人陷入危险中。例如，伊达已经没有能力继续开车，但她仍坚持要开车。人格也发生变化，丧失自发性和活力，出现了由心理问题造成的对不确定性反应的焦虑、突发的攻击性、主动性降低、社交退缩等。阿尔茨海默病与其他形式的痴呆早期常出现抑郁，并成为病程的一部分(Serra et al., 2010)。老年人对令人烦恼的心理变化的反应，会使抑郁加重。

随着病情加重，原本熟练的、目的明确的行为不见了。当露丝把伊达带到自己家里时，她不得不帮她穿衣、洗澡、刷牙，最后还要扶着她走路、上

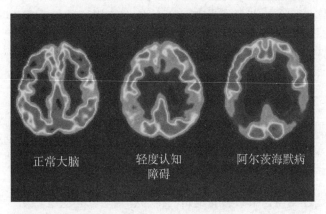

这些PET图像对比了正常大脑（左）和有结构但有化学退化的大脑。由于大量突触损伤和神经元死亡，脑容量减少，脑室扩张，轻度认知障碍（中）通常先于更剧烈的脑容量下降（右），它可有力地预测死后将被确认为患阿尔茨海默病。

卫生间。伊达睡觉时常被幻觉和想象的恐怖事物惊醒。她夜里常常醒来，使劲敲墙，说该吃晚饭了，有时哭喊着说有人掐她的脖子。不久，伊达失去了理解力，不会说话。由于大脑停止加工信息，她不能认识东西和熟人。最后几个月，伊达越来越不能动，容易感染，陷入昏迷，最终死去。阿尔茨海默病的病程因人而异，从1年到20年不等。60多岁和70多岁被确诊的老人活得更久(Brodaty, Seeher, & Gibson, 2012)，70岁的患者中男性的平均预期寿命为4年半，女性为8年。

2）脑退化

对阿尔茨海默病的诊断常采用排除法，通过体检和心理测验，排除痴呆的其他发病原因，然后确诊，准确率超过90%。要对阿尔茨海默病进行认定，则须在病人死后对造成该病前因后果的大脑病变进行检查(Hyman et al., 2012)。将近90%的病例可采用脑成像技术（MRI或PET）生成脑空间和脑活动的三维图像预测出当前尚没有症状显示的老年人是否会在死后被认定为阿尔茨海默病患者(Vitali et al., 2008)。研究者还采用追踪血液和脑脊髓液的化学结构变化来查明哪些症状可以对阿尔茨海默病做出预测(Mattsson et al., 2015; Olsson et al., 2016)。这些程序带来了对该病做出早期诊断的希望，开启了更成功地进行干预的大门。

阿尔茨海默病患者的大脑皮层，特别是掌管记忆和推理的脑区，发生了两种重要的结构性病变。第一种是神经元内出现**神经原纤维缠结**(neurofibrillary tangles)，神经原纤维缠绕成簇，其中含有称为τ蛋白的异常蛋白，是神经结构崩溃的结果。第二种是在神经元外部形成的**淀粉样斑块**(amyloid plaques)，它是密集堆积的、称为淀粉样蛋白的退化蛋白质，周围被已死亡的束状神经纤维和胶质细胞块包围。正常的中老年人脑内也会出现一些神经原纤维缠结和淀粉样斑块，并随着年龄增大而增多，但阿尔茨海默病患者的这个数量要多得多。当前研究的一个主要方向是弄清楚异常淀粉样蛋白和τ蛋白是怎样破坏神经元的，从而找到治疗方法来减缓或阻断这些过程。

研究者曾认为，淀粉样斑块导致了阿尔茨海默病患者神经元的损坏。但新的研究结果显示，斑块实际上反映了大脑试图把淀粉样蛋白清除出神经元。相反，罪魁祸首似乎是存留在神经细胞

内部、非正常断裂的淀粉样蛋白 (National Institute on Aging, 2016)。在阿尔茨海默病和帕金森病中，负责切碎和去除异常蛋白的关键神经元过程均发生破坏 (Sagare et al., 2013)。这些损坏的蛋白质（包括淀粉样蛋白）具有毒性。异常的淀粉样蛋白会导致神经元内产生信号，但是这些信号不能在突触间正常传递 (Kopeikina et al., 2011)。最终，受损的淀粉样蛋白会导致大脑中的异常电活动增加，从而导致广泛的神经网络机能紊乱。

589

神经原纤维缠结中异常的 τ 蛋白会加剧神经元的损坏，还能破坏营养物质和信号从神经元传递到连接纤维的过程，从而与淀粉样蛋白结合，阻碍突触间的信号传递。此外，异常 τ 蛋白还可引发附近正常 τ 蛋白的衰变 (de Calignon et al., 2012; Liu et al., 2012)。τ 蛋白渐渐地在突触间移动，从一个神经元扩散到另一个神经元，又从一个脑区扩散到另一个脑区，从而扩大了损伤。

由于突触退化，神经递质水平下降，神经元大量死亡，大脑体积缩小。释放乙酰胆碱的神经递质（参与较远脑区间的信息传递）的神经元被破坏，进一步破坏神经网络。5-羟色胺是一种调节觉醒和情绪的神经递质，它的下降可能导致睡眠障碍、攻击性爆发和抑郁 (Rothman & Mattson, 2012)。这些问题可能会加剧认知和运动障碍。

3）危险因素

阿尔茨海默病有两种类型：一种是家族型的，

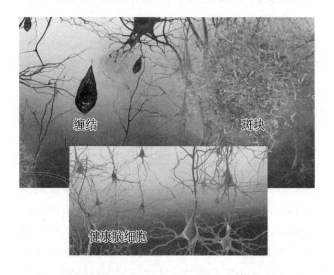

上图：阿尔茨海默病大脑组织的图像显示，神经元之间以及含有神经原纤维缠结的死亡或垂死神经元之间存在淀粉样斑块。下图：健康的脑细胞。

在家族内蔓延；另一种是散发型的，没有明显家族史。家族型阿尔茨海默病一般为早发型，大多在 30~60 岁发病，其病程比晚发的散发型阿尔茨海默病要快，后者一般在 65 岁以后发病。目前研究者已查明 1 号、14 号和 21 号染色体上可生成有害的淀粉样蛋白的基因，它们都与家族型阿尔茨海默病有关。在两种情况下，坏基因均为显性；即使从父母遗传来的等位基因中只有一个坏基因，此人也将患有早发性阿尔茨海默病 (National Institute on Aging, 2016)。前面讲过，唐氏综合征也和 21 号染色体有关。这条染色体失调，并能活到 40 岁以上的人，几乎都会出现大脑病变和阿尔茨海默病。

遗传还会通过细胞突变对散发型阿尔茨海默病起作用。大约 50% 患此病的人，其 19 号染色体上有一个异常基因，导致一种将胆固醇输送到全身的血蛋白，即载脂蛋白 ε4 (APO ε4) 的水平超量。研究者认为，载脂蛋白 ε4 在血液中高度聚集会影响调节胰岛素的基因表达。胰岛素缺乏会导致葡萄糖在血流内堆积（这种情况达到一定限度即导致糖尿病），就会伤害大脑，尤其是掌管记忆的脑区，使过量的淀粉样蛋白留存于大脑组织中 (Liu et al., 2013; National Institute on Aging, 2016)。与这一发现相符合的事实是，患有糖尿病的老年人患阿尔茨海默病的风险大大增加。

目前，异常的载脂蛋白 ε4 基因是广为人知的散发型阿尔茨海默病的风险因素：遗传了一个载脂蛋白 ε4 等位基因的人，其风险是未遗传该基因者的三倍，遗传了两个该等位基因者，风险即增加到 8~12 倍 (Loy et al., 2014)。但基因测试显示，其他基因似乎也有同样或更大的影响。例如，在患有阿尔茨海默病的老年人中，参与清除神经元异常蛋白的基因经常发生改变，导致淀粉样蛋白和 τ 蛋白大量积聚。一些基因会破坏神经元到结缔组织纤维的营养和信号传递，而不影响淀粉样蛋白 (National Institute on Aging, 2016)。

但是，很多散发型阿尔茨海默病患者并没有出现已知的遗传标记，而且有些携带载脂蛋白 ε4 基因的人也没有患病。越来越多的证据显示，其他一些因素也会提高阿尔茨海默病的易感性，例如，高脂肪饮食、缺乏运动、超重和肥胖、吸烟、慢性抑郁症、心血管病、中风和糖尿病 (Baumgart et al., 2015; Institute of Medicine, 2015)。中度到重度的头部损伤，可能通过加速淀粉样蛋白和 τ 蛋白的恶化，增加患阿尔茨海默病的风险，特别是在携带载脂蛋白 ε4 基因的人群中 (Mckee & Daneshvar, 2015)。一次受伤就足以造成长期的、致人衰弱的后果，但多次受伤的人如拳击手、足球运动员和退伍军人，受影响的可能性更大。

值得注意的是，一些老年人大脑中有大量淀粉样斑块，却一直未患阿尔茨海默病。这种疾病显然是由基因和环境因素的不同组合造成的，每种因素都会导致程度不同的疾病进程。非裔美国人阿尔茨海默病和其他痴呆的高发病率说明了发病原因是复杂的。

与非裔美国人相比，尼日利亚约鲁巴的农村居民，阿尔茨海默病发病率要低得多，载脂蛋白 ε4 基因与阿尔茨海默病之间的关联也弱得多 (Hendrie et al., 2014)。一些研究者推测，与白人通婚增加了非裔美国人的遗传风险，环境因素则把这种风险变成现实。尼日利亚约鲁巴人是低脂肪饮食，而非裔美国人则是高脂肪饮食。吃高脂肪食物可能会增加载脂蛋白 ε4 基因导致老年痴呆的概率。即使对于没有携带载脂蛋白 ε4 基因的约鲁巴人和非裔美国人来说，高脂肪饮食也是危险的 (Hall et al., 2006)。摄入的脂肪越多，血液中"坏"胆固醇（低密度脂蛋白）的水平越高，阿尔茨海默病的发病率就越高。

新的研究发现表明，大量散发型阿尔茨海默病案例是表观遗传过程即环境影响改变了基因表达所致（见第 2 章边页 70）。一项研究检查了 700 多个患此病去世的老年人捐献的大脑发现，在其中许多异常大脑中可降低或抑制基因影响的甲基化水平的升高，与疾病的遗传标记和预测淀粉样斑块的形成程度有关 (De Jager et al., 2014)。该领域研究的下一步任务是，查明可引发与该病相关的基因甲基化的因素。

4）保护因素

研究者已经检验了使用药物和不使用药物来预防或减缓阿尔茨海默病的进展。在有前景的药物疗法中，有一些化合物可以干扰淀粉样蛋白和 τ 蛋白的分解，抑制由这些有毒蛋白引起的脑炎症，从而减轻神经元损伤 (Bachstetter, Watterson, & Van Eldik, 2014; Lou et al., 2014)。另一种是胰岛素疗法，使用通向大脑的喷鼻剂，可调节神经细胞去利用葡萄糖 (Ribarič, 2016)。研究表明，这种方法可以改善记忆，至少在短期内可以减缓认知能力下降，使具有轻度认知缺陷（即心理能力削弱，明显影响到个人、朋友和家人者，还能从事日常活动，这通常是阿尔茨海默病前期的状况）的老年人受益。

主张多吃鱼类和不饱和脂肪酸（橄榄油）、蔬菜和饮适量红酒的"地中海饮食"，能够把阿尔茨海默病的发病率降低 30%~50%，也能降低血管性痴呆的发病率（这点下面还要详述）(Lourida et al., 2013; Morris et al., 2015)。这些食物含有抗氧化剂和其他有利于心血管系统和中枢神经系统的物质。

教育和积极生活方式也有好处。和受教育程度较低的老年人相比，受过高等教育的老年人患阿尔茨海默病的比例要少一半多，但这种保护作用对携带载脂蛋白 ε4 基因者不大 (Beydoun et al., 2014)。一些研究者推测，受良好教育者的复杂认知活动导致掌管认知过程的脑区的重组，以及更多的突触连接，它们好像一种**认知储备** (cognitive reserve)，使老年人的大脑在心智失能之前对损伤有更大的容忍度。研究证明，和受教育较少的人相比，受教育程度高的人被诊断为阿尔茨海默病或其他痴呆后，其衰退速度更快，这表明他们只是在大脑严重退化后才出现症状 (Karbach & Küper, 2016)。一般来说，晚年可刺激认知的社交和休闲活动也能预防阿尔茨海默病和其他痴呆 (Bennett et al., 2006; Hall et al., 2009; Sattler et al., 2012)。

体育活动的持续性、强度和多样性与降低阿尔茨海默病和血管性痴呆的风险有关，对携带载脂蛋白 ε4 基因的老年人好处更大。追踪研究发现，在控制了与痴呆相关的其他许多生活方式因素后，中年期定期锻炼可以预测晚年痴呆的减少 (Blondell, Hammersley-Mather, & Veerman, 2014; Smith et al., 2013)。在晚年开始有规律地锻炼也有保护作用。一项调查显示，被认为有患阿尔茨海默病风险的轻度认知障碍的老年人，被随机分配为两组，一组参加 24 周的家庭体育活动，另一组接受普通的家庭护理 (Lautenschlager et al., 2008)。6 个月后，接受干预的人能够继续坚持锻炼，而且显示出认知能力的轻微改善，而控制组的人则在认知机能方面有所下降。

5）帮助阿尔茨海默病患者及其护理者

由于伊达的阿尔茨海默病恶化，医生给她开了一种温和的镇静剂和抗抑郁剂，以控制其行为。提高神经递质乙酰胆碱和 5- 羟色胺水平的药物，在限制顽固的痴呆症状方面显示出希望，尤其是应对给看护者带来特别大压力的烦躁和胡闹 (National Institute on Aging, 2016)。通过参与活动、锻炼和感官体验（触摸、音乐和视频）提供刺激，也有助于减少不恰当行为 (Camp, Cohen-Mansfield, & Capezuti, 2002)。

由于没有治愈办法，家庭干预就是帮助阿尔茨海默病患者及其配偶和亲属做到良好适应的手段。和护理那些身体失能的老年人相比，对痴呆患者的护理要花更多时间，承受更大压力 (Alzheimer's Association, 2016a)。他们需要大家庭成员、朋友和社区机构的支持和鼓励。本节的"社会问题→健康"专栏提供了对家庭护理者进行干预的各种措施。此外，避免生活环境的急剧变化，如搬家、重新摆放家具或改变生活习惯等，也有助于阿尔茨海默病老年患者在日益恶化的认知条件下尽可能地感到安全。

> **观察与倾听**
>
> 调查你所在社区为痴呆老人提供临时救济的正式托管服务。了解一个痴呆老人病情缓解项目，并请几个家庭照顾者谈谈该项目对病人的影响，以及照顾者的适应情况。

（2）血管性痴呆

血管性痴呆 (vascular dementia)，指的是多次中风造成多个脑细胞死亡区，导致心智能力一步步地衰退，每中风一次，就发生一次衰退。在西方国家中，约有 15% 的痴呆病例为血管性痴呆。65 岁以上的美国人约 1.5% 患此病 (Sullivan & Elias, 2016)。许多阿尔茨海默病患者也有血管损伤，有时候，这两种痴呆很难区分。

血管性痴呆是由遗传和环境因素共同导致的。遗传影响间接地通过高血压、心血管疾病和糖尿病起作用，其中每一种病都会提高中风的危险。环境影响，如吸烟、饮酒过量、盐分摄入过

抑郁症通常与身体疾病和疼痛有关，它可能被误诊为痴呆。在治疗师的支持下，这位老人在肩膀受伤的缓慢康复过程中很有可能避免抑郁。

多、饮食中蛋白质过低、肥胖、不活动及心理压力等，也会提高中风危险 (Sahathevan, Brodtmann, & Donnan, 2011)。

由于男性比女性更容易患心血管疾病，因此患血管性痴呆的男性比女性多。这种疾病也因国家而异。例如，血管性痴呆的发病率在日本特别高。低脂饮食虽然可以降低日本成年人患心血管疾病的风险，但摄入大量的酒精和盐以及动物蛋白含量极低的饮食会增加中风的风险。近几十年来，随着日本人酒精和盐摄入量下降，肉类食用增多，血管性痴呆和中风导致的死亡率下降 (Ikejima et al., 2014; Sekita et al., 2010)。但患这两种病的比例仍高于其他发达国家。

尽管日本的情况比较独特而矛盾（心血管病发病率低，中风发病率高），但是多数情况下，血管性痴呆是由动脉粥样硬化导致的。预防是减少该病发生的唯一有效途径。近 30 年来血管性痴呆发病率下降，主要归功于心脏病发病率下降和更有效的预防中风措施 (U.S. Department of Health and Human Services, 2015d)。中风的先兆如下：虚弱，手臂及腿或面部无力、疼痛、麻木；视力突然丧失或出现双像；言语困难；严重晕眩和失衡。医生可能会开一些抗凝血药物。中风一旦发生，普遍会出现偏瘫和言语、视力、协调性、记忆及其他心智能力的丧失。

（3）误诊与可逆性痴呆

对痴呆进行谨慎的诊断十分关键，因为其他疾病可能被误诊为痴呆。有些类型的痴呆可以治疗，还有少数是可逆的。

抑郁症常被误诊为痴呆。65岁以上的人中有1%~5%患有严重抑郁症，这一比例低于年轻人和中年人。第18章将要讨论，抑郁症随着年龄增长而发病增加，通常与身体疾病和疼痛有关，并且会导致认知能力退化。在年纪较轻时，来自家人和朋友的支持，抗抑郁药物，以及个人、家庭和团体治疗都有助于缓解抑郁。但是，美国老年人往往享受不到他们所需要的心理健康服务，究其原因，一是医疗保险缩减了治疗心理健康问题的覆盖面，二是医生很少推荐老年人去接受心理治疗 (Hinrichsen, 2016; Robinson, 2010)。这些情况增加了抑郁加深和被误诊为痴呆的可能性。

年纪越大的老年人，就越有可能服用导致类似痴呆副作用的药物。例如，一些治疗咳嗽、腹泻和眩晕的药物会抑制神经递质乙酰胆碱，导致类似阿尔茨海默病的症状。此外，一些疾病会导致暂时性失忆和精神症状，尤其是老年人，在生病时经常感到困惑和沉默寡言 (Grande et al., 2016; Tveito et al., 2016)。治疗潜在的疾病可以缓解这个问题。还有环境变化和社交隔绝会引发心智能力衰退 (Hawton et al., 2011)。如能恢复支持性的社交关系，认知机能一般就会恢复。

5. 保健

工业化国家的专业医疗保健人员和立法者都在担忧老年人口的快速增长带来的经济后果。政府支持的保健费用和对保健服务尤其是长期保健服务需求的上升，是最大的关注点。

（1）老年人的医保费用

65岁及以上的老年人仅占美国人口的14%，但却占了政府医疗保健支出的约三分之一。据估计，随着越来越多的婴儿潮一代步入老年期，以及平均预期寿命进一步延长，到2030年，政府资助的老年人医疗保险的成本将接近翻倍 (Centers for Medicare and Medicaid Services, 2016)。

医疗保险费用随着年龄增长而急剧上升。75岁及以上的人平均比年轻人多获得70%的福利。这一增长主要反映了在医院和养老院进行长期护理的需要的增加，原因是，随年龄增长的慢性病和急性病大幅增加。由于医疗保险基金只能覆盖老年人医疗费用的一半，所以美国老年人在医疗保健上的花费是其他工业化国家老年人的几倍之多 (OECD, 2015a)。美国医疗保险对长期护理的支持远远低于严重失能老年人的需求。

专栏　　　　社会问题→健康

对痴呆老人护理者的干预

玛格丽特的丈夫是一位71岁的阿尔茨海默病患者，她给当地报纸的咨询专栏编辑写了一封绝望的求救信："我丈夫不能自己吃饭、洗澡，也不会说话或请求帮助。我必须猜测他想要什么，想办法满足他。请帮帮我。我已经走投无路了。"

阿尔茨海默病不仅对老年患者，而且对负责照顾且得不到外界帮助的家人，其影响都是灾难性的。这种情况下的护理，因其每时每刻的要求而被称为"每天36小时"护理。虽然多数家庭护理者为中年人，但也有约三分之一的老年人要照顾其老年配偶或更年长的父母。其中很多人自己的身体也较差，而且年龄越大，用于看护的时间越长，特别是少数族裔老年人花的时间更

多，因为他们的文化传统强调照顾老人是一种家庭义务 (Alzheimer's Association, 2016a)。

超过其照顾能力的家庭成员在身心健康方面遭受极大的痛苦，并有过早死亡的风险 (Sörensen & Pinquart, 2005)。被照顾者的认知障碍和行为问题的严重程度是照顾者健康下降的有力预测指标 (AARP, 2015)。而且，照顾者和被照顾者之间的亲密关系，包括共享的记忆、经历和情感，又可能增加照顾者出现身心问题的风险 (Monin & Schulz, 2009)。

很多社区都会实施向家庭照顾者提供帮助的干预措施，但这些措施还需扩大规模，做到低成本高效益。其中一些卓有成效的机构解决了照顾者的多种需求：知

识、应对策略、护理技能和暂时休整等。

1. 知识

几乎所有的干预措施都试图加强对疾病、护理人员面临的困难和社区可提供资源的了解。这些知识一般以上课形式传授，但也有关于护理信息的网站，以及让照顾者可以获取和分享信息的在线通信技术 (Czaja, 2016)。但学到的知识必须与其他保障照顾者身心健康的方法结合起来。

2. 应对策略

一些干预措施教给照顾者解决被照顾者日常行为问题的方法，以及处置自己消极想法和感受的技巧，比如对长期照料的怨恨。授课模式包括互助小组、个人治疗和有效应对策略的辅导 (Roche, MacCann, & Croot, 2016; Selwood et al., 2007)。这些活动都可以改善照顾者的适应能力和病人的不安行为，无论是活动之后的即时测评还是一年多后的随访测评都显示出这些效果。

3. 护理技能

照顾者可以从培训课程中学习到怎样与不能清晰表达思想和情感、不能处理日常事务的老年人沟通，例如：保持密切的目光接触，以传达兴趣和关心；说话时语速放慢，用词简短；使用手势来表达意思；耐心地等待回应；不要打断、纠正、批评或背地里谈论长辈；引入令人愉快的活动，如播放音乐和慢节奏的儿童电视节目，以缓解焦虑 (Alzheimer's Association, 2016b)。如果能把学到的这些知识技能灵活地在实践中运用，就可减少患者的麻烦行为，从而减轻照顾者的苦恼，增强其自我效能感 (Eggenberger, Heimerl, &Bennett, 2013; Irvine, Ary, & Bourgeois, 2003)。

4. 暂时休整

护理者常诉说，**暂时休整**，即暂时离开护理，是他们最希望得到的帮助。但他们可能因为内疚而不愿意接受朋友和亲戚的非正式帮助，或者因为花费高或担心老年人的适应能力而不愿接受正式的服务 (比如成人日托或临时安置在护理机构)。不过，对大多数护理者来说，每周至少休息两次，每次休息几个小时，可以使他们保持朋友关系，从事愉快的活动，维持平衡的生活，从而改善他们的身心健康 (Lund et al., 2010b)。

要想让暂时休整最有效，护理者必须在不堪重负之前就这样做。一旦有价值的、愉快的生活失去了，就很难恢复。此外，频繁而有规律的休息比次数很少且不规律的休整更有帮助。为最好地利用休整时间而做好计划很重要。那些在暂时休整时花几个小时做家务、购物或干活的护理者往往感觉不满意 (Lund et al., 2009)。而那些在休整时间做了他们想做和计划要做的事情的人，心理上则感到满意。

除了有时间离开照顾病人的事情之外，照顾者还能从短时间地离开自己的家务活中受益。一个研究小组设计出一种独特的工具，称为"视频休整"，制作一些阿尔茨海默病患者喜欢看的视频光盘，可为看护者提供半小时到一小时的休息时间。在每一个视频中，一个演员根据患者熟悉的经历、人物和物品进行一段慢节奏的简单对话，并偶尔停下来让患者做出回应 (Caserta & Lund, 2002)。对这一方法的效果测评显示，这些视频吸引了阿尔茨海默病患者的注意力，减少了游移、躁动和攻击等问题行为。

5. 干预项目

在护理过程的早期就开始、持续数周或数月、针对护理者个人需求的多方面干预项目，可以明显地减轻护理者的压力，帮助他们在照顾日渐衰弱的亲人时找到满足。这些干预措施通常也会推迟痴呆患者的住院时间。

在增进阿尔茨海默病护理者健康资源 (REACH) 倡议中，有大量"积极"的干预项目，每个项目都包含上述几个要素或全部要素。相形之下，一些"消极"的项目只提供知识信息，把患者转介到社区医院。对二者进行比较评价的结果显示，在 1 200 多名参与积极项目的护理者中，接受了 6 个月干预的人，自我报告的负担下降得更多。另一个提供家庭治疗的项目——通过电话促

这个女儿正在照顾她的患阿尔茨海默病的父亲。虽然做这样的事情能从心理上得到补偿，但是它既消耗体力，又折磨情感。对帮助护理者的干预需求巨大。

进治疗师、护理者、家庭成员和其他支持系统之间的频繁沟通，也显著减轻了护理者的抑郁症状 (Gitlin et al., 2003; Schultz et al., 2003)。

担负更多护理责任的照顾者，往往是女性多于男性，低社经地位者多于高社经地位者，配偶多于非配偶，这些人从积极干预中获益更大。对项目的评价表明，REACH 积极干预方案增强了不同种族护理者的身心健康，包括非裔、欧裔和拉美裔美国人 (Basu, Hochhalter, & Stevens, 2015; Belle et al., 2006; Elliott, Burgio, & DeCoster, 2010)。

（2）长期护理

伊达搬到露丝家时，露丝曾答应她，不会送她去医院。但是，由于伊达的病情恶化，露丝自己也面临健康问题，她不能再遵守诺言了。因此，尽管不情愿，露丝还是把她送到了一家养老院。

年龄越大，越需要长期护理服务，尤其是养老院服务。几乎一半的美国养老院居住者年龄都在 85 岁及以上。痴呆，尤其是阿尔茨海默病，大多会被送进养老院。疾病导致的衰弱是住进养老院的另一个有力预测指标 (Harris-Kojetin et al., 2016; Kojima, 2016)。鳏寡老人（女性为多）以及成年子女和其他亲属都已衰老而无人照料者，也不得不住进养老院。

65 岁及以上的美国人，只有 3% 被送进养老院，不到澳大利亚、比利时、荷兰、瑞士、瑞典和新西兰等其他西方国家的一半，这些国家为养老院提供了更多的公共资金 (OECD, 2016)。除非在急病住院之后再去养老院，否则美国的老年人必须支付护理费用，直到他们的存款耗尽。那时，医疗补助（专为穷人设立的医疗保险）才会接管。因此，美国住进养老院的老人，要么是收入非常低的人，要么是收入很高的人。中等收入的老人及其家人较少住进养老院，以避免高昂的养老院费用把他们的储蓄耗尽。

住不住养老院也有族群差异。美国白人进入养老机构者比非裔和拉美裔多。因为有人口多、关系密切的大家庭传统，家人的关系密切，有强烈的尊老责任感，亚裔和美国原住民住进养老院的也比白人少 (Centers for Medicare and Medicaid Services, 2013; Thomeer, Mudrazija, & Angel, 2014)。总体来看，在澳大利亚、加拿大、新西兰、美国和西欧，家庭提供的长期护理至少占 60%~80%。可见，不同族群和社经背景的家庭都愿意在老年人需要的时候照顾他们。

为了减少老年人的机构护理及相应的高消费，一些专家提出了变通方案，例如，用公共基金帮助居家护理（见第 16 章边页 557）。过去 20 年，另一种得到广泛推广的方案是**辅助生活** (assisted living)，它提供一种类似家庭的住宅，来这里的老人需要的护理比从家庭得到的多，比养老院提供的少。辅助生活住宅相比于养老院，是一种经济有效的办法，可减少不必要的住院护理。它还能增强住在这里的老人的自主性、社交来往、社区参与度与生活满意度，其优越性将在第 18 章详细介绍。

在丹麦，政府资助的家庭助手系统和辅助生活住宅相结合，大大减少了对养老院床位的需求 (Hastrup, 2007; Rostgaard, 2012)。在美国，加强辅助生活设施的护理和保健服务，也产生了同样好的效果，同时还能提高老年人的幸福感。大多数老年人希望接受辅助生活服务，而不是搬入养老院。

如果需要住进养老院，下一步要做的就是采

在荷兰的一家疗养院里，一位病人喜欢坐在一个模拟的火车车厢里观看屏幕上显示的移动景观。美国的养老院在国家提供的公共资金方面，远不如其他西方国家。

取措施提高其服务质量。例如，荷兰的养老院建立了个别化设施，可以满足心智和身体失能患者的不同需求。每个老年人，无论失能程度如何，都能利用这些设施，保持现有优势，并且获得可弥补失去的能力的新技能。住进养老院的人就像任何地方的老年人一样，渴望具有个人控制力、良好的社会关系，以及有意义和愉快的日常活动（Alkema, Wilber, & Enguidanos, 2007）。第 18 章会讲到，设法让疗养院满足这些需求，对身心健康都有好处。

思考题

联结　请说说生态系统论的各个水平（见第 1 章边页 23–26）对负责照顾痴呆老人的家庭护理者的心理健康和护理质量分别有何影响。

应用　玛丽莎向咨询师抱怨说，68 岁时她的丈夫文戴尔就不再主动与她做爱或拥抱她了。为什么文戴尔停止了性活动？哪些医学和教育措施可以帮助这对夫妇？

反思　你的家庭为需要帮助的老人提供了什么样的护理和生活安排？文化、个人价值观、经济来源、健康和其他因素对这些决定有何影响？

第二部分　认知发展

17.9　描述老年期认知机能的整体变化

露丝向医生抱怨自己记忆和言语表达困难，反映了老年期对认知机能的普遍担忧。整个成年期都在下降的大脑加工速度，影响到老年期各方面的认知能力。第 15 章曾讲到，思维效率的降低可以解释但不能完全解释执行机能的下降，尤其是工作记忆容量和工作记忆的更新。在生命的最后几十年里，对无关信息和冲动的抑制、在任务和心理操作之间的灵活转换、记忆策略的使用和从长时记忆中提取信息等能力的下降会一直持续，影响各方面的认知老化。

回顾第 15 章图 15.7，我们注意到一种心智能力越是依赖于流体智力（具有生物学基础的信息加工能力），它就越早开始衰退。相反，依赖于晶体智力（建立在文化基础上的知识）的心智能力在较长时间内一直增长。晶体智力——词汇、一般信息和在特殊领域获得的专长——可以弥补流体智力的衰退。

595　图 15.7 还显示，高龄老人流体智力的下降限制了他们在文化支持之下可以做的事情，这些文化支持包括丰富的经验、关于如何记忆和解决问题的知识，以及富于促进作用的日常生活。结果，晶体智力也出现一定程度的衰退。

总体而言，当生命接近终结时，衰退要超过

这些演奏者通过选择性最优化补偿，像他们成年期的大部分时间一样，在老年期继续表演。他们在现有技能范围内精心挑选曲目，缩短演奏时间以优化他们有限的精力，并且只演奏一些很熟练的快速乐段来弥补演奏速度的下降。

进步和保持。但是可塑性仍然存在，一些人在非常高龄时表现出心智能力的高度维持和最小损失（Baltes & Smith, 2003; Schaie, 2013）。研究显示，老年期的认知机能差异比人生的任何其他时期都要大（Riediger, Li, & Lindenberger, 2006）。除了遗传和生活方式的影响得到完全表达之外，追求行为自我选择的自由度也增加了，它有时会促进认知能力，有时会削弱认知能力，这可能是差异增大的原因所在。

老年人怎样才能更充分地利用其认知资源？一种观点认为，那些保持了高水平机能的老年人采用了**选择性最优化补偿**(selective optimization with compensation)，他们降低目标，选择对个人有价值的活动，以求最优化或最大化地恢复他们衰退的能力。他们还会找到新方法来补偿已衰退的能力 (Baltes, Lindenberger, & Staudinger, 2006; Napolitano & Freund, 2016)。例如，80岁的钢琴家亚瑟·鲁宾斯坦被问及，他怎样在如此高龄仍然保持高超的钢琴演奏水平。鲁宾斯坦回答说，他进行了选择，只演奏较少的曲目。这使他的能力最优化，还能使他反复练习一首曲子。他还找到一种可以补偿弹奏速度减慢的技术。例如，在弹奏快速乐段之前，他先把弹奏速度放慢，所以当快速乐段出现时，听众会觉得很快。

老年期的个人目标虽然仍然希望获得某些能力，但越来越偏重于保持能力和防止丧失能力。在一项研究中，研究者让年轻人和老年人对他们最重要的身体和认知目标做出评价，看他们是强调成长（"对这一目标，我想改善或得到一些新东西"），还是强调维持或防止丧失（"对这一目标，我想维持或防止丧失一些东西"）(Ebner, Freund, & Baltes, 2006)。如图17.6所示，老年人比年轻人更注重维持或防止丧失。

在回顾记忆、语言加工和问题解决方面的主要变化时，我们将介绍老年人面临衰退时的最优化和弥补方法。我们还会看到，某些依赖丰富生活阅历而不是加工效率的能力，在老年期得到保持或提高。最后，我们还将讨论一些项目，这些项目把老年人看作新知识的终生学习者，就像他们在早期发展阶段一样。

观察与倾听

就记忆和其他认知方面的困难采访一位老年人，让他举例说明。对每个例子，请老人描述他为优化认知资源和弥补损失做过哪些努力。

一、记忆

17.10 老年期记忆有怎样的变化？

由于老年人获取信息的速度变慢，在工作记忆中保留的信息变少，抑制无关信息、运用策略、从长时记忆中检索相关知识都更困难，记忆力丧失的概率就会增加 (Naveh-Benjamin, 2012; Verhaeghen, 2012)。情节记忆——对日常经验的提取，困难显著增加。而语义记忆——已脱离最初学习背景的一般知识，则保存得较好。

图17.6 年轻人和老年人的成长和维持或防止丧失的个人目标取向

参与者被要求列出两个身体方面的目标和两个认知方面的目标，然后用8分制对每个目标对个人能力成长和维持或防止丧失能力进行评分。老年人在继续追求成长的同时，比年轻人更重视现有能力的维持或防止丧失。资料来源：N. C. Ebner, A. M. Freund, & P. B. Baltes, 2006,"Developmental Changes in Personal Goal Orientation from Young to Late Adulthood: From Striving for Gains to Maintenance and Prevention of Losses," *Psychology and Aging, 21,* p. 671.

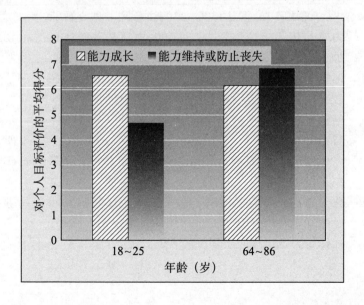

1. 外显记忆对内隐记忆

"露丝，你知道咱们看过一部电影，那个 5 岁的小男孩演得真是棒极了。我想建议迪克和高尔蒂去看看。但是那部电影叫什么名字？"沃尔特问。

"我想不起来了，沃尔特。咱们最近看过好几部电影。在哪个影院看的？和谁一起看的？多跟我说说那个小男孩的事情，也许我能想起来。"

每个人偶尔都有想不起来事情的时候，但老年时想不起来的情况更多。当露丝和沃尔特看电影时，因为认知加工较慢，他们只能记住较少的细节。再者，由于工作记忆每次只能保留较少的信息，他们对来龙去脉注意得不够，如在哪儿看的电影、和谁一起看的等等 (Zacks & Hasher, 2006)。当我们努力回想一件事的时候，来龙去脉对提取线索非常重要。

596

和年轻人相比，老年人对刺激及其来龙去脉的注意不够，因此回忆能力明显下降。例如，有时他们不能把经历过的事件与想象的事件区分开来 (Rybash & Hrubi-Bopp, 2000)。他们也很难记住信息的来源，尤其是当几个来源比较相似时，如桥牌俱乐部的哪位成员说的话，他们曾经在什么场合、跟谁开了个玩笑或讲了个故事，以及在实验室研究中每行 10 个单词的两行单词列表里哪些单词是刚学过的 (Wahlheim & Huff, 2015)。老年人对暂时性记忆，如回忆事件发生的顺序，或事件的发生距现在多久，也有相同的困难 (Hartman & Warren, 2005; Rotblatt et al., 2015)。

老年人有限的工作记忆增加了另一种情节记忆的困难。例如，从房间走到厨房，想拿点东西，走进厨房又忘了想拿什么。如果产生记忆意图的背景（房间）与提取记忆的背景（厨房）不同，他们就会发生记忆缺失 (Verhaeghen, 2012)。等他们回到第一个情境（房间）时，它就会成为他们记忆意图的一个强有力的线索，因为那是他们第一次对它编码的地方，他们说："哦，现在我想起来我为什么去厨房了！"

几天后，露丝在电视上看到那部忘了片名的电影的广告，她马上就想起了它的名字。再认，一种自动化的、只需付出很少心智努力的记忆，在老年期的下降程度不像回忆那样大，因为有很多环境线索可以帮助再认。随年龄增长而出现的

斯里兰卡的一位祖母带着孙女参加一个节日。加工速度和工作记忆容量的下降导致老年人对刺激及其环境的理解力下降。因此，这位祖母可能很难回忆起参加这个节日的细节。

记忆下降主要出现在**外显记忆** (explicit memory) 任务上，这种记忆需要有控制的、策略性的加工 (Hoyer & Verhaeghen, 2006)。

另一种自动化记忆是**内隐记忆** (implicit memory)，或无意识记忆。典型的内隐记忆任务是，先给你呈现一系列单词，让你把不全的单词（如 t_k）补全。你很可能用你刚见到的一个单词（task）而不是用其他单词（took 或 teak）来补全。你并没有刻意这样做，你其实是在回忆。

内隐记忆的年龄差异远小于外显记忆的年龄差异。凭借熟悉程度而不是有意使用策略的记忆在老年可以保持得更好 (Koen & Yonelinas, 2013; Ward, Berry, & Shanks, 2013)。这有助于解释为什么语义记忆，即对过去习得的、很熟悉的词汇和一般信息的回忆，其下降要比对日常经验的回忆少得多，而且在以后的年龄还会如此 (Small et al., 2012)。老年人的情节记忆问题，如人名、重要物品放在哪里、从一地到另一地的方向，以及（后面会讲到）约见和吃药时间等等，都向他们有限的工作记忆容量和其他执行过程提出了很高的要求。

2. 联想记忆

上述的记忆缺陷，只是随着年龄增长而把信息整合到复杂记忆的能力整体下降的一部分

(Smyth & Naveh-Benjamin, 2016)。研究者称这种下降为**联想记忆缺陷** (associative memory deficit)，或建立和提取信息块之间联系困难，例如，两个物品之间的联系，或一个物品及其来龙去脉之间的联系，就像露丝试着记起看过的有儿童演员的电影名称，或她在哪里看过这部电影。

为了查明老年人的联想记忆是不是比年轻人困难大，研究者向他们配对呈现无关的单词或物品的图片（如桌子－外套或者三明治－收音机），让他们学习这些配对项目，准备接下来的记忆测验。测验时，向一组被试呈现一页单个项目，其中有些在前面学习时出现过，有些没有出现过，让被试在学过的项目上画圈。向另一组被试呈现一页配对项目，有些是前面学习阶段完整出现过的（桌子－外套），有些则是重新组合的（外套－收音机），让被试在之前学过的配对项目上画圈。如图 17.7 所示，在单个项目测试中，老年人的成绩和年轻人相差不大 (Guez & Lev, 2016; Old & Naveh-Benjamin, 2008; Ratcliff & McKoon, 2015)，但在配对项目测试中，老年人的成绩要差得多，这一发现证实了联想记忆缺陷的存在。

刚才描述的记忆任务依赖于再认。当再认只需要认出单个信息块时，老年人表现较好。但是，当研究者设置的再认任务必须依赖两个无

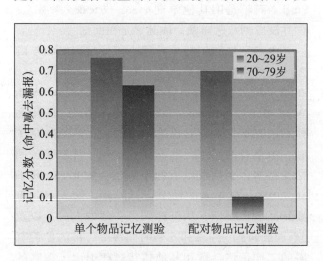

图 17.7 年轻人和老年人在单个物品和配对物品记忆测验中的成绩支持了老年期联想记忆缺陷的存在

在学习完配对呈现的物品（本研究中使用物品的图片）后，让一些参与者辨别他们刚看到的单个物品，让另一些人辨别他们刚看过的配对物品。在单个物品记忆测验中，老年人的成绩和年轻人差异不大；而在配对物品记忆测验中，老年人的成绩差得很远。资料来源：Guez & Lev, 2016.

关事物之间的联想时，老年人就有困难了，他们很难做各种各样的联想，例如面孔－姓名、面孔－面孔、单词－发音和人－动作之间的联想 (Naveh-Benjamin, 2012)。除了记忆方法的使用减少，感觉能力下降也使联想记忆更困难。视力或听力较差的老年人必须投入更多的精力来感知信息 (Naveh-Benjamin & Kilb, 2014)。这使他们可用于对项目之间的关联进行加工的工作记忆容量减少了。

向老年人提供有用的记忆线索来降低对任务的要求，可以提高他们的联想记忆。例如，要把姓名和面孔联系起来，老年人会从提到那些人的相关事实中获益。如果指导老年人使用精细化的记忆策略（用一个口头陈述或二者关系的心理图像将两个联系词配对），年轻人和老年人之间的记忆差异就会明显减小 (Bastin et al., 2013; Naveh-Benjamin, Brav, & Levy, 2007)。看来，不能把个别信息整合为整体，会严重影响联想记忆。

3. 长久记忆

老年人经常说，他们的**长久记忆** (remote memory)，即对很久以前事情的记忆，比对近期发生事情的记忆更清楚，但研究并不支持这一说法。为了研究长久记忆，研究者调查了自传式记忆，让人回忆对个人有意义的事件，比如，你在第一次约会时做了什么，你是怎样庆祝大学毕业的。有时，研究者给不同年龄的参与者一系列单词（如书、机器、对不起、惊讶），让他们报告这些词引发的个人记忆。或者，只让他们说说生活中重要的事件，并说出每件事发生时的年龄。

结果显示，老年人对长久事件和近期事件的记忆要多于对中段事件的记忆，其中近期事件大多是语词提示的回忆。重要事件回忆法唤起了大量的长久事件，因为它诱导人们认真地从记忆中搜索那些重要的经历（见图 17.8）。人们回忆起的长久事件大多发生在 10～30 岁，这是一段被称为**怀旧高峰** (reminiscence bump) 的自传式记忆高峰期 (Janssen, Rubin, & St. Jacques, 2011; Koppel & Berntsen, 2014; Koppel & Rubin, 2016)。

来自不同文化背景——孟加拉国、中国、日本、土耳其和美国的老年人的自传式回忆中，都

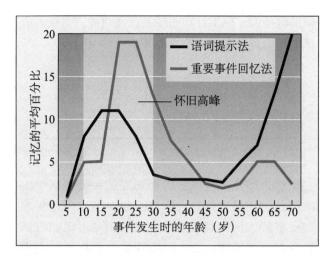

图 17.8 采用语词提示法和重要事件回忆法，按事件发生时报告的年龄划分的自传式记忆分布

分布反映了多项研究的总体结果。回忆起的早期事件大多发生在被称为怀旧高峰的 10~30 岁。语词提示法唤起大量近期发生的事件的记忆，重要事件回忆法唤起的是大量长久事件的记忆。资料来源：Koppel & Berntsen, 2014.

发现了怀旧高峰 (Conway et al., 2005; Demiray, Gülgöz, & Bluck, 2009)。为什么青少年和成年早期的经历比中年期更容易被想起？因为年轻时的事件发生在一个生活剧变时期，充满了从平淡的日常生活中脱颖而出的新奇经历。青少年期和成年早期也是同一性发展的时期，在这个时期会出现许多对个人有重要意义的经历。此外，怀旧高峰期的事件大多是一些积极情感记忆，消极情感记忆很少。例如，具有文化共享特征的重要生活事件——毕业联欢会、毕业典礼、结婚、孩子的出生等，通常是积极的，而且在前半生接踵而至 (Dickson, Pillemer, & Bruehl, 2011)。它们不像那些负面事件，如患重病、车祸之类，这类事件通常是出乎预料的，在一生中的任何阶段都很少出现。

此外，老年人对长久的自传式记忆的丰富程度——提及的人物、物品、地点、时间、感受和其他细节，都略微超过年轻人 (Gardner, Mainetti, & Ascoli, 2015)。人生早期的重要事件通常会在一生中反复被回忆，无论是自己还是在与他人的对话中，都会突出这些事件。

4. 前瞻记忆

至此，我们已经讨论了回溯记忆 (retrospective memory)（对过去事件的记忆）。**前瞻记忆** (prospective memory) 是指对未来计划要做的事情的记忆。记忆所需的心智努力的程度决定了老年人的前瞻记忆是否会出现问题。露丝和沃尔特知道他们容易忘记约会的事情，所以他们一再问起。"西比尔，咱们聚餐约在什么时候？"沃尔特在事前两天问了好几次。回忆晚餐日期对沃尔特有些困难，因为他通常在周四晚上 6 点和女儿一起吃饭，但这一次，晚餐定在周二晚上 7 点 15 分。他问这么多次并不是痴呆的先兆。他只是不想错过一个重要的日期。

在实验室中，老年人完成事件性前瞻记忆任务比完成时间性前瞻记忆任务的成绩要好。在一项事件性记忆任务中，一个事件（如计算机屏幕上出现一个单词）作为提醒成人记住做某件事（如按键）的提示，而此时被试正在做另一件事情（读报）。只要事件性记忆任务不复杂，老年人和年轻人的成绩一样好。但是，如果研究者对注意和工作记忆提出另外的要求（如四个提示中的任何一个出现时都要按键），老年人的成绩就会下降 (Kliegel, Jäger, & Phillips, 2008)。在时间性前瞻记忆任务中，成年人必须在一定时间间隔后，在没有任何明显外部提示情况下做一个动作（如每隔 10 分钟按一次键）。时间性前瞻记忆任务需要相当的主动性，在心里记住要做的动作，还要顾及时间过了多少 (Einstein, McDaniel, & Scullin, 2012)，所以在老年期的下降幅度较大。

但是，实验室中遇到的前瞻记忆困难很少出现在真实生活中，因为在生活中，老年人以很强的动机去记住要做的事，并认真提醒自己，例如在房间装一个蜂鸣器，提醒服药时间，或在显眼的地方钉一张纸条提醒自己当天和别人会面的时间 (Schnitzspahn et al., 2011, 2016)。在努力记住要做的事情时，年轻人较多地依赖记忆策略，如复述，而老年人更多依靠外部辅助物 (Dixon, de Frias & Bäckman, 2001)。老年人用这种方式弥补工作记忆容量的下降，以及应对在当下做的事情和将来要做的事情之间分配注意的困难。

但是，前瞻记忆任务完成之后，老年人比年轻人更难停止或抑制他们着手一个未来行动的意图，尤其是在任务已完成但提示仍然存在的情况下。因此，他们有时会再次重复做那件事 (Scullin et al.,

598

2011）。当然，忘记自己是否洗过头，于是再洗一遍，这完全无妨，但吃过药再吃一遍，可就有危险了。老年人有一个提醒系统很重要，这样的系统可以提醒他们，原来计划的任务已经完成，老年人应该经常给自己安排这样的系统。

二、语言加工

17.11 描述老年期语言加工的变化

语言和记忆能力密切相关。在语言理解（理解口头语言或书面文字的意义）过程中，人们会无意识地回忆起听过、看过的东西。对老年人来说，只要对方说话不是太快，或者他们有足够时间对书面文本进行准确加工，使他们能够弥补工作记忆容量的下降，那么，语言理解能力就会像内隐记忆一样，在晚年没有什么变化。年长的读者会做出各种调整来增强理解，例如，花更多的时间来理解新概念，时不时地停下来整合信息，充分利用故事的结构帮助自己回忆主题和细节。一生中在读写方面投入很多时间的人，表现出更快更准确的阅读理解（Payne et al., 2012; Stine-Morrow & Payne, 2016）。在这项高技能活动上经年累月的经验使他们受益良多。

语言生成能力在两个方面随年龄而下降。第一个方面是从长时记忆中提取单词。在与别人交谈时，露丝和沃尔特有时找不出恰当语句表达内

在加拿大阿尔伯塔省，一位原住民老人大声疾呼，反对石油工业对环境造成的破坏。为了弥补语言生成的困难，老年人说得更慢，使用简化的语法结构。但他们比年轻人更擅长讲故事。

心想法，即使这些熟悉的语句在过去的谈话中多次用过。结果，他们的话语中包含了比中青年时期更多的代词和其他意义含糊的语句。他们说话变慢，经常停顿，这在一定程度上是由于他们需要时间从记忆中搜寻适当的词汇（Kemper, 2015）。和年轻人相比，他们经常出现欲言难吐状态，想说一个词，就是说不出来。

第二个方面是，在老年期，打算要说什么和怎样说出来都更困难。因此，沃尔特和露丝晚年时说话显得更加迟疑不决，张口说错话，重复说话，说出的句子不完整等。他们的陈述也不如过去那样有条理（Kemper, 2016）。

对这些变化应该作何解释？老年人想表达的含义和其他含义之间存在许多"心理联结"，但是一个词的发音及其概念之间只有一种心理联结。联想记忆能力随年龄而下降，导致日常对话中的记忆困难在词语提取方面尤其明显（Burke & Shafto, 2004）。这和工作记忆容量下降有关。因为老年人只能同时保持较少的信息，他们难以协调连贯语言生成所必需的多重任务。

和记忆一样，老年人有办法补偿其语言生成问题。例如，他们简化语法结构，把更多的努力用于提取词汇，对思维加以组织。为了表达得更清楚，他们降低效率，用更多较短的句子来传递信息（Griffin & Spieler, 2006）。由于老年人对词语提取失败的监控并试图努力克服这种失败，他们比年轻人更多地出现欲言难吐状态（Schwartz & Frazier, 2005）。

语言生成的很多方面，包括语言内容、语法正确性和语用学（社交得体性），都不受年龄的影响。老年人在叙事能力上反而占优势。在讲一个故事时，他们利用自己丰富的生活经验，构建出详细的、层次分明的情节，其中包含主人公的目标、行动和动机的丰富信息，还能总结出故事的现实意义（Kemper et al., 1990）。因此，听众往往

喜欢老年人而不是年轻人讲的故事。

然而，当交谈伙伴发现老人说话慢，句子短，有时支离破碎时，对衰老的负面成见往往会导致他们用老年人语言来说话，这是一种类似和婴儿交流的形式，用很少的词汇、简化的表达、高音调和夸张的表达以致句子之间不连贯，这种扭曲的说话方式并不利于提高老年人的理解力和会话能力。此外，老年人很容易察觉到这种老年人语言中带有的居高临下语气 (Williams et al., 2008)。即使是那些有认知缺陷和住在养老院的人，也会以退缩或表达愤怒的方式做出反应。

⚘ 三、问题解决

17.12　老年期问题解决能力有怎样的变化?

解决问题是另一种认知技能，它说明了衰老不仅会带来衰退，还会带来适应变化。在研究者设定了任务目标的实验室情境下证实，问题解决能力在老年期有所下降 (Finucane et al., 2005)。老年人的记忆限制使他们在处理复杂的假设问题时很难记住所有相关的事实。出于类似原因，老年人的理财决策——对贷款和投资选择做出评价，往往不如中年期有效（见第 15 章边页 530 ）。

然而，老年人在日常生活中遇到的问题，不同于研究者设计的问题，也不同于其早年经历的问题。由于已经退休，他们不必再解决工作岗位上的各种问题。其子女都已长大成人，独立生活，他们的婚姻持续已久，不会再有什么麻烦。多数老年人关心的是怎样处理大家庭的各种关系（如成年子女希望他们能够照看孙辈）和处理工具性日常生活活动问题，如准备有营养的一日三餐、理财、关注自己的健康。

老年人是怎样解决日常生活问题的? 他们把中年期常用的问题解决方式沿用到老年。只要老年人认为问题是可控和重要的，他们就会积极有效地加以解决 (Berg & Strough, 2011)。和中青年人相比，老年人的解决问题策略数量较少，因为他们根据长期生活经验，只采用过去行之有效的策略 (Strough et al., 2008)。此外，老年人善于调整策略以适应问题所在的环境，包括家庭、亲戚和朋友 (Skinner, Berg, & Uchino, 2014)。第 18 章会讲到，因为老年人特别希望保持积极的关系，他们会尽其所能地避免人际冲突。

对老年人尤显突出的健康问题说明了老年人解决日常生活问题的适应性。对自己是否患病并应该尽快就医，老年人能迅速做出决定。相形之下，年轻人和中年人更多地抱着"等等看"的态度，以收集更多的事实，即使在健康问题已经很严重时也是如此 (Meyer, Russo & Talbot, 1995)。相较于较慢的认知加工速度，老年人对疾病的快速反应很发人深省。研究表明，由于他们积累了很多有关健康的知识，因此能以更大的确定性做决策 (Meyer, Talbot, & Ranalli, 2007)。老年人在面对健康风险时果断行动，是非常明智的。

还有一点须指出，老年人报告说他们经常向别人，如配偶、成年子女、朋友、邻居和教会社团的团友，请求对日常生活的建议 (Strough et al., 2003)。和年轻夫妇相比，老年夫妇会更多地合作解决问题，研究者认为，他们共同商议得出的策略是非常有效的——即使是在需要复杂记忆和推理的要求较高的任务上 (Peter-Wight & Martin, 2011; Rauers et al., 2011)。在共同解决问题时，老年人似乎能补偿认知困难，把事情做得更好。

⚘ 四、智慧

17.13　什么能力造就了智慧，年龄和阅历如何影响智慧?

如前所述，丰富的生活阅历使老年人能讲更好的故事，促进了他们的问题解决能力。它还使另一种能力在老年期达到顶峰，这就是**智慧** (wisdom)。当研究者让人们描述智慧时，多数人提到知识的广度和深度，以使生活更长久、更有价值的方式对知识进行反思和运用的能力，情感

英国出生的神经学家奥利弗·萨克斯于2015年去世，享年82岁。通过对神经系统疾病患者的治疗，萨克斯展示了构成智慧的认知、反思和情感品质。他写道："通过检查疾病，我们获得了关于解剖学、生理学和生物学的智慧。通过检查患病的人，我们获得了生活的智慧。"

的成熟性包括倾听、评估和提出建议的能力，以及第15章讲到的对人类做贡献、使别人的生活更幸福的利他主义的创造性。一个研究团队把构成智慧的元认知和人格特质概括为"指引生活并且使生活更有意义的专长"（Baltes & Smith, 2008; Baltes & Staudinger, 2000, p. 124; Kunzmann, 2016）。

露丝和沃尔特的孙女玛尔奇在上大学时曾经因为个人困境给他们打电话。露丝的建议反映了智慧的上述特征。玛尔奇不能肯定她对男友凯恩的爱能持久，在凯恩到另一个城市上医学院之后，玛尔奇开始与另一个同学约会。"我不能脚踩两只船。我想给凯恩打电话，告诉他史蒂夫的事情。"她大喊道，"您觉得我该这样做吗？"

"现在不是时候，玛尔奇，"露丝劝告说，"在你还有机会搞清楚自己对史蒂夫的感情之前，这样做会伤了凯恩的心。照你的说法，凯恩在这两周里有一些重要的考试。如果你现在告诉他，他会心烦意乱，这会影响他以后的生活。"

智慧——无论其运用于个人问题还是社会、国家和国际问题——都需要那种"深入人内心的巅峰般的洞察力"（Baltes & Staudinger, 2000; Birren, 2009）。毫不奇怪，世界各地的文化都认为，年龄和智慧是密切相关的。在农村和部落社会中，最重要的社会职位，如酋长和萨满巫师（宗教领袖），都是由老年人来担任的。在工业化国家，老年人担任大公司的首席执行官、高等级的宗教领袖、立法机构成员以及最高法院的大法官。怎样解释这种普遍存在的情况呢？根据进化论观点，人类的遗传程序把健康、适应性和力量赋予年轻人。文化则通过老年人的洞察力而抑制了年轻人力量上的优势（Csikszentmihalyi & Nakamura, 2005），以此来确保代际平衡和相互依赖。

在对智慧发展的一项大范围研究中，让20~89岁的成年人对一些不确定的真实生活情境 *601* 做出回答，如你的好朋友要自杀，或者反思你的一生时你发现自己的目标没有实现，你会怎么想、怎么做（Staudinger, 2008; Staudinger, Dörner, & Mickler, 2005）。对这些答案按照智慧的五个成分进行评分：

- 对生活中最基本的问题，包括人的本性、社会关系和情感的了解；
- 应用上述知识做出决定，解决冲突，提出建议的有效策略；
- 根据人们所处生活环境中各方面的要求来评价他们；
- 关切人类终极价值观，如普遍的善、对价值观之个体差异的尊重等问题；
- 意识到并能处置生活中的不确定性——很多问题没有完美的解决方案。

结果显示，年长并不能确保有智慧。在各年龄段都有少数人被划分为智者。但是，生活经验的类型导致了差异。在应对人际问题方面受过大量培训、拥有实践经验的服务业人员，其智慧得分一般较高。而其他得分较高者多处于领导岗位（Staudinger, 1996; Staudinger & Glück, 2011）。如果对年龄和相关生活经验综合考察，在得分最高的20%的人中，老年人显著多于年轻人。

除了年龄和生活阅历，面对并克服逆境，对晚年生活的智慧也有重要影响（Ardelt & Ferrari, 2015）。在一项研究中，被老年服务提供商提名为"有智慧"的中低收入老年人，从应对困难中获得了宝贵的人生经验，包括耐心、毅力、宽恕，以及愿意接受他人的建议和支持（Choi & Landeros,

2011)。一位 30 多岁的参与者因丈夫患癌症去世，成为四个孩子的单身妈妈，她一边做着低工资的助理护士工作，一边还拿到了护理专业的大学学历，她说："很艰难。我的同学给了我很多帮助。当我成为一名护士时，我明白了什么是痛苦，这使我能够更好地与病人沟通。你必须有共情心，能够倾听别人的痛苦和内疚。"(p. 606)

和同龄人相比，具有构成智慧的高品质的认知、反思和慈悲情感的老年人大多受过较好的教育，与他人关系融洽，人格的求新性维度得分较高 (Kramer, 2003)。智慧还与个人成长（作为一个人继续进步的愿望）、生活中的自主性和目标（能够抵抗社会压力，以恰当方式思考和行动）、创造力和对衰老的良好调整有关 (Ardelt & Ferrari, 2015; Wink & Staudinger, 2016)。富有智慧的老年人即使面临身体和认知等方面的困难也会精力充沛。这说明，找到促进智慧的途径，既能造福于人类，又能构建幸福的晚年生活。

五、认知保持与变化的相关因素

17.14　列举老年期认知保持与变化的相关因素

遗传力研究表明，在老年期的认知变化中，遗传对个体差异有一定影响 (Deary et al., 2012)。同时，和中年期一样，精神活跃的生活对于保持认知资源很重要。高于平均水平的教育、经常与家人和朋友接触、引人入胜的工作、兴趣盎然的休闲活动和社区参与，以及灵活的人格特征，可以预测更高的智力测验分数，减缓老年认知衰退 (Schaie, 2013; Wang et al., 2013)。在工业化国家，如今的老年人比以往任何一代人都受到更好的教育。随着越来越多的婴儿潮一代进入老年期，这一趋势将继续下去，老年人的认知机能将得到更好的保持。

如前所述，老年人的健康状况能有力地预测其认知机能。追踪研究发现，即使控制了初始健康状况、社经地位和智力测验成绩，吸烟者、超重和肥胖者认知能力的下降速度仍比不吸烟和体重正常的同龄人更快 (Dahl et al., 2010; Smith et al., 2013)。各种慢性病，包括心血管疾病、糖尿病、骨质疏松症和关节炎，都与认知能力下降密切相关 (O'Connor & Kraft, 2013)。但是我们必须谨慎地解释身体退化和认知退化之间的关系。由于聪明的成年人更可能凭借健康行为推迟重病发作，这种关系可能被夸大。

随着年龄增长，人的认知能力在不同情况下会出现较大波动。这种不稳定性不断增大，尤其是反应速度在 70 岁以后加速下降，并导致认知能力下降，其原因与前额皮层萎缩及大脑机能缺陷等神经生物学迹象有密切关系 (Bielak et al., 2010; Lövdén et al., 2012; MacDonald, Li, & Bäckman, 2009)。这是生命末期大脑退化的信号。

在沃尔特去世的前一年，他身边的人发现，他变得不那么活跃，更沉默寡言，甚至朋友们陪伴在身边时也是如此。**终极衰退** (terminal decline) 指死亡之前认知机能明显而恶化式的衰退。一些调查表明，它只局限于智力的很小范围，其他涉及多种能力的区域只是一般衰退。研究估算的终极衰退的时间长度也有较大差异，从 1~3 年甚至 14 年不等，平均为 4~5 年 (Lövdén et al., 2005; MacDonald, Hultsch, & Dixon, 2011; Rabbitt, Lunn, & Wong, 2008)。一些研究显示，心理健康水平的急剧下降，包括个人控制力和社会参与的减弱与消极情绪的增加，可以预测死亡率 (Gerstorf & Ram, 2013; Schilling, Wahl, & Wiegering, 2013)。这种衰退在 85 岁及以上的人群中尤为明显，与智力衰退或慢性病的关系不大。

也许存在着不同类型的终极衰退：一种是由疾病引起的，另一种则由正常衰老导致的一般生物学崩溃所致。目前可以确定的是，认知表现或情感投入的加速衰退，是活力丧失和死亡临近的标志。

602

六、认知干预

17.15 讨论帮助老年人保持认知能力的干预效果

老年期的大部分时间，认知能力的衰退是渐进的。虽然大脑老化有影响，但回顾前面的讨论，大脑可以通过新神经纤维的生长和其他脑区的参与来弥补，以支持认知机能。此外，一些认知能力的下降可能源于另一些技能的废弃，而不是由于生物学老化。如果发展是可塑的，那么对老年人进行认知策略的干预，至少应该能部分地扭转随年龄增长加剧的认知衰退。

老年人相对保持完好的元认知在训练中可以发挥强有力的作用。例如，大多数老年人都意识到记忆力下降，在面对需要记忆力的情况时感到焦虑不安，并且知道他们必须采取其他措施记住重要的信息 (Blake & Castel, 2016)。他们令人印象深刻的元认知理解也明显体现在他们采取各种办法来克服日常的认知困难。

成人发展与促进项目 (Adult Development and Enrichment Project, ADEPT) 是目前广泛开展的认知干预项目 (Schaie, 2005)。借助西雅图追踪研究中的参加者（见第 15 章边页 524–525），研究者做了其他研究从未做过的事情：评估了认知训练对长期发展的影响。

干预是从 64 岁以上成人开始进行的。其中一些人在过去 14 年里，其两种心理能力（归纳推理和空间定向）的分数一直得到保持，另一些人则出现下降。经过对两项心理测验中的一项进行每次 1 小时、总共 5 次的训练，三分之二的参加者提高了所训练技能的成绩。原来下降组的提高更显著。40% 的人恢复到 14 年前的水平！7 年后的随访表明，虽然这些老年人的成绩有所下降，但他们受训练的技能的成绩仍然高于接受其他技能训练的同龄者。最后，在这一时间点进行的"助推器"训练导致了其后的更多收获，虽然后来的收获不如以前那么大。

在另一项称为"独立而有活力的老年人的高级认知训练" (Advanced Cognitive Training for Independent and Vital Elderly, ACTIVE) 的大规模干预研究中，2 800 多名 65～84 岁的老年人被随机分配到以提高三种能力之一为目标的 10 次训练课程中，这三种能力是加工速度、记忆策略和推理能力，另外还有不接受训练的控制组。结果发现，接受训练的老年人，在所训练技能上，和控制组相比，显示出程度不大的即时优势，但在追踪 5 年后仍有这种优势，追踪 10 年后在加工速度和推理能力方面，这种优势仍然可见。此外，在干预 5 年和 10 年之后，认知训练与执行工具性日常生活活动机能的下降减缓相关，这一结果在加工速度组最显著，其次是推理能力组 (Rebok et al., 2014; Wolinsky et al., 2006)。加工速度的提高也可以预测日常功能的其他方面，包括自我评价的健康状况，抑郁症状减轻，个人过失造成的机动车事故减少，以及放弃驾驶时间的拖后 (Tennstedt & Unverzagt, 2013)。研究者推测，快速加工训练诱发了广泛的大脑激活模式，影响到多个脑区。

显然，老年人的多项认知能力可以经训练得到提高。针对执行机能的小规模研究显示，提供数周的高强度训练后，效果非常明显，尤其是在工作记忆任务方面。另一些研究中，干预效果持续了几个月，并迁移到其他认知技能上，如持续注意力和情节记忆 (Brehmer, Westerberg, & Bäckman, 2012; Grönholm-Nyman, 2015)。一个重要的目标是，把干预活动从实验室转移到社区，使之融入老年人的反复体验中。参与社区艺术活动项目，包括舞蹈、音乐和戏剧排练，在多项认知测量上都有所收获 (Noice, Noice, & Kramer, 2014)。参考本节的"社会问题→教育"专栏，可以看到一个很有"戏剧性"的说明。

把训练的焦点扩大到使老年人相信，持续不断的努力一定有帮助。在培训项目中以自我效能为目标，通过强调老年人的认知潜力，可以提高老年人的自我效能和认知能力 (West, Bagwell, & Dark-Freudeman, 2008)。此外，小组训练方式可以提供独特机会来增强自我效能感（"他们能做到，我也能做到"）和社会支持来使老年人坚持下去 (Hastings & West, 2009)。下一节会讲到，另一种有前途的方法是为老年人提供精心设计、引人入胜的教育体验，其中在丰富的社交背景下的认知训练是不可或缺的一环。

专栏　　　　社会问题→教育

戏剧表演对老年人认知机能的促进

演员面临着艰巨的任务：必须记住大量的台词，并准确、自然地说出来，好像他们说的是真心话一样。难怪演员们最常被问到的问题是："你是怎么学会这些台词的？"

对专业演员的访谈显示，大多数演员并不是像人们想象的那样，靠死记硬背、反复排练来记住台词的。他们关注的是台词的意义。首先，分析剧本中人物的意图，把剧本分解成他们所谓的"小节"——有目标的小对话块。然后，他们把角色的表演划分为一个接一个的目标。当演员回忆起这些连串的目标时，台词就容易记住了 (Noice & Noice, 2006; Noice, Noice, & Kramer, 2014)。例如，一个演员把半页的对话分成三个小节："让（另一个角色）放松"，"开始和他对话"，"奉承／引诱他"。

为了建立各小节的序列，演员们需要深入细致地理解每一句台词。例如，对"也许他爱上了我，但不确定"这句台词，一个演员可能会想出一个不确定的情人的视觉形象，把材料和她自己过去的一段恋情联系起来，使自己的情绪和陈述台词的感情基调相匹配。这就要对台词进行深度的精心加工，并分析小节的目标，从而形成逐字逐句的记忆，而不是死记硬背。

演员对剧本的学习是非常成功的，这使他们在舞台上可以自由地"活在真实中"，专注于通过动作、情感和话语传达真实的意义，同时逐字说出台词。语音与面部表情、语调和肢体语言的多模式整合进一步有助于保持对剧本的记忆。

如果教给老年人表演艺术，让他们参加排练，认真掌握一个剧本，完全沉浸在表演中，他们会从中受益吗？在一个系列研究中，数百名年龄 60~90 岁、社经地位不同的老年人被随机分配到戏剧艺术训练、唱歌课程或无干预控制组中。戏剧艺术训练组的参与者接受每周

这些社区剧团的演员通过专注台词的目的和意义，把台词分解为若干个小节来记住台词。向老年人传授这种剧本学习技巧的干预对认知有很多益处，这些益处在干预结束后至少持续数月。

两次的小组培训，为期一个月，其间他们参与到需要认知能力的表演练习中：分析简短场景的目标，完全专注于表达剧本的意义，并且明确告诉他们，不要死记硬背剧本 (Noice & Noice, 2006, 2013; Noice, Noice, & Staines, 2004)。和唱歌课程组与无干预控制组相比，戏剧艺术训练组的参与者在工作记忆容量、单词和散文回忆、语言流畅性、问题解决能力和执行机能测验中取得了更大的进步。追踪测试显示，认知方面的这些改善在干预结束四个月后仍然明显。

戏剧训练需要高度努力的多模式加工，这可以解释它对认知的作用。fMRI 研究表明，对语义的深度加工大大激活了老年人大脑皮层额叶的某些区域，使神经活动水平接近于年轻人 (Park, 2002)。这些发现为戏剧表演的作用提供了神经生物学支持，说明具有挑战性的多模式加工有助于增强人的记忆。

七、终生学习

17.16　讨论老年期继续教育的类型及其好处

在我们这个复杂多变的世界，老年人需要具　　备的能力与年轻人一样：通过语言和书面文字与

别人进行有效沟通；对信息加以定位、整理和选择；使用估算等数学方法；策划及组织活动，包括恰当地利用时间和资源；掌握新技术；理解过去和现在发生的事件以及每一事件与自己生活的相关性。老年人还需要学习新的、以问题为中心的应对方法，以此来维持健康，管理家务，对那些愿意继续工作的人，还需要学习新的职业技能。

过去几十年，65 岁及以上者参与继续教育的人数大幅增加。成功的项目包括多种多样适合老年人需要的课程，以及适合他们发展需要的教学方法。

1. 项目的类型

一年夏天，沃尔特和露丝参加了附近一所大学举办的"教育游学营"（Road Scholar）。住进宿舍之后，他们和另外 30 位老人在两周时间里每天上午参加有关莎士比亚主题的课程，下午参观兴趣点，晚上在附近的莎士比亚戏剧节上表演戏剧。

604

最近，教育游学营的校园项目及其扩展到世界各地的旅行体验，吸引了超过 10 万名美国和加拿大的老年人。一些项目通过当地生态或民间生活课程利用社会资源。还有一些人关注创新的话题和经历——写自己的人生故事，与编剧讨论当代电影，漂流，学习中国画和书法，或者学习法语技能。通过深入的讲座和专家带领的实地考察，丰富了旅游项目。

类似的教育项目已经在美国和其他地方涌现出来。伯纳德·奥舍尔基金会与美国 120 多所大学合作，在校园里建立了奥舍尔终生学习研究所。每一个项目都为老年人提供了丰富多彩、引人入胜的学习体验，从旁听常规课程到建立解决共同兴趣的学习社区，再到帮助解决社区问题。起源于法国的第三年龄①大学为西欧、英国和澳大利亚的老年人提供大学和社区赞助的课程、专题讲习班和短途旅行，通常由老年人进行教学。

参加上述项目的人往往态度积极，受过良好教育，经济富裕。而受教育程度低、收入有限的老年人中则很少有人参加。社区老年人中心可以提供的与日常生活相关的廉价服务，比老年游学营或第三年龄大学等项目吸引了更多的社经地位较低的老年

活跃、爱冒险的老年人正在探索都柏林的风光、声音、街景和作家、诗人和剧作家的纪念碑，这是老年游学营到爱尔兰旅行计划的一部分。

人（Formosa，2014）。无论课程内容如何，也无论参加的是哪些老年人，采用下页的"学以致用"栏中概括的方法都有助于提高教学效果。

观察与倾听

了解你所在的学院或大学是否有终生学习项目，并参加一个校园活动。你对老年人的复杂学习能力有何观察？

605

2. 继续教育的好处

接受继续教育的老年人报告了各种各样的好处，例如，理解了许多学科的新思想，学习了新技能，丰富了生活，结交了新朋友，开阔了视野（Preece & Findsen，2007）。而且，老年人对自己有了不同的看法。当他们意识到晚年仍然可以从事复杂的学习时，他们就抛弃了对衰老根深蒂固的负面偏见。

老年人学习新知识和技能的意愿在最近他们使用电脑和互联网的迅速增长中表现得很明显。他们现在是接受在线技术人数增长最快的年龄群，因为他们从中发现了许多实际的好处，如网上购物、网上银行、医疗保健管理和人际交流。目前，在 65 岁及以上的成年人中，约有 60% 的人上网，其中大多数人每天都上网。如第 16 章图 16.5 所述，35% 的老年人是社交媒体网站的用户，

---

① "第三年龄"这个术语指中年期"第二年龄"之后的时期，此时老年人从工作和父母责任中脱身，有更多时间投入终生学习。

 学以致用

改进对老年人的教学效果

建议	描述
设置良好的学习环境。	一些老人内化了对其能力的消极偏见，参加学习时自尊较低。在支持性的集体气氛中，教师以同事身份帮助老年人建立学习自信心。
留出充足时间学习新知识。	老年人的学习速度差别很大。把新知识分几节课呈现，或允许按自己的节奏学习，有助于他们掌握知识。
条理清楚地呈现知识。	老年人对信息的条理化不如年轻人那样有效。重点突出、有具体形象并有概括小结的材料有助于记忆和理解。离题的内容会让老年人难以理解。
把知识与老年人的知识经验相联系。	利用老年人的经验并通过生动实例，把新材料与老年人学过的知识联系起来，可以增强回忆效果。
学习环境要适应感觉系统的变化。	保证充足的照明，提供大字体的阅读材料，适当扩音，减少背景噪音，采用清楚、有条理的视觉辅助材料，以补充语言教学，方便信息加工。

主要是脸谱网用户 (Charness & Boot, 2016; Perrin, 2015)。不过，老年人的计算机和互联网使用仍低于年轻人。那些受教育程度和收入较低的人，以及 75 岁以上的人，尤其不愿意使用，因为他们认为技术太复杂，而继续教育可以改变这种态度 (Smith, 2014)。有了耐心的训练、支持，提供适应他们身体和认知需求的设备和软件，老年人就随时可以进入在线世界，并且像年轻用户那样投入和熟练。

未来几十年，随着老年人数量的增加和他们坚持终生学习的权利，老年人的教育需求可能会得到更多关注。一旦发生这种情况，错误的成见——"他们太老了，学不了"或"教育是年轻人的事"——很可能就会减弱，甚至消失。

 思考题

联结 谈谈老年期得以保持和改善的认知机能，哪些因素影响了这些结果？

应用 埃斯特尔抱怨，最近她有两次忘记了两周一次的做头发的预约，并且经常找不到恰当的词汇表达自己的想法。哪些认知变化导致了埃斯特尔的这些困难？她怎样来弥补？

反思 访谈你家里的一位老人，询问他用了哪些选择性最优化补偿的方法，最大限度地利用自己退化的认知资源，举几个例子来说明。

本章要点

第一部分 生理发展

一、预期寿命

17.1 区分日历年龄和机能年龄，并讨论 20 世纪以来预期寿命的变化

■ 人的生物学老化的速度不同，日历年龄只是**机能年龄**或实际行为能力的一个不确切指标。人类的**平均预期寿命**大幅提高，证明环境因素，如改善营养、医疗、卫生、安全等，可以延缓生物学老化的速度。

■ 人的寿命，特别是**平均健康预期寿命**，可以由一个国家的医疗保健、住房、社会服务以及生活方式等因素来预测。在发展中国家，这二者都因贫穷、营养不良、疾病和武装冲突而缩短。

■ 随着年龄增长，平均预期寿命方面的性别

差距缩小，欧裔和非裔美国人间的差距也缩小了。

■ 长寿可在家族中存在，但75~80岁之后，环境因素越来越重要。**最长寿命**是否能达到目前已证实的122岁，科学家们意见不一。

二、身体变化

17.2 描述老年期身体衰退及神经、感觉系统的变化

■ 随着年龄增长，老年人的生理机能逐渐衰退，明显表现在**日常生活活动**或基本的自我照料以及**工具性日常生活活动**方面，这些都是日常生活所必需的。

■ 老年期的神经元减少遍及整个大脑皮层，前额皮层和胼胝体的神经元减少最甚。小脑和海马体的神经元也减少。大脑通过形成新突触进行补偿，并产生少量新神经元。自主神经系统的机能下降，且释放出更多的应激激素。

606

■ 老年人的视力衰退，并可能出现**白内障**或视网膜**黄斑变性**。听力障碍比视觉障碍更常见，言语感知的下降对生活满意度的影响最大。

■ 味觉和气味敏感度下降，食物对老年人的吸引力下降。触觉尤其是指尖敏感度也下降。

17.3 描述老年期心血管、呼吸和免疫系统的变化及睡眠困难

■ 老年期，心血管系统和呼吸系统的能力下降更明显，尤其是在长期吸烟、摄入高脂肪及长期接触环境污染的人群中。参加锻炼能够减缓心血管老化，促进呼吸机能。

■ 晚年的免疫系统功能下降使疾病加重并出现**自体免疫反应**。因此，自体免疫失调的风险增大，应激性感染增多。

■ 老年人的入睡、熟睡和深度睡眠都更困难。在70或80岁前，因为前列腺增生（可导致尿频）和**睡眠窒息**，男性的睡眠问题比女性多。

17.4 描述老年期的外貌和行动能力的变化以及对这些变化的有效适应

■ 衰老的外在表现，如白发、皱纹、皮肤松弛、老年斑和身高体重下降等越来越明显。由于肌肉、骨骼强度及关节灵活性下降，老年人的行动能力减弱。

■ 想要比自己的实际年龄更年轻（而不是自我感觉更年轻），会导致幸福感降低。与问题中心应对策略相关的高度自我控制感，可以改善身体机能。

■ **辅助技术**可以帮助老年人应对身体衰退，保持有效的人与环境的匹配，从而增强心理健康。

■ 对衰老的成见会对老年人的机能造成压力和混乱，而积极印象则会减轻压力并促进身心能力。

三、健康、健身与失能

17.5 讨论老年期的健康和健身以及营养、锻炼和性行为

■ 多数老年人对自己的健康持乐观态度，而且对保持健康有较强的自我效能感。低社经地位的少数族裔老年人在某些健康问题上面临较大风险，他们不相信医保提供者，也不相信自己能够掌控自己的健康。

■ 和成年早期一样，老年期的男性容易患致命疾病，女性容易陷入失能。在工业化国家，主要由于医疗进步和社会经济状况的改善，出现了**疾病期缩短**现象。下一步的进展取决于减少消极生活方式因素。发展中国家则需要全面的策略改进。

■ 老年期饮食缺乏的风险增大，但除了钙和维生素D之外，只建议营养不良的人每天补充维生素、矿物质。锻炼身体即使从老年期开始，也是一种强有力的健康干预手段。

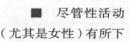

■ 尽管性活动（尤其是女性）有所下降，但多数已婚老年人报告说，他们仍有规律的性享受。

17.6 讨论老年期的身体失能

■ 随着生命的即将结束，疾病和失能增多。心脏病、癌症、呼吸道疾病和中风导致很多人死亡。**初级衰老**导致老年人身体衰弱，而**次级衰老**（遗传缺陷和不良环境因素导致）则起着更大作用。

■ **骨关节炎和类风湿关节炎**在老年人中很常见，尤其是女性。2型糖尿病风险也会增加。

■ 自65岁起，意外伤害死亡率达到历史最高水平，主要是由于机动车事故和摔伤。视觉衰退和

反应减慢是其原因。

17.7　讨论老年期的心智失能

■　**阿尔茨海默病**是**痴呆**的最常见形式，常始于严重的记忆问题，它带来人格变化、抑郁、有目的动作的丧失、理解力和说话能力丧失，直至死亡。这些变化的原因是大脑中大量的**神经原纤维缠结**和**淀粉样斑块**以及神经递质水平下降。

■　家族型阿尔茨海默病与产生有害淀粉样蛋白的基因有关，通常为早发型，进程较快。大约一半的晚发型阿尔茨海默病患者有一种异常基因，导致与脑损伤有关的胰岛素缺乏。

■　多种环境因素，包括高脂肪饮食、缺乏运动、超重和肥胖、吸烟、慢性抑郁、心血管疾病、中风、糖尿病和脑外伤，都会增加患阿尔茨海默病的风险。"地中海式饮食"、受教育和积极生活方式与降低发病率相关。受过良好教育者会形成一种**认知储备**，增加衰老的大脑对损伤的耐受力。

■　遗传因素通过高血压、心血管疾病和糖尿病间接导致**血管性痴呆**。男性由于更容易患心血管疾病，因此比女性发病多。

■　一些可治愈的疾病，如抑郁、药物副作用、社会隔绝等，可能被误诊为痴呆。

17.8　讨论医疗保健对老年人的影响

■　只有一小部分美国老年人被送进了养老院，不到其他西方国家的一半，这些国家对养老院的公共资助更多。虽然存在种族差异，但在西方国家，家人提供的长期照料最多。公共资助的居家帮助和**辅助生活**可以降低住院的高成本，提高老年人的生活满意度。

607　**第二部分　认知发展**

17.9　描述老年期认知机能的整体变化

■　老年期认知机能的个体差异大于一生中的任何时期。老年人通过**选择性最优化补偿**，最大限度地利用他们的认知资源。个人目标越来越强调有保持能力或防止能力丧失。

一、记忆

17.10　老年期记忆有怎样的变化？

■　记忆衰退随着年龄增长而增加，尤其是需要有控制、有策略的加工的**外显记忆**任务。对情景性事件的背景、源起和时间顺序的回忆能力下降。自动记忆形式，如再认和**内隐记忆**，受到的影响较小。**联想记忆缺陷**是老年人记忆困难的普遍特征。

■　与老年人经常报告的情况相反，**长久记忆**并不比近期记忆好。对发生在 10~30 岁的事件的长久记忆最好，这段时期被称为**怀旧高峰**。

■　在实验室中，老年人完成事件性**前瞻记忆**任务比时间性前瞻记忆任务表现更好。在日常生活中，他们可以借助外部的辅助记忆手段来弥补前瞻记忆的下降。

二、语言加工

17.11　描述老年期语言加工的变化

■　语言理解能力在晚年几乎没有变化。随年龄增长的失忆表现在语言生成的两个方面：一是从长时记忆中提取单词，二是在日常对话中想说什么和怎样说出来。老年人通过放慢语速、使用短句子可以弥补。老年人的叙事能力具有优势。

三、问题解决

17.12　老年期问题解决能力有怎样的变化？

■　假设性的问题解决能力在老年期下降。在解决日常问题的过程中，只要老年人认为问题在他们掌控之中且问题重要，就能有效地解决。老年人在健康问题上比年轻人做出更快的决定，经常就日常问题征求别人意见。

四、智慧

17.13　什么能力造就了智慧，年龄和阅历如何影响智慧？

■　**智慧**包括丰富的实践知识，以使生活更长久、更有价值的方式反思和运用知识的能力，情感的成熟性，以及利他主义的创造性。对年龄和解决人际问题的生活经验综合考察，老年人中的智者多于年轻人。面对和克服逆境有助于提高晚年的智慧。

五、认知保持与变化的相关因素

17.14　列举老年期认知保持与变化的相关因素

■　健康、精神活跃的人更容易把认知能力保持到晚年。许多慢性病都与认知能力下降有关。

■　随着年龄增长，老年人的认知表现越来越不稳定。当死亡临近时，通常出现**终极衰退**。

六、认知干预

17.15　讨论帮助老年人保持认知能力的干预效果

■　认知技能培训可以为认知能力衰退的老年人带来明显而持久的好处。以自我效能为目标可以提高认知效果。

七、终生学习

17.16 讨论老年期继续教育的类型及其好处

■ 越来越多的老年人通过大学课程、社区服务和其他项目继续接受教育。参与者获得了新的知识和技能，结交了新朋友，开阔了视野，形成更有能力的自我形象。遗憾的是，低社经地位的老年人接受继续教育的机会很少。

🌼 重要术语和概念

activities of daily living (ADLs) (p. 573) 日常生活活动

Alzheimer's disease (p. 588) 阿尔茨海默病

amyloid plaques (p. 588) 淀粉样斑块

assisted living (p. 593) 辅助生活

assistive technology (p. 579) 辅助技术

associative memory deficit (p. 596) 联想记忆缺陷

autoimmune response (p. 577) 自体免疫反应

average healthy life expectancy (p. 571) 平均健康预期寿命

average life expectancy (p. 570) 平均预期寿命

cataracts (p. 574) 白内障

cognitive reserve (p. 590) 认知储备

compression of morbidity (p. 582) 疾病期缩短

dementia (p. 587) 痴呆

explicit memory (p. 596) 外显记忆

frailty (p. 585) 衰弱

functional age (p. 570) 机能年龄

implicit memory (p. 596) 内隐记忆

instrumental activities of daily living (IADLs) (p. 573) 工具性日常生活活动

macular degeneration (p. 575) 黄斑变性

maximum lifespan (p. 572) 最长寿命

neurofibrillary tangles (p. 588) 神经原纤维缠结

osteoarthritis (p. 585) 骨关节炎

primary aging (p. 585) 初级衰老

prospective memory (p. 598) 前瞻记忆

reminiscence bump (p. 597) 怀旧高峰

remote memory (p. 597) 长久记忆

rheumatoid arthritis (p. 585) 类风湿性关节炎

secondary aging (p. 585) 次级衰老

selective optimization with compensation (p. 595) 选择性最优化补偿

sleep apnea (p. 577) 睡眠窒息

terminal decline (p. 601) 终极衰退

vascular dementia (p. 590) 血管性痴呆

wisdom (p. 600) 智慧

老年期情感与社会性发展

一位熟悉的志愿者为这位86岁高龄的老人送来精心准备的营养快餐，顺便看望她。符合老年人需要和愿望的社会支持可以促进他们的身心健康。

609 **本章内容**

在结婚 60 周年纪念日聚会上，沃尔特的妻子露丝站在他的身旁，他向众位宾客发表感言："即使日子很艰难，我最喜欢的时光还是当下。当我还是个孩子时，我迷上了打棒球。二十几岁时，我爱上了摄影这一行。"沃尔特深情地看了一眼露丝，接着说："当然，我们的婚礼是一生中最难忘的一天。"

他又说道："我们从来没有很多的钱买奢侈品，但是我们找到了寻开心的办法，我们去教堂唱诗班唱歌，去社区剧院演出。后来，西比尔出生了。成为父亲意义重大。现在我又做了祖父和曾祖父。回想我父母和祖父母，看着西比尔、玛尔奇和玛尔奇的儿子杰米尔，我感到一种与上一代和下一代的整体感。"他笑了笑接着说："我们用脸谱网和推特与玛尔奇、杰米尔保持联系！"

沃尔特和露丝坦然地接受了老年期的到来，对长寿这份礼物和亲人们心怀感激。但是，并非所有老年人都有这种平和的心态。沃尔特的哥哥迪克就经常为一些琐事争吵不休，怨气十足。例如："高尔蒂，你为什么要做奶酪蛋糕？没有人过生日时吃奶酪蛋糕。""你知道我们为什么经济上这么困难？路易叔叔不借给我钱维持面包店，所以我不得不退休。"

人生暮年的典型特征是得与失相互交织，而且，开始于人生早期的发展的多方向性得到扩展。一方面，老年期是愉快、宁静的时光，子女们长大成人，一生中该做的事情大多已经做了，生活担子大大减轻。另一方面，它带来了对日益下降的体能的忧虑、令人无助的孤独和对死神临近的恐惧。

本章将探讨，老年人如何协调这些相互对立的影响。虽然有些人感到疲惫和不满，但是多数人能泰然自若地度过这段时期。他们赋予晚年生活以深刻意义，并从家庭、朋友、休闲娱乐、投入社会中受益。我们将看到，个人特征和生活经历怎样与家庭、邻里、社区和社会生活相结合，影响着晚年的情感与社会性发展。

610 🌳 一、埃里克森的理论：自我完整性对绝望

18.1 根据埃里克森的理论，中老年期人格有怎样的变化？

埃里克森理论的人生最后一个心理冲突是**自我完整性对绝望**(ego integrity versus despair)，即一个人怎样看待自己的一生。形成完整感的人觉得自己是完整的、完全的，对自己取得的成就感到满意。他们适应了悲喜交织的生活，把它看作生活中不可避免的一部分，这种悲喜交织来自爱人关系、养育子女、工作、友谊以及社会参与。他们懂得，自己走过的、放弃的以及从未选择的道路，对于塑造其有意义的人生旅途，都是完全必要的。

从全人类大背景的角度看待自己的生命，把它看作一个人与一段历史的偶然结合，这种能力使人产生一种伴随着完整感的平静和满足。就在沃尔特突发心脏病并导致其去世之前的几个星期，他紧紧抓住露丝的手低声说："最后这几十年是最幸福的。"对自己、妻子和子女的平和心境中，沃尔特接受了他的人生，把走过的道路看作必然如此的事情。

一项研究考察了整个成年期社经地位不同的女性样本，结果发现，中年期的繁衍力能够预测老年期的自我完整性。和自我完整性相关的则是更好的心理健康，例如乐观的情绪，更高的自我接受度和婚姻满意度，与成年子女更密切的关系，更多的社区参与，以及在需要时更容易得到他人的帮助 (James & Zarrett, 2007)。正如埃里克森理论指出的，老年人的心理社会成熟带来了更多的满足、爱心、与他人的密切纽带以及对社会持续不断的服务。

一天，沃尔特在浏览报纸的时候，产生了这样的想法："我总能看到这样一些比率：每 5 个人中就有 1 个人得心脏病，每 3 个人中有 1 个人得癌症。但是有一条真理，百分之百的人都要死去。人终有一死，必须接受这个命运。"就在一年前，沃尔特把自己的获奖摄影作品集送给了孙女玛尔奇，这些作品花了他半个多世纪的时间。埃里克森认为，一旦意识到自己完整的生命只是人

埃里克·埃里克森和夫人琼为我们提供了理想的老年期的榜样。他们相濡以沫，对自己的成就感到满意。人们常见他们手牵手一起散步，可见感情之深。

类长河中的一个小水滴，死亡就不再令人痛苦了 (Vaillant, 2002, 2012)。研究支持了这一观点，认为自己已经实现了令自己满意的内心目标的老年人，大多表示能够坦然接受死亡 (Van Hiel & Vansteenkiste, 2009)，而那些强调外在目标、如金钱和地位的人，则害怕死亡的来临。

这一阶段的消极结果即绝望，出现在这样的情况下：老年人觉得自己一生做了很多错误决定，而且人生苦短，找不到一条变通途径来实现自我完整性。因为觉得没有别的机会，绝望的人难以接受死亡的临近，陷入怨恨、失败和失望中。埃里克森指出，这种态度往往表现为对别人的愤怒和蔑视，其实，这是一种伪装的对自己的蔑视。迪克的好争辩、挑剔、把自己的过错推给别人的做法和他懊悔不已地看待自己的一生，都是这种深深的绝望感的反映。

二、老年期心理社会性发展的其他理论

18.2　讨论罗伯特·佩克和琼·埃里克森的老年期心理社会性发展理论以及积极情感和怀旧对老年生活的意义

就像埃里克森提出的成年早期和中年期阶段那样，其他理论家对其老年期的观点也做了阐释和细化。重点是，哪些任务和思想影响着自我完整性的形成和心理健康。

1. 罗伯特·佩克的自我完整性任务和琼·埃里克森的老年卓越理论

根据罗伯特·佩克 (Peck, 1968) 的理论，获得自我完整性必须完成以下三项任务：

- 自我分化：在职业上投入过多的老年人必须凭借家庭、友谊和社区角色来确立自我价值。
- 身体超越：老年人必须凭借认知、情感和社会性方面的补偿，超越身体的局限。
- 自我超越：当同辈人去世时，面对死亡的现实，建设性地付出努力，使年轻一代的生活更安全、更有意义，更满足。

根据佩克的理论，自我完整性要求老年人超越自己的职业、身体和同一性，投身于一个超越自己一生的未来。研究表明，随着年龄增长，身体超越（专注于心理能力）和自我超越（定向于长远未来）都增多了。对女性的一项研究中，一些 80 多岁甚至 90 多岁的老人说，她们比 60 多岁时更安心，她们"接受老年带来的变化"，"已经超越了对死亡的恐惧"，"有一种明确的生活意义感"，"有了要去寻找的新的精神礼物" (Brown & Lowis, 2003)。

埃里克森的夫人琼·埃里克森认为，这些成就代表着超越自我完整性（对自己过去生活的满足感）之后的发展，她称之为**老年卓越** (gerotranscendence)——一种超越自我、亲近过去世代和未来世代、天人合一的宇宙观。根据她自己老年期的经验、对丈夫最后岁月的观察，以及另一些人的工作，琼·埃里克森指出，成功地达到老年卓越境界的人，表现出一种高度的内心平静和满足，他们把很多时间用在平静的反思上 (Erikson, 1998; Tornstam, 2000, 2011)。

但还需要更多的研究来证实这个独特、超然的晚年阶段的存在。研究显示，在逐渐衰老的同时，各种负面生活事件，如健康下降或经济困难，也都与老年人所报告的对宇宙和老年卓越的反思相关。这表明，内心的沉思是老年人用来适应压力重重、难以改变的环境的一种手段 (Read et al., 2014)。除了关注生命的意义，许多老年人继续投身于现实世界——加强与亲密伙伴和朋友的联系，关心时事，参与休闲、志愿者和职业活动。魏兰特 (Vaillant, 2012) 的大学生追踪研究（见第 14 章边页 477）中一名参与者在 80 多岁时再次接受访谈，这名参与者说最近和他的长期伴侣结了婚，并定期在本领域进行有偿的公开演讲。对于接到魏兰特的电话，他说魏兰特很幸运在他休假的那天找到了他！

2. 积极情感

第 13 章曾讨论了成人情感推理能力发展的研究（见边页 458）。其中提到，认知－情感复杂性（意识到积极情绪和消极情绪，并把它们协调为有条理的自我描述）从青少年期到中年期逐渐增高，但是到老年期，随着基本信息加工能力下降，认知－情感复杂性也下降了。

但老年人表现出一种对情感强度的补偿，称为**积极情感** (positivity effect)：与年轻人相比，他们选择性地关注和回忆积极的情感信息，而避开消极信

在中国丽江，一位上了年纪的老人和她女儿一起观看街头表演。老年人选择性地关注情绪上的积极信息而不是消极信息，这有助于他们形成更好的复原力。

611

息 (Hilimire et al., 2014; Mather & Carstensen, 2005)。这种对积极情绪的偏好，在积极情绪刺激的快速 ERP 脑电波反应中表现得很明显，这有助于老年人形成非同一般的复原力。虽然身体衰退，疾病接踵而至，前景不乐观，亲人死亡，但多数老年人保持乐观，享受生活，感到幸福，随着年龄增长仍保持整体的心理健康 (Carstensen et al., 2011; Murray & Isaacowitz, 2016)。

如何解释这种晚年积极情感的上升呢？一种观点认为，老年人丰富的生活经验使他们成为情感自我调节的专家 (Blanchard-Fields, 2007)。例如，在描述人际冲突时，老年人与年轻人相比，更多地使用建设性策略，如表达爱心或退出现场，以化解冲突，防止负面影响持续下去 (Birditt & Fingerman, 2005; Charles et al., 2009; Luong, Charles, & Fingerman, 2011)。当他们无法避免负面经历时，老年人在以情绪为中心的应对（控制内心痛苦）方面尤其有效。一项研究对年龄在 20 多岁到 80 多岁、最近被诊断为结肠癌的患者进行情绪调节测量。结果，与年轻患者相比，60 岁及以上的人认为这种情况的威胁性较低，是一种积极的挑战 (Hart & Charles, 2013)。这些更具适应性的解释能够预测，在接下来的 18 个月里，他们的痛苦迅速减弱了。

除了更强的情绪调节能力，意识到生命余下的时光不多，促使老年人更看重积极的影响 (Schiebe & Carstensen, 2010)。对时光所剩不多的看法，会促使老年人关注当下令人满意的、有意义的经历。我们将在本章的后半部分再次讨论这一发现。

当然，有时候一些老年人确实无法利用自己在调节情绪方面的优势。认知能力下降或长期压力会压倒他们处置负面经历的能力 (Charles & Carstensen, 2014; Charles & Luong, 2013)。第 17 章提到，当遭受巨大而持续的压力时，老年人的负重更甚：老年性心血管和内分泌系统机能的变化可能导致血压和皮质醇水平长期居高不下，不但影响身心健康，而且使压力变得更大。

积极情感是晚年心理社会性方面的一个重要收获。许多研究证实，在 70 多岁、80 多岁的老年人中，高水平的情绪稳定性和幸福感是常态，而不是例外。

3. 怀旧

人们往往认为老年人喜欢怀旧 (reminiscence)，讲自己过去的人和事，并说出相关的思想和情感。确实，广为流传的喜欢怀旧的老年人形象被列入了对老年人的消极成见。这种普遍看法认为，老年人生活在过去，目的是逃避短暂的未来和死亡临近的现实。然而，研究表明，怀旧的总数量没有年龄差异！年轻人和老年人都会出于不同目的而怀旧 (Westerhof, Bohlmeijer, & Webster, 2010)。某些类型的怀旧是积极的、具有适应性的。

本章开头，沃尔特对自己一生中的重要事件做了评论。沃尔特所做的，是一种特殊形式的怀旧，即生活回顾，也就是一个人回忆、反思、重新评价过去的经历，以达到更深刻地自我理解的目标。根据罗伯特·巴特勒 (Butler, 1968) 的理论，多数老年人把生活回顾当作实现自我完整性的一部分。这一观点导致许多治疗师都鼓励老年人回顾生活，谈论过去。一些老年人参加了由心理咨询师发起的生活回顾活动，之后根据他们的报告，其自尊有所提高，生活目的性增强，抑郁感下降 (Latorre et al., 2015; O'Rourke, Cappeliez, & Claxton, 2011)。以生活回顾作为干预措施，还能帮助丧偶的成年人在其情感生活中为死去的亲人找到一个位置，把能量释放到其他人际关系中，重新迈开生活的脚步 (Worden, 2009)。

虽然生活回顾能引发自我意识和自尊感，但是许多自我接纳和生活满意度较高的老年人，很少花时间评估他们的过去 (Wink, 2007)。在几项研究中，研究者问老年人：一生中哪个十年是最好的？结果，10%~30% 的人把老年期几十年中的一个十年看作一生中最美好的时光。成年早期和中年期也得到较高分数，但是把童年期和青少年期选为一生中美好时光的人较少 (Field, 1997; Mehlson, Platz, & Fromholt, 2003)。这一研究结果与普遍流行的看法相矛盾，即老年人希望再回到年轻时代。就像本节的"文化影响"专栏所描述的，工业化国家的当代老年人大多是面向现在和未来的，他们努力寻求着个人成长和自我实现的途径。

显然，生活回顾对于老年期的适应并非必不可少。事实上，以自我为中心、致力于减轻对生活的厌倦并想起过去痛苦事件的怀旧往往与适应不良有关。与年轻人相比，老年人不经常进行这种沉思式的怀旧，喜欢这样做的人往往因沉溺于痛苦的过去而焦虑和抑郁 (O'Rourke, Cappeliez, & Claxton, 2011)。旨在帮助人们专注于积极事件回忆的生活回顾疗法，可以改善心理健康状况 (Lamers et al., 2015; Pinquart & Forstmeier, 2012)。

相反，许多外向的老年人喜欢专注于他人的怀旧，指向的是社会关系，如巩固家庭、朋友的联系，重新唤醒与死去亲人的关系。有时候，老年人，尤其是在人格的求新性上得分较高的人，会进行以知识为基础的怀旧，从过去吸取经验，提出有效的问题解决策略，教育年轻人。这种指向社会的、富于心理刺激的怀旧形式，可以使生活更丰富、更有意义 (Cappeliez, Rivard, & Guindon, 2007)。也许是因为这种深厚的讲故事传统，非裔美国人和中国移民中的老年人比白人老年人更喜欢用怀旧的方式来教育后人了解过去 (Shellman, Ennis, & Bailey-Addison, 2011; Webster, 2002)。

怀旧，无论年轻还是年老，还经常发生在生活转折期。那些刚刚退休、丧偶或者搬新家的老年人，可能想从回忆过去来寻找个人连续感 (Westerhof & Bohlmeijer, 2014)。只要他们不为当前悬而未决的困难而挣扎，怀旧也许能帮助他们重新找到生活的意义感。

---

613 专 栏 文化影响

新型老年期

退休后，儿科医生杰克·麦康奈尔徜徉在湖边和高尔夫球场，也想过一过放松身心的生活，但是这种生活对于精力充沛的 64 岁老人，真是乏味。他越来越渴望更充实的退休生活。他发现，在他居住的舒适、封闭的社区外，有许多园丁、劳工、快餐店员工等为社区服务的人，他们的生活仍然贫困。于是，杰克找了个医疗志愿者的活计，所服务的是一个为没有医疗保险的贫困成年人及其家庭提供服务的免费诊所 (Croker, 2007)。5 年后，69 岁的杰克还在主持一项高性价比的手术治疗项目，参加者有 200 名退休医生、护士和非专业志愿者，他们每年为 6 000 名患者进行治疗。

杰克的例子是对老年期概念的修正，它注入了新的文化含义：老年人越来越多地利用他们摆脱工作和养育子女责任后的自由，去寻求更丰富的个人兴趣和目标。这使他们以各种独特方式回馈社会，为年轻一代树立榜样，以自己有道德、有价值的生活形象，来强化其自我完整性。

长寿、健康的身体，加上经济稳定，给很多当代老年人提供了这样一个活跃而充满机会的生命阶段，导致一些专家认为老年期的一个新阶段已经演变成所谓的**第三年龄** (Third Age)，这个词起源于十多年前的法国，在西欧蔓延，最近传到北美。根据这一观点，第一年龄是童年期，第二年龄是谋生和抚养子女的成年期，第三

年龄从 65 岁到 79 岁或更老，是个人达到完善的时期 (Gilleard & Higgs, 2011)。第四年龄带来的是身体的衰退和对照顾的需要。

健康和经济状况比以往任何一代都好的婴儿潮一代，正满怀着继续取得成就的期望和抱负进入晚年。这有助于我们把第三年龄定义为自我实现和高生活满意度的时期。

但是，比最年长的婴儿潮一代大 10 岁到 20 岁的人，也正处于第三年龄，这是设定新目标和继续大展宏图的阶段，而不是人们所预期的每况愈下的衰老阶段 (Winter et al., 2007)。本章后面会讲到，退休不再是单向的、按年龄分级的事件。相反，许多老年人正过着丰富多彩的生活，从原来的岗位退休，又找到不同的工作施展才干，并且感受到比退休前的工作更大的意义。来看露西尔·舒克拉珀，她小时候梦想当作家，但结婚后，她做了教师，养育了三个孩子。露西尔在 50 多岁的时候出版了六本诗歌和小说，80 岁时出版了她的第一本儿童读物。反思自己的一生时，她说："我的生活超出了我的梦想。"(Ellin, 2015, p. B5)

虽然决策者经常担忧婴儿潮一代会给社会保障和医疗保险带来巨大的负担，但这一大批精力充沛、有公众意识的未来一代老年人可能对经济和社会做出巨大贡献。今天的第三年龄的老年人通过志愿者工作，向全球

露西尔·舒克拉珀从小就梦想成为一名作家，这个梦想直到她60岁从教书岗位上退休后才变成现实。在接下来的20年里，她出版了六本诗歌和小说，80岁时出版了她的第一本儿童读物。

经济贡献了数十亿美元，他们继续参与劳动力市场，做出创造性贡献，并通过现金和其他形式，给他们的家庭

慷慨的援助，他们的付出远远超过他们的所得（见边页631）。

但是，随着中年人角色的淡化和终止，许多渴望改变的老年人获得的变通方案少之又少（Bass, 2011）。社会需要提供更多的志愿者服务、国家服务和其他公共事业服务岗位，从而利用丰富的老年人资源来解决紧迫的问题。美国老年人辅导团向55岁及以上的成年人提供了很多选择，包括辅导儿童学习、向移民教授英语、援助灾民等等，使他们有机会与社区接触。这是朝着这个方向迈出的一大步。

美国大多数60多岁和70多岁的老年人比以往任何时候都有更多的精力和选择，但仍有一些人，尤其是女性和少数族裔，为经济和生活所困，几乎没有机会开始新生活（Cubanski, Casillas, & Damico, 2015）。只有当社会保险、医疗保险和住房政策能够确保所有老年人都有一个舒适的第三年龄时，整个国家才能向前进步。

三、自我概念和人格的稳定性与变化性

18.3　列举老年期的自我概念与人格的稳定方面和变化方面，并讨论老年期的灵性与宗教信仰

追踪研究揭示出，"大五"人格特质从中年期到老年期一直保持稳定（见第16章边页548）。但是，自我完整性的组成部分——整体感、满足感、把自我看成是更大世界秩序中的一部分的自我意象，这些都反映出老年期在自我概念和人格两方面的几个突出变化。

1. 安全而多面向的自我概念

老年人用一生的时间了解自己，使他们的自我概念比过去更安全、更全面（Diehl et al., 2011）。例如，露丝确信自己很独立，做事有条理，有共情心，善于精打细算，征求别人意见，举办晚宴，还能看准什么人值得信任、什么人不值得信任。如果让年轻人和老年人用记忆中的几件事为生命下定义，65~85岁的人更可能提到具有共同主题的事件，例如人际关系或个人独立的重要性，并解释这些事件之间的关系（McLean, 2008）。虽然老年人的身体、认知和职业都发生了变化，但他们心目中的

自我一直是连贯的、一致的。露丝幽默地说："我知道我是谁。我有足够的时间去弄清楚！"

露丝自我概念的确定性和多面向特征可以补偿她未曾涉足、没有掌握或不再能做得像从前那样好的领域所缺少的技能。结果，这使她做到自我接纳，这是自我完整性的重要特征。在一项研究中，让德国的老年人（70~84岁）和更高龄者（85~103岁）回答"我是谁"的问题，参加者提到的领域五花八门，包括兴趣、爱好、喜欢社交、家庭、健康和人格特质。两个年龄组的老人所说的积极自我评价都多于消极自我评价（Freund & Smith, 1999）。而积极、多面向的自我定义可以预测心理健康。

由于未来时日不多，80多岁和90多岁的老年人，大多在健康、认知机能、人格特质、人际关系、社会责任感和休闲娱乐等方面，继续提到并积极追求希望的自我（Frazier, 2002; Markus & Herzog, 1991）。在担忧的自我方面，对身体健康的担忧比中年期更突出。

614

在老年期，可能的自我也得到很好的组织。德国这些70~103岁老年人提到的内容在4年后的随访中，多数人删除了一些可能的自我，并以新的自我取代 (Smith & Freund, 2002)。虽然未来的期望随着年龄增长而变得更适度而具体（"每天散步30分钟"而不是"身体更好"），但老年人通常会采取措施来实现他们的目标。而从事有希望的活动与生活满意度的提高和寿命的延长有关 (Brown, 2016b; Hoppmann et al., 2007)。显然，老年期并不是退出未来计划的时期！

2. 亲和性、接受变化和求新性

在老年期，人格特质发生了变化，再次挑战了对老年人的成见。老年期并不是人格必然僵化和士气低落的时期。相反，灵活、乐观的生活态度相当普遍，它促成了面对逆境时的复原力。

追踪研究表明，老年人在70多岁时在亲和性方面略有提高，此时他们显得更加慷慨、顺从和温厚。然而，80岁以后，亲和性逐渐下降，因为面临身体和认知方面越来越多的挑战 (Allemand, Zimprich, & Martin, 2008; Mõtus, Johnson, & Deary, 2012; Weiss et al., 2005; Wortman, Lucas, & Donellan, 2012)。亲和性似乎是健康的成年人特征，亲和的人，哪怕生活不完美，他们也强调积极的一面。

同时，老年人的外向性特征随着年龄增长而下降，这反映了由于老年人对人际关系的选择性增强，社交面越来越窄。这一趋势在后面还要提到。老年人的求新性也趋于下降，这是由于他们意识到自己认知能力不如从前 (Allemand, Zimprich, & Martin, 2008; Donnellan & Lucas, 2008)。但是，从事具有认知挑战性的活动，可以促进求新性！在一项研究中，60~94岁的人参加了为期16周的推理能力认知训练，其中包括很难解但很有趣的谜题。在该实验中，受过训练的实验组在推理和求新性方面都表现出稳定的增长，明显胜过未经训练的控制组。持续参与智力活动似乎能促使老年人把自己看作更开放的人 (Jackson et al., 2012)。而求新性反过来又可预测对智力刺激的追求，从而有助于增强认知机能。

老年期的另一个发展是对变化的接受性更强，这是老年人经常提到的反映其心理健康的一个重要特质 (Rossen, Knafl, & Flood, 2008)。当问到生活中有哪些不满意的地方时，很多老年人回答，他们对任何事都没什么不满意的！对变化的接受性还体现在老年人能有效地应对失去亲人的痛苦。接受这些不可控的曲折和反复的能力，对老年期的适应机能非常重要。

多数老年人都具有一定的复原力，在逆境中得以恢复——特别是如果他们在生命早期曾经有过这样的经历。他们的积极生活态度促进了他们的复原力，使他们免于被压力击倒，并保护了有效应对所需的身心资源 (Ong, Mroczek, & Riffin, 2011)。神经质得分高的只是少数人，他们情绪消极，脾气暴躁，事事不如意，这些人对压力的应对很差，并有患病和早死的风险 (Mroczek, Spiro, & Turiano, 2009)。

3. 灵性与宗教信仰

老年人是怎样做到一方面接受衰老和丧失，一方面又感到自我的完整和完全，并平静、镇定地面对死亡的？一种可能性，与琼·埃里克森和佩克所说的老年超越观相一致，是他们身上具备一种成熟的灵性，一种对生活意义的振奋人心的力量。但是对很多人来说，宗教提供的是引导人们寻求意义的信念、象征物和仪式。

老年人赋予宗教信仰和行为以很大的价值。根据美国一项全国代表性样本调查，65%的65岁及以上的老年人认为，宗教在自己生活中非常重要，16%的人认为相当重要。近一半的人报告说，每周至少参加一次宗教活动，这个比例在所有年龄组中是最高的 (Pew Research Center, 2016c)。类似的横断趋势在伯利兹、德国、印度、俄罗斯和多哥等不同国家也存在 (Deaton, 2009)。虽然健康和出行的困难减少了老年人参与有组织的宗教活动的机会，但随着年龄增长，老年人一般会变得更加虔诚或更具灵性。

然而，晚年对宗教信仰的重视通常只是适度的，并不是全球化的。追踪研究显示，很多人在整个成年期都表现出宗教信仰的稳定性，另一些人则走上各种不同的路径——以不同程度上升或下降 (Ai, Wink, & Ardelt, 2010; Kashdan & Nezleck, 2012; Krause & Hayward, 2016; Wang et al., 2014)。例如，英国一项长达20年的追踪研究显示，20年

615

后，四分之一的老年人说，他们已很少参加宗教活动，一些人说他们这样做的原因是，在困难时刻，如亲人离世，他们得不到所在宗教机构的支持 (Coleman, Ivani-Chalian, & Robinson, 2004)。

尽管有这些变化，但灵性和信仰在老年期会达到一个更高层次——离开有既定规定的信仰，转向一种更加深思熟虑的方式，强调与他人的联系，更宽容地看待神秘和不确定性。根据詹姆斯·福勒的信仰发展理论，成熟的成年人形成新的信仰，认识到自己的信仰只是很多种世界观的一种；他们思考宗教象征物和仪式的深层意义，以开放态度对待其他宗教观点，把它作为灵感的来源；成年人，尤其是老年人，会以更开阔的视野看待符合全人类需要的共同利益 (Fowler & Dell, 2006)。例如，作为对天主教的补充，沃尔特对佛教产生了浓厚兴趣，尤其是佛教主张的通过控制欲念，不伤害人，抵制世俗诱惑，进入平静的极乐世界。

同时参加有组织的和非正式的宗教活动，在低社经地位的少数族裔老年人中非常多，其中包括非裔、拉美裔和美国原住民群体。在非裔社区，教堂不仅提供一个理解生活意义的环境，而且是一个以改善生活条件为目的的教育、卫生、社会福利和政治活动中心。非裔老年人把宗教视

这位上了年纪的教区居民向他的教会牧师寻求建议。对许多老年人来说，宗教信仰增强了他们应对生活困难、减少痛苦和提高生活质量的能力。

作家庭以外社会支持的重要来源，是应对生活压力和身体衰弱的内部力量 (Amstrong & Crowther, 2002)。和白人老年人相比，非裔老年人更多地报告说，他们觉得自己更接近上帝了，并通过祈祷来战胜生活中的困难 (Krause & Hayward, 2016)。

老年期的女性和早期年龄阶段一样，比男性更多地认为宗教对她们非常重要，更可能参与宗教活动，也更可能追求个人与神灵的联系 (Pew Research Center, 2016c; Wang et al., 2014)。女性的高贫困率，很多人寡居，还要照顾患慢性病的家人，使她们背负更大的压力和焦虑。与少数族裔女性一样，她们从宗教中寻求社会支持，从社会大视野来看待生活中的困难。

参与宗教活动的好处很多，可以增进身体健康和心理健康，把更多时间投入锻炼身体和休闲活动，与家人、朋友的亲密感增强，繁衍力（关爱他人）更大，生活意义感或目的感更强 (Boswell, Kahana, & Dilworth-Anderson, 2006; Krause, 2012; Krause et al., 2013; Wink, 2006, 2007)。追踪研究证明，在控制了家庭背景、健康、社会与心理因素之后，参与有组织的和非正式的宗教活动，可以预测较长的寿命 (Helm et al., 2000; Sullivan, 2010)。

但是，宗教中的哪些方面导致了老年生活的差异，并不十分清楚。一些研究发现，宗教活动，而不是宗教信仰或成为宗教社团成员，与消极生活事件（如配偶死亡）后的痛苦减弱相关 (Kidwai et al., 2014; Lund, Caserta, & Dimond, 1993)。研究者发现，参与宗教活动及其带来的社会参与对此产生了影响。另一些证据说明，在信仰宗教的老年人中，对上帝力量的信仰在老年期得到加强，这有助于减轻痛苦，提高自尊、乐观态度和生活满意度，在低社经地位的少数族裔中尤其如此 (Hayward & Krause, 2013b; Schieman, Bierman, & Ellison, 2010, 2013)。他们与神的个人关系似乎能够帮助他们应付生活中的困难。

四、环境对心理健康的影响

18.4　讨论控制对依赖、身体健康、消极生活变化和社会支持对老年人心理健康的影响

本章和前一章已经讲到，多数老年人能较好地适应晚年生活。但有少数老年人感到依赖、无

能和无价值。查明个人和环境因素对老年期心理健康的影响，对于设计干预方案、促进老年人的

良好适应非常重要。

1. 控制对依赖

露丝 80 多岁时，由于其视力、听力和行动能力下降，西比尔每天都要来她家帮助料理生活，做家务。母女在一起相处的几个小时，西比尔与露丝的互动往往是露丝请求她帮助做一些日常杂事。当露丝能自己做时，西比尔就退在一旁。

通过观察家庭和机构中人们与老年人的互动，研究者发现了两种可预测的、互补的行为方式。第一种称为**依赖-支持型** (dependency-support script)，老年人的依赖行为马上会得到帮助。第二种是**独立-忽视型** (independence-ignore script)，老年人的独立行为往往被忽视了。注意，这两种行为方式都无视老年人的能力，在出现独立行为时，强化了依赖行为。甚至像露丝那样能够自立的老年人也并不总是拒绝西比尔不必要的帮助，因为那能给她带来社会接触 (Baltes, 1995, 1996)。

对那些日常活动不觉困难的老年人，与别人互动的机会和他们对日常生活较高的满意度相关。相反，对那些无法自理的老年人，社会接触与较差的日常生活状态相关 (Lang & Baltes, 1997)。这

这位 80 岁的墨西哥老人让她的儿子帮忙购买食品杂货，会不会使她变得过于依赖别人？不一定。只要老年人控制好哪些事情需要依赖，哪些事情不需要，他们就能够为更重要的事情保留体力。

表明，社交互动可以帮老年人照顾身体、做家务事，但这种打杂跑腿的事情往往是无意义和不值得的，甚至会贬低别人，令人不快。老年人对照顾的负面反应会导致持续的抑郁 (Newsom & Schulz, 1998)。但是，来自他人的帮助是否会破坏幸福感，还要看其他因素，比如给予帮助的社会文化背景、提供帮助的质量以及照料者与老年人的关系。

为什么家人和其他照顾者的反应方式会导致老年人过度依赖？认为老年人被动无能的成见似乎发挥了作用。在阅读可以引发这些成见的文章（把老年人描绘成无能的人）后，老年人会做出更多的求助行为 (Coudin & Alexopoulos, 2010)。

在非常看重独立性的西方社会，许多老年人害怕放弃控制权和依赖他人。对于那些特别希望自我决定的人来说尤其如此 (Curtiss, Hayslip, & Dolan, 2007)。随着身体和认知能力下降，允许老年人自由地选择他们希望做的事情，有助于保持其自主性 (Lachman, Neupert, & Agrigoroaei, 2011)。通过这种方式，他们可以使用第 17 章讲过的选择性最优化补偿策略，做自己选择的高价值活动，来保存力量。

研究证实，个人控制感在晚年会减弱 (Kandler et al., 2015; Lachman, Neupert, & Agrigoroaei, 2011)。但是，尽可能多地保持控制力，有助于老年人更长时间地保护自己的健康。对 1 600 名德国成年人的全国代表性样本的追踪研究显示，那些表达了高度控制感（能够确定发生在他们身上的大部分事情）的人，在离世前三年中报告了更高的生活满意度 (Gerstorf et al., 2014)。相形之下，多数人的幸福感在最后几年急剧下降。

来看老年人在弥补退化机能的同时，用什么办法来优化自己的机能。他们适应性地调整自己的个人目标，选择那些能保持活跃和自我决定的目标，修正一些目标以适应自己退化的能力，并脱离那些力所不及的目标，转向力所能及的目标 (Heckhausen, Wrosch, & Schultz, 2010)。老年人用这些办法，沿着自己的生活方向，尽力保持积极的行动力。如果家庭和照料环境支持他们的努力，多数老年人都是有复原力的，直到晚年都能保持乐观、自我效能、目标感和克服障碍的投入感。

为了帮助老年人充分利用其能力来追求自己的目标，应创造有效的**人与环境适配性 (person-environment fit)**——把人的能力和生活环境需求进行良好匹配，有助于促进适应性行为和心理健康 (Fry & Debats, 2010)。当一个人不能最大限度地利用自己的能力从而变得对外过度依赖时，他们就会感到厌倦和被动。如果环境的要求太高而得到的帮助太少，他们就会感受到压倒性的困难。

617 2. 身体健康

第 16 章讲到，身体健康能够有力地预测心理健康。身体衰退和慢性病是晚年抑郁症的最强风险因素 (Whitbourne & Meeks, 2011)。尽管老年人患抑郁症的人比年轻人和中年人更少（见第 17 章），但随着年龄增长、身体机能衰弱导致个人控制力减弱和社会隔绝增加，老年人深深的绝望感会上升。但与实际的身体局限相比，*知觉的消极健康状况*更能预测抑郁症状 (Verhaak et al., 2014; Weinberger & Whitbourne, 2010)。这有助于解释社经地位较高的老年人身体疾病与抑郁之间的相关更明显 (Schieman & Plickert, 2007)。由于他们的健康状况一直较好，所以他们可能会经历更意想不到和更大的身体局限。

身体健康和心理健康问题之间的关系可能会演变为一种恶性循环，相互加剧。对 15 个国家进行的研究显示，各年龄段的成人报告说，心理健康问题比身体失能更影响日常生活活动，包括做家务和社交生活 (Ormel et al., 2008)。有时，沮丧和"放弃"会引发一个年老体弱的人身体更快地衰退。这种螺旋式下降因住进养老院而加剧，因为养老院的生活导致对日常生活的控制减少，与家人和朋友的距离更远。只需入院几个月，许多入住的老年人就会认为，他们的生活质量已经严重恶化，变得严重焦虑和抑郁。疾病的压力、养老院的制度化生活以及不断恶化的身心健康问题和死亡率相关 (Miu & Chan, 2011; Scocco, Rapattoni, & Fantoni, 2006)。

老年抑郁症往往是致命的。85 岁及以上的人在所有年龄段中自杀率最高（见本节"社会问题→健康"专栏）。是什么因素使露丝这样的老年人能够阻断身体缺陷和抑郁之间的关系，始终保持知足的心态？本章和前几章讨论的个人特征，如乐观、自我效能感和有效的合作，非常重要 (Morrison, 2008)。但是对于虚弱的老年人来说，要让他们表现出这些特征，家庭和照顾者必须避免采取依赖 – 支持型照顾方式，而要鼓励他们的自主性。

遗憾的是，一些老年人，即使住进养老院，也得不到他们所需要的心理健康护理。美国住进养老院的人，抑郁症和其他心理健康问题普遍存在 (Hoeft et al., 2016; Karel, Gatz, & Smyer, 2012)。超过一半的美国养老院的老人没有接受常规的心理健康干预。

3. 消极生活变化

露丝失去了死于心脏病的沃尔特，又要照料因阿尔茨海默病病情恶化的伊达，自己身体还有病，这一切都是在短短几年内发生的。老年人身处一系列消极的生活变化风险中，如丧偶、患病和身体失能、收入下降、依赖性增强等等。消极生活变化对每个人来说都是困难的，但是它给老年人造成的压力和抑郁要少于年轻人 (Charles, 2011)。许多老人已经学会了应对艰难时光，他们把晚年生活中的消极变化看作常见的和预料之中的，并且把丧失看作人的存在的一部分。

不过，消极变化的不断积累也考验着老年人的应对技能。在非常高龄的时候，这种变化的程度，女性比男性更大。75 岁以上的女性结婚的可能性极小，收入更低，遭受更多病痛，尤其是行动不便。此外，老年女性经常说，别人依靠她们的照顾和情感支持。她们的社会关系，即使在非常高龄时，也可能是一种压力源 (Antonucci, Ajrouch, & Birditt, 2008)。而且由于身体衰弱，老年女性无法再满足别人让她们照顾的需求，这种情况与长期的严重痛苦相关 (Charles, 2010)。因此，高龄女性报告的心理健康程度比男性低也就不足为奇了 (Henning-Smith, 2016)。

4. 社会支持

在老年期，社会支持继续对缓解压力、促进身心健康发挥作用。拥有社会支持可以延长寿命 (Fry & Debats, 2006, 2010)。它还可以解释前面讲过的宗教参与和生存之间的关系。一般来说，老

专栏

社会问题→健康

老年人自杀

老伴去世后，阿贝退出了生活圈，大部分时间都一个人度过。外孙出生后，阿贝时常带着沮丧的神情去女儿家看望。"外公，看看我的新睡衣！"一次，阿贝的外孙托尼招呼他，但阿贝毫无反应。

阿贝 80 多岁的时候，出现了痛苦的消化困难。他的抑郁加深了，但他拒绝去看医生。他的一个女儿恳求他去治疗，他说："不需要。"女儿请他参加外孙托尼 10 岁的生日聚会，阿贝回信时写道："也许会去，如果能活到下个月的话。"两周后，阿贝死于肠梗阻。发现他时，他躺在客厅的椅子上，他经常在那里度过时光。虽然这么说令人惊讶，但阿贝的自我毁灭行为其实是一种自杀。

1. 老年人自杀的相关因素

在世界上大多数国家，自杀率随着寿命的延长而增加，虽然有地区差异，但其中老年人的自杀风险最大。第 16 章讲过，美国的特点是中年期自杀率急剧上升（见边页 546）。此后，自杀率趋于平稳或略有下降，从 75 岁再次上升，到 85 岁及以后，自杀率略微超过中年期（American Foundation for Suicide Prevention, 2016）。

过去几年，美国老年人自杀率上升了 15%，这一趋势（和中年期一样）主要由白人男性造成。此外，老年自杀的性别差异扩大：美国老年男性自杀人数是女性自杀人数的近 10 倍（Centers for Disease Control and Prevention, 2016d）。与人口占多数的白人相比，美国少数族裔老年人的自杀率较低。

怎样解释这些差异？尽管女性患抑郁症的比例较高，但老年女性与家人和朋友的关系更密切，更愿意寻求社会支持，更虔诚地信仰宗教，使得许多人不愿自杀。大家庭和宗教社团提供的高水平社会支持可以防止少数族裔老年人自杀（Conwell, Van Orden, & Caine, 2011）。在一些特定群体中，比如阿拉斯加原住民，对老年人的尊重和信赖可以增强他们的自尊和社会融合能力。这减少了该群体中的自杀，而且 80 岁以后几乎不存在自杀（Herne, Bartholomew, & Weahkee, 2014; Kettl, 1998）。

老年人自杀未遂比较罕见。青少年和年轻人尝试自杀与完成自杀之比高达 200:1，而老年人则为 4:1 或更低（Conwell & O'Reilly, 2013）。如果老年人想死，他们就会

美国老年人，尤其是白人男性的自杀率最近有所上升。大多数晚年自杀源于严重影响舒适和生活质量的疾病。社交隔绝会进一步增加自杀风险。

真的去死。

对自杀事件报告不全的现象，各个年龄段都有，其中老年期更常见。许多老年人像阿贝一样，会采取间接自毁行为，他们生病不看病，拒绝吃东西，拒绝吃药，却很少被归为自杀。在养老院这类机构，用这种方法加速死亡的现象比比皆是（Reiss & Tishler, 2008b）。结果是，老年人自杀者比统计数字多得多。

两类事件会引发老年期的自杀。一是生活中丧失某种东西，例如从受人尊敬的职位退休、丧偶或与社会隔绝，使那些难以应对变化的老年人面临持续抑郁的危险。而多数自杀由第二类事件引起，即导致身体机能严重下降和剧烈疼痛的慢性病和晚期疾病（Conwell et al., 2010）。由于生活舒适度和生活质量下降，老年人的绝望和无助感不断加深。

轻度认知机能下降，尤其是执行机能下降，使一些人容易受冲动和问题解决能力差的影响，一旦遇到丧失事件或大病，自杀风险就会增大（Dombrovski et al., 2008）。痴呆也与自杀有关，特别是在被确诊为痴呆后不久（Haw, Harwood, & Hawton, 2009）。

如果一个生病的老人身处社交隔绝状态——独自生活或住在员工流动性高、护理人员支持少、个人控制日常生活机会少的养老院，自杀概率会更高。欧洲

国家的自杀率较低，那里的老年人更多地与家人住在一起 (Yur'yev et al., 2010)。此外，如果患病的老年人认为自己成为家庭负担，自杀的风险也会上升 (Yip et al., 2010)。

2. 干预和治疗

老年期自杀的先兆与成年早期类似，例如，说一些有关死亡的话，显得沮丧，睡眠和进食发生变化。但是家人、朋友和医护人员也必须关注老年人的间接自毁行为，例如拒绝吃饭和治疗。

如果想自杀的老年人处于抑郁状态，那么最有效的治疗方法是抗抑郁药物结合行为疗法，包括帮助他们应对角色转换，如退休、丧偶和疾病带来的依赖性。一些扭曲的思维方式（"我老了，对困难我无能为力"），必须加以反驳和纠正。和家人会面，一起想办法减轻孤独感和绝望，也有帮助。

社会已开始认识到预防措施的重要性，例如，全社会对风险因素的筛查，帮助老年人应对生活过渡的项目，开设电话热线，由训练有素的志愿者提供情感支持，由机构安排定期家访或用电话呼叫的"好友热线"等 (Draper, 2014)。但是到目前为止，这些努力对女性的益处远大于男性，因为女性更有可能告诉医护人员有关抑郁等高风险症状，并利用社会资源。

老年人自杀提出了一个有争议的伦理问题：患不治之症者是否有权结束自己的生命？我们将在第 19 章探讨这一话题。

年人是从家人那里获得非正式帮助的，首先是配偶，如果没有配偶，就是子女，之后是兄弟姐妹。如果这些人都没有，其他亲戚朋友会来帮忙。

许多老年人非常重视独立，除非他们能给别人回报，否则他们不希望得到别人太多的帮助。一项调查发现，向朋友和亲戚提供无形的帮助（如跑腿、开车拉东西或照看孩子）和向配偶提供情感支持，比接受社会支持更能降低死亡率 (Brown et al., 2003)。当帮助过度或无以回报时，往往会干扰自我效能感，放大心理压力 (Warner et al., 2011)。也许出于这个原因，成年子女往往能对年迈父母表达一种比父母期望的更强烈的责任感（见第 16 章边页 555）。正式的支持，如有偿家庭帮佣或机构提供的服务，作为非正式援助的补充，不仅有助于减轻照顾负担，而且可以防止使老年人对亲人过度依赖。

少数族裔的老年人不太愿意接受正式的帮助。但是，如果家庭佣工与熟悉的邻里组织，尤其是教会有联系，他们就愿意接受帮助。虽然非裔美国老年人说自己更多地依靠家庭而不是教会的帮助，但是在这两种情况下都接受了帮助并承担了有意义角色的人，其心理健康状况最好 (Chatters et al., 2015)。与白人相比，定期去教堂的非裔老年人更愿意给予和接受各种形式的社会支持，这一差异主要是由黑人教徒之间更紧密的社交网络、共同的价值观和目标所致 (Hayward & Krause, 2013a)。但是来自宗教会众的支持对所有背景的老年人都有心理上的好处，也许是因为宗教组织的温暖氛围培养了一种社会认同感。

总之，为了获得社会支持以促进幸福感，老年人必须自己控制它。凡是自己不想要、不需要、或夸大自己弱点的帮助，都会导致人与环境的不适配，损害心理健康；如果现有的能力被废弃，则会加速身体失能。反之，能够提高自主性的帮助可以让人竭尽所能做自己能做的事，并导致个人成长，提高生活质量。这些发现说明，知觉到的社会支持（知道在需要时能够依靠家人或朋友）与失能老人的积极生活态度有关，而家庭和朋友提供帮助的多少几乎没有影响 (Uchino, 2009)。

除了各种类型的帮助，老年人还可从那种提供情感、肯定其自我价值和归属感的社会支持中受益。外向的老年人更可能利用与他人交往的机会，减少孤独和抑郁，培养自尊和生活满意度 (Mroczek & Spiro, 2005)。下一节会讲到，老年期良好的社会关系与接触的多少几乎没有关系。高质量的人际关系，包括善意、鼓励、尊重和亲密情感的表达，对晚年的心理健康影响最大。

思考题

联结　为什么了解老年人对自己处境包括身体变化（见第 17 章边页 579）、健康、消极生活变化和社会支持的看法是重要的？多数老年人的知觉怎样促进了他们的心理健康？

应用　85 岁的米丽亚姆要花很长时间来穿衣服。她的家庭保姆琼说："从现在起，我不在，你就别自己穿衣服。我能帮你，穿衣服用不着这么长时间。"琼的方法对米丽亚姆的人格有何影响？你有什么别的方法？

反思　在你认识的老年人身上，有什么符合第三年龄的特点？请说明。

五、社会大环境的变化

18.5　描述疏离理论和活动理论的局限性，并解释连续性理论和社会情感选择理论的新观点

18.6　社区、邻里和居住条件如何影响老年人社会生活和适应？

沃尔特和露丝友善外向的人格使很多家人和朋友都来登门寻求帮助，他们也会去找别人帮忙。而迪克执拗的个性则使他和高尔蒂多年间只有一个狭小的社交关系网络。

前面讲过，外向的人（像沃尔特和露丝）比内向和社交技能低的人（像迪克）人际互动更广泛。不过，横断研究和追踪研究表明，每个人社交网络的规模和社会交往的数量都是逐渐减小的 (Antonucci, Akiyama, & Takahashi, 2004; Charles & Carstensen, 2009)。这一发现似乎是一个有趣的悖论：如果社会交往和社会支持对心理健康非常重要的话，老年人怎么可能在交往减少的情况下，对生活感到满意，抑郁水平又比年轻人低呢？

1. 老年社会学理论

社会学理论对老年人社会活动的变化做出了解释。两个比较老的理论，即疏离理论和活动理论，以相反的方式对社会交往的减少做了解释。

根据疏离理论，老年人的活动水平降低，与人互动减少，在等待预期的死亡中专注于自己的内心生活 (Cumming & Henry, 1961)。然而，很明显，大多数老年人并没有脱离社会！许多人仍在做一些工作，一些人获得了新的威望和权力（见第 17 章）。另一些人则在他们的社区中承担新的、有益于社会的角色。

为了克服疏离理论的缺陷，活动理论提出，老年人社交互动减少的原因并不是他们不愿意交往，而是不方便参与社会交往。当老年人失去某些角色和关系（例如，由于退休或丧偶）后，他们会寻找其他角色，使自己保持活跃，这是促进生活满意度的条件 (Maddox, 1963)。但是，在健康状况受到控制的情况下，拥有一个很大的社交网络，参与很多社交活动，并不一定能使老年人更快乐 (Charles & Carstensen, 2009)。前面讲过，人际关系的质量而不是数量，才能预测老年期的心理健康。

晚近的两个流派——连续性理论和社会情感选择理论，认为老年人的社会参与受到晚年心理变化和社会环境的双重影响。因此，它们能对更广泛的研究结果做出解释。

（1）连续性理论

根据**连续性理论** (continuity theory)，多数老年人努力维持一种个人系统——个人同一性和一系列的人格特征、兴趣、角色和技能，通过保持自己的过去和可预见的未来的一致性，来增进生活满意度。这种保持连续性的努力并不等于说，老年人的生活是一成不变的。相反，老年带来了不可避免的变化，但多数老年人都把这些变化整

合进连贯、一致的生活道路中，使压力和破坏减至最小。他们尽可能选择采用熟悉的技能，与熟人一起参加熟悉的活动，这种偏好给他们的生活提供了安全感。

对老年人日常生活的研究确证了他们平日的追求和人际关系具有高度的连续性。多数人平时来往的朋友家人与参与的工作、志愿者活动、休闲和社交活动都相当稳定。即使发生变化（如退休），他们也会延续原来的生活方向，参加的新活动也大多在熟悉的领域。例如，一位退休的儿童书店经理与朋友合作建了一个儿童图书馆，并把它捐给了国外的孤儿院。一位小提琴演奏员因为患关节炎，不能拉琴了，于是把爱好音乐的朋友们聚在一起欣赏和谈论音乐。连续性理论的提出者罗伯特·阿奇利 (Atchley, 1989) 指出，"大多数老年人的日常生活就像一部长长的、即兴创作的戏剧，其中……变化大多只是揭开了新的一幕，而不是换了一个新剧目" (p. 185)。

老年人对连续性的依赖确有好处。与熟人一起做熟悉的事，可以提供重复练习，使他们保持身体与认知机能，促进自尊和掌控感，肯定其同一性 (Finchum & Weber, 2000; Vacha-Haase, Hill, & Bermingham, 2012)。投入长期建立的亲密关系可以提供舒适、愉快的社会支持网络。此外，努力保持连续性对实现埃里克森所说的自我完整性也非常重要，因为这种完整感靠的是个人历史感的保持 (Atchley, 1999)。

当我们探寻老年的社会背景和人际关系时，会看到很多实例，老年人怎样利用连续性把老年积极地体验为一个"平缓的下坡"。我们也呼吁社区能够帮助老年人这样做。正如我们的讨论所揭示的，当老年人对活动和生活方式之偏好的预期的连续性受到严重破坏时，他们最难适应老年生活。

（2）社会情感选择理论

一个人随着年龄增长，其社交网络在保持连续性的同时，是怎样逐渐变小的？**社会情感选择理论** (socioemotional selectivity theory) 认为，晚年的社交互动扩展了一生的选择过程。在中年期，婚姻关系加深，兄弟姐妹间的关系愈加亲密，朋友数量减少。到老年期，人们与家人和朋友的联系会持续到 80 多岁，之后逐渐减少，只和一些非常亲密的朋友保持联系。如图 18.1 所示，从中年期到老年期，与不太亲密朋友的关系急剧下降 (Carstensen, 2006; English & Carstensen, 2014; Wrzus et al., 2013)。

621

怎样解释这些变化？社会情感选择理论认为，老年的生理和心理方面导致了社会交往机能的改变。想想你与你的社交圈内的人来往的原因。有时，你找他们是为了获取信息；有时是为了证实自己作为一个人的独特性和价值。你也会选择社交伙伴来调节情绪，接近那些能带给你好情绪的人，回避那些惹你伤心、生气或不舒服的人。对一生都在积累信息的老年人来说，获取信息功能不再重要。老年人意识到，接近那些不熟悉的人，对自尊和自信不利：对老年人的成见更可能使自己遭到别人贬低、敌意或者冷漠对待。

老年人很看重互动的情绪调节机能。在一项研究中，研究者让年轻人和老年人给他们的社交伙伴分类。结果，年轻人较多地根据能否得到信息和日后是否联系来分类，而老年人则根据预期的感受来分类 (Frederickson & Carstensen, 1990)。老年人显然非常愿意保持令人愉快的关系，回避不愉快的关系。请注意，老年人主要与近亲、朋友来往，这等于在进行一种预期的情绪调节，使他们更好地保持情绪平衡。

这些亲密关系使老年人游刃有余地发挥他们的情感专长来促进和谐。回想一下前面关于积极情感的讨论，老年人比年轻人更有可能建设性地解决人际冲突（见边页 611）。他们还以压力较

这两位职业音乐工作者在退休后作为社区乐队的成员准备演出——这一连续性肯定了他们的身份，维持了有益的人际关系和兴趣，并可提高自尊和生活满意度。

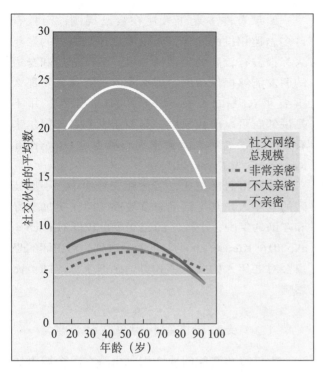

图 18.1　随年龄增长不同亲密程度的社交伙伴数目的变化
研究对近 200 名成年早期到晚期的成年人进行了 10 年的跟踪调查，在此期间，研究者定期让他们列出自己在社交网络中觉得"非常亲密""不太亲密"和"不亲密"的人。从中年期到老年期，社交网络的总体规模大幅缩小。这种下降很大程度上是由于"不太亲密"和"不亲密"的社交伙伴减少。"非常亲密"的社交伙伴减少得很少。资料来源：T. English & L. L. Carstensen, 2014, "Selective Narrowing of Social Networks Across Adulthood Is Associated with Improved Emotional Experience in Daily Life," *International Journal of Behavioral Development*, 38, p. 199.

小的方式，例如找出情境中某些正面的东西，重新解释冲突 (Labouvie-Vief, 2003)。因此，他们的社交网络虽然变小了，但他们与朋友的关系比年轻人更愉快。当他们遇到人际关系紧张的情况时，报告的有问题的关系更少，痛苦也更少 (Blanchard-Fields & Coats, 2008; Fingerman & Birditt, 2003)。

　　大量研究证实，人们的时间知觉与他们的社会目标密切相关。如果你的未来已经时间无多，那么你会选择和谁共度时光？这种情况下，所有年龄段的成年人都更加重视他们社会交往的情感质量。他们从关注长期目标转向强调此时此刻令人愉悦的关系 (Charles & Carstensen, 2010)。同样，老年人意识到时间正在"耗尽"，不要把时间浪费在不现实的回报上，而是求助于亲密的朋友

和家人。此外，我们通常会采取特殊措施来促进与老年人的积极互动，例如，对待年长朋友和亲戚比年轻朋友和亲戚更友善，容易宽容或原谅他们的社交不当行为 (Luong, Charles, & Fingerman, 2011)。这种方式有助于老年人获得满意的社交体验。

　　老年人对关系质量的重视有助于解释上述社交关系减少的一种文化例外。在集体主义社会，人们重视相互依赖的自我，也重视不脱离社交群体，老年人则很愿意与所有伙伴保持高质量的联系！研究结果证明了这一预测，在香港的一项研究发现，在相互依赖方面得分较高的老年人，既能保持情感亲密的社交伙伴的数量，也能在晚年保持同样数量的外围社交伙伴 (Yeung, Fung, & Lang, 2008)。相比之下，在相互依赖方面得分较低的香港老年人，与西方同龄人相似：他们逐渐把自己的社交联系限制在少数亲密关系上。

　　总之，社会情感选择理论认为，老年人对高质量、情感满足的关系的偏好，很大程度上是因为他们的未来越来越短，时间越来越宝贵。但是，关系质量的意义，以及老年人寻求快乐的互动和自我肯定的人的数量和种类，则因文化而异。

2. 老年社会环境：社区、邻里和居住条件

　　老年人所处的物理与社会环境影响着他们的社交经验，从而影响着他们的发展和适应。社区、邻

这两位年龄分别为 93 岁和 89 岁的姐妹热情地互相问候。右边的这位从波兰来到纽约参加这次聚会。为了保持情绪平衡和减少压力，老年人越来越强调熟悉的、情感上有回报的关系。

622

里和居住条件以不同程度满足着老年人的社会需要。

（1）社区和邻里

美国有大约一半的少数族裔老年人住在城市，相对来说，住在城市的白人只有三分之一。多数老年人住在郊区，他们早年就搬到那里生活，一直住到退休以后。住在郊区的老年人比住在市中心的老年人收入高，其报告的健康状况也较好。但是住在市中心的老年人交通和社会服务比较方便。随着身体机能的下降，出门上街，方便的公交车、电车和火车对生活满意度和心理健康变得越来越重要 (Eibich et al., 2016; Mollenkopf, Hieber, & Wahl, 2011)。此外，在城市居住的老年人在健康、收入、参加文化活动、接受社会服务方面的花费，只相当于生活在小城镇和农村地区美国老年人的五分之一 (U.S. Department of Health and Human Services, 2015e)。此外，小城镇和农村地区的老年人不太可能住在子女附近，而他们的子女往往在成年早期就离开这些社区。

但是小城镇和农村地区的老年人能够与附近的大家庭建立更紧密的关系，并与邻居和朋友更多地来往，因而弥补了与子女和社会服务比较远的缺憾 (Hooyman, Kawamoto, & Kiyak, 2015; Shaw, 2005)。较小的社区也有好处，它可以促进更满意的关系，如居民的稳定性、大家共享的价值观和生活方式、愿意互相支持，还可以像互相"走亲戚"那样经常来往。很多市郊和农村的社区都有一些交通措施（如专门的巴士和面包车）来满足老年人的需要，拉着他们去医院、社会服务中心、老年中心和购物中心等。

如果老年人和许多志趣相投的老伙伴住在同一个社区，像这样自发的聚会、一起聊天的情形就会经常发生。

如果有许多老年人住在自己周围，而且有许多志趣相投的同伴，无论城区还是农村的老年人都报告有较高的生活满意度。只要邻居和身边的朋友能够提供帮助，那么家庭的有无就不那么重要了 (Gabriel & Bowling, 2004)。当然这并不是说邻居可以取代家庭。只要子女和亲友偶尔来看望一下，老年人就会感到心满意足 (Hooyman, Kawamoto, & Kiyak, 2015)。

与城市居民相比，居住在安静的中、小型社区的老年人，其生活满意度更高。除了更加友好和互助的氛围，小社区的犯罪率也较低 (Eibich et al., 2016; Krause, 2004)。下面会讲到，对犯罪的恐惧会对老年人的安全感和舒适感产生深深的负面影响。

（2）受犯罪伤害和对犯罪的恐惧

沃尔特和露丝的独立别墅坐落在一个城市居民区，距离商业区有五个街区，沃尔特退休前的照相馆就在那里。居民区的许多房子年久失修，住户的流动性越来越大。虽然他们从未受到犯罪者的伤害，但是犯罪阴影总在他们的心头挥之不去，并深深地影响他们的行为。每天日落以后，他们就很少出门。

媒体的关注使人们相信：针对老年人的犯罪普遍存在。其实，与其他年龄群体相比，老年人很少成为犯罪行为尤其是暴力犯罪的目标。不过，在城区，偷钱包和其他扒手行为针对老年人（尤其是女性）的比年轻人多 (U.S. Department of Justice, 2015)。只需一次事件就能给老年人带来高度的焦虑，因为它可能造成身体伤害，给低收入者造成财物损失。

在独居和住在市中心的虚弱老年人中，对犯罪的恐惧有时比对收入、健康和住房的担忧更大，这限制了他们的活动并削弱了他们的士气 (Beaulieu, Leclerc, & Dube, 2003)。一项研究发现，经历过暴力犯罪的老年人比那些有身体和认知障碍的老年人更多地住进养老院 (Lachs et al., 2006)。邻里互相守望和其他鼓励居民互相照顾的项目可以增加邻里沟通，增强邻里凝聚力，并减少恐惧 (Oh & Kim, 2009)。

（3）居住地

老年人的住房偏好反映了他们的一种强烈

623

愿望，即**就地养老** (aging in place)——住在熟悉的、可以控制自己日常生活的地方度过晚年。西方国家的老年人大多希望住在他们度过成年生活的社区。90% 的老年人仍然住在原来的房子里或附近。在美国，只有大约 4% 的老年人搬家 (U.S. Department of Health and Human Services, 2015e)。搬家原因通常是希望和子女近一些，或者，对那些经济条件和健康状况较好的老年人而言，是希望有更温暖的气候和一个追寻休闲兴趣的地方。

老年人搬家大多局限在同一个城镇或城市内，往往由健康水平下降、丧偶、身体失能所引发 (Bekhet, 2016)。当我们探讨老年人的居住地时会发现，居住环境偏离家庭生活越远，老年人的适应就越难。

1) 通常的家庭

对身体没有什么大病的多数老年人来说，住在自己家，给个人控制提供了最大的便利性，他们可以自由地安排每天想做事情的空间和时间。如今，西方国家因健康和经济条件改善，独居的老年人比以往更多 (U.S. Department of Health and Human Services, 2015e)。但是一旦健康和行动出现问题，独立生活就对人与环境的适配造成危险。多数住房是为年轻人设计的，很少为了适合老年人的身体状况而改建。

当露丝 80 多岁时，西比尔请求母亲搬到自己家来住。像祖籍南欧、中欧和东欧（希腊、意大利、波兰等地）的很多成年子女一样，西比尔有一种强烈的照顾年迈父母的责任感。拥有这些文化背景的老年人，以及非裔、亚裔、拉美裔、美国原住民老年人，较多地生活在大家庭里（见第 16 章边页 555）。

现在，越来越多的少数族裔老年人希望独自生活，但贫穷往往妨碍他们这样做。例如，20 年前，多数亚裔美国老年人和子女住在一起，而今天 65% 的人独立生活。这一趋势在某些亚洲国家也很明显，比如日本 (Federal Interagency Forum on Aging Related Statistics, 2012; Takagi & Silverstein, 2011)。因为露丝有足够的收入维持自己的生活，所以她谢绝了和西比尔一起住的提议。连续性理论可以帮助我们理解，为什么许多老年人不顾身体有病，仍然这样做。作为很多值得回忆的生活事件的发生地，老宅能够增强与过去的连续性，在面对体弱多病和亲友减少时保持一种同一感。它还能让老年人以熟悉、舒适的方式适应周围环境。老年人也很看重其独立性、隐私以及和附近朋友、邻居的关系。

在过去半个世纪，未婚、离异和丧偶独居的老年人数量急剧增加。近 30% 的美国老年人独居，85 岁及以上的老年人独居比例上升到近 50% (U.S. Department of Health and Human Services, 2015e)。这一趋势虽然在老龄人口的各个阶层都很明显，但在男性中不那么明显，因为与女性相比，男性更有可能在晚年与配偶一起生活。

超过 35% 的美国单身独居老年人处于贫困状态，这一比例远高于老年夫妇。其中超过 70% 是丧偶女性。一些人由于早年收入较低，进入老年期已经贫穷。另一些人则在进入老年期之后变得贫穷，通常是因为他们比遭受长期昂贵疾病折磨的配偶活得更久。随着年龄增长，其经济状况恶化，积蓄减少，自己的医疗保健费用增多 (National Institute on Retirement Security, 2016)。在这些情况下，隔绝、孤独和抑郁一起袭来。与其他西方国家相比，美国单身老年女性的贫困问题更严重，因为她们从政府那里拿到的收入和享受到的医疗福利较少。因此，贫困的女性化在老年期更普遍。

2) 住宅小区

美国 65 岁及以上的老年人，约有 12% 住在居民区，随着年龄的增长这一比例还会增加。在 85 岁及以上的人群中，27% 的人生活在这些社区，这些社区的种类繁多 (Freedman & Spillman, 2014)。针对老年人的住宅开发，无论是单户住宅还是单元套房，与普通住宅的区别在于，它们都为了适应老年人的能力而经过改造（例如，单层生活空间和浴室里的扶手）。其中一些是联邦政府为低收入居民提供补贴的单元房，多数是私人开发、周围有娱乐设施的退休村。

对那些在日常生活中需更多帮助的老年人，还有一种辅助生活住宅（见第 17 章边页 593）。**独立生活社区** (independent living communities) 是一种越来越流行的养老住宅选择，它提供各种酒店式服务，如可在公共餐厅就餐，提供家政服务、洗衣服务、交通服务和娱乐活动。**生活护理社区** (life-care communities) 提供各种居住选择，包括独立住宅、为身心失能老人提供个人护理的住宅，以及全面家庭护理住宅。由于入住时的一大笔首

624 付款和每月另交的费用，老年人不同的生活护理需要都能在该社区内得到满足。

迪克和高尔蒂不像露丝和沃尔特那样一直住在自己家里，他们 60 多岁时搬进了附近的生活护理社区。对迪克而言，这次搬家是一个积极的转变，使他在当前生活基础上和其他伙伴们建立起联系，把过去在社会上的失败置之脑后。迪克找到了他喜欢的休闲活动，他成了一个健身小组的领导，和高尔蒂一起举办了一次慈善活动，还拿出了他的面包师厨艺制作生日和周年庆典蛋糕。

随着老年人能力的变化，生活护理社区通过维持有效的人与环境适配，对老年人身心健康产生积极影响。专门为老年人设计的物理空间，加上符合个人健康实际的帮助，并根据需要帮助老年人应对行动和自我护理的困难，使老年人有了更多的社会参与和更积极的生活方式 (Croucher, Hicks, & Jackson, 2006; Jenkins, Pienta, & Horgas, 2002)。在一个老龄导致社会地位下降的社会里，老年人集中居住，可以让大多数选择这种居住方式的人得到满足。它可能给老年人提供承担不同角色和领导者的机会。老年人越感受到环境的支持，他们就越能够互相合作，克服老年期的困难，并且为其他居住者提供帮助 (Lawrence & Schigelone, 2002)。住宅小区显然非常适合促进相互支持的关系。

但是，美国联邦政府并没有对质量参差不齐的辅助生活设施进行管理。低收入的少数族裔老年人不太可能使用这些设施。当经济条件差的老年人向受辅助生活过渡时，他们大多控制不了什么时候、往哪里搬家，常常搬到低质量、高压

生活护理社区的居民在公共餐厅用餐。通过提供一系列替代住房以及个人保健服务和护理，这种社区可在同一设施中满足老年人随着年龄增长不断变化的需求。

力的环境。近 42% 的居住在辅助生活设施的居民报告说，在过去一个月里，他们的需求没有得到满足，这些需求大多与自我护理和在室内外行动有关 (Ball et al., 2009; Freedman & Spillman, 2014)。一些州禁止向辅助生活设施提供任何护理和医疗监测，要求居住者在健康水平下降时离开 (National Center for Assisted Living, 2013)。

然而能让老年人就地养老的物理空间设计和支持性服务对老年人的心理健康至关重要。这包括像居家一样的环境，把大空间划分为较小的单元以促进老人参加喜欢的活动、承担社会角色、密切人际关系，以及能够适应不断变化的保健需求的最新辅助技术 (Oswald & Wahl, 2013)。

背景相似的居住者拥有的共同的价值观和目标，也能提高生活满意度。感觉自己融入社会环境的老年人更有可能把它当作自己的家。但那些缺乏志同道合伙伴的人，则不愿意把它说成是自己的家，这些人会面临较高的孤独和抑郁风险 (Adams, Sanders, & Auth, 2004; Cutchin, 2013)。

3）养老院

美国 65 岁及以上的老年人，大约 3% 住在养老院，其中近一半是 85 岁及以上的老人 (Bern-Klug & Manthai, 2016)。他们的自主性和社会融合受到很大的限制。虽然可来往的伙伴很多，但实际来往的人很少。要在社会交往中调节情绪（这对老年人非常重要），个人对自己社交经验的控制就很重要。但是住养老院的老年人很少有机会选择自己的社交伙伴，交往的安排一般由养老院工作人员而不是根据老年人的偏好来决定。对这种拥挤得像医院一样的环境，社交退缩是一种适应性的反应。在外部社会环境中的人际交往可以预测养老院居住者的生活满意度；但是在这类机构内的人际交往却不能预测这一点 (Baltes, Wahl & Reichert, 1992)。住在养老院、有身体疾病但无心理疾病的老年人，比住在社区的老年人更抑郁、焦虑和孤独 (Guidner et al., 2001)。

把养老院设计得像家一样，可以帮助老年人增强安全感和对其社交经历的控制感。美国的养老院一般都是营利性的，往往挤满了住院者，实行机构化运营。相比之下，欧洲的此类机构则得到公共基金的慷慨资助，类似于高质量的辅助生活社区。

一种称为"绿房子"的模式彻底改变了美国养老院的概念，密西西比州一家大型旧式养老院被 10 座小型的、设备齐全的别墅取代 (Rabig et al., 2006)。每座别墅只能住 10 个或更少的人，每个人住一个带浴室的卧室，其周边围绕着家庭式的公共空间。除了提供个人护理外，一个稳定的护理小组还能培养老年人的自控能力和独立性。住院者可以决定自己的日常日程，并受邀参加娱乐和家庭活动，包括计划和准备餐食、打扫卫生、做园艺和照顾宠物。专业人员团队包括持照护士、治疗师、社会工作者、医生和药剂师，定期上门服务，满足住院者的保健需求。把"绿房子"养老院与传统养老院相比较，住在"绿房子"里的老年人的生活质量明显更好，而且随着时间的推移，他们从事日常生活活动的能力下降也较小 (Kane et al., 2007)。

625

"绿房子"和其他类似模式模糊了养老院、辅助生活和"独立"生活之间的界限。通过以家庭为中心的组织原则，"绿房子"模式既具有"就地

"绿房子"模式模糊了养老院、辅助生活和"独立"生活之间的区别。在这个像家一样的环境中，居民们决定自己的日常安排，并帮助做家务。美国有 30 多个州都开办了这种"绿房子"养老院。

养老"的特点，又具有人与环境相适配的特征，能够确保老人晚年的幸福感，给他们带来身体和情绪的舒适与愉快的日常生活，使住院者充分利用他们的能力和有意义的社会关系。

思考题

联结　社会情感选择理论认为，当剩下的时间不多时，老年人非常看重其社交关系的情感质量。据此，老年人怎样发挥他们的情感专长（见边页 621）来实现这一目标？

应用　塞姆独自生活在已住了 30 多年的房子里。他的成年子女们不理解，他为什么不从这个小镇搬到现代化的公寓去住。用连续性理论解释塞姆喜欢住在那里的原因。

反思　想象你自己是一个辅助生活住宅的居民。列出你希望的生活环境的所有特征，解释每个特征如何有助于确保有效的人与环境适配和良好的心理健康。

六、老年期的人际关系

18.7　描述老年期人际关系的变化，包括婚姻、同性伴侣、离婚、再婚、丧偶，并讨论从未结婚且无子女的老年人

18.8　老年期兄弟姐妹关系和朋友关系有怎样的变化？

18.9　描述老年人与成年子女、成年孙子女的关系

18.10　讨论老年人虐待及其风险因素、后果和预防策略

社会护航 (social convoy) 是对人一生中社交网络变化的一种有影响力的模型。好比一个船队在大海上航行，你自己处于船队的中间，各条船互相保护、互相支持。位于里圈的船代表与你关系最密切的人，例如配偶、好朋友、父母、子女。与你关系不太密切但仍属比较重要的人则是在外围航行的船。随着年龄增长，船队里护航的位置发生了变化，有些船离你渐行渐远，另一些

则加入航行 (Antonucci, Birditt, & Ajrouch, 2011; Antonucci, Birditt, & Akiyama, 2009)。但只要继续有人护航，你就能积极地适应环境。

下面，我们将探讨生活方式各异的老年人怎样维持自己与家人和朋友的社交网络。当他们失去某些联系时，会和另一些人建立亲密关系，寻找新的网络成员，尽管不像他们年轻时做得那样快 (Cornwell & Laumann, 2015)。由于同辈人的去世，护航的规模会减小，但老年人很少会离开他们的核心圈子里那些为他们的幸福操劳的人，这些人是对他们维持自己社交网络之复原力的证明 (Fiori, Smith, & Antonucci, 2007)。遗憾的是，有些老年人的社会护航会完全中断。我们还将探讨老年人在何种情况下会受到身边人的虐待和忽视。

1. 婚姻

长期以来，根据横断研究结果，人们一直认为，从中年期到老年期，婚姻满意度会上升。但是追踪证据表明，婚姻满意度的这种看上去的增高是由于同龄群组效应 (Proulx, 2016; VanLaningham, Johnson, & Amato, 2001)。沃尔特对露丝说，"过去几十年是最幸福的"，这可能因为他们结婚的那段时间——20 世纪 50 年代。到了 20 世纪 80 年代，一系列的社会变革对婚姻满意度提出了深刻的挑战：美国家庭遭遇经济困境，由于越来越多的已婚女性进入劳动大军，出现了更多的角色超载；在婚姻角色与性别角色期望问题上出现了很大分歧；而且出现了更多的对婚姻的个人主义态度（见第 14 章和第 16 章）。

像成年早期和中年期一样，老年期婚姻满意度的路径是多样化的 (Proulx, 2016)。有一项研究，在 1980 年首次访谈了 700 名维持婚姻关系的人，在之后 20 年里定期对他们进行访谈，从而跟踪调查了婚后 40~50 年之久的婚姻满意度。如图 18.2 所示，参与者分为五种模式：两种是满意度高且稳定，一种是满意度低且稳定，一种是满意度先下降再上升，一种满意度从成年早期到老年期一直下降 (Anderson, Van Ryzin, & Doherty, 2010)。报告的婚姻问题和花在共同活动上的时间往往是并行的。此外，经济困难的人，满意度稳步下降的比例最高。

值得注意的是，图 18.2 中三分之二的参与者在成年后保持着稳定、幸福的婚姻。此外，只有那些早年经历过美满婚姻的人，在老年期才会出现婚姻质量下降的情况。也许对往日幸福时光的回忆为老年夫妇设定了一个目标，让他们努力去承担曾经压力重重的责任，比如抚养子女，平衡事业与家庭的需求，但是现在这些都已经消失了。

老年人是怎样维持高满意度婚姻的呢？强调夫妻关系中的情绪调节，会促进两人的积极互动。和年轻夫妇相比，老年夫妇以更具建设性的方式解决分歧 (Hatch & Bulcroft, 2004)。即使是在低质量的婚姻中，老年人也会努力不让分歧升级为愤怒和怨恨 (Hatch & Bulcroft, 2004)。例如，当迪克抱怨高尔蒂做的饭时，高尔蒂安慰他："好吧，迪克，你下次过生日，我不再做奶酪蛋糕了。"每当高尔蒂提起迪克爱发脾气和挑剔时，迪克会说："我知道了，亲爱的。"然后就跑到另一个房间待一会儿。像其他关系一样，老年人也会让夫妻关系尽可能给他们带来快乐，从而免受压力。

老年夫妻承认，他们的配偶有时会让他们感到烦恼或提出的要求太多，配偶这种做法往往比他们的成年子女或最好的朋友都多 (Birditt, Jackey, & Antonucci, 2009)。但这些表达一般比较温和，大多是由于频繁接触而产生的，只是表达小小的烦恼而已。

与单身老年人相比，已婚老年人通常有更大的家庭成员和朋友的社交网络，他们与这些人的互动也很多。只要老年人认为，他们与家人、朋友的关系大多是良好的，这种关系就能提供社会参与和来自各种来源的支持，并给他们带来更好的心理健康 (Birditt & Antonucci, 2007)。这些收益加上配偶长期以来的关心，可以解释婚姻与老年期健康状况的高相关 (Holt-Lunstad, Smith, & Layton, 2010; Yorgason & Stott, 2016)。晚年结婚与较低的慢性病和失能发生率以及较长的寿命相关。

但是，如果婚姻不美满，即使拥有亲密、高质量的友谊，也不能减弱它对幸福感深刻的负面影响。糟糕的婚姻对女性的影响往往大于男性 (Birditt & Antonucci, 2007; Boerner et al., 2014)。第 14 章曾讲到，女性更多地试图处置一段令人担忧的关系，但在晚年，以这种方式消耗的精力更大，无论是在身体上还是精神上。相比之下，男性则更倾向于用退避三舍、避免讨论来保护自己。

2. 同性伴侣

有长期伴侣关系的老年男女同性恋者在经历

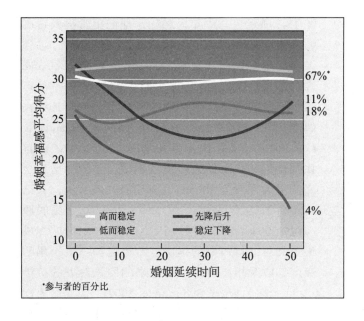

图18.2 婚姻幸福的路径
在一项对 700 名已婚人士长达 20 年的跟踪调查中，参与者表现出五种模式。三分之二的人对婚姻保持较高且稳定的满意度，不到五分之一的人对婚姻持较低且稳定的满意度。一小部分表现出婚姻满意度低而稳定的下降模式。资料来源：J. R. Anderson, M. J. Van Ryzin, & W. J. Doherty, 2010, "Developmental Trajectories of Marital Happiness in Continuously Married Individuals: A Group-Based Modeling Approach," *Developmental Psychology*, 5, p. 591.

了一段充满敌意和歧视的历史时期后，维持了他们的关系，最终在 2015 年获得了在美国结婚的权利。尽管波折，但他们中大多数人报告说他们的关系是幸福而充实的，认为伴侣是自己最重要的社会支持来源。和异性恋伴侣一样，性少数群体的老年伉俪比仍未结婚的单身男女同性恋同龄人更看重自己的身心健康 (Williams & Fredriksen-Goldsen, 2014)。

成功地应对难以承受的社会环境的一生，增强了同性恋者克服晚年身心变化的能力，带来了满意的伴侣关系 (Gabbay & Wahler, 2002)。在美国，社会环境的变化，特别是年轻一代能够坦然接受自己的性少数群体身份并"出柜"，鼓励了更多的老年人也这样做。与尚未取得合法关系的同性伴侣相比，已婚同性伴侣在身心健康方面都有优势 (Wight, LeBlanc, & Lee Badget, 2013)。他们的心理健康状况与长期异性婚姻中的老年夫妇相当。

由于男女同性恋者告诉家人自己的性取向时引起的家庭关系紧张，他们一生中都不相信家人会在年老时帮助他们。因此，许多人与伴侣和朋友建立了牢固的友谊，以取代或弥补家庭纽带 (Richard & Brown, 2006)。拥有满意的友谊网络的同性恋伴侣报告说，他们的生活满意度高，对老年的到来并不恐惧 (Slusher, Mayer, & Dunkle, 1996)。

然而，由于持续存在的偏见，美国老年同性恋者面临着独特的挑战。卫生保健系统往往对其

独特需求反应迟钝。而那些照顾健康状况不佳的伴侣的人，可能会因为真实的或感受到的歧视而不太可能向提供正式支持服务的社区机构寻求帮助 (Zdaniuk & Smith, 2016)。这些情况会因晚年健康水平下降和伴侣离世而承受更大的压力。

3. 离婚、再婚和同居

沃尔特的叔叔路易 65 岁时，与结婚 32 年的妻子桑德拉离婚。虽然桑德拉承认这段婚姻并不完美，但她毕竟和路易在一起生活了那么多年，所以离婚对她是一次打击。一年后，路易和离过婚的雷切拉结婚了，两人都爱好运动和跳舞。

在任何一年里，美国老年期离婚的夫妇占离婚总数的不到 5%。但在过去 30 年里，65 岁及以上人口的离婚率翻了两番，目前涉及 13% 的女性和 11% 的男性 (Mather, Jacobsen, & Pollard, 2015)。新一代的老年人，尤其是婴儿潮一代，已经越来越把晚年离婚视为实现自我价值的一种方式，以及第二次及以后婚姻的离婚风险增加。

五分之一的离婚老年人，其婚姻持续时间不到 10 年，大约一半的婚姻持续时间则为 30 年或更长 (Brown & Lin, 2012)。与年轻人相比，结婚时间较长的老年人把他们的成年生活奉献给了这段关系。离婚后，他们发现很难把自己的同一性与前配偶的同一性分开，因此会体验到较强的个人失败感。当亲密关系对心理健康非常重要时，

在婚姻和长期伴侣关系中，大多数老年人，包括同性伴侣，维持着良好的关系，这与健康和长寿有关。

与家庭和朋友的关系也会发生变化。

　　和中年人一样，老年女性比男性更可能提出离婚。其实，离婚给女性造成的经济后果更严重，因为许多积累的资产在财产分割中损失了 (Sharma, 2015)。但是，老年人无论男女，很少对离开不美满的婚姻表示遗憾 (Bair, 2007)。通常，他们会有一种解脱的感觉。

　　据估计，14% 的美国老年人（男性比女性多）处于约会关系中，但约会关系会随着年龄增长而减少 (Brown & Shinohara, 2013)。进入老年期的婴儿潮一代已经习惯于利用互联网做很多事情，他们开始凭借在线约会服务、刊登个人广告来寻找新伴侣，尽管他们使用约会网站的频率远低于年轻人 (Pew Research Center, 2013b)。老年人的个人广告显示，他们对约会对象的年龄、种族、宗教和收入更有选择性 (McIntosh et al., 2011)。如

图 18.3 所示，与中年人相比，他们更常提及自己的健康问题和孤独，而较少提及爱情、性、寻找灵魂伴侣的愿望和冒险 (Alterovitz & Mendelsohn, 2013)。在寻找合适的伴侣时，他们采取一种坦诚、严肃的方法！老年期的再婚率较低，其中丧偶老人的再婚率高于离婚者 (Brown, Bulanda, & Lee, 2012)。男性比女性更容易找到伴侣，而且找到伴侣的机会要大得多。不过，年龄的增长会降低男人和女人再婚的机会，他们经常说，自己 *628* 不想再结婚了 (Mahay & Lewin, 2007)。常见的原因包括健康、前景短暂（人生变化很难预知）、成年子女对父母再婚的担忧、希望保护一生积累的资产，以及担心再婚可能带来的照顾对方的负担（女性尤甚）(Wu & Schimmele, 2007)。离婚的男性不能再得到前妻的照料，他们更可能体会到，与成年子女的来往和得到的帮助减少，也会更多地远离朋友和邻居 (Daatland, 2007)。因此，他们面临的适应困难更大。

　　和年轻人相比，再婚的老年人关系更稳定，他们的离婚率要低得多。在路易和雷切拉的例子中，第二次婚姻持续了 28 年！晚年再婚更成功的原因是，他们更成熟，更有耐心，更能平衡爱与实际的关系。良好的健康和稳定的经济条件也有帮助：身体健康、经济无虞的老年人比身体多病或经济窘迫的老年人更有可能再婚 (Brown, Bulanda, & Lee, 2012; Vespa, 2012)。再婚的老年人大多对其新关系非常满意，男性往往比女性更满意 (Connidis, 2010)。由于能找到的伴侣很少，晚年再婚的女性会选择不十分理想的伴侣。

图 18.3　中老年人在线寻找约会伴侣的广告主题 一项对 450 个广告主题的分析显示，老年人更多地提到健康问题和孤独，而中年人则更多地强调爱情、性、寻找灵魂伴侣和冒险。老年人在寻找伴侣时显得更务实。资料来源：S. S. R. Alterovitz and G. A. mendelsohn, 2013, "Relationship Goals of Middle-Aged, Young-Old, and Old-Old Internet Daters: An Analysis of Online Personal Ads," *Journal of Aging Studies*, 27, p. 163.

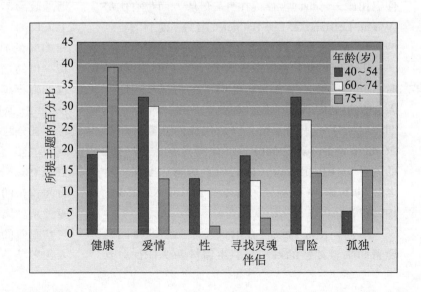

现在，不少结成新关系的老年人不是选择再婚，而是选择同居。由于婴儿潮一代是在成年早期同居比例就很高的第一代人，随着他们越来越多地进入老年期，这种同居趋势预计将持续下去。和再婚一样，老年同居比年轻时同居更可能带来稳定、较美满的关系。和已婚的成年人一样，同居的老年人对他们的伴侣生活也感到满意 (Brown, Bulanda, & Lee, 2012; Brown & Kawamura, 2010)。这表明，老年期同居通常是替代婚姻的一种长期选择。

当今，越来越多的再婚老年夫妇形成了一种被称为分开共同生活的关系，这是一种各住各家的亲密而忠诚的关系。当被问到为什么选择这种方式时，老年人表示，他们希望保持经济上和其他方面的独立，很多女性则表示希望避免再次照顾长期患病的丈夫。还有人担心结婚或同居会改变令人满意的情感纽带，所以宁愿维持现状 (Koren, 2014; Malta & Farquharson, 2014)。这些老年伴侣的反思表明，至少有一方认为空间距离对于保持情感亲密也很重要。

4. 丧偶

露丝 80 岁后不久，沃尔特就去世了。露丝和大多数丧偶的老年人一样，把老伴的去世看成是一生中压力最大的事情。有研究者指出，丧偶意味着生者"失去了作为配偶（处于婚姻状态并且做配偶该做的事情）的角色和同一性，而配偶是生活中最普遍、最热烈、最亲密的个人角色" (Lund & Caserta, 2004, p. 29)。葬礼后的几个月里，露丝一直感到孤独、焦虑和抑郁。

由于女性寿命比男性长，再婚的可能性也较小，美国 65 岁及以上的女性中有 34% 的人丧偶，而男性的这一比例仅为 12%。与此同时，随着老年人离婚率的上升，丧偶率在过去几十年里有所下降 (Mather, Jacobsen, & Pollard, 2015)。高贫困率和患慢性病率的少数族裔更可能成为丧偶者。

前面曾提到，多数鳏寡者过着独居生活，而不是在大家庭生活，这一趋势，白人比少数族裔更明显。虽然其经济状况不如再婚老年人，但多数人仍想自由支配时间和生活空间，也可避免与成年子女闹矛盾。搬家的鳏寡老人往往是因为他们无力偿还贷款或养护房子，因此搬到离家人较近的地方，而不是搬进同一所房子里。

男人面对丧偶的困难准备得不如女人充分，因为大多数男人都依赖妻子做家务。这位鳏夫学会了做饭，这一技能可能有助于他与周围人建立联系，以适应他急剧变化的生活环境。

刚刚丧偶的老年人，最大的问题莫过于深深的孤独感 (Connidis, 2010)。对这种孤独的适应能力差异很大。与年轻丧偶者相比，老年人的持久问题较少，因为老年人已经不再把死亡看得那样不公平 (Bennett & Soulsby, 2012)。多数丧偶的老年人，尤其是性格外向和高自尊的人，在面对孤独时，复原力很强 (Moore & Stratton, 2002; van Baarsen, 2002)。为了保持与过去的连续性，他们努力维持配偶去世前那些重要的社会关系。社会支持对于良好适应非常重要，如果与家人和朋友联系很容易，提供的帮助很及时，那么，鳏寡者的悲伤和抑郁就比较少，过日子的自我效能感就更高 (de Vries et al., 2014)。

但是，丧偶者必须把生活重新条理化，建构一个与配偶在世时相分离的同一性。原来依赖丈夫管家管账的女性，比自己管家管账的女性更难做到这一点 (Carr et al., 2000)。但总体而言，丈夫比妻子表现出的身心健康问题和死亡风险更大，尤其是在妻子意外死亡情况下 (Shor et al., 2012; Sullivan & Fenelon, 2014)。首先，多数男人都依赖妻子来维系社会关系、做家务、提倡健康行为和应对压力，所以他们对丧偶的准备不足。其次，由于性别角色期望的缘故，男人不善于自如地表达情感，在做饭、做家务和社交关系方面常会求助于人 (Bennett, 2007)。再次，男人一般较少参与宗教活动，而宗教活动是社会支持和内心力量的强大来源。

629

增强老年人对丧偶的适应力

建议		描述
自我	掌握日常生活的新技能	尤其对男性来说，学习如何做家务如购物和做饭，维持现有的家庭和友谊关系，建立新的关系，对于积极适应非常重要。
家庭和朋友	社会支持与互动	社会支持与互动必须延伸到悲伤期之后，应继续给以帮助并关心其社交关系。家人和朋友通过随叫随到的支持，并鼓励丧偶老年人使用有效的应对策略，可给予最大的帮助。
社区	老年中心	老年中心可提供集体餐食和其他社会活动，使丧偶者及其他老年人能和境遇相似的人联系，并可以使用其他的社区资源。
	支持团体	在老年中心、宗教社团和其他代理机构可以找到支持团体。这些团体除提供新的社交关系外，还可提供应对丧失的良好气氛、有效的角色榜样以及日常生活方面的帮助。
	宗教活动	参与宗教机构组织的活动，可以缓解因失去配偶而产生的孤独感，并提供社会支持、新的社交关系和有意义的角色。
	志愿者活动	老年丧偶者寻找有意义角色的最佳方式之一是参加志愿者活动。有些是由正规的服务机构发起的，如红十字会或美国老年军团。有些志愿者项目则由医院、老年中心、学校和慈善组织发起。

然而，非裔美国人丧偶后并未出现其同辈人通常面临的死亡风险，他们报告的抑郁症也比白人少 (Elwert & Christakis, 2006)。也许来自大家庭和宗教团体的更多支持是原因所在。

丧偶经历的性别差异与男性再婚率较高有关。女性的亲情维系者角色（见第 16 章边页 552）和建立亲密友谊的能力，使她们觉得没有再婚的必要。此外，由于许多老年女性共同身处寡居状态，她们可以互相提出有帮助的建议，互相同情。相形之下，在维系家庭关系、在婚姻之外形成亲密的情感联系以及妻子死后处理家务琐事等方面，男人常常显得有些无能。

但是，多数丧偶的老年人在几年之内还是过得很好，在心理健康方面与已婚的同辈人相当。一些老年丧偶者参加了长达几个月的干预活动，每周一次，以上课方式提供知识和帮助，学习日常生活技能，他们在克服丧偶期困难的准备方面感觉更好 (Caserta, Lund, & Obray, 2004)。有些人从创伤性事件中找到了人生目标，重新树立起应对挑战的信心，丧偶的压力反而促进了他们的个人成长 (Caserta et al., 2009)。许多人报告说，他们对内心力量有了新发现，对亲密关系有了新的认识，并重新摆正了生活中的轻重缓急。运用上面"学以致用"栏中概括的方法，有助于增强老年丧偶者的适应能力。

5. 从未结婚且无子女的老年人

美国有大约 5% 的老年人一生从未结婚，也没有孩子 (Mather, Jacobsen, & Pollard, 2015)。他们都知道这有悖常规，但多数人都建立了其他形式的良好关系。例如，露丝的姐姐伊达跟邻居家的一个儿子建立了密切的联系。在他童年的时候，伊达给了他感情和经济支持，帮他度过压力重重的家庭生活。他家的事情都离不开伊达，后来他定期去看望伊达，直到她去世。其他未结婚的老年人也说，年轻人，通常是侄子侄女或外甥外甥女，处于其社交网络的中心位置，并且这些人对

作为社区服务项目的一部分，一位年长的成年人和她的侄子一起在当地的公园里种花。未婚、无子女的老年人，尤其是女性，在社会交往方面的生活还算满意。

630 他们有持久影响 (Wenger, 2009)。此外，同性友谊关系在未婚老年女性的生活中也相当重要 (McDill, Hall, & Turell, 2006)。她们往往亲密异常，经常结伴出行，时不时地一起同住，并和彼此的家庭有联系。

　　未婚无子女的男性比未婚无子女的女性数量少，但孤独和抑郁的风险更大。如果没有来自配偶的压力来维持健康的生活方式，这些男性会做出更多不健康的行为。因此，他们的身心健康往往不如已婚的同龄人 (Kendig et al., 2007)。但总体而言，从未结婚的老年人报告的社会关系和心理健康水平与已婚的老年人相当 (Hank & Wagner, 2013)。这些发现适用于不同的年龄群和西方国家。

　　在照料方面，朋友和血缘亲属不同，因此，未婚无子女的老人得到别人照料的机会很小 (Chang, Wilber, & Silverstein, 2010; Wenger, 2009)。未婚无子女的人的亲密关系主要靠朋友，随着年龄增长，他们朋友圈里的人也越来越少 (Dykstra, 2006)。尽管如此，多数人说，他们仍能得到一些非正式的支持。

6. 兄弟姐妹

　　多数 65 岁及以上的美国人至少有一个在世的兄弟姐妹。通常情况下，老年的兄弟姐妹住在相距不到 160 公里的范围内，他们经常联系，每年互相看望几次。男性和女性都认为，与姐妹的关系比与兄弟的关系更亲密。因为女性更善于情感表达和照顾人，老年人与自己姐妹的关系越密切，其心理健康状况就越好 (Van Volkom, 2006)。

　　在工业化国家，老年兄弟姐妹主要是保持互相往来，而不是彼此给予直接帮助，因为多数老年人首先会求助于他们的配偶和子女。然而，在老年期，兄弟姐妹似乎是一份重要的"保险单"。70 岁以后，关系密切的兄弟姐妹之间互相帮助的往来增多 (Bedford & Avioli, 2016)。丧偶和从未结过婚的老年人与兄弟姐妹的接触更多，因为此时兄弟姐妹之间的竞争已不复存在。当他们的健康状况恶化时，兄弟姐妹更可能出手帮助 (Connidis, 2010)。例如，当伊达的老年痴呆恶化时，露丝就来帮助她。伊达虽然有很多朋友，但露丝是她唯一在世的亲人。

7. 友谊

　　随着家庭责任和工作压力的减轻，友谊变得越来越重要。老年人有朋友是其心理健康的有力预测指标。老年人报告的和朋友在一起的良好体验多于和家人在一起的良好体验，部分原因在于老年人和朋友一起参加愉快休闲活动更多 (Huxhold, Miche, & Schüz, 2014; Rawlins, 2004)。朋友交往的特征，如坦率、自发性、互相关心和共同兴趣，也发挥了影响。

（1）老年友谊的作用

老年友谊的各种功能显示出其重要意义。

- 亲密和陪伴是老年友谊的基础。当伊达和她最要好的朋友罗茜一起去散步、购物或互相看望时，她们会表露内心深处的幸福和忧虑。她们也会愉快地聊天、大笑、开玩笑。如果请老年人说说其亲密朋友关系的特点，他们的典型回答是，共同兴趣、归属感、互相信任，以及相信两人能长期保持这种关系 (Field, 1999)。

- 老年朋友会帮助彼此避免因对老年人的成见而产生的负面判断。"你的拐杖放哪儿了，罗茜？"当两个女人一起出发去餐馆时，伊达问罗茜。伊达提醒罗茜，在她母亲成长的那个希腊村庄，几代人之间没有什么分别，年轻人习惯了老人皱巴巴的皮肤和踉跄的脚步，他们知道，老太太都是聪明人。为什么？她们是接生婆、媒人、草药高手；她们无所不知 (Deveson, 1994)！

- 友谊把老年人与更大的社会相联系。对那些无法经常外出的老年人来说，与朋友的互动使他们能够了解外部世界发生的事情。伊达告诉罗茜："罗茜，你知不知道，火车站要建一个公共图书馆的新分馆，市议会今晚要投票通过《生活工资法案》。"朋友还可以为你带来新的体验，如旅行或参加社区活动。

- 朋友可以帮助老年人避免失去亲人造成的心理后果。那些健康水平下降但是通过打电话和拜访与朋友保持来往的老年人，显示出心理健康状况的改善 (Fiori, Smith, & Antonucci,

2007）。同样，关系密切的亲戚去世后，朋友可以提供补偿性的社会支持。

（2）老年友谊的特点

631

虽然友谊的形成会贯穿一生，但老年人更喜欢熟悉的、早已结交的朋友，而不是新朋友。他们与住得很远的亲朋好友保持联系，越来越多的老年人通过电子邮件和脸谱网等社交媒体保持联系（见第 17 章边页 605）。随着年龄增长，他们接触最多、感觉最亲密的朋友都是住在同一社区的人。同样，脸谱网等社交网络的朋友圈也变窄，其中被认为是真正朋友的人所占比例更大，老年人跟这些人也有很多线下联系（Chang et al., 2015）。这些变化都证实了社会情感选择理论。

像早年一样，老年人喜欢选择年龄、性别、种族、族群及价值观和自己相像的人做朋友。和年轻人相比，老年人很少报告有异性朋友。有异性朋友者，大多是几十年前约会并长期联系的朋友。老年人持续从这些朋友处得到独特的好处，从一位异性成员那里获得对思想、情感和行为的看法（Monsour, 2002）。当同辈朋友去世后，非常高龄的老人报告了较多的隔代朋友关系，既有同性的，也有异性的（Johnson & Troll, 1994）。露丝 80 多岁时与一位 55 岁的寡妇玛格丽特来往，她在一家收养机构的董事会工作时认识了她。玛格丽特每个月来露丝家两三次，两人一起喝茶、聊天。

在塞浦路斯的一条乡村街道上，这些老年人经常聚在一起下棋。和住在同一个社区熟识的朋友在一起是特别令人满足的。

朋友关系中的性别差异会持续到老年期。女性更可能有亲密朋友，男性则通过妻子、其次是姐妹，与朋友们进行温情、开放的交流（Waite & Das, 2013）。老年女性还有一些**次要朋友**（secondary friends），不算亲密但偶尔会花时间一起相处的人，和他们一起吃午饭、打桥牌或参观博物馆（Blieszner & Roberto，2012）。老年人通过这些联系可以结识一些新人，参与社交活动，从而有利于心理健康。

老年人的朋友关系中，在互相欣赏、互相给予情感支持上给予和付出是平衡的。虽然朋友们会互相请对方帮忙做一些日常生活中的事情，但他们一般是在紧急情况下，或偶尔因无人帮忙时才这样做。身体失能的老年人，其社交网络主要由朋友组成，而且经常依赖他们的帮助，这些人往往报告较低的心理健康水平（Fiori, Smith, & Antonucci, 2007）。过度依赖和无法回报的感觉可能是原因所在。

8. 与成年子女的关系

在西方国家，约 80% 的老年人是有子女在世的父母，这些子女大多处于中年期。第 16 章提到，父母与子女之间的互助取决于二者之间关系的亲密程度以及双方的需要。随着时光流逝，父母对子女的帮助减少，子女对父母的帮助增多。

老年人与其成年子女即使相隔较远，也会经常联系。但是和其他关系一样，交往的质量而非数量才会影响老年人的生活满意度。在不同的种族和文化中，与成年子女的亲密关系都可以减少身体失能和亲人离世（如配偶去世）对心理健康的负面影响。如果成年子女住在附近，有更多的面对面接触，则能大大增加老年人的生活满意度，特别是独居老人（Ajrouch, 2007; Milkie, Bierman, & Schieman, 2008; van der Pers, Mulder, & Steverink, 2015）。反之，与成年子女的冲突或不愉快则会导致身心健康状况不佳。

虽然西方国家的老年父母和成年子女互相给予各种帮助，但这种帮助一般是适度的。年纪在 60 多岁和 70 多岁的老年人，尤其是拥有住房、已婚或丧偶并打算结婚的老年人，更可能成为提供帮助者，而不是接受帮助者，这显示了社经地位变量在帮助中的平衡作用 (Grundy, 2005)。这种平衡也会因老年人的年龄而变化，但是进入老年期以后，西方老年人一般是给予多，获得少，这是一种与长辈给晚辈造成"负担"的社会成见相矛盾的现象。

对五个西方国家 75 岁及以上老年人的访谈显示，在这些国家，从成年子女那里获得的大多是情感上的帮助。近三分之一的人表示，子女会帮他们做家务。老年父母给予子女的帮助多，从子女那里得到的少，其生活满意度最高；从子女处得到的帮助多，给予子女的帮助少，生活满意度最低；得到与给予平衡者，生活满意度介于二者之间 (Lowenstein, Katz, & Gur-Yaish, 2007)。为了避免依赖，老年人如果没有迫切需要，一般不会求子女来帮助，若子女的保护过分或提供不必要的帮助，他们会感到烦恼 (Spitze & Gallant, 2004)。适度帮助加上有机会回报是最好的，有助于自尊和家庭联系感。

632　老年父母与成年子女之间互动有明显的性别差异。如果成年子女面临种种生活上的困难，如经济拮据、情感问题或婚姻冲突，父母双方都会产生矛盾心理。但母亲更有可能使成年子女感觉到类似于父母的矛盾心理 (Fingerman et al., 2006)。也许因为母亲更经常地表达她们复杂的感情。

文化期望也会产生矛盾心理。例如，移民美国的柬埔寨老年人，由于他们高度重视世代之间的相互依赖，来到新的社会环境遇到了挑战，所以经常报告说，对他们的成年子女有这种矛盾情绪 (Lewis, 2008)。在中国农村，人们仍然强烈希望儿子能照顾年迈的父母，但是父母对住在农村的儿子比女儿更易产生矛盾心理。住在农村的儿子比不住在农村的儿子有更多的机会看望和帮助父母，以符合人们的期望！但是当住在农村的儿子搬到城市以后，父母的矛盾心理却减少了 (Guo, Chi, & Silverstein, 2013)。因为住在城市能找到声望高又稳定的工作，所以满足了农村父母对儿子前途的更高期望，也克服了在提供照顾方面的欠缺。

矛盾心理会损害成年子女及其年迈父母的

心理健康 (Fingerman et al., 2008)。但老年父母对子女的矛盾心理通常比较温和。与社会情感选择理论一致，老年父母一般会尽量强调积极情感。

由于社交圈子越来越小，与成年子女的关系成为家庭活动的重要来源。与无子女的老人相比，85 岁及以上、有子女的老人与亲属的来往更多 (Hooyman, Kawamoto, & Kiyak, 2015)。为什么会这样？来看露丝，她的女儿西比尔把她与外孙子女、曾外孙子女及其他姻亲联系起来。当无子女的老年人到 80 多岁时，其兄弟姐妹、同辈亲戚和亲密朋友可能身体衰弱或去世，再也没有人可以陪伴他们了。

9. 与成年孙子女及曾孙子女的关系

有成年孙辈和曾孙辈的老年人，能从更大的社交网络中获益。在家庭聚会上，露丝和沃尔特看到了他们的外孙女玛尔奇和曾孙杰米尔。这段时间，他们偶尔会使用 Skype 软件聊天，并经常使用脸谱网与玛尔奇和杰米尔保持联系。与孙辈和其他家庭成员保持联系是老年人使用社交媒体的主要原因 (Zickuhr & Madden, 2012)。

在发达国家，有一半多 65 岁以上的老年人有一个年龄 18 岁及以上的孙子女。少数几项关于祖辈与成年孙辈之间关系的研究发现，绝大多数的孙辈表示，祖辈对他们的价值观和行为产生了积极影响，他们感觉有义务在祖父母需要时去帮助他们 (Even-Zohar, 2011; Fruhauf, Jarrott, & Allen,

在婚礼当天，新娘和新郎会花时间表达他们对新娘祖母的感情。祖辈把成年孙辈看作连接他们自己和未来的重要纽带。

2006）。祖父母则希望得到孙子女的爱（而非实际帮助），并且在大多数时候可以如愿以偿。他们对自己与成年孙辈之间的关系感到满意，并将其视作连接自己与未来的重要纽带。

不过，祖辈与成年孙辈的关系也有很大差异。童年期祖父母的介入程度可以有力地预测后来的关系。通常他们与其中一个孙子女的关系比较"特殊"，体现在来往较多，互相表达爱，愉快地相处等，这些因素都可以增进老年人的心理健康（Mahne & Huxhold, 2015）。孙辈与祖母的关系往往更亲密，外祖母与外孙女的关系最亲密，这和孙辈小时候一样（Sheehan & Petrovic, 2008）。但是，随着时光流逝，祖辈和孙辈的来往逐渐减少。很多孙辈成家立业，住在很远的外地，忙于工作和社会交往，没时间来看望祖辈。

观察与倾听

访谈一两个有成年孙辈的老人，了解他们与孙辈的关系特点及对老年人的个人意义。

尽管来往不多，祖辈对成年孙辈的感情却随年龄增长而加强，一般会超过孙辈向祖辈表达的亲密程度（但仍然强烈）（Harwood, 2001）。这种感情投入的差别反映了每一代人不同的需要和目标，成年孙辈正在开创独立的生活，祖辈则努力维护家庭关系的亲密性以及价值观的隔代连续性。在老年人生命的最后 20 年里，孙辈越来越成为他们情感意义的重要来源。

10. 虐待老年人

虽然大多数老年人都很享受与家人、朋友、专业护理人员建立的良好关系，但也有一些老年人却遭到上述这些人的虐待。据媒体报道，虐待老人已成为西方国家公众担忧的严重问题。

633 来自许多工业化国家的报告显示，虐待的比率差别很大，在一般人口研究中从 3% 到 28% 不等。至少有 10% 的美国老年人表示，他们在过去一年中成为被虐待的目标，总计有 400 多万受害者。虐待老人的比例在美国具有跨族裔的相似性（Hernandez-Tejada et al., 2013; Roberto, 2016b）。所有的数字都可能被严重低估，因为很多虐待行为发生在私下，受害者往往无法或不愿投诉。

虐待老人通常有以下几种形式：

- **身体虐待**：通过打、割伤、灼烧、身体暴力、限制、性攻击和其他行为，有意给老年人带来疼痛、不适或伤害。
- **身体忽视**：有意无意地置照料老年人的责任于不顾，致使其缺乏食物、药物和保健服务，或者让老年人独自待在家里，或被隔离。
- **情感虐待**：言语攻击（如骂人）、羞辱（被当作儿童对待）、恐吓（威胁隔离或住养老院）。
- **性虐待**：任何不想要的性接触。
- **经济虐待**：非法或不恰当地使用其财产或经济资源，使用盗窃或未经允许就使用等手段。

情感虐待、经济虐待和忽视是最多的类型。通常是几种类型一起发生（Kaplan & Pillemer, 2015）。作恶者通常是老年人所信任并依靠其照料和帮助的人。

多数虐待者是家人，如配偶（通常是男性），其次是儿子或女儿，然后是其他亲属。有些是朋友、邻居和为老年人提供帮助和服务的人，如住家的护理者和投资顾问（Roberto, 2016a）。养老院中的虐待最令人担忧：6%～40% 的护理人员承认在过去一年中至少有过一次虐待行为（Schiamberg et al., 2011）。

过去几十年，另一种形式的忽视，被媒体称为"遗弃老人"的现象出现了。照顾者遗弃严重失能的老年人，通常是把老人遗弃在医院急诊室（Phelan, 2013）。照顾他们的人不知如何是好，似乎认为他们别无选择，只能采取这种极端的措施。（相关研究请参见第 16 章边页 557 和第 17 章边页 592-593。）

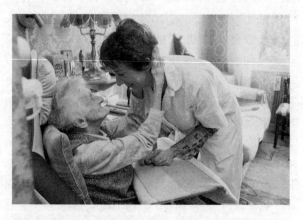

体弱多病的老年人可能有受到虐待的风险。像这位护士这样的定期家访可以缓解社交孤立，帮助老年人避免进一步的伤害。

（1）风险因素

受虐者特征、施虐者、双方之间的关系及其社会背景等都与老年人虐待的发生率和严重性有关。下列风险因素出现得越多，发生虐待和忽视的可能性就越大。

1）受虐者的依赖性

年老体弱、身心失能的老年人更容易受到虐待，其中多达 25% 受到虐待 (Dong et al., 2011; Selwood & Cooper, 2009)。这并不等于说身心机能衰退一定会导致虐待。相反，当引发虐待的其他条件成熟时，严重失能的老年人根本没有能力保护自己。一些身心失能的老年人还可能具有容易受虐待的人格特质，例如，在生气或受挫时容易情绪激动，在处理问题时采取被动或回避方式，以及低自我效能感 (Salari, 2011)。照顾者和受照顾者的关系越消极，老年人遭受各种虐待的风险就越大，特别是当这种关系已持续很长时间时。

2）施虐者的依赖性

在晚年的亲子关系中，施虐者往往在经济上或情感上依赖于受害者。这种被感受为无能感的依赖性，可能导致攻击和剥夺行为。施虐者和受虐者之间往往还存在一种相互依赖关系 (Jackson & Hafemeister, 2012)。施虐者需要年迈父母的钱、住房或情感支持，而年迈父母则需要施虐者帮助料理家务，缓解孤独。

3）施虐者的心理障碍和压力

施虐者比其他护理者更可能有一些心理问题，或有酒精及其他药物依赖 (Jogerst et al., 2012)。他们通常是社会隔绝者，很难去工作，或正在失业，有经济困难。当照顾要求过高，或一个痴呆老人动辄发怒、难以照管时，上述因素就会增大他们施虐的可能性。

一些施虐者是有偿照顾者或提供其他服务的专业人员，他们通常和蔼可亲，但善于操纵他人，他们会寻找机会利用老年人，尤其是认知失能的老年人 (Lichtenberg, 2016)。施虐者可能会多收费，诈骗，或者找机会接近老人的银行账户资料或贵重物品。当机会出现时，他们会偷受害者的东西。

4）家庭暴力史

虐待老年人有时是长期家庭暴力史的一部分。儿时受过虐待的成年人，其伤害老年人的风险也比较高 (Reay & Browne, 2008)。第 8 章曾讲过，家庭成员之间的攻击性循环很容易自动得以持续，使人在应对愤怒时，以敌意对待别人。许多时候，对老年人的虐待可能是多年来虐待配偶的延续 (Walsh et al., 2007)。

5）养老院环境

老年人虐待还可能发生在一些养老院里，这些养老院破旧不堪，人满为患，或员工短缺，缺乏监管，人员流动快，有的则很少有人光顾 (Schiamberg et al., 2011)。工作压力很大，加之对护理质量监管很少，虐待和忽视就难免发生了。

（2）虐待老人的后果

所有形式的老年人虐待都对受害者的健康和适应产生深远而持久的影响。持续的焦虑、抑郁、创伤后应激症状以及身体和认知失能的加重是常见的结果 (Roberto, 2016a)。因此，受害者面临着过早被收容和寿命缩短的风险。

据估计，经济虐待每年会剥夺美国老年人 30 亿美元的财产 (MetLife, 2011b)。它可能导致家庭纠纷、对医疗保健的选择减少和心理健康水平下降。

（3）老年人虐待的预防

预防家人对老年人的虐待是非常困难的。受虐者可能害怕报复，想包庇施虐者，因为那可能是他们的配偶、儿女，或者感到尴尬，因为他们无力掌控局面。有时他们被威逼要保持沉默，或不知道去找谁寻求帮助 (Roberto et al., 2015)。一旦发现虐待行为，干预措施应包括及时保护，帮老年人准备好未能满足其需要的东西，提供心理健康服务，以及对配偶和照顾者的社会支持。

预防性干预项目可以为照顾者提供咨询、教育和暂托服务，比如为老年人提供日托和居家帮助。经过训练的志愿者"伙伴"到养老院拜访，可以缓解社会隔绝，帮助老年人解决问题，避免进一步伤害。可以派帮助小组帮助他们辨别虐待行为，采取适当的应对措施，并建立新的关系。还可向无法独立生活的老年人提供非正式金融服务，如开具和兑现支票，把贵重物品存放在保险箱，以减少经济虐待。

当虐待老人达到极致时，法律行动能提供最

好的保护，但这种情况很少。许多受害者不愿发起法律程序，或者由于精神障碍，不能这样做。在这种情况下，专业社工人员必须指导看护者重新考虑他们的角色，并帮助寻找替代方案。在养老院，改善工作人员的选拔、培训和工作条件可以明显减少虐待和忽视。

要根除老年人虐待，还需要在更大的社会层面做出努力，包括开展公众教育，鼓励人们举报可疑案例，增强人们对老年人需求的了解。作为这种努力的一部分，老年人将从全国虐待老人中

 观察与倾听

联系你所在地的老年人管理部门。了解他们防止虐待老人的政策和项目。

心等机构提供的信息中受益 (National Center on Elder Abuse, 2016)。最后，消除对老年人的负面成见也有助于减少虐待，因为承认老年人的尊严、个性和自主性，就不会容忍对老年人做出身心伤害行为。

？思考题

联结 为什么老年女性适应晚年离婚更困难，而男性适应丧偶更困难？

应用 51岁的梅耶失去了工作，因此付不起房租。她搬到78岁、寡居的母亲贝利尔那儿去住。虽说贝利尔欢迎梅耶的陪伴，但是梅耶却越来越抑郁，喝酒很凶。当贝利尔抱怨梅耶找不到工作时，梅耶推她，还打她耳光。请解释，为什么这种母女关系导致了老年人虐待。

反思 如果你有尚在人世的祖父母，请说说你和他们中间一个或几个人的关系。你和你的祖辈们对各自的发展分别起了什么作用？

七、退休

18.11 讨论退休决定、退休适应和参加休闲与志愿者活动

第16章讲到，预期寿命的延长导致了20世纪退休时间的延后。近几十年来，美国和西方国家的退休年龄都在延后。2007—2009年的经济衰退助长了这一趋势，使婴儿潮一代的退休年龄小幅延后（见边页563）。如果撇开经济需要不谈，大多数婴儿潮一代表示，他们希望工作时间更长，三分之一的人表示，花一些时间工作对于幸福的退休生活很重要 (Mather, Jacobsen, & Pollard, 2015)。工作和退休的界限已经变得模糊：65~69岁的美国成年人中近40%的人，以及70多岁的人中近20%的人，仍在以某种方式工作。这个比例预计在未来十年还会增加。

这些数据表明，当代的退休过程是高度可变的：它包括先制订一个计划，再做出退休决定，然后表现出不同的退休行为，以及在退休后对生活进行不断调整。多数在职的美国老年人通过减少工作时间和责任逐渐退休。许多人从事过渡性工作（新的兼职工作或时间较短的全职工作），作

为全职工作和退休之间的过渡 (Rudolph & Toomey, 2016)。大约15%的人离开了他们的工作，但后来又回到带薪工作中，甚至开始新的职业，希望给他们的生活引入兴趣和挑战，或补充有限的经济来源，或二者兼有 (Sterns & McQuown, 2015)。今天，退休不是单一的事件，而是一个动态过程，其中包含多个过渡，以达到不同的目的。

本节将分别探讨退休决定、退休后的幸福感和休闲娱乐活动的影响因素，以及休闲和志愿者活动。我们会看到，退休过程和退休生活反映了日益壮大的退休人群形形色色的生活。

1. 退休决定

沃尔特和露丝在退休前做了全面的计划（见第16章边页562-563），包括计划离开岗位的日期和得到充裕的、可替代收入的退休金。相比之下，沃尔特的哥哥迪克是因为面包店经营成本上

升、顾客减少而被迫退休的。他找了一份销售方面的临时工作，他的妻子高尔蒂则保住了一份兼职的会计工作，维持他们的生计。

在决定退休时，负担能力是首先要考虑的因素。但是，虽然有经济上的顾虑，但是许多提前退休的人还是决定放弃稳定的职业，而选择其他对自己有意义的工作、休闲或志愿者活动。一位退休的汽车工人说："我从 10 岁就开始工作，我想休息了。"与这种乐观态度不同的是像迪克这样的人，他们被迫退休，或收入很低，不得不在其他行业做过渡性工作来维持生计。从事这种过渡性职业只有与原来的职业相关时，才对心理健康产生有利影响 (Wang & Shultz, 2010)。符合自己的职业兴趣、角色和专业知识是老年人采取分阶段的退休方式的关键。

图 18.4 概括了影响退休决定的个人因素、工作单位因素等。那些身体健康、职业生活处于自尊的核心位置的人，以及工作环境优越且富有促进作用的人，可能会继续工作。正是这些原因，使白领专业人员比从事蓝领或文秘工作的人们更晚退休。如果决定退休，他们也会转向自己感兴趣的过渡性工作，一些人退休后多次重返工作岗位 (Feldman & Beehr, 2011; Wang, Olson, & Shultz, 2013)。自主创业的老年人工作时间也更长，因为他们可以灵活地调整工作需求，以适应自己不断变化的能力和需求 (Feldman & Vogel, 2009)。相形之下，健康水平下降、工作单调枯燥的人，以及休闲兴趣非常强烈、有家庭追求的人，或者认为自己的技能和兴趣已不适应当前工作的人，往往会选择退休。

社会因素会影响退休决定。如果有许多年轻、低廉的劳动力可以取代老年职工，企业会推出更多措施，鼓励职工退休，例如，增加养老金计划名额，给予提前享受养老金的优惠等，这一趋势使西方国家有更多的人决定提前退休。但是，随着退休人口的增多给年轻一代带来的负担增大，获得退休福利的资格可能会推迟到更晚。例如，美国 1960 年及以后出生者，享受全额社保福利的退休年龄将从目前的 66 岁推迟到 67 岁。

退休决定也因性别和族群而变化。平均来说，女性比男性退休早，主要是因为一些家庭问题，例如，丈夫已退休，或为了照顾生病的丈夫或父母等。但是，那些已经陷入贫困或处在贫困边缘的单身女性和少数族裔女性，退休后往往没有经济来源 (Griffin, Loh, & Hesketh, 2013)，很多人一直工作到老年。

在很多西方国家，慷慨的社会福利政策使经济处于劣势的人也可以退休，并且大多数职工退休后维持了其生活水平。美国是个例外，美国很多退休者尤其是不能享受退休福利的低收入员工，生活水平都下降了。丹麦、法国、德国、芬兰和瑞典等国实行一种渐进式退休计划，让老年职工减少工作时间，发给他们部分退休金以弥补工资，同时可以继续累计工龄。这种政策在加强经济安全性的同时，还提供了一个可以推动人们做出退休规划的过渡期 (Peiró, Tordera, & Potocnik, 2012)。一些国家的退休政策还谨慎地考虑到女性的职业生涯容易中断。例如，加拿大、法国和德国在规

636

退休
· 充分的退休金
· 强烈的休闲兴趣或投身家庭
· 工作意愿弱
· 健康不佳
· 配偶退休
· 工作单调枯燥

一位刚退休者参加了一个书籍装帧的成人教育班

继续工作
· 退休金少或没有退休金
· 很少的休闲兴趣或家庭追求
· 工作意愿强
· 身体健康
· 配偶仍工作
· 工作要求和上班时间灵活
· 愉快且感兴趣的工作环境

这位 60 多岁的女医生继续享受工作带来的满足感

图 18.4　影响退休决定的个人因素和工作单位因素

定可享受退休金的条件时，女性花在养育子女上的时间可以计算为部分工龄。

总之，个人偏好会影响退休决定。同时，老年人的机会和局限性也在很大程度上影响着他们的选择。

2. 退休适应

由于退休意味着放弃某些角色，而这些角色是同一性和自尊的重要组成部分，所以退休被认为是一个充满压力的过程，它会使身心健康水平下降。来看迪克，他怀着焦虑和抑郁的心情关闭了他的面包店。他很难适应这一变化，就像那些失业的年轻人一样（见第 16 章边页562）。而且迪克具有古怪、不讨人喜欢的人格。在这方面，他在退休后的心理健康也和他以前的情形很相似！

不过要多加小心，不要做出每个人的退休都会带来不良反应的因果推论。大量证据表明，是身体健康问题导致了老年人退休，而不是相反(Shultz & Wang, 2007)。对多数人来说，从退休前到退休后，心理健康和对生活质量的感知是相对稳定的，因退休引发的变化很小。人们普遍认为，退休不可避免地会导致适应不良，但这却和很多研究结果相矛盾。研究表明，多数人的适应良好。现代的老年人把退休看作一次机会，看作发展，把自己说成是活跃的、善于社交参与的，而这些正是退休满意度的主要决定因素 (Salami, 2010; Wang & Shultz, 2010)。但仍有 10%~30% 的退休者提到了一些适应上的困难。

工作单位因素，尤其是经济上的担忧和被迫放弃工作，可以预测退休后的压力。工作方面的压力也会造成差异。离开一个高压力的工作，与退休后心理健康的改善相关，但是在尚未做好准备之前离开一个喜欢的、低压力的或一个非常满意的工作，则可能在退休过渡中遇到较大困难，但通常会很快恢复 (Wang, 2007)。尤其对于承担很多照顾责任的女性来说，退休不会减轻家庭负担的压力 (Coursolle et al., 2010)。相反，它会使人因失去工作而不满足，从而引发抑郁症状和心理健康状况变差。

在心理因素方面，对生活事件的个人控制感，例如，因内部动机原因（去做其他事情）而决定退休，与退休满意度有较高的相关性 (Kubicek et al., 2011; van Solinge, 2013)。同时，那些觉得自己很难放弃可预期的时间安排和工作环境中社交关系的人，则因其生活方式被打乱而感觉不适。但是总起来说，受过良好教育、从事复杂工作的人适应能力更强 (Kim & Moen, 2002)。或许因为从挑战性、有意义的工作中获得的善于应对变化的能力，容易迁移到非工作状态中。

像其他重要生活事件一样，社会支持可以减轻退休带来的压力。虽然社交网络的规模一般会因为同事关系的减少而缩小，但对大多数人来说，人际关系的质量仍然相当稳定。许多人通过休闲和志愿者活动扩大了他们的社交网络 (Kloep & Hendry, 2007)。以迪克为例，他进入一个生活护理社区，缓解了退休后的困难时期，结交了新朋友，参加了有益的休闲活动，其中一些还是他和高尔蒂一起参加的。

幸福的婚姻也有助于顺利地完成退休过渡。如果夫妻间的关系密切，则可以缓冲退休的不确定性。退休可以让幸福的夫妻有更多时间相互陪伴，从而提高婚姻满意度 (van Solinge & Henkens, 2008; Wang, 2007)。而糟糕的夫妻关系则会干扰退休后的适应，因为它会让夫妻间的不满更容易显露。

根据连续性理论，人们试图在退休后维持满意的生活方式、自尊和价值观，在良好的经济和社会环境中，做到这些比较容易。可以重温第 16章边页 563，看成年人怎样提前计划，找到顺利的退休过渡途径。

3. 休闲和志愿者活动

退休后，多数老年人有了比退休前更多的时间参加休闲和志愿者活动。在尝试新活动的"蜜月期"之后，许多人发现，休闲兴趣和技能并没有突然得到发展。相反，有意义的休闲和社区服务活动通常都是以前形成、退休后得到保持和扩展的 (Pinquart & Schindler, 2009)。例如，沃尔特对写作、戏剧、园艺的爱好可以追溯到青年时期。

而露丝对社会工作职业的强烈关注使她成为一名热心的社区志愿者。

参与休闲活动，特别是志愿者服务，与更好的身心健康和死亡率降低有关 (Cutler, Hendricks, & O'Neill, 2011)。但仅仅参与并不能解释这种关系。老年人选择这些活动，是因为它们使人能够表现自我，取得新成就，能够帮助他人，有愉快的社会交往和有规律的日常生活。自我效能感高的人更容易投入这些活动 (Diehl & Berg, 2007)。这些因素才能解释幸福感的提高。

随着行动逐渐不便，参与休闲活动的频率和种类也慢慢减少，活动情调也越来越低 (Dorfman, 2016)。住宅小区中的老年人比普通住宅中的老年人参与的活动更多，因为他们的活动更便利。但是，无论住在什么地方，老年人选择活动不是为了方便，而是活动是否有乐趣。

637　老年人通过志愿者工作为社会做出了可观的贡献，这一趋势正在加强。在工业化国家，大约有三分之一的六七十岁的人报告说做过志愿者。这些人当中，超过一半的人每年做志愿者工作的时间超过 200 小时 (HSBC & Oxford Institute of Ageing, 2007; U.S. Bureau of Labor Statistics, 2016)。年纪较轻、受教育程度较高、经济上有保障、有社会兴趣的老年人更可能参加志愿者活动，其中女性多于男性。虽然多数人延续了早年的公

民参与模式，但在退休后的头几年，过去的非志愿者更容易参加志愿者活动，因为他们正在找办法弥补自己退休前工作角色方面的不足 (Mutchler, Burr, & Caro, 2003)。退休过渡期是招募老年人参与这些对个人和社会都有益的活动的最佳时机。

> **观察与倾听**
>
> 访谈一位参与重要的社区服务活动的老年人，了解他在人生这个阶段参加这些活动的个人意义。

志愿者活动使老年人有一种为社会做出有价值贡献的连续感，而且多数人在 70 多岁时还保持着高度的奉献精神。美国一项全国代表性样本的大规模调查显示，参加志愿者活动的时间在成年后稳步上升，直到 80 多岁才开始下降 (Hendricks & Cutler, 2004)。即使下降，它仍然比一生中的其他任何年龄段都要高！根据社会情感选择理论，老年人最终把志愿者活动缩小到承担很少的角色上，通常是对他们来说最重要的一两个角色 (Windsor, Anstey, & Rodgers, 2008)。他们似乎意识到，过多的志愿者活动会减少情感上的回报，因此它的好处也就减少了。请参见本节"生物因素与环境"专栏，了解一个新的服务项目，它对老年人的身体、认知和社会机能产生了深刻的影响，同时也能提高儿童的学习成绩。

最后，当沃尔特、露丝与迪克、高尔蒂两对夫妇聚在一起时，常常讨论政治问题。老年人对公共事务的兴趣和投票率均高于其他任何年龄组。即使在老年期，他们对政治的了解也没有减退迹象。退休后，老年人有更多的时间了解时事。他们还参加有关老年人福利政策的政治辩论。但是老年人对政治的关切远远超过了他们对自己政治权益的关切，他们的投票行为也不受个人利益驱使 (Campbell & Binstock, 2011)。他们参与政治出自一种深切的愿望，这就是为子孙后代建立一个更安全、更有保障的世界。

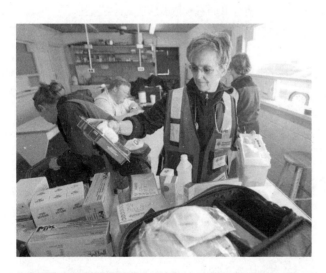

老年期用于志愿者服务的时间比其他任何年龄段都要多。这位红十字会救灾志愿者正准备前往得克萨斯州，为化肥厂爆炸的受害者提供医疗援助。

专栏　　　　　生物因素与环境

体验军团对退休者身心健康和儿童学习成绩的促进

体验军团 (Experience Corps) 是以社区为基础的一种创新的代际干预，其宗旨是减缓退休老人的身体衰老，提高其幸福感，同时提高幼儿园学前班到三年级儿童的学习成绩 (Rebok et al., 2014)。为了使其影响达到最大化，该项目的实施无论对退休者还是对儿童，都既有强度，又富于刺激性。

每 7 名到 10 名志愿者组成一个小队，先参加一个 30 小时的严格训练项目，学习辅导儿童学习、管理儿童行为的技能。然后，小队进入市中心贫民区的学校，在整个学年里每个志愿者每周至少花 15 个小时来帮助那些被老师确定为在学习上需要帮助的学生。每个小队至少每两周聚会一次，以解决遇到的问题并再次训练，以改进辅导儿童的效果，同时增强志愿者的社区意识。

目前，体验军团有近 3 000 名志愿者在美国 22 个城市工作。它在实现代际目标方面效果如何？

为了找到答案，数百名 60 岁及以上的成年人被随机分配到纽约州巴尔的摩、得克萨斯州亚瑟港的公立学校实验组，或等待名单的控制组。结果令人印象深刻：接受过体验军团教学和辅导的儿童，与其他学生人数相似的学校相比，期末阅读成绩更高，课堂破坏行为减少 (Gattis et al., 2010; Lee et al., 2012)。

与此同时，在巴尔的摩和其他 17 个城市开展的一项大范围评估中，参加体验军团的老年人受益的很多。在服务 4~8 个月后，志愿者报告的身体活动和力量有所增加，而控制组则有所下降 (Fried et al., 2004)。在参与该项目服务两年后，参与者与控制组相比，显示出更少的身体能力下降和抑郁症状 (Hong & Morrill-Howell, 2010)。对团队的服务和与学校员工的联系方面，志愿者

体验军团对老年志愿者进行强化训练，之后对城市贫民区小学生进行学习辅导。这种活动给两代人都带来好处，儿童的学习和行为都得到改善，而老年志愿者在身体、认知和社会性健康发展方面都有收益。

也报告了社会支持的增强。

此外，对神经生物学结果的研究发现，和控制组相比，体验军团志愿者在一学年的时间里，其 fMRI 数据显示出大脑执行机能的增强。参与项目两年后，大脑皮层和海马体（与记忆有关的中心）的体积略有增加，而控制组则略有下降 (Carlson et al., 2009, 2015)。持续而积极的身体活动和具有认知挑战性的志愿者活动，似乎增大了可支持晚年认知机能的大脑区域的可塑性。

体验军团证明，一项"高强度"的志愿者项目对老年人的身体、认知和社会性健康发展的强大影响，同时以可预测生活成功的方式改善了儿童的学习能力。晚近，体验军团与美国最大的老年人组织——美国退休人员协会 (AARP) 联手，计划把该项目扩展到更多需要帮助的老年人和儿童中。

八、成功的晚年

18.12　讨论成功的晚年的意义

沃尔特、露丝、迪克、高尔蒂，还有伊达，以及他们所能说明的大量研究结果，都揭示出人生最后几十年发展的多样性。沃尔特和露丝很适合当代专家的一种说法：**成功的晚年** (successful aging），即晚年生活中获得被最大化，而丧失被最小化，从而充分发挥个人潜力。两个人都能积极融入家庭和社会，都能顺利地应对消极生活变化，从亲密的夫妻关系及其他亲密关系中享受幸福生活，他们的日常生活充满了愉快的活动。伊达则把成功的晚年保持到阿尔茨海默病发作并剥夺了她应对生活挑战的能力。作为一个单身的成年人，她建立了一个充实的社交网络，并一直保持到老年期。相形之下，迪克和高尔蒂则用失望对身体衰老和其他丧失（如迪克的被迫退休）做出反应。迪克的暴怒脾气限制了他的社交来往，虽然这对夫妇最后搬进生活护理社区，并改善了他们的社交生活。

当老年人的成长、活力和努力受到限制时，还能克服身体、认知和社会性等方面的衰退，他们就能安度晚年。研究者希望更多地了解有关成功的晚年的因素，以便帮助更多的老年人战胜衰老。但是，理论家们在成功晚年的确切成分上存在分歧。有些关注容易测量的指标，如良好的心血管机能、不存在失能、优异的认知能力和创造性成就。但这种观点受到了尖锐的批评 (Brown, 2016a)。不是每个人都能成为杰出运动员、创新科学家或天才艺术家。许多老年人并不想臻于完美和继续创造，成为西方社会公认的成功者。每个人都受到遗传潜力、所选择的环境以及二者交互作用的局限。况且，在一种文化中有价值的结果，在另一种文化中可能并不被看重。

关于成功老龄化的观点已经从特定的成就转向一个人达到个人价值目标的过程 (Freund & Baltes, 1998; Kahana et al., 2005; Lang, Rohr, & Williger, 2011)。这种观点不是要查明人怎样设定"成功"的标准，而是关注怎样把丧失最小化，把

638

获得最大化。从这个角度看，最佳的老年可能比过去常用的术语成功的老年更确切。最佳的老年反映了这样一个现实，即好的老年不仅要实现预期的结果，而且要有效地应对生活的挑战和丧失。在对不同成人样本的研究中，乔治·魏兰特观察了不同生命历程因素是怎样影响晚年身心健康的 (Vaillant & Mukamal, 2001)。他的研究揭示出，人们能够在一定程度上加以控制的因素（如健康习惯、应对策略、婚姻稳定性和受教育年限），在预测幸福、积极的晚年方面，远远胜过不可控因素（父母的社经地位、童年期的家庭温暖、早期的身

体健康和家人的寿命）。

来看对一位被研究者的描述，他小时候过着低社经地位的生活，父母不和，母亲抑郁，7 个兄弟姐妹挤在租住的廉价公寓里。虽然早期困难重重，但是他幸福地结了婚，通过《退伍军人权利法案》上大学，获得会计学学位。70 岁时，他是这样安度晚年的：

> 安东尼·皮列里一直有病，他有心脏病，做过心内直视手术，但他并不觉得自己是病人。他的身体仍像过去一样有活力，继续打网球。问他是否怀念他的工作，他兴高采烈地说："我这么忙地干别的事，哪有时间想工作的事啊……生活对我来说不是单调枯燥的。"他不吸烟，不多喝酒，他爱他的妻子，他使用成熟的应对策略，他受过 14 年的教育，他控制着自己的腰围，而且他坚持锻炼。（转引自 Vaillant, 2002, pp.12, 305）

魏兰特是这样总结的："一个人的过去常常能够预测他的晚年。"(p. 12) 在生命的最后阶段，成功的晚年是一种非凡的心理复原力的体现。

本章和前几章，我们都谈到了老年人实现其目标的方法。下面让我们重温其中最重要的一些方法：

639

- 乐观主义和自我效能感在增进健康和身体机能方面的作用（边页 581）。
- 选择性最优化补偿可以对多数受限制的身体和认知资源加以弥补（边页 595、616）。
- 明确自我概念可以促进自我接纳，对希望的自我和可能的自我进行审查（边页 612-614）。
- 增强情绪调节和情感积极性，以支持有意义、有价值的社会关系（边页 611-612）。
- 接受变化，以有效地应对困难，增强生活满意度（边页 614）。
- 成熟的灵性和信仰，有助于平静、镇定地面对死亡（边页 614-615）。
- 对依赖性和独立性的个人控制，能够做自己喜欢并选择的活动（边页 616、618）。
- 高质量的人际关系，可以提供愉悦的陪伴和社会支持（边页 622）。
- 参加对个人有意义的休闲和志愿者活动，以增强身体、认知和社会性发展（边页 636-637）。

人与环境的有效适配，可以帮助老年人适应晚年生活的变化，从而形成良好的晚年生活。老年人需要资金充足的社会保险、良好的医疗保健、安全的住房和多样化的社会服务（见第2章边页65对美国地区老年人代理机构的介绍）。然而，由于缺乏重组的资金，而且难以到达农村社区，许多老年人的需求仍未得到满足。独居且文化水平较低的老年人不知道怎样得到可用的援助。此外，美国的医保制度规定，老年人要交纳医保费用，这也加重了他们的负担。只有经济富足的老年人才能找到适应身体失能老年人的住房，使他们在适当的地方养老，而不会受到干扰。

在制定能够满足老年人需求的政策的同时，还要有新的、面向未来的举措，应对日益严重的人口老龄化。加强各年龄段职工的终生学习，可以使他们在进入老年期之后，保持甚至增强各种技能。此外，还要为大量身体衰弱的老年人的身体变化做好准备，包括为家庭看护者提供负担得起的帮助、适应老年人身体条件的住房以及精心的家庭护理。

所有这些变化都要求人们承认、支持和增强老年人，包括现在和今后的老年人对社会的贡献。一个照顾其老龄公民并给予他们大量个人成长机会的国家，才能使每个人都有最大的机会在自己年老之时，有一个最佳的老年。

思考题

联结 休闲和做志愿者的兴趣和技能一般是在早期形成的，并持续一生。重温本书的前面章节，举例说明童年期、青少年期和成年早期的经历为什么会促进退休后有意义的休闲和志愿者活动。

应用 为打算退休的夫妇提供以研究为基础的建议，建议他们采取哪些措施来促进良好的退休适应。

反思 想出一个你认识的有成功的晚年的人。你选择他，是因为他具备哪些个人品质？

本章要点

一、埃里克森的理论：自我完整性对绝望

18.1 根据埃里克森的理论，中老年期人格有怎样的变化？

■ 埃里克森的人生最后一个心理冲突是**自我完整性对绝望**，即一个人怎样看待自己的一生。形成完整感的人会觉得自己是完整的、完全的，对自己取得的成就感到满意。如果老年人感觉自己一生中做了很多错误决定，又没有足够的时间去改变，他们就会感到绝望。

二、老年期心理社会性发展的其他理论

18.2 讨论罗伯特·佩克和琼·埃里克森的老年期心理社会性发展理论以及积极情感和怀旧对老年生活的意义

■ 罗伯特·佩克认为，获得自我完整性需完成三个任务：自我分化、身体超越和自我超越。

■ 琼·埃里克森认为，这些任务的完成反映了一个新的心理社会阶段即**老年卓越**，表现为内心的平静和平静的反思。但还需更多证据证实这一老年阶段。

■ 多数老年人表现出**积极情感**——看重积极的情感信息，显示他们已成为情绪自我调节方面的专家。

■ 对过去生活的**怀旧**对老年人来说是积极和具有适应性的。但许多适应良好的老年人很少花时间通过回顾生活来寻求更深刻的自我理解。他们像"**第三年龄**"这个术语所表达的那样，以现在和未来为导向，寻求实现个人完善的机会。

三、自我概念和人格的稳定性与变化性

18.3 列举老年期的自我概念与人格的稳定方面和变化方面，并讨论老年期的灵性与宗教信仰

■ "大五"人格特质从中年期到老年期有持续的稳定性。随着一生中对自我了解的累积，老年人的自我概念比年轻人更安全、更丰富。那些为把希望的自我变成可能的自我而不断努力的人，

640

生活满意度较高。灵活、乐观的生活方式促进了复原力，参与具有认知挑战性的活动能促进体验寻求人格。

■　随着年龄增长，老年人通常会更虔诚地信仰宗教或发展灵性，但这种增长通常是适度的，并不普遍。许多人的宗教信仰在整个成年期都相当稳定。信仰和灵性会更加深思熟虑，接受不确定性，强调与他人的联系。在社经地位较低的少数族裔、老年人和女性中，宗教参与度特别高，这与更好的身心健康和更长的寿命相关。

四、环境对心理健康的影响

18.4　讨论控制对依赖、身体健康、消极生活变化和社会支持对老年人心理健康的影响

■　在**依赖 - 支持型**和**独立 - 忽视型**这两种行为模式中，老年人的依赖行为立即受到关注，而他们的独立行为被忽视。如果允许老年人选择他们希望得到帮助的领域，就可以使他们在追求自己目标时充分发挥自己的能力，并创造有效的**人与环境适配性**，从而促进心理健康。

■　身体健康是晚年心理健康的有力预测指标。身体健康和心理健康问题之间的关系可能成为恶性循环，彼此加剧。85 岁及以上的人在所有年龄组中自杀率最高。

■　尽管老年人面临着各种负面生活变化的风险，但这些事件在老年人中引发的压力和抑郁比年轻人少。但消极变化的累积对老年人的应对能力是一种考验。

■　社会支持可以促进身心健康，但过度的帮助或无以回报的帮助往往会降低自我效能感，放大心理压力。感知到的社会支持，而不是单纯的帮助，与积极的生活态度相关。

五、社会大环境的变化

18.5　描述疏离理论和活动理论的局限性，并解释连续性理论和社会情感选择理论的新观点

■　疏离理论认为，老年人与社会的相互疏离发生于对死亡的预期。但多数老年人并未疏离。活动理论认为，社交障碍导致互动率下降。但与社会接触更多的老年人并不一定更快乐。

■　**连续性理论**认为，多数老年人努力保持从过去到现在和未来的一致性。通过使用熟悉的技能，与熟人进行熟悉的活动，老年人把晚年生活的变化融入连贯而一致的生活历程中。

■　**社会情感选择理论**提出，随着年龄增长，社交网络更具选择性。面对短暂未来的老年人强调互动的情感调节机能，更喜欢高质量、带来情感满足的关系。

18.6　社区、邻里和居住条件如何影响老年人社会生活和适应？

■　住在城市郊区的老年人，收入和身体健康比较好，住在市中心的老年人接受社会服务和交通更便利。小城镇和农村地区的老年人与子女住得距离较远，他们通过更多地与附近的亲戚、邻居和朋友互动来弥补。与志趣相投的老年人生活在一起可以提高生活满意度。

■　多数老年人喜欢**就地养老**，但对于身体失能和行动不便的人，独立生活存在风险，许多独居的老年人都很贫困。

■　为需要辅助生活的老年人提供的居住环境包括**独立生活社区**（可提供各种类似酒店的支持服务）和**生活护理社区**（可提供一系列住房选择），确保居民随年龄增长而不断变化的需求都能得到满足。

■　住在养老院的美国老年人中，有一小部分人的自主性受到极大限制，社交互动程度也很低。具有人与环境适配性的像家一样的养老院对促进晚年幸福感很有益。

六、老年期的人际关系

18.7　描述老年期人际关系的变化，包括婚姻、同性伴侣、离婚、再婚、丧偶，并讨论从未结婚且无子女的老年人

■　**社会护航**是人一生中社交网络变化的有影响力的模型。由于一些关系中止，老年人想办法维持令人满意的关系并培养新的关系，尽管不像年轻时那么多。

■　晚年婚姻满意度的途径多种多样，取决于共同活动和经济条件等因素。已婚老年人通常拥有更大的社交网络，这有利于身心健康。

■　多数老年同性伴侣表示，他们的关系幸福美满。与没有经法律认可的同性伴侣相比，合法结婚的同性伴侣在身心健康方面占优势。

641

■　晚年离婚造成的压力比早年离婚更

大。老年人的再婚率很低，但再婚者的婚姻往往更稳定。建立新关系的老年人越来越多地选择同居或"分开共同生活"作为长期婚姻的变通。

■　对丧偶的适应差异很大。年长者比年轻者适应更好，女性比男性适应更好。努力维持社会关系、外向人格、高度的自尊以及在处理日常生活任务时的自我效能感都可增强复原力。

■　从未结婚且无子女的老年人大多会建立另一种有意义的关系。其中女性比男性适应能力更强，但男女两性都能找到社会支持。

18.8　老年期兄弟姐妹关系和朋友关系有怎样的变化？

■　老年期，住在附近的老年兄弟姐妹会经常交流，每年至少互相看望几次。对丧偶和从未结婚的老年人来说，兄弟姐妹尤其能提供一份重要的"保险单"。

■　晚年的友谊有多种机能：亲密与陪伴，抵御负面评价的保护者，与更大社会联系的纽带，以及对失去亲人的心理后果的保护者。老年人更喜欢已建立的同性友谊，而女性比男性有更多亲密朋友和**次要朋友**，她们偶尔会和次要朋友共度时光。

18.9　描述老年人与成年子女、成年孙子女的关系

■　老年人经常与其成年子女保持联系，后者提供更多的是情感支持，而非直接帮助。对子女提供更多帮助的老年人生活满意度最高。尽管老年人对成年子女的帮助而产生的矛盾情感大多比较适度，但这种矛盾情感不利于他们的心理健康。

■　有成年孙子女的老年人可以从一个更大的支持网络中受益。祖父母通常期望从孙子女那里得到关爱，而不是实际帮助。随着时间推移，祖辈与孙辈的联系会减少，但祖辈的情感投入往往会加强。

18.10　讨论老年人虐待及其风险因素、后果和预防策略

■　一些老年人遭到家人、朋友和专业护理人员的虐待。风险因素包括受虐者对施虐者的依赖、施虐者对受虐者的依赖、施虐者的心理障碍、家庭暴力史和养老院条件差。所有形式的虐待都对老年人的身心健康造成持续的不良后果。

■　老年人虐待预防项目可为照顾者提供咨询、教育和暂时托管服务。训练有素的志愿者和支持团体可以帮助受害者避免以后的伤害。鼓励人们举报疑似案例，增进公众了解老年人的需求，这些社会努力也非常重要。

七、退休

18.11　讨论退休决定、退休适应和参加休闲与志愿者活动

■　退休决定取决于退休后的可负担性、健康状况、工作环境的特点、对有意义活动的追求、性别、族裔以及社会退休福利政策等。

■　影响退休适应的因素有以前从工作中获得的满足感，照顾家庭的责任，个人对生活事件、社会支持和婚姻幸福的掌控。

■　退休后参与有意义的休闲和志愿者活动通常会持续并增多。这与老年人更好的身心健康及死亡率降低相关。

八、成功的晚年

18.12　讨论成功的晚年的意义

■　体验到**成功的晚年**的老年人具有多种手段使丧失最小化，使获得最大化。能够使老年人有效应对生活变化的社会环境可以促进成功的晚年的实现，包括资金充裕的社保计划，良好的保健，安全的、适应老年人能力衰退的居住条件，社会服务以及终生学习机会。社会改革还需保证衰弱老人的身心健康，为此应提供可负担的家庭内帮助、适当的居住条件以及精心的家庭护理。

重要术语和概念

aging in place (p. 623) 就地养老
continuity theory (p. 620) 连续性理论
dependency-support script (p. 616) 依赖－支持型
ego integrity versus despair (p. 610) 自我完整性对绝望

gerotranscendence(p. 611) 老年卓越
independence-ignore script (p. 616) 独立－忽视型
independent living communities (p. 623) 独立生活社区
life-care communities (p. 623) 生活护理社区

person-environment fit (p. 616) 人与环境适配性
positivity effect (p. 611) 积极情感
reminiscence (p. 612) 怀旧
secondary friends (p. 631) 次要朋友
social convoy (p. 625) 社会护航

socioemotional selectivity theory (p. 620) 社会情感选择理论
successful aging (p. 637) 成功的晚年
Third Age (p. 613) 第三年龄

老年期发展的里程碑

65~80 岁

身体

■ 自主神经系统机能下降，导致对冷热天气的耐受性减弱。(574)

■ 视力继续下降，对眩光的敏感度增加，辨色、暗适应、深度知觉和视敏度下降。(574-575)

■ 听力在全频范围内持续下降。(575)

■ 味觉和嗅觉敏感性降低。(576)

■ 手部，尤其是指尖的触觉敏感性下降。(576)

■ 心血管和呼吸系统功能下降导致在锻炼时生理压力增大。(576-577)

■ 免疫系统机能下降增加了患各种疾病包括传染病、心血管疾病、某些癌症和其他一些自身免疫性疾病的风险。(577)

■ 睡眠变为早睡早醒。睡眠困难增加。(577)

■ 头发继续变得灰白稀少。因失去脂肪层的支撑，皮肤皱纹加深，皮肤下垂且透明，"老年斑"增加。(578)

■ 瘦体组织群丧失致身高体重下降。(578)

■ 骨量持续减少导致骨质疏松症发病率上升。(578, 585)

■ 性生活频率和性反应强度下降，但多数已婚老年人报告仍有规律地享受性快乐。(583-584)

认知

■ 加工速度和其他方面的流体智力，以及晶体智力（包括语义记忆或一般知识库）仍可持续。(594)

■ 执行机能，包括工作记忆容量、抑制能力和注意力灵活转移能力持续下降。(594)

■ 无法从长时记忆中提取信息；情节记忆（日常经历的记忆）、联想记忆和外显记忆（需要记忆策略的任务）的困难最大。(595-596)

■ 对重要但长久的自传式记忆仍可持续。(597)

■ 时间性前瞻记忆力下降，为了弥补，越来越多地使用外部辅助工具作为提醒。(598)

■ 从长时记忆中提取单词、在日常对话中打算说什么和怎么说变得更加困难。语言理解和叙事能力在很大程度上得以维持。(598, 599)

■ 假设性问题解决能力下降，但日常问题解决能力仍然具有适应性。(599)

■ 可能在社会上担任重要领导职务，如首席执行官、宗教领袖、大法官等。(600)

■ 可能成为智者。(600-601)

■ 可通过培训改善各种认知技能。(602)

情感/社会性

■ 开始总结一生，形成自我完整性。(610-611)

■ 随着基本信息加工能力的下降，认知－情感复杂性也下降。(611)

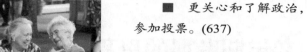

■ 表现出积极情感，选择性地关注并更好地回忆积极情感信息，而非消极信息。(611)

■ 喜欢怀旧，但仍继续寻求个人成长和实现自我的途径。(612)

■ 自我概念加强，变得更安全、更丰富。(612)

■ 亲和性和对变化的接受性增强，外向性和求新性下降。(614)

■ 灵性和信仰提升到更高层次，离开某种特定信仰，转为更加深思熟虑的方式。(614-615)

■ 社交网络的规模减小，强调积极情感和亲密关系。(620-621)

■ 可能丧偶。(628)

■ 与住在附近的兄弟姐妹的来往和相互帮助增多。(630)

■ 把很多时间花在与其交往的朋友变得越来越重要。(630)

■ 可能退休。(634-635)

■ 对休闲和志愿者活动的参与增多。(636)

■ 更关心和了解政治，参加投票。(637)

80 岁以上

身体

■ 上述身体方面的变化仍在继续。

■ 由于肌肉和骨强度退化及关节灵活性降低，行走能力下降。(578)

认知

■ 上述认知变化仍在继续。

■ 流体智力进一步下降，晶体智力也有中度下降。(594-595)

情感／社会性

■ 前述情感与社会性方面的变化仍在继续。(614)

■ 可能实现老年超越，一种超越自我的宇宙观。(611)

■ 和成年子女的关系变得更重要。(632)

■ 参加休闲与志愿者活动的次数和类型减少。(636)

第十篇

生命终结

死亡、临终与丧亲

在印度曼尼普尔邦的印度教送葬队伍中，女性们穿着白色和淡粉色来纪念这个悲伤的时刻。所有的文化都有纪念生命结束的习俗和仪式，帮助失去亲人的人应对巨大的悲痛。

像每个人的生命都是独特的一样，每个人的死亡也是独特的。人类灵魂最后的力量以纷繁各异的方式与肉体分离。

我母亲索菲亚的去世是与癌症搏斗 5 年后达到的一个巅峰。在她生命的最后几个月，疾病蔓延到身体的所有器官，以其最后的疯狂肆虐着她的肺。母亲已被告知要留时间为即将到来的死亡做好准备，她慢慢地衰竭了。我的父亲菲利普又活了 18 年。他 80 岁时，外表看起来健康而有活力，正准备出发去一次期待多时的度假，不料一场突发的心脏病夺走了他的生命，他甚至没来得及说最后几句话或是临终遗言。

当我正准备写这一章时，我的邻居，65 岁的尼古拉斯为了更高质量的生活而冒了一次险。为了达到做肾移植手术的条件，他选择了心脏搭桥手术来让他的心脏更强壮。医生告诫说他的身体可能经受不住这样的手术。

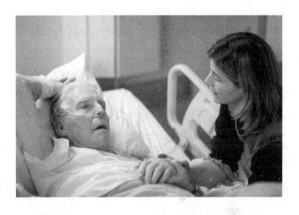

但是尼古拉斯清楚，如果不抓住这次机会，他只能在极度衰弱中再活几年时间。手术过后不多时，感染迅速蔓延至全身，使他衰弱到必须采取急救手段，用呼吸机维持呼吸，用强效药升高其过低的血压，才能维持生命。

"加油，爸爸! 你能够做到!"尼古拉斯的女儿萨莎坐在他旁边，抚摸着他的手，鼓励他。但是尼古拉斯没有做到。在两个月的重症监护之后，他出现脑癫痫，陷入昏迷。三位医生和他妻子吉赛尔面谈，告诉她，已经没有希望了。吉赛尔请求医生关掉了呼吸机，不到半小时，尼古拉斯就离去了。

死亡对我们人类的生存意义重大。一代人离去，就给下一代人留下更多空间。当生命结束时，大自然就像对待其他生物一样，用它全部的、独特的包容性来对待人类。人要接受将死去这一现实是很难的，但是，如果把死亡看作生命延续的一部分，人就能得到最大的安慰。

这一章我们将讨论毕生发展的终点。20 世纪和 21 世纪初，医学进步给我们提供了很多手段来阻止死亡，以至许多人把死亡当作一个忌讳谈论的话题。但是由预期寿命的大幅提高给社会和经济带来的两难困境，迫使我们关注生命的终结，关注它的质量和发生时间，以及帮助人们适应自己和别人最终离去的办法。**死亡学** (thanatology)，这一研究死亡和临终问题的跨学科领域，在过去30多年里有了巨大的发展。

646　　　我们的讨论涉及以下方面：临终前的身体变化；童年期、青少年期、成年期对死亡的认识和态度；当面对死亡时，人们的想法和感受；患不治之症的病人要求死亡的权利；怎样应对亲人的死亡。索菲亚、菲利普、尼古拉斯，他们的家庭以及别人的经历将向我们展示每个人的生命历程是怎样与社会、文化结合在一起共同影响临终与死亡，使这一遍及世界的经历如此千差万别的。

🌀 一、人是怎么死的

19.1　描述临终者的身体变化及其对界定死亡的启示和有尊严死亡的意义

和前几代人相比，当代工业化国家的人们目睹临终时身体变化的机会不多。如今，发达国家人们的死亡大多发生在医院里，关注他们最后时刻的人是医生和护士，而不是亲人。所以，许多人想知道人是怎样死的，有的是想预期自己的死亡，有的是想体会当亲人死亡时会经历哪些事情。当我们简要地审视临终时的身体变化时，必须记住，临终者不仅仅是一个需要照顾和关注其身体机能的肉体存在。临终者也有思想和精神——对他们来说，生命的结束仍然是生命。在生命的最后几天和几小时，他们从周围人的关怀中深深受益，他们情感和精神的长眠需要这种关怀。

1. 身体变化

我父亲致命的心脏病在一个晚上突然发作。当我听到这个消息时，我急切地想确认父亲的死是不是很快和没有痛苦的。

当问及人们想怎样死亡时，多数人说他们想"有尊严地死去"，要么在睡眠中快速、无痛苦地结束，要么在最后时刻能头脑清楚，可以说声道别，回顾一下此生。实际上，死亡是代表生命过程的一条直线的终点。对于大约20%的人来说，死亡是温和的，特别是当使用麻醉药减轻病痛、掩盖正在发生的毁坏性病变时 (Nuland, 1993)。但是大多数情况并非如此。

请回忆一下在童年期和青少年期那些因意外事故导致的死亡，以及成年期的心血管疾病和癌症。工业化国家占四分之一的突然死亡者中，65%~85% 的人死于心脏病突发 (Mozaffarian et al., 2015; Sanchis-Gomar et al., 2016)。我希望父亲能毫无痛苦地死去的愿望并没有实现。毋庸置疑，他肯定感受到剧烈、极度的心脏缺氧。因为他的心脏失控地抖动（医学称为心房颤动），或完全停止工作，血液循环减慢、停止，使他失去意识。大脑缺氧达到 2~4 分钟就会发生不可逆的损伤，表现为瞳孔对光失去反应而放大。同时，其他缺氧的器官也停止工作。

由于延缓死亡的医学技术的发展，四分之三的人要经历漫长难熬的死亡过程，死亡时间比以往长得多。他们最后以各种不同的方式死去。心脏病患者大多死于和尼古拉斯一样的充血性心力衰竭 (Murray & McLoughlin, 2012)。他受损的心脏再也无力把足够的氧气输送到身体的各个组织。随着心脏的努力尝试，心肌越来越虚弱。因为血压过低，血液又倒流回尼古拉斯的肺部。这阻碍了呼吸，并为吸入细菌进而大量繁殖创造了理想的条件，细菌进入血液，传遍全身，导致多个器官衰竭。

癌症也同样以各种途径发泄它的破坏力。当癌细胞发生转移时，一些瘤块通过血流，在重要器官里植根、生长并破坏其机能。药物使我母亲最后的日子尽可能地舒服些，让她死得相对比较轻松。但是这以前的几周她身体遭受了种种折磨：呼吸微弱，消化不良，在床上辗转反侧地想找一个稍微舒服点的姿势。

在死前几天或几小时，人的活力大减，很少动弹，也很少说话，对食物、水和周围事物失去兴趣。体温、血压降低，肢体循环减弱，手脚冰凉，皮肤灰暗 (Hospice Foundation of America, 2011)。当生命即将向死亡过渡时，人会经历以下三个阶段：

- **濒死期** (agonal phase)：*agon* 在希腊语中是"挣扎"的意思，*agonal* 在这里指因喉咙积液而发出急促的呼吸声，正常心跳衰竭的一刻发出的喘息和肌肉痉挛 (Manole & Hickey, 2006)。
- **临床死亡** (clinical death)：这是一段短暂的时

间，其间心跳、血液循环和呼吸停止，脑功能丧失，但仍有复活的可能。

- **死亡** (mortality)：个体进入永久死亡。在几小时内，无生命的身体出现萎缩，再也不像活着的样子。

2. 死亡的界定

如前所述，死亡不是发生在一个简单的时间点上的。它是一个过程，在此过程中，各个器官因人而异地按照一定顺序相继停止工作。由于生死之间的界限模糊不清，社会需要对死亡有一个界定，以帮助医生决定何时该终止抢救措施，并告诉生者，必须开始为丧亲带来的哀痛做好准备，重新调理生活，同时确定要捐献的器官何时可以摘除。

647　　几十年前，心跳和呼吸的停止标志着死亡。但是这些标准不再充分，因为再生技术能使重要的生命迹象恢复。今天，多数工业化国家采用的定义是**脑死亡** (brain death)，即大脑和控制反射的脑干的一切活动不可逆转地终止了。

但是，并非所有国家都接受这一标准。例如，在日本，医生采用传统的标准，即心跳和呼吸停止来界定死亡。这给国家器官移植计划造成障碍，因为很少有器官能从没有人为维持生命体征的遗体中取出。佛教、儒学和神道教的死亡观强调尊重祖先，灵魂离开肉身需要时间，这可能是脑死亡定义和器官捐献困难的原因之一 (Yang & Miller, 2015)。现在，日本法律只在死者是器官捐献者的前提下，才使用脑死亡的标准 (Kumaido,

在中国人的墓地里，家人向死去的祖先祈祷，并送上祭品以示怀念。佛教、儒学等强调祖先崇拜和灵魂离开尸体需要时间，这可以解释为什么脑死亡在中国不被法律承认。

Sugiyama, & Tsutsumi, 2015)。否则，在心脏停止跳动之前，他们仍然被认为是活着的。脑死亡在中国仍未得到法律承认。

在很多案例中，脑死亡的标准仍不能解决何时停止治疗这一两难问题。来看尼古拉斯的例子，尼古拉斯虽然没有出现脑死亡，但他进入一种**持续性植物人状态** (persistent vegetative state)，即大脑皮层已无脑电活动，但是脑干仍有脑电活动。医生确信已无法使他恢复意识或身体运动。美国和其他国家有成千上万人处于持续性植物人状态，每年对他们的护理费用达数千万美元，所以一些专家认为，大脑皮层活动停止就足以宣布一个人的死亡。但有人举出了几个罕见病例，患者在持续几个月的植物人状态之后，重新出现了皮层反应和意识，尽管恢复的机能非常有限（Laureys & Boly, 2007）。还有另外一种情况，一个意识完全清楚但是饱受病情折磨的人，拒绝接受拯救生命的措施，这个问题我们将在谈到死亡的权利时加以讨论。

3. 有尊严的死亡

我们已经知道，大自然不会如人所愿，赐予人们理想而轻松的死亡，医学也不能确保这一点。因而，死亡的最大尊严在于死亡之前生命的完整性，我们可以通过和临终者进行交流，对其进行护理，来促进这一完整性。

首先，我们要让多数已无力抵挡死亡的临终者相信，我们会在他们的身心遭受折磨时帮助他们。对他们的尊重体现在，关注他们生命中最重要的方面，解决他们最关心的问题 (Keegan & Drick, 2011)。我们可以尽可能确保在他们生命的最后几个月、几周甚至最后几个小时得到最大限度的同情关怀——宁静的空间环境、情感抚慰和社会支持、与家人的亲密关系，以及能够减轻对生命价值、重要关系和死亡担忧的精神关怀。

其次，我们可以坦白地告诉他们死亡的确定性。临终者除非意识到他们正处于临终状态，并且尽可能地了解自己可能会死的情况，否则他们就不会顺顺当当地接受临终护理，并且无法下定决心和别人分享内心情感，把这些情感表露给身边最亲的亲人。由于索菲亚知道她会怎样死去、什么时候死去，她选择了一个时间，让她、菲利

临终病人迪克·华纳的妻子南希戴着一顶纸制的护士帽，象征着她既是医生又是护理人员的双重角色。拍摄这张照片的那天晚上，南希听见迪克的呼吸急促起来。她吻了吻他，低声说："是时候放手了。"迪克如愿以偿地离开了人世，他挚爱的妻子陪伴在他的床边。

普和子女们能够说一说，他们的生命对彼此来说意味着什么。在这些珍贵的床边交流中，索菲亚

有一个令人难忘的临终愿望。她希望菲利普在她死后能再婚，这样他就不会孤单地度过余生。临终前的开放态度使索菲亚做出了一个最后的无私 *648* 举动，帮助她放开对她来说最亲的人，放心地面对死亡。

再次，医护人员可以帮助临终者充分了解他们的病情，从而做出有理有据的选择，是继续努力战胜疾病，还是停止抢救治疗。知道了身体在正常情况下如何运转，就容易理解疾病对人有何影响——这种教育早在童年期就可以开始了。

总之，疾病通常不会带来一个优雅、宁静的死亡，但是我们可以借助对临终者的看护、陪伴和尊重，告知诊断实情，以及确保一个人对自己生命结束期的最大限度的个人掌控，来实现最有尊严的死亡（American Hospice Foundation, 2013）。这些就是"善终"的组成部分，本章的全部内容都将贯穿这些原则。

二、对死亡的认识和态度

19.2　描述死亡概念和对待死亡的态度随年龄的变化，并列举影响死亡焦虑的因素

一个世纪以前，死亡通常发生在家里，人们不论年龄大小，甚至包括儿童，都帮助照顾快要死去的家人，一直到死亡那一刻。他们亲眼看着所爱的人被埋葬在家族墓地或当地公墓，并且定期去扫墓。由于婴儿和儿童死亡率很高，所有人都经历过与自己同辈的人，或比他们年龄小的人死去。儿童经历父母死亡的现象也很普遍。

和前几代比起来，如今有很多年轻人在他们成年之前没有经历过熟人的死亡（Morgan, Laungani, & Palmer, 2009）。即使有人死去，医院和殡仪馆的专业人员会承担大部分需直接面对死亡的任务。

这种和死亡的距离无疑会造成对死亡的不安感。除了电视、电影里的死亡场面和新闻中的事故、谋杀案和自然灾害之外，我们生活在一个拒绝承认死亡的文化中。成人往往不愿意和儿童、青少年谈论死亡。另外，五花八门的忌讳的表达方式，如"离开了""走了""没了"等等，使人们避开了对死亡的坦率承认。本节我们将考察死亡概念及对死亡的态度的发展，以及促进人们理解并接纳死亡的途径。

1. 童年期

4岁的米丽亚姆在她的小狗佩佩尔死后第二天来到幼儿园。她的老师莱斯莉发现她不像往常那样和别的孩子一起玩，而是一个人靠近老师站着，看起来很忧伤。"怎么了，米丽亚姆？"莱斯莉问道。

"爸爸说佩佩尔查出来病得很厉害，必须让它睡觉。"过了片刻，米丽亚姆看上去充满希望。她说："等我回家的时候，佩佩尔也许就醒了。"

莱斯莉直截了当地回答说："不会的，佩佩尔再也不会站起来了。它不是睡觉。它死了，这就是说它再也不能睡觉，不能吃东西，不能跑，也不能玩了。"

米丽亚姆怅然地走开，过了一会儿，她又回到莱斯莉身边，眼泪汪汪地、后悔地说："我追佩佩尔追得太凶了。"

莱斯莉搂住米丽亚姆。"佩佩尔不是因为你追它才死的。它太老了，而且有病。"她解释说。

后来几天，米丽亚姆问了很多问题："当我睡觉时，我会死吗？""肚子疼会死吗？""佩佩尔

现在感觉好点了吗？""爸爸和妈妈会死吗？"

（1）死亡概念的发展

从生物学角度对死亡的正确解释基于以下 5 个子概念：

- 机能丧失。所有的生命机能，包括思维、情感、运动和身体过程，在死亡时全部丧失。
- 终止性。生命机体一旦死亡，就不能再复活。
- 普遍性。所有的生命体最终都要死亡。
- 适用性。死亡只适用于有生命的东西。
- 因果性。死亡是由各种内因和外因引发的机体机能破坏所致。

要理解死亡，儿童必须掌握生物学的一些基本概念，如动物和植物拥有的生命体部位（脑、心脏、胃、叶、茎、根）对于维持生命来说是必需的。他们还必须把心目中不是活的东西的大范畴分解为死的、无生命的、不真实的、不存在的等标准。在儿童懂得这些观念之前，他们把死亡理解为自己熟悉的经历，例如行为的变化 (Slaughter, Jaakkola, & Carey, 1999; Slaughter & Lyons, 2003)。因此，他们容易受到不正确观念的影响。例如，是他们自己导致了亲人或宠物的死亡，或者，死亡就像睡觉一样。

儿童积极地想搞懂死亡意味着什么，从 3 岁半开始，他们在掌握死亡的子概念方面就取得显著进步，6 岁时多数儿童对死亡已经有复杂的理解。幼儿对有关死亡的生物学知识的掌握与对死亡的焦虑减轻有关 (Slaughter & Griffiths, 2007)。这些发现支持了和孩子们讨论真实的死亡，就像莱斯莉和米丽亚姆一样。

机能丧失（特别是身体过程）和终止性通常是儿童最早理解的，即使他们还没有经历过亲人或宠物的死亡，可能因为他们在其他日常情境中见过这些事情。例如，他们在户外玩的时候偶然捡到死蝴蝶和甲壳虫。对普遍性的理解紧随其后。起先，很多幼儿认为某些人是不会死的，比如他们自己，像他们自己的人（其他孩子），以及和他们有密切情感联系的人。适用性和因果性最难理解 (Kenyon, 2001; Panagiotaki et al., 2015; Rosengren, Gutiérrez, & Schein, 2014)。随着幼儿对有生命体和无生命体区分的细化，他们意识

649

到，娃娃、机器人和其他栩栩如生的无生命物体是不会死的。6 岁时，幼儿对死亡的内因（疾病、老年）和外因（事故）的把握已相当好 (Lazar & Torney-Purta, 1991)。

无论宗教背景如何，近 65% 的美国成年人相信，死亡以后仍有某种精神或灵魂持久存在 (Harris Poll, 2013)。当研究者问美国幼儿，在生命体死亡后，是否还有某些东西仍然存在时，多数儿童给出了生物学方面的答案，他们提到了身体、身体部位或骨头。但有些人提到"升入天堂"的精神 (Nguyen & Rosengren, 2004; Rosengren, Gutiérrez, & Schein, 2014)。这些关于来世的信念从幼儿期到小学期变得更加坚定，多数 10~12 岁的儿童说，他们相信有能使死者知觉、思考和感觉的灵魂存在 (Bering & Bjorklund, 2004; Harris & Giménez, 2005)。因为许多成年人也相信，人死后精神活动和意识会持续存在，他们可能会鼓励儿童产生这些想法 (Harris, 2011)。因此，多数年长儿童得出结论，即使在生物机能因死亡而停止后，思想和感情仍以某种形式存在，就不足为奇了。

（2）个体差异与文化差异

虽然儿童在幼儿期的末期就能达到像成人那样从生物学角度对死亡的理解，但个体差异明显存在。文化和宗教观念影响着儿童掌握知识的程度以及他们获取信息的方式。

对欧裔美国幼儿父母的访谈显示，父母和孩子谈论死亡往往是间接和回避的。例如，一个孩子问他死去的宠物老鼠去了哪里，他的妈妈回答说："去了快乐的地方。"(Miller et al., 2014) 多数父母表示，他们不让孩子看描写死亡的电影和电视节目。他们采取这种保护态度的理由是，小孩子的认知和情绪调节能力不足以理解和应对有关死亡的这种不符合研究证据的观点。不过，孩子们还是通过与兄弟姐妹和同伴的对话或偶然从收音机和电视节目中获取很多与死亡有关的信息。他们的父母无法完全保护他们。

相比之下，墨西哥裔美国移民父母的反应则强调了信息丰富、坦率地与幼儿讨论死亡并且让孩子接触有关死亡的媒体节目（暴力内容除外）的重要性。他们的理由是，死亡是自然的、不可避免的，有机会回忆逝去的亲人，并与他们建立情

在一年一度的"亡灵节"活动中，墨西哥裔美国人的孩子们点燃蜡烛纪念已故的家庭成员。因为他们的父母重视坦率的讨论，孩子们会提出有关死亡的生物学和文化传统的问题。

感和精神的联系，能给人以慰藉。根据墨西哥的文化传统，大多数父母都要参加每年一度的亡灵节活动，活动中会展示许多死亡的象征物。其中一个传统是制作一个祭坛来欢迎已故亲人的灵魂，祭坛上有照片、食物、装饰品、头骨和骨骼的图像 (Gutiérrez, Rosengren, & Miller, 2014)。与欧裔美国父母相比，墨西哥裔美国父母报告说，他们的孩子问了更多关于死亡的问题，大多与生物子概念和文化传统有关。

另一些研究发现，宗教教义也会影响儿童对死亡的理解。对以色列四个族群的比较显示，德鲁兹教派和其他穆斯林儿童的死亡观念与基督教和犹太教儿童不同 (Florian & Kravetz, 1985)。德鲁兹教派强调转世，德鲁兹教派和其他穆斯林团体对宗教非常虔诚，使儿童很难接受死亡的终止性以及身体机能的丧失。

6 岁以下的绝症患儿通常对死亡有很好的生物学理解 (Linebarger, Sahler, & Egan, 2009; Nielson, 2012)。如果父母和健康专家不坦诚，孩子们会通过其他方式发现他们的病危状况——通过非语言交流，偷听，与其他患儿交谈，以及感知他们身体的生理变化。在以色列集体农场（农业定居点）长大的儿童，很多人曾经目睹恐怖袭击、家人参军离开以及父母对安全的担忧，他们在 5 岁时就表达了对死亡的成熟理解 (Mahon, Goldberg, & Washington, 1999)。

（3）促进儿童对死亡的理解

如上所述，如果儿童能够较好地理解死亡的

事实，他们对死亡的焦虑就会减少。像莱斯莉那样，对死亡做出直接解释，最适合儿童的理解能力。有时儿童会问一些难以回答的问题，比如："我会死吗？""你会死吗？"父母既可以诚实地回答，也可以利用孩子的时间感来安慰他们："总有一天我会死，但是还要过很多很多年。我先要看着你长大成人，然后我就要做爷爷/奶奶啦。" *650*

要培养对死亡的正确认识，另一种方法是，教给年幼儿童一些有关人体的生物学知识。在课堂上让 3~5 岁儿童扮演心脏、脑、肺、胃和其他维持生命的器官的角色，他们就比没上过这种课的儿童对死亡的理解更好 (Slaughter & Lyons, 2003)。

成人和儿童的讨论还要注意到文化的敏感性。父母和教师可以帮助孩子把宗教和科学这两方面的知识融合起来，而不要把科学证据和宗教信仰相对立。如前所述，幼儿和小学生能够把他们对死亡的生物学理解与宗教和精神观念结合起来，这在丧失亲人时能起到抚慰作用 (Talwar, 2011)。后面还会讲到，与儿童进行开放、真诚的讨论，不仅能帮助儿童真实地理解死亡，而且能帮助他们在丧失亲人后节制悲伤。

2. 青少年期

青少年可以很容易地解释死亡的机能丧失和终止性等子概念，但他们会为与此不同的其他观念所吸引。例如，青少年经常把死亡描述为一种永久的抽象状态，"黑暗""永恒的光明""过渡"或"虚无" (Brent et al., 1996)。他们还构想出关于死后生命的个人理论。除了受宗教背景影响的天堂和地狱的形象之外，他们还猜想着转世、灵魂再生、精神在人间或在另一个世界永生 (Noppe & Noppe, 1997; Yang & Chen, 2002)。

相对婴儿和成人来说，青少年死亡率较低，但青少年的死亡往往是突发的和人为的；意外伤害、凶杀和自杀是排在前列的主要原因。青少年很清楚，死亡会在每个人身上、在任何时候发生。但是他们的冒险行为表明，他们并没有把死亡看得太重。

在死亡问题上，为什么青少年很难把逻辑与现实结合起来呢？首先，青少年期是身体快速发育并开始具备生殖能力的时期，这些都是和死亡相对立的！其次，在青少年的大脑发育过程中，前皮层的认知控制网络还不能控制来自大脑情感／社交网络的压力反应和感觉寻求的冲动。这种不平衡导致青少年喜欢冒不必要的风险。当他们不顾一切地飙车或与高速行驶的火车玩"小鸡游戏"而幸存下来时，他们会体验到控制死亡的幻觉，这促使他们冒更多的死亡风险。再次，青少年自诩的独一无二的个人神话也使他们相信自己会超越死亡。

成人和青少年一起讨论对死亡的关切，可以帮助他们在死亡的逻辑可能性与其日常行动之间架起一座桥梁。在日常谈话时，成人可以利用关于死亡的新闻报道或熟人去世的机会，了解青少年的想法和感受。父母可以抓住这些时机，表达自己的观点，认真倾听孩子的感受，纠正错误观念。这样的相互分享可以加深爱的纽带，并为以后需要时进行更深入的探讨打下基础。应用下页"学以致用"栏里推荐的方法，可有助于家长与儿童和青少年讨论死亡问题。

3. 成年期

在成年早期，许多人都不去想死的事情 (Corr & Corr, 2013)。这种回避行为可能是由于对死亡的焦虑引发的，对于这一点，我们还要在下一节讨论。也可能是因为对死亡话题缺乏兴趣，因为年轻人像青少年一样，没经历过多少人的死亡，他们觉得自己离死还很远。

在第15章和第16章，我们曾把中年期形容为一个盘点的时期。人们开始计算剩下的时间，关注未完成的任务，用这种方式来看待自己的一生。中年人对自己的死亡不再是只有模糊的概念。他们知道在不远的将来，他们将会衰老、死亡。

老年期，由于死亡越来越近，人们对死亡的思考和谈论越来越多。身体变化，患病和失能的比率升高，失去亲人和朋友，这些死亡临近的信号日益增强（见第17章）。相比中年人，老年人花更多时间思索死亡的过程和临终时的情形，而不是死亡的状态 (Kastenbaum, 2012)。临近死亡使他们更现实地关注死亡可能会怎样发生，以及在什么时候发生。

651　最后要指出，虽然我们探讨了死亡观随年龄

这些英国年轻人抬着一名16岁少年的棺材，他在一场团伙袭击中被刺死。虽然青少年掌握了死亡的终止性和机能丧失，但他们可能会思考生命在人死后的其他归宿。

的变化，但是其中有很大的个体差异。有些人较早就关注生死问题，而有些人则较少思考，进入老年也不大在乎这些事情。

4. 死亡焦虑

当你读下面的句子时，你是同意、不同意还是持中间立场？

> 死后对任何事物都没有感觉了，这让我感到沮丧。
> 我死后就毫无用处了，我讨厌这种想法。
> 死后就会与世隔绝，这使我恐惧。
> 死后我会错过很多东西，这种感觉让我心烦。(Thorson & Powell, 1994, pp. 38-39)

这些都是问卷的题项，用来测量**死亡焦虑** (death anxiety)，即对死亡的恐惧和忧虑。即使明确接受死亡现实的人也害怕死亡。

什么因素可以预测，当我们想到自己的死亡时，究竟会引发强烈悲伤，还是相对平静，抑或二者之间？为了回答这一问题，研究者既测量了一般的死亡焦虑，又测量了对以下各种特殊因素的恐惧：不再活在世上，失去控制，痛苦死亡，身体腐烂，和家人分离，以及未知的东西，等等 (Neimeyer, 1994)。结果发现，引起恐惧的死亡的各个方面有很大的个体和文化差异。比如，对沙特阿拉伯的虔诚伊斯兰教徒的研究显示，在西方人反应中经常出现的一些因素，如害怕身体腐烂，

学以致用

与儿童、青少年讨论死亡问题

建议	描述
引导。	对儿童和青少年的非言语行为要很敏锐，怀着同情心谈起这一话题，特别是在死亡事件发生后。
敏感地倾听。	关注儿童和青少年话语中隐含的感受。如果成人表面在听，其实心不在焉，他们能很快意识到这一冷漠的信号，进而失去信心。
了解其感受。	把儿童和青少年的情感看作是真实且重要的，不要马上做出判断。解释你觉察到的情感，例如："我知道你对此很困惑。让我们再谈谈。"
以坦诚且符合文化敏感性的方式提供真实的信息。	对于还没有真正理解死亡的儿童，要做出简单、直接和正确的解释。不要说误导的话，如"去休息了""睡着了"。不要和青少年的宗教信仰相对立，而是帮他们把生物学知识与宗教知识融合起来。
一起解决问题。	遇到难以解答的问题，如"你死后灵魂会去哪儿"，要用年轻人的方式传递你的观念，表示你并不想灌输一种观点，而是帮助他们自己得出满意的结论。对不会答的问题，说"我不知道"。这种诚实显示出一起寻找并评价解决办法的意愿。

对未知的恐惧，在这里完全不存在 (Long, 1985)。

对西方人来说，灵性，对生命意义的认识，似乎比笃信宗教在减轻死亡焦虑上更重要 (Ardelt, 2003; Routledge & Juhl, 2010)。两项研究发现，一些老年人信仰耶稣基督但行为与此相矛盾——相信有来世却很少祈祷和参加宗教仪式，这样的人报告了更高的死亡焦虑 (Wink, 2006; Wink & Scott, 2005)。这些发现说明，能够减轻死亡焦虑的，不是信仰本身，而是信仰的坚定性和信仰与行为的一致性。死亡焦虑最低的人是那些信仰某种形式的强大力量和生命存在的成人，这类信仰可能受也可能不受宗教信仰的影响 (Cicirelli, 2002; Neimeyer et al., 2011)。

对死亡持有成熟、积极的个人哲学的人也不觉得死亡有多可怕。在一项研究中，研究者把参与者对死亡的看法分为两种，一种是参与观，把死亡和临终看作自然的生命延伸，是人生目标的实现，是他人对自己经验的分享。另一种是克服观，认为死亡是强加于人的，是挫伤或失败，是被剥夺了的自己实现目标的机会 (Petty et al., 2015)。在年龄从 18 岁到 83 岁的成年人中，"参与者"比"克服者"更不害怕死亡。

根据前面各章讲过的成人心理发展的规律，我们可以推断出，随着年龄增长，成人的死亡焦虑会发生哪些变化呢？如果我们预测它会逐渐下降，到老年期达到最低水平，那就对了（见图 19.1）(Russac et al., 2007; Tomer, Eliason, &

Smith, 2000)。在很多文化和族群里都发现了这一随年龄下降的趋势。第 18 章曾经讲过，老年人是 *652* 最善于调节负面情绪的。这使他们中的大多数人能够有效地应对焦虑，包括对死亡的恐惧。此外，自我完整性的获得也减轻了死亡焦虑。年长者有更多的时间形成一种象征性的不朽——相信一个人在死后通过他的子女、工作或个人影响继续活着（见第 16 章边页 539）。

死亡焦虑只要不是过于强烈，它就可能推动人们去实现其内在文化价值观，例如，善待他人，努力工作，实现个人目标。这种努力可以增强成人的自尊感、自我效能感和生活目的感，这些东

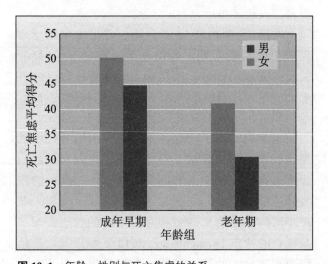

图 19.1 年龄、性别与死亡焦虑的关系

此项研究对年轻人和老年人进行了比较，发现死亡焦虑随着年龄而下降。两个年龄组的女性都比男性表现出更严重的死亡焦虑。其他研究也有类似发现。资料来源：Tomer, Eliason, & Smith, 2000.

死亡焦虑在老年期下降，这位 81 岁的荷兰老人看上去并不害怕死亡！她给自己定制了一口像书架一样的棺材，她说："只用来收殓人的棺材太浪费了。"书架上方放着的，就是她死后要用的枕头。

西是恐怖念头的强力解毒剂。在大千世界中，和一个人面临的困难、障碍和荆棘相比，恐惧就显得不那么重要 (Fry, 2003; Pyszczynski et al., 2004, p. 436)。对以色列成年人的一项研究中，这种象征性的不朽减轻了死亡恐惧，尤其是拥有安全依恋的成人 (Florian & Mikulincer, 1998)。值得注意的是，亲密的人际关系可以帮助人们感觉到自己的价值，并激发象征性不朽感。还有些人把死亡看作向下一代传承遗产的机会，这些人对死亡也较少恐惧 (Cicirelli, 2001; Mikulincer, Florian, &

Hirschberger, 2003)。

无论年龄大小、东方或西方文化，女性的死亡焦虑都比男性更强（见图 19.1）(Madnawat & Kachhawa, 2007; Tomer, Eliason, & Smith, 2000)。女性更愿意承认死亡，而男性则更希望回避死亡带来的困扰——这一解释与女性在一生中更善于表达情感相一致。在一项研究中，女性在 50 岁出头时出现了短暂的死亡焦虑上升，男性中未发现这种趋势 (Russac et al., 2007)。或许，更年期标志着生育能力的结束，给女性敲响了死亡的警钟。

对死亡感到焦虑是正常的、具有适应性的。但就像其他恐惧一样，非常强烈的死亡焦虑可以抑制有效的调整。成年期的身体健康与死亡焦虑无关，但心理健康显然与之相关。在中国和美国这样不同的文化中，抑郁或焦虑的人往往对死亡有更严重的担忧 (Neimeyer & Van Brunt, 1995; Wu, Tang, & Kwok, 2002)。相比之下，善于抑制（防止思绪游离到不相关的想法上）和情感自我调节的人死亡焦虑更少 (Bodner et al., 2015; Gailliot, Schmeichel, & Baumeister, 2006)。这种人能更妥善地应对死亡担忧。

死亡焦虑只在青少年期和成年期发生。儿童很少有这种焦虑，除非他们一直处在危险境地中，如犯罪高发的居民区或战乱地区（见第 10 章"文化影响"专栏"种族与政治暴力对儿童的影响"）。患绝症的儿童也有较强的死亡焦虑。相比其他同龄的患者，患癌症的儿童表现出对死亡的更多混乱想法和消极情感 (Malone, 1982)。如果父母没有告诉儿童他们即将死亡，儿童的孤独感和死亡焦虑就会更严重 (O'Halloran & Altmaier, 1996)。

 思考题 _____ *653*

联结 认知优势对青少年的死亡概念有何影响（见第 11 章边页 388-389、392-393 的相关内容）？

应用 4 岁的克洛伊的姨妈去世时，她问道："苏茜姨妈去哪儿了？"她妈妈说："苏茜姨妈要睡一个又长又平静的觉。"后来的两个星期，克洛伊拒绝上床睡觉，每次哄她到自己房间睡觉时，她都是好几个小时睡不着。解释克洛伊这种行为的可能原因，对她提的问题怎样回答更好？

反思 问问你家上几代人，他们小时候经历过的死亡是什么情况。和你自己的经历比一比，其中有哪些不同？怎样解释这些不同？

三、临终者的思维与情感

19.3　描述屈伯勒－罗斯的临终反应理论，并列举临终患者反应的影响因素

在离世前的一年里，索菲亚尽其所能地和病魔做斗争。在控制癌症的治疗期间，她检验了自己的能力。她继续到中学教课，去子女家看望，开了一片花园，周末和菲利普远足。索菲亚面对不治之症仍然充满希望，她还经常谈起自己的病情，以至于朋友们都感到不可思议，不知她是如何做到这样直面疾病的。

随着身体逐渐衰弱，索菲亚徘徊于各种心理和情感状态之间。因为无力继续与疾病抗争，她很受挫折，有时会生气和抑郁。我还记得有一天她疼痛难忍时的焦急和悲伤："我病了，病得很重！我尽力了，可是我再也不能坚持了。"有一次，她问我和我的新婚丈夫什么时候要孩子。"哪怕我能活到把孩子抱在我怀里！"她哭着说。最后一周，她显得很疲惫，也不再挣扎。偶尔，她会向我们表达她的爱，说说窗外的山有多美。但是多数时间，她只是看着、听着，不再主动参与谈话。一天下午，她永远地失去了意识。

1. 死亡有阶段吗？

当临终者逐渐接近死亡时，对他们的反应能否做出预测？他们经历的一系列变化是人人都一样的，还是每个人有独特的思想和情感？

屈伯勒－罗斯的理论

伊丽莎白·屈伯勒－罗斯 (Elisabeth Kübler-Ross, 1969) 的理论虽然受到激烈批评，但人们仍然认为她唤起了社会对临终患者心理需求的关注。通过访谈 200 多位绝症患者，她提出了一个关于临终者的五种典型反应的理论（最初称为阶段）：第一，否认。病人拒绝承认其严重性，回避与医生、家人讨论，以逃避对死亡的预期。第二，气愤。知道时日无多，目标无法实现，认为死亡对自己不公。第三，讨价还价。向医生、护士、家人、朋友、或上帝讨价还价，以争取时间。第四，抑郁。知道死亡不可避免，对即将逝去的生命感到沮丧。第五，接受。衰弱的病人通常在最后几天达到一种平静状态，除了少数几个家人、朋友

和护理人员之外，与其他所有人脱离联系。

屈伯勒－罗斯提醒人们，她所说的五个阶段，其次序不应被看作是固定的，并不是所有人都会表现出每一个阶段的反应——如果她不称之为"阶段"，这一提醒可能会受到更认真的对待。她的理论经常被简单化地解释为每个"正常"临终者都要遵循的五个步骤。然而几十年的研究并没有发现所有死者必然普遍经历这种有序阶段的证据 (Corr, 2015b)。但是，一些没意识到临终体验之多样性的医护人员，常常会生搬硬套地让患者按照屈伯勒－罗斯所说的阶段次序走下去。一些护理人员由于冷漠或忽视，可能会拒绝临终病人对护理工作的合理抱怨，因为他们把这些抱怨看作"这就是预料中阶段二会出现的情况" (Corr & Corr, 2013; Kastenbaum, 2012)。

屈伯勒－罗斯所观察到的五种反应，与其说是阶段，不如说是每个人在面对威胁时都会用到的应对策略。此外，垂死的人以许多其他方式做出反应。例如：像索菲亚那样奋力与病魔搏斗；用压倒性的需求来控制死亡过程中体内发生的变化；对别人表现出慷慨和关怀行为；把注意力转移到充实的生活方式上，"把握好每一天"，因为时间已经所剩无几；用悲伤、自我安慰、自我隔离、表达希望和其他情绪来自我解脱 (Silverman, 2004; Wright, 2003)。

以 15 岁的白血病患者托尼为例，他对妈妈说："我还不想死。格里（最小的弟弟）只有 3 岁，还不懂事。如果我能再多活一年，我就能亲自向他解释，他就会明白了。" (Komp, 1996, pp. 69–70) 托尼的故事表现出对别人的同情心和利他精神，这是无法用讨价还价来解释的。我的朋友保罗在被诊断为肺癌晚期之后，仍然抓紧时间开始写作一本新书。他应对死亡的方法是让自己沉浸在感到无比满足的工作中，他在去世前几周几乎完成了这部著作。这些例子显示出，屈伯勒－罗斯的理论的最大缺陷是，在关注临终病人的想法和感受时，离开了赋予其意义的环境。

屈伯勒－罗斯的遗产在于让专业人士和公众相信，濒死的人是活着的人，他们通常有想要解

决的"未完成的需求"。正如下面讲到的,只有把影响临终者的多方面因素考虑进来,才能理解他们对即将到来的死亡的适应,这些因素曾经影响了他们的一生,也会影响他们的临终时刻。

654

2. 环境对临终适应的影响

自从诊断结果出来,索菲亚基本上没有拒绝承认她的病的最后期限。相反,她直面疾病,就像应对生活中的其他挑战一样。她急切地想把孙子抱在怀里,并不是要和命运讨价还价,而是在面对老年期出现的这道槛时表达出深深的挫败感,感到她不能活着享受这些赏赐了。在最后时刻,她平静、沉默的态度可能是一种屈服,而不是接受。她一生一直是个有抗争精神、不愿向困难低头的人。

当前的一些理论家认为,单一策略,例如接受,并非对每个临终病人都是最好的。相反,**理想的死亡**(appropriate death)是一种符合个体生活方式和价值观、能够保留或恢复重要人际关系,并尽可能地减轻病痛的死亡(Worden, 2000)。当问到什么是"好的死亡"时,大多数患者都清楚什么是他们希望发生的理想情形,他们提到了以下一些目标:

- 保持自己的同一感或与过去一生的内在连续性。
- 澄清一个人生与死的意义。
- 保持并促进人际关系。

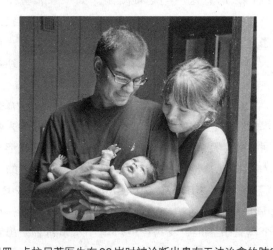

保罗·卡拉尼蒂医生在 36 岁时被诊断出患有无法治愈的肺癌,图为他和妻子露西、女儿凯蒂。他继续尽其所能地从事神经外科手术,做了父亲,并撰写了回忆录《当呼吸成为空气》,他在书中呼吁人们充分利用他们的生命和时间。不到两年,他以一种符合自己生活方式和深刻价值观的方式离世。

- 保持对剩下时间的控制感。
- 面对死亡并为死亡做好准备(Goldsteen et al., 2006; Kleespies, 2004; Proulx & Jacelon, 2004; Reinke et al., 2013)。

研究揭示出,生物、心理、社会和文化力量结合起来,共同影响着人们对死亡的应对,进而影响他们实现这些目标的程度。来看一些重要因素是怎样对人产生影响的。

(1)疾病的性质

患病的进程和症状影响着临终者的反应。例如,索菲亚所患癌症的扩散程度及医生起初对病情好转的乐观态度无疑会激励她奋力战胜病魔。最后一个月,癌细胞扩散到肺部,导致呼吸困难,她才表现出不安和恐惧,直到氧气和药物解决了呼吸困难,她才感觉好些。相反,尼古拉斯衰竭的心脏和肾脏耗尽了他的力量,他只能被动应对。

由于疾病带来的疼痛,约四分之一的癌症患者都体验到严重的抑郁,这种反应不同于伴随着临终过程而出现的悲伤、哀痛和担忧(Walker et al., 2014)。深度抑郁会加剧疼痛,损害免疫反应,阻碍患者从事快乐、有意义的活动和与人交往的能力,使生存质量大幅下降(Satin, Linden, & Phillips, 2009; Williams & Dale, 2006)。抑郁需要及时治疗,最有效的方法有通过回顾一生理解生命的意义(见第 18 章边页 612),对疼痛的医疗控制,制订对病人的预先护理计划,以确保其临终愿望被知晓和尊重(Rosenstein, 2011)。

(2)人格与应对方式

了解人们怎样看待压力生活事件,以及过去曾采用过的压力应对方式,可以帮助我们理解他们应对临终过程的方式。在一项研究中,研究者请绝症患者讨论他们对临终的想象。各种反应五花八门。

- 贝丝认为临终好像是监禁:"我觉得好像是那座钟开始嘀嗒嘀嗒地走了……好像未来突然来到了……一句话,我觉得我好像已经死了。"
- 费丝认为,临终好像是让你活到尽头的一纸强制性命令:"我来说说……你还没准备好活到你打算死的时候……它并不等于说从现在到亲眼看见死还有多少日子……现在我还活着……这种日子比过去的日子好多了。"

- 唐恩把临终看作生命旅程的一部分："我知道我得的所有的病……我会读书，读书，读书……我想知道我能知道的一切，我不想逃避……藏在门后面……根本帮不了我。并且，我意识到在我一生中这是第一次，我真的、真的、真的意识到，我能掌控任何事情。"
- 帕蒂把临终看作一次被改头换面的经历，这样就使它更容易忍受："我是个贪婪、疯狂的《星际迷航》迷，一个好像从来没有过的脆奇 (trekkie)……我看着它到了那个我记得的地方……（在我心里，我演过各种各样的角色）所以我并不老想着癌症或是临终……我想这就是我对待它的方式。"(Wright, 2003, pp. 442-444, 447)

655 每个患者对临终的看法都能帮助我们理解他们对病情恶化的反应。适应较差的人，即那些与周围人矛盾重重、在生活中屡屡失望的人，往往会更加痛苦 (Kastenbaum, 2012)。

（3）家人和医护人员的行为

前面曾经说到，患者周围人坦诚的态度，即每个接近和护理临终者的人都承认他患了绝症，这是最好的。但这也给参与临终护理的人带来负担，因为临终者面临着亲人离去、反思人生以及应对恐惧和遗憾情绪等诸多问题。

有些人觉得很难处理这些问题，他们就假装说，病情并不像说的那么糟糕。在病人想否认病情的情况下，一场"游戏"就开始了，所有参与者都知道病人已处于临终状态，但他们的所作所为却像没事一样。这样的游戏虽然可以一时减缓心理痛苦，但是却使临终过程变得更困难。除了妨碍沟通之外，还常常导致无效的干预治疗，因为在治疗中患者不知道究竟发生了什么，也不知道治疗会带来什么身体和情绪上的痛苦。一位主治医生提供了关于一位癌症患者的死亡报告：

> 问题在于她的年轻丈夫和父母都持完全否认态度。到最后我们险些遭到他们的攻击。在她死前 4 小时，我们还在尝试用一种新的化疗药物给她输液，虽然除了她的直系亲属之外，每个人都知道她将在 4~8 小时之后死去。(Jackson et al., 2005, p. 653)

还有时候，病人怀疑有什么事瞒着他们。有这样一个例子，一个患绝症的孩子突然大发脾气，因为医生和护士跟他说起病情时都采取否认态度，向他隐瞒了他将会死去的事实。为了让这个孩子配合治疗，医生说：

> "我知道你很懂事，桑迪。有一次你跟我说过，你想当一名医生。"
>
> 他尖叫着回答说："我什么都不想当！"边说边把一个空注射器扔向她。
>
> 站在一旁的护士问："那你想当什么呢？"
>
> "一个鬼！"桑迪边说边把头转过去不看她们。(Bluebond-Langner, 1977, p. 59)

这些医护人员的行为阻碍了桑迪想知道自己还能活多长时间的努力，加剧了他对不公平地过早死亡的愤怒。

当医生要把诊断结果告诉患者时，可能会遇到家人的抵制，特别是在某些文化中。向患者隐瞒病情在东南欧、中南美洲、亚洲大部分地区和中东很常见。在中国、韩国和日本，临终病人往往不被告知真相，因为担心说出来会破坏家庭关系，不利于病人的健康 (Mo et al., 2011; Seki et al., 2009)。美国移民族群的态度正在改变，但相当一部分韩裔和墨西哥裔美国人仍然认为，把病情告诉病人是错误的，医疗保健决定应该由家人做出 (Ko et al., 2014; Mead et al., 2013)。在这些情况下，提供什么信息这一问题很复杂。如果家属坚持不同意告诉病人，医生则可以直接向患者提供信息，若患者拒绝接受，就要询问应该通知什么人，什么人可以做出治疗决定。患者的意愿应该得到尊重，并且每隔一定时间对其意愿重新加以评估。

对绝症病人的护理工作是高要求、高压力的。如果对护士进行在职培训，使她们掌握更好的人际沟通技能，医护人员日复一日地相互支持，并形成个人死亡观，他们就能对临终病人及其家人的心理需要及时做出反应 (Efstathiou & Clifford, 2011; Hebert, Moore, & Rooney, 2011; Morris, 2011)。在一个具有敏感性、支持性的环境中从事对临终患者的医护工作，这样的丰富经验与医护人员的低死亡焦虑相关，这可能是因为这些医护人员亲眼看到病人的痛苦减轻，也意识到自己以前的恐惧是没有根据的 (Bluck et al., 2008; Peters et al., 2013)。

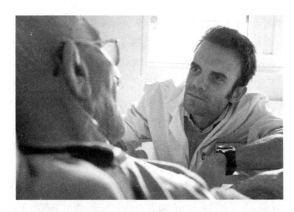

这位医生正在满怀同情地倾听绝症病人心中的忧虑。通过敏感、坦诚的交流，专业医护人员能够帮助临终者与家人告别，反思生活，应对恐惧和遗憾，为离世做好准备。

来自病人家属的支持也影响病人对死亡的适应。觉得自己还有很多事情没做完的临终者，对死亡的来临会更加焦虑。但是与家人的接触会减轻他们想延长生命的急迫感，因为家人会向他们承诺，没做完的事情他们会接着做（Mutran et al., 1997; Zimmerman, 2012）。承认自己过去做过伤害别人的行为并希望能得到宽恕，是一种有效的缓解痛苦的方法，也能让临终者坦然地离开人世。相反，希望能得到宽恕的问题没有解决，则与更强烈的愤怒、焦虑以及人生完成感的降低相关（Baker, 2005; Prince-Paul, Zyzanski, & Exline, 2013）。在心理咨询师代表病人家属表达了临终的宽恕后，临终者的心理感受会得到改善。

656　与临终者的有效沟通是坦诚的，它既能培养信任关系，又能保持希望。许多临终者都要经历这样几步：起初，希望能治愈；然后，希望延长生命；最后，希望尽量少遭罪，平静地死去

(Fanslow, 1981)。当患者在临终前不再表达什么希望时，身边的人必须接受这一点。觉得很难放手的家人可以从专家的指导中受益。本页的"学以致用"栏提供了与临终者沟通的一些建议。

（4）灵性、宗教与文化

前面讲过，灵性的感觉可以减少对死亡的恐惧。研究表明，这对临终者和一般人都适用。精神健康得分较高（相信生命的意义）的绝症病人表达了较强的内心平静（感觉轻松，积极，原谅自己和他人，接受自己的生活状况）和较弱的临终绝望（希望快点死和自杀念头）(McClain, Rosenfeld, & Breitbart, 2003; McClain-Jacobson et al., 2004; Selman et al., 2013)。一位经验丰富的护士说：

> 到最后，那些有信仰的（患者）——无论信仰什么，只要是信仰某种东西——就会更轻松些。不是百分之百，但大多确是这样。我见过有信仰的人会惊慌恐惧，也见过没有信仰的人从容接受（死亡）。但是，作为一条规律，它确实使那些有信仰的人感到更轻松。(Samarel, 1991, pp. 64-65)

宗教信仰不同所导致的文化观念的巨大差异，也影响着人们的死亡体验。

● 佛教在中国、印度和东南亚广泛流传，强调所有的身心状态都是短暂的，这促进了对死亡的接受。通过吟诵佛经（佛陀的教义）平复心灵，宣示来世的重生（经历多生累劫的修行趋向大彻大悟或往生极乐世界），佛教徒相

学以致用

怎样与临终者沟通

建议	描述
如实告知诊断结果和病情进展。	对病情如何发展要如实告知，使临终病人能够通过表达感伤和希望，并参与治疗决策，走向生命的终结。
敏感地倾听，理解其情感。	真诚地陪伴在病人身边，集中全部注意力倾听临终者所说的话，接纳他们的情感。病人知道有人在身边关心他，在身体和情感上会更放松，说自己想说的话。
保留现实的希望。	通过鼓励临终者关注一个可能实现的现实目标，给他保留希望。例如，修复一个有过节的人际关系，或是和一个亲人共度一段特殊时光。家人和医护人员应该知道临终者的希望并帮助他们实现。
协助进入最后过渡期。	让临终者放心他不是孤单一人，给以同情的抚摸、关心的话语和平静的陪伴。一些与疾病苦斗的患者可能会从被准许死亡即放弃治疗中获益。

资料来源：Lugton, 2002.

信死者会涅槃重生，进入一种无痛无欲无我的超然状态 (Goin, 2015; Kubotera, 2004)。

- 在美国的许多原住民族群中，死亡是和自我禁欲相联系的，这种观念在早年就通过一些故事教给孩子们，故事中强调生与死好像一个圆，而不是一条直线，认为死是给别人让路 (Sharp et al., 2015)。
- 对于非裔美国人来说，亲人临近死亡标志着一个紧急时刻，号召家族成员在看护病危者过程中凝聚起来 (Jenkins et al., 2005)。患绝症的长者仍是家族中积极而重要的力量，直到他不能再担当这个角色，这种尊重态度无疑会使临终过程更轻松。

- 在新西兰的毛利人中，亲属和朋友聚集在临终者身旁，给他们灵性和安慰。长者、巫师和部落风俗高手一起举行卡拉吉亚 (karakia, 念咒语) 仪式，念诵向造物主祈祷和平、怜悯和指引的祷文。仪式结束，他们让病人与最亲近的人讨论重要事情，如分配个人所有物，确定埋葬地，交代未做完的事情 (Ngata, 2004; Oetzel et al., 2015)。

总之，临终引发了各种各样的思想、情感和应对策略。选择和强调其中哪些东西，取决于形形色色的环境影响。毕生发展观的重要假设——发展是多维度、多方向的——像以前各阶段一样，也和这一最后阶段密切相关。

四、死亡地点

657

19.4 评估家庭、医院、养老院和临终关怀分别能够满足临终者及家属需要的程度

过去，大多数死亡发生在家中，而当今美国约 40% 的死亡发生在医院，另外 20% 发生在长期护理机构，通常是疗养院。65 岁及以上的人群中，近 30% 的人在生命的最后一个月在医院的重症监护病房 (ICU) 度过，其中多数人死在那里 (Centers for Disease Control and Prevention, 2016e; Teno et al., 2013)。在那种规模大、缺乏人情味的医院环境中，满足临终病人和家属的需求通常是次要的，不是因为医护人员缺乏爱心，而是因为他们的首要任务是挽救生命。一个病人的临终就代表一次失败。

20 世纪 60 年代曾兴起一场认识死亡运动，那是对医院采取的回避死亡措施的反应，这些措施包括给没有生存希望的病人装上复杂的医疗器械，避免与别人交流，等等。这一运动使得医疗护理更符合临终病人的需要以及临终关怀计划，并且在工业化国家得到广泛传播。让我们来看一看各种临终环境。

1. 家

如果问索菲亚和尼古拉斯想死在哪里，他们毫无疑问会回答"家里"。80% 的美国人会这样选择 (NHPCO, 2013)。原因很明显，家可以提供温馨亲密的氛围和充满爱心的护理，在这样的环境里，绝症病人不会感到被遗弃，也不会因身体衰弱或依赖他人而蒙羞。

过去 20 年，美国人在家中死亡的人数有所增加，但对许多人来说，在家死亡仍然是一个遥远的现实：只有大约四分之一的美国人有这样的经历，其中大多是经济条件较好者 (Centers for Disease Control and Prevention, 2016e)。重要的是，不要把死在家里过于浪漫化。由于医学的飞速进步，临终者比过去病得更重，年纪更大。这使他们的身体可能极其虚弱，日常活动无法自理，如吃饭、睡觉、吃药、如厕和洗澡等等，这些都是对照顾者的考验 (Milligan et al., 2016)。老年配偶的健康问题、家人的工作和其他责任，以及照顾病患带来的生理、心理和经济上的压力，都可能使临终病人希望在家中死去的愿望难以实现。

对许多家庭成员来说，能够陪伴临终者直到生命的最后一刻，对于面对很高要求的照顾者，是对被照顾者的一种回报。为了使死亡发生在家里，照顾者必须尽心尽力 (Karlsson & Berggren, 2011)。除了家人的照顾，一般还需要一名受过特殊训练的家庭健康助手，这种服务通过临终关怀计划比较容易获得（后面会讲到）。即使有专业人员的帮助，大多数家庭的设备也很差，无法满足临终者的医疗和舒适护理的需求。在这种情况下，必须把必要的医疗设备和技术支持从医院搬到家里。

总体而言，和在医院死亡相比，在家里死亡

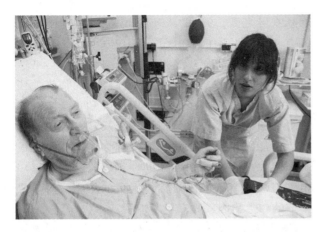

在重症监护中死亡是一种缺乏人情味的经历，这是科技发达的社会所独有的。它用医疗设备的操作取代了隐私，也取代了医护人员与患者及其家人的交流。

是否痛苦更少、患者满意度更高、家人的痛苦也更少，现有的证据并不一致 (Higginson et al., 2013; Shepperd et al., 2016)。造成这些复杂结果的原因是，很多老年人不是死在自己家里，而是死在家人家里，通常是成年子女的家里。他们为了适应临终者的需要，房间要根据老人的身材和医疗器材进行修缮，加之护理任务的强度很大，可能会扰乱照顾者自己的家园感觉，对心理健康产生负面影响 (Milligan et al., 2016)。而即将去世的老年人担心会给子女带来负担，再加上对即将失去自己在家中的同一感、安全感、隐私和个人控制力的遗憾，也会导致焦虑和不满。

2. 医院

医院里的临终形式是多种多样的。每种形式都受到临终病人的身体状况、所在的医院科室以及护理目标和质量的影响。

因受伤或急诊导致的突然死亡大多发生在急诊室。医生和护士必须很快对病情做出判断，并迅速采取措施，很少有时间和家属接触。当医护人员充满同情地通知家属病人死亡的消息并解释原因时，家人会很感激。否则，愤怒、沮丧和疑惑会使他们更悲伤 (Walsh & McGoldrick, 2004)。要帮助生者应对突然的死亡，需要有危机干预服务。

尼古拉斯是在重症监护室去世的，这种病房是为了防止那些病情可能很快恶化的病人死亡而设立的。监控病情是首位的，与家人的私密交流则退居其次。为了避免打扰护士的工作，吉赛尔和萨莎只能在规定时间陪在尼古拉斯旁边。在重症监护下死去，这种在技术发达社会的独特体验，对尼古拉斯这样的病人是不够人性化的。他有好几个月时间，身上连着一大堆仪器，在生死之间徘徊。

在时间拖延很长的临终案例中，癌症病人占大多数。他们大多死于一般或特殊的癌症病房。由于住了很久的院，他们希望在身体和情感上得到帮助，结果通常是喜忧参半。在像重症监护室这样的医院环境中，价值观冲突很明显 (Hillman, 2011)。临终医护的任务必须完成得非常好，才能使所有患者都得到照顾，医护人员也才不会因为一而再、再而三地被患者依恋又看着他们逝去而情感枯竭。

过去十几年，旨在减轻临终时身体、情感和精神痛苦的医院综合治疗项目稳步增加，但三分之一的美国医院还没有这样的项目 (Dumanovsky et al., 2016)。由于大多数美国和加拿大的医学院甚至没有开设一门专门讲述疼痛的课程（通常是选修课），因此很少有医生和护士接受过慢性病患者和临终患者疼痛管理方面的专门培训 (Horowitz, Gramling, & Quill, 2014)。目前，许多人在痛苦、恐惧和丧失个性的医院条件下死亡，他们的愿望不能得到满足。

3. 养老院

在美国养老院死亡（大多是高龄病人）很常见，但养老院的护理强调的是康复，而不是高质量的临终护理。很多时候，养老院老年人的临终偏好没有被收集并记录在医疗记录中。为数不多的关于在养老院中死亡的研究一致认为，许多病人遭受了对他们的情感和精神需求的忽视，未经治疗的剧痛，以及侵入性的临终医疗干预 (Miller, Lima, & Thompson, 2015)。

下面要讲的临终关怀方法，其目标是减少医院和养老院的严重护理失误。如果把养老院与临终关怀结合起来，其临终关怀就能在疼痛管理、预防住院、情感和精神支持以及家属满意度方面都有显著提高 (Zheng et al., 2012, 2015)。虽然把临终的养老院老人转到临终关怀的人数在增加，但很多人没有被转去，或者转得太晚，已经无济于事。

4. 临终关怀点

在中世纪，*hospice*（收容所）是旅行者休息和栖身的地方。到19世纪和20世纪，这一名词特指临终病人之家。今天，**临终关怀** (hospice) 不是指一个地方，而是为绝症病人及其家属提供支持性服务的一套综合性方案。其目的是提供一个能满足临终者需要的护理团队，以便患者及其家属能以满意的方式为死亡做准备。生活质量是临终关怀护理的核心，它具有以下主要特点：

- 病人和家属组成一个护理单元。
- 强调满足患者身体、情感、社交和精神需要，包括控制疼痛，维护尊严和自我价值，感到被关怀和被爱。
- 提供护理的是一个跨学科的团队：一位医生、一位护士或家庭健康助手、一位牧师、一位咨询师或社会工作者以及一位药剂师。
- 患者可以住在家里或一个具有类似家庭氛围、可以对护理加以协调的住院环境。
- 重点是保证临终前的生活质量。采用**姑息护理**或**缓解护理** (palliative, or comfort, care) 来减轻痛苦和其他症状（如呕吐、呼吸困难、失眠和抑郁），而不是延长生命。
- 除了定期家访护理之外，还提供每天24小时、每周7天的电话呼叫服务。
- 在病人死后一年内，为家属提供随访式丧亲辅导。

由于临终关怀护理是一种观念，而不是一种设施，它可以采用各种各样的方式加以运用。在英国，一般情况下，临终关怀护理由一个附属于医院的特殊住院部承担。美国则强调家庭护理，大约36%的接受临终关怀服务的患者在自己的居所去世，32%的人死在临终关怀住院部，14%的

一个儿子和他即将去世的母亲分享着回忆，他向母亲展示了她多年前的毕业照。通过创造没有压力的亲密关系的机会，临终关怀可提高临终者的生活质量，而不是延长生命。

人死在养老院，9%的人死在其他类型的住宅区，还有9%的人死在普通医院 (NHPCO, 2013)。

但是各地的临终关怀计划已经扩展为一个护理服务的连续体，有从家庭到住院式的临终关怀医院等多种选择，也包括一般医院和养老院。临终关怀法的核心是，为临终病人及其家属提供一个确保能够恰当死亡的选择。和临终者接触是很多临终关怀医院的一项辅助性额外服务。要想知道安慰性的音乐干预对临终患者的作用，可参看本节的"生物因素与环境"专栏。

> 🔍 **观察与倾听**
>
> 联系附近的临终关怀项目，了解它提供哪些综合服务来满足临终病人及其家属的需要。

目前，美国有6 000多个临终关怀项目，每年为大约120万绝症患者提供服务。大约37%的临终关怀患者患有癌症，其他所患疾病主要有痴呆（15%）、心脏病（15%）和肺病（9%）(NHPCO, 2013)。相对于昂贵的抢救治疗，临终关怀护理是一种低支出、高成效的方法，因此美国政府的医疗福利包括医疗保险和医疗补助以及大多数私立保险公司，都把临终关怀的费用包括在内。加上社区和私立基金会的捐助，许多临终关怀项目可以向没有保险也无力支付医疗费的患者提供免费服务 (Hospice Foundation of America, 2016)。也就是说，临终关怀护理对大多数临终患者及其家属是可以负担的。临终关怀项目还为临终的儿童提供服务，这是令人哀叹的悲剧，在这种情况下，社会支持和哀伤干预至关重要。

临终关怀除了能减轻患者的病痛，还能改善家庭机能。多数患者及其家属对临终关怀护理质量的满意度都很高。与其他临终者相比，接受临终关怀的患者能受到更好的疼痛管理，感受到更强的社会支持，享有更高的生活质量和较长的生存期，其实际死亡地点和他们希望的死亡地点更符合，而且支出的医疗费用较少 (Candy et al., 2011; Churchman et al., 2014; Connor et al., 2007)。临终者的家属在亲人去世6个月到2年后，其心理健康的得分显著高于非临终关怀的家属 (Ragow-O'Brien, Hayslip, & Guarnaccia, 2000; Wright et al., 2008)。

生物因素与环境

音乐对临终患者的缓解性护理

当彼得来到 82 岁的斯图尔特的家，给他弹奏竖琴时，斯图尔特说，他好像来到一个田园诗般的地方，有小溪、孩子们和树林，这些东西使他远离了很快就会夺去他生命的肺癌。斯图尔特说："彼得给我弹琴时，我就不再恐慌了。"

彼得是一门新兴的音乐治疗专业——音乐死亡学的专家，他专注于用音乐为临终者提供缓和治疗。他用竖琴，有时用他的歌声，给临终者、家属和护理者带去宁静和安慰。彼得准确地用音乐配合着每个患者的呼吸模式和其他反应，他每时每刻都要对病人的需要做出评估，发出不同的声音来鼓舞或安慰病人。

研究表明，用音乐来陪伴有多种好处。一项调查中，把因临终疼痛等症状被收入姑息治疗病房的晚期癌症的老年人分为两组：一组是正常治疗加音乐治疗组，另一组是正常治疗不加音乐治疗组。音乐治疗组的患者在 8～10 天的疗程中经历了 4 次音乐治疗。与控制组相比，音乐治疗组患者报告的放松和心理健康有所改善，情绪和身体症状有所下降，包括焦虑、抑郁、失眠、恶心和呼吸急促 (Domingo et al., 2015)。

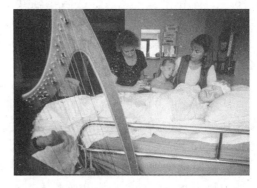

音乐死亡学专注于通过音乐为临终者提供保守治疗。这位医生用竖琴和她的歌声，带来宁静和安慰。

另有证据表明，音乐疗法可以减轻临终病人的痛苦。一项实验证明，仅仅一次音乐治疗就有效果 (Gutgsell et al., 2013; Horne-Thompson & Grocke, 2008)。音乐为什么能缓解临终者的身心痛苦？因为临近死亡的患者，其听觉机能通常比其他感官功能要强。因此，对音乐的反应能够持续到生命的最后几天和几个小时 (Berry & Griffie, 2016)。看来，音乐陪伴可能是一种有效的临终治疗方法。

作为一个长期目标，临终关怀组织正在努力争取更多的病人和家属能接受这样的护理。但这种具有文化敏感性的方法需要和少数族裔患者进行更广泛的接触，他们比白人患者更不可能采用临终关怀方法 (NHPCO, 2013)。加拿大有一家在线临终关怀对外服务机构，称为加拿大虚拟临终关怀 (www.virtualhospice.ca)，它通过提供信息、资源，和有类似问题者的经验，来支持患者、家属和护理人员，不管他们是否属于临终关怀项目。

在发展中国家，每年有数百万人死于癌症、艾滋病和其他不治之症，在护理人员指导下的社区护理小组有时会上门进行缓解性护理。但是他们面临着很多困难，例如缺少资金、缓解痛苦药物以及对临终关怀专业人员的培训和普及教育 (WPCA, 2014)。结果，他们成为"杰出者的孤岛"，只有少数家庭能接受其服务。

思考题

联结 重温边页 653-654 关于索菲亚面对死亡时的心理和情绪反应的描述。然后参阅第 1 章边页 3-4 关于她一生经历的介绍。索菲亚的反应和她的人格以及一生中战胜逆境的方式是否一致？

应用 5 岁的蒂米被诊断为肾病晚期，他的父母不能接受这一悲痛的消息。他们去医院看望的时间缩短了，他们还回避蒂米充满焦虑的问题。最后，蒂米开始责怪自己。他死的时候身体痛苦不堪，但是很孤独，他的父母在很长时间里都被内疚折磨。临终关怀将会怎样帮助蒂米和他的家人？

反思 你如果患了绝症，愿意在哪里死去？为什么？

五、死的权利

19.5 讨论临终治疗及相关的伦理争议

1976 年，凯伦·安·昆兰，一名年轻女子，因在聚会上吸毒陷入无法逆转的永久昏迷状态，她的父母要求把呼吸器拔掉。美国新泽西州高等法院考虑到凯伦的隐私权和她父母作为监护人的权利，同意了这一要求。虽然人们认为凯伦会很快死去，但是她仍能自己呼吸，通过静脉注射喂食，她又活了 10 年，这 10 年她一直处于植物人状态。

1990 年，26 岁的特丽·夏沃的心脏短时停止跳动，造成暂时性脑缺氧。特丽和凯伦一样，进入永久性植物人状态。她的丈夫和监护人麦克尔申诉说，特丽曾跟他说，她不想靠人工手段活着，但是特丽的父母不同意。1998 年，佛罗里达巡回法庭批准了麦克尔的诉状，同意移除特丽的饲管。2001 年，虽然她父母再三阻止，饲管还是被拔除了。于是特丽的父母拿出反对的医学证词，他们说服了巡回法庭的法官，法官命令把饲管重新插上，其后，法庭辩论仍在继续。2002 年，麦克尔赢得了关于移除饲管的第二次判决。

当时，对整个事件的宣传中，核心问题是，在患者意愿不清楚的情况下谁能做出结束其生命的决定，这使特丽事件成为一个政治问题。2003 年，佛罗里达州议会通过一项法律，使得州长坚持让巡回法庭下令维持特丽的生命，但是在法庭诉讼中，该法律未获支持。2005 年，美国国会进行辩论，并通过一项法案，把特丽的命运交给地方法院。由于法官拒绝介入，特丽的饲管第三次被拔除。2005 年，特丽·夏沃在失去意识 15 年后离世。尸检证实了特丽进入植物人状态的诊断：她的大脑只有正常人容量的一半。

20 世纪 50 年代以前，死的权利很少受到关注，因为医学在延长绝症患者的生命方面无能为力。今天，医学进步使同样的挽救生命程序可能会把一些不可避免的死亡拖后，但患者这样活着既谈不上生活质量，又谈不上人的尊严。

昆兰和夏沃的案例，以及其他类似案例，把死的权利问题引入公众视野。如今，美国所有的州都制定了法律，尊重患者的愿望，在患绝症或在持续性植物人状态下，停止维持生命的治疗，允许病人自然死亡。但是，目前还没有涵盖其他各种情形的统一的死亡权利政策，而且，关于怎样处理患者和家属提出的各种要求，争论仍在继续。表 19.1 概括了有关死的权利伦理争议焦点的几种做法。然后本节逐个加以介绍。

1. 终止维持生命的治疗

661

你认为，应该让特丽·夏沃快些死去吗？尼古拉斯的医生在吉赛尔的请求下拔掉他的呼吸器正确吗？一个阿尔茨海默病患者已经失去所有的意识和身体机能时，应该停止维持生命的治疗吗？

调查显示，超过 70% 的美国成年人和 95% 的医生支持患者或家属在康复无望时终止治疗的权利 (Curlin et al., 2008; Pew Research Center, 2006)。1986 年，美国医学会批准对临近死亡的绝症患者和永久性植物人撤销所有形式的治疗。因此，上述情况下终止治疗就成为常规医疗程序的一部分被广泛采用，由医生根据专业判断来实施。

但仍有少数美国人反对这一做法。令人意外

表 19.1 临终治疗的伦理争议

类型	具体特征
终止维持生命的治疗	在绝症患者或其代理人允许下，医生抑制或停止维持生命的治疗，让患者自然死亡。例如，医生不再为延长生命而做手术、插饲管、开药，或在患者无法自主呼吸时关掉呼吸机。
临终医疗援助	在绝症患者要求下，医生开出致命剂量的药物，让患者自己结束生命。
自愿安乐死	在患者要求下，医生以无痛方式结束病人的生命。例如，让患者服用或注射致命剂量的药物。
非自愿安乐死	医生在未经患者同意的情况下用给予致命剂量药物的医疗手段结束患者生命。

的是，宗教信仰对人们的观点几乎没有影响。例如，多数天主教徒对此持赞成态度，尽管教会迟迟不接受，因为担心结束治疗可能是政府批准安乐死的第一步。不过，族群差异有影响：与美国白人相比，更多的黑人表示，他们希望无论病人的病情如何，都应采取一切可能的医疗手段，而且黑人更多地接受维持生命的干预，如插饲管 (Haley, 2013; Wicher & Meeker, 2012)。这种不愿放弃治疗的态度反映了他们相信上帝会帮助促进治疗的强烈信念，也反映出他们对保健系统缺乏信任，以及在临终治疗偏好方面的知识局限。

因为有特丽·夏沃这样有争议的案例，很多医生和医疗机构不愿意在没有法律保护的情况下停止或撤下治疗。在缺乏共识的情况下，人们要想让自己的意愿得以实现，可以准备一份**预先医疗指示** (advance medical directive)——关于本人在疾病不可治愈情况下所希望采取的治疗处置的书面声明。

美国各州认可两种预先指示：生前预嘱和医疗护理长期授权书。有时它们可合并为一个文件。

生前预嘱（living will）指明在患绝症、昏迷或其他濒临死亡情况下，自己希望的和不希望的治疗（见图 19.2）。例如，一个人会声明，如果肯定没有救活希望，不要借助任何医疗手段来维持其生命。生前预嘱有时还会指明，可以使用减轻痛苦的药物，即便这可能缩短生命。在索菲亚案例中，医生曾使用强效麻醉剂，以缓解其呼吸困难，减轻她对窒息的恐惧。结果麻醉剂抑制了呼吸，使死亡比不用药提前了几小时甚至几天，但是却减轻了痛苦。这种缓解性治疗是可接受和恰当的，是符合伦理的医疗措施。

虽然生前预嘱有助于确保个人控制权，但并不能保证做到。生前预嘱的确认通常仅限于绝症患者或预计很快会死亡的人。美国只有少数几个州的调查对象是长期处于植物人状态的人或有许多慢性疾病（包括阿尔茨海默病）的老年人，因为这些病都不属于绝症。即使晚期病人有生前预嘱，医生也经常因为各种原因不遵照执行 (Saitta & Hodge, 2013)。原因包括害怕遭到诉讼，出于自己的道德观念，没有得到或无法得到患者的指示，例如，生前预嘱放在家里的保险箱中或家人不知道放在哪里。

由于生前预嘱不能全面预料到病情进展，因此可能容易被忽略，使得第二种预先医疗指示 *662*

生前预嘱

本声明订立于 ____ 年 ____ 月 ____ 日。

本人 _____ 头脑清醒地、自觉自愿地宣告，我希望在我临终时不要采用人为方法拖延时间。任何时候，如果我患有不可治愈和不可逆转的伤害、疾病，或经我的主治医师断定为绝症的疾病，且主治医师亲自检查过，并确定若不采用延缓死亡程序我就会很快死亡时，我决定，不要进行或撤销这种仅能拖延死亡过程的治疗程序，并且允许我仅在药物、营养物或我的主治医师认为必须采用的使我舒适的医疗程序帮助下自然死亡。

当我无能力对是否采用拖延死亡治疗程序做决定时，我的意愿是，本声明由我的家属和医生来实现，他们可以把本声明作为我拒绝药物或手术治疗，并接受这种拒绝之后果的合法权利之最终表达。

签名：_____

居住地所在 州 / 县 / 市：_____

_____

_____

本人认识声明人，相信他 / 她是头脑清醒的。我在场并目睹了声明人在声明上签名（或声明人承认他 / 她签名的时候我在场），我作为见证人在声明书上签名。在签署本文书之日，根据无遗嘱继承权法，或就本人所知所信，根据声明人的任何意愿或其他涉及声明人死亡的法律文书，或根据对声明人医疗护理的直接经济责任，我没有被授权继承声明人的任何财产。

见证人：_____

见证人：_____

图 19.2 生前预嘱样例

这一文件在伊利诺伊州是合法的。每个填写生前预嘱的人应该使用美国各州或加拿大各省的专用表格，因为各地法律不同。资料来源：伊利诺伊州高级律师事务所。

更普遍。**医疗护理长期授权书** (durable power of attorney for health care) 授权另一人（通常是家属，但也可以不是）代表本人做出医疗护理决定。它只需要一份签过名并且有见证人的简短陈述书，格式如下：

> 兹指定（某某）为我的代理人，以我的名义（以我个人可能采取的方式）替我做出所有决定，包括我的个人护理、医疗、住院、保健，以及要求进行、停止进行或撤销任何形式的治疗或程序，即便因此会导致我死亡。
>
> （伊利诺伊州总检察长办公室提供）

医疗护理长期授权书比生前预嘱更灵活，因为它允许一位可信的代言人在发生医疗情形时与医生协商。由于代言者的代言权不仅限于绝症的处理，所以他在处理意外情况时，有更大的自由度。对于那些没有合法婚姻关系的伴侣来说，长期授权书可以确保伴侣在患者医疗需求的建议和决策方面发挥作用。

无论一个人是否同意在即将自然死亡时终止治疗，都有必要写一份生前预嘱或一份医疗护理长期授权书，或二者都写，因为大多数死亡发生在医院或养老院。40 岁以上的美国人，有 45% 的人写过这样的文件，这或许是因为人们普遍不愿提及死亡话题，尤其是不愿与亲人谈论此话题。写下预先指示的比例随年龄增长而增加，在 65 岁以上的成年人中，有将近 55% 的人已经写了 (Government Accountability Office, 2015)。为了鼓励人们在力所能及的情况下对可能的治疗做出决定，美国联邦法律现在要求所有接受联邦资金的医疗机构，要求病人在入院时提供对本州法律和

一位绝症患者与儿子和女儿讨论一份长期委托书，这份预先指示授权可信赖的人帮患者自己做出医疗决定，并确保个人意愿得到满足。

院方政策中有关患者权利的书面认可和预先医疗指示。

像凯伦·昆兰和特丽·夏沃这样的事件发生时，医护人员因为不知道病人的意愿，害怕承担责任，就可能决定不惜代价和不顾病人之前的口头声明而继续治疗。也许由于这个原因，美国一些州规定，如果病人在有能力时未写好预先医疗指示，可以指定一个保健代理人或替代决策人。代理人是解决儿童和青少年问题的重要方法，因为儿童和青少年在法律上还不能做出预先医疗指示。

2. 临终医疗援助

布列塔尼·梅纳德在 2012 年结婚后不久就开始头疼，而且日益严重。2014 年初，29 岁的她被确诊患有一种难以治愈的脑癌。起初，医生估计布列塔尼还能活几年，对于一个 29 岁的人来说，这是非常短的时间。但后来的检查显示，癌细胞扩散速度非常快，这使得她的医疗团队修改了预测，认为她只能再活 6 个月。

现有的治疗方法无法挽救布列塔尼的生命，而医生建议延长生命的治疗方法将会大大降低她的生活质量。于是布列塔尼决定，能活多久算多久，然后，在痛苦变得无法承受之前服用处方安眠药，合法而平和地结束自己的生命。她与丈夫丹讨论了这个选择，丹表示尊重。

临终医疗援助 (medical aid-in-dying) 指应绝症病人的要求，医生提供致命剂量的药物，病人自行决定结束自己的生命。布列塔尼和丹住在加利福尼亚州，当时，这种做法在该州是非法的，所以他们搬到了俄勒冈州。在那里，根据法律，医生可以给绝症患者开药，帮助他们慢慢结束自己的生命。她的余生都在户外做她最喜欢的事情，她和最亲近的人一起游览了几个国家公园。她还呼吁给予临终病人选择死亡时间的权利。她说，有了这个选择，她就有了一种平静的感觉，使她能够充实地活下去。

随着布列塔尼的脑疾加剧，她经历了失眠、恶心和耐药的疼痛，她担心等待太久——癌变会导致感觉、认知、语言和运动能力丧失，剥夺她的自主性。2014 年 11 月 1 日，她服用了药物，30 分钟后在家人和最亲密的朋友陪伴下平静地离开

在加利福尼亚州萨克拉门托举行的一场争取死亡权利的集会上，丹·迪亚兹手持已故妻子布列塔尼·梅纳德的照片，拥抱在集会上发言的一名身患绝症的癌症患者。丹的主张对加利福尼亚州临终选择法案的通过起到了推动作用，该法案使临终医疗援助合法化，并于2016年生效。

人世。

在美国，临终医疗援助在五个州合法：俄勒冈州、华盛顿州、蒙大拿州、佛蒙特州，以及2016年通过立法的加利福尼亚。1998年，第一个通过立法的俄勒冈州把这种做法限制在绝症病人身上，使他们不必承受难以忍受的痛苦。病人必须有两名医生同意他们只能活6个月或更少，并且必须在口头请求后等待15天，在书面请求后等待48小时后才能给药。在华盛顿州、佛蒙特州和加利福尼亚州，法律要求与俄勒冈州类似 (Emanuel et al., 2016)。蒙大拿州没有具体要求，因为合法化是法院裁决的结果，而不是通过立法。

另外，有六个国家比利时、荷兰、卢森堡、瑞士、哥伦比亚和加拿大，已经通过了临终医疗援助立法。这些国家适用临终医疗援助的病人不一定身患绝症，但他们必须经历"无法忍受"的身体或精神痛苦，而且没有改善的前景。

在过去10年里，大约55%的美国人表示赞成对绝症患者实行医疗援助，在布列塔尼·梅纳德的经历被广泛传播后，这一比例上升到了68% (Dugan, 2015)。一项对美国、加拿大和西欧调查的综述显示，末期病人对该立法的支持程度与普通公众大致相同，有三分之一的病人说他们自己会考虑这样做 (Hendry et al., 2012)。支持这种做法的人，以及要求这种做法的病人，往往是社经地位较高的白人，且对宗教的信仰较弱。

俄勒冈州有最多最详细的服用医生规定的合法剂量的药物结束自己生命的病人记录。随着时间推移，这一数量还在上升，尽管它在所有死亡中的占比还不到0.5%。其中多数人（68%）年龄在65岁及以上，绝大多数（90%）接受了临终关怀并在家中去世。所患病症占首位的（78%）是癌症。如图19.3所示，患者在死亡中请求医疗援助的最常见原因是失去自主性，进行愉悦活动的能力下降，丧失尊严和对身体机能的控制 (Oregon Public Health Division, 2016)。疼痛难以控制则远没有那么重要，大多数人都知道，他们可以通过临终关怀中心获得姑息治疗。

在临终医疗援助中，最后的行动完全是病人自己所为，而非强迫。不过，围绕这一做法仍有尖锐分歧。直到最近，它仍被很多人称为医生协助自杀。但是支持其合法化的人指出，在美国各州现行法律下，获得医疗援助的临终病人并不是自杀，他们并不想死，也不是为情绪所困扰或精神疾病所驱使。每个州的法令都明确规定，临终医疗援助不构成自杀，而且必须在死亡证明书上注明病人所患疾病作为死亡原因。

反对合法化的人声称，在家庭照料负担沉重和保健支出压力大的情况下（见第17章），临终医疗援助的合法化会带来风险。例如，患者可能会因为医疗费用不断增加、不愿成为家庭负担而寻求这种援助。美国医生接受的是救死扶伤的培训，他们不

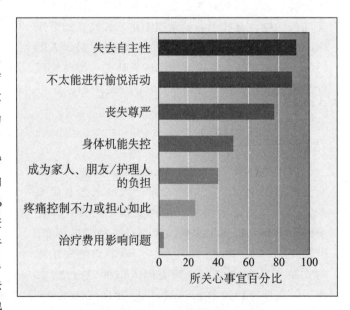

图19.3 俄勒冈州患者提出临终医疗援助请求的原因

一项对1998—2014年850多位据《俄勒冈州尊严死亡法案》结束生命的患者的反馈调查显示，大多数人担心失去自主性，进行愉悦活动的能力下降，以及丧失尊严。资料来源：Oregon Public Health Division, 2016.

像一般公众那么赞成临终医疗援助，但他们对此的开放程度有所提高。在近期一项对来自 28 个医学专业 17 000 多名医生的调查中，54% 的医生表示他们会支持绝症晚期病人结束生命的决定，并希望自己将来也有同样的选择 (Kane, 2014)。

美国临终关怀和姑息医学学会 (The American Academy of Hospice and Palliative Medicine, 2016) 虽然在临终医疗援助合法化问题上持中立立场，但对临终医疗援助成为常规医疗实践的一部分表示了担忧。该学会建议，在临终医疗援助合法的地区，执业医生要非常谨慎，包括在采取医疗救助之前确保满足以下条件：

- 病人已受到最好的姑息治疗，并将在整个死亡过程中继续接受这种治疗。
- 患者具有充分的决策能力，自愿要求医疗援助，预期寿命所剩无几，保健、经济压力、来自家人或其他人的胁迫性影响不起作用。
- 病人可以接受的所有合理替代方案都已考虑和实施。
- 这种做法符合医生的基本价值观，医生愿意参与。（如果不愿执行，医生应该考虑到不放弃治疗的专业义务并提出转诊建议。）

但是有证据证实，姑息治疗并非在所有病例中都能缓解疼痛，布列塔尼就是一例。姑息治疗也不能解决临终病人对失去自主性和尊严的担忧。一旦痛苦加剧，有些患者就希望不再延长姑息镇静期 (Kon, 2011)。此外，因为生命的终结仅仅是病人的行为，很多支持临终医疗援助的人认为，把临终医疗援助合法化，比自愿安乐死合法化更可取。

3. 自愿安乐死

自愿安乐死 (voluntary euthanasia)，指的是医生应患者的要求，主动以无痛方式结束患者的生命，以减轻患者的痛苦。这种安乐死的方式，在美国很多州和世界上多数国家都是一种刑事犯罪。但是在 20 世纪 80 至 90 年代，公众对自愿安乐死的支持度不断增高，达到美国人口的三分之二，此后一直保持稳定 (Emanuel et al., 2016; McCarthy, 2014)。在自愿安乐死合法的比利时、荷兰、卢森堡和加拿大，公众对安乐死的认可程度与美国相似，甚至高于美国。在大多数人信仰宗教的东欧国家，支持率较低，一般在 45% 左右 (Cohen et al., 2014)。

在视自愿安乐死为非法的美国一些州和西欧国家，如果医生对临终受疼痛折磨的病人实施安乐死，法院通常会宽大处理，一般作为悬案或处以缓刑。然而，试图把这种做法合法化的尝试引发了激烈争议。对于那些身患绝症、承受着巨大痛苦的人来说，这是最具同情心的选择。反对者强调"任其死亡"和"杀害"之间的道德差异，并认为允许医生夺走病人的生命可能损害人们对专业医护人员的信任。此外，人们担心，即使在严格监控以确保安乐死不是出于抑郁、孤独、强迫或减轻照顾他人负担的愿望的情况下，安乐死合法化也可能会扩大安乐死的范围。起初只限于绝症患者，但它可能会逐渐扩大到衰弱和残疾人身上，这是大多数人认为不可接受和不道德的结果。

自愿安乐死的合法化会不会使我们"灾难性地滑落"，去杀死那些本不想死或从心理上不适合做此决定的脆弱者？加拿大和一些西欧国家已采取保障措施防止此类死亡。例如，在荷兰，安乐死的法律实践要求身体或精神上的痛苦很严重，没有缓解的可能；患者的决定具有跨时间的可靠性和稳定性；所有其他护理选择都已用尽或被拒绝；然后再征询第二位医生的同意。这些限制大大减少了非自愿安乐死（未经病人同意）的案例。在合法化之前，荷兰医生报告说，在没有得到病人允许的情况下，使用致命药物的死亡人数占总死亡人数的近 1%；合法化后，这一比例下降为原来的四分之一。比利时也出现了大幅下降，在安乐死合法化之前，医生报告的非自愿安乐死的发生率高达 3% (Chambaere et al., 2015; Onwuteaka-Philipsen et al., 2012)。

然而，关于自愿安乐死的激烈分歧仍然存在。对荷兰医生的一项调查显示，86% 的医生害怕执行安乐死带来的情感负担 (Van der Heide & Onwuteaka-Philipsen, 2012, as cited by Emanuel et al., 2016)。患有痴呆和精神疾病的患者，身患绝症的未成年人，以及说自己"厌倦了生活"的老年人，都需要特别关注。即使在少数情况下自愿安乐死是合法的，对其进行监督和管理也有难度。怎样帮助那些渴望死亡的痛苦病人，对伦理和法律来说真是一道难题。

联结　诺琳把她死的那一天想象为在一个宁静的场景中她向亲朋们一一道别。什么样的社会和医学方法会让诺琳有机会按她希望的方式死去？

应用　雷蒙确信，他如果得了绝症，就会希望医生停止挽救生命的治疗。为了确保他的愿望实现，雷蒙应该做什么？

反思　你如果患了绝症，会考虑临终医疗援助还是自愿安乐死？你在什么条件下会做出这种选择？为什么？

六、丧亲：如何应对亲人死亡

665

19.6　描述哀痛过程、导致哀痛个体差异的因素以及丧亲干预

在整个一生中，丧失是生活必不可少的一部分。就算事情朝着好的方向变化，我们也必须离开一些东西，获得另一些东西。从这个角度来说，人的发展也是在为将来巨大的丧失做准备。

丧亲 (bereavement) 是指所爱的亲人去世的经历。这个词的词根意思是"被夺去"，表示不公平地、伤害性地窃取有价值的东西。与这一概念相一致，我们对丧失的反应是**哀痛** (grief)，一种强烈的身体上和心理上的痛苦。我们说某人悲痛欲绝，就是说他整个身心都受到了影响。

哀痛是可控的，各种文化用不同方式帮助人们走出悲伤，面对由于亲人去世引起的生活变化。**哀悼** (mourning) 是处于哀痛中的人们以符合本文化的特定形式表达他们的思想和感情。家人、朋友聚在一起，穿黑衣服，参加葬礼，按特定程序举行哀悼仪式，像这样的风俗在不同社会和族群有很大差别。但是所有的哀悼形式都有一个共同点，就是帮助人们缓解悲伤，懂得在死者去世后怎样继续生活。

很明显，哀痛与哀悼是紧密相连的，在日常语言中这两个词经常混用。让我们进一步看看人们在亲人去世后会做出怎样的反应。

1. 哀痛过程

一些理论家曾经认为，丧亲者，包括儿童和成人，要经历哀痛的三个时期即回避、对抗和恢复，每一时期都有一套特殊的反应方式 (Bowlby,

1980; Rando, 1995)。但是在现实中，人们在情感、行为和时间上往往千差万别，在这些反应之间进退。据估计，60%~70% 的人会经历轻微的痛苦，这些痛苦会在几个月内消失。另外 15%~25% 的人经历中度的痛苦、抑郁和日常生活困难，通常在一年内逐渐恢复。只有 5%~15% 的人经历了严重且长期的痛苦、抑郁和对死亡的不接受，并且持续多年，损害了身体和精神健康，其被称为**深切的哀痛** (complicated grief) (Bonanno, 2004; Bonanno, Westphal, & Mancini, 2011; Newson et al., 2011)。这些发现揭示出，复原力是失去亲人的典型反应。

哀痛的人们通常会在各种情感之间来回波动，起起伏伏。与其说哀痛有几个"时期"，不如说哀痛过程中要完成一套任务，这些任务是人们必然会做的事情，以便得到恢复并回到现实生活中来。这些任务如下：其一，接受丧亲的现实；其二，应对哀痛带来的痛苦；其三，适应失去亲人的世界；其四，形成与死者的内心情感联系，并开始新的生活 (Worden, 2009)。根据这一观点，人们可能采取一些积极步骤来战胜哀痛，这些积极步骤是人们克服丧亲时经常体验到的脆弱情感的有效治疗手段。

（1）回避和面对

刚听到亲人去世的消息时，人先感到震惊，然后感到不可信，在一种麻木感好像"情感麻醉

剂"一样出现的同时，人开始了哀痛的第一个任务：痛苦地意识到丧亲。这种回避持续时间不长，一般为几小时到几周。有些人会陷入困境——例如，通过反思自己与丧亲有关的问题，把自己从丧亲现实中分离出来——有可能产生强烈、持久的悲伤反应，干扰其复原力 (Eisma et al., 2013)。

当哀痛的人面对死亡的现实时，他们可能会经历一连串的情绪反应，包括焦虑、悲伤、抗拒、愤怒、无助、沮丧、感到被遗弃和对亲人的怀念。常见的反应还有死亡场景反复萦绕于心，追问怎样才能阻止死亡，寻找亲人死亡的意义 (Neimeyer, 2001)。此外，悲伤的人可能会精神恍惚，无法集中精力，全神贯注地追思死者，失眠，茶饭不思，甚至会出现自残行为，如吸毒或超速驾驶。这些反应大多属于抑郁症状，它是哀痛的共同组成部分。

面对丧亲是最艰难的，但是它促使哀悼者去迎接第二个任务：战胜哀痛带来的痛苦。和死者再次重聚的愿望破灭造成的伤心巨浪每袭来一次，都会让哀悼者向着接受亲人离去的现实走一步。在经历成百上千次这样的痛苦时刻后，哀痛者终于明白过来，必须把珍爱的关系从肉体的存在转化为内心的表征。这时候，哀痛者就转入第三个任务：适应亲人离去后的世界。

（2）恢复

对失去亲人的适应不仅是内心的、情感的任务。丧亲者还必须应对亲人去世的次生后果的压力，这包括以下方面：与他人接触来战胜孤独；掌握亲人生前具有的技能（如理财和烹调）；重新调理亲人不在之后的日常生活，把个人身份从"配偶"转换为"丧偶者"，或者从"父母"转换为"已故孩子的父母"。

根据应对丧失的二元过程模型 (dual-process model of coping with loss)，有效的应对要求人们在处理丧失的情感后果与投入生活变化之间摆动，如果能处理好这种摆动，就会产生恢复效果或愈合效果 (Hansson & Stroebe, 2007; Stroebe & Schut, 1999, 2010)。反复进退可以使哀痛暂时分散与缓解。很多研究证实，面对哀痛而毫无缓解对身心健康有严重的负面作用 (Corr & Corr, 2007)。与二元过程模型相一致，一项研究评价了老年人在

配偶去世后 6 个月、18 个月和 48 个月的表现，对他们开展了丧亲导向和恢复导向的两种活动。正如预期的那样，恢复导向的活动，如拜访朋友、参加宗教服务和志愿者服务，可以减轻痛苦 (Richardson, 2007)。利用二元过程模型，这种对哀痛的人们进行干预的方法既能解决情感问题，也能解决生活变化问题，并在二者之间交替进行。

在哀痛之后，情感能量逐渐转换到第四个任务上：与死者形成象征性的情感联系，并重新面对生活。这就要做好每天该做的事，投入新生活，确立新目标，加强已有关系，建立新关系。在某些特定的日子，如家庭聚会或逝世周年纪念，哀痛会再次出现并受到关注，但是它不会干扰对生活的健康积极态度。

事实上，在整个哀痛过程中有复原力的人通常说，他们感受到的带有快乐和幽默的积极与消极情感，有助于应对悲伤 (Ong, Bergeman, & Bisconti, 2004)。对数百名年龄 50 岁及以上、配偶或伴侣在过去 6 个月内去世的人的调查显示，90%的人认为日常生活中积极情感很重要，超过 75%的人说，他们在过去一周里经历过幽默、欢笑或快乐。参与者对积极情绪的重视和体验越多，他们对丧亲之痛的适应就越好 (Lund et al., 2008-2009)。表达快乐可以被看作一种恢复导向的活动，可以使人从悲伤中转移注意力，加强与他人的联系。

2. 个人因素与情境因素

哀痛与临终一样，也受到很多因素的影响，包括人格、应对方式、宗教与文化背景等。性别差异也很明显。和女性相比，男性一般较少直接表达痛苦和抑郁，寻求社会支持也不那么容易 (Doka & Martin, 2010)。

另外，哀悼者与死者关系的好坏也很重要。一个相爱的圆满关系的结束，可能导致极度的哀痛和难以面对丧失亲人，但是这很快就会解决；相反，一个充满矛盾冲突的关系的结束，更可能留下长久的愤怒、内疚和遗憾 (Abakoumkin, Stroebe, & Stroebe, 2010; Bonanno et al., 2002; Mikulincer & Shaver, 2008)。而临终照顾也会造成差异：其配偶死得很痛苦的丧偶老年人，6 个月后，他们报告了更多的焦虑、突然闯入的念头和重见亲人的渴望 (Carr, 2003)。

死亡的具体情境也会影响人们的反应，例如，是突发、意外的死亡还是在长期患病之后离去。与死者关系的性质和死亡发生在人生哪一时点也会造成差异。

（1）突发、意外的死亡与漫长、预料中的死亡

突发、意外的死亡经常由谋杀、自杀、战争、事故或自然灾害引起，这类死亡造成的回避尤其明显，面对这样的死亡则是严重创伤性的，因为极度震惊和难以置信。对美国底特律 18~45 岁成人的代表性样本调查发现，人们提到最多的创伤，是亲人的突然、意外死亡引发的强烈而身心俱疲的应激反应 (Breslau et al., 1998)。相形之下，在漫长的临终过程中，人们有时间去应对**预期的哀痛** (anticipatory grieving)，知道丧失不可避免并在情感上做好了准备。生者在死者离世后不会感到那么不堪重负 (Johansson & Grimby, 2013)。但是，由于长期承受压力，比如高要求的照料和目睹亲人患重病，他们很容易处在持续焦虑中。

如果生者清楚死亡原因，适应就会容易些。没有合理的解释，人们经常会焦虑和困惑。这种面对丧失的障碍在婴儿猝死综合征中尤其突出，因为医生不能明确地告诉父母，他们原本健康的孩子为何会死去（见第 3 章边页 106）。那些看上去"毫无意义"的死亡会造成不明不白的哀痛，例如自杀、恐怖袭击、校园枪击和汽车枪击案，以及自然灾害和车祸造成的死亡。在西方社会，人们相信重大事件应该是可理解的和非随机的 (Lukas & Seiden, 2007)。突然而意外的死亡会威胁到人们对公平、仁慈、可控的世界的基本假定。

自杀，特别是年轻人自杀，最令人难以承受。和突发死亡相比，为自杀者哀痛的人们更可能会觉得自己导致了自杀的发生，或自己应该阻止它发生，这种自责会引发深深的内疚和惭愧。如果生者所处的文化和宗教把自杀看作是不道德的，这些反应会更强烈而持久 (Dunne & Dunne-Maxim, 2004)。经历过别人自杀的人，比经历过其他类型丧生的人，在负罪感、羞愧感、被死者抛弃感和希望隐藏死亡原因等方面的得分更高 (Dyregrov et al., 2014; Sveen & Walby, 2008)。一般来说，从对自杀的哀痛中恢复过来需要相当长时间。

（2）父母失去子女的哀痛

子女死亡，无论是意外的还是预料中的，都是成人最难面对的丧失。子女是父母自我感的延伸、他们同一性的重要组成部分，也是他们希望、梦想尤其是个人生命延续感的核心 (Price & Jones, 2015)。而且，因为子女对父母充满感激的依赖、崇敬和赞赏，所以子女是无可替代的爱的源泉。同时，子女的死是有悖常理的：子女不应死在父母之前。

丧失子女的父母往往说，他们在多年后还有强烈的痛苦，并常常思念死者。因为自己比孩子活得更久而引发的内疚和不公平感会变成一种巨大的负担。与父亲相比，母亲的痛苦更强烈，尤其是当她们没有机会与丈夫分享想法和感受时 (Lang, Gottlieb, & Amsel, 1996; Moriarty, Carroll, & Cotroneo, 1996)。（前面讲过，男性通常不像女性那样表露悲伤。）这些情感上的矛盾会对父母的生活产生消极影响，并可能导致失去亲人的父母比其他父母的离婚率更高 (Lyngstad, 2013; Wheeler, 2001)。随着时间推移，婚姻破裂的风险往往会加强，在孩子死前就闹矛盾的夫妇，离婚的风险最大。

如果父母能够对家庭关系重新做调整，重视孩子死去对生活的影响，更好地对待其他子女，重新建立生活的意义，就能更坚定地为家庭奉献自己，从而促进个人成长。这个过程可能很长，但可以改善身心健康，提高婚姻满意度 (Murphy, 2008; Price et al., 2011)。一位母亲在儿子去世 5 年后，对自己的进步做了如下的反思：

叙利亚的一位父亲抱着在武装冲突中丧生的儿子的尸体哭泣。孩子的死亡，无论是意料之外的还是预见到的，都是成年人所面临的最大丧失。

我曾经害怕放下我的痛苦，那是我爱他的方式……后来我终于明白，他的生命的意义比痛苦多得多，它也意味着快乐、幸福和乐趣，还有生活……当我放下痛苦之后，我把房间弄得让我们的生活更快乐。我对儿子的记忆更光明、更自然。这种记忆带给我的不是伤痛，而是安慰，甚至笑容……我发现儿子一直在教给我一些东西。(Klass, 2004, p. 87)

（3）儿童和青少年丧失父母或兄弟姐妹

失去一个依恋对象会给儿童带来长期后果。如果父亲或母亲去世，儿童的基本安全感和被照顾感就会受到威胁。如果有兄弟姐妹死亡，则不仅会剥夺儿童的亲密情感联系，而且常常是初次让他们意识到自己的脆弱性。

丧失亲人的儿童常在之后几个月到几年时间里，经常哭泣，在学校不能集中注意力，失眠，头痛，还有其他一些躯体症状。临床研究发现，持续的抑郁、焦虑、暴怒、社交退缩、孤独和担心死亡在这些儿童身上比较常见 (Luecken, 2008; Marshall & Davies, 2011)。很多儿童说，他们一直努力和死去的父母或兄弟姐妹保持心灵上的联系，经常梦见他们，跟他们说话 (Martinson, Davies, & McClowry, 1987; Silverman & Nickman, 1996)。这些想象似乎能帮助人们应对丧失。

认知发展会增强儿童处理哀痛的能力。例如，一个不完全理解死亡的儿童，可能会认为死去的父亲或母亲是因为生气而自愿离世的，父母中的另一人也可能会消失。因此，需要向年幼儿童认真、重复地解释，父母并不想死，也没有生他们的气 (Christ, Siegel, & Christ, 2002)。向儿童隐瞒真相，会导致儿童深深的悔恨。一个 8 岁男孩在他弟弟死前半小时才知道真相，他说："如果我早点知道，我会和他道别。"

不论儿童的理解水平高低，真诚、爱心和抚慰都能帮助他们缓解失去亲人带来的痛苦。学龄儿童一般比青少年更愿意向父母倾诉悲痛。而青少年则为了显示"冷静"，常常在成人和同伴面前掩饰悲痛 (Barrera et al., 2013)。因此，相比儿童，他们更可能变得抑郁或是用假装的方式来逃避悲痛。

总之，有效的家庭教育——温暖、同情的支持加上合理的管教，能培养儿童和青少年适应性地应对哀痛和积极的长期适应 (Luecken, 2008)。同伴支持也很有帮助，女孩比男孩更容易得到这种支持，因为女孩的友谊更讲究亲密和自我表露 (LaFreniere & Cain, 2015)。

（4）成人失去亲密伴侣的哀痛

第 18 章讲过，配偶去世后对丧偶期的适应，因年龄、社会支持和个性的不同而差异巨大。在西方国家，多数丧偶的老人在经历一段强烈的哀痛后会适应良好，而年纪较轻的成年人却表现出更负面的结果（见边页 628）。老年鳏寡者有很多境遇相同的同辈人。而且他们大多已经实现了重要的生活目标，或已经接受了有些目标不能实现的事实。

中青年丧偶者则不同，因为丧偶或失去伴侣对他们来说是一种不合常规的事件，会严重打乱人生规划。一项具有全国代表性的大型研究访谈了从丧偶不到 1 年到丧偶 64 年的美国成年人（大多是中年期丧偶），结果显示，对已故配偶的思念和与之对话常发生在配偶去世后的头几年，然后逐渐减少 (Carnelley et al., 2006)。但是，几十年后，这种思念仍未达到最低水平。他们仍然会每隔一两个星期想起已故配偶一次，每个月与已故配偶有一次交谈。

除了应对自己的失落感，青年和中年丧偶者还必须安慰他人，特别是自己的孩子。他们还面临着单独抚养子女以及配偶在世时建立的社交网络突然萎缩带来的压力。

在同性婚姻不合法的国家，同性恋伴侣的去世是非同一般的挑战。如果死者的亲属限制或禁止活着的伴侣参加葬礼，生者就会感受到**被剥夺的哀痛** (disenfranchised grief)——一种没有机会公开悼念也不能从他人的支持中得到抚慰的哀痛——从而会严重地破坏其哀痛过程 (Doka, 2008; Jenkins et al., 2014)。幸好，同性恋社区会以追悼会和其他仪式提供帮助。

（5）丧亲超载

如果一个人同时或连续遭遇到几个亲人死亡，

668

在意大利中部一个村庄的葬礼上，一位父亲和孩子们哀悼去世的家人和朋友，他们在一场毁灭性的地震中遇难。公众悲剧会引发丧亲超载，让哀悼者面临长期的、难以承受的悲痛。

就可能发生丧亲超载。即使适应良好的人，多次的丧失也会耗尽他们的应对资源，使他们情绪失控，严重抑郁，容易出现创伤后应激障碍和深切的哀痛。

由于老年期经常遭遇配偶、兄弟姐妹和朋友的相继去世，老年人也有丧亲超载的风险 (Kastenbaum, 2012)。但是第 18 章讲过，相比年轻人，老年人能做出更好的调整来应对这些丧失。他们知道老年期会有预料中的衰老和死亡，而且他们从一生积累的经验中获得了有效的应对策略。

公众悲剧，如恐怖袭击、自然灾害、校园里的随机谋杀，或者大庭广众之下发生的绑架，都会引发丧亲超载 (Kristensen, Weisaeth, & Heir, 2012; Rynearson & Salloum, 2011)。例如，2001 年 9 月 11 日的恐怖袭击，失去亲人、同事或朋友的很多幸存者（包括大约 3 000 名失去父母的儿童）都经历过反复出现的恐怖和破坏场面，使他们难以接受失去亲人的事实。其中的儿童和青少年遭受了严重打击、长期哀痛，邪恶袭击和可怕结果在心里反复重演，产生对当时场景的恐惧 (Nader, 2002; Webb, 2002)。失去亲人的人经历这种灾难性的死亡场景越多，这些反应就越严重。

本节的"文化影响"专栏介绍的葬礼和丧亲的其他礼仪，可以帮助各个年龄的哀悼者在家人和朋友的帮助下缓解悲痛。对那些难以走出丧亲阴影的人，以及那些无心投入日常生活的人而言，专门设计的干预措施可能有助于他们更好地适应。

3. 丧亲干预

同情和理解可以充分地帮助多数人从哀痛中恢复（见后面的"学以致用"栏）。在有效的支持很难提供的情况下，亲属和朋友可以从培训如何回应中受益。有时候，他们为了加快丧亲者康复会提出一些建议，或者问一些问题，来控制焦虑情绪（"你希望他死吗？""她很痛苦吗？"）。但很多失去亲人的人都不喜欢这种方法 (Kastenbaum, 2012)。耐心地倾听，向失去亲人的人保证"一直在他们身边"，告诉他们："如果你需要说话，我就在这里"，"让我知道我能做什么"。这是最好的帮助方式之一。

丧亲干预通常鼓励人们利用他们现有的社交网络，同时通过团体或个人咨询提供更多的社会支持。失去亲人的成年人要摆脱丧亲带来的痛苦，在承受压力的同时，往往会感受到个人成长，例如，对自身力量认识更深刻，对亲密关系倍加欣赏，并得到精神上的新启示 (Calhoun et al., 2010)。

支持性团体把同样丧亲的哀痛者聚集在一起，对促进他们的恢复非常有效。一项针对近期丧偶的老年人的项目中，小组成员互相帮助，解决哀痛问题，学习日常生活技能，结果，参加项目的人们很顺利地团结起来，在日常生活管理方面增强了自我效能感 (Caserta, Lund, & Rice, 1999)。一位寡妇说出了这样做的很多好处：

> 我们一起诉说了被单独留下来的愤怒……我们只身一人时的恐慌。我们一起看喜欢的照片，这样，人人都能了解别人的家庭和曾经有过的快乐。大家在快乐的时候都有一种内疚感……而且觉得继续活下去很好！……当我们中间有一个人完成了一个新任务时，大家一起高兴。如果有人哪一天有烦心事，大家都想伸出援手！……这个小组总能给我帮助，我也要永远为了她们而参加小组活动。我爱你们所有人！ (Lund, 2005)

670

哀悼行为的文化差异

索菲亚是犹太人，尼古拉斯是贵格会教徒，这两个人死后的葬礼仪式截然不同。但是不同的葬礼有一个共同目的：宣告死亡的发生，显示社会支持，怀念亡者，传达亡者身后的生活观念。

在殡仪馆，索菲亚的遗体被洗净裹好，这是一种犹太教的仪式，象征着回归纯洁。然后遗体被放进一个朴素的木制棺材（不是金属的），为的是不妨碍自然降解过程。为了强调死亡的终止性，犹太传统不允许瞻仰遗体，棺木是封闭的。传统上，棺木在埋葬前不能单独放置，亲属要守灵一天一夜，以表示悼念。

为了让遗体尽快回归曾给予生命的土地，索菲亚的葬礼定在死后第三天，亲友们聚齐之后尽快举行。葬礼开始，索菲亚的丈夫和子女把黑丝带别在衣服上，表示哀悼。之后由一位拉比朗诵赞美诗，接着是宣读悼词。棺木下葬时，亲友们要轮流填土，每个参加葬礼的人都要填土。仪式结束时，拉比诵念卡迪什，祈祷死者"回归家乡"，肯定生命的同时接受死亡。

家人回到家，点燃蜡烛，让它在7天服丧期里一直燃烧。已有人准备了慰问宴，营造一个家族的温馨气氛。按犹太人风俗，葬礼30天后，生活逐渐恢复正常。如果是父母去世，哀悼期会持续12个月。

按照贵格会的简朴传统，尼古拉斯去世后，遗体很快被火化。之后的一周，家人和亲密朋友们相聚在吉赛尔和萨莎家。他们一起为开一个纪念尼古拉斯一生的悼念会做准备。

巴基斯坦农村地区的卡拉什人聚集在一位逝去老人的遗体周围，逝者被放在他生前用过的床上，抬到墓地下葬。周围的人们边敲鼓边舞蹈，祈望死者在最后旅程中不会遇到麻烦。

悼念会当天，人们到来时，贵格会的一个牧师对人们表示欢迎，并向新教友讲解默祷的礼仪，先默默地做祷告，然后人们有感而发地随时站起来与大家分享思想和情感。很多参加悼念的人发言悼念尼古拉斯，或诵读《圣经》上的诗歌和选段。吉赛尔和萨莎最后做总结性的发言。然后大家手拉着手结束仪式，最后是亲友招待会。

无论在社会内部还是不同社会之间，哀悼行为都是差异巨大的。例如，在非裔美国人的葬礼上，人们自由地表达悲伤：布道、悼词和音乐设计用来激发深层情感的释放。人们积极地参加聚会，齐声说出"阿门"，告诉死者家人，整个社区与他们同在 (Collins & Doolittle, 2006)。相比之下，印度尼西亚巴厘岛的居民认为，他们必须平静地面对死亡，因为神在听着他们的祈祷。巴厘岛的哀悼者承认自己内心的悲伤，同时努力保持镇静 (Rosenblatt, 2008)。

宗教也对死亡的后果进行描述，以安慰死去的人和失去亲人的人。部落和村庄文化的信仰通常包括一系列精心设计的祖先灵魂和习俗，以方便逝者通往来世的旅程。巴基斯坦农村的卡拉什人按照一种古老的宗教仪式，把遗体放在死者的床上抬到墓地。等到坟墓被填满，哀悼者就会把床翻转盖在上面，供死者在来世使用 (Sheikh et al., 2014)。犹太传统通过给予他人生命、关心他人而肯定个人的生存。贵格会与其他基督教团体不同，它很少关注对天堂的憧憬或者对地狱的恐惧，主要关注"品格救赎"——为和平、正义和爱的社会而做贡献。

近年来，互联网上出现了"虚拟墓地"，只要丧亲者想表达自己的想法和感受，就可以在网上发帖，以很小的成本或免费方式表达自己的悼念，而且可以连续、方便地访问网上纪念馆。大多数网络悼词的创作者选择讲述个人故事，突出一件趣事、一个喜欢的笑话或一个感人的瞬间。有些人直接和逝去的亲人通话。留言簿可为访客提供一个与其他哀悼者联系的方式 (de Vries & Moldaw, 2012)。网络墓园也为那些被传统悼念仪式排斥在外的人提供了一种公开悼念的方式。下面这则"墓地"信息凸显了这种具有高度灵活性的悼念媒介的独特性：

我希望能与您保持联系，让您影响我生活的那些鲜活的记忆一直铭刻在心。因为我今天不能到您墓碑前扫墓，所以我用这种方式告诉您，我是多么爱您。

学以致用

失去亲人后如何度过哀痛

建议	描述
允许自己有丧失感。	接受自己面对亲人死亡带来的所有思想和情感。做一个有意识的决定来战胜你的哀痛，并意识到这需要一定时间。
接受社会支持。	在哀痛早期，让别人来帮助你，如做饭、办事、陪伴等等。要坚定而自信；告诉别人你需要什么，让想帮你的人知道该干些什么。
现实地对待哀痛过程。	预料到会有一些消极、强烈的反应，比如痛苦、悲伤、愤怒，可能会持续几周到几个月，还可能在几年后偶尔浮上心头。哀痛没有唯一的方式，所以要寻找对你来说最好的方式。
怀念死者。	回顾你和死者的关系及经历，认识到再也不能像以前那样和他在一起了。在怀念的基础上建立一种新的纽带，用照片、纪念品、祈祷及其他象征物或行动使这一关系永存。
准备投入新活动，建立新关系，掌握新日常生活技能。	决定自己必须放弃哪些角色，并确认这是由死亡导致的，认真采取步骤把这些纳入你新的生活。先确立较小的目标，例如花一个晚上看电影，约一个朋友吃晚饭，报一个烹饪或房屋修缮班，或给自己放一周的假。

后续研究表明，小组会议最适合培养以丧失为导向的应对方式（直面丧亲和缓解哀痛），而个别化方法更适合恢复性应对方式（重新组织日常生活）(Lund et al., 2010a)。丧亲的成人最需要什么样的新角色、新关系和生活技能，以及怎样与何时获得这些技能，个体差异很大。

观察与倾听

参加一个由当地的临终关怀项目或医院举办的丧亲互助小组会议，关注组员表现出来的情绪和日常生活挑战。请参与者说明小组如何来帮助他们。

对目睹暴力死亡的儿童和青少年的干预，首先不要让他们再次经历这类有害的情境，帮助父母和教师先缓解自己的压力，使他们能更好地安慰孩子和学生 (Dowd, 2013)。在一系列可怕的悲剧之后——比如 2012 年康涅狄格州纽敦的桑迪胡克小学的大规模枪击事件，以及 2015 年加利福尼亚州圣贝纳迪诺公共卫生部门发生的大规模枪击事件——得到大人的照顾和关爱，是帮助儿童从创伤中恢复过来的最好办法。

突发、暴力和意外的死亡，失去孩子，哀悼者觉得自己可以阻止的死亡，和死者有着矛盾情感或依赖关系，这些都使丧亲者更难战胜丧失。在这样的情况下，由经过专门培训的专业人员进行的个人或家庭治疗可能有帮助 (Stroebe, Schut, & van den Bout, 2013)。对丧亲的成人来说，一个特别有效的方法是，帮助他们从哀痛体验中发现一些有价值的东西，例如，发现自己应对逆境的能力，反思与逝者关系的意义，明确生活的目的等 (Neimeyer et al., 2010)。

多数哀痛者并没有接受丧亲干预。几项研究查明，只有 25%～50% 的临终患者的家庭照顾者利用了丧亲服务，如电话帮助、支持小组和转诊咨询，尽管这些服务可以通过临终关怀、医院或其他社区组织轻易获得 (Bergman, Haley, & Small, 2011; Ghesquiere, Thomas, & Bruce, 2016)。许多拒绝接受服务的人都非常痛苦，但他们不知道干预可能会有帮助。

七、死亡教育

19.7　解释死亡教育如何能够帮助人们更有效地应对死亡

一些预备性步骤可以帮助各个年龄段的人更有效地应对死亡。死亡意识运动引发了对临终病人需求的重视，也使关于临终、死亡和丧亲的课程在高等院校兴起。课程教学已经整合到咨询、教育、丧葬服务、护理、医药、社工以及临终关怀计划的志愿者培训中。一些机构提供死亡学的主修或辅修课程，学生需学习一系列与死亡相关的课程 (Corr, 2015a)。死亡教育也出现在许多社区的成人教育项目中。

在各种水平上的死亡教育的目标如下：

- 加深学生对死亡造成的生理和心理变化的理解。
- 增强学生对临终关怀、葬礼服务和纪念仪式选择的意识。
- 促进对重要的社会和伦理问题的理解，包括预先医疗指示、临终医疗援助、安乐死和器官捐赠。
- 提高学生与他人就死亡相关问题进行沟通的能力。
- 帮助学生为其专业角色做好准备，以照顾临终者和帮助丧亲者。
- 使学生深入理解毕生发展与临终、死亡和丧亲问题的关系 (Corr & Corr, 2013; Kastenbaum, 2012)。

死亡教育的形式多种多样。有些课程着重传授知识，有些偏重理论联系实际，如角色扮演、与绝症患者讨论、参观停尸房和墓地以及个人死亡意识练习等活动。研究表明，采用讲课式教学，学生容易学到知识，但常常使学生比刚学习时对死亡感到更不舒服 (Hurtig & Stewin, 2006)。相比之下，帮助学生直面自己的死亡，阐明生与死的基本价值观的实践课程，更可能产生积极、持久的影响。

无论是在课堂上学到的还是从生活经历中学到的，我们对死亡的认识和感受都必须通过和他人互动而得到提高。了解人是怎样死的，同时了解我们自己的死亡，当我们遭遇巨大丧失的同时也有所收获。临终者有时向亲人说，意识到自己生命是短暂的，使他们放下那些无关紧要的烦心事，不再浪费精力，而是关注生活中真正重要的东西。正像一位临终者说的，"这是对生命的热爱，只不过刚刚开始加速"——它是这样一个加速过程，正常情况下需要几年或几十年才能解决的问题，在几周或几个月时间里就解决了 (Selwyn, 1996, p. 36)。把本章内容的学习运用到我们自己身上，可以使我们了解死亡和临终，因而使我们的生命更完整。

思考题

联结　把哀痛者的反应和边页 653 描述的临终患者临死时的思维和情感加以比较。能不能把临终者的反应看成是一种哀痛形式？为什么？

应用　说出能够有效地帮助人们应对丧亲的自助小组的特征。

反思　访问一个网上墓园，如虚拟纪念馆 (www.virtualmemorials.com)。举一个网上礼品、留言簿和纪念品的例子，说明虚拟墓园是帮助人们应对死亡的一种独特方式。

本章要点

一、人是怎么死的

19.1　描述临终者的身体变化及其对界定死亡的启示和有尊严死亡的意义

■　**死亡学**，即研究临终和死亡的学科，在过去 30 年里迅猛发展。由于救生技术的发展，四分之三的人死亡时间比过去要长得多。在突然死亡的人中，65%～85% 是心脏病

发作导致的。

■　临终一般经历三个阶段：**濒死期**，失去有规律的心跳；**临床死亡**，在短时间内仍有可能复苏；**死亡**或永久死亡。

■　多数工业化国家把**脑死亡**作为死亡的定义。但对于身处**持续性植物人状态**的绝症患者，脑死亡标准不能解决何时停止治疗的问题。

■　通过缓解临终者的身心痛苦，向他们承认死亡的确定性，帮助他们充分了解自己的病情，做出合理的治疗选择，从而确保有尊严的死亡。

二、对死亡的认识和态度

19.2　描述死亡概念和对待死亡的态度随年龄的变化，并列举影响死亡焦虑的因素

■　和过去几代人相比，更多的年轻人到成年期还很少接触到死亡，这导致了一种不安感。

■　儿童要理解死亡，必须掌握生物学的一些基本概念，必须能够区分死的、无生命的、不真实的东西和不存在的东西。多数儿童在 6 岁时就对死亡有了正确理解，在学龄前阶段逐渐掌握了死亡的机能丧失、终止性、普遍性、适用性和因果性等子概念。文化和宗教教义，以及公开坦诚的讨论，会影响儿童对死亡的理解。

■　青少年知道死亡会在任何时候发生在任何人身上，但他们的高风险活动表明，他们对死亡并不在意。坦诚的讨论可以帮助青少年在死亡的逻辑可能性和其日常行为之间架起一座桥梁。

■　在成年早期，很多人不愿思考死亡，但中年人较多地意识到自己生命是有限的。到老年期，死亡逐渐临近，老年人会更多地思考死亡过程而不是死亡状态。

■　**死亡焦虑**存在广泛的个人和文化差异。有灵性感或成熟的死亡观的人，由于对神祇和生命存在深信不疑，较少体验到死亡焦虑。老年人调节负面情绪的能力更强，他们对象征性的不朽的信念也降低了对死亡的焦虑。在各种文化中，女性比男性表现出更多的死亡焦虑。

三、临终者的思维与情感

19.3　描述屈伯勒－罗斯的临终反应理论，并列举临终患者反应的影响因素

■　根据伊丽莎白·屈伯勒－罗斯的理论，临终者表现出五种典型反应：否认、气愤、讨价还价、抑郁和接受。这些反应不是按固定顺序发生的，临终者还会表现出其他的应对策略。屈伯勒－罗斯向专业人士和普通公众发出呼吁，让他们相信，临终者仍是活着的人，他们通常有想做而未做完的事情。

■　能否实现**理想的死亡**，取决于各种环境因素，如疾病性质、人格与应对方式、家人和医护人员的真诚与敏感性、灵性、宗教信仰和文化背景。

四、死亡地点

19.4　评估家庭、医院、养老院和临终关怀分别能够满足临终者及家属需要的程度

■　多数人说他们希望死在家里，但美国只有大约四分之一的人这么做。即使有专业人员的帮助和医院提供的设备，在家里照顾一个临终病人仍非常困难。

■　突发死亡通常发生在医院的急诊室，在那里，医护人员富于同情心的解释可以减少家属的愤怒、挫折感和困惑。重症监护病房对那些被机器束缚住而挣扎在生死之间的病人来说不够人性化。旨在减轻临终痛苦的医院综合治疗方案在过去十几年中有所增加，但仍有三分之一的医院没有这种项目。

■　美国养老院的死亡事件很常见，多数情况下，养老院没有按照养老者的临终愿望行事。

■　**临终关怀**是一种综合性的支持服务，希望尽量满足临终者的身体、情感、社会和精神需求，提供**姑息护理**或**缓解护理**，而不是延长生命。临终关怀还有助于改善家庭机能和家属的心理健康。

五、死的权利

19.5　讨论临终治疗及相关的伦理争议

■　现代医疗技术延缓了不可避免的死亡，但却降低了临终者的生活质量和个人尊严。对绝症患者终止维持生命的治疗已被广泛接受和施行。为了确保自己的意愿得以实现，患者可写一份**预先医疗指示**。**生前预嘱**包含了对治疗的指示，**医疗护理长期授权书**授权给另一人代表患者做出医疗保健决定。

■　**临终医疗援助**在美国五个州合法，近期公众和医生对此的支持有所增加。反对者担心，医疗保健的经济压力或来自他人的强迫会影响患者的选择。因为最后的行动完全是病人自己所为，许多支持者认为，把临终医疗援助合法化比自愿安乐死合法化更可取。

■　在北美和西欧，**自愿安乐死**的公众支持率很高，但在其他很多国家，这种做法仍是一种犯罪行为，并引发了激烈争议，人们担心这种做法会被非自愿地应用于弱势群体。

六、丧亲：如何应对亲人死亡

19.6 描述哀痛过程、导致哀痛个体差异的因素以及丧亲干预

■ **丧亲**指丧失亲人的体验，**哀痛**是伴随着亲人死亡而产生的强烈的身体和心理痛苦。**哀悼**的习俗是文化上习惯的对死者表达思想和情感、帮助人们度过哀痛的礼仪。

673

■ 多数丧亲者会在几个月到一年内恢复。5%~15% 的人会经历**深切的哀痛**，即严重且长期的痛苦、抑郁以及难以接受亲人死亡。

■ "哀痛过程"最好被视为一系列需要完成的任务，而不是几个有序的阶段。

■ 根据**应对丧失的二元过程模型**，有效的应对是在处理丧亲的情感后果与关注生活变化之间的一种摆动，这可能产生恢复效果。它使丧亲者能够有效应对正面情绪和负面情绪。

■ 哀痛会受到很多个人和情境因素的影响。丧亲的男性直接表达的哀痛比丧亲的女性少。面临突发、意外的死亡，回避可能尤其突出，而对抗则会造成创伤。相形之下，漫长、预料中的死亡使丧亲者有时间应对**预期的哀痛**。

■ 父母失去子女，儿童失去父母或兄弟姐妹，哀痛一般会很强烈而持久。成年早期或中年期丧失配偶或伴侣是一种不合常理的事件，会打乱人生规划。较年轻的丧偶者比老年丧偶者适应更差。**被剥夺的哀痛**可能使哀痛过程被严重破坏。

■ 同时或连续经历几个亲人死亡的人会出现丧亲超载。老年人、在公众悲剧中失去亲人的人和目击意外暴力死亡的人会面临这种风险。

■ 同情和理解是让多数人从哀痛得以恢复的充分条件。支持性小组活动在帮助恢复方面非常有效，而个别化方法可以帮助哀悼者重新开启日常生活。对目睹暴力死亡的儿童和青少年采取的干预措施，首先必须保证不让他们再次接触类似事件，并协助父母和教师提供安慰。

七、死亡教育

19.7 解释死亡教育如何能够帮助人们更有效地应对死亡

■ 针对不同专业领域的学生和从业者以及临终关怀志愿者的培训已经融入了死亡教育。它还出现在成人教育项目中。其目标包括帮助人们更好地理解对临终护理的选择、重要的社会和伦理问题（如预先医疗指示和安乐死），以及毕生发展与临终、死亡和丧亲的相互作用。

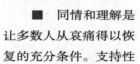 重要术语和概念

advance medical directive (p. 661) 预先医疗指示

agonal phase (p. 646) 濒死期

anticipatory grieving (p. 666) 预期的哀痛

appropriate death (p. 654) 理想的死亡

bereavement (p. 665) 丧亲

brain death (p. 647) 脑死亡

clinical death (p. 646) 临床死亡

complicated grief (p. 665) 深切的哀痛

death anxiety (p. 651) 死亡焦虑

disenfranchised grief (p. 668) 被剥夺的哀痛

dual-process model of coping with loss (p. 665) 应对丧失的二元过程模型

durable power of attorney for health care (p. 662) 医疗护理长期授权书

grief (p. 665) 哀痛

hospice (p. 658) 临终关怀

living will (p. 661) 生前预嘱

medical aid-in-dying (p. 662) 临终医疗援助

mortality (p. 646) 死亡

mourning (p. 665) 哀悼

palliative, or comfort, care (p. 658) 姑息护理或缓解护理

persistent vegetative state (p. 647) 持续性植物人状态

thanatology (p. 645) 死亡学

voluntary euthanasia (p. 664) 自愿安乐死

术语解释

英文术语后面的页码为英文原书页码，即本书边页。

A

academic programs (p. 246) 学习性课程 教师按一定结构组织教育活动，通过正规上课，采用反复练习，教儿童认识字母、数字、颜色、形状和其他学习技能。

accommodation (p. 150) 顺应 皮亚杰理论术语，人的已有思维方式不能凭借同化来解决新问题，必须建立新图式或对原来的旧图式加以调整。

acculturative stress (p. 412) 文化适应压力 少数族裔文化与当地主流文化冲突而导致的心理困扰。

activities of daily living (ACLs) (p. 573) 日常生活活动 一个人独立生活必需的基本自理任务，如洗澡、穿衣、上床、下床、坐下、站起和吃饭等。

adaptation (p. 150) 适应 皮亚杰理论术语，个体通过与环境的直接互动建立图式。另见 assimilation 同化；accommodation 顺应。

adolescence (p. 367) 青少年期 从童年期到成年期之间的过渡期。其间年轻人要接受自己逐渐成熟的身体，学习成人的思维方式，在家里获得更大的独立性，以成熟方式与同性、异性同伴交往，并开始建构同一性。

advance medical directive (p. 661) 预先医疗指示 关于本人在疾病不可治愈情况下所希望采取的医疗处置的书面声明。

age of viability (p. 80) 存活龄 胎儿最早可以存活的时间点，约在22~26周。

age-graded influences (p. 9) 年龄阶段的影响 与年龄密切相关的事件，可以准确预测这些事件在何时发生和持续多久。

aging in place (p. 623) 就地养老 住在熟悉的、可以控制自己日常生活的地方度过晚年。

agonal phase (p. 646) 濒死期 以因喉咙积液发出急促的呼吸声为特征，正常心跳衰竭的一刻发出的喘息和肌肉痉挛。另见 clinical death 临床死亡；mortality 死亡。

alcohol-related neurodevelopmental disorder (ARND) (p. 84) 酒精相关神经发育障碍 主要有三种精神机能受损，但身体发育正常，没有面部异常。可以确认孕期曾接触酒精，症状没有胎儿酒精综合征严重。另见 fetal alcohol syndrome (FAS) 胎儿酒精综合征；partial fetal alcohol syndrome (p-FAS) 胎儿部分酒精综合征。

allele (p. 46) 等位基因 位于同源染色体相同位置的成对基因，其中一个来自母方，另一个来自父方。

Alzheimer's disease (p. 588) 阿尔茨海默病 痴呆的最常见类型，大脑的结构性、化学性的退化导致思维和行为多方面能力的丧失，包括记忆、熟练动作和有目的的运动、理解力和语言能力。

amnion (p. 77) 羊膜 胚胎滋养层（外部保护层）形成的一层膜，包裹着发育中的生命体和羊水。可保持恒温并像衬垫一样避免胎儿受到母亲活动带来的晃动而造成损伤。

amygdala (p. 218) 杏仁核 在加工新异事物和情绪信息方面起着核心作用的大脑内部结构。

amyloid plaques (p. 588) 淀粉样斑块 在神经元外部堆积、称为淀粉样蛋白的退化蛋白质，其周围被已死亡的束状神经纤维和胶质细胞块包围。

androgyny (p. 279) 双性化 在男性化和女性化人格特质上得分都较高的性别同一性。

anorexia nervosa (p. 378) 神经性厌食症 一种后果严重的饮食失调，年轻人因害怕变胖而强迫自己忍受饥饿。

anoxia (p. 96) 缺氧 分娩期间氧气供应不足，可能造成脑损伤。

anticipatory grieving (p. 666) 预期的哀痛 在长期、预料中的死亡之前，知道丧亲不可避免并在情感上做好了准备。

Apgar Scale (p. 94) 阿普加评分 可对新生儿的生理状况快速做出评定的工具，包括心律、呼吸、反射反应、肌肉张力和肤色等五项。

applied behavior analysis (p. 17) 应用行为分析 对个人行为和相关环境事件进行观察，然后根据条件作用和榜样作用程序，对这些事件进行系统的改变。旨在消除不受欢迎的行为，增加合乎期望的行为。

appropriate death (p. 654) 理想的死亡 一种符合个体生活方式和价值观、能够保留或恢复重要人际关系，并尽可能减轻病痛的死亡。

assimilation (p. 150) 同化 皮亚杰理论术语，个体用已有图式去解释外部世界。另见 accommodation 顺应。

assisted living (p. 593) 辅助生活 一种类似家庭的住宅，在此居住的老人需要的护理比从家庭得到的多，比养老院提供的少。

assistive technology (p. 579) 辅助技术 可帮助失能者

尤其是老年人改善身体机能的各种设备。

associative memory deficit (p. 596) **联想记忆缺陷**　难以建立和提取信息块之间的联系，例如，两个物品之间的联系，或一个物品及其来龙去脉之间的联系。

associative play (p. 263) **联合游戏**　儿童社交互动的一种形式，儿童各自玩，但他们以交换玩具和评论对方来互动。另见 nonsocial activity 非社交活动；parallel play 平行游戏；cooperative play 合作游戏。

attachment (p. 196) **依恋**　人对生活中特定人物的强烈而深刻的情感联结，与这个人交往会带来愉快体验，面临压力时会从这个人处得到安慰。

attention-deficit hyperactivity disorder (ADHD) (p. 309) **注意缺陷多动障碍**　儿童表现出注意力不集中、冲动、身体活动过多并导致学习和社交问题，此类儿童在美国小学生中约占 5%。

authoritarian child-rearing style (p. 283) **专制型教养方式**　父母在家庭教育中表现出的对子女的低接纳，低介入，高强迫控制，给予低自主性的教养方式。另见 authoritative child-rearing style 权威型教养方式；permissive child-rearing style 放任型教养方式；uninvolved child-rearing style 不过问型教养方式。

authoritative child-rearing style (p. 282) **权威型教养方式**　最成功的儿童教养方式，表现为对子女的高度接纳和参与，恰当的控制，并给予一定的自主性。另见 authoritarian child-rearing style 专制型教养方式；permissive child-rearing style 放任型教养方式；uninvolved child-rearing style 不过问型教养方式。

autobiographical memory (p. 164) **自传式记忆**　个体能记住的当前和遥远过去发生的对个人有意义的一次性事件，如兄弟姐妹出生、一次生日聚会或搬新家等。

autoimmune response (p. 577) **自体免疫反应**　免疫系统不去攻击外来病毒，却反过来攻击自己正常身体组织的不正常反应。

automatic processes (p. 161) **自动化加工**　熟练掌握的加工，不需要工作记忆空间，使人能在执行过程中专注于其他信息。

autonomy (p. 420) **自主性**　青少年把自己看作独立的、自我管理的个体的意识。表现为更多地依靠自己而较少依靠父母的支持和指导；仔细权衡自己的判断和别人的建议，独立做决定。

autonomy versus shame and doubt (p. 184) **自主性对羞怯和怀疑**　埃里克森理论中学步期的心理冲突。只要父母给孩子提供恰当的引导与合理的选择，就能顺利解决该冲突。

autosomes (p. 45) **常染色体**　人的 23 对染色体中，22 对匹配的染色体。

average healthy life expectancy (p. 571) **平均健康预期寿命**　在某一年出生的人能够拥有多少健康而不受伤病干扰的生活。另见 maximum lifespan 最长寿命；average life expectancy 平均预期寿命。

average life expectancy (p. 570) **平均预期寿命**　在某一年出生的人，从任意给定的一个年龄开始，预期还可以活到的平均年龄。另见 maximum lifespan 最长寿命；average health life expectancy 平均健康预期寿命。

B

babbling (p. 175) **咿呀语**　6 个月左右婴儿发出的辅音 - 元音的组合。

basic emotions (p. 185) **基本情绪**　高兴、感兴趣、吃惊、恐惧、愤怒、悲伤、厌恶等情绪，在人类和其他灵长类动物中普遍存在，在促进生存方面有漫长的进化史。

basal metabolic rate (BMR)(p. 446) **基础代谢率**　身体在完全放松状态下所消耗的能量。

basic trust versus mistrust (p. 184) **基本信任对不信任**　埃里克森理论中婴儿期的心理冲突。只要父母的养育富有同情心、充满爱，该冲突就能得到解决。

behavioral genetics (p. 66) **行为遗传学**　致力于探索个体行为的遗传机制、揭示遗传和环境怎样影响个体的特质和能力的学科。

behaviorism (p. 16) **行为主义**　心理学理论，主张研究直接观察到的事件——刺激与反应，认为行为发展是通过经典条件作用和操作条件作用发生的。

bereavement (p. 665) **丧亲**　所爱的亲人去世的经历。

bicultural identity (p. 412) **双重文化同一性**　青少年通过探索和接纳来自其所处的亚文化和主流文化的价值观而形成的同一性。

"big five" personality traits (p. 548) **"大五"人格特质**　从数百种人格特质中提取出的五个基本因素：神经质、外向性、求新性、亲和性和尽责性。

biological aging, or senescence (p. 438) **生物学老化或衰老**　在基因影响下的器官和系统的机能衰退，在人类所有成员身上普遍存在，亦称初级衰老。

binge-eating disorder (p. 379) **暴食症**　一种饮食失调，指年轻人每周至少暴食一次，持续三个月或更长时间，且不采取代偿性清除、锻炼或禁食行为。

blended, or reconstituted, family (p. 356) **混合家庭或重组家庭**　再婚或同居导致的、由父母、继父母与子女、继子女组成的新家庭。

body image (p. 377) **身体形象**　对自己体貌的看法和态度。

brain death (p. 647) **脑死亡**　被大多数工业化国家所接受的死亡定义，大脑和脑干的一切活动不可逆转地终止。

brain plasticity (p. 121) **大脑可塑性**　大脑皮层不同部分对其他受损区域机能加以补偿的能力，此能力随着大脑两半球的单侧化而下降。

breech position (p. 96) **臀位**　一种颠倒的胎位，须先娩出臀部或脚。

bulimia nervosa (p. 379) **神经性贪食症**　一种饮食障碍，患者主要是女性，他们会暴饮暴食，然后为了避免体重增加而采取补偿措施，比如故意呕吐、用泻药排便、过度运动或禁食。

burnout (p. 560) 职业倦怠　长期工作压力导致的心理状态，表现为心理疲惫、失去个人控制感和成就感降低。

C

cardinality (p. 244) 基数　计数序列中的最后一个数代表整个集合的量。例如有 5 个苹果，当幼儿从"1 个"数到"5 个"时，他们就知道，苹果总共有 5 个。

carriers (p. 46) 携带者　能把自己携带的一个隐性特质遗传给后代的杂合个体。

cataracts (p.574) 白内障　出现在晶状体和眼膜的模糊区域，在中老年期逐渐增多，导致视力模糊，如果不做外科手术，最终会失明。

categorical self (p. 208) 分类自我　18～30 个月的儿童根据年龄、性别、身体特征甚至好坏和能力把自己和别人进行分类。

central executive (p. 161) 中央处理器　人类大脑在信息加工中有意识的、富于反思性的部分，它指导信息的流动，协调输入的新信息和系统中已有的信息，选择、应用和监控用于记忆存储、理解、推理和问题解决的策略。

centration (p. 230) 中心化　皮亚杰理论术语，前运算阶段的儿童只关注情境的一个方面，而忽略其他方面。

cephalocaudal trend (p. 117) 头尾趋势　源于拉丁语，意为"从头到脚"，在出生前的一段时期，头部比其他部分的生长更快的发育趋势。另见 proximodistal trend 近远趋势。

cerebellum (p. 218) 小脑　位于大脑后部和基部、帮助平衡和控制身体运动的脑结构。

cerebral cortex (p. 120) 大脑皮层　大脑中最大的结构，占脑重的 85%，包含最多的神经元和突触，是人类智力高度发展的基础。

cesarean delivery (p. 97) 剖宫产　一种手术分娩，医生在产妇腹部切一个口，将胎儿取出子宫。

child-centered programs (p. 246) 以儿童为中心的课程　幼儿园和学前班的课程，教师组织各种活动，儿童可以从中选择，并在游戏中学习。另见 academic programs 学习性课程。

child-rearing styles (p. 282) 儿童教养方式　父母在各种情境下教育子女行为的集合体，能创造一种持续的儿童教养氛围。

chorion (p. 78) 绒毛膜　包裹在羊膜外、细小如毛发般的绒毛，形成一层保护性覆盖物，胎盘从这里开始发育。

chromosomes (p. 44) 染色体　细胞核中负责保存和传递遗传信息的杆状结构。

chronosystem (p. 26) 时序系统　生态系统论中的时间维度。该系统中的生活变化可能来自外因影响，也可能来自人的内因影响。另见 microsystem 小环境系统；mesosystem 中环境系统；exosystem 外环境系统；macrosystem 大环境系统。

circular reaction (p. 151) 循环反应　由婴儿自己的动作引起的对新经验的偶然发现，对该动作的多次重复形成一种新图式。

classical conditioning (p. 130) 经典条件作用　一种学习形式，一个中性刺激与一个可导致反射行为的刺激同时出现。一旦神经系统在这两个刺激之间建立了联结，中性刺激就可以引发该行为。

climacteric (p. 510) 更年期　中年过渡时期，女性的生育能力丧失，男性的生育能力下降。

clinical death (p. 646) 临床死亡　死亡的一个阶段，心跳、血液循环、呼吸和脑功能停止，但仍有复活的可能。另见 agonal phase 濒死期；mortality 死亡。

clinical interview (p. 29) 临床访谈　一种访谈法，研究者采用灵活的谈话方式探查受访者的观点。另见 structured interview 结构访谈。

clinical, or case study, method (p. 30) 临床法或个案研究法　一种研究方法，旨在通过收集访谈数据、观察结果和测验分数，尽可能完整地了解一个人的心理机能以及导致这些心理机能的经验。

cognitive-affective complexity (p. 458) 认知－情感复杂性　拉伯威－维夫的理论术语，从青少年期到中年期的一种思维形式，即意识到相互冲突的积极和消极情感并把它们协调成一个复杂的、有组织的结构，这一结构承认个体经验的独特性。

cognitive-developmental theory (p. 17) 认知发展理论　皮亚杰提出的理论，认为儿童在操控和探索周围世界基础上主动建构知识，并分阶段地得到发展。

cognitive maps (p. 304) 认知地图　儿童对熟悉的空间，如教室、学校或社区的心理表征。

cognitive reserve (p. 590) 认知储备　受良好教育的人的复杂认知活动导致掌管认知过程的脑区重组，以及更多的突触连接，使老年人的大脑在心智失能之前对损伤有更大的容忍度。

cognitive self-regulation (p. 312) 认知自我调控　持续监控目标进程，检查结果，对无效的努力加以修正。

cohabitation (p. 494) 同居　未婚伴侣拥有亲密的性关系并一同居住的生活方式。

cohort effects (p. 35) 同龄群组效应　文化历史变化对追踪和横断研究结果准确性的影响。基于一个受特定历史和文化条件影响的年龄群组的研究结果可能不适用于其他年龄群组。

commitment within relativistic thinking (p. 457) 付诸现实的相对论思维　佩里的理论术语，指不是在互相对立的观点之间做出选择，而是把互相矛盾的观点加以整合，形成一个更圆满的观点。

companionate love (p. 479) 陪伴的爱　表现为温情、信任的爱恋和看重对方。另见 passionate love 激情的爱；compassionate love 仁慈的爱。

compassionate love (p. 479) 仁慈的爱　关切对方的幸福，通过表达对对方的关心来减轻其痛苦，促进对方的成长和成功。

compliance (p. 209) 顺从　自觉地听从要求和命令。

complicated grief (p. 665) **深切的哀痛** 丧亲者严重且长期的痛苦、抑郁，难以接受死亡现实，持续多年且损害身心健康。

compression of morbidity (p. 582) **疾病期缩短** 公共卫生目标，随着预期寿命延长，减少人在死亡前的平均精力衰退。医学进步和社会经济条件改善促进了这一目标的实现。

concrete operational stage (p. 304) **具体运算阶段** 皮亚杰认知发展的第三阶段，这一阶段大约从 7 岁持续到 11 岁，在应用具体知识时的思维更有逻辑性、灵活性和组织性，但抽象思维尚薄弱。

conditioned response (CR) (p. 131) **条件反应** 在经典条件作用中，一个条件刺激 (CS) 引发的一个类似于反射的反应 (UCR)。另见 unconditioned response 非条件反应。

conditioned stimulus (CS) (p. 131) **条件刺激** 在经典条件作用中，和一个非条件刺激 (UCS) 配对、可引发一个新的条件反应 (CR) 的中性刺激。

conservation (p. 229) **守恒** 客体一定的物理特征在其外表发生变化时仍然保持不变。

constructivist classroom (p. 324) **建构主义课堂** 根据皮亚杰的学生能主动建构自己知识的观点设计的课堂。课堂上有设备齐全的学习中心，学生自己选择参加小组学习和独立解决问题，教师针对儿童需要提供指导和支持，根据学生当前发展状况对学生进行个别化评价。另见 traditional classroom 传统课堂；social-constructivist classroom 社会建构主义课堂。

contexts (p. 6) **背景** 可能导致不同变化路径的个人与环境的独特结合。

continuity theory (p. 620) **连续性理论** 关于老年期的社会学理论，认为老年人在选择日常活动和社会关系时，努力保持个人系统的稳定，包括同一性、人格特征、兴趣、角色和技能，以此来确保自己过去与未来的一致性，增进生活满意度。

continuous development (p. 6) **连续的发展** 向原来已有的能力中逐渐添加更多的同一类型成分的发展过程。另见 discontinuous development 不连续的发展。

contrast sensitivity (p. 141) **反差敏感性** 可以解释早期图案偏好的一般原理，如果婴儿能够觉察两个或多个图案的反差，他们就喜欢其中反差较大的图案。

controversial children (p. 347) **有争议儿童** 在说明儿童被喜欢和不被喜欢的同伴接纳的自我报告测量中得了许多票，有肯定的，也有否定的。另见 popular children 受欢迎儿童；neglected children 被忽视儿童；rejected children 被拒绝儿童。

conventional level (p. 414) **习俗水平** 科尔伯格道德推理的第二水平，道德认识基于遵守社会规则，以保证积极的人际关系，维持社会秩序。

convergent thinking. (p. 328) **聚合思维** 智力测验中强调的认知类型，努力求得问题的唯一正确的答案。另见 divergent thinking 发散思维。

cooing (p. 175) **咕咕声** 2 个月左右婴儿发出的类似元音的声音。

cooperative learning (p. 325) **合作学习** 学生分为小组，合作完成学习任务，为了共同目标，考虑彼此的想法，适当地互相挑战，用充分的解释来化解误会，拿出理由和证据来解决意见分歧。

cooperative play (p. 263) **合作游戏** 一种社交互动形式，儿童在活动中能指向一个共同目标，例如表演一个假装游戏的主题。另见 nonsocial activity 非社交活动；parallel play 平行游戏；associative play 联合游戏。

coparenting (p. 57) **共同抚养** 父母相互支持对方的养育行为。

coregulation (p. 352) **共同调控** 一种监督形式，父母允许孩子在具体事情上自己做决定，同时实施总体监控。

core knowledge perspective (p. 158) **核心知识观** 一种理论观点，认为婴儿出生就带有与生俱来的知识系统，或核心思维领域，每个领域的知识都能帮助婴儿获取新的相关信息，从而支持相应认知方面的快速发展。

corpus callosum (p. 219) **胼胝体** 联结大脑两半球的一大束神经纤维，可支持身体两侧动作的流畅协调和多方面思维的整合。

correlational design (p. 31) **相关设计** 一种研究设计，研究者在不改变人们生活经历的情况下，收集其信息，考察他们的各种特征与其行为或发展之间的关系。无法得出因果结论。

correlation coefficient (p. 33) **相关系数** 描述两个测量或两个变量相互关系的统计量，数值在 +1.00 和 −1.00 之间。

creativity (p. 328) **创造力** 一种能力，即能够做出一项原创而又恰当的作品，该作品是别人没想到、但在某些方面是有用的。

cross-linkage theory of aging (p. 440) **交叉联结衰老理论** 一种生物学老化理论，认为随着年龄增长，构成身体结缔组织的蛋白质纤维会彼此联结。当这些通常分离的纤维交叉联结时，组织就会失去弹性，导致许多负面后果。

cross-sectional design (p. 36) **横断设计** 一种研究设计，在同一时间点对不同年龄的人群进行考察。另见 longitudinal design 追踪设计。

crowd (p. 425) **族** 由几个价值观相似的小圈子形成的大而松散的社交群体。群体成员资格基于声望和成见。

crystallized intelligence (p. 525) **晶体智力** 凭借知识经验的积累、良好的判断力和对社会习俗的深刻了解而获得的能力，这种能力的习得，缘于个体所在文化对它的看重。另见 fluid intelligence 流体智力。

D

death anxiety (p. 651) **死亡焦虑** 对死亡的恐惧和忧虑。

deferred imitation (p. 153) **延迟模仿** 记住并重复那些已经不在眼前的榜样行为的能力。

delay of gratification (p. 209) **延迟满足** 等待一段时

间才去做一件有诱惑力事情的能力。

dementia (p. 587) 痴呆 几乎全部发生在老年期的一系列失调，思维和行为能力多方面受损使日常生活陷于混乱。

deoxyribonucleic acid (DNA) (p. 44) 脱氧核糖核酸 构成染色体的长双链分子。

dependency-support script (p. 616) 依赖－支持型 一种可预测的互动形式，老年人的依赖行为马上会受到照顾者的注意，进而强化了这种行为，同时忽视了其独立行为。另见 independence-ignore script 独立－忽视型。

dependent variable (p. 33) 因变量 在实验中研究者预期会受到自变量影响的变量。另见 independent variable 自变量。

developmental cognitive neuroscience (p. 20) 发展认知神经科学 一个新的研究领域，心理学、生物学、神经科学和医学等学科研究者共同考察成长中个体脑的变化与认知加工及行为方式之间的关系。

developmentally appropriate practice (p. 171) 适于发展的教育 美国国家年幼儿童教育协会制定的一套标准，根据最新研究结果和专家共识，列出了可以满足年幼儿童发展需要和个体需要的教育项目的特征。

developmental quotient (DQ) (p. 169) 发展商数 一种婴儿智力测验分数，计算方法与智商 (IQ) 测验相同，但项目标记比较谨慎，因为它不包括对年长儿童智力测验的相同维度。

developmental science (p. 5) 发展科学 致力于查明生命全程中的稳定性和变化性的跨学科研究领域。

developmental social neuroscience (p. 20) 发展社会神经科学 致力于研究大脑变化和情绪与社会性发展之间关系的新研究领域。

differentiation theory (p. 144) 分化理论 一种知觉发展理论，认为婴儿在知觉发展过程中逐渐能够察觉环境中更加精细的恒定特征。

difficult child (p. 190) 难照养儿童 儿童气质特征，表现为生活不规律，接受新经验较慢，有消极和强烈的反应倾向。另见 easy child 易照养儿童；slow-to-warm-up child 慢热儿童。

discontinuous development (p. 6) 不连续的发展 一种心理发展观，认为发展过程中不但有量变，而且有质变，每次质变都使发展进入一个新阶段。另见 continuous development 连续的发展。

disenfranchised grief (p. 668) 被剥夺的哀痛 一种没有机会公开悼念，也不能从他人支持中得到抚慰的哀痛。

disorganized/disoriented attachment (p. 198) 混乱型依恋 这种依恋模式反映了最大的不安全性。与母亲分离后重聚时，这些婴儿表现出许多困惑、矛盾的行为。另见 secure attachment 安全型依恋；insecure-avoidant attachment 回避型不安全依恋；insecure-resistant attachment 拒绝型不安全依恋。

displaced reference (p. 156) 替代参照 认识到词可以用来提示那些物理上不存在的事物的心理映像。

divergent thinking (p. 328) 发散思维 与创造性相联系的思维类型，面对一项任务或问题时想出多种不同寻常的解决方法。另见 convergent thinking 聚合思维。

dominance hierarchy (p. 302) 支配等级 一种稳定的群体成员等级，可以预测出现冲突时谁会取胜。

dominant cerebral hemisphere (p. 218) 优势半球 大脑两半球中掌管熟练的运动动作和其他重要能力的半球。右利手者，左半球为优势半球；左利手者，其运动和语言能力通常由两个半球共同掌管。

dominant–recessive inheritance (p. 46) 显性－隐性遗传 在杂合体配对中，只有一个等位基因影响后代的特性，称为显性基因。另一个等位基因不起作用，称为隐性基因。

dualistic thinking (p. 456) 二元论思维 佩里的理论术语，即把信息、价值观、权威分成对与错、好与坏、我们与他们的思维方式。另见 relativistic thinking 相对论思维。

dual-process model of coping with loss (p. 665) 应对丧失的二元过程模型 一种理论观点，认为有效的应对要求人们在处理丧失的情感后果与投入生活变化之间摆动，如果能处理好这种摆动，就会产生恢复或愈合效果。

dual representation (p. 229) 双重表征 把一个象征性的客体既看作该客体本身，又看作一个符号的能力。

durable power of attorney for health care (p. 662) 医疗护理长期授权书 授权另一人（家属或其他人）代表本人做出医疗护理决定的书面陈述。

dynamic assessment (p. 320) 动态评价 与维果茨基的"最近发展区"相一致的评价方法，在评价情境中引入有目的的教学，以了解儿童通过社会支持能学到什么。

dynamic systems theory of motor development (p. 135) 动作发展的动态系统理论 一种动作发展理论，认为动作技能的掌握意味着获得越来越复杂的动作系统。在此过程中，各种单一能力结合起来共同发挥作用，使人对环境的探索和控制更有效。每一项新技能都是中枢神经系统发育、身体运动能力、儿童的目标和环境对技能的支持的共同产物。

E

easy child (p. 190) 易照养儿童 儿童的气质特征，能很快形成日常生活习惯，情绪乐观，容易适应新经验。另见 difficult child 难照养儿童；slow-to-warm-up child 慢热儿童。

ecological systems theory (p. 23) 生态系统论 布朗芬布伦纳提出的理论，认为人的发展处于复杂的关系系统中，包括小环境、中环境、外环境和大环境系统，各水平环境之间的相互作用影响着人的发展。

educational self-fulfilling prophecies (p. 326) 教育预言

的自我应验 儿童接受教师的积极或消极的观点，并按照这种观点行事。

effortful control (p. 191) 努力控制 气质的自我调节维度，即主动抑制一个占优势的活跃反应，计划并执行更具适应性的行为的能力。

egalitarian marriage (p. 486) 平等主义婚姻 一种婚姻类型，伴侣的关系平等，彼此分享权力和自主。双方会平衡他们在工作、教养孩子、处理二人关系方面投入的时间和精力。另见 traditional marriage 传统型婚姻。

egocentrism (p. 229) 自我中心主义 不能把自己的符号性观点和别人的观点加以区分。

ego integrity versus despair (p. 610) 自我完整性对绝望 埃里克森理论中关于老年期的心理冲突。妥善解决了这一冲突的老年人会积极看待自己的一生，觉得自己是完整的、完全的，对个人取得的成就感到满意。

elaboration (p. 310) 精加工 一种记忆策略，在不属于同一类别的两条或多条信息之间建立一种关系或者共同意义。

embryo (p. 78) 胚胎期 从受精卵第二周着床开始至孕期第 8 周。这六周时间将为所有身体结构和内脏器官打好基础。

emergent literacy (p. 242) 自发读写 儿童借助非正式经验，积极努力地建构读写知识。

emerging adulthood (p. 470) 成年初显期 一个新的发展过渡期，从青少年晚期持续到 25～30 岁，这一时期的很多人结束了青少年期但仍不能承担成人责任，对教育、职业、个人价值观和行为的探索欲望比青少年期更强烈。

emotional self-regulation (p. 189) 情绪自我调节 把情绪强度调节到恰当水平，以更好地达到目标的方法。

emotion-centered coping (p. 342) 情绪中心应对 一种从内心隐秘地管控情绪的方法，目的是对外部结果无能为力的时候控制悲伤。另见 problem-centered coping 问题中心应对。

empathy (p. 208) 共情 理解另一个人的情绪状态、与这个人共同感受，或以相似方式做出情绪反应的能力。

epigenesis (p. 70) 表观遗传作用 遗传与各种水平的环境之间渐进、双向的影响导致了发展。

episodic memory (p. 240) 情节记忆 对日常经历的记忆。另见 semantic memory 语义记忆。

epistemic cognition (p. 456) 对知识的认知 人们对怎样获得事实、观念和想法的反思。

ethnic identity (p. 412) 种族同一性 种族成员感和与种族成员相联系的态度、观念和情感，是自我的一个稳定要素。

ethnography (p. 30) 人种学方法 一种研究方法，研究者深入一个群体，长时间地和他们一起生活，对他们进行参与观察，做田野记录，理解一种文化或一个不同的社会群体。

ethological theory of attachment (p. 196) 依恋的习性学理论 鲍尔比提出的广为接受的依恋理论，认为婴儿与养育者之间的情感联结是可以促进生存的进化反应。

ethology (p. 21) 习性学 研究行为的适应价值或生存价值及其进化史的学科。

evolutionary developmental psychology (p. 22) 进化发展心理学 一个研究领域，试图解释种系范围内，随着个体年龄增长，其认知、情绪和社交能力的适应价值。

executive function (p. 161) 执行机能 在信息加工中使人能在遇到认知困难时实现目标的各种认知操作和策略，包括：通过抑制冲动和无关行动来控制注意力；灵活地指引思维和行为方向，以适应任务的要求；对工作记忆中的信息加以协调；做计划。

exosystem (p. 24) 外环境系统 生态系统论中环境的一种水平，成长中的儿童不在其中、却对他们所处的直接环境产生影响的社会环境。另见 microsystem 小环境系统；mesosystem 中环境系统；macrosystem 大环境系统；chronosystem 时序系统。

expansions (p. 252) 扩展 成人对儿童的语法错误做出间接反馈的方法，把不正确的句子改正确，对儿童的言语进行加工，增强其复杂性。另见 recasts 改正。

experience-dependent brain growth (p. 124) 经验－依赖型脑发育 由特殊学习经验导致的已有脑结构的进一步发育和精细化，此过程存在着巨大的个体差异和文化差异。另见 experience-expectant brain growth 经验－预期型脑发育。

experience-expectant brain growth (p. 124) 经验－预期型脑发育 幼年大脑迅速形成组织，这个过程取决于日常经验，包括探索环境、与人接触、听到言语和其他声音的机会。另见 experience-dependent brain growth 经验－依赖型脑发育。

experimental design (p. 33) 实验设计 一种研究设计，研究者把被试随机分为两个或多个处理组，考察自变量对因变量的影响，可以做出因果推论。

expertise (p. 458) 专长 获得某一领域或专业的广泛知识。

explicit memory (p. 596) 外显记忆 需要有控制、策略性加工的记忆。另见 implicit memory 内隐记忆。

expressive style of language learning (p. 178) 表达型方式 早期语言学习的一种方式，学步儿的语言主要是使用一些强调社交规则的简单词汇和代词，谈论自己和他人的感受和需要。另见 referential style of language learning 指代型方式。

extended-family households (p. 62) 大家庭 父母、子女和一个或多个成年亲属一起生活的家庭。

F

family life cycle (p. 484) 家庭生活周期 世界上大多数家庭发展具有的几个阶段。成年早期，年轻人一般先独立生活，然后结婚、生儿育女。到中年期，孩子离家，中年人承担的养育责任随之减轻。老年期面临着退休、变老、丧偶（主要是女性）。

fantasy period (p. 462) 幻想期　职业发展的一个阶段，儿童通过对未来职业的幻想接触职业选择问题。另见 tentative period 尝试期；realistic period 现实期。

fast-mapping (p. 250) 快速映射　儿童只需一次接触，就能把新词与其潜在概念联系起来。

feminization of poverty (p. 550) 贫穷的女性化　女性自己养活自己及其家庭的趋势，这些女性，无论年龄和种族，都是生活贫困的成年人口的主体。

fetal alcohol spectrum disorder (FASD) (p. 84) 胎儿酒精谱系障碍　孕期酗酒导致的一系列身体、精神和行为后果，包括 fetal alcohol syndrome (FAS) 胎儿酒精综合征；partial fetal alcohol syndrome (p-FAS) 胎儿部分酒精综合征；alcohol-related neurodevelopmental disorder (ARND) 酒精相关神经发育障碍。

fetal alcohol syndrome (FAS) (p. 84) 胎儿酒精综合征　胎儿酒精谱系障碍中最严重的一种，其特征是：身体发育缓慢、面部异常和脑损伤。大多是母亲在整个孕期饮酒较多所致。另见 partial fetal alcohol syndrome (p-FAS) 胎儿部分酒精综合征；alcohol-related neurodevelopmental disorder (ARND) 酒精相关神经发育障碍。

fetal monitor (p. 96) 胎儿监测仪　追踪分娩过程中胎儿心律的电子设备。

fetus (p. 79) 胎儿期　从第 9 周到孕期结束，胎儿身体结构发育完成，体型迅速增大。

fluid intelligence (p. 516) 流体智力　主要依靠对基本信息进行加工的能力，如对视觉刺激之间关系的觉察、对信息进行分析的速度，以及工作记忆的容量。另见 crystallized intelligence 晶体智力。

Flynn effect (p. 319) 弗林效应　人类智商从上一代到下一代的稳步增长。

formal operational stage (p. 388) 形式运算阶段　皮亚杰认知发展的最高阶段，大约始于 11 岁，青少年形成了抽象、系统、科学的思维能力。

frailty (p. 585) 衰弱　身体多个组织与系统的机能减弱，严重地妨碍了日常生活能力，老年人在被感染、很热很冷或受伤时非常脆弱。

fraternal, or dizygotic, twins (p. 45) 异卵双生子或双卵双生子　两个卵子排出并双双受孕所致。另见 identical, or monozygotic, twins 同卵双生子或单卵双生子。

free radicals (p. 440) 自由基　在细胞中有氧环境下自然形成的具有高度反应性的化学物质，在有害水平上可导致 DNA 和细胞损伤，增大对各种老化失调的脆弱性。

functional age (p. 570) 机能年龄　老年人的实际能力和表现，与日历年龄相区别。

G

gametes (p. 44) 配子　性细胞，即含有正常身体细胞中一半染色体的精子和卵子。

gender constancy (p. 279) 性别恒常性　完全理解了以生物学为基础的性别永恒性，懂得了即使穿着、发型和游戏活动变化了，性别也不会改变。

gender identity (p. 279) 性别同一性　关于自己在行为特征上相对的男性化或女性化的映像。

gender schema theory (p. 279) 性别图式理论　把社会学习观和认知发展观相结合的信息加工观点，解释了环境压力和儿童认知怎样共同影响性别角色的发展。

gender typing (p. 276) 性别分类　以符合文化成见的方式，把物品、活动、角色或特质与性别相关联。

gene (p. 44) 基因　染色体上的一段 DNA，含有对身体生长和发挥机能的蛋白质制造指令。

gene–environment correlation (p. 68) 基因 – 环境相关性　人的基因会影响人们身处其中的环境。

gene–environment interaction (p. 68) 基因 – 环境相互作用　个体因为基因结构不同，对环境质量的反应也不同。

generativity versus stagnation (p.538) 繁衍对停滞　埃里克森理论中中年期的心理冲突。如果成年人能把个人目标与整个社会的幸福相联系，就能妥善地解决这一冲突。其结果是，帮助和指导下一代的能力增强。

genetic counseling (p. 51) 遗传咨询　旨在帮助夫妇评估他们生下患有遗传疾病婴儿的概率，并根据风险和家庭目标选择最佳行动方案的咨询。

genomic imprinting (p. 49) 基因组印刻　遗传的一种形式，等位基因被印刻，即做了化学标记，无论其怎样组合，配对等位基因中只有一个（来自父方或母方）被激活。

genotype (p. 43) 基因型　人的基因结构。另见 phenotype 表型。

gerotranscendence (p. 611) 老年卓越　琼·埃里克森提出的超越自我完整性的心理阶段，是一种超越自我、亲近过去世代与未来世代、天人合一的宇宙观。

gifted (p. 328) 超常儿童　表现出超常智力，具有高智商、高创造性或特殊才能的儿童。

glass ceiling (p. 561) 玻璃天花板　女性和少数族裔在向公司高层晋升时遭遇的隐形障碍。

glaucoma (p. 509) 青光眼　一种眼液排出效果差导致眼内压升高并损害视神经的疾病。

glial cells (p. 118) 神经胶质细胞　掌管神经纤维的髓鞘化以利于信息传递的细胞。

goodness-of-fit model (p. 195) 良好匹配模型　托马斯和切斯提出的模型，用于解释儿童气质和养育环境如何有效匹配，以达到最好的适应。

grief (p. 665) 哀痛　因失去亲人而导致的强烈的身心痛苦。

growth hormone (GH) (p. 219) 生长激素　影响几乎所有身体组织发育的垂体激素。

growth spurt (p. 369) 发育加速　青春期最初的外部信号，即身高和体重的迅速增加。

guided participation (p. 236) **指导性参与** 技能熟练者与不熟练者之间的共同努力，而不强调他们之间交流的具体特征，可在不同情境和文化中发生，是比搭建脚手架更宽泛的概念。

H

habituation (p. 131) **习惯化** 由重复刺激引起的反应强度的逐渐降低。

hardiness (p. 522) **毅力** 三种个人品质——控制、自觉与挑战共同组成的一种个人品质，可帮助人们适应性地应对不可避免的生活变化带来的压力。

heritability estimates (p. 67) **遗传力估计值** 衡量一个特定人群中复杂特质的个体差异在多大程度上可由遗传因素来解释的统计值。

heterozygous (p. 46) **杂合型** 在一个成对染色体的相同位置有两个不同的等位基因。另见 homozygous 纯合型。

hierarchical classification (p. 230) **等级分类** 根据客体的相似性和差异性把客体分成类和子类。

hippocampus (p. 218) **海马体** 大脑内部的结构，在帮助人记忆空间图像和辨别方向中起重要作用。

history-graded influences (p. 9) **历史时期的影响** 特定历史时期对毕生发展的影响，它能解释，为什么同一时期出生的人，即所谓同龄群组，会比较相似，而不同于其他历史时期出生的人。

Home Observation for Measurement of the Environment (HOME) (p. 170) **测评环境的家庭观察** 一种核查表，目的是通过观察和父母访谈，收集有关儿童家庭生活质量的资料。

homozygous (p. 46) **纯合型** 在成对染色体的相同位置具有两个相同的等位基因。另见 heterozygous 杂合型。

hormone therapy (p. 512) **激素疗法** 每日单独摄入低剂量的雌激素，或与孕激素一起使用，可减轻更年期身体不适。

hospice (p. 658) **临终关怀** 为绝症患者及其家属提供全面的服务项目，将患者及其家人视为一个护理单位，强调满足患者的身体、情感、社会和精神需求，同时为家属提供后续的丧亲服务。

hypothetico-deductive reasoning (p. 388) **假设－演绎推理** 形式运算阶段的问题解决策略，面对问题时，青少年先提出假设，或者说对可能影响结果的变量做出预测。然后，演绎出合乎逻辑的、可以检验的推论，再把几个变量加以分离及合并，查明哪些推论可以在真实世界中得到证实。

I

identical, or monozygotic, twins (p. 46) **同卵双生子或单卵双生子** 已经开始复制的一个受精卵分裂成具有相同基因结构的两簇细胞并发育而成的一对双生子。另见 fraternal, or dizygotic, twins 异卵双生子或双卵双生子。

identity (p. 408) **同一性** 个体组织良好的自我概念，定义了一个人是谁，价值观是什么，以及在生活中追求什么。

identity achievement (p. 409) **同一性成熟** 个体同一性的状态，青少年经过一段时间的探索，把价值观、信念和目标诉诸行动。另见 identity moratorium 同一性延缓；identity foreclosure 同一性早闭；identity diffusion 同一性弥散。

identity diffusion (p. 409) **同一性弥散** 个体同一性的状态，青少年既没有经过探索也没有诉诸行动。另见 identity achievement 同一性成熟；identity moratorium 同一性延缓；identity foreclosure 同一性早闭。

identity foreclosure (p. 409) **同一性早闭** 个体同一性的状态，青少年没有经过探索就诉诸行动。另见 identity achievement 同一性成熟；identity moratorium 同一性延缓；identity diffusion 同一性弥散。

identity moratorium (p. 409) **同一性延缓** 个体同一性的状态，青少年经过探索但是还没有诉诸行动。另见 identity achievement 同一性成熟；identity foreclosure 同一性早闭；identity diffusion 同一性弥散。

identity versus role confusion (p. 408) **同一性对角色混乱** 埃里克森理论中青少年期的心理冲突。如果青少年通过探索和内心精神思考形成成熟的同一性，这一冲突就能顺利化解。

imaginary audience (p. 392) **假想观众** 青少年相信自己是别人注意和关心的焦点。

imitation (p. 132) **模仿** 通过复制他人行为而学习。

implantation (p. 77) **着床** 受精卵在受精后 7~9 天形成的胚泡深深地埋入子宫内膜。

implicit memory (p.596) **内隐记忆** 无意识记忆。另见 explicit memory 外显记忆。

inclusive classrooms (p. 326) **包容性课堂** 有学习困难的学生在正常的学校环境中，用全天或部分时间，与普通学生一起学习，目的是为他们融入社会做准备，并消除对残疾人的偏见。

incomplete dominance (p. 48) **共显性** 一种遗传模式，两个等位基因都在表型中表达，从而产生一种组合的特质，或介于二者中间的特质。

independence-ignore script (p. 616) **独立－忽视型** 一种可预测的互动方式，老年人的独立行为被忽视，使这种行为发生得越来越少。另见 dependency-support script 依赖－支持型。

independent living communities (p. 623) **独立生活社区** 老年人的辅助生活安排，提供各种酒店式服务，包括在公共餐厅用餐、家政服务、洗衣服务、交通服务和娱乐活动。

independent variable (p. 33) **自变量** 在一项实验中，研究者预期会导致另一个变量发生改变的变量。另见 dependent variable 因变量。

induction (p. 267) **引导** 一种管教方式，成人指出儿童不良行为对别人的影响，使儿童觉察别人的感受。

industry versus inferiority (p. 336) **勤奋对自卑** 埃里克森理论中小学期的心理冲突。如果过去经验使儿童在面临将来有用的技能和课业时形成能力感，这一冲突就能顺利得到解决。

infant-directed speech (IDS) (p. 179) 指向婴儿的言语　成人与婴儿、学步儿沟通的方式，成人说出的句子简短、发音清晰、音调高亢、语气夸张，句子之间有明显停顿，在各种情境下反复使用新单词。

infant mortality (p. 102) 婴儿死亡率　世界通用的评估一个国家儿童整体健康状况的指标，指每1 000个活产婴儿在出生第一年内的死亡数。

infantile amnesia (p. 164) 婴儿期失忆症　大多数年长儿童和成年人记不起2~3岁以前的事情。

information processing (p. 19) 信息加工　一种发展观，把人的心理看作一个信息流动的符号操作系统，把认知发展看作一个连续的过程。

inhibited, or shy, children (p. 191) 抑制型儿童或害羞儿童　对新异刺激反应消极、表现退缩的儿童。另见 uninhibited, or sociable, children 非抑制型儿童或善交际儿童。

initiative versus guilt (p. 258) 主动性对内疚感　埃里克森理论中幼儿期的心理冲突。如果儿童在同伴游戏中培养主动性，形成不过分严格的超我或良心以及内疚感，这一冲突就能顺利得到解决。

insecure-avoidant attachment (p. 198) 回避型不安全依恋　一种依恋模式，妈妈在时婴儿似乎漠不关心。妈妈离开时，婴儿也不伤心，他们对陌生人的反应与对妈妈的反应大体相同。重聚时，他们回避妈妈，或者缓慢地走近妈妈。另见 secure attachment 安全型依恋；insecure-resistant attachment 拒绝型不安全依恋；disorganized/disoriented attachment 混乱型依恋。

insecure-resistant attachment (p. 198) 拒绝型不安全依恋　一种依恋模式，分离前，这些婴儿寻求与妈妈的亲近，常常停止探索。妈妈离开时，他们会大哭，妈妈返回时，他们又表现出生气、拒绝和抵抗行为。另见 secure attachment 安全型依恋；insecure-avoidant attachment 回避型不安全依恋；disorganized/disoriented attachment 混乱型依恋。

instrumental activities of daily living (IADLs) (p. 573) 工具性日常生活活动　需要一定的行为和认知能力才能处理的日常生活事务，如打电话、购物、做饭、打扫房间、支付账单等。

intelligence quotient (IQ) (p. 169) 智力商数　个体在一项智力测验中的得分除以同龄个体平均分所得的商。

intentional, or goal-directed behavior (p. 152) 有意或指向目标的行为　有意地协调图式来解决问题的行为。

interactional synchrony (p. 200) 同步互动　一种亲子交往形式，养育者对婴儿发出的信号做出及时、有节奏、恰当的反应，双方的情绪状态，尤其是积极情绪状态相匹配。

intermodal perception (p. 143) 联合知觉　把光、声、触、味、嗅等多形态的信息知觉为一个整体。

internal working model (p. 197) 内部心理作用模型　对依恋对象的存在和遇到压力时他们能提供支持的预期，是人格的重要组成部分，指导着未来的所有亲密关系。

intimacy versus isolation (p. 476) 亲密对孤独　埃里克森理论中成年早期的心理冲突，要顺利解决这一冲突，年轻人必须放弃某些独立性，长期投身于亲密而满意的友谊关系。

irreversibility (p. 230) 不可逆性　不能从心理上通过问题的各个步骤，再以相反方向回到出发点。另见 reversibility 可逆性。

J

joint attention (p. 176) 共同注意　儿童和养育者关注同样的客体和事件的状态，养育者通常给注意对象命名，对婴儿语言发展起重要作用。

K

kinkeeper (p. 552) 亲情维系者　三代人家庭中，中间一代，尤其是母亲承担的角色，负责把家人聚在一起庆祝节日，确保家人之间保持联系。

kinship studies (p. 67) 血亲研究　把不同血亲水平的家庭成员的特征进行比较以探索遗传对人的复杂特征的重要性。

kwashiorkor (p. 129) 恶性营养不良　摄入蛋白质过低和饮食不均衡所致的疾病，通常发生在1~3岁，断奶后出现。症状包括腹部肿大、脚肿、脱发、皮疹和易怒、行为无精打采。

L

language acquisition device (LAD) (p. 174) 语言获得装置　乔姆斯基提出的一个与生俱来的、包含一套普遍适用的语法或适合所有语言的规则系统，它使儿童无论听到的是何种语言，只要积累足够多的词，都能以符合语法规则的方式听懂别人说话并自己说话。

lanugo (p. 79) 胎毛　胎儿身上的白色绒毛，可帮助胎儿皮脂贴紧皮肤。

lateralization (p. 121) 单侧化　大脑皮层两个半球机能的专门化。

learned helplessness (p. 339) 习得性无助感　一种成就归因方式，把成功归因于运气等外部因素，把失败归因于固定不变的能力低下，不能通过努力来改善。另见 mastery-oriented attributions 掌握－定向归因。

learning disabilities (p. 327) 学习能力低下　儿童在学习的一个或多个方面，通常是阅读，有很大困难，导致其成绩远低于根据智商做出的预期。

life-care communities (p. 623) 生活护理社区　为老年人提供的多种协助生活安排的住房选择：独立生活住宅、为身心失能的老年人提供个人护理的住宅，以及全面家庭护理住宅。可在同一建筑设施内满足各年龄的老年人的不同需求。

lifespan perspective (p. 7) 毕生发展观　一种发展的系统观，假设发展是持续终生的，是多维度、多方向的，是高度可塑的，发展受到多种相互作用的因素影响。

living will (p. 661) 生前预嘱 指明在患绝症、昏迷或其他濒临死亡情况下，自己希望的和不希望的治疗的书面声明。

longitudinal design (p. 35) 追踪设计 一种研究设计，对被研究者进行重复考察，发现随年龄增长发生的变化。另见 cross-sectional design 横断设计。

long-term memory (p. 161) 长时记忆 信息加工中人的永久性的、容量无限的知识库。

M

macrosystem (p. 24) 大环境系统 生态系统论中环境的最外层水平，由文化价值观、法律、习俗和资源组成，影响着个体的经验和内层各水平的互动。另见 microsystem 小环境系统；mesosystem 中环境系统；exosystem 外环境系统；chronosystem 时序系统。

macular degeneration (p. 575) 黄斑变性 视网膜中区出现黄斑使光敏细胞机能下降导致中央视觉区模糊，并逐渐丧失视觉。

make-believe play (p. 153) 假装游戏 儿童表演日常生活活动和想象活动的游戏类型。

marasmus (p. 129) 消瘦症 饮食中缺乏必需的营养物质所导致的身体耗竭状态，经常发生在 1 岁前，原因是母亲严重营养不良，没有足够的母乳，且人工喂养也不足。

mastery-oriented attributions (p. 339) 掌握－定向归因 一种成就归因方式，把成功归为可以通过努力获得的能力，并且可以凭借它来面对新挑战；把失败归为可以改变和控制的因素，比如努力不够或任务太难。另见 learned helplessness 习得性无助。

matters of personal choice (p. 272) 个人私事 个人选择朋友、发型、休闲活动等不侵犯别人的权利，完全由个人决定的事情。另见 moral imperatives 道德要求；social conventions 社会常规。

maximum lifespan (p. 572) 最长寿命 排除了外部危险因素的影响，由已知最长寿的人类个体死亡年龄确定的人类物种生命长度（年）的生物学极限。另见 average life expectancy 平均预期寿命；average healthy life expectancy 平均健康预期寿命。

medical aid-in-dying (p. 662) 临终医疗援助 应绝症患者的要求，医生提供致命剂量的药物，患者自行决定结束自己的生命。

meiosis (p. 45) 减数分裂 细胞分裂产生配子的过程，它使每个细胞中染色体数目减半。

memory strategies (p. 240) 记忆策略 有意识地提高记忆效果的心理活动。

menarche (p. 371) 初潮 第一次月经。

menopause (p. 510) 绝经 女性的月经停止，丧失生育能力。

mental representations (p. 152) 心理表征 大脑可操纵信息的内部描述，包括映像和概念。

mesosystem (p. 24) 中环境系统 生态系统论中环境的第二水平，个体所处的几个小环境之间的联系，或中介背景。另见 microsystem 小环境系统；exosystem 外环境系统；macrosystem 大环境系统；chronosystem 时序系统。

metacognition (p. 241) 元认知 对思维的思维，一种心理理论，或关于心理活动的系列性连贯想法。

methylation (p. 70) 甲基化 一种由特定经验引发的生化过程，其中，一组化合物（称为甲基）落在一个基因顶部，改变其影响，减弱或暂时中止其表达。

microsystem (p. 23) 小环境系统 生态系统论中最里层的环境水平，由个体在直接生活的环境中的各种活动和互动模式构成。另见 mesosystem 中环境系统；exosystem 外环境系统；macrosystem 大环境系统；chronosystem 时序系统。

midlife crisis (p. 542) 中年危机 在向中年期过渡时由重要的人格重构引发的自我怀疑和压力。只有少数成年人感受到这种危机。

mirror neurons (p. 132) 镜像神经元 灵长类动物大脑皮层的运动区域的一种特殊细胞，当灵长类动物听到、看到一个动作，或当它自己做这个动作时，其镜像神经元会发出相同的信号。可能是早期模仿能力的基础。

moral identity (p. 418) 道德同一性 道德在自我概念中处于核心地位的程度。

moral imperatives (p. 272) 道德要求 保障人们权益和福祉的规则和期望。另见 social conventions 社会常规；matters of personal choice 个人私事

mortality (p. 646) 死亡 个体进入永久死亡。另见 agonal phase 濒死期；clinical death 临床死亡。

mourning (p. 665) 哀悼 丧亲者用带有本文化特点的葬礼和其他仪式表达其思想和感情。

mutation (p. 49) 突变 一段 DNA 片段上突然发生但影响持久的变化。

myelination (p. 118) 髓鞘化 在神经纤维外面形成一层绝缘的、被称为髓鞘脂的保护层，可提高信息传递效率。

N

naturalistic observation (p. 28) 自然观察 一种研究方法，直接深入现场或自然环境中，记录所研究的行为。另见 structured observation 结构观察。

natural, or prepared childbirth (p. 95) 自然分娩或无痛分娩 一套分娩技术，目的在于减轻疼痛，减少医疗干预，尽可能使分娩成为一次有意义的体验。

nature–nurture controversy (p. 7) 天性－教养的争论 理论家关于遗传因素和环境因素哪个对发展更重要的争论。

neglected children (p. 347) 被忽视儿童 在自我报告的同伴接纳测量中很少被提名（无论好坏）的儿童。另见 popular children 受欢迎儿童；rejected children 被拒绝儿童；controversial children 有争议儿童。

Neonatal Behavioral Assessment Scale (NBAS) (p. 110) **新生儿行为评价量表** 一种测量工具，可对婴儿的反射、肌肉力量、状态变化、对生理和社会刺激的反应及其他反应进行评价。

neural tube (p. 78) **神经管** 胚胎期从外胚层发育而成的最初的脊髓，其顶部将逐渐膨大形成大脑。

neurofibrillary tangles (p. 588) **神经原纤维缠结** 一种与阿尔茨海默病相关的大脑皮层结构变化，神经结构遭到破坏导致神经原纤维缠绕成簇，其中包含一种称为 τ 蛋白的异常蛋白。

neurons (p. 117) **神经元** 存储和传递信息的神经细胞。

neurotransmitters (p. 117) **神经递质** 连接神经元、通过突触传递信息的化学物质。

niche-picking (p. 69) **小环境选择** 遗传与环境相互关系的一种形式，个体主动选择适合于自己遗传特征的环境的倾向。

nonnormative influences (p. 10) **非常规的影响** 影响人的毕生发展的一些不规律事件，只发生在一个或少数人身上，并且不遵循一个可预测的时间表。

non-rapid-eye-movement (NREM) sleep (p. 104) **非快速眼动睡眠** 一种规则睡眠状态，婴儿身体几乎是静止的，心律、呼吸和脑电波活动缓慢而有规律。另见 rapid-eye-movement (REM) sleep 快速眼动睡眠。

nonsocial activity (p. 263) **非社交活动** 幼儿无所事事、旁观行为和单独玩的游戏活动。另见 parallel play 平行游戏；associative play 联合游戏；cooperative play 合作游戏。

normal distribution (p. 169) **正态分布** 研究者在大样本中测量个体差异时所产生的钟形分布，多数人的分数落在平均数附近，少数人的分数落在两端。

normative approach (p. 14) **常模法** 对大量个体的行为进行测量，计算出各个年龄的平均数，来代表每个年龄段的典型发展。

O

obesity (p. 295) **肥胖症** 根据身体质量指数（体重与身高比，BMI），体重超出正常体重 20%。

object permanence (p. 152) **客体永存性** 对物体即使看不见也仍然存在的认识。

operant conditioning (p. 131) **操作条件作用** 一种学习形式，一个自发行为后面跟着一个刺激，这个刺激会改变该行为再次发生的概率。

ordinality (p. 244) **数序** 说明数与数量之间大小关系的数学原理。

organization (p. 150, p. 310) **组织** 皮亚杰理论术语，儿童对形成的新图式进行重组，把它们与其他图式相联系，形成相互联结的认知体系。在信息加工中，把相关材料加以分组以提高回忆效果的记忆策略。

osteoarthritis (p. 585) **骨关节炎** 关节炎的一种，骨关节末端软骨因经常使用而磨损，导致肿胀、僵硬和失去灵活性。亦称"磨损和撕裂性关节炎"或"退行性关节疾病"。另见 rheumatoid arthritis 类风湿性关节炎。

osteoporosis (p. 519) **骨质疏松症** 随年轻增长而发生的严重的骨质流失，可大大增加骨折风险。

overextension (p. 177) **外延扩大** 幼儿期的词汇使用错误，使用词语时超出适当范围的物体和事件。另见 underextension 外延缩小。

overregularization (p. 251) **过度泛化** 把正常语法规则错误地扩展到一些特殊用法的词上。

P

palliative, or comfort, care (p. 658) **姑息护理或缓解护理** 对绝症患者的护理，主要是减轻疼痛和其他症状（恶心、呼吸困难、失眠和抑郁），以保证患者剩余生命的质量，而不是延长生命。

parallel play (p. 263) **平行游戏** 一种有限的社交参与形式，儿童在同伴旁边玩相似的玩具，但并不想影响别人。另见 nonsocial activity 非社交活动；associative play 联合游戏；cooperative play 合作游戏。

partial fetal alcohol syndrome (p-FAS) (p. 84) **胎儿部分酒精综合征** 胎儿酒精谱系障碍的一种形式，特征是面部异常和脑损伤，但比胎儿酒精综合征轻。通常会影响母亲在怀孕期间少量饮酒的胎儿。另见 fetal alcohol syndrome (FAS) 胎儿酒精综合征；alcohol-related neurodevelopmental disorder (ARND) 酒精相关神经发育障碍。

passionate love (p. 479) **激情的爱** 在巨大的性吸引力基础上的爱情。另见 companionate love 陪伴的爱；compassionate love 仁慈的爱。

peer acceptance (p. 347) **同伴接纳** 儿童被同班同学视为一个有价值的社交伙伴而受喜爱的程度。

peer groups (p. 346) **同伴群体** 具有独特的价值观、行为标准以及领导者与追随者的社会结构的同伴集体。

peer victimization (p. 349) **同伴欺负** 一种破坏性的同伴互动形式，其中某些儿童经常成为言语和身体攻击或其他形式虐待的目标。

perceptual narrowing effect (p. 139) **知觉收窄效应** 知觉敏感度随年龄增长越来越适应最常接触的信息。

permissive child-rearing style (p. 283) **放任型教养方式** 父母对子女疼爱、接纳但不介入，低控制，过分放纵或忽视，给予孩子过多的自主性。另见 authoritative child-rearing style 权威型教养方式；authoritarian child-rearing style 专制型教养方式；uninvolved child-rearing style 不过问型教养方式。

persistent vegetative state (p. 647) **持续性植物人状态** 大脑皮层已无脑电活动，但脑干仍有脑电活动，已丧失意识，无自主运动。

personal fable (p. 392) **个人神话** 青少年相信别人都在看着他们、评价他们，使他们夸大了自己的重要性。

person-environment fit (p. 616) **人与环境适配性** 把老年人的能力和生活环境需求进行良好匹配，旨在促进适应性行为和心理健康。

person praise (p. 339) 个人表扬　强调儿童特质的表扬（"你真聪明！"）。另见 process praise 过程表扬。

phenotypes (p. 43) 表型　可直接观察到的个体生理和行为特征，由遗传和环境因素共同决定。另见 genotype 基因型。

phobia (p. 358) 恐惧症　一种强烈的、难以控制的恐惧，可导致对恐惧情境的持续回避。

phonics approach (p. 313) 语音法　开始阅读指导的一种方法，强调儿童应先接受语音训练，这是把书面文字转换成声音的基本规则。等儿童掌握了这些技能之后，再给他们复杂的阅读材料。另见 whole-language approach 整体语言法。

phonological awareness (p. 244) 语音意识　对语音做出反应并掌握口语声音结构的能力，表现为对单词声音变化、韵律和错误发音的敏感性，可以有力地预测读写知识和后来的阅读和拼写成绩。

physical aggression (p. 272) 身体攻击　通过对别人的身体伤害或毁坏财物来伤害别人。另见 verbal aggression 言语攻击；relational aggression 关系攻击。

pituitary gland (p. 219) 垂体　位于大脑底部的腺体，通过分泌激素促进身体成长。

placenta (p. 78) 胎盘　把母亲和胚胎的血液相连接的器官，可向发育中的生命体提供养料和氧，并将废物排出，同时也能防止母亲和胚胎的血液直接混合。

plasticity (p. 7) 可塑性　发展在重要经验影响下发生改变的可能性。

polygenic inheritance (p. 50) 多基因遗传　多个基因影响一个特征的遗传方式。

popular-antisocial children (p. 348) 受欢迎－反社会型儿童　受欢迎儿童的一个亚群，包括："恶棍"男孩，他们体育能力强但学习差，经常惹麻烦，不听从成人权威；关系攻击型男孩和女孩，他们常采用忽视、排他和散播别人谣言的方式来提高自己的地位。另见 popular-prosocial children 受欢迎－亲社会型儿童。

popular children (p. 347) 受欢迎儿童　在同伴接纳自我报告测量中得到许多肯定票、表明他们非常被喜欢的儿童。另见 rejected children 被拒绝儿童；controversial children 有争议儿童；neglected children 被忽视儿童。

popular-prosocial children (p. 348) 受欢迎－亲社会型儿童　受欢迎儿童的一个亚群，他们的学习和社交能力都强，既被喜欢，又被钦佩。另见 popular-antisocial children 受欢迎－反社会型儿童。

positivity effect (p. 611) 积极情感　老年人的情感优势，与年轻人相比，他们选择性地关注和回忆积极情感信息，避开消极信息。

possible selves (p. 544) 可能的自我　时间维度上的自我概念，关于一个人希望将来变成什么样、不愿变成什么样的表征。

postconventional level (p. 415) 后习俗水平　科尔伯格道德推理发展的最高水平，个体把道德定义为放之四海而皆准的抽象原则和价值观。

postformal thought (p. 456) 后形式思维　皮亚杰的形式运算阶段之后的认知发展阶段。

practical problem solving (p. 530) 实际问题解决　对现实情境做出评价，并分析怎样最好地实现高度不确定的目标。

pragmatics (p. 252) 语用　语言的应用的、社会的一面，涉及个体怎样和别人进行有效、适当的交流。

pragmatic thought (p. 458) 实用性思维　拉伯威－维夫的理论术语，成年期特有的思维结构，逻辑成为解决现实世界问题的工具，不一致性被认为是存在的一部分。

preconventional level (p. 414) 前习俗水平　科尔伯格道德推理发展的第一种水平，儿童接受权威人物的规则，根据后果对行为做出判断。受到惩罚的行为就是坏行为，受到表扬的行为就是好行为。

prefrontal cortex (p. 120) 前额皮层　大脑皮层的一个区域，位于控制身体运动的脑区的前方，负责复杂的思维，尤其是意识、冲动抑制、信息整合、记忆、推理、计划和问题解决。

prenatal diagnostic methods (p. 53) 孕期诊断法　在出生之前查出发育问题的医疗程序。

preoperational stage (p. 227) 前运算阶段　皮亚杰认知发展的第二阶段，2～7 岁儿童的表征或符号活动急剧增加但思维仍是非逻辑的。

presbycusis (p. 509) 老年性耳聋　由年老造成的听力退化，50 岁左右对高频音的听力快速降低，此后逐渐扩大到所有频率。

presbyopia (p. 508) 远视眼　俗称"老花眼"，60 岁左右，眼睛的晶状体失去适应远近不同的物体的能力。

preterm infants (p. 98) 早产儿　在预产期前几周或更早出生的新生儿。

primary aging (p. 585) 初级衰老　在遗传影响下，器官和系统机能随年龄的退化，会影响所有人，包括健康状况良好的人。亦称生物学老化。另见 secondary aging 次级衰老。

primary sexual characteristics (p. 371) 第一性征　涉及生殖器（女性的卵巢、子宫和阴道，男性的阴茎、阴囊和睾丸）的身体特征。另见 secondary sexual characteristics 第二性征。

private speech (p. 234) 个人言语　儿童用于计划和指导自己行为的自我导向的言语。

proactive aggression (p. 272) 主动攻击　一种攻击行为，儿童以此来满足自己的需要或欲望：获得物品、特权、空间或社会奖励，如成人或同伴的关注。为此，他们通过非情绪化地攻击他人来实现自己的目的。亦称工具性攻击。另见 reactive aggression 反应性攻击。

problem-centered coping (p. 342) 问题中心应对　一种控制情绪的策略，把情境看作是可变的，先查明存在的困难，再决定怎么办。另见 emotion-centered coping 情绪中心应对。

process praise (p. 339) 过程表扬　强调行为和努力（"你把它弄明白了！"）。另见 person praise 个人表扬。

programmed cell death (p. 118) 程序化的细胞死亡　大脑发育的一个进程，为了给互相连接的神经结构腾出空间，随着突触的形成，周围的很多神经元死亡。

Project Head Start (p. 246) 启智计划　美国联邦政府资助的影响最广泛的学前教育项目，为低社经地位的儿童提供一年或两年的学前教育及营养保健服务，并鼓励家长参与儿童的学习和发展。

propositional thought (p. 389) 命题思维　形式运算推理的一种类型，青少年不需要参照真实世界中的情境就能够判断命题（语言论断）的逻辑性。

prosocial, or altruistic, behavior (p. 262) 亲社会行为或利他行为　给别人带来利益，但不图回报的行为。

prospective memory (p. 598) 前瞻记忆　对未来计划要做的事情的记忆。

protein-coding genes (p. 44) 蛋白质编码基因　通过向细胞核周围的细胞质发送指令，合成各种蛋白质，从而直接影响人的身体特征的基因。

proximodistal trend (p. 117) 近远趋势　身体发育遵循从中心向外周（"从近到远"）发展的顺序。另见 cephalocaudal trend 头尾趋势。

psychoanalytic perspective (p. 14) 精神分析观点　弗洛伊德的人格发展理论，认为人必须经历几个阶段，每个阶段都要面临生物内驱力和社会期望之间的冲突。这些冲突的解决方式将决定人的学习能力、与人相处的能力和应对焦虑的能力。

psychological control (p. 283) 心理控制　父母侵入并操纵孩子的言语表达、个性和对父母的依恋的教育方式。

psychosexual theory (p. 14) 心理性欲理论　弗洛伊德的理论，认为在儿童出生后的前几年里，父母怎样对待其性驱力和攻击驱力，对健康人格的发展至关重要。

psychosocial theory (p. 15) 心理社会理论　埃里克森的理论，认为在弗洛伊德所说的每个阶段，个体不仅形成独特人格，而且还获得使他们成为积极的、对社会有贡献的成员的态度和技能。该理论承认毕生发展的特性。

puberty (p. 367) 青春期　青少年期的生理变化导致成人般的体型和性成熟。

public policies (p. 64) 公共政策　为改善当前生活条件而制定的法律和政府计划。

punishment (p. 131) 惩罚　在操作条件作用中，通过移除期望的刺激物或呈现不愉快的刺激物，降低行为出现的概率。

R

random assignment (p. 33) 随机分配　在实验中把被试分配到不同处理组的无偏程序，具体办法如抓阄、掷硬币、使用随机数字表等，它使各组被试的个人特征达到基本平衡。

rapid-eye-movement (REM) sleep (p. 104) 快速眼动睡眠　一种不规则睡眠状态，脑电波活动与清醒状态下非常类似。另见 non-rapid-eye-movement (NREM) sleep 非快速眼动睡眠。

reactive aggression (p. 272) 反应性攻击　对挑衅者或妨碍自己目标的愤怒的防御反应，意在伤害另一个人。亦称敌意攻击。另见 proactive aggression 主动攻击。

realistic period (p. 462) 现实期　职业发展的一个时期，20 岁前后的年轻人关注职业分类，然后确定一个职业。另见 fantasy period 幻想期；tentative period 尝试期。

recall (p. 163) 回忆　一种记忆类型，记起不在眼前的某些东西。另见 recognition 再认。

recasts (p. 252) 改正　成人把儿童言语中不正确的句子改正确的做法。另见 expansions 扩展。

recognition (p. 163) 再认　一种记忆类型，当一个刺激与以前经历过的刺激相同或相似时，能认出来。另见 recall 回忆。

recovery (p. 131) 反应恢复　在习惯化之后，新刺激物出现使反应性恢复到较高水平。

recursive thought (p. 312) 递归思维　同时推断两个或更多的人在想什么的观点采纳形式。

referential style of language learning (p. 178) 指代型方式　所用词汇主要由指代物体的词语组成的语言学习方式。另见 expressive style of language learning 表达型方式。

reflex (p. 101) 反射　对某种特定刺激做出的与生俱来的、无意识的反应。

regulator genes (p. 44) 调控基因　能够修改蛋白质编码基因发出的指令、使其遗传影响复杂化的基因。

rehearsal (p. 310) 复述　在自己心中不断重复要记住的材料的记忆方法。

reinforcer (p. 131) 强化物　操作条件作用中，可增加行为出现概率的刺激物。

rejected-aggressive children (p. 348) 被拒绝－攻击型儿童　被拒绝儿童的一个亚群，表现出很多冲突、身体和关系攻击以及过度活跃、缺乏注意和冲动行为。另见 rejected-withdrawn children 被拒绝－退缩型儿童。

rejected children (p. 347) 被拒绝儿童　在同伴接纳自我报告测量中得到很多否定票、表明不被同伴喜欢的儿童。另见 popular children 受欢迎儿童；controversial children 有争议儿童；neglected children 被忽视儿童。

rejected-withdrawn children (p. 348) 被拒绝－退缩型儿童　被拒绝儿童的一个亚群，被动而不善交际的儿童。另见 rejected-aggressive children 被拒绝－攻击型儿童。

relational aggression (p. 272) 关系攻击　攻击的一种形式，通过社会排斥、散布流言或挑拨离间来破坏别人的同伴关系。另见 physical aggression 身体攻击；verbal aggression 言语攻击）

relativistic thinking (p. 457) 相对论思维　佩里理论中高年级大学生的思维形式，认为所有知识都处于特定的思维框架中。不存在绝对真理，真理具有多元性，且只是相对于其背景而成立的。另见 dualistic thinking 二元论思维。

reminiscence (p. 612) 怀旧　讲述自己过去经历过的人和事，并说出相关的思想和情感。

reminiscence bump (p. 597) 怀旧高峰　老年人回忆起的长久事件大多发生在 10～30 岁。

remote memory (p. 597) 长久记忆　对很久以前事情的记忆。

resilience (p. 10) 复原力　有效地应对发展中遇到的逆境的能力。

reticular formation (p. 218) 网状结构　脑干中用来保持警觉和意识的结构。

reversibility (p. 304) 可逆性　从心理上逐步思考问题的各个步骤，再以相反方向回到出发点的能力。另见 irreversibility 不可逆性。

rheumatoid arthritis (p. 585) 类风湿性关节炎　关节炎的一种类型。自体免疫反应导致结缔组织，尤其是连接关节的骨膜发炎，造成全身疼痛、发炎和僵硬，导致关节变形，丧失活动能力。另见 osteoarthritis 骨关节炎。

Rh factor incompatibility (p. 89) Rh 血型不相容　胎儿血液中有 Rh 蛋白而母亲的血液中没有，导致母亲产生对 Rh 蛋白的抗体。这些抗体进入胎儿体内，会破坏红细胞，减少器官和组织的氧气供应，可导致智力残疾、流产、心脏损伤和婴儿死亡。

rough-and-tumble play (p. 302) 嬉闹游戏　幼儿期的一种同伴互动，表现为友好的追逐和嬉戏打闹，在小学期达到顶峰。在人类进化过程中，它对战斗技能的学习发挥过重要作用。

S

sandwich generation (p. 555) 三明治一代　描述必须同时照顾上下几代人的中年一代的术语。

scaffolding (p. 235) 搭建脚手架　教学者根据学习者当前的表现水平，调整在教学过程中提供的支持，以适应学习者的能力。随着能力的提高，教学者逐渐而敏感地撤回支持，把责任移交给学习者。

scale errors (p. 207) 比例尺错误　学步儿试图做以他们的体型无法做到的事情。如试着穿洋娃娃的衣服，坐在洋娃娃大小的椅子上，或者想走过对他们来说太窄而无法通过的门口。

schemes (p. 150) 图式　皮亚杰理论术语，个体思维的基本单元，随年龄而变化、使经验变得有意义的组织形式。

script (p. 240) 剧本　对特定情况下发生的事情和发生时间的一般描述，用于组织和解释日常经验。

secondary aging (p. 585) 次级衰老　由遗传缺陷和不良环境影响导致的衰老，如不良饮食习惯、缺乏锻炼、疾病、致瘾物滥用、环境污染和心理压力等。另见 primary aging 初级衰老。

secondary friends (p. 631) 次要朋友　不算亲密但偶尔花时间一起相处的人，例如会一起吃午饭、打桥牌或参观博物馆的人。

secondary sexual characteristics (p. 371) 第二性征　性成熟导致的不涉及性器官的外在特征，如女性乳房发育，男性和女性出现腋毛和阴毛。另见 primary sexual characteristics 第一性征。

secular trend (p. 373) 时代渐进趋势　从一代到下一代身体发育出现的变化，如身高、体重和青春期到来时间。

secure attachment (p. 198) 安全型依恋　一种依恋模式，婴儿把妈妈作为安全基地。分离时，他们可能哭，也可能不哭，哭是因为他们更愿意与妈妈而不是与陌生人待在一起。妈妈返回时，他们很容易被安抚。另见 insecure-avoidant attachment 回避型不安全依恋；insecure-resistant attachment 拒绝型不安全依恋；disorganized/disoriented attachment 混乱型依恋。

secure base (p. 186) 安全基地　婴儿把熟悉的养育者作为探索周围环境的出发点，然后又返回来寻求情感支持。

selective optimization with compensation (p. 595) 选择性最优化补偿　可使老年人保持较高机能的策略，例如降低目标，选择对个人有价值的活动，以求最优化地（最大化地）恢复其衰退的能力，以及补偿衰退的新方法。

self-care children (p. 351) 自我照管儿童　放学后的一段时间无成人照管、自己照顾自己的儿童。

self-concept (p. 258) 自我概念　个体认为能够定义自己是什么样的人的一系列特点、能力、态度和价值观。

self-conscious emotions (p. 188) 自我意识的情感　人的可能损害或增强自我感的较高层次的情感，如内疚、羞愧、尴尬、嫉妒和自豪。

self-esteem (p. 260) 自尊　自我概念的一个方面，人对自我价值做出的判断及与这些判断有关的感受。

self-recognition (p. 207) 自我辨认　知道自己身体是与众不同的唯一存在。

semantic memory (p. 240) 语义记忆　在记忆清单式材料时，人们回忆的是独立的片段，即脱离原来的学习场景、成为个人知识库一部分的信息。另见 episodic memory 情节记忆。

sensitive caregiving (p. 200) 敏感的养育　对婴儿做出迅速、一致、恰当的反应，温柔地抱着孩子且照顾周到。

sensitive period (p. 21) 敏感期　生物学意义上特定能力出现的最佳时期。在此期间，个体对环境影响非常敏感。如果错过敏感期，发展仍可以在以后发生，但难度会加大。

sensorimotor stage (p. 152) 感觉运动阶段　皮亚杰理论中认知发展的第一阶段，跨越生命的前两年。婴儿和学步儿用眼、耳、手和其他感官进行

"思维"。

sensory register (p. 160) **感觉登记** 信息加工系统的一部分，光和声在此被直接表征并被暂时存储。

separation anxiety (p. 197) **分离焦虑** 婴儿在他们信任的养育者离开时会变得烦躁不安。

sequential designs (p. 36) **系列设计** 一种发展研究设计，在不同时间进行几个相似而系列性的横断研究和追踪研究，并对两种研究结果进行综合分析。

seriation (p. 304) **排序** 按某个数量维度，如长度或重量，对物体按顺序排列的能力。

sex chromosomes (p. 45) **性染色体** 人的第 23 对染色体，决定人的性别，女性的性染色体为 XX，男性为 XY。

short-term memory store (p. 160) **短时记忆存储** 人的心理系统中被注意并短暂存储、可用于进一步加工的信息。

skipped-generation family (p. 554) **隔代家庭** 孙辈和祖辈住在一起而和父母分开住的家庭。

sleep apnea (p. 577) **睡眠窒息** 一种在睡眠中呼吸暂停 10 秒钟或更长时间的症状，可造成多次短暂的夜醒。

slow-to-warm-up child (p. 190) **慢热儿童** 儿童的气质类型，表现为不活跃，对环境刺激的反应温和而抑制；心态消极，对新经验适应慢。另见 easy child 易照养儿童；difficult child 难照养儿童。

small-for-date infants (p. 98) **小于胎龄儿** 出生时的实际体重低于所处胎龄预期体重的产儿，其中有些已足月，另一些是体重特别低的早产儿。

social clock (p. 467) **社会钟** 社会对某年龄应该发生哪些重要生活事件的预期，比如参加工作、结婚、生第一个孩子、买房和退休。

social comparisons (p. 336) **社会比较** 把自己的外貌、能力和行为与别人相比后做出的判断。

social-constructivist classroom (p. 325) **社会建构主义课堂** 以维果茨基的社会文化理论为基础的课堂，儿童与老师、同学一起参与各种具有挑战性的活动，与他们共同建构对问题的理解。另见 traditional classroom 传统课堂；constructivist classroom 建构主义课堂。

social conventions (p. 272) **社会常规** 社会大多数人约定俗成的习惯，如餐桌礼仪和日常礼貌。另见 moral imperatives 道德要求；matters of personal choice 个人私事。

social convoy (p. 625) **社会护航** 人的社交网络随年龄而发生的变化。人是在一些关系的围绕下走完一生的。位于里圈的是最密切的关系，关系不太密切的人则在外围。随着年龄增长，护航的位置会发生变化，有新关系加进来，也有些关系会中断。

social learning theory (p. 17) **社会学习理论** 强调社会对学习影响的理论，认为榜样、模仿、观察学习是发展的强大动力。

social referencing (p. 188) **社交参照** 面对不确定情境时主动地从可信赖的人那里寻求情绪信息。

social smile (p. 185) **社交微笑** 6~10 周的婴儿和父母交流时的咧嘴微笑。

sociocultural theory (p. 22) **社会文化理论** 维果茨基的理论，认为儿童通过社交互动，尤其是与更有知识的社会成员的对话，学习到符合所在社会文化的思维和行为。

sociodramatic play (p. 228) **社会剧游戏** 儿童在 2 岁左右产生并在幼儿期迅速变复杂的模仿社会情境的假装游戏。

socioeconomic status (SES) (p. 58) **社会经济地位** 衡量个人或家庭的社会地位和经济状况的指标，包括三个相关但又不完全重叠的变量：受教育年限、个人职业声望和职业技能以及家庭收入。

socioemotional selectivity theory (p. 620) **社会情感选择理论** 一种关于衰老的社会学理论，认为老年期的社会交往延续了毕生选择过程。老年人越来越重视社会交往中的情绪调节机能，更喜欢已经建立密切关系的熟悉伙伴。

spermarche (p. 372) **遗精** 初次射精。

stage (p. 6) **阶段** 发展的特定时期，其间思维、情感及行为会发生质变。

standardization (p. 169) **标准化** 对代表性好的大样本施测，把测试结果作为标准对其他人的分数进行衡量。

states of arousal (p. 108) **唤醒状态** 睡眠和觉醒的程度。

statistical learning capacity (p. 138) **统计学习能力** 通过分析语音流的模式，即重复出现的声音序列，婴儿在 1 岁左右开始说话之前，就习得了对今后学习有用的言语结构。

stereotype threat (p. 320) **成见威胁** 害怕被别人根据成见做出判断，会引发焦虑，影响学习成绩。

stranger anxiety (p. 186) **陌生人焦虑** 婴儿 6 个月及以后，见到不熟悉的成人时表现出的恐惧。

strange situation (p. 197) **陌生情境法** 一种实验室程序，通过观察婴儿在一个陌生游戏室中与养育者短暂分离和重聚的 8 个短暂情节的反应，来评估 1~2 岁婴儿的依恋特征。

structured interview (p. 30) **结构访谈** 一种访谈法，以相同方式向所有受访者提出相同的问题。另见 clinical interview 临床访谈。

structured observation (p. 28) **结构观察** 一种研究方法，研究者在实验室中设置一种情境，引发感兴趣的行为，并让每个参与者都有平等机会做出反应。另见 naturalistic observation 自然观察。

subcultures groups (p. 62) **亚文化群体** 拥有不同于主流文化的观念、习俗的人群。

successful aging (p. 637) **成功的晚年** 获得被最大化，丧失被最小化，从而使个人潜力得以发挥的晚年。

sudden infant death syndrome (SIDS) (p. 106) **婴儿猝死综合征** 发生在 1 岁以内婴儿身上的意外死亡，通常在夜间发生，虽经全面研究但仍未知其详。

sympathy (p. 263) **同情** 对别人困境的关心或悲伤。

synapses (p. 117) **突触** 神经元之间可传送化学信息的间隙。

synaptic pruning (p. 118) **突触修剪** 大脑中很少受到

刺激的神经元进入暂时沉寂状态，以支持未来的发展。

T

talent (p. 328) **天赋** 在某一特殊领域有杰出表现。

telegraphic speech (p. 177) **电报句** 学步儿说的双词句，像电报一样，只说内容含量高的词，而省略了细节和不重要的词。

telomeres (p. 438) **端粒** 位于染色体末端的一种特殊类型的 DNA，起着保护末端免受破坏的"帽子"作用，随着每次细胞复制而缩短。最终因端粒剩余太少，细胞根本不能再复制。

temperament (p. 190) **气质** 早期出现的在反应性（情绪唤醒、注意和动作的快慢强弱）和自我调节等方面的稳定特征。

tentative period (p. 462) **尝试期** 职业发展的一个时期，青少年开始根据兴趣、能力和价值观对自己的职业选择做出评价。另见 fantasy period 幻想期；realistic period 现实期。

teratogen (p. 81) **致畸物** 可能在妊娠期间造成损害的环境动因。

terminal decline (p. 601) **终极衰退** 死亡之前认知机能的急剧恶化。

thanatology (p. 645) **死亡学** 研究死亡和临终问题的跨学科领域。

theory (p. 5) **理论** 对行为进行描述、解释和预测的规律性、综合性的阐述。

theory of multiple intelligences (p. 316) **多元智力理论** 加德纳的理论，确定了八种独立的智能：语言智力、逻辑 - 数学智力、音乐智力、空间智力、身体运动知觉智力、自然智力、人际智力和个体内心智力，可根据个体从事各种被文化认同的活动来定义。

Third Age (p. 613) **第三年龄** 从 65 岁到 79 岁或更老的一个新的老年期阶段，长寿、良好的健康状况和收入，使这一阶段老年人追求更丰富的个人兴趣和目标。

thyroid-stimulating hormone (TSH) (p. 219) **促甲状腺激素** 促使颈部的甲状腺释放甲状腺素的垂体激素，它是大脑发育和生长激素对身体高矮发挥充分影响所必需的。

time out (p. 269) **暂停** 一种惩罚方式，让儿童离开当时的情境，直到他们愿意表现出适当行为。

traditional classroom (p. 324) **传统课堂** 教师是知识、规则和决策的唯一权威。学生比较被动地听讲，教师根据学生达到一套统一评分标准的情况对他们的进步做出评价。另见 constructivist classroom 建构主义课堂；social-constructivist classroom 社会建构主义课堂。

traditional marriage (p. 486) **传统型婚姻** 一种夫妻分工明确的婚姻形式。丈夫是一家之长，负责家庭的经济保障，妻子负责照顾孩子、做家务。另见 egalitarian marriage 平等主义婚姻。

transitive inference (p. 304) **传递推理** 从心理上按照某个数量维度对项目进行排序的能力。

triangular theory of love (p. 479) **爱情三角形理论** 斯滕伯格的爱情观，认为爱情包括亲密、激情和承诺三个要素，随着恋爱关系的发展，三种要素的侧重有所不同。

triarchic theory of successful intelligence (p. 316) **智力三元论** 斯滕伯格的理论，智力可分为三种相互作用的成分：分析智力、创造智力和实践智力。成功的智力须根据个人目标和文化的需要来平衡三种智力，在生活中获得成功。

trimesters (p. 79) **三月期** 孕期的三个相等的时间段，可划分孕期发育状况。

Type A behavior pattern (p. 519) **A 型行为模式** 一种行为模式，表现为很强的竞争性、高抱负，缺乏耐心、敌意、易怒、急切感、匆忙和时间压力感。

U

umbilical cord (p. 78) **脐带** 连接胎儿机体与胎盘、负责输送营养、排出废物的带状物。

unconditioned response (UCR) (p. 130) **非条件反应** 在经典条件作用中，由非条件刺激引发的反射反应。另见 conditioned respones 条件反应。

unconditioned stimulus (UCS) (p. 130) **非条件刺激** 在经典条件作用中，可引发一个非条件反应的刺激。另见 conditioned stimulus 条件刺激。

underextension (p. 177) **外延缩小** 学步儿刚学说话时，所使用的学过的词意义过窄的错误。另见 overextension 外延扩大。

uninhibited, or sociable, children (p. 191) **非抑制型儿童或善交际儿童** 儿童的气质类型，对新异物体和陌生人表现出积极情绪和趋近行为。另见 inhibited, or shy, children 抑制型儿童或害羞儿童。

uninvolved child-rearing style (p. 283) **不过问型教养方式** 一种儿童教养方式，表现为对子女低接纳、低介入、低控制，对自主性问题漠不关心。另见 authoritative child-rearing style 权威型教养方式；authoritarian child-rearing style 专制型教养方式；permissive child-rearing styles 放任型教养方式。

V

vascular dementia (p. 590) **血管性痴呆** 多次中风造成多个脑细胞死亡区，导致心理能力一步步地衰退，每中风一次，就发生一次衰退。

verbal aggression (p. 272) **言语攻击** 通过威胁要对其进行身体攻击、辱骂或敌视性取笑来伤害别人。另见 physical aggression 身体攻击；relational aggression 关系攻击。

vernix (p. 79) **胎儿皮脂** 一种像奶酪一样的白色物质，保护胎儿皮肤，防止在羊水中浸泡数月而发生皲裂。

video deficit effect (p. 157) **视频亏损效应** 学步儿在延迟模仿、单词学习和问题解决任务中观看视频后的表现不如观看现场演示后的表现。

violation-of-expectation method (p. 153) **违反预期法**

研究者先让婴儿对一个物理事件习惯化。然后给婴儿展示一个符合预期事件（合乎常理的事件），和一个违反预期事件（第一个事件的不合常理的变式）。如果婴儿高度注意违反预期事件，就表明婴儿因违背物理现实而感到"惊讶"，从而察觉到物理世界的那一方面。

visual acuity (p. 109) 视敏度　视觉分辨力的精细程度。

voluntary euthanasia (p. 664) 自愿安乐死　医生应病人的要求，以减轻痛苦为目的，主动地以无痛方式结束病人生命的做法。

W

whole-language approach (p. 313) 整体语言法　一种开始阅读指导的方法，让儿童接触完整的文本，使用完整、有意义的阅读材料，以促进对书面语言交流机能的理解。另见 phonics approach 语音法。

wisdom (p. 600) 智慧　由多种认知和人格特征构成、结合实践知识之广度和深度的能力。善于反思并运用已有知识，使生活更长久、更有价值；情感成熟，善于耐心、同情地倾听和提出合理建议；具有利他的创造力，致力于丰富他人生活，为人类做贡献。

working memory (p. 161) 工作记忆　对信息进行监控或操纵的同时，能在心里短暂记住的信息数量，是人从事日常活动的"心理工作岗位"，是短时记忆存储的现代概念。

X

X-linked inheritance (p. 48) X 连锁遗传　一种遗传模式，当一个有害等位基因位于 X 染色体上时，男性比女性更容易受影响。

Z

zone of proximal development (p. 166) 最近发展区　维果茨基理论中儿童不能独自完成，但能在更老练的同伴帮助下完成的任务的范围。

zygote (p. 45) 合子　精子和卵子结合形成的新细胞。

参考文献

A

Aalsma, M., Lapsley, D. K., & Flannery, D. J. (2006). Personal fables, narcissism, and adolescent adjustment. *Psychology in the Schools, 43,* 481–491.

Aarhus, L., Tambs, K., Kvestad, E., & Engdahl, B. (2015). Childhood otitis media: A cohort study with 30-year follow-up of hearing (the Hunt Study). *Ear and Hearing, 36,* 302–308.

AARP. (2015). *Caregiving in the U.S.* Washington, DC: AARP Public Policy Institute. Retrieved from www .aarp.org/content/dam/aarp/ppi/2015/caregiving-in -the-united-states-2015-report-revised.pdf

Abakoumkin, G., Stroebe, W., & Stroebe, M. (2010). Does relationship quality moderate the impact of marital bereavement on depressive symptoms? *Journal of Social and Clinical Psychology, 29,* 510–526.

Abbey, A., & Jacques-Tiura, A. J. (2011). Sexual assault perpetrators' tactics: Associations with their personal characteristics and aspects of the incident. *Journal of Interpersonal Violence, 26,* 2866–2889.

Abele, A. E. (2014). How gender influences objective career success and subjective career satisfaction: The impact of self-concept and of parenthood. In I. Schoon & J. S. Eccles (Eds.), *Gender differences in aspirations and attainment: A life course perspective* (pp. 412–426). New York: Cambridge University Press.

Abele, A. E., & Spurk, D. (2011). The dual impact of gender and the influence of timing of parenthood on men's and women's career development: Longitudinal findings. *International Journal of Behavioral Development, 35,* 225–232.

Aber, L., Brown, J. L., Jones, S. M., Berg, J., & Torrente, C. (2011). School-based strategies to prevent violence, trauma, and psychopathology: The challenges of going to scale. *Development and Psychopathology, 23,* 411–421.

Abner, K. S., Gordon, R. A., Kaestner, R., & Korenman, S. (2013). Does child-care quality mediate associations between type of care and development? *Journal of Marriage and Family, 75,* 1203–1217.

Aboud, F. E. (2008). A social-cognitive developmental theory of prejudice. In S. M. Quintana & C. McKown (Eds.), *Handbook of race, racism, and the developing child* (pp. 55–71). Hoboken, NJ: Wiley.

Aboud, F. E., & Brown, C. S. (2013). Positive and negative intergroup contact among children and its effect on attitudes. In G. Hodson & M. Hewstone (Eds.), *Advances in intergroup contact* (pp. 176–199). New York: Psychology Press.

Aboud, F. E., & Doyle, A. (1996). Parental and peer influences on children's racial attitudes. *International Journal of Intercultural Relations, 20,* 371–383.

Abo-Zena, M. M., & Barry, C. M. (2013). Religion and immigrant-origin youth: A resource and a challenge. *Research in Human Development, 10,* 353–371.

Acevedo, E. O. (2012). Exercise psychology: Understanding the mental health benefits of physical activity and the public health challenges of inactivity. In E. O. Acevedo (Ed.), *Oxford handbook of exercise psychology* (pp. 3–8). New York: Oxford University Press.

Achenbach, T. M., Howell, C. T., & Aoki, M. F. (1993). Nine-year outcome of the Vermont Intervention Program for low birth weight infants, *Pediatrics, 91,* 45–55.

Acker, M. M., & O'Leary, S. G. (1996). Inconsistency of mothers' feedback and toddlers' misbehavior and negative affect. *Journal of Abnormal Child Psychology, 24,* 703–714.

Ackerman, J. P., Riggins, T., & Black, M. M. (2010). A review of the effects of prenatal cocaine exposure among school-aged children. *Pediatrics, 125,* 554–565.

Adams, G. A., & Rau, B. L. (2011). Putting off tomorrow to do what you want today: Planning for retirement. *American Psychologist, 66,* 180–192.

Adams, K. B., Sanders, S., & Auth, E. A. (2004). Loneliness and depression in independent living retirement communities: Risk and resilience factors. *Aging and Mental Health, 8,* 475–485.

Adams, R. G., & Laursen, B. (2001). The organization and dynamics of adolescent conflict with parents and friends. *Journal of Marriage and the Family, 63,* 97–110.

Addati, L., Cassirer, N., & Gilchrist, K. (2014). *Maternity and paternity at work: Law and practice across the world.* Geneva, Switzerland: International Labour Organization.

Adelson, S. L. (2012). Practice parameter on gay, lesbian, or bisexual sexual orientation, gender nonconformity, and gender discordance in children and adolescents. *Journal of the American Academy of Child and Adolescent Psychiatry, 51,* 957–974.

Adelstein, S. J. (2014). Radiation risk. In S. T. Treves (Ed.), *Pediatric nuclear medicine and molecular imaging* (pp. 675–682). New York: Springer Science + Business.

Ades, P. A. (2015). A lifestyle program of exercise and weight loss is effective in preventing and treating type 2 diabetes mellitus: Why are programs not more available? *Preventive Medicine, 80,* 50–52.

Adhikari, B., Kahende, J., Malarcher, A., Pechacek, T., & Tong, V. (2009). Smoking-attributable mortality, years of potential life lost, and productivity losses. *Oncology Times, 31,* 40–43.

Adolph, K. E. (2008). Learning to move. *Current Directions in Psychological Science, 17,* 213–218.

Adolph, K. E., Cole, W. G., Komati, M., Garciaguirre, J. S., Badaly, D., Lingeman, J. M., et al. (2012). How do you learn to walk? Thousands of steps and hundreds of falls per day. *Psychological Science, 23,* 1387–1394.

Adolph, K. E., Karasik, L. B., & Tamis-LeMonda, C. S. (2010). Motor skill. In M. H. Bornstein (Ed.), *Handbook of cultural developmental science* (pp. 61–88). New York: Psychology Press.

Adolph, K. E., & Kretch, K. S. (2012). Infants on the edge: Beyond the visual cliff. In A. Slater & P. Quinn (Eds.), *Developmental psychology: Revisiting the classic studies* (pp. 36–55). London: Sage.

Adolph, K. E., Kretch, K. S., & LoBue, V. (2014). Fear of heights in infants? *Current Directions in Psychological Science, 23,* 60–66.

Adolph, K. E., & Robinson, S. R. (2013). The road to walking: What learning to walk tells us about development. In P. Zelazo (Ed.), *Oxford handbook of developmental psychology* (pp. 403–443). New York: Oxford University Press.

Adolph, K. E., & Robinson, S. R. (2015). Perceptual development. In L. S. Liben & U. Müller (Eds.), *Handbook of child psychology and developmental science: Vol. 2. Cognitive processes* (7th ed., pp. 113–157). Hoboken, NJ: Wiley.

Adolph, K. E., Tamis-LeMonda, C. S., Ishak, S., Karasik, L. B., & Lobo, S. A. (2008). Locomotor experience and use of social information are posture specific. *Developmental Psychology, 44,* 1705–1714.

Adolphs, R. (2010). What does the amygdala contribute to social cognition? *Annals of the New York Academy of Sciences, 119,* 42–61.

Afifi, T. O., Mota, M., MacMillan, H. L., & Sareen, J. (2013). Harsh physical punishment in childhood and adult physical health. *Pediatrics, 132,* e333–e340.

Agarwal, S., Driscoll, J. C., Gabaix, X., & Laibson, D. (2007). *The age of reason: Financial decisions over the lifecycle* (NBER Working Paper No. 13191). Cambridge, MA: National Bureau of Economic Research. Retrieved from www.nber.org/papers/ w13191

Agigoroaei, S. (2016). Physical health and social class. In S. K. Whitbourne (Ed.), *Encyclopedia of adulthood and aging* (Vol. 3, pp. 1085–1088). Malden, MA: Wiley Blackwell.

Agree, E. M. (2014). The potential for technology to enhance independence for those aging with a disability. *Disability and Health Journal, 7,* S33–S39.

Agronick, G., Stueve, A., Vargo, S., & O'Donnell, L. (2007). New York City young adults' psychological reactions to 9/11: Findings from the Reach for Health longitudinal study. *American Journal of Community Psychology, 39,* 79–90.

Aguiar, A., & Baillargeon, R. (2002). Developments in young infants' reasoning about occluded objects. *Cognitive Psychology, 45,* 267–336.

Ahmadlou, M., Gharib, M., Hemmti, S., Vameghi, R., & Sajedi, F. (2013). Disrupted small-world brain network in children with Down syndrome. *Clinical Neurophysiology, 124,* 1755–1764.

Ahola, K., & Hakanen, J. (2014). Burnout and health. In M. P. Leiter, A. B. Bakker, & C. Maslach (Eds.), *Burnout at work: A psychological perspective* (pp. 10–31). New York: Psychology Press.

Ahrens, C. J. C., & Ryff, C. D. (2006). Multiple roles and well-being: Sociodemographic and psychological moderators. *Sex Roles, 55,* 801–815.

Ai, A. L., Wink, P., & Ardelt, M. (2010). Spirituality and aging: A journey for meaning through deep interconnection in humanity. In J. C. Cavanaugh & C. K. Cavanaugh (Eds.), *Aging in America: Vol. 3. Societal issues* (pp. 222–246). Santa Barbara, CA: Praeger.

Aikens, J. W., Bierman, K. L., & Parker, J. G. (2005). Navigating the transition to junior high school: The influence of pre-transition friendship and self-system characteristics. *Social Development, 14,* 42–60.

Ainsworth, M. D. S., Blehar, M. C., Waters, E., & Wall, S. (1978). *Patterns of attachment.* Hillsdale, NJ: Erlbaum.

Ajrouch, K. J. (2007). Health disparities and Arab-American elders: Does intergenerational support buffer the inequality–health link? *Journal of Social Issues, 63,* 745–758.

Akers, A. Y., Gold, M. A., Bost, J. E., Adimore, A. A., Orr, D. P., & Fortenberry, J. D. (2011). Variation in sexual behaviors in a cohort of adolescent females: The role of personal, perceived peer, and perceived family attitudes. *Journal of Adolescent Health, 48,* 87–93.

Akolekar, R., Beta, J., Picciarelli, G., Ogilive, C., & D'Antonio, F. (2015). Procedure-related risk of miscarriage following amniocentesis and chorionic villus sampling: A systematic review and meta-analysis. *Ultrasound in Obstetrics and Gynecology, 45,* 16–26.

Akutagava-Martins, G. C., Salatino-Oliveira, A., Kieling, C. C., Rohde, L. A., & Hutz, M. H. (2013). Genetics of attention-deficit/hyperactivity disorder: Current findings and future directions. *Expert Review of Neurotherapeutics, 13,* 435–445.

Alati, R., Smith, G. D., Lewis, S. J., Sayal, K., Draper, E. S., Golding, J., et al. (2013). Effect of prenatal alcohol exposure on childhood academic outcomes: Contrasting maternal and paternal associations in the ALSPAC Study. *PLOS ONE, 8*(10), e74844.

Albareda-Castellot, B., Pons, F., & Sebastián-Gallés, N. (2010). The acquisition of phonetic categories in bilingual infants: New data from an anticipatory eye movement paradigm. *Developmental Science, 14,* 395–401.

Albers, C. A., & Grieve, A. J. (2007). Test review: Bayley, N. (2006). Bayley Scales of Infant and Toddler Development–Third Edition. San Antonio, TX: Harcourt Assessment. *Journal of Psychoeducational Assessment, 25,* 180–190.

Albert, D., Chein, J., & Steinberg, L. (2013). The teenage brain: Peer influences on adolescent decision making. *Current Directions in Psychological Science, 22,* 114–120.

Alberts, A., Elkind, D., & Ginsberg, S. (2007). The personal fable and risk-taking in early adolescence. *Journal of Youth and Adolescence, 36,* 71–76.

Aldridge, M. A., Stillman, R. D., & Bower, T. G. R. (2001). Newborn categorization of vowel-like sounds. *Developmental Science, 4,* 220–232.

Aldwin, C. M., & Yancura, L. (2011). Stress, coping, and adult development. In R. J. Contrada & A. A. Baum (Eds.), *Handbook of stress science: Biology, psychology, and health* (pp. 263–274). New York: Springer.

Aldwin, C. M., Yancura, L. A., & Boeninger, D. K. (2010). Coping across the life span. In M. E. Lamb, A. M. Freund, & R. M. Lerner (Eds.), *Handbook of life-span development: Vol. 2. Social and emotional development* (pp. 298–340). Hoboken, NJ: Wiley.

Alessandri, S. M., Sullivan, M. W., & Lewis, M. (1990). Violation of expectancy and frustration in early infancy. *Developmental Psychology, 26,* 738–744.

Alexander, J. M., Fabricius, W. V., Fleming, V. M., Zwahr, M., & Brown, S. A. (2003). The development of metacognitive causal explanations. *Learning and Individual Differences, 13,* 227–238.

Alfirevic, Z., Devane, D., & Gyte, G. M. L. (2013). Continuous cardiotocography (CTG) as a form of electronic fetal monitoring (EFM) for fetal assessment during labour. *Cochrane Database of Systematic Reviews,* Issue 5, Art. No.: CD006066.

Ali, L., & Scelfo, J. (2002, December 9). Choosing virginity. *Newsweek,* pp. 60–65.

Alink, L. R. A., Mesman, J., van Zeijl, J., Stolk, M. N., Juffer, F., & Koot, H. M. (2006). The early childhood aggression curve: Development of physical aggression in 10- to 50-month-old children. *Child Development, 77,* 954–966.

Alishaire, J. A., Beltrán-Sánchez, H., & Crimmins, E. M. (2015). Becoming centenarians: Disease and functioning trajectories of older U.S. adults as they survive to 100. *Journals of Gerontology, 70A,* 193–201.

Alkema, G. E., Wilber, K. H., & Enguidanos, S. M. (2007). Community- and facility-based care. In J. A. Blackburn & C. N. Dulmus (Eds.), *Handbook of gerontology: Evidence-based approaches to theory, practice, and policy* (pp. 455–497). Hoboken, NJ: Wiley.

Allely, C. S., Gillberg, C., & Wilson, P. (2014). Neurobiological abnormalities in the first few years of life in individuals later diagnosed with autism spectrum disorder: A review of recent data. *Behavioural Neurology.* Retrieved from www.hindawi.com/journals/bn/2014/210780

Allemand, M., Zimprich, D., & Martin, M. (2008). Long-term correlated change in personality traits in old age. *Psychology and Aging, 23,* 545–557.

Allen, J. P., Chango, J., Szwedo, D. E., Schad, M. M., & Marston, E. G. (2012). Predictors of susceptibility to peer influence regarding substance use in adolescence. *Child Development, 83,* 337–350.

Allen, J. P., & Loeb, E. L. (2015). The autonomy–connection challenge in adolescent–peer relationships. *Child Development Perspectives, 9,* 101–105.

Allen, J. P., & Philliber, S. (2001). Who benefits most from a broadly targeted prevention program? Differential efficacy across populations in the Teen Outreach Program. *Journal of Community Psychology, 29,* 637–655.

Allen, J. P., Philliber, S., Herrling, S., & Kuperminc, G. P. (1997). Preventing teen pregnancy and academic failure: Experimental evaluation of a developmentally based approach. *Child Development, 64,* 729–742.

Allen, S. E. M., & Crago, M. B. (1996). Early passive acquisition in Inukitut. *Journal of Child Language, 23,* 129–156.

Allison, B. N., & Schultz, J. B. (2004). Parent–adolescent conflict in early adolescence. *Adolescence, 39,* 101–119.

Alloway, T. P., Bibile, V., & Lau, G. (2013). Computerized working memory training: Can it lead to gains in cognitive skills in students? *Computers in Human Behavior, 29,* 632–638.

Alloway, T. P., Gathercole, S. E., Kirkwood, H., & Elliott, J. (2009). The cognitive and behavioral characteristics of children with low working memory. *Child Development, 80,* 606–621.

Almeida, D. M., & Horn, M. C. (2004). Is daily life more stressful during middle adulthood? In O. G. Brim, C. D. Ryff, & R. C. Kessler (Eds.), *How healthy are we? A national study of well-being at midlife* (pp. 425–451). Chicago: University of Chicago Press.

Alonso-Fernández, P., & De la Fuente, M. (2011). Role of the immune system in aging and longevity. *Current Aging Science, 4,* 78–100.

Alsaker, F. D. (1995). Timing of puberty and reactions to pubertal changes. In M. Rutter (Ed.), *Psychosocial disturbances in young people* (pp. 37–82). New York: Cambridge University Press.

Alterovitz, S. S. R., & Mendelsohn, G. A. (2013). Relationship goals of middle-aged, young–old, and old–old Internet daters: An analysis of online personal ads. *Journal of Aging Studies, 27,* 159–165.

Alzheimer's Association. (2016a). *2016 Alzheimer's disease facts and figures.* Retrieved from www.alz .org/documents_custom/2016-facts-and-figures.pdf

Alzheimer's Association. (2016b). *Communication and Alzheimer's.* Retrieved from www.alz.org/care/dementia-communication-tips.asp

Amato, P. R. (2010). Research on divorce: Continuing trends and new developments. *Journal of Marriage and Family, 72,* 650–666.

Amato, P. R. (2014). Tradition, commitment, and individualism in American marriages. *Psychological Inquiry, 25,* 42–46.

Amato, P. R., & Booth, A. (1995). Change in gender role attitudes and perceived marital quality. *American Sociological Review, 60,* 58–66.

Amato, P. R., & Dorius, C. (2010). Father, children, and divorce. In M. E. Lamb (Ed.), *The role of the father in child development* (5th ed., pp. 177–200). Hoboken, NJ: Wiley.

Amato, P. R., & Fowler, F. (2002). Parenting practices, child adjustment, and family diversity. *Journal of Marriage and the Family, 64,* 703–716.

Amato, P. R., & Rogers, S. J. (1997). A longitudinal study of marital problems and subsequent divorce. *Journal of Marriage and the Family, 59,* 612–624.

Amato, P. R., & Sobolewski, J. M. (2004). The effects of divorce on fathers and children: Nonresidential fathers and stepfathers. In M. E. Lamb (Ed.), *The role of the father in child development* (4th ed., pp. 341–367). Hoboken, NJ: Wiley.

Ambler, G. (2013). Normal physical development and growth at puberty. In K. Steinbeck & M. Kohn (Eds.), *A clinical handbook in adolescent medicine* (pp. 1–13). Hackensack, NJ: World Scientific Publishing.

American Academy of Hospice and Palliative Medicine. (2016). *Statement on physician-assisted dying.* Retrieved from aahpm.org/positions/pad

American Academy of Pediatrics. (2001). Committee on Public Education: Children, adolescents, and television. *Pediatrics, 104,* 341–343.

American Academy of Pediatrics. (2012a). Breastfeeding and the use of human milk. *Pediatrics, 129,* e827–e841.

American Academy of Pediatrics. (2012b). SIDS and other sleep-related infant deaths: Expansion of recommendations for a safe sleep environment. *Pediatrics, 128,* e1341.

American Cancer Society. (2015a). *The American Cancer Society encourages people to make health lifestyle choices that can help reduce their risk of cancer.* Retrieved from www.cancer.org/healthy/index

American Cancer Society. (2015b). *Breast cancer risk factors you cannot change.* Retrieved from www .cancer.org/cancer/breastcancer/moreinformation/breastcancerearlydetection/breast-cancer-early-detection-risk-factors-you-cannot-change

American Cancer Society. (2015c). *Cancer facts and figures.* Retrieved from www.oralcancerfoundation .org/facts/pdf/Us_Cancer_Facts.pdf

American College of Obstetricians and Gynecologists. (2014). Female age-related fertility decline. *Obstetrics and Gynecology, 589,* 719–721.

American Express Open. (2014). *The 2014 state of women-owned businesses report.* Retrieved from www.womenable.com/content/userfiles/2014_State _of_Women-owned_Businesses_public.pdf

American Foundation for Suicide Prevention. (2016). *Suicide statistics.* Retrieved from www.afsp.org/about-suicide/suicide-statistics

American Hospice Foundation. (2013). *Talking about hospice: Tips for physicians.* Washington, DC: Author.

American Medical Association. (2016). *AMA code of medical ethics: Chapter 5. Opinions on caring for patients at the end of life.* Retrieved from www .ama-assn.org/ama/pub/physician-resources/medical-ethics/code-medical-ethics.page

American Psychiatric Association. (2013). *Diagnostic and statistical manual of mental disorders* (5th ed.). Arlington, VA: Author.

American Psychological Association. (2010). *Ethical principles of psychologists and code of conduct.* Retrieved from www.apa.org/ethics/code/index .aspx

Amsel, E., & Brock, S. (1996). The development of evidence evaluation skills. *Cognitive Development, 11,* 523–550.

An, J. S., & Cooney, T. M. (2006). Psychological well-being in mid to late life: The role of generativity development and parent–child relationships across the lifespan. *International Journal of Behavioral Development, 30,* 410–421.

Anand, V., Downs, S. M., Bauer, N. S., & Carroll, A. E. (2014). Prevalence of infant television viewing and maternal depression symptoms. *Journal of Developmental and Behavioral Pediatrics, 35,* 216–224.

Ananth, C. V., Chauhan, S. P., Chen, H.-Y., & D'Alton, M. E. (2013). Electronic fetal monitoring in the United States: Temporal trends and adverse perinatal outcomes. *Obstetrics and Gynecology, 121,* 927–933.

Ananth, C. V., Friedman, A. M., & Gyamfi-Bannerman, C. (2013). Epidemiology of moderate preterm, late preterm and early term delivery. *Clinics in Perinatology, 40,* 601–610.

Anderson, C. A., Shibuya, A., Ihori, N., Swing, E. L., Bushman, B. J., Sakamoto, A., et al. (2010). Violent video game effects on aggression, empathy, and prosocial behavior in Eastern and Western countries: A meta-analytic review. *Psychological Bulletin, 136,* 151–173.

Anderson, C. B., Hughes, S. O., & Fuemmeler, B. F. (2009). Parent–child attitude congruence on type and intensity of physical activity: Testing multiple mediators of sedentary behavior in older children. *Health Psychology, 28,* 428–438.

Anderson, C. M. (2012). The diversity, strengths, and challenges of single-parent households. In F. Walsh (Ed.), *Normal family processes: Growing diversity and complexity* (4th ed., pp. 128–148). New York: Guilford.

Anderson, D. M., Huston, A. C., Schmitt, K. L., Linebarger, D. L., & Wright, J. C. (2001). Early childhood television viewing and adolescent behavior. *Monographs of the Society for Research in Child Development, 66*(1, Serial No. 264).

Anderson, E. (2000). Exploring register knowledge: The value of "controlled improvisation." In L. Menn & N. B. Ratner (Eds.), *Methods for studying language production* (pp. 225–248). Mahwah, NJ: Erlbaum.

Anderson, J. R., Van Ryzin, M. J., & Doherty, W. J. (2010). Developmental trajectories of marital happiness in continuously married individuals: A group-based modeling approach. *Journal of Family Psychology, 24,* 587–596.

Anderson, R. C., Wilson, P. T., & Fielding, L. G. (1988). Growth in reading and how children spend their time outside of school. *Reading Research Quarterly, 23,* 285–303.

Anderson, V., & Beauchamp, M. H. (2013). A theoretical model of developmental social neuroscience. In V. Anderson & M. H. Beauchamp (Eds.), *Developmental social neuroscience and childhood brain insult: Theory and practice* (pp. 3–20). New York: Guilford.

Anderson, V., Spencer-Smith, M., & Wood, A. (2011). Do children really recover better? Neurobehavioural plasticity after early brain insult. *Brain, 134,* 2197–2221.

Andreoletti, C., & Lachman, M. E. (2004). Susceptibility and resilience to memory aging stereotypes: Education matters more than age. *Experimental Aging Research, 30,* 129–148.

Andrews, G., & Halford, G. S. (1998). Children's ability to make transitive inferences: The importance of premise integration and structural complexity. *Cognitive Development, 13,* 479–513.

Andrews, G., & Halford, G. S. (2002). A cognitive complexity metric applied to cognitive development. *Cognitive Psychology, 45,* 475–506.

Andrews, G., & Halford, G. S. (2011). Recent advances in relational complexity theory and its application to cognitive development. In P. Barrouillet & V. Gaillard (Eds.), *Cognitive development and working memory: A dialogue between neo-Piagetian and cognitive approaches* (pp. 47–68). Hove, UK: Psychology Press.

Ang, S., Rodgers, J. L., & Wänström, L. (2010). The Flynn effect within subgroups in the U.S.: Gender, race, income, education, and urbanization differences in the NLSY-Children data. *Intelligence, 38,* 367–384.

Angel, R. J., Angel, J. L., & Hill, T. D. (2009). Subjective control and health among Mexican-origin elders in Mexico and the United States: Structural considerations in comparative research. *Journals of Gerontology, 64B,* 390–401.

Angold, A., Costello, E. J., Erkanli, A., & Worthman, C. M. (1999). Pubertal changes in hormone levels and depression in girls. *Psychological Medicine, 29,* 1043–1053.

Anisfeld, M. (2005). No compelling evidence to dispute Piaget's timetable of the development of representational imitation in infancy. In S. Hurley & N. Chater (Eds.), *Perspectives on imitation: From neuroscience to social science: Vol. 2. Imitation, human development, and culture* (pp. 107–131). Cambridge, MA: MIT Press.

Anthonysamy, A., & Zimmer-Gembeck, M. J. (2007). Peer status and behaviors of maltreated children and their classmates in the early years of school. *Child Abuse & Neglect, 31,* 971–991.

Antonini, F. M., Magnolfi, S. U., Petruzzi, E., Pinzani, P., Malentacchi, F., Petruzzi, I., & Masotti, G. (2008). Physical performance and creative activities of centenarians. *Archives of Gerontology and Geriatrics, 46,* 253–261.

Antonucci, T. C., Ajrouch, K. J., & Birditt, K. S. (2008). Social relations in the Third Age: Assessing strengths and challenges using the convoy model. In J. B. James & P. Wink (Eds.), *Annual review of gerontology and geriatrics* (Vol. 26, pp. 193–209). New York: Springer.

Antonucci, T. C., & Akiyama, H. (1995). Convoys of social relations: Family and friendships within a life span context. In R. Blieszner & V. H. Bedford (Eds.), *Handbook of aging and the family* (pp. 355–371). Westport, CT: Greenwood Press.

Antonucci, T. C., Akiyama, H., & Merline, A. (2002). Dynamics of social relationships in midlife. In M. E. Lachman (Ed.), *Handbook of midlife development* (pp. 571–598). New York: Wiley.

Antonucci, T. C., Akiyama, H., & Takahashi, K. (2004). Attachment and close relationships across the lifespan. *Attachment and Human Development, 6,* 353–370.

Antonucci, T. C., Birditt, K. S., & Ajrouch, K. J. (2011). Convoys of social relations: Past, present, and future. In K. L. Fingerman, C. A. Berg, J. Smith, & T. C. Antonucci (Eds.), *Handbook of life-span development* (pp. 161–182). New York: Springer.

Antonucci, T. C., Birditt, K. S., & Akiyama, H. (2009). Convoys of social relations: An interdisciplinary approach. In V. Bengston, M. Silverstein, N. Putney, & D. Gans (Eds.), *Handbook of theories of aging* (pp. 247–260). New York: Springer.

Antonucci, T. C., Blieszner, R., & Denmark, F. L. (2010). Psychological perspectives on older women. In H. Landrine & N. F. Russo (Eds.), *Handbook of diversity in feminist psychology* (pp. 233–257). New York: Springer.

Antshel, K. M., Hier, B. O., & Barkley, R. A. (2015). Executive functioning theory and ADHD. In S. Goldstein & J. A. Naglieri (Eds.), *Handbook of executive functioning* (pp. 107–120). New York: Springer Science + Business Media.

Anzures, G., Quinn, P. C., Pascalis, O., Slater, A. M., Tanaka, J. W., & Lee, K. (2013). Developmental origins of the other-race effect. *Current Directions in Psychological Science, 22,* 173–178.

Apfelbaum, E. P., Pauker, K., Ambady, N., Sommers, S. R., & Norton, M. I. (2008). Learning (not) to talk about race: When older children underperform in social categorization. *Developmental Psychology, 44,* 1513–1518.

Apgar, V. (1953). A proposal for a new method of evaluation in the newborn infant. *Current Research in Anesthesia and Analgesia, 32,* 260–267.

Aquilino, W. S. (2006). Family relationships and support systems in emerging adulthood. In J. J. Arnett & J. L. Tanner (Eds.), *Emerging adults in America: Coming of age in the 21st century* (pp. 193–218). Washington, DC: American Psychological Association.

Archer, T., Fredriksson, A., Schütz, E., & Kostrzewa, R. M. (2011). Influence of physical exercise on neuroimmunological functioning and health: Aging and stress. *Neurotoxicity Research, 20,* 69–83.

Archibald, A. B., Graber, J. A., & Brooks-Gunn, J. (2006). Pubertal processes and physiological growth in adolescence. In G. R. Adams & M. D. Berzonsky (Eds.), *Blackwell handbook of adolescence* (pp. 24–48). Malden, MA: Blackwell.

Arcus, D., & Chambers, P. (2008). Childhood risks associated with adoption. In T. P. Gullotta & G. M. Blau (Eds.), *Family influences on childhood behavior and development* (pp. 117–142). New York: Routledge.

Ardelt, M. (2003). Effects of religion and purpose in life on elders' subjective well-being and attitudes toward death. *Journal of Religious Gerontology, 14,* 55–77.

Ardelt, M., & Ferrari, M. (2015). Wisdom and emotions. In M. A. Skinner, C. A. Berg, & B. N. Uchino (Eds.), *Oxford handbook of emotion, social cognition, and problem solving in adulthood* (pp. 256–272). New York: Oxford University Press.

Ardila-Rey, A., & Killen, M. (2001). Middle-class Colombian children's evaluations of personal, moral, and social-conventional interactions in the classroom. *International Journal of Behavioral Development, 25,* 246–255.

Arem, H., Moore, S. C., Patel, A., Hartge, P., de Gonzales, A. B., Visvanathan, K., et al. (2015). Leisure time physical activity and mortality: A detailed pooled analysis of the dose–response relationship. *JAMA Internal Medicine, 175,* 959–967.

Arias, E. (2015). United States life tables, 2011. *National Vital Statistics Reports, 61*(11). Retrieved from www.cdc.gov/nchs/data/nvsr/nvsr64/nvsr64_11.pdf

Arija, V., Esparó, G., Fernández-Ballart, J., Murphy, M. M., Biarnés, E., & Canals, J. (2006). Nutritional status and performance in test of verbal and non-verbal intelligence in 6 year old children. *Intelligence, 34,* 141–149.

Arim, R. G., Tamonte, L., Shapka, J. D., Dahinten, V. S., & Willms, J. D. (2011). The family antecedents and the subsequent outcomes of early puberty. *Journal of Youth and Adolescence, 40,* 1423–1435.

Arking, R. (2006). *Biology of aging: Observations and principles* (3rd ed.). New York: Oxford University Press.

Armstrong, K. L., Quinn, R. A., & Dadds, M. R. (1994). The sleep patterns of normal children. *Medical Journal of Australia, 161,* 202–206.

Armstrong, T. D., & Crowther, M. R. (2002). Spirituality among older African Americans. *Journal of Adult Development, 9,* 3–12.

Arnett, J. J. (2007a). Emerging adulthood, a 21st century theory: A rejoinder to Hendry and Kloep. *Child Development Perspectives, 1,* 80–82.

Arnett, J. J. (2007b). Emerging adulthood: What is it and what is it good for? *Child Development Perspectives, 1,* 68–73.

Arnett, J. J. (2011). Emerging adulthood(s): The cultural psychology of a new life stage. In L. A. Jensen (Ed.), *Bridging cultural and developmental psychology: New syntheses in theory, research, and policy* (pp. 255–275). New York: Oxford University Press.

Arnett, J. J. (2013). The evidence for Generation We and against Generation Me. *Emerging Adulthood, 1,* 5–10.

Arnett, J. J. (2015). *Emerging adulthood: The winding road from the late teens through the twenties* (2nd ed.). New York: Oxford University Press.

Arnett, J. J., & Schwab, J. (2013). *Clark University poll of emerging adults, 2012: Thriving, struggling, and hopeful.* Worcester, MA: Clark University.

Arnett, J. J., & Tanner, J. L. (2011). Themes and variations in emerging adulthood across social classes. In J. J. Arnett, M. Kloep, L. B. Hendry, & J. L. Tanner (Eds.), *Debating emerging adulthood: Stage or process?* (pp. 31–51). New York: Oxford University Press.

Arnett, J. J., Trzesniewski, K. H., & Donnellan, M. B. (2013). The dangers of generational myth-making: Rejoinder to Twenge. *Emerging Adulthood, 1,* 17–20.

Arnold, A. P. (2009). The organizational–activational hypothesis as the foundation for a unified theory of sexual differentiation of all mammalian tissues. *Hormones and Behavior, 55,* 570–578.

Arnold, D. H., McWilliams, L., & Harvey-Arnold, E. (1998). Teacher discipline and child misbehavior in daycare: Untangling causality with correlational data. *Developmental Psychology, 34,* 276–287.

Arnon, S., Shapsa, A., Forman, L., Regev, R., Bauer, S., & Litmanovitz, I. (2006). Live music is beneficial to preterm infants in the neonatal intensive care unit. *Birth, 33,* 131–136.

Arseth, A. K., Kroger, J., Martinussen, M., & Marcia, J. E. (2009). Meta-analytic studies of identity status and the relational issues of attachment and intimacy. *Identity, 9,* 1–32.

Artal, R. (2015). The role of exercise in reducing the risks of gestational diabetes mellitus in obese women. *Best Practice & Research, 29,* 123–132.

Artman, L., & Cahan, S. (1993). Schooling and the development of transitive inference. *Developmental Psychology, 29,* 753–759.

Artman, L., Cahan, S., & Avni-Babad, D. (2006). Age, schooling, and conditional reasoning. *Cognitive Development, 21,* 131–145.

Arum, R., & Roksa, J. (2014). *Aspiring adults adrift: Tentative transitions of college graduates.* Chicago: University of Chicago Press.

Asendorpf, J. B., Denissen, J. J. A., & van Aken, M. A. G. (2008). Inhibited and aggressive preschool children at 23 years of age: Personality and social transition into adulthood. *Developmental Psychology, 44,* 997–1011.

Asher, S. R., & Rose, A. J. (1997). Promoting children's social-emotional adjustment with peers. In P. Salovey & D. J. Sluyter (Eds.), *Emotional development and emotional intelligence* (pp. 193–195). New York: Basic Books.

Aslin, R. N., Jusczyk, P. W., & Pisoni, D. B. (1998). Speech and auditory processing during infancy: Constraints on and precursors to language. In D. Kuhn & R. S. Siegler (Eds.), *Handbook of child psychology: Vol. 2. Cognition, perception, and language* (5th ed., pp. 147–198). New York: Wiley.

Aslin, R. N., & Newport, E. L. (2012). Statistical learning: From acquiring specific items to forming general rules. *Psychological Science, 21,* 170–176.

Astington, J. W., & Hughes, C. (2013). Theory of mind: Self-reflection and social understanding. In S. M. Carlson, P. D. Zelazo, & S. Faja (Eds.), *Oxford handbook of developmental psychology: Vol. 2. Self and other* (pp. 398–424). New York: Oxford University Press.

Astington, J. W., & Pelletier, J. (2005). Theory of mind, language, and learning in the early years: Developmental origins of school readiness. In B. D. Homer & C. S. Tamis-LeMonda (Eds.), *The development of social cognition and communication* (pp. 205–230). Mahwah, NJ: Erlbaum.

Astington, J. W., Pelletier, J., & Homer, B. (2002). Theory of mind and epistemological development: The relation between children's second-order false belief understanding and their ability to reason about evidence. *New Ideas in Psychology, 20,* 131–144.

Atance, C. M., & Meltzoff, A. N. (2005). My future self: Young children's ability to anticipate and explain future states. *Cognitive Development, 20,* 341–361.

Atchley, R. C. (1989). A continuity theory of normal aging. *Gerontologist, 29,* 183–190.

Atchley, R. C. (1999). *Continuity and adaptation in aging: Creating positive experiences.* Baltimore, MD: Johns Hopkins University Press.

Attems, J., Walker, L., & Jellinger, K. A. (2015). Olfaction and aging: A mini-review. *Gerontology, 61,* 485–490.

Au, T. K., Sidle, A. L., & Rollins, K. B. (1993). Developing an intuitive understanding of conservation and contamination: Invisible particles as a plausible mechanism. *Developmental Psychology, 29,* 286–299.

Audretsch, D. B., & Lehmann, E. E. (2016). *The seven secrets of Germany: Economic resilience in an era of global turbulence.* New York: Oxford University Press.

Aunola, K., Stattin, H., & Nurmi, J.-E. (2000). Parenting styles and adolescents' achievement strategies. *Journal of Adolescence, 23,* 205–222.

Avendano, M., & Kawachi, I. (2014). Why do Americans have shorter life expectancy and worse health than people in other high-income countries? *Annual Review of Public Health, 35,* 307–325.

Averhart, C. J., & Bigler, R. S. (1997). Shades of meaning: Skin tone, racial attitudes, and constructive memory in African-American children. *Journal of Experimental Child Psychology, 67,* 368–388.

Avis, N. E., Assmann, S. F., Kravitz, H. M., Ganz, P. A., & Ory, M. (2004). Quality of life in diverse groups of midlife women: Assessing the influence of menopause, health status and psychosocial and demographic factors. *Quality of Life Research, 13,* 933–946.

Avis, N. E., & Crawford, S. (2006). Menopause: Recent research findings. In S. K. Whitbourne & S. L. Willis (Eds.), *The baby boomers grow up: Contemporary perspectives on midlife* (pp. 75–109). Mahwah, NJ: Erlbaum.

Avolio, B. J., & Sosik, J. J. (1999). A lifespan framework for assessing the impact of work on white-collar workers. In S. L. Willis & J. D. Reid (Eds.), *Life in the middle* (pp. 249–274). San Diego, CA: Academic Press.

B

Bacallao, M. L., & Smokowski, P. R. (2007). The costs of getting ahead: Mexican family system changes after immigration. *Family Relations, 56,* 52–66.

Bachman, J. G., Johnston, L. D., & O'Malley, P. M. (2014). *Monitoring the Future: Questionnaire responses from the nation's high school seniors: 2012.* Ann Arbor, MI: Institute for Social Research, University of Michigan.

Bachman, J. G., O'Malley, P. M., Freedman-Doan, P., Trzesniewski, K. H., & Donnellan, M. B. (2011). Adolescent self-esteem: Differences by race/ethnicity, gender, and age. *Self and Identity, 10,* 445–473.

Bachstetter, A. D., Watterson, D. M., & Van Eldik, L. J. (2014). Target engagement analysis and link to pharmacodynamic endpoint for a novel class of CNS-penetrant and efficacious p38 MAPK inhibitors. *Journal of Neuroimmune Pharmacology, 9,* 454–460.

Badanes, L. S., Dmitrieva, J., & Watamura, S. E. (2012). Understanding cortisol reactivity across the day at child care: The potential buffering role of secure attachments to caregivers. *Early Childhood Research Quarterly, 27,* 156–165.

Baddeley, J., & Singer, J. A. (2015). Charting the life story's path: Narrative identity across the life span. In J. D. Clandinin (Ed.), *Handbook of narrative inquiry: Mapping a methodology* (pp. 177–202). Thousand Oaks, CA: Sage.

Badiee, Z., Asghari, M., & Mohammadizadeh, M. (2013). The calming effect of maternal breast milk odor on premature infants. *Pediatrics and Neonatology, 54,* 322–325.

Baenninger, M., & Newcombe, N. (1995). Environmental input to the development of sex-related differences in spatial and mathematical ability. *Learning and Individual Differences, 7,* 363–379.

Baglietto-Vargas, D., Shi, J., Yaeger, D. M., Ager, R., & LaFerla, F. M. (2016). Diabetes and Alzheimer's disease crosstalk. *Neuroscience and Biobehavioral Reviews, 64,* 272–287.

Bagwell, C. L., & Schmidt, M. E. (2011). *Friendships in childhood and adolescence.* New York: Guilford.

Bahrick, L. E. (2010). Intermodal perception and selective attention to intersensory redundancy: Implications for typical social development and autism. In G. Bremner & T. D. Wachs (Eds.), *Wiley-Blackwell handbook of infant development: Vol. 1. Basic research* (2nd ed., pp. 120–166). Oxford, UK: Wiley-Blackwell.

Bahrick, L. E., Hernandez-Reif, M., & Flom, R. (2005). The development of infant learning about specific face–voice relations. *Developmental Psychology, 41,* 541–552.

Bahrick, L. E., Hernandez-Reif, M., & Pickens, J. N. (1997). The effect of retrieval cues on visual preferences and memory in infancy: Evidence for a four-phase attention function. *Journal of Experimental Child Psychology, 67,* 1–20.

Bahrick, L. E., & Lickliter, R. (2012). The role of intersensory redundancy in early perceptual, cognitive, and social development. In A. J. Bremner, D. J. Lewkowicz, & C. Spence (Eds.), *Multisensory development* (pp. 183–206). Oxford, UK: Oxford University Press.

Bailar-Heath, M., & Valley-Gray, S. (2010). Accident prevention. In P. C. McCabe & S. R. Shaw (Eds.), *Pediatric disorders* (pp. 123–132). Thousand Oaks, CA; Corwin Press.

Bailey, J. M., Bobrow, D., Wolfe, M., & Mikach, S. (1995). Sexual orientation of adult sons of gay fathers. *Developmental Psychology, 31,* 124–129.

Baillargeon, R., & DeVos, J. (1991). Object permanence in young infants: Further evidence. *Child Development, 62,* 1227–1246.

Baillargeon, R., Li, J., Gertner, Y., & Wu, D. (2011). How do infants reason about physical events? In U. Goswami (Ed.), *Wiley-Blackwell handbook of childhood cognitive development* (2nd ed., pp. 11–48). Chichester, UK: Wiley-Blackwell.

Baillargeon, R., Li, J., Ng, W., & Yuan, S. (2009). An account of infants' physical reasoning. In A. Woodward & A. Needham (Eds.), *Learning and the infant mind* (pp. 66–116). New York: Oxford University Press.

Baillargeon, R. H., Zoccolillo, M., Keenan, K., Côté, S., Pérusse, D., Wu, H.-X., & Boivin, M. (2007). Gender differences in physical aggression: A prospective population-based survey of children before and after 2 years of age. *Developmental Psychology, 43,* 13–26.

Bair, D. (2007). *Calling it quits: Late-life divorce and starting over.* New York: Random House.

Baker, F. C., Willoughby, A. R., Sassoon, S. A., Colrain, I. M., & de Zambotti, M. (2015). Insomnia in women approaching menopause: Beyond perception. *Psychoneuroendocrinology, 60,* 96–104.

Baker, M. (2005). Facilitating forgiveness and peaceful closure: The therapeutic value of psychosocial intervention in end-of-life care. *Journal of Social Work and End of Life Palliative Care, 1,* 83–96.

Baker, T., & Mingo, C. A. (2016). Arthritis. In S. K. Whitbourne (Ed.), *Encyclopedia of adulthood and aging* (Vol. 1, pp. 85–90). Malden, MA: Wiley Blackwell.

Bakermans-Kranenburg, M. J., Steele, H., Zeanah, C. H., Muhamedrahimov, R. J., Vorria, P., & Dobrova-Krol, N. A. (2011). Attachment and emotional development in institutional care: Characteristics and catch up. In R. B. McCall, M. H. van IJzendoorn, F. Juffer, C. J. Groark, & V. K. Groza (Eds.), Children without permanent parents: Research, practice, and policy. *Monographs of the Society for Research in Child Development, 76*(4, Serial No. 301), 62–91.

Bakermans-Kranenburg, M. J., & van IJzendoorn, M. H. (2015). The hidden efficacy of interventions: Gene × environment experiments from a differential susceptibility perspective. *Annual Review of Psychology, 66,* 381–409.

Bakermans-Kranenburg, M. J., van IJzendoorn, M. H., Mesman, J., Alink, L. R. A., & Juffer, F. (2008a). Effects of an attachment-based intervention on daily cortisol moderated by dopamine receptor D4: A randomized control trial on 1- to 3-year-olds screened for externalizing behavior. *Development and Psychopathology, 20,* 805–820.

Bakermans-Kranenburg, M. J., van IJzendoorn, M. H., Pijlman, F. T. A., Mesman, J., & Juffer, F. (2008b). Experimental evidence for differential sensitivity: Dopamine D4 receptor polymorphism (DRD4 VNTR) moderates intervention effects on toddlers' externalizing behavior in a randomized control trial. *Developmental Psychology, 44,* 293–300.

Baker-Sennett, J., Matusov, E., & Rogoff, B. (2008). Children's planning of classroom plays with adult or child direction. *Social Development, 17,* 998–1018.

Balasch, J. (2010). Ageing and infertility: An overview. *Gynecological Endocrinology, 26,* 855–860.

Balfanz, R., Herzog, L., & MacIver, D. J. (2007). Preventing student disengagement and keeping students on the graduation path in urban middle-grades schools: Early identification and effective interventions. *Educational Psychologist, 42,* 223–235.

Ball, H. (2006). Parent–infant bed-sharing behavior: Effects of feeding type and presence of father. *Human Nature, 17,* 301–318.

Ball, H. L., & Volpe, L. E. (2013). Sudden infant death syndrome (SIDS) risk reduction and infant sleep location—moving the discussion forward. *Social Science and Medicine, 79,* 84–91.

Ball, M. M., Perkins, M. M., Hollingsworth, C., Whittington, F. J., & King, S. V. (2009). Pathways to assisted living: The influence of race and class. *Journal of Applied Gerontology, 28,* 81–108.

Baltes, M. M. (1995, February). Dependency in old age: Gains and losses. *Psychological Science, 4*(1), 14–19.

Baltes, M. M. (1996). *The many faces of dependency in old age.* New York: Cambridge University Press.

Baltes, M. M., Wahl, H.-W., & Reichert, M. (1992). Successful aging in long-term care institutions. In K. W. Schaie & M. P. Lawton (Eds.), *Annual review of gerontology and geriatrics* (pp. 311–337). New York: Springer.

Baltes, P. B., Lindenberger, U., & Staudinger, U. M. (2006). Life span theory in developmental psychology. In R. M. Lerner (Ed.), *Handbook of child psychology: Vol. 1. Theoretical models of human development* (6th ed., pp. 569–664). Hoboken, NJ: Wiley.

Baltes, P. B., & Smith, J. (2003). New frontiers in the future of aging: From successful aging of the young old to the dilemmas of the fourth age. *Gerontology, 49,* 123–135.

Baltes, P. B., & Smith, J. (2008). The fascination of wisdom. *Perspectives on Psychological Science, 3,* 56–64.

Baltes, P. B., & Staudinger, U. M. (2000). Wisdom: A metaheuristic (pragmatic) to orchestrate mind and virtue toward excellence. *American Psychologist, 55,* 122–136.

Bamford, C., & Lagattuta, K. H. (2012). Looking on the bright side: Children's knowledge about the benefits of positive versus negative thinking. *Child Development, 83,* 667–682.

Bamidis, P. D., Vivas, A. B., Styliadis, C., Frantzidis, C., Klados, M., Schlee, W., et al. (2014). A review of physical and cognitive interventions in aging. *Neuroscience and Biobehavioral Reviews, 44,* 206–220.

Bandstra, E. S., Morrow, C. E., Accornero, V. H., Mansoor, E., Xue, L., & Anthony, J. C. (2011). Estimated effects of in utero cocaine exposure on language development through early adolescence. *Neurotoxicology and Teratology, 33,* 25–35.

Bandstra, E. S., Morrow, C. E., Mansoor, E., & Accornero, V. H. (2010). Prenatal drug exposure: Infant and toddler outcomes. *Journal of Addictive Diseases, 29,* 245–258.

Bandura, A. (1977). *Social learning theory.* Englewood Cliffs, NJ: Prentice-Hall.

Bandura, A. (1992). Perceived self-efficacy in cognitive development and functioning. *Educational Psychologist, 28,* 117–148.

Bandura, A. (2001). Social cognitive theory: An agentic perspective. *Annual Review of Psychology, 52,* 1–26.

Bandura, A. (2011). Social cognitive theory. In P. A. M. Van Lange, A. W. Kruglanski, & E. T. Higgins (Eds.), *Handbook of theories of social psychology* (Vol. 1, pp. 349–373). Thousand Oaks, CA: Sage.

Banerjee, D., & Perrucci, C. C. (2012). Employee benefits and policies: Do they make a difference for work/family conflict? *Journal of Sociology & Social Welfare, 39,* 133–147.

Bangerter, L. R., & Waldron, V. R. (2014). Turning points in long distance grandparent–grandchild relationships. *Journal of Aging Studies, 29,* 88–97.

Banish, M. T., & Heller, W. (1998). Evolving perspectives on lateralization of function. *Current Directions in Psychological Science, 7,* 1–2.

Banks, M. S. (1980). The development of visual accommodation during early infancy. *Child Development, 51,* 646–666.

Banks, M. S., & Ginsburg, A. P. (1985). Early visual preferences: A review and new theoretical treatment. In H. W. Reese (Ed.), *Advances in child development and behavior* (Vol. 19, pp. 207–246). New York: Academic Press.

Bannard, C., Lieven, E., & Tomasello, M. (2009). Modeling children's early grammatical knowledge. *Proceedings of the National Academy of Sciences, 106,* 17284–17289.

Banse, R., Gawronski, B., Rebetez, C., Gutt, H., & Morton, J. B. (2010). The development of spontaneous gender stereotyping in childhood: Relations to stereotype knowledge and stereotype flexibility. *Developmental Science, 13,* 298–306.

Barber, B. K., & Olsen, J. A. (1997). Socialization in context: Connection, regulation, and autonomy in the family, school, and neighborhood, and with peers. *Journal of Adolescent Research, 12,* 287–315.

Barber, B. K., & Olsen, J. A. (2004). Assessing the transitions to middle and high school. *Journal of Adolescent Research, 19,* 3–30.

Barber, B. K., Stolz, H. E., & Olsen, J. A. (2005). Parental support, psychological control, and behavioral control: Assessing relevance across time, culture, and method. *Monographs of the Society for Research in Child Development, 70*(4, Serial No. 282).

Barber, B. K., & Xia, M. (2013). The centrality of control to parenting and its effects. In R. E. Larzelere, A. S. Morris, & A. W. Harrist (Eds.), *Authoritative parenting: Synthesizing nurturance and discipline for optimal child development* (pp. 61–88). Washington, DC: American Psychological Association.

Barber, B. L., Stone, M. R., Hunt, J. E., & Eccles, J. S. (2005). Benefits of activity participation: The roles of identity affirmation and peer group norm sharing. In J. L. Mahoney, R. W. Larson, & J. S. Eccles (Eds.), *Organized activities as contexts of development: Extracurricular activities, after-school and community programs* (pp. 185–210). Mahwah, NJ: Erlbaum.

Bard, K. A., Todd, B. K., Bernier, C., Love, J., & Leavens, D. A. (2006). Self-awareness in human and chimpanzee infants: What is measured and what is meant by the mark and mirror test? *Infancy, 9,* 191–219.

Barelds, D. P. H., & Dijkstra, P. (2011). Positive illusions about a partner's personality and relationship quality. *Journal of Research in Personality, 45,* 37–43.

Barnes, J., Katz, I., Korbin, J. E., & O'Brien, M. (2007). *Children and families in communities: Theory, research, policy and practice.* Hoboken, NJ: Wiley.

Barnes, R., Josefowitz, N., & Cole, E. (2006). Residential schools: Impact on Aboriginal students' academic and cognitive development. *Canadian Journal of School Psychology, 21,* 18–32.

Barnes-Farrell, J., & Matthews, R. A. (2007). Age and work attitudes. In K. S. Shultz & G. A. Adams (Eds.), *Aging and work in the 21st century* (pp. 139–162). Mahwah, NJ: Erlbaum.

Barnett, W. S. (2011). Effectiveness of early educational intervention. *Science, 333,* 975–978.

Baron-Cohen, S. (2011). What is theory of mind, and is it impaired in ASC? In S. Bolte & J. Hallmayer (Eds.), *Autism spectrum conditions: FAQs on autism, Asperger syndrome, and atypical autism answered by international experts* (pp. 136–138). Cambridge, MA: Hogrefe Publishing.

Baron-Cohen, S., & Belmonte, M. K. (2005). Autism: A window onto the development of the social and the analytic brain. *Annual Review of Neuroscience, 28,* 109–126.

Barr, H. M., Streissguth, A. P., Darby, B. L., & Sampson, P. D. (1990). Prenatal exposure to alcohol, caffeine, tobacco, and aspirin: Effects on fine and gross motor performance in 4-year-old children. *Developmental Psychology, 26,* 339–348.

Barr, R., & Hayne, H. (2003). It's not what you know, it's who you know: Older siblings facilitate imitation during infancy. *International Journal of Early Years Education, 11,* 7–21.

Barr, R., Marrott, H., & Rovee-Collier, C. (2003). The role of sensory preconditioning in memory retrieval by preverbal infants. *Learning and Behavior, 31,* 111–123.

Barr, R., Muentener, P., & Garcia, A. (2007). Age-related changes in deferred imitation from television by 6- to 18-month-olds. *Developmental Science, 10,* 910–921.

Barr, R. G. (2001). "Colic" is something infants do, rather than a condition they "have": A developmental approach to crying phenomena patterns, pacification and (patho)genesis. In R. G. Barr, I. St. James-Roberts, & M. R. Keefe (Eds.), *New evidence on unexplained infant crying* (pp. 87–104). St. Louis: Johnson & Johnson Pediatric Institute.

Barr, R. G., Fairbrother, N., Pauwels, J., Green, J., Chen, M., & Brant, R. (2014). Maternal frustration, emotional and behavioural responses to prolonged infant crying. *Infant Behavior and Development, 37,* 652–664.

Barrera, M., Alam, R., D'Agostino, N. M., Nicholas, D. B., & Schneiderman, G. (2013). Parental perceptions of siblings' grieving after a childhood cancer death: A longitudinal study. *Death Studies, 37,* 25–46.

Barreto, M., Ryan, M. K., & Schmitt, M. T. (2009). *The glass ceiling in the 21st century: Understanding barriers to gender equality.* Washington, DC: American Psychological Association.

Barrett, K. C. (2005). The origins of social emotions and self-regulation in toddlerhood: New evidence. *Cognition and Emotion, 19,* 953–979.

Barrouillet, P., & Gaillard, V. (2011a). Advances and issues: Some thoughts about controversial questions. In P. Barrouillet & V. Gaillard (Eds.), *Cognitive development and working memory: A dialogue between neo-Piagetian and cognitive approaches* (pp. 263–271). Hove, UK: Psychology Press.

Barrouillet, P., & Gaillard, V. (Eds.). (2011b). *Cognitive development and working memory: A dialogue between neo-Piagetian and cognitive approaches.* Hove, UK: Psychology Press.

Barry, C. M., & Abo-Zena, M. M. (2014). Emerging adults' religious and spiritual development. In C. M. Barry & M. Abo-Zena (Eds.), *Emerging adults' religiousness and spirituality: Meaning-making in an age of transition* (pp. 21–38). New York: Oxford University Press.

Barry, C. M., & Abo-Zena, M. M. (2016). The experience of meaning-making: The role of religiousness and spirituality in emerging adults' lives. In J. J. Arnett (Ed.), *Oxford handbook of emerging adulthood* (pp. 464–480). New York: Oxford University Press.

Barry, C. M., & Christofferson, J. L. (2014). The role of peer relationships in emerging adults' religiousness and spirituality. In C. M. Barry & M. Abo-Zena (Eds.), *Emerging adults' religiousness and spirituality: Meaning-making in an age of transition* (pp. 76–92). New York: Oxford University Press.

Barry, C. M., Madsen, S., & DeGrace, A. (2016). Growing up with a little help from their friends in emerging adulthood. In J. J. Arnett (Ed.), *Oxford handbook of emerging adulthood* (pp. 215–229). New York: Oxford University Press.

Barry, C. M., & Wentzel, K. R. (2006). Friend influence on prosocial behavior: The role of motivational factors and friendship characteristics. *Developmental Psychology, 42,* 153–163.

Barsman, S. G., Dowling, D. A., Damato, E. G., & Czeck, P. (2015). Neonatal nurses' beliefs, knowledge, and practices in relation to sudden infant death syndrome risk-reduction recommendations. *Advances in Neonatal Care, 15,* 209–219.

Barthell, J. E., & Mrozek, J. D. (2013). Neonatal drug withdrawal. *Minnesota Medicine, 96,* 48–50.

Bartholomew, K., Cobb, R. J., & Dutton, D. G. (2015). Established and emerging perspectives on violence in intimate relationships. In M. Mikulincer & P. R. Shaver (Eds.), *Handbook of personality and social psychology: Vol. 3. Interpersonal relations* (pp. 605–630). Washington, DC: American Psychological Association.

Bartick, M., & Smith, L. J. (2014). Speaking out on safe sleep: Evidence-based infant sleep recommendations. *Breastfeeding Medicine, 9,* 417–422.

Bartocci, M., Berggvist, L. L., Lagercrantz, H., & Anand, K. J. (2006). Pain activates cortical areas in the preterm newborn brain. *Pain, 122,* 109–117.

Bartrip, J., Morton, J., & de Schonen, S. (2001). Responses to mother's face in 3-week- to 5-month-old infants. *British Journal of Developmental Psychology, 19,* 219–232.

Bartsch, K., & Wellman, H. (1995). *Children talk about the mind.* New York: Oxford University Press.

Barzilai, S., & Zohar, A. (2015). Epistemic (meta) cognition: Ways of thinking about knowledge and knowing. In J. A. Greene, W. A. Sandoval &

I. Bråten (Eds.), *Handbook of epistemic cognition* (pp. 409–424). New York, NY: Routledge

Basak, C., & Verhaeghen, P. (2011). Aging and switching the focus of attention in working memory: Age differences in item availability but not in item accessibility. *Journals of Gerontology, 66B,* 519–526.

Basilio, C. D., Knight, G. P., O'Donnell, M., Roosa, M. W., Gonzales, N. A., Umaña-Taylor, A. J., & Torres, M. (2014). The Mexican American Biculturalism Scale: Bicultural comfort, facility, and advantages for adolescents and adults. *Psychological Assessment, 26,* 539–554.

Basinger, B. (2013). Low-income and minority children with asthma. In L. Rubin & J. Merrick (Eds.), *Environmental health disparities with children: Asthma, obesity and food* (pp. 61–72). Hauppauge, NY: Nova Science.

Bass, S. (2011). From retirement to "productive aging" and back to work again. In D. C. Carr & K. Komp (Eds.), *Gerontology in the era of the Third Age: Implications and next steps* (pp. 169–188). New York: Springer.

Bass-Ringdahl, S. M. (2010). The relationship of audibility and the development of canonical babbling in young children with hearing impairment. *Journal of Deaf Studies and Deaf Education, 15,* 287–310.

Bastawrous, M., Gignac, M. A., Kapral, M. K., & Cameron, J. I. (2015). Factors that contribute to adult children caregivers' well-being: A coping review. *Health and Social Care in the Community, 23,* 449–466.

Basten, S., & Jiang, Q. (2015). Fertility in China: An uncertain future. *Population Studies, 69,* S97–S105.

Bastin, C., Diana, R. A., Simon, J., Collette, F., Yonelinas, A. P., & Salmon, E. (2013). Associative memory in aging: The effect of unitization on source memory. *Psychology and Aging, 28,* 275–283.

Basu, R., Hochhalter, A. K., & Stevens, A. B. (2015). The impact of the REACH II intervention on caregivers' perceived health. *Journal of Applied Gerontology, 34,* 590–608.

Bates, E., Marchman, V., Thal, D., Fenson, L., Dale, P., Reznick, J. S., Reilly, J., & Hartung, J. (1994). Developmental and stylistic variation in the composition of early vocabulary. *Journal of Child Language, 21,* 85–123.

Bates, J. E., Wachs, T. D., & Emde, R. N. (1994). Toward practical uses for biological concepts. In J. E. Bates & T. D. Wachs (Eds.), *Temperament: Individual differences at the interface of biology and behavior* (pp. 275–306). Washington, DC: American Psychological Association.

Bathelt, J., O'Reilly, H., Clayden, J. D., Cross, J. H., & de Haan, M. (2013). Functional brain network organization of children between 2 and 5 years derived from reconstructed activity of cortical sources of high-density EEG recordings. *NeuroImage, 82,* 595–604.

Bauer, P. J. (2006). Event memory. In D. Kuhn & R. Siegler (Eds.), *Handbook of child psychology: Vol. 2. Cognition, perception, and language* (6th ed., pp. 373–425). Hoboken, NJ: Wiley.

Bauer, P. J. (2013). Memory. In S. M. Carlson, P. D. Zelazo, & S. Faja (Eds.), *Oxford handbook of developmental psychology: Vol. 1. Body and mind* (pp. 505–541). New York: Oxford University Press.

Bauer, P. J., Larkina, M., & Deocampo, J. (2011). Early memory development. In U. Goswami (Ed.), *Wiley-Blackwell handbook of childhood cognitive development* (2nd ed., pp. 153–179). Chichester, UK: Wiley-Blackwell.

Baum, N., Rahav, G., & Sharon, D. (2005). Changes in the self-concepts of divorced women. *Journal of Divorce and Remarriage, 43,* 47–67.

Baumbusch, J. L. (2004). Unclaimed treasures: Older women's reflections on lifelong singlehood. *Journal of Women and Aging, 16,* 105–121.

Baumeister, R. F., Campbell, J. D., Krueger, J. I., & Vohs, K. D. (2003). Does high self-esteem cause better performance, interpersonal success, happiness, or

healthier lifestyles? *Psychological Science in the Public Interest, 4*(1), 1–44.

Baumgart, M., Snyder, H. M., Carrillo, M. C., Fazio, S., Kim, H., & Johns, H. (2015). Summary of the evidence on modifiable risk factors for cognitive decline and dementia: A population-based perspective. *Alzheimer's & Dementia, 11,* 18–26.

Baumgartner, H. A., & Oakes, L. M. (2011). Infants' developing sensitivity to object function: Attention to features and feature correlations. *Journal of Cognition and Development, 12,* 275–298.

Baumgartner, M. S., & Schneider, D. E. (2010). Perceptions of women in management: A thematic analysis of razing the glass ceiling. *Journal of Career Development, 37,* 559–576.

Baumgartner, S. E., Weeda, W. D., van der Heijden, L. L., & Huizinga, M. (2014). The relationship between media multitasking and executive function in early adolescence. *Journal of Early Adolescence, 34,* 1120–1144.

Baumrind, D. (1971). Current patterns of parental authority. *Developmental Psychology Monograph, 4*(No. 1, Pt. 2).

Baumrind, D. (2013). Authoritative parenting revisited: History and current status. In R. E. Larzelere, A. S. Morris, & A. W. Harrist (Eds.), *Authoritative parenting: Synthesizing nurturance and discipline for optimal child development* (pp. 11–34). Washington, DC: American Psychological Association.

Baumrind, D., Lazelere, R. E., & Owens, E. B. (2010). Effects of preschool parents' power assertive patterns and practices on adolescent development. *Parenting, 10,* 157–201.

Baumwell, L., Tamis-LeMonda, C. S., & Bornstein, M. H. (1997). Maternal verbal sensitivity and child language comprehension. *Infant Behavior and Development, 20,* 247–258.

Bauserman, R. (2002). Child adjustment in joint-custody versus sole-custody arrangements: A meta-analytic review. *Journal of Family Psychology, 16,* 91–102.

Bauserman, R. (2012). A meta-analysis of parental satisfaction, adjustment, and conflict in joint custody and sole custody following divorce. *Journal of Divorce & Remarriage, 53,* 464–488.

Bayer, A., & Tadd, W. (2000). Unjustified exclusion of elderly people from studies submitted to research ethics committee for approval: Descriptive study. *British Medical Journal, 321,* 992–993.

Bayley, N. (1969). *Bayley Scales of Infant Development.* New York: Psychological Corporation.

Bayley, N. (1993). *Bayley Scales of Infant Development* (2nd ed.). San Antonio, TX: Psychological Corporation.

Bayley, N. (2005). *Bayley Scales of Infant and Toddler Development* (3rd ed.). San Antonio, TX: Harcourt Assessment.

Be, D., Whisman, M. A., & Uebelacker, L. A. (2013). Prospective associations between marital adjustment and life satisfaction. *Personal Relationships, 20,* 728–739.

Bean, R. A., Barber, B. K., & Crane, D. R. (2007). Parental support, behavioral control, and psychological control among African American youth: The relationships to academic grades, delinquency, and depression. *Journal of Family Issues, 27,* 1335–1355.

Beauchamp, G. K., & Mennella, J. A. (2011). Flavor perception in human infants: Development and functional significance. *Digestion, 83*(Suppl. 1), 1–6.

Beaulieu, M., Leclerc, N., & Dube, M. (2003). Fear of crime among the elderly: An analysis of mental health issues. *Journal of Gerontological Social Work, 40,* 121–138.

Beckett, C., Maughan, B., Rutter, M., Castle, J., Colvert, E., & Groothues, C. (2006). Do the effects of early severe deprivation on cognition persist into early adolescence? Findings from the English and Romanian adoptees study. *Child Development, 77,* 696–711.

Bedard, K., & Dhuey, E. (2006). The persistence of early childhood maturity: International evidence of long-run age effects. *Quarterly Journal of Economics, 121,* 1437–1472.

Bedford, V. H., & Avioli, P. S. (2006). "Shooting the bull": Cohort comparisons of fraternal intimacy in midlife and old age. In V. H. Bedford & B. F. Turner (Eds.), *Men in relationships* (pp. 81–101). New York: Springer.

Bedford, V. H., & Avioli, P. S. (2016). Sibling ties. In S. K. Whitbourne (Ed.), *Encyclopedia of adulthood and aging* (Vol. 3, pp. 1305–1309). Malden, MA: Wiley Blackwell.

Beelmann, A., & Heinemann, K. S. (2014). Preventing prejudice and improving intergroup attitudes: A meta-analysis of child and adolescent training programs. *Journal of Applied Developmental Psychology, 35,* 10–24.

Behm, I., Kabir, Z., Connolly, G. N., & Alpert, H. R. (2012). Increasing prevalence of smoke-free homes and decreasing rates of sudden infant death syndrome in the United States: An ecological association study. *Tobacco Control, 21,* 6–11.

Behnke, M., & Smith, V. C. (2013). Prenatal substance abuse: Short- and long-term effects on the exposed fetus. *Pediatrics, 131,* e1009–1024.

Behrens, K. Y., Hesse, E., & Main, M. (2007). Mothers' attachment status as determined by the Adult Attachment Interview predicts their 6-year-olds' reunion responses: A study conducted in Japan. *Developmental Psychology, 43*(6), 1553–1567.

Beier, M. E., & Ackerman, P. L. (2005). Age, ability, and the role of prior knowledge on the acquisition of new domain knowledge: Promising results in a real-world learning environment. *Psychology and Aging, 20,* 341–355.

Bekhet, A. K. (2016). Relocation adjustment in older adults. In S. K. Whitbourne (Ed.), *Encyclopedia of adulthood and aging* (Vol. 3, pp. 1189–1193). Malden, MA: Wiley Blackwell.

Bekkouche, N. S., Holmes, S., Whittaker, K. S., & Krantz, D. S. (2011). Stress and the heart: Psychosocial stress and coronary heart disease. In R. J. Contrada & A. Baum (Eds.), *Handbook of stress science: Biology, psychology, and health* (pp. 385–398). New York: Springer.

Bélanger, M. J., Atance, C. M., Varghese, A. L., Nguyen, V., & Vendetti, C. (2014). What will I like best when I'm all grown up? Preschoolers' understanding of future preferences. *Child Development, 85,* 2419–2431.

Belcher, D., Lee, A., Solmon, M., & Harrison, L. (2003). The influence of gender-related beliefs and conceptions of ability on women learning the hockey wrist shot. *Research Quarterly for Exercise and Sport, 74,* 183–192.

Belfort, M. B., Rifas-Shiman, S. L., Kleinman, K. P., Guthrie, L. B., Bellinger, D. C., Taveras, E. M., et al. (2013). Infant feeding and childhood cognition at ages 3 and 7 years: Effects of breastfeeding duration and exclusivity. *JAMA Pediatrics, 167,* 836–844.

Bell, J. H., & Bromnick, R. D. (2003). The social reality of the imaginary audience: A grounded theory approach. *Adolescence, 38,* 205–219.

Bell, M. A. (1998). Frontal lobe function during infancy: Implications for the development of cognition and attention. In J. E. Richards (Ed.), *Cognitive neuroscience of attention: A developmental perspective* (pp. 327–362). Mahwah, NJ: Erlbaum.

Bell, M. A., & Fox, N. A. (1996). Crawling experience is related to changes in cortical organization during infancy: Evidence from EEG coherence. *Developmental Psychobiology, 29,* 551–561.

Bellagamba, F., Camaioni, L., & Colonnesi, C. (2006). Change in children's understanding of others' intentional actions. *Developmental Science, 9,* 182–188.

Bellagamba, F., Laghi, F., Lonigro, A., & Pace, C. S. (2012). Re-enactment of intended acts from a video presentation by 18- and 24-month-old children. *Cognitive Processes, 13,* 381–386.

Belle, S. H., Burgio, L., Burns, R., Coon, D., Czaja, S. J., Gallagher-Thompson, D., & Gitlin, L. N. (2006). Enhancing quality of life of dementia caregivers from different ethnic or racial groups: A randomized, controlled trial. *Annals of Internal Medicine, 145,* 727–738.

Belloc, S., Hazout, A., Zini, A., Merviel, P., Cabry, R., Chahine, H., et al. (2014). How to overcome male infertility after 40: Influence of paternal age on fertility. *Maturitas, 78,* 22–29.

Belsky, J. (2005). Attachment theory and research in ecological perspective: Insights from the Pennsylvania Infant and Family Development Project and the NICHD Study of Early Child Care. In K. E. Grossmann, K. Grossmann, & E. Waters (Eds.), *Attachment from infancy to adulthood: The major longitudinal studies* (pp. 71–97). New York: Guilford.

Belsky, J., & de Haan, M. (2011). Parenting and children's brain development: The end of the beginning. *Journal of Child Psychology and Psychiatry, 52,* 409–428.

Belsky, J., & Fearon, R. M. P. (2002). Early attachment security, subsequent maternal sensitivity, and later child development: Does continuity in development depend on caregiving? *Attachment and Human Development, 4,* 361–387.

Belsky, J., & Fearon, R. M. P. (2008). Precursors of attachment security. In J. Cassidy & P. R. Shaver (Eds.), *Handbook of attachment: Theory, research, and clinical applications* (2nd ed., pp. 295–316). New York: Guilford.

Belsky, J., Schlomer, G. L., & Ellis, B. J. (2012). Beyond cumulative risk: Distinguishing harshness and unpredictability as determinants of parenting and early life history strategy. *Developmental Psychology, 48,* 662–673.

Belsky, J., Steinberg, L. D., Houts, R. M., Friedman, S. L., DeHart, G., Cauffman, E., Roisman, G. I., & Halpern-Felsher, B. (2007a). Family rearing antecedents of pubertal timing. *Child Development, 78,* 1302–1321.

Belsky, J., Steinberg, L., Houts, R. M., & Halpern-Felsher, B. L. (2010). The development of reproductive strategy in females: Early maternal harshness → earlier menarche → increased sexual risk taking. *Developmental Psychology, 46,* 120–128.

Belsky, J., Vandell, D. L., Burchinal, M., Clarke-Stewart, K. A., McCartney, K., & Owen, M. T. (2007b). Are there long-term effects of early child care? *Child Development, 78,* 681–701.

Bender, H. L., Allen, J. P., McElhaney, K. B., Antonishak, J., Moore, C. M., Kelly, H. L., & Davis, S. M. (2007). Use of harsh physical discipline and developmental outcomes in adolescence. *Development and Psychopathology, 19,* 227–242.

Benenson, J. F., & Christakos, A. (2003). The greater fragility of females' versus males' closest same-sex friendships. *Child Development, 74,* 1123–1129.

Benigno, J. P., Byrd, D. L., McNamara, P. H., Berg, W. K., & Farrar, M. J. (2011). Talking through transitions: Microgenetic changes in preschoolers' private speech. *Child Language Teaching and Therapy, 27,* 269–285.

Benner, A. D. (2011). The transition to high school: Current knowledge, future directions. *Educational Psychology Review, 23,* 299–328.

Benner, A. D., & Graham, S. (2009). The transition to high school as a developmental process among multiethnic urban youth. *Child Development, 80,* 356–376.

Benner, A. D., & Wang, Y. (2014). Shifting attendance trajectories from middle to high school: Influences of school transitions and changing school contexts. *Developmental Psychology, 50,* 1288–1301.

Bennett, C., Barlow, J., Huband, N., Smailagic, N., & Roloff, V. (2013). Group-based parenting programs for improving parenting and psychological functioning: A systematic review. *Journal of the Society for Social Work and Research, 4,* 300–332.

Bennett, D. A., Schneider, J. A., Tang, Y., Arnold, S. E., & Wilson, R. S. (2006). The effect of social networks on the relation between Alzheimer's disease pathology and level of cognitive function in old people: A longitudinal cohort study. *Lancet Neurology, 5,* 406–412.

Bennett, K. M. (2007). "No sissy stuff": Toward a theory of masculinity and emotional expression in older widowed men. *Journal of Aging Studies, 21,* 347–356.

Bennett, K. M., & Soulsby, L. K. (2012). Well-being in bereavement and widowhood. *Illness, Crisis & Loss, 20,* 321–337.

Benoit, A., Lacourse, E., & Claes, M. (2013). Pubertal timing and depressive symptoms in late adolescence: The moderating role of individual, peer, and parental factors. *Development and Psychopathology, 25,* 455–471.

Benson, J. E., Sabbagh, M. A., Carlson, S. M., & Zelazo, P. D. (2013). Individual differences in executive functioning predict preschoolers' improvement from theory-of-mind training. *Developmental Psychology, 49,* 1615–1627.

Bera, A., Ghosh, J., Singh, A. K., Hazra, A., Mukherjee, S., & Mukherjee, R. (2014). Effect of kangaroo mother care on growth and development of low birthweight babies up to 12 months of age: A controlled clinical trial. *Acta Paediatrica, 103,* 643–650.

Beratis, I. N., Rabavilas, A. D., Kyprianou, M., Papadimitriou, G. N., & Papageorgiou, C. (2013). Investigation of the link between higher order cognitive functions and handedness. *Journal of Clinical and Experimental Neuropsychology, 35,* 393–403.

Berenbaum, S. A., & Beltz, A. M. (2011). Sexual differentiation in human behavior: Effects of prenatal and pubertal organizational hormones. *Frontiers in Neuroendocrinology, 32,* 183–200.

Berg, C. A., & Strough, J. (2011). Problem solving across the life span. In K. L. Fingerman, C. A. Berg, J. Smith, & T. C. Antonucci (Eds.), *Handbook of life-span development* (pp. 239–267). New York: Springer.

Bergen, D. (2013). Does pretend play matter? Searching for evidence: Comment on Lillard et al. (2013). *Psychological Bulletin, 139,* 45–48.

Berger, L. M., Paxson, C., & Waldfogel, J. (2009). Income and child development. *Children and Youth Services Review, 31,* 978–989.

Berger, S. E. (2010). Locomotor expertise predicts infants' perseverative errors. *Developmental Psychology, 46,* 326–336.

Berger, S. E., Theuring, C., & Adolph, K. E. (2007). How and when infants learn to climb stairs. *Infant Behavior and Development, 30,* 36–49.

Bergman, E. J., Haley, W. E., & Small, B. J. (2010). The role of grief, anxiety, and depressive symptoms in the utilization of bereavement services. *Death Studies, 34,* 441–458.

Bergman, I., Blomberg, M., & Almkvist, O. (2007). The importance of impaired physical health and age in normal cognitive aging. *Scandinavian Journal of Psychology, 48,* 115–125.

Bergman, M. J., Rose, K. J., & Shuck, M. B. (2015). Adult degree programs: Factors impacting student persistence. In J. K. Holtz, S. B. Springer, & C. J. Boden-McGill (Eds.), *Building sustainable futures for adult learners* (pp. 27–50). Charlotte, NC: Information Age Publishing.

Bergman, R. (2004). Identity as motivation. In D. K. Lapsley & D. Narvaez (Eds.), *Moral development, self, and identity* (pp. 21–46). Mahwah, NJ: Erlbaum.

Bering, J. M., & Bjorklund, D. F. (2004). The natural emergence of reasoning about the afterlife as a developmental regularity. *Developmental Psychology, 40,* 217–233.

Berk, L. E. (2001). *Awakening children's minds: How parents and teachers can make a difference.* New York: Oxford University Press.

Berk, L. E. (2006). Looking at kindergarten children. In D. Gullo (Ed.), *K today: Teaching and learning in the kindergarten year* (pp. 11–25). Washington, DC: National Association for the Education of Young Children.

Berk, L. E. (2015). Make-believe play and children's self-regulation. *Speaking about ... Psychology On-Demand Webinars.* Hoboken, NJ: Pearson Education. Retrieved from www.pearsoned.com/events-and-webinars/higher-education-events-and-webinars/speaking-about-webinars/on-demand-webinars/psychology

Berk, L. E., & Meyers, A. B. (2013). The role of make-believe play in the development of executive function: Status of research and future directions. *American Journal of Play, 6,* 98–110.

Berk, L. E., & Spuhl, S. (1995). Maternal interaction, private speech, and task performance in preschool children. *Early Childhood Research Quarterly, 10,* 145–169.

Berkeley, S., Mastropieri, M. A., & Scruggs, T. E. (2011). Reading comprehension strategy instruction and attribution retraining for secondary students with learning and other mild disabilities. *Journal of Learning Disabilities, 44,* 18–31.

Berkowitz, M. W., & Gibbs, J. C. (1983). Measuring the developmental features of moral discussion. *Merrill-Palmer Quarterly, 29,* 399–410.

Berkowitz, R. L., Roberts, J., & Minkoff, H. (2006). Challenging the strategy of maternal age-based prenatal genetic counseling. *JAMA, 295,* 1446–1448.

Berlin, L. J., Ipsa, J. M., Fine, M. A., Malone, P. S., Brooks-Gunn, J., Brady-Smith, C., et al. (2009). Correlates and consequences of spanking and verbal punishment for low-income white, African-American, and Mexican-American toddlers. *Child Development, 80,* 1403–1420.

Berman, R. A. (2007). Developing linguistic knowledge and language use across adolescence. In K. Hirsh-Pasek & R. M. Golinkoff (Eds.), *Action meets word: How children learn verbs* (pp. 347–367). New York: Oxford University Press.

Berndt, T. J. (2004). Children's friendships: Shifts over a half-century in perspectives on their development and effects. *Merrill-Palmer Quarterly, 50,* 206–223.

Bernier, A., Larose, S., & Whipple, N. (2005). Leaving home for college: A potential stressful event for adolescents with preoccupied attachment patterns. *Attachment and Human Development, 7,* 171–185.

Bern-Klug, M., & Manthai, T. (2016). Nursing homes. In S. K. Whitbourne (Ed.), *Encyclopedia of adulthood and aging* (Vol. 2, pp. 985–988). Malden, MA: Wiley Blackwell.

Bernstein, N. (2014). *Burning down the house: The end of juvenile prison.* New York: New Press.

Berry, P., & Griffie, J. (2016). Planning for the actual death. In N. Coyle & B. R. Ferrell (Eds.), *Social aspects of care* (pp. 73–98). New York: Oxford University Press.

Berscheid, E. (2010). Love in the fourth dimension. *Annual Review of Psychology, 61,* 1–25.

Bertenthal, B. I. (1993). Infants' perception of biomechanical motions: Intrinsic image and knowledge-based constraints. In C. Granrud (Ed.), *Visual perception and cognition in infancy* (pp. 175–214). Hillsdale, NJ: Erlbaum.

Bertenthal, B. I., Gredebäck, G., & Boyer, T. W. (2013). Differential contributions of development and learning to infants' knowledge of object continuity and discontinuity. *Child Development, 84,* 413–421.

Bertenthal, B. I., Longo, M. R., & Kenny, S. (2007). Phenomenal permanence and the development of predictive tracking in infancy. *Child Development, 78,* 350–363.

Bertrand, J., & Dang, E. P. (2012). Fetal alcohol spectrum disorders: Review of teratogenicity, diagnosis and treatment issues. In D. Hollar (Ed.), *Handbook of children with special health care needs* (pp. 231–258). New York: Springer Science + Business Media.

Bertrand, M., & Mullainathan, S. (2004). *Are Emily and Brendan more employable than Lakisha and Jamal? A field experiment on labor market discrimination.* Unpublished manuscript, University of Chicago.

Berzin, S. C., & De Marco, A. C. (2010). Understanding the impact of poverty on critical events in emerging adulthood. *Youth and Society, 42,* 278–300.

Berzlanovich, A. M., Keil, W. W., Sim, T., Fasching, P., & Fazeny-Dorner, B. (2005). Do centenarians die healthy? An autopsy study. *Journals of Gerontology, 60A,* 862–865.

Berzonsky, M. D. (2011). A social-cognitive perspective on identity construction. In S. J. Schwartz, K. Luyckx, & V. L. Vignoles (Eds.), *Handbook of identity theory and research* (pp. 55–76). New York: Springer.

Berzonsky, M. D., Cieciuch, J., Duriez, B., & Soenens, B. (2011). The how and what of identity formation: Associations between identity styles and value orientations. *Personality and Individual Differences, 50,* 295–299.

Best, C., & Fortenberry, J. D. (2013). Adolescent sexuality and sexual behavior. In W. T. O'Donohue, L. T. Benuto, & L. Woodward Tolle (Eds.), *Handbook of adolescent health psychology* (pp. 271–291). New York: Springer.

Best, D. (2009). From the American Academy of Pediatrics: Technical report—secondhand and prenatal tobacco smoke exposure. *Pediatrics, 124,* e1017–e1044.

Best, D. L. (2001). Gender concepts: Convergence in cross-cultural research and methodologies. *Cross-cultural Research: The Journal of Comparative Social Science, 35,* 23–43.

Beydoun, M. E., Beydoun, H. A., Gamaldo, A. A., Teel, A., & Zonderman, A. B. (2014). Epidemiologic studies of modifiable factors associated with cognition and dementia: Systematic review and meta-analysis. *BMC Public Health, 14,* 643.

Beyene, Y. (1992). Menopause: A biocultural event. In A. J. Dan & L. L. Lewis (Eds.), *Menstrual health in women's lives* (pp. 169–177). Urbana, IL: University of Illinois Press.

Beyene, Y., & Martin, M. C. (2001). Menopausal experiences and bone density of Mayan women in Yucatan, Mexico. *American Journal of Human Biology, 13,* 47–71.

Beyers, J. M., Bates, J. E., Pettit, G. S., & Dodge, K. A. (2003). Neighborhood structure, parenting processes, and the development of youths' externalizing behaviors: A multilevel analysis. *American Journal of Community Psychology, 31,* 35–53.

Beyers, W., & Luyckx, K. (2016). Ruminative exploration and reconsideration of commitment as risk factors for suboptimal identity development in adolescence and emerging adulthood. *Journal of Adolescence, 47,* 169–178.

Beyers, W., & Seiffge-Krenke, I. (2010). Does identity precede intimacy? Testing Erikson's theory of romantic development in emerging adults of the 21st century. *Journal of Adolescent Research, 25,* 387–415.

Bhargava, S., & Witherspoon, D. P. (2015). Parental involvement across middle and high school: Exploring contributions of individual and neighborhood characteristics. *Journal of Youth and Adolescence, 44,* 1702–1719.

Bhat, A., Heathcock, J., & Galloway, J. C. (2005). Toy-oriented changes in hand and joint kinematics during the emergence of purposeful reaching. *Infant Behavior and Development, 28,* 445–465.

Bhatt, R. S., Rovee-Collier, C., & Weiner, S. (1994). Developmental changes in the interface between perception and memory retrieval. *Developmental Psychology, 30,* 151–162.

Bhatt, R. S., Wilk, A., Hill, D., & Rovee-Collier, C. (2004). Correlated attributes and categorization in the first half-year of life. *Developmental Psychobiology, 44,* 103–115.

Bherer, L. (2012). Physical activity and exercise in older adults. In E. O. Acevedo (Ed.), *Oxford handbook of exercise psychology* (pp. 359–384). New York: Oxford University Press.

Bherer, L., Kramer, A. F., Peterson, M. S., Colcombe, S., Erickson, K., & Becic, E. (2006). Training effects on dual-task performance: Are there age-related differences in plasticity of attentional control? *Psychology and Aging, 20,* 695–709.

Bialystok, E. (2011). Reshaping the mind: The benefits of bilingualism. *Canadian Journal of Experimental Psychology, 65,* 229–235.

Bialystok, E. (2013). The impact of bilingualism on language and literacy development. In T. K. Bhatia & W. C. Ritchie (Eds.), *Handbook of bilingualism and multilingualism* (pp. 624–648). Chichester, UK: Wiley-Blackwell.

Bialystok, E., Craik, F. I. M., & Luk, G. (2012). Bilingualism: Consequences for mind and brain. *Trends in Cognitive Sciences, 16,* 240–250.

Bialystok, E., & Martin, M. M. (2003). Notation to symbol: Development in children's understanding of print. *Journal of Experimental Child Psychology, 86,* 223–243.

Bianchi, S. M. (2011). Family change and time allocation in American families. *Annals of the American Academy of Political and Social Science, 638,* 21–44.

Bick, J., Dozier, M., Bernard, K., Grasso, D., & Simons, R. (2013). Foster mother–infant bonding: Associations between foster mothers' oxytocin production, electrophysiological brain activity, feelings of commitment, and caregiving quality. *Child Development, 84,* 826–840.

Biederman, J., Fried, R., Petty, C., Mahoney, L., & Faraone, S. V. (2012). An examination of the impact of attention-deficit hyperactivity disorder on IQ: A large controlled family-based analysis. *Canadian Journal of Psychiatry, 57,* 608–616.

Bielak, A. A. M., Hultsch, D. F., Strauss, E., MacDonald, S. W. S., & Hunter, M. A. (2010). Intraindividual variability in reaction time predicts cognitive outcomes 5 years later. *Neuropsychology, 24,* 731–741.

Bierman, K. L., Domitrovich, C. E., Nix, R. L., Gest, S. D., Welsh, J. A., Greenberg, M. T., et al. (2008). Promoting academic and social-emotional school readiness: The Head Start REDI program. *Child Development, 79,* 1802–1817.

Bierman, K. L., Nix, R. L., Heinrichs, B. S., Domitrovich, C. E., Gest, S. D., Welsh, J. A., et al. (2014). Effects of Head Start REDI on children's outcomes 1 year later in different kindergarten contexts. *Child Development, 85,* 140–159.

Bierman, K. L., & Powers, L. M. (2009). Social skills training to improve peer relations. In K. H. Rubin, W. M. Bukowski, & B. Laursen (Eds.), *Handbook of peer interactions, relationships, and groups* (pp. 603–621). New York: Guilford Press.

Bifulco, R., Cobb, C. D., & Bell, C. (2009). Can interdistrict choice boost student achievement? The case of Connecticut's interdistrict magnet school program. *Educational Evaluation and Policy Analysis, 31,* 323–345.

Bigelow, A. E., MacLean, K., Proctor, J., Myatt, T., Gillis, R., & Power, M. (2010). Maternal sensitivity throughout infancy: Continuity and relation to attachment security. *Infant Behavior and Development, 33,* 50–60.

Bigelow, A. E., & Power, M. (2014). Effects of maternal responsiveness on infant responsiveness and behavior in the still-face task. *Infancy, 19,* 558–584.

Bigler, R. S. (2007, June). Personal communication.

Bigler, R. S. (2013). Understanding and reducing social stereotyping and prejudice among children. In M. Banaji & S. A. Gelman (Eds.), *Navigating the social world: What infants, children, and other species can teach us* (pp. 327–33). New York: Oxford University Press.

Bilgel, M., An, Y., Lang, A., Prince, J., Ferruci, L., Jedynak, B., & Risnick, S. M. (2014). Trajectories of Alzheimer disease-related cognitive measures in a longitudinal sample. *Alzheimer's & Dementia, 10,* 735–742.

Birbeck, D., & Drummond, M. (2015). Research methods and ethics working with young children. In O. N. Saracho (Ed.), *Handbook of research methods in early childhood education: Vol. 2. Review of research methodologies* (pp. 607–632). Charlotte, NC: IAP Information Age Publishing.

Birch, L. L., & Fisher, J. A. (1995). Appetite and eating behavior in children. *Pediatric Clinics of North America, 42,* 931–953.

Birch, L. L., Fisher, J. O., & Davison, K. K. (2003). Learning to overeat: Maternal use of restrictive feeding practices promotes girls' eating in the absence of hunger. *American Journal of Clinical Nutrition, 78,* 215–220.

Birch, L. L., Zimmerman, S., & Hind, H. (1980). The influence of social–affective context on preschool children's food preferences. *Child Development, 51,* 856–861.

Bird, A., & Reese, E. (2006). Emotional reminiscing and the development of an autobiographical self. *Developmental Psychology, 42,* 613–626.

Birditt, K. S., & Antonucci, T. C. (2007). Relationship quality profiles and well-being among married adults. *Journal of Family Psychology, 21,* 595–604.

Birditt, K. S., & Fingerman, K. L. (2005). Do we get better at picking our battles? Age group differences in descriptions of behavioral reactions to interpersonal tensions. *Journals of Gerontology, 60B,* P121–P128.

Birditt, K. S., Jackey, L. M. H., & Antonucci, T. C. (2009). Longitudinal patterns of negative relationship quality across adulthood. *Journals of Gerontology, 64B,* 55–64.

Biringen, Z., Altenhofen, S., Aberle, J., Baker, M., Brosal, A., Bennett, S., et al. (2012). Emotional availability, attachment, and intervention in center-based child care for infants and toddlers. *Development and Psychopathology, 24,* 23–34.

Biringen, Z., Emde, R. N., Campos, J. J., & Appelbaum, M. I. (1995). Affective reorganization in the infant, the mother, and the dyad: The role of upright locomotion and its timing. *Child Development, 66,* 499–514.

Birkeland, M. S., Breivik, K., & Wold, B. (2014). Peer acceptance protects global self-esteem from negative effects of low closeness to parents during adolescence and early adulthood. *Journal of Youth and Adolescence, 43,* 70–80.

Birkeland, M. S., Melkevik, O., Holsen, I., & Wold, B. (2012). Trajectories of global self-esteem development during adolescence. *Journal of Adolescence, 35,* 43–54.

Birney, D. P., & Sternberg, R. J. (2011). The development of cognitive abilities. In M. H. Bornstein & M. E. Lamb (Eds.), *Developmental science: An advanced textbook* (6th ed., pp. 353–388). New York: Psychology Press.

Biro, F. M., & Wien, M. (2010). Childhood obesity and adult morbidities. *American Journal of Clinical Nutrition, 91,* 1499S–1505S.

Birren, J. E. (2009). Gifts and talents of elderly people: The persimmon's promise. In F. D. Horowitz, R. F. Subotnik, & D. J. Matthews (Eds.), *The development of giftedness and talent across the life span* (pp. 171–185). Washington, DC: American Psychological Association.

Bjelakovic, G., Nikolova, D., & Gluud, C. (2013). Antioxidant supplements to prevent mortality. *JAMA, 310,* 1178–1179.

Bjorklund, D. F. (2012). *Children's thinking* (5th ed.). Belmont, CA: Wadsworth Cengage Learning.

Bjorklund, D. F., Causey, K., & Periss, V. (2009). The evolution and development of human social cognition. In P. Kappeler & J. Silk (Eds.), *Mind the gap: Racing the origins of human universals* (pp. 351–371). Berlin: Springer Verlag.

Bjorklund, D. F., Schneider, W., Cassel, W. S., & Ashley, E. (1994). Training and extension of a memory strategy: Evidence for utilization deficiencies in high- and low-IQ children. *Child Development, 65,* 951–965.

Black, M. C. (2011). Intimate partner violence and adverse health consequences: Implications for clinicians. *American Journal of Lifestyle Medicine, 5,* 428–439.

Black, M. C., Basile, K. C., Breiding, M. J., Smith, S. G., Walters, M. L., Merrick, M. T., et al. (2011). *The National Intimate Partner and Sexual Violence Survey: 2010 summary report.* Atlanta, GA: Centers for Disease Control and Prevention. Retrieved from www.cdc.gov/violenceprevention/pdf/nisvs _executive_summary-a.pdf

Black, R. E., Victora, C. G., Walker, S. P., Bhutta, Z. A., Christian, P., de Onis, M., et al. (2013). Maternal and child undernutrition and overweight in low-income and middle-income countries. *Lancet, 382,* 427–451.

Black, R. E., Williams, S. M., Jones, I. E., & Goulding, A. (2002). Children who avoid drinking cow milk have low dietary calcium intakes and poor bone health. *American Journal of Clinical Nutrition, 76,* 675–680.

Blackwell, C., Moscovis, S., Hall, S., Burns, C., & Scott, R. J. (2015). Exploring the risk factors for sudden infant deaths and their role in inflammatory responses to infection. *Frontiers in Immunology, 6*(44), 1–8.

Blair, B. L., Perry, N. B., O'Brien, M., Calkins, S. D., Keane, S. P., & Shanahan, L. (2014). The indirect effects of maternal emotion socialization on friendship quality in middle childhood. *Developmental Psychology, 50,* 566–576.

Blair, C., Grander, D. A., Willoughby, M., Mills-Koonce, R., Cox, M., Greenberg, M. T., et al. (2011). Salivary cortisol mediates effects of poverty and parenting on executive functions in early childhood. *Child Development, 82,* 1970–1984.

Blair, C., & Raver, C. C. (2012). Child development in the context of adversity: Experiential canalization of brain and behavior. *American Psychologist, 67,* 309–318.

Blair, C., & Razza, R. P. (2007). Relating effortful control, executive function, and false belief understanding to emerging math and literacy ability in kindergarten. *Developmental Psychology, 78,* 647–663.

Blake, A. B., & Castel, A. D. (2016). Metamemory. In S. K. Whitbourne (Ed.), *Encyclopedia of adulthood and aging* (Vol. 2, pp. 903–907). Hoboken, NJ: Wiley Blackwell.

Blakemore, J. E. O. (2003). Children's beliefs about violating gender norms: Boys shouldn't look like girls, and girls shouldn't act like boys. *Sex Roles, 48,* 411–419.

Blakemore, J. E. O., Berenbaum, S. A., & Liben, L. S. (2009). *Gender development.* New York: Psychology Press.

Blakemore, J. E. O., & Hill, C. A. (2008). The Child Gender Socialization Scale: A measure to compare traditional and feminist parents. *Sex Roles, 58,* 192–207.

Blakemore, S.-J. (2012). Imaging brain development: The adolescent brain. *NeuroImage, 61,* 397–406.

Blanchard-Fields, F. (2007). Everyday problem solving and emotion: An adult developmental perspective. *Current Directions in Psychological Science, 16,* 26–31.

Blanchard-Fields, F., & Coats, A. H. (2008). The experience of anger and sadness in everyday problems impacts age differences in emotion regulation. *Developmental Psychology, 44,* 1547–1556.

Blasi, A. (1994). Moral identity: Its role in moral functioning. In B. Puka (Ed.), *Fundamental research in moral development: A compendium* (Vol. 2, pp. 123–167). New York: Garland.

Blasi, C. H., & Bjorklund, D. F. (2003). Evolutionary developmental psychology: A new tool for better understanding human ontogeny. *Human Development, 46,* 259–281.

Blass, E. M., Ganchrow, J. R., & Steiner, J. E. (1984). Classical conditioning in newborn humans 2–48 hours of age. *Infant Behavior and Development, 7,* 223–235.

Blatteis, C. M. (2012). Age-dependent changes in temperature regulation—a mini review. *Gerontology, 58,* 289–295.

Blau, D., & Goldstein, R. (2007). *What explains trends in labor force participation of older men in the United States?* Discussion Paper No. 2991. Bonn, Germany: Institute for the Study of Labor.

Bleske, A. L., & Buss, D. M. (2000). Can men and women be just friends? *Personal Relationships, 7,* 131–151.

Blieszner, R., & Roberto, K. A. (2012). Partners and friends in adulthood. In S. K. Whitbourne & M. J. Sliwinski (Eds.), *The Wiley-Blackwell handbook of adulthood and aging* (pp. 381–398). Malden, MA: Wiley-Blackwell.

Block, C. C. (2012). Proven and promising reading instruction. In J. S. Carlson & J. R. Levin (Eds.), *Instructional strategies for improving students' learning* (pp. 3–41). Charlotte, NC: Information Age Publishing.

Block, J. (2011). The five-factor framing of personality and beyond: Some ruminations. *Psychological Inquiry, 21,* 2–25.

Blondell, S. J., Hammersley-Mather, R., & Veerman, J. L. (2014). Does physical activity prevent cognitive decline and dementia? A systematic review and meta-analysis of longitudinal studies. *BMC Public Health, 14,* 510.

Blood-Siegfried, J. (2009). The role of infection and inflammation in sudden infant death syndrome. *Immunopharmacology and Immunotoxicology, 31,* 516–523.

Bloom, L. (2000). The intentionality model of language development: How to learn a word, any word. In R. Golinkoff, K. Hirsh-Pasek, N. Akhtar, L. Bloom, G. Hollich, L. Smith, M. Tomasello, & A. Woodward (Eds.), *Becoming a word learner: A debate on lexical acquisition.* New York: Oxford University Press.

Bloom, T., Glass, N., Curry, M. A., Hernandez, R., & Houck, G. (2013). Maternal stress exposures, reactions, and priorities for stress reduction among low-income, urban women. *Journal of Midwifery and Women's Health, 58,* 167–174.

Bluck, S., Dirk, J., Mackay, M. M., & Hux, A. (2008). Life experience with death: Relation to death attitudes and to the use of death-related memories. *Death Studies, 32,* 524–549.

Bluebond-Langner, M. (1977). Meanings of death to children. In H. Feifel (Ed.), *New meanings of death* (pp. 47–66). New York: McGraw-Hill.

Blumenfeld, P. C., Marx, R. W., & Harris, C. J. (2006). Learning environments. In K. A. Renninger & I. E. Sigel (Eds.), *Handbook of child psychology: Vol. 4. Child psychology in practice* (6th ed., pp. 297–342). Hoboken, NJ: Wiley.

Blumenthal, H., Leen-Feldner, E. W., Babson, K. A., Gahr, J. L., Trainor, C. D., & Frala, J. L. (2011). Elevated social anxiety among early maturing girls. *Developmental Psychology, 47,* 1133–1140.

Bodell, L. P., Joiner, T. F., & Keel, P. K. (2013). Comorbidity-independent risk for suicidality increases with bulimia nervosa but not anorexia nervosa. *Journal of Psychiatric Research, 47,* 617–621.

Bodner, E., Shrira, A., Bergman, Y. S., & Cohen-Fridel, S. (2015). Anxieties about aging and death and psychological distress: The protective role of emotional complexity. *Personality and Individual Differences, 83,* 91–96.

Bodrova, E., & Leong, D. J. (2007). *Tools of the mind: The Vygotskian approach to early childhood education* (2nd ed.). Upper Saddle River, NJ: Merrill/ Prentice Hall.

Boerner, K., Jopp, D. S., Carr, D., Sosinsky, L., & Kim, S.-K. (2014). "His" and "her" marriage? The role of positive and negative marital characteristics in global marital satisfaction among older adults. *Journals of Gerontology, 69,* 579–589.

Bogaert, A. F., & Skorska, M. (2011). Sexual orientation, fraternal birth order, and the maternal immune hypothesis: A review. *Frontiers in Neuroendocrinology, 32,* 247–254.

Bogin, B. (2001). *The growth of humanity.* New York: Wiley-Liss.

Bohannon, J. N., III, & Bonvillian, J. D. (2013). Theoretical approaches to language acquisition. In J. B. Gleason & N. B. Ratner (Eds.), *The development of language* (8th ed., pp. 190–240). Upper Saddle River, NJ: Pearson.

Bohannon, J. N., III, & Stanowicz, L. (1988). The issue of negative evidence: Adult responses to children's language errors. *Developmental Psychology, 24,* 684–689.

Bolisetty, S., Bajuk, B., Me, A.-L., Vincent, T., Sutton, L., & Lui, K. (2006). Preterm outcome table (POT): A simple tool to aid counselling parents of very preterm infants. *Australian and New Zealand Journal of Obstetrics and Gynaecology, 46,* 189–192.

Bolkan, C., & Hooker, K. (2012). Self-regulation and social cognition in adulthood: The gyroscope of personality. In S. K. Whitbourne & M. J. Sliwinski (Eds.), *Wiley-Blackwell handbook of adulthood and aging* (pp. 357–380). Malden, MA: Wiley-Blackwell.

Bonanno, G. A. (2004). Loss, trauma, and human resilience. *American Psychologist, 59,* 20–28.

Bonanno, G. A., Westphal, M., & Mancini, A. D. (2011). Resilience to loss and potential trauma. *Annual Review of Clinical Psychology, 7,* 511–535.

Bonanno, G. A., Wortman, C. B., Lehman, D. R., Tweed, R. G., Haring, M., Sonnega, J., et al. (2002). Resilience to loss and chronic grief: A prospective study from preloss to 18-months postloss. *Journal of Personality and Social Psychology, 83,* 260–271.

Bookman, A., & Kimbrel, D. (2011). Families and elder care in the twenty-first century. *Future of Children, 21,* 117–140.

Boom, J., Wouters, H., & Keller, M. (2007). A cross-cultural validation of stage development: A Rasch re-analysis of longitudinal socio-moral reasoning data. *Cognitive Development, 22,* 213–229.

Booren, L. M., Downer, J. T., & Vitiello, V. E. (2012). Observations of children's interactions with teachers, peers, and tasks across preschool classroom activity settings. *Early Education and Development, 23,* 517–538.

Booth, A., Scott, M. E., & King, V. (2010). Father residence and adolescent problem behavior: Are youth always better off in two-parent families? *Journal of Family Issues, 31,* 585–605.

Booth, R. D., L., & Happé, F. G. E. (2016). Evidence of reduced global processing in autism spectrum disorder. *Journal of Autism and Developmental Disorders, 46,* ISSN 1573-3472.

Booth-LaForce, C., Groh, A. M., Burchinal, M. R., Roisman, G. I., Owen, M. T., & Cox, M. J. (2014). Caregiving and contextual sources of continuity and change in attachment security from infancy to late adolescence. In C. Booth-LaForce & G. I. Roisman (Eds.), The Adult Attachment Interview: Psychometrics, stability and change from infancy, and developmental origins. *Monographs of the Society for Research in Child Development, 79*(3, Serial No. 314), 67–84.

Borchert, S., Lamm, B., Graf, F., & Knopf, M. (2013). Deferred imitation in 18-month-olds from two cultural contexts: The case of Cameroonian Nso farmer and German-middle class infants. *Infant Behavior and Development, 36,* 717–727.

Borghese, M. M., Tremblay, M. S., Katzmarzyk, P. T., Tudor-Locke, C., Schuna, J. M., Jr., Leduc, G., et al. (2015). Mediating role of television time, diet patterns, physical activity and sleep duration in the association between television in the bedroom and adiposity in 10-year-old children. *International Journal of Behavioral Nutrition and Physical Activity, 12,* Article ID 60.

Bornstein, M. H. (2015). Children's parents. In M. H. Bornstein & T. Leventhal (Eds.), *Handbook of child psychology and developmental science: Vol. 4. Ecological settings and processes* (7th ed., pp. 55–132). Hoboken, NJ: Wiley.

Bornstein, M. H., & Arterberry, M. E. (1999). Perceptual development. In M. H. Bornstein & M. E. Lamb (Eds.), *Developmental psychology: An advanced textbook* (pp. 231–274). Mahwah, NJ: Erlbaum.

Bornstein, M. H., & Arterberry, M. E. (2003). Recognition, discrimination, and categorization of smiling by 5-month-old infants. *Developmental Science, 6,* 585–599.

Bornstein, M. H., Arterberry, M. E., & Mash, C. (2010). Infant object categorization transcends object–context relations. *Infant Behavior and Development, 33,* 7–15.

Bornstein, M. H., Vibbert, M., Tal, J., & O'Donnell, K. (1992). Toddler language and play in the second year: Stability, covariation, and influences of parenting. *First Language, 12,* 323–338.

Borst, C. G. (1995). *Catching babies: The professionalization of childbirth, 1870–1920.* Cambridge, MA: Harvard University Press.

Borst, G., Poirel, N., Pineau, A., Cassotti, M., & Houdé, O. (2013). Inhibitory control efficiency in a Piaget-like class-inclusion task in school-age children and adults: A developmental negative priming study. *Developmental Psychology, 49,* 1366–1374.

Bos, H. (2013). Lesbian-mother families formed through donor insemination. In A. E. Goldberg & K. R. Allen (Eds.), *LGBT-parent families: Innovations in research and implications for practice* (pp. 21–37). New York: Springer.

Bos, H. M. W., & Sandfort, T. G. M. (2010). Children's gender identity in lesbian and heterosexual two-parent families. *Sex Roles, 62,* 114–126.

Bos, H. M. W., van Balen, F., & van den Boom, D. C. (2004). Experience of parenthood, couple relationship, social support, and child-rearing goals in planned lesbian mother families. *Journal of Child Psychology and Psychiatry, 25,* 755–764.

Bost, K. K., Shin, N., McBride, B. A., Brown, G. L., Vaughn, B. E., & Coppola, G. (2006). Maternal secure base scripts, children's attachment security, and mother–child narrative styles. *Attachment and Human Development, 8,* 241–260.

Boswell, G. H., Kahana, E., & Dilworth-Anderson, P. (2006). Spirituality and healthy lifestyle behaviors: Stress counter-balancing effects on the well-being of older adults. *Journal of Religion and Health, 45,* 587–602.

Boswell, H. (2014). Normal pubertal physiology in females. In J. E. Dietrich (Ed.), *Female puberty: A comprehensive guide for clinicians* (pp. 7–30). New York: Springer.

Bouazzaoui, B., Follenfant, A., Ric, F., Fay, S., Croizet, J.-C., Atzeni, T., & Taconnat, L. (2015). Ageing-related stereotypes in memory: When the beliefs come true. *Memory, 24,* 659–668.

Bouchard, T. J. (2004). Genetic influence on human psychological traits: A survey. *Current Directions in Psychological Science, 13,* 148–151.

Boucher, O., Bastien, C. H., Saint-Amour, D., Dewailly, E., Ayotte, P., Jacobson, J. L., Jacobson, et al. (2010). Prenatal exposure to methylmercury and PCBs affects distinct stages of information processing: An event-related potential study with Inuit children. *Neurotoxicology, 31,* 373–384.

Boucher, O., Jacobson, S. W., Plusquellec, P., Dewailly, E., Ayotte, P., Forget-Dubois, N., et al. (2012). Prenatal methylmercury, postnatal lead exposure, and evidence of attention deficit/hyperactivity disorder among Inuit children in Arctic Québec. *Environmental Health Perspectives, 120,* 1456–1461.

Boucher, O., Muckle, G., & Bastien, C. H. (2009). Prenatal exposure to polychlorinated biphenyls: A neuropsychologic analysis. *Environmental Health Perspectives, 117,* 7–16.

Bouldin, P. (2006). An investigation of the fantasy predisposition and fantasy style of children with imaginary companions. *Journal of Genetic Psychology, 167,* 17–29.

Bourassa, K. J., Sbarra, D. A., & Whisman, M. A. (2015). Women in very low quality marriages gain life satisfaction following divorce. *Journal of Family Psychology, 29,* 490–499.

Boutwell, B. B., Franklin, C. A., Barnes, J. C., & Beaver, K. M. (2011). Physical punishment and childhood aggression: The role of gender and gene–environment interplay. *Aggressive Behavior, 37,* 559–568.

Bowen, C. E., Noack, M. G., & Staudinger, U. M. (2011). Aging in the work context. In K. W. Schaie & S. L. Willis (Eds.), *Handbook of the psychology of aging* (7th ed., pp. 263–277). San Diego, CA: Academic Press.

Bowlby, J. (1969). *Attachment and loss: Vol. 1. Attachment.* New York: Basic Books.

Bowlby, J. (1980). *Attachment and loss: Vol. 3. Loss: Sadness and depression.* New York: Basic Books.

Bowman, N. A. (2011a). College diversity experiences and cognitive development: A meta-analysis. *Review of Educational Research, 80,* 4–33.

Bowman, N. A. (2011b). Promoting participation in a diverse democracy: A meta-analysis of college diversity experiences and civic engagement. *Review of Educational Research, 81,* 29–68.

Boyatzis, C. J. (2000). The artistic evolution of mommy: A longitudinal case study of symbolic and social processes. In C. J. Boyatzis & M. W. Watson (Eds.), *Symbolic and social constraints on the development of children's artistic style* (pp. 5–29). San Francisco: Jossey-Bass.

Boyd-Franklin, N. (2006). *Black families in therapy* (2nd ed.). New York: Guilford.

Boyle, C. A., Boulet, S., Schieve, L. A., Cohen, R. A., Blumberg, S. J., Yeargin-Allsopp, M., et al. (2011). Trends in the prevalence of developmental disabilities in U.S. children, 1997–2008. *Pediatrics, 127,* 1034–1042.

Boynton-Jarrett, R., Wright, R. J., Putnam, F. W., Lividoti Hibert, E., Michels, K. B., Forman, M. R., & Rich-Edwards, J. (2013). Child abuse and age at menarche. *Journal of Adolescent Health, 52,* 241–247.

Boysson-Bardies, B. de, & Vihman, M. M. (1991). Adaptation to language: Evidence from babbling and first words in four languages. *Language, 67,* 297–319.

Bozionelos, N., Bozionelos, G., Kostopoulos, K., & Polychroniou, P. (2011). How providing mentoring relates to career success and organizational commitment: A study in the general managerial population. *Career Development International, 16,* 446–468.

Bracken, B. A., & Nagle, R. J. (2006). *Psychoeducational assessment of preschool children.* New York: Routledge.

Brackett, M. A., Rivers, S. E., & Salovey, P. (2011). Emotional intelligence: Implications for personal, social, academic, and workplace success. *Social and Personality Compass, 5,* 88–103.

Bradley, R. H. (1994). The HOME Inventory: Review and reflections. In H. W. Reese (Ed.), *Advances in child development and behavior* (Vol. 25, pp. 241–288). San Diego, CA: Academic Press.

Bradley, R. H., & Caldwell, B. M. (1982). The consistency of the home environment and its relation to child development. *International Journal of Behavioral Development, 5,* 445–465.

Bradley, R. H., Corwyn, R. F., McAdoo, H. P., & Garcia-Coll, C. (2001). The home environments of children in the United States. Part I: Variations by age, ethnicity, and poverty status. *Child Development, 72,* 1844–1867.

Bradley, R. H., Whiteside, L., Mundfrom, D. J., Casey, P. H., Kelleher, K. J., & Pope, S. K. (1994). Early indications of resilience and their relation to experiences in the home environments of low birthweight, premature children living in poverty. *Child Development, 65,* 346–360.

Brady, K. T., & Lawson, K. M. (2012). Substance use disorders in women throughout the lifespan. In N. Rowe (Ed.), *Clinical updates in women's health care.* Washington, DC: American College of Obstetricians and Gynecologists.

Brady, S. A. (2011). Efficacy of phonics teaching for reading outcomes: Indications from post-NRP research. In S. A. Brady, D. Braze & C. A. Fowler (Eds.), *Explaining individual differences in reading: Theory and evidence* (pp. 69–96). New York: Psychology Press.

Braine, L. G., Schauble, L., Kugelmass, S., & Winter, A. (1993). Representation of depth by children: Spatial strategies and lateral biases. *Developmental Psychology, 29,* 466–479.

Brainerd, C. J. (2003). Jean Piaget, learning, research, and American education. In B. J. Zimmerman (Ed.), *Educational psychology: A century of contributions* (pp. 251–287). Mahwah, NJ: Erlbaum.

Brand, S., Gerber, M., Beck, J., Hatzinger, M., Puhse, U., & Holsboer-Trachsler, E. (2010). High exercise levels are related to favorable sleep and psychological functioning in adolescence: A comparison of athletes and controls. *Journal of Adolescent Health, 46,* 133–141.

Brand, S. R., Schechter, J. C., Hammen, C. L., Brocque, R. L., & Brennan, P. A. (2011). Do adolescent offspring of women with PTSD experience higher levels of chronic and episodic stress? *Journal of Trauma and Stress, 24,* 399–404.

Braswell, G. S. (2006). Sociocultural contexts for the early development of semiotic production. *Psychological Bulletin, 132,* 877–894.

Braswell, G. S., & Callanan, M. A. (2003). Learning to draw recognizable graphic representations during mother–child interactions. *Merrill-Palmer Quarterly, 49,* 471–494.

Braungart-Rieker, J. M., Hill-Soderlund, A. L., & Karrass, J. (2010). Fear and anger reactivity trajectories from 4 to 16 months: The roles of temperament, regulation, and maternal sensitivity. *Developmental Psychology, 46,* 791–804.

Braver, S. L., & Lamb, M. E. (2013). Marital dissolution. In G. W. Peterson & K. R. Bush (Eds.), *Handbook of marriage and the family* (3rd ed., pp. 487–516). New York: Springer Science+Business Media.

Brazelton, T. B., Koslowski, B., & Tronick, E. (1976). Neonatal behavior among urban Zambians and Americans. *Journal of the American Academy of Child Psychiatry, 15,* 97–107.

Brazelton, T. B., & Nugent, J. K. (2011). *Neonatal Behavioral Assessment Scale* (4th ed.). London: Mac Keith Press.

Brazelton, T. B., Nugent, J. K., & Lester, B. M. (1987). Neonatal Behavioral Assessment Scale. In J. D. Osofsky (Ed.), *Handbook of infant development* (2nd ed., pp. 780–817). New York: Wiley.

Bregman, H. R., Malik, N. M., Page, M. J. L., Makynen, E., & Lindahl, K. M. (2013). Identity profiles in lesbian, gay, and bisexual youth: The role of family influences. *Journal of Youth and Adolescence, 42,* 417–430.

Brehmer, Y., Westerberg, H., & Bäckman, L. (2012). Working-memory training in younger and older adults: Training gains, transfer, and maintenance. *Frontiers in Human Neuroscience, 6,* 63.

Bremner, J. G. (2010). Cognitive development: Knowledge of the physical world. In J. G. Bremner

& T. D. Wachs (Eds.), *Wiley-Blackwell handbook of infant development: Vol. 1. Basic research* (2nd ed., pp. 204–242). Oxford, UK: Wiley-Blackwell.

Bremner, J. G., Slater, A. M., & Johnson, S. P. (2015). Perception of object persistence: The origins of object permanence in infancy. *Child Development Perspectives, 9,* 7–13.

Brendgen, M., Boivin, M., Dionne, G., Barker, E. D., Vitaro, F., Girard, A., et al. (2011). Gene–environment processes linking aggression, peer victimization, and the teacher–child relationship. *Child Development, 82,* 2021–2036.

Brendgen, M., Markiewicz, D., Doyle, A. B., & Bukowski, W. M. (2001). The relations between friendship quality, ranked-friendship preference, and adolescents' behavior with their friends. *Merrill-Palmer Quarterly, 47,* 395–415.

Brennan, L. M., Shelleby, E. C., Shaw, D. S., Gardner, F., Dishion, T. J., & Wilson, M. (2013). Indirect effects of the family check-up on school-age academic achievement through improvements in parenting in early childhood. *Journal of Educational Psychology, 105,* 762–773.

Brennan, W. M., Ames, E. W., & Moore, R. W. (1966). Age differences in infants' attention to patterns of different complexities. *Science, 151,* 354–356.

Brenner, E., & Salovey, P. (1997). Emotional regulation during childhood: Developmental, interpersonal, and individual considerations. In P. Salovey & D. Sluyter (Eds.), *Emotional literacy and emotional development* (pp. 168–192). New York: Basic Books.

Brent, S. B., Speece, M. W., Lin, C., Dong, Q., & Yang, C. (1996). The development of the concept of death among Chinese and U.S. children 3–17 years of age: From binary to "fuzzy" concepts? *Omega, 33,* 67–83.

Breslau, N., Kessler, R. C., Chilcoat, H. D., Schultz, L. R., Davis, G. C., & Andreski, P. (1998). Trauma and posttraumatic stress disorder in the community: The 1996 Detroit Area Survey of Trauma. *Archives of General Psychiatry, 55,* 626–632.

Bretherton, I., & Munholland, K. A. (2008). Internal working models in attachment relationships. In J. Cassidy & P. R. Shaver (Eds.), *Handbook of attachment: Theory, research, and clinical applications* (2nd ed., pp. 102–127). New York: Guilford.

Brewster, K. L., Tillman, K. H., & Jokinen-Gordon, H. (2014). Demographic characteristics of lesbian parents in the United States. *Population Research and Policy Review, 33,* 485–502.

Bridgett, D. J., Gartstein, M. A., Putnam, S. P., McKay, T., Iddins, R., Robertson, C., et al. (2009). Maternal and contextual influences and the effect of temperament development during infancy on parenting in toddlerhood. *Infant Behavior and Development, 32,* 103–116.

Bright, G. M., Mendoza, J. R., & Rosenfeld, R. G. (2009). Recombinant human insulin-like growth factor-1 treatment: Ready for primetime. *Endocrinology and Metabolism Clinics of North America, 38,* 625–638.

Brint, S., & Cantwell, A. M. (2010). Undergraduate time use and academic outcomes: Results from the University of California Undergraduate Experience Survey 2006. *Teachers College Record, 112,* 2441–2470.

Brisch, K. H., Bechinger, D., Betzler, S., Heineman, H., Kachele, H., Pohlandt, F., Schmucker, G., & Buchheim, A. (2005). Attachment quality in very low-birth-weight premature infants in relation to maternal attachment representations and neurological development. *Parenting: Science and Practice, 5,* 11–32.

Broadhead, G. K., Grigg, J. R., Chang, A. A., & McCluskey, P. (2015). Dietary modification and supplementation for the treatment of age-related macular degeneration. *Nutrition Reviews, 73,* 448–462.

Brodaty, H., Seeher, K., & Gibson, L. (2012). Dementia time to death: A systematic literature review on

survival time and years of life lost in people with dementia. *International Psychogeriatrics, 24,* 1034–1045.

Brody, G. H., Beach, S. R. H., Philibert, R. A., Chen, Y., & Murry, V. M. (2009). Prevention effects moderate the association of 5-HTTLPR and youth risk behavior initiation: Gene x environment hypotheses tested via a randomized preventive design. *Child Development, 80,* 645–661.

Brody, G. H., Chen, Y., Beach, S. R. H., Kogan, S. M., Yu, T., DiClemente, R. J., et al. (2014). Differential sensitivity to prevention programming: A dopaminergic polymorphism-enhanced prevention effect on protective parenting and adolescent substance use. *Health Psychology, 33,* 182–191.

Brody, G. H., & Murry, V. M. (2001). Sibling socialization of competence in rural, single-parent African American families. *Journal of Marriage and Family, 63,* 996–1008.

Brody, G. H., Stoneman, Z., & McCoy, J. K. (1994). Forecasting sibling relationships in early adolescence from child temperaments and family processes in middle childhood. *Child Development, 65,* 771–784.

Brody, L. (1999). *Gender, emotion, and the family.* Cambridge, MA: Harvard University Press.

Brodzinsky, D. M. (2011). Children's understanding of adoption: Developmental and clinical implications. *Professional Psychology: Research and Practice, 42,* 200–207.

Broidy, L. M., Nagin, D. S., Tremblay, R. E., Bates, J. E., Brame, B., Dodge, K. A., et al. (2003). Developmental trajectories of childhood disruptive behaviors and adolescent delinquency: A six-site, cross-national study. *Developmental Psychology, 39,* 222–245.

Bromberger, J. T., Kravitz, H. M., Chang, Y. F., Cyranowski, J. M., Brown, C., & Matthews, K. A. (2011). Major depression during and after the menopausal transition: Study of Women's Health Across the Nation (SWAN). *Psychological Medicine, 41,* 1897–1898.

Bronfenbrenner, U., & Morris, P. A. (2006). The bioecological model of human development. In R. M. Lerner (Ed.), *Handbook of child psychology: Vol. 1. Theoretical models of human development* (6th ed., pp. 297–342). Hoboken, NJ: Wiley.

Bronson, G. W. (1994). Infants' transitions toward adult-like scanning. *Child Development, 65,* 1243–1261.

Brook, J. S., Lee, J. Y., & Brook, D. W. (2015). Trajectories of marijuana use beginning in adolescence predict tobacco dependence in adulthood. *Substance Abuse, 36,* 470–477.

Brooker, R. J., Buss, K. A., Lemery-Chalfant, K., Aksan, N., Davidson, R. J., & Goldsmith, H. H. (2013). The development of stranger fear in infancy and toddlerhood: Normative development, individual differences, antecedents, and outcomes. *Developmental Science, 16,* 864–878.

Brooks, R., & Meltzoff, A. N. (2005). The development of gaze following and its relation to language. *Developmental Science, 8,* 535–543.

Brooks-Gunn, J. (1988). Antecedents and consequences of variations in girls' maturational timing. *Journal of Adolescent Health Care, 9,* 365–373.

Brooks-Gunn, J., Han, W.-J., & Waldfogel, J. (2010). First-year maternal employment and child development in the first 7 years. *Monographs of the Society for Research in Child Development, 75*(No. 2, Serial No. 296), 59–69.

Brooks-Gunn, J., Klebanov, P. K., Smith, J., Duncan, G. J., & Lee, K. (2003). The black–white test score gap in young children. Contributions of test and family characteristics. *Applied Developmental Science, 7,* 239–252.

Brown, A., & Harries, V. (2015). Infant sleep and night feeding patterns during later infancy: Association with breastfeeding frequency, daytime complementary food intake, and infant weight. *Breastfeeding Medicine, 10,* 246–252.

Brown, A. M., & Miracle, J. A. (2003). Early binocular vision in human infants: Limitations on the generality of the superposition hypothesis. *Vision Research, 43,* 1563–1574.

Brown, B. B., & Dietz, E. L. (2009). Informal peer groups in middle childhood and adolescence. In K. H. Rubin, W. M. Bukowski, & B. Laursen (Eds.), *Handbook of peer interactions, relationships, and groups* (pp. 361–376). New York: Guilford Press.

Brown, B. B., Herman, M., Hamm, J. V., & Heck, D. (2008). Ethnicity and image: Correlates of minority adolescents' affiliation with individual-based versus ethnically defined peer crowds. *Child Development, 79,* 529–546.

Brown, B. B., & Larson, J. (2009). Peer relationships in adolescence. In R. M. Lerner & L. Steinberg (Eds.), *Handbook of adolescent psychology* (3rd ed., pp. 74–103). New York: Wiley.

Brown, C., & Lowis, M. J. (2003). Psychosocial development in the elderly: An investigation into Erikson's ninth stage. *Journal of Aging Studies, 17,* 415–426.

Brown, C. A. (2016a). Successful aging. In S. K. Whitbourne (Ed.), *Encyclopedia of adulthood and aging* (Vol. 3, pp. 1377–1381). Malden, MA: Wiley Blackwell.

Brown, C. S., & Bigler, R. S. (2004). Children's perceptions of gender discrimination. *Developmental Psychology, 40,* 714–726.

Brown, E. R. (2016b). Possible selves. In S. K. Whitbourne (Ed.), *Encyclopedia of adulthood and aging* (Vol. 3, pp. 1114–1118). Malden, MA: Wiley Blackwell.

Brown, G. L., Mangelsdorf, S. C., & Neff, C. (2012). Father involvement, paternal sensitivity, and father–child attachment security in the first 3 years. *Journal of Family Psychology, 26,* 421–430.

Brown, G. L., Schoppe-Sullivan, S. J., Mangelsdorf, S. C., & Neff, C. (2010). Observed and reported supportive coparenting as predictors of infant–mother and infant–father attachment security. *Early Child Development and Care, 180,* 121–137.

Brown, J. A., Rowles, G. D., & McIlwain, A. S. (2016). Environmental design and assistive technologies. In G. D. Rowles & P. B. Teaster (Eds.), *Long-term care in an aging society: Theory and practice* (pp. 205–229). New York: Springer.

Brown, J. D., Harris, S. K., Woods, E. R., Buman, M. P., & Cox, J. E. (2012). Longitudinal study of depressive symptoms and social support in adolescent mothers. *Maternal and Child Health Journal, 16,* 894–901.

Brown, J. D., & L'Engle, K. L. (2009). X-rated: Attitudes and behaviors associated with U.S. early adolescents' exposure to sexually explicit media. *Communication Research, 36,* 129–151.

Brown, L. H., & Rodin, P. A. (2004). Grandparent–grandchild relationships and the life course perspective. In J. Demick & C. Andreoletti (Eds.), *Handbook of adult development* (pp. 459–474). New York: Springer.

Brown, R. M., & Brown, S. L. (2014). Informal caregiving: A reappraisal of effects on caregivers. *Social Issues and Policy Review, 8,* 74–102.

Brown, R. W. (1973). *A first language: The early stages.* Cambridge, MA: Harvard University Press.

Brown, S. A., & Ramo, D. E. (2005). Clinical course of youth following treatment for alcohol and drug problems. In H. A. Liddle & C. L. Rowe (Eds.), *Adolescent substance abuse: Research and clinical advances* (pp. 79–103). Cambridge, UK: Cambridge University Press.

Brown, S. L., Bulanda, J. R., & Lee, G. R. (2012). Transitions into and out of cohabitation in later life. *Journal of Marriage and Family, 74,* 774–793.

Brown, S. L., & Kawamura, S. (2010). Relationships quality among cohabitors and marrieds in older adulthood. *Social Science Research, 39,* 777–786.

Brown, S. L., & Lin, I.-F. (2012). *Divorce in middle and later life: New estimates from the 2009 American*

Community Survey. Bowling Green, OH: Center for Family and Demographic Research, Bowling Green University.

Brown, S. L., & Lin, I.-F. (2013). *The gray divorce revolution: Rising divorce among middle-aged and older adults, 1990–2010.* Bowling Green, OH: National Center for Family & Marriage Research, Bowling Green University.

Brown, S. L., Nesse, R. M., Vinokur, A. D., & Smith, D. M. (2003). Providing social support may be more beneficial than receiving it: Results from a prospective study of mortality. *Psychological Science, 14,* 320–327.

Brown, S. L., & Shinohara, S. K. (2013). Dating relationships in older adulthood: A national portrait. *Journal of Marriage and Family, 75,* 1194–1202.

Brown, T. M., & Rodriguez, L. F. (2009). School and the co-construction of dropout. *International Journal of Qualitative Studies in Education, 22,* 221–242.

Browne, J. V., & Talmi, A. (2005). Family-based intervention to enhance infant–parent relationships in the neonatal intensive care unit. *Journal of Pediatric Psychology, 30,* 667–677.

Brownell, C. A., Zerwas, S., & Ramani, G. B. (2007). "So big": The development of body self-awareness in toddlers. *Child Development, 78,* 1426–1440.

Brownell, M. D., Nickel, N. C., Chateau, D., Martens, P. J., Taylor, C., Crockett, L., et al. (2015). Long-term benefits of full-day kindergarten: A longitudinal study. *Early Child Development and Care, 185,* 291–316.

Brucker, E., & Leppel, K. (2013). Retirement plans: Planners and nonplanners. *Educational Gerontology, 39,* 1–11.

Bruine de Bruin, W. (2012). Judgment and decision making in adolescents. In M. Dhami, A. Schlottmann, & M. R. Waldmann (Eds.), *Judgment and decision-making as a skill: Learning, development, and evolution* (pp. 85–111). New York: Cambridge University Press.

Brumariu, L. E., Kerns, K. A., & Seibert, A. (2012). Mother–child attachment, emotion regulation, and anxiety symptoms in middle childhood. *Personal Relationships, 19,* 569–585.

Brummelman, E., Thomaes, S., Overbeek, G., Orobio de Castro, B., van den Hout, M. A., & Bushman, B. J. (2014). On feeding those hungry for praise: Person praise backfires in children with low self-esteem. *Journal of Experimental Psychology: General, 143,* 9–14.

Bruschweiler-Stern, N. (2004). A multifocal neonatal intervention. In A. J. Sameroff, S. C. McDonough, & K. L. Rosenblum (Eds.), *Treating parent–infant relationship problems* (pp. 188–212). New York: Guilford.

Brussoni, M. J., & Boon, S. D. (1998). Grandparental impact in young adults' relationships with their closest grandparents: The role of relationship strength and emotional closeness. *International Journal of Aging and Human Development, 45,* 267–286.

Bruzzese, J.-M., & Fisher, C. B. (2003). Assessing and enhancing the research consent capacity of children and youth. *Applied Developmental Science, 7,* 13–26.

Bryan, A. E., & Dix, T. (2009). Mothers' emotions and behavioral support during interactions with toddlers: The role of child temperament. *Social Development, 18,* 647–670.

Bryant, B. K., Zvonkovic, A. M., & Reynolds, P. (2006). Parenting in relation to child and adolescent vocational development. *Journal of Vocational Behavior, 69,* 149–175.

Bryant, D. M., Hoeft, F., Lai, S., Lackey, J., Roeltgen, D., Ross, J., et al. (2012). Sex chromosomes and the brain: A study of neuroanatomy in XYY syndrome. *Developmental Medicine and Child Neurology, 54,* 1149–1156.

Bryant, N. B., & Gómez, R. L. (2015). The teen sleep loss epidemic: What can be done? *Translational Issues in Psychological Science, 1,* 115–125.

Bryant, P., & Nunes, T. (2002). Children's understanding of mathematics. In U. Goswami (Ed.), *Blackwell handbook of childhood cognitive development* (pp. 412–439). Malden, MA: Blackwell.

Brydges, C. R., Reid, C. L., Fox, A. M., & Anderson, M. (2012). A unitary executive function predicts intelligence in children. *Intelligence, 40,* 458–469.

Bryk, R. L., & Fisher, P. A. (2012). Training the brain: Practical applications of neural plasticity from the intersection of cognitive neuroscience, developmental psychology, and prevention science. *American Psychologist, 67,* 87–100.

Buchanan, C. M., Maccoby, E. E., & Dornbusch, S. M. (1996). *Adolescents after divorce.* Cambridge, MA: Harvard University Press.

Buchanan-Barrow, E., & Barrett, M. (1998). Children's rule discrimination within the context of the school. *British Journal of Developmental Psychology, 16,* 539–551.

Buchsbaum, D., Dridgers, S., Weisberg, D. S., & Gopnik, A. (2012). The power of possibility: Causal learning, counterfactual reasoning, and pretend play. *Philosophical Transactions of the Royal Society B, 367,* 2202–2212.

Buckingham-Howes, S., Berger, S. S., Scaletti, L. A., & Black, M. M. (2013). Systematic review of prenatal cocaine exposure and adolescent development. *Pediatrics, 131,* e1917–1936.

Buehler, C., & O'Brien, M. (2011). Mothers' part-time employment: Associations with mother and family well-being. *Journal of Family Psychology, 25,* 895–906.

Bugental, D. B., Corpuz, R., & Schwartz, A. (2012). Preventing children's aggression: Outcomes of an early intervention. *Developmental Psychology, 48,* 1443–1449.

Bugental, D. B., & Happaney, K. (2004). Predicting infant maltreatment in low-income families: The interactive effects of maternal attributions and child status at birth. *Developmental Psychology, 40,* 234–243.

Buhl, H. M., & Lanz, M. (2007). Emerging adulthood in Europe: Common traits and variability across five European countries. *Journal of Adolescent Research, 22,* 439–443.

Buhrmester, D., & Furman, W. (1990). Perceptions of sibling relationships during middle childhood and adolescence. *Child Development, 61,* 1387–1398.

Buhs, E. S., Ladd, G. W., & Herald-Brown, S. L. (2010). Victimization and exclusion: Links to peer rejection, classroom engagement, and achievement. In S. R. Jimerson, S. M. Swearer, & D. L. Espelage (Eds.), *Handbook of bullying in schools: An international perspective* (pp. 163–172). New York: Routledge.

Bukacha, C. M., Gauthier, S., & Tarr, M. J. (2006). Beyond faces and modularity: The power of an expertise framework. *Trends in Cognitive Sciences, 10,* 159–166.

Bunting, H., Drew, H., Lasseigne, A., & Anderson-Butcher, D. (2013). Enhancing parental involvement and family resources. In C. Franklin, M. B. Harris, & P. Allen-Meares (Eds.), *School services sourcebook: A guide for school-based professionals* (2nd ed., pp. 633–643). New York: Oxford University Press.

Burchinal, M., Kainz, K., & Cai, Y. (2011). How well do our measures of quality predict child outcomes? A meta-analysis and coordinated analysis of data from large-scale studies of early childhood settings. In M. Zeslow (Ed.), *Reasons to take stock and strengthen our measures of quality* (pp. 11–31). Baltimore, MD: Paul H. Brookes.

Burchinal, M., Magnuson, K., Powell, D., & Hong, S. S. (2015). Early childcare and education. In M. H. Bornstein & T. Leventhal (Eds.), *Handbook of child psychology and developmental science: Vol. 4. Ecological settings and processes* (7th ed., pp. 223–267). Hoboken, NJ: Wiley.

Burden, M. J., Jacobson, S. W., & Jacobson, J. L. (2005). Relation of prenatal alcohol exposure to cognitive processing speed and efficiency in childhood.

Alcoholism: Clinical and Experimental Research, 29, 1473–1483.

Burgess-Champoux, T. L., Larson, N., Neumark-Sztainer, D., Hannan, P. J., & Story, M. (2009). Are family meal patterns associated with overall diet quality during the transition from early to middle adolescence? *Journal of Nutrition Education and Behavior, 41,* 79–86.

Burke, D. M., & Shafto, M. A. (2004). Aging and language production. *Current Directions in Psychological Science, 13,* 21–24.

Burleson, B. R., & Kunkel, A. W. (2006). Revisiting the different cultures thesis: An assessment of sex differences and similarities in communication. In K. Dindia & D. J. Canary (Eds.), *Sex differences and similarities in communication* (2nd ed., pp. 137–159). Mahwah, NJ: Erlbaum.

Burman, D. D., Bitan, T., & Booth, J. R. (2008). Sex differences in neural processing of language among children. *Neuropsychologia, 46,* 1349–1362.

Burts, D.C., Hart, C. H., Charlesworth, R., Fleege, P. O., Mosely, J., & Thomasson, R. H. (1992). Observed activities and stress behaviors of children in developmentally appropriate and inappropriate kindergarten classrooms. *Early Childhood Research Quarterly, 7,* 297–318.

Bush, K. R., & Peterson, G. W. (2008). Family influences on child development. In T. P. Gullotta & G. M. Blau (Eds.), *Handbook of child behavioral issues: Evidence-based approaches to prevention and treatment* (pp. 43–67). New York: Routledge.

Bushman, B. J., & Huesmann, L. R. (2012). Effects of violent media on aggression. In D. G. Singer & J. L. Singer (Eds.), *Handbook of children and the media* (2nd ed., pp. 231–248). Thousand Oaks, CA: Sage.

Bushnell, E. W., & Boudreau, J. P. (1993). Motor development and the mind: The potential role of motor abilities as a determinant of aspects of perceptual development. *Child Development, 64,* 1005–1021.

Buss, D. (2012). *Evolutionary psychology: The new science of the mind* (4th ed.). Upper Saddle River, NJ: Pearson.

Buss, D. M., Shackelford, T. K., Kirkpatrick, L. A., & Larsen, R. J. (2001). A half century of mate preferences: The cultural evolution of values. *Journal of Marriage and Family, 63,* 491–503.

Bussey, K. (1992). Lying and truthfulness: Children's definitions, standards, and evaluative reactions. *Child Development, 63,* 129–137.

Buswell, S. D., & Spatz, D. L. (2007). Parent–infant co-sleeping and its relationship to breastfeeding. *Journal of Pediatric Health Care, 21,* 22–28.

Butler, R. N. (1968). The life review: An interpretation of reminiscence in the aged. In B. Neugarten (Ed.), *Middle age and aging* (pp. 486–496). Chicago: University of Chicago Press.

Buttelmann, D., & Böhm, R. (2014). The ontogeny of the motivation that underlies in-group bias. *Psychological Science, 25,* 921–927.

Buttelmann, D., Over, H., Carpenter, M., & Tomasello, M. (2014). Eighteen-month-olds understand false beliefs in an unexpected-contents task. *Journal of Experimental Child Psychology, 119,* 120–126.

Butterworth, P., & Rodgers, B. (2006). Concordance in the mental health of spouses: Analysis of a large national household panel survey. *Psychological Medicine, 36,* 685–697.

Butts, M. M., Casper, W. J., & Yang, T. S. (2013). How important are work–family support policies? A meta-analytic investigation of their effects on employee outcomes. *Journal of Applied Psychology, 98,* 1–25.

Bybee, J. A., & Wells, Y. V. (2003). The development of possible selves during adulthood. In J. Demick & C. Andreoletti (Eds.), *Handbook of adult development* (pp. 257–270). New York: Springer.

Byne, W., Bradley, S. J., Coleman, E., Eyler, A. E., Green, R., Menvielle, E. J., et al. (2012). Report of the American Psychiatric Association Task Force on

Treatment of Gender Identity Disorder. *Archives of Sexual Behavior, 41,* 759–796.

Byrnes, J. P., & Wasik, B. A. (2009). *Language and literacy development: What educators need to know.* New York: Guilford.

C

Cabell, S. Q., Justice, L. M., Logan, J. A. R., & Konold, T. R. (2013). Emergent literacy profiles among prekindergarten children from low-SES backgrounds: Longitudinal considerations. *Early Childhood Research Quarterly, 28,* 608–620.

Cabrera, N. J., Aldoney, D., & Tamis-LeMonda, C. S. (2014). Latino fathers. In N. J. Cabrera & C. S. Tamis-LeMonda (Eds.), *Handbook of father involvement: Multidisciplinary perspectives* (2nd ed., pp. 244–250). New York: Routledge.

Cabrera, N. J., & Bradley, R. H. (2012). Latino fathers and their children. *Child Development Perspectives, 6,* 232–238.

Cabrera, N. J., Shannon, J. D., & Tamis-LeMonda, C. (2007). Fathers' influence on their children's cognitive and emotional development: From toddlers to pre-K. *Applied Developmental Science, 11,* 208–213.

Cain, K., & Oakhill, J. (2011). Matthew effects in young readers: Reading comprehension and reading experience aid vocabulary development. *Journal of Learning Disabilities, 44,* 431–443.

Cain, M. A., Bornick, P., & Whiteman, V. (2013). The maternal, fetal, and neonatal effects of cocaine exposure in pregnancy. *Clinical Obstetrics and Gynecology, 56,* 124–132.

Cairns, R. B., & Cairns, B. D. (2006). The making of developmental psychology. In R. M. Lerner (Ed.), *Handbook of child psychology: Vol. 1. Theoretical models of human development* (6th ed., pp. 89–165). Hoboken, NJ: Wiley.

Calabrese, S. K., Rosenberger, J. G., Schick, V. R., & Novak, D. S. (2015). Pleasure, affection, and love among black men who have sex with men (MSM) versus MSM of other races: Countering dehumanizing stereotypes via cross-race comparisons of reported sexual experience at last sexual event. *Archives of Sexual Behavior, 44,* 2001–2014.

Caldwell, B. M., & Bradley, R. H. (1994). Environmental issues in developmental follow-up research. In S. L. Friedman & H. C. Haywood (Eds.), *Developmental follow-up* (pp. 235–256). San Diego: Academic Press.

Calhoun, L. G., Tedeschi, R. G., Cann, A., & Hanks, E. A. (2010). Positive outcomes following bereavement: Paths to posttraumatic growth. *Psychologica Belgica, 50,* 125–143.

Callanan, M. A., & Sabbagh, M. A. (2004). Multiple labels for objects in conversations with young children: Parents' language and children's developing expectations about word meanings. *Developmental Psychology, 40,* 746–763.

Calvert, S. L. (2015). Children and digital media. In M. H. Bornstein & T. Leventhal (Eds.), *Handbook of cultural developmental science: Vol. 4. Ecological settings and processes* (pp. 299–322). New York: Psychology Press.

Cameron, C. A., Lau, C., Fu, G., & Lee, K. (2012). Development of children's moral evaluations of modesty and self-promotion in diverse cultural settings. *Journal of Moral Education, 41,* 61–78.

Cameron, C. A., & Lee, K. (1997). The development of children's telephone communication. *Journal of Applied Developmental Psychology, 18,* 55–70.

Cameron, P. A., & Gallup, G. G. (1988). Shadow recognition in human infants. *Infant Behavior and Development, 11,* 465–471.

Camp, C. J., Cohen-Mansfield, J., & Capezuti, E. A. (2002). Use of nonpharmacologic interventions among nursing home residents with dementia. *Psychiatric Services, 53,* 1397–1401.

Campbell, A., Shirley, L., & Candy, J. (2004). A longitudinal study of gender-related cognition and behaviour. *Developmental Science, 7,* 1–9.

Campbell, A. L., & Binstock, R. H. (2011). Politics and aging in the United States. In R. H. Binstock & L. K. George (Eds.), *Handbook of aging and the social sciences* (pp. 265–280). San Diego, CA: Academic Press.

Campbell, D. A., Lake, M. F., Falk, M., & Backstrand, J. R. (2006). A randomized control trial of continuous support in labor by a lay doula. *Journal of Obstetrics and Gynecology and Neonatal Nursing, 35,* 456–464.

Campbell, D. A., Scott, K. D., Klaus, M. H., & Falk, M. (2007). Female relatives or friends trained as labor doulas: Outcomes at 6 to 8 weeks postpartum. *Birth, 34,* 220–227.

Campbell, F. A., Pungello, E. P., Kainz, K., Burchinal, M., Pan, Y., Wasik, B. H., et al. (2012). Adult outcomes as a function of an early childhood educational program: An Abecedarian Project follow-up. *Developmental Psychology, 48,* 1033–1043.

Campbell, F. A., Pungello, E. P., Miller-Johnson, S., Burchinal, M., & Ramey, C. T. (2001). The development of cognitive and academic abilities: Growth curves from an early childhood educational experiment. *Developmental Psychology, 37,* 231–242.

Campbell, F. A., Ramey, C. T., Pungello, E. P., Sparling, J., & Miller-Johnson, S. (2002). Early childhood education: Young adult outcomes from the Abecedarian Project. *Applied Developmental Science, 6,* 42–57.

Campbell, S. B., Brownell, C. A., Hungerford, A., Spieker, S. J., Mohan, R., & Blessing, J. S. (2004). The course of maternal depressive symptoms and maternal sensitivity as predictors of attachment security at 36 months. *Development and Psychopathology, 16,* 231–252.

Campos, J. J., Anderson, D. I., Barbu-Roth, M. A., Hubbard, E. M., Hertenstein, J. J., & Witherington, D. (2000). Travel broadens the mind. *Infancy, 1,* 149–219.

Campos, J. J., Frankel, C. B., & Camras, L. (2004). On the nature of emotion regulation. *Child Development, 75,* 377–394.

Campos, J. J., Witherington, D., Anderson, D. I., Frankel, C. I., Uchiyama, I., & Barbu-Roth, M. (2008). Rediscovering development in infancy. *Child Development, 79,* 1625–1632.

Camras, L. (2011). Differentiation, dynamical integration and functional emotional development. *Emotion Review, 3,* 138–146.

Camras, L. A., Oster, H., Campos, J. J., & Bakeman, R. (2003). Emotional facial expressions in European-American, Japanese, and Chinese infants. *Annals of the New York Academy of Sciences, 1000,* 1–17.

Camras, L. A., Oster, H., Campos, J. J., Miyake, K., & Bradshaw, D. (1992). Japanese and American infants' responses to arm restraint. *Developmental Psychology, 28,* 578–583.

Camras, L. A., & Shuster, M. M. (2013). Current emotion research in developmental psychology. *Emotion Review, 5,* 321–329.

Camras, L. A., & Shutter, J. M. (2010). Emotional facial expressions in infancy. *Emotion Review, 2,* 120–129.

Cancian, M., & Haskins, R (2013). Changes in family composition: Implications for income, poverty, and public policy. *Annals of the American Academy of Political and Social Science, 654,* 31–47.

Candelaria, M., Teti, D. M., & Black, M. M. (2011). Multi-risk infants: Predicting attachment security from sociodemographic, psychosocial, and health risk among African-American preterm infants. *Journal of Child Psychology and Psychiatry, 52,* 870–877.

Candy, B., Holman, A., Leurent, S., & Jones, D. L. (2011). Hospice care delivered at home, in nursing homes and in dedicated hospice facilities: A systematic review of quantitative and qualitative evidence. *International Journal of Nursing Studies, 48,* 121–133.

Cao, S., Moineddin, R., Urquia, M. L., Razak, F., & Ray, J. G. (2014). J-shapedness: An often missed, often miscalculated relation: The example of weight and mortality. *Journal of Epidemiology and Community Health, 68,* 683–690.

Capirci, O., Contaldo, A., Caselli, M. C., & Volterra, V. (2005). From action to language through gesture. *Gesture, 5,* 155–177.

Caplan, M., Vespo, J., Pedersen, J., & Jay, D. F. (1991). Conflict and its resolution in small groups of one- and two-year-olds. *Child Development, 62,* 1513–1524.

Cappeliez, P., Rivard, V., & Guindon, S. (2007). Functions of reminiscence in later life: Proposition of a model and applications. European *Review of Applied Psychology, 57,* 151–156.

Cappelli, P., & Novelli, B. (2010). *Managing the older worker: How to prepare for the new organizational order.* Boston: Harvard Business School Publishing.

Carballo, J. J., Muñoz-Lorenzo, L., Blasco-Fontecilla, H., Lopez-Castroman, J., García-Nieto, R., Dervic, K., et al. (2011). Continuity of depressive disorders from childhood and adolescence to adulthood: A naturalistic study in community mental health centers. *Primary Care Companion for CNS Disorders, 13,* PCC.11m01150.

Card, N. A., Stucky, B. D., Sawalani, G. M., & Little, T. D. (2008). Direct and indirect aggression during childhood and adolescence: A meta-analytic review of gender differences, intercorrelations, and relations to maladjustment. *Child Development, 79,* 1185–1229.

Cardona Cano, S., Tiemeier, H., Van Hoeken, D., Tharner, A., Jaddoe, V. W., Hofman, A., et al. (2015). Trajectories of picky eating during childhood: A general population study. *International Journal of Eating Disorders, 48,* 570–579.

Carey, S. (2009). *The origins of concepts.* Oxford, UK: Oxford University Press.

Carey, S., & Markman, E. M. (1999). Cognitive development. In B. M. Bly & D. E. Rumelhart (Eds.), *Cognitive science* (pp. 201–254). San Diego: Academic Press.

Carli, L. L. (2015). Women and leadership. In A. M. Broadbridge & S. L. Fielden (Eds.), *Handbook of gendered careers in management* (pp. 290–304). Cheltenham, UK: Edward Elgar Publishing.

Carlo, G. (2014). The development and correlates of prosocial moral behaviors. In M. Killen & J. G. Smetana (Eds.), *Handbook of moral development* (2nd ed., pp. 208–234). New York: Psychology Press.

Carlo, G., Mestre, M. V., Samper, P., Tur, A., & Armenta, B. E. (2011). The longitudinal relations among dimensions of parenting styles, sympathy, prosocial moral reasoning, and prosocial behaviors. *International Journal of Behavioral Development, 35,* 116–124.

Carlson, M. C., Erikson, K. I., Kramer, A. F., Voss, M. W., Bolea, N., Mielke, M., et al. (2009). Evidence for neurocognitive plasticity in at-risk older adults: The Experience Corps program. *Journals of Gerontology, 64A,* 1275–1282.

Carlson, M. C., Kuo, J. H., Yi-Fang, C., Varma, V. R., Harris, G., Albert, M. S., et al. (2015). Impact of the Baltimore Experience Corps trial on cortical and hippocampal volumes. *Alzheimer's & Dementia, 11,* 1340–1348.

Carlson, S. M., & Meltzoff, A. N. (2008). Bilingual experience and executive functioning in young children. *Developmental Science, 11,* 282–298.

Carlson, S. M., Moses, L. J., & Claxton, S. J. (2004). Individual differences in executive functioning and theory of mind: An investigation of inhibitory control and planning ability. *Journal of Experimental Child Psychology, 87,* 299–319.

Carlson, S. M., & White, R. E. (2013). Executive function, pretend play, and imagination. In R. E. White & S. M. Carlson (Eds.), *Oxford handbook of the development of imagination* (pp. 161–174). New York: Oxford University Press.

Carlson, S. M., White, R. E., & Davis-Unger, A. (2014). Evidence for a relation between executive function and pretense representation in preschool children. *Cognitive Development, 29,* 1–16.

Carlson, S. M., Zelazo, P. D., & Faja, S. (2013). Executive function. In P. D. Zelazo (Ed.), *Oxford handbook of developmental psychology: Vol. 1. Body and mind* (pp. 706–743). New York: Oxford University Press.

Carlson, V. J., & Harwood, R. L. (2003). Attachment, culture, and the caregiving system: The cultural patterning of everyday experiences among Anglo and Puerto Rican mother–infant pairs. *Infant Mental Health Journal, 24,* 53–73.

Carnelley, K. B., Wortman, C. B., Bolger, N., & Burke, C. T. (2006). The time course of grief reactions to spousal loss: Evidence from a national probability sample. *Journal of Personality and Social Psychology, 91,* 476–492.

Carpenter, M., Nagell, K., & Tomasello, M. (1998). Social cognition, joint attention, and communicative competence. *Monographs of the Society for Research in Child Development, 63*(4, Serial No. 255).

Carpenter, R., McGarvey, C., Mitchell, E. A., Tappin, D. M., Vennemann, M. M., Smuk, M., & Carpenter, J. R. (2013). Bed sharing when parents do not smoke: Is there a risk of SIDS? An individual level analysis of five major case-control studies. *British Medical Journal, 3,* e002299.

Carpenter, T. P., Fennema, E., Fuson, K., Hiebert, J., Human, P., & Murray, H. (1999). Learning basic number concepts and skills as problem solving. In E. Fennema & T. A. Romberg (Eds.), *Mathematics classrooms that promote understanding: Studies in mathematical thinking and learning series* (pp. 45–61). Mahwah, NJ: Erlbaum.

Carr, D. (2003). A "good death" for whom? Quality of spouse's death and psychological distress among older widowed persons. *Journal of Health and Social Behavior, 44,* 215–232.

Carr, D. (2004). Psychological well-being across three cohorts: A response to shifting work–family opportunities and expectations? In O. G. Brim, C. D. Ryff, & R. C. Kessler (Eds.), *How healthy are we? A national study of well-being at midlife* (pp. 452–484). Chicago: University of Chicago Press.

Carr, D., House, J. S., Kessler, R. C., Nesse, R. M., Sonnega, J., & Wortman, C. (2000). Marital quality and psychological adjustment to widowhood among older adults: A longitudinal analysis. *Journals of Gerontology, 55B,* S197–S207.

Carr, J. (2002). Down syndrome. In P. Howlin & O. Udwin (Eds.), *Outcomes in neurodevelopmental and genetic disorders* (pp. 169–197). New York: Cambridge University Press.

Carroll, D., Phillips, A. C., Hunt, K., & Der, G. (2007). Symptoms of depression and cardiovascular reactions to acute psychological stress: Evidence from a population study. *Biological Psychology, 75,* 68–74.

Carroll, J. B. (2005). The three-stratum theory of cognitive abilities. In D. P. Flanagan & P. L. Harrison (Eds.), *Contemporary intellectual assessment: Theories, tests, and issues* (2nd ed., pp. 69–76). New York: Guilford.

Carskadon, M. A. (2011). Sleep in adolescents: The perfect storm. *Pediatric Clinics of North America, 58,* 637–647.

Carson, S., Peterson, J. B., & Higgins, D. M. (2003). Decreased latent inhibition is associated with increased creative achievement in high-functioning individuals. *Journal of Personality and Social Psychology, 85,* 499–506.

Carstensen, L. L. (2006). The influence of sense of time on human development. *Science, 312,* 1913–1915.

Carstensen, L. L., Turan, B., Scheibe, S., Ram, N., Ersner-Hershfield, H., Samanez-Larkin, G. R., et al. (2011). Emotional experience improves with age: Evidence based on over 10 years of experience sampling. *Psychology and Aging, 26,* 21–33.

Carter, B. D., Abnet, C. C., Feskanich, D., Freedman, N. D., Hartge, P., Lewis, C. E., et al. (2015). Smoking and mortality—beyond established causes. *New England Journal of Medicine, 372,* 631–640.

Carter, C. S., Hofer, T., Seo, A. Y., & Leeuwenburgh, C. (2007). Molecular mechanisms of life- and healthspan extension: Role of calorie restriction and exercise intervention. *Applied Physiology, Nutrition, and Metabolism, 32,* 954–966.

Carver, K., Joyner, K., & Udry, J. R. (2003). National estimates of adolescent romantic relationships. In P. Florsheim (Ed.), *Adolescent romantic relations and sexual behavior: Theory, research, and practical implications* (pp. 23–56). Mahwah, NJ: Erlbaum.

Casalin, S., Luyten, P., Vliegen, N., & Meurs, P. (2012). The structure and stability of temperament from infancy to toddlerhood: A one-year prospective study. *Infant Behavior and Development, 35,* 94–108.

Casasola, M., & Park, Y. (2013). Developmental changes in infant spatial categorization: When more is best and when less is enough. *Child Development, 84,* 1004–1019.

Case, A. D., Todd, N. R., & Kral, M. J. (2014). Ethnography in community psychology: Promises and tensions. *American Journal of Community Psychology, 54,* 60–71.

Case, R. (1996). Introduction: Reconceptualizing the nature of children's conceptual structures and their development in middle childhood. In R. Case & Y. Okamoto (Eds.), The role of central conceptual structures in the development of children's thought. *Monographs of the Society for Research in Child Development, 246*(61, Serial No. 246), pp. 1–26.

Case, R. (1998). The development of central conceptual structures. In D. Kuhn & R. Siegler (Eds.), *Handbook of child psychology: Vol. 2. Cognition, perception, and language* (5th ed., pp. 745–800). New York: Wiley.

Case, R., & Okamoto, Y. (Eds.). (1996). The role of central conceptual structures in the development of children's thought. *Monographs of the Society for Research in Child Development, 61*(1–2, Serial No. 246).

Caserta, D., Graziano, A., Lo Monte, G., Bordi, G., & Moscarini, M. (2013). Heavy metals and placental fetal–maternal barrier: A mini-review on the major concerns. *European Review for Medical and Pharmacological Sciences, 17,* 2198–2206.

Caserta, M., Lund, D., Utz, R., & de Vries, B. (2009). Stress-related growth among the recently bereaved. *Aging and Mental Health, 13,* 463–476.

Caserta, M. S., & Lund, D. A. (2002). Video Respite® in an Alzheimer's care center: Group versus solitary viewing. *Activities, Adaptation & Aging, 27,* 13–28.

Caserta, M. S., Lund, D. A., & Obray, S. J. (2004). Promoting self-care and daily living skills among older widows and widowers: Evidence from the Pathfinders Demonstration Project. *Omega, 49,* 217–236.

Caserta, M. S., Lund, D. A., & Rice, S. J. (1999). Pathfinders: A self-care and health education program for older widows and widowers. *Gerontologist, 39,* 615–620.

Casey, B. J., Jones, R. M., & Somerville, L. H. (2011). Braking and accelerating of the adolescent brain. *Journal of Research on Adolescence, 21,* 21–33.

Casper, L. M., & Smith, K. E. (2002). Dispelling the myths: Self-care, class, and race. *Journal of Family Issues, 23,* 716–727.

Caspi, A., Elder, G. H., Jr., & Bem, D. J. (1987). Moving against the world: Life-course patterns of explosive children. *Developmental Psychology, 23,* 308–313.

Caspi, A., Elder, G. H., Jr., & Bem, D. J. (1988). Moving away from the world: Life-course patterns of shy children. *Developmental Psychology, 24,* 824–831.

Caspi, A., Harrington, H., Milne, B., Amell, J. W., Theodore, R. F., & Moffitt, T. E. (2003). Children's behavioral styles at age 3 are linked to their adult personality traits at age 26. *Journal of Personality, 71,* 495–513.

Caspi, A., Moffitt, T. E., Morgan, J., Rutter, M., Taylor, A., Kim-Cohen, J., & Polo-Tomas, M. (2004). Maternal expressed emotion predicts children's antisocial behavior problems: Using monozygotic-

twin differences to identify environmental effects on behavioral development. *Developmental Psychology, 40,* 149–161.

Caspi, A., & Roberts, B. W. (2001). Personality development across the life course: The argument for change and continuity. *Psychological Inquiry, 12,* 49–66.

Caspi, A., & Shiner, R. L. (2006). Personality development. In N. Eisenberg (Ed.), *Handbook of child psychology: Vol. 3. Social, emotional, and personality development* (6th ed., pp. 300–365). Hoboken, NJ: Wiley.

Cassia, V. M., Turati, C., & Simion, F. (2004). Can a nonspecific bias toward top-heavy patterns explain newborns' face preference? *Psychological Science, 15,* 379–383.

Cassidy, J. (2001). Adult romantic attachments: A developmental perspective on individual differences. *Review of General Psychology, 4,* 111–131.

Cassidy, J., & Berlin, L. J. (1994). The insecure/ ambivalent pattern of attachment: Theory and research. *Child Development, 65,* 971–991.

Catalano, R., Ahern, J., Bruckner, T., Anderson, E., & Saxton, K. (2009). Gender-specific selection in utero among contemporary human birth cohorts. *Paediatric and Perinatal Epidemiology, 23,* 273–278.

Catalano, R., Zilko, C. E., Saxton, K. B., & Bruckner, T. (2010). Selection in utero: A biological response to mass layoffs. *American Journal of Human Biology, 22,* 396–400.

Cauley, J. A. (2013). Public health impact of osteoporosis. *Journals of Gerontology, 68B,* 1243–1251.

Ceci, S. J., Bruck, M., & Battin, D. B. (2000). The suggestibility of children's testimony. In D. F. Bjorklund (Ed.), *False-memory creation in children and adults* (pp. 169–201). Mahwah, NJ: Erlbaum.

Ceci, S. J., Kulkofsky, S., Klemfuss, J. Z., Sweeney, C. D., & Bruck, M. (2007). Unwarranted assumptions about children's testimonial accuracy. *Annual Review of Clinical Psychology, 3,* 311–328.

Ceci, S. J., Rosenblum, T. B., & Kumpf, M. (1998). The shrinking gap between high- and low-scoring groups: Current trends and possible causes. In U. Neisser (Ed.), *The rising curve* (pp. 287–302). Washington, DC: American Psychological Association.

Ceci, S. J., & Williams, W. M. (2010). *The mathematics of sex: How biology and society conspire to limit talented women and girls.* New York: Oxford University Press.

Cecil, J. E., Watt, P., Murrie, I. S. L., Wrieden, W., Wallis, D. J., Hetherington, M. M., Bolton-Smith, C., & Palmer, C. N. A. (2005). Childhood obesity and socioeconomic status: A novel role for height growth limitation. *International Journal of Obesity, 29,* 1199–1203.

Ceda, G. P., Dall'Aglio, E., Morganti, S., Denti, L., Maggio M., Lauretani, F., et al. (2010). Update on new therapeutic options for the somatopause. *Atenei Parmensis, 81*(Suppl. 1), 67–72.

Cederholm, T., Salem, N., Jr., & Palmblad, J. (2013). ω-3 fatty acids in the prevention of cognitive decline in humans. *Advances in Nutrition, 4,* 672–676.

Center for Communication and Social Policy (Ed.). (1998). *National Television Violence Study* (Vol. 2). Newbury Park, CA: Sage.

Center for Hearing and Communication. (2016). *Facts about hearing loss.* Retrieved from chchearing.org/ facts-about-hearing-loss

Centers for Disease Control and Prevention. (2014a). *Breastfeeding report card: United States/2014.* Retrieved from www.cdc.gov/breastfeeding/ pdf/2014breastfeedingreportcard.pdf

Centers for Disease Control and Prevention. (2014b). *Bridging the Gap Research Program: Supporting recess in elementary schools.* Atlanta, GA: U.S. Department of Health and Human Services.

Centers for Disease Control and Prevention. (2014c). *National diabetes statistics report, 2014.* Retrieved from www.cdc.gov/diabetes/pubs/statsreport14/ national-diabetes-report-web.pdf

Centers for Disease Control and Prevention. (2014d, September 5). Prevalence and characteristics of sexual violence, stalking and intimate partner violence victimization—National Intimate Partner Sexual Violence Survey, United States, 2011. *Morbidity and Mortality Weekly Report, 63*(SS08), 1–18.

Centers for Disease Control and Prevention. (2014e). QuickStats: Rate of nonfatal fall injuries receiving medical attention by age group—National Health Interview Survey, United States, 2012. *Morbidity and Mortality Weekly Report, 63*(29), 641.

Centers for Disease Control and Prevention. (2014f). *State indicator report on physical activity: 2014.* Retrieved from www.cdc.gov/physicalactivity/downloads/pa_state_indicator_report_2014.pdf

Centers for Disease Control and Prevention. (2015a). *Asthma surveillance data.* Retrieved from www.cdc.gov/asthma/asthmadata.htm

Centers for Disease Control and Prevention. (2015b). *CDC fact sheet: Reported STDs in the United States.* Retrieved from www.cdc.gov/std/stats14/std-trends-508.pdf

Centers for Disease Control and Prevention. (2015c). *Child maltreatment: Risk and protective factors.* Retrieved from www.cdc.gov/violenceprevention/childmaltreatment/riskprotectivefactors.html

Centers for Disease Control and Prevention. (2015d). *Current cigarette smoking among adults in the United States.* Retrieved from www.cdc.gov/tobacco/data_statistics/fact_sheets/adult_data/cig_smoking

Centers for Disease Control and Prevention. (2015e). *Dental caries and sealant prevalence in children and adolescents in the United States, 2011–2012.* Retrieved from www.cdc.gov/nchs/data/databriefs/db191.htm

Centers for Disease Control and Prevention. (2015f). *Hip fractures among older adults.* Retrieved from www.cdc.gov/homeandrecreationalsafety/falls/adulthipfx.html

Centers for Disease Control and Prevention. (2015g). *HIV in the United States: At a glance.* Retrieved from www.cdc.gov/hiv/statistics/overview/ataglance.html

Centers for Disease Control and Prevention. (2015h). *HIV/AIDS: Statistics center.* Retrieved from www.cdc.gov/hiv/statistics/surveillance/incidence.html

Centers for Disease Control and Prevention. (2015i). Infant mortality statistics from the 2013 period linked birth/infant death data set. *National Vital Statistics Reports, 64*(9), 1–29. Retrieved from www.cdc.gov/nchs/data/nvsr/nvsr64/nvsr64_09.pdf

Centers for Disease Control and Prevention. (2015j). National, state, and selected local area vaccination coverage among children aged 19–35 months—United States 2014. *Morbidity and Mortality Weekly Report, 64,* 889–896.

Centers for Disease Control and Prevention. (2015k). *National suicide statistics.* Retrieved from www.cdc.gov/violenceprevention/suicide/statistics/index.html

Centers for Disease Control and Prevention. (2015l). *Sexually transmitted disease surveillance 2014.* Retrieved from www.cdc.gov/std/stats14/surv-2014-print.pdf

Centers for Disease Control and Prevention. (2015m). *Sickle cell disease: Data and statistics.* Retrieved from www.cdc.gov/ncbddd/sicklecell/data.html

Centers for Disease Control and Prevention. (2015n). *Tobacco use and pregnancy.* Retrieved from www.cdc.gov/reproductivehealth/maternalinfanthealth/tobaccousepregnancy/index.htm

Centers for Disease Control and Prevention. (2015o, October 16). Trends in quit attempts among adult cigarette smokers—United States, 2001–2013. *Morbidity and Mortality Weekly Report, 64,* 1129–1135.

Centers for Disease Control and Prevention. (2015p). *WISQARS fatal injury reports, national and regional, 1999–2014.* Retrieved from webappa.cdc.gov/sasweb/ncipc/mortrate10_us.html

Centers for Disease Control and Prevention. (2016a). *CDC fact sheet: Trends in U.S. HIV diagnoses, 2005–2014.* Retrieved from www.cdc.gov/nchhstp/newsroom/docs/factsheets/hiv-data-trends-fact-sheet-508.pdf

Centers for Disease Control and Prevention. (2016b). *Changes in life expectancy by race and Hispanic origin in the United States.* Retrieved from www.cdc.gov/nchs/products/databriefs/db244.htm

Centers for Disease Control and Prevention. (2016c). *Important facts about falls.* Retrieved from www.cdc.gov/HomeandRecreationalSafety/Falls/adultfalls.html

Centers for Disease Control and Prevention. (2016d). *Increase in suicide in the United States, 1999–2014: Key findings.* Retrieved from www.cdc.gov/nchs/products/databriefs/db241.htm

Centers for Disease Control and Prevention. (2016e). *Multiple cause of death, 1999–2014.* Retrieved from wonder.cdc.gov/wonder/help/mcd.html

Centers for Disease Control and Prevention. (2016f). *Pedestrian safety.* Retrieved from www.cdc.gov/motorvehiclesafety/pedestrian_safety

Centers for Medicare and Medicaid Services. (2013). *Nursing home data compendium, 2013 edition.* Retrieved from www.cms.gov/Medicare/Provider-Enrollment-and-Certification/CertificationandComplianc/downloads/nursinghomedatacompendium_508.pdf

Centers for Medicare and Medicaid Services. (2016). *NHE [National health expenditure] fact sheet.* Retrieved from www.cms.gov/research-statistics-data-and-systems/statistics-trends-and-reports/nationalhealthexpenddata/nhe-fact-sheet.html

Cernoch, J. M., & Porter, R. H. (1985). Recognition of maternal axillary odors by infants. *Child Development 56,* 1593–1598.

Cespedes, E. M., Gillman, M. W., Kleinman, D., Rifas-Shiman, S. L., Redline, S., & Taveras, E. M. (2014). Television viewing, bedroom television, and sleep duration from infancy to mid-childhood. *Pediatrics, 133,* e1163–1171.

Cetinkaya, M. B., Siano, L. J., & Benadiva, C. (2013). Reproductive outcome of women 43 years and beyond undergoing ART treatment with their own oocytes in two Connecticut university programs. *Journal of Assisted Reproductive Genetics, 30,* 673–678.

Cevenini, E., Invidia, L., Lescai, F., Salvioli, S., Tieri, P., Castellani, G., & Franceschi, G. (2008). Human models of aging and longevity. *Expert Opinion on Biological Therapy, 8,* 1393–1405.

Chaddock, L., Erickson, K. I., Prakash, R. S., Kim, J. S., Voss, M. W., Van Patter, M., et al. (2010a). A neuroimaging investigation of the association between aerobic fitness and hippocampal volume and memory performance in preadolescent children. *Brain Research, 1358,* 172–183.

Chaddock, L., Erickson, K. I., Prakash, R. S., VanPatter, M., Voss, M. V., Pontifex, M. B., et al. (2010b). Basal ganglia volume is associated with aerobic fitness in preadolescent children. *Developmental Neuroscience, 32,* 249–256.

Chaddock, L., Erickson, K. I., Prakash, R. S., Voss, M. V., VanPatter, M., Pontifex, M. B., et al. (2012). A functional MRI investigation of the association between childhood aerobic fitness and neurocognitive control. *Biological Psychology, 89,* 260–268.

Chaddock, L., Pontifex, M. B., Hillman, C. H., & Kramer, A. F. (2011). A review of the relation of aerobic fitness and physical activity to brain structure and function in children. *Journal of the International Neuropsychological Society, 17,* 1–11.

Chaddock-Heyman, L., Erickson, K. I., Holtrop, J. L., Voss, M W., Pontifex, M. B., Raine, L. B., et al. (2014). Aerobic fitness is associated with greater white matter integrity in children. *Frontiers in Human Neuroscience, 8,* 584.

Chaddock-Heyman, L., Erickson, K. I., Voss, M. W., Knecht, A. M., Pontifex, M. B., Castelli, D. M., et al. (2013). The effects of physical activity on functional MRI activation associated with cognitive control in children: A randomized controlled intervention. *Frontiers in Human Neuroscience, 7,* 72.

Chae, D. H., Nuru-Jeter, A. M., Adler, N. E., Brody, G. H., Lin, J., Blackburn, E. H., & Epel, E. S. (2014). Discrimination, racial bias, and telomere length in African-American men. *American Journal of Preventive Medicine, 46,* 103–111.

Chakravarty, E. F., Hubert, H. B., Krishnan, E., Bruce, B. B., Lingala, V. B., & Fries, J. F. (2012). Lifestyle risk factors predict disability and death in healthy aging adults. *American Journal of Medicine, 125,* 190–197.

Chakravorty, S., & Williams, T. N. (2015). Sickle cell disease: A neglected chronic disease of increasing global health importance. *Archives of Disease in Childhood, 100,* 48–53.

Chalabaev, A., Sarrazin, P., & Fontayne, P. (2009). Stereotype endorsement and perceived ability as mediators of the girls' gender orientation–soccer performance relationship. *Psychology of Sport and Exercise, 10,* 297–299.

Chambaere, K., Vander Stichele, R., Mortier, F., Cohen, J., & Deliens, L. (2015). Recent trends in euthanasia and other end-of-life practices in Belgium. *New England Journal of Medicine, 372,* 1179–1181.

Chamberlain, P. (2003). Antisocial behavior and delinquency in girls. In P. Chamberlain (Ed.), *Treating chronic juvenile offenders* (pp. 109–127). Washington, DC: American Psychological Association.

Chan, A., Meints, K., Lieven, E., & Tomasello, M. (2010). Young children's comprehension of English SVO word order revisited: Testing the same children in act-out and intermodal preferential looking tasks. *Cognitive Development, 25,* 30–45.

Chan, C. C. Y., Brandone, A. C., & Tardif, T. (2009). Culture, context, or behavioral control? English- and Mandarin-speaking mothers' use of nouns and verbs in joint book reading. *Journal of Cross-Cultural Psychology, 40,* 584–602.

Chan, C. C. Y., Tardif, T., Chen, J., Pulverman, R. B., Zhu, L., & Meng, X. (2011). English- and Chinese-learning infants map novel labels to objects and actions differently. *Developmental Psychology, 47,* 1459–1471.

Chan, S. M. (2010). Aggressive behaviour in early elementary school children: Relations to authoritarian parenting, children's negative emotionality and coping strategies. *Early Child Development and Care, 180,* 1253–1269.

Chan, T. W., & Koo, A. (2011). Parenting style and youth outcomes in the UK. *European Sociological Review, 27,* 385–399.

Chandra, A., Copen, C. E., & Stephen, E. H. (2013, August 14). Infertility and impaired fecundity in the United States, 1982–2010: Date from the National Survey of Family Growth. *National Health Statistics Reports,* No. 67. Retrieved from www.cdc.gov/nchs/data/nhsr/nhsr067.pdf

Chang, E., Wilber, K. H., & Silverstein, M. (2010). The effects of childlessness on the care and psychological well-being of older adults with disabilities. *Aging and Mental Health, 14,* 712–719.

Chang, P. F., Choi, Y. H., Bazarova, N. N., & Löckenhoff, C. E. (2015). Age differences in online social networking: Extending socioemotional selectivity theory to social network sites. *Journal of Broadcasting & Electronic Media, 59,* 221–239.

Chang, Y. T., Hayter, M., & Wu, S. C. (2010). A systematic review and meta-ethnography of the qualitative literature: Experiences of the menarche. *Journal of Clinical Nursing, 19,* 447–460.

Chao, R. K., & Good, G. E. (2004). Nontraditional students' perspectives on college education: A qualitative study. *Journal of College Counseling, 7,* 5–12.

Chapman, R. S. (2006). Children's language learning: An interactionist perspective. In R. Paul (Ed.), *Language disorders from a developmental perspective* (pp. 1–53). Mahwah, NJ: Erlbaum.

Charity, A. H., Scarborough, H. S., & Griffin, D. M. (2004). Familiarity with school English in African American children and its relation to early reading achievement. *Child Development, 75,* 1340–1356.

Charles, D., Whitaker, D. J., Le, B., Swahn, M., & DiClemente, R. J. (2011). Differences between perpetrators of bidirectional and unidirectional physical intimate partner violence. *Partner Abuse, 2,* 344–364.

Charles, S. T. (2010). Strength and vulnerability integration: A model of emotional well-being across adulthood. *Psychological Bulletin, 136,* 1068–1091.

Charles, S. T. (2011). Emotional experience and regulation in later life. In K. W. Schaie & S. L. Willis (Eds.), *Handbook of the psychology of aging* (7th ed., pp. 295–310). San Diego, CA: Academic Press.

Charles, S. T., & Carstensen, L. L. (2009). Socioemotional selectivity theory. In H. Reis & S. Sprecher (Eds.), *Encyclopedia of human relationships* (pp. 1578–1581). Thousand Oaks, CA: Sage.

Charles, S. T., & Carstensen, L. L. (2010). Social and emotional aging. *Annual Review of Psychology, 61,* 383–409.

Charles, S. T., & Carstensen, L. L. (2014). Emotion regulation and aging. In J. J. Gross (Ed.), *Handbook of emotion regulation* (pp. 203–218). New York: Guilford Press.

Charles, S. T., & Luong, G. (2013). Emotional experience across adulthood: The theoretical model of strength and vulnerability integration. *Current Directions in Psychological Science, 22,* 443–448.

Charles, S. T., Piazza, J. R., Luong, G., & Almeida, D. M. (2009). Now you see it, now you don't: Age differences in affective reactivity to social tensions. *Psychology and Aging, 24,* 645–653.

Charlier, R., Mertens, E., Lefevre, J., & Thomis, M. (2015). Muscle mass and muscle function over the adult life span: A cross-sectional study in Flemish adults. *Archives of Gerontology and Geriatrics, 61,* 161–167.

Charman, T., Baron-Cohen, S., Swettenham, J., Baird, G., Cox, A., & Drew, A. (2001). Testing joint attention, imitation, and play as infancy precursors to language and theory of mind. *Cognitive Development, 15,* 481–49.

Charman, W. N. (2008). The eye in focus: Accommodation and presbyopia. *Optometry, 91,* 207–225.

Charness, N., & Boot, W. R. (2016). Technology, gaming, and social networking. In K. W. Schaie & S. L. Willis (Eds.), *Handbook of the psychology of aging* (8th ed., pp. 390–407). London, UK: Academic Press.

Chase-Lansdale, P. L., Gordon, R., Brooks-Gunn, J., & Klebanov, P. K. (1997). Neighborhood and family influences on the intellectual and behavioral competence of preschool and early school-age children. In J. Brooks-Gunn, G. Duncan, & J. L. Aber (Eds.), *Neighborhood poverty: Context and consequences for development* (pp. 79–118). New York: Russell Sage Foundation.

Chatterji, P., & Markowitz, S. (2012). Family leave after childbirth and the mental health of new mothers. *Journal of Mental Health Policy and Economics, 15,* 61–76.

Chatters, L. M., Taylor, R. J., Woodward, A. T., & Nicklett, E. J. (2015). Social support from church and family members and depressive symptoms among older African Americans. *American Journal of Geriatric Psychiatry, 23,* 559–567.

Chauhan, G. S., Shastri, J., & Mohite, P. (2005). Development of gender constancy in preschoolers. *Psychological Studies, 50,* 62–71.

Chavajay, P., & Rogoff, B. (1999). Cultural variation in management of attention by children and their caregivers. *Developmental Psychology, 35,* 1079–1090.

Chavajay, P., & Rogoff, B. (2002). Schooling and traditional collaborative social organization of problem solving by Mayan mothers and children. *Developmental Psychology, 38,* 55–66.

Chavarria, M. C., Sánchez, F. J., Chou, Y. Y., Thompson, P. M., & Luders, E. (2014). Puberty in the corpus callosum. *Neuroscience, 265,* 1–8.

Chawarska, K., Macari, S., & Shic, F. (2013). Decreased spontaneous attention to social scenes in 6-month-old infants later diagnosed with autism spectrum disorders. *Biological Psychiatry, 74,* 195–203.

Cheah, C. S. L., Leung, C. Y. Y., Tahseen, M., & Schultz, D. (2009). Authoritative parenting among immigrant Chinese mothers of preschoolers. *Journal of Family Psychology, 23,* 311–320.

Cheah, C. S. L., & Li, J. (2010). Parenting of young immigrant Chinese children: Challenges facing their social-emotional and intellectual development. In E. L. Grigorenko & R. Takanishi (Eds.), *Immigration, diversity, and education* (pp. 225–241). New York: Routledge.

Checkley, W., Epstein, L. D., Gilman, R. H., Cabrera, L., & Black, R. E. (2003). Effects of acute diarrhea on linear growth in Peruvian children. *American Journal of Epidemiology, 157,* 166–175.

Chen, B., Vansteenkiste, M., Beyers, W., Soenens, B., & Van Petegem, S. (2013). Autonomy in family decision making for Chinese adolescents: Disentangling the dual meaning of autonomy. *Journal of Cross-Cultural Psychology, 44,* 1184–1209.

Chen, E. S. L., & Rao, N. (2011). Gender socialization in Chinese kindergartens: Teachers' contributions. *Sex Roles, 64,* 103–116.

Chen, J. J., Howard, K. S., & Brooks-Gunn, J. (2011). How do neighborhoods matter across the life span? In K. L. Fingerman, C. A. Berg, J. Smith, & T. C. Antonucci (Eds.), *Handbook of life-span development* (pp. 805–836). New York: Springer.

Chen, L.-C., Metcalfe, J. S., Jeka, J. J., & Clark, J. E. (2007). Two steps forward and one back: Learning to walk affects infants' sitting posture. *Infant Behavior and Development, 30,* 16–25.

Chen, R. (2012). Institutional characteristics and college student dropout risks: A multilevel event history analysis. *Research in Higher Education, 53,* 487–505.

Chen, X. (2012). Culture, peer interaction, and socioemotional development. *Child Development Perspectives, 6,* 27–34.

Chen, X., Cen, G., Li, D., & He, Y. (2005). Social functioning and adjustment in Chinese children: The imprint of historical time. *Child Development, 76,* 182–195.

Chen, X., DeSouza, A. T., Chen, H., & Wang, L. (2006). Reticent behavior and experiences in peer interactions in Chinese and Canadian children. *Developmental Psychology, 42,* 656–665.

Chen, X., Rubin, K. H., Liu, M., Chen, H., Wang, L., Li, D., et al. (2003). Compliance in Chinese and Canadian toddlers: A cross-cultural study. *International Journal of Behavioral Development, 27,* 428–436.

Chen, X., & Schmidt, L. A. (2015). Temperament and personality. In M. E. Lamb (Ed.), *Handbook of child psychology and developmental science: Vol. 3. Socioemotional processes* (7th ed., pp. 152–200). Hoboken, NJ: Wiley.

Chen, X., Wang, L., & Cao, R. (2011). Shyness-sensitivity and unsociability in rural Chinese children: Relations with social, school, and psychological adjustment. *Child Development, 82,* 1531–1543.

Chen, X., Wang, L., & DeSouza, A. (2006). Temperament, socioemotional functioning, and peer relationships in Chinese and North American children. In X. Chen, D. C. French, & B. H. Schneider (Eds.), *Peer relationships in cultural context* (pp. 123–147). New York: Cambridge University Press.

Chen, Y., Li, H., & Meng, L. (2013). Prenatal sex selection and missing girls in China: Evidence from the diffusion of diagnostic ultrasound. *Journal of Human Resources, 48,* 36–70.

Chen, Y.-C., Yu, M.-L., Rogan, W., Gladen, B., & Hsu, C.-C. (1994). A 6-year follow-up of behavior and activity disorders in the Taiwan Yu-cheng children. *American Journal of Public Health, 84,* 415–421.

Chen, Y.-J., & Hsu, C.-C. (1994). Effects of prenatal exposure to PCBs on the neurological function of children: A neuropsychological and neurophysiological study. *Developmental Medicine and Child Neurology, 36,* 312–320.

Chen, Z., Sanchez, R. P., & Campbell, T. (1997). From beyond to within their grasp: The rudiments of analogical problem solving in 10- to 13-month-olds. *Developmental Psychology, 33,* 790–801.

Cheng, G., Huang, C., Deng, H., & Wang, H. (2012). Diabetes as a risk factor for dementia and mild cognitive impairment: A meta-analysis of longitudinal studies. *Internal Medicine Journal, 42,* 484–491.

Cherlin, A. J. (2010). Demographic trends in the United States: A review of research in the 2000s. *Journal of Marriage and Family, 72*(3), 403–419.

Chess, S., & Thomas, A. (1984). *Origins and evolution of behavior disorders.* New York: Brunner/Mazel.

Chessell, Z. J., Rathbone, C. J., Souchay, C., Charlesworth, L., & Moulin, C. J. A. (2014). Autobiographical memory, past and future events, and self-images in younger and older adults. *Self and Identity, 13,* 380–397.

Chetty, R., Stepner, M., Abraham, S., Lin, S., Scuderi, B., Turner, N., et al. (2016). The association between income and life expectancy in the United States, 2001–2014. *JAMA, 315,* 1750–1766.

Cheung, F. M., & Halpern, D. F. (2010). Women at the top: Powerful leaders define success as work + family in a culture of gender. *American Psychologist, 65,* 182–193.

Chevalier, N. (2015). The development of executive function: Toward more optimal coordination of control with age. *Child Development Perspectives, 9,* 239–244.

Cheyney, M., Bovbjerg, M., Everson, C., Gordon, W., Hannibal, D., & Vedam, S. (2014). Outcomes of care for 16,924 planned home births in the United States: The Midwives Alliance of North America Statistics Project, 2004 to 2009. *Journal of Midwifery and Women's Health, 59,* 17–27.

Chhin, C. S., Bleeker, M. M., & Jacobs, J. E. (2008). Gender-typed occupational choices: The long-term impact of parents' beliefs and expectations. In H. M. G. Watt & J. S. Eccles (Eds.), *Gender and occupational outcomes: Longitudinal assessments of individual, social, and cultural influences* (pp. 215–234). Washington, DC: American Psychological Association.

Chi, M. T. H. (2006). Laboratory methods for assessing experts' and novices' knowledge. In K. A. Ericsson, N. Charness, P. J. Feltovich, & R. R. Hoffman (Eds.), *The Cambridge handbook of expertise and expert performance* (pp. 167–184). New York: Cambridge University Press.

Chiang, T., Schultz, R. M., & Lampson, M. A. (2012). Meiotic origins of maternal age-related aneuploidy. *Biology of Reproduction, 86,* 1–7.

Child Care Aware. (2015). *Parents and the high cost of child care: 2014 report.* Retrieved from usa.childcareaware.org

Child Trends. (2013). *Family meals.* Retrieved from www.childtrends.org/wp-content/uploads/2012/09/96_Family_Meals.pdf

Child Trends. (2014a). *Births to unmarried women.* Retrieved from www.childtrends.org/?indicators=births-to-unmarried-women

Child Trends. (2014b). *Early childhood program enrollment.* Retrieved from www.childtrends.org/?indicators=early-childhood-program-enrollment

Child Trends. (2014c). *Unintentional injuries: Indicators on children and youth.* Retrieved from www.childtrends.org/wp-content/uploads/2014/08/122_Unintentional_Injuries.pdf

Child Trends. (2015a). *Births to unmarried women.* Retrieved from www.childtrends.org/wp-content/uploads/2015/03/75_Births_to_Unmarried_Women.pdf

Child Trends. (2015b). *Full-day kindergarten.* Retrieved from www.childtrends.org/?indicators=full-day-kindergarten

Child Trends. (2015c). *Late or no prenatal care.* Retrieved from www.childtrends.org/wp-content/uploads/2014/07/25_Prenatal_Care.pdf

Chin, H. B., Sipe, T. A., Elder, R., Mercer, S. L., Chattopadhyay, S. K., Jacob, V., et al. (2012). The effectiveness of group-based comprehensive risk-reduction and abstinence education interventions to prevent or reduce the risk of adolescent pregnancy, human immunodeficiency virus, and sexually transmitted infections: Two systematic reviews for the guide to community preventive services. *American Journal of Preventive Medicine, 42,* 272–294.

Chinn, C. A., & Malhotra, B. A. (2002). Children's responses to anomalous scientific data: How is conceptual change impeded? *Journal of Educational Psychology, 94,* 327–343.

Chiu, D., Beru, Y., Wately, E., Wubu, S., Simson, E., Kessinger, R., et al. (2008). Seventh-grade students' self-beliefs and social comparisons. *Journal of Educational Research, 102,* 125–136.

Choe, D. E., Olson, S. L., & Sameroff, A. J. (2013). The interplay of externalizing problems and physical discipline and inductive discipline during childhood. *Developmental Psychology, 49,* 2029–2039.

Choi, N., & Kim, J. (2011). The effect of time volunteering and charitable donations in later life on psychological well-being. *Ageing and Society, 31,* 590–611.

Choi, N. G., & Landeros, C. (2011). Wisdom from life's challenges: Qualitative interviews with low- and moderate-income older adults who were nominated as being wise. *Journal of Gerontological Social Work, 54,* 592–64.

Choi, S., & Gopnik, A. (1995). Early acquisition of verbs in Korean: A cross-linguistic study. *Journal of Child Language, 22,* 497–529.

Choi, S., McDonough, L., Bowerman, M., & Mandler, J. M. (1999). Early sensitivity to language-specific spatial categories in English and Korean. *Cognitive Development, 14,* 241–268.

Chomsky, C. (1969). *The acquisition of syntax in children from five to ten.* Cambridge, MA: MIT Press.

Chomsky, N. (1957). *Syntactic structures.* The Hague: Mouton.

Chouinard, M. M. (2007). Children's questions: A mechanism for cognitive development. *Monographs of the Society for Research in Child Development, 72*(1, Serial No. 286).

Chouinard, M. M., & Clark, E. V. (2003). Adult reformulations of child errors as negative evidence. *Journal of Child Language, 30,* 637–669.

Chrisler, J. C., Barney, A., & Palatino, B. (2016). Ageism can be hazardous to women's health: Ageism, sexism, and stereotypes of older women in the healthcare system. *Journal of Social Issues, 72,* 86–104.

Christ, G. H., Siegel, K., & Christ, A. E. (2002). "It never really hit me ... until it actually happened." *JAMA, 288,* 1269–1278.

Christakis, D. A., Garrison, M. M., Herrenkohl, T., Haggerty, K., Rivara, F. P., Zhou, C., & Liekweg, K. (2013). Modifying media content for preschool children: A randomized controlled trial. *Pediatrics, 131,* 431–438.

Christakis, D. A., Zimmerman, F. J., DiGiuseppe, D. L., & McCarty, C. A. (2004). Early television exposure and subsequent attentional problems in children. *Pediatrics, 113,* 708–713.

Christakou, A., Gershman, S. J., Niv, Y., Simmons, A., Brammer, M., & Rubia, K. (2013). Neural and psychological maturation of decision-making in adolescence and young adulthood. *Journal of Cognitive Neuroscience, 25,* 1807–1823.

Christie, C. A., Jolivette, K., & Nelson, M. (2007). School characteristics related to high school dropout rates. *Remedial and Special Education, 28,* 325–339.

Christoffersen, M. N. (2012). A study of adopted children, their environment, and development: A systematic review. *Adoption Quarterly, 15,* 220–237.

Chu, C. Y. C., Xie, Y., & Yu, R. R. (2011). Coresidence with elderly parents: A comparative study of southeast China. *Journal of Marriage and Family, 73,* 120–135.

Chung, H. L., Mulvey, E. P., & Steinberg, L. (2011). Understanding the school outcomes of juvenile offenders: An exploration of neighborhood influences and motivational resources. *Journal of Youth and Adolescence, 40,* 1025–1038.

Chung, K. W., Kim, D. H., Park, M. H., Choi, Y. J., Kim, N. D., Lee, J., et al. (2013). Recent advances in calorie restriction research on aging. *Experimental Gerontology, 48,* 1049–1053.

Church, E. (2004). *Understanding stepmothers: Women share their struggles, successes, and insights.* Toronto: HarperCollins.

Churchman, R., York, G. S., Woodard, B., Wainright, C., & Rau-Foster, M. (2014). Revisiting perceptions of quality of hospice care: Managing for the ultimate referral. *American Journal of Hospice & Palliative Medicine, 31,* 521–526.

Ciarrochi, J., Parker, P., Sahdra, B., Marshall, S., Jackson, C., Gloster, A. T., & Heaven, P. (2016). The development of compulsive Internet use and mental health: A four-year study of adolescence. *Developmental Psychology, 52,* 272–283.

Cicchetti, D., & Toth, S. L. (2015). Child maltreatment. In M. E. Lamb (Ed.), *Handbook of child psychology and developmental science: Vol. 3. Socioemotional processes* (7th ed., pp. 513–563). Hoboken, NJ: Wiley.

Cicirelli, V. G. (1995). *Sibling relationships across the life span.* New York: Plenum.

Cicirelli, V. G. (2001). Personal meanings of death in older adults and young adults in relation to their fears of death. *Death Studies, 25,* 663–683.

Cicirelli, V. G. (2002). *Older adults' views on death.* New York: Springer.

Cillessen, A. H. N. (2009). Sociometric methods. In K. H. Rubin & W. M. Bukowski (Eds.), *Handbook of peer interactions, relationships, and groups* (pp. 82–99). New York: Guilford.

Cillessen, A. H. N., & Bellmore, A. D. (2004). Social skills and interpersonal perception in early and middle childhood. In P. K. Smith & C. H. Hart (Eds.), *Blackwell handbook of childhood social development* (pp. 355–374). Malden, MA: Blackwell.

Cipriano, E. A., & Stifter, C. A. (2010). Predicting preschool effortful control from toddler temperament and parenting behavior. *Journal of Applied Developmental Psychology, 31,* 221–230.

Circle (Center for Information & Research on Civic Learning & Engagement). (2013). *Youth voting.* Retrieved from www.civicyouth.org/quick-facts/youth-voting

Claes, R., & Heymans, M. (2008). HR professionals' views on work motivation and retention of older workers: A focus group study. *Career Development International, 13,* 95–111.

Clark, S. M., Ghulmiyyah, L. M., & Hankins, G. D. (2008). Antenatal antecedents and the impact of obstetric care in the etiology of cerebral palsy. *Clinical Obstetrics and Gynecology, 51,* 775–786.

Clarke, B. L., & Khosla, S. (2010). Physiology of bone loss. *Radiologic Clinics of North America, 48,* 483–495.

Clarke, M. J., Marks, A. D. J., & Lykins, A. D. (2015). Effects of gender group norms on the endorsement of same-sex attraction, behavior, and identity. *Journal of Bisexuality, 15,* 319–345.

Clarke, P., & Smith, J. (2011). Aging in a cultural context: Cross-national differences in disability and the moderating role of personal control among older adults in the United States and England. *Journals of Gerontology, 66B,* 457–467.

Clarke-Stewart, K. A., & Hayward, C. (1996). Advantages of father custody and contact for the psychological well-being of school-age children. *Journal of Applied Developmental Psychology, 17,* 239–270.

Claxton, A., O'Rourke, N., Smith, J. Z., & DeLongis, A. (2011). Personality traits and marital satisfaction within enduring relationships: An intra-couple discrepancy approach. *Journal of Social and Personal Relationships, 29,* 375–396.

Claxton, L. J., Keen, R., & McCarty, M. E. (2003). Evidence of motor planning in infant reaching behavior. *Psychological Science, 14,* 354–356.

Clay, R. A. (2009). Mini-multitaskers. *Monitor on Psychology, 40*(2), 38–40.

Clearfield, M. W. (2011). Learning to walk changes infants' social interactions. *Infant Behavior and Development, 34,* 15–25.

Clearfield, M. W., & Nelson, N. M. (2006). Sex differences in mothers' speech and play behavior with 6-, 9-, and 14-month-old infants. *Sex Roles, 54,* 127–137.

Clearfield, M. W., & Westfahl, S. M.-C. (2006). Familiarization in infants' perception of addition problems. *Journal of Cognition and Development, 7,* 27–43.

Clements, D. H., & Sarama, J. (2012). Learning and teaching early and elementary mathematics. In J. S. Carlson & J. R. Levin (Eds.), *Instructional strategies for improving students' learning* (pp. 205–212). Charlotte, NC: Information Age Publishing.

Clements, D. H., Sarama, J., Spitler, M. E., Lange, A. A., & Wolfe, C. B. (2011). Mathematics learned by young children in an intervention based on learning trajectories: A large-scale cluster randomized trial. *Journal for Research in Mathematics Education, 42,* 127–166.

Clifton, R. K., Rochat, P., Robin, D. J., & Berthier, N. E. (1994). Multimodal perception in the control of infant reaching. *Journal of Experimental Psychology: Human Perception and Performance, 20,* 876–886.

Clinchy, B. M. (2002). Revisiting women's ways of knowing. In B. K. Hofer & P. R. Pintrich (Eds.), *Personal epistemology: The psychological beliefs about knowledge and knowing* (pp. 63–87). Mahwah, NJ: Erlbaum.

Clincy, A. R., & Mills-Koonce, W. R. (2013). Trajectories of intrusive parenting during infancy and toddlerhood as predictors of rural, low-income African American boys' school-related outcomes. *American Journal of Orthopsychiatry, 83,* 194–206.

Coall, D. A., Callan, A. C., Dickins, T. E., & Chisholm, J. S. (2015). Evolution and prenatal development: An evolutionary perspective. In M. E. Lamb (Ed.), *Handbook of child psychology and developmental science: Vol. 3. Socioemotional processes* (7th ed., pp. 57–105). Hoboken, NJ: Wiley.

Cohen, D. A. (2014). *A big crisis: The hidden forces behind the obesity epidemic—and how we can end it.* New York: Nation Books.

Cohen, G. L., Garcia, J., & Master, A. (2006). Reducing the racial achievement gap: A social-psychological intervention. *Science, 313,* 1307–1310.

Cohen, J., Van Landeghem, P., Carpentier, N., & Delins, L. (2014). Different trends in euthanasia acceptance across Europe: A study of 13 western and 10 central and eastern European countries. *European Journal of Public Health, 23,* 378–380.

Cohen, L. B. (2003). Commentary on Part I: Unresolved issues in infant categorization. In D. H. Rakison & L. M. Oakes (Eds.), *Early category and concept development: Making sense of the blooming, buzzing confusion* (pp. 193–209). New York: Oxford University Press.

Cohen, L. B. (2010). A bottom-up approach to infant perception and cognition: A summary of evidence and discussion of issues. In S. P. Johnson (Ed.), *Neoconstructivism: The new science of cognitive development* (pp. 335–346). New York: Oxford University Press.

Cohen, L. B., & Brunt, J. (2009). Early word learning and categorization: Methodological issues and recent empirical evidence. In J. Colombo, P. McCardle, & L. Freund (Eds.), *Infant pathways to language: Methods, models, and research disorders* (pp. 245–266). New York: Psychology Press.

Cohen-Bendahan, C. C. C., van Doornen, L. J. P., & de Weerth, C. (2014). Young adults' reactions to infant crying. *Infant Behavior and Development, 37,* 33–43.

Cohn, N. (2014). Framing "I can't draw": The influence of cultural frames on the development of drawing. *Culture and Psychology, 20,* 102–117.

Colbert, J. A., Schulte, J., & Adler, J. N. (2013). Clinical decisions: Physician-assisted suicide—polling results. *New England Journal of Medicine, 369:* e15.

Colbert, L. G. (2014, May). Taking care of mom: A son's journey. *Aging Today.* San Francisco: American Society on Aging. Retrieved from www.asaging.org/blog/taking-care-mom-sons-journey

Colby, A., Kohlberg, L., Gibbs, J., & Lieberman, M. (1983). A longitudinal study of moral judgment. *Monographs of the Society for Research in Child Development, 48*(1–2, Serial No. 200).

Colby, S. L., & Ortman, J. M. (2014, May). The baby boom cohort in the United States: 2012 to 2060: Population estimates and projections. *Current Population Reports* (P25-1141). Washington, DC: U.S. Census Bureau.

Cole, D. A., Maxwell, S. E., Martin, J. M., Peeke, L. G., Seroczynski, A. D., & Tram, J. M. (2001). The development of multiple domains of child and adolescent self-concept: A cohort sequential longitudinal design. *Child Development, 72,* 1723–1746.

Cole, E. R., & Stewart, A. J. (1996). Meanings of political participation among black and white women: Political identity and social responsibility. *Journal of Personality and Social Psychology, 71,* 130–140.

Cole, M. (1990). Cognitive development and formal schooling: The evidence from cross-cultural research. In L. C. Moll (Ed.), *Vygotsky and education* (pp. 89–110). New York: Cambridge University Press.

Cole, M. (2006). Culture and cognitive development in phylogenetic, historical, and ontogenetic perspective. In R. M. Lerner (Ed.), *Handbook of child psychology: Vol. 1. Theoretical models of human development* (6th ed., pp. 636–685). Hoboken, NJ: Wiley.

Cole, P. M., Armstrong, L. M., & Pemberton, C. K. (2010). The role of language in the development of emotion regulation. In S. D. Calkins & M. A. Bell (Eds.), *Child development at the intersection of emotion and cognition* (pp. 59–77). Washington, DC: American Psychological Association.

Cole, P. M., LeDonne, E. N., & Tan, P. Z. (2013). A longitudinal examination of maternal emotions in relation to young children's developing self-regulation. *Parenting: Science and Practice, 13,* 113–132.

Coleman, M., Ganong, L., & Leon, K. (2006). Divorce and postdivorce relationships. In A. L. Vangelisti & D. Perlman (Eds.), *The Cambridge handbook of personal relationships* (pp. 157–173). New York: Cambridge University Press.

Coleman, M., Ganong, L., & Russell, L. T. (2013). Resilience in stepfamilies. In D. S. Becvar (Ed.), *Handbook of family resilience* (pp. 85–103). New York: Springer.

Coleman, P. G., Ivani-Chalian, C., & Robinson, M. (2004). Religious attitudes among British older people: Stability and change in a 20-year longitudinal study. *Ageing and Society, 24,* 167–188.

Coley, R. L., Morris, J. E., & Hernandez, D. (2004). Out-of-school care and problem behavior trajectories among low-income adolescents: Individual, family,

and neighborhood characteristics as added risks. *Child Development, 75,* 948–965.

Collings, P. (2001). "If you got everything, it's good enough": Perspectives on successful aging in a Canadian Inuit community. *Journal of Cross-Cultural Gerontology, 16,* 127–155.

Collins, N. L., & Feeney, B. C. (2010). An attachment theoretical perspective on social support dynamics in couples: Normative processes and individual differences. In K. Sullivan & J. Davila (Eds.), *Support processes in intimate relationships* (pp. 89–120). New York: Oxford University Press.

Collins, W., & Doolittle, A. (2006). Personal reflections of funeral rituals and spirituality in a Kentucky African American family. *Death Studies, 30,* 957–969.

Collins, W. A., & Laursen, B. (2004). Parent–adolescent relationships and influences. In R. M. Lerner & L. Steinberg (Eds.), *Handbook of adolescent psychology* (2nd ed., pp. 331–361). New York: Wiley.

Collins, W. A., & Madsen, S. D. (2006). Personal relationships in adolescence and early adulthood. In A. L. Vangelisti & D. Perlman (Eds.), *The Cambridge handbook of personal relationships* (pp. 191–209). New York: Cambridge University Press.

Collins, W. A., Madsen, S. D., & Susman-Stillman, A. (2002). Parenting during middle childhood. In M. H. Bornstein (Ed.), *Handbook of parenting: Vol. 1* (2nd ed., pp. 73–101). Mahwah, NJ: Erlbaum.

Collins, W. A., & van Dulmen, M. (2006a). "The course of true love(s) …": Origins and pathways in the development of romantic relationships. In A. Booth & A. Crouter (Eds.), *Romance and sex in adolescence and emerging adulthood: Risks and opportunities* (pp. 63–86). Mahwah, NJ: Erlbaum.

Collins, W. A., & van Dulmen, M. (2006b). Friendships and romantic relationships in emerging adulthood: Continuities and discontinuities. In J. J. Arnett & J. Tanner (Eds.), *Emerging adults in America: Coming of age in the 21st century* (pp. 219–234). Washington, DC: American Psychological Association.

Collins, W. A., Welsh, D. P., & Furman, W. (2009). Adolescent romantic relationships. *Annual Review of Psychology, 60,* 631–652.

Collins, W. K., & Steinberg, L. (2006). Adolescent development in interpersonal context. In N. Eisenberg (Ed.), *Handbook of child psychology: Vol. 3. Social, emotional, and personality development* (6th ed., pp. 1003–1067). Hoboken, NJ: Wiley.

Collin-Vézina, D., Daigneault, I., & Hébert, M. (2013). Lessons learned from child sexual abuse research: Prevalence, outcomes, and preventive strategies. *Child and Adolescent Psychiatry and Mental Health, 7,* 1–9.

Colman, R. J., Anderson, R. M., Johnson, S. C., Kastman, E. K., Kosmatka, K. J., Beasley, T. M., et al. (2009). Caloric restriction delays disease onset and mortality in rhesus monkeys. *Science, 325,* 201–204.

Colombo, J. (2002). Infant attention grows up: The emergence of a developmental cognitive neuroscience perspective. *Current Directions in Psychological Science, 11,* 196–199.

Colombo, J., Brez, C. C., & Curtindale, L. M. (2013). Infant perception and cognition. In R. M. Lerner, M. A. Easterbrooks, & J. Mistry (Eds.), *Handbook of psychology: Vol. 6. Developmental psychology* (pp. 61–89). Hoboken, NJ: Wiley.

Colombo, J., Kapa, L., & Curtindale, L. (2011). Varieties of attention in infancy. In L. M. Oakes, C. H. Cashon, M. Casasola, & D. Rakison (Eds.), *Infant perception and cognition* (pp. 3–25). New York: Oxford University Press.

Colombo, J., Shaddy, D. J., Richman, W. A., Maikranz, J. M., & Blaga, O. M. (2004). The developmental course of habituation in infancy and preschool outcome. *Infancy, 5,* 1–38.

Colson, E. R., Willinger, M., Rybin, D., Heeren, T., Smith, L. A., Lister, G., et al. (2013). Trends and factors associated with infant bed sharing, 1993–2010. The National Infant Sleep Position Study. *JAMA Pediatrics, 167,* 1032–1037.

Comeau, L., Genesee, F., & Mendelson, M. (2010). A comparison of bilingual and monolingual children's conversational repairs. *First Language, 30,* 354–374.

Commendador, K. A. (2010). Parental influences on adolescent decision-making and condom use. *Pediatric Nursing, 36,* 147–170.

Common Sense Media. (2013). *Zero to eight: Children's media use in America 2013.* San Francisco: Author. Retrieved from www.commonsensemedia.org/research/zero-to-eight-childrens-media-use-in-america-2013

Compas, B. E., Jaser, S. S., Dunn, M. J., & Rodriguez, E. M. (2012). Coping with chronic illness in childhood and adolescence. *Annual Review of Clinical Psychology, 8,* 455–480.

Compton, J. I., Cox, E., & Laanan, F. S. (2006). Adult learners in transition. In F. S. Laanan (Ed.), *New directions for student services* (Vol. 114, pp. 73–80). San Francisco: Jossey-Bass.

Comstock, G. (2008). A sociological perspective on television violence and aggression. *American Behavioral Scientist, 51,* 1137–1154.

Comunian, A. L., & Gielen, U. P. (2000). Sociomoral reflection and prosocial and antisocial behavior: Two Italian studies. *Psychological Reports, 87,* 161–175.

Comunian, A. L., & Gielen, U. P. (2006). Promotion of moral judgment maturity through stimulation of social role-taking and social reflection: An Italian intervention study. *Journal of Moral Education, 35,* 51–69.

Conchas, G. Q. (2006). *The color of success: Race and high-achieving urban youth.* New York: Teachers College Press.

Conde-Agudelo, A., Belizan, J. M., and Diaz-Rossello, J. (2011). Kangaroo mother care to reduce morbidity and mortality in low birthweight infants. *Cochrane Database of Systematic Reviews,* Issue 3, Art. No.: CD002771.

Condron, D. J. (2013). Affluence, inequality, and educational achievement: A structural analysis of 97 jurisdictions, across the globe. *Sociological Spectrum, 33,* 73–97.

Conduct Problems Prevention Research Group. (2014). Trajectories of risk for early sexual activity and early substance use in the Fast Track Prevention Program. *Prevention Sciences, 15*(Suppl. 1), S33–S46.

Conger, K. J., Stocker, C., & McGuire, S. (2009). Sibling socialization: The effects of stressful life events and experiences. In L. Kramer & K. J. Conger (Eds.), *Siblings as agents of socialization: New directions for child and adolescent development* (No. 126, pp. 44–60). San Francisco: Jossey-Bass.

Conger, R. D., & Donnellan, M. B. (2007). An interactionist perspective on the socioeconomic context of human development. *Annual Review of Psychology, 58,* 175–199.

Conner, D. B., & Cross, D. R. (2003). Longitudinal analysis of the presence, efficacy, and stability of maternal scaffolding during informal problem-solving interactions. *British Journal of Developmental Psychology, 21,* 315–334.

Connidis, I. A. (2010). *Family ties and aging* (2nd ed.). Thousand Oaks, CA: Pine Forge Press.

Connolly, J., & Goldberg, A. (1999). Romantic relationships in adolescence: The role of friends and peers in their emergence and development. In W. Furman, B. B. Brown, & C. Feiring (Eds.), *The development of romantic relationships in adolescence* (pp. 266–290). New York: Cambridge University Press.

Connolly, J., & McIsaac, C. (2011). Romantic relationships in adolescence. In M. K. Underwood & L. H. Rosen (Eds.), *Social development: Relationships in infancy, childhood, and adolescence* (pp. 180–203). New York: Guilford.

Connor, D. F. (2015). Stimulant and nonstimulant medications for childhood ADHD. In R. A. Barkley (Ed.), *Attention-deficit hyperactivity disorder: A handbook for diagnosis and treatment* (4th ed., pp. 666–685). New York: Guilford.

Connor, S. R., Pyenson, B., Fitch, K., Spence, C., & Iwasaki, K. (2007). Comparing hospice and nonhospice patient survival among patients who die within a three-year window. *Journal of Pain and Symptom Management, 33,* 238–246.

Conroy-Beam, D., Buss, D. M., Pham, M. N., & Shackelford, T. K. (2015). How sexually dimorphic are human mate preferences? *Personality and Social Psychology Bulletin, 41,* 1082–1093.

Conway, C. C., Rancourt, D., Adelman, C. B., Burk, W. J., & Prinstein, M. J. (2011). Depression socialization within friendship groups at the transition to adolescence: The roles of gender and group centrality as moderators of peer influence. *Journal of Abnormal Psychology, 120,* 857–867.

Conway, L. (2007, April 5). Drop the Barbie: Ken Zucker's reparatist treatment of gender-variant children. *Trans News Updates.* Retrieved from ai. eecs.umich.edu/people/conway/TS/News/Drop%20 the%20Barbie.htm

Conway, M. A., Wang, Q., Hanyu, K., & Haque, S. (2005). A cross-cultural investigation of autobiographical memory. On the universality and cultural variation of the reminiscence bump. *Journal of Cross-Cultural Psychology, 36,* 739–749.

Conwell, Y., Duberstein, P. R., Hirsch, J., & Conner, K. R. (2010). Health status and suicide in the second half of life. *Geriatric Psychiatry, 25,* 371–379.

Conwell, Y., & O'Reilly, A. (2013). The challenge of suicide prevention in later life. In H. Lavretsky, M. Sajatovic, & C. F. Reynolds, III (Eds.), *Late-life mood disorders* (pp. 206–219). New York: Oxford University Press.

Conwell, Y., Van Orden, K., & Caine, E. D. (2011). Suicide in older adults. *Psychiatric Clinics of North America, 34,* 451–468.

Cook, C. R., Williams, K. R., Guerra, N. G., & Kim, T. E. (2010). Variability in the prevalence of bullying and victimization: A cross-national and methodological analysis. In S. R. Jimerson, S. M. Swearer, & D. L. Espelage (Eds.), *Handbook of bullying in schools: An international perspective* (pp. 347–362). New York: Routledge.

Cooke, L. P. (2010). The politics of housework. In J. Treas & S. Drobnic (Eds.), *Dividing the domestic: Men, women, and household work in cross-national perspective* (pp. 59–78). Stanford, CA: Stanford University Press.

Cooper, C., Sayer, A. A., & Dennison, E. M. (2006). The developmental environment: Clinical perspectives on effects on the musculoskeletal system. In P. Gluckman & M. Hanson (Eds.), *Developmental origins of health and disease* (pp. 392–405). Cambridge, UK: Cambridge University Press.

Cooper, H., Batts, A., Patall, E. A., & Dent, A. L. (2010). Effects of full-day kindergarten on academic achievement and social development. *Review of Educational Research, 80,* 54–70.

Copeland, W., Shanahan, L., Miller, S., Costello, E. J., Angold, A., & Maughan, B. (2010). Do the negative effects of early pubertal timing on adolescent girls continue into young adulthood? *American Journal of Psychiatry, 167,* 1218–1225.

Copen, C. E., Chandra, A., & Febo-Vazquez, I. (2016). Sexual behavior, sexual attraction, and sexual orientation among adults aged 18–44 in the United States: Data from the 2011–2013 National Survey of Family Growth. *National Health Statistics Reports,* No. 88. Retrieved from www.cdc.gov/nchs/data/nhsr/ nhsr088.pdf

Copen, C. E., Daniels, K., & Mosher, W. D. (2013). *First premarital cohabitation in the United States: 2006–2010 National Survey of Family Growth. National Health Statistics Reports,* No. 64. Hyattsville, MD: National Center for Health Statistics.

Coplan, R. J., & Arbeau, K. A. (2008). The stresses of a "brave new world": Shyness and school adjustment

in kindergarten. *Journal of Research in Childhood Education, 22,* 377–389.

Coplan, R. J., & Armer, M. (2007). A "multitude" of solitude: A closer look at social withdrawal and nonsocial play in early childhood. *Child Development Perspectives, 1,* 26–32.

Coplan, R. J., Gavinsky-Molina, M. H., Lagace Seguin, D., & Wichmann, C. (2001). When girls versus boys play alone: Gender differences in the associates of nonsocial play in kindergarten. *Developmental Psychology, 37,* 464–474.

Coplan, R. J., & Ooi, L. (2014). The causes and consequences of "playing alone" in childhood. In R. J. Coplan & J. C. Bowker (Eds.), *The handbook of solitude: Psychological perspectives on social isolation, social withdrawal, and being alone* (pp. 111–128). Chichester, UK: Wiley-Blackwell.

Coplan, R. J., Prakash, K., O'Neil, K., & Armer, M. (2004). Do you "want" to play? Distinguishing between conflicted shyness and social disinterest in early childhood. *Developmental Psychology, 40,* 244–258.

Copple, C., & Bredekamp, S. (2009). *Developmentally appropriate practice in early childhood programs* (3rd ed.). Washington, DC: National Association for the Education of Young Children.

Corbett, N., & Alda, M. (2015). On telomeres long and short. *Journal of Psychiatry Neuroscience, 40,* 3–4.

Corby, B. C., Hodges, E. V., & Perry, D. G. (2007). Gender identity and adjustment in black, Hispanic, and white preadolescents. *Developmental Psychology, 26,* 261–266.

Corenblum, B. (2003). What children remember about ingroup and outgroup peers: Effects of stereotypes on children's processing of information about group members. *Journal of Experimental Child Psychology, 86,* 32–66.

Cornell, K. H. (2013). Adolescent pregnancy and parenthood. In J. Sandoval (Ed.), *Crisis counseling, intervention, and prevention in the schools* (3rd ed., pp. 291–313). New York: Routledge.

Cornoldi, C., Giofré, D., Orsini, A., & Pezzuti, L. (2014). Differences in the intellectual profile of children with intellectual vs. learning disability. *Research in Developmental Disabilities, 35,* 2224–2230.

Cornwell, A. C., & Feigenbaum, P. (2006). Sleep biological rhythms in normal infants and those at high risk for SIDS. *Chronobiology International, 23,* 935–961.

Cornwell, B., & Laumann, E. O. (2015). The health benefits of network growth: New evidence from a national survey of older adults. *Social Science and Medicine, 125,* 94–106.

Corr, C. A. (2015a). Death education at the college and university level. In J. M. Stillion & T. Attig (Eds.), *Death, dying, and bereavement: Contemporary perspectives, institutions, and practices* (pp. 207–219). New York: Springer.

Corr, C. A. (2015b). Let's stop "staging" persons who are coping with loss. *Illness, Crisis, & Loss, 23,* 226–241.

Corr, C. A., & Corr, D. M. (2007). Historical and contemporary perspectives on loss, grief, and mourning. In C. A. Corr & D. M. Corr (Eds.), *Handbook of thanatology* (pp. 131–142). New York: Routledge.

Corr, C. A., & Corr, D. M. (2013). *Death and dying, life and living* (7th ed.). Belmont, CA: Wadsworth/ Cengage Learning.

Correa-Chávez, M., Roberts, A. L. D., & Perez, M. M. (2011). Cultural patterns in children's learning through keen observation and participation in their communities. In J. B. Benson (Ed.), *Advances in child development and behavior* (Vol. 40, pp. 209–241). San Diego, CA: Elsevier Academic Press.

Correia, C., Lopez, K. J., Wroblewski, K. E., Huisingh-Scheetz, M., Kern, D. W., Chen, R. C., et al. (2016). Global sensory impairment in older adults in the United States. *Journal of the American Geriatrics Society, 64,* 306–313.

Cosentino, S., Schupf, N., Christensen, K., Andersen, S. L., Newman, A., & Mayeux, R. (2013). Reduced prevalence of cognitive impairment in families with exceptional longevity. *JAMA Neurology, 70,* 867–874.

Costa, A., & Sebastián-Gallés, N. (2014). How does the bilingual experience sculpt the brain? *Nature Reviews Neuroscience, 15,* 336–345.

Costacurta, M., Sicuro, L., Di Renzo, L., & Condo, R. (2012). Childhood obesity and skeletal-dental maturity. *European Journal of Paediatric Dentistry, 13,* 128–132.

Côté, J. E. (2006). Emerging adulthood as an institutionalized moratorium: Risks and benefits to identity formation. In J. J. Arnett (Ed.), *Emerging adults in America: Coming of age in the 21st century* (pp. 85–116). Washington, DC: American Psychological Association.

Côté, J. E. (2014). The dangerous myth of emerging adulthood: An evidence-based critique of a flawed developmental theory. *Applied Developmental Science, 18,* 177–188.

Côté, J. E., & Bynner, J. M. (2008). Changes in the transition to adulthood in the UK and Canada: The role of structure and agency in emerging adulthood. *Journal of Youth Studies, 11,* 251–268.

Cote, L. R., & Bornstein, M. H. (2009). Child and mother play in three U.S. cultural groups: Comparisons and associations. *Journal of Family Psychology, 23,* 355–363.

Côté, S. M., Vaillancourt, T., Barker, E. D., Nagin, D., & Tremblay, R. E. (2007). The joint development of physical and indirect aggression: Predictors of continuity and change during childhood. *Development and Psychopathology, 19,* 37–55.

Coubart, A., Izard, V., Spelke, E. S., Marie, J., & Streri, A. (2014). Dissociation between small and large numerosities in newborn infants. *Developmental Science, 17,* 11–22.

Couch, S. C., Glanz, K., Zhou, C., Sallis, J. F., & Saelens, B. E. (2014). Home food environment in relation to children's diet quality and weight status. *Journal of the Academy of Nutrition and Dietetics, 114,* 1569–1579.

Coudin, G., & Alexopoulos, T. (2010). "Help me! I'm old": How negative aging stereotypes create dependency among older adults. *Aging and Mental Health, 14,* 516–523.

Courage, M. L., & Howe, M. L. (2010). To watch or not to watch: Infants and toddlers in a brave new electronic world. *Developmental Review, 30,* 101–115.

Courchesne, E., Mouton, P. R., Calhoun, M. E., Semendeferi, K., Ahrens-Barbeau, C., Hallet, M. J., et al. (2011). Neuron number and size in prefrontal cortex of children with autism. *JAMA, 306,* 2001–2010.

Coursolle, K. M., Sweeney, M. M., Raymo, J. M., & Ho, J.-H. (2010). The association between retirement and emotional well-being: Does prior work–family conflict matter? *Journals of Gerontology, 65B,* 609–620.

Cowan, C. P., & Cowan, P. A. (1997). Working with couples during stressful transitions. In S. Dreman (Ed.), *The family on the threshold of the 21st century* (pp. 17–47). Mahwah, NJ: Erlbaum.

Cowan, N., & Alloway, T. P. (2009). Development of working memory in childhood. In M. L. Courage & N. Cowan (Eds.), *Development of memory in infancy and childhood* (pp. 303–342). Hove, UK: Psychology Press.

Cowan, P. A., & Cowan, C. P. (2002). Interventions as tests of family systems theories: Marital and family relationships in children's development and psychopathology. *Development and Psychopathology, 14,* 731–759.

Cox, B. D. (2013). The past and future of epigenesis in psychology. *New Ideas in Psychology, 31,* 351–354.

Coyle, J. T. (2013). Brain structural alterations induced by fetal exposure to cocaine persist into adolescence and affect behavior. *JAMA Psychiatry, 70,* 1113–1114.

Coyle, T. R. (2013). Effects of processing speed on intelligence may be underestimated: Comment on Demetriou et al. (2013). *Intelligence, 41,* 732–734.

Coyne, S. M., Robinson, S. L., & Nelson, D. A. (2010). Does reality backbite? Verbal and relational aggression in reality television programs. *Journal of Broadcasting and Electronic Media, 54,* 282–298.

Crago, M. B., Annahatak, B., & Ningiuruvik, L. (1993). Changing patterns of language socialization in Inuit homes. *Anthropology and Education Quarterly, 24,* 205–223.

Craig, C. M., & Lee, D. N. (1999). Neonatal control of sucking pressure: Evidence for an intrinsic tau guide. *Experimental Brain Research, 124,* 371–382.

Craig, H. K., & Washington, J. A. (2006). *Malik goes to school: Examining the language skills of African American students from preschool–5th grade.* Mahwah, NJ: Erlbaum.

Craig, W. M., Pepler, D., & Atlas, R. (2000). Observations of bullying in the playground and in the classroom. *School Psychology International, 21,* 22–36.

Crain, W. (2010). *Theories of development: Concepts and applications* (6th ed.). Upper Saddle River, NJ: Pearson.

Crair, M. C., Gillespie, D. C., & Stryker, M. P. (1998). The role of visual experience in the development of columns in cat visual cortex. *Science, 279,* 566–570.

Cratty, B. J. (1986). *Perceptual and motor development in infants and children* (3rd ed.), Englewood Cliffs, NJ: Prentice-Hall.

Crick, N. R., Ostrov, J. M., Burr, J. E., Cullerton-Sen, C., Jansen-Yeh, E., & Ralston, P. (2006). A longitudinal study of relational and physical aggression in preschool. *Journal of Applied Developmental Psychology, 27,* 254–268.

Crick, N. R., Ostrov, J. M., & Werner, N. E. (2006). A longitudinal study of relational aggression, physical aggression, and social-psychological adjustment. *Journal of Abnormal Child Psychology, 34,* 131–142.

Criss, M. M., & Shaw, D. S. (2005). Sibling relationships as contexts for delinquency training in low income families. *Journal of Family Psychology, 19,* 592–600.

Crocetti, E., Cieciuch, J., Gao, C.-H., Klimstra, T., Lin, C.-L., Matos, P. M., et al. (2015). National and gender measurement invariance of the Utrecht-Management of Identity Commitments Scale (U-MICS): A 10-nation study with university students. *Assessment, 22,* 753–768.

Crocetti, E., Jahromi, P., & Meeus, W. (2012). Identity and civic engagement in adolescence. *Journal of Adolescence, 35,* 521–532.

Crocetti, E., & Meeus, W. (2015). The identity statuses: Strengths of a person-centered approach. In K. C. McLean & M. Syed (Eds.), *Oxford handbook of identity development* (pp. 97–114). New York: Oxford University Press.

Crocetti, E., Meeus, W. H. J., Ritchie, R. A., Meca, A., & Schwartz, S. J. (2014). Adolescent identity: Is this the key to unraveling associations between family relationships and problem behaviors? In L. M. Scheier & W. B. Hansen (Eds.), *Parenting and teen drug use: The most recent findings from research, prevention, and treatment* (pp. 92–109). New York: Oxford University Press.

Crocetti, E., Rabaglietti, E., & Sica, L. S. (2012). Personal identity in Italy. In S. J. Schwartz (Ed.), *New directions for child and adolescent development* (pp. 87–102). New York: Wiley.

Crocetti, E., Sica, L. S., Schwartz, S. J., Serafini, T., & Meeus, W. (2013). Identity styles, dimensions, statuses, and functions: Making connections among identity conceptualizations. *European Review of Applied Psychology, 63,* 1–13.

Crockenberg, S., & Leerkes, E. (2003). Infant negative emotionality, caregiving, and family relationships.

In A. C. Crouter & A. Booth (Eds.), *Children's influence on family dynamics* (pp. 57–78). Mahwah, NJ: Erlbaum.

Crockenberg, S., & Leerkes, E. (2004). Infant and maternal behaviors regulate infant reactivity to novelty at 6 months. *Developmental Psychology, 40,* 1123–1132.

Croft, D. P., Brent, L. J. N., Franks, D. W., & Cant, M. A. (2015). The evolution of prolonged life after reproduction. *Trends in Ecology and Evolution, 30,* 407–416.

Croker, R. (2007). *The boomer century: 1946–2046: How America's most influential generation changed everything.* New York: Springboard Press.

Crosnoe, R., & Benner, A. D. (2015). Children at school. In M. H. Bornstein & T. Leventhal (Eds.), *Handbook of child psychology and developmental science: Vol. 4. Ecological settings and processes* (7th ed., pp. 268–304). Hoboken, NJ: Wiley.

Crosnoe, R., Johnson, M. K., & Elder, G. H., Jr. (2004). School size and the interpersonal side of education: An examination of race/ethnicity and organizational context. *Social Science Quarterly, 85,* 1259–1274.

Cross, S., & Markus, H. (1991). Possible selves across the life span. *Human Development, 34,* 230–255.

Crouch, J. L., Skowronski, J. J., Milner, J. S., & Harris, B. (2008). Parental responses to infant crying: The influence of child physical abuse risk and hostile priming. *Child Abuse and Neglect, 32,* 702–710.

Croucher, K., Hicks, L., & Jackson, K. (2006) *Housing with care for later life: A literature review.* London, UK: Joseph Rowntree Foundation.

Crouter, A. C., & Head, M. R. (2002). Parental monitoring and knowledge of children. In M. H. Bornstein (Ed.), *Handbook of parenting: Vol. 3. Being and becoming a parent* (2nd ed., pp. 461–483). Mahwah, NJ: Erlbaum.

Crouter, A. C., Whiteman, S. D., McHale, S. M., & Osgood, D. W. (2007). Development of gender attitude traditionality across middle childhood and adolescence. *Child Development, 78,* 911–926.

Crowley, K. (2011). Sleep and sleep disorders in older adults. *Neuropsychological Review, 21,* 41–53.

Cruces, J., Venero, C., Pereda-Pérez, I., & De la Fuente, M. (2014). The effect of psychological stress and social isolation on neuroimmunoendocrine communication. *Current Pharmaceutical Design, 20,* 4608–4628.

Crystal, D. S., Killen, M., & Ruck, M. D. (2010). Fair treatment by authorities is related to children's and adolescents' evaluations of interracial exclusion. *Applied Developmental Science, 14,* 125–136.

Csibra, G., & Gergely, G. (2011). Natural pedagogy as evolutionary adaptation. *Philosophical Transactions of the Royal Society B, 366,* 1149–1157.

Csikszentmihalyi, M., & Nakamura, J. (2005). The role of emotions in the development of wisdom. In R. J. Sternberg & J. Jordan (Eds.), *A handbook of wisdom: Psychological perspectives* (pp. 220–242). New York: Cambridge University Press.

Cubanski, J., Casillas, G., & Damico, A. (2015). *Poverty among seniors: An updated analysis of national and state level poverty rates under the official and supplemental poverty measures.* Menlo Park, CA: Kaiser Family Foundation. Retrieved from kff.org/report-section/poverty-among-seniors-issue-brief

Cui, M., & Donnellan, M. B. (2009). Trajectories of conflict over raising adolescent children and marital satisfaction. *Journal of Marriage and Family, 71,* 478–494.

Cumming, E., & Henry, W. E. (1961). *Growing old: The process of disengagement.* New York: Basic Books.

Cummings, E. M., & Davies, P. T. (2010). *Marital conflict and children: An emotional security perspective.* New York: Guilford.

Cummings, E. M., Goeke-Morey, M. C., & Papp, L. M. (2004). Everyday marital conflict and child aggression. *Journal of Abnormal Child Psychology, 32,* 91–202.

Cummings, E. M., & Miller-Graff, L. E. (2015). Emotional security theory: An emerging theoretical model for youths' psychological and physiological responses across multiple developmental contexts. *Current Directions in Psychological Science, 24,* 208–213.

Curby, T. W., LoCasale-Crouch, J., Konold, T. R., Pianta, R. C., Howes, C., Burchinal, M., et al. (2009). The relations of observed pre-K classroom quality profiles to children's achievement and social competence. *Early Education and Development, 20,* 346–372.

Curl, A. L., Stowe, J. D., Cooney, T. M., & Proulx, C. M. (2014). Giving up the keys: How driving cessation affects engagement in later life. *Gerontologist, 54,* 423–433.

Curlin, F. A., Nwodim, C., Vance, J. L., Chin, M. H., & Lantos, J. D. (2008). To die, to sleep: U.S. physicians' religious and other objections to physician-assisted suicide, terminal sedation, and withdrawal of life support. *American Journal of Hospice and Palliative Medicine, 25,* 112–120.

Curtin, S., & Werker, J. F. (2007). The perceptual foundations of phonological development. In G. Gaskell (Ed.), *Oxford handbook of psycholinguistics* (pp. 579–599). Oxford, UK: Oxford University Press.

Curtin, S. C., Ventura, S. J., & Martinez, G. M. (2014, August). *Recent declines in nonmarital childbearing in the United States (NCHS Data Brief No. 162).* Hyattsville, MD: National Center for Health Statistics. Retrieved from www.cdc.gov/nchs/data/databriefs/db162.pdf

Curtiss, K., Hayslip, B., Jr., & Dolan, D. C. (2007). Motivational style, length of residence, voluntariness, and gender as influences on adjustment to long term care: A pilot study. *Journal of Human Behavior in the Social Environment, 15,* 13–34.

Curtiss, S., & Schaeffer, J. (2005). Syntactic development in children with hemispherectomy: The I-, D-, and C-systems. *Brain and Language, 94,* 147–166.

Cutchin, M. P. (2013). The complex process of becoming at-home in assisted living. In G. D. Rowles & M. Bernard (Eds.), *Environmental gerontology: Making meaningful places in old age* (pp. 105–124). New York: Springer.

Cutler, D. M., & Lleras-Muney, A. (2010). Understanding differences in health behaviors by education. *Journal of Health Economics, 29,* 1–28.

Cutler, S. J., Hendricks, J., & O'Neill, G. (2011). Civic engagement and aging. In R. H. Binstock & L. K. George (Eds.), *Handbook of aging and the social sciences* (7th ed., pp. 221–233). San Diego, CA: Academic Press.

Cutuli, J. J., Herbers, J. E., Rinaldi, M., Masten, A. S., & Oberg, C. N. (2010). Asthma and behavior in homeless 4- to 7-year-olds. *Pediatrics, 125,* e145–e151.

Cvencek, D., Meltzoff, A. N., & Greenwald, A. G. (2011). Math–gender stereotypes in elementary school children. *Child Development, 82,* 766–779.

Cyr, C., Euser, E. M., Bakermans-Kranenburg, M. J., & van IJzendoorn, M. H. (2010). Attachment security and disorganization in maltreating and high-risk families: Implications for developmental theory. *Development and Psychopathology, 14,* 843–860.

Czaja, S. J. (2016). Long-term care services and support systems for older adults: The role of technology. *American Psychologist, 71,* 294–301.

D

Daatland, S. O. (2007). Marital history and intergenerational solidarity: The impact of divorce and unmarried cohabitation. *Journal of Social Issues, 63,* 809–825.

Dabrowska, E. (2000). From formula to schema: The acquisition of English questions. *Cognitive Linguistics, 11,* 1–20.

Daher, M. (2012). Cultural beliefs and values in cancer patients. *Annals of Oncology, 23*(Suppl. 3), 66–69.

Dahl, A., Hassing, L. B., Fransson, E., Berg, S., Gatz, M., Reynolds, C. A., et al. (2010). Being overweight in midlife is associated with lower cognitive ability and steeper cognitive decline in late life. *Journals of Gerontology, 65A,* 57–62.

Dakil, S. R., Cox, M., Lin, H., & Flores, G. (2012). Physical abuse in U.S. children: Risk factors and deficiencies in referrals to support services. *Journal of Aggression, Maltreatment, and Trauma, 21,* 555–569.

Daley, T. C., Whaley, S. E., Sigman, M. D., Espinosa, M. P., & Neumann, C. (2003). IQ on the rise: The Flynn effect in rural Kenyan children. *Psychological Science, 14,* 215–219.

Dallman, M. F., Pecoraro, N., Akana, S. F., la Fleur, S. E., Gomez, F., Houshyar, H., et al. (2003). Chronic stress and obesity: A new view of "comfort food." *Proceedings of the National Academy of Sciences, 100,* 11696–11701.

Damon, W. (1988a). *The moral child.* New York: Free Press.

Damon, W. (1988b). *Self-understanding in childhood and adolescence.* New York: Cambridge University Press.

Damon, W. (1990). Self-concept, adolescent. In R. M. Lerner. A. C. Petersen, & J. Brooks-Gunn (Eds.), *The encyclopedia of adolescence* (Vol. 2, pp. 87–91). New York: Garland.

Dane, E., Baer, M., Pratt, M. G., & Oldham, G. R. (2011). Rational versus intuitive problem solving: How thinking "off the beaten path" can stimulate creativity. *Psychology of Aesthetics, Creativity, and the Arts, 5,* 3–12.

Danesh, D., Paskett, E. D., & Ferketich, A. K. (2014). Disparities in receipt of advice to quit smoking from health care providers: 2010 National Health Interview Survey. *Preventing Chronic Disease, 11,* 140053.

Daniels, E., & Leaper, C. (2006). A longitudinal investigation of sport participation, peer acceptance, and self-esteem among adolescent girls and boys. *Sex Roles, 55,* 875–880.

Daniels, H. (2011). Vygotsky and psychology. In U. Goswami (Ed.), *The Wiley-Blackwell handbook of childhood cognitive development* (2nd ed., pp. 673–696). Malden, MA: Wiley-Blackwell.

Dannemiller, J. L., & Stephens, B. R. (1988). A critical test of infant pattern preference models. *Child Development, 59,* 210–216.

Danzer, E., & Johnson, M. P. (2014). Fetal surgery for neural tube defects. *Seminars in Fetal and Neonatal Medicine, 19,* 2–8.

Darcy, A. (2012). Gender issues in child and adolescent eating disorders. In J. Lock (Ed.), *Oxford handbook of child and adolescent eating disorders: Developmental perspectives* (pp. 88–105). New York: Oxford University Press.

Darling, N., & Steinberg, L. (1997). Community influences on adolescent achievement and deviance. In J. Brooks-Gunn, G. Duncan, & L. Aber (Eds.), *Neighborhood poverty: Context and consequences for children: Conceptual, ethological, and policy approaches to studying neighborhoods* (Vol. 2, pp. 120–131). New York: Russell Sage Foundation.

Darling-Hammond, L. (2010). *The flat world and education: How America's commitment to equity will determine our future.* New York: Teachers College Press.

Darwin, C. (1936). *On the origin of species by means of natural selection.* New York: Modern Library. (Original work published 1859)

Das, A., Waite, L. J., & Laumann, E. O. (2012). Sexual expression over the life course: Results from three landmark surveys. In L. M. Carpenter & J. DeLamater (Eds.), *Sex for life* (pp. 236–259). New York: New York University Press.

Daskalakis, N., & Yehuda, R. (2014). Site-specific methylation changes in the glucocorticoid receptor exon 1F promoter in relation to life adversity: Systematic review of contributing factors. *Frontiers in Neuroscience, 8.* Retrieved from journal.frontiersin .org/article/10.3389/fnins.2014.00369/full

Datar, A., & Sturm, R. (2006). Childhood overweight and elementary school outcomes. *International Journal of Obesity, 30,* 1449–1460.

D'Augelli, A. R. (2006). Developmental and contextual factors and mental health among lesbian, gay, and bisexual youths. In A. M. Omoto & H. S. Howard (Eds.), *Sexual orientation and mental health: Examining identity and development in lesbian, gay, and bisexual people* (pp. 37–53). Washington, DC: American Psychological Association.

Daugherty, J., & Copen, C. (2016). Trends in attitudes about marriage, childbearing, and sexual behavior: United States, 2002, 2006–2010, and 2011–2013. *National Health Statistics Reports,* No. 92. Retrieved from www.cdc.gov/nchs/data/nhsr/nhsr092.pdf

Davey, A., & Takagi, E. (2013). Adulthood and aging in families. In G. W. Peterson & K. R. Bush (Eds.), *Handbook of marriage and family* (pp. 377–399). New York: Springer.

David, K. M., & Murphy, B. C. (2007). Interparental conflict and preschoolers' peer relations: The moderating roles of temperament and gender. *Social Development, 16,* 1–23.

Davies, J. (2008). Differential teacher positive and negative interactions with male and female pupils in the primary school setting. *Educational and Child Psychology, 25,* 17–26.

Davies, P. T., & Cicchetti, D. (2014). How and why does the 5-HTTLPR gender moderate associations between maternal unresponsiveness and children's disruptive problems? *Child Development, 85,* 484–500.

Davis, A., Kimball, W., & Gould, E. (2015, May 27). *The class of 2015: Despite an improving economy, young grads still face an uphill climb.* Washington, DC: Economic Policy Institute. Retrieved from www.epi.org/publication/the-class-of-2015

Davis, E. L., & Buss, K. A. (2012). Moderators of the relation between shyness and behavior with peers: Cortisol dysregulation and maternal emotion socialization. *Social Development, 21,* 801–820.

Davis, E. L., Levine, L. J., Lench, H. C., & Quas, J. A. (2010). Metacognitive emotion regulation: Children's awareness that changing thoughts and goals can alleviate negative emotions. *Emotion, 10,* 498–510.

Davis, K., Schoen, C., & Bandeali, F. (2015). *Medicare: 50 years of ensuring coverage and care.* New York: The Commonwealth Fund.

Davis, K. F., Parker, K. P., & Montgomery, G. L. (2004). Sleep in infants and young children. Part 1: Normal sleep. *Journal of Pediatric Health Care, 18,* 65–71.

Davis, P. E., Meins, E., & Fernyhough, C. (2014). Children with imaginary companions focus on mental characteristics when describing their real-life friends. *Infant and Child Development, 23,* 622–633.

Dawson, T. L. (2002). New tools, new insights: Kohlberg's moral judgment stages revisited. *International Journal of Behavioral Development, 26,* 154–166.

Dayton, C. J., Walsh, T. B., Oh, W., & Volling, B. (2015). Hush now baby: Mothers' and fathers' strategies for soothing their infants and associated parenting outcomes. *Journal of Pediatric Health Care, 29,* 145–155.

DeAngelo, L., Hurtado, S., & Pryor, J. H. (2010). *Your first college year: National norms for the 2008 YFCY Survey.* Los Angeles: Higher Education Research Institute, UCLA.

Dearing, E., McCartney, K., & Taylor, B. A. (2009). Does higher quality early child care promote low-income children's math and reading achievement in middle childhood? *Child Development, 80,* 1329–1349.

Dearing, E., Wimer, C., Simpkins, S. D., Lund, T., Bouffard, S. M., Caronongan, P., & Kreider, H. (2009). Do neighborhood and home contexts help explain why low-income children miss opportunities to participate in activities outside of school? *Developmental Psychology, 45,* 1545–1562.

Deary, I. J., Strand, S., Smith, P., & Fernandes, C. (2007). Intelligence and educational achievement. *Intelligence, 35,* 13–21.

Deary, I. J., Yang, J., Davies, G., Harris, S. E., Tenesa, A., Liewald, D., et al. (2012). Genetic contributions to stability and change in intelligence from childhood to old age. *Nature, 481,* 212–215.

Deas, S., Power, K., Collin, P., Yellowlees, A., & Grierson, D. (2011). The relationship between disordered eating, perceived parenting, and perfectionistic schemas. *Cognitive Therapy Research, 35, 414*–424.

Deater-Deckard, K., Lansford, J. E., Dodge, K. A., Pettit, G. S., & Bates, J. E. (2003). The development of attitudes about physical punishment: An 8-year longitudinal study. *Journal of Family Psychology, 17,* 351–360.

Deaton, A. S. (2009). *Aging religion, and health* (Working Paper 15271). Retrieved from www.nber .org/papers/w15271.pdf

DeBoer, T., Scott, L. S., & Nelson, C. A. (2007). Methods for acquiring and analyzing infant event-related potentials. In M. de Haan (Ed.), *Infant EEG and event-related potentials* (pp. 5–37). New York: Psychology Press.

Debrabant, J., Gheysen, F., Vingerhoets, G., & Van Waelvelde, H. (2012). Age-related differences in predictive response timing in children: Evidence from regularly relative to irregularly paced reaction time performance. *Human Movement Science, 31,* 801–810.

de Bruyn, E. H. (2005). Role strain, engagement and academic achievement in early adolescence. *Educational Studies, 31,* 15–27.

de Bruyn, E. H., & Cillessen, A. H. N. (2006). Popularity in early adolescence: Prosocial and antisocial subtypes. *Journal of Adolescent Research, 21,* 607–627.

de Bruyn, E. H., Deković, M., & Meijnen, G. W. (2003). Parenting, goal orientations, classroom behavior, and school success in early adolescence. *Journal of Applied Developmental Psychology, 24,* 393–412.

de Calignon, A., Polydoro, M., Suárez-Calvet, M., William, C., Adamowicz, D. H., Kopeikina, K. J., et al. (2012). Propagation of tau pathology in a model of early Alzheimer's disease. *Neuron, 73,* 685–697.

DeCasper, A. J., & Spence, M. J. (1986). Prenatal maternal speech influences newborns' perception of speech sounds. *Infant Behavior and Development, 9,* 133–150.

Dechanet, C., Anahory, T., Mathieu, T., Mathieu, D. J. C., Quantin, X., Ryftmann, L., et al. (2011). Effects of cigarette smoking on reproduction. *Human Reproduction Update, 17,* 76–95.

Declercq, E. R., Sakala, C., Corry, M. P., Applebaum, S., & Herrlich, A. (2014). Major survey findings of Listening to Mothers (SM) III: Pregnancy and Birth. *Journal of Perinatal Education, 23,* 9–16.

de Cock, E. S. A., Henrichs, J., Rijk, C. H. A. M., & van Bakel, H. J. A. (2015). Baby please stop crying: An experimental approach to infant crying, affect, and expected parent self-efficacy. *Journal of Reproductive and Infant Psychology, 33,* 414–425.

De Corte, E., & Verschaffel, L. (2006). Mathematical thinking and learning. In K. A. Renninger & I. E. Sigel (Eds.), *Handbook of child psychology: Vol. 4. Child psychology in practice* (6th ed., pp. 103–152). Hoboken, NJ: Wiley.

Deeg, D. J. H. (2016). Gender and physical health in later life. In S. K. Whitbourne (Ed.), *Encyclopedia of adulthood and aging* (Vol. 2, pp. 537–542). Malden, MA: Wiley Blackwell.

DeFlorio, L., & Beliakoff, A. (2015). Socioeconomic status and preschoolers' mathematical knowledge: The contribution of home activities and parent beliefs. *Early Education and Development, 25,* 319–341.

Defoe, I. N., Dubas, J. S., Figner, B., & van Aken, M. A. G. (2015). A meta-analysis on age differences in risky decision making: Adolescents versus children and adults. *Psychological Bulletin, 141,* 48–84.

de Frias, C. M. (2014). Memory compensation in older adults: The role of health, emotion regulation, and trait mindfulness. *Journals of Gerontology, 69B,* 678–685.

De Goede, I. H. A., Branje, S. J. T., & Meeus, W. H. J. (2009). Developmental changes and gender differences in adolescents' perceptions of friendships. *Journal of Adolescence, 32,* 1105–1123.

de Haan, M. (2015). Neuroscientific methods with children. In P. D. Zelazo (Ed.), *Oxford handbook of developmental psychology: Vol. 1. Body and mind* (pp. 683–712). New York: Oxford University Press.

de Haan, M., & Gunnar, M. R. (2009). The brain in a social environment: Why study development? In M. de Haan & M. R. Gunnar (Eds.), *Handbook of developmental social neuroscience* (pp. 3–12). New York: Guilford.

De Jager, P. L., Srivastava, G., Lunnon, K., Burgess, J., Schalkwyk, L. C., Yu, L., et al. (2014). Alzheimer's disease: Early alterations in brain DNA methylation at ANK1, BIN1, RHBDF2 and other loci. *Nature Neuroscience, 17,* 1156–1163.

deJong, A., & Franklin, B. A. (2004). Prescribing exercise for the elderly: Current research and recommendations. *Current Sports Medicine Reports, 3,* 337–343.

DeKosky, S. T., Williamson, J. D., Fitzpatrick, A. L., Kronmal, R. A., Ives, D. G., & Saxton, J. A. (2008). Ginkgo biloba for prevention of dementia: A randomized controlled trial. *JAMA, 300,* 2253–2262.

Deković, M., Noom, M. J., & Meeus, W. (1997). Expectations regarding development during adolescence: Parent and adolescent perceptions. *Journal of Youth and Adolescence, 26,* 253–271.

De Laet, S. Doumen, S., Vervoort, E., Colpin, H., Van Leeuwen, K., Goossens, L., & Verschueren, K. (2014). Transactional links between teacher–child relationship quality and perceived versus sociometric popularity: A three-wave longitudinal study. *Child Development, 85,* 1647–1662.

Delahunty, K. M., McKay, D. W., Noseworthy, D. E., & Storey, A. E. (2007). Prolactin responses to infant cues in men and women: Effects of parental experience and recent infant contact. *Hormones and Behavior, 51,* 213–220.

DeLamater, J. (2012). Sexual expression in later life: A review and synthesis. *Journal of Sex Research, 49,* 125–141.

DeLamater, J., & Koepsel, E. (2014). Relationships and sexual expression in later life: A biopsychosocial perspective. *Sexual and Relationship Therapy, 30,* 37–59.

de la Monte, S. M., & Kril, J. J. (2014). Human alcohol-related neuropathology. *Acta Neuropathologica, 127,* 71–90.

Delaney, R. K. (2014). National Survey of Midlife Development in the United States. *International Journal of Aging, 79,* 329–331.

de Lima, C., Alves, L. E., Iagher, F., Machado, A. F., Bonatto, S. J., & Kuczera, D. (2008). Anaerobic exercise reduces tumor growth, cancer cachexia and increases macrophage and lymphocyte response in Walker 256 tumor-bearing rats. *European Journal of Applied Physiology, 104,* 957–964.

DeLoache, J. S. (1987). Rapid change in symbolic functioning of very young children. *Science, 238,* 1556–1557.

DeLoache, J. S. (2002). The symbol-mindedness of young children. In W. Hartup & R. A. Weinberg (Eds.), *Minnesota symposia on child psychology* (Vol. 32, pp. 73–101). Mahwah, NJ: Erlbaum.

DeLoache, J. S., Chiong, C., Sherman, K., Islam, N., Vanderborght, M., Troseth, G. L., et al. (2010). Do babies learn from baby media? *Psychological Science, 21,* 1570–1574.

DeLoache, J. S., & Ganea, P. A. (2009). Symbol-based learning in infancy. In A. Woodward & A. Needham

(Eds.), *Learning and the infant mind* (pp. 263–285). New York: Oxford University Press.

DeLoache, J. S., LoBue, V., Vanderborght, M., & Chiong, C. (2013). On the validity and robustness of the scale error phenomenon in early childhood. *Infant Behavior and Development, 36,* 63–70.

DeMarie, D., & Lopez, L. M. (2014). Memory in schools. In P. J. Bauer & R. Fivush (Eds.), *Wiley handbook on the development of children's memory* (Vol. 2, pp. 836–864). Malden, MA: Wiley-Blackwell.

DeMarie, D., Miller, P. H., Ferron, J., & Cunningham, W. R. (2004). Path analysis tests of theoretical models of children's memory performance. *Journal of Cognition and Development, 5,* 461–492.

Demetriou, A., Christou, C., Spanoudis, G., & Platsidou, M. (2002). The development of mental processing: Efficiency, working memory, and thinking. *Monographs of the Society for Research in Child Development, 67*(1, Serial No. 268).

Demetriou, A., Efklides, A., Papadaki, M., Papantoniou, G., & Economou, A. (1993). Structure and development of causal thought: From early adolescence to youth. *Developmental Psychology, 29,* 480–497.

Demetriou, A., Pachaury, A., Metallidou, Y., & Kazi, S. (1996). Universals and specificities in the structure and development of quantitative-relational thought: A cross-cultural study in Greece and India. *International Journal of Behavioral Development, 19,* 255–290.

Demiray, B., & Bluck, S. (2014). Time since birth and time left to live: Opposing forces in constructing psychological well-being. *Ageing and Society, 34,* 1193–1218.

Demiray, B., Gülgöz, S., & Bluck, S. (2009). Examining the life story account of the reminiscence bump: Why we remember more from young adulthood. *Memory, 17,* 708–723.

Denham, B. E. (2012). Anabolic-androgenic steroids and adolescents: Recent developments. *Journal of Addictions Nursing, 23,* 167–171.

Denham, S., Warren, H., von Salisch, M., Benga, O., Chin, J., & Geangu, E. (2011). Emotions and social development in childhood. In P. K. Smith & C. H. Hart (Eds.), *Wiley-Blackwell handbook of childhood social development* (2nd ed., pp. 413–433). Chichester, UK: Wiley-Blackwell.

Denissen, J. J. A., Zarrett, N. R., & Eccles, J. S. (2007). I like to do it, I'm able, and I know I am: Longitudinal couplings between domain-specific achievement, self-concept, and interest. *Child Development, 78,* 430–447.

Denkinger, M. D., Leins, H., Schirmbeck, R., Florian, M. C., & Geiger, H. (2015). HSC aging and senescent immune remodeling. *Trends in Immunology, 36,* 815–824.

Denmark, F. L., & Klara, M. D. (2007). Empowerment: A prime time for women over 50. In V. Mulhbauer & J. C. Chrisler (Eds.), *Women over 50* (pp. 182–203). New York: Springer.

Dennerstein, L., & Lehert, P. (2004). Modeling midaged women's sexual functioning: A prospective, population-based study. *Journal of Sex and Marriage Therapy, 30,* 173–183.

Dennis, T. A., & Kelemen, D. A. (2009). Preschool children's views on emotion regulation: Functional associations and implications for social–emotional adjustment. *International Journal of Behavioral Development, 33,* 243–252.

Dennis, W. (1960). Causes of retardation among institutionalized children: Iran. *Journal of Genetic Psychology, 96,* 47–59.

Dennison, R. P., Koerner, S. S., & Segrin, C. (2014). A dyadic examination of family-of-origin influence on newlyweds' marital satisfaction. *Journal of Family Psychology, 28,* 429–435.

DePaulo, B. M., & Morris, W. L. (2005). Singles in society and in science. *Psychological Inquiry, 16,* 142–149.

Deprest, J. A., Devlieger, R., Srisupundit, K., Beck, V., Sandaite, I., Rusconi, S., et al. (2010). Fetal surgery is a clinical reality. *Seminars in Fetal and Neonatal Medicine, 15,* 58–67.

DeRoche, K., & Welsh, M. (2008). Twenty-five years of research on neurocognitive outcomes in early-treated phenylketonuria: Intelligence and executive function. *Developmental Neuropsychology, 33,* 474–504.

DeRose, L. M., & Brooks-Gunn, J. (2006). Transition into adolescence: The role of pubertal processes. In L. Balter & C. S. Tamis-LeMonda (Eds.), *Child psychology: A handbook of contemporary issues* (2nd ed., pp. 385–414). New York: Psychology Press.

DeRosier, M. E. (2007). Peer-rejected and bullied children: A safe schools initiative for elementary school students. In J. E. Zins, M. J. Elias, & C. A. Maher (Eds.), *Bullying, victimization, and peer harassment* (pp. 257–276). New York: Haworth.

de Rosnay, M., Copper, P. J., Tsigaras, N., & Murray, L. (2006). Transmission of social anxiety from mother to infant: An experimental study using a social referencing paradigm. *Behavior Research and Therapy, 44,* 1165–1175.

de Rosnay, M., & Hughes, C. (2006). Conversation and theory of mind: Do children talk their way to socio-cognitive understanding? *British Journal of Developmental Psychology, 24,* 7–37.

De Souza, E., Alberman, E., & Morris, J. K. (2009). Down syndrome and paternal age, a new analysis of case-control data collected in the 1960s. *American Journal of Medical Genetics, 149A,* 1205–1208.

Dessens, A. B., Slijper, F. M. E., & Drop, S. L. S. (2005). Gender dysphoria and gender change in chromosomal females with congenital adrenal hyperplasia. *Archives of Sexual Behavior, 34,* 389–397.

Deutsch, A. R., Crockett, L. J., Wolff, J. M., & Russell, S. T. (2012). Parent and peer pathways to adolescent delinquency: Variations by ethnicity and neighborhood context. *Journal of Youth and Adolescence, 41,* 1078–1094.

Deutsch, N. L., & Schmertz, B. (2011). "Starting from Ground Zero: Constraints and experiences of adult women returning to college. *Review of Higher Education, 34,* 477–504.

Deveson, A. (1994). *Coming of age: Twenty-one interviews about growing older.* Newham, Australia: Scribe.

de Vries, B., & Moldaw, S. (2012). Virtual memorials and cyber funerals: Contemporary expressions of ageless experiences. In C. J. Sofka, I. N. Cupit, & K. R. Gilbert (Eds.), *Dying death, and grief in an online universe: For counselors and educators* (pp. 135–148). New York: Springer.

de Vries, B., Utz, R., Caserta, M., & Lund, D. (2014). Friend and family contact and support in early widowhood. *Journals of Gerontology, 69B,* 75–84.

DeVries, R. (2001). Constructivist education in preschool and elementary school: The sociomoral atmosphere as the first educational goal. In S. L. Golbeck (Ed.), *Psychological perspectives on early childhood education* (pp. 153–180). Mahwah, NJ: Erlbaum.

de Waal, F. B. M. (2001). *Tree of origin.* Cambridge, MA: Harvard University Press.

De Wit, D. J., Karioja, K., Rye, B. J., & Shain, M. (2011). Perceptions of declining classmate and teacher support following the transition to high school: Potential correlates of increasing student mental health difficulties. *Psychology in the Schools, 48,* 556–572.

Diamond, A. (2004). Normal development of prefrontal cortex from birth to young adulthood: Cognitive functions, anatomy, and biochemistry. In D. T. Stuff & R. T. Knight (Eds.), *Principles of frontal lobe function* (pp. 466–503). New York: Oxford University Press.

Diamond, A., Cruttenden, L., & Neiderman, D. (1994). AB with multiple wells: 1. Why are multiple wells sometimes easier than two wells? 2. Memory or memory + inhibition. *Developmental Psychology, 30,* 192–205.

Diamond, L. M. (2006). The intimate same-sex relationships of sexual minorities. In A. L. Vangelisti & D. Perlman (Eds.), *The Cambridge handbook of personal relationships* (pp. 293–312). New York: Cambridge University Press.

Diamond, L. M. (2008). Female bisexuality from adolescence to adulthood: Results from a 10-year longitudinal study. *Developmental Psychology, 44,* 5–14.

Diamond, L. M., Bonner, S. B., & Dickenson, J. (2015). The development of sexuality. In M. E. Lamb (Ed.), *Handbook of child psychology and developmental science: Vol. 3. Socioemotional processes* (7th ed., pp. 888–931). Hoboken, NJ: Wiley.

Diamond, L. M., Fagundes, C. P., & Butterworth, M. R. (2010). Intimate relationships across the lifespan. In M. E. Lamb, A. M. Freund, & R. M. Lerner, (Eds.), *The handbook of life-span development: Vol. 2, Social and emotional development* (pp. 379–433). Hoboken, NJ: Wiley.

Dias, M. G., & Harris, P. L. (1988). The effect of make-believe play on deductive reasoning. *British Journal of Developmental Psychology, 6,* 207–221.

Dias, M. G., & Harris, P. L. (1990). The influence of the imagination on reasoning by young children. *British Journal of Developmental Psychology, 8,* 305–318.

DiBiase, A.-M., Gibbs, J. C., Potter, G. B., & Blount, M. R. (2011). Teaching adolescents to think and act responsibly: *The EQUIP approach.* Champaign, IL: Research Press.

Di Ceglie, D. (2014). Care for gender-dysphoric children. In B. P. C. Kreukels, T. D. Steensma, & A. L. C. deVries (Eds.), *Gender dysphoria and disorders of sex development: Progress in care and knowledge* (pp. 151–169). New York: Springer Science + Business Media.

Dickinson, D. K., Golinkoff, R. M., & Hirsh-Pasek, K. (2010). Speaking out for language: Why language is central to reading development. *Educational Researcher, 39,* 305–310.

Dickinson, D. K., & McCabe, A. (2001). Bringing it all together: The multiple origins, skills, and environmental supports of early literacy. *Learning Disabilities Research and Practice, 16,* 186–202.

Dickinson, D. K., McCabe, A., Anastasopoulos, L., Peisner-Feinberg, E. S., & Poe, M. D. (2003). The comprehensive language approach to early literacy: The interrelationships among vocabulary, phonological sensitivity, and print knowledge among preschool-age children. *Journal of Educational Psychology, 95,* 465–481.

Dick-Read, G. (1959). *Childbirth without fear.* New York: Harper & Row.

Dickson, R. A., Pillemer, D. B., & Bruehl, E. C. (2011). The reminiscence bump for salient personal memories: Is a cultural life script required? *Memory and Cognition, 39,* 977–991.

DiDonato, M. D., & Berenbaum, S. A. (2011). The benefits and drawbacks of gender typing: How different dimensions are related to psychological adjustment. *Archives of Sexual Behavior, 40,* 457–463.

Diehl, M., & Berg, K. M. (2007). Personality and involvement in leisure activities during the Third Age: Findings from the Ohio Longitudinal Study. In J. B. James & P. Wink (Eds.), *Annual review of gerontology and geriatrics* (Vol. 26, pp. 211–226). New York: Springer.

Diehl, M., Coyle, N., & Labouvie-Vief, G. (1996). Age and sex differences in strategies of coping and defense across the life span. *Psychology and Aging, 11,* 127–139.

Diehl, M., Youngblade, L. M., Hay, E. L., & Chui, H. (2011). The development of self-representations across the life span. In K. L. Fingerman, C. A. Berg, J. Smith, & H. Chui (Eds.), *Handbook of lifespan development* (pp. 611–646). New York: Springer.

Diekmann, A., & Schmidheiny, K. (2013). The intergenerational transmission of divorce: A fifteen-country study with the fertility and family survey. *Comparative Sociology, 12,* 211–235.

Diener, E., Gohm, C. L., Suh, E., & Oishi, S. (2000). Similarity of the relations between marital status and subjective well-being across cultures. *Journal of Cross-Cultural Psychology, 31,* 419–436.

Diggs, J. (2008). The cross-linkage theory of aging. In S. J. D. Loue & M. Sajatovic (Eds.), *Encyclopedia of aging and public health* (pp. 250–252). New York: Springer.

Di Giuseppe, D., Discacciati, A., Orsini, N., & Wolk, A. (2014). Cigarette smoking and risk of rheumatoid arthritis: A dose–response meta-analysis. *Arthritis Research & Therapy, 16,* R61.

DiLalla, L. F., Bersted, K., & John, S. G. (2015). Evidence of reactive gene–environment correlation in preschoolers' prosocial play with unfamiliar peers. *Developmental Psychology, 51,* 1464–1475.

DiLisi, R., & Gallagher, A. M. (1991). Understanding of gender stability and constancy in Argentinian children. *Merrill-Palmer Quarterly, 37,* 483–502.

Dilworth-Anderson, P., Goodwin, P. Y., & Williams, S. W. (2004). Can culture help explain the physical health effects of caregiving over time among African American caregivers? *Journals of Gerontology, 59B,* S138–S145.

Dimitry, L. (2012) A systematic review on the mental health of children and adolescents in areas of armed conflict in the Middle East. *Child: Care, Health, and Development, 38,* 153–161.

DiPietro, J. A., Bornstein, M. H., Costigan, K. A., Pressman, E. K., Hahn, C.-S., & Painter, K. (2002). What does fetal movement predict about behavior during the first two years of life? *Developmental Psychobiology, 40,* 358–371.

DiPietro, J. A., Caulfield, L. E., Irizarry, R. A., Chen, P., Merialdi, M., & Zavaleta, N. (2006). Prenatal development of intrafetal and maternal–fetal synchrony. *Behavioral Neuroscience, 120,* 687–701.

DiPietro, J. A., Costigan, K. A., & Voegtline, K. M. (2015). Studies in fetal behavior: Revisited, renewed, and reimagined. *Monographs of the Society for Research in Child Development, 80*(3, Serial No. 318).

DiPietro, J. A., Hodgson, D. M., Costigan, K. A., & Hilton, S. C. (1996). Fetal neurobehavioral development. *Child Development, 67,* 2553–2567.

Dishion, T. J., Shaw, D., Connell, A., Gardner, F., Weaver, C., & Wilson, M. (2008). The Family Check-Up with high-risk indigent families: Preventing problem behavior by increasing parents' positive behavior support in early childhood. *Child Development, 79,* 1395–1414.

Dittmar, M., Abbot-Smith, K., Lieven, E., & Tomasello, M. (2014). Familiar verbs are not always easier than novel verbs: How German preschool children comprehend active and passive sentences. *Cognitive Science, 38,* 128–151.

Dix, T., Stewart, A. D., Gershoff, E. T., & Day, W. H. (2007). Autonomy and children's reactions to being controlled: Evidence that both compliance and defiance may be positive markers in early development. *Child Development, 78,* 1204–1221.

Dixon, P. (2009). Marriage among African Americans: What does the research reveal? *Journal of African American Studies, 13,* 29–46.

Dixon, R. A., de Frias, C. M., & Bäckman, L. (2001). Characteristics of self-reported memory compensation in older adults. *Journal of Clinical and Experimental Neuropsychology, 23,* 650–661.

Dodd, V. L. (2005). Implications of kangaroo care for growth and development in preterm infants. *Journal of Obstetric, Gynecologic and Neonatal Nursing, 34,* 218–232.

Dodge, K. A., Coie, J. D., & Lynam, D. (2006). Aggression and antisocial behavior in youth. In N. Eisenberg (Ed.), *Handbook of child psychology: Vol. 3. Social, emotional, and personality development* (6th ed., pp. 719–788). New York: Wiley.

Dodge, K. A., & Haskins, R. (2015). Children and government. In M. H. Bornstein & T. Leventhal (Eds.), *Handbook of child psychology and developmental science: Vol. 4. Ecological settings and processes* (7th ed., pp. 654–703). Hoboken, NJ: Wiley.

Dodge, K. A., Malone, P. S., Greenberg, M. T., & Conduct Problems Prevention Research Group. (2008). Testing an idealized dynamic cascade model of the development of serious violence in adolescence. *Child Development, 97,* 1907–1027.

Dodge, K. A., McLoyd, V. C., & Lansford, J. E. (2006). The cultural context of physically disciplining children. In V. C. McLoyd, N. E. Hill, & K. A. Dodge (Eds.), *African-American family life: Ecological and cultural diversity* (pp. 245–263). New York: Guilford.

Dodson, T. A., & Borders, L. D. (2006). Men in traditional and nontraditional careers: Gender role attitudes, gender role conflict, and job satisfaction. *Career Development Quarterly, 54,* 283–296.

Dohnt, H., & Tiggemann, M. (2006). The contribution of peer and media influences to the development of body satisfaction and self-esteem in young girls: A prospective study. *Developmental Psychology, 42,* 929–936.

Doka, K. J. (2008). Disenfranchised grief in historical and cultural perspective. In M. S. Stroebe, R. O. Hansson, H. Schut, & W. Stroebe (Eds.), *Handbook of bereavement research and practice* (pp. 223–240). Washington, DC: American Psychological Association.

Doka, K. J., & Martin, T. L. (2010). *Grieving beyond gender: Understanding the ways men and women mourn* (rev. ed.). New York: Routledge.

Dolbin-MacNab, M. L. (2006). Just like raising your own? Grandmothers' perceptions of parenting a second time around. *Family Relations, 55,* 564–575.

Dombrovski, A. Y., Butters, M. A., Reynolds, C. F., III, Houck, P. R., Clark, L., Mazumdar, S., & Szanto, K. (2008). Cognitive performance in suicidal depressed elderly: Preliminary report. *American Journal of Geriatric Psychiatry, 16,* 109–115.

Domellöf, E., Johansson, A., & Rönnqvist, L. (2011). Handedness in preterm born children: A systematic review and meta-analysis. *Neuropsychologia, 49,* 2299–2310.

Domingo, J. P., Matamoros, N. E., Danés, C. F., Abelló, H. V., Carranza, J. M., Ripoll, A. I. R., et al. (2015). Effectiveness of music therapy in advanced cancer patients admitted to a palliative care unit: A non-randomized controlled, clinical trial. *Music & Medicine, 7,* 23–31.

Domitrovich, C. E., Gest, S. D., Gill, S., Bierman, K. L., Welsh, J. A., & Jones, D. (2009). Fostering high-quality teaching with an enriched curriculum and professional development support: The Head Start REDI program. *American Educational Research Journal, 46,* 567–597.

Donaldson, M., & Jones, J. (2013). Optimizing outcome in congenital hypothyroidism: Current opinions on best practice in initial assessment and subsequent management. *Journal of Clinical Research in Pediatric Endocrinology, 5*(Suppl. 12), 13–22.

Donatelle, R. J. (2012). *Health: The basics* (10th ed.). San Francisco: Benjamin Cummings.

Donatelle, R. J. (2015). *Health: The basics* (11th ed.). Hoboken, NJ: Pearson.

Dondi, M., Simion, F., & Caltran, G. (1999). Can newborns discriminate between their own cry and the cry of another newborn infant? *Developmental Psychology, 35,* 418–426.

Dong, X., Simon, M., Rajan, K., & Evans, D. A. (2011). Association of cognitive function and risk for elder abuse in a community-dwelling population. *Dementia and Geriatric Cognitive Disorders, 32,* 209–215.

Donnellan, M. B., Larsen-Rife, D., & Conger, R. D. (2005). Personality, family history, and competence in early adult romantic relationships. *Journal of Personality and Social Psychology, 88,* 562–576.

Donnellan, M. B., & Lucas, R. E. (2008). Age differences in the big five across the life span: Evidence from two national samples. *Psychology and Aging, 23,* 558–566.

Donnellan, M. B., Trzesniewski, K. H., Robins, R. W., Moffitt, T. E., & Caspi, A. (2005). Low self-esteem is related to aggression, antisocial behavior, and delinquency. *Psychological Science, 16,* 328–335.

Doornwaard, S. M., Branje, S., Meeus, W. H. J., & ter Bogt, T. F. M. (2012). Development of adolescents' peer crowd identification in relation to changes in problem behaviors. *Developmental Psychology, 48,* 1366–1380.

Dorfman, L. T. (2016). Retirement, leisure activities in. In S. K. Whitbourne (Ed.), *Encyclopedia of adulthood and aging* (Vol. 3, pp. 1251–1255). Malden, MA: Wiley Blackwell.

Dorris, M. (1989). *The broken cord.* New York: Harper & Row.

Dorwie, F. M., & Pacquiao, D. F. (2014). Practices of traditional birth attendants in Sierra Leone and perceptions by mothers and health professionals familiar with their care. *Journal of Transcultural Nursing, 25,* 33–41.

Doss, B. D., Rhoades, G. K., Stanley, S. M., & Markman, H. J. (2009). The effect of the transition to parenthood on relationship quality: An 8-year prospective study. *Journal of Personality and Social Psychology, 96,* 601–619.

Double, E. B., Mabuchi, K., Cullings, H. M., Preston, D. L., Kodama, K., Shimizu, Y., et al. (2011). Long-term radiation-related health effects in a unique human population: Lessons learned from the atomic bomb survivors of Hiroshima and Nagasaki. *Disaster Medicine and Public Health Preparedness, 5*(Suppl. 1), S122–S133.

Douglas, E. M. (2006). *Mending broken families: Social policies for divorced families.* Lanham, MD: Rowman & Littlefield.

Douglass, S., & Umaña-Taylor, A. J. (2015). Development of ethnic–racial identity among Latino adolescents and the role of the family. *Journal of Applied Developmental Psychology, 41,* 90–98.

Dowd, M. D. (2013). Prevention and treatment of traumatic stress in children: Few answers, many questions. *Pediatrics, 31,* 591–592.

Dowling, E. M., Gestsdottir, S., Anderson, P. M., von Eye, A., Almerigi, J., & Lerner, R. M. (2004). Structural relations among spirituality, religiosity, and thriving in adolescence. *Applied Developmental Psychology, 8,* 7–16.

Downing, J. E. (2010). *Academic instruction for students with moderate and severe intellectual disabilities.* Thousand Oaks, CA: Corwin.

Downs, A. C., & Fuller, M. J. (1991). Recollections of spermarche: An exploratory investigation. *Current Psychology: Research and Reviews, 10,* 93–102.

Dragowski, E. A., Halkitis, P. N., Grossman, A. H., & D'Augelli, A. R. (2011). Sexual orientation victimization and posttraumatic stress symptoms among lesbian, gay, and bisexual youth. *Journal of Gay and Lesbian Social Services, 23,* 226–249.

Drake, K., Belsky, J., & Fearon, R. M. P. (2014). From early attachment to engagement with learning in school: The role of self-regulation and persistence. *Developmental Psychology, 50,* 1350–1361.

Drake, M. T., Clark, B. L., & Lewiecki, E. M. (2015). The pathophysiology and treatment of osteoporosis. *Clinical Therapeutics, 37,* 1837–1850.

Draper, B. M. (2014). Suicidal behavior and suicide prevention in later life. *Maturitas, 79,* 179–183.

Drayton, S., Turley-Ames, K. J., & Guajardo, N. R. (2011). Counterfactual thinking and false belief: The role of executive function. *Journal of Experimental Child Psychology, 108,* 532–548.

Driver, J., Tabares, A., Shapiro, A. F., & Gottman, J. M. (2012). Couple interaction in happy and unhappy marriages: Gottman Laboratory studies. In F. Walsh (Ed.), *Normal family processes: Growing diversity and complexity* (pp. 57–77). New York: Guilford.

Druet, C., Stettler, N., Sharp, S., Simmons, R. K., Cooper, C., Smith, G. D., et al. (2012). Prediction of childhood obesity by infancy weight gain: An individual-level meta-analysis. *Paediatric and Perinatal Epidemiology, 26,* 19–26.

Drury, S. S., Mabile, E., Brett, Z. H., Esteves, K., Jones, E., Shirtcliff, E. A., & Theall, K. P. (2014). The association of telomere length with family violence and disruption. *Pediatrics, 134,* e128–e137.

DuBois, D. L., Felner, R. D., Brand, S., & George, G. R. (1999). Profiles of self-esteem in early adolescence: Identification and investigation of adaptive correlates. *American Journal of Community Psychology, 27,* 899–932.

Dubois, L., Kyvik, K. O., Girard, M., Tatone-Tokuda, F., Pérusse, D., Hjelmborg, J., et al. (2012). Genetic and environmental contributions to weight, height, and BMI from birth to 19 years of age: An international study of over 12,000 twin pairs. *PLOS ONE, 7*(2), e30153.

Dubois, M.-F., Bravo, C., Graham, J., Wildeman, S., Cohen, C., Painter, K., et al. (2011). Comfort with proxy consent to research involving decisionally impaired older adults: Do type of proxy and risk–benefit profile matter? *International Psychogeriatrics, 23,* 1479–1488.

du Bois-Reymond, M. (2016). Emerging adulthood theory and social class. In J. J. Arnett (Ed.), *Oxford handbook of emerging adulthood* (pp. 47–61). New York: Oxford University Press.

Duckworth, A. L., Quinn, P. D., & Tsukayama, E. (2012). What No Child Left Behind leaves behind: The roles of IQ and self-control in predicting standardized achievement test scores and report card grades. *Journal of Educational Psychology, 104,* 439–451.

Dudani, A., Macpherson, A., & Tamim, H. (2010). Childhood behavior problems and unintentional injury: A longitudinal, population-based study. *Journal of Developmental and Behavioral Pediatrics, 31,* 276–285.

Dugan, A. (2015). *In U.S., support up for doctor-assisted suicide.* Retrieved from www.gallup.com/poll/183425/support-doctor-assisted-suicide.aspx

Dumanovsky, T., Augustin, R., Rogers, M., Lettang, K., Meier, D. E., & Morrison, R. S. (2016). The growth of palliative care in U.S. hospitals: A status report. *Journal of Palliative Medicine, 19,* 8–15.

Duncan, G. J., Dowsett, C. J., Claessens, A., Magnuson, K., Huston, A. C., Klebanov, P., et al. (2007). School readiness and later achievement. *Developmental Psychology, 43,* 1428–1446.

Duncan, G. J., & Magnuson, K. A. (2003). Off with Hollingshead: Socioeconomic resources, parenting, and child development. In M. H. Bornstein & R. H. Bradley (Eds.), *Socioeconomic status, parenting, and child development* (pp. 83–106). Mahwah, NJ: Erlbaum.

Duncan, G. J., Magnuson, K., & Votruba-Drzal, E. (2015). Children and socioeconomic status. In M. H. Bornstein & T. Leventhal (Eds.), *Handbook of child psychology and developmental science: Vol. 4. Ecological settings and processes* (7th ed., pp. 534–573). Hoboken, NJ: Wiley.

Duncan, L. E., Pollastri, A. R., & Smoller, J. W. (2014). Mind the gap: Why many geneticists and psychological scientists have discrepant views about gene–environment interaction (GXE) research. *American Psychologist, 69,* 249–268.

Duncan, M., Vandelanotte, C., Kolt, G. S., Rosenkranz, R. R., Caperchione, C. M., George, E. S., et al. (2014). Effectiveness of a web- and mobile phone-based intervention to promote physical activity and healthy eating in middle-aged males: Randomized controlled trial of the ManUp study. *Journal of Medical Internet Research, 16,* e136.

Dundek, L. H. (2006). Establishment of a Somali doula program at a large metropolitan hospital. *Journal of Perinatal and Neonatal Nursing, 20,* 128–137.

Dunham, Y., Baron, A. S., & Banaji, M. R. (2006). From American city to Japanese village: A cross-cultural investigation of implicit race attitudes. *Child Development, 77,* 1268–1281.

Dunham, Y., Baron, A. S., & Carey, S. (2011). Consequences of "minimal" group affiliations in children. *Child Development, 82,* 793–811.

Dunham, Y., Chen, E. E., & Banaji, M. R. (2013). Two signatures of implicit intergroup attitudes: Developmental invariance and early enculturation. *Psychological Science, 24,* 860–868.

Dunkel-Shetter, C., & Lobel, M. (2012). Pregnancy and birth: A multilevel analysis of stress and birth weight. In T. A. Revenson, A. Baum, & J. Singer (Eds.), *Handbook of health psychology* (2nd ed., pp. 431–463). London: Psychology Press.

Dunn, J. (1989). Siblings and the development of social understanding in early childhood. In P. G. Zukow (Ed.), *Sibling interaction across cultures* (pp. 106–116). New York: Springer-Verlag.

Dunn, J. (1994). Temperament, siblings, and the development of relationships. In W. B. Carey & S. C. McDevitt (Eds.), *Prevention and early intervention* (pp. 50–58). New York: Brunner/Mazel.

Dunn, J. (2002). The adjustment of children in stepfamilies: Lessons from community studies. *Child and Adolescent Mental Health, 7,* 154–161.

Dunn, J. (2004a). *Children's friendships: The beginnings of intimacy.* Oxford, UK: Blackwell.

Dunn, J. (2004b). Sibling relationships. In P. K. Smith & C. H. Hart (Eds.), *Handbook of childhood social development* (pp. 223–237). Malden, MA: Blackwell.

Dunn, J. (2005). Moral development in early childhood and social interaction in the family. In M. Killen & J. G. Smetana (Eds.), *Handbook of moral development* (pp. 331–350). Mahwah, NJ: Erlbaum.

Dunn, J. (2014). Moral development in early childhood and social interaction in the family. In M. Killen & J. G. Smetana (Eds.), *Handbook of moral development* (2nd ed., pp. 135–159). New York: Psychology Press.

Dunn, J., Cheng, H., O'Connor, T. G., & Bridges, L. (2004). Children's perspectives on their relationships with their nonresident fathers: Influences, outcomes and implications. *Journal of Child Psychology and Psychiatry, 45,* 553–566.

Dunn, J., Cutting, A. L., & Demetriou, H. (2000). Moral sensibility, understanding others, and children's friendship interactions in the preschool period. *British Journal of Developmental Psychology, 18,* 159–177.

Dunn, J. R., Schaefer-McDaniel, N. J., & Ramsay, J. T. (2010). Neighborhood chaos and children's development: Questions and contradictions. In G. W. Evans & T. D. Wachs (Eds.), *Chaos and its influence on children's development: An ecological perspective* (pp. 173–189). Washington, DC: American Psychological Association.

Dunne, E. J., & Dunne-Maxim, K. (2004). Working with families in the aftermath of suicide. In F. Walsh & M. McGoldrick (Eds.), *Living beyond loss: Death in the family* (2nd ed., pp. 272–284). New York: Norton.

duRivage, N., Keyes, K., Leray, E., Pez, O., Bilfoi, A., Koç, C., et al. (2015). Parental use of corporal punishment in Europe: Intersection between public health and policy. *PLOS ONE, 10*(2), e0118059.

Durlak, J. A., Weissberg, R. P., Dymnicki, A. B., Taylor, R. D., & Schellinger, K. B. (2011). The impact of enhancing students' social and emotional learning: A meta-analysis of school-based universal interventions. *Child Development, 82,* 405–432.

Durlak, J. A., Weissberg, R. P., & Pachan, M. (2010). A meta-analysis of after-school programs that seek to promote personal and social skills of children and adolescents. *American Journal of Community Psychology, 45,* 294–309.

Durrant, J. E., Plateau, D. P., Ateah, C., Stewart-Tufescu, A., Jones, A., Ly, G., et al. (2014). Preventing punitive violence: Preliminary data on the Positive Discipline in Everyday Parenting (PDEP) Program. *Canadian Journal of Community Mental Health, 33,* 109–125.

Duszak, R. S. (2009). Congenital rubella syndrome—major review. *Optometry, 80,* 36–43.

Dutta, A., Henley, W., Lang, I., Llewellyn, D., Guralnik, J., Wallace, R. B., et al. (2011). Predictors of extraordinary survival in the Iowa Established Populations for Epidemiological Study of the Elderly: Cohort follow-up to "extinction." *Journal of the American Geriatrics Society, 59,* 963–971.

Dutton, D., Tetreault, C., Karakanta, C., & White, K. (2015). Psychological factors in intimate partner violence. In C. A. Pietz & C. A. Mattson (Eds.), *Violent offenders: Understanding and assessment* (pp. 186–215). New York: Oxford University Press.

Dutton, D. G. (2012). The case against the role of gender in intimate partner violence. *Aggression and Violent Behavior, 17,* 99–104.

Duxbury, F. (2014). Domestic violence and abuse. In S. Bewley & J. Welch (Ed.), *ABC of domestic and sexual violence* (pp. 9–16). Chichester, UK: Wiley-Blackwell.

Dweck, C. S., & Molden, D. C. (2013). Self-theories: Their impact on competence motivation and acquisition. In A. J. Elliott & C. J. Dweck (Eds.), *Handbook of confidence and motivation* (pp. 122–140). New York: Guilford.

Dykiert, D., Der, G., Starr, J. M., & Deary, I. J. (2012). Sex differences in reaction time mean and intraindividual variability across the life span. *Developmental Psychology, 48,* 1262–1276.

Dykstra, P. A. (2006). Off the beaten track: Childlessness and social integration in late life. *Research on Aging, 28,* 749–767.

Dykstra, P. A., & Hagestad, G. O. (2007). Roads less taken: Developing a nuanced view of older adults without children. *Journal of Family Issues, 28,* 1275–1310.

Dyregrov, K., Grad, O., De Leo, D., & Cimitan, A. (2014). Surviving suicide. In D. De Leo, A. Cimitan, K. Dyregrov, O. Grad, & K. Andriessen (Eds.), *Bereavement after traumatic death: Helping the survivors* (pp. 37–48). Boston: Hogrefe Publishing.

Dzurova, D., & Pikhart, H. (2005). Down syndrome, paternal age and education: Comparison of California and the Czech Republic. *BMC Public Health, 5,* 69.

E

Eagan, K., Lozano, J. B., Hurtado, S., & Case, M. H. (2013). *The American freshman: National norms, Fall 2013.* Los Angeles: Higher Education Research Institute, UCLA.

Eagly, A. H., Eastwick, P. W., & Johannesen-Schmidt, M. (2009). Possible selves in marital roles: The impact of the anticipated division of labor on mate preferences of women and men. *Personality and Social Psychology Bulletin, 35,* 403–414.

Eagly, A. H., & Wood, W. (2012). Social role theory. In P. A. M. Van Lange, A. W. Kruglanski, & E. T. Higgins (Eds.), *Handbook of theories of social psychology* (Vol. 2, pp. 458–476). Thousand Oaks, CA: Sage.

Eagly, A. H., & Wood, W. (2013). Feminism and evolutionary psychology: Moving forward. *Sex Roles, 69,* 549–556.

Eaker, E. D., Sullivan. L. M., Kelly-Hayes, M., D'Agostino, R. B., & Benjamin, E. J. (2004). Anger and hostility predict the development of atrial fibrillation in men in the Framingham Offspring Study. *Circulation, 109,* 1267–1271.

Eaker, E. D., Sullivan. L. M., Kelly-Hayes, M., D'Agostino, R. B., & Benjamin, E. J. (2007). Marital status, marital strain, and risk of coronary heart disease or total mortality: The Framingham Offspring Study. *Psychosomatic Medicine, 69,* 509–513.

Easterbrooks, M. A., Kotake, C., Raskin, M., & Bumgarner, E. (2016). Patterns of depression among adolescent mothers: Resilience related to father support and home visiting program. *American Journal of Orthopsychiatry, 86,* 61–68.

Eaves, L., Silberg, J., Foley, D., Bulik, C., Maes, H., & Erkanli, A. (2004). Genetic and environmental influences on the relative timing of pubertal change. *Twin Research, 7,* 471–481.

Ebeling, K. S., & Gelman, S. A. (1994). Children's use of context in interpreting "big" and "little." *Child Development, 65,* 1178–1192.

Ebner, N. C., Freund, A. M., & Baltes, P. B. (2006). Developmental changes in personal goal orientation from young to late adulthood: From striving for gains to maintenance and prevention of losses. *Psychology and Aging, 21,* 664–678.

Eccles, J. S. (2004). Schools, academic motivation, and stage–environment fit. In R. M. Lerner & L. Steinberg (Eds.), *Handbook of adolescent psychology* (2nd ed., pp. 125–154). Hoboken, NJ: Wiley.

Eccles, J. S., Jacobs, J. E., & Harold, R. D. (1990). Gender-role stereotypes, expectancy effects, and parents' role in the socialization of gender differences in self-perceptions and skill acquisition. *Journal of Social Issues, 46,* 183–201.

Eccles, J. S., & Roeser, R. W. (2009). Schools, academic motivation, and stage–environment fit. In R. M. Lerner & L. Steinberg (Eds.), *Handbook of adolescent psychology* (Vol. 1, pp. 404–434). Hoboken, NJ: Wiley.

Eccles, J. S., Templeton, J., Barber, B., & Stone, M. (2003). Adolescence and emerging adulthood: The critical passageways to adulthood. In M. H. Bornstein, L. Davidson, C. L. M., Keyes, K. A. Moore, & the Center for Child Well-Being (Eds.), *Well-being: Positive development across the life course* (pp. 383–406). Mahwah, NJ: Erlbaum.

Eccles, J. S., Vida, M. N., & Barber, B. (2004). The relation of early adolescents' college plans and both academic ability and task-value beliefs to subsequent college enrollment. *Journal of Early Adolescence, 24,* 63–77.

Eder, R. A., & Mangelsdorf, S. C. (1997). The emotional basis of early personality development: Implications for the emergent self-concept. In R. Hogan, J. Johnson & S. Briggs (Eds.), *Handbook of personality psychology* (pp. 209–240). San Diego, CA: Academic Press.

Edwards, O. W., & Oakland, T. D. (2006). Factorial invariance of Woodcock-Johnson III scores for African Americans and Caucasian Americans. *Journal of Psychoeducational Assessment, 24,* 358–366.

Efstathiou, N., & Clifford, C. (2011). The critical care nurse's role in end-of-life care: Issues and challenges. *Nursing in Critical Care, 16,* 116–123.

Eggebeen, D. J., Dew, J., & Knoester, C. (2010). Fatherhood and men's lives at middle age. *Journal of Family Issues, 31,* 113–130.

Eggenberger, E., Heimerl, K., & Bennett, M. I. (2013). Communication skills training in dementia care: A systematic review of effectiveness, training content, and didactic methods in different settings. *International Psychogeriatrics, 25,* 345–358.

Ehrensaft, M. K. (2009). Family and relationship predictors of psychological and physical aggression. In D. K. O'Leary & E. M. Woodin (Eds.), *Psychological and physical aggression in couples: Causes and interventions* (pp. 99–118). Washington, DC: American Psychological Association.

Ehri, L. C., & Roberts, T. (2006). The roots of learning to read and write: Acquisition of letters and phonemic awareness. In D. K. Dikinson & S. B. Neuman (Eds.), *Handbook of early literacy research* (Vol. 2, pp. 113–131). New York: Guildford.

Eibich, P., Krekel, C., Demuth, I., & Wagner, G. G. (2016). Associations between neighborhood characteristics, well-being and health vary over the life course. *Gerontology, 62,* 362–370.

Eichstedt, J. A., Serbin, L. A., Poulin-Dubois, D., & Sen, M. G. (2002). Of bears and men: Infants' knowledge of conventional and metaphorical gender stereotypes. *Infant Behavior and Development, 25,* 296–310.

Einstein, G. O., McDaniel, M. A., & Scullin, M. K. (2012). Prospective memory and aging: Understanding the variability. In M. Naveh-Benjamin & N. Ohta (Eds.), *Memory and aging: Current issues and future directions* (pp. 153–179). New York: Psychology Press.

Eisbach, A. O. (2004). Children's developing awareness of diversity in people's trains of thought. *Child Development, 75,* 1694–1707.

Eisenberg, N. (2003). Prosocial behavior, empathy, and sympathy. In M. H. Bornstein & L. Davidson (Eds.), *Well-being: Positive development across the life course* (pp. 253–265). Mahwah, NJ: Erlbaum.

Eisenberg, N. (2006). Emotion-related regulation. In H. E. Fitzgerald, B. M. Lester., & B. Zuckerman (Eds.), *The crisis in youth mental health: Critical issues and effective programs: Vol. 1. Childhood disorders* (pp. 133–155). Westport, CT: Praeger.

Eisenberg, N. (2010). Empathy-related responding: Links with self-regulation, moral judgment, and moral behavior. In M. Mikulincer & P. R. Shaver (Eds.), *Prosocial motives, emotions, and behavior: The better angels of our nature* (pp. 129–148). Washington, DC: American Psychological Association.

Eisenberg, N., Eggum, N. D., & Edwards, A. (2010). Empathy-related responding and moral development. In W. F. Arsenio & E. A. Lemerise (Eds.), *Emotions, aggression, and morality in children* (pp. 115–135). Washington, DC: American Psychological Association.

Eisenberg, N., & Silver, R. C. (2011). Growing up in the shadow of terrorism. *American Psychologist, 66,* 468–481.

Eisenberg, N., Spinrad, T. L., & Knafo-Noam, A. (2015). Prosocial development. In M. E. Lamb (Ed.), *Handbook of child psychology and developmental science: Vol. 3. Socioemotional processes* (7th ed., pp. 610–656). Hoboken, NJ: Wiley.

Eisenberg, N., Zhou, Q., Spinrad, T. L., Valiente, C., Fabes, R. A., & Liew, J. (2005). Relations among positive parenting, children's effortful control, and externalizing problems: A three-wave longitudinal study. *Child Development, 76,* 1055–1071.

Eisma, M. C., Stroebe, M. S., Schut, H. A. W., Stroebe, W., Boelen, P. A., & van den Bout, J. (2013). Avoidance processes mediate the relationship between rumination and symptoms of complicated grief and depression following loss. *Journal of Abnormal Psychology, 122,* 961–970.

Eisner, M. P., & Malti, T. (2015). Aggressive and violent behavior. In M. E. Lamb (Ed.), *Handbook of child psychology and developmental science: Vol. 3. Socioemotional processes* (7th ed., pp. 794–841). Hoboken, NJ: Wiley.

Eivers, A. R., Brendgen, M., Vitaro, F., & Borge, A. I. H. (2012). Concurrent and longitudinal links between children's and their friends' antisocial and prosocial behavior in preschool. *Early Childhood Research Quarterly, 27,* 137–146.

Ekas, N. V., Lickenbrock, D. M., & Braungart-Rieker, J. M. (2013). Developmental trajectories of emotion regulation across infancy: Do age and the social partner influence temporal patterns? *Infancy, 18,* 729–754.

Ekman, P., & Friesen, W. (1972). Constants across culture in the face of emotion. *Journal of Personality and Social Psychology, 17,* 124–129.

Ekman, P., & Matsumoto, D. (2011). Reading faces: The universality of emotional expression. In M. A. Gernsbacher, R. W. Pew, L. M. Hough, & J. R. Pomerantz (Eds.), *Psychology and the real world: Essays illustrating fundamental contributions to society* (pp. 140–146). New York: Worth.

Elavsky, S., & McAuley, E. (2007). Physical activity and mental health outcomes during menopause: A randomized controlled trial. *Annals of Behavioral Medicine, 33,* 132–142.

Elder, G. H., Jr., Nguyen, T. V., & Caspi, A. (1985). Linking family hardship to children's lives. *Child Development, 56,* 361–375.

Elder, G. H., Jr., & Shanahan, M. J. (2006). The life course and human development. In R. M. Lerner (Ed.), *Handbook of child psychology: Vol. 1.*

Theoretical models of human development (6th ed., pp. 665–715). Hoboken, NJ: Wiley.

Elder, G. H., Jr., Shanahan, M. J., & Jennings, J. A. (2015). Human development in time and place. In M. H. Bornstein & T. Leventhal (Eds.), *Handbook of child psychology: Vol. 4. Ecological settings and processes* (7th ed., pp. 6–54). Hoboken, NJ: Wiley.

Elfenbein, D. S., & Felice, M. E. (2003). Adolescent pregnancy. *Pediatric Clinics of North America, 50,* 781–800.

Elias, C. L., & Berk, L. E. (2002). Self-regulation in young children: Is there a role for sociodramatic play? *Early Childhood Research Quarterly, 17,* 1–17.

Elias, V. L., Fullerton, A. S., & Simpson, J. M. (2013). Long-term changes in attitudes toward premarital sex in the United States: Reexamining the role of cohort replacement. *Journal of Sex Research, 52,* 129–139. Retrieved from www.tandfonline.com/doi/pdf/10.1080/00224499.2013.798610#.VG49Z1fF9rE

Elicker, J., Englund, M., & Sroufe, L. A. (1992). Predicting peer competence and peer relationships in childhood from early parent–child relationships. In R. D. Parke & G. W. Ladd (Eds.), *Family–peer relationships: Modes of linkage* (pp. 77–106). Hillsdale, NJ: Erlbaum.

Elkind, D. (1994). *A sympathetic understanding of the child: Birth to sixteen* (3rd ed.). Boston: Allyn and Bacon.

Elkind, D., & Bowen, R. (1979). Imaginary audience behavior in children and adolescents. *Developmental Psychology, 15,* 33–44.

Ellin, A. (2015, March 20). Finding success, well past the age of wonderkind. *New York Times,* p. B5.

Elliott, A. F., Burgio, L. D., & DeCoster, J. (2010). Enhancing caregiver health: Findings from the Resources for Enhancing Alzheimer's Care Health II intervention. *Journal of the American Geriatric Society, 58,* 30–37.

Elliott, J. G. (1999). School refusal: Issues of conceptualization, assessment, and treatment. *Journal of Child Psychology and Psychiatry and Allied Disciplines, 40,* 1001–1012.

Ellis, A. E., & Oakes, L. M. (2006). Infants flexibly use different dimensions to categorize objects. *Developmental Psychology, 42,* 1000–1011.

Ellis, B. J., & Essex, M. J. (2007). Family environments, adrenarche, and sexual maturation: A longitudinal test of a life history model. *Child Development, 78,* 1799–1817.

Ellis, B. J., Shirtcliff, E. A., Boyce, W. T., Deardorff, J., & Essex, M. J. (2011). Quality of early family relationships and the timing and tempo of puberty: Effects depend on biological sensitivity to context. *Development and Psychopathology, 23,* 85–99.

Ellis, L., & Bonin, S. L. (2003). Genetics and occupation-related preferences: Evidence from adoptive and non-adoptive families. *Personality and Individual Differences, 35,* 929–937.

Ellis, R. R., & Simmons, T. (2014). *Coresident grandparents and their grandchildren: 2012.* Washington, DC: U.S. Census Bureau. Retrieved from www.census.gov/content/dam/Census/library/publications/2014/demo/p20-576.pdf

Ellis, W. E., & Zarbatany, L. (2007). Explaining friendship formation and friendship stability: The role of children's and friends' aggression and victimization. *Merrill-Palmer Quarterly, 53,* 79–104.

Else-Quest, N. M. (2012). Gender differences in temperament. In M. Zentner & R. L. Shiner (Eds.), *Handbook of temperament* (pp. 479–496). New York: Guilford.

Else-Quest, N. M., Hyde, J. S., Goldsmith, H. H., & Van Hulle, C. A. (2006). Gender differences in temperament: A meta-analysis. *Psychological Bulletin, 132,* 33–72.

Else-Quest, N. M., Hyde, J. S., & Linn, M. C. (2010). Cross-national patterns of gender differences in mathematics: A meta-analysis. *Psychological Bulletin, 136,* 103–127.

Else-Quest, N. M., & Morse, E. (2015). Variations in parental ethnic socialization and adolescent ethnic identity: A longitudinal study. *Cultural Diversity and Ethnic Minority Psychology, 21,* 54–64.

El-Sheikh, M., Cummings, E. M., & Reiter, S. (1996). Preschoolers' responses to ongoing interadult conflict: The role of prior exposure to resolved versus unresolved arguments. *Journal of Abnormal Child Psychology, 24,* 665–679.

Eltzschig, H. K., Lieberman, E. S., & Camann, W. R. (2003). Regional anesthesia and analgesia for labor and delivery. *New England Journal of Medicine, 384,* 319–332.

Elwert, F., & Christakis, N. A. (2006). Widowhood and race. *American Sociological Review, 71,* 16–41.

Emanuel, E. J., Onwuteaka-Pilipsen, B. D., Urwin, J. W., & Cohen, J. (2016). Attitudes and practices of euthanasia and physician-assisted suicide in the United States, Canada & Europe. *JAMA, 316,* 79–89.

Emery, R. E., Sbarra, D., & Grover, T. (2005). Divorce mediation: Research and reflections. *Family Court Review, 43,* 22–37.

English, T., & Carstensen, L. L. (2014). Selective narrowing of social networks across adulthood is associated with improved emotional experience in daily life. *International Journal of Behavioral Development, 38,* 195–202.

Ennemoser, M., & Schneider, W. (2007). Relations of television viewing and reading: Findings from a 4-year longitudinal study. *Journal of Educational Psychology, 99,* 349–368.

Entringer, S., Epel, E. S., Kumsta, R., Lin, J., Hellhammer, D. H., Blackburn, E. H., et al. (2011). Stress exposure in intrauterine life is associated with shorter telomere length in young adulthood. *Proceedings of the National Academy of Sciences, 108,* e513–e518.

Entringer, S., Epel, E. S., Lin, J., Buss, C., Shahbaba, B., Blackburn, E. H., et al. (2012). Maternal psychosocial stress during pregnancy is associated with newborn leukocyte telomere length. *American Journal of Obstetrics and Gynecology, 208,* 134.e1–134.e7.

Entwisle, D. R., Alexander, K. L., & Olson, L. S. (2005). First grade and educational attainment by age 22: A new story. *American Journal of Sociology, 110,* 1458–1502.

Epel, E. S., Linn, J., Wilhelm, F., Mendes, W., Adler, N., & Dolbier, C. (2006). Cell aging in relation to stress arousal and cardiovascular disease risk factors. *Psychoneuroendocrinology, 31,* 277–287.

Epel, E. S., Merkin, S. S., Cawthon, R., Blackburn, E. H., Adler, N. E., Pletcher, M. J., & Seeman, T. S. (2009). The rate of leukocyte telomere shortening predicts mortality from cardiovascular disease in elderly men: A novel demonstration. *Aging, 1,* 81–88.

Epstein, L. H., Roemmich, J. N., & Raynor, H. A. (2001). Behavioral therapy in the treatment of pediatric obesity. *Pediatric Clinics of North America, 48,* 981–983.

Epstein, R., Pandit, M., & Thakar, M. (2013). How love emerges in arranged marriages: Two cross-cultural studies. *Journal of Comparative Family Studies, 44,* 341–360.

Erdogan, B., Bauer, T. N., Truxillo, D. M., & Mansfield, L. R. (2012). Whistle while you work: A review of the life satisfaction literature. *Journal of Management, 38,* 1038–1083.

Erickson, K. I., Colcombe, S. J., Wadhwa, R., Bherer, L., Peterson, M. S., & Scalf, P. E. (2007). Training-induced plasticity in older adults: Effects of training on hemispheric asymmetry. *Neurobiology of Aging, 28,* 272–283.

Erickson, K. I., Leckie, R. L., & Weinstein, A. M. (2014). Physical activity, fitness, and gray matter volume. *Neurobiology of Aging, 35,* 530–528.

Erickson, K. I., Raji, C. A., Lopez, O. L., Becker, J. T., Rosano, C., Newman, A. B., et al. (2010). Physical activity predicts gray matter volume in late adulthood: The Cardiovascular Health Study. *Neurology, 75,* 1415–1422.

Erikson, E. H. (1950). *Childhood and society.* New York: Norton.

Erikson, E. H. (1968). *Identity, youth, and crisis.* New York: Norton.

Erikson, E. H. (1998). *The life cycle completed. Extended version with new chapters on the ninth stage by Joan M. Erikson.* New York: Norton.

Erol, R. Y., & Orth, U. (2011). Self-esteem development from age 14 to 30 years: A longitudinal study. *Journal of Personality and Social Psychology, 101,* 607–619.

Esposito-Smythers, C., Weismoore, J., Zimmermann, R. P., & Spirito, A. (2014). Suicidal behaviors among children and adolescents. In M. Nock (Ed.), *Oxford handbook of suicide and self-injury* (pp. 61–81). New York: Oxford University Press.

Espy, K. A., Fang, H., Johnson, C., Stopp, C., & Wiebe, S. A. (2011). Prenatal tobacco exposure: Developmental outcomes in the neonatal period. *Developmental Psychology, 47,* 153–156.

Espy, K. A., Molfese, V. J., & DiLalla, L. F. (2001). Effects of environmental measures on intelligence in young children: Growth curve modeling of longitudinal data. *Merrill-Palmer Quarterly, 47,* 42–73.

Esquivel-Santoveña, E. E., Lambert, T. L., & Hamel, J. (2013). Partner abuse worldwide. *Partner Abuse, 4,* 6–75.

Etaugh, C. (2013). Midlife career transitions for women. In W. Patton (Ed.), *Conceptualising women's working lives* (pp. 105–117). Rotterdam, Netherlands: Sense Publishers.

Etnier, J. L., & Labban, J. D. (2012). Physical activity and cognitive function: Theoretical bases, mechanisms, and moderators. In E. O. Acebedo (Ed.), *Oxford Handbook of exercise psychology* (pp. 76–96). New York: Oxford University Press.

Evanoo, G. (2007). Infant crying: A clinical conundrum. *Journal of Pediatric Health Care, 21,* 333–338.

Evans, G. W. (2003). A multimethodological analysis of cumulative risk and allostatic load among rural children. *Developmental Psychology, 39,* 924–933.

Evans, G. W. (2006). Child development and the physical environment. *Annual Review of Psychology, 57,* 424–451.

Evans, G. W., Fuller-Rowell, T. E., & Doan, S. N. (2012). Childhood cumulative risk and obesity: The mediating role of self-regulatory ability. *Pediatrics, 129,* e68–e73.

Evans, G. W., Gonnella, C., Marcynyszn, L. A., Gentile, L., & Slapekar, N. (2005). The role of chaos in poverty and children's socioemotional adjustment. *Psychological Science, 16,* 560–565.

Evans, G. W., & Schamberg, M. A. (2009). Childhood poverty, chronic stress, and adult working memory. *Proceedings of the National Academy of Sciences, 106,* 6545–6549.

Evans, N., & Levinson, S. C. (2009). The myth of language universals: Language diversity and its importance for cognitive science. *Behavioral and Brain Sciences, 32,* 429–492.

Even-Zohar, A. (2011). Intergenerational solidarity between adult grandchildren and their grandparents with different levels of functional ability. *Journal of Intergenerational Relationships, 9,* 128–145.

Evert, J., Lawler, E., Bogan, H., & Perls, T. (2003). Morbidity profiles of centenarians: Survivors, delayers, and escapers. *Journals of Gerontology, 58A,* 232–237.

Ewald, P. W., & Ewald, H. A. S. (2012). Infection, mutation, and cancer evolution. *Journal of Molecular Medicine, 90,* 535–541.

Ewing, S. W. F., & Bryan, A. D. (2015). A question of love and trust? The role of relationship factors in adolescent sexual decision making. *Journal of Developmental and Behavioral Pediatrics, 36,* 628–634.

Exner-Cortens, D., Eckenrode, J., & Rothman, E. (2012). Longitudinal associations between teen dating violence victimization and adverse health outcomes. *Pediatrics, 131,* 71–78.

Eyler, A. A., Haire-Joshu, D., Brownson, R. C., & Nanney, M. S. (2004). Correlates of fat intake among urban, low-income African Americans. *American Journal of Health Behavior, 28,* 410–417.

Eyler, L. T., Pierce, K., & Courchesne, E. (2012). A failure of left temporal cortex to specialize for language is an early emerging and fundamental property of autism. *Brain, 135,* 949–960.

F

Fabes, R. A., Eisenberg, N., Hanish, L. D., & Spinrad, T. L. (2001). Preschoolers' spontaneous emotion vocabulary: Relations to likeability. *Early Education and Development, 12,* 11–27.

Fabes, R. A., Eisenberg, N., McCormick, S. E., & Wilson, M. S. (1988). Preschoolers' attributions of the situational determinants of others' naturally occurring emotions. *Developmental Psychology, 24,* 376–385.

Fabiani, M. (2012). It was the best of times, it was the worst of times: A psychophysiologist's view of cognitive aging. *Psychophysiology, 49,* 283–304.

Fagan, J. F., & Holland, C. R. (2007). Racial equality in intelligence: Predictions from a theory of intelligence as processing. *Intelligence, 35,* 319–334.

Fagan, J. F., Holland, C. R., & Wheeler, K. (2007). The prediction, from infancy, of adult IQ and achievement. *Intelligence, 35,* 225–231.

Fagard, J., & Pezé, A. (1997). Age changes in interlimb coupling and the development of bimanual coordination. *Journal of Motor Behavior, 29,* 199–208.

Fagard, J., Spelke, E., & von Hofsten, C. (2009). Reaching and grasping a moving object in 6-, 8-, and 10-month-old infants: Laterality and performance. *Infant Behavior and Development, 32,* 137–146.

Fagot, B. I. (1985). Changes in thinking about early sex role development. *Developmental Review, 5,* 83–98.

Fagot, B. I., & Hagan, R. I. (1991). Observations of parent reactions to sex-stereotyped behaviors: Age and sex effects. *Child Development, 62,* 617–628.

Fahrmeier, E. D. (1978). The development of concrete operations among the Hausa. *Journal of Cross-Cultural Psychology, 9,* 23–44.

Faircloth, B. S., & Hamm, J. V. (2005). Sense of belonging among high school students representing four ethnic groups. *Journal of Youth and Adolescence, 34,* 293–309.

Falagas, M. E., & Zarkadoulia, E. (2008). Factors associated with suboptimal compliance to vaccinations in children in developed countries: A systematic review. *Current Medical Research and Opinion, 24,* 1719–1741.

Falbo, T. (2012). Only children: An updated review. *Journal of Individual Psychology, 68,* 38–49.

Falbo, T., Poston, D. L., Jr., Triscari, R. S., & Zhang, X. (1997). Self-enhancing illusions among Chinese schoolchildren. *Journal of Cross-Cultural Psychology, 28,* 172–191.

Falk, D. (2005). Brain lateralization in primates and its evolution in hominids. *American Journal of Physical Anthropology, 30,* 107–125.

Fanslow, C. A. (1981). Death: A natural facet of the life continuum. In D. Krieger (Ed.), *Foundations for holistic health nursing practices: The renaissance nurse* (pp. 249–272). Philadelphia: Lippincott.

Fantz, R. L. (1961, May). The origin of form perception. *Scientific American, 204*(5), 66–72.

Faraone, S. V., Biederman, J., & Mick, E. (2006). The age-dependent decline of attention deficit hyperactivity disorder: A meta-analysis of follow-up studies. *Psychological Medicine, 36,* 159–165.

Farmer, T. W., Irvin, M. J., Leung, M.-C., Hall, C. M., Hutchins, B. C., & McDonough, E. (2010). Social preference, social prominence, and group membership in late elementary school: Homophilic concentration and peer affiliation configurations. *Social Psychology of Education, 13,* 271–293.

Farr, R. J., Forssell, S. L., & Patterson, C. J. (2010). Parenting and child development in adoptive families: Does parental sexual orientation matter? *Applied Developmental Science, 14,* 164–178.

Farrell, C. (2014). *Unretirement: How baby boomers are changing the way we think about work, community, and the good life.* New York: Bloomsbury Press.

Farrington, D. P. (2009). Conduct disorder, aggression and delinquency. In R. M. Lerner & L. Steinberg (Eds.), *Handbook of adolescent psychology: Vol. 1. Individual bases of adolescent development* (3rd ed., pp. 683–722). Hoboken, NJ: Wiley.

Farrington, D. P., Ttofi, M. M., & Coid, J. W. (2009). Development of adolescence-limited, late-onset, and persistent offenders from age 8 to age 48. *Aggressive Behavior, 35,* 150–163.

Farroni, T., Csibra, G., Simion, F., & Johnson, M. H. (2002). Eye contact detection in humans from birth. *Proceedings of the National Academy of Sciences, 99,* 9602–9605.

Farroni, T., Massaccesi, S., Menon, E., & Johnson, M. H. (2007). Direct gaze modulates face recognition in young infants. *Cognition, 102,* 396–404.

Farver, J. M., & Branstetter, W. H. (1994). Preschoolers' prosocial responses to their peers' distress. *Developmental Psychology, 30,* 334–341.

Fassino, S., Amianto, F., Rocca, G., & Daga, G. A. (2010). Parental bonding and eating psychopathology in bulimia nervosa: Personality traits as possible mediators. *Epidemiology and Psychiatric Sciences, 19,* 214–222.

Faulkner, J. A., Larkin, L. M., Claflin, D. R., & Brooks, S. V. (2007). Age-related changes in the structure and function of skeletal muscles. *Clinical and Experimental Pharmacology and Physiology, 34,* 1091–1096.

Fearon, R. P., Bakermans-Kranenburg, M. J., Lapsley, A., & Roisman, G. I. (2010). The significance of insecure attachment and disorganization in the development of children's externalizing behavior: A meta-analytic study. *Child Development, 81,* 435–456.

Federal Interagency Forum on Aging Related Statistics. (2012). *Older Americans: Key indicators of well-being.* Washington, DC: U.S. Government Printing Office.

Fedewa, S. A., Sauer, A. G., Siegel, R. L., & Jemal, A. (2015). Prevalence of major risk factors and use of screening tests for cancer in the United States. *Cancer Epidemiology Biomarkers & Prevention, 24,* 637–652.

Fedina, L., Holmes, J. L., & Backes, B. L. (2016). Campus sexual assault: A systematic review of prevalence research from 2000 to 2015. *Trauma, Violence, & Abuse, 17,* (epub ahead of print).

Fehr, B., Harasymchuk, C., & Sprecher, S. (2014). Compassionate love in romantic relationships: A review and some new findings. *Journal of Social and Personal Relationships, 31,* 575–600.

Fehr, B., & Sprecher, S. (2013). Compassionate love: What we know so far. In M. Hojjat & D. Cramer (Eds.), *Positive psychology of love* (pp. 106–120). New York: Oxford University Press.

Feigelman, W., & Gorman, B. S. (2008). Assessing the effects of peer suicide on youth suicide. *Suicide and Life-Threatening Behavior, 38,* 181–194.

Feinberg, M. E., McHale, S. M., Crouter, A. C., & Cumsille, P. (2003). Sibling differentiation: Sibling and parent relationship trajectories in adolescence. *Child Development, 74,* 1261–1274.

Feldman, A. F., & Matjasko, J. L. (2007). Profiles and portfolios of adolescent school-based extracurricular activity participation. *Journal of Adolescence, 30,* 313–332.

Feldman, D. C., & Beehr, T. A. (2011). A three-phase model of retirement decision making. *American Psychologist, 66,* 193–203.

Feldman, D. C., & Vogel, R. M. (2009). The aging process and person–environment fit. In S. G. Baugh & S. E. Sullivan (Eds.), *Research in careers* (pp. 1–25). Charlotte, NC: Information Age Press.

Feldman, R. (2003). Infant–mother and infant–father synchrony: The coregulation of positive arousal. *Infant Mental Health Journal, 24,* 1–23.

Feldman, R. (2006). From biological rhythms to social rhythms: Physiological precursors of mother–infant synchrony. *Developmental Psychology, 42,* 175–188.

Feldman, R. (2007). Maternal versus child risk and the development of parent–child and family relationships in five high-risk populations. *Development and Psychopathology, 19,* 293–312.

Feldman, R., Eidelman, A. I., & Rotenberg, N. (2004). Parenting stress, infant emotion regulation, maternal sensitivity, and the cognitive development of triplets: A model for parent and child influences in a unique ecology. *Child Development, 75,* 1774–1791.

Feldman, R., Gordon, I., Schneiderman, I., Weisman, O., & Zagoory-Sharon, O. (2010). Natural variations in maternal and paternal care are associated with systematic changes in oxytocin following parent–infant contact. *Psychoneuroendocrinology, 35,* 1133–1141.

Feldman, R., & Klein, P. S. (2003). Toddlers' self-regulated compliance to mothers, caregivers, and fathers: Implications for theories of socialization. *Developmental Psychology, 39,* 680–692.

Feldman, R., Rosenthal, Z., & Eidelman, A. (2014). Maternal–preterm skin-to-skin contact enhances child physiologic organization and cognitive control across the first 10 years of life. *Biological Psychiatry, 75,* 56–64.

Feldman, R., Sussman, A. L., & Zigler, E. (2004). Parental leave and work adaptation at the transition to parenthood: Individual, marital, and social correlates. *Applied Developmental Psychology, 25,* 459–479.

Felner, R. D., Favazza, A., Shim, M., Brand, S., Gu, K., & Noonan, N. (2002). Whole school improvement and restructuring as prevention and promotion: Lessons from STEP and the Project on High Performance Learning Communities. *Journal of School Psychology, 39,* 177–202.

Feng, P., Huang, L., & Wang, H. (2013). Taste bud homeostasis in health, disease, and aging. *Chemical Senses, 39,* 3–16.

Fenn, A. M., Corona, A. W., & Godbout, J. P. (2014). Aging and the immune system. In A. W. Kusnecov & H. Anisman (Eds.), *Wiley-Blackwell handbook of psychoneuroimmunology* (pp. 313–329). Malden, MA: Wiley Blackwell.

Ferguson, L. R. (2010). Meat and cancer. *Meat Science, 84,* 308–313.

Ferguson, T. J., Stegge, H., & Damhuis, I. (1991). Children's understanding of guilt and shame. *Child Development, 62,* 827–839.

Fernald, A., & Marchman, V. A. (2012). Individual differences in lexical processing at 18 months predict vocabulary growth in typically developing and late-talking toddlers. *Child Development, 82,* 203–222.

Fernald, A., Marchman, V. A., & Weisleder, A. (2013). SES differences in language processing skill and vocabulary are evident at 18 months. *Developmental Science, 16,* 234–248.

Fernald, A., & Morikawa, H. (1993). Common themes and cultural variations in Japanese and American mothers' speech to infants. *Child Development, 64,* 637–656.

Fernald, A., Taeschner, T., Dunn, J., Papousek, M., Boysson-Bardies, B., & Fukui, I. (1989). A cross-language study of prosodic modifications in mothers' and fathers' speech to preverbal infants. *Journal of Child Language, 16,* 477–502.

Fernald, L. C., & Grantham-McGregor, S. M. (1998). Stress response in school-age children who have been growth-retarded since early childhood. *American Journal of Clinical Nutrition, 68,* 691–698.

Fernandes, M., Stein, A., Srinivasan, K., Menezes, G., & Ramchandani, P. J. (2015). Foetal exposure to maternal depression predicts cortisol responses in infants: Findings from rural South India. *Child: Care, Health and Development, 41,* 677–686.

Fernandes-Taylor, S., & Bloom, J. R. (2015). A psychosocial perspective on socioeconomic disparities in cancer. In J. C. Holland, W. S. Breitbart, P. N. Butow, P. B. Jacobsen, M. J. Loscalzo, & R. McCorkle (Eds.), *Psycho-oncology* (3rd ed., pp. 28–34). New York: Oxford University Press.

Ferrando, M., Prieto, M. D., Almeida, L. S., Ferrándiz, C., Bermejo, R., López-Pina, J. A., et al. (2011). Trait emotional intelligence and academic performance: Controlling for the effects of IQ, personality, and self-concept. *Journal of Psychoeducational Assessment, 29,* 150–159.

Ferrari, P. F., & Coudé, G. (2011). Mirror neurons and imitation from a developmental and evolutionary perspective. In A. Vilain, C. Abry, J.-L. Schwartz, & J. Vauclair (Eds.), *Primate communication and human language* (pp. 121–138). Amsterdam, Netherlands: John Benjamins.

Ferrari, P. F., Tramacere, A., Simpson, E. A., & Iriki, A. (2013). Mirror neurons through the lens of epigenetics. *Trends in Cognitive Sciences, 17,* 450–457.

Ferrari, P. F., Visalberghi E., Paukner A., Fogassi L., Ruggiero A., Suomi, S. (2006). Neonatal imitation in rhesus macaques. *PLoS Biology, 4,* e302.

Ferry, A. L., Hespos, S. J., & Waxman, S. R. (2010). Categorization in 3- and 4-month-old infants: An advantage of words over tones. *Child Development, 81,* 472–479.

Ficca, G., Fagioli, I., Giganti, F., & Salzarulo, P. (1999). Spontaneous awakenings from sleep in the first year of life. *Early Human Development, 55,* 219–228.

Field, D. (1997). "Looking back, what period of your life brought you the most satisfaction?" *International Journal of Aging and Human Development, 45,* 169–194.

Field, D. (1999). Stability of older women's friendships: A commentary on Roberto. *International Journal of Aging and Human Development, 48,* 81–83.

Field, T. (2001). Massage therapy facilitates weight gain in preterm infants. *Current Directions in Psychological Science, 10,* 51–54.

Field, T. (2011). Prenatal depression effects on early development: A review. *Infant Behavior and Development, 34,* 1–14.

Field, T., Hernandez-Reif, M., & Freedman, J. (2004). Stimulation programs for preterm infants. *Social Policy Report of the Society for Research in Child Development, 18*(1).

Fiese, B. H., Foley, K. P., & Spagnola, M. (2006). Routine and ritual elements in family mealtimes: Contexts for child well-being and family identity. *New Directions for Child and Adolescent Development, 111,* 67–90.

Fiese, B. H., & Schwartz, M. (2008). Reclaiming the family table: Mealtimes and child health and well-being. *Social Policy Report of the Society for Research in Child Development, 22*(4), 3–18.

Fiese, B. H., & Winter, M. A. (2010). The dynamics of family chaos and its relation to children's socioemotional well-being. In G. W. Evans & T. D. Wachs (Eds.), *Chaos and its influence on children's development: An ecological perspective* (pp. 49–66). Washington, DC: American Psychological Association.

Fifer, W. P., Byrd, D. L., Kaku, M., Eigsti, I. M., Isler, J. R., Grose-Fifer, J., et al. (2010). Newborn infants learn during sleep. *Proceedings of the National Academy of Sciences, 107,* 10320–10323.

Figner, B., Mackinlay, R. J., Wilkening, F., & Weber, E. U. (2009). Affective and deliberative processes in risky choice: Age differences in risk taking in the Columbia Card Task. *Journal of Experimental Psychology: Learning, Memory, and Cognition, 35,* 709–770.

Fincham, F. D., & Bradbury, T. N. (2004). Marital satisfaction, depression, and attributions: A longitudinal analysis. In R. M. Kowalski & M. R. Leary (Eds.), *The interface of social and clinical psychology: Key readings* (pp. 129–146). New York: Psychology Press.

Finchum, T., & Weber, J. A. (2000). Applying continuity theory to elder adult friendships. *Journal of Aging and Identity, 5,* 159–168.

Fingerman, K. L. (2004). The role of offspring and in-laws in grandparents' ties to their grandchildren. *Journal of Family Issues, 25,* 1026–1049.

Fingerman, K. L., & Birditt, K. S. (2003). Do we get better at picking our battles? Age group differences in descriptions of behavioral reactions to interpersonal tensions. *Journals of Gerontology, 60B,* P121–P128.

Fingerman, K. L., & Birditt, K. S. (2011). Relationships between adults and their aging parents. In K. W. Schaie & S. L. Willis (Eds.), *Handbook of the psychology of aging* (pp. 219–232). San Diego, CA: Academic Press.

Fingerman, K. L., Chen, P.-C., Hay, E., Cichy, K. E., & Lefkowitz, E. S. (2006). Ambivalent reactions in the parent and offspring relationship. *Journals of Gerontology, 61B,* P152–P160.

Fingerman, K. L., Cheng, Y.-P., Birditt, K., & Zarit, S. (2012a). Only as happy as the least happy child: Multiple grown children's problems and successes and middle-aged parents' well-being. *Journals of Gerontology, 67B,* 184–193.

Fingerman, K. L., Cheng, Y-P., Tighe, L., Birditt, K. S., & Zarit, S. (2012b). Relationships between young adults and their parents. In A. Booth, S. L. Brown, N. S. Landale, W. D. Manning, & S. M. McHale (Eds.), *Early adulthood in a family context* (pp. 59–85). New York: Springer.

Fingerman, K. L., Cheng, Y-P., Wesselmann, D., Zarit, S., Furstenberg, F., & Birditt, K. S. (2012c). Helicopter parents and landing pad kids: Intense parental support of grown children. *Journal of Marriage and Family, 74,* 880–896.

Fingerman, K. L., Gilligan, M., VanderDrift, L., & Pitzer, L. (2012d). In-law relationships before and after marriage: Husbands, wives, and their mothers-in-law. *Research in Human Development, 9,* 106–125.

Fingerman, K. L., Hay, E. L., Dush, C. M. K., Cichy, K. E., & Hosterman, S. J. (2007). Parents' and offspring's perceptions of change and continuity when parents experience the transition to old age. *Advances in Life Course Research, 12,* 275–305.

Fingerman, K. L., Kim, K., Birditt, K. S., & Zarit, S. H. (2016). The ties that bind: Midlife parents' daily experiences with grown children. *Journal of Marriage and Family, 78,* 431–450.

Fingerman, K. L., Kim, K., Davis, E. M., Furstenberg, F. F., Jr., Birditt, K. S., & Zarit, S. H. (2015). "I'll give you the world": Socioeconomic differences in parental support of adult children. *Journal of Marriage and Family, 77,* 844–865.

Fingerman, K. L., Miller, L., Birditt, K., & Zarit, S. (2009). Giving to the good and the needy: Parental support of grown children. *Journal of Marriage and Family, 71,* 1220–1233.

Fingerman, K. L., Pitzer, L. M., Chan, W., Birditt, K., Franks, M. M., & Zarit, S. (2011a). Who gets what and why? Help middle-aged adults provide to parents and grown children. *Journals of Gerontology, 66B,* 87–98.

Fingerman, K. L., Pitzer, L., Lefkowitz, E. S., Birditt, K. S., & Mroczek, D. (2008). Ambivalent relationship qualities between adults and their parents: Implications for both parties' well-being. *Journals of Gerontology, 63B,* P362–P371.

Fingerman, K. L., VanderDrift, L. E., Dotterer, A. M., Birditt, K. S., & Zarit, S. H. (2011b). Support to aging parents and grown children in black and white families. *Gerontologist, 51,* 441–452.

Finkel, D., Gerritsen, L., Reynolds, C. A., Dahl, A. K., & Pedersen, N. L. (2014). Etiology of individual differences in human health and longevity. In R. L. Sprott (Ed.), *Annual Review of Gerontology and Geriatrics* (Vol. 34, pp. 189–227). New York: Springer.

Finkel, D., Reynolds, C. A., McArdle, J. J., Hamagami, F., & Pedersen, N. L. (2009). Genetic variance in processing speed drives variation in aging of spatial and memory abilities. *Developmental Psychology, 45,* 820–834.

Finkel, E. J., Eastwick, P. W., Karney, B. R., Reis, H. T., & Sprecher, S. (2012). Online dating: A critical analysis from the perspective of psychological science. *Psychological Science in the Public Interest, 13,* 3–66.

Finkelhor, D. (2009). The prevention of childhood sexual abuse. *Future of Children, 19,* 169–194.

Finucane, M. L., Mertz, C. K., Slovic, P., & Schmidt, E. S. (2005). Task complexity and older adults' decision-making competence. *Psychology and Aging, 20,* 71–84.

Fiocco, A. J., Peck, K., & Mallya, S. (2016). Central nervous system. In S. K. Whitbourne (Ed.), *Encyclopedia of adulthood and aging* (Vol. 1, pp. 184–188). Malden, MA: Wiley Blackwell.

Fiori, K. L., Antonucci, T., & Cortina, K. S. (2006). Social network typologies and mental health among older adults. *Journals of Gerontology, 61B,* 25–32.

Fiori, K. L., & Denckla, C. A. (2015). Friendship and happiness among middle-aged adults. In M. Demir (Ed.), *Friendship and happiness: Across the life-span and cultures* (pp. 137–154). New York: Springer Science+Business Media.

Fiori, K. L., Smith, J., & Antonucci, T. C. (2007). Social network types among older adults: A multidimensional approach. *Journals of Gerontology, 62B,* P322–P330.

Fischer, K. (2013, March 12). A college degree sorts applicants, but employers wish it meant more. *Chronicle of Higher Education.* Retrieved from chronicle.com/article/The-Employment-Mismatch/137625/#id=overview

Fischer, K. W., & Bidell, T. (1991). Constraining nativist inferences about cognitive capacities. In S. Carey & R. Gelman (Eds.), *The epigenesis of mind: Essays on biology and cognition* (pp. 199–235). Hillsdale, NJ: Erlbaum.

Fischman, M. G., Moore, J. B., & Steele, K. H. (1992). Children's one-hand catching as a function of age, gender, and ball location. *Research Quarterly for Exercise and Sport, 63,* 349–355.

Fish, M. (2004). Attachment in infancy and preschool in low socioeconomic status rural Appalachian children: Stability and change and relations to preschool and kindergarten competence. *Development and Psychopathology, 16,* 293–312.

Fisher, C. B., Hoagwood, K., Boyce, C., Duster, T., Frank, D. A., & Grisso, T. (2002). Research ethics for mental health science involving ethnic minority children and youths. *American Psychologist, 57,* 1024–1040.

Fisher, G. G., Stachowski, A., Infurna, F. J., Faul, J. D., Grosch, J., & Tetrick, L. E. (2014). Mental work demands, retirement, and longitudinal trajectories of cognitive functioning. *Journal of Occupational Health Psychology, 19,* 231–242.

Fisher, S. K., Easterly, S., & Lazear, K. J. (2008). Lesbian, gay, bisexual and transgender families and their children. In T. P. Gullotta & G. M. Blau (Eds.), *Family influences on child behavior and development: Evidence-based prevention and treatment approaches* (pp. 187–208). New York: Routledge.

Fivush, R., & Haden, C. A. (2005). Parent–child reminiscing and the construction of a subjective self. In B. D. Homer & C. S. Tamis-LeMonda (Eds.), *The development of social cognition and communication* (pp. 315–336). Mahwah, NJ: Erlbaum.

Fivush, R., & Wang, Q. (2005). Emotion talk in mother–child conversations of the shared past: The effects of culture, gender, and event valence. *Journal of Cognition and Development, 6,* 489–506.

Fivush, R., & Zaman, W. (2014). Gender, subjective perspective, and autobiographical consciousness. In

P. J. Bauer & R. Fivush (Eds.), *Wiley handbook on the development of children's memory* (pp. 586–604). Hoboken, NJ: Wiley-Blackwell.

Flak, A. L., Su, S., Bertrand, J., Denny, C. H., Kesmodel, U. S., & Cogswell, M. E. (2014). The association of mild, moderate, and binge prenatal alcohol exposure and child neuropsychological outcomes: A meta-analysis. *Alcoholism: Clinical and Experimental Research, 38,* 214–226.

Flanagan, C., & Levine, P. (2010). Civic engagement and the transition to adulthood. *Future of Children, 20,* 159–179.

Flanagan, C. A., Stout, M., & Gallay, L. S. (2008). It's my body and none of your business: Developmental changes in adolescents' perceptions of rights concerning health. *Journal of Social Issues, 64,* 815–834.

Flanagan, C. A., & Tucker, C. J. (1999). Adolescents' explanations for political issues: Concordance with their views of self and society. *Developmental Psychology, 35,* 1198–1209.

Flannery, D. J., Hussey, D. L., Biebelhausen, L., & Wester, K. L. (2003). Crime, delinquency, and youth gangs. In G. R. Adams & M. D. Berzonsky (Eds.), *Blackwell handbook of adolescence* (pp. 502–522). Malden, MA: Blackwell.

Flavell, J. H., Flavell, E. R., & Green, F. L. (2001). Development of children's understanding of connections between thinking and feeling. *Psychological Science, 12,* 430–432.

Flavell, J. H., Green, F. L., & Flavell, E. R. (1995). Young children's knowledge about thinking. *Monographs of the Society for Research in Child Development, 60*(1, Serial No. 243).

Flavell, J. H., Green, F. L., & Flavell, E. R. (2000). Development of children's awareness of their own thoughts. *Journal of Cognition and Development, 1,* 97–112.

Fleeson, W. (2004). The quality of American life at the end of the century. In O. G. Birm, C. D. Ryff, & R. C. Kessler (Eds.), *How healthy are we? A national study of well-being at midlife* (pp. 252–272). Chicago: University of Chicago Press.

Fletcher, E. N., Whitaker, R. C., Marino, A. J., & Anderson, S. E. (2014). Screen time at home and school among low-income children attending Head Start. *Child Indicators Research, 7,* 421–436.

Floccia, C., Christophe, A., & Bertoncini, J. (1997). High-amplitude sucking and newborns: The quest for underlying mechanisms. *Journal of Experimental Child Psychology, 64,* 175–198.

Flom, R. (2013). Intersensory perception of faces and voices in infants. In P. Belin, S. Campanella, & T. Ethofer (Eds.), *Integrating face and voice in person perception* (pp. 71–93). New York: Springer.

Flom, R., & Bahrick, L. E. (2007). The development of infant discrimination of affect in multimodal and unimodal stimulation: The role of intersensory redundancy. *Developmental Psychology, 43,* 238–252.

Flom, R., & Bahrick, L. E. (2010). The effects of intersensory redundancy on attention and memory: Infants' long-term memory for orientation in audiovisual events. *Developmental Psychology, 46,* 428–436.

Flom, R., & Pick, A. D. (2003). Verbal encouragement and joint attention in 18-month-old infants. *Infant Behavior and Development, 26,* 121–134.

Flood, D. G., & Coleman, P. D. (1988). Cell type heterogeneity of changes in dendritic extent in the hippocampal region of the human brain in normal aging and in Alzheimer's disease. In T. L. Petit & G. O. Ivy (Ed.), *Neural plasticity: A lifespan approach* (pp. 265–281). New York: Alan R. Liss.

Florian, V., & Kravetz, S. (1985). Children's concepts of death: A cross-cultural comparison among Muslims, Druze, Christians, and Jews in Israel. *Journal of Cross-Cultural Psychology, 16,* 174–179.

Florian, V., & Mikulincer, M. (1998). Symbolic immortality and the management of the terror of death: The moderating role of attachment style.

Journal of Personality and Social Psychology, 74, 725–734.

Flynn, J. R. (1999). Searching for justice: The discovery of IQ gains over time. *American Psychologist, 54,* 5–20.

Flynn, J. R. (2007). *What is intelligence? Beyond the Flynn effect.* New York: Cambridge University Press.

Flynn, J. R., & Rossi-Casé, L. (2011). Modern women match men on Raven's Progressive Matrices. *Personality and Individual Differences, 50,* 799–803.

Foehr, U. G. (2006). *Media multitasking among American youth: Prevalence, predictors, and pairings.* Menlo Park. CA: Kaiser Family Foundation.

Foerde, K., Knowlton, B. J., & Poldrack, R. A. (2006). Modulation of competing memory systems by distraction. *Proceedings of the National Academy of Sciences, 103,* 11778–11783.

Fomon, S. J., & Nelson, S. E. (2002). Body composition of the male and female reference infants. *Annual Review of Nutrition, 22,* 1–17.

Fonnesbeck, C. J., McPheeters, M. L., Krishnaswami, S., Lindegren, M. L., & Reimschisel, T. (2013). Estimating the probability of IQ impairment from blood phenylalanine for phenylketonuria patients: A hierarchical meta-analysis. *Journal of Inherited Metabolic Disease, 36,* 757–766.

Fontana, L. (2008). Calorie restriction and cardiometabolic health. *European Journal of Cardiovascular Prevention and Rehabilitation, 15,* 3–9.

Fontana, L., & Hu, F. B. (2014). Optimal body weight for health and longevity: Bridging basic, clinical, and population research. *Aging Cell, 13,* 391–400.

Fontana, L., Klein, S., & Holloszy, J. O. (2010). Effects of long-term calorie restriction and endurance exercise on glucose tolerance, insulin action, and adipokine production. *Age, 32,* 97–108.

Forcada-Guex, M., Pierrehumbert, B., Borghini, A., Moessinger, A., & Muller-Nix, C. (2006). Early dyadic patterns of mother–infant interactions and outcomes of prematurity at 18 months. *Pediatrics, 118e,* 107–114.

Ford, D. Y. (2012). Gifted and talented education: History, issues, and recommendations. In K. R. Harris, S. Graham, T. Urdan, S. Graham, J. M. Royer, & M. Zeidner (Eds.), *APA educational psychology handbook: Vol. 2. Individual differences and cultural contextual factors* (pp. 83–110). Washington, DC: American Psychological Association.

Ford, L., Kozey, M. L., & Negreiros, J. (2012). Cognitive assessment in early childhood: Theoretical and practical perspectives. In D. P. Flanagan & P. L. Harrison (Eds.), *Contemporary intellectual assessment: Theories, tests, and issues* (pp. 585–622). New York: Guilford.

Forman, D. R., Aksan, N., & Kochanska, G. (2004). Toddlers' responsive imitation predicts preschool-age conscience. *Psychological Science, 15,* 699–704.

Formosa, M. (2014). Four decades of Universities of the Third Age: Past, present, and future. *Aging & Society, 34,* 42–66.

Fowler, C. (2009). Motives for sibling communication across the lifespan. *Communication Quarterly, 57,* 51–66.

Fowler, J. W., & Dell, M. L. (2006). Stages of faith from infancy through adolescence: Reflections on three decades of faith development theory. In E. C. Roehlkepartain, P. E. King, L. Wagener, & P. L. Benson (Eds.), *Handbook of spiritual development in childhood and adolescence* (pp. 34–45). Thousand Oaks, CA: Sage.

Fox, C. L., & Boulton, M. J. (2006). Friendship as a moderator of the relationship between social skills problems and peer victimization. *Aggressive Behavior, 32,* 110–121.

Fox, N. A., & Davidson, R. J. (1986). Taste-elicited changes in facial signs of emotion and the asymmetry of brain electrical activity in newborn infants. *Neuropsychologia, 24,* 417–422.

Fox, N. A., Henderson, H. A., Pérez-Edgar, K., & White, L. K. (2008). The biology of temperament: An integrative approach. In C. A. Nelson & M. Luciana (Eds.), *Handbook of developmental cognitive neuroscience* (2nd ed., pp. 839–853). Cambridge, MA: MIT Press.

Fox, N. A., Nelson, C. A., III, & Zeanah, C. H. (2013). The effects of early severe psychosocial deprivation on children's cognitive and social development: Lessons from the Bucharest Early Intervention Project. In N. S. Landale, S. M. McHale, & A. Booth (Eds.), *Families and child health* (pp. 33–41). New York: Springer Science + Business Media.

Franceschi, C., & Campisi, J. (2014). Chronic inflammation (inflammaging) and its potential contribution to age-associated diseases. *Journals of Gerontology, 69A*(Suppl. 1), S4–S9.

Franchak, J. M., & Adolph, K. E. (2012). What infants know and what they do: Perceiving possibilities for walking through openings. *Developmental Psychology, 48,* 1254–1261.

Frank, M. C., Amso, D., & Johnson, S. P. (2014). Visual search and attention to faces during early infancy. *Journal of Experimental Child Psychology, 118,* 13–26.

Frankel, L. A., Umemura, T., Jacobvitz, D., & Hazen, N. (2015). Marital conflict and parental responses to infant negative emotions: Relations with toddler emotional regulation. *Infant Behavior and Development, 40,* 73–83.

Franklin, V. P. (2012). "The teachers' unions strike back?" No need to wait for "Superman": Magnet schools have brought success to urban public school students for over 30 years. In D. T. Slaughter-Defoe, H. C. Stevenson, E. G. Arrington, & D. J. Johnson (Eds.), *Black educational choice: Assessing the private and public alternatives to traditional K–12 public schools* (pp. 217–220). Santa Barbara, CA: Praeger.

Frazier, L., Barreto, M., & Newman, F. (2012). Self-regulation and eudaimonic well-being across adulthood. *Experimental Aging Research, 38,* 394–410.

Frazier, L. D. (2002). Perceptions of control over health: Implications for sense of self in healthy and ill older adults. In S. P. Shohov (Ed.), *Advances in psychology research* (Vol. 10, pp. 145–163). Huntington, NY: Nova Science Publishers.

Frazier, L. D., & Hooker, K. (2006). Possible selves in adult development: Linking theory and research. In C. Dunkel & J. Kerpelman (Eds.), *Possible selves: Theory, research and applications* (pp. 41–59). Hauppauge, NY: Nova Science.

Frederickson, B. L., & Carstensen, L. L. (1990). Relationship classification using grade of membership analysis: A typology of sibling relationships in later life. *Journals of Gerontology, 45,* S43–S51.

Fredricks, J. A. (2012). Extracurricular participation and academic outcomes: Testing the over-scheduling hypothesis. *Journal of Youth and Adolescence, 41,* 295–306.

Fredricks, J. A., & Eccles, J. S. (2002). Children's competence and value beliefs from childhood through adolescence: Growth trajectories in two male-sex-typed domains. *Developmental Psychology, 38,* 519–533.

Fredricks, J. A., & Eccles, J. S. (2006). Is extracurricular participation associated with beneficial outcomes? Concurrent and longitudinal relations. *Developmental Psychology, 42,* 698–713.

Freedman, V. A., & Spillman, B. C. (2014). The residential continuum from home to nursing home: Size, characteristics and unmet needs of older adults. *Journals of Gerontology, 69B,* S42–S50.

Freeman, D. (1983). *Margaret Mead and Samoa: The making and unmaking of an anthropological myth.* Cambridge, MA: Harvard University Press.

Freeman, E. W., Sammel, M. D., Boorman, D. W., & Zhang, R. (2014). Longitudinal pattern of depressive symptoms around natural menopause. *JAMA Psychiatry, 71*, 36–43.

Freeman, E. W., Sammel, M. D., Lin, H., & Nelson, D. B. (2006). Associations of hormones and menopausal status with depressed mood in women with no history of depression. *Archives of General Psychiatry, 63*, 375–382.

Freeman, H., & Newland, L. A. (2010). New directions in father attachment. *Early Child Development and Care, 180*, 1–8.

Freitag, C. M., Rohde, L. A., Lempp, T., & Romanos, M. (2010). Phenotypic and measurement influences on heritability estimates in childhood ADHD. *European Child and Adolescent Psychiatry, 19*, 311–323.

Freitas, A. A., & Magalhães, J. P. de. (2011). A review and appraisal of the DNA damage theory of ageing. *Mutation Research, 728*, 1–2, 12–22.

Frejka, T., Sobotka, T., Hoem, J. M., & Toulemon, L. (2008). Childbearing trends and policies in Europe. *Demographic Research, 19*, 5–14.

French, B. H., Tilghman, J. D., & Malebranche, D. A. (2015). Sexual coercion context and psychosocial correlates among diverse males. *Psychology of Men & Masculinity, 16*, 42–53.

French, D. C., Chen, X., Chung, J., Li, M., Chen, H., & Li, D. (2011). Four children and one toy: Chinese and Canadian children faced with potential conflict over a limited resource. *Child Development, 82*, 830–841.

French, D. J., Sargent-Cox, K., & Luszcz, M. A. (2012). Correlates of subjective health across the aging lifespan: Understanding self-rated health in the oldest old. *Journal of Aging and Health, 24*, 1449–1469.

French, S. A., & Story, M. (2013). Commentary on nutrition standards in the national school lunch and breakfast programs. *JAMA Pediatrics, 167*, 8–9.

Freud, S. (1973). *An outline of psychoanalysis.* London: Hogarth. (Original work published 1938)

Freund, A. M., & Baltes, P. B. (1998). Selection, optimization, and compensation as strategies of life management: Correlations with subjective indicators of successful aging. *Psychology and Aging, 13*, 531–543.

Freund, A. M., & Ritter, J. O. (2009). Midlife crisis: A debate. *Gerontology, 55*, 582–591.

Freund, A. M., & Smith, J. (1999). Content and function of the self-definition in old and very old age. *Journals of Gerontology, 54B*, P55–P67.

Frey, A., Ruchkin, V., Martin, A., & Schwab-Stone, M. (2009). Adolescents in transition: School and family characteristics in the development of violent behaviors entering high school. *Child Psychiatry and Human Development, 40*, 1–13.

Fried, L. P., Carlson, M. C., Freedman, M., Frick, K. D., Glass, T. A., Hill, J., et al. (2004). A social model for health promotion for an aging population: Initial evidence on the Experience Corps model. *Journal of Urban Health, 81*, 64–78.

Fried, L. P., Xue, Q-L., Cappola, A. R., Ferrucci, L., Chaves, P., Varadhan, R., et al. (2009). Nonlinear multisystem physiological dysregulation associated with frailty in older women: Implications for etiology and treatment. *Journals of Gerontology, 64A*, 1049–1052.

Friedlmeier, W., Corapci, F., & Cole, P. M. (2011). Socialization of emotions in cross-cultural perspective. *Social and Personality Psychology Compass, 5*, 410–427.

Friedman, C., McGwin, G., Jr., Ball, K. K., & Owsley, C. (2013). Association between higher-order visual processing abilities and a history of motor vehicle collision involvement by drivers age 70 and over. *Investigative Ophthalmology and Visual Science, 54*, 778–782.

Fries, J. F., Bruce, B., & Chakravarty, E. (2011). Compression of morbidity 1980–2011: A focused review of paradigms and progress. *Journal of Aging Research*, Article ID 261702. Retrieved from www.hindawi.com/journals/jar/2011/261702

Frisell, T., Saevarsdottir, S., & Askling, J. (2016). Family history of rheumatoid arthritis: An old concept with new developments. *Nature Reviews Rheumatology, 12*, 335–343.

Frontline. (2012). *Poor kids.* Retrieved from www.pbs.org/wgbh/pages/frontline/poor-kids

Fruhauf, C. A., Jarrott, S. E., & Allen, K. R. (2006). Grandchildren's perception of caring for grandparents. *Journal of Family Issues, 27*, 887–911.

Fry, C. L. (1985). Culture, behavior, and aging in the comparative perspective. In J. E. Birren & K. W. Schaie (Eds.), *Handbook of the psychology of aging* (2nd ed., pp. 216–244). New York: Van Nostrand Reinhold.

Fry, D. P. (2014). Environment of evolutionary adaptedness, rough-and-tumble play, and the selection of restraint in human aggression. In D. Narvaez, K. Valentino, A. Fuentes, J. J. McKenna, & P. Gray (Eds.), *Ancestral landscapes in human evolution: Culture, childrearing and social wellbeing* (pp. 169–188). New York: Oxford University Press.

Fry, P. S. (2003). Perceived self-efficacy domains as predictors of fear of the unknown and fear of dying among older adults. *Psychology and Aging, 18*, 474–486.

Fry, P. S., & Debats, D. L. (2006). Sources of life strengths as predictors of late-life mortality and survivorship. *International Journal of Aging and Human Development, 62*, 303–334.

Fry, P. S., & Debats, D. L. (2010). Sources of human strengths, resilience, and health. In P. S. Fry & C. L. Keyes (Eds.), *New frontiers in resilient aging: Life strengths and well-being in late life* (pp. 15–59). New York: Cambridge University Press.

Fu, G., Xiao, W. S., Killen, M., & Lee, K. (2014). Moral judgment and its relation to second-order theory of mind. *Developmental Psychology, 50*, 2085–2092.

Fu, G., Xu, F., Cameron, C. A., Heyman, G., & Lee, K. (2007). Cross-cultural differences in children's choices, categorizations, and evaluations of truths and lies. *Developmental Psychology, 43*, 278–293.

Fuh, M.-H., Wang, S.-J., Wang, P.-H., & Fuh, J.-L. (2005). Attitudes toward menopause among middle-aged women: A community survey in Taiwan. *Maturitas, 52*, 348–355.

Fulcher, M., Sutfin, E. L., & Patterson, C. J. (2008). Individual differences in gender development: Associations with parental sexual orientation, attitudes, and division of labor. *Sex Roles, 58*, 330–341.

Fuligni, A. J. (2004). The adaptation and acculturation of children from immigrant families. In U. P. Gielen & J. Roopnarine (Eds.), *Childhood and adolescence: Cross-cultural perspectives* (pp. 297–318). Westport, CT: Praeger.

Fuligni, A. J., & Tsai, K. M. (2014). Developmental flexibility in the age of globalization: Autonomy and identity development among immigrant adolescents. *Annual Review of Psychology, 66*, 411–431.

Fuligni, A. S., Han, W-J., & Brooks-Gunn, J. (2004). The Infant-Toddler HOME in the 2nd and 3rd years of life. *Parenting: Science and Practice, 4*, 139–159.

Fuller-Iglesias, H. (2010, November). Coping across borders: Transnational families in Mexico. In M. Mulso, *Families Coping across Borders.* Paper presented at the National Council on Family Relations Annual Conference, Minneapolis, MN.

Fuller-Iglesias, H. R., Webster, N. J., & Antonucci, T. C. (2015). The complex nature of family support across the life span: Implications for psychological well-being. *Developmental Psychology, 51*, 277–288.

Fuller-Thomson, E., & Minkler, M. (2005). Native American grandparents raising grandchildren: Findings from the Census 2000 Supplementary Survey and implications for social work practice. *Social Work, 50*, 131–139.

Fuller-Thomson, E., & Minkler, M. (2007). Mexican American grandparents raising grandchildren:

Findings from the Census 2000 American Community Survey. *Families in Society, 88*, 567–574.

Fuqua, J. S., & Rogol, A. D. (2013). Puberty: Its role in adolescent maturation. In W. T. O'Donohue, L. T. Benuto, & L. Woodword Tolle (Eds.), *Handbook of adolescent health psychology* (pp. 245–270). New York: Springer.

Furman, W., & Collins, W. A. (2009). Adolescent romantic relationships and experiences. In K. Rubin, W. M. Bukowski, & B. Laursen (Eds.), *Handbook of peer interactions, relationships, and groups* (pp. 341–360). New York: Guilford Press.

Furman, W., & Rose, A. J. (2015). Friendships, romantic relationships, and peer relationships. In M. E. Lamb (Ed.), *Handbook of child psychology and developmental science: Vol. 3. Socioemotional processes* (7th ed., pp. 932–974). Hoboken, NJ: Wiley.

Furnham, A. (2009). Sex differences in mate selection preferences. *Personality and Individual Differences, 47*, 262–267.

Furstenberg, F. F. (2010). On a new schedule: Transitions to adulthood and family change. *Future of Children, 20*, 67–87.

Fushiki, S. (2013). Radiation hazards in children—lessons from Chernobyl, Three Mile Island and Fukushima. *Brain & Development, 35*, 220–227.

Fuson, K. C. (2009). Avoiding misinterpretations of Piaget and Vygotsky: Mathematical teaching without learning, learning without teaching, or helpful learning-path teaching? *Cognitive Development, 24*, 343–361.

Futris, T. G., Nielsen, R. B., & Olmstead, S. B. (2010). No degree no job: Adolescent mothers' perceptions of the impact that adolescent fathers' human capital has on paternal financial and social capital. *Child & Adolescent Social Work Journal, 27*, 1–20.

G

Gabbay, S. G., & Wahler, J. J. (2002). Lesbian aging: Review of a growing literature. *Journal of Gay and Lesbian Social Services, 14*, 1–21.

Gabriel, Z., & Bowling, A. (2004). Quality of life from the perspectives of older people. *Ageing and Society, 24*, 675–691.

Gailliot, M. T., Schmeichel, B. J., & Baumeister, R. F. (2006). Self-regulatory processes defend against the threat of death: Effects of self-control depletion and trait self-control on thoughts and fears of dying. *Journal of Personality and Social Psychology, 91*, 49–62.

Galambos, N. L., Fang, S., Krahn, H., Johnson, M. D., & Lachman, M. E. (2015). Up, not down: The age curve in happiness from early adulthood to midlife in two longitudinal studies. *Developmental Psychology, 11*, 1664–1671.

Galanki, E. P., & Christopoulos, A. (2011). The imaginary audience and the personal fable in relation to the separation-individuation process during adolescence. *Psychology, the Journal of the Hellenic Psychological Society, 18*, 85–103.

Galbally, M., Lewis, J., van IJzendoorn, M., & Permezel, M. (2011). The role of oxytocin in mother–infant relations: A systematic review of human studies. *Harvard Review of Psychiatry, 19*, 1–14.

Galetta, F., Carpi, A., Abraham, N., Guidotti, E., Russo, M. A., Camici, M., et al. (2012). Age related cardiovascular dysfunction and effects of physical activity. *Frontiers in Bioscience, 4*, 2617–2637.

Galinsky, E., Aumann, K., & Bond, J. T. (2009). *Times are changing: Gender and generation at work and at home.* New York: Families and Work Institute.

Galland, B. C., Taylor, B. J., Elder, D. E., & Herbison, P. (2012). Normal sleep patterns in infants and children: A systematic review. *Sleep Medicine Reviews, 16*, 213–222.

Galler, J. R., Bryce, C. P., Waber, D. P., Hock, R. S., Harrison, R., Eaglesfield, G. D., et al. (2012). Infant malnutrition predicts conduct problems in adolescents. *Nutritional Neuroscience, 15*, 186–192.

Galler, J. R., Ramsey, C. F., Morley, D. S., Archer, E., & Salt, P. (1990). The long-term effects of early kwashiorkor compared with marasmus. IV. Performance on the National High School Entrance Examination. *Pediatric Research, 28,* 235–239.

Gallo, W. T., Bradley, E. H., Dubin, J. A., Jones, R. N., Falba, T. A., Teng, H.-M., & Kasl, S. V. (2006). The persistence of depressive symptoms in older workers who experience involuntary job loss: Results from the Health and Retirement Survey. *Journals of Gerontology, 61B,* S221–S228.

Galloway, J., & Thelen, E. (2004). Feet first: Object exploration in young infants. *Infant Behavior and Development, 27,* 107–112.

Gallup. (2013). *Desire for children still norm in U.S.* Retrieved from www.gallup.com/poll/164618/desire-children-norm.aspx

Gallup. (2014). *Many baby boomers reluctant to retire.* Retrieved from www.gallup.com/poll/166952/baby-boomers-reluctant-retire.aspx

Gallup. (2015a). *Americans greatly overestimate percent gay and lesbian in the United States.* Retrieved from www.gallup.com/poll/183382/americans-greatly-overestimate-percent-gay-lesbian.aspx

Gallup. (2015b). *Fewer young people say I do—to any relationship.* Retrieved from www.gallup.com/poll/183515/fewer-young-people-say-relationship.aspx

Gallup. (2015c). *Same-sex marriages up after Supreme Court ruling.* Retrieved from www.gallup.com/poll/186518/sex-marriages-supreme-court-ruling.aspx?utm_source=alert&utm_medium=email&utm_content=morelink&utm_campaign=syndication

Galvao, T. F., Silva, M. T., Zimmermann, I. R., Souza, K. M., Martins, S. S., & Pereira, M. G. (2014). Pubertal timing in girls and depression: A systematic review. *Journal of Affective Disorders, 155,* 13–19.

Galvao, T. F., Thees, M. F., Pontes, R. F., Silva, M. T., & Pereira, M. G. (2013). Zinc supplementation for treating diarrhea in children: A systematic review and meta-analysis. *Pan American Journal of Public Health, 33,* 370–377.

Ganea, P. A., Allen, M. L., Butler, L., Carey, S., & DeLoache, J. S. (2009). Toddlers' referential understanding of pictures. *Journal of Experimental Child Psychology, 104,* 283–295.

Ganea, P. A., Ma, L., & DeLoache, J. S. (2011). Young children's learning and transfer of biological information from picture books to real animals. *Child Development, 82,* 1421–1433.

Ganea, P. A., Shutts, K., Spelke, E., & DeLoache, J. S. (2007). Thinking of things unseen: Infants' use of language to update object representations. *Psychological Science, 8,* 734–739.

Ganger, J., & Brent, M. R. (2004). Reexamining the vocabulary spurt. *Developmental Psychology, 40,* 621–632.

Gannon, L., & Ekstrom, B. (1993). Attitudes toward menopause: The influence of sociocultural paradigms. *Psychology of Women Quarterly, 17,* 275–288.

Ganong, L., Coleman, M., Fine, M., & Martin, P. (1999). Step-parents' affinity-seeking and affinitymaintaining strategies with stepchildren. *Journal of Family Issues, 20,* 299–327.

Ganong, L. H., & Coleman, M. (2004). *Stepfamily relationships: Development, dynamics, and interventions.* New York: Kluwer/Plenum.

Ganong, L. H., Coleman, M., & Jamison, Y. (2011). Patterns of stepchild–stepparent relationship development. *Journal of Marriage and Family, 73,* 396–413.

Garcia, A. J., Koschnitzky, J. E., & Ramirez, J. M. (2013). The physiological determinants of sudden infant death syndrome. *Respiratory Physiology and Neurobiology, 189,* 288–300.

García Coll, C., & Marks, A. K. (2009). *Immigrant stories: Ethnicity and academics in middle childhood.* New York: Oxford University Press.

Garcia-Pinillos, F., Cozar-Barba, M., Munoz-Jimenez, M., Soto-Hermoso, V., & Latorre-Roman, P. (2016).

Gait speed in older people: An easy test for detecting cognitive impairment, functional independence, and health state. *Psychogeriatrics, 16,* 165–171.

Gardner, H. (1983). *Frames of mind: The theory of multiple intelligences.* New York: Basic Books.

Gardner, H. (1993). *Multiple intelligences: The theory in practice.* New York: Basic Books.

Gardner, H. (2011). The theory of multiple intelligences. In M. A. Gernsbacher, R. W. Pew, L. M. Hough, & J. R. Pomerantz (Eds.), *Psychology and the real world: Essays illustrating fundamental contributions to society* (pp. 122–130). New York: Worth.

Gardner, H. E. (2000). *Intelligence reframed: Multiple intelligences for the twenty-first century.* New York: Basic Books.

Gardner, R. S., Mainetti, M., & Ascoli, G. A. (2015). Older adults report moderately more detailed autobiographical memories. *Frontiers in Psychology, 6:* Article 631.

Garner, P. W. (1996). The relations of emotional role taking, affective/moral attributions, and emotional display rule knowledge to low-income school-age children's social competence. *Journal of Applied Developmental Psychology, 17,* 19–36.

Garner, P. W. (2003). Child and family correlates of toddlers' emotional and behavioral responses to a mishap. *Infant Mental Health Journal, 24,* 580–596.

Garner, P. W., & Estep, K. (2001). Emotional competence, emotion socialization, and young children's peer-related social competence. *Early Education and Development, 12,* 29–48.

Gartrell, N. K., Bos, H. M. W., & Goldberg, N. G. (2011). Adolescents of the U.S. National Longitudinal Lesbian Family Study: Sexual orientation, sexual behavior, and sexual risk exposure. *Archives of Sexual Behavior, 40,* 1199–1209.

Gartstein, M. A., Gonzalez, C., Carranza, J. A., Ahadi, S. A., Ye, R., Rothbart, M. K., & Yang, S. W. (2006). Studying cross-cultural differences in the development of infant temperament: People's Republic of China, the United States of America, and Spain. *Child Psychiatry and Human Development, 37,* 145–161.

Gartstein, M. A., Slobodskaya, H. R., Zylicz, P. O., Gosztyla, D., & Nakagawa, A. (2010). A cross-cultural evaluation of temperament: Japan, USA, Poland and Russia. *International Journal of Psychology and Psychological Therapy, 10,* 55–75.

Gaskill, R. L., & Perry, B. D. (2012). Child sexual abuse, traumatic experiences, and their impact on the developing brain. In P. Goodyear-Brown (Ed.), *Handbook of child sexual abuse: Identification, assessment, and treatment* (pp. 29–47). Hoboken, NJ: Wiley.

Gaskins, S. (1999). Children's daily lives in a Mayan village: A case study of culturally constructed roles and activities. In R. Göncü (Ed.), *Children's engagement in the world: Sociocultural perspectives* (pp. 25–61). Cambridge, UK: Cambridge University Press.

Gaskins, S. (2013). Pretend play as culturally constructed activity. In M. Taylor (Ed.), *Oxford handbook on the development of the imagination* (pp. 224–251). Oxford, UK: Oxford University Press.

Gaskins, S. (2014). Children's play as cultural activity. In L. Brooker, M. Blaise, & S. Edwards (Eds.), *Sage handbook of play and learning in early childhood* (pp. 31–42). London: Sage.

Gaskins, S., Haight, W., & Lancy, D. F. (2007). The cultural construction of play. In A. Göncü & S. Gaskins (Eds.), *Play and development: Evolutionary, sociocultural, and functional perspectives* (pp. 179–202). Mahwah, NJ: Erlbaum.

Gates, G. J. (2013). *LGBT parenting in the United States.* Los Angeles: Williams Institute, UCLA School of Law. Retrieved from http://williamsinstitute.law.ucla.edu/wp-content/uploads/LGBT-Parenting.pdf

Gathercole, S. E., & Alloway, T. P. (2008). Working memory and classroom learning. In S. K. Thurman

& C. A. Fiorello (Eds.), *Applied cognitive research in K–3 classrooms* (pp. 17–40). New York: Routledge/Taylor & Francis Group.

Gathercole, S. E., Lamont, E., & Alloway, T. P. (2006). Working memory in the classroom. In S. Pickering (Ed.), *Working memory and education* (pp. 219–240). San Diego: Elsevier.

Gathercole, V., Sebastián, E., & Soto, P. (1999). The early acquisition of Spanish verb morphology: Across-the-board or piecemeal knowledge? *International Journal of Bilingualism, 3,* 133–182.

Gati, I., & Perez, M. (2014). Gender differences in career preferences from 1990 to 2010: Gaps reduced but not eliminated. *Journal of Counseling Psychology, 61,* 63–80.

Gattis, M. N., Morrow-Howell, N., McCrary, S., Lee, M., Johnson-Reid, M., Tamar, K., et al. (2010). Examining the effects of New York Experience Corps® on young readers. *Literacy Research and Instruction, 49,* 299–314.

Gauvain, M., de la Ossa, J. L., & Hurtado-Ortiz, M. T. (2001). Parental guidance as children learn to use cultural tools: The case of pictorial plans. *Cognitive Development, 16,* 551–575.

Gauvain, M., & Munroe, R. L. (2009). Contributions of societal modernity to cognitive development: A comparison of four cultures. *Child Development, 80,* 1628–1642.

Gauvain, M., Perez, S. M., & Beebe, H. (2013). Authoritative parenting and parental support for children's cognitive development. In R. E. Larzelere, A. S. Morris, & A. W. Harrist (Eds.), *Authoritative parenting: Synthesizing nurturance and discipline for optimal child development* (pp. 211–233). Washington, DC: American Psychological Association.

Gavey, N., & Senn, C. Y. (2014). Sexuality and sexual violence. In D. L. Tolman, L. M. Diamond, J. A. Bauermeister, W. H. George, J. G. Pfaus, & L. M. Ward (Eds.), *APA handbook of sexuality and psychology: Vol. 1. Person-based approaches* (pp. 269–315). Washington, DC: American Psychological Association.

Gavrilova, N. S., & Gavrilov, L. A. (2012). Comments on dietary restriction, Okinawa diet and longevity. *Gerontology, 58,* 221–223.

Gazzaley, A., Cooney, J. W., Rissman, J., & D'Esposito, M. (2005). Top-down suppression deficit underlies working memory impairment in normal aging. *Nature Neuroscience, 8,* 1298–1300.

Ge, X., Brody, G. H., Conger, R. D., Simons, R. L., & Murry, V. (2002). Contextual amplification of the effects of pubertal transition on African American children's deviant peer affiliation and externalized behavioral problems. *Developmental Psychology, 38,* 42–54.

Ge, X., Conger, R. D., & Elder, G. H., Jr. (1996). Coming of age too early: Pubertal influences on girls' vulnerability to psychological distress. *Child Development, 67,* 3386–3400.

Geangu, E., Benga, O., Stahl, D., & Striano, T. (2010). Contagious crying beyond the first days of life. *Infant Behavior and Development, 33,* 279–288.

Gee, C. B., & Rhodes, J. E. (2003). Adolescent mothers' relationship with their children's biological fathers: Social support, social strain, and relationship continuity. *Journal of Family Psychology, 17,* 370–383.

Geerts, C. C., Bots, M. L., van der Ent, C. K., Grobbee, D. E., & Uiterwaal, C. S. (2012). Parental smoking and vascular damage in their 5-year-old children. *Pediatrics, 129,* 45–54.

Gelman, R. (1972). Logical capacity of very young children: Number invariance rules. *Child Development, 43,* 75–90.

Gelman, R., & Shatz, M. (1978). Appropriate speech adjustments: The operation of conversational constraints on talk to two-year-olds. In M. Lewis & L. A. Rosenblum (Eds.), *Interaction, conversation, and the development of language* (pp. 27–61). New York: Wiley.

Gelman, S. A. (2003). *The essential child.* New York: Oxford University Press.

Gelman, S. A., & Kalish, C. W. (2006). Conceptual development. In D. Kuhn & R. Siegler (Eds.), *Handbook of child psychology: Vol. 2. Cognition, perception, and language* (6th ed., pp. 687–733). Hoboken, NJ: Wiley.

Gelman, S. A., Taylor, M. G., & Nguyen, S. P. (2004). Mother–child conversations about gender. *Monographs of the Society for Research in Child Development, 69*(1, Serial No. 275), pp. 1–127.

Gendler, M. N., Witherington, D. C., & Edwards, A. (2008). The development of affect specificity in infants' use of emotion cues. *Infancy, 13,* 456–468.

Genesee, F., & Jared, D. (2008). Literacy development in early French immersion programs. *Canadian Psychology, 49,* 140–147.

Gentile, B., Twenge, J. M., & Campbell, W. K. (2010). Birth cohort differences in self-esteem, 1988–2008: A cross-temporal meta-analysis. *Review of General Psychology, 14,* 261–268.

Genzler, A. L., & Kerns, K. A. (2004). Associations between insecure attachment and sexual experiences. *Personal Relationships, 11,* 249–265.

Geraci, A., & Surian, L. (2011). The developmental roots of fairness: Infants' reactions to equal and unequal distributions of resources. *Developmental Science, 14,* 1012–1020.

Gere, J., Schimmack, U., Pinkus, R. T., & Lockwood, P. (2011). The effects of romantic partners' goal congruence on affective well-being. *Journal of Research in Personality, 45,* 549–559.

Gergely, G., & Watson, J. (1999). Early socioemotional development: Contingency perception and the social-biofeedback model. In P. Rochat (Ed.), *Early social cognition: Understanding others in the first months of life* (pp. 101–136). Mahwah, NJ: Erlbaum.

Gershoff, E. T., Grogan-Kaylor, A., Lansford, J. E., Chang, L., Zelli, A., Deater-Deckard, K., et al. (2010). Parent discipline practices in an international sample: Associations with child behaviors and moderation by perceived normativeness. *Child Development, 81,* 487–502.

Gershoff, E. T., Lansford, J. E., Sexton, H. R., Davis-Kean, P., & Sameroff, A. J. (2012). Longitudinal links between spanking and children's externalizing behaviors in a national sample of white, black, Hispanic, and Asian American families. *Child Development, 83,* 838–843.

Gershon, E. S., & Alliey-Rodriguez, N. (2013). New ethical issues for genetic counseling in common mental disorders. *American Journal of Psychiatry, 170,* 968–976.

Gerstorf, D., Heckhausen, J., Ram, N., Infurna, F. J., Schupp, J., & Wagner, G. G. (2014). Perceived personal control buffers terminal decline in well-being. *Psychology and Aging, 29,* 612–625.

Gerstorf, D., & Ram, N. (2013). Inquiry into terminal decline: Five objectives for future study. *Gerontologist, 53,* 727–737.

Gesell, A. (1933). Maturation and patterning of behavior. In C. Murchison (Ed.), *A handbook of child psychology.* Worcester, MA: Clark University Press.

Geuze, R. H., Schaafsma, S. M., Lust, J. M., Bouma, A., Schiefenhovel, W., Groothuis, T. G. G., et al. (2012). Plasticity of lateralization: Schooling predicts hand preference but not hand skill asymmetry in a non-industrial society. *Neuropsychologia, 50,* 612–620.

Gewirtz, A., Forgatch, M. S., & Wieling, E. (2008). Parenting practices as potential mechanisms for child adjustment following mass trauma. *Journal of Marital and Family Therapy, 34,* 177–192.

Ghavami, N., Fingerhut, A., Peplau, L. A., Grant, S. K., & Wittig, M. A. (2011). Testing a model of minority identity achievement, identity affirmation, and psychological well-being among ethnic minority and sexual minority individuals. *Cultural Diversity and Ethnic Minority Psychology, 17,* 79–88.

Ghesquiere, A., Thomas, J., & Bruce, M. L. (2016). Utilization of hospice bereavement support by at-risk family members. *American Journal of Hospice & Palliative Medicine, 33,* 124–129.

Ghim, H. R. (1990). Evidence for perceptual organization in infants: Perception of subjective contours by young infants. *Infant Behavior and Development, 13,* 221–248.

Gibbs, J. C. (2010). Beyond the conventionally moral. *Journal of Applied Developmental Psychology, 31,* 106–108.

Gibbs, J. C. (2014). *Moral development and reality: Beyond the theories of Kohlberg, Hoffman, and Haidt* (3rd ed.). New York: Oxford University Press.

Gibbs, J. C., Basinger, K. S., Grime, R. L., & Snarey, J. R. (2007). Moral judgment development across cultures: Revisiting Kohlberg's universality claims. *Developmental Review, 24,* 443–500.

Gibbs, J. C., Moshman, D., Berkowitz, M. W., Basinger, K. S., & Grime, R. L. (2009). Taking development seriously: Critique of the 2008 *JME* special issue on moral functioning. *Journal of Moral Education, 38,* 271–282.

Gibson, C. J., Joffe, H., Bromberger, J. T., Thurston, R. C., Lewis, T. T., Khalil, N., & Matthews, K. A. (2012). Mood symptoms after natural menopause and hysterectomy with and without bilateral oophorectomy among women in midlife. *Obstetrics and Gynecology, 119,* 935–941.

Gibson, E. J. (1970). The development of perception as an adaptive process. *American Scientist, 58,* 98–107.

Gibson, E. J. (2003). The world is so full of a number of things: On specification and perceptual learning. *Ecological Psychology, 15,* 283–287.

Gibson, E. J., & Walk, R. D. (1960). The "visual cliff." *Scientific American, 202,* 64–71.

Gibson, J. J. (1979). *The ecological approach to visual perception.* Boston: Houghton Mifflin.

Gibson, P. A. (2005). Intergenerational parenting from the perspective of American grandmothers. *Family Relations, 54,* 280–297.

Gibson-Davis, C., & Rackin, H. (2014). Marriage or carriage? Trends in union context and birth type by education. *Journal of Marriage and Family, 76,* 506–519.

Giedd, J. N., Lalonde, F. M., Celano, M. J., White, S. L., Wallace, G. L., Lee, N. R., et al. (2009). Anatomical brain magnetic resonance imaging of typically developing children and adolescents. *Journal of the American Academy of Child and Adolescent Psychiatry, 48,* 465–470.

Giles, A., & Rovee-Collier, C. (2011). Infant long-term memory for associations formed during mere exposure. *Infant Behavior and Development, 34,* 327–338.

Giles, J. W., & Heyman, G. D. (2005). Young children's beliefs about the relationship between gender and aggressive behavior. *Child Development, 76,* 107–121.

Giles-Sims, J., Straus, M. A., & Sugarman, D. B. (1995). Child, maternal, and family characteristics associated with spanking. *Family Relations, 44,* 170–176.

Gilleard, C., & Higgs, P. (2011). The Third Age as a cultural field. In D. C. Carr & K. Komp (Eds.), *Gerontology in the era of the Third Age* (pp. 33–49). New York: Springer.

Gillies, R. M. (2003). The behaviors, interactions, and perceptions of junior high school students during small-group learning. *Journal of Educational Psychology, 95,* 137–147.

Gillies, R. M., & Ashman, A. F. (1996). Teaching collaborative skills to primary school children in classroom-based workgroups. *Learning and Instruction, 6,* 187–200.

Gilligan, C. F. (1982). *In a different voice.* Cambridge, MA: Harvard University Press.

Gilligan, M., Suitor, J. J., Kim, S., & Pillemer, K. (2013). Differential effects of perceptions of mothers' and fathers' favoritism on sibling tension in adulthood. *Journals of Gerontology, 68B,* 593–598.

Gilligan, M., Suitor, J. J., & Nam, S. (2015). Maternal differential treatment in later life families and within-family variations in adult sibling closeness. *Journals of Gerontology, 70B,* 167–177.

Gilliom, M., Shaw, D. S., Beck, J. E., Schonberg, M. A., & Lukon, J. L. (2002). Anger regulation in disadvantaged preschool boys: Strategies, antecedents, and the development of self-control. *Developmental Psychology, 38,* 222–235.

Gilmore, J. H., Shi, F., Woolson, S. L., Knickmeyer, R. C., Short, S. J., Lin, W., et al. (2012). Longitudinal development of cortical and subcortical gray matter from birth to 2 years. *Cerebral Cortex, 22,* 2478–2485.

Ginsburg, H. P., Lee, J. S., & Boyd, J. S. (2008). Mathematics education for young children: What it is and how to promote it. *Social Policy Report of the Society for Research in Child Development, 12*(1).

Gitlin, L. N., Belle, S. H., Burgio, L. D., Szaja, S. J., Mahoney, D., & Gallagher-Thompson, D. (2003). Effect of multicomponent interventions on caregiver burden and depression: The REACH multisite initiative at 6-month follow-up. *Psychology and Aging, 18,* 361–374.

Gleason, T. R. (2013). Imaginary relationships. In M. Taylor (Ed.), *Oxford handbook of the development of imagination* (pp. 251–271). New York: Oxford University Press.

Gleitman, L. R., Cassidy, K., Nappa, R., Papfragou, A., & Trueswell, J. C. (2005). Hard words. *Language Learning and Development, 1,* 23–64.

Glenright, M., & Pexman, P. M. (2010). Development of children's ability to distinguish sarcasm and verbal irony. *Journal of Child Language, 37,* 429–451.

Glover, J. A., Galliher, R. V., & Lamere, T. G. (2009). Identity development and exploration among sexual minority adolescents: Examination of a multidimensional model. *Journal of Homosexuality, 56,* 77–101.

Gluckman, P. D., Sizonenko, S. V., & Bassett, N. S. (1999). The transition from fetus to neonate—an endocrine perspective. *Acta Paediatrica Supplement, 88*(428), 7–11.

Gnepp, J. (1983). Children's social sensitivity: Inferring emotions from conflicting cues. *Developmental Psychology, 19,* 805–814.

Gnoth, C., Maxrath, B., Skonieczny, T., Friol, K., Godehardt, E., & Tigges, J. (2011). Final ART success rates: A 10 years survey. *Human Reproduction, 26,* 2239–2246.

Goble, P., Martin, C. L., Hanish, L. D., & Fabes, R. A. (2012). Children's gender-typed activity choices across preschool social contexts. *Sex Roles, 67,* 435–451.

Goddings, A.-L., & Giedd, J. N. (2014). Structural brain development during childhood and adolescence. In A.-L. Goddings & J. N. Giedd (Eds.), *The cognitive neurosciences* (5th ed., pp. 15–22). Cambridge, MA: Cambridge University Press.

Goedert, M. (2015). Alzheimer's and Parkinson's diseases: The prion concept in relation to assembled Aβ, tau, and α-synuclein. *Science, 349,* 601.

Goeke-Morey, M. C., Papp, L. M., & Cummings, E. M. (2013). Changes in marital conflict and youths' responses across childhood and adolescence: A test of sensitization. *Development and Psychopathology, 25,* 241–251.

Goering, J. (Ed.). (2003). *Choosing a better life? How public housing tenants selected a HUD experiment to improve their lives and those of their children: The Moving to Opportunity Demonstration Program.* Washington, DC: Urban Institute Press.

Gogate, L. J., & Bahrick, L. E. (2001). Intersensory redundancy and 7-month-old infants' memory for arbitrary syllable–object relations. *Infancy, 2,* 219–231.

Goh, Y. I., & Koren, G. (2008). Folic acid in pregnancy and fetal outcomes. *Journal of Obstetrics and Gynaecology, 28*, 3–13.

Goin, M. (2015). The Buddhist way of death. In C. M. Parkes, P. Laungani, & B. Young (Eds.), *Death and bereavement across cultures* (2nd ed., pp. 61–75). New York: Routledge.

Gold, D. T. (2016). Bone. In S. K. Whitbourne (Ed.), *Encyclopedia of adulthood and aging* (Vol. 1, pp. 130–135). Malden, MA: Wiley Blackwell.

Gold, J. M. (2012). The experiences of childfree and childless couples in a pronatalistic society: Implications for family counselors. *Counseling and Therapy for Couples and Families, 21*, 223–229.

Goldberg, A. E. (2010). *Lesbian and gay parents and their children: Research on the family life cycle.* Washington, DC: American Psychological Association.

Goldberg, A. E., Kashy, D. A., & Smith, J. Z. (2012). Gender-typed play behavior in early childhood: Adopted children with lesbian, gay, and heterosexual parents. *Sex Roles, 67*, 503–513.

Goldberg, A. E., & Perry-Jenkins, M. (2003). Division of labor and working-class women's well-being across the transition to parenthood. *Journal of Family Psychology, 18*, 225–236.

Goldfield, B. A. (1987). The contributions of child and caregiver to referential and expressive language. *Applied Psycholinguistics, 8*, 267–280.

Goldschmidt, L., Richardson, G. A., Cornelius, M. D., & Day, N. L. (2004). Prenatal marijuana and alcohol exposure and academic achievement at age 10. *Neurotoxicology and Teratology, 26*, 521–532.

Goldsteen, M., Houtepen, R., Proot, I. M., Abu-Saad, H. H., Spreeuwenberg, C., & Widdershoven, G. (2006). What is a good death? Terminally ill patients dealing with normative expectations around death and dying. *Patient Education and Counseling, 64*, 378–386.

Goldstein, M. H., & Schwade, J. A. (2008). Social feedback to infants' babbling facilitates rapid phonological learning. *Psychological Science, 19*, 515–523.

Goldstein, S. (2011). Attention-deficit/hyperactivity disorder. In S. Goldstein & C. R. Reynolds (Eds.), *Handbook of neurodevelopmental and genetic disorders in children* (2nd ed., pp. 131–150). New York: Guilford.

Goldston, D. B., Molock, S. D., Whitbeck, L. B., Murakami, J. L., Zayas, L. H., & Hall, G. C. N. (2008). Cultural considerations in adolescent suicide prevention and psychosocial treatment. *American Psychologist, 63*, 14–31.

Golinkoff, R. M., & Hirsh-Pasek, K. (2006). Baby wordsmith: From associationist to social sophisticate. *Current Directions in Psychological Science, 15*, 30–33.

Golomb, C. (2004). *The child's creation of a pictorial world* (2nd ed.). Mahwah, NJ: Erlbaum.

Golombok, S., Blake, L., Casey, P., Roman, G., & Jadva, V. (2013). Children born through reproductive donation: A longitudinal study of psychological adjustment. *Journal of Child Psychology and Psychiatry, 54*, 653–660.

Golombok, S., Readings, J., Blake, L., Casey, P., Mellish, L., Marks, A., & Jadva, V. (2011). Children conceived by gamete donation: Psychological adjustment and mother–child relationships at age 7. *Journal of Family Psychology, 25*, 230–239.

Golombok, S., Rust, J., Zervoulis, K., Croudace, T., Golding, J., & Hines, M. (2008). Developmental trajectories of sex-typed behavior in boys and girls: A longitudinal general population study of children aged 2.5–8 years. *Child Development, 79*, 1583–1593.

Golombok, S., & Tasker, F. (2015). Socioemotional development in changing families. In M. E. Lamb (Ed.), *Handbook of child psychology and developmental science: Vol. 3. Socioemotional processes* (7th ed., pp. 419–463). Hoboken, NJ: Wiley.

Gomez, H. L., Iyer, P., Batto, L. L., & Jensen-Campbell, L. A. (2011). Friendships and adjustment. In R. J. R. Levesque (Ed.), *Encyclopedia of adolescence: Vol. 2. Adolescents' social and personal relationships.* New York: Springer Science + Business Media.

Gomez-Perez, E., & Ostrosky-Solis, F. (2006). Attention and memory evaluation across the life span: Heterogeneous effects of age and education. *Journal of Clinical and Experimental Neuropsychology, 28*, 477–494.

Gonzalez, A.-L., & Wolters, C. A. (2006). The relation between perceived parenting practices and achievement motivation in mathematics. *Journal of Research in Childhood Education, 21*, 203–217.

Gonzalez-Feliciano, A. G., Maisonet, M., & Marcus, M. (2013). The relationship of BMI to menarche. In L. E. Rubin (Ed.), *Break the cycle of environmental health disparities: Maternal and child health aspects* (pp. 13–21). Hauppauge, NY: Nova Science Publishers.

Good, M., & Willoughby, T. (2014). Institutional and personal spirituality/religiosity and psychosocial adjustment in adolescence: Concurrent and longitudinal associations. *Journal of Youth and Adolescence, 43*, 757–774.

Goodman, A., Schorge, J., & Greene, M. F. (2011). The long-term effects of in utero exposures—the DES story. *New England Journal of Medicine, 364*, 2083–2084.

Goodman, C., & Silverstein, M. (2006). Grandmothers raising grandchildren: Ethnic and racial differences in well-being among custodial and coparenting families. *Journal of Family Issues, 27*, 1605–1626.

Goodman, C. C. (2012). Caregiving grandmothers and their grandchildren: Well-being nine years later. *Children and Youth Services Review, 34*, 648–654.

Goodman, G. S., Ogle, C. M., McWilliams, K., Narr, R. K., & Paz-Alonso, P. M. (2014). Memory development in the forensic context. In P. J. Bauer & R. Fivush (Eds.), *Wiley handbook on the development of children's memory* (pp. 921–941). Hoboken, NJ: Wiley.

Goodman, J., Dale, P., & Li, P. (2008). Does frequency count? Parental input and the acquisition of vocabulary. *Journal of Child Language, 35*, 515–531.

Goodman, J. H., Prager, J., Goldstein, R., & Freeman, M. (2015). Perinatal dyadic psychotherapy for postpartum depression: A randomized controlled pilot trial. *Archives of Women's Mental Health, 18*, 493–506.

Goodman, S. H., Rouse, M. H., Long, Q., Shuang, J., & Brand, S. R. (2011). Deconstructing antenatal depression: What is it that matters for neonatal behavioral functioning? *Infant Mental Health Journal, 32*, 339–361.

Goodvin, R., & Romdall, L. (2013). Associations of mother–child reminiscing about negative past events, coping, and self-concept in early childhood. *Infant and Child Development, 22*, 383–400.

Goodwin, M. H. (1998). Games of stance: Conflict and footing in hopscotch. In S. Hoyle & C. T. Adger (Eds.), *Language practices of older children* (pp. 23–46). New York: Oxford University Press.

Gooren, E. M. J. C., Pol, A. C., Stegge, H., Terwogt, M. M., & Koot, H. M. (2011). The development of conduct problems and depressive symptoms in early elementary school children: The role of peer rejection. *Journal of Clinical Child and Adolescent Psychology, 40*, 245–253.

Gopnik, A., & Choi, S. (1990). Do linguistic differences lead to cognitive differences? A cross-linguistic study of semantic and cognitive development. *First Language, 11*, 199–215.

Gopnik, A., & Nazzi, T. (2003). Words, kinds, and causal powers: A theory theory perspective on early naming and categorization. In D. H. Rakison & L. M. Oakes (Eds.), *Early category and concept development* (p. 303–329). New York: Oxford University Press.

Gopnik, A., & Tenenbaum, J. B. (2007). Bayesian networks, Bayesian learning and cognitive development. *Developmental Science, 10*, 281–287.

Gorchoff, S. M. (2016). Close/romantic relationships. In S. K. Whitbourne (Ed.), *Encyclopedia of adulthood and aging* (Vol. 1, pp. 201–206). Malden, MA: Wiley Blackwell.

Gordon, I., Zagoory-Sharon, O., Leckman, J. F., & Feldman, R. (2010). Oxytocin and the development of parenting in humans. *Biological Psychiatry, 68*, 377–382.

Gordon, R. A., Chase-Lansdale, P. L., & Brooks-Gunn, J. (2004). Extended households and the life course of young mothers: Understanding the associations using a sample of mothers with premature, low-birth-weight babies. *Child Development, 75*, 1013–1038.

Gormally, S., Barr, R. G., Wertheim, L., Alkawaf, R., Calinoiu, N., & Young, S. N. (2001). Contact and nutrient caregiving effects on newborn infant pain responses. *Developmental Medicine and Child Neurology, 43*, 28–38.

Gorman, B. K., Fiestas, C. E., Peña, E. D., & Clark, M. R. (2011). Creative and stylistic devices employed by children during a storybook narrative task: A cross-cultural study. *Language, Speech, and Hearing Services in Schools, 42*, 167–181.

Gormley, W. T., Jr., & Phillips, D. (2009). *The effects of pre-K on child development: Lessons from Oklahoma.* Washington, DC: National Summit on Early Childhood Education, Georgetown University.

Goronzy, J. J., Shao, L., & Weyand, C. M. (2010). Immune aging and rheumatoid arthritis. *Rheumatoid Disease Clinics of North America, 36*, 297–310.

Gosselin, P. A., & Gagne, J.-P. (2011). Older adults expend more listening effort than young adults recognizing audiovisual speech in noise. *International Journal of Audiology, 50*, 786–792.

Goswami, U. (1996). Analogical reasoning and cognitive development. In H. Reese (Ed.), *Advances in child development and behavior* (Vol. 26, pp. 91–138). New York: Academic Press.

Gothe, N., Mullen, S. P., Wójcicki, T. R., Mailey, E. L., White, S. M., & Olson, E. A. (2011). Trajectories of change in self-esteem in older adults: Exercise intervention effects. *Journal of Behavioral Medicine, 34*, 298–306.

Gott, M., & Hinchliff, S. (2003). How important is sex in later life? The views of older people. *Social Science and Medicine, 56*, 1617–1628.

Gottfredson, L. S. (2005). Applying Gottfredson's theory of circumscription and compromise in career guidance and counseling. In S. D. Brown & R. W. Lent (Eds.), *Career development and counseling* (pp. 71–100). Hoboken, NJ: Wiley.

Gottlieb, G. (1998). Normally occurring environmental and behavioral influences on gene activity: From central dogma to probabilistic epigenesis. *Psychological Review, 105*, 792–802.

Gottlieb, G. (2007). Probabilistic epigenesis. *Developmental Science, 10*, 1–11.

Gottlieb, G., Wahlsten, D., & Lickliter, R. (2006). The significance of biology for human development: A developmental psychobiological systems view. In R. M. Lerner (Ed.), *Handbook of child psychology: Vol. 1. Theoretical models of human development* (6th ed., pp. 210–257). Hoboken, NJ: Wiley.

Gottman, J. M. (2011). *The science of trust: Emotional attunement for couples.* New York: Norton.

Gottman, J. M., Driver, J., & Tabares, A. (2015). Repair during marital conflict in newlyweds: How couples move from attack–defend to collaboration. *Journal of Family Psychotherapy, 26*, 85–108.

Gottman, J. M., & Gottman, J. S. (2015). Gottman couple therapy. In A. S. Gurman, J. L. Lebow, & D. K. Snyder (Eds.), *Clinical handbook of couple therapy* (5th ed., pp. 129–157). New York: Guilford.

Gottman, J. M., Gottman, J. S., & Shapiro, A. (2010). A new couples approach to interventions for the transition to parenthood. In M. S. Schulz, M. K. Pruett, P. K. Kerig, & R. D. Parke (Eds.), *Strengthening couple relationships for optimal child development* (pp. 165–179). Washington, DC: American Psychological Association.

Gould, J. L., & Keeton, W. T. (1996). *Biological science* (6th ed.). New York: Norton.

Government Accountability Office. (2015). *Advance directives: Information on federal oversight, provider implementation, and prevalence.* Washington, DC: Author. Retrieved from www.gao.gov/assets/670/669906.pdf

Graber, J. A. (2004). Internalizing problems during adolescence. In R. M. Lerner & L. Steinberg (Eds.), *Handbook of adolescent psychology* (2nd ed., pp. 587–626). Hoboken, NJ: Wiley.

Graber, J. A., Brooks-Gunn, J., & Warren, M. P. (2006). Pubertal effects on adjustment in girls: Moving from demonstrating effects to identifying pathways. *Journal of Youth and Adolescence, 35,* 413–423.

Graber, J. A., Nichols, T., Lynne, S. D., Brooks-Gunn, J., & Botwin, G. J. (2006). A longitudinal examination of family, friend, and media influences on competent versus problem behaviors among urban minority youth. *Applied Developmental Science, 10,* 75–85.

Graber, J. A., Seeley, J. R., Brooks-Gunn, J., & Lewinsohn, P. M. (2004). Is pubertal timing associated with psychopathology in young adulthood? *Journal of the American Academy of Child and Adolescent Psychiatry, 43,* 718–726.

Graham-Bermann, S. A., & Howell, K. H. (2011). Child maltreatment in the context of intimate partner violence. In J. E. B. Myers (Ed.), *Child maltreatment* (3rd ed., pp. 167–180). Thousand Oaks, CA: Sage.

Gralinski, J. H., & Kopp, C. B. (1993). Everyday rules for behavior: Mothers' requests to young children. *Developmental Psychology, 29,* 573–584.

Grande, G., Cucumo, V., Cova, I., Ghiretti, R., Maggiore, L., Lacorte, E., et al. (2016). Reversible mild cognitive impairment: The role of comorbidities at baseline. *Journal of Alzheimer's Disease, 51,* 57–67.

Granier-Deferre, C., Bassereau, S., Ribeiro, A., Jacquet, A.-Y., & Lecanuet, J.-P. (2003). *Cardiac "orienting" response in fetuses and babies following in utero melody-learning.* Paper presented at the 11th European Conference on Developmental Psychology, Milan, Italy.

Grant, K. B., & Ray, J. A. (2010). *Home, school, and community collaboration: Culturally responsive family involvement.* Thousand Oaks, CA: Sage Publications.

Grantham-McGregor, S., Walker, S. P., & Chang, S. (2000). Nutritional deficiencies and later behavioral development. *Proceedings of the Nutrition Society, 59,* 47–54.

Gratier, M., & Devouche, E. (2011). Imitation and repetition of prosodic contour in vocal interaction at 3 months. *Developmental Psychology, 47,* 67–76.

Graves, L. M., Ohlott, P. J., & Ruderman, M. N. (2007). Commitment to family roles: Effects on managers' attitudes and performance. *Journal of Applied Psychology, 92,* 44–56.

Gray, K. A., Day, N. L., Leech, S., & Richardson, G. A. (2005). Prenatal marijuana exposure: Effect on child depressive symptoms at ten years of age. *Neurotoxicology and Teratology, 27,* 439–448.

Gray, M. R., & Steinberg, L. (1999). Unpacking authoritative parenting: Reassessing a multidimensional construct. *Journal of Marriage and the Family, 61,* 574–587.

Gray-Little, B., & Carels, R. (1997). The effects of racial and socioeconomic consonance on self-esteem and achievement in elementary, junior high, and high school students. *Journal of Research on Adolescence, 7,* 109–131.

Gray-Little, B., & Hafdahl, A. R. (2000). Factors influencing racial comparisons of self-esteem: A quantitative review. *Psychological Bulletin, 126,* 26–54.

Green, B. L., Tarte, J. M., Harrison, P. M., Nygren, M., & Sanders, M. B. (2014). Results from a randomized trial of the Healthy Families Oregon accredited statewide program: Early program impacts on parenting. *Children and Youth Services Review, 44,* 288–298.

Green, G. E., Irwin, J. R., & Gustafson, G. E. (2000). Acoustic cry analysis, neonatal status and long-term developmental outcomes. In R. G. Barr, B. Hopkins, & J. A. Green (Eds.), *Crying as a sign, a symptom, and a signal* (pp. 137–156). Cambridge, UK: Cambridge University Press.

Greenberg, J. P. (2013). Determinants of after-school programming for school-age immigrant children. *Children and Schools, 35,* 101–111.

Greendorfer, S. L., Lewko, J. H., & Rosengren, K. S. (1996). Family and gender-based socialization of children and adolescents. In F. L. Smoll & R. E. Smith (Eds.), *Children and youth in sport: A biopsychological perspective* (pp. 89–111). Dubuque, IA: Brown & Benchmark.

Greene, J. A., Torney-Purta, J., & Azevedo, R. (2010). Empirical evidence regarding relations among a model of epistemic and ontological cognition, academic performance, and educational level. *Journal of Educational Psychology, 102,* 234–255.

Greene, K., Krcmar, M., Walters, L. H., Rubin, D. L., Hale, J., & Hale, J. (2000). Targeting adolescent risk-taking behaviors: The contributions of egocentrism and sensation-seeking. *Journal of Adolescence, 23,* 439–461.

Greene, S. M., Anderson, E. R., Forgatch, M. S., DeGarmo, D. S., & Hetherington, E. M. (2012). Risk and resilience after divorce. In F. Walsh (Ed.), *Normal family processes: Growing diversity and complexity* (4th ed., pp. 102–127). New York: Guilford.

Greenfield, P. (1992, June). *Notes and references for developmental psychology.* Conference on Making Basic Texts in Psychology More Culture-Inclusive and Culture-Sensitive, Western Washington University, Bellingham, WA.

Greenfield, P. M. (2004). *Weaving generations together: Evolving creativity in the Maya of Chiapas.* Santa Fe, NM: School of American Research.

Greenfield, P. M., Suzuki, L. K., & Rothstein-Fish, C. (2006). Cultural pathways through human development. In K. A. Renninger & I. E. Sigel (Eds.), *Handbook of child psychology: Vol. 4. Child psychology in practice* (6th ed., pp. 655–699). Hoboken, NJ: Wiley.

Greenough, W. T., & Black, J. E. (1992). Induction of brain structure by experience: Substrates for cognitive development. In M. R. Gunnar & C. A. Nelson (Eds.), *Minnesota Symposia on Child Psychology* (pp. 155–200). Hillsdale, NJ: Erlbaum.

Gregory, A., & Huang, F. (2013). It takes a village: The effects of 10th grade college-going expectations of students, parents, and teachers four years later. *American Journal of Community Psychology, 52,* 41–55.

Gregory, A., & Weinstein, R. S. (2004). Connection and regulation at home and in school: Predicting growth in achievement for adolescents. *Journal of Adolescent Research, 19,* 405–427.

Greydanus, D. E., Omar, H., & Pratt, H. D. (2010). The adolescent female athlete: Current concepts and conundrums. *Pediatric Clinics of North America, 57,* 697–718.

Greydanus, D. E., Seyler, J., Omar, H. A., & Dodich, C. B. (2012). Sexually transmitted diseases in adolescence. *International Journal of Child and Adolescent Health, 5,* 379–401.

Griffin, B., Loh, V., & Hesketh, B. (2013). Age, gender, and the retirement process. In M. Wang (Ed.), *Oxford handbook of retirement* (pp. 202–214). New York: Oxford University Press.

Griffin, Z. M., & Spieler, D. H. (2006). Observing the what and when of language production for different age groups by monitoring speakers' eye movements. *Brain and Language, 99,* 272–288.

Grigoriadis, S., VonderPorten, E. H., Mamisashvili, L., Eady, A., Tomlinson, G., Dennis, C. L., et al. (2013). The effect of prenatal antidepressant exposure on neonatal adaptation: A systematic review and meta-analysis. *Journal of Clinical Psychiatry, 74,* e309–320.

Groh, A. M., Roisman, G. I., Booth-LaForce, C., Fraley, R. C., Owen, M. T., Cox, M. J., et al. (2014). Stability of attachment security from infancy to late adolescence. In C. Booth-LaForce & G. I. Roisman (Eds.), The Adult Attachment Interview: Psychometrics, stability and change from infancy, and developmental origins. *Monographs of the Society for Research in Child Development, 79*(3, Serial No. 314), 51–68.

Grönholm-Nyman, P. (2015). Can executive functions be trained in healthy older adults and in older adults with mild cognitive impairment? In A. K. Leist, J. Kulmala, & F. Nyqvist (Eds.), *Health and cognition in old age: From biomedical and life course factors to policy and practice* (pp. 223–243). Cham, Switzerland: Springer.

Grossbaum, M. F., & Bates, G. W. (2002). Correlates of psychological well-being at midlife: The role of generativity, agency and communion, and narrative themes. *International Journal of Behavioral Development, 26,* 120–127.

Grossmann, K., Grossmann, K. E., Kindler, H., & Zimmermann, P. (2008). A wider view of attachment and exploration: The influence of mothers and fathers on the development of psychological security from infancy to young adulthood. In J. Cassidy & P. R. Shaver (Eds.), *Handbook of attachment: Theory, research, and clinical applications* (2nd ed., pp. 880–905). New York: Guilford.

Grossmann, K., Grossmann, K. E., Spangler, G., Suess, G., & Unzner, L. (1985). Maternal sensitivity and newborns' orientation responses as related to quality of attachment in Northern Germany. In I. Bretherton & E. Waters (Eds.), Growing points of attachment theory and research. *Monographs of the Society for Research in Child Development, 50*(1–2, Serial No. 209).

Grossniklaus, H. E., Nickerson, J. M., Edelhauser, H. F., Bergman, L. A. M. K., & Berglin, L. (2013). Anatomic alterations in aging and age-related diseases of the eye. *Investigative Ophthalmology and Visual Science, 54,* 23–27.

Grossniklaus, U., Kelly, B., Ferguson-Smith, A. C., Pembrey, M., & Lindquist, S. (2013) Transgenerational epigenetic inheritance: How important is it? *Nature Reviews, 14,* 228–235.

Gruendel, J., & Aber, J. L. (2007). Bridging the gap between research and child policy change: The role of strategic communications in policy advocacy. In J. L. Aber, S. J. Bishop-Josef, S. M. Jones, K. T. McLearn, & D. Phillips (Eds.), *Child development and social policy: Knowledge for action* (pp. 43–58). Washington, DC: American Psychological Association.

Grundy, E. (2005). Reciprocity in relationships: Socio-economic and health influences on intergenerational exchanges between Third Age parents and their adult children in Great Britain. *British Journal of Sociology, 56,* 233–255.

Grünebaum, A., McCullough, L. B., Brent, R. L., Arabin, B., Levene, M. I., & Chervenak, F. A. (2015). Perinatal risks of planned home births in the United States. *American Journal of Obstetrics and Gynecology, 212*(350), e1–e6.

Grusec, J. E. (2006). The development of moral behavior and conscience from a socialization perspective. In M. Killen & J. Smetana (Eds.), *Handbook of moral development* (pp. 243–265). Philadelphia: Erlbaum.

Guasch-Ferré, M., Babio, N., Martínez-Gonzáles, M. A., Corella, D., Ros, E., Martín-Peláez, S., et al. (2015). Dietary fat intake and risk of cardiovascular disease and all-cause mortality in a population at high risk of cardiovascular disease. *American Journal of Clinical Nutrition, 102,* 1563–1573.

Guedes, G., Tsai, J. C., & Loewen, N. A. (2011). Glaucoma and aging. *Current Aging Science, 4,* 110–117.

Guedes, M., Pereira, M., Pires, R., Carvalho, P., & Canavarro, M. C. (2013). Childbearing motivations scale: Construction of a new measure and its preliminary psychometric properties. *Journal of Family Studies.* Retrieved from link.springer.com/article/10.1007%2Fs10826-013-9824-0

Guerra, N. G., Graham, S., & Tolan, P. H. (2011). Raising healthy children: Translating child development research into practice. *Child Development, 82,* 7–16.

Guerra, N. G., Williams, K. R., & Sadek, S. (2011). Understanding bullying and victimization during childhood and adolescence: A mixed methods study. *Child Development, 82,* 295–310.

Guerrero, N., Mendes de Leon, C. F., & Evans, D. A. (2015). Determinants of trust in health care in an older population. *Journal of the American Geriatric Society, 63,* 553–557.

Guest, A. M. (2013). Cultures of play during middle childhood: Interpretive perspectives from two distinct marginalized communities. *Sport, Education and Society, 18,* 167–183.

Guez, J., & Lev, D. (2016). A picture is worth a thousand words? Not when it comes to associative memory of older adults. *Psychology and Aging, 31,* 37–41.

Guggenheim, J. A., St Pourcain, B., McMahon, G., Timpson, N. J., Evans, D. M., & Williams, C. (2015). Assumption-free estimation of the genetic contribution to refractive error across childhood. *Molecular Vision, 21,* 621–632.

Guglielmi, R. S. (2008). Native language proficiency, English literacy, academic achievement, and occupational attainment in limited-English-proficient students: A latent growth modeling perspective. *Journal of Educational Psychology, 100,* 322–342.

Guignard, J.-H., & Lubart, T. (2006). Is it reasonable to be creative? In J. C. Kaufman & J. Baer (Eds.), *Creativity and reason in cognitive development* (pp. 269–281). New York: Cambridge University Press.

Guildner, S. H., Loeb, S., Morris, D., Penrod, J., Bramlett, M., Johnston, L., & Schlotzhauer, P. (2001). A comparison of life satisfaction and mood in nursing home residents and community-dwelling elders. *Archives of Psychiatric Nursing, 15,* 232–240.

Guilford, J. P. (1985). The structure-of-intellect model. In B. B. Wolman (Ed.), *Handbook of intelligence* (pp. 225–266). New York: Wiley.

Guiso, L., Mont, F., Sapienza, P., & Zingales, L. (2008). Culture, gender, and math. *Science, 320,* 1164–1165.

Gullone, E. (2000). The development of normal fear: A century of research. *Clinical Psychology Review, 20,* 429–451.

Gunderson, E. A., Ramirez, G., Levine, S. C., & Beilock, S. L. (2012). The role of parents and teachers in the development of gender-related math attitudes. *Sex Roles, 66,* 153–166.

Gunes, S., Hekim, G. N., Arslan, M. A., & Asci, R. (2016). Effects of aging on the male reproductive system. *Journal of Assisted Reproduction and Genetics, 33,* 441–454.

Gunnar, M. R., & Cheatham, C. L. (2003). Brain and behavior interfaces: Stress and the developing brain. *Infant Mental Health Journal, 24,* 195–211.

Gunnar, M. R., & de Haan, M. (2009). Methods in social neuroscience: Issues in studying development. In M. de Haan & M. R. Gunnar (Eds.), *Handbook of developmental social neuroscience* (pp. 13–37). New York: Guilford.

Gunnar, M. R., Doom, J. R., & Esposito, E. A. (2015). Psychoneuroendocrinology of stress: Normative development and individual differences. In M. E. Lamb (Eds.), *Handbook of child psychology and developmental science: Vol. 3. Socioemotional processes* (pp. 106–151). Hoboken, NJ: Wiley.

Gunnar, M. R., Morison, S. J., Chisholm, K., & Schuder, M. (2001). Salivary cortisol levels in children

adopted from Romanian orphanages. *Development and Psychopathology, 13,* 611–628.

Gunnarsdottir, I., Schack-Nielsen, L., Michaelson, K. F., Sørensen, T. I., & Thorsdottir, I. (2010). Infant weight gain, duration of exclusive breast-feeding, and childhood BMI—two similar follow-up cohorts. *Public Health Nutrition, 13,* 201–207.

Guo, M., Chi, I., & Silverstein, M. (2013). Sources of older parents' ambivalent feelings toward their adult children: The case of rural China. *Journals of Gerontology, 68B,* 420–430.

Guralnick, M. J. (2012). Preventive interventions for preterm children: Effectiveness and developmental mechanisms. *Journal of Developmental and Behavioral Pediatrics, 33,* 352–364.

Gure, A., Ucanok, Z., & Sayil, M. (2006). The associations among perceived pubertal timing, parental relations and self-perception in Turkish adolescents. *Journal of Youth and Adolescence, 35,* 541–550.

Gustafson, G. E., Green, J. A., & Cleland, J. W. (1994). Robustness of individual identity in the cries of human infants. *Developmental Psychobiology, 27,* 1–9.

Gustavson, K., Nilsen, W., Ørstavik, R., & Røysamb, E. (2014). Relationship quality, divorce, and well-being: Findings from a three-year longitudinal study. *Journal of Positive Psychology, 9,* 163–174.

Guterman, N. B., Lee, S. J., Taylor, C. A., & Rathouz, P. J. (2009). Parental perceptions of neighborhood processes, stress, personal control, and risk for physical child abuse and neglect. *Child Abuse and Neglect, 33,* 897–906.

Gutgsell, K. J., Schluchter, M., Margevicius, S., DeGolia, P. A., McLaughlin, B., Harris, M., et al. (2013). Music therapy reduces pain in palliative care patients: A randomized control trial. *Journal of Pain and Symptom Management, 45,* 822–831.

Gutiérrez, I. T., Rosengren, K. S., & Miller, P. J. (2014). Mexican American immigrants in the Centerville region: Teachers, children, and parents. In K. Rosengren, P. J. Miller, I. T. Guíerrez, P. I. Chow, S. S. Schein, & K. N. Anderson (Eds.), Children's understanding of death: Toward a contextualized, integrated account. *Monographs of the Society for Research in Child Development, 79*(1, Serial No. 312), pp. 97–112.

Gutierrez-Galve, L., Stein, A., Hanington, L., Heron, J., & Ramchandani, P. (2015). Paternal depression in the postnatal period and child development: Mediators and moderators. *Pediatrics, 135,* e339–e347.

Gutman, L. M. (2006). How student and parent goal orientations and classroom goal structures influence the math achievement of African Americans during the high school transition. *Contemporary Educational Psychology, 31,* 44–63.

Gutmann, D. (1977). The cross-cultural perspective: Notes toward a comparative psychology of aging. In J. E. Birren & K. W. Schaie (Eds.), *Handbook of psychology of aging* (pp. 302–326). New York: Van Nostrand Reinhold.

Guttmacher Institute. (2013). *Unintended pregnancy in the United States.* Retrieved from www.guttmacher.org/pubs/FB-Unintended-Pregnancy-US.html

Guttmacher Institute. (2015). *Teen pregnancy rates declined in many countries between the mid-1990s and 2011: United States lags behind many other developed nations.* Retrieved from www.guttmacher.org/media/nr/2015/01/23

Guzzo, K. B. (2014). Trends in cohabitation outcomes: Compositional changes and engagement among never-married young adults. *Journal of Marriage and Family, 76,* 826–842.

Gwiazda, J., & Birch, E. E. (2001). Perceptual development: Vision. In E. B. Goldstein (Ed.), *Blackwell handbook of perception* (pp. 636–668). Oxford, UK: Blackwell.

H

Haas, A. P., Rodgers, P. L., & Herman, J. L. (2014). *Suicide attempts among transgender and gender non-conforming adults.* Los Angeles: The Williams Institute, UCLA School of Law.

Haas, S. M., & Whitton, S. W. (2015). The significance of living together and importance of marriage in same-sex couples. *Journal of Homosexuality, 62,* 1241–1263.

Hagberg, B., & Samuelsson, G. (2008). Survival after 100 years of age: A multivariate model of exceptional survival in Swedish centenarians. *Journals of Gerontology, 63A,* 1219–1226.

Hagerman, R. J., Berry-Kravis, E., Kaufmann, W. E., Ono, M. Y., Tartaglia, N., & Lachiewicz, A. (2009). Advances in the treatment of fragile X syndrome. *Pediatrics, 123,* 378–390.

Haidt, J. (2013). Moral psychology for the twenty-first century. *Journal of Moral Education, 42,* 281–297.

Haines, C. J., Xing, S. M., Park, K. H., Holinka, C. F., & Ausmanas, M. K. (2005). Prevalence of menopausal symptoms in different ethnic groups of Asian women and responsiveness to therapy with three doses of conjugated estrogens/medroxyprogesterone acetate: The pan-Asian menopause (PAM) study. *Maturitas, 52,* 264–276.

Hainline, L. (1998). The development of basic visual abilities. In A. Slater (Ed.), *Perceptual development: Visual, auditory, and speech perception in infancy* (pp. 37–44). Hove, UK: Psychology Press.

Hakim, F., Kheirandish-Gozal, L., & Gozal, D. (2015). Obesity and altered sleep: A pathway to metabolic derangements in children? *Seminars in Pediatric Neurology, 22,* 77–85.

Hakuta, K., Bialystok, E., & Wiley, E. (2003). Critical evidence: A test of the critical-period hypothesis for second-language acquisitions. *Psychological Science, 14,* 31–38.

Hale, C. M., & Tager-Flusberg, H. (2003). The influence of language on theory of mind: A training study. *Developmental Science, 6,* 346–359.

Hale, S., Rose, N. S., Myerson, J., Strube, M. J., Sommers, M., Tye-Murray, N., et al. (2011). The structure of working memory abilities across the adult life span. *Psychology and Aging, 26,* 92–110.

Haley, B. (2016, April 8). *Hereditary breast cancer: The basics of BRCA and beyond* (Internal Medicine Grand Rounds). Retrieved from repositories.tdl.org/utswmed-ir/handle/2152.5/3095

Haley, W. E. (2013). Family caregiving at end-of-life: Current status and future directions. In R. C. Talley & R. J. V. Montgomery (Eds.), *Caregiving across the lifespan: Research, practice, and policy* (pp. 157–175). New York: Springer.

Halfon, N., & McLearn, K. T. (2002). Families with children under 3: What we know and implications for results and policy. In N. Halfon & K. T. McLearn (Eds.), *Child rearing in America: Challenges facing parents with young children* (pp. 367–412). New York: Cambridge University Press.

Halford, G. S., & Andrews, G. (2010). Information-processing models of cognitive development. In J. G. Bremner & T. D. Wachs (Eds.), *Wiley-Blackwell handbook of infant development: Vol. 1. Basic research* (2nd ed., pp. 698–722). Oxford, UK: Wiley-Blackwell.

Halford, G. S., & Andrews, G. (2011). Information-processing models of cognitive development. In U. Goswami (Ed.), *Wiley-Blackwell handbook of childhood cognitive development* (2nd ed., pp. 697–722). Hoboken, NJ: Wiley-Blackwell.

Halim, M. L., & Ruble, D. (2010). Gender identity and stereotyping in early and middle childhood. In J. C. Chrisler & D. R. McCreary (Eds.), *Handbook of gender research in psychology* (pp. 495–525). New York: Springer.

Halim, M. L., Ruble, D., Tamis-LeMonda, C., & Shrout, P. E. (2013). Rigidity in gender-typed behaviors in early childhood: A longitudinal study of ethnic minority children. *Child Development, 84,* 1269–1284.

Hall, C. B., Lipton, R. B., Sliwinski, M., Katz, M. J., Derby, C. A., & Verghese, J. (2009). Cognitive activities delay onset of memory decline in persons who develop dementia. *Neurology, 73,* 356–361.

Hall, D. T., & Las Heras, M. (2011). Personal growth through career work: A positive approach to careers. In K. S. Cameron & G. M. Spreitzer (Eds.), *Oxford handbook of positive organizational scholarship* (pp. 507–518). New York: Oxford University Press.

Hall, G. S. (1904). *Adolescence.* New York: Appleton.

Hall, J. A. (2011). Sex differences in friendship expectations: A meta-analysis. *Journal of Personal and Social Relationships 28,* 723–747.

Hall, K., Murrell, J., Ogunniyi, A., Deeg, M., Baiyewu, O., & Gao, S. (2006). Cholesterol, APOE genotype, and Alzheimer disease: An epidemiologic study of Nigerian Yoruba. *Neurology, 66,* 223–227.

Haller, J. (2005). Vitamins and brain function. In H. R. Lieberman, R. B. Kanarek, & C. Prasad (2005). *Nutritional neuroscience* (pp. 207–233). Philadelphia: Taylor & Francis.

Halpern, C. T., & Kaestle, C. E. (2014). Sexuality in emerging adulthood. In D. L. Tolman & L. M. Diamond (Eds.), *APA handbook of sexuality and psychology* (pp. 487–522). Washington, DC: American Psychological Association.

Halpern, C. T., & Kaestle, C. E. (2015). Sexuality and sexual violence. In D. L. Tolman, L. M. Diamond, J. A. Bauermeister, W. H. George, J. G. Pfaus, & L. M. Ward (Eds.), *APA handbook of sexuality and psychology: Vol. 1. Person-based approaches* (pp. 487–522). Washington, DC: American Psychological Association.

Halpern, D. F. (2005). How time-flexible work policies can reduce stress, improve health, and save money. *Stress and Health, 21,* 157–168.

Halpern, D. F. (2012). *Sex differences in cognitive abilities* (4th ed.). New York: Psychology Press.

Halpern, D. F., Benbow, C. P., Geary, D. C., Gur, R. C., Hyde, J. S., & Gernsbacher, M. A. (2007). The science of sex differences in science and mathematics. *Psychological Science in the Public Interest, 8,* 1–51.

Halpern-Felsher, B. L., Biehl, M., Kropp, R. Y., & Rubinstein, M. L. (2004). Perceived risks and benefits of smoking: Differences among adolescents with different smoking experiences and intentions. *Preventive Medicine, 39,* 559–567.

Hamberger, L. K., Lohr, J. M., Parker, L. M., & Witte, T. (2009). Treatment approaches for men who batter their partners. In C. Mitchell & D. Anglin (Eds.), *Intimate partner violence: A health-based perspective* (pp. 459–471). New York: Oxford University Press.

Hamel, J. (2014). *Gender-inclusive treatment of intimate partner abuse: Evidence-based approaches* (2nd ed.). New York: Springer.

Hamer, D. H., Hu, S., Magnuson, V. L., Hu, N., & Pattatucci, A. M. L. (1993). A linkage between DNA markers on the X chromosome and male sexual orientation. *Science, 261,* 321–327.

Hamilton, B. E., Martin, J. A., Osterman, J. K., Curtin, S. C., & Mathews, T. J. (2015). Births: Final data for 2014. *National Vital Statistics Report, 64*(12), 1–64. Retrieved from www.cdc.gov/nchs/data/nvsr/nvsr64/ nvsr64_12.pdf

Hamilton, S. F., & Hamilton, M. A. (2000). Research, intervention, and social change: Improving adolescents' career opportunities. In L. J. Crockett & R. K. Silbereisen (Eds.), *Negotiating adolescence in times of social change* (pp. 267–283). New York: Cambridge University Press.

Hamlin, J. K., Hallinan, E. V., & Woodward, A. L. (2008). Do as I do: 7-month-old infants selectively reproduce others' goals. *Developmental Science, 11,* 487–494.

Hammond, S. I., Müller, U., Carpendale, J. I. M., Bibok, M. B., & Lieberman-Finestone, D. (2012). The effects of parental scaffolding on preschoolers' executive function. *Developmental Psychology, 48,* 271–281.

Hammons, A. J., & Fiese, B. H. (2011). Is frequency of shared family meals related to the nutritional health of children and adolescents? *Pediatrics, 127,* e1565–e1574.

Hampton, T. (2014). Studies probe links between childhood asthma and obesity. *JAMA, 311,* 1718–1719.

Hanioka, T., Ojima, M., Tanaka, K., & Yamamoto, M. (2011). Does secondhand smoke affect the development of dental caries in children? A systematic review. *International Journal of Environmental Research and Public Health, 8,* 1503–1509.

Hank, K., & Wagner, M. (2013). Parenthood, marital status, and well-being in later life: Evidence from SHARE. *Social Indicators Research, 114,* 639–653.

Hankin, B. L., Stone, L., & Wright, P. A. (2010). Co-rumination, interpersonal stress generation, and internalizing symptoms: Accumulating effects and transactional influences in a multiwave study of adolescents. *Development and Psychopathology, 22,* 217–235.

Hannon, E. E., & Johnson, S. P. (2004). Infants use meter to categorize rhythms and melodies: Implications for musical structure learning. *Cognitive Psychology, 50,* 354–377.

Hannon, E. E., & Trehub, S. E. (2005a). Metrical categories in infancy and adulthood. *Psychological Science, 16,* 48–55.

Hannon, E. E., & Trehub, S. E. (2005b). Tuning in to musical rhythms: Infants learn more readily than adults. *Proceedings of the National Academy of Sciences, 102,* 12639–12643.

Hans, S. L., & Jeremy, R. J. (2001). Postneonatal mental and motor development of infants exposed in utero to opiate drugs. *Infant Mental Health Journal, 22,* 300–315.

Hansen, M. B., & Markman, E. M. (2009). Children's use of mutual exclusivity to learn labels for parts of objects. *Developmental Psychology, 45,* 592–596.

Hansen, T., Moum, T., & Shapiro, A. (2007). Relational and individual well-being among cohabitors and married individuals in midlife: Recent trends from Norway. *Journal of Family Issues, 28,* 910–933.

Hansson, R. O., & Stroebe, M. S. (2007). The dual process model of coping with bereavement and development of an integrative risk factor framework. In R. O. Hansson & M. S. Stroebe (Eds.), *Bereavement in late life: Coping, adaptation, and developmental influences* (pp. 41–60). Washington, DC: American Psychological Association.

Hao, L., & Woo, H. S. (2012). Distinct trajectories in the transition to adulthood: Are children of immigrants advantaged? *Child Development, 83,* 1623–1639.

Harachi, T. W., Fleming, C. B., White, H. R., Ensminger, M. E., Abbott, R. D., Catalano, R. F., & Haggerty, K. P. (2006). Aggressive behavior among girls and boys during middle childhood: Predictors and sequelae of trajectory group membership. *Aggressive Behavior, 32,* 279–293.

Harden, K. P. (2014). A sex-positive framework for research on adolescent sexuality. *Perspectives on Psychological Science, 9,* 455–469.

Harden, K. P., & Tucker-Drob, E. M. (2011). Individual differences in the development of sensation seeking and impulsivity during adolescence: Further evidence for a dual systems model. *Developmental Psychology, 47,* 739–746.

Hardie, J. H. (2015). Women's work? Predictors of young men's aspirations for entering traditionally female-dominated occupations. *Sex Roles, 72,* 349–362.

Hardy, S. A., & Carlo, G. (2005). Religiosity and prosocial behaviours in adolescence: The mediating role of prosocial values. *Journal of Moral Education, 34,* 231–249.

Hardy, S. A., & Carlo, G. (2011). Moral identity: What is it, how does it develop, and is it linked to moral action? *Child Development Perspectives, 5,* 212–218.

Hardy, S. A., Pratt, M. W., Pancer, S. M., Olsen, J. A., & Lawford, H. L. (2011). Community and religious involvement as contexts of identity change across late adolescence and emerging adulthood. *International Journal of Behavioral Development, 35,* 125–135.

Hardy, S. A., Walker, L. J., Gray, A., Ruchty, J. A., & Olsen, J. A. (2012, March). A possible selves approach to adolescent moral identity. In S. A. Hardy (Chair), *Moral identity in adolescence and emerging adulthood: Conceptualization, measurement, and validation.* Symposium presented at the meeting of the Society for Research on Adolescence, Vancouver.

Harlow, H. F., & Zimmerman, R. (1959). Affectional responses in the infant monkey. *Science, 130,* 421–432.

Harris, P. L. (2011). Death in Spain, Madagascar, and beyond. In V. Talwar, P. L. Harris, & M. Schleifer (Eds.), *Children's understanding of death* (pp. 19–40). New York: Cambridge University Press.

Harris, P. L., & Giménez, M. (2005). Children's acceptance of conflicting testimony: The case of death. *Journal of Cognition and Culture, 5,* 143–164.

Harris-Kojetin, L., Sengupta, M., Park-Lee, E., Valverde, R., Caffrey, C., Rome, V., & Lendon, J. (2016). Long-term care providers and services users in the United States: Data from the National Study of Long-Term Care Providers, 2013–2014. *Vital Health Statistics, 3*(38).

Harris-McKoy, D., & Cui, M. (2013). Parental control, adolescent delinquency, and young adult criminal behavior. *Journal of Child and Family Studies, 22,* 836–843.

Harris Poll. (2013, December). *Americans' belief in God, miracles and heaven declines.* Retrieved from www.theharrispoll.com/health-and-life/Americans_ Belief_in_God__Miracles_and_Heaven_Declines .html

Hart, B., & Risley, T. R. (1995). *Meaningful differences in the everyday experience of young American children.* Baltimore, MD: Paul H. Brookes.

Hart, C. H., Burts, D. C., Durland, M. A., Charlesworth, R., DeWolf, M., & Fleege, P. O. (1998). Stress behaviors and activity type participation of preschoolers in more and less developmentally appropriate classrooms: SES and sex differences. *Journal of Research in Childhood Education, 13,* 176–196.

Hart, C. H., Newell, L. D., & Olsen, S. F. (2003). Parenting skills and social–communicative competence in childhood. In J. O. Greene & B. R. Burleson (Eds.), *Handbook of communication and social interaction skills* (pp. 753–797). Mahwah, NJ: Erlbaum.

Hart, C. H., Yang, C., Charlesworth, R., & Burts, D. C. (2003, April). *Kindergarten teaching practices: Associations with later child academic and social/ emotional adjustment to school.* Paper presented at the biennial meeting of the Society for Research in Child Development, Tampa, FL.

Hart, D., Atkins, R., & Donnelly, T. M. (2006). Community service and moral development. In M. Killen & J. G. Smetana (Eds.), *Handbook of moral development* (pp. 633–656). Philadelphia: Erlbaum.

Hart, D., Atkins, R., & Matsuba, M. K. (2008). The association of neighborhood poverty with personality change in childhood. *Journal of Personality and Social Psychology, 44,* 1048–1061.

Hart, D., Donnelly, T. M., Youniss, J., & Atkins, R. (2007). High school community service as a predictor of adult voting and volunteering. *American Educational Research Journal, 44,* 197–219.

Hart, D., & Fegley, S. (1995). Prosocial behavior and caring in adolescence: Relations to self-understanding and social judgment. *Child Development, 66,* 1346–1359.

Hart, H. M., McAdams, D. P., Hirsch, B. J., & Bauer, J. J. (2001). Generativity and social involvement among African Americans and white adults. *Journal of Research in Personality, 35,* 208–230.

Hart, S. L., & Charles, S. T. (2013). Age-related patterns in negative affect and appraisals about colorectal cancer over time. *Health Psychology, 32,* 302–310.

Harter, S. (1999). *The construction of self: A developmental perspective.* New York: Guilford.

Harter, S. (2012). *The construction of the self: Developmental and sociocultural foundations* (2nd ed.). New York: Guilford.

Hartl, A. C., Laursen, B., & Cillessen, A. H. N. (2015). A survival analysis of adolescent friendships: The downside of dissimilarity. *Psychological Science, 26,* 1304–1315.

Hartley, A. (2006). Changing role of the speed of processing construct. In J. E. Birren & K. W. Schaie (Eds.), *Handbook of the psychology of aging* (6th ed., pp. 183–207). Burlington, MA: Academic Press.

Hartley, D., Blumenthal, T., Carrillo, M., DiPaolo, G., Esralew, L., Gardiner, K., et al. (2015). Down syndrome and Alzheimer's disease: Common pathways, common goals. *Alzheimer's and Dementia, 11,* 700–709.

Hartman, J., & Warren, L. H. (2005). Explaining age differences in temporal working memory. *Psychology and Aging, 20,* 645–656.

Hartshorn, K., Rovee-Collier, C., Gerhardstein, P., Bhatt, R. S., Wondoloski, T. L., Klein, P., et al. (1998). The ontogeny of long-term memory over the first year-and-a-half of life. *Developmental Psychobiology, 32,* 69–89.

Hartshorne, J. K., & Germine, L. T. (2015). When does cognitive functioning peak? The asynchronous rise and fall of different cognitive abilities across the life span. *Psychological Science, 26,* 433–443.

Hartup, W. W. (2006). Relationships in early and middle childhood. In A. L. Vangelisti & D. Perlman (Eds.), *Cambridge handbook of personal relationships* (pp. 177–190). New York: Cambridge University Press.

Hartup, W. W., & Abecassis, M. (2004). Friends and enemies. In P. K. Smith & C. H. Hart (Eds.), *Blackwell handbook of childhood social development* (pp. 285–306). Malden, MA: Blackwell.

Harwood, J. (2001). Comparing grandchildren's and grandparents' stake in their relationship. *International Journal of Aging and Human Development, 53,* 195–210.

Hasebe, Y., Nucci, L., & Nucci, M. S. (2004). Parental control of the personal domain and adolescent symptoms of psychopathology: A cross-national study in the United States and Japan. *Child Development, 75,* 815–828.

Hasher, L., Lustig, C., & Zacks, R. T. (2007). Inhibitory mechanisms and the control of attention. In A. R. A. Conway, C. Jarrold, M. Kane, A. Miyake, & J. N. Towse (Eds.), *Variation in working memory* (pp. 227–249). New York: Oxford University Press.

Hastings, E. C., & West, R. L. (2009). The relative success of a self-help and a group-based memory training program for older adults. *Psychology and Aging, 24,* 586–594.

Hastrup, B. (2007). Healthy aging in Denmark? In M. Robinson, W. Novelli, C. Pearson, & L. Norris (Eds.), *Global health and global aging* (pp. 71–84). San Francisco: Jossey-Bass.

Hatch, L. R., & Bulcroft, K. (2004). Does long-term marriage bring less frequent disagreements? *Journal of Family Issues, 25,* 465–495.

Hatfield, E., Mo, Y.-M., & Rapson, R. L. (2015). Love, sex, and marriage across cultures. In L. A. Jensen (Ed.), *Oxford handbook of human development and culture* (pp. 570–585). New York: Oxford University Press.

Hatfield, E., Rapson, R. L, & Martel, L. D. (2007). Passionate love and sexual desire. In S. Kitayama & D. Cohen (Eds.), *Handbook of cultural psychology* (pp. 760–779). New York: Guilford.

Hau, K.-T., & Ho, I. T. (2010). Chinese students' motivation and achievement. In M. H. Bond (Ed.), *Oxford handbook of Chinese psychology* (pp. 187–204). New York: Oxford University Press.

Hauf, P., Aschersleben, G., & Prinz, W. (2007). Baby do–baby see! How action production influences action perception in infants. *Cognitive Development, 22,* 16–32.

Haukkala, A., Konttinen, H., Laatikainen, T., Kawachi, I., & Uutela, A. (2010). Hostility, anger control, and anger expression as predictors of cardiovascular disease. *Psychosomatic Medicine, 72,* 556–562.

Hauser-Cram, P., Warfield, M. E., Stadler, J., & Sirin, S. R. (2006). School environments and the diverging pathways of students living in poverty. In A. C. Huston & M. N. Ripke (Eds.), *Developmental contexts in middle childhood* (pp. 198–216). New York: Cambridge University Press.

Hauspie, R., & Roelants, M. (2012). Adolescent growth. In N. Cameron & R. Bogin (Eds.), *Human growth and development* (2nd ed., pp. 57–79). London: Elsevier.

Havstad, S. L., Johnson, D. D., Zoratti, E. M., Ezell, J. M., Woodcroft, K., Ownby, D. R., et al. (2012). Tobacco smoke exposure and allergic sensitization in children: A propensity score analysis. *Respirology, 17,* 1068–1072.

Haw, C., Harwood, D., & Hawton, K. (2009). Dementia and suicidal behavior: A review of the literature. *International Psychogeriatrics, 21,* 440–453.

Hawkins, R. L., Jaccard, J., & Needle, E. (2013). Nonacademic factors associated with dropping out of high school: Adolescent problem behaviors. *Journal of the Society for Social Work and Research, 4,* 58–75.

Hawsawi, A. M., Bryant, L. O., & Goodfellow, L. T. (2015). Association between exposure to secondhand smoke during pregnancy and low birthweight: A narrative review. *Respiratory Care, 60,* 135–140.

Hawton, A., Green, C., Dickens, A. P., Richards, S. H., Taylor, R. S., & Edwards, R. (2011). The impact of social isolation on the health status and health-related quality of life of older people. *Quality of Life Research, 20,* 57–67.

Hay, D. F., Pawlby, S., Waters, C. S., Perra, O., & Sharp, D. (2010). Mothers' antenatal depression and their children's antisocial outcomes. *Child Development, 81,* 149–165.

Hay, E. L., & Diehl, M. (2010). Reactivity to daily stressors in adulthood: The importance of stressor type in characterizing risk factors. *Psychology and Aging, 25,* 118–131.

Hay, P., & Bacaltchuk, J. (2004). Bulimia nervosa. *Clinical Evidence, 12,* 1326–1347.

Hayflick, L. (1994). *How and why we age.* New York: Ballantine.

Hayflick, L. (1998). How and why we age. *Experimental Gerontology, 33,* 639–653.

Hayne, H., & Gross, J. (2015). 24-month-olds use conceptual similarity to solve new problems after a delay. *International Journal of Behavioral Development, 39,* 339–345.

Hayne, H., Herbert, J., & Simcock, G. (2003). Imitation from television by 24- and 30-month-olds. *Developmental Science, 6,* 254–261.

Hayne, H., Rovee-Collier, C., & Perris, E. E. (1987). Categorization and memory retrieval by three-month-olds. *Child Development, 58,* 750–767.

Hayslip, B., Blumenthal, H., & Garner, A. (2014). Health and grandparent–grandchild well-being: One-year longitudinal findings for custodial grandfamilies. *Journal of Aging and Health, 26,* 559–582.

Hayslip, B., Blumenthal, H., & Garner, A. (2015). Social support and grandparent caregiver health: One-year longitudinal findings for grandparents raising their grandchildren. *Journals of Gerontology, 70B,* 804–812.

Hayslip, B., Jr., & Kaminski, P. L. (2005). Grandparents raising their grandchildren. *Marriage and Family Review, 37,* 147–169.

Hayward, R. D., & Krause, N. (2013a). Changes in church-based social support relationships during older adulthood. *Journals of Gerontology, 68B,* 85–96.

Hayward, R. D., & Krause, N. (2013b). Trajectories of late life change in God-mediated control: Evidence of compensation for declining personal control. *Journals of Gerontology, 68B,* 49–58.

Haywood, H. C., & Lidz, C. S. (2007). *Dynamic assessment in practice.* New York: Cambridge University Press.

Haywood, K., & Getchell, N. (2014). *Life span motor development* (6th ed.). Champaign, IL: Human Kinetics.

Hazel, N. A., Oppenheimer, C. W., Young, J. R., & Technow, J. R. (2014). Parent relationship quality buffers against the effect of peer stressors on depressive symptoms from middle childhood to adolescence. *Developmental Psychology, 50,* 2115–2123.

Hazen, N. L., McFarland, L., Jacobvitz, D., & Boyd-Soisson, E. (2010). Fathers' frightening behaviours and sensitivity with infants: Relations with fathers' attachment representations, father–infant attachment, and children's later outcomes. *Early Child Development and Care, 180,* 51–69.

Healthy Families America. (2011). *Healthy Families America FAQ.* Retrieved from www.healthyfamiliesamerica.org/about_us/faq.shtml

Hebblethwaite, S., & Norris, J. (2011). Expressions of generativity through family leisure: Experiences of grandparents and adult grandchildren. *Family Relations, 60,* 121–133.

Hebert, K., Moore, H., & Rooney, J. (2011). The nurse advocate in end-of-life care. *Ochsner Journal, 11,* 325–329.

Heckhausen, J., Wrosch, C., & Schultz, R. (2010). A motivational theory of life-span development. *Psychological Review, 117,* 32–60.

Heilbrun, K., Lee, R., & Cottle, C. C. (2005). Risk factors and intervention outcomes: Meta-analyses of juvenile offending. In K. Heilbrun, N. E. S. Goldstein, & R. E. Redding (Eds.), *Juvenile delinquency: Prevention, assessment, and intervention* (pp. 111–133). New York: Oxford University Press.

Hein, S., Reich, J., & Grigorenko, E. (2015). Cultural manifestation of intelligence in formal and informal learning environments during childhood. In L. A. Jensen (Ed.), *Oxford handbook of human development and culture* (pp. 214–229). New York: Oxford University Press.

Heino, R., Ellison, N., & Gibbs, J. (2010). Relationshopping: Investigating the market metaphor in online dating. *Journal of Social and Personal Relationships, 27,* 427–447.

Heinrich-Weltzien, R., Zorn, C., Monse, B., & Kromeyer-Hauschild, K. (2013). Relationship between malnutrition and the number of permanent teeth in Filipino 10- to 13-year-olds. *BioMed Research International, 2013,* Article ID 205950.

Hellemans, K. G., Sliwowska, J. H., Verma, P., & Weinberg, J. (2010). Prenatal alcohol exposure: Fetal programming and later life vulnerability to stress, expression and anxiety disorders. *Neuroscience and Biobehavioral Reviews, 34,* 791–807.

Heller, D., Watson, D., & Ilies, R. (2004). The role of person vs. situation in life satisfaction: A critical examination. *Psychological Bulletin, 130,* 574–600.

Helm, H. M., Hays, J. C., Flint, E. P., Koenig, H. G., & Blazer, D. G. (2000). Does private religious activity prolong survival? A six-year follow-up study of 3,851 older adults. *Journals of Gerontology, 55A,* M400–M405.

Helson, R., Jones, C. J., & Kwan, V. S. Y. (2002). Personality change over 40 years of adulthood: Hierarchical linear modeling analyses of two longitudinal samples. *Journal of Personality and Social Psychology, 83,* 752–766.

Helwig, C. C. (2006). Rights, civil liberties, and democracy across cultures. In M. Killen & J. G. Smetana (Eds.), *Handbook of moral development* (pp. 185–210). Philadelphia: Erlbaum.

Helwig, C. C., & Jasiobedzka, U. (2001). The relation between law and morality: Children's reasoning about socially beneficial and unjust laws. *Child Development, 72,* 1382–1393.

Helwig, C. C., Ruck, M. D., & Peterson-Badali, M. (2014). Rights, civil liberties, and democracy. In M. Killen & J. G. Smetana (Eds.), *Handbook of moral development* (2nd ed., pp. 46–69). New York: Psychology Press.

Helwig, C. C., & Turiel, E. (2004). Children's social and moral reasoning. In P. K. Smith & C. H. Hart (Eds.), *Blackwell handbook of childhood social development* (pp. 476–490). Malden, MA: Blackwell.

Helwig, C. C., & Turiel, E. (2011). Children's social and moral reasoning. In P. K. Smith & C. H. Hart (Eds.), *The Wiley-Blackwell handbook of childhood social development* (2nd ed., pp. 567–583). Chichester, UK: John Wiley & Sons.

Helwig, C. C., Zelazo, P. D., & Wilson, M. (2001). Children's judgments of psychological harm in normal and canonical situations. *Child Development, 72,* 66–81.

Henderson, T. L., & Bailey, S. J. (2015). Grandparents rearing grandchildren: A culturally variant perspective. In S. Browning & K. Pasley (Eds.), *Contemporary families: Translating research into practice* (pp. 230–247). New York: Routledge.

Hendrick, S. S., & Hendrick, C. (2002). Love. In C. R. Snyder & S. J. Lopez (Eds.), *Handbook of positive psychology* (pp. 472–484). New York: Oxford University Press.

Hendricks, J., & Cutler, S. J. (2004). Volunteerism and socioemotional selectivity in later life. *Journals of Gerontology, 59B,* S251–S257.

Hendrie, H. C., Murrell, J., Baiyewu, O., Lane, K., Purnell, C., Oqunniyi, A., et al. (2014). APOE ε4 and the risk for Alzheimer disease and cognitive decline in African Americans and Yoruba. *International Psychogeriatrics, 26,* 977–985.

Hendry, M., Paserfield, D., Lewis, R., Carter, B., Hodgson, D., & Wilinson, C. (2012). Why do we want the right to die? A systematic review of the international literature on the views of patients, carers and the public on assisted dying. *Palliative Medicine, 27,* 13–26.

Henggeler, S. W., Schoenwald, S. K., Bourduin, C. M., Rowland, M. D., & Cunningham, P. B. (2009). *Multisystemic therapy for antisocial behavior in children and adolescents* (2nd ed.). New York: Guilford.

Henig, R. M., & Henig, S. (2012). *Twenty something: Why do young adults seem stuck?* New York: Hudson Street Press.

Henk, T., Schönbeck, Y., van Dommelen, P., Bakker, B., van Buuren, S., & HiraSing, R. A. (2013). Trends in menarcheal age between 1955 and 2009 in the Netherlands. *PLOS ONE, 8*(4), e60056.

Henning, A., Spinath, F. M., & Aschersleben, G. (2011). The link between preschoolers' executive function and theory of mind and the role of epistemic states. *Journal of Experimental Psychology, 108,* 513–531.

Henning, K., Jones, A. R., & Holdford, R. (2005). Attributions of blame among male and female domestic violence offenders. *Journal of Family Violence, 20,* 131–139.

Henning-Smith, C. (2016). Quality of life and psychological distress among older adults: The role of living arrangements. *Journal of Applied Gerontology, 35,* 39–61.

Henrich, C. C., Kuperminc, G. P., Sack, A., Blatt, S. J., & Leadbeater, B. J. (2000). Characteristics and homogeneity of early adolescent friendship groups: A comparison of male and female clique and nonclique members. *Applied Developmental Science, 4,* 15–26.

Henricsson, L., & Rydell, A.-M. (2004). Elementary school children with behavior problems: Teacher–child relations and self-perception. A prospective study. *Merrill-Palmer Quarterly, 50,* 111–138.

Henry, M., Cortes, A., Shivji, A., & Buck, K. (2014). *The 2014 Annual Homeless Assessment Report (AHAR) to Congress: Part 1. Point-in-time estimates of homelessness in the U.S.* Washington,

DC: U.S. Department of Housing and Urban Development. Retrieved from www.hudexchange.info/resource/4074/2014-ahar-part-1-pit-estimates-of-homelessness

Hensley, E., & Briars, L. (2010). Closer look at autism and the measles-mumps-rubella vaccine. *Journal of the American Pharmacists Association, 50,* 736–741.

Hepper, P. (2015). Behavior during the prenatal period: Adaptive for development and survival. *Child Development Perspectives, 9,* 38–43.

Hepper, P. G., Dornan, J., & Lynch, C. (2012). Sex differences in fetal habituation. *Developmental Science, 15,* 373–383.

Heppner, M. J. (2013). Women, men and work: The long road to gender equality. In S. D. Brown & R. W. Lent (Eds.), *Career development and counseling: Putting theory and research to work* (2nd ed., pp. 215–244). New York: Wiley.

Heppner, M. J., & Jung, A.-K. (2013). Gender and social class: Powerful predictors of a life journey. In W. B. Walsh, M. L. Savickas, & P. J. Hartung (Eds.), *Handbook of vocational psychology: Theory, research, and practice* (4th ed., pp. 81–102). New York: Routledge.

Heraghty, J. L., Hilliard, T. N., Henderson, A. J., & Fleming, P. J. (2008). The physiology of sleep in infants. *Archives of Disease in Childhood, 93,* 982–985.

Herbenick, D., Reece, M., Schick, V., Sanders, S. A., Dodge, B., & Fortenberry, J. D. (2010). Sexual behavior in the United States: Results from a national probability sample of men and women ages 14–94. *Journal of Sexual Medicine, 7*(Suppl. 5), 255–265.

Herghelegiu, A. M., & Prada, G. I. (2014). Impact of metabolic control on cognitive function and health-related quality of life in older diabetics. In A. K. Leist, J. Kulmala, & F. Nyqvist (Eds.), *Health and cognition in old age: From biomedical and life course factors to policy and practice* (pp. 25–40). Cham, Switzerland: Springer.

Herman, M. (2004). Forced to choose: Some determinants of racial identification in multiracial adolescents. *Child Development, 75,* 730–748.

Herman-Giddens, M. E. (2006). Recent data on pubertal milestones in United States children: The secular trend toward earlier development. *International Journal of Andrology, 29,* 241–246.

Herman-Giddens, M. E., Steffes, J., Harris, D., Slora, E., Hussey, M., Dowshen, S. A., et al. (2012). Secondary sexual characteristics in boys: Data from the Pediatric Research in Office Settings Network. *Pediatrics, 130,* e1058–e1068.

Hernandez, D. J., Denton, N. A., & Blanchard, V. L. (2011). Children in the United States of America: A statistical portrait by race-ethnicity, immigrant origins, and language. *Annals of the American Academy of Political and Social Science, 633,* 102–127.

Hernandez, D. J., Denton, N. A., Macartney, S., & Blanchard, V. L. (2012). Children in immigrant families: Demography, policy, and evidence for the immigrant paradox. In C. García Coll & A. K. Marks (Eds.), *The immigrant paradox in children and adolescents: Is becoming American a developmental risk?* (pp. 17–36). Washington, DC: American Psychological Association.

Hernandez-Tejada, M., Amstadter, A., Muzzy, W., & Acierno, R. (2013). The national elder mistreatment study: Race and ethnicity findings. *Journal of Elder Abuse and Neglect, 25,* 281–293.

Hernando-Herraez, I., Prado-Martinez, J., Garg, P., Fernandez-Callejo, M., Heyn, H., Hvilsom, C., et al. (2013). Dynamics of DNA methylation in recent human and great ape evolution. *PLOS Genetics, 9*(9), e1003763.

Herndler-Brandstetter, D. (2014). How the aging process affects our immune system: Mechanisms, consequences, and perspectives for intervention. In A. K. Leist, J. Kulmala, & F. Nyqvist (Eds.), *Health*

and cognition in old age: From biomedical and life course factors to policy and practice (pp. 55–69). Cham, Switzerland: Springer.

Herne, M. A., Bartholomew, M. L., & Weahkee, R. L. (2014). Suicide mortality among American Indians and Alaska Natives, 1999–2009. *American Journal of Public Health, 104,* S336–S342.

Heron, M. (2015, August 31). Deaths: Leading causes for 2012. *National Vital Statistics Report, 64*(10). Retrieved from www.cdc.gov/nchs/data/nvsr/nvsr64/nvsr64_10.pdf

Heron, T. E., Hewar, W. L., & Cooper, J. O. (2013). *Applied behavior analysis.* Upper Saddle River, NJ: Pearson.

Heron-Delaney, M., Anzures, G., Herbert, J. S., Quinn, P. C., Slater, A. M., Tanaka, J. W., et al. (2011). Perceptual training prevents the emergence of the other race effect during infancy. *PLOS ONE, 6,* 231–255.

Herrnstein, R. J., & Murray, C. (1994). *The bell curve.* New York: Free Press.

Hershey, D. A., Jacobs-Lawson, J. M., McArdle, J. J., & Hamagami, F. (2007). Psychological foundations of financial planning for retirement. *Journal of Adult Development, 14,* 26–36.

Hertzog, C., McGuire, C. L., Horhota, M., & Jopp, D. (2010). Does believing in "use it or lose it" relate to self-rated memory control, strategy use, and recall? *International Journal of Aging and Human Development, 70,* 61–87.

Hespos, S. J., Ferry, A. L., Cannistraci, C. J., Gore, J., & Park, S. (2010). Using optical imaging to investigate functional cortical activity in human infants. In A. W. Roe (Ed.), *Imaging the brain with optical methods* (pp. 159–176). New York: Springer Science + Business Media.

Hesse, E., & Main, M. (2000). Disorganized infant, child, and adult attachment: Collapse in behavioral and attentional strategies. *Journal of the American Psychoanalytic Association, 48,* 1097–1127.

Hesse, E., & Main, M. (2006). Frightening, threatening, and dissociative parental behavior in low-risk samples: Description, discussion, and interpretations. *Development and Psychopathology, 18,* 309–343.

Hetherington, E. M. (2003). Social support and the adjustment of children in divorced and remarried families. *Childhood, 10,* 237–254

Hetherington, E. M., & Clingempeel, W. G. (1992). Coping with marital transitions: A family systems perspective. *Monographs of the Society for Research in Child Development, 57*(2–3, Serial No. 227).

Hetherington, E. M., & Kelly, J. (2002). *For better or for worse: Divorce reconsidered.* New York: Norton.

Hetherington, E. M., & Stanley-Hagan, M. (2000). Diversity among stepfamilies. In D. H. Demo, K. R. Allen, & M. A. Fine (Eds.), *Handbook of family diversity* (pp. 173–196). New York: Oxford University Press.

Hewlett, B. S. (1992). Husband–wife reciprocity and the father–infant relationship among Aka pygmies. In B. S. Hewlett (Ed.), *Father–child relations: Cultural and biosocial contexts* (pp. 153–176). New York: Aldine de Gruyter.

Heyder, A., & Kessels, U. (2015). Do teachers equate male and masculine with lower academic engagement? How students' gender enactment triggers gender stereotypes at school. *Social Psychology of Education, 18,* 467–485.

Heyes, C. (2005). Imitation by association. In S. Hurley & N. Chater (Eds.), *From neuroscience to social science: Vol. 1. Mechanisms of imitation and imitation in animals* (pp. 157–177). Cambridge, MA: MIT Press.

Heyes, C. M. (2010). Where do mirror neurons come from? *Neuroscience and Biobehavioral Reviews, 34,* 575–583.

Heyman, G. D., & Legare, C. H. (2004). Children's beliefs about gender differences in the academic and social domains. *Sex Roles, 50,* 227–239.

Hicken, B. L., Smith, D., Luptak, M., & Hill, R. D. (2014). Health and aging in rural America. In J. Warren & K. B. Smalley (Eds.), *Rural public health: Best practices and preventive models* (pp. 241–254). New York: Springer.

Hickling, A. K., & Wellman, H. M. (2001). The emergence of children's causal explanations and theories: Evidence from everyday conversation. *Developmental Psychology, 37,* 668–683.

Higginbottom, G. M. A. (2006). "Pressure of life": Ethnicity as a mediating factor in mid-life and older peoples' experience of high blood pressure. *Sociology of Health and Illness, 28,* 583–610.

Higgins, C. A., Duxbury, L. E., & Lyons, S. T. (2010). Coping with overload and stress: Men and women in dual-earner families. *Journal of Marriage and Family 72,* 847–859.

Higginson, I. J., Sarmento, V. P., Calanzani, N., Benalia, H., & Gomes, B. (2013). Dying at home—is it better: A narrative appraisal of the state of the science. *Palliative Medicine, 27,* 918–924.

Hilbert, D. D., & Eis, S. D. (2014). Early intervention for emergent literacy development in a collaborative community pre-kindergarten. *Early Childhood Education Journal, 42,* 105–113.

Hildreth, K., & Rovee-Collier, C. (2002). Forgetting functions of reactivated memories over the first year of life. *Developmental Psychobiology, 41,* 277–288.

Hilimire, M. R., Mienaltowski, A., Blanchard-Fields, F., & Corballis, P. M. (2014). Age-related differences in event-related potential for early visual processing of emotional faces. *Social Cognitive and Affective Neuroscience, 9,* 969–976.

Hill, D. B., Menvielle, E., Sica, K. M., & Johnson, A. (2010). An affirmative intervention for families with gender variant children: Parental ratings of child mental health and gender. *Journal of Sex and Marital Therapy, 36,* 6–23.

Hill, E. J., Mead, N. T., Dean, L. R., Hafen, D. M., Gadd, R., & Palmer, A. A. (2006). Researching the 60-hour dual-earner workweek. *American Behavioral Scientist, 49,* 1184–1203.

Hill, J. L., Brooks-Gunn, J., & Waldfogel, J. (2003). Sustained effects of high participation in an early intervention for low-birth-weight premature infants. *Developmental Psychology, 39,* 730–744.

Hill, N. E., & Taylor, L. C. (2004). Parental school involvement and children's academic achievement: Pragmatics and issues. *Current Directions in Psychological Science, 13,* 161–164.

Hilliard, L. J., & Liben, L. S. (2010). Differing levels of gender salience in preschool classrooms: Effects on children's gender attitudes and intergroup bias. *Child Development, 81,* 1787–1798.

Hillis, S. D., Anda, R. F., Dube, S. R., Felitti, V. J., Marchbanks, P. A., & Marks, J. S. (2004). The association between adverse childhood experiences and adolescent pregnancy, long-term psychosocial consequences, and fetal death. *Pediatrics, 113,* 320–327.

Hillman, K. M. (2011). End-of-life care in acute hospitals. *Australian Health Review, 35,* 176–177.

Hines, M. (2011a). Gender development and the human brain. *Annual Review of Neuroscience, 34,* 67–86.

Hines, M. (2011b). Prenatal endocrine influences on sexual orientation and on sexually differentiated childhood behavior. *Neuroendocrinology, 32,* 170–182.

Hines, M. (2015). Gendered development. In M. E. Lamb (Ed.), *Handbook of child psychology and developmental science: Vol. 3. Socioemotional processes* (7th ed., pp. 842–887). Hoboken, NJ: Wiley.

Hinrichsen, G. A. (2016). Depression. In S. K. Whitbourne (Ed.), *Encyclopedia of adulthood and aging* (Vol. 1, pp. 327–331). Malden, MA: Wiley Blackwell.

Hinsta, T., Jokela, M., Pulkki-Råback, L., & Keltikangas-Järvinen, L. (2014). Age- and cohort-related variance of Type-A behavior over 24 years: The Young Finns Study. *International Journal of Behavioral Medicine, 21,* 927–935.

Hipfner-Boucher, K., Milburn, T., Weitzman, E., Greenberg, J., Pelletier, J., & Girolametto, L. (2014). Relationships between preschoolers' oral language and phonological awareness. *First Language, 34,* 178–197.

Hirasawa, R., & Feil, R. (2010). Genomic imprinting and human disease. *Essays in Biochemistry, 48,* 187–200.

Hirsh-Pasek, K., & Burchinal, M. (2006). Mother and caregiver sensitivity over time: Predicting language and academic outcomes with variable- and person-centered approaches. *Merrill-Palmer Quarterly, 52,* 449–485.

Hoang, D. H., Pagnier, A., Guichardet, K., Dubois-Teklali, F., Schiff, I., Lyard, G., et al. (2014). Cognitive disorders in pediatric medulloblastoma: What neuroimaging has to offer. *Journal of Neurosurgery, 14,* 136–144.

Hobbs, S. D., & Goodman, G. S. (2014). Child witnesses in the legal system: Improving child interviews and understanding juror decisions. *Behavioral Sciences & the Law, 32,* 681–685.

Hochwarter, W. A., Ferris, G. R., Perrewe, P. L., Witt, L. A., & Kiewitz, C. (2001). A note on the nonlinearity of the age–job satisfaction relationship. *Journal of Applied Social Psychology, 31,* 1223–1237.

Hodel, A. S., Hunt, R. H., Cowell, R. A., Van Den Heuvel, S. E., Gunnar, M. R., & Thomas, K. M. (2014). Duration of early adversity and structural brain development in post-institutionalized adolescents. *NeuroImage, 105,* 112–119.

Hodges, J., & Tizard, B. (1989). Social and family relationships of ex-institutional adolescents. *Journal of Child Psychology and Psychiatry, 30,* 77–97.

Hodnett, E. D., Gates, S., Hofmeyr, G. J., & Sakala, C. (2012). Continuous support for women during childbirth. *Cochrane Database of Systematic Reviews,* Issue 7, Art. No.: CD003766.

Hoeft, T. J., Hinton, L., Liu, J., & Unützer, J. (2016). Directions for effectiveness research to improve health services for late-life depression in the United States. *American Journal of Geriatric Psychiatry, 24,* 18–30.

Hoeppner, B. B., Paskausky, A. L., Jackson, K. M., & Barnett, N. P. (2013). Sex differences in college student adherence to NIAAA drinking guidelines. *Alcohol Clinical and Experimental Research, 37,* 1779–1786.

Hoerr, T. (2004). How MI informs teaching at New City School. *Teachers College Record, 106,* 40–48.

Hoff, E. (2003). The specificity of environmental influence: Socioeconomic status affects early vocabulary development via maternal speech. *Child Development, 74,* 1368–1378.

Hoff, E. (2013). Interpreting the early language trajectories of children from low-SES and language minority homes: Implications for closing achievement gaps. *Developmental Psychology, 49,* 4–14.

Hoff, E., Core, C., Place, S., Rumiche, R., Senor, M., & Parra, M. (2012). Dual language exposure and early bilingual development. *Journal of Child Language, 39,* 1–27.

Hoff, E., Laursen, B., & Tardif, T. (2002). Socioeconomic status and parenting. In M. H. Bornstein (Ed.), *Handbook of parenting* (pp. 231–252). Mahwah, NJ: Erlbaum.

Hofferth, S. L. (2003). Race/ethnic differences in father involvement in two-parent families: Culture, context, or economy? *Journal of Family Issues, 24,* 185–216.

Hofferth, S. L. (2010). Home media and children's achievement and behavior. *Child Development, 81,* 1598–1619.

Hofferth, S. L., & Anderson, K. G. (2003). Are all dads equal? Biology versus marriage as a basis for paternal investment. *Journal of Marriage and Family, 65,* 213–232.

Hofferth, S. L., Forry, N. D., & Peters, H. E. (2010). Child support, father–child contact, and preteens' involvement with nonresidential fathers: Racial/ethnic differences. *Journal of Family Economic Issues, 31,* 14–32.

Hoffman, L. W. (2000). Maternal employment: Effects of social context. In R. D. Taylor & M. C. Wang (Eds.), *Resilience across contexts: Family, work, culture, and community* (pp. 147–176). Mahwah, NJ: Erlbaum.

Hoffman, M. L. (2000). *Empathy and moral development.* New York: Cambridge University Press.

Hoffner, C., & Badzinski, D. M. (1989). Children's integration of facial and situational cues to emotion. *Child Development, 60,* 411–422.

Hogan, B. E., & Linden, W. (2004). Anger response styles and blood pressure: At least don't ruminate about it! *Annals of Behavioral Medicine, 27,* 38–49.

Hokoda, A., & Fincham, F. D. (1995). Origins of children's helpless and mastery achievement patterns in the family. *Journal of Educational Psychology, 87,* 375–385.

Holden, G. W., Williamson, P. A., & Holland, G. W. O. (2014). Eavesdropping on the family: A pilot investigation of corporal punishment in the home. *Journal of Family Psychology, 28,* 401–406.

Holditch-Davis, D., Belyea, M., & Edwards, L. J. (2005). Prediction of 3-year developmental outcomes from sleep development over the preterm period. *Infant Behavior and Development, 79,* 49–58.

Holdren, J. P., & Lander, E. (2012). *Engage to excel: Producing one million additional college graduates with degrees in science, technology, engineering, and mathematics.* Washington, DC: President's Council of Advisors on Science and Technology.

Holland, J. L. (1985). *Making vocational choices: A theory of vocational personalities and work environments.* Englewood Cliffs, NJ: Prentice-Hall.

Holland, J. L. (1997). *Making vocational choices: A theory of vocational personalities and work environments* (3rd ed.). Odessa, FL: Psychological Assessment Resources.

Hollenstein, T., & Lougheed, J. P. (2013). Beyond storm and stress: Typicality, transactions, timing, and temperament to account for adolescent change. *American Psychologist, 68,* 444–454.

Hollich, G. J., Hirsh-Pasek, K., & Golinkoff, R. M. (2000). Breaking the language barrier: An emergentist coalition model for the origins of word learning. *Monographs of the Society for Research in Child Development, 65*(3, Serial No. 262).

Höllwarth, M. E. (2013). Prevention of unintentional injuries: A global role for pediatricians. *Pediatrics, 132,* 4–7.

Holmes, J., Gathercole, S. E., & Dunning, D. L. (2010). Poor working memory: Impact and interventions. In P. Bauer (Ed.), *Advances in child development and behavior* (Vol. 39, pp. 1–43). London: Academic Press.

Holt-Lunstad, J., Smith, T. B., & Layton, J. B. (2010). Social relationships and mortality risk: A meta-analytic review. *PLOS ONE, 7,* e1000316

Hong, D. S., Hoeft, F., Marzelli, M. J., Lepage, J.-F., Roeltgen, D., Ross, J., et al. (2014). Influence of the X-chromosome on neuroanatomy: Evidence from Turner and Klinefelter syndromes. *Journal of Neuroscience, 34,* 3509–3516.

Hong, S. I., & Morrill-Howell, N. (2010). Health outcomes of Experience Corps: A high-commitment volunteer program. *Social Science and Medicine, 71,* 414–420.

Hong, T., Mitchell, P., Burlutsky, G., Liew, G., & Wang, J. J. (2016). Visual impairment, hearing loss and cognitive function in an older population: Longitudinal findings from the Blue Mountains Eye Study. *PLOS ONE, 11*(1), e017646.

Hoobler, J. M., Lemmon, G., & Wayne, S. J. (2011). Women's underrepresentation in upper management:

New insights on a persistent problem. *Organizational Dynamics, 40,* 151–156.

Hood, M., Conlon, E., & Andrews, G. (2008). Preschool home literacy practices and children's literacy development: A longitudinal analysis. *Journal of Educational Psychology, 100,* 252–271.

Hootman, J. M., Helmick, C. G., Barbour, K. E., Theis, K. A., & Boring, M. A. (2016). Updated projected prevalence of self-reported doctor-diagnosed arthritis and arthritis-attributable activity limitation among U.S. adults, 2015–2040. *Arthritis & Rheumatology, 68,* 1582–1587.

Hooyman, N., Kawamoto, K. S., & Kiyak, H. A. S. (2015). *Aging matters: An introduction to social gerontology.* Hoboken, NJ: Pearson.

Hopf, L., Quraan, M. A., Cheung, M. J., Taylor, M. J., Ryan, J. D., & Moses, S. N. (2013). Hippocampal lateralization and memory in children and adults. *Journal of the International Neuropsychological Society, 19,* 1042–1052.

Hopkins, B., & Westra, T. (1988). Maternal handling and motor development: An intracultural study. *Genetic, Social and General Psychology Monographs, 14,* 377–420.

Hoppmann, C. A., Gerstorf, D., Smith, J., & Klumb, P. L. (2007). Linking possible selves and behavior: Do domain-specific hopes and fears translate into daily activities in very old age? *Journals of Gerontology, 62B,* P104–P111.

Horhota, M., Lineweaver, T., Ositelu, M., Summers, K., & Hertzog, C. (2012). Young and older adults' beliefs about effective ways to mitigate age-related memory decline. *Psychology and Aging, 27,* 293–304.

Horn, J. L., & Noll, J. (1997). Human cognitive capabilities: Gf–Gc theory. In D. P. Flanagan, J. L., Genshaft, & P. L. Harrison (Eds.), *Beyond traditional intellectual assessment* (pp. 53–91). New York: Guilford.

Horn, K., Branstetter, S., Zhang, J., Jarett, T., Tompkins, N. O., Anesetti-Rothermel, A., et al. (2013). Understanding physical activity outcomes as a function of teen smoking cessation. *Journal of Adolescent Health, 53,* 125–131.

Horn, S. S., & Heinze, J. (2011). She can't help it, she was born that way: Adolescents' beliefs about the origins of homosexuality and sexual prejudice. *Anales de Psicología, 27,* 688–697.

Horn, S. S., & Sinno, S. M. (2014). Gender, sexual orientation, and discrimination based on gender. In M. Killen & J. G. Smetana (Eds.), *Handbook of moral development* (2nd ed., pp. 317–349). New York: Psychology Press.

Horn, S. S., & Szalacha, L. A. (2009). School differences in heterosexual students' attitudes about homosexuality and prejudice based on sexual orientation. *International Journal of Developmental Science, 3,* 64–79.

Horner, T. M. (1980). Two methods of studying stranger reactivity in infants: A review. *Journal of Child Psychology and Psychiatry, 21,* 203–219.

Horne-Thompson, A., & Grocke, D. (2008). The effect of music therapy on anxiety in patients who are terminally ill. *Journal of Palliative Medicine, 11,* 582–590.

Horowitz, R., Gramling, R., & Quill, T. (2014). Palliative care education in U.S. medical schools. *Medical Education, 48,* 59–66.

Hospice Foundation of America. (2011). *A caregiver's guide to the dying process.* Retrieved from hospicefoundation.org/hfa/media/Files/Hospice _TheDyingProcess_Docutech-READERSPREADS .pdf

Hospice Foundation of America. (2016). *Paying for care.* Retrieved from hospicefoundation.org/End-of -Life-Support-and-Resources/Coping-with-Terminal -Illness/Paying-for-Care

Hoste, R. R., & Le Grange, D. (2013). Eating disorders in adolescence. In W. T. Donohue, L. T. Benuto, & L. Woodword Tolle (Eds.), *Handbook of adolescent*

health psychology (pp. 495–506). New York: Springer.

Hostetler, A. J., & Sweet, S., & Moen, P. (2007). Gendered career paths: A life course perspective on returning to school. *Sex Roles, 56,* 85–103.

Houlihan, J., Kropp, T., Wiles, R., Gray, S., & Campbell, C. (2005). *Body burden: The pollution in newborns.* Washington, DC: Environmental Working Group.

Houts, R. M., Barnett-Walker, K. C., Paley, B., & Cox, M. J. (2008). Patterns of couple interaction during the transition to parenthood. *Personal Relationships, 15,* 103–122.

Hovdenak, N., & Haram, K. (2012). Influence of mineral and vitamin supplements on pregnancy outcome. *European Journal of Obstetrics & Gynecology and Reproductive Biology, 164,* 127–132.

Howard, K., & Walsh, M. E. (2010). Conceptions of career choice and attainment: Developmental levels in how children think about careers. *Journal of Vocational Behavior, 76,* 143–152.

Howe, M. L. (2014). The co-emergence of self and autobiographical memory: An adaptive view of early memory. In P. J. Bauer & R. Fivush (Eds.), *Wiley handbook on the development of children's memory* (pp. 545–567). Hoboken, NJ: Wiley-Blackwell.

Howe, M. L. (2015). Memory development. In L. S. Liben & U. Müller (Eds.), *Handbook of child psychology and developmental science: Vol. 2. Cognitive processes* (7th ed., pp. 203–249). Hoboken, NJ: Wiley.

Howe, N., Aquan-Assee, J., & Bukowski, W. M. (2001). Predicting sibling relations over time: Synchrony between maternal management styles and sibling relationship quality. *Merrill-Palmer Quarterly, 47,* 121–141.

Howell, K. K., Coles, C. D., & Kable, J. A. (2008). The medical and developmental consequences of prenatal drug exposure. In J. Brick (Ed.), *Handbook of the medical consequences of alcohol and drug abuse* (2nd ed., pp. 219–249). New York: Haworth Press.

Howell, S. R., & Becker, S. (2013). Grammar from the lexicon: Evidence from neural network simulations of language acquisition. In D. Bittner & N. Ruhlig (Eds.), *Lexical bootstrapping: The role of lexis and semantics in child language* (pp. 245–264). Berlin: Walter de Gruyter.

Howell, T. M., & Yuille, J. C. (2004). Healing and treatment of Aboriginal offenders: A Canadian example. *American Journal of Forensic Psychology, 22,* 53–76.

Høybe, C., Cohen, P., Hoffman, A. R., Ross, R., Biller, B. M., & Christiansen, J. S. (2015). Status of long-acting-growth hormone preparations—2015. *Growth Hormone & IGF Research, 25,* 201–206.

Hoyer, W. J., & Verhaeghen, P. (2006). Memory aging. In J. E. Birren & K. W. Schaie (Eds.), *Handbook of the psychology of aging* (6th ed., pp. 209–232). Burlington, MA: Elsevier Academic Press.

HSBC & Oxford Institute of Ageing. (2007). *The future of retirement.* London: HSBC Insurance.

Hsu, A. S., Chater, N., & Vitányi, P. (2013). Language learning from positive evidence, reconsidered: A simplicity-based approach. *Topics in Cognitive Science, 5,* 35–55.

Huang, C.-C. (2006). Child support enforcement and father involvement for children in never-married mother families. *Fathering, 4,* 97–111.

Huang, C. Y., & Stormshak, E. A. (2011). A longitudinal examination of early adolescence ethnic identity trajectories. *Cultural Diversity and Ethnic Minority Psychology, 17,* 261–270.

Huang, H., Coleman, S., Bridge, J. A., Yonkers, K., & Katon, W. (2014). A meta-analysis of the relationship between antidepressant use in pregnancy and the risk of preterm birth and low birth weight. *General Hospital Psychiatry, 36,* 13–18.

Huang, K.-E. (2010). Menopause perspective and treatment of Asian women. *Seminars in Reproductive Medicine, 28,* 396–403.

Huang, Q., & Sverke, M. (2007). Women's occupational career patterns over 27 years: Relations to family of origin, life careers, and wellness. *Journal of Vocational Behavior, 70,* 369–397.

Hubbard, P., Gorman-Murray, A., & Nash, C. J. (2015). Cities and sexualities. In J. DeLatamer & R. F. Plante (Eds.), *Handbook of the sociology of sexualities* (pp. 287–303). New York: Springer.

Hubbs-Tait, L., Nation, J. R., Krebs, N. F., & Bellinger, D. C. (2005). Neurotoxicants, micronutrients, and social environments: Individual and combined effects on children's development. *Psychological Science in the Public Interest, 6,* 57–121.

Huddleston, J., & Ge, X. (2003). Boys at puberty: Psychosocial implications. In C. Hayward (Ed.), *Gender differences at puberty* (pp. 113–134). New York: Cambridge University Press.

Hudson, J. A., Fivush, R., & Kuebli, J. (1992). Scripts and episodes: The development of event memory. *Applied Cognitive Psychology, 6,* 483–505.

Hudson, J. A., & Mayhew, E. M. Y. (2009). The development of memory for recurring events. In M. L. Courage & N. Cowan (Eds.), *The development of memory in infancy and childhood* (pp. 69–91). Hove, UK: Psychology Press.

Hudson, N. W., & Fraley, R. C. (2016). Changing for the better? Longitudinal associations between volitional personality change and psychological well-being. *Personality and Social Psychology Bulletin, 42,* 603–615.

Huebner, C. E., & Payne, K. (2010). Home support for emergent literacy: Follow-up of a community-based implementation of dialogic reading. *Journal of Applied Developmental Psychology, 31,* 195–201.

Huesmann, L. R., Moise-Titus, J., Podolski, C. & Eron, L. D. (2003). Longitudinal relations between children's exposure to TV violence and their aggressive and violent behavior in young adulthood: 1977–1992. *Developmental Psychology, 39,* 201–221.

Huffman, M. L. (2012). Introduction: Gender, race, and management. *Annals of the American Academy of Political and Social Science, 639,* 6–12.

Hughes, C. (2010). Conduct disorder and antisocial behavior in the under-5s. In C. L. Cooper, J. Field, U. Goswami, R. Jenkins, & B. J. Sahakian (Eds.), *Mental capital and well-being* (pp. 821–827). Malden, MA: Wiley-Blackwell.

Hughes, C., & Ensor, R. (2010). Do early social cognition and executive function predict individual differences in preschoolers' prosocial and antisocial behavior? In B. W. Sokol, U. Müller, J. I. M. Carpendale, A. R. Young, & G. Iarocci (Eds.), *Social interaction and the development of social understanding and executive functions* (pp. 418–441). New York: Oxford University Press.

Hughes, C., Ensor, R., & Marks, A. (2010). Individual differences in false belief understanding are stable from 3 to 6 years of age and predict children's mental state talk with school friends. *Journal of Experimental Child Psychology, 108,* 96–112.

Hughes, C., Marks, A., Ensor, R., & Lecce, S. (2010). A longitudinal study of conflict and inner state talk in children's conversations with mothers and younger siblings. *Social Development, 19,* 822–837.

Hughes, J. N. (2011). Longitudinal effects of teacher and student perceptions of teacher–student relationship qualities on academic adjustment. *Elementary School Journal, 112,* 38–60.

Hughes, J. N., Cavell, T. A., & Grossman, P. B. (1997). A positive view of self: Risk or protection for aggressive children? *Development and Psychopathology, 9,* 75–94.

Hughes, J. N., & Kwok, O. (2006). Classroom engagement mediates the effect of teacher–student support on elementary students' peer acceptance. *Journal of School Psychology, 43,* 465–480.

Hughes, J. N., Wu, J.-Y., Kwok, O., Villarreal, V., & Johnson, A. Y. (2012). Indirect effects of child reports of teacher–student relationship on achievement. *Journal of Educational Psychology, 104,* 350–365.

Hughes, J. N., Zhang, D., & Hill, C. R. (2006). Peer assessments of normative and individual teacher–student support predict social acceptance and engagement among low-achieving children. *Journal of School Psychology, 43,* 447–463.

Huizenga, H., Crone, E. A., & Jansen, B. (2007). Decision making in healthy children, adolescents and adults explained by the use of increasingly complex proportional reasoning rules. *Developmental Science, 10,* 814–825.

Hultsch, D. F., Hertzog, C., Dixon, R. A., & Small, B. J. (1998). *Memory change in the aged.* New York: Cambridge University Press.

Hunnius, S., & Geuze, R. H. (2004a). Developmental changes in visual scanning of dynamic faces and abstract stimuli in infants: A longitudinal study. *Infancy, 6,* 231–255.

Hunnius, S., & Geuze, R. H. (2004b). Gaze shifting in infancy: A longitudinal study using dynamic faces and abstract stimuli. *Infant Behavior and Development, 27,* 397–416.

Hunt, C. E., & Hauck, F. R. (2006). Sudden infant death syndrome. *Canadian Medical Association Journal, 174,* 1861–1869.

Hunt, E. (2011). *Human intelligence.* New York: Cambridge University Press.

Hunt, J. S. (2015). Race in the justice system. In B. L. Cutler & P. A. Zapf (Eds.), *APA handbook of forensic psychology: Vol. 2. Criminal investigation, adjudication, and sentencing outcomes* (pp. 125–161). Washington, DC: American Psychological Association.

Hunter, L. A. (2014). Vaginal breech birth: Can we move beyond the term breech trial? *Journal of Midwifery and Women's Health, 59,* 320–327.

Huntsinger, C., Jose, P. E., Krieg, D. B., & Luo, Z. (2011). Cultural differences in Chinese American and European American children's drawing skills over time. *Early Childhood Research Quarterly, 26,* 134–145.

Hurtig, W. A., & Stewin, L. (2006). The effect of death education and experience on nursing students' attitude toward death. *Journal of Advanced Nursing, 15,* 29–34.

Huston, A. C., Wright, J. C., Marquis, J., & Green, S. B. (1999). How young children spend their time: Television and other activities. *Developmental Psychology, 35,* 912–925.

Huston, T. L., Caughlin, J. P., Houts, R. M., Smith, S. E., & George, L. J. (2001). The connubial crucible: Newlywed years as predictors of marital delight, distress, and divorce. *Journal of Personality and Social Psychology, 80,* 237–252.

Hutchinson, E. A., De Luca, C. R., Doyle, L. W., Roberts, G., & Anderson, P. J. (2013). School-age outcomes of extremely preterm or extremely low birth weight children. *Pediatrics, 131,* e1053–1061.

Huttenlocher, J., Waterfall, H., Veasilyeva, M., Vevea, J., & Hedges, L. (2010). Sources of variability in children's language growth. *Cognitive Psychology, 61,* 343–365.

Huttenlocher, P. R. (2002). *Neural plasticity: The effects of environment on the development of the cerebral cortex.* Cambridge, MA: Harvard University Press.

Huxhold, O., Miche, M., & Schüz, B. (2014). Benefits of having friends in older ages: Differential effects of informal social activities on well-being in middle-aged and older adults. *Journals of Gerontology, 69B,* 366–375.

Huyck, M. H. (1996). Continuities and discontinuities in gender identity in midlife. In V. L. Bengtson (Ed.), *Adulthood and aging* (pp. 98–121). New York: Springer-Verlag.

Huyck, M. H. (1998). Gender roles and gender identity in midlife. In S. L. Willis & J. D. Reid (Eds.), *Life in the middle* (pp. 209–232). San Diego: Academic Press.

Hyde, J. S. (2014). Gender similarities and differences. *Annual Review of Psychology, 65,* 373–398.

Hyde, J. S., Mezulis, A. H., & Abramson, L. Y. (2008). The ABCs of depression: Integrating affective, biological, and cognitive models to explain the emergence of the gender difference in depression. *Psychological Review, 115,* 291–313.

Hyman, B. T., Phelps, C. H., Beach, T. G., Bigio, E. H., Cairns, N. J., Carrillo, M. C., et al. (2012). National Institute on Aging–Alzheimer's Association guidelines for the neuropathologic assessment of Alzheimer's disease. *Alzheimer's and Dementia, 8,* 1–13.

Hymel, S., Schonert-Reichl, K. A., Bonanno, R. A., Vaillancourt, T., & Henderson, N. R. (2010). Bullying and morality: Understanding how good kids can behave badly. In S. Jimerson, S. M. Swearer, & D. L. Espelage (Eds.), *Handbook of bullying in schools: An international perspective* (pp. 101–118). New York: Routledge.

I

Ibanez, G., Bernard, J. Y., Rondet, C., Peyre, H., Forhan, A., Kaminski, M., & Saurel-Cubizolles, M.-J. (2015). Effects of antenatal maternal depression and anxiety on children's early cognitive development: A prospective cohort study. *PLOS ONE, 10,* e0135849.

Ickes, M. J. (2011). Stigmatization of overweight and obese individuals: Implications for mental health promotion. *International Journal of Mental Health Promotion, 13,* 37–45.

Ikejima, C., Ikeda, M., Hashimoto, M., Ogawa, Y., Tanimukai, S., Kashibayashi, T., et al. (2014). Multicenter population-based study on the prevalence of early onset dementia in Japan: Vascular dementia as its prominent cause. *Psychiatry and Clinical Neuroscience, 68,* 216–224.

Imai, M., & Haryu, E. (2004). The nature of word-learning biases and their roles for lexical development: From a cross-linguistic perspective. In D. G. Hall & S. R. Waxman (Eds.), *Weaving a lexicon* (pp. 411–444). Cambridge, MA: MIT Press.

Impett, E. A., & Peplau, L. A. (2006). "His" and "her" relationships? A review of the empirical evidence. In A. L. Vangelisti & D. Perlman (Eds.), *The Cambridge handbook of personal relationships* (pp. 273–292). New York: Cambridge University Press.

Impett, E. A., Sorsoli, L., Schooler, D., Henson, J. M., & Tolman, D. L. (2008). Girls' relationship authenticity and self-esteem across adolescence. *Developmental Psychology, 44,* 722–733.

Ingoldsby, E. M., Shelleby, E., Lane, T., & Shaw, D. S. (2012). Extrafamilial contexts and children's conduct problems. In V. Maholmes & R. B. King (Eds.), *Oxford handbook of poverty and child development* (pp. 404–422). New York: Oxford University Press.

Ingram, D. K., & Roth, G. S. (2015). Calorie restriction mimetics: Can you have your cake and eat it, too? *Ageing Research Reviews, 20,* 46–62.

Inhelder, B., & Piaget, J. (1958). *The growth of logical thinking from childhood to adolescence: An essay on the construction of formal operational structures.* New York: Basic Books. (Original work published 1955)

Insana, S. P., & Montgomery-Downs, H. E. (2012). Sleep and sleepiness among first-time postpartum parents: A field- and laboratory-based multimethod assessment. *Developmental Psychobiology, 55,* 361–372.

Institute of Medicine. (2015). *Cognitive aging: Progress in understanding and opportunity for action.* Washington, DC: National Academies Press.

Ip, S., Chung, M., Raman, G., Trikalinos, T. A., & Lau, J. (2009). A summary of the Agency for Healthcare Research and Quality's evidence report on breastfeeding in developed countries. *Breastfeeding Medicine, 4*(Suppl. 1), S17–S30.

Irvine, A. B., Ary, D. V., & Bourgeois, M. S. (2003). An interactive multimedia program to train professional

caregivers. *Journal of Applied Gerontology, 22,* 269–288.

Isabella, R., & Belsky, J. (1991). Interactional synchrony and the origins of infant–mother attachment: A replication study. *Child Development, 62,* 373–384.

Ishida, M., & Moore, G. E. (2013). The role of imprinted genes in humans. *Molecular Aspects of Medicine, 34,* 826–840.

Ishihara, K., Warita, K., Tanida, T., Sugawara, T., Kitagawa, H., & Hoshi, N. (2007). Does paternal exposure to 2, 3, 7, 8-tetrachlorodibenzo-p-dioxin (TCDD) affect the sex ratio of offspring? *Journal of Veterinary Medical Science, 69,* 347–352.

Iyer-Eimerbrink, P., & Nurnberger, J. I., Jr. (2014). Genetics of alcoholism. *Current Psychiatry Reports, 16,* 518.

Izard, C. E., King, P. A., Trentacosta, C. J., Laurenceau, J. P., Morgan, J. K., Krauthamer-Ewing, E. S., & Finlon, K. J. (2008). Accelerating the development of emotion competence in Head Start children. *Development and Psychopathology, 20,* 369–397.

Izard, V., Sann, C., Spelke, E. S., & Streri, A. (2009). Newborn infants perceive abstract numbers. *Proceedings of the National Academy of Sciences, 106,* 10382–10385.

J

Jabès, A., & Nelson, C. A. (2014). Neuroscience and child well-being. In A. Ben-Arieh, F. Casas, I. Frønes, & J. E. Korbin (Eds.), *Handbook of child well-being: Vol. 1* (pp. 219–247) Dordrecht, Germany: Springer Reference.

Jack, F., Simcock, G., & Hayne, G. (2012). Magic memories: Young children's verbal recall after a 6-year delay. *Child Development, 83,* 159–172.

Jackson, J. B., Miller, R. B., Oka, M., & Henry, R. G. (2014). Gender differences in marital satisfaction: A meta-analysis. *Journal of Marriage and Family, 76,* 105–129.

Jackson, J. J., Hill, P. L., Payne, B. R., Roberts, B. W., & Steine-Morrow, E. A. L. (2012). Can an old dog learn (and want to experience) new tricks? Cognitive training increases openness to experience in older adults. *Psychology and Aging, 27,* 286–292.

Jackson, K. J., Muldoon, P. P., De Biasi, M., & Damaj, M. I. (2015). New mechanisms and perspectives in nicotine withdrawal. *Neuropharmacology, 96*(Pt. B), 223–234.

Jackson, S. L., & Hafemeister, T. L. (2012). Pure financial exploitation vs. hybrid financial exploitation co-occurring with physical abuse and/or neglect of elderly persons. *Psychology of Violence, 2,* 285–296.

Jackson, V. A., Sullivan, A. M., Gadmer, N. M., Seltzer, D., Mitchell, A. M., & Lakoma, M. D. (2005). "It was haunting … ": Physicians' descriptions of emotionally powerful patient deaths. *Academic Medicine, 80,* 648–656.

Jacobs, J. E., & Klaczynski, P. A. (2002). The development of judgment and decision making during childhood and adolescence. *Current Directions in Psychological Science, 11,* 145–149.

Jacobs, J. E., Lanza, S., Osgood, D. W., Eccles, J. S., & Wigfield, A. (2002). Changes in children's self-competence and values: Gender and domain differences across grades one through twelve. *Child Development, 73,* 509–527.

Jadallah, M., Anderson, R. C., Nguyen-Jahiel, K., Miller, B. W., Kim, I.-H., Kuo, L.-J., et al. (2011). Influence of a teacher's scaffolding moves during child-led small-group discussions. *American Educational Research Journal, 48,* 194–230.

Jadva, V., Casey, P., & Golombok, S. (2012). Surrogacy families 10 years on: Relationship with the surrogate, decisions over disclosure and children's understanding of their surrogacy origins. *Human Reproduction, 27,* 3008–3014.

Jaffe, M., Gullone, E., & Hughes, E. K. (2010). The roles of temperamental dispositions and perceived parenting behaviours in the use of two emotion regulation strategies in late childhood. *Journal of Applied Developmental Psychology, 31,* 47–59.

Jaffee, S. R., Bowes, L., Ouellet-Morin, I., Fisher, H. L., Moffitt, T. E., Merrick, M. T., & Arseneault, L. (2013). Safe, stable, nurturing relationships break the intergenerational cycle of abuse: A prospective nationally representative cohort of children in the United Kingdom. *Journal of Adolescent Health, 53,* S4–S10.

Jaffee, S. R., & Christian, C. W. (2014). The biological embedding of child abuse and neglect: Implications for policy and practice. *Society for Research in Child Development Social Policy Report, 28*(1).

Jahanfar, S., Lye, M.-S., & Krishnarajah, I. S. (2013). Genetic and environmental effects on age at menarche, and its relationship with reproductive health in twins. *Indian Journal of Human Genetics, 19,* 245–250.

Jambon, M., & Smetana, J. G. (2014). Moral complexity in middle childhood: Children's evaluations of necessary harm. *Developmental Psychology, 50,* 22–33.

James, J., Ellis, B. J., Schlomer, G. L., & Garber, J. (2012). Sex-specific pathways to early puberty, sexual debut, and sexual risk taking: Tests of an integrated evolutionary–developmental model. *Developmental Psychology, 48,* 687–702.

James, J. B., Lewkowicz, C., Libhaber, J., & Lachman, M. (1995). Rethinking the gender identity crossover hypothesis: A test of a new model. *Sex Roles, 32,* 185–207.

James, J. B., & Zarrett, N. (2007). Ego integrity in the lives of older women. *Journal of Adult Development, 13,* 61–75.

Jansen, J., de Weerth, C., & Riksen-Walraven, J. M. (2008). Breastfeeding and the mother–infant relationship. *Developmental Review, 28,* 503–521.

Jansen, P. W., Roza, S. J., Jaddoe, V. W. V., Mackenbach, J. D., Raat, H., Hofman, A., et al. (2012). Children's eating behavior, feeding practices of parents and weight problems in early childhood: Results from the population-based Generation R Study. *International Journal of Behavioral Nutrition and Physical Activity, 9,* 130–138.

Janssen, S. M., Rubin, D. C., & St. Jacques, P. L. (2011). The temporal distribution of autobiographical memory: Changes in reliving and vividness over the life span do not explain the reminiscence bump. *Memory and Cognition, 39,* 1–11.

Janssens, J. M. A. M., & Deković, M. (1997). Child rearing, prosocial moral reasoning, and prosocial behaviour. *International Journal of Behavioral Development, 20,* 509–527.

Jarvis, J. F., & van Heerden, H. G. (1967). The acuity of hearing in the Kalahari Bushman: A pilot study. *Journal of Laryngology and Otology, 81,* 63–68.

Jaudes, P. K., & Mackey-Bilaver, L. (2008). Do chronic conditions increase young children's risk of being maltreated? *Child Abuse and Neglect, 32,* 671–681.

Jedrychowski, W., Perera, F. P., Jankowski, J., Mrozek-Budzyn, D., Mroz, E., Flak, E., et al. (2009). Very low prenatal exposure to lead and mental development of children in infancy and early childhood. *Neuroepidemiology, 32,* 270–278.

Jenkins, C., Lapelle, N., Zapka, J. G., & Kurent, J. E. (2005). End-of-life care and African Americans: Voices from the community. *Journal of Palliative Medicine, 8,* 585–592.

Jenkins, C. L., Edmundson, A., Averett, P., & Yoon, I. (2014). Older lesbians and bereavement. *Journal of Gerontological Social Work, 57,* 273–287.

Jenkins, J. M., Rasbash, J., & O'Connor, T. G. (2003). The role of the shared family context in differential parenting. *Developmental Psychology, 39,* 99–113.

Jenkins, K. R., Pienta, A. M., & Horgas, A. L. (2002). Activity and health-related quality of life in continuing care retirement communities. *Research on Aging, 24,* 124–149.

Jensen, A. R. (1969). How much can we boost IQ and scholastic achievement? *Harvard Educational Review, 39,* 1–123.

Jensen, A. R. (2001). Spearman's hypothesis. In J. M. Collis & S. Messick (Eds.), *Intelligence and personality: Bridging the gap in theory and measurement* (pp. 3–24). Mahwah, NJ: Erlbaum.

Jensen, A. R. (2002). Galton's legacy to research on intelligence. *Journal of Biosocial Science, 34,* 145–172.

Jerome, E. M., Hamre, B. K., & Pianta, R. C. (2009). Teacher–child relationships from kindergarten to sixth grade: Early childhood predictors of teacher-perceived conflict and closeness. *Social Development, 18,* 915–945.

Jipson, J. L., & Gelman, S. A. (2007). Robots and rodents: Children's inferences about living and nonliving kinds. *Child Development, 78,* 1675–1688.

Joe, G. W., Kalling Knight, D., Becan, J. E., & Flynn, P. M. (2014). Recovery among adolescents: Models for post-treatment gains in drug abuse treatments. *Journal of Substance Abuse Treatment, 46,* 362–373.

Jogerst, G. J., Daly, J. M., Galloway, L. J., Zheng, S., & Xu, Y. (2012). Substance abuse associated with elder abuse in the United States. *American Journal of Drug and Alcohol Abuse, 38,* 63–69.

Joh, A. S., & Adolph, K. E. (2006). Learning from falling. *Child Development, 77,* 89–102.

Johansson, A. K., & Grimby, A. (2013). Anticipatory grief among close relatives of patients in hospice and palliative wards. *American Journal of Hospice and Palliative Medicine, 29,* 134–138.

Johnson, A. D., Ryan, R. M., & Brooks-Gunn, J. (2012). Child-care subsidies: Do they impact the quality of care children experience? *Child Development, 83,* 1444–1461.

Johnson, C. L., & Troll, L. E. (1994). Constraints and facilitators to friendships in late life. *Gerontologist, 34,* 79–87.

Johnson, E. K., & Seidl, A. (2008). Clause segmentation by 6-month-old infants: A crosslinguistic perspective. *Infancy, 13,* 440–455.

Johnson, E. K., & Tyler, M. D. (2010). Testing the limits of statistical learning for word segmentation. *Developmental Science, 13,* 339–345.

Johnson, J. G., Cohen, P., Smailes, E. M., Kasen, S., & Brook, J. S. (2002). Television viewing and aggressive behavior during adolescence and adulthood. *Science, 295,* 2468–2471.

Johnson, M. H. (1999). Ontogenetic constraints on neural and behavioral plasticity: Evidence from imprinting and face processing. *Canadian Journal of Experimental Psychology, 55,* 77–90.

Johnson, M. H. (2001). The development and neural basis of face recognition: Comment and speculation. *Infant and Child Development, 10,* 31–33.

Johnson, M. H. (2011). Developmental neuroscience, psychophysiology, and genetics. In M H Bornstein & M. E. Lamb (Eds.), *Developmental science: An advanced textbook* (6th ed., pp. 187–222). Mahwah, NJ: Erlbaum.

Johnson, M. H., & de Haan, M. (2015). *Developmental cognitive neuroscience: An introduction* (4th ed.). Chichester, UK: Wiley-Blackwell.

Johnson, R. C., & Schoeni, R. F. (2011). Early-life origins of adult disease: National longitudinal population-based study of the United States. *American Journal of Public Health, 101,* 2317–2324.

Johnson, S. C., Dweck, C. S., & Chen, F. S. (2007). Evidence for infants' internal working models of attachment. *Psychological Science, 18,* 501–502.

Johnson, S. C., Dweck, C., Chen, F. S., Stern, H. L., Ok, S.-J., & Barth, M. (2010). At the intersection of social and cognitive development: Internal working models of attachment in infancy. *Cognitive Science, 34,* 807–825.

Johnson, S. L. (2000). Improving preschoolers' self-regulation of energy intake. *Pediatrics, 106,* 1429–1435.

Johnson, S. P., & Hannon, E. E. (2015). Perceptual development. In L. S. Liben & U. Müller (Eds.), *Handbook of child psychology and developmental science: Vol. 2. Cognitive processes* (7th ed., pp. 63–112). Hoboken, NJ: Wiley.

Johnson, S. P., Slemmer, J. A., & Amso, D. (2004). Where infants look determines how they see: Eye movements and object perception performance in 3-month-olds. *Infancy, 6,* 185–201.

Johnston, L. D., O'Malley, P. M., Miech, R. A., Bachman, J. G., & Schulenberg, J. E. (2014). *National survey results on drug use: 1975–2013. Key findings on adolescent drug use.* Retrieved from www .monitoringthefuture.org/pubs/monographs/mtf -overview2013.pdf

Johnston, L. D., O'Malley, P. M., Miech, R. A., Bachman, J. G., & Schulenberg, J. E. (2015). *Monitoring the Future national survey results on drug use, 1975–2015: Overview: Key findings on adolescent drug use.* Ann Arbor: Institute for Social Research, University of Michigan.

Johnston, M., Pollard, B., Morrison, V., & MacWalter, R. (2004). Functional limitations and survival following stroke: Psychological and clinical predictors of 3-year outcome. *International Journal of Behavioral Medicine, 11,* 187–196.

Johnston, M. V., Nishimura, A., Harum, K., Pekar, J., & Blue, M. E. (2001). Sculpting the developing brain. *Advances in Pediatrics, 48,* 1–38.

Jokhi, R. P., & Whitby, E. H. (2011). Magnetic resonance imaging of the fetus. *Developmental Medicine and Child Neurology, 53,* 18–28.

Jome, L. M., Surething, N. A., & Taylor, K. K. (2005). Relationally oriented masculinity, gender nontraditional interests, and occupational traditionality of employed men. *Journal of Career Development, 32,* 183–197.

Jones, A., Charles, P., & Benson, K. (2013). A model for supporting at-risk couples during the transition to parenthood. *Families in Society, 94,* 166–173.

Jones, A. R., Parkinson, K. N., Drewett, R. F., Hyland, R. M., Pearce, M. S., & Adamson, A. J. (2011). Parental perceptions of weight status in children: The Gateshead Millennium Study. *International Journal of Obesity, 35,* 953–962.

Jones, B. K., & McAdams, D. P. (2013). Becoming generative: Socializing influences recalled in life stories in late midlife. *Journal of Adult Development, 20,* 158–172.

Jones, C. J., Peskin, H., & Livson, N. (2011). Men's and women's change and individual differences in change in femininity from age 33 to 85: Results from the Intergenerational Studies. *Journal of Adult Development, 18,* 155–163.

Jones, D. J., & Lindahl, K. M. (2011). Coparenting in extended kinship systems: African American, Hispanic, Asian heritage, and Native American families. In J. P. McHale & K. M. Lindahl (Eds.), *Coparenting* (pp. 61–79). Washington, DC: American Psychological Association.

Jones, M. C., & Mussen, P. H. (1958). Self-conceptions, motivations, and interpersonal attitudes of early and late-maturing girls. *Child Development, 29,* 491–501.

Jones, S. (2009). The development of imitation in infancy. *Philosophical Transactions of the Royal Society B, 364,* 2325–2335.

Jopp, D., & Rott, C. (2006). Adaptation in very old age: Exploring the role of resources, beliefs, and attitudes for centenarians' happiness. *Psychology and Aging, 21,* 266–280.

Josselyn, S. A., & Frankland, P. W. (2012). Infantile amnesia: A neurogenic hypothesis. *Learning and Memory, 19,* 423–433.

Joyner, K., Manning, W., & Prince, B. (2015). *The qualities of same-sex and different-sex couples in young adulthood* (CFDR Working Paper 2015-22). Bowling Green, OH: Center for Family and Demographic Research, Bowling Green State University.

Juby, H., Billette, J.-M., Laplante, B., & Le Bourdais, C. (2007). Nonresident fathers and children: Parents' new unions and frequency of contact. *Journal of Family Issues, 28,* 1220–1245.

Judson, S. S., Johnson, D. M., & Perez, A. L. C. (2013). Perceptions of adult sexual coercion as a function of victim gender. *Psychology of Men & Masculinity, 14,* 335–344.

Juffer, F., & van IJzendoorn, M. H. (2012). Review of meta-analytical studies on the physical, emotional, and cognitive outcomes of intercountry adoptees. In J. L. Gibbons & K. S. Rotabi (Eds.), *Intercountry adoption: Policies, practices, and outcomes* (pp. 175–186). Burlington, VT: Ashgate Publishing.

Jukic, A. M., Evenson, K. R., Daniels, J. L., Herring, A. H., Wilcox, A. J., Harmann, K. E., et al. (2012). A prospective study of the association between vigorous physical activity during pregnancy and length of gestation and birthweight. *Maternal and Child Health Journal, 16,* 1031–1044.

Junge, C., Kooijman, V., Hagoort, P., & Cutler, A. (2012). Rapid recognition at 10 months as a predictor of language development. *Developmental Science, 15,* 463–473.

Juntunen, C. L., Wegner, K. E., & Matthews, L. G. (2002). Promoting positive career change in midlife. In C. L. Juntunen & D. R. Atkinson (Eds.), *Counseling across the lifespan* (pp. 329–347). Thousand Oaks, CA: Sage.

Jürgensen, M., Hiort, O., Holterhus, P.-M., & Thyen, U. (2007). Gender role behavior in children with XY karyotype and disorders of sex development. *Hormones and Behavior, 51,* 443–453.

Jusczyk, P. W. (2002). Some critical developments in acquiring native language sound organization. *Annals of Otology, Rhinology and Laryngology, 189,* 11–15.

Jusczyk, P. W., & Hohne, E. A. (1997). Infants' memory for spoken words. *Science, 277,* 1984–1986.

Jusczyk, P. W., & Luce, P. A. (2002). Speech perception. In H. Pashler & S. Yantis (Eds.), *Stevens' handbook of experimental psychology: Vol. 1. Sensation and perception* (3rd ed., pp. 493–536). New York: Wiley.

Jutras-Aswad, D., DiNieri, J. A., Harkany, T., & Hurd, Y. L. (2009). Neurobiological consequences of maternal cannabis on human fetal development and its neuropsychiatric outcome. *European Archives of Psychiatry and Clinical Neuroscience, 259,* 395–412.

K

Kaczmarczyk, M. M., Miller, M. J., & Freund, G. G. (2012). The health benefits of dietary fiber: Beyond the usual suspects of type 2 diabetes mellitus, cardiovascular disease and colon cancer. *Metabolism: Clinical and Experimental, 61,* 1058–1066.

Kaffashi, F., Scher, M. S., Ludington-Hoe, S. M., & Loparo, K. A. (2013). An analysis of the kangaroo care intervention using neonatal EEG complexity: A preliminary study. *Clinical Neurophysiology, 124,* 238–246.

Kagan, J. (2003). Behavioral inhibition as a temperamental category. In R. J. Davidson, K. R. Scherer, & H. H. Goldsmith (Eds.), *Handbook of affective science* (pp. 320–331). New York: Oxford University Press.

Kagan, J. (2010). Emotions and temperament. In M. H. Bornstein (Ed.), *Handbook of cultural developmental science* (pp. 175–194). New York: Psychology Press.

Kagan, J. (2013a). Contextualizing experience. *Developmental Review, 33,* 273–278.

Kagan, J. (2013b). Equal time for psychological and biological contributions to human variation. *Review of General Psychology, 17,* 351–357.

Kagan, J. (2013c). *The human spark: The science of human development.* New York: Basic Books.

Kagan, J. (2013d). Temperamental contributions to inhibited and uninhibited profiles. In P. D. Zelazo (Ed.), *The Oxford handbook of developmental*

psychology (142–164). New York: Oxford University Press.

Kagan, J., Snidman, N., Kahn, V., & Towsley, S. (2007). The preservation of two infant temperaments into adolescence. *Monographs of the Society for Research in Child Development, 72*(2, Serial No. 287).

Kahana, E., King, C., Kahana, B., Menne, H., Webster, N. J., & Dan, A. (2005). Successful aging in the face of chronic disease. In M. L. Wykle, P. J. Whitehouse, & D. L. Morris (Eds.), *Successful aging through the life span* (pp. 101–126). New York: Springer.

Kahn, U. R., Sengoelge, M., Zia, N., Razzak, J. A., Hasselberg, M., & Laflamme, L. (2015). Country level economic disparities in child injury mortality. *Archives of Disease in Childhood, 100,* s29–s33.

Kahne, J. E., & Sporte, S. E. (2008). Developing citizens: The impact of civic learning opportunities on students' commitments to civic participation. *American Educational Research Journal, 45,* 738–766.

Kail, R. V. (2003). Information processing and memory. In M. H. Bornstein, L. Davidson, C. L. M. Keyes, K. A. Moore, and the Center for Child Well-Being (Eds.), *Well-being: Positive development across the life course* (pp. 269–280). Mahwah, NJ: Erlbaum.

Kail, R. V., & Ferrer, E. F. (2007). Processing speed in childhood and adolescence: Longitudinal models for examining developmental change. *Child Development, 78,* 1760–1770.

Kail, R. V., McBride-Chang, C., Ferrer, E., Cho, J.-R., & Shu, H. (2013). Cultural differences in the development of processing speed. *Developmental Science, 16,* 476–483.

Kaiser Family Foundation. (2015). *How will the uninsured fare under the Affordable Care Act?* Retrieved from www.kff.org/health-reform/fact-sheet/how-will-the-uninsured-fare-under-the-affordable-care-act

Kakihara, F., Tilton-Weaver, L., Kerr, M., & Stattin, H. (2010). The relationship of parental control to youth adjustment: Do youths' feelings about their parents play a role? *Journal of Youth and Adolescence, 39,* 1442–1456.

Kalil, A., Levine, J. A., & Ziol-Guest, K. M. (2005). Following in their parents' footsteps: How characteristics of parental work predict adolescents' interest in parents' working jobs. In B. Schneider & L. J. Waite (Eds.), *Being together, working apart: Dual-career families and the work–life balance* (pp. 422–442). New York: Cambridge University Press.

Kalisch, T., Kattenstroth, J.-C., Kowalewski, R., Tegenthoff, M., & Dinse, H. R. (2012). *PLoS ONE, 7*(1), e30420.

Kalogrides, D., & Loeb, S. (2013). Different teachers, different peers: The magnitude of student sorting within schools. *Educational Researcher, 42,* 306–316.

Kalpouzos, G., & Nyberg, L. (2012). *Multimodal neuroimaging in normal aging: Structure–function interactions* (pp. 273–304). New York: Psychology Press.

Kalra, L., & Ratan, R. (2007). Recent advances in stroke rehabilitation. *Stroke, 38,* 235–237.

Kaminski, J. W., Puddy, R. W., Hall, D. M., Cashman, S. Y., Crosby, A. E., & Ortega, L. G. (2010). The relative influence of different domains of social connectedness on self-directed violence in adolescence. *Journal of Youth and Adolescence, 39,* 460–473.

Kaminsky, Z., Petronis, A., Wang, S.-C., Levine, B., Ghaffar, O., Floden, D., et al. (2007). Epigenetics of personality traits: An illustrative study of identical twins discordant for risk-taking behavior. *Twin Research and Human Genetics, 11,* 1–11.

Kanazawa, S. (2015). Breastfeeding is positively associated with child intelligence even net of parental IQ. *Developmental Psychology, 51,* 1683–1689.

Kandler, C., Kornadt, A. E., Hagemeyer, B., & Neyer, F. J. (2015). Patterns and sources of personality development in old age. *Journal of Personality and Social Psychology, 109,* 175–191.

Kane, L. (2014) *Medscape ethics report 2014, Part 1: Life, death, and pain.* Retrieved from www.medscape.com/features/slideshow/public

Kane, P., & Garber, J. (2004). The relations among depression in fathers, children's psychopathology, and father–child conflict: A meta-analysis. *Clinical Psychology Review, 24,* 339–360.

Kane, R. A., Lum, T. Y., Cutler, L. J., Degenholtz, H. B., & Yu, T.-C. (2007). Resident outcomes in small-house nursing homes: A longitudinal evaluation of the initial Green House program. *Journal of the American Geriatrics Society, 55,* 836–839.

Kanfer, R., Beier, M. E., & Ackerman, P. L. (2013). Goals and motivation related to work in later adulthood: An organizing framework. *Journal of Work and Organizational Psychology, 22,* 835–847.

Kang, N. H., & Hong, M. (2008). Achieving excellence in teacher workforce and equity in learning opportunities in South Korea. *Educational Researcher, 37,* 200–207.

Kann, L., Kinchen, S., Shanklin, S. L., Flint, K. H., Hawkins, J., Harris, W. A., et al. (2014). Youth risk behavior surveillance—United States, 2013. *Morbidity and Mortality Weekly Report, 63*(4). Retrieved from www.cdc.gov/mmwr/pdf/ss/ss6304.pdf

Kann, L., McManus, T., Harris, W. A., Shanklin, S. L., Flint, K. H., Hawkins, J., et al. (2016). Youth risk behavior surveillance—United States, 2015. *Morbidity and Mortality Weekly Report, 65*(6). Retrieved from www.cdc.gov/healthyyouth/data/yrbs/pdf/2015/ss6506_updated.pdf

Kann, L., Olsen, E. O., McManus, T., Kinchen, S., Chyen, D., Harris, W. A., et al. (2011). Sexual identity, sex of sexual contacts, and health-risk behaviors among students in grades 9–12. Youth Risk Behavior Surveillance, Selected Sites, United States, 2001–2009. *Morbidity and Mortality Weekly Report, 60,* 1–127.

Kantaoka, S., & Vandell, D. L. (2013). Quality of afterschool activities and relative change in adolescent functioning over two years. *Applied Developmental Science, 17,* 123–134.

Kanters, M. A., Bocarro, J. N., Edwards, M., Casper, J., & Floyd, M. F. (2013). School sport participation under two school sport policies: Comparisons by race/ethnicity, gender, and socioeconomic status. *Annals of Behavioral Medicine, 45*(Suppl. 1), S113–S121.

Kaplan, D. B., & Pillemer, K. (2015). Fulfilling the promise of the Elder Justice Act: Priority goals for the White House Conference on Aging. *Public Policy & Aging Report, 25,* 63–66.

Kaplan, D. L., Jones, E. J., Olson, E. C., & Yunzal-Butler, C. B. (2013). Early age of first sex and health risk in an urban adolescent population. *Journal of School Health, 83,* 350–356.

Kaplowitz, P. B. (2008). Link between body fat and timing of puberty. *Pediatrics, 121,* S208–S217.

Karafantis, D. M., & Levy, S. R. (2004). The role of children's lay theories about the malleability of human attributes in beliefs about and volunteering for disadvantaged groups. *Child Development, 75,* 236–250.

Karasawa, M., Curhan, K. B., Markus, H. R., Kitayama, S. S., Love, G. D., Radler, B. T., et al. (2011). Cultural perspectives on aging and well-being: A comparison of Japan and the U.S. *International Journal of Aging and Human Development, 73,* 73–98.

Karasik, L. B., Adolph, K. E., Tamis-LeMonda, C. S., & Zuckerman, A. L. (2012). Carry on: Spontaneous object carrying in 13-month-old crawling and walking infants. *Developmental Psychology, 48,* 389–397.

Karasik, L. B., Tamis-LeMonda, C. S., & Adolph, K. E. (2011). Transition from crawling to walking affects infants' social actions with objects. *Child Development, 82,* 1199–1209.

Karasik, L. B., Tamis-LeMonda, C. S., Adolph, K. E., & Dimitroupoulou, K. A. (2008). How mothers encourage and discourage infants' motor actions. *Infancy, 13,* 366–392.

Karbach, J., & Küper, K. (2016). Cognitive reserve. In S. K. Whitbourne (Ed.), *Encyclopedia of adulthood and aging* (Vol. 1, pp. 47–51). Malden, MA: Wiley Blackwell.

Karel, M. J., Gatz, M., & Smyer, M. A. (2012). Aging and mental health in the decade ahead: What psychologists need to know. *American Psychologist, 67,* 184–198.

Karemaker, A., Pitchford, N., & O'Malley, C. (2010). Enhanced recognition of written words and enjoyment of reading in struggling beginner readers through whole-word multimedia software. *Computers and Education, 54,* 199–208.

Karevold, E., Ystrom, E., Coplan, R. J., Sanson, A. V., & Mathiesen, K. S. (2012). A prospective longitudinal study of shyness from infancy to adolescence: Stability, age-related changes, and prediction of socio-emotional functioning. *Journal of Abnormal Child Psychology, 40,* 1167–1177.

Karg, K., Burmeister, M., Shedden, K., & Sen, S. (2011). The serotonin transporter promoter variant (5-HTTLPR), stress, and depression meta-analysis revisited: Evidence of genetic moderation. *Archives of General Psychiatry, 68,* 444–454.

Karger, H. J., & Stoesz, D. (2014). *American social welfare policy* (7th ed.). Upper Saddle River, NJ: Pearson Education.

Karila, L., Megarbane, B., Cottencin, O., & Lejoyeux, M. (2015). Synthetic cathinones: A new public health problem. *Current Neuropharmacology, 13,* 12–20.

Karkhaneh, M., Rowe, B. H., Saunders, L. D., Voaklander, D. C., & Hagel, B. E. (2013). Trends in head injuries associated with mandatory bicycle helmet legislation targeting children and adolescents. *Accident Analysis and Prevention, 59,* 206–212.

Karlsson, C., & Berggren, I. (2011). Dignified end-of-life care in the patients' own homes. *Nursing Ethics, 18,* 374–385.

Kärnä, A., Voeten, M., Little, T. D., Poskiparta, E., Kaljonen, A., & Salmivalli, C. (2011). A large-scale evaluation of the KiVa antibullying program: Grades 4–6. *Child Development, 82,* 311–330.

Karraker, A., & DeLamater, J. (2013). Past-year sexual inactivity among older married persons and their partners. *Journal of Marriage and Family, 75,* 142–163.

Kärtner, J., Holodynski, M., & Wörmann, V. (2013). Parental ethnotheories, social practice and the culture-specific development of social smiling in infants. *Mind, Culture, and Activity, 20,* 79–95.

Kärtner, J., Keller, H., Chaudhary, N., & Yovsi, R. D. (2012). The development of mirror self-recognition in different sociocultural contexts. *Monographs of the Society for Research in Child Development, 77*(4, Serial No. 305).

Kashdan, T. B., & Nezleck, J. B. (2012). Whether, when, and how is spirituality related to well-being? Moving beyond single occasion questionnaires to understanding daily process. *Personality and Social Psychology Bulletin, 38,* 1523–1535.

Kassel, J. D., Weinstein, S., Skitch, S. A., Veilleux, J., & Mermelstein, R. (2005). The development of substance abuse in adolescence: Correlates, causes, and consequences. In J. D. Kassel, S. Weinstein, S. A. Skitch, J. Veilleux, & R. Mermelstein (Eds.), *Development of psychopathology: A vulnerability-stress perspective* (pp. 355–384). Thousand Oaks, CA: Sage.

Kastenbaum, R. J. (2012). *Death, society, and human experience* (11th ed.). Upper Saddle River, NJ: Pearson.

Kataoka, S., & Vandell, D. L. (2013). Quality of afterschool activities and relative change in adolescent functioning over two years. *Applied Developmental Science, 17,* 123–134.

Katz, J., Lee, A. C. C., Lawn, J. E., Cousens, S., Blencowe, H., Ezzati, M., et al. (2013). Mortality risk in preterm and small-for-gestational-age infants in low-income and middle-income countries: A pooled country analysis. *Lancet, 382,* 417–425.

Katz-Wise, S. L., Priess, H. A., & Hyde, J. S. (2010). Gender-role attitudes and behavior across the transition to parenthood. *Developmental Psychology, 46,* 18–28.

Kaufman, A. S. (2001). WAIS-III IQs, Horn's theory, and generational changes from young adulthood to old age. *Intelligence, 29,* 131–167.

Kaufman, J. C., & Sternberg, R. J. (2007, July/August). Resource review: Creativity. *Change, 39,* 55–58.

Kaufmann, K. B., Büning, H., Galy, A., Schambach, A., & Grez, M. (2013). Gene therapy on the move. *EMBO Molecular Medicine, 5,* 1642–1661.

Kavanaugh, R. D. (2006). Pretend play. In B. Spodek & O. N. Saracho (Eds.), *Handbook of research on the education of young children* (2nd ed., pp. 269–278). Mahwah, NJ: Erlbaum.

Kavšek, M. (2004). Predicting later IQ from infant visual habituation and dishabituation: A meta-analysis. *Journal of Applied Developmental Psychology, 25,* 369–393.

Kavšek, M., & Bornstein, M. H. (2010). Visual habituation and dishabituation in preterm infants: A review and meta-analysis. *Research in Developmental Disabilities, 31,* 951–975.

Kavšek, M., Yonas, A., & Granrud, C. E. (2012). Infants' sensitivity to pictorial depth cues: A review and meta-analysis. *Infant Behavior and Development, 35,* 109–128.

Kaye, W. (2008). Neurobiology of anorexia and bulimia nervosa. *Physiology and Behavior, 94,* 121–135.

Kayed, N. S., & Van der Meer, A. L. H. (2009). A longitudinal study of prospective control in catching by full-term and preterm infants. *Experimental Brain Research, 194,* 245–258.

Kearney, C. A., Spear, M., & Mihalas, S. (2014). School refusal behavior. In L. Grossman & S. Walfish (Eds.), *Translating psychological research into practice* (pp. 83–88). New York: Springer.

Keating, D. P. (2004). Cognitive and brain development. In R. M. Lerner & L. Steinberg (Eds.), *Handbook of adolescent psychology* (2nd ed., pp. 45–84). Hoboken, NJ: Wiley.

Keating, D. P. (2012). Cognitive and brain development in adolescence. *Enfance, 64,* 267–279.

Keegan, L., & Drick, C. A. (2011). *End of life: Nursing solutions for death with dignity.* New York: Springer.

Keen, R. (2011). The development of problem solving in young children: A critical cognitive skill. *Annual Review of Psychology, 62,* 1–24.

Keil, F. C. (1986). Conceptual domains and the acquisition of metaphor. *Cognitive Development, 1,* 73–96.

Keller, H., Borke, Y. J., Kärtner, J., Jensen, H., & Papaligoura, Z. (2004). Developmental consequences of early parenting experiences: Self-recognition and self-regulation in three cultural communities. *Child Development, 75,* 1745–1760.

Keller, P. A., & Lusardi, A. (2012). Employee retirement savings: What we know and are discovering for helping people prepare for life after work. In G. D. Mick, S. Pettigrew, C. Pechmann, & J. L. Ozanne (Eds.), *Transformative consumer research for personal and collective well-being* (pp. 445–464). New York: Routledge.

Kelley, S. A., Brownell, C. A., & Campbell, S. B. (2000). Mastery motivation and self-evaluative affect in toddlers: Longitudinal relations with maternal behavior. *Child Development, 71,* 1061–1071.

Kelly, D. J., Liu, S., Ge, L., Quinn, P. C., Slater, A. M., Lee, K., Liu, Q., & Pascalis, O. (2007). Cross-race preferences for same-race faces extend beyond the African versus Caucasian contrast in 3-month-old infants. *Infancy, 11,* 87–95.

Kelly, D. J., Quinn, P. C., Slater, A. M., Lee, K., Ge, L., & Pascalis, O. (2009). Development of the other-race effect during infancy: Evidence toward universality? *Journal of Experimental Child Psychology, 104,* 105–114.

Kelly, E. L., Moen, P., Oakes, J. M., Fan, W., Okechukwu, C., Davis, K. D., et al. (2014). Changing work and work–family conflict: Evidence from the work, family, and health network. *American Sociological Review, 79,* 485–516.

Kelly, R., & Hammond, S. (2011). The relationship between symbolic play and executive function in young children. *Australasian Journal of Early Childhood, 36*(2), 21–27.

Kelly, S., & Price, H. (2011). The correlates of tracking policy: Opportunity hoarding, status competition, or a technical-functional explanation? *American Educational Research Journal, 48,* 560–585.

Kelly, S. J., & Ismail, M. (2015). Stress and type 2 diabetes: A review of how stress contributes to the development of type 2 diabetes. *Annual Review of Public Health, 36,* 441–462.

Kempe, C. H., Silverman, B. F., Steele, P. W., Droegemueller, P. W., & Silver, H. K. (1962). The battered-child syndrome. *JAMA, 181,* 17–24.

Kemper, S. (2015). Language production in late life. In A. Gerstenberg & A. Voeste (Eds.), *Language development: The lifespan perspective* (pp. 59–75). Amsterdam, Netherlands: John Benjamins Publishing.

Kemper, S. (2016). Language production. In S. K. Whitbourne (Ed.), *Encyclopedia of adulthood and aging* (Vol. 2, pp. 726–731). Malden, MA: Wiley Blackwell.

Kemper, S., Rash, S. R., Kynette, D., & Norman, S. (1990). Telling stories: The structure of adults' narratives. *European Journal of Cognitive Psychology, 2,* 205–228.

Kendig, H., Dykstra, P. A., van Gaalen, R. I., & Melkas, T. (2007). Health of aging parents and childless individuals. *Journal of Family Issues, 28,* 1457–1486.

Kendler, K. S., Thornton, L. M., Gilman, S. E., & Kessler, R. C. (2000). Sexual orientation in a U.S. national sample of twin and non-twin sibling pairs. *American Journal of Psychiatry, 157,* 1843–1846.

Kendrick, D., Barlow, J., Hampshire, A., Stewart-Brown, S., & Polnay, L. (2008). Parenting interventions and the prevention of unintentional injuries in childhood: Systematic review and meta-analysis. *Child: Care, Health and Development, 34,* 682–695.

Kennell, J., Klaus, M., McGrath, S., Robertson, S., & Hinkley, C. (1991). Continuous emotional support during labor in a U.S. hospital. *JAMA, 265,* 2197–2201.

Kenney-Benson, G. A., Pomerantz, E. M. Ryan, A. M., & Patrick, H. (2006). Sex differences in math performance: The role of children's approach to schoolwork. *Developmental Psychology, 42,* 11–26.

Kenyon, B. L. (2001). Current research in children's conceptions of death: A critical review. *Omega, 43,* 63–91.

Keren, M., Feldman, R., Namdari-Weinbaum, I., Spitzer, S., & Tyano, S. (2005). Relations between parents' interactive style in dyadic and triadic play and toddlers' symbolic capacity. *American Journal of Orthopsychiatry, 75,* 599–607.

Kerestes, M., Youniss, J., & Metz, E. (2004). Longitudinal patterns of religious perspective and civic integration. *Applied Developmental Science, 8,* 39–46.

Kernis, M. H. (2002). Self-esteem as a multifaceted construct. In T. M. Brinthaupt & R. P. Lipka (Eds.), *Understanding early adolescent self and identity* (pp. 57–88). Albany: State University of New York Press.

Kerns, K. A., Brumariu, L. E., & Seibert, A. (2011). Multi-method assessment of mother–child attachment: Links to parenting and child depressive symptoms in middle childhood. *Attachment and Human Development, 13,* 315–333.

Kerpelman, J. L., Shoffner, M. F., & Ross-Griffin, S. (2002). African American mothers' and daughters' beliefs about possible selves and their strategies for reaching the adolescent's future academic and career goals. *Journal of Youth and Adolescence, 31,* 289–302.

Kettl, P. (1998). Alaska Native suicide: Lessons for elder suicide. *International Psychogeriatrics, 10,* 205–211.

Kew, K., Ivory, G., Muniz, M. M., & Quiz, F. Z. (2012). No Child Left Behind as school reform: Intended and unintended consequences. In M. A. Acker-Hocevar, J. Ballenger, W. A. Place, & G. Ivory (Eds.), *Snapshots of school leadership in the 21st century: Perils and promises of leading for social justice, school improvement, and democratic community* (pp. 13–30). Charlotte, NC: IAP Information Age Publishing.

Key, J. D., Gebregziabher, M. G., Marsh, L. D., & O'Rourke, K. M. (2008). Effectiveness of an intensive, school-based intervention for teen mothers. *Journal of Adolescent Health, 42,* 394–400.

Keyes, C. L. M., & Ryff, C. D. (1998a). Generativity and adult lives: Social structural contours and quality of life consequences. In D. P. McAdams & E. de St. Aubin (Eds.), *Generativity and adult development: How and why we care for the next generation* (pp. 227–263). Washington, DC: American Psychological Association.

Keyes, C. L. M., & Ryff, C. D. (1998b). Psychological well-being in midlife. In S. L. Willis & J. D. Reid (Eds.), *Life in the middle* (pp. 161–180). San Diego: Academic Press.

Keyes, C. L. M., Shmotkin, D., & Ryff, C. D. (2002). Optimizing well-being: The empirical encounter of two traditions. *Journal of Personality and Social Psychology, 82,* 1007–1022.

Keyes, C. L. M., & Westerhof, G. J. (2012). Chronological and subjective age differences in flourishing mental health and major depressive episode. *Aging and Mental Health, 16,* 67–74.

Khaleefa, O., Sulman, A., & Lynn, R. (2009). An increase of intelligence in Sudan, 1987–2007. *Journal of Biosocial Science, 41,* 279–283.

Khaleque, A., & Rohner, R. P. (2002). Perceived parental acceptance–rejection and psychological adjustment: A meta-analysis of cross cultural and intracultural studies. *Journal of Marriage and Family, 64,* 54–64.

Khaleque, A., & Rohner, R. P. (2012). Pancultural associations between perceived parental acceptance and psychological adjustment of children and adults: A meta-analytic review of worldwide research. *Journal of Cross-Cultural Psychology, 43,* 784–800.

Khashan, A. S., Baker, P. N., & Kenny, L. C. (2010). Preterm birth and reduced birthweight in first and second teenage pregnancies: A register-based cohort study. *BMC Pregnancy and Childbirth, 10,* 36.

Khavkin, J., & Ellis, D. A. (2011). Aging skin: Histology, physiology, and pathology. *Facial Plastic Surgery Clinics of North America, 19,* 229–234.

Khurana, A., Romer, D., Betancourt, L. M., Brodsky, N. L., Giannetta, J. M., & Hurt, H. (2015). Experimentation versus progression in adolescent drug use: A test of an emerging neurobehavioral imbalance model. *Development and Psychopathology, 27,* 901–913.

Kidwai, R., Mancham, B. E., Brown, Q. L., & Eaton, W. W. (2014). The effect of spirituality and religious attendance on the relationship between psychological distress and negative life events. *Social Psychiatry and Psychiatric Epidemiology, 49,* 487–497.

Kiernan, K. (2002). Cohabitation in Western Europe: Trends, issues, and implications. In A. Booth & A. C. Crouter (Eds.), *Just living together* (pp. 3–32). Mahwah, NJ: Erlbaum.

Killen, M., Crystal, D., & Watanabe, H. (2002). The individual and the group: Japanese and American children's evaluations of peer exclusion, tolerance of difference, and prescriptions for conformity. *Child Development, 73,* 1788–1802.

Killen, M., Henning, A., Kelly, M. C., Crystal, D., & Ruck, M. (2007). Evaluations of interracial peer encounters by majority and minority U.S. children and adolescents. *International Journal of Behavioral Development, 31,* 491–500.

Killen, M., Lee-Kim, J., McGlothlin, H., & Stangor, C. (2002). How children and adolescents evaluate gender and racial exclusion. *Monographs of the Society for Research in Child Development, 67*(4, Serial No. 271).

Killen, M., Margie, N. G., & Sinno, S. (2006). Morality in the context of intergroup relationships. In M. Killen & J. G. Smetana (Eds.), *Handbook of moral development* (pp. 155–183). Mahwah, NJ: Erlbaum.

Killen, M., Mulvey, K. L., Richardson, C., Jampol, N., & Woodward, A. (2011). The accidental transgressor: Morally relevant theory of mind. *Cognition, 119,* 197–215.

Killen, M., Rutland, A., & Ruck, M. (2011). Promoting equity, tolerance, and justice in childhood. *Society for Research in Child Development Social Policy Report, 25*(4).

Killen, M., & Smetana, J. G. (2015). Origins and development of morality. In M. E. Lamb (Ed.), *Handbook of child psychology and developmental science: Vol. 3. Socioemotional processes* (pp. 701–749). Hoboken, NJ: Wiley.

Killoren, S. E., Thayer, S. M., & Updegraff, K. A. (2008). Conflict resolution between Mexican origin adolescent siblings. *Journal of Marriage and Family, 70,* 1200–1212.

Kilmer, R. P., Cook, J. R., Crusto, C., Strater, K. P., & Haber, M. G. (2012). Understanding the ecology and development of children and families experiencing homelessness: Implications for practice, supportive services, and policy. *American Journal of Orthopsychiatry, 82,* 389–401.

Kilpatrick, S. D., Bissonnette, V. L., & Rusbult, C. E. (2002). Empathic accuracy and accommodative behavior among newly married couples. *Personal Relationships, 9,* 369–393.

Kim, G., Walden, T. A., & Knieps, L. J. (2010). Impact and characteristics of positive and fearful emotional messages during infant social referencing. *Infant Behavior and Development, 33,* 189–195.

Kim, H. Y., Schwartz, K., Cappella, E., & Seidman, E. (2014). Navigating middle grades: Role of social contexts in middle grade school climate. *American Journal of Community Psychology, 54,* 28–45.

Kim, J., & Cicchetti, D. (2006). Longitudinal trajectories of self-system processes and depressive symptoms among maltreated and nonmaltreated children. *Child Development, 77,* 624–639.

Kim, J. E., & Moen, P. (2002). Is retirement good or bad for subjective well-being? *Current Directions in Psychological Science, 10,* 83–86.

Kim, J. M. (1998). Korean children's concepts of adult and peer authority and moral reasoning. *Developmental Psychology, 34,* 947–955.

Kim, J. W., & Choi, Y. J. (2013). Feminisation of poverty in 12 welfare states: Consolidating cross-regime variations? *International Journal of Social Welfare, 22,* 347–359.

Kim, J.-Y., McHale, S. M., Crouter, A. C., & Osgood, D. W. (2007). Longitudinal linkages between sibling relationships and adjustment from middle childhood through adolescence. *Developmental Psychology, 43,* 960–973.

Kim, J.-Y., McHale, S. M., Osgood, D. W., & Crouter, A. C. (2006). Longitudinal course and family correlates of sibling relationships from childhood through adolescence. *Child Development, 77,* 1746–1761.

Kim, K., Zarit, S. H., Fingerman, K. L., & Han, G. (2015). Intergenerational exchanges of middle-aged adults with their parents and parents-in-law in Korea. *Journal of Marriage and Family, 77,* 791–805.

Kim, S., & Kochanska, G. (2012). Child temperament moderates effects of parent–child mutuality on self-regulation: A relationship-based path for emotionally negative infants. *Child Development, 83,* 1275–1289.

Kim, Y. S., Park, Y. S., Allegrante, J. P., Marks, R., Ok, H., Cho, K. O., & Garber, C. E. (2012). Relationship between physical activity and general mental health. *Preventive Medicine, 55,* 458–463.

Kimhi, Y., Shoam-Kugelmas, D., Agam Ben-Artzi, G., Ben-Moshe, I., & Bauminger-Zviely, N. (2014). Theory of mind and executive function in preschoolers with typical development versus intellectually able preschoolers with autism spectrum disorder. *Journal of Autism and Developmental Disorders, 44,* 2341–2354.

King, A. C., & Bjorklund, D. F. (2010). Evolutionary developmental psychology. *Psicothema, 22,* 22–27.

King, L. A., & Hicks, J. A. (2007). Whatever happened to "What might have been"? *American Psychologist, 62,* 625–636.

King, P. E., & Furrow, J. L. (2004). Religion as a resource for positive youth development: Religion, social capital, and moral outcomes. *Developmental Psychology, 40,* 703–713.

King, P. M., & Kitchener, K. S. (2002). The reflective judgment model: Twenty years of research on epistemic cognition. In B. K. Hofer & P. R. Pintrich (Eds.), *Personal epistemology: The psychological beliefs about knowledge and knowing* (pp. 37–61). Mahwah, NJ: Erlbaum.

King, V. (2007). When children have two mothers: Relationships with nonresident mothers, stepmothers, and fathers. *Journal of Marriage and Family, 69,* 1178–1193.

King, V. (2009). Stepfamily formation: Implications for adolescent ties to mothers, nonresident fathers, and stepfathers. *Journal of Marriage and Family, 71,* 954–968.

Kinney, H. C. (2009). Brainstem mechanisms underlying the sudden infant death syndrome: Evidence from human pathologic studies. *Developmental Psychobiology, 51,* 223–233.

Kinnunen, M.-L., Pietilainen, K., & Rissanen, A. (2006). Body size and overweight from birth to adulthood. In L. Pulkkinen & J. Kaprio (Eds.), *Socioemotional development and health from adolescence to adulthood* (pp. 95–107). New York: Cambridge University Press.

Kins, E., Beyers, W., Soenens, B., & Vansteenkiste, M. (2009). Patterns of home leaving and subjective well-being in emerging adulthood: The role of motivational processes and parental autonomy support. *Developmental Psychology, 45,* 1416–1429.

Kinsella, M. T., & Monk, C. (2009). Impact of maternal stress, depression and anxiety on fetal neurobehavioral development. *Clinical Obstetrics and Gynecology, 52,* 425–440.

Kinser, K., & Deitchman, J. (2007). Tenacious persisters: Returning adult students in higher education. *Journal of College Student Retention, 9,* 75–94.

Kirby, D. (2002). Effective approaches to reducing adolescent unprotected sex, pregnancy, and childbearing. *Journal of Sex Research, 39,* 51–57.

Kirby, D. B. (2008). The impact of abstinence and comprehensive sex and STD/HIV education programs on adolescent sexual behavior. *Sexuality Research and Social Policy, 5,* 18–27.

Kiriakidis, S. P., & Kavoura, A. (2010). Cyberbullying: A review of the literature on harassment through the Internet and other electronic means. *Family and Community Health, 33,* 82–93.

Kirkham, N. Z., Cruess, L., & Diamond, A. (2003). Helping children apply their knowledge to their behavior on a dimension-switching task. *Developmental Science, 6,* 449–476.

Kirshenbaum, A. P., Olsen, D. M., & Bickel, W. K. (2009). A quantitative review of the ubiquitous relapse curve. *Journal of Substance Abuse Treatment, 36,* 8–17.

Kirshner, B. (2009). "Power in numbers": Youth organizing as a context for exploring civic identity. *Journal of Research on Adolescence, 19,* 414–440.

Kisilevsky, B. S., & Hains, S. M. J. (2011). Onset and maturation of fetal heart rate response to the mother's voice over late gestation. *Developmental Science, 14,* 214–223.

Kisilevsky, B. S., Hains, S. M. J., Brown, C. A., Lee, C. T., Cowperthwaite, B., & Stutzman, S. S. (2009). Fetal sensitivity to properties of maternal speech and language. *Infant Behavior and Development, 32,* 59–71.

Kit, B. K., Ogden, C. L., & Flegal, K. M. (2014). Epidemiology of obesity. In W. Ahrens & I. Pigeot (Eds.), *Handbook of epidemiology* (2nd ed., pp. 2229–2262). New York: Springer Science + Business Media.

Kite, M. E., Stockdale, G. D., Whitley, B. E., Jr., & Johnson, B. T. (2005). Attitudes toward younger and older adults: An updated meta-analytic review. *Journal of Social Issues, 61,* 241–266.

Kitsantas, P., Gaffney, K. F., & Cheema, J. (2012). Life stressors and barriers to timely prenatal care for women with high-risk pregnancies residing in rural and nonrural areas. *Women's Health Issues, 22,* e455–e460.

Kitzman, H. J., Olds, D. L., Cole, R. E., Hanks, C. A., Anson, E. A., Arcoleo, K. J., et al. (2010). Enduring effects of prenatal and infancy home visiting by nurses on children: Follow-up of a randomized trial among children at age 12 years. *Archives of Pediatric and Adolescent Medicine, 164,* 412–418.

Kitzmann, K. M., Cohen, R., & Lockwood, R. L. (2002). Are only children missing out? Comparison of the peer-related social competence of only children and siblings. *Journal of Social and Personal Relationships, 19,* 299–316.

Kiuru, N., Aunola, K., Vuori, J., & Nurmi, J.-E. (2009). The role of peer groups in adolescents' educational expectation and adjustment. *Journal of Youth and Adolescence, 36,* 995–1009.

Kjønniksen, L., Anderssen, N., & Wold, B. (2009). Organized youth sport as a predictor of physical activity in adulthood. *Scandinavian Journal of Medicine and Science in Sports, 19,* 646–654.

Kjønniksen, L., Torsheim, T., & Wold, B. (2008). Tracking of leisure-time physical activity during adolescence and young adulthood: A 10-year longitudinal study. *International Journal of Behavioral Nutrition and Physical Activity, 5,* 69.

Klaczynski, P. A. (2001). Framing effects on adolescent task representations, analytic and heuristic processing, and decision making: Implications for the normative/descriptive gap. *Applied Developmental Psychology, 22,* 289–309.

Klaczynski, P. A., Schuneman, M. J., & Daniel, D. B. (2004). Theories of conditional reasoning: A developmental examination of competing hypotheses. *Developmental Psychology, 40,* 559–571.

Klahr, D., Matlen, B., & Jirout, J. (2013). Children as scientific thinkers. In G. J. Feist & M. E. Gorman (Eds.), *Handbook of the psychology of science* (pp. 223–247). New York: Springer.

Klass, D. (2004). The inner representation of the dead child in the psychic and social narratives of bereaved parents. In R. A. Neimeyer (Ed.), *Meaning reconstruction and the experience of loss* (pp. 77–94). Washington, DC: American Psychological Association.

Klaw, E. L., Rhodes, J. E., & Fitzgerald, L. F. (2003). Natural mentors in the lives of African-American adolescent mothers: Tracking relationships over time. *Journal of Youth and Adolescence, 32,* 223–232.

Klebanov, P. K., Brooks-Gunn, J., McCarton, C., & McCormick, M. C. (1998). The contribution of neighborhood and family income to developmental test scores over the first three years of life. *Child Development, 69,* 1420–1436.

Kleespies, P. M. (2004). Concluding thoughts on suffering, dying and choice. In P. M. Kleespies (Ed.), *Life and death decisions: Psychological and ethical considerations in end-of-life care* (pp. 163–167). Washington, DC: American Psychological Association.

Kleffer, M. J. (2013). Development of reading and math skills in early adolescents: Do K–8 public schools make a difference? *Journal of Research on Educational Effectiveness, 6,* 361–379.

Kleiber, M. L., Diehl, E. J., Laufer, B. I., Mantha, K., Chokroborty-Hoque, A., Alberry, B., et al. (2014). Long-term genomic and epigenomic dysregulation as a consequence of prenatal alcohol exposure: A model for fetal alcohol spectrum disorders. *Frontiers in Genetics, 5* (161), 1–12.

Kleinsorge, C., & Covitz, L. M. (2012). Impact of divorce on children: Developmental considerations. *Pediatrics in Review, 33,* 147–155.

Kleinspehn-Ammerlahn, A., Kotter-Grühn, D., & Smith, J. (2008). Self-perceptions of aging: Do subjective age and satisfaction with aging change during old age? *Journals of Gerontology Series B: Psychological Sciences and Social Sciences, 63,* 377–385.

Klemfuss, J. Z., & Ceci, S. J. (2012). Legal and psychological perspectives on children's competence to testify in court. *Developmental Review, 32,* 81–204.

Kliegel, M., Jäger, T., & Phillips, L. H. (2008). Adult age differences in event-based prospective memory: A meta-analysis on the role of focal versus nonfocal cues. *Psychology and Aging, 23,* 203–208.

Kliegman, R. M., Stanton, B. F., St. Geme, J. W., & Schor, N. (Eds.). (2015). *Nelson textbook of pediatrics* (20th ed.). Philadelphia: Saunders.

Kliewer, W., Fearnow, M. D., & Miller, P. A. (1996). Coping socialization in middle childhood: Tests of maternal and paternal influences. *Child Development, 67,* 2339–2357.

Klimstra, T. A., Hale, W. W., III, Raaijmakers, Q. A. W., Branje, S. J. T., & Meeus, W. H. J. (2010). Identity formation in adolescence: Change or stability? *Journal of Youth and Adolescence, 39,* 150–162.

Kloep, M., & Hendry, L. B. (2007). Retirement: A new beginning? *The Psychologist, 20,* 742–745.

Kloep, M., & Hendry, L. B. (2011). A systemic approach to the transitions to adulthood. In J. J. Arnett, M. Kloep, L. B. Hendry & J. L. Tanner (Eds.), *Debating emerging adulthood: Stage or process?* (pp. 53–75). New York: Oxford University Press.

Kloess, J. A., Beech, A. R., & Harkins, L. (2014). Online child sexual exploitation: Prevalence, process, and offender characteristics. *Trauma, Violence, & Abuse, 15,* 126–139.

Kluwer, E. S., & Johnson, M. D. (2007). Conflict frequency and relationship quality across the transition to parenthood. *Journal of Marriage and Family, 69,* 1089–1106.

Kmec, J. A., O'Connor, L. T., & Schieman, S. (2014). Not ideal: The association between working anything but full time and perceived unfair treatment. *Work and Occupations, 41,* 63–85.

Knafo, A., & Plomin, R. (2006). Parental discipline and affection and children's prosocial behavior: Genetic and environmental links. *Journal of Personality and Social Psychology, 90,* 147–164.

Knafo, A., Zahn-Waxler, C., Davidov, M., Hulle, C. V., Robinson, J. L., & Rhee, S. H. (2009). Empathy in early childhood: Genetic, environmental, and affective contributions. In O. Vilarroya, S. Altran, A. Navarro, K. Ochsner & A. Tobena (Eds.), *Values, empathy, and fairness across social barriers* (pp. 103–114). New York: New York Academy of Sciences.

Knight, B. J., & Sayegh, P. (2010). Cultural values and caregiving: The updated sociocultural stress and coping model. *Journals of Gerontology, 65B,* 5–13.

Knobloch, H., & Pasamanick, B. (Eds.). (1974). *Gesell and Amatruda's developmental diagnosis.* Hagerstown, MD: Harper & Row.

Knopf, M., Kraus, U., & Kressley-Mba, R. A. (2006). Relational information processing of novel unrelated actions by infants. *Infant Behavior and Development, 29,* 44–53.

Knowles, M. S., Swanson, R. A., & Holton, E. F. (2011). *The adult learner: The definitive classic in adult education and human resource development.* Burlington, MA: Butterworth-Heinemann.

Knudsen, E. I. (2004). Sensitive periods in the development of the brain and behavior. *Journal of Cognitive Neuroscience, 16,* 1412–1425.

Ko, E., Nelson-Becker, H., Shin, M., & Park, Y. (2014). Preferences and expectations for delivering bad news among Korean older adults. *Journal of Social Service Research, 40,* 402–414.

Ko, H.-J., Mejía, S., & Hooker, K. (2014). Social possible selves, self-regulation, and social goal progress in older adulthood. *International Journal of Behavioral Development, 38,* 219–227.

Kobayashi, T., Hiraki, K., & Hasegawa, T. (2005). Auditory-visual intermodal matching of small numerosities in 6-month-old infants. *Developmental Science, 8,* 409–419.

Kochanska, G. (1991). Socialization and temperament in the development of guilt and conscience. *Child Development, 62,* 1379–1392.

Kochanska, G., & Aksan, N. (2006). Children's conscience and self-regulation. *Journal of Personality, 74,* 1587–1617.

Kochanska, G., Aksan, N., & Carlson, J. J. (2005). Temperament, relationships, and young children's receptive cooperation with their parents. *Developmental Psychology, 41*(4), 648–660.

Kochanska, G., Aksan, N., & Nichols, K. E. (2003). Maternal power assertion in discipline and moral discourse contexts: Commonalities, differences, and implications for children's moral conduct and cognition. *Developmental Psychology, 39,* 949–963.

Kochanska, G., Aksan, N., Prisco, T. R., & Adams, E. E. (2008). Mother–child and father–child mutually responsive orientation in the first 2 years and children's outcomes at preschool age: Mechanisms of influence. *Child Development, 79,* 30–44.

Kochanska, G., Forman, D. R., Aksan, N., & Dunbar, S. B. (2005). Pathways to conscience: Early mother–child mutually responsive orientation and children's moral emotion, conduct, and cognition. *Journal of Child Psychology and Psychiatry, 46,* 19–34.

Kochanska, G., Gross, J. N., Lin, M.-H., & Nichols, K. E. (2002). Guilt in young children: Development, determinants, and relations with broader system standards. *Child Development, 73,* 461–482.

Kochanska, G., & Kim, S. (2014). A complex interplay among the parent–child relationship, effortful control, and internalized rule-compatible conduct in young children: Evidence from two studies. *Developmental Psychology, 50,* 8–21.

Kochanska, G., Kim, S., Barry, R. A., & Philibert, R. A. (2011). Children's genotypes interact with maternal responsive care in predicting children's competence: Diathesis-stress or differential susceptibility? *Development and Psychopathology, 23,* 605–616.

Kochanska, G., & Knaack, A. (2003). Effortful control as a personality characteristic of young children: Antecedents, correlates, and consequences. *Journal of Personality, 71,* 1087–1112.

Kochanska, G., Murray, K. T., & Harlan, E. T. (2000). Effortful control in early childhood: Continuity and change, antecedents, and implications for social development. *Developmental Psychology, 36,* 220–232.

Kochel, K. P., Ladd, G. W., & Rudolph, K. D. (2012). Longitudinal associations among youth depressive symptoms, peer victimization, and low peer acceptance: An interpersonal process perspective. *Child Development, 83,* 637–650.

Koen, J., & Yonelinas, A. (2013). Recollection and familiarity declines in healthy aging, aMCI, and AD. *Journal of Cognitive Neuroscience, 25*(Suppl.), 197.

Kohen, D. E., Leventhal, T., Dahinten, V. S., & McIntosh, C. N. (2008). Neighborhood disadvantage: Pathways of effects for young children. *Child Development, 79,* 156–169.

Kohlberg, L., Levine, C., & Hewer, A. (1983). *Moral stages: A current formulation and a response to critics*. Basel, Switzerland: Karger.

Kohn, M. L. (2006). *Change and stability: A crossnational analysis of social structure and personality*. Greenbrae, CA: Paradigm Press.

Kohn, M. L., Naoi, A., Schoenbach, C., Schooler, C., & Slomczynski, K. M. (1990). Position in the class structure and psychological functioning in the United States, Japan, and Poland. *American Journal of Sociology, 95*, 964–1008.

Kojima, G. (2016). Frailty as a predictor of nursing home placement among community-dwelling older adults: A systematic review and meta-analysis. *Journal of Geriatric Physical Therapy, 23*, (epub ahead of print).

Kojola, E., & Moen, P. (2016). No more lock-step retirement: Boomers' shifting meanings of work and retirement. *Journal of Aging Studies, 36*, 59–70.

Kolak, A. M., & Volling, B. L. (2011). Sibling jealousy in early childhood: Longitudinal links to sibling relationship quality. *Infant and Child Development, 20*, 213–226.

Koletzko, B., Beyer, J., Brands, B., Demmelmair, H., Grote, V., Haile, G., et al. (2013). Early influences of nutrition on postnatal growth. *Nestlé Nutrition Institute Workshop Series, 71*, 11–27.

Kollmann, M., Haeusler, M., Haas, J., Csapo, B., Lang, U., & Klaritsch, P. (2013). Procedure-related complications after genetic amniocentesis and chorionic villus sampling. *Ultraschall in der Medizen, 34*, 345–348.

Komp, D. M. (1996). The changing face of death in children. In H. M. Spiro, M. G. M. Curnen, & L. P. Wandel (Eds.), *Facing death: Where culture, religion, and medicine meet* (pp. 66–76). New Haven: Yale University Press.

Kon, A. A. (2011). Palliative sedation: It's not a panacea. *American Journal of Bioethics, 11*, 41–42

Konner, M. (2010). *The evolution of childhood: Relationships, emotion, mind*. Cambridge, MA: Harvard University Press.

Kooijman, V., Hagoort, P., & Cutler, A. (2009). Prosodic structure in early word segmentation: ERP evidence from Dutch ten-month-olds. *Infancy, 14*, 591–612.

Kopeikina, K. J., Carlson, G. A., Pitstick, R., Ludvigson, A. E., Peters, et al. (2011). Tau accumulation causes mitochondrial distribution deficits in neurons in a mouse model of tauopathy and in human Alzheimer's disease brain. *American Journal of Pathology 179*, 2071–2082.

Kopp, C. B., & Neufeld, S. J. (2003). Emotional development during infancy. In R. Davidson, K. R. Scherer, & H. H. Goldsmith (Eds.), *Handbook of affective sciences* (pp. 347–374). Oxford, UK: Oxford University Press.

Koppel, J., & Berntsen, D. (2014). The peaks of life: The differential temporal locations of the reminiscence bump across disparate cueing methods. *Journal of Applied Research in Memory and Cognition, 4*, 66–80.

Koppel, J., & Rubin, D. C. (2016). Recent advances in understanding the reminiscence bump: The importance of cues in guiding recall from autobiographical memory. *Current Directions in Psychological Science, 25*, 135–140.

Koren, C. (2014). Together and apart: A typology of re-partnering in old age. *International Psychogeriatrics, 26*, 1327–1350.

Koss, K. J., Hostinar, C. E., Donzella, B., & Gunnar, M. R. (2014). Social deprivation and the HPA axis in early deprivation. *Psychoneuroendocrinology, 50*, 1–13.

Kotkin, J. (2012, July 16). Are Millennials the screwed generation? *Newsweek*. Retrieved from www .thedailybeast.com/newsweek/2012/07/15/are -millennials-the-screwed-generation.html

Kotre, J. (1999). *Make it count: How to generate a legacy that gives meaning to your life*. New York: Free Press.

Kotter-Grühn, D. (2015). Changing negative views of aging: Implications for intervention and translational research. *Annual Review of Gerontology and Geriatrics, 35*, 167–186.

Kowalski, R. M., & Limber, S. P. (2013). Psychological, physical, and academic correlates of cyberbullying and traditional bullying. *Journal of Adolescent Health, 53*, S13–S20.

Kowalski, R. M., Limber, S. P., & Agatston, P. W. (2008). *Cyber bullying: Bullying in the digital age*. Malden, MA: Blackwell.

Kozbelt, A. (2016). Creativity. In S. K. Whitbourne (Ed.), *Encyclopedia of adulthood and aging* (Vol. 1, pp. 265–269). Malden, MA: Wiley Blackwell.

Kozer, E., Costei, A. M., Boskovic, R., Nulman, I., Nikfar, S., & Koren, G. (2003). Effects of aspirin consumption during pregnancy on pregnancy outcomes: Meta-analysis. *Birth Defects Research, Part B, Developmental and Reproductive Toxicology, 68*, 70–84.

Kozulin, A. (Ed.). (2003). *Vygotsky's educational theory in cultural context*. Cambridge, UK: Cambridge University Press.

Krafft, K., & Berk, L. E. (1998). Private speech in two preschools: Significance of open-ended activities and make-believe play for verbal self-regulation. *Early Childhood Research Quarterly, 13*, 637–658.

Kragstrup, T. W., Kjaer, M., & Mackey, A. L. (2011). Structural, biochemical, cellular, and functional changes in skeletal muscle extracellular matrix with aging. *Scandinavian Journal of Medicine and Science in Sports, 21*, 749–757.

Krähenbühl, S., Blades, M., & Eiser, C. (2009). The effect of repeated questioning on children's accuracy and consistency in eyewitness testimony. *Legal and Criminological Psychology, 14*, 263–278.

Krakauer, J. (2015). *Rape and the justice system in a college town*. New York: Doubleday.

Kramer, A. F., Fabiani, M., & Colcombe, S. J. (2006). Contributions of cognitive neuroscience to the understanding of behavior and aging. In J. E. Birren & K. W. Schaie (Eds.), *Handbook of the psychology of aging* (6th ed., pp. 57–83). Burlington, MA: Elsevier Academic Press.

Kramer, A. F., Hahn, S., & Gopher, D. (1998). Task coordination and aging: Explorations of executive control processes in the task switching paradigm. *Acta Psychologica, 101*, 339–378.

Kramer, A. F., & Madden, D. J. (2008). Attention. In F. I. M. Craik & T. A. Salthouse (Eds.), *Handbook of aging and cognition* (pp. 189–249). New York: Psychology Press.

Kramer, D. A. (2003). The ontogeny of wisdom in its variations. In J. Demick & C. Andreoletti (Eds.), *Handbook of adult development* (pp. 131–151). New York: Springer.

Kramer, S. E., Kapteyn, T. S., Kuik, D. J., & Deeg, D. J. (2002). The association of hearing impairment and chronic diseases with psychosocial health status in older age. *Journal of Aging and Health, 14*, 122–137.

Krampe, R. T., & Charness, N. (2007). Aging and expertise. In K. A. Ericsson, N. Charness, P. J. Feltovich, & R. R. Hoffman (Eds.), *Cambridge handbook of expertise and expert performance* (pp. 723–742). New York: Cambridge University Press.

Krause, N. (2004). Neighborhoods, health, and well-being in later life. In H.-W. Wahl, R. J. Scheidt, & P. G. Windley (Eds.), *Aging in context: Socio-physical environments* (pp. 223–249). New York: Springer.

Krause, N. (2012). Religious involvement, humility, and change in self-rated health over time. *Journal of Psychology and Theology, 40*, 199–210.

Krause, N., & Hayward, R. D. (2016). Religion, health, and aging. In L. K. George & K. F. Ferraro (Eds.), *Handbook of aging and the social sciences* (8th ed., pp. 251–270). New York: Academic Press.

Krause, N., Hayward, R. D., Bruce, D., & Woolever, C. (2013). Church involvement, spiritual growth, meaning in life, and health. *Archive for the Psychology of Religion, 35*, 169–191.

Krcmar, M., Grela, B., & Linn, K. (2007). Can toddlers learn vocabulary from television? An experimental approach. *Media Psychology, 10*, 41–63.

Krebs, D. L. (2011). *The origins of morality: An evolutionary account*. New York: Oxford University Press.

Kreider, R. M., & Ellis, R. (2011). Living arrangements of children: 2009. *Current Population Reports* (P70–126). Washington, DC: U.S. Census Bureau. Retrieved from www.census.gov/prod/2011pubs/ p70-126.pdf

Kreppner, J. M., Kumsta, R., Rutter, M., Beckett, C., Castle, J., Stevens, S., et al. (2010). Developmental course of deprivation specific psychological patterns: Early manifestations, persistence to age 15, and clinical features. *Monographs of the Society for Research in Child Development, 75*(1, Serial No. 295), 79–101.

Kreppner, J. M., Rutter, M., Beckett, C., Castle, J., Colvert, E., Groothues, C., Hawkins, A., & O'Connor, T. G. (2007). Normality and impairment following profound early institutional deprivation: A longitudinal follow-up into early adolescence. *Developmental Psychology, 43*, 931–946.

Kretch, K. S., & Adolph, K. E. (2013). Cliff or step? Posture-specific learning at the edge of a drop-off. *Child Development, 84*, 226–240.

Kretch, K. S., Franchak, J. M., & Adolph, K. E. (2014). Crawling and walking infants see the world differently. *Child Development, 85*, 1503–1518.

Krettenauer, T., Colasante, T., Buchmann, M., & Malti, T. (2014). The development of moral emotions and decision-making from adolescence to early adulthood: A 6-year longitudinal study. *Journal of Youth and Adolescence, 43*, 583–596.

Kristensen, P., Weisaeth, L., & Heir, T. (2012). Bereavement and mental health after sudden and violent losses: A review. *Psychiatry, 75*, 76–97.

Kroger, J. (2012). The status of identity: Developments in identity status research. In P. K. Kerig, M. S. Schulz, & S. T. Hauser (Eds.), *Adolescence and beyond: Family processes and development* (pp. 64–83). New York: Oxford University Press.

Kroger, J., Martinussen, M., & Marcia, J. E. (2010). Identity status change during adolescence and young adulthood: A meta-analysis. *Journal of Adolescence, 33*, 683–698.

Kropf, N. P., & Pugh, K. L. (1995). Beyond life expectancy: Social work with centenarians. *Journal of Gerontological Social Work, 23*, 121–137.

Krueger, R. F., & Johnson, W. (2008). Behavior genetics and personality. In L. Q. Pervin, O. P. John, & R. W. Robins (Eds.), *Handbook of personality: Theory and research* (3rd ed., pp. 287–310). New York: Guilford.

Krumhansl, C. L., & Jusczyk, P. W. (1990). Infants' perception of phrase structure in music. *Psychological Science, 1*, 70–73.

Kubicek, B., Korunka, C., Raymo, J. M., & Hoonakker, P. (2011). Psychological well-being in retirement: The effects of personal and gendered contextual resources. *Journal of Occupational Health Psychology, 16*, 230–246.

Kübler-Ross, E. (1969). *On death and dying*. New York: Macmillan.

Kubotera, T. (2004). Japanese religion in changing society: The spirits of the dead. In J. D. Morgan & P. Laungani (Eds.), *Death and bereavement around the world: Vol. 4. Asia, Australia, and New Zealand* (pp. 95–99). Amityville, NY: Baywood Publishing Company.

Kubzansky, L. D., & Boehm, J. K. (2016). Positive psychological functioning: An enduring asset for healthy aging. In A. D. Ong & C. E. Löckenhoff (Eds.), *Emotion, aging, and health* (pp. 163–183). Washington, DC: American Psychological Association.

Kuczynski, L. (1984). Socialization goals and mother–child interaction: Strategies for long-term and short-term compliance. *Developmental Psychology, 20,* 1061–1073.

Kuczynski, L., & Lollis, S. (2002). Four foundations for a dynamic model of parenting. In J. R. M. Gerris (Ed.), *Dynamics of parenting.* Hillsdale, NJ: Erlbaum.

Kuh, G. D., Cruce, T. M., & Shoup, R. (2008). Unmasking the effects of student engagement on first-year college grades and persistence. *Journal of Higher Education, 79,* 540–553.

Kuhl, P. K., Ramirez, R. R., Bosseler, A., Lin, J. L., & Imada, T. (2014). Infants' brain responses to speech suggest analysis by synthesis. *Proceedings of the National Academy of Sciences, 111,* 11238–11245.

Kuhl, P. K., Tsao, F.-M., & Liu, H.-M. (2003). Foreign language experience in infancy: Effects of short-term exposure and social interaction on phonetic learning. *Proceedings of the National Academy of Sciences, 100,* 9096–9101.

Kuhn, D. (2000). Theory of mind, metacognition, and reasoning: A life-span perspective. In P. Mitchell & K. J. Riggs (Eds.), *Children's reasoning and the mind* (pp. 301–326). Hove, UK: Psychology Press.

Kuhn, D. (2002). What is scientific thinking, and how does it develop? In U. Goswami (Ed.), *Blackwell handbook of childhood cognitive development* (pp. 371–393). Malden, MA: Blackwell.

Kuhn, D. (2009). Adolescent thinking. In R. M. Lerner & L. Steinberg (Eds.), *Handbook of adolescent psychology: Vol. 1. Individual bases of adolescent development* (3rd ed., pp. 152–186). Hoboken, NJ: Wiley.

Kuhn, D. (2011). What is scientific reasoning and how does it develop? In U. Goswami (Ed.), *Wiley-Blackwell handbook of childhood cognitive development* (2nd ed., pp. 497–523). Hoboken, NJ: Wiley-Blackwell.

Kuhn, D. (2013). Reasoning. In P. D. Zelazo (Ed.), *Oxford handbook of developmental psychology: Vol. 1. Body and mind* (pp. 744–764). New York: Oxford University Press.

Kuhn, D., Amsel, E., & O'Loughlin, M. (1988). *The development of scientific thinking skills.* Orlando, FL: Academic Press.

Kuhn, D., & Dean, D. (2004). Connecting scientific reasoning and causal inference. *Journal of Cognition and Development, 5,* 261–288.

Kuhn, D., & Franklin, S. (2006). The second decade: What develops (and how)? In D. Kuhn & R. S. Siegler (Eds.), *Handbook of child psychology: Vol. 2. Cognition, perception, and language* (6th ed.). Hoboken, NJ: Wiley.

Kuhn, D., Iordanou, K., Pease, M., & Wirkala, C. (2008). Beyond control of variables: What needs to develop to achieve skilled scientific thinking? *Cognitive Development, 23,* 435–451.

Kulkarni, A. D., Jamieson, D. J., Jones, H. W., Jr., Kissin, D. M., Gallo, M. F., Macaluso, M., et al. (2013). Fertility treatments and multiple births in the United States. *New England Journal of Medicine, 369,* 2218–2225.

Kumaido, K., Sugiyama, S., & Tsutsumi, H. (2015). Brain death and organ donation. In H. Uchino, K. Ushijima, & Y. Ikeda (Eds.), *Neuroanesthesia and cerebrospinal protection* (pp. 701–707). Tokyo: Springer Japan.

Kumar, M., Chandra, S., Ijaz, Z., & Senthilselvan, A. (2014). Epidural analgesia in labour and neonatal respiratory distress: A case-control study. *Archives of Disease in Childhood—Fetal and Neonatal Edition, 99,* F116–F119.

Kunnen, E. S., Sappa, V., van Gert, P. L. C., & Bonica, L. (2008). The shapes of commitment development in emerging adulthood. *Journal of Adult Development, 15,* 113–131.

Kunzmann, U. (2016). Wisdom, Berlin model. In S. K. Whitbourne (Ed.), *Encyclopedia of adulthood and aging* (Vol. 2, pp. 1437–1441). Malden, MA: Wiley Blackwell.

Kuperberg, A. (2014). Age at coresidence, premarital cohabitation, and marriage dissolution: 1985–2009. *Journal of Marriage and Family, 76,* 352–369.

Kuppens, S., Laurent, L., Heyvaert, M., & Onghena, P. (2013). Associations between parental control and relational aggression in children and adolescents: A multilevel and sequential meta-analysis. *Developmental Psychology, 49,* 1697–1712.

Kurdek, L. A. (2004). Gay men and lesbians: The family context. In M. Coleman & L. H. Ganong (Eds.), *Handbook of contemporary families: Considering the past, contemplating the future* (pp. 96–115). Thousand Oaks, CA: Sage.

Kurganskaya, M. E. (2011). Manual asymmetry in children is related to parameters of early development and familial sinistrality. *Human Physiology, 37,* 654–657.

Kurtz-Costes, B., Copping, K. E., Rowley, S. J., & Kinlaw, C. R. (2014). Gender and age differences in awareness and endorsement of gender stereotypes. *European Journal of Psychology and Education, 29,* 603–618.

Kurtz-Costes, B., Rowley, S. J., Harris-Britt, A., & Woods, T. A. (2008). Gender stereotypes about mathematics and science and self-perceptions of ability in late childhood and early adolescence. *Merrill-Palmer Quarterly, 54,* 386–409.

Kushner, R. F. (2012). Clinical assessment and management of adult obesity. *Circulation, 126,* 2870–2877.

Kyratzis, A., & Guo, J. (2001). Preschool girls' and boys' verbal conflict strategies in the United States and China. *Research on Language and Social Interaction, 34,* 45–74.

L

Labouvie-Vief, G. (1980). Beyond formal operations: Uses and limits of pure logic in life-span development. *Human Development, 23,* 141–160.

Labouvie-Vief, G. (1985). Logic and self-regulation from youth to maturity: A model. In M. Commons, F. Richards, & C. Armon (Eds.), *Beyond formal operations: Late adolescent and adult cognitive development* (pp. 158–180). New York: Praeger.

Labouvie-Vief, G. (2003). Dynamic integration: Affect, cognition, and the self in adulthood. *Current Directions in Psychological Science, 12,* 201–206.

Labouvie-Vief, G. (2005). Self-with-other representations and the organization of the self. *Journal of Research in Personality, 39,* 185–205.

Labouvie-Vief, G. (2006). Emerging structures of adult thought. In J. J. Arnett & J. L. Tanner (Eds.), *Emerging adults in America: Coming of age in the 21st century* (pp. 59–84). Washington, DC: American Psychological Association.

Labouvie-Vief, G. (2008). When differentiation and negative affect lead to integration and growth. *American Psychologist, 63,* 564–565.

Labouvie-Vief, G. (2015). *Integrating emotions and cognition throughout the lifespan.* Cham, Switzerland: Springer.

Labouvie-Vief, G., Diehl, M., Jain, E., & Zhang, F. (2007). Six-year change in affect optimization and affect complexity across the adult life span: A further examination. *Psychology and Aging, 22,* 738–751.

Labouvie-Vief, G., Grühn, S., & Studer, J. (2010). Dynamic integration of emotion and cognition: Equilibrium regulation in development and aging. In W. Overton & R. M. Lerner (Eds.), *Handbook of life-span development: Vol. 2. Social and emotional development* (pp. 79–115). Hoboken, NJ: Wiley.

Lachance, J. A., & Mazzocco, M. M. M. (2006). A longitudinal analysis of sex differences in math and spatial skills in primary school age children. *Learning and Individual Differences, 16,* 195–216.

Lachman, M. E. (2004). Development in midlife. *Annual Review of Psychology, 55,* 305–331.

Lachman, M. E., & Bertrand, R. M. (2002). Personality and self in midlife. In M. E. Lachman (Ed.), *Handbook of midlife development* (pp. 279–309). New York: Wiley.

Lachman, M. E., Neupert, S. D., & Agrigoroaei, S. (2011). The relevance of control beliefs for health and aging. In K. W. Schaie & S. L. Willis (Eds.), *Handbook of the psychology of aging* (7th ed., pp. 175–190). San Diego, CA: Elsevier.

Lachs, M., Bachman, R., Williams, C. S., Kossack, A., Bove, C., & O'Leary, J. (2006). Violent crime victimization increases the risk of nursing home placement in older adults. *Gerontologist, 46,* 583–589.

Ladd, G. W. (2005). *Children's peer relationships and social competence: A century of progress.* New Haven, CT: Yale University Press.

Ladd, G. W., Birch, S. H., & Buhs, E. S. (1999). Children's social and scholastic lives in kindergarten: Related spheres of influence? *Child Development, 70,* 1373–1400.

Ladd, G. W., Buhs, E. S., & Seid, M. (2000). Children's initial sentiments about kindergarten: Is school liking an antecedent of early classroom participation and achievement? *Merrill-Palmer Quarterly, 46,* 255–279.

Ladd, G. W., & Burgess, K. B. (1999). Charting the relationship trajectories of aggressive, withdrawn, and aggressive/withdrawn children during early grade school. *Child Development, 70,* 910–929.

Ladd, G. W., Kochenderfer-Ladd, B., Eggum, N. D., Kochel, K. P., & McConnell, E. M. (2011). Characterizing and comparing the friendships of anxious-solitary and unsociable preadolescents. *Child Development, 82,* 1434–1453.

Ladd, G. W., LeSieur, K., & Profilet, S. M. (1993). Direct parental influences on young children's peer relations. In S. Duck (Ed.), *Learning about relationships* (Vol. 2, pp. 152–183). London: Sage.

LaFreniere, L., & Cain, A. (2015). Parentally bereaved children and adolescents: The question of peer support. *OMEGA, 71,* 245–271.

Lagattuta, K. H., Sayfan, L., & Blattman, A. J. (2010). Forgetting common ground: Six- to seven-year-olds have an overinterpretive theory of mind. *Developmental Psychology, 46,* 1417–1432.

Lagattuta, K. H., & Thompson, R. A. (2007). The development of self-conscious emotions: Cognitive processes and social influences. In J. L. Tracy, R. W. Robins, & J. P. Tangney (Eds.), *The self-conscious emotions: Theory and research* (pp. 91–113). New York: Guilford.

Laible, D. (2007). Attachment with parents and peers in late adolescence: Links with emotional competence and social behavior. *Personality and Individual Differences, 43,* 1185–1197.

Laible, D. (2011). Does it matter if preschool children and mothers discuss positive vs. negative events during reminiscing? Links with mother-reported attachment, family emotional climate, and socioemotional development. *Social Development, 20,* 394–411.

Laible, D., & Song, J. (2006). Constructing emotional and relational understanding: The role of affect and mother–child discourse. *Merrill-Palmer Quarterly, 52,* 44–69.

Laible, D., & Thompson, R. A. (2002). Mother–child conflict in the toddler years: Lessons in emotion, morality, and relationships. *Child Development, 73,* 1187–1203.

Laird, R. D., Pettit, G. S., Dodge, K. A., & Bates, J. E. (2005). Peer relationship antecedents of delinquent behavior in late adolescence: Is there evidence of demographic group differences in developmental processes? *Development and Psychopathology, 17,* 127–144.

Lakshman, R., Elks, C. E., & Ong, K. K. (2012). Childhood obesity. *Circulation, 126,* 1770–1779.

Lalonde, C. E., & Chandler, M. J. (2002). Children's understanding of interpretation. *New Ideas in Psychology, 20,* 163–198.

Lalonde, C. E., & Chandler, M. J. (2005). Culture, selves, and time: Theories of personal persistence in native and non-native youth. In C. Lightfoot, C. Lalonde,

& M. Chandler (Eds.), *Changing conceptions of psychological life* (pp. 207–229). Mahwah, NJ: Erlbaum.

Lam, C. B., McHale, S. M., & Crouter, A. C. (2012). Parent–child shared time from middle childhood to late adolescence: Developmental course and adjustment correlates. *Child Development, 83,* 2089–2103.

Lam, C. B., Solmeyer, A. R., & McHale, S. M. (2012). Sibling relationships and empathy across the transition to adolescence. *Journal of Youth and Adolescence, 41,* 1657–1670.

Lam, H. S., Kwok, K. M., Chan, P. H., So, H. K., Li, A. M., Ng, P. C., et al. (2013). Long term neurocognitive impact of low dose prenatal methylmercury exposure in Hong Kong. *Environment International, 54,* 59–64.

Lam, J. (2015). Picky eating in children. *Frontiers in Pediatrics, 3:* 41.

Lamaze, F. (1958). *Painless childbirth.* London: Burke.

Lamb, M. E. (2012). Mothers, fathers, families, and circumstances: Factors affecting children's adjustment. *Applied Developmental Science, 16,* 98–111.

Lamb, M. E., & Lewis, C. (2013). Father–child relationships. In N. J. Cabrera & C. S. Tamis-LeMonda (Eds.), *Handbook of father involvement* (2nd ed., pp. 119–134). New York: Routledge.

Lamb, M. E., Thompson, R. A., Gardner, W., Charnov, E. L., & Connell, J. P. (1985). Infant–mother attachment: The origins and developmental significance of individual differences in the Strange Situation: Its study and biological interpretation. *Behavioral and Brain Sciences, 7,* 127–147.

Lambda, N., & Anderson-Nelson, S. (2014). Medication induced retinal side effects. *Disease-a-Month, 60,* 263–267.

Lamberg, L. (2007). Menopause not always to blame for sleep problems in midlife women. *JAMA, 297,* 1865–1866.

Lamers, S. M. A., Bohlmeijer, E. T., Korte, J., & Westerhof, G. J. (2015). The efficacy of life-review as online-guided self-help for adults: A randomized trial. *Journals of Gerontology, 70B,* 24–34.

Lamkaddem, M., van der Straten, A., Essink-Bot, M. L., van Eijsden, M., & Vrijkotte, T. (2014). Etnische verschillen in het gebruik van kraamzorg [Ethnic differences in uptake of professional maternity care assistance]. *Nederlands Tijdschrift voor Geneeskunde, 158*(A7718).

Lamminmaki, A., Hines, M., Kuiri-Hanninen, T., Kilpelainen, L., Dunkel, L., & Sankilampi, U. (2012). Testosterone measured in infancy predicts subsequent sex-typed behavior in boys and girls. *Hormones and Behavior, 61,* 611–616.

Lampl, M. (1993). Evidence of saltatory growth in infancy. *American Journal of Human Biology, 5,* 641–652.

Lampl, M., & Johnson, M. L. (2011). Infant growth in length follows prolonged sleep and increased naps. *Sleep, 34,* 641–650.

Lancy, D. F. (2008). *The anthropology of childhood.* Cambridge, UK: Cambridge University Press.

Lane, J. D., Wellman, H. N., Olson, S. L., Labounty, J., & Kerr, D. C. R. (2010). Theory of mind and emotion understanding predict moral development in early childhood. *British Journal of Developmental Psychology, 28,* 871–889.

Lang, A., Gottlieb, L. N., & Amsel, R. (1996). Predictors of husbands' and wives' grief reactions following infant death: The role of marital intimacy. *Death Studies, 20,* 33–57.

Lang, F. (2016). Control beliefs across adulthood. In K. S. Whitbourne Ed.), *Encyclopedia of adulthood and aging* (Vol. 1, pp. 252–256). Malden, MA: Blackwell.

Lang, F. R., & Baltes, M. M. (1997). Being with people and being alone in later life: Costs and benefits for everyday functioning. *International Journal of Behavioral Development, 21,* 729–749.

Lang, F. R., Rohr, M. K., & Williger, B. (2011). Modeling success in life-span psychology: The principles of selection, optimization, and compensation. In L. Fingerman, C. A. Berg, J. Smith, & T. C. Antonucci (Eds.), *Handbook of life-span development* (pp. 57–85). New York: Springer.

Lang, I. A., Llewellyn, D. J., Langa, K. M., Wallace, R. B., Huppert, F. A., & Melzer, D. (2008). Neighborhood deprivation, individual socioeconomic status, and cognitive function in older people: Analyses from the English Longitudinal Study of Ageing. *Journal of the American Geriatric Society, 56,* 191–198.

Lang, M. (2010). Can mentoring assist in the school-to-work transition? *Education + Training, 52,* 359–367.

Langer, G. (2004). *ABC New Prime Time Live Poll: The American Sex Survey.* Retrieved from abcnews.go.com/Primetime/News/story?id=174461&page=1

Langer, J., Gillette, P., & Arriaga, R. I. (2003). Toddlers' cognition of adding and subtracting objects in action and in perception. *Cognitive Development, 18,* 233–246.

Långström, N., Rahman, Q., Carlström, E., & Lichtenstein, P. (2010). Genetic and environmental effects on same-sex sexual behavior: A population study of twins in Sweden. *Archives of Sexual Behavior, 39,* 75–80.

Lansford, J. E. (2009). Parental divorce and children's adjustment. *Perspectives on Psychological Science, 4,* 140–152.

Lansford, J. E., Criss, M. M., Dodge, K. A., Shaw, D. S., Pettit, G. S., & Bates, J. E. (2009). Trajectories of physical discipline: Early childhood antecedents and developmental outcomes. *Child Development, 80,* 1385–1402.

Lansford, J. E., Criss, M. M., Laird, R. D., Shaw, D. S., Pettit, G. S., Bates, J. E., & Dodge, K. A. (2011). Reciprocal relations between parents' physical discipline and children's externalizing behavior during middle childhood and adolescence. *Development and Psychopathology, 23,* 225–238.

Lansford, J. E., Criss, M. M., Pettit, G. S., Dodge, K. A., & Bates, J. E. (2003). Friendship quality, peer group affiliation, and peer antisocial behavior as moderators of the link between negative parenting and adolescent externalizing behavior. *Journal of Research on Adolescence, 13,* 161–184.

Lansford, J. E., Laird, R. D., Pettit, G. S., Bates, J. E., & Dodge, K. A. (2014). Mothers' and fathers' autonomy-relevant parenting: Longitudinal links with adolescents' externalizing and internalizing behavior. *Journal of Youth and Adolescence, 43,* 1877–1889.

Lansford, J. E., Malone, P. S., Castellino, D. R., Dodge, K. A., Pettit, G., & Bates, J. E. (2006). Trajectories of internalizing, externalizing, and grades for children who have and have not experienced their parents' divorce or separation. *Journal of Family Psychology, 20,* 292–301.

Lansford, J. E., Wagner, L. B., Bates, J. E., Dodge, K. A., & Pettit, G. S. (2012). Parental reasoning, denying privileges, yelling, and spanking: Ethnic differences and associations with child externalizing behavior. *Parenting: Science and Practice, 12,* 42–56.

Laranjo, J., Bernier, A., Meins, E., & Carlson, S. M. (2010). Early manifestations of children's theory of mind: The roles of maternal mind-mindedness and infant security of attachment. *Infancy, 15,* 300–323.

Larsen, J. A., & Nippold, M. A. (2007). Morphological analysis in school-age children: Dynamic assessment of a word learning strategy. *Language, Speech, and Hearing Services in Schools, 38,* 201–212.

Larsen, P. (2009, January). A review of cardiovascular changes in the older adult. *Gerontology Update, December 2008/January 2009, 3,* 9.

Larson, R. W. (2001). How U.S. children and adolescents spend time: What it does (and doesn't) tell us about their development. *Current Directions in Psychological Science, 10,* 160–164.

Larson, R. W., & Ham, M. (1993). Stress and "storm and stress" in early adolescence: The relationship of negative events with dysphoric affect. *Developmental Psychology, 29,* 130–140.

Larson, R. W., & Lampman-Petraitis, C. (1989). Daily emotional states as reported by children and adolescents. *Child Development, 60,* 1250–1260.

Larson, R. W., Moneta, G., Richards, M. H., & Wilson, S. (2002). Continuity, stability, and change in daily emotional experience across adolescence. *Child Development, 73,* 1151–1165.

Larson, R. W., & Richards, M. (1998). Waiting for the weekend: Friday and Saturday night as the emotional climax of the week. In A. C. Crouter & R. Larson (Eds.), *Temporal rhythms in adolescence: Clocks, calendars, and the coordination of daily life* (pp. 37–51). San Francisco: Jossey-Bass.

Larson, R. W., Richards, M. H., Sims, B., & Dworkin, J. (2001). How urban African-American young adolescents spend their time: Time budgets for locations, activities, and companionship. *American Journal of Community Psychology, 29,* 565–597.

Larsson, M., Öberg, C., & Bäckman, L. (2005). Odor identification in old age: Demographic, sensory and cognitive correlates. *Aging, Neuropsychology, and Cognition, 12,* 231–244.

Larzelere, R. E., Cox, R. B., Jr., & Mandara, J. (2013). Responding to misbehavior in young children: How authoritative parents enhance reasoning with firm control. In R. E. Larzelere, A. S. Morris, & A. W. Harrist (Eds.), *Authoritative parenting: Synthesizing nurturance and discipline for optimal child development* (pp. 89–111). Washington, DC: American Psychological Association.

Larzelere, R. E., Schneider, W. N., Larson, D. B., & Pike, P. L. (1996). The effects of discipline responses in delaying toddler misbehavior recurrences. *Child and Family Behavior Therapy, 18,* 35–57.

Lashley, F. R. (2007). *Essentials of clinical genetics in nursing practice.* New York: Springer.

Latorre, J. M., Serrano, J. P., Ricarte, J., Bonete, B., Ros, L., & Sitges, E. (2015). Life review based on remembering specific positive events in active aging. *Journal of Aging and Health, 27,* 140–157.

Lau, Y. L., Cameron, C. A., Chieh, K. M., O'Leary, J., Fu, G., & Lee, K. (2012). Cultural differences in moral justifications enhance understanding of Chinese and Canadian children's moral decisions. *Journal of Cross-Cultural Psychology, 44,* 461–477.

Lauer, P. A., Akiba, M., Wilkerson, S. B., Apthorp, H. S., Snow, D., & Martin-Glenn, M. (2006). Out-of-school time programs: A meta-analysis of effects for at-risk students. *Review of Educational Research, 76,* 275–313.

Laughlin, L. (2013). *Who's minding the kids? Child care arrangements: Spring 2011. Current Population Reports* (P70–135). Washington, DC: U.S. Census Bureau.

Laumann, E. O., Gagnon, J. H., Michael, R. T., & Michaels, S. (1994). *The social organization of sexuality.* Chicago: University of Chicago Press.

Laurent, H., Kim, H., & Capaldi, D. (2008). Prospective effects of interparental conflict on child attachment security and the moderating role of parents' romantic attachment. *Journal of Family Psychology, 22,* 377–388.

Laureys, S., & Boly, M. (2007). What is it like to be vegetative or minimally conscious? *Current Opinion in Neurology, 20,* 609–613.

Lauricella, A. R., Gola, A. A. H., & Calvert, S. L. (2011). Toddlers' learning from socially meaningful video characters. *Media Psychology, 14,* 216–232.

Lautenschlager, N. T., Cox, K. L., Flicker, L., Foster, J. K., van Bockxmeer, F. M., Xiao, J., Greenop, K. R., & Almeida, O. P. (2008). Effect of physical activity on cognitive function in older adults at risk for Alzheimer disease: A randomized trial. *JAMA, 300,* 1027–1037.

Lavelli, M., & Fogel, A. (2005). Developmental changes in the relationship between the infant's attention and emotion during early face-to-face communication: The 2-month transition. *Developmental Psychology, 41,* 265–280.

Lavner, J. A., & Bradbury, T. N. (2012). Why do even satisfied newlyweds eventually go on to divorce? *Journal of Family Psychology, 26,* 1–10.

Lavner, J. A., Karney, B. R., & Bradbury, T. N. (2013). Relationship problems over the early years of marriage: Stability or change? *Journal of Family Psychology, 28,* 979–985.

Law, E. C., Sideridis, G. D., Prock, L. A., & Sheridan, M. A. (2014). Attention-deficit/hyperactivity disorder in young children: Predictors of diagnostic stability. *Pediatrics, 133,* 659–667.

Law, K. L., Stroud, L. R., Niaura, R., LaGasse, L. L., Giu, J., & Lester, B. M. (2003). Smoking during pregnancy and newborn neurobehavior. *Pediatrics, 111,* 1318–1323.

Lawn, J. E., Blencowe, H., Oza, S., You, D., Lee, A. C., Waiswa, P., et al. (2014). Every newborn: Progress, priorities, and potential beyond survival. *Lancet, 12,* 189–205.

Lawrence, A. R., & Schigelone, A. R. S. (2002). Reciprocity beyond dyadic relationships: Aging-related communal coping. *Research on Aging, 24,* 684–704.

Lawrence, E., Rothman, A. D., Cobb, R. J., & Rothman, M. T. (2008). Marital satisfaction across the transition to parenthood. *Journal of Family Psychology, 22,* 41–50.

Lawson, J. F., James, C., Jannson, A.-U. C., Koyama, N. F., & Hill, R. A. (2014). A comparison of heterosexual and homosexual mating preferences in personal advertisements. *Evolution and Human Behavior, 35,* 408–414.

Lazar, A., & Torney-Purta, J. (1991). The development of the subconcepts of death in young children: A short-term longitudinal study. *Child Development, 62,* 1321–1333.

Lazar, I., & Darlington, R. (1982). Lasting effects of early education: A report from the Consortium for Longitudinal Studies. *Monographs of the Society for Research in Child Development, 47*(2–3, Serial No. 195).

Lazarus, R. S., & Lazarus, B. N. (1994). *Passion and reason.* New York: Oxford University Press.

Lazinski, M. J., Shea, A. K., & Steiner, M. (2008). Effects of maternal prenatal stress on offspring development: A commentary. *Archives of Women's Mental Health, 11,* 363–375.

Leaper, C. (1994). Exploring the correlates and consequences of gender segregation: Social relationships in childhood, adolescence, and adulthood. In C. Leaper (Ed.), *New directions for child development* (No. 65, pp. 67–86). San Francisco: Jossey-Bass.

Leaper, C. (2000). Gender, affiliation, assertion, and the interactive context of parent–child play. *Developmental Psychology, 36,* 381–393.

Leaper, C. (2013). Gender development during childhood. In P. D. Zelazo (Ed.), *Oxford handbook of developmental psychology: Vol. 2. Self and other* (pp. 326–377). New York: Oxford University Press.

Leaper, C., Anderson, K. J., & Sanders, P. (1998). Moderators of gender effects on parents' talk to their children: A meta-analysis. *Developmental Psychology, 34,* 3–27.

Leaper, C., & Friedman, C. K. (2007). The socialization of gender. In J. E. Grusec & P. D. Hastings (Eds.), *Handbook of socialization: Theory and research* (pp. 561–587). New York: Guilford.

Leaper, C., Tenenbaum, H. R., & Shaffer, T. G. (1999). Communication patterns of African-American girls and boys from low-income, urban backgrounds. *Child Development, 70,* 1489–1503.

Leavell, A. S., Tamis-LeMonda, C. S., Ruble, D. N., Zosuls, K. M, & Cabrera, N. J. (2011). African American, White, and Latino fathers' activities with their sons and daughters in early childhood. *Sex Roles, 66,* 53–65.

Lebel, C., & Beaulieu, C. (2011). Longitudinal development of human brain wiring continues from childhood into adulthood. *Journal of Neuroscience, 31,* 10937–10947.

Lecanuet, J.-P., Granier-Deferre, C., Jacquet, A.-Y., Capponi, I., & Ledru, L. (1993). Prenatal discrimination of a male and female voice uttering the same sentence. *Early Development and Parenting, 2,* 217–228.

LeCroy, C. W., & Krysik, J. (2011). Randomized trial of the Healthy Families Arizona home visiting program. *Children and Youth Services Review, 33,* 1761–1766.

LeCuyer, E., & Houck, G. M. (2006). Maternal limit-setting in toddlerhood: Socialization strategies for the development of self-regulation. *Infant Mental Health Journal, 27,* 344–370.

LeCuyer, E. A., Christensen, J. J., Kearney, M. H., & Kitzman, H. J. (2011). African American mothers' self-described discipline strategies with young children. *Issues in Comprehensive Pediatric Nursing, 34,* 144–162.

Lee, C.-Y. S., & Doherty, W. J. (2007). Marital satisfaction and father involvement during the transition to parenthood. *Fathering, 5,* 75–96.

Lee, E. E., & Farran, C. J. (2004). Depression among Korean, Korean American, and Caucasian American family caregivers. *Journal of Transcultural Nursing, 15,* 18–25.

Lee, E. H., Zhou, Q., Eisenberg, N., & Wang, Y. (2012). Bidirectional relations between temperament and parenting styles in Chinese children. *International Journal of Behavioral Development, 37,* 57–67.

Lee, G. Y., & Kisilevsky, B. S. (2013). Fetuses respond to father's voice but prefer mother's voice after birth. *Developmental Psychobiology, 56,* 1–11.

Lee, H. Y., & Hans, S. L. (2015). Prenatal depression and young low-income mothers' perception of their children from pregnancy through early childhood. *Infant Behavior and Development, 40,* 183–192.

Lee, K., Xu, F., Fu, G., Cameron, C. A., & Chen, S. (2001). Chinese and Canadian children's categorization and evaluation of lie and truth-telling: A modesty effect. *British Journal of Developmental Psychology, 19,* 525–542.

Lee, S. J., Ralston, H. J., Partridge, J. C., & Rosen, M. A. (2005). Fetal pain: A systematic multidisciplinary review of the evidence. *JAMA, 294,* 947–954.

Lee, S. J., Taylor, C. A., Altschul, I., & Rice, J. C. (2013). Parental spanking and subsequent risk for child aggression in father-involved families of young children. *Children and Youth Services Review, 35,* 1476–1485.

Lee, S. L., Morrow-Howell, N., Jonson-Reid, M., & McCrary, S. (2012). The effect of the Experience Corps® program on student reading outcomes. *Education and Urban Society, 44,* 97–118.

Lee, V. E., & Burkam, D. T. (2002). *Inequality at the starting gate.* Washington, DC: Economic Policy Institute.

Lee, Y. (2013). Adolescent motherhood and capital: Interaction effects of race/ethnicity on harsh parenting. *Journal of Community Psychology, 41,* 102–116.

Leerkes, E. M. (2010). Predictors of maternal sensitivity to infant distress. *Parenting: Science and Practice, 10,* 219–239.

Lefkovics, E., Baji, I., & Rigó, J. (2014). Impact of maternal depression on pregnancies and on early attachment. *Infant Mental Health Journal, 35,* 354–365.

Lefkowitz, E. S., & Gillen, M. M. (2006). "Sex is just a normal part of life": Sexuality in emerging adulthood. In J. J. Arnett & J. L. Tanner (Eds.), *Emerging adults in America* (pp. 235–256). Washington, DC: American Psychological Association.

Lefkowitz, E. S., Vukman, S. N., & Loken, E. (2012). Young adults in a wireless world. In A. Booth, S. L. Brown, N. S. Landale, W. D. Manning, & S. M. McHale (Eds.), *Early adulthood in a family context* (pp. 45–57). New York: Springer.

Legge, G. E., Madison, C., Vaughn, B. N., Cheong, A. M. Y., and Miller, J. C. (2008). Retention of high tactile acuity throughout the life span in blindness. *Perception and Psychophysics, 70,* 1471–1488.

Lehman, D. R., & Nisbett, R. E. (1990). A longitudinal study of the effects of undergraduate training on reasoning. *Developmental Psychology, 26,* 952–960.

Lehman, M., & Hasselhorn, M. (2012). Rehearsal dynamics in elementary school children. *Journal of Experimental Child Psychology, 111,* 552–560.

Lehnung, M., Leplow, B., Ekroll, V., Herzog, A., Mehdorn, M., & Ferstl, R. (2003). The role of locomotion in the acquisition and transfer of spatial knowledge in children. *Scandinavian Journal of Psychology, 44,* 79–86.

Lehr, V. T., Zeskind, P. S., Ofenstein, J. P., Cepeda, E., Warrier, I., & Aranda, J. V. (2007). Neonatal facial coding system scores and spectral characteristics of infant crying during newborn circumcision. *Clinical Journal of Pain, 23,* 417–424.

Lehrer, E. L., & Chen, Y. (2011). *Women's age at first marriage and marital instability: Evidence from the 2006–2008 National Survey of Family Growth.* Discussion Paper No. 5954. Chicago: University of Illinois at Chicago.

Lehrer, J. A., Pantell, R., Tebb, K., & Shafer, M. A. (2007). Forgone health care among U.S. adolescents: Associations between risk characteristics and confidentiality. *Journal of Adolescent Health, 40,* 218–226.

Lehrer, R., & Schauble, L. (2015). The development of scientific thinking. In L. S. Liben & U. Müller (Eds.), *Handbook of child psychology: Vol. 2. Cognitive processes* (7th ed., pp. 671–714). Hoboken, NJ: Wiley.

Leibowitz, S., & de Vries, A. L. C. (2016). Gender dysphoria in adolescence. *International Review of Psychiatry, 28,* 21–35.

Lejeune, F., Marcus, L., Berne-Audeoud, F., Streri, A., Debillon, T., & Gentaz, E. (2012). Intermanual transfer of shapes in preterm human infants from 33 to 34 + 6 weeks postconceptional age. *Child Development, 83,* 794–800.

Lemaitre, H., Goldman, A. L., Sambataro, F., Verchinski, B. A., Meyer-Lindenberg, A., & Mattay, V. S. (2012). Normal age-related brain morphometric changes: Nonuniformity across cortical thickness, surface area and gray matter volume? *Neurobiology of Aging, 33,* 617.

Leman, P. J. (2005). Authority and moral reasons: Parenting style and children's perceptions of adult rule justifications. *International Journal of Behavioral Development, 29,* 265–270.

Lemaster, P., Delaney, R., & Strough, J. (2015). Crossover, degendering, or … ? A multidimensional approach to life-span gender development. *Sex Roles, 1–13.* Retrieved from link.springer.com/article/10.10 07%2Fs11199-015-0563-0

Lemay, M. (2015, February 26). *A letter to my son Jacob on his 5th birthday.* Retrieved from www.boston.com/life/moms/2015/02/26/letter-son-jacob-his-birthday/a2Jynr9Jhc3W8VQ9lVFx8N/story.html

Lemche, E., Lennertz, I., Orthmann, C., Ari, A., Grote, K., Hafker, J., & Klann-Delius, G. (2003). Emotion-regulatory process in evoked play narratives: Their relation with mental representations and family interactions. *Praxis der Kinderpsychologie und Kinderpsychiatrie, 52,* 156–171.

Lemish, D., & Muhlbauer, V. (2012). "Can't have it all": Representations of older women in popular culture. *Women & Therapy, 35,* 165–180.

Lemola, S. (2015). Long-term outcomes of very preterm birth: Mechanisms and interventions. *European Psychologist, 20,* 128–137.

Lenhart, A., Ling, R., Campbell, S., & Purcell, K. (2010). *Teens and mobile phones*. Washington, DC: Pew Internet & American Life Project.

Lenhart, A., & Page, D. (2015). *Teens, social media & technology overview 2015*. Washington, DC: Pew Research Center. Retrieved from www.pewinternet .org/files/2015/04/PI_TeensandTech_Update2015 _0409151.pdf

Lenhart, A., Smith, A., Anderson, M., Duggan, M., & Perrin, A. (2015). *Teens, technology & friendships*. Washington, DC: Pew Research Center. Retrieved from www.pewinternet.org/files/2015/08/Teens-and -Friendships-FINAL2.pdf

Lenroot, R. K., & Giedd, J. N. (2006). Brain development in children and adolescents: Insights from anatomical magnetic resonance imaging. *Neuroscience and Biobehavioral Reviews, 30*, 718–729.

Lenzi, M., Vieno, A., Perkins, D. D., Santinello, M., Elgar, F. J., Morgan, A., et al. (2012). Family affluence, school and neighborhood contexts and adolescents' civic engagement: A cross-national study. *American Journal of Community Psychology, 50*, 197–210.

Leonesio, M. V., Bridges, B., Gesumaria, R., & Del Bene, L. (2012). The increasing labor force participation of older workers and its effect on the income of the aged. *Social Security Bulletin, 72*(1). Retrieved from www.ssa.gov/policy/docs/ssb/v72n1/v72n1p59.html

Leopold, T., & Skopek, J. (2015). The demography of grandparenthood: An international profile. *Social Forces, 94*, 801–832.

Lepers, R., Knechtle, B., & Stapley, P. J. (2013). Trends in triathlon performance: Effects of sex and age. *Sports Medicine, 43*, 851–863.

Lerman, R. I. (2010). Capabilities and contributions of unwed fathers. *Future of Children, 20*, 63–85.

Lerner, R. M. (2015). Preface. In W. F. Overton & P. C. Molenaar (Eds.), *Handbook of child psychology and developmental science: Vol. 1. Theory and method* (pp. xv–xxi). Hoboken, NJ: Wiley.

Lerner, R. M., Agans, J. P., DeSouza, L. M., & Hershberg, R. M. (2014). Developmental science in 2025: A predictive review. *Research in Human Development, 11*, 255–272.

Lernout, T., Theeten, H., Hens, N., Braeckman, T., Roelants, M., Hoppenbrouwers, K., & Van Damme, P. (2013). Timeliness of infant vaccination and factors related with delay in Flanders, Belgium. *Vaccine, 32*, 284–289.

Leslie, A. M. (2004). Who's for learning? *Developmental Science, 7*, 417–419.

Letherby, G. (2002). Childless and bereft? Stereotypes and realities in relation to "voluntary" and "involuntary" childlessness and womanhood. *Sociological Inquiry, 72*, 7–20.

Leuner, B., Glasper, E. R., & Gould, E. (2010). Parenting and plasticity. *Trends in Neuroscience, 33*, 465–473.

LeVay, S. (1993). *The sexual brain*. Cambridge, MA: MIT Press.

Levendosky, A. A., Bogat, G. A., Huth-Bocks, A. C., Rosenblum, K., & von Eye, A. (2011). The effects of domestic violence on the stability of attachment from infancy to preschool. *Journal of Clinical Child and Adolescent Psychology, 40*, 398–410.

Leventhal, T., & Brooks-Gunn, J. (2003). Children and youth in neighborhood contexts. *Current Directions in Psychological Science, 12*, 27–31.

Leventhal, T., & Dupéré, V. (2011). Moving to opportunity: Does long-term exposure to "low-poverty" neighborhoods make a difference for adolescents? *Social Science and Medicine, 73*, 737–743.

Leventhal, T., Dupéré, V., & Brooks-Gunn, J. (2009). Neighborhood influences on adolescent development. In R. M. Lerner & L. Steinberg (Eds.), *Handbook of adolescent psychology: Vol. 2* (3rd ed., pp. 411–443). Hoboken, NJ: Wiley.

Leventhal, T., Dupéré, V., & Shuey, E. A. (2015). Children in neighborhoods. In M. H. Bornstein &

T. Leventhal (Eds.), *Handbook of child psychology: Vol. 4. Ecological settings and processes* (7th ed., pp. 493–533). Hoboken, NJ: Wiley.

Levin, B. (2012). *More high school graduates: How schools can save students from dropping out*. Thousand Oaks, CA: Sage.

Levine, K. A., & Sutherland, D. (2013). History repeats itself: Parental involvement in children's career exploration. *Canadian Journal of Counselling and Psychotherapy, 47*, 239–255.

LeVine, R. A., Dixon, S., LeVine, S., Richman, A., Leiderman, P. H., Keefer, C. H., & Brazelton, T. B. (1994). *Child care and culture: Lessons from Africa*. New York: Cambridge University Press.

Levine, S. C., Huttenlocher, J., Taylor, A., & Langrock, A. (1999). Early sex differences in spatial skill. *Developmental Psychology, 35*, 940–949.

Levine, S. C., Ratliff, K. R., Huttenlocher, J., & Cannon, J. (2012). Early puzzle play: A predictor of preschoolers' spatial transformation skill. *Developmental Psychology, 48*, 530–542.

Levinson, D. J. (1978). *The seasons of a man's life*. New York: Knopf.

Levinson, D. J. (1996). *The seasons of a woman's life*. New York: Knopf.

Levitt, M. J., & Cici-Gokaltun, A. (2011). Close relationships across the lifespan. In K. Fingerman, C. A. Berg, J. Smith, & T. C. Antonucci (Eds.), *Handbook of life-span development* (pp. 457–486). New York: Springer.

Levy, B. R., & Leifheit-Limson, E. (2009). The stereotype-matching effect: Greater influence on functioning when age stereotypes correspond to outcomes. *Psychology and Aging, 24*, 230–233.

Levy, B. R., Slade, M. D., Kunkel, S. R., & Kasl, S. V. (2002). Longevity increased by positive self-perceptions of aging. *Journal of Personality and Social Psychology, 83*, 261–270.

Levy, B. R., Zonderman, A. B., Slade, M. D., & Ferrucci, L. (2012). Memory shaped by age stereotypes over time. *Journals of Gerontology, 67B*, 432–436.

Levy, S. R., & Dweck, C. S. (1999). The impact of children's static vs. dynamic conceptions of people on stereotype formation. *Child Development, 70*, 1163–1180.

Lewiecki, E. M., & Miller, S. A. (2013). Suicide, guns, and public policy. *American Journal of Public Health, 103*, 27–31.

Lewis, J. M., & Kreider, R. M. (2015). *Remarriage in the United States* (American Community Service Reports No. ACS–30). Washington, DC: U.S. Census Bureau. Retrieved from www.census.gov/content/dam/ Census/library/publications/2015/acs/acs-30.pdf

Lewis, M. (1995). Embarrassment: The emotion of self-exposure and evaluation. In J. P. Tangney & K. W. Fischer (Eds.), *Self-conscious emotions* (pp. 198–218). New York: Guilford.

Lewis, M. (1998). Emotional competence and development. In D. Pushkar, W. M. Bukowski, A. E. Schwartzman, E. M. Stack, & D. R. White (Eds.), *Improving competence across the lifespan* (pp. 27–36). New York: Plenum.

Lewis, M. (2014). *The rise of consciousness and the development of emotional life*. New York: Guilford.

Lewis, M., & Brooks-Gunn, J. (1979). *Social cognition and the acquisition of self*. New York: Plenum.

Lewis, M., & Ramsay, D. (2004). Development of self-recognition, personal pronoun use, and pretend play during the 2nd year. *Child Development, 75*, 1821–1831.

Lewis, M., Ramsay, D. S., & Kawakami, K. (1993). Differences between Japanese infants and Caucasian American infants in behavioral and cortisol response to inoculation. *Child Development, 64*, 1722–1731.

Lewis, M. A., Granato, H., Blayney, J. A., Lostutter, T. W., & Kilmer, J. R. (2012). Predictors of hooking up sexual behaviors and emotional reactions among U.S. college students. *Archives of Sexual Behavior, 41*, 1219–1229.

Lewis, M. D. (2008). Emotional habits in brain and behavior: A window on personality development. In A. Fogel, B. J. King, & S. G. Shanker (Eds.), *Human development in the twenty-first century* (pp. 72–80). New York: Cambridge University Press.

Lewis, T. L., & Maurer, D. (2005). Multiple sensitive periods in human visual development: Evidence from visually deprived children. *Developmental Psychobiology, 46*, 163–183.

Lew-Williams, C., Pelucchi, B., & Saffran, J. R. (2011). Isolated words enhance statistical language learning in infancy. *Developmental Science, 14*, 1323–1329.

Leyk, D., Rüther, T., Wunderlich, M., Sievert, A., Ebfeld, D., Witzki, A., et al. (2010). Physical performance in middle age and old age. *Deutsches Ärzteblatt International, 107*, 809–816.

Li, D.-K., Willinger, M., Petitti, D. B., Odouli, R., Liu, L., & Hoffman, H. J. (2006). Use of a dummy (pacifier) during sleep and risk of sudden infant death syndrome (SIDS): Population based case-control study. *British Medical Journal, 332*, 18–21.

Li, J., Johnson, S. E., Han, W., Andrews, S., Kendall, G., Strazdins, L., & Dockery, A. (2014). Parents' nonstandard work schedules and child well-being: A critical review of the literature. *Journal of Primary Prevention, 35*, 53–73.

Li, J. J., Berk, M. S., & Lee, S. S. (2013). Differential susceptibility in longitudinal models of gene–environment interaction for adolescent depression. *Developmental Psychopathology, 25*, 991–1003.

Li, K., Zhu, D., Guo, L., Li, Z., Lynch, M. E., Coles, C., et al. (2013). Connectomics signatures of prenatal cocaine exposure affected adolescent brains. *Human Brain Mapping, 34*, 2494–2510.

Li, K. Z. H., & Bruce, H. (2016). Sensorimotor–cognitive interactions. In S. K. Whitbourne (Ed.), *Encyclopedia of adulthood and aging* (Vol. 3, pp. 1292–1296). Malden, MA: Wiley Blackwell.

Li, S.-C., Lindenberger, U., Hommel, B., Aschersleben, G., Prinz, W., & Baltes, P. B. (2004). Transformation in the couplings among intellectual abilities and constituent cognitive processes across the life span. *Psychological Science, 15*, 155–163.

Li, W., Farkas, G., Duncan, G. J., Burchinal, M. R., & Vandell, D. L. (2013). Timing of high-quality child care and cognitive, language, and preacademic development. *Developmental Psychology, 49*, 1440–1451.

Li, X., Atkins, M. S., & Stanton, B. (2006). Effects of home and school computer use on school readiness and cognitive development among Head Start children: A randomized control trial. *Merrill-Palmer Quarterly, 52*, 239–263.

Liang, J., Matheson, B. E., Kaye, W. H., & Boutelle, K. N. (2014). Neurocognitive correlates of obesity and obesity-related behaviors in children and adolescents. *International Journal of Obesity, 38*, 494–506.

Liben, L. S. (2006). Education for spatial thinking. In K. A. Renninger & I. E. Sigel (Eds.), *Handbook of child psychology: Vol. 4. Child psychology in practice* (6th ed., pp. 197–247). Hoboken, NJ: Wiley.

Liben, L. S. (2009). The road to understanding maps. *Current Directions in Psychological Science, 18*, 310–315.

Liben, L. S., & Bigler, R. S. (2002). The developmental course of gender differentiation: Conceptualizing, measuring, and evaluating constructs and pathways. *Monographs of the Society for Research in Child Development, 6*(4, Serial No. 271).

Liben, L. S., Bigler, R. S., & Krogh, H. R. (2001). Pink and blue collar jobs: Children's judgments of job status and job aspirations in relation to sex of worker. *Journal of Experimental Child Psychology, 79*, 346–363.

Liben, L. S., & Downs, R. M. (1993). Understanding person–space–map relations: Cartographic and developmental perspectives. *Developmental Psychology, 29*, 739–752.

Liben, L. S., Myers, L. J., Christensen, A. E., & Bower, C. A. (2013). Environmental-scale map use in middle childhood: Links to spatial skills, strategies, and gender. *Child Development, 84,* 2047–2063.

Lichtenberg, P. A. (2016). Financial exploitation, financial capacity, and Alzheimer's disease. *American Psychologist, 71,* 312–320.

Lickliter, R., & Honeycutt, H. (2013). A developmental evolutionary framework for psychology. *Review of General Psychology, 17,* 184–189.

Lickliter, R., & Honeycutt, H. (2015). Biology, development, and human systems. In W. F. Overton & P. C. M. Molenaar (Eds.), *Handbook of child psychology and developmental science: Vol. 1. Theory and method* (7th ed., pp. 162–207). Hoboken, NJ: Wiley.

Lidstone, J. S. M., Meins, E., & Fernyhough, C. (2010). The roles of private speech and inner speech in planning during middle childhood: Evidence from a dual task paradigm. *Journal of Experimental Child Psychology, 107,* 438–451.

Lidz, J. (2007). The abstract nature of syntactic representations. In E. Hoff & M. Shatz (Eds.), *Blackwell handbook of language development* (pp. 277–303). Malden, MA: Blackwell.

Lidz, J., Gleitman, H., & Gleitman, L. (2004). Kidz in the 'hood: Syntactic bootstrapping and the mental lexicon. In D. G. Hall & S. R. Waxman (Eds.), *Weaving a lexicon* (pp. 603–636). Cambridge, MA: MIT Press.

Liew, J., Eisenberg, N., Spinrad, T. L., Eggum, N. D., Haugen, R. G., Kupfer, A., et al. (2010). Physiological regulation and fearfulness as predictors of young children's empathy-related reactions. *Social Development, 20,* 111–134.

Li-Grining, C. P. (2007). Effortful control among low-income preschoolers in three cities: Stability, change, and individual differences. *Developmental Psychology, 43,* 208–221.

Li-Korotky, H.-S. (2012). Age-related hearing loss: Quality of care for quality of life. *Gerontologist, 52,* 265–271.

Lilgendahl, J. P., & McAdams, D. P. (2011). Constructing stories of self-growth: How individual differences in patterns of autobiographical reasoning relate to well-being in midlife. *Journal of Personality, 79,* 391–428.

Lillard, A. (2007). *Montessori: The science behind the genius.* New York: Oxford University Press.

Lillard, A. S., Lerner, M. D., Hopkins, E. J., Dore, R. A., Smith, E. D., & Palmquist, C. M. (2013). The impact of pretend play on children's development: A review of the evidence. *Psychological Bulletin, 139,* 1–34.

Lillard, A. S., & Peterson, J. (2011). The immediate impact of different types of television on young children's executive function. *Pediatrics, 128,* 644–649.

Lin, I.-F., & Wu, H.-S. (2014). Activity limitations, use of assistive devices or personal help, and well-being: Variation by education. *Journals of Gerontology, 69B,* S16–S25.

Lin, J., Epel, E., & Blackburn, E. (2012). Telomeres and lifestyle factors: Roles in cellular aging. *Mutation Research/Fundamental and Molecular Mechanisms of Mutagenesis, 730,* 85–89.

Lin, K.-H., & Lundquist, J. (2013). Mate selection in cyberspace: The intersection of race, gender, and education. *American Journal of Sociology, 119,* 183–215.

Lind, J. N., Li, R., Perrine, C. G., & Shieve, L. A. (2014). Breastfeeding and later psychosocial development of children at 6 years of age. *Pediatrics, 134,* S36–S41.

Lindau, S. T., Schumm, L. P., Laumann, E. O., Levinson, W., O'Muircheartaigh, C. A., & Waite, L. J. (2007). A study of sexuality and health among older adults in the United States. *New England Journal of Medicine, 357,* 762–774.

Lindauer, M. S., Orwoll, L., & Kelley, M. C. (1997). Aging artists on the creativity of their old age. *Creativity Research Journal, 10,* 133–152.

Lindberg, S. M., Hyde, J. S., Linn, M. C., & Petersen, J. L. (2010). New trends in gender and mathematics performance: A meta-analysis. *Psychological Bulletin, 136,* 1123–1135.

Linder, J. R., & Collins, W. A. (2005). Parent and peer predictors of physical aggression and conflict management in romantic relationships in early adulthood. *Journal of Family Psychology, 19,* 252–262.

Lindsey, E. W., & Colwell, M. J. (2013). Pretend and physical play: Links to preschoolers' affective social competence. *Merrill-Palmer Quarterly, 59,* 330–360.

Lindsey, E. W., Colwell, M. J., Frabutt, J. M., Chambers, J. C., & MacKinnon-Lewis, C. (2008). Mother–child dyadic synchrony in European-American families during early adolescence: Relations with self-esteem and prosocial behavior. *Merrill-Palmer Quarterly, 54,* 289–315.

Lindsey, E. W., & Mize, J. (2000). Parent–child physical and pretense play: Links to children's social competence. *Merrill-Palmer Quarterly, 46,* 565–591.

Linebarger, D. L., & Piotrowski, J. T. (2010). Structure and strategies in children's educational television: The roles of program type and learning strategies in children's learning. *Child Development, 81,* 1582–1597.

Linebarger, J. S., Sahler, O. J., & Egan, K. A. Coping with death. *Pediatrics in Review, 30,* 350–355.

Linver, M. R., Martin, A., & Brooks-Gunn, J. (2004). Measuring infants' home environment: The ITHOME for infants between birth and 12 months in four national data sets. *Parenting: Science and Practice, 4,* 115–137.

Lionetti, F., Pastore, M., & Barone, L. (2015). Attachment in institutionalized children: A review and meta-analysis. *Child Abuse and Neglect, 42,* 135–145.

Lippold, M. A., Greenberg, M. T., Graham, J. W., & Feinberg, M. E. (2014). Unpacking the effect of parental monitoring on early adolescent problem behavior: Mediation by parental knowledge and moderation by parent–youth warmth. *Journal of Family Issues, 35,* 1800–1823.

Lips, H. M. (2013). The gender pay gap: Challenging the rationalizations. Perceived equity, discrimination, and the limits of human capital models. *Sex Roles, 68,* 169–185.

Lipton, J. S., & Spelke, E. S. (2003). Origins of number sense: Large-number discrimination in human infants. *Psychological Science, 14,* 396–401.

Liszkowski, U., Carpenter, M., & Tomasello, M. (2007). Pointing out new news, old news, and absent referents at 12 months of age. *Developmental Science, 10,* F1–F7.

Lithopoulos, A., Rathwell, S., & Young, B. W. (2015). Examining the effects of gain-framed messages on the activation and elaboration of possible sport selves in middle-aged adults. *Journal of Applied Sport Psychology, 27,* 140–155.

Liu, C.-C., Kanekiyo, T., Xu, H., & Bu, G. (2013). Apolipoprotein E and Alzheimer disease: Risk, mechanisms and therapy. *Nature Reviews Neurology, 9,* 106–118.

Liu, J., Raine, A., Venables, P. H., Dalais, C., & Mednick, S. A. (2003). Malnutrition at age 3 years and lower cognitive ability at age 11 years. *Archives of Paediatric and Adolescent Medicine, 157,* 593–600.

Liu, J., Raine, A., Venables, P. H., & Mednick, S. A. (2004). Malnutrition at age 3 years and externalizing behavior problems at age 8, 11, and 17 years. *American Journal of Psychiatry, 161,* 2006–2013.

Liu, K., Daviglus, M. L., Loria, C. M., Colangelo, L. A., Spring, B., Moller, A. C., et al. (2012). Healthy lifestyle through young adulthood and the presence of low cardiovascular disease risk profile in middle age: The Coronary Artery Risk Development in (Young) Adults (CARDIA) study. *Circulation, 125,* 996–1004.

Liu, L., Drouet, V., Wu, J. W., Witter, M. P., Small, S. A., Clelland C., et al. (2012). Trans-synaptic spread of tau pathology in vivo. *PLoS One, 7,* e31302.

Liu, R. T., & Mustanski, B. (2012). Suicidal ideation and self-harm in lesbian, gay, bisexual, and transgender youth. *American Journal of Preventive Medicine, 42,* 221–228.

Liu, Y., Long, J., & Liu, J. (2014). Mitochondrial free radical theory of aging: Who moved my premise? *Geriatrics and Gerontology International, 14,* 740–749.

Lleras, C., & Rangel, C. (2009). Ability grouping practices in elementary school and African American/Hispanic achievement. *American Journal of Education, 115,* 279–304.

Lloyd, G. M., Sailor, J. L., & Carney, W. (2014). A phenomenological study of postdivorce adjustment in midlife. *Journal of Divorce and Remarriage, 55,* 441–450.

Lloyd, M. E., Doydum, A. O., & Newcombe, N. S. (2009). Memory binding in early childhood: Evidence for a retrieval deficit. *Child Development, 80,* 1321–1328.

Lochman, J. E., & Dodge K. A. (1998). Distorted perceptions in dyadic interactions of aggressive and nonaggressive boys: Effects of prior expectations, context, and boys' age. *Development and Psychopathology, 10,* 495–512.

Lockhart, S. N., & DeCarli, C. (2014). Structural imaging measures of brain aging. *Neuropsychological Review, 24,* 271–289.

Lodi-Smith, J., & Roberts, B. W. (2007). Social investment and personality: A meta-analysis of the relationship of personality traits to investment in work, family, religion, and volunteerism. *Personality and Social Psychology Review, 11,* 68–86.

Loehlin, J. C., Horn, J. M., & Willerman, L. (1997). Heredity, environment, and IQ in the Texas Adoption Project. In R. J. Sternberg & E. L. Grigorenko (Eds.), *Intelligence, heredity, and environment* (pp. 105–125). New York: Cambridge University Press.

Loehlin, J. C., Jonsson, E. G., Gustavsson, J. P., Stallings, M. C., Gillespie, N. A., Wright, M. J., & Martin, N. G. (2005). Psychological masculinity–femininity via the gender diagnosticity approach: Heritability and consistency across ages and populations. *Journal of Personality, 73,* 1295–1319.

Loehlin, J. C., & Martin, N. G. (2001). Age changes in personality traits and their heritabilities during the adult years: Evidence from Australian twin registry samples. *Personality and Individual Differences, 30,* 1147–1160.

Loganovskaja, T. K., & Loganovsky, K. N. (1999). EEG, cognitive and psychopathological abnormalities in children irradiated in utero. *International Journal of Psychophysiology, 34,* 211–224.

Loganovsky, K. N., Loganovskaja, T. K., Nechayev, S. Y., Antipchuk, Y. Y., & Bomko, M. A. (2008). Disrupted development of the dominant hemisphere following prenatal irradiation. *Journal of Neuropsychiatry and Clinical Neurosciences, 20,* 274–291.

Loman, M. M., & Gunnar, M. R. (2010). Early experience and the development of stress reactivity and regulation in children. *Neuroscience and Biobehavioral Reviews, 34,* 867–876.

Lombardi, C. M., & Coley, R. L. (2013). Low-income mothers' employment experiences: Prospective links with young children's development. *Family Relations, 62,* 514–528.

Long, D. D. (1985). A cross-cultural examination of fears of death among Saudi Arabians. *Omega, 16,* 43–50.

Lonigan, C. J. (2015). Literacy development. In L. S. Liben & U. Müller (Eds.), *Handbook of child psychology and developmental science: Vol. 2. Cognitive processes* (7th ed., pp. 763–805). Hoboken, NJ: Wiley.

Lonigan, C. J., Purpura, D. J., Wilson, S. B., Walker, J., & Clancy-Menchetti, J. (2013). Evaluating the components of an emergent literacy intervention for preschool children at risk for reading difficulties. *Journal of Experimental Child Psychology, 114,* 111–130.

Looker, D., & Thiessen, V. (2003). *The digital divide in Canadian schools: Factors affecting student access to and use of information technology.* Ottawa: Canadian Education Statistics Council.

Lopez, C. M., Driscoll, K. A., & Kistner, J. A. (2009). Sex differences and response styles: Subtypes of rumination and associations with depressive symptoms. *Journal of Clinical Child and Adolescent Psychology, 38,* 27–35.

Lopresti, A. L., & Drummond, P. D. (2013). Obesity and psychiatric disorders: Commonalities in dysregulated biological pathways and their implications for treatment. *Progress in Neuro-Psychopharmacology & Biological Psychiatry, 45,* 92–99.

Lora, K. R., Sisson, S. B., DeGrace, B. W., & Morris, A. S. (2014). Frequency of family meals and 6–11-year-old children's social behaviors. *Journal of Family Psychology, 28,* 577–582.

Lorber, M. F., & Egeland, B. (2011). Parenting and infant difficulty: Testing a mutual exacerbation hypothesis to predict early onset conduct problems. *Child Development, 82,* 2006–2020.

Lorch, R. F., Jr., Lorch, E. P., Calderhead, W. J., Dunlap, E. E., Hodell, E. C., & Freer, B. D. (2010). Learning the control of variables strategy in higher- and lower-achieving classrooms: Contributions of explicit instruction and experimentation. *Journal of Educational Psychology, 102,* 90–101.

Lorentzen, C. (2014). College enrollment decision for nontraditional female students. *College of Professional Studies Professional Projects* (Paper 68). Retrieved from epublications.marquette.edu/cgi/viewcontent.cgi?article=1069&context=cps_professional

Lorenz, K. (1952). *King Solomon's ring.* New York: Crowell.

Lorntz, B., Soares, A. M., Moore, S. R., Pinkerton, R., Gansneder, B., Bovbjerg, V. E., et al. (2006). Early childhood diarrhea predicts impaired school performance. *Pediatric Infectious Disease Journal, 25,* 513–520.

Lou, E., Lalonde, R. N., & Giguère, B. (2012). Making the decision to move out: Bicultural young adults and the negotiation of cultural demands and family relationships. *Journal of Cross-Cultural Psychology, 43,* 663–670.

Lou, K., Yao, Y., Hoye, A. T., James, M. J., Cornec, A. S., Hyde, E., et al. (2014). Brain-penetrant, orally bioavailable microtubule-stabilizing small molecules are potential candidate therapeutics for Alzheimer's disease and related tauopathies. *Journal of Medicinal Chemistry, 57,* 6116–6127.

Louie, V. (2001). Parents' aspirations and investment: The role of social class in the educational experiences of 1.5- and second generation Chinese Americans. *Harvard Educational Review, 71,* 438–474.

Louis, J., Cannard, C., Bastuji, H., & Challemel, M. J. (1997). Sleep ontogenesis revisited: A longitudinal 24-hour home polygraphic study on 15 normal infants during the first two years of life. *Sleep, 20,* 323–333.

Lourenço, O. (2003). Making sense of Turiel's dispute with Kohlberg: The case of the child's moral competence. *New Ideas in Psychology, 21,* 43–68.

Lourenço, O. (2012). Piaget and Vygotsky: Many resemblances, and a crucial difference. *New Ideas in Psychology, 30,* 281–295.

Lourida, I., Soni, M., Thompson-Coon, J., Purandare, N., Lang, I. A., Ukoumunne, O. C., & Llewellyn, D. J. (2013). Mediterranean diet, cognitive function, and dementia: A systematic review. *Epidemiology, 24,* 479–489.

Lövdén, M., Bergman, L., Adolfsson, R., Lindenberger, U., & Nilsson, L.-G. (2005). Studying individual aging in an interindividual context: Typical paths of age-related, dementia-related, and mortality-related

cognitive development in old age. *Psychology and Aging, 20,* 303–316.

Lövdén, M., Schmiedek, F., Kennedy, K. M., Rodrigue, K. M., Lindenberger, U., & Raz, N. (2012). Does variability in cognitive performance correlated with frontal brain volume? *NeuroImage, 64,* 209–215.

Love, J. M., Chazan-Cohen, R., & Raikes, H. (2007). Forty years of research knowledge and use: From Head Start to Early Head Start and beyond. In. J. L. Aber, S. J. Bishop-Josef, S. M. Jones, K. T. McLearn, & D. Phillips (Eds.), *Child development and social policy: Knowledge for action* (pp. 79–95). Washington, DC: American Psychological Association.

Love, J. M., Harrison, L., Sagi-Schwartz, A., van IJzendoorn, M. H., Ross, C., & Ungerer, J. A. (2003). Child care quality matters: How conclusions may vary with context. *Child Development, 74,* 1021–1033.

Love, J. M., Kisker, E. E., Ross, C., Raikes, H., Constantine, J., Boller, K., & Brooks-Gunn, J. (2005). The effectiveness of Early Head Start for 3-year-old children and their parents: Lessons for policy and programs. *Developmental Psychology, 41,* 885–901.

Lovejoy, M., & Stone, P. (2012). Opting back in: The influence of time at home on professional women's career redirection after opting out. *Gender, Work and Organization, 19,* 632–653.

Low, M., Farrell, A., Biggs, B., & Pasricha, S. (2013). Effects of daily iron supplementation in primary-school-aged children: Systematic review and meta-analysis of randomized controlled trials. *Canadian Medical Association Journal, 185,* E791–E802.

Low, S. H., & Goh, E. C. L. (2015). Granny as nanny: Positive outcomes for grandparents providing childcare for dual-income families: Fact or myth? *Journal of Intergenerational Relationships, 13,* 302–319.

Low, S. M., & Stocker, C. (2012). Family functioning and children's adjustment: Associations among parents' depressed mood, marital hostility, parent–child hostility, and children's adjustment. *Journal of Family Psychology, 19,* 394–403.

Lowenstein, A., Katz, R., & Gur-Yaish, N. (2007). Reciprocity in parent–child exchange and life satisfaction among the elderly: A cross-national perspective. *Journal of Social Issues, 63,* 865–883.

Lowery, E. M., Brubaker, A. L., Kuhlmann, E., & Kovacs, E. J. (2013). The aging lung. *Clinical Interventions in Aging, 8,* 1489–1496.

Loy, C. T., Schofield, P. R., Turner, A. M., & Kwok, J. B. J. (2014). Genetics of dementia. *Lancet, 383,* 828–840.

Lu, P. H., Lee, G. J., Tishler, T. A., Meghpara, M., Thompson, P. M., & Bartzokis, G. (2013). Myelin breakdown mediates age-related slowing in cognitive processing speed in healthy elderly men. *Brain and Cognition, 81,* 131–138.

Lubart, T. I., Georgsdottir, A., & Besançon, M. (2009). The nature of creative giftedness and talent. In T. Balchin, B. Hymer, & D. J. Matthews (Eds.), *The Routledge international companion to gifted education* (pp. 42–49). New York: Routledge.

Lubart, T. I., & Sternberg, R. J. (1998). Life span creativity: An investment theory approach. In C. E. Adams-Price (Ed.), *Creativity and successful aging.* New York: Springer.

Luby, J., Belden, A., Sullivan, J., Hayen, R., McCadney, A., & Spitznagel, E. (2009). Shame and guilt in preschool depression: Evidence for elevations in self-conscious emotions in depression as early as age 3. *Journal of Child Psychology and Psychiatry, 50,* 1156–1166.

Lucassen, N., Tharner, A., Van IJzendoorn, M. H., Bakermans-Kranenburg, M. J., Volling, B. L., Verhulst, F. C., et al. (2011). The association between paternal sensitivity and infant–father attachment security: A meta-analysis of three decades of research. *Journal of Family Psychology, 25,* 986–992.

Lucas-Thompson, R., & Clarke-Stewart, K. A. (2007). Forecasting friendship: How marital quality, maternal mood, and attachment security are linked to children's peer relationships. *Journal of Applied Developmental Psychology, 28,* 499–514.

Lucas-Thompson, R. G., Goldberg, W. A., & Prause, J. (2010). Maternal work early in the lives of children and its distal associations with achievement and behavior problems: A meta-analysis. *Psychological Bulletin, 136,* 915–942.

Luciana, M., Collins, P. F., Muetzel, R. L., & Lim, K. O. (2013). Effects of alcohol use initiation on brain structure in typically developing adolescents. *American Journal of Drug and Alcohol Abuse, 39,* 345–355.

Ludlow, A. T., Ludlow, L. W., & Roth, S. M. (2013). Do telomeres adapt to physiological stress? Exploring the effect of exercise on telomere length and telomere-related proteins. *BioMed Research International,* Article ID 601368.

Luecken, L. J. (2008). Long-term consequences of parental death in childhood: Psychological and physiological manifestations. In M. S. Stroebe, R. O. Hansson, H. Schut, & W. Stroebe (Eds.), *Handbook of bereavement research and practice* (pp. 397–416). Washington, DC: American Psychological Association.

Luecken, L. J., Lin, B., Coburn, S. S., MacKinnon, D. P., Gonzales, N. A., & Crnic, K. A. (2013). Prenatal stress, partner support, and infant cortisol reactivity in low-income Mexican American families. *Psychoneuroendocrinology, 38,* 3092–3101.

Lugton, J. (2002). *Communicating with dying people.* Oxon, UK: Radcliffe Medical Press.

Luhmann, M., Hofmann, W., Eid, M., & Lucas, R. E. (2012). Subjective well-being and adaptation to life events: A meta-analysis. *Journal of Personality and Social Psychology, 102,* 592–615.

Luk, B. H., & Loke, A. Y. (2015). The impact of infertility on the psychological well-being, marital relationships, sexual relationships, and quality of life of couples: A systematic review. *Journal of Sex & Marital Therapy, 41,* 610–625.

Lukas, C., & Seiden, H. M. (2007). *Silent grief: Living in the wake of suicide* (rev. ed.). London, UK: Jessica Kingsley.

Luke, A., Cooper, R. S., Prewitt, T. E., Adeyemo, A. A., & Forrester, T. E. (2001). Nutritional consequences of the African diaspora. *Annual Review of Nutrition, 21,* 47–71.

Lukowski, A. F., Koss, M., Burden, M. J., Jonides, J., Nelson, C. A., Kaciroti, N., et al. (2010). Iron deficiency in infancy and neurocognitive functioning at 19 years: Evidence of long-term deficits in executive function and recognition memory. *Nutritional Neuroscience, 13,* 54–70.

Luna, B., Padmanabhan, A., & Geier, C. (2014). The adolescent sensation-seeking period: Development of reward processing and its effects on cognitive control. In V. F. Reyna & V. Zayas (Eds.), *The neuroscience of risky decision making* (pp. 93–121). Washington, DC: American Psychological Association.

Luna, B., Thulborn, K. R., Monoz, D. P., Merriam, E. P., Garver, K. E., Minshew, N. J., et al. (2001). Maturation of widely distributed brain function subserves cognitive development. *Neuroimage, 13,* 786–793.

Lund, D., Caserta, M., Utz, R., & de Vries, B. (2010a). Experiences and early coping of bereaved spouses/partners in an intervention based on the dual process model (DPM). *Omega, 61,* 291–313.

Lund, D. A. (2005). *My journey* [Sue's letter]. Unpublished document. Salt Lake City, UT: University of Utah.

Lund, D. A., & Caserta, M. S. (2004). Facing life alone: Loss of a significant other in later life. In D. Doda (Ed.), *Living with grief: Loss in later life* (pp. 207–223). Washington, DC: Hospice Foundation of America.

Lund, D. A., Caserta, M. S., & Dimond, M. F. (1993). The course of spousal bereavement in later life. In M. S. Stroebe, W. Stroebe, & R. O. Hansson (Eds.), *Handbook of bereavement* (pp. 240–245). New York: Cambridge University Press.

Lund, D. A., Utz, R., Caserta, M., & de Vries, B. (2008–2009). Humor, laughter, and happiness in the daily lives of recently bereaved spouses. *Omega, 58,* 87–105.

Lund, D. A., Utz, R., Caserta, M. S., & Wright, S. D. (2009). Examining what caregivers do during respite time to make respite more effective. *Journal of Applied Gerontology, 28,* 109–131.

Lund, D. A., Wright, S. D., Caserta, M. S., Utz, R. L., Lindfelt, C., Bright, O., et al. (2010b). *Respite services: Enhancing the quality of daily life for caregivers and care receivers.* San Bernardino, CA: California State University at San Bernardino.

Lundberg, S., & Pollak, R. A. (2015). The evolving role of marriage: 1950–2010. *Future of Children, 25*(2), 29–50.

Luo, L. Z., Li, H., & Lee, K. (2011). Are children's faces really more appealing than those of adults? Testing the baby schema hypothesis beyond infancy. *Journal of Experimental Child Psychology, 110,* 115–124.

Luong, G., Charles, S. T., & Fingerman, K. L. (2011). Better with age: Social relationships across adulthood. *Journal of Social and Personal Relationships, 28,* 9–23.

Luster, T., & Haddow, J. L. (2005). Adolescent mothers and their children: An ecological perspective. In T. Luster & J. L. Haddow (Eds.), *Parenting: An ecological perspective* (2nd ed., pp. 73–101). Mahwah, NJ: Erlbaum.

Lustig, C., & Lin, Z. (2016). Memory: Behavior and neural basis. In K. W. Schaie & S. L. Willis (Eds.), *Handbook of the psychology of aging* (8th ed., pp. 147–163). Waltham, MA: Elsevier.

Luthar, S. S., & Barkin, S. H. (2012). Are affluent youths truly "at risk"? Vulnerability and resilience across three diverse samples. *Development and Psychopathology, 24,* 429–449.

Luthar, S. S., Barkin, S., & Crossman, E. J. (2013). "I can, therefore I must": Fragility in the upper-middle classes. *Development and Psychopathology, 25,* 1529–1549.

Luthar, S. S., Crossman, E. J., & Small, P. J. (2015). Resilience and adversity. In M. E. Lamb (Ed.), *Handbook of child psychology and developmental science: Vol. 3. Socioemotional processes* (7th ed., pp. 247–286). Hoboken, NJ: Wiley.

Luthar, S. S., & Latendresse, S. J. (2005b). Comparable "risks" at the socioeconomic status extremes: Preadolescents' perceptions of parenting. *Development and Psychopathology, 17,* 207–230.

Luxembourg Income Study. (2015). *LIS database.* Retrieved from www.lisdatacenter.org/our-data/lis-database

Luyckx, K., Goossens, L., & Soenens, B. (2006). A developmental contextual perspective on identity construction in emerging adulthood: Change dynamics in commitment formation and commitment evaluation. *Developmental Psychology, 42,* 366–380.

Luyckx, K., Goossens, L., Soenens, B., & Beyers, W. (2006). Unpacking commitment and exploration: Preliminary validation of an integrative model of late adolescent identity formation. *Journal of Adolescence, 29,* 361–378.

Luyckx, K., & Robitschek, C. (2014). Personal growth initiative and identity formation in adolescence through young adulthood: Mediating processes on the pathway to well-being. *Journal of Adolescence, 37,* 973–981.

Luyckx, K., Schwartz, S. J., Goossens, L., Byers, W., & Missotten, L. (2011). Processes of personal identity formation and evaluation. In S. J. Schwartz, K. Luyckx, & V. L. Vignoles (Eds.), *Handbook of identity theory and research* (pp. 77–98). New York: Springer.

Luyckz, K., Soenens, B., Vansteenkiste, M., Goossens, L., & Berzonsky, M. D. (2007). Parental psychological control and dimensions of identity formation in emerging adulthood. *Journal of Family Psychology, 21,* 546–550.

Lyness, K. S., & Heilman, M. E. (2006). When fit is fundamental: Performance evaluations and promotions of upper-level female and male managers. *Journal of Applied Psychology, 90,* 777–785.

Lyngstad, T. H. (2013). Bereavement and divorce: Does the death of a child affect parents' marital stability? *Family Science, 4,* 79–86.

Lyon, T. D., & Flavell, J. H. (1994). Young children's understanding of "remember" and "forget." *Child Development, 65,* 1357–1371.

Lyster, R., & Genesee, F. (2012). Immersion education. In Carol A. Chapelle (Ed.), *Encyclopedia of applied linguistics* (pp. 2608–2614). Hoboken, NJ: Wiley.

Lytton, H., & Gallagher, L. (2002). Parenting twins and the genetics of parenting. In M. H. Bornstein (Ed.), *Handbook of parenting* (Vol. 1, pp. 227–253). Mahwah, NJ: Erlbaum.

M

Ma, F., Xu, F., Heyman, G. D., & Lee, K. (2011). Chinese children's evaluations of white lies: Weighing the consequences for recipients. *Journal of Experimental Child Psychology, 108,* 308–321.

Ma, L., & Lillard, A. S. (2006). Where is the real cheese? Young children's ability to discriminate between real and pretend acts. *Child Development, 77,* 1762–1777.

Ma, W., Golinkoff, R. M., Hirsh-Pasek, K., McDonough, C., & Tardif, T. (2009). Imagine that! Imageability predicts the age of acquisition of verbs in Chinese children. *Journal of Child Language, 36,* 405–423.

Maas, F. K. (2008). Children's understanding of promising, lying, and false belief. *Journal of General Psychology, 13,* 301–321.

Maccoby, E. E. (1998). *The two sexes: Growing up apart, coming together.* Cambridge, MA: Belknap.

Maccoby, E. E. (2002). Gender and group process: A developmental perspective. *Current Directions in Psychological Science, 11,* 54–58.

MacDonald, J. L., & Levy, S. R. (2016). Ageism in the workplace: The role of psychosocial factors in predicting job satisfaction, commitment, and engagement. *Journal of Social Issues, 72,* 169–190.

MacDonald, S. W. S., Hultsch, D. F., & Dixon, R. A. (2011). Aging and the shape of cognitive change before death: Terminal decline or terminal drop? *Journals of Gerontology, 66,* 292–301.

MacDonald, S. W. S., Li, S-C., & Bäckman, L. (2009). Neural underpinnings of within-person variability in cognitive functioning. *Psychology and Aging, 24,* 792–808.

MacDonald, S. W. S., & Stawski, R. S. (2016). Methodological considerations for the study of adult development and aging. In K. W. Schaie & S. L. Willis (Eds.), *Handbook of the psychology of aging* (8th ed., pp. 15–40). San Diego: Academic Press.

MacDorman, M. F., & Gregory, E. C. W. (2015). Fetal and perinatal mortality: United States, 2013. *National Vital Statistics Reports, 64*(8). Retrieved from www.cdc.gov/nchs/data/nvsr/nvsr64/nvsr64_08.pdf

MacKenzie, M. J., Nicklas, E., Waldfogel, J., & Brooks-Gunn, J. (2013). Spanking and child development across the first decade of life. *Pediatrics, 132,* e1118–e1125. Retrieved from http://pediatrics.aappublications.org/content/132/5/e1118

Mackey, K., Arnold, M. L., & Pratt, M. W. (2001). Adolescents' stories of decision making in more and less authoritative families: Representing the voices of parents in narrative. *Journal of Adolescent Research, 16,* 243–268.

Mackey, R. A., Diemer, M. A., & O'Brien, B. A. (2000). Psychological intimacy in the lasting relationships of heterosexual and same-gender couples. *Sex Roles, 43,* 201–227.

Mackie, S., Show, P., Lenroot, R., Pierson, R., Greenstein, D. K., & Nugent, T. F., III. (2007). Cerebellar development and clinical outcome in attention deficit hyperactivity disorder. *American Journal of Psychiatry, 164,* 647–655.

Mackinnon, S. P., De Pasquale, D., & Pratt, M. W. (2015). Predicting generative concern in young adulthood from narrative intimacy: A 5-year follow-up. *Journal of Adult Development, 23,* 27–35.

MacLean, P. S., Bergouignan, A., Cornier, M.-A., & Jackman, M. R. (2011). Biology's response to dieting: The impetus for weight gain. *American Journal of Physiology—Regular, Integrated, and Comparative Physiology, 301,* R581–R600.

MacWhinney, B. (2005). Language development. In M. H. Bornstein & M. E. Lamb (Eds.), *Developmental science: An advanced textbook* (5th ed., pp. 359–387). Mahwah, NJ: Erlbaum.

MacWhinney, B. (2015). Language development. In L. S. Liben & U. Müller (Eds.), *Handbook of child psychology and developmental science: Vol. 2. Cognitive processes* (7th ed., pp. 296–338). Hoboken, NJ: Wiley.

Macy, M. L., Butchart, A. T., Singer, D C., Gebremariam, A., Clark, S. J., & Davis, M. M. (2015). Looking back on rear-facing car seats: Surveying U.S. parents in 2011 and 2013. *Academic Pediatrics, 15,* 526–533.

Madathil, J., & Benshoff, J. M. (2008). Importance of marital characteristics and marital satisfaction: A comparison of Asian Indians in arranged marriages and Americans in marriages of choice. *Family Journal, 16,* 222–230.

Madden, M., Lenhart, A., Cortesi, S., Gasser, U., Duggan, M., Smith, A., et al. (2013). *Teens, social media, and privacy: Part 1. Teens and social media use.* Washington, DC: Pew Research Center's Internet and American Life Project. Retrieved from www.pewinternet.org/2013/05/21/part-1-teens-and-social-media-use

Maddi, S. R. (2006). Hardiness: The courage to be resilient. In J. C. Thomas, D. L. Segal, & M. Hersen (Eds.), *Comprehensive handbook of personality and psychopathology: Vol. 1. Personality and everyday functioning* (pp. 306–321). Hoboken, NJ: Wiley.

Maddi, S. R. (2007). The story of hardiness: Twenty years of theorizing, research, and practice. In A. Monat, R. S. Lazarus, & G. Reevy (Eds.), *Praeger handbook on stress and coping* (Vol. 2, pp. 327–340). Westport, CT: Praeger.

Maddi, S. R. (2011). Personality hardiness as a pathway to resilience under educational stresses. In G. M. Reevy & E. Frydenberg (Eds.), *Personality, stress, and coping: Implications for education* (pp. 293–313). Charlotte, NC: Information Age Publishing.

Maddi, S. R. (2016). Hardiness. In S. K. Whitbourne (Ed.), *Encyclopedia of adulthood and aging* (Vol. 2, pp. 594–598). Malden, MA: Wiley Blackwell.

Maddox, G. L. (1963). Activity and morale: A longitudinal study of selected elderly subjects. *Social Forces, 42,* 195–204.

Madigan, S., Bakermans-Kranenburg, M. J., van IJzendoorn, M. H., Moran, G., Pederson, D. R., & Benoit, D. (2006). Unresolved states of mind, anomalous parental behavior, and disorganized attachment: A review and meta-analysis of a transmission gap. *Attachment and Human Development, 8,* 89–111.

Madnawat, A. V. S., & Kachhawa, P. S. (2007). Age, gender, and living circumstances: Discriminating older adults on death anxiety. *Death Studies, 31,* 763–769.

Madole, K. L., Oakes, L. M., & Rakison, D. H. (2011). Information-processing approaches to infants' developing representation of dynamic features. In L. M. Oakes, C. H. Cashon, M. Casasola, & D. Rakison (Eds.), *Infant perception and cognition* (153–178). New York: Oxford University Press.

Maeda, Y., & Yoon, S. Y. (2013). A meta-analysis on gender differences in mental rotation ability measured by the Purdue Spatial Visualization Tests: Visualization of Rotations (PSV:R). *Educational Psychology Review, 25,* 69–94.

Magolda, M. B., Abes, E., & Torres, V. (2009). Epistemological, intrapersonal, and interpersonal development in the college years and young adulthood. In M. C. Smith & N. DeFrates-Densch (Eds.), *Handbook of research on adult learning and development* (pp. 183–219). New York: Routledge.

Magolda, M. B. B., King, P. M., Taylor, K. B., & Wakefield, K. M. (2012). Decreasing authority dependence during the first year of college. *Journal of College Student Development, 53,* 418–435.

Magyar-Russell, G., Deal, P. J., & Brown, A. I. (2014). Potential benefits and detriments of religiousness and spirituality to emerging adults. In C. M. Barry & M. M. Abo-Zena (Eds.), *Emerging adults' religiousness and spirituality* (pp 21–38). New York: Oxford University Press.

Mahady, G. B., Locklear, T. D., Doyle, B. J., Huang, Y., Perez, A. L., & Caceres, A. (2008). Menopause, a universal female experience: Lessons from Mexico and Central America. *Current Women's Health Reviews, 4,* 3–8.

Mahay, J., & Lewin, A. C. (2007). Age and the desire to marry. *Journal of Family Issues, 28,* 706–723.

Mahne, K., & Huxhold, O. (2015). Grandparenthood and subjective well-being: Effects of educational level. *Journals of Gerontology, 70B,* 782–792.

Mahon, M. M., Goldberg, E. Z., & Washington, S. K. (1999). Concept of death in a sample of Israeli kibbutz children. *Death Studies, 23,* 43–59.

Main, M., & Goldwyn, R. (1998). *Adult attachment classification system.* London: University College.

Main, M., & Solomon, J. (1990). Procedures for identifying infants as disorganized/disoriented during the Ainsworth Strange Situation. In M. Greenberg, D. Cicchetti, & M. Cummings (Eds.), *Attachment in the preschool years: Theory, research, and intervention* (pp. 121–160). Chicago: University of Chicago Press.

Mainiero, L. A., & Sullivan, S. E. (2005). Kaleidoscope careers: An alternate explanation for the "opt-out" revolution. *Academy of Management Executive, 19,* 106–123.

Maitland, S. B., Intrieri, R. C., Schaie, K. W., & Willis, S. L. (2000). Gender differences and changes in cognitive abilities across the adult life span. *Aging, Neuropsychology, and Cognition, 7,* 32–53.

Majdandžić, M., & van den Boom, D. C. (2007). Multimethod longitudinal assessment of temperament in early childhood. *Journal of Personality, 75,* 12.

Malatesta, C. Z., Grigoryev, P., Lamb, C., Albin, M., & Culver, C. (1986). Emotion socialization and expressive development in preterm and full-term infants. *Child Development, 57,* 316–330.

Malone, M. M. (1982). Consciousness of dying and projective fantasy of young children with malignant disease. *Developmental and Behavioral Pediatrics, 3,* 55–60.

Malta, S., & Farquharson, K. (2014). The initiation and progression of late-life romantic relationships. *Journal of Sociology, 50,* 237–251.

Malti, T., & Krettenauer, T. (2013). The relation of moral emotion attributions to prosocial and antisocial behavior: A meta-analysis. *Child Development, 84,* 397–412.

Mandara, J., Varner, F., Greene, N., & Richman, S. (2009). Intergenerational family predictors of the black–white achievement gap. *Journal of Educational Psychology, 101,* 867–878.

Mandel, D. R., Jusczyk, P. W., & Pisoni, D. B. (1995). Infants' recognition of the sound patterns of their own names. *Psychological Science, 6,* 314–317.

Mandler, J. M. (2004). Thought before language. *Trends in Cognitive Sciences, 8,* 508–513.

Mandler, J. M., & McDonough, L. (1998). On developing a knowledge base in infancy. *Developmental Psychology, 34,* 1274–1288.

Mangelsdorf, S. C., Schoppe, S. J., & Buur, H. (2000). The meaning of parental reports: A contextual approach to the study of temperament and behavior problems. In V. J. Molfese & D. L. Molfese (Eds.), *Temperament and personality across the life span* (pp. 121–140). Mahwah, NJ: Erlbaum.

Mani, T. M., Bedwell, J. S., & Miller, L. S. (2005). Age-related decrements in performance on a brief continuous performance task. *Archives of Clinical Neuropsychology, 20,* 575–586.

Manning, W. D., Longmore, M. A., Copp, J., & Giordano, P. C. (2014). The complexities of adolescent dating and sexual relationships: Fluidity, meaning(s), and implications for young adults' well-being. In E. S. Lefkowicz & S. A. Vasilenko (Eds.), *New directions for child and adolescent development* (Vol. 144, pp. 53–69). San Francisco: Jossey-Bass.

Manole, M. D., & Hickey, R. W. (2006). Preterminal gasping and effects on the cardiac function. *Critical Care Medicine, 34*(Suppl.), S438–S441.

Maquestiaux, F. (2016). Qualitative attentional changes with age in doing two tasks at once. *Psychonomic Bulletin and Review, 23,* 54–61.

Maratsos, M. (2000). More overregularizations after all: New data and discussion on Marcus, Pinker, Ullman, Hollander, Rosen, & Xu. *Journal of Child Language, 27,* 183–212.

Marceau, K., Ram, N., & Susman, E. J. (2015). Development and lability in the parent–child relationship during adolescence: Associations with pubertal timing and tempo. *Journal of Research on Adolescence, 25,* 474–489.

Marcia, J. E. (1980). Identity in adolescence. In J. Adelson (Ed.), *Handbook of adolescent psychology* (pp. 159–187). New York: Wiley.

Marcus, G. F. (1995). Children's overregularization of English plurals: A quantitative analysis. *Journal of Child Language, 22,* 447–459.

Marcus-Newhall, A., Thompson, S., & Thomas, C. (2001). Examining a gender stereotype: Menopausal women. *Journal of Applied Social Psychology, 31,* 698–719.

Mares, M.-L., & Pan, Z. (2013). Effects of *Sesame Street:* A meta-analysis of children's learning in 15 countries. *Journal of Applied Developmental Psychology, 34,* 140–151.

Margolis, J., Matthews, R. A., & Lapierre, L. M. (2014). Examining the antecedents of family-supportive supervisory behaviors. *Academy of Management Proceedings* (Meeting Abstract Supplement). Retrieved from proceedings.aom.org/content/2014/1/12906.short

Margolis, R. (2016). The changing demography of grandparenthood. *Journal of Marriage and Family, 78,* 611–622.

Margrett, J. A., Daugherty, K., Martin, P., MacDonald, M., Davey, A., Woodard, J. L., et al. (2011). Affect and loneliness among centenarians and the oldest old: The role of individual and social resources. *Aging and Mental Health, 15,* 385–396.

Marin, M. M., Rapisardi, G., & Tani, F. (2015). Two-day-old newborn infants recognize their mother by her axillary odour. *Acta Paediatrica, 104,* 237–240.

Marin, T. J., Chen, E., Munch, T., & Miller, G. (2009). Double exposure to acute stress and chronic family stress is associated with immune changes in children with asthma. *Psychosomatic Medicine, 71,* 378–384.

Marjoribanks, J., Farquhar, C., Roberts, H., & Lethaby, A. (2012). Long term hormone therapy for perimenopausal and postmenopausal women. *Cochrane Database of Systematic Reviews,* Issue 7, Art. No.: CD004143.

Markant, J. C., & Thomas, K. M. (2013). Postnatal brain development. In P. D. Zelazo (Ed.), *Oxford handbook of developmental psychology: Vol. 1.*

Body and mind (pp. 129–163). New York: Oxford University Press.

Markman, E. M. (1992). Constraints on word learning: Speculations about their nature, origins, and domain specificity. In M. R. Gunnar & M. P. Maratsos (Eds.), *Minnesota Symposia on Child Psychology* (Vol. 25, pp. 59–101). Hillsdale, NJ: Erlbaum.

Markova, G., & Legerstee, M. (2006). Contingency, imitation, and affect sharing: Foundations of infants' social awareness. *Developmental Psychology, 42,* 132–141.

Markovits, H., & Vachon, R. (1990). Conditional reasoning, representation, and level of abstraction. *Developmental Psychology, 26,* 942–951.

Marks, N. F. (1996). Caregiving across the lifespan: National prevalence and predictors. *Family Relations, 45,* 27–36.

Marks, N. F., Bumpass, L. L., & Jun, H. (2004). Family roles and well-being during the middle life course. In O. G. Brim, C. D. Ryff, & R.C. Kessler (Eds.), *How healthy are we? A national study of well-being at midlife* (pp. 514–549). Chicago: University of Chicago Press.

Marks, N. F., & Greenfield, E. A. (2009). The influence of family relationships on adult psychological well-being and generativity. In M. C. Smith & N. DeFrates-Densch (Eds.), *Handbook of research on adult learning and development* (pp. 306–349). New York: Routledge.

Marks, N. F., & Lambert, J. D. (1998). Marital status continuity and change among young and midlife adults. *Journal of Family Issues, 19,* 652–686.

Markstrom, C. A., & Kalmanir, H. M. (2001). Linkages between the psychosocial stages of identity and intimacy and the ego strengths of fidelity and love. *Identity, 1,* 179–196.

Markstrom, C. A., Sabino, V., Turner, B., & Berman, R. (1997). The Psychosocial Inventory of Ego Strengths: Development and validation of a new Eriksonian measure. *Journal of Youth and Adolescence, 26,* 705–732.

Markunas, C. A., Xu, Z., Harlid, S., Wade, P. A., Lie, R. T., Taylor, J. A., & Wilcox, A. J. (2014). Identification of DNA methylation changes in newborns related to maternal smoking during pregnancy. *Environmental Health Perspectives, 10,* 1147–1153.

Markus, H. R., & Herzog, A. R. (1991). The role of self-concept in aging. In K. W. Schaie & M. P. Lawton (Eds.), *Annual review of gerontology and geriatrics* (pp. 110–143). New York: Springer.

Marlier, L., & Schaal, B. (2005). Human newborns prefer human milk: Conspecific milk odor is attractive without postnatal exposure. *Child Development, 76,* 155–168.

Marra, R., & Palmer, B. (2004). Encouraging intellectual growth: Senior college student profiles. *Journal of Adult Development, 11,* 111–122.

Marsee, M. A., & Frick, P. J. (2010). Callous-unemotional traits and aggression in youth. In W. F. Arsenio & E. A. Lemerise (Eds.), *Emotions, aggression, and morality in children: Bridging development and psychopathology* (pp. 137–156). Washington, DC: American Psychological Association.

Marsh, H. W. (1990). The structure of academic self-concept: The Marsh/Shavelson model. *Journal of Educational Psychology, 82,* 623–636.

Marsh, H. W., & Ayotte, V. (2003). Do multiple dimensions of self-concept become more differentiated with age? The differential distinctiveness hypothesis. *Journal of Educational Psychology, 95,* 687–706.

Marsh, H. W., Craven, R., & Debus, R. (1998). Structure, stability, and development of young children's self-concepts: A multicohort–multioccasion study. *Child Development, 69,* 1030–1053.

Marsh, H. W., Ellis, L. A., & Craven, R. G. (2002). How do preschool children feel about themselves? Unraveling measurement and multidimensional self-concept structure. *Developmental Psychology, 38,* 376–393.

Marsh, H. W., & Kleitman, S. (2005). Consequences of employment during high school: Character building, subversion of academic goals, or a threshold? *American Educational Research Journal, 42,* 331–369.

Marsh, H. W., Parada, R. H., & Ayotte, V. (2004). A multidimensional perspective of relations between self-concept (Self Description Questionnaire II) and adolescent mental health (Youth Self Report). *Psychological Assessment, 16,* 27–41.

Marsh, H. W., Trautwein, U., Lüdtke, O., Koller, O., & Baumert, J. (2005). Academic self-concept, interest, grades, and standardized test scores: Reciprocal effects models of causal ordering. *Child Development, 76,* 397–416.

Marshall, B. J., & Davies, B. (2011). Bereavement in children and adults following the death of a sibling. In R. Neimeyer, D. Harris, H. Winokuer, & G. Thornton (Eds.), *Grief and bereavement in contemporary society: Bridging research and practice* (pp. 107–116). New York: Routledge.

Marshall, E. A., & Butler, K. (2016). School-to-work transitions in emerging adulthood. In J. J. Arnett (Ed.), *Oxford handbook of emerging adulthood* (pp. 316–333). New York: Oxford University Press.

Marshall, P. J., & Meltzoff, A. N. (2011). Neural mirroring systems: Exploring the EEG mu rhythm in human infancy. *Developmental Cognitive Neuroscience, 1,* 110–123.

Marshall-Baker, A., Lickliter, R., & Cooper, R. P. (1998). Prolonged exposure to a visual pattern may promote behavioral organization in preterm infants. *Journal of Perinatal and Neonatal Nursing, 12,* 50–62.

Martin, A., Brazil, A., & Brooks-Gunn, J. (2012). The socioemotional outcomes of young children of teenage mothers by paternal coresidence. *Journal of Family Issues, 34,* 1217–1237.

Martin, A., Razza, R. A., & Brooks-Gunn, J. (2012). Specifying the links between household chaos and preschool children's development. *Early Child Development and Care, 182,* 1247–1263.

Martin, C. L., & Fabes, R. A. (2001). The stability and consequences of young children's same-sex peer interactions. *Developmental Psychology, 37,* 431–446.

Martin, C. L., Fabes, R. A., Hanish, L., Leonard, S., & Dinella, L. M. (2011). Experienced and expected similarity to same-gender peers: Moving toward a comprehensive model of gender segregation. *Sex Roles, 65,* 421–434.

Martin, C. L., & Halverson, C. F. (1987). The role of cognition in sex role acquisition. In D. B. Carter (Ed.), *Current conceptions of sex roles and sex typing: Theory and research* (pp. 123–137). New York: Praeger.

Martin, C. L., Kornienko, O., Schaefer, D. R., Hanish, L. D., Fabes, R. A., & Goble, P. (2013). The role of sex of peers and gender-typed activities in young children's peer affiliative networks: A longitudinal analysis of selection and influence. *Child Development, 84,* 921–937.

Martin, C. L., & Ruble, D. (2004). Children's search for gender cues: Cognitive perspectives on gender development. *Current Directions in Psychological Science, 13,* 67–70.

Martin, C. L., Ruble, D. N., & Szkrybalo, J. (2002). Cognitive theories of early gender development. *Psychological Bulletin, 128,* 903–933.

Martin, J. A., Hamilton, B. E., Osterman, M. J. K., Curtin, S. C., & Mathews, T. J. (2015). Births: Final data for 2013. *National Vital Statistics Reports, 64*(1). Hyattsville, MD: National Center for Health Statistics. Retrieved from www.cdc.gov/nchs/data/nvsr/nvsr64/nvsr64_01.pdf

Martin, J. L., Groth, G., Longo, L., & Rocha, T. L. (2015). Disordered eating and alcohol use among college women: Associations with race and big five traits. *Eating Behaviors, 17,* 149–152.

Martin, K. A. (1996). *Puberty, sexuality and the self: Girls and boys at adolescence.* New York: Routledge.

Martin, P., Long, M. V., & Poon, L. W. (2002). Age changes and differences in personality traits and states of the old and very old. *Journals of Gerontology, 57B,* P144–P152.

Martinez, G. M., & Abma, J. C. (2015). *Sexual activity, contraceptive use, and childbearing of teenagers aged 15–19 in the United States* (NCHS Data Brief No. 209). Hyattsville, MD: National Center for Health Statistics. Retrieved from www.cdc.gov/nchs/data/databriefs/db209.pdf

Martinez-Frias, M. L., Bermejo, E., Rodríguez Pinilla, E., & Frías, J. L. (2004). Risk for congenital anomalies associated with different sporadic and daily doses of alcohol consumption during pregnancy: A case-control study. *Birth Defects Research, Part A, Clinical and Molecular Teratology, 70,* 194–200.

Martinot, D., Bagès, C., & Désert, M. (2012). French children's awareness of gender stereotypes about mathematics and reading: When girls improve their reputation in math. *Sex Roles, 66,* 210–219.

Martinson, I. M., Davies, E., & McClowry, S. G. (1987). The long-term effect of sibling death on self-concept. *Journal of Pediatric Nursing, 2,* 227–235.

Martlew, M., & Connolly, K. J. (1996). Human figure drawings by schooled and unschooled children in Papua New Guinea. *Child Development, 67,* 2743–2762.

Maruna, S., LeBel, T. P., & Lanier, C. S. (2004). Generativity behind bars: Some "redemptive truths" about prison society. In E. de St. Aubin, D. P. McAdams, & T.-C. Kim (Eds.), *The generative society* (pp. 131–151). Washington, DC: American Psychological Association.

Maruta, T., Colligan, R. C., Malinchoc, M., & Offord, K. P. (2002). Optimism–pessimism assessed in the 1960s and self-reported health status 30 years later. *Mayo Clinic Proceedings, 77,* 748–753.

Marván, M. L., & Alcalá-Herrera, V. (2014). Age at menarche, reactions to menarche and attitudes towards menstruation among Mexican adolescent girls. *Journal of Pediatric and Adolescent Gynecology, 27,* 61–66.

Marván, M. L., Castillo-López, R., & Arroyo, L. (2013). Mexican beliefs and attitudes toward menopause and menopausal-related symptoms. *Journal of Psychosomatic Obstetrics & Gynecology, 34,* 39–45.

Marzolf, D. P., & DeLoache, J. S. (1994). Transfer in young children's understanding of spatial representations. *Child Development, 65,* 1–15.

Masataka, N. (1996). Perception of motherese in a signed language by 6-month-old deaf infants. *Developmental Psychology, 32,* 874–879.

Mascolo, M. F., & Fischer, K. W. (2007). The codevelopment of self and sociomoral emotions during the toddler years. In C. A. Brownell & C. B. Kopp (Eds.), *Socioemotional development in the toddler years: Transitions and transformations* (pp. 66–99). New York: Guilford.

Mascolo, M. F., & Fischer, K. W. (2015). Dynamic development of thinking, feeling, and acting. In W. F. Overton & P. C. Molenaar (Eds.), *Handbook of child psychology and developmental science: Vol. 1. Theory and method* (pp. 113–121). Hoboken, NJ: Wiley.

Mashburn, A. J., Pianta, R. C., Mamre, B. K., Downer, J. T., Barbarin, O. A., Bryant, D., et al. (2008). Measures of classroom quality in prekindergarten and children's development of academic, language, and social skills. *Child Development, 79,* 732–749.

Mason, C. A., Walker-Barnes, C. J., Tu, S., Simons, J., & Martisez-Arrue, R. (2004). Ethnic differences in the affective meaning of parental control behaviors. *Journal of Primary Prevention, 25,* 601–631.

Mason, M. G., & Gibbs, J. C. (1993a). Role-taking opportunities and the transition to advanced moral judgment. *Moral Education Forum, 18,* 1–12.

Mason, M. G., & Gibbs, J. C. (1993b). Social perspective taking and moral judgment among college students. *Journal of Adolescent Research, 8,* 109–123.

Masten, A. (2013). Risk and resilience in development. In P. D. Zelazo (Ed.), *Oxford handbook of developmental psychology: Vol. 2. Self and other* (pp. 579–607). New York: Oxford University Press.

Masten, A. S. (2014). Global perspectives on resilience in children and youth. *Child Development, 85,* 6–20.

Masten, A. S., & Cicchetti, D. (2010). Developmental cascades. *Development and Psychopathology, 22,* 491–495.

Masten, A. S., Narayan, A. J., Silverman, W. K., & Osofsky, J. D. (2015). Children in war and disaster. In M. H. Bornstein & T. Leventhal (Eds.), *Handbook of child psychology and developmental science: Vol. 4. Ecological settings and processes* (7th ed., pp. 704–745). Hoboken, NJ: Wiley.

Masters, R. K. (2012). Uncrossing the U.S. black–white mortality crossover: The role of cohort forces in life course mortality risk. *Demography, 49,* 773–796.

Mastropieri, D., & Turkewitz, G. (1999). Prenatal experience and neonatal responsiveness to vocal expression of emotion. *Developmental Psychobiology, 35,* 204–214.

Mastropieri, M. A., Scruggs, T. E., Guckert, M., Thompson, C. C., & Weiss, M. P. (2013). Inclusion and learning disabilities: Will the past be prologue? In J. P. Bakken, F. E. Oblakor, & A. Rotatori (Eds.), *Advances in special education* (Vol. 25, pp. 1–17). Bingley, UK: Emerald Group Publishing.

Masur, E. F., & Rodemaker, J. E. (1999). Mothers' and infants' spontaneous vocal, verbal, and action imitation during the second year. *Merrill-Palmer Quarterly, 45,* 392–412.

Mather, M. (2010, May). *U.S. children in single-mother families* (PRB Data Brief). Washington, DC: Population Reference Bureau.

Mather, M., & Carstensen, L. L. (2005). Aging and motivated cognition: The positivity effect in attention and memory. *Trends in Cognitive Sciences, 9,* 496–502.

Mather, M., Jacobsen, L. A., & Pollard, K. M. (2015). Aging in the United States. *Population Bulletin, 70*(2). Retrieve from http://www.prb.org/pdf16/aging-us-population-bulletin.pdf

Matlen, B. J., & Klahr, D. (2013). Sequential effects of high and low instructional guidance on children's acquisition of experimentation skills: Is it all in the timing? *Instructional Science, 41,* 621–634.

Matsuba, M. K., Murzyn, T., & Hart, D. (2014). Moral identity development and community. In M. Killen & J. G. Smetana (Eds.), *Handbook of moral development* (2nd ed., pp. 520–537). New York: Psychology Press.

Matthews, H. (2014, January 14). *A billion dollar boost for child care and early learning.* CLASP: Policy solutions that work for low-income people. Retrieved from www.clasp.org/issues/child-care-and-early-education/in-focus/a-billion-dollar-boost-for-child-care-and-early-learning

Matthews, K. A., & Gallo, L. C. (2011). Psychological perspectives on pathways linking socioeconomic status and physical healthy. *Annual Review of Psychology, 62,* 501–530.

Matthews, K. A., Gump, B. B., Harris, K. F., Haney, T. L., & Barefoot, J. C. (2004). Hostile behaviors predict cardiovascular mortality among men enrolled in the Multiple Risk Factor Intervention Trial. *Circulation, 109,* 66–70.

Mattison, J. A., Roth, G. S., Beasley, T. M., Tilmont, E. M., Handy, A. M., Herbert, R. L., et al. (2012). Impact of caloric restriction on health and survival in rhesus monkeys from the NIA study. *Nature, 489,* 318–321.

Mattson, S. N., Calarco, K. E., & Lang, A. R. (2006). Focused and shifting attention in children with heavy prenatal alcohol exposure. *Neuropsychology, 20,* 361–369.

Mattson, S. N., Crocker, N., & Nguyen, T. T. (2012). Fetal alcohol spectrum disorders: Neuropsychological and behavioral features. *Neuropsychological Review, 21,* 81–101.

Mattsson, N., Insel, P. S., Donohue, M., Landau, S., Jagust, W. J., Shaw, L. M., et al. (2015). Independent information from cerebrospinal fluid amyloid-β and florbetapir imaging in Alzheimer's disease. *Brain, 138,* 772–783.

Mauratore, A. M., & Earl, J. K. (2015). Improving retirement outcomes: The role of resources, pre-retirement planning and transition characteristics. *Aging & Society, 35,* 2100–2140.

Maurer, D., & Lewis, T. (2013). Human visual plasticity: Lessons from children treated for congenital cataracts. In J. K. E. Steeves & L. R. Harris (Eds.), *Plasticity in sensory systems* (pp. 75–93). New York: Cambridge University Press.

Maurer, D., Mondloch, C. J., & Lewis, T. L. (2007). Sleeper effects. *Developmental Science, 10,* 40–47.

Maurer, T. J., Wrenn, K. A., & Weiss, E. M. (2003). Toward understanding and managing stereotypical beliefs about older workers' ability and desire for learning and development. In J. J. Martocchio & G. R. Ferris (Eds.), *Research in personnel and human resources management* (Vol. 22, pp. 253–285). Stamford, CT: JAI Press.

Maxwell, R., & Lynn, S. J. (2015). Exercise: A path to physical and psychological well-being. In S. J. Lynn, W. T. O'Donohue, & S. O. Lilienfeld (Eds.), *Health, happiness, and well-being: Better living through psychological science* (pp. 223–248). Thousand Oaks, CA: Sage.

Mayberry, R. I. (2010). Early language acquisition and adult language ability: What sign language reveals about the critical period for language. In M. Marshark & P. E. Spencer (Eds.), *Oxford handbook of deaf studies, language, and education* (Vol. 2, pp. 281–291). New York: Oxford University Press.

Mayer, R. E. (2013). Problem solving. In D. Reisberg (Ed.), *Oxford handbook of cognitive psychology* (pp. 769–778). New York: Oxford University Press.

Mayeux, L., & Cillessen, A. H. N. (2003). Development of social problem solving in early childhood: Stability, change, and associations with social competence. *Journal of Genetic Psychology, 164,* 153–173.

Mayeux, L., Houser, J. J., & Dyches, K. D. (2011). Social acceptance and popularity: Two distinct forms of peer status. In A. H. N. Cillessen, D. Schwartz, & L. Mayeux (Eds.), *Popularity in the peer system* (pp. 79–102). New York: Guilford.

Maynard, A. E. (2002). Cultural teaching: The development of teaching skills in Maya sibling interactions. *Child Development, 73,* 969–982.

Maynard, A. E., & Greenfield, P. M. (2003). Implicit cognitive development in cultural tools and children: Lessons from Maya Mexico. *Cognitive Development, 18,* 489–510.

Maynard, B. (2014, November 2). My right to death with dignity at 29. *CNN Opinion.* Retrieved from www.cnn.com/2014/10/07/opinion/maynard-assisted-suicide-cancer-dignity

Mazerolle, M., Régner, I., Rigalleau, F., & Huguet, P. (2015). Stereotype that alters the subjective experience of memory. *Experimental Psychology, 62,* 395–402.

McAdams, D. P. (2011). Life narratives. In K. L. Fingerman, C. A. Berg, J. Smith, & T. C. Antonucci (Eds.), *Handbook of life-span development* (pp. 589–610). New York: Springer.

McAdams, D. P. (2013a). The positive psychology of adult generativity: Caring for the next generation and constructing a redemptive life. In J. D. Sinnott (Ed.), *Positive psychology: Advances in understanding adult motivation* (pp. 191–205). New York: Springer.

McAdams, D. P. (2013b). *The redemptive self: Stories Americans live by* (rev. ed.). New York: Oxford University Press.

McAdams, D. P. (2014). The life narrative at midlife. In B. Schiff (Ed.), *Rereading personal narrative and the life course* (pp. 57–69). Hoboken, NJ: Wiley Periodicals.

McAdams, D. P., & de St. Aubin, E. (1992). A theory of generativity and its assessment through self-report, behavioral acts, and narrative themes in autobiography. *Journal of Personality and Social Psychology, 62,* 1003–1015.

McAdams, D. P., Diamond, A., de St. Aubin, E., & Mansfield, E. (1997). Stories of commitment: The psychosocial construction of generative lives. *Journal of Personality and Social Psychology, 72,* 678–694.

McAdams, D. P., & Guo, J. (2015). Narrating the generative life. *Psychological Science, 26,* 475–483.

McAdams, D. P., Hart, H. M., & Maruna, S. (1998). The anatomy of generativity. In D. P. McAdams & E. de St. Aubin (Eds.), *Generativity and adult development* (pp. 7–43). Washington, DC: American Psychological Association.

McAdams, D. P., & Logan, R. L. (2004). What is generativity? In E. de St. Aubin & D. P. McAdams (Eds.), *The generative society: Caring for future generations* (pp. 15–31). Washington, DC: American Psychological Association.

McAdoo, H. P., & Younge, S. N. (2009). Black families. In H. A. Neville, B. M. Tynes, & S. O. Utsey (Eds.), *Handbook of African American psychology* (pp. 103–115). Thousand Oaks, CA: Sage.

McAlister, A., & Peterson, C. C. (2006). Mental playmates: Siblings, executive functioning and theory of mind. *British Journal of Developmental Psychology, 24,* 733–751.

McAlister, A., & Peterson, C. C. (2007). A longitudinal study of child siblings and theory of mind development. *Cognitive Development, 22,* 258–270.

McArdle, J. J., Ferrer-Caja, E., Hamagami, F., & Woodcock, R. W. (2002). Comparative longitudinal structural analyses of the growth and decline of multiple intellectual abilities over the life span. *Developmental Psychology, 38,* 115–142.

McAuley, E., & Elavsky, S. (2008). Self-efficacy, physical activity, and cognitive function. In W. W. Spirduso, L. W. Poon, & W. Chodzko-Zajko (Eds.), *Exercise and its mediating effects on cognition* (pp. 69–84). Champaign, IL: Human Kinetics.

McCabe, A. (1997). Developmental and cross-cultural aspects of children's narration. In M. Bamberg (Ed.), *Narrative development: Six approaches* (pp. 137–174). Mahwah, NJ: Erlbaum.

McCabe, A., Tamis-LeMonda, C. S., Bornstein, M. H., Cates, C. B., Golinkoff, R., Guerra, A. W., et al. (2013). Multilingual children: Beyond myths and toward best practices. *Society for Research in Child Development Social Policy Report, 27*(4).

McCarthy, J. (2014). *Seven in 10 Americans back euthanasia.* Retrieved from www.gallup.com/poll/171704/seven-americans-back-euthanasia.aspx

McCartney, K., Dearing, E., Taylor, B., & Bub, K. (2007). Quality child care supports the achievement of low-income children: Direct and indirect pathways through caregiving and the home environment. *Journal of Applied Developmental Psychology, 28,* 411–426.

McCartney, K., Owen, M., Booth, C., Clarke-Stewart, A., & Vandell, D. (2004). Testing a maternal attachment model of behavior problems in early childhood. *Journal of Child Psychology and Psychiatry, 45,* 765–778.

McCarton, C. (1998). Behavioral outcomes in low birth weight infants. *Pediatrics, 102,* 1293–1297.

McCarty, M. E., & Ashmead, D. H. (1999). Visual control of reaching and grasping in infants. *Developmental Psychology, 35,* 620–631.

McCarty, M. E., & Keen, R. (2005). Facilitating problem-solving performance among 9- and 12-month-old infants. *Journal of Cognition and Development, 6,* 209–228.

McClain, C. S., Rosenfeld, B., & Breitbart, W. (2003). Effect of spiritual well-being on end-of-life despair in terminally ill cancer patients. *Lancet, 361,* 1603–1607.

McClain-Jacobson, C., Rosenfeld, B., Kosinski, A., Pessin, H., Cimino, J. E., & Breitbart, W. (2004). Belief in an afterlife, spiritual well-being and end-of-life despair in patients with advanced cancer. *General Hospital Psychiatry, 26,* 484–486.

McColgan, K. L., & McCormack, T. (2008). Searching and planning: Young children's reasoning about past and future event sequences. *Child Development, 79,* 1477–1479.

McCormack, M., Anderson, E., & Adams, A. (2014). Cohort effect on the coming out experiences of bisexual men. *Sociology, 48,* 1207–1223.

McCormack, T., & Atance, C. M. (2011). Planning in young children: A review and synthesis. *Developmental Review, 31,* 1–31.

McCrae, C., Roth, A. J., Zamora, R., Dautovich, N. D., & Lichstein, K. L. (2015). Late life sleep and sleep disorders. In P. A. Lichtenberg, B. T. Mast, B. D. Carpenter, & J. Loebach Wetherell (Eds.), *APA handbook of clinical geropsychology: Vol. 2. Assessment, treatment, and issues in later life* (pp. 369–394). Washington, DC: American Psychological Association.

McCrae, R., & Costa, P. T., Jr. (2006). Cross-cultural perspectives on adult personality trait development. In D. K. Mroczek & T. D. Little (Eds.), *Handbook of personality development* (pp. 129–146). Mahwah, NJ: Erlbaum.

McCune, L. (1993). The development of play as the development of consciousness. In M. H. Bornstein & A. O'Reilly (Eds.), *New directions for child development* (No. 59, pp. 67–79). San Francisco: Jossey-Bass.

McDaniel, M. A., Maier, S. F., & Einstein, G. O. (2002). "Brain-specific" nutrients: A memory cure? *Psychological Science in the Public Interest, 3,* 12–38.

McDill, T., Hall, S. K., & Turell, S. C. (2006). Aging and creating families: Never-married heterosexual women over forty. *Journal of Women and Aging, 18,* 37–50.

McDonald, K., Malti, T., Killen, M., & Rubin, K. (2104). Best friends' discussion of social dilemmas. *Journal of Youth and Adolescence, 43,* 233–244.

McDonough, C., Song, L., Hirsh-Pasek, K., & Golinkoff, R. M. (2011). An image is worth a thousand words: Why nouns tend to dominate verbs in early word learning. *Developmental Science, 14,* 181–189.

McDonough, L. (1999). Early declarative memory for location. *British Journal of Developmental Psychology, 17,* 381–402.

McDowell, D. J., & Parke, R. D. (2000). Differential knowledge of display rules for positive and negative emotions: Influences from parents, influences from peers. *Social Development, 9,* 415–432.

McEachern, A. D., & Snyder, J. (2012). Gender differences in predicting antisocial behaviors: Developmental consequences of physical and relational aggression. *Journal of Abnormal Child Psychology, 40,* 501–512.

McElhaney, K. B., & Allen, J. P. (2001). Autonomy and adolescent social functioning: The moderating effect of risk. *Child Development, 72,* 220–235.

McElhaney, K. B., Allen, J. P., Stephenson, J. C., & Hare, A. L. (2009). Attachment and autonomy during adolescence. In R. M. Lerner & L. Steiberg (Eds.), *Handbook of adolescent psychology: Vol. 1. Individual bases of adolescent development* (3rd ed., pp. 358–403). Hoboken, NJ: Wiley.

McElwain, N. L., & Booth-LaForce, C. (2006). Maternal sensitivity to infant distress and nondistress as predictors of infant–mother attachment security. *Journal of Family Psychology, 20,* 247–255.

McFarland-Piazza, L., Hazen, N., Jacobvitz, D., & Boyd-Soisson, E. (2012). The development of father–child attachment: Associations between adult attachment representations, recollections of childhood experiences and caregiving. *Early Child Development and Care, 182,* 701–721.

McGarrity, L. A. (2014). Socioeconomic status as context for minority stress and health disparities among lesbian, gay, and bisexual individuals. *Psychology of Sexual Orientation and Gender Diversity, 1,* 383–397.

McGee, L. M., & Richgels, D. J. (2012). *Literacy's beginnings: Supporting young readers and writers* (6th ed.). Boston: Allyn and Bacon.

McGoldrick, M., & Shibusawa, T. (2012). The family life cycle. In F. Walsh (Ed.), *Normal family processes: Growing diversity and complexity* (pp. 375–398). New York: Guilford.

McGonigle-Chalmers, M., Slater, H., & Smith, A. (2014). Rethinking private speech in preschoolers: The effects of social presence. *Developmental Psychology, 50,* 829–836.

McGregor, R. A., Cameron-Smith, D., & Poppitt, S. D. (2014). It is not just muscle mass: A review of muscle quality, composition and metabolism during ageing as determinants of muscle function and mobility in later life. *Longevity and Healthspan, 3,* 9.

McGue, M., Elkins, I., Walden, B., & Iacono, W. G. (2005). Perceptions of the parent–adolescent relationship: A longitudinal investigation. *Developmental Psychology, 41,* 971–984.

McHale, J. P., Kazali, C., Rotman, T., Talbot, J., Carleton, M., & Lieberson, R. (2004). The transition to coparenthood: Parents' prebirth expectations and early coparental adjustment at 3 months postpartum. *Development and Psychopathology, 16,* 711–733.

McHale, J. P., Kuersten-Hogan, R., & Rao, N. (2004). Growing points for coparenting theory and research. *Journal of Adult Development, 11,* 221–234.

McHale, J. P., & Rotman, T. (2007). Is seeing believing? Expectant parents' outlooks on coparenting and later coparental solidarity. *Infant Behavior and Development, 30,* 63–81.

McHale, S. M., Updegraff, K. A., & Whiteman, S. D. (2012). Sibling relationships and influences in childhood and adolescence. *Journal of Marriage and Family, 74,* 913–930.

McIntosh, H., Metz, E., & Youniss, J. (2005). Community service and identity formation in adolescents. In J. S. Mahoney, R. W. Larson, & J. S. Eccles (Eds.), *Organized activities as contexts of development: Extracurricular activities, after-school and community programs* (pp. 331–351). Mahwah, NJ: Erlbaum.

McIntosh, W. D., Locker, L., Briley, K., Ryan, R., & Scott, A. J. (2011). What do older adults seek in their potential romantic partners? Evidence from online personal ads. *International Journal of Aging and Human Development, 72,* 67–82.

McIntyre, S., Blair, E., Badawi, N., Keogh, J., & Nelson, K. B. (2013). Antecedents of cerebral palsy and perinatal death in term and late preterm singletons. *Obstetrics and Gynecology, 122,* 869–877.

Mckee, A. C., & Daneshvar, D. H. (2015). The neuropathology of traumatic brain injury. *Handbook of Clinical Neurology, 127,* 45–66.

McKee-Ryan, F. M., Virick, M., Prussia, G. E., Harvey, J., & Lilly, J. D. (2009). Life after the layoff: Getting a job worth keeping. *Journal of Organizational Behavior, 30,* 561–580.

McKenna, J. J. (2002, September/October). Breast-feeding and bedsharing still useful (and important) after all these years. *Mothering, 114.* Retrieved from www.mothering.com/articles/new_baby/sleep/mckenna.html

McKenna, J. J., & McDade, T. (2005). Why babies should never sleep alone: A review of the co-sleeping controversy in relation to SIDS, bedsharing, and breastfeeding. *Paediatric Respiratory Reviews, 6,* 134–152.

McKenna, J. J., & Volpe, L. E. (2007). Sleeping with baby: An Internet-based sampling of parental experiences, choices, perceptions, and interpretations

in a Western industrialized context. *Infant and Child Development, 16,* 359–385.

McKeown, M. G., & Beck, I. L. (2009). The role of metacognition in understanding and supporting reading comprehension. In D. J. Hacker, J. Dunlosky, & A. C. Graesser (Eds.), *Handbook of metacognition in education* (pp. 7–25). New York: Routledge.

McKim, W. A., & Hancock, S. (2013). *Drugs and behavior* (7th ed.). Upper Saddle River, NJ: Pearson.

McKinney, C., Donnelly, R., & Renk, K. (2008). Perceived parenting, positive and negative perceptions of parents, and late adolescent emotional adjustment. *Child and Adolescent Mental health, 13,* 66–73.

McKown, C. (2013). Social equity theory and racial-ethnic achievement gaps. *Child Development, 84,* 1120–1136.

McKown, C., Gregory, A., & Weinstein, R. S. (2010). Expectations, stereotypes, and self-fulfilling prophecies in classroom and school life. In J. L. Meece & J. S. Eccles (Eds.), *Handbook of research on schools, schooling and human development* (pp. 256–274). New York: Routledge.

McKown, C., & Strambler, M. J. (2009). Developmental antecedents and social and academic consequences of stereotype-consciousness in middle childhood. *Child Development, 80,* 1643–1659.

McKown, C., & Weinstein, R. S. (2003). The development and consequences of stereotype consciousness in middle childhood. *Child Development, 74,* 498–515.

McKown, C., & Weinstein, R. S. (2008). Teacher expectations, classroom context, and the achievement gap. *Journal of School Psychology, 46,* 235–261.

McLanahan, S. (1999). Father absence and the welfare of children. In E. M. Hetherington (Ed.), *Coping with divorce, single parenting, and remarriage: A risk and resiliency perspective* (pp. 117–145). Mahwah, NJ: Erlbaum.

McLaughlin, K. A., Fox, N. A., Zeanah, C. H., & Nelson, C. A. (2011). Adverse rearing environments and neural development in children: The development of frontal electroencephalogram asymmetry. *Biological Psychiatry, 70,* 1008–1015.

McLaughlin, K. A., Sheridan, M. A., Tibu, F., Fox, N. A., Zeanah, C. H., & Nelson, C. H., III. (2015). Causal effects of the early caregiving environment on development of stress response systems in children. *Proceedings of the National Academy of Sciences, 112,* 5637–5642.

McLaughlin, K. A., Sheridan, M. A., Winter, W., Fox, N. A., Zeanah, C. H., Nelson, C. H., III, et al. (2014). Widespread reductions in cortical thickness following severe early-life deprivation: A neurodevelopmental pathway to attention-deficit hyperactivity disorder. *Biological Psychiatry, 76,* 629–638.

McLean, K. C. (2008). Stories of the young and the old: Personal continuity and narrative identity. *Developmental Psychology, 44,* 254–264.

McLeskey, J., & Waldron, N. L. (2011). Educational programs for elementary students with learning disabilities: Can they be both effective and inclusive? *Learning Disabilities: Research and Practice, 26,* 48–57.

McLoyd, V. C., Kaplan, R., Hardaway, C. R., & Wood, D. (2007). Does endorsement of physical discipline matter? Assessing moderating influences on the maternal and child psychological correlates of physical discipline in African-American families. *Journal of Family Psychology, 21,* 165–175.

McLoyd, V. C., & Smith, J. (2002). Physical discipline and behavior problems in African-American, European-American, and Hispanic children: Emotional support as a moderator. *Journal of Marriage and Family, 64,* 40–53.

McNeil, D. G., Jr. (2014, March 5). Early treatment is found to clear H.I.V. in a 2nd baby. *New York Times,* p. A1.

Mead, E. L., Doorenbos, A. Z., Javid, S. H., Haozous, E. A., Alvord, L. A., Flum, D. R., & Morris, A. M.

(2013). Shared decision-making for cancer care among racial and ethnic minorities: A systematic review. *American Journal of Public Health, 103,* e15–e29.

Mead, G. H. (1934). *Mind, self, and society.* Chicago: University of Chicago Press.

Mead, M. (1928). *Coming of age in Samoa.* Ann Arbor, MI: Morrow.

Meade, C. S., Kershaw, T. S., & Ickovics, J. R. (2008). The intergenerational cycle of teenage motherhood: An ecological approach. *Health Psychology, 27,* 419–429.

Meadus, R. J., & Twomey, J. C. (2011). Men student nurses: The nursing education experience. *Nursing Forum, 46,* 269–279.

Meeus, W., Oosterwegel, A., & Vollebergh, W. (2002). Parental and peer attachment and identity development in adolescence. *Journal of Adolescence, 25,* 93–106.

Meeus, W., van de Schoot, R., Keijsers, L., & Branje, S. (2012). Identity statuses as developmental trajectories: A five-wave longitudinal study in early-to-middle and middle-to-late adolescents. *Journal of Youth and Adolescence, 41,* 1008–1021.

Meeus, W., van de Schoot, R., Keijsers, L., Schwartz, S. J., & Branje, S. (2010). On the progression and stability of adolescent identity formation: A five-wave longitudinal study in early-to-middle and middle-to-late adolescence. *Child Development, 81,* 1565–1581.

Mehanna, E., Hamik, A., & Josephson, R. A. (2016). Cardiorespiratory fitness and atherosclerosis: Recent data and future directions. *Current Atherosclerosis Reports, 18*(5), 26.

Mehlson, M., Platz, M., & Fromholt, P. (2003). Life satisfaction across the life course: Evaluations of the most and least satisfying decades of life. *International Journal of Aging and Human Development, 57,* 217–236.

Mehta, C. M., & Strough, J. (2009). Sex segregation in friendships and normative contexts across the life span. *Developmental Review, 29,* 21–220.

Mehta, L. S., Beckie, T. M., DeVon, H. A., Grines, C. L., Krumholz, H. M., Johnson, M. N., et al. (2016). Acute myocardial infarction in women: A scientific statement from the American Heart Association. *Circulation, 133,* 916–947.

Mehta, N. K., Sudharsanan, N., & Elo, I. T. (2014). Race/ethnicity and disability among older Americans. In K. E. Whitfield & Tamara A. Baker (Eds.), *Handbook of minority aging* (pp. 111–129). New York: Springer.

Mei, J. (1994). The Northern Chinese custom of rearing babies in sandbags: Implications for motor and intellectual development. In J. H. A. van Rossum & J. I. Laszlo (Eds.), *Motor development: Aspects of normal and delayed development* (pp. 41–48). Amsterdam, Netherlands: VU Uitgeverij.

Meier, A., & Allen, G. (2009). Romantic relationships from adolescence to young adulthood: Evidence from the National Longitudinal Study of Adolescent Health. *Sociological Quarterly, 50,* 308–335.

Meins, E. (2013). Sensitive attunement to infants' internal states: Operationalizing the construct of mind-mindedness. *Attachment & Human Development, 15,* 524–544.

Meins, E., Fernyhough, C., de Rosnay, M., Arnott, B., Leekam, S. R., & Turner, M. (2012). Mind-mindedness as a multidimensional construct: Appropriate and nonattuned mind-related comments independently predict infant–mother attachment in a socially diverse sample. *Infancy, 17,* 393–415.

Meins, E., Fernyhough, C., Wainwright, R., Clark-Carter, D., Gupta, M. D., Fradley, E., & Tucker, M. (2003). Pathways to understanding mind: Construct validity and predictive validity of maternal mind-mindedness. *Child Development, 74,* 1194–1211.

Melby, M. K., Lock, M., & Kaufert, P. (2005). Culture and symptom reporting at menopause. *Human Reproduction Update, 11,* 495–512.

Melby-Lervag, M., & Hulme, C. (2010). Serial and free recall in children can be improved by training: Evidence for the importance of phonological and semantic representations in immediate memory tasks. *Psychological Science, 21,* 1694–1700.

Meldrum, R. C., Barnes, J. C., & Hay, C. (2015). Sleep deprivation, low self-control, and delinquency: A test of the strength model of self-control. *Journal of Youth and Adolescence, 44,* 465–477.

Meltzoff, A. (2013). Origins of social cognition: Bidirectional self-other mapping and the "like-me" hypothesis. In M. Banaji & S. A. Gelman (Eds.), *Navigating the social world: What infants, children, and other species can teach us* (pp. 139–144). New York: Oxford University Press.

Meltzoff, A. N., & Kuhl, P. K. (1994). Faces and speech: Intermodal processing of biologically relevant signals in infants and adults. In D. J. Lewkowicz & R. Lickliter (Eds.), *The development of intersensory perception* (pp. 335–369). Hillsdale, NJ: Erlbaum.

Meltzoff, A. N., & Moore, M. K. (1977). Imitation of facial and manual gestures by human neonates. *Science, 198,* 75–78.

Meltzoff, A. N., & Moore, M. K. (1994). Imitation, memory, and the representation of persons. *Infant Behavior and Development, 17,* 83–99.

Meltzoff, A. N., & Williamson, R. A. (2010). The importance of imitation for theories of social-cognitive development. In J. G. Bremner & T. D. Wachs (Eds.), *Wiley-Blackwell handbook of infant development* (2nd ed., pp. 345–364). Oxford, UK: Wiley-Blackwell.

Meltzoff, A. N., & Williamson, R. A. (2013). Imitation: Social, cognitive, and theoretical perspectives. In P. D. Zelazo (Ed.), *Oxford handbook of developmental psychology: Vol. 1. Body and mind* (pp. 651–682). New York: Oxford University Press.

Melzi, G., & Schick, A. R. (2013). Language and literacy in the school years. In J. B. Gleason & N. B. Ratner (Eds.), *Development of language* (8th ed., pp. 329–365). Upper Saddle River, NJ: Pearson.

Memo, L., Gnoato, E., Caminiti, S., Pichini, S., & Tarani, L. (2013). Fetal alcohol spectrum disorders and fetal alcohol syndrome: The state of the art and new diagnostic tools. *Early Human Development, 89S1,* S40–S43.

Mendle, J., Turkheimer, E., & Emery, R. E. (2007). Detrimental psychological outcomes associated with early pubertal timing in adolescent girls. *Developmental Review, 27,* 151–171.

Menesini, E., Calussi, P., & Nocentini, A. (2012). Cyberbullying and traditional bullying: Unique, additive, and synergistic effects on psychological health symptoms. In L. Qing, D. Cross, & P. K. Smith (Eds.), *Cyberbullying in the global playground: Research from international perspectives* (pp. 245–262). Malden, MA: Wiley-Blackwell.

Menesini, E., & Spiel, C. (2012). Introduction: Cyberbullying: Development, consequences, risk and protective factors. *European Journal of Developmental Psychology, 9,* 163–167.

Mennella, J. A., & Beauchamp, G. K. (1998). Early flavor experiences: Research update. *Nutrition Reviews, 56,* 205–211.

Menon, U. (2001). Middle adulthood in cultural perspective: The imagined and the experienced in three cultures. In M. E. Lachman (Ed.), *Handbook of midlife development* (pp. 40–74). New York: Wiley.

Ment, L. R., Vohr, B., Allan, W., Katz, K. H., Schneider, K. C., Westerveld, M., Cuncan, C. C., & Makuch, R. W. (2003). Change in cognitive function over time in very low-birth-weight infants. *JAMA, 289,* 705–711.

Merikangas, K. R., He, J-P. Burstein, M., Swanson, S. A. Avenevoli, S., Cui, L., Benjet, C., et al. (2010). Lifetime prevalence of mental disorders in U.S. adolescents: Results from the National Comorbidity Survey Replication—Adolescent Supplement (NCS-A). *Journal of the American Academy of Child and Adolescent Psychiatry, 49,* 980–989.

Messinger, D. S., & Fogel, A. (2007). The interactive development of social smiling. In R. Kail (Ed.), *Advances in child development and behavior* (Vol. 35, pp. 327–366). Oxford, UK: Elsevier.

Metheny, J., McWhirter, E. H., & O'Neil, M. E. (2008). Measuring perceived teacher support and its influence on adolescent career development. *Journal of Career Assessment, 16,* 218–237.

Methven, L., Allen, V. J., Withers, C. A., & Gosney, M. A. (2012). Aging and taste. *Proceedings of the Nutrition Society, 71,* 556–565.

MetLife. (2011a). *MetLife study of caregiving costs to working caregivers: Double jeopardy for baby boomers caring for their parents.* Westport, CT: National Alliance for Caregiving and MetLife Mature Market Institute.

MetLife. (2011b). *MetLife study of elder financial abuse: Crimes of occasion, desperation and predation against America's elders.* Retrieved from www.metlife.com/assets/cao/mmi/publications/studies/2011/mmi-elder-financial-abuse.pdf

Meyer, B. J. F., Russo, C., & Talbot, A. (1995). Discourse comprehension and problem solving: Decisions about the treatment of breast cancer by women across the lifespan. *Psychology and Aging, 10,* 84–103.

Meyer, B. J. F., Talbot, A. P., & Ranalli, C. (2007). Why older adults make more immediate treatment decisions about cancer than younger adults. *Psychology and Aging, 22,* 505–524.

Meyer, R. (2009). Infant feeding in the first year. 1: Feeding practices in the first six months of life. *Journal of Family Health Care, 19,* 13–16.

Meyer, S., Raikes, H. A., Virmani, E. A., Waters, S., & Thompson, R. A. (2014). Parent emotion representations and the socialization of emotion regulation in the family. *International Journal of Behavioral Development, 38,* 164–173.

Meyers, A. B., & Berk, L. E. (2014). Make-believe play and self-regulation. In L. Brooker, M. Blaise, & S. Edwards (Eds.), *Sage handbook of play and learning in early childhood* (pp. 43–55). London: Sage.

Michalik, N. M., Eisenberg, N., Spinrad, T. L., Ladd, B., Thompson, M., & Valiente, C. (2007). Longitudinal relations among parental emotional expressivity and sympathy and prosocial behavior in adolescence. *Social Development, 16,* 286–309.

Michiels, D., Grietens, H., Onghena, P., & Kuppens, S. (2010). Perceptions of maternal and paternal attachment security in middle childhood: Links with positive parental affection and psychological adjustment. *Early Child Development and Care, 180,* 211–225.

Mienaltowski, A. (2011). Everyday problem solving across the adult life span. *Annals of the New York Academy of Sciences, 1235,* 75–85.

Miga, E. M., Gdula, J. A., & Allen, J. P. (2012). Fighting fair: Adaptive marital conflict strategies as predictors of future adolescent peer and romantic relationship quality. *Social Development, 21,* 443–460.

Mikami, A. Y., Lerner, M. D., & Lun, J. (2010). Social context influences on children's rejection by their peers. *Child Development Perspectives, 4,* 123–130.

Mikami, A. Y., Szwedo, D. E., Allen, J. P., Evans, M. A., & Hare, A. L. (2010). Adolescent peer relationships and behavior problems predict young adults' communication on social networking websites. *Developmental Psychology, 46,* 46–56.

Mikkola, T. M., Portegijs, E., Rantakokko, M., Gagné, J.-P., Rantanen, T., & Viljanen, A. (2015). Association of self-reported hearing difficulty to objective and perceived participation outside the home in older community-dwelling adults. *Journal of Aging and Health, 27,* 103–122.

Mikulincer, M., Florian, V., & Hirschberger, G. (2003). The existential function of close relationships: Introducing death into the science of love. *Personality and Social Psychology Review, 7,* 20–40.

Mikulincer, M., & Shaver, P. R. (2008). An attachment perspective on bereavement. In M. S. Stroebe, R. O. Hansson, H. Schut, & W. Stroebe (Eds.), *Handbook of bereavement research and practice* (pp. 87–112). Washington, DC: American Psychological Association.

Milevsky, A., Schlechter, M., Netter, S., & Keehn, D. (2007). Maternal and paternal parenting styles in adolescents: Associations with self-esteem, depression, and life satisfaction. *Journal of Child and Family Studies, 16,* 39–47.

Milkie, M. A., Bierman, A., & Schieman, S. (2008). How adult children influence older parents' mental health: Integrating stress-process and life-course perspectives. *Social Psychology Quarterly, 71,* 86–105.

Milkie, M. A., Nomaguchi, K. M., & Denny, K. E. (2015). Does the amount of time mothers spend with children or adolescents matter? *Journal of Marriage and Family, 77,* 355–372.

Miller, D. I., & Halpern, D. F. (2014). The new science of cognitive sex differences. *Trends in Cognitive Sciences, 18,* 37–44.

Miller, D. I., Taler, V., Davidson, P. S. R., & Messier, C. (2012). Measuring the impact of exercise on cognitive aging: Methodological issues. *Neurobiology of Aging, 33,* 622.e29–622.e43.

Miller, D. N. (2011). *Child and adolescent suicidal behavior: School-based prevention, assessment, and intervention.* New York: Guilford.

Miller, G. E., Chen, E., Fok, A. K., Walker, H., Lim, A., Hiholls, E. F., et al. (2009). Low early-life social class leaves a biological residue manifested by decreased glucocorticoid and increased proinflammatory signaling. *Proceedings of the National Academy of Sciences, 106,* 14716–14721.

Miller, J., Slomczynski, K. M., & Kohn, M. L. (1985). Continuity of learning-generalization: The effect of job on men's intellective process in the United States and Poland. *American Journal of Sociology, 91,* 593–615.

Miller, J. G., & Bersoff, D. M. (1995). Development in the context of everyday family relationships: Culture, interpersonal morality, and adaptation. In M. Killen & D. Hart (Eds.), *Morality in everyday life: Developmental perspectives* (pp. 259–282). Cambridge, UK: Cambridge University Press.

Miller, J. G., & Bland, C. G. (2014). A cultural psychology perspective on moral development. In M. Killen & J. G. Smetana (Eds.), *Handbook of moral development* (2nd ed., pp. 208–234). New York: Psychology Press.

Miller, L. E., Grabell, A., Thomas, A., Bermann, E., & Graham-Bermann, S. A. (2012a). The associations between community violence, television violence, parent–child aggression, and aggression in sibling relationships of a sample of preschoolers. *Psychology of Violence, 2,* 165–178.

Miller, L. J., Myers, A., Prinzi, L., & Mittenberg, W. (2009). Changes in intellectual functioning associated with normal aging. *Archives of Clinical Neuropsychology, 24,* 681–688.

Miller, P. H. (2009). *Theories of developmental psychology* (5th ed.). New York: Worth.

Miller, P. J. (2014). Entries into meaning: Socialization via narrative in the early years. In M. J. Gelfand, C.-Y. Chiu, & Y.-Y. Hong (Eds.), *Advances in culture and psychology* (Vol. 4, pp. 124–176). New York: Oxford University Press.

Miller, P. J., Fung, H., Lin, S., Chen, E. C., & Boldt, B. R. (2012b). How socialization happens on the ground: Narrative practices as alternate socializing pathways in Chinese and European-American families. *Monographs of the Society for Research in Child Development, 77*(1, Serial No. 302).

Miller, P. J., Fung, H., & Mintz, J. (1996). Self-construction through narrative practices: A Chinese and American comparison of early socialization. *Ethos, 24,* 1–44.

Miller, P. J., Gutiérrez, I. T., Chow, P. I., & Schein, S. S. (2014). European Americans in Centerville: Community and family contexts. In K. Rosengren,

P. J. Miller, I. T. Guiérrez, P. I. Chow, S. S. Schein, & K. N. Anderson (Eds.), Children's understanding of death: Toward a contextualized, integrated account. *Monographs of the Society for Research in Child Development, 79*(1, Serial No. 312), pp. 19–42.

Miller, P. J., Wang, S., Sandel, T., & Cho, G. E. (2002). Self-esteem as folk theory: A comparison of European American and Chinese mothers' beliefs. *Parenting: Science and Practice, 2,* 209–239.

Miller, P. J., Wiley, A. R., Fung, H., & Liang, C. H. (1997). Personal storytelling as a medium of socialization in Chinese and American families. *Child Development, 68,* 557–568.

Miller, S., Lansford, J. E., Costanzo, P., Malone, P. S., Golonka, M., & Killeya-Jones, L. A. (2009). Early adolescent romantic partner status, peer standing, and problem behaviors. *Journal of Early Adolescence, 29,* 839–861.

Miller, S. A., Hardin, C. A., & Montgomery, D. E. (2003). Young children's understanding of the conditions for knowledge acquisition. *Journal of Cognition and Development, 4,* 325–356.

Miller, S. C., Lima, J. C., & Thompson, S. A. (2015). End-of-life care in nursing homes with greater versus less palliative care knowledge and practice. *Journal of Palliative Medicine, 18,* 527–534.

Miller, T. R. (2015). Projected outcomes of Nurse–Family Partnership home visitation during 1996–2013, USA. *Prevention Science, 16,* 765–777.

Milligan, C., Turner, M., Blake, S., Brearley, S., Seamark, D., Thomas, C., et al. (2016). Unpacking the impact of older adults' home death on family caregivers' experiences of home. *Health & Place, 38,* 103–111.

Milligan, K., Astington, J. W., & Dack, L. A. (2007). Language and theory of mind: Meta-analysis of the relation between language ability and falsebelief understanding. *Child Development, 78,* 622–646.

Mills, C. M. (2013). Knowing when to doubt: Developing a critical stance when learning from others. *Developmental Psychology, 49,* 404–418.

Mills, D., Plunkett, K., Prat, C., & Schafer, G. (2005). Watching the infant brain learn words: Effects of language and experience. *Cognitive Development, 20,* 19–31.

Min, J., Chiu, D. T., & Wang, T. (2013). Variation in the heritability of body mass index based on diverse twin studies: A systematic review. *Obesity Review, 14,* 871–882.

Mindell, J. A., Li, A. M., Sadeh, A., Kwon, R., & Goh, D. Y. T. (2015). Bedtime routines for young children: A dose-dependent association with sleep outcomes. *Sleep, 38,* 717–722.

Mineka, S., & Zinbarg, R. (2006). A contemporary learning theory perspective on the etiology of anxiety disorders: It's not what you thought it was. *American Psychologist, 61,* 10–26.

Miner-Rubino, K., Winter, D. G., & Stewart, A. J. (2004). Gender, social class, and the subjective experience of aging: Self-perceived personality change from early adulthood to late midlife. *Personality and Social Psychology Bulletin, 30,* 1599–1610.

Minnotte, K. L., Minnotte, M. C., & Bonstrom, J. (2015). Work–family conflicts and marital satisfaction among U.S. workers: Does stress amplification matter? *Journal of Family Economic Issues, 36,* 21–33.

Mintziori, G., Lambrinoudaki, I., Goulis, D. G., Ceausu, I., Depypere, H., Erel, C. T., et al. (2015). EMAS position statement: Non-hormonal management of menopausal vasomotor symptoms. *Maturitas, 81,* 410–4123.

Mireault, G. C., Crockenberg, S. C., Sparrow, J. E., Cousineau, K., Pettinato, C., & Woodard, K. (2015). Laughing matters: Infant humor in the context of parental affect. *Journal of Experimental Child Psychology, 136,* 30–41.

Mirkin, S., Archer, D. F., Pickar, J. H., & Komm, B. S. (2014). Recent advances help understand and improve the safety of menopausal therapies. *Menopause, 22,* 351–360.

Misailidi, P. (2006). Young children's display rule knowledge: Understanding the distinction between apparent and real emotions and the motives underlying the use of display rules. *Social Behavior and Personality, 34,* 1285–1296.

Mischel, W., & Liebert, R. M. (1966). Effects of discrepancies between observed and imposed reward criteria on their acquisition and transmission. *Journal of Personality and Social Psychology, 3,* 45–53.

Mishra, G., & Kuh, D. (2006). Perceived change in quality of life during the menopause. *Social Science and Medicine, 62,* 93–102.

Mistry, J., & Dutta, R. (2015). Human development and culture. In W. F. Overton & P. C. Molenaar (Eds.), *Handbook of child psychology and developmental science: Vol. 1. Theory and method* (pp. 369–406). Hoboken, NJ: Wiley.

Mistry, R. S., Biesanz, J. C., Chien, N., Howes, C., & Benner, A. D. (2008). Socioeconomic status, parental investments, and the cognitive and behavioral outcomes of low-income children from immigrant and native households. *Early Childhood Research Quarterly, 23,* 193–212.

Mitchell, B. A. (2016). Intergenerational and family ties of baby boomers. In K. S. Whitbourne Ed.), *Encyclopedia of adulthood and aging* (Vol. 2, pp. 669–678). Malden, MA: Blackwell.

Mitchell, B. A., & Lovegreen, L. D. (2009). The empty nest syndrome in midlife families: A multimethod exploration of parental gender differences and cultural dynamics. *Journal of Family Issues, 30,* 1651–1670.

Mitchell, B. D., Hsueh, W. C., King, T. M., Pollin, T. I., Sorkin, J., Agarwala, R., Schäffer, A. A., & Shuldiner, A. R. (2001). Heritability of life span in the Old Order Amish. *American Journal of Medical Genetics, 102,* 346–352.

Mitchell, M. E., Eby, L. T., & Lorys, A. (2015). Feeling work at home: A transactional model of women and men's negative affective spillover from work to family. In M. J. Mills (Ed.), *Gender and the work–family experience* (pp. 121–140). New York: Springer.

Miu, D. K. Y., & Chan, C. K. M. (2011). Prognostic value of depressive symptoms on mortality, morbidity and nursing home admission in older people. *Geriatrics and Gerontology International, 11,* 174–179.

Miura, I. T., & Okamoto, Y. (2003). Language supports for mathematics understanding and performance. In A. J. Baroody & A. Dowker (Eds.), *The development of arithmetic concepts and skills* (pp. 229–242). Mahwah, NJ: Erlbaum.

Mize, J., & Pettit, G. S. (2010). The mother–child playgroup as socialisation context: A short-term longitudinal study of mother–child–peer relationship dynamics. *Early Child Development and Care, 180,* 1271–1284.

Mo, H. N., Shin, D. W., Woo, J. H., Choi, J. Y., Kang, J., Baik, Y. J., et al. (2011). Is patient autonomy a critical determinant of quality of life in Korea? End-of-life decision making from the perspective of the patient. *Palliative Medicine, 26,* 222–231.

Modrek, S., & Cullen, M. R. (2012). *Job demand and early retirement.* Chestnut Hill, MA: Center for Retirement Research at Boston College. Retrieved from ssrn.com/abstract=2127722

Moen, P., Kelly, E. L., Tranby, E., & Huang, Q. (2011). Changing work, changing health: Can real work-time flexibility promote health behaviors and well-being? *Journal of Health and Social Behavior, 52,* 404–429.

Moffitt, T. E. (2007). Life-course-persistent vs. adolescence-limited antisocial behavior. In D. Cicchetti & D. J. Cohen (Eds.), *Developmental psychopathology* (2nd ed., pp. 570–598). Hoboken, NJ; Wiley.

Mohr, J. J., & Daly, C. A. (2008). Sexual minority stress and changes in relationship quality in same-sex couples. *Journal of Social and Personal Relationships, 25,* 989–1007.

Mohr, J. J., & Fassinger, R. E. (2006). Sexual orientation identity and romantic relationship quality in same-sex couples. *Personality and Social Psychology Bulletin, 32,* 1085–1099.

Mok, M. M. C., Kennedy, K. J., & Moore, P. J. (2011). Academic attribution of secondary students: Gender, year level and achievement level. *Educational Psychology, 31,* 87–104.

Mola, J. R. (2015). Erectile dysfunction in the older adult male. *Urological Nursing, 35,* 87–93.

Moll, H., & Meltzoff, A. N. (2011). How does it look? Level 2 perspective-taking at 36 months of age. *Child Development, 82,* 661–673.

Moll, K., Ramus, F., Bartling, J., Bruder, J., Kunze, S., Neuhoff, N., et al. (2014). Cognitive mechanisms underlying reading and spelling development in five European orthographies. *Learning and Instruction, 29,* 65–77.

Mollenkopf, H., Hieber, A., & Wahl, H.-W. (2011). Continuity and change in older adults' perceptions of out-of-home mobility over ten years: A qualitative–quantitative approach. *Ageing and Society, 31,* 782–802.

Moller, K., Hwang, C. P., & Wickberg, B. (2008). Couple relationship and transition to parenthood: Does workload at home matter? *Journal of Reproductive and Infant Psychology, 26,* 57–68.

Molloy, C. S., Wilson-Ching, M., Anderson, V. A., Roberts, G., Anderson, P. J., Doyle, L. W., et al. (2013). Visual processing in adolescents born extremely low birth weight and/or extremely preterm. *Pediatrics, 132,* e704–e712.

Molnar, D. S., Levitt, A., Eiden, R. D., & Schuetze, P. (2014). Prenatal cocaine exposure and trajectories of externalizing behavior problems in early childhood: Examining the role of maternal negative affect. *Development and Psychopathology, 26,* 515–528.

Monahan, K. C., Lee, J. M., & Steinberg, L. (2011). Revisiting the impact of part-time work on adolescent adjustment: Distinguishing between selection and socialization using propensity score matching. *Child Development, 82,* 96–112.

Mondloch, C. J., Lewis, T., Budreau, D. R., Maurer, D., Dannemiller, J. L., Stephens, B. R., & Kleiner-Gathercoal, K. A. (1999). Face perception during early infancy. *Psychological Science, 10,* 419–422.

Monin, J. K., & Schulz, R. (2009). Interpersonal effects of suffering in older adult caregiving relationships. *Psychology and Aging, 24,* 681–695.

Monk, C., Georgieff, M. K., & Osterholm, E. A. (2013). Research review: Maternal prenatal distress and poor nutrition—mutually influencing risk factors affecting infant neurocognitive development. *Journal of Child Psychology and Psychiatry, 54,* 115–130.

Monk, C., Sloan, R., Myers, M. M., Ellman, L., Werner, E., Jeon, J., et al. (2010). Neural circuitry of emotional face processing in autism spectrum disorders. *Journal of Psychiatry and Neuroscience, 35,* 105–114.

Monsour, M. (2002). *Women and men as friends.* Mahwah, NJ: Erlbaum.

Montague, D. P. F., & Walker-Andrews, A. S. (2001). Peekaboo: A new look at infants' perception of emotion expressions. *Developmental Psychology, 37,* 826–838.

Montepare, J. M. (2006). Body consciousness across the adult years: Variations with actual and subjective age. *Journal of Adult Development, 13,* 102–107.

Montgomery, D. E., & Koeltzow, T. E. (2010). A review of the day–night task: The Stroop paradigm and interference control in young children. *Developmental Review, 30,* 308–330.

Montgomery, M. J. (2005). Psychosocial intimacy and identity: From early adolescence to emerging adulthood. *Journal of Adolescent Research, 20,* 346–374.

Montgomery, M. J., & Côté, J. E. (2003). College as a transition to adulthood. In G. R. Adams &

M. D. Berzonsky (Eds.), *Blackwell handbook of adolescence* (pp. 149–172). Malden, MA: Blackwell.

Moon, C., Cooper, R. P., & Fifer, W. P. (1993). Two-day-old infants prefer their native language. *Infant Behavior and Development, 16,* 495–500.

Moore, A., & Stratton, D. C. (2002). *Resilient widowers.* New York: Springer.

Moore, D. S. (2013). Behavioral genetics, genetics, and epigenetics. In P. D. Zelazo (Ed.), *Oxford handbook of developmental psychology: Vol. 1. Body and mind* (pp. 91–128). New York: Oxford University Press.

Moore, D. S., & Johnson, S. P. (2011). Mental rotation of dynamic, three-dimensional stimuli by 3-month-old infants. *Infancy, 16,* 435–445.

Moore, E. G. J. (1986). Family socialization and the IQ test performance of traditionally and transracially adopted black children. *Developmental Psychology, 22,* 317–326.

Moore, J. A., Cooper, B. R., Domitrovich, C. E., Morgan, N. R., Cleveland, M. J., Shah, H., et al. (2015). Effects of exposure to an enhanced preschool program on the social-emotional functioning of at-risk children. *Early Childhood Research Quarterly, 32,* 127–138.

Moore, K. L., Persaud, T. V. N., & Torchia, M. G. (2016a). *Before we are born: Essentials of embryology and birth defects* (9th ed.). Philadelphia: Elsevier.

Moore, K. L., Persaud, T. V. N., & Torchia, M. G. (2016b). *The developing human: Clinically oriented embryology.* Philadelphia: Elsevier.

Moore, M. K., & Meltzoff, A. N. (2004). Object permanence after a 24-hr delay and leaving the locale of disappearance: The role of memory, space, and identity. *Developmental Psychology, 40,* 606–620.

Moore, M. K., & Meltzoff, A. N. (2008). Factors affecting infants' manual search for occluded objects and the genesis of object permanence. *Infant Behavior and Development, 31,* 168–180.

Moore, M. R., & Stambolis-Ruhstorfer, M. (2013). LGBT sexuality and families at the start of the twenty-first century. *Annual Review of Sociology, 39,* 491–507.

Moorehouse, P., & Mallery, L. (2016). Care planning in frailty. In S. K. Whitbourne (Ed.), *Encyclopedia of adulthood and aging* (Vol. 1, pp. 171–180). Malden, MA: Wiley Blackwell.

Moran, S., & Gardner, H. (2006). Extraordinary achievements: A developmental and systems analysis. In D. Kuhn & R. Siegler (Eds.), *Handbook of child psychology: Vol. 2. Cognition, perception, and language* (6th ed., pp. 905–949). Hoboken, NJ: Wiley.

Morawska, A., & Sanders, M. (2011). Parental use of time out revisited: A useful or harmful parenting strategy? *Journal of Child and Family Studies, 20,* 1–8.

Morelli, G. (2015). The evolution of attachment theory and cultures of human attachment in infancy and early childhood. In L. A. Jensen (Ed.), *Oxford handbook of human development and culture: An interdisciplinary perspective* (pp. 149–164). New York: Oxford University Press.

Morelli, G., Rogoff, B., Oppenheim, D., & Goldsmith, D. (1992). Cultural variation in infants' sleeping arrangements: Questions of independence. *Developmental Psychology, 28,* 604–613.

Morelli, G. A., Rogoff, B., & Angelillo, C. (2003). Cultural variation in young children's access to work or involvement in specialized child-focused activities. *International Journal of Behavioral Development, 27,* 264–274.

Moreno, A. J., Klute, M. M., & Robinson, J. L. (2008). Relational and individual resources as predictors of empathy in early childhood. *Social Development, 17,* 613–637.

Morgan, I. G., Ohno-Matsui, K., & Saw, S.-M. (2012). Myopia. *Lancet, 379,* 1739–1748.

Morgan, J. D., Laungani, P., & Palmer, S. (2009). General introduction to series. In J. D. Morgan, P. Laungani, & S. Palmer (Eds.), *Death and bereavement around the world: Vol. 5. Reflective essays* (pp. 1–4). Amityville, NY: Baywood.

Morgan, P. J., Collins, C. E., Plotnickoff, R. C., Cook, A. T., Berthon, B., Mitchell, S., & Callister, R. (2011). Efficacy of a workplace-based weight loss program for overweight male shift workers: The Workplace POWER (Preventing Obesity without Eating Like a Rabbit) randomized control trial. *Preventive Medicine, 52,* 317–325.

Morgan, P. L., Farkas, G., Hillemeier, M. M., & Maczuga, S. (2009). Risk factors for learning-related behavior problems at 24 months of age: Population-based estimates. *Journal of Abnormal Child Psychology, 37,* 401–413.

Moriarty, H. J., Carroll, R., & Controneo, M. (1996). Differences in bereavement reactions within couples following death of a child. *Research in Nursing & Health, 19,* 461–469.

Morinis, J., Carson, C., & Quigley, M. A. (2013). Effect of teenage motherhood on cognitive outcomes in children: A population-based cohort study. *Archives of Disease in Childhood, 98,* 959–964.

Moro-García, M. A., Alonso-Arias, R., López Vázquez, A., Suárez-García, F. M., Solano-Jaurrieta, J. J., Baltar, J., et al. (2012). Relationship between functional ability in older people, immune system status, and intensity of response to CMV. *Age, 34,* 479–495.

Morrill, M. I., Hines, D. A., Mahmood, S., & Córdova, J. V. (2010). Pathways between marriage and parenting for wives and husbands: The role of coparenting. *Family Process, 49,* 59–73.

Morris, A. S., Silk, J. S., Morris, M. D. S., & Steinberg, L. (2011). The influence of mother–child emotion regulation strategies on children's expression of anger and sadness. *Developmental Psychology, 47,* 213–225.

Morris, A. S., Silk, J. S., Steinberg, L., Myers, S. S., & Robinson, L. R. (2007). The role of the family context in the development of emotion regulation. *Social Development, 16,* 362–388.

Morris, J. (2011). Communication skills training in end-of-life care. *Nursing Times, 107,* 16–17.

Morris, M. C., Brockman, J., Schneider, J. A., Wang, Y., Bennett, D. A., Tangney, C. C., & van de Rest, O. (2016). Association of seafood consumption, brain mercury level, and APOE ε4 status with brain neuropathology in older adults. *JAMA, 315,* 489–497.

Morris, M. C., Tangney, C. C., Wang, Y., Sacks, F. M., Bennett, D. A., & Aggarwal, N. T. (2015). MIND diet associated with reduced incidence of Alzheimer's disease. *Alzheimer's & Dementia, 11,* 1007–1014.

Morris, W. L., DePaulo, B. M., Hertel, J., & Taylor, L. C. (2008). Singlism—another problem that has no name: Prejudice, stereotypes and discrimination against singles. In M. A. Morrison & T. G. Morrison (Eds.), *The psychology of modern prejudice* (pp. 165–194). Hauppauge, NY: Nova Science Publishers.

Morrison, M., & Roese, N. J. (2011). Regrets of the typical American: Findings from a nationally representative sample. *Social Psychological & Personality Science, 2,* 576–583.

Morrison, V. (2008). Ageing and physical health. In B. Woods & L. Clare (Eds.), *Handbook of the clinical psychology of ageing* (2nd ed., pp. 57–74). Chichester, UK: Wiley.

Morrissey, T., Dunifon, R. E., & Kalil, A. (2011). Maternal employment, work schedules, and children's body mass index. *Child Development, 82,* 66–81.

Morrongiello, B. A., Fenwick, K. D., & Chance, G. (1998). Crossmodal learning in newborn infants: Inferences about properties of auditory-visual events. *Infant Behavior and Development, 21,* 543–554.

Morrongiello, B. A., Midgett, C., & Shields, R. (2001). Don't run with scissors: Young children's knowledge of home safety rules. *Journal of Pediatric Psychology, 26,* 105–115.

Morrongiello, B. A., Ondejko, L., & Littlejohn, A. (2004). Understanding toddlers' in-home injuries: I. Context, correlates, and determinants. *Journal of Pediatric Psychology, 29,* 415–431.

Morrongiello, B. A., Widdifield, R., Munroe, K., & Zdzieborski, D. (2014). Parents teaching young children home safety rules: Implications for childhood injury risk. *Journal of Applied Developmental Psychology, 35,* 254–261.

Morse, S. B., Zheng, H., Tang, Y., & Roth, J. (2009). Early school-age outcomes of late preterm infants. *Pediatrics, 123,* e622–e629.

Morton, R. H. (2014). A decline in anaerobic distance capacity of champion athletes over the years? *International Journal of Sports Science & Coaching, 9,* 1057–1065.

Mosby, L., Rawls, A. W., Meehan, A. J., Mays, E., & Pettinari, C. J. (1999). Troubles in interracial talk about discipline: An examination of African American child rearing narratives. *Journal of Comparative Family Studies, 30,* 489–521.

Mosely-Howard, G. S., & Evans, C. B. (2000). Relationships and contemporary experiences of the African-American family: An ethnographic case study. *Journal of Black Studies, 30,* 428–451.

Moshman, D. (1998). Identity as a theory of oneself. *Genetic Epistemologist, 26*(3), 1–9.

Moshman, D. (2005). *Adolescent psychological development: Rationality, morality, and identity* (2nd ed.). Mahwah, NJ: Erlbaum.

Moshman, D. (2011). *Adolescent rationality and development: Cognition, morality, and identity* (3rd ed.). New York: Psychology Press.

Moshman, D. (2013). Epistemic cognition and development. In P. Barrouillet & C. Gauffroy (Eds.), *The development of thinking and reasoning* (pp. 13–33). New York: Psychology Press.

Moshman, D., & Franks, B. A. (1986). Development of the concept of inferential validity. *Child Development, 57,* 153–165.

Moshman, D., & Geil, M. (1998). Collaborative reasoning: Evidence for collective rationality. *Thinking and Reasoning, 4,* 231–248.

Moss, E., Cyr, C., Bureau, J.-F., Tarabulsy, G. M., & Dubois-Comtois, K. (2005). Stability of attachment during the preschool period. *Developmental Psychology, 41,* 773–783.

Moss, E., Smolla, N., Guerra, I., Mazzarello, T., Chayer, D., & Berthiaume, C. (2006). Attachment and self-reported internalizing and externalizing behavior problems in a school period. *Canadian Journal of Behavioural Science, 38,* 142–157.

Mossey, P. A., Little, J., Munger, R. G., Dixon, M. J., & Shaw, W. C. (2009). Cleft lip and palate. *Lancet, 374,* 1773–1785.

Moss-Racusin, C. A., Dovidio, J. F., Brescoll, V. L., Graham, M. J., & Handelsman, J. (2012). Science faculty's subtle gender biases favor male students. *Proceedings of the National Academy of Sciences, 109,* 16474–16479.

Motl, R. W., Dishman, R. K., Saunders, R. P., Dowda, M., Felton, G., Ward, D. S., & Pate, R. R. (2002). Examining social–cognitive determinants of intention and physical activity among black and white adolescent girls using structural equation modeling. *Health Psychology, 21,* 459–467.

Mottus, R., Indus, K., & Allik, J. (2008). Accuracy of only children stereotype. *Journal of Research in Personality, 42,* 1047–1052.

Mottweiler, C. M., & Taylor, M. (2014). Elaborated role play and creativity in preschool age children. *Psychology of Aesthetics, Creativity, and the Arts, 8,* 277–286.

Mõtus, R., Johnson, W., & Deary, I. J. (2012). Personality traits in old age: Measurement and rank-order stability and some mean-level change. *Psychology and Aging, 27,* 243–249.

Mounts, N. S., & Steinberg, L. (1995). An ecological analysis of peer influence on adolescent grade point average and drug use. *Developmental Psychology, 31,* 915–922.

Mounts, N. S., Valentiner, D. P., Anderson, K. L., & Boswell, M. K. (2006). Shyness, sociability, and parental support for the college transition: Relation to adolescents' adjustment. *Journal of Youth and Adolescence, 35,* 71–80.

Mozaffarian, D., Arnett, D. K., Cushman, M., Després, J.-P., Howard, V. J., Isasi, C. R., et al. (2016). Heart disease and stroke statistics—2016 update: A report from the American Heart Association. *Circulation, 133,* 38–60.

Mozaffarian, D., Benjamin, E. J., Go, A. S., Arnett, D. K., Blaha, M. J., Cushman, M., et al. (2015). Heart disease and stroke statistics—2015 update: A report from the American Heart Association. *Circulation, 129,* e229–e322.

Mroczek, D. K., & Spiro, A., III. (2005). Change in life satisfaction during adulthood: Findings from the Veterans Affairs Normative Aging Study. *Journal of Personality and Social Psychology, 88,* 189–202.

Mroczek, D. K., Spiro, A., & Turiano, N. A. (2009). Do health behaviors explain the effect of neuroticism on mortality? *Journal of Research in Personality, 43,* 653–659.

Mrug, S., Elliott, M. N., Daies, S., Tortolero, S. R., Cuccaro, P., & Schuster, M. A. (2014). Early puberty, negative peer influence, and problem behaviors in adolescent girls. *Pediatrics, 133,* 7–14.

Mrug, S., Hoza, B., & Gerdes, A. C. (2001). Children with attention-deficit/hyperactivity disorder: Peer relationships and peer-oriented interventions. In D. W. Nangle & C. A. Erdley (Eds.), *The role of friendship in psychological adjustment* (pp. 51–77). San Francisco: Jossey-Bass.

Mu, Q., & Fehring, R. J. (2014). Efficacy of achieving pregnancy with fertility-focused intercourse. *American Journal of Maternal Child Nursing, 39,* 35–40.

Mueller, B. R., & Bale, T. L. (2008). Sex-specific programming of offspring emotionality after stress early in pregnancy. *Journal of Neuroscience, 28,* 9055–9065.

Muenssinger, J., Matuz, T., Schleger, F., Kiefer-Schmidt, I., Goelz, R., Wacker-Gussmann, A., et al. (2013). Auditory habituation in the fetus and neonate: An fMEG study. *Developmental Science, 16,* 287–295.

Muise, A., Schimmack, U., & Impett, E. A. (2015). Sexual frequency predicts greater well-being, but more is not always better. *Social Psychological and Personality Science.* Retrieved from spp.sagepub .com/content/early/2015/11/16/1948550615616462 .full.pdf+html

Müller, O., & Krawinkel, M. (2005). Malnutrition and health in developing countries. *Canadian Medical Association Journal, 173,* 279–286.

Müller, U., & Kerns, K. (2015). The development of executive function. In L. S. Liben & U. Müller (Eds.), *Handbook of child psychology and developmental science: Vol. 2. Cognitive processes* (7th ed., pp. 571–623). Hoboken, NJ: Wiley.

Müller, U., Liebermann-Finestone, D. P., Carpendale, J. I. M., Hammond, S. I., & Bibok, M. B. (2012). Knowing minds, controlling actions: The developmental relations between theory of mind and executive function from 2 to 4 years of age. *Journal of Experimental Child Psychology, 111,* 331–348.

Müller, U., Overton, W. F., & Reese, K. (2001). Development of conditional reasoning: A longitudinal study. *Journal of Cognition and Development, 2,* 27–49.

Mullett-Hume, E., Anshel, D., Guevara, V., & Cloitre, M. (2008). Cumulative trauma and posttraumatic stress disorder among children exposed to the 9/11 World Trade Center attack. *American Journal of Orthopsychiatry, 78,* 103–108.

Mulvaney, M. K., McCartney, K., Bub, K. L., & Marshall, N. L. (2006). Determinants of dyadic scaffolding and cognitive outcomes in first graders. *Parenting: Science and Practice, 6,* 297–310.

Mulvaney, M. K., & Mebert, C. J. (2007). Parental corporal punishment predicts behavior problems in early childhood. *Journal of Family Psychology, 21,* 389–397.

Mumme, D. L., Bushnell, E. W., DiCorcia, J. A., & Lariviere, L. A. (2007). Infants' use of gaze cues to interpret others' actions and emotional reactions. In R. Flom, K. Lee, & D. Muir (Eds.), *Gaze-following: Its development and significance* (pp. 143–170). Mahwah, NJ: Erlbaum.

Munakata, Y. (2006). Information processing approaches to development. In D. Kuhn & R. S. Siegler (Eds.), *Handbook of child psychology: Vol. 3. Cognition, perception, and language* (6th ed., pp. 426–463). Hoboken, NJ: Wiley.

Munnell, A. H., Webb, A., Delorme, L., & Golub-Sass, F. (2012). *National retirement risk index: How much longer do we need to work?* Chestnut Hill, MA: Center for Retirement Research at Boston College. Retrieved from crr.bc.edu/briefs/national-retirement -risk-index-how-much-longer-do-we-need-to-work

Munroe, R. L., & Romney, A. K. (2006). Gender and age differences in same-sex aggregation and social behavior. *Journal of Cross-Cultural Psychology, 37,* 3–19.

Muret-Wagstaff, S., & Moore, S. G. (1989). The Hmong in America: Infant behavior and rearing practices. In J. K. Nugent, B. M. Lester, & T. B. Brazelton (Eds.), *Biology, culture, and development* (Vol. 1, pp. 319–339). Norwood, NJ: Ablex.

Muris, P., & Field, A. P. (2011). The "normal" development of fear. In W. K. Silverman & A. P. Field (Eds.), *Anxiety disorders in children and adolescents* (2nd ed., pp. 76–89). Cambridge, UK: Cambridge University Press.

Muris, P., & Meesters, C. (2014). Small or big in the eyes of the other: On the developmental psychopathology of self-conscious emotions as shame, guilt, and pride. *Clinical Child and Family Psychology Review, 17,* 19–40.

Murphy, J. B. (2013). Access to in vitro fertilization deserves increased regulation in the United States. *Journal of Sex and Marital Therapy, 39,* 85–92.

Murphy, S. A. (2008). The loss of a child: Sudden death and extended illness perspectives. In M. S. Stroebe, R. O. Hansson, H. Schut, & W. Stroebe (Eds.), *Handbook of bereavement research and practice* (pp. 375–396). Washington, DC: American Psychological Association.

Murphy, T. H., & Corbett, D. (2009). Plasticity during recovery: From synapse to behaviour. *Nature Reviews Neuroscience, 10,* 861–872.

Murphy, T. P., & Laible, D. J. (2013). The influence of attachment security on preschool children's empathic concern. *International Journal of Behavioral Development, 37,* 436–440.

Murray, L. K., Nguyen, A., & Cohen, J. A. (2014). Child sexual abuse. *Pediatric Clinics of North America, 23,* 321–337.

Murray, M. W. E., & Isaacowitz, D. M. (2016). Emotions and aging. In S. K. Whitbourne (Ed.), *Encyclopedia of adulthood and aging* (Vol. 1, pp. 423–428). Malden, MA: Wiley Blackwell.

Murray, S. A., & McLoughlin, P. (2012). Illness trajectories and palliative care: Implications for holistic service provision for all in the last year of life. In L. Sallnow, S. Kumar, & A. Kellehear (Eds.), *International perspectives on public health and palliative care* (pp. 30–51). New York: Routledge.

Murray, S. L. (2008). Risk regulation in relationships: Self-esteem and the if–then contingencies of interdependent life. In J. V. Wood, A. Tesser, & J. G. Holmes (Eds.), *The self and social relationships* (pp. 3–25). New York: Psychology Press.

Mussen, P., & Eisenberg-Berg, N. (1977). *Roots of caring, sharing, and helping.* San Francisco: Freeman.

Mutchler, J. E., Baker, L. A., & Lee, S. (2007). Grandparents responsible for grandchildren in Native-American families. *Social Science Quarterly, 88,* 990–1009.

Mutchler, J. E., Burr, J. A., & Caro, F. G. (2003). From paid worker to volunteer: Leaving the paid workforce and volunteering in later life. *Social Forces, 81,* 1267–1293.

Mutran, E. J., Danis, M., Bratton, K. A., Sudha, S., & Hanson, L. (1997). Attitudes of the critically ill toward prolonging life: The role of social support. *Gerontologist, 37,* 192–199.

Myers, L. J., & Liben, L. S. (2008). The role of intentionality and iconicity in children's developing comprehension and production of cartographic symbols. *Child Development, 79,* 668–684.

Myerson, J., Hale, S., Wagstaff, D., Poon, L. W., & Smith, G. A. (1990). The information-loss model: A mathematical theory of age-related cognitive slowing. *Psychological Review, 97,* 475–487.

Myowa-Yamakoshi, M., Tomonaga, M., Tanaka, M., & Matsuzawa, T. (2004). Imitation in neonatal chimpanzees *(Pan troglodytes). Developmental Science, 7,* 437–442.

N

Nadel, J., Prepin, K., & Okanda, M. (2005). Experiencing contingency and agency: First step toward self-understanding in making a mind? *Interaction Studies, 6,* 447–462.

Nader, K. (2002). Treating children after violence in schools and communities. In N. B. Webb (Ed.), *Helping bereaved children: A handbook for practitioners* (pp. 214–244). New York: Guilford.

Nader, P. R., O'Brien, M., Houts, R., Bradley, R., Belsky, J., Crosnoe, R., et al. (2006). Identifying risk for obesity in early childhood. *Pediatrics, 118,* e594–e601.

Naerde, A., Ogden, T., Janson, H., & Zachrisson, H. D. (2014). Normative development of physical aggression from 8 to 26 months. *Developmental Psychology, 6,* 1710–1720.

Nagy, E., Compagne, H., Orvos, H., Pal, A., Molnar, P., & Janszky, I. (2005). Index finger movement imitation by human neonates: Motivation, learning, and left-hand preference. *Pediatric Research, 58,* 749–753.

Nagy, W. E., & Scott, J. A. (2000). Vocabulary processes. In M. L. Kamil & P. B. Mosenthal (Eds.), *Handbook of reading research* (Vol. 3, pp. 269–284). Mahwah, NJ: Erlbaum.

Naigles, L. G., & Gelman, S. A. (1995). Overextensions in comprehension and production revisited: Preferential-looking in a study of dog, cat, and cow. *Journal of Child Language, 22,* 19–46.

Naigles, L. R., & Swenson, L. D. (2007). Syntactic supports for word learning. In E. Hoff & M. Shatz (Eds.), *Blackwell handbook of language development* (pp. 212–231). Malden, MA: Blackwell.

Naito, M., & Seki, Y. (2009). The relationship between second-order false belief and display rules reasoning: Integration of cognitive and affective social understanding. *Developmental Science, 12,* 150–164.

Nakamura, J., & Csikszentmihalyi, M. (2009). Flow theory and research. In C. R. Snyder & S. J. Lopez (Eds.), *Oxford handbook of positive psychology* (2nd ed., pp. 195–206). New York: Oxford University Press.

Nan, C., Piek, J., Warner, C., Mellers, D., Krone, R. E., Barrett, T., & Zeegers, M. P. (2013). Trajectories and predictors of developmental skills in healthy twins up to 24 months of age. *Infant Behavior and Development, 36,* 670–678.

Nánez, J., Sr., & Yonas, A. (1994). Effects of luminance and texture motion on infant defensive reactions to optical collision. *Infant Behavior and Development, 17,* 165–174.

Napolitano, C. M., & Freund, A. M. (2016). Model of selection, optimization, and compensation. In S. K. Whitbourne (Ed.), *Encyclopedia of adulthood and aging* (Vol. 2, pp. 929–933). Malden, MA: Wiley Blackwell.

Narayan, A. J., Englund, M. M., Carlson, E. A., & Egeland, B. (2014). Adolescent conflict as a developmental process in the prospective pathway from exposure to interparental violence to dating violence. *Journal of Abnormal Child Psychology, 42,* 239–250.

Narayan, A. J., Englund, M. M., & Egeland, B. (2013). Developmental timing and continuity of exposure to interparental violence and externalizing behavior as prospective predictors of dating violence. *Development and Psychopathology, 25,* 973–990.

Narr, K. L., Woods, R. P., Lin J., Kim, J., Phillips, O. R., Del'Homme, M., et al. (2009). Widespread cortical thinning is a robust anatomical marker for attention-deficit/hyperactivity disorder. *Journal of the American Academy of Child and Adolescent Psychiatry, 48,* 1014–1022.

National Center for Assisted Living. (2013, March). *Assisted living state regulatory review 2013.* Retrieved from www.ahcancal.org/ncal/resources/Documents/2013_reg_review.pdf

National Center for Biotechnology Information. (2015). *Online Mendelian inheritance in man.* Retrieved from www.omim.org

National Center on Elder Abuse. (2016). *Frequently asked questions.* Retrieved from ncea.acl.gov/faq

National Coalition for the Homeless. (2012). *Education of homeless children and youth.* Retrieved from www.nationalhomeless.org/factsheets/education.html

National Federation of State High School Associations. (2016). *2014–2015 High School Athletics Participation Survey.* Retrieved from www.nfhs.org/ParticipationStatistics/PDF/2014-15_Participation_Survey_Results.pdf

National Institute on Aging. (2016). *2014–2015 Alzheimer's disease progress report: Advancing research toward a cure.* Retrieved from www.nia.nih.gov/alzheimers/publication/2014-2015-alzheimers-disease-progress-report

National Institute on Alcohol Abuse and Alcoholism. (2015). *Alcohol facts and statistics.* Retrieved from www.niaaa.nih.gov/alcohol-health/overview-alcohol-consumption/alcohol-facts-and-statistics

National Institute on Drug Abuse. (2016a). *Drug facts: MDMA (Ecstasy/Molly).* Retrieved from www.drugabuse.gov/publications/drugfacts/mdma-ecstasymolly

National Institute on Drug Abuse. (2016b). *Is marijuana addictive?* Retrieved from www.drugabuse.gov/publications/research-reports/marijuana/marijuana-addictive

National Institute on Retirement Security. (2016). *Women 80% more likely to be impoverished in retirement.* Retrieved from www.nirsonline.org/index.php?option=content&task=view&id=913

National Institutes of Health. (2015). *Genes and disease.* Retrieved from www.ncbi.nlm.nih.gov/books/NBK22183

National Research Council. (2007). *Race conscious policies for assigning students to schools: Social science research and the Supreme Court cases.* Washington, DC: National Academy Press.

Natsuaki, M. N., Biehl, M. C., & Ge, X. (2009). Trajectories of depressed mood from early adolescence to young adulthood: The effects of pubertal timing and adolescent dating. *Journal of Research on Adolescence, 19,* 47–74.

Natsuaki, M. N., Samuels, D., & Leve, L. D. (2014). Puberty, identity, and context: A biopsychosocial perspective on internalizing psychopathology in early adolescent girls. In K. C. McLean & M. Syed (Eds.), *Oxford handbook of identity development* (pp. 389–405). New York: Oxford University Press.

Natsuaki, M. N., Shaw, D. S., Neiderhiser, J. M., Ganiban, J. M., Harold, G. T., Reiss, D., et al. (2014). Raised by depressed parents: Is it an environmental risk? *Clinical Child and Family Psychology Review, 17,* 357–367.

Nauta, J., van Mechelen, W., Otten, R. H. J., & Verhagen, E. A. L. M. (2014). A systematic review on the effectiveness of school and community-based injury prevention programmes on risk behaviour and injury risk in 8–12 year old children. *Journal of Science and Medicine in Sport, 17,* 165–172.

Naveh-Benjamin, M. (2012). Age-related differences in explicit associative memory: Contributions of effortful-strategic and automatic processes. In M. Naveh-Benjamin & N. Ohta (Eds.), *Memory and aging: Current issues and future directions* (pp. 71–95). New York: Psychology Press.

Naveh-Benjamin, M., Brav, T. K., & Levy, D. (2007). The associative memory deficit of older adults: The role of strategy utilization. *Psychology and Aging, 22,* 202–208.

Naveh-Benjamin, M., Craik, F. I. M., Guez, J., & Kreuger, S. (2005). Divided attention in younger and older adults: Effects of strategy and relatedness on memory performance and secondary task costs. *Journal of Experimental Psychology: Learning, Memory, and Cognition, 31,* 520–537.

Naveh-Benjamin, M., & Kilb, A. (2014). Age-related differences in associative memory: The role of sensory decline. *Psychology and Aging, 29,* 672–683.

Neal, M. B., & Hammer, L. B. (2007). *Working couples caring for children and aging parents.* Mahwah, NJ: Erlbaum.

Needham, B. L., & Austin, E. L. (2010). Sexual orientation, parental support, and health during the transition to young adulthood. *Journal of Youth and Adolescence, 39,* 1189–1198.

Neff, L. A., & Karney, B. R. (2008). Compassionate love in early marriage. In B. Fehr, S. Sprecher, & L. G. Underwood, (Eds.), *The science of compassionate love: Theory, research, and applications* (pp. 201–221). Malden, MA: Wiley-Blackwell.

Negriff, S., Susman, E. J., & Trickett, P. K. (2011). The developmental pathway from pubertal timing to delinquency and sexual activity from early to late adolescence. *Journal of Youth and Adolescence, 40,* 1343–1356.

Neimeyer, R., Currier, J. M., Coleman, R., Tomer, A., & Samuel, E. (2011). Confronting suffering and death at the end of life: The impact of religiosity, psychosocial factors, and life regret among hospice patients. *Death Studies, 35,* 777–800.

Neimeyer, R. A. (Ed.). (1994). *Death anxiety handbook.* Washington, DC: Taylor & Francis.

Neimeyer, R. A. (2001). The language of loss: Grief therapy as a process of meaning reconstruction. In R. A. Neimeyer (Ed.), *Meaning reconstruction and the experience of loss* (pp. 261–292). Washington, DC: American Psychological Association.

Neimeyer, R. A., Burke, L. A., Mackay, M. M., & van Dyke Stringer, J. G. (2010). Grief therapy and the reconstruction of meaning: From principles to practice. *Journal of Contemporary Psychotherapy, 40,* 73–83.

Neimeyer, R. A., & Van Brunt, D. (1995). Death anxiety. In H. Waas & R. A. Neimeyer (Eds.), *Dying: Facing the facts* (3rd ed., pp. 49–88). Washington, DC: Taylor & Francis.

Neitzel, C., & Stright, A. D. (2003). Mothers' scaffolding of children's problem solving: Establishing a foundation of academic self-regulatory competence. *Journal of Family Psychology, 17,* 147–159.

Nelson, C. A. (2007). A neurobiological perspective on early human deprivation. *Child Development Perspectives, 1,* 13–18.

Nelson, C. A., & Bosquet, M. (2000). Neurobiology of fetal and infant development: Implications for infant mental health. In C. H. Zeanah, Jr. (Ed.), *Handbook of infant mental health* (2nd ed., pp. 37–59). New York: Guilford.

Nelson, C. A., Fox, N. A., & Zeanah, C. H. (2014). *Romania's abandoned children: Deprivation, brain development, and the struggle for recovery.* Cambridge, MA: Harvard University Press.

Nelson, C. A., Thomas, K. M., & de Haan, M. (2006). Neural bases of cognitive development. In D. Kuhn & R. Siegler (Eds.), *Handbook of child psychology: Vol. 2. Cognition, perception, and language* (6th ed., pp. 3–57). Hoboken, NJ: Wiley.

Nelson, D. A., Nelson, L. J., Hart, C. H., Yang, C., & Jin, S. (2006). Parenting and peer-group behavior in cultural context. In X. Chen, D. French, & B. Schneider (Eds.), *Peer relations in cultural context* (pp. 213–246). New York: Cambridge University Press.

Nelson, D. A., Robinson, C. C., & Hart, C. H. (2005). Relational and physical aggression of preschool-age children: Peer status linkages across informants. *Early Education and Development, 16,* 115–139.

Nelson, D. A., Yang, C., Coyne, S. M., Olsen, J. A., & Hart, C. H. (2013). Parental psychological control dimensions: Connections with Russian preschoolers' physical and relational aggression. *Journal of Applied Developmental Psychology, 34,* 1–8.

Nelson, E. L., Campbell, J. M., & Michel, G. F. (2013). Unimanual to bimanual: Tracking the development of handedness from 6 to 24 months. *Infant Behavior and Development, 36,* 181–188.

Nelson, K. (2003). Narrative and the emergence of a consciousness of self. In G. D. Fireman & T. E. McVay, Jr. (Eds.), *Narrative and consciousness: Literature, psychology, and the brain* (pp. 17–36). London: Oxford University Press.

Nelson, L. J. (2009). An examination of emerging adulthood in Romanian college students. *International Journal of Behavioral Development, 33,* 402–411.

Nelson, L. J. (2014). The role of parents in the religious and spiritual development of emerging adults. In C. M. Barry & M. M. Abo-Zena (Eds.), *Emerging adults' religiousness and spirituality* (pp 59–75). New York: Oxford University Press.

Nelson, L. J., & Luster, S. S. (2016). "Adulthood" by whose definition?: The complexity of emerging adults' conceptions of adulthood. In J. J. Arnett (Ed.), *Oxford handbook of emerging adulthood* (pp. 421–437). New York: Oxford University Press.

Nelson, L. J., & Padilla-Walker, L. M. (2013). Flourishing and floundering in emerging adult college students. *Emerging Adulthood, 1,* 67–78.

Nelson, L. J., Padilla-Walker, L. M., Christensen, K. J., Evans, C. A., & Carroll, J. S. (2011). Parenting in emerging adulthood: An examination of parenting clusters and correlates. *Journal of Youth and Adolescence, 40,* 730–743.

Nelson, S. K., Kushlev, K., English, T., Dunn, E. W., & Lyubomirsky, S. (2013). In defense of parenthood: Children are associated with more joy than misery. *Psychological Science, 24,* 3–10.

Nepomnyaschy, L., & Waldfogel, J. (2007). Paternity leave and fathers' involvement with their young children. *Community, Work and Family, 10,* 427–453.

Nesdale, D., Durkin, K., Maas, A., & Griffiths, J. (2004). Group status, outgroup ethnicity, and children's ethnic attitudes. *Applied Developmental Psychology, 25,* 237–251.

Netz, Y., Wu, M.-J., Becker, B. J., & Tenenbaum, G. (2005). Physical activity and psychological well-being in advanced age: A meta-analysis of intervention studies. *Psychology and Aging, 20,* 272–284.

Neugarten, B. L. (1979). Time, age, and the life cycle. *American Journal of Psychiatry, 136,* 887–894.

Neugarten, B. L. (1996). The middle years. In D. A. Neugarten (Ed.), *The meanings of age: Selected papers of Bernice L. Neugarten.* Chicago: University of Chicago Press.

Neugebauer, R., Fisher, P. W., Turner, J. B., Yamabe, S., Sarsfield, J. A., & Stehling-Ariza, T. (2009). Post-traumatic stress reactions among Rwandan children and adolescents in the early aftermath of genocide. *International Journal of Epidemiology, 38,* 1033–1045.

Neuhouser, M. L., Wasserthel-Smoller, S., Thomson, C., Aragaki, A., Anderson, G. L., & Manson, J. E. (2009). Multivitamin use and risk of cancer and cardiovascular disease in the Women's Health Initiative cohorts. *Archives of Internal Medicine, 169,* 294–304.

Neuman, S. B. (2003). From rhetoric to reality: The case for high-quality compensatory prekindergarten programs. *Phi Delta Kappan, 85*(4), pp. 286–291.

Neville, H. J., & Bavelier, D. (2002). Human brain plasticity: Evidence from sensory deprivation and altered language experience. In M. A. Hofman, G. J. Boer, A. J. G. D. Holtmaat, E. J. W. van Someren, J. Berhaagen, & D. F. Swaab (Eds.), *Plasticity in the adult brain: From genes to neurotherapy* (pp. 177–188). Amsterdam: Elsevier Science.

Newcombe, N. S., Sluzenski, J., & Huttenlocher, J. (2005). Preexisting knowledge versus on-line learning: What do young infants really know about spatial location? *Psychological Science, 16,* 222–227.

Newheiser, A., Dunham, Y., Merrill, A., Hoosain, L., & Olson, K. R. (2014). Preference for high status predicts implicit outgroup bias among children from low-status groups. *Developmental Psychology, 50,* 1081–1090.

Newland, L. A., Coyl, D. D., & Freeman, H. (2008). Predicting preschoolers' attachment security from fathers' involvement, internal working models, and use of social support. *Early Child Development and Care, 178,* 785–801.

Newnham, C. A., Milgrom, J., & Skouteris, H. (2009). Effectiveness of a modified mother–infant transaction program on outcomes for preterm infants from 3 to 24 months of age. *Infant Behavior and Development, 32,* 17–26.

Newport, E. L. (1991). Contrasting conceptions of the critical period for language. In S. Cary & R. Gelman (Eds.), *The epigenesis of mind: Essays on biology and cognition* (pp. 111–130). Hillsdale, NJ: Erlbaum.

Newsom, J. T., & Schulz, R. (1998). Caregiving from the recipient's perspective: Negative reactions to being helped. *Health Psychology, 17,* 172–181.

Newson, R. S., Boelen, P. A., Hek, K., Hofman, A., & Tiemeier, H. (2011). The prevalence and characteristics of complicated grief in older adults. *Journal of Affective Disorders, 132,* 231–238.

New Strategist Editors. (2015). *The baby boom: Americans born 1946 to 1964.* Amityville, NY: New Strategists Press.

Newton, E. K., Laible, D., Carlo, G., Steele, J. S., & McGinley, M. (2014). Do sensitive parents foster kind children, or vice versa? Bidirectional influences between children's prosocial behavior and parental sensitivity. *Developmental Psychology, 50,* 1808–1816.

Newton, N. J., & Jones, B. K. (2016). Passing on: Personal attributes associated with midlife expressions of intended legacies. *Developmental Psychology, 52,* 341–353.

Newton, N. J., & Stewart, A. J. (2010). The middle ages: Change in women's personalities and social roles. *Psychology of Women Quarterly, 34,* 75–84.

Ng, A. S., & Kaye, K. (2012). *Why it matters: Teen childbearing, single parenthood, and father involvement.* Washington, DC: The National Campaign to Prevent Unplanned and Teenage Pregnancy.

Ng, F. F., Pomerantz, E. M., & Deng, C. (2014). Why are Chinese mothers more controlling than American mothers?: "My child is my report card." *Child Development, 85,* 355–369.

Ng, F. F., Pomerantz, E. M., & Lam, S. (2007). European American and Chinese parents' responses to children's success and failure: Implications for children's responses. *Developmental Psychology, 43,* 1239–1255.

Ng, T. W. H., & Feldman, D. C. (2008). The relationship of age to ten dimensions of job performance. *Journal of Applied Psychology, 93,* 392–423.

Ngata, P. (2004). Death, dying, and grief: A Maori perspective. In J. D. Morgan & P. Laungani (Eds.), *Death and bereavement around the world: Vol. 4. Asia, Australia, and New Zealand* (pp. 95–99). Amityville, NY: Baywood.

Nguyen, S., & Rosengren, K. S. (2004). Parental reports of children's biological knowledge and misconceptions. *International Journal of Behavioral Development, 28,* 411–420.

NHPCO (National Hospice and Palliative Care Organization). (2013). *NHPCO's facts and figures: Hospice care in America—2013 edition.* Retrieved from www.nhpco.org/sites/default/files/public/Statistics_Research/2013_Facts_Figures.pdf

NICHD (National Institute of Child Health and Human Development) Early Child Care Research Network. (1997). The effects of infant child care on infant–mother attachment security: Results of the NICHD Study of Early Child Care. *Child Development, 68,* 860–879.

NICHD (National Institute of Child Health and Human Development) Early Child Care Research Network. (1998). Relations between family predictors and child outcomes: Are they weaker for children in child care? *Developmental Psychology, 34,* 1119–1128.

NICHD (National Institute of Child Health and Human Development) Early Child Care Research Network. (1999). Child care and mother–child interaction in the first 3 years of life. *Developmental Psychology, 35,* 1399–1413.

NICHD (National Institute of Child Health and Human Development) Early Child Care Research Network. (2000a). Characteristics and quality of child care for toddlers and preschoolers. *Applied Developmental Science, 4,* 116–135.

NICHD (National Institute of Child Health and Human Development) Early Child Care Research Network. (2000b). The relation of child care to cognitive and language development. *Child Development, 71,* 960–980.

NICHD (National Institute of Child Health and Human Development) Early Child Care Research Network. (2001). Before Head Start: Income and ethnicity, family characteristics, child care experiences, and child development. *Early Education and Development, 12,* 545–575.

NICHD (National Institute of Child Health and Human Development) Early Child Care Research Network. (2002a). Child-care structure ⊠ process ⊠ outcome: Direct and indirect effects of childcare quality on young children's development. *Psychological Science, 13,* 199–206.

NICHD (National Institute of Child Health and Human Development) Early Child Care Research Network. (2002b). The interaction of child care and family risk in relation to child development at 24 and 36 months. *Applied Developmental Science, 6,* 144–156.

NICHD (National Institute of Child Health and Human Development) Early Child Care Research Network. (2003a). Does amount of time spent in child care predict socioemotional adjustment during the transition to kindergarten? *Child Development, 74,* 976–1005.

NICHD (National Institute of Child Health and Human Development) Early Child Care Research Network. (2003b). Does quality of child care affect child outcomes at age 4½? *Developmental Psychology, 39,* 451–469.

NICHD (National Institute of Child Health and Human Development) Early Child Care Research Network. (2004). Trajectories of physical aggression from toddlerhood to middle childhood. *Monographs of the Society for Research in Child Development, 69*(4, Serial No. 278).

NICHD (National Institute of Child Health and Development) Early Child Care Research Network. (2005). *Child care and development: Results from the NICHD Study of Early Child Care and Youth Development.* New York: Guilford.

NICHD (National Institute of Child Health and Human Development) Early Child Care Research Network. (2006). Child-care effect sizes for the NICHD Study of Early Child Care and Youth Development. *American Psychologist, 61,* 99–116.

Nichols, K. E., Fox, N., & Mundy, P. (2005). Joint attention, self-recognition, and neurocognitive function in toddlers. *Infancy, 7,* 35–51.

Nickels, A., & Kowalski-Braun, M. (2012). Examining NIARA: How a student-designated program for women of color is impacting mentors. *Advances in Developing Human Resources, 14,* 188–204.

Nickman, S. L., Rosenfeld, A. A., Fine, P., MacIntyre, J. C., Pilowsky, D. J., & Howe, R. A. (2005). Children in adoptive families: Overview and update. *Journal of the American Academy of Child and Adolescent Psychiatry, 44,* 987–995.

Nicolopoulou, A., & Ilgaz, H. (2013). What do we know about pretend play and narrative development? A response to Lillard, Lerner, Hopkins, Dore, Smith, and Palmquist on "The impact of pretend play on children's development: A review of the evidence." *American Journal of Play, 6,* 55–81.

Nielsen, M. (2012). Imitation, pretend play, and childhood: Essential elements in the evolution of human culture? *Journal of Comparative Psychology, 126,* 170–181.

Nielsen, N. M., Hansen, A. V., Simonsen, J., & Hviid, A. (2011). Prenatal stress and risk of infectious diseases in offspring. *American Journal of Epidemiology, 173,* 990–997.

Nielson, D. (2012). Discussing death with pediatric patients: Implications for nurses. *Journal of Pediatric Nursing, 27,* e59–e64.

Nikulina, V., & Widom, C. S. (2013). Child maltreatment and executive functioning in middle adulthood: A prospective examination. *Neuropsychology, 27,* 417–427.

Nikulina, V., Widom, C. S., & Czaja, S. (2011). The role of childhood neglect and childhood poverty in predicting academic achievement and crime in adulthood. *American Journal of Community Psychology, 48,* 309–321.

Nippold, M. A., Taylor, C. L., & Baker, J. M. (1996). Idiom understanding in Australian youth: A cross-cultural comparison. *Journal of Speech and Hearing Research, 39,* 442–447.

Nisbett, R. E. (2009). *Intelligence and how to get it.* New York: Norton.

Nisbett, R. E., Aronson, J., Blair, C., Dickens, W., Flynn, J., Halpern, D. F., et al. (2012). Intelligence: New findings and theoretical developments. *American Psychologist, 67,* 130–159.

Nishitani, S., Miyamura, T., Tagawa, M., Sumi, M., Takase, R., Doi, H., et al. (2009). The calming effect of a maternal breast milk odor on the human newborn infant. *Neuroscience Research, 63,* 66–71.

Nissan, J., Liewald, D., & Deary, I. J. (2013). Reaction time and intelligence: Comparing associations based on the two response modes. *Intelligence, 41,* 622–630.

Nissen, N. K., & Holm, L. (2015). Literature review: Perceptions and management of body size among normal weight and moderately overweight people. *Obesity Reviews, 16,* 150–160.

Noble, K. G., Fifer, W. P., Rauh, V. A., Nomura, Y., & Andrews, H. F. (2012). Academic achievement varies with gestational age among children born at term. *Pediatrics, 130,* e257–e264.

Noel-Miller, C. (2015, October). *Medicare beneficiaries' out-of-pocket spending for health care.* Washington, DC: AARP Public Policy Institute. Retrieved from www.aarp.org/content/dam/aarp/ppi/2015/medicare-beneficiaries-out-of-pocket-spending-for-health-care.pdf

Noice, H., & Noice, T. (2006). What studies of actors and acting can tell us about memory and cognitive functioning. *Current Directions in Psychological Science, 15,* 14–18.

Noice, H., & Noice, T. (2013). Extending the reach of an evidence-based theatrical intervention. *Experimental Aging Research, 39,* 398–418.

Noice, H., Noice, T., & Staines, G. (2004). A short-term intervention to enhance cognitive and affective functioning in older adults. *Journal of Aging and Health, 16,* 562–585.

Noice, T., Noice, H., & Kramer, A. F. (2014). Participatory arts for older adults: A review of benefits and challenges. *Gerontologist, 54,* 741–753.

Nolen-Hoeksema, S., & Aldao, A. (2011). Gender and age differences in emotion regulation and their relationship to depressive symptoms. *Personality and Individual Differences, 51,* 704–708.

Noll, J. G., & Shenk, C. E. (2013). Teen birth rates in sexually abused and neglected females. *Pediatrics, 131,* e1181–e1187.

Nomaguchi, K. M., & Brown, S. L. (2011). Parental strains and rewards among mothers: The role of education. *Journal of Marriage and Family, 73,* 621–636.

Nomaguchi, K. M., & Milkie, M. A. (2003). Costs and rewards of children: The effects of becoming a parent on adults' lives. *Journal of Marriage and Family, 65,* 356–374.

Noppe, I. C., & Noppe, L. D. (1997). Evolving meanings of death during early, middle, and later adolescence. *Death Studies, 21,* 253–275.

Noroozian, M., Shadloo, B., Shakiba, A., & Panahi, P. (2012). Educational achievement and other controversial issues in left-handedness: A neuropsychological and psychiatric view. In T. Dutta & M. K. Mandal (Eds.), *Bias in human behavior* (pp. 41–82). Hauppauge, NY: Nova Science.

Northstone, K., Joinson, C., Emmett, P., Ness, A., & Paus, T. (2012). Are dietary patterns in childhood associated with IQ at 8 years of age? A population-based cohort study. *Journal of Epidemiological Community Health, 66,* 624–628.

Nosek, B. A., Smyth, F. L., Siriram, N., Lindner, N. M., Devos, T., Ayala, A., et al. (2009). National differences in gender–science stereotypes predict national sex differences in science and math achievement. *Proceedings of the National Academy of Sciences, 106,* 10593–10597.

Noterdaeme, M., Mildenberger, K., Minow, F., & Amorosa, H. (2002). Evaluation of neuromotor deficits in children with autism and children with a specific speech and language disorder. *European Child and Adolescent Psychiatry, 11,* 219–225.

Nowicki, E. A., Brown, J., & Stepien, M. (2014). Children's thoughts on the social exclusion of peers with intellectual or learning disabilities. *Journal of Intellectual Disability Research, 58,* 346–357.

Nucci, L. (2008). *Nice is not enough: Facilitating moral development.* Upper Saddle River, NJ: Prentice Hall.

Nucci, L. P. (2001). *Education in the moral domain.* New York: Cambridge University Press.

Nucci, L. P. (2005). Culture, context, and the psychological sources of human rights concepts. In W. Edelstein & G. Nunner-Winkler (Eds.), *Morality in context* (pp. 365–394). Amsterdam, Netherlands: Elsevier.

Nucci, L. P., & Gingo, M. (2011). The development of moral reasoning. In U. Goswami (Ed.), *The Wiley-Blackwell handbook of childhood cognitive development* (2nd ed., pp. 420–444). Hoboken, NJ: Wiley.

Nuland, S. B. (1993). *How we die.* New York: Random House.

Núñez, J., & Flanagan, C. (2016). Political beliefs and civic engagement in emerging adulthood. In J. J. Arnett (Ed.), *Oxford handbook of emerging adulthood* (pp. 481–496). New York: Oxford University Press.

Nuttall, R. L., Casey, M. B., & Pezaris, E. (2005). Spatial ability as a mediator of gender differences on mathematics tests: A biological–environmental framework. In A. M. Gallagher & J. C. Kaufman (Eds.), *Gender differences in mathematics: An integrated psychological approach* (pp. 121–142). New York: Cambridge University Press.

O

Oakes, L. M., Ross-Sheehy, S., & Luck, S. J. (2007). The development of visual short-term memory in infancy. In L. M. Oakes & P. J. Bauer (Eds.), *Short- and long-term memory in infancy and early childhood* (pp. 75–102). New York: Oxford University Press.

Obeidallah, D., Brennan, R. T., Brooks-Gunn, J., & Earls, F. (2004). Links between pubertal timing and neighborhood contexts: Implications for girls' violent behavior. *Journal of the American Academy of Child and Adolescent Psychiatry, 43,* 1460–1468.

Oberecker, R., & Friederici, A. D. (2006). Syntactic event-related potential components in 24-month-olds' sentence comprehension. *NeuroReport, 17,* 1017–1021.

Obermeyer, C. M. (2000). Menopause across cultures: A review of the evidence. *Menopause, 7,* 184–192.

Obradović, J., Long, J. D., Cutuli, J. J., Chan, C. K., Hinz, E., Heistad, D., & Masten, A. S. (2009). Academic achievement of homeless and highly mobile children in an urban school district: Longitudinal evidence on risk, growth, and resilience. *Development and Psychopathology, 21,* 493–518.

Obradović, J., & Masten, A. S. (2007). Developmental antecedents of young adult civic engagement. *Applied Developmental Science, 11,* 2–19.

O'Brien, K. M., Franco, M. G., & Dunn, M. G. (2014). Women of color in the workplace: Supports, barriers, and interventions. In M. L. Miville & A. D. Ferguson (Eds.), *Handbook of race–ethnicity and gender in psychology* (pp. 247–270). New York: Springer Science+Business Media.

O'Brien, M., Weaver, J. M., Burchinal, M., Clarke-Stewart, K. A., & Vandell, D. L. (2014). Women's work and child care: Perspectives and prospects. In E. T. Gershoff, R. S. Mistry, & D. A. Crosby (Eds.), *Societal contexts of child development: Pathways of influence and implications for practice and policy* (pp. 37–53). New York: Oxford University Press.

O'Brien, M., Weaver, J. M., Nelson, J. A., Calkins, S. D., Leerkes, E. M., & Marcovitch, S. (2011). Longitudinal associations between children's understanding of emotions and theory of mind. *Cognition and Emotion, 25,* 1074–1086.

O'Brien, M. A., Hsing, C., & Konrath, S. (2010, May). *Empathy is declining in American college students.* Poster presented at the annual meeting of the Association for Psychological Science, Boston.

O'Connor, E., & McCartney, K. (2007). Examining teacher–child relationships and achievement as part of an ecological model of development. *American Educational Research Journal, 44,* 340–369.

O'Connor, M. K., & Kraft, M. L. (2013). Lifestyle factors and successful cognitive aging in older adults. In J. J. Randolph (Ed.), *Positive neuropsychology: Evidence-based perspectives on promoting cognitive health* (pp. 121–141). New York: Springer Science + Business Media.

O'Connor, P. G. (2012). Alcohol abuse and dependence. In L. Goldman & D. A. Ausiello (Eds.), *Cecil Medicine* (23rd ed.), Philadelphia: Elsevier.

O'Connor, T. G., Marvin, R. S., Rutter, M., Olrich, J. T., Britner, P. A., & the English and Romanian Adoptees Study Team. (2003). Child–parent attachment following early institutional deprivation. *Development and Psychopathology, 15,* 19–38.

O'Connor, T. G., Rutter, M., Beckett, C., Keaveney, L., Dreppner, J. M., & the English and Romanian Adoptees Study Team. (2000). The effects of global severe privation on cognitive competence: Extension and longitudinal follow-up. *Child Development, 71,* 376–390.

O'Dea, J. A. (2012). Body image and self-esteem. In T. F. Cash (Ed.), *Encyclopedia of body image and human appearance* (pp. 141–147). London: Elsevier.

O'Doherty, D., Troseth, G. L., Shimpi, P. M., Goldenberg, E., Saylor, M. M., & Akhtr, N. (2011). Third-party social interaction and word learning from video. *Child Development, 82,* 902–915.

OECD (Organisation for Economic Cooperation and Development). (2012). *Education at a glance 2012: OECD indicators.* Paris: Author.

OECD (Organisation for Economic Cooperation and Development). (2013a). *Education at a glance 2013: OECD indicators.* Retrieved from www.oecd.org/edu/eag2013%20(eng)--FINAL%2020%20June%202013.pdf

OECD (Organisation for Economic Cooperation and Development). (2013b). *Health at a glance 2013: OECD indicators.* Retrieved from www.oecd.org/els/health-systems/Health-at-a-Glance-2013.pdf

OECD (Organisation for Economic Cooperation and Development). (2013c). *PISA 2012 results: Excellence through equity: Vol. 2. Giving every student the chance to succeed.* Retrieved from www.oecd.org/pisa/keyfindings/pisa-2012-results-volume-II.pdf

OECD (Organisation for Economic Cooperation and Development). (2014). *Education at a glance 2014: OECD indicators.* Retrieved from www.oecd.org/edu/Education-at-a-Glance-2014.pdf2

OECD (Organisation for Economic Cooperation and Development). (2015a). *Country note: How does health spending in the United States compare?* Retrieved from www.oecd.org/unitedstates/Country-Note-UNITED%20STATES-OECD-Health-Statistics-2015.pdf

OECD (Organisation for Economic Cooperation and Development). (2015b). *Gender equality.* Retrieved from www.oecd.org/gender/data/genderwagegap.htm

OECD (Organisation for Economic Cooperation and Development). (2015c). *Health at a glance 2015: OECD indicators.* Paris, France: OECD Publishing.

OECD (Organisation for Economic Cooperation and Development). (2015d). *OECD Health statistics 2015: Online database.* Retrieved from www.oecd.org/els/health-systems/health-data.htm

OECD (Organisation for Economic Cooperation and Development). (2016). *Long-term care resources and utilisation: Long-term care recipients.* Retrieved from stats.oecd.org/Index.aspx?DataSetCode=HEALTH_LTCR

Oetzel, J. G., Simpson, M., Berryman, K., & Reddy, R. (2015). Differences in ideal communication behaviours during end-of-life care for Maori carers/patients and palliative care workers. *Palliative Medicine, 29,* 764–766.

Offer, S. (2013). Family time activities and adolescents' emotional well-being. *Journal of Marriage and Family, 75,* 26–41.

Offer, S., & Schneider, B. (2011). Revisiting the gender gap in time-use patterns: Multitasking and well-being among mothers and fathers in dual-earner families. *American Sociological Review, 76,* 809–833.

Office of Head Start. (2014). *Head Start program facts: Fiscal year 2013.* Retrieved from eclkc.ohs.acf.hhs.gov/hslc/data/factsheets/2013-hs-program-factsheet.html

Ogbu, J. U. (2003). *Black American students in an affluent suburb: A study of academic disengagement.* Mahwah, NJ: Erlbaum.

Ogden, C. L., Carroll, M. D., Kit, B. K., & Flegal, K. M. (2014). Prevalence of childhood and adult obesity. *JAMA, 311,* 806–814.

Ogolsky, B., Dennison, R. P., & Monk, J. K. (2014). The role of couple discrepancies in cognitive and behavioral egalitarianism in marital quality. *Sex Roles, 70,* 329–342.

Oh, J.-H., & Kim, S. (2009). Aging, neighborhood attachment, and fear of crime: Testing reciprocal effects. *Journal of Community Psychology, 37,* 21–40.

O'Halloran, C. M., & Altmaier, E. M. (1996). Awareness of death among children: Does a life-threatening illness alter the process of discovery? *Journal of Counseling and Development, 74,* 259–262.

Ohannessian, C. M., & Hesselbrock, V. M. (2008). Paternal alcoholism and youth substance abuse: The indirect effects of negative affect, conduct problems, and risk taking. *Journal of Adolescent Health, 42,* 198–200.

Ohgi, S., Arisawa, K., Takahashi, T., Kusumoto, T., Goto, Y., Akiyama, T., & Saito, H. (2003a). Neonatal behavioral assessment scale as a predictor of later developmental disabilities of low-birth-weight and/or premature infants. *Brain and Development, 25,* 313–321.

Ohgi, S., Takahashi, T., Nugent, J. K., Arisawa, K., & Akiyama, T. (2003b). Neonatal behavioral characteristics and later behavioral problems. *Clinical Pediatrics, 42,* 679–686.

Okagaki, L., & Sternberg, R. J. (1993). Parental beliefs and children's school performance. *Child Development, 64,* 36–56.

Okami, P., Weisner, T., & Olmstead, R. (2002). Outcome correlates of parent–child bedsharing: An eighteen-year longitudinal study. *Developmental and Behavioral Pediatrics, 23,* 244–253.

Okeke-Adeyanju, N., Taylor, L., Craig, A. B., Smith, R. E., Thomas, A., Boyle, A. E., et al. (2014). Celebrating the strengths of black youth: Increasing self-esteem and implications for prevention. *Journal of Primary Prevention, 35,* 357–369.

Okuro, M., & Moritmoto, S. (2014). Sleep apnea in the elderly. *Current Opinion in Psychiatry, 27,* 472–477.

Olafson, E. (2011). Child sexual abuse: Demography, impact, and interventions. *Journal of Child and Adolescent Trauma, 4,* 8–21.

Old, S. R., & Naveh-Benjamin, M. (2008). Age-related changes in memory: Experimental approaches. In S. M. Hofer & D. F. Alwin (Eds.), *Handbook of cognitive aging: Interdisciplinary perspectives* (pp. 151–167). Thousand Oaks, CA: Sage.

Olds, D. L., Eckenrode, J., Henderson, C., Kitzman, H., Cole, R., Luckey, D., et al. (2009). Preventing child abuse and neglect with home visiting by nurses. In K. A. Dodge & D. L. Coleman (Eds.), *Preventing child maltreatment* (pp. 29–54). New York: Guilford.

Olds, D. L., Kitzman, H., Cole, R., Robinson, J., Sidora, K., Luckey, D. W., et al. (2004). Effects of nurse home-visiting on maternal life course and child development: Age 6 follow-up results of a randomized trial. *Pediatrics, 114,* 1550–1559.

Olds, D. L., Kitzman, H., Hanks, C., Cole, R., Anson, E., Sidora-Arcoleo, K., et al. (2007). Effects of nurse home visiting on maternal and child functioning: Age-9 follow-up of a randomized trial. *Pediatrics, 120,* e832–e845.

Olds, D. L., Robinson, J., O'Brien, R., Luckey, D. W., Pettitt, L. M., Henderson, C. R., Jr., et al. (2002). Home visiting by paraprofessionals and by nurses: A randomized, controlled trial. *Pediatrics, 110,* 486–496.

Olfman, S., & Robbins, B. D. (Eds.). (2012). *Drugging our children.* New York: Praeger.

Olineck, K. M., & Poulin-Dubois, D. (2009). Infants' understanding of intention from 10 to 14 months: Interrelations among violation of expectancy and imitation tasks. *Infant Behavior and Development, 32,* 404–415.

Olino, T. M., Durbin, C. E., Klein, D. N., Hayden, E. P., & Dyson, M. W. (2013). Gender differences in young children's temperamental traits: Comparisons across observational and parent-report methods. *Journal of Personality, 81,* 119–129.

Oliveira, F. L., Patin, R. V., & Escrivao, M. A. (2010). Atherosclerosis prevention and treatment in children and adolescents. *Expert Review of Cardiovascular Therapy, 8,* 513–528.

Ollendick, T. H., King, N. J., & Muris, P. (2002). Fears and phobias in children: Phenomenology, epidemiology, and aetiology. *Child and Adolescent Mental Health, 7,* 98–106.

Oller, D. K. (2000). *The emergence of the speech capacity.* Mahwah, NJ: Erlbaum.

Olshansky, S. J. (2011). Trends in longevity and prospects for the future. In R. H. Binstock & L. K. George (Eds.), *Handbook of aging and the social sciences* (7th ed., pp. 47–56). San Diego, CA: Academic Press.

Olshansky, S. J., Hayflick, L., & Perls, T. T. (2004). Antiaging medicine: The hype and the reality—Part II. *Journals of Gerontology, 59A,* 649–651.

Olson, K. R., Key, A. C., & Eaton, N. R. (2015). Gender cognition in transgender children. *Psychological Science, 26,* 467–474.

Olson, S. L., Lopez-Duran, N., Lunkenheimer, E. S., Chang, H., & Sameroff, A. J. (2011). Individual differences in the development of early peer aggression: Integrating contributions of self-regulation, theory of mind, and parenting. *Development and Psychopathology, 23,* 253–266.

Olsson, B., Lautner, R., Andreasson, U., Öhrfelt, A., Portelius, E., Bjerke, M., et al. (2016). CSF and blood biomarkers for the diagnosis of Alzheimer's disease: A systematic review and meta-analysis. *Lancet, 15,* 673–684.

Omar, H., McElderry, D., & Zakharia, R. (2003). Educating adolescents about puberty: What are we missing? *International Journal of Adolescent Medicine and Health, 15,* 79–83.

O'Neill, M., Bard, K. A., Kinnell, M., & Fluck, M. (2005). Maternal gestures with 20-month-old infants in two contexts. *Developmental Science, 8,* 352–359.

O'Neill, R., Welsh, M., Parke, R. D., Wang, S., & Strand, C. (1997). A longitudinal assessment of the academic correlates of early peer acceptance and rejection. *Journal of Clinical Child Psychology, 26,* 290–303.

Ong, A. D., Bergeman, C. S., & Bisconti, T. L. (2004). The role of daily positive emotions during conjugal bereavement. *Journals of Gerontology, 59B,* 168–176.

Ong, A. D., Mroczek, D. K., & Riffin, C. (2011). The health significance of positive emotions in adulthood and later life. *Social and Personality Psychology Compass, 5/8,* 538–551.

Ontai, L. L., & Thompson, R. A. (2008). Attachment, parent–child discourse and theory-of-mind development. *Social Development, 17,* 47–60.

Onwuteaka-Philipsen, B. D., Brinkman-Stoppelenburg, A., Penning, C., de Jong-Krul, G. J., van Delden, J. J., & van der Heide, A. (2012). Trends in end-of-life practices before and after the enactment of the euthanasia law in the Netherlands from 1990 to 2010: A repeated cross-sectional survey. *Lancet, 380,* 908–915.

Oosterwegel, A., & Oppenheimer, L. (1993). *The self-system: Developmental changes between and within self-concepts.* Hillsdale, NJ: Erlbaum.

Opinion Research Corporation. (2009). *American teens say they want quality time with parents.* Retrieved from www.napsnet.com/pdf_archive/47/68753.pdf

Orbio de Castro, B., Veerman, J. W., Koops, W., Bosch, J. D., & Monshouwer, H. J. (2002). Hostile attribution of intent and aggressive behavior: A meta-analysis. *Child Development, 73,* 916–934.

Ordonana, J. R., Caspi, A., & Moffitt, T. E. (2008). Unintentional injuries in a twin study of preschool children: Environmental, not genetic risk factors. *Journal of Pediatric Psychology, 33,* 185–194.

Oregon Public Health Division. (2016). *Oregon's Death with Dignity Act—2014.* Retrieved from public.health.oregon.gov/ProviderPartnerResources/EvaluationResearch/DeathwithDignityAct/Documents/year17.pdf

Ormel, J., Petukhova, M., Chatterji, S., Aguilar Gaxiola, S., Alonso, J., & Angermeyer, M. C. (2008). Disability and treatment of specific mental and physical disorders across the world. *British Journal of Psychiatry, 192,* 368–375.

O'Rourke, N., Cappeliez, P., & Claxton, A. (2011). Functions of reminiscence and the psychological well-being of young–old and older adults over time. *Aging and Mental Health, 15,* 272–281.

Orth, U., Robins, R. W., & Widaman, K. F. (2012). Life-span development of self-esteem and its effects on important life outcomes. *Personality Processes and Individual Differences, 102,* 1271–1288.

Orth, U., Trzesniewski, K. H., & Robins, R. W. (2010). Self-esteem development from young adulthood to old age: A cohort-sequential longitudinal study. *Journal of Personality and Social Psychology, 98,* 645–658.

Osherson, D. N., & Markman, E. M. (1975). Language and the ability to evaluate contradictions and tautologies. *Cognition, 2,* 213–226.

Osterholm, E. A., Hostinar, C. E., & Gunnar, M. R. (2012). Alterations in stress responses of the hypothalamic-pituitary-adrenal axis in small for gestational age infants. *Psychoneuroendocrinology, 37,* 1719–1725.

Ostir, G. V., Carlson, J. E., Black, S. A., Rudkin, L., Goodwin, J. S., & Markides, K. S. (1999). Disability in older adults 1: Prevalence, causes, and consequences. *Behavioral Medicine, 24,* 147–156.

Ostrov, J. M., Crick, N. R., & Stauffacher, K. (2006). Relational aggression in sibling and peer relationships during early childhood. *Applied Developmental Psychology, 27,* 241–253.

Ostrov, J. M., Murray-Close, D., Godleski, S. A., & Hart, E. J. (2013). Prospective associations between forms and functions of aggression and social and affective processes during early childhood. *Journal of Experimental Child Psychology, 116,* 19–36.

Oswald, F., & Wahl, H.-W. (2013). Creating and sustaining homelike places in residential living. In G. D. Rowles & M. Bernard (Eds.), *Environmental gerontology: Making meaningful places in old age* (pp. 53–78). New York: Springer.

Otis, N., Grouzet, F. M. E., & Pelletier, L. G. (2005). Latent motivational change in an academic setting: A three-year longitudinal study. *Journal of Educational Psychology, 97,* 170–183.

Otter, M., Schrander-Stempel, C. T. R. M., Didden, R., & Curfs, L. M. G. (2013). The psychiatric phenotype in triple X syndrome: New hypotheses illustrated in two cases. *Developmental Neurorehabilitation, 15,* 233–238.

Otto, H., & Keller, H. (Eds.). (2014). *Different faces of attachment: Cultural variation of a universal human need.* Cambridge, UK: Cambridge University Press.

Ouko, L. A., Shantikumar, K., Knezovich, J., Haycock, P., Schnugh, D. J., & Ramsay, M. (2009). Effect of alcohol consumption on CpG methylation in the differentially methylated regions of H19 and IG-DMR in male gametes: Implications for fetal alcohol spectrum disorders. *Alcoholism, Clinical and Experimental Research, 33,* 1615–1627.

Overton, W. F., & Molenaar, P. C. M. (2015). Concepts, theory, and method in developmental science: A view of the issues. In W. F. Overton & P. C. Molenaar (Eds.), *Handbook of child psychology and developmental science: Vol. 1. Theory and method* (pp. 1–8). Hoboken, NJ: Wiley.

Owen, C. G., Whincup, P. H., Kaye, S. J., Martin, R. M., Smith, G. D., Cook, D. G., et al. (2008). Does initial breastfeeding lead to lower blood cholesterol in adult life? A quantitative review of the evidence. *American Journal of Clinical Nutrition, 88,* 305–314.

Owsley, C. (2011). Aging and vision. *Vision Research, 51,* 1610–1622.

Oyserman, D., Bybee, D., Mowbray, C., & Hart-Johnson, T. (2005). When mothers have serious mental health problems: Parenting as a proximal mediator. *Journal of Adolescence, 28,* 443–463.

Özçaliskan, S. (2005). On learning to draw the distinction between physical and metaphorical motion: Is metaphor an early emerging cognitive and linguistic capacity? *Journal of Child Language, 32,* 291–318.

Ozer, E. M., & Irwin, C. E., Jr. (2009). Adolescent and young adult health: From basic health status to clinical interventions. In R. M. Lerner & L. Steinberg (Eds.), *Handbook of adolescent psychology: Vol. 1. Individual bases of adolescent development* (pp. 618–641). Hoboken, NJ: Wiley.

Ozmerai, E. J., Eddins, A. C., Frisina, R., Sr., & Eddins, D. A. (2016). Large cross-sectional study of presbycusis reveals rapid progressive decline in auditory temporal acuity. *Neurobiology of Aging, 43,* 72–78.

P

Pacanowski, C. R., Senso, M. M., Oriogun, K., Crain, A. L., & Sherwood, N. E. (2014). Binge eating behavior and weight loss maintenance over a 2-year period. *Journal of Obesity,* Article ID 249315.

Padilla-Walker, L. M., Harper, J. M., & Jensen, A. C. (2010). Self-regulation as mediators between parenting and adolescents' prosocial behaviors. *Journal of Research on Adolescence, 22,* 400–408.

Padilla-Walker, L. M., & Nelson, L. J. (2012). Black Hawk down?: Establishing helicopter parenting as a distinct construct from other forms of parental control during emerging adulthood. *Journal of Adolescence, 35,* 1177–1190.

Páez, M., & Hunter, C. (2015). Bilingualism and language learning for immigrant-origin children and youth. In C. Suárez-Orozco, M. Abo-Zena, & A. K. Marks (Eds.), *Transitions: The development of children of immigrants* (pp. 165–183). New York: New York University Press.

Pagani, L. S., Japel, C., Vitaro, F., Tremblay, R. E., Larose, S., & McDuff, P. (2008). When predictions fail: The case of unexpected pathways toward high school dropout. *Journal of Social Issues, 64,* 175–193.

Pager, D., & Pedulla, D. S. (2015). Race, self-selection, and the job search process. *American Journal of Sociology, 120,* 1005–1054.

Pager, D., & Shepherd, H. (2008). The sociology of discrimination: Racial discrimination in employment, housing, credit, and consumer markets. *Annual Review of Sociology, 34,* 181–209.

Pager, D., Western, B., & Bonikowski, B. (2009). Discrimination in a low-wage labor market: A field experiment, *American Sociological Review, 74,* 777–799.

Pahlke, E., Bigler, R. S., & Suizzo, M.-A. (2012). Relations between colorblind socialization and children's racial bias: Evidence from European American mothers and their preschool children. *Child Development, 83,* 1164–1179.

Paik, A. (2010). "Hookups," dating, and relationship quality: Does the type of sexual involvement matter? *Social Science Research, 39,* 739–753.

Painter, J. A., Allison, L., Dhingra, P., Daughtery, J., Cogdill, K., & Trujillo, L. G. (2012). Fear of falling and its relationship with anxiety, depression, and activity engagement among community-dwelling older adults. *American Journal of Occupational Therapy, 66,* 169–176.

Palacios, J., & Brodzinsky, D. M. (2010). Adoption research: Trends, topics, outcomes. *International Journal of Behavioral Development, 34,* 270–284.

Palkovitz, R., Fagan, J., & Hull, J. (2013). Coparenting and children's well-being. In N. Cabrera and C. S. LeMonda (Eds.), *Handbook of father involvement: Multidisciplinary perspectives* (2nd ed., pp. 202–219). New York: Routledge.

Pan, H. W. (1994). Children's play in Taiwan. In J. L. Roopnarine, J. E. Johnson, & F. H. Hooper (Eds.), *Children's play in diverse cultures* (pp. 31–50). Albany, NY: SUNY Press.

Panagiotaki, G., Nobes, G., Ashraf, A., & Aubby, H. (2015). British and Pakistani children's understanding of death: Cultural and developmental influences. *British Journal of Developmental Psychology, 33,* 31–44.

Panish, J. B., & Stricker, G. (2002). Perceptions of childhood and adult sibling relationships. *NYS Psychologist, 14,* 33–36.

Papp, K. V., Kaplan, R. F., Springate, B., Moscufo, N., Wakefield, D. B., Guttmann, R. G., & Wolfson, L. (2014). Processing speed in normal aging: Effects of white matter hyperintensities and hippocampal volume loss. *Aging, Neuropsychology, and Cognition,* 21, 197–213.

Paradis, J., Genesee, F., & Crago, M. B. (2011). *Dual language development and disorders: A handbook on bilingualism and learning* (2nd ed.). Baltimore, MD: Brookes.

Paradise, R., & Rogoff, B. (2009). Side by side: Learning by observing and pitching in. *Ethos, 27,* 102–138.

Paramei, G. V. (2012). Color discrimination across four life decades assessed by the Cambridge Color Test. *Journal of the Optical Society of America, 29,* A290–A297.

Parameswaran, G. (2003). Experimenter instructions as a mediator in the effects of culture on mapping one's neighborhood. *Journal of Environmental Psychology, 23,* 409–417.

Parent, A., Teilmann, G., Juul, A., Skakkebaek, N. E., Toppari, J., & Bourguingnon, J. (2003). The timing of normal puberty and the age limits of sexual precocity: Variations around the world, secular trends, and changes after migration. *Endocrine Reviews, 24,* 668–693.

Paris, S. G., & Paris, A. H. (2006). Assessments of early reading. In K. A. Renninger & I. E. Sigel (Eds.), *Handbook of child psychology: Vol. 4. Child psychology in practice* (6th ed., pp. 48–74). Hoboken, NJ: Wiley.

Parish-Morris, J., Golinkoff, R. M., & Hirsh-Pasek, K. (2013). From coo to code: A brief story of language development. In P. D. Zelazo (Ed.), *Oxford handbook of developmental psychology: Vol. 1. Body and mind* (pp. 867–908). New York: Oxford University Press.

Parish-Morris, J., Pruden, S., Ma, W., Hirsh-Pasek, K., & Golinkoff, R. M. (2010). A world of relations: Relational words. In B. Malt & P. Wolf (Eds.), *Words and the mind: How words capture human experience* (pp. 219–242). New York: Oxford University Press.

Park, D. C. (2002). Judging meaning improves function in the aging brain. *Trends in Cognitive Sciences, 6,* 227–229.

Park, D. C., Lautenschlager, G., Hedden, T., Davidson, N. S., Smith, A. D., & Smith, P. K. (2002). Models of visuospatial and verbal memory across the adult life span. *Psychology and Aging, 17,* 299–320.

Park, W. (2009). Acculturative stress and mental health among Korean adolescents in the United States. *Journal of Human Behavior in the Social Environment, 19,* 626–634.

Parke, R. D. (2002). Fathers and families. In M. H. Bornstein (Ed.), *Handbook of parenting: Vol. 3* (2nd ed., pp. 27–73). Mahwah, NJ: Erlbaum.

Parke, R. D., Simpkins, S. D., McDowell, D. J., Kim, M., Killian, C., Dennis, J., Flyr, M. L., Wild, M., & Rah, Y. (2004). Relative contributions of families and peers to children's social development. In P. K. Smith & C. H. Hart (Eds.), *Blackwell handbook of childhood social development* (pp. 156–177). Malden, MA: Blackwell.

Parker, E. T., & Pascarella, E. T. (2013). Effects of diversity experiences on socially responsible leadership over four years of college. *Journal of Diversity in Higher Education, 6,* 219–230.

Parker, J. G., Low, C. M., Walker, A. R., & Gamm, B. K. (2005). Friendship jealousy in young adolescents: Individual differences and links to sex, self-esteem, aggression, and social adjustment. *Developmental Psychology, 41,* 235–250.

Parker, P. D., Schoon, I., Tsai, Y.-M., Nagy, G., Trautwein, U., & Eccles, J. (2012). Achievement, agency, gender, and socioeconomic background as predictors of postschool choices: A multicontext study. *Developmental Psychology, 48,* 1629–1642.

Parschau, L., Fleig, L., Warner, L. M., Pomp, S., Barz, M., Knoll, N., et al. (2014). Positive exercise experience facilitates behavior change via self-efficacy. *Health Education & Behavior,* 41, 414–442.

Parten, M. (1932). Social participation among preschool children. *Journal of Abnormal and Social Psychology, 27,* 243–269.

Pascalis, O., de Haan, M., & Nelson, C. A. (2002). Is face processing species-specific during the first year of life? *Science, 296,* 1321–1323.

Pascarella, E. T., & Terenzini, P. T. (1991). *How college affects students.* San Francisco: Jossey-Bass.

Pascarella, E. T., & Terenzini, P. T. (2005). *How college affects students: Vol. 2. A third decade of research.* San Francisco: Jossey-Bass.

Pasley, K., & Garneau, C. (2012). Remarriage and stepfamily life. In F. Walsh (Ed.), *Normal family processes: Growing diversity and complexity* (4th ed., pp. 149–171). New York: Guilford.

Patel, S., Gaylord, S., & Fagen, J. (2013). Generalization of deferred imitation in 6-, 9-, and 12-month-old infants using visual and auditory memory contexts. *Infant Behavior and Development, 36,* 25–31.

Pathman, T., Larkina, M., Burch, M. M., & Bauer, P. J. (2013). Young children's memory for the times of personal past events. *Journal of Cognition and Development, 14,* 120–140.

Patock-Peckam, J. A., & Morgan-Lopez, A. A. (2009). Mediational links among parenting styles, perceptions of parental confidence, self-esteem, and depression on alcohol-related problems in emerging adulthood. *Journal of Studies on Alcohol and Drugs, 70,* 215–226.

Patrick, M. E., & Schulenberg, J. E. (2014). Prevalence and predictors of adolescent alcohol use and binge drinking in the United States. *Alcohol Research: Current Reviews, 35,* 193–200.

Patrick, R. B., & Gibbs, J. C. (2011). Inductive discipline, parental expression of disappointed expectations, and moral identity in adolescence. *Journal of Youth and Adolescence, 41,* 973–983.

Patterson, C. J. (2013). Family lives of lesbian and gay adults. In G. W. Peterson & K. R. Bush (Eds.), *Handbook of marriage and family* (pp. 659–681). New York: Springer.

Patterson, G. R., & Fisher, P. A. (2002). Recent developments in our understanding of parenting: Bidirectional effects, causal models, and the search for parsimony. In M. H. Bornstein (Ed.), *Handbook of parenting* (Vol. 5, pp. 59–88). Mahwah, NJ: Erlbaum.

Patton, G. C., Coffey, C., Cappa, C., Currie, D., Riley, L., Gore, F., et al. (2012). Health of the world's adolescents: A synthesis of internationally comparable data. *Lancet, 379,* 1665–1675.

Patton, G. C., Coffey, C., Carlin, J. B., Sawyer, S. M., Williams, J., Olsson, C. A., et al. (2011). Overweight and obesity between adolescence and young adulthood: A 10-year prospective cohort study. *Journal of Adolescent Health, 48,* 275–280.

Paukner, A., Ferrari, P. F., & Suomi, S. J. (2011). Delayed imitation of lipsmacking gestures by infant rhesus macaques (*Macaca mulatta*). *PLoS ONE 6*(12), e28848.

Paul, J. J., & Cillessen, A. H. N. (2003). Dynamics of peer victimization in early adolescence: Results from a four-year longitudinal study. *Journal of Applied School Psychology, 19,* 25–43.

Paulsen, J. A., Syed, M., Trzesniewski, K. H., & Donnellan, M. B. (2016). Generational perspectives on emerging adulthood: A focus on narcissism. In J. J. Arnett (Ed.), *Oxford handbook of emerging adulthood* (pp. 26–44). New York: Oxford University Press.

Paulussen-Hoogeboom, M. C., Stams, G. J. J. M., Hermanns, J. M. A., & Peetsma, T. T. D. (2007). Child negative emotionality and parenting from infancy to preschool: A meta-analytic review. *Developmental Psychology, 43,* 438–453.

Payne, B. R., Gao, X., Noh, S. R., Anderson, C. J., & Stine-Morrow, E. A. L. (2012). The effects of print exposure on sentence processing and memory in older adults: Evidence for efficiency and reserve. *Aging, Neuropsychology, and Cognition, 19,* 122–149.

Pea, R., Nass, C., Meheula, L., Rance, M., Kumar, A., Bamford, H., et al. (2012). Media use, face-to-face communication, media multitasking, and social well-being among 8- to 12-year-old girls. *Developmental Psychology, 48,* 327–336.

Pearson, C. M., Wonderlich, S. A., & Smith, G. T. (2015). A risk and maintenance model for bulimia nervosa: From impulsive action to compulsive behavior. *Psychological Review, 122,* 516–535.

Peck, R. C. (1968). Psychological developments in the second half of life. In B. L. Neugarten (Ed.), *Middle age and aging* (pp. 88–92). Chicago: University of Chicago Press.

Pedersen, S., Vitaro, F., Barker, E. D., & Anne, I. H. (2007). The timing of middle-childhood peer rejection and friendship: Linking early behavior to early adolescent adjustment. *Child Development, 78,* 1037–1051.

Pederson, D. R., & Moran, G. (1996). Expressions of the attachment relationship outside of the Strange Situation. *Child Development, 67,* 915–927.

Peguero, A. A. (2011). Violence, schools, and dropping out: Racial and ethnic disparities in the educational consequence of student victimization. *Journal of Interpersonal Violence, 26,* 3753–3772.

Peirano, P., Algarin, C., & Uauy, R. (2003). Sleep–wake states and their regulatory mechanisms throughout early human development. *Journal of Pediatrics, 43,* S70–S79.

Peiró, J., Tordera, N., & Potocnik, K. (2012). Retirement practices in different countries. In M. Wang (Ed.), *Oxford handbook of retirement* (pp. 509–540). New York: Oxford University Press.

Pellegrini, A. D. (2003). Perceptions and functions of play and real fighting in early adolescence. *Child Development, 74,* 1522–1533.

Pellegrini, A. D. (2006). The development and function of rough-and-tumble play in childhood and adolescence: A sexual selection theory. In A. Göncü & S. Gaskins (Eds.), *Play and development: Evolutionary, sociocultural, and functional perspectives* (pp. 77–98). Mahwah, NJ: Erlbaum.

Peltonen, K., & Punamäki, R.-L. (2010). Preventive interventions among children exposed to trauma of armed conflict: A literature review. *Aggressive Behavior, 36,* 95–116.

Pennington, B. F. (2015). Atypical cognitive development. In L. S. Liben & U. Müller (Eds.), *Handbook of child psychology and developmental science: Vol. 2. Cognitive processes* (7th ed., pp. 995–1042). Hoboken, NJ: Wiley.

Pennisi, E. (2012). ENCODE Project writes eulogy for junk DNA. *Science, 337,* 1160–1161.

Penny, H., & Haddock, G. (2007). Anti-fat prejudice among children: The 'mere proximity' effect in 5–10 year olds. *Journal of Experimental Social Psychology, 43,* 678–683.

Peralta de Mendoza, O. A., & Salsa, A. M. (2003). Instruction in early comprehension and use of a symbol–referent relation. *Cognitive Development, 18,* 269–284.

Perdue, C. W. (2016). Ageism. In S. K. Whitbourne (Ed.), *Encyclopedia of adulthood and aging* (Vol. 1, pp. 47–51). Malden, MA: Wiley Blackwell.

Perelli-Harris, B., & Gassen, N. S. (2012). How similar are cohabitation and marriage? Legal approaches to cohabitation across Western Europe. *Population and Development Review, 38,* 435–467.

Perlman, D., Stevens, N. L., & Carcedo, R. J. (2015). Friendship. In M. Mikulincer, P. R. Shaver, J. A. Simpson, & J. F. Dovidio (Eds.), *APA handbook of personality and social psychology: Vol. 3. Interpersonal relations* (pp. 463–493). Washington, DC: American Psychological Association.

Perlmutter, M. (1984). Continuities and discontinuities in early human memory: Paradigms, processes, and performances. In R. V. Kail, Jr., & N. R. Spear (Eds.), *Comparative perspectives on the development of memory* (pp. 253–287). Hillsdale, NJ: Erlbaum.

Perlmutter, M., Kaplan, M., & Nyquist, L. (1990). Development of adaptive competence in adulthood. *Human Development, 33,* 185–197.

Perls, T., Levenson, R., Regan, M., & Puca, A. (2002). What does it take to live to 100? *Mechanisms of Ageing and Development, 123,* 231–242.

Perls, T., & Terry, D. (2003). Understanding the determinants of exceptional longevity. *Annals of Internal Medicine, 139,* 445–449.

Perls, T., Terry, D. F., Silver, M., Shea, M., Bowen, J., & Joyce, E. (2000). Centenarians and the genetics of longevity. *Results and Problems in Cell Differentiation, 29,* 1–20.

Perone, S., Madole, K. L., Ross-Sheehy, S., Carey, M., & Oakes, L. M. (2008). The relation between infants' activity with objects and attention to object appearance. *Developmental Psychology, 44,* 1242–1248.

Perrin, A. (2015, October 8). *Social media usage: 2005–2015* (Internet & American Life Project). Washington, DC: Pew Research Center.

Perroud, N., Rutembesa, E., Paoloni-Giacobino, A., Mutabaruka, J., Mutesa, L., Stenz, L., et al. (2014). The Tutsi genocide and transgenerational transmission of maternal stress: Epigenetics and biology of the HPA axis. *World Journal of Biological Psychiatry, 15,* 334–345.

Perry, W. G., Jr. (1981). Cognitive and ethical growth. In A. Chickering (Ed.), *The modern American college* (pp. 76–116). San Francisco: Jossey-Bass.

Perry, W. G., Jr. (1998). *Forms of intellectual and ethical development in the college years: A scheme.* San Francisco: Jossey-Bass. (Originally published 1970)

Peshkin, A. (1997). *Places of memory: Whiteman's schools and Native American communities.* Mahwah, NJ: Erlbaum.

Pesonen, A.-K., Räikkönen, K., Heinonen, K., & Komsi, N. (2008). A transactional model of temperamental development: Evidence of a relationship between child temperament and maternal stress over five years. *Social Development, 17,* 326–340.

Peters, L., Cant, R., Payne, S., O'Connor, M., McDermott, F., Hood, K., et al. (2013). How death anxiety impacts nurses' caring for patients at the end of life: A review of literature. *Open Nursing Journal, 7,* 14–21.

Peters, R. D. (2005). A community-based approach to promoting resilience in young children, their families, and their neighborhoods. In R. D. Paters, B. Leadbeater, & R. J. McMahon (Eds.), *Resilience in children, families, and communities: Linking context to practice and policy* (pp. 157–176). New York: Kluwer Academic.

Peters, R. D., Bradshaw, A. J., Petrunka, K., Nelson, G., Herry, Y., Craig, W. M., et al. (2010). The Better Beginnings, Better Futures Project: Findings from grade 3 to grade 9. *Monographs of the Society for Research in Child Development, 75*(3, Serial No. 297).

Peters, R. D., Petrunka, K., & Arnold, R. (2003). The Better Beginnings, Better Futures Project: A universal, comprehensive, community-based prevention approach for primary school children and their families. *Journal of Clinical Child and Adolescent Psychology, 32,* 215–227.

Peterson, B. E. (2002). Longitudinal analysis of midlife generativity, intergenerational roles, and caregiving. *Psychology and Aging, 17,* 161–168.

Peterson, B. E. (2006). Generativity and successful parenting: An analysis of young adult outcomes. *Journal of Personality, 74,* 847–869.

Peterson, B. E., & Duncan, L. E. (2007). Midlife women's generativity and authoritarianism: Marriage,

motherhood, and 10 years of aging. *Psychology and Aging, 22,* 411–419.

Peterson, C., & Rideout, R. (1998). Memory for medical emergencies experienced by 1- and 2-year-olds. *Developmental Psychology, 34,* 1059–1072.

Peterson, C., & Roberts, C. (2003). Like mother, like daughter: Similarities in narrative style. *Developmental Psychology, 39,* 551–562.

Peterson, C., Warren, K. L., & Short, M. M. (2011). Infantile amnesia across the years: A 2-year follow-up of children's earliest memories. *Child Development, 82,* 1092–1105.

Peter-Wight, M., & Martin, M. (2011). Older spouses' individual and dyadic problem solving. *European Psychologist, 16,* 288–294.

Petitto, L. A., Holowka, S., Sergio, L. E., & Ostry, D. (2001, September 6). Language rhythms in babies' hand movements. *Nature, 413,* 35–36.

Petitto, L. A., & Marentette, P. F. (1991). Babbling in the manual mode: Evidence for the ontogeny of language. *Science, 251,* 1493–1496.

Petrill, S. A., & Deater-Deckard, K. (2004). The heritability of general cognitive ability: A within-family adoption design. *Intelligence, 32,* 403–409.

Petrofsky, J., Berk, L., & Al-Nakhli, H. (2012). The influence of autonomic dysfunction associated with aging and type 2 diabetes on daily life activities. *Experimental Diabetes Research,* Article ID 657103.

Pettigrew, T. F., & Tropp, L. R. (2006). A meta-analytic test of intergroup contact theory. *Journal of Personality and Social Psychology, 90,* 751–783.

Pettit, G. S., Brown, E. G., Mize, J., & Lindsey, E. (1998). Mothers' and fathers' socializing behaviors in three contexts: Links with children's peer competence. *Merrill-Palmer Quarterly, 44,* 173–193.

Petty, E., Hayslip, B., Jr., Caballero, D. M., & Jenkins, S. R. (2015). Development of a scale to measure death perspectives: Overcoming and participating. *OMEGA, 7,* 146–168.

Pew Research Center. (2006). *Strong public support for right to die.* Retrieved from http://people-press.org/reports

Pew Research Center. (2010a). *College and marital stability.* Retrieved from www.pewsocialtrends.org/2010/10/07/iv-college-and-marital-stability

Pew Research Center. (2010b). *Gay marriage gains more acceptance.* Washington, DC: Author. Retrieved from www.pewresearch.org/2010/10/06/gay-marriage-gains-more-acceptance

Pew Research Center. (2010c). *Religion among the millennials.* Washington, DC: Pew Form on Religion and Public Life.

Pew Research Center. (2012). *"Nones" on the rise: One-in-five adults have no religious affiliation.* Washington, DC: Author.

Pew Research Center. (2013a). *Love and marriage.* Retrieved from www.pewsocialtrends.org/2013/02/13/love-and-marriage

Pew Research Center. (2013b). *Online dating & relationships.* Washington, DC: Author. Retrieved from pewinternet.org/Reports/2013/Online-Dating.aspx

Pew Research Center. (2013c). *The sandwich generation: Rising financial burdens for middle-aged Americans.* Retrieved from www.pewsocialtrends.org/2013/01/30/the-sandwich-generation

Pew Research Center. (2013d). *A survey of LGBT Americans: Attitudes, experiences, and values in changing times.* Retrieved from www.pewsocialtrends.org/files/2013/06/SDT_LGBT-Americans_06-2013.pdf

Pew Research Center. (2014a). *Millennials in adulthood: Detached from institutions, networked with friends.* Washington, DC: Author.

Pew Research Center. (2014b). *Record share of Americans have never married.* Retrieved from www.pewsocialtrends.org/2014/09/24/record-share-of-americans-have-never-married

Pew Research Center. (2015a). *America's changing religious landscape.* Washington, DC: Pew Research Center. Retrieved from www.pewforum.org/files/2015/05/RLS-08-26-full-report.pdf

Pew Research Center. (2015b). *Childlessness.* Retrieved from www.pewsocialtrends.org/2015/05/07/childlessness

Pew Research Center. (2015c). *5 Facts about today's fathers.* Retrieved from www.pewresearch.org/fact-tank/2015/06/18/5-facts-about-todays-fathers

Pew Research Center. (2015d). *Interracial marriage: Who is marrying out?* Retrieved from http://www.pewresearch.org/fact-tank/2015/06/12/interracial-marriage-who-is-marrying-out

Pew Research Center. (2015e). *Modern parenthood: Roles of moms and dads converge as they balance work and family.* Retrieved from www.pewsocialtrends.org/2013/03/14/modern-parenthood-roles-of-moms-and-dads-converge-as-they-balance-work-and-family

Pew Research Center. (2015f). *Same-sex marriage detailed tables.* Washington, DC: Author. Retrieved from www.people-press.org/2015/06/08/same-sex-marriage-detailed-tables

Pew Research Center. (2015g). *Teens, social media & technology overview 2015: Smartphones facilitate shift in communication landscape for teens.* Retrieved from www.pewinternet.org/files/2015/04/PI_TeensandTech_Update2015_0409151.pdf

Pew Research Center. (2016a). *For first time in modern era, living with parents edges out other living arrangements for 18- to 34-year olds.* Retrieved from file:///Users/lauraberk/Downloads/2016-05-24_living-arrangemnet-final.pdf

Pew Research Center. (2016b). *Millennials match Baby Boomers as largest generation in U.S. electorate, but will they vote?* Retrieved from www.pewresearch.org/fact-tank/2016/05/16/millennials-match-baby-boomers-as-largest-generation-in-u-s-electorate-but-will-they-vote

Pew Research Center. (2016c). *Religious landscape study.* Retrieved from www.pewforum.org/religious-landscape-study

Pew Research Center. (2016d). *Social media usage: 2005–2015.* Retrieved from www.pewinternet.org/2015/10/08/social-networking-usage-2005-2015

Pfeifer, J. H., Ruble, D. N., Bachman, M. A., Alvarez, J. M., Cameron, J. A., & Fuligni, A. J. (2007). Social identities and intergroup bias in immigrant and nonimmigrant children. *Developmental Psychology, 43,* 496–507.

Pfeiffer, S. I., & Yermish, A. (2014). Gifted children. In L. Grossman & S. Walfish (Eds.), *Translating psychological research into practice* (pp. 57–64). New York: Springer.

Phelan, A. (2013). Elder abuse: An introduction. In A. Phelan (Ed.), *International perspectives on elder abuse* (pp. 1–31). London, UK: Routledge.

Phillipou, A., Rossell, S. L., & Castle, D. J. (2014). The neurobiology of anorexia nervosa: A systematic review. *Australian and New Zealand Journal of Psychiatry, 48,* 128–152.

Phillips, D. A., & Lowenstein, A. E. (2011). Early care, education, and child development. *Annual Review of Psychology, 62,* 483–500.

Phinney, J. S. (2007). Ethnic identity exploration in emerging adulthood. In J. J. Arnett & J. L. Tanner (Eds.), *Emerging adults in America: Coming of age in the 21st century* (pp. 117–134). Washington, DC: American Psychological Association.

Phinney, J. S., Ong, A., & Madden, T. (2000). Cultural values and intergenerational value discrepancies in immigrant and non-immigrant families. *Child Development, 71,* 528–539.

Phuong, D. D., Frank, R., & Finch, B. R. (2012). Does SES explain more of the black/white health gap than we thought? Revisiting our approach toward understanding racial disparities in health. *Social Science and Medicine, 74,* 1385–1393.

Piaget, J. (1926). *The language and thought of the child.* New York: Harcourt, Brace & World. (Original work published 1923)

Piaget, J. (1930). *The child's conception of the world.* New York: Harcourt, Brace, & World. (Original work published 1926)

Piaget, J. (1951). *Play, dreams, and imitation in childhood.* New York: Norton. (Original work published 1945)

Piaget, J. (1952). *The origins of intelligence in children.* New York: International Universities Press. (Original work published 1936)

Piaget, J. (1967). *Six psychological studies.* New York: Vintage.

Piaget, J. (1971). *Biology and knowledge.* Chicago: University of Chicago Press.

Picho, K., Rodriguez, A., & Finnie, L. (2013). Exploring the moderating role of context on the mathematics performance of females under stereotype threat: A meta-analysis. *Journal of Social Psychology, 153,* 299–333.

Pickel, G. (2013). *Religion monitor: Understanding common ground. An international comparison of religious belief.* Gütersloh, Germany: Bertelsmann Foundation.

Pickens, J., Field, T., & Nawrocki, T. (2001). Frontal EEG asymmetry in response to emotional vignettes in preschool age children. *International Journal of Behavioral Development, 25,* 105–112.

Piernas, C., & Popkin, B. M. (2011). Increased portion sizes from energy-dense foods affect total energy intake at eating occasions in U.S. children and adolescents: Patterns and trends by age group and sociodemographic characteristics, 1977–2006. *American Journal of Clinical Nutrition, 94,* 1324–1332.

Pierroutsakos, S. L., & Troseth, G. L. (2003). Video verité: Infants' manual investigation of objects on video. *Infant Behavior and Development, 26,* 183–199.

Pietromonaco, P. R., & Beck, L. A. (2015). Attachment processes in adult relationships. In M. Mikulincer & P. R. Shaver (Eds.), *APA handbook of personality and social psychology: Vol. 3. Interpersonal relations* (pp. 33–64). Washington, DC: American Psychological Association.

Piirto, J. (2007). *Talented children and adults* (3rd ed.). Waco, TX: Prufrock Press.

Pike, K. M., Hoek, H. W., & Dunne, P. E. (2014). Cultural trends in eating disorders. *Current Opinion in Psychiatry, 27,* 436–442.

Pillemer, K., & Suitor, J. J. (2013). Who provides care? A prospective study of caregiving among adult siblings. *Gerontologist, 54,* 589–598.

Pillow, B. (2002). Children's and adults' evaluation of the certainty of deductive inferences, inductive inferences, and guesses. *Child Development, 73,* 779–792.

Ping, R. M., & Goldin-Meadow, S. (2008). Hands in the air: Using ungrounded iconic gestures to teach children conservation of quantity. *Developmental Psychology, 44,* 1277–1287.

Pinheiro, A. P., Root, T., & Bulik, C. M. (2011). The genetics of anorexia nervosa: Current findings and future perspectives. In J. Merrick (Ed.), *Child and adolescent health yearbook, 2009* (pp. 173–186). New York: Nova Biomedical Books.

Pinker, S. (1999). *Words and rules: The ingredients of language.* New York: Basic Books.

Pinquart, M. (2003). Loneliness in married, widowed, divorced, and never-married older adults. *Journal of Social and Personal Relationships, 20,* 31–53.

Pinquart, M. (2016). Associations of parenting styles and dimensions with academic achievement in children and adolescents: A meta-analysis. *Educational Psychology Review, 28,* 475–493.

Pinquart, M., & Forstmeier, S. (2012). Effects of reminiscence interventions on psychosocial outcomes: A meta-analysis. *Aging & Mental Health, 16,* 541–558.

Pinquart, M., & Schindler, I. (2009). Change of leisure satisfaction in the transition to retirement: A latent-class analysis. *Leisure Sciences, 31,* 311–329.

Pinquart, M., & Sörensen, S. (2006). Gender differences in caregiver stressor, social resources, and health: An updated meta-analysis. *Journals of Gerontology, 61B,* P33–P45.

Pirie, K., Peto, R., Reeves, G. K., Green, J., Beral, V., & the Million Women Study Collaborators. (2013). The 21st century hazards of smoking and benefits of stopping: A prospective study of one million women in the UK. *Lancet, 381,* 133–141.

Pitkin, J. (2010). Cultural issues and the menopause. *Menopause International, 16,* 156–161.

Plante, I., Théoret, M., & Favreau, O. E. (2009). Student gender stereotypes: Contrasting the perceived maleness and femaleness of mathematics and language. *Educational Psychology, 29,* 385–405.

Platt, M. P. W. (2014). Neonatology and obstetric anaesthesia. *Archives of Disease in Childhood—Fetal and Neonatal Edition, 99,* F98.

Pleck, J. H. (2012). Integrating father involvement in parenting research. *Parenting: Science and Practice, 12,* 243–253.

Ploeg, J., Campbell, L., Denton, M., Joshi, A., & Davies, S. (2004). Helping to build and rebuild secure lives and futures: Financial transfers from parents to adult children and grandchildren. *Canadian Journal on Aging, 23,* S131–S143.

Plomin, R. (2013). Commentary: Missing heritability, polygenic scores, and gene–environment interactions. *Journal of Child Psychology and Psychiatry and Allied Disciplines, 54,* 1147–1149.

Plomin, R., & Deary, I. J. (2015). Genetics and intelligence differences: Five special findings. *Molecular Psychiatry, 20,* 98–108.

Plomin, R., DeFries, J. C., & Knopik, V. S. (2013). *Behavioral genetics* (6th ed.). New York: Worth.

Plomin, R., & Spinath, F. M. (2004). Intelligence: Genetics, genes, and genomics. *Journal of Personality and Social Psychology, 86,* 112–129.

Plucker, J. A., & Makel, M. C. (2010). Assessment of creativity. In J. C. Kaufman & R. J. Sternberg (Eds.), *Cambridge handbook of creativity* (pp. 48–73). New York: Cambridge University Press.

Pluess, M., & Belsky, J. (2011). Prenatal programming of postnatal plasticity? *Development and Psychopathology, 23,* 29–38.

Poehlmann, J., Schwichtenberg, A. J. M., Shlafer, R. J., Hahn, E., Bianchi, J.-P., & Warner, R. (2011). Emerging self-regulation in toddlers born preterm or low birth weight: Differential susceptibility to parenting. *Developmental and Psychopathology, 23,* 177–193.

Poelman, M. P., de Vet, E., Velema, E., Seidell, J. C., & Steenhuis, I. H. M. (2014). Behavioural strategies to control the amount of food selected and consumed. *Appetite, 72,* 156–165.

Polakowski, L. L., Akinbami, L. J., & Mendola, P. (2009). Prenatal smoking cessation and the risk of delivering preterm and small-for-gestational-age newborns. *Obstetrics and Gynecology, 114,* 318–325.

Polanska, K., Jurewicz, J., & Hanke, W. (2013). Review of current evidence on the impact of pesticides, polychlorinated biphenyls and selected metals on attention deficit/hyperactivity disorder in children. *International Journal of Occupational Medicine and Environmental Health, 26,* 16–38.

Polderman, T. J. C., de Geus, J. C., Hoekstra, R. A., Bartels, M., van Leeuwen, M., Verhulst, F. C., et al. (2009). Attention problems, inhibitory control, and intelligence index overlapping genetic factors: A study in 9-, 12-, and 18-year-old twins. *Neuropsychology, 23,* 381–391.

Pomerantz, E. M., & Dong, W. (2006). Effects of mothers' perceptions of children's competence: The moderating role of mothers' theories of competence. *Developmental Psychology, 42,* 950–961.

Pomerantz, E. M., Grolnick, W. S., & Price, C. E. (2013). The role of parents in how children approach achievement: A dynamic process perspective. In A. J. Elliott & C. J. Dweck (Eds.), *Handbook of confidence and motivation* (pp. 259–278). New York: Guilford.

Pomerantz, E. M., & Kempner, S. G. (2013). Mothers' daily person and process praise: Implications for children's theory of intelligence and motivation. *Developmental Psychology, 13,* 2040–2046.

Pomerantz, E. M., & Saxon, J. L. (2001). Conceptions of ability as stable and self-evaluative processes: A longitudinal examination. *Child Development, 72,* 152–173.

Pong, S., Johnston, J., & Chen, V. (2010). Authoritarian parenting and Asian adolescent school performance. *International Journal of Behavioral Development, 34,* 62–72.

Pong, S., & Landale, N. S. (2012). Academic achievement of legal immigrants' children: The roles of parents' pre- and postmigration characteristics in origin-group differences. *Child Development, 83,* 1543–1559.

Ponnappan, S., & Ponnappan, U. (2011). Aging and immune function: Molecular mechanisms to interventions. *Antioxidants & Redox Signaling, 14,* 1551–1585.

Pons, F., Lawson, J., Harris, P. L., & de Rosnay, M. (2003). Individual differences in children's emotion understanding: Effects of age and language. *Scandinavian Journal of Psychology, 44,* 347–353.

Poobalan, A. S., Aucott, L. S., Precious, E., Crombie, I. K., & Smith, W. C. S. (2010). Weight loss interventions in young people (18 to 25 year olds): A systematic review. *Obesity Reviews, 11,* 580–592.

Poole, D. A., & Bruck, M. (2012). Divining testimony? The impact of interviewing props on children's reports of touching. *Developmental Review, 32,* 165–180.

Portes, A., & Rumbaut, R. G. (2005). Introduction: The second generation and the Children of Immigrants Longitudinal Study. *Ethnic and Racial Studies, 28,* 983–999.

Posner, M. I., & Rothbart, M. K. (2007). Temperament and learning. In M. I. Posner & M. K. Rothbart (Eds.), *Educating the human brain* (pp. 121–146). Washington, DC: American Psychological Association.

Posthuma, R. A., & Campion, M. A. (2009). Age stereotypes in the workplace: Common stereotypes, moderators, and future research directions. *Journal of Management, 35,* 158–188.

Poti, J. M., Slining, M. M., & Popkin, B. M. (2014). Where are kids getting their empty calories? Stores, schools, and fast-food restaurants each played an important role in empty calorie intake among US children during 2009–2010. *Journal of the Academy of Nutrition and Dietetics, 114,* 908–917.

Potter, D. (2012). Same-sex parent families and children's academic achievement. *Journal of Marriage and Family, 74,* 556–571.

Potter, G. G., Helms, M. J., & Plassman, B. L. (2008). Associations of job demands and intelligence with cognitive performance among men in late life. *Neurology, 70,* 1803–1808.

Poulin-Dubois, D., Serbin, L. A., Eichstedt, J. A., Sen, M. G., & Beissel, C. F. (2002). Men don't put on make-up: Toddlers' knowledge of the gender stereotyping of household activities. *Social Development, 11,* 166–181.

Prager, K. J., & Bailey, J. M. (1985). Androgyny, ego development, and psychological crisis resolution. *Sex Roles, 13,* 525–535.

Pratt, M. W., Norris, J. E., Hebblethwaite, S., & Arnold, M. L. (2008). Intergenerational transmission of values: Family generativity and adolescents' narratives of parent and grandparent value teaching. *Journal of Personality, 76,* 171–198.

Pratt, M. W., Skoe, E. E., & Arnold, M. L. (2004). Care reasoning development and family socialization patterns in later adolescence: A longitudinal analysis. *International Journal of Behavioral Development, 28,* 139–147.

Prechtl, H. F. R., & Beintema, D. (1965). *The neurological examination of the full-term newborn infant.* London: Heinemann Medical Books.

Preece, J., & Findsen, B. (2007). Keeping people active: Continuing education programs that work. In M. Robinson, W. Novelli, C. Pearson, & L. Norris (Eds.), *Global health and global aging* (pp. 313–322). San Francisco: Jossey-Bass.

Pressley, M., & Hilden, D. (2006). Cognitive strategies. In D. Kuhn & R. Siegler (Eds.), *Handbook of child psychology: Vol. 2. Cognition, perception, and language* (6th ed., pp. 511–556). Hoboken, NJ: Wiley.

Preuss, T. M. (2012). Human brain evolution: From gene discovery to phenotype discovery. *Proceedings of the National Academy of Sciences, 109*(Suppl. 1), 10709–10716.

Prevatt, F. (2003). Dropping out of school: A review of intervention programs. *Journal of School Psychology, 41,* 377–399.

Price, J., Jordan, J., Prior, L., & Parkes, J. (2011). Living through the death of a child: A qualitative study of bereaved parents' experiences. *International Journal of Nursing Studies, 48,* 1384–1392.

Price, J. E., & Jones, A. M. (2015). Living through the life-altering loss of a child: A narrative review. *Issues in Comprehensive Pediatric Nursing, 38,* 222–240.

Price, L. H., Kao, H.-T., Burgers, D. E., Carpenter, L. L., & Tyrka, A. R. (2013). Telomeres and early-life stress: An overview. *Biological Psychiatry, 73,* 15–23.

Priess, H. A., Lindberg, S. M., & Hyde, J. S. (2009). Adolescent gender-role identity and mental health: Gender intensification revisited. *Child Development, 80,* 1531–1544.

Prince, M., Bryce, R., Albanese, E., Wimo, A., Ribeiro, W., & Ferri, C. P. (2013). The global prevalence of dementia: A systematic review and meta-analysis. *Alzheimer's and Dementia, 9,* 63–75.

Prince-Paul, M. J., Zyzanski, S., & Exline, J. J. (2013). The RelCom-S: A Screening instrument to assess personal relationships and communication in advanced cancer. *Journal of Hospice and Palliative Nursing, 15,* 298–306.

Principe, G. F. (2011). *Your brain on childhood: The unexpected side effects of classrooms, ballparks, family rooms, and the minivan.* Amherst, NY: Prometheus Books.

Prinstein, M. J., & La Greca, A. M. (2002). Peer crowd affiliation and internalizing distress in childhood and adolescence: A longitudinal follow-back study. *Journal of Research on Adolescence, 12,* 325–351.

Proctor, M. H., Moore, L. L., Gao, D., Cupples, L. A., Bradlee, M. L., Hood, M. Y., & Ellison, R. C. (2003). Television viewing and change in body fat from preschool to early adolescence: The Framingham Children's Study. *International Journal of Obesity, 27,* 827–833.

Programme for International Student Assessment. (2012). *PISA 2012 results.* Retrieved from nces.ed.gov/surveys/pisa/pisa2012/index.asp

Proietti, E., Röösli, M., Frey, U., & Latzin, P. (2013). Air pollution during pregnancy and neonatal outcome: A review. *Journal of Aerosol Medicine and Pulmonary Drug Delivery, 26,* 9–23.

Proulx, C. M. (2016). Marital trajectories. In In S. K. Whitbourne (Ed.), *Encyclopedia of adulthood and aging* (Vol. 2, pp. 842–846). Malden, MA: Wiley Blackwell.

Proulx, J., & Aldwin, C. M. (2016). Effects of coping on psychological and physical health. In S. K. Whitbourne (Ed.), *Encyclopedia of adulthood and aging* (Vol. 1, pp. 397–402). Hoboken, NJ: Wiley Blackwell.

Proulx, K., & Jacelon, C. (2004). Dying with dignity: The good patient versus the good death. *American Journal of Hospice and Palliative Care, 21,* 116–120.

Proulx, M., & Poulin, F. (2013). Stability and change in kindergartners' friendships: Examination of links

with social functioning. *Social Development, 22,* 111–125.

Pruden, S. M., Hirsh-Pasek, K., Golinkoff, R. M., & Hennon, E. A. (2006). The birth of words: Ten-month-olds learn words through perceptual salience. *Child Development, 77,* 266–280.

Pruett, M. K., & Donsky, T. (2011). Coparenting after divorce: Paving pathways for parental cooperation, conflict resolution, and redefined family roles. In J. P. McHale & K. M. Lindahl (Eds.), *Coparenting: A conceptual and clinical examination of family systems* (pp. 231–250). Washington, DC: American Psychological Association.

Pryor, J. (2014). *Stepfamilies: A global perspective on research, policy, and practice.* New York: Routledge.

Public Health Agency of Canada. (2015). *Executive summary: Report on sexually transmitted infections in Canada: 2012.* Retrieved from www.phac-aspc.gc.ca/sti-its-surv-epi/rep-rap-2012/sum-som-eng.php

Pudrovska, T. (2009). Parenthood, stress, and mental health in late midlife and early old age. *International Journal of Aging and Human Development, 68,* 127–147.

Pugliese, C. E., Anthony, L. G., Strang, J. F., Dudley, K., Wallace, G. L., Naiman, D. Q., et al. (2016). Longitudinal examination of adaptive behavior in autism spectrum disorders: Influence of executive function. *Journal of Autism and Developmental Disorders, 13,* 467–477.

Puhl, R. M., Heuer, C. A., & Brownell, D. K. (2010). Stigma and social consequences of obesity. In P. G. Kopelman, I. D. Caterson, & W. H. Dietz (Eds.), *Clinical obesity in adults and children* (3rd ed., pp. 25–40). Hoboken, NJ: Wiley.

Puhl, R. M., & Latner, J. D. (2007). Stigma, obesity, and the health of the nation's children. *Psychological Bulletin, 133,* 557–580.

Pujol, J., Soriano-Mas, C., Ortiz, H., Sebastián-Gallés, N., Losilla, J. M., & Deus, J. (2006). Myelination of language-related areas in the developing brain. *Neurology, 66,* 339–343.

Puma, M., Bell, S., Cook, R., Heid, C., Broene, P., Jenkins, F., et al. (2012). *Third grade follow-up to the Head Start Impact Study final report* (OPRE Report #2012-45b). Washington, DC: U.S. Department of Health and Human Services.

Punamaki, R. L. (2006). Ante- and perinatal factors and child characteristics predicting parenting experience among formerly infertile couples during the child's first year: A controlled study. *Journal of Family Psychology, 20,* 670–679.

Putallaz, M., Grimes, C. L., Foster, K. J., Kupersmidt, J. B., Coie, J. D., & Dearing, K. (2007). Overt and relational aggression and victimization: Multiple perspectives within the school setting. *Journal of School Psychology, 45,* 523–547.

Putnam, S. P., Sanson, A. V., & Rothbart, M. K. (2000). Child temperament and parenting. In V. J. Molfese & D. L. Molfese (Eds.), *Temperament and personality across the life span* (pp. 255–277). Mahwah, NJ: Erlbaum.

Pyka, G., Lindenberger, E., Charette, S., & Marcus, R. (1994). Muscle strength and fiber adaptations to a year-long resistance training program in elderly men and women. *Journals of Gerontology, 49,* M22–27.

Pyszczynski, T., Greenberg, J., Solomon, S., Arndt, J., & Schimel, J. (2004). Why do people need self-esteem? A theoretical and empirical view. *Psychological Bulletin, 130,* 435–468.

Q

Qian, Z., & Lichter, D. T. (2011). Changing patterns of interracial marriage in a multiracial society. *Journal of Marriage and Family, 73,* 1065–1084.

Qin, L., & Pomerantz, E. M. (2013). Reciprocal pathways between American and Chinese early adolescents' sense of responsibility and disclosure to parents. *Child Development, 84,* 1887–1895.

Qouta, S. R., Palosaari, E., Diab, M., & Punamäki, R.-L. (2012). Intervention effectiveness among war-affected children: A cluster randomized controlled trial on improving mental health. *Journal of Traumatic Stress, 25,* 288–298.

Qu, Y., & Pomerantz, E. M. (2015). Divergent school trajectories in early adolescence in the United States and China: An examination of underlying mechanisms. *Journal of Youth and Adolescence, 44,* 2095–2109.

Quas, J. A., Malloy, L. C., Melinder, A., Goodman, G. S., & D'Mello, M. (2007). Developmental differences in the effects of repeated interviews and interviewer bias on young children's event memory and false reports. *Developmental Psychology, 43,* 823–837.

Qui, C. (2014). Lifestyle factors in the prevention of dementia: A life course perspective. In A. K. Leist, J. Kulmala, & F. Nyqvist (Eds.), *Health and cognition in old age: From biomedical and life course factors to policy and practice* (pp. 161–175). Cham, Switzerland: Springer.

Quinn, P. C. (2008). In defense of core competencies, quantitative change, and continuity. *Child Development, 79,* 1633–1638.

Quinn, P. C., Kelly, D. J., Lee, K., Pascalis, O., & Slater, A. (2008). Preference for attractive faces extends beyond conspecifics. *Developmental Science, 11,* 76–83.

Quinn, P. C., & Liben, L. S. (2014). A sex difference in mental rotation in infants: Convergent evidence. *Infancy, 19,* 103–116.

R

Raabe, T., & Beelmann, A. (2011). Development of ethnic, racial, and national prejudice in childhood and adolescence: A multinational meta-analysis of age differences. *Child Development, 82,* 1715–1737.

Raaijmakers, Q. A. W., Engels, R. C. M. E., & van Hoof, A. (2005). Delinquency and moral reasoning in adolescence and young adulthood. *International Journal of Behavioral Development, 29,* 247–258.

Rabbitt, P., Lunn, M., & Wong, D. (2008). Death, dropout, and longitudinal measurements of cognitive change in old age. *Journals of Gerontology, 63B,* P271–P278.

Rabig, J., Thomas, W., Kane, R., Cutler, L. J., & McAlilly, S. (2006). Radical redesign of nursing homes: Applying the Green House concept in Tupelo, Mississippi. *Gerontologist, 46,* 533–539.

Raby, K. L., Steele, R. D., Carlson, E. A., & Sroufe, L. (2015). Continuities and changes in infant attachment patterns across two generations. *Attachment & Human Development, 17,* 414–428.

Racz, S. J., McMahon, R. J., & Luthar, S. S. (2011). Risky behavior in affluent youth: Examining the co-occurrence and consequences of multiple problem behaviors. *Journal of Child and Family Studies, 20,* 120–128.

Radesky, J. S., Kistin, C. J., Zuckerman, B., Nitzberg, K., Gross, J., Kaplan-Sanoff, M., et al. (2014). Patterns of mobile device use by caregivers and children during meals in fast food restaurants. *Pediatrics, 133,* e843–e849.

Radey, M., & Randolph, K. A. (2009). Parenting sources: How do parents differ in their effort to learn about parenting? *Family Relations, 58,* 536–548.

Raevuori, A., Hoek, H. W., Susser, E., Kaprio, J., Rissanen, A., & Keski-Rahkonen, A. (2009). Epidemiology of anorexia nervosa in men: A nationwide study of Finnish twins. *PLoS ONE, 4,* e4402.

Ragow-O'Brien, D., Hayslip, B., Jr., & Guarnaccia, C. A. (2000). The impact of hospice on attitudes toward funerals and subsequent bereavement adjustment. *Omega, 41,* 291–305.

Rahi, J. S., Cumberland, P. M., & Peckham, C. S. (2011). Myopia over the life course: Prevalence and early life influences in the 1958 British birth cohort. *Ophthalmology, 118,* 797–804.

Rahman, Q., & Wilson, G. D. (2003). Born gay? The psychobiology of human sexual orientation.

Personality and Individual Differences, 34, 1337–1382.

Raikes, H. A., Robinson, J. L., Bradley, R. H., Raikes, H. H., & Ayoub, C. C. (2007). Developmental trends in self-regulation among low-income toddlers. *Social Development, 16,* 128–149.

Raikes, H. H., Chazan-Cohen, R., Love, J. M., & Brooks-Gunn, J. (2010). Early Head Start impacts at age 3 and a description of the age 5 follow-up study. In A. J. Reynolds, A. J. Rolnick, M. M. Englund, & J. Temple (Eds.), *Childhood programs and practices in the first decade of life: A human capital integration* (pp. 99–118). New York: Cambridge University Press.

Räikkönen, K., Matthews, K. A., Flory, J. D., Owens, J. F., & Gump, B. B. (1999). Effects of optimism, pessimism, and trait anxiety on ambulatory blood pressure and mood during everyday life. *Journal of Personality and Social Psychology, 76,* 104–113.

Räikkönen, K., Matthews, K. A., Sutton-Tyrrell, K., & Kuller, L. H. (2004). Trait anger and the metabolic syndrome predict progression of carotid atherosclerosis in healthy middle-aged women. *Psychosomatic Medicine, 66,* 903–908.

Rakison, D. H. (2005). Developing knowledge of objects' motion properties in infancy. *Cognition, 96,* 183–214.

Rakison, D. H. (2010). Perceptual categorization and concepts. In J. G. Bremner & T. D. Wachs (Eds.), *Wiley-Blackwell handbook of infant development* (2nd ed., pp. 243–270). Oxford, UK: Wiley-Blackwell.

Rakison, D. H., & Lawson, C. A. (2013). Categorization. In P. D. Zelazo (Ed.), *Oxford handbook of developmental psychology: Vol. 1. Body and mind* (pp. 591–627). New York: Oxford University Press.

Rakoczy, H., Tomasello, M., & Striano, T. (2004). Young children know that trying is not pretending: A test of the "behaving-as-if" construal of children's early concept of pretense. *Developmental Psychology, 40,* 388–399.

Rakoczy, H., Tomasello, M., & Striano, T. (2005). How children turn objects into symbols: A cultural learning account. In L. Namy (Ed.), *Symbol use and symbol representation* (pp. 67–97). New York: Erlbaum.

Raley, R. K., Sweeney, M. M., & Wondra, D. (2015). The growing racial and ethnic divide in U.S. marriage patterns. *Future of Children, 25,* 89–105.

Ralston, S. H., & Uitterlinden, A. G. (2010). Genetics of osteoporosis. *Endocrine Reviews, 31,* 629–662.

Ramachandrappa, A., & Jain, L. (2008). Elective cesarean section: Its impact on neonatal respiratory outcome. *Clinics in Perinatology, 35,* 373–393.

Ramaswami, A., Dreher, G. F., Bretz, R., & Wiethoff, C. (2010). Gender, mentoring, and career success: The importance of organizational context. *Personnel Psychology, 63,* 385–405.

Ramchandani, P. G., Stein, A., O'Connor, T. G., Heron, J., Murray, L., & Evans, J. (2008). Depression in men in the postnatal period and later child psychopathology: A population cohort study. *Journal of the American Academy of Child and Adolescent Psychiatry, 47,* 390–398.

Ramey, C. T., Ramey, S. L., & Lanzi, R. G. (2006). Children's health and education. In K. A. Renninger & I. E. Sigel (Eds.), *Handbook of child psychology: Vol. 4. Child psychology in practice* (6th ed., pp. 864–892). Hoboken, NJ: Wiley.

Ramnitz, M. S., & Lodish, M. B. (2013). Racial disparities in pubertal development. *Seminars in Reproductive Medicine, 31,* 333–339.

Ramos, M. C., Guerin, D. W., Gottfried, A. W., Bathurst, K., & Oliver, P. H. (2005). Family conflict and children's behavior problems: The moderating role of child temperament. *Structural Equation Modeling, 12,* 278–298.

Ramsey-Rennels, J. L., & Langlois, J. H. (2006). Differential processing of female and male faces. *Current Directions in Psychological Science, 15,* 59–62.

Ramus, F. (2002). Language discrimination by newborns: Teasing apart phonotactic, rhythmic, and intonational cues. *Annual Review of Language Acquisition, 2,* 85–115.

Rando, T. A. (1995). Grief and mourning: Accommodating to loss. In H. Wass & R. A. Neimeyer (Eds.), *Dying: Facing the facts* (3rd ed., pp. 211–241). Washington, DC: Taylor & Francis.

Raqib, R., Alam, D. S., Sarker, P., Ahmad, S. M., Ara, G., & Yunus, M. (2007). Low birth weight is associated with altered immune function in rural Bangladeshi children: A birth cohort study. *American Journal of Clinical Nutrition, 85,* 845–852.

Rasmus, S., Allen, J., & Ford, T. (2014). "Where I have to learn the ways how to live:" Youth resilience in a Yup'ik village in Alaska. *Transcultural Psychiatry, 51,* 735–756.

Rasmussen, C., Ho, E., & Bisanz, J. (2003). Use of the mathematical principle of inversion in young children. *Journal of Experimental Child Psychology, 85,* 89–102.

Ratcliff, R., & McKoon, G. (2015). Aging effects in item and associative recognition memory for pictures and words. *Psychology and Aging, 30,* 669–674.

Rathunde, K., & Csikszentmihalyi, M. (2005). The social context of middle school: Teachers, friends, and activities in Montessori and traditional school environments. *Elementary School Journal, 106,* 59–79.

Rauer, A. J., & Albers, L. K. (2016). Marital happiness. In S. Whitbourne (Ed.), *Encyclopedia of adulthood and aging* (Vol. 2, pp. 833–842). Malden, MA: Wiley Blackwell.

Rauers, A., Riediger, M., Schmiedek, F., & Lindenberger, U. (2011). With a little help from my spouse: Does spousal collaboration compensate for the effects of cognitive aging? *Gerontology, 57,* 161–166.

Rawlins, W. K. (2004). Friendships in later life. In J. F. Nussbaum & J. Coupland (Eds.), *Handbook of communication and aging research* (2nd ed., pp. 273–299). Mahwah, NJ: Erlbaum.

Ray, E., & Heyes, C. (2011). Imitation in infancy: The wealth of the stimulus. *Developmental Science, 14,* 92–105.

Rayner, K., Pollatsek, A., & Starr, M. S. (2003). Reading. In A. F. Healy & R. W. Proctor (Eds.), *Handbook of psychology: Experimental psychology* (Vol. 4, pp. 549–574). New York: Wiley.

Read, S., Braam, A. W., Lyyra, T.-M., & Dee, D. J. H. (2014). Do negative life events promote gerotranscendence in the second half of life? *Aging & Mental Health, 18,* 117–124.

Reagan, P. B., Salsberry, P. J., Fang, M. Z., Gardner, W. P., & Pajer, K. (2012). African-American/white differences in the age of menarche: Accounting for the difference. *Social Science and Medicine, 75,* 1263–1270.

Ream, G. L., & Rodriguez, E. M. (2014). Sexual minorities. In C. M. Barry & M. M. Abo-Zena (Eds.), *Emerging adults' religiousness and spirituality* (pp. 204–219). New York: Oxford University Press.

Reay, A. C., & Browne, K. D. (2008). Elder abuse and neglect. In B. Woods & L. Clare (Eds.), *Handbook of the clinical psychology of ageing* (pp. 311–322). Chichester, UK: Wiley.

Rebok, G. W., Ball, K., Guey, L. T., Jones, R. N., Kim, H.-Y., King, J. W., et al. (2014). Ten-year effects of the Advanced Cognitive Training from Independent and Vital Elderly Cognitive Training Trial on cognition and everyday functioning in older adults. *Journal of the American Geriatrics Society, 62,* 16–24.

Rebok, G. W., Carlson, M. C., Frick, K. D., Giuriceo, K. D., Gruenewald, T. L., McGill, S., et al. (2014). The Experience Corps: Intergenerational interventions to enhance well-being among retired people. In F. A. Huppert & C. L. Cooper (Eds.), *Interventions and policies to enhance wellbeing: A complete reference guide* (Vol. 6, pp. 307–330). Malden, MA: Wiley Blackwell.

Redman, L. M., & Ravussin, E. (2011). Caloric restriction in humans: Impact on physiological, psychological, and behavioral outcomes. *Antioxidants & Redox Signaling, 14*, 275–287.

Reed, C. E., & Fenton, S. E. (2013). Exposure to diethylstilbestrol during sensitive life stages: A legacy of heritable health effects. *Birth Defects Research. Part C, Embryo Today: Reviews, 99*, 134–146.

Reef, J., Diamantopoulou, S., van Meurs, I., Verhulst, F. C., & van der Ende, J. (2011). Developmental trajectories of child to adolescent externalizing behavior and adult DSM–IV disorder: Results of a 24-year longitudinal study. *Social Psychiatry and Psychiatric Epidemiology, 46*, 1233–1241.

Reese E. (2002). A model of the origins of autobiographical memory. In J. W. Fagen & H. Hayne (Eds.), *Progress in Infancy Research* (Vol. 2, pp. 215–60). Mahwah, NJ: Erlbaum.

Reich, S. M., Subrahmanyam, K., & Espinoza, G. (2012). Friending, IMing, and hanging out face-to-face: Overlap in adolescents' online and offline social networks. *Developmental Psychology, 48*, 356–368.

Reid, K. F., & Fielding, R. A. (2012). Skeletal muscle power: A critical determinant of physical functioning in older adults. *Exercise and Sports Sciences Reviews, 40*, 4–12.

Reilly, D. (2012). Gender, culture, and sex-typed cognitive abilities. *PLOS ONE, 7*, e39904.

Reilly, D., Neumann, D. L., & Andrews, G. (2016). Sex and sex-role differences in specific cognitive abilities. *Intelligence, 54*, 147–158.

Reinke, L. F., Uman, J., Udris, E. M., Moss, B. R., & Au, D. H. (2013). Preferences for death and dying among veterans with chronic obstructive pulmonary disease. *American Journal of Hospice & Palliative Medicine, 30*, 768–772.

Reis, S. M. (2004). We can't change what we don't recognize: Understanding the special needs of gifted females. In S. Baum (Ed.), *Twice-exceptional and special populations of gifted students* (pp. 67–80). Thousand Oaks, CA: Corwin Press.

Reiss, D. (2003). Child effects on family systems: Behavioral genetic strategies. In A. C. Crouter & A. Booth (Eds.), *Children's influence on family dynamics: The neglected side of family relationships* (pp. 3–36). Mahwah, NJ: Erlbaum.

Reiss, N. S., & Tishler, C. L. (2008). Suicidality in nursing home residents: Part II. Prevalence, risk factors, methods, assessment, and management. *Professional Psychology: Research and Practice, 39*, 271–275.

Reitzes, D. C., & Mutran, E. J. (2002). Self-concept as the organization of roles: Importance, centrality, and balance. *Sociological Quarterly, 43*, 647–667.

Reitzes, D. C., & Mutran, E. J. (2004). Grandparenthood: Factors influencing frequency of grandparent–grandchildren contact and grandparent role satisfaction. *Journals of Gerontology, 59*, S9–S16.

Rentner, T. L., Dixon, L. D., & Lengel, L. (2012). Critiquing fetal alcohol syndrome health communication campaigns targeted to American Indians. *Journal of Health Communication, 17*, 6–21.

Repacholi, B. M., & Gopnik, A. (1997). Early reasoning about desires: Evidence from 14- and 18-month-olds. *Developmental Psychology, 33*, 12–21.

Repetti, R. L., & Wang, S.-W. (2014). Employment and parenting. *Parenting: Science and Practice, 14*, 121–132.

Reppucci, N. D., Meyer, J. R., & Kostelnik, J. O. (2011). Tales of terror from juvenile justice and education. In M. S. Aber, K. I. Maton, & E. Seidman (Eds.), *Empowering settings and voices for social change* (pp. 155–172). New York: Oxford University Press.

Resnick, G. (2010). Project Head Start: Quality and links to child outcomes. In A. J. Reynolds, A. J. Rolnick, M. M. Englund, & J. Temple (Eds.), *Childhood programs and practices in the first decade of life: A human capital integration* (pp. 121–156). New York: Cambridge University Press.

Resnick, M., & Silverman, B. (2005). *Some reflections on designing construction kits for kids.* Proceedings of the Conference on Interaction Design and Children, Boulder, CO.

Rest, J. R. (1979). *Development in judging moral issues.* Minneapolis: University of Minnesota Press.

Reuter-Lorenz, P. A., & Cappell, K. A. (2008). Neurocognitive aging and the compensation hypothesis. *Current Directions in Psychological Science, 17*, 177–182.

Reuter-Lorenz, P. A., Festini, S. B., & Jantz, T. K. (2016). Executive functions and neurocognitive aging. In K. W. Schaie & S. L. Willis (Eds.), *Handbook of the psychology of aging* (8th ed., pp. 245–262). London, UK: Elsevier.

Reyna, V. F., & Farley, F. (2006). Risk and rationality in adolescent decision making: Implications for theory, practice, and public policy. *Psychological Science in the Public Interest, 7*, 1–44.

Reynolds, R. M. (2013). Programming effects of glucocorticoids. *Clinical Obstetrics and Gynecology, 56*, 602–609.

Rhoades, B. L., Greenberg, M. T., & Domitrovich, C. E. (2009). The contribution of inhibitory control to preschoolers' social-emotional competence. *Journal of Applied Developmental Psychology, 30*, 310–320.

Ribarič, S. (2016). The rationale for insulin therapy in Alzheimer's disease. *Molecules, 21*, 689.

Rich, G. J. (2013). Finding flow: The history and future of a positive psychology concept. In J. D. Sinnott (Ed.), *Positive psychology: Advances in understanding adult motivation* (pp. 43–60). New York: Springer Science+Business Media.

Rich, P. (2015). *Physician perspective on end-of-life issues fully aired.* Retrieved from www.cma.ca/En/Pages/Physician-perspective-on-end-of-life-issues-fully-aired.aspx

Richard, C. A., & Brown, A. H. (2006). Configurations of informal social support among older lesbians. *Journal of Women and Aging, 18*, 49–65.

Richard-Davis, G., & Wellons, M. (2013). Racial and ethnic differences in the physiology and clinical symptoms of menopause. *Seminars in Reproductive Medicine, 31*, 380–386.

Richardson, H. L., Walker, A. M., & Horne, R. S. C. (2008). Sleep position alters arousal processes maximally at the high-risk age for sudden infant death syndrome. *Journal of Sleep Research, 17*, 450–457.

Richardson, K., & Norgate, S. H. (2006). A critical analysis of IQ studies of adopted children. *Human Development, 49*, 339–350.

Richardson, V. E. (2007). A dual process model of grief counseling: Findings from the changing lives of older couples (CLOC) study. *Journal of Gerontological Social Work, 48*, 311–329.

Richie, B. S., Fassinger, R. E., Linn, S. G., Johnson, J., Prosser, J., & Robinson, S. (1997). Persistence, connection, and passion: A qualitative study of the career development of highly achieving African American–black and white women. *Journal of Counseling Psychology, 44*, 133–148.

Richler, J., Luyster, R., Risi, S., Hsu, W.-L., Dawson, G., & Bernier, R. (2006). Is there a "regressive phenotype" of autism spectrum disorder associated with the measles-mumps-rubella vaccine? A CPEA study. *Journal of Autism and Developmental Disorders, 36*, 299–316.

Richmond, J., Colombo, M., & Hayne, H. (2007). Interpreting visual preferences in the visual paired-comparison task. *Journal of Experimental Psychology: Learning, Memory, and Cognition, 33*, 823–831.

Rideout, V., & Hamel, E. (2006). *The media family: Electronic media in the lives of infants, toddlers, preschoolers and their parents.* Menlo Park, CA: Henry J. Kaiser Family Foundation.

Rideout, V. J., Foehr, U. G., & Roberts, D. F. (2010). *Generation M2: Media in the lives of 8- to 18-year-olds.* Menlo Park. CA: Henry J. Kaiser Family Foundation.

Riediger, M., Li, S.-C., & Lindenberger, U. (2006). Selection, optimization, and compensation as developmental mechanisms of adaptive resource allocation: Review and preview. In J. E. Birren & K. W. Schaire (Eds.), *Handbook of the psychology of aging* (6th ed., pp. 289–313). Burlington, MA: Academic Press.

Rieffe, C., Terwogt, M. M., & Cowan, R. (2005). Children's understanding of mental states as causes of emotions. *Infant and Child Development, 14*, 259–272.

Rifkin, R. (2014, May 30). *New record highs in moral acceptability: Premarital sex, embryonic stem cell research, euthanasia growing in acceptance.* Retrieved from www.gallup.com/poll/170789/new-record-highs-moral-acceptability.aspx

Riggins, T., Miller, N. C., Bauer, P., Georgieff, M. K., & Nelson, C. A. (2009). Consequences of low neonatal iron status due to maternal diabetes mellitus on explicit memory performance in childhood. *Developmental Neuropsychology, 34*, 762–779.

Rijlaarsdam, J., Stevens, G. W. J. M., van der Ende, J., Arends, L. R., Hofman, A., Jaddoe, V. W. V., et al. (2012). A brief observational instrument for the assessment of infant home environment: Development and psychometric testing. *International Journal of Methods in Psychiatric Research, 21*, 195–204.

Rinaldo, L. A., & Ferraro, K. F. (2012). Inequality, health. In G. Ritzer (Ed.), *Wiley-Blackwell encyclopedia of globalization.* Hoboken, NJ: Wiley-Blackwell.

Rindermann, H., & Ceci, S. J. (2008). *Education policy and country outcomes in international cognitive competence studies.* Graz, Austria: Institute of Psychology, Karl-Franzens-University Graz.

Ripley, A. (2013). *The smartest kids in the world: And how they got that way.* New York: Simon and Schuster.

Ripple, C. H., & Zigler, E. (2003). Research, policy, and the federal role in prevention initiatives for children. *American Psychologist, 58*, 482–490.

Ristic, J., & Enns, J. T. (2015). Attentional development. In L. S. Liben & U. Müller (Eds.), *Handbook of child psychology and developmental science: Vol. 2. Cognitive processes* (pp. 158–202). Hoboken, NJ: Wiley.

Ristori, J., & Steensma, T. D. (2016). Gender dysphoria in childhood. *International Review of Psychiatry, 28*, 13–20.

Ritchie, L. D., Spector, P., Stevens, M. J., Schmidt, M. M., Schreiber, G. B., Striegel-Moore, R. H., et al. (2007). Dietary patterns in adolescence are related to adiposity in young adulthood in black and white females. *Journal of Nutrition, 137*, 399–406.

Ritchie, S. J., Dickie, D. A., Cox, S. R., Valdes Hernandez, M. del C., Corley, J., Royle, N. A., et al. (2015). Brain volumetric changes and cognitive ageing during the eighth decade of life. *Human Brain Mapping, 36*, 4910–4925.

Rith, K. A., & Diamond, L. M. (2013). Same-sex relationships. In M. A. Fine & F. D. Fincham (Eds.), *Handbook of family theories: A content-based approach* (pp. 123–144). New York: Routledge.

Ritz, B., Oiu, J., Lee, P. C., Lurmann, F., Penfold, B., Erin Weiss, R., et al. (2014). Prenatal air pollution exposure and ultrasound measures of fetal growth in Los Angeles, California. *Environmental Research, 130*, 7–13.

Rivas-Drake, D., Seaton, E. K., Markstrom, C., Quintana, S., Syed, M., Lee, R. M., et al. (2014). Ethnic and racial identity in adolescence: Implications for psychosocial, academic, and health outcomes. *Child Development, 85*, 40–57.

Rivkees, S. A. (2003). Developing circadian rhythmicity in infants. *Pediatrics, 112*, 373–381.

Rizza, W., Veronese, N., & Fontana, L. (2014). What are the roles of calorie restriction and diet quality in promoting healthy longevity? *Ageing Research Reviews, 13*, 38–45.

Rizzoli, R., Abraham, C., & Brandi, M. L. (2014). Nutrition and bone health: Turning knowledge and beliefs into healthy behavior. *Current Medical Research and Opinion, 30,* 131–141.

Roben, C. K. P., Bass, A. J., Moore, G. A., Murray-Kolb, L., Tan, P. Z., Gilmore, R. O., et al. (2012). Let me go: The influences of crawling experience and temperament on the development of anger expression. *Infancy, 17,* 558–577.

Robert, L., Labat-Robert, J., & Robert, A.-M. (2009). Physiology of skin aging. *Pathologie Biologie, 57,* 336–341.

Roberto, K. A. (2016a). Abusive relationships in late life. In L. K. George & K. F. Ferraro (Eds.), *Handbook of aging and the social sciences* (8th ed., pp. 337–355). New York: Academic Press.

Roberto, K. A. (2016b). The complexities of elder abuse. *American Psychologist, 71,* 302–311.

Roberto, K. A., & Jarrott, S. E. (2008). Family caregivers of older adults: A life span perspective. *Family Relations, 57,* 100–111.

Roberto, K. A., Teaster, P. B., McPherson, M., Mancini, J. A., & Savla, J. (2015). A community capacity framework for enhancing a criminal justice response to elder abuse. *Journal of Criminal Justice, 38,* 9–26.

Roberts, B. W., & DelVecchio, W. E. (2000). The rank-order consistency of personality traits from childhood to old age: A quantitative review of longitudinal studies. *Psychological Bulletin, 126,* 3–25.

Roberts, B. W., Kuncel, N., Shiner, R., Caspi, A., & Goldberg, L. R. (2007). The power of personality: A comparative analysis of the predictive validity of personality traits, SES, and IQ. *Perspectives on Psychological Science, 2,* 313–345.

Roberts, B. W., & Mroczek, D. (2008). Personality and trait change in adulthood. *Current Directions in Psychological Science, 17,* 31–35.

Roberts, B. W., Walton, K. E., & Viechtbauer, W. (2006). Patterns of mean-level change in personality traits across the life course: A meta-analysis of longitudinal studies. *Psychological Bulletin, 132,* 3–25.

Roberts, D. F., Foehr, U. G., & Rideout, V. (2005). *Generation M: Media in the lives of 8–18 year olds.* Menlo Park, CA: Henry J. Kaiser Family Foundation.

Roberts, D. F., Henriksen, L., & Foehr, U. G. (2009). Adolescence, adolescents, and media. In R. M. Lerner & L. Steinberg (Eds.), *Handbook of adolescent psychology: Vol. 2. Contextual influences on adolescent development* (3rd ed., pp. 314–344). Hoboken, NJ: Wiley.

Roberts, H., & Hickey, M. (2016). Managing the menopause: An update. *Maturitas, 86,* 53–58.

Roberts, J. E., Burchinal, M. R., & Durham, M. (1999). Parents' report of vocabulary and grammatical development of American preschoolers: Child and environment associations. *Child Development, 70,* 92–106.

Robertson, J. (2008). Stepfathers in families. In J. Pryor (Ed.), *International handbook of stepfamilies: Policy and practice in legal, research, and clinical environments* (pp. 125–150). Hoboken, NJ: Wiley.

Robine, J.-M., & Allard, M. (1999). Jeanne Louise Calment: Validation of the duration of her life. In B. Jeune & J. W. Vaupel (Ed.), *Validation of exceptional longevity.* Odense, Denmark: Odense University Press.

Robins, R. W., Tracy, J. L., Trzesniewski, K., Potter, J., & Gosling, S. D. (2001). Personality correlates of self-esteem. *Journal of Research in Personality, 35,* 463–482.

Robins, R. W., & Trzesniewski, K. H. (2005). Self-esteem development across the lifespan. *Current Directions in Psychological Science, 14,* 158–162.

Robinson, C. C., Anderson, G. T., Porter, C. L., Hart, C. H., & Wouden-Miller, M. (2003). Sequential transition patterns of preschoolers' social interactions during child-initiated play: Is parallel-aware play a bi-directional bridge to other play states? *Early Childhood Research Quarterly, 18,* 3–21.

Robinson, G. E. (2015). Controversies about the use of antidepressants in pregnancy. *Journal of Nervous and Mental Disease, 203,* 159–163.

Robinson, K. M. (2010). Policy issues in mental health among the elderly. *Nursing Clinics of North America, 45,* 627–634.

Robinson, S., Goddard, L., Dritschel, B., Wisley, M., & Howlin, P. (2009). Executive functions in children with autism spectrum disorders. *Brain and Cognition, 71,* 362–368.

Robinson-Cimpian, J. P., Lubienski, S. T., Ganley, C. M., & Copur-Gencturk, Y. (2014). Teachers' perceptions of students' mathematics proficiency may exacerbate early gender gaps in achievement. *Developmental Psychology, 50,* 1262–1281.

Robinson-Zañartu, C., & Carlson, J. (2013). Dynamic assessment. In K. F. Geisinger (Ed.), *APA handbook of testing and assessment in psychology: Vol. 3. Testing and assessment in school psychology and education* (pp. 149–168). Washington, DC: American Psychological Association.

Rocha, N. A. C. F., de Campos, A. C., Silva, F. P. dos Santos, & Tudella, E. (2013). Adaptive actions of young infants in the task of reaching for objects. *Developmental Psychobiology, 55,* 275–282.

Rochat, P. (1989). Object manipulation and exploration in 2- to 5-month-old infants. *Developmental Psychology, 25,* 871–884.

Rochat, P. (1998). Self-perception and action in infancy. *Experimental Brain Research, 123,* 102–109.

Rochat, P. (2013). Self-conceptualizing in development. In P. Zelazo (Ed.), *Oxford handbook of developmental psychology* (Vol. 2, pp. 378–397). New York: Oxford University Press.

Rochat, P., & Goubet, N. (1995). Development of sitting and reaching in 5- to 6-month-old infants. *Infant Behavior and Development, 18,* 53–68.

Rochat, P., & Hespos, S. J. (1997). Differential rooting responses by neonates: Evidence for an early sense of self. *Early Development and Parenting, 6,* 105–112.

Rochat, P., & Striano, T. (2002). Who's in the mirror? Self-other discrimination in specular images by four- and nine-month-old infants. *Infant and Child Development, 11,* 289–303.

Roche, K. M., Ensminger, M. E., & Cherlin, A. J. (2007). Variations in parenting and adolescent outcomes among African American and Latino families living in low-income, urban areas. *Journal of Family Issues, 28,* 882–909.

Roche, L., MacCann, C., & Croot, K. (2016). Predictive factors for the uptake of coping strategies by spousal dementia caregivers: A systematic review. *Alzheimer Disease & Associated Disorders, 30,* 80–91.

Rochelle, T. L., Yeung, D. K. Y., Bond, M. H., & Li, L. M. (2015). Predictors of the gender gap in life expectancy across 54 nations. *Psychology, Health & Medicine, 20,* 129–138.

Rodgers, J. L., & Wänström, L. (2007). Identification of a Flynn effect in the NLSY: Moving from the center to the boundaries. *Intelligence, 35,* 187–196.

Rodkin, P. C., Farmer, T. W., Pearl, R., & Van Acker, R. (2006). They're cool: Social status and peer group supports for aggressive boys and girls. *Social Development, 15,* 175–204.

Rodrigue, K. M., & Kennedy, K. M. (2011). The cognitive consequences of structural changes to the aging brain. In K. W. Schaie & S. L. Willis (Eds.), *Handbook of the psychology of aging* (7th ed., pp. 73–91). San Diego, CA: Academic Press.

Rodríguez, B., & López, M. J. R. (2011). El "nido repleto": La resolución de conflictos familiares cuando los hijos mayores se quedan en el hogar. [The "full nest": The resolution of family conflicts when older children remain in the home.] *Cultura y Educación, 23,* 89–104.

Rodriguez, E. M., Dunn, M. J., & Compas, B. E. (2012). Cancer-related sources of stress for children with cancer and their parents. *Journal of Pediatric Psychology, 37,* 185–197.

Roelfsema, N. M., Hop, W. C., Boito, S. M., & Wladimiroff, J. W. (2004). Three-dimensional sonographic measurement of normal fetal brain volume during the second half of pregnancy. *American Journal of Obstetrics and Gynecology, 190,* 275–280.

Roeser, R. W., Eccles, J. S., & Freedman-Doan, C. (1999). Academic functioning and mental health in adolescence: Patterns, progressions, and routes from childhood. *Journal of Adolescent Research, 14,* 135–174.

Rogoff, B. (2003). *The cultural nature of human development.* New York: Oxford University Press.

Rogoff, B., Correa-Chavez, M., & Silva, K. G. (2011). Cultural variation in children's attention and learning. In M. A. Gernsbacher, R. W. Pew, L. M. Hough, & J. R. Pomerantz (Eds.), *Psychology and the real world: Essays illustrating fundamental contributions to society* (pp. 154–163). New York: Worth.

Rogol, A. D., Roemmich, J. N., & Clark, P. A. (2002). Growth at puberty. *Journal of Adolescent Health, 31,* 192–200.

Rohde, P., Stice, E., & Marti, C. N. (2014). Development and predictive effects of eating disorder risk factors during adolescence: Implications for prevention efforts. *International Journal of Eating Disorders, 47,* 187–198.

Rohner, R. P., & Veneziano, R. A. (2001). The importance of father love: History and contemporary evidence. *Review of General Psychology, 5,* 382–405.

Roid, G. (2003). *The Stanford-Binet Intelligence Scales, Fifth Edition, interpretive manual.* Itasca, IL: Riverside Publishing.

Roid, G. H., & Pomplun, M. (2012). The Stanford-Binet Intelligence Scales, Fifth Edition. In D. P. Flanagan & P. L. Harrison (Eds.), *Contemporary intellectual assessment: Theories, tests and issues* (pp. 249–268). New York: Guilford.

Roisman, G. I., & Fraley, R. C. (2008). Behavior-genetic study of parenting quality, infant-attachment security, and their covariation in a nationally representative sample. *Developmental Psychology, 44,* 831–839.

Roisman, G. I., Madsen, S. D., Hennighausen, K. H., Sroufe, L. A., & Collins, W. A. (2001). The coherence of dyadic behavior across parent–child and romantic relationships as mediated by the internalized representation of experience. *Attachment and Human Development, 3,* 156–172.

Roisman, R., & Fraley, C. (2006). The limits of genetic influence: A behavior-genetic analysis of infant–caregiver relationship quality and temperament. *Child Development, 77,* 1656–1667.

Rokach, R., Cohen, O., & Dreman, S. (2004). Who pulls the trigger? Who initiates divorce among over 45-year-olds. *Journal of Divorce and Remarriage, 42,* 61–83.

Romano, E., Babchishin, L., Pagani, L. S., & Kohen, D. (2010). School readiness and later achievement: Replication and extension using a nationwide Canadian survey. *Developmental Psychology, 46,* 995–1007.

Roman-Rodriguez, C. F., Toussaint, T., Sherlock, D. J., Fogel, J., & Hsu, C.-D. (2014). Preemptive penile ring block with sucrose analgesia reduces pain response to neonatal circumcision. *Urology, 83,* 893–898.

Romero, A. J., & Roberts, R. E. (2003). The impact of multiple dimensions of ethnic identity on discrimination and adolescents' self-esteem. *Journal of Applied Social Psychology, 33,* 2288–2305.

Ronald, A., & Hoekstra, R. (2014). Progress in understanding the causes of autism spectrum disorders and autistic traits: Twin studies from 1977 to the present day. In S. H. Rhee & A. Ronald (Eds.), *Advances in Behavior Genetics* (Vol. 2, pp. 33–65). New York: Springer.

Rönnqvist, L., & Domellöf, E. (2006). Quantitative assessment of right and left reaching movements in infants: A longitudinal study from 6 to 36 months. *Developmental Psychobiology, 48,* 444–459.

Roopnarine, J. L., & Evans, M. E. (2007). Family structural organization, mother–child and father–child relationships and psychological outcomes in English-speaking African Caribbean and Indo Caribbean families. In M. Sutherland (Ed.), *Psychological of development in the Caribbean*. Kingston, Jamaica: Ian Randle.

Roopnarine, J. L., Hossain, Z., Gill, P., & Brophy, H. (1994). Play in the East Indian context. In J. L. Roopnarine, J. E. Johnson, & F. H. Hooper (Eds.), *Children's play in diverse cultures* (pp. 9–30). Albany: State University of New York Press.

Røsand, G.-M. B., Slinning, K., Røysamb, E., & Tambs, K. (2014). Relationship dissatisfaction and other risk factors for future relationship dissolution: A population-based study of 18,523 couples. *Social Psychiatry and Psychiatric Epidemiology, 49,* 109–119.

Rosario, M., & Schrimshaw, E. W. (2013). The sexual identity development and health of lesbian, gay, and bisexual adolescents: An ecological perspective. In C. J. Patterson & A. R. D'Augelli (Eds.), *Handbook of psychology and sexual orientation*. New York: Oxford University Press.

Rose, A. J., Schwartz-Mette, R. A., Glick, G. C., & Smith, R. (2014). An observational study of co-rumination in adolescent friendships. *Developmental Psychology, 50,* 2199–2209.

Rose, A. J., Swenson, L. P., & Waller, E. M. (2004). Overt and relational aggression and perceived popularity: Developmental differences in concurrent and prospective relations. *Developmental Psychology, 40,* 378–387.

Rose, S. A., Jankowski, J. J., & Senior, G. J. (1997). Infants' recognition of contour-deleted figures. *Journal of Experimental Psychology: Human Perception and Performance, 23,* 1206–1216.

Roseberry, S., Hirsh-Pasek, K., & Golinkoff, R. M. (2014). Skype me! Socially contingent interactions help toddlers learn language. *Child Development, 85,* 956–970.

Rosen, A. B., & Rozin, P. (1993). Now you see it, now you don't: The preschool child's conception of invisible particles in the context of dissolving. *Developmental Psychology, 29,* 300–311.

Rosen, C. S., & Cohen, M. (2010). Subgroups of New York City children at high risk of PTSD after the September 11 attacks: A signal detection analysis. *Psychiatric Services, 61,* 64–69.

Rosen, D. (2003). Eating disorders in children and young adolescents: Etiology, classification, clinical features, and treatment. *Adolescent Medicine: State of the Art Reviews, 14,* 49–59.

Rosen, L. D., Carrier, L. M., & Cheever, N. A. (2013). Facebook and texting made me do it: Media-induced task-switching while studying. *Computers in Human Behavior, 29,* 948–958.

Rosen, S., Bergman, M., & Plester, D. (1962). Presbycusis study of a relatively noise-free population in the Sudan. *Transactions of the American Otological Society, 50,* 135–152.

Rosenbaum, J. E. (2009). Patient teenagers? A comparison of the sexual behavior of virginity pledgers and matched nonpledgers. *Pediatrics, 123,* e110–e120.

Rosenblatt, P. C. (2008). Grief across cultures: A review and research agenda. In M. S. Stroebe, R. O. Hansson, H. Schut, & W. Stroebe (Eds.), *Handbook of bereavement research and practice* (pp. 207–222). Washington, DC: American Psychological Association.

Rosengren, K., Gutiérrez, I. T., & Schein, S. S. (2014). Cognitive dimensions of death in context. In K. Rosengren, P. J. Miller, I. T. Guiérrez, P. I. Chow, S. S. Schein, & K. N. Anderson (Eds.), Children's understanding of death: Toward a contextualized, integrated account. *Monographs of the Society for Research in Child Development, 79*(1, Serial No. 312), pp. 62–82.

Rosenman, R. H., Brand, R. J., Jenkins, C. D., Friedman, M., Strauss, R., & Wurm, M. (1975). Coronary heart disease in the Western Collaborative Group Study: Final follow-up experience of 8½ years. *JAMA, 223,* 872–877.

Rosenstein, D. L. (2011). Depression and end-of-life care for patients with cancer. *Dialogues in Clinical Neuroscience, 13,* 101–108.

Roseth, C. J., Pellegrini, A. D., Bohn, C. M., van Ryzin, M., & Vance, N. (2007). Preschoolers' aggression, affiliation, and social dominance relationships: An observational, longitudinal study. *Journal of School Psychology, 45,* 479–497.

Roskos, K. A., & Christie, J. F. (2013). Gaining ground in understanding the play–literacy relationship. *American Journal of Play, 6,* 82–97.

Ross, C. E., & Mirowsky, J. (2012). The sense of personal control: Social structural causes and emotional consequences. In C. S. Aneschensel, J. C. Phelan, & A. Bierman (Eds.), *Handbook of the sociology of mental health* (2nd ed., pp. 379–402). New York: Springer.

Ross, J. L., Roeltgen, D. P., Kushner, H., Zinn, A. R., Reiss, A., Bardsley, M. Z., et al. (2012). Behavioral and social phenotypes in boys with 47, XYY syndrome or 47, XXY Klinefelter syndrome. *Pediatrics, 129,* 769–778.

Ross, N., Medin, D. L., Coley, J. D., & Atran, S. (2003). Cultural and experiential differences in the development of folkbiological induction. *Cognitive Development, 18,* 25–47.

Rossen, E. K., Knafl, K. A., & Flood, M. (2008). Older women's perceptions of successful aging. *Activities, Adaptation and Aging, 32,* 73–88.

Rossi, A. S. (Ed.). (2001). *Caring and doing for others: Social responsibility in the domains of family, work, and community*. Chicago: University of Chicago Press.

Rossi, A. S. (2004a). The menopausal transition and aging processes. In O. G. Brim, C. D. Ryff, & R. C. Kessler (Eds.), *How healthy are we? A national study of well-being at midlife* (pp. 153–201). Chicago: University of Chicago Press.

Rossi, A. S. (2004b). Social responsibility to family and community. In O. G. Brim, C. D. Ryff, & R. C. Kessler (Eds.), *How healthy are we? A national study of well-being at midlife* (pp. 550–585). Chicago: University of Chicago Press.

Rossi, B. V. (2014). Donor insemination. In J. M. Goldfarb (Ed.), *Third-party reproduction* (pp. 133–142). New York: Springer.

Rostan, S. M. (1994). Problem finding, problem solving, and cognitive controls: An empirical investigation of critically acclaimed productivity. *Creativity Research Journal, 7,* 97–110.

Rostgaard, T. (2012). Quality reforms in Danish home care—balancing between standardisation and individualisation. *Health & Social Care in the Community, 20,* 247–254.

Roszel, E. L. (2015). Central nervous system deficits in fetal alcohol spectrum disorder. *Nurse Practitioner, 40*(4), 24–33.

Rotblatt, L. J., Sumida, C. A., Van Etten, E. J., Turk, E. P., Tolentino, J. C., & Gilbert, P. E. (2015). Differences in temporal order memory among young, middle-aged, and older adults may depend on the level of interference. *Frontiers in Aging Neuroscience, 7:* Article 28.

Rote, W. M., & Smetana, J. G. (2015). Parenting, adolescent–parent relationships, and social domain theory: Implications for identity development. In K. C. McLean & M. Syed (Eds.), *Oxford handbook of identity development* (pp. 437–453). New York: Oxford University Press.

Roth, D. L., Dilworth-Anderson, P., Huang, J., Gross, A. L., & Gitlin, L. N. (2015). Positive aspects of family caregiving for dementia: Differential item functioning by race. *Journals of Gerontology, 70B,* 813–819.

Roth, D. L., Skarupski, K. A., Crews, D. C., Howard, V. J., & Locher, J. L. (2016). Distinct age and self-rated health crossover mortality effects for African Americans: Evidence from a national cohort study. *Social Science & Medicine, 156,* 12–20.

Rothbart, M. K. (2003). Temperament and the pursuit of an integrated developmental psychology. *Merrill-Palmer Quarterly, 50,* 492–505.

Rothbart, M. K. (2011). *Becoming who we are: Temperament and personality in development*. New York: Guilford.

Rothbart, M. K., Ahadi, S. A., & Evans, D. E. (2000). Temperament and personality: Origins and outcome. *Journal of Personality and Social Psychology, 78,* 122–135.

Rothbart, M. K., & Bates, J. E. (2006). Temperament. In N. Eisenberg (Ed.), *Handbook of child psychology: Vol. 3. Social, emotional, and personality development* (6th ed., pp. 99–166). Hoboken, NJ: Wiley.

Rothbart, M. K., Posner, M. I., & Kieras, J. (2006). Temperament, attention, and the development of self-regulation. In K. McCartney & D. Phillips (Eds.), *Blackwell handbook of early childhood development* (pp. 338–357). Malden, MA: Blackwell.

Rothbaum, F., Morelli, G., & Rusk, N. (2011). Attachment, learning, and coping: The interplay of cultural similarities and differences. In M. J. Gelfand, C.-Y. Chiu, & Y.-Y. Horng (Eds.), *Advances in culture and psychology* (pp. 153–215). Oxford, UK: Oxford University Press.

Rothman, S. M., & Mattson, M. P. (2012). Sleep disturbances in Alzheimer's and Parkinson's diseases. *Neuromolecular Medicine, 14,* 194–204.

Rouselle, L., Palmers, E., & Noël, M.-P. (2004). Magnitude comparison in preschoolers: What counts? Influence of perceptual variables. *Journal of Experimental Child Psychology, 87,* 57–84.

Routledge, C., & Juhl, J. (2010). When death thoughts lead to death fears: Mortality salience increases death anxiety for individuals who lack meaning in life. *Cognition and Emotion, 24,* 848–854.

Rovee-Collier, C. K. (1999). The development of infant memory. *Current Directions in Psychological Science, 8,* 80–85.

Rovee-Collier, C. K., & Barr, R. (2001). Infant learning and memory. In G. Bremner & A. Fogel (Eds.), *Blackwell handbook of infant development* (pp. 139–168). Oxford, UK: Blackwell.

Rovee-Collier, C. K., & Bhatt, R. S. (1993). Evidence of long-term memory in infancy. *Annals of Child Development, 9,* 1–45.

Rovee-Collier, C., & Cuevas, K. (2009a). The development of infant memory. In M. Courage & N. Cowan (Eds.), *The development of memory in infancy and childhood* (pp. 11–41). Hove, UK: Psychology Press.

Rowe, M. L. (2008). Child-directed speech: Relation to socioeconomic status, knowledge of child development and child vocabulary skill. *Journal of Child Language, 35,* 185–205.

Rowe, M. L., & Goldin-Meadow, S. (2009). Early gesture selectively predicts later language learning. *Developmental Science, 12,* 182–187.

Rowe, M. L., Raudenbush, S. W., & Goldin-Meadow, S. (2012). The pace of vocabulary growth helps predict later vocabulary skill. *Child Development, 83,* 508–525.

Rowland, C. F. (2007). Explaining errors in children's questions. *Cognition, 104,* 106–134.

Rowland, C. F., & Pine, J. M. (2000). Subject-auxiliary inversion errors and wh-question acquisition: "What children do know?" *Journal of Child Language, 27,* 157–181.

Rowley, S. J., Kurtz-Costes, B., Mistry, R., & Feagans, L. (2007). Social status as a predictor of race and gender stereotypes in late childhood and early adolescence. *Social Development, 16,* 150–168.

Roy, K. M., & Lucas, K. (2006). Generativity as second chance: Low-income fathers and transformation of the difficult past. *Research in Human Development, 3,* 139–159.

Rozen, G. S. (2012). Healthy eating among adolescents. In Y. Latzer & O. Tzischinsky (Eds.), *The dance of sleeping and eating among adolescents: Normal and pathological perspectives* (pp. 3–15). New York: Nova Science Publishers.

Rubens, D., & Sarnat, H. B. (2013). Sudden infant death syndrome: An update and new perspectives of etiology. *Handbook of Clinical Neurology, 112,* 867–874.

Rubenstein, L. Z., Stevens, J. A., & Scott, V. (2008). Interventions to prevent falls among older adults. In L. S. Doll, S. E. Bonzo, D. A. Sleet, J. A. Mercy, & E. N. Haas (Eds.), *Handbook of injury and violence prevention* (pp. 37–53). New York: Springer.

Rubin, C., Maisonet, M., Kieszak, S., Monteilh, C., Holmes A., Flanders, D., et al. (2009). Timing of maturation and predictors of menarche in girls enrolled in a contemporary British cohort. *Paediatric and Perinatal Epidemiology, 23,* 492–504.

Rubin, D., Downes, K., O'Reilly, A., Mekonnen, R., Luan, X., & Localio, R. (2008). Impact of kinship care on behavioral well-being for children in out of home care. *Archives of Pediatrics and Adolescent Medicine, 162,* 550–556.

Rubin, D. M., O'Reilly, A. L., Luan, X., Dai, D., Localio, A. R., et al. (2011). Variation in pregnancy outcomes following statewide implementation of a prenatal home visitation program. *Archives of Pediatrics and Adolescent Medicine, 165,* 198–204.

Rubin, K. H., Bowker, J. C., McDonald, K. L., & Menzer, M. (2013). Peer relationships in childhood. In P. D. Zelazo (Ed.), *Oxford handbook of developmental psychology: Vol. 2. Self and other* (pp. 242–275). New York: Oxford University Press.

Rubin, K. H., Bukowski, W. M., & Parker, J. G. (2006). Peer interactions, relationships, and groups. In N. Eisenberg (Ed.), *Handbook of child psychology: Vol. 3. Social, emotional, and personality development* (6th ed., pp. 571–645). Hoboken, NJ: Wiley.

Rubin, K. H., & Burgess, K. B. (2002). Parents of aggressive and withdrawn children. In M. Bornstein (Ed.), *Handbook of parenting* (2nd ed., pp. 383–418). Hillsdale, NJ: Erlbaum.

Rubin, K. H., Coplan, R. J., & Bowker, J. C. (2009). Social withdrawal in childhood. *Annual Review of Psychology, 60,* 141–171.

Rubin, K. H., Fein, G. G., & Vandenberg, B. (1983). Play. In E. M. Hetherington (Ed.), *Handbook of child psychology: Vol. 4. Socialization, personality, and social development* (4th ed., pp. 693–744). New York: Wiley.

Rubin, K. H., Watson, K. S., & Jambor, T. W. (1978). Free-play behaviors in preschool and kindergarten children. *Child Development, 49,* 539–536.

Rubin, S. E., & Wooten, H. R. (2007). Highly educated stay-at-home mothers: A study of commitment and conflict. *Counseling and Therapy for Couples and Families, 15,* 336–345.

Ruble, D. N., Alvarez, J., Bachman, M., Cameron, J., Fuligni, A., García Coll, C., & Rhee, E. (2004). The development of a sense of "we": The emergence and implications of children's collective identity. In M. Bennett & F. Sani (Eds.), *The development of the social self* (pp. 29–76). Hove, UK: Psychology Press.

Ruble, D. N., Taylor, L. J., Cyphers, L., Greulich, F. K., Lurye, L. E., & Shrout, P. E. (2007). The role of gender constancy in early gender development. *Child Development, 78,* 1121–1136.

Ruck, M. D., Park, H., Killen, M., & Crystal, D. S. (2011). Intergroup contact and evaluations of race-based exclusion in urban minority children and adolescents. *Journal of Youth and Adolescence, 40,* 633–643.

Rudolph, C. W., & Toomey, E. (2016). Bridge employment. In S. K. Whitbourne (Ed.), *Encyclopedia of adulthood and aging* (Vol. 1, pp. 135–138). Malden, MA: Wiley Blackwell.

Rudolph, K. D., Caldwell, M. S., & Conley, C. S. (2005). Need for approval and children's well-being. *Child Development, 76,* 309–323.

Rueda, H. A., Lindsay, M., & Williams, L. R. (2015). "She posted it on Facebook": Mexican American adolescents' experiences with technology and romantic relationship conflict. *Journal of Adolescent Research, 30,* 419–445.

Ruedinger, E., & Cox, J. E. (2012). Adolescent childbearing: Consequences and interventions. *Current Opinions in Pediatrics, 24,* 446–452.

Ruff, H. A., & Capozzoli, M. C. (2003). Development of attention and distractibility in the first 4 years of life. *Developmental Psychology, 39,* 877–890.

Ruffman, T., & Langman, L. (2002). Infants' reaching in a multi-well A not B task. *Infant Behavior and Development, 25,* 237–246.

Ruffman, T., Perner, J., Olson, D. R., & Doherty, M. (1993). Reflecting on scientific thinking: Children's understanding of the hypothesis–evidence relation. *Child Development, 64,* 1617–1636.

Ruffman, T., Slade, L., Devitt, K., & Crowe, E. (2006). What mothers say and what they do: The relation between parenting, theory of mind, language, and conflict/cooperation. *British Journal of Developmental Psychology, 24,* 105–124.

Runco, M. A. (1992). Children's divergent thinking and creative ideation. *Developmental Review, 12,* 233–264.

Runco, M. A., Cramond, B., & Pagnani, A. R. (2010). Gender and creativity. In J. C. Chrisler & D. R. McCreary (Eds.), *Handbook of gender research in psychology* (Vol. 1, pp. 343–357). New York: Springer.

Rushton, J. P. (2012). No narrowing in mean black–white IQ differences—predicted by heritable g. *American Psychologist, 67,* 500–501.

Rushton, J. P., & Bons, T. A. (2005). Mate choice and friendship in twins. *Psychological Science, 16,* 555–559.

Rushton, J. P., & Jensen, A. R. (2006). The totality of available evidence shows the race IQ gap still remains. *Psychological Science, 17,* 921–924.

Rushton, J. P., & Jensen, A. R. (2010). The rise and fall of the Flynn effect as a reason to expect a narrowing of the black–white IQ gap. *Intelligence, 38,* 213–219.

Russac, R. J., Gatliff, C., Reece, M., & Spottswood, D. (2007). Death anxiety across the adult years: An examination of age and gender effects. *Death Studies, 31,* 549–561.

Russell, A. (2014). Parent–child relationships and influences. In P. K. Smith & C. H. Hart (Eds.), *Wiley-Blackwell handbook of childhood social development* (2nd ed., pp. 337–355). Malden, MA: Wiley-Blackwell.

Russell, A., Mize, J., & Bissaker, K. (2004). Parent–child relationships. In P. K. Smith & C. H. Hart (Eds.), *Blackwell handbook of childhood social development* (pp. 204–222). Malden, MA: Blackwell.

Russell, S. T., & Muraco, J. A. (2013). Representative data sets to study LGBT-parent families. In A. E. Goldberg & K. R. Allen (Eds.), *LGBT-parent families: Innovations in research and implications for practice* (pp. 343–356). New York: Springer.

Russo, A., Semeraro, F., Romano, M. R., Mastropasqua, R., Dell'Omo, R., & Costagliola, C. (2014). Myopia onset and progression: Can it be prevented? *International Ophthalmology, 34,* 693–705.

Ruthsatz, J., & Urbach, J. B. (2012). Child prodigy: A novel cognitive profile places elevated general intelligence, exceptional working memory and attention to detail at the root of prodigiousness. *Intelligence, 40,* 419–426.

Rutland, A., Killen, M., & Abrams, D. (2010). A new social-cognitive developmental perspective on prejudice: The interplay between morality and group identity. *Perspectives on Psychological Science, 5,* 279–291.

Rutter, M. (2011). Biological and experiential influences on psychological development. In D. P. Keating (Ed.), *Nature and nurture in early child development* (pp. 7–44). New York: Cambridge University Press.

Rutter, M., Colvert, E., Kreppner, J., Beckett, C., Castle, J., & Groothues, C. (2007). Early adolescent outcomes for institutionally deprived and nondeprived adoptees. I: Disinhibited attachment. *Journal of Child Psychology and Psychiatry, 48,* 17–30.

Rutter, M., & the English and Romanian Adoptees Study Team. (1998). Developmental catch-up, and deficit, following adoption after severe global early privation. *Journal of Child Psychology and Psychiatry, 39,* 465–476.

Rutter, M., O'Connor, T. G., & English and Romanian Adoptees (ERA) Study Team. (2004). Are there biological programming effects for psychological development? Findings from a study of Romanian adoptees. *Developmental Psychology, 40,* 81–94.

Rutter, M., Sonuga-Barke, E. J, Beckett, C., Castle, J., Kreppner, J., Kumsta, R., et al. (2010). Deprivation-specific psychological patterns: Effects of institutional deprivation. *Monographs of the Society for Research in Child Development, 75*(1, Serial No. 295), 48–78.

Ryan, A. M., Shim, S. S., & Makara, K. A. (2013). Changes in academic adjustment and relational self-worth across the transition to middle school. *Journal of Youth and Adolescence, 42,* 1372–1384.

Ryan, M. K., David, B., & Reynolds, K. J. (2004). Who cares? The effect of gender and context on the self and moral reasoning. *Psychology of Women Quarterly, 28,* 246–255.

Rybash, J. M., & Hrubi-Bopp, K. L. (2000). Isolating the neural mechanisms of age-related changes in human working memory. *Nature Neuroscience, 3,* 509–515.

Ryding, M., Konradsson, K., Kalm, O., & Prellner, K. (2002). Auditory consequences of recurrent acute purulent otitis media. *Annals of Otology, Rhinology, and Laryngology, 111*(3, Pt. 1), 261–266.

Ryff, C. D., Friedman, E., Fuller-Rowell, T., Love, G., Miyamoto, Y., Morozink, J., et al. (2012). Varieties of resilience in MIDUS. *Social and Personality Psychology Compass, 6,* 792–806.

Ryff, C. D., & Keyes, C. L. M. (1995). The structure of psychological well-being revisited. *Journal of Personality and Social Psychology, 69,* 719–727.

Ryff, C. D., Singer, B. H., & Seltzer, M. M. (2002). Pathways through challenge: Implications for well-being and health. In L. Pulkkinen & A. Caspi (Eds.), *Paths to successful development* (pp. 302–328). Cambridge, UK: Cambridge University Press.

Rynearson, E. K., & Salloum, A. (2011). Restorative retelling: Revising the narrative of violent death. In R. A. Neimeyer, D. L. Harris, H. R. Winokuer, & G. F. Thornton (Eds.), *Grief and bereavement in contemporary society: Bridging research and practice* (pp. 177–188). New York: Routledge.

S

Saarni, C., Campos, J. J., Camras, L. A., & Witherington, D. (2006). Emotional development: Action, communication, and understanding. In N. Eisenberg (Ed.), *Handbook of child psychology: Vol. 3. Social, emotional, and personality development* (6th ed., pp. 226–299). Hoboken, NJ: Wiley.

Sabo, D., and Veliz, P. (2011). *Progress without equity: The provision of high school athletic opportunity in the United States, by gender 1993–94 through 2005–06.* East Meadow, NY: Women's Sports Foundation.

Sacks, D. W., Stevenson, B., & Wolfers, J. (2012). The new stylized facts about income and subjective well-being. *Emotion, 12,* 1181–1187.

Sadeh, A. (1997). Sleep and melatonin in infants: A preliminary study. *Sleep, 20,* 185–191.

Sadler, P., Ethier, N., & Woody, E. (2011). Interpersonal complementarity. In L. M. Horowitz & S. Strack

(Eds.), *Handbook of interpersonal psychology* (pp. 123–156). Hoboken, NJ: Wiley.

Sadler, P. M., Sonnert, G., Hazari, Z., & Tai, R. (2012). Stability and volatility of STEM career interest in high school: A gender study. *Science Education, 96,* 411–427.

Sadler, T. W. (2014). *Langman's medical embryology* (13th ed.). Baltimore, MD: Lippincott Williams & Wilkins.

Safe Kids Worldwide. (2011). *A look inside American family vehicles: National study of 79,000 car seats, 2009–2010.* Retrieved from www.safekids.org/assets/docs/safety-basics/safety-tips-by-risk-area/sk-car-seat-report-2011.pdf

Safe Kids Worldwide. (2015). *Overview of childhood injury morbidity and mortality in the U.S.: Fact sheet 2015.* Retrieved from www.safekids.org/sites/default/files/documents/skw_overview_fact_sheet_november_2014.pdf

Saffran, J. R. (2009). Acquiring grammatical patterns: Constraints on learning. In J. Colombo, P. McCardle, & L. Freund (Eds.), *Infant pathways to language: Methods, models, and research disorders* (pp. 31–47). New York: Psychology Press.

Saffran, J. R., Aslin, R. N., & Newport, E. L. (1996). Statistical learning by 8-month-old infants. *Science, 27,* 1926–1928.

Saffran, J. R., & Thiessen, E. D. (2003). Pattern induction by infant language learners. *Developmental Psychology, 39,* 484–494.

Saffran, J. R., Werker, J. F., & Werner, L. A. (2006). The infant's auditory world: Hearing, speech, and the beginnings of language. In D. Kuhn & R. Siegler (Eds.), *Handbook of child psychology: Vol. 2. Cognition, perception, and language* (6th ed., pp. 58–108). Hoboken, NJ: Wiley.

Safren, S. A., & Pantalone, D. W. (2006). Social anxiety and barriers to resilience among lesbian, gay, and bisexual adolescents. In A. M. Omoto & H. S. Kurtzman (Eds.*), Sexual orientation and mental health: Examining identity and development in lesbian, gay, and bisexual young people* (pp. 55–71). Washington, DC: American Psychological Association.

Sagare, A. P., Bell, R. D., Zhao, Z., Ma, Q., Winkler, E. A., Ramanathan, A., & Zlokovic, B. V. (2013). Pericyte loss influences Alzheimer-like neurodegeneration in mice. *Nature Communications, 4,* 2932.

Saginak, K. A., & Saginak, M. A. (2005). Balancing work and family: Equity, gender, and marital satisfaction. *Counseling and Therapy for Couples and Families, 13,* 162–166.

Sahathevan, R., Brodtmann, A., & Donnan, G. (2011). Dementia, stroke, and vascular risk factors: A review. *International Journal of Stroke, 7,* 61–73.

Saito, Y., Auestad, R. A., & Waerness, K. (2010). *Meeting the challenges of elder care: Japan and Norway.* Kyoto, Japan: Kyoto University Press.

Saitta, N. M., & Hodge, S. D., Jr. (2013). What are the consequences of disregarding a "do not resuscitate directive" in the United States? *Medicine and Law, 32,* 441–458.

Sakraida, T. J. (2005). Divorce transition differences of midlife women. *Issues in Mental Health Nursing, 26,* 225–249.

Sala, P., Prefumo, F., Pastorino, D., Buffi, D., Gaggero, R., Foppiano, M., & De Biasio, P. (2014). Fetal surgery: An overview. *Obstetrical and Gynecological Survey, 69,* 218–228.

Salami, A., Eriksson, J., Nilsson, L.-G., & Nyberg, L. (2012). Age-related white matter microstructural differences partly mediate age-related decline in processing speed but not cognition. *Biochemica and Biophysica Acta, 1822,* 408–415.

Salami, S. O. (2010). Retirement context and psychological factors as predictors of well-being among retired teachers. *Europe's Journal of Psychology, 6,* 47–64.

Salari, S. (2011). Elder mistreatment. In R. A. Settersten, Jr., & J. L. Angel (Eds.), *Handbook of sociology of aging* (pp. 415–430). New York: Springer.

Salas-Wright, C. P., Vaughn, M. G., & Maynard, B. R. (2014). Religiosity and violence among adolescents in the United States: Findings from the National Survey on Drug Use and Health, 2006–2010. *Journal of Interpersonal Violence, 29,* 1178–1200.

Salas-Wright, C. P., Vaughn, M. G., & Maynard, B. R. (2015). Profiles of religiosity and their association with risk behavior among emerging adults in the United States. *Emerging Adulthood, 3,* 67–84.

Sale, A., Berardi, N., & Maffei, L. (2009). Enrich the environment to empower the brain. *Trends in Neurosciences, 32,* 233–239.

Salihu, H. M., Shumpert, M. N., Slay, M., Kirby, R. S., & Alexander, G. R. (2003). Childbearing beyond maternal age 50 and fetal outcomes in the United States. *Obstetrics and Gynecology, 102,* 1006–1014.

Salmivalli, C. (2010). Bullying and the peer group: A review. *Aggression and Violent Behavior, 15,* 112–120.

Salmivalli, C., & Voeten, M. (2004). Connections between attitudes, group norms, and behaviour in bullying situations. *International Journal of Behavioral Development, 28,* 246–258.

Salomo, D., & Liszkowski, U. (2013). Sociocultural settings influence the emergence of prelinguistic deictic gestures. *Child Development, 84,* 1296–1307.

Salomon, J. A., Wang, H., Freeman, M. K., Vos, T., Flaxman, A. D., Lopez, A. D., & Murray, C. J. (2012). Healthy life expectancy for 187 countries, 1990–2010: A systematic analysis for the Global Burden Disease Study 2010. *Lancet, 380,* 2144–2162.

Salomonis, N. (2014). Systems-level perspective of sudden infant death syndrome. *Pediatric Research, 76,* 220–229.

Salthouse, T. A. (1984). Effects of age and skill in typing. *Journal of Experimental Psychology: General, 113,* 345–371.

Salthouse, T. A. (2006). Aging of thought. In E. Bialystok & F. I. M. Craik (Eds.), *Lifespan cognition: Mechanisms of change* (pp. 274–284). New York: Oxford University Press.

Salthouse, T. A. (2011). Neuroanatomical substrates of age-related cognitive decline. *Psychological Bulletin, 137,* 753–784.

Salthouse, T. A., & Madden, D. J. (2008). Information processing speed and aging. In J. DeLuca & J. H. Kalmar (Eds.), *Information processing speed in clinical populations* (pp. 221–242). New York: Taylor & Francis.

Salvioli, S., Capri, M., Santoro, A., Raule, N., Sevini, F., & Lukas, S. (2008). The impact of mitochondrial DNA on human lifespan: A view from studies on centenarians. *Biotechnology Journal, 3,* 740–749.

Samarel, N. (1991). *Caring for life and death.* Washington, DC: Hemisphere.

Sampaio, R. C., & Truwit, C. L. (2001). Myelination in the developing human brain. In C. A. Nelson & M. Luciana (Eds.), *Handbook of developmental cognitive neuroscience* (pp. 35–44). Cambridge, MA: MIT Press.

Sampselle, C. M., Harris, V., Harlow, S. D., & Sowers, M. (2002). Midlife development and menopause in African-American and Caucasian women. *Health Care for Women International, 23,* 351–363.

Samuolis, J., Griffin, K. W., Williams, C., Cesario, B., & Botvin, G. J. (2013). Work intensity and substance use among adolescents employed part-time in entry-level jobs. In J. Merrick (Eds.), *Child and adolescent health yearbook, 2011* (pp. 81–88). Hauppauge, NY: Nova Biomedical Books.

Sanchis-Gomar, F., Perez-Quilis, C., Leischik, R., & Lucia, A. (2016). Epidemiology of coronary heart disease and acute coronary syndrome. *Annals of Translational Medicine, 4,* 256.

Sandberg-Thoma, S. E., Snyder, A., & Jang, B. J. (2015). Exiting and returning to the parental home for boomerang kids. *Journal of Marriage and Family, 77,* 806–818.

Sanders, O. (2006). *Evaluating the Keeping Ourselves Safe Programme.* Wellington, NZ: Youth Education Service, New Zealand Police. Retrieved from www.nzfvc.org.nz/accan/papers-presentations/abstract11v.shtml

Sandri, M., Protasi, F., Carraro, U., & Kern, H. (2014). Lifelong physical exercise delays age-associated skeletal muscle decline. *Journals of Gerontology, 70A,* 163–173.

Sandström, A., Rhodin, N., Lundberg, M., Olsson, T., & Nyberg, L. (2005). Impaired cognitive performance in patients with chronic burnout syndrome. *Biological Psychology, 69,* 271–279.

San Juan, V., & Astington, J. W. (2012). Bridging the gap between implicit and explicit understanding: How language development promotes the processing and representation of false belief. *British Journal of Developmental Psychology, 30,* 105–122.

Sann, C., & Streri, A. (2007). Perception of object shape and texture in human newborns: Evidence from cross-modal transfer tasks. *Developmental Science, 10,* 399–410.

Sansavini, A., Bertoncini, J., & Giovanelli, G. (1997). Newborns discriminate the rhythm of multisyllabic stressed words. *Developmental Psychology, 33,* 3–11.

Sarason, S. B. (1977). *Work, aging, and social change.* New York: Free Press.

Sarnecka, B. W., & Gelman, S. A. (2004). Six does not just mean a lot: Preschoolers see number words as specific. *Cognition, 92,* 329–352.

Sarnecka, B. W., & Wright, C. E. (2013). The idea of an exact number: Children's understanding of cardinality and equinumerosity. *Cognitive Science, 37,* 1493–1506.

Sasser-Coen, J. A. (1993). Qualitative changes in creativity in the second half of life: A life-span developmental perspective. *Journal of Creative Behavior, 27,* 18–27.

Satin, J. R., Linden, W., Phillips, M. J. (2009). Depression as a predictor of disease progression and mortality in cancer patients. *Cancer, 115,* 5349–5361.

Sattler, C., Toro, P., Schönknecht, P., & Schröder, J. (2012).Cognitive activity, education and socioeconomic status as preventive factors for mild cognitive impairment and Alzheimer's disease. *Psychiatry Research, 196,* 90–95.

Sattler, F. R. (2013). Growth hormone in the aging male. *Best Practice & Research Clinical Endocrinology & Metabolism, 27,* 541–555.

Saucier, J. F., Sylvestre, R., Doucet, H., Lambert, J., Frappier, J. Y., Charbonneau, L., & Malus, M. (2002). Cultural identity and adaptation to adolescence in Montreal. In F. J. C. Azima & N. Grizenko (Eds.), *Immigrant and refugee children and their families: Clinical, research, and training issues* (pp. 133–154). Madison, WI: International Universities Press.

Saudino, K. J. (2003). Parent ratings of infant temperament: Lessons from twin studies. *Infant Behavior and Development, 26,* 100–107.

Saudino, K. J., & Plomin, R. (1997). Cognitive and temperamental mediators of genetic contributions to the home environment during infancy. *Merrill-Palmer Quarterly, 43,* 1–23.

Saunders, B. E. (2012). Determining best practice for treating sexually victimized children. In P. Goodyear-Brown (Ed.), *Handbook of child sexual abuse: Identification, assessment, and treatment* (pp. 173–198). Hoboken, NJ: Wiley.

Sautter, J. M., Thomas, P. A., Dupre, M., & George, L. K. (2012). Socioeconomic status and the black–white mortality crossover. *American Journal of Public Health, 102,* 1566–1571.

Sawyer, A. M., & Borduin, C. M. (2011). Effects of multisystemic therapy through midlife: A 21.9-year follow-up to a randomized clinical trial with serious and violent juvenile offenders. *Journal of Consulting and Clinical Psychology, 79,* 643–652.

Saxe, G. B. (1988, August–September). Candy selling and math learning. *Educational Researcher, 17*(6), 14–21.

Saxton, M., Backley, P., & Gallaway, C. (2005). Negative input for grammatical errors: Effects after a lag of 12 weeks. *Journal of Child Language, 32,* 643–672.

Sayer, L. C. (2010). Trends in housework. In J. Treas & S. Drobnic (Eds.), *Dividing the domestic: Men, women, and household work in cross-national perspective* (pp. 19–38). Stanford, CA: Stanford University Press.

Saygin, A. P., Leech, R., & Dick, F. (2010). Nonverbal auditory agnosia with lesion to Wernicke's area. *Neuropsychologia, 48,* 107–113.

Saylor, M. M. (2004). Twelve- and 16-month-old infants recognize properties of mentioned absent things. *Developmental Science, 7,* 599–611.

Saylor, M. M., & Troseth, G. L. (2006). Preschoolers use information about speakers' desires to learn new words. *Cognitive Development, 21,* 214–231.

Scarlett, W. G., & Warren, A. E. A. (2010). Religious and spiritual development across the life span: A behavioral and social science perspective. In M. Lamb & A. Freund (Eds.), *Handbook of life-span development: Vol. 2. Social and emotional development* (pp. 631–682). Hoboken, NJ: Wiley.

Scarr, S., & McCartney, K. (1983). How people make their own environments: A theory of genotype environment effects. *Child Development, 54,* 424–435.

Scarr, S., & Weinberg, R. A. (1983). The Minnesota Adoption Studies: Genetic differences and malleability. *Child Development, 54,* 260–267.

Schaal, B., Marlier, L., & Soussignan, R. (2000). Human fetuses learn odours from their pregnant mother's diet. *Chemical Senses, 25,* 729–737.

Schaal, S., Dusingizemungu, J.-P., Jacob, N., & Elbert, T. (2011). Rates of trauma spectrum disorders and risks of posttraumatic stress disorder in a sample of orphaned and widowed genocide survivors. *European Journal of Psychotraumatology, 2.* Retrieved from www.ncbi.nlm.nih.gov/pmc/articles/PMC3402134

Schaie, K. W. (1994). The course of adult intellectual development. *American Psychologist, 49,* 304–313.

Schaie, K. W. (1998). The Seattle Longitudinal Studies of Adult Intelligence. In M. P. Lawton & T. A. Salthouse (Eds.), *Essential papers on the psychology of aging* (pp. 263–271). New York: New York University Press.

Schaie, K. W. (2005). *Developmental influences on adult intelligence: The Seattle Longitudinal Study.* New York: Oxford University Press.

Schaie, K. W. (2011). Historical influences on aging and behavior. In K. W. Schaie & S. L. Willis (Eds.), *Handbook of the psychology of aging* (7th ed., pp. 41–55). San Diego, CA: Academic Press.

Schaie, K. W. (2013). *Developmental influences on adult intelligence: The Seattle Longitudinal Study* (2nd ed.). New York: Oxford University Press.

Schaie, K. W. (2016). Seattle Longitudinal Study findings. In S. K. Whitbourne (Ed.), *Encyclopedia of adulthood and aging* (Vol. 3, pp. 1274–1278). Malden, MA: Wiley Blackwell.

Schalet, A. (2007). Adolescent sexuality viewed through two different cultural lenses. In M. S. Tepper & A. F. Owens (Eds.), *Sexual health: Vol. 3. Moral and cultural foundations* (pp. 365–387). Westport, CT: Praeger.

Scher, A., Epstein, R., & Tirosh, E. (2004). Stability and changes in sleep regulation: A longitudinal study from 3 months to 3 years. *International Journal of Behavioral Development, 28,* 268–274.

Scher, A., Tirosh, E., Jaffe, M., Rubin, L., Sadeh, A., & Lavie, P. (1995). Sleep patterns of infants and young children in Israel. *International Journal of Behavioral Development, 18,* 701–711.

Schewe, P. A. (2007). Interventions to prevent sexual violence. In L. S. Doll, S. E. Bonzo, D. A. Sleet, & J. A. Mercy (Eds.), *Handbook of injury and violence prevention* (pp. 223–240). New York: Springer Science + Business Media.

Schiamberg, L. B., Barboza, G. G., Oehmke, J., Zhang, Z., Griffore, R. J., Weatherhill, R. P., et al. (2011). Elder abuse in nursing homes: An ecological perspective. *Journal of Elder Abuse and Neglect, 23,* 190–211.

Schiebe, S., & Carstensen, L. L. (2010). Emotional aging: Recent findings and future trends. *Journals of Gerontology, 65B,* 135–144.

Schiebe, S., & Epstude, K. (2016). Life regret and Sehnsucht. In S. Whitbourne (Ed.), *Encyclopedia of adulthood and aging* (Vol. 2, pp. 771–775). Malden, MA: Wiley Blackwell.

Schieman, S., Bierman, A., & Ellison, C. G. (2010). Religious involvement, beliefs about God, and the sense of mattering among older adults. *Journal for the Scientific Study of Religion, 49,* 517–535.

Schieman, S., Bierman, A., & Ellison, C. G. (2013). Religion and mental health. In C. S., Aneshensel, J. C. Phelan, & A. Bierman (Eds.), *Handbook of the sociology of mental health* (2nd ed., pp. 457–478). New York: Springer Science + Business Media.

Schieman, S., & Plickert, G. (2007). Functional limitations and changes in levels of depression among older adults: A multiple-hierarchy stratification perspective. *Journals of Gerontology, 62B,* S36–S42.

Schilling, O. K., Wahl, H.-W., & Wiegering, S. (2013). Affective development in advanced old age: Analyses of terminal change in positive and negative affect. *Developmental Psychology, 49,* 1011–1020.

Schlagmüller, M., & Schneider, W. (2002). The development of organizational strategies in children: Evidence from a microgenetic longitudinal study. *Journal of Experimental Child Psychology, 81,* 298–319.

Schlegel, A., & Barry, H., III. (1991). *Adolescence: An anthropological inquiry.* New York: Free Press.

Schmidt, K.-H., Neubach, B., & Heuer, H. (2007). Self-control demands, cognitive control deficits, and burnout. *Work and Stress, 21,* 142–154.

Schmidt, L. A., Fox, N. A., Schulkin, J., & Gold, P. W. (1999). Behavioral and psychophysiological correlates of self-presentation in temperamentally shy children. *Developmental Psychobiology, 30,* 127–140.

Schmidt, L. A., Santesso, D. L., Schulkin, J., & Segalowitz, S. J. (2007). Shyness is a necessary but not sufficient condition for high salivary cortisol in typically developing 10-year-old children. *Personality and Individual Differences, 43,* 1541–1551.

Schmidt, M. E., Crawley-Davis, A. M., & Anderson, D. R. (2007). Two-year-olds' object retrieval based on television: Testing a perceptual account. *Media Psychology, 9,* 389–409.

Schmitt, D. P., Allik, J., McCrae, R. R., & Benet-Martínez, V. (2007). The geographic distribution of the Big Five personality traits: Patterns and profiles of human self-description across 56 countries. *Journal of Cross-Cultural Psychology, 38,* 173–212.

Schmitz, S., Fulker, D. W., Plomin, R., Zahn-Waxler, C., Emde, R. N., & DeFries, J. C. (1999). Temperament and problem behaviour during early childhood. *International Journal of Behavioural Development, 23,* 333–355.

Schneider, B. H., Atkinson, L., & Tardif, C. (2001). Child–parent attachment and children's peer relations: A quantitative review. *Developmental Psychology, 37,* 87–100.

Schneider, D. (2006). Smart as we can get? *American Scientist, 94,* 311–312.

Schneider, W. (2002). Memory development in childhood. In U. Goswami (Ed.), *Blackwell handbook of childhood cognitive development* (pp. 236–256). Malden, MA: Blackwell.

Schneider, W., & Bjorklund, D. F. (1992). Expertise, aptitude, and strategic remembering. *Child Development, 63,* 461–473.

Schneider, W., & Bjorklund, D. F. (1998). Memory. In D. Kuhn & R. S. Siegler (Eds.), *Handbook of child psychology: Vol. 2. Cognition, perception, and language* (5th ed., pp. 467–521). New York: Wiley.

Schneider, W., & Pressley, M. (1997). *Memory development between two and twenty* (2nd ed.). Mahwah, NJ: Erlbaum.

Schneller, D. P., & Arditti, J.A. (2004). After the breakup: Interpreting divorce and rethinking intimacy. *Journal of Divorce and Remarriage, 42,* 1–37.

Schnitzspahn, K. M., Ihle, A., Henry, J. D., Rendell, P. G., & Kliegel, M. (2011). The age-prospective memory-paradox: A comprehensive exploration of possible mechanisms. *International Psychogeriatrics, 23,* 583–592.

Schnitzspahn, K. M., Scholz, U., Ballhausen, N., Hering, A., Ihle, A., Lagner, P., & Kliegel, M. (2016). Age differences in prospective memory of everyday life intentions: A diary approach. *Memory, 24,* 444–454.

Schnohr, P., Nyboe, J., Lange, P., & Jensen, G. (1998). Longevity and gray hair, baldness, facial wrinkles, and arcus senilis in 13,000 men and women: The Copenhagen City Heart Study. *Journals of Gerontology, 53,* M347–350.

Schnohr, P., Scharling, H., & Jensen, J. S. (2003). Changes in leisure-time physical activity and risk of death: An observational study of 7,000 men and women. *American Journal of Epidemiology, 158,* 639–644.

Schonberg, R. L. (2012). Birth defects and prenatal diagnosis. In M. L. Batshaw, N. J. Roizen, & G. R. Lotrecchiano (Eds.), *Children with disabilities* (7th ed., pp. 47–60). Baltimore, MD: Paul H. Brookes.

Schonert-Reichl, K. A. (1999). Relations of peer acceptance, friendship adjustment, and social behavior to moral reasoning during early adolescence. *Journal of Early Adolescence, 19,* 249–279.

Schonert-Reichl, K. A., & Lawlor, M. S. (2010). The effects of a mindfulness-based education program on pre- and early adolescents' well-being and social and emotional competence. *Mindfulness, 1,* 137–151.

Schonert-Reichl, K. A., Oberle, E., Lawlor, M. S., Abbott, D., Thomson, K., Oberlander, T. F., et al. (2015). Enhancing cognitive and social-emotional development through a simple-to-administer mindfulness-based school program for elementary school children: A randomized controlled trial. *Developmental Psychology, 51,* 52–66.

Schooler, C., Mulatu, M. S., & Oates, G. (1999). The continuing effects of substantively complex work on the intellectual functioning of older workers. *Psychology and Aging, 14,* 483–506.

Schoon, I., Jones, E., Cheng, H., & Maughan, B. (2012). Family hardship, family instability, and cognitive development. *Journal of Epidemiology and Community Health, 66,* 716–722.

Schoon, L., & Parsons, S. (2002). Teenage aspirations for future careers and occupational outcomes. *Journal of Vocational Behavior, 60,* 262–288.

Schoppe-Sullivan, S. J., Brown, G. L., Cannon, E. A., Mangelsdorf, S. C., & Sokolowski, M. S. (2008). Maternal gatekeeping, coparenting quality, and fathering behavior in families with infants. *Journal of Family Psychology, 22,* 389–398.

Schott, J. M., & Rossor, M. N. (2003). The grasp and other primitive reflexes. *Journal of Neurological and Neurosurgical Psychiatry, 74,* 558–560.

Schroeder, R. D., Bulanda, R. E., Giordano, P. C., & Cernkovich, S. A. (2010). Parenting and adult criminality: An examination of direct and indirect effects by race. *Journal of Adolescent Research, 25,* 64–98.

Schull, W. J. (2003). The children of atomic bomb survivors: A synopsis. *Journal of Radiological Protection, 23,* 369–394.

Schultz, R., Burgio, L., Burns, R., Eisdorfer, C., Gallagher-Thompson, D., Gitlin, L. N., & Mahoney, D. F. (2003). Resources for enhancing Alzheimer's caregiver health (REACH): Overview, site-specific outcomes, and future directions. *Gerontologist, 43,* 514–520.

Schulz, M. S., Cowan, C. P., & Cowan, P. A. (2006). Promoting healthy beginnings: A randomized controlled trial. *Journal of Consulting and Clinical Psychology, 74,* 20–31.

Schulz, R., & Curnow, C. (1988). Peak performance and age among superathletes: Track and field, swimming, baseball, tennis, and golf. *Journals of Gerontology, 43,* P113–P120.

Schulze, C., Grassmann, S., & Tomasello, M. (2013). 3-year-old children make relevant inferences in indirect verbal communication. *Child Development, 84,* 2079–2093.

Schunk, D. H., & Zimmerman, B. J. (2013). Self-regulation and learning. In W. M. Reynolds, G. E. Miller, & I. B. Weiner (Eds.), *Handbook of psychology: Vol. 7. Educational psychology* (pp. 45–68). Hoboken, NJ: Wiley.

Schwanenflugel, P. J., Henderson, R. L., & Fabricius, W. V. (1998). Developing organization of mental verbs and theory of mind in middle childhood: Evidence from extensions. *Developmental Psychology, 34,* 512–524.

Schwartz, B. L., & Frazier, L. D. (2005). Tip-of-the-tongue states and aging: Contrasting psycholinguistic and metacognitive perspectives. *Journal of General Psychology, 132,* 377–391.

Schwartz, C. E., Kunwar, P. S., Greve, D. N., Kagan, J., Snidman, N. C., & Bloch, R. B. (2012). A phenotype of early infancy predicts reactivity of the amygdala in male adults. *Molecular Psychiatry, 17,* 1042–1050.

Schwartz, C. R., & Han, H. (2014). The reversal of the gender gap in education and trends in marital dissolution. *American Sociological Review, 79,* 605–629.

Schwartz, S. A. (2007). The relationship between love and marital satisfaction in arranged and romantic Jewish couples. *Dissertation Abstracts International: Section B: The Sciences and Engineering, 68*(4–B), 2716.

Schwartz, S. G., Hampton, B. M., Kovach, J. L., & Brantley, M. A., Jr. (2016). Genetics and age-related macular degeneration: A practical review for the clinician. *Clinical Ophthalmology, 10,* 1229–1235.

Schwartz, S. J., Beyers, W., Luyckz, K., Soenens, B. Zamboanga, B. L., Forthun, L. F., et al. (2011). Examining the light and dark sides of emerging adults' identity: A study of identity status differences in positive and negative psychosocial functioning. *Journal of Youth and Adolescence, 40,* 839–859.

Schwartz, S. J., Donnellan, M. B., Ravert, R. D., Luyckx, K., & Zamboanga, B. L. (2013). Identity development, personality, and well-being in adolescence and emerging adulthood: Theory, research, and recent advances. In R. M. Lerner, M. A. Easterbrooks, & J. Mistry (Eds.), *Handbook of psychology: Vol. 6. Developmental psychology* (pp. 339–364). Hoboken, NJ: Wiley.

Schwartz, S. J., Zamboanga, B. L., Luyckx, K., Meca, A., & Ritchie, R. A. (2013). Identity in emerging adulthood: Reviewing the field and looking forward. *Emerging Adulthood, 1,* 96–113.

Schwarz, N. (2008). Self-reports: How the questions shape the answers. In R. H. Fazio & R. E. Petty (Eds.), *Attitudes: Their structure, function, and consequences* (pp. 49–67). New York: Psychology Press.

Schwarzer, G., Freitag, C., & Schum, N. (2013). How crawling and manual object exploration are related to the mental rotation abilities of 9-month-old infants. *Frontiers in Psychology, 4,* D97.

Schwebel, D. C., & Brezausek, C. M. (2007). Father transitions in the household and young children's injury risk. *Psychology of Men and Masculinity, 8,* 173–184.

Schwebel, D. C., & Gaines, J. (2007). Pediatric unintentional injury: Behavioral risk factors and implications for prevention. *Journal of Developmental and Behavioral Pediatrics, 28,* 245–254.

Schwebel, D. C., Roth, D. L., Elliott, M. N., Chien, A. T., Mrug, S., Shipp, E., et al. (2012). Marital conflict and fifth-graders' risk for injury. *Accident Analysis and Prevention, 47,* 30–35.

Schwebel, D. C., Roth, D. L., Elliott, M. N., Windle, M., Grunbaum, J. A., Low, B., et al. (2011). The association of activity level, parent mental distress, and parental involvement and monitoring with unintentional injury risk in fifth graders. *Accident Analysis and Prevention, 43,* 848–852.

Schweinhart, L. J. (2010). The challenge of the High/Scope Perry Preschool study. In A. J. Reynolds, A. J. Rolnick, M. M. Englund, & J. Temple (Eds.), *Childhood programs and practices in the first decade of life: A human capital integration* (pp. 199–213). New York: Cambridge University Press.

Schweinhart, L. J., Montie, J., Xiang, Z., Barnett, W. S., Belfield, C. R., & Nores, M. (2005). *Lifetime effects: The High/Scope Perry Preschool Study through age 40.* Ypsilanti, MI: High/Scope Press.

Schweizer, K., Moosbrugger, H., & Goldhammer, F. (2006). The structure of the relationship between attention and intelligence. *Intelligence, 33,* 589–611.

Schwenck, C., Bjorklund, D. F., & Schneider, W. (2007). Factors influencing the incidence of utilization deficiencies and other patterns of recall/strategy-use relations in a strategic memory task. *Child Development, 22,* 197–212.

Schwerdt, G., & West, M. R. (2013). The impact of alternative grade configurations on student outcomes through middle and high school. *Journal of Public Economics, 97,* 308–326.

Schwier, C., van Maanen, C., Carpenter, M., & Tomasello, M. (2006). Rational imitation in 12-month-old infants. *Infancy, 10,* 303–311.

Sciarra, D. T., & Ambrosino, K. E. (2011). Post-secondary expectations and educational attainment. *Professional School Counseling, 14,* 231–241.

Scocco, P., Rapattoni, M., & Fantoni, G. (2006). Nursing home institutionalization: A source of eustress or distress for the elderly? *International Journal of Geriatric Psychiatry, 21,* 281–287.

Scott, L. D. (2003). The relation of racial identity and racial socialization to coping with discrimination among African Americans. *Journal of Black Studies, 20,* 520–538.

Scott, L. S., & Monesson, A. (2009). The origin of biases in face perception. *Psychological Science, 20,* 676–680.

Scott, R. M., & Fisher, C. (2012). 2.5-year-olds use cross-situational consistency to learn verbs under referential uncertainty. *Cognition, 122,* 163–180.

Scrutton, D. (2005). Influence of supine sleep positioning on early motor milestone acquisition. *Developmental Medicine and Child Neurology, 47,* 364.

Scullin, M. K., Bugg, J. M., McDaniel, M. A., & Einstein, G. O. (2011). Prospective memory and aging: Preserved spontaneous retrieval, but impaired deactivation, in older adults. *Memory and Cognition, 39,* 1232–1240.

Seburg, E., Olson-Bullis, B., Bredeson, D., Hayes, M., & Sherwood, N. (2015). A review of primary care-based childhood prevention and treatment interventions. *Current Obesity Reports, 4,* 157–173.

Sedgh, G., Finer, L. B., Bankole, A., Eilers, M. A., & Singh, S. (2015). Adolescent pregnancy, birth, and abortion rates across countries: Levels and recent trends. *Journal of Adolescent Health, 56,* 223–230.

Seery, M. D., Holman, E. A., & Silver, R. C. (2010). Whatever does not kill us: Cumulative lifetime adversity, vulnerability, and resilience. *Journal of Personality and Social Psychology, 99,* 1025–1041.

Seethaler, P. M., Fuchs, L. S., Fuchs, D., & Compton, D. L. (2012). Predicting first graders' development of calculation versus word-problem performance: The role of dynamic assessment. *Journal of Educational Psychology, 104,* 224–234.

Sehlstedt, I., Ignell, H., Wasling, B., Ackerley, R., Olausson, H., & Croy, I. (2016). Gentle touch perception across the lifespan. *Psychology and Aging, 31,* 176–184.

Seibert, A. C., & Kerns, K. A. (2009). Attachment figures in middle childhood. *International Journal of Behavioral Development, 33,* 347–355.

Seidl, A., Hollich, G., & Jusczyk, P. (2003). Early understanding of subject and object wh-questions. *Infancy, 4,* 423–436.

Seidman, E., Aber, J. L., & French, S. E. (2004). Assessing the transitions to middle and high school. *Journal of Adolescent Research, 19,* 3–30.

Seidman, E., Lambert, L. E., Allen, L., & Aber, J. L. (2003). Urban adolescents' transition to junior high school and protective family transactions. *Journal of Early Adolescence, 23,* 166–193.

Seiffge-Krenke, I. (2006). Leaving home or still in the nest? Parent–child relationships and psychological health as predictors of different leaving home patterns. *Developmental Psychology, 42,* 864–876.

Seiffge-Krenke, I. (2013). "She's leaving home …" Antecedents, consequences, and cultural patterns in the leaving home process. *Emerging Adulthood, 1,* 114–124.

Seki, Y., Yamazaki, Y., Mizota, Y., & Inoue, Y. (2009). How families in Japan view the disclosure of terminal illness: A study of iatrogenic HIV infection. *AIDS Care, 21,* 422–430.

Sekita, A., Ninomiya, T., Tanizaki, Y., Doi, Y., Hata, J., Yonemoto, K., et al. (2010). Trends in prevalence of Alzheimer's disease and vascular dementia in a Japanese community: the Hisayama Study. *Acta Psychiatrica Scandivavica, 122,* 319–325.

Selman, L., Speck, P., Gysels, M., Agupio, G., Dinat, N., Downing, J., et al. (2013). "Peace" and "life worthwhile" as measures of spiritual well-being in African palliative care: A mixed-methods study. *Health and Quality of Life Outcomes, 11,* 94.

Selwood, A., & Cooper, C. (2009). Abuse of people with dementia. *Reviews in Clinical Gerontology, 19,* 35–43.

Selwood, A., Johnston, K., Katona, C., Lyketsos, C., & Livingston, G. (2007). Systematic review of the effect of psychological interventions on family caregivers of people with dementia. *Journal of Affective Disorders, 101,* 75–89.

Selwyn, P. A. (1996). Before their time: A clinician's reflections on death and AIDS. In H. M. Spiro, M. G. M. Curnen, & L. P. Wandel (Eds.), *Facing death: Where culture, religion, and medicine meet* (pp. 33–37). New Haven, CT: Yale University Press.

Semanik, P. A., Chang, R. W., & Dunlop, D. D. (2012). Aerobic activity in prevention and symptom control of osteoarthritis. *PM&R, 4,* S37–S44.

Senechal, M., & LeFevre, J. (2002). Parental involvement in the development of children's reading skill: A five-year longitudinal study. *Child Development, 73,* 445–460.

Sengpiel, V., Elind, E., Bacelis, J., Nilsson, S., Grove, J., Myhre, R., et al. (2013). Maternal caffeine intake during pregnancy is associated with birth weight but not with gestational length: Results from a large prospective observational cohort study. *BMC Medicine, 11,* 42.

Senju, A., Csibra, G., & Johnson, M. H. (2008). Understanding the referential nature of looking: Infants' preference for object-directed gaze. *Cognition, 108,* 303–319.

Senn, T. E., Espy, K. A., & Kaufmann, P. M. (2004). Using path analysis to understand executive function organization in preschool children. *Developmental Neuropsychology, 26,* 445–464.

Serbin, L. A., Powlishta, K. K., & Gulko, J. (1993). The development of sex typing in middle childhood. *Monographs of the Society for Research in Child Development, 58*(2, Serial No. 232).

Sermon, K., Van Steirteghem, A., & Liebaers, I. (2004). Preimplantation genetic diagnosis. *Lancet, 363,* 1633–1641.

Serra, L., Perri, R., Cercignani, M., Spano, B., Fadda, L., Marra, C. et al. (2010). Are behavioral symptoms of Alzheimer's disease directly associated with neurodegeneration? *Journal of Alzheimer's Disease, 21,* 627–639.

Sesame Workshop. (2015). *Where we work: All locations.* Retrieved from www.sesameworkshop.org/where-we -work/all-locations

Settersten, R. A. (2003). Age structuring and the rhythm of the life course. In J. T. Mortimer & M. J. Shanahan (Eds.), *Handbook of the life course* (pp. 81–98). New York: Kluwer Academic.

Settersten, R. A. (2007). The new landscape of adult life: Road maps, signposts, and speed lines. *Research in Human Development, 4,* 239–252.

Sevigny, P. R., & Loutzenhiser, L. (2010). Predictors of parenting self-efficacy in mothers and fathers of toddlers. Child Care, *Health and Development, 36,* 179–189.

SFIA (Sports & Fitness Industry Association). (2015). *2015 U.S. trends in team sports report.* Silver Spring, MD: Author.

Shafer, R. J., Raby, K. L., Lawler, J. M., Hesemeyer, P. S., & Roisman, G. I. (2015). Longitudinal associations between adult attachment states of mind and parenting quality. *Attachment & Human Development, 17,* 83–95.

Shalev, I., Entringer, S., Wadhwa, P. D., Wokowitz, O. M., Puterman, E., Lin, J., & Epel, E. S. (2013). Stress and telomere biology: A lifespan perspective. *Psychoneuroendocrinology, 38,* 1835–1842.

Shamloul, R., & Ghanem, H. (2013). Erectile dysfunction. *Lancet, 381,* 153–165.

Shapka, J. D., & Keating, D. P. (2005). Structure and change in self-concept during adolescence. *Canadian Journal of Behavioural Science, 37,* 83–96.

Sharf, R. S. (2013). Advances in theories of career development. In W. B. Walsh, M. L. Savickas, & P. J. Hartung (Eds.), *Handbook of vocational psychology: Theory, research, and practice* (4th ed., pp. 3–32). New York: Routledge.

Sharma, A. (2015). Divorce/separation in later-life: A fixed effects analysis of economic well-being by gender. *Journal of Family Economic Issues, 36,* 299–306.

Sharp, C., Beckstein, A., Limb, G., & Bullock, Z. (2015). Completing the circle of life: Death and grief among Native Americans. In J. Cacciatore & J. DeFrain (Eds.), *The world of bereavement: Cultural perspectives on death in families* (pp. 221–239). Cham, Switzerland: Springer International Publishing.

Sharp, E. A., & Ganong, L. (2011). "I'm a loser, I'm not married, let's just all look at me": Ever-single women's perceptions of their social environment. *Journal of Family Issues, 32,* 956–980.

Sharp, E. H., Coatsworth, J. D., Darling, N., Cumsille, P., & Ranieri, S. (2007). Gender differences in the self-defining activities and identity experiences of adolescents and emerging adults. *Journal of Adolescence, 30,* 251–269.

Sharp, K. L., Williams, A. J., Rhyner, K. T., & Hardi, S. S. (2013). The clinical interview. In K. F. Geisinger, B. A. Bracken, J. F. Carlson, J. C. Hansen, N. R. Kuncel, S. P. Reise, et al. (Eds.), *APA handbook of testing and assessment in psychology* (Vol. 2, pp. 103–117). Washington, DC: American Psychological Association.

Shaul, S., & Schwartz, M. (2014). The role of executive functions in school readiness among preschool-age children. *Reading and Writing, 27,* 749–768.

Shaw, B. A. (2005). Anticipated support from neighbors and physical functioning during later life. *Research on Aging, 27,* 503–525.

Shaw, D. S., Hyde, L. W., & Brennan, L. M. (2012). Early predictors of boys' antisocial trajectories. *Development and Psychopathology, 24,* 871–888.

Shaw, P., Eckstrand, K., Sharp, W., Blumenthal, J., Lerch, J. P., & Greenstein, D. (2007). Attention-deficit/ hyperactivity disorder is characterized by a delay in cortical maturation. *Proceedings of the National Academy of Sciences Online.* Retrieved from www.pnas.org/cgi/content/abstract/0707741104v1

Sheehan, G., Darlington, Y., Noller, P., & Feeney, J. (2004). Children's perceptions of their sibling relationships during parental separation and divorce. *Journal of Divorce and Remarriage, 41,* 69–94.

Sheehan, N. W., & Petrovic, K. (2008). Grandparents and their adult grandchildren: Recurring themes from the literature. *Marriage and Family Review, 44,* 99–124.

Sheikh, I., Naz, A., Hazirullah, Khan, Q., Kahn, W., & Khan, N. (2014). An ethnographic analysis of death and burial customs in Kalash community of Chitral District of Khyber Pakhtunkhwa Pakistan. *Middle-East Journal of Scientific Research, 21,* 1937–1946.

Shellman, J., Ennis, E., & Bailey-Addison, K. (2011). A contextual examination of reminiscence functions in older African Americans. *Journal of Aging Studies, 25,* 348–354.

Shepperd, S., Goncalves-Bradley, D. C., Straus, S. E., & Wee, B. (2016). Hospital at home: Home-based end of life care. *Cochrane Database of Systematic Reviews,* Issue 7, Art. No.: CD009231.

Sherman, A. M., de Vries, B., & Lansford, J. E. (2000). Friendship in childhood and adulthood: Lessons across the life span. *International Journal of Aging and Human Development, 51,* 31–51.

Sherman, A. M., Lansford, J. E., & Volling, B. L. (2006). Sibling relationships and best friendships in young adulthood: Warmth, conflict, and well-being. *Personal Relationships, 13,* 151–165.

Sherrod, L. R., & Spiewak, G. S. (2008). Possible interrelationships between civic engagement, positive youth development, and spirituality/religiosity. In R. M. Lerner, R. W. Roeser, & E. Phelps (Eds.), *Positive youth development and spirituality: From theory to research* (pp. 322–338). West Conshohocken, PA: Templeton Foundation Press.

Shimada, S., & Hiraki, K. (2006). Infant's brain responses to live and televised action. *NeuroImage, 32,* 930–939.

Shimizu, H. (2001). Japanese adolescent boys' senses of empathy (omoiyari) and Carol Gilligan's perspectives on the morality of care: A phenomenological approach. *Culture and Psychology, 7,* 453–475.

Shin, N., Kim, M., Goetz, S., & Vaughn, B. E. (2014). Dyadic analyses of preschool-aged children's friendships: Convergence and differences between friendship classifications from peer sociometric data and teacher reports. *Social Development, 23,* 178–195.

Shokolenko, I. N., Wilson, G. L., & Alexeyev, M. F. (2014). Aging: A mitochondrial DNA perspective, critical analysis and an update. *World Journal of Experimental Medicine, 20,* 46–57.

Shonkoff, J. P., & Bales, S. N. (2011). Science does not speak for itself: Translating child development research for the public and its policymakers. *Child Development, 82,* 17–32.

Shonkoff, J. P., & Garner, A. S. (2012). The lifelong effects of early childhood adversity and toxic stress. *Pediatrics, 129,* e232–e246.

Shor, E., Roelfs, D. J., Curreli, M., Clemow, L., Burg, M. M., & Schwartz, J. E. (2012). Widowhood and mortality: A meta-analysis and meta-regression. *Demography, 49,* 575–606.

Shriver, L. H., Harrist, A. W., Page, M., Hubbs-Tait, L., Moulton, M., & Topham, G. (2013). Differences in body esteem by weight status, gender, and physical activity among young elementary school-aged children. *Body Image, 10,* 78–84.

Shuey, K., & Hardy, M. A. (2003). Assistance to aging parents and parents-in-law: Does lineage affect family allocation decisions? *Journal of Marriage and Family, 65,* 418–431.

Shultz, K. S., & Wang, M. (2007). The influence of specific physical health conditions on retirement decisions. *International Journal of Aging and Human Development, 65,* 149–161.

Shwalb, D. W., Nakawaza, J., Yamamoto, T., & Hyun, J.-H. (2004). Fathering in Japanese, Chinese, and Korean cultures: A review of the research literature. In M. E. Lamb (Ed.), *The role of the father in child development* (4th ed., pp. 146–181). Hoboken, NJ: Wiley.

Siberry, G. K. (2015). Preventing and managing HIV infection in infants, children, and adolescents in the United States. *Pediatrics in Review, 35,* 268–286.

Sidebotham, P., Heron, J., & the ALSPAC Study Team. (2003). Child maltreatment in the "children of the nineties": The role of the child. *Child Abuse and Neglect, 27,* 337–352.

Siegal, M., Iozzi, L., & Surian, L. (2009). Bilingualism and conversational understanding in young children. *Cognition, 110,* 115–122.

Siega-Riz, A. M., Deming, D. M., Reidy, K. C., Fox, M. K., Condon, E., & Briefel, R. R. (2010). Food consumption patterns of infants and toddlers: Where are we now? *Journal of the American Dietetic Association, 110,* S38–S51.

Siegel, J. S. (2012). *The demography and epidemiology of human health and aging.* New York: Springer.

Siegel, R. L., Miller, K. D., & Jemal, A. (2016). Cancer statistics, 2016. *CA: A Cancer Journal for Clinicians, 66,* 7–30.

Siegler, R. S. (2009). Improving preschoolers' number sense using information-processing theory. In O. A. Barbarin & B. H. Wasik (Eds.), *Handbook of child development and early education* (pp. 429–454). New York: Guilford.

Siegler, R. S., & Mu, Y. (2008). Chinese children excel on novel mathematics problems even before elementary school. *Psychological Science, 19,* 759–763.

Siegler, R. S., & Svetina, M. (2006). What leads children to adopt new strategies? A microgenetic/cross-sectional study of class inclusion. *Child Development, 77,* 997–1015.

Sieri, S., Chiodini, P., Agnoli, C., Pala, V., Berrino, F., Trichopoulou, A., et al. (2014). Dietary fat intake and development of specific breast cancer subtypes. *Journal of the National Cancer Institute, 106*(5), dju068.

Sievert, L. L., & Espinosa-Hernandez, G. (2003). Attitudes toward menopause in relation to symptom experience in Puebla, Mexico. *Women & Health, 38,* 93–106.

Sikora, J., & Pokropek, A. (2012). Gender segregation of adolescent science career plans in 50 countries. *Science Education, 96,* 234–264.

Silvén, M. (2001). Attention in very young infants predicts learning of first words. *Infant Behavior and Development, 24,* 229–237.

Silver, M. H., & Perls, T. T. (2000). Is dementia the price of a long life? An optimistic report from centenarians. *Journal of Geriatric Psychiatry, 33,* 71–79.

Silverman, I., Choi, J., & Peters, M. (2007). The hunter-gatherer theory of sex differences in spatial abilities. *Archives of Sexual behavior, 36,* 261–268.

Silverman, P. R. (2004). Dying and bereavement in historical perspective. In J. Berzoff & P. R. Silverman (Eds.), *Living with dying: A handbook for end-of-life healthcare practitioners* (pp. 128–149). New York: Columbia University Press.

Silverman, P. R., & Nickman, S. L. (1996). Children's construction of their dead parents. In D. Klass, P. R. Silverman, & S. L. Nickman (Eds.), *Continuing bonds: New understandings of grief* (pp. 73–86). Washington, DC: Taylor & Francis.

Silverstein, M., & Giarrusso, R. (2010). Aging and family life: A decade review. *Journal of Marriage and Family, 72,* 1039–1058.

Silverstein, M., & Marenco, A. (2001). How Americans enact the grandparent role across the family life course. *Journal of Family Issues, 22,* 493–522.

Simcock, G., & DeLoache, J. (2006). Get the picture? The effects of iconicity on toddlers' reenactment from picture books. *Developmental Psychology, 42,* 1352–1357.

Simcock, G., Garrity, K., & Barr, R. (2011). The effect of narrative cues on infants' imitation from television and picture books. *Child Development, 82,* 1607–1619.

Simcock, G., & Hayne, H. (2003). Age-related changes in verbal and nonverbal memory during early childhood. *Developmental Psychology, 39,* 805–814.

Simoneau, M., & Markovits, H. (2003). Reasoning with premises that are not empirically true: Evidence for the role of inhibition and retrieval. *Developmental Psychology, 39,* 964–975.

Simonton, D. K. (2012). Creative productivity and aging. In S. K. Whitbourne & M. J. Sliwinski (Eds.), *Wiley-Blackwell handbook of adulthood and aging* (pp. 477–496). Malden, MA: Blackwell Publishing.

Simonton, D. K., & Damian, R. I. (2013). Creativity. In D. Reisberg (Ed.), *Oxford handbook of cognitive psychology* (pp. 795–807). New York: Oxford University Press.

Simpson, E. A., Varga, K., Frick, J. E., & Fragaszy, D. (2011). Infants experience perceptual narrowing for nonprimate faces. *Infancy, 16,* 318–328.

Simpson, J. A., & Overall, N. C. (2014). Partner buffering of attachment insecurity. *Current Directions in Psychological Science, 23,* 54–59.

Simpson, R. (2004). Masculinity at work: The experiences of men in female dominated occupations. *Work, Employment and Society, 18,* 349–368.

Simpson, R. (2005). Men in non-traditional occupations: Career entry, career orientation and experience of role strain. *Gender, Work and Organization, 12,* 363–380.

Sims, M., & Rofail, M. (2013). The experiences of grandparents who have limited or no contact with their grandchildren. *Journal of Aging Studies, 27,* 377–386.

Singer, L. T., Minnes, S., Min, M. O., Lewis, B. A., & Short, E. J. (2015). Prenatal cocaine exposure and child outcomes: A conference report based on a prospective study from Cleveland. *Human Psychopharmacology, 30,* 285–289.

Singh, G. K., & Lin, S. C. (2013). Dramatic increases in obesity and overweight prevalence among Asian subgroups in the United States, 1992–2011. *ISRN Preventive Medicine,* Article ID 898691.

Singleton, J. L., & Newport, E. L. (2004). When learners surpass their models: The acquisition of American Sign Language from inconsistent input. *Cognitive Psychology, 49,* 370–407.

Sinkkonen, J., Anttila, R., & Siimes, M. A. (1998). Pubertal maturation and changes in self-image in early adolescent Finnish boys. *Journal of Youth and Adolescence, 27,* 209–218.

Sinnott, J. D. (2003). Postformal thought and adult development: Living in balance. In J. Demick & C. Andreoletti (Eds.), *Handbook of adult development* (pp. 221–238). New York: Kluwer Academic.

Sirsch, U., Erher, E., Mayr, E., & Willinger, U. (2009). What does it take to be an adult in Austria? *Journal of Adolescent Research, 24,* 275–292.

Skinner, E. A., Zimmer-Gembeck, M. J., & Connell, J. P. (1998). Individual differences and the development of perceived control. *Monographs of the Society for Research in Child Development, 63*(2–3, Serial No. 254).

Skinner, M., Berg, C. A., & Uchino, B. N. (2014). Contextual variation in adults' emotion regulation during everyday problem solving. In M. A. Skinner, C. A. Berg, & B. N. Uchino (Eds.), *Oxford handbook of emotion, social cognition, and problem solving in adulthood* (pp. 175–189). New York: Oxford University Press.

Slagsvold, B., & Sørensen, A. (2013). Changes in sense of control in the second half of life: Results from a 5-year panel study. *International Journal of Aging and Human Development, 77,* 289–308.

Slater, A., Quinn, P. C., Kelly, D. J., Lee, K., Longmore, C. A., McDonald, P. R., & Pascalis, O. (2011). The shaping of the face space in early infancy: Becoming a native face processor. *Child Development Perspectives, 4,* 205–211.

Slater, A., Riddell, P., Quinn, P. C., Pascalis, O., Lee, K., & Kelly, D. J. (2010). Visual perception. In J. G. Bremner & T. D. Wachs (Eds.), *Wiley-Blackwell handbook of infant development: Vol. 1. Basic research* (2nd ed., pp. 40–80). Oxford, UK: Wiley-Blackwell.

Slaughter, V., & Griffiths, M. (2007). Death understanding and fear of death in young children. *Clinical Child Psychology and Psychiatry, 12,* 525–535.

Slaughter, V., Jaakkola, R., & Carey, S. (1999). Constructing a coherent theory: Children's biological understanding of life and death. In M. Siegel & C. C. Petersen (Eds.), *Children's understanding of biology and health* (pp. 71–96). Cambridge, UK: Cambridge University Press.

Slaughter, V., & Lyons, M. (2003). Learning about life and death in early childhood. *Cognitive Psychology, 46,* 1–30.

Slevin, K. F., & Mowery, C. E. (2012). Exploring embodied aging and ageism among old lesbians and gay men. In L. Carpenter & J. DeLamater (Eds.), *Sex for life: From virginity to Viagra, how sexuality changes throughout our lives* (pp. 260–277). New York: NYU Press.

Slining, M. M., Mathias, K. C., & Popkin, B. M. (2013). Trends in food and beverage sources among U.S. children and adolescents: 1989–2010. *Journal of the Academy of Nutrition and Dietetics, 113,* 1683–1694.

Slonims, V., & McConachie, H. (2006). Analysis of mother–infant interaction in infants with Down syndrome and typically developing infants. *American Journal of Mental Retardation, 111,* 273–289.

Sloutsky, V. (2015). Conceptual development. In L. S. Liben & U. Müller (Eds.), *Handbook of child psychology and developmental science: Vol. 2. Cognitive processes* (7th ed., pp. 469–518). Hoboken, NJ: Wiley.

Slusher, M. P., Mayer, C. J., & Dunkle, R. E. (1996). Gays and lesbians older and wiser (GLOW): A support group for older gay people. *Gerontologist, 36,* 118–123.

Slutske, W. S., Hunt-Carter, E. E., Nabors-Oberg, R. E., Sher, K. J., Bucholz, K. K., & Madden, P. A. F. (2004). Do college students drink more than their non-college-attending peers? Evidence from a population-based longitudinal female twin study. *Journal of Abnormal Psychology, 113,* 530–540.

Smahel, D., Brown, B. B., & Blinka, L. (2012). Associations between online friendship and Internet addiction among adolescents and emerging adults. *Developmental Psychology, 48,* 381–388.

Small, B. J., Rawson, K. S., Eisel, S., & McEvoy, C. L. (2012). Memory and aging. In S. K. Whitbourne & M. J. Sliwinski (Eds.), *Wiley-Blackwell handbook of adulthood and aging* (pp. 174–189). Malden, MA: Wiley-Blackwell.

Small, M. (1998). *Our babies, ourselves.* New York: Anchor.

Smetana, J. G. (2002). Culture, autonomy, and personal jurisdiction in adolescent–parent relationships. In R. V. Kail & H. W. Reese (Eds.), *Advances in child development and behavior* (Vol. 29, pp. 51–87). San Diego, CA: Academic Press.

Smetana, J. G. (2006). Social-cognitive domain theory: Consistencies and variations in children's moral and social judgments. In M. Killen & J. G. Smetana (Eds.), *Handbook of moral development* (pp. 119–154). Mahwah, NJ: Erlbaum.

Smetana, J. G., Metzger, A., & Campione-Barr, N. (2004). African-American late adolescents' relationships with parents: Developmental transitions and longitudinal patterns. *Child Development, 75,* 932–947.

Smink, R. F. E., van Hoeken, D., Oldehinkel, A. J., & Hoek, H. W. (2014). Prevalence and severity of DSM-5 eating disorders in a community cohort of adolescents. *International Journal of Eating Disorders, 47,* 610–619.

Smit, D. J. A., Boersma, M., Schnack, H. G., Micheloyannis, S., Doomsma, D. I., Pol, H. E. H., et al. (2012). The brain matures with stronger functional connectivity and decreased randomness of its network. *PLOS ONE, 7*(5), e36896.

Smith, A. (2014). *Older adults and technology use.* Washington, DC: Pew Research Center. Retrieved from www.pewinternet.org/2014/04/03/older-adults-and-technology-use

Smith, B. H., & Shapiro, C. J. (2015). Combined treatments for ADHD. In R. A. Barkley (Ed.), *Attention-deficit hyperactivity disorder: A handbook for diagnosis and treatment* (4th ed., pp. 686–704). New York: Guilford.

Smith, C., Christoffersen, K., Davidson, H., & Herzog, P. S. (2011). *Lost in transition: The dark side of emerging adulthood.* New York: Oxford University Press.

Smith, C., Perou, R., & Lesesne, C. (2002). Parent education. M. H. Bornstein (Ed.), *Handbook of parenting* (Vol. 4, pp. 389–410). Mahwah, NJ: Erlbaum.

Smith, C., & Snell, P. (2009). *Souls in transition: The religious & spiritual lives of emerging adults.* New York: Oxford University Press.

Smith, D. G., Xiao, L., & Bechara, A. (2012). Decision making in children and adolescents: Impaired Iowa gambling task performance in early adolescence. *Developmental Psychology, 48,* 1180–1187.

Smith, E., Hay, P., Campbell, L., & Trollor, J. N. (2011). A review of the association between obesity and cognitive function across the lifespan: Implications for novel approaches to prevention and treatment. *Obesity Reviews, 12,* 740–755.

Smith, G. C. (2016). Grandparents raising grandchildren. In S. Whitbourne (Ed.), *Encyclopedia of adulthood and aging* (Vol. 2, pp. 581–586). Malden, MA: Wiley Blackwell.

Smith, G. C., Rodriguez, J. M., & Palmieri, P. A. (2010). Patterns and predictors of support group use by custodial grandmothers and grandchildren. *Families in Society, 91,* 385–393.

Smith, J., & Baltes, P. B. (1999). Life-span perspectives on development. In M. H. Bornstein & M. E. Lamb (Eds.), *Developmental psychology: An advanced textbook* (4th ed., pp. 275–311). Mahwah, NJ: Erlbaum.

Smith, J., & Freund, A. M. (2002). The dynamics of possible selves in old age. *Journals of Gerontology, 57B,* P492–P500.

Smith, J., & Infurna, F. J. (2011). Early precursors of later health. In K. L. Fingerman, C. A. Berg, J. Smith, & T. C. Antonucci (Eds.), *Handbook of life-span development* (pp. 213–238). New York: Springer.

Smith, J. C., Nielson, K. A., Woodard, J. L., Seidenberg, M., & Rao, S. M. (2013). Physical activity and brain function in older adults at increased risk for Alzheimer's disease. *Brain Science, 3,* 54–83.

Smith, J. P., & Forrester, R. (2013). Who pays for the health benefits of exclusive breastfeeding? An analysis of maternal time costs. *Journal of Human Lactation, 29,* 547–555.

Smith, L. B., Jones, S. S., Gershkoff-Stowe, L., & Samuelson, L. (2002). Object name learning provides on-the-job training for attention. *Psychological Science, 13,* 13–19.

Smith, N., Young, A., & Lee, C. (2004). Optimism, health-related hardiness and well-being among older Australian women. *Journal of Health Psychology, 9,* 741–752.

Smith, P. K., Mahdavi, J., Carvalho, M., Fisher, S., Russell, S., & Tippett, N. (2008). Cyberbullying: Its nature and impact in secondary school pupils. *Journal of Child Psychology and Psychiatry, 49,* 376–385.

Smith, T. W. (2006). Personality as risk and resilience in physical health. *Current Directions in Psychological Science, 15,* 227–231.

Smith, T. W., & Cundiff, J. M. (2011). An interpersonal perspective on risk for coronary heart disease. In L. Horowitz & S. Strack (Eds.), *Handbook of interpersonal psychology: Theory, research, assessment, and therapeutic interventions* (pp. 471–489). Hoboken, NJ: Wiley.

Smith, T. W., Glazer, K., Ruiz, J. M., & Gallo, L. C. (2004). Hostility, anger, aggressiveness, and coronary heart disease: An interpersonal perspective on personality, emotion, and health. *Journal of Personality, 72,* 1217–1270.

Smith, T. W., & Mackenzie, J. (2006). Personality and risk of physical illness. *Annual Review of Clinical Psychology, 2,* 435–467.

Smith, T. W., Marsden, P., Hout, M., & Kim, J. (1972–2014). *General Social Surveys, 1972–2014.* Sponsored by the National Science Foundation. Chicago: NORC at the University of Chicago. Data accessed from the GSS Data Explorer website at gssdataexplorer.norc.org

Smith, T. W., Uchino, B. N., Berg, C. A., & Florsheim, P. (2012). Marital discord and coronary artery disease: A comparison of behaviorally defined discrete groups. *Journal of Consulting and Clinical Psychology, 80,* 87–92.

Smits, J., & Monden, C. (2011). Twinning across the developing world. *PLOS ONE, 6*(9), e25239.

Smyke, A. T., Zeanah, C. H., Fox, N. A., Nelson, C. A., & Guthrie, D. (2010). Placement in foster care enhances quality of attachment among young institutionalized children. *Child Development, 81,* 212–223.

Smyth, A. C., & Naveh-Benjamin, M. (2016). Can DRYAD explain age-related associative memory deficits? *Psychology and Aging, 31,* 1–13.

Sneed, J. R., Whitbourne, S. K., & Culang, M. E. (2006). Trust, identity, and ego integrity: Modeling Erikson's core stages over 34 years. *Journal of Adult Development, 13,* 148–157.

Sneed, J. R., Whitbourne, S. K., Schwartz, S. J., & Huang, S. (2012). The relationship between identity, intimacy, and midlife well-being: Findings from the Rochester Adult Longitudinal Study. *Psychology and Aging, 27,* 318–323.

Snidman, N., Kagan, J., Riordan, L., & Shannon, D. C. (1995). Cardiac function and behavioral reactivity. *Psychophysiology, 32,* 199–207.

Snow, C. E., & Beals, D. E. (2006). Mealtime talk that supports literacy development. In R. W. Larson, A. R. Wiley, & K. R. Branscomb (Eds.), *Family mealtime as a context of development and socialization* (pp. 51–66). San Francisco: Jossey-Bass.

Snow, C. E., Pan, B. A., Imbens-Bailey, A., & Herman, J. (1996). Learning how to say what one means: A longitudinal study of children's speech act use. *Social Development, 5,* 56–84.

Snyder, J., Brooker, M., Patrick, M. R., Snyder, A., Schrepferman, L., & Stoolmiller, M. (2003). Observed peer victimization during early elementary school: Continuity, growth, and relation to risk for child antisocial and depressive behavior. *Child Development, 74,* 1881–1898.

Snyder, J. S., & Cameron, H. A. (2012). Could adult hippocampal neurogenesis be relevant for human behavior? *Behavioural Brain Research, 227,* 384–390.

Sobel, D. M. (2006). How fantasy benefits young children's understanding of pretense. *Developmental Science, 9,* 63–75.

Sobiraj, S., Rigotti, T., Weseler, D., & Mohr, G. (2015). Masculinity ideology and psychological strain: Considering men's social stressors in female-dominated occupations. *Psychology of Men and Masculinity, 16,* 54–66.

Society for Research in Child Development. (2007). *SRCD ethical standards for research with children.* Retrieved from www.srcd.org/index.php?option=com_content&task=view&id=68&Itemid=110

Soderstrom, M., Dolbier, C., Leiferman, J., & Steinhardt, M. (2000). The relationship of hardiness, coping strategies, and perceived stress to symptoms of illness. *Journal of Behavioral Medicine, 23,* 311–328.

Soderstrom, M., Seidl, A., Nelson, D. G. K., & Jusczyk, P. W. (2003). The prosodic bootstrapping of phrases: Evidence from prelinguistic infants. *Journal of Memory and Language, 49,* 249–267.

Soli, A. R., McHale, S. M., & Feinberg, M. E. (2009). Risk and protective effects of sibling relationships among African American adolescents. *Family Relations, 58,* 578–592.

Solmeyer, A. R., McHale, S. M., & Crouter, A. C. (2014). Longitudinal association between sibling relationship qualities and risky behavior across adolescence. *Developmental Psychology, 50,* 600–610.

Solomon, J., & George, C. (2011). The disorganized attachment-caregiving system. In J. Solomon & C. George (Eds.), *Disorganized attachment and caregiving* (pp. 3–24). New York: Guilford.

Solomon, J. C., & Marx, J. (1995). "To grandmother's house we go": Health and school adjustment of children raised solely by grandparents. *Gerontologist, 35,* 386–394.

Somers, M., Ophoff, R. A., Aukes, M. F., Cantor, R. M., Boks, M. P., Dauwan, M., et al. (2015). Linkage analysis in a Dutch population isolate shows no major gene for left-handedness or atypical language lateralization. *Journal of Neuroscience, 35,* 8730–8736.

Somerville, L. H. (2013). The teenage brain: Sensitivity to social evaluation. *Current Directions in Psychological Science, 22,* 121–127.

Son, J., & Wilson, J. (2011). Generativity and volunteering. *Sociological Forum, 26,* 644–667.

Song, C., Benin, M., & Glick, J. (2012). Dropping out of high school: The effects of family structure and family transitions. *Journal of Divorce and Remarriage, 53,* 18–33.

Song, J., Lindquist, L. A., Chang, R. W., Semanik, P. A., Ehrlich-Jones, L. S., Lee, J., et al. (2015). Sedentary behavior as a risk factor for physical frailty independent of moderate activity: Results from the osteoarthritis initiative. *American Journal of Public Health, 10,* 1439–1445.

Soos, I., Biddle, S. J. H., Ling, J., Hamar, P., Sandor, I., Boros-Balint, I., et al. (2014). Physical activity, sedentary behaviour, use of electronic media, and snacking among youth: An international study. *Kinesiology, 46,* 155–163.

Sørensen, K., Mouritsen, A., Aksglaede, L., Hagen, C. P., Mogensen, S. S., & Juul, A. (2012). Recent secular trends in pubertal timing: Implications for evaluation and diagnosis of precocious puberty. *Hormone Research in Paediatrics, 77,* 137–145.

Sörensen, S., White, K., & Ramchandran, R. S. (2016). Vision in mid and late life. In S. K. Whitbourne (Ed.), *Encyclopedia of adulthood and aging* (Vol. 3, pp. 1427–1431). Malden, MA: Wiley Blackwell.

Sorkhabi, N., & Mandara, J. (2013). Are the effects of Baumrind's parenting styles culturally specific or culturally equivalent? In R. E. Larzelere, A. S. Morris, & A. W. Harrist (Eds.), *Authoritative parenting: Synthesizing nurturance and discipline for optimal child development* (pp. 113–135). Washington, DC: American Psychological Association.

Sosa, R., Kennell, J., Klaus, M., Robertson, S., & Urrutia, J. (1980). The effect of a supportive companion on perinatal problems, length of labor, and mother–infant interaction. *New England Journal of Medicine, 303,* 597–600.

Soska, K. C., Adolph, K. E., & Johnson, S. P. (2010). Systems in development: Motor skill acquisition facilitates three-dimensional object completion. *Developmental Psychology, 46,* 129–138.

Soto, C. J., John, O. P., Gosling, S. D., & Potter, J. (2011). Age differences in personality traits from 10 to 65: Big five domains and facets in a large cross-sectional sample. *Journal of Personality and Social Psychology, 100,* 330–348.

Soto, C. J., Kronauer, A., & Liang, J. K. (2016). Five-factor model of personality. In K. S. Whitbourne (Ed.), *Encyclopedia of adulthood and aging* (Vol. 2, pp. 506–511). Malden, MA: Blackwell.

South Africa Department of Health. (2013). *The 2012 National Antenatal Sentinel HIV and Herpes Simplex Type-2 Prevalence Survey in South Africa.* Pretoria: Author. Retrieved from www.health-e.org.za/wp-content/uploads/2014/05/ASHIVHerp_Report2014_22May2014.pdf

Sowers, M., Zheng, H., Tomey, K., Karvonen-Gutierrez, M. J., Li, X., Matheos, Y., & Symons, J. (2007). Changes in body composition in women over six years at midlife: Ovarian and chronological aging. *Journal of Clinical Endocrinology and Metabolism, 92,* 895–901.

Sowislo, J. F., & Orth, U. (2013). Does low self-esteem predict depression and anxiety? A meta-analysis of longitudinal studies. *Psychological Bulletin, 139,* 213–240.

Spangler, G., Fremmer-Bomik, E., & Grossmann, K. (1996). Social and individual determinants of attachment security and disorganization during the first year. *Infant Mental Health Journal, 17,* 127–139.

Spangler, G., Johann, M., Ronai, Z., & Zimmermann, P. (2009). Genetic and environmental influence on attachment disorganization. *Journal of Child Psychology and Psychiatry, 50,* 952–961.

Speece, D. L., Ritchey, K. D., Cooper, D. H., Roth, F. P., & Schatschneider, C. (2004). Growth in early reading skills from kindergarten to third grade. *Contemporary Educational Psychology, 29,* 312–332.

Spelke, E. S., & Kinzler, K. D. (2007). Core knowledge. *Developmental Science, 10,* 89–96.

Spelke, E. S., & Kinzler, K. D. (2013). Core knowledge. In S. M. Downes & E. Machery (Eds.), *Arguing about human nature: Contemporary debates* (pp. 107–116). New York: Routledge.

Spelke, E. S., Phillips, A. T., & Woodward, A. L. (1995). Infants' knowledge of object motion and human action. In A. Premack (Ed.), *Causal understanding in cognition and culture* (pp. 4–78). Oxford, UK: Clarendon Press.

Spence, I., & Feng, J. (2010). Video games and spatial cognition. *Review of General Psychology, 14,* 92–104.

Spence, M. J., & DeCasper, A. J. (1987). Prenatal experience with low-frequency maternal voice sounds influences neonatal perception of maternal voice samples. *Infant Behavior and Development, 10,* 133–142.

Spencer, J. P., Perone, S., & Buss, A. T. (2011). Twenty years and going strong: A dynamic systems revolution in motor and cognitive development. *Child Development Perspectives, 5,* 260–266.

Spere, K. A., Schmidt, L. A., Theall-Honey, L. A., & Martin-Chang, S. (2004). Expressive and receptive language skills of temperamentally shy preschoolers. *Infant and Child Development, 13,* 123–133.

Spieker, S. J., Campbell, S. B., Vandergrift, N., Pierce, K. M., Cauffman, E., Susman, E. J., & Roisman, G. I. (2012). Relational aggression in middle childhood: Predictors and adolescent outcomes. *Social Development, 21,* 354–375.

Spilt, J., Hughes, J. N., Wu, J.-Y., & Kwok, O.-M. (2012). Dynamics of teacher–student relationships: Stability and change across elementary school and the influence on children's academic success. *Child Development, 83,* 1180–1195.

Spirito, A., Esposito-Smythers, C., Weismoore, J., & Miller, A. (2012). Adolescent suicide behavior. In P. C. Kendall (Ed.), *Child and adolescent therapy: Cognitive behavioral procedures* (4th ed., pp. 234–256). New York: Guilford.

Spitze, G., & Gallant, M. P. (2004). "The bitter with the sweet": Older adults' strategies for handling ambivalence in relations with their adult children. *Research on Aging, 26,* 387–412.

Spock, B., & Needlman, R. (2012). *Dr. Spock's baby and child care* (9th ed.). New York: Gallery Books.

Spoelstra, M. N., Mari, A., Mendel, M., Senga, E., van Rheenen, P., van Dijk, T. H., et al. (2012). Kwashiorkor and marasmus are both associated with impaired glucose clearance related to pancreatic β-cell dysfunction. *Metabolism: Clinical and Experimental, 61,* 1224–1230.

Spokane, A. R., & Cruza-Guet, M. C. (2005). Holland's theory of vocational personalities in work environments. In S. D. Brown & R. W. Lent (Eds.), *Career development and counseling* (pp. 24–41). Hoboken, NJ: Wiley.

Sprecher, S. (1999). "I love you more today than yesterday": Romantic partners' perceptions of changes in love and related affect over time. *Journal of Personality and Social Psychology, 76,* 46–53.

Sprecher, S. (2011). The influence of social networks on romantic relationships: Through the lens of the social network. *Personal Relationships, 18,* 630–644.

Sprecher, S. (2013). Attachment style and sexual permissiveness: The moderating role of gender. *Personality and Individual Differences, 55,* 428–432.

Sprecher, S., & Fehr, B. (2005). Compassionate love for close others and humanity. *Journal of Social and Personal Relationships, 22,* 629–652.

Sprecher, S., & Fehr, B. (2011). Dispositional attachment and relationship-specific attachment as predictors of compassionate love for partner. *Journal of Social and Personal Relationships, 28,* 558–574.

Sprecher, S., Felmlee, D., Metts, S., & Cupach, W. (2015). Relationship initiation and development. In M. Mikulincer, P. R. Shaver, J. A. Simpson, & J. F. Dovidio (Eds.), *APA handbook of personality and social psychology: Vol. 3. Interpersonal relations* (pp. 211–245). Washington, DC: American Psychological Association.

Sprecher, S., Harris, G., & Meyers, A. (2008). Perceptions of sources of sex education and targets of sex communication: Socio-demographic and cohort effects. *Journal of Sex Research, 45,* 17–26.

Sprecher, S., & Regan, P. C. (1998). Passionate and companionate love in courting and young married couples. *Sociological Inquiry, 68,* 163–185.

Srivastava, S., John, O. P., Gosling, S. D., & Potter, J. (2003). Development of personality in early and middle adulthood: Set like plaster or persistent change? *Journal of Personality and Social Psychology, 84,* 1041–1053.

Sroufe, L. A. (2002). From infant attachment to promotion of adolescent autonomy: Prospective, longitudinal data on the role of parents in development. In J. G. Borkowski & S. L. Ramey (Eds.), *Parenting and the child's world* (pp. 187–202). Mahwah, NJ: Erlbaum.

Sroufe, L. A., Coffino, B., & Carlson, E. A. (2010). Conceptualizing the role of early experience: Lessons from the Minnesota Longitudinal Study. *Developmental Review, 30,* 36–51.

Sroufe, L. A., Egeland, B., Carlson, E., & Collins, W. (2005). *Minnesota Study of Risk and Adaptation from birth to maturity: The development of the person.* New York: Guilford.

Stackert, R. A., & Bursik, K. (2003). Why am I unsatisfied? Adult attachment style, gendered irrational relationship beliefs, and young adult romantic relationship satisfaction. *Personality and Individual Differences, 34,* 1419–1429.

Staff, J., Mont'Alvao, A., & Mortimer, J. T. (2015). Children at work. In M. H. Bornstein, T. Leventhal, & R. M. Lerner (Eds.), *Handbook of child psychology and developmental science: Vol. 4. Ecological settings and processes* (7th ed., pp. 345–374). Hoboken, NJ: Wiley.

Staff, J., & Mortimer, J. T. (2007). Educational and work strategies from adolescence to early adulthood: Consequences for educational attainment. *Social Forces, 85,* 1169–1194.

Staff, J., & Uggen, C. (2003). The fruits of good work: Early work experiences and adolescent deviance. *Journal of Research in Crime and Delinquency, 40,* 263–290.

Stams, G. J. M., Brugman, D., Deković, M., van Rosmalen, L., van der Laan, P., & Gibbs, J. C. (2006). The moral judgment of juvenile delinquents: A meta-analysis. *Journal of Abnormal Child Psychology, 34,* 697–713.

Stams, G. J. M., Juffer, F., & van IJzendoorn, M. H. (2002). Maternal sensitivity, infant attachment, and temperament in early childhood predict adjustment in middle childhood: The case of adopted children and their biologically unrelated parents. *Developmental Psychology, 38,* 806–821.

Stanovich, K. E. (2013). *How to think straight about psychology* (10th ed.). Upper Saddle River, NJ: Pearson.

Stark, P., & Noel, A. M. (2015). *Trends in high school dropout and completion rates in the United States: 1972–2012* (NCES 2015–015). Washington, DC: U.S. Department of Education.

Starks, T. J., Newcomb, M. E., & Mustanski, B. (2015). A longitudinal study of interpersonal relationships among lesbian, gay, and bisexual adolescents and young adults. *Archives of Sexual Behavior, 44,* 1821–1831.

Staub, F. C., & Stern, E. (2002). The nature of teachers' pedagogical content beliefs matters for students' achievement gains: Quasi-experimental evidence from elementary mathematics. *Journal of Educational Psychology, 94,* 344–355.

Staudinger, U. M. (1996). Wisdom and the social-interactive foundation of the mind. In P. B. Baltes & U. M. Staudinger (Eds.), *Interactive minds: Life-span perspectives on the social foundation of cognition* (pp. 276–315). New York: Cambridge University Press.

Staudinger, U. M. (2008). A psychology of wisdom: History and recent developments. *Research in Human Development, 5,* 107–120.

Staudinger, U. M., & Bowen, C. E. (2010). Life-span perspectives on positive personality development in adulthood and old age. In M. E. Lamb, A. M. Freund & R. M. Lerner (Eds.), *Handbook of life-span development: Vol. 2. Social and emotional development* (pp. 254–297). Hoboken, NJ: Wiley.

Staudinger, U. M., Dörner, J., & Mickler, C. (2005). Wisdom and personality. In R. J. Sternberg & J. Jordan (Eds.), *A handbook of wisdom: Psychological perspectives* (pp 191–219). New York: Cambridge University Press.

Staudinger, U. M., & Glück, J. (2011). Psychological wisdom research: Commonalities and differences in a growing field. *Annual Review of Psychology, 62,* 215–241.

Staudinger, U. M., & Lindenberger, U. (2003). Understanding human development takes a metatheory and multiple disciplines. In U. M. Staudinger & U. Lindenberger (Eds.), *Understanding human development: Dialogues with life span psychology* (pp. 1–13). Norwell, MA: Kluwer.

Steele, H., & Steele, M. (2014). Attachment disorders: Theory, research, and treatment considerations. In M. Lewis & K. D. Rudolph (Eds.), *Handbook of developmental psychopathology* (3rd ed., pp. 357–370). New York: Springer Science + Business Media.

Steele, L. C. (2012). The forensic interview: A challenging intervention. In P. Goodyear-Brown (Ed.), *Handbook of child sexual abuse: Identification, assessment, and treatment* (pp. 99–119). Hoboken, NJ: Wiley.

Steele, S., Joseph, R. M., & Tager-Flusberg, H. (2003). Developmental change in theory of mind abilities in children with autism. *Journal of Autism and Developmental Disorders, 33,* 461–467.

Steensma, T. D., Biemond, R., de Boer, F., & Cohen-Kettenis, P T. (2011). Desisting and persisting gender dysphoria after childhood: A qualitative follow-up study. *Clinical Child Psychology and Psychiatry, 16,* 499–516.

Steensma, T. D., & Cohen-Kettenis, P. T. (2015). More than two developmental pathways in children with gender dysphoria? *Journal of the American Academy of Child and Adolescent Psychiatry, 54,* 147.

Steinberg, L. (2008). A social neuroscience perspective on adolescent risk-taking. *Developmental Review, 28,* 78–106.

Steinberg, L., Blatt-Eisengart, I., & Cauffman, E. (2006). Patterns of competence and adjustment among adolescents from authoritative, authoritarian, indulgent, and neglectful homes: A replication in a sample of serious juvenile offenders. *Journal of Research on Adolescence, 16,* 47–58.

Steinberg, L., Graham, S., O'Brien, L., Woolard, J., Cauffman, E., & Banich, M. (2009). Age differences in future orientation and delay discounting. *Child Development, 80,* 28–44.

Steinberg, L., & Monahan, K. C. (2011). Adolescents' exposure to sexy media does not hasten the initiation of sexual intercourse. *Developmental Psychology, 47,* 562–576.

Steinberg, L. D. (2001). We know some things: Parent–adolescent relationships in retrospect and prospect. *Journal of Research on Adolescence, 11,* 1–19.

Steiner, J. E. (1979). Human facial expression in response to taste and smell stimulation. In H. W. Reese & L. P. Lipsitt (Eds.), *Advances in child development and behavior* (Vol. 13, pp. 257–295). New York: Academic Press.

Steiner, J. E., Glaser, D., Hawilo, M. E., & Berridge, D. C. (2001). Comparative expression of hedonic impact: Affective reactions to taste by human infants and other primates. *Neuroscience and Biobehavioral Review, 25,* 53–74.

Stenberg, C. (2003). Effects of maternal inattentiveness on infant social referencing. *Infant and Child Development, 12,* 399–419.

Stenberg, C., & Campos, J. J. (1990). The development of anger expressions in infancy. In N. Stein, B. Leventhal, & T. Trabasso (Eds.), *Psychological and biological approaches to emotion* (pp. 247–282). Hillsdale, NJ: Erlbaum.

Stephens, B. E., & Vohr, B. R. (2009). Neurodevelopmental outcome of the premature infant. *Pediatric Clinics of North America, 56,* 631–646.

Stephens, M. A. P., Franks, M. M., Martire, L. M., Norton, T. R., & Atienza, A. A. (2009). Women at midlife: Stress and rewards of balancing parent care with employment and family roles. In K. Shifren (Ed.), *How caregiving affects development* (pp. 147–167). Washington, DC: American Psychological Association.

Stephens, P. C., Sloboda, Z., Stephens, R. C., Teasdale, B., Grey, S. F., Hawthorne, R. D., & Williams, J. (2009). Universal school-based substance abuse prevention programs: Modeling targeted mediators and outcomes for adolescent cigarette, alcohol, and marijuana use. *Drug and Alcohol Dependence, 102,* 19–29.

Stepler, R. (2015). *5 facts about family caregivers.* Washington, DC: Pew Research Center. Retrieved from www.pewresearch.org/fact-tank/2015/11/18/ 5-facts-about-family-caregivers

Stepler, R. (2016). *World's centenarian population projected to grow eightfold by 2050.* Retrieved from www.pewresearch.org/fact-tank/2016/04/21/worlds -centenarian-population-projected-to-grow-eightfold -by-2050

Sternberg, R. J. (2005). The triarchic theory of successful intelligence. In D. P. Flanagan & P. L. Harrison (Eds.), *Contemporary intellectual assessment: Theories, tests, and issues* (pp. 103–119). New York: Guilford.

Sternberg, R. J. (2006). A duplex theory of love. In R. J. Sternberg & K. Weis (Eds.), *The new psychology of* love (pp. 184–199). New Haven, CT: Yale University Press.

Sternberg, R. J. (2008). The triarchic theory of successful intelligence. In N. Salkind (Ed.), *Encyclopedia of educational psychology* (Vol. 2, pp. 988–994). Thousand Oaks, CA: Sage.

Sternberg, R. J. (2011). The theory of successful intelligence. In R. J. Sternberg & S. B. Kaufman (Eds.), *Cambridge handbook of intelligence* (pp. 504–527). New York: Cambridge University Press.

Sternberg, R. J. (2013). Contemporary theories of intelligence. In W. M. Reynolds & G. E. Miller (Eds.), *Handbook of psychology: Vol. 7. Educational psychology* (2nd ed., pp. 23–44). Hoboken, NJ: Wiley.

Sternberg, R. J., & Lubart, T. I. (2001). Wisdom and creativity. In J. E. Birren & K. W. Schaie (Eds.), *Handbook of the psychology of aging* (pp. 500–522). San Diego: Academic Press.

Sterns, H. L., & McQuown, C. K. (2015). Retirement redefined. In P. A. Lichtenberg, B. T. Mast, B. D. Carpenter, & J. L. Wetherell (Eds.), *APA handbook of clinical geropsychology: Vol. 2. Assessment, treatment, and issues of later life* (pp. 601–616). Washington, DC: American Psychological Association.

Stevens, J., Katz, E. G., & Huxley, R. R. (2010). Associations between gender, age and waist circumference. *European Journal of Clinical Nutrition, 64,* 6–15.

Stevens, J. C., & Cruz, L. A. (1996). Spatial acuity of touch: Ubiquitous decline with aging revealed by repeated threshold testing. *Somatosensory and Motor Research, 13,* 1–10.

Stevenson, R., & Pollitt, C. (1987). The acquisition of temporal terms. *Journal of Child Language, 14,* 533–545.

Stewart, A. J., & Malley, J. E. (2004). Women of the greatest generation. In C. Daiute & C. Lightfoot (Eds.), *Narrative analysis: Studying the development of individuals in society* (pp. 223–244). Thousand Oaks, CA: Sage.

Stewart, A. L., Verboncoeur, C. J., McLellan, B. Y., Gillis, D. E., Rush, S., & Mills, K. M. (2001). Physical activity outcomes of CHAMPS II: A physical activity promotion program for older adults. *Journals of Gerontology, 56A,* M465–M470.

Stewart, P. W., Lonky, E., Reihman, J., Pagano, J., Gump, B. B., & Darvill, T. (2008). The relationship between prenatal PCB exposure and intelligence (IQ). *Environmental Health Perspectives, 116,* 1416–1422.

Stewart, R. B., Jr. (1990). *The second child: Family transition and adjustment.* Newbury Park, CA: Sage.

Stewart, S., Lim, D. H., & Kim, J. (2015). Factors influencing college persistence for first-time students. *Journal of Developmental Education, 38*(3), 12–20.

Stice, E. (2003). Puberty and body image. In C. Hayward (Ed.), *Gender differences at puberty* (pp. 61–76). New York: Cambridge University Press.

Stice, E., Marti, C. N., & Rohde, P. (2013). Prevalence, incidence, impairment, and course of the proposed DSM-5 eating disorder diagnoses in an 8-year prospective community study of young women. *Journal of Abnormal Psychology, 122,* 455–457.

Stiles, J. (2012). The effects of injury to dynamic neural networks in the mature and developing brain. *Developmental Psychobiology, 54,* 343–349.

Stiles, J., Brown, T. T., Haist, F., & Jernigan, T. L. (2015). Brain and cognitive development. In L. S. Liben & U. Müller (Eds.), *Handbook of child psychology and developmental science: Vol. 2. Cognitive processes* (7th ed., pp. 9–62). Hoboken, NJ: Wiley.

Stiles, J., Moses, P., Roe, K., Akshoomoff, N. A., Trauner, D., & Hesselink, J. (2003). Alternative brain organization after prenatal cerebral injury: Convergent fMRI and cognitive data. *Journal of the International Neuropsychological Society, 9,* 604–622.

Stiles, J., Nass, R. D., Levine, S. C., Moses, P., & Reilly, J. S. (2009). Perinatal stroke: Effects and outcomes. In K. O. Yeates, M. D. Ris, H. G. Taylor, & B. Pennington (Eds.), *Pediatric neuropsychology: Research, theory and practice* (2nd ed., pp. 181–210). New York: Guilford.

Stiles, J., Reilly, J. S., & Levine, S. C. (2012). *Neural plasticity and cognitive development.* New York: Oxford University Press.

Stiles, J., Reilly, J., Paul, B., & Moses, P. (2005). Cognitive development following early brain injury: Evidence for neural adaptation. *Trends in Cognitive Sciences, 9,* 136–143.

Stiles, J., Stern, C., Appelbaum, M., & Nass, R. (2008). Effects of early focal brain injury on memory for visuospatial patterns: Selective deficits of global–local processing. *Neuropsychology, 22,* 61–73.

Stiles-Shields, C., & Carroll, R. A. (2015). Same-sex domestic violence: Prevalence, unique aspects, and clinical implications. *Journal of Sex and Marital Therapy, 41,* 636–648.

Stine-Morrow, E. A. L., & Payne, B. R. (2016). Age differences in language segmentation. *Experimental Aging Research. 42,* 107–125.

Stine-Morrow, E. A. L., Payne, B. R., Roberts, B. W., Kramer, A. F., Morrow, D. G., Payne, L., et al. (2014). Training versus engagement as paths to cognitive enrichment with aging. *Psychology and Aging, 29,* 891–906.

Stipek, D. (2011). Classroom practices and children's motivation to learn. In E. Zigler, W. S. Gilliam, & W. S. Barnett (Eds.), *The pre-K debates: Current controversies and issues* (pp. 98–103). Baltimore, MD: Paul H. Brookes.

Stipek, D. J., Feiler, R., Daniels, D., & Milburn, S. (1995). Effects of different instructional approaches on young children's achievement and motivation. *Child Development, 66,* 209–223.

Stipek, D. J., Gralinski, J. H., & Kopp, C. B. (1990). Self-concept development in the toddler years. *Developmental Psychology, 26,* 972–977.

St James-Roberts, I. (2007). Helping parents to manage infant crying and sleeping: A review of the evidence and its implications for services. *Child Abuse Review, 16,* 47–69.

St James-Roberts, I. (2012). *The origins, prevention and treatment of infant crying and sleep problems.* London: Routledge.

Stochholm, K., Bojesen, A., Jensen, A. S., Juul, S., & Grayholt, C. H. (2012). Criminality in men with Klinefelter's syndrome and XYY syndrome: A cohort study. *British Medical Journal, 2,* e000650.

Stoet, G., & Geary, D. C. (2013). Sex differences in mathematics and reading achievement are inversely related: Within- and across-nation assessment of 10 years of PISA data. *PLOS ONE, 8,* e57988.

Stohs, S. J. (2011). The role of free radicals in toxicity and disease. *Journal of Basic and Clinical Physiology and Pharmacology, 6,* 205–228.

Stone, A. A., Schwartz, J. E., Broderick, J. E., & Deaton, A. (2010). A snapshot of the age distribution of psychological well-being in the United States. *Proceedings of the National Academy of Sciences, 107,* 9985–9990.

Stone, M. R., & Brown, B. B. (1999). Identity claims and projections: Descriptions of self and crowds in secondary school. In J. A. McLellan & M. J. V. Pugh (Eds.), *The role of peer groups in adolescent social identity: Exploring the importance of stability and change* (pp. 7–20). San Francisco: Jossey-Bass.

Stoner, R., Chow, M. L., Boyle, M. P., Sunkin, S. M., Mouton, P. R., Roy, S., et al. (2014). Patches of disorganization in the neocortex of children with autism. *New England Journal of Medicine, 370,* 1209–1219.

Storch, S. A., & Whitehurst, G. J. (2001). The role of family and home in the literacy development of children from low-income backgrounds. In P. R. Britto & J. Brooks-Gunn (Eds.), *New directions for child and adolescent development* (No. 92, pp. 53–71). San Francisco: Jossey-Bass.

Strapp, C. M., & Federico, A. (2000). Imitations and repetitions: What do children say following recasts? *First Language, 20,* 273–290.

Strasburger, V. C. (2012). Children, adolescents, drugs, and the media. In D. G. Singer & J. L. Singer (Eds.), *Handbook of children and the media* (2nd ed., pp. 419–454). Thousand Oaks, CA: Sage.

Straus, M. A., & Stewart, J. H. (1999). Corporal punishment by American parents: National data on prevalence, chronicity, severity, and duration, in relation to child and family characteristics. *Clinical Child and Family Psychology Review, 2,* 55–70.

Strazdins, L., Clements, M. S., Korda, R. J., Broom, D. H., & D'Souza, R. M. (2006). Unsociable work? Nonstandard work schedules, family relationships, and children's well-being. *Journal of Marriage and the Family, 68,* 394–410.

Strazdins, L., O'Brien, L. V., Lucas, N., & Rodgers, B. (2013). Combining work and family: Rewards or risks for children's mental health? *Social Science and Medicine, 87,* 99–107.

Street, A. E., Bell, M., & Ready, C. B. (2011). Sexual assault. In D. Benedek & G. Wynn (Eds.), *Clinical manual for the management of PTSD* (pp. 325–348). Arlington, VA: American Psychiatric Press.

Striano, T., & Rochat, P. (2000). Emergence of selective social referencing in infancy. *Infancy, 1,* 253–264.

Striano, T., Tomasello, M., & Rochat, P. (2001). Social and object support for early symbolic play. *Developmental Science, 4,* 442–455.

Stright, A. D., Herr, M. Y., & Neitzel, C. (2009). Maternal scaffolding of children's problem solving and children's adjustment in kindergarten: Hmong families in the United States. *Journal of Educational Psychology, 101,* 207–218.

Stright, A. D., Neitzel, C., Sears, K. G., & Hoke-Sinex, L. (2002). Instruction begins in the home: Relations between parental instruction and children's self-regulation in the classroom. *Journal of Educational Psychology, 93,* 456–466.

Stringer, K., Kerpelman, J., & Skorikov, V. (2011). Career preparation: A longitudinal, process-oriented examination. *Journal of Vocational Behavior, 79,* 158–169.

Stringer, K. J., & Kerpelman, J. L. (2010). Career identity development in college students: Decision making, parental support, and work experience. *Identity, 10,* 181–200.

Stroebe, M., & Schut, H. (2010). The dual process model of coping with bereavement: A decade on. *Omega, 61,* 273–289.

Stroebe, M., Schut, H., & van den Bout, J. (2013). Complicated grief: Assessment of scientific knowledge and implications for research and practice. In M. Stroebe, H. Schut, & J. van den Bout (Eds.), *Complicated grief* (pp. 295–311). New York: Routledge.

Stroebe, M. S., & Schut, H. (1999). The dual process model of coping with bereavement: Rationale and description. *Death Studies, 23,* 197–224.

Strohmaier, J., van Dongen, J., Willemsen, G., Nyholt, D. R., Zhu, G., Codd, V., et al. (2015). Low birth weight in MZ twins discordant for birth weight is associated with shorter telomere length and lower IQ, but not anxiety/depression in later life. *Twin Research and Human Genetics, 18,* 198–209.

Strohschein, L. (2005). Parental divorce and child mental health trajectories. *Journal of Marriage and Family, 67,* 1286–1300.

Stronach, E. P., Toth, S. L., Rogosch, F., Oshri, A., Manle, J. T., & Cicchetti, D. (2011). Child maltreatment, attachment security and internal representations of mother and mother–child relationships. *Child Maltreatment, 16,* 137–154.

Stroub, K. J., & Richards, M. P. (2013). From resegregation to reintegration: Trends in the racial/

ethnic segregation of metropolitan public schools, 1993–2009. *American Educational Research Journal, 50,* 497–531.

Strough, J., Hicks, P. J., Swenson, L. M., Cheng, S., & Barnes, K. A. (2003). Collaborative everyday problem solving: Interpersonal relationships and problem dimensions. *International Journal of Aging and Human Development, 56,* 43–66.

Strough, J., Leszczynski, J. P., Neely, T. L., Flinn, J. A., & Margrett, J. (2007). From adolescence to later adulthood: Femininity, masculinity, and androgyny in six age groups. *Sex Roles, 57,* 385–396.

Strough, J., McFall, J. P., Flinn, J. A., & Schuller, K. L. (2008). Collaborative everyday problem solving among same-gender friends in early and later adulthood. *Psychology and Aging, 23,* 517–530.

Strouse, D. L. (1999). Adolescent crowd orientations: A social and temporal analysis. In J. A. McLellan & M. J. V. Pugh (Eds.), *The role of peer groups in adolescent social identity: Exploring the importance of stability and change* (pp. 37–54). San Francisco: Jossey-Bass.

Sturge-Apple, M. L., Davies, P. T., Winter, M. A., Cummings, E. M., & Schermerhorn, A. (2008). Interparental conflict and children's school adjustment: The explanatory role of children's internal representations of interparental and parent–child relationships. *Developmental Psychology, 44,* 1678–1690.

Su, T. F., & Costigan, C. L. (2008). The development of children's ethnic identity in immigrant Chinese families in Canada: The role of parenting practices and children's perceptions of parental family obligation expectations. *Journal of Early Adolescence, 29,* 638–663.

Suarez-Morales, L., & Lopez, B. (2009). The impact of acculturative stress and daily hassles on preadolescent psychological adjustment: Examining anxiety symptoms. *Journal of Primary Prevention, 30,* 335–349.

Suárez-Orozco, C., Pimental, A., & Martin, M. (2009). The significance of relationships: Academic engagement and achievement among newcomer immigrant youth. *Teachers College Record, 111,* 712–749.

Subrahmanyam, K., Gelman, R., & Lafosse, A. (2002). Animate and other separably moveable things. In G. Humphreys (Ed.), *Category-specificity in brain and mind* (pp. 341–371). London: Psychology Press.

Substance Abuse and Mental Health Services Administration. (2014). *Results from the 2013 National Survey on Drug Use and Health: Summary of national findings.* NSDUH Series H-48, HHS Publication No. (SMA) 14-4863. Rockville, MD: Author.

Suddendorf, T., Simcock, G., & Nielsen, M. (2007). Visual self-recognition in mirrors and live videos: Evidence for a developmental asynchrony. *Cognitive Development, 22,* 185–196.

Suitor, J. J., Con, G., Johnson, K., Peng, S., & Gilligan, M. (2016). Parent–child relations. In S. Whitbourne (Ed.), *Encyclopedia of adulthood and aging* (Vol. 3, pp. 1011–1015). Malden, MA: Wiley Blackwell.

Suitor, J. J., Gilligan, M., Johnson, K., & Pillemer, K. (2013). Caregiving, perceptions of maternal favoritism, and tension among siblings. *Gerontologist, 54,* 580–588.

Suitor, J. J., Gilligan, M., & Pillemer, K. (2015). Stability, change, and complexity in later life families. In L. K. George & K. F. Ferraro (Eds.), *Handbook of aging and the social sciences* (8th ed., pp. 205–226). New York: Elsevier.

Suitor, J. J., Sechrist, J., Plikuhn, M., Pardo, S. T., Gilligan, M., & Pillemer, K. (2009). The role of perceived maternal favoritism in sibling relations in midlife. *Journal of Marriage and Family, 71,* 1026–1038.

Sullivan, A. R. (2010). Mortality differentials and religion in the United States: Religious affiliation

and attendance. *Journal for the Scientific Study of Religion, 49,* 740–753.

Sullivan, A. R., & Fenelon, A. (2014). Patterns of widowhood mortality. *Journals of Gerontology, 69B,* 53–62.

Sullivan, J., Beech, A. R., Craig, L. A., & Gannon, T. A. (2011). Comparing intra-familial and extra-familial child sexual abusers with professionals who have sexually abused children with whom they work. *International Journal of Offender Therapy and Comparative Criminology, 55,* 56–74.

Sullivan, K. J., & Elias, M. F. (2016). Vascular dementia. In S. K. Whitbourne (Ed.), *Encyclopedia of adulthood and aging* (Vol. 3, pp. 1417–1421). Malden, MA: Wiley Blackwell.

Sullivan, K. T., Pasch, L. A., Johnson, M. D., & Bradbury, T. N. (2010). Social support, problem solving, and the longitudinal course of newlywed marriage. *Journal of Personality and Social Psychology, 98,* 631–644.

Sullivan, M. C., McGrath, M. M. Hawes, K., & Lester, B. M. (2008). Growth trajectories of preterm infants: Birth to 12 years. *Journal of Pediatric Health Care, 22,* 83–93.

Sullivan, M. W., & Lewis, M. (2003). Contextual determinants of anger and other negative expressions in young infants. *Developmental Psychology, 39,* 693–705.

Sullivan, P. F., Daly, M. J., & O'Donovan, M. (2012). Genetic architectures of psychiatric disorders: The emerging picture and its implications. *Nature Reviews Genetics, 13,* 537–551.

Sun, H., Ma, Y., Han, D., Pan, C. W., & Xu, Y. (2014). Prevalence and trends in obesity among China's children and adolescents, 1985–2010. *PLOS ONE, 9*(8), e105469.

Sunderam, S., Kissin, D. M., Crawford, S. B., Folger, S. G., Jamieson, D. J., Warner, L., et al. (2015). Assisted reproductive technology surveillance— United States, 2012. *Morbidity and Mortality Weekly Report, 64*(SS06), 1–29. Retrieved from www.cdc.gov/mmwr/preview/mmwrhtml/ss6406a1.htm

Sundet, J. M., Barlaug, D. G., & Torjussen, T. M. (2004). The end of the Flynn effect? A study of secular trends in mean intelligence test scores of Norwegian conscripts during half a century. *Intelligence, 32,* 349–362.

Super, C. M. (1981). Behavioral development in infancy. In R. H. Monroe, R. L. Monroe, & B. B. Whiting (Eds.), *Handbook of cross-cultural human development* (pp. 181–270). New York: Garland.

Super, C. M., & Harkness, S. (2009). The developmental niche of the newborn in rural Kenya. In J. K. Nugent, B. J. Petrauskas, & T. B. Brazelton (Eds.), *The newborn as a person: Enabling healthy development worldwide* (pp. 85–97). Hoboken, NJ: Wiley.

Super, C. M., & Harkness, S. (2010). Culture and infancy. In J. G. Bremner & T. D. Wachs (Eds.), *Wiley-Blackwell handbook of infant development: Vol. 1. Basic research* (2nd ed., pp. 623–649). Oxford, UK: Wiley-Blackwell.

Super, C. M., Harkness, S., van Tijen, N., van der Vlugt, E., Fintelman, M., & Dijkstra, J. (1996). The three R's of Dutch childrearing and the socialization of infant arousal. In S. Harkness & C. M. Super (Eds.), *Parents' cultural belief systems* (pp. 447–466). New York: Guilford.

Super, D. E. (1994). A life span, life space perspective on convergence. In M. L. Savikas & R. W. Lent (Eds.), *Convergence in career development theories* (pp. 62–71). Palo Alto, CA: Consulting Psychologists Press.

Supple, A. J., Ghazarian, S. R., Peterson, G. W., & Bush, K. R. (2009). Assessing the cross-cultural validity of a parental autonomy granting measure: Comparing adolescents in the United States, China, Mexico, and India. *Journal of Cross-Cultural Psychology, 40,* 816–833.

Supple, A. J., & Small, S. A. (2006). The influence of parental support, knowledge, and authoritative parenting on Hmong and European American adolescent development. *Journal of Family Issues, 27,* 1214–1232.

Susman, E. J., & Dorn, L. D. (2009). Puberty: Its role in development. In R. M. Lerner & L. Steinberg (Eds.), *Handbook of adolescent psychology: Vol. 1. Individual bases of adolescent development* (3rd ed., pp. 116–151). Hoboken, NJ: Wiley.

Sussman, S., Pokhrel, P., Ashmore, R. D., & Brown, B. B. (2007). Adolescent peer group identification and characteristics: A review of the literature. *Addictive Behaviors, 32,* 1602–1627.

Sussman, S., Skara, S., & Ames, S. L. (2008). Substance abuse among adolescents. *Substance Use and Misuse, 43,* 1802–1828.

Sutin, A. R., & Terracciano, A. (2013). Perceived weight discrimination and obesity. *PLOS ONE, 8*(7), e70048.

Suzuki, K., & Ando, J. (2014). Genetic and environmental structure of individual differences in hand, foot, and ear preferences: A twin study. *Laterality, 19,* 113–128.

Sveen, C.-A., & Walby, F. A. (2008). Suicide survivors' mental health and grief reactions: A systematic review of controlled studies. *Suicide and Life-Threatening Behavior, 38,* 13–29.

Swain, M. E. (2014). Surrogacy and gestational carrier arrangements: Legal aspects. In J. M. Goldfarb (Ed.), *Third-party reproduction* (pp. 133–142). New York: Springer.

Swank, E., Frost, D. M., & Fahs, B. (2012). Rural location and exposure to minority stress among sexual minorities in the United States. *Psychology & Sexuality, 3,* 226–243.

Swedish Institute. (2016). *Elderly care: A challenge for the future.* Retrieved from sweden.se/wp-content/uploads/2013/11/Elderly-care-low-resolution.pdf

Sweet, M. A., & Appelbaum, M. L. (2004). Is home visiting an effective strategy? A meta-analytic review of home visiting programs for families with young children. *Child Development, 75,* 1435–1456.

Sweet, S., & Moen, P. (2007). Integrating educational careers in work and family. *Community, Work and Family, 10,* 231–250.

Swinson, J., & Harrop, A. (2009). Teacher talk directed to boys and girls and its relationship to their behaviour. *Educational Studies, 35,* 515–524.

Syed, M., & Juan, M. J. D. (2012). Birds of an ethnic feather? Ethnic identity homophily among college-age friends. *Journal of Adolescence, 35,* 1505–1514.

Syvertsen, A. K., Wray-Lake, L., Flanagan, C. A., Osgood, D. W., & Briddell, L. (2011). Thirty-year trends in U.S. adolescents' civic engagement: A story of changing participation and educational differences. *Journal of Research on Adolescence, 21,* 586–594.

Szaflarski, J. P., Rajogopal, A., Altaye, M., Byars, A. W., Jacola, L., Schmithorst, V. J., et al. (2012). Left-handedness and language lateralization in children. *Brain Research, 1433,* 85–97.

T

Taber-Thomas, B., & Perez-Edgar, K. (2016). Emerging adulthood brain development. In J. J. Arnett (Ed.), *Oxford handbook of emerging adulthood* (pp. 126–141). New York: Oxford University Press.

Tabibi, Z., & Pfeffer, K. (2007). Finding a safe place to cross the road: The effect of distractors and the role of attention in children's identification of safe and dangerous road-crossing sites. *Infant and Child Development, 16,* 193–206.

Taga, G., Asakawa, K., Maki, A., Konishi, Y., & Koizumi, H. (2003). Brain imaging in awake infants by near-infrared optical topography. *Proceedings of the National Academy of Sciences, 100,* 10722–10727.

Tager-Flusberg, H. (2014). Autism spectrum disorder: Developmental approaches from infancy through early childhood. In M. Lewis & K. D. Rudolph

(Eds.), *Handbook of Developmental Psychopathology* (pp. 651–664). New York: Springer.

Tahir, L., & Gruber, H. E. (2003). Developmental trajectories and creative work in late life. In J. Demick & C. Andreoletti (Eds.), *Handbook of adult development* (pp. 239–255). New York: Springer.

Takagi, E., & Silverstein, M. (2011). Purchasing piety? Coresidence of married children with their older parents in Japan. *Demography, 48,* 1559–1579.

Takahashi, K. (1990). Are the key assumptions of the "Strange Situation" procedure universal? A view from Japanese research. *Human Development, 33,* 23–30.

Takahashi, T. A., & Johnson, K. M. (2015). Menopause. *Medical Clinics of North America, 99,* 521–534.

Talaulikar, V. S., & Arulkumaran, S. (2011). Folic acid in obstetric review. *Obstetrics and Gynecological Survey, 66,* 240–247.

Talwar, V. (2011). Talking to children about death in educational settings. In V. Talwar, P. L. Harris, & M. Schleifer (Eds.), *Children's understanding of death: From biological to religious conceptions* (pp. 98–115). Cambridge, UK: Cambridge University Press.

Tamis-LeMonda, C. S., & Bornstein, M. H. (1989). Habituation and maternal encouragement of attention in infancy as predictors of toddler language, play, and representational competence. *Child Development, 60,* 738–751.

Tamis-LeMonda, C. S., & McFadden, K. E. (2010). The United States of America. In M. H. Bornstein & T. Leventhal (Eds.), *Handbook of cultural developmental science: Vol. 4. Ecological settings and processes* (pp. 299–322). New York: Psychology Press.

Tamm, L., Nakonezny, P. A., & Hughes, C. W. (2014). An open trial of metacognitive executive function training for young children with ADHD. *Journal of Attention Disorders, 18,* 551–559.

Tammelin, T., Näyhä, S., Hills, A. P., & Järvelin, M. (2003). Adolescent participation in sports and adult physical activity. *American Journal of Preventive Medicine, 24,* 22–28.

Tanaka, H., & Seals, D. R. (2003). Dynamic exercise performance in master athletes: Insight into the effects of primary human aging on physiological functional capacity. *Journal of Applied Physiology, 95,* 2152–2162.

Tanaka, H., & Seals, D. R. (2008). Endurance exercise performance in Masters athletes: Age associated changes and underlying physiological mechanisms. *Journal of Physiology, 586,* 55–63.

Tandon, S. D., Colon, L., Vega, P., Murphy, J., & Alonso, A. (2012). Birth outcomes associated with receipt of group prenatal care among low-income Hispanic women. *Journal of Midwifery & Women's Health, 57,* 476–481.

Tang, M. (2009). Examining the application of Holland's theory to vocational interests and choices of Chinese college students. *Journal of Career Assessment, 17,* 86–98.

Tangney, J. P., Stuewig, J., & Mashek, D. J. (2007). Moral emotions and moral behavior. *Annual Review of Psychology, 58,* 345–372.

Tanner, J. L. (2016). Mental health in emerging adulthood. In J. J. Arnett (Ed.), *Oxford handbook of emerging adulthood* (pp. 499–520). New York: Oxford University Press.

Tanner, J. L., & Arnett, J. J. (2011). Presenting "emerging adulthood": What makes it developmentally distinctive? In J. J. Arnett, M. Kloep, L. B. Hendry, & J. L. Tanner (Eds.), *Debating emerging adulthood: Stage or process?* (pp. 13–30). New York: Oxford University Press.

Tanner, J. L., Arnett, J. J., & Leis, J. A. (2009). Emerging adulthood: Learning and development during the first stage of adulthood. In M. C. Smith & N. DeFrates-Densch (Eds.), *Handbook of research on adult learning and development* (pp. 34–67). New York: Routledge.

Tanner, J. M., Healy, M., & Cameron, N. (2001). *Assessment of skeletal maturity and prediction of adult height (TW3 method)* (3rd ed.). Philadelphia: Saunders.

Taras, V., Sarala, R., Muchinsky, P., Kemmelmeier, M., Singelis, T. M., Avsec, A., et al. (2014). Opposite ends of the same stick? Multi-method test of the dimensionality of individualism and collectivism. *Journal of Cross-Cultural Psychology, 45,* 213–245.

Tardif, T., Fletcher, P., Liang, W., Zhang, Z., Kaciroti, N., & Marchman, V. A. (2008). Baby's first 10 words. *Developmental Psychology, 44,* 929–938.

Tarry-Adkins, J. L., Martin-Gronert, M. S., Chen, J. H., Cripps, R. L., & Ozanne, S. E. (2008). Maternal diet influences DNA damage, aortic telomere length, oxidative stress, and antioxidant defense capacity in rats. *FASEB Journal, 22,* 2037–2044.

Tarullo, A. R., Balsam, P. D., & Fifer, W. P. (2011). Sleep and infant learning. *Infant and Child Development, 20,* 35–46.

Taylor, C. A., Manganello, J. A., Lee, S. J., & Rice, J. C. (2010). Mother's spanking of 3-year-old children and subsequent risk of children's aggressive behavior. *Pediatrics, 125,* e1057–e1065.

Taylor, J. L. (2009). Midlife impacts of adolescent parenthood. *Journal of Family Issues, 30,* 484–510.

Taylor, M., Carlson, S. M., Maring, B. L., Gerow, L., & Charley, C. M. (2004). The characteristics and correlates of fantasy in school-age children: Imaginary companions, impersonation, and social understanding. *Developmental Psychology, 40,* 1173–1187.

Taylor, M. C., & Hall, J. A. (1982). Psychological androgyny: Theories, methods, and conclusions. *Psychological Bulletin, 92,* 347–366.

Taylor, M. G., & Lynch, S. M. (2011). Cohort differences and chronic disease profiles of differential disability trajectories. *Journals of Gerontology, 66B,* 729–738.

Taylor, M. G., Rhodes, M., & Gelman, S. A. (2009). Boys will be boys; cows will be cows: Children's essentialist reasoning about gender categories and animal species. *Child Development, 80,* 461–481.

Taylor, R. D. (2010). Risk and resilience in low-income African American families: Moderating effects of kinship social support. *Cultural Diversity and Ethnic Minority Psychology, 16,* 344–351.

Taylor, R. L. (2000). Diversity within African-American families. In D. H. Demo & K. R. Allen (Eds.), *Handbook of family diversity* (pp. 232–251). New York: Oxford University Press.

Taylor, W. C., Sallis, J. F., Lees, E., Hepworth, J. T., Feliz, K., Volding, D. C., et al. (2007). Changing social and built environments to promote physical activity: Recommendations from low-income, urban women. *Journal of Physical Activity and Health, 4,* 54–65.

Taylor, Z. E., Eisenberg, N., Spinrad, T. L., Eggum, N. D., & Sulik, M. J. (2013). The relations of ego-resiliency and emotion socialization to the development of empathy and prosocial behavior across early childhood. *Emotion, 15,* 822–831.

Tchkonia, T., Zhu, Y., van Deursen, J., Campisi, J., & Kirkland, J. L. (2013). Cellular senescence and the senescent secretory phenotype: Therapeutic opportunities. *Journal of Clinical Investigation, 123,* 966–972.

Team Up for Youth. (2014). *The perils of poverty: The health crisis facing our low-income girls … and the power of sports to help.* Retrieved from www .afterschoolnetwork.org/sites/main/files/file -attachments/perils_poverty.pdf

Tecwyn, E. C., Thorpe, S. K. S., & Chappell, J. (2014). Development of planning in 4- to 10-year-old children: Reducing inhibitory demands does not improve performance. *Journal of Experimental Child Psychology, 125,* 85–101.

Telama, R., Yang, X., Viikari, J., Valimaki, I., Wanne, O., & Raitakari, O. (2005). Physical activity from childhood to adulthood: A 21-year tracking study. *American Journal of Preventive Medicine, 28,* 267–273.

Temple, C. M., & Shephard, E. E. (2012). Exceptional lexical skills but executive language deficits in school starters and young adults with Turner syndrome: Implications for X chromosome effects on brain function. *Brain and Language, 120,* 345–359.

Temple, J. L., Giacomelli, A. M., Roemmich, J. N., & Epstein, L. H. (2007). Overweight children habituate slower than nonoverweight children to food. *Physiology and Behavior, 9,* 250–254.

Templeton, L. (2011). Dilemmas facing grandparents with grandchildren affected by parental substance misuse. *Drugs: Education, Prevention, and Policy, 19,* 11–18.

ten Brummelhuis, L. L., ter Hoeven, C. L., De Jong, M. D. T., & Peper, B. (2013). Exploring the linkage between the home domain and absence from work: Health, motivation, or both? *Journal of Organizational Behavior, 34,* 273–290.

Tenenbaum, H. R., Hill, D., Joseph, N., & Roche, E. (2010). "It's a boy because he's painting a picture": Age differences in children's conventional and unconventional gender schemas. *British Journal of Psychology, 101,* 137–154.

Tenenbaum, H. R., & Leaper, C. (2002). Are parents' gender schemas related to their children's gender-related cognitions? A meta-analysis. *Developmental Psychology, 38,* 615–630.

Tenenbaum, H. R., & Leaper, C. (2003). Parent–child conversations about science: The socialization of gender inequities? *Developmental Psychology, 39,* 34–47.

Tenenbaum, H. R., Snow, C. E., Roach, K. A., & Kurland, B. (2005). Talking and reading science: Longitudinal data on sex differences in mother–child conversations in low-income families. *Journal of Applied Developmental Psychology, 26,* 1–19.

Tennstedt, S. L., & Unverzagt, F. W. (2013). The ACTIVE Study: Study overview and major findings. *Journal of Aging and Health, 25,* 3S–20S.

Teno, J. M., Gozalo, P. L., Bynum, J. P. W., Leland, N. E., Miller, S. C. Morden, N. E., et al. (2013). Change in end-of-life care for Medicare beneficiaries: Site of death, place of care, and health care transitions in 2000, 2005, and 2009. *JAMA, 209,* 470–477.

ten Tusscher, G. W., & Koppe, J. G. (2004). Perinatal dioxin exposure and later effects—a review. *Chemosphere, 54,* 1329–1336.

Teske, S. C. (2011). A study of zero tolerance policies in schools: A multi-integrated systems approach to improve outcomes for adolescents. *Journal of Child and Adolescent Psychiatric Nursing, 24,* 88–97.

Teti, D. M., Saken, J. W., Kucera, E., & Corns, K. M. (1996). And baby makes four: Predictors of attachment security among preschool-age firstborns during the transition to siblinghood. *Child Development, 67,* 579–596.

Thakur, G. A., Sengupta, S. M., Grizenko, N., Schmitz, N., Pagé, V., & Joober, R. (2013). Maternal smoking during pregnancy and ADHD: A comprehensive clinical and neurocognitive characterization. *Nicotine & Tobacco Research, 15,* 149–157.

Tharenou, P. (2013). The work of feminists is not yet done: The gender pay gap—a stubborn anachronism. *Sex Roles, 68,* 198–206.

Tharpar, A., Collishaw, S., Pine, D. S., & Tharpar, A. K. (2012). Depression in adolescence. *Lancet, 379,* 1056–1066.

Thatcher, R. W., Walker, R. A., & Giudice, S. (1987). Human cerebral hemispheres develop at different rates and ages. *Science, 236,* 1110–1113.

Thelen, E., Fisher, D. M., & Ridley-Johnson, R. (1984). The relationship between physical growth and a newborn reflex. *Infant Behavior and Development, 7,* 479–493.

Thelen, E., Schöner, G., Scheier, C., & Smith, L. B. (2001). The dynamics of embodiment: A field theory of infant perseverative reaching. *Behavioral and Brain Sciences, 24*, 1–34.

Thelen, E., & Smith, L. B. (1998). Dynamic systems theories. In R. M. Lerner (Ed.), *Handbook of child psychology: Vol. 1. Theoretical models of human development* (5th ed., pp. 563–634). New York: Wiley.

Thelen, E., & Smith, L. B. (2006). Dynamic systems theories. In R. M. Lerner (Ed.), *Handbook of child psychology: Vol. 1. Theoretical models of human development* (6th ed., pp. 258–312). Hoboken, NJ: Wiley.

Thiessen, E. D., & Saffran, J. R. (2007). Learning to learn: Infants' acquisition of stress-based strategies for work segmentation. *Language Learning and Development, 3*, 73–100.

Thoermer, C., Woodward, A., Sodian, B., & Perst, H. (2013). To get the grasp: Seven-month-olds encode and selectively reproduce goal-directed grasping. *Journal of Experimental Child Psychology, 116*, 499–509.

Thomaes, S., Brummelman, E., Reijntjes, A., & Bushman, B. J. (2013). When Narcissus was a boy: Origins, nature, and consequences of childhood narcissism. *Child Developmental Perspectives, 7*, 22–26.

Thomaes, S., Stegge, H., Bushman, B. J., & Olthof, T. (2008). Trumping shame by blasts of noise: Narcissism, self-esteem, shame, and aggression in young adolescents. *Child Development, 79*, 1792–1801.

Thomas, A., & Chess, S. (1977). *Temperament and development.* New York: Brunner/Mazel.

Thomas, H. N., Hess, R., & Thurston, R. C. (2015). Correlates of sexual activity and satisfaction in midlife and older women. *Annals of Family Medicine, 13*, 336–342.

Thomas, K. A., & Tessler, R. C. (2007). Bicultural socialization among adoptive families: Where there is a will, there is a way. *Journal of Family Issues, 28*, 1189–1219.

Thomas, S. R., O'Brien, K. A., Clarke, T. L., Liu, Y., & Chronis-Tuscano, A. (2015). Maternal depression history moderates parenting responses to compliant and noncompliant behaviors of children with ADHD. *Journal of Abnormal Child Psychology, 43*, 1257–1269.

Thombs, B. D., Roseman, M., & Arthurs, E. (2010). Prenatal and postpartum depression in fathers and mothers. *JAMA, 304*, 961.

Thomeer, M. B., Mudrazija, S., & Angel, J. L. (2014). How do race and Hispanic ethnicity affect nursing home admission? Evidence from the Health and Retirement Study. *Journals of Gerontology, 70B*, 628–638.

Thompson, A., Hollis, C., & Richards, D. (2003). Authoritarian parenting attitudes as a risk for conduct problems: Results of a British national cohort study. *European Child and Adolescent Psychiatry, 12*, 84–91.

Thompson, J., & Lakhani, N. (2015). Cataracts. *Primary Care, 42*, 409–423.

Thompson, J. M., Waldie, K. E., Wall, C. R., Murphy, R., & Mitchell, E. A. (2014). Associations between acetaminophen use during pregnancy and ADHD symptoms measured at ages 7 and 11 years. *PLOS ONE, 9*, e108210.

Thompson, P. M., Giedd, J. N., Woods, R. P., MacDonald, D., Evans, A. C., & Toga, A. W. (2000). Growth patterns in the developing brain detected by using continuum mechanical tensor maps. *Nature, 404*, 190–192.

Thompson, R. A. (2006). The development of the person: Social understanding, relationships, conscience, self. In N. Eisenberg (Ed.), *Handbook of child psychology: Vol. 3. Social, emotional, and personality development* (6th ed., pp. 24–98). Hoboken, NJ: Wiley.

Thompson, R. A. (2013). Attachment theory and research: Précis and prospect. In P. D. Zelazo (Ed.),

Oxford handbook of developmental psychology: Vol. 2. Self and other (pp. 191–216). New York: Oxford University Press.

Thompson, R. A. (2014). Conscience development in early childhood. In M. Killen & J. G. Smetana (Eds.), *Handbook of moral development* (2nd ed., pp. 73–92). New York: Psychology Press.

Thompson, R. A. (2015). Relationships, regulation, and early development. In M. E. Lamb (Ed.), *Handbook of child psychology and developmental science: Vol. 3. Socioemotional processes* (7th ed., pp. 201–246). Hoboken, NJ: Wiley.

Thompson, R. A., & Goodman, M. (2010). Development of emotion regulation: More than meets the eye. In A. M. Kring & D. M. Sloan (Eds.), *Emotion regulation and psychopathology: A transdiagnostic approach to etiology and treatment* (pp. 38–58). New York: Guilford.

Thompson, R. A., & Goodvin, R. (2007). Taming the tempest in the teapot. In C. A. Brownell & C. B. Kopp (Eds.), *Socioemotional development in the toddler years: Transitions and transformations* (pp. 320–341). New York: Guilford.

Thompson, R. A., & Meyer, S. (2007). Socialization of emotion regulation in the family. In J. J. Gross (Ed.), *Handbook of emotion regulation* (pp. 249–268). New York: Guilford.

Thompson, R. A., Meyer, S., & McGinley, M. (2006). Understanding values in relationships: The development of conscience. In M. Killen & J. G. Smetana (Eds.), *Handbook of moral development* (pp. 267–298). Mahwah, NJ: Erlbaum.

Thompson, R. A., & Nelson, C. A. (2001). Developmental science and the media. *American Psychologist, 56*, 5–15.

Thompson, R. A., Winer, A. C., & Goodvin, R. (2011). The individual child: Temperament, emotion, self, and personality. In M. H. Bornstein & M. E. Lamb (Eds.), *Developmental science: An advanced textbook* (6th ed., pp. 427–468). Hoboken, NJ: Taylor & Francis.

Thompson, W. W., Price, C., Goodson, B., Shay, D. K., Benson, P., Hinrichsen, V. L., et al. (2007). Early thimerosal exposure and neuropsychological outcomes at 7 to 10 years. *New England Journal of Medicine, 357*, 1281–1292.

Thorne, B. (1993). *Gender play: Girls and boys in school.* New Brunswick, NJ: Rutgers University Press.

Thornton, K., Chervenak, J., & Neal-Perry, G. (2015). Menopause and sexuality. *Endocrinology and Metabolism Clinics of North America, 44*, 649–661.

Thornton, L. M., Mazzeo, S. E., & Bulik, C. M. (2011). The heritability of eating disorders: Methods and current findings. In R. A. H. Adan & W. H. Kaye (Eds.), *Behavioral neurobiology of eating disorders* (pp. 141–156). New York: Springer.

Thornton, M. J. (2013). Estrogens and aging skin. *Dermato-Endocrinology, 5*, 264–270.

Thornton, S. (1999). Creating conditions for cognitive change: The interaction between task structures and specific strategies. *Child Development, 70*, 588–603.

Thornton, W. L., Paterson, T. S. E., & Yeung, S. E. (2013). Age differences in everyday problem solving: The role of problem context. *International Journal of Behavioral Development, 37*, 13–20.

Thorson, J. A., & Powell, F. C. (1994). A revised death anxiety scale. In R. A. Neimeyer (Ed.), *Death anxiety handbook* (pp. 31–43). Washington, DC: Taylor & Francis.

Tien, A. (2013). Bootstrapping and the acquisition of Mandarin Chinese: A natural semantic metalanguage perspective. In D. Bittner & N. Ruhlig (Eds.), *Lexical bootstrapping: The role of lexis and semantics in child language* (pp. 39–72). Berlin: Walter de Gruyter.

Tienari, P., Wahlberg, K. E., & Wynne, L. C. (2006). Finnish adoption study of schizophrenia: Implications for family interventions. *Families, Systems, and Health, 24*, 442–451.

Tienari, P., Wynne, L. C., Lasky, K., Moring, J., Nieminen, P., & Sorri, A. (2003). Genetic boundaries of the schizophrenia spectrum: Evidence from the Finnish adoptive family study of schizophrenia. *American Journal of Psychiatry, 160*, 1587–1594.

Tiggemann, M., & Anesbury, T. (2000). Negative stereotyping of obesity in children: The role of controllability beliefs. *Journal of Applied Social Psychology, 30*, 1977–1993.

Tincoff, R., & Jusczyk, P. W. (1999). Some beginnings of word comprehension in 6-month-olds. *Psychological Science, 10*, 172–175.

Tishkoff, S. A., & Kidd, K. K. (2004). Implications of biogeography of human populations for "race" and medicine. *Nature Genetics, 36*(Suppl. 11), S21–S27.

Tizard, B., & Rees, J. (1975). The effect of early institutional rearing on the behaviour problems and affectional relationships of four-year-old children. *Journal of Child Psychology and Psychiatry, 16*, 61–73.

Tomasello, M. (2003). *Constructing a language: A usage-based theory of language acquisition.* Cambridge, MA: Harvard University Press.

Tomasello, M. (2006). Acquiring linguistic constructions. In D. Kuhn & R. Siegler (Eds.), *Handbook of child psychology: Vol. 2. Cognition, perception, and language* (6th ed., pp. 255–298). Hoboken, NJ: Wiley.

Tomasello, M. (2011). Language development. In U. Goswami (Ed.), *Wiley-Blackwell handbook of childhood cognitive development* (2nd ed., pp. 239–257). Malden, MA: Wiley-Blackwell.

Tomasello, M., & Akhtar, N. (1995). Two-year-olds use pragmatic cues to differentiate reference to objects and actions. *Cognitive Development, 10*, 201–224.

Tomasello, M., Call, J., & Hare, B. (2003). Chimpanzees understand psychological states—the question is which ones and to what extent. *Trends in Cognitive Sciences, 7*, 153–156.

Tomasello, M., Carpenter, M., & Liszkowski, U. (2007). A new look at infant pointing. *Child Development, 78*, 705–722.

Tomasetto, C., Alparone, F. R., & Cadinu, M. (2011). Girls' math performance under stereotype threat: The moderating role of mothers' gender stereotypes. *Developmental Psychology, 47*, 943–949.

Tomer, A., Eliason, G., & Smith, J. (2000). Beliefs about the self, life, and death: Testing aspects of a comprehensive model of death anxiety and death attitudes. In A. Tomer (Ed.), *Death attitudes and the older adult: Theories, concepts, and applications* (pp. 109–122). Philadelphia: Taylor & Francis.

Tomyr, L., Ouimet, C., & Ugnat, A. (2012). A review of findings from the Canadian Incidence Study of reported child abuse and neglect. *Canadian Journal of Public Health, 103*, 103–112.

Tong, S., Baghurst, P., Vimpani, G., & McMichael, A. (2007). Socioeconomic position, maternal IQ, home environment, and cognitive development. *Journal of Pediatrics, 151*, 284–288.

Torges, C. M., Stewart, A. J., & Miner-Rubino, K. (2005). Personality after the prime of life: Men and women coming to terms with regrets. *Journal of Research in Personality, 39*, 148–165.

Torney-Purta, J., Barber, C. H., & Wilkenfeld, B. (2007). Latino adolescents' civic development in the United States: Research results from the IEA Civic Education Study. *Journal of Youth and Adolescence, 36*, 111–125.

Tornstam, L. (2000). Transcendence in later life. *Generations, 23*(10), 10–14.

Tornstam, L. (2011). Maturing into gerotranscendence. *Journal of TransPersonal Psychology, 43*, 166–180.

Toro-Morn, M., & Sprecher, S. (2003). A cross-cultural comparison of mate preferences among university students: The United States vs. the People's Republic of China (PRC). *Journal of Comparative Family Studies, 34*, 151–170.

Torquati, J. C., Raikes, H. H., Huddleston-Casas, C. A., Bovaird, J. A., & Harris, B. A. (2011). Family income, parent education, and perceived constraints as predictors of observed program quality and parent rated program quality. *Early Childhood Research Quality, 26,* 453–464.

Torrance, E. P. (1988). The nature of creativity as manifest in its testing. In R. J. Sternberg (Ed.), *The nature of creativity: Contemporary psychological perspectives* (pp. 43–75). New York: Cambridge University Press.

Tottenham, N., Hare, T. A., & Casey, B. J. (2009). A developmental perspective on human amygdala function. In P. J. Whalen & E. A. Phelps (Eds.), *The human amygdala* (pp. 107–117). New York: Guilford.

Tottenham, N., Hare, T. A., Millner, A., Gilhooly, T., Zevin, J. D., & Casey, B. J. (2011). Elevated amygdala response to faces following early deprivation. *Developmental Science, 14,* 190–204.

Tracy, J. L., Robins, R. W., & Lagattuta, K. H. (2005). Can children recognize pride? *Emotion, 5,* 251–257.

Tran, P., & Subrahmanyam, K. (2013). Evidence-based guidelines for informal use of computers by children to promote the development of academic, cognitive and social skills. *Ergonomics, 56,* 1349–1362.

Trappe, S. (2007). Marathon runners: How do they age? *Sports Medicine, 37,* 302–305.

Träuble, B., & Pauen, S. (2011). Cause or effect: What matters? How 12-month-old infants learn to categorize artifacts. *British Journal of Developmental Psychology, 29,* 357–374.

Trautner, H. M., Ruble, D. N., Cyphers, L., Kirsten, B., Behrendt, R., & Hartmann, P. (2005). Rigidity and flexibility of gender stereotypes in childhood: Developmental or differential? *Infant and Child Development, 14,* 365–381.

Treas, J., & Tai, T. (2016). Gender inequality in housework across 20 European nations: Lessons from gender stratification theories. *Sex Roles, 74,* 495–511.

Trehub, S. E. (2001). Musical predispositions in infancy. *Annals of the New York Academy of Sciences, 930,* 1–16.

Tremblay, R. E. (2000). The development of aggressive behaviour during childhood: What have we learned in the past century? *International Journal of Behavioral Development, 24,* 129–141.

Trenholm, C., Devaney B., Fortson, K., Clark, M., Quay, L., & Wheeler, J. (2008). Impacts of abstinence education on teen sexual activity, risk of pregnancy, and risk of sexually transmitted diseases. *Journal of Policy Analysis and Management, 27,* 255–276.

Trentacosta, C. J., & Shaw, D. S. (2009). Emotional self-regulation, peer rejection, and antisocial behavior: Developmental associations from early childhood to early adolescence. *Journal of Applied Developmental Psychology, 30,* 356–365.

Triandis, H. C., & Gelfand, M. J. (2012). A theory of individualism and collectivism. In P. A. M. Van Lange, A. W. Kruglanski, & E. T. Higgins (Eds.), *Handbook of theories of social psychology* (Vol. 2, pp. 498–520). Thousand Oaks, CA: Sage.

Trickett, P. K., Noll, J. G., & Putnam, F. W. (2011). The impact of sexual abuse on female development: Lessons from a multigenerational, longitudinal research study. *Development and Psychopathology, 23,* 453–476.

Trocmé, N., & Wolfe, D. (2002). *Child maltreatment in Canada: The Canadian Incidence Study of Reported Child Abuse and Neglect.* Retrieved from www.hc-sc.gc.ca/pphb-dgspsp/cm-vee

Troilo, J., & Coleman, M. (2012). Full-time, part-time full-time, and part-time fathers: Father identities following divorce. *Family Relations, 61,* 601–614.

Tronick, E., & Lester, B. M. (2013). Grandchild of the NBAS: The NICU Network Neurobehavioral Scale (NNNS): A review of the research using the NNNS. *Journal of Child and Adolescent Psychiatric Nursing, 26,* 193–203.

Tronick, E., Morelli, G., & Ivey, P. (1992). The Efe forager infant and toddler's pattern of social relationships: Multiple and simultaneous. *Developmental Psychology, 28,* 568–577.

Tronick, E. Z., Thomas, R. B., & Daltabuit, M. (1994). The Quechua manta pouch: A caretaking practice for buffering the Peruvian infant against the multiple stressors of high altitude. *Child Development, 65,* 1005–1013.

Tropp, L. R., & Page-Gould, E. (2015). Contact between groups. In M. Mikulincer & P. R. Shaver (Eds.), *APA handbook of personality and social psychology: Vol. 2. Group processes* (pp. 535–560). Washington, DC: American Psychological Association.

Troop-Gordon, W., & Asher, S. R. (2005). Modifications in children's goals when encountering obstacles to conflict resolution. *Child Development, 76,* 568–582.

Troseth, G. L. (2003). Getting a clear picture: Young children's understanding of a televised image. *Developmental Science, 6,* 247–253.

Troseth, G. L., & DeLoache, J. S. (1998). The medium can obscure the message: Young children's understanding of video. *Child Development, 69,* 950–965.

Troseth, G. L., Saylor, M. M., & Archer, A. H. (2006). Young children's use of video as a source of socially relevant information. *Child Development, 77,* 786–799.

Troutman, D. R., & Fletcher, A. C. (2010). Context and companionship in children's short-term versus long-term friendships. *Journal of Social and Personal Relationships, 27,* 1060–1074.

Troyer, A. K., Häfliger, A., Cadieux, M. J., & Craik, F. I. M. (2006). Name and face learning in older adults: Effects of level of processing, self-generation, and intention to learn. *Journals of Gerontology, 61B,* P67–P74.

True, M. M., Pisani, L., & Oumar, F. (2001). Infant–mother attachment among the Dogon of Mali. *Child Development, 72,* 1451–1466.

Trzesniewski, K. H., & Donnellan, M. B. (2010). Rethinking "generation me": A study of cohort effects from 1976–2006. *Perspectives on Psychological Science, 5,* 58–75.

Trzesniewski, K. H., Donnellan, M. B., & Robins, R. W. (2003). Stability of self-esteem across the life span. *Journal of Personality and Social Psychology, 84,* 205–220.

Tsang, C. D., & Conrad, N. J. (2010). Does the message matter? The effect of song type on infants' pitch preferences for lullabies and playsongs. *Infant Behavior and Development, 33,* 96–100.

Tsang, P. S., & Shaner, T. L. (1998). Age, attention, expertise, and time-sharing performance. *Psychology and Aging, 13,* 323–347.

Turati, C., Cassia, V. M., Simion, F., & Leo, I. (2006). Newborns' face recognition: Role of inner and outer facial features. *Child Development, 77,* 297–311.

Turiel, E., & Killen, M. (2010). Taking emotions seriously: The role of emotions in moral development. In W. F. Arsenio & E. A. Lemerise (Eds.), *Emotions, aggression, and morality in children: Bridging development and psychopathology* (pp. 33–52). Washington, DC: American Psychological Association.

Turner, P. J., & Gervai, J. (1995). A multidimensional study of gender typing in preschool children and their parents: Personality, attitudes, preferences, behavior, and cultural differences. *British Journal of Developmental Psychology, 11,* 323–342.

Turner, R. N., Hewstone, M., & Voci, A. (2007). Reducing explicit and implicit outgroup prejudice via direct and extended contact: The mediating role of self-disclosure and intergroup anxiety. *Journal of Personality and Social Psychology, 93,* 369–388.

Tustin, K., & Hayne, H. (2010). Defining the boundary: Age-related changes in childhood amnesia. *Developmental Psychology, 46,* 1046–1061.

Tveito, M., Correll, C. U., Bramness, J. G., Engedal, K., Lorentzen, B., Refsum, H., et al. (2016). Correlates of major medication side effects interfering with daily performance: Results from a cross-sectional cohort study of older psychiatric patients. *International Psychogeriatrics, 28,* 331–340.

Twenge, J. M. (2001). Changes in women's assertiveness in response to status and roles: A crosstemporal meta-analysis, 1931–1993. *Journal of Personality and Social Psychology, 81,* 133–145.

Twenge, J. M. (2013). The evidence for Generation Me and against Generation We. *Emerging Adulthood, 1,* 11–16.

Twenge, J. M., & Crocker, J. (2002). Race and self-esteem: Meta-analyses comparing whites, blacks, Hispanics, Asians, and America Indians and comment on Gray-Little and Hafdahl (2000). *Psychological Bulletin, 128,* 371–408.

Twenge, J. M., Sherman, R. A., & Wells, B. E. (2015). Changes in American adults' sexual behavior and attitudes. *Archives of Sexual Behavior, 44,* 2273–2285.

Twyman, R. (2014). *Principles of proteomics* (2nd ed.). New York: Garland Science.

Tyler, C. P., Paneth, N., Allred, E. N., Hirtz, D., Kuban, K., McElrath, T., et al. (2012). Brain damage in preterm newborns and maternal medication: The ELGAN Study. *American Journal of Obstetrics and Gynecology, 207*(192), e1–9. Retrieved from www.ajog.org/article/S0002-9378(12)00713-2/pdfSummary

Tzuriel, D., & Egozi, G. (2010). Gender differences in spatial ability of young children: The effects of training and processing strategies. *Child Development, 81,* 1417–1430.

U

Uccelli, P., & Pan, B. A. (2013). Semantic development. In J. B. Gleason & N. B. Ratner (Eds.), *Development of language* (8th ed., pp. 89–119). Upper Saddle River, NJ: Pearson.

Uchino, B. N. (2009). Understanding the links between social support and physical health. *Perspectives on Psychological Science, 4,* 236–255.

Uhlenberg, P., & Hammill, B. G. (1998). Frequency of grandparent contact with grandchild sets: Six factors that make a difference. *Gerontologist, 38,* 276–285.

Ukrainetz, T. A., Justice, L. M., Kaderavek, J. N., Eisenberg, S. L., Gillam, R., & Harm, H. M. (2005). The development of expressive elaboration in fictional narratives. *Journal of Speech, Language, and Hearing Research, 48,* 1363–1377.

Underwood, M. K. (2003). *Social aggression among girls.* New York: Guilford.

Unger, C. C., Salam, S. S., Sarker, M. S. A., Black, R., Cravioto, A., & Arifeen, S. E. (2014). Treating diarrheal disease in children under five: The global picture. *Archives of Diseases of Childhood, 99,* 273–278.

UNICEF (United Nations Children's Fund). (2011). *Children in conflict and emergencies.* Retrieved from www.unicef.org/protection/armedconflict.html

UNICEF (United Nations Children's Fund). (2013). *UNICEF data: Monitoring the situation of children and women.* Retrieved from www.childinfo.org/statistical_tables.html

UNICEF (United Nations Children's Fund). (2015). *UNICEF data: Monitoring the situation of children and women—infant and young child feeding.* Retrieved from data.unicef.org/nutrition/iycf.html

United Nations. (2015). *World population prospects: Key findings & advance tables.* Retrieved from esa.un.org/unpd/wpp/Publications/Files/Key_Findings_WPP_2015.pdf

U.S. Bureau of Labor Statistics. (2016). *Volunteering in the United States, 2015.* Retrieved from www.bls.gov/news.release/volun.nr0.htm

U.S. Census Bureau. (2011). *Marital events of Americans: 2009.* Retrieved from www.census.gov/prod/2011pubs/acs-13.pdf

U.S. Census Bureau. (2014). *American Community Survey (ACS) 2014 release.* Retrieved from www.census.gov/programs-surveys/acs/news/data-releases.2014.html

U.S. Census Bureau. (2015a). *Families and living arrangements: Living arrangements of adults.* Retrieved from www.census.gov/hhes/families/data/adults.html

U.S. Census Bureau. (2015b). *Fertility of women in the United States: 2014.* Retrieved from http://www.census.gov/hhes/fertility/data/cps/2014.html

U.S. Census Bureau. (2015c). *International data base.* Retrieved from www.census.gov/population/international/data/idb/informationGateway.php

U.S. Census Bureau. (2015d). *Statistical Abstracts series.* Retrieved from www.census.gov/library/publications/time-series/statistical_abstracts.html

U.S. Census Bureau. (2016a). *America's families and living arrangements: 2015.* Retrieved from www.census.gov/hhes/families/data/cps2015.html

U.S. Census Bureau. (2016b). *Median age at first marriage: 1890 to present.* Retrieved from www.census.gov/hhes/families/files/graphics/MS-2.pdf

U.S. Census Bureau. (2016c). *Population estimates.* Retrieved from www.census.gov/popest/data/state/asrh/2015/index.html

U.S. Department of Agriculture. (2014). *Expenditures on children by families, 2013.* Retrieved from www.cnpp.usda.gov/sites/default/files/expenditures_on_children_by_families/crc2013.pdf

U.S. Department of Agriculture. (2015a). *Food security in the U.S.: Key statistics and graphics.* Retrieved from www.ers.usda.gov/topics/food-nutrition-assistance/food-security-in-the-us/key-statistics-graphics.aspx

U.S. Department of Agriculture. (2015b). *Women, Infants and Children (WIC): About WIC–WIC at a glance.* Retrieved from www.fns.usda.gov/wic/about-wic-wic-glance

U.S. Department of Agriculture. (2016). *Dietary guidelines for Americans 2015–2020* (8th ed.). Retrieved from www.cnpp.usda.gov/2015-2020-dietary-guidelines-americans

U.S. Department of Education. (2012a). *The nation's report card: Science 2011* (NCES 2012–465). Washington, DC: Institute of Education Sciences.

U.S. Department of Education. (2012b). *The nation's report card: Writing 2011* (NCES 2012–470). Washington, DC: Institute of Education Sciences.

U.S. Department of Education. (2015). *Digest of education statistics: 2013.* Washington, DC: U.S. Government Printing Office.

U.S. Department of Education. (2016). *The nation's report card: 2015 Mathematics and reading assessments, national results overview.* Retrieved from www.nationsreportcard.gov/reading_math_2015/#reading?grade=4

U.S. Department of Health and Human Services. (2006). *Research to practice: Preliminary findings from the Early Head Start Prekindergarten Follow-Up, Early Head Start Research and Evaluation Project.* Washington, DC: Author.

U.S. Department of Health and Human Services. (2010). *Head Start Impact Study: Final report.* Washington, DC: U.S. Government Printing Office.

U.S. Department of Health and Human Services. (2011). *Your guide to breastfeeding.* Retrieved from womenshealth.gov/publications/our-publications/breastfeeding-guide/BreastfeedingGuide-General-English.pdf

U.S. Department of Health and Human Services. (2014, April 3). *The TEDS Report: Gender differences in primary substance of abuse across age groups.* Retrieved from www.samhsa.gov/data/sites/default/files/sr077-gender-differences-2014.pdf

U.S. Department of Health and Human Services. (2015a). *Behavioral health trends in the United States: Results from the 2014 National Survey on Drug Use and Health* (HHS Publication No. SMA 15-4927, NSDUH Series H-50). Retrieved from www.samhsa.gov/data/sites/default/files/NSDUH-FRR1-2014/NSDUH-FRR1-2014.pdf

U.S. Department of Health and Human Services. (2015b). *Child health USA 2014.* Rockville, MD: Author. Retrieved from mchb.hrsa.gov/chusa14/dl/chusa14.pdf

U.S. Department of Health and Human Services. (2015c). *Child maltreatment: 2013.* Rockville, MD: Author. Retrieved from www.acf.hhs.gov/sites/default/files/cb/cm2013.pdf

U.S. Department of Health and Human Services. (2015d). *Health, United States, 2014.* Retrieved from www.cdc.gov/nchs/data/hus/hus14.pdf

U.S. Department of Health and Human Services. (2015e). *A profile of older Americans: 2014.* Retrieved from www.aoa.acl.gov/Aging_Statistics/Profile/2014/docs/2014-Profile.pdf

U.S. Department of Health and Human Services. (2015f). *What causes Down syndrome?* www.nichd.nih.gov/health/topics/down/conditioninfo/Pages/causes.aspx

U.S. Department of Health and Human Services. (2016a). *About teen pregnancy.* Retrieved from www.cdc.gov/teenpregnancy/about/index.htm

U.S. Department of Health and Human Services. (2016b). *Growing older in America: The health and retirement study.* Retrieved from www.nia.nih.gov/health/publication/growing-older-america-health-and-retirement-study/preface

U.S. Department of Health and Human Services. (2016c). *Long-term care providers and services users in the United States: Data from the National Study of Long-Term Care Providers, 2013–2014. Vital and Health Statistics,* Series 3, No. 38. Retrieved from www.cdc.gov/nchs/data/series/sr_03/sr03_038.pdf

U.S. Department of Justice. (2015). *Crime in the United States: 2014.* Retrieved from www.fbi.gov/about-us/cjis/ucr/crime-in-the-u.s/2014/crime-in-the-u.s.-2014

U.S. Department of Labor. (2015a). *College enrollment and work activity of 2014 high school graduates.* Retrieved from www.bls.gov/news.release/pdf/hsgec.toc.htm

U.S. Department of Labor. (2015b). Women in the labor force: A databook. *BLS Reports,* No. 1059. Retrieved from www.bls.gov/opub/reports/womens-databook/archive/women-in-the-labor-force-a-databook-2015.pdf

U.S. Department of Labor. (2016a). *Labor force statistics from the Current Population Survey: 11. Employed persons by detailed occupation, sex, race, and Hispanic or Latino ethnicity.* Retrieved from www.bls.gov/cps/cpsaat11.htm

U.S. Department of Labor. (2016b). *Occupational noise exposure.* Retrieved from www.osha.gov/SLTC/noisehearingconservation

U.S. Department of Transportation. (2014). *Traffic safety facts: Alcohol-impaired driving.* Retrieved from www-nrd.nhtsa.dot.gov/Pubs/812102.pdf

Usta, I. M., & Nassar, A. H. (2008). Advanced maternal age. Part I: Obstetric complications. *American Journal of Perinatology, 25,* 521–534.

Uttal, D. H., Meadow, N. G., Tipton, E., Hand, L. L., Alden, A. R., Warren, C., & Newcombe, N. S. (2013). The malleability of spatial skills: A meta-analysis of training studies. *Psychological Bulletin, 139,* 352–402.

Utz, R. L., & Tabler, J. (2016). Compression of morbidity. In S. K. Whitbourne (Ed.), *Encyclopedia of adulthood and aging* (Vol. 1, pp. 235–239). Malden, MA: Wiley Blackwell.

Uziel, Y., Chapnick, G., Oren-Ziv, A., Jaber, L., Nemet, D., & Hashkes, P. J. (2012). Bone strength in children with growing pains: Long-term follow-up. *Clinical and Experimental Rheumatology, 30,* 137–140.

V

Vacha-Haase, T., Hill, R. D., & Bermingham, D. W. (2012). Aging theory and research. In N. A. Fouad, J. A. Carter, & L. M. Subich (Eds.), *APA handbook of counseling psychology: Vol. 1. Theories, research, and methods* (pp. 491–505). Washington, DC: American Psychological Association.

Vaever, M. S., Krogh, M. T., Smith-Nielsen, J., Christensen, T. T., & Tharner, A. (2015). Infants of depressed mothers show reduced gaze activity during mother–infant interaction at 4 months. *Infancy, 20,* 445–454.

Vaillancourt, T., & Hymel, S. (2006). Aggression and social status: The moderating roles of sex and peer-valued characteristics. *Aggressive Behavior, 32,* 396–408.

Vaillancourt, T., Hymel, S., & McDougall, P. (2013). The biological underpinnings of peer victimization: Understanding why and how the effects of bullying can last a lifetime. *Theory into Practice, 52,* 241–248.

Vaillant, G. E. (1977). *Adaptation to life.* Boston: Little, Brown.

Vaillant, G. E. (2002). *Aging well.* Boston: Little, Brown.

Vaillant, G. E. (2012). *Triumphs of experience: The men of the Harvard Grant Study.* Cambridge, MA: Belknap Press.

Vaillant, G. E., & Mukamal, K. (2001). Successful aging. *American Journal of Psychiatry, 158,* 839–847.

Vaish, A., Missana, M., & Tomasello, M. (2011). Three-year-old children intervene in third-party moral transgressions. *British Journal of Developmental Psychology, 29,* 124–130.

Vaish, A., & Striano, T. (2004). Is visual reference necessary? Contributions of facial versus vocal cues in 12-month-olds' social referencing behavior. *Developmental Science, 7,* 261–269.

Vakil, E., Blachstein, H., Sheinman, M., & Greenstein, Y. (2009). Developmental changes in attention tests norms: Implications for the structure of attention. *Child Neuropsychology, 15,* 21–39.

Valentine, J. C., DuBois, D. L., & Cooper, H. (2004). The relation between self-beliefs and academic achievement: A meta-analytic review. *Educational Psychologist, 39,* 111–133.

Valian, V. (1999). Input and language acquisition. In W. C. Ritchie & T. K. Bhatia (Eds.), *Handbook of child language acquisition* (pp. 497–530). San Diego: Academic Press.

Valiente, C., Eisenberg, N., Fabes, R. A., Shepard, S. A., Cumberland, A., & Losoya, S. H. (2004). Prediction of children's empathy-related responding from their effortful control and parents' expressivity. *Developmental Psychology, 40,* 911–926.

Valiente, C., Lemery-Chalfant, K., & Swanson, J. (2010). Prediction of kindergartners' academic achievement from their effortful control and emotionality: Evidence for direct and moderated relations. *Journal of Educational Psychology, 102,* 550–560.

Valkenburg, P. M., & Peter, J. (2009). Social consequences of the Internet for adolescents: A decade of research. *Current Directions in Psychological Science, 18,* 1–5.

Valle, C. G., Tate, D. F., Mayer, D. K., Allicock, M., Cai, J., & Campbell, M. K. (2015). Physical activity in young adults: A signal detection analysis of Health Information National Trends Survey (HINTS) 2007 data. *Journal of Health Communication, 20,* 134–146.

Valli, L., Croninger, R. G., & Buese, D. (2012). Studying high-quality teaching in a highly charged policy environment. *Teachers College Record, 114*(4), 1–33.

van Aken, C., Junger, M., Verhoeven, M., van Aken, M. A. G., & Deković, M. (2007). The interactive effects of temperament and maternal parenting on toddlers' externalizing behaviours. *Infant and Child Development, 16,* 553–572.

van Baarsen, B. (2002). Theories on coping with loss: The impact of social support and self-esteem on adjustment to emotional and social loneliness following a partner's death in later life. *Journals of Gerontology, 57B,* S33–S42.

Van Beijsterveldt, C. E., Hudziak, J. J., & Boomsma, D. I. (2006). Genetic and environmental influences on cross-gender behavior and relation to behavior problems: A study of Dutch twins at ages 7 and 10 years. *Archives of Sexual Behavior, 35*, 647–658.

Vandell, D. L., Belsky, J., Burchinal, M., Steinberg, L., Vandergrift, N., & NICHD Early Child Care Research Network. (2010). Do effects of early child care extend to age 15 years? Results from the NICHD Study of Early Child Care and Youth Development. *Child Development, 81*, 737–756.

Vandell, D. L., & Posner, J. K. (1999). Conceptualization and measurement of children's after-school environments. In S. L. Friedman & T. D. Wachs (Eds.), *Measuring environment across the life span* (pp. 167–196). Washington, DC: American Psychological Association.

Vandell, D. L., Reisner, E. R., & Pierce, K. M. (2007). *Outcomes linked to high-quality after-school programs: Longitudinal findings from the Study of Promising After-School Programs.* Retrieved from www.gse.uci.edu/childcare/pdf/afterschool/PP%20 Longitudinal%20Findings%20Final%20Report.pdf

Vandell, D. L., Reisner, E. R., Pierce, K. M., Brown, B. B., Lee, D., Bolt, D., & Pechman, E. M. (2006). *The study of promising after-school programs: Examination of longer term outcomes after two years of program experiences.* Madison, WI: University of Wisconsin. Retrieved from www.wcer.wisc.edu/ childcare/statements.html

Vandell, D. L., & Shumow, L. (1999). After-school child care programs. *Future of Children, 9*(2), 64–80.

van den Akker, A. L. Deković, M., Prinzie, P., & Asscher, J. J. (2010). Toddlers' temperament profiles: Stability and relations to negative and positive parenting. *Journal of Abnormal Child Psychology, 38*, 485–495.

Van den Bergh, B. R. H., & De Rycke, L. (2003). Measuring the multidimensional self-concept and global self-worth of 6- to 8-year-olds. *Journal of Genetic Psychology, 164*, 201–225.

Vandenbosch, L., & Eggermont, S. (2013). Sexually explicit websites and sexual initiation: Reciprocal relationships and the moderating role of pubertal status. *Journal of Research on Adolescence, 23*, 621–634.

van den Dries, L., Juffer, F., van IJzendoorn, M. H., & Bakermans-Kranenburg, M. J. (2009). Fostering security? A meta-analysis of attachment in adopted children. *Children and Youth Services Review, 31*, 410–421.

van den Eijnden, R., Vermulst, A., van Rooij, A. J., Scholte, R., & van de Mheen, D. (2014). The bidirectional relationships between online victimization and psychosocial problems in adolescents: A comparison with real-life victimization. *Journal of Youth and Adolescence, 43*, 790–802.

Van der Heide, A. L. J., & Onwuteaka-Philipsen, B. (2012). *Second evaluation of the euthanasia law.* The Hague, Netherlands: ZonMw.

VanderLaan, D. P., Blanchard, R., Wood, H., & Zucker, K. J. (2014). Birth order and sibling sex ratio of children and adolescents referred to a gender identity service. *PLOS ONE, 9*, 1–9.

Van der Lippe, T. (2010). Women's employment and housework. In J. Treas & S. Drobnic (Eds.), *Dividing the Domestic: Men, women, and household work in cross-national perspective* (pp. 41–58). Stanford, CA: Stanford University Press.

van der Pers, M., Mulder, C. H., & Steverink, N. (2015). Geographic proximity of adult children and the well-being of older persons. *Research on Aging, 37*, 524–551.

van de Vijver, F. J. R. (2011). Bias and real difference in cross-cultural differences: Neither friends nor foes. In F. J. R. van de Vijver, A. Chasiotis, & H. F. Byrnes (Eds.), *Fundamental questions in cross-cultural psychology* (pp. 235–258). Cambridge, UK: Cambridge University Press.

Van Doorn, M. D., Branje, S. J. T., & Meeus, W. H. J. (2011). Developmental changes in conflict resolution styles in parent–adolescent relationships: A four-wave longitudinal study. *Journal of Youth and Adolescence, 40*, 97–107.

van Eeden-Moorefield, B., & Pasley, B. K. (2013). Remarriage and stepfamily life. In G. W. Peterson & K. R. Bush (Eds.), *Handbook of marriage and the family* (3rd ed., pp. 517–546). New York: Springer Science+Business Media.

Van Eyken, E., Van Camp, G., & Van Laer, L. (2007). The complexity of age-related hearing impairment: Contributing environmental and genetic factors. *Audiology and Neurotology, 12*, 345–358.

van Geel, M., & Vedder, P. (2011). The role of family obligations and school adjustment in explaining the immigrant paradox. *Journal of Youth and Adolescence, 40*, 187–196.

van Gelderen, L., Bos, H. M. W., Gartrell, N., Hermanns, J., & Perrin, E. C. (2012). Quality of life of adolescents raised from birth by lesbian mothers: The U.S. National Longitudinal Family Study. *Journal of Developmental and Behavioral Pediatrics, 33*, 17–23.

van Goethem, A. A. J., van Hoof, A., van Aken, M. A. G., de Castro, B. O., & Raaijmakers, Q. A. W. (2014). Socialising adolescent volunteering: How important are parents and friends? Age-dependent effects of parents and friends on adolescents' volunteering behaviours. *Journal of Applied Developmental Psychology, 35*, 94–101.

van Grieken, A., Renders, C. M., Wijtzes, A. I., Hirasing, R. A., & Raat, H. (2013). Overweight, obesity and underweight is associated with adverse psychosocial and physical health outcomes among 7-year-old children: The "Be Active, Eat Right" Study. *PLOS ONE, 8*, e67383.

Van Hiel, A., & Vansteenkiste, M. (2009). Ambitions fulfilled? The effects of intrinsic and extrinsic goal attainment on older adults' ego integrity and death attitudes. *International Journal of Aging and Human Development, 68*, 27–51.

Van Hulle, C. A., Goldsmith, H. H., & Lemery, K. S. (2004). Genetic, environmental, and gender effects on individual differences in toddler expressive language. *Journal of Speech, Language, and Hearing Research, 47*, 904–912.

van IJzendoorn, M. H., & Bakermans-Kranenburg, M. J. (2006). DRD4 7-repeat polymorphism moderates the association between maternal unresolved loss or trauma and infant disorganization. *Attachment and Human Development, 8*, 291–307.

van IJzendoorn, M. H., & Bakermans-Kranenburg, M. J. (2015). Genetic differential susceptibility on trial: Meta-analytic support from randomized controlled experiments. *Development and Psychopathology, 27*, 151–162.

van IJzendoorn, M. H., Bakermans-Kranenburg, M. J., & Ebstein, R. P. (2011). Methylation matters in child development: Toward developmental behavioral epigenetics. *Child Development Perspectives, 5*, 305–310.

van IJzendoorn, M. H., Belsky, J., & Bakermans-Kranenburg, M. J. (2012). Serotonin transporter genotype 5-HTTLPR as a marker of differential susceptibility: A meta-analysis of child and adolescent gene-by-environment studies. *Translational Psychiatry, 2*, e147.

van IJzendoorn, M. H., Juffer, F., & Poelhuis, C. W. K. (2005). Adoption and cognitive development: A meta-analytic comparison of adopted and nonadopted children's IQ and school performance. *Psychological Bulletin, 131*, 301–316.

van IJzendoorn, M. H., & Kroonenberg, P. M. (1988). Cross-cultural patterns of attachment: A meta-analysis of the Strange Situation. *Child Development, 59*, 147–156.

van IJzendoorn, M. H., & Sagi-Schwartz, A. (2008). Cross-cultural patterns of attachment: Universal and contextual dimensions. In J. Cassidy & P. R. Shaver (Eds.), *Handbook of attachment* (2nd ed., pp. 880–905). New York: Guilford.

van IJzendoorn, M. H., Vereijken, C. M. J. L., Bakermans-Kranenburg, M. J., & Riksen-Walraven, J. M. (2004). Assessing attachment security with the Attachment Q Sort: Meta-analytic evidence for the validity of the Observer AQS. *Child Development, 75*, 1188–1213.

Van Laningham, J., Johnson, D. R., & Amato, P. R. (2001). Marital happiness, marital duration, and the U-shaped curve: Evidence from a five-wave panel study. *Social Forces, 79*, 1313–1341.

van Solinge, H., (2013). Adjustment to retirement. In M. Wang (Ed.), *Oxford handbook of retirement* (pp. 311–324). New York: Oxford University Press.

van Solinge, H., & Henkens, K. (2008). Adjustment to and satisfaction with retirement: Two of a kind? *Psychology and Aging, 23*, 422–434.

Van Volkom, M. (2006). Sibling relationships in middle and older adulthood: A review of the literature. *Marriage and Family Review, 40*, 151–170.

Varnhagen, C. (2007). Children and the Web. In J. Gackenbach (Ed.), *Psychology and the Internet* (2nd ed., pp. 37–54). Amsterdam: Elsevier.

Värnik, P., Sisask, M., Värnik, A., Arensman, E., Van Audenhove, C., van deer Feltz-Cornelis, C. M., et al. (2012). Validity of suicide statistics in Europe in relation to undetermined deaths: Developing the 2–20 benchmark. *Injury Prevention, 18*, 321–325.

Vartanian, L. R., & Powlishta, K. K. (1996). A longitudinal examination of the social-cognitive foundations of adolescent egocentrism. *Journal of Early Adolescence, 16*, 157–178.

Vasilenko, S. A., Kugler, K. C., Butera, N. M., & Lanza, S. T. (2014). Patterns of adolescent sexual behavior predicting young adult sexually transmitted infections: A latent class analysis approach. *Archives of Sexual Behavior, 43*, ISSN 1573-2800.

Vaughn, B. E., Bost, K. K., & van IJzendoorn, M. H. (2008). Attachment and temperament. In J. Cassidy & P. R. Shaver (Eds.), *Handbook of attachment: Theory, research, and clinical applications* (2nd ed., pp. 192–216). New York: Guilford.

Vaughn, B. E., Kopp, C. B., & Krakow, J. B. (1984). The emergence and consolidation of self-control from eighteen to thirty months of age: Normative trends and individual differences. *Child Development, 55*, 990–1004.

Vazsonyi, A. T., Hibbert, J. R., & Snider, J. B. (2003). Exotic enterprise no more? Adolescent reports of family and parenting processes from youth in four countries. *Journal of Research on Adolescence, 13*, 129–160.

Vedova, A. M. (2014). Maternal psychological state and infant's temperament at three months. *Journal of Reproductive and Infant Psychology, 32*, 520–534.

Veenstra, R., Lindenberg, S., Munniksma, A., & Dijkstra, J. K. (2010). The complex relation between bullying, victimization, acceptance, and rejection: Giving special attention to status, affection, and sex differences. *Child Development, 81*, 480–486.

Velez, C. E., Wolchik, S. A., Tien, J., & Sandler, I. (2011). Protecting children from the consequences of divorce: A longitudinal study of the effects of parenting on children's coping processes. *Child Development, 82*, 244–257.

Venet, M., & Markovits, H. (2001). Understanding uncertainty with abstract conditional premises. *Merrill-Palmer Quarterly, 47*, 74–99.

Veneziano, R. A. (2003). The importance of paternal warmth. *Cross-Cultural Research, 37*, 265–281.

Verhaak, P. F. M., Dekkeer, J. H., de Waal, M. W. M., van Marwijk, H. W. J., & Comijs, H. C. (2014). Depression, disability and somatic diseases among elderly. *Journal of Affective Disorders, 167*, 187–191.

Verhaeghen, P. (2012). Working memory still working: Age-related differences in working-memory functioning and cognitive control. In M. Naveh-Benjamin & N. Ohta (Eds.), *Memory and aging: Current issues and future directions* (pp. 3–30). New York: Psychology Press.

Verhaeghen, P. (2014). *The elements of cognitive aging: Meta-analyses of age-related differences in processing speed and their consequences.* New York: Oxford University Press.

Verhaeghen, P. (2016). Working memory. In S. K. Whitbourne (Ed.), *Encyclopedia of adulthood and aging* (Vol. 3, pp. 1458–1463). Malden, MA: Wiley Blackwell.

Verhaeghen, P., & Cerella, J. (2002). Aging, executive control, and attention: A review of meta-analysis. *Neuroscience and Biobehavioral Reviews, 26,* 849–857.

Verhaeghen, P., & Cerella, J. (2008). Everything we know about aging and response times: A meta-analytic integration. In S. M. Hofer & D. F. Alwin (Eds.), *Handbook of cognitive aging: Interdisciplinary perspectives* (pp. 134–150). Thousand Oaks, CA: Sage.

Verhulst, F. C. (2008). International adoption and mental health: Long-term behavioral outcome. In M. E. Garralda & J.-P. Raynaud (Eds.), *Culture and conflict and adolescent mental health* (pp. 83–105). Lanham, MD: Jason Aronson.

Veríssimo, M., & Salvaterra, F. (2006). Maternal secure-base scripts and children's attachment security in an adopted sample. *Attachment and Human Development, 8,* 261–273.

Vernon-Feagans, L., & Cox, M. (2013). The Family Life Project: An epidemiological and developmental study of young children living in poor rural communities. *Monographs of the Society for Research in Child Development, 78*(5, Serial No. 310).

Versey, H. S., & Newton, N. J. (2013). Generativity and productive pursuits: Pathways to successful aging in late midlife African American and white women. *Journal of Adult Development, 20,* 185–196.

Vespa, J. (2012). Union formation in later life: Economic determinants of cohabitation and remarriage among older adults. *Demography, 49,* 1103–1125.

Vespa, J. (2014). Historical trends in the marital intentions of one-time and serial cohabitors. *Journal of Marriage and Family, 76,* 207–217.

Vest, A. R., & Cho, L. S. (2012). Hypertension in pregnancy. *Cardiology Clinics, 30,* 407–423.

Viddal, K. R., Berg-Nielsen, J., Wan, M. W., Green, J., Hygen, B. W., Wichstrøm, L., et al. (2015). Secure attachment promotes the development of effortful control in boys. *Attachment & Human Development, 17,* 319–335.

Vinden, P. G. (1996). Junín Quechua children's understanding of mind. *Child Development, 67,* 1707–1716.

Vinik, J., Almas, A., & Grusec, J. (2011). Mothers' knowledge of what distresses and what comforts their children predicts children's coping, empathy, and prosocial behavior. *Parenting: Science and Practice, 11,* 56–71.

Virant-Klun, I. (2015). Postnatal oogenesis in humans: A review of recent findings. *Stem Cells and Cloning: Advances and Applications, 8,* 49–60.

Visher, E. B., Visher, J. S., & Pasley, K. (2003). Remarriage, families and stepparenting. In F. Walsh (Ed.), *Normal family processes* (pp. 153–175). New York: Guilford.

Vistad, I., Cvancarova, M., Hustad, B. L., & Henriksen, T. (2013). Vaginal breech delivery: Results of a prospective registration study. *BMC Pregnancy and Children, 13,* 153.

Vitali, P., Migliaccio, R., Agosta, F., Rosen, H. J., & Geschwind, M. D. (2008). Neuroimaging in dementia. *Seminars in Neurology, 28,* 467–483.

Vitaro, F., Boivin, M., Brendgen, M., Girard, A., & Dionner, J. (2012). Social experiences in kindergarten and academic achievement in grade 1: A monozygotic twin difference study. *Journal of Educational Psychology, 2,* 366–380.

Vitaro, F., & Brendgen, M. (2012). Subtypes of aggressive behaviors: Etiologies, development, and consequences. In T. Bliesner, A. Beelmann, & M.

Stemmler (Eds.), *Antisocial behavior and crime: Contributions of developmental and evaluation research to prevention and intervention* (pp. 17–38). Cambridge, MA: Hogrefe.

Vitrup, B., & Holden, G. W. (2010). Children's assessments of corporal punishment and other disciplinary practices: The role of age, race, SES, and exposure to spanking. *Journal of Applied Developmental Psychology, 31,* 211–220.

Vivian-Taylor, J., & Hickey, M. (2014). Menopause and depression: Is there a link? *Maturitas, 79,* 142–146.

Voegtline, K. M., Costigan, K. A., Pater, H. A., & DiPietro, J. A. (2013). Near-term fetal response to maternal spoken voice. *Infant Behavior and Development, 36,* 526–533.

Vogel, C. A., Xue, Y., Maiduddin, E. M., Carlson, B. L., & Kisker, E. E. (2010). *Early Head Start children in grade 5: Long-term follow-up of the Early Head Start Research and Evaluation Study sample* (OPRE Report No. 2011-8). Washington, DC: U.S. Department of Health and Human Services.

Volling, B. L. (2001). Early attachment relationships as predictors of preschool children's emotion regulation with a distressed sibling. *Early Education and Development, 12,* 185–207.

Volling, B. L. (2012). Family transitions following the birth of a sibling: An empirical review of changes in the firstborn's adjustment. *Psychological Bulletin, 138,* 497–528.

Volling, B. L., & Belsky, J. (1992). Contribution of mother–child and father–child relationships to the quality of sibling interaction: A longitudinal study. *Child Development, 63,* 1209–1222.

Volling, B. L., Mahoney, A., & Rauer, A. J. (2009). Sanctification of parenting, moral socialization, and young children's conscience development. *Psychology of Religion and Spirituality, 1,* 53–68.

Volling, B. L., McElwain, N. L., & Miller, A. L. (2002). Emotion regulation in context: The jealousy complex between young siblings and its relations with child and family characteristics. *Child Development, 73,* 581–600.

von Hofsten, C. (2004). An action perspective on motor development. *Trends in Cognitive Sciences, 8,* 266–272.

von Hofsten, C., & Rosander, K. (1998). The establishment of gaze control in early infancy. In S. Simion & S. G. Butterworth (Eds.), *The development of sensory, motor and cognitive capacities in early infancy* (pp. 49–66). Hove, UK: Psychology Press.

Vouloumanos, A. (2010). Three-month-olds prefer speech to other naturally occurring signals. *Language Learning and Development, 6,* 241–257.

Vranekovic, J., Bozovic, I. B., Grubic, Z., Wagner, J., Pavlinic, D., Dahoun, S., et al. (2012). Down syndrome: Parental origin, recombination, and maternal age. *Genetic Testing and Molecular Biomarkers, 16,* 70–73.

Vukasović, T., & Bratko, D. (2015). Heritability of personality: A meta-analysis of behavior genetic studies. *Psychological Bulletin, 141,* 769–785.

Vygotsky, L. S. (1978). *Mind in society: The development of higher mental processes.* Cambridge, MA: Harvard University Press. (Original works published 1930, 1933, and 1935)

Vygotsky, L. S. (1987). Thinking and speech. In R. W. Rieber & A. S. Carton (Eds.), & N. Minick (Trans.), *The collected works of L. S. Vygotsky: Vol. 1. Problems of general psychology* (pp. 37–285). New York: Plenum. (Original work published 1934)

W

Waber, D. P. (2010). *Rethinking learning disabilities.* New York: Guilford.

Waber, D. P., Bryce, C. P., Girard, J. M., Zichlin, M., Fitzmaurice, G. M., & Galler, J. R. (2014). Impaired IQ and academic skills in adults who experienced

moderate to severe infantile malnutrition: A 40-year study. *Nutritional Neuroscience, 17,* 58–64.

Wadden, T. A., Webb, V. L., Moran, C. H., & Bailer, B. A. (2012). Lifestyle modification for obesity. *Circulation, 125,* 1157–1170.

Wadell, P. M., Hagerman, R. J., & Hessl, D. R. (2013). Fragile X syndrome: Psychiatric manifestations, assessment and emerging therapies. *Current Psychiatry Reviews, 9,* 53–58.

Wagenaar, K., van Wessenbruch, M. M., van Leeuwen, F. E., Cohen-Kettenis, P. T., Delemarre-van de Waal, H. A., Schats, R., et al. (2011). Self-reported behavioral and socioemotional functioning of 11- to 18-year-old adolescents conceived by in vitro fertilization. *Fertility and Sterility, 95,* 611–616.

Wahlheim, C. N., & Huff, M. J. (2015). Age differences in the focus of retrieval: Evidence from dual-list free recall. *Psychology and Aging, 30,* 768–780.

Wahlstrom, K., Dretzke, B., Gordon, M., Peterson, K., Edwards, K., & Gdula, J. (2014). *Examining the impact of later school start times on the health and academic performance of high school students: A multi-site study.* St Paul, MN: Center for Applied Research and Educational Improvement, University of Minnesota.

Wai, J. (2014). Experts are born, then made: Combining prospective and retrospective longitudinal data shows that cognitive ability matters. *Intelligence, 45,* 74–80.

Wai, J., Cacchio, M., Putallaz, M., & Makel, M. C. (2010). Sex differences in the right tail of cognitive abilities: A 30-year examination. *Intelligence, 38,* 412–423.

Wai, J., Lubinski, D., & Benbow, C. P. (2009). Spatial ability for STEM domains: Aligning over 50 years of cumulative psychological knowledge solidifies its importance. *Journal of Educational Psychology, 101,* 817–835.

Waite, L., & Das, A. (2013). Families, social life, and well-being at older ages. *Demography, 47,* S87–S109.

Waite, L. J., Laumann, E. O., Das, A., & Schumm, L. P. (2009). Sexuality: Measures of partnerships, practices, attitudes, and problems in the National Social Life, Health, and Aging Study. *Journals of Gerontology, 64B,* i56–i166.

Walberg, H. J. (1986). Synthesis of research on teaching. In M. C. Wittrock (Ed.), *Handbook of research on teaching* (3rd ed., pp. 214–229). New York: Macmillan.

Walden, T., Kim, G., McCoy, C., & Karrass, J. (2007). Do you believe in magic? Infants' social looking during violations of expectations. *Developmental Science, 10,* 654–663.

Waldfogel, J., Craigie, T. A., & Brooks-Gunn, J. (2010). Fragile families and child well-being. *Future of Children, 20,* 87–112.

Waldfogel, J., & Zhai, F. (2008). Effects of public preschool expenditures on the test scores of fourth graders: Evidence from TIMMS. *Educational Research and Evaluation, 14,* 9–28.

Waldorf, K. M. A., & McAdams, R. M. (2013). Influence of infection during pregnancy on fetal development. *Reproduction, 146,* R151–R162.

Walfisch, A., Sermer, C., Cressman, A., & Koren, G. (2013). Breast milk and cognitive *development—the role of confounders: A systematic review. British Medical Journal, 3,* e003259.

Walker, C. (2014). *Early Head Start participants, programs, families and staff in 2013.* Retrieved from www.clasp.org/resources-and-publications/publication-1/HSpreschool-PIR-2013-Fact-Sheet.pdf

Walker, C. M., Walker, L. B., & Ganea, P. A. (2012). The role of symbol-based experience in early learning and transfer from pictures: Evidence from Tanzania. *Developmental Psychology, 49,* 1315–1324.

Walker, J., Hansen, C. H., Martin, P., Symeonides, S., Ramessur, R., Murray, G., & Sharpe, M. (2014). Prevalence, associations, and adequacy of treatment of major depression in patients with cancer: A cross-sectional analysis of routinely collected clinical data. *Lancet Psychiatry, 1,* 343–350.

Walker, L. J. (1995). Sexism in Kohlberg's moral psychology? In W. M. Kurtines & J. L. Gewirtz (Eds.), *Moral development: An introduction* (pp. 83–107). Boston: Allyn and Bacon.

Walker, L. J. (2004). Progress and prospects in the psychology of moral development. *Merrill-Palmer Quarterly, 50,* 546–557.

Walker, L. J. (2006). Gender and morality. In M. Killen & J. G. Smetana (Eds.), *Handbook of moral development* (pp. 93–118). Philadelphia: Erlbaum.

Walker, L. J., & Taylor, J. H. (1991b). Stage transitions in moral reasoning: A longitudinal study of developmental processes. *Developmental Psychology, 27,* 330–337.

Walker, O. L., & Henderson, H. A. (2012). Temperament and social problem solving competence in preschool: Influences on academic skills in early elementary school. *Social Development, 21,* 761–779.

Walker, S. M. (2013). Biological and neurodevelopmental implications of neonatal pain. *Clinics in Perinatology, 40,* 471–491.

Wall, M., & Côté, J. (2007). Developmental activities that lead to dropout and investment in sport. *Physical Education and Sport Pedagogy, 12,* 77–87.

Wall, M. I., Carlson, S. A., Stein, A. D., Lee, S. M., & Fulton, J. E. (2011). Trends by age in youth physical activity: Youth Media Campaign Longitudinal Survey. *Medicine and Science in Sports and Exercise, 40,* 2140–2147.

Wallon, M., Peron, F., Cornu, C., Vinault, S., Abrahamowicz, M., Kopp C. B., et al. (2013). Congenital toxoplasma infections: Monthly prenatal screening decreases transmission rate and improves clinical outcome at age 3 years. *Clinics in Infectious Disease, 56,* 1223–1231.

Walsh, C. A., Ploeg, J., Lohfeld, L., Horne, J., MacMillan, H., & Lai, D. (2007). Violence across the lifespan: Interconnections among forms of abuse as described by marginalized Canadian elders and their caregivers. *British Journal of Social Work, 37,* 491–514.

Walsh, F., & McGoldrick, M. (2004). Loss and the family: A systemic perspective. In F. Walsh & M. McGoldrick (Eds.), *Living beyond loss: Death in the family* (2nd ed., pp. 3–26). New York: Norton.

Wanberg, C. R., Kanfer, R., Hamann, D. J., & Zhang, Z. (2016). Age and reemployment success after job loss: An integrative model and meta-analysis. *Psychological Bulletin, 142,* 400–426.

Wang, H.-X., Jin, Y., Hendrie, H. C., Liang, C., Yang, L., Cheng, Y., et al. (2013). Late life leisure activities and risk of cognitive decline. *Journals of Gerontology, 68A,* 205–213.

Wang, K.-Y., Kercher, K., Huang, J.-Y., & Kosloski, K. (2014). Aging and religious participation in late life. *Journal of Religious Health, 53,* 1514–1528.

Wang, M. (2007). Profiling retirees in the retirement transition and adjustment process: Examining the longitudinal change patterns of retirees' psychological well-being. *Journal of Applied Psychology, 92,* 455–474.

Wang, M., Olson, D. A., & Shultz, K. S. (2013). *Mid and late career issues: An integrative perspective.* New York: Routledge.

Wang, M., & Shi, J. (2016). Work, retirement and aging. In K. W. Schaie & S. L. Willis (Eds.), *Handbook of the psychology of aging* (8th ed., pp. 339–359). San Diego, CA: Academic Press.

Wang, M., & Shultz, K. (2010). Employee retirement: A review and recommendations for future investigation. *Journal of Management, 36,* 172–206.

Wang, M.-T., & Kenny, S. (2014). Parental physical punishment and adolescent adjustment: Bidirectionality and the moderation effects of child ethnicity and parental warmth. *Journal of Abnormal Child Psychology, 42,* 717–730.

Wang, M.-T., & Sheikh-Khalil, S. (2014). Does parental involvement matter for student achievement and

mental health in high school? *Child Development, 85,* 610–625.

Wang, Q. (2006). Relations of maternal style and child self-concept to autobiographical memories in Chinese, Chinese immigrant, and European American 3-year-olds. *Child Development, 77,* 1794–1809.

Wang, Q. (2008). Emotion knowledge and autobiographical memory across the preschool years: A cross-cultural longitudinal investigation. *Cognition, 108,* 117–135.

Wang, Q., Pomerantz, E. M., & Chen, H. (2007). The role of parents' control in early adolescents' psychological functioning: A longitudinal investigation in the United States and China. *Child Development, 78,* 1592–1610.

Wang, Q., Shao, Y., & Li, Y. J. (2010). "My way or mom's way?" The bilingual and bicultural self in Hong Kong Chinese children and adolescents. *Child Development, 81,* 555–567.

Wang, S., Baillargeon, R., & Paterson, S. (2005). Detecting continuity violations in infancy: A new account and new evidence from covering and tube events. *Cognition, 95,* 129–173.

Wang, Z., & Deater-Deckard, K. (2013). Resilience in gene–environment transactions. In S. Goldstein & R. Brooks (Eds.), *Handbook of resilience in children* (2nd ed., pp. 57–72). New York: Springer Science + Business Media.

Ward, E. V., Berry, C. J., & Shanks, D. R. (2013). Age effects on explicit and implicit memory. *Frontiers in Psychology, 4:* Article 639.

Ward, M. M. (2013). Sense of control and self-reported health in a population-based sample of older Americans: Assessment of potential confounding by affect, personality, and social support. *International Journal of Behavioral Medicine, 20,* 140–147.

Ward, R. A., Spitze, G., & Deane, G. (2009). The more the merrier? Multiple parent–adult child relations. *Journal of Marriage and Family, 71,* 161–173.

Ward, T. C. S. (2015). Reasons for mother–infant bedsharing: A systematic narrative synthesis of the literature and implications for future research. *Maternal and Child Health Journal, 19,* 675–690.

Warneken, F., & Tomasello, M. (2009). Varieties of altruism in children and chimpanzees. *Trends in Cognitive Sciences, 13,* 397.

Warneken, F., & Tomasello, M. (2013). Parental presence and encouragement do not influence helping in young children. *Infancy, 18,* 345–368.

Warner, L. A., Valdez, A., Vega, W. A., de la Rosa, M., Turner, R. J., & Canino, G. (2006). Hispanic drug abuse in an evolving cultural context: An agenda for research. *Drug and Alcohol Dependence, 84*(Suppl. 1), S8–S16.

Warner, L. M., Ziegelmann, J. P., Schüz, B., Wurm, S., Tesch-Römer, C., & Schwarzer, R. (2011). Maintaining autonomy despite multimorbidity: Self-efficacy and the two faces of social support. *European Journal of Ageing, 8,* 3–12.

Warnock, F., & Sandrin, D. (2004). Comprehensive description of newborn distress behavior in response to acute pain (newborn male circumcision). *Pain, 107,* 242–255.

Warr, P. (2001). Age and work behavior: Physical attributes, cognitive abilities, knowledge, personality traits, and motives. *International Review of Industrial and Organizational Psychology, 16,* 1–36.

Warr, P. (2007). *Work, happiness, and unhappiness.* Mahwah, NJ: Erlbaum.

Warren, S. L., & Simmens, S. J. (2005). Predicting toddler anxiety/depressive symptoms: Effects of caregiver sensitivity on temperamentally vulnerable children. *Infant Mental Health Journal, 26,* 40–55.

Warreyn, P., Roeyers, H., & De Groote, I. (2005). Early social communicative behaviours of preschoolers with autism spectrum disorder during interaction with their mothers. *Autism, 9,* 342–361.

Warshaw, C., Brashler, P., & Gil, J. (2009). Mental health consequences of intimate partner violence. In C. Mitchell & D. Anglin (Eds.), *Intimate partner violence: A health-based perspective* (pp. 147–171). New York: Oxford University Press.

Washington, J. A., & Thomas-Tate, S. (2009). How research informs cultural-linguistic differences in the classroom: The bi-dialectal African American child. In S. Rosenfield & V. Berninger (Eds.), *Implementing evidence-based academic interventions in school settings* (pp. 147–164). New York: Oxford University Press.

Washington, T., Gleeson, J. P., & Rulison, K. L. (2013). Competence and African American children in informal kinship care: The role of family. *Children and Youth Services Review, 35,* 1305–1312.

Wasserman, E. A., & Rovee-Collier, C. (2001). Pick the flowers and mind your As and 2s! Categorization by pigeons and infants. In M. E. Carroll & J. B. Overmier (Eds.), *Animal research and human health: Advancing human welfare through behavioral science* (pp. 263–279). Washington, DC: American Psychological Association.

Wasylyshyn, C., Verhaeghen, P., & Sliwinski, M. J. (2011). Aging and task switching: A meta-analysis. *Psychology and Aging, 26,* 15–20.

Watamura, S. E., Donzella, B., Alwin, J., & Gunnar, M. R. (2003). Morning-to-afternoon increases in cortisol concentrations for infants and toddlers at child care: Age differences and behavioral correlates. *Child Development, 74,* 1006–1020.

Watamura, S. E., Phillips, D., Morrissey, T. W., McCartney, K., & Bub, K. (2011). Double jeopardy: Poorer social-emotional outcomes for children in the NICHD SECCYD experiencing home and childcare environments that confer risk. *Child Development, 82,* 48–65.

Waterman, A. S., & Whitbourne, S. K. (1982). Androgyny and psychosocial development among college students and adults. *Journal of Personality, 50,* 121–133.

Waters, E., de Silva-Sanigorski, A., Brown, T., Campbell, K. J., Goa, Y., Armstrong, R., et al. (2011). Interventions for preventing obesity in children. *Cochrane Database of Systematic Reviews,* Issue 12, Art. No.: CD001871.

Waters, E., Merrick, S., Treboux, D., Crowell, J., & Albersheim, L. (2000). Attachment security in infancy and early adulthood: A twenty-year longitudinal study. *Child Development, 71,* 684–689.

Waters, E., Vaughn, B. E., Posada, G., & Kondo-Ikemura, K. (Eds.). (1995). Caregiving, cultural, and cognitive perspectives on secure-base behavior and working models: New growing points of attachment theory and research. *Monographs of the Society for Research in Child Development, 60*(2–3, Serial No. 244).

Waters, S., Lester, L., & Cross, D. (2014). How does support from peers compare with support from adults as students transition to secondary school? *Journal of Adolescent Health, 54,* 543–549.

Waters, S. F., & Thompson, R. A. (2014). Children's perceptions of the effectiveness of strategies for regulating anger and sadness. *International Journal of Behavioral Development, 38,* 174–181.

Watrin, J. P., & Darwich, R. (2012). On behaviorism in the cognitive revolution: Myth and reactions. *Review of General Psychology, 16,* 269–282.

Watson, D., Klohnen, E. C., Casillas, A., Simms, E. N., Haig, J., & Berry, D. S. (2004). Match makers and deal breakers: Analyses of assortative mating in newlywed couples. *Journal of Personality, 72,* 1029–1068.

Watson, J. B., & Raynor, R. (1920). Conditioned emotional reactions. *Journal of Experimental Psychology, 3,* 1–14.

Waxman, S. R., & Senghas, A. (1992). Relations among word meanings in early lexical development. *Developmental Psychology, 28,* 862–873.

Way, N. (2013). Boys' friendships during adolescence: Intimacy, desire, and loss. *Journal of Research on Adolescence, 23,* 201–213.

Way, N., Cressen, J., Bodian, S., Preston, J., Nelson, J., & Hughes, D. (2014). "It might be nice to be a girl … then you wouldn't have to be emotionless": Boys' resistance to norms of masculinity during adolescence. *Psychology of Men and Masculinity, 15,* 241–252.

Weaver, J. M., & Schofield, T. J. (2015). Mediation and moderation of divorce effects on children's behavior problems. *Journal of Family Psychology, 29,* 39–48.

Webb, A. R., Heller, H. T., Benson, C. B., & Lahav, A. (2015). Mother's voice and heartbeat sounds elicit auditory plasticity in the human brain before full gestation. *Proceedings of the National Academy of Sciences, 112,* 3152–3157.

Webb, N. B. (2002). September 11, 2001. In N. B. Webb (Ed.), *Helping bereaved children: A handbook for practitioners* (pp. 365–384). New York: Guilford.

Webb, N. M., Franke, M. L., Ing, M., Chan, A., De, T., Freund, D., & Battey, D. (2008). The role of teacher instructional practices in student collaboration. *Contemporary Educational Psychology, 33,* 360–381.

Webb, S. J., Monk, C. S., & Nelson, C. A. (2001). Mechanisms of postnatal neurobiological development: Implications for human development. *Developmental Neuropsychology, 19,* 147–171.

Weber, C., Hahne, A., Friedrich, M., & Friederici, A. (2004). Discrimination of word stress in early infant perception: Electrophysiological evidence. *Cognitive Brain Research, 18,* 149–161.

Webster, G. D., Graber, J. A., Gesselman, A. N., Crosier, B. J., & Schember, T. O. (2014). A life history theory of father absence and menarche: A meta-analysis. *Evolutionary Psychology, 12,* 273–294.

Webster, J. D. (2002). Reminiscence function in adulthood: Age, ethnic, and family dynamics correlates. In J. D. Webster & B. K. Haight (Eds.), *Critical advances in reminiscence work* (pp. 140–142). New York: Springer.

Webster-Stratton, C., & Reid, M. J. (2010b). The Incredible Years program for children from infancy to pre-adolescence: Prevention and treatment of behavior problems. In R. C. Murrihy, A. D. Kidman, & T. H. Ollendick (Eds.), *Clinical handbook of assessing and treating conduct problems in youth* (pp. 117–138). New York: Springer Science + Business Media.

Webster-Stratton, C., Rinaldi, J., & Reid, J. M. (2011). Long-term outcomes of Incredible Years parenting program: Predictors of adolescent adjustment. *Child and Adolescent Mental Health, 16,* 38–46.

Wechsler, D. (2012). *Wechsler Preschool and Primary Scale of Intelligence—Fourth Edition (WPPSI–IV).* Upper Saddle River, NJ: Pearson.

Weech-Maldonado, R., Pradhan, R., & Powell, M. P. (2014). Medicare and health care utilization. In K. Whitfield & T. A. Baker (Eds.), *Handbook of minority aging* (pp. 539–556). New York: Springer.

Weems, C. F., & Costa, N. M. (2005). Developmental differences in the expression of childhood anxiety symptoms and fears. *Journal of the American Academy of Child and Adolescent Psychiatry, 44,* 656–663.

Wei, W., Lu, H., Zhao, H., Chen, C., Dong, Q., & Zhou, X. (2012). Gender differences in children's arithmetic performance are accounted for by gender differences in language abilities. *Psychological Science, 23,* 320–330.

Weiland, C., & Yoshikawa, H. (2013). Impacts of a prekindergarten program on children's mathematics, language, literacy, executive function, and emotional skills. *Child Development, 84,* 2112–2130.

Weinberg, M. K., & Tronick, E. Z. (1994). Beyond the face: An empirical study of infant affective configurations of facial, vocal, gestural, and regulatory behaviors. *Child Development, 65,* 1503–1515.

Weinberger, M. I., & Whitbourne, S. K. (2010). Depressive symptoms, self-reported physical functioning, and identity in community-dwelling older adults. *Aging International, 35,* 276–285.

Weinfield, N. S., Sroufe, L. A., & Egeland, B. (2000). Attachment from infancy to early adulthood in a high-risk sample: Continuity, discontinuity, and their correlates. *Child Development, 71,* 695–702.

Weinfield, N. S., Whaley, G. J. L., & Egeland, B. (2004). Continuity, discontinuity, and coherence in attachment from infancy to late adolescence: Sequelae of organization and disorganization. *Attachment and Human Development, 6,* 73–97.

Weinstein, A. A., Lydick, S. E., & Biswabharati, S. (2014). Exercise and its relationship to psychological health and well-being. In A. R. Gomes, R. Resende, & A. Albuquerque (Eds.), *Positive human functioning from a multidisciplinary perspective: Vol. 2. Promoting healthy lifestyles* (pp. 147–166). Hauppauge, NY: Nova Science.

Weinstein, R. S. (2002). *Reaching higher: The power of expectations in schooling.* Cambridge, MA: Harvard University Press.

Weinstock, M. (2008). The long-term behavioural consequences of prenatal stress. *Neuroscience and Biobehavioral Reviews, 32,* 1073–1086.

Weisgram, E. S., Bigler, R. S., & Liben, L. S. (2010). Gender, values, and occupational interests among children, adolescents, and adults. *Child Development, 81,* 778–796.

Weisman, O., Magori-Cohen, R., Louzoun, Y., Eidelman, A. I., & Feldman, R. (2011). Sleep–wake transitions in premature neonates predict early development. *Pediatrics, 128,* 706–714.

Weiss, A., Costa, P. T., Jr., Karuza, J., Duberstein, P. R., Friedman, B., & McCrae, R. M. (2005). Crosssectional age differences in personality among Medicare patients aged 65 to 100. *Psychology and Aging, 20,* 182–185.

Weiss, K. M. (2005). Cryptic causation of human disease: Reading between the germ lines. *Trends in Genetics, 21,* 82–88.

Weiss, L., Saklofske, D., Holdnack, J., & Prifitera, A. (2015). *WISC-V assessment and interpretation.* San Diego, CA: Academic Press.

Weissberg, R. W. (2006). Modes of expertise in creative thinking: Evidence from case studies. In K. A. Ericsson, N. Charness, P. J. Feltovich, & R. R. Hoffman (Eds.), *The Cambridge handbook of expertise and expert performance* (pp. 761–787). New York: Cambridge University Press.

Weiss-Numeroff, G. (2013). *Extraordinary centenarians in America: Their secrets to living a long and vibrant life.* Victoria, Canada: Agio Publishing.

Wekerle, C., & Wolfe, D. A. (2003). Child maltreatment. In E. J. Mash & R. A. Barkley (Eds.), *Child psychopathology* (2nd ed., pp. 632–684). New York: Guilford.

Wellman, H. M. (2011). Developing a theory of mind. In U. Goswami (Ed.), *Wiley-Blackwell handbook of childhood cognitive development* (2nd ed., pp. 258–284). Malden, MA: Wiley-Blackwell.

Wellman, H. M. (2012). Theory of mind: Better methods, clearer findings, more development. *European Journal of Developmental Psychology, 9,* 313–330.

Wellman, H. M., & Hickling, A. K. (1994). The mind's "I": Children's conception of the mind as an active agent. *Child Development, 65,* 1564–1580.

Wenger, G. C. (2009). Childlessness at the end of life: Evidence from rural Wales. *Ageing and Society, 29,* 1243–1259.

Wennberg, A. M., Canham, S. L., Smith, M. T., & Spira, A. P. (2013). Optimizing sleep in older adults: Treating insomnia. *Maturitas, 76,* 247–252.

Wentworth, N., Benson, J. B., & Haith, M. M. (2000). The development of infants' reaches for stationary and moving targets. *Child Development, 71,* 576–601.

Wentzel, K. R., Barry, C. M., & Caldwell, K. A. (2004). Friendships in middle school: Influences on motivation and school adjustment. *Journal of Educational Psychology, 96,* 195–203.

Wentzel, K. R., & Brophy, J. E. (2014). *Motivating students to learn.* Hoboken, NJ: Taylor & Francis.

Werner, E. E. (1991). Grandparent–grandchild relationships amongst U.S. ethnic groups. In P. K. Smith (Ed.), *The psychology of grandparenthood: An international perspective* (pp. 68–82). London: Routledge.

Werner, E. E. (2013). What can we learn about resilience from large-scale longitudinal studies? In S. Goldstein & R. Brooks (Eds.), *Handbook of resilience in children* (2nd ed., pp. 87–102). New York: Springer Science + Business Media.

Werner, N. E., & Crick, N. R. (2004). Maladaptive peer relationships and the development of relational and physical aggression during middle childhood. *Social Development, 13,* 495–514.

West, R. L., Bagwell, D. K., & Dark-Freudeman, A. (2008). Memory and goal-setting: The response of older and younger adults to positive and objective feedback. *Psychology and Aging, 20,* 195–201.

Westerhof, G. J. (2008). Age identity. In D. Carr (Ed.), *Encyclopedia of the life course and human development* (pp. 10–14). Farmington Hills, MI: Macmillan.

Westerhof, G. J., & Barrett, A. E. (2005). Age identity and subjective well-being: A comparison of the United States and Germany. *Journals of Gerontology, 60S,* 129–136.

Westerhof, G. J., & Bohlmeijer, E. T. (2014). Celebrating fifty years of research and applications in reminiscence and life review: State of the art and new directions. *Journal of Aging Studies, 29,* 107–114.

Westerhof, G. J., Bohlmeijer, E., & Webster, J. D. (2010). Reminiscence and mental health: A review of recent progress in theory, research and interventions. *Ageing and Society, 30,* 697–721.

Westerhof, G. J., Miche, M., Brothers, A. F., Barrett, A. E., Diehl, M., Montepare, J. M., et al. (2014). The influence of subjective aging on health and longevity: A meta-analysis of longitudinal data. *Psychology and Aging, 29,* 793–802.

Westerhof, G. J., Whitbourne, S. K., & Freeman, G. P. (2012). The aging self in a cultural context: The relation of conceptions of aging to identity processes and self-esteem in the United States and the Netherlands. *Journals of Gerontology, 67B,* 52–60.

Westermann, G., Sirois, S., Shultz, T. R., & Mareschal, D. (2006). Modeling developmental cognitive neuroscience. *Trends in Cognitive Sciences, 10,* 227–232.

Westermeyer, J. F. (2004). Predictors and characteristics of Erikson's life cycle model among men: A 32-year longitudinal study. *International Journal of Aging and Human Development, 58,* 29–48.

Wetmore, C. M., & Mokdad, A. H. (2012). In denial: Misperceptions of weight change among adults in the United States. *Preventive Medicine, 55,* 93–100.

Wettstein, M., & Wahl, H.-W. (2016). Hearing. In S. K. Whitbourne (Ed.), *Encyclopedia of adulthood and aging* (Vol. 2, pp. 608–613). Malden, MA: Wiley Blackwell.

Wexler, J., & Pyle, N. (2013). Effective approaches to increase student engagement. In C. Franklin, M. B. Harris, & P. Allen-Meares (Eds.), *School services sourcebook: A guide for school-based professionals* (2nd ed., pp. 381–394). New York: Oxford University Press.

Wheeler, I. (2001). Parental bereavement: The crisis of meaning. *Death Studies, 25,* 51–66.

Whipple, E. E. (2006). Child abuse and neglect: Consequences of physical, sexual, and emotional abuse of children. In H. E. Fitzgerald, B. M. Lester, & B. Zuckerman (Eds.), *The crisis in youth mental health: Critical issues and effective programs: Vol. 1. Childhood disorders* (pp. 205–229). Westport, CT: Praeger.

Whipple, N., Bernier, A., & Mageau, G. A. (2011). Broadening the study of infant security of attachment:

Maternal autonomy-support in the context of infant exploration. *Social Development, 20*, 17–32.

Whitbourne, S. K. (2002). *The aging individual: Physical and psychological perspectives.* New York: Springer.

Whitbourne, S. K., & Meeks, S. (2011). Psychopathology, bereavement, and aging. In K. W. Schaie & S. L. Willis (Eds.), *Handbook of the psychology of aging* (7th ed., pp. 311–323). San Diego, CA: Elsevier.

Whitbourne, S. K., Zuschlag, M. K., Elliot, L. B., & Waterman, A. S. (1992). Psychosocial development in adulthood: A 22-year sequential study. *Journal of Personality and Social Psychology, 63*, 260–271.

White, L. (2001). Sibling relationships over the life course: A panel analysis. *Journal of Marriage and Family, 63*, 555–568.

Whiteman, S. D., McHale, S. M., & Crouter, A. C. (2010). Family relationships from adolescence to early adulthood: Changes in the family system following firstborns' leaving home. *Journal of Research on Adolescence, 21*, 461–474.

Whiteman, S. D., Solmeyer, A. R., & McHale, S. M. (2015). Sibling relationships and adolescent adjustment: Longitudinal associations in two-parent African American families. *Journal of Youth and Adolescence, 44*, 2042–2053.

Whitesell, N. R., Mitchell, C. M., Spicer, P., and the Voices of Indian Teens Project Team. (2009). A longitudinal study of self-esteem, cultural identity, and academic success among American Indian adolescents. *Cultural Diversity and Ethnic Minority Psychology, 15*, 38–50.

Whitfield, K. E., Thorpe, R., & Szanton, S. (2011). Health disparities, social class, and aging. In K. Warner Schaie & S. L. Willis (Eds.), *Handbook of the psychology of aging* (7th ed., pp. 207–218). San Diego, CA: Academic Press.

Whiting, B., & Edwards, C. P. (1988). A cross-cultural analysis of sex differences in the behavior of children aged 3 through 11. In G. Handel (Ed.), *Childhood socialization* (pp. 281–297). New York: Aldine de Gruyter.

Whitney, C. G., Zhou, F., Singleton, J., & Schuchat, A. (2014). Benefits from immunization during the Vaccines for Children Program Era—United States, 1994–2013. *Morbidity and Mortality Weekly Report, 63*, 352–355.

Whitton, S. W., Waldinger, R. J., Schulz, M. S., Allen, J. P., Crowell, J. A., & Hauser, S. T. (2008). Prospective associations from family-of-origin interactions to adult marital interactions and relationship adjustment. *Journal of Family Psychology, 22*, 274–286.

Wicher, C. P., & Meeker, M. A. (2012). What influences African American end-of-life preferences? *Journal of Health Care for the Poor and Underserved, 23*, 28–58.

Wichmann, C., Coplan, R. J., & Daniels, T. (2004). The social cognitions of socially withdrawn children. *Social Development, 13*, 377–392.

Wickrama, K. A. S., Lee, T. K., O'Neal, C. W., & Kwon, J. A. (2015). Stress and resource pathways connecting early socioeconomic adversity to young adults' physical health risk. *Journal of Youth and Adolescence, 44*, 1109–1124.

Widen, S. C., & Russell, J. A. (2011). In building a script for an emotion do preschoolers add its cause before its behavior consequence? *Social Development, 20*, 471–485.

Widman, L., Choukas-Bradley, S., Helms, S. W., Golin, C. E., & Prinstein, M. J. (2014). Sexual communication between early adolescents and their dating partners, parents, and best friends. *Journal of Sex Research, 51*, 731–741.

Wiemers, E. E., & Bianchi, S. M. (2015). Competing demands from aging parents and adult children in two cohorts of American women. *Population Development and Review, 41*, 127–146.

Wigfield, A., Eccles, J. S., Schiefele, U., Roeser, R. W., & Davis-Kean, P. (2006). Development of achievement motivation. In N. Eisenberg (Ed.), *Handbook of child psychology: Vol. 3. Social, emotional, and personality development* (6th ed., pp. 933–1002). Hoboken, NJ: Wiley.

Wigfield, A., Eccles, J. S., Yoon, K. S., Harold, R. D., Arbreton, A. J., Freedman-Doan, C., & Blumenfeld, P. C. (1997). Changes in children's competence beliefs and subjective task values across the elementary school years: A three-year study. *Journal of Educational Psychology, 89*, 451–469.

Wight, R. G., LeBlanc, A. J., & Lee Badget, M. V. (2013). Same-sex legal marriage and psychological well-being: Findings from the California Health Interview Survey. *American Journal of Public Health, 103*, 339–346.

Wight, V. R., Bianchi, S. M., & Hunt, B. R. (2012). Explaining racial/ethnic variation in partnered women's and men's housework: Does one size fit all? *Journal of Family Issues, 34*, 394–427.

Wikby, A., Maxson, P., Olsson, J., Johansson, B., & Ferguson, F. G. (1998). Changes in CD8 and CD4 lymphocyte subsets, T cell proliferation responses and non-survival in the very old: The Swedish longitudinal OCTO-immune study. *Mechanisms of Ageing and Development, 102*, 187–198.

Wilbur, J., Chandler, P. J., Dancy, B., & Lee, H. (2003). Correlates of physical activity in urban Midwestern African-American women. *American Journal of Preventive Medicine, 25*, 45–52.

Wildsmith, E., Manlove, J., Jekielek, S., Moore, K. A., & Mincieli, L. (2012). Teenage childbearing among youth born to teenage mothers. *Youth and Society, 44*, 258–283.

Wilkie, S. S., Guenette, J. A., Dominelli, P. B., & Sheel, A. W. (2012). Effects of an aging pulmonary system on expiratory flow limitation and dyspnoea during exercise in healthy women. *European Journal of Applied Physiology, 112*, 2195–2204.

Wilkinson, K., Ross, E., & Diamond, A. (2003). Fast mapping of multiple words: Insights into when "the information provided" does and does not equal "the information perceived." *Applied Developmental Psychology, 24*, 739–762.

Wilkinson, R. B. (2004). The role of parental and peer attachment in the psychological health and self-esteem of adolescents. *Journal of Youth and Adolescence, 33*, 479–493.

Willatts, P. (1999). Development of means–end behavior in young infants: Pulling a support to retrieve a distant object. *Developmental Psychology, 35*, 651–667.

Williams, C. L. (2013). The glass escalator, revisited: Gender inequality in neoliberal times *Gender & Society, 27*, 609–629.

Williams, J. M., & Currie, C. (2000). Self-esteem and physical development in early adolescence: Pubertal timing and body image. *Journal of Early Adolescence, 20*, 129–149.

Williams, K., & Dunne-Bryant, A. (2006). Divorce and adult psychological well-being: Clarifying the role of gender and age. *Journal of Marriage and Family, 68*, 1178–1196.

Williams, K. N., Herman, R., Gajewski, B., & Wilson, K. (2008). Elderspeak communication: Impact on dementia care. *American Journal of Alzheimer's Disease and Other Dementias, 24*, 11–20.

Williams, M. E., & Fredriksen-Goldsen, K. I. (2014). Same-sex partnerships and the health of older adults. *Journal of Community Psychology, 42*, 558–570.

Williams, N., & Torrez, D. J. (1998). Grandparenthood among Hispanics. In M. E. Szinovacz (Ed.), *Handbook on grandparenthood* (pp. 87–96). Westport, CT: Greenwood Press.

Williams, S., & Dale, J. (2006). The effectiveness of treatment for depression/depressive symptoms in adults with cancer: A systematic review. *British Journal of Cancer, 94*, 372–390.

Willis, S. L., & Belleville, S. (2016). Cognitive training in later adulthood. In K. W. Schaie & S. L. Willis (Eds.), *Handbook of the psychology of aging* (8th ed., pp. 219–243). Waltham, MA: Elsevier.

Willoughby, B. J., & Carroll, J. S. (2016). On the horizon: Marriage timing, beliefs, and consequences in emerging adulthood. In J. J. Arnett (Ed.), *Oxford handbook of emerging adulthood* (pp. 280–295). New York: Oxford University Press.

Willoughby, J., Kupersmidt, J. B., & Bryant, D. (2001). Overt and covert dimensions of antisocial behavior. *Journal of Abnormal Child Psychology, 29*, 177–187.

Wilmot, K. A., O'Flaherty, M., Capewell, S., Ford, E. S., & Vaccarino, V. (2016). Coronary heart disease mortality declines in the United States through 2011: Evidence for stagnation in young adults, especially women. *Circulation, 134*, 997–1002.

Wilson, D. J., Mitchell, J. M., Kemp, B. J., Adkins, R. H., & Mann, W. (2009). Effects of assistive technology on functional decline in people aging with a disability. *Assistive Technology, 21*, 208–217.

Wilson, E. K., Dalberth, B. T., Koo, H. P., & Gard, J. C. (2010). Parents' perspectives on talking to preteenage children about sex. *Perspectives on Sexual and Reproductive Health, 42*, 56–63.

Wilson, S. J., & Tanner-Smith, E. E. (2013). Dropout prevention and intervention programs for improving school completion among school-aged children and youth: A systematic review. *Journal of the Society for Social Work and Research, 4*, 357–372.

Wilson-Ching, M., Molloy, C. S., Anderson, V. A., Burnett, A., Roberts, G., Cheong, J. L., et al. (2013). Attention difficulties in a contemporary geographic cohort of adolescents born extremely preterm/extremely low birth weight. *Journal of the International Neuropsychological Society, 19*, 1097–1108.

Wimmer, M. B. (2013). *Evidence-based practices for school refusal and truancy.* Bethesda, MD: National Association of School Psychologists.

Wincze, J. P., & Weisberg, R. B. (2015). *Sexual dysfunction* (3rd ed.). New York: Guilford.

Windsor, T. D., Anstey, K. J., & Rodgers, B. (2008). Volunteering and psychological well-being among young–old adults: How much is too much? *Gerontologist, 48*, 59–70.

Wink, P. (2006). Who is afraid of death? Religiousness, spirituality, and death anxiety in late adulthood. *Journal of Religion, Spirituality and Aging, 18*, 93–110.

Wink, P. (2007). Everyday life in the Third Age. In J. B. James & P. Wink (Eds.), *Annual review of gerontology and geriatrics* (Vol. 26, pp. 243–261). New York: Springer.

Wink, P., & Dillon, M. (2008). Religiousness, spirituality, and psychosocial functioning in late adulthood: Findings from a longitudinal study. *Psychology of Religion and Spirituality 5*, 102–115.

Wink, P., & Helson, R. (1993). Personality change in women and their partners. *Journal of Personality and Social Psychology, 65*, 597–605.

Wink, P., & Scott, J. (2005). Does religiousness buffer against the fear of death and dying in late adulthood? Findings from a longitudinal study. *Journals of Gerontology, 60B*, P207–P214.

Wink, P., & Staudinger, U. M. (2016). Wisdom and psychosocial functioning in later life. *Journal of Personality, 84*, 306–318.

Winkler, I., Háden, G. P., Ladinig, O., Sziller, I., & Honing, H. (2009). Newborn infants detect the beat in music. *Proceedings of the National Academy of Sciences, 106*, 2468–2471.

Winner, E. (1986). Where pelicans kiss seals. *Psychology Today, 20*(8), 25–35.

Winner, E. (2003). Creativity and talent. In M. H. Bornstein, L. Davidson, C. L. M. Keyes, K. A. Moore, & the Center for Child Well-Being (Eds.), *Well-being: Positive development across the life course* (pp. 371–380). Mahwah, NJ: Erlbaum.

Winsler, A. (2009). Still talking to ourselves after all these years: A review of current research on private speech. In A. Winsler, C. Fernyhough, & I. Montero (Eds.), *Private speech executive functioning, and the development of self-regulation*. New York: Cambridge University Press.

Winsler, A., Fernyhough, C., & Montero, I. (Eds.). (2009). *Private speech, executive functioning, and the development of verbal self-regulation*. New York: Cambridge University Press.

Winter, D. G., Torges, C. M., Stewart, A. J., Henderson-King, D., & Henderson-King, E. (2007). Pathways toward the Third Age: Studying a cohort from the "golden age." In J. B. James & P. Wink (Eds.), *The crown of life: Dynamics of the early postretirement period* (pp. 103–130). New York: Springer.

Wiringa, A. E., Gondwe, T., & Haggerty, C. L. (2015). Reproductive health. In S. K. Whitbourne (Ed.), *Encyclopedia of adulthood and aging* (Vol. 3, pp. 1085–1088). Malden, MA: Wiley Blackwell.

Witherington, D. C. (2005). The development of prospective grasping control between 5 and 7 months: A longitudinal study. *Infancy, 7,* 143–161.

Witherington, D. C., Campos, J. J., Harriger, J. A., Bryan, C., & Margett, T. E. (2010). Emotion and its development in infancy. In G. Bremner & T. D. Wachs (Eds.), *Wiley-Blackwell handbook of infant development: Vol. 1. Basic research* (2nd ed., pp. 568–591). Oxford, UK: Wiley-Blackwell.

Wöhrman, A. M., Deller, J., & Wang, M. (2013). Outcome expectations and work design characteristics in post-retirement work planning. *Journal of Vocational Behavior, 83,* 219–228.

Wolak, J., Mitchell, K., & Finkelhor, D. (2007). Unwanted and wanted exposure to online pornography in a national sample of youth Internet users. *Pediatrics, 119,* 247–257.

Wolfe, D. A. (2005). *Child abuse* (2nd ed.). Thousand Oaks, CA: Sage.

Wolff, P. H. (1966). The causes, controls and organization of behavior in the neonate. *Psychological Issues, 5*(1, Serial No. 17).

Wolff, P. H., & Fesseha, G. (1999). The orphans of Eritrea: A five-year follow-up study. *Journal of Child Psychology and Psychiatry and Allied Disciplines, 40,* 1231–1237.

Wolinsky, F. D., Unverzagt, F. W., Smith, D. M., Jones R., Stoddard, A., & Tennstedt, S. L. (2006). The ACTIVE cognitive training trail and health-related quality of life: Protection that lasts for 5 years. *Journals of Gerontology, 61A,* 1324–1329.

Wong, C. A., Eccles, J. S., & Sameroff, A. (2003). The influence of ethnic discrimination and ethnic identification on African American adolescents' school and socioemotional adjustment. *Journal of Personality, 71,* 1197–1232.

Wood, E., Desmarais, S., & Gugula, S. (2002). The impact of parenting experience on gender stereotyped toy play of children. *Sex Roles, 47,* 39–49.

Wood, J. J., Emmerson, N. A., & Cowan, P. A. (2004). Is early attachment security carried forward into relationships with preschool peers? *British Journal of Developmental Psychology, 22,* 245–253.

Wood, J. T. (2009). Communication, gender differences in. In H. T. Reis & S. K. Sprecher (Eds.), *Encyclopedia of human relationships* (Vol. 1, pp. 252–256). Thousand Oaks, CA: Sage.

Wood, R. M. (2009). Changes in cry acoustics and distress ratings while the infant is crying. *Infant and Child Development, 18,* 163–177.

Woolley, J. D., Browne, C. A., & Boerger, E. A. (2006). Constraints on children's judgments of magical causality. *Journal of Cognition and Development, 7,* 253–277.

Woolley, J. D., & Cornelius, C. A. (2013). Beliefs in magical beings and cultural myths. In M. Taylor (Ed.), *Oxford handbook of the development of imagination* (pp. 61–74). New York: Oxford University Press.

Woolley, J. D., & Cox, V. (2007). Development of beliefs about storybook reality. *Developmental Science, 10,* 681–693.

Worden, J. W. (2000). Toward an appropriate death. In T. A. Rando (Ed.), *Clinical dimensions of anticipatory mourning* (pp. 267–277). Champaign, IL: Research Press.

Worden, J. W. (2009). *Grief counseling and grief therapy* (4th ed.). New York: Springer.

World Bank. (2016). *Fertility rate, total (births per woman).* Retrieved from data.worldbank.org/indicator/SP.DYN.TFRT.IN?page=6

World Health Organization. (2015a). *HIV/AIDS: Data and statistics.* Retrieved from http://www.who.int/hiv/data/en

World Health Organization. (2015b). *Immunization, vaccines, and biologicals: Data, statistics and graphics.* Retrieved from www.who.int/immunization/monitoring_surveillance/data/en

World Health Organization. (2015c). *Levels and trends in child malnutrition: Key findings of the 2015 edition.* Retrieved from www.who.int/nutgrowthdb/jme_brochure2015.pdf?ua=1

World Health Organization. (2015d). *Levels and trends in child mortality: Report 2015.* Geneva, Switzerland: Author.

World Health Organization. (2015e). *Rubella: Fact sheet No. 367.* Retrieved from www.who.int/mediacentre/factsheets/fs367/en

World Health Organization. (2015f). *The World Health Organization's infant feeding recommendation.* Retrieved from www.who.int/nutrition/topics/infantfeeding_recommendation/en

World Health Organization. (2015g). *World health statistics 2015.* Retrieved from www.who.int/gho/publications/world_health_statistics/2015/en

World Health Organization. (2015h). *The world's women: Trends and statistics.* Retrieved from http://unstats.un.org/unsd/gender/downloads/WorldsWomen2015_report.pdf

Worthy, J., Hungerford-Kresser, H., & Hampton, A. (2009). Tracking and ability grouping. In L. Christenbury, R. Bomer, & P. Smargorinsky (Eds.), *Handbook of adolescent literacy research* (pp. 220–235). New York: Guilford.

Wortman, J., Lucas, R. E., & Donellan, M. B. (2012). Stability and change in the Big Five personality domains: Evidence from a longitudinal study of Australians. *Psychology and Aging, 27,* 867–874.

Worton, S. K., Caplan, R., Nelson, G., Pancer, S. M., Loomis, C., Peters, R. D., & Hayward, K. (2014). Better Beginnings, Better Futures: Theory, research, and knowledge transfer of a community-based initiative for children and families. *Psychosocial Intervention, 23,* 135–143.

WPCA (Worldwide Palliative Care Alliance). (2014). *Global atlas of palliative care at the end of life.* London, UK: Author. Retrieved from www.thewhpca.org/resources/global-atlas-on-end-of-life-care

Wray, S. (2007). Health, exercise, and well-being: The experiences of midlife women from diverse ethnic backgrounds. *Social Theory and Health, 5,* 126–144.

Wright, A. A., Zang, B., Ray, A., Mack, J. W., Trice, E., Balboni, T., et al. (2008). Associations between end-of-life discussions, patient mental health, medical care near death, and caregiver bereavement adjustment. *JAMA, 300,* 1665–1673.

Wright, B. C. (2006). On the emergence of the discriminative mode for transitive inference. *European Journal of Cognitive Psychology, 18,* 776–800.

Wright, B. C., Robertson, S., & Hadfield, L. (2011). Transitivity for height versus speed: To what extent do the under-7s really have a transitive capacity? *Thinking and Reasoning, 17,* 57–81.

Wright, J. C., Huston, A. C., Murphy, K. C., St. Peters, M., Pinon, M., Scantlin, R., & Kotler, J. (2001). The relations of early television viewing to school readiness and vocabulary of children from low-income families: The Early Window Project. *Child Development, 72,* 1347–1366.

Wright, K. (2003). Relationships with death: The terminally ill talk about dying. *Journal of Marital and Family Therapy, 29,* 439–454.

Wright, N. C., Looker, A. C., Saag, K. G., Curtis, J. R., Delzell, E. S., Randall, S., & Dawson-Hughes, B. (2014). The recent prevalence of osteoporosis and low bone mass in the United States based on bone mineral density at the femoral neck or lumbar spine. *Journal of Bone and Mineral Research, 29,* 2520–2526.

Wright, P. J., Malamuth, N. M., & Donnerstein, E. (2012). Research on sex in the media: What do we know about effects on children and adolescents? In D. G. Singer & J. L. Singer (Eds.), *Handbook of children and the media* (2nd ed., pp. 273–302). Thousand Oaks, CA: Sage.

Wright, W. E. (2013). Bilingual education. In T. K. Bhatia & W. C. Ritchie (Eds.), *Handbook of bilingualism and multilingualism* (pp. 598–623). Chichester, UK: Wiley-Blackwell.

Wrotniak, B. H., Epstein, L. H., Raluch, R. A., & Roemmich, J. N. (2004). Parent weight change as a predictor of child weight change in family-based behavioral obesity treatment. *Archives of Pediatric and Adolescent Medicine, 158,* 342–347.

Wrzus, C., Hänel, M., Wagner, J., & Neyer, F. J. (2013). Social network changes and life events across the life span: A meta-analysis. *Psychological Bulletin, 139,* 53–80.

Wu, A. M. S., Tang, C. S. K., & Kwok, T. C. Y. (2002). Death anxiety among Chinese elderly people in Hong Kong. *Journal of Aging and Health, 14,* 42–56.

Wu, J. H., Lemaitre, R. N., King, I. B., Song, X., Psaty, B. M., Siscovick, D. S., & Mozaffarian, D. (2014). Circulating omega-6 polyunsaturated fatty acids and total and cause-specific mortality: The Cardiovascular Health Study. *Circulation, 130,* 1245–1253.

Wu, L. L., Bumpass, L. L., & Musick, K. (2001). Historical and life course trajectories of nonmarital childbearing. In L. L. Wu & B. Wolfe (Eds.), *Out of wedlock: Causes and consequences of nonmarital fertility* (pp. 3–48). New York: Russell Sage Foundation.

Wu, Z., & Schimmele, C. M. (2007). Uncoupling in late life. *Generations, 31,* 41–46.

Wulczyn, F. (2009). Epidemiological perspectives on maltreatment prevention. *Future of Children, 19,* 39–66.

Wuyts, D., Vansteenkiste, M., Soenens, B., & Assor, A. (2015). An examination of the dynamics involved in parental child-invested contingent self-esteem. *Parenting: Science and Practice, 15,* 55–74.

Wyman, E., Rakoczy, H., & Tomasello, M. (2009). Normativity and context in young children's pretend play. *Cognitive Development, 24,* 146–155.

Wynn, K. (1992). Addition and subtraction by human infants. *Nature, 358,* 749–750.

Wynn, K., Bloom, P., & Chiang, W.-C. (2002). Enumeration of collective entities by 5-month-old infants. *Cognition, 83,* B55–B62.

Wynne-Edwards, K. E. (2001). Hormonal changes in mammalian fathers. *Hormones and Behavior, 40,* 139–145.

Wysong, A., Lee, P. P., & Sloan, F. A. (2009). Longitudinal incidence of adverse outcomes of age-related macular degeneration. *Archives of Ophthalmology, 127,* 320–327.

X

Xu, F., Han, Y., Sabbagh, M. A., Wang, T., Ren, X., & Li, C. (2013). Developmental differences in the structure of executive function in middle childhood and adolescence. *PLOS ONE, 8,* e77770.

Xu, F., Spelke, E. S., & Goddard, S. (2005). Number sense in human infants. *Developmental Science, 8,* 88–101.

Xu, X., & Lai, S.-C. (2004). Gender ideologies, marital roles, and marital quality in Taiwan. *Journal of Family Issues, 25,* 318–355.

Y

Yamaguchi, S., Gelfand, M., Ohashi, M. M., & Zemba, Y. (2005). The cultural psychology of control: Illusions of personal versus collective control in the United States and Japan. *Journal of Cross-Cultural Psychology, 36,* 750–761.

Yan, L. L., Liu, K., Matthews, K. A., Daviglus, M. L., Ferguson, T. F., & Kiefe, C. I. (2003). Psychosocial factors and risk of hypertension: The Coronary Artery Risk Development in Young Adults (CARDIA) study. *JAMA, 290,* 2138–2148.

Yang, B., Ollendick, T. H., Dong, Q., Xia, Y., & Lin, L. (1995). Only children and children with siblings in the People's Republic of China: Levels of fear, anxiety, and depression. *Child Development, 66,* 1301–1311.

Yang, C.-K., & Hahn, H.-M. (2002). Cosleeping in young Korean children. *Developmental and Behavioral Pediatrics, 23,* 151–157.

Yang, F.-Y., & Tsai, C.-C. (2010). Reasoning about science-related uncertain issues and epistemological perspectives among children. *Instructional Science, 38,* 325–354.

Yang, Q., & Miller, G. (2015). East–West differences in perception of brain death: Review of history, current understandings, and directions for research. *Journal of Bioethical Inquiry, 2,* 211–215.

Yang, S. C., & Chen, S.-F. (2002). A phenomenographic approach to the meaning of death: A Chinese perspective. *Death Studies, 26,* 143–175.

Yanovski, J. A. (2015). Pediatric obesity. An introduction. *Appetite, 93,* 3–12.

Yap, M. B. H., Allen, N. B., & Ladouceur, C. D. (2008). Maternal socialization of positive affect: The impact of invalidation on adolescent emotion regulation and depressive symptomatology. *Child Development, 79,* 1415–1431.

Yarrow, M. R., Scott, P. M., & Waxler, C. Z. (1973). Learning concern for others. *Developmental Psychology, 8,* 240–260.

Yarwood, A., Han, B., Raychaudhuri, S., Bowes, J., Lunt, M., Pappas, D. A., et al. (2015). A weighted genetic risk score using all known susceptibility variants to estimate rheumatoid arthritis risk. *Annals of Rheumatic Diseases, 74,* 170–176.

Yates, L. B., Djoussé, L., Kurth, T., Buring, J. E., & Gaziano, J. M. (2008). Exceptional longevity in men: Modifiable factors associated with survival and function to age 90 years. *Archives of Internal Medicine, 168,* 284–290.

Yau, J. P., Tasopoulos-Chan, M., & Smetana, J. G. (2009). Disclosure to parents about everyday activities among American adolescents from Mexican, Chinese, and European backgrounds. *Child Development, 80,* 1481–1498.

Yavorsky, J. E., Dush, C. M. K., & Schoppe-Sullivan, S. J. (2015). The production of inequality: The gender division of labor across the transition to parenthood. *Journal of Marriage and Family, 77,* 662–679.

Yehuda, R., & Bierer, L. M. (2009). The relevance of epigenetics to PTSD: Implications for DSM-V. *Journal of Trauma and Stress, 22,* 427–434.

Yeung, D. Y., Fung, H. H., & Lang, F. R. (2008). Self-construal moderates age differences in social network characteristics. *Psychology and Aging, 23,* 222–226.

Yeung, J. W. K., Cheung, C.-K., Kwok, S. Y. C. L., & Leung, J. T. Y. (2016). Socialization effects of authoritative parenting and its discrepancy on children. *Journal of Child and Family Studies, 25,* 1980–1990.

Yip, P. S., Cheung, Y. T., Chau, P. H., & Law, Y. W. (2010). The impact of epidemic outbreak: The case of severe acute respiratory syndrome (SARS) and suicidal behavior among older adults in Hong Kong. *International Psychogeriatrics, 21,* 86–92.

Yip, T., Douglass, S., & Shelton, J. N. (2013). Daily intragroup contact in diverse settings: Implications for Asian adolescents' ethnic identity. *Child Development, 84,* 1425–1441.

Yirmiya, N., Erel, O., Shaked, M., & Solomonica-Levi, D. (1998). Meta-analyses comparing theory of mind abilities of individuals with autism, individuals with mental retardation, and normally developing individuals. *Psychological Bulletin, 124,* 283–307.

Yong, M. H., & Ruffman, T. (2014). Emotional contagion: Dogs and humans show a similar physiological response to human infant crying. *Behavioural Processes, 108,* 155–165.

Yook, J.-H., Han, J.-Y., Choi, J.-S., Ahn, H.-K., Lee, S.-W., Kim, M.-Y., et al. (2012). Pregnancy outcomes and factors associated with voluntary pregnancy termination in women who had been treated for acne with isotretinoin. *Clinical Toxicology, 50,* 896–901.

Yorgason, J. B., & Stott, K. L. (2016). Physical health and marital status. In S. K. Whitbourne (Ed.), *Encyclopedia of adulthood and aging* (Vol. 3, pp. 1180–1184). Malden, MA: Wiley Blackwell.

Yoshida, H., & Smith, L. B. (2003). Known and novel noun extensions: Attention at two levels of abstraction. *Child Development, 74,* 564–577.

Yoshikawa, H., Aber, J. L., & Beardslee, W. R. (2012). The effects of poverty on the mental, emotional, and behavioral health of children and youth: Implications for prevention. *American Psychologist, 67,* 272–284.

Yoshikawa, H., Weiland, C., Brooks-Gunn, J., Burchinal, M. R., Espinosa, L. M., Gormley, W. T., et al. (2013). *Investing in our future: The evidence base on preschool education.* Ann Arbor, MI: Society for Research in Child Development. Retrieved from fcd-us.org/sites/default/files/Evidence%20Base%20on%20Preschool%20Education%20FINAL.pdf

You, D., Maeda, Y., & Bebeau, M. J. (2011). Gender differences in moral sensitivity: A meta-analysis. *Ethics and Behavior, 21,* 263–282.

Youn, G., Knight, B. G., Jeon, H., & Benton, D. (1999). Differences in familism values and caregiving outcomes among Korean, Korean American, and White American dementia caregivers. *Psychology and Aging, 14,* 355–364.

Youn, M. J., Leon, J., & Lee, K. J. (2012). The influence of maternal employment on children's learning growth and the role of parental involvement. *Early Child Development and Care, 182,* 1227–1246.

Young, J. B., & Rodgers, R. F. (1997). A model of radical career change in the context of psychosocial development. *Journal of Career Assessment, 5,* 167–172.

Young, S. E., Friedman, N. P., Miyake, A., Willcutt, E. G., Corley, R. P., Haberstick, B. C., et al. (2009). Behavioral disinhibition: Liability for externalizing spectrum disorders and its genetic and environmental relation to response inhibition across adolescence. *Journal of Abnormal Psychology, 118,* 117–130.

Yousafzai, A. K., Yakoob, M. Y., & Bhutta, Z. A. (2013). Nutrition-based approaches to early childhood development. In P. R. Britto, P. L. Engle, & C. M. Super (Eds.), *Handbook of early childhood development research and its impact on global policy* (pp. 202–226). New York: Oxford University Press.

Yu, R. (2002). On the reform of elementary school education in China. *Educational Exploration, 129,* 56–57.

Yuan, A. S. V., & Hamilton, H. A. (2006). Stepfather involvement and adolescent well-being: Do mothers and nonresidential fathers matter? *Journal of Family Issues, 27,* 1191–1213.

Yumoto, C., Jacobson, S. W., & Jacobson, J. L. (2008). Fetal substance exposure and cumulative environmental risk in an African American cohort. *Child Development, 79,* 1761–1776.

Yunger, J. L., Carver, P. R., & Perry, D. G. (2004). Does gender identity influence children's psychological well-being? *Developmental Psychology, 40,* 572–582.

Yur'yev, A., Leppik, L., Tooding, L.-M., Sisask, M., Värnik, P., Wu, J., & Värnik, A. (2010). Social inclusion affects elderly suicide mortality. *International Psychogeriatrics, 22,* 1337–1343.

Z

Zaccagni, L., Onisto, N., & Gualdi-Russo, E. (2009). Biological characteristics and ageing in former elite volleyball players. *Journal of Science and Medicine in Sport, 12,* 667–672.

Zacher, H., Rosing, K., Henning, T., & Frese, M. (2011). Establishing the next generation at work: Leader generativity as a moderator of the relationship between leader age, leader–member exchange, and leadership success. *Psychology and Aging, 26,* 241–252.

Zachrisson, H. D., Dearing, E., Lekhal, R., & Toppelberg, C. O. (2013). Little evidence that time in child care causes externalizing problems during early childhood in Norway. *Child Development, 84,* 1152–1170.

Zacks, R. T., & Hasher, L. (2006). Aging and long-term memory: Deficits are not inevitable. In E. Bialystok & F. I. M. Craik (Eds.), *Lifespan cognition: Mechanisms of change* (pp. 162–177). New York: Oxford University Press.

Zadjel, R. T., Bloom, J. M., Fireman, G., & Larsen, J. T. (2013). Children's understanding and experience of mixed emotions: The roles of age, gender, and empathy. *Journal of Genetic Psychology, 174,* 582–603.

Zaff, J. F., Hart, D., Flanagan, C. A., Youniss, J., & Levine, P. (2010). Developing civic engagement within a civic context. In M. Lamb & A. Freund (Eds.), *Handbook of life-span development: Vol. 2. Social and emotional development* (pp. 590–630). Hoboken, NJ: Wiley.

Zahn-Waxler, C., Kochanska, G., Krupnick, J., & McKnew, D. (1990). Patterns of guilt in children of depressed and well mothers. *Developmental Psychology, 26,* 51–59.

Zajac, R., O'Neill, S., & Hayne, H. (2012). Disorder in the courtroom? Child witnesses under cross-examination. *Developmental Review, 32,* 181–204.

Zajacova, A., & Woo, H. (2016). Examination of age variations in the predictive validity of self-rated health. *Journals of Gerontology, 71B,* 551–557.

Zakowski, S. G., Hall, M. H., Klein, L. C., & Baum, A. (2001). Appraised control, coping, and stress in a community sample: A test of the goodness-of-fit hypothesis. *Annals of Behavioral Medicine, 23,* 158–165.

Zalewski, M., Lengua, L. J., Wilson, A. C., Trancik, A., & Bazinet, A. (2011). Emotion regulation profiles, temperament, and adjustment problems in preadolescents. *Child Development, 82,* 951–966.

Zaretsky, M. D. (2003). Communication between identical twins: Health behavior and social factors are associated with longevity that is greater among identical than fraternal U.S. World War II veteran twins. *Journals of Gerontology, 58,* 566–572.

Zarit, S. H., & Eggebeen, D. J. (2002). Parent–child relationships in adulthood and later years. In M. H. Bornstein (Ed.), *Handbook of parenting, Vol. 1* (2nd ed., pp. 135–161). Mahwah, NJ: Erlbaum.

Zaslow, M. J., Weinfield, N. S., Gallagher, M., Hair, E. C., Ogawa, J. R., Egeland, B., Tabors, P. O., & De Temple, J. M. (2006). Longitudinal prediction of child outcomes from differing measures of parenting in a low-income sample. *Developmental Psychology, 42,* 27–37.

Zayas, V., Mischel, W., Shoda, Y., & Aber, J. L. (2011). Roots of adult attachment: Maternal caregiving at 18 months predicts adult peer and partner attachment. *Social Psychological and Personality Science, 2,* 289–297.

Zdaniuk, B., & Smith, C. (2016). Same-sex relationships in middle and late adulthood. In J. Bookwala

(Ed.), *Couple relationships in the middle and later years* (pp. 95–114). Washington, DC: American Psychological Association.

Zelazo, N. A., Zelazo, P. R., Cohen, K. M., & Zelazo, P. D. (1993). Specificity of practice effects on elementary neuromotor patterns. *Developmental Psychology, 29,* 686–691.

Zelazo, P., & Paus, T. (2010). Developmental social neuroscience: An introduction. In M. K. Underwood & L. H. Rosen (Eds.), *Social development: Relationships in infancy, childhood, and adolescence* (pp. 29–43). New York: Guilford.

Zelazo, P. D. (2006). The Dimensional Change Card Sort (DCCS): A method of assessing executive function in children. *Nature Protocols, 1,* 297–301.

Zelazo, P. D., Anderson, J. A. Richler, J., Wallner-Allen, K., Beaumont, J. L., & Weintraub, S. (2013). NIH Toolbox Cognition Battery (CB): Measuring executive function and attention. In P. D. Zelazo & P. J. Bauer (Eds.), National Institutes of Health Toolbox Cognition Battery (NIH Toolbox CB): Validation for children between 3 and 15 years. *Monographs of the Society for Research in Child Development, 78*(4, Serial No. 309), 16–33.

Zelazo, P. D., & Lyons, K. E. (2012). The potential benefits of mindfulness training in early childhood: A developmental social cognitive neuroscience perspective. *Child Development Perspectives, 6,* 154–160.

Zeller, M. H., & Modi, A. C. (2006). Predictors of health-related quality of life in obese youth. *Obesity Research, 14,* 122–130.

Zellner, D. A., Loaiza, S., Gonzales, Z., Pita, J., Morales, J., Pecora, D., & Wolf, A. (2006). Food selection changes under stress. *Physiology & Behavior, 87,* 789–793.

Zeskind, P. S., & Barr, R. G. (1997). Acoustic characteristics of naturally occurring cries of infants with "colic." *Child Development, 68,* 394–403.

Zhang, L., & Sternberg, R. J. (2011). Revisiting the investment theory of creativity. *Creativity Research Journal, 23,* 229–238.

Zhang, X., Geng, J., Zheng, J., Peng, B., Che, J., & Liang, C. (2012). Photoselective vaporization versus transurethral resection of the prostate for benign prostatic hyperplasia: A meta-analysis. *Journal of Endourology, 26,* 1109–1117.

Zhang, Z., Gu, D., & Luo, Y. (2014). Coresidence with elderly parents in contemporary China: The role of

filial piety, reciprocity, socioeconomic resources, and parental needs. *Cross Cultural Gerontology, 29,* 259–276.

Zhao, J., Settles, B. H., & Sheng, X. (2011). Family-to-work conflict: Gender, equity and workplace policies. *Journal of Comparative Family Studies, 42,* 723–738.

Zheng, N. T., Mukamel, D. B., Caprio, T. V., & Temkin-Greener, H. (2012). Hospice utilization in nursing homes: Association with facility end-of-life care practices. *Gerontologist, 52.* Retrieved from gerontologist.oxfordjournals.org.libproxy.lib.ilstu.edu/search?fulltext=Zheng&submit=yes&x=13&y=9

Zheng, N. T., Mukamel, D. B., Friedman, B., Caprio, T. V., & Temkin-Greener, H. (2015). The effect of hospice on hospitalizations of nursing home residents. *Journal of the American Medical Directors Association, 16,* 155–159.

Zhou, X., Huang, J., Wang, Z., Wang, B., Zhao, Z., Yang, L., & Zheng-zheng, Y. (2006). Parent–child interaction and children's number learning. *Early Child Development and Care, 176,* 763–775.

Zhu, H., Sun, H.-P., Pan, C.-W., & Xu, Y. (2016). Secular trends of age at menarche from 1985 to 2010 among Chinese urban and rural girls. *Universal Journal of Public Health, 4,* 1–7.

Zickuhr, K., & Madden, M. (2012). *Pew Internet: Older adults and Internet use.* Washington, DC: Pew Research Center.

Ziemer, C. J., Plumert, J. M., & Pick, A. D. (2012). To grasp or not to grasp: Infants' actions toward objects and pictures. *Infancy, 17,* 479–497.

Zimmer-Gembeck, M., & Helfand, M. J. (2008). Ten years of longitudinal research on U.S. adolescent sexual behavior: Developmental correlates of sexual intercourse, and the importance of age, gender and ethnic background. *Developmental Review, 28,* 153–224.

Zimmerman, B. J., & Labuhn, A. S. (2012). Self-regulation of learning: Process approaches to personal development. In K. R. Harris, S. Graham, T. Urdan, C. B. McCormick, G. M. Sinatra, & J. Sweller (Eds.), *APA educational psychology handbook: Vol. 1. Theories, constructs, and critical issues* (pp. 399–425). Washington, DC: American Psychological Association.

Zimmerman, B. J., & Moylan, A. R. (2009). Self-regulation: Where metacognition and motivation intersect. In D. J. Hacker, J. Dunlosky, & A. C.

Graesser (Eds.), *Handbook of metacognition in education* (pp. 299–315). New York: Routledge.

Zimmerman, C. (2012). Acceptance of dying: A discourse analysis of palliative care literature. *Social Science and Medicine, 78,* 217–224.

Zimmerman, C., & Croker, S. (2013). In G. J. Feist & M. E. Gorman (Eds.), *Handbook of the psychology of science* (pp. 49–70). New York: Springer.

Zimmerman, F. J., & Christakis, D. A. (2005). Children's television viewing and cognitive outcomes. *Archives of Pediatrics and Adolescent Medicine, 159,* 619–625.

Zimmerman, F. J., Christakis, D. A., & Meltzoff, A. N. (2007). Television and DVD/video viewing in children younger than 2 years. *Archives of Pediatrics and Adolescent Medicine, 161,* 473–479.

Zimmermann, L. K., & Stansbury, K. (2004). The influence of emotion regulation, level of shyness, and habituation on the neuroendocrine response of three-year-old children. *Psychoneuroendocrinology, 29,* 973–982.

Zitzmann, M. (2013). Effects of age on male fertility. *Best Practice & Research Clinical Endocrinology and Metabolism, 27,* 617–628.

Ziv, Y. (2013). Social information processing patterns, social skills, and school readiness in preschool children. *Journal of Experimental Child Psychology, 114,* 306–320.

Zolotor, A. J., & Puzia, M. E. (2010). Bans against corporal punishment: A systematic review of the laws, changes in attitudes and behaviours. *Child Abuse Review, 19,* 229–247.

Zolotor, A. J., Theodore, A. D., Runyan, D. K., Chang, J. J., & Laskey, A. L. (2011). Corporal punishment and physical abuse: Population-based trends for three-to-11-year-old children in the United States. *Child Abuse Review, 20,* 57–66.

Zosuls, K. M., Ruble, D. N., Bornstein, M. H., & Greulich, F. K. (2009). The acquisition of gender labels in infancy: Implications for gender-typed play. *Developmental Psychology, 45,* 688–701.

Zukow-Goldring, P. (2002). Sibling caregiving. In M. H. Bornstein (Ed.), *Handbook of parenting: Vol. 3* (2nd ed., pp. 253–286). Hillsdale, NJ: Erlbaum.

Zukowski, A. (2013). Putting words together. In J. B. Gleason & N. B. Ratner (Eds.), *The development of language* (8th ed., pp. 120–162). Upper Saddle River, NJ: Pearson.

人（机构）名索引

页码为英文原书页码，即本书边页，见于正文两侧。其中带斜体字母n的页码代表图表所在页码。

Wahlberg, K. E., 70
Wahler, J. J., 626
Wahlheim, C. N., 596
Wahlsten, D., 68
Wahlstrom, K., 374
Wai, J., 394, 395, 530
Waite, L. J., 515, 631
Walberg, H. J., 325
Walby, F. A., 666
Walden, T. A., 158, 188
Waldfogel, J., 100, 103, 203, 246, 497
Waldorf, K. M. A., 87, 87n
Waldron, N. L., 328
Waldron, V. R., 553
Walfisch, A., 128
Walk, R. D., 140
Walker, A. M., 106
Walker, C., 173
Walker, C. M., 156
Walker, J., 654
Walker, L., 576
Walker, L. B., 156
Walker, L. J., 415
Walker, O. L., 266
Walker, R. A., 217
Walker, S. M., 108
Walker, S. P., 295
Walker-Andrews, A. S., 188
Wall, M., 302
Wall, M. I., 371, 371n
Waller, E. M., 348
Wallon, M., 88
Walsh, C. A., 634
Walsh, F., 657
Walsh, M. E., 462
Walton, K. E., 548
Wanberg, C. R., 562
Wang, H., 441n
Wang, H.-X., 601
Wang, K.-Y., 615
Wang, L., 193, 195
Wang, M., 557, 564, 635, 636
Wang, M.-T., 24, 270, 399
Wang, Q., 241, 337, 421
Wang, S., 154, 501
Wang, T., 295
Wang, Y., 396
Wang, Z., 11
Wänstrom, L., 319
Ward, E. V., 596
Ward, M. M., 579

Ward, R. A., 555
Ward, T. C. S., 126
Warneken, F., 268
Warner, L. A., 421
Warner, L. M., 617
Warnock, F., 108
Warr, P., 560
Warren, A. E. A., 418
Warren, K. L., 164
Warren, L. H., 596
Warren, M. P., 375, 376
Warren, S. L., 193
Warreyn, P., 243
Warshaw, C., 489
Washington, J. A., 319
Washington, S. K., 649
Washington, T., 63
Wasik, B. A., 250
Wasserman, E. A., 163
Wasylyshyn, C., 529
Watamura, S. E., 202, 203
Watanabe, H., 346
Waterman, A. S., 548
Waters, E., 198, 202, 298
Waters, S., 398
Waters, S. F., 342
Watrin, J. P., 17
Watson, D., 479, 550
Watson, J., 185
Watson, J. B., 16
Watson, K. S., 264
Watterson, D. M., 590
Waxler, C. Z., 268
Waxman, S. R., 165, 250
Way, N., 423
Wayne, S. J., 561
Weahkee, R. L., 618
Weaver, J. M., 354
Webb, A. R., 99, 99n
Webb, N. B., 668
Webb, N. M., 326
Webb, S. J., 118
Weber, C., 138
Weber, J. A., 620
Webster, G. D., 373
Webster, J. D., 612
Webster, N. J., 547
Webster-Stratton, C., 275
Wechsler, D., 245
Weech-Maldonado, R., 581
Weems, C. F., 358
Wegner, K. E., 562
Wei, W., 395
Weiland, C., 246

Weinberg, M. K., 185
Weinberg, R. A., 318
Weinberger, M. I., 617
Weiner, S., 163n
Weinfield, N. S., 199, 202
Weinstein, A. A., 546
Weinstein, A. M., 583
Weinstein, R. S., 320, 326, 398
Weinstock, M., 89
Weisaeth, L., 668
Weisberg, R. B., 452
Weisgram, E. S., 351
Weisleder, A., 178
Weisman, O., 105
Weisner, T., 126
Weiss, A., 614
Weiss, E. M., 561
Weiss, K. M., 49
Weiss, L., 315
Weissberg, R. P., 61, 357
Weissberg, R. W., 459
Weiss-Numeroff, G., 573
Wekerle, C., 285n
Wellman, H. M., 231, 241, 322
Wellons, M., 512
Wells, B. E., 451
Wells, Y. V., 508, 544
Welsh, D. P., 426, 427
Welsh, M., 46
Wenger, G. C., 630
Wennberg, A. M., 577
Wentworth, N., 137
Wentzel, K. R., 339, 340, 341n, 425
Werker, J. F., 81, 109, 138
Werner, E. E., 10, 553
Werner, L. A., 81, 109
Werner, N. E., 273, 347, 431
West, M. R., 396, 398
West, R. L., 602
Westerberg, H., 602
Westerhof, G. J., 541, 579, 612
Westermann, G., 19
Westermeyer, J. F., 539
Western, B., 500, 500n
Westfahl, S. M.-C., 158
Westphal, M., 665
Westra, T., 136
Wethington, E., 542
Wetmore, C. M., 446
Wettstein, M., 509, 575

Wexler, J., 402
Weyand, C. M., 585
Whaley, G. J. L., 199
Wheeler, I., 667
Wheeler, K., 169
Whipple, E. E., 285n
Whipple, N., 201, 485
Whisman, M. A., 496, 547, 550
Whitbourne, S. K., 36, 541, 543, 548, 574, 578, 617
Whitby, E. H., 54n
White, K., 508, 575
White, L., 557
White, R. E., 228
Whitehurst, G. J., 244
Whiteman, S. D., 36, 352, 422, 485
Whiteman, V., 83
Whitesell, N. R., 337
Whitfield, K. E., 570
Whiting, B., 277
Whitney, C. G., 221
Whitton, S. W., 426, 486, 494
Wicher, C. P., 661
Wichmann, C., 348
Wickberg, B., 490
Wickrama, K. A. S., 445
Widaman, K. F., 470, 471
Widen, S. C., 260
Widman, L., 380, 381
Widom, C. S., 286
Wiegering, S., 602
Wieling, E., 359
Wiemers, E. E., 554
Wien, M., 297
Wigfield, A., 337, 341n
Wight, R. G., 626
Wight, V. R., 487
Wikby, A., 577
Wilber, K. H., 594, 630
Wilbur, J., 522
Wildsmith, E., 381, 384
Wiley, E., 323
Wilkenfeld, B., 419
Wilkie, S. S., 442
Wilkinson, K., 250
Wilkinson, R. B., 409
Willatts, P., 155
Willerman, L., 318
Williams, C. L., 464
Williams, J. M., 377
Williams, K., 354

Williams, K. N., 599
Williams, K. R., 349
Williams, L. R., 424
Williams, M. E., 626
Williams, N., 553
Williams, S., 654
Williams, S. W., 557
Williams, T. N., 48
Williams, W. M., 395
Williamson, P. A., 268
Williamson, R. A., 132, 133, 154
Williger, B., 637
Willis, S. L., 9
Willoughby, B. J., 476
Willoughby, J., 431
Willoughby, T., 418
Wilmot, K. A., 570
Wilson, D. J., 580
Wilson, E. K., 380
Wilson, G. D., 382
Wilson, G. L., 440
Wilson, J., 541
Wilson, M., 271
Wilson, P., 243
Wilson, P. T., 322
Wilson, S. J., 402
Wilson-Ching, M., 98
Wimmer, M. B., 358
Wincze, J. P., 452
Windsor, T. D., 637
Winer, A. C., 260
Wink, P., 541, 548, 601, 612, 615, 651
Winkler, I., 109
Winner, E., 224, 329
Winsler, A., 22, 235
Winter, D. G., 541, 613
Winter, M. A., 25
Wiringa, A. E., 453
Witherington, D. C., 137, 143, 188
Witherspoon, D. P., 399
Wöhrman, A. M., 564
Wolak, J., 380
Wold, B., 302, 303, 409
Wolfe, D. A., 285, 285n, 286
Wolfers, J., 547
Wolff, P. H., 105n, 359
Wolinsky, F. D., 602
Wolters, C. A., 282
Wonderlich, S. A., 379
Wondra, D., 353
Wong, C. A., 399

主题索引

图书在版编目（CIP）数据

伯克毕生发展心理学. 从青年到老年：第 7 版 /
（美）劳拉·E. 伯克 (Laura E. Berk) 著；陈会昌译. --
北京：中国人民大学出版社，2022.1
（心理学译丛）
书名原文：Development Through the Lifespan, 7e
ISBN 978-7-300-29844-3

Ⅰ. ①伯… Ⅱ. ①劳… ②陈… Ⅲ. ①发展心理学
Ⅳ. ① B844

中国版本图书馆 CIP 数据核字 (2021) 第 185277 号

心理学译丛

伯克毕生发展心理学（第 7 版）

从青年到老年

[美] 劳拉·E. 伯克　著

陈会昌　译

Boke Bisheng Fazhan Xinlixue

出版发行	中国人民大学出版社			
社　址	北京中关村大街 31 号		**邮政编码**	100080
电　话	010-62511242（总编室）		010-62511770（质管部）	
	010-82501766（邮购部）		010-62514148（门市部）	
	010-62515195（发行公司）		010-62515275（盗版举报）	
网　址	http://www.crup.com.cn			
经　销	新华书店			
印　刷	北京联兴盛业印刷股份有限公司			
开　本	890mm×1240mm　1/16		**版　次**	2022 年 1 月第 1 版
印　张	31.5 插页 1		**印　次**	2025 年 3 月第 8 次印刷
字　数	918 000		**定　价**	258.00 元（全两册）

* * * *

更多图书信息请登录中国人民大学出版社网站：www.crup.com.cn

推荐阅读书目

ISBN	书名	作者	单价（元）
心理学译丛			
978-7-300-26722-7	心理学（第3版）	斯宾塞·A. 拉瑟斯	79.00
978-7-300-12644-9	行动中的心理学（第8版）	卡伦·霍夫曼	89.00
978-7-300-09563-9	现代心理学史（第2版）	C. 詹姆斯·古德温	88.00
978-7-300-13001-9	心理学研究方法（第9版）	尼尔·J. 萨尔金德	78.00
978-7-300-32781-5	行为科学统计精要（第10版）	弗雷德里克·J. 格雷维特 等	139.00
978-7-300-28834-5	行为与社会科学统计（第5版）	亚瑟·阿伦 等	98.00
978-7-300-22245-5	心理统计学（第5版）	亚瑟·阿伦 等	129.00
978-7-300-33245-1	现代心理测量（第4版）	约翰·罗斯特 等	58.00
978-7-300-12745-3	人类发展（第8版）	詹姆斯·W. 范德赞登 等	88.00
978-7-300-13307-2	伯克毕生发展心理学：从0岁到青少年（第4版）	劳拉·E. 伯克	118.00
978-7-300-18303-9	伯克毕生发展心理学：从青年到老年（第4版）	劳拉·E. 伯克	55.00
978-7-300-29844-3	**伯克毕生发展心理学（第7版）**	**劳拉·E. 伯克**	**258.00**
978-7-300-32150-9	伯克毕生发展心理学（第7版·精装珍藏版）	劳拉·E. 伯克	698.00
978-7-300-30663-6	社会心理学（第8版）	迈克尔·豪格 等	158.00
978-7-300-18422-7	社会性发展	罗斯·D. 帕克 等	59.90
978-7-300-21583-9	伍尔福克教育心理学（第12版）	安妮塔·伍尔福克	139.00
978-7-300-29643-2	教育心理学：指导有效教学的主要理念（第5版）	简妮·爱丽丝·奥姆罗德 等	109.00
978-7-300-31183-8	学习心理学（第8版）	简妮·爱丽丝·奥姆罗德	118.00
978-7-300-23658-2	异常心理学（第6版）	马克·杜兰德 等	139.00
978-7-300-18593-4	婴幼儿心理健康手册（第3版）	小查尔斯·H. 泽纳	89.90
978-7-300-19858-3	心理咨询导论（第6版）	塞缪尔·格莱丁	89.90
978-7-300-29729-3	当代心理治疗（第10版）	丹尼·韦丁 等	139.00
978-7-300-30253-9	团体心理治疗（第10版）	玛丽安娜·施奈德·科里 等	89.00
978-7-300-25883-6	人格心理学入门（第8版）	马修·H. 奥尔森 等	118.00
978-7-300-12478-0	女性心理学（第6版）	马格丽特·W. 马特林	79.00
978-7-300-18010-6	消费心理学：无所不在的时尚（第2版）	迈克尔·R. 所罗门 等	99.80
978-7-300-12617-3	社区心理学：联结个体和社区（第2版）	詹姆士·H. 道尔顿 等	79.80
978-7-300-16328-4	跨文化心理学（第4版）	埃里克·B. 希雷	55.00
978-7-300-14110-7	职场人际关系心理学（第12版）	莎伦·伦德·奥尼尔 等	49.00
978-7-300-13303-4	生涯发展与规划：人生的问题与选择	理查德·S. 沙夫	45.00
978-7-300-18904-8	大学生领导力（第3版）	苏珊·R. 考米维斯 等	39.80
西方心理学大师经典译丛			
978-7-300-17807-3	自卑与超越	阿尔弗雷德·阿德勒	48.00
978-7-300-17774-8	我们时代的神经症人格	卡伦·霍妮	45.00
978-7-300-33358-8	动机与人格	亚伯拉罕·马斯洛	79.00
978-7-300-17739-7	人的自我寻求	罗洛·梅	48.00